W0259038

PHYSIOLOGISCHE CHEMIE

EIN LEHR- UND HANDBUCH FÜR ÄRZTE
BIOLOGEN UND CHEMIKER

HERVORGEGANGEN AUS DEM
LEHRBUCH DER PHYSIOLOGISCHEN CHEMIE
VON OLOF HAMMARSTEN

ZWEITER BAND

ZWEITER TEIL

BANDTEIL a

HERAUSGEGEBEN VON

B. FLASCHENTRÄGER
ALEXANDRIA

UND

E. LEHNARTZ
MÜNSTER/WESTF.

SPRINGER-VERLAG BERLIN HEIDELBERG GMBH 1956

DER STOFFWECHSEL

ZWEITER TEIL

BANDTEIL a

BEARBEITET VON

K. LOHMANN · P. OHLMEYER
C. G. SCHMIDT · H. SÜLLMANN · Z. STARY

MIT 70 TEXTABBILDUNGEN

SPRINGER-VERLAG BERLIN HEIDELBERG GMBH 1956

ISBN 978-3-662-21765-8 ISBN 978-3-662-21764-1 (eBook)
DOI 10.1007/978-3-662-21764-1

URSPRUNGLICH ERSCHIENEN BEI SPRINGER-VERLAG OHG. BERLIN · GÖTTINGEN · HEIDELBERG 1956
SOFTCOVER REPRINT OF THE HARDCOVER 1ST EDITION 1956

Inhaltsverzeichnis.

Der Stoffwechsel. Zweiter Teil.

Seite

D. Physiologische Chemie einzelner Lebensvorgänge und Organe (Fortsetzung).

IV. Biochemie einiger Organe 1

1. Leber und Galle. Von Z. STARY, Istanbul 1

2. Muskel. Von K. LOHMANN, Berlin, und P. OHLMEYER, Tübingen 570

3. Gehirn und Nerven. Von C. G. SCHMIDT, Bad Nauheim 613

4. Auge und Tränen. Von H. SÜLLMANN, Münster i. W. 864

Namenverzeichnis 949

Sachverzeichnis 1193

Berichtigungen VI

Berichtigungen.

Zu Band I.

Seite

16[5]: statt: ATEN, A. H. W. lies: ATEN, A. H. W. jr.
29[3]: statt: ARNON, D. T. lies: ARNON, D. I.
78[7]: statt: (1923) lies: (1933).
92[17]: statt: HAMMETT lies: HAMMET.
211[20]: statt: MAVINIS lies: MARINIS.
243[12]: statt: FROMAGEOT, F. lies: FROMAGEOT, C.
247[3]: statt: SOGNAES lies: SOGNNAES.
294[6]: statt: DEUEL, A. J. jr. lies: DEUEL, H. J. jr.
426[7]: statt: PRELOG, K. lies: PRELOG, V.
535[7]: statt: FÖLLING, H. lies: FÖLLING, A.
638[1]: statt: ATEN, A. H. W. lies: ATEN, A. H. W. jr.
698[6]: statt: FLOBEY lies: FLOREY.
761[4]: statt: STANNIER lies: STANIER.
841[1]: statt: LASKOWSKY lies: LASKOWSKI.
908[1], 2. Zitat: statt: CHU, E., JU-HUA lies: CHU, E. J.-H.
996[1], Zitat: statt H. CALCKAR lies: H. M. KALCKAR.
1056[11]: statt: TOLALAY lies: TALALAY.
1073[1]: statt: FRAZER, A. C., J. SCHULMANN and H. STEWART lies: FRAZER, A. C., J. H. SCHULMAN and H. C. STEWART:
1091[10]: statt: HARRIS, D. J. lies: HARRIS, D. L.
1152[8]: statt: WOOLEY lies: WOOLLEY.
1195[10]: statt: G. F. CORI lies: C. F. CORI.
1201[9]: statt: ERKARNA lies: ERKAMA.
1263, li. Spalte: statt: ANTWEILER, H. A. lies: ANTWEILER, H. J.
1263, re. Spalte: statt: ARNON, D. T. lies: ARNON, D. I.
1264, li. Spalte: statt: ATEN, A. H. W. lies: ATEN, A. H. W. jr.
1286, li. Spalte: statt: CALCKAR, H. lies: KALCKAR, H. M., und ordne ein auf S. 1355, li. Spalte.
1290, li. Spalte: statt: CHRISTENSEN, L. K., u. W. F. ROSS lies: CHRISTENSEN, H. N., and W. F. ROSS.
1290, 2 Zeilen tiefer: — s. ROSS, W. F. ist CHRISTENSEN, H. N. zuzuordnen.
1290, re. Spalte: statt: CHU, E., and JU-HUA lies: CHU, E. J.-H.
1292, li. Spalte: statt: COLOWICK, S. P., H. CALCKAR and C. F. CORI lies: COLOWICK, S. P., H. M. KALCKAR and C. F. CORI.
1293, re. Spalte: statt: CORI, G. F. lies: CORI, C. F.
1293, re. Spalte: statt: CORI, G. T., H. W. SLEIN and G. F. CORI lies: CORI, G. T., M. W. SLEIN and C. F. CORI.
1299, re. Spalte: statt: DIPPEL, C. J., s. ATEN, A. H. W. lies: DIPPEL, C. J. s. ATEN, A. H.W. jr.
1301, li. Spalte: statt: DREVEN, J. v., s. ATEN, A. H. W. lies: DREVEN, J. v., s. ATEN, A. H. W. jr.
1305, li. Spalte: statt: ELLIS, J. W., and J. H. ZELLER lies: ELLIS, N. R., and J. H. ZELLER.
1306, re. Spalte: statt: ERKARNA lies: ERKAMA.
1310, li. Spalte: FERRY, J. D. um 1 Stelle nach oben rücken.
1312, li. Spalte: statt: FISCHER, ED. lies: FISCHER, ED. H.
1316, li. Spalte: bei: FISHMAN, W. H. statt: TOLALAY, P. lies: TALALAY, P.
1317, li. Spalte: statt: FLOBEY lies: FLOREY.
1317, re. Spalte: statt: FÖLLING, H. lies: FÖLLING, A.
1320, li. Spalte: statt: FRAZER, A. C., J. SCHUHMANN and H. STEWART lies: FRAZER, A. C., J. H. SCHULMAN and H. C. STEWART.
1322, li. Spalte: statt: FROMAGEOT, F. lies: FROMAGEOT, C.
1322, re. Spalte: bei FÜHRER statt: PRELOG, K. lies: PRELOG, V.
1323, li. Spalte: unter GALE, E. F.: statt: APPS lies: EPPS.
1325, li. Spalte: bei GOLDSCHMIDT, ST. (1923) streichen.
1334, li. Spalte: statt: HAMMETT lies: HAMMET.
1335, li. Spalte: bei: HARDING, H. E. statt: FLOBEY lies: FLOREY.

Seite
1335, re. Spalte: statt: Harris, D. J. lies: Harris, D. L.
1343, re. Spalte: bei: Hill, J. M. statt: Mavinis lies: Marinis.
1353, re. Spalte: bei: Jones, F. statt: Mavinis lies: Marinis.
1354, re. Spalte: Ju-Hua s. Chu, E. ist zu streichen.
1359, re. Spalte: statt: Keuning, K. J., s. Aten, A. H. W. lies: Keuning, K. J., s. Aten, A. H. W. jr.
1365, li. Spalte: Kosterlitz sowie Kostytschew in die re. Spalte hinter Kossel einordnen.
1373, li. Spalte: statt: Lardy, A. H. lies: Lardy, H. A.
1373, li. Spalte: statt: Laskowsky, M., and M. K. Seidel lies: Laskowski, M., and M. K. Seidel und ordne ein unter: Laskowski, M., hinter 1156[1].
1385, re. Spalte: statt: Mavinis lies: Marinis.
1386, re. Spalte bei: McCarthy, E. F. statt: Papják lies: Popják.
1387, li. Spalte: statt: McGillovry lies: MacGillavry.
1388, re. Spalte: bei: Mellanby, J. statt: Wooley lies: Woolley.
1394, re. Spalte: Morehouse, G., s. Deuel, A. J. jr. ist zu streichen.
1394, re. Spalte: bei: Morehouse, M. G. statt: Deuel, A. J. jr. lies: Deuel, H. J. jr.
1396, li. Spalte: bei: Muirhead, E. E. statt: Mavinis lies: Marinis.
1402, re. Spalte: bei: Ogston, A. G. statt: Stannier lies: Stanier.
1411, re. Spalte: statt: Prelog, K. lies: Prelog, V.
1429, li. Spalte, 1. Zeile: statt: Schöneimer lies: Schönheimer.
1429, li. Spalte, vorletzte Zeile: Schønheyder, F. ist hinter Schönheimer einzuordnen.
1430, re. Spalte: statt: Schulmann, J. lies: Schulman, J. H.
1432, li. Spalte: bei: Seidel, M. K. statt: Laskowsky lies: Laskowski.
1435, li. Spalte: bei: Sipos, F. statt: Arnon, D. T. lies: Arnon, D. I.
1438, li. Spalte: statt: Sognaes lies: Sognnaes.
1440, li. Spalte: statt: Stannier lies: Stanier.
1442, re. Spalte: statt: Stewart, H. lies: Stewart, H. C.
1443, re. Spalte: bei: Stout, P. statt: Arnon, D. T. lies: Arnon, D. I.
1455, re. Spalte: statt: Urey, H. C., A. H. W. Aten and A. S. Keston lies: Urey, H. C., A. H. W. Aten jr. and A. S. Keston.
1458, re. Spalte: bei: Volker, J. F. statt: Sognaes lies: Sognnaes.
1472, li. Spalte: statt: Wooley, V. J. lies: Woolley, V. J.

Zu Band II/1a.

187[1]: statt: Leibowitz, T. lies: Leibowitz, L.
252, 5. Absatz, 1. Zeile: statt: seriös lies: serös.
516[9]: statt: Merten lies: Menten.

Zu Band II/1b.

1037: In der Coenzym A-Formel muß es bei Pantethein heißen:

$$-C(=O)-N(H)-CH_2-CH_2-C(=O)-N(H)-CH_2-CH_2-SH$$

1223[6]: statt: Thudichum, L. L. W. lies: Thudichum, J. L. W.
1264, li. spalte: Statt: Andersch, Wilson and Merten lies: Andersch, Wilson and Menten.
1296, re. Spalte: statt: Buesnod lies: Buensod.
1311, re. Spalte: Corley. R, C. s. Christensen, H. N. ist zu streichen.
1321, li. Spalte: bei: Dimter, A. lies: — Hepen 339[3]. — Squalen und Hepen fehlen im Blut 339[4].
1326, re. Spalte: bei: Edelbacher statt: v. Bonen lies: von Bonem.
1327, re. Spalte: bei Eggleston, L. V., s. Krebs, H. A. statt: 971[19] lies: 971[9].
1328, li. Spalte: bei Eirich statt: F. Mark lies: H. Mark.
1329, li. Spalte: statt: Elkinton, J. P. lies: Elkinton, J. R.
1345, li. Spalte: Friedmann, B. (Zeile 19 von oben) sowie Friedmann, E. (Zeile 21—24 von oben) sind einzuordnen bei Zeile 6 von unten bzw. 5 von unten derselben Seite.
1352, li. Spalte: Glatzko, A. J. gehört zu 1351 re.
1376, re. Spalte: bei: Hevesy, G. (C.) (v.) statt: Lindstrøm-Lang lies: Linderstrøm-Lang.
1378, li. Spalte: statt: Hinselwood lies: Hinshelwood.
1386, li. Spalte: Inukai ist falsch eingeordnet.

Seite

1401, li. Spalte: bei: KLEIN, W.: Zusammenfassung usw. statt: 1177[2] lies: 1177[28].
1417, li. Spalte: statt: LEIBOWITZ, T. lies: LEIBOWITZ, L.
1442, re. Spalte: statt: MERTEN, M. L. lies: MENTEN, M. L.
1531, re. Spalte: statt: THUDICHUM, L. L. W. lies: THUDICHUM, J. L. W.
1609, li. Spalte: statt: Ephistia lies: Ephestia.
1652, li. Spalte: statt: Englobulin lies: Euglobulin.
1660, re. Spalte, Zeile 25: Methylfumarsäure ist falsch eingeordnet.
1660, re. Spalte: statt: 2-Methyl-3-phythyl-1,4-naphthochinon lies: 2-Methyl-3-phytyl-1,4-naphthochinon.
1662, re. Spalte: statt: „milieu intèrieur" lies: „milieu intérieur".
1679, re. Spalte, letzte Zeile: statt: Naphtindan lies: Naphthindan.
1688: Unter Progesteron statt: s. a. Corpus Leutum-Hormon lies: s. a. Corpus luteum-Hormon.
1696, li. Spalte: hinter: Sauerstoff, Austausch in der Lunge 505 einfügen: —, kein, zwischen Sulfat und Wasser 653.
1704, re. Spalte: statt: Tetraäthyl-thiuramid-sulfid lies: Tetraäthyl-thiuram-disulfid.
1711, li. Spalte: hinter: Venenblut füge ein: Venensteine 721.

Zu Band II/2a.

22, vorletzte Zeile: statt: Tetrahydronaphtylamin lies: Tetrahydronaphthylamin.
53[1]: statt: **2**, 281 (1845) lies: **1854**, 281.
65[3], 3. Zitat: statt: MOHAMED, M. S. lies: SAFWAT MOHAMED, M.
65[9]: statt: P. HEYTLER lies: P. G. HEYTLER.
66[13]: statt: FLEMMING lies: FLEMING.
74[6]: statt: RUSSEL lies: RUSSELL; statt: (1930) lies: (1938).
77[1]: statt: KASTROP lies: KASTRUP.
78[8]: statt: MERING, I. v. lies: MERING, J. v.
82[12]: statt: ILLINGWOTRH lies: ILLINGWORTH.
97[6], 3. Zitat: statt: G. E. WEVER lies: G. K. WEVER.
104[4]: statt: LEFON lies: LAFON.
109[4]: statt: McNAIR, SCOTT, D. B. lies: SCOTT, B. D. McN.
115[5]: statt: W. G. BISSELL lies: G. W. BISSELL.
124[5]: statt: F. G. FRY lies: FRY, E. G.
125[3]: statt: STOERCK lies: STOERK.
128[3], 2. Zitat: statt: LARSON lies: LARSEN.
132[2]: statt: H. BELIN lies: P. BELIN.
137[1]: statt: WALLSCH lies: WAELSCH.
139[5]: statt: DIBLE, J. H. z. lies: DIBLE, J. H.
142[5], 1. Zitat: statt: D. S. INGLE lies: D. J. INGLE.
142[20]: statt: R. L. BARNES lies: R. H. BARNES.
146[5]: statt: C. L. KEITH lies: C. K. KEITH.
154[15]: statt: GOVAERTS, J. M. lies: GOVAERTS, J.
157[14]: statt: PETTERSON lies: PETERSON.
160[10]: statt: HAHN, L. H. lies: HAHN, L. A.
212[16], 1. Zitat: statt: LABBÉ, H. lies: LABBÉ, M.
213[6], 1. Zitat: statt: J. A. WEISS lies: H. A. WEISS.
222[7]: statt: WESTERFIELD lies: WESTERFELD.
234[10], 1. Zitat: statt: 591 lies: 598.
246[11], 4. Zitat: statt: KALK, K. lies: KLAK, H.
291[1]: statt: 7347[4] lies: 7347[1].
293[7], 3. Zitat: statt: BOKMAN, A. lies: BOKMAN, A. H.
337, 2. Absatz, Zeile 6: statt: C-Atom[6] lies: C-Atom 6.
338, letzter Absatz, 3. Zeile: streiche: an.
345, letzter Absatz, 3. Zeile: statt: nachgewiesenem lies: nachgewiesene.
345, letzte Zeile: statt: SEEMILLER lies: SEEGMILLER.
348[10]: statt: CON lies: KON.
356[1]: statt: SHARMANN lies: SHARMAN.
372[3]: statt: W. D. ANDRUS lies: W. DE W. ANDRUS.
377[14]: statt: SCHULENBURG lies: SCHULENBERG.
380[10]: statt: GOSH lies: GHOSH; vor **138**, 844 (1936) füge ein: GUHA, B. C., and B. GHOSH: Nature.
387[13]: statt: F. GOUDSMIT lies: J. GOUDSMIT.
389[11]: statt: M. L. MASON lies: H. L. MASON (zweimal).
413[14] u. 414[1]: statt: LASKOVSKY lies: LASKOWSKI.
414[12]: statt: RAIMONDO, F., DI N. MANNINO lies: RAIMONDO, F. DI, N. MANNINO.

Seite

419, 2. Absatz, 4. Zeile: statt: Leichmanii lies: Leichmannii.
419[14]: statt: GRIDWOOD lies: GIRDWOOD.
428[5]: statt: HELLER, C. J. lies: HELLER, C. G.
435, 2. Absatz, 3. Zeile: Hinter Gruppe füge ein: an.
449[6]: statt: TYLOR lies: TYLER.
482, 1. Absatz, 6. Zeile: statt: Toluoyl- lies: Tolyl-
494[11]: statt: M. M. KENNAWAY lies: N. M. KENNAWAY.
495[10]: statt: SCHINZ, R. H. lies: SCHINZ, H. R. (zweimal).
496[4]: statt: T. GILLMANN lies: T. GILLMAN.
498[1]: statt: E. C. MILLRE lies: E. C. MILLER.
503[4], 2. Zitat: statt: F. SHELTON lies: E. SHELTON.
505[14]: statt: FAETHERSTON lies: FEATHERSTON.
511, vorletzter Absatz, 3. Zeile: statt: (s. d.) lies: (s. S. 514).
512[8], 3. Zitat: statt: T. H. MALLOY lies: H. T. MOLLOY.
512[9]: statt: ANSELMINO, J. A. lies: ANSELMINO, K. J.
514[7], 3. Zitat: statt: DODOS lies: DODDS.
514[10], letztes Zitat: statt: Isiopat. lies: Fisiopat.
518[11], 2. Zitat: statt: GORGES lies: GÖRGES.
527, 9: statt: FICKENTSCHER lies: FIKENTSCHER.
531[12], vorletztes Zitat: statt: ORNDOFF lies: ORNDORFF.
541[13]: statt: LEHMAN lies: LEHMANN.
550[1]: statt: FRIEDMANN lies: FRIEDMAN.
554[15]: statt: SJÖWALL lies: SJÖVALL.
579[3]: statt: L. LAKI lies: K. LAKI.
626[7]: statt: RABINOVITSCH lies: RABINOVITCH.
652[11]: statt: WOHLFAHRT lies: WOHLFART.
656, 2. Absatz, letzte Zeile: S. 685 und S. 826 sind zu vertauschen.
678[1]: statt: GAILBRAITH lies: GALBRAITH.
705[19]: statt: E. KRIMSKY lies: I. KRIMSKY.
748, 2. Absatz, 7. Zeile: statt: S. 736 lies: S. 756.
759, 2. Absatz, 4. Zeile: statt: Glucosamin lies: Glykocyamin.
759[8]: statt: MACKENZIE, E. C. G. lies: MACKENZIE, C. G.
765[9] u. 767[1]: statt: REISS, J. L. lies: REIS, J.
767[3–5]: statt: REISS, J. L. lies: REIS, J. L.
790, 3. Absatz, 7. Zeile: statt: Mescalin lies: Mezcalin.
792, 1. Absatz, vorletzte Zeile: Hinter 779 ist einzufügen: 803.
846, 2. Absatz, 7. Zeile von unten: statt: Phosphoryl lies: Phosphorylcholin.
865: Unter g): statt: aquaeus lies: aqueus.
886[4], 2. Zitat: statt: H.-C. WOODS lies: A.-C. WOODS.
891, 3. Zeile: statt: Brenzsäure lies: Brenztraubensäure.
901: Im Kolumnentitel und der Überschrift: statt: aquaeus lies: aqueus.
903: Im Kolumnentitel: statt: aquaeus lies: aqueus.
903[1] u. 904[10]: statt: SALLMANN, L. VON lies: SALLMANN, L. VAN.
936[13]: statt: REIS, J. (L.) lies: REIS, J.
974, re. Spalte: bei: BRAUER, R. W. statt: NICOSIA lies: NICOSIAS.
1017, re. Spalte: bei: FLASCHENTRÄGER, B., Zeile 10/11 statt: p-Toluylsulfonamid lies: p-Tolylsulfonamid.
1032, re. Spalte: bei: GRIFFIN, RINFRET and CORIGLIA statt: 3′,3′-Methyl- lies: 3′-Methyl-.
1108, re. Spalte: statt: NICOSIA lies: NICOSIAS.

D. Physiologische Chemie einzelner Lebensvorgänge und Organe (Fortsetzung).

IV. Biochemie einiger Organe.

1. Leber und Galle[1–8].

Von Z. STARY.

Inhaltsverzeichnis

Seite

a) Allgemeines 8

α) Größe und Gewicht der Leber 8

β) Der histologische Bau der Leber 11
1. Bau des Leberparenchyms S. 11. — 2. KUPFFERsche Sternzellen S. 13. — 3. Leberstroma S. 14.

γ) Die Blutversorgung der Leber 14
1. Stellung der Leber im Blutkreislauf S. 14. — 2. Die Leber als Blutspeicher S. 16. — 3. Verschiedene Durchblutung der einzelnen Leberlappen S. 17. — 4. Störungen der Leberdurchblutung S. 17.

δ) Das Lymphsystem der Leber 19
1. Menge der Leberlymphe S. 19. — 2. Die Zusammensetzung der Leberlymphe S. 19.

ε) Die Innervation der Leber 20

ζ) Leber und Wärmeregulation 21
1. Energiebilanz der Leber S. 21. — 2. Rolle der Leber in der Wärmeregulation S. 22. — 3. Steigerung der Bluttemperatur beim Passieren der Lebercapillaren S. 23. — 4. Nervöse und hormonale Einflüsse auf die Wärmebildung der Leber S. 23.

η) Physiologische Rhythmen der Lebertätigkeit 24

ϑ) Methoden zur Untersuchung des Leberstoffwechsels 26

1. Die Durchströmung der Leber 27

2. Die operative Ausschaltung der Leber 28
a) Unterbindung der Leberarterie S. 28. — b) ECKsche Fistel S. 29. — c) Umgekehrte ECKsche Fistel S. 29. — d) Totale Leberexstirpation am Säugetier S. 30. — e) Partielle Leberexstirpation und Regeneration des Lebergewebes S. 32.

3. Die experimentelle Schädigung der Leberfunktion durch Gifte 35

4. Die Katheterisierung der Lebervene 37

Zusammenfassende Darstellungen über Leber: 1—8. [1] BENARD, H., et A. GAJDOS: Les fonctions hépatiques. Paris 1952. — [2] FISCHLER, F.: Physiologie und Pathologie der Leber. 2. Aufl. Berlin 1925. — [3] KAPFHAMMER, J.: Die Leber im Stoffwechsel. Handb. Biochem. Bd. 9, S. 98. — [4] LICHTMAN, S. S.: Diseases of the Liver, Gallbladder, and Bile Ducts. 3. Aufl. Philadelphia 1953. — [5] WOHLGEMUTH, J.: Leber und Galle. Handb. Biochem. Erg.-Bd. 2, S. 332. — [6] Ann. Rev. Physiol: Liver and Bile: HAWKINS, W. B.: **3**, 259 (1941). — CRANDALL L. A. jr.,: **6**, 247 (1944). — FREEMAN, S.: **8**, 169 (1946). — [7] In: Ann. Rev. Physiol.: Liver: HOFFBAUER, F. W.: **11**, 83 (1949). — WILSON, J. W.: **13**, 133 (1951). — MANN, F. C., and F. D. MANN: **15**, 473 (1953). — [8] In: Ann. Rev.: Liver and Bile: BOLLMAN, J. L., and F. C. MANN: **1**, 457 (1932); **3**, 367 (1934). — IVY, A. C., and L. A. CRANDALL jr.: **5**, 427 (1936); **7**, 399 (1938).

Seite

5. Chemische und histochemische Untersuchungen an bioptischen Leberpunktaten vom Menschen . . . 38

b) Die Leber im Stoffwechsel anorganischer Stoffe . . . 39

α) Wasser . . . 39

β) Alkalimetalle, Erdalkalimetalle und Chloride . . . 40

γ) Eisen . . . 44

1. Stellung der Leber im Eisenstoffwechsel S. 44. — 2. Eisengehalt des Lebergewebes S. 44. — 3. Eisendepot in der Leber des Neugeborenen S. 45. — 4. Funktionelle Fraktionen des Lebereisens S. 46. — 5. Ferritin S. 46. — 6. Hämosiderin S. 47. — 7. Abgabe des Lebereisens an das Blut S. 47. — 8. Verringerung des Lebereisengehaltes S. 49. — 9. Vermehrung des Lebereisengehaltes S. 50. — 10. Leber als Speicher enteral oder parenteral zugeführten Eisens S. 51. — 11. Eisengehalt der Leber und Eisenresorption S. 52. — 12. Exzessive Eisenresorption und Hämochromatose S. 53. — 13. Die Leber als Organ der Eisenausscheidung S. 55.

δ) Kupfer . . . 56

1. Kupfergehalt der Leber S. 58. — 2. Ablagerung von verabreichtem Kupfer in der Leber S. 58. — 3. Cu-Gehalt der Leber des Fetus und des Neugeborenen S. 58. — 4. Kupferstoffwechsel bei Lebererkrankungen S. 59.

ε) Mangan . . . 60

ζ) Zink . . . 62

η) Andere Elemente . . . 63

Aluminium S. 63. — Kobalt und Nickel S. 65. — Molybdän S. 65. — Titan S. 65. Vanadium S. 65. — Thorium S. 66. — Blei S. 66. — Seltene Erden S. 66.

c) Die Leber im Kohlenhydratstoffwechsel . . . 66

α) Der Glykogengehalt der Leber . . . 67

1. Menge und Verteilung des Glykogens in der Leber S. 67. — 2. Freies und proteingebundenes Leberglykogen S. 68. — 3. Abhängigkeit des Glykogengehaltes von der Todesart S. 68. — 4. Postmortale Glykogenolyse S. 69. — 5. Einfluß von Geschlecht und Alter auf die Menge des Leberglykogens S. 70. — 6. Periodische Schwankungen des Leberglykogengehaltes S. 71. — 7. Einfluß physikalischer Umweltfaktoren auf den Leberglykogengehalt S. 71. — 8. Wirkung der Nahrung auf den Glykogengehalt der Leber S. 72. — 9. Glykogengehalt der Leber im Hunger S. 73. — 10. Leberglykogen und Vitamine S. 73. — 11. Wirkung der Muskeltätigkeit auf die Menge des Leberglykogens S. 73. — 12. Hormonale Einflüsse auf den Leberglykogengehalt S. 74. — 13. Phlorrhizindiabetes und Leberglykogen S. 78. — 14. Glykogenspeicherkrankheit (v. GIERKEsche Erkrankung) S. 79.

β) Bildung und Abbau des Leberglykogens . . . 80

1. Die Struktur des Leberglykogens in Beziehung zu seiner biologischen Funktion 80

2. Die Entstehung des Leberglykogens . . . 84

a) Phosphorylierung der Blutglucose S. 84. — b) Bildung von Glucose-1-phosphat S. 85. — c) Bildung unverzweigter Polyglucosidketten S. 87. — d) Entstehung der Seitenketten des Glykogenmoleküls S. 88.

3. Der Abbau des Leberglykogens zu Glucose . . . 89

a) Aufspaltung des Glykogens zu Glucose-1-phosphat S. 90. — b) Bildung freier Glucose aus Glykogen S. 90. — c) Regulation des Blutzuckergehaltes durch die Leber S. 91.

γ) Die Umwandlung anderer Hexosen in Glucose . . . 92

1. Die Umwandlung von Galaktose in Glucose . . . 92

a) Mechanismus der Umwandlung von Galaktose in Glucose S. 93. — b) Galaktokinase der Leber S. 94. — c) Galaktowaldenase S. 95. — d) Wirkung der Galaktosezufuhr auf den Stoffwechsel S. 96. — e) Galaktosebelastung als Leberfunktionsprüfung S. 97. — f) Galaktämische Hepatomegalie (Galaktosurie) S. 97.

2. Die Umwandlung von Fructose und Sorbit in Glucose . . . 98

a) Bildung von Fructose-1-phosphat S. 98. — b) Überführung von Fructose-1-phosphat in Glucose-6-phosphat S. 99. — c) Abbaugeschwindigkeit der Fructose in der Leber S. 101. — d) Fructosebelastung als Leberfunktionsprüfung S. 103. — e) Essentielle Fructosurie (Lävulosurie) S. 103. — f) Umwandlung von Sorbit in Fructose und Glucose S. 104.

3. Die Umwandlung von Mannose in Glucose . . . 105

4. Die Bildung von Leberglykogen aus Mannit . . . 105

Seite

δ) Der Abbau der Glucose in der Leber 106
1. Der oxydative Abbau der Glucose über Gluconsäure und Pentosen 106
a) Der Gluconsäurecyclus S. 106. b) Bildung des Gluconsäurephosphats aus Glucose S. 107. — c) Direkte Oxydation freier Glucose zu Gluconsäure S. 107. — d) Oxydation von Glucose-6-phosphat S. 108. — e) Bildung der Pentosephosphate S. 109. — f) Rückverwandlung der Pentosephosphate in Hexosen S. 109. — g) Oxydativer Glucoseabbau und Nucleinsäurestoffwechsel S. 110.
2. Die Aufspaltung der Glucose durch die Glykolyse 111
ε) Das Pyruvat im Leberstoffwechsel 113
1. Der Pyruvatpool 113
a) Vermehrung des Pyruvatangebots in der Leber S. 115. — b) Verringerung des Pyruvatangebots in der Leber S. 116.
2. Die Bildung von Leberglykogen aus Nichtkohlenhydraten 116
a) Nachweis der Glykoneogenese im Lebergewebe S. 117. — b) Mechanismus der Glykogenbildung aus Pyruvat S. 118. — c) Bildung von Leberglykogen aus Blutmilchsäure S. 120. — d) Glykoneogenese aus Aminosäuren S. 121. — e) Hormonale Beeinflussung der Glykoneogenese S. 123.
3. Die Endoxydation des Pyruvats im Leberstoffwechsel 126
a) Die Bildung des Oxalacetats aus Pyruvat S. 127. — b) Die Umwandlung des Pyruvats in aktiviertes Acetat S. 129.
4. Die Umwandlung von Kohlenhydrat in Fett und von Fett in Kohlenhydrat 130
d) Die Leber im Fettstoffwechsel 131
α) Das Fett der Leber und seine funktionellen Fraktionen 131
1. Normaler Fettgehalt der Leber S. 131. — 2. Funktionelle Fraktionen des Leberfetts S. 131. — 3. Strukturlipoide der Leberzelle S. 132. — 4. Intracelluläre Verteilung der Strukturlipoide in der Leberzelle S. 133. — 5. Neutralfett der Leber S. 134.
β) Physiologische und pathologische Änderungen des Fettgehaltes der Leber 135
1. Der Einfluß der Ernährung 136
a) Aufnahme von Nahrungsfett durch die Leber S. 136. — b) Leberverfettung bei Kohlenhydratmast S. 138. — c) Fettgehalt der Leber im Hunger S. 138.
2. Die Wirkung hormonaler Faktoren auf den Fettgehalt der Leber 140
a) Leberverfettung bei Insulinmangel und im Diabetes S. 140. — b) Hypophyse S. 141. — c) Nebennieren S. 142. — d) Schilddrüse S. 143. — e) Sexualorgane S. 143.
3. Lipotrope Stoffe 143
a) Cholin S. 144. — b) Methionin S. 146. — c) Andere Methyldonatoren S. 148. — d) Antilipotrope Wirkung von Methylacceptoren S. 149. — e) Lipotrope Wirkung des Inosits S. 149. — f) Vitamine und essentielle Aminosäuren S. 151. — g) Wirkung gesättigter und ungesättigter Fette auf die Leberverfettung S. 152. — h) Cholesterin-Fettleber S. 153. — i) Lipokainfaktor S. 154.
4. Leberverfettung als Ursache und Folge von Leberschädigungen 154
γ) Die Aufgaben der Leber im Fettstoffwechsel 156
1. Die Umesterung der Fettsäuren in der Leber und die Phosphatidbildung . . . 156
a) Die Esterase der Leberzellen S. 156. — b) Phosphatidbildung und Phosphatidabbau in der Leber S. 158.
2. Die Umwandlung der Fettsäuren ineinander und die Angleichung des Nahrungsfettes an das Körperfett 161
3. Fettsäureabbau und Fettsäurebildung in der Leber 164
a) Synthese der Fettsäuren S. 165. — b) Abbau der Fettsäuren in der Leber S. 171. — c) Mechanismus der Fettsynthese und des Fettabbaues S. 177.
α) Aktivierung von Acetat und höheren Fettsäuren S. 179. — β) Kettenverlängerung der Fettsäuren durch Kondensation mit Acetyl-CoA S. 180. — γ) Reduktion der CoA-gebundenen β-Ketofettsäuren S. 182. — δ) Umsetzung zwischen den CoA-Verbindungen der β-Oxyfettsäuren und der α, β-ungesättigten Säuren S. 182. — ε) Bildung der gesättigten CoA-Fettsäuren S. 183.
4. Die Leber im Stoffwechsel der Ketonkörper 183
a) Bildung der Ketonkörper in der Leber S. 183. — b) Steigerung der Ketonkörperbildung in den Leberzellen S. 189. — c) Ketonkörperbildung in der diabetischen Leber S. 191. — d) Ketogene Wirkung des Malonats S. 191. e) Ketogene Wirkung von Ammoniumsalzen S. 193. — f) Alkalotische Ketosis S. 193. — g) Leber und Verwertung der Ketonkörper S. 193. — h) Ketonkörperverwertung als Energiequelle im hungernden und im diabetischen Organismus S. 197.

Seite

δ) Der Cholesterinstoffwechsel der Leber 197

1. Cholesteringehalt des Lebergewebes S. 197. — 2. Die Leber als Cholesterinspeicher S. 199. — 3. Leber und Cholesterinsynthese S. 200. — 4. Cholesterinbildung in der Leber unter verschiedenen biologischen Bedingungen S. 204. — 5. Die Leber als Bildungsstätte des Plasmacholesterins S. 206. — 6. Bildung und Spaltung der Cholesterinester in Leber und Blutplasma S. 207. — 7. Cholesterinabbau in der Leber S. 208. — 8. Cholesterinausscheidung durch die Galle S. 209.

e) Die Leber im Stoffwechsel der Aminosäuren und der Proteine 209

α) Die Leber im Proteinhaushalt 209

1. Die Bildung der Leberproteine 211

a) Aufnahme von Aminosäuren aus dem Blut S. 211. — b) Erneuerungsgeschwindigkeit der Leberproteine S. 213. — c) Proteingehalt der Leber S. 216. — d) Aminosäurezusammensetzung der Leberproteine S. 217. — e) Vermehrung und Verminderung des Proteingehaltes der Leber unter dem Einfluß der Ernährung S. 218.

2. Die Leber und die Erneuerung der Plasmaproteine 223

a) Der Abbau von Plasmaproteinen durch die Leber 224

b) Die Bildung der Plasmaproteine 226

α) Bildung des Serumalbumins S. 227. — β) Die Leber und der Stoffwechsel der Serumglobuline S. 231. — γ) Die Leber im Stoffwechsel der Lipoproteide und Polysaccharide des Blutplasmas S. 232. — δ) Bildung des Fibrinogens S. 233. — ε) Bildung des Prothrombins und des Acceleratorglobulins S. 235. — ζ) Serumfermente und Leberstoffwechsel S. 238.

A. Die Esterase des Blutplasmas S. 238. — B. Die Serumphosphatase S. 240. — C. Die Serumamylase S. 241. — D. Der Arginasegehalt des Serums S. 242. — E. Die Aldolase der Serums S. 242. — F. Die Phosphohexoisomerase S. 242.

3. Serumlabilitätsteste und Leberfunktion. 242

a) TAKATA-Reaktion S. 243. — b) Cadmiumreaktion S. 244. — c) Zinkreaktion nach KUNKEL S. 245. — d) WELTMANNsches Koagulationsband S. 245. e) Thymoltrübungstest S. 245. — f) Kephalin-Cholesterinflockungstest S. 246.

β) Die Leber im Aminosäurestoffwechsel. 247

1. Abbau von Aminosäuren in der Leber 247
a) Die oxydative Desaminierung 248
b) Die Transaminierung 249
c) Aminierung von Ketosäuren durch Glutamin 252
d) Asparaginsäure, Glutaminsäure und Glutamin 252
e) Alanin. 254
f) Glycin (Glykokoll) 255
g) Serin 262
h) Valin 263
i) Leucin 264
k) Isoleucin 265
l) Die schwefelhaltigen Aminosäuren 266
m) Phenylalanin und Tyrosin 277
n) Tryptophan 285
o) Lysin 295
p) Histidin 297
q) Prolin und Oxyprolin 299
r) Ornithin und Arginin 301

2. Die Harnstoffbildung 303

a) Aufnahme von NH_3 durch die Leber S. 303. — b) Mechanismus der Harnstoffbildung S. 305.

f) Die Nucleinsäuren der Leber und ihre Bausteine 310

α) Allgemeines 310

β) Menge, Zusammensetzung und Erneuerungsgeschwindigkeit der Nucleinsäuren in der Leber 311

1. Nucleinsäuregehalt der normalen Leber. 311
2. Zusammensetzung der Lebernucleinsäuren und ihrer Fraktionen 313
3. Umsatzgeschwindigkeit der Nucleinsäurefraktionen der Leber 315
4. Nucleinsäurespaltende Fermente im Lebergewebe 318

Seite

5. Physiologische und pathologische Änderungen im Nucleinsäurestoffwechsel der Leber 320
a) Nucleinsäuregehalt der Leber im Hunger S. 320. — b) Nucleinsäuren der Leber und Proteingehalt der Nahrung S. 321. — c) Unzureichende Blutversorgung S. 322. — d) Gesteigerte sekretorische Tätigkeit S. 322. — e) Wirkung hormonaler Faktoren auf die Lebernucleinsäuren S. 322. — f) Schwangerschaft und die Nucleinsäuren der Leber S. 322. — g) Nucleinsäuregehalt der Leber beim Fetus und beim wachsenden Tier S. 323. — h) Nucleinsäurestoffwechsel des regenerierenden Lebergewebes S. 324. — i) Nucleinsäuren im erkrankten Lebergewebe S. 325.

γ) Adenosinphosphorsäuren und adenylsäurehaltige Dinucleotide im Leberstoffwechsel 327
1. Adenosinphosphate S. 327. — 2. Dinucleotide S. 329.

δ) Die Leber im Stoffwechsel der Purine und Pyrimidine 330
1. Die Verwendung exogener Purine und Pyrimidine für die Bildung von Nucleinsäuren 330
2. Die Purinsynthese in der Leber 332
3. Der Abbau der Purine und ihre Umwandlung in Harnsäure 333
a) Die Desaminierung von Adenin und Guanin S. 334. — b) Die Oxydation von Hypoxanthin und Xanthin S. 334.
4. Die Harnsäuresynthese in der Leber von Vögeln und Reptilien 336
5. Die Bildung von Allantoin 338
6. Der Abbau von Allantoin 340
7. Bildung und Abbau der Pyrimidine im Leberstoffwechsel 341
a) Die Entstehung der Pyrimidine in den Leberzellen S. 341. — b) Abbau der Pyrimidine S. 343.

ε) Bildung und Abbau der Ribose und der Desoxyribose 345

g) Die Leber im Vitaminstoffwechsel 346

α) Allgemeines 346
1. Speicherung S. 346. — 2. Vitaminbildung S. 347. — 3. Vitaminzerstörung S. 347.

β) Vitamin A 347
1. Aufnahme von Vitamin A durch die Leber S. 347. — 2. Die Lokalisierung des Vitamin A-Depots im Lebergewebe S. 350. — 3. Vitamin A-Bildung aus den Provitaminen S. 351. — 4. Vitamin A-Ester als Speicherform von Vitamin A. S. 352. — 5. Leber und Vitamin A-Gehalt des Blutplasmas S. 353. — 6. Vitamin A-Gehalt der Leber des Menschen S. 354. — 7. Vitamin A-Gehalt der Lebern verschiedener Tierarten S. 354. — 8. Vitamin A-Stoffwechsel bei geschädigter Leberfunktion S. 359.

γ) Vitamin D 360
1. Die Leber und die Resorption der D-Vitamine S. 360. — 2. Die Speicherung der D-Vitamine in der Leber und ihre Ausscheidung mit der Galle S. 361. — 3. Der Vitamin D-Gehalt der Fischlebern S. 362.

δ) Vitamin E 363
1. Vitamin E-Gehalt der Leber S. 363. — 2. Schutzwirkung des Tokopherols gegen Nekrosen der Leber S. 365. — 3. Tokopherol und Leberglykogen S. 366. — 4. Vitamin E und die Aktivität der Leberfermente S. 366. — 5. Lebererkrankungen und Tokopherolstoffwechsel S. 368.

ε) Vitamin K 368
1. Die Leber und die Resorption der K-Vitamine S. 368. — 2. Aufnahme von Vitamin K durch die Leber S. 369. — 3. Die Leber als Ort der Prothrombinbildung S. 369. — 4. Die Prothrombinbildung der Leber und die Methylxanthine S. 371. — 5. Bestimmung des Prothrombinspiegels als klinische Leberfunktionsprüfung S. 372. 6. Andere vom Vitamin K beeinflußte Funktionen des Leberstoffwechsels S. 373. — 7. K-Antivitamine im Leberstoffwechsel S. 373.

ζ) Essentielle Fettsäuren 374
1. Die essentiellen Fettsäuren im Lebergewebe S. 374. — 2. Rolle der essentiellen Fettsäuren im Leberstoffwechsel S. 376.

η) Vitamin C 377
1. Ascorbinsäuregehalt der Leber S. 377. — 2. Ascorbinsäuresynthese in der Leber. S 380. — 3. Die Oxydation der Ascorbinsäure und ihre Regeneration in der Leber S. 382. — 4. Die Ascorbinsäure im Kohlenhydrat- und Lipidstoffwechsel der Leber S. 385. — 5. Ascorbinsäure und der Proteinstoffwechsel der Leber S. 386.

ϑ) Vitamin B_1 (Aneurin, Thiamin) 387
1. Vitamin B_1-Gehalt der Leber S. 387. — 2. Phosphorylierung von Vitamin B_1 und Bildung der Cocarboxylase S. 388. — 3. Hepatogene Störungen in der Bildung der Thiaminfermente S. 389. — 4. Leberstoffwechsel bei Vitamin B_1-Mangel und nach Zufuhr überschüssiger Vitamin B_1-Mengen S. 389.

Seite

ι) Vitamin B_2 (Riboflavin, Lactoflavin) 390
1. Vitamin B_2-Gehalt des Lebergewebes S. 390. — 2. Phosphorylierung von Riboflavin S. 392. — 3. Riboflavin und carcinogene Wirkung der Azofarbstoffe S. 393.
κ) Nicotinsäure (Niacin) und Nicotinsäureamid (Niacinamid) 394
1. Gehalt der Leber an Nicotinsäure und an Codehydrogenasen S. 394. — 2. Methylierung und Oxydation von Nicotinsäureamid S. 396. — 3. Synthese von Nicotinsäure im Lebergewebe S. 398. — 4. Nicotinsäuregehalt des Blutes bei Lebererkrankungen S. 398. — 5. Niacinbelastung als Leberfunktionsprüfung S. 399.
λ) Vitamin B_6 (Pyridoxin und verwandte Stoffe) 399
1. Gehalt der Leber an Vitamin B_6 S. 399. — 2. Vitamin B_6 im Stoffwechsel der Aminosäuren und Proteine S. 400. — 3. Vitamin B_6 im Fettstoffwechsel der Leber S. 403. — 4. Oxydation und Inaktivierung von Vitamin B_6 in der Leber S. 403.
μ) Pantothensäure 403
1. Pantothensäuregehalt der Leber und Coenzym A. S. 403. — 2. Umwandlung von Pantothensäure in Coenzym A. S. 406. — 3. Leberstoffwechsel bei Pantothensäuremangel S. 409.
ν) Biotin (Vitamin H) 410
1. Biotingehalt des Lebergewebes S. 410. — 2. Biotin im Leberstoffwechsel S. 411.
ξ) Vitamin B_c (Folsäure und verwandte Stoffe) 413
1. Gehalt des Lebergewebes an Vitamin B_c S. 413. — 2. Funktion der Folsäure im Leberstoffwechsel S. 415.
ο) Vitamin B_{12} (Cobalamin und verwandte Stoffe) 418
1. Vitamin B_{12}-Gehalt der Leber S. 418. — 2. Mechanismus der Speicherung des antianämischen Faktors in der Leber S. 420. — 3. Wirkung von Vitamin B_{12} auf den Leberstoffwechsel S. 421.
h) Die Leber und das endokrine System 422
α) Die Leber als Regulator des Hormongleichgewichtes 422
β) Die Leber als Inaktivator der Steroidhormone 422
1. Die Inaktivierung oestrogener Stoffe in der Leber 423
a) Inaktivierung der Oestrogene durch die in situ befindliche Tierleber S. 423. b) Inaktivierung der Oestrogene in Leberschnitten, bioptischen Proben von Lebergewebe und Leberhomogenaten S. 424. — c) Oestrogeninaktivierung in der geschädigten Leber S. 425. — d) Oestrogeninaktivierung in Abhängigkeit von der Ernährung S. 427. — e) Wege der Oestrogeninaktivierung S. 428. — f) Inaktivierung künstlicher Oestrogene S. 428. — g) Oestrogenausscheidung in der Galle S. 429.
2. Die Inaktivierung von Testosteron in der Leber 429
a) Inaktivierung von Testosteron in vivo S. 429. — b) Inaktivierung von Testosteron durch Schnitte und Homogenate von Lebergewebe S. 430. — c) Der Mechanismus der Testosteroninaktivierung S. 430. — d) Testosteroninaktivierung und Ribonucleinsäuregehalt der Leberzellen S. 433. — e) Testosteroninaktivierung in der geschädigten Leber S. 434. — f) Inaktivierung synthetischer androgener Stoffe S. 434.
3. Die Inaktivierung des Progesterons 434
4. Inaktivierung der Corticosteroide 437
γ) Inaktivierung N-haltiger Hormone in der Leber 439
1. Inaktivierung von Adrenalin 439
2. Das Thyroxin im Leberstoffwechsel 441
a) Abbau und Bindung von Thyroxin S. 441. — b) Die Wirkung von Thyroxin auf den Leberstoffwechsel S. 443.
3. Parathormon 447
4. Insulin 447
5. Hypophysenhormone 449
i) Die Entgiftungsfunktion der Leber 452
a) Adenotropes Hormon S. 449. – b) Thyreotropes Hormon S. 449. — c) Gonadotropes Hormon S. 450. – d) Melanophorenhormon S. 450. — e) Hypophysenhinterlappenhormone S. 450.
α) Allgemeines 452
β) Entgiftung durch Konjugation 455
1. Entgiftung durch Glucuronsäure und Glucuronsäurestoffwechsel der Leber . 455
a) Äther- und Esterglucuronide S. 455. — b) Leber als Ort der Glucuronidbildung S. 456. — c) Glucuronidbildung in der geschädigten Leber S. 456. — d) Einfluß der Ernährung auf die Glucuronidbildung des Lebergewebes S. 457. — e) Mechanismus der Glucuronsäuresynthese S. 458. — f) Aktivierung der Glucuronsäure durch Uridindiphosphat S. 461. — g) Die Glucuronidase der Leber S. 462. — h) Abbau der Glucuronsäure in der Leber S. 463.

Seite

2. Entgiftung durch Überführung in Schwefelsäureester 464
a) Rolle der Leber bei der Bildung der Esterschwefelsäuren S. 464. — b) Beziehung zu anderen Entgiftungsmechanismen der Leberzelle S. 465. — c) Bildung von Esterschwefelsäuren in der geschädigten Leber S. 465. — d) Die exogenen Paarlinge der Estersulfate S. 466. — e) Mechanismus der Bildung von Estersulfaten S. 468.
3. Entgiftung durch Bindung an Aminosäuren 468
a) Bindung an Glycin (Glykokoll) S. 468. — b) Bindung an Glutaminsäure S. 472. — c) Bindung an Ornithin S. 472.
4. Bildung der Merkaptursäuren und Entgiftung aromatischer Kohlenwasserstoffe 472
a) Aromatische Kohlenwasserstoffe im Leberstoffwechsel S. 472. — b) Mechanismus der Merkaptursäurebildung in der Leberzelle S. 474. — c) Beziehungen zum Stoffwechsel der S-haltigen Aminosäuren S. 474. — d) Entgiftung von Selen durch Merkaptursäurebildung S. 475.
5. Acetylierung körperfremder Substanzen 475
a) Bereitstellung der Acetylreste S. 476. — b) Bindung der Acetylreste an die Aminogruppe S. 477.
6. Cyanide und Rhodanide im Leberstoffwechsel 478
a) Entgiftung exogener Cyanide S. 478. — b) Endogenes Cyanid und Rhodanid im Leberstoffwechsel S. 480.
γ) Oxydative, reduktive und hydrolytische Entgiftungsmechanismen der Leber . . 481
1. Oxydative Vorgänge S. 481. — 2. Reduktive Vorgänge S. 483. — 3. Hydrolytische Enzymsysteme S. 484.
δ) Oxydation von Alkoholen und Aldehyden in der Leber 484
1. Die Entgiftung des Äthylalkohols S. 484. — 2. Mechanismus der Alkoholverwertung in der Leber S. 486. — 3) Oxydation des Acetaldehyds S. 489.
ε) Entgiftung des Nicotins 491
k) Die hepatotropen Cancerogene und ihre Wirkung auf den Leberstoffwechsel 493
α) Hepatotrop wirkende cancerogene Stoffe 493
β) Bindung und Abbau cancerogener Stoffe in der Leber 496
1. Bindung der cancerogenen Azofarbstoffe an die Proteine der Leberzellen S. 497. — 2. Abspaltung von Methylgruppen aus Dimethylaminoazobenzol S. 497. 3. Reduktive Spaltung der Azobrücke S. 498. — 4) Deacetylierung von Acetylaminofluoren und Abbau in der Leber S. 499.
γ) Cancerogenese und Leberstoffwechsel 500
1. Beeinflussung der Hepatombildung durch die Ernährung S. 500. — 2. Wirkung der Hepatocancerogene auf den Stoffwechsel der Leberzellen S. 502.
l) Die Leber im Stoffwechsel der Porphyrinsubstanzen und die Ausscheidung der Gallenfarbstoffe 505
α) Die Rolle der Leber bei der Blutbildung 505
β) Der Abbau des Blutfarbstoffes und die Bildung der Gallenfarbstoffe 506
1. Die Leber und der Abbau des Blutfarbstoffes 506
2. Die Bildung von Bilirubin 507
3. Die Ausscheidung der Gallenfarbstoffe in die Galle 508
4. Die Leber und der Bilirubinspiegel im Blutplasma 509
5. Der Ikterus 511
a) Der hämolytische Ikterus S. 511. — b) Der hepatocelluläre Ikterus S. 512.— c) Der Stauungsikterus S. 513.— d) „Direktes“ und „indirektes“ Bilirubin S. 514.
6. Die Ausscheidung von Biliverdin mit der Galle 515
7. Der enterohepatische Kreislauf der Gallenfarbstoffe 516
a) Die Reduktion des Bilirubins S. 517. — b) Die Rückkehr des Gallenfarbstoffs zur Leber S. 520. — c) Die Leber im Stoffwechsel der Urobiline S. 520.
γ) Die Ausscheidung von Abbauprodukten des Myoglobins mit der Galle 521
δ) Dipyrrylfarbstoffe im Stoffwechsel der Leber 522
1. Bilifuscin und Myobilin S. 522. — 2. Propentdyopente und Pentdyopente S. 523.
ε) Die Leber im Stoffwechsel der Porphyrine 523
1. Porphyrinumsatz in der Leber und Ausscheidung von Porphyrinen in der Galle S. 523. — 2. Porphyrinausscheidung bei geschädigter Leber S. 525.
m) Die Galle 527
α) Die Gallenproduktion in der Leber 527
1. Das mikroskopische Bild der Leber während der Gallensekretion S. 527. — 2. Der Sekretionsdruck der Galle S. 528. — 3. Die normale Gallenproduktion der Leber S. 529. — 4. Tagesrhythmen der Gallenproduktion S. 529. — 5. Einfluß der Nahrungsaufnahme auf die Gallensekretion S. 530. — 6. Wirkung der Choleretica S. 531. — 7. Wirkung anorganischer Salze auf die Gallensekretion S. 533. — 8. Verringerung der Gallensekretion durch leberschädigende Stoffe S. 533.

Seite

β) Die Umwandlung der Lebergalle in Blasengalle und die Sekrete der Gallenwege . 534
1. Entstehung der Blasengalle S. 534. — 2. Sekretorische Tätigkeit der Gallenwege und „weiße“ Galle S. 536.

γ) Eigenschaften und Zusammensetzung der Galle 536
1. Allgemeine Eigenschaften 536
2. Chemische Zusammensetzung 537
a) Anorganische Bestandteile S. 538. — b) Aminosäuren und N-haltige Abbauprodukte S. 542. — c) Proteine und Mucine S. 542. — d) Kohlenhydrate S. 543. — e) Enzyme S. 543. — f) Lipide S. 545.

δ) Bildung und Ausscheidung der Gallensäuren 549
1. Gallensäuregehalt der Galle 549
2. Artunterschiede in der Gallensäurebildung 550
3. Vorstufen der Gallensäurebildung 554
4. Die Gallensäuren im Stoffwechsel 556
a) Gekoppelte Gallensäuren S. 557. — b) Beeinflussung der Gallensäurebildung S. 558. — c) Gallensäureproduktion in der geschädigten Leber S. 559. — d) Die Gallensäuren bei Ikterus S. 559.

ε) Ausscheidung exogener Stoffe mit der Galle 560
1. Ausscheidung von Sulfonamiden und antibiotisch wirkenden Stoffen S. 561.
2. Ausscheidung exogener Farbstoffe als Leberfunktionsprobe S. 562.

ζ) Gallensteine 565
1. Zusammensetzung S. 565. — 2. Cholesterinsteine S. 565. — 3. Cholesterin-Pigment-Kalksteine S. 565. — 4. Pigment-Kalksteine S. 566. — 5. Mechanismus der Gallensteinbildung S. 568.

a) Allgemeines.

Die Leber nimmt im Stoffwechsel eine zentrale Stellung ein. Ein großer Teil der vom Darm resorbierten Nahrungsstoffe wird von der Leber vorübergehend aufgenommen und in den Intervallen zwischen den Mahlzeiten langsam wieder an das Blut abgegeben. Die im Anschluß an die einzelnen Mahlzeiten in Form unregelmäßiger Schübe resorbierten Nahrungsmengen werden von der Leber auf diese Weise in einen kontinuierlichen Nahrungsstrom umgewandelt, der den Zellen der Peripherie ihren Bedarf in geeigneter und annähernd gleichbleibender Konzentration zuführt. Auch der Umbau der Nahrungsstoffe im Zwischenstoffwechsel geht zu einem großen Teil in der Leber vor sich. Im Überschuß aufgenommenes Kohlenhydrat wird in der Leber in Fett, im Überschuß aufgenommenes Protein zum Teil in Kohlenhydrat verwandelt. Die Ernährung der übrigen Organe wird auf diese Weise auch in qualitativer Hinsicht unabhängig von der durch wechselnde Umweltfaktoren bedingten Zusammensetzung des resorbierten Nahrungsgemisches. Durch die Anpassungsfähigkeit ihrer Funktion an die jeweilige Stoffwechsellage wird die Leber zu einem wichtigen Faktor bei der Regulation des Wasserhaushalts, der Körpertemperatur und des Säure-Basen-Gleichgewichts. Auch bei der Entgiftung exogener und endogener Gifte spielt die Leber eine wichtige Rolle. Dadurch daß sie, gleichsam als Gegenspieler der endokrinen Drüsen, die im Blute kreisenden Hormone laufend aus dem Blute entfernt, ist sie auch an der Regulation des Hormongleichgewichts beteiligt. Die von der Leber produzierte Galle ist ein für die Resorption der Lipoide wichtiges Verdauungssekret, gleichzeitig aber auch ein Exkret, mit dem zahlreiche im Organismus unverwertbare Stoffwechselschlacken ausgeschieden werden.

α) Größe und Gewicht der Leber.

Die Leber des erwachsenen Menschen wiegt etwa 1550 g, bei Männern wurde als mittleres Lebergewicht 1579 g, bei Frauen 1526 g gefunden[1]. Bei gesunden, durch plötzlichen Unfall verstorbenen Soldaten (durchschnittliches Körpergewicht

[1] VIERORDT, H.: Anatomische, physiologische und physikalische Daten und Tabellen 2. Aufl. S. 20. Jena 1893. — s. a. Bd. 1, Tab. 7, S. 175.

61,9 kg) wurde ein mittleres Lebergewicht von 1772 g festgestellt, während die gleichzeitige Untersuchung von Männern und Frauen aller Altersstufen im Durchschnitt 1455 g ergab[1]. In Prozenten des Körpergewichts betrug das Lebergewicht beim Menschen 2,75%[2] bzw. 2,87%[1], 2,68—3,48%[3], 3,41%[4], 2,34%[5] des Körpergewichts.

Das Lebergewicht des neugeborenen Menschen beträgt etwa 150 g; in Prozenten des Körpergewichts werden für die Leber des Neugeborenen Zahlen angegeben, die zwischen 3,5%[6] und 4,75%[2] schwanken. Mit zunehmendem Alter des Kindes nimmt das relative Lebergewicht allmählich ab, es sinkt bis zum Ende des 1., 7., 14. bzw. 25. Lebensjahres auf 3,7%, 3,5%, 3,2 % bzw. 2,7%. Bezogen auf 100 cm² Körperoberfläche steigt das Lebergewicht hingegen im 1. Lebensjahr von 5,4 g auf 6,3 g und erreicht mit 7 Jahren 7,8 g und mit 25 Jahren 9,8 g[7].

Große Tiere haben relativ kleinere Lebern als kleine Tiere, Fleischfresser meist relativ größere Lebern als Pflanzenfresser. Es besteht eine Korrelation zwischen der Größe der Leber und dem Energieumsatz des Organismus, der seinerseits nicht vom Körpergewicht, sondern von der Körperoberfläche abhängig ist. In Prozenten des Körpergewichts ausgedrückt, beträgt das durchschnittliche Gewicht der frischen Leber beim erwachsenen Pferd[8] 1,43%, beim Rind[8] 1,48%, beim Schwein[8] 1,56%, beim Schaf (1jährig)[8] 2,28%, bei Katzen[8] 3,0% (2,4—4,1%), bei Hunden[8,9] 3,52% (3,31—3,73%) bzw. 3,95% (2,9—4,92%) (kleinere Rassen größere relative Lebergewichte), beim Kaninchen[8,10] 3,47% bzw. 3,4%, beim Meerschweinchen[8] 5,4%, bei der Maus[11] 6,5%. Doch besteht zwischen Körperoberfläche und Lebergewicht keine einfache Proportionalität: Auf 100 cm² Körperoberfläche entfallen bei der Maus 0,85, bei der Ratte 2,9, beim Meerschweinchen 2,8, beim Kaninchen 4,2, bei der Katze 4,0, beim Hund 6,7, beim Schaf 5,7, beim Schwein 6,3, beim Rind 9,4 und beim Menschen 10,4 g Leber[12].

Auch bei Tieren nimmt das relative Lebergewicht während des Wachstums ab: es betrug bei jungen Hunden in der 2. Lebenswoche 4,3%, in der 34. Woche 3,64% und bei erwachsenen Hunden der gleichen Art 2,65% des Körpergewichts[13]. Bei einem 7 Monate alten Schwein betrug das Lebergewicht 1,71%, bei einem 2 Jahre alten 1,06% des Körpergewichts[8]. Kaninchen hatten im Embryonalstadium relativ größere Lebern als nach der Geburt[14].

Die Leber ist größer als dem absoluten Bedarf des Organismus entspricht. Man kann 3/4 der Leber exstirpieren, ohne daß andere Schäden auftreten als gelegentliche Störungen im Pfortaderkreislauf[15]. Gleichwohl folgt auf jede partielle Leberexstirpation eine rasche Regeneration des Leberparenchyms, die so lange anhält, bis die Leber ihr altes Gewicht wieder erreicht hat. Wird statt einer partiellen Leberexstirpation der Strom des Pfortaderblutes so abgelenkt, daß es nur einem Teil der Leber zuströmt, so hypertrophiert nach der Operation der mit Pfortaderblut bevorzugt versorgte Anteil, während der Teil der Leber, der kein Pfortaderblut bekommt, atrophiert; das Gesamtgewicht der Leber bleibt jedoch auch während dieses Vorganges annähernd konstant. Man kann die Hypertrophie des bevorzugt mit Pfortaderblut versorgten Leberteils dadurch verhindern, daß man den Gallengang, der aus diesem Anteil kommt, abbindet; in diesem Falle unterbleibt aber auch die Atrophie des Leberteils, der kein Pfortaderblut bekommt und auch in diesem Falle bleibt das Lebergewicht

[1] Rössle, R.: Jkurse ärztl. Fortbild. **1919**, Jan.-Heft [Junkersdorf, P.: Pflügers Arch. **186**, 238 (1921)]. — [2] s. Fußnote [1] S. 8. — [3] Widdowson, E. M., R. A. McCance and C. M. Spray: Clin. Sci. **10**, 113 (1951). — [4] Mitchell, H. H., T. S. Hamilton, F. R. Steggerda and H. W. Bean: J. biol. Ch. **158**, 625 (1945). — [5] Forbes, R. M., A. R. Cooper and H. H. Mitchell: J. biol. Ch. **203**, 359 (1953). — [6] Cramer, A.: Z. Biol. **24**, 67 (1888). — [7] Roger, G. H.: Traité de physiologie. Paris 1939. — [8] Porcherel, A.: C. R. Soc. Biol. **93**, 87 (1925). — [9] Profitlich, W.: Pflügers Arch. **119**, 465 (1907). — [10] Bleyer, L., u. W. Berger: Z. ges. exp. Med. **43**, 58 (1924). — [11] McLachlan, P. L., H. C. Hodge, W. R. Bloor, E. A. Welch, F. L. Truax and J. D. Taylor: J. biol. Ch. **143**, 473 (1942). — [12] Richet, C.: Arch. Physiol., Paris **26**, 232 (1894). — [13] Gerhartz, H.: Pflügers Arch. **135**, 160 (1910). — [14] Hrachovec, J.: Cr. **237**, 1774 (1953). — [15] Ponfick, E.: Virchows Arch. **118**, 209 (1889); **119**, 193 (1890).

unverändert[1]. Obwohl also die Leber größer ist als es für den Organismus absolut notwendig wäre, wird doch ein bestimmtes, für das betreffende Individuum charakteristisches Verhältnis zwischen Körpergewicht und Lebergewicht mit großer Zähigkeit festgehalten.

Größe und Gewicht der Leber zeigen auch bei der gleichen Tierart und bei gleichem Lebensalter große individuelle Differenzen. Sie sind auch beim gleichen Individuum nicht konstant, sondern unterliegen Schwankungen, die mit der jeweiligen funktionellen Beanspruchung des Organs in Zusammenhang stehen. Überernährung führt im allgemeinen zu einer Zunahme, Hunger zu einer Abnahme des relativen Lebergewichts.

Zufuhr eines extrem kohlenhydratreichen Futters durch die Sonde steigerte bei Ratten das relative Lebergewicht im Durchschnitt von 3% auf 4,1%, während die Zufuhr großer Mengen Fett einen Anstieg auf 3,8% zur Folge hatte[2]. Das Gewicht der Leber hungernder Mäuse sank von 6,5% auf 3% des Körpergewichts ab und erreichte am 4. Hungertag 52% des Anfangsgewichts[3]. Bei Hunden fiel das relative Lebergewicht in 11 Hungertagen von 3,3% auf 2,7%[4], nach 28 Hungertagen auf 1,5%[5] bzw. 1,94%[6] des Körpergewichts. Bei durch Hunger verursachter Abmagerung um 30—40% des Körpergewichts sank bei verschiedenen Versuchstieren das Lebergewicht um 50—60%, das Gewicht der Niere um 30—40%, das der Muskulatur um 10—15%[7]. Auch beim Menschen senken schlechte Ernährungsverhältnisse das Lebergewicht[8].

Bei Erkrankungen kann das Lebergewicht in weiten Grenzen schwanken. Pathologische Fettansammlung kann das Lebergewicht beträchtlich ansteigen lassen. Bei pankreasektomierten, cholinfrei ernährten Hunden entwickelten sich Fettlebern, deren Gewicht 7,2—10,8% des Körpergewichts betrug[9]. Bei der Untersuchung von 43 menschlichen Lebern (pathologisches Sektionsmaterial) wurden Lebergewichte zwischen 600 g (Leberatrophie, atrophische Cirrhosen, degenerative Leberverfettung u. a.) und 2750 g (hypertrophische Cirrhosen, trübe Schwellung, Fettleber u. a.) beobachtet[8]. Bei Hepatomegalien verschiedener Art kann jedoch ein Mehrfaches dieses Wertes erreicht werden.

Die unter physiologischen Bedingungen auftretenden Volumveränderungen der Leber sind teils durch die wechselnde Blutfüllung des Organs, teils durch Volumänderungen der Leberzellen selbst verursacht. Andauernder Nahrungsmangel verringert die Größe der Leberzellen[10], ihr Durchmesser kann bis auf die Hälfte, der Durchmesser der Zellkerne bis auf $^1/_3$ des Normalwertes absinken[11]. Bei schwerer, langdauernder Unterernährung gehen außerdem auch Parenchymzellen, insbesondere im Zentrum der Läppchen, zugrunde. Durch die Verkleinerung der Leberzellen wird das Bindegewebsgerüst der Leber zu weit, und die Leber erscheint sodann weich und schlaff. — Anderseits ist auch die bei Überernährung mit Fett oder Kohlenhydrat beobachtete physiologische Zunahme des Lebervolumens vor allem auf eine Vergrößerung der einzelnen Leberzellen zurückzuführen. Dadurch wächst das Volumen der einzelnen Läppchen, ohne daß die Anzahl der Läppchen vermehrt sein müßte.

---

[1] Rous, P., and L. D. Larimore: J. exp. Med. **31**, 609 (1920). — Rous, P., and P. D. McMaster: J. exp. Med. **39**, 425 (1924). — [2] Simkin, B., R. H. Broh-Kahn and I. A. Mirsky: Arch. Biochem. **24**, 422 (1949). — [3] McLachlan, P. L., H. C. Hodge, W. R. Bloor, E. A. Welch, F. L. Truax and J. D. Taylor: J. biol. Ch. **143**, 473 (1942). — [4] Junkersdorf, P.: Pflügers Arch. **186**, 238 (1921). — [5] Pflüger, E.: Pflügers Arch. **119**, 117 (1907). — [6] Schöndorff, B.: Pflügers Arch. **67**, 438 (1897). — [7] Voit, E.: Z. Biol. **46**, 167 (1905). — [8] Hoppe-Seyler, G.: H. **116**, 67 (1921). — [9] Kaplan, A., and I. L. Chaikoff: J. biol. Ch. **108**, 201 (1935). — [10] Mühlmann, M.: Zbl. allg. Path. **10**, 160 (1899). — [11] Morpurgo, B.: Beitr. path. Anat. **4**, 313 (1889).

Hypophysektomie verursacht eine Verkleinerung der Leber, die vor allem durch verringerte Nahrungsaufnahme verursacht ist, denn bei zwangsweiser Zufuhr normaler Nahrungsmengen entsprach das Lebergewicht hypophysenloser Ratten dem normaler Kontrolltiere[1]. Parenterale Verabreichung von Vorderlappenextrakten führt zu einer Vergrößerung des Lebergewichts, die wahrscheinlich durch kombinierte Wirkung verschiedener Hypophysenhormone zustande kommt[2]. Verabreichung von reinem Wachstumshormon verursacht bei normalen Tieren, nicht aber bei hypophysektomierten Tieren ein disproportioniertes Wachstum der Leber[3].

β) Der histologische Bau der Leber.

1. Der Bau des Leberparenchyms.

Das Leberparenchym besteht aus polygonalen ein- oder mehrkernigen Zellen, deren Durchmesser 14—20 μ und deren Volumen etwa $5 \cdot 10^3 \mu^3$ beträgt. Der Durchmesser des Kerns betrug bei einkernigen Parenchymzellen aus normaler Kaninchenleber 6,7—12,7 μ, bei zweikernigen Zellen 6,7—10,7 μ (Häufigkeitsmaximum in beiden Fällen 7,5 μ)[4]. An fixierten Präparaten von Rattenleber betrug das durchschnittliche Volumen einer Parenchymzelle 6,19 ($\pm$ 0,24) $\cdot 10^3 \mu^3$, das durchschnittliche Volumen der Zellkerne 0,33 ($\pm$ 0,14) $\cdot 10^3 \mu^3$ s.[5]. Der Zellkern nimmt also etwa $^1/_{19}$ des Zellvolumens ein. Die Anzahl der in der menschlichen Leber enthaltenen Zellen wird auf 250 Milliarden geschätzt.

Mehrere Hunderttausend bis zu einer Million Zellen sind jeweils zu einer größeren funktionellen Einheit, dem Leberläppchen, zusammengefaßt[6]. Die Leberläppchen haben die Gestalt unregelmäßiger polygonaler Prismen, ihr Durchmesser beträgt beim Menschen etwa 0,5—2 mm, ihr Volumen im Durchschnitt 0,5 mm³. Die Leber des erwachsenen Menschen besteht aus mehreren Millionen derartiger Läppchen. Bei einer Hundeleber im Volumen von 175 cm³ wurde die Anzahl der Leberläppchen auf 480000 berechnet[7].

Die Zellen sind im Läppchen paarweise in anastomosierenden Säulen (sog. Leberzellbalken) angeordnet, die, von einer die Mitte des Läppchens der Länge nach durchlaufenden Achse aus, strahlenförmig zu den Seitenflächen des Läppchens auslaufen. In neuerer Zeit ist angenommen worden, daß die im Schnitt als Säulen imponierenden Zellbalken in Wirklichkeit einschichtige anastomosierende Zellplatten sind, die von der Achse des Läppchens aus zur Peripherie hin ausstrahlen[8] (vgl. Abb. 1). In der Achse des Läppchens, dort wo die Zellbalken zusammentreffen, verläuft die Vena centralis.

Die Leberläppchen sind beim Menschen nur unvollständig durch Bindegewebe gegeneinander abgegrenzt; nur an den Kanten, an denen 3 oder mehrere Läppchen zusammenstoßen, verläuft Bindegewebe, das neben den Gallengängen die Verästelungen der Pfortader und der Leberarterie enthält. Von diesen interlobulären Verzweigungen der Pfortader und der Leberarterie dringen blutgefüllte, miteinander anastomosierende Hohlräume (Sinusoide) in die Läppchen ein, laufen zwischen den Leberzellbalken hindurch konzentrisch zur Mitte des Läppchens und münden schließlich dort, wo die Leberzellbalken zusammenstoßen, in die Zentralvene des Läppchens ein. Die Sinusoide enthalten ein Gemisch von arteriellem und Pfortaderblut, das die Leberzellbalken auf diese Weise ihrer ganzen Länge nach bis zur Achse des Läppchens umströmt. Die in der Achse des Läppchens verlaufende Zentralvene sammelt das aus den Sinusoiden kommende Blut und führt es in größere Sammelgefäße (sog. sublobuläre Venen) über, die sich schließlich zur Lebervene vereinigen. Die Lebervene leitet das Blut zur Vena cava caudalis und damit zum rechten Herzen.

Die Leberzellpaare, die die Zellbalken bilden, zeigen an der einander zugekehrten Seite je eine rinnenförmige Vertiefung; dadurch entsteht zwischen je 2 Leberzellen ein röhren-

[1] Levin, L.: Amer. J. Physiol. **141**, 143 (1944). — [2] Selye, H., and K. Nielsen: Endocrinology **35**, 207 (1944). — [3] Li, C. H., and H. M. Evans: Recent Progr. Hormone Res. **3**, 3 (1948). — [4] Clara, M.: Z. mikroskop.-anat. Forsch. **26**, 45 (1931). — [5] Harkness, R. D.: J. Physiol., London **117**, 257 (1952). — [6] Wepfer, J. J.: De dubiis anatomicis epistola ad J. H. Paullum. Nürnberg 1664. — Kiernan, F.: The anatomy and physiology of the liver. Philos. Trans. R. Soc. **1**, 109 (1833). — [7] Mall, F. P.: Amer. J. Anat. **5**, 227 (1906). — [8] Elias, H.: Amer. J. Anat. **84**, 311; **85**, 379 (1949). Anat. Anz. **96**, 454 (1947/48). Anat. Nachr. **1**, 8 (1949/51). Science, N. Y. **110**, 470 (1949). — Elias, H., and D. Petty: Amer. J. Anat. **90**, 59 (1952).

förmiger Hohlraum, der sich durch den ganzen Zellbalken fortsetzt. In diesen röhrenförmigen Hohlraum scheiden die Leberzellen die Galle aus. Die Galle fließt in diesen im Zentrum des Läppchens blind endigenden, miteinander anastomosierenden Hohlräume von der Achse zur Peripherie des Läppchens durch den ganzen Zellbalken hindurch. An der Oberfläche

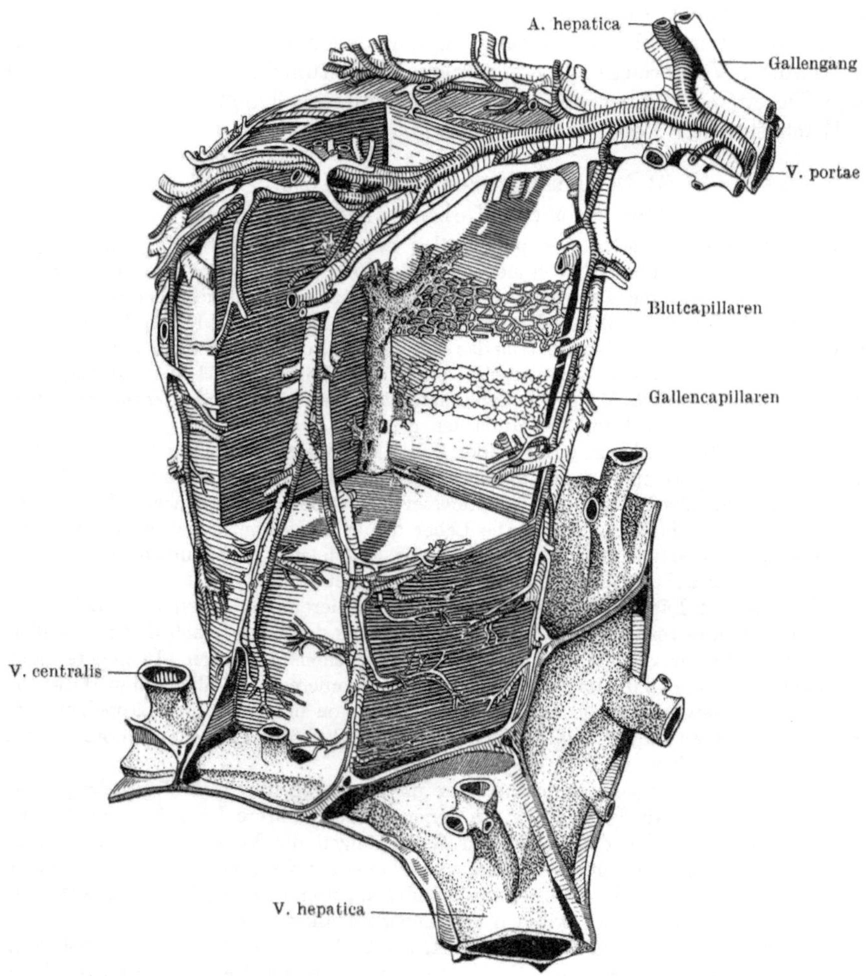

Abb. 1. Läppchen aus der Leber des Schweins. Ein Leberläppchen ist plastisch wiedergegeben. Keilförmiger Ausschnitt mit schematisch eingetragenen Netzen der intralobulären Gallencapillaren und Sinusoide. Im Hintergrund des keilförmigen Ausschnittes die Zentralvene, die nach abwärts verlaufend in sublobuläre Venen und schließlich in die Vena hepatica einmündet. Im Vordergrund abgeschnittene Stümpfe von Zentralvenen anderer Leberläppchen (Vergrößerung etwa 400fach.)[1].

der Läppchen münden die Gallencapillaren in schmale mit niedrigem kubischem Epithel ausgekleidete Röhrchen (CLARAsche Zwischenstücke) aus[2], die schließlich in die interlobulären Gallengänge übergehen. Das Leberläppchen ist also nach dem auch in der Technik oft verwendeten Prinzip des Gegenstroms gebaut: Das Blut fließt in den Sinusoiden in zentripetaler Richtung von den interlobulären Blutgefäßen zur Zentralvene, während die Galle in den dazwischenliegenden intralobulären Gallengängen in entgegengesetzter, also zentrifugaler Richtung von der Achse des Läppchens zur Peripherie und zu den im interlobulären Bindegewebe befindlichen Gallengängen abströmt.

---

[1] BRAUS, H: Anatomie des Menschen. 2. Aufl. Bd. 2. Abb. 116, S. 322. Berlin 1934. —
[2] CLARA, M.: Z. mikroskop.-anat. Forsch. **20**, 584 (1930).

2. Die KUPFFERschen Sternzellen[1].

Die zwischen den Zellbalken verlaufenden blutgefüllten Hohlräume (Sinusoide) sind im Gegensatz zu den Blutcapillaren der übrigen Gewebe nicht mit einer zusammenhängenden Schicht von Endothelzellen ausgekleidet. Ihrer von einem Gitterfaserrohr gebildeten Wandung liegen innen in unregelmäßigen Abständen Zellen an. Ein Teil dieser Zellen hat große Kerne, die bei der Vitalfärbung von sternförmig verzweigten Protoplasmaausläufern umgeben erscheinen (KUPFFERsche Sternzellen). Die Sternzellen ragen in den Blutstrom hinein, der die Sinusoide passiert, und haben (im Gegensatz zu den Zellen des gewöhnlichen Capillarendothels) die Fähigkeit, vom Blutstrom vorbeigetriebene feste Partikel aus dem Blute abzufangen. Als Folge dieser phagocytären Funktion enthalten sie häufig Reste zerfallener Erythrocyten und als Überrest abgebauten Blutfarbstoffs eisenhaltige Granula. Auch in das

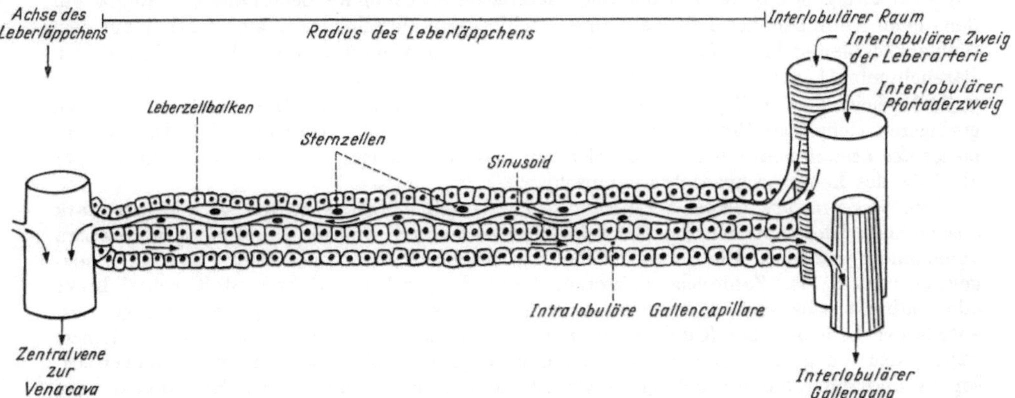

Abb. 2. Funktionelles Schema der Leberstruktur. Rechts: Rand des Leberläppchens mit dem Gallengang und den interlobulären Verzweigungen der Leberarterie und der Pfortader. Links: Achse des Läppchens mit der Zentralvene. Der Zwischenraum ist von Leberzellbalken erfüllt, von denen einige auf dem Bilde schematisch dargestellt sind. Das von der Pfortader und der Leberarterie kommende Blut vermischt sich in den zwischen den Leberzellbalken verlaufenden Blutcapillaren (Sinusoiden) mit dem Blut der Leberarterie. Das Blutgemisch fließt zwischen den Zellbalken hindurch, wobei die in das Lumen der Capillaren hineinragenden Sternzellen mit dem Blutstrom in enge Berührung gelangen und infolge der Wirbelbildung die vorbeigeschwemmten, geformten Partikel besonders leicht auffangen können. Die Leberzellen stehen mit dem durch die Sinusoide hindurchfließenden Blut in Berührung, und die Erneuerung der Blutbestandteile und die Einregulierung ihrer Konzentration im Blut erfolgt längs dieser Berührungsfläche, deren Größe für die menschliche Leber auf etwa 50 m^2 veranschlagt werden kann. Die Galle wird in schmale, zwischen den Leberzellen ausgesparte Gänge (Gallencapillaren) ausgeschieden und fließt in diesen an den Leberzellbalken entlang zu den interlobulären Gallengängen. Das Blut strömt also vom Rand der Leberläppchen zur Zentralvene, die Galle von der Achse des Leberläppchens zu seiner Peripherie.

Blut injizierte kolloidale oder grobdisperse Stoffe werden von den Sternzellen aus dem vorbeifließenden Blut aufgenommen. Neben den Sternzellen enthält die Auskleidung der Sinusoide auch Zellen mit kleinen dunklen Kernen, die jedoch nur eine geringe phagocytäre Aktivität zeigen.

Bekanntlich hat ASCHOFF die KUPFFERschen Sternzellen der Leber mit ähnlichen in den Lymphknoten und in der Milz befindlichen Zellen zu einer funktionellen Einheit zusammengefaßt und diese mit dem Namen *reticulo-endotheliales System* (RES) bezeichnet. Die biologische Bedeutung der KUPFFERschen Sternzellen scheint darin zu bestehen, daß sie Erythrocyten, die am Ende ihrer Lebenszeit angelangt sind sowie im Blutplasma suspendierte blutfremde Partikel aus dem Blut entnehmen und abbauen. Ein Teil der Abbauprodukte wird an die benachbarten Leberzellen weitergegeben und dort weiter verarbeitet oder in die Galle ausgeschieden. Ob sich die Aufgabe der Sternzellen auf diese „Zuträgerrolle" beschränkt, ist nicht erwiesen. Aus histologischen Beobachtungen ist geschlossen worden, daß die Sternzellen durch zwischen den Parenchymzellen verlaufende Ausläufer direkt mit den Gallenkanälchen in Verbindung treten können[2].

Das Vorhandensein offener, perisinusoidaler Spalträume (DISSEsche Räume) zwischen der die Auskleidung der Sinusoide bildenden Membran und den Zellen des Leberparenchyms,

[1] KUPFFER, C. v.: Arch. mikroskop. Anat. **12**, 353 (1876); **54**, 254 (1899). — [2] PFUHL, W.: Anat. Anz. **86**, 273 (1938).

das früher auf Grund der Untersuchung von Sektionsmaterial angenommen worden war, konnte bei den Untersuchungen von Lebern plötzlich verstorbener Menschen nicht bestätigt werden[1].

3. Das Leberstroma.

Die die Leber umhüllende bindegewebige Kapsel[2] sowie die bindegewebige Umhüllung der Blutgefäße, Nerven und Gallengänge enthält kollagene Fasern, die in ihren chemischen und färberischen Eigenschaften mit dem Bindegewebe der anderen Organe übereinstimmen. Die innere Struktur der einzelnen Läppchen wird durch ein Geflecht von Reticulinfasern [argyrophilen Fibrillen, Gitterfasern (OPPEL)] verfestigt, die die Sinusoide in Form röhrenförmiger Netze umhüllen. Die Gesamtmenge des Kollagens betrug bei der normalen Ratte 157 mg-% der frischen Lebersubstanz (Bestimmungen nach der Oxyprolinmethode)[3]. Davon entfielen 21 mg-% auf die von der Leberoberfläche abschabbare Leberkapsel, 67 mg-% auf den, beim Aufreiben der Leber auf eine durchlöcherte Metallplatte in einem Stück auf dem Sieb zurückbleibenden Gefäßbaum und 69 mg-% auf den durch das Sieb hindurchgepreßten Parenchymbrei[4]. Das auch in anderen Geweben weit verbreitete *Reticulin* (vgl. Bd. 1, S. 727) scheint dem Kollagen nahezustehen[5], unterscheidet sich von ihm jedoch durch seinen geringeren Gehalt an Prolin und Oxyprolin[6] und seinen hohen Cystingehalt[7]. Die *Gesamtmenge des Leberstromas* einschließlich Gefäßen und Gallengangssystem usw. wird auf weniger als 10% des Leberfrischgewichts veranschlagt[8].

Das *bindegewebige Gerüst der Leber* ist bei verschiedenen Tierarten verschieden stark ausgebildet: Die Läppchen der Schweineleber sind durch vollständige Bindegewebssepten voneinander getrennt. Die normale Leber des Menschen ist dagegen relativ arm an Bindegewebe (vgl. S. 11). Zahlreiche Faktoren, die die Leberzellen und ihren Stoffwechsel direkt oder indirekt schädigen, können zu einer pathologischen Vermehrung des Bindegewebsanteils des Lebergewebes (Cirrhose) führen. Die Bindegewebsvermehrung kann die Leberkapsel, das die großen Gefäße begleitende Bindegewebe, die interlobulären Bindegewebssepten und auch die intralobulären Gerüstfasern betreffen und durch Kompression des Parenchyms, Verringerung der Durchblutung, Hemmung des Gallenabflusses weitere Schädigung der Leberfunktion zur Folge haben.

γ) Die Blutversorgung der Leber.

1. Die Stellung der Leber im Blutkreislauf.

Neben Thyroidea und Nieren gehört die Leber zu den am besten mit Blut versorgten Organen. Das die Leber durchströmende Blutvolumen wird (je min und 100 g Organ) beim Menschen auf etwa 80 cm^3 geschätzt[9-11]. Bei 23 rekonvaleszenten Menschen durchführte Messungen ergaben im Durchschnitt eine Leberdurchblutung von 1500 cm^3/min (1085 bis 1845 cm^3/min[12] bzw. 0,8—1 *l*/min/m^2 Körperoberfläche)[13]. Durchströmungsversuche mit durch Nekropsie erhaltenen menschlichen Lebern ergaben für die durch Pfortader und Leberarterie strömende Gesamtblutmenge 2420 cm^3/min[14]. Die Tagesmenge des die menschliche Leber passierenden Blutes wird auf 2000 *l* geschätzt, wovon 1200 *l* auf die Pfortader und 800 *l* auf die Leberarterie entfallen. Bei Hunden durchgeführte Messungen ergaben, daß das die Leber durchströmende Blutvolumen 62—75 cm^3/min und 100 g Lebergewebe betrug[15,16]. Der Blutgehalt der gesunden Leber beträgt bei normalem Kreislauf etwa $^1/_3$ ihres Gesamtgewichts und mehr als die Hälfte des Gewichts des blutfreien Parenchyms der Leber.

[1] POPPER, H.: Arch. Path., Chicago **46**, 132 (1948). — [2] GLISSON, F.: Anatomia hepatis. London 1654. — [3] NEUMAN, R. E., and M. A. LOGAN: J. biol. Ch. **186**, 549 (1950). — [4] HARKNESS, M. L., and R. D. HARKNESS: J. Physiol., London **120**, 6 P (1953); **123**, 482 (1954). — [5] HERINGA, G. C., and A. WEIDINGER: Acta neerl. Morphol. **4**, 291 (1942). — [6] BOWES, J. H., and R. H. KENTEN: Biochem. J. **45**, 281 (1949). — [7] JUDITZKAJA, A. I.: Biochimija, Moskau **14**, 97 (1949) [C. **1950 I**, 566]. — [8] JACKSON, C. M.: J. exp. Zool. **19**, 99 (1915). — PFUHL, W.: Z. Anat. (I) **62**, 153 (1921). — [9] BURTON-OPITZ, R.: Pflügers Arch. **121**, 150 (1908). — [10] BURTON-OPITZ, R.: Quart. J. exp. Physiol. **3**, 297 (1910); **4**, 113 (1911); **5**, 83 (1912); **7**, 57 (1914). — [11] MACLEOD, J. J. R., and R. G. PEARCE: Amer. J. Physiol. **35**, 87 (1914). — [12] BRADLEY, S. E., F. J. INGELFINGER, G. P. BRADLEY and J. J. CURRY: J. clin. Invest. **24**, 890 (1945). — [13] MYERS, J. D.: J. clin. Invest. **26**, 1130 (1947). — [14] DOCK, W.: Trans. Ass. amer. Physicans **57**, 302 (1942). — [15] GRAB, W., S. JANSSEN u. H. REIN: Kli. Wo. **1929 II**, 1539. — [16] LIPSCOMB, A., and L. A. CRANDALL jr.: Amer. J. Physiol. **148**, 302 (1947).

Mit Hilfe der Bromsulphaleinmethode von verschiedenen[1–4] Autoren durchgeführte Messungen der Leberdurchblutung ergaben bei normalen Hunden im Durchschnitt je min und kg Körpergewicht 31 cm^3 s.[1], 42 cm^3 s.[3], 37 cm^3 s.[4]; je 1 m^2 Körperoberfläche 1140 cm^3 s.[2] bzw. 970 cm^3 s.[4]; je 100 g Leber 140 cm^3 s.[2] bzw. 156 cm^3 s.[4].

Das Blut fließt der Leber teils durch die Vena portae, teils durch die Leberarterie zu. Die Pfortader führt der Leber Blut zu, das sie aus den Capillarsystemen von Magen und Darm, Pankreas und Milz gesammelt hat. Die Arteria hepatica bringt der Leber dagegen frisches sauerstoffreiches Blut aus der Arteria coeliaca.

Das Pfortaderblut steht, da es bereits ein Capillarsystem passiert hat, unter geringerem Druck als das Blut der Leberarterie. Der Pfortaderdruck beträgt bei der Katze 80—110 mm H_2O[5]. Direkte Messungen des Drucks in der Vena lienalis ergaben bei laparatomierten Menschen 70—220 mm H_2O[6] bzw. 50—300 mm H_2O[7]. Beim normalen Hund betrugen die Durchschnittswerte für den Druck in der Pfortader, in der Lebervene und in der Vena cava abdominalis 72 mm, 21 mm und 18 mm 0,9% NaCl-Lösung[8]. Der Pfortaderdruck ist also höher als der der peripheren Venen, jedoch 8—9mal geringer als der der Leberarterie[9,10]. Das lagunenartige Capillarsystem der Sinusoide bietet dem Blutstrom jedoch nur geringen Widerstand, so daß der geringe Druck des Pfortaderblutes genügt, um den Blutstrom die Leber passieren zu lassen.

Infolge des geringeren Druckes ist die lineare Strömungsgeschwindigkeit des Pfortaderblutes geringer als die des Blutes der Leberarterie. Die Strömungsgeschwindigkeit in der Leberarterie beträgt 15—25 cm/sec.

Der Querschnitt der Pfortader ist beim Menschen und den gebräuchlichen Laboratoriumstieren etwa 8—9mal größer als der der Arteria hepatica. Trotz der geringeren Strömungsgeschwindigkeit des Pfortaderblutes bringt die Pfortader daher weit mehr Blut zur Leber als die Leberarterie. Im Durchschnitt entfallen beim Hund etwa 80% des in die Leber einströmenden Blutes auf die Vena portae, 20% (12—35%) auf die Leberarterie[5,11–15]. Etwa 40% des Sauerstoffbedarfs der Leber wird vom Blute der Leberarterie und etwa 60% vom Pfortaderblut gedeckt[12,15,16].

Das aus der Leber abströmende Blut gelangt in die Vena cava caudalis. Über die Hälfte (50—73%) des durch die Vena cava caudalis thoracalis dem Herzen zuströmenden Blutes kommt aus der Leber[9,13].

Die Blutzufuhr von der Pfortader und der Leberarterie unterliegt einer wechselseitigen nervösen Regulation, die die aus diesen beiden Gefäßen der Leber zuströmenden Blutmengen aufeinander abstimmt und dadurch eine zureichende Blutversorgung des Lebergewebes gewährleistet[15,17]. Mechanische Verengung der Pfortader steigert die von der Arteria hepatica einströmende Blutmenge[15].

Die Durchblutung des Leberläppchens erfolgt beim Frosch und bei der Ratte in alternierenden Phasen, wobei die Sinusoide mit Blut gefüllt und dann wieder entleert werden[18].

---

[1] Heineman, H., C. McC. Smythe and P. A. Marks: J. clin. Invest. **31**, 637 (1952). — [2] Werner, A. Y., and S. M. Horvath: Fed. Proc. **10**, 145 (1951). — [3] Pratt, E. B., F. D. Burdick and J. H. Holmes: Amer. J. Physiol. **171**, 471 (1952). — [4] Casselman, W. G. B., and A. M. Rappaport: J. Physiol., London **124**, 173, 183 (1954). — [5] McMichael, J.: J. Physiol., London **75**, 241 (1932). — [6] Rousselot, L. M.: Bull. N. Y. Acad. Med. **15**, 188 (1939). — [7] Taylor, F. W., and H. L. Egbert: Surg., Gynec. Obstet. **92**, 64 (1951). — Vgl. a. Saegesser, M.: Schweiz. med. Wschr. **84**, 359 (1954). — [8] Wakim, K. G.: Amer. J. Med. **16**, 256 (1954). — [9] Burton-Opitz, R.: Pflügers Arch. **121**, 150 (1908). — [10] Burton-Opitz, R.: Quart. J. exp. Physiol. **3**, 297 (1910); **4**, 113 (1911); **5**, 83 (1912); **7**, 57 (1914). — [11] Macleod, J. J. R., and R. G. Pearce: Amer. J. Physiol. **35**, 87 (1914). — [12] Barcroft, J., and L. E. Shore: J. Physiol., London **45**, 296 (1912). — [13] Grab, W., S. Janssen u. H. Rein: Kli. Wo. **1929 II**, 1539. Z. Biol. **89**, 324 (1930). — [14] McMaster, P. D., and R. Elman: J. exp. Med. **44**, 173 (1926). — Bauer, W., H. H. Dale, L. T. Poulson and D. W. Richards: J. Physiol., London **74**, 343 (1932). — Snyder, C. D.: Amer. J. Physiol. **118**, 345 (1937). — McMichael, J.: Quart. J. exp. Physiol. **27**, 73 (1937). — Grindlay, J. H., J. F. Herrick and F. C. Mann: Amer. J. Physiol. **132**, 489 (1941). — [15] Schwiegk, H.: A. e. P. P. **168**, 693 (1932). — [16] Blalock, A., and M. F. Mason: Amer. J. Physiol. **117**, 328 (1936). — [17] Tanturi, C. A., and A. C. Ivy: Amer. J. Physiol. **121**, 61 (1938). — Gebhardt, F.: Z. ges. exp. Med. **106**, 468 (1939). — [18] Wakim, K. G.: Proc. Staff Meet. Mayo Clinic **16**, 198 (1941). Amer. Heart J. **27**, 289 (1944). — Wakim, K. G., and F. C. Mann: Anat. Rec. **82**, 233 (1942).

In der Leber des Hundes treten spontane rhythmische Schwankungen der Durchblutung auf[1], die auch in den Darmvenen, nicht aber in den Darmarterien auftreten. Erwärmung des ganzen Tieres (Heizkasten) setzt die Pfortaderdurchblutung herab, Abkühlung des ganzen Tieres steigert dagegen die Pfortaderdurchblutung[2]. Die Durchblutung der Leberarterien kann hierbei stark wechseln. Dagegen steigert künstliches Fieber, hervorgerufen durch intravenöse Injektion von β-Tetrahydronaphthylamin (*1,2,3,4*-Tetrahydronaphthylamin-*2*), sowohl die Durchblutung der Pfortader als auch die der Leberarterie. Ebenso steigert auch lokale Wärmeapplikation auf die über der Leber gelegene Haut die Leberdurchblutung. Injektion von Nährlösungen in den Darm vermehrt die Pfortaderdurchblutung, intravenöse Injektion von Traubenzucker oder milchsauren Salzen steigert auch die der Leber aus der Leberarterie zuströmende Blutmenge[2].

Reizung der Lebernerven verursacht Vasoconstriction der Lebergefäße und verringert die Leberdurchblutung[3,4]. Anstieg des Blutdrucks im großen Kreislauf steigert dagegen die die Leber durchfließende Blutmenge und verursacht eine Dilatation der Lebergefäße[3].

Tabelle 1. Die Größe der Leberdurchblutung bei Hunden[5].

Versuch	Körpergewicht kg	Lebergewicht g	In die Leber einströmendes Blut: Leberarterie cm³/min	In die Leber einströmendes Blut: Pfortader cm³/min	Vena cava caudalis abd. cm³/min	Vena cava caudalis thor. cm³/min	Aus der Leber ausströmendes Blut (Differenz) cm³/min
1	11	420	55	190	150	410	260
2	8	380	30	210	310	550	240
3	7,8	300	40	134	60	250	190
4	12,0	494	65	340	340	860	520
5	9,0	260	40	125	120	308	188

Senkung des Blutdrucks verursacht reflektorische Vasoconstriction der Lebergefäße; die afferenten Fasern dieses Reflexbogens verlaufen vom Carotis-Sinus über den linken Vagus, die efferenten Fasern gehen über den Plexus coeliacus zur Leber[6]. Die Wirkung des Adrenalins auf die Leberdurchblutung ist komplex, es werden je nach der Größe der Dosis und den sonstigen Versuchsbedingungen Senkungen[7] oder Steigerungen[8] der Leberdurchblutung beobachtet: Bei intravenöser Applikation wird die Leberdurchblutung infolge der Blutdrucksteigerung meist erhöht, während bei intraportaler Injektion die Leberdurchblutung infolge der direkten Wirkung auf die Lebergefäße sinkt[6,9].

2. Die Leber als Blutspeicher.

Bei normalem Kreislauf enthält die normale Leber des Menschen etwa 500 g Blut[10]. Durch Erweiterung ihres Capillarsystems kann sie jedoch weit größere Blutmengen (nach Barcroft[11] etwa 20% der Gesamtblutmenge) speichern. Bei manchen Tieren, insbesondere beim Hund, wird die Menge des aus der Leber ausfließenden Blutes durch aus glatter Muskulatur bestehende Sperren in der Wand der Lebervenen kontrolliert. Diese sphincterartigen Sperren können durch Adrenalin[10,11], CO_2-Anreicherung im Blut, Sympathicusreizung[12] oder Oxytocin[13] zum Erschlaffen gebracht werden: Das in der Leber gespeicherte Blut wird sodann in das rechte Herz entleert[12]. Durch die Öffnung dieser Sperren wird das Volumen der Leber

[1] Bradley, S. E., F. J. Ingelfinger, G. P. Bradley and J. J. Curry: J. clin. Invest. **24**, 890 (1945). — [2] Schwiegk, H.: A. e. P. P. **168**, 693 (1932). — [3] Grayson, J., and D. H. Johnson: J. Physiol., London **120**, 73 (1953). — [4] François-Franck, C. A., et L. Hallion: Arch. Physiol., Paris **9**, 434 (1897). — [5] Grab, W., S. Janssen u. H. Rein: Kli. Wo. **1929 II**, 1539. — Z. Biol. **89**, 324 (1930). — [6] Ginsburg, M., and J. Grayson: J. Physiol., London **123**, 574 (1954). — [7] Griffiths, F. R., and F. E. Emery: Amer. J. Physiol. **95**, 20 (1930). — Daniel, P. M., and M. M. L. Prichard: J. Physiol., London **114**, 538 (1951). — [8] Bearn, A. G., B. Billing and S. Sherlock: J. Physiol., London **115**, 430 (1951). — [9] Burton-Opitz, R.: Quart. J. exp. Physiol. **5**, 309 (1912). — [10] Meythaler, F.: Kli. Wo. **1941**, 377. — [11] Barcroft, J.: Veterin. J. **87**, 466 (1931). — [12] Eckardt, P.: Pflügers Arch. **236**, 361 (1935). — [13] Holtz, P.: J. Physiol., London **76**, 149 (1932).

nach Sympathicusreizung verringert, Adrenalininjektion zeigt zunächst die gleiche Wirkung, im weiteren Verlauf der Adrenalinwirkung werden die vorher entleerten Blutgefäße der Leber jedoch rasch wieder gefüllt. Die unter Adrenalinwirkung ausgeworfene und sodann wieder aufgenommene Blutmenge kann 25—30% des Gewichts der entleerten Leber betragen[1]. Histamin verursacht die Kontraktion dieser Sperren: Dadurch steigt der Druck in den Lebercapillaren, die Capillaren erweitern sich, und durch die Vermehrung des in der Leber zurückgehaltenen Blutes wächst das Lebervolumen an.

3. Verschiedene Durchblutung der einzelnen Leberlappen.

Die Blutmengen, die der Pfortader aus den verschiedenen Darmabschnitten, der Milz, dem Pankreas usw. zuströmen, passieren die Pfortader in nebeneinanderlaufenden, aber getrennten Strombahnen[2,3] und gelangen, nur teilweise miteinander vermischt, zu den verschiedenen Leberlappen. Der linke Leberlappen bekommt sein Pfortaderblut vor allem aus den oberen Darmabschnitten, einem Teil des Colons und aus der Milz; das aus den übrigen an die Pfortader angeschlossenen Organe kommende Blut fließt in den rechten Leberlappen. Wird chinesische Tusche in die Milzvene eines Hundes injiziert, so gelangen die Tuscheteilchen in den linken Leberlappen, injiziert man die Tusche in die V. mesenterica superior, so findet man die Tuscheteilchen vor allem im rechten Leberlappen[4].

Die großen Differenzen im Glykogengehalt, im Fettgehalt und im N-Gehalt verschiedener Lappen derselben Leber werden dadurch erklärt, daß das aus den verschiedenen Teilen des Pfortadergebietes kommende Blut in der Pfortader nicht völlig vermischt wird, und daß die einzelnen Leberlappen daher in getrennten Stromschlieren fließendes, chemisch verschieden zusammengesetztes Blut erhalten[5].

Ferner konnte durch Injektion von Kontrastmitteln in einen Pfortaderzweig und nachfolgenden Serienröntgenaufnahmen bei verschiedenen Tieren (Ratte, Katze, Kaninchen, Meerschweinchen, Ziege, Schwein) gezeigt werden, daß die Durchblutung der einzelnen Leberlappen unregelmäßig alternierende Schwankungen zeigt, indem einmal der eine und kurze Zeit darauf ein anderer Leberlappen von dem Kontrastmittel bevorzugt durchströmt wird[6].

4. Störungen der Leberdurchblutung.

Raumbeschränkende Prozesse innerhalb der Leberläppchen, z. B. Vergrößerung der Leberzellen durch Einlagerung großer Fettmengen u. a. führen zu einer Verengerung der Sinusoide. Entzündliche Vermehrung und nachfolgende narbige Schrumpfung des perilobulären Bindegewebes und des Bindegewebes der Glissonschen Kapsel kann eine Kompression einzelner Leberläppchen oder größerer Leberabschnitte zur Folge haben. Durch toxische oder infektiöse Noxen ausgelöste Zerstörung größerer Teile des Lebergewebes sowie durch das nachfolgende irreguläre Wachstum der Regenerate kann ferner der regelmäßige, relativ geradlinige Verlauf der kleineren Lebergefäße abgeknickt, der Weg, den das Blut bis zum Eintritt in die Sinusoide zurückzulegen hat, verlängert, verengt und die Bildung von Stromwirbeln verursacht werden. Der Widerstand, den das Blut in der cirrhotischen Leber findet, wird dadurch erheblich erhöht.

Da das Pfortaderblut mit nur geringem Druck in die Leber einströmt, während in den Verzweigungen der Leberarterie ein relativ hoher Druck herrscht, setzen alle Vorgänge, durch die der Widerstand im Blutgefäßsystem der Leber gesteigert wird, den Blutzustrom von der Pfortader her stärker herab als den Blutzustrom von der Leberarterie[7]. Während die Blutmenge, die der Leber von der Pfortader her zuströmt, normalerweise ein Vielfaches der von der Leberarterie gelieferten Blutmenge beträgt, erhält die Leber bei mittelschweren Cirrhosefällen etwa gleiche Blutmengen aus Pfortader und Arterie[8]. Bei schweren Fällen von atrophischer Lebercirrhose erfolgt die Blutversorgung der Leber oft fast ausschließlich von der

---

[1] Grab, W., S. Janssen u. H. Rein: Z. Biol. **89**, 324 (1930). — Grab, (W.), (H.) Rein u. (S.) Janssen: A. e. P. P. **147**, 74 (1930). — [2] Copher, G. H., and B. M. Dick: Arch. Surg. **17**, 408 (1928). — [3] Dick, B. M.: Edinburgh med. J. **35**, 533 (1928). — [4] Sérégé, H.: J. Méd. Bordeaux **31**, 271, 291, 312 (1901). — [5] McIndoe, A. H., and V. S. Counseller: Arch. Surg. **15**, 589 (1927). — [6] Daniel, P. M., and M. M. L. Prichard: J. Physiol., London **114**, 521 (1951). — [7] Dock, W.: New Engl. J. Med. **236**, 773 (1947). — [8] Hart, J. F., and J. R. Lisa: N. Y. State J. Med. **38**, 1158 (1938).

Leberarterie her[1-3]. Häufig kommt es dadurch in Fällen von Lebercirrhose zu einer Hypertrophie und Erweiterung der Leberarterie[4] und ihrer Verzweigungen[5]. Durch Ausweitung vorhandener und Bildung neuer arterioportaler Anastomosen kann es sogar zu einem Überströmen von arteriellem Blut in die Pfortaderverzweigungen kommen[6].

Das Vorhandensein weiter arterio-portaler Anastomosen bei der Lebercirrhose ergibt sich unter anderem auch aus Versuchen an toten Lebern. Werden normale und cirrhotische Lebern von der Leberarterie her durchströmt, so fließt bei cirrhotischen Lebern ein weit größerer Anteil der Durchströmungsflüssigkeit in die Pfortader ab als bei normalen Lebern[7].

Die durch die Lebercirrhose verursachte Blutstauung und die Drucksteigerung in der Pfortader kann das Übertreten großer Flüssigkeitsmengen aus dem Blut in die extracellulären Räume der Organe verursachen, aus denen das Pfortaderblut kommt (Ascites, Milzschwellung usw.), was insbesondere Störungen von Wasserhaushalt und Mineralstoffwechsel zur Folge hat. Wie bei anderen Fällen mit anwachsendem Ödem kommt es durch das Abströmen von H_2O, Cl- und Na-Ionen in die extracellulären Räume zu einer Verringerung der NaCl und Wasserausscheidung im Harn und zu einer Verringerung des Na-Gehaltes im Blutplasma[8]. Da das Abströmen des Pfortaderblutes durch die Leber erschwert oder völlig unterbrochen ist, entwickeln sich Anastomosen, die zu den Hautvenen der Nabelgegend, zu den Venen des Retroperitonealraumes, zu Oesophagus und Hämorrhoidalvenen führen. Auch innerhalb der Leber entstehen (zum Teil durch Ausweitung und Wandverdickung von Sinusoiden) portovenöse Anastomosen, durch die das Blut aus den Pfortaderästen direkt in Zweige der Vena hepatica fließt[9]. Es wird dadurch schließlich ein Zustand hergestellt, der dem eines Versuchstieres mit Eckscher Fistel ähnelt. Das Pfortaderblut mit den im Darm resorbierten Nahrungsstoffen (und Fäulnisprodukten) gelangt unter Umgehung der Leber direkt in den Blutkreislauf. Viele bei Tieren mit Eckscher Fistel (vgl. S. 29) beobachtete Stoffwechseländerungen finden sich daher auch bei Patienten mit schwerer Lebercirrhose wieder.

Funktionsstörungen des Leberparenchyms selbst treten als Folge der durch die Lebercirrhose verursachten Ischämie erst verhältnismäßig spät und in geringem Grade in Erscheinung. Auch im Tierversuch hat man die Beobachtung gemacht, daß Ischämie die Funktion des Leberparenchyms nur wenig verändert. Bei Hunden, bei denen in mehrmonatlichen Intervallen allmählich alle zuführenden Blutgefäße der Leber unterbunden wurden und bei denen die Leberdurchblutung auf etwa ein Drittel des Normalwertes gesunken war, nahmen die Leberzellen Bromsulphalein in ungefähr gleichem Prozentsatz aus dem Blute auf wie bei den Kontrolltieren. Die beobachtete Verzögerung in der Ausscheidung des Farbstoffs war also nicht auf eine Funktionsverminderung der Leberzellen an sich, sondern darauf zurückzuführen, daß die Blutdurchströmung der Leber herabgesetzt war und daher geringere Farbstoffmengen die Leber passierten als unter normalen Umständen[10]. Auch die bei Patienten mit Lebercirrhose beobachtete Erhöhung des Blutammoniakgehaltes[11] und die bei diesen Patienten verzögerte Entgiftung verabreichter Ammoniumsalze[12] wurden in analoger Weise auch bei Hunden mit Eckscher Fistel nachgewiesen[13]. Auch diese verzögerte Umwandlung des NH_3 in Harnstoff ist vor allem auf das Bestehen portovenöser Anastomosen in der cirrhotischen Leber zurückzuführen, durch die ein großer Teil des Blutes der Entgiftung durch die harnstoffbildenden Leberzellen entgeht[14].

---

[1] Hart, J. F., and J. R. Lisa: N. Y. State J. Med. **38**, 1158 (1938). — [2] Mann, F. C.: J. Mt. Sinai Hosp. **11**, 65 (1944). — [3] Epplen, F.: Arch. internal Med., Chicago **29**, 482 (1922). — [4] Kretz, R.: Wien. klin. Wschr. **1900**, 271. Verh. dtsch. path. Ges. **8**, 54 (1904). — McIndoe, A. H.: Arch. Path., Chicago **5**, 23 (1928). — [5] Dock, W.: New Engl. J. Med. **236**, 773 (1947). — [6] Moschcowitz, E.: Arch. Path., Chicago **45**, 187 (1948). — [7] Herrick, F. C.: J. exp. Med. **9**, 93 (1907). — [8] Eisenmenger, W. J., S. H. Blondheim, A. M. Bongiovanni and H. G. Kunkel: J. clin. Invest. **29**, 1491 (1950). — Eisenmenger, W. J., E. H. Ahrens jr., S. H. Blondheim and H. G. Kunkel: J. Lab. clin. Med. **34**, 1029 (1949). — [9] Popper, H.: in: Liver Disease. Ciba Found. Symp. bes. S. 11 u. 231. New York 1951. — Elias, H., and D. Petty: Amer. J. Anat. **90**, 59 (1952). — Ungar, H.: Amer. J. Path. **27**, 871 (1951). — [10] Casselman, W. G. B., and A. M. Rappaport: J. Physiol., London **124**, 183 (1954). — [11] Burchi, R.: Folia clin. chim. microscop., Bologna **1**, 3 (1926) [Ber. Physiol. **31**, 224]; **2**, 5 (1927) [Ber. Physiol. **41**, 726]. — [12] Caulaert, C. van, et C. Deviller: C. R. Soc. Biol. **111**, 50 (1932). — Fuld, H.: Kli. Wo. **1933 II**, 1364. — [13] Monguió, J., u. F. Krause: Kli. Wo. **1934 II**, 1142. — [14] Singh, I. D., J. A. Barclay and W. T. Cooke: Lancet **1954 I**, 1004.

δ) Das Lymphsystem der Leber.

1. Die Menge der Leberlymphe.

Feine Netze von Lymphgefäßen finden sich im interlobulären Bindegewebe, begleiten Blutgefäße und Gallengänge[1] und führen, sich zu immer größeren Gefäßen vereinigend, zu den im Leberhilus und in der Umgebung der Vena cava befindlichen Lymphknoten. Dadurch, daß man Polyvinylkanülen in die Lymphgefäße der Leber einführt, kann die Messung der von der Leber gebildeten Lymphmenge und die Analyse der Leberlymphe ermöglicht werden. Die mit Hilfe dieser Methode durchgeführten Untersuchungen haben die große Bedeutung der Leberlymphe insbesondere für den Übergang der Plasmaproteine aus der Leber in das Blut gezeigt[2].

Die Menge der beim anaesthetisierten Hund auf diese Weise in 24 Std gesammelten Leberlymphe betrug 47% der berechneten Menge des Blutplasmas[2–4], während die Menge der in 24 Std entstandenen Darmlymphe 39% und die der Ductus-thoracicus-Lymphe 95% der Plasmamenge entsprach. Hepatektomie führte anscheinend zu einer vermehrten Bildung von Darmlymphe, denn die Gesamtmenge der vom Ductus thoracicus gelieferten Lymphmenge blieb nach Hepatektomie unverändert[5]. Nahrungsaufnahme und körperliche Anstrengung steigerten die Lymphproduktion der Leber, ebenso wie die Lymphbildung im Darm[2, 3]. Intravenöse Injektion hochprozentiger Glucoselösungen vermehrte die Menge der aus dem Darm und der Leber abfließenden Lymphe[2, 3]. Erhöhung des Widerstandes im Blutgefäßsystem der Leber führt zu einer besonders starken Vermehrung der Lymphproduktion. Kompression der Vena cava oberhalb der Einmündung der Lebervenen läßt den Lymphfluß aus den Ductus thoracicus erheblich ansteigen[6, 7]. Hunde, bei denen der Abfluß des Blutes aus der Leber durch experimentell gesetzte venöse Stauung oder durch Cirrhose erschwert war, bildeten doppelt bis 5mal so viel Leberlymphe wie Kontrolltiere[4]. Akute CCl_4-Vergiftung führte zur Ausscheidung bluthaltiger Lymphe ohne erhebliche Änderung der Lymphmenge[2, 3].

2. Die Zusammensetzung der Leberlymphe.

Die Leberlymphe unterscheidet sich von der Lymphe aus anderen Körpergebieten vor allem durch ihren hohen Proteingehalt[8], der sich dem Proteingehalt des Blutplasmas nähert und 70—90%[9], 85%[2, 10, 11] oder 100%[12] des Plasmaeiweißgehaltes entsprach. Der Proteingehalt der Leberlymphe betrug beim Hund 78%, der Proteingehalt der Darmlymphe 49% und der der Lymphe aus dem Ductus thoracicus 54% des Proteingehaltes des Blutplasmâs. Die Lymphe der Extremitäten enthält hingegen nur 10% der im Blutplasma enthaltenen Proteinmenge[9].

Die Proteinfraktionen der Leberlymphe ähneln denen der Plasmaproteine, doch ist die Albuminmenge meist etwas größer, die Globulinmenge etwas geringer als

[1] Johnson, L. E., and F. C. Mann: Amer. J. Physiol. **163**, 723 (1950). — [2] Cain, J. C., J. H. Grindlay, J. L. Bollman, E. V. Flock and F. C. Mann: Surg. Gynec. Obstet. **85**, 559 (1947). — [3] Grindlay, J. H., J. C. Cain, J. L. Bollman and E. V. Flock: Minnesota Med. **31**, 654 (1948). — [4] Nix, J. T., F. C. Mann, J. L. Bollman, J. H. Grindlay and E. V. Flock: Amer. J. Physiol. **164**, 119 (1951). — [5] Markowitz, C., and F. C. Mann: Amer. J. Physiol. **96**, 709 (1931). — [6] Bayliss, W. M., and E. H. Starling: J. Physiol., London **16**, 159 (1894). — [7] Volwiler, W.: Proc. Staff Meet. Mayo Clinic **25**, 2 (1950). — [8] Starling, E. H.: J. Physiol., London **16**, 224 (1894). — [9] White, J. C., M. E. Field and C. K. Drinker: Amer. J. Physiol. **103**, 34 (1933). — [10] Brinkhous, K. M., and S. A. Walker: Amer. J. Physiol. **132**, 666 (1941). — [11] Smith, H. P.: Bull. Johns Hopkins Hosp. **36**, 325 (1925). — [12] McCarrell, J. D., S. Thayer and C. K. Drinker: Amer. J. Physiol. **133**, 79 (1941).

im Plasma. Die vergleichende elektrophoretische Untersuchung von Blutplasma und Leberlymphe eines Hundes ergab für Albumin, α_1, α_2, β- und γ-Globulin im Blutserum in Prozent der Gesamtproteinmenge 41,1%, 8,3%, 15,5%, 16,6% und 18,5%, im Serum der Leberlymphe aber 61,0%, 7,0%, 10,0%, 7,0% und 15%[1]. Der Albumin-Globulinquotient betrug im Leberlymphserum durchschnittlich 1,6 gegenüber 1,01 im entsprechenden Blutserum[2]. Auch Fibrinogen und Prothrombin waren in der Leberlymphe in einer dem Blutplasma ähnlichen Konzentration vorhanden[1]. In das Blut injiziertes artfremdes Eiweiß (Rinderglobulin) ging in die Leberlymphe über und konnte dort durch Präcipitation nachgewiesen werden[2]. Etwa 75% der Blutproteine gehen bei der normalen fastenden Ratte täglich durch das Lymphgefäßsystem der Leber hindurch[3]. Durch längere Zeit andauernde Ableitung der Leberlymphe nach außen führt zu ähnlichen Hypoproteinämien wie die Plasmapherese.

Bei mit CCl_4 vergifteten Hunden war der Proteingehalt der Leberlymphe dem des Blutserums besonders stark genähert, der Albumin-Globulinquotient entsprach völlig dem des Blutserums. Durch wiederholte Verabreichung von CCl_4 verursachte schwere Lebercirrhose steigerte bei Ratten nicht nur die Menge, sondern auch den Proteingehalt der Leberlymphe[3]. Bei fastenden, cirrhotischen Ratten entsprach die Proteinmenge, die je Tag die Cysterna chyli passierte, dem 7fachen der gesamten Plasmaproteinmenge. Ascites, der durch venöse Stauung innerhalb der Leber verursacht ist, enthält meist viel Eiweiß; prähepatische Unterbindung der Pfortader bei gleichzeitiger Hypoproteinämie hatte im Tierversuch dagegen die Entstehung einer proteinarmen Ascitesflüssigkeit zur Folge[4]

Der Amylasegehalt der Leberlymphe entspricht etwa dem des Blutplasmas[5]. Auch der Gehalt der Leberlymphe an Phospholipoiden, Cholesterin und Gesamtfettsäuren entspricht ungefähr dem des Blutplasmas und zeigt während der Fettresorption nur einen relativ langsamen und im Vergleich zur Darmlymphe geringen Anstieg[6]. Der Cholesteringehalt der Leberlymphe steigt nach Verfütterung von Cholesterin nicht an[7]. Intramuskulär injiziertes Penicillin wurde in der Leberlymphe in annähernd gleicher Konzentration wie im Blutplasma aufgefunden[5].

Die Leberlymphe enthält, im Gegensatz zur Darmlymphe, nur wenig Lymphocyten[8]. Trypanblau und Kongorot treten wenige Minuten nach der intravenösen Injektion in die Leberlymphe über und erreichen etwa 45 min nach der Injektion eine Konzentration, die der des Blutplasmas nahe kommt[2], während der Farbstoff in der Galle nicht nachweisbar ist[9]. 20 min nach intravenöser Injektion von Brillantvitalrot erreicht die Konzentration des Farbstoffes in der Leberlymphe 80% der Konzentration im Blutplasma[10]. Entsprechend ihrem niedrigeren Eiweißgehalt enthält die Darmlymphe eine geringere Menge des Farbstoffes[2,10].

ε) Die Innervation der Leber.

Die Leber besitzt, ähnlich wie die anderen vom vegetativen Nervensystem versorgten Organe, eine doppelte Innervation: Die sympathischen Fasern gelangen von den N. splanchnici nach Umschaltung im Ganglion coeliacum über den Plexus hepaticus in den Leberhilus

[1] KÜHN, H. A., u. G. HILDEBRAND: A. e. P. P. **217**, 43 (1953). — [2] KÜHN, H. A., u. G. HILDEBRAND: Kli. Wo. **1951**, 785. — [3] NIX, J. T., E. V. FLOCK and J. L. BOLLMAN: Amer. J. Physiol. **164**, 117 (1951). — [4] VOLWILER, W., J. H. GRINDLAY and J. L. BOLLMAN: Gastroenterol., Baltimore **14**, 40 (1950). — [5] GARDNER, R., R. JOHANSEN, M. GALANTE and H. J. MCCORKLE: Proc. 36th clin. Congr. amer. Coll. Surgeons, Boston, Mass. Oct. 1950, 3, 107 (1951). — [6] BOLLMAN, J. L., E. V. FLOCK, J. C. CAIN and J. H. GRINDLAY: Amer. J. Physiol. **163**, 41 (1950). — [7] BOLLMAN, J. L., and E. V. FLOCK: Fed. Proc. **10**, 350 (1951). — [8] MANN, J. D., and G. M. HIGGINS: Blood **5**, 177 (1950). — [9] KÜHN, H. A., u. G. HILDEBRAND: A. e. P. P. **217**, 366 (1953). — [10] SMITH, H. P.: Bull. Johns Hopkins Hosp. **36**, 325 (1925).

und verteilen sich, den Gefäßen folgend, in den interlobulären Bindegewebssträngen. Die parasympathischen Fasern verlaufen zum Teil gleichfalls im Plexus hepaticus, zum Teil erreichen sie die Leber mit den Rami hepatici des linken N. vagus. Innerhalb der Leber verlaufen sie ebenso wie die sympathischen Fasern im interlobulären Bindegewebe. Feine Nervenverzweigungen dringen in das Innere der Leberläppchen ein; mit speziellen Färbemethoden konnten feinste, zwischen den Leberbalken verlaufende, an den einzelnen Leberzellen endende Nervenfasern dargestellt werden[1].

Durchschneidung der Lebernerven oder des Splanchnicus führt zu einer erheblichen, mehrere Stunden andauernden Steigerung der Gallenausscheidung. Reizung dieser Nerven setzt die Gallenmenge herab[2]. Reizung der peripheren Vagusstümpfe steigert (bei Hund und Affen, nicht aber bei Katzen und Kaninchen) die Gallensekretion[3]. Wird das zentrale Ende eines Vagus gereizt, so tritt die gleiche Wirkung ein, wenn der andere Vagus intakt ist; Durchschneidung des 2. Vagus hebt diese Wirkung auf. Auf den Kohlenhydratstoffwechsel der Leber hat die Ausschaltung der Lebernerven keinen nachweisbaren Einfluß: Der Nüchternblutzucker, die Hyperglykämie nach Adrenalin, Glucosezufuhr oder Pituitrin und die Hypoglykämie nach Insulin bleiben nach Durchschneidung der die Leber versorgenden Nervenäste normal[4]. Reizung der Lebernerven verursacht dagegen rapiden Abbau des Leberglykogens und Hyperglykämie. Noch stärker wirkt die Reizung der N. splanchnici, und zwar auch dann, wenn die Nebennieren vorher entfernt worden sind. — Bei Schildkröten zeigte das Lebervenenblut nach Reizung der peripheren Vagusstümpfe eine acetylcholinähnliche Wirkung auf das Herz[5]. Über die Beeinflussung der Leberdurchblutung durch das Nervensystem vgl. S. 16.

ζ) Leber und Wärmeregulation.

1. Die Energiebilanz der Leber.

Die isolierte durchströmte Hundeleber verbraucht etwa 130 cm³ O_2 je Std und kg[6]. Umgerechnet auf die etwa 1500 g schwere menschliche Leber, würde dies (bei einem Respiratorischen Quotienten von 0,9 und einem Wärmewert von 4,92 Cal je 1000 cm³ verbrauchten O_2) einem Energieumsatz von 230 Cal je Tag entsprechen. Die Leber, deren Gewicht normalerweise etwa $^1/_{40}$ des Körpergewichts beträgt, erzeugt also unter Grundumsatzbedingungen etwa $^1/_7$ der im Organismus gebildeten Wärmemenge.

Die Leber verfügt über eine Reihe sehr ergiebiger Energiequellen: Die β-Oxydation der Fettsäuren (vgl. Bd. 2/1, S. 801), der oxydative Abbau der Glucose über Gluconsäure (vgl. Gluconsäurecyclus S. 106) und der Abbau der Aminosäuren bis zu Pyruvat und Acetat sind exergonische Stoffwechselreaktionen, die in der Leber in weit größerem Maßstab vor sich gehen als in anderen Geweben. Auch die Endoxydation des Acetats im Citronensäurecyclus liefert der Leber große Mengen von Energie. Je nach der Art der ihr angebotenen Nahrungsstoffe und der sonstigen Stoffwechselsituation kann die Leber die eine oder die andere dieser energieliefernden Reaktionsketten aktivieren: eine Störung im Kohlenhydratabbau hat eine Vermehrung der β-Oxydation der Fettsäuren, eine Vermehrung des Kohlenhydratangebots einen verringerten Fettabbau in der Leber zur Folge. Zum Unterschied von Muskulatur und Nervensystem, deren energetische Leistungen vorwiegend durch den Abbau von Glucose ermöglicht werden, kann die Leber ihren Energiebedarf also durch verschiedene Stoffwechselprozesse decken.

Ein großer Teil der Energie, die die Leber mit Hilfe dieser exergonischen Reaktionsserien gewinnt, wird für endergonische Stoffwechselvorgänge verwendet.

[1] Riegele, L.: Z. mikroskop.-anat. Forsch. **14**, 73 (1928). — [2] Tanturi, C. A., and A. C. Ivy: Amer. J. Physiol. **121**, 61 (1938). — [3] Tanturi, C. A., and A. C. Ivy: Amer. J. Physiol. **121**, 270 (1938). — [4] Donald, J. M.: Amer. J. Physiol. **98**, 605 (1931). — [5] Snyder, C. D.: Amer. J. Physiol. **118**, 345 (1937). — [6] Fiessinger, N., H. Bénard et G. Syllaba: C. R. Soc. Biol. **119**, 182 (1935).

Die Fettsäuresynthese aus Acetat, die Glucosebildung aus Pyruvat und Lactat, die Bildung von Harnstoff aus CO_2 und NH_2-Gruppen sind Beispiele für derartige in der Leber in großem Maßstab ablaufende endergonische Stoffwechselvorgänge. Der für diese Reaktionen verwendete Energieanteil verläßt die Leber als Glucose, Fett, Harnstoff usw., also in Form chemischer Energie. Diese Art des Energieumsatzes, bei der eine Kupplung endergonischer Stoffwechselsynthesen an exergonische Abbaureaktionen erfolgt, spielt in der Leber eine weit größere Rolle als in irgendeinem anderen Organ.

Die Energieübertragung von exergonischen auf endergonische Reaktionen erfolgt in der Leber wie in den anderen Organen durch intermediäre Bildung energiereicher Phosphate, vor allem durch Bildung von Adenosintriphosphorsäure (ATP). Die Reaktionsenergie exergonischer Reaktionen wird dazu verwendet die 3 Phosphorsäurereste des ATP miteinander zu verbinden. Die für endergonische Reaktionen notwendige Energiemenge kann sodann aus dem ATP durch Abspaltung eines oder zweier Phosphorsäurereste gewonnen werden. Während in der Muskulatur von ATP nur der 3. Phosphatrest abgespalten und dadurch Adenosindiphosphat (ADP) gebildet wird, kann die Leber vom ATP 2 Phosphorsäurereste abspalten[1]. Das hierbei entstehende Adenosinmonophosphat (AS = Adenylsäure) kann durch endergonische Bindung zweier Phosphatreste wieder in ATP zurückverwandelt werden.

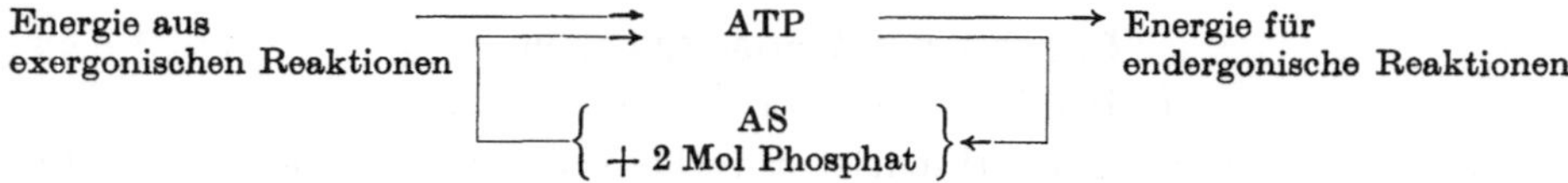

Obwohl in der Leber zahlreiche stark endergonische Stoffwechselsynthesen vor sich gehen, liefern die in der Leber ablaufenden Abbaureaktionen weit mehr Energie als dem für die endergonischen Reaktionen erforderlichen Bedarf entspricht. Diese Differenz erscheint in der Leber in Form von Wärme. Bei Muskelruhe ist das Lebergewebe einer der wichtigsten Wärmeproduzenten des Organismus.

2. Die Rolle der Leber in der Wärmeregulation.

Die Leber spielt bei der Regulation der Körpertemperatur eine doppelte Rolle: Einerseits werden im Lebergewebe selbst erhebliche Wärmemengen freigesetzt, anderseits wird der andere große Wärmeproduzent des Organismus, die Muskulatur, von der Leber auf dem Blutwege mit Glucose versorgt und dadurch erst in die Lage versetzt, Wärme zu produzieren. Bei Hunden, deren Leber entfernt[2] oder durch Anlegung einer ECKschen Fistel inaktiviert worden war[3], wurden Temperatursenkungen bis auf 32,6° beobachtet, und die Wärmeproduktion des Gesamtorganismus sank auf $^1/_3$—$^1/_5$ des vor der Leberausschaltung gemessenen Wertes. Die Erhaltung des Wärmegleichgewichts ist an das Vorhandensein von Glykogen in der Leber gebunden. Ist der Glykogenvorrat der Leber aufgebraucht, so sinkt die Körpertemperatur[4]. Die nach Wärmestich sonst eintretende Hyperthermie bleibt aus, wenn die Leber glykogenfrei ist[5]. Die Temperaturerhöhung nach Tetrahydronaphtylamin geht mit einer Verminderung des Leberglykogens einher[6,7]. Daß Wärmeverlust einen gesteigerten Abbau des Leberglykogens zur

[1] KREBS, H. A., M. JOHNSON, L. V. EGGLESTON and R. HEMS: Biochem. J. **49**, XXXV (1951). — [2] FISCHLER, F., u. E. GRAFE: Dtsch. Arch. klin. Med. **108**, 516 (1912). — [3] GRAFE, E., u. G. DENECKE: Dtsch. Arch. klin. Med. **118**, 249 (1915). — [4] FISCHLER, F.: Physiologie und Pathologie der Leber. 2. Aufl. Berlin 1925. — [5] ROLLY, (F.): Dtsch. Arch. klin. Med. **78**, 250 (1904). — [6] BOUCKAERT, J. J.: C. R. Soc. Biol. **100**, 769 (1929). — [7] SCHUT, H.: Arch. int. Pharmacodyn. Thérap. **24**, 447 (1914/18).

Folge hat, ist seit langem bekannt[1] und auch in neuerer Zeit immer wieder bestätigt worden[2]. Die chemische Wärmeregulation erfolgt auch bei Muskelruhe durch gesteigerten Abbau N-freier Substanz. Dies geht daraus hervor, daß bei Abkühlung der O_2-Verbrauch zwar wächst[3], die N-Ausscheidung im Harn aber zunächst nicht gesteigert wird[4].

3. Steigerung der Bluttemperatur beim Passieren der Lebercapillaren.

Die Temperatur des Blutes bleibt während des Blutumlaufs nicht konstant: In den Capillaren der Haut und der Atmungsorgane kühlt sich das Blut ab, beim Durchgang durch die Sinusoide der Leber wird es wieder angewärmt. Das Lebergewebe, das durch die in ihm kontinuierlich ablaufenden exergonischen Reaktionen ständig Wärme erzeugt, bildet einen wichtigen Faktor bei der Konstanterhaltung der Bluttemperatur.

Die Leber ist das wärmste Organ des in Muskelruhe befindlichen tierischen Körpers[5], die Lebertemperatur — gemessen durch Einführen von Thermoelementen in den Ductus choledochus — lag bei Kaninchen um 1,54°, bei Katzen um 0,9° höher als die Rectaltemperatur[5].

4. Nervöse und hormonale Einflüsse auf die Wärmebildung der Leber.

Eine Reihe experimenteller Befunde scheint darauf hinzuweisen, daß die Leber eines der Erfolgsorgane der nervösen Wärmeregulierung darstellt. Abkühlung des Gesamtorganismus steigert die Durchblutung der Pfortader[6], mäßige Erwärmung vermindert sie. In Versuchen am Menschen hatte ein Absinken der Außentemperatur auch bei völliger Muskelruhe einen Anstieg des O_2-Verbrauchs des Gesamtorganismus zur Folge, der auch durch unwillkürliche Muskelspannungen nicht erklärt werden konnte[3]. Hunde regulieren Wärmeverluste normalerweise durch Muskelzittern aus, doch verfügen auch curarisierte Hunde über ein gewisses Maß chemischer Wärmeregulation. Erst nach Zerstörung des Plexus hepaticus verursacht Curare völlige Poikilothermie[7]. Nach Einstich in die wärmeregulierenden Hirnzentren sank die Körpertemperatur von Kaninchen zunächst etwas ab und stieg sodann zunächst in der Leber und später auch in Muskulatur und Haut an, die Maximaltemperatur betrug in der Leber 41,2°, in Muskel 40,7° und in der Haut 40°[8].

Je nach der Tierart herrscht der hepatische oder der muskuläre Typ der chemischen Wärmeregulation vor. Kaninchen regulieren ihre Körpertemperatur bei Unterkühlung mit Hilfe der Leber, Hunde dagegen vorwiegend muskulär[9]. Eine besonders große Rolle spielt die Leber im Wärmehaushalt winterschlafender Tiere und bei der Umregulierung der Körpertemperatur im Zeitpunkt des Erwachens aus dem Winterschlaf. Wie Messungen am Murmeltier ergaben, steigt beim erwachenden Winterschläfer zuerst die Temperatur der Leber und viel später erst die Temperatur der übrigen Organe; bei solchen Tieren wurden zwischen Leber und Rectum Temperaturdifferenzen bis zu 14° gefunden[10].

---

[1] Boehm, R., u. F. A. Hoffmann: A. e. P. P. **8**, 393 (1878). — Külz, E.: Pflügers Arch. **24**, 46 (1881). — [2] Markowitz, J.: Amer. J. Physiol. **74**, 22 (1925). — Silvette, H., and S. W. Britton: Amer. J. Physiol. **100**, 685 (1932). — Lánczos, A.: Pflügers Arch. **233**, 787 (1934); **235**, 422 (1935). — Bomskov, C., u. K. N. v. Kaulla: Z. ges. exp. Med. **110**, 603 (1942). — [3] Franke, C., u. H. Gessler: Pflügers Arch. **207**, 376 (1925). — [4] Cohn, H., u. H. Gessler: Pflügers Arch. **207**, 396 (1925). — [5] Laszlo, D., u. M. Wachstein: Kli. Wo. **1934 II**, 1568. — [6] Schwiegk, H.: A. e. P. P. **168**, 693 (1932). — [7] Plaut, R.: Z. Biol. **76**, 183 (1922). — [8] Bruman, F.: Pflügers Arch. **222**, 142 (1929). — [9] Lefèvre, J.: Chaleur animale et bio-énergétique. Paris 1911. — [10] Dubois, R.: C. R. Soc. Biol. (9) **5**, 235 (1893).

Die Wärmeerzeugung in der Leber wird von hormonalen Faktoren stark beeinflußt, insbesondere das Thyroxin hat eine stark fördernde Wirkung. Leberschnitte von Ratten, die Thyroxin erhalten hatten, verbrauchten O_2 in vermehrter Menge[1], ebenso Leberschnitte von Ratten, denen thyreotropes Hypophysenhormon injiziert worden war[2]. Der O_2-Verbrauch von thyreoektomierten Ratten[3] und von Leberschnitten dieser Tiere wurde dagegen durch Injektionen von thyreotropem Hormon nicht gesteigert; auch Zugabe dieses Hormons zu den Schnitten hatte keine fördernde Wirkung[4]. Die durch das Thyroxin verursachte Steigerung der Wärmeproduktion der Leber beruht auf einer Entkuppelung der (durch das ATP vermittelten) Energieübertragung von exergonischen auf endergonische Reaktionen[5] (vgl. das Schema auf S. 22).

Durch Exstirpation der Semilunarganglien oder der portalen Sympathicusäste wird die Wärmebildung in der Leber gehemmt. Intravenöse Adrenalininjektion steigerte die Lebertemperatur beim Frosch[6]. Andererseits erhöhte auch die elektrische Reizung der zur Leber führenden parasympathischen Fasern die Temperatur des aus der Leber strömenden Blutes.

Auch im Fieber ist die Temperatur des Lebervenenblutes höher als die des Aortenblutes[7]. Bei der Katze und beim Kaninchen stieg mit eintretendem Fieber die Temperatur der Leber früher an als die des Rectums[8]. Auch beim Menschen trat bei steigendem Fieber die Temperaturerhöhung in der Leber (bzw. in dem der Leber benachbarten Duodenum) früher ein als im Rectum[9]. Die Mitwirkung des Leberstoffwechsels bei der erhöhten Wärmeproduktion im Fieber äußert sich auch in einer gesteigerten Leberdurchblutung[10]. Auch die durch β-Tetrahydronaphtylamin (*1,2,3,4*-Tetrahydronaphtylamin-*2*) ausgelöste Temperatursteigerung des Gesamtorganismus erfolgt unter Mitwirkung der Leber. Subcutane Injektion von 0,03—0,05 g je 1 kg steigerte bei Kaninchen die Lebertemperatur in 1 Std von 39° auf 41°[8]. Die durch dieses Mittel verursachte Steigerung der Körpertemperatur bleibt bei hepatektomierten Hunden aus, wird aber durch Abtragung des Thyroidea und der Nebennieren nicht beeinflußt[11].

η) Physiologische Rhythmen der Lebertätigkeit.

Die Stoffwechselfunktion der Leber unterliegt einem 24stündigem Rhythmus. Bei Kaninchen, die zu verschiedenen Stunden des Tages und der Nacht getötet worden waren, wurde gefunden, daß Gallensekretion und Glykogenspeicherung miteinander alternieren: Das Maximum des Glykogengehalts fällt in die ersten Stunden nach Mitternacht, zu diesem Zeitpunkt erreicht die Menge der Gallengranula in den Leberzellen ein Maximum. Im Laufe der Morgen- und Vormittagsstunden sinkt der Glykogengehalt der Leber ab, während die Gallengranula in den Leberzellen immer zahlreicher werden. Zu Mittag erreicht die Gallenabsonderung ein Maximum und die Menge des gespeicherten Glykogens

---

[1] Dresel, K.: Kli. Wo. **1928 I**, 504. — [2] Reiss, M., A. Hochwald u. H. Druckrey: Med. Klinik **1933 II**, 1112. — [3] Diefenbach, O. L.: Endocrinology **12**, 250 (1933). — [4] Paal, H.: Kli. Wo. **1934 I**, 207. — Andersen, R. K., and H. L. Alt: Amer. J. Physiol. **119**, 67 (1937). — Puccinelli, E.: Atti Acad. Fisiocrit. Siena, Sez. med.-fisica **9**, 402 (1939). — [5] Martius, C., and B. Hess: Arch. Biochem. **33**, 486 (1951). A. e. P. P. **216**, 45 (1952). — Hoch, F. L., and F. Lipmann: Fed. Proc. **12**, 218 (1953). — Maley, G. F., and H. A. Lardy: J. biol. Ch. **204**, 435 (1953). — Klemperer, H. G.: Biochem. J. **60**, 122 (1955). — [6] Dubois, R.: C. R. Soc. Biol. (9) **5**, 235 (1893). — [7] Krehl, (L.), u. (R.) Kratzsch: A. e. P. P. **41**, 185 (1898). — [8] Laszlo, D., u. M. Wachstein: Kli. Wo. **1934 II**, 1568. — [9] Plaut, R.: Z. Biol. **76**, 183 (1922). — [10] Bradley, S. E.: New Engl. J. Med. **240**, 456 (1949). — Hicks, M. H., H. P. Holt, J. L. Guerrant and B. S. Leavell: J. clin. Invest. **27**, 580 (1948). — [11] Bernard, C.: Leçons de physiologie expérimentale appliquée à la médecine. 2 Bde. Paris 1855/56. [Boehm, R., u. F. A. Hoffmann: A. e. P. P. **8**, 393 (1878)].

ein Minimum. In den Nachmittags- und Abendstunden sinkt die Gallenproduktion des Kaninchens wieder zum nächtlichen Minimum ab, während die Glykogenspeicher sich allmählich wieder füllen[1-3]. Ähnliche Tagesschwankungen der Leberfunktion sind auch bei anderen Säugetieren (weiße Maus[3, 4], Ratte[3, 5], Igel[5], Meerschweinchen[6]) nachgewiesen worden, mit dem Glykogengehalt ändert sich auch die in der Leber enthaltene Wassermenge. Beim Kaninchen ist die Leber nach Mitternacht 2—3mal so schwer wie zu Mittag[7].

Der Tagesrhythmus des Glykogengehalts der Leber ist weitgehend unabhängig von der Nahrungsaufnahme[3]. Der Glykogenschwund in den Vormittagsstunden trat auch ein, wenn dem Tier am Morgen reichlich Futter gegeben worden war, und die Glykogenzunahme in den frühen Nachtstunden wurde auch bei fastenden Tieren beobachtet. Ratten hatten nach 24stündigem Fasten glykogenfreie Lebern, wenn sie bei Tag getötet wurden, während Ratten, die nach 40stündigem Fasten nachts getötet wurden, sogar erhöhte Glykogenwerte aufwiesen. Der Tagesrhythmus der Leberfunktion ist von Schwankungen in der Empfindlichkeit gegenüber Insulin begleitet: Mäuse bekamen, wenn ihnen Insulin in den Abendstunden injiziert wurde, weniger leicht hypoglykämische Krämpfe, als wenn sie die gleiche Insulinmenge zu Mittag bekamen, und nachts mußte die Insulindosis verdoppelt werden, um einen hypoglykämischen Schock hervorzurufen. Die gesteigerte Glykogenbildung in den Nachtstunden geht einer nächtlichen Steigerung des Aminosäureabbaues in der Leber parallel[3].

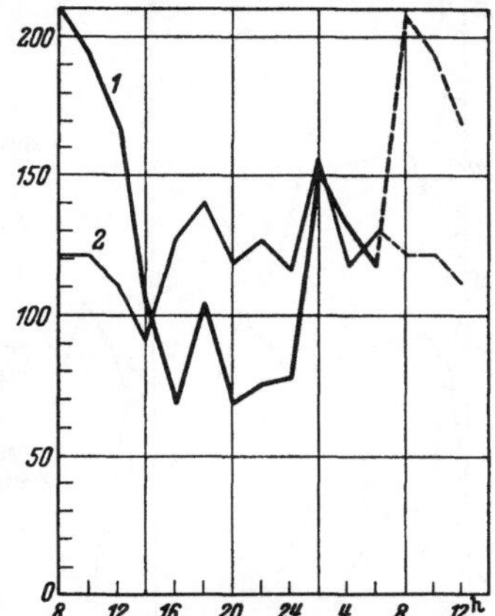

Abb. 3. Tagesschwankungen des Fett- und Glykogengehalts der Leber in mg/kg Körpergewicht (Ratten)[7]. Das Leberglykogen (Kurve 1) ist morgens maximal, sinkt in den Vormittagsstunden und steigt nach Mitternacht wieder an. Die Menge des Leberfetts (Kurve 2) zeigt nachmittags ein Minimum und nachts ein Maximum.

Ein Tagesrhythmus in der Gallenausscheidung mit einem Maximum um die Mittagszeit wurde bei Menschen mit postoperativer Gallenfistel beobachtet. Auch die Tagesschwankungen der je Std ausgeschiedenen Harnmenge, der Tagesverlauf der N-Ausscheidung im Harn sowie die Differenzen, die bei zu verschiedener Tageszeit vorgenommenen Adrenalin- und Insulinbelastungsversuchen auch beim Menschen gefunden wurden, stehen mit diesem 24 Std-Rhythmus der Leberfunktion in Zusammenhang[8].

Die Na-, K- und H_2O-Ausscheidung gesunder Menschen weist bei Tag ein Maximum und bei Nacht ein Minimum auf[9], diese Schwankungen sind zum Teil durch den 24stündigen Rhythmus der Lebertätigkeit bedingt und bei Leberkranken gestört. Von 13 Patienten mit Lebercirrhose zeigten 11 eine Umkehr

---

[1] Forsgren, E.: Z. Zellforsch. **6**, 647 (1928). Kli. Wo. **1929 I**, 1110. Hygiea, Stockholm **93**, 337 (1931). — Euler, U. S. v., u. A. G. Holmquist: Pflügers Arch. **234**, 210 (1934). D. m. W. **1938 I**, 743. — Clara, M.: Z. Zellforsch. **17**, 699 (1933). Z. mikroskop.-anat. Forsch. **35**, 1 (1934). Med. Klin. **1934 I**, 203. — Sjögren, B., T. Nordenskjöld, H. Holmgren u. J. Möllerström: Pflügers Arch. **240**, 427 (1938). — [2] Stahle, J.: Acta endocrinol., København **2**, 128 (1949). — [3] Ågren, G., O. Wilander and E. Jorpes: Biochem. J. **25**, 777 (1931). — [4] Holmgren, H.: Z. mikroskop.-anat. Forsch. **24**, 632 (1931); **32**, 306 (1933). Acta med. scand., Suppl. **74** (1936). — Hirsch, G. C., and R. F. J. van Pelt: Proc. Kon. Akad. Wet. Amsterdam **40**, 538 (1937). — [5] Holmquist, A. G.: Z. mikroskop.-anat. Forsch. **25**, 30 (1931). Skand. Arch. Physiol. **65**, 9 (1932). — [6] Petrén, T.: Jb. Morphol. mikroskop. Anat. (I) **83**, 256 (1939). — [7] Holmgren, H.: D. m. W. **1938 I**, 744. — [8] Jores, A.: Ergebn. inn. Med. **48**, 574 (1935). — [9] Stanbury, S. W., and A. E. Thomson: Clin. Sci. **10**, 267 (1951). — Thomson, A. E.: Rev. canad. Biol. **11**, 86 (1952).

der Tageskurve der Na-Ausscheidung, während die Tageskurve der Wasserausscheidung bei 8 und die der K-Ausscheidung bei 3 der Patienten gestört war[1].

Im Eiweißgehalt des Blutserums beobachtete Tagesschwankungen (Abnahme des Serumeiweißgehaltes von morgens bis nachmittags[2] bzw. Tagesrhythmen mit einem Minimum zwischen 1 und 4 Uhr morgens[3]), die allerdings zum Teil auch vom Schlaf und Umweltsfaktoren beeinflußt werden, stehen mit den rhythmischen Änderungen der Leberfunktion in Zusammenhang.

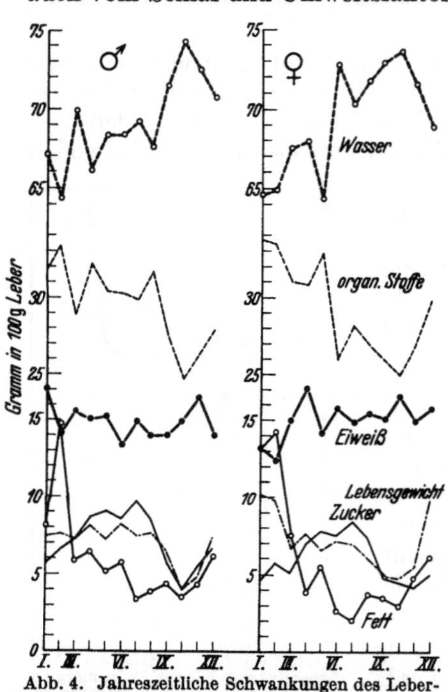

Abb. 4. Jahreszeitliche Schwankungen des Lebergewichts und der Leberzusammensetzung bei der südamerikanischen Krötenart Bufo arenarum Hensel[8]. In der heißen Jahreszeit (Januar bis März) erhöhte Nahrungsaufnahme und Muskelaktivität: Das Lebergewicht ist hoch, Fettgehalt und Menge organischer Substanz in der Leber gesteigert, Wassergehalt und Glykogengehalt gering. In der kalten Jahreszeit (März bis August) geringe Nahrungsaufnahme und Muskelruhe: Der Fettgehalt und die Menge der organischen Substanz sinken ab, der Wassergehalt der Leber nimmt zu. Im Frühling (September bis Oktober) die Brunstperiode: Das Lebergewicht sinkt, der Wassergehalt der Leber steigt, Fett- und Glykogengehalt nehmen ab.

Es scheint, daß der Tag-Nacht-Rhythmus der Leberfunktion auf hormonalem Wege gesteuert wird. Bei hypophysektomierten Kaninchen zeigte der Rhythmus des Glykogenstoffwechsels eine wesentliche Abschwächung[4–6]. Es ist wahrscheinlich[7], daß der Tag-Nacht-Rhythmus der Leberfunktion auch durch Impulse beeinflußt wird, die von Lichtreizen, die die Retina treffen, ausgelöst werden, sodann auf dem Wege über das Zwischenhirn zur Hypophyse gelangen und deren Hormonsekretion rhythmisch beeinflussen.

Jahreszeitliche Schwankungen des Gewichts und der chemischen Zusammensetzung der Leber wurden bei einer südamerikanischen Krötenart (Bufo arenarum) beobachtet. Die Leber dieser Tiere hat während der heißen Jahreszeit einen hohen Fettgehalt und enthält relativ wenig Glykogen, während in der kalten Jahreszeit der Glykogengehalt ansteigt und der Fettgehalt sinkt. Vor der Paarungszeit (zum Abschluß der warmen Jahreszeit) kommt es bei beiden Geschlechtern zu einem starken Absinken des Lebergewichts und zu einem Anstieg des Wassergehalts des Lebergewebes[8] (vgl. Abb. 4). Über jahreszeitliche Schwankungen des Leberglykogengehalts bei Laboratoriumstieren vgl. S. 71.

9) Methoden zur Untersuchung des Leberstoffwechsels.

Ob die Leber an einem bestimmten Stoffwechselvorgang beteiligt ist oder nicht, kann im Prinzip auf 2 verschiedenen Wegen geprüft werden:

1. Man kann untersuchen, ob die mit einer Nährlösung durchströmte, überlebende Leber eines Versuchstieres oder aus Lebergewebe hergestellte Schnitte[9], Zellbreie, Extrakte, Preßsäfte und Autolysate einen bestimmten Stoffwechselvorgang durchführen können, oder ob sich aus dem Lebergewebe Fermente

[1] Goldman, R.: J. clin. Invest. **30**, 1191 (1951). — [2] Lang, K.: A. e. P. P. **154**, 342 (1930). — [3] Döring, G. K., E. Schaefers u. G. Weber: Pflügers Arch. **253**, 165 (1951). — [4] Jores, A.: Ergebn. inn. Med. **48**, 574 (1935). — [5] Stahle, J.: Acta endocrinol., København **2**, 128 (1949). — [6] Jores, A.: Acta med. scand., Suppl. **108**, 114 (1940). — [7] Hollwich, F.: Graefes Arch. Ophthalm. **150**, 529 (1950). — [8] Mazzocco, P.: Cr. **129**, 857 (1938). — [9] Warburg, O.: Über den Stoffwechsel der Tumoren. Berlin 1926.

isolieren lassen, die die betreffende Stoffwechselreaktion oder einen Teilvorgang derselben katalysieren.

Ein positiver Ausfall derartiger Untersuchungen beweist, daß die betreffende chemische Umsetzung in der Leber stattfinden kann, schließt aber nicht aus, daß die gleichen Stoffwechselvorgänge außer in der Leber auch in anderen Organen stattfinden.

2. Man kann die Leberfunktion ganz oder teilweise ausschalten und die im Gefolge dieser Maßnahmen im Stoffwechsel eintretenden Ausfallserscheinungen (z. B. Blutveränderungen, Harnveränderungen, Funktionsstörungen verschiedener anderer Organe usw.) prüfen. Die Ausschaltung der Leberfunktion kann im Tierversuch auf operativem Wege oder durch spezifisch auf das Lebergewebe wirkende Gifte erfolgen. Von großer Bedeutung für die Erforschung der Leberfunktion ist das Studium der bei Lebererkrankungen beim Menschen auftretenden Ausfallserscheinungen und Stoffwechseländerungen.

Daneben ergibt auch die chemische Untersuchung des normalen oder erkrankten Lebergewebes selbst sowie die vergleichende Untersuchung aus afferenten und efferenten Lebergefäßen entnommener Blutproben wesentliche Aufschlüsse. Besondere Bedeutung haben die in neuerer Zeit entwickelten histochemischen Methoden erlangt, die die Lokalisierung normaler und gestörter Stoffwechselvorgänge innerhalb des Lebergewebes gestatten. Durch die Leberpunktion ist es möglich geworden, chemische und histochemische Untersuchungen des Lebergewebes auch beim lebenden Menschen durchzuführen. Auch die chemische Untersuchung der Galle aus Gallenfisteln oder aus mit der Sonde entnommenem Duodenalinhalt hat wichtige Erkenntnisse geliefert.

Einzelne für die Erforschung des Leberstoffwechsels wichtige Methoden sollen im folgenden kurz berichtet werden.

1. Die Durchströmung der Leber.

In die Pfortader, die Arterie und die Vene der aus dem Organismus des Tieres entnommenen[1] oder in situ belassenen[2] überlebenden Leber werden Kanülen eingeführt und physiologische Salzlösungen oder ungerinnbar gemachtes Blut durch das Gefäßsystem der Leber hindurchgeleitet. Der Durchströmungsflüssigkeit wird der zu untersuchende Stoff zugegeben und nach mehrmaliger Passage durch die Leber geprüft, ob seine Menge in der Durchströmungsflüssigkeit sich geändert hat bzw. welche Stoffwechselprodukte aus ihm entstanden sind[3]. Geschlossene Durchströmungsapparate gestatten auch die gleichzeitige Messung des Gasaustausches an der Leberoberfläche und die Bestimmung des Respiratorischen Quotienten der durchströmten Leber[4]. Der Stoffwechsel der Leber kann bei geeigneter Durchströmungstechnik weitgehend normal bleiben, die durchströmte Leber scheidet bis zu 24 Std und länger normale Galle aus, und die phagocytäre Funktion des Reticuloendothels ist nicht gestört[5]. Besonders geeignet für Durchströmungsversuche ist die Leber der Schildkröte[6]. Die Leber der Schildkröte

[1] Luchsinger, B.: Vjschr. naturforsch. Ges. Zürich **20**, 100 (1875). — Grube, K.: Pflügers Arch. **107**, 483 (1905). — Müller, P. B.: Schweiz. med. Wschr. **69**, 1087 (1939). — [2] Bassani, B.: Arch. Fisiol. **32**, 341 (1933). — [3] Schröder, W. v.: A. e. P. P. **15**, 364 (1882). — Salaskin, S.: H. **25**, 128 (1898). — Embden, G., u. F. Kalberlah: Hofmeisters Beitr. **8**, 121 (1906). — Embden, G., u. H. Engel: Hofmeisters Beitr. **11**, 323 (1908). — Friedmann, E.: B.Z. **55**, 436 (1913). — Snapper, I., A. Grünbaum u. J. Neuberg: B. Z. **167**, 100 (1926). — Snapper, I., u. A. Grünbaum: B. Z. **201**, 464 (1928). — [4] Rostorfer, H. H., L. E. Edwards and J. R. Murlin: Science, N. Y. **97**, 291 (1943). — [5] Brauer, R. W., R. L. Pessotti and P. Pizzolato: Proc. Soc. exp. Biol. Med. **78**, 174 (1951). — [6] Snyder, C. D.: Amer. J. Physiol. **118**, 345 (1937). — Snyder, C. D., and L. E. Martin: Amer. J. Physiol. **62**, 185 (1922).

besteht aus 2 getrennten Lappen; da diese von 2 verschiedenen afferenten Gefäßen her mit Blut versorgt werden, können sie getrennt durchströmt werden, wobei der zu untersuchende Stoff der Durchströmungsflüssigkeit des einen Lappens zugesetzt wird, während der andere Lappen als Kontrolle dient[1]. Auch bei anderen Versuchstieren, z. B. beim Hund[2] können verschiedene Leberlappen getrennt durchströmt werden.

2. Die operative Ausschaltung der Leber.

Kaltblüter können die totale Leberexstirpation verhältnismäßig lange überleben. So bleiben Frösche nach totaler Leberexstirpation noch mehrere Wochen am Leben. An entleberten Fröschen konnte seinerzeit gezeigt werden, daß solche Tiere auch Hippursäure zu bilden vermögen und daß die Hippursäure somit außerhalb der Leber entsteht[3]. Haie überleben die totale Leberexstirpation mehrere Tage[4]. Bei Vögeln bestehen Anastomosen zwischen Nierenvenen und Portalvenen, bei diesen Tieren kann die Leber daher durch Unterbindung der afferenten Blutgefäße ausgeschaltet werden, ohne daß es zu einer letalen Blutstauung im Pfortadergebiet kommt[5]. Entleberte Vögel (Hühner, Enten, Gänse) konnten einige Stunden am Leben erhalten werden; die an solchen Tieren beobachteten Stoffwechselveränderungen (Vermehrung von NH_3 und Milchsäure im Blut, Abnahme der Harnsäureausscheidung) sind für das Verständnis des Zwischenstoffwechsels dieser Tiere von großer Bedeutung geworden[6]. Säugetiere gehen, wenn die Leberexstirpation ohne vorbereitende Maßnahmen durchgeführt wird, so rasch zugrunde, daß ein Studium der Stoffwechseländerungen nicht möglich ist. Die Ursache hiefür liegt aber zunächst nicht im Ausfall der Leberfunktion selbst, sondern in der durch die Leberexstirpation verursachten Blutstauung im Pfortadersystem, die durch die beim Säugetier fehlende Anastomosierung zwischen Pfortader und unterer Hohlvene verursacht ist. Hat man durch vorbereitende Operationen die Entstehung eines die Leber umgehenden Kollateralkreislaufs veranlaßt, so können die Versuchstiere auch nach totaler Leberexstirpation einige Stunden am Leben erhalten werden.

Eine teilweise Ausschaltung der Leberfunktion kann durch operative Eingriffe erfolgen, welche eine Verminderung oder Änderung der Leberdurchblutung zur Folge haben. Durch Anbringung von Klammern oder Ligaturen an der Pfortader oder an der Leberarterie kann der Blutzustrom zur Leber vermindert oder das Pfortaderblut durch Anlegung der sog. Eckschen Fistel ganz von der Leber abgelenkt werden. Anderseits kann man die Leber durch Einströmenlassen des Blutes aus der Vena cava caudalis abdominalis zusätzlich belasten (sog. umgekehrte Ecksche Fistel). Einige dieser prinzipiell wichtigen operativen Methoden, die für das Studium des Leberstoffwechsels Bedeutung erlangt haben, müssen an dieser Stelle kurz besprochen werden (vgl. Abb. 5, S. 30).

a) Die Unterbindung der Leberarterie[7]. Unterbrechung des Zustromes von arteriellem Blut führt bei Hunden zu schweren Lebernekrosen unter massenhafter Entwicklung anaerober Bakterien und zum raschen Tode des Tieres. Werden

---

[1] Grube, K.: Pflügers Arch. **118**, 1 (1907); **121**, 636 (1908). — Schöndorff, B., u. F. Grebe: Pflügers Arch. **138**, 525 (1911). — Parnas, J., u. J. Baer: B. Z. **41**, 386 (1912). — Parnas, J.: Zbl. Physiol. **22**, 671 (1912). — [2] Bindi, N.: Arch. Fisiol. **23**, 99 (1925) [Ber. Physiol. **35**, 73]. — [3] Bunge, G., u. O. Schmiedeberg: A. e. P. P. **6**, 233 (1877). — [4] Schroeder, W. v.: H. **14**, 576 (1890). — [5] Stern, H.: A. e. P. P. **19**, 39 (1885). — Falkenhausen, M. Frhr. v., u. P. Siwon: A. e. P. P. **106**, 126 (1925). — Ranney, R. E., I. L. Chaikoff and E. L. Dobson: Amer. J. Physiol. **165**, 588 (1951). — [6] Minkowski, O.: A. e. P. P. **21**, 41 (1886); **23**, 139 (1887); **31**, 214 (1893). — Minkowski, O., u. B. Naunyn: A. e. P. P. **21**, 1 (1886). — [7] Narath, A.: Dtsch. Z. Chir. **135**, 305 (1916).

den Tieren jedoch gleichzeitig Antibiotica verabreicht, so überleben sie[1], und es kommt schließlich zur Entwicklung eines Kollateralkreislaufs, der die Leber mit arteriellem Blut versorgt[2].

b) Die Ecksche Fistel[3]. Die Unterbindung der Vena portae führt beim Säugetier infolge der oben erwähnten Blutstauung im Mesenterialgebiet zu raschem Absinken des Blutdrucks im übrigen Organismus und dadurch innerhalb kurzer Zeit zum Tode. Man kann die Blutstauung in den Mesenterialvenen dadurch vermeiden, daß man nach Durchschneiden der Pfortader den distalen Pfortaderstumpf in die Vena cava inferior einmünden läßt[4,5] (vgl. Abb. 5, S. 30). Der Leberstumpf der durchschnittenen Pfortader wird abgebunden. Das Pfortaderblut fließt sodann zur Vena cava und gelangt unter Umgehung der Leber direkt zum Herzen, die Leber wird nur mehr von der Leberarterie aus mit Blut versorgt. Hunde mit Eckscher Fistel können durch längere Zeit am Leben erhalten werden. Zur Ausschaltung der Leber aus dem Portalkreislauf kann das Portalblut statt zur Vena cava caudalis auch durch eine Kanüle zur Jugularvene abgeleitet werden[6].

Die Anlegung der Eckschen Fistel hat zur Folge, daß die im Darm resorbierten Stoffe direkt zu den Organen der Peripherie gelangen, ohne die Leber zu passieren. Es ist also vor allem die Abfangfunktion der Leber ausgeschaltet. Nach der Nahrungsaufnahme erscheinen die im Darm resorbierten Zucker und Aminosäuren in größerer Konzentration in den Capillaren der übrigen Gewebe als bei Normaltieren. Trotzdem werden alimentäre Glucosurien[7] und größere Vermehrungen der Aminosäureausscheidung im Harn[8] bei diesen Tieren meist nicht beobachtet. Aufgenommene Galaktose und Lactose gehen in den Harn über[9]. Exogene Gifte und enterogene Fäulnisprodukte, wie Phenole[10], u. a. erreichen unentgiftet die peripheren Gewebe: Daher wirken per os gegebene Alkaloide bei Tieren mit Eckscher Fistel fast ebenso stark wie bei subcutaner Verabreichung. Urobilin und Urobilinogen, die beim Normaltier von der Leber aus dem Blut abgefangen werden, werden mit dem Harn ausgeschieden[11]. Hepatotrope Gifte, wie Phosphor, wirken bei oraler Verabreichung auf Tiere mit Eckscher Fistel dagegen schwächer, weil sie erst nach Passage durch die anderen Organe in verringerter Konzentration in die Leber gelangen[12]. Die geringere funktionelle Beanspruchung des Lebergewebes führt zu einer Verkleinerung der Leberzellen und zu einer Volumenverminderung der Gesamtleber.

c) Die umgekehrte Ecksche Fistel führt zu einer erhöhten Blutbelastung der Leber[13,14]: man durchschneidet die Vena cava oberhalb der Einmündung der

[1] Markowitz, J.: Trans. 8th Conf. Liver Injury S. 18. New York 1949. — Davis, L., C. Tanturi and J. Tarkington: Surg., Gynec. Obstet. **89**, 360 (1949). — Markowitz, J., A. M. Rappaport and A. C. Scott: Amer. J. digest. Dis. **16**, 344 (1949). — Grant, J. L., W. T. Fitts jr. and I. S. Ravdin: Surg., Gynec. Obstet. **91**, 527 (1950). — Berman, J. K., H. Koenig and L. P. Muller: A. M. A. Arch. Surg. **63**, 379 (1951). — Fraser, D., A. M. Rappaport, C. A. Vuylsteke and A. R. Colwell jr.: Surgery **30**, 624 (1951). — Grindlay, J. H., F. C. Mann and J. L. Bollman: A. M. A. Arch. Surg. **62**, 806 (1951). — Markowitz, J., and A. M. Rappaport: Physiol. Rev. **31**, 188 (1951). — [2] Bollman, J. L.: Trans. 8th Conf. Liver Injury. S. 25. New York 1949. — [3] Eck, N. v.: Voyenno-med. J. **130**, (2) 1 (1877). — [4] Magnus-Alsleben, E.: Ergebn. Physiol. **18**. 52 (1920). — Fischler, F.: Physiologie und Pathologie der Leber. 2. Aufl. Berlin 1925. — [5] Hahn, M., O. Massen, M. Nencki u. J. Pawlow: A. e. P. P. **32**, 161 (1893). — [6] Grande Covian, F., e J. C. de Oya: Rev. Clin. esp. **10**, 271 (1943). — [7] Grafe, E., u. F. Fischler: Dtsch. Arch. klin. Med. **104**, 321 (1911). — [8] Fischler, F.: Physiologie und Pathologie der Leber. 2. Aufl. bes. S. 129. Berlin 1925. — [9] Draudt, L.: A. e. P. P. **72**, 457 (1913). — [10] Dubin, H.: J. biol. Ch. **26**, 69 (1916). — Pelkan, K. F., and G. H. Whipple: J. biol. Ch. **50**, 513 (1922). — [11] Fischler, F.: Physiologie und Pathologie der Leber. 2. Aufl., bes. S. 217. Berlin 1925. — [12] Fischler, F., u. K. Bardach: H. **78**, 435 (1912). — [13] Magnus-Alsleben, E.: Ergebn. Physiol. **18**, 52 (1920). — [14] Fischler, F., u. H. Kossow: Dtsch. Arch. klin. Med. **111**, 479 (1913).

Vena renalis und suprarenalis, unterbindet den zum Herzen führenden proximalen Stumpf und näht den distalen Stumpf in die Pfortader ein (vgl. das Schema Abb. 5). Zusammen mit dem Pfortaderblut strömt jetzt auch das Blut aus den unteren Extremitäten, aus Nieren und Nebennieren in die Leber ein. Infolge dieser Überbelastung bildet sich im Verlaufe einiger Wochen nach Durchführung der Operation ein Kollateralkreislauf von der Vena portae über die Vena azygos und die Brustvenen aus, durch den ein Teil des Blutes unter Umgehung der Leber zum Herzen fließt. Nach Ausbildung dieses Kollateralkreislaufs kann die Pfortader unterbunden werden, ohne daß das Tier stirbt.

Stoffe, die man Tieren mit umgekehrter Eckscher Fistel in die Venen der unteren Extremität injiziert, gelangen direkt in die Leber; die Wirkung, die die

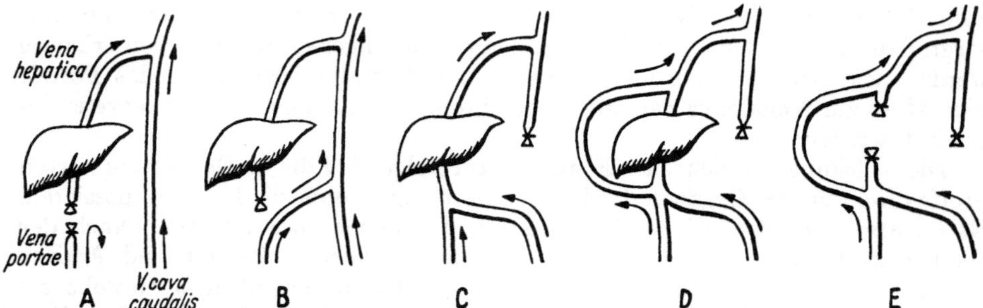

Abb. 5. Schematische Darstellung einiger zur Ausschaltung der Leberfunktion verwendeter Methoden.
A. Unterbindung der Vena portae führt zur Verblutung in die Mesenterialgefäße und zu raschem Tode des Tieres.
B. Die Ecksche Fistel: Die Vena portae wird durchschnitten und der distale Stumpf in die Vena cava inferior eingeführt. Das Portalblut umgeht die Leber.
C. Die umgekehrte Ecksche Fistel: Die Vena cava inferior wird durchschnitten und der distale Stumpf in die Vena portae eingenäht. Überlastung der Lebergefäße.
D. Die umgekehrte Ecksche Fistel führt zur Entwicklung eines Kollateralkreislaufs. Ein Teil des Blutes umgeht auf diese Weise die Leber.
E. Nach Entwicklung des Kollateralkreislaufs kann die Leber exstirpiert werden.

Passage durch die Leber auf diese Stoffe hat, kann daher direkt untersucht werden. Die Einführung von Kathetern aus der Vena jugularis in die Lebervene und aus der Vena femoralis in die Pfortader gestattet eine vergleichende Analyse von Blutproben unmittelbar vor und nach der Leberpassage.

d) Die totale Leberexstirpation am Säugetier. Nach vollständiger Abtragung der Leber ohne vorbereitende Maßnahmen sterben die Tiere bereits nach 1—2 Std. Wird jedoch zunächst die umgekehrte Ecksche Fistel angelegt, nach Entwicklung des Kollateralkreislaufs in einer zweiten Operation die Pfortader unterbunden und gleichzeitig oder erst in einer dritten Operation die Leber herausgeschnitten, so können die leberlosen Tiere mehrere Stunden am Leben erhalten werden[1-3]. Man kann die Pfortader vor der Hepatektomie auch mit Cellophanstreifen umwinden, so daß das Lumen dieser Gefäße nur wenig verengt wird. Der Druck des Streifens hat eine progrediente Wandverdickung der Vena portae zur Folge, dadurch wird diese allmählich immer mehr verlegt und die Entwicklung von Anastomosen ausgelöst. Nach Entstehung eines Kollateralkreislaufs wird die Leber exstirpiert[4]. Die Leberexstirpation kann auch einzeitig durchgeführt

[1] Mann, F. C., u. T. B. Magath: Ergebn. Physiol. **23 I**, 212 (1924). — Mann, F. C.: Amer. J. med. Sci. **161**, 37 (1921). — [2] Mann, F. C.: Medicine, Baltimore **6**, 419 (1927). — Markowitz, J., and S. Soskin: Proc. Soc. exp. Biol. Med. **25**, 7 (1927). — Perroncito, A.: C. R. Soc. Biol. **99**, 104 (1928). — Drury, D. R.: J. exp. Med. **49**, 759 (1929). — Soskin, S.: J. Lab. clin. Med. **16**, 382 (1930/31). — Bollman, J. L., and F. C. Mann: Ergebn. Physiol. **38**, 445 (1936). — Himsworth, H. P.: J. Physiol., London **91**, 413 (1937/38). — [3] Freeman, S.: Amer. J. Physiol. **164**, 792 (1951). — [4] Grindlay, J. H., and F. C. Mann: Surgery **31**, 900 (1952). — Cheng, K. K.: Brit. J. exp. Path. **32**, 444 (1951).

werden, wenn man das intrahepatisch verlaufende Stück der Vena cava freipräpariert und mit der Vena portae vernäht[1, 2] oder die Verbindung zwischen Vena portae und Vena cava durch ein transplantiertes Venenstück[3] oder durch ein Röhrchen[4-6] aus Glas oder Kunstharz herstellt und dadurch eine Blutstauung im Pfortadergebiet vermeidet. Hunde überlebten die einzeitige Leberexstirpation 2—19 Std[4-7], die mehrzeitig vorgenommene Leberexstirpation bis $1^1/_2$ Tage[8]. Infusion von Glucoselösungen und vorausgegangene mehrwöchige fleischfreie Fütterung haben lebensverlängernde Wirkung[1].

Hunde verbleiben nach totaler Leberexstirpation zunächst 3—8 Std normal, dann tritt Muskelschwäche und Schlaffheit ein, die Tiere können sich nicht mehr aufrecht erhalten und die Reflexe verschwinden. Etwa 1 Std später treten die Reflexe wieder auf, werden stärker als normal, und es kommt zu Krämpfen, in denen das Tier stirbt. Diese Erscheinungen sind vor allem durch das Eintreten einer akuten Hypoglykämie bei den leberlosen Tieren bedingt und können durch Injektion von Glucose zum Verschwinden gebracht werden. Durch wiederholte Glucoseinjektionen konnte ein leberloser Hund durch 34 Std am Leben erhalten werden[9].

Kaninchen, denen 90% der Leber exstirpiert worden war, starben bei niedrigem Blutzucker unter Krämpfen 6—18 Std nach der Operation. Wurde ihnen Glucose zugeführt, so überlebten sie bis zu 5 Tagen. Der Respiratorische Quotient betrug bei diesen Tieren ohne Glucosezufuhr 0,71—0,78, nach Glucosezufuhr 1. Ähnliche Ergebnisse wurden auch bei Ratten und Hunden erhalten. Das leberlose Tier gewinnt, wenn es keine Glucose bekommt, seinen Energiebedarf somit durch den Abbau von Fett, das also auch ohne Beteiligung der Leber ausgenützt werden kann[10].

Die Beobachtung von Tieren mit totaler Leberexstirpation ergibt wichtige Aufschlüsse über die Stoffwechselfunktionen der Leber. Zunächst geht aus den bei hepatektomierten Tieren erhaltenen Befunden hervor, daß die Aufrechterhaltung des Blutzuckerspiegels bei Fehlen einer Zuckerzufuhr von außen ausschließlich durch die Leber gewährleistet wird[11]. Die Harnstoffbildung sistiert beim leberlosen Tier völlig, der Harnstoffgehalt von Blut, Harn und Geweben sinkt rasch ab, dafür steigt der Aminosäuregehalt des Blutes erheblich an[12]. Der Bilirubingehalt von Blut und Geweben nimmt beim leberlosen Tier zu, woraus hervorgeht, daß Bilirubin nicht nur im Lebergewebe, sondern auch in anderen Geweben gebildet wird. Das Bilirubin gibt hierbei jedoch nur die indirekte Reaktion nach HIJMANS VAN DEN BERGH. Da die Harnsäure bei leberlosen Tieren nicht zu Allantoin abgebaut wird, steigt der Harnsäuregehalt des Blutes bei Tieren erheblich an.

---

[1] FRANK, H. A., and S. W. JACOB: Amer. J. Physiol. **168**, 156 (1952). — [2] GLEY, E., et V. PACHON: Mêm. Soc. Biol. **47**, 741 (1895). — BOUCKAERT, J. J.: C. R. Soc. Biol. **100**, 768 (1929). — [3] NOLF, P., and M. ADANT: Proc. Soc. exp. Biol. Med. **77**, 56 (1951). — [4] FRANK, E. D., H. A. FRANK and J. FINE: Amer. J. Physiol. **162**, 619 (1950). — [5] MARKOWITZ, J., W. M. YATER and W. H. BURROWS: J. Lab. clin. Med. **18**, 1271 (1933). — [6] FIROR, W. M., and E. STINSON jr.: Bull. Johns Hopkins Hosp. **44**, 138 (1929). — [7] WARREN, R., and J. E. RHOADS: Amer. J. med. Sci. **198**, 193 (1939). — MUNRO, F. L., E. R. HART, M. P. MUNRO and A. A. WALKLING: Amer. J. Physiol. **145**, 206 (1945). — REINHARD, J. J., O. GLASSER and I. H. PAGE: Amer. J. Physiol. **155**, 106 (1948). — [8] FREEMAN, S.: Amer. J. Physiol. **164**, 792 (1951). — [9] MANN, F. C., u. T. B. MAGATH: Ergebn. Physiol. **23 I**, 212 (1924). — MANN, F. C.: Amer. J. med. Sci. **161**, 37 (1921). — [10] McMASTER, P. D., and D. R. DRURY: Proc. Soc. exp. Biol. Med. **25**, 151 (1927). — [11] MANN, F. C.: Amer. J. med. Sci. **161**, 37 (1921). — MANN, F. C., and T. B. MAGATH: Amer. J. Physiol. **55**, 285 (1921). Arch. internal Med., Chicago **30**, 73, 171 (1922). — [12] BOLLMAN, J. L., and F. C. MANN: Amer. J. Physiol. **92**, 92 (1930).

e) Die partielle Leberexstirpation und die Regeneration des Lebergewebes. Die teilweise Leberexstirpation[1], die bei einer Reihe verschiedener Tierarten durchgeführt werden kann[2,3], wurde in letzter Zeit in steigendem Ausmaß zur Erforschung des Leberstoffwechsels verwendet. Operative Verbesserungen haben die Mortalität des Eingriffes stark vermindert[4]. Die Versuchstiere überleben Abtragungen bis zu $^4/_5$ des Lebergewebes[5]. Nach der teilweisen Leberexstirpation setzen Regenerationsvorgänge ein, durch die das fehlende Lebergewebe nach relativ kurzer Zeit wieder ersetzt wird.

Bei Ratten, deren Leber teilweise abgetragen worden war, konnten schon am 1. Tage nach der Operation Regenerationsvorgänge nachgewiesen werden[6]. Nach 3 Tagen war das Gewicht der Restleber bereits auf das Doppelte angewachsen. Nach 10 Tagen war das Körpergewicht der Ratten zwar noch herabgesetzt, das Verhältnis zwischen Lebergewicht und Körpergewicht aber bereits wieder normal geworden. Nach 4 Wochen hatten die Ratten sowohl ihr Körpergewicht als auch das Lebergewicht wieder normalisiert[6]. Bei Hunden, denen $^1/_3$—$^3/_4$ der Leber ektomiert worden war, traten am 2. Tag nach der Operation zahlreiche Mitosen, insbesondere in der Peripherie der Leberläppchen, auf, ihre Zahl nahm bis zum 3.—6. Tag noch weiter zu. Zugleich traten zahlreiche binucleäre Zellen auf. Nach 3—6 Wochen war die Regeneration der Leber abgeschlossen[5]. Die partielle Hepatektomie kann beim gleichen Tier wiederholt vorgenommen werden.

Infolge des raschen Eintretens der Regenerationsvorgänge ist es nicht möglich, bei einem sonst normalen Versuchstier die Menge des Lebergewebes auf die Dauer herabzusetzen. Bei Hunden mit Eckscher Fistel oder mit vernähtem Gallengang[7] ist jedoch nach partieller Leberexstirpation die Regeneration des Lebergewebes stark verzögert.

Die Regeneration des Lebergewebes verläuft in einer Reihe aufeinanderfolgender Phasen. Gleich nach der Hepatektomie nimmt das Volumen der Leberzellen stark zu, dadurch werden die Sinusoide verengt und der Blutgehalt der Leber sinkt auf etwa die Hälfte des Normalwerts[8]. Nach einer Latenzzeit von mehreren Stunden setzt dann die Zellteilung ein[2]. Die Regeneration beginnt meist am Rande der Läppchen, die Zellbalken verlängern sich und schließlich entstehen neue Läppchen von normaler Größe.

Gleichzeitig mit den durch den Regenerationsvorgang ausgelösten morphologischen Veränderungen ändert sich auch die chemische Zusammensetzung des Lebergewebes. Der Lipoidgehalt der Restleber steigt schon in den ersten Stunden nach der Hepatektomie stark an[9–12], während der Glykogengehalt der Restleber,

[1] Ponfick, E.: Verh. dtsch. Ges. Chir. **19**, 28 (1890). — Meister, V. v.: Beitr. path. Anat. **15**, 1 (1894). — Ponfick, E.: Virchows Arch. **118**, 209 (1889); **119**, 193 (1890); **138**, Suppl. 81 (1894). — Mann, F. C., and T. B. Magath: Amer. J. Physiol. **59**, 485 (1922); **65**, 403 (1923). — [2] Brues, A. M., D. R. Drury and M. C. Brues: Arch. Path., Chicago **22**, 658 (1936). — Higgins, G. M., F. C. Mann and J. T. Priestley: Arch. Path., Chicago **14**, 491 (1932). — [3] Brues, A. M., and B. B. Marble: J. exp. Med. **65**, 15 (1937). — Marshak, A., and A. C. Walker: Amer. J. Physiol. **143**, 226, 235 (1945). — [4] Ralli, E. P., and M. E. Dumm: Proc. Soc. exp. Biol. Med. **77**, 188 (1951). — [5] Bollman, J. L., and F. C. Mann: Ergebn. Physiol. **38**, 445 (1936). — [6] Higgins, G. M., and R. M. Anderson: Arch. Path., Chicago **12**, 186 (1931); **14**, 42 (1932). — Higgins, G. M., and J. T. Priestley: Arch. Path., Chicago **13**, 573 (1932). — [7] Mann, F. C., F. C. Fishback, J. G. Gay and G. F. Green: Arch. Path., Chicago **12**, 787 (1931). — [8] Harkness, R. D.: J. Physiol., London **117**, 257, 267 (1951). — [9] Ludewig, S., R. G. Minor and J. C. Horfenstine: Proc. Soc. exp. Biol. Med. **42**, 158 (1939). — [10] Bogetti, H., et P. Mazzocco: Rev. Soc. argent. Biol. **15**, 285 (1939). — [11] Gurd, F. N., H. M. Vars and I. S. Ravdin: Amer. J. Physiol. **152**, 11 (1948). — Vars, H. M., and F. N. Gurd: Fed. Proc. **6**, 299 (1947). — Gurd, F. N., H. M. Vars and I. S. Ravdin: Fed. Proc. **6**, 257 (1947). — [12] Szego, C. M., and S. Roberts: J. biol. Ch. **178**, 827 (1949).

die nun das Gesamtblut mit Glucose versorgen muß, rapid abfällt[1–4]. Der Wassergehalt der Restleber kann je nach den Versuchsbedingungen stark wechseln[1, 5, 6–8]. Sehr stark vermehrt sind schon im Beginn der Zellregeneration Phosphatide[9] und Ribonucleinsäuren[4], also Substanzen, die als Bausteine für die Bildung der Mitochondrien verwendet werden[10]. Durch Injektion von ^{32}P-Phosphat an partiell hepatektomierte Ratten konnte die Geschwindigkeit der Phosphatidbildung in den einzelnen Phasen der Leberregeneration gemessen werden. Die Geschwindigkeit mit der das ^{32}P in die Zellphosphatide aufgenommen wurde, ging mit der Mitosehäufigkeit parallel[11] und umfaßte sowohl die Lecithin- als auch die Kephalin- und Sphingomyelinfraktion[12]. Der Fermentgehalt der Mitochondrien wird in den neugebildeten Leberzellen jedoch nur langsam vermehrt; denn die

Tabelle 2. Wasser-, Glykogen-, Fett- und Stickstoffgehalt, Zellvolumen und Zellkernvolumen der Restleber nach partieller Leberexstirpation (Ratte)[13].

in % der Frischleber	normal	Std nach der Hepatektomie			
		10	24	48	70
Wasser	71	71	72	73	74
Glykogen	3,8	0,4	1,7	1,1	1,3
Fett	3,3	7,6	7,4	5,8	4,5
N-Gehalt	3,3	2,9	2,7	2,9	3,1
Zellvolumen in $10^3 \mu^3$ (durchschnittlich)	6,19	6,05	10,1	8,95	8,65
Volumen der Zellkerne in $10^3 \mu^3$ (durchschnittlich)	0,33	0,386	0,59	0,67	0,67

Succinoxydase, deren Vorkommen fast ausschließlich auf die Mitochondrien beschränkt ist[14], wurde in dem regenerierenden Lebergewebe zunächst in verringerter Konzentration gefunden[4], ihre Menge stieg erst im weiteren Verlauf der Regeneration wieder an[4]. Der Gehalt des Lebergewebes an Lactat, ATP, ADP und Adenylsäure blieb normal[4], die Malatdehydrogenase, die cytochromreduzierenden und oxalacetatoxydierenden Fermentsysteme sind in dem nach Hepatektomie regenerierenden Lebergewebe verringert[4].

Die Veränderungen, die zu Beginn des Regenerationsvorgangs in der chemischen Zusammensetzung des Lebergewebes eintreten, werden im weiteren Verlauf der Regeneration rasch normalisiert. Etwa 7—14 Tage nach der Hepatektomie ist die Zusammensetzung der Leber wieder annähernd normal: der Proteingehalt[1], die Menge der Gesamtlipoide[15, 1], des Neutralfetts, der Phosphatide, die Menge des freien und des Estercholesterins[9] entsprechen den bei Normaltieren erhaltenen Werten, der Glykogengehalt hat den ursprünglichen Wert wieder erreicht[1] oder

[1] Gurd, F. N., H. M. Vars and I. S. Ravdin: Amer. J. Physiol. **152**, 11 (1948). — Vars, H. M., and F. N. Gurd: Fed. Proc. **6**, 299 (1947). — Gurd, F. N., H. M. Vars and I. S. Ravdin: Fed. Proc. **6**, 257 (1947). — [2] Stone, C. S. jr.: Arch. Surg. **31**, 662 (1935). — [3] Bogetti, H., e P. Mazzocco: Rev. Soc. argent. Biol. **17**, 41 (1941). — [4] Novikoff, A. B., and V. R. Potter: J. biol. Ch. **173**, 223 (1948). — [5] Szego, C. M., and S. Roberts: J. biol. Ch. **178**, 827 (1949). — [6] Higgins, G. M., and R. M. Anderson: Arch. Path., Chicago **12**, 186 (1931). — [7] Drabkin, D. L.: J. biol. Ch. **171**, 395, 409 (1947). — Crandall, M. W., and D. L. Drabkin: J. biol. Ch. **166**, 653 (1946). — [8] Davidson, J. N., and C. Waymouth: Biochem. J. **38**, 379 (1944). — [9] Ludewig, S., R. G. Minor and J. C. Horfenstine: Proc. Soc. exp. Biol. Med. **42**, 158 (1939). — [10] Claude, A.: J. exp. Med. **84**, 61 (1946). — Price, J. M., E. C. Miller and J. A. Miller: J. biol. Ch. **173**, 345 (1948). — [11] Johnson, R. M., and S. Albert: Arch. Biochem. **35**, 340 (1952). — [12] Johnson, R. M., E. Levin and S. Albert: Arch. Biochem. **51**, 170 (1954). — [13] Harkness, R. D.: J. Physiol., London **117**, 257, 267 (1951). — [14] Hogeboom, G. H., W. C. Schneider and G. E. Pallade: Proc. Soc. exp. Biol. Med. **65**, 320 (1947). — [15] Bogetti, H., et P. Mazzocco: Rev. argent. Biol. **15**, 285 (1939).

ist nur mehr schwach verringert[1]. Auch der anfangs stark vermehrte Ribonucleinsäuregehalt der in Regeneration begriffenen Leber nähert sich in der 2. Woche wieder dem Normalwert[2, 3]. Dagegen war die Menge der Desoxyribonucleinsäuren, die zunächst stark vermindert sind[2], mehrere Wochen nach der Hepatektomie gesteigert[3]. Nach Verabreichung von ^{32}P-Phosphat an partiell hepatektomierte Ratten war der ^{32}P am 1. Tag nach der Operation vor allem in der Ribonucleinsäurefraktion und nach 3—5 Tagen auch in die Desoxyribonucleinsäuren aufgenommen worden. Das Maximum der ^{32}P-Aufnahme in die Phospholipoide fiel mit dem Maximum der Mitosenhäufigkeit zusammen[3].

Die Regeneration des Cytochrom c erfolgt in den ersten 4 Tagen nach der Hepatektomie mit besonderer Geschwindigkeit und nimmt dann an Geschwindigkeit rasch ab[4]. Die Regenerationsgeschwindigkeit des Cytochrom c und der Ribonucleinsäuren ist unabhängig davon, ob die hepatektomierten Tiere viel oder wenig Protein erhielten[4].

Im Arginase- und Katalasegehalt[5] und in der Menge der Cytochromoxydase[6] konnte zwischen normalem und nach partieller Hepatektomie regenerierendem Lebergewebe kein Unterschied nachgewiesen werden. Die Phosphomonoesterase ist in den Zellen des in Regeneration befindlichen Lebergewebes vermehrt[7], und insbesondere zeigen der Zellkern und die Fraktion der Mikrosomen stark gesteigerte Phosphataseaktivität[8]. Auch der N-Gehalt der Zellkernfraktion und der Mikrosomenfraktion ist im Vergleich zu normalen Leberzellen gesteigert[8]. Während in embryonalem und neoplastischem Lebergewebe die anaerobe Glykolyse stark gesteigert ist[9], ergaben Messungen des Gasaustausches bei normalem und in Regeneration begriffenem Lebergewebe keinen Unterschied im Ausmaß der Glykolyse[9]. Auch der Lactoflavingehalt der regenerierten Leber entspricht dem normaler Lebern[10].

Weit langsamer als die Regeneration des Leberparenchyms geht die Regeneration des Leberstromas und die der Gallengänge vor sich. Der prozentuelle Kollagengehalt der regenerierten Rattenleber, und zwar insbesondere der perivasculäre und im Leberparenchym verteilte Anteil des Kollagens, war 6 Wochen nach der Operation noch immer weit niedriger als bei den nicht hepatektomierten Kontrolltieren[11].

Die Geschwindigkeit der Leberregeneration wird von verschiedenen Faktoren beeinflußt. Exstirpation eines großen Leberstückes löst eine raschere Regeneration aus als die Herausnahme kleiner Leberanteile[4]. Herausnahme der Milz beschleunigt die Regeneration der Leber[12], Unterbindung des Gallenabflusses hat eine hemmende Wirkung. Fettreiche Lebern werden langsamer regeneriert als Lebern mit normalem Fettgehalt[13]. Verfütterung von Leber steigert bei Ratten die Regeneration des Lebergewebes, das hierbei wirksame Prinzip ist weder mit Thiamin noch mit einem der Antiperniciosafaktoren identisch[14]. Auch

[1] Stone, C. S. jr.: Arch. Surg. **31**, 662 (1935). — [2] Novikoff, A. B., and V. R. Potter: J. biol. Ch. **173**, 223 (1948). — [3] Johnson, R. M., and S. Albert: Arch. Biochem. **35**, 340 (1952). — [4] Drabkin, D. L.: J. biol. Ch. **171**, 395, 409 (1947). — Crandall, M. W., and D. L. Drabkin: J. biol. Ch. **166**, 653 (1946). — [5] Greenstein, J. P., J. E. Edwards, H. B. Andervont and J. White: J. nat. Cancer Inst. **3**, 7 (1942/43). — [6] Greenstein, J. P., and J. W. Thompson: J. nat. Cancer Inst. **4**, 271 (1943/44). — [7] Sulkin, N. M., and J. H. Gardner: Anat. Rec. **100**, 143 (1948). — Brachet, J., et R. Jeener: Biochim. biophysica Acta, N. Y. **2**, 423 (1948). — [8] Tsuboi, K. K.: Biochim. biophysica Acta, N. Y. **8**, 173 (1952). — [9] Norris, J. L., J. Blanchard and C. Povolny: Arch. Path., Chicago **34**, 208 (1942). — [10] Robertson, W. v. B., and H. Kahler: J. nat. Cancer Inst. **2**, 595 (1941/42). — [11] Harkness, M. L., and R. D. Harkness: J. Physiol., London **123**, 482 (1954). — [12] Higgins, G. M., and J. T. Priestley: Arch. Path., Chicago **13**, 573 (1932). — [13] Rich, A. R., and M. Berthrong: Bull. Johns Hopkins Hosp. **85**, 327 (1949). — [14] Denton, R. W., and A. C. Ivy: Amer. J. Physiol. **152**, 460 (1948).

mäßige Dosen von Thyroxin fördern die Regeneration des Lebergewebes[1], während hohe Thyroxindosen das Lebergewebe schädigen. Anderseits hat aber auch die Verabreichung von Thiouracil eine regenerationsanregende Wirkung[2]. Durch Cortison wird die Regeneration der Leber gehemmt[3]. Herabsetzung des O_2-Druckes der Atemluft verursachte wie bei normalen so auch bei partiell hepatektomierten Tieren eine Zunahme der Erythrocytenzahl und des Bluthämoglobingehalts, hatte jedoch keine Vermehrung des Cytochromgehalts in dem in Regeneration begriffenen Lebergewebe zur Folge[4].

3. Die experimentelle Schädigung der Leberfunktion durch Gifte.

Eine Reihe von Protoplasmagiften, die in größeren Dosen alle Zellen schädigen, bringt an der Leber schon in kleinen Dosen schwere Gewebsveränderungen hervor. Durch passende Dosierung dieser Gifte kann daher die Leberfunktion weitgehend geschädigt werden, ehe noch eine Funktionsstörung anderer Organe bemerkbar wird. An Stelle operativer Eingriffe werden Vergiftungen mit elementarem weißem Phosphor, Chloroform, Tetrachlorkohlenstoff u. a. zur teilweisen Ausschaltung der Leber im Tierversuch verwendet. Einzelne dieser Stoffe (z. B. Chloroform, Tetrachlorkohlenstoff) bewirken bevorzugt Nekrosen des zentralen Läppchenanteils, während andere leberschädigende Gifte (z. B. Phosphor) vor allem die Peripherie des Läppchens schädigen[5].

Bei der akuten *Phosphorvergiftung* kommt es zunächst zu einer Verfettung der peripheren Zellen der Leberläppchen[6]. Das abgelagerte Fett stammt aus den subcutanen und mesenterialen Fettdepots[7]. Außer den Triglyceriden sind auch die übrigen Lipoide, insbesondere die Phosphatide im Lebergewebe stark vermehrt[8]. Bei schwerer toxischer Leberschädigung sistiert ferner die Fibrinogenbildung in der Leber[9], und der Fibrinogengehalt des Blutes nimmt ab[10]. Da auch die Prothrombinbildung in der Leber geschädigt wird, wird das Blut nach schwerer Phosphorvergiftung ungerinnbar. Der Gehalt des Blutes an Bilirubin und Aminosäuren ist vermehrt, die Menge des Serumalbumins nimmt ab. Die Menge ätherunlöslicher Phosphorsäureverbindungen wird im Lebergewebe vermindert[11], die Glykoneogenese ist verzögert, das Leberglykogen nimmt ab, und es kommt zur Hypoglykämie.

Bleibt das Tier am Leben, so werden die durch die Phosphorvergiftung geschädigten Teile des Lebergewebes wieder regeneriert. Während Mitosen im normalen Lebergewebe histologisch nicht immer nachweisbar sind, tritt nach Ablauf der akuten Vergiftungserscheinungen in der Leber eine lebhafte amitotische[6] und im späteren Verlauf auch mitotische[6] Zellvermehrung auf.

Daß nach *Chloroformvergiftung* beim Säugetier[12] und beim Menschen[13] eine fettige Degeneration der Leber auftritt, ist seit langem bekannt[14]. Beim Hund

[1] Higgins, G. M.: Arch. Path., Chicago **16**, 226 (1933). — [2] Fogelman, M. J., and A. C. Ivy: Amer. J. Physiol. **153**, 397 (1948). — [3] Cavallero, C., G. Sala, A. Amira and M. Borasi: Lancet **1951 I**, 55. — [4] Drabkin, D. L.: J. biol. Ch. **171**, 395, 409 (1947). — Crandall, M. W., and D. L. Drabkin: J. biol. Ch. **166**, 653 (1946). — [5] Bollman, J. L., and C. F. Mann: Ergebn. Physiol. **38**, 445 (1936). — [6] Clara, M.: Z. mikroskop.-anat. Forsch. **26**, 45 (1931). — Love, J. G.: Arch. Path., Chicago **14**, 637 (1932). — [7] Rosenfeld, G.: B. Z. **209**, 312; **211**, 270 (1929); **218**, 48 (1930). — [8] Rosin, A.: Beitr. path. Anat. **76**, 153 (1926). — Loewy, A.: B. Z. **185**, 287 (1927). — [9] Jacoby, M.: H. **30**, 174 (1900). — Whipple, G. H.: Amer. J. Physiol. **33**, 50 (1914). — [10] McLean, S., A. MacDonald and R. C. Sullivan: J. amer. med. Ass. **93**, 1789 (1929). — [11] Gubser, A.: B. Z. **198**, 65 (1928). — Loewy, A., u. J. Leibowitz: B. Z. **192**, 67 (1928). — [12] Nothnagel, (H.): Berlin. klin. Wschr. **1866**, 31. — [13] Thiem, C., u. C. Fischer: Dtsch. Med.-Ztg. **1889**, Heft 16. — [14] Bevan, A. D., and H. B. Favill: J. amer. med. Ass. **45**, 691, 754 (1905). — Wells, H. G.: Arch. internal Med., Chicago **1**, 589 (1908). — Howland, J., and N. A. Richards: J. exp. Med. **11**, 344 (1909)

wurden die ersten histologischen Veränderungen etwa 7 Std nach der $CHCl_3$-Vergiftung nachweisbar, 2—3 Wochen später war die Leber infolge der sofort einsetzenden Regenerationsvorgänge wieder normal[1]. Die Leber von Nichtsäugetieren (Fröschen, Schildkröten und Tauben) scheint gegen die $CHCl_3$-Vergiftung relativ resistent zu sein[2]. Über die Wirkung der *Vergiftung mit Tetrachlorkohlenstoff* auf die Leber von Hunden[3,4], Ratten[5], Meerschweinchen[6], Kaninchen[4,7] und Affen[8] liegt eine große Zahl von Untersuchungen vor. Meist werden zur Darstellung vorübergehender Leberinsuffizienten 0,01—0,06 g/kg CCl_4 gegeben. Hühner sind gegen CCl_4 verhältnismäßig widerstandsfähig[4]. Die in den Lebern CCl_4-vergifteter Ratten auftretende fettige Degeneration ist von einer cirrhotischen Vermehrung der perilobulären und der intralobulären kollagenen und reticulären Fasern begleitet. Histochemisch wurde gleichzeitig eine Verminderung der Lipase der Leberzellen[9], eine Vermehrung alkalischer Phosphatasen[10,11] und der sauren Mucopolysaccharide (Färbung nach HOTCHKISS) festgestellt[12]. In den Lebern von Kontrolltieren, denen die gleiche Menge von CCl_4, außerdem aber auch Cortison verabreicht worden war, zeigten sich Mucopolysaccharide und Phosphatasen nicht vermehrt[12]. Lipotrope Stoffe, wie Cholin und Methionin, verhindern bei CCl_4-vergifteten Ratten das Auftreten der cirrhotischen Veränderungen[9,13,14]. Die Menge der Ribo- und Desoxyribonucleinsäuren und die Basophilie des Cytoplasmas sind bei CCl_4-Ratten herabgesetzt[15]. Mit dem Einsetzen der Regeneration stieg die Menge der Nucleinsäuren[15] und die Basophilie des Cytoplasmas[16] wieder an. Die Aktivität der Succinoxydase, Cytochromoxydase, der sauren und alkalischen Phosphomonoesterasen und der Leberesterase waren verringert[10].

Daß $CHCl_3$ und CCl_4 besonders stark auf die zentral gelegenen Zellen des Leberläppchens wirken, ist vor allem darauf zurückzuführen, daß diese Gifte eine Schwellung der Zellen der Läppchenperipherie und dadurch eine Kontraktion der Sinusoide verursachen, der Blutzufluß zu den zentralen Läppchenabschnitten wird dadurch gesperrt. Die Kontraktion der Sinusoide konnte an Lebern von Mäusen und Ratten 15 min nach Inhalation von $CHCl_3$[17] oder CCl_4[18] direkt im

[1] WHIPPLE, G. H., and J. A. SPERRY: Bull. Johns Hopkins Hosp. **20**, 278 (1909). — [2] MOSIMAN, R. E., and G. H. WHIPPLE: Bull. Johns Hopkins Hosp. **23**, 326 (1912). — [3] HALL, M. C.: J. amer. med. Ass. **77**, 1641 (1921). Amer. J. trop. Med. **2**, 373 (1922). — MEYER, J. R., and S. B. PESSÔA: Amer. J. trop. Med. **3**, 177 (1923). — SMILLIE, W. G., and S. B. PESSÔA: Amer. J. Hyg. **3**, 35 (1923). — SCHULTZ, E. W., and A. MARX: Amer. J. trop. Med. **4**, 469 (1924). — DAVIS, N. C.: J. med. Res. **44**, 601 (1924). — GARDNER, G. H., R. C. GROVE, R. K. GUSTAFSON, E. D. MAIRE, M. J. THOMPSON, H. S. WELLS and P. D. LAMSON: Bull. Johns Hopkins Hosp. **36**, 107 (1925). — CHANDLER, A. C., and R. N. CHOPRA: Ind. J. med. Res. **14**, 219 (1926). — LAMSON, P. D., and R. WING: J. Pharmacol. exp. Therap. **29**, 191 (1926). — ROBBINS, B. H.: J. Pharmacol. exp. Therap. **37**, 203 (1929). — BOLLMAN, J. L., and F. C. MANN: Ann. internal Med. **5**, 699 (1931). — [4] HALL, M. C., and J. E. SHILLINGER: J. agric. Res. **23**, 163 (1923). — [5] LACQUET, A. M.: Arch. Path., Chicago **14**, 164 (1932). — CAMERON, G. R., and W. A. E. KARUNARATNE: J. Path. Bacteriology **42**, 1 (1936). — CALDER, R. M.: J. Path. Bacteriology **54**, 355 (1942). — [6] PHELPS, B. M., and C. H. HU: J. amer. Med. Ass. **82**, 1254 (1924). — [7] LAMSON, P. D., G. H. GARDNER, R. K. GUSTAFSON, E. D. MAIRE, A. J. MCLEAN and H. S. WELLS: J. Pharmacol. exp. Therap. **22**, 215 (1924). — [8] LAKE, G. C.: Publ. Hlth. Rep. **37**, 1123 (1922). — [9] SAKA, O.: 5. Congr. int. Path. comp. Istanbul. S. 485. 1949. — [10] TSUBOI, K. K., and R. E. STOWELL: Cancer Res. **11**, 221 (1951). — [11] KOCH-WESER, D., P. B. SZANTO, E. FARBER and H. POPPER: J. Lab. clin. Med. **36**, 694 (1950). — [12] CAVALLERO, C., G. SALA, A. AMIRA and M. BORASI: Lancet **1951 I**, 55. — [13] SELLERS, E. A., C. C. LUCAS and C. H. BEST: Brit. med. J. **1948 I**, 1061. — [14] BARRETT, H. M., C. H. BEST, D. L. MACLEAN and J. H. RIDOUT: J. Physiol., London **97**, 103 (1939/40). — [15] TSUBOI, K. K., R. E. STOWELL and C. S. LEE: Cancer Res. **11**, 87 (1951). — [16] FARBER, E., D. KOCH-WESER, P. B. SZANTO and H. POPPER: A. M. A. Arch. Path. **51**, 399 (1951). — [17] LOEFFLER, L., and M. NORDMANN: Virchows Arch. **257**, 119 (1925). — [18] WAKIM, K. G., and F. C. MANN: Arch. Path., Chicago **33**, 198 (1942). —

durchfallenden Licht beobachtet werden und dauerte mehrere Std an. Während sich intralienal injizierte Tusche in der normalen Leber gleichmäßig in den Sinusoiden verteilt, erreichen die Tuschepartikel bei der mit CCl_4 vergifteten Leber nicht die Zentralzone der Leberläppchen[1]. Die nach Vergiftung mit halogenierten Kohlenwasserstoffen auftretenden Leberschäden kommen also zum Teil durch eine Anoxämie der in den Zentren der Leberläppchen liegenden Leberzellen zustande, und ähnliche Schäden können auch durch vorübergehende Unterbrechungen des Blutzuflusses zur Leber[2] ausgelöst werden.

Kohlenhydratreiche[3] und fettarme[4] Ernährung verringern die Wirkung der Lebergifte, Hunger[5] und Proteinmangel[6] verstärken sie. Von 16 Hunden, die die gleiche Menge CCl_4 erhalten hatten, wurden 4 fettreich, 4 proteinreich und 8 mit gemischter kohlenhydratreicher Kost gefüttert. Die mit Fett gefütterten Tiere starben sämtlich, bei den mit Protein gefütterten Tieren entstand ein Ascites und 2 starben. Die vorwiegend mit Kohlenhydrat ernährten Tiere überlebten[7]. Verabreichung von Methionin (in geringerem Ausmaß auch von Cystin) verringerte bei proteinfrei ernährten Hunden die durch $CHCl_3$-Inhalation verursachten Leber schäden; andere Aminosäuren hatten diese Wirkung nicht[8].

Die in der toxisch-geschädigten Leber ablaufenden Regenerationsvorgänge sind in vieler Hinsicht den Regenerationsvorgängen nach partieller Hepatektomie analog. Innerhalb des Leberparenchyms bleiben meist Zellgruppen erhalten, die weniger geschädigt sind und von denen die Regeneration ausgeht. Die einzelnen Regenerate können in Form großer, bindegewebsumhüllter Parenchymknoten auftreten oder aber kleine rundliche Parenchyminseln bilden, die ebenfalls in Bindegewebe eingebettet sind und sich von normalen Läppchen auch durch das Fehlen der regelmäßigen radiären Anordnung der Zellbalken unterscheiden. Die unregelmäßig kugelförmige Form der einzelnen Regenerate und die (der entzündlichen Bindegewebsvermehrung folgende) sekundäre Schrumpfung des Bindegewebes geben der Leber ein höckerig knotiges oder gekörntes Aussehen. Die Stoffwechselfunktionen der Leber werden von diesen Regeneraten jedoch meist ohne erhebliche Ausfälle übernommen, nur die Durchblutung der Leber ist meist erheblich herabgesetzt (vgl. S. 18), was sich vor allem in einer Verlangsamung der von der Leber geleisteten Regulationsvorgänge äußert.

4. Die Katheterisierung der Lebervene.

Beim Menschen kann man mittels eines Katheters, der von einer Armvene aus durch das Herz nach der Vena cava caudalis[9] und von da durch eine Vena hepatica nach der Leber geführt wird, laufend Proben aus dem Lebervenenblut entnehmen. Auch bei größeren Versuchstieren (vor allem bei Hunden) sind

---

[1] Andrews, W. H. H.: Trans. R. Soc. trop. Med. Hyg. **41**, 699 (1948). — [2] Glynn, L. E., and H. P. Himsworth: Clin. Sci. **6**, 235 (1948). — [3] Opie, E. L., and L. B. Alford: J. exp. Med. **21**, 1 (1915). — Remy, R., u. A. Terbrüggen: Z. ges. inn. Med. **5**, 645 (1950). — [4] Goldschmidt, S., H. M. Vars and I. S. Ravdin: J. clin. Invest. **18**, 277 (1939). — [5] Davis, N. C., and G. H. Whipple: Arch. internal Med., Chicago **23**, 612 (1919). — [6] Nixon, W. C. W., E. S. Egeli, W. Laqueur and O. Yahya: J. Obstet. Gynaec. brit. Emp. **54**, 642 (1947). — Laqueur, W., and I. Ulagay: 5. Congr. int. Path. comp. Istanbul. S. 501. 1949. — György, P., J. Seifter, R. M. Tomarelli and H. Goldblatt: J. exp. Med. **83**, 449 (1946). — Miller, L. L., and G. H. Whipple: Amer. J. med. Sci. **199**, 204 (1940). — [7] Bollman, J. L., and F. C. Mann: Ergebn. Physiol. **38**, 445 (1936). — [8] Miller, L. L., J. F. Ross and G. H. Whipple: Amer. J. med. Sci. **200**, 739 (1940). — Miller, L. L., and G. H. Whipple: J. exp. Med. **76**, 421 (1942). — [9] Warren, J. V., and E. S. Brannon: Proc. Soc. exp. Biol. Med. **55**, 144 (1944). — Forssmann, W.: Kli. Wo. **1929 II**, 2085. — Rappaport, A. M.: Acta radiol., Stockholm **36**, 165 (1951). Canad. med. Ass. J. **67**, 93 (1952). — Casselman, W. G. B., and A. M. Rappaport: J. Physiol., London **124**, 173 (1954).

derartige Katheterisierungen vorgenommen worden. Durch intravenöse Verabreichung von Bromsulfophalein und Vergleich der Farbstoffkonzentration im peripheren und im Lebervenenblut oder durch Harnstoffbestimmung im Pfortader- und Lebervenenblut und gleichzeitiger Messung der während der Versuchszeit ausgeschiedenen Harnstoffmenge kann die die Leber passierende Blutmenge bestimmt werden[1]. Aus dem Vergleich der Konzentration verschiedener Stoffwechselprodukte im Lebervenenblut und im Blute des großen Kreislaufs können Aufschlüsse über Teilfunktionen des Leberstoffwechsels erhalten werden[2]. Die Gegenwart weiter, relativ leicht zugänglicher Anastomosen zwischen Pfortadervenen und Lebervenen bei Patienten mit Lebercirrhose gibt auch die Möglichkeit zur Katheterisierung dieser Kollateralen von der Armvene aus und zur Entnahme von Blutproben aus dem Pfortadergebiet, so daß in diesen Fällen die Konzentration eines bestimmten Stoffes in dem der Leber zuströmenden und in dem von ihr abströmenden Blut bestimmt und die Menge, in der die Leber diesen Stoff an das Blut abgibt bzw. aus ihm aufnimmt, beim lebenden Menschen gemessen werden kann[3].

5. Chemische und histochemische Untersuchungen an bioptischen Leberpunktaten vom Menschen.

Nach Einstich einer Hohlnadel können beim lebenden Menschen zylindrische Stücke von Lebergewebe aspiriert werden[4]. Da in dem fermentreichen und stoffwechselaktivem Lebergewebe während der Agonie und nach dem Tode sehr rasch fortschreitende und tiefgreifende Veränderungen eintreten, gibt die Untersuchung bioptischer Proben ein weit besseres Bild über den tatsächlichen Zustand des Lebergewebes in vivo als die Untersuchung von Lebergewebe, das erst nach dem Tode aus der Leiche entnommen wird[5]. Durch wiederholte Probeentnahme können die im Laufe einer Lebererkrankung oder auch im Gefolge therapeutischer Maßnahmen eintretenden Änderungen in der chemischen Zusammensetzung des Lebergewebes kontrolliert werden.

---

[1] Bradley, S. E., F. J. Ingelfinger, G. P. Bradley and J. J. Curry: J. clin. Invest. **24**, 890 (1945). — Ingelfinger, F. J.: Bull. New Engl. med. Center **9**, 25 (1947). — Myers, J. D.: J. clin. Invest. **26**, 1130 (1947). — Bollman, J. L., M. Khattab, R. Thors and J. Grindlay: A. M. A. Arch. Surg. **66**, 562 (1953). — Werner, A. Y., and S. M. Horvath: Fed. Proc. **10**, 145 (1951). J. clin. Invest. **31**, 433 (1952). — Pratt, E. B., F. D. Burdick and J. H. Holmes: Amer. J. Physiol. **171**, 471 (1952). — Heineman, H., C. McC. Smythe and P. A. Marks: J. clin. Invest. **31**, 637 (1952). — [2] Myers, J. D.: Fed. Proc. **7**, 83 (1948). — Bondy, P. K., D. F. James and B. W. Farrar: J. clin. Invest. **28**, 238 (1949). — Bondy, P. K., W. L. Bloom, V. S. Whitner and B. W. Farrar: J. clin. Invest. **28**, 1126 (1949). — Myers, J. D.: J. clin. Invest. **29**, 836, 1421 (1950). — [3] Ravault, P., M. Girard, J. Viallier et Mme Bourdillon: C. R. Soc. Biol. **135**, 1233 (1941). — Sherlock, S., and V. Walshe: Clin. Sci. **6**, 113 (1946). — Billings, F. T. jr., and H. E. de Pree: Bull. Johns Hopkins Hosp. **85**, 183 (1949). — Blondheim, S. H., and H. G. Kunkel: Proc. Soc. exp. Biol. Med. **73**, 38 (1950). — Bean, W. B., M. Franklin, J. F. Embick and K. Daum: J. clin. Invest. **30**, 263 (1951). — [4] Iversen, P., and K. Roholm: Acta med. scand. **103**, 1 (1939). — Roholm, K., and N. B. Krarup: Acta med. scand. **108**, 48 (1941). — Roholm, K., and P. Iversen: Acta path. microbiol. scand. **16**, 427 (1939). — Dible, J. H., J. McMichael and S. P. V. Sherlock: Lancet **1943 II**, 402. — Sherlock, S.: Lancet **1945 II**, 397. — Gillman, T., and J. Gillman: S.-afr. J. med. Sci. **10**, 53 (1945). — Davis, W. D., R. W. Scott and H. Z. Lund: Amer. J. med. Sci. **212**, 449 (1946). — Hoffbauer, F. W.: J. amer. med. Ass. **134**, 666 (1947). J. Lab. clin. Med. **30**, 381 (1945). — Koch, R. E., and M. M. Karl: Gastroenterol., Baltimore **10**, 801 (1948). — Schiff, L.: Ann. internal Med. **34**, 948 (1951). — Welin, G.: Acta med. scand. **143**, Suppl. **268**, 132 (1952). — Topp, J. H., M. C. F. Lindert and F. D. Murphy: Arch. internal Med. Chicago **81**, 832 (1948). — Beek, C. van, and A. J. Haex: Acta med. scand. **113**, 125 (1943). — White, T. J., C. M. Leevy, N. F. Kerup, A. M. Guassi and P. Price: J. med. Soc. N. Jersey **46**, 549 (1949). — [5] Popper, H.: Arch. Path., Chicago **46**, 132 (1948).

Die geringe Menge des auf diesem Wege erhältlichen Untersuchungsmaterials hat die Ausarbeitung spezieller Mikromethoden für diesen Zweck notwendig gemacht. So ist z. B. eine eigene Methode zur Bestimmung von Vitamin A in bioptischen Leberproben entwickelt worden[1]. Wegen der Empfindlichkeit der physikalischen Meßmethoden kann bei derartigen Untersuchungen die Markierung eines verabreichten Stoffes mit radioaktiven Isotopen von besonderem Nutzen sein. So wurde z. B. in mittels bioptischer Methoden gewonnenem Lebergewebe der Umsatz von anorganischem Phosphat und Phosphatiden nach Verabreichung von radioaktivem Phosphor geprüft und auf gleichem Wege auch die Wirkung lipotroper Substanzen am lebenden Individuum kontrolliert[2]. Mittels histochemischer Methoden sind auch Menge und Verteilung der sauren und alkalischen Phosphatase[3] an bioptischem Material untersucht worden.

b) Die Leber im Stoffwechsel anorganischer Stoffe.

α) Wasser.

Der Wassergehalt der menschlichen Leber wird mit 75—80% (s. [4]) bzw. 71,5% (s. [5]), 71,6% (s. [6]) angegeben. In der Hundeleber wurden 68—75% (s. [7,8]), in der Ochsenleber 71—73% (s. [7]), in der Mäuseleber 69,6 % (s. [9]) Wasser gefunden. Der

Tabelle 3. Wassergehalt der Leber von Hunden bei verschiedener Ernährung[10].

	Lebergewicht in % des Körpergewichts	Wassergehalt der Leber in %	In der Leber enthaltene Wassermenge	
			in % des Körpergewichts	Zunahme um %
Gemischtes Normalfutter (50% über dem kalor. Mindestbedarf)	2,5	74,5	1,86	—
Eiweißreiches Futter (Zulage von magerem Fleisch)	3,7	71,3	2,64	+50
Kohlenhydratreiches Futter (Zulage von Zwiebackmehl)	4,5	72,5	3,26	+85
Fettreiches Futter (Zulage von Schweinefett)	5,8	46,5	2,70	+53
Hunger (gleichzeitige Abnahme des Körpergewichts)	2,9	69,3	2,01	+14

Wassergehalt der Leber zeigt also unter normalen Umweltsbedingungen innerhalb der Säugetierreihe nur geringe Artunterschiede, kann aber bei Individuen der gleichen Art unter abnormen Ernährungs- und Umweltbedingungen sehr stark schwanken.

Vermehrung des Fettgehalts der Leber ist mit einer entsprechenden Abnahme des Wassergehalts verbunden. Einseitige Ernährung mit überschüssigem Eiweiß oder Kohlenhydrat hat eine mäßige Senkung, einseitige Fettkost eine starke Verringerung des Prozentgehalts des Lebergewebes an Wasser zur Folge. Da hierbei aber gleichzeitig eine erhebliche absolute Gewichtsvermehrung der Leber eintritt, ist die in der Leber enthaltene Wassermenge absolut genommen vermehrt. Mittelwerte von Lebern verschieden ernährter Hunde zeigt die Tabelle 3.

[1] WITH, T. K.: Biochem. J. **40**, 248 (1946). — [2] TYOR, M. P., and D. CAYER: Gastroenterol., Baltimore **21**, 245 (1952). — [3] GILLMAN, J., T. GILLMAN and S. BRENNER: S.-afr. J. med. Sci. **10**, 67 (1945). — [4] DENNSTEDT, M., u. T. RUMPF: Z. klin. Med. **58**, 84 (1906). — [5] MITCHELL, H. H., T. S. HAMILTON, F. R. STEGGERDA and H. W. BEAN: J. biol. Ch. **158**, 625 (1945). — [6] FORBES, R. M., A. R. COOPER and H. H. MITCHELL: J. biol. Ch. **203**, 359 (1953). — [7] PROFITLICH, W.: Pflügers Arch. **119**, 465 (1907). — [8] VOIT, C.: Z. Biol. **30**, 510 (1894). — [9] MACLACHLAN, P. L., H. C. HODGE, W. R. BLOOR, E. A. WELCH, F. L. TRUAX and J. D. TAYLOR: J. biol. Ch. **143**, 473 (1942). — [10] BOLLMAN, J. L., and F. C. MANN: Ergebn. Physiol. **38**, 445 (1936).

Im Hunger sammelt sich Fett aus den Fettdepots in der Leber an und die Zunahme des Fettgehalts führt zu einer Verringerung des prozentuellen Wassergehalts der Leber. Sind die Fettdepots verbraucht, so sinkt der Fettgehalt, und der Wassergehalt der Leber nimmt prozentuell zwar wieder zu, absolut genommen sinkt jedoch infolge des weiter abfallenden Lebergewichts die in der Leber enthaltene Wassermenge dauernd weiter ab. Da hungernde Mäuse ihr Depotfett besonders rasch mobilisieren und aufbrauchen, läßt sich dieser Vorgang bei diesen Tieren besonders leicht zeigen[1].

Tabelle 4. Wassergehalt der Leber hungernder Mäuse[1].

	Normal	Hungertag			
		1.	2.	3.	4.
Lebergewicht in Prozent des Körpergewichts	6,5	6,2	6,0	5,6	4,9
Wassergehalt des Lebergewebes in Prozent	70	64	64	68	70
In der Leber enthaltene Wassermenge in Prozent des Körpergewichts	4,55	3,97	3,84	3,81	3,43
Fettgehalt des Lebergewebes in Prozent	5,2	10	11,5	5,2	3,1

In Einklang mit dem auch sonst bei rasch wachsenden Geweben beobachteten hohen Wassergehalt, steigt auch der Wassergehalt des in Regeneration befindlichen Lebergewebes an. Während des Einsetzens der auf partielle Hepatektomie folgenden Regeneration stieg der Wassergehalt des Lebergewebes von Ratten von 71% (Ausgangswert vor der Operation) auf 72, 73 und 74% am 1., 2. und 3. Tag nach der Operation[2].

β) Alkalimetalle, Erdalkalimetalle und Chloride.

Einige Zahlenangaben über den Na-, K-, Ca-, Mg- und Cl-Gehalt frischen Lebergewebes vom Menschen und von verschiedenen Tieren sind in Tabelle 5 zusammengestellt.

Ein Blick auf Tabelle 5 zeigt, daß der Kaliumgehalt des Lebergewebes an sich höher ist als der Natriumgehalt; infolge des höheren Atomgewichts des Kaliums beträgt das molare Verhältnis Na:K aber etwa 3:2. Von den beiden Erdalkalimetallen ist Magnesium in der Leber in größerer Menge vorhanden als Calcium, das molare Verhältnis Mg:Ca beträgt etwa 2:1. In mäq/kg Leber ausgedrückt beträgt die Menge der Alkali- und Erdalkalimetalle und des Chlorids etwa 65 Na, 50 K, 6 Ca, 14 Mg und 40 Cl. Daß das Mengenverhältnis von Na-, K-, Ca- und Mg-Ionen einzelne Leberfunktionen sehr wesentlich beeinflußt, ist in Versuchen an Leberschnitten gezeigt worden: K-Ionen steigern die in Leberschnitten ablaufenden Oxydationsvorgänge, Gegenwart von Ca-Ionen in der Suspensionsflüssigkeit verhindert übermäßige Wasseraufnahme und Schwellung sowie N-Verluste der Schnitte[3]. Die Glykogensynthese aus Glucose war in Rattenleberschnitten am stärksten, wenn sich diese in einer Salzlösung befanden, die sowohl K als auch Ca enthielt[4,5].

Ein Teil des Kaliums der Leberzelle ist in den Mitochondrien fest gebunden. Isolierte Mitochondrien aus Rattenleber enthielten auch nach dem Waschen mit 0,25 m Saccharoselösung noch 300 mg K je 100 g Trockensubstanz. Die

[1] MacLachlan, P. L., H. C. Hodge, W. R. Bloor, E. A. Welch, F. L. Truax and J. D. Taylor: J. biol. Ch. **143**, 473 (1942). — [2] Harkness, R. D.: J. Physiol., London **117**, 267 (1952). — [3] Aebi, H.: Helv. physiol. Acta **8**, 525 (1950). — [4] Hastings, A. B., and J. M. Buchanan: Proc. nat. Acad. Sci. USA **28**, 478 (1942). — [5] Buchanan, J. M., A. B. Hastings and F. B. Nesbett: J. biol. Ch. **180**, 435 (1949).

Atmung isolierter Mitochondrien aus Rattenleber wird durch Zusatz von K-Salzen gesteigert, insbesondere die Pyruvatoxydation der Mitochondrien ist in K-haltigen Medien weit höher als in Na-haltigen Flüssigkeiten[1]. Rubidium und Caesium (nicht aber Lithium) können das K ersetzen. Die fördernde Wirkung der K-Ionen auf die Atmung der Mitochondrien wurde durch Zusatz der Mikrosomenfraktion oder aus dieser Fraktion hergestellter, hitzestabiler Acetonextrakte gesteigert[1].

Die Leberzellwand ist für K-Ionen nicht impermeabel. Je nach der Stoffwechsellage kann die Leber K und Na aus dem Blut aufnehmen oder diese an

Tabelle 5. Gehalt frischen Lebergewebes an Na, K, Ca, Mg und Cl (in mg-%).

	Na	K	Ca	Mg	Cl
Mensch	156[2] 121—211[3] 118[4]	225—300[3] 194[4]	12[2] 6,1—10,1[3] 7,0—21[5] 10,2[7] 13,3[8]	14[2] 17[5] 13—19,5[3]	165[2] 165—207[6]
Katze	130—148[9]	187—215[9]			93—115[9]
Hund		200[10] 114—254[11]	9—22[5]		110[6] 292[12]
Ratte	91—122[9]	235—255[9] 360 (± 23,5)[13]			79—87[9]
Meerschweinchen .		280 (± 17)[13]			
Schwein					118[14]
Kaninchen					154[12]

das Blut abgeben. In das Blut injiziertes radioaktives K geht zum Teil in das Leberparenchym über[15]. Nach Injektion großer[10] und mittlerer[9] K-Dosen nahm die Leber ebenso wie die Muskulatur relativ große Mengen von K aus dem Blut auf, doch ist die nach K-Zufuhr von der Muskulatur aufgenommene K-Menge infolge der größeren Masse des Muskelgewebes weit größer als die von der Leber aufgenommene K-Menge; nach intravenöser Injektion subletaler KCl-Dosen nahm die K-Konzentration im Blutplasma bei hepatektomierten Hunden in gleicher Geschwindigkeit ab wie bei Hunden mit funktionstüchtiger Leber[10]. In Ringerlösung suspendierte, frisch hergestellte Leberschnitte geben zunächst K an die umgebende Flüssigkeit ab, nehmen aber später, sobald die Glykolyse einsetzt, wieder K aus ihr auf. K-Aufnahme ist von einer Abgabe von Na begleitet und umgekehrt[16]. Nach Injektion von isotonischen NaCl- und $NaHCO_3$-Lösungen

[1] Pressman, B. C., and H. A. Lardy: J. biol. Ch. **197**, 547 (1952). — [2] Dennstedt, M., u. T. Rumpf: Z. klin. Med. **58**, 84 (1906). — [3] Widdowson, E. M., R. A. McCance and C. M. Spray: Clin. Sci. **10**, 113 (1951). — [4] Lundegårdh, H.: Naturwiss. **22**, 572 (1935). — [5] Aron, H., u. R. Gralka: Handb. Biochem. Bd. 1, S. 30. — [6] Damiens, A.: Cr. **171**, 930 (1920). — [7] Mitchell, H. H., T. S. Hamilton, F. R. Steggerda and H. W. Bean: J. biol. Ch. **158**, 625 (1945). — [8] Forbes, R. M., A. R. Cooper and H. H. Mitchell: J. biol. Ch. **203**, 359 (1953). — [9] Fenn, W. O.: Amer. J. Physiol. **127**, 356 (1939). — [10] Houssay, B. A., et A. D. Marenzi: C. R. Soc. Biol. **126**, 613 (1937). Rev. Soc. argent. Biol. **13**, 139 (1937). — [11] Seibert, R. A., R. A. Huggins and A. R. Bryan: J. Lab. clin. Med. **38**, 640 (1951). — [12] Shenk, W. D.: Arch. Biochem. **49**, 138 (1954). — [13] Rodeck, H., u. W. Doden: Z. ges. exp. Med. **117**, 414 (1951). B. Z. **320**, 405 (1949/50). — [14] Magnus-Levy, A.: B. Z. **24**, 363 (1910). — [15] Greenberg, D. M., M. Joseph, W. E. Cohn and E. V. Tufts: Science, N. Y. **87**, 438 (1938). — [16] Flink, E. B., A. B. Hastings and J. K. Lowry: Amer. J. Physiol. **163**, 598 (1950).

wurde das Na bei in Muskelruhe befindlichen Kaninchen zum Teil von der Leber zurückgehalten, ein Teil ging in die Galle über[1]. Wurden den Tieren in analogen Versuchen K-Salze injiziert, so nahm die Leber kein K auf, sondern gab sogar K über die injizierte Menge hinaus an das Blut ab[2].

Bei Versuchen am ganzen Tier hat K-Zufuhr eine abbausteigernde Wirkung auf das Leberglykogen. K-Injektionen setzen den Glykogengehalt der Leber herab[3], und zwar auch dann, wenn der K-Gehalt des Lebergewebes selbst durch die K-Verabreichung nicht nennenswert gesteigert wird[4]. Dementsprechend enthielt die Leber K-frei ernährter Ratten mehr Glykogen als die der normal ernährten Kontrolltiere[5]. Nach Splanchnicusreizung enthielt das Lebervenenblut mehr Glucose, aber weniger K als das Pfortaderblut, dessen K-Gehalt durch die Splanchnicusreizung gesteigert wird[6]. Adrenalininjektion führt zu einer Ausschwemmung von K aus der Leber in das Blut[7]. In der verfetteten Leber von alloxandiabetischen Kaninchen war Na vermehrt, wogegen K und Cl unverändert blieben[8]. Intravenöse Injektion von Na- und Mg-Salzen bewirken eine Hyperglykämie, die durch Mobilisierung des Leberglykogens zustande kommt und bei nebennierenlosen Tieren (Fehlen des Adrenalins) sowie bei Tieren, deren Leber durch Phosphorvergiftung oder Unterbindung des Ductus choledochus geschädigt worden war, ausblieb[9].

Bei der Muskelarbeit besteht ein K-Austausch zwischen Muskulatur und Leber: Kurze schwere Muskelarbeit steigert den K-Gehalt der Leber. Das bei 1stdger elektrischer Muskelreizung von der Muskulatur an das Blut abgegebene K ging bei Katzen zu einem Drittel in die Leber über[4]. Andererseits hatte langdauernde erschöpfende Muskelanstrengung bei Ratten zusammen mit einer Glykogenverarmung auch einen Abfall des K-Gehalts und einen Anstieg des Na-Gehalts der Leber zur Folge[4].

Der oben (vgl. S. 25) erwähnte 24stündige Rhythmus der Salzausscheidung ist an die Intaktheit der Leberfunktion gebunden: Bei Lebercirrhose ist der normale Tagesrhythmus der Salzausscheidung in der Regel gestört[10]. Bei katarrhalischem Ikterus tritt eine Na-Retention ein, der Quotient Na : Cl, der normalerweise im Harn in der Nähe von 1 liegt, sinkt dann stark ab, um beim Abklingen des Ikterus über 1 anzusteigen[11]. Die Na-Ausscheidung im Harn ist bei Lebercirrhosen, die mit Ascites verlaufen, verlangsamt[12], scheint jedoch bei Lebererkrankungen, die nicht mit Ansammlung von extracellulärer Flüssigkeit verbunden sind, normal zu sein[13].

Der hohe Mg-Gehalt des Cytoplasmas und der Mitochondrien der Leberzellen ist für viele fermentative Umsetzungen, die in der Leber ablaufen, erforderlich. Außer Phosphatasen werden auch zahlreiche an der Bildung des Leberglykogens und am Glucoseabbau beteiligte Fermente (so z. B. Hexokinasen, Phosphomutasen, Enolasen) durch Mg-Ionen aktiviert. Die Wirkung des in den

---

[1] Beckmann, K., u. T. Mirsalis: Dtsch. Arch. klin. Med. **159**, 129 (1928). — [2] Beckmann, K.: Z. ges. exp. Med. **59**, 76 (1928). Dtsch. Arch. klin. Med. **160**, 63 (1928). — [3] Silvette, H., and S. W. Britton: Proc. Soc. exp. Biol. Med. **37**, 252 (1937). — [4] Fenn, W. O.: Amer. J. Physiol. **127**, 356 (1939). — [5] Fuhrman, F. A.: Amer. J. Physiol. **167**, 314 (1951). — [6] Zwemer, R. L., and F. H. Pike: Ann. N. Y. Acad. Sci. **37**, 257 (1938). — [7] Houssay, B. A., A. D. Marenzi et R. Gerschman: C. R. Soc. Biol. **124**, 383 (1936). Rev. Soc. argent. Biol. **12**, 434 (1937). — [8] Knowles, H. C., and G. M. Guest: Proc. Soc. exp. Biol. Med. **79**, 552 (1952). — [9] Heianzan, N.: B. Z. **165**, 57, 81 (1925). — [10] Goldman, R.: J. clin. Invest. **30**, 1191 (1951). — [11] Zuckerkandl, F.: Kli. Wo. **1935 I**, 567. — Siedek, H., u. F. Zuckerkandl: Kli. Wo. **1935 I**, 568. — [12] Eisenmenger, W. J., S. H. Blondheim, A. M. Bongiovanni and H. G. Kunkel: J. clin. Invest. **29**, 1491 (1950). — [13] Ricketts, W. E., L. Eichelberger and J. B. Kirsner: J. clin. Invest. **30**, 1157 (1951).

Mitochondrien enthaltenen Cyclophorasesystems[1] und der im Cytoplasma enthaltenen[2] Isocitricodehydrogenase ist von der Gegenwart von Mg-Ionen abhängig. Auch das Fermentsystem, das Aminosäuren in die Leberzellen einverleibt und dadurch das erste Stadium der Proteinbildung in der Leber einleitet, wird durch Mg-Ionen aktiviert[3].

In Leberschnitten von Kaninchen wird die Glykogenbildung durch Zusatz von Ca-Ionen zur Bebrütungsflüssigkeit (Ringerlösung) gefördert[4]. Phosphatzusatz zur Ringerlösung setzte die Glykogenbildung herab. Im Gegensatz dazu bildeten Schnitte von Rattenleber in Ca-haltiger Ringerlösung nur geringe Mengen von Glykogen[5]. Zusatz von Na-Ionen fördert bei Ratten- und Kaninchenleberschnitten die Glucosebildung aus Pyruvat[6, 7] (vgl. Abb. 6). K-Zusatz

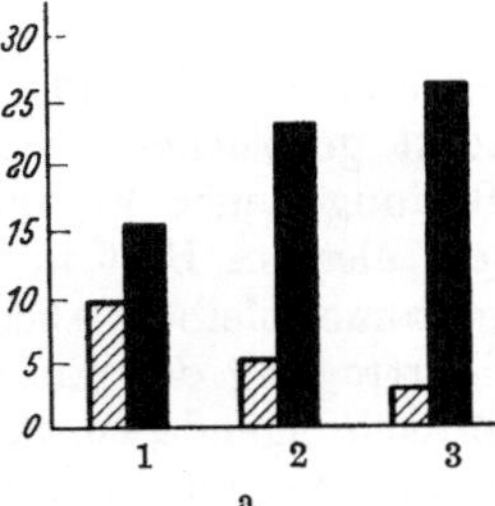

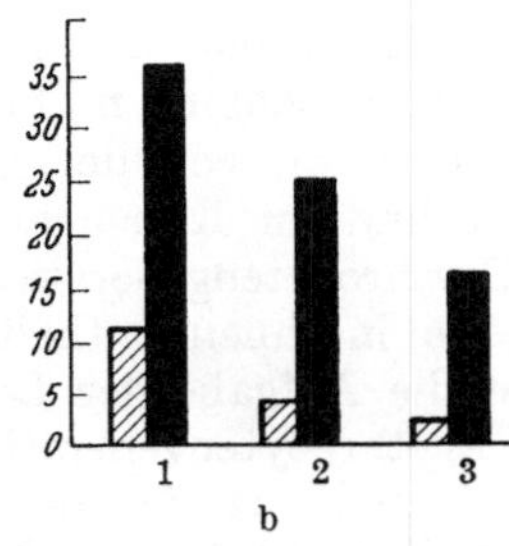

Abb. 6a u. b. Wirkung von K- und Na-Ionen auf die Glykogensynthese in Leberzellen[7, 8]. Werte in µmol/g Leber, a Glucose- und Glykogenbildung aus ^{14}C-Pyruvat in Schnitten aus Rattenleber. Die Suspensionsflüssigkeit enthält in konstanter Menge Mg und Ca. Die Ionen K und Na sind in den 3 Versuchen im Verhältnis 110:0. 40:70 und 5:105 variiert. Zunahme von Na fördert die Glucosebildung (schwarze Säulen) und verringert die Glykogenbildung (schraffierte Säulen). b Menge der absorbierten ^{14}C-Glucose und des daraus gebildeten Glykogens in Schnitten aus Rattenleber. Nährflüssigkeiten wie in a. Zunahme von Na senkt sowohl die Glucoseresorption (schwarze Säulen) als auch die Glykogenbildung der Leberschnitte (schraffierte Säulen).

fördert dagegen in der Leber (nicht aber in Herz und Muskel[9]) die Glykogenbildung aus Glucose[6] und hemmt den anaeroben Glykogenzerfall im Inneren dicker Leberschnitte[10]. Die Gesamtmenge des Kohlenhydrats (= Glucose + Glykogen), das von Rattenleberschnitten aus Pyruvat gebildet wurde, war mit und ohne K-Zusatz die gleiche[7]. Die Steigerung der Glykogenbildung durch Zusatz von K-Ionen ist also nicht auf die beschleunigende Wirkung des K auf die Phosphorylierung des enol-Pyruvats zurückzuführen[11] (vgl. Abb. 6).

Versuche an Gallenfistelhunden haben gezeigt, daß Zufuhr von KCl sowohl die Gesamtmenge der sezernierten Galle als auch den Prozentgehalt an Trockensubstanz steigert und die Ausscheidung von injiziertem Indigocarmin beschleunigt, $CaCl_2$ hemmt dagegen die Gallensekretion und verzögert die Ausscheidung des Farbstoffs. Na-Salze vermindern die Gallensekretion, ohne die Farbstoffausscheidung zu hemmen[12].

[1] Grafflin, A. L., and D. E. Green: J. biol. Ch. **176**, 95 (1948). — Knox, W. E., B. N. Noyce and V. H. Auerbach: J. biol. Ch. **176**, 117 (1948). — [2] Hogeboom, G. H., and W. C. Schneider: J. biol. Ch. **186**, 417 (1950). — [3] Peterson, E. A., and D. M. Greenberg: J. biol. Ch. **194**, 359 (1952). — [4] Ostern, P., D. Herbert and E. Holmes: Biochem. J. **33**, 1858 (1939). — [5] Hastings, A. B., and J. M. Buchanan: Proc. nat. Acad. Sci. USA **28**, 478 (1939). — [6] Buchanan, J. M., A B. Hastings and F. B. Nesbett: J. biol. Ch. **180**, 435 (1949). — [7] Hastings, A. B., C.-T. Teng, F. B. Nesbett and F. M. Sinex: J. biol. Ch. **194**, 69 (1952). — [8] Buchanan, J. M., A. B. Hastings and F. B. Nesbett: J. biol. Ch. **180**, 447 (1949). — [9] Stadie, W. C., and J. A. Zapp jr.: J. biol. Ch. **170**, 55 (1947). — Stadie, W. C., N. Haugaard and M. Perlmutter: J. biol. Ch. **171**, 419 (1947). — [10] Deane, H. W., F. B. Nesbett, J. M. Buchanan and A. B. Hastings: J. cellul. comp. Physiol. **30**, 255 (1947). — [11] Lardy, H. A., and J. A. Ziegler: J. biol. Ch. **159**, 343 (1945). — [12] Heianzan, N.: B. Z. **165**, 33 (1925).

Täglich werden etwa 3,2 g Na, 0,2 g K, 3,5 g Cl und 0,1 g Ca mit der Galle ausgeschieden. Ein großer Teil dieser Ionen (die Alkalimetalle größtenteils, Ca in geringerem Ausmaß) werden im Darm rückresorbiert und gelangen so wieder in das Blut. Es besteht also ein enterohepatischer Kreislauf dieser Ionen, dessen Geschwindigkeit von der Sekretionstätigkeit der Leberzellen abhängig ist.

γ) Eisen.

1. Die Stellung der Leber im Eisenstoffwechsel.

Das Eisen macht im Organismus einen Kreislauf durch, der von der Leber über das Blutplasma zum Knochenmark und vom Knochenmark über das Hämoglobin der Erythrocyten wieder zur Leber zurückführt. Täglich wird im Reticuloendothel von Leber und Milz etwa ein Hundertstel der in der Blutbahn kreisenden Erythrocyten abgebaut. Während aber der Porphyrinanteil des abgebauten Hämoglobins in Form von Gallenfarbstoffen in der Galle erscheint, wird das Eisen von der Leber zunächst gespeichert, sodann an das Blut abgegeben und im Knochenmark zur Bildung neuer Erythrocyten verwendet. Die Erythrocytengenerationen wechseln also im Blut in rascher Aufeinanderfolge, die in ihnen enthaltenen Eisenatome bleiben aber immer die gleichen. Es ist die Aufgabe der Leber, die Übertragung des Eisens von einer abgestorbenen Erythrocytengeneration auf eine nachfolgende zu vermitteln und dafür zu sorgen, daß das für die Hämoglobinbildung notwendige Eisen dem Knochenmark stets rechtzeitig und in genügender Menge zur Verfügung steht.

2. Der Eisengehalt des Lebergewebes.

Bestimmt man den Eisengehalt eines ohne weitere Kautelen entnommenen Leberstückes, so entspricht der erhaltene Wert der Summe aus dem im Lebergewebe selbst enthaltenen Eisen plus dem Eisengehalt des Blutes, das sich in den Lebercapillaren befindet. Da Blut je cm^3 etwa 0,5 mg Fe in Form von Hämoglobin enthält, können die Resultate von Eisenbestimmungen durch den jeweiligen Blutgehalt des betreffenden Leberstücks sehr verändert werden[1]. Um diesen Fehler zu vermeiden, kann man den Hämoglobingehalt des Gewebsstückes als HCl-Hämin bestimmen und das Hämoglobineisen vom Gesamteisen abziehen[2]. Ferner kann man, um den Gehalt an extravasculärem Eisen in einem beliebigen Organ zu bestimmen, ein Versuchstier von der Carotis und der Jugularvene aus so lange mit Tyrode- oder Ringerlösung durchströmen, bis das Blut vollständig aus dem Gefäßsystem herausgewaschen ist[3-6]. Setzt man der Durchströmungsflüssigkeit jedoch keine Kolloide zur Erhaltung des kolloidosmotischen Druckes zu, so führt die Durchströmung meist zur Entstehung von Ödemen, und der Eisengehalt der Organe wird, wenn man die gefundenen Eisenmengen nicht auf Trockensubstanz, sondern auf frische Substanz bezieht, zu niedrig gefunden. Da die meisten älteren Analysen, insbesondere die von menschlichen Lebern, sich auf das in der Leber enthaltene Gesamteisen (einschließlich intravasculärem Hämoglobin) beziehen, sind die älteren Angaben über den Eisengehalt des Lebergewebes unverwertbar.

Durchströmte normale frische Rattenleber enthielt 2,6—**6,1**—8,1 mg-% Eisen[4], Hundeleber 25 mg-% (13—42 mg-%)[5, 7, 8]. Obwohl der Prozentgehalt des Milz-

[1] Stary, Z.: Mikrochem. **12**, 355 (1933). — [2] Henriques, V., et A. Roche: Bull. Soc. Chim. biol. **9**, 501, 527 (1927). — Yabusoe, M.: B. Z. **157**, 388 (1925). — [3] Whipple, G. H.: Amer. J. Physiol. **76**, 693 (1926). — [4] Austoni, M. E., A. Rabinovitch and D. M. Greenberg: J. biol. Ch. **134**, 17 (1940). — [5] Bogniard, R. P., and G. H. Whipple: J. exp. Med. **55**, 653 (1932). — [6] Copp, D. H., and D. M. Greenberg: J. biol. Ch. **164**, 377 (1946). — [7] Hahn, P. F., W. F. Bale, J. F. Ross, W. M. Balfour and G. H. Whipple: J. exp. Med. **78**, 169 (1943). — [8] Hawkins, W. B., and P. F. Hahn: J. exp. Med. **80**, 31 (1944).

gewebes an Eisen höher ist als der des Lebergewebes, enthält die Leber, entsprechend ihrer größeren Masse, absolut genommen etwa 5mal so viel Eisen wie die Milz. Bei Bestimmungen des Gewebseisens (= Eisen des blutfreien Organs) von Leber und Milz des Schweines wurden in der Leber durchschnittlich 356 mg, in der Milz 70 mg Gesamteisen gefunden[1]. Die Umsatzgeschwindigkeit des Lebereisens ist höher als die des Milzeisens[2].

Beim normalen Menschen wird die Menge des Depoteisens auf etwa 30—35% des Gesamteisengehalts des Organismus geschätzt, $^2/_3$ davon (etwa 0,8 g) sind in der Leber enthalten[3].

Von den durch fraktioniertes Zentrifugieren darstellbaren Fraktionen des Leberzellprotoplasmas scheint die Mikrosomenfraktion besonders eisenreich zu sein (200—400 mg/kg Fe in der Trockensubstanz)[4]. Wie später berichtet, sind die Mikrosomen der Leber gleichzeitig auch an der Bildung der Plasmaproteine beteiligt, und die Ausscheidung des Lebereisens ans Blutplasma erfolgt in Form von Eisen-Proteinkomplexen.

3. Das Eisendepot in der Leber des Neugeborenen.

Dem raschen Wachstum des Neugeborenen geht eine Zunahme seiner Blutmenge parallel. Die im Blut des menschlichen Säuglings enthaltene Hämoglobinmenge nimmt täglich um etwa 300 mg zu. Um diese Hämoglobinmenge zu bilden, wird täglich 1 mg Eisen benötigt. Die vom Säugling aufgenommene Milch ist extrem eisenarm, menschliche Milch enthält etwa 0,5 mg Fe je Liter. Die mit der Milch aufgenommene Eisenmenge reicht daher nicht aus, um den Eisenbedarf des Kindes zu decken. Die Leber des menschlichen Säuglings enthält jedoch eine Eisenreserve, die während der Zeit, in der Milch als alleiniges Nahrungsmittel dient, allmählich aufgebraucht wird[5] (s. a. Milch, S. Bd. 2/2b).

Ebenso wie in der Leber des neugeborenen Menschen, so finden sich auch in der Leber neugeborener Kaninchen, Ratten, Rinder und Schweine große Eisenreserven, und auch bei diesen Tieren nimmt der Eisengehalt der Leber während der Säugezeit stark ab. Neugeborene Meerschweinchen und Ziegen nehmen dagegen außer Milch frühzeitig auch andere Nahrung auf und können ihren Eisenbedarf daraus decken. Die Lebern neugeborener Meerschweinchen

Tabelle 6. Der Eisengehalt blutfreier Lebern neugeborener Tiere und das Verhalten des Lebereisens während der Säugezeit[6].

Kaninchen		Hund		Meerschweinchen		Schwein		Ziege	
Alter Tage	Lebereisen in mg	Alter Tage	Lebereisen in mg	Alter Tage	Lebereisen in mg	Alter Tage	Lebereisen in mg	Alter Tage	Lebereisen in mg
0	4,1	0	2,2	0	0,2	0	8,0	0	1,4
0	2,6	0	3,3	0	0,4	12	0,5	11	2,3
5	2,0	12	3,7	6	0,2				
10	1,8	24	1,5	13	0,2				
32	0,1			16	0,2				
				25	0,6				
				28	0,5				

[1] LINTZEL, W.: Z. Biol. **89**, 342 (1930). — [2] BOGNIARD, R. P., and G. H. WHIPPLE: J. exp. Med. **55**, 653 (1932). — [3] LAURELL, C. B.: Acta physiol. scand. **14**, Suppl. **46**, 129 (1947). — [4] CLAUDE, A.: J. exp. Med. **84**, 61 (1946). — [5] BUNGE, G.: H. **13**, 399 (1889). — [6] LINTZEL, W.: Ergebn. Physiol. **31**, 913 (1931).

und Ziegen enthalten daher wenig Eisen[1]. Hundemilch enthält zum Unterschied von der Milch zahlreicher anderer Säugetiere verhältnismäßig große Mengen von Eisen, die Leber des neugeborenen Hundes ist daher relativ arm an Eisen[1]. Das Eisendepot in der Leber des Kindes wird erst in den letzten Monaten vor der Geburt angelegt[2].

4. Die funktionellen Fraktionen des Lebereisens.

Die Hauptmenge des in der normalen Leber enthaltenen Eisens ist Depoteisen, das auf den Abtransport in das Knochenmark und den dort erfolgenden Einbau in das Hämoglobinmolekül wartet. Ein Teil dieses Depoteisens ist in Form von Ferritin an Protein gebunden, doch sind außer Ferritin auch noch andere Eisen-Proteinverbindungen in den Leberzellen enthalten. In Lebern mit stark gesteigertem Eisengehalt wird ein Teil des überschüssigen Eisens meist in Form von Hämosiderin abgelagert und ist als solches histologisch nachweisbar, ein sehr geringer Anteil liegt in den prosthetischen Gruppen der eisenhaltigen Elektronenüberträger (Cytochromsystem) und in Form eisenhaltiger Fermente (Katalase u. a.) vor.

5. Das Ferritin

ist ein in Leber, Milz, Darmschleimhaut und vielleicht auch in anderen Geweben vorhandenes eisenhaltiges rotbraunes Protein (vgl. Bd. 1, S. 747; Bd. 2/1, S. 65 8ff., 663ff). Die Bindung des Eisens im Ferritin beruht wahrscheinlich auf der Aufnahme von Eisen(III)-hydroxyd-Micellen [empirische Formel $(FeOOH)_8FeO-PO_3H_2$] [3] in die Zwischenräume zwischen die Polypeptidketten des Apoferritins. Der Eisengehalt des Ferritins kann bis zu 23% ansteigen. Durch Reduktion des Fe^{III} zu Fe^{II} wird das Eisen freigesetzt, das zurückbleibende eisenfreie Apoferritin ist zum Unterschied von dem rotbraunen Ferritin farblos. Der Apoferritingehalt in Leber und Milz ist von dem Eisenangebot abhängig, Zufuhr von Fe beschleunigt die Synthese von Apoferritin[4], die Einlagerung von Fe schützt es vor dem Abbau[5]. Bei Eisenmangelanämien sind daher Eisen- und Apoferritingehalt der Leber gering. Das Ferritin kann aus Leber und Milz krystallisiert dargestellt werden[6]. Seine Menge wird bei einem gesunden, 70 kg schweren Mann mit etwa 4 g Gesamteisengehalt auf 3 g und die in ihm enthaltene Eisenmenge auf 0,69 g geschätzt[7].

Ein Protein mit blutdrucksenkender Wirkung, das mit Salzlösungen aus der Leber von Rind, Hund, Pferd und Mensch extrahiert werden konnte und bei experimenteller Hypertonie in Hundeblut und bei essentieller Hypertonie auch im Blut des Menschen nachgewiesen worden ist, erwies sich als identisch mit Ferritin[8]. Wird Ferritin mit einer wäßrigen Lösung von radioaktiven Eisen(III)-salzen (z. B. Eisen(III)-ammoniumcitrat) zusammengebracht, so kann das radioaktive Eisen zwar vom Ferritin locker absorbiert, nicht aber in das fest gebundene Ferritineisen mit dem für diesen Stoff typischen magnetischen Moment umgewandelt werden. Wird Brei aus Meerschweinchenleber zu einer aus Apoferritin und radioaktivem Eisen(III)-ammoniumcitrat bestehenden Mischung hinzugefügt und sofort erhitzt, so wird nur wenig radioaktives Eisen von Ferritin aufgenommen. Wird die Mischung Apoferritin + Eisen(III)-ammoniumcitrat aber mit Leberbrei durch 1 Std im Brutschrank belassen, so nimmt

[1] LINTZEL, W.: Ergebn. Physiol. **31**, 915 (1931). — [2] SCHAIRER, E., u. J. RECHENBERGER: Z. Kinderheilkde. **64**, 255 (1943). Z. Geburtsh. **130**, 181 (1949). — VAHLQUIST, B.: Acta paediatr., Uppsala **25**, 302 (1939). — [3] GRANICK, S., and P. F. HAHN: J. biol. Ch. **155**, 661 (1944). — [4] FINEBERG, R. A., and D. M. GREENBERG: J. biol. Ch. **214**, 97, 107 (1955). — [5] GRANICK, S.: Bull. N. Y. Acad. Med. **25**, 403 (1949). — [6] SAFWAT MOHAMED, M., and D. M. GREENBERG: J. gen. Physiol. **37**, 441 (1954). — [7] DRABKIN, D. L.: Physiol. Rev. **31**, 345 (1951). — [8] MAZUR, A., and E. SHORR: J. biol. Ch. **176**, 771 (1948); **182**, 607 (1949). — MAZUR, A., I. LITT and E. SHORR: J. biol. Ch. **187**, 473, 485 (1950).

das Apoferritin große Mengen von radioaktivem Eisen auf. Diese Beobachtungen lassen den Schluß zu, daß die Bindung des Eisens an Ferritin durch einen im Lebergewebe enthaltenen Stoff, vielleicht ein Ferment, vermittelt wird[1].

Der Ferritingehalt menschlicher Lebern betrug (ausgedrückt in mm^3 Ferritinkrystallen je 100 g frisches Organ) im Durchschnitt 67 (Milz 37 mm^3). In einer cirrhotischen Leber fand sich ein blaßgefärbtes Ferritin mit nur 5% (statt 23%) Eisen[2].

6. Das Hämosiderin.

Als Hämosiderin (Siderin) werden mikroskopisch sichtbare, granuläre Teilchen bezeichnet, die im wesentlichen aus Eisen(III)-hydroxyd bestehen, das locker an Protein gebunden ist. Das Mengenverhältnis zwischen Eisenanteil und Proteinanteil kann im Hämosiderin stark schwanken, meist sind auch kleine Mengen von Calcium und Phosphat vorhanden.

Das Hämosiderin gibt die histologischen Eisenreaktionen mit Eisen(II)-hexacyanid und mit Sulfiden; es ist wahrscheinlich die Form, in der überschüssiges Eisen, das von der vorhandenen Apoferritinmenge nicht mehr aufgenommen werden kann, in der Leber und in anderen Organen abgelagert wird[3]. Im allgemeinen wird Siderin erst dann mikroskopisch nachweisbar, wenn der Eisengehalt des frischen Lebergewebes 15—20 mg-% übersteigt, es findet sich vor allem in den Zellen des Reticuloendothels, aber auch in den Parenchymzellen der Leber vor.

Der Hämosideringehalt von Leber und Milz steigt an bei Krankheiten, die mit gesteigertem Blutzerfall einhergehen, insbesondere bei perniziöser Anämie, Malaria usw. (Siderosis). Das Siderin ist hierbei in den Parenchymzellen der Leber enthalten. Große Ansammlungen von Siderin wurden auch in der Leber von Tieren beobachtet, denen enteral oder parenteral große Mengen von Eisen beigebracht worden waren[4]. In analoger Weise treten auch beim Menschen nach langdauernder Eisenbehandlung[5] oder nach oft wiederholten Bluttransfusionen Ansammlungen von Siderin in der Leber auf (Transfusionssiderosis).

7. Die Abgabe des Lebereisens an das Blut.

Leber und Milz geben das gespeicherte Eisen dauernd in kleinen Mengen an das Blutplasma ab. Das Milzblut muß, ehe es in den allgemeinen Kreislauf gelangt, zunächst durch die Pfortader in die Leber und durch die Sinusoide der Leber hindurch; die Leber ist also ein der Milz übergeordnetes Kontrollorgan für die Aufrechterhaltung des Eisengehalts im Blutplasma. Dadurch, daß die Leber den Plasmaeisengehalt auf eine bestimmte Höhe einreguliert, wird den hämoglobinbildenden Zellen des Knochenmarks Eisen in gleichbleibender Konzentration angeboten. Die Regulation des Plasmaeisengehalts erfolgt in der Weise, daß Eisen aus dem Ferritin der Leber freigesetzt und auf ein im Blutplasma enthaltenes eisenbindendes Protein, das als *Siderophilin* bezeichnet wird[6, 7], übertragen wird. Die Kapazität des Siderophilins für die Bindung von

[1] Granick, S., and P. F. Hahn: J. biol. Ch. **155**, 661 (1944). — [2] Granick, S.: J. biol. Ch. **149**, 157 (1943). — [3] Drabkin, D. L.: Physiol. Rev. **31**, 345 (1951). — [4] Kinney, T. D., D. M. Hegsted and C. A. Finch: J. exp. Med. **90**, 137 (1949). — [5] Ventura, S., and A. Klopper: J. Obstet. Gynaec. **58**, 173 (1951). — [6] Surgenor, D. M., B. A. Koechlin and L. E. Strong: J. clin. Invest. **28**, 73 (1949). — Schade, A. L., and L. Caroline: Science, N. Y. **100**, 14 (1944); **104**, 340 (1946). — Holmberg, C. G., and C.-B. Laurell: Acta chem. scand. **2**, 550 (1948). Acta physiol. scand. **10**, 307 (1945). — Schade, A. L., R. W. Reinhart and H. Levy: Arch. Biochem. **20**, 170 (1949). — Rath, C. E., and C. A. Finch: J. clin. Invest. **28**, 79 (1949). — Cartwright, G. E., and M. M. Wintrobe: J. clin. Invest. **28**, 86 (1949). — [7] Fiala, S., and D. Burk: Arch. Biochem. **20**, 172 (1949).

Eisen ist im normalen Blutplasma nur zu etwa einem Drittel abgesättigt[1]: Normales Blutplasma kann in das in ihm enthaltene Siderophilin etwa 300 γ-% Eisen aufnehmen[2], sein tatsächlicher Eisengehalt beträgt aber meist nur 100 γ-%[3]. Der Grad, in dem die Eisenbindungskapazität des Blutplasmas ausgenutzt wird, ist von der Füllung der Lebereisendepots abhängig. In Zuständen, die mit einer Vermehrung des Lebereisengehalts verbunden sind (wie bei hämolytischen Anämien, in den letzten Monaten des fetalen Lebens und nach Bluttransfusionen), ist auch die Eisenbindungsfähigkeit des Blutplasmas besser ausgenützt, die ungesättigte Eisenbindungsfähigkeit des Serums ist geringer als normal und der Eisengehalt des Serums hoch. Bei Zuständen, in denen die

Tabelle 7. Mittelwerte für den Eisengehalt und das Eisenbindungsvermögen des Serums bei Gesunden und bei Krankheiten (Mittelwerte fettgedruckt)[3].

	Eisenbindungskapazität des Plasmas γ in 100 cm³	Eisengehalt des Serums γ in 100 cm³
Normal:		
Mann	254—**315**—406	71—**124**—214
Frau	245—**315**—395	57—**108**—196
Gebärende	344—**446**—548	39— **80**—154
Neugeborenes	149—**226**—369	70—**147**—207
1 Woche nach einmaligem Blutverlust	287—**362**—450	36— **79**—152
Blutspender	295—**362**—483	40— **75**—146
Infektionen	88—296	8— 92
Maligne Tumoren	130—292	16—120
Lebercirrhosen	105—294	45—184
Hepatitis	223—532	46—277

Eisendepots der Leber entleert wurden (z. B. bei gesteigerter Erythrocytenbildung nach Blutungen usw.), bleibt auch ein besonders großer Teil des Eisenbindungsvermögens des Siderophilins unausgenutzt. Aber auch die im Blutplasma enthaltene Menge des Siderophilins und damit auch das Eisenbindungsvermögen des Blutplasmas sind von dem Funktionszustand der Leber abhängig. Bei manchen Formen der Lebercirrhose ist nicht nur der Plasmaeisengehalt, sondern auch das Eisenbindungsvermögen des Blutplasmas stark vermindert, während bei Hepatitiden (vielleicht durch Ausschwemmung von Siderophilin und von Eisen aus den Leberzellen) starke vorübergehende Steigerungen beider Werte beobachtet worden sind. Bei unkompliziertem Obstruktionsikterus bleibt die Siderämie meist normal[4]. Eine Zusammenstellung von Eisenbindungsvermögen und Eisengehalt des Blutplasmas bei verschiedenen physiologischen und pathologischen Zuständen gibt die Tabelle 7.

Wird eine Eisenmenge, die nicht über das Bindungsvermögen des Siderophilins hinausgeht, in das Blut injiziert, so wird das Eisen sofort an das Protein gebunden[5]. Steigt nach einer größeren intravenösen Eiseninjektion der Eisengehalt des Plasmas über den durch die vorhandene Siderophilinmenge gegebenen

[1] SMITH, C. H., I. SCHULMAN and J. E. MORGENTHAU: Adv. Pediatrics **5**, 195 (1952). — [2] s. Fußnote [6] S. 47. — [3] HEILMEYER, L., u. K. PLÖTNER: Das Serumeisen und die Eisenmangelkrankheit. Jena 1937. — LAURELL, C. B.: Acta physiol. scand. **14**, Suppl. **46**, 129 (1947). — FOWWEATHER, F. S.: Biochem. J. **28**, 1160 (1934). — HEMMELER, G.: Schweiz. med. Wschr. **69**, 316 (1939). — [4] RAMBERT, P., A. MOREL, J. BOISSIER et R. NEGRI: Sem. des Hôp. **22**, 1617 (1946). — HEMMELER, G.: Helv. med. Acta **6**, 678 (1939/40). — BRØCHNER-MORTENSEN, K.: Acta med. scand. **112**, 277 (1942). — [5] BARKAN, G.: H. **171**, 194 (1927); **216**, 1 (1933).

Höchstwert an, so können toxische Allgemeinreaktionen beobachtet werden[1]. Injiziert man größere Mengen von Eisen(II)-Verbindungen in eine Mesenterialvene, so wird der vom Siderophilin nicht gebundene Eisenüberschuß von dem Reticuloendothel der Leber zurückgehalten, und es treten keine toxischen Wirkungen auf[2]. Wird das Reticuloendothel der Leber durch wiederholte Eiseninjektionen oder durch Injektion von Methylenblau blockiert, so passiert der Überschuß des mesenterial injizierten Eisens die Leber und seine toxische Wirkung tritt in Erscheinung. Wurde dagegen die das Siderophilin enthaltende Serumglobulinfraktion IV—7 (COHN) (s. Bd. 2/1, S. 306) mit radioaktivem ^{59}Fe in einer Menge versetzt, die etwa der Hälfte der maximalen Sättigung entsprach und diese Mischung intravenös injiziert, so ergaben über der Lebergegend und über dem Os sacrum vorgenommene Messungen mit dem Scintillationszähler, daß das an das Siderophilin gebundene Fe beim Normalen nicht in nennenswertem Ausmaß in die Leber übergeht, sondern vom Knochenmark aufgenommen wird. Bei hypoplastischen Anämien geht das ^{59}Fe, das von dem erkrankten Knochenmark nicht verwendet werden kann, in die Leber zurück (vgl. Abb. 7). Während also bei normaler Knochenmarksaktivität der Eisenstrom ausschließlich in der Richtung Leber→Blutplasma→Knochenmark verläuft, scheint bei Inaktivität des Knochenmarks ein Gleichgewicht zwischen Leber und Blutplasma zu bestehen: siderophilingebundenes Eisen geht sowohl aus der Leber in das Blutplasma über als auch aus dem Blutplasma in die Leber zurück[3].

Der biologische Mechanismus, durch den die Übertragung des Eisens vom Leberferritin auf das Siderophilin des Blutplasmas erfolgt, ist noch nicht aufgeklärt: wird eine Serumprobe, die hochgradig ungesättigtes Siderophilin enthält, mit einer stark eisenhaltigen Ferritinlösung vermischt, so wird das Eisen erst nach Zusatz von Reduktionsmitteln vom Ferritin auf das Siderophilin übergeführt. Es ist wahrscheinlich, daß dieser Übergang auch in vivo über eine intermediäre Reduktion des Eisens(III) erfolgt[4]. Der Eisenaustausch zwischen Darm, Leber, Blut und Knochenmark könnte somit durch das folgende Schema dargestellt werden:

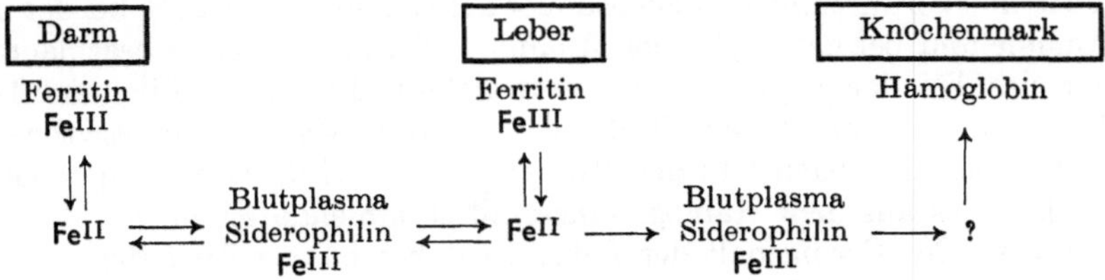

8. Verringerung des Lebereisengehalts.

Bei gesteigerter Hämoglobinbildung nimmt das Knochenmark das von der Leber abgegebene Eisen rascher aus dem Blut auf[5]. Um den normalen Eisengehalt des Blutplasmas aufrecht zu erhalten, werden sodann aus der Leber erhöhte Eisenmengen an das Blut abgegeben und das Eisendepot der Leber dadurch mit der Zeit erheblich herabgesetzt. So führt z. B. Aufenthalt in verdünnter oder O_2-armer Luft zu einer Vermehrung der Erythrocytenzahl und dadurch zu einer Abnahme der in der Leber deponierten Eisenmenge. Bei 3wöchigem Aufenthalt in der Unterdruckkammer sank bei Ratten die Menge

[1] HOLMBERG, C. G., and C. B. LAURELL: Acta physiol. scand. **10**, 307 (1945). — [2] STRAUB, W., u. K. STEFÁNSSON: A. e. P. P. **194**, 269 (1940). — [3] HUFF, R. L., P. J. ELMLINGER, J. F. GARCIA, J. M. ODA, M. C. COCKRELL and J. H. LAWRENCE: J. clin. Invest. **30**, 1512 (1951). — [4] BÜCHMANN, P.: Die essentielle Eisenmangelanämie. Mannheim 1948. — [5] COPP, D. H., and D. M. GREENBERG: J. biol. Ch. **164**, 389 (1946).

des Depoteisens in der Leber von 8,6 auf 2,0 mg und in der Milz von 2 auf 0,5 mg/kg Körpergewicht, während die Menge des Hämoglobineisens in entsprechender Weise anstieg. Verblieben die Ratten nach dem Aufenthalt in der Unterdruckkammer 3 Wochen unter Normaldruck, so stieg die Menge des Depoteisens wieder auf den Ausgangswert, während die Menge des Hämoglobineisens entsprechend absank[1]. Das Verhältnis Milz-Fe : Leber-Fe war während der Reakklimatisation zunächst hoch und sank sodann als Ausdruck der Überwanderung des Eisens von der Milz zur Leber allmählich ab[1]. Bei der Schwangeren entnimmt auch die Placenta Eisen aus dem Blutplasma und dieses Eisen wird zum großen Teil aus dem Eisendepot der mütterlichen Leber geliefert. Der Eisengehalt der Leber ist daher gegen Ende der Schwangerschaft niedrig[2]. Blutverluste bedeuten Eisenverluste und verringern die Eisendepots der Leber[3]. Bei Ratten sank die Menge des Lebereisens nach Blutentnahme von 22,2 auf 13,2 mg-%[4]. Bei durch Blutentnahme anämisch gemachten Hunden sank der Lebereisengehalt vom Normalwert (24,6 mg-% beim Kontrolltier) auf 1,2 bzw. 1,7 mg-%[5] (vgl. auch Fußnote [6]). Bei inneren Blutungen wird das ausgetretene Blut im Gewebe selbst abgebaut, das daraus freigesetzte Eisen bleibt durch lange Zeit im Bereich alter Blutextravasate liegen und wird dadurch den mobilisierbaren Eisendepots in der Leber entzogen[7].

Eisenfreie Ernährung kann namentlich im wachsenden Organismus oder in Kombination mit Blutungen erhebliche Verminderungen des Lebereisendepots verursachen. Der Resteisengehalt der Leber 3 Wochen eisenfrei ernährter junger Ratten betrug nur 32,6% des Lebereisengehalts der Kontrolltiere, während der Eisengehalt der Milz auf 37,3% und der des Knochenmarks auf 57% des Normalwerts gefallen war[8].

9. Vermehrung des Lebereisengehalts.

Ist die Fähigkeit des Knochenmarks zur Erythrocytenbildung herabgesetzt (hypoplastische und aplastische Anämien), so wird auch die Hämoglobinbildung geringer, das Eisen bleibt in vermehrter Menge in den Depots zurück. In ähnlicher Weise führt eine Verkürzung der Lebensdauer der Erythrocyten (z. B. bei der perniziösen Anämie und bei hämolytischen Anämien aller Art) zu einer beschleunigten Rückkehr des bei der Erythropoese verausgabten Eisens in Milz und Leber.

Während normalerweise ein Teil des aus den abgebauten Erythrocyten stammenden Eisens zunächst in der Milz abgelagert wird, wird beim splenektomierten Tier alles aus dem Hämoglobinzerfall stammende Eisen von der Leber aufgenommen. Der Eisengehalt der Leber ist daher beim milzexstirpierten Tier erheblich höher[9]. Bei durch Blutentnahme anämisierten, splenektomierten Hunden sank der Lebereisengehalt weit weniger ab als bei Kontrolltieren, bei denen die Milz nicht entfernt worden war[5]. Bei Ratten[10] und Kaninchen[11] (dagegen nur in geringerem Grade beim Menschen[12]) wird nach Milzexstirpation

[1] Lintzel, W., u. T. Radeff: Pflügers Arch. **224**, 451 (1930). — [2] Balfour, W. M., P. F. Hahn, W. F. Ball, W. T. Pommerenke and G. H. Whipple: J. exp. Med. **76**, 15 (1942). — Albers, H.: Eisen bei Mutter und Kind. Leipzig 1941. — Boycott, J. A.: Lancet **1936 I**, 1165. — [3] Williamson, C. S., and H. N. Ets: Arch. internal Med., Chicago **36**, 333 (1925). — [4] Williamson, C. S., and H. N. Ets: Arch. internal Med., Chicago **40**, 668 (1927). — [5] Hawkins, W. B., and P. F. Hahn: J. exp. Med. **80**, 31 (1944). — [6] Bogniard, R. P., and G. H. Whipple: J. exp. Med. **55**, 653 (1932). — [7] Lintzel, W.: Ergebn. Physiol. **31**, 844 (1931). — [8] Copp, D. H., and D. M. Greenberg: J. biol. Ch. **164**, 377 (1946). — [9] Asher, L., u N. Scheinfinkel: B. Z. **176**, 348 (1926). — Asher, L., u. Y. Tominaga: B. Z. **156**, 418 (1925). — [10] Schmidt, M. B.: Zbl. Path. **25**, Erg.-Heft **156** (1914). — Hamazaki, Y., u. M. Hayakawa: Okayama Igakkai Zasshi **40**, 221 (1928) [Ber. Physiol. **49**, 36]. — [11] Silvestrini, L.: Arch. ital. Chir. **2**, 165 (1920). — [12] Schmidt, M. B.: Z. Geburtsh. **87**, 261 (1924).

eine Wucherung eines dem Reticuloendothel ähnlichen Gewebes in der Leber beobachtet, die von den KUPFFERschen Sternzellen ihren Ausgang nimmt[1]. Nach Röntgenbestrahlung des Gesamtorganismus stieg der Eisengehalt des Lebergewebes bei Ratten durch 2 Wochen an, um dann wieder abzusinken[2].

10. Die Leber als Speicher enteral oder parenteral zugeführten Eisens.

Im Darm resorbiertes Eisen gelangt mit dem Pfortaderblut zur Leber und wird seiner Hauptmenge nach in den Leberzellen deponiert. Die Speicherung enteral zugeführten Eisens erfolgt insbesondere in den Zellen, die in der Peripherie der Läppchen gelegen sind[3].

Parenteral verabreichtes Eisen wird zum Teil direkt vom Knochenmark aufgenommen und zur Blutbildung verwendet; der für die Blutbildung im Augenblick

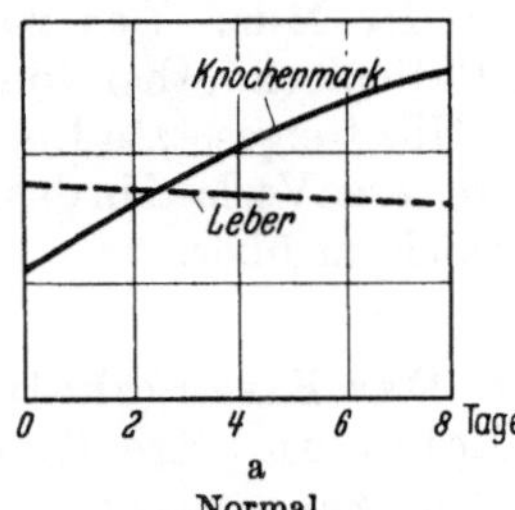

a
Normal.

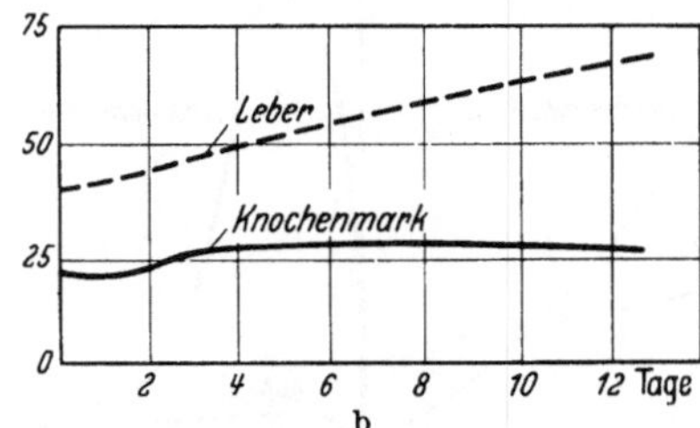

b
Refraktäre Anämie mit hypoplastischem Knochenmark.

Abb. 7a u. b. Die Verteilung intravenös injizierten radioaktiven Siderophilineisens zwischen Leber und Knochenmark beim normalen Menschen und bei Insuffizienz des Knochenmarks[4] (vertikal: Zählerablesung je min bezogen auf 1 μC injiziertes ^{59}Fe).

nicht benutzte Rest des injizierten Eisens wird in der Leber deponiert (vgl. Abb. 7). Je größer die injizierte Eisenmenge, desto größer der im Augenblick unverwendbare Überschuß und desto mehr davon wird in der Leber abgelagert. Je intensiver die Erythropoese, desto geringer der in der Leber abgelagerte Eisenanteil[5]. Je größer der vor der Injektion in der Leber enthaltene Eisenpool[6], desto mehr wird injiziertes radioaktives Eisen darin mit radioinaktivem Eisen vermischt und desto geringer wird im Verhältnis zur Menge des injizierten Eisens die Menge der Radioaktivität, die in die Erythrocyten übergeht[7]. Aus dem Prozentsatz, in dem eine verabreichte Menge radioaktiven Eisens in den Erythrocyten wiedergefunden wird, kann bis zu einem gewissen Grade auf die Größe der vorhandenen Eisenreserven (und eventuell auf das Vorhandensein einer Hämochromatose) geschlossen werden[8]. Doch besteht das in der Leber enthaltene Eisen aus verschieden leicht mobilisierbaren Fraktionen, so daß also eine quantitative Berechnung des Eisendepots auf Grund derartiger Versuche nicht möglich ist[9].

In größerer Menge injiziertes exogenes Eisen wird vor allem in der Leber deponiert. Beim Hund stieg nach intravenöser Eiseninjektion der Eisengehalt der Leber von 24,6 auf 119 mg-%[10]; einem Hund in Form von Eisen(III)-ammoniumcitrat injiziertes radioaktives Eisen fand sich zu 82% in der Leber

[1] NISHIKAWA, Y., u. T. TAKAGI: D. m. W. **1922 II**, 1067. — [2] LUDEWIG, S., and A. CHANUTIN: Amer. J. Physiol. **166**, 384 (1951). — [3] SCHWARZ, L.: Virchows Arch. **269**, 638 (1928). — [4] HUFF, R. L., P. J. ELMLINGER, J. F. GARCIA, J. M. ODA, M. C. COCKRELL and J. H. LAWRENCE: J. clin. Invest. **30**, 1512 (1951). — [5] COPP, D. H., and D. M. GREENBERG: J. biol. Ch. **164**, 389 (1946). — [6] GREENBERG, G. R., and M. M. WINTROBE: J. biol. Ch. **165**, 397 (1946). — [7] FINCH, C. A., J. G. GIBSON jr., W. C. PEACOCK and R. G. FLUHARTY: Blood **4**, 905 (1949). — [8] WARREN, S., and P. M. LE COMPTE: The Pathology of Diabetes Mellitus. bes. S. 230. Philadelphia 1952. — [9] DRABKIN, D. L.: Physiol. Rev. **31**, 345 (1951). — [10] HAWKINS, W. B., and P. F. HAHN: J. exp. Med. **80**, 31 (1944).

(26% im Ferritin der Leber) wieder, nur 0,35% waren in der Milz (0,2% im Ferritin der Milz) nachweisbar[1]. Auch bei täglich wiederholter subcutaner Injektion kleiner Eisenmengen fand sich ein großer Teil des Eisens schließlich in der Leber wieder[2].

Auch das endogene, d. h. aus dem Hämoglobin abgebauter Erythrocyten stammende Eisen, geht zum Teil in die Leber über, doch ist in diesem Falle die Milz mehr beteiligt als bei der Aufnahme exogenen Eisens[3]. Wurde einem Hund Blut injiziert, das in seinem Hämoglobin radioaktive Eisenatome enthielt, und im Blut dieses Hundes sodann durch Injektion von Acetylphenylhydrazin Hämolyse hervorgerufen, so ging das radioaktive Fe zu 55% in die Leber und zu 20% in die Milz über[1]. Bluttransfusionen führen dementsprechend zu einer raschen Steigerung des Eisengehalts sowohl der Leber als auch der Milz. Das zunächst im Reticuloendothel von Leber und Milz freigesetzte Eisen geht im weiteren Verlauf in das Leberparenchym über.

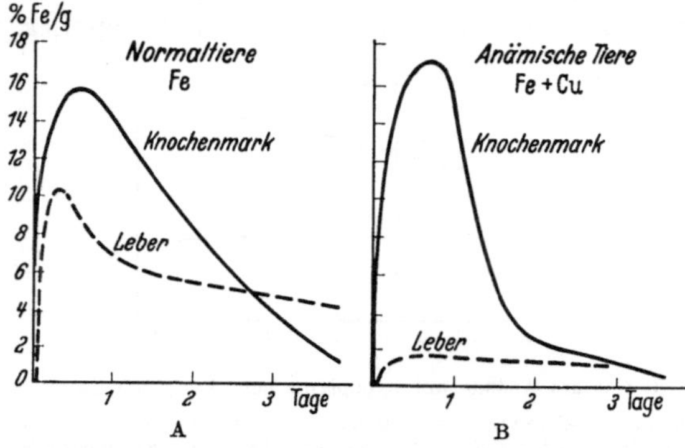

Abb. 8. Verteilung von intraperitoneal injiziertem ^{55}Fe auf Leber und Knochenmark bei jungen Ratten[4] (Prozente der injizierten Fe-Menge je g Organ). A. Junge Normaltiere: Die Hauptmenge des verabreichten Eisens wird vom Knochenmark der wachsenden Tiere aufgenommen, ein Teil geht jedoch auch in die Leber über. B. Eisenarm ernährte Tiere nach gleichzeitiger Zufuhr von Eisen und Kupfer: Die Hämoglobinbildung und damit auch der Eisenbedarf des Knochenmarks ist stark gesteigert, nur kleine Eisenmengen können im Leberdepot zurückgelegt werden.

11. Der Eisengehalt der Leber und die Eisenresorption.

Der Gehalt des Organismus an anorganischen Ionen wird im allgemeinen nicht durch die Resorptionsorgane, sondern durch die Ausscheidungsorgane reguliert. So werden z. B. Alkali- und Halogenid-Ionen im Darm ohne Rücksicht auf den Bedarf praktisch vollständig aus der Nahrung resorbiert; die resorbierte Menge entspricht also der zufällig in der Nahrung enthaltenen Menge. Enthält die Nahrung einen Überschuß dieser Ionen, so wird dies nicht durch eine Hemmung der Resorption, sondern durch eine Steigerung der Ausscheidung ausgeglichen. Im Gegensatz hierzu kann die Einstellung der Eisenbilanz nicht durch Regulierung der Eisenausscheidung erfolgen; denn der tierische Organismus scheint zur Ausscheidung von Eisen nur in sehr geringem Grade befähigt zu sein. Wurde Hunden[5] oder Ratten[6] radioaktives Eisen injiziert, so erschienen nur Spuren von Radioaktivität in Stuhl und Harn. Nur gewisse komplexe Eisenverbindungen (Citrat, Eisencyanide) können von der Niere ausgeschieden werden[7]. Auch die mit der Galle ausgeschiedene Eisenmenge ist nur gering. Bei einem Patienten mit Ileostomie konnte ferner gezeigt werden, daß das menschliche Colon nur Spuren von Eisen ausscheidet[8]. Bei in Eisengleichgewicht befindlichen Menschen beträgt die normale Eisenausscheidung weniger als 1 mg je Tag[9] (s. a. Bd. 2/1, S. 660).

---

[1] Hahn, P. F., S. Granick, W. F. Bale and L. Michaelis: J. biol. Ch. **150**, 407 (1943). — [2] Lintzel, W.: Ergebn. Physiol. **31**, 844 (1931). — [3] Bogniard, R. P., and G. H. Whipple: J. exp. Med. **55**, 653 (1932). — [4] Copp, D. H., and D. M. Greenberg: J. biol. Ch. **164**, 389 (1946). — [5] Hahn, P. F., W. F. Bale, R. A. Hettig, M. D. Kamen and G. H. Whipple: J. exp. Med. **70**, 443 (1939). — [6] Copp, D. H., and D. M. Greenberg: J. biol. Ch. **164**, 377 (1946). — [7] Reimann, F., F. Fritsch u. K. Schick: Z. klin. Med. **131**, 1 (1936). — [8] Welch, C. S., E. G. Wakefield and M. Adams: Arch. internal Med., Chicago **58**, 1095 (1936). — [9] Little, A. G. jr., M. H. Power and E. G. Wakefield: Ann. internal Med. **23**, 627 (1945).

Da die nachträgliche Ausscheidung resorbierter Eisenüberschüsse nicht möglich ist, muß schon die Aufnahme des Eisens kontrolliert und dem jeweiligen Eisenbedarf angepaßt werden. Die Darmwand resorbiert aus dem normalerweise in der Nahrung enthaltenen Eisen nur so viel, wie der Organismus im Augenblick braucht (s. Bd. 2/1, S. 213). Bei dieser Einstellung der Eisenresorption auf den Eisenbedarf spielt das Lebereisendepot eine wichtige Rolle: Die Resorption des Eisens aus dem Darm ist normalerweise nur gering[1], und sie wird um so kleiner, je besser die Lebereisendepots gefüllt sind[2]. So war z. B. bei Ratten, die im Laufe von 6—8 Wochen 12 mg Eisen zusätzlich erhielten, keine Zunahme des Eisengehalts in Leber und Gesamtkörper nachweisbar[3]. Eisenpräparate wurden aus abgebundenen Darmschlingen vom Hund nur in minimalen Mengen resorbiert[4]. Bei pathologischen Zuständen, bei denen der Eisengehalt der Leber vermehrt ist wie bei perniziöser Anämie, hämolytischem Ikterus u. ä., war bei der Untersuchung mit radioaktivem Eisen nur geringe Eisenresorption nachweisbar, während bei der Schwangerschaft eine erhebliche Steigerung der Eisenresorption festgestellt werden konnte[2]. Vorausgegangene eisenarme Ernährung führt zu einer erheblichen Steigerung der Eisenresorption. Bei Eisenmangelanämien, bei denen die Leber ihre Eisendepots entleert hat und der Eisengehalt des Gesamtorganismus stark vermindert ist, ist die Resorption des Eisens beträchtlich gesteigert[5]. Durch längere Zeit eisenarm ernährte junge Ratten resorbierten 90% des ihnen per os verabreichten ^{55}Fe, während normal ernährte Kontrolltiere gleichen Alters weniger als $^1/_3$ des ^{55}Fe resorbierten[6]. Geringer Hämoglobingehalt des Blutes bei gefüllten Eisendepots ist dagegen ohne Wirkung auf die Eisenbarriere im Darm[2].

Es scheint, daß das in der Darmwand enthaltene Ferritin die Barriere bildet, die die übermäßige Aufnahme von Eisen durch den Darm verhindert und die Leber vor einer Überladung mit Eisen schützt[7]. Der Eisengehalt der Darmmucosa, obwohl an sich nur sehr gering[8], steht mit dem Leberferritin über das Plasmaeisen in Gleichgewicht (vgl. S. 49, Schema). Entleerung der Eisendepots der Leber durch erhöhten Eisenbedarf des Knochenmarks führt zu einer Entsättigung des in der Darmwand enthaltenen Ferritins, dessen Eisengehalt sodann durch Resorption von Nahrungseisen wieder aufgefüllt wird.

Anderseits beeinflußt die Leber die Eisenresorption auch auf einem anderen Wege: Galle besitzt die Fähigkeit Eisen aus Nahrungsmitteln herauszulösen[9]. Bei anämisierten Gallenfistelhunden war daher die Resorption des mit der Nahrung angebotenen Eisens herabgesetzt[10].

12. Exzessive Eisenresorption und Hämochromatose.

Störungen des enterohepatischen Hemmungsmechanismus der Eisenresorption führen zur Aufnahme überschüssigen Eisens aus der Nahrung und zu einer allmählichen Zunahme der Lebereisendepots, die, wenn die Störung lange genug andauert, ein gewaltiges Ausmaß erreichen kann. Das überschüssig resorbierte Eisen sammelt sich in der Leber in Form von Siderin an, der Eisengehalt des

[1] Kletzinsky, V.: Z. K. K. Ges. Ärzte Wien **2**, 281 (1845). — [2] Balfour, W. M., P. F. Hahn, W. F. Bale, W. T. Pommerenke and G. H. Whipple: J. exp. Med. **76**, 15 (1942). — [3] Lintzel, W.: B. Z. **210**, 76 (1929). — [4] Heubner, W.: Z. klin. Med. **100**, 675 (1924). — [5] Reimann, F., F. Fritsch u. K. Schick: Z. klin. Med. **131**, 1 (1936). — [6] Copp, D. H., and D. M. Greenberg: J. biol. Ch. **164**, 377 (1946). — [7] Granick, S.: Science, N. Y. **103**, 107 (1946). — [8] Bogniard, R. P., and G. H. Whipple: J. exp. Med. **55**, 653 (1932). — [9] Heilmeyer, L., u. I. v. Mutius: Z. ges. exp. Med. **112**, 192 (1943). — [10] Hawkins, W. B., F. S. Robscheit-Robbins and G. H. Whipple: J. exp. Med. **67**, 89 (1938).

Plasmas steigt an und verhindert die Überführung des in der Milz aus den Erythrocyten freigewordenen Eisens in die Leber. Sekundär steigt daher auch der Sideringehalt der Milz. Der erhöhte Eisengehalt der Leber kann auch beim lebenden Patienten in mit der Hohlnadel aspirierten Leberproben (vgl. S. 38) nachgewiesen werden[1].

Auf eine abnorme Steigerung der Eisenresorption, verursacht durch das Versagen der oben erwähnten resorptionsregulierenden Barriere in der Darmmucosa, wird die gewaltige Vermehrung des in der Leber vorhandenen Eisens bei der Hämochromatose zurückgeführt[2]. Bei dieser mitunter auch familiär vorkommenden[3] Erkrankung wird ein großer Teil des in der Nahrung enthaltenen Eisens (bei normaler gemischter Kost etwa 30%, nach oraler Verabreichung von 24 mg radioaktivem Eisen etwa 60%[4]) resorbiert. Das resorbierte Eisen sammelt sich in Leber, Haut, Pankreas und zahlreichen anderen Geweben in von früher Jugend an ständig ansteigender Menge in Form von Siderin an[5]. In späteren Lebensjahren kann die Eisenansammlung einen so hohen Grad erreichen, daß sie schwere Funktionsstörungen der betroffenen Organe (Cirrhose in der Leber, Zerstörung der LANGERHANSschen Inseln im Pankreas u. a.) hervorruft. Bei Patienten dieser Art vorgenommene wiederholte Blutentnahmen verringern infolge der einsetzenden Blutregeneration die Menge des in der Leber abgelagerten Eisens und haben oft eine Besserung im Funktionszustand der Leber zur Folge. Das bei der Hämochromatose in der Leber abgelagerte Eisen kann also für die Blutbildung verwendet werden. Frauen werden, wahrscheinlich infolge des durch die Menstruation bedingten Eisenverlustes (10—20 mg Fe je Monat)[6] von der Erkrankung nur selten betroffen[5, 7].

Die Ursache, aus der die Barriere, die die Resorption des Eisens reguliert, bei der Hämochromatose durchbrochen wird, ist nicht bekannt. Mangel an Ferritin in der Leber ist nicht die Ursache der Störung; denn aus bioptischen Leberpunktaten konnte Ferritin krystallisiert dargestellt werden[8]. Die bei der Hämochromatose im Lebergewebe auftretenden morphologischen Veränderungen sind nicht Ursache, sondern Folge der gesteigerten Eisenablagerung in der Leber. Die Hämochromatose ist also nicht als „Pathothesaurose", sondern als „Thesauropathie" anzusehen[8].

Von der Hämochromatose sui generis sind Zustände zu unterscheiden, bei denen es ebenfalls zu einer stark erhöhten Ablagerung von Eisen in Form von Siderin in der Leber und in anderen Organen kommt. Beim Menschen treten bei Pellagra[9, 10] und anderen Formen von Mangelernährung[11] Eisenanhäufungen in der Leber auf. Bei südafrikanischen Negern, deren Nahrung vorwiegend aus Mais besteht und infolge der Benutzung eiserner Kochgefäße exzessive Eisenmengen enthält[12], wurde gehäuftes Vorkommen von hämochromatoseähnlichen Erkrankungen beobachtet[9, 11].

---

[1] KING, W. E., and E. DOWNIE: Quart. J. Med. **17**, 247 (1948). — ALTHAUSEN, T. L., R. K. DOIG, S. WEIDEN, R. MOTTERAM, C. N. TURNER and A. MOORE: Arch. internal Med., Chicago **88**, 553 (1951). — [2] SHELDON, J. H.: Haemochromatosis. London 1935. — BÜCHMANN, P.: Ergebn. inn. Med. **64**, 505 (1944). — [3] ROGERS, W. F. jr.: Amer. med. Sci. **220**, 530 (1950). — [4] ALPER, T., D. V. SAVAGE and T. H. BOTHWELL: J. Lab. clin. Med. **37**, 665 (1951). — [5] SHELDON, J. H.: Lancet **1934 II**, 1031. — BUTT, H. R., and R. M. WILDER: Arch. Path., Chicago **26**, 262 (1938). — [6] BARER, A. P., and W. M. FOWLER: Amer. J. Obstet. Gynec. **31**, 979 (1936). — MCCANCE, R. A., and E. M. WIDDOWSON: Lancet **1937 II**, 680. — LEVERTON, R. M., and L. J. ROBERTS: J. Nutrit. **13**, 65 (1937). — SCOTT, R. B.: Lancet **1938 II**, 549. — [7] MILLS, E. S.: Arch. internal Med., Chicago **34**, 292 (1924). — [8] HEILMEYER, L.: D. m. W. **1954**, 280. — [9] GILLMAN, J., and T. GILLMAN: Arch. Path., Chicago **40**, 239 (1945). Gastroenterol., Baltimore **8**, 19 (1947). — [10] GORE, W. A.: Med. Bull. Veterans' Admin. **15**, 319 (1939). — [11] GILLMAN, J., J. MANDELSTAM and T. GILLMAN: S.-afr. J. med. Sci. **10**, 109 (1945). — [12] WALKER, A. R. P., and U. B. ARVIDSSON: Nature **166**, 438 (1950).

Auch im Tierversuch können durch Mangelernährung Eisenanhäufungen in der Leber erzielt werden. In der Leber von Ratten, die eine normale Ernährung zusammen mit 2% Eisen(III)-citrat erhielten, war keine Ablagerung von Hämosiderin nachweisbar. Ratten dagegen, die mit 80% Kornschrot und 20% Talg gefüttert wurden, zeigten auch ohne Eisenzugabe geringe, nach Zugabe von 2% Eisen(III)-citrat zur Nahrung aber gewaltige Hämosiderinablagerungen in der Leber[1]. Auch bei Mangel an Vitamin A wurden Störungen in der Regulation der Eisenresorption beobachtet[2]. Bei pyridoxinfrei ernährten Schweinen sammeln sich in der Leber große Mengen von Hämosiderin an[3]. Ebenso ist bei Ratten im Pyridoxinmangel die Eisenbarriere aufgehoben[4].

Zufuhr sehr großer Eisenmengen per os kann Schädigungen der Schleimhaut des Verdauungstrakts, insbesondere im Pylorus und im Duodenum, zur Folge haben[5]; der resorptionsregulierende Mechanismus wird sodann durchbrochen und ein Teil des verabreichten Eisens in der Leber abgelagert[6,7].

Der Hämochromatose ähnliche Eisenanhäufungen im Lebergewebe wurden in neuerer Zeit oft in Fällen beobachtet, bei denen wiederholt Bluttransfusionen gegeben worden waren[8]. Doch scheint dies nicht auf die in dem transfundierten Blut enthaltene Eisenmenge selbst, sondern auf eine durch die Transfusionen verursachte Störung des Mechanismus zurückzugehen, der die Eisenresorption reguliert: die in diesen Fällen aufgespeicherten Eisenmengen waren größer, als dem Eisengehalt des transfundierten Blutes entsprach[9].

13. Die Leber als Organ der Eisenausscheidung.

Von der im Eisengleichgewicht befindlichen Leber werden normalerweise nur geringe Mengen von Eisen ausgeschieden[6,10]. Normale Hunde schieden täglich etwa 0,2 mg Fe mit der Galle aus[11]. In menschlicher Blasengalle wurde 0,06 bis 0,38 mg-%, in Lebergalle 0,04—0,31 mg-% Eisen gefunden[12]. Ein 14 kg schwerer Fistelhund schied mit 20—85 cm^3 Galle täglich 0,1—0,4 mg Fe aus[13]. Nach parenteraler Verabreichung von Eisen wurde keine Steigerung des Eisengehalts der Galle beobachtet[13]. Wurde bei Gallenfistelhunden durch Acetylphenylhydrazin Hämolyse hervorgerufen, so stieg die Eisenausscheidung in der Galle auf das 10fache an, und etwa 3% des aus den zerstörten Erythrocyten stammenden Eisens erschien in der Galle[11]. Ein Hund mit Gallenfistel, dessen Erythrocyten radioaktives Hämoglobineisen enthielten, schied nach Acetylphenylhydrazin radioaktives Eisen in stark gesteigerter Menge aus. Nach Abklingen der Vergiftung fiel die Eisenausscheidung in der Galle infolge der Beanspruchung der Lebereisendepots durch die nunmehr einsetzende Erythropoese auf unternormale Werte[11].

---

[1] KINNEY, T. D., D. M. HEGSTED and C. A. FINCH: J. exp. Med. **90**, 137 (1949). — [2] TAYLOR, J., D. STIVEN and E. W. REID: J. Path. Bacteriology **41**, 397 (1935). — [3] CARTWRIGHT, G. E., M. M. WINTROBE and S. HUMPHREYS: J. biol. Ch. **153**, 171 (1944). — [4] GUBLER, C. J., G. E. CARTWRIGHT and M. M. WINTROBE: J. biol. Ch. **178**, 989 (1949). — [5] HENRIQUES, V., u. H. OKKELS: B. Z. **210**, 198 (1929). — [6] KUNKEL, A. (J.): Pflügers Arch. **14**, 353 (1877); **50**, 1 (1891). — [7] WOLTERING, H. W. F. C.: H. **21**, 186 (1895/96). — OERUM, H. P. T.: Z. exp. Path. Therap. **3**, 145 (1906). — STARKENSTEIN, E., u. H. WEDEN: A. e. P. P. **134**, 274, 288, 300 (1928); **150**, 354 (1930). — [8] SCHWARTZ, S. O., and A. BLUMENTHAL: Blood **3**, 617 (1948). — KARK, R. M.: Guy's Hosp. Rep. **87**, 343 (1937). — [9] MUIRHEAD, E. E., G. CRASS, F. JONES and J. M. HILL: Arch. internal Med., Chicago **83**, 477 (1949). — [10] MINKOWSKI, O., u. O. BASERIN: A. e. P. P. **23**, 145 (1887). — [11] HAWKINS, W. B., and P. F. HAHN: J. exp. Med. **80**, 31 (1944). — [12] DOMINICI, G.: Arch. Sci. Med. Torino **53**, 390 (1929). — Vgl. a. BRUGSCH, T., u. J. IRGER: Z. ges. exp. Med. **50**, 625 (1926). — [13] HENRIQUES., V., u. H. ROLAND: B. Z. **201**, 479 (1928).

δ) Kupfer.

Die Leber ist das kupferreichste Organ des Wirbeltieres. Die Ursache hierfür liegt nicht nur darin, daß die Leber als erstes Organ mit dem aus der Nahrung resorbierten und auf dem Wege über die Pfortader aus dem Darm abtransportierten Kupfer in Berührung kommt, denn auch die Leber des Neugeborenen enthält reichlich Kupfer. Das in der Leber enthaltene Kupfer bildet vielmehr ein physiologisch wichtiges Depot, das dazu bestimmt ist, die Aufrechterhaltung eines konstanten Kupfergehalts im Blutplasma zu garantieren. Kupfer ist ein für

Tabelle 8. Kupfergehalt der Leber des Menschen und verschiedener Tiere (in mg/kg frischer Substanz).

Zeus faber (Heringskönig)[1]	12	Kuh[2]	26
Chrysophrys aurata (Goldbrasse)[1]	34	Ferkel[8]	61,4 (26,3—121,2)
Platessa platessa (Scholle)[1]	12	Rind[1]	95
Scomber scomber (Makrele)[1]	53	Rind[9]	21,5
Scorpaena porcus (Drachenkopf)[1]	21,5	Kalb[1]	106
Schildkröte[2]	53	Kalb[9]	44,1
Mensch:		Hund[1]	65
erwachsen[3]	3,1—9,1	Katze[2]	92
erwachsen[4]	1,7—7,8	Schaf[1]	126
erwachsen[5]	2—13	Schaf[2]	98
erwachsen[6]	3,4	Schaf[9]	22
neugeboren[6]	6,7	Ziege[2]	156
fetal[6]	19,7	Ratte[2]	33
fetal[5]	15—250	Kaninchen[2]	11
verschiedene Krankheiten[2]	2,3—12,4	Meerschweinchen[1]	47
alkoholische Cirrhosen[7]	19—180	Meerschweinchen[2]	31
alkoholische Fettlebern[7]	4—45	Truthahn[1]	21
Alkoholiker mit histologisch normaler Leber[7]	4—26		
Cirrhosen ohne Alkoholismus[7]	11—40		

die Entstehung des Hämoglobins im Knochenmark[10], für die Bildung der Cytochromoxydase in der Leber[11] und wahrscheinlich auch für die Bildung anderer Eisenporphyrinverbindungen notwendiger Wirkstoff. Gehirn, Muskulatur und einzelne Teile des Auges enthalten regelmäßig und in weitgehend konstanter Menge Kupfer, und es sind zahlreiche im Organismus des Wirbeltieres enthaltene Fermente bekannt, deren Aktivierung auch durch kleine Mengen von Kupfer erfolgen kann. Die Leber hält die Cu-Mengen bereit, die für die Erneuerung und allfällige Ergänzung des Cu-Gehalts der übrigen Organe notwendig sind.

Ähnlich wie das Eisen in der Leber an ein spezifisches Protein gebunden ist, so ist auch das Cu in der Leber zum Teil in Form eines Cu-haltigen Proteins (Hepatocuprein) vorhanden[12]. Jedoch enthält die Leber noch andere Kupfer-

[1] Baldassi, G.: Boll. Soc. ital. Biol. sperim. **13**, 698 (1938) [Ber. Physiol. **115**, 135]. — [2] Flinn, F. B., and W. C. v. Glahn: J. exp. Med. **49**, 5 (1929). — [3] Tompsett, S. L.: Biochem. J. **29**, 480 (1935). — [4] Widdowson, E. M., R. A. McCance and C. M. Spray: Clin. Sci. **10**, 113 (1951). — [5] Gerlach, We.: Virchows Arch. **294**, 171 (1935). — [6] Haurowitz, F.: H. **190**, 72 (1930). — [7] Gerlach, We.: Schweiz. med. Wschr. **65**, 194 (1935). — [8] Cunningham, I. J.: Biochem. J. **25**, 1267 (1931). — [9] Lindow, C. W., C. A. Elvehjem, W. H. Peterson and H. E. Howe: J. biol. Ch. **82**, 465 (1929). — [10] Vgl. Elvehjem, C. A.: Physiol. Rev. **15**, 471 (1935). — [11] Schultze, M. O.: J. biol. Ch. **129**, 729 (1939); **138**, 219 (1941). — [12] Mann, T., and D. Keilin: Proc. R. Soc. London (B) **126**, 303 (1938/39).

Tabelle 9. Kupfergehalt der Leber des Menschen und verschiedener Tiere (in mg/kg Trockensubstanz).

Mensch:		Rind:	
erwachsen[1]	11,8—**27,5**—48,7	erwachsen[3, 11]	70,0
erwachsen[2, 3]	25,4	erwachsen[12]	75,7
erwachsen[4, 5]	14—40	erwachsen[13]	70,0
erwachsen[3]	24,9	Kalb[12]	164,4
3—12 Jahre[7]	60	neugeboren[3]	550
3—24 Monate[1]	12—26	Fetus[3]	171
1—45 Tage[6]	80—**230**—375	Hund:	
1—35 Tage[7]	50—**245**—500	erwachsen[3]	88,0
3 Tage alt[1]	300	9 Tage alt[3]	98,2
neugeboren[1]	137,5—450	neugeboren[3]	89,0
neugeboren[6]	80—382	Schaf:	
Fetus[3]	281	erwachsen[3]	236,6
Fetus[6]	182	4 Wochen[3]	14,5
Schwangere[2]	13—72	3 Tage[3]	67,5
Hämochromatose[1]	133	neugeboren[3]	117
atrophische Cirrhose[8]	200	Katze:	
div. Krankheiten[6]	16—**34,6**—55	erwachsen[3]	25,3
Meerschweinchen:		Dachs:	
erwachsen[3], vgl. a.[9]	17,0	erwachsen[3]	21,7
Fetus[3]	122,0	Pferd:	
Kaninchen:		erwachsen[3]	14,8
erwachsen[3]	9,2	Schwein:	
neugeboren[3, 9]	55	erwachsen[3, 14]	41,8
fetal[3]	29	erwachsen[12]	20,8
Ratte:		wenige Tage alt[3]	232,8
90 g schwer[3]	10	neugeboren[3]	241,0
erwachsen[10]	11,43	Haushuhn	12,4
erwachsen[3], vgl. a.[9]	12,8	erwachsen[3]	
neugeboren[3]	70	Hering[3]	14,2

proteine. Ein aus Mitochondrien von Schweineleber dargestelltes, gereinigtes Präparat von Uricase[15] z. B. enthielt 0,05% Cu. Im Plasma entspricht dem eisenbindenden Siderophilin ein kupferhaltiges, lipoidfreies Protein der β_1-Globulinfraktion[16] (*Caeruloplasmin*[17]), das in engem Zusammenhang mit dem Kupferstoffwechsel der Leber steht und dessen Menge bei einzelnen Lebererkrankungen (s. S. 60) herabgesetzt ist (s. a. Bd. 2/1, S. 401).

[1] Kleinmann, H., u. J. Klinke: Virchows Arch. **275**, 422 (1930). — [2] Herkel, W.: Beitr. path. Anat. **85**, 513 (1930). — [3] Cunningham, I. J.: Biochem. J. **25**, 1267 (1931). — [4] Fox, H. M., and H. Ramage: Proc. R. Soc. London (B) **108**, 157 (1931). — [5] Vgl. a. Morrison, D. B., and T. P. Nash jr.: J. biol. Ch. **88**, 479 (1930). — [6] Brückmann, G., and S. G. Zondek: Biochem. J. **33**, 1845 (1939). — [7] Ramage, H., J. H. Sheldon and W. Sheldon: Proc. R. Soc. London (B) **113**, 308 (1933). — [8] Sheldon, J. H., and H. Ramage: Biochem. J. **25**, 1608 (1931). — [9] Lorenzen, E. J., and S. E. Smith: J. Nutrit. **33**, 143 (1947). — [10] Lindow, C. W., W. H. Peterson and H. Steenbock: J. biol. Ch. **84**, 419 (1929). — [11] Vgl. a. McHargue, J. S.: J. agric. Res. **30**, 193 (1925). Amer. J. Physiol. **72**, 583 (1925). — [12] Lindow, C. W., C. A. Elvehjem, W. H. Peterson and H. E. Howe: J. biol. Ch. **82**, 465 (1929). — [13] Mallory, F. B., F. Parker jr. and R. N. Nye: J. med. Res. **42**, 461 (1921); **44**, 107 (1924). — Mallory, F. B.: Amer. J. Path. **1**, 117 (1925). Arch. internal Med., Chicago **37**, 336 (1926). — [14] Powick, W. C., and R. Hoagland: J. agric. Res. **28**, 339 (1924). — Hart, E. B., C. A. Elvehjem, H. Steenbock and A. R. Kemmerer: J. Nutrit. **2**, 277 (1930). — [15] Mahler, H. R., G. Hübscher and H. Baum: J. biol. Ch. **216**, 625 (1955). — [16] Keiderling, W.: Kli. Wo. **1950**, 460. — [17] Holmberg, C. G., and C.-B. Laurell: Acta chem. scand. **1**, 944 (1947); **2** 550 (1948).

1. Der Kupfergehalt der Leber.

Bestimmungen des Cu-Gehalts frischer Lebern verschiedener Wirbeltierklassen ergaben bei Säugern hohe, bei Fischen niedrige und bei Vögeln mittlere Werte[1] (vgl. die Tabellen 8 u. 9). Merkwürdigerweise ist Kupfer in den Lebern mariner Säuger nicht oder nur in Spuren nachweisbar[2]. Auch die normale menschliche Leber enthält weit weniger Kupfer als die der meisten Säugetiere.

Obwohl die Konzentration des Kupfers im Lebergewebe weit größer ist als in allen anderen Organen, beherbergt die Muskulatur infolge ihrer größeren Gesamtmasse absolut genommen größere Kupfermengen als die Leber. Das Kupfer ist im Lebergewebe in Form einer komplexen Protein-Cu-Verbindung [Hepatocuprein (s. a. Bd. **1**, S 224)] enthalten, deren Cu-Gehalt 0,34% beträgt[3].

2. Ablagerung von verabreichtem Kupfer in der Leber.

Mit der Nahrung aufgenommenes Cu wird von der Leber aus dem Blut abgefangen und gespeichert[4]. Bei Ratten, denen durch 7 Wochen täglich 5 mg Cu in Form von $CuSO_4$ gegeben worden war, stieg der Cu-Gehalt der Leber auf das 20fache[5] (von 11,4 auf 213 mg/kg Trockensubstanz). Im gleichen Versuch stieg der Cu-Gehalt der Milz auf das 5fache, der der Niere auf das Doppelte, während der Cu-Gehalt der übrigen Organe nur wenig verändert war[5] Dagegen hatte Ernährung mit Cu-freier oder Cu-armer Kost bei Ratten eine Senkung des Cu-Gehalts der Leber auf unternormale Werte zur Folge[6]. Per os, intraperitoneal oder subcutan gegebenes $CuSO_4$ wird in der Leber gespeichert[7]. Das Kupfer wird zunächst in den periportalen Anteilen des Lebergewebes abgelagert[4] und kann dort nach Verabreichung großer Kupferdosen histologisch nachgewiesen werden[8]. Auch nach oraler Verabreichung von radioaktivem Kupfer wurde die Hauptmenge des resorbierten Anteils in der Leber wiedergefunden. Bei einem Rind, dem 160 mg radioaktiv markiertes Kupfer in die Jugularvene injiziert worden waren, enthielt die Leber 19 Std später 33% der injizierten Dosis[9].

3. Der Cu-Gehalt der Leber des Fetus und des Neugeborenen.

Milch ist nicht nur arm an Eisen, sondern auch an Kupfer; das Neugeborene besitzt in der Leber ein Cu-Depot, aus dem es seinen Kupferbedarf während der Säuglingsperiode deckt[10, 11]. Wie aus Tabelle 9 ersichtlich, war die Cu-Konzentration in den Lebern von Rinderfeten 3mal, in den Lebern neugeborener Rinder 8mal so groß wie in den Lebern erwachsener Rinder. Die Konzentration des Cu im Lebergewebe nimmt auch beim Menschen während der embryonalen Entwicklung zu und erreicht bei der Geburt ein Maximum[6, 11], während beim Schweineembryo die Menge des Leberkupfers mit dem Wachstum der Leber

[1] Baldassi, G.: Boll. Soc. ital. Biol. sperim. **13**, 698 (1938) [Ber. Physiol. **115**, 135]. — [2] Severy, H. W.: J. biol. Ch. **55**, 79 (1923). — [3] Mann, T., and D. Keilin: Proc. R. Soc. London (B) **126**, 303 (1938). Nature **142**, 148 (1938). — Safwat Mohamed, M., and D. M. Greenberg: J. gen. Physiol. **37**, 443 (1954). — [4] Mallory, F. B., F. Parker jr. and R. N. Nye: J. med. Res. **42**, 461 (1921). — [5] Lindow, C. W., W. H. Peterson and H. Steenbock: J. biol. Ch. **84**, 419 (1929). — [6] Cunningham, I. J.: Biochem. J. **25**, 1267 (1931). — Lesné, E., P. Zizine et S. Briskas: C. R. Soc. Biol. **128**, 935, 937 (1938). [7] Zanda, G. B.: Arch. ital. Biol. **74**, 84 (1924). — [8] Okamoto, K., and M. Utamura: Acta Scholae med. Kyoto **20**, 573 (1938). — Okamoto, K., M. Utamura and G. Mikami: Acta Scholae med. Kyoto **22**, 348 (1939). — [9] Comar, C. L., G. K. Davis and L. Singer: J. biol. Ch. **174**, 905 (1948). — [10] Morrison, D. B., and T. P. Nash jr.: J. biol. Ch. **88**, 479 (1930). — Nitzescu, I. I.: Cr. **106**, 1176 (1931). — Sheldon, J. H., and H. Ramage: Biochem. J. **25**, 1608 (1931). — Lintzel, W.: Arch. Tierernähr. Tierz. **6**, 313 (1931). — Bence, J.: Z. klin. Med. **126**, 143 (1933). — Schultze, M. O., C. A. Elvehjem and E. B. Hart: J. biol. Ch. **116**, 107 (1936). — Lorenzen, E. J., and S. E. Smith: J. Nutrit. **33**, 143 (1947). — [11] Ramage, H., J. H. Sheldon and W. Sheldon: Proc. R. Soc. London (B) **113**, 308 (1933).

parallel geht[1]. Auch die Leber des Hühnerembryos enthält relativ große Mengen von Cu[2]; während der Bebrütung des Hühnereies sammelt sich das Kupfer in der Leber des Embryos an, während der Cu-Gehalt des restlichen Eies sinkt[3].

Wegen der Wirkung des Cu auf die Hämoglobinbildung[4] ist angenommen worden, daß in der fetalen Leber der Kupfergehalt mit der in ihr stattfindenden Erythropoese in Zusammenhang steht. Nach der Geburt bildet in der Leber des Neugeborenen das Kupferdepot eine notwendige Ergänzung zu dem Fe-Depot für die nunmehr im Knochenmark stattfindende Erythropoese: Durch Abgabe von Cu steigert die Leber die Erythropoese im Knochenmark und veranlaßt dadurch die Abgabe des Lebereisens an das Blut. Der Cu-Gehalt der Leber sinkt im Verlaufe der Säuglingsperiode ab, steigt aber im Kindesalter wieder an[5].

Tabelle 10. Abnahme der in der Leber enthaltenen Kupfermenge in den ersten Wochen nach der Geburt bei verschiedenen Tierarten (in mg/kg Trockensubstanz[6]).

	Neugeboren	3 Tage	Wochen					
			1	2	3	4	8	12
Mensch[5]	30	—	—	—	—	25	17	14
Schaf	117	67	—	—	—	15	—	—
Hunde (Tiere aus dem gleichen Wurf)	—	—	69	—	—	—	45	14
Ratten (Tiere aus dem gleichen Wurf)	88	—	24	15	18	—	—	—
Meerschweinchen (Tiere aus dem gleichen Wurf)	149	—	60	31	—	—	—	—

In geringerer Geschwindigkeit hält der Abfall des prozentuellen Kupfergehaltes des Lebergewebes auch während der dem Säuglingsalter nachfolgenden Wachstumszeit an[7]. Erst nach Abschluß des Wachstums kommt es bei Aufnahme Cu-reicher Nahrung wieder zu einer Zunahme des Cu-Gehalts der Leber. Parallel mit einem Anstieg des Kupfergehalts im Blutserum[8] wird in der Schwangerschaft auch der Cu-Gehalt der Leber vermehrt[9–11].

4. Kupferstoffwechsel bei Lebererkrankungen.

Bei Parenchymerkrankungen der Leber, z.B. bei Lebercirrhose, ist der Kupfergehalt im Serum häufig erhöht[12]. Bei Ikterus gehen Kupfer- und Bilirubingehalt des Serums weitgehend parallel[13]. Bei Lebererkrankungen verschiedener Art,

[1] WILKERSON, V. A.: J. biol. Ch. **104**, 541 (1934). — [2] LOESCHKE, A.: H. **199**, 125 (1931). — [3] McFARLANE, W. D., and H. I. MILNE: J. biol. Ch. **107**, 309 (1934). — [4] HART, E. B., H. STEENBOCK, C. A. ELVEHJEM and J. WADDELL: J. biol. Ch. **65**, 67 (1925). — ELVEHJEM, C. A., and E. B. HART: J. biol. Ch. **67**, 43 (1926). — ELVEHJEM, C. A., R. C. HERRIN and E. B. HART: J. biol. Ch. **71**, 255 (1926/27). — HART, E. B., C. A. ELVEHJEM, J. WADDELL and R. C. HERRIN: J. biol. Ch. **72**, 299 (1927). — WADDELL, J., H. STEENBOCK, C. A. ELVEHJEM and E. B. HART: J. biol. Ch. **77**, 769 (1928). — WADDELL, J., C. A. ELVEHJEM, H. STEENBOCK and E. B. HART: J. biol. Ch. **77**, 777 (1928). — HART, E. B., H. STEENBOCK, J. WADDELL and C. A. ELVEHJEM: J. biol. Ch. **77**, 797 (1928). — McHARGUE, J. S., D. J. HEALY and E. S. HILL: J. biol. Ch. **78**, 637 (1928). — ELVEHJEM, C. A., and W. C. SHERMAN: J. biol. Ch. **98**, 309 (1932). — ELVEHJEM, C. A.: Physiol. Rev. **15**, 471 (1935). — [5] RAMAGE, H., J. H. SHELDON and W. SHELDON: Proc. R. Soc. London (B) **113**, 308 (1933). — [6] CUNNINGHAM, I. J.: Biochem. J. **25**, 1267 (1931). — [7] KLEINMANN, H., u. J. KLINKE: Virchows Arch. **275**, 422 (1930). — [8] NEUWEILER, W.: Kli. Wo. **1942 I**, 521. — [9] GERLACH, WE.: Virchows Arch. **294**, 171 (1935). — [10] HERKEL, W.: Beitr. path. Anat. **85**, 513 (1930). — [11] KREBS, H. A.: Kli. Wo. **1928 I**, 584. — [12] LOCKE, A., E. R. MAIN and D. O. ROSBASH: J. clin. Invest. **11**, 527 (1932). — [13] HEILMEYER, L., W. KEIDERLING u. G. STÜWE: Kupfer und Eisen als körpereigene Wirkstoffe. Jena 1941.

insbesondere bei Hämochromatose[1, 2, 3], aber auch bei anderen cirrhotischen Leberveränderungen ist auch der Cu-Gehalt des Lebergewebes meist vermehrt[1, 3]. Lebern von Weintrinkern mit alkoholischer LAËNNECscher Cirrhose enthalten oft besonders große Cu-Mengen, weshalb die Erkrankung auf den hohen Kupfergehalt mancher Weinsorten zurückgeführt worden ist[4]. Der Cu-Gehalt von durch Alkoholabusus verfetteten Lebern und cirrhotischen Lebern anderer Pathogenese war hingegen normal. Die Anschauung[5], daß chronische Aufnahme von Cu beim Menschen die Entstehung einer Cirrhose fördert, ist bisher nicht erwiesen. Bei Ratten, Kaninchen und Meerschweinchen konnten durch Cu-Beimengung zum Futter oder Injektion von Cu-Lösungen keine Cirrhosen hervorgerufen werden[1, 6].

Eine Störung des Cu-Stoffwechsels der Leber[7] ist an dem Zustandekommen der *hepatolenticularen Degeneration* (WILSONsche Krankheit) beteiligt. Der Kupfergehalt der bei dieser Erkrankung cirrhotisch veränderten Leber sowie auch der Stammganglien des Gehirns ist gesteigert[7–9], der Caeruloplasmin-[10] und meist auch der Kupfergehalt im Blutplasma[11] sind herabgesetzt, die Kupferausscheidung im Harn vermehrt[9, 11, 12]; die Kupferausscheidung in der Galle verbleibt normal[13].

ε) Mangan.

Ähnlich wie Kupfer ist auch Mangan in der Leber in besonders großer Menge enthalten. Dabei bestehen deutliche Artdifferenzen: hohe Werte beim Schwein, mittelhohe bei Schaf, Rind und Kaninchen und niedrige beim Menschen, besonders niedrige bei Fischen. In der Trockensubstanz menschlicher Lebern wurden 7 mg/kg[14] bzw. 8,4 mg je kg[15, 16] Mn gefunden. Im Gegensatz zu früheren Befunden[15] ergaben neuere Untersuchungen keine Vermehrung des Mangangehalts in der Leber von neugeborenen Menschen und während der Säugezeit keine Abnahme[14]. Bei Erkrankungen der Leber konnten signifikante Änderungen ihres Mn-Gehalts nicht nachgewiesen werden[17].

Mangan ist für die Wirkung der Leberarginase notwendig[18, 19]. Bei der Fraktionierung fermentativ wirksamer Leberextrakte geht fast alles in der Leber enthaltene Mn in die Fraktion über, die auch die Arginase enthält. Aber auch die Leber des Huhns, in der Arginase nicht vorhanden ist, enthielt sehr erhebliche Mengen von Mangan[18]. Das Mangan, das kombiniert mit Eisen und Kupfer eine die Erythropoese steigernde Wirkung hat[20], ist wohl auch für andere biokata-

[1] HERKEL, W.: Beitr. path. Anat. **85**, 513 (1930). — [2] SCHÖNHEIMER, R., u. F. OSHIMA: H. **180**, 249 (1929). — [3] RAMAGE, H., and J. H. SHELDON: Quart. J. Med. **4**, 121 (1935). — [4] GERLACH, WE.: Schweiz. med. Wschr. **65**, 194 (1935). — [5] MALLORY, F. B., F. PARKER jr. and R. N. NYE: J. med. Res. **42**, 461 (1921); **44**, 107 (1924). — [6] POLSON, C. J.: Brit. J. exp. Path. **10**, 241 (1929). — FLINN, F. B., and W. C. v. GLAHN: J. exp. Med. **49**, 5 (1929). — [7] HAUROWITZ, F.: H. **190**, 72 (1930). — [8] CUMINGS, J. N.: Brain **71**, 410 (1948); **74**, 10 (1951). — [9] GLAZEBROOK, A. J.: Edinburgh med. J. **52**, 83 (1945). — [10] SCHEINBERG, I. H., and D. GITLIN: Science, N. Y. **116**, 484 (1952). — SULLIVAN, F. L., H. L. MARTIN and F. MCDOWELL: A. M. A. Arch. Neurol. Psychiatr. **69**, 756 (1953). — [11] BEARN, A. G., and H. G. KUNKEL: J. clin. Invest. **31**, 616 (1952). — [12] DENNY-BROWN, D., and H. PORTER: New Engl. J. Med. **245**, 917 (1951). — PORTER, H.: J. Lab. clin. Med. **34**, 1623 (1949). — SPILLANE, J. D., J. W. KEYSER and R. A. PARKER: J. clin. Path. **5**, 16 (1952). — ZIMDAHL, W. T., I. HYMAN and E. D. COOK: Neurology **3**, 569 (1953). — CUMINGS, J. N.: Proc. R. Soc. Med. **47**, 152 (1954). — [13] DENNY-BROWN, D. E.: New Engl. J. Med. **246**, 839 (1952). — [14] BRÜCKMANN, G., and S. G. ZONDEK: Biochem. J. **33**, 1845 (1939). — LORENZEN, E. J., and S. E. SMITH: J. Nutrit. **12**, 257 (1947). — [15] RAMAGE, H., J. H. SHELDON and W. SHELDON: Proc. R. Soc. London (B) **113**, 308 (1933). — [16] SHELDON, J. H., and H. RAMAGE: Biochem. J. **25**, 1608 (1931). — [17] REIMAN, C. K., and A. S. MINOT: J. biol. Ch. **42**, 321 (1920). — [18] RICHARDS, M. B.: Biochem. J. **24**, 1572 (1930). — [19] RICHARDS, M. M., and L. HELLERMAN: J. biol. Ch. **134**, 237 (1940). — [20] SKINNER, J. T., and J. S. MCHARGUE: Amer. J. Physiol. **141**, 647 (1944).

lytische Vorgänge von Bedeutung. Einzelne Peptidasen, z. B. die in tierischen Organen weit verbreitete und auch in der Fischleber nachgewiesene[1] Leucinaminopeptidase[1-3], ferner die Desoxyribonuclease[4], das citronensäurebildende Ferment der Taubenleber[5] u. a. werden von Mn-Ionen in vitro aktiviert.

Mangan hat eine lipotrope Wirkung. Bei Ratten, die unzureichende Mengen von Cholin und Mangan erhielten, sammelte sich mehr Fett in der Leber an als bei Kontrolltieren, die wenig Cholin, jedoch reichlich Mn erhielten. Die lipotrope Wirkung des Mn ist um so stärker, je größer der Mangel an Cholin ist[6]. Die nach P-Vergiftung auftretende Leberverfettung war bei Meerschweinchen, die gleichzeitig per os Mn-Salze erhielten geringer, als bei Tieren, die kein Mn erhielten[7]. Die von Vanadium in Verbindung mit einem Leberproteid katalysierte aerobe Oxydation der Phospholipoide in der Leber[8] wird durch Mn(II)-Ionen gehemmt[9]. Der O_2-Verbrauch von Leber, nicht aber der O_2-Verbrauch von Niere und Gehirn bei Ratten wird durch Mn-Konzentrationen von m/20000 herabgesetzt[9].

Tabelle 11. Mangangehalt von Lebergewebe (in mg/kg frischer Substanz).

Mensch[10]	1,75
Mensch[11]	1,70
Mensch[12]	0,87—3,92
Pferd[13]	2,89
Ochse[10]	2,50
Ochse[13]	2,98
Kalb[13]	2,9
Schwein[10]	3,93
Schwein[13]	2,65
Schaf[10]	2,77
Hund[13]	3,06
Kaninchen[13]	2,85
Huhn[10]	3,03
Hühnchen[13]	0,41
Ente[13]	3,8
Frosch[13]	0,40
Fische:	
Lophius piscatorius (Seeteufel)[10]	0,76
Lophius piscatorius (Seeteufel)[13]	0,40
Gadus virens (Merlan)[10]	0,79
Gadus callarias (Schellfisch)[10]	0,86
Gadus aeglefinus (Schellfisch)[10]	1,40
Merlucius vulgaris (Seehecht)[10]	1,96
Acanthias vulgaris (Dornhai)[13]	0,89

Die Lebern manganarm gefütterter Tiere zeigten stark verminderten Mn-Gehalt, während der Mn-Gehalt des Blutes normal war[14]. Histologische Veränderungen konnten in den Lebern manganarm ernährter Ratten nicht nachgewiesen werden[15]. Der Ascorbinsäuregehalt des Lebergewebes war normal[15], jedoch war die Arginaseaktivität des Lebergewebes stark herabgesetzt[15] und die Harnstoffausscheidung verringert[16]. Wird zu dem Lebergewebe derartiger Tiere in vitro Mn zugesetzt, so wird seine Arginaseaktivität normal[17]. Die

[1] Smith, E. L.: J. biol. Ch. **163**, 15 (1946). — [2] Smith, E.L., and M. Bergmann: J. biol. Ch. **138**, 789 (1941). — [3] Berger, J., and M. J. Johnson: J. biol. Ch. **133**, 639 (1940). — Gailey, F. B., and M. J. Johnson: J. biol. Ch. **141**, 921 (1941). — [4] Kunitz, M.: J. gen. Physiol. **33**, 349 (1950). — [5] Stern, J. R., B. Shapiro and S. Ochoa: Nature **166**, 403 (1950). — Korkes, S., J. R. Stern, I. C. Gunsalus and S. Ochoa: Nature **166**, 439 (1950). — [6] Amdur, M. O., L. C. Norris and G. F. Heuser: J. biol. Ch. **164**, 784 (1946). — [7] Sendrail, M., D. Vincent and P. Garirc: C. R. Soc. Biol. **137**, 497 (1943). — [8] Bernheim, F., and M.L.C. Bernheim: J. biol. Ch. **127**, 353 (1939). — [9] Bernheim, F., and M.L.C. Bernheim: J. biol. Ch. **128**, 79 (1939). — [10] Richards, M. B.: Biochem. J. **24**, 1572 (1930). — [11] Reiman, C.K., and A. S. Minot: J. biol. Ch. **42**, 329 (1920). — [12] Bertrand, G., et F. Medigreceanu: Cr. **154**, 22 (1912). — [13] Bertrand, G., et F. Medigreceanu: Ann. Inst. Pasteur **26**, 1013 (1912); **27**, 1 (1913). Cr. **154**, 941, 1450 (1912). — [14] Ellis, G. H., S.E. Smith, E. M. Gates, D. Lobb and E. J. Larson:: J. Nutrit. **34**, 21 (1947). — [15] Boyer, P. D., J. H. Shaw and P. H. Phillips: J. biol. Ch. **143**, 417 (1942). — [16] Skinner, J. T., and J. S. McHargue: Trans. Kentucky Acad. Sci. **11**, 47 (1944). — [17] Shils, M. E., and E. V. McCollum: J. Nutrit. **26**, 1 (1943).

Proteinkomponente der Arginase ist also auch bei Manganmangel in normaler Menge vorhanden.

Radioaktives ^{56}Mn ging bei Ratte[1], Huhn[2], Kaninchen, Meerschweinchen und Hund[3] rasch in die Leber über, ein erheblicher Anteil des nach intraperitonealer Injektion sich in der Leber ansammelnden Mangans wurde mit der Galle ausgeschieden[4]. Da die Leber (und außerdem auch der Darm) aufgenommenes Mangan ausscheidet[5], findet sich auch parenteral verabreichtes Mn zu einem großen Teil im Stuhl wieder[6]. Nach Aufnahme großer Mengen von Mn nahm der normalerweise nur sehr geringe (0,003—0,01 mg-%) Mn-Gehalt der Galle bis zu 0,1 mg-% zu[7]. Da auch der Fetus mit der Galle Mangan ausscheidet, enthält das Meconium einen besonders hohen Mn-Gehalt[8].

ζ) Zink.

Das Zink ist nach dem Eisen das in der Leber am reichlichsten vorhandene Schwermetall[9], doch ist der Zinkgehalt von Pankreas, Nebennieren, Milz u. a. meist noch höher als der der Leber[10]. In der Leber des Menschen wurden im Durchschnitt

Tabelle 12. Prozentuelle Verteilung von injiziertem ^{65}Zn bei der Maus[11].

	Stunden					
	0,75	2	8	26	72	170
In der Leber	24	25	17	11	7	3
In allen übrigen Organen ohne Muskel, Haut, Knochen und Blut	18	17	22	13	7	4

5,3 mg-%[12] bzw. 1,94—3,33 mg-%[13], in der Leber normaler Ratten 4,7 mg-%[14], in der Katzenleber 5,5 mg-%[10] bzw. 4,1 mg-%[15], in der Hundeleber 3,7 mg-%[10], in der Leber des Pottwals 4,0 mg-%[16], in der Leber des Seelöwen 4,8 mg-%[16] gefunden. Verfütterung von ZnO hatte bei Ratten, Katzen und Hunden nur eine geringe Steigerung des Zinkgehalts der Leber zur Folge[10,14], der sich rasch wieder normalisierte, sobald die ZnO-Zufuhr unterbrochen wurde. Parenteral verabreichtes radioaktives ^{65}Zn sammelte sich zunächst in der Leber an, verteilte sich sodann aber rasch auf die übrigen Organe. 3 Std nach der Injektion von aktivem ^{65}Zn war beim Hund 38% der Radioaktivität in der Leber nachweisbar[11]. Die transitorische Speicherung des ^{65}Zn in der Leber der Maus ist aus Tabelle 12 ersichtlich. Zum Unterschied von den meisten anderen Schwermetallen wurde

[1] Born, H. J., H. A. Timoféeff-Ressovsky u. P. M. Wolf: Naturwiss. **31**, 246 (1943). — [2] Safwat Mohamed, M., and D. M. Greenberg: Proc. Soc. exp. Biol. Med. **54**, 197 (1943). — [3] Lund, C. C., L. A. Shaw and C. K. Drinker: J. exp. Med. **33**, 231 (1921). — [4] Greenberg, D. M., D. H. Copp and E. M. Cuthbertson: J. biol. Ch. **147**, 749 (1943). — [5] Smith, E. L., and M. Bergmann: J. biol. Ch. **138**, 789 (1941). — [6] Kent, N. L., and R. A. McCance: Biochem. J. **35**, 877 (1941). — Vgl. auch Skinner, J. T., and J. S. McHargue: Amer. J. Physiol. **145**, 566 (1945/46). — [7] Reiman, C. K., and A. S. Minot: J. biol. Ch. **45**, 133 (1920/21). — [8] Ramage, H., J. H. Sheldon and W. Sheldon: Proc. R. Soc. London (B) **113**, 308 (1933). — [9] Bodansky, M.: Cr. **173**, 790 (1921). — Bertrand, G., et R. Vladesco: Cr. **171**, 744 (1920); **172**, 768 (1921). Bull. Soc. Chim. **31**, 268 (1921). — Rost, E., u. A. Weitzel: Arb. Reichsgesundh.-Amt **51**, 494 (1919). — Dutoit, P., et C. Zbinden: Cr. **190**, 172 (1930). — Koga, A.: Keijo J. Med. **5**, 97 (1934) [Ber. Physiol. **82**, 403. — [10] Drinker, K. R., P. K. Thompson and M. Marsh: Amer. J. Physiol. **80**, 31 (1927). — [11] Sheline, G. E., I. L. Chaikoff, H. B. Jones and M. L. Montgomery: J. biol. Ch. **149**, 139 (1943). — [12] Addink, N. W. H.: Nature **166**, 693 (1950). — [13] Widdowson, E. M., R. A. McCance and C. M. Spray: Clin. Sci. **10**, 113 (1951). — [14] Drinker, K. R., P. K. Thompson and M. Marsh: Amer. J. Physiol. **81**, 284 (1927). — [15] Lintz, R. E.: J. industr. Hyg. **8**, 177 (1926). — [16] Severy, H. W.: J. biol. Ch. **55**, 79 (1923).

injiziertes Zn nur in minimaler Menge mit der Galle ausgeschieden, die Ausscheidung erfolgt, wie mit radioaktivem ^{65}Zn an Hunden gezeigt werden konnte, vor allem in Pankreassaft und Duodenalsaft[1].

Zink ist ein Aktivator oder Bestandteil verschiedener in und außerhalb der Leber vorkommender Fermente[2]. So enthielt z. B. Uricase aus Schweineleber mit steigendem Reinheitsgrad zunehmende Mengen von Zn[3, 4].

Die Lebern zinkarm ernährter Mäuse zeigten herabgesetzte Katalaseaktivität[3], die Aktivität von Leberuricase[3] und Leberesterase[5] und die Lactoflavinkonzentration[5] der Leber waren bei zinkarmer Ernährung jedoch nicht verändert. Der Glykogengehalt der Leber von Zinkmangeltieren war normal[6]. Anderseits scheint reichliche Zinkzufuhr eine hemmende Wirkung auf die Bildung von Eisenporphyrinverbindungen im Organismus zu besitzen und kann nicht nur Anämie verursachen[7, 8], sondern auch die Menge der in der Leber enthaltenen eisenhaltigen Fermente (wie Katalase, Cytochromoxydase) herabsetzen[9]. Durch Zugabe von Kupfer konnte diese Wirkung von hohen Zinkdosen auf die Bildung der eisenhaltigen Leberfermente aufgehoben werden. Die Phosphataseaktivität des Lebergewebes (bei p_H 9,1) wurde durch Zinkzusatz zur Nahrung gesteigert und der Fettgehalt der Leber herabgesetzt[10]. Zwischen Tumorwachstum und Zinkgehalt der Leber scheinen Beziehungen zu bestehen; der Zinkgehalt der Lebern von Menschen mit malignen Tumoren war im Durchschnitt höher (7,5 mg-%) als der Zn-Gehalt der Lebern von Menschen, die an anderen Erkrankungen verstorben waren (5,3 mg-%)[11]. An sich hat Zufuhr großer Zinkmengen an junge Tiere eine wachstumshemmende Wirkung, die nicht durch Cu, wohl aber durch Leberextrakte aufgehoben werden kann[7].

η) Andere Elemente.

In der Nahrung in Spuren enthaltene Elemente werden, sofern sie sich in Form wasserlöslicher Verbindungen befinden, resorbiert und müssen, ehe sie zu den übrigen Organen gelangen, zunächst die Leber passieren. Es ist daher verständlich, daß sich ein großer Teil der in der Natur vorkommenden Elemente in der Leber und oft gerade in diesem Organ in relativ großer Menge vorfindet. Die Tatsache, daß ein bestimmtes, in biologischem Material seltenes Element, in der Leber vorkommt, beweist daher noch nicht, daß diesem Element in der Leber auch eine funktionelle Bedeutung zukommt. Einige Angaben über die Menge einzelner Elemente im Lebergewebe sind in der folgenden Tabelle 13 zusammengestellt.

Im Rahmen der Besprechung des Leberstoffwechsels können hier nur diejenigen dieser Elemente erwähnt werden, bei denen eine Beziehung zur normalen oder pathologischen Funktion der Leber von Bedeutung erscheint.

Aluminium. Der Aluminiumgehalt von menschlichen Lebern betrug im Durchschnitt 0,8 mg/kg (0,7—1,4 mg/kg) der frischen Substanz[12] (ältere Analysen vgl. [13]). Der

[1] Montgomery, M. L., G. E. Sheline and I. L. Chaikoff: J. exp. Med. **78**, 151 (1943). — [2] Hove, E., C. A. Elvehjem and E. B. Hart: J. biol. Ch. **134**, 425 (1940). — Lohmann, K., u. A. J. Kossel: Naturwiss. **27**, 595 (1939). — Keilin, D., and T. Mann: Biochem. J. **34**, 1163 (1940). — Hove, E., C. A. Elvehjem and E. B. Hart: J. biol. Ch. **136**, 425 (1940). — [3] Wachtel, L. W., E. Hove, C. A. Elvehjem and E. B. Hart: J. biol. Ch. **138**, 361 (1941). — [4] Holmberg, C. G.: Biochem. J. **33**, 1901 (1939). — [5] Day, H. G., and B. E. Skidmore: J. Nutrit. **33**, 27 (1947). — [6] Hove, E., C. A. Elvehjem and E. B. Hart: Amer. J. Physiol. **119**, 768 (1937); **124**, 750 (1938). — [7] Smith, S. E., and E. J. Larson: J. biol. Ch. **163**, 29 (1946). — [8] Sutton, W. R., and V. E. Nelson: Proc. Iowa Acad. Sci. **44**, 117 (1938). — [9] Reen, R. van: Arch. Biochem. **46**, 337 (1953). — [10] Sadasivan, V.: Biochem. J. **52**, 452 (1952). — [11] Addink, N. W. H.: Nature **166**, 693 (1950). — [12] Myers, V. C., and J. W. Mull: J. biol. Ch. **78**, 625 (1928). — [13] Gonnermann, M.: B. Z. **88**, 401 (1918). H. **111**, 32 (1920). — Keilholz, A.: Pharmaceut. Wbl. **58**, 1482 (1921).

Tabelle 13. Mineralgehalt der Leber (in mg-% des frischen Gewebes).

K	194,0*	[1]	Mensch	Br	0,18—0,37	[4]	Mensch
Na	118,0*	[1]	Mensch	F	0,21—0,31	[5]	Mensch
Fe	20,0*	[1]	Mensch	Mn	0,2*	[1]	Mensch
Mg	14,0*	[1]	Mensch	Pb	0,17	[6]	Mensch
Zn	3,9**	[1]	Mensch	Ur	0,047	[7]	Mensch
Ca	3,4*	[1]	Mensch		0,008	[8]	Rind
Al	3,0**	[1]	Mensch	Si	0,01—0,02	[9]	Hund, Kaninchen
	0,33	[2]	Hund				
Rb	1,4*	[1]	Mensch	Mo	0,012	[10]	Dorsch
Sr	0,6*	[1]	Mensch	As	0,011	[11]	Mensch
Cu	0,5*	[1]	Mensch	Hg	0,0012—0,046	[12]	Mensch
Sn	0,21—0,37	[3]	Pferd Schaf, Rind				

Die mit * und ** bezeichneten Werte sind durch flammenspektrographische bzw. funkenspektrographische Aschenanalyse erhalten worden, die Werte für Ca und Al, stimmen mit den übrigen Angaben der Literatur (Ca etwa 12 mg-%, vgl. S. 41; Al etwa 0,08 mg-%) nicht überein.

Al-Gehalt der Leber von normal gefütterten Hunden wurde bei 1,5[13] bzw. 3,3 mg/kg[2,14] gefunden. Das in Nahrungsmitteln (z. B. in Backwaren infolge Verwendung Al-haltiger Backpulver) oft reichlich enthaltene Aluminium geht, sofern es überhaupt resorbiert wird, in die Leber reichlicher über als in andere Organe. Der Aluminiumgehalt der Leber von Hunden, die durch 90 Tage täglich 1,55 g Al-phosphat, in anderen Versuchen 0,23 g Al in Form von Al-haltigen Biskuits erhalten hatten, stieg im Durchschnitt von 1,5 auf 2,7 mg/kg an, während der Al-Gehalt der übrigen Organe unverändert blieb. Der Al-Gehalt der Leber von Ratten, der bei normaler Ernährung 1,4 mg/kg (frische Substanz; Grenzwerte: 0,6—2,3 mg/kg) betrug, sank bei Al-freier Ernährung auf 0,8 mg/kg (0,3—1,3 mg/kg) und stieg nach Zufuhr von Al-reichem Futter (Biskuits) auf 1,9 mg/kg (1,1—2,3 mg/kg). Zwei Tage nach intraperitonealer Injektion von 4 mg Al wurde in der Leber 9,2 mg/kg[16] gefunden; der Al-Gehalt

Tabelle 14. Mineralgehalt der Rattenleber (in mg pro g Asche).

Die spektrographische Analyse des wasserunlöslichen Anteils des Lebergewebes ergab nach Veraschung die folgenden Werte[15]:

Al	3	Fe	10	Si	100
Sb	Spur	Pb	3	Ag	0,03
Be	0,1	Mg	100	Na	300
B	10	Mn	0,03	Sn	0,3
Ca	10	Mo	3	Ti	0,01
Cr	0,03	Ni	0,03	V	0,3
Co	0,0001	P	30	Zn	1
Cu	1	K	30		

[1] LUNDEGÅRDH, H.: Naturwiss. **22**, 572 (1934). — [2] WÜHRER, J.: B.Z. **265**, 169 (1933). — [3] BERTRAND, G., et V. CIUREA: Cr. **192**, 990 (1931). — [4] DAMIENS, A.: Cr. **171**, 930 (1920). — [5] ZDAREK, E.: H. **69**, 127 (1910). — [6] TOMPSETT, S. L., and A. B. ANDERSON: Biochem. J. **29**, 1851 (1935). — [7] HOFFMANN, J.: H. **273**, 115 (1942). B. Z. **315**, 26 (1943). — [8] HOFFMANN, J.: Wien. tierärztl. Mschr. **28**, 561 (1941). H. **273**, 115; **276**, 275 (1942). — [9] KING, E. J.: J. biol. Ch. **80**, 25 (1928). — [10] MEULEN, H. TER: Nature **130**, 966 (1932). — [11] BILLETER, O., u. E. MARFURT: Helv. **6**, 780 (1923). — [12] STOCK, A., u. F. CUCUEL: B. **67**, 122 (1934). — STOCK, A.: Angew. Chem. **39**, 461 (1926). — [13] MYERS, V. C., and D. B. MORRISON: J. biol. Ch. **78**, 615 (1928). — MYERS, V. C., and J. W. MULL: J. biol. Ch. **78**, 625 (1928). — [14] WÜHRER, J.: Arch. Hygiene **112**, 198 (1934). — [15] RENZO, E. C. DE, E. KALEITA, P. G. HEYTLER, J. J. OLESON, B. L. HUTCHINGS and J. H. WILLIAMS: Arch. Biochem. **45**, 247 (1953). — [16] MYERS, V. C., and J. W. MULL: J. biol. Ch. **78**, 605 (1928).

der Leber sank jedoch rasch ab, ohne nachweisbare Schäden zu hinterlassen. Das von der Leber vorübergehend aufgenommene Aluminium wird also rasch wieder abgegeben.

Kobalt und Nickel. In normaler, frischer Rinderleber wurden 0,0125 mg-% Ni und 0,02 mg-% Co nachgewiesen[1], mit Ausnahme des Pankreas enthielten alle anderen Organe weit geringere Mengen dieser beiden Metalle. Andererseits blieb nach intraperitonealer Injektion von $^{63}NiCl_2$ der Gehalt der Leber an radioaktivem ^{63}Ni weit hinter dem Ni-Gehalt von Lunge und Niere zurück[2]. Verschiedene Leberfermente und insbesondere die Arginase werden durch Spuren von Ni in ihrer Wirkung beeinflußt[3].

Aufgenommenes Kobalt wird vorübergehend in der Leber gespeichert. Injiziertes ^{60}Co ging bei normalen Ratten rasch in die Leber über: 30 min nach der Injektion waren 31% der injizierten Menge in der Leber nachweisbar. 24 Std später war diese Menge auf 6% gesunken[4], die Hauptmenge des Kobaltes war inzwischen mit dem Harn ausgeschieden worden[4]. 10 Tage nach oraler Verabreichung von radioaktivem Kobalt an Rinder wurde 0,25%, 20 Tage nach intravenöser Injektion 1% der verabreichten Dosis in der Leber wiedergefunden, während die anderen Organe nur geringe Spuren Kobalt enthielten[5]. Alloxandiabetes hatte bei Ratten keinen Einfluß auf die Co-Aufnahme durch die Leber[4]. Kobalt wird nicht nur im Harn[6], sondern auch in der Galle ausgeschieden[7]. Nach intravenöser Injektion von radioaktivem Co an Hunde mit Gallen- und Pankreasfisteln erschienen erhebliche Mengen des Isotops in der Galle, nicht aber im Pankreassekret[8].

Molybdän. In dem nach der Extraktion von Lebergewebe zurückbleibenden, wasserunlöslichen Rückstand wurde ein Faktor aufgefunden, der Xanthinoxydase aktiviert[9] und sich als Molybdat erwiesen hat[10,11]. Gereinigte Präparate von Xanthinoxydase enthalten etwa 0,03% Molybdän[10]. Das Molybdat scheint einen Bestandteil des Fermentmoleküls zu bilden[12], kann jedoch durch Dialyse zusammen mit dem in der Xanthinoxydase enthaltenen Flavinadeninnucleotid von dem Apoferment abgetrennt werden[13]. Keines der bisher untersuchten anderen Elemente konnte das Molybdat in seiner Wirkung auf die Xanthinoxydase ersetzen[9]. Für die Entwicklung und Erhaltung eines normalen Xanthinoxydasegehaltes in der Leber neugeborener Ratten ist die Zufuhr von Molybdän notwendig[14].

Titan. Die Leber ist das titanreichste Organ des tierischen Körpers[15]. Titansalze sind in vivo auch in großen Dosen relativ ungiftig[16]. Na-pertitanat hemmt, wenn es Gewebssuspensionen zugesetzt wird, den Sauerstoffverbrauch der Gewebe. Lebergewebe ist gegen diesen Zusatz besonders empfindlich[17]. Insbesondere wird die Oxydation des Cystein zu Cysteinsäure sowie die Oxydation der Thioglykolsäure im Lebergewebe durch Zusatz von Pertitanat gehemmt[17].

Vanadium. Wie viele andere Elemente ist auch das Vanadium in der Leber reichlicher als in anderen Organen enthalten. Der Nahrung in Form von Vanadaten beigefügt, sammelt

[1] BERTRAND, G., et M. MÂCHEBOEUF: Cr. **180**, 1380, 1993 (1925); **182**, 1305 (1926). — [2] WASE, A. W., D. M. GOSS and M. J. BOYD: Arch. Biochem. **51**, 1 (1954). — [3] HELLERMAN, L., and M. E. PERKINS: J. biol. Ch. **112**, 175 (1935/36). — HELLERMAN, L., and C. C. STOCK: Am. Soc. **58**, 2654 (1936). — MOHAMED, M. S., and D. M. GREENBERG, Arch. Biochem. **8**, 349 (1945). — [4] ULRICH, F., and D. H. COPP: Arch. Biochem. **31**, 148 (1951). — [5] COMAR, C. L., G. K. DAVIS and R. F. TAYLOR: Arch. Biochem. **9**, 149 (1946). — COMAR, C. L., and G. K. DAVIS: Arch. Biochem. **12**, 257 (1947). — [6] COPP, D. H., and D. M. GREENBERG: Proc. nat. Acad. Sci. USA. **27** 153 (1941). — [7] GREENBERG, D. M., D. H. COPP and E. M. CUTHBERTSON: J. biol. Ch. **147**, 749 (1943). — [8] SHELINE, G. E., I. L. CHAIKOFF and M. L. MONTGOMERY: Amer. J. Physiol. **145**, 285 (1946). — [9] RENZO, E. C. DE, E. KALEITA, P. HEYTLER, J. J. OLESON, B. L. HUTCHINGS and J. H. WILLIAMS: Arch. Biochem. **45**, 247 (1953). — [10] RICHERT, D. A., and W. W. WESTERFELD: J. biol. Ch. **192**, 49 (1951). — RICHERT, D. A., and W. W. WESTERFELD: J. biol. Ch. **203**, 915 (1953). — [11] RENZO, E. C. DE, E. KALEITA, P. HEYTLER, J. J. OLESON, B. L. HUTCHINGS and J. H. WILLIAMS: Am. Soc. **75**, 753 (1953). — [12] GREEN, D. E., and H. BEINERT: Biochim. biophysica Acta, N. Y. **11**, 599 (1953). — TOTTER, J. R., W. T. BURNETT jr., R. A. MONROE, I. B. WHITNEY and C. L. COMAR: Science, N. Y. **118**, 555 (1953). — [13] RENZO, E. C. DE, P. G. HEYTLER and E. KALEITA: Arch. Biochem. **49**, 242 (1954). — [14] WESTERFELD, W. W., and D. A. RICHERT: Science, N. Y. **109**, 68 (1949). Proc. Soc. exp. Biol. Med. **71**, 181 (1949). J. biol. Ch. **184**, 163 (1950). — [15] BERTRAND, M. G., et Mme. VORONCA-SPIRT: Ann. Inst. Pasteur **44**, 185 (1930). — VINOGRADOV, A. P.: Trav. Lab. Biogéochim. Acad. Sci. USSR **4**, 9 (1937). — [16] PICK, J.: Med. Klinik **1911**, 1270. — [17] BERNHEIM, F., and M. L. C. BERNHEIM: J. biol. Ch. **127**, 695 (1939).

es sich in der Leber an[1]. Leberschnitte von Ratten und Meerschweinchen, denen kleine Mengen von Na-meta-vanadat zugesetzt wurden, oxydierten Phosphatide rascher als ohne diesen Zusatz[2].

Thorium hat durch die Benutzung von Thoriumkomplexverbindungen[3] oder von Thoriumdioxyd[4] in der Röntgendiagnostik für die Pathologie der menschlichen Leber Bedeutung erlangt. Intravenös injizierte Sole von Thoriumdioxyd werden vom Reticuloendothel zurückgehalten[5]. Reste des injizierten Thoriumdioxyds verbleiben in der Leber durch Jahrzehnte liegen[6–8], nur ein kleiner Teil wird mit der Galle[9] und im Harn ausgeschieden[10]. Die Radioaktivität des Thoriums kann hierbei im Tierversuch Leberschädigungen[11] und die Entstehung maligner Tumoren verursachen[7]. Auch beim Menschen wurde das in der Leber deponierte Thoriumdioxyd mit Jahrzehnte später beobachteten Leberschädigungen[12,13] und mit der Entstehung von Sarkomen in Zusammenhang gebracht[4,14]. Die beim radioaktiven Zerfall des Thoriums entstehenden Zerfallsprodukte verlassen die Leber und werden, soweit sie der Gruppe der Erdalkalimetalle zugehören, vor allem im Knochen deponiert.

Blei ist in der normalen Leber in einer Menge von etwa 0,17 mg-% vorhanden[15]. Bei akuter Aufnahme von Pb sammelt sich ein großer Teil zunächst in der Leber an und wird dann zum Teil in die Knochen übergeführt. Die Leber einer 132 Tage nach Injektion von 120 mg Pb verstorbenen Katze enthielt noch 2,2 mg-% Pb[16]. Fetale menschliche Lebern enthielten 0,03—0,095 mg-%, im Durchschnitt 0,068 mg-% Pb[15].

Seltene Erden. Nach Verabreichung von Verbindungen seltener Erden sammeln sich diese vor allem in Leber und Milz an[17]. In größeren Mengen verabreicht wirken die seltenen Erden auf die Leber stark giftig. Intravenöse Injektion größerer Mengen von *Lanthansalzen* verursacht Verfettung und Vakuolisierung der Leberzellen, insbesondere im Zentrum der Leberläppchen[18]. Auch die Befunde, denen zufolge bei Vergiftungen mit Salzen seltener Erden der Glucosegehalt und die Gerinnbarkeit des Blutes verringert wird, sprechen für eine primäre Leberwirkung der seltenen Erden. *Cer* und *Lanthan* katalysieren schon in sehr geringer Menge die Spaltung organischer Phosphorsäureester, wie Hexosemono- und -diphosphaten, Glycerinphosphat, Muskel- und Hefeadenylsäure, und es ist möglich, daß die biologische Wirkung dieser Elemente mit dieser Katalysewirkung in Zusammenhang steht[19].

c) Die Leber im Kohlenhydratstoffwechsel.

Die Leber ist das Zentralorgan des Kohlenhydratstoffwechsels:

1. Sie hält einen großen Teil der nach der Nahrungsaufnahme vom Pfortaderblut aus dem Darm abtransportierten Glucose zurück und speichert sie als Glykogen.

2. Sie baut das so gebildete Glykogen in den Zwischenzeiten, in denen keine Nahrung resorbiert wird, wieder ab und hält mit Hilfe der daraus freigesetzten Glucose den Blutzuckerspiegel in der nahrungsfreien Zeit konstant[20].

[1] Luzzato, R.: Sperimentale **56**, 137 (1902). — [2] Bernheim, F., and M. L. C. Bernheim: J. biol. Ch. **127**, 353; **128**, 79 (1939). — [3] Burns, J. E.: J. amer. med. Ass. **64**, 2126 (1915). — [4] McMahon, H. E., A. S. Murphy and M. I. Bates: Amer. J. Path. **23**, 585 (1947). — [5] Oka, M.: Fortschr. Röntgenstr. **41**, 892 (1930). — Radt, P.: Med. Klinik **1930 II**, 1888. — [6] Berenbaum, M. C., and C. A. Birch: Lancet **1953 II**, 852. — [7] Aub, J. C., R. D. Evans, L. H. Hempelmann and H. S. Martland: Medicine, Baltimore **31**, 221 (1952). — [8] Jakobson, L. E., and D. Rosenbaum: Radiology **31**, 601 (1938). — [9] Salerno, P. R., and P. A. Mattis: J. Pharmacol. exp. Therap. **101**, 31 (1951). — [10] Wen, I. C., and T. S. Jung: Proc. Soc. exp. Biol. Med. **31**, 330 (1933). — [11] Selbie, F. R.: Brit. J. exp. Path. **19**, 100 (1938). — [12] Pohle, E. A., and G. Ritchie: Amer. J. Roentgenol. **31**, 512 (1934). — [13] Flemming, A. J., and W. H. Chase: Surg., Gynec. Obstet. **63**, 145 (1936). — Orr, C. R., G. D. Popoff, R. S. Rosedale and B. R. Stephenson: Radiology **30**, 370 (1938). — [14] Taft, R. B.: J. amer. med. Ass. **108**, 1779 (1937). — [15] Tompsett, S. L., and A. B. Anderson: Biochem. J. **29**, 1851 (1935). — Büll, H.: B. Z. **230**, 299 (1931). — Bertrand, G., et V. Ciurea: Cr. **192**, 990 (1931). — [16] Aub, J. C.: J. amer. med. Ass. **104**, 87 (1935). — Minot, A. S.: J. industr. Hyg. **6**, 125 (1924). — [17] Laszlo, D., D. M. Eckstein, R. Lewin and K. G. Stern: J. nat. Cancer Inst. **13**, 559 (1952/53). — [18] Fischler, F., u. K. W. Roeckl: A. e. P. P. **189**, 4 (1938). — [19] Bamann, E., F. Fischler u. H. Trapmann: B. Z. **325**, 413 (1954). — [20] Bernard, C.: Cr. **27**, 514 (1848). C. R. Soc. Biol. **1**, 121 (1849).

3. Außer Glucose werden auch andere Hexosen (z. B. Galaktose und Fructose) von der Leber aus dem Blute resorbiert und in Glykogen umgewandelt.

4. Die von der arbeitenden Muskulatur und anderen Geweben an das Blut abgegebene Milchsäure wird von der Leber aufgenommen, zum Teil in Glykogen zurückverwandelt und als Glucose wieder an das Blut abgegeben.

5. Auch eine Anzahl von Aminosäuren kann in der Leber zur Bildung von Glykogen verwendet werden. Bei kohlenhydratarmer Ernährung bildet Eiweiß eine der wichtigsten Quellen der Glykogenbildung.

6. Die Leber versorgt nicht nur die übrigen Organe auf dem Blutwege mit Glucose, sondern ist auch selbst einer der größten Kohlenhydratverbraucher im Organismus. Ein Teil ihres eigenen Energiebedarfs wird normalerweise durch den Abbau von Glucose gedeckt. Der Hauptweg des Glucoseabbaues in der Leber ist jedoch nicht wie im Muskel und anderen Organen die Glykolyse, sondern ein für die Leber spezifischer, oxydativer Abbauweg.

7. Für den eigenen Energiebedarf und für die Normalerhaltung des Blutzuckers nicht notwendige Glykogenüberschüsse werden in der Leber in Fett umgewandelt. Eine Reihe von Aminosäuren kann bei Vorhandensein geeigneter N-Quellen aus Zwischenprodukten des Glucoseabbaues gebildet werden.

8. Neben Glucose kann die Leber auch andere Zucker und den Zuckern nahestehende Stoffe, wie Glucuronsäure, Glucosamin usw., synthetisieren und abbauen.

α) Der Glykogengehalt der Leber.

1. Menge und Verteilung des Glykogens in der Leber.

Der Glykogengehalt der Leber ist von dem Kohlenhydratgehalt der vorausgegangenen Mahlzeit, der Länge des seither abgelaufenen Zeitintervalls und einer Reihe anderer Faktoren abhängig und zeigt auch bei genauer Einhaltung vergleichbarer Versuchsbedingungen beträchtliche individuelle Schwankungen. Durch bioptische Punktion aus den Lebern normaler Menschen aspirierte Proben von Lebergewebe enthielten zwischen 0,95 und 4,1%, im Durchschnitt 2,15% Glykogen[1]. In Lebern plötzlich verstorbener Menschen wurde 1,5—6,0%[2], in Lebern von Mäusen 2,8%[3], in Lebern normaler Ratten 2,5—8,3%[4], in normaler Hundeleber im Mittel 6,1%[2], in Kaninchenleber im Mittel 8,3%[3], in Meerschweinchenleber 6—8%[3] gefunden.

Verschiedene Lappen derselben Leber haben oft sehr verschiedenen Glykogengehalt[5], was mit der verschiedenen Verteilung des portalen Blutstroms auf die einzelnen Leberlappen im Zusammenhang steht[6, 7]. Signifikante Differenzen im Sinne einer regelmäßigen Bevorzugung eines bestimmten Leberteils, konnten bei der Durchführung größerer Analysenreihen[7–10] sowie bei der statistischen Durchrechnung von Serienanalysen[3] jedoch nicht nachgewiesen werden. Auch verschiedene Stücke des gleichen Leberlappens zeigen oft Verschiedenheiten im

[1] SHERLOCK, S., and V. WALSHE: Clin. Sci. **6**, 113 (1948). — HILDES, J. A., S. SHERLOCK and V. WALSHE: Cli. Sci. **7**, 287 (1949). — [2] POPPER, H., u. O. WOZASEK: Virchows Arch. **279**, 819 (1931). — [3] SWENSSON, Å.: Acta physiol. scand. **11**, Suppl. **33**, 158 (1945). — [4] GUEST, M. M.: J. Nutrit. **22**, 205 (1941). — [5] SCHEIFF, W.: Pflügers Arch. **226**, 481 (1931). — [6] HENSCHEN, C.: Arch. klin. Chir. **173**, 488 (1932). — [7] HOLMGREN, H.: Acta med. scand., Suppl. **74** (1936). — [8] MACLEOD, J. R., and R. G. PEARCE: Amer. J. Physiol. **27**, 341 (1911). — [9] EVANS, C. L., C. TSAI and F. G. YOUNG: J. Physiol., London **73**, 67 (1931). — TSAI, C.: Chin. J. Physiol. **7**, 215 (1933). — TSAI, C., and C.-L. YI: Chin. J. Physiol. **8**, 245 (1934). — [10] KÜLZ, R.: Z. Biol. **22**, 183 (1886). — ABDERHALDEN, E., u. P. RONA: H. **41**, 303 (1904). — GRUBE, K.: Pflügers Arch. **107**, 483 (1905). — SCHÖNDORFF, B.: Pflügers Arch. **99**, 191 (1903). — PAULESCO, N. C.: C. R. Soc. Biol. **74**, 627 (1913). — SJÖGREN, B., T. NORDENSKJÖLD, H. HOLMGREN u. J. MÖLLERSTRÖM: Pflügers Arch. **240**, 427 (1938).

Glykogengehalt[1]. Beim Kaninchen enthalten die Zellen im Zentrum der Leberläppchen meist mehr Glykogen als die Zellen der Peripherie[2]. Beim Hund ist das Glykogen meist gleichmäßig auf alle Zellen des Läppchens verteilt, bei durch Gifte geschädigten Hundelebern verlieren die periportalen Teile des Läppchens ihr Glykogen zuerst[3]. Beim Menschen sind besonders die peripheren Anteile der Leberläppchen glykogenreich, während die Zellen in der Umgebung der Zentralvene auch bei sonst glykogenreichen Lebern oft völlig frei von Glykogen sind[4]. In der normalen Leberzelle ist das Glykogen im Cytoplasma in Form submikroskopischer Teilchen gleichmäßig verteilt[5]. Abnorme Vermehrung oder Verringerung des Glykogengehalts beeinflußt die intracelluläre Lage und die Form der anderen mikroskopisch sichtbaren Bestandteile der Leberzellen, in glykogenreichen Zellen sind die Mitochondrien rundlich und versammeln sich in der Umgebung des Kerns[6].

Bei Diabetes[7] und verschiedenen anderen Erkrankungen[8] finden sich in den Kernen der Leberzellen mikroskopische Schollen, die färberisch alle Eigenschaften von Glykogen aufweisen. Meist findet sich dieses intranucleäre Glykogen in Lebern, deren Zellen im Cytoplasma nur geringe Glykogenmengen enthalten[9].

2. Freies und proteingebundenes Leberglykogen.

Ein Teil des Leberglykogens scheint an Zellproteine gebunden zu sein[5,10]. Durch heißes Alkali wird daher mehr Glykogen aus den Leberzellen herausgelöst als durch Extraktion mit heißem Wasser oder Säuren[11]. Der mit Trichloressigsäure extrahierbare Anteil des Glykogens ist in der Leber größer als im Muskel und beträgt in der Leber der normal gefütterten Ratte 85% des Gesamtglykogens (im Muskel 55%)[12]. Dieser Anteil des Leberglykogens wird im Hunger besonders rasch abgebaut und nach Glucosezufuhr besonders stark vermehrt[12], während sich die Menge des in Säure unlöslichen Glykogenanteils nur wenig ändert.

Bei der fraktionierten Zentrifugation der Leberzellbestandteile setzen sich die schweren Glykogenkörnchen in der untersten Schicht der Sedimente ab. Die auf diese Weise isolierten Glykogenteilchen waren frei von Phosphor, enthielten jedoch kleine Mengen (je 0,2%) N und S (s.[13]).

3. Abhängigkeit des Glykogengehalts von der Todesart.

Die im Lebergewebe von Versuchstieren nachweisbare Glykogenmenge ist von der Todesart abhängig. Langer Todeskampf verringert den Leberglykogengehalt in sehr erheblichem Ausmaß. Aber auch ein rascher Tod kann den Glykogengehalt der Leber herabsetzen. Bei Versuchstieren verursacht ohne Narkotisierung vorgenommene Dekapitation infolge der eintretenden Muskelspasmen

[1] Swensson, Å.: Acta physiol. scand. **11**, Suppl. **33**, 158 (1945). — [2] Forsgren, E.: Skand. Arch. Physiol. **55**, 144 (1929). — Policard, A.: Précis d'histologie physiologique. Paris 2. Aufl. 1928. — Clara, M.: Z. mikroskop.-anat. Forsch. **26**, 45 (1931). — [3] Ravdin, I. S.: J. amer. med. Ass. **93**, 1193 (1929). — [4] Warren, S., and P. M. Lecompte: The Pathology of Diabetes Mellitus. S. 89. Philadelphia 1952. — [5] Lazarow, A.: Anat. Rec. **84**, 31 (1942). — [6] Hall, E. M., and E. M. MacKay: Amer. J. Path. **9**, 205 (1933). — [7] Chipps, H. D., and G. L. Duff: Amer. J. Path. **18**, 645 (1942). — [8] Eger, W., u. C. Klärner: Virchows Arch. **315**, 135 (1948). — [9] Warren, S., and P. M. Lecompte: The Pathology of Diabetes Mellitus. S. 88. Philadelphia 1952. — [10] Willstätter, R., u. M. Rohdewald: H. **225**, 103 (1934). — Soskin, S.: Arch. internal Med., Chicago **71**, 219 (1943). — [11] Fränkel, S.: Pflügers Arch. **52**, 125 (1892). — Pflüger, E. F. W.: Das Glykogen und seine Beziehungen zur Zuckerkrankheit. 2. Aufl. Bonn 1905. — Carruthers, A., and S. M. Ling: Chin. J. Physiol. **8**, 77 (1934). — Aubel, E., W. S. Reich et F. M. Lang: Cr. **206**, 777 (1938). — Wajzer, J.: C. R. Soc. Biol. **130**, 1119 (1939). — [12] Bloom, W. L., G. T. Lewis, M. Z. Schumpert and T.-M. Shen: J. biol. Ch. **188**, 631 (1951). — [13] Claude, A.: J. exp. Med. **84**, 61 (1946).

eine Abnahme des Muskelglykogens[1], aber auch das Leberglykogen wird durch die Dekapitation vermindert[2]. Rasche Tötung nach kurzdauernder Narkose scheint dagegen keinen Einfluß auf die Menge des Leberglykogens zu haben[2, 3]. Längere Narkosen vermindern das Leberglykogen[2, 4, 5] im Zusammenhang mit der durch sie verursachten Hyperglykämie[6].

4. Die postmortale Glykogenolyse.

Sofort nach dem Tode setzt der autolytische Zerfall des Leberglykogens ein. Die Glykogenolyse ist in der ersten Stunde nach dem Tode am stärksten[7] und verlangsamt sich in Form einer logarithmischen Kurve[8]. Bei der Untersuchung von 69 Ratten wurde nach 5 bzw. 15 und 75 min im Mittel 86, 62 und 42% der 40 sec nach dem Tode vorhandenen Glykogenmenge wiedergefunden[8]. Die Ursache für den logarithmischen Verlauf der postmortalen Glykogenolyse liegt in der baumartigen Verzweigung des Glykogenmoleküls (vgl. S. 81 u. 85).

Die Geschwindigkeit des postmortalen Glykogenzerfalls wechselt von Tierart zu Tierart. Kleinere Tiere mit größerem Energieumsatz je kg, wie Ratte und Meerschweinchen, zeigen eine besonders rasche postmortale Glykogenolyse, langsamer erfolgt der Glykogenzerfall bei Kaninchen und Hund[8, 9]. 1 Std nach dem Tode war der Leberglykogengehalt bei Kaninchen auf 10—54% und bei Meerschweinchen bis auf Null gefallen[10].

Die Geschwindigkeit der postmortalen Glykogenolyse zeigt auch bei Tieren der gleichen Art große individuelle Schwankungen und scheint vor allem auch von der Intensität der Stoffwechselvorgänge, die sich im Moment des Todes und unmittelbar vorher in der Leber abspielten, abhängig zu sein. Bei im Winterschlaf getöteten Säugetieren ist der postmortale Abbau des Glykogens verlangsamt. Auch bei Winterfröschen erfolgt der postmortale Abbau des Leberglykogens langsamer als bei Sommerfröschen[11].

Das Fermentsystem, das die postmortale Glykogenolyse bewirkt, ist während des fetalen Lebens noch nicht vollständig oder nicht in wirksamer Form vorhanden. Das Leberglykogen von Feten und Neugeborenen wird in vivo durch Adrenalin nur schwer mobilisiert und nach dem Tode nur langsam autolytisch abgebaut[12]. Nur in den ersten beiden Stunden nach dem Tode tritt ein geringer Zerfall des Leberglykogens ein, im weiteren Verlauf bleibt der Glykogengehalt der Leber konstant. Bei 4°, 20° und 37° aufbewahrter Leberbrei von menschlichen Feten zeigte nach 24 Std den gleichen Glykogenwert wie zu Beginn des Versuchs. Wurde dem Brei aus fetaler Leber jedoch Leberbrei von Meerschweinchen oder erwachsenen Menschen zugesetzt, so trat ein rascher Abbau des fetalen Leberglykogens ein[13]; das Glykogen der fetalen Leber ist also an sich abbaubar, das zu seinem Abbau notwendige Fermentsystem entwickelt sich in der Leber jedoch erst zur Zeit der Geburt. Die Glucose-6-phosphatase tritt in der Leber

[1] Nutter, P. E.: J. Nutrit. **21**, 477 (1941). — [2] Evans, C. L., C. Tsai and F. G. Young: J. Physiol., London **73**, 67 (1931). — Tsai, C.: Chin. J. Physiol. **7**, 215 (1933). — Tsai, C., and C.-L. Yi: Chin. J. Physiol. **8**, 245 (1934). — [3] Edlund, Y.: Z. ges. exp. Med. **111**, 281 (1943). — [4] Daoud, K. M., and H. A. F. Gohar: J. Physiol., London **80**, 314 (1934). — Lauber, H. J.: Arch. klin. Chir. **193**, 749 (1938). — Lauber, H. J., u. T. Bersin: Kli. Wo. **1939 I**, 232. — [5] Hall, E. M., and E. M. MacKay: Amer. J. Path. **9**, 205 (1933). — [6] Chrometzka, F., u. G. Beutmann: Kli. Wo. **1940**, 196. — [7] Macleod, J. R., and R. G. Pearce: Amer. J. Physiol. **27**, 341 (1911). — [8] Swensson, Å.: Acta physiol. scand. **11**, Suppl. **33**, 158 (1945). — [9] Bobbitt, B. G., and H. J. Deuel jr.: Amer. J. Physiol. **131**, 521 (1940/41). — [10] Meixner, K.: Beitr. gerichtl. Med. **1**, 222 (1911). — [11] Lesser, E. J.: Ergebn. inn. Med. **16**, 279 (1919). — [12] Wertheimer, E.: Pflügers Arch. **223**, 619 (1930). — Hertz, W.: Z. Kinderheilkde. **57**, 525 (1935). — Siegmund, H.: Verh. dtsch. path. Ges. **31**, 150 (1939). — [13] Laqueur, W.: Bull. Fac. Méd. Istanbul **12**, 221 (1949).

erst im Moment der Geburt auf, fetale Meerschweinchenleber kann aus Glucose-6-phosphat keine Glucose freisetzen[1].

Auch bei Fällen von Glykogenspeicherkrankheit (v. GIERKEscher Erkrankung) (vgl. S. 79 sowie Bd. 2/1, S. 766) wird keine postmortale Glykogenolyse beobachtet. Untersuchungen, die an den von v. GIERKE selbst beschriebenen Fällen durchgeführt wurden, ergaben, daß der Glykogengehalt der Leber noch 7 Tage nach dem Tode unverändert war[2]. Das Fehlen des postmortalen Glykogenabbaues beruht auch hier nicht auf einer größeren Fermentresistenz des Glykogenmoleküls, sondern auf einer Unwirksamkeit des in normalen Lebern vorhandenen glykogenabbauenden Fermentsystems[3]. — Eine relative Verlangsamung des postmortalen Glykogenabbaues wurde auch bei durch längere Zeit mit Insulin behandelten Diabetikern beobachtet[4].

5. Einfluß von Geschlecht und Alter auf die Menge des Leberglykogens.

Männliche Ratten und Meerschweinchen besitzen im Durchschnitt einen größeren Vorrat an Leberglykogen als unter den gleichen Lebensbedingungen stehende weibliche Tiere der gleichen Art[5-8]. Bei jungen und sehr alten Ratten war ein derartiger Geschlechtsunterschied nicht nachweisbar[6]. Auch scheint dieser Geschlechtsunterschied nicht bei allen Tierarten zu bestehen, er war z. B. bei Mäusen nicht vorhanden[6, 9]. — Während der normalen Schwangerschaft scheint nach Beobachtungen am Menschen die Fähigkeit der Leber, Glykogen zu bilden, herabgesetzt zu sein[10].

Fetale Lebern enthalten bei den bisher untersuchten Warmblütern (Huhn, Kaninchen, Schaf, Rind und Mensch) im ersten Drittel des intrauterinen Lebens nur Spuren von Glykogen. Erst später steigt der Glykogengehalt der Leber zunächst langsam und unmittelbar vor der Geburt immer rascher an[11]. Die Zuckerversorgung des Fetus erfolgt nicht wie im extrauterinen Leben diskontinuierlich in Form einzelner Nahrungsschübe, sondern kontinuierlich durch das mütterliche Blut, eine Glykogenspeicherung in der Leber ist daher nicht erforderlich, erst mit der Geburt tritt die Leber als Regulator des Blutzuckerspiegels an die Stelle der Placenta.

Die Lebern von 33 durch Zwischenfälle während der Geburt verstorbenen menschlichen Neugeborenen enthielten im Mittel 3,25% (1,5—5,5%) Glykogen[12]; in der Zeit nach der Geburt nimmt der Glykogengehalt der Leber bei normalem Ernährungsverlauf weiter zu. In der Leber von Hunden wurde knapp nach der Geburt im Durchschnitt 5% Glykogen gefunden[13], auch beim Hund steigt der

[1] NEMETH, A. M.: J. biol. Ch. **208**, 773 (1954). — [2] SCHÖNHEIMER, R.: H. **182**, 148 (1929). Kli. Wo. **1932 II**, 1793. — [3] THANNHAUSER, S. J., S. Z. SORKIN and N. F. BONCODDO: J. clin. Invest. **19**, 681 (1940).— CORI, G. T., and C. F. CORI: J. biol. Ch. **199**, 661 (1952). — [4] POPPER, H., and O. WOZASEK: Z. ges. exp. Med. **83**, 682 (1932). — [5] GULICK, M., L. T. SAMUELS and H. J. DEUEL jr.: J. biol. Ch. **105**, 29 (1934). — BLATHERWICK, N. R., P. J. BRADSHAW, O. S. CULLIMORE, M. E. EWING, H. W. LARSON and S. D. SAWYER: J. biol. Ch. **113**, 405 (1936). — DEUEL, H. J. jr., L. F. HALLMAN and S. MURRAY: J. biol. Ch. **119**, 257 (1937). — DEUEL, H. J. jr., L. F. HALLMAN, S. MURRAY and L. T. SAMUELS: J. biol. Ch. **119**, 607 (1937). — MERTEN, R.: Z. ges. exp. Med. **105**, 273 (1939). — GRAYMAN, I.: Amer. J. Physiol. **133**, 300 (1941). — [6] SWENSSON, Å.: Acta physiol. scand. **11**, Suppl. **33**, 158 (1945). — [7] DEUEL, H. J. jr., J. S. BUTTS, L. F. HALLMAN, S. MURRAY and H. BLUNDEN: J. biol. Ch. **119**, 617 (1937). — [8] KERLY, M., and J. H. OTTAWAY: J. Physiol., London **123**, 520 (1954). — [9] NEUFELD, A. H., and J. B. COLLIP: Endocrinology **28**, 926 (1941). — [10] WALTHARD, B. jr.: Zbl. Gynäk. **46**, 1301 (1922). Arch. Gynäk. **116**, 68 (1922). — [11] STIEVE, H., u. U. KAPS: Z. mikroskop.-anat. Forsch. **42**, 499 (1937). — DUMM, M. E.: J. cellul. comp. Physiol. **21**, 27 (1943). — GOLDWATER, W. H., and D. STETTEN jr.: J. biol. Ch. **169**, 723 (1947). — [12] LAQUEUR, W.: Bull. Fac. Méd. Istanbul **12**, 221 (1949). — [13] JONEN, P.: Z. Kinderheilkde. **38**, 46 (1924).

Glykogengehalt der Leber in der ersten Zeit des extrauterinen Lebens rasch weiter an[1]. Bei Ratten bleibt der Leberglykogengehalt auch während der ersten Lebenstage zunächst nur sehr gering, bei Ratten im Alter von 8—11 Tagen betrug der Glykogengehalt der Leber nur etwa $^1/_3$ des in den Lebern älterer Ratten gefundenen prozentuellen Glykogengehalts[2]. Bei alternden Tieren nimmt der Prozentgehalt der Leber an Glykogen in Zusammenhang mit dem Absinken des Energieumsatzes zu. Bei Kaninchen ergab der statistische Vergleich der bei jungen und älteren Tieren erhaltenen Resultate eine signifikante Zunahme des Leberglykogengehalts mit zunehmendem Alter[3].

Bei Amphibien (Fröschen, Kröten u. ä.) erscheint das Leberglykogen zum Teil in relativ späten Stadien der Metamorphose, doch kann durch Injektion von Glucose oder durch Zusatz von Glucose zu dem Wasser, in dem die Kaulquappen leben, der Ansatz von Leberglykogen auch schon in früheren Stadien erzielt werden[4].

6. Periodische Schwankungen des Leberglykogengehaltes.

Der Glykogengehalt der Leber zeigt im Laufe eines Tages rhythmische Schwankungen[5–7]. FORSGREN[5] fand bei Kaninchen 2 Maxima (um 2 Uhr und um 16 Uhr) und ein Minimum (um 10 Uhr) (vgl. a. [6, 7]). Bei der Ratte besteht ein Maximum am Morgen (4—8 Uhr) und ein Minimum am Abend (16—20 Uhr)[8], beim Meerschweinchen wurde ein Maximum zwischen 11 und 15 Uhr und ein Minimum zwischen 5 und 9 Uhr gefunden[9]. Diese rhythmischen Schwankungen treten auch bei Nahrungsentzug auf: sie waren bei Mäusen, die längere Zeit gehungert und einen großen Teil ihres Leberglykogens bereits verloren hatten, noch vorhanden[10] (vgl. Tagesschwankungen der Leberfunktion S. 24).

Die Lebern im Laboratorium gehaltener Kaninchen[11] und Ratten[12, 13] enthielten im Sommer geringere Glykogenmengen als im Winter, und dieser Unterschied blieb auch bei 24stdgem Hunger noch bestehen[13]. Es ist jedoch nicht klar in welchem Ausmaß an dem Zustandekommen dieser Schwankungen auch die jahreszeitlich bedingten Verschiedenheiten der Außentemperatur und der Bestrahlung mit ultraviolettem und sichtbarem Licht beteiligt sind. Außerdem wird der Leberglykogengehalt zum Teil auch durch die jahreszeitlichen Änderungen in der Hormonbildung, Brunst usw., beeinflußt[14] (vgl. S. 26).

7. Einfluß physikalischer Umweltfaktoren auf den Leberglykogengehalt.

Kälte steigert den Energieumsatz und den O_2-Verbrauch und setzt den Leberglykogengehalt herab[15]. Bei Meerschweinchen betrug der Glykogengehalt

[1] HAX, D.: Pflügers Arch. **216**, 627 (1927). — [2] HEYMANN, W., and J. L. MODIC: J. biol. Ch. **131**, 297 (1939). — [3] SWENSSON, Å.: Acta physiol. scand. **11**, Suppl. **33**, 158 (1945). — [4] BEAUMONT, A., et M. PRENANT: C. R. Soc. Biol. **148**, 29 (1954). — [5] FORSGREN, E.: Skand. Arch. Physiol. **55**, 144 (1929). — [6] EULER, U. S. v., u. A. G. HOLMQUIST: Pflügers Arch. **234**, 210 (1934). — [7] SJÖGREN, B., T. NORDENSKJÖLD, H. HOLMGREN u. J. MÖLLERSTRÖM: Pflügers Arch. **240**, 427 (1938). — [8] HOLMGREN, H.: Acta med. scand., Suppl. **74** (1936). — DEUEL, H. J. jr., J. S. BUTTS, L. F. HALLMAN, S. MURRAY and H. BLUNDEN: J. biol. Ch. **119**, 617 (1937). — [9] PETRÉN, T.: Jb. Morphol. mikroskop. Anat. (I) **83**, 256 (1939). — [10] ÅGREN, G., O. WILANDER and E. JORPES: Biochem. J. **25**, 777 (1931). — [11] FUJII, I.: Tohoku J. exp. Med. **5**, 405 (1924/25). — [12] BURN, J. H., and H. W. LING: Quart. J. Pharmacy **2**, 1 (1929). — [13] GOLDBLATT, M. W.: Biochem. J. **21**, 991 (1927). — [14] HANDOVSKY, H., u. K. WESTPHAL: Pflügers Arch. **220**, 399 (1928). — [15] MARKOWITZ, J.: Amer. J. Physiol. **74**, 22 (1925). — SILVETTI, H., and S. W. BRITTON: Amer. J. Physiol. **100**, 685 (1932). — LÁNCZOS, A.: Pflügers Arch. **233**, 787 (1934); **235**, 422 (1935).

der Leber bei einer Außentemperatur von 15° nur 38% des bei 23° beobachteten Wertes[1]. Andererseits führt aber auch eine durch starke Erhöhungen der Außentemperatur oder durch andere Umweltsfaktoren bedingte Wärmestauung zu einer Erhöhung des Energieumsatzes und zu einer Verminderung des Leberglykogens[2].

Ultraviolettbestrahlung des Gesamtorganismus steigert die Menge des Leberglykogens[3]. Das Maximum der Glykogenzunahme trat ein, wenn die Tiere einem aus viel sichtbarem und wenig ultraviolettem Licht bestehendem Strahlengemisch ausgesetzt wurden[4]. Ultrabeschallung und Bestrahlung der Lebergegend mit Ultrakurzwellen führen zu gesteigertem Glykogenabbau, der nur teilweise durch vermehrte Glykogensynthese aus Blutmilchsäure kompensiert wird: Der Glucosegehalt des Blutes steigt an, der Lactatgehalt des Blutes fällt[5].

8. Wirkung der Nahrung auf den Glykogengehalt der Leber.

Kohlenhydrathaltige Nahrung steigert, fettreiche Nahrung senkt den Glykogengehalt der Leber[6]. Die Lebern kohlenhydratreich gefütterter Hunde enthielten bis 18,69% Glykogen, weit mehr als die Lebern von Hunden, die gemischte Kost erhalten hatten[7]. Die Lebern mit Kohlenhydrat im Überschuß ernährter Ratten enthielten 3mal mehr Glykogen als die Lebern von Ratten, die mit proteinreicher Kost gefüttert worden waren[8]. Die Lebern von Tieren, deren Kalorienbedarf zu 68% mit Fett und nur 6% mit Kohlenhydrat gedeckt wurde, enthielten nur halb soviel Glykogen wie die Lebern von Tieren, deren Nahrungskalorien zu 60% aus Kohlenhydrat bestanden[9]. Im Gegensatz zum Leberglykogen wird das Muskelglykogen durch Glucosezufuhr nur wenig vermehrt[8] oder bleibt völlig unbeeinflußt[10]. Zufuhr reiner Glucose[11], Fructose oder Invertzucker[12] insbesondere auf intravenösem Wege[13] hat einen besonders raschen und ausgiebigen Ansatz von Leberglykogen zur Folge. Auch der Glykogenansatz erkrankter oder durch Gifte geschädigter Lebern kann durch Glucosezufuhr in Gang gebracht werden[14]. Stoffwechselzustände, die einen erhöhten Fettansatz der Leber bewirken, haben oft eine Verminderung des Glykogenvorrats der Leber zur Folge.

Die bei fettreicher und kohlenhydratarmer Nahrung auftretende Glykogenverarmung der Leber ist vor allem auf die durch vermehrte Fettverbrennung bedingte Steigerung des Pyruvatbedarfs zurückzuführen: Das bei der β-Oxydation der Fettsäuren entstandene Acetat wird erst durch die Bindung an Oxalacetat in den Citronensäurecyclus eingeführt, dieses Oxalacetat wird aus Pyruvat und das Pyruvat aus Glucose gebildet. Andererseits beschleunigt aber auch die durch

---

[1] Bomskov, C., u. K. N. v. Kaulla: Z. ges. exp. Med. **110**, 603 (1942). — [2] Rafferty, M. A., and P. L. MacLachlan: J. biol. Ch. **140**, 167 (1941). — [3] Pincussen, L., u. T. Kawakami: B. Z. **208**, 185 (1929). — Pincussen, L.: Kli. Wo. **1932 II**, 1231. — Deschwanden, J. v.: Strahlentherap. **46**, 713 (1933). — [4] Pincussen, L.: B. Z. **239**, 290 (1931). — [5] Tsuge, S.: Tohoku J. exp. Med. **33**, 8 (1938). — [6] Greisheimer, E. M., and O. H. Johnson: Amer. J. Physiol. **94**, 11 (1930). — MacKay, E. M., and H. C. Bergman: J. Nutrit. **6**, 515 (1933). — Kerly, M., and J. H. Ottaway: J. Physiol., London **123**, 516 (1954). — [7] Schöndorff, B.: Pflügers Arch. **99**, 191 (1903). — Junkersdorf, P.: Pflügers Arch. **186**, 254 (1921). — [8] Mirski, A., I. Rosenbaum, L. Stein and E. Wertheimer: J. Physiol., London **92**, 48 (1938). — [9] Stein, L., E. Tuerkischer and E. Wertheimer: J. Physiol., London **95**, 356 (1939). — Holmgren, H.: Acta zool., Stockholm **25**, 169 (1944). — [10] Sunaba, Y.: Mitt. med. Akad. Kioto **16**, 1001, 1027 (1936) [Ber. Physiol. **95**, 6]. — [11] Ravdin, I. S.: J. amer. med. Ass. **93**, 1193 (1929). — Althausen, T. L.: J. amer. med. Ass. **100**, 1163 (1933). — [12] Weinstein, J. J., and G. F. Lane: Med. Ann. Columbia **20**, 186 (1951). — [13] Weichselbaum, T. E., R. Elman and R. H. Lund: Proc. Soc. exp. Biol. Med. **75**, 816 (1950). — [14] Banks, B. M., and J. B. Sears: Amer. J. digest. Dis. **6**, 83 (1939).

den gesteigerten Fettabbau bewirkte acidotische Stoffwechsellage an sich schon den Glykogenabbau. Intravenöse Injektion saurer Lösungen führte bei Hunden zu einer Mobilisierung des Leberglykogens und zu Hyperglykämie[1].

9. Glykogengehalt der Leber im Hunger.

Bei Hunger nimmt der Glykogengehalt der Leber zunächst ab, doch wird, wenn der Hunger andauert, die Bildung von Glykogen aus Aminosäuren sehr gesteigert und das verbrauchte Glykogen auf diese Weise ständig ersetzt. Auf eine anfängliche starke Senkung des Leberglykogens folgt daher, wenn der Hunger länger andauert und die Neubildung von Glykogen aus Eiweiß in Gang kommt, eine Periode, in der der Glykogengehalt der Leber nicht weiter abnimmt[2, 3] und manchmal sogar wieder ansteigt[4]. Bei Ratten wurde nach 48stündigem Hunger mehr Leberglykogen gefunden als nach 24stündigem Nahrungsentzug[5]. Nach 7tägigem Hunger war bei Ratten der Glykogengehalt doppelt so hoch wie nach dem ersten Hungertag[6]. In der Leber von Hunden, die 5 Tage gehungert hatten, fanden FISHER u. LACKEY[2] nur 0,25% Glykogen, während KÜLZ in der Leber 11 Tage hungernder Hunde noch 0,59% Glykogen nachweisen konnte[7]. Bei Mäusen blieb das Leberglykogen in den ersten Stunden des Hungers zunächst konstant, fiel dann bis zur 14. Std rasch ab und verminderte sich in der nachfolgenden Zeit nur mehr in unbedeutendem Ausmaß[3].

10. Leberglykogen und Vitamine.

Zufuhr von Vitamin A im Überschuß erhöht den Leberglykogengehalt[8, 9]. Andererseits wurde bei Mangel von diesem Vitamin eine Abnahme des Leberglykogens beobachtet[8]. B_1-Avitaminose steigert bei Tauben[10, 11], nicht aber bei Ratten[11, 12] den Glykogengehalt der Leber. Mangel an Ascorbinsäure vermindert bei Meerschweinchen das Leberglykogen[13].

Andererseits kann aber auch Überdosierung von Vitaminen eine Abnahme des Leberglykogengehalts zur Folge haben. So sank z.B. bei Meerschweinchen, denen durch 35 Tage 10 mg Vitamin K täglich injiziert worden war, die Menge des Leberglykogens um 93%, während die Menge des Muskelglykogens unverändert blieb[14].

11. Wirkung der Muskeltätigkeit auf die Menge des Leberglykogens.

Ebenso wie die Wirkung des Hungers, verläuft auch die Wirkung schwerer Muskelarbeit auf das Leberglykogen in mehreren Phasen: Zunächst hat der erhöhte Glucoseverbrauch der Muskulatur die Umwandlung großer Mengen von Leberglykogen in Blutzucker zur Folge, und der Glykogengehalt der Leber sinkt[15]. Bei schwerer Muskelarbeit wird die aus dem Abbau des aufgenommenen

[1] ELIAS, H.: B. Z. **48**, 120 (1913). — [2] FISHER, N. F., and R. W. LACKEY: Amer. J. Physiol. **72**, 43 (1925). — [3] NEUFELD, A. H., and J. B. COLLIP: Endocrinology **28**, 926 (1941). — [4] SJÖGREN, B., T. NORDENSKJÖLD, H. HOLMGREN u. J. MÖLLERSTRÖM: Pflügers Arch. **240**, 427 (1938). — [5] BARBOUR, A. D., I. L. CHAIKOFF, J. J. R. MACLEOD and M. D. ORR: Amer. J. Physiol. **80**, 243 (1927). — MIRSKI, A., I. ROSENBAUM, L. STEIN and E. WERTHEIMER: J. Physiol., London **92**, 48 (1938). — [6] WETZEL, R., H. WOLLSCHITT, H. RUSKA u. T. OESTREICHER: A. e. P. P. **181**, 703 (1936). — [7] KÜLZ, E.: Festschrift für C. Ludwig. S. 109. Marburg 1891. — [8] BAUEREISEN, E.: Z. ges. exp. Med. **103**, 145 (1938). — [9] ABELIN, I.: Z. Vit.-Forsch. **4**, 120 (1935). — [10] ABDERHALDEN, E., u. E. WERTHEIMER: Pflügers Arch. **230**, 601 (1932); **235**, 53 (1935). — [11] TONUTTI, E., u. J. WALLRAFF: Z. mikroskop.-anat. Forsch. **44**, 532 (1938). — [12] EDLUND, Y., u. H. HOLMGREN: Z. ges. exp. Med. **109**, 11 (1941). — [13] PALLADIN, A.: B. Z. **152**, 228 (1924). — ALTENBURGER, E.: Kli. Wo. **1936 II**, 1129. — SHIMAMURA, M.: Jap. J. med. Sci. (A, IV) **12**, 22 (1938). — [14] INFANTELLINA, F.: Boll. Soc. ital. Biol. sperim. **25**, 293 (1949). — [15] BENDIX, E.: H. **32**, 479 (1901).

Blutzuckers und aus den muskeleigenen Glykogenreserven entstehende Milchsäure vom Muskel an das Blut abgegeben, von der Leber aus dem Blut aufgenommen, zum Teil in Glykogen umgewandelt, und der Glykogengehalt der Leber steigt wieder an. Erst wenn das in der Muskulatur enthaltene Glykogen weitgehend erschöpft ist, sinkt der Glykogengehalt der Leber allmählich wieder ab.

Leichte Muskeltätigkeit, bei der die Glykogenvorräte des Muskels nicht vermindert werden, kann infolgedessen eine stärkere Herabsetzung des Leberglykogens zur Folge haben, als schwere Muskelanstrengung, bei der ein großer Teil des Muskelglykogens auf dem geschilderten Wege in die Leber übergeführt wird[1]. Umweltfaktoren, welche eine erhöhte Muskelaktivität zur Folge haben (z. B. sinkende Außentemperatur), führen zu einer Abnahme des Leberglykogens[2]. Durch andauernde Krämpfe der Skeletmuskulatur, z. B. bei Strychninvergiftung, kann der Glykogengehalt der Leber fast vollkommen verbraucht werden.

12. Hormonale Einflüsse auf den Leberglykogengehalt.

Insulin kann je nach der Stoffwechsellage und der Größe der Insulindosis eine Vermehrung oder eine Herabsetzung des Glykogengehalts der Leber hervorrufen[3–5]. Verabreichung von Insulin an normale Versuchstiere steigert den Zuckerabbau in den Geweben und bewirkt dadurch eine Hypoglykämie, die ihrerseits eine Mobilisierung des Leberglykogens zur Folge hat. Insulinverabreichung an normale Versuchstiere führt daher oft auch dann, wenn gleichzeitig Glucose verabreicht wird[4, 6], zu einer Abnahme des Leberglykogens[7–10]. Große Insulindosen und die in ihrem Gefolge auftretenden hochgradigen Hypoglykämien können zum Abbau eines großen Teils des Leberglykogens führen[11]. So wurde bei Kaninchen nach Verabreichung krampferzeugender Insulindosen eine Abnahme des Leberglykogens von 5,53% auf 1,86% beobachtet[8]. — Auch die Umwandlung von Glykogen in Fett wird durch Insulin gefördert[12] und dadurch der Glykogengehalt der Leber herabgesetzt.

Andererseits hemmt Insulin aber auch die Aufspaltung des Glykogens[13]. Kleine Insulindosen, die keine stärkere Hypoglykämie bewirken, können daher bei glykogenarmen normalen Tieren auch Vermehrung des Glykogengehalts der Leber

---

[1] Long, C. N. H., and G. T. Evans: Proc. Soc. exp. Biol. Med. **30**, 186 (1932). — [2] Silvetti, H., and S. W. Britton: Amer. J. Physiol. **100**, 685 (1932). — [3] Frank, E.: Pathologie des Kohlehydratstoffwechsels. S. 88. Basel 1949. — [4] Vendég, V.: Pflügers Arch. **235**, 674 (1935). — [5] Cristol, P., L. Hédon, A. Loubatières et P. Monnier: C. R. Soc. Biol. **127**, 33, 581 (1938). — [6] Rathery, F., S. Gibert et Y. Laurent: C. R. Soc. Biol. **104**, 652 (1930); **107**, 1264, 1490 (1931). — Russel, J. A.: Amer. J. Physiol. **124**, 774 (1930). — Hebb, C. O.: Quart. J. exp. Physiol. **27**, 237 (1938). — Brentano, C.: Kli. Wo. **1939 I**, 42. — [7] Babkin, B. P.: Brit. J. exp. Path. **4**, 310 (1923). — [8] Dudley, H. W., and G. F. Marrian: Biochem. J. **17**, 435 (1923). — [9] Cori, C. F.: J. Pharmacol. exp. Therap. **25**, 1 (1925). — [10] Fisher, N. F., and R. W. Lackey: Amer. J. Physiol. **72**, 43 (1925). — Barbour, A. D., I. L. Chaikoff, J. J. R. Macleod and M. D. Orr: Amer. J. Physiol. **80**, 243 (1927). — Rossi, G.: Biochim. Terap. sperim. **15**, 41 (1928) [Ber. Physiol. **46**, 65]. — Goldblatt, M. W.: Biochem. J. **23**, 83, 243 (1929). — Löw, A., u. A. Krčma: B. Z. **206**, 360 (1929). — Lawrence, R. D., and R. A. McCance: Biochem. J. **25**, 570 (1931). — Loeb, R. F., E. G. Nichols and B. H. Paige: Arch. internal Med., Chicago **48**, 70 (1931). — Daoud, K. M., and H. A. F. Gohar: J. Physiol., London **80**, 314 (1934). — Bürger, M., u. H. Kohl: Pflügers Arch. **178**, 269 (1935). — Sunaba, Y.: Mitt. med. Akad. Kioto **17**, 336 (1936). — Bridge, E. M.: Bull. Johns Hopkins Hosp. **62**, 408 (1938). — Tonutti, E., u. J. Wallraff: Z. mikroskop.-anat. Forsch. **44**, 532 (1938). — Spitzbarth, H.: Wien. klin. Wschr. **1940**, 1031. — [11] Dudley, H. W., and G. F. Marrian: Biochem. J. **17**, 435 (1923). — Brugsch, T., A. Benatt, H. Horsters u. R. Katz: B. Z. **147**, 117 (1924). — Heymans, B., et C. Heymans: C. R. Soc. Biol. **93**, 50 (1925). — Grevenstuk, A., u. E. Laqueur: B. Z. **173**, 283 (1926). — [12] Chernick, S. S., I. L. Chaikoff, E. J. Masoro and E. Isaeff: J. biol. Ch. **186**, 527 (1950). — Chernick, S. S., and I. L. Chaikoff: J. biol. Ch. **186**, 535 (1950). — [13] Sahyun, M., and J. M. Luck: J. biol. Ch. **85**, 1 (1929/30).

zur Folge haben[1, 2], insbesondere dann, wenn gleichzeitig auch Glucose verabreicht wird[3]. Wurde normalen, hepatektomierten oder eviszerierten Hunden zugleich mit großen Dosen von Insulin soviel Glucose infundiert, daß ihr Blutzuckergehalt auf normaler Höhe blieb, so nahmen die Hunde, die eine Leber besaßen, 5mal mehr Glucose aus dem Blute auf als die leberlosen Tiere[4]. Auch Insulinzusatz zu Leberschnitten hemmt den Glykogenabbau[5]. Wahrscheinlich bewirken auch beim Menschen größere Insulindosen zunächst eine Vermehrung und erst im weiteren Verlauf, wenn sich eine Hypoglykämie entwickelt hat, eine Verminderung des Leberglykogens

Die Injektion von Insulin hat aber andererseits auch eine Ausschüttung von Adrenalin in die Blutbahn zur Folge und die Adrenalinvermehrung im Blut kann ihrerseits durch Glykogenmobilisierung zu einer Abnahme oder durch vermehrte Milchsäurebildung in der Muskulatur zu einer Vermehrung des Leberglykogens führen.

Beim pankreaslosen Tier und beim diabetischen Menschen sind die Glykogenreserven der Leber meist stark vermindert[6]. Bioptische Leberproben von 10 Diabetikern enthielten 0,88—2,98% (im Durchschnitt 1,84%) Glykogen, während bei 19 Normalfällen der Glykogengehalt 0,95—4,1% (im Durchschnitt 2,15%) Glykogen betrug[7]. Bei einem im diabetischen Koma befindlichen Patienten, der durch 10 Std kein Insulin erhalten hatte, ergab eine bioptisch entnommene Leberprobe die völlige Abwesenheit von Glykogen. In einer $7^1/_2$ Std später, nach Insulinbehandlung entnommenen Leberprobe konnten beim gleichen Kranken hingegen erhebliche Glykogenmengen nachgewiesen werden; 7 Tage später war der Glykogengehalt der Leber weiter gestiegen[8]. In diesen Fällen haben kleine Insulindosen, die nur eine vorhandene Hyperglykämie normalisieren, ohne eine Hypoglykämie hervorzurufen, einen besonders starken Glykogenansatz in der Leber zur Folge[9, 10]. Wurden von zwei getrennt durchströmten Leberlappen pankreasloser Hunde der eine mit normalem Blut und der andere mit Blut durchströmt, dem Insulin zugesetzt worden war, so zeigte der insulindurchströmte Lappen immer den größeren Glykogengehalt[11]. Die bei alloxandiabetischen Ratten oft beobachtete Vermehrung des Leberglykogengehalts[12] wird auf eine bei diesen Tieren bestehende Überaktivität der Nebennierenrinde zurückgeführt[13].

Der Insulinmangel führt aber nicht nur zu quantitativen, sondern auch zu qualitativen Änderungen der Glykogenreserve der Leber. Das Leberglykogen alloxandiabetischer Ratten gab mit Jod eine intensivere Farbreaktion und wurde durch HCl rascher hydrolysiert als das Leberglykogen normaler Kontrolltiere. Während das Leberglykogen normaler Ratten bei der Aussalzung mit

[1] Cristol, P., L. Hédon, A. Loubatières et P. Monnier: C. R. Soc. Biol. **127**, 581 (1938). — [2] Meyenburg, H. v.: Schweiz. med. Wschr. **54**, 1121 (1924). — Frank, E., E. Hartmann u. M. Nothmann: Kli. Wo. **1925 I**, 1067. — Frank, E., M. Nothmann u. E. Hartmann: A. e. P. P. **127**, 35 (1927). — Visco, S.: Atti Accad. naz. Lincei (6) **4**, 153 (1926). Endocrinology **11**, 79 (1927). — Corkill, B.: Biochem. J. **24**, 779 (1930). — Goldblatt, M. W.: Biochem. J. **23**, 83, 243 (1929); **24**, 1199 (1930). J. Physiol., London **79**, 286 (1933). — Corkill, A. B., H. P. Marks and W. E. White: J. Physiol., London **80**, 193 (1934). — [3] Collazo, J. A., M. Händel u. P. Rubino: D. m. W. **1924 I**, 747. — [4] Duve, C. de, P. P. de Nayer, M. van Oostveldt et J. P. Bouckaert: Arch. int. Pharmacodyn. Thérap. **70**, 78 (1945). — [5] Seckel, H. P. G.: Endocrinology **23**, 760 (1938). — [6] Ehrlich, P.: Z. klin. Med. **6**, 33 (1883). — [7] Hildes, J. A., S. Sherlock and V. Walshe: Clin. Sci. **7**, 287 (1949). — [8] Bondy, P. K., and W. H. Sheldon: Proc. Soc. exp. Biol. Med. **65**, 68 (1947). — [9] Cori, C. F.: J. Pharmacol. exp. Therap. **25**, 1 (1925). — [10] Hédon, L.: C. R. Soc. Biol. **93**, 596 (1925). — [11] Bindi, N.: Arch. Fisiol. **23**, 99 (1925) [Ber. Physiol. **35**, 73]. — [12] Weber, H.: Nature **158**, 627 (1946). — Miller, A. M.: Proc. Soc. exp. Biol. Med. **72**, 635 (1949). — [13] Morita, Y., and J. M. Orten: Amer. J. Physiol. **161**, 545 (1950). — Warren, S., and P. M. le Compte: The Pathology of Diabetes Mellitus. S. 89. Philadelphia 1952.

Ammonsulfat nur eine einzige Fraktion liefert, fiel das Leberglykogen der diabetischen Leber in 3 Fraktionen aus, die sich durch verschieden leichte Hydrolysierbarkeit voneinander unterschieden[1].

Die durch *Adrenalin* verursachte Hyperglykämie ist die Folge eines gesteigerten Abbaues von Leberglykogen, Injektion von Adrenalin hat daher (insbesondere bei portaler Applikation[2]) zunächst eine Verringerung des Glykogenvorrats der Leber zur Folge[3]. Starke psychische Erregung, die zu gesteigerter Adrenalinausschüttung führt, kann die gleiche Wirkung auf das Leberglykogen haben. Zugleich bewirkt Adrenalin aber auch einen vermehrten Abbau von Glykogen zu Milchsäure im Muskel, die Milchsäure gelangt auf dem Blutweg zur Leber und wird dort in Glykogen umgewandelt. Adrenalin bewirkt also ein Überwandern von Glykogen aus dem Muskel in die Leber[4] (vgl. S. 120). Auch zahlreiche andere Faktoren, die eine Hyperglykämie bewirken, wie Erstickung, Herabsetzung des O_2-Partialdrucks[5], sowie Anaesthetica[6] haben eine ähnliche zweiphasische Wirkung. Der Angriffspunkt der Adrenalinwirkung ist das die Leberphosphorylase aktivierende Fermentsystem der Leber[7] (vgl. S. 90).

Das *Glucagon*[8], das in zahlreichen älteren Insulinpräparaten neben dem Insulin enthalten ist[9], bewirkt ähnlich wie Adrenalin eine Aktivierung der Leberphosphorylase; dies hat eine Steigerung des Glykogenabbaues in der Leber und damit einen Anstieg des Blutzuckers zur Folge[7]. Die bei vielen Insulinpräparaten beobachtete initiale Blutzuckervermehrung[10] ist auf den Abbau des Leberglykogens zu beziehen, die durch dieses zweite, in den Pankreasextrakten enthaltene Proteohormon ausgelöst wird. Das Hormon wirkt direkt auf die Leber, da es bei portaler Injektion eine stärkere Wirkung zeigt als bei peripherer[11]. Die erwähnte glykogenolytische Wirkung der glucagonhaltigen Insulinpräparate war auch an der durchströmten isolierten Hundeleber nachweisbar[12]. Das Glucagon beschleunigt den Abbau des Glykogens auch in Leberschnitten[13,14] und kann auf diese Weise nachgewiesen werden. Insulin, dessen Angriffspunkt nicht das Phosphorylasesystem, sondern die Glucokinase ist, hemmt den durch Glucagon ausgelösten Abbau des Leberglykogens nicht[15]. Das Glucagon[8] entsteht in den α-Zellen der

[1] Laszt, L.: Exper. **10**, 302 (1954). — [2] Villa, L.: Arch. Fisiol. **23**, 71 (1925) [Ber. Physiol. **35**, 73]. — [3] Pollak, L.: A. e. P. P. **61**, 149 (1909). — Bang, I.: B. Z. **58**, 236; **65**, 283, 296 (1914). — Kuriyama, S.: J. biol. Ch. **34**, 269 (1918). — Markowitz, J.: Amer. J. Physiol. **74**, 22 (1925). — Cori, C. F., and G. T. Cori: Proc. Soc. exp. Biol. Med. **25**, 258 (1928). J. biol. Ch. **79**, 309 (1928). — Molitor, H., u. L. Pollak: Kli. Wo. **1929 II**, 1694. — Sahyun, M., and J. M. Luck: J. biol. Ch. **85**, 1 (1929/30). — [4] Cori, C. F., u. G. T. Cori: B. Z. **206**, 45 (1929). — Geiger, E., u. E. Schmidt: A. e. P. P. **143**, 321 (1929). — [5] Wertheimer, E.: Z. ges. exp. Med. **70**, 309 (1930). — Heimann, F.: Z. ges. exp. Med. **78**, 223 (1931). — Elias, H., u. H. Kaunitz: Z. ges. exp. Med. **92**, 469 (1934). — [6] Hall, V. E., and M. Sahyun: Arch. int. Pharmacodyn. Thérap. **46**, 160 (1933). — Evans, C. L., C. Tsai and F. G. Young: J. Physiol., London **73**, 67, 81 (1931). — [7] Sutherland, E. W., and C. F. Cori: J. biol. Ch. **188**, 531 (1951). — [8] Über Krystallisation, elektronen-mikroskopische Darstellung und Aminosäurezusammensetzung des Glucagons vgl.: Staub, A., L. Sinn and O. K. Behrens: J. biol. Ch. **214**, 619 (1955). — [9] Kimball, C. P., and J. R. Murlin: J. biol. Ch. **58**, 337 (1923/24). — Bürger, M., u. H. Kramer: Z. ges. exp. Med. **67**, 441 (1929); **69**, 57 (1930). A. e. P. P. **156**, 1 (1930). — Bürger, M., u. W. Brandt: Z. ges. exp. Med. **96**, 375 (1935). — Jensen, H. F.: Insulin, its Chemistry and Physiology. New York 1938. — Duve, C. de, H. G. Hers et J. P. Bouckaert: Arch. int. Pharmacodyn. Thérap. **72**, 45 (1946). — Bürger, M., u. E. Klotzbucher: Z. ges. inn. Med. **2**, **43** (1947). — Olsen, N. S., and J. R. Klein: Proc. Soc. exp. Biol. Med. **66**, 86 (1947). — [10] Gaede, K., H. Ferner u. H. Kastrup: Kli. Wo. **1950**, 388. — Murlin, J. R.: Endocrinology **7**, 519 (1923). — [11] Bürger, M., u. H. Kramer: Z. ges. exp. Med. **61**, 449 (1928). — [12] Fiessinger, N., H. Bénard, M. Herbain et L. Dermer: C. R. Soc. Biol. **122**, 32 (1936). — [13] Shipley, R. A., and E. J. Humel jr.: Amer. J. Physiol. **144**, 51 (1945). — Sutherland, E. W., and C. F. Cori: J. biol. Ch. **172**, 737 (1948). — [14] Heard, R. D. H., E. Lozinski, L. Stewart and R. D. Stewart: J. biol. Ch. **172**, 857 (1948). — [15] Sutherland, E. W., C. F. Cori, R. Haynes and N. S. Olsen: J. biol. Ch. **180**, 825 (1949).

LANGERHANSschen Inseln[1-3], die zum Unterschied von den insulinerzeugenden β-Zellen beim Alloxandiabetes nicht zerstört, sondern meist sogar vermehrt sind[3,4]. Pankreasexstirpation vermindert daher beim alloxandiabetischen Hund den Zerfall des Leberglykogens und die Glucoseabgabe aus der Leber[5].

In wäßrigen Extrakten aus Schweineleber ist ein glykogenolytischer Faktor aufgefunden worden, der, Ratten parenteral verabreicht, den Glykogengehalt der Leber stark herabsetzt[6]. Während nach Adrenalinverabreichung der Glykogengehalt der Leber auf Kosten des Muskelglykogens rasch wieder ansteigt, setzt der glykogenolytische Leberfaktor nur das Leberglykogen herab, der Glykogengehalt des Muskels steigt meist sogar erheblich an[7]. Er wirkt auch bei pankreasektomierten Tieren und bei Tieren, bei denen das Nebennierenmark exstirpiert worden war. Er ist kein Protein und dialysiert leicht.

Thyroxin bzw. Thyroideapräparate verursachten bei verschiedenen Versuchstieren (Katzen, Ratten, Mäusen, Meerschweinchen, Kaninchen) ein fast völliges Verschwinden des Leberglykogens[8-12]. Die Abnahme erfolgte besonders rasch bei hungernden Tieren[13], war aber auch nach Aufnahme kohlenhydrathaltiger Nahrung sehr erheblich[8] und konnte auch durch Verabreichung sehr großer Mengen von Kohlenhydrat nicht völlig verhindert werden[11,14,15]. Ebenso wie andere Hexosen hat auch die Verabreichung von Fructose keine glykogenschützende Wirkung[15], dagegen kann der durch Thyroxin verursachte Schwund des Leberglykogens durch kombinierte Verabreichung von Fructose und Insulin aufgehalten werden[16]. Bei Versuchstieren nimmt das Leberglykogen nach Thyroxinzufuhr mit solcher Regelmäßigkeit ab, daß die Abnahme als Maß für die Wirksamkeit von Thyreoideapräparaten vorgeschlagen worden ist[9], doch ist eine direkte Proportionalität zwischen Glykogenschwund und der verabreichten Menge des Hormons nicht nachweisbar[14], und der Abbau des Glykogens erfolgt nach einer logarithmischen Kurve. Auch nach Injektion von Blut und Harn hyperthyreoider Individuen nahm der Glykogengehalt der Leber von Mäusen rasch ab[17]. In vitro jodiertes Protein (Jodalbacid) zeigte eine analoge, aber schwächere Wirkung als Thyroxin[9]. Dijodtyrosin hatte nur eine geringe Abnahme des Leberglykogens zur Folge[10,18]. Parallel mit der Abnahme des Glykogens nahm auch der Kreatingehalt des Lebergewebes ab[19]. In der Leber an Hyperthyreoidose verstorbener Menschen kann das Glykogen manchmal völlig fehlen[20]. Der Glykogenschwund betrifft nur die Leber und den Herzmuskel[21]; der Glykogengehalt des quergestreiften Muskels wird auch durch hohe Dosen von Thyroideahormon nicht[9] oder nur relativ wenig[11,13,16,19] beeinflußt. — Andererseits führt aber auch der Mangel an Schilddrüsenhormon zu einem Abfall

[1] GAEDE, K., H. FERNER u. H. KASTROP: Kli. Wo. **1950**, 388. — MURLIN, J. R.: Endocrinology **7**, 519 (1923). — [2] SUTHERLAND, E. W., and C. DE DUVE: J. biol. Ch. **175**, 663 (1948). — [3] FERNER, H.: Virchows Arch. **309**, 87 (1942). — TERBRÜGGEN, A.: Virchows Arch. **315**, 407 (1948). — [4] SAKA, M. O.: Amer. J. Physiol. **171**, 401 (1952). — [5] THOROGOOD, E., and B. ZIMMERMANN: Endocrinology **37**, 191 (1945). — [6] SOKAL, J. E.: Arch. internal Med., Chicago **75**, 324 (1945). — [7] SOKAL, J. E.: J. biol. Ch. **194**, 393 (1952). — [8] CRAMER, W., and R. A. KRAUSE: Proc. R. Soc. London (B) **86**, 550 (1913). — [9] FUKUI, T.: Pflügers Arch. **210**, 410 (1925). — [10] ROMEIS, B.: B. Z. **135**, 85 (1923). — [11] KURIYAMA, S.: Amer. J. Physiol. **43**, 481 (1917). — [12] PARHON, M.: J. Physiol. Path. gén. **15**, 75 (1913); **19**, 198 (1921). — HERRING, P. T.: Quart. J. exp. Physiol. **11**, 231 (1917). — ABELIN, J., u. J. JAFFÉ: B. Z. **102**, 39 (1920). — BURN, S. H., and H. P. MARKS: J. Physiol., London **60**, 131 (1925). — DRESEL, M.: D. m. W. **1929 I**, 259. — [13] BÖSL, O.: B. Z. **202**, 299 (1928). — [14] FRAZIER, W. D., and H. FRIEMAN: Surg., Gynec. Obstet. **60**, 27 (1935). — [15] LOESER, A.: Kli. Wo. **1934 I**, 83. — [16] KNITTEL, G.: Z. ges. exp. Med. **76**, 362 (1931). — [17] HIMMELBERGER, L. R.: Endocrinology **16**, 264 (1932). — [18] ABDERHALDEN, E., u. E. WERTHEIMER: Pflügers Arch. **219**, 588 (1928). — [19] ABELIN, I., u. W. SPICHTIN: B. Z. **228**, 250 (1930). — [20] LICHTMAN, S. S.: Diseases of the Liver, Gall Bladder and Bile Ducts. S. 929. Philadelphia 1953. — [21] LAWRENCE, R. D., and R. A. MCCANCE: Biochem. J. **25**, 570 (1931).

des Leberglykogens[1]. Thyreoektomierte Schafe und Meerschweinchen enthielten nur 40—50% des Leberglykogengehalts normaler Kontrolltiere, während der Glykogengehalt der Muskulatur nur wenig verändert war[2]. Es scheint also, daß die von der normalen Schilddrüse produzierte Hormonmenge für die Bildung und Erhaltung des Leberglykogens optimal ist (Wirkungsmechanismus des Thyroxins vgl. S. 328, 443—447; s. a. Bd. 2/2b).

So wie das Thyroideahormon selbst, so bewirkt auch das *thyreotrope Hormon der Hypophyse* eine Abnahme des Leberglykogens[3]. Schon eine einmalige intraperitoneale Injektion von thyreotroper Substanz setzte innerhalb von 2 Std den Glykogengehalt der Rattenleber auf $^1/_3$ herab[4]. War die Thyroidea vorher ektomiert worden, so blieb die glykogensenkende Wirkung des gereinigten thyreotropen Hormons aus[4].

Neben dem thyreotropen Hormon bildet der Hypophysenvorderlappen auch andere Faktoren, die eine Verminderung des Leberglykogengehalts bewirken. Alkalische Extrakte des Hypophysenvorderlappens bewirken eine starke Zunahme des Leberfettgehalts, die von einer Abnahme der Menge des Leberglykogens begleitet ist. Diese Wirkung bleibt auch nach Entfernung der Schilddrüse, des Nebennierenmarks und nach Durchschneidung der Nervi splanchnici bestehen[5].

Da die in der *Nebennierenrinde* gebildeten Steroidhormone für die Neubildung von Glykogen aus Aminosäuren notwendig sind, sinkt der Leberglykogengehalt bei kohlenhydratfrei ernährten adrenektomierten Tieren rasch ab[6]. Durch Verabreichung von Nebennierenrindenextrakten kann diese Glykogenverarmung der Leber normalisiert und bei gut ernährten Normaltieren eine beträchtliche Steigerung des Leberglykogens erzielt werden. Die Fähigkeit der Nebennierenrindenhormone, den Glykogenansatz der Leber von Versuchstieren zu steigern, kann zur Testung der Nebennierenrindenpräparate verwendet werden[7].

13. Phlorrhizindiabetes und Leberglykogen.

Ebenso wie der Pankreasdiabetes, trotz stark gesteigerter Neubildung von Glykogen aus Eiweiß, zu einer Senkung des Glykogenbestandes der Leber führt, hat auch eine Senkung der Nierenschwelle für Glucose und das dadurch bewirkte Abströmen der Glucose in den Harn einen rascheren Abbau des Leberglykogens zur Folge[8–10]. Hungernde, mit Phlorrhizin vergiftete Ratten enthielten weit weniger Leberglykogen als die gleich lang hungernden Kontrolltiere[11]. Beim phlorrhizinvergifteten Hund konnte eine Abnahme des Leberglykogens bis auf 0,02% nachgewiesen werden[9,12]. Völliges Verschwinden des Leberglykogens wird jedoch kaum jemals beobachtet[8], da das Leberglykogen rasch aus Aminosäuren

[1] Pende, N.: Boll. Soc. ital. Biol. sperim. **3**, 192 (1928) [Ber. Physiol. **47**, 465]. Endocrinology **1**, 161 (1928). — [2] Parhon, M.: J. Physiol. Path. gén. **15**, 75 (1913); **19**, 198 (1921). — [3] Loeser, A.: Kli. Wo. **1934 I**, 83. — [4] Eitel, H., G. Löhr u. A. Loeser: A. e. P. P. **173**, 205 (1933). — [5] Foglia, V. G., et P. Mazzocco: C. R. Soc. Biol. **127**, 150 (1938). — [6] Porges, O.: Z. klin. Med. **70**, 243 (1910). — Kahn, R. H., u. E. Starkenstein: Pflügers Arch. **139**, 181; **140**, 325 (1911). — Kahn, R. H.: Pflügers Arch. **144**, 251, 396 (1912). — [7] Reinecke, R. M., and E. C. Kendall: Endocrinology **31**, 573 (1942). — Olson, R. E., F. A. Jacobs, D. Richert, S. A. Thayer, L. J. Kopp and N. J. Wade: Endocrinology **35**, 430 (1944). — Olson, R. E., S. A. Thayer and L. J. Kopp: Endocrinology **35**, 464 (1944). — Dorfman, R. I., E. Ross, R. A. Shipley, A. S. Dorfman, E. Buchwald and M. Birnbaum: Endocrinology **38**, 178 (1946). — Eggleston, N. M., B. J. Johnston and K. Dobriner: Endocrinology **38**, 197 (1946). — Dorfman, R. I., R. A. Shipley, E. Ross, S. Schiller and B. N. Horwitt: Endocrinology **38**, 189 (1946). — [8] Mering, I. v.: Z. klin. Med. **14**, 405 (1888); **16**, 431 (1889). — [9] Külz, E., u. A. E. Wright: Z. Biol. **27**, 181 (1890). — [10] Prausnitz, W.: Z. Biol. **29**, 168 (1892). — Bendix, E.: H. **32**, 479 (1901). — [11] Lawrence. R. D., and R. A. McCance: Biochem. J. **25**, 570 (1931). — [12] Junkersdorf, P., u. H, Mischnat: Pflügers Arch. **224**, 150 (1930).

regeneriert wird. Erfolgt der Glykogenabbau aber so rasch daß die Glykoneogenese überrundet wird, so führt die den Glykogenmangel begleitende schwere Acidose meist schon vor Verschwinden der letzten Glykogenreste zum Tode[1].

14. Die Glykogenspeicherkrankheit (v. GIERKEsche Erkrankung)[2] (s. a. S. 54; Bd. 2/1, S. 766).

Unter diesem Namen werden fermentative Störungen des Glykogenstoffwechsels zusammengefaßt, bei denen der Abbau des Glykogens nicht in normalem Ausmaß erfolgt und bei denen es daher zu einer Ansammlung großer Mengen von Glykogen (oft bis 10% des Frischgewichts) in der Leber kommt. Diese Stoffwechselerkrankungen kommen meist angeboren vor. Neben der Leber zeigen auch andere Organe, vor allem die Niere, daneben aber auch Herz, Skeletmuskel und Gehirn, nicht aber die Milz, eine Glykogenvermehrung. In der Leber sammelt sich das Glykogen in den Parenchymzellen an, nur ausnahmsweise wurde auch in den KUPFFERschen Sternzellen eine Glykogenanreicherung gefunden[3]. Die Ansammlung des Glykogens, zusammen mit den von ihm gebundenen Wassermengen, führt zu einer in schweren Fällen oft sehr erheblichen Vergrößerung der Leber. Da der Abbau des Leberglykogens verlangsamt oder aufgehoben ist, wird das Blut von der Leber her nicht mit Glucose versorgt, der Nüchternblutzuckerwert sinkt ab[4]. Andererseits können die Leberzellen die im Glykogen festgelegte Glucose auch nicht zu Pyruvat abbauen und nicht zur Deckung ihres eigenen Energiebedarfs verwenden. Es kommt daher zu einer kompensatorischen Steigerung des Fettabbaues in der Leber, die zu Lipämie[5] und infolge des gleichzeitig bestehenden Pyruvatmangels zu Ketonämie und Ketonurie führt. Der Glykogenabbau kann bei der v. GIERKEschen Erkrankung auch durch Adrenalin nicht in Gang gebracht werden, der starke Anstieg des Blutzuckers, der bei Normalen nach Adrenalininjektion eintritt, bleibt bei dieser Erkrankung aus[6]. Auch der hyperglykämisierende Pankreasfaktor (Glucagon) beeinflußt, intravenös injiziert, den Blutzuckergehalt bei der Glykogenspeicherkrankheit nicht[7]. Da die durch Insulin ausgelöste Steigerung des peripheren Glucoseabbaues nicht durch den Abbau von Leberglykogen und Ausschüttung von Glucose in das Blut kompensiert werden kann, besteht bei dieser Erkrankung eine abnorme Empfindlichkeit gegen Insulin; schon kleine Insulindosen können einen hypoglykämischen Schock zur Folge haben[2]. Nicht nur der Abbau, sondern auch die Bildung des Glykogens aus der Glucose des Pfortaderbluts scheint verlangsamt zu sein; nach Glucoseverabreichung aufgenommene Blutzuckerkurven zeigen bei der Erkrankung abnormen und meist verlängerten Verlauf[5]. Die Umwandlung von Galaktose in Glucose erfolgt bei der Glykogenspeicherkrankheit dagegen mit normaler Geschwindigkeit, und die Galaktoseprobe gibt ein normales Ergebnis[5]. Fructosebelastung führte zu einem raschen Anstieg des Blutzuckers, der eine verzögerte Umwandlung von Fructose in Glykogen vermuten läßt[8].

Die Glykogenspeicherkrankheit ist nicht durch eine Verschiedenheit der Struktur des Leberglykogens bedingt. Messungen des Verzweigungsgrades und der Länge der Polysaccharidketten, die an Leberglykogen bei 10 Fällen dieser Erkrankung durchgeführt wurden, ergaben bei 8 Fällen eine normale Struktur des Leberglykogens, bei 2 Fällen konnte ein abnormer Bau (einmal Fehlen und

[1] MARUM, A.: Hofmeisters Beitr. **10**, 105 (1907). — [2] GIERKE, E. v.: Beitr. path. Anat. **82**, 497 (1929). — FRANK, E.: Pathologie des Kohlehydratstoffwechsels. Basel 1949. — [3] WACHSTEIN, M.: Amer. J. med. Sci. **214**, 401 (1947). — [4] WAGNER, R., u. J. K. PARNAS: Z. ges. exp. Med. **25**, 361 (1921). — [5] RAUH, L., and C. ZELSON: Amer. J. Dis. Children **47**, 808 (1934). — [6] MANTER, W. B., and R. O. BOWMAN: Amer. J. Dis. Children **66**, 404 (1943). — [7] HUBBLE, D.: Lancet **266**, 235 (1954). — [8] ELLIS, R. W. B., and W. W. PAINE: Quart. J. Med. **5**, 31 (1936).

das andere Mal abnorme Verlängerung der Seitenketten) des Glykogenmoleküls nachgewiesen werden[1]. Glykogen von Fällen von Glykogenspeicherkrankheit zeigte die gleiche spezifische Drehung, bestand ebenso wie normales Leberglykogen ausschließlich aus Glucoseresten und wurde von Brei aus normalen Lebern, nicht aber von Brei aus der erkrankten Leber selbst, abgebaut[2]. Diese Versuche zeigen, daß die Störung, die die Krankheit verursacht, in einer Insuffizienz des Fermentsystems liegen muß, das beim Normalen das Glykogen in Glucose umwandelt. Analog wie in der Leber des Fetus ist also auch in der Leber des an der Glykogenspeicherkrankheit erkrankten Kindes das glykogenabbauende Fermentsystem nicht (oder noch nicht) komplett. Da bei der Glykogenspeicherkrankheit vor allem der *Abbau* des Glykogens gestört ist, muß die Störung eines der Fermente betreffen, die nur an der Spaltung, nicht aber an der Bildung des Glykogens beteiligt sind. Dies ist bei der Glucose-6-phosphatase und bei der Amylo-1,6-glucosidase der Fall. Von den 6 Fällen von v. GIERKEscher Erkrankung, in denen das glykogenabbauende Fermentsystem bisher untersucht worden ist, war in 4 Fällen die Glucose-6-phosphatase nicht vorhanden oder ihre Wirksamkeit stark vermindert. Die Struktur des Glykogens war in diesen Fällen normal. Bei einem anderen Fall, bei dem die Seitenketten des Glykogens fehlten, das Glykogen also die Struktur eines Grenzdextrins hatte, ist ein Ausfall der Amylo-1,6-glucosidase zu vermuten[3]. Auch Fälle, bei denen das Glykogen nicht nur in der Leber, sondern auch in anderen Organen vermehrt ist, können nicht durch einen Ausfall der Glucose-6-phosphatase allein verursacht sein. Bei manchen Fällen ist eine Verminderung der alkalischen Phosphatase festgestellt worden[4]. Daraus geht hervor, daß das Ausfallen *verschiedener* Einzelfermente des glykogenolytischen Fermentsystems den klinischen Symptomkomplex der Glykogenspeicherkrankheit zur Folge haben kann.

Außer der Leber enthält bei der Glykogenspeicherkrankheit oft auch die Muskulatur erheblich vermehrte Glykogenmengen. So wurde z.B in einem Fall in der Muskulatur 5% (in der Leber 8%) Glykogen nachgewiesen. Auch ein „kardialer Typ“ der Erkrankung mit besonders starker Glykogenvermehrung im Myokard wurde beschrieben[5].

β) Bildung und Abbau des Leberglykogens.

1. Die Struktur des Leberglykogens in Beziehung zu seiner biologischen Funktion.

Die Funktion des Leberglykogens als rasch mobilisierbare Energiereserve wird durch die baumartige Verästelung[6] des Glykogenmoleküls ermöglicht (vgl. Bd. 1, S. 338). Das Glykogenmolekül beginnt mit einem Glucoserest mit freier reduzierender Aldehydgruppe (dem Stamme des Baumes entsprechend), während sich an den Enden der Verzweigungen Glucosereste befinden, die mit dem Acetalhydroxyl an die Polysaccharidkette gebunden sind. Der Abbau des Glykogenmoleküls beginnt an diesen nicht reduzierenden Endgruppen, deren Anzahl im Glykogenmolekül auf etwa 500 je 1 Million Molekulargewicht berechnet werden kann. Der Abbau eines Glykogenmoleküls kann also gleichzeitig an einer großen Anzahl von Seitenketten beginnen. Die rasche Freisetzung großer Glucosemengen wird dadurch erleichtert.

[1] ILLINGWORTH, B., and G. T. CORI: J. biol. Ch. **199**, 653 (1952). — [2] SCHÖNHEIMER, R.: H. **182**, 148 (1929). Kli. Wo. **1932 II**, 1793. — [3] CORI, G. T., and C. F. CORI: J. biol. Ch. **199**, 661 (1952). — [4] THANNHAUSER, S. J., S. Z. SORKIN and N. F. BONCODDO: J. clin. Invest. **19**, 681 (1940). — [5] FORBES, G. B.: J. Pediatr. **42**, 645 (1953). — [6] MEYER, K. H. P. BERNFELD, R. A. BOISSONNAS, P. GÜRTLER and G. NOELTING: J. physic. Colloid. Chem **53**, 319 (1949).

Die baumartige Verzweigung der Polysaccharidkette (Schema C)) bewirkt eine automatische Bremsung des Glykogenabbaues: Je mehr das Glykogenmolekül abgebaut wird, desto geringer wird die Anzahl der Endverzweigungen, die der Fermentwirkung ausgesetzt sind und desto langsamer wird die Glucose aus dem Glykogenmolekül freigesetzt. Andererseits können Glucosereste rascher angelagert werden, wenn kurz vorher bereits einmal Glucose gegeben worden ist und die Moleküle des Leberglykogens neue Seitenketten angesetzt haben. Bildung und Abbau des Leberglykogens erfolgen in Form logarithmischer Kurven.

Die Anzahl der Endverästelungen (im Schema C sind es 8) ist gleich der Anzahl der interbranchialen, zwischen zwei Verzweigungsstellen stehender Kettenstücke plus 2. Bei großen Molekülen kann die Anzahl der interbranchialen Kettenstücke der Anzahl der Endverzweigungen gleichgesetzt werden, und die Gesamtzahl der unverzweigten Kettenstücke des Moleküls ist dann doppelt so groß wie die Anzahl der Endgruppen. Entfällt in einem Glykogenmolekül eine terminale Gruppe z.B. auf 12 Monosaccharidreste, so beträgt die durchschnittliche Länge der unverzweigten Stücke der Polysaccharidkette 6 Monosaccharidreste. Meist sind jedoch die terminalen Kettenstücke etwas länger, die interbranchialen Stücke etwas kürzer als der Durchschnittswert.

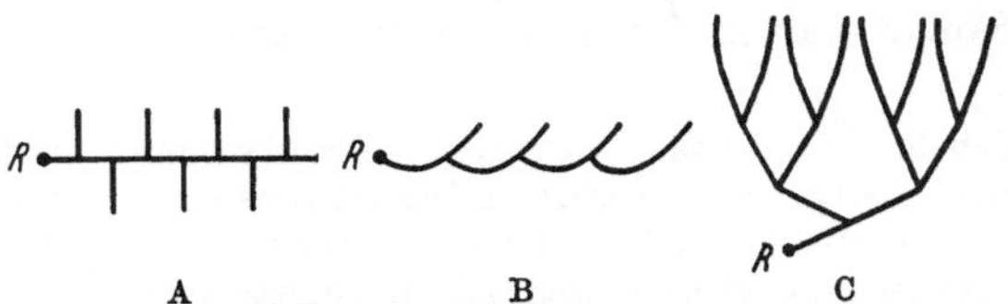

Abb. 9. Struktur verzweigter Polysaccharide. (A) *Kammstruktur:* Von einer Hauptkette geht eine größere Anzahl unverzweigter Seitenketten ab. Die Hauptkette beginnt mit einem reduzierenden Monosaccharidrest (*R*), an allen anderen Endigungen des Polysaccharidmoleküls stehen nichtreduzierende (d.h. am C_1-Atom gebundene) Monosaccharidreste. (B) *Girlandenstruktur:* An die erste (mit einem reduzierenden Monosaccharidrest beginnende) Polysaccharidkette ist eine zweite, an diese eine dritte, vierte usw. Polysaccharidkette gebunden. Jede Polysaccharidkette verzweigt sich nur einmal. (C) *Baumstruktur:* Von der Hauptkette gehen Seitenketten aus, die sich selbst wieder verzweigen, so daß Seitenketten zweiter, dritter, vierter Ordnung usw. entstehen. Die Anzahl der Seitenketten wächst dabei in geometrischer Reihe mit den Potenzen von 2. Die Struktur des Leberglykogens entspricht dem Schema C.

Der Beweis für die baumartige Verästelung der Polysaccharidketten im Glykogenmolekül, wobei jeder Ast des Polysaccharidmoleküls sich wieder in 2 neue Äste teilt[1], ergibt sich aus dem autokatalytischen Verlauf der fermentativen Glykogensynthese in der Leber[2]: Mit zunehmender Größe des Glykogenmoleküls findet die Phosphorylase immer mehr Ansatzpunkte für die Anlagerung neuer Glucosereste, ihre Wirkung wird daher immer stärker[3], und die Anlagerung der Glucosereste erfolgt immer rascher. Andererseits wird beim Abbau des Glykogenmoleküls die Wirkung des abbauenden Ferments verlangsamt, weil mit dem stufenweisen Abbau der Seitenketten die Zahl der fermentativ angreifbaren Endgruppen des Polysaccharidmoleküls immer kleiner wird. Die früheren Annahmen einer Kammstruktur[4] (wobei zahlreiche unverzweigte Seitenketten von einer gemeinsamen Hauptkette abgehen) oder einer Girlandenstruktur[5] (wobei aus jeder Polysaccharidkette immer nur eine Seitenkette entspringt) vermögen das funktionelle Verhalten des Leberglykogens nicht zu erklären. Auch hat das nach Abbau des Glykogenmoleküls mittels β-Amylase oder Phosphorylase zurückbleibende Grenzdextrin nicht Fadenstruktur, und sein Acetat bildet auf Glasplatten keine elastischen Filme, wie dies bei Annahme eines kammartigen oder girlandenförmigen Baues des Glykogenmoleküls zu erwarten wäre[2].

Das Leberglykogen ist, wie sich aus Messungen mit der Ultrazentrifuge ergibt, in hohem Grade polydispers[6, 7]. Bestimmungen des Durchmessers von Glykogenpartikeln auf elektronenoptischem Wege ergaben Werte, die zwischen 5—15 mμ schwanken[8]. Wahrscheinlich ist die Größe der einzelnen Glykogenmoleküle

[1] MEYER, K. H.: Naturwiss. **29**, 287 (1941). — [2] LARNER, J., B. ILLINGWORTH, G. T. CORI and C. F. CORI: J. biol. Ch. **199**, 641 (1952). — [3] CORI, G. T., and C. F. CORI: J. biol. Ch. **151**, 57 (1943). — [4] STAUDINGER, H., and E. HUSEMANN: A. **527**, 195 (1937). — [5] HAWORTH, W. N.: Chem. & Industr. **17**, 917 (1939). — [6] MYSTKOWSKI, E. M.: Biochem. J. **31**, 716 (1937). — [7] BRIDGMAN, W. B.: Am. Soc. **64**, 2349 (1942). — [8] HUSEMANN, E., u. H. RUSKA: Naturwiss. **28**, 534 (1940). J. prakt. Chem. **156**, 1 (1940). — ARDENNE, M. v.: Z. physik. Chem. (A) **187**, 1 (1940).

in der Leber einem ständigen Wechsel durch dauernde Abspaltung und Anlagerung von Glucoseresten unterworfen. Außerdem ist Leberglykogen zum Teil auch in Form polymolekularer Partikel vorhanden[1]. Osmometrische Messungen an Leberglykogen von Kaninchen ergaben Durchschnittswerte zwischen 1—2 Millionen[2]. Während in der Lunge des Kaninchens[3] und in menschlicher Placenta[4] ein aus Galaktose bestehendes glykogenähnliches Polysaccharid gefunden werden konnte, ist das Leberglykogen des Menschen und der geläufigen Versuchstiere ausschließlich aus Glucoseresten zusammengesetzt. Doch konnte aus dem Leberglykogen trächtiger Rehe durch α-Amylase aus Speichel ein fructosehaltiges Disaccharid, 4-α-Glucopyranosidofructose, abgespalten werden[5].

Der Verzweigungsgrad des Leberglykogens und damit auch die relative Anzahl der Endgruppen im Molekül des Leberglykogens ist bei den verschiedenen Säugetierarten im Durchschnitt nur wenig verschieden, unterliegt aber beim selben Tier starken physiologischen Änderungen. Bestimmungen des Verzweigungsgrads von Leberglykogen wurden durch Methylierung des Glykogens und nachfolgende Hydrolyse (wobei aus den endständigen Glucoseresten je ein Molekül 2,3,4,6-Tetramethylglucose entsteht)[6-9] oder durch Oxydation mit Perjodat (wobei die endständigen Glucosereste Formaldehyd liefern)[10] durchgeführt und stimmen mit den Ergebnissen des fermentativen Abbaues des Leberglykogens gut überein. Das Ferment Amylo-1,6-glucosidase spaltet aus dem durch Phosphorylase erhaltenen Grenzdextrin die an den Abzweigungsstellen der Seitenäste des Glykogenmoleküls stehenden Glucosereste, die durch 1,6-Bindungen an die Hauptkette gebunden sind[9], in Form freier Glucose ab[11,12], die Bestimmung der von diesem Ferment aus dem Grenzdextrin freigesetzten Glucosemenge ergibt mit 2 multipliziert die Anzahl der Verzweigungsstellen des Glykogenmoleküls, aus der sich die durchschnittliche Kettenlänge der linearen Anteile des Glykogenmoleküls berechnen läßt.

Tabelle 15. Anzahl der im Leberglykogen auf eine Endgruppe entfallenden Glucosereste. [Die durchschnittliche Länge der unverzweigten Stücke des Glykogenmoleküls (ausgedrückt in Glucoseresten) entspricht der Hälfte der in der Tabelle angegebenen Zahl.]

	Methylierungsmethode	Perjodatmethode	Amylo-1,6-glucosidasemethode
Leberglykogen:			
Hund	12 [12]	12 [12]	12 [12]
Meerschweinchen .	12 [7]	13 [7]	15 [12]
Kaninchen	12 [13]	14 [7]	15 [12]
Kaninchen	18 [6]	16 [7]	—
Kaninchen	—	18 [7]	18 [7]

Wie aus Tabelle 15 ersichtlich, entfallen in den Leberglykogenen von Kaninchen, Hund und Meerschweinchen je 12—18 Glucosereste auf eine nichtreduzierende Endgruppe. Bei Annahme einer binären, baumartigen Verzweigung kann bei großen Glykogenmolekülen die Anzahl der Endverästelungen der Anzahl der interbranchialen, zwischen 2 Verzweigungsstellen stehenden Kettenstücke gleich-

[1] Mystkowski, E. M.: Biochem. J. **31**, 716 (1937). — [2] Oakley, H. B., and F. G. Young: Biochem. J. **30**, 868 (1936). — [3] Wolfrom, M. L., D. I. Weisblat and J. V. Karabinos: Arch. Biochem. **14**, 1 (1947). — [4] May, F.: Z. Biol. **95**, 614 (1934). — [5] Peat, S., P. J. P. Roberts and W. J. Whelan: Biochem. J. **51**, XVII (1952). — [6] Haworth, W. N., E. L. Hirst and F. A. Isherwood: Soc. **1937**, 577. — [7] Halsall, T. G., E. L. Hirst and J. K. N. Jones: Soc. **1947**, 1399. — [8] Meyer, K. H., et M. Fuld: Helv. **32**, 757 (1949). — [9] Barker, C. C., E. L. Hirst and G. T. Young: Nature **147**, 296 (1941). — [10] Brown, F., S. Dunstan, T. G. Halsall, E. L. Hirst and J. K. N. Jones: Nature **156**, 785 (1945). — Potter, A. L., and W. Z. Hassid: Am. Soc. **70**, 3488 (1948). — [11] Cori, G. T., and J. Larner: Fed. Proc. **9**, 163 (1950). J. biol. Ch. **188**, 17 (1951). — [12] Illingwotrh, B., J. Larner and G. T. Cori: J. biol. Ch. **199**, 631 (1952). — [13] Bell, D. J.: Biochem. J. **31**, 1683 (1937).

gesetzt werden. Die durchschnittliche Kettenlänge *aller* (der terminalen und der interbranchialen) Kettenabschnitte beträgt also 6—9 Glucosereste (vgl. das Strukturschema).

Funktionelle Änderungen der terminalen Kettenlänge des Leberglykogens. Durch die alleinige Einwirkung von Phosphorylase oder β-Amylase werden nur die äußeren Ketten des Glykogenmoleküls bis in die Nähe der äußersten Verzweigung abgebaut. Durch den Vergleich der durch diese Fermente abgespaltenen Glucosemenge mit der im Glykogen vorhandenen Anzahl endständiger Glucosereste ergibt sich die durchschnittliche Kettenlänge der terminalen Äste des Glykogenmoleküls, aus der sich durch Differenz dann auch die durchschnittliche

Tabelle 16. Länge der inneren und der äußeren Ketten des Leberglykogens in Abhängigkeit von der Ernährung und vom Alter[1].

Anzahl der Glucosereste	Anzahl der auf eine Endgruppe entfallenden Glucosereste	Durchschnittliche Länge aller linearen Kettenabschnitte	Durchschnittliche Länge in Glucose-Einheiten	
			intermediäre Kettenstücke	terminale Ausläufer
Rattenleber	12,5—13,0	6,3—6,5	3,7—4,1	8,8—8,9
Katzenleber	12,4	6,2	4,9	7,5
Kaninchenleber				
glykogenarm	12,0	6,0	4,4	7,6
glykogenreich	14,7	7,3	5,4	9,3
nach einer Hungerperiode reichliche Ernährung[2]	16,7	8,3	—	—
nach Glucoseinfusion	15,9	7,9	4,8	11,1
nach Fructoseinfusion	17,2	8,6	4,7	12,5
Meerschweinchenleber				
fetal	13,0	6,5	3,5	9,5
neugeborenes Tier	14,5	7,25	4,6	9,9
junges, ausgewachsenes Tier	15,4	7,7	5,4	10,0
Schafleber, fetal	11,5	5,8	3,3	8,2

Länge der inneren, zwischen je 2 Verzweigungsstellen liegenden linearen Kettenabschnitte berechnen läßt[2]. Die terminalen Ausläufer des Polysaccharidmoleküls sind bei allen Glykogenen und Amylopektinen länger als die inneren interbranchialen Abschnitte. Bei den bisher untersuchten Leberglykogenen bilden diese terminalen, durch alleinige Einwirkung von Phosphorylase aufspaltbaren Anteile etwa $^2/_3$—$^3/_4$ des Gesamtmoleküls (vgl. Tabelle 16). Während die Länge der inneren Kettenstücke durch die Ernährung nicht beeinflußt wird, nimmt die Länge der terminalen Ketten nach Zufuhr von Glucose zu. Kaninchenlebern mit hohem Glykogengehalt enthalten Glykogenmoleküle mit langen Endketten, während diese Endketten in glykogenarmen Lebern verkürzt sind[1]. Maßnahmen, die einen besonders raschen Ansatz von Leberglykogen bewirken, wie die intravenöse Infusion von Glucoselösungen hat eine besonders ausgiebige Verlängerung der Endketten zur Folge[2], Infusion von Fructose wirkt hierbei stärker als Infusion von Traubenzucker[2] (vgl. Tabelle 16). Es ergibt sich daraus der Schluß, daß die durch Nahrungsaufnahme verursachten, rasch eintretenden Vermehrungen des Leberglykogengehalts, zumindest zum Teil durch eine Vergrößerung bereits bestehender Glykogenmoleküle erfolgen. Umgekehrt werden bei Glucosebedarf

[1] ILLINGWORTH, B., J. LARNER and G. T. CORI: J. biol. Ch. **199**, 631 (1952). — [2] SCHLAMOWITZ, M.: J. biol. Ch. **188**, 145 (1951).

zunächst nur die terminalen Polysaccharidketten der Glykogenmoleküle verkürzt, während der Rest des Glykogenmoleküls gleichsam als Starter für einen späteren Glucoseansatz erhalten bleiben kann.

Während die Kettenlänge der terminalen Verästelungen des Glykogenmoleküls vor allem von der Ernährung beeinflußt wird, ist die Kettenlänge der inneren interbranchialen Kettenstücke vom Lebensalter abhängig. Diese zwischen je 2 Verzweigungsstellen liegenden Kettenstücke sind beim fetalen Leberglykogen kürzer als beim Glykogen des Neugeborenen, und auch während des extrauterinen Wachstums tritt eine allmähliche Verlängerung dieser Kettenstücke und damit eine Vergröberung der Verästelungsstruktur des Leberglykogens ein (vgl. Tabelle 16). Wesentliche Verschiedenheiten in der Abbaufähigkeit scheinen zwischen fetalem und adultem Leberglykogen jedoch nicht zu bestehen: Die Seitenketten des fetalen Glykogens werden ebenso wie die des adulten Leberglykogens durch Phosphorylase abgebaut und ihre Ansatzstellen durch Amylo-1,6-glucosidase von deren Hauptketten losgelöst. Wie in einem früheren Abschnitt erwähnt, beruht das Fehlen des autolytischen Abbaus des Glykogens in der fetalen Leber nicht auf Verschiedenheiten in der Struktur des Glykogens selbst, sondern auf einer noch unvollständigen Entwicklung des glykogenabbauenden Fermentsystems[1] (vgl. S. 69).

2. Die Entstehung des Leberglykogens.

Für die Bildung des Leberglykogens aus der Glucose des Blutes ist die aufeinanderfolgende Einwirkung von 4 Fermenten notwendig: Die von den Leberzellen aus dem sie umspülenden Blut aufgenommene Glucose wird in den Leberzellen durch eine spezifische *Leberglucokinase* in Glucose-6-phosphat umgewandelt. Die *Phosphoglucomutase* führt das Glucose-6-phosphat in Glucose-1-phosphat über. Die *Phosphorylase* lagert das Glucose-1-phosphat an das nichtreduzierende Ende einer präformierten Polysaccharidkette in 1-4-Bindung an. Ist die präformierte Polysaccharidkette auf diese Weise durch wiederholte Anlagerung von Glucoseresten um eine Reihe von Kettengliedern verlängert worden, so spaltet schließlich ein 4. Ferment, die *Amylo-1,4-1,6-transglucosidase*, ein Stück dieser neuentstandenen Endkette ab, pfropft es als 1,6-gebundene Seitenkette an einen zentralwärts gelegenen Glucoserest der Polysaccharidkette auf (vgl. Abb. 10) und bewirkt dadurch die verzweigte Struktur des Leberglykogens.

a) Die Phosphorylierung der Blutglucose. Die Kinase, die die aus dem Blut aufgenommene Glucose in der Leber phosphoryliert, ist für Glucose spezifisch: während die krystallisierte Hexokinase aus Hefe sowohl die Phosphorylierung von Glucose und Mannose als auch die Phosphorylierung von Fructose katalysiert, sind in der Leber 2 verschiedene Kinasen für Glucose und Fructose nachgewiesen worden[2]. Für die Wirkung der Kinasen ist die Gegenwart von Adenosintriphosphat (ATP) und Mg-Ionen notwendig; von dem ATP wird hierbei ein Phosphatrest abgespalten und auf die Hexose übertragen (Pyrophosphatasewirkung der Kinasen).

Die Phosphorylierung der Hexosen ist eine stark endotherme Reaktion, das ATP liefert nicht nur den Phosphorsäurerest, sondern auch die für seine Bindung notwendige Energie. Da die nachfolgenden Zwischenreaktionen der Glykogenbildung (Umesterung des Phosphorsäurerestes vom 6. auf das 1. C-Atom der Glucose und die Übertragung des Glucoserestes von der Phosphorsäure auf die Polysaccharidkette) nur einen geringen Energieumsatz erfordern, wird die für

[1] ADAM, N. K.: Perspectives Biochem. S. 81. — [2] CORI, G. T., and M. W. SLEIN: Fed. Proc. **6**, 245 (1947).

die Glykogenbildung aus Glucose notwendige Energie in dieser ersten Reaktion durch die Spaltung von ATP geliefert. Der vom ATP zu Beginn der Reaktionskette gelieferte Phosphorsäurerest wird nach Bindung des Glucoserestes an die Polysaccharidkette als energiearmes anorganisches Phosphat wieder freigesetzt.

Um die Umwandlung von Glucose in Glykogen durchführen zu können, muß die Leberzelle die hierfür notwendige Energie in Form von ATP bereitstellen. Besonders leicht kann die für die Bildung von ATP notwendige Energie durch die Oxydation des aus mehrbasischen Säuren im Tricarboxylsäurencyclus abgespaltenen Wasserstoffs geliefert werden. Wie an Versuchen mit dialysierten Nierenextrakten gezeigt werden konnte, fördern leicht dehydrogenierbare Substrate, wie Citrat, Succinat und Ketoglutarat, die Phosphorylierung der Glucose, während Lactat, Pyruvat, β-Oxybutyrat und Malat sich als wirkungslos erwiesen[1].

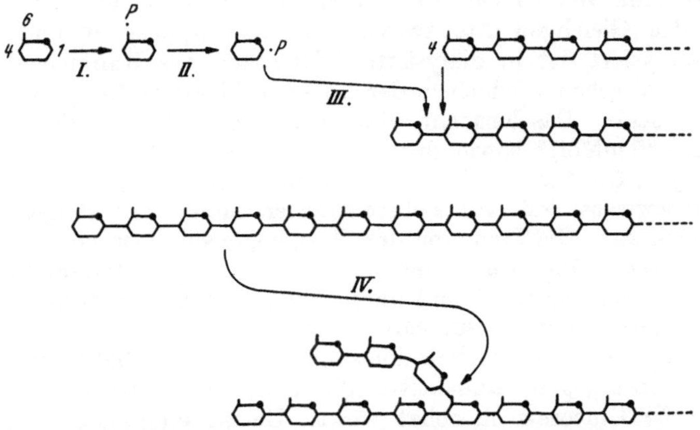

Abb. 10. Die Bildung der Verzweigungen beim Leberglykogen. Reaktion I: Ein Phosphorsäurerest wird an das C-Atom 6 der Glucose gebunden. Ferment: Glucokinase. Reaktion II: Der Phosphorsäurerest wird vom C-Atom 6 auf C-Atom 1 der Glucose übertragen. Ferment: Glucophosphomutase. Reaktion III: Das Glucose-1-phosphat reagiert mit einem endständigen Glucoserest eines vorhandenen Glykogenmoleküls. Die Polysaccharidkette dieses Starterglykogens wird um einen Glucoserest verlängert. Ferment: Phosphorylase. Die Reaktionen I—III wiederholen sich, die Polysaccharidkette wird dadurch immer mehr verlängert. Reaktion IV: Von der durch wiederholte Glucoseanlagerung stark verlängerten, aber noch unverzweigten Polysaccharidkette wird ein aus mehreren Glucoseresten bestehendes Endstück abgespalten und auf das C-Atom 6 eines zentralwärts gelegenen Glucoserestes der Polysaccharidkette aufgepfropft. Ferment: Amylotransglucosidase.

Die Hexokinasewirkung von Extrakten aus Leber und anderen tierischen Geweben (nicht aber die Wirkung von Hefe-Hexokinase) soll nach Cori durch Extrakte aus Hypophysenvorderlappen gehemmt werden, diese Hemmung wird durch Nebennierenrinde verstärkt und durch Insulin beseitigt[2], jedoch bedürfen diese Befunde noch der Bestätigung[3]. Die durch Insulin hervorgerufene Steigerung des Glucoseabbaues vermehrt andererseits auch die für die ATP-Bildung verfügbare Energiemenge und erleichtert dadurch die Phosphorylierung weiterer Glucosemoleküle. Insulin allein, besonders aber zusammen mit Glucose verabreicht, steigert die Aufnahme von radioaktivem Phosphat in das ATP der Leber[4]. Stark hemmend auf den Umsatz des ATP wirkt dagegen Phlorrhizin: die Leber gibt unter der Wirkung dieses Giftes alle verfügbare Glucose an das Blut ab,

[1] Colowick, S. P., M. S. Welch and C. F. Cori: J. biol. Ch. **133**, 359 (1940). — [2] Price, W. H., C. F. Cori and S. P. Colowick: J. biol. Ch. **160**, 633 (1945). — Price, W. H., M. W. Slein, S. P. Colowick and G. T. Cori: Fed. Proc. **5**, 150 (1946). — [3] Vgl. a. Broh-Kahn, R. H., and I. A. Mirsky: Science, N. Y. **106**, 148 (1947). — Stadie, W. C., and N. Haugaard: J. biol. Ch. **177**, 311 (1949). — Smith, R. H.: Biochem. J. **44**, XLII (1949). — Christensen, W. R., C. H. Plimpton and E. G. Ball: J. biol. Ch. **180**, 791 (1949). — Stadie, W. C., N. Haugaard and A. G. Hills: J. biol. Ch. **184**, 617 (1950). — [4] Kaplan, N. O., and D. M. Greenberg: J. biol. Ch. **156**, 525, 553 (1944).

die Glucoseverwertung in der Leber ist herabgesetzt und der nach Glucoseinjektion sonst auftretende, vermehrte Einbau von ^{32}P in das ATP wird durch dieses Gift daher völlig verhindert[1].

Eine geringere Hemmungswirkung auf die Bildung des ATP hatten auch Malonat und Fluorid. Jodacetat, das auch die anderen in der Leber ablaufenden Phosphorylierungsprozesse nicht hemmt[2], erwies sich als völlig wirkungslos auf die ATP-Bildung.

Das durch die Wirkung der Glucokinase in der Leber entstandene Glucose-6-phosphat bildet das Substrat zweier miteinander konkurrierender Fermentsysteme: es kann durch die Phosphohexoseisomerase in Fructose-6-phosphat umgewandelt und dadurch in den glykolytischen Abbauweg der Hexosen eingeführt oder aber durch die Phosphoglucomutase in Glucose-1-phosphat übergeführt und für die Bildung von Glykogen verwendet werden.

b) Die Bildung von Glucose-1-phosphat. Die Phosphoglucomutase, die die Einstellung des Gleichgewichts zwischen Glucose-6-phosphat und Glucose-1-phosphat katalysiert, ist in dialysierten Extrakten aus Kaninchenleber nachgewiesen worden, scheint jedoch in der Leber in kleinerer Menge vorhanden zu sein als im Muskel[3]. Das Ferment wird durch Mg^{++}-, Mn^{++}- oder Co^{++}-Ionen[4] (Optimum 5—25 mMol)[5] sowie durch Cystein aktiviert und durch Fluorid[5], K^{+}, Ca^{++}, Hg^{++}, Cu^{++} (s.[4]) gehemmt. Sein p_H-Optimum liegt bei 7,5 (s.[5]). Die Phosphomutasewirksamkeit von Leberextrakten nimmt mit steigender Temperatur sehr stark zu[3]. Die Trennung der Phosphoglucomutase von den sie begleitenden Fermenten erfolgt durch Behandlung mit 0,4-gesättigtem Ammonsulfat (Aussalzen der Phosphorylase) und durch halbstündiges Erwärmen auf 52° bei p_H 5,2 (Inaktivierung der Phosphohexoseisomerase)[6].

Das gereinigte Ferment enthält Phosphat, das durch Dialyse nicht entfernt werden kann, aber gegen radioaktives Phosphat ausgetauscht wird, wenn das Ferment auf ^{32}P-Glucose-1-phosphat wirkt. Die so entstandene ^{32}P-Phosphoglucomutase verlor ihre Radioaktivität nicht durch Dialyse, wohl aber bei

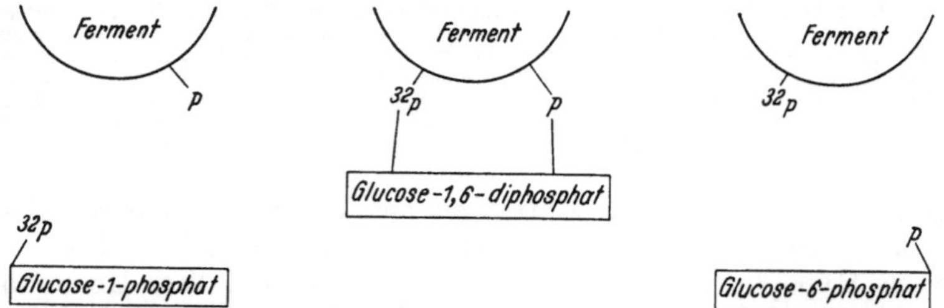

Abb. 11. Die Phosphoglucomutase enthält Phosphat, das bei der Wirkung des Ferments auf Glucose-1-phosphat an das C-Atom 6 der Glucose angelagert wird, während das Ferment gleichzeitig den am 1-C-Atom gebundenen Phosphatrest von der Glucose abspaltet und bindet. Der umgekehrte Vorgang spielt sich bei der Umwandlung von Glucose-6-phosphat in Glucose-1-phosphat ab. Dieser Austausch der Phosphatreste kann durch Markierung der Phosphatreste mit ^{32}P nachgewiesen werden.

der Einwirkung auf nicht radioaktives Glucosephosphat. Daraus geht hervor, daß die Wirkungsweise des Ferments darin besteht, daß es die Phosphatgruppen der Glucosemonophosphate vorübergehend bindet. Durch Spaltung der so entstandenen Glucose-diphospho-Fermentverbindung kann dann entweder Glucose-1-phosphat oder Glucose-6-phosphat entstehen[4] (vgl. das Schema Abb. 11). Dementsprechend wird die Interkonversion der Glucosemonophos-

[1] Kaplan, N. O., and D. M. Greenberg: J. biol. Ch. **156**, 525, 553 (1944). — [2] Klinghoffer, K. A.: J. biol. Ch. **126**, 201 (1938). — [3] Cori, G. T., S. P. Colowick and C. F. Cori: J. biol. Ch. **123**, 375 (1938). — [4] Jagannathan, V., and J. M. Luck: J. biol. Ch. **179**, 561, 569 (1949). — [5] Najjar, V. A.: J. biol. Ch. **175**, 281 (1948). — [6] Colowick, S. P., and E. W. Sutherland: J. biol. Ch. **144**, 423 (1942).

phate durch die Anwesenheit kleiner Mengen von Glucose-1,6-diphosphat beschleunigt[1,2].

Die durch die Phosphoglucomutase katalysierte Reaktion ist reversibel, das Gleichgewicht tritt (unabhängig von dem p_H) dann ein, wenn etwa 5,5% des gesamten Glucosemonophosphats als Glucose-1-phosphat und 94,5% als Glucose-6-phosphat vorhanden ist[3,4]. Trotz der für die Bildung des Glucose-1-phosphats ungünstigen Lage des Gleichgewichts kann die Glykogenbildung aus Glucose-6-phosphat durch die Einwirkung von Phosphoglucomutase und Phosphorylase auch in vitro demonstriert werden, wenn man die Konzentration des Phosphats niedrig hält[4]. In analoger Weise wird auch während der Glykogenbildung in vivo das durch die Wirkung der Phosphorylase freigesetzte Phosphat sofort an ATP gebunden und die Umwandlung des Glucose-1-phosphats in Glykogen sowie die Umwandlung von Glucose-6-phosphat in Glucose-1-phosphat dadurch in Gang erhalten. Auch hier erscheint die Bildung des ATP als der Motor, der die Umwandlung des Blutzuckers in Glykogen antreibt (vgl. das beistehende Schema).

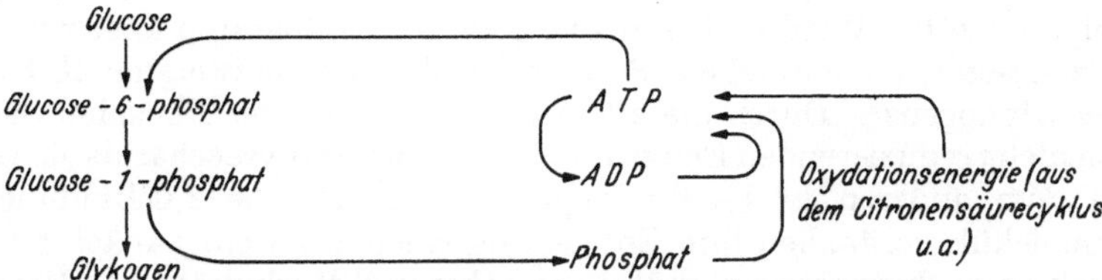

Abb. 12. Der Energiebedarf der Glykogenbildung aus Glucose wird durch den Abbau von Adenosintriphosphat zu Adenosindiphosphat gedeckt. Der aus dem ATP freigesetzte Phosphorsäurerest wird hierbei endergonisch an Glucose gebunden, die nachfolgenden Reaktionen, d. i. die Umwandlung in Glucose-1-phosphat und der Austausch der Bindung an Phosphat gegen die Bindung an die Glucosidkette des Glykogens, gehen dann ohne größeren Energieumsatz vor sich.

c) Die Bildung unverzweigter Polyglucosidketten. Die in Leber, Muskel, Hefe und anderen glykogenbildenden Zellen nachweisbare Phosphorylase, die in Gegenwart von anorganischem Phosphat und Adenylsäure Glykogen in Glucose-1-phosphat aufspaltet[5,6], kann umgekehrt auch aus Glucose-1-phosphat Glykogen bilden[6,7]. Die Richtung, die die Reaktion nimmt, ist von der relativen Konzentration von anorganischem Phosphat bzw. Glucose-1-phosphat abhängig, überschüssiges Phosphat steigert den Abbau, Glucose-1-phosphat die Bildung des Glykogens. Das Ferment konnte aus der Leber von Kaninchen, Katze und Ratte dargestellt werden. In vitro bildet die Phosphorylase aus Glucose-1-phosphat ein Polysaccharid, das in seinen Eigenschaften (Opaleszenz der Lösung, Braunfärbung mit Jod, Resistenz gegen Alkali, Fällbarkeit durch 50%igen Alkohol,

[1] Sutherland, E. W., T. Z. Posternak and C. F. Cori: J. biol. Ch. **179**, 501 (1949). — Paladini, A. C., R. Caputto, L. F. Leloir, R. E. Trucco and C. E. Cardini: Arch. Biochem. **23**, 55 (1949). — Leloir, L. F., R. E. Trucco, C. E. Cardini, A. C. Paladini and R. Caputto: Arch. Biochem. **24**, 65 (1949). — Repetto, O. M., R. Caputto, C. E. Cardini, L. F. Leloir and A. C. Paladini: Cienc. e Invest. **5**, 175 (1949). — Posternak, T.: J. biol. Ch. **180**, 1269 (1949). — [2] Cardini, C. E., A. C. Paladini, R. Caputto, L. F. Leloir and R. E. Trucco: Arch. Biochem. **22**, 87 (1949). — Sutherland, E. W., M. Cohn, T. Posternak and C. F. Cori: J. biol. Ch. **180**, 1285 (1949). — [3] Klinghoffer, K. A.: J. biol. Ch. **126**, 201 (1938). — [4] Colowick, S. P., and E. W. Sutherland: J. biol. Ch. **144**, 423 (1942). — [5] Cori, C. F., S. P. Colowick and G. T. Cori: J. biol. Ch. **121**, 465 (1937). — Ostern, P., and E. Holmes: Nature **144**, 34 (1939). — Cori, G. T., S. P. Colowick and C. F. Cori: J. biol. Ch. **127**, 771 (1939). — [6] Kiessling, W.: B. Z. **302**, 50 (1939). — [7] Cori, C. F., G. Schmidt and G. T. Cori: Science, N. Y. **89**, 464 (1939). — Cori, G. T., C. F. Cori and G. Schmidt: J. biol. Ch. **129**, 629 (1939). — Ostern, P., D. Herbert and E. Holmes: Biochem. J. **33**, 1858 (1939). — Schäffner, A., u. H. Specht: Naturwiss. **26**, 494 (1938). — Hanes, C. S.: Proc. R. Soc. London (B) **129**, 174 (1940).

kein Reduktionsvermögen, Hydrolysierbarkeit zu Glucose) mit natürlichem Glykogen übereinstimmt[1]. Die Glykogenbildung erfolgt hierbei in der Weise, daß das Glucose-1-phosphat gespalten und der Glucoserest an eines der nicht reduzierenden Enden eines bereits vorhandenen Glykogenmoleküls gebunden wird. Eine der Seitenketten des Glykogenmoleküls wird auf diese Weise um einen Glucoserest verlängert (vgl. Abb. 10).

Für die Umwandlung von Glucose-1-phosphat in Glykogen ist daher die Gegenwart präformierter Glykogenmoleküle notwendig. In vitro ist der Zusatz von Glykogen oder Stärke als „Startersubstanz" erforderlich, um die Glykogenbildung in Gang zu bringen. In analoger Weise bilden glykogenreiche Lebern oder daraus hergestellte Schnitte[2] bei Zufuhr von Glucose rasch weiteres Glykogen, während glykogenarme Lebern verabreichte Glucose nur langsam in Glykogen umwandeln können.

d) Die Entstehung der Seitenketten des Glykogenmoleküls. Bei der Einwirkung gereinigter Präparate von Phosphorylase auf Glucose-1-phosphat bildet sich in Gegenwart eines Starterpolysaccharids ein amyloseartiges Polysaccharid mit unverzweigter Kette. Werden diesen Phosphorylasepräparaten aber rohe Leberextrakte zugesetzt, so entstehen Polysaccharide mit verzweigten Ketten vom Typus des Glykogens[3]. Durch die alleinige Einwirkung der Phosphorylase wird also an die nicht reduzierenden Endgruppen des Starterpolysaccharids ein Glucoserest nach dem anderen in 1,4-Bindungen angelagert; die 1,6-Bindungen des Glykogenmoleküls verdanken ihre Entstehung einem zweiten, zunächst in rohen Leberextrakten nachgewiesenen, später aus Leber und Muskulatur von Ratten rein dargestellten „Verzweigungsferment".

Die Wirkungsweise dieses Ferments wurde an Glykogen aus Rattenleber, das in den Glucoseresten seiner Endverzweigungen (nicht aber in den im Inneren des Moleküls befindlichen Glucoseresten) mit ^{14}C markiert war, studiert. Zur Herstellung dieses Glykogens wurden die Endverzweigungen normalen Leberglykogens zunächst durch Einwirkung von Phosphorylase in Gegenwart anorganischen Phosphats verkürzt und sodann in Gegenwart von ^{14}C-markiertem Glucose-1-phosphat durch Einwirkung des gleichen Ferments wieder ergänzt. Die radioaktiven Glucosereste waren in den Endketten des so hergestellten Glykogens sämtlich in 1-4-Stellung gebunden. Durch die Wirkung des Verzweigungsferments wurde ein Teil dieser in den Endketten enthaltenen, 1-4-gebundenen Glucosereste in 1-6-Stellung übergeführt. Das Ferment kann also als eine Amylo-(1,4-1,6)-transglucosidase bezeichnet werden.

Die Gegenwart anorganischen Phosphats ist für die Wirkung des Verzweigungsferments nicht notwendig. Das Ferment wirkt nur auf Glykogenmoleküle, deren Endketten eine bestimmte Mindestlänge haben; das aus der Leber hergestellte Verzweigungsferment wirkte z. B. auf Glykogen mit 11—12 Glucoseresten je Endkette, konnte aber bei Glykogen mit kürzeren Endketten (z. B. mit 6 Glucoseresten je Endkette) keine weitere Verzweigung mehr bewirken[3]. Das Ferment spaltet von den durch vorausgegangene Phosphorylasewirkung verlängerte Endverzweigungen des Glykogens kurze, nur aus wenigen Glucoseresten bestehende Kettenstücke ab und pfropft sie als Seitenketten in 1,6-Bindungen wieder auf

---

[1] Cori, G. T., and C. F. Cori: J. biol. Ch. **135**, 733 (1940). — Bear, R. S., and C. F. Cori: J. biol. Ch. **140**, 111 (1941). — Green, A. A., G. T. Cori and C. F. Cori: J. biol. Ch. **142**, 447 (1942). — Green, A. A., G. T. Cori and J. L. Oncley: J. biol. Ch. **151**, 21 (1943). — Cori, G. T., and A. A. Green: J. biol. Ch. **151**, 31 (1943). — Cori, G. T., and C. F. Cori: J. biol. Ch. **151**, 57 (1943). — [2] Kerly, M., and J. H. Ottaway: J. Physiol., London **123**, 516 (1954). — [3] Larner, J., B. Illingworth, G. T. Cori and C. F. Cori: J. biol. Ch. **199**, 641 (1952).

die Endverzweigungen auf (vgl. Abb. 10, S. 85). Ein analoges, als *Q-Enzym* bezeichnetes, in krystallisierter Form dargestelltes Ferment[1] bewirkt die Verzweigung des Amylopektinmoleküls in der Pflanzenzelle[2, 3].

3. Der Abbau des Leberglykogens zu Glucose.

Im Gegensatz zu früheren Annahmen erfolgt der Abbau des Leberglykogens nicht unter Mitwirkung von Amylase; Maltose oder Dextrine von wechselnder Kettenlänge, wie sie bei der Einwirkung tierischer Amylasen auf Leberglykogen

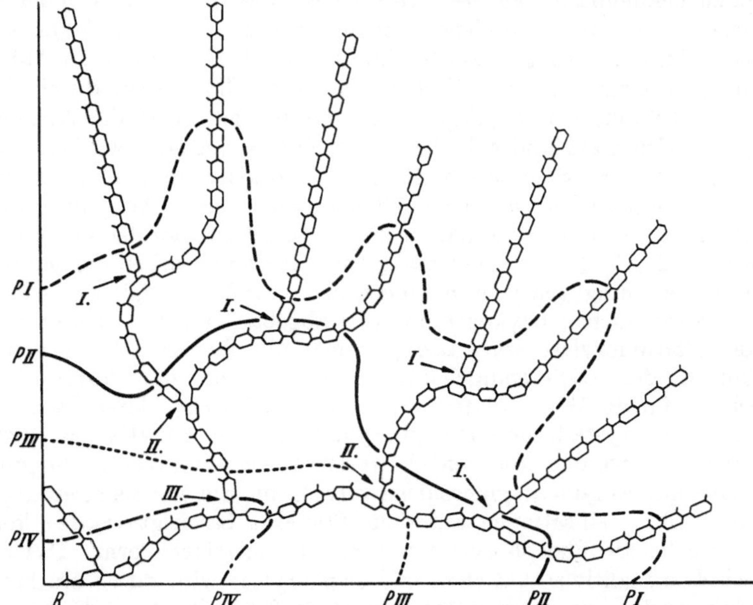

Abb. 13. Der stufenweise Abbau des Leberglykogens. P I: Erste Einwirkung der Phosphorylase. Die terminalen Ketten des Glykogens werden so abgebaut, daß von den Seitenverzweigungen nur der 1-6-gebundene erste Glucoserest (oberhalb der Pfeile) und von den Hauptketten je 6 Glucosereste (von der letzten Verzweigungsstelle an gerechnet) zurückbleiben. Das entstehende Grenzdextrin ist mit einer gestrichelten Linie eingerahmt. A I: Erste Einwirkung der Amylo-1,6-glucosidase. Die durch die vorherige Einwirkung der Phosphorylase bloßgelegten 1-6-gebundenen Glucosereste werden losgelöst und dadurch ein weiteres Fortschreiten der Phosphorylasewirkung ermöglicht. (Pfeil I.) P II: Zweite Einwirkung der Phosphorylase. Wieder werden die Seitenketten bis auf einen Glucoserest, die Hauptketten bis auf etwa 6 Glucosereste verkürzt; das entstehende Grenzdextrin ist durch eine fette Linie eingerahmt. A II: Durch abwechselnde Einwirkung der Amylo-1,6-glucosidase (Pfeile II und III) und der Phosphorylase (punktierte und strichpunktierte Grenzlinie) wird das Glykogenmolekül Stufe für Stufe abgebaut. Die Menge der freigesetzten Glucosemoleküle nimmt hierbei in geometrischer Reihe ab.

in vitro entstehen[4], treten beim Abbau des Glykogens in der Leberzelle nicht auf. Der Abbau des Leberglykogens erfolgt vielmehr über die Glucose-phosphorsäureester[5], und zwar durch eine Umkehrung der bei der Glykogenbildung ablaufenden Reaktionskette[6], wobei ebenso wie bei der Glykogensynthese 4 Fermente: Phosphorylase und Amylo-1,6-glucosidase, Phosphoglucomutase und Gluco-6-phosphatase nacheinander in Aktion treten (s. Abb. 13).

[1] Gilbert, G. A., and A. D. Patrick: Biochem. J. **51**, 181 (1952). Nature **165**, 573 (1950). — [2] Bernfeld, P., et A. Meutémédian: Helv. **31**, 1735 (1948). — [3] Barker, S. A., E. J. Bourne, I. A. Wilkinson and S. Peat: Soc. **1950**, 84, 93. — Barker, S. A., E. J. Bourne, S. Peat and I. A. Wilkinson: Soc. **1950**, 3022. — Barker, S. A., E. J. Bourne and I. A. Wilkinson: Soc. **1950**, 3027. — Hobson, P. N., W. J. Whelan and S. Peat: Soc. **1950**, 3566. — Bailey, J. M., and W. J. Whelan: Soc. **1950**, 3573. — Hobson, P. N., W. J. Whelan and S. Peat: Soc. **1951**, 596. — [4] Carruthers, A.: J. biol. Ch. **108**, 535 (1935). — Somogyi, M.: J. biol. Ch. **124**, 179 (1938). — [5] Cori, G. T., C. F. Cori and G. Schmidt: J. biol. Ch. **129**, 629 (1939). — Ostern, P., and E. Holmes: Nature **144**, 34 (1939). — [6] Kaplan, N. O., and D. M. Greenberg: J. biol. Ch. **156**, 525, 553 (1944).

a) Die Aufspaltung des Glykogens zu Glucose-1-phosphat. Für die Aufspaltung der Polysaccharidketten des Glykogens ist die abwechselnde Einwirkung zweier Fermente, und zwar der Phosphorylase und der Amylo-1,6-glucosidase notwendig. Die Phosphorylase spaltet in Gegenwart von anorganischem Phosphat von den nicht reduzierenden Enden des Glykogens jeweils einen Glucoserest in Form von Glucose-1-phosphat ab[1]. Die Seitenketten werden auf diese Weise bis auf den ersten, durch eine 1,6-Bindung an die Hauptkette gebundenen Glucoserest abgebaut, während von der Hauptkette nach der Einwirkung des Ferments noch ein Stumpf zurückbleibt, der aus 6—7 Glucoseresten besteht. Der von der Seitenkette übriggebliebene 1-6-gebundene Glucoserest kann von dem Ferment weder abgespalten noch übersprungen werden und sperrt also den weiteren Abbau des so entstandenen Grenzdextrins. Erst wenn dieser Glucoserest durch die spezifische Amylo-1,6-glucosidase[2] abgespalten worden ist, setzt die Wirkung der Phosphorylase wieder ein und geht bis zur nächsten Kettenverzweigung weiter. Diese muß sodann neuerlich durch die 1-6-Glucosidase aufgeschlossen werden usw. In vitro konnten bei 4maliger Wiederholung dieses Abbauvorgangs aus Leberglykogen von Kaninchen zunächst 36,2% (Endausläufer der Polysaccharidketten), sodann 23,4% (vorwiegend bestehend aus den zwischen der letzten und vorletzten Verzweigung gelegene Kettenstücken), sodann 15,2 und schließlich 10,7% des ursprünglichen Glykogenmoleküls abgebaut werden. Durch die Einwirkung der Phosphorylase wird also jedesmal die oberste Schicht von Polysaccharidketten des Glykogenmoleküls abgebaut und die darunterliegende nächste Schicht für die Wirkung der Glucosidase bloßgelegt. Ältere Befunde, bei denen durch 3mal krystallisierte Phosphorylase allein bis zu 80% des Glykogenmoleküls abgebaut werden konnten[2,3], waren durch eine Verunreinigung der Phosphorylase mit Amylo-1,6-glucosidase verursacht, die erst nach einer großen Anzahl von Umkrystallisationen aus dem Präparat beseitigt werden konnte[4]. Die Leber enthält die Phosphorylase teilweise in inaktiver Form. Das Gleichgewicht zwischen inaktiver und aktiver Phosphorylase wird durch ein Fermentsystem reguliert, das seinerseits unter dem Einfluß verschiedener Hormone und Pharmaka steht. Der glykogenolytische Pankreasfaktor (Glucagon) steigert die Konzentration aktiver Phosphorylase in Leberschnitten und Leberhomogenaten und bewirkt dadurch einen rapiden Abbau des Leberglykogens. Eine analoge Wirkung haben auch L-Adrenalin, eine schwächere D-Adrenalin und L-Noradrenalin (L-Arterenol). Glucagon und Adrenalin haben, wenn sie in submaximalen Dosen Leberschnitten zugesetzt werden, keine additive Wirkung und greifen daher vermutlich am gleichen Punkt der Leberzelle an[5].

b) Die Bildung freier Glucose aus Glykogen. Während die Amylo-1,6-glucosidase aus den an den Verzweigungsstellen stehenden, 1-6-gebundenen Glucoseresten freie Glucose bildet, entsteht aus den durch die Phosphorylase vom Glykogen abgespaltenen Glucoseresten Glucose-1-phosphat[6]. Da im Leberglykogen 12 Glucosereste auf eine Verzweigungsstelle kommen, wird nur aus etwa $^1/_{12}$ der

---

[1] Parnas, J.-K., et I. Mochnacka: C. R. Soc. Biol. **123**, 1173 (1936). — Cori, G. T., S. P. Colowick and C. F. Cori: J. biol. Ch. **123**, 375 (1938). — [2] Cori, G. T., and J. Larner: Fed. Proc. **9**, 163 (1950). — Petrova, A. N.: Dokl. Akad. Nauk **58**, 431 (1947) [Chem. Abstr. **44**, 8393f]. — [3] Barker, S. A., E. J. Bourne, I. A. Wilkinson and S. Peat: Soc. **1950**, 84, 93. — Barker, S. A., E. J. Bourne, S. Peat and I. A. Wilkinson: Soc. **1950**, 3022. — Barker, S. A., E. J. Bourne and I. A. Wilkinson: Soc. **1950**, 3027. — Hobson, P. N., W. J. Whelan and S. Peat: Soc. **1950**, 3566. — Bailey, J. M., and W. J. Whelan: Soc. **1950**, 3573. — Hobson, P. N., W. J. Whelan and S. Peat: Soc. **1951**, 596. — [4] Cori, G. T., and J. Larner: J. biol. Ch. **188**, 17 (1951). — [5] Sutherland, E. W., and C. F. Cori: J. biol. Ch. **188**, 531 (1951). — [6] Cori, G. T., and C. F. Cori: Proc. Soc. exp. Biol. Med. **39**, 337 (1938).

im Glykogen enthaltenen Glucosereste direkt freie Glucose, aus $^{11}/_{12}$ jedoch zunächst Glucose-1-phosphat gebildet. Glucose-1-phosphat wird durch die reversible Wirkung der Phosphoglucomutase in Glucose-6-phosphat umgewandelt[1]. Dieses kann dann entweder in der Leber selbst glykolytisch zu C_3-Bruchstücken abgebaut oder durch eine spezifische, bisher nur in der Leber nachgewiesene Glucose-6-phosphatase[2] in Glucose übergeführt werden.

Die Leber kann weder Glucose-1- noch Fructose-6-phosphat hydrolysieren; beide Ester müssen vor der Spaltung zuerst in Glucose-6-phosphat übergeführt werden[3]. Die aus Rattenleber isolierte Glucose-6-phosphatase spaltet kein Glucose-1-phosphat und war frei von Phosphoglucomutasewirkung[2]. Sie ist extrem wärmeempfindlich, verliert schon bei Zimmertemperatur ihre Wirksamkeit; sie wirkt optimal zwischen p_H 6 und 7 und ist weder mit der „sauren" noch mit der „alkalischen" Phosphatase identisch. Sie ist in dem löslichen Protein und in den großen Granula des Cytoplasmas der Leberzellen enthalten[2], wird durch Ca- und Mg-Ionen, Jodacetat, Cyanid sowie durch Phlorrhizin nicht beeinflußt, durch Fluorid gehemmt[2]. Die gegensätzliche Wirkung kleiner und großer Fluoriddosen auf den Blutglucosegehalt erklärt sich dadurch, daß kleinere Dosen durch Hemmung der Glucoseverwertung in der Muskulatur zu Hyperglykämie, große wahrscheinlich durch Hemmung der Glucose-6-phosphatase der Leber zu Hypoglykämie führen[4]. In fetaler Meerschweinchenleber konnte dies Ferment nicht nachgewiesen werden[5], die Leber entwickelt ihre blutzuckerregulierende Funktion also erst zur Zeit der Geburt. Bei diabetischen Tieren war die Aktivität des Ferments vermehrt, nach Insulindarreichung vermindert[6].

c) Regulation des Blutzuckergehalts durch die Leber. Da Glucose leicht durch Zellwände hindurch diffundiert, ist die Glucosekonzentration im Lebervenenblut von der Konzentration der Glucose in den Leberzellen abhängig. Die Leberzelle reguliert also zunächst nur die Glucosekonzentration im eigenen Protoplasma, das sich jedoch im Diffusionsgleichgewicht mit dem die Lebersinusoide erfüllenden Blut befindet. Diese Regulation erfolgt durch eine Selbststeuerung der Glucosephosphorylierung mit Hilfe der Adenosintriphosphorsäure (ATP). Diffundiert Glucose in die Leberzellen, so steigt zunächst der Glucoseabbau in der Leberzelle; die hierbei gewonnene Energie wird zur Bildung von ATP verwendet. Dabei wird freies Phosphat verbraucht, sein Angebot in der Leberzelle sinkt und der phosphorolytische Abbau des Glykogens wird abgestoppt. Andererseits löst das erhöhte ATP-Angebot die Phosphorylierung weiterer Glucosemoleküle aus, die in Glykogen umgewandelt werden. Die ATP-Vermehrung hält Glucosephosphorylierung und Glykogenbildung auch dann noch in Gang, wenn die Glucosekonzentration schon wieder normal geworden ist. Die überschießende Glykogenbildung ist eine der Ursachen der nach Glucosezufuhr beobachteten negativen Nachschwankung der Glucosekonzentration in Leber und Blut (sog. STAUB-TRAUGOTT-Effekt).

---

[1] CORI, G.T., S.P. COLOWICK and C.F. CORI: J. biol. Ch. **124**, 543 (1938). — [2] SWANSON, M.A.: Fed. Proc. **8**, 258 (1949). J. biol. Ch. **184**, 647 (1950). — HERS, H.G., et C. DE DUVE: Bull. Soc. Chim. biol. **32**, 20 (1950). — DUVE, C. DE, et H. BEAUFAYS: Bull. Soc. Chim. biol. **33**, 421 (1951). — HERS, H., J. BERTHET, L. BERTHET et C. DE DUVE: Bull. Soc. Chim. biol. **33**, 21 (1951). — [3] CORI, G.T., C.F. CORI and G. SCHMIDT: J. biol. Ch. **129**, 629 (1939). — OSTERN, P., D. HERBERT and E. HOLMES: Biochem. J. **33**, 1858 (1939). — FANTL, P., M.N. ROME and J.F. NELSON: Austral. J. exp. Biol. med. Sci. **20**, 121 (1942). — FANTL, P., and M.N. ROME: Austral. J. exp. Biol. med. Sci. **22**, 45 (1944); **23**, 20 (1945). — BROH-KAHN, R.H., and I.A. MIRSKY: Arch. Biochem. **16**, 87 (1948). — [4] KAPLAN, N.O., and D.M. GREENBERG: J. biol. Ch. **156**, 525, 553 (1944). — [5] NEMETH, A.M.: J. biol. Ch. **208**, 773 (1954). — [6] ASHMORE, J., A.B. HASTINGS and F. NESBETT: Proc. nat. Acad. Sci. USA **40**, 673 (1954). — LANGDON, R.G., and D.R. WEAKLEY: J. biol. Ch. **214**, 167 (1955).

Die Kausalkette, die über den gesteigerten Blutzuckergehalt zu einer erhöhten Glucosebindung in den Leberzellen führt, ist in dem nachfolgenden Schema angedeutet.

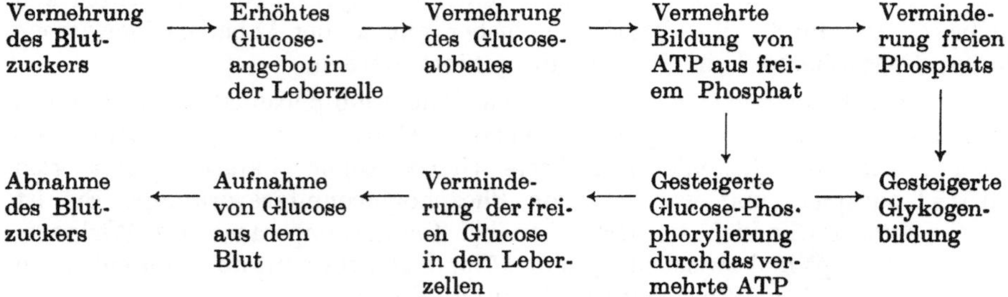

γ) Die Umwandlung anderer Hexosen in Glucose.

In zahlreichen Nahrungsmitteln sind neben Glucose und glucosehaltigen Di- und Polysacchariden auch *Fructose*, *Galaktose* oder *Mannose*, meist in gebundener Form, enthalten. Diese Zucker gelangen nach der Resorption mit dem Pfortaderblut zur Leber und werden dort teils abgebaut, teils in Glucose und Glykogen umgewandelt. Obwohl einzelne dieser Hexosen in sehr beschränktem Umfange auch ohne Mitwirkung der Leber verwendet werden können[1], spielt die Leber bei der Umwandlung von Fructose und Galaktose in Glucose eine so wichtige Rolle, daß man das Ausmaß, in dem diese Hexosen im Gesamtorganismus verwertet werden, direkt als Maß für die Intaktheit der Leberfunktion verwenden kann.

1. Die Umwandlung von Galaktose in Glucose.

Daß Galaktose in der Leber in Glucose bzw. Glykogen umgewandelt wird, ist durch zahlreiche Versuche belegt[2,3]. Durch vergleichende Analysen des zu- und abfließenden Blutes wurde nachgewiesen, daß die Galaktose von der Leber, nicht aber von Gehirn und Muskel aus dem Blute aufgenommen wird[4], und Versuche an Hunden mit Eckscher Fistel zeigten, daß die Leber für die Verwertung zugeführter Galaktose notwendig ist[5]. Während bei normalen Hunden intravenös in einer Dosis von 0,5 g/kg verabreichte Galaktose nur zu 10—30% im Harn erscheint, scheiden hepatektomierte Hunde 50—60% der verabreichten Galaktosemenge im Harn aus[6]. Auch Tiere, deren Leber durch Phosphor[7] oder Tetrachlorkohlenstoff[6] geschädigt war, schieden Galaktose in höherem Prozentsatz wieder im Harn aus als normale Kontrolltiere. Daß die Umwandlung von Galaktose in Blutglucose und Muskelglykogen nur bei intakter Leber möglich ist, ergibt sich auch daraus, daß die nach Hepatektomie auftretende Hypoglykämie durch Zufuhr von Galaktose nicht gemildert wird und der Glykogengehalt der Muskulatur ebenso

[1] Levene, P. A., and G. M. Meyer: J. biol. Ch. **14**, 149; **15**, 65 (1913). — Abraham, A.: Z. klin. Med. **104**, 609 (1926). Kli. Wo. **1926 II**, 1664. — Clark, A. J., R. Gaddie and C. P. Stewart: J. Physiol., London **77**, 432 (1933); **82**, 265 (1934). — Needham, J., and W. W. Nowiński: Biochem. J. **31**, 1165 (1937). — Needham, J., W. W. Nowiński, K. C. Dixon and R. P. Cook: Biochem. J. **31**, 1196 (1937). — Geiger, A.: Biochem. J. **34**, 465 (1940). — Rosenthal, O., M. A. Bowie and G. Wagoner: Science, N. Y. **92**, 382 (1940). — Macleod, J.: Endocrinology **29**, 583 (1941). — [2] Harding, V. J., and G. A. Grant: J. biol. Ch. **99**, 629 (1932/33). — Harding, V. J., and F. H. van Nostrand: J. biol. Ch. **85**, 765 (1930). — [3] Fiessinger, N., J. Dieryck et F. Thiébaut: C. R. Soc. Biol. **107**, 789 (1931). — Fiessinger, N., F. Thiébaut et J. Dieryck: C. R. Soc. Biol. **107**, 791 (1931). — [4] Roe, J. H., and G. R. Cowgill: Amer. J. Physiol. **111**, 530 (1935). — Wierzuchowski, M., u. H. Fiszel: B. Z. **282**, 124 (1935). — [5] Draudt, L.: A. e. P. P. **72**, 457 (1913). — [6] Bollman, J. L., F. C. Mann and M. H. Power: Amer. J. Physiol. **111**, 483 (1935). — [7] Roubitschek, R.: Dtsch. Arch. klin. Med. **108**, 225 (1912). — Wörner, H.: Dtsch. Arch. klin. Med. **110**, 295 (1913).

stark absinkt wie ohne Galaktosezufuhr[1]. Kleine Mengen von ^{14}C-Galaktose konnten auch von eviszerierten Kaninchen (also extrahepatisch) verwertet werden[2].

Da Galaktose von der Darmwand besonders rasch resorbiert wird, steigt nach Galaktosezufuhr per os der Glykogengehalt der Leber rascher an als nach Zufuhr anderer Monosaccharide[3]. Eine Std nach Verfütterung von Galaktose an Ratten war fast die Gesamtmenge der Galaktose in Leberglykogen umgewandelt worden[4]. Da der auf diese Weise sich in der Leber rascher ansammelnde Glykogenüberschuß aber auch rascher in Fett oder Blutzucker umgewandelt wird, ist mehrere Std nach der Galaktoseverabreichung der Glykogengehalt der Rattenleber oft geringer als nach der oralen Verabreichung äquivalenter Mengen von Fructose oder Glucose[3,5]. Im Gegensatz zu der raschen Resorptionsgeschwindigkeit der Galaktose im Darm erfolgt die Umwandlung der Galaktose in Glucose in der Leber relativ langsam. Intravenös injizierte Galaktose war bei Hunden länger im Blute nachweisbar als in gleicher Menge injizierte Fructose oder Glucose[6,7].

Auch nach Zufuhr großer Mengen von Galaktose ist das in der Leber gebildete Glykogen ausschließlich aus Glucoseresten zusammengesetzt[4,8,9], doch ist es in seinem Verzweigungsgrad von dem nach Zufuhr anderer Zucker gebildeten Glykogen verschieden. Im Leberglykogen von Kaninchen entfiel nach Zufuhr von Galaktose eine Verzweigungsstelle auf etwa 18 Glucosereste, nach Zufuhr von Glucose entfiel eine Verzweigungsstelle auf 12 Glucosereste[9]. Die durch den geringeren Verzweigungsgrad bedingte geringere Anzahl für die Phosphorylase angreifbarer Endgruppen steht mit dem von anderen Untersuchern berichteten Befund einer relativ langsamen Mobilisierbarkeit und daher längerer Lebensdauer des nach Galaktosezufuhr gebildeten Glykogens[3] in Einklang.

Auf eine spezifische Funktion der Galaktose im Leberstoffwechsel weist der Befund hin, daß die Galaktoseverwertung durch fettreiche Nahrung gesteigert[10], andererseits aber auch die Fettverwertung durch Galaktosezufuhr gefördert wird. Bei Glucose war ein solcher Effekt nur schwach und nur ausnahmsweise nachweisbar[11].

In dem Grade der Fähigkeit Galaktose zu verwerten bzw. in Glucose umzuwandeln, bestehen große Artunterschiede: Während beim Menschen der Respiratorische Quotient nach Galaktosezufuhr in gleichem Ausmaße steigt wie nach Glucose[12,13], wird ein derartiger Anstieg beim Hund nicht beobachtet[6,12].

a) Der Mechanismus der Umwandlung von Galaktose in Glucose. Die Überführung der Galaktose in Glucose und Glykogen geht auf einem Wege vor sich, auf dem keine Lockerung oder Loslösung C-gebundener H-Atome durch Enolisierung oder intermediäre Bildung von Ketogruppen erfolgt, denn nach Injektion von D_2O und nachfolgende Verfütterung verschiedener Hexosen an hungernde Ratten zeigte das entstandene Leberglykogen den gleichen D-Gehalt, gleichgültig, ob die Bildung des Glykogens durch Verfütterung von Glucose, Galaktose

[1] Bollman, J. L., F. C. Mann and M. H. Power: Amer. J. Physiol. **111**, 483 (1935). — [2] Wick, A. N., and D. R. Drury: Amer. J. Physiol. **173**, 229 (1953). — [3] Deuel, H. J. jr., E. M. MacKay, P. W. Jewel, M. Gulick and C. F. Grunewald: J. biol. Ch. **101**, 301 (1933). — [4] Harding, V. J., G. A. Grant and D. Glaister: Biochem. J. **28**, 257 (1934). — [5] Cori, C. F.: J. biol. Ch. **70**, 577 (1926). — [6] Wierzuchowski, M.: B. Z. **230**, 187 (1931). — [7] Wierzuchowski, M., W. Pieskow u. E. Owsiany: B. Z. **230**, 146 (1931). — [8] Cremer, M.: Ergebn. Physiol. **1**/1, 803 (1902). — Jewel, P. W.: A Chemical Study of the Glycogens after Glucose, Fructose and Galactose. Diss. Univ. S. Calif. 1932 [Deuel, H. J. jr.: Ann. Rev. **6**, 225 (1937)]. — [9] Bell, D. J.: Biochem. J. **30**, 1612 (1936). — [10] Schantz, E. J., C. A. Elvehjem and E. B. Hart: J. biol. Ch. **122**, 381 (1937/38). — Geyer, R. P., R. K. Boutwell, C. A. Elvehjem and E. B. Hart: J. biol. Ch. **162**, 251 (1946). — Nieft, M. L., and H. J. Deuel jr.: J. biol. Ch. **167**, 521 (1947). — [11] Richter, C. P.: Science, N. Y. **108**, 449 (1948). — [12] Roe, J. H., A. Gilman and G. R. Cowgill: Amer. J. Physiol. **110**, 531 (1934/35). — [13] Schmiedt, E.: Z. ges. exp. Med. **96**, 185 (1935).

oder Mannose veranlaßt worden war. Wäre die Umwandlung bei einer dieser Hexosen auf dem Wege über eine Enol- oder Ketoverbindung erfolgt, so hätte die Menge des im Glykogen enthaltenen Deuteriums in diesem Falle erhöht sein müssen[1]. Auch eine Aufspaltung des Galaktosemoleküls in C_3-Fragmente erfolgt bei der Umwandlung von Galaktose in Glykogen nicht; denn Galaktose, die am C-Atom 1 mit ^{14}C markiert war, ergab, an Ratten verfüttert, ein Leberglykogen, bei dem das ^{14}C-Atom in 1-Position in den Glucoseresten enthalten war[2].

Daß bei der Verwertung von Galaktose im Organismus Phosphorsäure vorübergehend gebunden wird, zeigt der Abfall des anorganischen Phosphats im Blut, der nach Zufuhr von Galaktose ebenso auftritt wie nach Verabreichung von Glucose[3]. Die aus dem Blute aufgenommene Galaktose wird in den Leberzellen zunächst als Galaktose-1-phosphat gebunden, dieses in Glucose-1-phosphat umgewandelt, das sodann über Glucose-6-phosphat[4] in Glucose übergeführt wird. Die Annahme, daß die gegenseitige Umwandlung von Galaktose und Glucose durch eine Phosphorylierung am C-Atom 4 und eine WALDENsche Umkehrung dieses C-Atoms bei der Spaltung der so entstandenen Hexose-4-phosphate zustande kommt, hat sich nicht bestätigen lassen. Spaltung von Glucose-4-phosphat mit Alkali, Säuren oder Phosphatase ergab nicht Galaktose, sondern Glucose[5]. Die Umwandlung von Galaktose in Glykogen und Glucose erfolgt vielmehr auf dem im folgenden angedeuteten Wege, wobei die Reaktion A durch die Galaktokinase, Reaktion B durch die Galaktowaldenase und Reaktion C durch die bereits S. 86 besprochene Glucophosphomutase katalysiert wird.

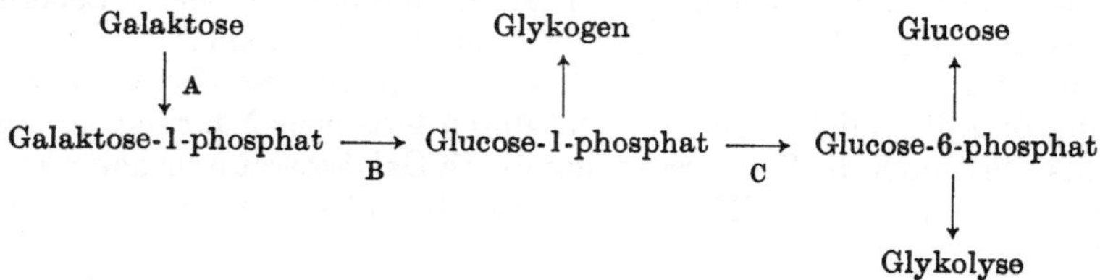

b) Die Galaktokinase der Leber. Daß die Leber die aus dem Pfortaderblut aufgenommene Galaktose in Galaktose-1-phosphat umwandelt, wurde an Ratten, denen nach einer Hungerperiode Galaktose mit der Sonde verabreicht worden war und die kurze Zeit darauf getötet wurden, gezeigt. In der Leber dieser Tiere wurde ein nichtreduzierendes, durch verdünnte Säuren leicht spaltbares Galaktosephosphat[6] aufgefunden, das in seinen Eigenschaften mit synthetisch hergestelltem[7] Galaktose-1-phosphat übereinstimmte. In analoger Weise wurde die Galaktose auch von Hefe, die an Galaktose- oder lactosehaltige Nährböden adaptiert war, zunächst in Galaktose-1-phosphat umgewandelt, wobei der Phosphorsäurerest und die für die Bindung notwendige Energie von ATP geliefert wird[8,9]. Galaktose-6-phosphat konnte als Zwischenprodukt ausgeschlossen werden[10].

Die Galaktokinase, die die Bildung des Galaktose-1-phosphats aus Galaktose und ATP katalysiert[8,9], wurde zuerst in Hefeextrakten nachgewiesen und daraus in gereinigter Form isoliert[11]; sie wirkt optimal bei p_H 5 und wird durch Mengen

[1] STETTEN, D. jr., and B. V. KLEIN: J. biol. Ch. **165**, 157 (1946). — [2] TOPPER, Y. J., and D. STETTEN jr.: J. biol. Ch. **193**, 149 (1951). — [3] FREE, A. H., and J. R. LEONARDS: J. biol. Ch. **149**, 203 (1943). — [4] CAPUTTO, R., L. F. LELOIR, R. E. TRUCCO, C. E. CARDINI and C. A. PALADINI: J. biol. Ch. **179**, 497 (1949). — [5] DURSCH, H. R., and F. J. REITHEL: Am. Soc. **74**, 830 (1952). — [6] KOSTERLITZ, H. W.: Biochem. J. **31**, 2217 (1937). — [7] POSTERNAK, T.: Am. Soc. **72**, 4824 (1950). — [8] CAPUTTO, R., L. F. LELOIR and R. E. TRUCCO: Enzymologia **12**, 350 (1946/48). — [9] TRUCCO, R. E., R. CAPUTTO, L. F. LELOIR and N. MITTELMAN: Arch. Biochem. **18**, 137 (1948). — [10] WILKINSON, J. F.: Biochem. J. **44**, 460 (1949). — [11] GARNER, R. L., and G. F. GRANNIS: Science, N. Y. **114**, 501 (1951).

von Mg- oder Mn-Ionen aktiviert[1]. Stoffe, die SH-Gruppen blockieren, heben die Wirkung des Ferments auf, durch Glutathion wird das Ferment wieder aktiviert[2]. Die Galaktokinase der Hefe ist von der ebenfalls in der Hefe vorkommenden unspezifischen Hexokinase verschieden. Eine ähnliche Galaktokinase wurde auch in der Leber mit Galaktose gefütterter Ratten aufgefunden[3] und konnte aus Leber[4] in teilweise gereinigter Form dargestellt werden.

c) Die Galaktowaldenase. Die Umwandlung des Galaktose-l-phosphats in Glucose-1-phosphat, die in einer WALDENschen Umkehrung des C-Atoms 4 der Galaktose besteht, wird durch ein Ferment bewirkt, das kurz als Galaktowaldenase bezeichnet wird[5]. Es konnte von Galaktokinase und Phosphomutase getrennt werden[6] und enthält neben einem spezifischen Fermentprotein ein thermostabiles Coferment[7]. Dieses Coferment ist eine *Uridindiphosphatglucose* und besteht aus Uridin-5-phosphat und Glucose-1-phosphat, die durch eine Pyrophosphatbindung aneinander gekoppelt sind[8] (vgl. die Formel). Die Formel ergibt sich aus der Abwesenheit einer primären Phosphatgruppe im ungespaltenen Coferment, während durch hydrolytische Abspaltung des Glucoserestes eine und durch Abspaltung eines Phosphorsäurerestes eine zweite primäre Phosphatgruppe freigesetzt wird[5,9]. In der durch diese Spaltung entstehenden Uridinmonophosphorsäure ist die Phosphorsäure, wie der Vergleich mit synthetischer Uridin-5-phosphorsäure ergab, an C-Atom 5 des Riboserestes gebunden[10].

Uracil — Ribose — Pyrophosphat — Glucose

Uridinphosphat — Glucose-1-phosphat

Uridindiphosphatglucose (Coferment der Galaktowaldenase)

Uracil — Ribose — Pyrophosphat — Acetylglucosamin

Uridindiphosphat-acetylglucosamin

[1] TRUCCO, R. E., R. CAPUTTO, L. F. LELOIR and N. MITTELMAN: Arch. Biochem. **18**, 137 (1948). — [2] BACILA, M.: Ciênc. e Cult. **3**, 292 (1951). — [3] BACILA, M.: Arch. Biol. Tecnol., Curitiba **3**, 3 (1948) [Chem. Abstr. **44**, 5942[c]]. — [4] LELOIR, L. F., and C. E. CARDINI: Ann. Rev. **22**, 179 (1953). — [5] CAPUTTO, R., L. F. LELOIR, C. E. CARDINI and A. C. PALADINI: J. biol. Ch. **184**, 333 (1950). — [6] GARNER, R. L., and G. F. GRANNIS: Science, N. Y. **114**, 501 (1951). — [7] CAPUTTO, R., L. F. LELOIR, R. E. TRUCCO, C. E. CARDINI and A. C. PALADINI: J. biol. Ch. **179**, 497 (1949). — [8] LELOIR, L. F., R. E. TRUCCO, C. E. CARDINI, A. C. PALADINI and R. CAPUTTO: Arch. Biochem. **24**, 65 (1949). — [9] CARDINI, C. E., R. CAPUTTO, A. C. PALADINI and L. F. LELOIR: Nature **165**, 191 (1950). — [10] PALADINI, A. C., and L. F. LELOIR: Biochem. J. **51**, 426 (1952).

Das Coferment der Galaktowaldenase (s. a. Bd. 2/1, S. 762) wurde aus Hefe[1] und aus Milchsäurebakterien[2] isoliert, findet sich aber auch in der Leber (0,1—0,2 μMol/g frisches Gewebe) und in anderen tierischen Organen (Niere, Gehirn und Muskel 0,2—0,3 μMol/g frisches Gewebe)[3]. Es ist wahrscheinlich, daß das Vorkommen der Galaktowaldenase in diesen Organen mit der Bildung galaktosehaltiger Lipoide in Zusammenhang steht. Die Uridindiphosphatglucose (UDPGl) wird reversibel in Uridindiphosphatgalaktose (UDPGa) umgewandelt. Bei der Umwandlung zwischen Glucose und Galaktose wurden also die 1-Phosphate dieser Hexosen von Uridinphosphorsäure in Form eines Pyrophosphats gebunden; das Gleichgewicht zwischen Glucose- und Galaktoseform stellt sich an dem (von Uridinphosphat gebundenen) Hexose-1-phosphat ein, das sich nach Herstellung des Gleichgewichts wieder vom Coferment loslöst. Das Gleichgewicht am Ferment liegt, gleichgültig von welchem der beiden Ester man ausgeht, bei dem Verhältnis 75% Glucose-1-phosphat zu 25% Galaktose-1-phosphat[4].

$$\text{Glucose-1-phosphat} + \text{UP} \rightleftarrows \underset{75\%}{\text{UDPGl}} \rightleftarrows \underset{25\%}{\text{UDPGa}} \rightleftarrows (\text{UP} + \text{Galaktose-1-phosphat})$$

Die Auffindung einer der Uridindiphosphatglucose analogen, an Stelle von Glucose jedoch Acetylglucosamin enthaltenden Verbindung in der Hefe[5] und in der Leber[6] sowie einer Uridindiphosphat-Gluconsäureverbindung in der Leber[7] läßt vermuten, daß Cofermente ähnlicher Struktur auch in anderen Sektoren des Kohlenhydratstoffwechsels eine Rolle spielen[5] (vgl. Formel auf S. 95).

d) Die Wirkung von Galaktosezufuhr auf den Stoffwechsel. Das aus Galaktose entstehende Glucose-1-phosphat kann von der Leber entweder direkt zur Glykogenbildung verwendet oder über Glucose-6-phosphat entweder der Glykolyse zugeführt oder in freie Glucose umgewandelt und an das Blut abgegeben werden. Je nach dem Grade, in dem die Leber zur Zeit der Galaktoseverabreichung durch die allgemeine Stoffwechsellage veranlaßt wird, Glucose abzubauen, sie an das Blut abzugeben oder in Glykogen umzuwandeln, wird daher das aus der Galaktose entstehende Glucose-1-phosphat auf diese 3 verschiedenen Stoffwechselwege aufgeteilt. Hierdurch erklären sich die einander widersprechenden Ergebnisse einer Verabreichung von Galaktose auf den Blutglucosegehalt. Bei gesunden Erwachsenen wurde nach Galaktoseverabreichung ein Anstieg[8], keine Änderung[9] oder ein Abfall[10,11] des vergärbaren Zuckers im Blute beobachtet.

Beim Diabetiker ist die Umwandlung der Galaktose in Glucose nicht gestört; die aus der Galaktose entstandene Glucose wird aber nicht abgebaut oder als Glykogen gespeichert, sondern in das Blut ausgeschüttet. Es kommt daher nach Verabreichung von Galaktose regelmäßig zu einem starken Anstieg des Blutglucosespiegels und zu einer Vermehrung der Harnzuckerausscheidung[10,12]. Der

---

[1] Caputto, R., L. F. Leloir, R. E. Trucco, C. E. Cardini and A. C. Paladini: J. biol. Ch. **179**, 497 (1949). — [2] Hansen, R. G., and R. A. Freedland: J. biol. Ch. **216**, 303 (1955). — [3] Caputto, R., L. F. Leloir, C. E. Cardini and A. C. Paladini: J. biol. Ch. **184**, 333 (1950). — [4] Leloir, L. F., C. E. Cardini and E. Cabib: An. Asoc. quím. argent. **40**, 228 (1952) [Chem. Abstr. **47**, 3358[a]]. — [5] Cabib, E., L. F. Leloir and C. E. Cardini: J. biol. Ch. **203**, 1055 (1953). — [6] Pontis, H. G.: J. biol. Ch. **216**, 195 (1955). — [7] Rutter, W. J., and R. G. Hansen: J. biol. Ch. **202**, 323 (1953). — Dutton, G. J., and I. D. E. Storey: Biochem. J. **53**, XXXVII (1953). — [8] Harding, V. J., and F. H. van Nostrand: J. biol. Ch. **85**, 765 (1929/30). — Harding, V. J., and G. A. Grant: J. biol. Ch. **99**, 629 (1932/33). — Maclagan, N. F.: Quart. J. Med. **9**, 151 (1940). — Bakx, C. J. A.: Ned. T. Geneeskde. **90**, 961 (1946). — [9] Cori, C. F., and G. T. Cori: Proc. Soc. exp. Biol. Med. **25**, 402 (1928). — [10] Roe, J. H., and A. S. Schwartzman: J. biol. Ch. **96**, 717 (1932). — [11] Pierce, H. B.: J. Nutrit. **10**, 689 (1935). — Wagner, R.: Amer. J. Dis. Children **65**, 207 (1943). — [12] Voit, F.: Z. Biol. **29**, 147 (1892). — Kosterlitz, H., u. H. W. Wedler: Z. ges. exp. Med. **87**, 405, 411 (1933). — Bollman, J. L., and F. C. Mann: Amer. J. Physiol. **107**, 183 (1934). — Koehler, A. E., I. Rapp and E. Hill: J. Nutrit. **9**, 715 (1935).

Blutzuckeranstieg kann durch Insulin verhindert werden[1]. Da die Galaktose über Glucose verbrennt, ist ihre Verwertung beim Diabetiker ebenso erschwert wie die der Glucose. Während der R.Q. beim gesunden Menschen nach Zufuhr von Galaktose ansteigt, ist dies beim Diabetiker und beim pankreaslosen Hund ebensowenig wie nach Glucose der Fall[2].

e) Die Galaktosebelastung als Leberfunktionsprüfung. Da die Umwandlung der Galaktose in Glucose vor allem in der Leber erfolgt, kann man durch Messung der Geschwindigkeit, mit der der Organismus Galaktose in Glucose umwandelt, das Ausmaß der eingetretenen Leberfunktionsstörung bei Leberkrankheiten prüfen[3]. Der Umstand, daß Galaktose besonders rasch resorbiert und auch bei schweren Nierenschäden von der Niere leicht ausgeschieden wird, macht diesen Zucker für die Feststellung von Leberschäden besonders geeignet[4]. Nach oraler Verabreichung von 40 g Galaktose scheidet der Lebergesunde nur kleine Mengen (weniger als 3 g) Galaktose mit dem Harn aus[5]. Aus einer Vermehrung der im Harn erscheinenden Galaktosemenge wird geschlossen, daß eine Schädigung des Leberparenchyms vorhanden ist[6]. Fälle von mechanischem Ikterus zeigen auch dann, wenn sie längere Zeit andauern, meist keine Vermehrung der Galaktoseausscheidung[7].

Statt der oralen Verabreichung der Galaktose wird oft auch die intravenöse Injektion von Galaktose und die Bestimmung des Blutgalaktosegehalts in verschiedenen Zeitabständen nach der Injektion empfohlen[8]. Da die Leber des normalen Erwachsenen etwa 25 g Galaktose in der Std umsetzen kann, ist spätestens 1 Std nach intravenöser Injektion von 25 g Galaktose im Blute des Lebergesunden keine Galaktose mehr nachweisbar[9]. Gleichzeitige Verabreichung von Alkohol hemmt die Galaktoseverwertung durch die Leber[10].

f) Die galaktämische Hepatomegalie (Galaktosurie). Eine Störung des Fermentsystems, das in der Leber des Gesunden die Galaktose in Glykogen und Glucose umwandelt, liegt der angeboren vorkommenden[11] chronischen *Galaktosurie (galaktämischen Hepatomegalie)*[12] zugrunde. Diese äußerst seltene Erkrankung wird meist bei Kindern im Säuglingsalter, in Zusammenhang mit der Ernährung mit Milch, beobachtet. Bei dieser Erkrankung steigt nach jeder Aufnahme von Milch oder anderer lactose- oder galaktosehaltiger Nahrung der Blutgalaktosegehalt stark an, und es kommt zu einer Galaktosurie. Die Ausscheidung der rechtsdrehenden, stark reduzierenden Galaktose im Harn kann zu einer Verwechslung mit Diabetes mellitus führen. Der mit den gewöhnlichen Reduktionsmethoden bestimmte Blutzuckerwert erscheint zwar normal oder sogar erhöht, beruht aber zum größten Teil auf der im Blut enthaltenen, im Stoffwechsel des Kranken nicht verwendbaren Galaktose. Der Blutglucosegehalt ist niedrig (etwa 30—40 mg-%). Während bei gesunden Kindern der

---

[1] GREENMAN, L.: J. biol. Ch. **183**, 577 (1950). — [2] MCCULLAGH, E. P., and D. R. MCCULLAGH: J. Lab. clin. Med. **17**, 754 (1931/32). — CARPENTER, T. M., and R. C. LEE: Amer. J. Physiol. **102**, 635 (1932). — ROE, J. H., A. GILMAN and G. R. COWGILL: Amer. J. Physiol. **110**, 531 (1934/35). — [3] BAUER, R.: Wien. med. Wschr. **1906**, 52. Berlin. klin. Wschr. **1912**, 1498. — REISS, E., and W. JEHN: Dtsch. Arch. klin. Med. **108**, 187 (1912). — [4] SHAY, H., E. M. SCHLOSS and M. A. BELL: Arch. internal Med., Chicago **47**, 391 (1931). — [5] FRANKE, H.: Klinische Laboratoriumsmethoden. S. 435. Berlin 1952. — [6] SCHMIEDT, E.: Z. ges. exp. Med. **96**, 185 (1935). — BENSLEY, E. H.: Canad. med. Ass. J. **33**, 360 (1935). — ALTHAUSEN, T. L., and G. E. WEVER: J. clin. Invest. **14**, 712 (1935). — [7] BANKS, B. M., P. H. SPRAGUE and A. M. SNELL: J. amer. med. Ass. **100**, 1987 (1933). — [8] BASSETT, A. M., T. L. ALTHAUSEN and G. C. COLTRIN: Amer. J. digest. Dis. **8**, 432 (1941). — JANKELSON, I. R., M. SEGAL and M. AISNER: Amer. J. digest. Dis. **3**, 889 (1937). Amer. J. med. Sci. **193**, 241 (1937). — [9] LICHTMAN, S. S.: Diseases of the Liver, Gall Bladder and Bile Ducts. S. 960. Philadelphia 1953. — [10] BERNSTEIN, A., A. PLETSCHER, C. LAUCHENAUER and H. STAUB: Helv. physiol. Acta **10**, 499 (1952). — [11] BELL, L. S., W. C. BLAIR, S. LINDSAY and S. J. WATSON: Arch. Path., Chicago **49**, 393 (1950). J. Pediatr. **36**, 477 (1950). — [12] FRANK, E.: Pathologie des Kohlenhydratstoffwechsels. S. 307. Basel 1949.

Blutglucosespiegel nach Galaktosezufuhr meist unverändert bleibt[1,3], sinkt bei Kindern mit idiopathischer Galaktoseintoleranz der Blutglucosegehalt nach Galaktoseverabreichung regelmäßig ab[1–4]. Der Ernährungszustand ist, da etwa 20% des Caloriengehalts der Muttermilch in den für den Kranken unverwendbaren Galaktoseresten des Milchzuckers enthalten sind, bei galaktosurischen Kindern meist schlecht, das Bedürfnis nach Nahrungsaufnahme ist gesteigert. Die Leber ist ähnlich wie bei der v. GIERKEschen Erkrankung meist sehr vergrößert, der Glykogengehalt des Lebergewebes ist jedoch, wie insbesondere bei der bioptischen Untersuchung von aspirierten Proben von Lebergewebe festgestellt werden konnte, nicht vermehrt. Sekundär kann es in der Leber zu Verfettung[5], Bindegewebsvermehrung[6] und einer Reihe schwerer funktioneller Störungen kommen[7]. Ketonämie wird jedoch meist nicht beobachtet. Werden Milch und Lactose aus der Nahrung fortgelassen bzw. durch galaktosefreie Nahrung ersetzt, so gehen die Störungen meist rasch zurück[4].

2. Die Umwandlung von Fructose und Sorbit in Glucose.

Die in der Nahrung in freier Form vorhandene oder bei der Verdauung aus Rohrzucker, Inulin usw. freigesetzte Fructose gelangt nach der Resorption mit dem Pfortaderblut zur Leber. Sie wird ihrer Hauptmenge nach von den Leberzellen aufgenommen und je nach dem Glucosebedarf der Peripherie entweder in Glucose umgewandelt und an das Blut abgegeben oder als Glykogen in den Leberzellen gespeichert. Die Fähigkeit der Leber, Fructose in Glucose umzuwandeln, ist bei Durchströmungsversuchen an der überlebenden Leber[8] und in vitro an Leberschnitten[9], Leberbrei[10] und Leberextrakten gezeigt worden. Diese Umwandlung verläuft über die Hexosephosphorsäureester; die aus dem Blut aufgenommene Fructose wird zunächst in Fructose-1-phosphat und dieses in Glucose-6-phosphat übergeführt. Aus Glucose-6-phosphat kann (s. S. 91) entweder freie Glucose oder — über Glucose-1-phosphat — Glykogen gebildet werden.

$$\text{Fructose} \longrightarrow \text{Fructose-1-phosphat} \overset{?}{\dashrightarrow} \text{Glucose-6-phosphat} \longrightarrow \text{Glucose}$$

a) Die Bildung von Fructose-1-phosphat. Die Phosphorylierung der Fructose erfolgt in Leberbrei und Leberschnitten rascher als die der Glucose[11]. Die Menge der im Lebergewebe enthaltenen Esterphosphate stieg bei Ratten nach Fructoseverabreichung viel stärker an als nach Zufuhr von Glucose[12]. Eine spezifische Fructokinase, die die Phosphorylierung der Fructose in der Leber katalysiert[12–14] konnte aus Leberextrakten in Form eines löslichen Proteins dargestellt werden[15,16]. Die übrigen Phosphatasen, die vor allem in dem corpusculären Anteil des Zellinneren enthalten sind, können von den vor allem im flüssigen Teil des Cytoplasmas enthaltenen Kinasen durch Zentrifugieren getrennt werden[17]. Die Fructokinase ist von der ebenfalls in der Leber vorkommenden Glucokinase verschieden[18] und ist frei von jeder Glucokinasewirkung[16]. Das Ferment phosphory-

[1] GOLDBLOOM, A., and H. F. BRICKMAN: J. Pediatr. **28**, 674 (1946). — [2] BRUCK, E., and S. RAPOPORT: Amer. J. Dis. Children **70**, 267 (1945). — GOLDSTEIN, E. O., and J. M. ENNIS: J. Pediatr. **33**, 147 (1948). — TALBOT, N. B., J. D. CRAWFORD and C. C. BAILEY: Pediatrics **1**, 337 (1948). — [3] MASON, H. H., and M. E. TURNER: Amer. J. Dis. Children **50**, 359 (1935). — [4] NORMAN, F. A., and G. J. FASHENA: Amer. J. Dis. Children **66**, 531 (1943). — [5] DONNELL, G. N., and S. H. LANN: Pediatrics **7**, 503 (1951). — [6] REUSS, A. v.: Wien. med. Wschr. **1908**, 799. — [7] MELLINKOFF, S., B. ROTH and J. MACLAGGAN: J. Pediatr. **27**, 338 (1945). — GREENMAN, L., and J. C. RATHBUN: Pediatrics **2**, 666 (1948). — [8] ISAAC, S.: H. **89**, 78 (1914). — [9] GODA, T.: B. Z. **294**, 259 (1937). — [10] CORI, G. T., S. OCHOA, M. W. SLEIN and C. F. CORI: Biochim. biophysica Acta, N. Y. **7**, 304 (1951). — [11] VESTLING, C. S., A. K. MYLROIE, U. IRISH and N. H. GRANT: J. biol. Ch. **185**, 789 (1950). — [12] KJERULF-JENSEN, K.: Acta physiol. scand. **4**, 249 (1942). — [13] CORI, C. F.: Biol. Symp. **5**, 131 (1941). — [14] HERS, H. G.: Biochim. biophysica Acta, N. Y. **8**, 416 (1952). — [15] LEUTHARDT, F., u. E. TESTA: Helv. **33**, 1919 (1950); **34**, 931 (1951). — [16] STAUB, A., and C. S. VESTLING: J. biol. Ch. **191**, 395 (1951). — [17] HERS, H. G., J. BERTHET, L. BERTHET et C. DE DUVE: Bull. Soc. Chim. biol. **33**, 21 (1951). — [18] SLEIN, M. W., G. T. CORI and C. F. CORI: J. biol. Ch. **186**, 763 (1950).

liert neben Fructose auch Sorbose, nicht aber die Aldohexosen Mannose und Galaktose[1,2]. Die Leberfructokinase wird (ebenso wie das aus Muskel dargestellte analoge Ferment) durch die Anwesenheit von Glucose nicht gehemmt, während die Wirksamkeit der unspezifischen Hexokinasen aus Gehirn und Hefezellen auf Fructose in Anwesenheit von Glucose kompetitiv herabgesetzt wird[3].

Ebenso wie bei den anderen Kinasen[4], ist für die Wirkung der Leberfructokinase die Anwesenheit von Mg^{++}-Ionen und von ATP notwendig, deren dritter Phosphorsäurerest auf die Fructose übertragen wird[5,6]. Die durch die Fructokinase aufgespaltene ATP wird mit Hilfe von anorganischem Phosphat regeneriert, wobei die hierzu notwendige Energie durch Oxydation des aus verschiedenen Substraten, z. B. Glutamat, Ketoglutarat[5,6], abgespaltenen Wasserstoffs geliefert wird. Die Umwandlung von Fructose in Glucose ist daher nur in Anwesenheit von Sauerstoff möglich[7]. Die aktivierende Wirkung der Mg^{++}-Ionen ist von der Konzentration der ATP abhängig, optimale Wirkung wird erzielt, wenn das Verhältnis ATP : Mg = 2 : 1 beträgt[2]. K-Ionen aktivieren die Leberfructokinase[2]. Das Reaktionsprodukt der Fructosephosphorylierung in der Leber ist Fructose-1-phosphat[1,5,8], das durch seine spezifische Drehung und den Verlauf der Säurehydrolyse identifiziert[9] und aus dem Reaktionsprodukt als Ba-Salz isoliert werden konnte[5]. In Leberbrei, dem außer Fructose auch Fluorid zugesetzt wird, sammelt sich Fructose-1-phosphat in großen Mengen an[9]. Andererseits konnte Fructose-1-phosphat in Kaninchen- und Hundeleber auch ohne Zusatz von Fructose nachgewiesen werden[10].

b) Die Überführung von Fructose-1-phosphat in Glucose-6-phosphat. Aus Leberbrei konnte eine Fraktion isoliert werden, die Fructose-1-phosphat in Glucose-6-phosphat umwandelt[11]. Mg hat eine beschleunigende, Fluorid eine hemmende Wirkung auf diese Umsetzung. Die Reaktion ist leberspezifisch und konnte weder in Extrakten von Kaninchenmuskel noch in Extrakten von Schafhirn nachgewiesen werden. Es ist jedoch nicht klar, ob die Umwandlung von Fructose-1-phosphat in Glucose-6-phosphat auf dem Wege über Fructose-6-phosphat, über Glucose-1-phosphat oder über Fructose-1,6-phosphat erfolgt. Aus all diesen Estern kann anaerob Glucose gebildet werden. Es scheint, daß die Umwandlung von Fructose in Glykogen zumindest bei einem Teil der Moleküle mit einer Aufspaltung zu C_3-Fragmenten verbunden ist.

Bei Tieren, bei denen durch dauernde Zufuhr von D_2O ein konstanter D_2O-Gehalt der Körperflüssigkeiten aufrecht erhalten wurde, enthielt das Glykogen, das nach Verabreichung von Fructose gebildet worden war, mehr D als Glykogen, das nach Fütterung mit Glucose, Mannose oder Galaktose entstanden war. Der D-Gehalt dieses Glykogens war nur um weniges geringer als der D-Gehalt von Glykogen, das in Parallelversuchen aus Milchsäure oder Dioxyaceton gebildet worden war[12]. Es scheint daher, daß die Umwandlung in Glykogen bei der

---

[1] Leuthardt, F., u. E. Testa: Helv. **33**, 1919 (1950); **34**, 931 (1951). — [2] Hers, H. G.: Biochim. biophysica Acta, N. Y. **8**, 416, 424 (1952). — [3] Slein, M. W., G. T. Cori and C. F. Cori: J. biol. Ch. **186**, 763 (1950). — [4] Colowick, S. P., M. S. Welch and C. F. Cori: J. biol. Ch. **133**, 359 (1940). — [5] Staub, A., and C. S. Vestling: J. biol. Ch. **191**, 395 (1951). — [6] Vestling, C. S., A. K. Mylroie, U. Irish and N. H. Grant: J. biol. Ch. **185**, 789 (1950). — [7] Goda, T.: B. Z. **294**, 259 (1937). — [8] Cori, G. T., S. Ochoa, M. W. Slein and C. F. Cori: Biochim. biophysica Acta, N. Y. **7**, 304 (1951). — [9] Cori, C. F.: Biol. Symp. **5**, 131 (1941). — [10] Pany, J.: H. **272**, 273 (1942). — [11] Cori, C. F., and W. M. Shine: Science, N. Y. **82**, 134 (1935). J. biol. Ch. **114**, XXI (1936). — Cori, G. T., S. Ochoa, M. W. Slein and C. F. Cori: Biochim. biophysica Acta, N. Y. **7**, 304 (1951). — [12] Stetten, D. jr., and B. V. Klein: J. biol. Ch. **165**, 157 (1946).

Fructose nicht wie bei der Glucose, Galaktose und Mannose ausschließlich auf dem direkten Weg über die Hexosephosphate erfolgt, sondern wenigstens zum Teil auch mit einem Abbau der Fructose in Triosephosphat verbunden ist. Die Bildung des Leberglykogens aus Fructose erfolgt also nicht durch eine bloße Umkehrung der Reaktionenfolge, die bei der Fructosebildung aus Glykogen z. B. in der

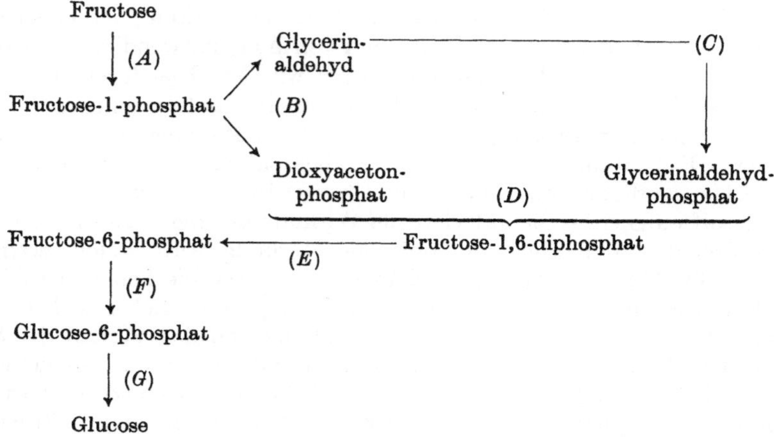

Abb. 14. Die Bildung von Glucose aus Fructose im Leberstoffwechsel. Die Umwandlung von Fructose in Glucose wird durch die Fructokinase eingeleitet, die (mit Hilfe von ATP) Fructose-1-phosphat bildet (Reaktion *A*). Die direkte Überführung von Fructose-1-phosphat in Fructose-6-phosphat scheint in der Leber nicht möglich zu sein, die Umwandlung erfolgt daher auf dem Wege über die Reaktionen *B*, *C*, *D*, *E*. Diese Umleitung bedarf der Mitwirkung der 1-Phosphofructoaldolase (Reaktion *B*), der Glycerinaldehydkinase (Reaktion *C*), der Aldolase (Reaktion *D*) und der Diphosphofructo-1-phosphatase (Reaktion *E*). Das auf diesem Umweg entstandene Fructose-6-phosphat wird durch die Phosphohexoseisomerase in Glucose-6-phosphat (Reaktion *F*) und dieses durch Glucose-6-phosphatase in freie Glucose (Reaktion *G*) umgewandelt.

Placenta und in der Samenblase durchlaufen wird und bei der Glucose-6-phosphat in Fructose-6-phosphat umgesetzt und dieses direkt zu Fructose dephosphoryliert wird[1]:

$$\text{Glucose} \rightarrow \text{Glucose-6-phosphat} \rightarrow \text{Fructose-6-phosphat} \rightarrow \text{Fructose}.$$

Die Leber enthält eine 1-Phosphofructoaldolase, durch die Fructose-1-phosphat in Dioxyacetonphosphat und Glycerinaldehyd aufgespalten wird[2,3]. Glycerinaldehyd kann durch eine Glycerinaldehydkinase phosphoryliert werden. Sodann entsteht durch Kondensation zweier Phosphotriosemoleküle mit Hilfe der Aldolase ein Molekül Fructose-1,6-diphosphat, von dem durch die Diphosphofructose-1-phosphatase der bei 1 befindliche Phosphorsäurerest abgespalten wird[3]. Das so entstandene Fructose-6-phosphat geht durch die Phosphohexoisomerase in Glucose-6-phosphat über.

Obwohl die Umwandlung der Fructose in Glykogen also mit Hilfe einer weit komplizierteren Reaktionsfolge vor sich geht als es bei der Glykogenbildung aus anderen Hexosen der Fall ist, scheint es, daß die Leber, da sie eine besonders wirksame Fructokinase besitzt, aus Fructose rascher Glykogen bilden kann als aus

[1] Parr, C. W., and F. L. Warren: Biochem. J. **48**, XV (1951). — Wayzer, J., et R. Zelnik: Cr. **232**, 1254 (1951). — Mann, T., and C. Lutwak-Mann: Biochem. J. **48**, XVI (1951). — [2] Hers, H. G., and T. Kusaka: 2. Int. Congr. Biochem. Paris S. 291. 1952. Biochim. biophysica Acta, N. Y. **11**, 427 (1953). — Hers, H. G., et P. Jacques: Arch. int. Physiol. **61**, 260 (1953). — [3] Leuthardt, F., E. Testa u. H. P. Wolf: Helv. **36**, 227 (1953).

Glucose[1]. Auch Glucose wird von Leberschnitten aus Fructose rascher gebildet als aus Galaktose und Mannose[2], die Mengen verhielten sich wie 100:20:9.

c) Die Abbaugeschwindigkeit der Fructose in der Leber. Nach Fructosebelastung bilden normale Tiere rascher und mehr Brenztraubensäure[3] als nach Glucosezufuhr. Nach intravenöser Infusion verschwindet Fructose beim gesunden Menschen rascher aus dem Blut als Glucose, und der Pyruvatgehalt des Blutes steigt stärker an als bei Glucoseinfusion[4]. Auf die raschere Bildung des für die Alkoholoxydation notwendigen Pyruvats aus Fructose ist auch die beschleunigte Alkoholentgiftung nach Fructoseverabreichung an alkoholisierte Hunde und Menschen zurückzuführen[5] (vgl. S. 448). Auch die nach Zuckerbelastung auftretenden Änderungen des Blutphosphatgehalts sind bei Fructose intensiver und treten rascher ein als bei Glucose[6]. Die Ursache liegt in der rascheren Phosphorylierung der Fructose.

Aus dem gleichen Grunde stieg der Milchsäuregehalt des Lebergewebes von Ratten nach Verfütterung von Fructose mehr an als nach Verfütterung von Glucose[7]. Der Milchsäuregehalt des Lebervenenblutes war bei Hunden nach Zufuhr von Fructose weit höher als der des Blutes der Pfortader und der Leberarterie. Die durch den raschen Fructoseabbau ausgelöste Milchsäureausschüttung aus der Leber in das Blut verursachte schließlich einen Anstieg der Lactacidämie, der im arteriellen Blut 36—67 mg-% betrug[8]. In anderen Organen wurde eine gesteigerte Milchsäureabgabe an das Blut nach Fructoseinfusion nicht beobachtet[8], doch steigt nach Zufuhr von Fructose auch der Milchsäuregehalt des Muskelgewebes (vielleicht durch Aufnahme von hepatogener Milchsäure aus dem Blute) an[9].

Während bei normaler Ernährung Milchsäure in den peripheren Geweben und vor allem in der arbeitenden Muskulatur entsteht und auf dem Blutwege zur Leber gelangt, wird nach Fructosezufuhr dieser hepatopetale Typ der Lactacidämie durch eine hepatofugale Lactacidämie ersetzt. Die nach Fructoseinfusion von der Leber in das Blut ausgeschüttete Milchsäure erscheint nur zum kleinen Teil im Harn, die Hauptmenge wird von anderen Organsystemen aufgenommen und verarbeitet[8].

Der beschleunigte Abbau der Fructose zu C_3-Säuren hat zur Folge, daß der Respiratorische Quotient einige min nach Zufuhr von Fructose oder Saccharose auf Werte über 1 steigen kann. Die in vermehrter Menge in das Blut übertretende Milchsäure und die Brenztraubensäure setzen aus dem im Blute enthaltenen Hydrogencarbonat CO_2 frei, das sodann in vermehrter Menge in der Atemluft erscheint[10] und eine vorübergehende Erhöhung des R. Q. verursacht.

Fructoseinfusionen erzeugen einerseits durch beschleunigte Bildung von Pyruvat und Lactat eine Herabsetzung der Alkalireserve, beseitigen andererseits aber auch eine durch erhöhte Ketonkörperbildung hervorgerufene Acidose besonders rasch. Die durch Fettfütterung bei Hunden erzeugte Ketonämie konnte durch Fructosezufuhr rascher beseitigt werden als durch Zufuhr von

[1] Lusk, G.: N. Y. med. J. **56**, 197 (1892). — [2] Cori, C. F., and W. M. Shine: Science, N. Y. **82**, 134 (1935). J. biol. Ch. **114**, XXI (1936). — [3] Pletscher, A., H. Fahrländer u. H. Staub: Helv. physiol. Acta **9**, 46 (1951). — [4] Miller, M., W. R. Drucker, J. E. Owens, J. W. Craig and H. Woodward jr.: J. clin. Invest. **31**, 115 (1952). — [5] Pletscher, A., A. Bernstein u. H. Staub: Helv. physiol. Acta **10**, 74 (1952). Exper. **8**, 307 (1952). — [6] Plancherel, P., u. S. Moeschlin: Schweiz. med. Wschr. **84**, 28 (1954). — [7] Goda, T.: B. Z. **294**, 259 (1937). — [8] Wierzuchowski, M., u. F. Sekuracki: B. Z. **276**, 112 (1935). — [9] Blatherwick, N. R., P. J. Bradshaw, M. E. Ewing and S. D. Sawyer: J. biol. Ch. **136**, 615 (1940). — [10] Campbell, W. R., and S. Soskin: J. clin. Invest. **6**, 291 (1928). — Campbell, W. R., and E. J. Maltby: J. clin. Invest. **6**, 303 (1928).

Glucose[1]; ähnliche Beobachtungen wurden auch bei ketonämischen Menschen gemacht[2]. Auch die der Fructose in ihrer chemischen Konstitution nahestehende Sorbose wirkt (wenn auch nicht stärker als Glucose) antiketogen[3]. Bei Phlorrhizinhunden wirkte Zufuhr von Fructose stärker proteinsparend als Saccharose und Saccharose stärker als Glucose[4], die Wirkung dieser 3 Zucker auf die Ketonämie war in diesem Falle jedoch gleich[4]. Die für die Glykogenbildung aus Glucose und für die Bereitstellung der hierzu notwendigen ATP erforderliche Energie kann durch Zufuhr der rasch abbaubaren Fructose besonders rasch geliefert werden. Die Glykogenbildung in der Leber wird daher durch Fructose ebenso beschleunigt wie durch Lactat und Pyruvat[5] und die nach Zufuhr von Glucose auftretende Hyperglykämie wird niedriger, wenn gleichzeitig mit der Glucose auch Fructose gegeben wird[6]. Nach Zufuhr von Saccharose oder Invertzucker wird also nicht nur die darin enthaltene Fructose, sondern auch die Glucosekomponente von der Leber beschleunigt verwertet und daher in geringerem Ausmaß durch den Harn ausgeschieden[7,8]. Dieser Effekt ist nicht auf eine Steigerung der Insulinausscheidung durch das Pankreas zurückzuführen; denn bei pankreasektomierten Hunden, denen Protaminzinkinsulin als Depot gegeben worden war, wurde die gleiche Erscheinung beobachtet[9].

Für die Phosphorylierung der Fructose, ihre Aufspaltung in Pyruvat und für ihre Umwandlung in Glucose ist Insulin nicht nötig, und diese Reaktionen sind auch beim Diabetiker möglich. Der Anteil der Fructose, der hierbei in Glucose umgewandelt wird, kann jedoch im weiteren Verlauf von den Zellen nur mit Hilfe von Insulin phosphoryliert und verwertet werden, die aus Fructose entstandene Glucose führt daher beim Diabetiker zu Hyperglykämie und Glucosurie. Bei der intravenösen Infusion verschwindet die Fructose bei Normalen und bei unbehandelten Diabetikern mit gleicher Geschwindigkeit aus dem Blut[10]. Insulin beschleunigt auch nicht die Bildung von Leberglykogen aus Fructose[11] und ist ohne Wirkung auf die Fructosetoleranzkurve nach intravenöser Fructoseinjektion[12]. Ähnlich wie andere Ketonämien kann auch die beim Diabetiker bestehende Ketonämie durch Fructosezufuhr gemildert oder beseitigt und Glykogenansatz bewirkt werden[13]. Für die Umwandlung der Fructose in Fett scheint jedoch Insulin erforderlich zu sein. ^{14}C-Fructose wurde zwar von Leberschnitten alloxandiabetischer und normaler Ratten in gleichem Ausmaß zu CO_2 oxydiert, die Umwandlung der Fructose in Fett war jedoch in den Leberschnitten der Alloxantiere stark herabgesetzt[14].

---

[1] Clark, D. E., and J. R. Murlin: J. Nutrit. **12**, 469 (1936). — [2] Deuel, H. J. jr., M. Gulick and J. S. Butts: J. biol. Ch. **98**, 333 (1932). — [3] Grieshaber, H.: Z. klin. Med. **129**, 412, 413 (1936). — [4] Murlin, W. R., and R. S. Manly: J. Nutrit. **12**, 491 (1936). — [5] Kosterlitz, H.: A. e. P. P. **173**, 159 (1933). — Lundsgaard, E.: Bull. Johns Hopkins Hosp. **63**, 90 (1938). — [6] Davidson, J. N., W. O. Kermack, D. M. Mowat and C. P. Stewart: Biochem. J. **30**, 433 (1936). — [7] Plancherel, P., u. S. Moeschlin: Schweiz. med. Wschr. **84**, 28 (1954). — [8] Weinstein, J. J.: J. Lab. clin. Med. **38**, 70 (1951). — Weinstein, J. J., and J. H. Roe: J. Lab. clin. Med. **40**, 39 (1952). Med. Ann. Columbia **19**, 179 (1950). — Weinstein, J. J., and G. F. Lane: Med. Ann. Columbia **20**, 186, 355 (1951). — [9] Fletcher, J. P., and E. T. Waters: Biochem. J. **32**, 212 (1938). — [10] Craig, J. W., W. R. Drucker, M. Miller, J. E. Owens, H. Woodward jr., B. Brofman and W. H. Pritchard: Proc. Soc. exp. Biol. Med. **78**, 698 (1951). — [11] Davidson, J. N., W. O. Kermack, D. M. Mowat and C. P. Stewart: Biochem. J. **30**, 433 (1936). — [12] Cori, G. T., and C. F. Cori: J. biol. Ch. **73**, 555 (1927). Proc. Soc. exp. Biol. Med. **23**, 461 (1926). — Cori, C. F., and G. T. Cori: J. biol. Ch. **72**, 597 (1927); **76**, 755 (1928). — Cori, C. F., G. T. Cori and H. L. Goltz: Proc. Soc. exp. Biol. Med. **26**, 433 (1929). — [13] Minkowski, O.: A. e. P. P. **31**, 85 (1893). — Pletscher, A., H. Fahrländer u. H. Staub: Helv. physiol. Acta **9**, 46 (1951). — Plancherel, P., u. S. Moeschlin: Schweiz. med. Wschr. **84**, 28 (1954). — [14] Chernick, S. S., and I. L. Chaikoff: J. biol. Ch. **188**, 389 (1951).

Während die Verabreichung von Glucose an unbehandelte Diabetiker auf den Lactat- und Pyruvatgehalt des Blutes und den Respiratorischen Quotienten ohne Einfluß ist, werden diese Werte auch beim Diabetiker durch Fructose gesteigert[1]. Auch der Citronensäuregehalt des Blutes steigt nach Fructoseinfusion beim Diabetiker ebenso an wie beim Normalen[2].

d) Fructosebelastung als Leberfunktionsprüfung. Obzwar auch eviscerierte Tiere befähigt sind, Fructose in beschränkter Menge zu verwerten[3], wird die Geschwindigkeit, mit der der Fructosegehalt des Blutes nach Fructoseverabreichung abfällt, vor allem von der Funktionstüchtigkeit der Leber beeinflußt. Man kann daher Fructosebelastungsproben als Test für die klinische Leberfunktionsprüfung verwenden[4,5], wobei meist 100 g Fructose per os verabreicht und hierauf in verschiedenen Zeitabständen der Blutfructosegehalt bestimmt wird. Beim Lebergesunden erreicht der Blutfructosegehalt bei dieser Belastung innerhalb der ersten Std ein Maximum von weniger als 20 mg-% Fructose. Werte über 20 mg-% weisen auf eine Störung der Leberfunktion hin[6].

Der Fructosebelastungstest wird leichter durchführbar, wenn man, statt der Fructosebestimmung im Blut, die im Harn ausgeschiedene Fructosemenge polarimetrisch mißt. Während beim Normalen nach Belastung mit 100 g Fructose keine oder nur geringe Mengen von Fructose im Harn erscheinen, werden bei diffusen Leberparenchymschäden 60—80% der verabreichten Fructosemenge im Harn gefunden[7]. Doch ist die nach Fructosebelastung im Harn ausgeschiedene Fructosemenge außer vom Funktionszustand der Leber auch von der Nierenschwelle für Fructose abhängig und eine genaue Parallelität zwischen dem Grade der Leberstörung und dem der Fructosurie nicht zu erwarten[8].

e) Die essentielle Fructosurie (Lävulosurie). Auf einer spezifischen Störung des fructoseassimilierenden Fermentsystems der Leber ist die essentielle Fructosurie zurückzuführen, eine seltene, familiär auftretende Erkrankung, bei der es nach Zufuhr relativ kleiner Mengen von Fructose oder Saccharose zu einem Anstieg des Fructosegehalts im Blut und zu einer Fructoseausscheidung im Harn kommt. Nach Belastung mit 50—100 g Fructose werden Blutfructosewerte von mehr als 60 mg-% beobachtet[4,9], und die Fructosämie verschwindet erst nach 3—4 Std. Die Blutzuckerkurve nach Belastung mit Glucose hat bei diesen Fällen einen normalen Verlauf, Insulin und Adrenalin haben auf die Fructosämie und Fructosurie keinen Einfluß[8]. Auch das Fehlen des beim Normalen nach Fructosezufuhr beobachteten Anstiegs des Milchsäuregehalts im Blut[10] und des Respiratorischen Quotienten[11] zeigt, daß bei der essentiellen Fructosurie die verabreichte Fructose nicht in den Abbauweg der Glykolyse und in die Cyclen der Endoxydation eingeführt werden kann. Vermutlich beruht die essentielle Fructosurie auf einer Störung der Phosphorylierung der Fructose vor allem in der Leber. Aber nicht nur in der Leber, sondern auch in den übrigen Organen scheint bei dieser Stoffwechselstörung die Phosphorylierung der Fructose erschwert zu sein. Die Rückresorption der Fructose in den Nierenkanälchen ist verlangsamt, und schon bei geringer Fructosekonzentration im Blut wird Fructose im Harn ausgeschieden[9].

---

[1] Root, H. F., E. Stotz and T. M. Carpenter: Amer. J. med. Sci. **211**, 189 (1946). — Möllerström, J.: Socker, Malmö **1**, 253 (1945) [Stetten, D. jr.: Ann. Rev. **16**, 125 (1947)]. — [2] Miller, M., W. R. Drucker, J. E. Owens, J. W. Craig and H. Woodward jr.: J. clin. Invest. **31**, 115 (1952). — [3] Griffiths, J. P., and E. T. Waters: Amer. J. Physiol. **117**, 136 (1936). — Reinecke, R. M.: Amer. J. Physiol. **136**, 167 (1942). — [4] Steinitz, H.: Acta med. scand. **93**, 98 (1937). — [5] Hohlweg, H.: Dtsch. Arch. klin. Med. **97**, 443 (1909). — Reiss, E., u. W. Jehn: Dtsch. Arch. klin. Med. **108**, 187 (1912). — Wörner, H., u. E. Reiss: D. m. W. **1914 I**, 907. — [6] Lichtman, S. S.: Diseases of the Liver, Gall Bladder and Bile Ducts. S. 313/14. Philadelphia 1953. — [7] Franke, H.: Klinische Laboratoriumsmethoden. S. 436. Berlin 1952. — [8] Frank, E.: Pathologie des Kohlenhydratstoffwechsels. S. 299. Basel 1949. — [9] Ülgen, T.: Istanbul Contr. clin. Sci. **2**, 286 (1953). — [10] Rynbergen, H. J., W. H. Chambers and N. R. Blatherwick: J. Nutrit. **21**, 553 (1941). — [11] Sachs, B., L. Sternfeld and G. Kraus: Amer. J. Dis. Children **63**, 252 (1942).

f) Die Umwandlung von Sorbit in Fructose und Glucose. D-Sorbit wird vom Organismus des Menschen[1] und von Affe[2], Hund[1], Ratte[3], Maus[4], Kaninchen[5] und Taube[6] verwertet; bei Verabreichung mittlerer Sorbitdosen gehen nur geringe Mengen von Sorbit in den Harn über. Daß aus Sorbit Glykogen gebildet werden kann, ist in einer Reihe von Untersuchungen gezeigt worden[2,7]. Sorbit, der mit ^{14}C markiert war, wurde nach intraperitonealer Injektion teils zu CO_2 oxydiert (57%), teils in Leberglykogen (4,2%) und in Fett (0,6%) umgewandelt, ein Teil (17,3%) erschien im Harn[8].

Die Umwandlung des Sorbits in verwertbare Monosaccharide erfolgt in der Leber. Bei der Durchströmung überlebender Leber mit Sorbitlösungen wurden reduzierende Zucker gebildet, deren Phenylglucosazone dargestellt werden konnten[9]. Die Umwandlung erfolgt durch Abspaltung von 2 H-Atomen ohne vorherige Phosphorylierung des Sorbits. Von Brei aus Katzenlebern wurde Sorbit dehydrogeniert[10]. Das primäre Dehydrogenationsprodukt ist D-Fructose[11], die in den Leberschnitten jedoch so rasch in Glucose umgewandelt wird, daß Fructose nur in geringer Menge nachweisbar ist[11]. Das Coferment der Sorbitdehydrogenase ist Diphosphopyridinnucleotid[11].

Die Sorbitdehydrogenase spaltet auch aus L-Idit Wasserstoff ab, wobei wahrscheinlich L-Sorbose entsteht, aus zugesetztem L-Idit bildeten Leberschnitte L-Sorbose. Die Umwandlung der L-Sorbose in D-Glucose erfolgt wahrscheinlich (wie bei der Fructose) unter intermediärer Aufspaltung zu Triosen[12].

D-Sorbit		D-Fructose	L-Idit		L-Sorbose		D-Glucose
CH_2OH		CH_2OH	CH_2OH		CH_2OH		CH_2OH
HCOH		C=O	HCOH		C=O		HOCH
HOCH	⇌	HOCH	HOCH	⇌	HOCH	····→	HOCH
HCOH		HCOH	HCOH		HCOH		HCOH
HCOH		HCOH	HOCH		HOCH		HOCH
CH_2OH		CH_2OH	CH_2OH		CH_2OH		CHO

Sorbit setzt die Bildung der β-Ketobuttersäure[13] und die der β-Oxybuttersäure[11] in Leberschnitten von hungernden Ratten stärker herab als Glucose. Wegen seiner antiketogenen Wirkung auf die Leber ist es als Ersatzkohlenhydrat für Diabetiker vorgeschlagen worden[14] (Literatur vgl. [15]). Da Sorbit von der Leber aber rasch in Glucose umgewandelt wird, erscheint ^{14}C-markierter Sorbit bei alloxandiabetischen Ratten praktisch vollständig als ^{14}C-Glucose im Harn[8].

---

[1] Thannhauser, S. J., u. K. H. Meyer: M. m. W. **1929 I**, 356. — [2] Ellis, F. W., and J. C. Krantz jr.: J. biol. Ch. **141**, 147 (1941). — [3] Todd, W. R., J. Myers and E. S. West: J. biol. Ch. **127**, 275 (1939). — [4] Lefon, M.: C. R. Soc. Biol. **126**, 1147 (1937). — [5] Koike, T.: J. Biochem. **19**, 111 (1934). — [6] Lecoq, R.: Cr. **199**, 894 (1934). — [7] Carr, C. J., and S. E. Forman: J. biol. Ch. **128**, 425 (1939). — Johnston, C., and H. J. Deuel jr.: J. biol. Ch. **149**, 117 (1943). — Blatherwick, N. R., P. J. Bradshaw, M. E. Ewing, H. W. Larson and S. D. Sawyer: J. biol. Ch. **134**, 549 (1940). — [8] Stetten, M. R., and D. Stetten jr.: J. biol. Ch. **193**, 157 (1951). — Vgl. a. Wick, A. N., M. C. Almen and L. Joseph: J. amer. pharmaceut. Ass., sci. Ed. **40**, 542 (1951). — [9] Embden, G., u. W. Griesbach: H. **91**, 251 (1914). — [10] Breusch, F. L.: Enzymologia **11**, 87 (1943/45). — [11] Blakley, R. L.: Biochem. J. **49**, 257 (1951). — [12] Burns, J. J., E. H. Mosbach, S. Schulenberg and J. Reichenthal: J. biol. Ch. **214**, 507 (1955). — [13] Edson, N. L.: Biochem. J. **30**, 1862 (1936). — [14] Thannhauser, S. J., u. K. H. Meyer: M. m. W. **1929 I**, 356. — Gottschalk, A.: Ergebn. inn. Med. **36**, 56 (1929). — Noorden, K. H. v.: D. m. W. **1929 I**, 483. — [15] Carr, C. J., and J. C. Krantz jr.: Adv. Carbohydrate Chem. **1**, 175, bes. S. 187—191 (1945).

Bei Stoffwechselstörungen, bei denen Fructose nicht verwertet werden kann (Fructosurie vgl. S. 103), hat Verabreichung von Sorbit das Auftreten von Fructose in Blut und Harn zur Folge[1].

3. Die Umwandlung von Mannose in Glucose.

Zum Unterschied von Galaktose und Fructose kann die Mannose in vielen Organen verhältnismäßig leicht glykolytisch abgebaut und verwertet werden[2]. Mäuse, bei denen durch Insulinüberdosierung ein hypoglykämisches Koma hervorgerufen worden war, erholten sich nach Mannose ebenso rasch wie nach Glucose, während Fructose nur bei einem Teil der Versuchstiere eine nachweisbare Wirkung hatte[3]. Der Tod hepatektomierter Tiere wird durch Mannoseinfusion in ähnlicher Weise hinausgeschoben wie durch Infusion von Glucose[4]. Trotzdem bildet die Leber die wichtigste Umwandlungsstelle für mit der Nahrung aufgenommene Mannose. Diese Umwandlung erfolgt sehr rasch, so daß nach Zufuhr von größeren Mengen von Mannose Hyperglykämien beobachtet werden[5]. Ein Teil der resorbierten Mannose wird in der Leber in Form von Glykogen gespeichert, doch weichen die Angaben der Literatur über das Ausmaß der Glykogenbildung nach Mannoseverabreichung stark voneinander ab. Die Zunahme des Leberglykogens nach Verabreichung von Mannose war bei Kaninchen ebenso groß[5], bei Ratten jedoch geringer[6] als nach Zufuhr von Glucose. Durch fettreiche Ernährung und nachfolgenden Hunger bei Ratten hervorgerufene gesteigerte Ketonkörperbildung der Leber wurde durch Mannose weit weniger gemildert als durch die gleiche Menge Glucose[6].

Ebenso wie bei der Galaktose erfolgt auch bei der Mannose die Umwandlung in Leberglykogen ohne Spaltung der C_6-Kette. Nach Verabreichung von Mannose, die an der Aldehydgruppe mit ^{14}C markiert war, bildeten Ratten ein Leberglykogen, dessen Glucosereste die radioaktiven C-Atome zu 80—90% in Position 1 enthielten. Der Rest der Radioaktivität war gleichmäßig auf die übrigen C-Atome verteilt[7]. Kinasen, die Mannose in Gegenwart von ATP in Mannose-6-phosphat umwandeln, sind in Gehirn und in Hefe gefunden worden[8]. Wahrscheinlich wird die Mannose auch in der Leber phosphoryliert, das Mannosephosphat durch ein der Phosphomannoisomerase des Muskels ähnliches Ferment[9] in Glucose-6-phosphat umgewandelt und dadurch in den Stoffwechselweg der Glucose und des Glykogens eingeführt.

4. Die Bildung von Leberglykogen aus Mannit.

Mannit kann von der Leber in Glykogen umgewandelt werden. Wurde Ratten nach 24stündigem Hunger ein Gemisch von $^1/_3$ Mannit und $^2/_3$ Kakaobutter

[1] ANSCHEL, N.: Kli. Wo. **1930 II**, 1400. — SILVER, S., and M. REINER: Arch. internal Med. Chicago **54**, 412 (1934). — [2] LEVENE, P. A., and G. M. MEYER: J. biol. Ch. **14**, 149; **15**, 65 (1913). — ABRAHAM, A.: Z. klin. Med. **104**, 609 (1926). Kli. Wo. **1926 II**, 1664. — CLARK, A. J., R. GADDIE and C. P. STEWART: J. Physiol., London **77**, 432 (1933); **82**, 265 (1934). — NEEDHAM, J., W. W. NOWIŃSKI, K. C. DIXON and R. P. COOK: Biochem. J. **31**, 1196 (1937). — NEEDHAM, J., and W. W. NOWIŃSKI: Biochem. J. **31**, 1165 (1937). — ROSENTHAL, O., M. A. BOWIE and G. WAGONER: Science, N. Y. **92**, 382 (1940). — GEIGER, A.: Biochem. J. **34**, 465 (1940). — MACLEOD, J.: Endocrinology **29**, 583 (1941). — [3] HERRING, P. T., J. C. IRVINE and J. J. R. MACLEOD: Biochem. J. **18**, 1023 (1924). — [4] MANN, F. C., and T. B. MAGATH: Arch. internal Med., Chicago **30**, 171 (1922). Amer. J. Physiol. **65**, 403 (1923). — MADDOCK, S., J. E. HAWKINS jr. and E. HOLMES: Amer. J. Physiol. **125**, 551 (1939). — MORUZZI, G.: Arch. int. Physiol. **48**, 45 (1939). — [5] BAILEY, W. H. 3rd, and J. H. ROE: J. biol. Ch. **152**, 135 (1944). — [6] DEUEL, H. J. jr., L. F. HALLMAN, S. MURRAY and J. HILLIARD: J. biol. Ch. **125**, 79 (1938). — [7] COOK, M.: Fed. Proc. **11**, 199 (1952). — COOK, M., and V. LORBER: J. biol. Ch. **199**, 1 (1952). — [8] SLEIN, M. W., G. T. CORI and C. F. CORI: J. biol. Ch. **186**, 763 (1950). — [9] SLEIN, M. W.: Fed. Proc. **8**, 252 (1949).

gegeben und die Ratten 80 Std später getötet, so enthielten die Lebern dieser Tiere im Durchschnitt 1,23% Glykogen, während die Lebern der Kontrolltiere nur 0,14% Glykogen enthielten[1]. Bei der Assimilation des Mannits scheinen jedoch adaptive Prozesse eine Rolle zu spielen, Versuche mit langfristiger Darreichung von Mannit[2] ergaben eine bessere Auswertung der Substanz als akute, kurzfristige Versuche[3]. Bei Hunden wurde intravenös injiziertes Mannit weit schwerer in Glucose verwandelt als der ihm isomere Sorbit[4], intravenös injiziertes Mannit wurde vom Menschen zu 85% im Harn ausgeschieden[5]. Wurde Affen (Macacus rhesus) Mannit mit der Magensonde verabreicht, so enthielten die 3 Std später entnommenen Leberstücke nur wenig mehr Glykogen als die Lebern der Kontrolltiere (Durchschnittswert: 0,53% nach Mannitverabreichung und 0,28% bei den Kontrolltieren)[6].

δ) Der Abbau der Glucose in der Leber.

Ähnlich wie in anderen Organen, so wird auch in der Leber die Glucose in 2 Phasen zu CO_2 und H_2O abgebaut. Zunächst wird aus der Glucose Pyruvat gebildet (vgl. S. 111). In einem zweiten, völlig getrennten Stoffwechselvorgang wird dieses Pyruvat sodann, soweit es nicht für andere Stoffwechselaufgaben verwendet wird, in Oxalacetat und aktiviertes Acetat übergeführt und schließlich gemeinsam mit dem aus anderen Nahrungsstoffen entstandenen Zwischenprodukten im Citronensäurecyklus unter Beteiligung von Dehydrogenasen und Cytochromsystem verbrannt (s. Bd. 2/1, S. 1030).

Während der Abbau der Glucose zu Pyruvat in den übrigen Organen ganz oder vorwiegend nach dem in Bd. 2/1, S. 738 berichteten klassischen Abbauschema der anaeroben Glykolyse erfolgt, stehen der Leber für den Abbau der Glucose zu Pyruvat verschiedene Abbaumechanismen zur Verfügung. Einer dieser Abbauwege, der für die Leber von besonderer Bedeutung zu sein scheint, führt über Gluconsäure, Pentosephosphat und Triosephosphat (s. Bd. 2/1, S. 1061 ff.). Aus 1 Mol Glucose werden hierbei 1 Mol Pyruvat und je 3 Mole CO_2 und H_2O gebildet. Mehr als die Hälfte der in dem abgebauten Glucosemolekül enthaltenen Energiemenge wird auf diesem Wege schon bei der Bildung des Pyruvats freigesetzt, der im Pyruvat enthaltene Rest der Energie wird später beim Abbau im Citronensäurecyclus gewonnen. Daneben wird ein Teil der in der Leber umgesetzten Glucose auch nach dem klassischen Schema der Glykolyse unter Bildung von 2 Mol Pyruvat bzw. Lactat abgebaut. Diese Art des Abbaumechanismus der Glucose liefert zunächst nur sehr geringe Energiemengen, es entstehen hierbei jedoch sehr rasch sehr große Mengen von Pyruvat, die von der Leber entweder im Citronensäurecyclus energetisch ausgewertet oder aber für verschiedene zum Teil lebenswichtige Synthesen verwendet werden.

1. Der oxydative Abbau der Glucose über Gluconsäure und Pentosen.

a) Der Gluconsäurecyclus. Beim Abbau der Glucose nach dem EMBDEN-MEYERHOFschen Schema der Glykolyse zerfällt das Glucosemolekül in 2 C_3-Fragmente, die im weiteren Verlauf beide zu gleicher Zeit zu CO_2 und H_2O verbrannt werden. Erfolgt der Abbau der Glucose in einem Organ ausschließlich nach diesem Schema, so müssen diejenigen C-Atome, die in der C_6-Kette der

[1] CARR, C. J., R. MUSSER, J. E. SCHMIDT and J. C. KRANTZ jr.: J. biol. Ch. **102**, 721 (1933). — [2] CARR, C. J., and J. C. KRANTZ jr.: J. biol. Ch. **124**, 221 (1938). — [3] SILBERMAN, A. K., and H. B. LEWIS: Proc. Soc. exp. Biol. Med. **31**, 253 (1933). — [4] TODD, W. R., J. MYERS and E. S. WEST: J. biol. **127**, 275 (1938). — [5] SMITH, W. W., N. FINKELSTEIN and H. W. SMITH: J. biol. Ch. **135**, 231 (1940). — [6] ELLIS, F. W., and J. C. KRANTZ jr.: J. biol. Ch. **141**, 147 (1941).

Glucose symmetrische Stellungen einnehmen, z. B. die C-Atome 1 und 6 des Glucosemoleküls, zu gleicher Zeit in dem von den Zellen ausgeschiedenen CO_2 erscheinen. Werden z. B. Schnitte aus der Zwerchfellmuskulatur der Ratte hergestellt und ihnen einmal 1-^{14}C-Glucose und ein andermal 6-^{14}C-Glucose angeboten, so entstehen in beiden Versuchen bei gleichen Versuchsbedingungen und in gleichen Zeitspannen gleiche Mengen von $^{14}CO_2$. Wird der gleiche Versuch mit Schnitten von Nierengewebe durchgeführt, so verhalten sich die aus den C-Atomen 1 und 6 entstandenen Mengen von $^{14}CO_2$ wie 1:0,9. Bei Leberschnitten beträgt dieses Verhältnis aber 1:0,36 (s. [1]).

Daraus geht hervor, daß der Abbau der Glucose in der Muskulatur und größtenteils auch in der Niere nach dem EMBDEN-MEYERHOFschen Glykolyseschema erfolgt, daß die Leber aber nur einen kleinen Teil — in dem erwähnten Versuch etwa 23% — der Glucose auf diesem Wege zerlegt; mehr als $^3/_4$ der Glucose wurden in der Leber so abgebaut, daß das C-Atom 1 rasch zu CO_2 oxydiert wird, während der Rest des Glucosemoleküls zunächst der Oxydation zu CO_2 entgeht. Im Gegensatz zur Glykolyse wird dieser aerobe Abbauweg der Glucose durch Jodacetat und Fluorid nicht gehemmt[2].

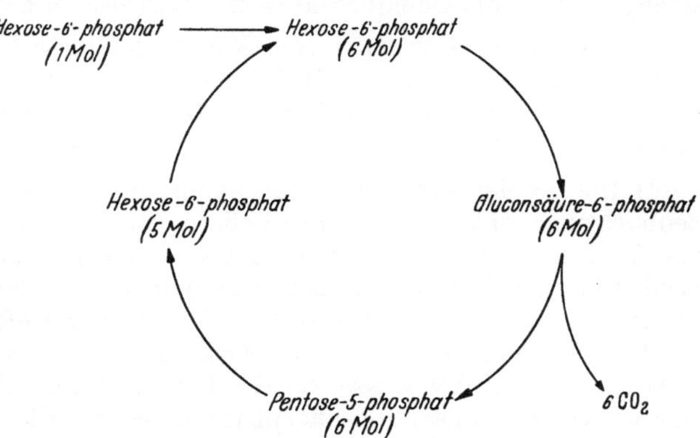

Abb. 15. Der Gluconsäureweg der Glucoseoxydation. Bei jedem Umlauf des Gluconsäurecyclus werden 6 Moleküle Glucosephosphat zu Phosphogluconsäure oxydiert und durch Decarboxylierung 6 Moleküle CO_2 und 6 Moleküle Pentosephosphat gebildet. Diese werden in 5 Moleküle Hexosephosphat verwandelt, die zusammen mit einem neuen Hexosephosphatmolekül wieder in den Cyclus eintreten. Bilanzmäßig gesehen, wird also bei jedem Umlauf des Cyclus 1 Hexosemolekül in 6 Moleküle CO_2 verwandelt.

Der Verlauf des aeroben Glucoseabbaues in der Leber kann folgendermaßen zusammengefaßt werden: Durch die Oxydation der vom C-Atom 1 gebildeten Aldehydgruppe entsteht bei gleichzeitiger oder vorausgehender Phosphorylierung zunächst Gluconsäurephosphat. Aus Gluconsäurephosphat spaltet der tierische Organismus CO_2 ab[3], während die restlichen 5 C-Atome der Gluconsäure auf einem komplizierten Stoffwechselweg über Pentosephosphat wieder in Glucose umgewandelt werden[4]. Die Gesamtbilanz dieses Stoffwechselvorgangs kann also auch so ausgedrückt werden, daß aus 6 Mol Glucose 6 Mol CO_2 entstehen; die von den 6 Glucosemolekülen zurückbleibenden 30 C-Atome werden von der Leber zu 5 Glucosemolekülen zusammengefügt (Abb. 15).

b) Die Bildung des Gluconsäurephosphats aus Glucose kann auf 2 Wegen erfolgen: Die Glucose wird entweder direkt, d. h. ohne vorherige Phosphorylierung zu Gluconsäure oxydiert und diese sodann an Phosphorsäure gebunden, oder es wird zuerst Glucose-6-phosphat gebildet und dieses erst nachträglich zu Gluconsäurephosphat oxydiert.

c) Die direkte Oxydation freier Glucose zu Gluconsäure. 1931 konnte HARRISON aus den Lebern verschiedener Tiere (Rind, Schaf, Katze, Hund) eine lösliche

[1] BLOOM, B., and D. STETTEN jr.: Am. Soc. **75**, 5446 (1953). — [2] DICKENS, F., and G. E. GLOCK: Biochem. J. **50**, 81 (1952). — [3] STETTEN, M. R., and D. STETTEN jr.: J. biol. Ch. **187**, 241 (1950). — [4] STETTEN, M. R., and Y. J. TOPPER: J. biol. Ch. **203**, 653 (1953).

Dehydrogenase herstellen, die freie Glucose zu Gluconsäure oxydiert[1]. Die Glucosedehydrogenase der Leber von Pferd, Rind, Schaf und Ziege kann nach LYNEN u. FRANKE[2] nur DPN als Coferment benützen (vgl. a. [3]), während andere Untersucher[4] eine Aktivierung sowohl durch DPN als auch durch TPN beobachtet haben. Die Dehydrogenase (Pyridylferment) bedarf der Mitwirkung eines Flavinferments[5] und des Cytochromsystems[1]. Das gereinigte Ferment ist spezifisch auf freie Glucose eingestellt und wirkt nicht auf Glucose-6-phosphat[6]. Unter Verwendung von Methylenblau als Wasserstoffacceptor konnte gezeigt werden, daß Leberextrakte vom Rind außer Glucose auch Galaktose und Xylose direkt oxydieren[7]. In Katzenleber wies BREUSCH das Vorhandensein von Fermenten nach, die in analoger Weise auch D-Arabinose, Glycerinaldehyd, Glykolaldehyd und wahrscheinlich auch D-Erythrose zu oxydieren vermögen[8].

Die durch die Oxydation von Glucose gebildete Gluconsäure wird durch eine zuerst aus Mikroorganismen (Hefe[9], Escherichia coli[10]) dargestellte Gluconokinase in Gegenwart von ATP und Mg^{++} in Gluconsäure-6-phosphat umgewandelt und dadurch der Abbau zu Pentosephosphat eingeleitet.

d) Die Oxydation von Glucose-6-phosphat. DICKENS u. GLOCK[11] machten die Beobachtung, daß Extrakte aus Lebern von Kaninchen, Pferd und Ratte sowie aus Lebercarcinom der Ratte Glucose-6-phosphat zu Gluconsäure-6-phosphat oxydieren. Die Glucose-6-phosphatdehydrogenase der Leber, die diese Reaktion katalysiert, wird ebenso wie das analoge in der Hefe nachgewiesene Ferment[12] durch TPN aktiviert[13]. Seine Wirkung beruht auf der Abspaltung zweier H-Atome aus der Pyranoseform des Glucose-6-phosphats, wobei sich direkt das Lacton des Gluconsäure-6-phosphats bildet[14]. Die Öffnung des Lactonringes erfolgt sodann ohne Mitwirkung eines Ferments.

Die beiden Wege, auf denen das Gluconsäure-6-phosphat aus Glucose entsteht, sind im beistehenden Schema zusammengestellt.

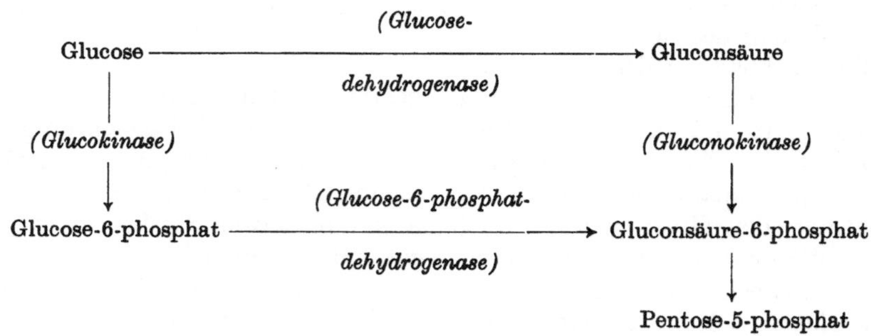

[1] HARRISON, D. C.: Biochem. J. **25**, 1016 (1931); **26**, 1295 (1932); **27**, 382 (1933). — [2] LYNEN, F., u. W. FRANKE: H. **270**, 271 (1941). — [3] ANDERSSON, B.: H. **225**, 57 (1934). — [4] DAS, N.: H. **238**, 269 (1936). — QUIBELL, T. H.: H. **251**, 102 (1938). — WAINIO, W. W.: J. biol. Ch. **168**, 569 (1947). — BRUNELLI, E., and W. W. WAINIO: J. biol. Ch. **177**, 75 (1949). — [5] ADLER, E., u. H. v. EULER: H. **232**, 6 (1935). — [6] STRECKER, H. J., and S. KORKES: J. biol. Ch. **196**, 769 (1952). — [7] MÜLLER, D.: Enzymologia **10**, 40 (1941/42). — [8] BREUSCH, F. L.: Enzymologia **10**, 165 (1941/42); **11**, 87 (1943/45). — [9] SABLE, H. Z., and A. J. GUARINO: J. biol. Ch. **196**, 395 (1952). — [10] COHEN, S. S.: J. biol. Ch. **189**, 617 (1951). — [11] DICKENS, F., and G. E. GLOCK: Biochem. J. **50**, 81 (1952). — [12] WARBURG, O., u. W. CHRISTIAN: B. Z. **242**, 206 (1931); **254**, 438 (1932); **287**, 440 (1936); **292**, 287 (1937). — WARBURG, O., W. CHRISTIAN u. A. GRIESE: B. Z. **282**, 157 (1935). — [13] HORECKER, B. L.: Fed. Proc. **9**, 185 (1950). — HORECKER, B. L., P. Z. SMYRNIOTIS and J. E. SEEGMILLER: J. biol. Ch. **193**, 383 (1951). — GLOCK, G. E., and P. MCLEAN: Nature **170**, 119 (1952). — [14] CORI, O., and F. LIPMANN: J. biol. Ch. **194**, 417 (1952).

e) Die Bildung der Pentosephosphate. Das Gluconsäure-6-phosphat wird durch ein in der Leber[1], aber auch in Hefe[2,3], in Bakterien[4] und in höheren Pflanzen[5] nachgewiesenes, von TPN abhängiges und durch Mg^{++} aktiviertes[3] Ferment in Pentose-5-phosphat und CO_2 aufgespalten. Von den Säugetierorganen zeigen außer Leber auch Niere und Gehirn eine ähnliche, wenn auch schwächere Wirkung, Extrakte aus Muskulatur sind nur wenig wirksam[6]. Bei dieser oxydativen Decarboxylierung wird wahrscheinlich die CHOH-Gruppe bei C_3 zunächst zu einer CO-Gruppe oxydiert und aus dem so entstandenen 3-Keto-gluconsäurephosphat CO_2 abgespalten[7]. Hierbei entsteht zunächst Ribulose-5-phosphat, das durch eine spezifische Pentosephosphatisomerase in eine Phospho-aldopentose umgewandelt wird. Bei der Rückverwandlung der CO-Gruppe in CHOH erfährt das C-Atom 3 des Gluconsäure-6-phosphats eine WALDENsche Umkehrung, indem nicht, wie man erwarten würde, Arabinose-5-phosphat, sondern Ribose-5-phosphat gebildet wird[1,8] (vgl. Bd. 2/1, S. 1062).

f) Die Rückverwandlung der Pentosephosphate in Hexosen. Ribose-5-phosphat wird durch Extrakte aus Leber und Niere abgebaut, während Muskelextrakte nur geringe Wirkung zeigen[9]. Ferner konnte gezeigt werden, daß Leberextrakte[10], aber auch Extrakte aus Knochenmark[1] Glucose-6-phosphat aus Ribose-5-phosphat bilden können. In der Leber entsteht aus den Pentosephosphaten zunächst Fructose-6-phosphat[11], das mit Hilfe der Phosphohexoisomerase in Glucose-6-phosphat umgewandelt wird. In analoger Weise bilden Erythrocyten aus Adenosin und anorganischem Phosphat Ribosephosphat, aus dem durch Abspaltung von Glykolaldehyd Triosephosphat und durch Aldolkondensation schließlich Fructose-diphosphat entsteht[12]. Über Pentose und Triose können Leberschnitte Gluconat-6-^{14}C in Position 6 in Glykogen einbauen, während Gluconat-1-^{14}C nicht zur Glykogenbildung verwendet, sondern als $^{14}CO_2$ ausgeschieden wird[13].

In der Leber erfolgt die Umwandlung des Pentosephosphats in Hexosephosphat durch das Zusammenwirken zweier Fermente: der Transketolase und der Transaldolase. Die in krystallisierter Form dargestellte *Transketolase* spaltet von Ketosephosphaten 2 C-Atome in Form von aktivem Glykolaldehyd ab[14] und überträgt sie auf Aldehyde (s. Bd. 2/1, S. 1063). Als solche Acceptoraldehyde kann das Ferment z. B. die Phosphate von Aldotriosen, Aldotetrosen und Aldopentosen verwenden, wobei je nachdem Pentose-, Hexose- oder Heptosephosphat entsteht. Das Ferment, das diese Umwandlung durchführt, enthält als prosthetische Gruppe Thiaminpyrophosphat[14,15]; mit Rücksicht darauf, daß seine Wirkung im wesentlichen in einer Abspaltung und Übertragung von Ketolgruppen besteht, wurde es als Transketolase bezeichnet. Untersuchungen mit Leberextrakten zeigten, daß unter der Wirkung dieses Ferments ein Molekül Ribulose-5-phosphat gespalten und 2 C-Atome in Form von Glykolaldehyd auf ein Molekül Ribose-5-phosphat

---

[1] SEEGMILLER, J. E., and B. L. HORECKER: J. biol. Ch. **194**, 261 (1952). — [2] LIPMANN, F.: Nature **138**, 588 (1936). — WARBURG, O., u. W. CHRISTIAN: B. Z. **287**, 440 (1936); **292**, 287 (1937). — [3] HORECKER, B. L., and P. Z. SMYRNIOTIS: J. biol. Ch. **193**, 371 (1951). — [4] MCNAIR SCOTT, D. B., and S. S. COHEN: Fed. Proc. **11**, 284 (1952). — TISSIÈRES, A.: Nature **169**, 880 (1952). — [5] AXELROD, B., and R. S. BANDURSKI: Fed. Proc. **11**, 182 (1952). — [6] DICKENS, F.: Biochem. J. **32**, 1645 (1938). — [7] HORECKER, B. L., and P. Z. SMYRNIOTIS: Arch. Biochem. **29**, 232 (1950). — [8] DICKENS, F.: Biochem. J. **32**, 1626 (1938). — HORECKER, B. L., P. Z. SMYRNIOTIS and J. E. SEEGMILLER: J. biol. Ch. **193**, 383 (1951). — [9] DICKENS, F., and G. E. GLOCK: Biochem. J. **50**, 81 (1952). — [10] WALDVOGEL, M. J., and F. SCHLENK: Arch. Biochem. **14**, 484 (1947). — [11] GLOCK, G. E., and P. MCLEAN: Nature **170**, 119 (1952). — [12] DISCHE, Z.: Naturwiss. **26**, 252 (1938). — [13] BLOOM, B., F. EISENBERG jr. and D. STETTEN jr.: J. biol. Ch. **215**, 461 (1955). — [14] RACKER, E., G. DE LA HABA and I. G. LEDER: Am. Soc. **75**, 1010 (1953). — [15] HORECKER, B. L., and P. Z. SMYRNIOTIS: Am. Soc. **75**, 1009 (1953).

übertragen werden. Als Rest des Ribulose-5-phosphatmoleküls bleibt Glycerinaldehyd-3-phosphat zurück[1], während das Ribose-5-phosphat durch die Anlagerung des Glykolaldehyds in Sedoheptulose-7-phosphat übergeht[2].

Die *Transaldolase* setzt das so entstandene Sedoheptulose-7-phosphat mit Triosephosphat in der Weise um, daß Fructose-6-phosphat und Tetrosephosphat entstehen. Durch Übertragung eines Glykolaldehydrestes von einem neuen Molekül Ribulose-5-phosphat wird das entstandene Tetrosephosphat in Hexosephosphat umgewandelt, das zurückbleibende Triosephosphat wird in Gegenwart von TPN in Pyruvat übergeführt[3]. RACKER u. Mitarb. fassen die in diesem Reaktionscyclus zusammengefügten Reaktionen in einem teilweise noch hypothetischen Schema zusammen[4], das in verkürzter Form nachstehend wiedergegeben wird. Wie aus dem Schema ersichtlich, werden 3 Moleküle Pentosephosphat, die durch oxydative Decarboxylierung aus 3 Molekülen Gluconsäurephosphat entstanden sind, so umgesetzt, daß 2 Moleküle Hexosephosphat und 1 Molekül Triosephosphat entstehen.

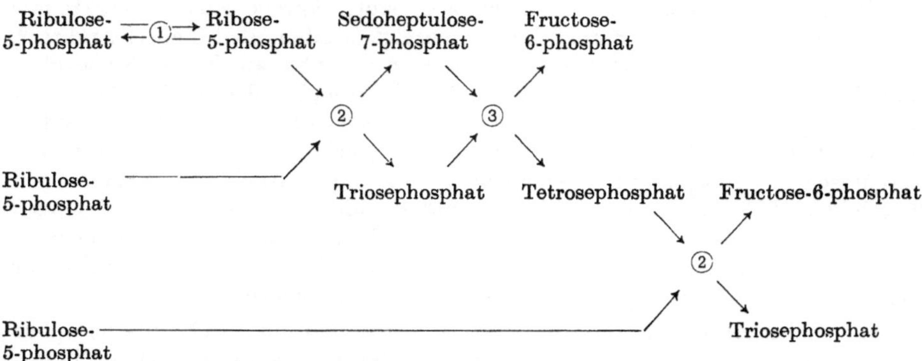

① Katalysiert durch Pentosephosphatisomerase;
② katalysiert durch Transketolase;
③ katalysiert durch Transaldolase.

Der Gluconsäurecyclus bildet eine wichtige Energiequelle der Leber. Die stark exergonische Oxydation des Glucosephosphats in Gluconsäurephosphat kann für endergonische Stoffwechselreaktionen, wie z. B. die Bildung von Oxalacetat aus Pyruvat, verwendet werden. Außerdem kann das bei diesem Abbauweg als Intermediärprodukt entstehende Ribosephosphat als Ausgangsmaterial für die Bildung von Ribonucleinsäuren dienen.

g) Oxydativer Glucoseabbau und Nucleinsäurestoffwechsel. Die in den Ribonucleinsäuren enthaltene Ribose ist teils exogener, teils endogener Herkunft. Die in den Nucleinsäuren der Nahrung enthaltene Ribose wird durch Verdauungsfermente freigesetzt und resorbiert. Sie kann durch eine (in Mikroorganismen, aber auch in einzelnen tierischen Geweben, z. B. Gehirn, nachgewiesene) Ribokinase in Ribose-5-phosphat umgewandelt[5] und für die Bildung der Ribonucleinsäuren verwendet werden. Die Hauptmenge des für die Bildung der Ribonucleinsäuren verwendeten Ribose-5-phosphats ist jedoch endogener Herkunft und entsteht

[1] DISCHE, Z.: Naturwiss. **26**, 252 (1938). — RACKER, E.: Fed. Proc. **7**, 180 (1948). — [2] HORECKER, B. L., and P. Z. SMYRNIOTIS: Am. Soc. **74**, 2123 (1952). — HORECKER, B. L., P. Z. SMYRNIOTIS and H. KLENOW: J. biol. Ch. **205**, 661 (1953). — [3] AXELROD, B., R. S. BANDURSKI, C. M. GREINER and R. JANG: J. biol. Ch. **202**, 619 (1953). — [4] RACKER, E., G. DE LA HABA and I. G. LEDER: Arch. Biochem. **48**, 238 (1954). — [5] SABLE, H. Z.: Proc. Soc. exp. Biol. Med. **75**, 215 (1950).

in der Leber auf dem oben geschilderten Wege über Gluconsäure aus Glucose. Nach Verabreichung von ^{14}C-Gluconsäure fand sich ein Teil des ^{14}C in den Nucleinsäuren wieder[1] (vgl. auch Nucleinsäurestoffwechsel der Leber S. 345).

Endogenes und exogenes Ribose-5-phosphat werden durch die Phosphoribomutase in Ribose-1-phosphat übergeführt, das mit Purinbasen unter Bildung von Nucleosiden und freier Phosphorsäure reagiert[2]. Durch Bindung von aus ATP stammendem Phosphat entstehen daraus Mononucleinsäuren. So kann Adenosin durch eine in der Hefe nachweisbare Adenosinphosphokinase in Gegenwart von ATP in Adenylsäure umgewandelt werden[3].

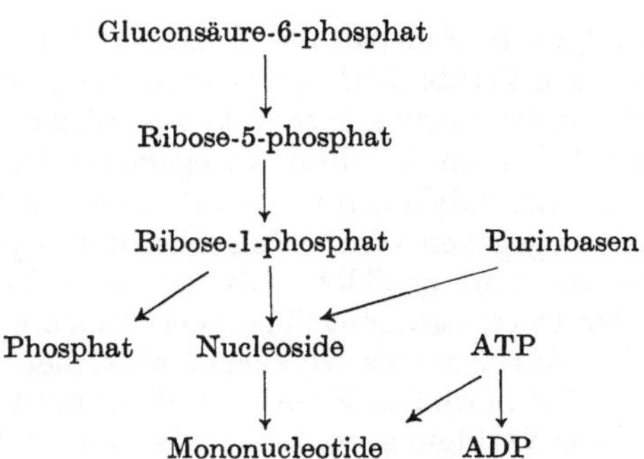

Andererseits kann die beim Abbau der Ribonucleinsäuren freigesetzte Ribose auf dem oben beschriebenen Wege wieder in Hexosephosphat umgewandelt bzw. in den Abbauweg der Hexosen hinübergeleitet werden. Durch den Abbau von Ribonucleinsäuren entsteht in der Leber, in geringerem Ausmaß auch in der Niere, Ribose-5-phosphat[4]. Der Reaktionscyclus zwischen Hexose-6-phosphat und Pentose-5-phosphat bildet also gleichzeitig auch die Brücke zwischen Kohlenhydrat- und Nucleinstoffwechsel.

Glucose ⟶ Glucosephosphat ⟶ Pentosephosphat ⟶ Triosen

↓↑

Nucleinsäuren

Auf welchem Wege die Desoxyribose von den Leberzellen abgebaut wird, ist derzeit noch nicht bekannt. An Escherichia coli durchgeführte Untersuchungen weisen darauf hin, daß der Abbau auf dem Wege über das 1-Phosphat und das 5-Phosphat der Desoxyribose erfolgt und daß das Desoxyribose-5-phosphat (vielleicht nach Umwandlung in die entsprechende Ketoverbindung) in Triosephosphat und ein C_2-Fragment aufgespalten wird[5].

2. Die Aufspaltung der Glucose durch die Glykolyse.

Neben dem auf den vorhergehenden Seiten geschilderten oxydativen Abbauweg der Glucose, der für den Leberstoffwechsel eine besonders große Rolle zu spielen scheint, verfügt die Leber auch über den klassischen glykolytischen Abbaumechanismus (vgl. Bd. 2/1, S. 738ff.), durch den das Glucosemolekül in 2 C_3-Fragmente aufgespalten und diese C_3-Fragmente in Pyruvatmoleküle umgewandelt

[1] Stetten, M. R., and D. Stetten jr.: J. biol. Ch. **187**, 241 (1950). — [2] Friedkin, M., and H. M. Kalckar: J. biol. Ch. **184**, 437 (1950). — Friedkin, M.: J. biol. Ch. **184**, 449 (1950). — [3] Sable, H. Z.: Proc. Soc. exp. Biol. Med. **75**, 215 (1950). — [4] Schlenk, F., and M. J. Waldvogel: Arch. Biochem. **12**, 181 (1947). — [5] Hoffmann, C. E., and J. O. Lampen: J. biol. Ch. **198**, 885 (1952).

werden. Während die Glykolyse in der Muskulatur den Hauptweg des Glucoseabbaues darstellt, bildet sie in der Leber nur einen Nebenweg, der wahrscheinlich dann in größerem Ausmaß beschritten wird, wenn die in dem Stoffwechselpool der Leber enthaltenen Pyruvatmengen nur gering sind. Da bei der Glykolyse aus einem abgebauten Glucosemolekül 2 Mol Pyruvat gebildet werden, während beim oxydativem Glucoseabbau aus 3 umgesetzten Glucosemolekülen nur 1 Mol Pyruvat entsteht (vgl. S. 110), führt eine zeitweilige Steigerung der Glykolyse zu einer raschen Auffüllung des Pyruvatpools der Leber. Zufuhr der leicht phosphorylierbaren Fructose führt zu einer Bevorzugung des glykolytischen Abbauweges.

Erfolgt die glykolytische Aufspaltung der Hexosen in besonders großem Ausmaß, wie dies z. B. nach Verabreichung großer Mengen von Fructose der Fall ist, so wird ein Teil des entstandenen Pyruvats zu Milchsäure reduziert und diese Milchsäure von der Leber an das Blut abgegeben[1]. Auch in der überlebenden durchströmten Leber wird Glykogen in Lactat umgewandelt, das an die Durchströmungsflüssigkeit abgegeben wird[2]. Je größer der Glykogengehalt der Leber, desto mehr Milchsäure wird gebildet. Glykogenfreie Lebern bilden nur dann Milchsäure, wenn der Durchströmungsflüssigkeit Glucose zugesetzt wird[2]. Auch bei der postmortalen Autolyse des Glykogens entstehen im Lebergewebe große Mengen von Lactat. Bei normalen Kreislaufbedingungen steht der Leber jedoch reichlich Sauerstoff zur Verfügung, so daß das bei der Glykolyse intermediär entstandene Triosephosphat mit Hilfe von O_2 zu Phosphoglycerinat oxydiert wird und die Reduktion des Pyruvats zu Lactat unterbleibt[3].

Während der oxydative Abbau der Glucose der Leber reichlich Energie, aber wenig Pyruvat liefert, wird beim glykolytischen Abbau der Glucose nur wenig Energie, aber in großer Menge Pyruvat gebildet (s. Bd. 2/1, S. 736). Dieses Pyruvat braucht die Leber für die Einführung der beim Fettabbau entstandenen Acetatreste in den Citronensäurecyclus. Es ist daher wahrscheinlich, daß der Gluconsäurecyclus bei kohlenhydrathaltiger Kost, die Glykolyse hingegen im Hunger und bei fetthaltiger Nahrung den bevorzugten Abbauweg der Glucose darstellt[3]. Da andererseits für die Aktivierung der Transketolase Thiaminpyrophosphat als Coferment notwendig ist (vgl. S. 109), kann erwartet werden, daß der oxydative Abbau der Glucose bei Mangel an Vitamin B_1 oder bei Lebererkrankungen, bei denen die Bildung von Thiaminpyrophosphat aus freiem Thiamin gestört ist, hinter dem glykolytischen Abbauweg zurücktritt. Da der glykolytische Abbauweg weit mehr Pyruvat liefert als der oxydative Abbauweg, hat Thiaminmangel bei Vorhandensein von Insulin eine Vermehrung des Pyruvatspiegels in Lebergewebe und Blut zur Folge. Andererseits kann die beim Diabetes gestörte Bildung von Brenztraubensäure aus Glucose durch Zufuhr von Cocarboxylase wieder hergestellt werden[4]. In diesem Sinne wirken Insulin und Cocarboxylase also als Synergisten[5], Insulin ermöglicht den glykolytischen Abbau der Glucose zu Pyruvat, während die Cocarboxylase den oxydativen Abbauweg der Glucose über Gluconsäure ermöglicht, bei dem, wenn auch in geringerer Menge, auch bei Insulinmangel Pyruvat gebildet werden kann.

Der glykolytische Abbau der Glucose zu Pyruvat ist ebenso wie die Glykogenbildung ein reversibler Vorgang und erfolgt ebenso wie diese auf dem Wege über Glucose-6-phosphat. Freie Glucose, Glykogen und Pyruvat können daher in der Leber je nach Bedarf ineinander übergeführt werden: Zunahme des Zuckerangebots führt beim Normalen zu einem Abströmen der überschüssigen Glucose

---

[1] WIERZUCHOWSKI, M., u. F. SEKURACKI: B. Z. **276**, 112 (1935). — [2] EMBDEN, G., u. F. KRAUS: B. Z. **45**, 1 (1912). — [3] MORUZZI, G., G. MORUZZI e M. A. BARTOLI: Arch. Sci. biol., Bologna **25**, 178 (1939). — [4] MARKEES, S.: Schweiz. med. Wschr. **82**, 1290 (1952). — [5] BOULIN, R., F. W. MEYER, M. GUENIOT et C. LAPRESLE: Sem. Hôp. Paris **28**, 2069 (1952).

teils in die Glykogendepots, teils in den Pyruvatpool, wo daraus (unter anderem) Fett gebildet wird. Andererseits verursacht jede Abnahme des Blutzuckers den Abbau von Glykogen und gleichzeitig die Neubildung von Glucose aus Pyruvat; das verbrauchte Pyruvat wird sodann durch den Abbau glucoplastischer Aminosäuren ergänzt. Die Glykolyse und ihre Umkehrung bilden also gleichsam die Brücke, durch die die beiden wichtigsten Zwischensubstanzen des Kohlenhydratstoffwechsels, Pyruvat und Glucose-6-phosphat, miteinander verbunden sind.

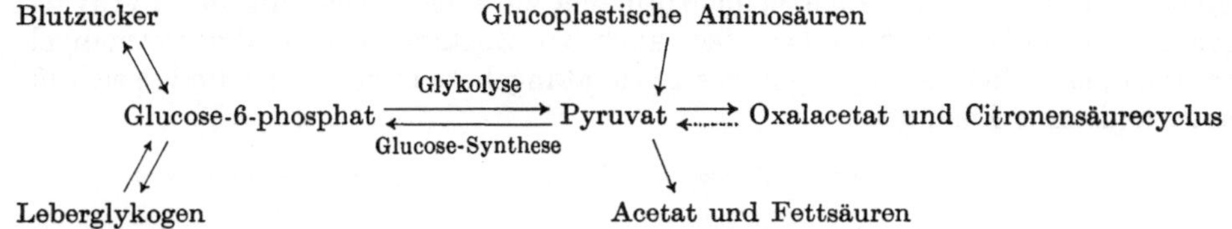

Während sich der Fettsäureabbau und die Reaktionen des Citronensäurecyclus in den Mitochondrien der Leberzelle abspielen, erfolgt die glykolytische Umwandlung der Glucose in Pyruvat vor allem im flüssigen Anteil des Protoplasmas. Von den bei der Glykolyse beteiligten Fermenten war z. B. die Aldolase etwa zu 96% im flüssigen Protoplasmaanteil, zu 3% im Zellkern und zu 1% in den Mitochondrien der Leberzellen enthalten[1] (s. a. Bd. 2/1, S. 746).

ε) Das Pyruvat im Leberstoffwechsel.

1. Der Pyruvatpool.

Die Brenztraubensäure bildet die wichtigste Zwischensubstanz des Leberstoffwechsels. Ständig werden in der Leber große Mengen von Pyruvat gebildet und verbraucht. Normalerweise stammt die Hauptmenge des von der Leber gebildeten Pyruvats aus dem Abbau von Glucose und Glykogen. Andere wichtige Pyruvatquellen sind die glucoplastischen Aminosäuren, aus dem Blute aufgenommene Milchsäure und die als Endprodukt des Citronensäurecyclus entstehende Oxalessigsäure. Die aus diesen verschiedenen Quellen stammenden Pyruvatmengen vereinigen sich zu einem Stoffwechselpool, und aus diesem zentralen Sammelbecken werden die Pyruvatmengen entnommen, die von den Leberzellen für die verschiedenen Stoffwechselzwecke benötigt werden. So wird z. B. bei gesteigertem Lactatgehalt des Blutes ein Teil des aus dem Lactat gebildeten und diesem Sammelbecken zufließenden Pyruvats zur Bildung von Glucose und Glykogen abgezweigt. Besteht bei reichlicher Kohlenhydratzufuhr im Augenblick kein Glucosebedarf und sind die Glykogendepots der Leber gefüllt, so wird ein Teil des aus dem Kohlenhydrat gebildeten Pyruvatüberschusses nach Umwandlung in aktives Acetat in Fett übergeführt. Große Mengen von Pyruvat werden ferner von der Leber in den Citronensäurecyclus eingeführt und damit ihre Verbrennung zu CO_2 und H_2O eingeleitet. Ein Anteil des Pyruvats kann auch (direkt oder auf dem Wege über Zwischensubstanzen des Citronensäurecyclus) in endogene Aminosäuren übergeführt werden.

Je nach der Ernährungsart und der sonstigen Stoffwechsellage erhält also dieses zentrale Pyruvatsammelbecken mengenmäßig stark wechselnde Zuflüsse von verschiedenen Seiten, und je nach dem jeweiligen Bedarf des Stoffwechsels variieren auch die Pyruvatmengen, die aus diesem Pyruvatpool für die verschiedenen Stoffwechselzwecke entnommen werden. Über den Pyruvatpool wandelt die Leber die einzelnen Nahrungsstoffe je nach dem jeweiligen Bedarf des Organismus ineinander um, und auf diesem Wege können auch Zwischenprodukte des

[1] Kennedy, E. P., and A. L. Lehninger: J. biol. Ch. **179**, 957 (1949). —

Stoffwechsels, wenn sie aus irgendeinem Grund im Überschuß gebildet worden sind (z. B. die in der arbeitenden Muskulatur entstandene Milchsäure) in den normalen Abbauweg der Nahrungsstoffe zurückgeführt werden.

Es gehört zu den Grundfunktionen der Leberzelle, Pyruvatbildung und Pyruvatverbrauch so aufeinander einzuregulieren, daß die für den jeweiligen Stoffwechselbedarf notwendigen Pyruvatmengen jederzeit zur Verfügung stehen, allfällige Anhäufungen von Pyruvat aber schnellstens beseitigt werden. Vorübergehend kann es jedoch auch beim Normalen zu einer Steigerung des Pyruvatgehalts im Lebergewebe oder aber auch zu Zuständen von Pyruvatmangel kommen, erhebliche Änderungen des Pyruvatangebots in der Leber finden sich in pathologischen Zuständen.

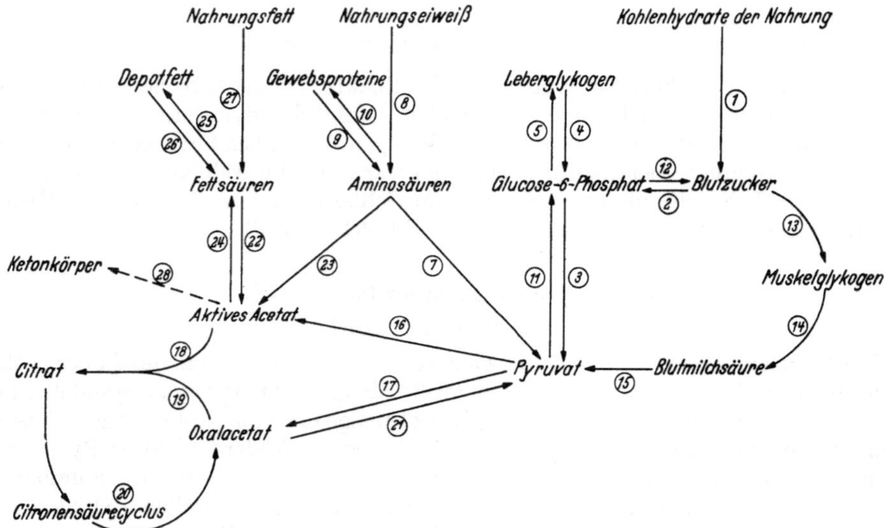

Abb. 16. Die Stellung des Pyruvats im Leberstoffwechsel.

Das Schema zeigt die zentrale Stellung des Pyruvats im Leberstoffwechsel. Die Kohlenhydrate der Nahrung, die nach Aufspaltung in Glucose (*1*) über das Pfortaderblut zur Leber gelangen, werden nach Umwandlung in Glucose-6-phosphat (*2*) zu Pyruvat abgebaut (*3*). Daneben wird ein Teil der Glucose über Glucose-6-phosphat in Leberglykogen umgewandelt (*5*). Im Hunger kehrt sich dieser Prozeß um, und Leberglykogen wird zu Glucose-6-phosphat abgebaut (*4*). Diese dient dann teils zur Aufrechterhaltung des Blutzuckerspiegels (*12*), teils auch zur fortdauernden Speisung des Pyruvatpools (*3*) in der Leber selbst.

Andererseits wird auch durch Abbau der glucoplastischen Aminosäuren Pyruvat gebildet (*7*). Diese stammen bei eiweißhaltiger Ernährung aus den Proteinen der Nahrung (*8*), werden im Hunger aber durch Abbau von Gewebsproteinen beigestellt (*9*). Diese Gewebsproteine werden nach Nahrungszufuhr aus dem Nahrungseiweiß immer wieder ergänzt (*10*). Im Hunger kann der Abbau der Aminosäuren so gesteigert werden, daß dadurch nicht nur die für den Energiebedarf der Leber notwendige Pyruvatmenge gesichert wird, sondern darüber hinaus noch Pyruvat in Glucose-6-phosphat (*11*) verwandelt werden kann. Dieses Glucose-6-phosphat kann je nach Bedarf in Blutzucker (*12*) oder zur Auffüllung des Leberglykogens (*5*) verwendet werden.

Der Blutzucker wird in den Organen der Peripherie entweder verbrannt oder zur Bildung von Glykogen verwendet (*13*). Unter besonderen Umständen (schwere Muskelarbeit, Adrenalininjektion u. a.) kann die aus diesem Glykogen entstandene Milchsäure in das Blut übergehen (*14*). Sie wird von der Leber in Pyruvat übergeführt (*15*) und mischt sich dem aus anderen Quellen stammenden Pyruvat bei. Vermehrung der Blutmilchsäure veranlaßt vermehrten Zustrom von Pyruvat in den Pool, ein Teil des sich im Pool ansammelnden Pyruvats wird sodann über Glucose-6-phosphat (*11*) in Leberglykogen umgewandelt (*5*) und für spätere Verwendung gespeichert.

Die Hauptmenge des Pyruvats, das dem zentralen Sammelbecken aus diesen verschiedenen Quellen zufließt, wird dem Citronensäurecyclus zugeleitet (*16*, *17*). Hierbei wird ein Teil des Pyruvats durch Anlagerung von CO_2 in Oxalacetat (*17*) und ein anderer durch oxydative Abspaltung von CO_2 in aktives Acetat übergeführt (*16*). Oxalacetat und Acetat vereinigen sich zu Citrat (*18*, *19*), das durch den Citronensäurecyclus hindurchläuft (*20*), wobei durch Abbau eines Teiles des Moleküls schließlich wieder Oxalacetat entsteht. Das aus dem Citronensäurecyclus zurückgewonnene Oxalacetat kann neuerlich zur Citratbildung verwendet (*19*) werden, oder es wird decarboxyliert und kehrt wieder in den Pyruvatpool zurück (*21*).

Das durch Decarboxylierung des Pyruvats (*16*) entstandene aktivierte Acetat kann statt in den Citronensäurecyclus einzutreten (*18*) auch zur Bildung von Fettsäuren verwendet werden (*24*), die in Form von Fett in der Leber und in den peripheren Fettdepots gespeichert werden. Die Fettbildung bei Kohlenhydratmast erfolgt also auf dem Wege über Glucose-6-phosphat (*1*, *2*), Pyruvat (*3*) und aktiviertes Acetat (*16*, *23*). Aktiviertes Acetat kann aber auch durch Abbau von Nahrungsfett (*27*, *22*) oder durch Abbau ketogener Aminosäuren (*23*) gebildet werden. Die Fettsäuren des Nahrungsfetts können entweder direkt in die Fettdepots übergehen (*25*) oder zu Acetat abgebaut (*22*) und daraus (*24*, *25*) neue Fettsäuren gebildet werden. Bei vermehrtem Abbau von Depotfett im Hunger (*26*, *22*) herrscht in der Leberzelle ein Überangebot an Acetat. Erfolgt der Abbau des Acetats im Citronensäurecyclus nicht rasch genug, so wird der Überschuß in Ketonkörper übergeführt (*28*) und an das Blut abgegeben.

a) Vermehrung des Pyruvatangebots in der Leber kann vorübergehend durch plötzliche Belastung mit großen Mengen von Glucose, namentlich bei gleichzeitiger Insulininjektion hervorgerufen werden[1]. Ein Teil des Pyruvatüberschusses strömt sodann ins Blut ab, und der Pyruvatgehalt des Blutes wird erhöht[2]. Durch Umwandlung des überschüssigen Pyruvats in Fett und Glykogen wird dieser Pyruvatüberschuß in der normalen Leber jedoch bald beseitigt.

Andererseits ist für die Verwertung des Pyruvats zur Fettsäuresynthese und für seinen Abbau die Decarboxylierung zu aktivem Acetat notwendig. Die für die Decarboxylierung des Pyruvats erforderliche Cocarboxylase wird vor allem in der Leber durch Pyrophosphorylierung von Thiamin gebildet[3]. Mangel an Thiamin (Vitamin B_1) in der Nahrung[4] oder schwere Störungen der Leberfunktion, die eine Verlangsamung der Cocarboxylasebildung aus Thiamin zur Folge haben[5], führen daher zu einer Verzögerung im Abbau des Pyruvats[6,7]; das nicht abgebaute Pyruvat staut sich in der Leber an, und der Pyruvatspiegel des Blutplasmas steigt[8]. Sowohl bei B_1-frei ernährten Tieren[9] als auch bei Menschen, die an einer B_1-Avitaminose litten[10], war der Pyruvatgehalt des Blutes vermehrt und sank ab, sobald Vitamin B_1 zugeführt wurde. Nach Glucosebelastung werden bei inkompensierten Cirrhosen und im hepatischen Koma[11] besonders hohe Pyruvatwerte im Blut beobachtet.

Die Fähigkeit der Leber, aus injiziertem Thiamin Cocarboxylase zu bilden, kann als Leberfunktionsprüfung verwendet werden. So führt z. B. die Injektion von 100 mg Thiaminchlorid bei Lebergesunden zu einer Vermehrung des Carboxylasespiegels im Blut[5], zu einer Beschleunigung des Pyruvatabbaus in der Leber und dadurch zu einer Senkung des Pyruvatgehalts des Blutes. Bei Leberkranken

[1] AMATUZIO, D. S., N. SHRIFTER, F. L. STUTZMAN and S. NESBITT: J. clin. Invest. **31**, 751 (1952). — [2] BUEDING, E., M. H. STEIN and H. WORTIS: J. biol. Ch. **137**, 793 (1941). — KLEIN, D.: J. biol. Ch. **145**, 35 (1942). — GILLMAN, T., and L. GOLDBERG: S.-afr. J. med. Sci. 8, 156 (1943). — [3] EULER, H. v., u. R. VESTIN: Naturwiss. **25**, 416 (1937). — [4] KEMMERER, A. R., and H. STEENBOCK: J. biol. Ch. **103**, 353 (1933). — [5] WILLIAMS, R. H., W. G. BISSELL and J. P. PETERS: Arch. internal Med., Chicago **73**, 203 (1944). — [6] KINNERSLEY, H. W., and R. A. PETERS: Biochem. J. **23**, 1126 (1929). — SHERMAN, W. C., and C. A. ELVEHJEM: Amer. J. Physiol. **117**, 142 (1936). Biochem. J. **30**, 785 (1936). — PETERS, R. A.: Lancet **1936 I**, 1161. — KINNERSLEY, H. W., and R. A. PETERS: Biochem. J. **32**, 697 (1938). — [7] PETERS, R. A., and R. H. S. THOMPSON: Biochem. J. **28**, 916 (1934). — [8] DAVIS, H. A., and F. K. BAUER: Arch. Surg. **48**, 185 (1944). — [9] THOMPSON, R. H. S., and R. E. JOHNSON: Biochem. J. **29**, 694 (1935). — SHILS, M., H. G. DAY and E. V. McCOLLUM: Science, N. Y. **91**, 341 (1940). — [10] PLATT, B. S., and G. D. LU: Quart. J. Med. **5**, 355 (1936). — WILKINS, R. W., F. H. L. TAYLOR and S. WEISS: Proc. Soc. exp. Biol. Med. **35**, 584 (1937). — [11] AMATUZIO, D. S., and S. NESBITT: J. clin. Invest. **29**, 1486 (1950).

ist der nach B_1-Zufuhr auftretende Anstieg der Cocarboxylase und die Senkung des Pyruvatspiegels im Blute weit geringer und kann bei schwersten Leberstörungen ganz ausbleiben.

Da die Pantothensäure für die Bildung des Coenyzms A und damit für die Fettsäuresynthese und die Einführung des Acetats in den Citronensäurecyclus notwendig ist, verursacht Pantothensäureavitaminose eine Stockung in der Acetatverwertung, dadurch eine Hemmung des Pyruvatabbaus, die wiederum eine Pyruvatvermehrung in der Leber und eine Erhöhung des Pyruvatgehalts im Blut zur Folge hat[1].

b) Verringerung des Pyruvatangebots in der Leber. Da die Hauptmenge des von der Leber umgesetzten Pyruvats aus dem glykolytischen Abbau der Glucose und des Glykogens stammt, kommt es im Hunger oder bei kohlenhydratfreier, fettreicher Nahrung zu einer Verminderung des Pyruvatangebots in der Leber. Große Glucoseverluste im Harn, z. B. bei der Phlorrhizinvergiftung, können die gleiche Wirkung haben. Zu einem Pyruvatmangel in der Leber kommt es aber auch dann, wenn Glucose zwar vorhanden ist, aber nicht in Pyruvat umgesetzt werden kann, also vor allem bei Mangel an Insulin[2].

Die Verringerung des Pyruvatangebots verzögert die Einführung des durch den Fettsäureabbau entstandenen Acetats in den Citronensäurecyclus; denn für die Bildung der Citronensäure, die die Ausgangssubstanz dieses Cyclus bildet, ist neben aktiviertem Acetat Oxalacetat notwendig, und dieses Oxalacetat entsteht aus Brenztraubensäure. Senkung des Pyruvatangebots verringert daher die Bildung des Oxalacetats, das aus den Fettsäuren gebildete aktivierte Acetat wird sodann nicht in den Citronensäurecyclus eingeführt, sondern in Acetessigsäure umgewandelt und diese an das Blut abgegeben. Mangel an Pyruvat in der Leber führt also zu Ketonämie. Zufuhr von Pyruvat oder von Stoffen, die in Pyruvat umgesetzt werden können, bringt dagegen eine bestehende Ketonämie zum Verschwinden.

Die wichtigsten Mangelzustände, die zu einer Senkung oder Steigerung des Pyruvatangebots in der Leber Anlaß geben können, sind aus dem folgenden Schema ersichtlich:

Glucose ——→	Pyruvat ——→	Acetat ——→	Citronensäurecyclus, Fettsäuresynthese, Ketonkörperbildung usw.
Für die Pyruvatbildung erforderlich: Insulin. Daher bei Diabetes mellitus Pyruvatangebot vermindert.	Für den Pyruvatabbau erforderlich: Cocarboxylase. Daher bei Thiaminmangel und Leberschäden Pyruvatstauung.	Für diese Reaktionen erforderlich: Coenzym A. Daher bei Pantothensäuremangel Störung des Gleichgewichts zwischen Acetat und Pyruvat und Rückstauung des Pyruvats.	

2. Die Bildung von Leberglykogen aus Nichtkohlenhydraten.

Die Funktion rasch reagierender Organsysteme, wie Nervensystem und Muskulatur, ist von einem ständigen Glucoseangebot abhängig. Vor allem muß den Zellen der lebenswichtigen Nervenzentren vom Blut her dauernd Glucose in einer bestimmten Minimalkonzentration angeboten werden, wenn in ihrer Funktion nicht Störungen eintreten sollen. Im Hunger oder bei kohlenhydratfreier Ernährung werden die für die Aufrechterhaltung des Blutzuckerspiegels notwendigen Glucosemengen zunächst vom Leberglykogen geliefert. Der Glykogengehalt der

---

[1] Pilgrim, F. J., A. E. Axelrod and C. A. Elvehjem: J. biol. Ch. **145**, 237 (1942). —
[2] Amatuzio, D. S., N. Shrifter, F. L. Stutzman and S. Nesbitt: J. clin. Invest. **21**, 751 (1952). —

Leber wäre aber bald aufgebraucht, wenn er nicht fortwährend aus anderen Nahrungsstoffen ergänzt würde. Die Leber ist befähigt, nicht nur Fructose, Galaktose und Mannose, sondern auch Nichtzuckerstoffe, wie Milchsäure und Aminosäuren, in Glykogen und Blutzucker überzuführen. Die Bildung von Glykogen und Glucose aus Nichtkohlenhydraten erfolgt über den Pyruvatpool, sie wird als Glykoneogenese bezeichnet.

a) Der Nachweis der Glykoneogenese im Lebergewebe (s. a. Bd. 2/1, S. 763). Daß die Bildung von Leberglykogen aus Nichtzuckerstoffen sehr rasch und in großem Ausmaß erfolgen kann, ist an Tieren gezeigt worden, bei denen der Glykogenvorrat der Leber vorher durch Hunger, Kälte, andauernde Muskelarbeit u. a. herabgesetzt worden war. Die Zufuhr einer in Pyruvat umwandelbaren Substanz führte bei diesen Tieren zu einer raschen Zunahme des Glykogendepots der Leber.

Bei Störungen, durch die die Leber gezwungen wird, dauernd große Mengen von Glucose an das Blut abzugeben, wie z. B. im Diabetes mellitus oder bei der experimentellen Phlorrhizinvergiftung, werden in der Leber große Mengen von Glucose aus Nichtzuckerstoffen (vor allem aus Aminosäuren) gebildet. Pankreasektomierte und phlorrhizinvergiftete Tiere scheiden im Hunger in annähernd konstanter Menge Glucose aus, die sie aus den Proteinen ihrer Gewebe bilden. Zufuhr einer in Glucose verwandelbaren Aminosäure führt zu einer Vermehrung der Glucoseausscheidung im Harn.

Daß die Umwandlung dieser Stoffe in Glykogen und Blutzucker in der Leber erfolgt, ergibt sich aus Versuchen an hepatektomierten Tieren. Wie in einem früheren Abschnitt (s. S. 31) erwähnt, sinkt bei hepatektomierten Tieren der Blutzuckergehalt rasch ab, und diese Hypoglykämie führt in wenigen Std zum Tod[1]. Durch Zufuhr von Glucose kann die Hypoglykämie gebessert und das Leben der hepatektomierten Tiere verlängert werden. In sehr geringem Grade wirkten auch Fructose und Mannose und einige glucosehaltige Disaccharide und Polysaccharide lebensverlängernd. Nur diese Stoffe können also von den peripheren Geweben, auch ohne Mitwirkung der Leber, an Stelle von Glucose verwendet werden. Alle anderen Stoffe, auch wenn aus ihnen bei vorhandener Leber leicht Glucose gebildet werden kann, bleiben beim leberlosen Tier völlig wirkungslos. Ihre Umwandlung in Blutzucker ist also nur in der Leber möglich.

Die Frage, in welchem Ausmaß das Leberglykogen unter bestimmten Versuchsbedingungen aus den Hexosen der Nahrung und in welchem Ausmaß es auf dem Wege über den Pyruvatpool aus Nichtzuckerstoffen gebildet wird, kann in der Weise entschieden werden, daß man einem Versuchstier eine Zeitlang D_2O verabreicht und sodann den D-Gehalt seines Leberglykogens bestimmt. Bildet das Versuchstier sein Leberglykogen direkt aus den Hexosen der Nahrung (die naturgemäß D-frei sind), so enthält auch sein Leberglykogen nur wenig festgebundenes Deuterium. Bildet es dagegen sein Leberglykogen vorwiegend aus Stoffen, deren Überführung in Glucosereste auf dem Wege über den Pyruvatpool erfolgt, so wird im Verlauf dieser Zwischenreaktionen Deuterium an die in Glykogen übergeführten C-Ketten gebunden, und zwar naturgemäß in um so größerer Menge, je zahlreicher die Zwischenreaktionen sind, die bei dieser Umwandlung erfolgen und je mehr C-H—Bindungen hierbei durch intermediäre Enolisierung u. ä. gelockert werden. Das Leberglykogen hungernder Ratten enthielt, da Leberglykogen im Hunger vor allem aus Aminosäuren gebildet wird, in diesen Versuchen mehr D als Leberglykogen kohlenhydratreich gefütterter Kontrolltiere. In ähnlicher Weise bildeten auch Tiere, die Lactat erhalten hatten, ein D-reiches

[1] Mann, F. C.: Amer. J. med. Sci. **161**, 37 (1921). — Mann, F. C., and T. B. Magath: Amer. J. Physiol. **55**, 285 (1921). Arch. internal med., Chicago **30**, 73, 171 (1922).

Leberglykogen. Der Deuteriumgehalt des Muskelglykogens änderte sich bei kurzfristigen Versuchen dieser Art dagegen nur wenig[1].

b) Der Mechanismus der Glykogenbildung aus Pyruvat. Die Glykogenbildung aus Pyruvat kann in der Weise verfolgt werden, daß man Pyruvat oder Lactat mit einem C-Isotop markiert und feststellt, wieviel von dem C-Isotop in das Leberglykogen übergeht und in welcher Stellung sich dieses C-Isotop in den Hexoseresten des Glykogens wiederfindet. Derartige Versuche haben jedoch gezeigt, daß in dem Glykogen, das nach Zufuhr von markiertem Lactat gebildet wird, nur ein sehr kleiner Teil der verabreichten Isotopenmenge nachweisbar ist. So stieg z. B. der Glykogengehalt der Leber von Ratten, die ^{11}C-Lactat in Dosen von etwa 80 mg/100 g Körpergewicht erhalten hatten, um 21—32% der verabreichten Lactatmenge an. Von dem in dem verabreichten Lactat enthaltenen ^{11}C war in dieses neuentstandene Glykogen jedoch nur 3,2% (wenn sich der ^{11}C in α- oder β-Stellung des verabreichten Lactats befand) bzw. 1,6% (^{11}C in der Carboxylgruppe) aufgenommen worden[2]. Die Glykogenvermehrung nach Lactatzufuhr erfolgt also in der Weise, daß das verabreichte Lactat in den Pyruvatpool einfließt. Dadurch kommt es zu einer Überfüllung des Pyruvatpools, aus einem Teil des überschüssigen Pyruvats wird Glykogen gebildet, ohne daß jedoch die in Glykogen verwandelten Pyruvatmoleküle aus dem zugeführten Lactat stammen müßten.

^{11}C, das in der Carboxylgruppe des verabreichten Lactats enthalten war, wurde in weit geringerem Ausmaß in das entstandene Glykogen aufgenommen als ^{11}C, das sich in α- oder β-Stellung befand[2]. Dies beruht darauf, daß die Hauptmenge des aus dem zugeführten Lactat entstandenen Pyruvats, ehe es für die Glykogenbildung verwendet wird, nach Umwandlung in Acetat oder Oxalacetat den Citronensäurecyclus durchläuft, wobei die Carboxylgruppe zum Teil in Form von CO_2 abgespalten wird.

Wurde Ratten Lactat verabreicht, das in α-Stellung ^{13}C enthielt, so enthielten die Hexosereste des entstandenen Leberglykogens in Stellung 2 und 5 relativ große, in Stellung 1 und 6 etwas geringere und in Stellung 3 und 4 nur sehr geringe Mengen des Isotops. Wäre das Lactat nach Oxydation zu Pyruvat direkt zur Bildung von Glucose verwendet worden, so hätte das ^{13}C nur in den Stellungen 2 und 5 des Glucosemoleküls aufgenommen werden können.

$$
\begin{array}{llll}
\downarrow & H_3C{-}{}^{13}CHOH{-}COOH & HOOC{-}{}^{13}CHOH{-}CH_3 & \text{Lactat} \\
 & H_3C{-}{}^{13}CO{-}{-}COOH & HOOC{-}{}^{13}CO{-}{-}CH_3 & \text{Pyruvat} \\
 & C_1{-}{-}{}^{13}C_2{-}{-}C_3{-}{-}{-} & C_4{-}{-}{}^{13}C_5{-}{-}C_6 & \text{Glucose} \quad \downarrow
\end{array}
$$

Die Tatsache, daß das ^{13}C auch in die 1,6 Stellungen der entstandenen Glucose aufgenommen worden war, zeigt, daß ein großer Teil der in Pyruvat umgewandelten Lactatmoleküle vor ihrer Überführung in Glykogen den Citronensäurecyclus durchlaufen haben muß. Bekanntlich tritt das Pyruvat auf 2 Wegen in den Citronensäurecyclus ein: Durch Decarboxylierung zu Acetat und durch Carboxylierung zu Oxalacetat. Aus dem Mengenverhältnis, in dem das ^{13}C aus dem α-C-Atom des verabreichten Lactats in die C-Atome 1—6 der Glucosereste des Glykogens aufgenommen wird, läßt sich berechnen, wieviel von den Lactatmolekülen, die nach der Oxydation in den Pyruvatpool eingeströmt sind,

---

[1] STETTEN, D. jr., and G. E. BOXER: J. biol. Ch. **155**, 231 (1944). — BOXER, G. E., and D. STETTEN jr.: J. biol. Ch. **155**, 237 (1944). — [2] CONANT, J. B., R. D. CRAMER, A. B. HASTINGS, F. W. KLEMPERER, A. K. SOLOMON and B. VENNESLAND: J. biol. Ch. **137**, 557 (1941). — VENNESLAND, B., A. K. SOLOMON, J. M. BUCHANAN, R. D. CRAMER and A. B. HASTINGS: J. biol. Ch. **142**, 371 (1942).

direkt zur Glykogenbildung verwendet, wieviel zu Acetatresten decarboxyliert und wieviel durch Bindung von CO_2 in Oxalacetat umgewandelt worden sind (vgl. das Schema).

$$H_3C{-}CO{-}COOH$$

↙ ↘

$$HOOC{-}CH_2{-}\overset{\bullet}{C}O{-}COOH \qquad H_3C{-}\overset{\circ}{C}OOH$$

↘ ↙

$$HOOC{-}CH_2{-}\overset{\bullet}{C}(OH){-}CH_2{-}\overset{\circ}{C}OOH$$
$$|$$
$$COOH$$

$$HOOC{-}CO{-}\overset{\bullet}{C}H_2{-}CH_2{-}\overset{\circ}{C}OOH$$

$$HOOC{-}\overset{\bullet}{C}H_2{-}CH_2{-}\overset{\circ}{C}OOH$$

↙ ↘

$$HOOC{-}\overset{\bullet}{C}O{-}CH_2{-}\overset{\circ}{C}OOH \qquad HOOC{-}\overset{\bullet}{C}H_2{-}CO{-}\overset{\circ}{C}OOH$$

$$HOOC{-}\overset{\bullet}{C}O{-}CH_3 \qquad \overset{\bullet}{H_3C}{-}CO{-}\overset{\circ}{C}OOH$$

3,4 2,5 1,6 1,6 2,5 3,4

In den obigen Formeln ist das α-C-Atom des Pyruvats mit • bezeichnet, wenn es auf dem Wege über Oxalacetat in den Citronensäurecyclus eingeht, während ○ das α-C-Atom derjenigen Pyruvatmoleküle bezeichnet, die auf dem Wege über aktiviertes Acetat in den Citronensäurecyclus eintreten. Die Zahlen bedeuten die Position der C-Atome in den Glucoseresten des Leberglykogens.

Aus den Formeln ergibt sich, daß das α-C-Atom des Pyruvats in den Positionen 2 und 5 sowie 1 und 6 der entstandenen Glucosereste in gleicher Menge auftritt, wenn das Pyruvat nach Umwandlung in Oxalacetat in den Citronensäurecyclus eintrat (vgl. •). Die α-C-Atome derjenigen Pyruvatmoleküle hingegen, die nach Umwandlung in Acetat zur Bildung von Citronensäure verwendet werden (vgl. ○ in der obigen Formelgruppe), erscheinen (vgl. S. 129) in den Positionen 3 und 4 der Glucosereste. Daraus, daß das als α-C-Atom von Lactat verabreichte ^{13}C nur in geringer Menge in die C-Atome 3 und 4 der Glucose aufgenommen wurde, ergibt sich, daß nur wenig Pyruvat auf dem Wege über Acetat in den Citronensäurecyclus eintritt. Daß die C-Atome 1,6 und 2,5 relativ große Mengen von ^{13}C enthielten, zeigt, daß die Hauptmenge des Pyruvats auf dem Wege über Oxalacetat in den Citronensäurecyclus eintritt. Die Differenz, um die der ^{13}C-Gehalt der Positionen 2 und 5 größer ist als der Positionen 1 und 6, entspricht der Menge des Pyruvats, die direkt zur Glykogenbildung verwendet worden ist, ohne den Citronensäurecyclus zu passieren. In einem derartigen Versuch[1], in dem Ratten $H_3C{-}^{13}CHOH{-}COOH$ gegeben wurde, ergab sich die in Tabelle 17 angeführte relative Verteilung des ^{13}C auf die 6 Positionen der Glucosereste des Leberglykogens.

Daraus ergibt sich das Verhältnis der direkt in Glykogen umgewandelten zu den erst nach Passieren des Citronensäurecyclus verwendeten Pyruvatmoleküle mit $0{,}12:0{,}67 \cong 1:6$. In Übereinstimmung mit der obigen formelmäßigen Ableitung entstand in Leberschnitten, denen man $H_3C{-}^{14}COOH$ oder auch $^{14}CO_2$

[1] Lorber, V., N. Lifson, H. G. Wood, W. Sakami and W. W. Shreeve: J. biol. Ch. **183**, 517 (1950).

Tabelle 17. Verteilung von ^{13}C in den Glucoseresten des Glykogens nach Verabreichung von Lactat-2-^{13}C an Ratten.

	Positionen des ^{13}C in den Glucoseresten des Leberglykogens.					
	1	2	3	4	5	6
Gesamtverteilung des ^{13}C in den Glucoseresten nach Zufuhr von CH_3—^{13}CHOH—COOH (experimentell gefunden)	0,3	0,42	0,07	0,07	0,42	0,3
Hiervon						
a) nach Passieren des Weges Pyruvat—Oxalacetat—Citronensäurecyclus—Pyruvat in Glykogen eingebaut	0,3	0,3	—	—	0,3	0,3
b) auf dem Wege Pyruvat—Acetat—Citronensäurecyclus—Pyruvat zur Glykogenbildung verwendet	—	—	0,07	0,07	—	—
c) direkt in Glykogen umgewandelt	—	0,12	—	—	0,12	—
Summe (berechnet)	0,3	0,42	0,07	0,07	0,42	0,3

anbot, ein Glykogen, dessen Glucosereste das ^{14}C ausschließlich in den Positionen 3 und 4 enthielten[1].

Die erste Reaktion bei der Umwandlung von Pyruvat in Glykogen ist die endergonische Phosphorylierung der Enolform des Pyruvats, die mit Hilfe von ATP erfolgt[2]. Für diese Reaktion ist die Gegenwart von K-Ionen in relativ großer Konzentration erforderlich. Daher erfolgt die Glykogenbildung aus Pyruvat in Leberschnitten nur nach Zusatz von K-Salzen[3]. In der Leber scheint die Phosphorylierung des Pyruvats bzw. die Bildung des hierzu notwendigen ATP an die energieliefernden Reaktionen des Citronensäurecyclus gekoppelt zu sein; denn Zusatz von Succinat, Fumarat, Malat und Citrat verursachen in Leberpräparaten die Bildung von Phospho-enol-pyruvat[4].

c) Die Bildung von Leberglykogen aus Blutmilchsäure. Die Bildung von Milchsäure aus Glykogen erfolgt in großem Ausmaß während der Muskelarbeit sowie nach Injektion von Adrenalin. Bei schwerer Muskelarbeit wird ein Teil der in der Muskulatur gebildeten Milchsäure an das Blut abgegeben und der Milchsäuregehalt des Blutes steigt an[5]. Ebenso führt die Injektion von Adrenalin nicht nur zu einer plötzlichen Mobilisierung des Leberglykogens und zu Hyperglykämie, sondern auch zu einem Abbau des Muskelglykogens zu Milchsäure und einem erheblichen Anstieg des Milchsäuregehalts im Blut[6]. Ein Teil der im Blute kreisenden Milchsäure wird von der Leber aufgefangen und zu Pyruvat oxydiert. Durch das Einströmen des aus Milchsäure gebildeten Pyruvats in den Pool wird die Bildung von Glucose-6-phosphat aus Pyruvat vermehrt und dieses teils als Glucose wieder ans Blut abgegeben oder in Glykogen umgewandelt und gespeichert. Da in der einen großen Teil des Körpergewichts bildenden Gesamtmuskulatur

[1] Topper, Y. J., and A. B. Hastings: J. biol. Ch. **179**, 1255 (1949). — [2] Lardy, H. A., and J. A. Ziegler: J. biol. Ch. **159**, 343 (1945). — [3] Buchanan, J. M., A. B. Hastings and F. B. Nesbett: J. biol. Ch. **145**, 715 (1942). — [4] Leloir, L. F., and J. M. Muñoz: J. biol. Ch. **153**, 53 (1943). — [5] Hill, A. V., and C. N. H. Long: Ergebn. Physiol. **24**, 43 (1925). — Jervell, O.: Acta med. scand., Suppl. **24**, 1 (1928). — Snapper, I., and A. Grünbaum: D. m. W. **1928 II**, 1494. — [6] Tolstoi, E., R. O. Lobel, S. Z. Levine and H. B. Richardson: Proc. Soc. exp. Biol. Med. **21**, 449 (1924). — Cori, C. F.: J. biol. Ch. **63**, 253 (1925).

weit mehr Glykogen enthalten ist als in der Leber, sind die bei diesem Vorgang umgesetzten Kohlenhydratmengen weit größer, als es der Menge des Leberglykogens entspricht. So schieden z. B. hungernde Ratten nach Adrenalininjektion mehr Glucose mit dem Harn aus, als aus der zu Beginn des Versuchs in ihrer Leber enthaltenen Glykogenmenge entstanden sein konnte. Trotzdem war der Bestand an Leberglykogen bei diesen Tieren in der gleichen Zeit auf das 7fache gestiegen[1]. Während das Leberglykogen also in Form von Glucose in die Muskulatur transportiert wird, wandert eine weit größere Menge von Muskelglykogen in Form von Milchsäure vom Muskel zur Leber zurück. Der Kreislauf, der vom Leberglykogen über Blutzucker, Muskelglykogen und Blutmilchsäure wieder zu Leberglykogen zurückführt, wird als der „Cori-Cyclus" bezeichnet.

Durch die Fähigkeit, die von der Muskulatur gebildete Milchsäure aus dem Blut zu eliminieren, wird die Leber zu einem wichtigen Faktor bei der Aufrechterhaltung des *Säure-Basen-Gleichgewichts* während andauernder schwerer Muskelarbeit. Bei manchen sportlichen Höchstleistungen bildet neben Herz und Muskulatur auch die Geschwindigkeit, mit der die Leber imstande ist, Milchsäure in Glykogen zu verwandeln, einen leistungsbegrenzenden Faktor.

Bei Schädigung des Leberparenchyms wird die in den Organen der Peripherie und im Lebergewebe selbst gebildete Milchsäure nur langsam in Leberglykogen zurückverwandelt. Hunde, deren Leber durch Phosphor, Alkohol oder Chloroform geschädigt worden war, zeigten einen erhöhten Milchsäurespiegel im Blut. Während der Milchsäuregehalt des Blutes normaler Hunde nach intravenöser Belastung mit kleinen Mengen Ca-lactat unverändert blieb, trat bei lebergeschädigten Hunden eine starke Hyperlactacidämie ein[2]. Die Leber verliert die Fähigkeit, Glykogen aus Milchsäure zu bilden, relativ bald, während die Fähigkeit zur Glykogenbildung aus Glucose noch erhalten bleibt[3]. Der Milchsäurespiegel des Blutplasmas liegt bei Leberkranken mit Parenchymschäden daher auch im arteriellen Blut höher als bei Lebergesunden[4-6] (etwa 30—40 mg-% gegen 8—15 mg-% normal), und injiziertes Lactat verschwindet bei solchen Patienten langsamer aus dem Blut als beim Normalen[5]. Die Vermehrung der Blutmilchsäure ist jedoch meist nur bei schwersten terminalen Fällen von Lebererkrankungen erheblich und da auch bei Kreislaufstörungen, Nierenschäden, Anämien usw. Milchsäurevermehrung vorkommen kann, hat die Bestimmung der Blutmilchsäure für den Nachweis von Leberfunktionsstörungen bisher keine größere diagnostische Bedeutung erlangt. Dagegen sind Milchsäurebelastungen mit nachfolgender Bestimmung der Blutmilchsäurekurve zum Nachweis von Funktionsstörungen des Leberparenchyms wiederholt vorgeschlagen worden[2,6].

d) Die Glykoneogenese aus Aminosäuren. Die Organe des gesunden Tieres werden unter Normalverhältnissen nicht bis an die Grenze ihrer funktionellen Kapazität ausgenützt[7]. Nicht nur die Skeletmuskulatur, sondern auch Herz, Leber, Niere usw. sind in überraschend hohem Ausmaß übernormalen Belastungen gewachsen. Diese Überdimensionierung ist nicht nur ein Sicherheitsfaktor, der gelegentlich notwendige, außerordentliche Leistungen dieser Organe ermöglicht,

[1] Cori, C. F., and G. T. Cori: J. biol. Ch. **79**, 309, 321 (1928). — [2] Beckmann, K.: Z. klin. Med. **110**, 163 (1929). — Beckmann, K., u. T. Mirsalis: Dtsch. Arch. klin. Med. **159**, 129 (1928). — [3] Corkill, A. B., and S. Ochoa: J. Physiol., London **82**, 399 (1934). — [4] Jervell, O.: Acta med. scand., Suppl. **24**, 1 (1928). — Margreth, G.: Boll. Soc. ital. Biol. sperim. **3**, 519 (1928). — Hochrein, M., u. R. Meier: Dtsch. Arch. klin. Med. **161**, 59 (1928). — Snell, A. M., and T. B. Magath: J. amer. med. Ass. **110**, 167 (1938). — [5] Schumacher, H.: Kli. Wo. **1928 II**, 1733. — [6] Adler, A., u. H. Lange: Dtsch. Arch. klin. Med. **157**, 129 (1927). — [7] Rous, P., and P. D. McMaster: J. exp. Med. **39**, 425 (1924).

sondern bildet auch eine Art stille Reserve an Nahrungsstoffen, auf die der Organismus im Hunger zurückgreifen kann. Die in den einzelnen Organen enthaltene Proteinmenge kann bei andauerndem Hunger erheblich abnehmen, ohne daß die normale Leistung der betreffenden Organe zunächst gestört sein müßte. Die aus den abgebauten Proteinen verschiedener Gewebe freigesetzten Aminosäuren gelangen in die Leber und unterliegen dort der oxydativen Desaminierung. Aus einem Teil dieser Aminosäuren wird hierbei auf verschiedenen Stoffwechselwegen Pyruvat gebildet; die glykolytische Reaktionskette, durch die normalerweise Glucose in Pyruvat umgewandelt wird, kehrt ihre Richtung sodann um, das aus den Aminosäuren entstandene Pyruvat wird in Glucose umgewandelt, diese an das Blut abgegeben und das Blutzuckerniveau des hungernden Organismus aufrechterhalten.

Auch beim pankreaslosen Tier ist die Neubildung von Glucose aus Aminosäuren sehr stark gesteigert. Verabreicht man solchen Tieren Glucose, so erscheint sie annähernd quantitativ im Harn, gibt man den Tieren statt dessen Eiweiß, so wird im Harn um so viel Glucose mehr ausgeschieden, als aus der verabreichten Eiweißmenge gebildet werden kann.

Phlorrhizin verhindert die Rückresorption der Glucose aus dem die Nierentubuli durchlaufenden Glomerulusfiltrat; Phlorrhizinvergiftung führt daher zur Ausscheidung großer Mengen von Glucose in den Harn[1] und zu einer Senkung des Blutzuckerspiegels. Die Leber beantwortet diese Hypoglykämie mit der Ausscheidung von Glucose, die sie zunächst ihren Glykogendepots entnimmt und im weiteren Verlauf aus Aminosäuren bildet. Da die Gewebe bei niedrigem Blutzuckerniveau nur wenig Glucose aufnehmen und verwerten, erscheinen die von der Leber gebildeten Glucosemengen größtenteils im Harn.

D:N-Quotient: Der bei der Umwandlung der Aminosäuren in Glucose abgespaltene Stickstoff erscheint in Form von Harnstoff und Ammoniumsalzen im Harn. Das Verhältnis zwischen der im Harn ausgeschiedenen Glucosemenge und der ausgeschiedenen Stickstoffmenge wird durch den Bruch G:N (nach Dextrose, der älteren Bezeichnung für Glucose oft auch D:N geschrieben) bezeichnet. MINKOWSKI[2] und andere Autoren fanden bei pankreasektomierten Hunden G:N-Quotienten von durchschnittlich 2,8, wobei dieser Wert jedoch je nach Versuchsdauer, Ernährungszustand des Tieres u. a. sehr stark schwankt[3], bei phlorrhizinvergifteten Tieren werden für den Quotienten G:N-Werte zwischen 2,8 und 3,65 angegeben[4]. Bei Menschen mit schwerem Diabetes zeigt der Quotient G:N einen ähnlichen Wert.

Nur einen Teil der in den Proteinmolekülen enthaltenen Aminosäuren kann die Leber in Glucose umwandeln. Aminosäuren, die von der Leber in Glucose umgewandelt werden können, werden als *glucoplastische (oder glucogene) Aminosäuren* bezeichnet. Eine andere Gruppe von Aminosäuren, zu der vor allem Leucin, Phenylalanin, Tyrosin gehören, gibt beim Abbau in der Leber des diabetischen Tieres keine Glucose sondern Acetonkörper, die ebenfalls an das Blut abgegeben und zum Teil im Harn ausgeschieden werden *(ketoplastische Aminosäuren)*

[1] DEUEL, H. J. jr., H. E. C. WILSON and A. T. MILHORAT: J. biol. Ch. **74**, 265 (1927). — [2] MINKOWSKI, O.: A. e. P. P. **31**, 85 (1893). — [3] EMBDEN, G., u. H. SALOMON: Hofmeisters Beitr. **6**, 63 (1905). — PFLÜGER, E. F. W.: Das Glykogen und seine Beziehungen zur Zuckerkrankheit. 2. Aufl. Bonn 1905. — CHAIKOFF, I. L., J. J. R. MACLEOD, J. MARKOWITZ and W. W. SIMPSON: Amer. J. Physiol. **74**, 36 (1925). — MACLEOD, J. J. R., and J. MARKOWITZ: Trans. Ass. amer. Physicians **41**, 147 (1926). — SOSKIN, S.: Endocrinology **26**, 297 (1940). — [4] STILES, P. G., and G. LUSK: Amer. J. Physiol. **10**, 67 (1903). — JANNEY, N. W., and N. R. BLATHERWICK: J. biol. Ch. **23**, 77 (1915). — SOSKIN, S.: J. Nutrit. **3**, 99 (1930). — SOSKIN, S., R. LEVINE and W. LEHMANN: Proc. Soc. exp. Biol. Med. **39**, 442 (1938).

(vgl. Bd. 2/1, S. 765). Da verschiedene Eiweißarten verschiedene Mengen von glucoplastischen Aminosäuren enthalten, können aus ihnen in der Leber verschieden große Mengen von Glucose gebildet werden. Das Verhältnis zwischen verabreichtem Protein und daraus gebildeter Glucose betrug z. B. bei Casein 0,48, Fibrin 0,53, Zein 0,53, Ovalbumin 0,54, Serumalbumin 0,55, Gelatine 0,65, Edestin 0,65 und 0,80 bei Gliadin[1].

Der Abbau der Aminosäuren scheint in den Leberzellen an einzelne Reaktionen des Citronensäurecyclus gekoppelt zu sein. Während die Aufspaltung der Glucose zu Pyruvat im flüssigen Protoplasmaanteil der Leberzellen vollzogen wird, erfolgt die Bildung von Pyruvat aus Aminosäuren in den Mitochondrien. Die gewaschene Fraktion der großen Granula der Leberzellen oxydiert L-Asparaginsäure zu Oxalacetat[2], das sodann durch Decarboxylierung Pyruvat ergibt. Prolin wird in der Leber in Glutaminat umgewandelt[3], das nach Decarboxylierung zu Ketoglutarsäure über den Citronensäurecyclus in Pyruvat übergeführt wird. Serin[4] und Alanin gehen in der Leber direkt in Pyruvat über (vgl. Bd. 2/1, S. 763).

e) Hormonale Beeinflussung der Glykoneogenese. Die Neubildung von Blutzucker aus Eiweiß kann durch *Nebennierenrindenextrakte* sehr erheblich gesteigert werden[5,6] (s. a. Bd. 2/1, S. 772). Daneben wird wahrscheinlich auch der Abbau des Kohlenhydrats durch einen Überschuß an Nebennierenrindenhormon gehemmt[7,8], so daß auf diese Weise eine Zunahme des Kohlenhydratgehalts der Leber und des Gesamtorganismus resultiert. Injektion von Nebennierenrindenextrakt verursacht bei hungernden Tieren einen raschen Anstieg des Leberglykogens, der, wie der gleichzeitige Anstieg der N-Ausscheidung im Harn zeigt, vor allem durch eine Beschleunigung der Glykogenbildung aus Protein verursacht ist[5]. Adrenektomierte, durch NaCl am Leben erhaltene und dabei reichlich gefütterte Ratten schieden nach Cortisonzufuhr weit mehr Stickstoff aus als Kontrolltiere, die kein Cortison erhielten. Auch nicht adrenektomierte Tiere verloren nach Cortisonzufuhr an Gewicht und Stickstoffgehalt[9].

Bei Ratten, deren Leber zu 85% entfernt worden war und die man sodann hungern ließ, konnte die Restleber den Blutzucker nicht mehr durch Glykoneogenese auf dem normalen Niveau erhalten, und es kam, wenn nicht rechtzeitig Glucose gegeben wurde, zu schweren Hypoglykämien. Gab man den Tieren jedoch Nebennierenrindenextrakte, so wurde die Glykoneogenese in der Restleber so stark beschleunigt, daß der Blutzuckergehalt auch ohne Glucosezufuhr wieder anstieg[10]. Nach totaler Hepatektomie blieb die Hypoglykämie jedoch auch nach Verabreichung großer Dosen von Nebennierenrindenextrakt bestehen[10].

Während der Blutzuckerspiegel bei normalen hungernden Tieren infolge der im Hunger gesteigerten Glucoseproduktion der Leber normal bleibt, tritt beim adrenektomierten Tier im Hunger ein rascher Abfall des Blutzuckers[11] und des

[1] JANNEY, N. W.: J. biol. Ch. **20**, 321 (1915). — [2] NAKADA, H. I., and S. WEINHOUSE: J. biol. Ch. **187**, 663 (1950). — [3] TAGGART, J. V., and R. B. KRAKAUR: J. biol. Ch. **177**, 641 (1949). — [4] CHARGAFF, E., and D. B. SPRINSON: J. biol. Ch. **151**, 273 (1943). — [5] LONG, C. N. H., B. KATZIN and E. G. FRY: Endocrinology **26**, 309 (1940). — [6] INGLE, D. J.: Endocrinology **29**, 649 (1941). — INGLE, D. J., and G. W. THORN: Amer. J. Physiol. **132**, 670 (1941). — [7] RUSSELL, J. A.: Proc. Soc. exp. Biol. Med. **41**, 626 (1939). — [8] THORN, G. W., G. F. KOEPF, R. A. LEWIS and E. F. OLSEN: J. clin. Invest. **19**, 813 (1940). — INGLE, D. J., M. C. PRESTRUD, J. E. NEZAMIS and M. H. KUIZENGA: Amer. J. Physiol. **150**, 423 (1947). — COLOWICK, S. P., G. T. CORI and M. W. SLEIN: J. biol. Ch. **168**, 583 (1947). — [9] CLARK, I.: J. biol. Ch. **200**, 69 (1953). — [10] SELYE, H., and C. DOSNE: Amer. J. Physiol. **128**, 729 (1940). — [11] SWINGLE, W. W.: Amer. J. Physiol. **79**, 666 (1926/27). — HARTMAN, F. A., K. A. BROWNELL and J. E. LOCKWOOD: Endocrinology **16**, 521 (1932).

Leberglykogens[1] ein, der durch Zufuhr von Nebennierenextrakten und die dadurch verursachte Steigerung der Gluconeogenese wieder normalisiert werden kann[2]. Auch bei der ADDISONschen Erkrankung sind die Blutzuckerwerte meist niedrig[3]. Der hypoglykämieverhindernde Effekt ist dem Rindenanteil der Nebennieren zuzuschreiben; denn er tritt nicht ein, wenn nur das Nebennierenmark enucleiert und die Rinde belassen wird[4]. Infolge der verringerten Glykoneogenese aus Aminosäuren sinkt beim adrenektomierten Tier auch die N-Ausscheidung stark ab[5-8]. Auch die Steigerung der N-Ausscheidung, die bei normalen Tieren im Hunger infolge der in der Leber einsetzenden Glykoneogenese beobachtet wird, fehlt bei adrenektomierten Tieren. Arbeit führt bei adrenektomierten Tieren, da die Leber kein neues Kohlenhydrat bildet, zu rascher Erschöpfung der vorhandenen Kohlenhydratreserven und zu beschleunigter Ermüdung. Phlorrhizin verursacht bei hungernden adrenektomierten Tieren eine weit geringere Stickstoff- und Glucoseausscheidung als bei hungernden Normaltieren. Verringerung des O_2-Drucks der Atemluft bewirkt (ebenso wie andere stressogene Faktoren) bei hungernden normalen Ratten eine Vermehrung von Leberglykogen und gesteigerte N-Ausscheidung, auch dieser Effekt wird bei adrenektomierten Tieren nicht beobachtet[7]. Bei pankreasdiabetischen Tieren senkt die Herausnahme der Nebennieren den Blutzucker, die Ketonkörperbildung und die N-Ausscheidung im Harn[8]. Verabreichung von Nebennierenrindenhormonen läßt Blutzucker, N-Ausscheidung und Ketonkörperbildung bei diesen Tieren wieder ansteigen[9]. Andererseits kann das Auftreten hypoglykämischer Krämpfe nach Insulinüberdosierung bei Mäusen durch gleichzeitige Verabreichung von Nebennierenrindenhormonen verhindert werden.

Die Wirkung der Nebennierenextrakte auf die Glykoneogenese wird durch Corticosteroide verursacht, die am C-Atom 11 eine Hydroxyl- oder Ketogruppe besitzen (Glucocorticoide), während die Corticosteroide, bei denen das C-Atom 11 nur H-Atome trägt, die Gluconeogenese und den Kohlenhydratstoffwechsel nur wenig beeinflussen[10]. Die Wirkung der einzelnen Glucocorticoide auf die Gluconeogenese ist nicht gleich stark: Soweit die zum Teil widerspruchsvollen Angaben der Literatur erkennen lassen, scheinen die $C_{(11)}$-Ketosteroide stärker zu wirken als die entsprechenden $C_{(11)}$-Oxyverbindungen und die $C_{(17)}$-Oxysteroide schwächer als die Corticosteroide, die am $C_{(17)}$ keine OH-Gruppe besitzen, so daß die Wirk-

[1] PORGES, O.: Z. klin. Med. **70**, 243 (1910). — SCHWARZ, O.: Pflügers Arch. **134**, 259 (1910). — KAHN, R. H.: Pflügers Arch. **140**, 209 (1911). — CORI, C. F., and G. T. CORI: J. biol. Ch. **74**, 473 (1927). — BRITTON, S. W., and H. SILVETTE: Amer. J. Physiol. **99**, 15 (1931); **100**, 693, 701 (1932); **107**, 190 (1934); **118**, 594 (1937). — SILVETTE, H., and S. W. BRITTON: Amer. J. Physiol. **100**, 685 (1932); **115**, 618 (1936). — SILVETTE, H.: Amer. J. Physiol. **108**, 535 (1934). — THADDEA, S.: Z. ges. exp. Med. **95**, 600 (1935). — [2] ZWEMER, R. L., and R. C. SULLIVAN: Endocrinology **18**, 97 (1934). — [3] PORGES, O.: Z. klin. Med. **69**, 341 (1910). — BIERRY, H., et L. MALLOIZEL: C. R. Soc. Biol. **65**, 232 (1908). — NORRIS, J. C.: Amer. J. clin. Path. **5**, 120 (1935). — [4] GREEP, R. O., and H. W. DEANE: Endocrinology **45**, 42 (1949). — [5] LONG, C. N. H., B. KATZIN and F. G. FRY: Endocrinology **26**, 309 (1940). — [6] EVANS, G.: Amer. J. Physiol. **110**, 273 (1934/35); **114**, 297 (1935/36). — Endocrinology **29**, 731 (1941). — [7] HARRISON, H. C., and C. N. H. LONG: Endocrinology **26**, 971 (1940). Amer. J. Physiol. **126**, P 526 (1939). — WELLS, B. B., and A. CHAPMAN: Proc. Staff Meet. Mayo Clin. **15**, 503 (1940). — LEWIS, R. A., G. W. THORN, G. F. KOEPF and S. S. DORRANCE: J. clin. Invest. **21**, 33 (1942). — [8] LONG, C. N. H., and F. D. W. LUKENS: J. exp. Med. **63**, 465 (1936). — [9] RUSSELL, J. A.: Proc. Soc. exp. Biol. Med. **41**, 626 (1939). — THORN, G. W., G. F. KOEPF, R. A. LEWIS and E. F. OLSEN: J. clin. Invest. **19**, 813 (1940). — INGLE, D. J., M. C. PRESTRUD, J. E. NEZAMIS and M. H. KUIZENGA: Amer. J. Physiol. **150**, 423 (1947). — COLOWICK, S. P., G. T. CORI and M. W. SLEIN: J. biol. Ch. **168**, 583 (1947). — [10] GRATTAN, J. F., and H. JENSEN: J. biol. Ch. **135**, 511 (1940). — OLSON, R. E., S. A. THAYER and L. J. KOPP: Endocrinology **35**, 464 (1944).

samkeit in der Reihe Dehydrocorticosteron > Corticosteron > Cortison > 17-Oxycorticosteron abfällt[1].

Die durch die Glucocorticoide ausgelöste Verminderung des Eiweißgehalts des Organismus kommt dadurch zustande, daß die bei der normalen Erneuerung der Zellproteine in den peripheren Geweben freigesetzten Aminosäuren, die sonst für die Neubildung der Gewebsproteine zur Verfügung stehen, abgebaut werden und daher nicht in normalem Ausmaß zur Proteinsynthese benutzt werden können. Während sich bei der normalen Gewebserneuerung Spaltung und Neubildung der Gewebsproteine die Waage halten, wird unter der Wirkung überschüssiger Glucocorticosteroidmengen die *Neubildung* des Proteins verzögert. Da der Abbau der Gewebsproteine in normaler Geschwindigkeit weiterläuft, wird die Proteinbilanz negativ[2]. Zugeführtes ^{15}N-Glycin wird daher nach Cortisoninjektion in geringerem Maße in Protein eingebaut als ohne exogene Cortisonzufuhr[2]. Die Spaltung bereits vorhandener Proteine wird dagegen, wie aus der normalen Lebensdauer der Antikörper hervorgeht, durch die Glucocorticoide nicht beeinflußt[3].

Wird Ratten, die infolge von Phlorrhizinvergiftung, Alloxandiabetes oder aus einem anderen Grunde Glucose im Harn ausscheiden, ^{14}C-Glucose intravenös infundiert, so besteht die im Harn dieser Tiere ausgeschiedene Glucose zum Teil aus der infundierten ^{14}C-Glucose, zum Teil aber aus endogenen im Organismus dieser Tiere entstandenen Glucosemolekülen, die natürlich kein ^{14}C enthalten. Werden derartige ^{14}C-Glucoseinfusionen bei anästhetisierten Ratten durch längere Zeit in der Weise fortgesetzt, daß die Menge der in der Zeiteinheit infundierten ^{14}C-Glucose konstant bleibt, so nimmt auch das Verhältnis zwischen exogener (radioaktiver) und endogener (nichtradioaktiver) Glucose im Harn einen konstanten Wert an. Dieses Verhältnis entspricht dem Mengenverhältnis, in dem exogene und endogene Glucose im übrigen Organismus stehen. Die Gesamtmenge der in der Zeiteinheit im Organismus des Versuchstieres gebildeten Glucose (einschließlich der nach ihrer Bildung sofort zu CO_2 und H_2O verbrannten Glucosemenge) kann auf diese Weise bestimmt werden[4]. Bei Alloxantieren wurde die Menge der endogenen Glucose doppelt so groß gefunden wie bei Normaltieren, nach Verabreichung von Cortison stieg sie in analogen Versuchen jedoch auf das 7fache an[5].

Das *adrenocorticotrope Hormon* (ACTH) des Hypophysenvorderlappens vermehrt, da es die Tätigkeit der Nebennierenrinde steigert, indirekt auch die Glykoneogenese aus Aminosäuren, verursacht auf diese Weise eine Vermehrung des Leberglykogens[6], Verminderung der Gewebsproteine und erhöht den Blutzuckernüchternwert[7]. Bei Ratten stieg der Aminosäuregehalt des Blutes nach ACTH-Injektion an[8]. Bei Menschen konnte durch Injektion von gereinigtem ACTH vorübergehend ein Zustand hervorgerufen werden, der in Hyperglykämie, Glucosurie, Ketonämie, gesteigerter N-Ausscheidung dem Diabetes mellitus glich, jedoch durch Injektion von Insulin nicht gebessert werden konnte[9]. Die normalerweise

---

[1] Long, C. N. H.: Amer. J. med. Sci. **191**, 741 (1936). Harvey Lect. 1936/1937 **32**, 194 (1937). Endocrinology **30**, 870 (1942). Vgl. a. Heard, R. D. H. in: Pincus-Thimann, Hormones, Bd. 1, S. 550. — [2] Clark, I.: J. biol. Ch. **200**, 69 (1953). — [3] Fischel, E. E., H. C. Stoerck and M. Bjørneboe: Proc. Soc. exp. Biol. Med. **77**, 111 (1951). — [4] Stetten, D. jr., I. D. Welt, D. J. Ingle and E. H. Morley: J. biol. Ch. **192**, 817 (1951). — [5] Welt, I. D., D. Stetten jr., D. J. Ingle and E. H. Morley: J. biol. Ch. **197**, 57 (1952). — [6] Porges, O.: Z. klin. Med. **69**, 341 (1910). — Bierry, H., et L. Malloizel: C. R. Soc. Biol. **65**, 232 (1908). — Norris, J. C.: Amer. J. clin. Path. **5**, 120 (1935). — [7] Liddle, G. W., J. E. Giansiracusa, A. W. Childs, D. Island, H. Waechtler and L. L. Bennett: J. Lab. clin. Med. **40**, 1 (1952). — [8] Li, C. H., I. Geschwind and H. M. Evans: J. biol. Ch. **177**, 91 (1949). — [9] Conn, J. W., L. H. Louis and C. E. Wheeler: J. Lab. clin. Med. **33**, 651 (1948).

im Blut vorkommende Peptidase wird durch Zufuhr von Corticosteroiden, aber auch von ACTH bei normalen Versuchstieren und Menschen, insbesondere aber bei Rheumatikern, die auf ACTH-Therapie ansprechen[1-3], vermehrt. Auch die Ausscheidung von Uraten und Allantoin wird nach Injektion von ACTH gesteigert[4], was nicht nur auf eine direkte Nierenwirkung des Hormons[5] zurückgeht, sondern auch einen Ausdruck der gesteigerten Gluconeogenese und des Negativwerdens der Bilanz der Nucleoproteide darstellt[6]. Dagegen ist bei hypophysektomierten Tieren die Glykoneogenese verzögert. Die in der Leber pankreasektomierter Tiere stark gesteigerte Glucoseproduktion aus Aminosäuren wird geringer, wenn auch die Hypophyse exstirpiert wird, dadurch sinken bei diesen Tieren auch die Hyperglykämie und die Glucosurie, die Ketonämie und die N-Ausscheidung erheblich ab[7].

3. Die Endoxydation des Pyruvats im Leberstoffwechsel.

Die Endoxydation des Pyruvats wird dadurch eingeleitet, daß das Pyruvat teils zu aktiviertem Acetat decarboxyliert, teils durch Bindung von CO_2 in Oxalacetat umgewandelt wird; aktiviertes Acetat und Oxalacetat vereinigen sich zu Citronensäure[8], und diese wird schließlich durch eine Reihe aufeinanderfolgender Abbaureaktionen wieder in Oxalessigsäure übergeführt. Die Reaktionsserie, die mit der Bildung von Citrat aus Oxalacetat und Acetat beginnt und mit der Wiederentstehung eines Oxalacetatmoleküls endet, wird als Citronensäurecyclus bezeichnet und ist in Bd. 2/1, S. 1050 ausführlich besprochen worden.

Der Citronensäurecyclus ist die wichtigste Energiequelle der Leber. Die Oxydation des im Laufe dieser Reaktionsserie von den Zwischenprodukten abgespaltenen Wasserstoffs zu H_2O liefert Energie, die von der Leber für die Durchführung zahlreicher endergonischer Reaktionen, aber auch als Aktivierungsenergie für exergonische Stoffwechselprozesse verwendet wird. Breusch u. Tulus haben gezeigt, daß 1 kg Leber je Std 7,5—8 g Citronensäure verarbeiten kann, während 1 kg Muskulatur in der gleichen Zeit nur 4,7 g umsetzt[9]. Die etwa 1,5 kg schwere Leber des normalen Menschen könnte sonach je Tag etwa 300 Calorien aus dem Citronensäurecyclus gewinnen. Durch Vermittlung des Citronensäurecyclus oxydiert die Leber nicht nur das aus Pyruvat entstandene, d. h. also vorwiegend aus dem Abbau von Kohlenhydraten stammende Acetat, sondern auch Acetat, das aus dem Abbau von resorbierten oder endogen gebildeten Fettsäuren entstanden ist. Da auch die Aminosäuren von der Leber teils zu Pyruvat, teils zu Acetat abgebaut werden, erfolgt auch die Endoxydation der Proteine im Citronensäurecyclus.

Während aktiviertes Acetat sowohl aus Pyruvat als auch aus Fettsäuren entsteht, können die für die Bildung des Citrats notwendigen großen Mengen von Oxalacetat nur aus Pyruvat gebildet werden. Um den Citronensäurecyclus in Gang zu halten, muß der Leber daher ständig Pyruvat zur Verfügung stehen. Mangel an Kohlenhydrat oder die Unfähigkeit, Kohlenhydrat zu Pyruvat umzuwandeln, führt zu rascher Erschöpfung des Pyruvatpools der Leber; das aus dem Fettsäureabbau entstandene Acetat kann sodann nicht in den Citronen-

[1] Sayers, G., T. W. Burns, F. H. Tyler, B. V. Jager, T. B. Schwartz, E. L. Smith, L. T. Samuels and H. W. Davenport: J. clin. Endocrinol. **5**, 593 (1949). — [2] Schwartz, T. B., and F. L. Engel: Proc. Soc. exp. Biol. Med. **74**, 82 (1950). — [3] Schwartz, T. B., and F. L. Engel: J. biol. Ch. **180**, 1047 (1949). — [4] Forsham, P. H., G. W. Thorn, L. Recant and A. G. Hills: J. clin. Invest. **27**, 534 (1948). — [5] Friedman, M., and S. O. Byers: Amer. J. Physiol. **163**, 684 (1950). — [6] Conn, J. W., L. H. Louis and C. E. Wheeler: J. Lab. clin. Med. **33**, 651 (1948). — [7] Houssay, B. A.: Kli. Wo. **1933 I**, 773. New Engl. J. Med. **214**, 971 (1936). — [8] Breusch, F. L.: Science, N. Y. **97**, 490 (1943). Enzymologia **11**, 169 (1943/45). — [9] Breusch, F. L., and R. Tulus: Arch. Biochem. **9**, 305 (1946).

säurecyclus eingeführt werden und wird in Acetessigsäure umgewandelt, deren Anhäufung im Blut schließlich zur Acidosis führt.

a) Die Bildung des Oxalacetats aus Pyruvat. Die zuerst von WOOD u. WERKMAN[1] in Mikroorganismen nachgewiesene Bindung von CO_2 an Pyruvat geht in der Leber mit großer Geschwindigkeit vor sich. Bei der Einwirkung von Taubenleber, nicht aber von Muskulatur, auf Pyruvat und radioaktives ^{11}C-Hydrogencarbonat entstand α-Ketoglutarsäure, deren α-COOH-Gruppe ^{11}C enthielt[2]. Dieser Befund erklärt sich durch die Bildung von Oxalacetat, das auf dem oben geschilderten Wege über Citrat und Oxalsuccinat in Ketoglutarat übergeht (vgl. die Formeln S. 119).

Die Bildung von Oxalacetat aus Pyruvat ist stark endergonisch; sie kann in der Leber auf verschiedenen Wegen erfolgen. Bei einem Teil des Pyruvats erfolgt die Carboxylierung unter gleichzeitiger Reduktion der Ketogruppe, so daß zunächst nicht Oxalessigsäure, sondern Äpfelsäure entsteht. Diese Reaktion wird durch ein als Malatferment (malic enzyme[3,4]) bezeichnetes Ferment, das als Coferment TPN verwendet, katalysiert und ist mit Oxydationsprozessen, bei denen TPN in Aktion tritt, energetisch gekoppelt. So kann die reduktive Bildung von Malat aus Pyruvat in Taubenleber z. B. an die Oxydation von Glucose-6-phosphat zu Gluconsäure-6-phosphat (vgl. S. 106) gekoppelt werden[5].

$$\text{Glucose-6-phosphat} + \text{TPN} + H_2O \longrightarrow \text{Gluconsäure-6-phosphat} + \text{TPN}\cdot H + H^+$$
$$H_3C{-}CO{-}COOH + CO_2 + \text{TPN}\cdot H + H^+ \longrightarrow HOOC{-}CH_2{-}CHOH{-}COOH + \text{TPN}$$

Das Malatferment wird von Mn^{++} und in geringem Ausmaß auch von Mg^{++} aktiviert, es ist im tierischen Organismus außer in der Leber auch in der Niere und in der Retina nachgewiesen worden[6]. Das mit Hilfe des Malatferments entstandene Malat wird durch Malatdehydrogenase zu Oxalacetat oxydiert; diese Dehydrogenase kann, zum Unterschied vom Malatferment selbst, sowohl TPN als auch DPN als Coferment verwenden[4].

Neben der reduktiven Carboxylierung des Pyruvats zu Malat findet in der Leber aber auch eine direkte Carboxylierung von Pyruvat zu Oxalacetat statt. Werden Malat und Oxalacetat nach Zusatz von TPN und radioaktivem CO_2 mit dialysierten Extrakten von Taubenleber behandelt, so wird das Malat bei kurzfristiger Bebrütung 3—4mal stärker radioaktiv als das Oxalacetat[7]. Wird den gleichen Leberextrakten an Stelle von TPN aber ATP zugesetzt, so ist bei kurzer Einwirkungsdauer die Radioaktivität des Oxalacetats größer als die des Malats. Wird zu den Leberextrakten gleichzeitig TPN und ATP zugesetzt, so ändert sich das Mengenverhältnis zwischen Malat und Oxalacetat je nach dem Mengenverhältnis, in dem diese beiden Triphosphate vorhanden sind[7]. Die Leber verfügt also über 2 pyruvatcarboxylierende Fermentsysteme, eines davon bildet Malat mit Hilfe von reduziertem TPN und ein anderes Oxalacetat mit Hilfe von ATP[7]. Daß ATP die CO_2-Assimilation der Leber fördert, ist wiederholt festgestellt worden[8].

---

[1] WOOD, H. G., and C. H. WERKMAN: J. Bacteriology **30**, 332 (1935). Biochem. J. **30**, 48 (1936). — [2] EVANS, E. A. jr., and L. SLOTIN: J. biol. Ch. **136**, 301 (1940); **141**, 439 (1941). — [3] OCHOA, S., A. H. MEHLER and A. KORNBERG: J. biol. Ch. **174**, 979 (1948). — HARARY, I., J. B. V. SALLES and S. OCHOA: Fed. Proc. **9**, 182 (1950). — [4] SALLES, J. B. V., and S. OCHOA: J. biol. Ch. **187**, 849 (1950). — [5] OCHOA, S., J. B. V. SALLES and P. J. ORTIZ: J. biol. Ch. **187**, 863 (1950). — [6] OCHOA, S.: J. biol. Ch. **149**, 577 (1943); **155**, 87 (1944); **159**, 243 (1945); **174**, 115, 133 (1948). — OCHOA, S., and E. WEISZ-TABORI: J. biol. Ch. **174**, 123 (1948). — [7] UTTER, M. F.: Fed. Proc. **9**, 240 (1950). J. biol. Ch. **188**, 847 (1951). — [8] VENNESLAND, B., E. A. EVANS jr. and K. I. ALTMAN: J. biol. Ch. **171**, 675 (1947). — UTTER, M. F.: J. biol. Ch. **188**, 847 (1951). — MCMANUS, I. R.: J. biol. Ch. **188**, 729 (1951).

Zahlreiche Befunde weisen darauf hin, daß bei der Fixierung des CO_2 in Form von Dicarbonsäuren dem *Biotin* eine Funktion zufällt[1-3], doch ist das Biotin an der Reaktion nicht etwa als Baustein des Coferments beteiligt. In Extrakten aus der Leber biotinfrei ernährter Truthühner war das Malatferment erheblich vermindert[1], doch konnte eine Aktivierung der Leberextrakte weder durch Zusatz von Biotin noch durch Dekokte normaler Lebern erzielt werden. Auch gereinigte Pyruvatcarboxylase wurde durch Biotinzusatz nicht aktiviert[4], und gereinigte Präparate des Malatferments erwiesen sich als biotinfrei[1]. Aus biotinfrei ernährten Mikroorganismen (Lactobacillus arabinosus) konnten jedoch Extrakte gewonnen werden, deren malatspaltende Wirkung durch vorherige Bebrütung mit Biotin in vitro gesteigert werden konnte[2]. Es scheint also, daß die Wirkung des Biotins auf die CO_2-Assimilation auf indirektem Wege (vielleicht durch Beeinflussung einer für die Fermentbildung notwendigen Reaktion) zustande kommt.

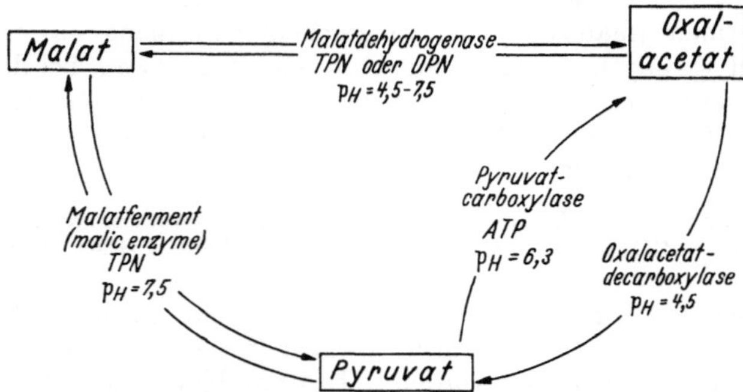

Abb. 17. Die Bildung von Oxalacetat aus Pyruvat in der Leber. Pyruvat kann auf 2 Wegen in Oxalacetat umgewandelt werden: a) durch direkte Carboxylierung; b) durch reduktive Carboxylierung zu Malat, das hierauf zu Oxalacetat oxydiert wird. Für die direkte Carboxylierung ist ATP, für die reduktive Carboxylierung reduziertes Triphosphonucleotid (sog. Codehydrogenase II) erforderlich.

Um das bei der reduktiven Carboxylierung des Pyruvats gebildete Malat konkurrieren in der Leber verschiedene Fermente. Malat, Oxalacetat und Fumarat stehen in den Leberzellen miteinander im Gleichgewicht. Ein Teil des Malats wird, wie man aus Versuchen an isotopmarkierten Stoffen weiß, in den Leberzellen durch die Wirkung der Fumarase reversibel in Fumarsäure umgewandelt, sodann unter Bindung von H_2O wieder in Malat zurückverwandelt und dann erst zu Oxalacetat oxydiert. Auch das Oxalacetat tritt in der Leber nur zum Teil in den Citronensäurecyclus ein, ein Teil wird durch eine spezifische Oxalacetat-decarboxylase wieder decarboxyliert und fließt dem Pyruvatpool wieder zu. Die Carboxylgruppe des auf diese Weise wieder in den Pool zurückfließende Pyruvats stammt aber bei einem Teil der Moleküle aus dem CO_2, das bei der Umwandlung des Pyruvats zu Malat aufgenommen worden war. Da ein Teil des den Pool passierenden Pyruvats zur Bildung von Leberglykogen verwendet wird, wobei die Carboxylgruppen zweier Pyruvatmoleküle die C-Atome 3 und 4 der Hexose-

[1] Ochoa, S., A. Mehler, M. L. Blanchard, T. H. Jukes, C. E. Hoffmann and M. Regan: J. biol. Ch. **170**, 413 (1947). — [2] Blanchard, M. L., S. Korkes, A. del Campillo and S. Ochoa: J. biol. Ch. **187**, 875 (1950). — [3] Koser, S. A., M. H. Wright and A. Dorfman: Proc. Soc. exp. Biol. Med. **51**, 204 (1942). — Stokes, J. L., A. Larson and M. Gunness: J. biol. Ch. **167**, 613 (1947). — Lardy, H. A., R. L. Potter and C. A. Elvehjem: J. biol. Ch. **169**, 451 (1947). — Lichstein, H. C., and W. W. Umbreit: J. biol. Ch. **170**, 329 (1947). — Lardy, H. A., R. L. Potter and R. H. Burris: J. biol. Ch. **179**, 721 (1949). — MacLeod, P. R., and H. A. Lardy: J. biol. Ch. **179**, 733 (1949). — [4] Herbert, D.: Biochem. J. **47**, I (1950).

reste ergeben, fand man nach Zufuhr von $NaH^{11}CO_3$ einen Teil der radioaktiven ^{11}C-Atome in den Positionen 3 und 4 des Leberglykogens wieder[1].

COOH		COOH		COOH		COOH		COOH			
|		|		|		|		|			
CO		CHOH		CH		CH_2		CH_2		CH_3	
|		|		‖		|		|		|	
CH_3		CH_2		CH		CHOH		CO		CO	
		|		|		|		|		|	
$^{11}CO_2$	→	$^{11}COOH$	→	$^{11}COOH$	→	$^{11}COOH$	→	$^{11}COOH$	→	$^{11}COOH$	→ { C-Atome 3,4 der Glucose
		Malat		Fumarat		Malat		Oxalacetat		Pyruvat	

b) Die Umwandlung des Pyruvats in aktiviertes Acetat. Die oxydative Decarboxylierung des Pyruvats zu Acetat erfolgt unter Beteiligung von *Thiaminpyrophosphat* (= Aneurinpyrophosphat = Cocarboxylase). Der hierbei entstehende Acetylrest wird sofort unter Bildung einer Acetylmercaptylgruppe an das S-Atom des Coenzym A gebunden[2] und kann in dieser energiereichen Form für verschiedene Acetylierungen verwendet werden. Die Hauptmenge des an das Coenzym A gebundenen Acetyls wird mit Oxalacetat zu Citronensäure kondensiert und so dem Citronensäurecyclus zugeführt. Die Übertragung des Acetats auf das Coenzym A und vom Coenzym A auf die zu acetylierende Substanz erfolgt mit Hilfe zweier verschiedener Fermentsysteme. Nach dem Vorschlag von LIPMANN[3] werden die Fermente, die Acetylreste auf das Coenzym A übertragen als *Transacetylasen* und diejenigen, die das Acetyl vom Coenzym A auf andere Stoffe übertragen, als *Acetokinasen* bezeichnet (s. Bd. 2/1, S. 839).

Acetyldonatoren z.B. (Acetat + ATP) (Thiolacetat) u. a. —*Transacetylasen*→ (Coenzym A)—S—Acetyl —*Acetokinasen*→ Acetylderivate ← Acetylacceptoren

(Coenzym A)—SH (Kreislauf)

Die Aktivierung des Acetats und die Bildung des Citrats ist insbesondere an Taubenleber studiert worden. Auch zellfreie Extrakte von Taubenleber kondensieren in Gegenwart von Coenzym A Acetat und Oxalacetat zu Citrat, durch Zusatz von ATP konnte die Citratbildung auf das 8fache gesteigert werden[4]. — Aber auch Homogenate von Rattenleber vermögen Acetat zu aktivieren[5]. Durch fraktionierte Fällung von Extrakten aus Taubenleber konnte eine Transacetylase gewonnen werden, die Acetat in Gegenwart von ATP auf Coenzym A überträgt[6]. Thiolacetat kann von dem Ferment auch in Abwesenheit von ATP zur Acetylierung des Coenzym A verwendet werden[6]. Andererseits können Taubenleberextrakte an Coenzym A gebundene Acetylreste mit Oxalessigsäure zu Citronensäure kondensieren[7]. In der Leber des Säugetieres (Rind, Schwein, Kaninchen, Ratte, Meerschweinchen) scheint die spezifische Acetokinase, die das aktivierte Acetat mit Oxalacetat zu Citronensäure kondensiert (condensing enzyme) dagegen in weit geringerer Menge vorhanden zu sein als in Niere, Gehirn, Herz und

[1] SOLOMON, A. K., B. VENNESLAND, F. W. KLEMPERER, J. M. BUCHANAN and A. B HASTINGS: J. biol. Ch. **140**, 171 (1941). — [2] KORKES, S., J. R. STERN, I. C. GUNSALUS and S. OCHOA: Nature **166**, 439 (1950). — OCHOA, S.: Physiol. Rev. **31**, 56 (1951). — [3] CHOU, T. C., and F. LIPMANN: J. biol. Ch. **196**, 89 (1952). — LIPMANN, F.: 2. Int. Congr. Biochem. Paris 1952. Symposium sur le cycle tricarboxylique. S. 55. — [4] NOVELLI, G. D., and F. LIPMANN: J. biol. Ch. **182**, 213 (1950). — [5] LIPMANN, F., and L. C. TUTTLE: J. biol. Ch. **161**, 415 (1945). — [6] NACHMANSOHN, D., I. B. WILSON, S. R. KOREY and R. BERMAN: J. biol. Ch. **195**, 25 (1952). — [7] STERN, J. R., and S. OCHOA: J. biol. Ch. **179**, 491 (1949).

quergestreifter Muskulatur[1], ihre Aktivität kann jedoch, wie an Extrakten von Meerschweinchenleber gezeigt worden ist[2], durch Zusatz von ATP sehr erheblich gesteigert werden.

Extrakte von Taubenleber können Acetylreste aber auch auf andere acetylierbare Substanzen, wie Arylamine[3], Sulfonamide[3,4], Histamin[5] und Glucosamin[6] übertragen und Acetylacetat bilden[7]. Die durch Coenzym A katalysierte Synthese von Acetylacetat aus Acetat und ATP konnte in ähnlicher Weise auch an Extrakten von Meerschweinchenleber nachgewiesen werden[4].

4. Die Umwandlung von Kohlenhydrat in Fett und von Fett in Kohlenhydrat.

Die oxydative Decarboxylierung des Pyruvats ist ein irreversibler Prozeß: Pyruvat kann zwar in aktiviertes Acetat verwandelt werden, die Rückverwandlung des Acetats in Pyruvat ist jedoch auf direktem Wege nicht möglich. Die

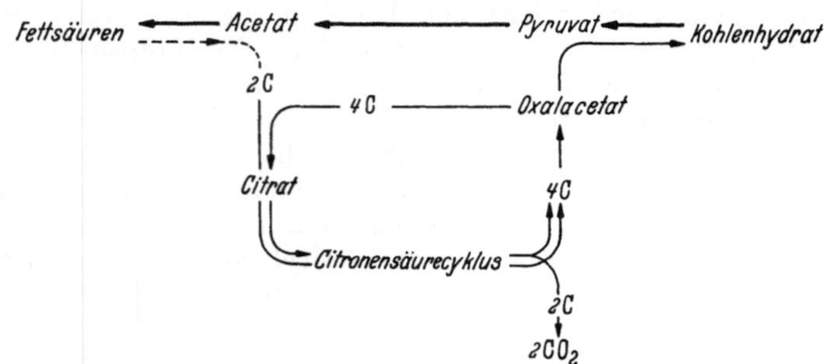

Abb. 18. Der Weg der Umwandlung von Kohlenhydrat in Fettsäuren und von Fettsäuren in Kohlenhydrat: Kohlenhydrat kann auf direktem Wege über Pyruvat und Acetat in Fettsäuren übergeführt werden. Aus dem Fettsäureabbau stammende C-Atome können zwar auf dem Umweg über den Citronensäurecyclus in den Pyruvatpool gelangen, da aber für jedes im Citronensäurecyclus gebildete Oxalacetatmolekül ein anderes Oxalacetatmolekül in den Citronensäurecyclus eingetreten sein muß, kann durch Abbau von Fett eine Vermehrung der Pyruvat- und Kohlenhydratmenge nicht erzielt werden.

Nichtumkehrbarkeit dieser Reaktion ist die Ursache dafür, daß Kohlenhydrat im Stoffwechsel leicht in Fett, Fett jedoch nur auf dem Umweg über den Citronensäurecyclus in Kohlenhydrat umgewandelt werden kann.

Wie die Formeln auf S. 119 zeigen, stammen die beiden Moleküle CO_2, die im Citronensäurecyclus freigesetzt werden, nicht aus dem Acetatanteil, sondern aus dem Oxalacetatanteil des Citronensäuremoleküls. Die C-Atome, die in Form von aktivem Acetat in den Citronensäurecyclus eintreten, sind dagegen in dem am Ende der Reaktionsreihe entstandenen Oxalacetat noch vorhanden. Die C-Atome abgebauter Fettsäuren gehen also auf dem Wege über Acetat, Citrat und Oxalacetat in Pyruvat und in die aus dem Pyruvat entstehende Glucose über. Trotzdem kann aber eine Zunahme der im Pyruvatpool enthaltenen Pyruvatmenge und damit eine Zunahme der Kohlenhydratbildung durch die Umwandlung von Acetat in Pyruvat auf dem Wege über den Citronensäurecyclus nicht erzielt werden. Denn auf jedes C-Atom, das aus Acetat über den Citronensäurecyclus in Oxalacetat übergeht, wird im Citronensäurecyclus ein anderes aus Oxalacetat stammendes C-Atom zu CO_2 oxydiert. Obwohl also eine Überführung von

[1] OCHOA, S., J. R. STERN and M. C. SCHNEIDER: J. biol. Ch. **193**, 691 (1951). — [2] NOVELLI, G. D., and F. LIPMANN: J. biol. Ch. **182**, 213 (1950). — [3] LIPMANN, F.: J. biol. Ch. **160**, 173 (1945). — [4] SOODAK, M., and F. LIPMANN: J. biol. Ch. **175**, 999 (1948). — [5] MILLICAN, R. C., S. M. ROSENTHAL and H. TABOR: J. Pharmacol. exp. Therap. **97**, 4 (1949). — [6] CHOU, T. C., and M. SOODAK: J. biol. Ch. **196**, 105 (1952). — [7] STADTMAN, E. R., M. DOUDOROFF and F. LIPMANN: J. biol. Ch. **191**, 377 (1951).

C-Atomen aus Fett in Kohlenhydrat auf dem Wege über den Citronensäurecyclus möglich ist, kann durch Abbau von Fett keine Zunahme der Kohlenhydratreserven erzielt werden.

d) Die Leber im Fettstoffwechsel.

α) Das Fett der Leber und seine funktionellen Fraktionen.

Die mangelnde Übereinstimmung der in der chemischen, pathologischen und klinischen Literatur üblichen Nomenklatur macht eine kurze Begriffsbestimmung der auf diesem Gebiete verwendeten Bezeichnungen notwendig: Als *Leberfett* wird meist die Gesamtheit der mit organischen Lösungsmitteln direkt oder nach partieller Eiweißspaltung aus dem Lebergewebe extrahierbaren Stoffe *(Lipide)* verstanden. Zur Gruppe der Lipide gehören alle biogenen Stoffe, die entweder ganz oder doch in einem weit überwiegenden Anteil ihres Moleküls aus apolaren Atomgruppen (CH, CH_2 oder CH_3-Gruppen) bestehen; die gemeinsamen chemischen und biologischen Eigenschaften dieser Stoffe (Löslichkeit in organischen Lösungsmitteln, Färbbarkeit mit apolaren Farbstoffen, hoher Brennwert, niedriger Respiratorischer Quotient usw.) werden durch das Vorherrschen der genannten apolaren Atomgruppen im Molekül und das relative Zurücktreten N- oder O-haltiger Atomgruppen verursacht. Ein Teil der in der Leber und in anderen Organen enthaltenen Lipide besteht aus Triglyceriden der Fettsäuren. Dieser Anteil der Gesamtlipide wird meist als „*Neutralfett*" („*eigentliches*" *Fett)* bezeichnet. Alle übrigen Lipide (also alle Lipide, die nicht Triglyceride sind) werden in der deutschen Literatur meist unter dem Namen „*Lipoide*" (in der angelsächsischen Literatur oft auch unter dem Namen „*Lipine*") zusammengefaßt.

1. Der normale Fettgehalt der Leber.

Die Gesamtmenge des Leberfetts wird meist mit 2—6% der frischen Substanz angegeben. Die Menge des in der Leber enthaltenen Neutralfetts ist aber auch unter physiologischen Verhältnissen einem ständigen Wechsel unterworfen. Je nachdem, wieviel Neutralfett sich im Moment der Probeentnahme gerade in der Leber befindet, kann man bei wiederholter bioptischer Probeentnahme aus der Leber des gleichen Individuums sehr verschiedene Grade der Fetteinlagerung beobachten. Für den normalen *Fettsäuregehalt der wasserfreien Lebersubstanz* verschiedener Tierarten werden die folgenden Werte angegeben: Hund 10,5% [1, 2], Kaninchen 10,9% [1], 10,6% [2], Taube 13,6% [1], 16,0% [2], Gans 11,6% [1]. Der *Fettsäuregehalt frischer Leber* vom Hund betrug 2,9—4,2% [3], von der Ratte 2,8% [4]. Der *Gesamtfettgehalt* frischer Hundeleber wird mit 3,2—4,4% [3], der Gesamtfettgehalt getrockneter Rinderleber mit 22—25% [5] angegeben.

Zahlenangaben über die Zusammensetzung des Leberfetts normaler Hunde vgl. S. 141, normaler Ratten S. 133, 135 und 153, normaler Menschen S. 155.

2. Die funktionellen Fraktionen des Leberfetts.

Die Einteilung der Gesamtlipide in Neutralfett und Lipoide stimmt mit der biologischen Funktion dieser Stoffgruppen in der Leberzelle weitgehend überein: Die Lipoide des Leberfetts sind ihrer Hauptmenge nach Bausteine des Stoffwechselapparats der Leberzelle, sie finden sich in großer Menge in den Mitochondrien und anderen stoffwechselaktiven Strukturen des Zellprotoplasmas (sog. *Strukturlipoide)*. Das Neutralfett bildet dagegen eine in der Leber transitorisch gespeicherte Nahrungsreserve ohne aktive Funktion.

---

[1] TERROINE, E. F.: J. Physiol. Path. gén. **16**, 408 (1914). — [2] MAYER, A., et G. SCHAEFFER: J. Physiol. Path. gén. **15**, 510, 534 (1913). — [3] KAPLAN, A., and I. L. CHAIKOFF: J. biol. Ch. **108**, 201 (1935). — [4] BEST, C. H., H. J. CHANNON and J. H. RIDOUT: J. Physiol., London **81**, 409 (1934). — [5] KAUCHER, M., H. GALBRAITH, V. BUTTON and H. H. WILLIAMS: Arch. Biochem. **3**, 203 (1944).

Die Strukturlipoide sind in den Zellen in fein verteilter, an Proteine gebundener oder an Proteine adsorbierter Form enthalten (cénapses lipoprotéidiques nach MÂCHEBOEUF[1]), sie sind in dieser Form durch Fettfarbstoffe nicht färbbar. Das Neutralfett bildet im Zellprotoplasma kleinere oder größere Fetttröpfchen ohne spezifische Struktur; ist es in größerer Menge vorhanden, so kann es durch die histologischen Fettfärbemethoden (Sudan III, Osmiumtetroxyd usw.) sichtbar gemacht werden.

Die Menge und Zusammensetzung der Strukturlipoide der Leberzellen ist weitgehend konstant („élément constant") und für die betreffende Tierart charakteristisch[2]. Menge und Zusammensetzung des in den Leberzellen enthaltenen Neutralfetts kann dagegen auch unter physiologischen Verhältnissen in weiten Grenzen schwanken („élément variable"). Die konstante Menge und Zusammensetzung der Strukturlipoide ist Ausdruck eines dynamischen Gleichgewichts zwischen Abbau und Neubildung[3], Isotopenversuche ergaben, daß die Erneuerung der Einzelmoleküle gerade in dieser mengenmäßig konstant bleibenden Lipoidfraktion besonders rasch erfolgt. Im Gegensatz zu den in hohem Grade stoffwechselaktiven Strukturlipoiden bilden in den Leberzellen abgelagerte Neutralfette ein zwar rasch umgesetztes, aber doch passives Material; sie sind nicht Bestandteil, sondern Objekt und Substrat des Stoffwechselapparates der Leberzelle.

Gleichwohl kann eine scharfe Grenze zwischen Reservefett und Strukturlipoiden nicht gezogen werden. Auch die Fettsäuren der Strukturlipoide werden in den Leberzellen dauernd abgebaut und verbrannt. Andererseits werden die Fettsäuren der Nahrungsfette vor Abbau von den Mitochondrien gebunden. Zwischen Neutralfett und Strukturlipoiden werden Fettsäuren und andere Bausteine ständig ausgetauscht, und in den Fettreserven sind neben Triglyceriden auch Phosphatide, Cholesterin und fettlösliche Vitamine enthalten.

3. Die Strukturlipoide der Leberzelle.

Wie in anderen Organen mit hoher Stoffwechselaktivität[4,5], so ist auch in der Leber die Menge der Strukturlipoide besonders groß. Der Lipoidgehalt normaler Rinderleber betrug z. B. 17,2% der Trockensubstanz, während der Lipoidgehalt von Herz, Lunge und Niere des gleichen Tieres 12—13%, derjenige der Muskulatur nur 4,4% der getrockneten Substanz betrug[6]. Die Menge des Neutralfetts betrug in den gleichen Rinderlebern 5,8%, der Gesamtlipidgehalt 23% der Trockensubstanz.

Ein großer Teil der Strukturlipoide der Leber besteht aus *Phosphatiden*. Von dem Lipoidgehalt der trockenen Rinderleber (insgesamt 17,2%) entfielen 16,3% auf Phosphatide; 6,2% davon war Kephalin, 8,9% Lecithin und 0,8% Sphingomyelin. Cerebroside konnten im Leberfett des Rindes nicht nachgewiesen werden, dagegen waren 0,44% freies Cholesterin und 0,53% Cholesterinester vorhanden[6].

Normale Menschenlebern enthielten im Durchschnitt 9,8% (der Trockensubstanz) an Phosphatiden, davon entfiel 4,8% auf Lecithin, 4,6% auf Kephalin

---

[1] MÂCHEBOEUF, M.: Expos. ann. Biochim. méd. **5**, 71 (1945). — [2] TERROINE, E. F., et H. BELIN: Bull. Soc. Chim. biol. **9**, 12 (1927). — [3] TERROINE, E. F.: Ann. Rev. **5**, 227 (1936). — [4] BLOOR, W. R., R. OKEY and G. W. CORNER: J. biol. Ch. **86**, 291 (1930). — BLOOR, W. R., and R. H. SNIDER: J. biol. Ch. **107**, 459 (1934). — BLOOR, W. R.: J. biol. Ch. **114**, 639 (1936). — [5] BOYD, E. M.: Canad. med. Ass. J. **31**, 626 (1934). Surg., Gynec. Obstet. **59**, 744 (1934). J. biol. Ch. **108**, 607 (1935). — [6] KAUCHER, M., H. GALBRAITH, V. BUTTON and H. H. WILLIAMS: Arch. Biochem. **3**, 203 (1944).

und 0,4% auf sphingosinhaltige Phosphatide[1]. Frische Rattenleber enthielt 147 mg-% Gesamtphosphatid-P, davon entfiel der weitaus größte Teil (98% des P) auf die Monoaminophosphatide und nur etwa 2% des P auf Sphingosinphosphatide[2]. Rattenleber enthält je 1 g frisches Gewebe 23 μMol Cholinphosphatide, 11 μMol Colaminphosphatide und 4 μmol Serinphosphatide[3]. Die Menge der Acetalphosphatide ist im Lebergewebe nur sehr gering und beträgt etwa 1% des Gesamtphosphatidgehalts (gegen 10—12% beim Muskel) (vgl. Bd. 2/1, S. 846).

Neben Phosphatiden sind in der Leber auch *phosphatidsäureartige Lipide* aufgefunden worden. So konnten in der alkoholunlöslichen Phosphatidfraktion der Hundeleber *Polyglycerinphosphatide* nachgewiesen werden, die aus Glycerin, Phosphat und Fettsäuren im molaren Verhältnis 3:2:3 bestanden, kein Inosit und nur Spuren von Stickstoff enthielten[4]. Andererseits ist auch *Glycerylphosphoryl-cholin* in den Lebern mancher Tierarten vorhanden: In der frischen Leber von Lämmern betrug die Menge des Glycerylphosphorylcholins 75 bis 126 mg-%, in der Kaninchenleber 35 mg-%, während in der Leber junger und erwachsener Ratten nur Spuren dieses Stoffes nachweisbar waren[5]. *Glycerylphosphoryl-colamin* ist in der Schweineleber nachgewiesen worden[6].

Tabelle 18. Fettsäurezusammensetzung der Phospholipoide und des Neutralfetts im Leberfett normaler Ratten[8].

	In % der Gesamtfettsäuremenge	
	Phospholipoide	Neutralfett
Arachidonsäure	23,3	10,8—11,5
Linolensäure	0,0	0,2— 0,4
Linolsäure	7,6	15,9—16,1
Ölsäure	39,0	62,8—64,4
Gesättigte Säuren	30,4	8,3— 9,6

Im Vergleich zu dem Neutralfett enthalten die Strukturlipoide besonders große Mengen stark ungesättigter Fettsäuren[7]. Je geringer die Menge des Neutralfettes in der Leber ist, desto höher ist in der Regel die *Jodzahl des Gesamtlipids* der Leber. Besonders groß ist der Gehalt der Leberphosphatide an Arachidonsäure[8] (vgl. Tabelle 18).

4. Die intracelluläre Verteilung der Strukturlipoide in der Leberzelle.

Ein großer Teil der Strukturlipoide der Leberzelle ist in den Mitochondrien und Mikrosomen enthalten. In der Leber von Mäusen, die 24 Std gehungert hatten, bildeten Mitochondrien und Mikrosomen zusammen etwa 38% der Trockensubstanz des Cytoplasmas, sie enthielten jedoch 62% des Totallipids und 85% der im Cytoplasma enthaltenen Phospholipoide[9]. Der *Lipidgehalt von Mitochondrien* aus Kaninchenleber betrug 25—28%[10,11], der der Meerschweinchenleber 33—35% der Trockensubstanz[12]. 45—58% der in den Mitochondrien enthaltenen Gesamtlipidmenge bestand beim Meerschweinchen aus Phosphatiden[13]. Der aus der Trichloressigsäurefällung von Rattenmitochondrien erhaltene Gesamtlipidextrakt enthielt 35,5% Lecithin, 6,3% Sphingomyelin, 37,1% cholinfreie Phosphatide, 4,4% Cholesterin (davon etwa die Hälfte frei), der Rest bestand vorwiegend aus

[1] Thannhauser, S. J., J. Benotti, A. Walcott and H. Reinstein: J. biol. Ch. **129**, 717 (1939). — [2] Schmidt, G., J. Benotti, B. Hershman and S. J. Thannhauser: J. biol. Ch. **166**, 505 (1946). — [3] Artom, C.: J. biol. Ch. **157**, 585 (1945). — [4] McKibbin, J. M., and W. E. Taylor: J. biol. Ch. **196**, 427 (1952). — [5] Schmidt, G., L. L. Hecht, P. Fallot, L. Greenbaum and S. J. Thannhauser: J. biol. Ch. **197**, 601 (1952). — [6] Campbell, P. N., and T. S. Work: Biochem. J. **50**, 449 (1952). — [7] Leathes, Z. B.: Lancet **1909 I**, 593. — [8] Pihl, A., and K. Bloch: J. biol. Ch. **183**, 431 (1950). — [9] Kretchmer, N., and C. P. Barnum: Arch. Biochem. **31**, 141 (1951). — [10] Chargaff, E.: J. biol. Ch. **142**, 491 (1942). — [11] Claude, A.: J. exp. Med. **84**, 61 (1946). — [12] Bensley, R. R.: Anat. Rec. **69**, 341 (1937). — [13] Bensley, R. R.: Science, N. Y. **96**, 389 (1942).

Neutralfett[1]. Die Jodzahl des Mitochondrienfetts ist höher als die der aus anderen Teilen der Leberzelle stammenden Lipidanteile[2].

Daß die Phosphatide für die Wirksamkeit in den Mitochondrien enthaltener Fermentsysteme erforderlich sind, geht aus Versuchen mit der aus Schlangengift gewonnenen Phospholipase A hervor; durch dieses Ferment werden an die Mitochondrienstruktur gebundene Fermentsysteme (z.B. die Cholinoxydase der Leber) inaktiviert[3,4].

Noch höher als der Lipidgehalt der Mitochondrien ist der *Lipidgehalt der Mikrosomen*. Mikrosomen aus Meerschweinchenleber enthielten 40—45%[5] bzw. 42—51%[6] Totallipoid, etwa $^2/_3$ davon waren Phosphatide[5]. Inosithaltige Lipoide sind sowohl in den Mitochondrien als auch in den Mikrosomen enthalten[5]. Cholinhaltige Phosphatide (Lecithin) scheinen in den Mikrosomen besonders reichlich vorhanden zu sein.

Tabelle 19. Zusammensetzung der in verschiedenen Anteilen des Cytoplasmas enthaltenen Fettfraktionen (Lebern von Mäusen nach 24stündigem Hunger)[6].

	Phosphatidgehalt in % der Trockensubstanz	N:P (molar)	Cholin in % des Gesamtlipids	Jodzahl des Gesamtfetts	Prozentuale Zusamensetzung des Fettsäuregemisches			
					gesättigte Fettsäuren	Fettsäuren mit 1 Doppelbindung	Fettsäuren mit 2 Doppelbindungen	Fettsäuren mit 4 Doppelbindungen
Große Granula .	16	1	3,0	105	53	13	14	20
Mikrosomen. . .	22	1	4,8	72	66	9	12	13
Flüssiger Teil des Cytoplasmas .	2	1,3	1,9	77	53	24	14	9

Im flüssigen Teil des Cytoplasmas, der beim Abzentrifugieren der großen und kleinen Granula aus Cytoplasmasuspensionen als überstehende Lösung erhalten wird, sind nur geringe Mengen von Lipoiden vorhanden, und diese sind in ihrer chemischen Struktur von den Lipoiden, die in den corpusculären Anteilen des Cytoplasmas enthalten sind, sehr verschieden. Das molare Verhältnis N:P beträgt in den Phosphatiden der Mitochondrien und der Mikrosomen 1:1, in den Phosphatiden des flüssigen Cytoplasmaanteils aber 1,3:1, was auf das Vorhandensein von Diaminophosphatiden in dieser Lipoidfraktion schließen läßt[2] (vgl. die Tabelle 19).

Auch in den Kernen der Leberzellen sind Phosphatide enthalten, die Bausteine von Fermentsystemen bilden. So enthielt z. B. ein weitgehend gereinigtes Präparat von Adenosinphosphatase aus den Zellkernen von Rattenleber erhebliche Mengen von Phospholipoiden[7].

5. Das Neutralfett der Leber.

Die in der Leber kurzfristig abgelagerten Triglyceride stammen entweder aus den im Darm resorbierten Fettsäuren oder aus den Fettdepots, oder aber sie sind in der Leber selbst aus Kohlenhydrat gebildet worden. Diese Lipidfraktion unterliegt daher in ihrer Fettsäurezusammensetzung großen, vor allem von den

[1] Swanson, M. A., and C. Artom: J. biol. Ch. **187**, 281 (1950). — [2] Kretchmer, N., and C. P. Barnum: Arch. Biochem. **31**, 141 (1951). — [3] Quastel, J. H., and B. M. Braganca: Fed. Proc. **11**, 272 (1952). — [4] Braganca, B. M., and J. H. Quastel: Biochem. J. **53**, 88 (1953). — [5] Claude, A.: J. exp. Med. **84**, 61 (1946). — [6] Lazarow, A.: Biol. Symp. **10**, 17 (1943). — [7] Swanson, M. A., and M. C. Mitchell: Fed. Proc. **11**, 296 (1952).

Ernährungsverhältnissen stark abhängigen Schwankungen: Nach Aufnahme fettreicher Mahlzeiten ähnelt diese Fraktion in ihrer Fettsäurezusammensetzung dem aus der Nahrung resorbierten Fett. Im Hunger gleicht ihre Fettsäurezusammensetzung dagegen dem in den Fettgeweben gespeicherten Depotfett. Die Jodzahl dieser Fettfraktion ist meist niedriger als die der Strukturlipoide.

Die Leber ist also gleichsam eine Zwischenstation für Triglyceride, die entweder auf ihre Deponierung im Fettgewebe warten oder aber aus dem Fettgewebe mobilisiert worden sind, um in den Leberzellen abgebaut zu werden.

Tabelle 20. Die Menge der Lipoidfraktionen der Rattenleber nach Aufnahme einer fettreichen Mahlzeit*[1].

Std nach der Nahrungsaufnahme	Prozentgehalt der frischen Leber an				Jodzahl der Gesamtfettsäuren
	Phosphatiden	Glyceriden	freiem Cholesterin	Cholesterinoleat	
0	3,5	0,9	0,26	0,00	123
4	3,4	0,9	0,28	0,00	124
7	2,7	1,4	0,26	0,03	111
10	3,2	1,9	0,27	0,11	96
13	3,5	1,4	0,26	0,20	—

* Gewichtsteile: 40 Rindertalg, 20 Casein, 40 Glucose, 2 Cholesterin, 8 Wasser.

β) Physiologische und pathologische Änderungen des Fettgehalts der Leber.

Änderungen im Gehalt der Leber an Neutralfett werden durch das Gleichgewicht zwischen dem in die Leberzellen aufgenommenen oder in den Leberzellen gebildeten Fett einerseits und der von den Leberzellen abgebauten oder an die Fettdepots abgegebenen Fettmenge bestimmt. Abnorme Fettansammlung in der Leber kann daher durch stark vermehrte Aufnahme von Nahrungsfett oder aber durch Kohlenhydratmast und die dadurch verursachte erhöhte Fettbildung verursacht sein. Andererseits führen aber auch alle Vorgänge, die zu einer erhöhten Mobilisierung des Fettes der Fettgewebe führen (also Hunger, Unterernährung, Diabetes mellitus, Phlorrhizinvergiftung u. a.) zu einer erhöhten Fettablagerung in die Leber. Störungen des Fettstoffwechsels der Leber, z.B. durch Gifte und andere schädigende Faktoren, verlangsamen die Phosphatidbildung und den Fettsäureabbau, das nicht abgebaute Depotfett sammelt sich sodann in der Leber an. Neben den Triglyceriden kann in manchen Formen der Leberverfettung auch das Cholesterin in der Leber stark vermehrt sein.

Verschiedene Nahrungsstoffe, insbesondere solche, die bei der Bildung von Phosphatiden als Bausteine verwendet werden (z.B. Cholin und seine Muttersubstanzen, Inosit u.a.), verhindern oder verringern die durch die oben genannten Faktoren verursachte Leberverfettung. Sie werden als *lipotrope Stoffe* bezeichnet. Dementsprechend werden Diätformen, in denen diese Stoffe fehlen, als alipotrop und Stoffe, deren Verabreichung die Einlagerung von Fett in die Leber in spezifischer Weise begünstigt, als antilipotrop bezeichnet.

Da sich das Neutralfett in der verfetteten Leber meist in Form von Tröpfchen mikroskopischer Größenordnung ansammelt, kann eine Fettvermehrung im histologischen Schnitt durch Fettfarbstoffe sichtbar gemacht werden. Schon geringe Steigerungen des Gehalts an Neutralfetten werden dadurch mikroskopisch (z.B. bei bioptischen Leberproben) nachweisbar. Fettbestimmungen in Kaninchenlebern ergaben, daß zwar eine grobe Parallelität zwischen der Menge des

[1] Aylward, F. X., H. J. Channon and H. Wilkinson: Biochem. J. **29**, 169 (1935).

histologisch sichtbaren und der Menge des chemisch bestimmbaren Fettes besteht[1], doch haben auch andere Faktoren (Partikelgröße, Adsorption an Protein usw.) einen Einfluß auf die Größe des histologisch sichtbaren Fettanteils.

Da die Einlagerung größerer Fettmengen in die Leberzellen klinische Funktionsstörungen der Leber zur Folge haben oder vorhandene Schädigungen steigern kann (vgl. S. 36), ist die Frage der Verhinderung oder Beseitigung der Leberverfettung durch lipotrope Faktoren oder andere Maßnahmen für die Klinik der Lebererkankungen von großer Bedeutung.

1. Der Einfluß der Ernährung.

a) Die Aufnahme von Nahrungsfett durch die Leber. Ein Teil des resorbierten Fetts erreicht die Leber direkt mit dem Pfortaderblut[2], dessen Fettgehalt nach fettreichen Mahlzeiten erhöht ist[3,4]. Ein anderer Teil des resorbierten Fetts umgeht die Leber auf dem Lymphwege über den Ductus thoracicus[5,6]; auch dieses Fett wird sodann aber dem Blut beigemengt, es gelangt mit dem Blutstrom nach Passage durch Herz und Lunge zu den Fettgeweben, aber auch zur Leber. Schon im Darm wird hierbei das resorbierte Fettsäuregemisch je nach der Kettenlänge fraktioniert: Die Ester von Fettsäuren mit kurzer Kette werden von den Zellen des Darms an das Blut abgegeben und auf dem Weg über die Pfortader direkt zur Leber geschafft; die Triglyceride der Fettsäuren mit langer C-Kette, die die Hauptmenge der Nahrungsfette bilden, werden von den Zellen des Dünndarms an die Lymphe abgegeben, gehen unter Umgehung der Leber mit der Thoracicuslymphe in das Blut der Vena cava über und erreichen die Leber erst nach Durchgang durch Herz und Lunge und in starker Verdünnung. Die Leber wird dadurch von der plötzlichen Überlastung mit großen Mengen der schwer abbaubaren höheren Fettsäuren geschützt. Da Olivenöl vorwiegend aus Fettsäuren mit langer C-Kette besteht, geht, wie Versuche an Hunden gezeigt haben, nach Verabreichung von Olivenöl die Hauptmenge der resorbierten Fettsäuren in die Darmlymphe über[7]. Wurde Ratten ^{14}C-Palmitinsäure verfüttert, so fanden sich 63—97% der ^{14}C-Palmitinsäure in der mit Hilfe einer Kanüle aufgefangenen Lymphe wieder[8]. Auch höhere Fettsäuren mit ungerader C-Anzahl werden vom Darm an die Lymphe abgegeben, bei Pentadecansäure erschienen 84—93% der resorbierten Menge in der Darmlymphe[9]. Wurden ^{14}C-markierte Fettsäuren verschiedener Kettenlänge in Öl gelöst und Ratten mit der Magensonde verabreicht, so erschien bei Stearinsäure 84—95%, bei Myristinsäure 80—91%, bei Laurinsäure 15—55% und bei Caprinsäure 7—19% der verabreichten Menge in der Darmlymphe[10]. Nach Zufuhr von ^{14}C-Caprinsäure durch die Sonde war die Menge des fettsäuregebundenen ^{14}C im Pfortaderblut bis zu 9,7mal größer als im Blut der Vena cava caudalis. Nach Zufuhr von ^{14}C-Palmitinsäure[11] überstieg dieses Verhältnis dagegen niemals 1,2.

Obwohl die Fettsäuren mit langer C-Kette die Leber erst nach einem großen Umweg und in großer Verdünnung erreichen, werden sie ihrer Hauptmenge nach

---

[1] MOTTRAM, V. H.: J. Physiol., London 38, 281 (1909). — [2] ECKSTEIN, H. C.: J. biol. Ch. 62, 737 (1924/25). — [3] NEDSWEDSKI, S. W.: Pflügers Arch. 214, 337 (1926). — [4] CANTONI, O.: Boll. Soc. ital. Biol. sperim. 3, 1278 (1928). — [5] MUNK, I., u. A. ROSENSTEIN: Virchows Arch. 123, 230 (1891). — [6] LITTLE, J. M., and C. S. ROBINSON: Amer. J. Physiol. 134, 773 (1941). — [7] GLENN, W. W. L., S. L. CRESSON, F. X. BAUER, F. GOLDSTEIN, O. HOFFMAN and J. E. HEALEY jr.: Surg., Gynec. Obstet. 89, 200 (1949). — WINTER, I. C., and L. A. CRANDALL jr.: J. biol. Ch. 140, 97 (1941). — [8] BLOOM, B., I. L. CHAIKOFF, W. O. REINHARDT and W. G. DAUBEN: J. biol. Ch. 189, 261 (1951). — [9] CHAIKOFF, I. L., B. BLOOM, B. P. STEVENS, W. O. REINHARDT and W. G. DAUBEN: J. biol. Ch. 190, 431 (1951). — [10] BLOOM, B., I. L. CHAIKOFF and W. O. REINHARDT: Amer. J. Physiol. 166, 451 (1951). — [11] KIYASU, J. Y., B. BLOOM and I. L. CHAIKOFF: J. biol. Ch. 199, 415 (1952).

doch von der Leber und nur zu einem geringen Anteil von den Fettgeweben aufgenommen. Von den per os verabreichten Fettsäuren, mit Deuterium markierten Fetts war bei Ratten 8—48 Std nach der Verabreichung eine 10—20fach größere Menge in der Leber als in den peripheren Fettgeweben (Carcass) nachweisbar[1,2]. Auch bei Mäusen fand sich nach Verabreichung von D-markierter Palmitinsäure ein relativ großer Teil des Deuteriums in den Fettsäuren der Leber und relativ kleinere Mengen im Depotfett vor[3]. Während der alimentären Lipämie nimmt der Fettgehalt der Leber vorübergehend zu, und die Höhe sowie die Dauer der alimentären Lipämie wird durch die Geschwindigkeit begrenzt, mit der die Leber das Fett aus dem Blut aufnimmt.

Daß die Leber emulgiertes Fett aus dem Blut aufnimmt, konnte an Durchströmungsversuchen gezeigt werden. Wurden die überlebenden Lebern von Hunden, die im Hunger oder nach Nahrungsaufnahme getötet worden waren, mit Blut durchströmt, so blieb der Fettgehalt der Leber unverändert. Wurde dem Blut jedoch emulgiertes Öl zugesetzt, so nahmen die Lebern sowohl der hungrigen als auch der verdauenden Hunde das Öl aus dem Blut auf[4]. Auch bei angiostomierten Hunden konnte die Aufnahme von Fett durch die Leber beobachtet werden[5].

Jodzahl und durchschnittliche Kettenlänge der nach Fettzufuhr im Neutralfett der Leber (nicht aber in der Phosphatidfraktion) enthaltenen Fettsäuren ist von der Art des verabreichten Fettes abhängig. Wurden Ratten mit Rindertalg gefüttert, so betrug die Jodzahl des Neutralfetts der Leber 77, gab man ihnen Lebertran, so stieg die Jodzahl dieser Fettfraktion auf 173. Die Jodzahlen der Phosphatidfraktion betrugen in diesen beiden Versuchen 138 und 143, waren also nur wenig voneinander verschieden[6].

Das auf der Höhe der alimentären Lipämie von der Leber aufgenommene Fett wird im weiteren Verlauf von der Leber abgebaut oder umgeestert und (nach teilweiser Umwandlung in Phosphatide und Cholesterinester) wieder an das Blut abgegeben. Der Deuteriumgehalt der Glyceridfraktion des Leberfetts von Ratten, die eine einmalige Dosis von Deuteriumfett per os erhalten hatten, betrug nach 6, 10 und 24 Std 0,9, 0,7 und 0,3 Atom-% Deuterium; das von der Leber abgegebene Fett war von den Fettdepots aufgenommen worden, denn in der gleichen Zeit war der D-Gehalt der Glyceride der Fettdepots auf das Doppelte (von 0,06 Atom-% in der 6. Std auf 0,13 Atom-% in der 24. Std) gestiegen[2].

Durch reichliche Zufuhr fettreicher, kohlenhydratarmer Nahrung kann der Fettgehalt der Leber stark gesteigert werden. Der Fettsäuregehalt der frischen Leber von Ratten, die nur von Käse und Butter lebten, stieg in $2^1/_2$ Monaten auf 9,3%, während die Lebern mit Milch und Brot gefütterter Kontrolltiere nur 3,7% Fettsäuren enthielten[7]. Zufuhr großer Fettmengen kann, wenn nicht gleichzeitig entsprechende Mengen lipotroper Substanzen gegeben werden, zur Entwicklung typischer Fettlebern führen[8]. Bei Ratten konnte durch eine proteinarme, fettreiche Kost, die neben 5% Casein, 40% Rinderfett und 1% Dorschlebertran enthielt, der Fettgehalt der Leber in 14 Tagen auf 20% der frischen Lebersubstanz gesteigert werden[9]. In analogen Versuchen erreichte der Fettgehalt der Rattenleber bei Verfütterung von Butterfett 31%, reinem Rindstalg 27%,

---

[1] Sperry, W. M., H. Wallsch and V. A. Stoyanoff: J. biol. Ch. **135**, 281 (1940). — [2] Cavanagh, B., and H. S. Raper: Biochem. J. **33**, 17 (1939). — [3] Stetten, D. jr., and R. Schoenheimer: J. biol. Ch. **133**, 329 (1940). — [4] Lombroso, U.: Ann. Clin. med., Palermo **11**, 78 (1921). — [5] Nedswedsky, S. W., u. A. K. Alexandry: Pflügers Arch. **219**, 619 (1928). — [6] Channon, H. J., and H. Wilkinson: Biochem. J. **30**, 1033 (1936). — [7] Hynd, A., and D. L. Rotter: Biochem. J. **24**, 1390 (1930). — [8] Best, C. H., J. M. Hershey and M. E. Huntsman: J. Physiol., London **75**, 56 (1932). — [9] Beeston, A. W., and H. J. Channon: Biochem. J. **30**, 280 (1936).

Palmöl 26%, Kokosöl 21%, Olivenöl 16% und Dorschlebertran 7%[1]. Der Phosphatidgehalt der Leber (bezogen auf das Körpergewicht der Tiere) blieb in diesen Versuchen jedoch unverändert.

Gleichwohl weisen zahlreiche Beobachtungen darauf hin, daß die Zufuhr von Fett die Phosphatidbildung in der Leber erhöht. Nach Resorption von Fett stieg der Phospholipoidgehalt der Leber beim Hund[2] vorübergehend an. Die Lebern fettreich ernährter Ratten enthielten mehr Phosphatid als die Lebern fettfrei ernährter Kontrolltiere[3]. Der ^{32}P-Gehalt der Leberphosphatide war nach Verabreichung von ^{32}P bei fettreich ernährten Ratten höher als der fettfrei gefütterter Kontrollen[4]. Bei vorher alipotrop ernährten Ratten stieg nach Zufuhr von Cholin der Phosphatidgehalt der Leber rascher an, wenn gleichzeitig reichlich Fett gegeben wurde[5]. Ein Teil der nach Fettresorption in der Leber gebildeten Phosphatide wird an das Blut abgegeben: Die alimentäre Lipämie ist von einer Vermehrung hepatogener Phosphatide im Blutplasma begleitet (vgl. Bd. 2/1, S. 861).

b) Leberverfettung bei Kohlenhydratmast. Mit der Nahrung zugeführte Kohlenhydratüberschüsse werden von der Leber zum Teil in Fett umgewandelt (vgl. S. 130 sowie Bd. 2/1, S. 766ff.). Ebenso wie exogenes Fett, so wird auch das bei der Kohlenhydratmast in der Leber entstehende Fett auf dem Blutwege an die Fettdepots weitergegeben. Auch nach Kohlenhydratzufuhr kommt es also nur zu einer vorübergehenden Ansammlung von Fett in der Leber; diese Ansammlung von Fett verschwindet, wenn die Mast unterbrochen wird und das gebildete Fett Zeit hat, in die Fettgewebe überzugehen. Bei andauernder Zufuhr großer Kohlenhydratmengen kann die Geschwindigkeit der Fettsynthese in der Leber so stark ansteigen, daß das entstandene Fett von den Fettdepots nicht mit gleicher Geschwindigkeit aufgenommen werden kann. Das Fett staut sich in der Leber an. Die verfettete Leber gemästeter Gänse ist das typische Beispiel dieser Art der Leberverfettung. Die Verfettung beginnt an den Zellen, die an der Peripherie der Leberläppchen liegen und von dem frisch aus der Pfortader einfließenden, hyperglykämischen Blut umströmt werden. Erst im weiteren Verlauf der Kohlenhydratmast schreitet die Verfettung nach dem Zentrum der Leberläppchen fort. Die durch exzessive Fett- oder Kohlenhydratzufuhr in der Leber hervorgerufenen Fettansammlungen bestehen im wesentlichen aus Neutralfett[6].

c) Der Fettgehalt der Leber im Hunger. Zwischen der Leber und den peripheren Fettdepots besteht ein ununterbrochener Austausch von Fettmolekülen, und zwar auch dann, wenn die Ernährung normal ist und die Menge der Fettdepots konstant bleibt. Im Hunger wird dieses Gleichgewicht gestört und die Fettgewebe werden durch einen heute in seinem Mechanismus noch nicht aufgeklärten Impuls veranlaßt, in gesteigerter Menge Fett abzugeben. Dieses Fett wird seiner Hauptmenge nach von der Leber aufgenommen[7,8]. Das Fett wird hierbei meist schneller durch das periphere Fettgewebe abgegeben, als es in der Leber und in den übrigen Organen oxydiert werden kann; der Fettgehalt von Blut und Leber steigt daher im Hunger an. Lipämie und Fettvermehrung in der Leber dauern so lange an, bis das Fett der Fettdepots verbraucht ist. Die Jodzahl der

[1] CHANNON, H. J., and H. WILKINSON: Biochem. J. **30**, 1033 (1936). — [2] ARTOM, C.: Boll. Soc. ital. Biol. sperim. **7**, 133 (1932). Arch. Fisiol. **32**, 57 (1933). — [3] SINCLAIR, R. G.: J. biol. Ch. **111**, 275, 515 (1935). — [4] ARTOM, C., C. PERRIER, M. SANTANGELO, G. SARZANA e E. SEGRÈ: Boll. Soc. ital. Biol. sperim. **12**, 708 (1937). — ARTOM, C., G. SARZANA e E. SEGRÈ: Arch. Fisiol. **47**, 245 (1938). — [5] FISHMAN, W. H., and C. ARTOM: J. biol. Ch. **164**, 307 (1946). — [6] BEST, C. H., H. J. CHANNON and J. H. RIDOUT: J. Physiol., London **81**, 409 (1934). — [7] MOTTRAM, V. (H.): J. Physiol., London **38**, 281 (1909). Z. Biol. **52**, 280 (1909). — [8] LAZARD-KOLODNY, S., et A. MAYER: Ann. Physiol. Physicochim. biol. **13**, 554 (1937).

Gesamtfettsäuren der Leber sinkt im Hunger durch die Beimengung des relativ gesättigten Depotfetts und vielleicht auch infolge beschleunigter Verbrennung der ungesättigten Fettsäuren rasch ab.

Fleischfressende Tiere (z.B. Hunde) bekommen im Hunger weniger leicht eine Fettleber als Pflanzenfresser, wahrscheinlich deshalb, weil bei ihnen die 3 Phasen des Abbaues der Depotfette: Abtransport zur Leber, Oxydation zu Acetat und Endoxydation schon normalerweise besser aufeinander eingespielt sind als bei den Pflanzenfressern, deren Nahrung im allgemeinen weniger Fett enthält. Aus dem gleichen Grund kann bei fleischfressenden Tieren, die von Natur aus auf kohlenhydratarme Nahrung eingestellt sind, durch Kohlenhydratmangel nur schwer eine Ketonämie hervorgerufen werden.

Das Ausmaß, das die Fetteinlagerung in der Leber des hungernden Tieres erreicht, ist nicht nur von der Tierart[1] und von der vorausgehenden Ernährung des

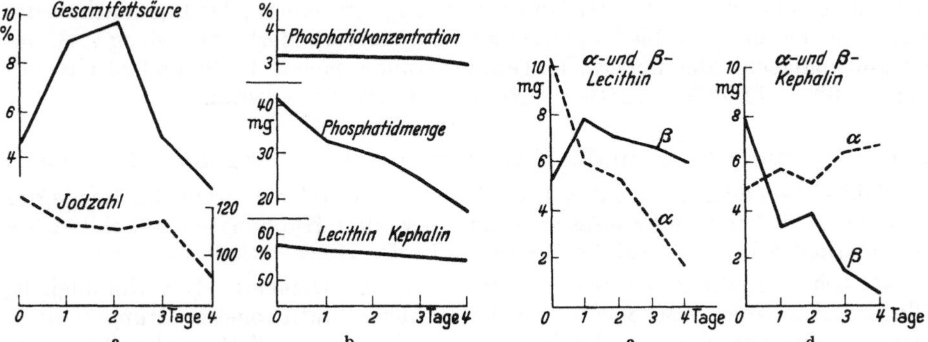

Abb. 19. Veränderungen in Menge und Zusammensetzung des Leberfetts bei hungernden Mäusen[2]. a Der Fettgehalt der Leber steigt im Hunger zuerst an und fällt erst nach Aufzehrung der peripheren Fettdepots wieder ab. Die Jodzahl des Leberfetts sinkt im Hunger ab. b Die Phosphatidkonzentration und das Verhältnis Lecithin zu Kephalin bleibt in den Leberzellen unverändert, die absolute Menge der Leberphosphatide fällt im gleichen Ausmaß ab, wie die Leber sich verkleinert. c und d α- und β-Phosphatide zeigen im Hunger ein entgegengesetztes Verhalten: Die α-Phosphatide nehmen zu, die β-Phosphatide ab.

Tieres, sondern auch von der Außentemperatur abhängig[3]. Bei weißen Mäusen von 25 g Körpergewicht war bei einer Außentemperatur von 18° das Maximum der Fettansammlung schon nach 3 Std, bei einer Außentemperatur von 30° nach 8 Std erreicht[4]. Bei älteren Mäusen stieg der Leberfettgehalt stärker an als bei jungen: die Vermehrung des Leberfetts betrug bei Mäusen von 18, 25 und 28 g Körpergewicht 20, 100 bzw. 270% der anfangs vorhandenen Menge[4]. Bei Ratten war die Leberverfettung im Hunger nur nachweisbar, wenn das Körpergewicht 230 g überstieg[5]. Bei Tieren, die vorher reichlich genährt worden waren und über große Fettdepots verfügen, tritt im Hunger eine stärkere Leberverfettung auf als bei mageren Tieren[1].

Bei Mäusen, einer Tierart, die ihr Depotfett sehr rasch verbraucht[6], stieg der Fettgehalt der Leber bereits nach 2tägigem Hunger auf das 2—3fache des Ausgangswertes und fiel dann nach Erschöpfung der Fettdepots am 3. und 4. Hungertag rasch ab (vgl. Abb. 19). Die Konzentration der Phospholipoide bleibt in der

[1] Chevillard, L., F. Hamon et A. Mayer: Ann. Physiol. Physicochim. biol. **13**, 533 (1937). — [2] MacLachlan, P. L., H. C. Hodge, W. R. Bloor, E. A. Welch, F. L. Truax and J. D. Taylor: J. biol. Ch. **143**, 473 (1942). — [3] Chevillard, L., et A. Mayer: Ann. Physiol. Physicochim. biol. **15**, 305 (1939). — [4] Chevillard, L., F. Hamon et A. Mayer: Ann. Physiol. Physicochim. biol. **13**, 539 (1937). — [5] Dible, J. H. z.: J. Path., Bacteriology **35**, 451 (1932). — [6] Hodge, H. C., P. L. MacLachlan, W. R. Bloor, C. A. Stoneburg, M. C. Oleson and R. Whitehead: J. biol. Ch. **139**, 897 (1941).

Leber der hungernden Mäuse konstant, d. h. die Abnahme der in der Leber enthaltenen Phosphatidmenge geht dem Absinken des Gewichts der sich verkleinernden Leber parallel. α- und β-Lecithin und α- und β-Kephalin verhalten sich jedoch völlig verschieden. 80% der in der Leber ursprünglich vorhandenen Menge von α-Lecithin und β-Kephalin war nach 4 Tagen Hunger verschwunden, während die Menge des β-Lecithins und die des α-Kephalins unverändert blieb oder sogar leicht zunahm[1].

Aber auch nach langdauerndem völligem Nahrungsentzug und nach weitgehendem Abbau der peripheren Fettgewebe enthält die Leber noch kleine Mengen von Triglyceriden, die sie zum Teil aus den durch Abbau anderer Gewebe freiwerdenden Bausteinen der Zellipoide bildet. Die Konzentration der Strukturlipoide in den Leberzellen wird im Hunger nicht vermindert, eine Abnahme der in der Leber enthaltenen Menge der Strukturlipoide der Leberzellen erfolgt erst dann, wenn die Leberzellen als Ganzes eingeschmolzen werden und die Leber sich infolge dauernder schwerer Unterernährung verkleinert; der Lipoidgehalt des restlichen Parenchyms bleibt hierbei aber fast unverändert. So betrug z.B. der Gesamtlipidgehalt der Lebern hungernder Hunde nach 5, 11, 38 und 73 Hungertagen 10%[2], 15,36%[3], 14,2%[4], 9,84%[5] der Trockensubstanz.

2. Die Wirkung hormonaler Faktoren auf den Fettgehalt der Leber.

Zahlreiche endokrine Drüsen beeinflussen direkt oder indirekt die Menge des Leberfetts. Neben dem Pankreas haben insbesondere Hypophyse und Schilddrüse eine markante Wirkung auf die Menge des in der Leber enthaltenen Fetts.

a) Leberverfettung bei Insulinmangel und im Diabetes. Die Unfähigkeit, Glucose abzubauen, löst, ebenso wie der Kohlenhydratmangel im Hunger, einen Mechanismus aus, der zur Mobilisierung des Fettes der Fettgewebe führt. So mobilisieren z.B. pankreaslose Hunde, denen man kein Insulin zuführt, große Mengen von Depotfett und magern ab. Das mobilisierte Depotfett erscheint im Blut und wird, zusammen mit dem aus der Nahrung aufgenommenen Fett, von der Leber aufgenommen. Der Fettgehalt der Leber steigt daher rasch an[6].

Das Auftreten einer Verfettung und Vergrößerung der Leber bei diabetischen Menschen bildet einen oft beobachteten[7] und seit langem bekannten[8] Befund. Bei der bioptischen Untersuchung wurde bei 14 von 28 unkomplizierten, gut kontrollierten Diabetesfällen eine Leberverfettung gefunden[9]. Lebern von Diabetikern enthielten 4,1—10,8% des Frischgewichts an Gesamtfettsäuren, die Lebern nichtdiabetischer Kontrollfälle 2,2—4,3%. Die Menge der Phosphatidfettsäuren betrug bei beiden Gruppen von Lebern 1,8%[10], die Fettzunahme betrifft also nicht die Strukturlipoide der Leberzellen. Die Bestimmung der Glucose-Insulintoleranz ergab, daß insbesondere bei Diabetikern mit herabgesetzter Insulinempfindlichkeit Leberverfettungen entstanden waren[11].

Pankreasektomierte Tiere bekommen auch dann, wenn sie mit Hilfe von Insulin in gutem Ernährungszustand erhalten werden, Fettlebern, deren Gewicht

[1] MacLachlan, P. L., H. C. Hodge, W. R. Bloor, E. A. Welch, F. L. Truax and J. D. Taylor: J. biol. Ch. **143**, 473 (1942). — [2] Rosenfeld, G.: Z. klin. Med. **28**, 264 (1895). — [3] Junkersdorf, P.: Pflügers Arch. **186**, 238 (1921). — [4] Schöndorff, B.: Pflügers Arch. **67**, 438 (1897). — [5] Profitlich, W.: Pflügers Arch. **119**, 465 (1907). — [6] Gibbs, G. E., and I. L. Chaikoff: Endocrinology **29**, 885 (1941). — [7] Adlersberg, D., u. O. Porges: Kli. Wo. **1926 II**, 1451. — Pollack, H., H. Dolger and M. Ellenberg: Amer. J. med. Sci. **202**, 246 (1941). — [8] Mead, R.: Opera Medica. (bes. S. 39). Goetingae 1748. — [9] Zimmermann, H. J., F. G. MacMurray, H. Rappaport and L. K. Alpert: J. Lab. clin. Med. **36**, 912 (1950). — [10] Warren, S., and P. M. Le Compte: The Pathology of Diabetes Mellitus. 3. Aufl. London, Philadelphia 1952. — [11] Zimmermann, H. J., F. G. MacMurray, H. Rappaport and L. K. Alpert: J. Lab. clin. Med. **36**, 922 (1950).

und Fettgehalt ein Vielfaches des normalen beträgt[1]. Die Zunahme betrifft insbesondere das Neutralfett, die Menge der Phosphatide ist vermindert (vgl. Tabelle 21).

Insulin bewirkt in der Leber alloxandiabetischer Ratten eine starke Steigerung der Fettsynthese. Leberschnitte von Ratten, denen Insulin verabreicht worden war, bildeten große Mengen von ^{14}C-haltigem Fett, wenn sie mit ^{14}C-markiertem Lactat[2], Pyruvat[3] oder Acetat[4] bebrütet wurden.

Bei alloxandiabetischen Ratten hatte wiederholte Injektion von Insulin eine Verfettung der Leber zur Folge, die in 3—4 Tagen zu einer Zunahme des Gesamtfettsäuregehalts auf das 6fache und einer Vermehrung des Lebergewichts auf das

Tabelle 21. Die Leberverfettung beim pankreasektomierten Tier.

Menge und Zusammensetzung des Leberfetts von normalen Hunden sowie von pankreasektomierten Hunden, die durch 9—35 Wochen mit Insulin am Leben erhalten worden waren. Die Tiere waren 16 Std nach der letzten Mahlzeit (normale Hunde) bzw. 16 Std nach der letzten Insulininjektion + Nahrungsaufnahme (pankreasektomierte Hunde) getötet worden[1]. Man beachte die starke Zunahme der Triglyceride und der Cholesterinester und die relative Abnahme der Phosphatide bei den pankreasektomierten Tieren.

	Normal		pankreasektomiert	
		in % des Leberfetts		in % des Leberfetts
Leberfett in % des Körpergewichts	1,9—2,8		7,2—10,8	
Leberfett in % des Lebergewichts	2,9—3,4		29,7—45,7	
davon Gesamtfettsäuren	1,8—2,3	60—70	26,3—43,2	89—95
Triglyceridfettsäuren*	0,6—0,9	20—28	25,4—42,4	86—93
Phosphatide	1,7—2,2	59—65	1,0—1,1	2—3
Gesamtcholesterin	0,23—0,25	7,3—7,8	0,31—0,94	0,7—2,4
davon frei	0,18—0,19	5,4—6,5	0,10—0,17	0,3—0,5
als Ester	0,04—0,07	1,4—2,1	0,14—0,83	0,3—2,1

* Berechneter Wert: Gesamtfettsäuren minus Phosphatid- und Cholesterinesterfettsäuren.

Doppelte führte. Diese Leberverfettung ist, wie Versuche mit ^{14}C-Pyruvat ergeben haben, von einer vorübergehenden Zunahme der Fettsynthese verursacht; nach 3—4 Tagen nimmt, auch wenn die Insulinverabreichung fortgesetzt wird, das Ausmaß der Fettsynthese wieder ab und das in der Leber vorübergehend angereicherte Fett verteilt sich auf die Fettdepots[5].

Vergiftung mit Phlorrhizin führt zu einem raschen Schwinden des Leberglykogens, das ähnlich wie beim Diabetes von einer Mobilisierung der Fettdepots und einer Fettanreicherung in der Leber gefolgt ist.

b) Hypophyse. Exstirpation der Hypophyse hemmt die Überwanderung von Fett aus den Fettgeweben in die Leber[6] und verhindert bei hungernden oder partiell hepatektomierten oder mit P oder CCl_4 vergifteten[7] Tieren die Verfettung der Leberzellen. Nach Zufuhr von Wachstumshormon oder ACTH trat

[1] KAPLAN, A., and I. L. CHAIKOFF: J. biol. Ch. **108**, 201 (1935). — [2] FELTS, J. M., I. L. CHAIKOFF and M. J. OSBORN: J. biol. Ch. **191**, 683 (1951). — [3] OSBORN, M. J., I. L. CHAIKOFF and J. M. FELTS: J. biol. Ch. **193**, 549 (1951). — [4] FELTS, J. M., I. L. CHAIKOFF and M. J. OSBORN: J. biol. Ch. **193**, 557 (1951). — [5] OSBORN, M. J., J. M. FELTS and I. L. CHAIKOFF: J. biol. Ch. **203**, 173 (1953). — [6] SAMUELS, L. T., R. M. REINECKE and H. A. BALL: Proc. Soc. exp. Biol. Med. **49**, 456 (1942). — [7] ISSEKUTZ, B. v. jr., u. F. VERZÁR: Pflügers Arch. **240**, 624 (1938).

die durch Hypophysektomie verhinderte Leberverfettung in Erscheinung[1]. Bei Mäusen verursachte teilweise gereinigtes Wachstumshormon eine Steigerung des Leberfettgehalts[2], während bei Ratten reines Wachstumshormon den Fettgehalt der Leber herabsetzt[3]. Bei Ratten, Mäusen, Meerschweinchen u. a. konnten durch Injektion fraktionierter Extrakte aus Hypophysenvorderlappen (sog. „ketogene Fraktion") reversibel Fettlebern hervorgerufen werden[4-6]. Daß die durch das ketogene Hypophysenprinzip ausgelöste Leberverfettung durch den Übergang von Fett aus den Fettdepots in die Leber zustande kommt, konnte an Mäusen nachgewiesen werden, deren Depotfett vorher mit Deuterium markiert worden war[7] (vgl. a.[8,9]). Zufuhr von Cholin[10] oder Lipokain[11] konnte die Wirkung der Hypophysenextrakte nicht verhindern, doch ging die Entfettung der Leber nach Aufhöhren der Hypophysenverabreichung rascher vor sich, wenn den Tieren zusätzlich Cholin gegeben wurde. Die leberverfettende Wirkung der Hypophysenextrakte ist am deutlichsten bei hungernden oder mit fettreicher Nahrung gefütterten Tieren nachweisbar, doch konnten durch große Mengen von Hypophysenvorderlappenpräparaten auch ohne andere zusätzliche Maßnahmen Fettlebern hervorgerufen werden[5].

Hypophysenpräparate haben eine rasche Vermehrung des Leberfetts zur Folge[5,6], die wahrscheinlich auf dem Wege über die Nebennieren zustande kommt[12]. Bei adrenektomierten Tieren trat diese Leberverfettung nicht ein[13]. Nach Vorbehandlung mit Cortison wurde die Wirkung des fettmobilisierenden Hypophysenfaktors bei den adrenektomierten Tieren wieder nachweisbar. Für sich allein bewirkt jedoch weder Cortison noch eines der anderen Nebennierenrindensteroide eine Fettvermehrung der Leber. Auch konnte keine Beziehung zwischen dem ACTH-Gehalt der Hypophysenextrakte und ihrer die Leberverfettung steigernden Wirkung nachgewiesen werden[14]. Die leberverfettende Wirkung der Hypophysenvorderlappenextrakte ist nicht nur ihrem ACTH-Gehalt zuzuschreiben[15], sondern auch anderen derzeit noch nicht näher bekannten Faktoren, durch die die Hypophyse den Fettstoffwechsel beeinflußt[2,14,16].

c) Nebennieren. Die Leberverfettungen, die nach reichlicher Fettzufuhr, nach Pankreasektomie, nach Injektion von Hypophysenvorderlappenpräparaten und nach Phosphorvergiftung beobachtet werden, treten bei adrenektomierten Tieren nicht ein[17-20], wohl aber, wenn man diesen Tieren Nebennierenrindenextrakte

---

[1] Li, C. H., M. E. Simpson and H. M. Evans: Arch. Biochem. **23**, 51 (1949). — [2] Payne, R. W.: Fed. Proc. **8**, 125 (1949). — [3] Li, C. H., and H. M. Evans: Recent Progr. Hormone Res. **3**, 3 (1948). — [4] Best, C. H., and J. Campbell: J. Physiol., London **86**, 190 (1936); **92**, 91 (1938). — Barrett, H. M., C. H. Best and J. H. Ridout: J. Physiol., London **93**, 367 (1938). — Gray, C. H.: Biochem. J. **32**, 743 (1938). — Levin, L.: Fed. Proc. **8**, 218 (1949). — Steppuhn, O.: Wiener Arch. inn. Med. **26**, 87 (1934). — [5] Baker, B. L., D. S. Ingle, C. H. Li and H. M. Evans: Amer. J. Anat. **82**, 75 (1948). — Rich, A. R., T. H. Cochran and D. C. McGoon: Bull. Johns Hopkins Hosp. **88**, 101 (1951). — Steinberg, H., W. M. Webb and H. A. Rafsky: Gastroenterol., Baltimore **21**, 304 (1952). — [6] Li, C. H., D. J. Ingle, H. M. Evans, M. C. Prestrud and J. E. Nezamis: Proc. Soc. exp. Biol. Med. **70**, 753 (1949). — [7] Barrett, H. M., C. H. Best and J. H. Ridout: J. Physiol., London **93**, 367 (1938). — [8] Stetten, D. jr., and J. Salcedo jr.: J. biol. Ch. **156**, 27 (1944). — [9] Clément, G.: C. R. Soc. Biol. **141**, 255, 317 (1947). — [10] Best, C. H., G. C. Ferguson and J. M. Hershey: J. Physiol., London **79**, 94 (1933). — [11] McKay, E. M., and R. H. Barnes: Proc. Soc. exp. Biol. Med. **38**, 803 (1938). — [12] Levin, L.: J. clin. Endocrinol. **9**, 657 (1949). Fed. Proc. **8**, 218 (1949). — [13] Levin, L., and R. K. Farber: Proc. Soc. exp. Biol. Med. **74**, 758 (1950). — [14] Payne, R. W.: Endocrinology **45**, 305 (1949). — [15] Jefferies, W. M.: J. clin. Endocrinol. **9**, 937 (1949). — [16] Clément, G.: Arch. Sci. physiol. **5**, 169 (1951). — [17] Laszt, L., u. F. Verzár: B. Z. **288**, 351 (1936). — [18] Long, C. N. H., and F. D. W. Lukens: Amer. J. Physiol. **116**, 96 (1936). — [19] Leblond, C. P., Nguyen-van Thoai et G. Segal: C. R. Soc. Biol. **130**, 1557 (1939). — [20] MacKay, E. M., and R. L. Barnes: Amer. J. Physiol. **120**, 361 (1937).

gibt[1]. Andererseits scheint die Phosphatidbildung bei adrenektomierten Tieren nicht herabgesetzt zu sein[2]. Cortison selbst hatte weder bei normalen[3] noch bei adrenektomierten Mäusen eine antilipotrope Wirkung, die leberverfettende Wirkung der Hypophysenextrakte trat bei Ratten aber nur dann auf, wenn diese mit Cortison vorbehandelt worden waren[4]. Desoxycorticosteron steigert bei der Taube[5], nicht aber bei Ratte und Maus[1,6] den Fettgehalt der Leber. Auch Nebennierenrindenextrakte hatten bei diesen Tieren keine Wirkung[1]. Andererseits wurde aber auch die nach partieller Hepatektomie sonst eintretende Verfettung der Restleber bei adrenektomierten Tieren nicht beobachtet[6].

d) Schilddrüse. Verabreichung von Thyroxin setzt den Fettgehalt der Leber herab[7,8]. Der Fettgehalt der Lebern mit Schilddrüse behandelter Ratten sank auf 1—2%, während die Lebern der Kontrolltiere 4,4—4,5% Fett enthielten[9]. Bei Ratten, die mit Thyroidea vorbehandelt worden waren, war der (mit radioaktivem P gemessene) Umsatz der Leberphosphatide gesteigert[10]. Thyroidektomie verursacht dagegen eine Zunahme der in der Leber enthaltenen Gesamtlipoidmenge, wobei vor allem der Cholesterinanteil des Leberfetts stark vermehrt ist. Eine ähnliche Wirkung hatte bei Ratten auch die Verfütterung von Thiouracil[11].

e) Sexualorgane. Oestron und Oestradiol bewirken bei Hunden eine Verfettung der Leber[12]. Andererseits bestehen in der Empfindlichkeit der Leber gegenüber manchen antilipotropen Stoffen Geschlechtsdifferenzen: So rufen Äthionin[13] sowie ketogenes Hypophysenhormon[14] bei weiblichen Ratten eine stärkere Verfettung der Leber hervor als bei männlichen Tieren; auf Pankreaszellen wirkt Äthionin bei männlichen und weiblichen Tieren hingegen gleich stark[15].

3. Lipotrope Stoffe*.

Zahlreiche Stoffe, deren Aufnahme mit der Nahrung die Ansammlung von Fett in der Leber verhindert, wirken dadurch, daß sie die Bildung und den Umsatz der Leberphosphatide beschleunigen. Zu dieser Gruppe lipotroper Stoffe gehört das Cholin, das für die Bildung des Lecithins notwendig ist. Ebenso haben Methyldonatoren, die für die Cholinbildung aus Colamin erforderlich sind, lipotrope Wirkung. Zu dieser Gruppe lipotroper Stoffe gehören das Betain, das Methionin und methioninhaltige Proteine. Inosit, das einen Baustein der in den Leberzellen enthaltenen Inositphosphatide bildet, hat ebenfalls lipotrope Wirkung. Auch Mangel an den in den Leberphosphatiden reichlich enthaltenen, mehrfach ungesättigten Fettsäuren kann Leberverfettung verursachen. Der Wirkungsmechanismus einzelner anderer lipotroper Faktoren, wie z. B. des Lipokains, ist dagegen noch völlig unbekannt.

---

* Von τρεπειν = eine Richtung geben, wenden.

[1] Payne, R. W.: Endocrinology **45**, 305 (1949). — [2] Barnes, R. H., E. S. Miller and G. O. Burr: J. biol. Ch. **140**, 247 (1941). — [3] Cavallero, C., G. Sala, A. Amira and M. Borasi: Lancet **1951 I**, 55. — [4] Levin, L., and R. K. Farber: Proc. Soc. exp. Biol. Med. **74**, 758 (1950). — [5] Riddle, O., and D. F. Opdyke: Science, N. Y. **93**, 440 (1941). — [6] Selye, H., J. B. Collip and D. L. Thomson: Lancet **1935 II**, 297. — [7] Oshima, Z.: Z. ges. exp. Med. **64**, 694 (1929). — [8] Forbes, J. C.: Endocrinology **35**, 126 (1944). — [9] Abelin, I.: Handb. Physiol. Bd. 16/1, S. 94. — [10] Fraenkel-Conrat, J., and C. H. Li: Endocrinology **44**, 487 (1949). — [11] Handler, P.: J. biol. Ch. **173**, 295 (1948). — [12] MacBryde, C. M., D. Castrodale, E. B. Helwig and O. Bierbaum: J. amer. med. Ass. **118**, 1278 (1942). — [13] Jensen, D., I. L. Chaikoff and H. Tarver: J. biol. Ch. **192**, 395 (1951). — [14] Gray, C. H.: Biochem. J. **32**, 743 (1938). — [15] Goldberg, R. C., I. L. Chaikoff and A. H. Dodge: Proc. Soc. exp. Biol. Med. **74**, 869 (1950).

a) Cholin. Die Entstehung einer Fettleber bei pankreasektomierten Hunden kann durch Lecithinzugabe zum Futter verhindert werden[1]. Die Wirkung ist vor allem durch das im Lecithin enthaltene Cholin verursacht[2]; denn auch Cholinzufuhr verringert die Ablagerung von Fett in der Leber[3]. So kann z. B. die Leberverfettung, die bei Ratten auftritt, wenn sie mit großen Mengen gesättigter Fette gefüttert werden, durch eine Zulage von Cholin verhindert werden[3]. In ähnlicher Weise wird die bei proteinarm ernährten Ratten auftretende Leberverfettung durch Cholin gebessert[4]. Auch bei Leberverfettungen, die durch andere Ursachen, z. B. durch Lebergifte, wie Chloroform, ausgelöst waren, setzte Cholin den Fettgehalt der Leber herab und steigerte ihren Glykogengehalt[5]. Cholin ist der am stärksten lipotrop wirkende Stoff[6].

Mangel an Cholin führt zur Verfettung der Leber. Das Cholin wirkt hierbei nicht als Donator von Methylgruppen an andere Substanzen, sondern wird als solches zur Bildung von Lecithin verwendet[7-9]. Mit der Nahrung aufgenommenes Cholin wird sofort in Lecithin eingebaut[10]. Bei cholinarmer Ernährung kann bei der Ratte eine Leberverfettung auch dann eintreten, wenn der Cholingehalt der übrigen Gewebe noch normal ist[11]. Das in den Phosphatiden der Gewebe eingebaute Cholin ist für die Leber nicht verfügbar[10]. Synthetisch hergestelltes Arsenocholin[8,12] sowie Äthylcholin[13,14] (s. u.) haben ebenfalls lipotrope Wirkung, obwohl sie in vivo keine Methylgruppen abgeben. Nach Verabreichung großer Dosen Äthylcholin (Triäthylammoniumäthanol) konnte dieser in der Natur nicht vorkommende Stoff in den Leberphosphatiden nachgewiesen werden[13,15]. Auch Arsenocholin wird an Stelle von natürlichem Cholin als Ganzes in die Phospholipoide aufgenommen[8].

$(H_5C_2)_3N^+—CH_2—CH_2OH$
Triäthylcholin

$(H_3C)_3As^+—CH_2—CH_2OH$
Arsenocholin

Cholinzufuhr beschleunigt, Cholinmangel hemmt[10,16] die Phosphatidbildung in der Leber. Nach Verabreichung von Cholin bauten Ratten zugeführtes ^{32}P-Phosphat rascher in die Leberphosphatide ein[9,17]. Nicht nur der Umsatz, sondern auch die Menge der Phosphatide in der Rattenleber ist bei Cholinmangel meist herabgesetzt, und nach Steigerung der Cholinzufuhr wurden meist Vermehrungen des Phosphatidgehalts der Leber beobachtet[16-21]. Bei cholinarm ernährten jungen Hunden blieb der Gesamtphosphatidgehalt der Leber zwar unverändert, aber das Verhältnis zwischen den cholinhaltigen und den sphingosinhaltigen Phosphatiden

[1] Hershey, J. M., and S. Soskin: Amer. J. Physiol. **98**, 74 (1931). — Best, C. H., J. M. Hershey and M. E. Huntsman: J. Physiol., London **75**, 56 (1932). — [2] Jukes, T.: Ann. Rev. **16**, 193 (1947). — [3] Best, C. H., J. M. Hershey and M. E. Huntsman: Amer. J. Physiol. **101**, 7 (1932). — [4] Alexander, H. D., and R. W. Engel: J. Nutrit. **47**, 361 (1952). — [5] György, P., and H. Goldblatt: J. exp. Med. **75**, 355 (1942). — Miller, L. L., and G. H. Whipple: J. exp. Med. **76**, 421 (1942). — [6] Best, C. H., C. C. Lucas, J. H. Ridout and J. M. Patterson: J. biol. Ch. **186**, 317 (1950). — [7] Welch, A. D.: J. Nutrit. **40**, 113 (1950). — Best, C. H.: Fed. Proc. **9**, 506 (1950). — [8] Welch, A. D., and R. L. Landau: J. biol. Ch. **144**, 581 (1942). — [9] Perlman, I., and I. L. Chaikoff: J. biol. Ch. **127**, 211 (1939). — [10] Boxer, G. E., and D. Stetten jr.: J. biol. Ch. **153**, 617 (1944). — [11] Jacobi, H. P., C. A. Baumann and W. J. Meek: J. biol. Ch. **138**, 571 (1941). — Jacobi, H. P., and C. A. Baumann: J. biol. Ch. **142**, 65 (1942). — [12] Welch, A. D.: Proc. Soc. exp. Biol. Med. **35**, 107 (1936). — [13] McArthur, C. S., C. C. Lucas and C. H. Best: Biochem. J. **41**, 612 (1947). — [14] Channon, H. J., and J. A. B. Smith: Biochem. J. **30**, 115 (1936). — [15] McArthur, C. S.: Science, N. Y. **104**, 222 (1946). — [16] Patterson, J. M., N. B. Keevil and E. W. McHenry: J. biol. Ch. **153**, 489 (1944). — [17] Horning, M. G., and H. C. Eckstein: J. biol. Ch. **166**, 711 (1946). — [18] Patterson, J. M., and E. W. McHenry: J. biol. Ch. **156**, 265 (1944). — [19] Fishman, W. H., and C. Artom: J. biol. Ch. **164**, 307 (1946). — [20] Fishman, W. H., and C. Artom: J. biol. Ch. **154**, 109 (1944). — [21] Stetten, D. jr., and G. F. Grail: J. biol. Ch. **144**, 175 (1942).

war zugunsten der letzteren verschoben[1]. Nach Zufuhr von Cholin an alipotrop ernährte Ratten nahm der Gesamtphosphatidgehalt nur wenig zu, die cholinhaltigen Phosphatide wurden jedoch auf Kosten der übrigen Phosphatidfraktionen vermehrt[2,3]. In analoger Weise wurde nach Zufuhr von Äthanolamin und Serin an Ratten zwar keine große Zunahme des Lipoidgehalts, wohl aber ein Anstieg der Monoaminophosphatide in der Leber festgestellt[4].

Es ist nicht klar, ob die gesteigerte Phosphatidbildung den Fettgehalt der Leber vor allem durch eine Steigerung der Fettsäureoxydation oder durch eine Vermehrung der Fettabgabe an das Blut herabsetzt[5]. Während das Fett, das sich in der Leber im Hunger oder nach Verabreichung von Extrakten von Hypophysenvorderlappen ansammelt, aus dem Fettgewebe stammt, ist das Fett, das die Verfettung der Leber bei alipotroper, aber sonst zureichender Ernährung verursacht, vor allem neu in der Leber entstandenes Fett, dessen Abtransport in die Fettgewebe unterblieben ist. Wurde cholinfrei bzw. unter Zusatz von Cholin ernährten Mäusen durch 4 Tage D_2O verabreicht und sodann der D-Gehalt des Leberfetts und des Depotfetts bestimmt, so zeigte es sich, daß die neugebildeten D-haltigen Fette bei den cholinfrei ernährten Mäusen in größerem Prozentsatz in der Leber zurückgeblieben waren, als bei den mit Cholinzusatz ernährten Tieren: Der D-Gehalt der Fettsäuren von Leberfett und Depotfett verhielt sich bei den cholinlosen Tieren wie 2,3:1, bei den Cholintieren wie 1,6:1[6].

Cholinmangel kann in der Leber außer einer Leberverfettung auch andere Störungen verursachen: Bei cholinarm ernährten Ratten war die Menge der mit der Galle ausgeschiedenen Lipoide herabgesetzt[7]. Der Glykogengehalt der Cholinmangelleber ist meist niedrig. Gleichzeitig mit einer Abnahme des Leberfetts wird durch die Cholinzufuhr auch eine Steigerung des Glykogengehalts der verfetteten Leber erzielt[8].

Nicht alle Arten von Leberverfettung werden von Cholin gleich stark beeinflußt. Die durch Diabetes verursachte Leberverfettung wird durch Cholin weniger beeinflußt als die durch Fettnahrung, Kohlenhydratmangel oder Hunger verursachten Formen der Fettleber[9]. Aus vergleichenden Analysen des Leberfetts proteinarm ernährter Ratten mit und ohne Cholinzufuhr geht hervor, daß Cholinzufuhr zwar die Menge der Triglyceride der Leber sehr stark herabsetzt, auf ihre Fettsäurezusammensetzung aber keine Wirkung hat[10]. Die Menge der in den Leberphosphatiden enthaltenen festen Fettsäuren wird dagegen bei Ratten durch Cholinzufuhr herabgesetzt, gleichzeitig nimmt aber die Menge der flüssigen Fettsäuren in den Phosphatiden zu[10]. Auf die Phosphatide des Carcass hat Cholinzufuhr keine derartige Wirkung. Die Fettsynthese aus Kohlenhydrat scheint bei Cholinmangel nicht gestört zu sein, denn der Gesamtfettgehalt des Carcass war mit oder ohne Cholin der gleiche[10].

Cholinmangel und die dadurch ausgelöste Leberverfettung treten nur bei denjenigen Tierarten auf, deren Leber eine stark wirkende *Cholinoxydase* enthält. So wird das Cholin z.B. in der Leber vom Menschen und von Hund, Ratte und Maus rasch durch die Cholinoxydase zerstört. Um Cholinmangel und eine dadurch hervorgerufene Leberverfettung zu verhindern, muß daher in der Nahrung ständig

---

[1] McKibbin, J. M., and W. E. Taylor: J. biol. Ch. **185**, 357 (1950). — [2] Fishman, W. H., and C. Artom: J. biol. Ch. **164**, 307 (1946). — [3] Fishman, W. H., and C. Artom: J. biol. Ch. **154**, 109 (1944). — [4] Stetten, D. jr., and G. F. Grail: J. biol. Ch. **144**, 175 (1942). — [5] Stetten, D. jr.: J. biol. Ch. **140**, 143 (1941). — [6] Stetten, D. jr., and J. Salcedo jr.: J. biol. Ch. **156**, 27 (1944). — [7] Colwell, A. R. jr.: Amer. J. Physiol. **164**, 274 (1951). — [8] Cedrangolo, F., e R. Conte-Marotta: Arch. Sci. biol., Bologna **22**, 569 (1936). — Maclean, D. L., J. H. Ridout and C. H. Best: Brit. J. exp. Path. **18**, 345 (1937). — [9] Best, C. H., W. S. Hartroft and E. A. Sellers: Gastroenterol., Baltimore **20**, 375 (1952). — [10] Raman, C. S.: Biochem. J. **52**, 320 (1952).

Cholin oder Methionin zugeführt werden. Die Leber des Meerschweinchens enthält dagegen keine Cholinoxydase, beim Meerschweinchen kann daher durch Cholinmangel keine Leberverfettung hervorgerufen werden[1–3]. In der Leber des Hamsters, die nur wenig Cholinoxydase enthält, entwickelt sich bei cholinarmem Futter zwar eine Verfettung, doch ist sie weit geringer als die der Rattenleber, in der Cholin rasch oxydiert wird[4]. Die Cholinoxydase fehlte auch in der Leber von Affen, denen Aminopterin injiziert worden war[5]. Es handelt sich hierbei jedoch nicht um eine direkte Inaktivierung der Cholinoxydase durch das Aminopterin. In vitro hatten weder Aminopterin noch Pteroylglutaminsäure eine nachweisbare Wirkung auf die Cholinoxydase[5]. Die Oxydation des Cholins erfolgt vor allem in den Mitochondrien der Leber, die 78% des Cholinoxydasegehalts der Leberzellen enthalten[6]. Einzelne cholinähnliche Verbindungen (2-Amino-2-methylpropanol-1 sowie α,α-Dimethyltriäthylcholin und Dimethylaminoäthanol) hemmen die Cholinoxydation in Homogenaten und Mitochondrien von Rattenleber[7].

Neben der Cholinoxydation zu Betain bestehen in der Leber auch noch andere Wege des Cholinabbaues. Wurde Cholin, das in der Methylgruppe mit ^{14}C markiert war, überlebenden Schnitten aus Rattenleber zugesetzt, so wurde ein Teil des ^{14}C in den Lipoiden wiedergefunden, ein Teil des Cholins wurde in Trimethylamin, ein anderer in Trimethylaminoxyd verwandelt[8].

In der Therapie von Leberverfettungen und Lebercirrhosen wird Cholin in Dosen von mehreren g täglich verwendet[9]. Das verabreichte Cholin wird nur zum Teil für die Phosphatidsynthese verwertet. Etwa $^2/_3$ der therapeutisch verwendeten Dosis werden beim Menschen durch die Darmbakterien zu Trimethylamin abgebaut, dieses wird resorbiert und mit dem Harn ausgeschieden[10,11]. Änderungen der Darmflora können die Verwertung verabreichten Cholins stark beeinflussen[11,12]. Die Ausscheidung des Trimethylamins im Harn ist bei der Lebercirrhose vermindert. Auch Ratten mit schweren chronischen Leberschäden schieden nach Cholinzufuhr weniger Trimethylamin im Harn aus als normale Tiere. Akute Vergiftungen mit CCl_4 oder C_6H_5Br hatten diese Wirkung nicht[12].

Neben Cholin haben auch Homocholin (Trimethylammoniumpropanol) und Äthylcholin, nicht aber Propylcholin, lipotrope Wirkung[13]. In der Therapie der Lebererkrankungen können neben Cholin auch cholinhaltige Phosphatidgemische verwendet werden[14].

b) Methionin (s. a. Bd. 2/1, S. 960). Die S-gebundene Methylgruppe des Methionins wird im Stoffwechsel leicht abgespalten und kann auf das N-Atom des Colamins, des Methylcolamins und des Dimethylcolamins übertragen werden, wobei schließlich Trimethylcolamin (= Cholin) entsteht[15]. Bei Ratte, Maus, Hund[16]

---

[1] Dubnoff, J. W.: Arch. Biochem. **24**, 251 (1949). — [2] Bernheim, F., and M. L. C. Bernheim: Amer. J. Physiol. **104**, 438 (1933). — [3] Handler, P.: Proc. Soc. exp. Biol. Med. **70**, 70 (1949). — [4] Handler, P., and F. Bernheim: Proc. Soc. exp. Biol. Med. **72**, 569 (1949). — [5] Dinning, J. S., C. L. Keith and P. L. Day: Arch. Biochem. **24**, 463 (1949). — [6] Kensler, C. J., and H. Langemann: J. biol. Ch. **192**, 551 (1951). — [7] Wells, I. C.: J. biol. Ch. **207**, 575 (1954). — [8] Artom, C., and M. Crowder: Arch. Biochem. **29**, 227 (1950). — [9] Russakoff, A. H., and H. Blumberg: Ann. internal Med. **21**, 848 (1944). — Herrmann, G. R., and P. Rockwell: Texas State J. Med. **41**, 288 (1945). — Beams, A. J.: J. amer. med. Ass. **130**, 190 (1946). — Beams, A. J., and E. T. Endicott: Gastroenterol., Baltimore **9**, 718 (1947). — [10] Huerga, J. de la, and H. Popper: J. clin. Invest. **30**, 463 (1951). — [11] Huerga, J. de la, H. Popper and F. Steigmann: J. Lab. clin. Med. **38**, 904 (1951). — [12] Popper, H., J. de la Huerga and D. Koch-Weser: J. Lab. clin. Med. **39**, 725 (1952). — [13] McArthur, C. S., C. C. Lucas and C. H. Best: Biochem. J. **41**, 612 (1947). — [14] Schettler, G.: Kli. Wo. **1952**, 627. Med. Welt **1951**, 992. — [15] Vigneaud, V. du, M. Cohn, J. P. Chandler, J. R. Schenck and S. Simmonds: J. biol. Ch. **140**, 625 (1941). — [16] McKibbin, J. M., S. Thayer and F. J. Stare: J. Lab. clin. Med. **29**, 1109 (1944). — Chaikoff, I. L., C. Entenman and M. L. Montgomery: J. biol. Ch. **160**, 489 (1945).

und wahrscheinlich auch beim Menschen[1] kann Cholinzufuhr durch Methionin ersetzt werden. Wird mit der Nahrung nicht genügend Cholin zugeführt, so kann das Cholin unter Verwendung der Methylgruppen des Methionins endogen gebildet werden[2]. Zufuhr von Methionin[3,4] hat daher eine lipotrope Wirkung. Der Phosphatidumsatz der Leber wird durch Methionin gesteigert[5].

Die lipotrope Wirkung proteinreicher Nahrung ist vor allem durch den Methioningehalt der Proteine bestimmt[6]. Casein (mit einem Methioningehalt von etwa 3%) wirkt stark lipotrop[3,7], Arachin (ein in Erdnüssen enthaltenes Protein, dessen Methioningehalt nur etwa 0,5% beträgt) hat eine antilipotrope Wirkung, die jedoch durch Zugabe von Methionin aufgehoben werden kann[8]. Analog hatten auch Aminosäuregemische, wenn sie Methionin enthielten, eine lipotrope, ohne Methionin aber eine antilipotrope Wirkung[2]. Doch scheint die lipotrope Wirkung der Proteine nicht ausschließlich auf ihrem Methioningehalt zu beruhen[9-11].

Nur ein Teil der in Form von Methionin aufgenommenen Methylgruppen wird für Transmethylierungen verwendet. Ein Teil wird zu CO_2 oxydiert und entgeht dadurch dem Einbau in das Cholinmolekül[12]. Das Ausmaß, in dem die labilen Methylgruppen des Methionins oxydiert werden, wächst mit dem Methioningehalt der Nahrung an[13]. Wird außerdem Cholin zugeführt, so wird die Oxydation der labilen CH_3-Gruppen des Methionins vermehrt[14]. Wurde Cystin gemeinsam mit Cholin verabreicht, so setzte es die Methylgruppenoxydation auf den Wert herab, den sie ohne Cholinzusatz hatte[14]. Nicht nur L-Methionin, sondern auch D-Methionin wirkt lipotrop[9].

In der Behandlung von Fettlebern werden beim Menschen Methionindosen von mehreren g je Tag[15] entweder in Form von reinem Methionin bei parenteraler Darreichung oder in Form von proteinreicher Diät verwendet. Große Methionindosen haben jedoch auch Nebenwirkungen, sie wirken ketogen[16] und setzen den Glykogengehalt der Leber herab[17]. Bei mit Tetrachlorkohlenstoff vergifteten Ratten verursachte Methionin, zusammen mit Glucose oder Saccharose verabreicht, einen weit stärkeren Anstieg des Leberglykogens als diese Zucker allein. Diese glykogenvermehrende Wirkung verschwindet, wenn man die Methionindosis auf mehr als 10 mg/100 g Körpergewicht steigert. Sehr große Methionindosen verringerten den durch Zuckerzufuhr ausgelösten Glykogenansatz[18].

---

[1] Simmonds, S., and V. du Vigneaud: J. biol. Ch. **146**, 685 (1942). — [2] Vigneaud, V. du, J. P. Chandler, A. W. Moyer and D. M. Keppel: J. biol. Ch. **131**, 57 (1939). — [3] Tucker, H. F., and H. C. Eckstein: J. biol. Ch. **121**, 479 (1937). — [4] Best, C. H., and J. H. Ridout: Canad. med. Ass. J. **39**, 188 (1938). — Channon, H. J., M. C. Manifold and A. P. Platt: Biochem. J. **32**, 969 (1938). — [5] Perlman, I., N. Stillman and I. L. Chaikoff: J. biol. Ch. **133**, 651 (1940). — [6] Best, C. H., R. Grant and J. H. Ridout: J. Physiol., London **86**, 337 (1936). — [7] Tucker, H. F., and H. C. Eckstein: J. biol. Ch. **126**, 117 (1938). — Singal, S. A., and H. C. Eckstein: Proc. Soc. exp. Biol. Med. **41**, 512 (1939). — Tucker, H. F., C. R. Treadwell and H. C. Eckstein: J. biol. Ch. **135**, 85 (1940). — Treadwell, C. R., M. Groothuis and H. C. Eckstein: J. biol. Ch. **142**, 653 (1942). — Horning, M. G., and H. C. Eckstein: J. biol. Ch. **155**, 49 (1944). — [8] Bennett, M. A.: Biochem. J. **33**, 885 (1939). — [9] Best, C. H., and J. H. Ridout: J. Physiol., London **97**, 489 (1939/40). — [10] Beveridge, J. M. R., C. C. Lucas and M. K. O'Grady: J. biol. Ch. **160**, 505 (1945). — Beveridge, J. M. R., and C. C. Lucas: J. biol. Ch. **157**, 311 (1945). — [11] Bargoni, N.: Boll. Soc. ital. Biol. sperim. **26**, 942 (1950). — [12] Mackenzie, C. G., J. P. Chandler, E. B. Keller, J. R. Rachele, N. Cross and V. du Vigneaud: J. biol. Ch. **180**, 99 (1949). — [13] Mackenzie, C. G., J. R. Rachele, N. Cross, J. P. Chandler and V. du Vigneaud: J. biol. Ch. **183**, 617 (1950). — [14] Mackenzie, C. G., and V. du Vigneaud: J. biol. Ch. **195**, 487 (1952). — [15] Homburger, F.: Amer. J. med. Sci. **212**, 68 (1946). — [16] Barclay, J. A., R. G. Kenney and W. T. Cooke: Brit. med. J. **1945 II**, 298. — [17] Remy, R., u. N. Gerlich: A. e. P. P. **212**, 542 (1950/51). — [18] Remy, R.: Z. ges. inn. Med. **5**, 606 (1950).

Das Äthionin, das als Antimetabolit des Methionins antilipotrope Wirkung hat, bewirkt, hungernden weiblichen Ratten injiziert, die rasche Entwicklung einer Fettleber[1,2], wobei der Cholesterin- und der Phospholipoidgehalt der Leber unverändert bleiben[3]. Gleichzeitige Injektion äquimolarer Mengen von Methionin verhinderte die durch dieses Gift ausgelöste Leberverfettung[1,3]. Propionin und Isopropionin erwiesen sich als wirkungslos.

In Versuchen mit Äthionin, das ^{35}S und in der CH_2-Gruppe des Äthyls ^{14}C enthielt, konnte gezeigt werden, daß die Äthylgruppe des Äthionins in vivo abgespalten und an Stelle von Methylgruppen auf Stoffe übertragen werden kann, die normalerweise als Methylacceptoren wirken. Das S-Atom des Äthionins kann zur Bildung von Cystein verwendet werden. Hieraus wird geschlossen, daß die oben erwähnte antilipotrope Wirkung des Äthionins dadurch zustande kommt, daß das Äthionin die stufenweise Methylierung des Colamins kompetitiv stört[4].

C_2H_5—S—$(CH_2)_2$—CH(NH_2)—COOH
Äthionin

C_3H_7—S—$(CH_2)_2$—CH(NH_2)—COOH
Propionin

c) Andere Methyldonatoren. Betain wird im Stoffwechsel zu Glycin demethyliert, seine Methylgruppen können hierbei zur Bildung von Cholin verwendet werden[5]. Zufuhr von Betain beschleunigt die Phosphatidbildung[6] und wirkt daher lipotrop[7]. Neben dem gewöhnlichen Glycinbetain wirken auch die Betaine des Alanins[8] und des Cystins[9], nicht aber die Betaine des Serins[10], des Threonins[10] und der Glutaminsäure[11] lipotrop.

Dimethylthetin $(H_3C)_2 \cdot S^+ \cdot CH_2 \cdot COO^-$ ist die dem Betain analoge Schwefelverbindung und kann wie dieses als Methyldonator wirken. Seine Methylgruppen können durch Leberhomogenate abgespalten und auf Homocystein übertragen werden, wobei Methionin entsteht[12–14]. Als Methyldonator wirkt auch das Dimethylpropiothetin $(H_3C)_2 \cdot S^+ \cdot CH_2 \cdot CH_2 \cdot COO^-$, das in der Seealge Polysiphonia fastigiata aufgefunden worden ist[15] und das bei alipotrop gefütterten Ratten das Auftreten einer Leberverfettung in analoger Weise wie Cholin verhindert[16]. Auch andere Verbindungen mit S-gebundenen Methylgruppen, wie Dimethylsulfid, Dimethyldisulfid, S-Methylthioharnstoff und Methylxanthogenat werden in der Leber demethyliert und wirken dadurch lipotrop[17].

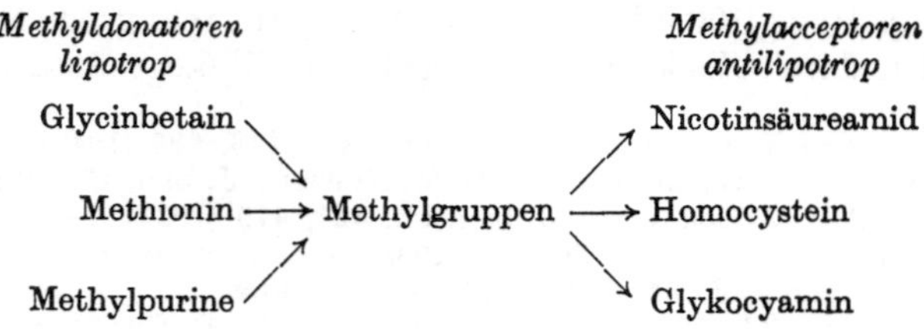

[1] Farber, E., M.V. Simpson and H. Tarver: J. biol. Ch. **182**, 91 (1950). — [2] Farber, E., D. Koch-Weser and H. Popper: Endocrinology **48**, 205 (1951). — [3] Jensen, D., I. L. Chaikoff and H. Tarver: J. biol. Ch. **192**, 395 (1951). — [4] Stekol, J. A., and K. Weiss: J. biol. Ch. **185**, 577 (1950). — [5] Stetten, D. jr.: J. biol. Ch. **138**, 437 (1941). — [6] Perlman, I., N. Stillman and I. L. Chaikoff: J. biol. Ch. **133**, 651 (1940). — [7] Best, C. H. J. M. Hershey and M. E. Huntsman: J. Physiol., London **75**, 56 (1932). — Best, C. H., and M. E. Huntsman: J. Physiol., London **75**, 405 (1932); **83**, 255 (1935). — [8] Welch, A. D., and M. S. Welch: Proc. Soc. exp. Biol. Med. **39**, 7 (1938). — [9] Singal, S. A., and H. C. Eckstein: J. biol. Ch. **140**, 27 (1941). — [10] Carter, H. E., and D. B. Melville: J. biol. Ch. **133**, 109 (1940). — [11] Moyer, A. W., and V. du Vigneaud: J. biol. Ch. **143**, 373 (1942). — [12] Dubnoff, J. W., and H. Borsook: J. biol. Ch. **176**, 789 (1948). — [13] Dubnoff, J. W.: Arch. Biochem. **24**, 251 (1949). — [14] Langemann, H., and C. J. Kensler: Arch. Biochem. **33**, 344 (1951). — [15] Challenger, F., and M. I. Simpson: Biochem. J. **41**, XL (1947). — [16] Maw, G. A., and V. du Vigneaud: J. biol. Ch. **174**, 381 (1948). — [17] Roberts, E., and H. C. Eckstein: J. biol. Ch. **154**, 367 (1944).

Lipotrop wirken auch Methylpurine, wie Coffein, Theobromin und Theophyllin[1]. Dagegen können Sarkosin[2], Dimethylglycin[2,3], Trigonellin[2] und Ergothionein[2] nicht als Methyldonatoren verwendet werden. Auch α-Tokopherol wirkt lipotrop[4].

d) Antilipotrope Wirkung von Methylacceptoren[5]. Stoffe, deren N-Atome in der Leber methyliert werden, konkurrieren mit dem Colamin um die Heteromethylgruppen des Betains und des Methionins und erschweren dadurch die endogene Cholinbildung. Nicotinsäureamid, das in der Leber zu Trigonellin methyliert wird[2,6], kann, in großen Mengen verabreicht, eine antilipotrope Wirkung haben[6]. Auch das Glykocyamin, das durch Methylierung in Kreatin übergeht, beansprucht einen Teil der durch das Betain und Methionin gelieferten Methylgruppen. Durch Zufuhr von Glykocyamin konnte daher bei Ratten eine Leberverfettung hervorgerufen werden, und zwar auch dann, wenn die Tiere gleichzeitig Cholin bekamen[7]. Der Cholingehalt der durch Glykocyaminzufuhr verfetteten Lebern ist stark herabgesetzt[7]. Auch bei der Entgiftung einzelner exogener Gifte, wie z. B. von Na-selenit, werden Methylgruppen benötigt.

Verabreichung von Cystin wirkt antilipotrop[8]. Der Mechanismus dieser Wirkung ist nicht klar und kann nicht, wie früher angenommen[9], durch eine appetitsteigernde Wirkung des Cystins erklärt werden[10]. Möglicherweise hemmt das Vorhandensein vermehrter Mengen von Cystein die Abspaltung von S-Atomen vom Homocystein, die dadurch verursachte Vermehrung des Homocysteins verhindert den Abbau weiteren Methionins zu Homocystein [Methionin $\rightarrow$ (CH_3) + Homocystein] und damit die Freisetzung von Methylgruppen.

Bei gleichzeitiger Verabreichung von Methionin hatte Cystin bei Ratten keine antilipotrope Wirkung, sondern steigerte sogar den lipotropen Effekt des verabreichten Methionins[11]. Auch die lipotrope Wirkung des Cholins kann, wie im Tierexperiment[12] und durch Beobachtungen an leberkranken Menschen[13] gezeigt worden ist, durch Zugabe von Cystin verstärkt werden.

Andererseits beschleunigt Cystin den Einbau von ^{32}P in die Phosphatide der Leber[14]. Fettlebern, die durch Cystinverabreichung bei Versuchstieren hervorgerufen wurden, waren lecithinreicher als durch Cholinmangel verursachte Fettlebern[7]. Cystein hemmt in vitro die Fettsäuredehydrogenase, und es ist auch daran gedacht worden, daß seine antilipotrope Wirkung durch eine Hemmung der Bildung der ungesättigten Fettsäuren zustande kommt, die als Baustein in die Phosphatide eingebaut werden[15].

e) Die lipotrope Wirkung des Inosits[16]. Inosit hat bei Tieren, die alipotrop, aber fettfrei ernährt werden, eine deutliche lipotrope Wirkung[17]. Zusatz gesättigter oder ungesättigter Fette zur Nahrung verhindert die lipotrope Wirkung sowohl

---

[1] Heppel, L. A., V. T. Porterfield and E. G. Peake: Arch. Biochem. **15**, 439 (1947). — [2] Moyer, A. W., and V. du Vigneaud: J. biol. Ch. **143**, 373 (1942). — [3] Vigneaud, V. du, S. Simmonds, J. P. Chandler and M. Cohn: J. biol. Ch. **165**, 639 (1946). — [4] Schwarz, K.: H. **281**, 106 (1944). — [5] Vigneaud, V. du: Biol. Symp. **5**, 234 (1941). — [6] Handler, P., and W. J. Dann: J. biol. Ch. **146**, 357 (1942). — [7] Stetten, D. jr., and G. F. Grail: J. biol. Ch. **144**, 175 (1942). — [8] Beeston, A. W., and H. J. Channon: Biochem. J. **30**, 280 (1936). — [9] Mulford, D. J., and W. H. Griffith: J. Nutrit. **23**, 91 (1942). — [10] Levy, M.: Ann. Nutrit. Aliment. **2**, 179 (1948). — [11] Treadwell, C. R.: J. biol. Ch. **160**, 601 (1945). — Almquist, H. J.: Science, N. Y. **103**, 722 (1946). — [12] György, P., and H. Goldblatt: Science, N. Y. **102**, 451 (1945). — [13] Beams, A. J.: J. amer. med. Ass. **130**, 190 (1946). — Russakoff, A. H., and H. Blumberg: Ann. internal Med. **21**, 848 (1944). — [14] Perlman, I., N. Stillman and I. L. Chaikoff: J. biol. Ch. **133**, 651 (1940). — [15] Levy, M.: C. R. Soc. Biol. **143**, 1340 (1949). — [16] Weidlin, E. R. jr.: The Biochemistry of Inositol. A Critical Examination of the Literature. (Mellon Inst., Bibliogr. Ser. Bull. No. 6) Pittsburgh, Pa. 1951. — [17] Best, C. H., C. C. Lucas, J. H. Ridout and J. M. Patterson: J. biol. Ch. **186**, 317 (1950).

oral als auch parenteral verabreichten Inosits[1,2]. Die Entstehung der durch Verabreichung von Biotin oder von Leberextrakten bei Ratten verursachten cholesterinreichen Fettlebern wird durch Inosit verhindert[3–5]. Cholin kann die Entstehung dieser Art von Fettlebern nicht verhindern, es war in der Nahrung der Tiere, bei denen die Leberverfettung auftrat, reichlich vorhanden[6]. Wenn Ratten eine Zeitlang mit einem Nahrungsgemisch ernährt werden, das nur geringe Mengen von B-Vitaminen enthält und den Tieren sodann plötzlich B-Vitamine verabreicht werden, so nehmen sie mehr Nahrung auf, und es kommt zu einer Leberverfettung. Diese Art von Leberverfettung kann durch Inosit aber auch durch Cholinzufuhr[7] verhindert werden. Inositzufuhr setzt den Cholesteringehalt der durch kombinierte Zufuhr von Biotin und anderen Vitaminen der B-Gruppe erzeugten Fettlebern herab[8], ist aber auf die durch Cholinmangel bei reichlicher Cholesterinzufuhr entstehenden cholesterinreichen Fettlebern ohne Wirkung[9]. Verabreichung von Inosit ist auch für die Behandlung verfetteter und cirrhotischer Lebern beim Menschen empfohlen worden[10, 11].

Die lipotrope Wirkung des Inosits wird damit erklärt, daß dieser Stoff für die Erneuerung der in den Leberzellen enthaltenen Inositphosphatide notwendig ist[12]. Nach Gehirn, Pankreas und Niere ist die Leber das an inosithaltigen Lipoiden reichste Organ, in Hundeleber wurden auf je 1 g Trockensubstanz 13 mMol lipoidgebundenes Inosit gefunden[13]. Bei Ratten wurde bei inositfreier Ernährung jedoch keine Herabsetzung und nach Zugabe von Inosit zur Nahrung dieser Tiere keine Vermehrung des Gesamtphosphatidgehalts der Leber gefunden[2].

Das als Insektizid verwendete γ-Hexachlorocyclohexan (Gammexan), das in seiner Konfiguration dem meso-Inosit ähnlich[14], aber wie röntgenspektroskopische Untersuchungen[15] ergeben haben, nicht völlig mit ihm identisch ist, wird als Antimetabolit des natürlichen Inosits[16,17] angesehen; doch hatten Versuche, Kaninchen[18] oder Ratten[19] durch Zufuhr großer Mengen von m-Inosit gegen Hexachlorocyclohexan zu schützen, ein negatives Ergebnis. Die antilipotrope Wirkung des Hexachlorocyclohexans konnte an Mäusen nachgewiesen werden[20, 21]. Die 3 anderen bisher bekannten Stereoisomeren des Hexachlorocyclohexans hatten dagegen keine Anti-Inositwirkung[22]. Direkt aus meso-Inosit hergestelltes und daher in seiner räumlichen Konfiguration mit ihm identisches Hexamethoxycyclohexan[23] sowie Mono-oxy-pentamethoxycyclohexan[24] wirken ebenfalls antilipotrop.

---

[1] Best, C. H., J. H. Ridout, J. M. Patterson and C. C. Lucas: Biochem. J. **48**, 448 (1951). — [2] Beveridge, J. M. R., and C. C. Lucas: J. biol. Ch. **157**, 311 (1945). — [3] MacFarland, M. L., and E. W. McHenry: J. biol. Ch. **159**, 605 (1945). — [4] Gavin, G., and E. W. McHenry: J. biol. Ch. **141**, 619 (1941). — [5] Gavin, G., and E. W. McHenry: J. biol. Ch. **139**, 485 (1941). — [6] Handler, P.: J. biol. Ch. **162**, 77 (1946). — [7] Best, C. H., C. C. Lucas, J. M. Patterson and J. H. Ridout: Biochem. J. **48**, 452 (1951). — [8] MacFarland, M. L., and E. W. McHenry: J. biol. Ch. **176**, 429 (1948). — [9] Ridout, J. H., J. M. Patterson, C. C. Lucas and C. H. Best: Biochem J. **58**, 306 (1954). — [10] Dock, W.: New Engl. J. Med. **236**, 773 (1947). — [11] Abels, J. C., C. W. Kupel, G. T. Pack and C. P. Rhoads: Proc. Soc. exp. Biol. Med. **54**, 157 (1943). — [12] McHenry, E. W., and J. M. Patterson: Physiol. Rev. **24**, 128 (1944). — [13] Taylor, W. E., and J. M. McKibbin: J. biol. Ch. **201**, 609 (1953). — [14] Whittingham, D. J., and D. L. Garmaise: Canad. J. Res. (B) **27**, 415 (1949). — [15] Vloten, G. W. van, C. A. Kruissink, B. Strijk and J. M. Bijvoet: Nature **162**, 771 (1948). — [16] Slade, R. E.: Endeavour **4**, 148 (1945). Chem. & Industr. **64**, 314 (1945). — [17] Fuller, R. C., R. W. Barratt and E. L. Tatum: J. biol. Ch. **186**, 823 (1950). — [18] McNamara, B. (P.), and S. Krop: J. Pharmacol. exp. Therap. **92**, 140, 147 (1948). — [19] Doisy, E. A. jr., and B. C. Bocklage: Proc. Soc. exp. Biol. Med. **74**, 613 (1950). — [20] Dallemagne, M. J., M. A. Gerebtzoff et E. Philippot: C. R. Soc. Biol. **144**, 457 (1950). — [21] Govaerts, J., M. J. Dallemagne et M. A. Gerebtzoff: Bull. Soc. Chim. biol. **33**, 1277 (1951). — Gerebtzoff, M. A., M. J. Dallemagne et E. Philippot: Bull. Acad. R. Méd. Belg. (VI) **17**, 300 (1952). — [22] Kirkwood, S., and P. H. Phillips: J. biol. Ch. **163**, 251 (1946). — [23] McGowan, J. C.: J. Soc. chem. Industr. **66**, 446 (1947). — Dallemagne, M. J., et M. A. Gerebtzoff: C. R. Soc. Biol. **144**, 1133 (1950). — [24] Buu Hoï, N. P., E. Philippot, M. J. Dallemagne et M. A. Gerebtzoff: C. R. Soc. Biol. **144**, 1568 (1950).

f) Vitamine und essentielle Aminosäuren. Einseitige Ernährung mit proteinarmer, vitaminarmer Kost hat, namentlich bei Kindern, oft das Auftreten von Fettlebern zur Folge, die, da es sich um kombinierten Mangel an mehreren Faktoren handelt, durch die Zufuhr eines oder mehrerer Vitamine meist nur wenig gebessert werden.

Eine als Kwashiorkor bezeichnete, bei einseitig mit Mais ernährten Kindern an der afrikanischen Goldküste auftretende Mangelkrankheit, die der Pellagra in vieler Hinsicht ähnlich ist, führt zur Entwicklung großer Fettlebern[1], die durch Cholin meist nicht gebessert werden. Auch in anderen tropischen und subtropischen Ländern ist das gehäufte Auftreten von Fettlebern bei protein- und vitaminarm ernährten Kindern vielfach beobachtet worden[2]. Insbesondere haben viele Vitamine der B-Gruppe einen deutlichen Einfluß auf den Fettgehalt der Leber, einige davon haben eine lipotrope, andere, insbesondere bei Überdosierung, eine antilipotrope Wirkung. So kann die Entstehung einer Fettleber nach Cystinzufuhr verhindert werden, wenn man gleichzeitig Nicotinsäure oder Tryptophan zuführt[3]. Andererseits hat die Zufuhr überschüssigen Nicotinsäureamids antilipotrope Wirkung[4, 5], die darauf zurückzuführen ist, daß das Nicotinsäureamid, das in der Leber bekanntlich in Trigonellin übergeht[6, 7], hierbei Methylgruppen verbraucht. Pyridoxinmangel führt zu einer Leberverfettung[8, 9], die nicht durch Cholin, wohl aber durch Inositzufuhr gebessert werden kann[10]. Bei Hunden kann auch durch Pantothensäuremangel eine Leberverfettung hervorgerufen werden[11]. Ferner wurde auch bei Mangel an Vitamin C Leberverfettung beobachtet[12].

Überschüssiges Lactoflavin bewirkt bei Ratten Leberverfettung[13, 14]. Auch Biotin wirkt antilipotrop. Die durch Verfütterung getrockneter Leber[15] oder von wäßrigen Leberextrakten[16] erzeugte Leberverfettung, ist auf den Biotingehalt dieser Präparate zurückzuführen[17]. Biotin erzeugt cholesterinreiche Fettlebern, die gegen Cholin resistent sind, aber durch Zufuhr von Inosit (vgl. S. 149) oder von Lipokain (vgl. S. 154) gebessert werden.

Reichliche Zufuhr von Vitamin B_1 begünstigt die Fettansammlung in der Leber. Das Entstehen einer Fettleber durch B_1 kann durch Cholin verhindert werden[18]. Bei cholinfrei ernährten Ratten entsteht keine Fettleber, wenn ihnen gleichzeitig auch eine B_1-Mangeldiät gegeben wird[19]. Zugabe von B_1 führt bei diesen Tieren zur Entstehung der Fettleber[18]. Die antilipotrope Wirkung des B_1 wird auf eine Steigerung der Fettbildung aus Kohlenhydrat zurückgeführt[20–22].

[1] Gerber, I. E.: Arch. Path., Bacteriology **17**, 620 (1934). — Trowell, H. C., and E. M. K. Muwazi: Arch. Dis. Childh. **20**, 110 (1945). — [2] Meneghello, J., H. Niemeyer and J. Espinoza: Amer. J. Dis. Children **80**, 889, 898, 905 (1950). — Howard, F. H., and W. A. Meriwether: Pediatrics **10**, 150 (1952). — [3] Tyner, E. P., H. B. Lewis and H. Eckstein: J. biol. Ch. **187**, 651 (1950). — [4] Handler, P., and W. J. Dann: J. biol. Ch. **146**, 357 (1942). — [5] Aschkenasy, A., et J. Mignot: Cr. **140**, 261 (1946). — [6] Huff, J. W., W. A. Perlzweig and F. Spilman: J. biol. Ch. **142**, 401 (1942). — [7] Sarett, H. P., and M. Stenhouse: J. Nutrit. **23**, 35 (1942). — [8] Halliday, N.: J. Nutrit. **16**, 285 (1938). — [9] Wintrobe, M. M., R. H. Follis jr., M. H. Miller, H. J. Stein, R. Alcayaga, S. Humphreys, A. Suksta and G. E. Cartwright: Bull. Johns Hopkins Hosp. **72**, 1 (1943). — [10] Engel, R. W.: J. Nutrit. **24**, 175 (1942). — [11] Scudi, J. V., and M. Hamlin: J. Nutrit. **24**, 273 (1942). — [12] Bessey, O. A., M. L. Menten and C. G. King: Proc. Soc. exp. Biol. Med. **31**, 455 (1934). — Russell, W. O., and C. P. Callaway: Arch. Path., Bacteriology **35**, 546 (1943). — [13] Engel, R. W.: J. biol. Ch. **144**, 701 (1942). — [14] Dallemagne, M. J., M. A. Gerebtzoff et E. Philippot: C. R. Soc. Biol. **144**, 457 (1950). — [15] Blatherwick, N. R., E. M. Medlar, P. J. Bradshaw, A. L. Post and S. D. Sawyer: J. biol. Ch. **103**, 93 (1933). — [16] McHenry, E. W., and G. Gavin: J. biol. Ch. **134**, 683 (1940). Science, N. Y. **91**, 171 (1940). — [17] Gavin, G., and E. W. McHenry: J. biol. Ch. **141**, 619 (1941). — [18] McHenry, E. W.: J. Physiol., London **85**, 343 (1935); **89**, 287 (1937). — Best, C. H., M. E. H. Mawson, E. W. McHenry and J. H. Ridout: J. Physiol., London **86**, 315 (1936). — [19] Handler, P.: J. biol. Ch. **173**, 295 (1948). — [20] Whipple, D. V., and C. F. Church: J. biol. Ch. **114**, CVII (1936). — [21] Boxer, G. E., and D. Stetten jr.: J. biol. Ch. **153**, 617 (1944). — [22] Aschkenasy, A., et J. Mignot: C. R. Soc. Biol. **140**, 208 (1946).

Die lipotrope Wirkung proteinreicher Nahrung ist zwar vor allem durch den Methioningehalt der Proteine verursacht, doch scheinen außerdem noch andere lipotrope Faktoren in den Proteinen vorhanden zu sein[1,2]. Bei proteinarmer Ernährung stieg der Fettgehalt der Leber bei Ratten auch dann an, wenn gleichzeitig Cholin verabreicht wurde[3]. Bei Mangel an den essentiellen Aminosäuren Lysin und Threonin kommt es zur Entwicklung von Fettlebern[1,4]. Nicht nur die Menge des Neutralfetts, sondern auch der Cholesteringehalt der Leber wird durch proteinreiche Nahrung vermindert[5]. Der Phosphatidgehalt des Lebergewebes ist dagegen bei proteinarm ernährten Tieren geringer als bei Normaltieren[6,7] und kann durch alleinigen Zusatz von Cholin zur Nahrung nicht völlig wiederhergestellt werden[6–8].

Der Fettgehalt der Lebern junger Ratten, die eine vitamin- und cholinhaltige, aber proteinarme Nahrung erhielten, wurde herabgesetzt, wenn den Tieren Protein[9] oder Threonin[4,9,10] zusätzlich verabreicht wurde. Daneben erwiesen sich aber auch Glycin und Serin, die bei der Biosynthese der Phospholipoide als Muttersubstanzen des Colamins benötigt werden (vgl. Bd. 2/1, S. 853), in großer Menge verabreicht, als lipotrop[9]. Die oben erwähnte Wirkung des Threonins ist wahrscheinlich darauf zurückzuführen, daß Threonin im Stoffwechsel in Glycin verwandelt werden kann[11]. Von den 4 Stereoisomeren des Threonins erwies sich nur L-Threonin als lipotrop wirksam, D-Threonin und die allo-Threonine sind dagegen unwirksam. D,L-Homoserin hatte keine lipotrope Wirkung[12].

Protein ist nur dann lipotrop wirksam, wenn es im Darm weitgehend abgebaut wird und die lipotrop wirkenden Aminosäuren freigesetzt werden. Bei Ratten, bei denen der Pankreasgang unterbunden worden war und bei denen die LANGERHANSschen Inseln vollkommen intakt geblieben waren, entwickelte sich bei cholinfreier Nahrung eine Fettleber, und zwar auch dann, wenn die Tiere mit der Nahrung große Mengen von Protein bekamen. Durch Verabreichung von Pankreasextrakten, die proteolytische Fermente enthielten, konnte die Entstehung der Fettleber verhindert werden[13].

g) Die Wirkung gesättigter und ungesättigter Fette auf die Leberverfettung. Bei pankreasektomierten Hunden entwickelt sich die Fettleber sehr rasch, wenn die Tiere zusätzlich Fette mit gesättigten Fettsäuren erhalten, die Leberverfettung tritt später ein, wenn sie statt dessen mit Fischtranen (die ungesättigte Fettsäuren enthalten) gefüttert werden[14]. Bei 6 Gruppen von Ratten, die mit 6 verschiedenen Fettarten von verschiedener Jodzahl gefüttert wurden, sammelte sich in der Leber um so mehr Fett an, je niedriger die Jodzahl des betreffenden Nahrungsfettes war[15]. Umlagerung der flüssigen Ölsäure in die feste Elaidinsäure hatte dagegen keinen Einfluß[16]. Nicht der Aggregatzustand des Nahrungsfetts,

[1] SINGAL, S. A., S. J. HAZAN, V. P. SYDENSTRICKER and J. M. LITTLEJOHN: Fed. Proc. **10**, 247 (1951). — [2] BEST, C. H., and J. H. RIDOUT: J. Physiol., London **97**, 489 (1939/40). — [3] BARGONI, N.: Boll. Soc. ital. Biol. sperim. **26**, 942 (1950). — [4] SINGAL, S. A., S. J. HAZAN, V. P. SYDENSTRICKER and J. M. LITTLEJOHN: J. biol. Ch. **200**, 867, 875 (1953). — [5] OKEY, R., and E. TURNER: Fed. Proc. **10**, 390 (1951). — [6] CAMPBELL, R. M., and H. W. KOSTERLITZ: Biochim. biophysica Acta, N. Y. **8**, 664 (1952). — [7] ARTOM, C., and M. A. SWANSON: J. biol. Ch. **193**, 473 (1951). — [8] ARTOM, C., and W. H. FISHMAN: J. biol. Ch. **148**, 405, 415, 423 (1943). — [9] HARPER, A. E., W. J. MONSON, D. A. BENTON and C. A. ELVEHJEM: J. Nutrit. **50**, 383 (1953). — [10] HARPER, A. E., W. J. MONSON, D. A. BENTON, M. E. WINJE and C. A. ELVEHJEM: J. biol. Ch. **206**, 151 (1954). — [11] BRAUNSTEIN, A. E., and G. Y. VILENKINA: Dokl. Akad. Nauk SSSR **66**, 243 (1949) [Chem. Abstr. **43**, 7986 (1949)]. — [12] SINGAL, S. A., S. J. HAZAN, V. P. SYDENSTRICKER and J. M. LITTLEJOHN: J. biol. Ch. **200**, 883 (1953). — [13] CLOWES, G. H. A. jr., and L. B. MACPHERSON: Amer. J. Physiol. **165**, 628 (1951). — [14] HERSHEY, J. M., and S. SOSKIN: Amer. J. Physiol. **98**, 74 (1931). — [15] CHANNON, H. J., and H. WILKINSON: Biochem. J. **30**, 1033 (1936). — [16] CHANNON, H. J., S. W. F. HANSEN and P. A. LOIZIDES: Biochem. J. **36**, 214 (1942).

sondern der Grad der Sättigung ist also der für die Leberverfettung maßgebende Faktor. Vermutlich wird durch die Zufuhr ungesättigter Fettsäuren die Bildung der (stets stark ungesättigten) Leberphosphatide erleichtert. Neben einfach ungesättigten Fettsäuren enthalten die Phosphatide der Leber auch Fettsäuren mit 2 oder mehreren Doppelbindungen. Diese „essentiellen" Fettsäuren scheinen insbesondere für die Stoffwechseltätigkeit der Mitochondrien von Bedeutung zu sein[1]. Bekanntlich können Fettsäuren mit mehreren Doppelbindungen (Linolsäure, Linolensäure u. a.) im Organismus nicht gebildet werden[2]. Mangel an derartigen mehrfach ungesättigten Fettsäuren hemmt die Phosphatidsynthese und führt zu einer Verfettung der Leber[3] (vgl. S. 374).

h) Die Cholesterin-Fettleber. Zufuhr von großen Mengen von Cholesterin führt bei Ratten zur Entstehung von Fettlebern, die neben einem gesteigerten Triglyceridgehalt besonders große Mengen von Cholesterin enthalten[4-6]. Cholin verringerte in diesen Versuchen die Anreicherung der Triglyceride in der Leber, hatte aber, wenn große Cholesterindosen gegeben worden waren, auf den Cholesteringehalt der Leber nur geringen Einfluß[6-9].

Tabelle 22. Menge und Zusammensetzung des Leberfetts bei Ratten (in % der frischen Lebersubstanz)[7].

	Körnerfutter	Körnerfutter + 0,1 g Cholin täglich	Körnerfutter mit 20% Talg + 2% Cholesterin	Körnerfutter 20% Talg, 2% Cholesterin + 0,2 g Cholin täglich
Gesamtfettsäuren	2,8	2,6	12,6	4,4
Neutralfett	0,4	0,3	9,5	1,5
Lecithin	3,4	3,3	2,4	3,1
Gesamtcholesterin	0,2	0,2	2,9	1,3
Freies Cholesterin	0,2	0,2	0,3	0,3
Cholesterinoleat	0,04	0,01	4,4	1,8

Die antilipotrope Wirkung des Cholesterins steht mit seiner hemmenden Wirkung auf die Phosphatidbildung in Zusammenhang. Durch Verwendung von ^{32}P konnte gezeigt werden, daß Cholesterinverabreichung den Umsatz der Phosphatide in der Leber verlangsamt und daß diese Hemmungswirkung des Cholesterins durch Cholin aufgehoben werden kann[10].

Die Cholesterinverfettung der Leber wird durch Zugabe von Biotin gefördert, durch Mangel an Biotin oder durch orale Verabreichung des biotinbindenden Proteins Avidin gehemmt[11]. Auf welchem Wege Biotin die Cholesterinansammlung in der Leber beeinflußt, ist nicht bekannt; Versuche mit D_2O haben gezeigt, daß das Ausmaß der Cholesterinbildung durch Biotin nicht beeinflußt wird[12].

[1] Kunkel, H. O., and J. N. Williams jr.: J. biol. Ch. **189**, 755 (1951). — [2] Bernhard, K., and R. Schoenheimer: J. biol. Ch. **133**, 707, 713 (1940). — Burr, G. O., and M. M. Burr: J. biol. Ch. **82**, 345 (1929); **86**, 587 (1930). — Wesson, L. G., and G. O. Burr: J. biol. Ch. **91**, 525 (1931). — Longenecker, H. E.: J. biol. Ch. **128**, 645 (1939). — [3] Engel, R. W.: J. Nutrit. **24**, 175 (1942). — [4] Okey, R.: J. biol. Ch. **100**, LXXV (1933). — [5] Chanutin, A., and S. Ludewig: J. biol. Ch. **102**, 57 (1933). — [6] Ridout, J. H., C. C. Lucas, J. M. Patterson and C. H. Best: Biochem. J. **52**, 79 (1952). — [7] Best, C. H., H. J. Channon and J. H. Ridout: J. Physiol., London **81**, 409 (1934). — [8] Best, C. H., and J. H. Ridout: J. Physiol., London **86**, 343 (1936). — [9] Channon, H. J., and H. Wilkinson: Biochem. J. **28**, 2026 (1934). — [10] Perlman, I., and I. L. Chaikoff: J. biol. Ch. **127**, 211 (1939). — [11] Okey, R., R. Pencharz, S. Lepkovsky and E. R. Vernon: J. Nutrit. **44**, 83 (1951). — [12] Curran, G. L.: Proc. Soc. exp. Biol. Med. **75**, 496 (1950).

i) Der Lipokainfaktor *(lipocaic factor*)*. Bei pankreasektomierten Hunden kommt es auch dann, wenn die Tiere regelmäßig Insulin erhalten, mit der Zeit zur Entwicklung einer Fettleber[1-4]. Diese Leberverfettung kann verhindert werden, wenn man den Tieren rohes Pankreas zu fressen gibt[1,2]. Auch Extrakte aus rohem Pankreas können das Auftreten der Leberverfettung bei derartigen Tieren verhindern[5,6]. Der in diesen Extrakten (neben Cholin) enthaltene unbekannte Faktor wurde als Lipokain (lipocaic factor) bezeichnet[7]. Durch diese Pankreasextrakte können auch Leberverfettungen beeinflußt werden, bei denen Cholin wirkungslos bleibt. Ein Teil der Wirkung dieser Extrakte ist auf in ihnen enthaltene proteolytische Pankreasfermente zurückgeführt worden, durch die das Methionin aus Nahrungsproteinen beschleunigt freigesetzt wird[8]. Die lipotropen Pankreasextrakte[9], verlieren ihre Wirksamkeit beim Erhitzen[10], das in ihnen enthaltene proteolytische Ferment ist im nativen Pankreassaft durch einen im Überschuß vorhandenen Inhibitor reversibel inaktiviert[11]. Durch Duodenalsaft wird diese Hemmung beseitigt und das Ferment aktiviert. Ferner enthalten lipotrop wirkende Pankreasextrakte auch Inosit[12], so daß die Annahme eines spezifischen Lipokainfaktors derzeit noch nicht erwiesen erscheint.

4. Leberverfettung als Ursache und Folge von Leberschädigungen.

Reicht die funktionelle Kapazität des vorhandenen Lebergewebes nicht aus, um die vom Blut her übernommene Fettmenge in Phosphatide umzuwandeln oder abzubauen, so sammelt sich unabgebautes Fett in den Leberzellen an. So wird z. B. nach Ektomie eines größeren Leberstückes das aus den Fettdepots herangebrachte Fett in erhöhter Menge in den Zellen der Restleber abgelagert, und diese Fettstauung hält so lange an, bis die Stoffwechselkapazität des Lebergewebes durch Adaptations- und Regenerationsvorgänge sich wieder dem normalen Ausmaß genähert hat (vgl. S. 32f.).

Sehr verschiedene Schädigungen können zu einer Verfettung des Lebergewebes führen. Lebergifte (wie Phosphor, Arsenverbindungen, Tetrachlorkohlenstoff, Chloroform, Alkohol usw.; vgl. S. 36) haben eine Fettansammlung in der Leber zur Folge. Das hierbei in der Leber abgelagerte Fett ist teils Nahrungsfett, teils aus den Fettgeweben eingewandertes Depotfett[13]. Starke Leberverfettungen wurden ferner nach Vergiftung mit dem Insektizid Gammexan (γ-Hexachlorocyclohexan) bei Mäusen beobachtet[14,15] (vgl. S. 150). Auch langdauernde Infektionskrankheiten[16] und maligne Geschwülste, insbesondere des Gastro-

* καίειν = verbrennen.

[1] Fisher, N. F.: Amer. J. Physiol. **67**, 634 (1923/24). — [2] Allan, F. N., D. J. Bowie, J. J. R. Macleod and W. L. Robinson: Brit. J. exp. Path. **5**, 72 (1924). — [3] Mauriac, P., et E. Aubertin: C. R. Soc. Biol. **101**, 52 (1929). — [4] Chaikoff, I. L., and A. Kaplan: Proc. Soc. exp. Biol. Med. **31**, 149 (1933). — [5] Eilert, M. L., and L. R. Dragstedt: Amer. J. Physiol. **147**, 346 (1946). — [6] Prohaska, J. van., L. R. Dragstedt and H. P. Harms: Amer. J. Physiol. **117**, 166 (1936). — [7] Dragstedt, L. R., J. v. Prohaska and H. P. Harms: Amer. J. Physiol. **117**, 175 (1936). — [8] Chaikoff, I. L., C. Entenman and M. L. Montgomery: J. biol. Ch. **168**, 177 (1947). — [9] Bosshardt, D. K., L. S. Ciereško and R. H. Barnes: Amer. J. Physiol. **166**, 433 (1951). — [10] Rhoads, J. E., O. Liboro, S. Fox, P. György and T. E. Machella: Amer. J. Physiol. **166**, 436 (1951). — [11] Haanes, M. L., and P. György: Amer. J. Physiol. **166**, 441 (1951). — [12] Abels, J. C., C. W. Kupel, G. T. Pack and C. P. Rhoads: Proc. Soc. exp. Biol. Med. **54**, 157 (1943). — Gavin, G., and E. W. McHenry: J. biol. Ch. **139**, 485 (1941). — [13] Rosenfeld, G.: Ergebn. Physiol. **1**, 651 (1902). — [14] Dallemagne, M. J., M. A. Gerebtzoff et E. Philippot: C. R. Soc. Biol. **144**, 457 (1950). — [15] Govaerts, J. M., M. J. Dallemagne et M. A. Gerebtzoff: Bull. Soc. Chim. biol. **33**, 1277 (1951). — [16] Thannhauser, S. J., and H. Reinstein: Arch. Path., Bacteriology **33**, 646 (1942).

intestinaltraktes[1], führen zu einer Ansammlung von Neutralfett in der Leber. Bei Hunden konnte eine Leberverfettung mit gleichzeitiger Verminderung der Phosphatide und Vermehrung des Cholesteringehalts durch beiderseitige Nierenexstirpation und gleichzeitigen Gallengangverschluß hervorgerufen werden[2].

In die Leber eingewandertes Fett (Depotfett, resorbiertes Nahrungsfett) wird meist in den peripheren Zellen der Läppchen abgelagert, da diese mit dem von der Peripherie her in die Sinusoide einströmenden fettreichen Blut zuerst in Berührung kommen. Allmählich schreitet dann die Verfettung zum Zentrum des Leberläppchens fort. Bei Schädigung des Leberparenchyms durch O_2-Mangel (z.B. Herabsetzung des O_2-Partialdrucks, Anämien usw.) tritt die Fettvermehrung dagegen vor allem in den zentralen Anteilen des Läppchens auf, zu denen das Blut erst gelangt, wenn es bereits einen Teil seines O_2-Gehalts in der Läppchenperipherie abgegeben hat.

Tabelle 23. Menge und Zusammensetzung des Leberfetts bei normalen und verfetteten menschlichen Lebern (in % der Trockensubstanz)[3].

	Normale Lebern	Fettleber bei	
		Endocarditis lenta	Lungentuberkulose
Gesamtfettsäuren . .	8,6—13,0	38,5	17,4
Gesamtcholesterin . .	2,1— 2,6	2,0	2,7
Gesamtphosphatide. .	9,0—11,0	7,7	10,6
davon Lecithin . .	3,0— 6,0	4,8	6,9
Neutralfett	1,4— 4,0	35,1	8,4

Durch Einlagerung von Neutralfett wird das Volumen der einzelnen Leberzellen und damit auch das Volumen der ganzen Leber vergrößert. Das phosphatidarme und daher hydrophobe Neutralfett fließt dann oft zu großen Tropfen zusammen, die infolge ihrer Oberflächenspannung Kugelform annehmen, einen großen Teil der Leberzellen erfüllen und den Zellkern und das restliche Protoplasma an die Wände der Zelle drängen. Durch Sprengung der Zellwände fließt schließlich das Fett zu sog. Fettcysten zusammen[4]; diese können Fettembolien in anderen Organen verursachen[4,5].

Starke Ansammlung von Fett im Lebergewebe kann sekundär eine Schädigung der Leberfunktion zur Folge haben. Bei Hunden mit normalen oder experimentell geschädigten Lebern konnte beobachtet werden, daß das Einsetzen einer Lipämie von einem Positivwerden des Bromsulphaleintests begleitet war[6]. Fettreiche Nahrung verzögerte bei Normalen die Oxydation verabreichten Santonins, die Synthese der Hippursäure und die Ausscheidung von Rose-Bengale[7]. Andererseits kann auch eine starke Verfettung des Lebergewebes ohne nachweisbare Störungen der Leberfunktion ablaufen[7]. So erwies sich z.B. bei mit Phosphor bzw. Phenylhydrazin vergifteten Hunden die Fähigkeit der Leber zur Harnsäureoxydation trotz weitgehender Verfettung als völlig unberührt[8].

Daß auch hohe Grade von Cholinmangel und Leberverfettung nicht mit einer Störung der Fett- und Glykogensynthese verbunden sein müssen, zeigen Versuche an Ratten, denen nach 18tägiger cholinarmer Diät ^{14}C-Acetat verabreicht wurde. 4 Std später wurden die Tiere getötet, aus den Lebern Fettsäuren, Cholesterin und Glykogen isoliert und auf ihren Gehalt an ^{14}C geprüft. Es zeigte sich, daß auch die Leber dieser Tiere bei einem Fettgehalt, der das 3—5fache der Norm

[1] ABELS, J. C., C. W. KUPEL, G. T. PACK and C. P. RHOADS: Proc. Soc. exp. Biol. Med. **54**, 157 (1943). — [2] JIMÉNEZ DÍAZ, G., et H. CASTRO MENDOZA: Rev. Clín. esp. **37**, 232 (1950). — [3] THANNHAUSER, S. J., and H. REINSTEIN: Arch. Path. Bacteriology **33**, 646 (1942). — [4] HARTROFT, W. S.: Fed. Proc. **10**, 358 (1951). — [5] HARTROFT, W. S.: Anat. Rec. **106**, 61 (1950). — [6] ROSENTHAL, S. M., and R. D. LILLIE: Amer. J. Physiol. **97**, 135 (1931). — [7] ADLERSBERG, D., u. H. MINIBECK: Z. klin. Med. **129**, 392 (1936). — [8] WELLS, G.: J. exp. Med. **12**, 607 (1910).

betrug, Glykogen und Fett aufbaute. Die Fettlebertiere verhielten sich ebenso wie Normaltiere und solche, denen bei gleichbleibender Ernährung zusätzlich Cholin verabreicht wurde. Erst wenn außer der Leberverfettung auch andere histologische Veränderungen in der Leber der Cholinmangeltiere nachweisbar wurden, waren sowohl Fett als auch Glykogensynthese stark gehemmt[1].

Gifte, die in großen Dosen bei einmaliger oder kurzdauernder Verabreichung eine Leberverfettung auslösen, bewirken, wenn man sie in kleineren Dosen durch längere Zeit einwirken läßt, bei Versuchstieren oft Leberveränderungen, die eine Ähnlichkeit mit der Lebercirrhose des Menschen oder zumindest mit den Anfangsstadien dieser Erkrankung haben. Auch durch langdauernde alipotrope Ernährung kann bei Tieren eine Bindegewebsvermehrung in der Leber hervorgerufen werden[2]. Beim Menschen sind langdauernde hochgradige Leberverfettungen oft von einer von den periportalen Räumen ausgehenden Bindegewebsvermehrung gefolgt (Fettcirrhose). Doch können andererseits Fettlebern jahrelang bestehen, ohne daß es zu einer Cirrhose kommt[3]. Proteinreiche Diät kann einen deutlichen, auch histologisch an bioptischen Leberproben nachweisbaren Rückgang der cirrhotischen Veränderungen verursachen[4].

γ) Die Aufgaben der Leber im Fettstoffwechsel.

Durch die Bildung der Gallensäuren und ihre Ausscheidung in der Galle ermöglicht die Leber die Resorption der Fette und Lipoide im Darm. Sie nimmt die resorbierten Fette aus dem Blut auf und verwendet die Fettsäuren zur Veresterung von Cholesterin und zur Bildung von Phosphatiden. Gesättigte Fettsäuren werden in der Leber in ungesättigte verwandelt und umgekehrt. Die Leber ist ferner die Hauptstätte der Fettbildung aus Kohlenhydrat. Andererseits baut die Leber ständig große Mengen von Fettsäuren ab und verwendet die hierbei entstehenden C_2- und C_4-Fragmente für die Bildung von Cholesterin und einer Reihe anderer Substanzen.

Die Verwertung der Fette in den peripheren Geweben ist nicht an das Vorhandensein der Leber gebunden. Auch nach Entfernung von 90% des Lebergewebes gingen die Oxydationsvorgänge im übrigen Organismus in nur wenig verändertem Ausmaß weiter. Hierbei blieb der Respiratorische Quotient niedrig, woraus hervorgeht, daß der Energiebedarf des leberlosen Organismus vor allem durch Fettabbau gedeckt wird[5].

1. Die Umesterung der Fettsäuren in der Leber und die Phosphatidbildung.

a) Die Esterase der Leberzellen. Die Leberzellen enthalten eine stark wirksame Esterase, die sich aus Leberbrei extrahieren und durch Adsorption an Tonerde und Kaolin[6], Dialyse (wobei unwirksame Begleitproteine ausfallen)[7] oder durch Adsorption an Bleiphosphat[8] reinigen läßt. Aus Pferdeleber konnte die Esterase in krystallisierter und elektrophoretisch homogener Form dargestellt werden[9]. Das p_H-Optimum ungereinigter Präparate der Leberesterase liegt zwischen

[1] BERNHARD, K.: Schweiz. med. Wschr. **84**, 506 (1954). — [2] HARTROFT, W. S.: Anat. Rec. **106**, 61 (1950). — [3] JONES, C. M., and W. VOLWILER: Trans. Ass. amer. Physicians **60**, 232 (1947). — VOLWILER, W., C. M. JONES and T. B. MALLORY: Gastroenterol., Baltimore **11**, 164 (1948). — CACHERA, R., M. LAMOTTE and S. LAMOTTE-BARRILLON: Sem. des Hôp. **26**, 3515 (1950). — [4] ECKHARDT, R. E., N. ZAMCHECK, R. L. SIDMAN, G. J. GABUZDA jr. and C. S. DAVIDSON: J. clin. Invest. **29**, 227 (1950). — [5] McMASTER, P. D., and D. R. DRURY: Proc. Soc. exp. Biol. Med. **25**, 151 (1927). — [6] LOEVENHART, A. S.: J. biol. Ch. **2**, 427 (1906/07). — [7] KRAUT, H., u. H. RUBENBAUER: H. **173**, 103 (1928). — [8] KRAUT, H., u. W. v. PANTSCHENKO-JUREWICZ: B. Z. **275**, 114 (1935). — [9] SAFWAT MOHAMED, M.: Acta chem. scand. **2**, 90 (1948).

7,2—9,0, Erwärmen auf 55° schwächt das Ferment beträchtlich, und Fluorid hebt die Wirkung völlig auf[1]. Die Leberesterase unterscheidet sich von der Lipase des Pankreassekrets durch ihre größere Haltbarkeit[2]; Na-cholat, Na-oleat und Ca-oleat, die die Pankreaslipase aktivieren, sind auf die Leberesterase ohne Wirkung[3]. Während die Pankreaslipase vor allem Glycerinester höherer Fettsäuren rascher spaltet, wirkt die Leberesterase rascher auf Ester einwertiger Alkohole mit Säuren mit kurzer C-Kette[3,4]. In racemischen Gemischen von Estern der Mandelsäure und anderer substituierter Phenylessigsäuren werden die beiden Stereoisomeren mit verschiedener Geschwindigkeit gespalten[3,5]. Die Lipase des normalen Blutserums ist von der Leberesterase, mit der sie in anderen Eigenschaften weitgehend übereinstimmt, in ihrer Empfindlichkeit gegen Gifte verschieden: Chinin hemmt die Serumlipase und ebenso auch die Pankreaslipase[6], nicht aber die Leberesterase; Atoxyl hemmt zwar beide Fermente, doch ist Leberesterase gegen dieses Gift viel empfindlicher als Serumlipase[1]. Dagegen werden sowohl Leberlipase als auch Serumlipase, nicht aber Pankreaslipase durch Natriumfluorid gehemmt[6]. Bei schweren Schädigungen des Lebergewebes kann aber eine Lipase im Blutserum auftreten, die in ihrem Verhalten gegen die genannten Gifte mit der Leberlipase übereinstimmt[7].

Die gereinigte Leberesterase[8] reduziert in saurer Lösung Silbersalze und Dichlorindophenol[9]. Durch Behandlung mit Kieselgur werden gereinigte Präparate von Leberesterase inaktiviert, das Filtrat kann durch Zusatz von Ascorbinsäure reaktiviert werden. Leber und Serum (nicht aber Pankreas) von Meerschweinchen, denen man große Mengen von Ascorbinsäure zuführte, zeigten erhöhte Esteraseaktivität[9].

Die Butyraseaktivität der Rattenleber ist auf alle Fraktionen des Cytoplasmas verteilt, wobei jedoch ein besonders großer Teil im flüssigen Cytoplasmaanteil vorhanden ist. Der Zellkern enthält nur sehr geringe Mengen von Butyrase[10]. In sarkomatösen Lebern war die intracelluläre Verteilung der Esterase nicht geändert[11]. Proteinfreie Ernährung senkt die Esteraseaktivität der Rattenleber[12]. Vergiftung mit Phosphor oder Tetrachlorkohlenstoff verringerte bei Kaninchen und Ratten die Aktivität der Leberesterase[13,14].

Die biologische Rolle der Leberesterase ist noch nicht geklärt, freie Fettsäuren, die als Resultat der Esterasewirkung zu erwarten wären, treten im Lebergewebe niemals in nachweisbarer Menge auf; es ist wahrscheinlich, daß die Übertragung von Fettsäuren aus Triglyceriden auf Cholesterin sowie die Umwandlung von Triglyceriden in Phosphatide nicht durch Hydrolyse und Rekondensation mit Hilfe einfacher, den Fermenten des Verdauungstraktes analoger Hydrolasen, sondern ähnlich wie die Transpeptidation[15] und die Transglykosidation[16,17] durch eine direkte Übertragung der Fettsäuren von einer Esterbindung auf eine andere,

---

[1] Rona, P., u. P. Pavlović: B. Z. **130**, 225 (1922). — [2] Kastle, J. H., and A. S. Loevenhart: Amer. chem. J. **24**, 491 (1900). — Kastle, J. H., M. E. Johnson and E. Elvove: Amer. chem. J. **31**, 521 (1904). — [3] Willstätter, R., u. F. Memmen: H. **138**, 216 (1924). — [4] Loevenhart, A. S.: J. biol. Ch. **2**, 427 (1906/07). — [5] Dakin, H. D.: J. Physiol., London **30**, 253 (1903/04); **32**, 199 (1905). — [6] Rona, P., u. P. Pavlovic: B. Z. **134**, 108 (1923). — [7] Rona, P., H. Petow u. H. Schreiber: Kli. Wo. **1922 II**, 2366. — [8] Kraut, H., u. W. v. Pantschenko-Jurewicz: B. Z. **275**, 114 (1935). — [9] Pantschenko-Jurewicz, W. v., u. H. Kraut: B. Z. **285**, 407 (1936). — [10] Behrens, M.: H. **258**, 27 (1939). — [11] Heller, L., and N. Bargoni: Ark. Kemi **1**, 447 (1949). — [12] Bargoni, N., M. Cafiero, S. di Bella e M. A. Grillo: Boll. Soc. ital. Biol. sperim. **29**, 1144 (1953). — [13] Quinan, C.: J. med. Res. **31**, 73 (1915). — [14] Jobling, J. W., A. A. Eggstein and W. Pettersen: J. exp. Med. **22**, 707 (1915). — [15] Hanes, C. S., G. E. Connell and G. H. Dixon: in McElroy, W. D., and B. Glass: Phosphorus Metabolism. Bd. II, S. 95. Baltimore 1952. — [16] Hehre, E. J.: Adv. Enzymol. **11**, 297 (1951). — [17] Hassid, W. Z., M. Doudoroff and H. A. Barker: Sumner-Myrbäck, Enzymes Bd. I/2, S. 1038.

also durch eine Transesterisation zustande kommt, bei der die CoA-Verbindungen der Fettsäuren die Ausgangssubstanz bilden.

b) Phosphatidbildung und Phosphatidabbau in der Leber. Die Leber nimmt im Phosphatidstoffwechsel eine Sonderstellung ein. Zwar sind auch andere, vielleicht alle Organe zur Bildung von Phosphatiden befähigt, und der Phosphatidumsatz der Darmwand kann auf der Höhe der Verdauung den Phosphatidumsatz der Leber übertreffen, aber die in den übrigen Organen gebildeten Phosphatide werden von den Zellen meist nicht nach außen abgegeben und dienen nur dem eigenen Bedarf der betreffenden Zellen. Die Leber aber gibt einen Teil der von ihr gebildeten Phosphatide in das Blutplasma ab und greift dadurch auch in den Phosphatidstoffwechsel der übrigen Organe ein. Es scheint, daß auch ein Teil der N-haltigen Bausteine, die in den Phosphatiden der übrigen Organe enthalten sind, in der Leber gebildet wird (vgl. Bd. 2/1, S. 847).

Die Phosphatidbildung geht, wie Versuche mit ^{32}P-Phosphat gezeigt haben, in der Leber mit weit größerer Geschwindigkeit vor sich als in anderen Organen[1–4]. Wird Hunden ^{32}P-Phosphat verabreicht, so steigt der ^{32}P-Gehalt der Leberphosphatide rasch an. Gleichzeitig nimmt auch der ^{32}-P-Gehalt der Plasmaphosphatide zu, während der ^{32}P-Gehalt der in den übrigen Organen enthaltenen Phosphatide nur einen langsamen und weit geringeren Anstieg zeigt[2,5]. Da die Blutphosphatide in der Leber gebildet werden, waren im Blutplasma entleberter Hunde nach Verabreichung von ^{32}P-Phosphat keine radioaktiven Phosphatide nachweisbar[3].

Die Leber nimmt aus dem Blut Triglyceride auf, wandelt sie in Phosphatide um und gibt diese Phosphatide wieder an das Blut ab. Normalen Hunden intravenös injiziertes Tripalmitin, dessen Palmitinsäurereste ^{14}C enthielten, verschwand rasch aus dem Blutplasma. 7 Std später konnten die markierten Palmitinsäurereste in den Plasmaphosphatiden der Tiere wiedergefunden werden[5]. Bei leberlosen Hunden betrug die Menge des in die Plasmaphosphatide aufgenommenen ^{14}C-Palmitats nur $^{1}/_{20}$ der beim normalen Hund beobachteten Werte[6].

Obzwar die Gewebsphosphatide normalerweise meist nur Fettsäuren mit 16 oder mehr C-Atomen enthalten[7], nahmen Ratten nach Verabreichung von ^{14}C-Laurin- und ^{14}C-Myristinsäure das ^{14}C in die Gewebsphosphatide auf[8]. Doch war bereits 8 Std nach der Verabreichung 90% dieser Säuren in langkettige Fettsäuren umgewandelt worden[4]. Die rasche Umwandlung von Fettsäuren mit kurzer Kette in höhere Fettsäuren ist wohl auch die Ursache dafür, daß in anderen Versuchen nach Zufuhr von Fettsäuren mit kurzer C-Kette (11 C, 13 C, 14 C) diese Fettsäuren in den Leberphosphatiden nicht nachgewiesen werden konnten[9].

Die Phosphatide werden vor allem in den Mitochondrien gebildet[10]. Doch hatte Zusatz kleiner Mengen der flüssigen Cytoplasmafraktion zu den gewaschenen Mitochondrien eine starke Beschleunigung der Phosphatidbildung zur Folge[11].

---

[1] PERLMAN, I., S. RUBEN and I. L. CHAIKOFF: J. biol. Ch. **122**, 169 (1937/38). — FRIES, B. A., S. RUBEN, I. PERLMAN and I. L. CHAIKOFF: J. biol. Ch. **123**, 587 (1938). — ARTOM, C., G. SARZANA, C. PERRIER, M. SANTANGELO and E. SEGRE: Nature **139**, 836, 1105 (1937). — [2] HEVESY, G., and L. HAHN: Kgl. danske Vid. Selsk. biol. Medd. **15**, Nr. 5 (1940). — [3] FISHLER, M. C., C. ENTENMAN, M. L. MONTGOMERY and I. L. CHAIKOFF: J. biol. Ch. **150**, 47 (1943). — [4] BAER, E., and M. KATES: Am. Soc. **72**, 942 (1950). — BAER, E., and M. KATES: J. biol. Ch. **185**, 615 (1950). — [5] HEVESY, G., and A. H. W. ATEN jr.: Kgl. danske Vid. Selsk. biol. Medd. **14**, Nr. 5 (1939). — [6] GOLDMAN, D. S., I. L. CHAIKOFF, W. O. REINHARDT, C. ENTENMAN and W. G. DAUBEN: J. biol. Ch. **184**, 727 (1950). — [7] HILDITCH, T. P.: The Chemical Constitution of Natural Fats. 2. Aufl. S. 106. London 1947. — [8] STEVENS, B. P., and I. L. CHAIKOFF: J. biol. Ch. **193**, 465 (1951). — [9] LÉVY, M.: Arch. Sci. physiol. **4**, 337 (1950). — [10] FRIEDKIN, M., and A. L. LEHNINGER: J. biol. Ch. **177**, 775 (1949). — SWANSON, M. A., and C. ARTOM: J. biol. Ch. **187**, 281 (1950). — [11] KENNEDY, E. P.: J. biol. Ch. **201**, 399 (1953).

Die Aufnahme von ^{32}P in die Phosphatide der Lebermitochondrien wurde durch Zusatz von Cholin, aber auch von Glycerin beschleunigt[1]. In den Mitochondrien der Rattenleber konnte ein Fermentsystem nachgewiesen werden, das Cholin in die Phosphatide der Mitochondrien einbaut. Nach Bebrütung mit ^{14}C-Cholin wurden die Phospholipoide der Mitochondrien rasch radioaktiv[2].

^{14}C-Cholinphosphat wurde dagegen von den Mitochondrien der Rattenleber nicht zur Phosphatidbildung verwendet. Cholinphosphat bildet zwar eine fakultative, aber keine obligate Zwischenstufe der Phosphatidbildung[2]. Zusatz kleiner Mengen von Glycerin verdoppelte die Geschwindigkeit der Phosphatidbildung in den Lebermitochondrien der Ratte. Die Lecithinbildung scheint vor allem auf dem Wege über α-Glycerophosphat zu erfolgen[3-5]. Da bei der Hydrolyse des α-Lecithins ein Abwandern des Phosphatrestes in die β-Position erfolgen kann[6], beweist die Auffindung von β-Glycerophosphat nicht das Vorhandensein von β-Lecithinen, und das natürliche Vorkommen von β-Lecithinen wird daher von manchen Untersuchern bezweifelt[7].

Die Synthese der Phosphatide aus ^{32}P-L-α-Glycerophosphat und ^{14}C-Stearat wurde durch ein aus Rattenleber in teilweise gereinigter Form dargestelltes wasserlösliches Ferment in Gegenwart von ATP, Coenzym A und Fettsäuren katalysiert[3]. Palmitoyl-Coenzym A kann durch das Ferment auch in Abwesenheit von ATP, Coenzym A und freien Fettsäuren mit Glycerophosphat zu phosphatidsäurenähnlichen Produkten verbunden werden[3]. Der Einbau freier Fettsäuren in die Phosphatide zerfällt also in 2 Teilreaktionen: a) die Bildung der CoA-Verbindung mit Hilfe von ATP und b) die Umesterung dieser Fettsäuren von CoA auf Glycerin bzw. Glycerinphosphat.

Fettsäuren mit unverzweigten, aus 16, 17 oder 18 C-Atomen bestehenden C-Ketten werden von dem in der Rattenleber aufgefundenen Fermentsystem leichter in die Phosphatide eingebaut als solche mit längerer oder kürzerer C-Kette[8]. Bei Einwirkung des gleichen Fermentpräparats auf ein mit ^{32}P und ^{14}C markiertes Cholinphosphat entstand ein Phospholipoid, das die beiden Isotopen im gleichen Verhältnis enthielt wie das verwendete Cholinphosphat selbst[4]. Daraus geht hervor, daß die Phosphatidbildung in der Leber nicht nur auf dem Wege über α-Glycerinphosphat, sondern zum Teil auch über Cholinphosphat vor sich gehen kann. Der Einbau freier Fettsäuren in die Phosphatide ist eine endergonische Reaktion und an Oxydationsprozesse gekoppelt. Er läuft in Stickstoffatmosphäre nur verlangsamt ab und erfolgt in Schnitten und Homogenaten aus der Leber gut genährter Tiere leichter als in der Leber hungernder Tiere[9].

Markiertes Phosphat und markierte Fettsäure[10], markiertes Phosphat und Cholin[11] werden mit gleicher Geschwindigkeit in die Phosphatide aufgenommen. Die Phosphatidmoleküle werden in der Leber also von Grund auf aus den einzelnen Bausteinen gebildet und wieder bis zu den einzelnen Bausteinen abgebaut. An Stelle von Cholin kann auch Dimethylcolamin in die Leberphosphatide eingebaut werden, es wird dann erst im Verbande des Phosphatidmoleküls zu Cholin methyliert[12].

---

[1] KENNEDY, E. P.: Fed. Proc. **11**, 239 (1952). Am. Soc. **74**, 1617 (1952). — [2] KENNEDY, E. P.: Am. Soc. **75**, 249 (1953). — [3] KORNBERG, A., and W. E. PRICER jr.: Am. Soc. **74**, 1617 (1952). — [4] KORNBERG, A., and W. E. PRICER jr: Fed. Proc. **11**, 242 (1952). — [5] KENNEDY, E. P.: Fed. Proc. **11**, 239 (1952). — [6] KARRER, P., u. P. BENZ: Helv. **10**, 87 (1927). — FOLCH, J.: J. biol. Ch. **146**, 35 (1942). — [7] BAER, E. and M. KATES: Am. Soc. **72**, 942 (1950). J. biol. Ch. **185**, 615 (1950). — [8] KORNBERG, A., and W. E. PRICER jr.: J. biol. **204**, 345 (1953). — [9] JEDEIKIN, L. A., and S. WEINHOUSE: Arch. Biochem. **50**, 134 (1954). — [10] WEINMANN, E. O., I. L. CHAIKOFF, C. ENTENMAN and W. G. DAUBEN: J. biol. Ch. **187**, 643 (1950). — [11] TOLBERT, M. E., and R. OKEY: J. biol. Ch. **194**, 755 (1952). — WEINMAN, E. O. [GOLDMAN, D. S., I. L. CHAIKOFF, W. O. REINHARDT, C. ENTENMAN and W. G. DAUBEN: J. biol. Ch. **184**, 725, Fußnote (1950)]. — [12] ARTOM, C., and M. CROWDER: 18. Int. Congr. Physiol. S. 78. Kopenhagen 1950. Fed. Proc. **8**, 180 (1949).

Während die Aufnahme von ^{32}P-Phosphat in Phosphatide durch Mangel an O_2 zum Stehen gebracht wird, erfolgt der Einbau des Cholins in die Phosphatide auch in Abwesenheit von O_2. Vermutlich ist für die Bindung der N-haltigen Bausteine an den Phosphatidsäurerest weniger Energie erforderlich, als für die Bildung des Glycerinphosphatanteils des Phosphatidmoleküls[1]. Die Leber bildet vor allem Lecithin und nur geringe Mengen anderer Phosphatide[2]. Zusatz von Colamin hemmt bei Leberschnitten kompetitiv den Einbau von Cholin oder Dimethylcolamin[1].

Die Leber ist nicht nur die wichtigste Bildungsstätte der Blutphosphatide, sondern auch das Organ, das die Hauptmenge der Plasmaphosphatide wieder aus dem Blut aufnimmt und abbaut[3]. Wurde das Blut eines Kaninchens, dem ^{32}P verabreicht worden war und dessen Plasmaphosphatide daher ^{32}P enthielten, einem anderen Kaninchen injiziert, so verschwanden die ^{32}P-Phosphatide rasch aus dem Blut des injizierten Tieres, und ^{32}P wurde in der Leber nachweisbar[4]. Bei Funktionsstörungen der Leber werden Bildung und Abbau der Phosphatide meist im gleichen Grade betroffen, der Phosphatidgehalt des Lebergewebes blieb daher bei Versuchstieren, bei denen die Leber aus dem Kreislauf ausgeschaltet[5] oder durch Tetrachlorkohlenstoff geschädigt worden war[6], unverändert. Aus dem gleichen Grund ist auch beim leberkranken Menschen der Phosphatidgehalt des Blutplasmas meist nicht vermindert[7] und oft sogar vermehrt[8] (vgl. Bd. 2/1, S. 861).

Der Phosphatidumsatz der Leber ist bei normaler Ernährung von dem Ausmaß abhängig, in dem Fette im Organismus abgebaut werden. Fettreiche Nahrung steigert den Phosphatidumsatz der Leber, nicht aber den Phosphatidumsatz von Muskel und Gehirn[9]. Bei Tieren mit Hyperlipämie geht die Erneuerung der Leberphosphatide rascher vor sich als bei Tieren mit normalem Leberfettgehalt. Katzenlebern bildeten bei der Durchströmung mit ^{32}P-Phosphat enthaltendem, hyperlipämischem Blut mehr ^{32}P-Phosphatide als bei der Durchströmung mit ^{32}P-Phosphat enthaltendem Normalblut[10]. Entsprechend dem erhöhten Fettabbau im diabetischen Organismus war auch der Phosphatidumsatz in der Leber pankreasloser Hunde gesteigert[11]. Im Gehirngewebe, das auch beim diabetischen Tier kein Fett abbaut[12], wurde der Phosphatidumsatz dagegen durch Pankreasektomie nicht gesteigert[11].

Bei alipotroper Ernährung bildet dagegen das Angebot an Cholin den begrenzenden Faktor für den Phosphatidumsatz der Leber. Cholinmangel verlangsamt den Phosphatidumsatz[13]. Bei vorher cholinarm ernährten Hunden beschleunigten Cholinzulagen den Umsatz der Leberphosphatide[14]. Betain[15,16] und Methionin[17] haben eine ähnliche, wenn auch weniger starke Wirkung auf den Phosphatidumsatz. Auch nach Zufuhr von Cystein wurde eine Beschleunigung

[1] Artom, C.: Ann. Rev. **22**, 211 (1953). — [2] Chargaff, E.: J. biol. Ch. **128**, 587 (1939). — [3] Zilversmit, D. B., C. Entenman and M. C. Fishler: J. gen. Physiol. **26**, 325 (1943). — [4] Hevesy, G.: Adv. Enzymol. **7**, 111 (1947). — [5] Entenman, C., I. L. Chaikoff and D. B. Zilversmit: J. biol. Ch. **166**, 15 (1946). — [6] Koch-Weser, D., E. Farber and H. Popper: A. M. A. Arch. Path. **51**, 498 (1951). — [7] Albrink, M. J.: J. clin. Invest. **29**, 46 (1950). — Schaffner, F., M. Meitus, J. de la Huerga, D. F. Magee, F. Steigmann and H. Popper: Fed. Proc. **10**, 369 (1951). — [8] Nava, G.: Rass. Fisiopat. **21**, 764 (1949). Fisiol. e Med. **17**, 227 (1950). — [9] Artom, C., G. Sarzana and E. Segrè: Arch. int. Physiol. **47**, 245 (1938). — [10] Hahn, L. H., and G. C. Hevesy: Biochem. J. **32**, 342 (1938). — [11] Zilversmit, D. B., and N. R. DiLuzio: J. biol. Ch. **194**, 673 (1952). — [12] Himwich, H. E., and L. H. Nahum: Amer. J. Physiol. **101**, 446 (1932). — [13] Patterson, J. M., N. B. Keevil and E. W. McHenry: J. biol. Ch. **153**, 489 (1944). — [14] Zilversmit, D. B., C. Entenman and I. L. Chaikoff: J. biol. Ch. **176**, 193 (1948). — [15] Perlman, I., and I. L. Chaikoff: J. biol. Ch. **130**, 593 (1939). — [16] Stetten, D. jr.: J. biol. Ch. **138**, 437 (1941). — [17] Perlman, I., N. Stillman and I. L. Chaikoff: J. biol. Ch. **133**, 651 (1940).

des Phosphatidumsatzes beobachtet[1]. Cholesterin hat dagegen eine hemmende Wirkung[2].

Es ist bemerkenswert, daß einzelne lipotrope und antilipotrope Faktoren die Phosphatidbildung in Leberschnitten anders beeinflussen als in der in situ befindlichen Leber des intakten Tieres. So bauten z. B. Leberschnitte von proteinarm ernährten Tieren ^{32}P-Phosphat verlangsamt in Phosphatide ein[3]. Im Gegensatz zu den Versuchen an Leberschnitten ist aber beim proteinarm ernährten intakten Tier eine Verlangsamung der Phosphatidsynthese nicht nachweisbar[4]. Auch beim intakten Tier setzt zwar proteinarme Nahrung den Phosphatidgehalt des Lebergewebes herab[5], aber der Umsatz und die Erneuerung dieser restlichen Phosphatide erfolgt in diesen phosphatidverarmten Lebern sogar rascher als in phosphatidreichen Lebern[6]. Zugabe von Cholin zur Nahrung verhindert bei proteinarm ernährten intakten Tieren zwar das Auftreten der Leberverfettung, beschleunigt aber nicht die Phosphatidsynthese in Leberschnitten dieser Tiere[3].

Schädigung der Leber durch Gifte verursachte in der Regel keine Verlangsamung in der Erneuerung der Leberphosphatide[7]. Nach partieller Hepatektomie ist der Phosphatidumsatz je Gewichtseinheit Lebergewebe kompensatorisch erhöht. In analoger Weise war auch bei Mäusen, bei denen durch Vergiftung mit Hexachlorocyclohexan eine Fettleber hervorgerufen worden war, der Phospholipoidgehalt der Leber zwar stark herabgesetzt, die Bildung und der Umsatz der Phospholipoide aber erheblich beschleunigt[8]. Während die Geschwindigkeit der Phosphatidbildung in Leberschnitten weitgehend vom Angebot an Cholin, Glycerin und anderen Baustoffen abhängig ist, wird die Phosphatidbildung der Leber in situ durch einen derzeit noch unbekannten Regulationsmechanismus auf den jeweiligen Stoffwechselbedarf abgestimmt, und zwar auch dann, wenn die Leberzellen geschädigt oder in ihrer Zahl vermindert sind oder wenn das Angebot an den für die Phosphatidbildung notwendigen Baustoffen weitgehend herabgesetzt ist.

2. Die Umwandlung der Fettsäuren ineinander und die Angleichung des Nahrungsfetts an das Körperfett.

Die Fettsäurezusammensetzung des Depotfetts wird bis zu einem gewissen Grade durch die Zusammensetzung des Nahrungsfetts bestimmt. Verfütterung großer Mengen ungesättigter Fettsäuren läßt die Jodzahl des Depotfetts ansteigen. Verfütterung großer Mengen gesättigter Fette senkt sie. Wird die Zufuhr des exogenen Fettes jedoch unterbrochen oder eingeschränkt, so nimmt das Fett des betreffenden Tieres innerhalb kurzer Zeit wieder die Eigenschaften (Jodzahl usw.) an, die für das Fett der betreffenden Tierart charakteristisch sind. Diese Tendenz, die artspezifische Zusammensetzung des Depotfetts zu erhalten, ist grundsätzlich auf 3 verschiedene Vorgänge zurückzuführen: 1. Auf den kontinuierlichen Abbau und die rasche Neubildung des in den Fettgeweben deponierten Fetts, 2. auf einen bevorzugten Abbau derjenigen Fettsäuren, die im Nahrungsfett in relativem Überschuß vorhanden sind und 3. auf die ständige Umwandlung der

[1] Perlman, I., N. Stillman and I. L. Chaikoff: J. biol. Ch. **133**, 651 (1940). — [2] Perlman, I., and I. L. Chaikoff: J. biol. Ch. **128**, 735 (1939). — [3] Artom, C., and M. A. Swanson: J. biol. Ch. **193**, 473 (1951). — [4] Bollman, J. L., and E. V. Flock: Fed. Proc. **5**, 218 (1946). — Campbell, R. M., and H. W. Kosterlitz: J. biol. Ch. **175**, 989 (1948). — Artom, C., and W. E. Cornatzer: 1. Int. Congr. Biochem. Cambridge. S. 22. 1949. — [5] Artom, C., and W. H. Fishman: J. biol. Ch. **148**, 405, 415, 423 (1943). — [6] Campbell, R. M., and H. W. Kosterlitz: Biochim. biophysica Acta, N. Y. **8**, 664 (1952). 1. Int. Congr. Biochem. Cambridge. S. 24. 1949. — [7] Artom, C.: Ann. Rev. **22**, 211 (1953). — [8] Govaerts, J., M. J. Dallemagne et M. A. Gerebtzoff: Bull Soc. Chim. biol. **33**, 1277 (1951).

Fettsäuren ineinander. Es scheint, daß alle diese 3 Vorgänge an der Aufrechterhaltung der Arteigenschaften des Depotfetts wesentlich beteiligt sind und daß alle 3 Vorgänge vornehmlich in der Leber vor sich gehen.

Daß das in den Fettdepots abgelagerte Fett ständig und mit großer Geschwindigkeit abgebaut und erneuert wird, konnte mit Hilfe von Markierung mit Deuterium gezeigt werden[1]. Bei Mäusen waren in 4 Tagen 44% des Depotfetts erneuert worden. Auch in Zeiten, in denen der Fettbestand des Organismus konstant bleibt, wird ständig Fett aus den Fettgeweben zur Leber geschafft, dort abgebaut und durch in der Leber neugebildetes Fett ersetzt, das auf dem Blutweg in die Fettgewebe gelangt.

Der 2. Vorgang, der die Angleichung der Nahrungsfette bewirkt, ist der beschleunigte Abbau derjenigen Fettsäuren des Nahrungsfetts, die in den Körperfetten nur in geringen Mengen vorhanden sind. Dieser Vorgang hat sich an Fettsäuren mit weniger als 10 C-Atomen nachweisen lassen; diese Fettsäuren werden nach der Resorption rasch abgebaut und erscheinen auch dann, wenn sie in großen Mengen verabreicht werden, nicht in nennenswertem Ausmaß im Depotfett[2].

Eine besonders wichtige Rolle bei der Angleichung des Nahrungsfetts an das körpereigene Depotfett spielen Reaktionen, durch die die C-Ketten der Fettsäure verlängert oder verkürzt, von gesättigten Fettsäuren Wasserstoffatome abgespalten und ungesättigte Fettsäuren saturiert werden. Die konstante artspezifische Zusammensetzung des Depotfetts kommt vor allem durch dieses Zusammenwirken von Saturation und Desaturation, Kettenverkürzung und Kettenverlängerung der Fettsäuren zustande.

Nach Verfütterung von mit Deuterium markiertem Stearinsäureäthylester wurde ein Teil der Stearinsäure zu CO_2 und H_2O abgebaut, ein Teil unverändert in den Depots abgelagert, während ein Teil in D-Palmitinsäure und ein anderer Teil in ungesättigte Säuren umgewandelt wurde[3,4]. In analoger Weise wurde D-Palmitinsäure teils zu D-Palmito-oleinsäure desaturiert, teils durch Verlängerung der C-Kette in D-Stearinsäure umgewandelt[5]. Nach Verabreichung von D-Behensäure (22 C-Atome) an Ratten, wurde in diesen Tieren D-haltige Stearinsäure, Ölsäure, Palmitinsäure und Myristinsäure nachgewiesen[6]. Ebenso werden, wie in Versuchen mit Deuterium nachgewiesen, ungesättigte Fettsäuren ständig in gesättigte Fettsäuren umgewandelt[7]. Die Fermentsysteme der Leberzellen vermitteln zwischen den im Depotfett enthaltenen Fettsäuren ein dynamisches Gleichgewicht, das das Konstantbleiben der Zusammensetzung des Depotfetts einer bestimmten Tierart bedingt.

$$\begin{array}{ccccc} \text{Stearinsäure} & \rightleftharpoons & \text{Palmitinsäure} & \rightleftharpoons & \text{Säuren mit verkürzter C-Kette} \\ \updownarrow & & \updownarrow & & \\ \text{Ölsäure} & & \text{Oleopalmitinsäure} & & \end{array}$$

Saturation und Desaturation der Fettsäuren erfolgten also nicht nur nach Verabreichung exzessiver Mengen ungesättigter oder gesättigter Fettsäuren, sondern dauernd und auch bei normaler Ernährung[8]. Diese Umwandlungen gehen vor allem in der Leber vor sich, denn nach Verabreichung von D-Palmitinsäure war

[1] SCHOENHEIMER, R., and D. RITTENBERG: J. biol. Ch. **111**, 175 (1935); **114**, 381 (1936). — RITTENBERG, D., and R. SCHOENHEIMER: J. biol. Ch. **121**, 235 (1937). — [2] CHANNON, H. J., G. N. JENKINS and J. A. B. SMITH: Biochem. J. **31**, 41 (1937). — [3] SCHOENHEIMER, R., and D. RITTENBERG: J. biol. Ch. **120**, 155 (1937). — [4] SCHOENHEIMER, R., and D. RITTENBERG: J. biol. Ch. **113**, 505 (1936). — [5] STETTEN, D. jr., and R. SCHOENHEIMER: J. biol. Ch. **133**, 329 (1940). — [6] BERNHARD, K., u. E. VISCHER: Helv. **29**, 929 (1946). — [7] RITTENBERG, D., and R. SCHOENHEIMER: J. biol. Ch. **117**, 485 (1937). — [8] SCHOENHEIMER, R.: Harvey Lect. (1936/37) **32**, 122 (1938).

der D-Gehalt der ungesättigten Fettsäurefraktion im Leberfett 2,5mal so groß wie im Depotfett des Carcass[1].

Lebergewebe enthält eine Fettsäuredehydrogenase[2,3], die vom 9. und vom 10. C-Atom gesättigter Fettsäuren je ein Wasserstoffatom abspaltet. Das Ferment wird durch Cyanide[2,3], nicht aber durch Jodacetat[3] oder Fluorid[3] gehemmt und durch Adenylsäure[4], Adenosin[4], Inosinsäure[4,5] und Hypoxanthin[1], nicht aber durch Adenin[6] aktiviert. Das als Coferment der Fettsäuredehydrogenase angesehene Diphosphopyridinnucleotid[7], scheint für die Wirksamkeit des Ferments nicht erforderlich zu sein[5]. Das Ferment, dessen p_H-Optimum bei 8 liegt, wirkt vor allem auf Fettsäuren mit langer C-Kette[6]. Es desaturiert auch Fettsäuren mit ungerader C-Anzahl[3]. Doch ist wohl auch die bei Verfütterung von ^{14}C-Myristinsäure an Ratten nachgewiesene Bildung von ungesättigten ^{14}C-Säuren[8] auf die Wirkung des gleichen Ferments zurückzuführen, kleine Mengen von Myristoleinsäure sind in tierischen Geweben nachgewiesen worden[9]. Auch Succinat wird von dem Ferment dehydrogeniert[10], höhere Dicarbonsäuren werden dagegen nicht angegriffen[11]. Das Ferment spaltet nur aus gesättigten Fettsäuren Wasserstoff ab und bildet so Fettsäuren mit einer Doppelbindung[6]. Die mehrfach ungesättigten, essentiellen Fettsäuren können in der Leber nicht gebildet werden (vgl. S. 374).

Die durch die Fettsäuredehydrogenase katalysierte Wasserstoffabspaltung betrifft nicht nur freie Fettsäuren, sondern scheint auch möglich zu sein, wenn die Fettsäuren in Form von Estern gebunden sind. Auch Fettsäuren, die sich im Verbande des Lecithinmoleküls befinden, können in der Leber desaturiert werden[10]. Ein lecithindesaturierendes Ferment konnte aus Rinderleber gewonnen werden[12]. Es wird durch Hypoxanthin (schwächer auch durch Xanthin) aktiviert, möglicherweise ist es mit der Fettsäuredehydrogenase identisch. Die Menge, in der das Ferment in der Leber enthalten ist, zeigt jahreszeitliche Schwankungen, in der Rinderleber konnte es nur im Winter nachgewiesen werden[12].

Außer der Leber enthalten auch andere Organe (bei der Ratte: Muskulatur[13], Milz[13], Niere[14], Lunge[13], Darm[13], Testis[10] und Fettgewebe[13]; beim Kaninchen außer der Leber nur Darm[13]) 9,10-Fettsäuredehydrogenasen, die Wirksamkeit dieser Fermente ist jedoch weit geringer als die des Leberferments. An der Dehydrogenierung der gesättigten Fettsäuren scheint neben der Leber auch das Fettgewebe selbst beteiligt zu sein, denn auch im Fettgewebe konnten Dehydrogenasen nachgewiesen werden[10,15].

Da die durch die Fettsäuredehydrogenase katalysierte Dehydrogenierung am 9. und 10. C-Atom erfolgt, entsteht aus Stearinsäure Ölsäure[16], aus Palmitinsäure Palmitoleinsäure[5]. Es handelt sich hier also nicht um eine Teilreaktion der β-Oxydation der Fettsäuren, bei der eine Wasserstoffabspaltung in α,β-Stellung erwartet werden müßte. Die biologische Bedeutung der Fettsäuredehydrogenase scheint

[1] Stetten, D. jr., and R. Schoenheimer: J. biol. Ch. **133**, 329 (1940). — [2] Mazza, F. P., e G. Stolfi: Atti Accad. naz. Lincei, R. C. Mem. (6) **17**, 476 (1933). — Mazza, F. P., e C. Zummo: Atti Accad. naz. Lincei, R. C. Mem. (6) **18**, 461 (1933). — [3] Lang, K.: H. **261**, 240 (1939). — [4] Lang, K., u. H. Mayer: H. **262**, 120 (1939/40). — [5] Fantl, P., and J. G. Lincoln: Austral. J. exp. Biol. med. Sci. **27**, 403 (1949). — [6] Lang, K., u. H. Mayer: H. **261**, 249 (1939). — [7] Burton, K.: Nature **161**, 606 (1948). — [8] Anker, H. S.: J. biol. Ch. **194**, 177 (1952). — [9] Hilditch, T. P.: The Chemical Constitution of Natural Fats. 2. Aufl. S. 410. London 1947. — [10] Shapiro, B., and E. Wertheimer: Biochem. J. **37**, 102 (1943). — [11] Glaser, H.: H. **266**, 123 (1940). — [12] Annau, E., A. Eperjessy u. Ö. Felszeghy: H. **277**, 58 (1943). — [13] Cremer, H.-D.: H. **263**, 240 (1940). — [14] Mazza, F. P.: Boll. Soc. ital. Biol. sperim. **9**, 298 (1934). — [15] Quagliariello, G.: Atti Accad. naz. Lincei, R. C. Mem. (6) **16**, 552 (1932). — Quagliariello, G., e G. Scoz: Arch. Sci. biol., Bologna **17**, 530 (1932). — [16] Lang, K., u. F. Adickes: H. **262**, 123 (1939/40).

vielmehr darin zu bestehen, daß sie, zusammen mit anderen Fermentsystemen, die konstante Zusammensetzung des Fettsäureanteils der Organlipoide und des Depotfetts erhalten hilft.

Obwohl Linolsäure und andere Fettsäuren mit mehreren Doppelbindungen im Organismus nicht gebildet werden können[1-3], scheint eine Umwandlung exogener, mehrfach ungesättigter Fettsäuren in andere mehrfach ungesättigte Fettsäuren im Organismus möglich zu sein. Verfütterung von Linolsäureestern führt zu einer Vermehrung des Arachidonsäuregehalts der Gewebe[4]. Wurde Ratten 1-^{14}C-Acetat verabreicht, so bildeten sie ^{14}C-Arachidonsäure, bei der das ^{14}C-Atom ausschließlich in der COOH-Gruppe enthalten war. Daraus wird geschlossen, daß die Arachidonsäure im Organismus durch Bindung von Acetat an ein exogenes, wahrscheinlich linolsäureähnliches 18-C-Derivat gebildet wird[5] (vgl. S. 374).

C_5—C=C—C—C=C—C—C—C—C—C—C—C—COOH Linolsäure

C_5—C=C—C—C=C—C—C=C—C—C=C—C—C—C—COOH Arachidonsäure

3. Fettsäureabbau und Fettsäurebildung in der Leber.

In der normalen, in situ befindlichen Leber gehen Abbau und Synthese von Fettsäuren ständig und mit großer Geschwindigkeit vor sich. Nicht nur die Halbwertszeit der Phosphatide, sondern auch die der Triglyceride und der in ihnen enthaltenen Fettsäuren ist in der Leber weit kürzer als in anderen Organen. Wurde Ratten 14 Tage lang mit Deuterium markiertes Fett verabreicht und die Tiere, deren gesamtes Körperfett nunmehr in gleicher Konzentration Deuterium enthielt, sodann durch 7 Tage mit deuteriumfreiem Kohlenhydrat ernährt, so nahm der Deuteriumgehalt der Fettsäuren im Leberfett rascher ab als im Fett der übrigen Gewebe[6]. Wurde normalen Ratten dagegen kohlenhydrathaltige Nahrung und gleichzeitig schweres Wasser verabreicht, so traten deuteriumhaltige Fette in der Leber früher und in größerer Menge auf als in den übrigen Organen[7-9]. Erhielten Ratten oder Mäuse eine große Dose von ^{14}C-Glucose, so war die Konzentration des ^{14}C nach 24 bzw. 48 Std in den Leberfettsäuren 3mal so groß wie in den Fettsäuren der Darmschleimhaut und 6mal größer als in den Fettsäuren der übrigen Organe[10]. Wird zu Schnitten von Lebergewebe Acetat zugegeben, das ^{14}C enthält, so bilden sie unter sonst gleichen Versuchsbedingungen mehr ^{14}C-haltige Fettsäuren als Gewebsschnitte anderer Organe[11].

Fettsäurebildung und Fettsäureabbau laufen in der Leber meist gleichzeitig nebeneinander her. Auch im Hunger hört die Leber nicht auf, neue Fettsäuren zu bilden, und auch während der Kohlenhydratmast werden in der Leber ständig Fettsäuren abgebaut. Nur das Überwiegen des Abbaues über die Fettsynthese kennzeichnet den Vorgang der Abmagerung. Fettansatz ist die Folge einer gesteigerten Synthese von Fett bei weiter bestehendem Fettabbau. Daß Fettsäure-

[1] Bernhard, K., H. Steinhauser and F. Bullet: Helv. **25**, 1313 (1942). — [2] Bernhard, K., and R. Schoenheimer: J. biol. Ch. **133**, 707 (1940). — [3] Barki, V. H., H. Nath, E. B. Hart and C. A. Elvehjem: Proc. Soc. exp. Biol. Med. **66**, 474 (1947). — [4] Barki, V. H., R. A. Collins, E. B. Hart and C. A. Elvehjem: Proc. Soc. exp. Biol. Med. **71**, 694 (1949). — Rieckehoff, I. G., R. T. Holman and G. O. Burr: Arch. Biochem. **20**, 331 (1949). — Widmer, C. jr., and R. T. Holman: Arch. Biochem. **25**, 1 (1950). — Reiser, R.: J. Nutrit. **42**, 325 (1950). — Witten, P. W., and R. T. Holman: Arch. Biochem. **41**, 266 (1952). — [5] Mead, J. F., G. Steinberg and D. R. Howton: J. biol. Ch. **205**, 683 (1953). — [6] Barrett, H. M., C. H. Best and J. H. Ridout: J. Physiol., London **93**, 367 (1938). — [7] Waelsch, H., W. M. Sperry and V. A. Stoyanoff: J. biol. Ch. **135**, 291 (1940). — [8] Bernhard, K., and R. Schoenheimer: J. biol. Ch. **133**, 713 (1940). — [9] Ussing, H. H.: Skand. Arch. Physiol. **78**, 225 (1938). — [10] Masoro, E. J., I. L. Chaikoff and W. G. Dauben: J. biol. Ch. **179**, 1117 (1949). — [11] Medes, G., A. Thomas and S. Weinhouse: J. biol. Ch. **197**, 181 (1952).

abbau und Fettsäuresynthese in den Leberzellen gleichzeitig erfolgen, geht auch aus Versuchen hervor, in denen Leberschnitten Octansäure zugefügt wurde, deren COOH-Gruppe mit ^{14}C markiert war. Aus dieser Octansäure bildeten die Leberschnitte höhere Fettsäuren, bei denen der ^{14}C-Gehalt der COOH-Gruppe etwa doppelt so groß war wie der durchschnittliche ^{14}C-Gehalt der CH_2-Gruppen. Wäre die Octansäure durch einfache Kettenverlängerung in Palmitin- oder Stearinsäure umgewandelt worden, so hätte der ^{14}C in einer der CH_2-Gruppen dieser Säuren enthalten sein müssen. Die Tatsache, daß der ^{14}C aus dem Carboxyl der Octansäure in das Carboxyl der Palmitin- und Stearinsäure übergegangen war, beweist, daß ein großer Teil des Octanats in den Leberzellen zuerst zu Acetat aufgespalten und erst das so gebildete Acetat zur Bildung höherer Fettsäuren verwendet worden war[1]. Fettabbau und Fettbildung erfolgen also in der gleichen Zelle und zu gleicher Zeit nebeneinander.

Auch Versuche mit doppelt markiertem Wasser ($^3H^2HO$) ergaben, daß in den Leberzellen Fettsäureabbau und Fettsäuresynthese miteinander konkurrieren. Übertrifft bei einem Stoffwechselprozeß die Synthese den Abbau, so tritt das schwerere (und daher langsamer herandiffundierende) Isotop in dem gebildeten Produkt langsamer auf als das leichtere. Erfolgen Synthese und Abbau aber mit annähernd gleicher Geschwindigkeit, so nähert sich die Konzentration beider Isotopen an der Enzymoberfläche sehr bald dem Verhältnis 1:1. Nach Verabreichung von $^3H^2HO$ war das Verhältnis ^3H zu ^2H in den Fettsäuren der Leber 1:0,87, in den Fettsäuren der Milchdrüse aber 1:0,775 (bezogen auf das Verhältnis 1:1 in dem von den Tieren aufgenommenen Wasser). Daraus geht hervor, daß die Fettsäuren in der Milchdrüse vorwiegend synthetisiert, in der Leber aber gleichzeitig synthetisiert und abgebaut werden[2].

Zahlreiche Befunde weisen ferner darauf hin, daß Fettbildung und Fettabbau in verschiedenen Teilen derselben Leber und in verschiedenen Zellgruppen innerhalb desselben Leberläppchens ein sehr verschiedenes Ausmaß erreichen können. Die Nahrungs- und Sauerstoffversorgung der peripheren und zentral gelegenen Zellen der Leberläppchen ist sehr verschieden, so daß gleichzeitig in einem Teil des Läppchens die Fettsynthese und in einem anderen der Fettabbau überwiegen kann. Aus der Summe aller dieser in den einzelnen Zellen oft in verschiedener Richtung verlaufender Abbau- und Synthesevorgänge setzt sich die Endbilanz des Fettstoffwechsels der Gesamtleber zusammen.

a) Die Synthese der Fettsäuren in der Leber. Neben der Leber vermögen auch andere Organe[3] (Darm[4], Milz[4,5], Niere[4,5], Herz[5], Arterienwand[6], Testis[4,5], Fettgewebe[7,8] u. a.) Fett zu bilden. Auch leberlose Ratten bildeten daher aus ^{14}C-Glucose kleine Mengen von ^{14}C-Fettsäuren[9]. Gleichwohl ist die Leber die wichtigste Fettbildungsstätte des Organismus[10], die Hauptmenge des in den peripheren Fettdepots des Mesenteriums, der Subcutis usw. abgelagerten Fettes ist in der Leber entstanden und auf dem Blutweg in die Fettgewebe transportiert worden. Andererseits wird das Depotfett, sobald es in größeren Mengen aus den Fettgeweben mobilisiert wird, von der Leber aus dem Blut aufgenommen und in

[1] Brady, R. O., and S. Gurin: J. biol. Ch. **186**, 461 (1950). — [2] Glascock, R. F., and W. G. Duncombe: Biochem. J. **58**, 440 (1954). — [3] Chernick, S. S., E. J. Masoro and I. L. Chaikoff: Proc. Soc. exp. Biol. Med. **73**, 348 (1950). — [4] Bloch, K., E. Borek and D. Rittenberg: J. biol. Ch. **162**, 441 (1946). — [5] Medes, G., A. Thomas and S. Weinhouse: J. biol. Ch. **197**, 181 (1952). — [6] Chernick, S., P. A. Srere and I. L. Chaikoff: J. biol. Ch. **179**, 113 (1949). — [7] Shapiro, B., and E. Wertheimer: J. biol. Ch. **173**, 725 (1948). — [8] Hausberger, F. X., S. W. Milstein and R. J. Rutman: J. biol. Ch. **208**, 431 (1954). — [9] Masoro, E. J., I. L. Chaikoff and W. G. Dauben: J. biol. Ch. **179**, 1117 (1949). — [10] Longenecker, H. E.: Biol. Symp. **5**, 99 (1941). — McHenry, E. W., and M. L. Cornett: Vitamins & Hormones **2**, 1 (1944).

den Leberzellen abgebaut. Nur Leber und Fettgewebe können Fett an das Blut abgeben, die anderen Organe erzeugen die Fettsäuren nur für den eigenen Bedarf, insbesondere für die Bildung der in allen lebenden Zellen enthaltenen Strukturlipoide. Auch der Fettabbau in den peripheren Organen ist relativ gering; es scheint, daß ein großer Teil des Fetts im Organismus in der Weise verwertet wird, daß die Fettsäuren zunächst von der Leber zu Acetat abgebaut, von der Leber sodann in Form von Ketonkörpern an das Blut abgegeben und in dieser Form von der Muskulatur und anderen Organen aufgenommen und verwertet wird (vgl. S. 193). Ein Überblick über die Stellung der Leber in Fettbildung und Fettabbau gibt das beistehende Schema:

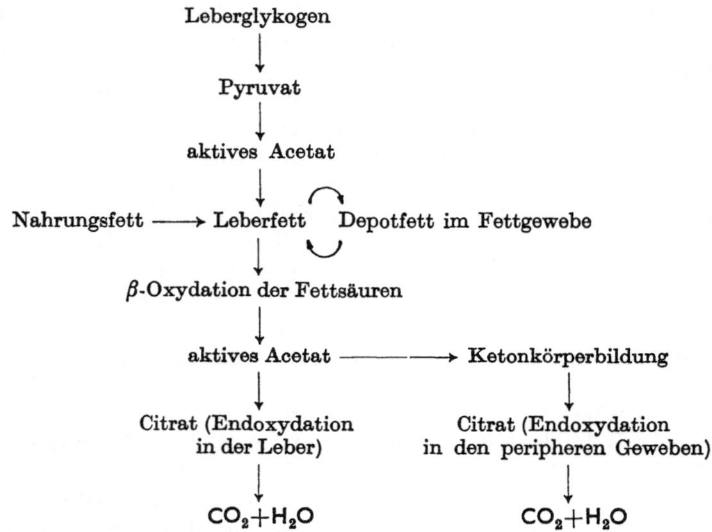

Die Bildung der höheren Fettsäuren aus Acetat erfolgt in der Leber im Verlaufe einer ununterbrochenen, in sich geschlossenen Reaktionskette; Zwischenprodukte bei der Synthese der höheren Fettsäuren sind nicht die niederen Fettsäuren selbst, sondern ihre Verbindungen mit Coenzym A (vgl. S. 171). Niedere Fettsäuren sind daher als Zwischenprodukte der Fettsynthese weder in freier Form noch als Glyceride nachweisbar. Es scheint, daß als Endprodukt des Fettsäurecyclus in der Leber vor allem Palmitin- und Stearinsäure-CoA entsteht, das sodann durch Umesterung in Glyceride oder Phosphatidsäuren umgewandelt wird. Ein Teil dieser Säuren wird dann nach der Loslösung von CoA zu Olein- oder Palmitoleinsäure dehydrogeniert. Nach Verabreichung von D_2O wurden D-Palmitinsäure und D-Stearinsäure in der Leber von Mäusen mit gleicher Geschwindigkeit gebildet[1], während das Deuterium in der Fraktion der ungesättigten Fettsäuren erst später zunahm[1,2]. Die mit Deuterium bestimmte Halbwertszeit der gesättigten Fettsäuren in der Leber der Maus beträgt etwa 1 Tag[1]. Die Halbwertszeit der Gesamtfettsäuren der Rattenleber wurde in Versuchen mit D_2O auf 1,9 Tage berechnet[3]. In Übereinstimmung damit betrug auch in Versuchen mit ^{14}C-Acetat die Halbwertszeit der gesättigten Fettsäuren der Rattenleber 1 Tag, die Halbwertszeit der ungesättigten Fettsäuren aber 2 Tage; die Halbwertszeit der ungesättigten Fettsäuren des Carcass wurde in den gleichen Versuchen auf 19 bzw. 20 Tage berechnet[4]. Es scheint, daß die neugebildeten Fettsäuren vor allem für die

[1] Bernhard, K., and R. Schoenheimer: J. biol. Ch. **133**, 713 (1940). — [2] Rittenberg, D., and K. Bloch: J. biol. Ch. **154**, 311 (1944). — [3] Stetten, D. jr., and G. E. Boxer: J. biol. Ch. **155**, 231 (1944). — [4] Pihl, A., K. Bloch and H. S. Anker: J. biol. Ch. **183**, 441 (1950).

Bildung der Triglyceride des Leberfetts verwendet werden. 6 Std nach Verabreichung von ^{14}C-Acetat war der ^{14}C-Gehalt der Triglyceride der Leber höher als die ^{14}C-Konzentration in den Fettsäuren der Phosphatide dieses Organs[1]. Gleichwohl sprechen einzelne Befunde dafür, daß die neugebildeten Fettsäuren vom CoA nicht direkt auf freies Glycerin, sondern zunächst auf Glycerinphosphat umgeestert werden[2] (vgl. S. 183).

Mit Hilfe der Isotopentechnik kann die Fettbildung an Leberschnitten, in Leberhomogenaten und an isolierten Lebermitochondrien verfolgt werden. Leberschnitte von Ratten bilden sowohl aus D-Acetat als auch aus D_2O deuteriumhaltige Fettsäuren[3]. Aus ^{14}C-Acetat entstanden in Rattenleberschnitten ^{14}C-haltige Fettsäuren[4–6]. Aus Acetat, das in der Methylgruppe mit D und in der Carboxylgruppe mit ^{13}C markiert war, entstanden in vivo Fettsäuren, deren CH_2-Gruppen alternierend D und ^{13}C enthielten, ein Beweis dafür, daß die Acetatreste bei der Bildung der Fettsäurekette Kopf zu Ende zusammengefügt werden[7,8].

Die Fettsäurebildung aus Acetat ist von dem Ausmaß des Glucoseabbaues und des Pyruvatangebots im Lebergewebe abhängig. In Leberschnitten unterernährter oder völlig hungernder Ratten war die Fettsynthese aus (den Schnitten zugesetztem) ^{14}C-Acetat herabgesetzt[4,9]. Wurde Ratten intraperitoneal ^{14}C-Acetat injiziert und die Ratten 4 Std später getötet, so war die Aufnahme von ^{14}C in die Leberfettsäuren bei hungernden Tieren viel geringer als bei normal ernährten Tieren. Wurde das ^{14}C-Acetat 1 Std nach der letzten Nahrungsaufnahme injiziert, so wurde 4 Std später 0,35% der injizierten Menge in den Leberfettsäuren aufgefunden, erfolgte die Injektion nach 18stündigem Hunger, so betrug die für die Bildung der Leberfettsäuren verwendete Menge des ^{14}C nur 0,06% der verabreichten Dosis[10]. Wurde hungernden Ratten unmittelbar vor dem Tode Nahrung gegeben oder Glucose injiziert, so erfolgte die Fettsäurebildung aus markiertem Acetat in den Leberschnitten dieser Tiere weit rascher als bei normal ernährten Tieren[4,9,11]. Auch wenn die Glucose direkt zu den Leberschnitten hungernder Ratten hinzugefügt wurde, war die Fettsäurebildung aus ^{14}C-Acetat beschleunigt[12]. Ebenso steigerte der Zusatz von Pyruvat, Oxalacetat oder Glucose zur Suspensionsflüssigkeit die Fettsäuresynthese aus ^{14}C-Acetat in Rattenleberschnitten[5], während Fumarat, Malat und Succinat wirkungslos blieben[5]. Verfütterung von Fett an hungernde Tiere zeigte dagegen keine Wirkung auf die Fettsynthese aus ^{14}C-Acetat, Verfütterung von Protein förderte die Fettsynthese nur in geringem Ausmaß[9].

Insulin steigert, zu Leberschnitten normaler Ratten hinzugesetzt, entgegen früheren Beobachtungen[5], die Bildung von ^{14}C-Fettsäuren aus ^{14}C-Acetat[4,13,14]. Bei den glykogenarmen Leberschnitten hungernder Tiere blieb der Insulinzusatz jedoch ohne Wirkung[4,12], dagegen wirkte Insulin auf die Fettsynthese aus ^{14}C-Acetat besonders stark, wenn das Insulin der Suspensionsflüssigkeit zusammen mit Glucose zugesetzt wurde[12]. Auf die Bildung höherer Fettsäuren aus 2-^{14}C-Pyruvat

---

[1] Pihl, A., and K. Bloch: J. biol. Ch. **183**, 431 (1950). — [2] Kornberg, A., and W. E. Pricer jr.: J. biol. Ch. **204**, 345 (1953). — [3] Bloch, K., E. Borek and D. Rittenberg: J. biol. Ch. **162**, 441 (1946). — [4] Medes, G., A. Thomas and S. Weinhouse: J. biol. Ch. **197**, 181 (1952). — [5] Bloch, K., and W. Kramer: J. biol. Ch. **173**, 811 (1948). — [6] Chernick, S., P. A. Srere and I. L. Chaikoff: J. biol. Ch. **179**, 113 (1949). — [7] Rittenberg, D., and K. Bloch: J. biol. Ch. **154**, 311 (1944). — [8] Rittenberg, D., and K. Bloch: J. biol. Ch. **160**, 417 (1945). — [9] Lyon, I., M. S. Masri and I. L. Chaikoff: J. biol. Ch. **196**, 25 (1952). — [10] Hutchens, T. T., J. T. van Bruggen, R. M. Cockburn and E. S. West: J. biol. Ch. **208**, 115 (1954). — [11] Masoro, E. J., I. L. Chaikoff, S. S. Chernick and J. M. Felts: J. biol. Ch. **185**, 845 (1950). — [12] Masri, M. S., I. Lyon and I. L. Chaikoff: J. biol. Ch. **197**, 621 (1952). — [13] Brady, R. O., and S. Gurin: J. biol. Ch. **186**, 461 (1950). — [14] Brady, R. O., and S. Gurin: J. biol. Ch. **187**, 589 (1950).

und aus mit ^{14}C markierter Buttersäure, Hexansäure und Octansäure hatte Insulinzusatz zur Suspensionsflüssigkeit dagegen keinen Einfluß[1].

Bei pankreasektomierten Tieren ist die Fettbildung aus Kohlenhydrat herabgesetzt[2]. Insulinverabreichung an normale Tiere hat eine Beschleunigung des Fettsäureumsatzes in der Leber zur Folge. Wurde a) normalen, b) alloxandiabetischen, c) mit Insulin im Überschuß behandelten Kaninchen D_2O in der Weise verabreicht, daß eine bestimmte D_2O-Konzentration des Körperwassers durch 48 Std bestehen blieb, so war der Gesamtfettsäuregehalt der Lebern dieser Tiere zwar annähernd gleich (a = 1,8%, b = 1,9%, c = 1,9%), der D-Gehalt der Leberfettsäuren aber stark verschieden: die Leberfettsäuren der diabetischen Tiere enthielten nur 45% des D-Gehalts der Leberfettsäuren der Normaltiere, der D-Gehalt der Leberfettsäuren der insulinbehandelten Normaltiere war aber auf 460% des D-Gehalts der Leberfettsäuren der unbehandelten normalen Kaninchen angestiegen[3].

Ähnlich wie bei alloxandiabetischen Kaninchen entstanden auch in der Leber alloxandiabetischer Ratten nach Verabreichung von D_2O weniger D-Fettsäuren als bei normalen Ratten. Die Fettsynthese aus Kohlenhydrat sank bei alloxandiabetischen Ratten auf etwa 5% des Normalwertes[4]. Leberschnitte von alloxandiabetischen Ratten bildeten aus ^{14}C-Acetat, ^{14}C-Lactat, ^{14}C-Glucose und ^{14}C-Fructose weit weniger ^{14}C-Fettsäuren als die Leberschnitte normaler Ratten[5,6]. Wurden den alloxandiabetischen Ratten dagegen vor dem Tode durch 2—3 Tage große Dosen von Insulin zugeführt, so wurden die Leberschnitte dieser Tiere wieder befähigt, Fettsäuren aus Acetat[5], Lactat[5], Pyruvat[7] und Glucose[6] zu bilden. Reichliche Glucosezufuhr ohne Insulin hatte bei Leberschnitten alloxandiabetischer Ratten dagegen keine fördernde Wirkung auf die Fettsäuresynthese[8]. Auch direkte Zugabe von Insulin zu Schnitten diabetischer Leber brachte die Fettsynthese aus ^{14}C-Glucose wieder in Gang[9].

Die Fettbildung aus ^{14}C-Glucose war in Leberschnitten alloxandiabetischer Ratten, die in den letzten Tagen vor dem Tode Insulin erhalten hatten, weit größer als die in den Leberschnitten von Normaltieren[10]. Die gesteigerte Fettbildung kann bei derartigen Tieren zu einer Verfettung und erheblichen Vergrößerung der Leber führen[11]. Nicht nur Insulinmangel[12], sondern auch Insulinzufuhr kann also beim diabetischen Tier eine Leberverfettung auslösen.

Leberschnitte unbehandelter alloxandiabetischer oder pankreasektomierter Tiere[13] und Leberschnitte hungernder Tiere verhalten sich analog: in allen diesen Fällen läuft der Fettsäureabbau in den Schnitten weiter, die Fettsäurebildung aus Acetat ist jedoch herabgesetzt. Im Gegensatz zur Fettsäuresynthese ist die Bildung von Acetoacetat und Cholesterin aus Acetat nicht von Insulin und von der Verwertbarkeit der Glucose abhängig. Ist die Fettsäuresynthese durch eine Störung des Kohlenhydratabbaus blockiert, so führt die Anhäufung des aus dem Fettsäureabbau stammenden Acetats daher zu einer gesteigerten Bildung von Acetoacetat und Cholesterin.

---

[1] Brady, R. O., and S. Gurin: J. biol. Ch. **186**, 461 (1950). — [2] Drury, D. R.: Amer. J. Physiol. **131**, 536 (1940). — [3] Stetten, D. jr., and B. V. Klein: J. biol. Ch. **162**, 377 (1946). — [4] Stetten, D. jr., and G. E. Boxer: J. biol. Ch. **156**, 271 (1944). — [5] Felts, J. M., I. L. Chaikoff and M. J. Osborn: J. biol. Ch. **193**, 557 (1951). — [6] Chernick, S. S., and I. L. Chaikoff: J. biol. Ch. **186**, 535 (1950). — [7] Osborn, M. J., I. L. Chaikoff and J. M. Felts: J. biol. Ch. **193**, 549 (1951). — [8] Baker, N., I. L. Chaikoff and A. Schusdek: J. biol. Ch. **194**, 435 (1952). — [9] Chernick, S. S., I. L. Chaikoff, E. J. Masoro and E. Isaeff: J. biol. Ch. **186**, 527 (1950). — [10] Hausberger, F. X., S. W. Milstein and R. J. Rutman: J. biol. Ch. **208**, 431 (1954). — [11] Osborn, M. J., J. M. Felts and I. L. Chaikoff: J. biol. Ch. **203**, 173 (1953). — [12] Gibbs, G. E., and I. L. Chaikoff: Endocrinology **29**, 877, 885 (1941). — [13] Brady, R. O., and S. Gurin: J. biol. Ch. **187**, 589 (1950).

Die durch Pankreasektomie verringerte Synthese des Leberfetts wird wieder auf die normale Höhe gebracht, wenn zusätzlich auch die Hypophyse der Tiere exstirpiert wird[1] (sog. HOUSSAY-Tiere). In Leberschnitten von Ratten und Katzen, bei denen sowohl das Pankreas als auch die Hypophyse exstirpiert worden waren, erreichte die Synthese von Fettsäuren aus ^{14}C-Acetat ein ähnliches Ausmaß wie in Leberschnitten von Normaltieren[2]. Wurde derartigen Tieren Wachstumshormon injiziert, so wurde die Fettsynthese in den Leberschnitten dieser Tiere verlangsamt[2]. Bei Versuchen am ganzen Tier hemmten Wachstumshormon und ACTH die Fettsynthese bzw. den Einbau von Deuterium in Fettsäuren[3]. Leberschnitte von Katzen, bei denen außer dem Pankreas auch die Nebennieren ektomiert worden waren, synthetisierten Fettsäuren rascher als Leberschnitte von

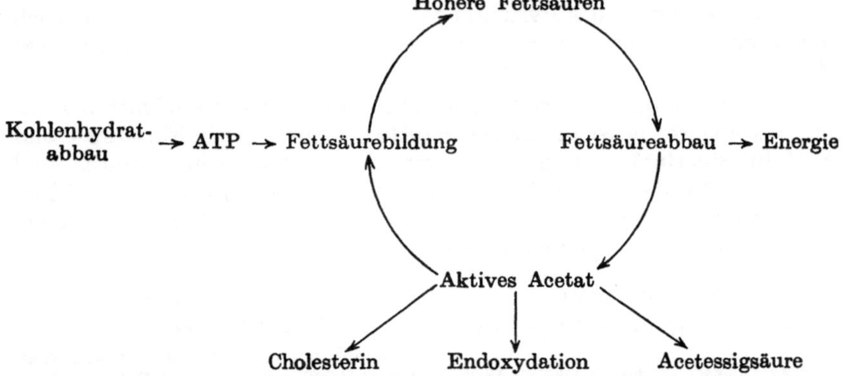

Abb. 20. Energetische Kopplung zwischen Kohlenhydratabbau und Fettsäuresynthese. Die in der normalen Leber ständig ablaufende Erneuerung der Fettsäuren wird durch Zufuhr von Energie unterhalten, die durch den Abbau von Kohlenhydrat bzw. in den vom Kohlenhydratabbau abhängigen Cyclen der Endoxydation gewonnen wird. ATP bildet hierbei den Energieüberträger. Im Hunger, bei kohlenhydratfreier Kost, bei pankreasektomierten oder alloxandiabetischen Tieren fehlt der energieliefernde Glucoseabbau, und die Fettsäurebildung wird unterbrochen. Der Abbau der Fettsäuren geht aber weiter. Das hierbei entstehende aktive Acetat, das sodann nicht zur Fettsäurebildung verwendet werden kann, wird in Acetessigsäure umgewandelt oder zur Cholesterinbildung verwendet. Störung des Kohlenhydratabbaues führt daher zur Verringerung der Fettsynthese, gleichzeitig aber auch zu einer Steigerung der Cholesterinsynthese und zu vermehrter Bildung von Ketonkörpern.

Ratten, bei denen nur das Pankreas entnommen worden war[2]. Subcutane Injektion von Cortison verlangsamte bei normalen Ratten die Synthese von Fett in der Leber (Bestimmungen mit ^{14}C-Acetat in Leberschnitten[2]).

Bei mit Phlorrhizin vergifteten Ratten konnte in Versuchen mit D_2O keine Änderung der Fettsynthese gegenüber Normaltieren festgestellt werden[4].

Fructose, die in der Leber durch eine spezifische, vom Insulin unabhängige Kinase phosphoryliert wird (vgl. S. 98) und die daher im Gegensatz zu Glucose auch beim alloxandiabetischen Tier verwertet und zu CO_2 oxydiert werden kann[5], steigert die Fähigkeit der Leberschnitte von alloxandiabetischen Ratten, Fettsäuren aus ^{14}C-Lactat und ^{14}C-Acetat zu synthetisieren, sehr stark[6]. In der Fructose enthaltene isotope C-Atome gehen jedoch nicht in die Fettsäuren über[5]. Daraus wird geschlossen, daß im Stoffwechsel der alloxandiabetischen Leber 2 Blocks bestehen: Der eine verhindert die Phosphorylierung und damit den Abbau der Glucose, er hemmt dadurch die Fettsäurebildung aus Acetat. Dieser Block

[1] BRADY, R. O., F. D. W. LUKENS and S. GURIN: J. biol. Ch. **193**, 459 (1951). — [2] BRADY, R. O., F. D. W. LUKENS and S. GURIN: Science, N. Y. **113**, 413 (1951). — [3] WELT, I. D., and A. E. WILHELMI: Yale J. Biol. Med. **23**, 99 (1950). — [4] STETTEN, D. jr., and B. V. KLEIN: J. biol. Ch. **159**, 593 (1945). — [5] CHERNICK, S. S., and I. L. CHAIKOFF: J. biol. Ch. **188**, 389 (1951). — [6] BAKER, N., I. L. CHAIKOFF and A. SCHUSDEK: J. biol. Ch. **194**, 435 (1952).

kann umgangen werden, wenn an Stelle von Glucose Fructose verabreicht wird. Der 2. Block verhindert an einer noch unbekannten Stelle die Umwandlung von Kohlenhydrat in Fett, dieser Block wird auch durch Fructosedarreichung nicht aufgehoben[1].

Bekanntlich wird Acetat in der Leber nicht nur aus Fettsäuren, sondern auch durch oxydative Decarboxylierung von Pyruvat gebildet; für die Fettsäurebildung werden daher nur die C-Atome 2 und 3 (= α- und β-C) des Pyruvats verwendet, nicht aber das C-Atom, das die COOH-Gruppe bildet. Wird Leberschnitten Pyruvat angeboten, das in β-Stellung ^{14}C enthält, so wird der ^{14}C in Fettsäuren eingebaut[2]. Ebenso wurde ^{14}C, der in α- und β-Stellung in Lactat eingeführt worden war (aber nicht ^{14}C, der sich in der Carboxylgruppe des Lactats befand) von Rattenleberschnitten zur Bildung von Fettsäuren verwendet[3]. Da für die Decarboxylierung des Pyruvats das Vitamin B_1 (Thiamin) erforderlich ist, hat Thiaminmangel eine Verminderung der Fettsynthese aus Kohlenhydrat zur Folge[4].

Durch sukzessive Anlagerung von C_2-Resten können in Leberschnitten Fettsäureketten verlängert werden. Leberschnitte wandeln Palmitinsäure[5] und Cetylalkohol[6] in Stearinsäure und Laurin- und Myristinsäure in Palmitin- und Stearinsäure um. Wurde Ratten Myristinsäure verfüttert, die in der COOH-Gruppe ^{14}C enthielt, so verteilte sich der ^{14}C auf die aus dem Fett dieser Tiere erhaltene Palmitinsäure in folgender Weise[7]:

H_3C—	CH_2—	$(CH_2)_{11}$—	$^{14}COOH$			verabreichte Myristinsäure
H_3C—	CH_2—	$(CH_2)_{11}$—	CH_2—	CH_2—	COOH	entstandene Palmitinsäure
0,5	1,5	23	59	1,4	14,5	Verteilung des ^{14}C in der aus dem Fett der Tiere erhaltenen Palmitinsäure in % der Gesamtmenge des ^{14}C.

Ein Teil der Myristinsäure war also durch einfache Kettenverlängerung in Palmitinsäure umgewandelt, ein anderer Teil zu Acetat abgebaut worden. Die so entstandenen Acetatmoleküle waren zum Teil zur Kettenverlängerung der Myristinsäure verwendet worden. In Versuchen mit Octansäure, die in der COOH-Gruppe mit ^{14}C markiert war, konnte gezeigt werden, daß niedere Fettsäuren ihrer Hauptmenge nach zunächst zu C_2-Bruchstücken abgebaut und diese C_2-Bruchstücke erst nachträglich zu langen Fettsäureketten zusammengefügt werden[2]. Als H-Quelle kommt für die Umwandlung der COOH-Gruppen des Acetats in die CH_2-Gruppen der Fettsäuren vor allem die reduzierte Form des Diphosphopyridinnucleotids in Betracht[8]. Unter aeroben Verhältnissen wird das Fermentsystem, das Fettsäuren aus Acetat bildet, durch Mg^{++}, DPN, Cytochrom c und insbesondere durch Citrat aktiviert, während Ca^{++} und Fluorid eine hemmende Wirkung haben[8]. Durch O_2-Entzug wurde die Fettsäuresynthese in Taubenlebern nur wenig gehemmt[8], die Lieferung der für die Fettsäuresynthese notwendigen Energie kann also in der Taubenleber auch von anaeroben Reaktionen, die im Rahmen des Kohlenhydratabbaues erfolgen, geliefert werden.

Intaktheit der Leberzellen ist für die Fettsäuresynthese nicht notwendig, denn zellfreie Breie und wäßrige Extrakte von Taubenlebern konnten ^{14}C-Acetat in

[1] Chernick, S. S., and I. L. Chaikoff: J. biol. Ch. **188**, 389 (1951). — [2] Brady, R. O., and S. Gurin: J. biol. Ch. **186**, 461 (1950). — [3] Felts, J. M., I. L. Chaikoff and M. J. Osborn: J. biol. Ch. **191**, 683 (1951). — [4] Boxer, G. E., and D. Stetten jr.: J. biol. Ch. **153**, 607 (1944). — [5] Stetten, D. jr., and R. Schoenheimer: J. biol. Ch. **133**, 329 (1940). — [6] Stetten, D. jr., and R. Schoenheimer: J. biol. Ch. **133**, 347 (1940). — [7] Anker, H. S.: J. biol. Ch. **194**, 177 (1952). — [8] Brady, R. O., and S. Gurin: J. biol. Ch. **199**, 421 (1952).

Fettsäuren einbauen[1-3]. Fermentsysteme, die Fettsäuren oxydieren[4] und anderseits auch die Synthese der Fettsäuren bewirken, sind in den Mitochondrien enthalten und können aus dem durch Zusatz von Aceton zur Mitochondriensuspension hergestellten Acetonpulver mit Wasser extrahiert werden[1]. Im Gegensatz zu den Mitochondrien sind die Mikrosomen an der Bildung der Fettsäuren in den Zellen nicht beteiligt[1]. Durch Fraktionierung der aus Leberzellen oder aus isolierten Mitochondrien erhaltenen Extrakte konnten die bei der Synthese der Fettsäuren beteiligten Fermente isoliert und der Mechanismus der Fettsäuresynthese und der des Fettsäureabbaues weitgehend aufgeklärt werden.

b) Der Abbau der Fettsäuren in der Leber. Die Leber ist das Zentralorgan nicht nur der Fettsäurebildung, sondern auch des Fettsäureabbaues. Zwar können auch andere Gewebe Fettsäuren abbauen, der Fettsäureabbau ist in der Leber jedoch weit stärker als in anderen Organen. Zum Unterschied von den übrigen Körperzellen sind die Leberzellen überdies imstande, den Fettabbau in bestimmten physiologischen oder pathologischen Stoffwechsellagen auf ein Vielfaches des Normalwertes zu steigern. Der Vorgang der Abmagerung, d.h. die durch Hunger oder andere Ursachen bedingte Einschmelzung der in den Fettgeweben deponierten Fette, erfolgt in der Weise, daß diese Fette aus den Fettdepots zur Leber geschafft und dort die in ihnen enthaltenen Fettsäuren zu Acetatresten aufgespalten werden. Das so gebildete Acetat wird, soweit es nicht in der Leber selbst zu CO_2 und H_2O oxydiert wird, in Ketonkörper verwandelt und auf dem Blutweg den übrigen Organen zur Verfügung gestellt. Es gehört also zu den Aufgaben der Leber die in größeren Mengen in den peripheren Geweben nur schwer verwertbaren Fettsäuren zu Zwischenprodukten abzubauen, die direkt in den Citronensäurecyclus eingeführt und der Endoxydation zugeführt werden können.

Gleichzeitig bildet der Abbau der Fettsäuren zu Acetat für die Leberzellen aber auch eine zusätzliche Energiequelle. Wie andere Organe so deckt auch die Leber einen großen Teil ihres Energiebedarfs durch die Verbrennung von Wasserstoff; dieser Wasserstoff wird normalerweise vor allem durch die im Citronensäurecyclus ablaufenden Dehydrogenierungen geliefert. Wird der Citronensäurecyclus aus irgendeinem Grunde gestört, so wird auch die Energiemenge, die die Leber aus dieser Quelle entnehmen kann, vermindert; in diesem Falle steigern die Leberzellen den Fettsäureabbau, und das Manko in der Energieproduktion wird durch die Verbrennung des bei der β-Oxydation von den Fettsäureresten abgespaltenen Wasserstoffs ausgeglichen.

Eine Verringerung des Energiezuflusses aus dem Citronensäurecyclus kann verschiedene Ursachen haben: vor allem ist für die Bildung von Citrat Oxalacetat erforderlich, das wiederum aus Pyruvat entsteht; die Hauptquelle des Pyruvats ist aber unter normalen Verhältnissen Glucose. Mangel an Glucose im Hunger oder bei kohlenhydratfreier Ernährung verringert das Angebot an Pyruvat und damit auch die aus den Cyclen der Endoxydation gewinnbare Energiemenge. Hunger oder kohlenhydratfreie Ernährung haben daher eine kompensatorische Steigerung des Fettsäureabbaues in der Leber zur Folge. Auch bei der Phlorrhizinvergiftung führt der Glucosemangel zu einer Beschleunigung des Fettsäureabbaues zu Acetat bzw. Ketonkörpern. Im Insulinmangel ist die Verwertung der Glucose für die Pyruvatbildung gestört, auch hier wird der Fettsäureabbau gesteigert und die bei Insulinmangelzuständen auftretende Ketosis ist nicht nur eine Folge eines verringerten Abbaues der Ketonkörper, sondern vor allem eine Folge einer stark gesteigerten Ketonkörperbildung aus dem Fettabbau.

---

[1] Brady, R. O., and S. Gurin: J. biol. Ch. **199**, 421 (1952). — [2] Leloir, L. F., and J. M. Muñoz: Biochem. J. **33**, 734 (1939). — [3] Brady, R. O., and S. Gurin: Arch. Biochem. **34**, 221 (1951). Fed. Proc. **11**, 190 (1952). — [4] Drysdale, G. R.: Fed. Proc. **11**, 204 (1952).

Die Leber schaltet also im Pyruvatmangel ihre Energieproduktion weitgehend auf die Verbrennung des durch die Fettsäureoxydation zu Acetat gewonnenen Wasserstoffs um.

Pyruvatangebot normal	*Pyruvatangebot vermindert*
Citronensäurecyclus → H_2 ↘ H_2O + Energie	Citronensäurecyclus ⇢ H_2 ↘ H_2O + Energie
β-Oxydation ⋯⋯⋯→ H_2 ↗	β-Oxydation ———→ H_2 ↗

Die oxydative Aufspaltung der Fettsäureketten zu Acetatresten liefert jedoch (je Mol Acetat gerechnet) weit weniger Energie, als durch die Endoxydation dieser Acetatreste zu CO_2 und H_2O im Citronensäurecyclus gewonnen wird. Wenn der durch die Kapazitätsverminderung des Citronensäurecyclus verursachte Ausfall in der Energieproduktion ausgeglichen werden soll, muß daher die β-Oxydation weit mehr gesteigert werden als sich die Acetatverbrennung im Citronensäurecyclus vermindert hat. Eine Verminderung im Abbau der Ketonkörper ist daher in der Leber stets von einer weit erheblicheren Steigerung der Ketonkörperbildung begleitet. Leberschnitte von fastenden (und daher glykogenarmen) Ratten oxydierten von zugesetztem Acetoacetat nur etwa halb so viel wie Leberschnitte normal ernährter Kontrolltiere, bildeten aber, wie sich aus der Isotopenverdünnung des zugesetzten Acetoacetats ergab, fast 6mal so viel neues Acetoacetat durch den Abbau von Fett wie Leberschnitte normal ernährter Kontrolltiere. Der Gesamtverbrauch der Leberschnitte an O_2 war dagegen bei den hungernden und den normal gefütterten Tieren nur wenig verschieden[1] (vgl. Tabelle 24).

Tabelle 24. Oxydation und Neubildung von Acetoacetat, gemessen an Schnitten von Rattenleber nach Zusatz von Acetoacetat, das mit ^{13}C markiert war. (Die Schnitte wurden 2 Std bei 37° bebrütet. Werte in μMol/g Trockensubstanz. Mittelwerte aus je 3 Versuchen[1]).

	Acetoacetat oxydiert	Acetoacetat neugebildet	O_2-Verbrauch
Normal ernährte Tiere . .	24	13	670
Fastende Tiere	12	77	738

Während die Dehydrogenierungen im Citronensäurecyclus mit Decarboxylierungen gekoppelt sind, wird bei der β-Oxydation der Fettsäuren kein CO_2 frei. Wird der Energiestoffwechsel der Leber vom Citronensäurecyclus auf die β-Oxydation von Fettsäuren umgeschaltet, so sinkt die CO_2-Produktion und damit der Respiratorische Quotient des Lebergewebes. Während die komplette Oxydation von Tristearin den R.Q. 0,7 ergibt, kann der R.Q. des Lebergewebes, wenn die Fettsäuren nur bis zu Ketonkörpern abgebaut werden, auf weit niedrigere Werte sinken.

Die Geschwindigkeit des Fettsäureabbaues in der Leber wird nicht nur durch Abnahme des Pyruvat- bzw. Glucoseangebots in der Leber, sondern auch durch jeden anderen Vorgang gesteigert, der den Citronensäurecyclus hemmt. Ammoniumchlorid stört den Ablauf des Citronensäurecyclus (vgl. S. 193), vermindert dadurch die Energieproduktion in der Endoxydation des Acetats und führt dadurch zu einer kompensatorischen Steigerung der β-Oxydation der Fettsäuren. Zusatz von NH_4Cl senkte daher den Respiratorischen Quotienten überlebenden

[1] WEINHOUSE, S., and R. H. MILLINGTON: J. biol. Ch. **193**, 1 (1951).

Lebergewebes von 0,89 im Kontrollversuch auf 0,47[1]. Ebenso verursacht auch Malonat, das ebenfalls den Citronensäurecyclus hemmt (vgl. S. 192), eine erhebliche kompensatorische Steigerung der β-Oxydation; in Leberschnitten wurde durch Zusatz von Malonat der Abbau des Acetoacetats verringert, seine Bildung jedoch in weit stärkerem Ausmaß gesteigert[2]. Das fettsäureoxydierende Enzymsystem selbst wird durch Malonat nicht beeinflußt[3].

Außer durch Hemmung des Citronensäurecyclus kann jedoch auch durch andere Faktoren eine Steigerung des Fettsäureabbaues hervorgerufen werden. Ähnlich wie die Überwanderung von Fett aus den peripheren Depots zur Leber (z. B. im Hunger) von einer Steigerung des Fettsäureabbaues in der Leber gefolgt ist, kann der Fettsäureabbau im überlebenden Lebergewebe durch direkten Zusatz von fettsauren Salzen in vitro gesteigert werden. Auch in diesem Fall wird nur die Oxydation der Fettsäuren bis zum Acetat, nicht aber die Endoxydation des Acetats zu CO_2 und H_2O beschleunigt, und der Respiratorische Quotient wird daher rasch verringert. Der R.Q. überlebenden Lebergewebes sank nach Zusatz von Na-Palmitat auf 0,6, nach Zusatz von Na-Stearat auf 0,45, während Na-Oleat und Na-Linoleat einen Abfall auf 0,49 bzw. 0,54 bewirkten (R.Q. im Kontrollversuch 0,89)[1].

Die Leber oxydiert nicht nur die normalen geradzahligen, nicht substituierten höheren Fettsäuren, die den Hauptbestandteil des Nahrungsfetts und der endogen entstandenen Fette bilden, sondern auch verzweigte, ungeradzahlige, mit aromatischen Gruppen substituierte Fettsäuren, die in der Natur zum Teil gar nicht vorkommen. Einige Spezialfälle dieser Art sollen im folgenden kurz besprochen werden:

Die Oxydation von Phenylfettsäuren und von Benzoylsulfomethylaminofettsäuren. Daß die Fettsäureketten im Stoffwechsel durch Abspaltung von je 2 C-Atomen verkürzt werden, ist von KNOOP an Säuren gezeigt worden, deren ω-C-Atom an eine Phenylgruppe gebunden war. Die Phenylgruppe kann im Stoffwechsel nur schwer abgebaut werden, die daran gebundene Fettsäurekette wird dagegen durch wiederholte Abspaltung von je 2 C-Atomen verkürzt. Bestand der Fettsäurerest aus einer geraden Anzahl von C-Atomen, so wurde die Phenylfettsäure in Phenylessigsäure umgewandelt, enthielt der Fettsäurerest der verabreichten Phenylfettsäure dagegen eine ungerade Anzahl von C-Atomen, so konnte im Harn Benzoesäure nachgewiesen werden[4]. Der Vorgang der β-Oxydation kommt hier also erst unmittelbar vor dem Phenylrest zum Stehen.

In ähnlicher Weise kann man Fettsäuren auch durch die im Organismus schwer spaltbare Benzolsulfomethylaminogruppe markieren[5]: Auch der Abbau derartiger Fettsäuren erfolgt durch Abspaltung von jeweils 2 C-Atomen, nur wird die β-Oxydation in diesem Fall in größerem Abstand von der markierenden Gruppe unterbrochen: An dem Benzolsulfomethylaminorest bleibt immer noch ein aus 3—4 C-Atomen bestehender Säurerest zurück. Entsprechend dem Prinzip der β-Oxydation wurden am ω-Atom markierte Heptansäure (A)[6] und Valeriansäure (B)[7] zu β-markierter Propionsäure (C) abgebaut, am C-Atom 10 markierte Undecansäure wurde in γ-markierte Valeriansäure (E) umgewandelt[8] (vgl. das Schema). Verabreichte β-Benzolsulfomethylaminopropionsäure[7] und γ-Benzolsulfomethylaminovaleriansäure[9] wurden nicht abgebaut.

---

[1] ANNAU, E., A. EPERJESSY u. Z. L. ZATHURECZKY: H. **279**, 66 (1943). — [2] JOWETT, M., and J. H. QUASTEL: Biochem. J. **29**, 2181 (1935). — [3] LEHNINGER, A. L.: J. biol. Ch. **165**, 131 (1946). — [4] KNOOP, F.: Hofmeisters Beitr. **6**, 150 (1905). — [5] FLASCHENTRÄGER, B.: H. **159**, 258 (1926). — [6] FLASCHENTRÄGER, B., u. E. BECK: H. **159**, 279 (1926). — [7] PETERS, F.: H. **159**, 270 (1926). — [8] FLASCHENTRÄGER, B., u. F. HALLE: H. **159**, 286 (1926). — [9] PETERS, F., u. K. WATANABE: H. **159**, 261 (1926).

(A) $\underset{R}{CH_2}—CH_2—CH_2\overset{\text{II.}}{\downarrow}CH_2—CH_2\overset{\text{I.}}{\downarrow}CH_2—COOH$

(B) $\underset{R}{CH_2}—CH_2—CH_2—CH_2—COOH$

(C) $\underset{R}{CH_2}—CH_2—COOH$

(D) $CH_3—\underset{R}{CH}—CH_2—CH_2—CH_2\overset{\text{III.}}{\downarrow}CH_2—CH_2\overset{\text{II.}}{\downarrow}CH_2—CH_2\overset{\text{I.}}{\downarrow}CH_2—COOH$

(E) $CH_3—\underset{R}{CH}—CH_2—CH_2—COOH$

$R = C_6H_5SO_2NCH_3$

Abbau von Fettsäuren, die durch die Benzolsulfomethylaminogruppe markiert worden waren, bei Hunden:

(A) wird durch zweimalige β-Oxydation in (C), (B) durch einmalige β-Oxydation in (C) umgewandelt. (C) passiert den Organismus unverändert. (D) geht durch dreimalige β-Oxydation in (E) über, (E) erscheint, an Hunde verfüttert, unverändert im Harn.

Die Oxydation von Fettsäuren mit ungerader C-Atomzahl. Während die geradzahligen Fettsäuren durch den Vorgang der β-Oxydation restlos zu Acetylresten aufgespalten werden, bleibt bei der β-Oxydation ungeradzahliger Fettsäuren am ω-Ende der Fettsäurekette ein Propionsäuremolekül zurück. Die Endoxydation der aus der Fettsäure vorher abgespaltenen Acetatreste wird durch diesen Propionsäurerest in ähnlicher Weise beschleunigt wie durch Pyruvat oder Glucose. Es scheint, daß dieser Propionsäurerest — vielleicht auf dem Wege über Succinat — in den Citronensäurecyclus eingeführt und in Oxalacetat und Pyruvat übergeführt werden kann. Wurde überlebende Leber mit Lösungen der NH_4-Salze der geradzahligen oder ungeradzahligen Fettsäuren von 4—10 C-Atomen durchblutet, so konnte daher nur bei der Durchströmung mit geradzahligen Fettsäuren Aceton in der Durchströmungsflüssigkeit nachgewiesen werden[1]. Auch beim diabetischen Menschen verursachte die Zufuhr von n-Valeriansäure keine Vermehrung der Ketonkörperausscheidung[2].

Analoge Befunde ergaben sich auch bei Versuchen in vitro: Ein aus der Leber isoliertes Enzymsystem baut n-Valeriansäure zu Propionsäure ab[3]; obwohl dabei ein Acetylrest abgespalten wird, war keine Acetonkörperbildung nachweisbar[4]. Ausscheidung von Propionsäure im Harn wurde nach Verabreichung ungeradzahliger Fettsäuren nicht beobachtet[5]. Je länger die ungeradzahlige Fettsäurekette ist, desto weniger macht sich die antiketogene Wirkung des bei der β-Oxydation zurückbleibenden Propionsäurerestes bemerkbar. Ungeradzahlige Fettsäuren mit mehr als 10 C-Atomen sowie Cocosfett, dessen Fettsäureketten um einen CH_2-Rest verlängert und dadurch ungeradzahlig gemacht worden waren, beeinflußten daher den Stoffwechsel in ähnlicher Weise wie geradzahlige

[1] Embden, G., u. A. Marx: Hofmeisters Beitr. **11**, 318 (1908). — [2] Baer, J., u. L. Blum: A. e P. P. **55**, 89 (1906); **56**, 92 (1906). — [3] Atchley, W. A.: J. biol. Ch. **176**, 123 (1948). — [4] Grafflin, A. L., and D. E. Green: J. biol. Ch. **176**, 95 (1948). — [5] Lundin, H.: J. metabol. Res. **4**, 150 (1923).

Fettsäuren und senkten den Respiratorischen Quotienten bei Ratten in ähnlicher Weise wie diese[1].

Die ω-Oxydation. Ebenso wie die meist 16—18 C-Atome enthaltenden Fettsäuren der Nahrung, werden auch die niederen Fettsäuren mit 4—8 C-Atomen in der Leber leicht in die Cyclen der β-Oxydation eingeführt und vollständig zu Acetylresten aufgespalten. Dagegen scheint die Aktivierung der Fettsäuren mittlerer Kettenlänge für die β-Oxydation relativ langsam zu erfolgen; obzwar auch die Hauptmenge dieser Säuren nach dem Prinzip der β-Oxydation abgebaut werden, können hier noch andere Abbauwege mit der β-Oxydation in Konkurrenz treten. Nach Verfütterung von Fettsäuren mit 10 und 11 C-Atomen schieden normale Versuchspersonen die diesen Fettsäuren entsprechenden Dicarbonsäuren mit dem Harn aus[2]. Da Cocosfett und aus Cocosfett hergestellte Kochfette Caprinsäure enthalten, traten nach Verfütterung derartiger Fette geringe Mengen von Dicarbonsäuren im Harn auf[3]. Verfütterung von Cocosfett, dessen Fettsäuren durch Kettenverlängerung an der Methylgruppe ungeradzahlig gemacht worden waren, führte beim Hund zu keiner verstärkten Ausscheidung von Dicarbonsäuren[1], ungeradzahlige Fettsäuren unterliegen also keiner stärkeren ω-Oxydation als ihre geradzahligen Nachbarn in der Fettsäurereihe. Im Gegensatz zur Decansäure und zur Undecansäure wurden Fettsäuren mit 9 oder 12 C-Atomen nur in sehr geringem Ausmaß und Fettsäuren mit höherer oder niedrigerer C-Atomzahl gar nicht in Dicarbonsäuren umgewandelt[4]. Nur Decansäure und Undecansäure werden also am letzten C-Atom ihrer Kette oxydiert (ω-Oxydation) und dadurch in 2basische Säuren verwandelt; die Ursache hiervon ist wahrscheinlich eine langsamere Bindung dieser Säuren an CoA.

Man kann die Aktivierung des Fettsäurecarboxyls, die für die Einführung der Fettsäure in die β-Oxydation notwendig ist, auch dadurch erschweren, daß man das α-C-Atom durch eine körperfremde Gruppe besetzt. Da die Fettsäure sodann nicht von der Carboxylgruppe her β-oxydiert werden kann, beginnt die Oxydation am ω-Methyl, das in eine Carboxylgruppe verwandelt wird. Die Fettsäurekette wird sodann von dieser neugebildeten Carboxylgruppe aus nach dem Prinzip der β-Oxydation verkürzt. Wurde einem Hund α-Benzolsulfo-methylamino-laurinsäure subcutan injiziert, so schied er im Harn α-Benzolsulfo-methylamino-adipinsäure aus[5].

$$\begin{array}{l}\qquad\quad \text{I} \qquad\qquad\quad \text{II} \qquad\qquad\quad \text{III}\\ \qquad\quad \downarrow \qquad\qquad\quad \downarrow \qquad\qquad\quad \downarrow\\ CH_3{-}CH_2{-}CH_2{-}CH_2{-}CH_2{-}CH_2{-}CH_2{-}CH_2{-}CH_2{-}CH_2{-}\underset{\displaystyle C_6H_5{-}SO_2{-}\overset{|}{N}CH_3}{CH}{-}COOH\end{array}$$

$$COOH{-}CH_2{-}CH_2{-}CH_2{-}\underset{\displaystyle C_6H_5{-}SO_2{-}\overset{|}{N}{-}CH_3}{CH}{-}COOH$$

Die durch die ω-Oxydation der Decansäuren gebildeten 2basischen Säuren werden durch β-Oxydation, die nun von beiden Enden der C-Kette her angreifen kann (sog. β,β'-Oxydation) abgebaut. Doch scheint die Aktivierung der Dicarbonsäuren für diesen Vorgang in vivo schwierig zu sein, denn die Oxydation dieser Säuren erfolgt nur langsam und unvollständig, und neben den Säuren selbst werden auch die um 2 oder 4 C-Atome ärmeren Dicarbonsäuren im Harn ausgeschieden.

[1] Keil, W., H. Appel u. G. Berger: H. **257**, I (1939). — Appel, H., G. Berger, H. Böhm, W. Keil u. G. Schiller: H. **266**, 158 (1940). — [2] Verkade, P. E., M. Elzas, J. van der Lee, H. H. de Wolff, A. Verkade-Sandbergen u. D. van der Sande: H. **215**, 225 (1933). — [3] Flaschenträger, B., u. K. Bernhard: H. **238**, 221 (1936). — [4] Verkade, P. E., and J. van der Lee: Biochem. J. **28**, 31 (1934). — [5] Flaschenträger, B., K. Bernhard, C. Löwenberg u. M. Schläpfer: H. **225**, 157 (1934).

Nach Verabreichung von Tricaprin waren im Harn neben Sebacinsäure (10 C-Atome) auch Korksäure (8 C-Atome) und Adipinsäure (6 C-Atome) nachweisbar. Nach Verabreichung von Undecansäure (11 C-Atome) wurden neben Undecandisäure (11 C-Atome) auch die Dicarbonsäuren mit 9 und 7 C-Atomen (Azelain- und Pimelinsäure) ausgeschieden[1]. Bei Zufuhr von Undecandisäure[2] und von Sebacinsäure[2,3] traten im Harn auch die um 2 C-Atome niedrigeren Dicarbonsäuren auf. Mit Deuterium markierte Adipinsäure, Korksäure, Sebacinsäure und auch höhere Dicarbonsäuren wurden bei Hund und Ratte nicht in nennenswertem Ausmaß verbrannt[4]. Ebenso wie in der Fettsäurereihe scheint die schwere Oxydierbarkeit auch bei den Dicarbonsäuren auf die mittleren Glieder der homologen

Tabelle 25. Dicarbonsäureabbau beim Hund.

Verabreichte Dicarbonsäure	Ausgeschiedene Dicarbonsäure	Verabreichte Dicarbonsäure	Ausgeschiedene Dicarbonsäure
C_6 (Adipinsäure)	C_6	C_{11} (Undecandisäure) . .	C_{11}, C_9, C_7
C_8 (Korksäure)	C_8, C_6	C_{13} (Brassylsäure) . . .	C_{11}, C_9, C_7
C_{10} (Sebacinsäure) . . .	C_{10}, C_8, C_6	C_{16} (Hexadecandisäure) .	C_{10}, C_8, C_6

Reihe beschränkt zu sein. Höhere Dicarbonsäuren (Tetradecansäure, Hexadecansäure) werden beim Menschen völlig verbrannt, beim Hund treten nach Verfütterung dieser Säuren kleine Mengen von Sebacin-, Kork- und Adipinsäure im Harn auf[5]. Auch bei Verabreichung von Dicarbonsäuren mit 13 oder 16 C-Atomen erschienen beim Hund vor allem Dicarbonsäuren mittlerer Kettenlänge (6 bis 11 C-Atome) im Harn[6] (vgl. Tabelle 25). Es scheint daher, daß die ω-Oxydation nur einen Nebenweg der Fettsäureoxydation darstellt und durch in der Leber vorhandene Enzymsysteme bewirkt wird, die in unspezifischer Weise Methylgruppen oxydieren. Diese in ihrem Wirkungsmechanismus noch nicht näher bekannten methyloxydierenden Enzymsysteme scheinen auch beim Abbau verzweigter Fettsäuren und bei der Entgiftung verschiedener körperfremder Substanzen eine Rolle zu spielen.

Verzweigte Fettsäuren (s. a. Bd. 2/1, S. 814). In der durchströmten Leber steigerten α-Methylpropionsäure (= Isobuttersäure) und γ-Methylvaleriansäure (= Isocapronsäure) nicht die Acetonbildung, wohl aber β-Methylbuttersäure[7]. Auch beim diabetischen Menschen verursachte α-Methylpropionsäure keine Ketonkörperausscheidung, während α- und β-Methylbuttersäure die Ketonkörperbildung vermehrt[8]. Auch α-Äthyl- und β-Äthylbuttersäure wirken ketogen[9]. Dementsprechend wirkt auch Leucin (das in β-Methylbuttersäure umgewandelt wird) ketogen, während Valin (das beim Abbau als Zwischenprodukt α-Methylpropionsäure gibt) keine ketogene Wirkung hat. Versuche mit Valin, das in den Methylgruppen mit ^{13}C markiert war, ergaben, daß nach Umwandlung des Valins in α-Methylpropionsäure eine der beiden Methylgruppen in Form von $^{13}CO_2$ freigesetzt wird[10]. Es scheint also, daß Methyl- und Äthylgruppen von Fettsäureketten abgespalten werden können, die zurückbleibende unverzweigte C-Kette

[1] Verkade, P. E., u. J. van der Lee: H. **227**, 213 (1934). — [2] Verkade, P. E., J. van der Lee u. A. J. S. van Alphen: H. **237**, 186 (1935). — [3] Bernhard, K., u. M. Andreae: H. **245**, 103 (1937). — [4] Bernhard, K.: Helv. **24**, 1412 (1941). — [5] Emmrich, R., u. I. Emmrich-Glaser: H. **266**, 183 (1940). — [6] Verkade, P. E., J. van der Lee u. A. J. S. van Alphen: H. **250**, 47 (1937). — [7] Embden, G., H. Salomon u. F. Schmidt: Hofmeisters Beitr. **8**, 129 (1906). — [8] Baer, J., u. L. Blum: A. e. P. P. **55**, 89 (1906). — [9] Baer, J., u. L. Blum: A. e. P. P. **56**, 92 (1906). — [10] Fones, W. S., and J. White: Arch. Biochem. **28**, 145 (1950). — Fones, W. S., T. P. Waalkes and J. White: Arch. Biochem. **32**, 89 (1951).

wird sodann nach dem Prinzip der β-Oxydation abgebaut und ergibt, wenn sie geradzahlig ist, Ketonkörper, wenn sie ungeradzahlig ist antiketogen wirkende Propionsäure. Einige Beispiele ketogen und antiketogen wirkender Fettsäureskelete sind im folgenden zusammengestellt.

ketogen

```
C—C—C—COOH     C—C—C—COOH     C—C—C—COOH     C—C—C—COOH
  |              |                |                :
  C              C2               C                C2
```

nicht ketogen

```
C—C—COOH       C—C—C—C—COOH       C—C—C—C—COOH
  |              |                      |
  C              C                      C
```

c) Der Mechanismus der Fettsynthese und des Fettabbaues in der Leber. Wie Bd. 2/1, S. 832 berichtet, beruht die Biosynthese der Fettsäuren auf kettenförmiger Verknüpfung aktivierter Acetylreste. Der erste Schritt der Fettsynthese ist daher die Aktivierung des Acetats, die durch Bindung des Acetylrestes an CoenzymA bewirkt wird (vgl. Bd. 2/1, S. 1048). Unter Verwendung des so entstandenen Acetyl-CoA als Baustein vollzieht sich sodann die Fettsäuresynthese durch eine Serie aneinander gekoppelter Reaktionen in einem Zuge, wobei der Reihe nach die CoA-Verbindungen der Fettsäuren von C_4—C_{16} auftreten. Die Reaktionskette beginnt damit, daß 2 Moleküle Acetyl-CoA miteinander unter Bildung von Acetoacetyl-CoA und Freisetzung eines CoA reagieren. Das Acetoacetyl-CoA wird sodann über β-Oxybutyryl-CoA und Crotonyl-CoA zu Butyryl-CoA reduziert. Die CoA-Verbindung der Buttersäure reagiert mit einem weiteren Molekül Acetyl-CoA, und es entsteht die Coenzym A-Verbindung der β-Ketohexansäure. Diese wird auf dem gleichen Wege wie das Acetoacetyl-CoA reduziert, und es entsteht Hexansäure-CoA. In dieser Weise geht der Reaktionscyclus weiter, indem abwechselnd ein Acetylrest gebunden und die hierbei entstandene β-Ketogruppe zu CH_2 reduziert wird (vgl. Abb. 21): Durch jeden Umlauf dieses Cyclus werden 2 neue C-Atome an die Fettsäurekette angefügt. Hat sich dieser Vorgang alternierender Kettenverlängerung und Reduktion 7—8mal wiederholt, und ist die Kettenlänge der Fettsäure hierbei bis zu 16—18 C-Atomen angewachsen, so bricht der Reaktionscyclus ab, das Radikal der neugebildeten höheren Fettsäure wird vom CoA losgelöst und auf ein Glycerinmolekül übertragen.

Im Prinzip sind bei der biologischen Fettsynthese also 3 Phasen zu unterscheiden:

1. die Bildung von Acetyl-Coenzym A,
2. der cyclische Vorgang von Kettenverlängerung und Reduktion, der zur Bildung der Coenzym A-Verbindungen der höheren Fettsäuren führt,
3. Unterbrechung des Cyclus durch die Abspaltung des CoA-Restes von der Fettsäure und die Bildung der Triglyceride.

Die gleichen Reaktionen bewirken in umgekehrter Aufeinanderfolge den Abbau der Fette: Hierbei werden zunächst die in den Zellen als Ester an Glycerin gebundenen Fettsäuren durch eine endergonische Reaktion auf CoA-Moleküle umgeestert und dadurch aktiviert. Von den so entstandenen CoA-Verbindungen der höheren Fettsäuren werden 2 H-Atome in α,β-Stellung abgespalten. An das so entstandene α,β-ungesättigte Fettsäure-CoA wird durch eine weitere fermentative Reaktion OH und H angelagert, wobei die CoA-Verbindung einer β-Oxyfettsäure entsteht. Von der sekundären Alkoholgruppe des β-C-Atoms wird sodann neuerlich H_2 abgespalten, wobei die CoA-Verbindung der β-Ketofettsäure gebildet wird. An die β-Ketogruppe dieser Ketofettsäure wird sodann ein zweites Molekül CoA gebunden, die Fettsäurekette auf diese Weise zwischen α- und β-C-Atom gespalten und ein Molekül Acetyl-CoA freigesetzt.

$$R\text{—CO—CH}_2\text{—CO—S—CoA} + \text{HS—CoA} \rightarrow R\text{—CO—S—CoA} + \text{H}_3\text{C—CO—S—CoA}$$

An der um 2 C-Atome verkürzten Fettsäure-CoA-Verbindung beginnt nun der geschilderte Oxydationsvorgang von neuem, aus der β-CH_2-Gruppe entsteht

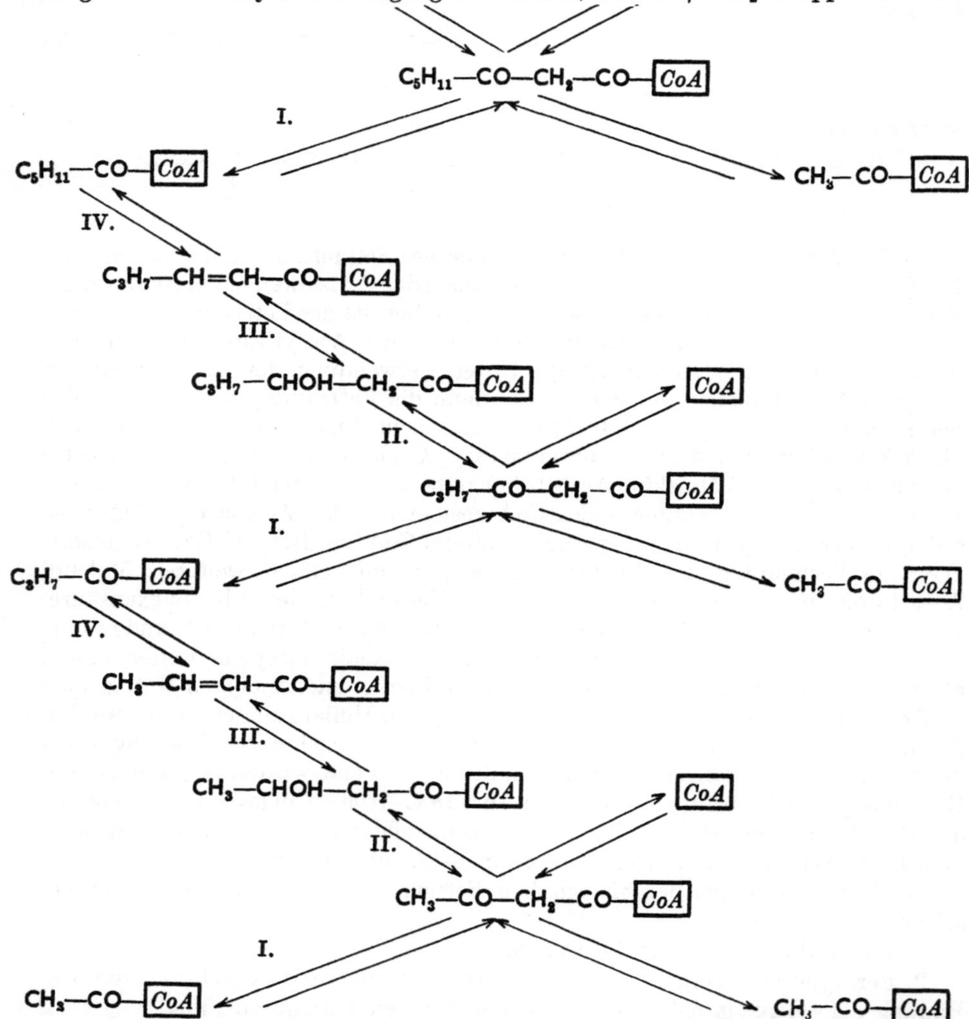

Abb. 21. Der Mechanismus der Fettsäurebildung in den Mitochondrien der Leber. Die Fettsäuresynthese erfolgt durch die cyclische Wiederkehr von 4 Reaktionen:

I. Anlagerung eines Acetylrestes und dadurch Kettenverlängerung, 1 Molekül CoA wird dabei frei (untere Formelreihe).

II. Reduktion der β-Ketofettsäure zur β-Oxyfettsäure.

III. Wasserabspaltung aus der β-Oxyfettsäure und Bildung einer α,β-ungesättigten Fettsäure.

IV. Reduktion der ungesättigten Fettsäure zur gesättigten Fettsäure. Durch jeden Umlauf des Cyclus wird die C-Kette des Zwischenprodukts um 2 CH_2-Gruppen verlängert.

Beim Abbau der Fettsäuren läuft die gleiche Reaktionsfolge in umgekehrter Richtung ab. Alle angeführten Reaktionen vollziehen sich an den Coenzym A-Verbindungen der Fettsäuren.

wieder eine β-Ketogruppe, an diese wird ein CoA-Rest gebunden und das Molekül dadurch um weitere 2 C-Atome verkürzt. Durch cyclische Wiederholung von Oxydation und Spaltung wird schließlich das ganze Fettsäuremolekül in Acetyl-CoA-Moleküle aufgespalten.

Die durch die Aufspaltung der Fettsäuren entstandenen Acetyl-CoA-Moleküle können

A. durch Kondensation mit Oxalacetat in den Citronensäurecyclus eingeführt und auf diesem Wege schließlich zu CO_2 und H_2O oxydiert werden,

B. mit einem zweiten Molekül Acetyl-CoA umgesetzt werden, wobei Acetessigsäure und Ketonkörper gebildet werden, deren Oxydation in den übrigen Organen erfolgt,

C. schließlich können die aus dem Fettsäureabbau entstandenen Acetyl-CoA-Moleküle zu Acetylierungen und Synthesen verschiedener Art verwendet werden.

α) Die Aktivierung des Acetats und der höheren Fettsäuren. Um ein Molekül Tristearin zu synthetisieren, muß die Leberzelle 27 Moleküle Acetyl-CoA bilden. Andererseits entstehen beim Abbau eines Tristearinmoleküls nacheinander 27 Moleküle Acetyl-CoA. Nicht nur bei der Synthese und beim Abbau der Fette, sondern auch bei einer Reihe anderer in der Leber ablaufender Stoffwechselvorgänge bildet das Acetyl-CoA die wichtigste Ausgangssubstanz. Um das für alle diese Vorgänge erforderliche Acetyl-CoA bilden zu können, enthalten die Leberzellen große Mengen von CoA und auch Fermentsysteme, die die Bindung des Acetylrestes an CoA bewirken.

Der Coenzym A-Gehalt des Lebergewebes ist etwa 20mal so groß wie der der Skeletmuskulatur und etwa doppelt so groß wie der des Nierengewebes. In Kaninchenleber wurden 112, in Rattenleber 132, in Taubenleber 105 E CoA* je g frisches Gewebe aufgefunden, während der CoA-Gehalt der Skeletmuskulatur beim Kaninchen nur 6 E/g frische Substanz betrug[1]. Das CoA wird in der Leber aus Pantothensäure, Cystein und ATP gebildet[2]. Daher ist die in der Leber verfügbare Menge an CoA und damit auch die Fähigkeit zur Synthese von Fett und Cholesterinin den Lebern pantothensäurefrei ernährter Tiere vermindert. Aus dem gleichen Grund setzt Zusatz von Pantoyltauryl-p-anisidid[3], das als Antimetabolit des CoA wirkt, die Fettsynthese in Leberschnitten stark herab. Thyreoektomie senkt den CoA-Gehalt und steigert den Fettgehalt des Lebergewebes. Verabreichung von Thyroxin an thyreoektomierte Ratten vermehrt den CoA-Gehalt der Leber. Der CoA-Gehalt der übrigen Organe (Herz, Darm, Gehirn) wurde durch Thyroxinzufuhr in weit geringerem Ausmaß vermehrt als der der Leber[4].

Die für die Bildung von Acetyl-CoA notwendigen Acetylreste stammen, wenn die Fettsynthese in den Leberzellen über den Fettabbau vorherrscht, vor allem aus der oxydativen Decarboxylierung von Pyruvat[5], kleinere Mengen werden auch durch den Abbau der ketogenen Aminosäuren bereitgestellt. Auch freies Acetat kann von der Leberzelle in Acetyl-CoA umgewandelt werden.

Die Bildung des Acetyl-CoA ist eine stark endergonische Reaktion (vgl. Bd. 2/1, S. 1040), die für die Reaktion notwendige Energiemenge wird durch die Zerlegung von ATP in AMP und Pyrophosphat geliefert[6–9]. In der Leber sind Fermentsysteme vorhanden, die Acetylreste von verschiedenen Acetyldonatoren auf CoA übertragen[7,8]. Daraus, daß unter der reversiblen Einwirkung des Ferments

* Definition der CoA-Einheiten vgl. S. 405.

[1] Kaplan, N. O., and F. Lipmann: J. biol. Ch. **174**, 37 (1948). — [2] Novelli, G. D., F. J. Schmetz jr. and N. O. Kaplan: J. biol. Ch. **206**, 533 (1954). — Govier, W. M., and A. J. Gibbons: Arch. Biochem. **32**, 347 (1951). — King, T. E., and F. M. Strong: J. biol. Ch. **189**, 325 (1951). — Levintow, L., and G. D. Novelli: J. biol. Ch. **207**, 761 (1954). — Hoagland, M. B., and G. D. Novelli: J. biol. Ch. **207**, 767 (1954). — Brown, G. M., and E. E. Snell: Am. Soc. **75**, 2782 (1953). — [3] Winterbottom, R., J. W. Clapp, W. H. Miller, J. P. English and R. O. Roblein jr.: Am. Soc. **69**, 1393 (1947). — [4] Tabachnick, I. I. A., and D. D. Bonnycastle: J. biol. Ch. **207**, 757 (1954). — [5] Chantrenne, H., and F. Lipmann: J. biol. Ch. **187**, 757 (1950). — [6] Lipmann, F., M. E. Jones, S. Black and R. M. Flynn: Am. Soc. **74**, 2384 (1952). — [7] Green, D. E.: Science, N. Y. **115**, 661 (1952). — [8] Hale, M. P.: Fed. Proc. **12**, 216 (1953). — [9] Jones, M. E., S. Black, R. M. Flynn and F. Lipmann: Biochim. biophysica Acta, N. Y. **12**, 141 (1953).

^{32}P von Pyrophosphat auf ATP übergeht, wird geschlossen[1], daß die Bildung des Acetyl-CoA in 3 Stufen verläuft, wobei das Ferment unter Spaltung von ATP zunächst Adenylsäure bindet und diese sodann gegen CoA austauscht; das Acetyl wird sodann an das vom Ferment gebundene CoA-Molekül angelagert:

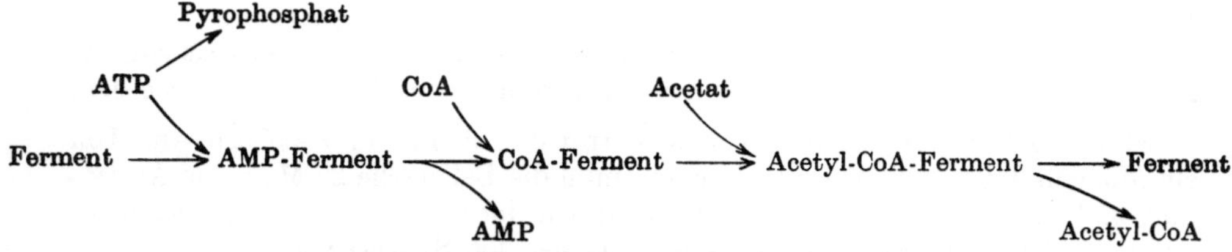

Abb. 22. Der Mechanismus der fermentativen Synthese des Acetyl-CoA. ATP = Adenosintriphosphorsäure; AMP = Adenylsäure.

Die Enzyme, die die Bindung von CoA an höhere Fettsäuren katalysieren und die Fettsäuren dadurch für den Abbau aktivieren[2], sind von dem Enzym, das CoA an Acetylreste anlagert, verschieden. Ein solches Ferment, das CoA an die Fettsäuren von C_4—C_{12} anlagert, ist in Ochsenleber gefunden worden[1, 3]. Andererseits ist auch ein Enzympräparat, das Fettsäuren von C_5—C_{22} in Gegenwart von NH_2OH in Hydroxamsäuren, in Gegenwart von CoA aber in die entsprechenden CoA-Thioester verwandelt, aus Leberextrakten dargestellt worden[4]. So konnte z. B. Palmityl-CoA unter Einwirkung von Leberextrakten aus CoA, ATP und Palmitinsäure erhalten werden. Auch ungesättigte Fettsäuren, wie Olein-, Linol- und Linolensäure[4] sowie Crotonsäure[5], und Oxysäuren, wie β-Oxybuttersäure[5], werden von dem Ferment an CoA gebunden[5]. Mitochondrien können daher ungesättigte Fettsäuren in analoger Weise wie gesättigte Fettsäuren in den Fettsäurecyclus einschalten und abbauen[2]. Die Reaktion verläuft nach der Gleichung:

$$\text{Fettsäure} + \text{ATP} + \text{HS—CoA} \rightleftharpoons \text{Fettsäure—S—CoA} + \text{AMP} + \text{Pyrophosphat}$$

Die CoA-Verbindungen höherer Fettsäuren sind somit in vivo Zwischenprodukte entweder des Fettabbaues oder der Fettbildung. Beim Fettabbau entstehen sie aus den Glycerinestern der Fettsäuren und werden im Fettsäurecyclus zu Acetyl-CoA-Molekülen zerlegt. Bei der Fettsynthese entstehen sie hingegen als Endprodukte des Fettsäurecyclus und werden auf Glycerin umgeestert. Zwei Moleküle höherer Fettsäuren können durch ein aus Leber gewonnenes Enzympräparat in Gegenwart von CoA und ATP an α-Glycerinphosphat gebunden werden, wobei Phosphatidsäuren entstehen und 2 Moleküle ATP in AMP und Pyrophosphat aufgespalten werden. Fettsäuren mit 16, 17 oder 18 C-Atomen werden durch diese Fermente leichter mit α-Glycerinphosphat verestert als Fettsäuren mit längerer oder kürzerer Kette. Fettsäure-S-CoA wurde von dem Ferment auch in Abwesenheit von freiem CoA und ATP an α-Glycerinphosphat gebunden[6].

β) Die Kettenverlängerung der Fettsäuren durch Kondensierung mit Acetyl-CoA. Zwei Moleküle Acetyl-CoA können miteinander in der Weise reagieren, daß die beiden Acetylreste miteinander zu Acetoacetyl-CoA kondensiert und ein Molekül CoA freigesetzt wird.

---

[1] Jones, M. E., F. Lipmann, H. Hilz and F. Lynen: Am. Soc. **75**, 3285 (1953). — [2] Grafflin, A. L., and D. E. Green: J. biol. Ch. **176**, 95 (1948). — [3] Mahler, H. R., S. J. Wakil and R. M. Bock: J. biol. Ch. **204**, 453 (1953). — [4] Kornberg, A., and W. E. Pricer jr.: Am. Soc. **74**, 1617 (1952). J. biol. Ch. **204**, 329 (1953). — [5] Lehninger, A. L., and E. P. Kennedy: J. biol. Ch. **173**, 753 (1948). — Stern, J. R., and A. del Campillo: Am. Soc. **75**, 2277 (1953). — [6] Kornberg, A., and W. E. Pricer jr.: J. biol. Ch. **204**, 345 (1953).

$$H_3C{-}CO{-}S{-}CoA + H_3C{-}CO{-}S{-}CoA \underset{\text{Fettabbau}}{\overset{\text{Fettsynthese}}{\rightleftarrows}} H_3C{-}CO{-}CH_2{-}CO{-}S{-}CoA + H{-}S{-}CoA$$

In analoger Weise kann das Acetyl-CoA auch an die CoA-Verbindungen von Fettsäuren angelagert werden, wobei eine β-Ketofettsäure mit einer um 2 Atome längeren C-Kette entsteht. Die Reaktion ist reversibel, in Gegenwart von CoA wird von den CoA-Verbindungen von β-Ketofettsäuren Acetyl-CoA abgespalten und die CoA-Verbindung der um 2 C kürzeren Fettsäure gebildet.

$$H_3C{-}(CH_2)_n{-}CO{-}S{-}CoA + H_3C{-}CO{-}S{-}CoA \underset{\text{Fettabbau}}{\overset{\text{Fettsynthese}}{\rightleftarrows}} H_3C{-}(CH_2)_n{-}CO{-}CH_2{-}CO{-}S{-}CoA + H{-}S{-}CoA$$

Die Reaktion wird durch die *β-Ketothiolase* katalysiert, die aus Schafsleber in gereinigter Form dargestellt worden ist (s. Bd. 2/1, S. 807 u. 1049)[1].

Das Gleichgewicht dieser Reaktionen liegt auf Seite der Abspaltung des Acetyl-CoA unter Bindung des freien CoA[1,2]. Dadurch, daß das entstandene β-Ketosäure-CoA bei der Fettbildung sofort durch andere Fermente zu β-Oxysäure-CoA reduziert wird und sich daher kein Gleichgewicht bilden kann, wird die Bildung immer neuer Moleküle des β-Ketosäure-CoA ermöglicht.

Die β-Ketothiolase, die durch Jodacetat und As_2O_3 inaktiviert wird[3], scheint eine SH-Gruppe zu enthalten. Wahrscheinlich verläuft die Reaktion in der Weise, daß das Ferment in einem der beiden reagierenden Moleküle an die Stelle eines CoA-Restes tritt.

$$\boldsymbol{R}{-}CO{-}S{-}CoA + HS{-}Ferment \rightleftharpoons \boldsymbol{R}{-}CO{-}S{-}Ferment + H{-}CoA$$

$$\boldsymbol{R}{-}CO{-}S{-}Ferment + CH_3{-}CO{-}S{-}CoA \rightleftharpoons \boldsymbol{R}{-}CO{-}CH_2{-}CO{-}S{-}CoA + HS{-}Ferment$$

Ein aus den Mitochondrien der Leber erhaltenes Fermentpräparat[4] katalysierte nicht nur die Bildung und Spaltung von Acetoacetyl-CoA, sondern auch die Bildung und Spaltung der CoA-Verbindungen der höheren β-Ketofettsäuren ohne Rücksicht auf ihre Kettenlänge[4].

Während die durch die β-Ketothiolase gebildeten CoA-Verbindungen der höheren β-Ketofettsäuren durch ein Pyridinferment zu Verbindungen von β-Oxyfettsäuren reduziert und im weiteren Verlauf schließlich in Fett eingebaut werden, konkurrieren um das Acetyl-CoA in den Leberzellen 2 verschiedene Fermentsysteme: Das Acetoacetyl-CoA kann entweder exergonisch in Acetessigsäure und CoA aufgespalten werden, dann entstehen Ketonkörper, oder das Acetoacetyl-CoA kann endergonisch zu β-Oxybuttersäure-CoA und im weiteren Verlauf zu Buttersäure-CoA reduziert und dadurch in den Syntheseweg der höheren Fettsäuren eingeschaltet werden.

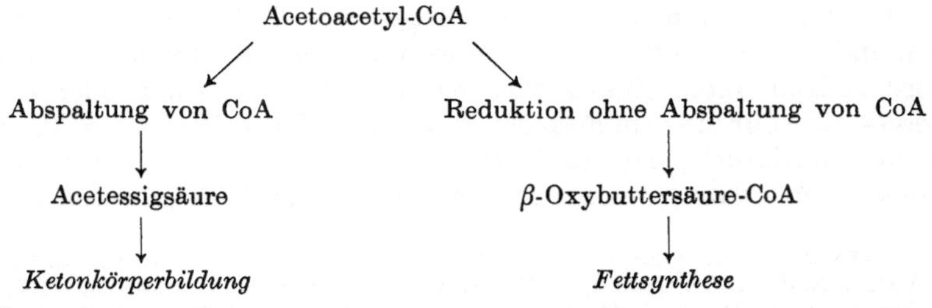

[1] Lynen, F., L. Wessely, O. Wieland and L. Rueff: Angew. Chem. **64**, 687 (1952). — [2] Stern, J. R., M. J. Coon and A. del Campillo: Nature **171**, 28 (1953). Am. Soc. **75**, 1517 (1953). — [3] Lynen, F., and S. Ochoa: Biochim. biophysica Acta, N. Y. **12**, 299 1953). — [4] Beinert, H., R. M. Bock, D. S. Goldman, D. E. Green, H. R. Mahler, S. Mii, P. G. Stansly and S. J. Wakil: Am. Soc. **75**, 4111 (1953).

γ) Die Reduktion der CoA-gebundenen *β*-Ketofettsäuren. Durch die Reaktion

$$R\text{—CO—CH}_2\text{—CO—S—CoA} + \text{DPN—H} + \text{H}^+ \underset{\text{Fettabbau}}{\overset{\text{Fettsynthese}}{\rightleftarrows}} R\text{—CHOH—CH}_2\text{—CO—S—CoA} + \text{DPN}$$

werden bei der Fettsynthese die CoA-Verbindungen von *β*-Oxysäuren, beim Fettabbau die CoA-Verbindungen von *β*-Ketosäuren gebildet. Die Reaktion wird durch eine Pyridyldehydrogenase, die als *β*-Oxyacyl-CoA-dehydrogenase oder als *β-Ketoreduktase* bezeichnet wird, katalysiert. Das Ferment ist aus Schafsleber[1] und aus Mitochondrien von Rinderleber[2] isoliert worden, als Elektronenacceptor dient DPN[3]. Die bisher dargestellten Präparate des Enzyms wirken auf alle *β*-Oxysäuren zwischen von C_4—C_{12}. Die *β*-Ketoreduktase katalysiert neben der Reduktion des Acetoacetyl-CoA auch die Reduktion der synthetisch leichter darstellbaren Acetoacetylmercaptide des N-Acetylthioäthanolamins durch DPN—H + H^+; die Bestimmung des Enzyms in den verschiedenen Fraktionen der Leberextrakte und damit auch die Darstellung gereinigter Präparate des Enzyms wurden dadurch sehr erleichtert[1]. Das reine Ferment reagiert nicht mit freier Acetessigsäure oder mit Acetessigsäureäthylester. Doch konnte Wasserstoff auch von freier *β*-Oxybuttersäure auf DPN übertragen werden, wenn Extrakten aus Rattenlebermitochondrien, die sowohl die *β*-Ketoreduktase als auch das fettsäureaktivierende Ferment enthalten, CoA und ATP zugesetzt wird[4]. Die aus den Mitochondrien von Rinderleber[2] dargestellte *β*-Oxyacyl-CoA-dehydrogenase oxydiert in Gegenwart von DPN als Elektronenacceptor die CoA-Verbindungen aller D-*β*-Oxyfettsäuren von C_4—C_{12} (s. [2]).

δ) Die Umsetzung zwischen den CoA-Verbindungen der *β*-Oxyfettsäuren und der *α*,*β*-ungesättigten Säuren. Die reversible Umwandlung des *β*-Oxyacyl-S-CoA in das *α*,*β*-ungesättigte Acyl-S-CoA erfolgt durch die *Crotonase*, die in wäßrigen Extrakten von Ochsenleber nachgewiesen[5] und aus den Mitochondrien der Rinderleber in gereinigter Form dargestellt worden ist[6]. Das Ferment ist spezifisch für die rechtsdrehende Form von *β*-Oxybuttersäure-S-CoA bzw. für das Transisomere der ungesättigten Säure. Neben den *α*,*β*-ungesättigten Acyl-S-CoA-Verbindungen kann auch *β*,*γ*-ungesättigtes Acyl-S-CoA in das entsprechende *β*-Oxyacyl-S-CoA umgewandelt werden. Das Ferment wirkt besonders auf Säuren mit 4—12 C-Atomen[7]; Crotonasen, die auf höhere Fettsäuren wirken, sind im Lebergewebe bisher nicht nachgewiesen worden.

Von der Crotonase werden also die folgenden Reaktionen katalysiert:

$$R\text{—CH=CH—CH}_2\text{—CO—S—CoA} \rightleftharpoons R\text{—CH}_2\text{—CHOH—CH}_2\text{—CO—S—CoA}$$
$$R\text{—CH}_2\text{—CH=CH—CO—S—CoA} \rightleftharpoons R\text{—CH}_2\text{—CHOH—CH}_2\text{—CO—S—CoA}$$

Das p_H-Optimum der Crotonase liegt bei p_H 9. Das Ferment enthält SH-Gruppen und wird in Gegenwart von Sauerstoff leicht inaktiviert, seine volle Aktivität wird sodann durch Zusatz von reduziertem Glutathion oder Cystein wiederhergestellt. Für die vom Ferment katalysierte Reaktion ist das Glutathion an sich nicht erforderlich; das durch Glutathion aktivierte Ferment behält seine Wirksamkeit auch dann, wenn es in Abwesenheit von Luftsauerstoff dialysiert wird[6].

---

[1] Lynen, F., L. Wessely, O. Wieland u. L. Rueff: Angew. Chem. **64**, 687 (1952). — [2] Wakil, S. J., D. E. Green, S. Mii and H. R. Mahler: J. biol. Ch. **207**, 631 (1954). — [3] Drysdale, G. R., and H. A. Lardy: in McElroy, W. D., and B. Glass: Phosphorus Metabolism. Bd. 2, S. 281. Baltimore 1952. — [4] Lehninger, A. L., and G. D. Greville: Am. Soc. **75**, 1515 (1953). — [5] Stern, J. R., and A. del Campillo: Am. Soc. **75**, 2277 (1953). — [6] Wakil, S. J., and H. R. Mahler: J. biol. Ch. **207**, 125 (1954). — [7] Beinert, H., R. M. Bock, D. S. Goldman, D. E. Green, H. R. Mahler, S. Mii, P. G. Stansly and S. J. Wakil: Am. Soc. **75**, 4111 (1953).

ε) Die Bildung der gesättigten CoA-Fettsäuren. Die Reaktion

$$R\text{—CH=CH—CO—S—CoA} + 2\,H^+ + 2\,e^- \underset{\text{Fettabbau}}{\overset{\text{Fettsynthese}}{\rightleftarrows}} R\text{—CH}_2\text{—CH}_2\text{—CO—S—CoA}$$

wird durch ein Ferment katalysiert, das aus Schafsleber[1] und aus Mitochondrien von Rinderleber[2] dargestellt worden ist. Da es auf die CoA-Verbindungen niederer Fettsäuren besonders stark wirkt, wurde das Ferment als Butyryl-CoA-dehydrogenase bzw. Äthylenreduktase bezeichnet[3]. Das gereinigte Ferment hat eine gelbe bzw. grüne Farbe, es ist ein kupferhaltiges[4] Flavoprotein[5], das 1,2% Riboflavin und 0,345% Cu enthält; das molare Verhältnis Riboflavin:Cu beträgt 2:1. Der Flavinanteil der prosthetischen Gruppe ist identisch mit Flavin-adenin-dinucleotid; das Cu kann entfernt werden, wenn man das Ferment gegen Cyanide dialysiert[6]. Als Elektronenacceptoren können bei Versuchen in vitro 2,6-Dichlorphenolindophenol, Pyocyanin, die Fe(III)-Form des Cytochroms c und Fe(III)-Cyanid verwendet werden.

Ebenso wie das Cu-haltige Präparat kann auch das durch Dialyse Cu-frei gemachte Ferment von Butyryl-CoA reduziert und durch 2,6-Dichlorindophenol oxydiert werden, es setzt sich jedoch mit Fe(III)-Cyanid und Fe(III)-Cytochrom c nur langsam um. Zusatz von Cu beschleunigt die Umsatzgeschwindigkeit des Ferments mit diesen Eisenkomplexverbindungen. Das Ferment wird zu 40% von p-Chloromercuribenzoat inaktiviert, die Inaktivierung kann durch Glutathion aufgehoben werden[6].

Die bei der Fettsynthese durch die Wirkung des Enzyms entstandenen CoA-Verbindungen der gesättigten Fettsäuren mittlerer Kettenlänge bilden das Substrat der β-Ketothiolase, die wie auf S. 181 berichtet, durch Anlagerung eines Acetyl-CoA-Moleküls eine weitere Verlängerung der Fettsäurekette verursacht. Die nach 7—8maligem Ablauf des Cyclus entstandenen CoA-Verbindungen der Palmitin- und Stearinsäure werden durch ein aus Lebergewebe dargestelltes und auf S. 180 erwähntes Ferment auf Glycerinphosphat umgeestert und dadurch Phosphatidsäuren gebildet. Der Mechanismus durch den diese Phosphatidsäuren in Triglyceride umgeestert werden, ist derzeit noch unbekannt.

4. Die Leber im Stoffwechsel der Ketonkörper.

a) Die Bildung der Ketonkörper in der Leber. Wie der Abbau der Glucose, so erfolgt auch der Abbau der Fettsäuren in 2 voneinander scharf unterschiedenen Etappen. Beim Abbau der Glucose wird zunächst Pyruvat gebildet und dieses sodann nach Umwandlung in Acetat zu CO_2 und H_2O verbrannt. In ähnlicher Weise werden auch die Fettsäuren zunächst im Fettsäurecyclus zu Acetat abgebaut und dieses in einem zweiten getrennten Stoffwechselvorgang (gemeinsam mit dem aus dem Glucoseabbau entstandenen Acetat) zu CO_2 und H_2O oxydiert.

Diese beiden Phasen des Fettsäureabbaues können in den Leberzellen unmittelbar aufeinanderfolgen. Das bei der Oxydation der Fettsäuren von CoA-Verbindungen der β-Ketosäuren sich loslösende Acetyl-CoA kann direkt mit Oxalacetat reagieren und Citrat bilden, das dann in den Citratcyclus eingeführt und zu CO_2 und H_2O oxydiert wird.

[1] SEUBERT, W., and F. LYNEN: Am. Soc. **75**, 2787 (1953). — [2] BEINERT, H., R. M. BOCK, D. S. GOLDMAN, D. E. GREEN, H. R. MAHLER, S. MII, P. G. STANSLY and S. J. WAKIL: Am. Soc. **75**, 4111 (1953). — [3] GREEN, D. E., S. MII, H. R. MAHLER and R. M. BOCK: J. biol. Ch. **206**, 1 (1954). — [4] MAHLER, H. R.: Am. Soc. **75**, 3288 (1953). — [5] LYNEN, F., and S. OCHOA: Biochim. biophysica Acta, N. Y. **12**, 299 (1953). — [6] MAHLER, H. R.: J. biol. Ch. **206**, 13 (1954).

$$\begin{array}{llll} R\text{—CO—CH}_2\text{—CO—S—CoA} + & \text{CH}_2\text{—COOH} \rightarrow R\text{—CO—S—CoA} + & \text{CH}_2\text{—COOH} \\ & \mid & \mid \\ & \text{CO—COOH} & \text{C(OH)—COOH} \\ & & \mid \\ & & \text{CH}_2\text{—COOH} \end{array}$$

β-Ketofettsäure-CoA + Oxalessigsäure → CoA-Verbindung der kettenverkürzten Fettsäure + Citronensäure

Bei einer Reihe von Stoffwechselstörungen laufen die beiden Phasen des Fettabbaues jedoch in zeitlicher und räumlicher Trennung voneinander ab. Die Leber kann die Geschwindigkeit des Fettsäureabbaues zu Acetat auf ein Vielfaches des Normalen steigern, die in der Leber verfügbare Menge an Oxalacetat reicht sodann nicht aus, um die freiwerdenden großen Mengen an Acetat zu binden.

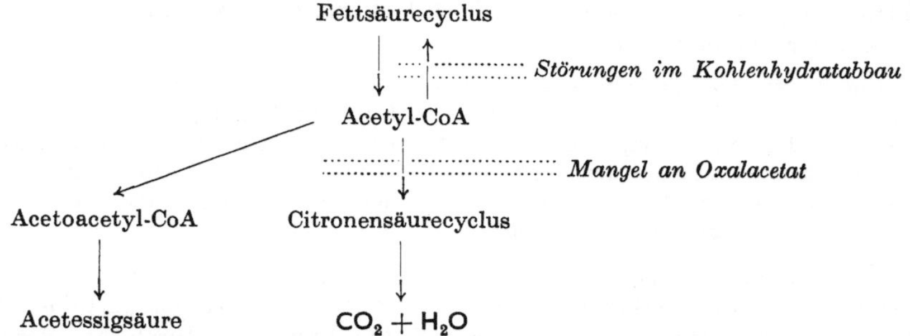

Abb. 23. Ketonkörperbildung bei Störung des Kohlenhydratabbaues. Das aus dem Abbau der Fettsäuren entstandene Acetyl-CoA wird normalerweise durch Kondensation mit Oxalacetat in den Citronensäurecyclus eingeführt und zu CO_2 und H_2O abgebaut. Bei Störungen des Kohlenhydratabbaues (Diabetes) oder Mangel an Kohlenhydrat (Hunger) ist das Angebot an Oxalacetat vermindert, das Acetyl-CoA staut sich auf, wird zu Acetoacetyl-CoA kondensiert und durch Abspaltung des CoA in Acetessigsäure verwandelt. Andererseits ist die Fettsynthese aus Acetyl-CoA an den Kohlenhydratabbau bzw. an die energieliefernden Reaktionen der Endoxydation gebunden, deren Ausmaß vom Kohlenhydratabbau abhängig ist. Störungen des Kohlenhydratabbaues hemmen daher die Fettsäuresynthese aus Acetyl-CoA, der Fettsäurecyclus verläuft nunmehr nur in der Richtung des Abbaues, was eine weitere Vermehrung des Acetyl-CoA-Pools und damit eine weitere Steigerung der Ketonkörperbildung zur Folge hat.

Der Überschuß des Acetats wird von der Leber sodann in Ketonkörper umgewandelt. Ist außerdem das Angebot an Oxalacetat in den Leberzellen herabgesetzt, so wird die Überführung des Acetats in den Citronensäurecyclus noch weiter erschwert und die Endoxydation des Acetats zu CO_2 und H_2O verzögert. Dies führt zu einer weiteren Steigerung der Ketonkörperbildung[1]. Das Mißverhältnis zwischen der großen Wirkungskapazität der Leber im Fettsäureabbau zu Acetat und ihrer im Verhältnis hierzu nur geringen Leistungsfähigkeit in der Endoxydation hat zur Folge, daß sich bei einer Reihe von Stoffwechselstörungen zunächst im Lebergewebe und sodann auch in Blut, Geweben und Harn enorme Mengen von Ketonkörpern ansammeln können.

Zahlreiche Untersuchungen haben gezeigt, daß die Leber das wichtigste Organ der Ketonkörperbildung ist. Leberschnitte bildeten 10—40mal mehr Ketonkörper aus zugesetzter Buttersäure als überlebende Schnitte von Milz, Hoden und Niere; Gehirnschnitte bilden überhaupt keine Acetonkörper[2]. Durchströmungsversuche, durchgeführt mit Leber, Skeletmuskel, Lungen, Nieren ergaben, daß von diesen Organen nur die Leber nennenswerte Mengen von Ketonkörpern an das Blut abgibt[3]. Vergleichende Bestimmungen des Ketonkörper-

[1] Breusch, F. L.: Adv. Enzymol. **8**, 407 (1948). — [2] Jowett, M., and J. H. Quastel: Biochem. J. **29**, 2143, 2159, 2181 (1935). — [3] Almagia, M., u. G. Embden: Hofmeisters Beitr. **6**, 59 (1905). — Embden, G., u. F. Kalberlah: Hofmeisters Beitr. **8**, 121 (1906). — Toenniessen, E., u. E. Brinkmann: H. **252**, 169 (1938).

gehalts im Blut der Pfortader und der Vena hepatica, durchgeführt bei pankreasektomierten oder phlorrhizindiabetischen Hunden, ergaben, daß mehr Ketonkörper die Leber mit dem Blutstrom verließen, als ihr durch den Blutstrom zugeführt wurden. Die anderen Organe hingegen nehmen Ketonkörper aus dem Blut auf[1]. Bei Ketonämien, hervorgerufen durch Phlorrhizinvergiftung, durch Zufuhr von Extrakten aus Hypophysenvorderlappen oder durch Hunger, geht der Vermehrung des Ketonkörpergehalts im Blut immer ein Anstieg des Ketonkörpergehalts im Lebergewebe voraus. Der Ketonkörpergehalt der übrigen Organe ist immer niedriger als der des Blutes; im Muskelgewebe werden Ketonkörper meist erst dann nachweisbar, wenn der Ketonkörpergehalt des Blutplasmas 70—80 mg-% überschreitet[2]. Die maximale Kapazität der menschlichen Leber, Ketonkörper zu bilden, wird auf 150 g je Tag und kg Lebergewicht geschätzt[3].

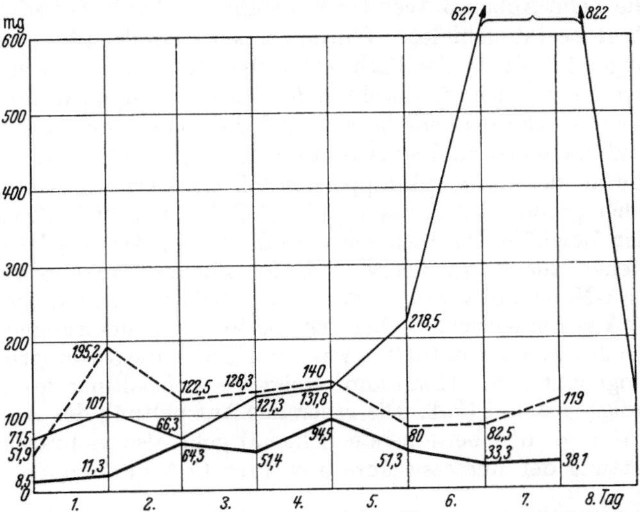

Abb. 24. Ausscheidung von Aceton und Acetoacetat bei 3 Phlorrhizinhunden von 10 kg Gewicht[4]. --- Normalhund; ▬ Hund mit ECKscher Fistel; —— Hund mit umgekehrter ECKscher Fistel.

Partielle Ausschaltung der Leber aus dem Blutkreislauf hemmt auch die Ketonkörperbildung. Während die Verabreichung von Phlorrhizin bei normalen Hunden eine starke Ketosis auslöst, wurde bei Hunden mit ECKscher Fistel die Ketonkörperbildung durch Phlorrhizinvergiftung nicht gesteigert. Hunde, bei denen die umgekehrte ECKsche Fistel angelegt worden war, bei denen also die Durchblutung der Leber gesteigert war, bildeten dagegen bei Phlorrhizinvergiftung mehr Ketonkörper als die nichtoperierten Kontrolltiere[5]. Bei eviszerierten Ratten konnte durch Extrakte aus Hypophysenvorderlappen keine Ketosis hervorgerufen werden[6]. Wurde dem Blut entleberter Ratten aber β-Oxybutyrat zugesetzt, so verschwand es daraus mit der gleichen Geschwindigkeit wie bei normalen Tieren[7]. Die Leber ist also nur für die Bildung, nicht für die Oxydation der Ketonkörper notwendig.

Daß die Leber die Acetessigsäure aus Acetat bildet, ist mit Hilfe verschiedener Versuchsanordnungen gezeigt worden. Leberschnitte synthetisierten Acetessigsäure aus zugesetztem Acetat[8]. Durchströmung der Leber mit acetathaltiger Flüssigkeit bewirkte eine Vermehrung der Ketonkörper in der Durchströmungsflüssigkeit und im Lebergewebe selbst[9,10]. Beim phlorrhizinvergifteten Hund hatte

[1] HIMWICH, H. E., W. GOLDFARB and A. WELLER: J. biol. Ch. **93**, 337 (1931). — GOLDFARB, W., and H. E. HIMWICH: J. biol. Ch. **101**, 441 (1933). — [2] HARRISON, H. C., and C. N. H. LONG: J. biol. Ch. **133**, 209 (1940). — [3] BREUSCH, F. L., and E. ULUSOY: Arch. Biochem. **14**, 183 (1947). — [4] Nach FISCHLER, F.: Physiologie und Pathologie der Leber. S. 100. Berlin 1925. — [5] FISCHLER, F., u. H. KOSSOW: Dtsch. Arch. klin. Med. **111**, 479 (1913). — KOSSOW, H.: Dtsch. Arch. klin. Med. **112**, 539 (1913). — [6] MIRSKY, I. A.: Amer. J. Physiol. **115**, 424 (1936). — [7] MIRSKY, I. A., and R. H. BROH-KAHN: Amer. J. Physiol. **119**, 734; **120**, 446 (1937). — [8] JOWETT, M., and J. H. QUASTEL: Biochem. J. **29**, 2143, 2159 (1935). — [9] TOENNIESSEN, E., u. E. BRINKMANN: H. **252**, 169 (1938). — [10] FRIEDMANN, E.: B. Z. **55**, 436 (1913). — LOEB, A.: B. Z. **47**, 118 (1912).

die Verabreichung von Acetat eine Zunahme der Ketonkörperbildung zur Folge[1]. Acetat, das mit ^{13}C markiert war, wurde von hungernden Ratten in Ketonkörper umgewandelt, die ^{13}C enthielten[2].

Daß der Abbau von Fettsäuren in der Leber die Bildung von Ketonkörper veranlaßt, ist in zahlreichen Versuchen gezeigt worden. Durchströmung der Leber mit Buttersäure führte zu einer Zunahme der Ketonkörper in der Durchströmungsflüssigkeit[3]. Crotonsäure und Isocrotonsäure, die Zwischenprodukte dieses Oxydationsvorgangs sein könnten, erwiesen sich in Leberschnitten als besonders wirksame Ketonkörperbildner[4]. Aus Hexansäure und Hexensäure, die beim Abbau 3 Acetatreste liefern, werden in Leberhomogenaten $1^1/_2$ Moleküle Acetoacetat gebildet[5]. Wurde zu Leberschnitten hungernder Ratten Octansäure zugesetzt, die in der Carboxylgruppe ^{13}C enthielt, so bildeten sie Acetessigsäure, bei der sich der ^{13}C sowohl in der Carboxylgruppe als auch in der Carbonylgruppe befand. Daraus geht hervor, daß die Octansäure zuerst zu Acetat aufgespalten und dieses erst zu Acetoacetat kondensiert wurde[6]. Nach Zufuhr von Buttersäure, die an der Carboxylgruppe mit ^{13}C markiert war, entstand Acetessigsäure, die einen großen Teil des Isotops im β-C-Atom enthielt[7]. Dies zeigt, daß die Mehrzahl der Moleküle des Acetoacetyl-CoA, die bei der Oxydation des Butyryl-CoA entstehen, zuerst in 2 Acetyl-CoA-Moleküle aufgespalten wird. Diese beiden Acetyl-CoA-Moleküle werden sodann in zufälliger Reihenfolge wieder zu Acetoacetyl-CoA rekondensiert, wobei das C-Atom, das ursprünglich in der COOH-Gruppe der Buttersäure enthalten war, zum Teil in die β-Ketogruppe des Acetoacetyl-CoA eingebaut wird. Erst dann erfolgt die Aufspaltung des Acetoacetyl-CoA in Acetessigsäure und CoA. Die reversible Aufspaltung des Acetoacetyl-CoA zu Acetyl-CoA (vgl. das beistehende Schema) geht also viel rascher vor sich als die Freisetzung der Acetessigsäure aus ihrer CoA-Verbindung.

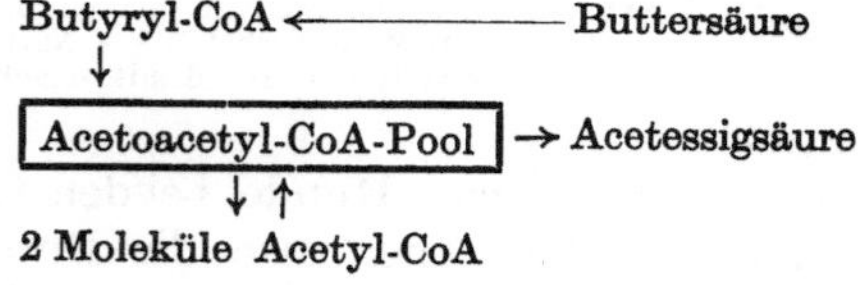

Ob die beim Abbau der Fettsäureketten entstehenden Acetyl-CoA-Moleküle mit Oxalacetat zu Citrat verbunden oder ob sie zu Acetoacetat kondensiert werden (vgl. das Schema S. 181), hängt unter anderem auch von der Kettenlänge der Fettsäure ab, aus der sie stammen[8]. Beim Abbau von Fettsäuren mit kurzer Kette (4—6 C-Atome) entsteht in Leberschnitten relativ mehr Acetoacetat als aus Fettsäuren mit langer C-Kette. Die beim Abbau der höheren Fettsäuren entstehenden Acetyl-CoA-Moleküle werden hingegen in einem größeren Prozentsatz zu CO_2 und H_2O oxydiert[9]. Ölsäure bildet ähnlich wie Stearinsäure nur wenig Acetessigsäure, bei Linol- und Linolensäure war die Bildung von Acetoacetat nur um weniges größer (vgl. Tabelle 26).

[1] MacKay, E. M., R. H. Barnes, H. O. Carne and A. N. Wick: J. biol. Ch. **135**, 157 (1940). — MacKay, E. M.: J. clin. Endocrinol. **3**, 101 (1943). — [2] Swendseid, M. E., R. H. Barnes, A. Hemingway and A. O. Nier: J. biol. Ch. **142**, 47 (1942). — [3] Toenniessen, E., u. E. Brinkmann: H. **252**, 169 (1938). — [4] Quastel, J. H., and A. H. M. Wheatley: Biochem. J. **27**, 1753 (1933). — [5] Witter, R. F., E. H. Newcomb and E. Stotz: J. biol. Ch. **185**, 537 (1950). — [6] Weinhouse, S., G. Medes and N. F. Floyd: J. biol. Ch. **153**, 689 (1944). — Medes, G., S. Weinhouse and N. F. Floyd: J. biol. Ch. **157**, 35 (1945). — [7] Weinhouse, S., G. Medes and N. F. Floyd: Amer. J. med. Sci. **207**, 812 (1944). — [8] Lehninger, A. L.: J. biol. Ch. **164**, 291 (1946). — [9] Kennedy, E. P., and A. L. Lehninger: J. biol. Ch. **185**, 275 (1950).

Bei der Leberdurchströmung sowie in Versuchen an Leberschnitten[1] bildeten die Fettsäuren mit ungeradzahliger Kette weit geringere Mengen von Ketonkörpern als die ihnen benachbarten Fettsäuren mit gerader C-Anzahl. Auch in Mitochondrien bilden Fettsäuren mit ungerader C-Kette (7—17 C-Atome), entgegen früheren Beobachtungen[2], nur geringe Mengen von Acetoacetat und werden in hohem Prozentsatz zu CO_2 und H_2O oxydiert[3,4]. Der beim Abbau der ungeradzahligen Fettsäureketten zurückbleibende Propionsäurerest erleichtert also die Oxydation der aus der Aufspaltung der gleichen Fettsäure entstehenden Acetatmoleküle zu CO_2 und H_2O. Aber auch die bei der oxydativen Aufspaltung einer und derselben Fettsäurekette entstehenden Acetatmoleküle werden nicht in gleichem Umfang zur Bildung der beiden Acetylgruppen der Acetessigsäure verwendet. Wurde Leberschnitten Palmitinsäure angeboten, die in der COOH-Gruppe ^{14}C enthielt, so fand sich das Isotop in gleicher Menge in der CO-Gruppe und in der COOH-Gruppe der von den Leberschnitten gebildeten Acetessigsäure wieder. ^{14}C-Atome dagegen, die in den Stellungen 5 und 11 in die Methylengruppen der Palmitinsäure eingebaut worden waren, wurden von den Leberschnitten in größerer Menge für die Bildung der CO-Gruppe des Acetoacetats verwendet[5]. Aus diesen Befunden ergibt sich, daß das erste Acetatmolekül, das von einer im Abbau begriffenen höheren Fettsäure losgelöst wird, zunächst

Tabelle 26. Menge der beim Abbau kurzer und langer Fettsäureketten in Mitochondrien aus Rattenleber entstehenden Acetessigsäure[3]. (Verwendet wurde 1 cm³ Mitochondriensuspension nach Zusatz von ATP, Cytochrom c, Succinat, K- und Mg-ionen. p_H 7,4. Versuchsdauer 30—45 min, Temperatur 30°. Werte in μMol.)

Fettsäure	O_2-Verbrauch	CO_2-Bildung	Gebildete Acetessigsäure	R. Q.*
Hexansäure	9,1	0,5	3,1	0,06
Octansäure	7,3	0,9	3,3	0,12
Decansäure	4,5	1,1	2,3	0,24
Dodecansäure	7,3	2,9	1,3	0,40
Myristinsäure	4,3	3,0	0,76	0,70
Palmitinsäure	6,4	3,8	0,70	0,59
Stearinsäure	4,3		0,15	
Ölsäure	6,6	4,5	0,17	0,68
Linolsäure	4,3	3,8	0,23	
Heptansäure	7,9	5,0	0,42	0,63
Pentadecansäure	4,9	3,8	0,20	0,77

Tabelle 27. Bildung von Acetessigsäure in Schnitten von Meerschweinchenleber (Konzentration der zugesetzten Fettsäure 0,01 mol)[4].

	Anzahl der C-Atome in der zugesetzten Fettsäure								
	2	3	4	5	6	7	8	9	10
Acetessigsäurebildung aus geradzahligen Fettsäuren	45		249		310		144		112
Acetessigsäurebildung aus ungeradzahligen Fettsäuren		12		61		91		76	

* Die unvollständige Endoxydation der Ketonkörper äußert sich bei den niedrigen Fettsäuren in einer geringen CO_2-Bildung und daher in einem niedrigen R. Q.

[1] Edson, N. L.: Biochem. J. **29**, 2082 (1935). — [2] Lehninger, A. L.: J. biol. Ch. **164**, 291 (1946). — [3] Kennedy, E. P., and A. L. Lehninger: J. biol. Ch. **185**, 275 (1950). — [4] Quastel, J. H., and A. H. M. Wheatley: Biochem. J. **27**, 1753 (1933). — [5] Chaikoff, I. L., D. S. Goldman, G. W. Brown jr., W. G. Dauben and M. Gee: J. biol. Ch. **190**, 229 (1951).

in den allgemeinen Acetat-Pool der Leber gelangt, wo es mit Acetatmolekülen, die aus anderen Quellen (Decarboxylierung von Pyruvat usw.) stammen, vermischt wird. Die Kondensierung zweier derartiger Acetatmoleküle zu Acetoacetat erfolgt im Pool rein zufällig, C-Isotope, die in der Carboxylgruppe der Fettsäuren enthalten waren, wurden daher in der CO- und in der COOH-Gruppe der Acetessigsäure in gleicher Menge wieder gefunden. Die nachfolgenden C_2-Bruchstücke aber, die beim weiteren Abbau des gleichen Fettsäuremoleküls entstehen, werden zum Teil sofort, nachdem sie frei geworden sind, zur Bildung von Acetoacetat verwendet, ihre COOH-Gruppen sind in diesem Augenblick in besonders hohem Grade aktiviert. Sie werden daher bevorzugt zur Acetylierung vom Pool gelieferter Acetatmoleküle verwendet, in ihnen enthaltene C-Isotope finden sich daher in größerer Menge im Acetylanteil als in Acetatanteil des Acetessigsäuremoleküls (vgl. das Schema). (Eine andere Erklärung s. Bd. 2/1, S. 1049f.)

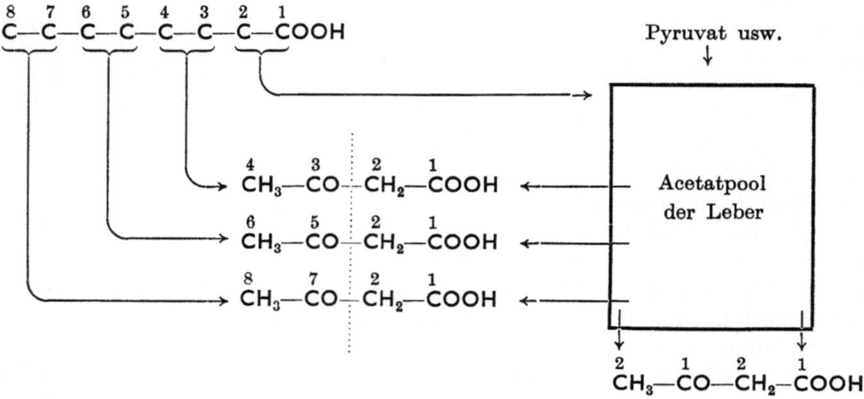

Beim Abbau von Fettsäuren mit kurzer C-Kette werden die C-Atompaare, die das Carboxylende der Fettsäure bilden oder ihm benachbart sind, bevorzugt für die Bildung des Carboxylendes der Acetessigsäure verwendet[1]. Die C-Atompaare, die sich in der Fettsäurekette nahe der Methylgruppe befinden, bilden bevorzugt das Methylende des Acetoacetatmoleküls (vgl. die Formel). So erschienen z. B. isotope C-Atome, die als C-Atome 1 oder 3 in Octanat eingebaut waren, in größerer Menge in der COOH-Gruppe als in der CO-Gruppe des Acetoacetats. Wurde das Isotop aber als C-Atom 7 in das Octanat eingebaut, so wurde es in mehr als 3mal größerer Menge in der CO-Gruppe des Acetoacetats wiedergefunden[2].

8 7 4 3 2 1
C—C—C—C—C—C—C—COOH

CH_3—CO—CH_2—COOH

Je kürzer die Fettsäurekette, desto deutlicher wird dieser „orientierte" Einbau der aus dem Abbau der Fettsäurekette freiwerdenden C-Atompaare in das Molekül der Acetessigsäure. In die COOH-Gruppe der Pentansäure eingebaute ^{14}C-Atome fanden sich nach dem Abbau der Säure durch Leberschnitte in 3fach größerer

[1] BUCHANAN, J. M., W. SAKAMI, S. GURIN and D. W. WILSON: J. biol. Ch. **159**, 695 (1945).—
[2] CRANDALL, D. I., and S. GURIN: J. biol. Ch. **181**, 829 (1949). — CRANDALL, D. I., R. O. BRADY and S. GURIN: J. biol. Ch. **181**, 845 (1949).

Menge in der COOH-Gruppe als in der CO-Gruppe des entstandenen Acetoacetats; in der Reihe der Fettsäuren von 5—12 C-Atomen verschob sich das Verhältnis des aus der COOH-Gruppe der Fettsäure in die CO- und COOH-Gruppe übergangenen Isotopenmenge in folgender Weise[1]:

Tabelle 28. Orientierter Einbau des Fettsäurecarboxyls in die Acetessigsäure als Funktion der Kettenlänge der Fettsäure.

	Kettenlänge der abgebauten Fettsäure, C-Atome					
	5	6	7	8	9	12
CO/COOH (Verhältnis, in dem die COOH-Gruppe der Fettsäure für die Bildung der CO- und der COOH-Gruppe der Acetessigsäure verwendet wurde)	0,31	0,47	0,53	0,74	0,76	0,95

Wie oben erwähnt, beträgt dieses Verhältnis bei der Palmitinsäure = 1:1 (s.[2]).

b) Steigerung der Ketonkörperbildung durch Hunger. In der normal ernährten, in situ befindlichen Leber wird die Hauptmenge des im Fettsäureabbau gebildeten Acetyl-CoA in den Citronensäurecyclus eingeführt und zu CO_2 und H_2O oxydiert, ohne daß nachweisbare Mengen von Ketonkörpern gebildet werden[3]. Auch Leberschnitte[4] und Lebermitochondrien[5] können höhere Fettsäuren zu CO_2 und H_2O oxydieren, ohne daß Acetessigsäure in größerer Menge auftritt. Wird der Fettsäureabbau in der Leber aber beschleunigt oder die Einführung des Acetyl-CoA in den Citronensäurecyclus durch Mangel an Oxalacetat verzögert, setzt die Leber das sich aufstauende Acetyl-CoA in Acetoacetyl-CoA und dieses in Acetoacetat um und macht dadurch das im Acetyl-CoA enthaltene CoA für den Abbau weiterer Fettsäuremoleküle wieder verfügbar.

Beim hungernden Tier ist der Abbau des Fetts in der Leber beschleunigt, das Angebot an Oxalacetat infolge des Kohlenhydratmangels verringert. Leberschnitte von hungernden Tieren bilden daher mehr Ketonkörper als Leberschnitte normal genährter Tiere[6]. Wird Acetoacetat zu den glykogenarmen Leberschnitten hungernder Ratten hinzugegeben, so nimmt seine Menge zu, in Leberschnitten normal genährter Ratten dagegen ab[7]. Leberschnitte von Ratten, die 24 Std gehungert hatten, bildeten aus zugesetzter ^{14}C-Palmitinsäure 1,5mal mehr ^{14}C-Acetoacetat als Leberschnitte normal ernährter Kontrolltiere[8]. Die Aktivierung des Fettabbaues durch Hunger ist ein für die Leber charakteristischer Vorgang. Im Gegensatz zu den Leberschnitten bauten Schnitte von Nierengewebe hungernder Ratten Palmitinsäure nicht rascher ab als Nierenschnitte von normal ernährten Tieren[8]. Durch Zusatz von ^{13}C-Acetoacetat zu Leberschnitten und Messung seiner im weiteren Verlauf zunehmenden Verdünnung mit unmarkiertem Acetoacetat konnte die Geschwindigkeit der Acetoacetatbildung und des Acetoacetatabbaues gemessen werden. Diese Versuche zeigten, daß die Vermehrung der Ketonkörper in der Leber des hungernden Tieres sowohl durch eine Steigerung der Ketonkörperproduktion als auch durch eine Verringerung des Abbaues des Acetoacetats zustande kommt[7]. Leberschnitte hungernder Tiere verbrauchen einen

[1] Geyer, R. P., M. Cunningham and J. Pendergast: J. biol. Ch. **185**, 461 (1950). — [2] Chaikoff, I. L., D. S. Goldman, G. W. Brown jr., W. G. Dauben and M. Gee: J. biol. Ch. **190**, 229 (1951). — [3] Crandall, L. A. jr., H. B. Ivy and G. J. Ehni: Amer. J. Physiol. **131**, 10 (1940/41). — [4] Weinhouse, S., R. H. Millington and M. E. Volk: J. biol. Ch. **185**, 191 (1950). — [5] Kennedy, E. P., and A. L. Lehninger: J. biol. Ch. **185**, 275 (1950). — [6] Edson, N. L.: Biochem. J. **29**, 2082 (1935). — [7] Weinhouse, S. and R. H. Millington: J. biol. Ch. **193**, 1 (1951). — [8] Geyer, R. P., E. J. Bowie and J. C. Bates: J. biol. Ch. **200**, 271 (1953).

größeren Anteil des aufgenommenen O_2 für die β-Oxydation der Fettsäuren, Leberschnitte gut genährter Tiere benützen den O_2 in größerem Ausmaß für die Endoxydation. Der gesamte O_2-Verbrauch zeigte bei Leberschnitten von Tieren mit und ohne Nahrungszufuhr nur eine geringe Differenz[1] (vgl. Tabelle 29).

Zusatz von Oxalacetat zur gewaschenen partikulären Fraktion von Homogenaten aus Rattenleber erleichterte die Citratbildung, steigerte den O_2-Verbrauch und verhinderte die Ansammlung von Acetoacetat[2]. Pyruvat, das in der Leber leicht in Oxalacetat übergeht, setzt ebenfalls die Ketonkörperbildung herab. Die Anwesenheit des leicht verwertbaren Pyruvats vermindert außerdem den Fettabbau; neben der Acetoacetatbildung ist daher auch die Oxydation der Fettsäuren zu CO_2 und H_2O in Gegenwart eines Pyruvatüberschusses vermindert. Wurde z. B. gleichzeitig Pyruvat und ^{14}C-Palmitat zu Leberschnitten hungernder Ratten zugesetzt, so sank die Bildung von $^{14}CO_2$ aus der ^{14}C-Palmitinsäure auf 51% und die Bildung von ^{14}C-Acetessigsäure auf 59% der ohne Pyruvatzusatz beobachteten Werte ab[3]. Auch bei Nierenschnitten setzt Pyruvatzusatz die Oxydation der Palmitinsäure herab[3].

Tabelle 29. Bildung und Oxydation von Acetoacetat in Leberschnitten normal ernährter und hungernder Ratten (in μMol je 1 g trockenes Lebergewebe in 2 Std)[1].

	O_2-Verbrauch der Leberschnitte	Acetoacetat entstanden	Acetoacetat oxydiert
Normal	687	31—44	18—30
Im Hunger . .	739	61—92	11—16

Stoffe, die im Stoffwechsel in Pyruvat umgewandelt werden können, wie Lactat[4], Glycerin[4], glucoplastische Aminosäuren u.a., haben die gleiche Wirkung. Auch Intermediärsubstanzen des Citronensäurecyclus, wie Fumarat[2], Malat und α-Ketogluturat, gehen über die Endreaktionen des Citronensäurecyclus in Oxalacetat über und haben daher eine ähnliche „antiketogene" Wirkung wie Oxalacetat selbst[5].

Der Abbau der langen Fettsäureketten wird in den Leberzellen daher durch Anwesenheit von Glucose[4] und Glykogen verzögert und durch Mangel an Kohlenhydrat beschleunigt. Lebern mit hohem Glykogengehalt bilden wenig Ketonkörper[6]. Glykogenarme Lebern bildeten dagegen bei Durchströmungsversuchen mehr Ketonkörper als normale Lebern[7]. In Leberschnitten von Ratten, die vor dem Tode Glucose erhalten hatten, war der Abbau von Tripalmitin und von Palmitinsäure verzögert[8, 9]. Der Abbau von Octansäure wurde hingegen durch Hunger oder Glucosezusatz weder in Leberschnitten noch im intakten Tier beeinflußt[9, 10]. Ebenso wie Hunger, so setzten auch alle anderen Stoffwechselfaktoren, die den Glykogengehalt der Leber verringern, auch die Menge des für den Acetatabbau verfügbaren Oxalacetats herab und können dadurch eine Ketosis zur Folge haben.

Die Neigung, Nahrungsentzug mit einer gesteigerten Ketonkörperbildung zu beantworten, ist von Tierart zu Tierart verschieden. Hunde bilden auch im Hunger nur wenig Ketonkörper. Bei Menschen und Affen kommt es leichter zu Ketonurie als bei den geläufigen Versuchstieren. Auch die verschiedenen

[1] Weinhouse, S., and R. H. Millington: J. biol. Ch. **193**, 1 (1951). — [2] Lehninger, A. L.: J. biol. Ch. **164**, 291 (1946). — [3] Geyer, R. P., E. J. Bowie and J. C. Bates: J. biol. Ch. **200**, 271 (1953). — [4] Edson, N. L.: Biochem. J. **30**, 1862 (1936). — [5] Geyer, R. P., L. W. Matthews and F. J. Stare: J. biol. Ch. **182**, 101 (1950). — [6] Blixenkrone-Møller, N.: H. **252**, 117 (1938). — [7] Embden, G., u. J. Wirth: B. Z. **27**, 1 (1910). — [8] Geyer, R. P., and W. R. Waddell: Fed. Proc. **10**, 383 (1951). — [9] Weinhouse, S., R. H. Millington and B. Friedman: J. biol. Ch. **181**, 489 (1949). — Geyer, R. P., L. W. Matthews and F. J. Stare: J. biol. Ch. **180**, 1037 (1949). — [10] Heinbecker, P.: J. biol. Ch. **80**, 461 (1928); **93**, 327 (1931); **99**, 279 (1932/33).

Menschenrassen unterscheiden sich in dieser Hinsicht: Eskimos, gewöhnt an eine praktisch kohlenhydratfreie Fleisch- und Fettkost, bekommen im Hunger schwerer eine Ketonämie als Europäer oder Amerikaner[1]. Kinder werden leichter ketonämisch als Erwachsene, Frauen leichter als Männer[2].

c) Ketonkörperbildung in der diabetischen Leber. Ebenso wie Mangel an Kohlenhydrat in der Nahrung zu einer Ketosis führt, so führt auch Mangel an Insulin und der dadurch erschwerte Abbau der Glucose zu Pyruvat und Oxalacetat zu einer Anhäufung von Ketonkörpern. Ähnlich wie im Hunger wird auch bei Diabetes die Einführung des Acetats in den Citronensäurecyclus gehemmt, während die β-Oxydation der höheren Fettsäuren vermehrt wird. Gesteigerter Fettabbau bei herabgesetzter Endoxydation des Acetats führt beim Diabetiker zu einer oft enormen Steigerung der Ketonkörperproduktion der Leber. Die im Blut, Körpersäften und Harn des Diabetikers auftretenden, großen Ketonkörpermengen stammen also aus der Leber des Kranken. Wird der Kohlenhydratabbau in der Leber durch Injektion von Insulin wieder in Gang gebracht oder aber der durch Insulinmangel verursachte Stoffwechselblock durch Fructose umgangen (vgl. S. 101f.), so wird die Ketonkörperbildung wieder normalisiert. Im Tierversuch läßt sich die gesteigerte Ketonkörperproduktion der diabetischen Leber leicht nachweisen. Im Durchströmungsversuch bilden Lebern pankreasektomierter Hunde weit mehr Ketonkörper als Lebern normaler Tiere[3]. Leberschnitte diabetischer Tiere bilden auch in vitro mehr Ketonkörper als Leberschnitte normaler Tiere. Zugabe von Fructose oder Insulin oder Fructose mit Insulin senkte die Ketonkörperbildung in Leberschnitten diabetischer Katzen[4]. Auch die bei der Phlorrhizinvergiftung auftretende Ketosis beruht auf Kohlenhydratmangel in der Leber, die hierbei auftretende starke Glykosurie führt zur Erschöpfung des Leberglykogens, die ihrerseits eine gesteigerte Ketonkörperbildung zur Folge hat.

Parallel mit der Steigerung der Ketonkörperbildung verschiebt sich in den Leberzellen phlorrhizindiabetischer und phosphorvergifteter Kaninchen das Redoxpotential zum Positiven, das reduzierte und das Gesamtglutathion wird stark vermindert und das oxydierte Glutathion vermehrt[5]. Zufuhr von Dioxyaceton normalisierte das Redoxpotential der Leberzellen bei den phlorrhizindiabetischen Tieren, hatte aber bei den phosphorvergifteten keine Wirkung[5]. In analoger Weise nimmt bei vermehrter Ketonkörperbildung auch der Bestand der Leberzellen an reduziertem Diphosphopyridinnucleotid ab, und der Quotient DPN:DPN-H_2 steigt an. So wurde bei Ratten nach 120stündigem Hunger ein Anstieg des Quotienten DPN:DPN-H_2 auf 9,8 und bei alloxandiabetischen Ratten ein Anstieg auf 4,5 (gegenüber 2,6 beim Normaltier) beobachtet[6]. Wird die Hungerperiode durch Zufuhr von Fructose oder auch durch Verabreichung von Glucose und Insulin unterbrochen, so wird das Verhältnis DPN:DPN-H_2 wieder normal und die Ketonkörperbildung wird behoben[6].

d) Die ketogene Wirkung des Malonats. Malonat verursacht in Leberschnitten Ketonkörperbildung. Ebenso wie die bei Hunger, bei Kohlenhydratmangel in der Nahrung oder bei Diabetes auftretende Steigerung der Ketonkörperbildung, so ist auch die in Leberschnitten, Mitochondrienpräparaten usw. nach Zusatz von Malonat auftretende Vermehrung der Acetessigsäure auf eine Herabsetzung der

---

[1] HEINBECKER, P.: J. biol. Ch. **80**, 461 (1928); **93**, 327 (1931); **99**, 279 (1932/33). — [2] DEUEL, H. J. jr., and M. GULICK: J. biol. Ch. **96**, 25 (1932). — [3] EMBDEN, G., u. L. LATTES: Hofmeisters Beitr. **11**, 327 (1908). — [4] STADIE, W. C., J. A. ZAPP jr. and F. D. W. LUKENS: J. biol. Ch. **132**, 423 (1940). — [5] KÜHNAU, J.: B. Z. **243**, 14 (1931). — [6] HELMREICH, E., H. HOLZER, W. LAMPRECHT u. S. GOLDSCHMIDT: H. **297**, 113 (1954).

verfügbaren Oxalacetatmenge zurückzuführen. Normalerweise wird das Oxalacetatmolekül, das sich mit dem Acetyl-CoA zu Citrat verbunden hat, nach Durchgang durch den Citratcyclus wieder für den Stoffwechsel verfügbar und kann ein neues Molekül Acetyl-CoA binden. Wird aber eine der Teilreaktionen, aus denen sich der Citratcyclus zusammensetzt, durch Nebenreaktionen gestört, so wird diese Regeneration des Oxalacetats gehemmt und das Angebot an Oxalacetat sinkt. Eine Teilreaktion des Citronensäurecyclus, nämlich die Umwandlung von Succinat in Fumarat, wird durch Malonat kompetitiv gehemmt[1]. Zusatz von Malonat zu Leberschnitten stört daher den Ablauf des Citronensäurecyclus, hemmt dadurch die Regeneration des Oxalacetats, senkt das Angebot an Oxalacetat und erschwert die Endoxydation des durch den Fettsäureabbau gebildeten

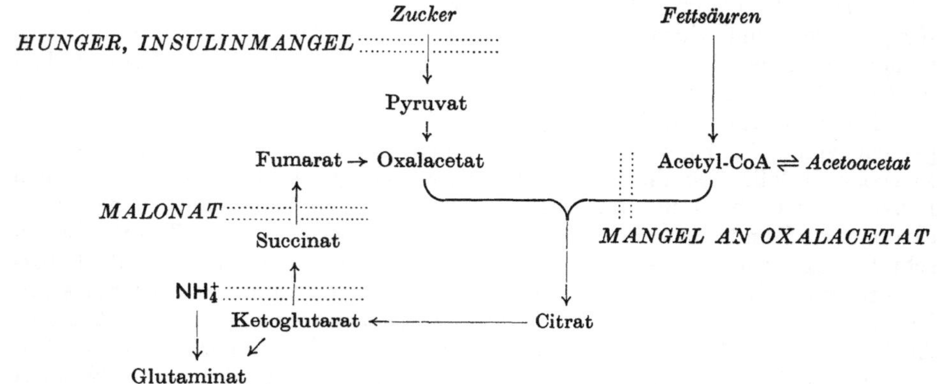

Abb. 25. Der Wirkungsmechanismus ketogener und antiketogener Stoffe. Das aus dem Fettsäureabbau entstehende Acetyl-CoA wird bei genügendem Angebot an Oxalacetat in Citrat umgewandelt und zu CO_2 und H_2O oxydiert. Mangel an Oxalacetat erschwert die Bildung von Citrat, der unabgebaute Überschuß an Acetyl-CoA wird in Acetoacetat umgewandelt, und es kommt zu Ketonämie. Mangel an Oxalacetat kann auf verschiedene Weise zustande kommen: Oxalacetat wird aus Pyruvat und dieses mit Hilfe von Insulin aus Zuckern gebildet, Zuckermangel oder Mangel an Insulin wirkt daher ketogen. Das zur Bildung von Citrat verwendete Oxalacetat wird, sobald es den Citronensäurecyclus durchlaufen hat, normalerweise regeneriert. Störungen im Citronensäurecyclus vermindern die Regeneration des Oxalacetats. Malonat stört die Umwandlung von Succinat in Fumarat. Zusatz von Malonat zu Leberschnitten verhindert daher die Regenerierung des Oxalacetats aus dem Citronensäurecyclus, vermindert das Angebot an Oxalacetat und führt zu gesteigerter Bildung von Acetoacetat. Der durch Malonsäure verursachte Block kann bei Leberhomogenaten durch Zusatz von Fumarat aufgehoben werden. NH_4Cl lenkt das Ketoglutarat in einen anderen Stoffwechselweg (Glutaminsäurebildung) ab und wirkt daher ebenfalls ketogen.

Acetats: Der O_2-Verbrauch der Schnitte sinkt, und unabgebautes Acetoacetat sammelt sich in den Schnitten an[2]. Auch die sonst wenig beeinflußbare Oxydation von Fettsäuren mit kurzer C-Kette wird durch Malonat gehemmt. Wird Malonat zu gewaschenen Leberpartikeln zugesetzt, so können diese Octansäure zwar zu Acetyl-CoA abbauen; das Acetyl-CoA kann dann aber wegen Mangel an Oxalacetat nicht mehr zur Bildung von Citrat verwendet werden und wird in Acetoacetat umgewandelt[3]. Da die Endoxydation im Citronensäurecyclus durch Malonat gestört wird[4], bildeten Leberschnitte, zu denen ^{14}C-Trilaurin oder ^{14}C-Octanat hinzugefügt worden war, nach Zusatz von Malonat weit weniger $^{14}CO_2$ als vorher[5]. Wird zu diesen Leberpartikeln aber außerdem noch Fumarat zugefügt, so kann dieses in Oxalacetat umgewandelt und das Acetyl-CoA sodann zur Bildung von Citrat verwendet werden; die Menge von Citrat, Ketoglutarat

[1] PETERS, R. A.: Inhibitors of the tricarboxylic cycle. 2. Int. Congr. Biochem. Sympos. cycle tricarb. S. 64. Paris 1952. — [2] JOWETT, M., and J. H. QUASTEL: Biochem. J. **29**, 2181 (1935). — [3] LEHNINGER, A. L.: J. biol. Ch. **164**, 291 (1946). — [4] EVANS, E. A. jr., B. VENNESLAND and L. SLOTIN: J. biol. Ch. **147**, 771 (1943). — LIÉBECQ, C., et R. A. PETERS: Biochim. biophysica Acta, N. Y. **3**, 215 (1949). — [5] GEYER, R. P., L. W. MATTHEWS and F. J. STARE: J. biol. Ch. **182**, 101 (1950).

und Succinat in der den Leberpartikeln überstehenden Suspensionsflüssigkeit wird gesteigert und die Menge des Acetoacetats nimmt ab[1]. Da die Blockierung des Citronensäurecyclus und der Endoxydation aber bestehen bleibt, nimmt die Menge des aus ^{14}C-Octanat und ^{14}C-Trilaurin gebildeten $^{14}CO_2$ nach Zusatz von Fumarat jedoch nicht zu[2].

Obwohl die Umwandlung von Succinat in Fumarat der wichtigste Angriffspunkt der Malonatwirkung ist, werden auch andere Reaktionen des Intermediärstoffwechsels durch die Anwesenheit von Malonat gestört. Auch die Oxalacetatdecarboxylase[3] sowie das Ferment, das die Umwandlung von Oxalacetat in Citrat katalysiert[4], wird durch Malonat gehemmt.

e) Die ketogene Wirkung von Ammoniumsalzen. Auch durch einen Überschuß von Ammoniumsalzen wurde die Bildung der Ketonkörper in der zerkleinerten Kaninchenleber[5] und in Schnitten von Rattenleber[6] stark gesteigert. Dies beruht darauf, daß ein Teil der Ketoglutarsäure, die im Citratcyclus als Zwischenprodukt entsteht, durch den Ammoniumüberschuß in Glutaminsäure umgewandelt wird[7]. Die Menge des wiedergebildeten Oxalacetats nimmt im gleichen Ausmaß ab, die Citratbildung wird gehemmt und die Bildung des Acetoacetats beschleunigt[8]. Das Auftreten einer Acidosis nach Zufuhr von NH_4Cl ist daher nicht nur darauf zurückzuführen, daß das NH_4-Ion in das neutrale Harnstoffmolekül eingebaut wird, während das Cl-Ion einen Überschuß an freien Anionen verursacht[9], sondern kommt zum Teil auch durch eine Steigerung der Ketonkörperbildung in der Leber zustande (vgl. Abb. 25).

f) Die alkalotische Ketosis. Andererseits kann alkalotische Stoffwechsellage an sich schon eine Steigerung der Ketonkörperbildung in der Leber zur Folge haben. Zufuhr von überschüssigem HCO_3^- steigerte die Ketosis bei Ratten[10]. Auch bei Menschen ist nach Verabreichung großer Mengen von HCO_3^- und bei durch andauerndes Erbrechen verursachter Chloropenie eine gesteigerte Ketonkörperbildung beobachtet worden[11]. Hyperventilation kann zur Ketonkörperausscheidung im Harn führen[12]. Die Leber kann also auch durch das Ausmaß der Ketonkörperbildung zur Regulierung des Säure-Basengleichgewichts des Organismus beitragen.

g) Die Leber und die Verwertung der Ketonkörper. Die von den Leberzellen durchgeführte Umwandlung von Fett in Ketonkörper ist nicht nur eine durch Störungen des Kohlenhydratabbaues oder der Endoxydation bedingte Ausweichreaktion, sondern scheint auch für die normale Verwertung der Fette im Organismus von Bedeutung zu sein. Extrahepatische Gewebe, die das Fett aus dem Blutplasma nur schwer durch Capillarendothel und Zellwand hindurch in das Zellinnere aufnehmen können, verwerten Ketonkörper relativ leicht, und es scheint eine der Aufgaben der Leber zu sein, das wasserunlösliche Fett in die wasserlöslichen und leicht in die Cyclen der Endoxydation einführbaren Ketonkörper zu verwandeln.

---

[1] LEHNINGER, A. L.: J. biol. Ch. **164**, 291 (1946). — [2] GEYER, R. P., L. W. MATTHEWS and F. J. STARE: J. biol. Ch. **182**, 101 (1950). — [3] EVANS, E. A. jr., B. VENNESLAND and L. SLOTIN: J. biol. Ch. **147**, 771 (1943). — LIÉBECQ, C., et R. A. PETERS: Biochim. biophysica Acta, N. Y. **3**. 215 (1949). — [4] PARDEE, A. B., and V. R. POTTER: J. biol. Ch. **178**, 241 (1949). — [5] ANNAU, E.: H. **224**, 141 (1934). — [6] EDSON, N. L.: Biochem. J. **29**, 2082 (1935). — [7] DEWAN, J. G.: Biochem. J. **32**, 1378 (1938). — ADLER, E., H. v. EULER, G. GÜNTHER and M. PLASS: Biochem. J. **33**, 1028 (1939). — KREBS, H. A., and P. P. COHEN: Biochem. J. **33**, 1895 (1939). — [8] RECKNAGEL, R. O., and V. R. POTTER: J. biol. Ch. **191**, 263 (1951). — [9] HALDANE, J. B. S.: J. Physiol., London **55**, 265 (1921). — [10] MACKAY, E. M., A. N. WICK, H. O. CARNE and C. P. BARNUM: J. biol. Ch. **138**, 63 (1941). — [11] BOOHER, L. E., and J. A. KILLIAN: Proc. Soc. exp. Biol. Med. **21**, 528 (1924). — [12] DAVIES, H. W., J. B. S. HALDANE and E. L. KENNAWAY: J. Physiol., London **54**, 32 (1920).

Daß die Ketonkörper im Organismus in großem Ausmaß verwertet werden können, geht aus zahlreichen Untersuchungen hervor. Intravenös injizierte Acetessigsäure verschwand bei Hunden rasch aus dem Blut, die Analyse der Gewebe, des Harns und der Atemluft zeigte, daß die Hauptmenge davon verbrannt worden sein mußte[1]. Die Ketonkörperausscheidung im Harn, die beim hungernden Menschen etwa am 3. Tag ihr Maximum erreicht, betrug auch zu diesem Zeitpunkt nur 6 g je Tag, was einem Verlust von etwa 40 Cal je Tag, also etwa 2—3% des Gesamtcalorienbedarfs entspricht[2]. Bei hungernden Ratten betrug die Ketonkörperausscheidung 0,01 g[3], bei hungernden Hunden 0,02 g[4] je Tag und kg Körpergewicht. Messungen der Ketonkörperbildung in der Leber pankreasektomierter Katzen ergaben, daß nur ein geringer Prozentsatz der in der Leber gebildeten Ketonkörper mit dem Harn ausgeschieden wird[5], die Hauptmenge der Ketonkörper wurde zu CO_2 und H_2O oxydiert[5]. Bei pankreasektomierten Katzen, deren Lebern 1200 μMol Ketonkörper je kg und Std bildeten, wurde 1100 μMol in den extrahepatischen Geweben abgebaut und nur eine 100 μMol etwas übersteigende Menge erschien im Harn[6]. Bei hungernden Katzen, bei denen die Ketonkörperbildung 240 μMol je kg und Std betrug, kam es nicht zu einer Ketonurie, und die Gesamtmenge der gebildeten Ketonkörper wurde von den Geweben ausgenutzt[6].

An dem Abbau der Ketonkörper ist die Leber nur in sehr geringem Grade beteiligt. Während Acetoacetyl-CoA von der Leber leicht verwertet werden kann, wird freies Acetoacetat von Enzympräparaten aus Lebermitochondrien nicht mit Oxalacetat zu Citrat kondensiert und nicht abgebaut[7]. Auch dann, wenn die Leber reichlich Kohlenhydrat enthält und abbaut, bleibt der Ketonkörperabbau gering[5]. Die Abspaltung des CoA aus dem Acetoacetyl-CoA, durch die das Acetoacetat aus dem Stoffwechselweg des Fettabbaues ausgeschaltet wird, ist für die Leber ein irreversibler Vorgang. Bei der Durchströmung normaler Rattenleber wurde der Durchströmungsflüssigkeit zugesetzte Acetessigsäure zum Teil in β-Oxybuttersäure[8] und zugesetzte β-Oxybuttersäure zum Teil in Acetessigsäure[8] umgewandelt, eine Abnahme der Gesamtmenge der Ketonkörper trat hierbei jedoch nicht ein.

Die Einschaltung der Ketonkörper in die Cyclen der Endoxydation erfolgt vor allem in extrahepatischen Geweben[9,10]. Bei der Durchströmung von Extremitäten normaler Hunde mit Acetoacetat oder β-Oxybutyrat verschwanden beide Stoffe rasch aus der Durchströmungsflüssigkeit[11,12].

Wurden Hinterkörper von Katzen mit Hilfe von Kanülen, die in Aorta und Vena cava lagen, mit Lösungen durchströmt, die neben Glucose auch Ketonkörper enthielten, so sank der Ketonkörpergehalt der Durchströmungsflüssigkeit rasch ab. Wurde die Muskulatur der hinteren Extremitäten elektrisch gereizt, so stiegen Sauerstoffverbrauch und Ketonkörperschwund stark und in ungefähr gleichem Verhältnis an[5]. Ketonkörper können also als Energiequelle für Muskelarbeit dienen. Aus der Geschwindigkeit, mit der bei eviscerierten Tieren injiziertes

[1] Friedemann, T. E.: J. biol. Ch. **116**, 133 (1936). — [2] Gammeltoft, A.: Acta physiol. scand. **19**, 270, 280 (1950). — [3] Wigglesworth, V. B.: Biochem. J. **18**, 1203 (1924). — [4] Chambers, W. H., J. P. Chandler and S. B. Barker: J. biol. Ch. **131**, 95 (1939). — [5] Blixenkrone-Møller, N.: H. **253**, 261 (1938). — [6] Stadie, W. C., J. A. Zapp jr. and F. D. W. Lukens: J. biol. Ch. **132**, 423 (1940). — [7] Lehninger, A. L.: J. biol. Ch. **164**, 291 (1946). — Gurin, S., and D. I. Crandall: Cold Spring Harbor Symp. quant. Biol. **13**, 118 (1948). — [8] Snapper, I., u. A. Grünbaum: B. Z. **181**, 418 (1927). — [9] Breusch, F. L.: Science, N. Y. **97**, 490 (1943). — Wieland, H., u. C. Rosenthal: A. **554**, 241 (1943). — Martius, C.: H. **279**, 96 (1943). — [10] Hunter, F. E., and L. F. Leloir: J. biol. Ch. **159**, 295 (1945). — [11] Snapper, I., u. A. Grünbaum: B. Z. **201**, 464 (1928). — [12] Snapper, I., A. Grünbaum u. C. Mendes de Leon: B. Z. **201**, 473 (1928).

Acetoacetat aus dem Blut verschwand, ergab sich der Schluß, daß ein großer Teil der Ketonkörper in der Muskulatur abgebaut wird[1]. Da der Muskel die aus dem Blut hereindiffundierenden Ketonkörper rasch abbaut, bleibt der Ketonkörpergehalt der Muskulatur auch bei hochgradiger Ketonämie relativ niedrig. So betrug die Ketonkörperkonzentration (ausgedrückt als β-Oxybuttersäure) bei einer hungernden Phlorrhizinratte im Zellwasser der Leber 478 mg-%, im Wasser des Blutplasmas 375 mg-%, im Zellwasser des Muskels aber nur 149 mg-%[2]. Bei geringgradiger Ketosis sind im Muskel meist keine Ketonkörper nachweisbar.

Auch die Nieren können in erheblichem Ausmaß Ketonkörper verwerten. Granula aus Homogenaten von Nierenrinde bilden aus Acetoacetat Citrat[3]. Wurde ^{13}C-Acetoacetat Nierenhomogenaten angeboten, so fand sich der ^{13}C zum Teil in den im Homogenat entstandenen Zwischenprodukten des Citronensäurecyclus, wie α-Ketoglutarat, Succinat und Fumarat, wieder[4]. Nieren phlorrhizindiabetischer Hunde nahmen die in der Leber der Tiere gebildeten Ketonkörper auf und bauten sie ab[5]. Während Leberschnitte normal ernährter Ratten je 1 g Trockensubstanz nur 18—30 μMol zugesetztes Acetoacetat in 2 Std zu oxydieren vermochten, oxydierten Nierenschnitte der gleichen Tiere unter gleichen Versuchsbedingungen 153—177 μMol Acetoacetat[6]. Zum Unterschied von der Muskulatur scheinen die Niere und andere innere Organe aber auch imstande zu sein, Fett als solches, also ohne Mithilfe der hepatischen Ketonkörperbildung, in größerem Ausmaß zu verwerten.

Im Gegensatz zur Leber sind die extrahepatischen Gewebe befähigt, freies Acetoacetat durch Bindung an CoA zu aktivieren und Acetoacetyl-CoA zu bilden. Dieses wird sodann nach Aufspaltung in 2 Moleküle Acetyl-CoA mit Oxalacetat kondensiert und in den Citronensäurecyclus eingeschaltet. Die Bindung des Acetylacetats an CoA wird durch Transferasen vermittelt, die das Coenzym A von Succinyl-CoA auf Acetoacetat übertragen.

$$\text{Succinyl—S—CoA} + \text{Acetoacetat} \xrightarrow{\text{CoA-Transferase}} \text{Acetoacetyl—S—CoA} + \text{Succinat}$$

$$\text{Acetoacetyl—S—CoA} + \text{H—S—CoA} \xrightarrow{\beta\text{-Ketothiolase}} \text{2 Mol Acetyl—S—CoA}$$

$$\text{2 Mol Acetyl-S-CoA} + \text{2 Mol Oxalacetat} + \\ + 2\,H_2O \xrightarrow[\text{rendes Enzym}]{\text{citratkondensie-}} \text{2 Mol Citra} + \text{2 Mol H—S—Co}$$

Ein Enzymsystem, das die Einführung des Acetoacetats in den Citratcyclus in Gegenwart von ATP vermittelt, (abgekürzt *A-C-System* -acetoacetyl cleaving system)[7] ist aus Herzmuskel von Tauben extrahiert worden. Es konnte in Enzymfraktionen zerlegt werden, die die in den obigen Formeln dargestellten Reaktionen durchführen[7,8]. Auch Skeletmuskulatur und Niere enthalten wahrscheinlich ähnliche Enzymsysteme, nicht aber die Leber.

Das Succinyl-CoA, das für die extrahepatische Verwertung der Ketonkörper notwendig ist, entsteht bei der oxydativen Decarboxylierung der α-Ketoglutarsäure in ähnlicher Weise, wie das Acetyl-CoA durch oxydative Decarboxylierung

[1] Chaikoff, I. L., and S. Soskin: Amer. J. Physiol. **87**, 58 (1928/29). — [2] Harrison, H. C., and C. N. H. Long: J. biol. Ch. **133**, 209 (1940). — [3] Hunter, F. E., and L. F. Leloir: J. biol. Ch. **159**, 295 (1945). — [4] Buchanan, J. M., W. Sakami, S. Gurin and D. W. Wilson: J. biol. Ch. **159**, 695 (1945). — [5] Snapper, I., A. Grünbaum u. C. Mendes de Leon: B. Z. **201**, 473 (1928). — [6] Weinhouse, S., R. H. Millington and M. E. Volk: J. biol. Ch. **185**, 191 (1950). — [7] Green, D. E., D. S. Goldman, S. Mii and H. Beinert: J. biol. Ch. **202**, 137 (1953). — [8] Green, D. E., and H. Beinert: in McElroy, W. D., and B. Glass: Phosphorus Metabolism. Bd. I, S. 330. Baltimore 1951.

von Pyruvat gebildet wird. Die Reaktion erfolgt mit Hilfe einer von DPN abhängigen α-Ketoglutaratoxydase[1].

$$\alpha\text{-Ketoglutarat} + H\text{—}S\text{—CoA} + \text{DPN} \rightarrow \text{Succinyl—}S\text{—CoA} + \text{DPNH} + H^+ + CO_2$$

Andererseits kann Succinat (auch in Abwesenheit von α-Ketoglutarat) mit Hilfe von ATP auch direkt mit CoA verbunden werden[2].

$$\text{ATP} + H\text{—}S\text{—CoA} + \text{Succinat} \rightarrow \text{ADP} + \text{Succinyl—}S\text{—CoA} + \text{anorganisches Phosphat}$$

Je nach dem Grade, in dem die Körpergewebe imstande sind, Fett zu Acetat und Acetat zu CO_2 und H_2O zu oxydieren, kann man sie in 3 Gruppen einteilen. Die Leber kann Fette in großem Ausmaß zu Ketonkörpern abbauen, oxydiert die Ketonkörper aber nur langsam zu CO_2 und H_2O, Muskulatur baut Fett dagegen nur schwer ab, oxydiert Ketonkörper aber verhältnismäßig rasch. Niere, Herz, Lunge und Milz können beide Phasen des Fettabbaues in annähernd gleichem Ausmaß durchführen und aufgenommenes Fett daher bis zu CO_2 und H_2O oxydieren. Wurden Schnitte verschiedener Gewebe in eine Flüssigkeit eingebracht, die emulgiertes ^{14}C-Trilaurin enthielt, so standen die Mengen des $^{14}CO_2$, die je 100 mg Trockensubstanz des Gewebes in 2 Std gebildet worden waren, in folgendem Verhältnis[3] (Werte in radioaktiven Impulsen/min):

Leber	Niere	Herz	Lunge	Milz	Muskel	Gehirn
83	640	265	249	213	11	31

Beim Lebergewebe liegt der Engpaß der Fettverwertung bei der Endoxydation des Acetats, bei der Muskulatur im initialen Abbau der Fettsäuren, beide Organe können, jedes für sich allein, das Fett daher nur langsam bis zu CO_2 und H_2O oxydieren. Werden aber Schnitte diabetischer Leber mit Schnitten von Muskelgewebe zusammengebracht, so steigt der O_2-Verbrauch, und es kommt nicht zur Ansammlung von Ketonkörpern, die Muskelschnitte verzehren die Ketonkörper, die die Leberschnitte erzeugen[4].

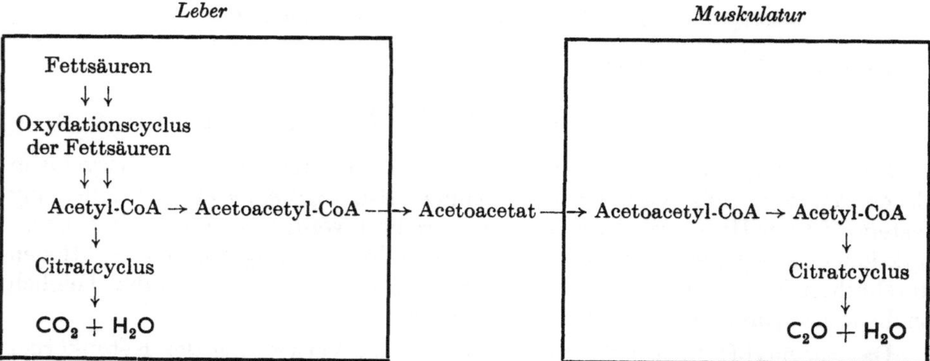

Abb. 26. Arbeitsteilung in der Fettsäureverwertung. Nur ein Teil des beim Fettsäureabbau in der Leber entstehenden Acetyl-CoA wird in der Leber selbst zu CO_2 und H_2O oxydiert. Ein anderer Teil wird in Acetessigsäure verwandelt, an das Blut abgegeben und in extrahepatischen Organen, insbesondere in der Muskulatur, reaktiviert und zu CO_2 und H_2O abgebaut.

[1] SANADI, D. R., and J. W. LITTLEFIELD: J. biol. Ch. **193**, 683 (1951). J. biol. Ch. **201**, 103 (1953). — [2] KAUFMAN, S.: in McELROY, W. D., and B. GLASS: Phosphorus Metabolism. Bd. I, S. 370. Baltimore 1951. — LITTLEFIELD, J. W., and D. R. SANADI: Fed. Proc. **11**, 250 (1952). — [3] GEYER, R. P., L. W. MATTHEWS and F. J. STARE: J. biol. Ch. **180**, 1037 (1949). — [4] STADIE, W. C., J. A. ZAPP jr. and F. D. W. LUKENS: J. biol. Ch. **132**, 423 (1940).

h) Die Ketonkörperverwertung als Energiequelle im hungernden und im diabetischen Organismus. Bei durch Hunger ketonämisch gemachten Menschen enthielt venöses Blut weniger Ketonkörper als das arterielle Blut. Die arteriovenöse Differenz stieg mit dem Grade der Ketonämie an, am 3. Hungertag erreichte die Differenz im Durchschnitt 7 mg-%. Gleichzeitige Messungen der arterio-venösen O_2-Differenz ergaben, daß 50—85% des von den Geweben verbrauchten Sauerstoffs für die Oxydation der Ketonkörper verwendet worden waren. Ein sehr erheblicher Teil des Kalorienbedarfs des hungernden Menschen wird also durch die Oxydation von Ketonkörpern gedeckt[1].

Diese Umschaltung des Energiestoffwechsels der peripheren Gewebe von der Glucoseverwertung auf die Ketonkörperoxydation erfolgt bei hungernden Tieren im allgemeinen nicht so leicht wie beim hungernden Menschen (vgl. S. 190). Diabetes führt dagegen sowohl beim Menschen als auch beim Tier zu einem raschen Anstieg von Ketonkörperbildung und Ketonkörperverwertung. Die Bestimmung des Respiratorischen Quotienten bei pankreasektomierten und alloxandiabetischen Tieren zeigt, daß ein großer Teil der von den Tieren umgesetzten Energie durch den Abbau von Ketonkörpern gewonnen wird. Ähnliche Beobachtungen wurden auch bei Phlorrhizinvergiftung gemacht. Werden hungernde Hunde, Katzen und Kaninchen mit Phlorrhizin vergiftet, so steigt die Ketonämie und damit auch die Auswertung der Ketonkörper in der Peripherie stark an[2]. Zum Unterschied von der Glucoseverwertung ist die Verwertung der Ketonkörper von Insulin unabhängig. Muskeln pankreasektomierter Katzen verbrannten Ketonkörper mit gleicher Intensität wie Normaltiere[3]. Im diabetischen Organismus führt also die Leber den Geweben, die infolge von Mangel an Insulin ihren Calorienbedarf nicht durch den Abbau von Glucose decken können, auf dem Blutwege Ketonkörper zu. Der unbehandelte Diabetiker lebt also von seinen Ketonkörpern. Es sei darauf hingewiesen, daß auch schwerste Störungen des Glucoseabbaues im Diabetes nicht von einem Ausfall der Kontraktionsfähigkeit der Muskulatur begleitet sind.

δ) Der Cholesterinstoffwechsel der Leber.

Fast alle bisher bekannten Phasen des Cholesterinstoffwechsels spielen sich in der Leber ab. Die Leber ist der wichtigste Ort der Cholesterinsynthese, gleichzeitig aber auch ein Speicherorgan, das aus der Nahrung resorbiertes exogenes Cholesterin aufnimmt und in einer durch die jeweilige Stoffwechsellage bestimmten Menge wieder an das Blutplasma abgibt. Die Leber ist ferner notwendig für die Bildung der im Blutplasma vorhandenen Fettsäureester des Cholesterins und reguliert solcherart nicht nur den Gesamtcholesteringehalt des Blutplasmas, sondern auch das Verhältnis zwischen freiem und verestertem Plasmacholesterin. Die Leber baut schließlich einen Teil des Cholesterins zu Gallensäuren ab, die sie zusammen mit einem anderen Anteil des Cholesterins mit der Galle ausscheidet.

1. Der Cholesteringehalt des Lebergewebes.

Der Cholesteringehalt des Lebergewebes zeigt bei den verschiedenen Säugetierarten nur geringe Artunterschiede. Bei allen Säugetieren ist die Leber nach Nebenniere, Gehirn und Niere eines der cholesterinreichsten Organe. Frische Lebern normaler Ratten enthalten 0,1—0,6% Cholesterin[4-7]. In Kaninchenlebern fand

[1] GAMMELTOFT, A.: Acta physiol. scand. **19**, 270 (1950). — [2] GAMMELTOFT, A.: Acta physiol. scand. **19**, 280 (1950). — [3] BLIXENKRONE-MØLLER, N.: H. **253**, 261 (1938). — [4] SAKAI, H.: B. Z. **216**, 28 (1929). — [5] SCHÖNHEIMER, R., u. D. YUASA: H. **180**, 5 (1929). — [6] CHANUTIN, A., and S. LUDEWIG: J. biol. Ch. **102**, 57 (1933). — [7] HORIYE, Y.: B. Z. **202**, 409 (1928).

man 0,17—0,21% [1], in Meerschweinchenlebern 0,17—0,20% Cholesterin [2], für die normale Mäuseleber wird ein Cholesteringehalt von 0,52—0,67% [3] bzw. 0,45 bis 0,60% [4] oder 0,18—0,29% [5] angegeben. In der Rinderleber ist 0,233% [6], in der Leber von Katzen (fettreich gefüttert) 0,248—0,617% [4], in der Hundeleber 0,127 bis 0,319% [7] Cholesterin gefunden worden.

Fettreiche Nahrung vermehrt, fettfreie Kost vermindert die Menge des Lebercholesterins. Die Lebern lipoidfrei ernährter Ratten enthielten bis 0,3% [5, 8], nach lipoidreicher Ernährung wurde in der Rattenleber 0,3—0,7% [8] Cholesterin gefunden. Verabreichung von Gallensäuren per os an Ratten steigert den Cholesteringehalt des Lebergewebes [4, 8], und zwar auch dann, wenn gleichzeitig Cholesterin mit der Nahrung nicht verabreicht wird. Verfütterung von Peptonen änderte den Cholesteringehalt der Leber nicht [9]. Verfütterung von Schilddrüsensubstanz, die, wie S. 143 berichtet, eine Steigerung des Fettsäureabbaues in der Leber zur Folge hat, führte bei Meerschweinchen zu einer Steigerung des Cholesteringehalts von 0,18% auf 0,245% [2].

Das Cholesterin ist in den Lebern der meisten Laboratoriumstiere vor allem in freier Form enthalten. So entfallen z. B. bei der Ratte etwa $^4/_5$ des Lebercholesterins auf freies und nur $^1/_5$ auf verestertes Cholesterin [10]. In der Rinderleber ist dagegen ein relativ großer Teil des Gesamtcholesterins (56%) in Form von Estern vorhanden [6].

In menschlichen Lebern wurde 0,24—0,43% [11], nach anderen Bestimmungen 0,18—0,46% [12] Gesamtcholesterin gefunden, wovon 0,18—0,37% [11] auf freies Cholesterin und 0,02—0,08% auf Estercholesterin entfielen [11]. Die Untersuchung

Tabelle 30. Der Cholesteringehalt der Leber bei verschiedenen Erkrankungen [13].

Diagnose	Anzahl der Fälle	Cholesterin in mg je 100 g frischer Substanz								
		0 bis 99	100 bis 199	200 bis 299	300 bis 399	400 bis 499	500 bis 599	600 bis 699	700 bis 799	1000 bis 1099
Akute und chronische Infektionen	53	1	6	37	7	—	1	1	—	—
Maligne Tumoren	20	—	—	8	7	4	—	—	1	—
Hochdruck	9	—	—	2	4	1	—	1	—	1
Thrombose	6	—	—	2	4	—	—	—	—	—
Todesfälle nach chirurgischen Eingriffen	5	—	1	4	—	—	—	—	—	—

pathologischer Lebern (Sektionsmaterial) ergab insbesondere bei malignen Tumoren und Hochdruck erhöhte Cholesterinwerte [13], der Gesamtcholesterin- und der Cholesterinestergehalt cirrhotischer Lebern lag innerhalb der Variationsbreite der Normalwerte [11]. In Lebern von Diabetikern scheint der Cholesteringehalt in der Regel nicht erhöht zu sein, 7 Fälle von Diabetes mellitus ergaben im Durchschnitt 0,241—0,32% Lebercholesterin [14]. Lebern von Fällen von perniziöser

[1] PAGE, I. H., and W. MENSCHICK: J. biol. Ch. **97**, 359 (1932). — [2] SAKAI, H.: B. Z. **216**, 32 (1929). — [3] SCHÖNHEIMER, R., u. R. HUMMEL: H. **192**, 114 (1930). — [4] HUMMEL, R.: H. **185**, 108 (1929). — [5] SCHÖNHEIMER, R., u. D. YUASA: H. **180**, 5 (1929). — [6] PFEIFFER, G.: B. Z. **222**, 214 (1930). — [7] ARTOM, C.: Arch. int. Physiol. **22**, 173 (1923). — [8] HORIYE, Y.: B. Z. **202**, 409 (1928). — [9] SAKAI, H.: B. Z. **216**, 28 (1929). — [10] CHANUTIN, A., and S. LUDEWIG: J. biol. Ch. **102**, 57 (1933). — [11] FEX, J.: B. Z. **104**, 160 (1920). — [12] LANDAU, M., u. J. W. McNEE: Beitr. path. Anat. **58**, 667 (1914). — [13] MULLER, G. L., and M. M. SUZMAN: Arch. internal Med., Chicago **54**, 405 (1934). — [14] REWALD, B.: B. Z. **99**, 253 (1919). — KLEMPERER, G., u. H. UMBER: Z. klin. Med. **65**, 340 (1908).

Anämie enthielten zwischen 0,40—0,42% Gesamtcholesterin und 0,37—0,39% Estercholesterin[1]. In der Säuglingsleber wurde 0,1—0,21% Cholesterin gefunden[2].

2. Die Leber als Cholesterinspeicher.

Intravenös injiziertes D-Cholesterin fand sich beim Hund 3 Tage nach der Injektion vor allem in der Lunge und in der Leber wieder, alle anderen Organe sowie das Blut enthielten nur kleine Mengen, das Zentralnervensystem überhaupt kein D-Cholesterin[3]. Nach Zufuhr großer Cholesterinmengen per os an Kaninchen stieg der Cholesteringehalt aller Gewebe mit Ausnahme des Nervengewebes stark an, der weitaus stärkste prozentuelle Anstieg (von etwa 0,18 auf 0,7—1,3%) wurde jedoch bei Lebergewebe beobachtet. Eine starke Vermehrung des Lebercholesterins nach Cholesterinfütterung wurde auch bei Katzen, Mäusen und Ratten festgestellt[4-6]. So konnte bei Mäusen der Cholesteringehalt der Leber

Tabelle 31. Anstieg des Gehalts an freiem und Estercholesterin nach Zugabe von 2,5% Cholesterin zu einer fettreichen Diät bei Ratten[6]. (Durchschnittswerte in % des frischen Lebergewebes.)

	Tage Cholesterindiät			
	0	2	57	269
Cholesteringehalt	0,26	0,93	3,7	5,00
Freies Cholesterin	0,217	0,250	0,311	0,387
Estercholesterin	0,046	0,675	3,38	4,61
Gesamtlipoide	4,09	6,29	12,26	16,91

durch Verfütterung von Cholesterinoxalat unter Zusatz von Desoxycholsäure von 0,6 auf 5,34% gesteigert werden, das Oxalat wurde mit dem Harn ausgeschieden[7]. Die nach Fütterung mit getrockneter Leber bei Ratten auftretende Verfettung und Volumenzunahme der Leber ist vor allem auf den Cholesteringehalt der verfütterten Leber zurückzuführen, die Lebern der so gefütterten Tiere enthielten große Mengen von Cholesterinestern[8,9]. In der Leber von Tieren, denen große Mengen von Cholesterin verabreicht wurden, waren vor allem die Cholesterinester vermehrt, deren normalerweise nur geringe Menge bei Cholesterinfütterung auf ein Mehrfaches des Normalwertes anstieg[6,10]; die Menge des freien Cholesterins blieb in den Lebern der cholesteringefütterten Tiere annähernd unverändert[10]. Während das freie Cholesterin vor allem einen Bestandteil der Zellstruktur bildet und wie die anderen Strukturlipoide (vgl. S. 132) histologisch nur schwer sichtbar gemacht werden kann, sind die Cholesterinester in Schnitten derartiger Lebern auch histologisch als anisotrope Lipoidtröpfchen nachweisbar[11,12]. Während resorbiertes Cholesterin vor allem als Ester in der Leber deponiert wird, ist in der Leber selbst entstandenes Cholesterin vor allem in freier Form vorhanden[13].

Gleichzeitige Verfütterung von Gallensäuren und Cholesterin führen zu besonders starken Steigerungen des Cholesteringehaltes der Leber. Während Kontroll-

[1] Fex, J.: B. Z. **104**, 160 (1920). — [2] Beumer, H.: Z. ges. exp. Med. **35**, 335 (1923). — [3] Bloch, K., B. N. Berg and D. Rittenberg: J. biol. Ch. **149**, 511 (1943). — [4] Yuasa, D.: Beitr. path. Anat. **80**, 570 (1928). — [5] Schönheimer, R., u. D. Yuasa: H. **180**, 5 (1929). — [6] Chanutin, A., and S. Ludewig: J. biol. Ch. **102**, 57 (1933). — [7] Schönheimer, R., u. R. Hummel: H. **192**, 114 (1930). — [8] Blatherwick, N. R., E. M. Medlar, P. J. Bradshaw, A. L. Post and S. D. Sawyer: J. biol. Ch. **100**, XVIII (1933). — [9] Blatherwick, N. R., E. M. Medlar, P. J. Bradshaw, A. L. Post and S. D. Sawyer: J. biol. Ch. **97**, XXXIII (1932). — [10] Okey, R.: J. biol. Ch. **100**, LXXV (1933). — [11] Aschoff, L.: Beitr. path. Anat. **47**, 1 (1910). — [12] Windaus, A.: H. **67**, 174 (1910). — [13] Gould, R. G., and C. B. Taylor: Fed. Proc. **9**, 179 (1950).

versuche mit Cholesterinverfütterung ohne Gallensäurezusatz eine Vermehrung des Gesamtcholesterins auf das 3fache verursachten, hatte die gleichzeitige Verabreichung von Cholesterin und Gallensäuren per os einen Anstieg des Lebercholesterins auf das 20fache zur Folge[1]. Die Cholesterinspeicherung in der Leber von Mäusen wurde durch Glykocholsäure besonders stark gesteigert. Cholsäure, Desoxycholsäure und Apocholsäure hatten geringere Wirkung, während Dehydrocholsäure wirkungslos blieb[2]. Die Wirkung der Gallensäuren auf die Cholesterinspeicherung in der Leber beruht zum Teil auf besserer Resorption des Cholesterins im Darm[3].

Werden nach längere Zeit anhaltender Cholesterin-Gallensäuren-Verfütterung sowohl das Cholesterin als auch die Gallensäuren aus der Nahrung fortgelassen, so sinkt der Cholesteringehalt der Leber in wenigen Tagen wieder auf den Normalwert ab. Wird nur das Cholesterin fortgelassen, die Zufuhr der Gallensäuren aber fortgesetzt, so bleibt der Cholesteringehalt der Leber auf dem erreichten Maximalwert stehen[2].

Neben Cholesterin sind in Tierlebern auch Oxycholesterine (Δ^5-Cholesten-3 β,7 α-diol[4, 5], Δ^5-Cholesten-3 β,7 β-diol[6] und Cholestan-3β,5,6-trans-triol[6] aufgefunden worden. Aus Menschenleber dargestelltes Cholesterin enthielt 1,6—1,8% eines gesättigten Sterins[7].

3. Leber und Cholesterinsynthese.

Leberschnitte junger Ratten führten in vitro unter aeroben Bedingungen D_2O und Acetat, das mit D und ^{13}C markiert war, in Cholesterin über[8, 9]. Die Cholesterinsynthese der Leberschnitte war so intensiv, daß sie ausgereicht hätte, den Cholesterinbedarf des ganzen Organismus der Ratten zu decken[9]. Leberschnitte von jungen Hunden wandelten ^{14}C-Acetat in stärkerem Ausmaß in ^{14}C-Cholesterin um als andere Organe[10]. Bei Ratten, die D-Acetat erhalten hatten, wurde D-Cholesterin vor allem in der Leber und nur in kleinen Mengen in den übrigen Organen gefunden[11, 12]. Auch nach Zufuhr von D-Butyrat, nicht aber von D-Propionat wurden D-Atome in signifikanter Menge im Cholesterin aufgefunden[8]. Nur solche Substanzen, die im Stoffwechsel in Acetat bzw. in seine stoffwechselaktive Form übergehen, werden also zur Cholesterinbildung verwendet[13]. Acetaldehyd, der leicht in Acetyl-CoA umgewandelt werden kann, wird in das Cholesterinmolekül sogar rascher eingebaut als Essigsäure selbst[14, 15]. Aus dem gleichen Grunde wird auch Pyruvat leicht für die Cholesterinsynthese verwendet[16-18]. Äthylalkohol, der im Stoffwechsel bekanntlich in Acetaldehyd übergeht, wird für die Cholesterinbildung verwendet[13], ohne jedoch eine unmittelbare Vorsubstanz des Cholesterins zu sein[19]. Aceton wird, wie aus Versuchen an Leberschnitten mit D-Aceton[20] und 1,3-^{14}C-Aceton[21, 22] hervorgeht, in Cholesterin eingebaut. Versuche

[1] LOEFFLER, K.: H. **178**, 186 (1928). — [2] HUMMEL, R.: H. **185**, 108 (1929). — [3] SCHÖNHEIMER, R., u. R. HUMMEL: H. **192**, 114 (1930). — [4] HASLEWOOD, G. A. D.: Biochem. J. **33**, 709 (1939). — [5] MCPHILLAMY, H. B.: Am. Soc. **62**, 3518 (1940). — [6] RUIGH, W. L.: Ann. Rev. **14**, 225, bes. S. 252 (1945). — [7] SCHÖNHEIMER, R., H. v. BEHRING, R. HUMMEL u. L. SCHINDEL: H. **192**, 73 (1930). — [8] BLOCH, K., and D. RITTENBERG: J. biol. Ch. **145**, 625 (1942). — [9] BLOCH, K., E. BOREK and D. RITTENBERG: J. biol. Ch. **162**, 441 (1946). — [10] GOULD, R. G., C. B. TAYLOR, J. S. HAGERMAN, I. WARNER and D. J. CAMPBELL: J. biol. Ch. **201**, 519 (1953). — [11] BLOCH, K., and D. RITTENBERG: J. biol. Ch. **159**, 45 (1945). — [12] ANKER, H. S.: J. biol. Ch. **176**, 1337 (1948). — [13] BLOCH, K., and D. RITTENBERG: J. biol. Ch. **155**, 243 (1944). — [14] MACLEAN, I. S., and D. HOFFERT: Biochem. J. **20**, 343 (1926). — [15] BRADY, R. O., and S. GURIN: J. biol. Ch. **189**, 371 (1951). — [16] BLOCH, K.: Cold Spring Harbor Symp. quant. Biol. **13**, 29 (1948). — [17] FRIEDMAN, M., S. O. BYERS and R. H. ROSENMAN: Circulation, N. Y. **5**, 657 (1952). — [18] BRADY, R. O., and S. GURIN: J. biol. Ch. **186**, 461 (1950). — [19] CURRAN, G. L., and D. RITTENBERG: J. biol. Ch. **190**, 17 (1951). — [20] BOREK, E., and D. RITTENBERG: J. biol. Ch. **179**, 843 (1949). — [21] ZABIN, I., and K. BLOCH: J. biol. Ch. **185**, 131 (1950). — [22] PRICE, T. D., and D. RITTENBERG: J. biol. Ch. **185**, 449 (1950).

mit 1,3-^{14}C-Aceton am ganzen Tier[1,2] zeigten, daß hierbei zunächst Acetat oder ein anderes aus 2 C-Atomen bestehendes Zwischenprodukt gebildet wird[3,4], aus dem dann erst (wahrscheinlich über Acetessigsäure[5,6] oder über Acetoacetyl-CoA) Cholesterin entsteht. Bekanntlich kann Aceton durch Bindung von CO_2 direkt in Acetessigsäure verwandelt werden. Daß sich diese Vorgänge im Lebergewebe abspielen, geht auch daraus hervor, daß das nach Zufuhr von ^{14}C-Aceton gebildete ^{14}C-Cholesterin vor allem in der Leber und nur in geringer Menge in anderen Geweben nachweisbar war[2].

Beide C-Atome des Acetatmoleküls werden von der Leber in das Cholesterinmolekül eingeführt[7,8]. D-Acetat wurde von Leberschnitten sowohl für die Synthese des Ringsystems als auch für die Bildung der Seitenkette des Cholesterins verwendet[8,9]. Versuche mit D-Acetat haben ferner gezeigt, daß mindestens 13% der im Cholesterin enthaltenen H-Atome aus Wassermolekülen stammen, während der Rest aus dem an C-Atome gebundenen Wasserstoff organischer Bausteine stammt[9,10]. Da Fettsäuren in der Leber zu Essigsäureresten abgebaut werden, gehen die in den Fettsäureketten enthaltenen C-Atome leicht in das Cholesterinmolekül über. Fettreiche Nahrung[11] oder Einführung von Ölsäure ins Duodenum[12], steigern daher den Cholesteringehalt der Leber.

Durch Fütterungsversuche mit Buttersäure, die an der Carboxylgruppe mit ^{13}C und am β-C-Atom mit ^{14}C markiert war, konnte gezeigt werden, daß vor allem das β-γ-Fragment der Buttersäure in das neugebildete Cholesterin übergeht, während das C_2-Fragment der Buttersäure, das aus der Carboxylgruppe und dem α-C-Atom besteht, weniger für die Cholesterinsynthese als für die Bildung von Fettsäuren verwendet wird[13]. Wie schon auf S. 188 berichtet, sind die bei der Oxydation der Fettsäuren entstehenden Acetylreste einander nicht gleichwertig und werden im Stoffwechsel in verschiedener Weise verwendet.

$$\underbrace{H_3C—{}^{14}CH_2}_{\text{Cholesterinsynthese}} \vdots \underbrace{CH_2—{}^{13}COOH}_{\text{Fettsäuresynthese}}$$

Verwendung des Buttersäuremoleküls für die Synthese von Fettsäure und Cholesterin

$$\underbrace{H_3{}^{13}C—\overset{{}^{13}CH_3}{\overset{|}{CH}}}_{\text{Cholesterinsynthese}} \vdots \underbrace{CH_2—{}^{14}COOH}_{\text{Fettsäuresynthese}}$$

Verwendung der Isovaleriansäure für die Synthese von Fettsäure und Cholesterin

Obwohl sowohl Fettsäuren als auch Cholesterin in der Leber aus Acetat gebildet werden, nehmen beide Synthesen also schon in den Anfangsstadien verschiedene Wege. Versuche mit Isovaleriansäure, die in der Carboxylgruppe ^{14}C und in der Methylgruppe ^{13}C enthielt, zeigten, daß das Isovaleriansäuremolekül in Acetat und einen aus 3 C-Atomen bestehenden Rest gespalten wird und daß vor allem dieser C_3-Rest in das Cholesterinmolekül übergeht[14]. In ähnlicher Weise wie der terminale C_3-Rest der Isovaleriansäure wird auch der die beiden Methylgruppen enthaltende Alkylrest der Isobuttersäure zur

---

[1] Zabin, I., and K. Bloch: J. biol. Ch. **185**, 131 (1950). — [2] Price, T. D., and D. Rittenberg: J. biol. Ch. **185**, 449 (1950). — [3] Brady, R. O., and S. Gurin: J. biol. Ch. **189**, 371 (1951). — [4] Borek, E., and D. Rittenberg: J. biol. Ch. **179**, 843 (1949). — [5] Plaut, G. W. E., and H. A. Lardy: J. biol. Ch. **186**, 705 (1950). — [6] Plaut, G. W. E., and H. A. Lardy: J. biol. Ch. **192**, 435 (1951). — [7] Rittenberg, D., and K. Bloch: J. biol. Ch. **160**, 417 (1945). — [8] Little, H. N., and K. Bloch: J. biol. Ch. **183**, 33 (1950). — [9] Bloch, K., and D. Rittenberg: J. biol. Ch. **145**, 625 (1942). — [10] Rittenberg, D., and R. Schoenheimer: J. biol. Ch. **121**, 235 (1937). — [11] Eckstein, H. C., and C. R. Treadwell: J. biol. Ch. **112**, 373 (1935/36). — [12] Minovici, S.: Bull. Soc. Chim. biol. **17**, 369 (1935). — [13] Zabin, I., and K. Bloch: J. biol. Ch. **192**, 261 (1951). — [14] Zabin, I., and K. Bloch: J. biol. Ch. **192**, 267 (1951).

Cholesterinbildung verwendet[1]. Es ist wahrscheinlich, daß die in diesen Isoverbindungen enthaltenen $H_3C—CH—CH_3$-Reste durch Bindung von CO_2 in ein aus 4 C-Atomen bestehendes Zwischenprodukt übergehen[2,3], denn der Einbau von verabreichten $^{14}CO_2$ in Cholesterin konnte durch gleichzeitige Verfütterung von Isovaleriansäure erheblich gesteigert werden[4].

$$(C—C—C) + CO_2 \rightarrow C—C—C—COOH \rightarrow \text{Cholesterin}$$

Während also bei der Fettsäuresynthese aus 2 C-Atomen bestehende Zwischenprodukte aneinandergereiht und verkettet werden[5], geht die Biosynthese des Cholesterins in der Leber von aus 4 C-Atomen bestehenden, der Acetessigsäure ähnlichen Zwischenprodukten aus, die ohne vorherige Spaltung verwendet werden[5-8]. Verfütterung von D,L-Deuterophenylalanin, das von der Leber bekanntlich über Tyrosin zu Acetessigsäure abgebaut wird[9,10], verursacht das Auftreten signifikanter Mengen von Deuterocholesterin[6]. An Leberschnitten, denen (am β-C-Atom mit ^{14}C-markierte) Acetessigsäure angeboten wurde, konnte gezeigt werden, daß die Acetessigsäure bevorzugt zur Cholesterinsynthese verwendet wurde, obwohl den Leberschnitten reichlich freies Acetat zur Verfügung stand[6,7].

Der stufenweise Abbau der Seitenkette von Cholesterin, das in Leberschnitten aus (entweder an der Carboxylgruppe oder in der Methylgruppe mit ^{14}C-markiertem) Acetat gebildet worden war, zeigte, daß die C-Atome 20, 23 und 25 des Isooctylrestes aus der Carboxylgruppe der Essigsäure, die C-Atome 21, 26 und 27 (Methylgruppen) und die C-Atome 22 und 24 (Methylengruppen) aus der Methylgruppe der Essigsäure gebildet werden[11].

```
              CH3                                CH3
              |                                  |
Ringsystem—(C)OOH— C22 —(C)OOH— C24 —(C)OOH— C26
```

Auch die Methylgruppen, die von den C-Atomen 18 und 19 gebildet werden, stammen aus den Methylgruppen von Essigsäureresten, während das der Methylgruppe 18 benachbarte C-Atom 10 wahrscheinlich aus der Carboxylgruppe der Essigsäure gebildet wird[12]. Für die Bildung des Cholesterins verwendet die Leber die C-Atome der Methyl- und der Carboxylgruppe des Acetats im Verhältnis 1,27:1[12] bzw. 1,3:1[7]; für die ringbildenden C-Atome beträgt dieses Verhältnis 1,1:1, für die Seitenkette 1,65:1[12].

Ähnlich wie beim Squalen[13] und den Carotinoiden[14-16], für deren Bildung ebenfalls die aktive Form der Essigsäure notwendig zu sein scheint, zeigt auch die Seitenkette des Cholesterins und ein Teil des Ringsystems die für diese Stoffe charakteristische Verteilung der Methylgruppen im Abstand von 4 C-Atomen. Bekanntlich sind das in Fischlebern in großer Menge enthaltene[17,18] und auch in

[1] KRITCHEVSKY, D., and I. GRAY: Exper. **7**, 183 (1951). — [2] COON, M. J.: J. biol. Ch. **187**, 71 (1950). — [3] PLAUT, G. W. E., and H. A. LARDY: J. biol. Ch. **192**, 435 (1951). — [4] ZABIN, I., and K. BLOCH: J. biol. Ch. **192**, 267 (1951). — [5] BRADY, R. O., and S. GURIN: J. biol. Ch. **186**, 461 (1950). — [6] CURRAN, G. L.: J. biol. Ch. **191**, 775 (1951). — [7] BRADY, R. O., and S. GURIN: J. biol. Ch. **189**, 371 (1951). — [8] MIESCHER, K., u. P. WIELAND: Helv. **33**, 1847 (1950). — [9] RIEGEL, C., I. S. RAVDIN and H. J. ROSE: J. biol. Ch. **120**, 523 (1937). — [10] SPERRY, W. M.: J. biol. Ch. **114**, 125 (1936). — [11] WÜRSCH, J., R. L. HUANG and K. BLOCH: J. biol. Ch. **195**, 439 (1952). — [12] LITTLE, H. N., and K. BLOCH: J. biol. Ch. **183**, 33 (1950). — [13] LANGDON, R. G., and K. BLOCH: J. biol. Ch. **200**, 129 (1953). — [14] BONNER, J., and B. ARREGUIN: Arch. Biochem. **21**, 109 (1949). — [15] ARNAKI, M., u. Z. STARY: B. Z. **323**, 376 (1952/53). — [16] STARY, Z., u. M. ARNAKI: Arzneim.-Forsch. **4**, 346 (1954). — [17] TSUJIMOTO, M.: J. industr. engng. Chem. 8, 889 (1916). — [18] HEILBRON, I. M., E. D. KAMM and W. M. OWENS: Soc. **1926**, 1630. — HEILBRON, I. M., T. P. HILDITCH and E. D. KAMM: Soc. **1926**, 3131.

der Schweineleber nachgewiesene[1] Squalen oder ähnliche in der Leber des Menschen und der Säugetiere aufgefundene Kohlenwasserstoffe[2–4] bereits früher wiederholt als Vorstufe der Cholesterinbildung in Betracht gezogen worden, denn nach Verfütterung von Squalen an Ratten stieg der Cholesteringehalt der Leber auf das Doppelte an[5]. Das C-Skelet des Cholesterins könnte durch direkte Cyclisation aus dem Squalenmolekül gebildet werden[6]. Mit Hilfe der Isotopenmethode gewonnene Befunde haben dieser Vermutung bestätigt: Leberschnitte von Ratten, an die Squalen verfüttert worden war, bildeten aus ^{14}C-Acetat weniger ^{14}C-Cholesterin als Kontrolltiere, die kein Squalen erhalten hatten[7]. Durch Biosynthese gewonnenes ^{14}C-Squalen ergab, an Mäuse verfüttert, in hohem Prozentsatz ^{14}C-Cholesterin[7]. Die Tatsache, daß die in diesen Versuchen gleichzeitig entstandenen Fettsäuren kein ^{14}C enthielten, zeigt, daß diese Umwandlung nicht über den Abbau zu Acetat und Totalsynthese aus Acetat vor sich gegangen sein kann[8].

Ferner hat es sich gezeigt, daß ^{14}C-Cholesterin, das bei der Durchströmung von Lebern mit ^{14}C-Acetat[9] oder bei der Verabreichung von ^{14}C-Acetat an Ratte[10] und Huhn[11] erhalten worden war, Begleitstoffe enthielt, deren ^{14}C-Gehalt größer war als der des Cholesterins selbst und die daher als Intermediärprodukte der Cholesterinbildung aus ^{14}C-Acetat aufgefaßt werden konnten. Aus der mit ^{14}-CAcetat durchströmten Schweineleber konnten mit Hilfe chromatographischer Methoden 3 Fraktionen derartiger ^{14}C-haltiger Cholesterinvorstufen isoliert werden, die, an Ratten verfüttert, in ^{14}C-Cholesterin verwandelt wurden. Eine dieser Fraktionen wurde als ^{14}C-Squalen identifiziert[12]. Das so entstandene ^{14}C-Cholesterin fand sich in der Leber in weit größerer Menge vor als in Carcass und Blut. Wie Versuche an Leberschnitten gezeigt haben, stammen auch im Squalenmolekül (ähnlich wie beim Cholesterin) die an den Verzweigungsstellen stehenden (methyltragenden) C-Atome aus den COOH-Gruppen der für die Synthese verwendeten Acetatmoleküle. Die 3 C-Atome, die diesen tertiären C-Atomen benachbart sind (einschließlich der Methylgruppen), stammen dagegen aus den Methylgruppen von Acetatmolekülen[13].

In Versuchen, in denen überlebende Lebern mit ^{14}C-Acetat durchströmt wurden, konnte neben ^{14}C-Cholesterin auch ein radioaktives $3\beta,5\alpha,6\beta$-Trioxycholestan isoliert werden[14]. Dihydrocholesterin, das im Unverseifbaren von Darm und Haut in relativ großer Menge vorkommt, ist im Unverseifbaren des Leberfetts nur in Spuren enthalten[15].

Zum Unterschied von der Fettsäuresynthese ist die Synthese von Cholesterin in zellfreien Leberhomogenaten nur sehr schwer zu demonstrieren. Homogenate, z. B. aus Rattenleber, die aus isotopenmarkiertem Acetat sehr aktiv Fettsäuren bilden[16–18], sind zur Cholesterinsynthese nicht befähigt[19, 20]. Nur in Homogenaten

[1] Schwenk, E., D. Todd and C. A. Fish: Arch. Biochem. **49**, 187 (1954). — [2] Stanger, D. W., P. E. Steiner and M. N. Bolyard: Am. Soc. **66**, 1621 (1944). — [3] Dimter, A.: H. **270**, 247 (1941). — [4] Channon, H. J., and G. F. Marrian: Biochem. J. **20**, 409 (1926). — [5] Channon, H. J.: Biochem. J. **20**, 400 (1926). — [6] Robinson, R.: Chem. & Industr. **53**, 1062 (1934). — Woodward, R. B., and K. Bloch: Am. Soc. **75**, 2023 (1953). — [7] Langdon, R. G., and K. Bloch: J. biol. Ch. **200**, 135 (1953). — [8] Langdon, R. G.: Fed. Proc. **11**, 245 (1952). — [9] Schwenk, E., and N. T. Werthessen: Arch. Biochem. **40**, 334 (1952). — [10] Schwenk, E., and N. T. Werthessen: Arch. Biochem. **42**, 91 (1953). — [11] Schwenk, E., and C. F. Baker: Arch. Biochem. **45**, 341 (1953). — [12] Schwenk, E., D. Todd and C. A. Fish: Arch. Biochem. **49**, 187 (1954). — [13] Cornforth, J. W., and G. Popják: Biochem. J. **58**, 403 (1954). — [14] Schwenk, E., N. T. Werthessen and H. Rosenkrantz: Arch. Biochem. **37**, 247 (1952). — [15] Glover, M., J. Glover and R. A. Morton: Biochem. J. **51**, 1 (1952). — [16] Brady, R. O., and S. Gurin: J. biol. Ch. **199**, 421 (1952). — [17] Brady, R. O., and S. Gurin: Arch. Biochem. **34**, 221 (1951). — [18] Brady, R. O., and S. Gurin: Fed. Proc. **11**, 190 (1952). — [19] Bloch, K., E. Borek and D. Rittenberg: J. biol. Ch. **162**, 441 (1946). — [20] Bloch, K.: Biosynthesis of steroids; in: Symposium on Steroid Hormones. S. 33. Madison 1950.

von embryonalen Rattenlebern wurde bisher auch die Bildung von Cholesterin beobachtet[1].

Eingriffe, die die Leberzellen schädigen, ohne die Zellstruktur völlig zu zerstören, wie z.B. vorübergehende Unterbrechung der Blutzufuhr, Schädigungen durch Bakterientoxine oder mechanische Insulte, haben in vivo vielfach ein Ansteigen der Cholesterinsynthese zur Folge. Der Nachweis derartiger traumatischer Steigerungen der Cholesterinsynthese wurde in Versuchen an Schweinelebern, die mit Blut, das ^{14}C-Acetat enthielt, durchströmt wurden, erbracht[2].

Außer der Leber sind auch andere Organe befähigt Cholesterin aus kleinen Molekülen zu synthetisieren. So ist z. B. die Synthese von Cholesterin auch in der Arterienwand[3], in Nebennierenrinde[4,5], Ovarium[6], Milz[7], Haut[5], Niere[7], Intestinaltrakt[7] nachgewiesen worden. Doch bildeten Leberschnitte aus D-Acetat mehr D-Cholesterin als Schnitte anderer Organe[5,7]. Verhältnismäßig rasch scheint die Cholesterinsynthese auch in der Darmwand vor sich zu gehen[6,8], und es ist möglich, daß ein Teil des in der Leber deponierten Cholesterins in der Darmwand gebildet wird.

Die Menge des in der menschlichen Leber gebildeten Cholesterins wird auf 0,3 g täglich geschätzt[9]. Die gleiche Menge wird täglich durch die Leber ausgeschieden oder abgebaut. Die Halbwertszeit des Lebercholesterins, geprüft mit ^{14}C-Cholesterin, betrug bei ausgewachsenen Ratten 6 Tage, während die des im übrigen Organismus enthaltenen Cholesterins (bei den gleichen Versuchstieren) 31—32 Tage betrug[10] (vgl. a. [11]). Beim Kaninchen betrug die Halbwertszeit des Lebercholesterins 3 Tage[6], während die Halbwertszeit des Darmcholesterins beim gleichen Tier auf 1,5 Tage[6] berechnet wurde. Beim Menschen wurde die Halbwertszeit des Plasmacholesterins auf etwa 8 Tage bestimmt[12].

4. Die Cholesterinbildung in der Leber unter verschiedenen biologischen Bedingungen.

Schnitte von Lebern junger Ratten bildeten aus Deuteroacetat mehr Deuterocholesterin als Schnitte aus Lebern erwachsener Tiere[7]. Besonders intensiv ist die Cholesterinbildung im fetalen Lebergewebe. Nach Injektion von D_2O an schwangere Meerschweinchen enthielt das Cholesterin aus den Organen des Fetus mehr Deuterium als das Cholesterin aus der Leber des Muttertieres und aus der Placenta. Den höchsten D-Gehalt hatte das aus der Leber des Fetus dargestellte Cholesterin. Das Cholesterin des Fetus wird in der embryonalen Leber, aber auch in anderen Organen des Fetus gebildet und kann nur in der Leber, nicht aber in den anderen Geweben des Embryos abgebaut werden[13].

In Schnitten aus Lebern hungernder oder unterernährter Ratten war der Einbau von ^{14}C aus ^{14}C-Acetat nicht nur in Fettsäuren[14,15], sondern auch in Cholesterin

[1] Rabinovitz, M., and D. M. Greenberg: Arch. Biochem. **40**, 472 (1952). — [2] Werthessen, N. T., and E. Schwenk: Amer. J. Physiol. **171**, 55 (1952). — [3] Siperstein, M. D., I. L. Chaikoff and S. S. Chernick: Science, N. Y. **113**, 747 (1951). — [4] Srere, P. A., I. L. Chaikoff and W. G. Dauben: J. biol. Ch. **176**, 829 (1948). — [5] Gould, R. G., and C. B. Taylor: Fed. Proc. **9**, 179 (1950). — Gould, R. G., C. B. Taylor, J. S. Hagerman, I. Warner and D. J. Campbell: J. biol. Ch. **201**, 519 (1953). — [6] Popják, G., and M.-L. Beeckmans: Biochem. J. **47**, 233 (1950). — [7] Bloch, K., E. Borek and D. Rittenberg: J. biol. Ch. **162**, 441 (1946). — [8] Borgström, B.: Acta chem. scand. **5**, 1190 (1951). — [9] Lichtman, S. S.: Diseases of the Liver, Gall Bladder and Bill Ducts. S. 117. Philadelphia 1953. — [10] Pihl, A., K. Bloch and H. S. Anker: J. biol. Ch. **183**, 441 (1950). — [11] Alfin-Slater, R. B., M. C. Schotz, F. Shimoda and H. J. Deuel jr.: J. biol. Ch. **195**, 311 (1952). — [12] London, I. M., and D. Rittenberg: J. biol. Ch. **184**, 687 (1950). — [13] Popják, G., and M.-L. Beeckmans: Biochem. J. **46**, 547 (1950). — [14] Masoro, E. J., I. L. Chaikoff, S. S. Chernick and J. M. Felts: J. biol. Ch. **185**, 845 (1950). — [15] Lyon, I., M. S. Masri and I. L. Chaikoff: J biol. Ch. **196**, 25 (1952).

sehr stark herabgesetzt[1]. War den Tieren nach einer Hungerperiode jedoch Glucose oder Protein verabreicht worden, so zeigten Fett- und Cholesterinbildung sehr rasch wieder normale Werte. Verabreichung von Fett an vorher hungernde Tiere stellte in der gleichen Versuchsanordnung die normale Bildung der Fettsäuren nicht wieder her, führte jedoch zu einer Steigerung der Cholesterinbildung[1]. Cholesterinreiche Kost hemmt dagegen, wie Versuche an Leberschnitten von Maus[2], Hund und Kaninchen[3] gezeigt haben, die Cholesterinsynthese in der Leber. Leberschnitte von Hunden, die ein nur wenig Cholesterin enthaltendes Futter erhielten, bildeten 10mal mehr Cholesterin als die Leberschnitte von Hunden, die viel Cholesterin erhielten[4]. Auch die Geschwindigkeit der Synthese von D-markiertem Plasma- und Lebercholesterin nach Zufuhr von D_2O war bei Ratten stark verlangsamt, wenn den Tieren vorher eine cholesterinreiche Nahrung verabreicht worden war[5]. Es muß auf Grund dieser Versuche fraglich erscheinen, ob die insbesondere bei Arteriosklerose vielfach empfohlene cholesterinfreie Diät ein geeignetes Mittel zur Verminderung des Cholesteringehalts der Gewebe darstellt[6].

Die klinische Erfahrung, daß Diabetes das Eintreten der Arteriosklerose beschleunigt[7], hat Untersuchungen über die Cholesterinsynthese in der diabetischen Leber veranlaßt. Es konnte gezeigt werden, daß Schnitte von Lebern alloxandiabetischer Ratten aus ^{14}C-Acetat mehr ^{14}C-Cholesterin bilden als Schnitte normaler Rattenlebern[8]. Wurden die alloxandiabetischen Ratten mit Insulin behandelt, so sank auch die Cholesterinbildung wieder auf den Normalwert ab[8]. Leberschnitte von pankreasektomierten Katzen bildeten aus markiertem Acetat Cholesterin, aber keine Fettsäuren[9]. Der gesteigerte Fettsäureabbau in der diabetischen Leber, zusammen mit der herabgesetzten Fähigkeit, aus Acetat Fettsäuren zu resynthetisieren, führt also nicht nur zu einer Vermehrung der Ketonkörper, sondern auch zu einer gesteigerten Cholesterinbildung, die ihrerseits wieder eine Cholesterinvermehrung im Blut zur Folge hat[1,8].

Mangel an Pantothensäure verhindert bei Ratten, denen mit der Nahrung gleichzeitig Cholesterin verabreicht worden war, eine Cholesterinvermehrung im Lebergewebe[10]. Auch der nach Cholesterinzufuhr sonst eintretende Anstieg des Blutcholesterins ist bei Pantothensäuremangel geringer als bei Normaltieren[10]. Dies beruht wahrscheinlich auf einem Mangel an Coenzym A im Lebergewebe, für dessen Bildung Pantothensäure notwendig ist[11,12] und auf einer dadurch verursachten Hemmung der Cholesterinbildung aus Acetat, durch die die Wirkung der gesteigerten Cholesterinzufuhr auf die Cholesterinbilanz ausgeglichen wird[11]. Eine sehr erhebliche Herabsetzung des Cholesteringehalts von Leber und Blut wurde bei pantothensäurefrei ernährten Ratten beobachtet[13]. Zufuhr von Neutralfett hob diese Herabsetzung auf, was darauf zurückgeführt wird, daß die Leber auch die Acetessigsäure, die bei gesteigertem Fettabbau entsteht, direkt zur Cholesterinsynthese verwenden kann[13]. In analoger Weise wie die Cholesterin-

[1] Tomkins, G. M., and I. L. Chaikoff: J. biol. Ch. **196**, 569 (1952). — [2] Schoenheimer, R., and F. Breusch: J. biol. Ch. **103**, 439 (1933). — [3] Gould, R. G., and C. B. Taylor: Fed. Proc. **9**, 179 (1950). — [4] Gould, R. G., C. B. Taylor, J. S. Hagerman, I. Warner and D. J. Campbell: J. biol. Ch. **201**, 519 (1953). — [5] Alfin-Slater, R. B., M. C. Schotz, F. Shimoda and H. J. Deuel jr.: J. biol. Ch. **195**, 311 (1952). — [6] Frank, E.: Persönliche Mitteilung. — [7] Literatur bei: Warren, S., and P. M. LeCompte: The Pathology of Diabetes Mellitus. 3. Aufl. London, Philadelphia 1952. — [8] Hotta, S., and I. L. Chaikoff: J. biol. Ch. **198**, 895 (1952). — [9] Brady, R. O., and S. Gurin: J. biol. Ch. **187**, 589 (1950). — [10] Guehring, R. R., L. S. Hurley and A. F. Morgan: J. biol. Ch. **197**, 485 (1952). — [11] Lipmann, F., and N. O. Kaplan: Fed. Proc. **5**, 145 (1946). — [12] Lipmann, F., N. O. Kaplan, G. D. Novelli, L. C. Tuttle and B. M. Guirard: J. biol. Ch. **167**, 869 (1947). — [13] Boyd, G. S.: 2. Int. Congr. Biochem. Paris. S. 120. 1952.

bildung in der Leber wird auch die Ergosterinbildung in der Hefe durch Pantothensäuremangel gehemmt[1]. 2—3 Wochen andauernder Mangel an Lactoflavin oder Pyridoxin hatte dagegen bei Ratten auf den Cholesteringehalt von Leber und Blut keinen Einfluß[2]. Ferner hatte auch die Verabreichung cancerogener Stoffe (p-Dimethylaminoazobenzol) keine Wirkung auf die Einverleibung von ^{14}C-Acetat in das Lebercholesterin[3].

5. Die Leber als Bildungsstätte des Plasmacholesterins.

Versuche mit isotopenmarkiertem Acetat an normalen und leberlosen Hunden haben gezeigt, daß die Leber die Hauptquelle des Plasmacholesterins ist[4]. Versuche, in denen die Wiederherstellung des Cholesterinspiegels nach Plasmapherese bei normalen und bei teilweise entleberten Ratten verfolgt wurde[5], ergaben, daß sowohl das freie Cholesterin als auch die Cholesterinester bei den entleberten Tieren weit langsamer regeneriert wurden als bei den Kontrolltieren[5].

Unterbrechung der Gallenbildung oder des Gallenabflusses führt bei Mensch, Hund und Ratte zu einer Vermehrung des freien Cholesterins im Blutplasma[6–15]. Dieses zusätzlich ins Blutplasma ausgeschüttete Cholesterin stammt aus der Leber und nicht aus anderen Organen; denn auch nach Kastration, nach Unterbindung des Ductus thoracicus, nach Adrenektomie und Herausnahme von Darm, Milz und Niere hatte die Unterbindung des Gallenganges eine Vermehrung des Plasmacholesterins zur Folge. Nach partieller Hepatektomie mit gleichzeitiger Unterbindung des Gallengangs blieb der Cholesteringehalt des Blutplasmas jedoch unverändert[16]. Der Anstieg des Plasmacholesterins ist in diesem Falle jedoch nicht auf die Retention des sonst mit der Galle ausgeschiedenen Cholesterins zurückzuführen, denn die sich nach Gallengangsverschluß im Blutplasma innerhalb eines Tages zusätzlich ansammelnde Cholesterinmenge ist 3mal so groß wie die Cholesterinmenge, die je Tag mit der Galle ausgeschieden wird[17]. Wird bei Ratten experimentell eine Gallensperre gesetzt und diese Sperre nach einiger Zeit wieder aufgehoben, so wird die Hypercholesterinämie rasch wieder normalisiert, ohne daß eine diesem Abfall entsprechende Cholesterinmenge in der Galle erscheint[18]. Wurde der Gallengang mit der Vena cava anastomosiert, so kam es zu einem ähnlichen Anstieg des Cholesteringehalts wie bei Gallensperre[15]. Bei der Ratte hat eine Vermehrung des Gallensäurengehalts des Blutes eine Hypercholesterinämie zur Folge[19–21]. Erhöhter Cholatgehalt des Blutplasmas kann also sekundär eine Ausschwemmung von Cholesterin aus der Leber und in geringerem Grade vielleicht auch aus anderen Organen in das Blutplasma auslösen.

[1] Hanahan, D. J., and S. J. Al-Wakil: Arch. Biochem. **37**, 167 (1952). — [2] Guehring, R. R., L. S. Hurley and A. F. Morgan: J. biol. Ch. **197**, 485 (1952). — [3] Baker, C. G., and D. M. Greenberg: Cancer Res. **9**, 701 (1949). — [4] Gould, R. G., D. J. Campbell, C. B. Taylor, F. B. Kelly jr., I. Warner and C B. Davis jr.: Fed. Proc. **10**, 19 (1951). — [5] Friedman, M., S. O. Byers and F. Michaelis: Amer. J. Physiol. **164**, 789 (1951). — [6] Gebhardt, F.: Verh. dtsch. Ges. inn. Med. **43**, 215 (1931). — [7] Wright, A., and G. H. Whipple: J. exp. Med. **59**, 411 (1934). — [8] Man, E. B., B. L. Kartin, S. H. Durlacher and J. P. Peters: J. clin. Invest. **24**, 623 (1945). — [9] Bloch, K., B. N. Berg and D. Rittenberg: J. biol. Ch. **149**, 511 (1943). — [10] Byers, S. O., M. Friedman and F. Michaelis: J. biol. Ch. **184**, 71 (1950). — [11] Heinlein, H.: Z. ges. exp. Med. **91**, 638 (1933). — [12] Hawkins, W. B., and A. Wright: J. exp. Med. **59**, 427 (1934). — [13] Epstein, E. Z.: Arch. internal Med., Chicago **50**, 203 (1932). — [14] Epstein, E. Z., and E. B. Greenspan: Arch. internal Med., Chicago **58**, 860 (1936). — [15] Chanutin, A., and S. Ludewig: J. biol. Ch. **115**, 1 (1936). — [16] Byers, S. O., M. Friedman and F. Michaelis: J. biol. Ch. **188**, 637 (1951). — [17] Friedman, M., S. O. Byers and F. Michaelis: Amer. J. Physiol. **162**, 575 (1950). — [18] Byers, S. O., and M. Friedman: J. exp. Med. **95**, 19 (1952). — [19] Friedman, M., and S. O. Byers: Amer. J. Physiol. **168**, 292 (1952). — [20] Friedman, M., and S. O. Byers: Proc. Soc. exp. Biol. Med. **78**, 528 (1951). — [21] Friedman, M., S. O. Byers and R. H. Rosenman: Science, N. Y. **115**, 313 (1952).

Doch war andererseits der Cholesteringehalt des Lebergewebes von Ratten nach experimenteller Gallensperre nur wenig verringert[1].

Wird die regulierende Funktion der Leber auf das Plasmacholesterin durch Lebererkrankungen gestört, so kann es durch Ausschwemmung von Cholesterin aus der Leber ins Blut oder durch Hemmung der Rückresorption des Plasmacholesterins zu einem Anstieg des Gesamtcholesterins im Blutplasma kommen. Schwere Leberparenchymschäden hemmen aber andererseits auch die Cholesterinbildung und können dadurch auch zu einer Herabsetzung des Blutcholesterins führen. Der Cholesterinspiegel zeigt daher bei Lebererkrankungen weite Exkursionen nach oben und unten. So wurde bei akuter Degeneration des Leberparenchyms bei einem Alkoholiker 1250 mg-% Cholesterin[2], bei einer subakuten diffusen Lebernekrose prämortal 56 mg-% Gesamtcholesterin gefunden[3].

6. Bildung und Spaltung der Cholesterinester in Leber und Blutplasma.

Das Lebergewebe enthält eine bei schwach saurer Reaktion (p_H 5,3) wirksame Esterase, die Cholesterinester spaltet[4–10] und durch gallensaure Salze gehemmt wird (vgl. dagegen [11,12], s. a. Bd. 1, S. 1087f.). Bei der Autolyse von Lebergewebe nimmt die Menge der im Lebergewebe enthaltenen Cholesterinester ab[13]. Andererseits vermochten Emulsionen von Lebergewebe auch Cholesterinester zu bilden[4,14]. Eine Esterase, die Cholesterinacetat (nicht aber die natürlich vorkommenden Cholesterinester höherer Fettsäuren) mit großer Geschwindigkeit spaltet und ebenfalls bei p_H 8 optimal wirkt, ist in der Mikrosomenfraktion der Leberzelle enthalten[15], seine biologische Funktion ist derzeit noch unbekannt. Im Blutplasma selbst ist ein Ferment vorhanden, das Cholesterin in vitro mit Fettsäuren verestert[16,17] und von der synthetisierenden Leberesterase verschieden ist[4,18]; wird Blutplasma bebrütet, so nimmt der Cholesterinestergehalt auf Kosten des freien Cholesterins zu[16,19]. Die Abnahme des freien Cholesterins im bebrüteten Blutplasma ist geringer in Blutproben von Leberkranken[20]. In vitro hemmt der Zusatz von Galle[16] oder von gallensauren Salzen[20,21] die Estersynthese im Menschenserum; nach Bebrütung von menschlichem Blutserum mit Lebergalle wurde mitunter sogar eine Aufspaltung der im Plasma enthaltenen Cholesterinester beobachtet[16]. Auch Zusatz von Taurocholat kann im Menschenserum die Cholesterinestersynthese völlig aufheben und bei Hundeserum die Synthese der Cholesterinester in eine so rapide Esterspaltung umkehren, daß nach 5 min die Hälfte der im Serum vorhandenen Cholesterinester aufgespalten ist[18,21,22]. In Hundeserum sind esterspaltende und esterbildende Fermentsysteme nebeneinander vorhanden, sie lassen sich präparativ trennen und werden beide durch Cholate aktiviert[17].

---

[1] BYERS, S. O., and M. FRIEDMAN: J. exp. Med. **95**, 19 (1952). — [2] EPSTEIN, E. Z., and E. B. GREENSPAN: Arch. internal Med., Chicago **58**, 860 (1936). — [3] LICHTMAN, S. S.: Diseases of the Liver, Gall Bladder and Bile Ducts. S. 288. Philadelphia 1953. — [4] SPERRY, W. M., and F. C. BRAND: J. biol. Ch. **137**, 377 (1941). — [5] SCHRAMM, G., u. A. WOLFF: H. **263**, 61 (1940). — [6] SCHULTZ, J. H.: B. Z. **42**, 255 (1912). — [7] CYTRONBERG, S.: B. Z. **45**, 281 (1912). — [8] NOMURA, T.: Tohoku J. exp. Med. **4**, 677 (1924). — [9] SIMOLA, P. E., and T. KALAJA: Suom. Kemist. **9** B, 27 (1936). — [10] KLEIN, W.: H. **254**, 1 (1938); **259**, 268 (1939). — [11] WENDT, H.: Kli. Wo. **1929 I**, 1215. — [12] MUELLER, J. H.: J. biol. Ch. **25**, 561 (1916). — [13] GEBHARDT, F.: Verh. dtsch. Ges. inn. Med. **43**, 215 (1931). — [14] NIEFT, M. L., and H. J. DEUEL jr.: J. biol. Ch. **177**, 143 (1949). — [15] SCHOTZ, M. C., L. I. RICE and R. B. ALFIN-SLATER: J. biol. Ch. **207**, 665 (1954). — [16] RIEGEL, C., I. S. RAVDIN and H. J. ROSE: J. biol. Ch. **120**, 523 (1937). — [17] SWELL, L., and C. R. TREADWELL: J. biol. Ch. **185**, 349 (1950). — [18] SPERRY, W. M., and V. A. STOYANOFF: J. biol. Ch. **126**, 77 (1938). — [19] SPERRY, W. M.: J. biol. Ch. **111**, 467 (1935). — [20] TURNER, K. B., and V. PRATT: Proc. Soc. exp. Biol. Med. **71**, 633 (1949). — [21] SPERRY, W. M., and V. A. STOYANOFF: J. biol. Ch. **117**, 525 (1937). — [22] SPERRY, W. M., and V. A. STOYANOFF: J. biol. Ch. **121**. 101 (1937).

Klinische Erfahrungen und Beobachtungen im Tierversuch zeigen, daß die Intaktheit der Leber für die Aufrechterhaltung der Konzentration der Cholesterinester im Blut notwendig ist. Das Verhältnis zwischen freiem und gebundenem Cholesterin, das im normalen Blutplasma weit konstanter ist als die Menge des Gesamtcholesterins[1], wird bei Schädigungen des Leberparenchyms zugunsten des freien Cholesterins verschoben[2–4]. Bei schweren Fällen (z.B. bei akuter gelber Leberdystrophie) können die Cholesterinester aus dem Blut völlig verschwinden („Estersturz")[5,6]. Bei Obstruktionsikterus wird sowohl über Zunahme des Estercholesterins[6,7], als auch über einen Abfall[8] der Cholesterinester im Blutserum berichtet. Bei Ratten treten nach Choledochusunterbindung nur geringe Veränderungen im Esteranteil des Plasmacholesterins ein[9]. Partielle Leberexstirpation führte dagegen im Rattenversuch schon innerhalb 24 Std zu einer Abnahme des Plasmaestergehalts[1].

7. Der Cholesterinabbau in der Leber.

In Bilanzversuchen, in denen Kaninchen[10], Katzen[10] und Mäusen[11] große Mengen von Cholesterin verabreicht wurde, war ein erheblicher Teil des verabreichten Cholesterins weder in den Exkreten noch in den Geweben des Tieres aufzufinden. Daraus geht hervor, daß im Organismus große Mengen von Cholesterin abgebaut werden können. Ein Teil des Cholesterins wird ohne Spaltung des C-Skelets zu einer zweibasischen Säure oxydiert, die mit dem Stuhl ausgeschieden wird[12,13]. Ein anderer Teil des Cholesterins wird in der Leber zu Gallensäuren umgewandelt. Aus intravenös injiziertem D-Cholesterin entstanden in der Leber des Hundes D-haltige Gallensäuren[14]. Ratten, denen mit Tritium markiertes Cholesterin per os verabreicht worden war, schieden in der Galle tritiumhaltiges Cholat aus[15]. Diese Umwandlung ist irreversibel: Mit Tritium markiertes Cholat wurde von Ratten, deren Gallengang verschlossen worden war, nicht in Cholesterin verwandelt[15].

Die Umwandlung von Cholesterin in Gallensäuren beinhaltet nicht nur einen teilweisen Abbau der Seitenkette, sondern auch eine Hydrogenierung mit Anlagerung eines H-Atomes an das C-Atom 5 in Transstellung. Koprosterin, obzwar es ebenso wie die Gallensäuren ein Derivat des allo-Sterans ist, also auch ein H-Atom in Transstellung am C-Atom 5 trägt, ist keine Zwischenstufe des Cholesterinabbaues, denn aus D-markiertem Koprostanon, das eine Zwischenstufe dieser Umwandlung bilden müßte, wurden keine D-Gallensäuren gebildet[16]. Daß die Hauptmenge des Cholesterins in der Leber durch Verkürzung der Seitenkette abgebaut wird, geht auch aus Versuchen hervor, in denen Cholesterin, das an verschiedenen Stellen des Moleküls mit C-Isotopen markiert war, verwendet wurde: Aus Cholesterin, das das isotope C-Atom in Stellung 5, also im A-Ring enthielt, wurde in der Leber kein isotopenhaltiges CO_2 gebildet, wohl aber, wenn sich das

[1] CHANUTIN, A., and S. LUDEWIG: J. biol. Ch. **115**, 1 (1936). — [2] FEIGL, J.: B. Z. **86**, 1 (1918). — [3] THANNHAUSER, S. J., u. H. SCHABER: Kli. Wo. **1926 I**, 252. — [4] SPERRY, W. M.: J. biol. Ch. **114**, 125 (1936). — [5] EPSTEIN, E. Z.: Arch. internal Med., Chicago **47**, 82 (1931). — [6] EPSTEIN, E. Z., and E. B. GREENSPAN: Arch. internal Med., Chicago **58**, 860 (1936). — [7] EPSTEIN, E. Z.: Arch. internal Med., Chicago **50**, 203 (1932). — [8] MAN, E. B., B. L. KARTIN, S. H. DURLACHER and J. P. PETERS: J. clin. Invest. **24**, 623 (1945). — [9] BYERS, S. O., M. FRIEDMAN and F. MICHAELIS: J. biol. Ch. **184**, 71 (1950). — [10] PAGE, I. H., and W. MENSCHICK: J. biol. Ch. **97**, 359 (1932). — [11] SCHOENHEIMER, R., and F. BREUSCH: J. biol. Ch. **103**, 439 (1933). — [12] COOK, R. P., N. POLGAR and R. O. THOMSON: Biochem. J. **47**, 600 (1950). — [13] GOULD, R. G.: Circulation, N. Y. **2**, 467 (1950). — [14] BLOCH, K., B. N. BERG and D. RITTENBERG: J. biol. Ch. **149**, 511 (1943). — [15] BYERS, S. O., and M. W. BIGGS: Arch. Biochem. **39**, 301 (1952). — [16] SCHOENHEIMER, R., D. RITTENBERG, B. N. BERG and L. ROUSSELOT: J. biol. Ch. **115**, 635 (1936).

Isotop in der Seitenkette (z.B. in Stellung 26) befand[1,2]. Daß die Umwandlung in Gallensäuren den Hauptweg des Cholesterinabbaues in der Leber darstellt, zeigt auch die Tatsache, daß nach Verabreichung von im Kern (am C-Atom 4) mit ^{14}C markiertem Cholesterin 90% des Isotops in der Galle, und zwar vor allem in ihrem verseifbaren Anteil, ausgeschieden wurde[3]. Bekanntlich wird, wie ebenfalls durch Versuche mit D-Cholesterin nachgewiesen, ein anderer Teil des Cholesterins durch Abbau der Seitenkette zu Progesteron und anderen Steroidhormonen abgebaut[4,5], ein Vorgang, der wahrscheinlich in den endokrinen Organen selbst stattfindet.

8. Cholesterinausscheidung durch die Galle.

Das Cholesterin ist in der Galle des Hundes[6,7] und des Menschen[8] in freier Form enthalten. Doch scheinen ausnahmsweise neben freiem Cholesterin auch Cholesterinester mit der Galle ausgeschieden zu werden[6,9]. Während die Bebrütung von Blutplasma mit normaler Lebergalle eine teilweise Aufspaltung der im Plasma enthaltenen Cholesterinester herbeiführt, hatte derartige esterhaltige Galle keinen Einfluß auf die Cholesterinester des Blutplasmas[6]. Normale Galle von Mensch[8] und Hund[7] enthält erhebliche Mengen von freiem Cholesterin. Das Cholesterin wird hierbei durch den hohen Cholatgehalt der Galle in Lösung gehalten. Das Verhältnis Cholesterin: Cholat beträgt normalerweise 1:20 bis 1:30, steigt es auf über 1:13 (s.[15]) oder 1:18 (s.[16]), so fällt das Cholesterin aus. Durch Dialyse der Galle kann der Cholatgehalt der Galle herabgesetzt und das Cholesterin zum Ausfallen gebracht werden. Der Cholesteringehalt der Lebergalle vom Hund wird mit 80—120 mg-%[6] angegeben[10]. Lebergalle vom Menschen enthielt 60 bis 160 mg-%, Blasengalle bis 970 mg-% Cholesterin[11]. In Rindergalle wurden 30 mg-%, in Kälbergalle 80 mg-%, in Schafsgalle 40 mg-%[12] gefunden. Unter gleichbleibenden Ernährungsbedingungen bleibt auch der Cholesteringehalt der Lebergalle weitgehend konstant. Cholesterinzufuhr mit der Nahrung steigert auch die Cholesterinausscheidung in der Galle[13,14], die Zunahme ist jedoch geringer als die aufgenommene Cholesterinmenge[7]. Gleichzeitige Verabreichung von Cholesterin und Gallensäuren (z.B. bei Verfütterung von Galle) führt zu besonders starker Cholesterinausscheidung, aber auch Cholat, allein verabreicht, steigert die Cholesterinexkretion[7]. Cholagoga steigern die Gallenmenge, haben aber auf den Cholesteringehalt der Galle keinen Einfluß[7].

e) Die Leber im Stoffwechsel der Aminosäuren und der Proteine.

α) Die Leber im Proteinhaushalt.

Wie im Stoffwechsel der Kohlenhydrate und der Lipoide, so hat die Leber auch im Stoffwechsel der Aminosäuren die Aufgabe, die Konzentration, in der diese Stoffe den peripheren Organen vom Blut her angeboten werden, zu stabilisieren.

[1] Chaikoff, I. L., M. D. Siperstein, W. G. Dauben, H. L. Bradlow, J. F. Eastham, G. M. Tomkins, J. R. Meier, R. W. Chen, S. Hotta and P. A. Srere: J. biol. Ch. **194**, 413 (1952). — [2] Meier, J. R., M. D. Siperstein and I. L. Chaikoff: J. biol. Ch. **198**, 105 (1952). — [3] Siperstein, M. D., and I. L. Chaikoff: J. biol. Ch. **198**, 93 (1952). — [4] Bloch, K.: J. biol. Ch. **157**, 661 (1945). — [5] Zaffaroni, A., O. Hechter and G. Pincus: Am. Soc. **73**, 1390 (1951). — [6] Riegel, C., I. S. Ravdin and H. J. Rose: Proc. Soc. exp. Biol. Med. **35**, 94 (1936). — [7] Wright, A., and G. H. Whipple: J. exp. Med. **59**, 411 (1934). — [8] Thannhauser, S. J.: Dtsch. Arch. klin. Med. **141**, 290 (1923). — [9] Riegel, C., I. S. Ravdin and H. J. Rose: J. biol. Ch. **120**, 523 (1937). — [10] Vgl. a. Stepp, W.: Z. Biol. **69**, 514 (1919). — Goodman, E. H.: Hofm. Beitr. **9**, 91 (1907). — [11] Enderlen, E., S. J. Thannhauser u. M. Jenke: A. e. P. P. **135**, 131 (1928). — [12] Horsters, H.: Physiologie und Pathologie der Galle. Ergebn. Physiol. **34**, 552 (1932). — [13] McMaster, P. D.: J. exp. Med. **40**, 25 (1924). — [14] McNee, J. W.: J. Path. Bacteriology **18**, 325 (1918). — [15] Andrews, E., R. Schoenheimer and L. Hrdina: Arch. Surg. **25**, 796 (1932). — [16] Newman, C. E.: Beitr. path. Anat. **86**, 187 (1931). —

Die vom Darm resorbierten Aminosäuren werden von der Leber aus dem Pfortaderblut aufgenommen und in Form von Protein vorübergehend gespeichert. Im Bedarfsfall werden diese Proteine wieder zu Aminosäuren abgebaut und an das Blut abgegeben. Der Aminosäuregehalt des Blutplasmas wird von der Leber also in ähnlicher Weise kontrolliert wie der Glucosegehalt des Blutes.

Die regulierende Funktion der Leber bezieht sich aber nicht nur auf die Gesamtmenge des im Blut enthaltenen Aminosäuregemisches, sondern auch auf seine qualitative Zusammensetzung. Aminosäuren, die aus der Nahrung in relativem Überschuß aufgenommen worden sind, werden von der Leber abgebaut. Ein Teil des beim Abbau dieser Aminosäuren freigesetzten Ammoniaks kann dazu verwendet werden, um andere Aminosäuren aus den Ketosäuren zu bilden, die im Stoffwechsel als Zwischenprodukte des Kohlenhydratabbaues oder der Endoxydation entstehen. Auch die direkte Umwandlung bestimmter Aminosäuren in andere ist in der Leber möglich: Phenylalanin kann in Tyrosin, Glycin in Serin umgewandelt werden usw. In weitem Ausmaß hat die Leber die Fähigkeit, das Mischungsverhältnis der im Blut enthaltenen Aminosäuren dem jeweiligen Stoffwechselbedarf anzupassen.

Ausmaß und Richtung des Aminosäurestoffwechsels der Leber sind vom Eiweißgehalt der Nahrung abhängig. Während die Leber des pflanzenfressenden Tieres die aus der Nahrung aufgenommenen Aminosäuren mit großer Sparsamkeit verwaltet und die aus dem Abbau der Körperproteine freigesetzten Aminosäuren immer wieder zur Bildung neuer Proteine verwendet, ist die Leber des Fleischfressers auf einen verschwenderischen Aminosäureabbau und auf die Umwandlung großer Aminosäuremengen in Kohlenhydrat eingestellt. Fleischfressende und pflanzenfressende Tiere unterscheiden sich also nicht nur in Gebiß und Bau ihres Verdauungskanals, sondern auch in Richtung und Ausmaß des Aminosäurestoffwechsels der Leber. Daß der Mensch sowohl reine Pflanzenkost als auch eiweißreiche Fleischkost durch lange Zeit ohne nachweisbaren Schaden verträgt, ist auf eine besondere Anpassungsfähigkeit seines Leberstoffwechsels zurückzuführen.

Nicht nur der Aminosäuregehalt, sondern auch der Proteingehalt des Blutplasmas wird von der Leber reguliert. Ein großer Teil der im Blutplasma enthaltenen Proteine wird in der Leber gebildet. Durch die Abgabe von Serumalbumin an das Blut hält die Leber den kolloidosmotischen Druck des Blutes konstant und wird dadurch zu einem beherrschenden Faktor im Wasserstoffwechsel der übrigen Gewebe. Durch die Bildung des Fibrinogens und des Prothrombins ermöglicht sie die Gerinnungsfähigkeit des Blutes.

Es scheint, daß die Bildung einzelner der Proteine, aus denen das im Blutplasma enthaltene Proteingemisch besteht, durch Erkrankungen der Leber gestört wird und daß geschädigte Leberzellen unter Umständen auch Proteine von abnormem Bau an das Blut abgeben. Lebererkrankungen können daher zu einem abnormen Mischungsverhältnis der im Plasma enthaltenen Proteine führen. Ein großer Teil der in der Klinik zur Leberfunktionsprüfung verwendeten, an Serum oder Plasma durchgeführten Fällungs- oder Trübungsreaktionen beruht darauf, daß die Bildung der Plasmaproteine in der erkrankten Leber in anormaler Weise verläuft.

Ähnlich wie bei den Fettsäuren, so erfolgen auch bei den Aminosäuren die ersten Phasen des Abbaues überwiegend in der Leber. Ein Teil der Aminosäuren wird hierbei zu Ketonkörpern, ein anderer zu Pyruvat abgebaut. Das Pyruvat kann sodann von der Leber zur Bildung von Leberglykogen und von Blutzucker verwendet werden. Die beim Abbau der Aminosäuren abgespaltenen Aminogruppen werden, soweit sie nicht zu Synthesen dienen, von der Leber in Harnstoff verwandelt.

1) Die Bildung der Leberproteine.

a) Die Aufnahme von Aminosäuren aus dem Blut. Daß die Leber Aminosäuren aus dem Blut aufnimmt, ist mit Hilfe verschiedener Versuchsanordnungen gezeigt worden: Werden einem normalen Tier Aminosäuren in größerer Menge ins Blut injiziert, so sinkt der unmittelbar nach der Injektion stark erhöhte Aminosäuregehalt des Blutes in kurzer Zeit auf den Normalwert ab[1]. Wird die gleiche Aminosäuremenge jedoch einem hepatektomierten Tier injiziert, so bleibt der Aminosäuregehalt des Blutes durch lange Zeit erhöht[2]. Beim normalen Tier ist der Aminosäuregehalt des Pfortaderblutes nach Aufnahme proteinreicher Mahlzeiten zwar stark gesteigert, der Aminosäuregehalt des peripheren Blutes bleibt jedoch praktisch unverändert[3]. Beim leberlosen Tier hat dagegen die orale Zufuhr von Aminosäuren oder von Protein eine lang anhaltende Erhöhung des Aminosäuregehalts des Blutes und der Gewebe und eine Vermehrung der Aminosäureausscheidung im Harn zur Folge[4]. Da das Pfortaderblut bei Tieren mit ECKscher Fistel die Leber umgeht, steigt auch bei Hunden mit ECKscher Fistel der Aminosäuregehalt des peripheren Blutes nach proteinhaltigen Mahlzeiten stärker an als bei Normaltieren[3]. Auch ohne vorherige Aminosäurebelastung enthielten Blutplasma, Gewebsflüssigkeit und Harn leberloser Hunde gesteigerte Mengen von Aminosäuren[2, 4]. Histidin, Lysin, Glutaminsäure, Alanin und Glycin waren im Plasma hepatektomierter Hunde besonders stark vermehrt, während der Methionin- und Tryptophangehalt vermindert war[5]. Bei der papierchromatographischen Untersuchung ergab das Plasma leberloser Hunde ein an sich ähnliches, jedoch weit intensiveres Aminosäure-Chromatogramm als das Plasma der Kontrolltiere[6].

Das Lebergewebe ist befähigt sehr große Mengen von Aminosäuren aus dem Blut aufzunehmen, in Protein umzuwandeln oder abzubauen. Nach partieller Hepatektomie kann daher auch eine relativ kleine Restleber die im Darm resorbierten Aminosäuren aus dem Pfortaderblut entfernen. Bei partiell hepatektomierten Tieren wird daher der Aminosäurespiegel des peripheren Blutes durch proteinhaltige Mahlzeiten nur wenig verändert[7]. Erst wenn der exstirpierte Leberteil 90% des Gesamtgewichts der Leber überstieg, konnten bei Kaninchen Störungen in der Desaminierung der Aminosäuren nachgewiesen werden[8]. Auch relativ schwere Schädigungen der Leber durch P- oder CCl_3H-Vergiftung scheinen die Fähigkeit der Leber, Aminosäuren aus dem Blut aufzunehmen, nicht zu vermindern. Trotz schwerer Leberverfettung blieb bei Hunden, die mit P oder CCl_3H vergiftet worden waren, die Aminosäureausscheidung im Harn unverändert[9]; nur bei Verabreichung tödlicher Dosen dieser Gifte wurde kurz vor dem Tode eine Vermehrung der Aminosäuren im Blut und Harn beobachtet[10]. Dagegen wurde bei Kaninchen, deren Leber durch Phenylhydrazin geschädigt worden war, eine Erhöhung des Aminosäuregehalts im Blut auf das 2—4fache der normalen Nüchternwerte bei gleichbleibendem Harnstoffwert beobachtet; parenterale Belastung mit Glycin führte bei diesen Tieren zu einem höheren und länger anhaltenden Anstieg des Aminosäurespiegels als bei gesunden Tieren[11].

[1] SLYKE, D. D. VAN, and G. M. MEYER: J. biol. Ch. **16**, 197, 213 (1913/14). — [2] BOLLMAN, J. L., F. C. MANN and T. B. MAGATH: Amer. J. Physiol. **69**, 371 (1924). — [3] MORGULIS, S.: J. biol. Ch. **66**, 353 (1925). — [4] BOLLMAN, J. L., F. C. MANN and T. B. MAGATH: Amer. J. Physiol. **78**, 258 (1926). — [5] SVEC, M. H.: Fed. Proc. **8**, 153 (1949). — [6] FLOCK, E. V., F. C. MANN and J. L. BOLLMAN: J. biol. Ch. **192**, 293 (1951). — [7] MANN, F. C., and J. L. BOLLMAN: Arch. Path., Chicago **1**, 681 (1926). — [8] MCMASTER, P. D., and D. R. DRURY: J. exp. Med. **49**, 745 (1929). — [9] LEVENE, P. A., and D. D. VAN SLYKE: J. biol. Ch. **12**, 301 (1912). — [10] MARSHALL, E. K., and L. G. ROWNTREE: J. exp. Med. **22**, 333 (1915). — [11] LEWIS, H. B., and S. IZUME: J. biol. Ch. **71**, 33 (1926/27).

Auch *beim leberkranken Menschen* kann ein *Ansteigen des Aminosäuregehalts im Blut* erst dann festgestellt werden, wenn auch andere Leberfunktionen schwer geschädigt sind. Bei Fällen von infektiösem oder katarrhalischem Ikterus[1], bei chronischen Hepatitiden und Cirrhosen[1-4] bleibt der Aminosäurespiegel im Blut im allgemeinen normal. Nur bei schweren Fällen von Lebercirrhose wurden von einzelnen Untersuchern Erhöhungen des Aminosäurespiegels im Nüchternblut beobachtet[5], andere Untersucher konnten dagegen keinen Unterschied im Aminosäuregehalt des Nüchternserums gesunder und cirrhosekranker Menschen feststellen[6]. Der Methioningehalt des Blutplasmas ist bei akuter Hepatitis oft vermehrt[7].

Bei diffuser nekrotisierender Hepatitis (sog. *akuter gelber Leberatrophie*[8] oder besser *Leberdystrophie*[9]), namentlich im Endstadium dieser Erkrankung, steigt der Aminosäuregehalt des Blutes dagegen regelmäßig und sehr erheblich an[3,10,11], während der Harnstoffgehalt des Blutes stark absinkt. Die Menge des Aminosäurestickstoffs, die im normalen Blut etwa 5—8 mg-% beträgt[2,4,12-14], steigt in Fällen von akuter gelber Leberatrophie meist auf 15—25 mg-%[2,3,10]. In einem Fall, bei dem außerdem auch eine degenerative Nephritis vorhanden war, enthielt das Blut 216 mg-% Aminosäure-N (Bestimmung nach FOLIN), jedoch trotz Anurie keinen Harnstoff[15].

Die durch die Leberfunktionsstörungen verursachte Erhöhung des Aminosäurespiegels im Blut führt zu einer vermehrten Aminosäureausscheidung im Harn. Während der *Quotient Aminosäure*-N:*Gesamt*-N im Harn von Lebergesunden unterhalb 4:100 liegt, kann er bei diffusen Leberparenchymschäden bis auf 10:100 ansteigen[16,17]. Nach Belastung mit Glycin, Alanin, Asparaginsäure oder Gelatine wurde bei schweren Lebererkrankungen ein relativ großer Teil des N in Form von Aminosäuren-N ausgeschieden[17,18]. Besonders stark gesteigert ist der Aminosäuregehalt des Harns bei der sog. akuten gelben Leberatrophie. Die vermehrte Aminosäureausscheidung ist jedoch bei der sog. akuten Leberatrophie nicht nur durch eine verminderte Fähigkeit der Leber zur Umwandlung von Aminosäuren in Protein und zum Abbau von Aminosäuren verursacht, sondern auf die plötzliche Einschmelzung großer Massen von Lebergewebe und die damit verbundene Steigerung des Proteinabbaues. Leichtere Leberschädigungen haben, wie mit Hilfe der papierchromatographischen Methode gezeigt worden ist, meist keine nennenswerte Steigerung der Aminosäureausscheidung im Harn zur Folge[11,19].

Belastungen mit einzelnen Aminosäuren oder Aminosäuregemischen sind als Methode zur *Leberfunktionsprüfung* vorgeschlagen worden[20,21]. Fehler, die hierbei

---

[1] WOWSI, M., u. J. GELBIRD: Z. exp. Med. **51**, 518 (1926). — [2] FEINBLATT, H. M., and I. SHAPIRO: Arch. internal Med., Chicago **34**, 690 (1924). — [3] SCHMIDT, E. G.: Arch. internal Med., Chicago **44**, 351 (1929). — [4] WITTS, L.: Quart. J. Med. **22**, 477 (1929). — [5] CACCURI, S., e A. CHIARELLO: Arch. Mal. Appar. digest. **24**, 840 (1924). — [6] WEICKER, B.: Z. ges. exp. Med. **81**, 481 (1932). — [7] KINSELL, L. W., H. A. WEISS, G. D. MICHAELS and J. S. SHAVER: Amer. J. Med. **6**, 292 (1949). — KIRSNER, J. B., A. L. SHEFFNER, W. L. PALMER and O. BERGEIM: J. Lab. clin. Med. **36**, 735 (1950). — [8] ROKITANSKY, K.: Lehrbuch der Pathologischen Anatomie. Bd. 3, S. 269. Wien 1861. — [9] LOTZE, C.: Zbl. Path. **88**, 169 (1952). — BÜCHNER, F.: Spezielle Pathologie. S. 267f. München, Berlin 1955. — [10] STADIE, W. C., and D. D. VAN SLYKE: Arch. internal Med., Chicago **25**, 693 (1920). — [11] DENT, C. E., and J. A. WALSHE: Ciba Found. Symp. Liver Disease. bes. S. 22. Philadelphia 1951. — [12] DESQUEYROUX, J.: Ann. Méd. **13**, 20 (1923). — [13] BLAU, N. F.: J. biol. Ch. **56**, 861, 873 (1923). — [14] BOCK, J. C.: J. biol. Ch. **29**, 191 (1917). — FOLIN, O., and H. BERGLUND: J. biol. Ch. **51**, 395 (1922). — LENNOX, W. G., M. F. O'CONNOR and L. H. WRIGHT: Arch. Neurol. Psychiatry **11**, 54 (1924). — [15] RABINOWITCH, I. M.: J. biol. Ch. **83**, 333 (1929). — [16] LABBÉ, H., et H. BITH: Bull. Mém. Soc. méd. Hôp. Paris **36**, 510 (1913). — FALK, F., u. P. SAXL: Z. klin. Med. **73**, 131 (1911). — [17] GLAESSNER, K.: Z. exp. Path. Therap. **4**, 336 (1907). — [18] MASUDA, N.: Z. exp. Path. Therap. **8**, 629 (1911). — [19] DENT, C. E.: Biochem. Soc. Symp. **3**, 34 (1950). — [20] DELOYERS, L.: Bruxelles-méd. **25**, 107 (1945). — [21] BAUR, H.: Helv. med. Acta **17**, 575 (1950).

durch individuelle Verschiedenheiten in der Geschwindigkeit der Resorption im Darm verursacht werden, können durch intravenöse Verabreichung der Aminosäuren ausgeschaltet werden[1,2]. Es darf dabei jedoch nicht außer acht gelassen werden, daß es sehr verschiedene, zum Teil in verschiedenen Teilen des Zellprotoplasmas erfolgende Stoffwechselfunktionen sind, die man bei derartigen Aminosäurebelastungen prüft. Während bei der Belastung mit kompletten Aminosäuregemischen z.B. mit Caseinhydrolysaten usw.[1], vor allem die Fähigkeit der Leber zur Proteinbildung geprüft wird, bedeutet die Belastung mit einzelnen definierten Aminosäuren, wie Tyrosin[3], Glycin[2,4], Histidin[5] oder Methionin[6], jeweils die Testung eines speziellen, den Abbau dieser einen Aminosäure katalysierenden Enzymsystems.

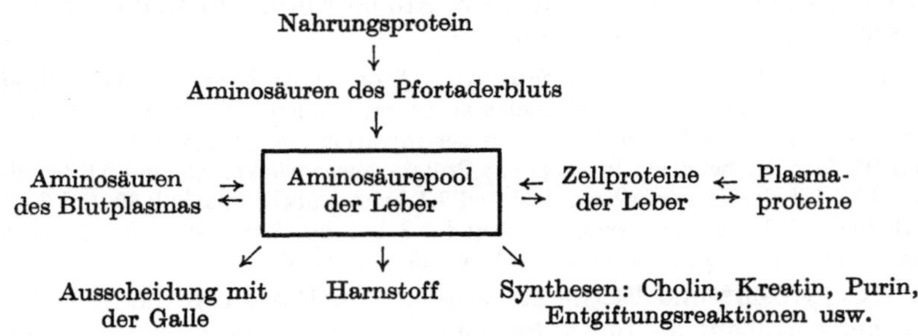

Abb. 27. Aminosäurepool der Leber.

Die Leber verwendet die aus dem Blut aufgenommenen Aminosäuren nicht nur für den Aufbau ihrer eigenen Proteine. Ein Teil der in der Leber entstandenen Proteine wird als Plasmaprotein an das Blut abgegeben und in dieser Form von den übrigen Organen verwendet. Kleinere Mengen bestimmter Aminosäuren braucht die Leber ferner für die Bildung der N-haltigen Bausteine der Nucleinsäuren, für die Synthese des Kreatins, des Cholins und anderer Substanzen. Der für diese Synthesen nicht verwendete Rest der Aminosäuren wird desaminiert und die N-Atome in Harnstoff übergeführt. Andererseits übernimmt die Leber aber auch Proteine aus dem Blut und baut sie, zusammen mit den zelleigenen Proteinen der Leberzellen, zu Aminosäuren ab. Es existiert in der Leber also ein *Aminosäurepool*, der durch Aufnahme von Aminosäuren und Proteinen aus dem Blut ständig ergänzt und durch Einbau von Aminosäuren in Proteine, durch ihren Abbau und die Umwandlung in andere N-haltige Substanzen dauernd entleert wird.

b) Die Erneuerungsgeschwindigkeit der Leberproteine, meßbar an der Geschwindigkeit, mit der markierte Aminosäuren in die Moleküle der Leberproteine aufgenommen werden oder aus ihnen verschwinden, ist größer als die Erneuerungsgeschwindigkeit der Proteine der meisten anderen Organe. Bei der erwachsenen

[1] GOETTSCH, E., J. D. LYTTLE, W. M. GRIM and P. DUNBAR: J. biol. Ch. **144**, 121 (1942). — LYTTLE, J. D., E. GOETTSCH, D. M. GREELEY, W. M. GRIM and P. DUNBAR: J. clin. Invest. **22**, 169 (1943). — [2] HOESCH, K., u. C. SIEVERT: Kli. Wo. **1933 II**, 1357. — [3] BERNHART, F. W., and R. W. SCHNEIDER: Amer. J. med. Sci. **205**, 636 (1943). — SCHWEIZER, W.: Arch. int. Pharmacodyn. Thérap. **79**, 35 (1949). — CLOETENS, R.: Enzymologia **7**, 157 (1939). — CARRIÉ, C., u. G. STÜTTGEN: Kli. Wo. **1950**, 497. — [4] VRIES, A. DE, and B. ALEXANDER: J. clin. Invest. **27**, 655 (1948). — [5] BAUR, H.: Helv. med. Acta **17**, 575 (1950). — [6] KINSELL, L. W., H. A. HARPER, H. C. BARTON, G. D. MICHAELS and J. A. WEISS: Science, N. Y. **106**, 589 (1947). — HOMBURGER, F.: Amer. J. med. Sci. **212**, 68 (1946). — ASTRUP, P.: Acta med. scand. **130**, 12 (1948). — WHEELER, J. E., and P. GYÖRGY: Amer. J. med. Sci. **215**, 267 (1948). — SCHREIER, K., u. H. SCHÖNSEE: D. m. W. **1952**, 418.

Ratte wird die Halbwertszeit der Leberproteine nach Messungen mit Deuteriumleucin auf 7 Tage geschätzt[1]. Andere, mit D-markierten Aminosäuren durchgeführte Versuche ergaben, daß in 24 Std bei Ratten 29% und bei Mäusen 50% der Leberproteine erneuert wurden[2]. In mit ^{15}N-Glycin durchgeführten Versuchen wurde für die Leberproteine der Ratte eine Halbwertszeit von 6—7 Tagen, für die Proteine des Gesamtorganismus hingegen eine Halbwertszeit von 17 Tagen gefunden[3]. Wurde einer Gruppe von Ratten durch 3 Tage ^{15}N-Glycin verabreicht und die Ratten nach dem Aufhören der Glycinzufuhr in verschiedenen Intervallen getötet, so nahm der ^{15}N-Gehalt der Leberproteine, der unmittelbar nach der Verabreichung des ^{15}N-Glycins sehr hoch angestiegen war, rascher ab als der ^{15}N-Gehalt der Proteine der übrigen Organe. Die Hälfte der in den Leberproteinen der Tiere enthaltenen ^{15}N-Atome wurde innerhalb von 7 Tagen durch gewöhnliche ^{14}N-Atome ersetzt[4].

Hieraus läßt sich berechnen, daß etwa 10% der in den Leberproteinen enthaltenen Glycinreste täglich durch andere Glycinmoleküle ersetzt wurden. Die von den einzelnen Organen der Ratte 15 min bzw. 6 Std nach intravenöser Injektion von Carboxyl-^{14}C-Glycin aufgenommenen ^{14}C-Mengen betrugen in μÄq je g Protein ausgedrückt: 0,8 und 6,8 bei der Leber, 0,99 und 12,2 bei der Darmmucosa, 0,66 und 7,1 beim Knochenmark, 0,49 und 6,4 bei der Niere, 0,16 und 5,9 beim Blutplasma, 0,16 und 4,8 bei der Milz, 0,49 und 4,1 bei der Lunge, 0,0 bzw. 0,5 bei der Muskulatur und 0,0 bzw. 0,3 beim Gehirn[5].

^{14}C-Tyrosin[6] und ^{14}C-Serin[7] wurden von Ratten in die Proteine der Nieren rascher eingebaut als in die Proteine der Leber; die in die Proteine von Niere, Leber, Milz und Muskel aufgenommenen Mengen von ^{14}C-Serin verhielten sich in einem derartigen Versuch wie 1,73:1,23:0,90:0,17 (s. [7]).

Die Leucinmengen, die von Kaninchen nach intravenöser Injektion von 40 mg/kg Körpergewicht ^{14}C-markiertem Leucin innerhalb 30 min in die Proteine der verschiedenen Organe aufgenommen wurden, betrugen (in μMol je g Protein) bei Leber 5,6, Dünndarm 6,6, Herz 2,4, Niere 4,4, Skeletmuskel 1,8, Erythrocyten 0,26, Serum 1,0, Milz 5,4 (s. [8]). Beim Meerschweinchen betrug die Aufnahmegeschwindigkeit der Aminosäuren in die Leberproteine nach der Injektion von je 16 mg mit ^{14}C-markiertem Glycin, Histidin, Leucin und Lysin (berechnet auf 60 min) 0,8, 1,7, 2,3 und 2,0 μMol/g Leberprotein und 1,3, 0,9, 3,5, bzw. 2,3 μMol/g Dünndarmprotein[8]. Für den Menschen wurde die durchschnittliche Halbwertszeit der Leberproteine auf 10 Tage, die Halbwertszeit des Proteins des Gesamtorganismus auf 80 Tage berechnet[3].

Unter Verwendung von ^{14}C-Alanin und ^{14}C-Phenylalanin wurde für das Gesamtprotein der Rattenleber eine Halbwertszeit von $6^1/_2$ Tagen gefunden[9]. Den Tieren verabreichtes ^{14}C-Alanin und ^{14}C-Phenylalanin wurde in die Cytoplasmaproteine der Leberzellen rascher eingebaut als in die Zellkerne. Die Histone nahmen die ^{14}C-Atome besonders langsam auf[9].

Sowohl die Proteine der Zellkerne als auch die verschiedenen Anteile des Cytoplasmas der Leberzellen werden ständig erneuert. Doch ist die Geschwindigkeit der Proteinbildung in den verschiedenen morphologischen Anteilen der Leberzelle stark verschieden. Isotopenmarkierte Aminosäuren werden am raschesten von den in der Mikrosomenfraktion der Leberzellen enthaltenen Proteinen aufgenommen[10],

---

[1] Schoenheimer, R., S. Ratner and D. Rittenberg: J. biol. Ch. **130**, 703 (1939). — [2] Ussing, H. H.: Acta physiol. scand. **2**, 222 (1941). — [3] Sprinson, D. B., and D. Rittenberg: J. biol. Ch. **180**, 715 (1949). — [4] Shemin, D., and D. Rittenberg: J. biol. Ch. **153**, 401 (1944). — [5] Greenberg, D. M., and T. Winnick: J. biol. Ch. **173**, 199 (1948). — [6] Winnick, T., F. Friedberg and D. M. Greenberg: J. biol. Ch. **173**, 189 (1948). — [7] Levine, M., and H. Tarver: J. biol. Ch. **184**, 427 (1950). — [8] Borsook, H., C. L. Deasy, A. J. Haagen-Smit, G. Keighley and P. H. Lowy: J. biol. Ch. **187**, 839 (1950). — [9] Brunish, R., and J. M. Luck: J. biol. Ch. **198**, 621 (1952). — [10] Keller, E. B.: Fed. Proc. **10**, 206 (1951).

während die Proteinsynthese in den Mitochondrien nur relativ langsam erfolgt[1] (vgl. Tabelle 32).

Gleichwohl scheint für die Proteinbildung in der Leberzelle das Zusammenwirken verschiedener Zellfraktionen erforderlich zu sein. Wurde ^{14}C-D,L-Alanin mit Homogenaten von Rattenleber bebrütet, so wurde, in Übereinstimmung mit den oben berichteten Versuchen, die stärkste Radioaktivität in den in der Mikrosomenfraktion enthaltenen Proteinen gefunden[2]. Wurde das ^{14}C-D,L-Alanin aber mit der isolierten Mikrosomenfraktion oder mit der isolierten Mitochondrienfraktion allein bebrütet, so nahmen die Fraktionen jede für sich kein ^{14}C-Alanin auf. Wurde die Mikrosomenfraktion aber mit der Mitochondrienfraktion vereinigt und dann erst mit ^{14}C-Alanin bebrütet, so wurde das ^{14}C-Alanin in die Proteine eingebaut[2,3]. Der Einbau von Alanin in die Proteine von Leberschnitten wird

Tabelle 32. Aufnahme von ^{14}C-markierten Aminosäuren in die Proteinfraktionen der Leberzellen von Meerschweinchen.

Tötung der Tiere und Verarbeitung der Leber 30 min nach der Injektion von 16 mg/kg der Aminosäure[4]. (In Klammern die Aufnahme der Aminosäuren in die Zellfraktionen in vitro[1]. Alle Zahlen in μMol/g Protein.)

	Zellkerne	Mitochondrien	Mikrosomen	Cytoplasma	Gesamtleber
Glycin	0,56 (0,52)	0,6 (0,4)	1,2 (0,075)	0,69 (0,0)	0,8
Histidin	1,5 (0,32)	1,2 (0,15)	3,1 (1,5)	1,2 (3,7)	1,7
Leucin	2,3 (0,61)	1,1 (?)	4,3 (0,0)	1,8 (0,0)	2,3
Lysin	1,3 (4,1)	1,6 (3,2)	2,9 (0,9)	1,6 (3,2)	2,0

durch die Gegenwart von O_2 gesteigert und ist in N_2-Atmosphäre verringert[5]. Ebenso wurde auch der Einbau von ^{14}C-Glycin in die Proteine von Leberhomogenaten durch anaerobe Bedingungen oder aber durch Vergiftung mit Cyaniden und Azid gehemmt[6]. Andererseits hatte jedoch Zusatz von ATP, Pyridoxal oder Cytochrom in diesen Versuchen keine fördernde Wirkung[6]. Dinitrophenol, das die energetische Kupplung zwischen den exergonischen Oxydationsvorgängen und der endergonischen Bildung energiereicher Phosphate unterbricht[7], hemmt den Einbau des Alanins in das Proteinmolekül in Leberschnitten auch ohne daß die Atmung herabgesetzt wird[8]. Es ist möglich, daß die für die Synthese der Peptidketten notwendige[9] Energie auf dem Wege über energiereiche Phosphate auf die zu bindenden Aminosäuren übertragen wird. Diese Bereitstellung der für die Proteinsynthese notwendigen Energie scheint in den Mitochondrien, der eigentliche Synthesevorgang hingegen in den Mikrosomen abzulaufen. Wurden Mitochondrien mit Ketoglutarat oder Succinat bebrütet, so bildeten sie einen wasserlöslichen Faktor, der die Fraktion der Mikrosomen befähigte, Alanin ohne Mithilfe der Mitochondrien in die Proteine einzubauen[2].

Die einzelnen Fraktionen der Leberzelle sind an den verschiedenen Aminosäuren in sehr verschiedenem Grade interessiert. So nehmen die Zellkerne und die

[1] Borsook, H., C. L. Deasy, A. J. Haagen-Smit, G. Keighley and P. H. Lowy: J. biol. Ch. **184**, 529 (1950). — [2] Siekevitz, P.: J. biol. Ch. **195**, 549 (1952). — [3] Siekevitz, P., and P. C. Zamecnik: Fed. Proc. **10**, 246 (1951). — [4] Borsook, H., C. L. Deasy, A. J. Haagen-Smit, G. Keighley and P. H. Lowy: J. biol. Ch. **187**, 839 (1950). — [5] Frantz, I. D. jr., R. B. Loftfield and W. W. Miller: Science, N. Y. **106**, 544 (1947). — [6] Winnick, T., F. Friedberg and D. M. Greenberg: J. biol. Ch. **175**, 117 (1948). — [7] Loomis, W. F., and F. Lipmann: J. biol. Ch. **173**, 807 (1948). — [8] Frantz, I. D. jr., P. C. Zamecnik, J. W. Reese and M. L. Stephenson: J. biol. Ch. **174**, 773 (1948). — [9] Borsook, H., C. L. Deasy, A. J. Haagen-Smit, G. Keighley and P. H. Lowy: J. biol. Ch. **179**, 705 (1949).

Mikrosomen das Leucin, die Mitochondrien das Lysin mit besonders großer Geschwindigkeit in ihre Proteine auf[1] (vgl. Tabelle 32).

Wird das Angebot an einer bestimmten Aminosäure gesteigert, so steigt auch die Zahl der Moleküle dieser Aminosäure, die in die Leberproteine aufgenommen werden[2]. Es besteht jedoch keine Proportionalität; werden große Mengen einer bestimmten Aminosäure verabreicht, so wird ein verhältnismäßig kleiner Anteil davon für die Proteinsynthese verwendet, der Überschuß wird abgebaut. Wurde z. B. in einer bestimmten Versuchsanordnung die injizierte Dosis markierten Glycins verdreißigfacht, so stieg die Glycinmenge, die in die Moleküle der Leberproteine je Std aufgenommen wurde, nur auf das Doppelte an[3]. Da für die Bildung eines Proteinmoleküls ein kompletter Satz der proteinogenen Aminosäuren benötigt wird, ist es klar, daß durch Zusatz einer einzelnen Aminosäure nur ein beschränkter Proteinansatz erzielt werden kann. Dem Einbau in das Proteinmolekül kann die Umwandlung der angebotenen Aminosäure in eine andere Aminosäure vorausgehen. Wurde Leberschnitten ^{14}C-Glycin zugesetzt, so entstanden radioaktive Proteine, aber die ^{14}C-Atome waren zu 60% in den Serinresten und nur zu 12% in den Glycinresten des entstandenen Proteins vorhanden[4]. Ebenso wurde nach Bebrütung von Leberschnitten mit ^{35}S-Methionin ein Teil des ^{35}S in den Cystinresten der Proteine wiedergefunden[5]. Bei proteinfreier Ernährung wird, wie bei Mensch und Ratte nachgewiesen, auch NH_4 in erheblichem Ausmaß zur Bildung von Aminosäuren verwendet und in Proteine eingebaut[6].

c) Der Proteingehalt der Leber. Der Proteingehalt der Leber ist so stark von Ernährung und anderen Faktoren abhängig, daß ein Normalwert kaum angegeben werden kann. Lebern von Hunden enthielten nach 3 Wochen Kohlenhydratkost 12,3% Protein (= 1,98% Protein-N), nach 12 Wochen Fleischkost 20,6% Protein (= 3,3% Protein-N) und nach 16 Tagen Hunger 24,5% Protein (= 3,9% Protein-N)[7]. Der N-Gehalt der glykogenfreien, aschefreien Lebertrockensubstanz wird im Mittel auf 15,49% angegeben[8]. Die in der Rattenleber enthaltenen löslichen Proteine lassen sich durch fraktionierte Fällung mit Phosphatlösungen in 4 Globulinfraktionen und 6 Albuminfraktionen unterteilen[9,10] (vgl. Tabelle 33).

Tabelle 33. Lösliche Proteinfraktionen der Rattenleber[9,10].

Globulinfraktionen	% Phosphatlösung *	% des Gesamt-N	Albuminfraktionen	% Phosphatlösung	% des Gesamt-N
1	42,5	33,07	1	67	9,10
2	49	4,30	2	72	6,90
3	55	9,20	3	77	6,70
4	62	6,60	4	83	5,50
	Summe:	53,17	5	87	3,82
			6	90	3,05
				Summe:	35,07

* Prozentgehalt des zur Aussalzung verwendeten Phosphatgemisches an 3,5-molarer Phosphatlösung (äquimolare Mengen KH_2PO_4 und K_2HPO_4).

---

[1] BORSOOK, H., C. L. DEASY, A. J. HAAGEN-SMIT, G. KEIGHLEY and P. H. LOWY: J. biol. Ch. **187**, 839 (1950). — [2] WINNICK, T., F. FRIEDBERG and D. M. GREENBERG: J. biol. Ch. **175**, 117 (1948). — [3] GOLDSWORTHY, P. D., T. WINNICK and D. M. GREENBERG: J. biol. Ch. **180**, 341 (1949). — BORSOOK, H., and C. L. DEASY: Ann. Rev. **20**, 209 (1951). — [4] WINNICK, T., I. MORING-CLAESSON and D. M. GREENBERG: J. biol. Ch. **175**, 127 (1948). — [5] MELCHIOR, J., and H. TARVER: Arch. Biochem. **12**, 309 (1947). — [6] SPRINSON, D. B., and D. RITTENBERG: J. biol. Ch. **180**, 707 (1949). — [7] TRUSZKOWSKI, R.: Biochem. J. **21**, 1047 (1927). — [8] PROFITLICH, W.: Pflügers Arch. **119**, 465 (1907). — [9] DUMAZERT, C., et S. GRAC: Arch. Sci. physiol. **1**, 339 (1947). — [10] DUMAZERT, C., et S. GRAC: C. R. Soc. Biol. **142**, 347 (1948).

Tabelle 34. Proteingehalt der Fraktionen der Leberzelle bei Maus, Ratte und Hamster (in % der frischen Lebersubstanz, Grenzwerte in Klammern).

	Maus[1]	Ratte[2]	Goldhamster[1]
Gesamthomogenat . . .	131 (123—141)	123* 129**	(121—130)
Zellkerne.	23 (16—30)	26* 17**	(18—28)
Große Granula	35 (34—35)	27* 39**	(30—31)
Kleine Granula	16 (15—18)	16* 16**	(15—17)
Überstehende Flüssigkeit.	53 (50—57)	52* 51**	(55—56)

* Riboflavinarme Nahrung. — ** Riboflavinreiche Nahrung.

Etwa 40% der in den Leberzellen enthaltenen Proteinmenge ist im flüssigen Teil des Zellprotoplasmas enthalten, je 20—25% entfallen auf Mitochondrien und Zellkerne und etwa 12% auf die Fraktion der Mikrosomen.

d) Die Aminosäurezusammensetzung der Leberproteine. Das Gesamtprotein von Rinderleber enthielt 6,6% Arginin, 2,0% Histidin, 6,0% Lysin, 6,0% Phenylalanin, 4,6% Tyrosin, 1,8% Tryptophan, 7,3% Serin, 4,8% Threonin, 1,19% Cystin (Methode nach SULLIVAN), 2,9% Methionin (Methode nach SULLIVAN)[3] sowie 6,2% Valin und 8,4% Leucin[4]. Das Gesamtprotein der gewaschenen menschlichen Leber enthielt 4,2% Arginin, 2,3% Histidin, 5,7% Lysin, 6,2% Phenylalanin, 2,9% Tyrosin, 0,5% Tryptophan und 4,9% Threonin[5]. Aus frischer Rattenleber (28% Trockensubstanz) konnte 2,58% Glutaminsäure-HCl dargestellt werden[6]. Angaben über die Aminosäurezusammensetzung des in den Leberzellen enthaltenen, mit 0,9%iger NaCl-Lösung nicht extrahierbaren Proteinanteils finden sich in Tabelle 35.

Tabelle 35. Aminosäurezusammensetzung der Leberproteine. (Zerkleinertes Lebergewebe wurde im Eisschrank mit 0,9%iger NaCl-Lösung extrahiert bis der Extrakt eiweißfrei war. Der Rückstand wurde für die Analyse verwendet[7].)

	Mensch	Schwein	Hund	Kaninchen	Ratte
Arginin	2,4	2,6	2,8	2,2	1,2
Histidin . . .	4,6	4,3	3,3	3,2	4,7
Lysin	7,7	8,1	7,9	7,4	9,1
Alanin	6,9	7,2	7,3	7,0	7,8
Leucin	9,7	10,6	10,0	9,6	9,5
Valin	7,5	7,3	7,4	7,2	6,8
Isoleucin . . .	2,8	1,8	3,8	2,0	3,2
Threonin . . .	8,5	6,2	6,6	7,0	6,6
Tryptophan . .	2,2	2,6	1,4	—	2,1
Phenylalanin .	7,5	7,5	7,7	7,5	7,8
Methionin . . .	2,9	2,7	2,1	2,4	2,3
Prolin	7,5	7,5	7,5	7,5	7,6
Oxyprolin . . .	0,0	0,0	0,0	0,0	0,0
Glycin	2,3	2,0	2,8	2,7	2,2
Asparaginsäure	6,6	7,4	5,5	5,4	5,0
Glutaminsäure	14,2	13,6	14,7	15,1	12,3
Cystin	3,8	2,6	2,5	2,8	3,0
Tyrosin	3,1	3,6	1,9	2,4	2,6
Serin	8,6	5,6	7,8	8,4	8,0

[1] PRICE, J. M., J. A. MILLER and E. C. MILLER: Cancer Res. **11**, 523 (1951). — [2] PRICE, J. M., E. C. MILLER and J. A. MILLER: J. biol. Ch. **173**, 345 (1948). — [3] BEACH, E. F., B. MUNKS and A. ROBINSON: J. biol. Ch. **148**, 431 (1943). — [4] SCHWEIGERT, B. S., J. M. MCINTIRE, C. A. ELVEHJEM and F. M. STRONG: J. biol. Ch. **155**, 183 (1944).— [5] BLOCK, R. J., G. A. JERVIS, D. BOLLING and M. WEBB: J. biol. Ch. **134**, 567 (1940). — [6] JOHNSON, J. M.: J. biol. Ch. **132**, 781 (1940). — [7] MÜTING, D., u. V. WORTMANN: B. Z. **325**, 448 (1954).

Die getrennte Untersuchung der Aminosäurezusammensetzung der Proteine der Zellkerne und der Fraktionen des Cytoplasmas ergab, daß die Zellkernproteine viel Arginin, Lysin, Prolin und Glycin, relativ wenig Tryptophan, Phenylalanin und Tyrosin enthalten. Die Fraktion der großen Granula enthält relativ wenig basische Aminosäuren, die Fraktion der kleinen Granula relativ wenig Leucin, Isoleucin und Valin und wenig Aminodicarbonsäuren, während die überstehende Cytoplasmaflüssigkeit viel Glutaminsäure, aber nur relativ geringe Mengen von Oxyaminosäuren enthält (vgl. Tabelle 36)[1].

Tabelle 36. Aminosäuregehalt der in den Zellfraktionen der Rattenleber enthaltenen Proteine. (Alle Werte in % des nucleinsäurefreien Proteins[1].)

	Gesamthomogenat	Zellkerne	Große Granula	Kleine Granula	Überstehende Flüssigkeit
Arginin	6,44	7,15	5,57	6,22	5,59
Histidin	3,20	2,68	2,69	2,97	2,92
Lysin	8,84	9,56	8,35	8,20	8,12
Leucin	10,66	10,10	10,45	9,80	10,10
Valin	5,76	5,22	5,50	5,00	5,15
Isoleucin	4,92	4,62	5,50	4,36	4,66
Threonin	4,26	4,17	3,97	4,09	3,76
Tryptophan	1,49	1,22	1,54	1,85	1,05
Phenylalanin	4,97	3,92	4,82	4,70	4,42
Methionin	2,91	2,60	2,98	2,48	2,66
Prolin	4,00	4,37	3,90	3,78	4,20
Glycin	4,01	5,62	4,16	3,37	3,71
Asparaginsäure	8,38	8,06	8,17	7,79	7,99
Glutaminsäure	9,87	8,85	9,20	9,20	10,28
Cystin	0,58	0,46	0,52	0,55	0,71
Tyrosin	3,99	3,71	3,87	4,09	3,70
Serin	4,05	3,89	4,08	3,98	3,76

Neben Proteinen enthält die Leberzelle auch Polypeptide, die nicht nur als Intermediärsubstanzen der Proteinbildung und des Proteinabbaues auftreten, sondern ständige Bestandteile der Leberzelle von charakteristischer Zusammensetzung bilden. Eine in den Leberzellen enthaltene Polypeptidfraktion ist durch eine besonders große Umsatzgeschwindigkeit ausgezeichnet. Im Hydrolysat dieser als *Polypeptid A* bezeichneten hochmolekularen Fraktion konnten die Aminosäuren Alanin, Arginin, Asparaginsäure und Glutaminsäure, Glycin, Histidin, Isoleucin und Leucin, Lysin, Prolin, Serin und Threonin sowie Tryptophan und Tyrosin nachgewiesen werden[2]. Das Polypeptid enthält etwa 0,65% NH_2-Stickstoff, es ist in der Leber von Rind (550 mg-%), Meerschweinchen (530 mg-%), Schwein (510 mg-%), Ratte (410 mg-%), Thunfisch (400 mg-%), Pferd (180 mg-%) und Lamm (180 mg-%) nachgewiesen worden. Wurde ^{14}C-Leucin, zusammen mit einer Mischung aller im Caseinhydrolysat enthaltenen Aminosäuren, in Gegenwart von O_2 durch 6 Std mit Homogenaten von Meerschweinchenleber bebrütet, und die Proteine sodann durch Erhitzen gefällt, so konnte das Polypeptid A aus dem Filtrat in radioaktiver Form isoliert werden[3].

e) Vermehrung und Verminderung des Proteingehalts der Leber unter dem Einfluß der Ernährung. Die Hauptmenge der nach der Nahrungsaufnahme aus

[1] SCHWEIGERT, B. S., B. T. GUTHNECK, J. M. PRICE, J. A. MILLER and E. C. MILLER: Proc. Soc. exp. Biol. Med. **72**, 495 (1949). — [2] BORSOOK, H., C. L. DEASY, A. J. HAAGEN-SMIT, G. KEIGHLEY and P. H. LOWY: J. biol. Ch. **179**, 705 (1949). — [3] BORSOOK, H., C. L. DEASY, A. J. HAAGEN-SMIT, G. KEIGHLEY and P. H. LOWY: J. biol. Ch. **174**, 1041 (1948).

dem Blut aufgenommenen Aminosäuren wird von der Leber zunächst in Proteine eingebaut. Proteinreiche Nahrung führt daher zu einer Vermehrung des Lebergewichts, und diese Gewichtsvermehrung geht mit einer Zunahme des Proteingehalts der Leber einher. Auch andere Gewebe (Muskulatur u. a.) nehmen nach oraler Proteinzufuhr Stickstoff auf, doch ist ihre Fähigkeit Proteine zu speichern, weit geringer als die der Leber[1,2].

Da die einzelnen Aminosäuren in den von der Leber gebildeten Proteinen in einem bestimmten Verhältnis enthalten sind, kann die Leber die aus dem Blut aufgenommenen Aminosäuren nur in einem bestimmten Mengenverhältnis für die Proteinsynthese verwenden. Das Ausmaß der Proteinbildung wird durch die in relativ geringster Menge verabreichte essentielle Aminosäure begrenzt

Tabelle 37. Gewicht und Proteingehalt der Leber. a) Im Hunger verstorbene, b) proteinfrei ernährte, c) mit nicht vollwertigen Proteinen ernährte Ratten[3]. (Alle Angaben sind in % der bei den Hungerratten erhaltenen Werte ausgedrückt. Wie aus der Tabelle ersichtlich, kann mangelnde oder einseitige Zufuhr von Aminosäuren den Proteingehalt der Leber stärker herabsetzen als Hunger.)

Ratten	Gewicht der Leber	Gesamt-N-Gehalt der Leber
a) Hunger	100	100
b) Proteinfreie Nahrung (Stärke, Butterfett, Buchenholzspäne, Vitamine und Salze)	99	91
c) Proteinfreie Nahrung + Gelatine	102	102
Proteinfreie Nahrung + Gelatine + Tryptophan	123	136
Proteinfreie Nahrung + Gliadin	98	50
Proteinfreie Nahrung + Gliadin + Lysin	110	61

(s. Minimumgesetz von Liebig, Bd. 2/1, S. 612). Je nach dem, wieweit die Aminosäurezusammensetzung des mit der Nahrung aufgenommenen Proteingemisches mit der Aminosäurezusammensetzung der von der Leber gebildeten Proteine übereinstimmt, kann die Leber also einen größeren oder geringeren Teil des im Darm resorbierten Aminosäuregemisches in Protein verwandeln. Proteine, in denen eine oder mehrere essentielle Aminosäuren fehlen, bewirken nur geringen Proteinansatz (vgl. Tabelle 37).

Ebenso wie die Leber bei proteinreicher Ernährung mehr Protein bildet als andere Organe, so kann sie bei proteinfreier Ernährung oder im Hunger auch besonders große Mengen von Protein abgeben: Im Hunger nimmt das Gewicht der Leber und damit auch die in ihr enthaltene Proteinmenge rasch ab. Bei Ratten verlor die Leber nach 2tägigem Fasten 20%[4], nach 7tägigem Hunger 40% der in ihr enthaltenen Proteinmenge[5]; dagegen nahm der Proteingehalt des Intestinaltrakts nach 7tägigem Hunger nur 28%, der der Niere und des Herzens 20% und 18%, der der Muskulatur, der Haut und des Skelets 8%, der des Gehirns 5% ab, während der Proteingehalt von Augen, Testes und Nebennieren überhaupt nicht abnahm[5]. Obwohl das Lebergewicht nur etwa 3% des Körpergewichts beträgt, wurden etwa 16% des gesamten, in 7 Hungertagen eingetretenen Proteinverlustes von der Leber getragen[5]. Da die Desoxyribosenucleotide des Zellkerns im Hunger nur langsam eingeschmolzen werden, steigt

[1] Pugliese, A.: J. Physiol. Path. gén. **6**, 193 (1904). — [2] Gautier, C., et H. P. Thiers: Bull. Soc. Chim. biol. **10**, 537 (1928). — Gautier, C.: Bull. Soc. Chim. biol. **11**, 168 (1929); **12**, 1382 (1930); **13**, 143 (1931); **14**, 800 (1932); **15**, 1563 (1933). — [3] Roche, J., S. Drouineau, S. Fouquet et P. Passelaigue: Bull. Soc. Chim. biol. **20**, 720 (1938). — [4] Addis, T., L. J. Poo and W. Lew: J. biol. Ch. **115**, 117 (1936). — [5] Addis, T., L. J. Poo and W. Lew: J. biol. Ch. **115**, 111 (1936).

das Verhältnis P:N in der Leber des hungernden Tieres an und sinkt, wenn den Tieren proteinhaltige Nahrung verabreicht wird[1,2].

Auch bei calorisch ausreichender Ernährung kann der N-Gehalt der Leber je nach der zugeführten Proteinmenge stark schwanken. Gesteigerte Proteinzufuhr erhöht, wie zuerst an Hühnchen und Enten gezeigt worden ist[2], nicht nur das Gesamtvolumen, sondern auch den prozentualen N-Gehalt des Lebergewebes. Die Zunahme des Gesamtstickstoffs beruht vor allem auf einer Zunahme der durch Tannin fällbaren N-Fraktion, also auf einer Zunahme des Proteingehalts[3].

Tiere, die man längere Zeit hungern ließ und die einen Teil ihres Lebereiweißes verloren hatten, ergänzten, wenn ihnen nunmehr proteinreiche Nahrung zugeführt wurde, den Proteingehalt ihrer Leber besonders rasch[4]. Wurde Ratten, die vorher proteinfrei ernährt worden waren, eine zu 74% aus Casein bestehende

Tabelle 38. **Proteingehalt der Organe von Ratten im Hunger und nach Wiederauffütterung mit caseinreichem Futter.** (Die in den einzelnen Organen enthaltenen Proteinmengen sind in % des Gesamtproteingehalts des Organismus ausgedrückt. Die Tabelle zeigt, daß der Proteingehalt der Leber im Hunger rascher abnimmt und nach Proteinzulage rascher wieder zunimmt als der Proteingehalt der übrigen Organe[4].)

Ratten	Leber	Niere	Herz	Carcass	Andere Organe
Normale Ernährung	4,5	0,64	0,35	9,5	85
2 Tage Hunger	3,7	0,65	0,36	9,0	86
7 Tage Hunger	3,3	0,57	0,32	8,2	88
7 Tage Hunger + 2 Tage caseinreiches Futter	4,3	0,65	0,31	8,7	85
7 Tage Hunger + 7 Tage caseinreiches Futter	4,6	0,76	0,33	9,1	86

Nahrung verabreicht, so wurde der Anstieg des Proteingehalts der Leber bereits nach 12—17 Std nachweisbar[4]. Die Geschwindigkeit in dem der neuerliche Proteinansatz erfolgt, ist abhängig von der Aminosäurezusammensetzung der zugeführten Nahrung[5].

Bilanzversuche am Menschen haben gezeigt, daß bei Zulage von 1 kg Milch je Tag zu einer an sich ausreichenden Kost 54% des zusätzlich verabreichten N und 53% des S retiniert wurden. Auch wenn die Milchzulage durch eine Woche hindurch fortgesetzt wurde, hielt die N-Retention in annähernd gleichem Ausmaß an. Wurde die Zulage aus der Nahrung fortgelassen und die Versuchsperson normal weiter ernährt, so wurde das zusätzlich gespeicherte Protein zunächst nicht wieder ausgeschieden, sondern im Organismus zurückgehalten[6]. Die bei Zufuhr von überschüssigem Protein vor allem in der Leber zurückgehaltenen Proteinmengen bilden also eine echte Reserve, die nur bei Proteinbedarf abgegeben wird.

Nach Aufnahme großer Proteinmengen werden in den Leberzellen tropfen- oder schollenartige Gebilde mikroskopisch sichtbar, die sich mit Methylgrün-Pyronin leuchtend rot färben[7-9]. Bei proteinarmer Nahrung sind sie spärlich oder gar nicht nachweisbar[10]. Diese basophilen Schollen werden von Pepsinase abgebaut und geben eine positive Ninhydrin- und MILLON-Reaktion[7]. Nach Blut-

[1] KOSSEL, A.: H. **7**, 7 (1882/83). — [2] SEITZ, W.: Pflügers Arch. **111**, 309 (1906). — [3] TICHMENEFF, N.: B. Z. **59**, 326 (1914). — [4] ADDIS, T., L. J. POO and W. LEW: J. biol. Ch. **116**, 343 (1936). — [5] ROCHE, J., S. DROUINEAU, S. FOUQUET et P. PASSELAIGUE: Bull. Soc. Chim. biol. **20**, 720 (1938). — [6] CUTHBERTSON, D. P., A. MCCUTCHEON and H. N. MUNRO: Biochem. J. **31**, 681 (1937). — [7] BERG, W.: B. Z. **61**, 428 (1914). M. m. W. **1914 I**, 1043. Z. mikroskop.-anat. Forsch. **12**, 1 (1928); **36**, 146 (1934). — [8] AFANASSIEW, M.: Pflügers Arch. **30**, 385 (1883). — NOËL, R.: C. R. Soc. Biol. **86**, 120 (1922). Presse méd. **31**, 158 (1923). — [9] CLARA, M.: Z. Zellforsch. **21**, 119 (1934). — [10] STENRAM, U.: Exp. Cell. Res. **5**, 539 (1953).

verlusten, die 1% des Körpergewichts überstiegen, nach Strychninvergiftung oder andauernder elektrischer Muskelreizung, wurden die Schollen kleiner, nahmen Stäbchenform an und verschwanden schließlich völlig[1]. Sie wurden daher als deponiertes Reserveprotein angesehen[1,2]. — Andererseits finden sich in den Leberzellen nach Blutverlusten basophile, stäbchenartige Gebilde[1]. Derartige Gebilde treten auch sonst auf, wenn der Proteinumsatz der Leber gesteigert ist, also z.B. nach Verabreichung von Thyreoideasubstanz und bei Steigerung der Glykoneogenese durch Hunger[3], Phlorrhizindiabetes[4] oder gesteigerte Muskelarbeit[4]. Choleretica beeinflußten das Aussehen der Teilchen nicht[5]. Durch Behandlung mit Ribonuclease konnte nachgewiesen werden, daß die Teilchen Ribonucleinsäure enthalten[3]. Wahrscheinlich bestehen sie aus ribonucleinsäurehaltigen Nucleoproteiden[6]. Adrenalin[7,8], das die oben erwähnten Schollen zum Verschwinden[7] bringt, verursacht das Auftreten basophiler Stäbchen[3]. Es handelt sich bei diesen Teilchen somit nicht um Ablagerungen von Reserveprotein, sondern vermutlich um Zellorgane, die am Proteinumsatz beteiligt sind.

Obwohl die Lebern hungernder und proteinfrei ernährter Tiere in ungefähr gleichem Ausmaß Protein verlieren, bestehen in den Leberveränderungen, die bei Hungertieren und bei Proteinmangeltieren auftreten, erhebliche Unterschiede. Die Leberzellen der hungernden Tiere sind verkleinert, die Proteinkonzentration in diesen Zellen hat aber nicht ab-, sondern eher zugenommen. Bei calorisch vollwertiger, aber proteinfreier Ernährung nimmt das Volumen der Leberzellen dagegen nicht oder nur in geringem Grade ab. In den Zellen entstehen zunächst kleine, im weiteren Verlauf immer mehr sich vergrößernde Vacuolen, die chromophile Grundsubstanz ist vermindert, und die Zahl der basophilen Granula nimmt ab. Diese Veränderungen beginnen an der Peripherie des Leberläppchens und schreiten allmählich immer mehr zum Zentrum vor[9]. Der Glykogengehalt der Leber ist bei solchen Tieren relativ und absolut vermehrt. Dauert die proteinfreie Ernährung an, so steigt auch der Gehalt des Lebergewebes an Neutralfett erheblich an[10]. Mangel an essentiellen Aminosäuren (z.B. bei Fütterung mit einem qualitativ unzureichendem Protein (Gelatine) hatte ähnliche Veränderungen in den Leberzellen zur Folge[11]. Die histologischen Leberveränderungen gingen mit der Verminderung des Proteingehalts der Leber und mit einer Senkung des Albumingehalts des Blutplasmas parallel[9].

Während der Schwangerschaft und Lactation gibt der mütterliche Organismus große Mengen von Protein an das Kind ab; die Widerstandsfähigkeit des Lebergewebes gegen Noxen verschiedener Art ist daher bei proteinarmer Ernährung während der Schwangerschaft stark herabgesetzt. So konnten z. B. bei schwangeren Ratten durch unzureichenden Proteingehalt der Nahrung, insbesondere in Kombination mit Mangel an Vitamin E schwere Lebernekrosen hervorgerufen werden[12]. Ähnliche Lebernekrosen wurden auch bei qualitativ unzureichend ernährten schwangeren Frauen, insbesondere bei Hinzutreten infektiöser Noxen beobachtet[13].

Der Proteinverlust und der Proteinansatz betrifft alle löslichen Proteinfraktionen und auch die unlöslichen Proteine des Zellgerüstes der Leberzelle in gleicher Weise (vgl. Tabelle 39)[14,15]. Die Fraktionierung der löslichen Leberproteine mit konzentrierten Kaliumphosphatlösungen ergab bei hungernden und normal ernährten Tieren die gleichen Albumin- und Globulinfraktionen, und auch

[1] Li, H. M.: Chin. J. Physiol. **10**, 7 (1936). — [2] Berg, W.: B. Z. **61**, 428 (1914). M. m. W. **1914 I**, 1043. Z. mikroskop.-anat. Forsch. **12**, 1 (1928); **36**, 146 (1934). — [3] Stenram, U.: Acta anat., Basel **18**, 360 (1953). — [4] Stenram, U.: Kgl. fysiogr. Selsk. Lund, Förh. **23**, 1 (1953). — [5] Clara, M.: Z. Zellforsch. **21**, 119 (1934). — [6] Kosterlitz, H. W., and R. M. Campbell: Nutrit. Abstr. Rev. **15**, 1 (1945). — [7] Paschkis, K.: Kli. Wo. **1929 II**, 1293. — [8] Rothmann, H.: Z. ges. exp. Med. **40**, 255 (1924). — [9] Elman, R., C. J. Heifetz and H. Wolf: J. exp. Med. **73**, 417 (1941). — [10] Elman, R., M. G. Smith and L. A. Sachar: Gastroenterol., Baltimore **1**, 24 (1943). — [11] Kosterlitz, H. W.: J. Physiol., London **106**, 194 (1947). — [12] Lindan, O.: Brit. J. exp. Path. **32**, 471 (1951). — [13] Nixon, W. C. W., E. S. Egeli, W. Laqueur and O. Yahya: J. Obstet. Gynaec. **54**, 642 (1947). — [14] Luck, J. M.: J. biol. Ch. **115**, 491 (1936). — [15] Luck, J. M.: Cold Spring Harbor Symp. quant. Biol. **14**, 127 (1949).

die relative Menge dieser Fraktionen blieb im wesentlichen unverändert[1]. Als Reserveprotein wird also nicht eine bestimmte Fraktion der Leberproteine verwendet, sondern alle Cytoplasmabestandteile werden bei Proteinmangel im gleichen Verhältnis abgebaut[2] und das Cytoplasma dadurch als Ganzes vermindert. Mit dem Proteingehalt sinkt auch der Phospholipoidgehalt des Lebergewebes ab. Geringer sind die in Proteinmangel einsetzenden Verluste an Nucleinsäuren, denn es werden zunächst nur Ribonucleinsäuren, nicht aber die Desoxyribonucleinsäuren des Zellkerns eingeschmolzen[3]. Andererseits steigt der

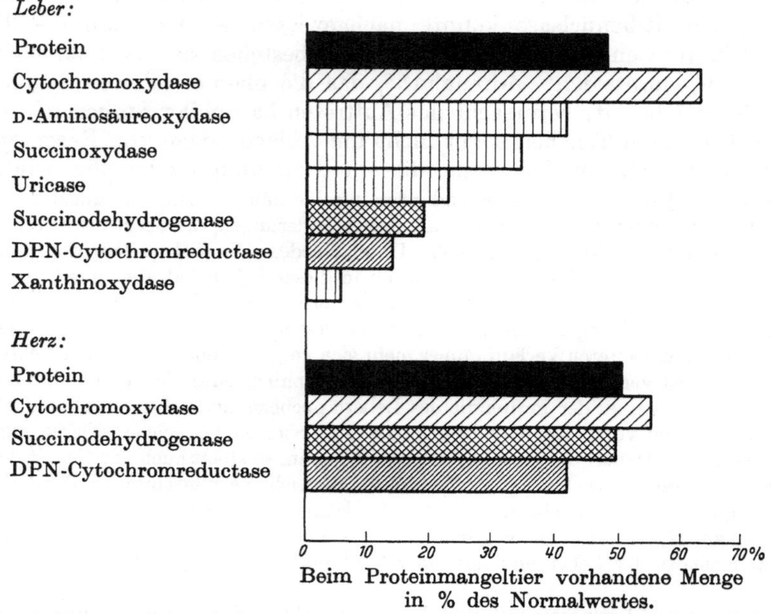

Abb. 28. Abnahme der Menge von Protein und einzelnen Fermenten in Leber und Herz von Proteinmangelratten[4]: Während die Aktivität der im Herzen der Proteinmangeltiere enthaltenen Fermente annähernd parallel mit dem Proteinverlust des Herzens abnimmt, wird die Aktivität zahlreicher in der Leber enthaltener Zellfermente bei Proteinmangel weit stärker herabgesetzt als es der Abnahme des Proteingehalts entspricht. Das Ausmaß des Abfalls ist bei den einzelnen Fermenten sehr verschieden. Die Cytochromoxydase der Leber wird bei Proteinmangel relativ geschont, während die Xanthinoxydase auf etwa 5% des Normalwertes absinkt.

Phospholipoidgehalt der Leber nach Proteinzufuhr gleichmäßig mit dem Proteingehalt wieder an, in geringerem Ausmaß werden auch die Nucleinsäuren (nur die Ribonucleinsäuren, nicht die Desoxyribonucleinsäuren) vermehrt[3].

In der Leber von Ratten, die mit proteinfreier oder proteinarmer Nahrung gefüttert wurden, waren auch Fermentproteine (wie Katalase, alkalische Phosphatase, Xanthindehydrogenase, Kathepsin und Arginase) in verminderter Menge enthalten[5]. Die Menge mancher Zellfermente sinkt in der Leber der hungernden Ratte sogar stärker ab als der Gesamtproteingehalt[4] (vgl. die Abb. 28), besonders stark war die Menge der Xanthinoxydase vermindert[6]. Andererseits steigert eine Zulage von Protein zur Nahrung nicht nur den Gesamtproteingehalt der Leber, sondern auch ihren Gehalt an Fermenten[5,7].

---

[1] Dumazert, V., et S. Grac: Arch. Sci. physiol. **1**, 339 (1947). — [2] Luck, J. M.: Cold Spring Harbor Symp. quant. Biol. **14**, 127 (1949). — [3] Kosterlitz, H. W.: J. Physiol., London **106**, 194 (1947). — [4] Wainio, W. W., B. Eichel, H. J. Eichel, P. Person, F. L. Estes and J. B. Allison: J. Nutrit. **49**, 465 (1953). — Allison, J. B.: Int. Congr. trop. Dis. Istanbul. Bd. II, S. 469. 1953. — [5] Miller, L. L.: J. biol. Ch. **186**, 253 (1950). — [6] Miller, L. L.: J. biol. Ch. **172**, 113 (1948). — [7] Westerfield, W. W., and D. A. Richert: Fed. Proc. 8, 265 (1949).

Der S. 9 erwähnte Befund, daß die nach Exstirpation eines großen Leberstückes verbleibende Restleber die normale Funktion der Gesamtleber störungslos erfüllt, hängt mit der Tatsache, daß der Organismus im Hunger oder bei Eiweißmangel funktionsfähige Teile des Lebergewebes einschmilzt und die in ihnen enthaltenen Proteine als Reservematerial verwendet, aufs engste zusammen. Während Kohlenhydrat und Fett in den Zellen in Form ad hoc gebildeter, nur diesem Zweck dienender Reservesubstanzen abgelagert wird, erfolgt die Ablagerung von Reserveprotein in Form einer Überdimensionierung der funktionellen Organteile. Zahlreiche Beobachtungen zeigen, daß die Mobilisierung dieser „stillen" Proteinreserven mit der gleichen oft sogar mit noch größerer Geschwindigkeit erfolgen kann als die Mobilisierung der Fettdepots.

Tabelle 39. Änderungen in der Menge der Proteinfraktionen der Leber bei proteinarmer und proteinreicher Nahrung. (Perfundierte Rattenlebern. Proteingehalt in % des frischen Lebergewichts[1].)

	Nahrung	Mit 5% NaCl-Lösung extrahierbarer Proteinanteil			Mit 0,25% NaOH extrahierbarer bei p_H 5 ausfallender Proteinanteil	Unlöslicher Proteinanteil
		Euglobulin	Pseudo-globulin	Albumin		
♀	wenig Protein	3,31	0,59	0,71	5,09	0,34
♀	viel Protein	4,24	1,34	1,85	7,92	0,77
♂	wenig Protein	2,98	0,94	0,77	5,59	0,52
♂	viel Protein	4,45	1,41	1,59	7,65	—

Während der nach teilweiser Leberexstirpation rasch einsetzenden Regenerationsvorgänge wird der Proteingehalt des Lebergewebes prozentual verringert, eine weitere Verminderung des Proteingehalts wurde in den Leberregeneraten dann gefunden, wenn bei den hepatektomierten Tieren Mangel an Vitamin B_6 bestand[2], das für die Bildung der Transaminasen und dann auch für die Entstehung der endogenen Aminosäuren erforderlich ist. Infolge der gesteigerten Protein- und Aminosäurebildung sind die Transaminationsvorgänge im Leberregenerat beschleunigt, was sich auch darin äußert, daß die Menge der im Regenerat enthaltenen Glutaminsäure-Asparaginsäure-Transaminase (vgl. S. 249) rascher zunimmt als das Gewicht des Regenerats selbst. Die Konzentration der Glutaminsäure-dehydrogenase, die indirekt auch am Abbau der übrigen Aminosäuren beteiligt ist (vgl. S. 250), ist im Leberregenerat dagegen relativ niedrig[3]. Im Gehalt der Leberregenerate an Protein und Enzymen bestehen erhebliche Unterschiede auch bei einander relativ nahestehenden Tierarten. Über den Protein- und den Enzymgehalt der Leber von Mäusen in verschiedenen Stadien der Regeneration vgl. [4].

2. Die Leber und die Erneuerung der Plasmaproteine.

Die Proteine des Blutplasmas werden ständig und mit großer Geschwindigkeit erneuert. Verabreicht man einem Versuchstier eine mit einem Isotop markierte Aminosäure, so ist das Isotop kurze Zeit später in den Proteinen des Blutplasmas

[1] LUCK, J.M.: J. biol. Ch. **115**, 491 (1936). — [2] BEATON, J.R., J.L. BEARE, G.H. BEATON and E.W. MCHENRY: J. biol. Ch. **204**, 715 (1953). — [3] GREENBAUM, A.L., F.C. GREENWOOD and R.D. HARKNESS: J. Physiol., London **125**, 251 (1954). — [4] YOKOYAMA, H.O., M.E. WILSON, K.K. TSUBOI and R.E. STOWELL: Cancer Res. **13**, 80 (1953). — WILSON, M.E., R.E. STOWELL, H.O. YOKOYAMA and K.K. TSUBOI: Cancer Res. **13**, 86 (1953). — YOKOYAMA, H.O., K.K. TSUBOI, M.E. WILSON and R.E. STOWELL: Lab. Invest. **2**, 91 (1953). — TSUBOI, K.K., H.O. YOKOYAMA, R.E. STOWELL and M.E. WILSON: Arch. Biochem. **48**, 275 (1954).

nachweisbar. Aus der Geschwindigkeit, mit der die isotopenmarkierte Aminosäure in die Plasmaproteine eingebaut wird, und aus der Geschwindigkeit, mit der sie nach Einstellung der Isotopenzufuhr wieder aus den Plasmaproteinen verschwindet, kann man die Erneuerungsgeschwindigkeit der Plasmaproteine berechnen. Derartige Messungen, durchgeführt mit ^{15}N-Leucin, ^{15}N-Glycin und ^{15}N-Tyrosin, ergaben, daß die Proteine des Blutplasmas rascher erneuert werden als die Proteine aller festen Organe[1].

Die Erneuerung der Plasmaproteine besteht naturgemäß aus der Zerstörung vorhandener und der Bildung neuer Proteinmoleküle. Sowohl am Abbau als auch an der Bildung der Plasmaproteine ist die Leber maßgebend beteiligt.

a) Der Abbau von Plasmaproteinen durch die Leber. Der Abbau der Plasmaproteine kann in der Weise gemessen werden, daß man einem Tier isotopenmarkierte Plasmaproteine eines anderen Tieres der gleichen Art intravenös injiziert. Wird z. B. einem Hund mit dem Futter ^{14}C-markiertes Lysin gegeben, so baut er die radioaktiven Lysinmoleküle in seine Plasmaproteine ein. Werden die radioaktiven Plasmaproteine dieses Hundes einem anderen Hund injiziert, so kann die Geschwindigkeit gemessen werden, mit der diese ^{14}C-haltigen Proteine aus dem Blut dieses zweiten Hundes verschwinden[2]. Derartige Messungen ergaben, daß beim Hund mindestens 10% der Plasmaproteine je Tag abgebaut werden. Ähnliche Resultate wurden auch bei der Übertragung von Plasmaproteinen, die ^{15}N-Lysin[2] oder ^{35}S enthielten[3], erhalten.

Doch scheinen in der Abbaugeschwindigkeit der Plasmaproteine von Tierart zu Tierart große Unterschiede zu bestehen; kleine Tierarten bauen ihre Plasmaproteine rascher ab als größere. Die Halbwertszeit intravenös injizierter, artgleicher γ-Globuline, die mit ^{131}J-markiert worden waren, betrug bei der Maus 2 Tage, bei Meerschweinchen und Kaninchen etwa 5 Tage, beim Hund 8 Tage, beim Rind 20 Tage[4]. Unerwarteterweise erwies sich die Halbwertszeit der Plasmaproteine beim Kleinkind größer (20 Tage) als beim erwachsenen Menschen (13 Tage)[4]. Umsatzsteigerung (z. B. durch Thyreoideapräparate) verringert die Lebensdauer der Plasmaproteine[4].

Man hat Untersuchungen über die Lebensdauer der Plasmaproteine vielfach an spezifischen Antikörperproteinen durchgeführt, deren Isolierung aus dem im Serum vorhandenen Proteingemisch relativ leicht möglich ist. So bildeten z. B. Ratten und Kaninchen, die gegen Hämocyanin immunisiert worden waren, nach Verfütterung von ^{15}N-Glycin Antikörper, die ^{15}N enthielten und die durch Zugabe des homologen Antigens Hämocyanin in vitro aus dem Blutserum ausgefällt werden konnten. Der ^{15}N-Gehalt dieses Antikörperproteins erreichte kurze Zeit nach der Verabreichung des ^{15}N-Glycins ein Maximum und sank sodann in 2 Wochen auf die Hälfte dieses Maximalwertes ab[1].

Das Ausmaß, in dem die einzelnen Organe an der Aufnahme und am Abbau der Plasmaproteine beteiligt sind, ist mit Hilfe isotopenmarkierter Plasmaproteine gemessen worden. Wurde einem vorher proteinarm ernährten, wiederholt venenpunktierten Hund zusammen mit einer proteinreichen Mahlzeit auch eine größere Dosis von ^{14}C-markiertem Lysin gegeben, so bildete er ^{14}C-haltige Plasmaproteine. Diese Plasmaproteine wurden einem zweiten Hund injiziert und dieser zweite Hund 49 Std später durch Viviperfusion getötet. Die durch die Viviperfusion

---

[1] SCHOENHEIMER, R., S. RATNER, D. RITTENBERG and M. HEIDELBERGER: J. biol. Ch. **144**, 541, 545 (1942). — [2] FINK, R. M., T. ENNS, C. P. KIMBALL, H. E. SILBERSTEIN, W. F. BALE, S. C. MADDEN and G. H. WHIPPLE: J. exp. Med. **80**, 455 (1944). — [3] SELIGMAN, A. M., and J. FINE: J. clin. Invest. **22**, 265 (1943). — FINE, J., and A. M. SELIGMAN: J. clin. Invest. **22**, 284 (1943). — [4] DIXON, F. J., D. W. TALMAGE, P. H. MAURER and M. DEICHMILLER: J. exp. Med. **96**, 313 (1952).

praktisch blutfrei gewordenen Organe wurden zerkleinert, der Organbrei mit Aceton und Trichloressigsäurelösung gewaschen und der ^{14}C-Gehalt des Rückstandes bestimmt. Diese Versuche zeigten, daß alle Organe Protein aus dem Blut aufnehmen, daß aber die Leber je g Organgewicht mehr Protein aufnimmt als die anderen Organe. Berechnet man jedoch die Gesamtmenge der von den einzelnen Organen aufgenommenen Plasmaproteine, so kommen, ihrer großen Masse entsprechend, Muskulatur und Haut an erster Stelle und dann erst die Leber. In dem Versuch, dessen Resultate zum Teil in Abb. 29 wiedergegeben sind, hatte die gesamte Skeletmuskulatur 22%, die Leber 8% und die Niere 0,85% des injizierten ^{14}C in ihre Proteine eingebaut[1].

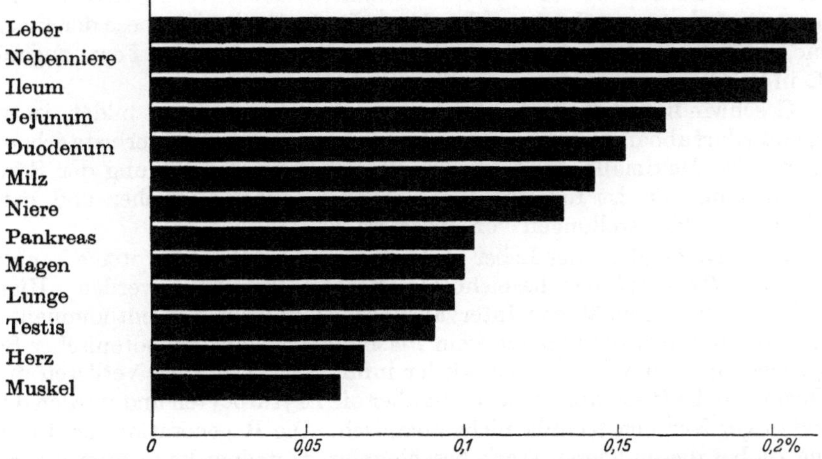

Abb. 29. Aufnahme von Plasmaproteinen durch verschiedene Gewebe[1]. (Plasmaproteine, deren Lysinreste ^{14}C enthielten, wurden einem Hund intravenös injiziert und der Hund 49 Std später unter Narkose durch Viviperfusion getötet. Proben der blutfreien Organe wurden zerkleinert, mit Trichloracetat und Aceton gewaschen und der ^{14}C-Gehalt des Rückstands bestimmt. Die Kolonnen zeigen die Menge des von den Organen aufgenommenen ^{14}C je 1 g Organ, ausgedrückt in % der verabreichten ^{14}C-Menge.)

Der Übergang der Plasmaproteine in die Organe geht ohne weitgehende Aufspaltung des Proteins vor sich. Dies geht vor allem daraus hervor, daß nach intravenöser Infusion artgleicher Plasmaproteine die in diesen Proteinen enthaltenen Aminosäuren in weit geringerem Ausmaß abgebaut und in CO_2 und Harnstoff überführt werden als in gleicher Weise verabreichte freie Aminosäuren. Die Aminosäuren, die in den Plasmaproteinen enthalten sind, gehen also, ohne den allgemeinen Aminosäurepool der Leber und der anderen Organe passieren zu müssen, in die Zellproteine über. Die Umwandlung von Plasmaprotein in diesen Anteil der Zellproteine besteht wahrscheinlich zum Teil in Änderungen in der Assoziation und räumlichen Anordnung der in ihrer Aminosäurefolge im wesentlichen intakt gebliebenen Polypeptidketten der Plasmaproteine.

Daß Capillar- und Zellwand für Proteine nicht völlig undurchlässig sind, ergibt sich aus der Wirksamkeit der Proteinhormone auf die Zellen. Insulin, Parathormon und Hypophysenhormone sind Proteine und verlieren ihre Wirksamkeit durch relativ geringfügige Änderung ihrer Konstitution. Sie könnten auf die Gewebszellen nicht wirken, wenn sie die Capillarwand nicht ungespalten passieren könnten. Daß die peripheren Gewebe außerdem einen Teil ihrer Zellproteine aus freien Aminosäuren aufbauen, zeigen die auf S. 228 berichteten, mit radioaktivem Methionin erhaltenen Befunde.

[1] Yuile, C. L., B. G. Lamson, L. L. Miller and G. H. Whipple: J. exp. Med. **93**, 539 (1951).

b) Die Bildung der Plasmaproteine. Daß die Leber dauernd große Mengen von Protein ins Blut ausscheidet und daß sie diese Proteinausscheidung nach Blutverlusten sehr erheblich steigern kann, geht sowohl aus klinischen Beobachtungen als auch aus tierexperimentellen Untersuchungen hervor.

Wurde eine Rattenleber mit O_2-gesättigtem Rattenblut, dem neben anderen Aminosäuren L-^{14}C-Lysin zugesetzt worden war, durchströmt, so fanden sich im Durchströmungsblut ^{14}C-haltiges Fibrinogen, ^{14}C-haltiges Serumalbumin und ^{14}C-haltiges Serumglobulin. Aus der ^{14}C-Konzentration der Plasmaproteine des Durchströmungsblutes konnte berechnet werden, daß praktisch alles Fibrinogen und alles Serumalbumin und etwa 80% des Serumglobulins in der Leber gebildet wird. Ebenso wie die in situ befindliche Leber verwendete auch die durchströmte Leber nur L-Lysin, nicht aber D-Lysin für die Synthese der Plasmaproteine, und verwandelte den gleichen Prozentsatz des in dieser Form zugeführten ^{14}C in $^{14}CO_2$ wie die in situ befindliche Leber[1].

Die Geschwindigkeit, mit der die Leber die Plasmaproteine bildet, ist vom jeweiligen Bedarf abhängig und wird durch vorausgegangene Blutverluste erheblich gesteigert. Die Maximalleistung, zu der die Leber bei der Bildung der Serumproteine befähigt ist, ist für eine Reihe wichtiger physiologischer und pathophysiologischer Fragestellungen von Interesse.

Die Leistungsfähigkeit der Leber in der Bildung der Plasmaproteine kann mit Hilfe der als *Plasmapherese* bezeichneten Methode bestimmt werden. Hierbei werden Tieren in regelmäßigen Intervallen große Blutmengen entnommen, die Erythrocyten durch Zentrifugieren vom Plasma abgetrennt, in isotonischer Salzlösung suspendiert und den Tieren wieder infundiert. Die Tiere verlieren durch diese Operation die Plasmaproteine, nicht aber die Erythrocyten und werden daher bei sorgfältiger Versuchstechnik nicht anämisch. Die Regeneration der Plasmaproteine ist bei diesen Tieren stark beschleunigt, trotzdem kann man die Konzentration der Plasmaproteine durch regelmäßig wiederholte Entnahme großer Plasmamengen auf einem niederen konstanten Wert (z. B. auf 4%) erhalten. Die Menge der Plasmaproteine, die täglich entnommen werden muß, um den Spiegel der Plasmaproteine auf diesem niederen Wert zu erhalten, ist ein Maß für die Geschwindigkeit, mit der das Tier seine Plasmaproteine unter den gegebenen Umständen zu regenerieren vermag. Diese Regenerationsgeschwindigkeit ist von dem Proteingehalt der Nahrung abhängig, bleibt aber, wenn eine bestimmte Ernährungsform beibehalten wird, konstant. Derartige Tiere werden also zu Testobjekten, an denen die Wirkung verschiedener Ernährungsformen oder operativer Eingriffe auf die Regeneration der Plasmaproteine gemessen werden kann[2].

Mit Hilfe dieser Versuchsanordnung konnte gezeigt werden, daß nach Anlegung einer ECKschen Fistel beim Hund die täglich regenerierte Plasmaproteinmenge auf etwa $^1/_{10}$ der Menge absank, die von Hunden mit normaler Leber unter gleichen Bedingungen regeneriert werden konnte[3]. Proteinzulagen zur Nahrung, die bei Kontrolltieren mit normaler Leber eine starke Beschleunigung der Bildung der Plasmaproteine zur Folge hatten, hatten bei Tieren mit ECKscher Fistel keine Wirkung auf die Plasmaregeneration, bewirkten aber einen Proteinansatz in den extrahepatischen Geweben[4].

Auch ohne größere Blutentnahmen konnten Hunde mit ECKscher Fistel die Konzentration ihrer Plasmaproteine nicht aufrechterhalten, wenn sie nur wenig

---

[1] MILLER, L. L., C. G. BLY, M. L. WATSON and W. F. BALE: J. exp. Med. **94**, 431 (1951).— [2] MADDEN, S. C., P. M. WINSLOW, J. W. HOWLAND and G. H. WHIPPLE: J. exp. Med. **65**, 431 (1937). — [3] WHIPPLE, G. H., F. S. ROBSCHEIT-ROBBINS and W. B. HAWKINS: J. exp. Med. **81**, 171 (1945). — [4] KNUTTI, R. E., C. C. ERICKSON, S. C. MADDEN, P. E. REKERS and G. H. WHIPPLE: J. exp. Med. **65**, 455 (1937).

Protein mit der Nahrung erhielten; normale Hunde waren hierzu jedoch bei gleicher Ernährung ohne weiteres imstande[1]. Auch Hunde, deren Leber durch P oder $CHCl_3$ geschädigt worden war, regenerierten die Plasmaproteine wesentlich langsamer als normale Kontrolltiere. Die Verlangsamung der Plasmaregeneration ging mit dem Grade der Leberschädigung parallel, und in vielen Versuchen erreichte die Regeneration der Plasmaproteine erst dann den bei den Kontrolltieren beobachteten Wert, wenn ein großer Teil des geschädigten Lebergewebes durch neugebildete Zellen ersetzt worden war[2]. Auch die Leberschädigungen, die bei Versuchstieren durch Unterbindung des Ductus choledochus ausgelöst werden können, sind von einer Senkung des Gesamtproteingehalts des Blutplasmas bebegleitet[3].

Daß auch beim Menschen Lebererkrankungen häufig von einer Verminderung der Proteinkonzentration des Blutplasmas begleitet sind, ist eine seit langem bekannte[4] und immer wieder bestätigte[5] klinische Erfahrung. Ob diese Senkung der Proteinkonzentration aber durch eine Herabsetzung der Eiweißbildung in der Leber verursacht ist, kann im einzelnen Fall nur schwer entschieden werden, da die Proteinkonzentration des Serums nicht nur von dem Ausmaß der Proteinbildung, sondern auch von Änderungen des Wasserhaushalts und vom Ausmaß beeinflußt wird, in dem die Plasmaproteine von den Geweben aufgenommen und abgebaut werden. Bestimmungen des Plasmavolumens ergaben, daß bei Cirrhosefällen die Gesamtmenge des zirkulierenden Proteins oft nicht vermindert[6], in manchen Fällen sogar vermehrt ist. Wahrscheinlich ist dies darauf zurückzuführen, daß in diesen Fällen nicht nur die Fähigkeit der Leber, Protein zu bilden, sondern auch die Fähigkeit, Plasmaproteine abzubauen, gestört ist.

Die Leber bildet die einzelnen Plasmaproteine mit sehr verschiedener Geschwindigkeit. Am raschesten wird das Fibrinogen erneuert, das in der Peripherie sehr rasch zerstört wird, langsamer die Albuminfraktion. Nach totaler Hepatektomie sank daher der Fibrinogengehalt des Blutplasmas rasch, der Albumingehalt langsam ab, während der Globulingehalt in der relativ kurzen Versuchszeit annähernd konstant blieb[7].

α) Die Bildung des Serumalbumins. Durch Verabreichung von Methionin, das mit ^{35}S markiert war, an normale und an hepatektomierte Hunde konnte der Ausfall, der in der Synthese der Plasmaproteine nach totaler Hepatektomie eintritt, quantitativ gemessen werden. Wurde Hunden unmittelbar nach der Hepatektomie ^{35}S-Methionin per os verabreicht und die Hunde durch Glucoseinjektion durch mehrere Stunden am Leben erhalten, so wurde das ^{35}S-Methionin

[1] KNUTTI, R. E., C. C. ERICKSON, S. C. MADDEN, P. E. REKERS and G. H. WHIPPLE: J. exp. Med. **65**, 455 (1937). — [2] KERR, W. J., S. H. HURWITZ and G. H. WHIPPLE: Amer. J. Physiol. **47**, 356, 370, 379 (1918). — [3] BOLLMAN, J. L.: Proc. Staff Meet. Mayo Clinic **3**, 137 (1928). — SAWADA, T.: Jap. J. Gastroenterol. **3**, 38 (1931). — HENRIQUES, V., u. U. KLAUSEN: B. Z. **254**, 414 (1932). — [4] GRENET, H.: C. R. Soc. Biol. **63**, 552 (1907). — GILBERT, A., et M. CHIRAY: C. R. Soc. Biol. **63**, 487 (1907). — [5] ABRAMI, P., et R. WALLICH: C. R. Soc. Biol. **101**, 291 (1929). — FOLEY, E. F., R. W. KEETON, A. B. KENDRICK and D. DARLING: Arch. internal Med., Chicago **60**, 64 (1937). — SNELL, A. M.: Ann. internal Med. **9**, 690 (1935). J. Iowa State med. Soc. **31**, 1 (1941). — MUNTWYLER, E.: J. Lab. clin. Med. **30**, 526 (1945). — DATTA, N. C.: Ind. J. med. Res. **35**, 295 (1947). — BJØRNEBOE, M., C. BRUN and F. RAASCHOU: Arch. internal Med., Chicago **83**, 539 (1949). — ZOCCOLI, A. G., e F. BUFFA: Arch. Sci. med. **97**, 268 (1954). — [6] HILLER, G. I., E. R. HUFFMAN and S. LEVEY: J. clin. Invest. **28**, 322 (1949). — FIERRO DEL RIO, L., L. A. C. SERNA, F. C. VEGA, D. A. AUPART e R. R. ACOSTA: Rev. Invest. Clin. Hosp. Enferm. Nutric. **4**, 389 (1952) [Chem. Abstr. **48**, 8399a]. — [7] MANN, F. C., and T. B. MAGATH: Ergebn. Physiol. **23**, 212 (1924). — CANTO, A.: C. R. Soc. Biol. **104**, 1103 (1930). — FRANKE, M., T. TOCZYSKI et J. LANKOSZ: C. R. Soc. Biol. **119**, 1209 (1935). — BERRYMAN, G. H., J. L. BOLLMAN and F. C. MANN: Amer. J. Physiol. **139**, 556 (1942/43).

in die Proteine der Niere, der Milz und anderer Organe im gleichen Ausmaß eingebaut, wie bei normalen Kontrolltieren. Dies zeigt, daß die Synthese der Zellproteine in den extrahepatischen Geweben auch bei Fehlen der Leber in normalem Ausmaß vor sich geht und daß die peripheren Organe für die Synthese eines Teils ihrer Zellproteine (vgl. S. 225) nicht die in der Leber gebildeten Plasmaproteine, sondern freie aus dem Blut aufgenommene Aminosäuren benützen. Die Plasmaglobuline enthielten hingegen bei den hepatektomierten Hunden 7mal weniger und die Plasmaalbuminfraktion 20mal weniger ^{35}S als bei normalen Kontrolltieren. Die Erneuerungsgeschwindigkeit der Serumglobuline war also durch die Herausnahme der Leber auf $^1/_7$, die Synthese der in der Albuminfraktion enthaltenen Proteine auf $^1/_{20}$ verringert worden[2].

Tabelle 40. Konzentration von Gesamtprotein, Albumin und Globulin im Blute eines phosphorvergifteten Kaninchens. (Täglich wurde 5 mg P in 1 cm³ Olivenöl durch die Schlundsonde verabreicht und gleichzeitig etwa 20 cm³ Blut aus der Ohrvene entnommen. Tod am 7. Tage[1].)

Tag	Gesamtprotein %	Albumin %	Globulin %	Albumin / Globulin
1	7,0	5,79	1,16	5,0
2	5,9	4,87	0,99	4,9
3	5,9	4,90	0,99	4,9
4	5,7	4,75	0,91	5,2
5	5,7	4,56	1,17	3,9
6	5,0	3,77	1,25	3,0
7	4,3	3,18	1,11	2,8

Daß die *Synthese von Crystalbumin*, das die Hauptmasse der Albuminfraktion des Serums bildet, in der Leber erfolgt, konnte an Leberschnitten vom Huhn auch in vitro demonstriert werden[3]. Zu diesem Zweck wurde aus Hühnerserum gereinigtes Albumin dargestellt und Kaninchen wiederholt injiziert. Auf diese Weise konnte bei Kaninchen ein spezifisches Antiserum erzeugt werden, das Hühnerserumalbumin in vitro auch in sehr großer Verdünnung noch spezifisch ausfällte, wodurch die quantitative Bestimmung sehr kleiner Mengen (10^{-6} g) von Hühnerserumalbumin ermöglicht wurde. Bestimmungen mit dieser Methode ergaben, daß ungewaschene normale Hühnerleberschnitte unmittelbar nach dem Tode des Tieres etwa 1,5 mg Serumalbumin je g feuchte Leber enthielten; durch Waschen mit isotonischer Salzlösung konnte der Serumalbumingehalt der Schnitte auf 0,3 mg/g gesenkt werden. Bei der Bebrütung dieser gewaschenen Schnitte stieg ihr Serumalbumingehalt um etwa 0,12 mg/Std und g feuchte Substanz an. Daß es sich hierbei tatsächlich um eine Synthese von Protein und nicht um eine Freisetzung oder Umwandlung von Proteinmolekülen handelt, die bereits präformiert in den Zellen vorhanden waren, geht daraus hervor, daß nach Zugabe von $^{14}CO_2$ zur Bebrütungsflüssigkeit ein Serumalbumin erhalten wurde, das in seinen Asparagin- und Glutaminsäureresten ^{14}C enthielt. Eine Überschlagsrechnung ergibt, daß die in vitro gefundene Serumalbuminproduktion von 0,12 mg/g und Std, umgerechnet auf die Größe der Hühnerleber (45 g), etwa 129 mg neugebildetem Serumalbumin je Tag entsprechen würde. Ein Huhn gleicher Größe enthält etwa 1730 mg zirkulierendes Serumalbumin. Die in vitro an Leberschnitten gefundenen Werte für die Serumalbuminbildung nähern sich also der Größenordnung, die für die Serumalbuminbildung in vivo auf Grund anderer Versuche erwartet werden kann[4].

Da die Leber, wie oben berichtet, an der Bildung des Serumalbumins in besonders großem Ausmaß beteiligt ist, sinkt bei Störungen der Leberfunktion der Serumalbuminspiegel stärker ab als der der anderen Plasmaproteine. Bei

[1] Henriques, V., u. U. Klausen: B. Z. **254**, 414 (1932). — [2] Tarver, H., and W. O. Reinhardt: J. biol. Ch. **167**, 395 (1947). — [3] Peters, T. jr., and C. B. Anfinsen: J. biol. Ch. **186**, 805 (1950). — [4] Berryman, G. H., J. L. Bollman and F. C. Mann: Amer. J. Physiol. **139**, 556 (1942/43).

Tieren, die mit P[1], $CHCl_3$ oder CCl_4[2] vergiftet worden waren, sowie bei Tieren mit unterbundenem Gallengang[1] war der Albumingehalt des Serums herabgesetzt. Auch beim Menschen ist bei schweren Leberparenchymerkrankungen der Albumingehalt des Serums verringert[3] und das Verhältnis Albumin : Globulin meist zugunsten der Globuline verschoben[4], wobei häufig eine Parallelität zwischen dem Grade der Albuminverminderung und der Schwere der Erkrankung vorhanden zu sein scheint[5]. Die Verschiebung des Albumin-Globulinverhältnisses ist bei der elektrophoretischen Bestimmung oft erheblicher als bei der Fällungsanalyse[6].

Als praktisch einzige Bildungsstätte des Plasmaalbumins ist die Leber auch der wichtigste Regulator des *kolloidosmotischen Druckes des Blutplasmas* und damit auch des Wasseraustausches zwischen Blutplasma und den extracellulären Räumen der Gewebe. Bekanntlich wird das im arteriellen Teil der Blutcapillaren durch die Capillarwand ins Gewebe abgepreßte Wasser im venösen Teil der Capillaren durch den onkotischen Sog der Albumine wieder ins Blut zurückgenommen und der Wasserstrom durch die Gewebe auf diese Weise in ständiger Bewegung erhalten[7]. Wasserverluste durch vermehrte Harnausscheidung, Schweißsekretion, Durchfälle usw. führen zu einer Konzentration des Plasmaalbumins und dadurch zu einer Steigerung des onkotischen Sogs des Blutplasmas, durch die erhöhte Mengen von extracellulärem Gewebswasser ins Blut hereingesaugt werden. Das durch den Wasserverlust zunächst verringerte Plasmavolumen wird auf diese Weise durch das hereinströmende Gewebswasser wieder normalisiert. Das Volumen des Blutplasmas wird also von der zirkulierenden Albuminmenge bestimmt. Dadurch, daß die Leber die Menge des zirkulierenden Albumins konstant erhält, wird sie zum Regulator des Blutvolumens.

Die Notwendigkeit, den kolloidosmotischen Druck des Blutes aufrechtzuerhalten, bringt es mit sich, daß die Leber nach großen Blutverlusten mit besonders großer Geschwindigkeit Albumine ins Blutplasma ausscheidet. Während bei normalen Kaninchen der Albumingehalt von Lebervenenblut, Pfortaderblut und peripherem Blut keine signifikante Differenz zeigt, ist nach Aderlaß der Albumingehalt des Lebervenenblutes erheblich höher als der des Pfortaderblutes[8]. Bei Kaninchen trat die Differenz im Albumingehalt etwa 20 min nach dem Aderlaß in Erscheinung und hielt etwa 2 Std an. Wurde der Aderlaß bei Kaninchen vorgenommen, deren Leber durch CCl_4 geschädigt worden war, so trat keine Zunahme des Albumingehalts des Blutes beim Durchgang durch die Leber ein[8]. Die Schnelligkeit,

[1] Henriques, V., u. U. Klausen: B.Z. **254**, 414 (1932). — [2] Sawada, T.: Jap. J. Gastroenterol. **3**, 38 (1931). — [3] Luetscher, J.A. jr.: J. clin. Invest. **19**, 318 (1940). — Ricketts, W.E., and K. Sterling: J. clin. Invest. **28**, 1477 (1949). Amer. J. med. Sci. **221**, 38 (1951). — [4] Grenet, H.: C. R. Soc. Biol. **63**, 552 (1907). — Filinski, W.: Presse méd. **30**, 236 (1922). — Abrami, P., et R. Wallich: C. R. Soc. Biol. **101**, 291 (1929). — Salvesen, H. A.: Acta med. scand. **72**, 113 (1929). — Wiener, H. J., and R. E. Wiener: Arch. internal Med., Chicago **46**, 236 (1930). — Peters, J. P., and A. J. Eisenman: Amer. J. med. Sci. **186**, 808 (1933). — Myers, W. K., and C. S. Keefer: Arch. internal Med., Chicago **55**, 349 (1935). — Kendall, F. E.: J. clin. Invest. **16**, 921 (1937). — Snell, A. M.: Ann. internal Med. **9**, 690 (1935). — Tumen, H., and H. L. Bockus: Amer. J. med. Sci. **193**, 788 (1937). — Foley, E. F., R. W. Keeton, A. B. Kendrick and D. Darling: Arch. internal Med., Chicago **60**, 64 (1937). — Butt, H. R., A. M. Snell and A. Keys: Arch. internal Med., Chicago **63**, 143 (1939). — Loeb, R. F.: New Engl. J. Med. **224**, 980 (1941). — Post, J., and A. J. Patek jr.: Arch. internal Med., Chicago **69**, 67 (1942). — N. Y. Acad. Med. **19**, 815 (1943). — Gray, S. J., and E. S. G. Barron: J. clin. Invest. **22**, 191 (1943). — Kabat, E. A., F. M. Hanger, D. H. Moore and H. Landow: J. clin. Invest. **22**, 563 (1943). — Bjørneboe, M.: Acta med. scand. **123**, 393 (1946). — [5] Staub, H.: Helv. med. Acta **14**, 334 (1947). — Martin, N. H.: Brit. J. exp. Path. **27**, 363 (1946); **30**, 231 (1949). — Hartmann, F.: Z. klin. Med. **147**, 375 (1950). — [6] Rafsky, H. A., M. Weingarten, C. I. Krieger, K. G. Stern and B. Newman: Gastroenterol., Baltimore **14**, 29 (1950). — [7] Starling, E. H.: J. Physiol., London **19**, 312 (1895/96). — [8] Ewerbeck, H.: Z. Kinderheilkde. **70**, 481 (1951).

mit der die Albuminausscheidung der Leber nach Blutverlusten einsetzte, hat zu der Annahme geführt, daß dieses Albumin in der Leber schon präformiert vorhanden sein müsse. Tatsächlich konnten in Hühnerleberschnitten kleine Mengen von immunologisch identifizierbarem Serumalbumin nachgewiesen werden (vgl. S. 228); die gleichen Versuche zeigten aber auch, daß Leberschnitte befähigt sind, Serumalbumin mit großer Geschwindigkeit neu zu bilden[1]. Elektrophoretische Untersuchungen an Proteinen aus normaler Kaninchenleber haben ergeben, daß 97,5% der löslichen Leberproteine eine andere elektrophoretische Wanderungsgeschwindigkeit besitzen als das Serumalbumin[2]. Die Menge der präformierten Reserve an Serumalbumin könnte also maximal 2,5% des löslichen Proteinanteils der Leber betragen. Die Menge des nach Blutverlusten ans Blut abgegebenen Serumalbumins ist aber erheblich größer und wird also erst unmittelbar vor der Abgabe an das Blut aus Leberproteinen gebildet. Ebenso wie bei der Umwandlung der Plasmaproteine in Zellproteine handelt es sich jedoch bei dieser Umwandlung der Zellproteine in Plasmaproteine nicht um eine Totalhydrolyse des Zellproteins mit kompletter Neusynthese des Plasmaproteins aus Aminosäuren, denn das Einströmen so großer Aminosäuremengen in den allgemeinen Aminosäurepool der Leber würde eine starke Steigerung auch des Aminosäureabbaues zur Folge haben (vgl. S. 225). Vermutlich kann ein Teil der löslichen Leberproteine durch eine relativ geringfügige Änderung der Molekülstruktur in Plasmaproteine umgewandelt werden. Der Befund, daß nach Aderlaß der Globulingehalt des Pfortaderbluts erheblich höher ist als der des Lebervenenblutes[3], läßt an die Möglichkeit denken, daß die Leber befähigt ist Globuline unter Verringerung der Teilchengröße in die kolloidosmotisch wirksameren Albumine umzuwandeln.

Nierenerkrankungen können den Übertritt großer Mengen von Serumalbumin in den Harn zur Folge haben. Die hierdurch verursachten Albuminverluste werden zunächst durch erhöhte Albuminproduktion der Leber kompensiert. Erst wenn die Albuminproduktion der Leber bei schweren Nephrosen nicht mehr ausreicht, um die Albuminausscheidung im Harn auszugleichen, sinkt der Albumingehalt und damit der kolloidosmotische Druck des Blutplasmas so weit ab, daß es zum Auftreten von Ödemen kommt. So wie beim Phlorrhizindiabetes die Glucoseausscheidung im Harn zu einer Erschöpfung der Glykogenreserven der Leber führt, so kann bei andauernder starker Albuminurie und kompensatorisch vermehrter Albuminbildung ein großer Teil der Proteinreserven der Leber verbraucht werden.

Die bei schweren Lebercirrhosen durch die portale Blutstauung verursachten Störungen des Wasserhaushalts können durch die gleichzeitig eintretende Hypoalbuminämie verstärkt werden. Bei Cirrhosefällen mit Ascites wurde der Albumingehalt des Blutplasmas im Durchschnitt um 20% niedriger gefunden als bei Cirrhosefällen ohne Ascites[4]. Auch bei Lebererkrankungen ohne portale Stauung ist die mit Hilfe von Thiocyanat u. ä. gemessene Menge des extracellulären Gewebswassers oft vermehrt[5]. Daß die verminderte Albuminbildung in der Pathogenese der bei der Lebercirrhose auftretenden Ödeme mit eine Rolle spielt, geht auch daraus hervor, daß die Infusion konzentrierter Albuminlösungen bei Fällen von cirrhotischem Ödem oft eine Verminderung des Ödems und eine Vermehrung der Harnmenge zur Folge hat[6].

[1] Peters, T. jr., and C. B. Anfinsen: J. biol. Ch. **186**, 805 (1950). — [2] Sorof, S., and P. P. Cohen: J. biol. Ch. **190**, 303 (1951). — [3] Ewerbeck, H.: Z. Kinderheilkde. **70**, 481 (1951). — [4] Whitman, J. F., H. R. Rossmiller and L. A. Lewis: J. Lab. clin. Med. **35**, 167 (1950). — [5] Cachera, R.: Rev. Invest. Clin. Hosp. Enferm. Nutric. **6**, 9 (1954) [Chem. Abstr. **48**, 8399[a]]. — [6] Thorn, G. W., S. H. Armstrong jr. and V. D. Davenport: J. clin. Invest. **25**, 304 (1946).

β) Die Leber und der Stoffwechsel der Serumglobuline. Weniger klar als die Bedeutung der Leber für die Bildung des Serumalbumins ist ihre Rolle bei der Erneuerung der Globuline. Die Globulinfraktion der Serumproteine besteht aus einer sehr großen Anzahl von Einzelproteinen von verschiedenem Bau, verschiedener Herkunft und verschiedener biologischer Funktion. Schädigungen des Leberparenchyms können Verminderungen und Vermehrungen der in den einzelnen Globulinfraktionen enthaltenen Einzelproteine zur Folge haben. Von den im Elektrophoreseversuch isolierbaren Globulinfraktionen sind bei Schädigungen des Leberparenchyms die α-Globuline oft vermindert[1,2], die β-Globuline meist normal oder verringert und die γ-Fraktion meist erheblich erhöht[3,4]. Durch die Verkleinerung der Albuminzacke und die Vergrößerung der γ-Globulinzacke kann das Elektrophoresediagramm in extremen Fällen ein symmetrisches Aussehen erhalten[2]. Doch kommen auch Fälle von Lebererkrankungen vor, bei denen die α- und β-Globuline vermehrt sind. Maligne Geschwülste, bei denen häufig eine Vermehrung der α-Globuline beobachtet wird, verursachen eine Vermehrung der α-Globuline auch dann, wenn sie in der Leber lokalisiert sind[3,5]. Ebenso werden bei entzündlichen und fieberhaften Erkrankungen der Leber zunächst oft Vermehrungen der β-Globuline[6] beobachtet, die erst im weiteren Verlauf der Erkrankung von einer γ-Globulinvermehrung abgelöst werden. Die γ-Globulinfraktion ist bei chronischen diffusen Leberparenchymerkrankungen besonders stark heterogen. Diese Heterogenität äußert sich im Elektrophoresediagramm in einer besonders breitbasigen, abgerundeten Form der dieser Fraktion entsprechenden Zacke[7,8].

Bei Fällen von Lebercirrhose wird häufig eine Vergrößerung der (zwischen der β- und der γ-Globulinzacke liegenden) φ-Zacke beobachtet[9-11]. In der φ-Zacke wandert das Fibrinogen, doch ist, wie oben berichtet, der Fibrinogengehalt des Blutes bei Leberinsuffizienz meist erheblich herabgesetzt, und Fibrinogenbestimmungen bei Cirrhosefällen ergaben, daß die vergrößerte φ-Zacke in diesen Fällen nicht auf eine Vermehrung des Fibrinogengehalts, sondern auf das Vorhandensein eines den anderen γ-Globulinen vorauseilenden γ-Globulinanteils zurückzuführen ist.

Bei der fraktionierten Aussalzung der Serumproteine wurde bei Lebererkrankungen vor allem die Fraktion der Euglobuline oft vermehrt gefunden, während die Pseudoglobuline nur insignifikante Vermehrungen aufwiesen. Diese Euglobulinvermehrung wird dem Vorhandensein einer pathologischen, durch Zusatz von 13,5% Na-sulfat fällbaren, vor allem bei Cirrhosen in großer Menge vorkommenden, im normalen Blut aber fehlenden Globulinfraktion zugeschrieben[12].

---

[1] Waldenström, J.: Verh. Ges. Verd.-Krankh. **1950**, 113. — [2] Martin, N. H.: Brit. J. exp. Path. **27**, 363 (1946); **30**, 231 (1949). — [3] Hartmann, F., u. K. Steinebach: Dtsch. Arch. klin. Med. **197**, 568 (1950). — [4] Gray, S. J., and E. S. G. Barron: J. clin. Invest. **22**, 191 (1943). — Wiedemann, E.: Schweiz. med. Wschr. **76**, 241 (1946). — Staub, H.: Helv. med. Acta **14**, 334 (1947). — Olhagen, B.: Acta med. scand., Suppl. **128**, 196, 478 (1947). — Luetscher, J. A. jr.: J. clin. Invest. **19**, 318 (1940). — Hartmann, F.: Z. klin. Med. **147**, 375 (1950). — Nikkilä, E. A., u. F. E. Krusius: Ann. Med. internae fenn. **39**, 177 (1950). Scand. J. clin. Invest. **3**, 14 (1951). — [5] Abrami, P., et R. Wallich: C. R. Soc. Biol. **101**, 291 (1929). — [6] Zöllner, N., K. P. Eymer u. L. Scheid: D. m. W. **1949**, 486. Kli. Wo. **1950**, 62. — Wuhrmann, F., C. Wunderly, P. de Nicola u. F. Hugentobler: Helv. med. Acta **17**, 197 (1950). — [7] Wuhrmann, F., C. Wunderly u. P. de Nicola: Kli. Wo. **1950**, 667. — [8] Knedel, M.: Med. Mschr. **5**, 707 (1951). — [9] Thorn, G. W., S. H. Armstrong jr. and V. D. Davenport: J. clin. Invest. **25**, 304 (1946). — [10] Whitman, J. F., H. R. Rossmiller and L. A. Lewis: J. Lab. clin. Med. **35**, 167 (1950). — [11] Malmros, H., and G. Blix: Acta med. scand. Suppl. **170**, 280 (1946). — [12] Dauphinee, J. A., and W. R. Campbell: Med. Clin. north Amer. **32**, 455 (1948).

Bei der Ultrazentrifugierung der Serumproteine von Leberkranken wurde, entsprechend der mit anderen Methoden gefundenen Herabsetzung des Albumingehalts, eine Verminderung der Komponente mit der Sedimentationskonstanten 4,5, die vor allem die Albumine enthält, beobachtet[1].

γ) Die Leber im Stoffwechsel der Lipoproteide und Polysaccharide des Blutplasmas. Daß auch die Lipoproteide des Serums bei Leber- und Gallenerkrankungen Veränderungen erfahren, geht unter anderem daraus hervor, daß bei Obstruktionsikterus die Hauptmenge der Serumlipide direkt mit Äther extrahiert werden kann[2]. Bei der fraktionierten Fällung der Plasmaproteine mit Hilfe von CH_3OH fanden sich bei Lebererkrankungen die Phosphatide bevorzugt in den leicht fällbaren Proteinfraktionen und nur in relativ geringer Menge in dem albuminhaltigen schwerer fällbaren Proteinanteil[3]. Bei biliärer Cirrhose ist das Verhältnis Cholesterin/Phosphatid in den β-Globulinen verringert[4,5], der Lipidgehalt der elektrophoretisch isolierten oder durch Fraktionierung mit C_2H_5OH dargestellten β-Globulinfraktion vermehrt[6] und der der α-Globuline herabgesetzt[4-6]. Ähnliche Veränderungen werden auch im Frühstadium der Hepatitis beobachtet[4]. Die Untersuchung in der Ultrazentrifuge ergab, daß bei der akuten Hepatitis insbesondere die Lipoproteide mit geringerem spezifischem Gewicht stark vermehrt sind[7]. Ähnliche Veränderungen wurden auch bei den Serumlipoproteiden von CCl_4-vergifteten Kaninchen beobachtet[8] und scheinen

Tabelle 41. Änderungen in der Menge der elektrophoretischen Eiweißfraktionen des Blutserums bei Lebererkrankungen[9,10]. (Werte in % der Gesamtmenge des Serumproteins.)

	Albumine	Globuline		
		α	β	γ
Normalwerte	60	7	12	21
Verschlußikterus	42,2	13,6	18,0	26,2
Lebercarcinom	34,2	18,7	14,0	33,1
Infektiöse Hepatitis	33,9—51,9	6,4—9,3	12,9—14,3	18,4—46,8
Akute gelbe Leberdystrophie	25,4	5,6	5,3	63,8
Fettige Degeneration	40,8—55,8	7,2—11,1	12,2—15,1	24,8—36,1
Lebercirrhose	26,4—48,5	3,9—9,8	7,0—22,0	30,6—57,2

ein allgemeiner Ausdruck eines Leberparenchymschadens zu sein[5]. Nach partieller Hepatektomie stieg bei der Ratte die Menge der β-Lipoproteide an[11], totale Hepatektomie verminderte beim Hund die Konzentration aller Fraktionen der Lipoproteide[12].

Die an die Serumproteine in Form prosthetischer Kohlenhydratgruppen gebundenen Mucopolysaccharide, deren Gesamtmenge im normalen Blutserum etwa

[1] Waldenström, J.: Verh. Ges. Verd.-Krankh. **1950**, 113. — [2] Tayeau, F.: C. R. Soc. Biol. **137**, 240 (1943). — [3] Fasoli, A., e M. Bonelli: Arch. Sci. biol. **34**, 161 (1950). Minerva med., Roma **42 II**, 204 (1951). — [4] Eder, H. A., and E. M. Russ: J. clin. Invest. **31**, 626 (1952). — [5] Nikkilä, E.: Scand. J. clin. Lab. Invest. **5**, Suppl. 8 (1953). — [6] Kunkel, H. G., and R. J. Slater: J. clin. Invest. **31**, 677 (1952). — [7] Snavely, J. R., W. H. Goldwater, M. L. Randolph, C. C. Sprague and W. G. Unglaub: J. clin. Invest. **31**, 664 (1952). — Turner, M. E., and R. B. Gibson: J. clin. Invest. **11**, 735 (1932). — McGinley, J., H. Jones and J. Gofman: J. invest. Derm. **19**, 71 (1952). — [8] Pierce, F. T., and J. W. Gofman: Circulation, N. Y. **4**, 25 (1951). — [9] Verschure, J. C. M., and L. W. Janssen: Acta haematol., Basel **4**, 186 (1950). — [10] Verschure, J. C. M.: Verh. Akad. Wet. Amsterdam (I, 2 Sect.) **47**, 61 (1951). — [11] Chanutin, A., and E. C. Gjessing: J. biol. Ch. **178**, 1 (1949). — [12] Lewis, L. A., I. H. Page and C. Thomas: Amer. J. Physiol. **172**, 83 (1953).

180 mg-% (100 mg-% Hexosen und 80 mg-% Hexosamin) beträgt[1], entstammen zum Teil der Leber. Ein in der α-Globulinfraktion des Serums enthaltenes Mucoproteid[2], das etwa 10% der im Gesamtprotein enthaltenen Polysaccharidmenge entspricht[3], wurde bei Fällen von infektiöser Hepatitis und Lebercirrhose oft herabgesetzt gefunden, während Fälle von Verschlußikterus meist eine Vermehrung dieser Mucoproteidfraktion zeigten[4].

Zu den Mucopolysacchariden gehört auch das, erstmalig aus Lebergewebe dargestellte[5] coagulationshemmende Heparin, das im Blutplasma ebenfalls in proteingebundener Form vorliegt[6], aber nur einen geringen Teil des Gesamtpolysaccharidgehalts des Serums bildet. Außer in Lebergewebe ist es auch in Lunge, Darm, Niere, Skeletmuskulatur nachgewiesen worden[7]. Es scheint, daß die Heparinvermehrung, die die Ungerinnbarkeit des Blutes im anaphylaktischen Schock verursacht, durch Ausschwemmung von Heparin vor allem aus der Leber erfolgt[8]. Bei hepatektomierten Hunden konnte durch Injektion von Pepton

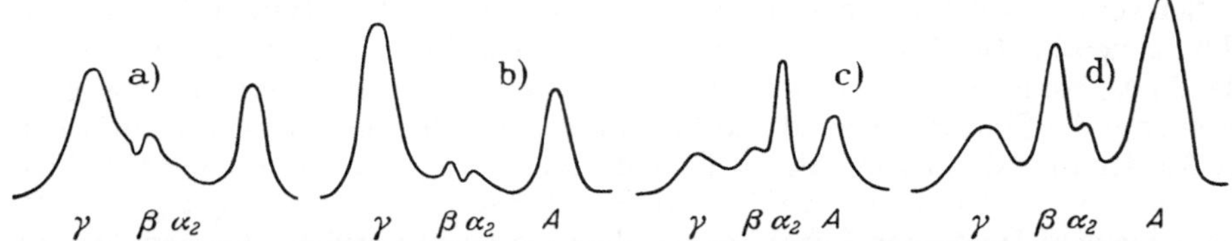

Abb. 30a—d. Beispiele von Elektrophoresediagrammen vom Serum Leberkranker[9]. (Phosphatpuffer, pH 7,7, absteigende Fronten.) a Cirrhose. b Subchronische Leberatrophie. c Lebercarcinom. d Hepatitis.

keine Verzögerung der Blutgerinnung hervorgerufen werden. Auch die durch Röntgenbestrahlung ausgelöste Störung der Blutgerinnung ist zum Teil durch Heparinausschwemmung ins Blut verursacht; sie konnte bei Hunden durch Verabreichung von Toluidinblau oder Protaminsulfat, also durch Stoffe, die die Heparinwirkung hemmen, aufgehoben werden[10]. In vergleichenden Bestimmungen wurden in je 100 g frischer Hundeleber 440, Rinderleber 190, Schweinsleber 170 HOWELL-Einheiten gefunden[7]. Die Bildungsstätte des in den verschiedenen Geweben enthaltenen Heparins sind die im perivasculären Bindegewebe der Leber und anderer Organe enthaltenen Mastzellen[11].

δ) **Die Bildung des Fibrinogens.** Daß das Fibrinogen in der Leber gebildet wird, ist durch zahlreiche Untersuchungen belegt: Wurden Frösche ausgeblutet und ihnen sodann defibriniertes Blut injiziert, so wurde das Blut in kurzer Zeit wieder fibrinogenhaltig; bei entleberten Fröschen trat jedoch keine Fibrinogenbildung ein[12]. Bei hepatektomierten Kaninchen fiel der Fibrinogengehalt des

[1] STARY, Z., F. BURSA, Ö. KALEOĞLU u. M. BILEN: Bull. Fac. Méd. Istanbul **13**, 243 (1950). — STARY, Z., F. BURSA, O. TEZOK u. R. CINDI: H. **288**, 55 (1951). — STARY, Z., H. BODUR, S. G. LISIE u. F. BATIYOK: Kli. Wo. **1953**, 399. — [2] WINZLER, R. J., A. W. DEVOR, J. W. MEHL and I. M. SMYTH: J. clin. Invest. **27**, 609 (1948). — [3] GREENSPAN, E. M., I. LEHMAN, M. M. GRAFF and E. B. SCHOENBACH: Cancer, N. Y. **4**, 972 (1951). — [4] GREENSPAN, E. M., and D. A. DREILING: A. M. A. Arch. internal Med. **91**, 474 (1953). — [5] McLEAN, J.: Amer. J. Physiol. **41**, 250 (1916). — HOWELL, W. H.: Amer. J. Physiol. **47**, 328 (1918); **63**, 434 (1923). Bull. Johns Hopkins Hosp. **42**, 199 (1928). — HOWELL, W. H., and E. HOLT: Amer. J. Physiol. **47**, 328 (1918). — [6] QUICK, A. J.: Physiol. Rev. **24**, 300 (1944). — [7] CHARLES, A. F., and D. A. SCOTT: J. biol. Ch. **102**, 425, 431 (1933). Trans. R. Soc. Canada (V) **28**, 55 (1934). Biochem. J. **30**, 1927 (1936). — SCOTT, D. A., and A. F. CHARLES: J. biol. Ch. **102**, 437 (1933). — CHARLES, A. F., and A. R. TODD: Biochem. J. **34**, 112 (1940). — [8] JAQUES, L. B., and E. T. WATERS: J. Physiol., London **99**, 454 (1948). — [9] VERSCHURE, J. C. M.: Verh. Akad. Wet. Amsterdam (I, 2 Sect.) **47**, 61 (1951). — [10] ALLEN, J. G., M. SANDERSON, M. MILHAM, A. KIRSCHON and L. O. JACOBSON: J. exp. Med. **87**, 71 (1948). — [11] HOLMGREN, H., u. O. WILANDER: Z. mikroskop.-anat. Forsch. **42**, 242 (1937). — JORPES, J. E., H. HOLMGREN u. O. WILANDER: Z. mikroskop.-anat. Forsch. **42**, 279 (1937). — [12] NOLF, P.: Arch. int. Physiol. **3**, 1 (1905).

Blutes in 15—30 Std auf etwa die Hälfte des Ausgangswertes[1]. Wurden normalen Kaninchen große Mengen von Blut entnommen und ihnen gleichzeitig und in gleicher Menge defibriniertes Blut anderer normaler Kaninchen oder aber defibriniertes Eigenblut injiziert, so konnte bis zu 90% der im Blut dieser Tiere enthaltenen Fibrinogenmenge entfernt werden. In den folgenden Stunden stieg aber der Fibrinogengehalt des Blutes dieser Tiere infolge der eintretenden Regeneration rasch wieder an. Wurde der gleiche Versuch aber an Kaninchen vorgenommen, deren Leber vorher exstirpiert worden war, so fiel der Fibrinogengehalt des Blutes auch in der Folgezeit noch weiter ab[1]. Bei hepatektomierten Hunden wurden Abnahmen des Fibrinogengehalts des Blutes bis zu 50% beobachtet[2], die Abnahme des Fibrinogengehalts war meist proportional der seit der Hepatektomie verflossenen Zeit[3]. Diese Versuche zeigen, daß das Fibrinogen normalerweise extrahepatisch mit großer Geschwindigkeit abgebaut, in der Leber aber ständig erneuert wird.

Schwere Schädigungen des Leberparenchyms durch Gifte setzen die Fibrinogenbildung herab. Im Blut von Hunden, bei denen durch Vergiftung mit $CHCl_3$ oder Phosphor schwere degenerative Veränderungen der Leber verursacht worden waren, war der Fibrinogengehalt stark vermindert[4], wobei eine Parallelität zwischen der Ausdehnung der degenerativen Veränderungen in der Leber und der Abnahme des Fibrinogengehalts nachweisbar war[5]. Geringere Leberschädigungen (z. B. durch kleinere Dosen der Gifte) können dagegen einen vorübergehenden Anstieg der Blutfibrinogenwerte verursachen[6]. Schwer geschädigte Lebern konnten 2 Tage nach der Vergiftung, wenn die Regeneration bereits Fortschritte gemacht hatte, durch zusätzliche Reize (Absceß) wieder zur Fibrinogenbildung veranlaßt werden[6]. Hunde mit Eckscher Fistel bildeten zwar Fibrinogen[6], wurde aber zusätzlich die Leberarterie abgebunden, so sank der Fibrinogengehalt des Blutes rasch ab[7]. Die Befunde früherer Autoren[8], die nach teilweiser oder totaler Exstirpation des Darmtrakts eine Senkung des Fibrinogenspiegels im Blut gefunden hatten, sind vermutlich auf die durch die Operation bedingten Leberschäden und die durch die Abbindung der Mesenterialvenen verursachte Verringerung der Leberdurchblutung, nicht aber auf eine Fibrinogenbildung im Darm selbst zu beziehen[1].

Auch beim Menschen ist bei schweren Lebererkrankungen der Fibrinogengehalt des Blutes herabgesetzt[9]. Während bei katarrhalischen Ikterusformen meist nur geringe Abweichungen beobachtet werden, sinkt der Fibrinogengehalt, insbesondere bei schweren Cirrhosefällen oft auf einen Bruchteil des Normalwertes ab[10]. Bei der Elektrophorese des Blutplasmas ist in diesen Fällen die φ-Zacke, die neben Globulinen anderer Art auch das Fibrinogen enthält, meist verkleinert. Die bei schweren Lebererkrankungen oft herabgesetzte Senkungsgeschwindigkeit

---

[1] Drury, D. R., and P. D. McMaster: J. exp. Med. **50**, 569 (1929). — McMaster, P. D., and D. R. Drury: Proc. Soc. exp. Biol. Med. **26**, 490 (1928). — [2] Jones, T. B., and H. P. Smith: Amer. J. Physiol. **94**, 144 (1930). — [3] Rosenthal, F., H. Licht u. E. Melchior: A. e. P. P. **115**, 138 (1926). — Berryman, G. H., J. L. Bollman and F. C. Mann: Amer. J. Physiol. **139**, 556 (1942/43). — [4] Doyon, (M.): C. R. Soc. Biol. **58**, 30 (1905). — Doyon, (M.), A. Morel et N. Kareff: C. R. Soc. Biol. **58**, 493 (1905). — Doyon, M., et J. Billet: C. R. Soc. Biol. **58**, 852 (1905). — [5] Whipple, G. H., and S. H. Hurwitz: J. exp. Med. **13**, 136 (1911). — [6] Foster, D. P., and G. H. Whipple: Amer. J. Physiol. **58**, 407 (1921/22). — [7] Meek, W. J.: Amer. J. Physiol. **33**, 161 (1914). — [8] Mathews, A.: Amer. J. Physiol. **3**, 53 (1899/1900). — Goodpasture, E. W.: Amer. J. Physiol. **33**, 70 (1914). Bull. Johns Hopkins Hosp. **25**, 330 (1914). — [9] Rusznyák, S., J. Barát u. L. Kürthy: Z. klin. Med. **98**, 337 (1924). — Loewenstein, E.: Z. klin. Med. **105**, 261 (1927). — Wiener, H. J., and R. E. Wiener: Arch. internal Med., Chicago **46**, 236 (1930). — [10] Lian, C., (J.) Sassier, J. Facquet et P. Frumusan: Bull. Mém. Soc. méd. Hôp. Paris **52**, 591 (1936). — Lian, C., et P. Frumusan: Presse méd. **46**, 369 (1938). — Lian, C., J. Facquet, (J.) Sassier et G. Schapira: Bull. Mém. Soc. méd. Hôp. Paris **55**, 963 (1939). — Girard, M., et J. Viallier: Lyon méd. **73**, 938 (1941).

der Erythrocyten ist zum Teil durch die Fibrinopenie verursacht. Starke Fibrinopenie und verzögerte Erythrocytensenkung können als Anzeichen einer drohenden[1] oder bereits bestehenden akuten Leberdystrophie gewertet werden[2].

ε) Die Bildung des Prothrombins und des Acceleratorglobulins. Das Prothrombin ist ein von der Leber ins Blutplasma ausgeschiedenes Protein, das durch die Wirkung verschiedener als Thromboplastine bezeichneter Stoffe in das fibrinogenkoagulierende Ferment Thrombin umgewandelt werden kann. Seiner Fällbarkeit nach gehört es zu den Euglobulinen. Es kann durch verdünnte Essigsäure aus Oxalatplasma ausgefällt werden[3], bei der Fraktionierung der Plasmaproteine nach COHN ist es in der (vorwiegend aus β- und γ-Globulinen bestehenden) Fraktion III, 2 enthalten, im Elektrophoreseversuch wandert es in der Albuminfraktion[4] bzw. in der α_1-Globulinfraktion[5] (s. a. Bd. 2/1, S. 309, 312).

Daß das Prothrombin in der Leber gebildet wird, ergeben neben älteren Befunden[6] vor allem neuere Versuche, in denen die ganze oder ein Teil der Leber ektomiert wurde[7–14]. Bei totaler Hepatektomie kommt es zunächst zu einem plötzlichen Absinken des Prothrombinspiegels, das sich im weiteren Verlauf verlangsamt und bis zum Tode des Tieres anhält[9,12,13]. Bei hepatektomierten Hunden war der Prothrombingehalt des Blutes 1 Std nach der Operation auf weniger als 50% des Normalwertes abgesunken[12]. Nach partieller Hepatektomie sinkt der Prothrombinspiegel ebenfalls unmittelbar nach der Operation rasch ab, steigt im weiteren Verlauf aber mit Einsetzen der Leberregeneration langsam wieder auf den Normalwert. Nach Exstirpation von 75% des Lebergewebes wurde bei Ratten ein Absinken des Prothrombinspiegels bis auf 17% des Normalwertes beobachtet, nach 3 Wochen war der Prothrombinspiegel bei der Mehrzahl der Tiere wieder normal[8,9].

Da die Leber für die Bildung des Prothrombins Vitamin K benötigt, ist die Menge des Prothrombins, die im normalen Oxalatplasma etwa 40 mg-% beträgt[3], bei Mangel an Vitamin K herabgesetzt. Bei Erkrankungen der Leber und der Gallenwege kann es aber auch bei zureichendem K-Vitamingehalt der Nahrung zu Vitamin K-Mangel kommen. Für die Resorption des fettlöslichen K-Vitamins ist die Anwesenheit von Gallensäuren im Darm erforderlich. Bei ungenügender Gallenproduktion oder bei Störungen des Gallenabflusses nimmt daher die Resorption des K-Vitamins ab und dies führt, auch bei sonst intakter Leberfunktion, zu einer Verminderung der Prothrombinbildung. Andererseits kann aber bei Erkrankungen des Leberparenchyms eine Verminderung der Prothrombinbildung auch dann eintreten, wenn der Leber reichlich Vitamin K zur Verfügung steht, in diesem Falle sind die Leberzellen nicht imstande, das K-Vitamin für die Prothrombinbildung zu verwerten. Es gibt also 2 Arten von hepatogener Hypoprothrombinämie, eine acholische, die durch mangelhafte Vitamin K-Resorption

[1] VIOLLIER, G.: Liver Disease. Ciba Found. Symp. bes. S. 185, 187, 189. 1951. — [2] BJØRNEBOE, M., and F. RAASCHOU: Acta med. scand., Suppl. **234**, 41 (1949). Arch. internal Med., Chicago **84**, 933 (1949). — [3] MELLANBY, J.: Proc. R. Soc. London (B) **107**, 271 (1930). — [4] ORR, W. F. jr., and D. H. MOORE: Proc. Soc. exp. Biol. Med. **46**, 357 (1941). — SEEGERS, W. H., E. C. LOOMIS and J. M. VANDERBILT: Proc. Soc. exp. Biol. Med. **49**, 260 (1942). — [5] SEEGERS, W. H., R. I. McCLAUGHRY and J. L. FAHEY: Blood **5**, 421 (1950). — [6] NOLF, P.: Arch. int. Physiol. **6**, 1 (1908). — [7] SMITH, H. P., E. D. WARNER and K. M. BRINKHOUS: J. exp. Med. **66**, 801 (1937). — WARNER, E. D., K. M. BRINKHOUS and H. P. SMITH: Amer. J. Physiol. **114**, 667 (1936). — [8] WARNER, E. D.: J. exp. Med. **68**, 831 (1938). — [9] ANDRUS, W. DE W., J. W. LORD jr. and R. A. MOORE: Surgery **6**, 899 (1939). — [10] PICHLER, K.: Zbl. inn. Med. **42**, 130 (1921). — [11] SMITH, H. P., E. D. WARNER, K. M. BRINKHOUS and W. H. SEEGERS: J. exp. Med. **67**, 911 (1938). — [12] MUNRO, F. L., E. R. HART, M. P. MUNRO and A. A. WALKING: Amer. J. Physiol. **145**, 206 (1945/46). — [13] WARREN, R., and J. E. RHOADS: Amer. J. med. Sci. **198**, 193 (1939). — [14] UVNÄS, B.: Acta physiol. scand. **3**, 97 (1942).

verursacht ist, und eine aplastische, die durch die unzureichende Verwertung des K-Vitamins im Leberparenchym entsteht.

Hypoprothrombinämien, die auf eine mangelhafte Vitamin K-Resorption zurückgehen, wurden beim Obstruktionsikterus, bei Gallenfistelträgern usw. beobachtet. Auch Hunde, bei denen die Galle durch eine Fistel nach außen abgeleitet wurde, hatten einen niedrigen Prothrombinspiegel[1] und Neigung zu schweren und langdauernden Blutungen[2]. Verfütterung von Gallensalzen steigerte bei diesen Tieren den Prothrombinspiegel, während orale Zufuhr von fettlöslichem K-Vitamin wirkungslos blieb. Durch parenterale Zufuhr von K-Vitaminpräparaten wird diese Art von Hypoprothrombinämien rasch behoben.

Durch mangelhafte Utilisation des Vitamin K verursachte Hypoprothrombinämien finden sich bei Lebererkrankungen, die mit Leberparenchymschäden verbunden sind. Sie können im Tierversuch durch Gifte hervorgerufen werden, die das Leberparenchym schädigen. Im Blut von Hunden, die mit P oder $CHCl_3$ vergiftet worden waren, sank der Prothrombingehalt in 1—2 Tagen auf wenige Prozente des Normalwertes ab[3]. Der Abfall des Prothrombingehalts geht hierbei der Schwere der Leberschädigung parallel und bessert sich, ähnlich wie bei partieller Hepatektomie, mit einsetzender Regeneration des Leberparenchyms. Auch bei Ratten, bei denen mit Hilfe von p-Dimethylaminoazobenzol (Buttergelb) Lebertumoren hervorgerufen worden waren, war eine Hypoprothrombinämie nachweisbar[4].

Auch beim leberkranken Menschen werden bei Schädigung großer Anteile des Leberparenchyms niedrige Prothrombinwerte gefunden[5-7]. Starke Senkungen des Prothrombinspiegels bis zu 25% des normalen, wurden bei akuter gelber Leberdystrophie beobachtet[8].

Andererseits muß aber nicht jede Schädigung des Leberparenchyms zu einer Hypoprothrombinämie führen, bei Durchführung größerer Reihenuntersuchungen konnte nur bei 53% der Fälle mit nachgewiesener Leberschädigung auch eine Herabsetzung des Prothrombinspiegels gefunden werden[9]. Hingegen sind bei Kindern mit Hepatitiden, insbesondere in den ersten Krankheitstagen, auch Hyperprothrombinämien beobachtet worden; dies wird auf eine beschleunigte Ausschwemmung von Prothrombin aus der Leber zurückgeführt[10]. Hypoprothrombinämien, die durch Leberparenchymschäden verursacht sind, werden durch Verabreichung von K-Vitamin meist nicht normalisiert.

Die Bestimmung der im Blut vorhandenen Prothrombinmenge kann für die Beurteilung der Schwere einer Leberparenchymstörung von Bedeutung sein und wird insbesondere zur Unterscheidung hepatocellulärer und extrahepatischer Ikterusformen klinisch verwendet[11].

---

[1] SMITH, H. P., E. D. WARNER, K. M. BRINKHOUS and W. H. SEEGERS: J. exp. Med. **67**, 911 (1938). — [2] HAWKINS, W. B., and G. H. WHIPPLE: J. exp. Med. **62**, 599 (1935). — [3] SMITH, H. P., E. D. WARNER and K. M. BRINKHOUS: J. exp. Med. **66**, 801 (1937). — WARNER, E. D., K. M. BRINKHOUS and H. P. SMITH: Amer. J. Physiol. **114**, 667 (1935/36). — [4] FIELD, J. B., C. A. BAUMANN and K. P. LINK: Cancer Res. **4**, 768 (1944). — [5] HARTMANN, F., and H. LANGER: Dtsch. Arch. klin. Med. **197**, 438 (1950). — [6] DAM, H., and J. GLAVIND: Acta med. scand. **96**, 108 (1938). — BUTT, H. R., A. M. SNELL and A. E. OSTERBERG: J. amer. med. Ass. **113**, 383 (1939). — BOLLMAN, J. L., H. R. BUTT and A. M. SNELL: J. amer. med. Ass. **115**, 1087 (1940). — ANDRUS, W. DE W., and J. W. LORD jr.: J. amer. med. Ass. **114**, 1336 (1940). — SANCLOU, G. H.: J. amer. med. Ass. **112**, 1889 (1939). — POHLE, F. J., and J. K. STEWART: J. clin. Invest. **19**, 365 (1940). — MANN, J. D.: Gastroenterol., Baltimore **21**, 263 (1952). — [7] AGGELER, P. M., S. P. LUCIA and L. GOLDMAN: Proc. Soc. exp. Biol. Med. **43**, 689 (1940). — [8] GOTTLEBE, P.: Dtsch. Arch. klin. Med. **197**, 397 (1950). — [9] WHITE, F. W., E. DEUTSCH and S. MADDOCK: Amer. J. digest. Dis. **7**, 3 (1940). New England J. Med. **226**, 327 (1942). — [10] RAPOPORT, S.: Proc. Soc. exp. Biol. Med. **62**, 203 (1946). — [11] WILSON, S. J.: Proc. Soc. exp. Biol. Med. **41**, 559 (1939).

Die *Methoden der Prothrombinbestimmung* beruhen darauf, daß man zu Blutplasma, dessen Gerinnung durch Fällung der Ca-ionen verhindert worden ist, Ca-salze und einen Überschuß von Thromboplastin zusetzt (s. a. Bd. 2/1, S. 483). In Gegenwart von überschüssigem Thromboplastin ist die Geschwindigkeit, mit der Thrombin gebildet wird, der vorhandenen Prothrombinmenge proportional; hat der Thrombingehalt der Lösung ein bestimmtes Niveau erreicht, so erfolgt die Fibrinogengerinnung. Die Zeitspanne zwischen dem Zusatz des Ca-Thromboplastins und dem Eintreten der Gerinnung wird als *Prothrombinzeit* bezeichnet; sie ist bei herabgesetztem Prothrombingehalt des Plasmas verlängert. Um die Möglichkeit auszuschließen, daß eine nachgewiesene Verminderung des Prothrombinspiegels durch mangelnde Zufuhr oder gestörte Resorption von Vitamin K verursacht sein könnte, wird die Fähigkeit der Leber zur Prothrombinbildung in der Weise geprüft, daß die Prothrombinzeit bestimmt und dem Patienten sodann eine große Dosis eines Vitamin K-Präparates parenteral verabreicht wird; 24 Std später wird dann eine zweite Prothrombinbestimmung durchgeführt. Hat die Verabreichung des K-Vitamins eine Verkürzung der Prothrombinzeit zur Folge, so handelt es sich um eine K-Avitaminose durch Resorptionsstörung (verursacht z. B. durch Verschlußikterus u. dgl.). Steigt der Prothrombingehalt des Blutes aber auch nach Zufuhr von K-Vitamin nicht an, so liegt eine Schädigung des Leberparenchyms vor[2] (s. a. Bd. 2/1, S. 479).

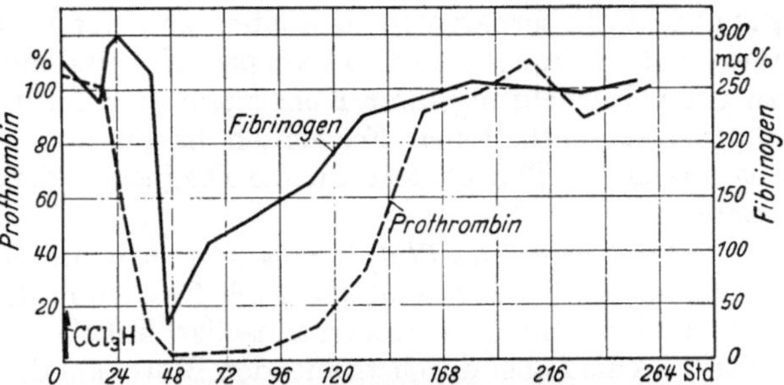

Abb. 31. Prothrombin- und Fibrinogengehalt des Plasmas nach Chloroformvergiftung[1]. (Ein Hund wurde nach 48stdgem Fasten 100 min mit CCl_3H narkotisiert, 20 Std später begann der Ikterus, der nach 47 Std maximal war und bis zum 5. Tag andauerte. Eine Woche nach der Vergiftung war das geschädigte Leberparenchym regeneriert und der Hund gesund. Man erkennt an den Kurven, daß die Prothrombinbildung schwerer geschädigt wird und sich erst später wieder herstellt als die Fibrinogenbildung.) ------ Prothrombin; —— Fibrinogen.

Für die Umwandlung des Prothrombins in aktives Thrombin sind außer Ca-ionen und Thromboplastin noch andere Faktoren erforderlich. Einige von ihnen bzw. ihre im normalen Blutplasma enthaltenen Vorstufen scheinen in der Leber gebildet zu werden. Dies gilt insbesondere für das *Acceleratorglobulin*[3] des Plasmas, dessen Menge insbesondere bei beginnenden Leberparenchymschäden gleichzeitig mit dem Prothrombingehalt des Plasmas absinkt[4,5]. Gleichzeitige Verminderung von Prothrombin- und Ac-Globulin wurde auch bei mit CCl_4 vergifteten Hunden beobachtet[4].

Antagonisten des Vitamins K, wie Dicumarin und Tromexan (Di-4-oxycumarinylessigsäure-äthtylester), blockieren die Bildung des Prothrombins und des Acceleratorglobulins[6] in der Leber und senken die Konzentration dieser Stoffe im Blutplasma[7]. Bei Leberkranken genügen viel geringere Dosen von Tromexan, um eine Senkung des Prothrombin- und Ac-Globulinspiegels zu erreichen; der „Tromexantest" (d. h. die Bestimmung von Prothrombin- und Ac-Globulinspiegel vor und 24 Std nach Verabreichung von 600 mg Tromexan) ist insbesondere zum Nachweis latenter Leberschäden empfohlen worden[8].

Auch das Antithrombin, ein in der Albuminfraktion der Serumproteine enthaltenes, thrombin-inaktivierendes Enzym wird in der Leber gebildet. Bei Tieren, die mit CCl_4 vergiftet worden waren und bei Patienten mit langdauernden Leberstörungen wurde eine Senkung des Antithrombinspiegels im Blutplasma

[1] Smith, H. P., E. D. Warner and K. M. Brinkhous: J. exp. Med. **66**, 801 (1937). — [2] Lord, J. W. jr., and W. de W. Andrus: Arch. internal Med., Chicago **68**, 199 (1941). — [3] Ware, A. G., M. M. Guest and W. H. Seegers: J. biol. Ch. **169**, 231 (1947). — [4] Hartmann, F., and H. Langer: Dtsch. Arch. klin. Med. **197**, 438 (1950). — [5] Alexander, B., and R. Goldstein: J. clin. Invest. **29**, 795 (1950). — Alexander, B.: Rev. Hématol. **7**, 168 (1952). — [6] Ware, A. G., and W. H. Seegers: Amer. J. Physiol. **152**, 567 (1948). — [7] Linke, A.: D. m. W. **1952**, 775. — [8] Linke, A.: Verh. Ges. Verd.-Krankh. **1952**, 123.

beobachtet, während Pankreatitis, Pankreascarcinome und andere Pankreaserkrankungen den Antithrombinspiegel des Blutes erhöhen[1]. Es wird vermutet, daß die Leber eine inaktive Vorstufe des Enzyms erzeugt, die durch pankreogenes Trypsin aktiviert wird.

ζ) Serumfermente und Leberstoffwechsel. Außer Prothrombin stammen auch andere im Blutplasma enthaltenen Fermentproteine aus der Leber und ihre im Blutplasma vorhandene Menge kann bei Lebererkrankungen herabgesetzt sein. Die Synthese dieser Fermente erfolgt im Rahmen der in der Leber ablaufenden Proteinsynthese und wird durch schädigende Faktoren in ähnlichem Ausmaß wie die Proteinsynthese beeinflußt. Andererseits gelangen auch Fermente, die aus anderen Organen, z.B. aus dem Pankreas, stammen, auf dem Blutweg zur Leber und werden dort abgebaut oder auch mit der Galle ausgeschieden. Schädigungen des Leberparenchyms können zu einer Verzögerung in der Ausscheidung und Inaktivierung dieser extrahepatisch entstandenen Fermente und dadurch zu einer Vermehrung ihrer Konzentration im Blutplasma führen. Von den im Blutplasma enthaltenen Fermenten haben insbesondere die Esterase und die sog. alkalische Phosphatase für die Diagnostik der Leberkrankheiten Bedeutung erlangt.

A. Die Esterase des Blutplasmas stimmt in ihren Eigenschaften mit der Esterase der Leberzellen weitgehend überein[2]. Daß sie in der Leber gebildet wird[3,4], geht aus Durchströmungsversuchen an isolierten Lebern hervor, in denen der Esterasegehalt des die Leber durchströmenden Blutes auf das Doppelte zunahm[5]. Esterasehaltige Leberextrakte verursachten, ins Blut injiziert, einen langdauernden Anstieg des Esterasegehalts des Blutplasmas[6].

Der Esterasegehalt des Blutplasmas, der beim Normalen weitgehend konstant erhalten wird, sinkt im Gefolge von diffusen Leberparenchymschäden oft erheblich ab[7–10]. Ein analoges Absinken der Blutesterase wurde auch bei Versuchstieren nach Vergiftung mit leberschädigenden Giften beobachtet[11]. Parallel mit dem Esterasegehalt des Blutplasmas sinkt bei diesen Tieren auch der Esterasegehalt der Leberzellen[3,12]. Bei akut eintretenden Leberschäden, insbesondere entzündlicher Art, kann dem Abfall des Leberesterasespiegels eine Vermehrung vorausgehen[13,14], die auf eine Ausschwemmung der Esterase aus den geschädigten Leberzellen zurückgeführt wird[15]. Auch die bei Leberschäden verzögerte Inaktivierung pankreogener Lipasen kann eine Steigerung des Serumlipasegehalts verursachen[14].

---

[1] INNERFIELD, I., A. ANGRIST and L. J. BOYD: Gastroenterol., Baltimore **20**, 417 (1952). — INNERFIELD, I., and A. ANGRIST: Amer. J. med. Sci. **223**, 422 (1952). — [2] FIESSINGER, N., et A. GAJDOS: Enzymologia **1**, 145 (1936/37). — [3] BRAUER, R. W., and M. A. ROOT: J. Pharmacol. exp. Therap. **88**, 109 (1946). Fed. Proc. **5**, 168 (1946). — [4] CAJORI, F. A., and H. M. VARS: Amer. J. Physiol. **124**, 149 (1938). — [5] FIESSINGER, N., M. ALBEAUX-FERNET et A. GAJDOS: C. R. Soc. Biol. **112**, 549 (1933). — [6] FIESSINGER, N., et A. GAJDOS: Sang **9**, 319 (1935). — [7] BAUER, J., u. E. FEIL: Wien. med. Wschr. **1934**, 566. — [8] KUNKEL, H. G., and S. M. WARD: J. exp. Med. **86**, 325 (1947). — [9] VAHLQUIST, B.: Skand. Arch. Physiol. **72**, 133 (1935). — [10] FABER, M.: Acta med. scand. **114**, 59 (1943). — GOLDNER, M. G., and M. MORSE: J. Lab. clin. Med. **34**, 858 (1949). — VORHAUS, L. J., H. H. SCUDAMORE and R. M. KARK: Gastroenterol., Baltimore **15**, 304 (1950). — MOLANDER, D. W., M. FRIEDMAN and J. S. LADUE: Proc. centr. Soc. clin. Res. **24**, 64 (1951). — MANN, J. D., W. I. MANDEL, P. L. EICHMAN, M. A. KNOWLTON and V. M. SBOROV: J. Lab. clin. Med. **39**, 543 (1952). — [11] FIESSINGER, N., et A. GAJDOS: Rev. méd.-chir. Mal. Foie **9**, 317 (1934). [BÉNARD, H., et A. GAJDOS: Les fonctions hépatiques. S. 220. Paris 1952.] — [12] FIESSINGER, N., et A. GAJDOS: C. R. Soc. Biol. **120**, 766 (1935). — [13] WHIPPLE, G. H.: Bull. Johns Hopkins Hosp. **24**, 357 (1913). — JOBLING, J. W., A. A. EGGSTEIN and W. PETERSEN: J. exp. Med. **22**, 701 (1915). — [14] CUMMINS, A. J., and H. L. BOCKUS: Gastroenterol., Baltimore **18**, 518 (1951). — [15] BÉNARD, H., A. GAJDOS et M. GAJDOS-TÖRÖK: C. R. Soc. Biol. **142**, 1372 (1948).

Ebenso wie andere Ester wird auch dem Blutplasma zugesetztes Acetylcholin rasch gespalten. Das Cholinester spaltende Ferment des Blutplasmas unterscheidet sich von den Cholinesterasen der Gewebe, die nur Acetylcholin spalten, durch seine geringe Substratspezifität: Es spaltet außer Acetylcholin auch andere Ester. Es wird daher als „Pseudocholinesterase" bezeichnet und ist mit der allgemeinen Esterase des Blutplasmas, deren Konzentration meist durch ihre spaltende Wirkung auf Tributyrin gemessen wird, nahe verwandt oder identisch[1]. Auch die Pseudocholinesterase des Serums ist ein Albumin und wird in der Leber gebildet. Ihre Menge im Serum war bei Ratten, die mit CCl_4 vergiftet worden waren, vermindert[2]. Auch bei Menschen mit schweren Leberschäden ist die Serumesterase meist herabgesetzt[2-5].

Die Proteinmoleküle, die Träger der Esterasewirkung sind, bilden einen Teil der Albuminfraktion der Plasmaproteine. Leberschäden, die zu einer Verminderung der Albuminbildung und dadurch zu einer Senkung des Serumalbumingehalts führen, gehen oft auch mit einer Verminderung des Esterasegehalts des Blutserums parallel[6-8].

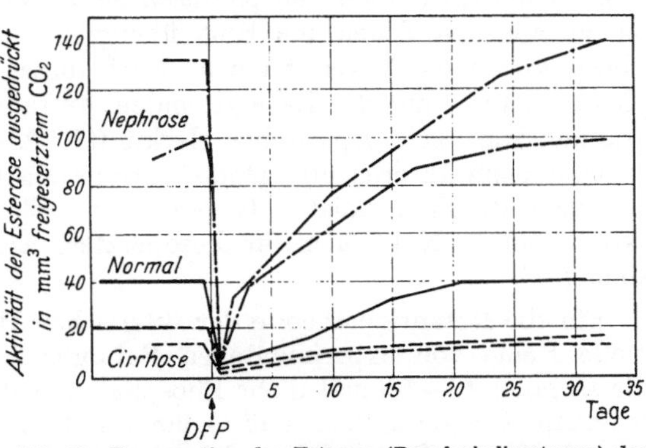

Abb. 32. Regeneration der Esterase (Pseudocholinesterase) des Blutplasmas nach Verabreichung von Diisopropylfluorophosphat (DFP). (Bestimmungen durchgeführt an 2 Patienten mit Lebercirrhose [unterbrochene Kurven], einem Gesunden [volle Linie] und 2 Patienten mit Nephrose [strichpunktierte Kurven]. Der nach der Zerstörung der Plasmaesterase durch DFP auf Null abgefallene Esterasewert erreicht nach etwa 5 Tagen wieder sein ursprüngliches Niveau, das jedoch bei Cirrhosen niedriger, bei Nephrosen höher liegt als normal[6].)

Infusion von Albumin setzt die Neubildung von Albumin in der Leber und damit auch die Bildung der Esterase herab. Die cirrhotische Leber bildet nur wenig Albumin und nur wenig Pseudocholinesterase. Die bei Nephrosen durch die Albuminurie verursachten Albuminverluste führen dagegen zu einer kompensatorisch gesteigerten Albuminregeneration, die mit einer Steigerung der Esteraseproduktion in der Leber verbunden ist[6] (vgl. Abb. 32). Wird die im Blut kreisende Pseudocholinesterase durch Verabreichung kleiner Mengen von Diisopropylfluorophosphat zerstört, so wird bei Patienten mit cirrhotischer Leber eine verlangsamte[6,9], bei Patienten mit Nephrose eine beschleunigte Regeneration des Fermentes beobachtet[6].

---

[1] VINCENT, D., G. SEGONZAC et J. DE PRAT: Ann. Biol. clin., Paris **2**, 35 (1944). — [2] BRAUER, R. W., and M. A. ROOT: J. Pharmacol. exp. Therap. **88**, 109 (1946). Fed. Proc. **5**, 168 (1946). — [3] VAHLQUIST, B.: Skand. Arch. Physiol. **72**, 133 (1935). — [4] FABER, M.: Acta med. scand. **114**, 59 (1943). — GOLDNER, M. G., and M. MORSE: J. Lab. clin. Med. **34**, 858 (1949). — VORHAUS, L. J., H. H. SCUDAMORE and R. M. KARK: Gastroenterol., Baltimore **15**, 304 (1950). — MOLANDER, D. W., M. FRIEDMAN and J. S. LADUE: Proc. centr. Soc. clin. Res. **24**, 64 (1951). — MANN, J. D., W. I. MANDEL, P. L. EICHMAN, M. A. KNOWLTON and V. M. SBOROV: J. Lab. clin. Med. **39**, 543 (1952). — [5] ANTOPOL, W., L. TUCHMAN and A. SCHIFRIN: Proc. Soc. exp. Biol. Med. **36**, 46 (1937). — ANTOPOL, W., A. SCHIFRIN and L. TUCHMAN: Proc. Soc. exp. Biol. Med. **38**, 363 (1938). — MCARDLE, B.: Quart. J. Med. **9**, 107 (1940). — FIESSINGER, N., et G. GLOMAUD: Rev. Foie **4**, 129 (1945). — [6] KUNKEL, H. G., and S. M. WARD: J. exp. Med. **86**, 325 (1947). — [7] FABER, M.: Acta med. scand. **114**, 72 (1943). — [8] WESCOE, W. C., C. C. HUNT, W. F. RIKER and I. C. LITT: Amer. J. Physiol. **149**, 549 (1947). — [9] WESCOE, W. C., C. C. HUNT, W. F. RIKER and I. C. LITT: Amer. J. Physiol. **149**, 549 (1947). — GROB, D., J. L. LILIENTHAL jr., A. M. HARVEY and B. F. JONES: Bull. Johns Hopkins Hosp. **81**, 217 (1947). — BÉNARD, H., A. GAJDOS et M. GAJDOS-TÖRÖK: C. R. Soc. Biol. **142**, 1416 (1948).

B. Die Serumphosphatase. Eine Vermehrung der Phosphataseaktivität des Serums findet sich mit großer Regelmäßigkeit bei Obstruktionsikterus[1], aber auch bei mit Gallenstauung verbundenen Leberparenchymschäden[2], ihre Bestimmung hat daher für die Diagnostik der Leberkrankheiten Bedeutung erlangt. Doch ist über den Vorgang, durch den es beim Ikterus zu einer Vermehrung der Serumphosphatase kommt, noch keine Einigung erzielt. Meist wird angenommen, daß beim Obstruktionsikterus mit den anderen Gallenbestandteilen auch die normalerweise aus den Knochen und anderen Geweben stammenden Serumphosphatasen nicht ausgeschieden werden und sich daher im Blut anstauen[3]. Andererseits ist aber auch angenommen worden, daß in den Leberzellen enthaltene Phosphatasen bei Leberparenchymschäden in vermehrter Menge aus den Zellen ins Blut übergehen und dadurch eine Erhöhung des Phosphatasespiegels verursachen. Nach dieser Anschauung sind also die Phosphatasen im Blut des Lebergesunden extrahepatischer, im Blute des Leberkranken zum Teil hepatischer Herkunft[1,3-5]. Als dritte Möglichkeit ist auch an eine beim Ikterus erfolgende Aktivierung der im Serum enthaltenen Phosphatasen durch retinierte Gallenbestandteile gedacht worden[6], doch haben experimentelle Kontrollen für diese letztere Anschauung keinen Beleg erbringen können[7].

Für die Retentionstheorie der ikterischen Hyperphosphatasämie spricht eine große Reihe von experimentellen Befunden. Da die Galle (Lebergalle sowie Blasengalle) 10—100mal mehr Phosphatase enthält als normales Blutserum[1,4,8], erscheint es verständlich, daß Gallenretention zu einer Steigerung des Phosphatasegehalts des Blutes führen kann[1]. Bei Hunden war bereits 12—24 Std nach Unterbindung des Gallenganges die Serumphosphatase erheblich gesteigert[9], und diese Vermehrung dauerte an, solange die Gallensperre bestand. Lösung der Gallensperre hatte im Tierversuch[9], aber auch beim ikterischen Menschen[10], zusammen mit einem Abfall des Bilirubingehalts auch eine Normalisierung der Serumphosphatase zur Folge. Außer dem Blut enthalten auch das Lebergewebe selbst[11] und die Leberlymphe[12] bei Obstruktionsikterus vermehrte Mengen von Phosphatase. Hepatektomie führt, ähnlich wie Obstruktionsikterus, zu einem Anstieg der Blutphosphatase, woraus hervorgeht, daß diese nicht aus der Leber stammen kann[13]. Ferner wurde gezeigt, daß die Phosphatase, die die Eigenschaften

---

[1] ROBERTS, W. M.: Brit. J. exp. Path. **11**, 90 (1930). Brit. med. J. **1933 I**, 734. — [2] CANTAROW, A., and J. NELSON: Arch. internal Med., Chicago **59**, 1045 (1937). — [3] BODANSKY, A.: J. biol. Ch. **104**, 473 (1934). — BODANSKY, A., and H. L. JAFFE: Proc. Soc. exp. Biol. Med. **31**, 107 (1933). — FREEMAN, S., Y. P. CHEN and A. C. IVY: J. biol. Ch. **124**, 79 (1938). — SCHIFFMANN, A., and L. WINKELMAN: Arch. internal Med., Chicago **63**, 919 (1939). — GUTMAN, A. B., K. B. OLSON, E. B. GUTMAN and C. A. FLOOD: J. clin. Invest. **19**, 129 (1940). — [4] FREEMAN, S., and Y. P. CHEN: J. biol. Ch. **123**, 239 (1938). — [5] BODANSKY, A.: Enzymologia **3**, 258 (1937). — [6] THANNHAUSER, S. J., M. REICHEL and J. F. GRATTAN: J. biol. Ch. **121**, 697 (1937). — THANNHAUSER, S. J., M. REICHEL, J. F. GRATTAN and S. J. MADDOCK: J. biol. Ch. **121**, 709, 715 (1937); **124**, 631 (1938). — GAD, I.: Acta physiol. scand. **11**, 151 (1946). — [7] DELORY, G. E., and E. J. KING: Biochem. J. **38**, 50 (1944). — [8] GREENE, C. H., H. F. SHATTUCK and L. KAPLOWITZ: J. clin. Invest. **13**, 1079 (1934). — ARMSTRONG, A. R., E. J. KING and R. I. HARRIS: Canad. med. Ass. J. **31**, 14 (1934). — HERBERT, F. K.: Brit. J. exp. Path. **16**, 365 (1935). — FLOOD, C. A., E. B. GUTMAN and A. B. GUTMAN: Amer. J. Physiol. **120**, 696 (1937). — FREEMAN, S., and A. C. IVY: Amer. J. Physiol. **118**, 541 (1937). — JALLING, O., T. LAURSEN and K. VOLQVARTZ: Acta physiol. scand. **10**, 70 (1945). — DALGAARD, J. B.: Acta physiol. scand. **22**, 180 (1951). — [9] DALGAARD, J. B.: Acta physiol. scand. **22**, 201 (1951). — [10] FLOOD, C. A., E. B. GUTMAN and A. B. GUTMAN: Arch. internal Med., Chicago **59**, 981 (1937). — [11] WACHSTEIN, M.: Arch. Path., Chicago **40**, 57 (1945). — WACHSTEIN, M., and F. G. ZAK: Arch. Path., Chicago **42**, 501 (1946). — [12] GONZALES-ODDONE, M. V.: Proc. Soc. exp. Biol. Med. **63**, 144 (1946). — [13] DALGAARD, J. B.: Acta physiol. scand. **16**, 287 (1949).

eines Globulins besitzt[1] im Harn nur in sehr geringer Menge ausgeschieden wird[1] und daß Injektion phosphatasereichen Blutes zu einem starken und langdauernden Anstieg des Serumphosphatasespiegels führt[2].

Die beim Lebergesunden im Blutserum enthaltenen Phosphatasen stammen wahrscheinlich vor allem aus dem Knochengewebe[3]. Die normale und die bei Leberkrankheiten vermehrte Serumphosphatase wird, ebenso wie die Knochenphosphatase, durch Cyanide inaktiviert[4], während im Lebergewebe eine gegen Cyanid unempfindliche Phosphatase gefunden wurde[4].

Andererseits gibt es in den Leberzellen aber auch Phosphatasen, die cyanidempfindlich sind, und es kann daher nicht ausgeschlossen werden, daß bei Leberkranken auch aus den geschädigten Leberzellen Phosphatasen ins Blut übergehen. Für diese Anschauung spricht, daß partielle Hepatektomie gleichzeitig zu einer Vermehrung der Phosphatasen im restlichen Lebergewebe und zu einer Abnahme der Phosphataseaktivität des Serums führt[5]. Kinder mit angeborener Atresie der Gallengänge zeigen bei starkem Ikterus oft normale Phosphatasewerte[6,7]. Auch gehen Serumphosphatasen im allgemeinen nur langsam in die Galle über: Wurde bei einem Hund der Gallengang unterbunden und das Blut dieses Hundes, sobald die Phosphatasevermehrung eingetreten war, einem normalen Hund injiziert, so stieg der Phosphatasegehalt der Galle des normalen Hundes nur wenig an[8]. Hunden intravenös injizierte Phosphatase aus Kälberdarm wurde dagegen rasch mit der Galle ausgeschieden[9]. Ein Teil der vermehrten Serumphosphatase ist vielleicht auch bakteriellen Ursprungs[10].

C. Die Serumamylase. Parallel mit einer Verminderung der Esteraseaktivität des Serums ist bei Hunden im Gefolge der Chloroformnarkose auch eine Senkung der Amylaseaktivität des Serums beobachtet worden, die mit dem Grade der Leberschädigung parallel ging[11]. Es ist aber wahrscheinlich, daß die $CHCl_3$-Vergiftung nicht nur die Leber, sondern auch das Pankreas schädigt und daß die beobachtete Amylaseverminderung im Serum durch eine verminderte Amylaseproduktion des Pankreas verursacht ist. Beim lebergeschädigten Menschen fanden einzelne Untersucher eine Vermehrung des Serumamylasegehalts[12], die vielleicht auf eine verminderte Inaktivierung der Pankreasamylase durch das Leberparenchym zurückgeht. Diagnostisch brauchbare Hinweise auf eine Leberfunktionsstörung sind daher aus Änderungen des Serumamylasespiegels nicht zu entnehmen, und bei der Mehrzahl der Leberfälle bewegt sich die Aktivität der Serumamylase innerhalb der Variationsbreite des Normalen[13]. So wurde z.B. nur bei 3 von 14 Fällen von Virushepatitis und bei 4 von 19 Cirrhosefällen eine Erhöhung der Serumamylase festgestellt[14].

---

[1] ALBERS, D.: B. Z. **306**, 143 (1940). — KRAEMER, E. O., L. WEIL, E. B. SANIGAR and M. T. ALLEN: J. Franklin Inst. **232**, 587 (1941). — SIZER, I. W.: Proc. Soc. exp. Biol. Med. **49**, 700 (1942). — PERLMANN, G. E., and R. M. FERRY: J. biol. Ch. **142**, 513 (1942). — [2] DALGAARD, J. B.: Acta physiol. scand. **22**, 193 (1951). — [3] ARMSTRONG, A. R., and F. G. BANTING: Canad. med. Ass. J. **33**, 243 (1935). — [4] GUTMAN, A. B., and B. JONES: Proc. Soc. exp. Biol. Med. **71**, 572 (1949). — [5] HARD, W. L., and R. K. HAWKINS: Anat. Rec. **106**, 395 (1950). — [6] FLOOD, C. A., E. B. GUTMAN and A. B. GUTMAN: Arch. internal Med., Chicago **59**, 981 (1937). — [7] CANTAROW, A., and J. NELSON: Arch. internal Med., Chicago **59**, 1045 (1937). — [8] CANTAROW, A., and L. L. MILLER: Amer. J. Physiol. **153**, 444 (1948). — [9] LEVEEN, H. H., L. J. TALBOT, M. RESTUCCIA and J. R. BARBERIO: J. Lab. clin. Med. **36**, 192 (1950). — [10] KIRBERGER, E., u. G. A. MARTINI: Dtsch. Arch. klin. Med. **197**, 268 (1950). — [11] CAJORI, F. A., and H. M. VARS: Amer. J. Physiol. **124**, 149 (1938). — [12] CHROMETZKA, F., u. F. ERLEMANN: Kli. Wo. **1938 II**, 1673. — [13] BRINK, G., u. M. GÜLZOW: Z. klin. Med. **125**, 692 (1933). — GÜLZOW, M.: Z. klin. Med. **138**, 214 (1940). — [14] CUMMINS, A. J., and H. L. BOCKUS: Gastroenterol., Baltimore **18**, 518 (1951).

D. Der Arginasegehalt des Serums. Die im Blutserum enthaltene Arginase stammt aus der Leber, sie hat insbesondere vom Gesichtspunkt einer möglichen Störung der Bluthamstoffbestimmungen Interesse erregt[1]. Schädigungen des Leberparenchyms scheinen in manchen Fällen mit einer Verminderung der im Blutserum enthaltenen Arginasemenge verbunden zu sein[2].

E. Die Aldolase des Serums. Die Aktivität der Aldolase, die in geringer Menge auch im normalen menschlichen und tierischen Blutserum enthalten ist[3], steigt bei der akuten Hepatitis regelmäßig auf etwa das 7—8fache[4]. Der Anstieg des Aldolasegehalts im Serum wird auf eine Ausschwemmung des Ferments aus den geschädigten Leberzellen zurückgeführt.

Im Serum von mit CCl_4 vergifteten Mäusen wurde eine analoge Vermehrung des Aldolasegehalts beobachtet[4].

F. Die Phosphohexoisomerase[5], die beim Gesunden in kleinen Mengen von der Leber ans Blutplasma abgegeben wird, tritt bei Schädigungen, die das Lebergewebe treffen, in erhöhter Menge aus den erkrankten Leberzellen ins Blutplasma über. Eine besonders große Steigerung des Phosphohexoisomerasegehalts des Blutserums wurde bei der infektiösen Hepatitis beobachtet. 1 cm³ menschliches Serum bildete aus Glucose-6-phosphat unter optimalen Bedingungen im Durchschnitt beim Normalen 0,12, bei akuter Hepatitis 2,21, bei chronischer Hepatitis und Lebercirrhose 0,25 und bei Verschlußikterus 0,38 mg Fructose-6-phosphat. Auch bei Mäusen, die mit CCl_4 vergiftet worden waren, stieg die Konzentration der Phosphohexoisomerase im Serum stark an, während sie gleichzeitig im Lebergewebe stark abnahm. Die Ausschwemmung der Phosphohexoseisomerase aus den erkrankten Leberzellen geht dem Übergang der Aldolase aus den Leberzellen ins Plasma parallel, während die alkalische Phosphatase des Serums unabhängig von diesen beiden anderen Enzymen variiert.

3. Serumlabilitätsteste und Leberfunktion.

Die bei Störungen der Leberfunktion auftretenden qualitativen Änderungen in der Zusammensetzung der Serumproteine lassen sich mit den bisher bekannten chemischen Methoden nur zum geringen Teil nachweisen. In der klinischen Diagnostik der Leberkrankheiten sind daher empirische Testmethoden in Verwendung, deren Aufgabe es ist, die bei Leberfunktionsstörungen eintretenden Änderungen in den physikalisch-chemischen Eigenschaften des Serumproteingemisches festzustellen. Bei Störungen der Leberfunktion wird das Mischungsverhältnis der Einzelproteine im Serum meist in der Weise geändert, daß das Serumproteingemisch leichter fällbar und die Schutzkolloidwirkung des Serums geringer wird. Mit Hilfe der sog. „*Labilitätsproben*" können schon geringfügige Differenzen dieser Art leicht nachgewiesen werden. Doch ist der positive Ausfall keiner dieser Reaktionen nur auf Leberkrankheiten beschränkt.

Im allgemeinen hat eine Verschiebung des Albumin-Globulinquotienten zugunsten der Globuline eine vermehrte Labilität der Serumproteine zur Folge: Relative Zunahme der Albuminmenge hemmt, Zunahme der Globulinkonzentration vermehrt die Neigung der Serumproteine auszuflocken. Doch zeigen die einzelnen Globulinfraktionen in dieser Hinsicht ein sehr verschiedenes Verhalten. Es sind insbesondere die γ-Globuline, die mit verschiedenen Reagentien leicht Trübungen geben, und die γ-Globuline sind, wie S. 231 berichtet, bei Leberparenchymschäden oft vermehrt. Das Positivwerden der Labilitätsproben geht aber nicht einfach mit einer Vermehrung der γ-Globuline parallel. Eine wichtige Rolle spielen qualitative Änderungen innerhalb der einzelnen Proteinfraktionen selbst: Eine elektrophoretisch wohl charakterisierte Fraktion der Serumproteine

[1] Anderson, A. B., and S. L. Tompsett: Biochem. J. **30**, 1572 (1936). — [2] Greene, C. H., H. F. Shattuck and L. Kaplowitz: J. clin. Invest. **13**, 1079 (1934). — Vincent, D., et J. Huc: C. R. Soc. Biol. **136**, 819 (1942). — [3] Sibley, J. A., and A. L. Lehninger: J. nat. Canc. Inst. **9**, 303 (1948/49). — [4] Bruns, F.: B. Z. **325**, 156 (1953/54). — Bruns, F., u. W. Puls: Kli. Wo. **1954**, 656. — [5] Bruns, F. H., u. W. Jacob: Kli. Wo. **1954**, 1041.

kann eine verschiedene Neigung zum Ausflocken haben, je nach dem, ob sie aus Normalserum oder aus dem Serum eines Leberkranken stammt.

Die Labilitätsproben können weder einzeln noch kombiniert als Methoden zum Nachweis einer Vermehrung oder Verminderung elektrophoretischer Serumfraktionen verwendet werden und sind daher kein Elektrophoreseersatz. Ihre Bedeutung besteht vielmehr darin, daß sich Änderungen in der Zusammensetzung des Serumproteingemisches nachweisen lassen, die durch Elektrophorese oder andere chemisch-analytische Methoden nicht erfaßt werden können. Ihre klinische Anwendung ist daher rein empirisch: Zwischen bestimmten Leberfunktionsstörungen und dem positiven Ausfall einzelner dieser Proben besteht eine statistisch nachweisbare Korrelation, so daß man mit einiger Wahrscheinlichkeit auf das Vorhandensein, den Grad und die Prognose einer bestimmten Störung schließen kann. Die Methodik dieser Labilitätsproben kann in den Lehrbüchern klinisch-chemischer Untersuchungsmethoden[1] nachgesehen werden. Über ihre klinische Auswertung besteht eine große Anzahl statistisch klinischer Arbeiten. Hier können nur einige Hinweise über die Beziehungen der Serumlabilitätsproben zum Leberstoffwechsel gegeben werden.

a) Die Takata-Reaktion*. Diese Reaktion, zuerst für die Differentialdiagnose von Pneumonien empfohlen[2], später als kennzeichnend für Leberschäden[3,4] erkannt, beruht auf einer Herabsetzung der Schutzkolloidwirkung des von der erkrankten Leber produzierten Serumproteingemisches: $HgCl_2$-Lösung wird in Gegenwart kleiner, in geometrischer Reihe abfallender Serummengen mit Na_2CO_3-Lösung vermischt; während das entstandene HgO in Gegenwart des normalen Serumproteingemisches kolloidal in Lösung bleibt und keine oder nur geringe Trübungen auftreten, kommt es bei manchen pathologischen Seren, insbesondere bei Lebererkrankungen, zu starken Fällungen. Die Reaktion ist in verschiedener Weise modifiziert worden[5]. Für die Abnahme der Schutzkolloidwirkung und damit für den positiven Ausfall der Reaktion ist besonders die Abnahme des Albumin-Globulinquotienten von Bedeutung[6,7], der, wie oben erwähnt, bei Leberparenchymschäden zugunsten der Globuline verschoben ist. Albumine hemmen die Fällung, bei lebergesunden Menschen stärker als bei Hepatitiskranken[8]. Daraus geht hervor, daß eine in der Albuminfraktion enthaltene Komponente mit starker Schutzkolloidwirkung von der erkrankten Leber nicht in normaler Menge gebildet wird[8]. Die fällungssteigernden Globuline sind vor allem in der Euglobulinfraktion[9] und in der Pseudoglobulin I-Fraktion[10] enthalten, denn auch Fälle, bei denen der Albumin-Globulinquotient niedrig war, zeigten negative Takata-Reaktion, wenn der Euglobulingehalt des

* Lit. s.: Takata, M., u. S. Takata: Medizinische **1953**, 833, 865. — Takata, M.: Medizinische **1954**, 8.

[1] s. z. B. Hinsberg, K., u. R. Merten: Chemische Bestimmungsmethoden im klinischen Laboratorium. München, Berlin 1952. — [2] Takata, M., and K. Ara: Trans. far-east. Ass. trop. Med. Congr. Tokyo **1**, 693 (1925). — [3] Jezler, A.: Kli. Wo. **1934 II**, 1276. — [4] Staub, H.: Schweiz. med. Wschr. **59**, 308 (1929). — Ucko, H.: Kli. Wo. **1936 II**, 1074. — [5] Schneiderbaur, A.: Die Takata-Reaktion. Wien 1946. — Jezler, A.: Z. klin. Med. **114**, 739 (1930). Kli. Wo. **1937 II**, 1763. — Jezler, A., u. P. Bots: Kli. Wo. **1938 II**, 1140. — Leuthardt, F.: Schweiz. med. Wschr. **70**, 1085 (1940). — Gros, W.: Kli. Wo. **1939 I**, 781; **1940**, 130; **1942**, 969. Dtsch. Arch. klin. Med. **177**, 461 (1935). — [6] Jezler, A.: Z. klin. Med. **111**, 48 (1929); **114**, 739 (1930). — Schreuder, J. T. R.: Kli. Wo. **1936 I**, 630. — Dirr, K., u. M. Platiel: Z. ges. exp. Med. **104**, 292 (1939). — Dirr, K., u. K. Mayer: Z. ges. exp. Med. **104**, 310 (1939). — Kirk, R. C.: J. amer. med. Ass. **107**, 1354 (1936). — [7] Skouge, E.: Kli. Wo. **1938 I**, 905. — [8] Albertsen, K., N. R. Christoffersen u. F. Heintzelmann: Acta med. scand. **136**, 302 (1950). — [9] Vries, A. de: Acta med. scand. **98**, 95 (1938). — Bálint, P., u. M. Bálint: B.Z. **313**, 201 (1942/43). — [10] Gros, W.: Z. ges. exp. Med. **101**, 519 (1937).

Serums gering war[1]. Insbesondere sind die Globuline, die bei der fraktionierten Aussalzung im Grenzbereich zwischen Globulin und Fibrinogen ausfallen, bei positiver TAKATA-Reaktion häufig vermehrt[2]. Im Elektrophoresediagramm ist bei positiver TAKATA-Reaktion meist die γ-Globulinzacke vergrößert[3]. Wurden die elektrophoretischen Proteinfraktionen aus den Seren normaler und leberkranker Menschen isoliert und einzeln auf ihre Fällungswirkung mit dem TAKATA-Reagens geprüft, so ergab sich, daß vor allem die γ-Globuline starke Fällungen geben[4]. Doch hatten bei Hepatitisserum auch α- und β-Globuline eine wenn auch geringe flockungsfördernde Wirkung[5]. Wahrscheinlich handelt es sich hierbei um Beimengung spezifischer, im normalen Serum nicht vorhandener „TAKATA-Proteine", die in verschiedenen Fraktionen der Serumproteine auftreten können. Diese TAKATA-Proteine werden nur vom geschädigten, nicht vom normalen Leberparenchym abgegeben, denn auch bei starker Globulinvermehrung bei Nichtleberkranken bleibt die TAKATA-Reaktion meist negativ[6]. Außer Proteinen beeinflussen auch andere Substanzen den Ausfall der TAKATA-Reaktion. So macht z. B. Zusatz von normalem Harn zum Serum die TAKATA-Reaktion positiv[7]. Auch Heparinzusatz zum Serum steigert die Fällbarkeit durch das TAKATA-Reagens[8]. Die Tatsache, daß Aminosäuren und Dipeptide, zugesetzt zu normalen TAKATA-negativen Seren, die Reaktion positiv werden lassen[9], ist deshalb von Interesse, weil der Gehalt des Blutes an Aminosäuren und Peptiden bei diffusen Leberparenchymschäden oft erhöht ist.

Die TAKATA-Reaktion ist besonders oft *bei Cirrhosefällen positiv*: Von 1270 aus der Literatur gesammelten Cirrhosefällen zeigten 82% eine positive TAKATA-ARA-Reaktion[10], doch geben auch andere hepatische und gelegentlich extrahepatische Erkrankungen positive Reaktionen. Die bei Myelom in vermehrter Menge ins Blut ausgeschütteten, spezifischen Globuline[1,11] fällen HgO besonders stark, aber auch bei Sarkoid[12], beim Lymphogranuloma venereum[13] und anderen Erkrankungen wird eine positive TAKATA-Reaktion beobachtet. Plasma gibt, infolge der Anwesenheit des Fibrinogens, eine stärkere TAKATA-Reaktion als das Serum[4]. Die Reaktion ist bei Lebercirrhosen nicht nur im Blut, sondern auch in Ascitesflüssigkeit positiv[14].

Die herabgesetzte Schutzkolloidwirkung des im Serum enthaltenen Albumin-Globulingemisches kann auch mit Hilfe der Goldsolreaktion nachgewiesen werden[15].

b) Die Cadmiumreaktion[16] beruht auf der leichten Fällbarkeit der einzelnen Globulinfraktionen durch verdünnte Lösungen von Cadmiumsulfat. Mit Ausnahme der β-Globuline können alle Globulinfraktionen, wenn sie in vermehrter Menge vorhanden sind, eine positive Cadmiumreaktion hervorrufen[17], sie ist daher nicht nur bei schweren Leber- und Nierenstörungen, sondern auch bei fieberhaften Erkrankungen positiv. Wie bei den anderen Labilitätsproben, wird das Auftreten der Fällung durch Abnahme der Albuminkonzentration im Serum gefördert.

---

[1] GROS, W.: Z. ges. exp. Med. **101**, 519 (1937). — [2] WUHRMANN, F., u. F. LEUTHARDT: Kli. Wo. **1938 I**, 409. — [3] OLHAGEN, B.: Acta med. scand., Suppl. **196**, 478 (1947). — [4] ALBERTSEN, K., N. R. CHRISTOFFERSEN u. F. HEINTZELMANN: Acta med. scand. **136**, 302 (1950). — [5] MACLAGAN, N. F., and D. BUNN: Biochem. J. **41**, 580 (1947). — [6] SKOUGE, E.: Kli. Wo. **1933 I**, 905. — [7] MARKOLF, I.: Kli. Wo. **1939 II**, 1389. — [8] ALBERTSEN, K., and F. HEINTZELMANN: Acta med. scand. **136**, 316 (1950). — [9] WUNDERLY, C.: Kli. Wo. **1942**, 621. — [10] MAGATH, T. B.: J. Lab. clin. Med. **26**, 156 (1940). — [11] GROS, W.: Dtsch. Arch. klin. Med. **177**, 461 (1935). — [12] SALVESEN, H. A.: Acta med. scand. **86**, 127 (1935). — [13] WILLIAMS, R. D., and A. B. GUTMAN: Proc. Soc. exp. Biol. Med. **34**, 91 (1936). — [14] JEZLER, A.: Kli. Wo. **1934 II**, 1276. — [15] MELLANBY, J., and T. ANWYL-DAVIES: Brit. J. exp. Path. **4**, 132 (1923). — GRAY, S. J., and E. S. G. BARRON: J. clin. Invest. **22**, 191 (1943). — [16] WUNDERLY, C., u. F. WUHRMANN: Schweiz. med. Wschr. **75**, 1128 (1945). — [17] WUNDERLY, C., F. WUHRMANN u. F. HUGENTOBLER: D. m. W. **1949**, 1263.

c) Bei der **Zinkreaktion nach KUNKEL**[1] wird durch Zusatz von $ZnSO_4$ in Gegenwart von Barbitursäurepuffer zum Serum eine teilweise Ausfällung der Serumproteine bewirkt. Der positive Ausfall der Probe wird vor allem durch die in der γ-Globulinfraktion enthaltenen Proteine ausgelöst[2].

d) Das WELTMANNsche Koagulationsband[3]. Normales Serum koaguliert nicht beim Erhitzen, wenn man es mit der 50fachen Menge Wasser verdünnt hat. Setzt man kleine Mengen von $CaCl_2$ zu, so tritt beim Erhitzen jedoch Koagulation ein, bei normalem Serum dann, wenn die Konzentration des $CaCl_2$ 0,25—0,30% übersteigt. Bei manchen pathologischen Seren erfolgt die Hitzekoagulation schon bei Zusatz geringer $CaCl_2$-Mengen, andere koagulieren erst bei Zusatz von relativ viel $CaCl_2$. Versetzt man je 0,1 cm³ Serum in einer Serie von Proberöhrchen mit fallenden Mengen von $CaCl_2$ und erhitzt die ganze Serie 15 min im Wasserbad, so ist, wenn die Hitzekoagulierbarkeit der Serumproteine gesteigert ist, die Reihe der Röhrchen, in denen eine Fällung eingetreten ist, im Vergleich zu normalem Serum verlängert (sog. Verlängerung des Koagulationsbandes). Koagulieren die Serumproteine relativ schwer und ist daher zur Fällung des Serums eine größere $CaCl_2$-Konzentration notwendig als normal, so ist die Reihe der Röhrchen, in denen eine Koagulation eingetreten ist, verkürzt (sog. Verkürzung des Koagulationsbandes). Die (stark polysaccharidhaltigen) α-Globuline verringern die Hitzekoagulierbarkeit des Serums und verkürzen daher das Koagulationsband[4]. Auch eine Vermehrung der β_1-Fraktion kann eine Verkürzung des WELTMANN-Bandes zur Folge haben[5]. γ-Globuline steigern die Hitzekoagulierbarkeit des Serums und verlängern das Koagulationsband[6]. Da die γ-Globuline, wie oben erwähnt, bei Lebererkrankungen meist vermehrt, die α-Globuline oft vermindert sind, findet man im Serum von Leberkranken meist eine Verlängerung des Koagulationsbandes. Die Vermehrung koagulationsfördernder γ-Globuline kann durch eine gleichzeitige Vermehrung koagulationshemmender α-Globuline kompensiert werden. Fälle von Lebererkrankungen, bei denen γ-Globuline und α-Globuline gleichzeitig vermehrt sind, zeigen daher oft ein normales Koagulationsband (sog. „Verschleierung" des Koagulationsbandes)[5].

Die Röhrchen, in denen beim oben geschilderten Versuch die $CaCl_2$-Konzentration zu gering ist, um eine kompakte Eiweißkoagulation zu erzielen, zeigen eine mehr oder weniger starke Trübung. Die Trübung in den einzelnen Röhrchen kann nephelometrisch ausgemessen und in Form einer Kurve graphisch dargestellt werden (sog. „Nephelogramm")[7].

Auch krystalloide Serumbestandteile können die Hitzekoagulierbarkeit der Serumproteine beeinflussen. So hatte z.B. Zusatz von Tyrosin zum Serum eine Verlängerung des Koagulationsbandes und damit eine Verkürzung des Nephelogramms zur Folge; noch stärker wirkte Glycyltyrosin[8].

e) Der Thymoltrübungstest[9,10]. Nach Zusatz einer wäßrigen, mit Barbiturat gepufferten, gesättigten Thymollösung ($p_H = 7{,}8$) bleibt Normalserum ungetrübt. Bei Leberfunktionsstörungen entwickelt sich dagegen nach Zusatz der Thymollösung zu Serum allmählich eine Trübung, die beim längeren Stehen in eine

[1] KUNKEL, H. G.: Proc. Soc. exp. Biol. Med. **66**, 217 (1947). — [2] KUNKEL, H. G., E. H. AHRENS jr., and W. J. EISENMENGER: Gastroenterol., Baltimore **11**, 499 (1948). — BORGHI, A., e G. NERI SERNERI: Riv. crit. Clin. med. **52**, 181 (1953). — [3] WELTMANN, O.: Wien. klin. Wschr. **1930**, 1301. Kli. Wo. **1930 II**, 1701. — WELTMANN, O., u. C. V. MEDVEI: Z. klin. Med. **118**, 670 (1931). — [4] SCHERLIS, S., and D. S. LEVY: Bull. Johns Hopkins Hosp. **71**, 24 (1942). — [5] WUHRMANN, F., C. WUNDERLY u. F. HUGENTOBLER: D. m. W. **1949**, 1263. — [6] OLHAGEN, B.: Acta med. scand., Suppl. **196**, 478 (1947). — [7] WUNDERLY, C., u. F. WUHRMANN: Kli. Wo. **1941**, 564. — [8] WUNDERLY, C.: Kli. Wo. **1942**, 621. — [9] MACLAGAN, N. F.: Nature **154**, 670 (1944). Brit. J. exp. Path. **25**, 15, 234 (1944). Brit. med. J. **1946**, 363. — [10] SHANK, R. E., and C. L. HOAGLAND: J. biol. Ch. **162**, 133 (1946).

Flockung übergehen kann[1]. Der entstandene Niederschlag enthält einen γ-Globulinphospholipoidkomplex, der adsorbiertes Thymol enthält[2]. Die Adsorption des (vorwiegend aus apolaren Gruppen bestehenden) Thymols an das Protein kommt wahrscheinlich unter Vermittlung der in der Fällung vorhandenen Serumphosphatide zustande[3]. Die Reaktion ist bei Vermehrungen der γ-Globuline meist positiv[4]; isolierte γ- und β-Globuline gaben mit Thymol Fällungen[5], und durch Zusatz von γ-Globulinen zu normalem Serum konnte in vitro ein Positivwerden des Thymoltrübungstestes erzielt werden[6]. Doch wird der Ausfall des Thymoltrübungstestes, ebenso wie der der anderen Labilitätsteste, nicht durch das Mengenverhältnis der elektrophoretisch isolierbaren Proteinfraktionen, sondern auch von qualitativen Änderungen innerhalb dieser Fraktionen bestimmt. Das Thymolreagens ergab mit elektrophoretisch homogenem γ-Globulin nur dann eine Flockung, wenn dieses von einem Leberkranken stammte, nicht aber mit γ-Globulin aus normalem Serum[3]. Albumin aus Normalserum hemmte die Flockung, Albumin aus dem Serum von Hepatitiskranken hatte dagegen keine hemmende Wirkung[3]. Andererseits hatte, wenn der durch den Thymolzusatz entstandene Niederschlag entfernt wurde, der β-Globulingehalt des Serums eine besonders starke Abnahme erfahren[7], und neben den γ-Globulinen ist auch die lipoidhaltige β-Globulinfraktion bei positivem Thymoltrübungstest oft stark vermehrt[4,7]. Serum gibt beim Thymoltrübungstest stärkere Fällungen als Plasma[8]. Zusatz von Heparin verringert die Trübung[9].

Bei diffusen Leberparenchymschäden wird der Thymoltrübungstest in etwa 90% der Fälle positiv gefunden. Zum Unterschied von Lebererkrankungen mit Parenchymschäden gaben Fälle von extrahepatischem Verschlußikterus in hohem Prozentsatz (93%)[2] eine negative Thymoltrübungsreaktion, und zwar nicht nur frische Fälle[10], sondern oft auch Fälle, bei denen im Gefolge beginnender Parenchymschäden bereits eine Globulinvermehrung begonnen hatte[11]. Fälle von hepatischem Ikterus sowie ältere Fälle von Verschlußikterus geben hingegen positive Reaktion. Das Negativbleiben der Thymolprobe bildet zusammen mit dem Anstieg der Blutphosphatase ein für die ersten Stadien des Obstruktionsikterus charakteristisches Symptom[12]. Die Reaktion wird daher vor allem für die Differentialdiagnose zwischen Verschlußikterus und den durch Leberparenchymschäden verursachten Ikterusformen empfohlen[10].

f) Der Kephalin-Cholesterinflockungstest[13]. Eine kolloidale Emulsion von Cholesterin, die mit Hilfe von Kephalin stabilisiert ist, gibt, mit normalem Serum vermischt, keine Trübung. Wird das gleiche Reagens mit Serum vermischt, das

[1] NEEFE, J. R.: Gastroenterol., Baltimore **7**, 1 (1946). — NEEFE, J. R., and J. G. RHEINHOLD: Gastroenterol., Baltimore **7**, 393 (1946). — [2] MACLAGAN, N. F.: Nature **154**, 670 (1944). Brit. J. exp. Path. **25**, 15, 234 (1944). Brit. med. J. **1946**, 363. — [3] MACLAGAN, N. F., and D. BUNN: Biochem. J. **41**, 580 (1947). — [4] KUNKEL, H. G., and C. L. HOAGLAND: J. clin. Invest. **26**, 1060 (1947). — [5] ALBERTSEN, K., N. R. CHRISTOFFERSEN and F. HEINTZELMANN: Acta med. scand. **136**, 302 (1950). — [6] WUNDERLY, C., and F. WUHRMANN: Brit. J. exp. Path. **28**, 286 (1947). — [7] COHEN, P. P., and F. L. THOMPSON: J. Lab. clin. Med. **32**, 314, 475 (1947). — [8] ALBERTSEN, K., and F. HEINTZELMANN: Acta med. scand. **136**, 313 (1950). — [9] ALBERTSEN, K., and F. HEINTZELMANN: Acta med. scand. **136**, 316 (1950). — [10] TEODORI, U., A. BORGHI e G. TANGANELLI: Sperimentale **102**, 105 (1952). — BORGHI, A., e G. NERI SERNERI: Riv. crit. Clin. med. **52**, 181, 192 (1953). — NERI SERNERI, G., e A. BORGHI: Riv. crit. Clin. med. **52**, 187, 198 (1953). — [11] DENNINGER, K., u. A. GOEDTLER: D. m. W. **1949**, 326; **1950**, 169. — EYMER, K. P., u. N. ZÖLLNER: D. m. W. **1949**, 763. — VERSCHURE, J. C. M., u. L. W. JANSSEN: Acta haematol., Basel **4**, 186 (1950). — OPPERMANN, A.: D. m. W. **1949**, 852; **1950**, 1063. — KALK, K., u. E. WILDHIRT: Med. Klinik **1951**, 585. — [12] EGGERS, P., u. G. WILDE: D. m. W. **1952**, 246. — [13] HANGER, F. M.: Trans. Ass. amer. Physicians **53**, 148 (1938). J. clin. Invest. **18**, 261 (1939). — HANGER, F. M., and A. J. PATEK jr.: Amer. J. med. Sci. **202**, 48 (1941).

von Kranken mit Leberparenchymschäden stammt, so treten Fällungen verschiedenen Grades ein, die aus Protein-Phosphatid-Cholesterin-Komplexen bestehen[1]. In ihrem chemischen Mechanismus steht die Reaktion in naher Beziehung zum Thymoltrübungstest: In beiden Fällen wird eine im Überschuß zum Serum zugesetzte lipoidlösliche Substanz (Thymol, Cholesterin) durch Vermittlung von Phosphatiden an die Serumproteine adsorbiert, die Belastung der Proteinmoleküle mit der apolaren Substanz kann in pathologischen Seren die Fällung besonders labiler Proteinfraktionen zur Folge haben. Die beim Kephalin-Cholesterinflockungstest entstehende Fällung enthält vor allem γ-Globuline[2]. Die Serumveränderungen, die das Positivwerden des Flockungstestes verursachen, bestehen aber nicht nur in einer Vermehrung der normalen γ-Globuline[3]. Es scheint, daß in den Seren, die bei diesem Test eine positive Reaktion geben, ein Bestandteil fehlt, der bei der Elektrophorese mit der Albuminfraktion und mit den α-Globulinen wandert und dessen Schutzkolloidwirkung das Ausfallen der γ-Globuline verhindert[1,4]. Andererseits haben die γ-Globuline von Leberkranken auch im Kephalin-Cholesterinflockungstest eine weit stärkere Flockungswirkung als die von Gesunden[5].

Auch diese Reaktion wird zur Unterscheidung der Ikterusformen empfohlen: Sie bleibt in Fällen von reinem Obstruktionsikterus negativ und wird positiv, wenn Leberparenchymschäden vorhanden sind[6]. Auch infektiöse Hepatitiden, Cirrhosen usw. geben eine positive Reaktion[7,8].

β) Die Leber im Aminosäurestoffwechsel.

1. Abbau von Aminosäuren in der Leber.

Obwohl zahlreiche Organe und vor allem auch die Nieren Aminosäuren zerstören können, so ist doch die Leber die wichtigste Stätte des Aminosäureabbaues. Daß die Freisetzung von NH_3 aus Aminosäuren in der Leber mit besonders großer Geschwindigkeit erfolgt, ergibt sich vor allem aus Durchströmungsversuchen. Wurde die isolierte Leber eines Hundes mit dem Blut eines anderen nüchternen Hundes durchströmt, so änderte sich der NH_3-Gehalt des Blutes nicht. Wurde dem Blut aber Glycin oder Alanin zugesetzt, so stieg der NH_3-Gehalt des Blutes auf ein Mehrfaches des Ausgangswertes an. Bei Durchströmung einer Extremität wurde in der gleichen Versuchsanordnung keine Zunahme des NH_3 erhalten, auch bei der Durchströmung der Lunge wurden nur geringe Vermehrungen des NH_3-Gehaltes des Durchströmungsblutes beobachtet[9].

Auch die in situ befindliche Leber bildet aus den Aminosäuren des Blutes mit großer Geschwindigkeit NH_3 und Harnstoff. Einige Minuten nach intravenöser Injektion von Glycin, Alanin oder Asparaginsäure stieg bei normalen Hunden der NH_3-Gehalt des Blutes auf das 30—100fache des Normalwertes; kurze Zeit später stieg auch der Harnstoffgehalt des Blutes an[10]. Bei hepatektomierten Hunden kam es jedoch nach Injektion von Aminosäuren zu keinem Anstieg des

---

[1] Moore, D. B., P. S. Pierson, F. M. Hanger and D. H. Moore: J. clin. Invest. **24**, 292 (1945). — [2] Gray, S. J.: Proc. Soc. exp. Biol. Med. **51**, 400 (1942). — Kabat, E. A., D. H. Moore and H. Landow: J. clin. Invest. **21**, 571 (1942). — [3] Hanger, F. M.: Proc. N. Y. State Ass. publ. Hlth. Lab. **30**, 27 (1950). — [4] Guttman, S. A., H. R. Potter, F. M. Hanger, D. B. Moore, P. S. Pierson and D. H. Moore: J. clin. Invest. **24**, 296 (1945). — Wunderly, C., and F. Wuhrmann: Brit. J. exp. Path. **28**, 286 (1947). — [5] MacLagan, N. F., and D. Bunn: Biochem. J. **41**, 580 (1947). — [6] Rennie, J. B., and S. L. Rae: Brit. med. J. **1947 II**, 1030. — [7] Rosenberg, D. H., and S. Soskin: Ann. internal Med. **13**, 1644 (1940). — [8] Pohle, F. J., and J. K. Stewart: J. clin. Invest. **20**, 241 (1941). — [9] Bornstein, A., u. H. F. Roese: B. Z. **212**, 127 (1929). — [10] Bornstein, A.: B. Z. **212**, 137 (1929).

NH_3-Gehalts im Blut. Wurde den Tieren Magen-Darmkanal, Pankreas, Milz, Nieren exstirpiert, die Leber aber belassen, so trat im Blut eine NH_3-Vermehrung in gleichem oder sogar noch höherem Ausmaß ein als bei intakten Tieren[1].

Der Abbau der einzelnen Aminosäuren kann in der Leber auf sehr verschiedenen Wegen erfolgen. In den meisten Fällen geht der Zerlegung des C-Skelets die Umwandlung der Aminosäure in eine Ketosäure voraus (vgl. Bd. **1**/1, S. 509). Die Umwandlung einer Aminosäure in eine Ketosäure kann in lebenden Zellen durch 2 verschiedene Reaktionen bewirkt werden. Entweder wird die Aminosäure direkt zur Ketosäure oxydiert; hierbei wird Sauerstoff aufgenommen (s. Bd. 2/1, S. 929) und es entsteht freies NH_3 (oxydative Desaminierung). Oder die NH_2-Gruppe der Aminosäure wird auf eine Ketosäure übertragen; das Sauerstoffatom der Ketogruppe der Ketosäure und die NH_2-Gruppe der Aminosäure werden dabei gleichsam ausgetauscht *(Transaminierung)* (s. Bd. 2/1, S. 936). Es steht noch nicht fest, in welchem Ausmaß die Leber die Umwandlung der einzelnen Aminosäuren in Ketosäuren durch direkte oxydative Desaminierung vollzieht und in welchem Ausmaß diese Umwandlung durch Umaminierung bewirkt wird.

a) Die oxydative Desaminierung. In Leber und Herzmuskel wurde ein Enzym aufgefunden, das L-Glutaminsäure zu α-Ketoglutarsäure oxydiert[2]. Die L-Glutaminsäuredehydrogenase scheint ausschließlich in den Mitochondrien der Leberzellen enthalten zu sein[3] und wird in der nach partieller Hepatektomie regenerierenden Restleber langsamer erneuert als das Lebergewicht[4]. Die L-Glutaminsäuredehydrogenase benützt Diphosphopyridinnucleotid als Coferment. Die von diesem Ferment katalysierte Reaktion besteht aus 2 Phasen: zuerst wird die Glutaminsäure zur Iminoglutarsäure dehydrogeniert und diese sodann hydrolytisch zu NH_3 und α-Ketoglutarsäure aufgespalten.

$$HOOC{-}(CH_2)_2{-}CH(NH_2){-}COOH + DPN \rightarrow HOOC(CH_2)_2{-}C(NH){-}COOH + DPN \cdot H + H^+$$
$$HOOC{-}(CH_2)_2{-}C(NH){-}COOH + H_2O \rightarrow HOOC{-}(CH_2)_2{-}CO{-}COOH + NH_3$$

Aus Leber und Niere konnte ein Enzym gewonnen werden, das die Mehrzahl der natürlich vorkommenden L-Aminosäuren (Alanin, Valin und Norvalin, Leucin, Isoleucin und Norleucin, Phenylalanin, Tyrosin, Tryptophan und Histidin, Cystin und Methionin) unter Bildung der entsprechenden Ketosäuren, von NH_3 und H_2O_2 desaminiert *(L-Aminosäureoxydase)*[5]. L-Prolin wird von der L-Aminooxydase oxydativ zu δ-Amino-α-ketovaleriansäure (also ohne Freisetzung von NH_3) aufgespalten. Nur Leber und Niere, nicht aber die übrigen Organe, enthalten diese L-Aminosäureoxydase[5]. Das Ferment ist ein Flavoprotein[6]. Ein gereinigtes, elektrophoretisch einheitliches Präparat des Ferments konnte bei der Sedimentierung in der Ultrazentrifuge in 2 Fraktionen von gleicher fermentativer Wirksamkeit zerlegt werden, von denen die leichtere 2 und die schwerere 8 prosthetische Riboflavinmoleküle enthielt[6].

Außerdem enthalten Leber und Niere ein anderes Flavoprotein, das Glycin in Glyoxylsäure und NH_3, Sarkosin zu Glyoxylsäure und Methylamin aufspaltet und als *Glycinoxydase* bezeichnet wird[7]. — In Extrakten aus dem Acetontrockenpulver von Truthahnleber konnte ferner eine *Diaminosäuredehydrogenase* nachgewiesen werden, die aus Diaminosäuren, insbesondere Lysin, unter Ver-

---

[1] Bornstein, A.: B. Z. **214**, 374 (1929). — [2] Euler, H. v., E. Adler, G. Günther u. N. B. Das: H. **254**, 61 (1938). — Dewan, J. G.: Biochem. J. **32**, 1378 (1938). — [3] Christie, G. S., and J. D. Judah: Proc. R. Soc., London (B) **141**, 420 (1953). — [4] Greenbaum, A. L., F. C. Greenwood and R. D. Harkness: J. Physiol., London **125**, 251 (1954). — [5] Blanchard, M., D. E. Green, V. Nocito and S. Ratner: J. biol. Ch. **155**, 421 (1944). — [7] Blanchard, M., D. E. Green, V. Nocito and S. Ratner: J. biol. Ch. **161**, 583 (1945). — [6] Ratner, S., V. Nocito and D. E. Green: J. biol. Ch. **152**, 119 (1944).

brauch von $^1/_2$ O_2, 1 Mol NH_3 abspaltet. Da Ketosäuren als Reaktionsprodukte nicht nachgewiesen werden konnten, besteht die Möglichkeit, daß die Desaminierung in diesem Falle mit einer Cyclisierung verbunden ist[1].

Neben L-Aminooxydase enthalten Leber und Niere auch eine spezifisch auf D-Aminosäuren eingestellte D-*Aminosäureoxydase*[2]. Die biologische Funktion dieses Ferments, das die in der Natur nur sehr selten vorkommenden D-Isomeren der natürlichen Aminosäuren desaminiert, ist nicht klar; es ist nur in Niere und Leber, nicht aber in anderen Organen (Darmwand, Milz, Muskel, Testis, Gehirn, Pankreas, Herz usw.) nachweisbar[2]. Ebenso wie die L-Aminosäureoxydase ist auch die D-Aminosäureoxydase ein Flavoprotein: Sie enthält ein hitzestabiles Coenzym[3], das sich als Riboflavinadenindinucleotid erwiesen hat[4].

b) Die Transaminierung[5]. Die meisten der im Organismus vorhandenen Aminosäuren werden, wenn sie in Gegenwart von α-Ketoglutarsäure mit Gewebsschnitten, Gewebsbrei oder geeigneten Organextrakten bebrütet werden, in die entsprechenden Ketosäuren umgewandelt; eine äquivalente Menge von α-Ketoglutarsäure geht dafür in Glutaminsäure über. Bei diesem Vorgang wird an sich kein Sauerstoff verbraucht, und es entsteht kein NH_3. Die bei der Umaminierung aus der α-Ketoglutarsäure entstandene Glutaminsäure unterliegt jedoch in der Leber und in anderen Geweben in Gegenwart von Sauerstoff sehr rasch der direkten oxydativen Desaminierung, d.h. sie wird durch die Wirkung der L-Glutaminsäuredehydrogenase unter Aufnahme von $^1/_2O_2$ und unter Abspaltung von NH_3 wieder in α-Ketoglutarsäure zurückverwandelt. Der Endeffekt ist also der gleiche wie bei der direkten oxydativen Desaminierung der Aminosäuren, nur spielt die α-Ketoglutarsäure in diesem Falle eine Art Vermittlerrolle bei der Überführung der NH_2-Gruppen der Aminosäuren in NH_3.

$$\begin{array}{rl} & \alpha\text{-Aminosäure} + \alpha\text{-Ketoglutarsäure} \rightarrow \alpha\text{-Ketosäure} + \text{Glutaminsäure} \\ & \text{Glutaminsäure} + {}^1/_2\,O_2 \rightarrow \alpha\text{-Ketoglutarsäure} + NH_3 \\ \hline \text{Summe:} & \alpha\text{-Aminosäure} + {}^1/_2\,O_2 \rightarrow \alpha\text{-Ketosäure} + NH_3 \end{array}$$

Besonders rasch werden Asparaginsäure und Alanin mit α-Ketoglutarsäure umgesetzt, wobei Oxalacetat bzw. Pyruvat entstehen.

Neben Asparaginsäure und Alanin können aber auch die meisten anderen Aminosäuren ihre Aminogruppe durch Transaminierung an α-Ketoglutarsäure

Tabelle 42. Aminosäuredesaminierung durch Leber. (Von je 1 g frischem Leberhomogenat wurden je Std die folgenden Aminosäuremengen [in μMol] mit Hilfe von α-Ketoglutarsäure desaminiert[6].)

L-Alanin	422	D,L-Valin	10	L-Arginin	0
L-Asparaginsäure	235	Glycin	9	L-Lysin	0
L-Leucin	8	L-Methionin	9	L-Prolin	6
D,L-Isoleucin	10	D,L-Phenylalanin	12	D,L-Threonin	0

abgeben (vgl. Tabelle 42). Es scheint, daß die Leber eine Reihe verschiedener Transaminasen enthält, die spezifisch auf einzelne Aminosäuren eingestellt sind. Diese Fermente konnten außer in der Leber auch in Niere und Herzmuskel nachgewiesen werden und kommen in geringerer Menge auch anderweitig vor.

[1] BOULANGER, P., et R. OSTEUX: Cr. **234**, 1409 (1952). — [2] KREBS, H. A.: Kli. Wo. **1932 II**, 1744. H. **217**, 191 (1933). Biochem. J. **29**, 1620 (1935). — [3] DAS, N. B.: Biochem. J. **30**, 1080 (1936). — [4] WARBURG, O., u. W. CHRISTIAN: B. Z. **295**, 261; **296**, 294; **298**, 150 (1938). — [5] BRAUNSTEIN, A. E., and M. G. KRITZMANN: Enzymologia **2**, 129 (1937/38). — [6] AWAPARA, J., and B. SEALE: J. biol. Ch. **194**, 497 (1952).

Die Transaminierung spielt aber nicht nur beim Abbau, sondern auch bei der Bildung der endogenen Aminosäuren eine wesentliche Rolle. Oxalacetat und Pyruvat können durch Transaminierung mit Glutaminsäure in Asparaginsäure bzw. Alanin umgewandelt werden[1]. Die gleichzeitig entstandene α-Ketoglutarsäure kann in Gegenwart von NH_3 durch eine endergonische Reaktion in Glutaminsäure zurückverwandelt und für die Synthese neuer Aminosäuremoleküle verwendet werden.

Neben α-Ketoglutarsäure scheint aber auch Pyruvat als Überträger von Aminogruppen bei der Desaminierung einer Reihe von Aminosäuren verwendet werden zu können[2]. Die sedimentierten Partikel aus Homogenaten von Rattenleber können bei der Aminierung von Pyruvat zu Alanin die Aminogruppen von Leucin,

Tabelle 43. Transaminierung verschiedener Aminosäuren durch lyophilisierte Organbreie. (Äquimolare Mischungen der untersuchten Aminosäure mit α-Ketoglutarsäure wurden 1 Std mit lyophilisiertem und dialysiertem Gewebsbrei, dem Pyridoxalphosphat zugesetzt worden war, bei p_H 7,4 bebrütet. Die entstandenen Mengen von Glutaminsäure wurden mit Hilfe einer spezifischen Glutaminsäuredecarboxylase aus Cl. welchii decarboxyliert und die entstandenen CO_2-Mengen gemessen. Die Zahlen geben an, wieviel Prozent der zugesetzten Aminosäuren ihre Aminogruppe durch Transaminierung verloren haben[3].)

	Leber	Herz	Niere		Leber	Herz	Niere
L-Asparaginsäure	70	100	89	L-Arginin	28	8	31
D,L-Valin	14	53	9	L-Cystein	10	6	0,5
L-Leucin	22	54	27	Glycin	6	1	0
D,L-Isoleucin	10	51	6	D,L-Methionin	12	13	2
L-Tyrosin	32	18	15	L-Tryptophan	4	11	5
L-Phenylalanin	16	15	6				

D,L-Serin, D,L-Histidin, D,L-Threonin, D,L-Lysin und L-Cystin verursachten keine oder nur sehr geringe Glutaminsäurebildung.

Phenylalanin, Methionin, Histidin und Tyrosin verwenden. Valin, Asparaginsäure, Glycin und Tryptophan wirkten auf Pyruvat nicht als NH_2-Donatoren, konnten jedoch ebenso wie die meisten übrigen Aminosäuren von α-Ketoglutarsäure desaminiert werden.

Danach sind in der Leber also *mindestens 2 Transaminierungssysteme* vorhanden, von denen das eine, wichtigere, die Aminogruppen einer großen Anzahl von Aminosäuren auf Ketoglutarsäure überträgt, die dadurch in Glutaminsäure übergeführt wird. Das andere Transaminierungssystem desaminiert eine beschränkte Anzahl von Aminosäuren, indem es Pyruvat in Alanin verwandelt.

In Übereinstimmung hiermit stehen Versuche, in denen mit ^{15}N-markierte Aminosäuren Ratten verabreicht und die Verteilung des ^{15}N auf die Aminosäuren der Leberproteine der 2 Std später getöteten Tiere bestimmt wurde. In den 2 Std der Versuchsdauer hatte sich der ^{15}N von der injizierten Aminosäure auch auf die Mehrzahl der anderen in den Leberproteinen enthaltenen Aminosäuren verteilt, und meist enthielten Glutaminsäure sowie Alanin einen besonders großen Anteil des ^{15}N (s.[4]).

Das *Coenzym der Aminosäuretransaminasen ist Pyridoxal-5-phosphat.* Mangel an Pyridoxin (Vitamin B_6) verringert daher sowohl bei Mikroorganismen als auch

[1] Krebs, H. A.: Kli. Wo. **1932 II**, 1744. H. **217**, 191 (1933). Biochem. J. **29**, 1620 (1935). — [2] Rowsell, E. V.: Nature **168**, 104 (1951). — [3] Cammarata, P. S., and P. P. Cohen: J. biol. Ch. **187**, 439 (1950). — [4] Åqvist, S. E. G.: Acta chem. scand. **5**, 1046 (1951).

bei Tieren das Ausmaß der Transaminierungsvorgänge[1]. Pyridoxalphosphat und das durch Aminierung daraus entstehende Pyridoxaminphosphat vereinigen sich bei der Bebrütung mit der Apotransaminase zum aktiven Ferment[2]. Es ist wahrscheinlich, daß die Übertragung von Aminogruppen in der Weise erfolgt, daß das Pyridoxalphosphat, das das Coenzym der Transaminase bildet, bei der Reaktion mit einer Aminosäure intermediär in Pyridoxaminphosphat übergeführt wird[3]. Dadurch, daß dieses Pyridoxaminphosphat die Aminogruppe auf das Molekül einer Ketosäure überträgt, wird es wieder in Pyridoxalphosphat zurückverwandelt. Befunde, nach denen das Pyridoxalphosphat als Aktivator der Apotransaminase nicht durch Pyridoxaminphosphat ersetzt werden könnte[4], sind bei Verwendung gereinigter Präparate nicht bestätigt worden[2]. Die Transaminierung einer Aminosäure durch α-Ketoglutarsäure erfolgt sonach in der folgenden Weise:

$$\text{Aminosäure} + \text{Pyridoxalferment} \rightarrow \text{Ketosäure} + \text{Pyridoxaminferment}$$
$$\text{Pyridoxaminferment} + \alpha\text{-Ketoglutarsäure} \rightarrow \text{Pyridoxalferment} + \text{Glutaminsäure}$$

Daneben besteht jedoch auch die Möglichkeit, daß die Übertragung der Aminogruppe in einzelnen Transaminierungssystemen durch die intermediäre Bildung SCHIFFscher Basen bewirkt wird.

$$\underset{\text{Ketosäure}}{>\text{C}=\text{O}} + \underset{\text{Aminosäure}}{\text{H}_2\text{N}-\text{CH}<} \xrightarrow{-\text{H}_2\text{O}} >\text{C}=\text{N}-\text{CH}< \longrightarrow >\text{CH}-\text{N}=\text{C}< \xrightarrow{+\text{H}_2\text{O}} \underset{\text{Aminosäure}}{>\text{CH}-\text{NH}_2} + \underset{\text{Ketosäure}}{\text{O}=\text{C}<}$$

Solche SCHIFFsche Basen entstehen wahrscheinlich intermediär bei der Übertragung der Aminogruppe einer Aminosäure auf Pyridoxalphosphat, wobei die Aldehydgruppe des Pyridoxals mit der Aminogruppe der Aminosäure reagiert[5].

$$\text{(H}_3\text{C)(OH)(CH}_2\text{OH)C}_5\text{HN}-\overset{\text{H}}{\text{C}}=\text{O} + \text{H}_2\text{N}-\underset{R}{\text{CH}}-\text{COOH} \xrightarrow{-\text{H}_2\text{O}} \text{(H}_3\text{C)(OH)(CH}_2\text{OH)C}_5\text{HN}-\overset{\text{H}}{\text{C}}=\text{N}-\underset{R}{\text{CH}}-\text{COOH}$$

Leberhomogenate und Extrakte aus mit Aceton verriebenem und getrocknetem Lebergewebe dehydrogenieren α,α'-[Imino-N(1-carboxyäthyl)]-glutaminsäure und α,α'-[Imino-N(1,2-dicarboxyäthyl)]-glutaminsäure rasch zu den entsprechenden SCHIFFschen Basen. Entsprechende Iminoverbindungen, die an Stelle von Glutaminsäure einen anderen Aminosäurerest enthielten, wurden von diesen Leberdehydrogenasen nicht angegriffen[6].

---

[1] LICHSTEIN, H. C., I. C. GUNSALUS and W. W. UMBREIT: J. biol. Ch. **161**, 311 (1945). — SCHLENK, F., and A. FISHER: Arch. Biochem. **8**, 337 (1945); **12**, 69 (1947). — AMES, S. R., P. S. SARMA and C. A. ELVEHJEM: J. biol. Ch. **167**, 135 (1947). — SHWARTZMAN, G., and H. HIFT: J. Nutrit. **44**, 575 (1951). — [2] MEISTER, A., H. A. SOBER and E. A. PETERSON: Am. Soc. **74**, 2385 (1952). J. biol. Ch. **206**, 89 (1954). — [3] SNELL, E. E.: J. biol. Ch. **154**, 313 (1944). Am. Soc. **67**, 194 (1945). — [4] UMBREIT, W. W., D. J. O'KANE and I. C. GUNSALUS: J. biol. Ch. **176**, 629 (1948). — [5] BRAUNSTEIN, A. E., and M. M. SHEMYAKIN: Dokl. Akad. Nauk SSSR **85**, 1115 (1952) [Chem. Abstr. **47**, 626c]. — [6] KARRER, P., u. H. BRANDENBERGER: Helv. **34**, 82 (1951).

$$\begin{array}{ll} COOH & COOH \\ | & | \\ CH-NH- & CH \\ | & | \\ CH_3 & (CH_2)_2-COOH \end{array}$$

α,α'-[Imino-N(1-carboxyäthyl)]-glutaminsäure

$$\begin{array}{ll} COOH & COOH \\ | & | \\ CH-NH- & CH \\ | & | \\ CH_2-COOH & (CH_2)_2-COOH \end{array}$$

α,α'-[Imino-N(1,2-dicarboxyäthyl)]-glutaminsäure

c) Aminierung von Ketosäuren durch Glutamin. Neben der Aminierung von Ketosäuren mit Hilfe von Aminodicarbonsäuren und Alanin, kann die Bildung von Aminosäuren auch durch die Übertragung der Aminogruppe des Glutamins auf Ketosäuren erfolgen.

$$\begin{array}{c} HOOC-CH(NH_2)-(CH_2)_2-CONH_2 \\ + \\ C_6H_5-CH_2-CO-COOH + H_2 \end{array} \rightarrow \begin{array}{c} HOOC-CH(NH_2)-(CH_2)_2-COOH \\ + \\ C_6H_5-CH_2-CHNH_2-COOH \end{array}$$

Glutamin + Phenylpyruvat → Glutaminsäure + Phenylalanin

Leberextrakte können Glutamin zu Glutaminsäure desamidieren; diese Desamidierung wird gesteigert, wenn den Extrakten Ketosäuren zugesetzt werden[1] (vgl. S. 253). Die Übertragung der Amidogruppe des Glutamins auf die dem Valin, Leucin, Isoleucin, Phenylalanin, Tyrosin und Methionin entsprechenden Ketosäuren erfolgte viel rascher als die Übertragung der Aminogruppe der Glutaminsäure auf diese Ketosäuren. Pyruvat und α-Ketobutyrat wurden von den Leberextrakten hingegen durch Transaminierung mit Glutaminsäure als NH_2-Donator rascher aminiert als mit Hilfe von Glutamin[2].

Während die Wirksamkeit der Glutaminat-Pyruvat-Transaminase in der Leber von Ratten, die pyridoxinfrei ernährt wurden, stark herabgesetzt war, wird das Enzymsystem, das NH_2 von Glutamin auf Pyruvat und Phenylpyruvat überträgt, durch Pyridoxinmangel nicht beeinflußt[3].

Durch das Zusammenwirken der verschiedenen Transaminierungssysteme kommt es in der Leber, aber auch in den anderen Organen, zu einem universellen Austausch der Aminogruppen der Aminosäuren. Kurze Zeit nach Verabreichung einer Aminosäure, deren NH_2-Gruppe ^{15}N enthält, findet man, daß nicht nur die verabreichte Aminosäure, sondern auch die übrigen Aminosäuren der Gewebsproteine (mit Ausnahme von Lysin, Histidin und Threonin) ^{15}N enthalten[4].

d) Asparaginsäure, Glutaminsäure, Glutamin. Glutaminsäure wird aus der im Citronensäurecyclus als Zwischenprodukt entstehenden α-Ketoglutarsäure und aus NH_3 gebildet.

Die reduktive Aminierung der α-Ketoglutarsäure wird durch die Oxydation eines zweiten Moleküls α-Ketoglutarsäure zu CO_2 und Bernsteinsäure ermöglicht[5].

$$2\ \text{Mol}\ \alpha\text{-Ketoglutarsäure} + NH_3 \rightarrow \text{Glutaminsäure} + \text{Bernsteinsäure} + CO_2$$

Die Aminogruppe der so entstandenen Glutaminsäure kann durch eine spezifische Glutaminsäure-Asparaginsäure-Aminotranspherase auf Oxalacetat übertragen und so Asparaginsäure gebildet werden (vgl. S. 250).

Wie bei der Besprechung der Transaminierung erwähnt, spielen Asparaginsäure und Glutaminsäure im Stoffwechsel als Aminogruppenüberträger eine besonders wichtige Rolle.

---

[1] GREENSTEIN, J. P., and C. E. CARTER: J. nat. Cancer Inst. **7**, 57 (1946/47). — GONÇALVEZ, J. M., V. E. PRICE and J. P. GREENSTEIN: J. biol. Ch. **167**, 881 (1947). — ERRERA, M., and J. P. GREENSTEIN: J. nat. Cancer Inst. **7**, 285, 437 (1946/47). Arch. Biochem. **15**, 449 (1947). — ERRERA, M.: J. biol. Ch. **178**, 483 (1949). — GREENSTEIN, J. P., and V. E. PRICE: J. biol. Ch. **178**, 695 (1949). — [2] MEISTER, A., and S. V. TICE: J. biol. Ch. **187**, 173 (1950). — [3] MEISTER, A., H. P. MORRIS and S. V. TICE: Proc. Soc. exp. Biol. Med. **82**, 301 (1953). — [4] ÅQVIST, S. E. G.: Acta chem. scand. **5**, 1046 (1951). — [5] KREBS, H. A., and P. P. COHEN: Biochem. J. **33**, 1895 (1939).

Eine Reihe von Aminosäuren kann durch Transaminierung mit Glutaminsäure aus den entsprechenden Ketosäuren gebildet und in diese umgewandelt werden. Glutaminsäure ist ferner an der Umwandlung von Ornithin in Citrullin beteiligt (vgl. S. 307), während Asparaginsäure die Umwandlung des Citrullins in Arginin ermöglicht (vgl. S. 308). Die C-Kette der Glutaminsäure kann für die Synthese von Prolin und Ornithin verwendet werden. Andererseits werden Ornithin und Prolin auch wieder zu Glutaminsäure abgebaut[1]. Auch beim Abbau des Histidins entsteht Glutaminsäure (vgl. S. 297). Die Glutaminsäure ist also ein Zwischenprodukt bei der Bildung und beim Abbau zahlreicher Aminosäuren.

Der Abbau der Aminodicarbonsäuren beginnt mit der Umwandlung in die entsprechenden Ketodicarbonsäuren; Asparaginsäure wird zu Oxalacetat abgebaut, aus Glutaminsäure entsteht α-Ketoglutarsäure, die über den Citronensäurecyclus ebenfalls in Oxalacetat übergeht. Da Oxalacetat über Pyruvat in Glucose umgewandelt wird, kann die Leber sowohl aus Asparaginsäure als auch aus Glutaminsäure Glykogen bilden. Die Transaminierung der L-Asparaginsäure mit α-Ketoglutarsäure und der Abbau des dabei entstandenen Oxalacetats im Citronensäurecyclus erfolgen in den Lebermitochondrien in einem Zuge und im Verlauf einer einzigen Reaktionskette; Stoffe, die den Ablauf des Citronensäurecyclus hemmen, verzögern daher auch die Desaminierung der Asparaginsäure[2].

Glutaminabbau und -synthese in der Leber. Neben freier und in Proteinen und Polypeptiden eingebauter Glutaminsäure enthalten alle Gewebe auch Glutamin, das Amid der Glutaminsäure. Der Glutamingehalt des Lebergewebes (beim Hund 45 mg-% der feuchten Lebersubstanz) ist niedriger als der der Muskulatur, jedoch höher als der der Niere[3]. Die Glutaminasesysteme, die die Spaltung des Glutamins in der Leber katalysieren, werden durch Glutaminsäure nicht gehemmt und sind dadurch von den Glutaminasen der anderen Organe verschieden[4]. In Leberhomogenaten von Ratten konnten 2 verschiedene Enzymsysteme nachgewiesen werden, die die Desamidierung des Glutamins bewirken können[5-8]. Das eine davon wird durch Phosphat (Glutaminase I) und das andere durch Pyruvat (Glutaminase II) aktiviert. Glutaminase I ist vor allem in den Mitochondrien enthalten[9], während sich die Glutaminase II in dem überstehenden Cytoplasma vorfindet[7].

In weit größerem Ausmaß als die Glutaminspaltung geht in der Leber normalerweise die Synthese des Glutamins vor sich. Ähnlich wie die Synthese der Peptidbildung wird auch die Kondensation der Glutaminsäure mit NH_3 durch die gleichzeitige Hydrolyse von ATP zu ADP und zu anorganischem Phosphat vermittelt[10,11].

$$\text{Glutaminsäure} + NH_3 + \text{ATP} \xrightarrow[\text{Mg}^{++}]{\text{Glutaminase}} \text{Glutamin} + \text{ADP} + H_3PO_4$$

Ein Enzymsystem, das Glutaminsäure und NH_3 zu Glutamin umsetzt, ist aus Acetonpulverextrakten von Taubenleber in gereinigter Form dargestellt worden[11,12]. Die Synthese von Glutamin aus Glutaminsäure und NH_3 erfolgt in aerobem Milieu und in Gegenwart von Mg-Ionen. Fluorid hemmt die Reaktion[11,12], D-Glutaminsäure hat eine spezifische Hemmungswirkung[4]. Es scheint, daß die Leber, in der durch die Desaminierung der Aminosäuren ständig große Mengen von NH_3 entstehen, die Hauptmenge des im Blut enthaltenen Glutamins bildet. Das in der Leber gebildete und an das Blut abgegebene Glutamin wird nach dieser

[1] ROLOFF, M., S. RATNER and R. SCHOENHEIMER: J. biol. Ch. **136**, 561 (1940). — [2] NAKADA, H. I., and S. WEINHOUSE: J. biol. Ch. **187**, 663 (1950). — [3] HAMILTON, P. B.: J. biol. Ch. **158**, 397 (1945). — [4] KREBS, H. A.: Biochem. J. **29**, 1951 (1935). — [5] ERRERA, M., and J. P. GREENSTEIN: Arch. Biochem. **15**, 449 (1947). — [6] GREENSTEIN, J. P., and F. M. LEUTHARDT: Arch. Biochem. **17**, 105 (1948). — [7] ERRERA, M.: J. biol. Ch. **178**, 483 (1949). — [8] ERRERA, M., and J. P. GREENSTEIN: J. biol. Ch. **178**, 495 (1949). — [9] SHEPHERD, J. A., and G. KALNITSKY: J. biol. Ch. **192**, 1 (1951). — [10] BUJARD, E., u. F. LEUTHARDT: Helv. physiol. Acta **5**, C 39 (1947). — [11] SPECK, J. F.: J. biol. Ch. **179**, 1405 (1949). — [12] SPECK, J. F.: J. biol. Ch. **179**, 1387 (1949).

Anschauung[1] von der Niere aus dem Blut aufgenommen, wieder zu Glutaminsäure und NH_3 aufgespalten und das NH_3 in Form von Ammoniumsalzen im Harn ausgeschieden.

Die gesteigerte NH_3-Menge, die von der Niere bei der Acidosis gebildet und in Form von NH_4-Salzen mit dem Harn ausgeschieden wird, stammt zu einem beträchtlichen Anteil aus dem Glutamin des Blutplasmas[1]. Das während der Acidosis in der Leber gebildete Glutamin ermöglicht so der Niere die Einsparung einer äquivalenten Menge von Alkali-Ionen. Die Glutaminbildung gehört also zu den Mechanismen, durch die die Leber an die Regulation des Säure-Basengleichgewichts des Organismus teilnimmt.

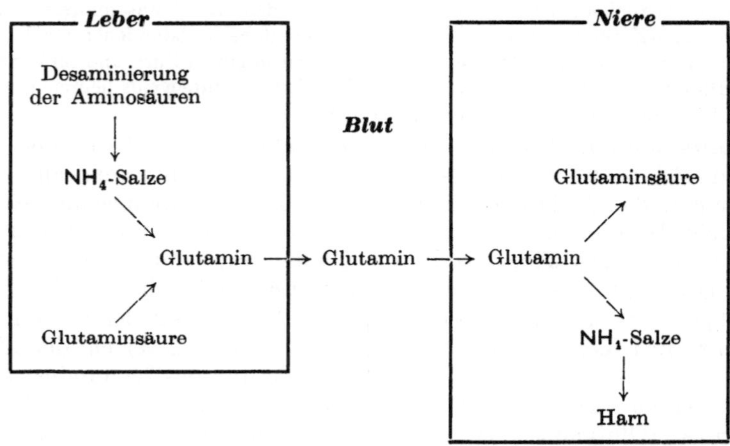

Abb. 33. Die Glutaminbildung in der Leber als Hilfsreaktion der NH_4-Ausscheidung im Harn.

e) **Alanin.** ***Bildung.*** L-Alanin wird in der Leber aus Pyruvat gebildet. Überlebende, durchströmte Lebern[2], Leberschnitte[3,4], Leberhomogenate[4], Extrakte aus Acetonpulver sowie teilweise gereinigte Fermentpräparate aus Lebergewebe[4] bilden Alanin aus Pyruvat und Ammoniak. Die Übertragung der NH_2-Gruppe auf das Pyruvat erfolgt wahrscheinlich durch Transaminierung mit Hilfe von Asparaginsäure und Glutaminsäure[4,5].

$$NH_3 + \begin{array}{l}CO\text{—}COOH\\ |\\ CH_2\text{—}CH_2\text{—}COOH\end{array} + H_2 \rightarrow H_2O + \begin{array}{l}CH(NH_2)\text{—}COOH\\ |\\ CH_2\text{—}CH_2\text{—}COOH\end{array}$$

$$\begin{array}{l}CH(NH_2)\text{—}COOH\\ |\\ CH_2\text{—}CH_2\text{—}COOH\end{array} + \begin{array}{l}CO\text{—}COOH\\ |\\ CH_3\end{array} \rightarrow \begin{array}{l}CO\text{—}COOH\\ |\\ CH_2\text{—}CH_2\text{—}COOH\end{array} + \begin{array}{l}CH(NH_2)\text{—}COOH\\ |\\ CH_3\end{array}$$

Dieser Mechanismus der Alaninbildung ergibt sich aus folgenden Befunden: Leberschnitte bilden in Abwesenheit von Hydrogencarbonat kein NH_2—N aus Pyruvat und NH_3. Oxalacetat oder (langsamer) α-Ketoglutarat werden hingegen

[1] SLYKE, D. D. VAN, R. A. PHILLIPS, P. B. HAMILTON, R. M. ARCHIBALD, P. H. FUTCHER and A. HILLER: J. biol. Ch. **150**, 481 (1943). — [2] EMBDEN, G., u. E. SCHMITZ: B. Z. **29**, 423 (1910); **38**, 393 (1912). — WISS, O.: Helv. physiol. Acta **5**, C 22 (1947). — [3] NEBER, M.: H. **234**, 83 (1935). — KAPLANSKIĬ, S. Y., u. M. KARLINA: Biochimija, Moskau **8**, 269 (1943). — [4] KRITZMANN, M. G.: J. biol. Ch. **167**, 77 (1947). — [5] BRAUNSTEIN, A. E., and M. G. KRITZMANN: Enzymologia **2**, 129 (1937/38). — EULER, H. v., E. ADLER, G. GÜNTHER u. N. B. DAS: H. **254**, 61 (1938).

auch ohne Zusatz von Hydrogencarbonat von Leberschnitten rasch in Asparaginsäure bzw. Glutaminsäure umgewandelt. Anwesenheit von CO_2 ist also für die Aminierung des Pyruvats notwendig, nicht aber für die Aminierung von Oxalacetat und α-Ketoglutarat. Diese Befunde werden so erklärt, daß in Gegenwart von CO_2 ein Teil des zugesetzten Pyruvats in Oxalacetat umgewandelt und dieses in Gegenwart von NH_3 zu Asparaginsäure aminiert wird. Diese Asparaginsäure wird dann zum Überträger des NH_2 auf das restliche Pyruvat, wodurch Alanin entsteht[1]. Doch kann die Leber unter anderen Versuchsbedingungen auch durch direkte reduktive Aminierung des Pyruvats Alanin bilden. Notwendig ist vor allem die Gegenwart von O_2, da die für die reduktive Aminierung notwendige Energie durch Oxydationsprozesse geliefert wird. Cyanide und As_2O_3 hemmen die Alaninbildung[2]. Als Quelle für die Aminogruppe kann in Gegenwart von Histidase auch Histidin verwendet werden, das durch die Histidase bekanntlich in Glutaminsäure umgewandelt wird[3] (vgl. S. 297, sowie Bd. 2/1, S. 975).

Abbau. Auch der Abbau des Alanins erfolgt über Pyruvat, wobei jedoch auch hier noch nicht klar ist, in welchem Ausmaß hierbei direkte oxydative Desaminierung mit Hilfe der L-Aminosäureoxydase[2] und Transaminierung mit Hilfe von Ketodicarbonsäure[4] zusammenwirken.

Da Pyruvat leicht in Glucose verwandelt werden kann, steigert Zufuhr von Alanin den Leberglykogengehalt[5] und erhöht beim pankreasektomierten Tier die Glucoseabgabe der Leber an das Blut[6]. Nach Verabreichung von ^{13}C-Alanin an Phlorrhizinratten stieg die Glucoseausscheidung im Harn in einem Ausmaß, das 60—70% des verabreichten Alanins entsprach. In ungefähr gleichem Ausmaß stieg auch die Glucoseausscheidung nach Zufuhr von ^{14}C-Lactat, doch war der Isotopengehalt der in diesen beiden Fällen ausgeschiedenen Glucose völlig verschieden. Während etwa 20% des in dem ^{14}C-Lactat enthaltenen ^{14}C in der Glucose nachweisbar war, gingen aus dem Alanin nur 1—5% des Isotops in die Harnglucose über[7]. Die aus dem Alanin entstandenen Pyruvatmoleküle führen also zu einer Überfüllung des Pyruvatpools und veranlassen dadurch die Umwandlung *anderer* Pyruvatmoleküle in Glucose. Wahrscheinlich beruhen diese Befunde auf einer verschiedenen Lokalisation der einzelnen Fermentsysteme in der Leberzelle: Es scheint, daß das Enzymsystem, das Pyruvat in Glucose verwandelt, von dem Ort, wo das Pyruvat aus Alanin entsteht, weiter entfernt oder schwerer erreichbar ist, als von dem Ort der Pyruvatbildung aus Lactat.

f) Glycin (Glykokoll). Glycin gehört mit Asparaginsäure und Glutaminsäure zu den stoffwechselaktivsten Aminosäuren. Im Gegensatz zu Asparaginsäure und Glutaminsäure, die im Stoffwechsel ihre Aminogruppen durch Transaminierung oder Desaminierung leicht verlieren und die namentlich für die Übertragung von Aminogruppen im Stoffwechsel von Bedeutung sind, spaltet das Glycinmolekül jedoch seine NH_2-Gruppe im Stoffwechsel nur relativ schwer ab: Bei der Mehrzahl der Reaktionen, in die das Glycin im Stoffwechsel eintritt, wird das C-Atom, das die CH_2-Gruppe des Glycins bildet, mit der Aminogruppe gemeinsam verwendet. Auch die Bildung des Glycins erfolgt im Stoffwechsel nicht wie bei anderen endogenen Aminosäuren durch Aminierung einer N-freien Säure, sondern durch Abbau des Serins, also durch Lösung einer C—C-Bindung.

[1] Kritzmann, M. G.: J. biol. Ch. **167**, 77 (1947). — [2] Wiss, O.: Helv. **31**, 1189 (1948). — [3] Wiss, O.: Helv. **32**, 521 (1949). — [4] Still, J. L., M. V. Buell and D. E. Green: Arch. Biochem. **26**, 413 (1950). — [5] Neuberg, C., u. L. Langstein: Arch. Anat. Physiol. (B), Suppl. **1903**, 514. — Wilson, R. H., and H. B. Lewis: J. biol. Ch. **85**, 559 (1930). — [6] Embden, G., u. H. Salomon: Hofmeisters Beitr. **5**, 507 (1904). — [7] Gurin, S., and D. W. Wilson: Fed. Proc. **1**, 114 (1942). — Gurin, S., A. M. Delluva and D. W. Wilson: J. biol. Ch. **171**, 101 (1947).

Ein großer Teil der Umsetzungen des Glycinstoffwechsels erfolgt in der Leber, und Glycin wird von der Leber aus dem Blut rascher und vollständiger aufgenommen als andere Aminosäuren. Nach oraler Verabreichung äquimolarer Mengen verschiedener Aminosäuren an Ratten, stieg der Aminosäure-N des Lebergewebes in verschiedenem Grade an; weitaus der stärkste Anstieg wurde nach Verabreichung von Glycin beobachtet. So verursacht z.B. Alanin zwar einen ebenso starken Anstieg des Aminostickstoffs im Blut wie Glycin, aber einen wesentlich geringeren Anstieg des Aminostickstoffs im Lebergewebe[1].

Die Wege der Glycinbildung. Die Bildung von Glycin durch β-Oxydation von β-Oxy-α-aminosäuren ist schon von KNOOP postuliert worden[2,3], denn β-Phenylserin[2,4] und Diphenyl-β-oxy-α-aminovaleriansäure[3] ergaben nach Verabreichung an Hunde Hippursäure. Diese Anschauung wurde mit Hilfe der Isotopenmethode bestätigt: Wurde Serin, das mit ^{15}N und in der Carboxylgruppe mit ^{13}C markiert war, Ratten oder Meerschweinchen injiziert und diesen gleichzeitig Benzoesäure verabreicht, so schieden die Tiere Hippursäure aus, in deren Glycinresten ^{15}N und ^{13}C im gleichen Verhältnis enthalten waren wie in dem verabreichten Serin[5]. Die Aufspaltung von Serin zu Glycin und einer C_1-Verbindung erfolgt in der Leber und konnte an Leberschnitten, Leberextrakten und Leberhomogenaten nachgewiesen werden[6].

Die Bildung des Glycins aus Serin erfolgt im flüssigen Teil des Cytoplasmas der Leberzellen. Die überstehende Flüssigkeit zentrifugierter Leberhomogenate von Schweinen und Meerschweinchen bildete ohne Zusatz eines exogenen Substrats Glycin; die Synthese wurde durch Pyruvat, Fumarat, Lactat, Glycerin, Glutaminsäure, Leucin und Prolin nicht gesteigert. Dagegen steigerte Zusatz von D,L-Serin sowohl unter aeroben als auch unter anaeroben Bedingungen die Glycinbildung[7] (vgl. S. 402).

Doch ist die Spaltung des Serins nicht der einzige Weg der Glycinbildung im Organismus. Wurde Ratten, die große Mengen von Benzoat erhalten hatten, außerdem Äthanolamin gegeben, in dem das C-Atom der Alkoholgruppe mit ^{13}C, das die NH_2-Gruppe tragende C-Atom aber mit ^{14}C markiert war, so enthielt die ausgeschiedene Hippursäure 2 Arten von Glycin: Bei $^4/_5$ der in der Hippursäure enthaltenen Glycinmoleküle war der ^{13}C in der Methylengruppe und der ^{14}C in der Carboxylgruppe enthalten, bei $^1/_5$ der Glycinmoleküle dagegen ^{13}C in die Carboxylgruppe und der ^{14}C in die Methylengruppe einverleibt worden[8]. Daraus geht hervor, daß auch Äthanolamin in Glycin verwandelt werden kann und daß diese Umwandlung auf 2 verschiedenen Wegen erfolgt: Der Hauptweg führt über die oxydative Desaminierung des Äthanolamins zu Glykolaldehyd; dieser wird dann schrittweise zu Glykolsäure und Glyoxylsäure oxydiert und diese durch reduktive Aminierung in Glycin verwandelt:

$$\underset{\text{Äthanolamin}}{H_2{}^{13}COH{-}^{14}CH_2NH_2} \xrightarrow[-NH_3]{+O} \underset{\text{Glykolaldehyd}}{H_2{}^{13}COH{-}^{14}CHO} \xrightarrow{+O} \underset{\text{Glykolsäure}}{H_2{}^{13}COH{-}^{14}COOH} \xrightarrow[-H_2]{}$$

$$\underset{\text{Glyoxylsäure}}{{}^{13}CHO{-}^{14}COOH} \xrightarrow[-O]{+NH_3} \underset{\text{Glycin}}{(NH_2){}^{13}CH_2{-}^{14}COOH}$$

---

[1] LUCK, J. M.: J. biol. Ch. **77**, 13 (1928). — [2] KNOOP, F.: H. **89**, 151 (1914). — [3] KNOOP, F., F. DITT, W. HECKSTEDEN, J. MAIER, W. MERZ u. R. HÄRLE: H. **239**, 30 (1936). — [4] DAKIN, H. D.: J. biol. Ch. **6**, 235 (1909). — [5] SHEMIN, D.: J. biol. Ch. **162**, 297 (1946). — [6] VILENKINA, G. Y.: Dokl. Akad. Nauk SSSR **84**, 559 (1952) [Chem. Abstr. **46**, 10227 f]. — [7] KRUEGER, R.: Helv. **33**, 233 (1950). — [8] WEISSBACH, A., and D. B. SPRINSON: J. biol. Ch. **203**, 1031 (1953).

Die Einzelreaktionen, aus denen sich diese Reaktionsserie zusammensetzt, sind durch eine Reihe experimenteller Befunde belegt: Daß Äthanolamin im Stoffwechsel leicht desaminiert wird, zeigen Versuche, in denen ^{15}C-Äthanolamin Ratten verfüttert wurde: ein erheblicher Teil des ^{15}N ging rasch in NH_4-Ionen und Harnstoff über[1]. Die Desaminierung des Äthanolamins führt zu Glykolaldehyd, dessen Oxydation Glykolsäure ergibt. Ein Fermentsystem, das Glykolsäure zu Glyoxylsäure oxydiert, ist in der Leber nachgewiesen worden[2]. Daß Glyoxylsäure im Stoffwechsel rasch zu Glycin aminiert wird, ergibt sich aus Versuchen, in denen Glyoxylat, das in der Aldehydgruppe mit ^{14}C markiert war, Ratten verabreicht wurde: Der ^{14}C fand sich in Glycinresten der von den Tieren gebildeten Hippursäure und in den Glycinresten der Proteine vor. Von den Tieren gebildetes Acetat und Serin sowie die ausgeschiedene Harnsäure zeigten die gleiche Isotopenverteilung wie nach Verabreichung von 2-^{14}C-Glycin[3].

Als N-Quelle für die Aminierung der Glyoxylsäure kann Asparaginsäure verwendet werden. Ratten, die intravenös Benzoesäure erhalten hatten, bildeten in Gegenwart von ^{15}N-Asparaginsäure eine Hippursäure, deren Glycinreste in signifikanter Menge ^{15}N enthielten. Daß die C-Atome des Glycins in diesen Versuchen von Glyoxylsäure geliefert worden waren, geht daraus hervor, daß die Bildung des ^{15}N-Glycins in diesen Versuchen durch Zufütterung von Glyoxylsäure um 71% des Leerwertes gesteigert wurde[4]. Ähnliche, aber schwächere Wirkung hatte die Zufuhr von Vorstufen der Glyoxylsäure. So konnte die Bildung des ^{15}N-Glycins durch Zufütterung von 0,5 mMol Glykolaldehyd um 62% und durch Zufuhr von 0,5 mMol Glykolsäure um 46% gesteigert werden.

Ein anderer Weg, auf dem Äthylamin in Glycin umgewandelt werden kann, führt über Cholin und Betain. Äthanolamin wird durch 3malige Methylierung in Cholin umgewandelt, dessen Oxydation Betain ergibt, und Betain gibt bei der Demethylierung Glycin[1,5] (vgl. Bd. 2/1, S. 855).

$$\underset{\text{Äthanolamin}}{H_2COH{-}^{14}CH_2NH_2} \rightarrow \underset{\text{Cholin}}{H_2COH{-}^{14}CH_2N^+(CH_3)_3} \rightarrow$$

$$\underset{\text{Betain}}{{}^-OOC{-}^{14}CH_2N^+(CH_3)_3} \rightarrow \underset{\text{Glycin}}{HOOC{-}^{14}CH_2NH_2}$$

Wie die Formeln zeigen, entsteht auf diese Weise aus dem C-Atom des Äthanolamins, das die Aminogruppe trägt, das Methylen-C-Atom des Glycins. Erfolgt die Umwandlung des Äthylamins in Glycin aber auf dem oben besprochenen Wege über Glyoxylsäure, so wird das die Aminogruppe tragende C-Atom des Äthanolamins in die Carboxylgruppe des Glycins eingebaut (vgl. die Formeln S. 256).

Da das Äthanolamin im Stoffwechsel aus Serin entsteht, nehmen auch diese beiden Wege der biologischen Glycinsynthese ihren Ausgang vom Serin. Das Glycin wird also in der Leber aus Serin gebildet. Diese Umwandlung kann aber auf 3 verschiedenen Wegen erfolgen: Wird das Glycin direkt (d.i. durch Abspaltung des β-C-Atoms des Serins) gebildet, so entstammen seine beiden C-Atome den C-Atomen 1 und 2 des Serins. Bei der Bildung des Glycins aus Serin auf dem Wege über Äthanolamin gehen die C-Atome 2 und 3 des Serins in das Glycin über, doch ist die Reihenfolge dieser C-Atome im Glycinmolekül verschieden, je nachdem ob Glycin über Betain oder über Glyoxylsäure gebildet worden ist.

---

[1] Stetten, D. jr.: J. biol. Ch. **140**, 143 (1941). — [2] Kun, E.: J. biol. Ch. **194**, 603 (1952). — [3] Weissbach, A., and D. B. Sprinson: J. biol. Ch. **203**, 1023 (1953). — [4] Weissbach, A., and D. B. Sprinson: J. biol. Ch. **203**, 1031 (1953). — [5] Vigneaud, V. du, S. Simmonds, J. P. Chandler and M. Cohn: J. biol. Ch. **165**, 639 (1946). — Muntz, J. A.: J. biol. Ch. **182**, 489 (1950). — Bloch, K., and R. Schoenheimer: J. biol. Ch. **135**, 99 (1940).

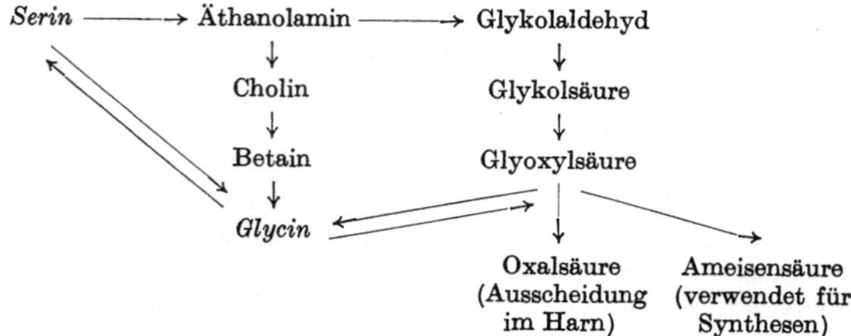

Die Verwendung von Glycin im Leberstoffwechsel. Das Glycin findet im Stoffwechsel eine vielseitige Verwendung, und der Glycinumsatz der Leber ist dementsprechend hoch. Als Ausdruck dieses regen Glycinumsatzes sind im Lebergewebe stets kleine Mengen von Glycin nachweisbar. So wurde z. B. in den Lebern von Ratten 24,3, von Katzen 13,5, von Kaninchen 47,2, von Meerschweinchen 103,3 und von Tauben 28,4 mg-% freies Glycin nachgewiesen[1].

Ein großer Teil des in der Leber selbst gebildeten oder aus dem Pfortaderblut resorbierten Glycins wird von den Leberzellen in Proteine eingebaut. Zugeführtes ^{14}C-Glycin wurde, ähnlich wie andere isotopenmarkierte Aminosäuren, zuerst in den Proteinen der Mikrosomenfraktion nachweisbar[2]. Sehr rasch erfolgt auch der *Einbau des Glycins in das Glutathion.* Nach Verabreichung von ^{15}N-Glycin an Ratten und Kaninchen ging das Isotop rascher in das Glutathion als in die Zellproteine über[3]. Weitere Anteile des Glycins werden von der Leber bei der Synthese des Kreatins und der Purine verbraucht; auch für die Bildung der porphyrinhaltigen Wirkstoffe der Leber, der Cytochrome, der Cytochromoxydase und der Katalase wird ein Teil des Glycins verwendet. Ein Teil des Glycins wird von der Leber in Form von gepaarten Gallensäuren in der Galle ausgeschieden. Auch die Entgiftung einzelner exogener Substanzen erfolgt mit Hilfe von Glycin: Nach Aufnahme von Benzoesäure und verwandten Stoffen wird Glycin an diese Stoffe gebunden und im Harn ausgeschieden.

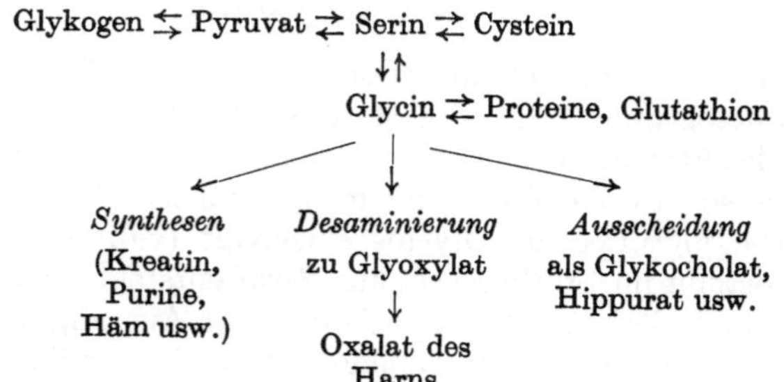

Der Abbau von Glycin. Glycin wird im Stoffwechsel sehr rasch abgebaut. Wurde ^{13}C-Glycin mit der Magensonde Mäusen verabreicht, so erschienen bereits innerhalb 20 min meßbare Mengen von $^{13}CO_2$ in der Atemluft[4]. ^{15}N, in Form von ^{15}N-Glycin verabreicht, wurde im ausgeschiedenen Harnstoff und in den Aminogruppen anderer Aminosäuren wiedergefunden[5]. Die Beobachtung, daß

[1] Krueger, R.: Helv. **33**, 429 (1950). — [2] Borsook, H., C. L. Deasy, A. J. Haagen-Smit, G. Keighley and P. H. Lowy: J. biol. Ch. **187**, 839 (1950). — [3] Waelsch, H., and D. Rittenberg: J. biol. Ch. **139**, 761 (1941). — [4] Olsen, N. S., A. Hemingway and A. O. Nier: J. biol. Ch. **148**, 611 (1943). — Lorber, V., and N. S. Olsen: Proc. Soc. exp. Biol. Med. **61**, 227 (1946). — [5] Ratner, S., D. Rittenberg, A. S. Keston and R. Schoenheimer: J. biol. Ch. **134**, 665 (1940). — Schoenheimer, R., and D. Rittenberg: Physiol. Rev. **20**, 218 (1940).

Phenylglycin in Phenylglyoxylsäure umgewandelt wird, führte zu der Vermutung, daß auch Glycin selbst durch oxydative Desaminierung in Glyoxylsäure übergeht[1]. Die D- und die L-Aminosäureoxydase, die die optisch aktiven Aminosäuren desaminieren, wirken jedoch auf das optisch-inaktive Glycinmolekül nicht ein[2]. Dafür gelang es in Leber und Niere eine spezifische Glycinoxydase aufzufinden, die Glycin oxydativ zu Glyoxylsäure und NH_3 aufspaltet[3].

Die Glycinoxydase ist ein Flavinferment, das bei saurer Reaktion in Flavinadeninnucleotid und in ein spezifisches Protein zerfällt. Bei neutraler oder schwach alkalischer Reaktion vereinigen sich diese beiden Komponenten wieder zum wirksamen Ferment, zwischen p_H 4 und 9 tritt keine nennenswerte Dissoziation des Ferments ein[3].

Das gleiche Ferment, das Glycin in NH_3 und Glyoxylsäure zerlegt, spaltet auch Sarkosin in Methylamin und Glyoxylsäure auf.

$$H_3C—NH—CH_2—COOH + O \rightarrow H_3C—NH_2 + OHC—COOH$$

Andererseits können Leberzellen Sarkosin auch in Glycin und Formaldehyd umwandeln[4]. Diese Reaktion verläuft, ähnlich wie die oxydative Desaminierung der Aminosäuren, über die entsprechende Iminosäure und kann als eine oxydative Desaminierung der Methylgruppe aufgefaßt werden.

$$\underset{\text{Sarkosin}}{H_3C—NH—CH_2—COOH} \xrightarrow{-H_2} H_2C{=}N—CH_2—COOH \xrightarrow{+H_2O} H_2C{=}O + \underset{\text{Glycin}}{H_2N—CH_2—COOH}$$

Da Monomethylglycin, nicht aber Dimethylglycin von Glycinoxydase gespalten wird, wird angenommen, daß durch das Ferment zunächst die dem Glycin entsprechende Iminosäure gebildet und diese sodann hydrolytisch zerlegt wird.

$$H_2N—CH_2—COOH + \text{Flavinferment} \rightarrow HN{=}CH—COOH + \text{Flavinferment-}H_2$$
$$HN{=}CH—COOH + H_2O \rightarrow NH_3 + OHC—COOH$$

Die durch die Einwirkung der Glycinoxydase auf Glycin entstandene Glyoxylsäure wird wahrscheinlich durch ein weiteres Flavinferment, die Xanthinoxydase der Leber[1], oder durch andere in der Leber enthaltene Aldehydoxydasen[5] zu Oxalat oxydiert. Ein Teil des im Harn ausgeschiedenen endogenen Oxalats stammt somit aus der Oxydation des Glycins. Andererseits wird, wie weiter unten besprochen, ein Teil des bei der Desaminierung des Glycins entstandenen Glyoxylats durch oxydative Decarboxylierung in Formiat verwandelt[6].

Da der größte Teil der Stoffwechselreaktionen, bei denen Glycin verwendet wird, in den Leberzellen vor sich geht, kann man das Vorhandensein und das Ausmaß eines Leberschadens durch Belastung mit Glycin prüfen. Glycinbelastungsproben, bei denen Glycin intravenös injiziert und das nachfolgende Absinken des Glycinspiegels im Blutplasma verfolgt wird, sind daher als Methode zur klinischen Leberfunktionsprüfung vorgeschlagen worden. Bei Lebergesunden steigt z.B. nach Injektion von 10 cm^3 10%iger Glycinlösung der Aminosäure-N im Blut unmittelbar nach der Injektion um etwa 100% an, kehrt aber innerhalb von 20 min zum Ausgangswert zurück, dafür steigt der Harnstoffgehalt des Blutes innerhalb von 1 Std um etwa 60% an[7]. Bei Leberinsuffizienz ist der Abfall des Glycinspiegels und der Anstieg des Harnstoffspiegels im Blut erheblich verzögert.

---

[1] NEUBAUER, O.: Dtsch. Arch. klin. Med. **95**, 211 (1909). — [2] BACH, S. J.: Biochem. J. **33**, 90 (1939). — COHEN, P. P.: J. biol. Ch. **133**, XX (1940). — [3] RATNER, S., V. NOCITO and D. E. GREEN: J. biol. Ch. **152**, 119 (1944). — NAKADA, H. I., B. FRIEDMANN and S. WEINHOUSE: J. biol. Ch. **216**, 583 (1955). — [4] HANDLER, P., M. L. C. BERNHEIM and J. R. KLEIN: J. biol. Ch. **138**, 211 (1941). — [5] CORRAN, H. S., J. G. DEWAN, A. H. GORDON and D. E. GREEN: Biochem. J. **33**, 1694 (1939). — [6] SAKAMI, W.: Fed. Proc. **8**, 246 (1949). — [7] HOESCH, K., u. C. SIEVERT: Kli. Wo. **1933 II**, 1357.

Die Umwandlung von Glycin in Serin. Je nach dem jeweiligen Bedarf des Stoffwechsels und je nach dem Verhältnis, in dem Glycin und Serin in der Nahrung enthalten sind, wandelt die Leber Serin in Glycin oder Glycin in Serin um. ^{14}C, der in Glycin eingebaut und in dieser Form an Ratten verfüttert worden war, fand sich in ungefähr gleicher Menge in den Serinresten und in den Glycinresten der Leberproteine wieder[1]. Ebenso wandeln Leberschnitte[2,3], wenn ihnen Glycin im Überschuß angeboten wird, einen Teil dieses Glycins in Serin um. Wurde Glycin, das ^{14}C enthielt, mit Leberhomogenat bebrütet, so wurde ein Teil des ^{14}C in die Proteine des Homogenats aufgenommen: Von diesem in den Proteinen vorhandenen ^{14}C war aber nur 12,2% in Glycinresten enthalten, 59% des in die Homogenatproteine aufgenommenen ^{14}C wurde in den Serinresten der Proteine wiedergefunden, ein Beweis dafür, daß die Umwandlung von Glycin in Serin in der Leber mit großer Geschwindigkeit vor sich geht. Kleine Mengen von ^{14}C waren auch in Glutaminsäure (1,5%), Asparaginsäure (1,1%) und Arginin (0,8%) übergegangen[4].

Die Umwandlung des Glycins in Serin erfolgt durch Kondensation mit Ameisensäure, bzw. einem aus Ameisensäure entstehendem Zwischenprodukt. Ratten, denen gleichzeitig ^{13}C-Glycin und ^{14}C-Ameisensäure gegeben wurde, bauten in ihre Leberproteine Serinreste ein, deren Carboxylgruppe ^{13}C und deren β-C-Atome ^{14}C enthielten[5].

$$H{-}^{14}COOH + H_2N{-}CH_2{-}^{13}COOH + H_2 \rightarrow HOH_2{}^{14}C{-}CH(NH_2){-}^{13}COOH$$

In analoger Weise bildeten Schnitte von Rattenleber aus ^{14}C-markierter Ameisensäure und unmarkiertem Glycin ein Serin mit radioaktivem β-C-Atom[3]. Die für die Bildung des Serins aus Glycin erforderliche Ameisensäure kann im Leberstoffwechsel durch oxydative Decarboxylierung von Glyoxylat gebildet werden, das seinerseits aus Glycin durch oxydative Desaminierung des Glycins entsteht. Nach Verabreichung von ^{14}C-Glycin an Ratten wurde in der Leber daher ein Serin gefunden, das ^{14}C sowohl in der α- als auch in der β-Position enthielt[6]. Ein Molekül Serin wird also aus 2 Molekülen Glycin gebildet, und zwar in der Weise, daß 1 Molekül Glycin zu Glyoxylat und dieses durch oxydative Decarboxylierung zu Formiat abgebaut wird. Dieses Formiat wird sodann mit einem zweiten Glycinmolekül zu Serin kondensiert. Nach Verabreichung von Glycin, das ^{14}C in der Methylengruppe enthält, entsteht daher zunächst ^{14}C-Formiat, das, mit ^{14}C-Glycin kondensiert, ein am α- und am β-C-Atom markiertes Serin ergibt[7].

$$H_2NCH_2{-}COOH + O \rightarrow OHC{-}COOH + NH_3$$
$$OHC{-}COOH + O \rightarrow H^{14}COOH + CO_2$$
$$H^{14}COOH + H_2N^{14}CH_2{-}COOH + H_2 \rightarrow {}^{14}CH_2(OH){-}^{14}CH(NH_2){-}COOH$$

Die Bildung des Serins aus Glycin und Formiat wird durch wässrige Leberextrakte katalysiert[8,9]. Ein aus Taubenleber dargestelltes serinspaltendes und serinsynthetisierendes Enzymsystem wird durch Dialyse inaktiviert, seine serinspaltende Wirkung kann durch Zusatz von Pteroylglutaminsäure wieder hergestellt werden, für die Reaktivierung seiner serinsynthetisierenden Wirkung ist Tetrahydropteroylglutaminsäure oder gleichzeitiger Zusatz von Pteroylglutaminsäure, DPN und ATP erforderlich[10].

[1] GOLDSWORTHY, P. D., T. WINNICK and D. M. GREENBERG: J. biol. Ch. **180**, 341 (1949). — [2] SIEKEVITZ, P., T. WINNICK and D. M. GREENBERG: Fed. Proc. **8**, 250 (1949). — [3] SIEKEVITZ, P., and D. M. GREENBERG: J. biol. Ch. **180**, 845 (1949). — [4] WINNICK, T., I. MORING-CLAESSON and D. M. GREENBERG: J. biol. Ch. **175**, 127 (1948). — [5] SAKAMI, W.: J. biol. Ch. **176**, 995 (1948). — [6] SAKAMI, W.: J. biol. Ch. **178**, 519 (1949). — [7] SAKAMI, W.: Fed. Proc. **8**, 246 (1949). — [8] DEODHAR, S., and W. SAKAMI: Fed. Proc. **12**, 195 (1953). — [9] BERG, P.: J. biol. Ch. **205**, 145 (1953). — [10] BLAKLEY, R. L.: Biochem. J. **58**, 448 (1954). Nature **173**, 729 (1954). — KISLIUK, R. L., and W. SAKAMI: J. biol. Ch. **214**, 47 (1955).

Glycin und die Synthese des Leberglykogens. Da Glycin im Stoffwechsel in Serin, Serin in Pyruvat und dieses in Glykogen umgewandelt wird, ist es verständlich, daß die Leber Glycin in Glykogen verwandeln kann. Die Glykogenmenge, die nach Zufuhr von Glycin in der Leber gebildet wird, ist jedoch weit größer als es der zugeführten Glycinmenge entsprechen würde. Wurde Glycin, das in der Carboxylgruppe ^{13}C enthielt, an Mäuse verfüttert, so war 16 Std später der Glykogengehalt der Leber sehr erheblich gesteigert, obwohl nur eine relativ geringe Menge des ^{13}C aus dem Glycin in das Leberglykogen übergegangen war[1]. Glycin fördert also die Bildung von Leberglykogen aus anderen Substanzen[2]. Wurde einer Gruppe von Ratten außer einer gleichbleibenden Grundkost und Insulin eine Zulage von Dextran und einer anderen Gruppe von Ratten an Stelle des Dextrans eine entsprechende Menge Glycin verabreicht, so enthielten die Lebern der Glycintiere 5 Std später 10mal so viel Glykogen wie die Lebern der Dextrantiere[3]. Diese Steigerung der Glykoneogenese durch Glycin war bei adrenektomierten Tieren nicht nachweisbar und ist vielleicht durch eine direkte oder indirekte Beeinflussung der Nebennierenrinde durch das Glycin verursacht[4].

Tiere, die vorher proteinreich ernährt worden waren, bewahrten im Hunger ihr Leberglykogen besser als Tiere, die vorher eine kohlenhydratreiche Kost erhalten hatten[5]. Ebenso war bei Tieren, die vorher eine Nahrung mit 10—15% Glycin erhalten hatten, der Glykogengehalt der Leber auch nach 24-stündigem Hunger 3mal höher als bei den Kontrolltieren, während Zufuhr eines Nahrungsgemisches, das 18% Alanin enthielt, nur eine geringe und Zufuhr von Leucin oder Glutaminsäure gar keine Wirkung hatten[4].

Daß Glycin auf dem Wege über Serin in Pyruvat verwandelt wird, geht auch aus Versuchen hervor, in denen 2-^{14}C-Glycin an Ratten verfüttert und das Alanin aus den inneren Organen isoliert wurde. Dieses Alanin enthielt mehr ^{14}C in der α- als in der β-Stellung, es war also aus Glycin bzw. Serin auf dem Wege über Pyruvat entstanden[6].

$$H_2N^{14}CH_2\text{—}COOH \rightarrow HOH_2C\text{—}^{14}CH(NH_2)\text{—}COOH \rightarrow$$
$$H_3C\text{—}^{14}CO\text{—}COOH \rightarrow H_3C\text{—}H_2N^{14}CH_2\text{—}COOH$$

Über Pyruvat steht der Glycin-Serinstoffwechsel auch mit dem Kohlenhydratstoffwechsel und mit dem Citronensäurecyclus in Verbindung, in dem die Endoxydation der aus dem Glycin stammenden C-Atome erfolgt.

Die Rolle der Folsäure (Pteroylglutaminsäure) im Glycinstoffwechsel der Leber. Die Pteroylglutaminsäure (Folsäure), die für zahlreiche Stoffwechselreaktionen, bei denen Formylgruppen gebildet oder verwendet werden, notwendig ist, spielt auch bei den Umsetzungen des Glycins im Stoffwechsel eine erhebliche Rolle. Vor allem ist Pteroylglutaminsäure auch für die gegenseitige Umwandlung von Serin und Glycin erforderlich. Leberhomogenate von Hühnchen, die folsäurefrei aufgezogen worden waren, bildeten nach Zusatz von ^{14}C-Glycin in vitro weit weniger ^{14}C-Serin, aber auch weit weniger ^{14}C-markiertes Urat, Xanthin und Thymin als Leberhomogenate mit Folsäurezusatz ernährter Kontrolltiere[7]. Infolge der beschleunigten Glycinverwertung sinkt der nach Glycinbelastung vorübergehend gesteigerte Glycingehalt der Gewebe rascher ab, wenn außer dem Glycin

---

[1] Olsen, N. S., A. Hemingway and A. O. Nier: J. biol. Ch. **148**, 611 (1943). — Lorber, V., and N. S. Olsen: Proc. Soc. exp. Biol. Med. **61**, 227 (1946). — [2] Cunningham, L., J. M. Barnes and W. R. Todd: Arch. Biochem. **16**, 403 (1948). — [3] Todd, W. R., and E. Talman: Arch. Biochem. **22**, 386 (1949). — [4] Todd, W. R., J. M. Barnes and L. Cunningham: Arch. Biochem. **13**, 261 (1947). — [5] Mirski, A., I. Rosenbaum, L. Stein and E. Wertheimer: J. Physiol., London **92**, 48 (1938). — [6] Elwyn, D., and D. B. Sprinson: J. biol. Ch. **207**, 459 (1954). — [7] Totter, J. R., B. Kelley, P. L. Day and R. R. Edwards: J. biol. Ch. **186**, 145 (1950).

auch Pteroylglutaminsäure verabreicht wird. Der Zustand von Ratten, denen toxische Mengen (10% der Nahrungsmenge) von Glycin gegeben worden waren, besserte sich nach Verabreichung von Folsäure[1].

Andererseits ist aber auch die Umwandlung von Serin in Glycin durch Folsäure erleichtert. Glycinmangel, hervorgerufen durch Verfütterung großer Mengen von Na-Benzoat, konnte durch Zufuhr von Pteroyl-glutaminsäure gebessert werden[2]. Folsäuremangelratten verwendeten ^{15}N-Serin in weit geringerem Grade für die Hippursäuresynthese als normale Kontrolltiere. Aus dem Verhältnis, in dem das ^{15}C aus Serin und aus Glycin zur Hippursäuresynthese verwendet wurde, ergab sich, daß die Umwandlung von Serin in Glycin bei den Folsäuremangeltieren auf etwa $^1/_6$ des Normalwertes herabgesetzt war[3].

Daß nicht nur die Purinbildung aus Glycin, sondern auch die Kreatinbildung aus Glycin im Folsäuremangel verringert wird, geht aus Versuchen hervor, in denen Rhesusaffen zunächst Aminopterin, das als Antagonist der Folsäure wirkt, gegeben und der Folsäuremangelzustand sodann durch Zufuhr großer Folsäuremengen aufgehoben wurde. Nach der Verabreichung der Folsäure stieg die Ausscheidung von Kreatin, Harnsäure und Allantoin erheblich an[4]. Wahrscheinlich ist die fördernde Wirkung der Folsäure auf den Glycinstoffwechsel dadurch begründet, daß die Formylgruppen von der Pteroylglutaminsäure in Form von ^{10}N-Formylpteroylglutaminsäure intermediär gebunden und in dieser Form auf andere Stoffe übertragen werden[5].

g) Serin. Das Serin bildet im Leberstoffwechsel ein Zwischenglied bei der Synthese von Cystein und Glycin und damit auch aller Substanzen, die aus Cystein und Glycin entstehen. Es wird in die Polypeptidkette der Proteine eingebaut, kann aber andererseits mit der Alkoholgruppe esterartig an Phosphatidsäuren gebunden werden. Es ist wahrscheinlich, daß es auf diese Weise das Bindeglied zwischen dem Proteinanteil und dem Lipoidanteil mancher Lipoproteide bildet. Es ist eine der Muttersubstanzen des Cholins, dessen Rolle im Fettstoffwechsel der Leber in einem früheren Kapitel besprochen worden ist.

Serin und Pyruvatpool. Serin entsteht auf einem noch unaufgeklärten, indirekten[6] Wege aus Pyruvat bzw. Acetat[7], ein Teil wird auch wieder zu Pyruvat abgebaut. Serin kann daher zur Bildung von Leberglykogen verwendet werden[8]. Wurde Serin, das im β-C-Atom mit ^{14}C markiert war, Ratten verabreicht, so enthielt das aus den Proteinen der Organe der Tiere dargestellte Alanin mehr ^{14}C im β-C-Atom als im α-C-Atom. Das von diesen Tieren gebildete Acetat enthielt das ^{14}C vor allem in der Methylgruppe. Dies läßt sich durch die Bildung von 3-^{14}C-Pyruvat als Zwischensubstanz erklären, aus dem durch Aminierung 3-^{14}C-Alanin und durch oxydative Decarboxylierung 2-^{14}C-Acetat entsteht[9].

$$HO^{14}CH_2\text{—}CH(NH_2)\text{—}COOH \rightarrow H_3{}^{14}C\text{—}CO\text{—}COOH \begin{cases} H_3{}^{14}C\text{—}COOH \\ H_3{}^{14}C\text{—}CH(NH_2)\text{—}COOH \end{cases}$$

Wurde in analogen Versuchen Glycin verwendet, das neben anderen Isotopen ^{14}C in der Methylengruppe enthielt, so wurde im α-C-Atom des Alanins mehr

[1] PAGE, E., F. MARTEL et R. GINGRAS: Rev. canad. Biol. 8, 298 (1949). — [2] TOTTER, J. R., E. S. AMOS and C. K. KEITH: J. biol. Ch. **178**, 847 (1949). — [3] ELWYN, D., and D. B. SPRINSON: J. biol. Ch. **184**, 475 (1950). — [4] DINNING, J. S., and P. L. DAY: J. biol. Ch. **181**, 897 (1949). — [5] WOLF, D. E., R. C. ANDERSON, E. A. KACZKA, S. A. HARRIS, G. E. ARTH, P. L. SOUTHWICK, R. MOZINGO and K. FOLKERS: Am. Soc. **69**, 2753 (1947). — [6] NYC, J. F., and I. ZABIN: J. biol. Ch. **215**, 35 (1955). — [7] ANKER, H. S.: J. biol. Ch. **176**, 1337 (1948). — ARNSTEIN, H. R. V., and A. NEUBERGER: Biochem. J. **45**, III (1949). — [8] BUTTS, J. S., H. BLUNDEN and M. S. DUNN: J. biol. Ch. **124**, 709 (1938). — [9] ELWYN, D., and D. B. SPRINSON: J. biol. Ch. **207**, 459 (1954).

^{14}C wiedergefunden als im β-C-Atom[1]. Dieser Befund legt den Schluß nahe, daß das Glycin zu Serin und ein Teil des Serins über Pyruvat in Alanin umgewandelt worden ist.

$$H_2N^{14}CH_2\text{—}COOH \rightarrow HOCH_2\text{—}^{14}CH(NH_2)\text{—}COOH \rightarrow H_3C\text{—}^{14}CO\text{—}COOH \rightarrow H_3C\text{—}^{14}CH(NH_2)\text{—}COOH$$

Leberextrakte von Ratte, Maus und Kaninchen enthalten ein Enzym, das Serin in Pyruvat und NH_3 spaltet; es wird durch Dialyse inaktiviert und durch Zusatz von Mg^{++} reaktiviert[2,3]. Auf Grund von Untersuchungen eines serindesaminierenden Enzyms aus E. coli[4] wird angenommen, daß die Reaktion in folgender Weise abläuft[2]:

$$HOCH_2\text{—}\underset{NH_2}{\underset{|}{CH}}\text{—}COOH \rightarrow H_2C{=}\underset{NH_2}{\underset{|}{C}}\text{—}COOH \rightarrow H_3C\text{—}\underset{NH}{\underset{\|}{C}}\text{—}COOH \rightarrow H_3C\text{—}\underset{O}{\underset{\|}{C}}\text{—}COOH$$

Andererseits steigert nicht nur der Zusatz von Serin, sondern auch der von Glutamin, Glutaminsäure und Asparaginsäure den N-Gehalt des Ätherextraktes mit Benzoat belasteter Schnitte von Meerschweinchenleber[5]. Die Deutung dieses Befundes, der eine Umwandlung der Dicarbonsäuren in Glycin und Hippursäure auf dem Wege über Serin vermuten läßt, ist noch nicht klar.

Serin und Phosphatidbildung. Die Umwandlung des Serins in Äthanolamin und Cholin konnte mit Hilfe der Isotopenmarkierung verfolgt werden. An Ratten verfüttertes ^{15}N-Serin fand sich zum Teil in den Serinphosphatiden wieder, ein Teil war durch Decarboxylierung in Äthanolamin[6] und in Cholin umgewandelt worden[6]. Verabreichung von Serin hatte bei Ratten eine Steigerung des Gehalts der Leber an Kephalin zur Folge[7] (vgl. Bd. 2/1, S. 853).

Serin als Muttersubstanz von Glycin und Cystein. Die reversible Umwandlung von Serin in Glycin ist S. 260 besprochen worden. Wird Leberschnitten oder ganzen Tieren isotopenmarkiertes Serin zugeführt, so werden die Isotopen nicht nur im Glycin, sondern auch in den Stoffen wiedergefunden, die im Leberstoffwechsel aus Glycin entstehen. So werden die C-Atome 1 und 2 sowie das N-Atom des Serins nach Umwandlung in Glycin für die Synthese der Glykocholsäure und der Hippursäure[8,9], von Häm[10] und von Purinen verwendet. Aber auch das bei der Umwandlung in Glycin in Form von Formiat abgespaltene β-C-Atom des Serins wird in gleichem Ausmaß wie der Glycinanteil des Serinmoleküls[8] in das Purinmolekül eingebaut.

Durch Übertragung des S-Atoms vom Homocystein auf Serin wird das Serin in der Leber in Cystein verwandelt[6] (vgl. S. 269). Die α- und β-C-Atome und das N-Atom des Serins gehen auf dem Wege über das Cystein auch in Coenzym A, Taurin und Taurocholsäure über.

h) Valin. L-Valin kann durch die L-Aminosäureoxydase desaminiert werden, die hierbei entstehende α-Ketoisovaleriansäure wird in Pyruvat und dieses in Glykogen umgewandelt. Nach Zufuhr von D,L-Valin stieg daher der Glykogengehalt der Leber fastender Ratten[11]. Phlorrhizinhunde schieden nach Verfütterung von Valin Zucker in einer Menge aus, die 3 von den 5 C-Atomen des Valinmoleküls

---

[1] Elwyn, D., and D. B. Sprinson: J. biol. Ch. **207**, 459 (1954). — [2] Chargaff, E., and D. B. Sprinson: J. biol. Ch. **151**, 273 (1943). — [3] Binkley, F.: J. biol. Ch. **150**, 261 (1943). — [4] Wood, W. A., and I. C. Gunsalus: J. biol. Ch. **181**, 171 (1949). — [5] Leuthardt, F.: H. **270**, 113 (1941). — [6] Stetten, D. jr.: J. biol. Ch. **144**, 501 (1942). — [7] Stetten, D. jr., and G. F. Grail: J. biol. Ch. **144**, 175 (1942). — [8] Elwyn, D., and D. B. Sprinson: J. biol. Ch. **184**, 465 (1950). — [9] Shemin, D.: J. biol. Ch. **162**, 297 (1946). — [10] Shemin, D., I. M. London and D. Rittenberg: J. biol. Ch. **183**, 767 (1950). — [11] Butts, J. S., and R. O. Sinnhuber: J. biol. Ch. **139**, 963 (1941).

entsprach[1]. Der Mechanismus des Valinabbaues ist durch Untersuchungen, die mit Hilfe der Isotopenmethodik durchgeführt wurden, weitgehend aufgeklärt worden. Diese Versuche ergaben, daß die C-Atome der Methylgruppen des Valinmoleküls teils in Glucose eingebaut, teils in CO_2 verwandelt werden. Verabreichung von Valin, das in den Methylgruppen mit ^{13}C markiert war, führte bei Phlorrhizinratten zur Ausscheidung einer Glucose, die in allen 6 Positionen ^{13}C enthielt. Daraus ergibt sich, daß das markierte Valin durch oxydative Desaminierung, oxydative Decarboxylierung und Abspaltung einer Methylgruppe in eine 3-C-Säure umgewandelt wird, die das ^{13}C-Atom in β-Stellung enthält und in 3-^{13}C-Pyruvat übergeht.

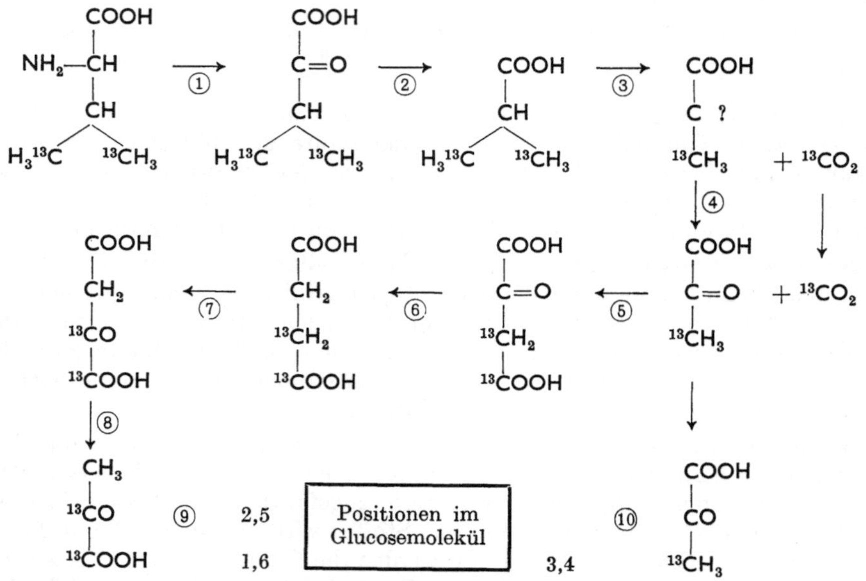

COOH–CH(NH_2)–CH($^{13}CH_3$)($H_3{}^{13}C$) —①→ COOH–C=O–CH($^{13}CH_3$)($H_3{}^{13}C$) —②→ COOH–CH($^{13}CH_3$)($H_3{}^{13}C$) —③→ COOH–C ?–$^{13}CH_3$ + $^{13}CO_2$

④ ↓ COOH–C=O–$^{13}CH_3$ + $^{13}CO_2$ —⑤→ COOH–C=O–$^{13}CH_2$–$^{13}COOH$ —⑥→ COOH–CH_2–$^{13}CH_2$–$^{13}COOH$ —⑦→ COOH–CH_2–^{13}CO–$^{13}COOH$

⑧ ↓ CH_3–^{13}CO–$^{13}COOH$ ⑨ 2,5 1,6

Positionen im Glucosemolekül

3,4 ⑩ COOH–CO–$^{13}CH_3$

Abb. 34. Schema der Glucosebildung aus in den Methylgruppen mit ^{13}C markiertem Valin. ① Oxydative Desaminierung des Valins; ② oxydative Decarboxylierung der α-Ketoisovaleriansäure; ③ Abspaltung einer Methylgruppe in Form von CO_2; ④ Übergang in den Pyruvatpool, aus dem ständig Pyruvatmoleküle durch Bindung von CO_2 in Oxalacetat umgewandelt ⑤, über Malat und Fumarat in Succinat übergeführt ⑥ und auf dem gleichen Wege wieder zu Oxalacetat ⑦ und Pyruvat ⑧ zurückverwandelt werden. Wie aus den Formeln ersichtlich, wird hierbei das ^{13}C-Isotop auf alle 3 C-Atome des Pyruvatmoleküls verteilt. Es wird daher in allen 6 Positionen der aus dem Pyruvat entstehenden Glucose wiedergefunden ⑨, ⑩.

Die beistehenden Formeln zeigen den Abbau des Valins zu Pyruvat. Da das Pyruvat über Oxalacetat mit Succinat im Gleichgewicht steht, entstehen sowohl Pyruvatmoleküle, die ^{13}C in der Carboxylgruppe und in α-Stellung, als auch solche, die ^{13}C in β-Stellung enthalten. Durch Vereinigung von je 2 derartigen Pyruvatmolekülen müssen Glucosemoleküle entstehen, die ^{13}C in allen 6 Positionen enthalten[2].

i) Leucin. Leucin ist eine besonders stark ketogene Aminosäure; auch die Isovaleriansäure, die durch oxydative Desaminierung und darauffolgende oxydative Decarboxylierung aus Leucin entsteht, liefert bei der Leberdurchströmung[3], beim intakten phlorrhizinvergifteten Hund[4] und in Leberschnitten[5] Aceton-

[1] Rose, W. C., J. E. Johnson and W. J. Haines: J. biol. Ch. **145**, 679 (1942). — [2] Fones, W. S., and J. White: Arch. Biochem. **28**, 145 (1950). — Fones, W. S., T. P. Waalkes and J. White: Arch. Biochem. **32**, 89 (1951). — [3] Embden, G., H. Salomon u. F. Schmidt: Hofmeisters Beitr. **8**, 129 (1906). — Embden, G.: Hofmeisters Beitr. **11**, 348 (1908). — [4] Ringer, A. I., E. M. Frankel and L. Jonas: J. biol. Ch. **14**, 525 (1913). — [5] Edson, N. L.: Biochem. J. **29**, 2498 (1935).

körper. Deuteriummarkiertes Leucin oder Isovalerianat liefert beim intakten Tier Acetat, das im Stoffwechsel für Acetylierungen oder auch für die Cholesterinsynthese verwendet werden kann[1]. Die Untersuchung des Leucinabbaues mit Hilfe von C-Isotopen ergab, daß das β-C-Atom des Leucins in die Methyl- und in die Methylengruppe der Acetessigsäure übergeht[2,3] (vgl. die Formeln). ^{14}C, das Leberschnitten in der Carboxylgruppe der Isovaleriansäure angeboten wurde, fand sich dagegen in der COOH- und CO-Gruppe des entstandenen Acetoacetats wieder[4]. Daraus geht hervor, daß die C-Atome 1 und 2 der Isovaleriansäure durch β-Oxydation in Form von Acetat abgespalten und je 2 solche Acetatmoleküle zu Acetoacetat vereinigt werden.

Wurde das γ-C-Atom des Leucins mit ^{14}C markiert, so fand es sich in der CO-Gruppe des Acetoacetats wieder. Wurde den Leberschnitten dagegen Isovaleriansäure angeboten, die in den beiden Methylgruppen mit ^{14}C markiert war,

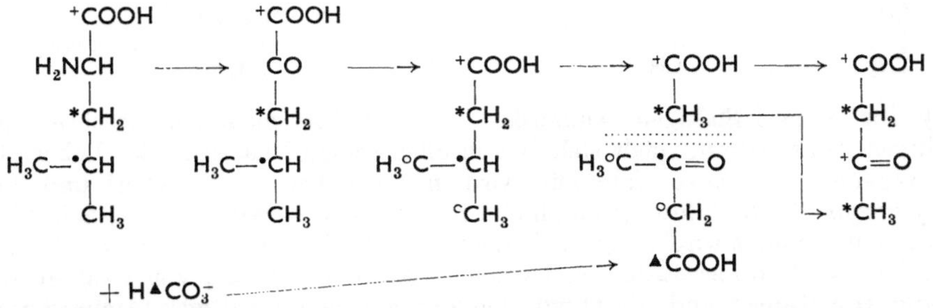

Abb. 35. Acetessigsäurebildung aus markiertem Leucin. Wird das β-C-Atom des Leucins mit einem Isotop markiert (*), so entsteht Acetoacetat, dessen Methyl- und Methylengruppe das Isotop enthalten. In der Carboxylgruppe markiertes (⁺) Isovalerianat liefert Acetoacetat, dessen Keto- und Carboxylgruppe das Isotop enthalten. Daraus geht hervor, daß das α- und β-C-Atom des Leucins in Form eines Acetatrestes abgespalten werden. Aus der β-Stellung der Isovaleriansäure ging das C-Isotop (•) in das β-C-Atom des Acetoacetats, aus den Methylgruppen aber in das α- und γ-C-Atom des Acetoacetats über (°), während das C des Hydrogencarbonats die Carboxylgruppe der Acetessigsäure liefert (▲).

so entstand eine Acetessigsäure, die ^{14}C in gleicher Menge in der Methyl- und in der Methylengruppe enthielt. Wurde Leberschnitten gleichzeitig mit Leucin oder Isovaleriansäure auch Hydrogencarbonat angeboten, das mit ^{14}C markiert war, so entstand eine Acetessigsäure, die den ^{14}C in der COOH-Gruppe enthielt. Der durch β-Oxydation der Isovaleriansäure entstandene Acetonrest wird also durch Anlagerung von CO_2 zu einem Acetessigsäuremolekül ergänzt (vgl. Abb. 35). Eine Abspaltung der Methylgruppen findet beim Abbau des Leucins nicht statt[3]. Es ist daher verständlich, daß schon in früheren Untersuchungen die ketogene Wirkung des Leucins als besonders stark beschrieben wurde. Ein Molekül Leucin liefert auf dem geschilderten Abbauweg $1^1/_2$ Moleküle Acetessigsäure.

Es scheint, daß die Leber durch Abbau überschüssiger Leucinmengen an der Einstellung eines biologischen Gleichgewichts zwischen Leucin und Isoleucin beteiligt ist; Leucin und Isoleucin haben in mancher Hinsicht antagonistische Wirkung. Das Wachstum proteinarm ernährter junger Ratten wird durch Zusatz von L-Leucin zum Futter gehemmt, diese Hemmung wird aufgehoben, wenn außer Leucin auch Isoleucin gegeben wird[5].

k) Isoleucin. Isoleucin wird in der Leber in Acetonkörper verwandelt. Sein Abbauweg ist durch Isotopenversuche weitgehend aufgeklärt worden. Wie die Mehrzahl der anderen Aminosäuren wird auch das Isoleucin zunächst oxydativ

[1] Bloch, K.: J. biol. Ch. **155**, 255 (1944). — [2] Coon, M. J., S. Gurin and D. W. Wilson: Fed. Proc. **8**, 192 (1949). — [3] Coon, M. J., and S. Gurin: J. biol. Ch. **180**, 1159 (1949). — [4] Coon, M. J.: J. biol. Ch. **187**, 71 (1950). Fed. Proc. **9**, 162 (1950). — [5] Harper, A. E., D. A. Benton, M. E. Winje and C. A. Elvehjem: Arch. Biochem. **51**, 523 (1954).

desaminiert, die so entstandene α-Keto-β-methylvaleriansäure durch oxydative Decarboxylierung in α-Methylbuttersäure übergeführt. Wurde α-Methylbuttersäure, die in der Carboxylgruppe mit ^{14}C markiert war mit Leberschnitten bebrütet, so ging der ^{14}C in CO_2, nicht aber in die Acetessigsäure über[1]. Dagegen fand sich ^{14}C, der als β-C-Atom in α-Methylbuttersäure eingebaut und Leberschnitten angeboten wurde, in der Carbonyl- und der Carboxylgruppe der gebildeten Acetessigsäure wieder. Daraus ergibt sich der Schluß, daß die α-Methylbuttersäure wie andere verzweigte Fettsäuren[2] durch β-Oxydation der längeren Fettsäurekette abgebaut wird, wobei Acetat und eine C_3-Säure entstehen, deren Decarboxylierung CO_2 ergibt.

$$
\begin{array}{lclclcl}
H_2N\text{—}CH\text{—}COOH & & CO\text{—}COOH & & {}^{14}COOH & & {}^{14}COOH \rightarrow {}^{14}CO_2 \\
\quad\;\; | & & \quad | & & \quad | & & \quad | \\
H_3C\text{—}CH & \rightarrow & H_3C\text{—}CH & \rightarrow & H_3C\text{—}CH & & C\text{—}C \\
\quad\;\; | & & \quad | & & \quad | & & \overline{\overline{\qquad\qquad}} \\
\quad CH_2 & & \quad CH_2 & & \quad {}^{14}CH_2 & & {}^{14}COOH \\
\quad\;\; | & & \quad | & & \quad | & & \quad | \quad \rightarrow \text{Acetessigsäure} \\
\quad CH_3 & & \quad CH_3 & & \quad CH_3 & & CH_3
\end{array}
$$

l) Die schwefelhaltigen Aminosäuren. Der Intermediärstoffwechsel der S-haltigen Aminosäuren spielt sich fast in allen seinen Phasen in der Leber ab: Die exogene Aminosäure Methionin wird in der Leber entmethyliert und ihre Methylgruppe für die Bildung von Cholin, Kreatin usw. verwendet. Das Schwefelatom des Methionins wird in den Leberzellen auf Serin übertragen, dadurch wird die Leber zur Bildungsstätte des Cysteins. Auch der Abbau von Cystein, die Bildung von Taurin und die Oxydation der aus den S-haltigen Aminosäuren freigesetzten anorganischen Schwefelverbindungen zu Sulfat erfolgt in der Leber. Über die Beziehungen der S-haltigen Aminosäuren zur Entstehung von Lebernekrosen und zu Vitamin E, vgl. S. 365.

Die Abspaltung der Methylgruppe des Methionins. Der erste Schritt beim Abbau des Methionins besteht in der Abspaltung der Methylgruppe. Die in einem früheren Kapitel besprochene *lipotrope Wirkung* des Methionins beruht darauf, daß die Übertragbarkeit seiner Methylgruppe die Bildung von Cholin und des für den normalen Ablauf des Fettstoffwechsels der Leber notwendigen Lecithins ermöglicht. Methioninmangel macht sich daher zu allererst in der Leber bemerkbar (vgl. S. 146).

Die übertragbare Methylgruppe des Methionins ist aber auch für die *Bildung des Kreatins* erforderlich (s. a. Bd. 2/1, S. 948). Das in der Niere gebildete Guanidinacetat wird von der Leber aus dem Blut aufgenommen und mit Hilfe der vom Methionin abgespaltenen Methylgruppe in Kreatin verwandelt. Daß die Methylgruppe des Methionins für die Bildung von Cholin oder Kreatin verwendet wird, ist bei der Ratte[3] und beim Menschen[4] mit Hilfe von Methionin gezeigt worden, dessen Methylgruppe mit Deuterium markiert war; nach Verabreichung derartig markierten Methionins konnten die D-haltigen Methylgruppen im Cholin und Kreatinin wiedergefunden werden.

Diese Transmethylierungen sind reversibel. Ebenso wie bei Cholinmangel die Methylgruppe dreier Methioninmoleküle auf Äthanolamin übertragen werden und Cholin gebildet wird, so kann Methionin im Leberstoffwechsel durch Anlagerung einer Methylgruppe an Homocystein entstehen, wobei Cholin, nach

[1] Coon, M. J., and N. S. B. Abrahamsen: J. biol. Ch. **195**, 805 (1952). — [2] Carter, H. E.: Biol. Symp. **5**, 47 (1941). — [3] Vigneaud, V. du, J. P. Chandler, M. Cohn and G. B. Brown: J. biol. Ch. **134**, 787 (1940). — Vigneaud, V. du, M. Cohn, J. P. Chandler, J. R. Schenck and S. Simmonds: J. biol. Ch. **140**, 625 (1941). — [4] Simmonds, S., and V. du Vigneaud: J. biol. Ch. **146**, 685 (1942).

Umwandlung in Betain[1], als Methyldonator dient. Über Betain und Methionin als Zwischensubstanz können Methylgruppen von Cholin auch auf Guanidinacetat übertragen und dieses dadurch in Kreatin umgewandelt werden[2]. Das Methionin unterliegt in der Leber daher einer ständigen Ummethylierung[3].

Homogenate von Rattenleber können Methionin auch aus Homocystein und Dimethylthetin (s. a. Bd. 2/1, S. 961) bilden, das sich als ein sehr wirksamer Methylgruppendonator in vitro erwiesen hat[4,5] (vgl. S. 148).

Außer für die Bildung von Cholin und Kreatin benötigt die Leber auch für die Entgiftung exogener Amine labile, d.h. an N-, S- oder O-Atome gebundene Methylgruppen. Überschüsse an übertragbaren Methylgruppen werden zu CO_2 oxydiert. Wurde Methionin, das in der Methylgruppe ^{14}C enthielt, an Ratten verfüttert, so wurde innerhalb von 52 Std 32% des ^{14}C in Form von $^{14}CO_2$ mit der Atemluft ausgeschieden[6].

Der in der Leber vorhandene Pool übertragbarer Methylgruppen erhält also aus den Methioninresten der Nahrungsproteine dauernd neuen Zufluß, während andererseits Methylgruppen in Form von Kreatinin und methylierten Aminen in den Harn abfließen oder zu CO_2 oxydiert werden. Nur in sehr beschränktem Ausmaß ist der Organismus imstande, Reserven an Methylgruppen in Form methioninhaltiger Proteine anzulegen.

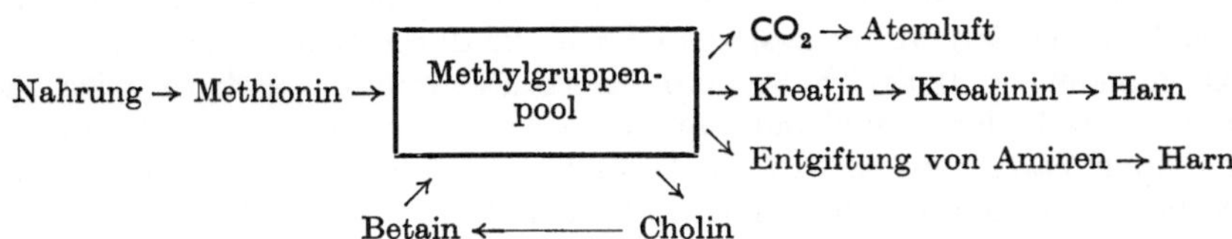

Die aktive Form von Methionin. Um seine Methylgruppen auf andere Stoffe übertragen zu können, muß das Methionin aktiviert werden. Die Übertragung der Methylgruppen des Methionins erfolgt daher nur in Gegenwart von ATP[7]. Die Aktivierung des Methionins durch ATP erfolgt durch ein spezifisches Enzym. Dabei werden alle 3 Phosphatreste des ATP in Form von anorganischem Phosphat freigesetzt; das nach Abspaltung der 3 Phosphatreste zurückbleibende Adenosin wird unter Bildung einer Sulfoniumverbindung an das S-Atom des Methionins gebunden[8,9].

Adenosintriphosphat + L-Methionin → S-Adenosylmethionin + 3 Mol Phosphat

Das aktivierte Methionin (= S-Adenosylmethionin) (vgl. die Formel) kann auch in Abwesenheit von ATP oder anderer energiereicher Phosphate Methylgruppen auf geeignete Methylacceptoren übertragen. Durch Hydrolyse bei p_H 6 und 100° wird es in Homoserin und Methylthioadenosin aufgespalten[10].

---

[1] Dubnoff, J. W.: Fed. Proc. 8, 195 (1949). — Vigneaud, V. du, S. Simmonds, J. P. Chandler and M. Cohn: J. biol. Ch. **165**, 639 (1946). — [2] Vigneaud, V. du, J. P. Chandler, M. Cohn and G. B. Brown: J. biol. Ch. **134**, 787 (1940). — Vigneaud, V. du, M. Cohn, J. P. Chandler, J. R. Schenck and S. Simmonds: J. biol. Ch. **140**, 625 (1941). — [3] Simmonds, S., M. Cohn, J. P. Chandler and V. du Vigneaud: J. biol. Ch. **149**, 519 (1943). — [4] Dubnoff, J. W., and H. Borsook: J. biol. Ch. **176**, 789 (1948). — Dubnoff, J. W.: Arch. Biochem. **24**, 251 (1949). — [5] Langemann, H., and C. J. Kensler: Arch. Biochem. **33**, 344 (1951). — Kensler, C. J., and H. Langemann: Cancer Res. **11**, 264 (1951). — [6] Mackenzie, C. G., J. P. Chandler, E. B. Keller, J. R. Rachele, N. Cross, D. B. Melville and V. du Vigneaud: J. biol. Ch. **169**, 757 (1947). — [7] Borsook, H., and J. W. Dubnoff: J. biol. Ch. **171**, 363 (1947). — Cantoni, G. L.: J. biol. Ch. **189**, 203 (1951). — [8] Cantoni, G. L.: J. biol. Ch. **189**, 745 (1951). — [9] Cantoni, G. L., in McElroy, W. R., and B. Glass: Phosphorus Metabolism. Bd. I. S. 641. Baltimore 1951. — [10] Cantoni, G. L.: J. biol. Ch. **204**, 403 (1953).

Das aktivierte Methionin steht somit in naher Beziehung zu dem in der Hefe aufgefundenen[1] Thiomethyladenosin[2], dessen Methylgruppe vom Methionin abstammt[3].

Das Enzym, das die Bildung des S-Adenosylmethionins katalysiert, ist aus der überstehenden Flüssigkeit zentrifugierter Leberhomogenate von Ratten, Schweinen[4] und Kaninchen[5] dargestellt worden. Die Wirkung des Ferments ist an die Gegenwart von SH-Verbindungen (z.B. von reduziertem Glutathion) und relativ großen Mengen von Mg-Ionen gebunden[5].

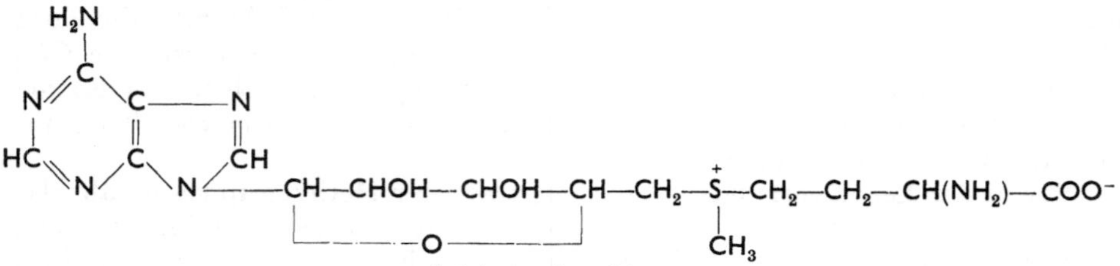

```
      H2N
       |
       C
    N// \C———————N
    |    ||      ||
   HC    C       CH                       +
     \\N/ \N/———————CH—CHOH—CHOH—CH—CH2—S—CH2—CH2—CH(NH2)—COO-
                    |_______O________|      |
                                            CH3
```

S-Adenosylmethionin

Die Desaminierung von Methionin (s. Bd. 2/1, S. 966). Außer durch Demethylierung kann die Leber Methionin aber auch auf anderen Wegen abbauen. Leber- und Nierenschnitte können Methionin oxydativ desaminieren[6]. Ob dies physiologische Bedeutung besitzt und wie die durch Desaminierung des Methionins gebildete γ-Methylthio-α-ketobuttersäure weiter abgebaut wird, ist unbekannt. Daß der Organismus an Stelle des natürlichen L- auch D-Methionin verwenden kann[7], zeigt, daß im Stoffwechsel auch die dem Methionin entsprechende Ketosäure zu L-Methionin reaminiert werden kann. Homocystein kann in der Leber jedoch nicht desaminiert werden[6], sein Abbau erfolgt durch Abspaltung des S-Atoms.

D-Methionin $\rightarrow$ γ-Methylothi-α-ketobuttersäure $\rightarrow$ L-Methionin

Die Bildung von Cystein (s. a. Bd. 2/1, S. 960). Das S-Atom des Methionins bzw. des durch die Abspaltung der Methylgruppe aus dem Methionin entstandenen Homocysteins wird in der Leber auf das endogene Serin übertragen und auf diese Weise Cystein gebildet. Zufuhr von Methionin kann daher die Zufuhr von Cystein in der Nahrung ersetzen[8]. ^{35}S, in Form von Methionin an Ratten verfüttert, wurde in den Cystinresten der Gewebsproteine und des Haarkeratins der Tiere wiedergefunden[9]. Cystinzulage zum Futter setzt den Methioninbedarf herab, weil dann kein Methionin für die Bildung des Cysteins benötigt wird. Es kann das Methionin aber nicht ersetzen.

Die Bildung des Cysteins erfolgt in der Leber. Leberschnitte, die mit Homocystein und Serin bebrütet wurden, bildeten Cystein. Die Cysteinbildung in den

---

[1] SUZUKI, U., S. ODAKE u. T. MORI: B. Z. **154**, 278 (1924). — MANDEL, J. A., and E. K. DUNHAM: J. biol. Ch. **11**, 85 (1912). — [2] SATOH, K., and K. MAKINO: Nature **165**, 769 (1950); **167**, 238 (1951). — WEYGAND, F., O. TRAUTH and R. LÖWENFELD: B. **83**, 563 (1950). — BADDILEY, J., O. TRAUTH and F. WEYGAND: Nature **167**, 359 (1951). — WEYGAND, F., u. O. TRAUTH: B. **84**, 633 (1951). — BADDILEY, J.: Soc. **1951**, 1348. — [3] SMITH, R. L., and F. SCHLENK: Fed. Proc. **11**, 289 (1952). — WEYGAND, F., R. JUNG u. D. LEBER: H. **291**, 191 (1952/53). — [4] CANTONI, G. L.: J. biol. Ch. **189**, 745 (1951). — [5] CANTONI, G. L.: J. biol. Ch. **204**, 403 (1953). — [6] BOREK, E., and H. WAELSCH: J. biol. Ch. **141**, 99 (1941). — [7] JACKSON, R. W., and R. J. BLOCK: J. biol. Ch. **122**, 425 (1937/38). — STEKOL, J. A.: J. biol. Ch. **109**, 147 (1935). — BRAND, E., R. J. BLOCK and G. F. CAHILL: J. biol. Ch. **119**, 681 (1937). — CAHILL, W. M., and G. G. RUDOLPH: J. biol. Ch. **145**, 201 (1942). — ROSE, W. C., M. J. COON, H. B. LOCKHART and G. F. LAMBERT: J. biol. Ch. **215**, 101 (1955). — [8] BEACH, E. F., and A. WHITE: J. biol. Ch. **127**, 87 (1939). — JACKSON, R. W., and R. J. BLOCK: J. biol. Ch. **98**, 465 (1932). — ROSE, W. C., and T. R. WOOD: J. biol. Ch. **141**, 381 (1941). — [9] TARVER, H., and C. L. A. SCHMIDT: J. biol. Ch. **130**, 67 (1939).

Leberschnitten verläuft rascher als die des Serins: Wurde das Serin aus der Flüssigkeit, in der die Leberschnitte bebrütet wurden, fortgelassen oder durch ein Gemisch von Pyruvat und NH_3 ersetzt, so war die Cysteinbildung nur gering[1]. Auch wenn Methionin an Stelle von Homocystein verwendet wurde, war die Cysteinausbeute geringer, ein Beweis, daß das Methionin zuerst in Homocystein verwandelt und dann erst für die Cysteinbildung verwendet wird.

Daß Cystein durch Übertragung eines S-Atoms vom Homocystein auf Serin gebildet wird, ist durch Isotopenversuche in verschiedenen Versuchsanordnungen bewiesen worden. Nach Verfütterung von Methionin, das mit ^{34}S und außerdem mit ^{13}C in β und γ-Stellung markiert war, ging nur der ^{34}S, nicht aber der ^{13}C in die Moleküle des entstandenen Cysteins über[2]. Dagegen fand sich ^{15}N, wenn es in Form von ^{15}N-Serin an Ratten verfüttert worden war, in signifikanter Menge in den Cysteinresten der Gewebsproteine vor[3].

Die Übertragung des S-Atoms vom Homocystein auf das Serin erfolgt durch intermediäre Bildung des Cystathionins (s. a. Bd. 2/1, S. 965), eines Kondensationsprodukts, in dem das S-Atom des Homocysteins die Brücke zwischen dem β-C-Atom des Serinrestes und dem Homocysteinrest bildet. Dieses Kondensationsprodukt wird sodann in der Weise hydrolytisch aufgespalten, daß das S-Atom am Serinrest verbleibt. Homocystein und Serin tauschen ihre HO- und HS-Gruppen also gegeneinander aus, das Serin wird dadurch in Cystein umgewandelt.

```
       COOH                       COOH                      COOH
        |                          |                         |
  H2N—CH                     H2N—CH                    H2N—CH
        |                          |                         |
       CH2                        CH2                       CH2
        |                          |                         |
  HS—CH2                          CH2                      HOCH2
                  — H2O            |         + H2O
                 ———→              S        ———→
                                   |
       CH2OH                      CH2                   HS—CH2
        |                          |                         |
       CH—NH2                     HCNH2                     HC—NH2
        |                          |                         |
       COOH                       COOH                      COOH
```

Homocystein + Serin ⟶ Cystathionin ⟶ Homoserin + Cystein

Daß Cystathionin im Stoffwechsel in Cystein verwandelt wird, geht daraus hervor, daß Cystein in seiner wachstumsfördernden Wirkung auf junge Tiere durch Cystathionin ersetzt werden kann[4]. Leberschnitte (nicht aber Schnitte von Niere und Muskel) sowie wäßrige Extrakte von Lebergewebe spalten Cystathionin unter Bildung von Cystein[5]. Das Fermentsystem, das diese Spaltung durchführt, wird durch Dialyse inaktiviert, es kann durch Zusatz von Mg- (oder Zn-) ionen und ATP reaktiviert werden. Die Geschwindigkeit, mit der Cystathionin von dem Ferment gespalten wird, ist von der Menge des vorhandenen ATP abhängig. Während der Reaktion wird von dem ATP ein Phosphorsäurerest abgespalten. Wahrscheinlich wird bei der Aufspaltung des Cystathionins ein Phosphorsäurerest intermediär an die C—S-Bindung gekoppelt[6] (vgl. S. 401).

[1] Binkley, F., and V. du Vigneaud: J. biol. Ch. **144**, 507 (1942). — [2] Vigneaud, V. du, G. W. Kilmer, J. R. Rachele and M. Cohn: J. biol. Ch. **155**, 645 (1944). — [3] Stetten, D. jr.: J. biol. Ch. **144**, 501 (1942). — [4] Vigneaud, V. du, G. B. Brown and J. P. Chandler: J. biol. Ch. **143**, 59 (1942). — [5] Binkley, F., W. P. Anslow jr. and V. du Vigneaud: J. biol. Ch. **143**, 559 (1942). — [6] Binkley, F.: J. biol. Ch. **155**, 39 (1944).

Anorganisches Sulfat kann von der Leber des Säugetieres für die Synthese des Cysteins nicht verwendet werden[1]. Darmbakterien können jedoch Sulfat reduzieren und zur Bildung S-haltiger Aminosäuren verwenden[2], diese werden resorbiert, von der Leber aus dem Pfortaderblut aufgenommen und wie die Aminosäuren der Nahrungsproteine umgesetzt. Daß bei Wiederkäuern die Entstehung von Methionin und Cystein aus per os verabreichtem Sulfat nachgewiesen werden konnte, erscheint daher verständlich[3]. Aber auch Eier von Hennen, denen mit ^{35}S markiertes Sulfat oral oder parenteral verabreicht worden war, enthielten ^{35}S-Cystin[4]. Auch nach intraperitonealer Injektion von ^{35}S-Sulfat an Ratten konnten kleine Mengen von ^{35}S-Cystin in den Gewebsproteinen und im Haar der Tiere nachgewiesen werden[5]. Möglicherweise sind diese Befunde so zu erklären, daß das markierte Sulfat zum Teil in den Darm ausgeschieden, dort durch Darmbakterien reduziert, in Cystein eingebaut, und dieses Cystein von den Darmwandzellen rückresorbiert wird. Es gibt Bakterienarten, die Sulfat für die Bildung von Cystin, nicht aber für die Methioninbildung verwenden können[6]. Sterile Hühnerembryonen und junge Hühnchen bildeten hingegen aus anorganischem Sulfat kein Methionin und Cystin, wohl aber organische Schwefelsäureester[7].

Das Schicksal des Cysteins. Cystein bzw. das daraus entstehende Cystin können in der Leber in verschiedener Weise verwendet werden:

1. Ein Teil wird in Proteine und in Glutathion eingebaut, an das Blutplasma abgegeben und in dieser Form den peripheren Geweben angeboten. Das in der Leber entstehende Serumalbumin gehört zu den cystinreichsten Proteinen.

2. Nach Aufnahme bestimmter aromatischer Kohlenwasserstoffe wird ein Teil des Cysteins in der Leber an diese Kohlenwasserstoffe gebunden, acetyliert und das so entstandene Kondensationsprodukt nach Überführung in die Niere mit dem Harn ausgeschieden (s. S. 472 sowie Bd. 2/1, S. 966).

3. Ein Teil des Cysteins wird von der Leber in Taurin übergeführt und dieses als Taurocholsäure mit der Galle ausgeschieden (s. a. Bd. 2/1, S. 957).

4. Auch für die Bildung von Coenzym A wird Cystein benötigt. Durch peptidartige Bindung der Aminogruppe des Cysteins an die Carboxylgruppe der Pantothensäure entsteht in der Leber Pantothenylcystein, das die Muttersubstanz von Coenzym A (Formel s. Bd. 2/1, S. 1037) ist.

5. Der für diese speziellen Stoffwechselaufgaben nicht verwendete Rest des Cysteins wird zu CO_2 und H_2O oxydiert und das N-Atom als Harnstoff ausgeschieden. Das im Cystein enthaltene S-Atom wird vorher als H_2S oder nach Oxydation als SO_2 abgespalten und in anorganisches Sulfat übergeführt (s. Bd. 2/1, S. 956). Auf welchem Wege der Abbau der C-Kette des Cysteins erfolgt, ist noch nicht geklärt. Nach älteren Angaben hatte Cysteinzufuhr beim Phlorrhizinhund die Ausscheidung der gleichen Menge von Glucose zur Folge, wie die Zufuhr einer äquivalenten Menge von Serin[8]. Doch führte andererseits die Zufuhr von Cystein, im Gegensatz zur Verabreichung von Serin, bei der hungernden Ratte

---

[1] TARVER, H., and C. L. A. SCHMIDT: J. biol. Ch. **130**, 67 (1939). — BOSTRÖM, H., and S. ÅQVIST: Acta chem. scand. **6**, 1557 (1952). — [2] COWIE, D. B., E. T. BOLTON and M. K. SANDS: J. Bacteriology **62**, 63 (1951). Arch. Biochem. **35**, 140 (1952). — [3] BLOCK, R. J., and J. A. STEKOL: Proc. Soc. exp. Biol. Med. **73**, 391 (1950). — BLOCK, R. J., J. A. STEKOL and J. K. LOOSLI: Arch. Biochem. **33**, 353 (1951). — [4] MACHLIN, L. J., P. B. PEARSON, C. A. DENTON and H. R. BIRD: J. biol. Ch. **205**, 213 (1953). — MACHLIN, L. J., C. A. DENTON, P. B. PEARSON and H. R. BIRD: Fed. Proc. **11**, 448 (1952). — [5] DZIEWIATKOWSKI, D. D.: J. biol. Ch. **207**, 181 (1954). — [6] BOLTON, E. T., D. B. COWIE and M. K. SANDS: J. Bacteriology **63**, 309 (1952). — [7] LAYTON, L. L., and D. R. FRANKEL: Arch. Biochem. **31**, 161 (1951). — LAYTON, L. L.: Cancer, N. Y. **4**, 198 (1951). — [8] DAKIN, H. D.: J. biol. Ch. **14**, 321 (1913).

nicht zum Ansatz von Leberglykogen und verringerte nicht die durch Verfütterung von Na-butyrat ausgelöste Ketosis[1]. Während Extrakte normalen Lebergewebes Cystin, Cystein- und Cystinpeptide rasch abbauen, wurden diese Stoffe von analogen Extrakten aus Hepatomen nicht angegriffen[2] (s. a. Bd. 2/1, S. 960).

Bildungswege des Taurins (s. a. Bd. 2/1, S. 957). Daß das Taurin aus dem Cystein gebildet wird, geht daraus hervor, daß gesteigerte Zufuhr von Cystein eine Vermehrung der mit der Galle ausgeschiedenen Taurocholsäuremenge zur Folge hat[3]. Bei der Umwandlung von Cystein in Taurin muß die SH-Gruppe des Cysteins zu einer Sulfonsäuregruppe oxydiert und die COOH-Gruppe des Cysteins abgespalten werden. Je nachdem, ob die Decarboxylierung der Oxydation folgt oder der Oxydation vorausgeht oder aber ob sie als Zwischenreaktion zwischen 2 Phasen der Oxydation erfolgt, sind 3 verschiedene Wege der Taurinbildung aus Cystein möglich, und es ist derzeit noch nicht klar, welcher dieser 3 Wege den Hauptweg, der Taurinbildung im Stoffwechsel darstellt.

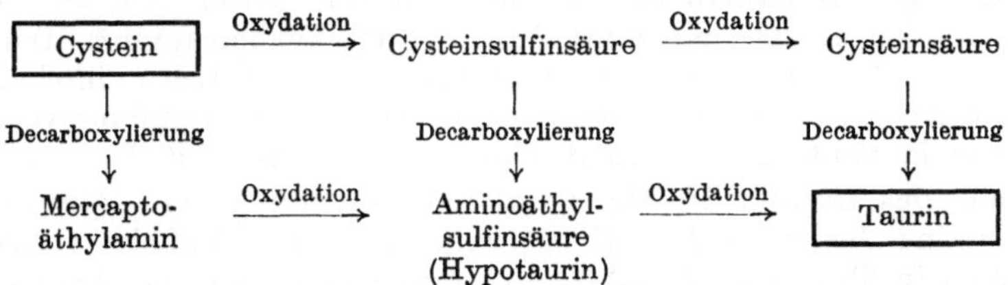

Abb. 36. Die Umwandlung des Cysteins in Taurin kann auf 3 Wegen erfolgen, je nachdem ob die Decarboxylierung am Cystein selbst, oder an seinem ersten Oxydationsprodukt, der Cysteinsulfinsäure, oder an der daraus durch weitere Oxydation entstehenden Cysteinsäure erfolgt.

Die Bildung von Taurin auf dem Wege über Cysteinsäure. Die Cysteinsäure entsteht aus dem Cystein in der Weise, daß die SH-Gruppe des Cysteins zu einer Sulfonsäuregruppe ($—SO_3H$) oxydiert wird. Die Cysteinsäure wird sodann durch Decarboxylierung in Taurin umgewandelt (vgl. Abb. 36).

Ein Enzymsystem, das die Oxydation des Cysteins zu Cysteinsäure katalysiert, wurde in Extrakten aus Rattenleber nachgewiesen[4] (sog. „Cysteinoxydase B")[5]. Der Mechanismus dieser Oxydation und die dabei auftretenden Zwischensubstanzen sind unbekannt. Es ist möglich, daß die Umwandlung über Cysteinsulfinsäure erfolgt[5].

Cysteinsäure wird von der Leber nicht in Sulfat, sondern in Taurin verwandelt: Cysteinsäure, die Kaninchen injiziert worden war, verursachte keine Vermehrung der Sulfatausscheidung[6], dagegen stieg der Tauringehalt der Rattenleber auf das 3fache des Normalwertes[7]. Auch bei Hunden führte Zufuhr von Cysteinsäure zu gesteigerter Ausscheidung von Taurocholsäure in der Galle[8].

Die Decarboxylierung der Cysteinsäure wird durch eine spezifische *Cysteinsäuredecarboxylase* katalysiert[9]. Die Decarboxylierung der Cysteinsäure scheint nur in der Leber möglich zu sein, Nierengewebe enthielt keine Cysteinsäuredecarboxylase. Die unnatürliche D-Cysteinsäure wird von dem Ferment nicht angegriffen[9]. Das Ferment konnte in der Leber von Hund, Meerschweinchen,

[1] BUTTS, J. S., H. BLUNDEN and M. S. DUNN: J. biol. Ch. **124**, 709 (1938). — [2] GREENSTEIN, J. P.: J. nat. Cancer Inst. **3**, 491 (1942/43). — [3] BERGMANN, G. v.: Hofmeisters Beitr. **4**, 192 (1904). — [4] BERNHEIM, F., and M. L. C. BERNHEIM: J. biol. Ch. **127**, 695 (1939). — [5] MEDES, G.: Biochem. J. **33**, 1559 (1939). — [6] WHITE, F. R., H. B. LEWIS and J. WHITE: J. biol. Ch. **117**, 663 (1937). — [7] AWAPARA, J., and W. J. WINGO: J. biol. Ch. **203**, 189 (1953). — [8] VIRTUE, R. W., and M. E. DOSTER-VIRTUE: J. biol. Ch. **127**, 431 (1939). — [9] BLASCHKO, H.: Biochem. J. **36**, 571 (1942).

Schwein und Ratte, nicht aber in der Kaninchen- und Katzenleber nachgewiesen werden. Tiere, deren Lebern keine Cysteindecarboxylase enthalten, bilden Taurin, demnach auf einem anderen Wege. (Über die Verminderung der Cysteinsäuredecarboxylase bei Pyridoxinmangel, vgl. S. 402.)

Es scheint, daß die Oxydation von Cystein zu Cysteinsäure und die nachfolgende Decarboxylierung der Cysteinsäure zu Taurin auch bei der Ratte nicht der Hauptweg der Taurinbildung aus Cystein ist. Dies ergibt sich auch daraus, daß nach Injektion kleiner Mengen von ^{35}S-Cystein keine Cysteinsäure in der Rattenleber nachweisbar war, obwohl bereits 30 min nach der Injektion nachweisbare Mengen von ^{35}S-Taurin in der Leber vorhanden waren. Kontrollversuche ergaben, daß Cysteinsäure unter den gewählten Versuchsbedingungen nur langsam decarboxyliert wird, das Nichtauftreten der Cysteinsäure nach Cysteinzufuhr kann daher nicht einer raschen Decarboxylierung intermediär entstandener Cysteinsäure zugeschrieben werden[1].

Die Bildung von Taurin aus Aminoäthylmercaptan. Ein anderer Weg der Taurinbildung aus Cystein führt über Aminoäthylmercaptan[2]. Daß dieser Stoff, der einen Baustein des Coenzym A bildet[3], in der Leber durch Decarboxylierung des Cysteins gebildet werden kann, zeigt die Umwandlung von Pantothenylcystein in Pantothenylaminoäthylmercaptan[4] (vgl. S. 407).

Cystamin, das Disulfid des Mercaptoäthylamins, das in vivo leicht zu Mercaptoäthylamin reduziert werden kann[5, 6], wird durch ein in der Leber vorhandenes Enzymsystem in Taurin übergeführt. Schnitte von Rattenleber bildeten nach Bebrütung mit Cystamin, das radioaktive S-Atome enthielt, radioaktives Taurin[7]. Nach subcutaner Injektion von radioaktivem Cystamin schied eine Versuchsperson mit Gallenfistel maximal 12% des verabreichten Cystamins als solches aus, etwa 10% wurden als Taurin in der Galle und 18% als Taurin im Harn ausgeschieden, der Rest erschien in Form von Sulfaten im Harn[7].

Die Stoffwechselkapazität der Fermentsysteme, die aus Aminoäthylmercaptan Taurin bilden, scheint jedoch sehr beschränkt zu sein. Intravenös injiziertes Mercaptoäthylamin wurde zu einem hohen Prozentsatz unverändert mit dem Harn ausgeschieden[5]. Möglicherweise dient dieser Weg der Taurinbildung nur der Verarbeitung der durch Abbau von Coenzym A entstehenden kleinen Mengen von Aminoäthylmercaptan.

Der Sulfinsäureweg der Taurinbildung. Cystein kann in der Leber in Cysteinsulfinsäure umgewandelt werden[8]. Die Cysteinsulfinsäure wird in der Leber zu Hypotaurin (= Aminoäthylsulfinsäure) decarboxyliert, das rasch in Taurin übergeht (vgl. das Schema S. 271).

Der Mechanismus, durch den Cystein in Cysteinsulfinsäure verwandelt wird, ist nicht klar. Einerseits wird eine fermentative Oxydation durch ein als Cysteinoxydase A bezeichnetes Ferment angenommen, andererseits wird vermutet, daß

---

[1] Awapara, J., and W. J. Wingo: J. biol. Ch. **203**, 189 (1953). — [2] Robbers, H.: A. e. P. P. **176**, 29 (1934). — [3] Snell, E. E., G. M. Brown, V. J. Peters, J. A. Craig, E. L. Wittle, J. A. Moore, V. M. McGlohon and O. D. Bird: Am. Soc. **72**, 5349 (1950). — Baddiley, J., and E. M. Thain: Soc. **1951**, 2253. — [4] Novelli, G. D., F. J. Schmetz jr. and N. O. Kaplan: J. biol. Ch. **206**, 533 (1954). — [5] Bacq, Z. M., G. Dechamps, P. Fischer, A. Herve, H. Le Bihan, J. Lecomte, M. Pirotte and P. Rayet: Science, N. Y. **117**, 633 (1953). — [6] Über die Frage einer Ersetzbarkeit des Cystins durch Cystamin vgl. Sullivan, M. X., W. C. Hess and W. H. Sebrell: Publ. Hlth. Rep. **46**, 1294 (1931). — Mitchell, H. H.: J. biol. Ch. **111**, 699 (1935). — Jackson, R. W., and R. J. Block: J. biol. Ch. **113**, 135 (1936). — [7] Eldjarn, L.: J. biol. Ch. **206**, 483 (1954). — [8] Medes, G.: Biochem. J. **33**, 1559 (1939). — Virtue, R. W., and M. E. Doster-Virtue: J. biol. Ch. **127**, 431 (1939).

Leber Cystin hydrolytisch zu Cystein und Cysteinsulfosäure aufspaltet, worauf diese spontan zu Cysteinsulfinsäure und Cystein dismutiert[1]. Cysteinsulfinsäure

$$\underset{\text{COOH}}{H_2N-CH}-CH_2-S-S-CH_2-\underset{\text{COOH}}{CHNH_2} \xrightarrow{+H_2O} \underset{\text{COOH}}{H_2N-CH}-CH_2-SH + HOS-CH_2-\underset{\text{COOH}}{CHNH_2}$$

$$\underset{\text{2 Mol Cysteinsulfensäure}}{2\,HOOC-CH(NH_2)-CH_2-S-OH} \longrightarrow \underset{\text{Cystein}}{HOOC-CH(NH_2)-CH_2-SH} + \underset{\text{Cysteinsulfinsäure}}{HO_2-S-CH_2-CH(NH_2)-COOH}$$

wird durch eine Decarboxylase der Leber in CO_2 und Hypotaurin aufgespalten[2]. Hypotaurin, identifizierbar durch Papierchromatographie[3,4] oder mit Hilfe von

$$\underset{\text{Cysteinsulfinsäure}}{HO_2S-CH_2-CH(NH_2)-COOH} \xrightarrow{-CO_2} \underset{\text{Hypotaurin}}{HO_2S-CH_2-CH_2NH_2}$$

Ionenaustauschern[5], fand sich in der Rattenleber nach Injektion von Cysteinsulfinsäure[3]. Bei Ratten, Kaninchen und Menschen wird Hypotaurin aus Cystin[6] und Cystamin[7,8] gebildet und zu Taurin oxydiert[9].

Die zeitliche Aufeinanderfolge des Auftretens von Zwischenprodukten der Taurinbildung wurde an anästhesierten Ratten mit freigelegter Leber beobachtet, so daß in kurzen Zeitabständen Leberproben entnommen und untersucht werden konnten: 10 min nach der intravenösen Injektion von ^{35}S-Cystein ist dies in der Leber nachweisbar, 10 min später auch Hypotaurin und nach weiteren 10 min Taurin[10].

Die Bildung von SO_2 aus Cystein in der Leber. Die bei der Taurinbildung aus Cystein entstehende Cysteinsulfinsäure ist auch Zwischenprodukt der Oxydation des Cysteinschwefels zu Sulfat. Sie wird anaerob durch eine Desulfinase aus Kaninchenleberextrakt in SO_2 und Alanin aufgespalten[2]. Auch in vivo war nach Injektion von Cysteinsulfinsäure der Alaningehalt der Rattenleber vermehrt[3]. Die rasche Aufspaltung der Cysteinsulfinsäure durch konkurrierende Einwirkung von Decarboxylase und Desulfinase erklärt, warum sie in der Leber bisher nicht nachgewiesen werden konnte. Das abgespaltene SO_2 wird in Gegenwart von O_2 rasch zu Sulfat oxydiert. Eine Sulfinsäureoxydase, die den Schwefel der Cysteinsulfinsäure in Sulfat umwandelt, ist in Rattenleberextrakten nachgewiesen worden[11]. Verabreichung von Sulfit führt zu vermehrter Ausscheidung von Estersulfaten[12]. Taurin kann nicht zu Sulfat oxydiert werden: Injiziertes Taurin wird entweder an Gallensäuren gebunden oder in der Galle als solches mit dem Harn ausgeschieden.

Bildung von H_2S aus Cystein. Wird Cystein mit Schnitten, Homogenaten oder Extrakten von Rattenleber bebrütet, so entsteht H_2S (s.[13]). In Hundeleber[14,15], aber auch in den Lebern anderer Arten konnte eine Desulfurase (= Desulfhydrase)

---

[1] MEDES, G., and N. FLOYD: Biochem. J. **36**, 259 (1942). — [2] BERGERET, B., et F. CHATAGNER: Biochim. biophysica Acta, N. Y. **9**, 141 (1952). — [3] BERGERET, B., F. CHATAGNER et C. FROMAGEOT: Biochim. biophysica Acta, N. Y. **9**, 147 (1952). — BERGERET, B., et F. CHATAGNER: Biochim. biophysica Acta, N. Y. **14**. 543 (1954). — [4] CHATAGNER, F., et B. BERGERET: Cr. **232**, 448 (1951). — [5] BERGERET, B., et F. CHATAGNER: Biochim. biophysica Acta, N. Y. **14**, 543 (1954). — [6] CAVALLINI, D., C. DE MARCO e B. MONDOVI: Ric. sci. **24**, 1021 (1954). — CAVALLINI, D., B. MONDOVI and C. DE MARCO: J. biol. Ch. **216**, 577 (1955). — [7] ELDJARN, L.: Acta chem. scand. **7**, 343 (1953). J. biol. Ch. **206**, 483 (1954). Scand. J. clin. Lab. Invest. **6**, Suppl. **13** (1954). — [8] CAVALLINI, D., B. MONDOVI e C. DE MARCO: Ric. sci. **24**, 2649 (1954). — [9] CAVALLINI, D., C. DE MARCO, B. MONDOVI and F. STIRPE: Biochim. biophysica Acta N. Y. **15**, 301 (1954). — [10] AWAPARA, J.: J. biol. Ch. **203**, 183 (1953). — [11] MEDES, G.: Biochem. J. **33**, 1559 (1939). — [12] TAUBER, S.: A. e. P. P. **36**, 197 (1895). — [13] SMYTHE, C. V.: J. biol. Ch. **142**, 387 (1942). — [14] FROMAGEOT, C., E. WOOKEY et P. CHAIX: C. R. Soc. Biol. **209**, 1019 (1939). — [15] LASKOWSKI, M., and C. FROMAGEOT: J. biol. Ch. **140**, 663 (1941).

nachgewiesen werden, die von L-Cystein H_2S abspaltet. Die Desulfuraseaktivität der Rattenleber stand zu der Aktivität des gleichen Ferments in der Leber von Hund, Mensch, Rind, Kaninchen, Schwein und Meerschweinchen im Verhältnis von 100 zu 60, 50, 18, 5, 3 und 1. Niere und Muskel desulfurierten Cystein nur in minimalem Ausmaß, Gehirn überhaupt nicht[1]. In den Lebern von Ratten wurde bei Pyridoxinmangel die Aktivität der Cysteindesulfhydrase herabgesetzt, ehe noch andere Symptome der Avitaminose auftraten. Verabreichung von 100 γ Pyridoxin normalisierte die Desulfhydrase innerhalb von 1—2 Tagen[2]. Das sehr empfindliche, nur zwischen p_H 4 und 8 haltbare Ferment konnte durch Adsorption an $Ca_3(PO_4)_2$ bei p_H 6 und nachfolgender Elution bei 7,2 in teilweise gereinigter Form dargestellt werden[3]. Die Desulfurase aus Mäuseleber wird durch Dialyse inaktiviert und gewinnt ihre Aktivität nach Zusatz von Mg-, Zn- oder Mn-ionen wieder[4].

Bei der Abspaltung des H_2S aus Cystein entsteht Alanin[5,6], das jedoch durch Desaminierung rasch in Pyruvat übergeht. Die gesamte Reaktion verläuft also so, daß aus je 1 Molekül Cystein und H_2O je 1 Molekül H_2S, NH_3 und Pyruvat entsteht[1].

Das aus der Desulfurierung des Cysteins in der Leber stammende H_2S, zusammen mit dem durch die Darmfäulnis entstandenen, resorbierten H_2S, werden im Organismus rasch zu Sulfat oxydiert. Nach intravenöser oder enteraler Injektion von Na_2S stieg der Sulfatgehalt des Blutes bei Hunden daher an[7]. 50% von als Na_2S mit der Magensonde verabreichtem ^{35}S wurde von Ratten innerhalb von 24 Std im Harn als Sulfat oder Estersulfat ausgeschieden[8].

Die Bildung von anorganischem Sulfat in der Leber. Schnitte aus Rattenleber bildeten aus Cystein und Methionin Sulfat[9]. Auch durch Leberbrei wird Cystein zu Sulfat oxydiert[10]. Aus Cystin entstand Sulfat nur nach vorheriger Reduktion zu Cystein[9,10]. Das S-Atom des Glutathions wurde nur nach vorheriger Hydrolyse in Sulfat umgewandelt[9]. Isocystein (α-Thio-β-aminopropionsäure) wird, wie Versuche mit ^{35}S ergeben haben, nicht zu Sulfat oxydiert[11].

Das in der Leber aus Cystein entstehende Sulfat ist das Produkt einer Reihe verschiedener Stoffwechselvorgänge: Ein Teil entsteht durch Oxydation des aus Cystein abgespaltenen H_2S, ein anderer durch Oxydation des aus der Cysteinsulfinsäure abgespaltenen SO_2. Es ist wahrscheinlich, daß noch andere, heute noch unbekannte Stoffwechselreaktionen an der Bildung des Sulfats in der Leber beteiligt sind.

Das in der Leber, aber auch in anderen Organen[12] gebildete, anorganische Sulfat wird teils als solches oder aber nach Umwandlung in Ester an das Blut abgegeben und mit dem Harn ausgeschieden[8,13]. Ein Teil des von der Leber an das Blut abgegebenen Sulfats wird von den peripheren Geweben, Knorpel, Schleimdrüsen usw. für die Bildung von Chondroitinschwefelsäure und anderen Kohlenhydratschwefelsäuren verwendet. Als Sulfat verabreichtes ^{35}S fand sich zum Teil in Form derartiger Kohlenhydratschwefelsäuren in der Gelenkflüssigkeit wieder[14].

---

[1] Smythe, C. V.: J. biol. Ch. **142**, 387 (1942). — [2] Braunstein, A. E., and R. M. Azarkh: Dokl. Akad. Nauk SSSR **71**, 93 (1950) [Chem. Abstr. **44**, 7900 b]. — [3] Laskowski, M., and C. Fromageot: J. biol. Ch. **140**, 663 (1941). — [4] Binkley, F.: J. biol. Ch. **150**, 261 (1943). — [5] Fromageot, C., E. Wookey et P. Chaix: C. R. Soc. Biol. **209**, 1019 (1939). — [6] Fromageot, C., E. Wookey et P. Chaix: Enzymologia **9**, 198 (1940/41). — [7] Denis, W., and L. Reed: J. biol. Ch. **72**, 385 (1927). — [8] Dziewiatkowski, D. D.: J. biol. Ch. **161**, 723 (1945). — [9] Pirie, N. W.: Biochem. J. **28**, 305 (1934). — [10] Medes, G.: Biochem. J. **33**, 1559 (1939). — [11] Dziewiatkowski, D. D., and W. J. Wingo: Proc. Soc. exp. Biol. Med. **70**, 448 (1949). — [12] Lang, S.: H. **29**, 305 (1900). — [13] Hele, T. S.: Biochem. J. **18**, 110 (1924); **25**, 1736 (1931). — Dziewiatkowski, D. D.: J. biol. Ch. **178**, 389 (1943). — Laidlaw, J. C., and L. Young: Biochem. J. **42**, L (1948). — [14] Dziewiatkowski, D. D., R. E. Benesch and R. Benesch: J. biol. Ch. **178**, 931 (1949).

Glutathion (s. a. Bd. 2/1, S. 922). Das Tripeptid Glutathion enthält außer Glutaminsäure und Glycin, die beide im Leberstoffwechsel leicht und in praktisch unbeschränkter Menge gebildet werden können, Cystein. Da dieses entweder als solches mit der Nahrung zugeführt oder aus der exogenen Aminosäure Methionin synthetisiert werden muß, bildet es den begrenzenden Faktor bei der Glutathionbildung. Diese steht daher zu dem Stoffwechsel der S-haltigen Aminosäuren in naher Beziehung.

Glutathion wird in der Leber ständig und mit großer Geschwindigkeit gebildet, sein Umsatz ist weit rascher als der der Proteine[1]. Einige Stunden nach Verabreichung von 75 mg ^{15}N-Glycin an Ratten enthielt $^1/_4$ der in der Leber der Tiere enthaltenen Glutathionmoleküle ^{15}N-haltige Glycinreste. In der gleichen Zeit war nur $^1/_{60}$ der Glycinreste in den Leberproteinen durch markiertes Glycin ersetzt worden[2]. Nach Versuchen mit ^{15}N-Glutaminsäure und $^{15}NH_3$ wird die Halbwertszeit des Glutathions in der Leber auf 2—4 Std geschätzt[3].

Außer in situ befindlicher Leber bauten auch Leberschnitte[4] und Leberhomogenate[5] zugesetztes ^{14}C-Glycin oder ^{15}N-Glutamat in Glutathion ein[5]. N-Acetylglycin wurde dagegen in vitro von Leberschnitten[4] und Leberhomogenaten[5] nur langsam für die Glutathionsynthese verwendet. Die Bildung der Peptidbindung des Glutathions geht also nicht über N-Acetylglycin[5]. Die Synthese des Glutathions aus seinen 3 Bausteinen wird in Leberhomogenaten (insbesondere unter aeroben Bedingungen) durch Zusatz von ATP gesteigert[5,6]. Extrakte aus Acetonpulver von Taubenleber bildeten Glutathion aus Cystein, Glycin und Glutaminsäure in Gegenwart von Mg. Da Extrakte aus Taubenleber Adenosintriphosphat aus Adenosinmonophosphat zu bilden vermögen, förderten ATP, ADP und AMP die Glutathionsynthese gleich stark[7]. Enzympräparate, die γ-Glutamylcystein aus Glutaminsäure und Cystein bilden[8] und Glycin mit γ-Glutamylcystein zu Glutathion verbinden, konnten aus Schweine-[8] bzw. Taubenleber[9] dargestellt werden.

Da sowohl Glutamin als auch Glutathion in der Leber gebildet werden und beide Stoffe eine Säureamidbindung am γ-Carboxyl der Glutaminsäure besitzen, hat man Stoffwechselbeziehungen zwischen ihnen vermutet. Doch zeigten Versuche mit Extrakten aus Acetonpulver von Taubenleber, daß Glutaminsäure bei der Glutathionsynthese nicht durch Glutamin ersetzt werden kann, Glutamin ist also keine Vorstufe der Glutathionsynthese[10]. Die Bildung des Glutathions scheint nur in der Leber möglich zu sein. Extrakte aus Acetonpulvern von Niere und Darm von Kaninchen hatten nicht die Fähigkeit, Glutathion zu synthetisieren[7].

In der Leber ist neben einem Enzymsystem, das Glutathion synthetisiert, auch ein Enzymsystem vorhanden, das Glutathion spaltet. In Meerschweinchenleber wurde ein Ferment nachgewiesen, das Glutathion unter Freisetzung von Cystein zerlegt. Nach dem Tode tritt daher eine rasche autolytische Spaltung des in der Leber enthaltenen Glutathions ein.

Das Apoenzym des glutathionspaltenden Leberenzyms und das noch unbekannte Coenzym konnten durch Dialyse voneinander getrennt werden[11]. In der

---

[1] Waelsch, H., and D. Rittenberg: J. biol. Ch. **139**, 761 (1941). — [2] Waelsch, H., and D. Rittenberg: J. biol. Ch. **133**, CIV (1940). — [3] Waelsch, H., and D. Rittenberg: J. biol. Ch. **144**, 53 (1942). — [4] Bloch, K., and H. S. Anker: J. biol. Ch. **169**, 765 (1947). — [5] Bloch, K.: J. biol. Ch. **179**, 1245 (1949). — [6] Snoke, J. E., and K. Bloch: J. biol. Ch. **199**, 407 (1952). — [7] Johnston, R. B., and K. Bloch: J. biol. Ch. **188**, 221 (1951). — [8] Snoke, J. E., S. Yanari and K. Bloch: J. biol. Ch. **201**, 573 (1953). — Snoke, J. E.: Am. Soc. **75**, 4872 (1953). — Mandeles, S., and K. Bloch: J. biol. Ch. **214**, 639 (1955). — [10] Johnston, R. B., and K. Bloch: J. biol. Ch. **179**, 493 (1949). — [11] Neubeck, C. E., and C. V. Smythe: Arch. Biochem. **4**, 443 (1944).

Fähigkeit Glutathion zu spalten zeigen die Lebern verschiedener Tierarten große Unterschiede. Die Aktivität des Lebergewebes betrug, in Prozenten der Aktivität der Meerschweinchenleber (= 100%) ausgedrückt, beim Lamm 86%, beim Rind 59%, beim Menschen 50%, beim Schwein 37%, beim Kaninchen 17% und bei der Ratte 2—5%[1]. Durch Zentrifugieren bei hoher Geschwindigkeit kann das Fermentsystem, das das Glutathion spaltet, aus den Leberextrakten von Taubenleber absedimentiert und von dem glutathionsynthetisierenden Fermentsystem, das im Überstehenden verbleibt, abgetrennt werden[2]. Vermutlich ermöglicht das Zusammenwirken dieser beiden Enzymsysteme in den Zellen die Konstanterhaltung des Glutathiongehalts im Lebergewebe und im Blut.

Die Leber ist das glutathionreichste Organ des Organismus (vgl. Tabelle 44). Der bei gleichbleibender, gemischter Ernährung konstante Glutathiongehalt der

Tabelle 44. Gehalt einiger Organe an Gesamtglutathion und reduziertem Glutathion (in mg-% der frischen Substanz)[3].

	Ratte		Meerschweinchen		Kaninchen		Hund	
	reduziert	total	reduziert	total	reduziert	total	reduziert	total
Leber	177	206	229	248	268	271	171	186
Milz	101	129	—	—	185	185	120	133
Niere	145	147	118	129	111	115	—	—
Herz	73	96	73	88	72	90	77	92
Skeletmuskel	33	50	32	55	44	57	38	49
Lunge	74	90	94	122	98	106	—	—
Gehirn	74	95	67	89	—	—	—	—
Nebenniere	—	—	130	138	—	—	112	115
Blut	27	33	38	41	29	31	24	27

Rattenleber sank ab, wenn den Tieren eine proteinarme Kost verabreicht wurde. Wurde der Nahrung der Tiere hierauf Cystein zugegeben, so stieg der Glutathiongehalt der Leber wieder auf den Normalwert[4]. Daraus geht hervor, daß der Glutathiongehalt der Leber von der Menge der in der Nahrung enthaltenen S-haltigen Aminosäuren abhängt, während das Vorhandensein der übrigen Aminosäuren in der Nahrung ohne Einfluß zu sein scheint.

Verfettung der Leber hat im allgemeinen eine Verringerung des Glutathiongehalts zur Folge. Vergiftung mit Chloroform senkte in Versuchen am Hund[5] und am Kaninchen[6] den Glutathiongehalt des Lebergewebes. Auch in den Lebern mit Alkohol vergifteter Kaninchen war der Glutathiongehalt herabgesetzt[5]. Nach Unterbindung des Ductus choledochus sank der Glutathiongehalt der Leber ebenfalls stark ab[7], stieg jedoch wenige Tage nach der Operation rasch wieder auf den Normalwert[5]. Auch beim Menschen haben Leberschäden eine Senkung des Glutathionspiegels im Blut zur Folge, bei Lebercirrhosen wurden Glutathionwerte von 33 mg-% (gegen 49 mg-% bei Kontrollen) beobachtet[8].

Beim fastenden Tier enthält das Lebervenenblut mehr Glutathion als das Pfortaderblut[9]. Daraus geht nicht nur hervor, daß das Glutathion von der Leber

[1] Neubeck, C. E., and C. V. Smythe: Arch. Biochem. **4**, 443 (1944). — [2] Johnston, R. B., and K. Bloch: J. biol. Ch. **188**, 221 (1951). — [3] Binet, L., et G. Weller: Bull. Soc. Chim. biol. **18**, 358 (1936). — [4] Leaf, G., and A. Neuberger: Biochem. J. **41**, 280 (1947). — [5] Binet, L., et A. Arnaudet: C. R. Soc. Biol. **108**, 1117 (1931). — [6] Gersholowitz, W., and W. Campbell: Arch. int. Pharmacodyn. Thérap. **41**, 377 (1931). — [7] Varela, B., J. Duamarco et J. Vilar: C. R. Soc. Biol. **106**, 835 (1931). — [8] Küley, M., et Z. Saraçbaşi: Bull. Fac. méd. Istanbul **15**, 854 (1952) [Chem. Abstr. **47**, 1836[d]]. — [9] Randoin, L., et R. Fabre: Cr. **185**, 151 (1927); **192**, 815 (1931). — Binet, L., et G. Weller: Cr. **198**, 1185 (1934).

an das Blut abgegeben wird, sondern auch, daß es mit großer Geschwindigkeit von den peripheren Organen aufgenommen wird. Es scheint, daß das Glutathion des Blutes und der peripheren Organe ganz oder teilweise in der Leber gebildet wird.

Das Glutathion ist in der Leber vorwiegend in seiner reduzierten Form enthalten. Homogenate sowie Extrakte aus Acetontrockenpulvern von Rattenleber sind befähigt die Disulfidform des Glutathions zu reduzieren. Zusatz von Triphosphopyridinnucleotid und Citrat oder Glucose-6-phosphat beschleunigten die Reduktion des Disulfids. α-Ketoglutarat, Pyruvat, Glutamat oder Succinat, zusammen mit Diphosphopyridinnucleotid zugegeben, blieben ohne Wirkung. Aus diesen Versuchen wird auf das Vorhandensein einer Glutathionreduktase im Lebergewebe geschlossen, die die Reaktion $TPN \cdot H + H^+ + G \cdot SS \cdot G \rightarrow 2G \cdot SH + TPN$ katalysiert. Die Glutathionreduktase war in der nach Abzentrifugieren der großen Granula erhaltenen Flüssigkeit (= löslicher Cytoplasmaanteil + Mikrosomen) enthalten[1]. Mitochondrien und Zellkerne hatten praktisch keine Reduktasewirkung auf Glutathion.

Durch die Ausscheidung des Glutathions wird die Leber zum Regulator des Redoxpotentials im Blutplasma. Die Anwesenheit von reduziertem Glutathion schützt die Gewebe und das Blut vor einer Positivierung des Redoxpotentials. Eine Reihe von Dehydrogenasen und hydrolytischen Enzymen wirkt nur in Gegenwart von SH-Gruppen, und es ist wahrscheinlich, daß eine der Aufgaben des Glutathions darin besteht, die Cysteinreste dieser Fermentproteine in ihrer reduzierten SH-Form zu erhalten.

m) Phenylalanin und Tyrosin (s. a. Bd. 2/1, S. 979). Phenylalanin und das aus ihm entstehende Tyrosin werden in einzelnen Organen zu Spezialaufgaben verwendet. Schilddrüse, Nebennierenmark und sympathische Nervenendigungen bilden aus Tyrosin Hormone; die Haut, die Chorioidea des Auges und einige andere Gewebe verwandeln kleine Mengen von Tyrosin in Melanine; im Stoffwechsel der Großhirnrinde spielt die Oxydation des Phenylalanins zu Tyrosin eine wesentliche, aber heute noch nicht näher definierbare Rolle (s. a. S. 278 sowie Bd. 2/1, S. 982). Die Hauptmenge der vom Organismus umgesetzten aromatischen Aminosäuren wird aber von der Leber zu CO_2, H_2O und Harnstoff abgebaut. Dieser Abbauvorgang zerfällt in 4 Phasen. Zunächst wird das Phenylalanin in Tyrosin umgewandelt. Das so entstandene Tyrosin wird zusammen mit dem mit der Nahrung aufgenommenen Tyrosin in der Leber zu Homogentisinsäure oxydiert. Die Homogentisinsäure wird sodann in je 1 Molekül Acetessigsäure und Fumarsäure aufgespalten und die Fumarsäure sowie die beiden Essigsäurereste des Acetoacetats schließlich in bekannter Weise im Citronensäurecyclus abgebaut.

Die Umwandlung von Phenylalanin in Tyrosin. Phenylalanin ist eine exogene, im Organismus nicht synthetisierbare Aminosäure und kann in der Nahrung nicht durch Tyrosin ersetzt werden[2]. Junge Ratten stellten bei Mangel an Phenylalanin ihr Wachstum ein, auch dann, wenn ihnen reichlich Tyrosin verabreicht wurde[2]. Tyrosin kann jedoch in der Leber durch Oxydation aus Phenylalanin gebildet und Tyrosinzufuhr durch Zufuhr von Phenylalanin ersetzt werden. Phenylalaninreiche Caseinhydrolysate erwiesen sich bei jungen Ratten auch dann als vollwertige Aminosäurequelle, wenn alles darin enthaltene Tyrosin durch Tyrosinase zerstört worden war[3].

Die Umwandlung von Phenylalanin in Tyrosin wurde mit Hilfe der Isotopenmethode bewiesen: Nach Verabreichung von D-markiertem Phenylalanin war in

---

[1] RALL, T. W., and A. L. LEHNINGER: J. biol. Ch. **194**, 119 (1952). — [2] WOMACK, M., and W. C. ROSE: J. biol. Ch. **107**, 449 (1934). — [3] ALCOCK, R. S.: Biochem. J. **28**, 1174 (1934).

den Körperproteinen der Ratte neben D-haltigem Phenylalanin auch D-haltiges Tyrosin nachweisbar[1].

Daß die Umwandlung des Phenylalanins in Tyrosin in der Leber erfolgt, ist in Durchströmungsversuchen gezeigt worden. Durchströmung der Leber mit Phenylalanin führte zu einer Zunahme des Tyrosingehalts der Durchströmungsflüssigkeit[2]. Überlebende Leberschnitte und Leberhomogenate von Mensch, Hund, Kaninchen, Meerschweinchen, Ratte und Huhn oxydierten Phenylalanin, während analoge Präparate aus Niere, Lunge, Gehirn und Muskulatur keine Aktivität zeigten[3]. Ein Fermentsystem, das in Gegenwart von O_2 und Diphosphopyridinnucleotid die Oxydation des L-Phenylalanins zu L-Tyrosin durchführt, konnte aus Homogenaten von Rattenleber in löslicher Form dargestellt werden[3].

Das phenylalaninoxydierende Leberferment wirkt nur auf L-Phenylalanin. D-Phenylalanin gab bei der Bebrütung mit Leberschnitten nur geringe Mengen MILLON-positiver Substanz. Phenylacetat und Phenyläthylamin wurden überhaupt nicht angegriffen[4]. Während die Leber L-Phenylalanin zu Tyrosin oxydiert, baut sie D-Phenylalanin durch Desaminierung zu Phenylpyruvat ab. Nach Zufuhr von D,L-Phenylalanin erscheint daher Phenylpyruvat im Harn[5]. Versuche an überlebenden Schnitten haben jedoch gezeigt, daß auch L-Phenylalanin von Leber und Niere zu Phenylpyruvat desaminiert werden kann[6]. Das Phenylpyruvat wird durch oxydative Decarboxylierung zum Teil in Phenylacetat übergeführt.

Dieser Nebenweg des Phenylalaninabbaues scheint vor allem dann beschritten zu werden, wenn das Angebot an Phenylalanin so groß ist, daß es von dem tyrosinbildenden Fermentsystem nicht aufgearbeitet werden kann. Wird Kaninchen z. B. L-Phenylalanin in großer Menge verabreicht, so scheiden sie einen Teil davon als Phenylacetat im Harn aus[7]. Zu einer Ausscheidung von Phenylalanin und seinen Desaminierungsprodukten im Harn kommt es aber auch, wenn das Fermentsystem, das normalerweise die Oxydation von Phenylalanin bewirkt, aus irgend einem Grunde inaktiviert ist.

Eine solche Blockierung in der Umwandlung von Phenylalanin in Tyrosin liegt bei der Oligophrenia phenylpyruvica (Phenylketonurie), einer seltenen, angeborenen, recessiv vererbbaren[8], mit schweren Intelligenzdefekten verbundenen Stoffwechselstörung[9-11] vor (s. a. Bd. 2/1, S. 980). Da das Phenylalanin nicht zu Tyrosin oxydiert werden kann, sammelt sich bei dieser Erkrankung unabgebautes Phenylalanin im Organismus an; ein Teil davon wird durch Desaminierung in Phenylpyruvat umgewandelt, der Phenylalanin- und der Phenylpyruvatgehalt des Blutes steigen[12,13], und große Mengen Phenylpyruvat[9] werden im Harn ausgeschieden. Bilanzberechnungen bei einem Fall von Phenylketonurie ergaben, das mindestens die Hälfte des mit der Nahrung aufgenommenen Phenylalanins im Harn als Phenylpyruvat ausgeschieden worden war[14]. Auch die Ausscheidung von Phenylalanin im Harn, die beim normalen Menschen etwa 38 mg je Tag (Grenzwerte

[1] MOSS, A. R., and E. SCHOENHEIMER: J. biol. Ch. **135**, 415 (1940). — [2] EMBDEN, G., u. K. BALDES: B. Z. **55**, 301 (1913). — [3] UDENFRIEND, S., and J. R. COOPER: J. biol. Ch. **194**, 503 (1952). — [4] BERNHEIM, M. L. C., and F. BERNHEIM: J. biol. Ch. **152**, 481 (1944). — [5] SHAMBAUGH, N. F., H. B. LEWIS and D. TOURTELLOTTE: J. biol. Ch. **92**, 499 (1931). — [6] KREBS, H. A.: Kli. Wo. **1932 II**, 1744. H. **217**, 191 bes. S. 204 (1933). — [7] CHANDLER, J. P., and H. B. LEWIS: J. biol. Ch. **96**, 619 (1932). — [8] JERVIS, G. A.: J. ment. Sci. **85**, 719 (1939). — FÖLLING, A., O. L. MOHR u. L. RUUD: Oligophrenia phenylpyruvica. Skr. norske Vid.-Akad. Oslo, mat.-naturv. Kl. Nr. 13 (1945). — [9] FÖLLING, A.: H. **227**, 169 (1934). — FÖLLING, A., u. K. CLOSS: H. **254**, 115 (1938). — [10] PENROSE, L. S.: Lancet **1935 I**, 23; **II**, 192. — [11] JERVIS, G. A.: Arch. Neurol. Psychiatr. **38**, 944 (1937). — [12] FÖLLING, A., K. CLOSS u. T. GAMNES: H. **256**, 1 (1938). — [13] JERVIS, G. A., R. J. BLOCK, D. BOLLING and E. KANZE: J. biol. Ch. **134**, 105 (1940). — [14] PENROSE, L., and J. H. QUASTEL: Biochem. J. **31**, 266 (1937).

24—54 mg) beträgt[1], nimmt bei der Oligophrenia phenylpyruvica erheblich zu[2,3]. Während nach Verabreichung von L-Phenylalanin im Blut gesunder Menschen und Tiere eine Vermehrung von Substanzen, die die MILLONsche Reaktion geben (Tyrosin und Phenole), nachweisbar ist, tritt bei dieser Erkrankung nach Phenylalaninzufuhr keine Tyrosinvermehrung im Blut auf[4]. Tyrosinzufuhr verursacht auch beim Ketonuriker keine Ausscheidung von Phenylpyruvat, der Abbau des Tyrosins verläuft völlig normal. Verabreichung von Tryptophan, Phenylserin, Dioxyphenylalanin, Alanin, Leucin, Cystin, Valin oder Glycin hatte keine Wirkung auf die Ausscheidung des Phenylpyruvats[5]. Verabreichtes Phenylpyruvat, das vom Normalen nach Aminierung zu L-Phenylalanin in den normalen Stoffwechselweg des Tyrosins eingeführt werden kann und beim Gesunden nur in kleiner Menge im Harn erscheint, wird vom Phenylketonuriker in großer Menge im Harn ausgeschieden[5,6]. Auch Phenyllactat und (besonders stark) D-Phenylalanin steigerten die Ausscheidung des Phenylpyruvats[5]. Da die Leber, wie die oben erwähnten Versuche gezeigt haben, an der Oxydation des Phenylalanins zu Tyrosin wesentlich beteiligt ist, muß angenommen werden, daß die Stoffwechselstörung, die dieser Erkrankung zugrunde liegt, zumindest zum Teil in der Leber lokalisiert ist.

Der Abbau von Tyrosin (s. a. Bd. 2/1, S. 981). Der Abbau des L-Tyrosins erfolgt durch ein Enzymsystem, das in dem löslichen Anteil von Leberhomogenaten enthalten ist[7] und aus dem Acetonpulver von Leberhomogenaten dargestellt werden kann[8,9]. Bei der Oxydation des Tyrosins durch dieses Enzymsystem werden für je ein Molekül Tyrosin 4 Sauerstoffatome verbraucht[8] und je ein Molekül Acetoacetat und Fumarat gebildet. Wird das Enzym dialysiert, so verliert es seine Wirksamkeit. Um es zu reaktivieren, müssen α-Ketoglutarat und eine katalytische Menge von Ascorbinsäure zugesetzt werden[7].

Die erste Phase dieses Abbauvorganges besteht in der Desaminierung des Alaninrestes zu Pyruvat[8]. Hierbei wird die NH_2-Gruppe des Tyrosins durch Transaminierung[10] auf α-Ketoglutarat[7,11] übertragen und Glutaminsäure gebildet. Der Abbau des Tyrosins durch das Enzym ist daher nur in Anwesenheit von α-Ketoglutarat möglich[12].

$$\text{Tyrosin} + \alpha\text{-Ketoglutarat} \rightarrow \text{p-Oxyphenylpyruvat} + \text{Glutaminsäure}$$

Das p-Oxyphenylpyruvat wird sodann durch einen in seinem Mechanismus noch nicht aufgeklärtem Vorgang in 2,5-Dioxyphenylpyruvat übergeführt, wobei die Stellung der Seitenkette im Ring verschoben wird. Durch oxydative Decarboxylierung des Pyruvatrestes zu Acetat entsteht sodann 2,5-Dioxyphenylessigsäure (Homogentisinsäure). Die Homogentisinsäure wird schließlich durch Ringsprengung in Acetoacetat und in Fumarat aufgespalten.

Dieser Abbauweg des Tyrosins ist in Versuchen an Leberschnitten mit Hilfe der Isotopenmethode bewiesen worden (vgl. die Formelgruppe auf S. 281). Leberschnitte bildeten aus Phenylalanin, das in der COOH-Gruppe und im α-C-Atom des Alaninrestes mit ^{14}C markiert war, ein Acetoacetat, dessen COOH-Gruppe ^{14}C enthielt. Aus Phenylalanin, das in den C-Atomen 1, 3 und 5 des Kerns mit ^{14}C markiert war, entstand in Leberschnitten ein Acetoacetat, dessen γ-C-Atom

[1] TOMPSETT, S. L., and J. FITZPATRICK: Brit. J. exp. Path. **31**, 70 (1950). — [2] FÖLLING, A., K. CLOSS u. T. GAMNES: H. **256**, 1 (1938). — [3] DANN, M., E. MARPLES and S. Z. LEVINE: J. clin. Invest. **22**, 87 (1943). — [4] JERVIS, G. A.: J. biol. Ch. **169**, 651 (1947). — [5] JERVIS, G. A.: J. biol. Ch. **126**, 305 (1938). — [6] PENROSE, L., and J. H. QUASTEL: Biochem. J. **31**, 266 (1937). — [7] KNOX, W. E., and M. LEMAY-KNOX: Biochem. J. **49**, 686 (1951). — [8] LA DU, B. N. jr., and D. M. GREENBERG: J. biol. Ch. **190**, 245 (1951). — [9] LANG, K., u. U. WESTPHAL: H. **276**, 179 (1942). — [10] CAMMARATA, P. S., and P. P. COHEN: J. biol. Ch. **187**, 439 (1950). — [11] RAVDIN, R. G., and D. I. CRANDALL: Fed. Proc. **9**, 218 (1950). — [12] SCHEPARTZ, B.: J. biol. Ch. **193**, 293 (1951).

(die Methylgruppe) durch ^{14}C markiert war[1]. Tyrosin, das im β-C-Atom ^{14}C enthielt, gab in Leberschnitten Acetoacetat, in dessen α-C-Atom ^{14}C vorhanden war[2]. Ferner wurde L-Phenylalanin, das in allen C-Atomen des Rings mit ^{14}C und im α-C-Atom mit ^{13}C markiert war, bei Behandlung mit einem aus Leber hergestellten Enzympräparat in Acetoacetat umgewandelt, das in den β- und γ-C-Atomen ^{14}C und in der Carboxylgruppe ^{13}C enthielt. Neben diesem Acetoacetat wurde auch Malat gebildet, bei dem in allen C-Atomen gleiche Mengen von ^{14}C enthalten waren[3]. Das Malat entsteht durch die im Enzymsystem beigemengten Fumarase aus Fumarat. Die beistehende Formelgruppe zeigt, daß diese Befunde mit dem oben geschilderten Abbauweg des Tyrosins in Übereinstimmung stehen (s. S. 281).

Auch der Mechanismus der Ringsprengung konnte teilweise aufgeklärt werden. Die Aufspaltung der Homogentisinsäure erfolgt in der Weise, daß der Benzolring zunächst nur an einer Stelle gesprengt und oxydativ Fumarylacetoacetat gebildet wird. Das Fumarylacetoacetat wird sodann hydrolytisch in Fumarat und Acetoacetat aufgespalten[4]. Das Enzymsystem, das die Homogentisinsäure zu Fumarat und Acetoacetat zerlegt, besteht dementsprechend aus 2 Anteilen, die durch fraktionierte Alkoholausfällung der abzentrifugierten überstehenden Lösung der Leberhomogenate getrennt dargestellt werden konnten: eine Fe-haltige, aber porphyrinfreie Homogentisinoxydase bewirkt die Bildung und eine Fumarylacetoacetat-Hydrolase die Aufspaltung der Fumarylacetessigsäure[4].

Da Phenylalanin und Tyrosin beim Abbau 1 Molekül Acetessigsäure ergeben, sind sie ketoplastische Aminosäuren, gleichzeitig wird aber 1 Molekül Fumarat gebildet, das über Oxalacetat und Pyruvat in Glucose und Glykogen übergeht. Phenylalanin und Tyrosin sind also gleichzeitig ketoplastische und glykoplastische Aminosäuren, wobei jedoch die ketoplastische Wirkung (2 Moleküle Acetat gegen 1 Molekül Pyruvat) vorwiegt. Die durchströmte Leber bildet daher aus Phenylalanin, aus Tyrosin und aus Homogentisinsäure Acetoacetat[5]. Andererseits wurde nach Verfütterung von Phenylalanin an fastende Ratten Ansatz von Glykogen beobachtet und die durch Zufuhr von Na-butyrat hervorgerufene Ketonurie herabgesetzt[6]. Weder Tyrosin[7] noch Phenylalanin[8] bildeten jedoch bei Phlorrhizintieren Glucose.

Außer auf dem geschilderten Abbauweg über Homogentisinsäure und Acetoacetat kann die Leber Phenylalanin und Tyrosin wahrscheinlich auch noch auf anderen Wegen abbauen. So konnte aus Lebergewebe von Ratten und Hunden ein Enzym extrahiert werden, das L-Phenylalanin und L-Tyrosin unter Aufnahme von 1 Atom Sauerstoff, jedoch ohne Bildung von NH_3 und Ketosäuren, oxydiert[9]. Das Ferment wird durch Dialyse inaktiviert, sein p_H-Optimum liegt bei 7,8. In der Niere ist es nicht vorhanden.

Auf Grund von Bilanzversuchen beim Alkaptonuriker wurde die Menge des Tyrosins, das auf Nebenwegen des Stoffwechsels zerstört wird, unter normalen Ernährungsverhältnissen auf maximal 5—20% der umgesetzten Gesamtmenge geschätzt[10].

Die ***Alkaptonurie*** (s. Bd. 1, S. 539 sowie Bd. 2/1, S. 891) ist eine Stoffwechselstörung, die auf dem Nichtvorhandensein oder einer Inaktivierung des Ferment-

[1] SCHEPARTZ, B., and S. GURIN: J. biol. Ch. **180**, 663 (1949). — [2] WEINHOUSE, S., and R. H. MILLINGTON: J. biol. Ch. **175**, 995 (1948). — [3] LERNER, A. B.: J. biol. Ch. **181**, 281 (1949). — [4] RAVDIN, R. G., and D. I. CRANDALL: J. biol. Ch. **189**, 137 (1951). — KNOX, W. E., and S. W. EDWARDS: J. biol. Ch. **216**, 479, 489 (1955). — [5] EMBDEN, G., H. SALOMON u. F. SCHMIDT: Hofmeisters Beitr. **8**, 129 (1906). — [6] BUTTS, J. S., M. S. DUNN and L. F. HALLMAN: J. biol. Ch. **123**, 711 (1938). — [7] RINGER, A. J., u. G. LUSK: H. **66**, 106 (1910). — [8] DAKIN, H. D.: J. biol. Ch. **14**, 321 (1913). — [9] LANG, K., u. U. WESTPHAL: H. **276**, 179 (1942). — [10] NEUBERGER, A., C. RIMINGTON and J. M. G. WILSON: Biochem. J. **41**, 438 (1947).

systems beruht, das die Homogentisinsäure zu Fumarylacetoacetat aufspaltet. Das Fermentsystem, dessen Funktion bei der Alkaptonurie ausgefallen ist[1], ist in der normalen menschlichen Leber im Überschuß vorhanden, denn einmalige Belastung auch mit großen Dosen von Tyrosin oder Phenylalanin führt nicht zur Ausscheidung von Homogentisinsäure im Harn, und verabreichte Homogentisinsäure wird vom Gesunden restlos abgebaut[2]. Da die Spaltung der Homogentisinsäure in der Leber erfolgt, muß die Stoffwechselstörung, die die Alkaptonurie auslöst, in den Leberzellen lokalisiert sein. Doch haben auch schwere Schädigungen der Leberzellen, wie sie durch Infektionen, auf die Leber wirkende Gifte oder durch Kreislaufstörungen der Leber verursacht werden, niemals Alkaptonurie zur Folge. Die Ursache liegt offenbar darin, daß in diesem Falle das Enzymsystem, das die Homogentisinsäure aus Tyrosin bildet, ebenso stark geschädigt ist, wie das Enzymsystem, das die Homogentisinsäure abbaut.

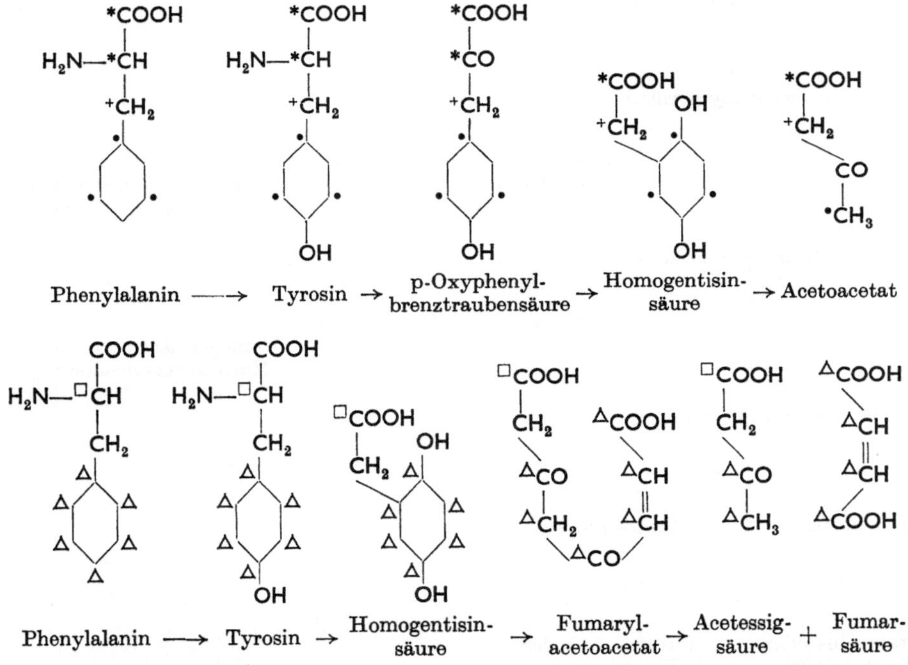

Phenylalanin ⟶ Tyrosin → p-Oxyphenylbrenztraubensäure → Homogentisinsäure → Acetoacetat

Phenylalanin ⟶ Tyrosin → Homogentisinsäure → Fumarylacetoacetat → Acetessigsäure + Fumarsäure

Abb. 37. Der Abbauweg des Phenylalanins und des Tyrosins in Leberschnitten, verfolgt mit Hilfe von Isotopenmarkierung.

Obere Formelreihe: Phenylalanin, das in der Carboxylgruppe und im α-C-Atom der Seitenkette (Sternchen) mit ^{14}C markiert war, wurde mit Leberschnitten bebrütet. Es entstand Acetoacetat, das in der Carboxylgruppe ^{14}C enthielt.

Phenylalanin, das ^{14}C in der 1-, 3- und 5-Position (Punkte) des Rings enthielt, gab dagegen bei der Bebrütung mit Leberschnitten ein Acetoacetat, das ^{14}C in der Methylgruppe enthielt.

Wurde Leberschnitten ein Tyrosin angeboten, das im β-C-Atom ^{14}C enthielt (Kreuzchen) so entstand Acetoacetat, in dessen Methylengruppe ^{14}C enthalten war.

Untere Formelreihe: Phenylalanin, dessen α-Atom mit ^{13}C (Quadrate) und dessen Ring-C-Atome mit ^{14}C markiert waren (Dreiecke), ergab ein Acetoacetat, dessen β- und γ-Atom ^{14}C und dessen COOH-Gruppe ^{13}C enthielt. Das im gleichen Versuch entstandene Malat enthielt in allen 4 C-Atomen ^{14}C, dieses Malat war durch die Wirkung von Fumarase aus Fumarat entstanden.

---

[1] Neubauer, O.: Dtsch. Arch. klin. Med. **95**, 211 (1909). — [2] Medes, G.: Biochem. J. **26**, 917 (1932).

Bei der Alkaptonurie sind dagegen die Fermente, die das Phenylalanin zum Tyrosin und das Tyrosin bis zur Homogentisinsäure abbauen, voll funktionsfähig, die Homogentisinsäure wird in normaler Weise aus Tyrosin gebildet, da sie aber nicht weiter abgebaut werden kann, geht sie ins Blut über und wird im Harn ausgeschieden. Da die Ausscheidung der Homogentisinsäure durch die Niere sehr rasch erfolgt, bleibt die Konzentration der Homogentisinsäure im Blut auch bei schwerer Alkaptonurie nur gering[1].

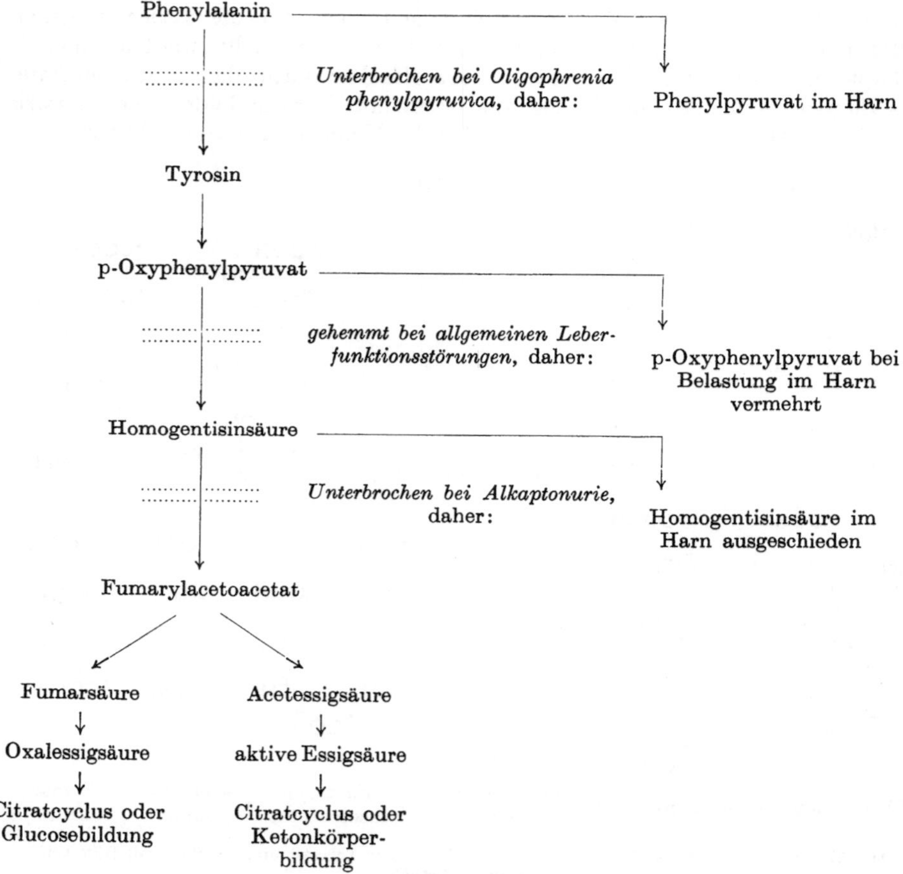

Abb. 38. Der Abbauweg des Phenylalanins und des Tyrosins. 1. Oxydation des Phenylalanins zu Tyrosin. Störung dieser Umsetzung führt zur Ausscheidung von Phenylpyruvat (und Phenylalanin) im Harn. 2. Umwandlung des Tyrosins in Homogentisinsäure mit p-Oxyphenylpyruvat als Zwischensubstanz. Störungen an dieser Stelle des Abbauweges können durch Belastung mit p-Oxyphenylpyruvat nachgewiesen werden. 3. Öffnung des Benzolkerns und Umwandlung der Homogentisinsäure in Fumarylacetoacetat. Die Alkaptonurie beruht auf einer Störung dieser Abbaustufe. 4. Das Fumarylacetoacetat wird hydrolytisch in Fumarat und Acetoacetat aufgespalten, das Fumarat gelangt über Oxalacetat in den Pyruvatpool, das Acetoacetat kann in aktives Acetat umgewandelt werden. Pyruvat und aktives Acetat können im Citronensäurecyclus zu CO_2 und H_2O oxydiert werden.

Bekanntlich färbt sich bei der Alkaptonurie der Harn an der Luft dunkel, was auf der Oxydation der Homogentisinsäure zu einem chinoiden Farbstoff beruht. Nach Alkalizusatz tritt die Dunkelfärbung des Harns sofort ein (daher „Alkaptonurie"). Die Alkaptonurie ist recessiv vererbbar und kommt sehr selten vor; in den annähernd 100 Jahren, die seit der ersten Beschreibung dieser Stoffwechselstörung verflossen sind, wurde in der Literatur nur über etwa

[1] NEUBERGER, A., C. RIMINGTON and J. M. G. WILSON: Biochem. J. **41**, 438 (1947).

200 Fälle dieser Erkrankung berichtet[1]. Zufuhr von Phenylalanin und Tyrosin steigert die Homogentisinsäurebildung[2]. Etwa 80—85% der aufgenommenen Menge von Phenylalanin und Tyrosin wurde in einem Falle von Alkaptonurie als Homogentisinsäure mit dem Harn ausgeschieden[3]. Phenylpyruvat wird vom Alkaptonuriker leicht in Homogentisinsäure verwandelt[4]; in Dosen von 3—5 g täglich einer Alkaptonurikerin verabreicht, wurde es zu 86—89% als Homogentisinsäure im Harn ausgeschieden, 11—14% der aufgenommenen Phenylbrenztraubensäure erschienen unverändert im Harn. Auch p-Oxyphenylpyruvat wird vom Alkaptonuriker in Homogentisinsäure verwandelt[5]. Von verabreichter p-Oxyphenylbrenztraubensäure wurden 27—30% als Homogentisinsäure im Harn ausgeschieden, unverändertes p-Oxyphenylpyruvat war im Harn nicht nachweisbar[6]. Da Phenylpyruvat und p-Oxyphenylpyruvat durch Aminierung in L-Phenylalanin und L-Tyrosin übergehen können, ist ihre Umwandlung in Homogentisinsäure verständlich. 3,4-Dioxyphenylalanin wird dagegen nicht in Homogentisinsäure verwandelt[7].

Obzwar es durch verschiedene Maßnahmen möglich ist, die vorübergehende Ausscheidung von Zwischenprodukten des Tyrosinabbaues im Tierversuch zu provozieren, ist es bisher nicht gelungen, eine der menschlichen Alkaptonurie entsprechende Stoffwechselstörung beim Tier hervorzurufen. Injektion großer Dosen von Phenylalanin[8] oder Verfütterung von Tyrosin[9] rief bei Katzen keine Alkaptonurie hervor. Andererseits konnte eine vorübergehende Ausscheidung von Homogentisinsäure im Harn von Ratten durch Verfütterung sehr großer Mengen von D,L-Phenylalanin, nicht aber durch Zufuhr des schwerer resorbierbaren D,L-Tyrosins provoziert werden[10]. Bei Tieren, die kein Methionin und Cystein[11] oder kein Protein[12] erhielten, konnte durch relativ kleine Dosen von Phenylalanin oder Tyrosin eine Ausscheidung von Homogentisinsäure ausgelöst werden. Skorbutkranke Meerschweinchen schieden nach Belastung mit Phenylalanin oder Tyrosin neben p-Oxyphenyllactat und p-Oxyphenylpyruvat auch Homogentisinsäure mit dem Harn aus[13]. Zufuhr von Ascorbinsäure hob diese Stoffwechselstörung auf, während die isomere D-iso-Ascorbinsäure völlig wirkungslos blieb[13]. Während der O_2-Verbrauch von Leberschnitten normal genährter Meerschweinchen nach Zusatz von Tyrosin rasch zunimmt, bleibt eine solche Zunahme bei Leberschnitten skorbutischer Meerschweinchen aus[14].

Auch andere Befunde weisen darauf hin, daß die Ascorbinsäure beim Abbau des Tyrosins eine Rolle spielt. Im Harn vorzeitig geborener Kinder konnte, wenn sie mit einer Nahrung, die viel Protein (Kuhmilch) aber wenig Ascorbinsäure enthielt, ernährt wurden, Oxyphenylpyruvat nachgewiesen werden[15]. Auch hier hörte die Ausscheidung nach Zufuhr von Ascorbinsäure sofort auf.

[1] BODANSKY, M., and O. BODANSKY: Biochemistry of Disease. S. 569. New York 1947. — [2] FALTA, W.: Dtsch. Arch. klin. Med. **81**, 231 (1904). — FALTA, W., u. L. LANGSTEIN: H. **37**, 513 (1902/03). — [3] NEUBERGER, A., C. RIMINGTON and J. M. G. WILSON: Biochem. J. **41**, 438 (1947). — [4] NEUBAUER, O., u. W. FALTA: H. **42**, 81 (1904). — HACH, J.: Verh. dtsch. Ges. inn. Med. **42**, 165 (1930). — [5] NEUBAUER, O.: Dtsch. Arch. klin. Med. **95**, 211 (1909). — [6] LANYAR, F.: H. **293**, 32 (1953). — [7] FROMHERZ, K., u. L. HERMANNS: H. **91**, 194 (1914). — [8] DAKIN, H. D.: J. biol. Ch. **6**, 235 (1909). — [9] DAKIN, H. D.: J. biol. Ch. **8**, 11, 25 (1910). — [10] PAPAGEORGE, E., and H. B. LEWIS: J. biol. Ch. **123**, 211 (1938). — BUTTS, J. S., M. S. DUNN and L. F. HALLMAN: J. biol. Ch. **123**, 711 (1938). — [11] GLYNN, L. E., H. P. HIMSWORTH and A. NEUBERGER: Brit. J. exp. Path. **26**, 326 (1945). — [12] NEUBERGER, A., and T. A. WEBSTER: Biochem. J. **41**, 449 (1947). — [13] SEALOCK, R. R., and H. E. SILBERSTEIN: J. biol. Ch. **135**, 251 (1940). Science, N. Y. **90**, 517 (1939). — SEALOCK, R. R., J. D. PERKINSON jr. and D. H. BASINSKI: J. biol. Ch. **140**, 153 (1941). — [14] LAN, T. H., and R. R. SEALOCK: J. biol. Ch. **155**, 483 (1944). — [15] LEVINE, S. Z., E. MARPLES and H. H. GORDON: J. clin. Invest. **20**, 209 (1941). Science, N. Y. **90**, 620 (1939).

Fälle von Alkaptonurie bei Menschen werden jedoch weder durch Ascorbinsäurezufuhr noch durch Cystein oder Methionin und auch nicht durch Vitamin B_{12} beeinflußt[1].

Als *Tyrosinosis* wurde eine bisher in einem einzigen Falle beobachtete Stoffwechselstörung bezeichnet. Ein 49jähriger Mann, der früher unter der Diagnose Myasthenia gravis behandelt worden war, dessen Zustand aber zur Zeit der Untersuchung bis auf eine Kreatinurie normal war, schied täglich 1,6 g Tyrosin aus. Nach Tyrosinbelastung wurden außer einer vermehrten Tyrosinmenge auch 3,4-Dioxyphenylalanin und Oxyphenylacetat, nach Phenylalaninbelastung Tyrosin, Oxyphenylacetat und Oxyphenylpyruvat im Harn ausgeschieden. Oxyphenylpyruvat wurde nicht in Tyrosin verwandelt, sondern erschien (ebenso wie Oxyphenylacetat) unverändert im Harn. Verabreichte Homogentisinsäure wurde restlos verbrannt. Es handelt sich bei der Tyrosinosis somit um eine Insuffizienz des Enzymsystems, das Tyrosin in Homogentisinsäure umwandelt. Die Tyrosinosis bildet gleichsam das Gegenstück zur Alkaptonurie, bei der das Fermentsystem, das den weiteren Abbau der Homogentisinsäure katalysiert, ausgefallen ist[2].

Tyrosinämie und Tyrosinurie bei Lebererkrankungen (s. a. Bd. 2/1, S. 344 sowie Bd. 2/2b, S. 129). Da der Abbau des Tyrosins vor allem in der Leber erfolgt, kann es bei Schädigung des Leberparenchyms zu einer Stauung unabgebauten Tyrosins im Organismus und zu einem Anstieg des Tyrosingehalts im Blut kommen[3,4]. Der Tyrosinspiegel im Blutplasma, der beim normalen nüchternen Menschen etwa 3 mg-% beträgt, kann bei Lebererkrankungen auf 4—10 mg-% ansteigen[5] (s. Bd. 2/1, S. 344). Bei der vergleichenden Untersuchung von Blutproben normaler, leberkranker und an extrahepatischen Erkrankungen leidender Menschen wurde bei 80% der Leberfälle eine Vermehrung des Tyrosins im Blut festgestellt, während sich bei extrahepatischen Erkrankungen meist normale Bluttyrosinwerte ergaben[4]. Auch der Tyrosingehalt des Harns steigt bei Lebererkrankungen an[6]. Die Menge des mit dem Harn ausgeschiedenen Tyrosins, die beim Normalen bei 18,5 mg täglich (Grenzwerte 7,5 bis 34,0 mg)[7] bzw. bei 23 mg täglich (Grenzwerte 11—37 mg)[8] gefunden wurde, kann bei Leberkranken beträchtlich zunehmen[8,9]. Werden durch pathologische Prozesse größere Mengen von Leberparenchym eingeschmolzen (z. B. bei der akuten gelben Leberatrophie), so gelangen die durch die Autolyse der Leberproteine freigesetzten Aminosäuren in großen Mengen in Blut und Harn. In solchen Fällen allgemeiner Aminacidurie können Leucin und Tyrosin, da schwerer löslich als andere Aminosäuren, im Harn auskrystallisieren. Das Auftreten von Büscheln nadelförmiger Tyrosinkrystalle und kugelähnlich verformter Leucinkrystalle im Harnsediment ist seit langem[10] als charakteristisches Symptom der akuten gelben Leberdystrophie bekannt. Der Tyrosingehalt des Harns, der normal 1—2 mg-% beträgt[8] (vgl. a. [11]), kann in derartigen Fällen auf über 100 mg-% ansteigen[8,12].

Die Belastung mit Tyrosin oder p-Oxyphenylbrenztraubensäure als Leberfunktionsprüfung. Da die Fähigkeit, Tyrosin abzubauen, bei Leberschädigungen herabgesetzt ist, hat man vorgeschlagen, Tyrosinbelastungsversuche als Leberprüfungen zu verwenden. Beim Normalen steigt nach oraler Verabreichung von 4 g Tyrosin der Tyrosingehalt des Blutes innerhalb 1 Std von einem Nüchtern-

---

[1] NEUBERGER, A., C. RIMINGTON and J. M. G. WILSON: Biochem. J. **41**, 438 (1947). — [2] MEDES, G.: Biochem. J. **26**, 917 (1932). — [3] BLASS, J., M. CACHIN et J. DURLACH: Bull. Mém. Soc. méd. Hôp. Paris **66**, 1253 (1950). — [4] JANKELSON, I. R., M. SEGAL and M. AISNER: Amer. J. Digest. Dis. **3**, 889 (1937). Amer. J. med. Sci. **193**, 241 (1937). — [5] SCHWEIZER, W.: Arch. int. Pharmacodyn. Thérap. **79**, 35 (1949). — [6] LICHTMAN, S. S.: Arch. internal Med., Chicago **53**, 680 (1934). — [7] TOMPSETT, S. L., and J. FITZPATRICK: Brit. J. exp. Path. **31**, 70 (1950). — [8] LAWRIE, N. R.: Biochem. J. **41**, 41 (1947). — [9] DUNN, M. S., S. AKAWAIE, H. L. YEH and H. MARTIN: J. clin. Invest. **29**, 302 (1950). — [10] FRERICHS, F. T., u. G. STAEDLER: Wien. med. Wschr. **1854**, 465. — [11] EMBDEN, G., u. H. REESE: Hofmeisters Beitr. **7**, 423 (1906). — [12] LICHTMAN, S. S., and H. SOBOTKA: J. biol. Ch. **85**, 261 (1929/30).

wert von 1—2 mg-% auf 5—6 mg-% und sinkt dann rasch wieder zum Nüchternwert ab[1]. Bei Leberparenchymschäden kann der Tyrosinspiegel im Blutplasma nach Belastung bis auf 15 mg-% ansteigen, der Abfall des Bluttyrosins tritt verzögert ein. Auch Leberfunktionsprüfungen, bei denen mit 1 g (s.[2]) oder 0,25 g (s.[3]) Tyrosin intravenös belastet wird, sind angegeben worden.

Die Geschwindigkeit, mit der Tyrosin nach einer Tyrosinbelastung aus dem Blut verschwindet, ist abhängig a) von der Geschwindigkeit, mit der das Tyrosin in Proteine eingebaut, b) von der Geschwindigkeit, mit der es durch die Leber abgebaut wird. Während der Tyrosinabbau aber weitgehend ein Monopol der Leber darstellt, kann das Tyrosin, außer in der Leber, auch in anderen Organen in Proteine eingebaut werden. Ins Blut injiziertes ^{14}C-Tyrosin wurde nicht nur in die Proteine der Leber, sondern zum Teil auch in die Proteine des Dünndarmgewebes und der Niere mit großer Geschwindigkeit aufgenommen[4]. Die Geschwindigkeit, mit der der Tyrosingehalt des Blutes nach Tyrosinbelastung absinkt, ist daher zum Teil von Vorgängen abhängig, die nicht nur in der Leber lokalisiert sind. Um die funktionelle Intaktheit des tyrosinabbauenden Fermentsystems der Leber zu prüfen, wird daher an Stelle von Tyrosin die p-Oxyphenylbrenztraubensäure als Testsubstanz empfohlen[5]. Das p-Oxyphenylpyruvat, das das erste Zwischenprodukt des Tyrosinabbaues bildet, wird in der erkrankten Leber nur langsam abgebaut, und der nicht abgebaute Überschuß erscheint im Harn[5]. Die Menge des im Harn ausgeschiedenen, d.h. von der Leber nicht abgebauten p-Oxyphenylpyruvats kann außer mit Hilfe der Millon-Reaktion[6] auch gravimetrisch nach Fällung mit Phenylhydrazin[7] oder nach Fällung mit Dinitrophenylhydrazin colorimetrisch[8] bestimmt werden. Gesunde Personen scheiden nach Belastung mit 2 g p-Oxyphenylbrenztraubensäure in 8 Std 100 bis 200 mg der Substanz im Harn aus, desgleichen leichtere Fälle von Cirrhose oder Stauungsleber; bei leichten Hepatitiden werden in der gleichen Zeit bis zu 300 mg ausgeschieden, in schwereren Fällen kann die Ausscheidung 300—1000 mg und mehr betragen[9].

n) Tryptophan (s. a. Bd. 2/1, S. 987). Ebenso wie der Abbau des Phenylalanins und des Tyrosins, so erfolgt auch der Abbau des Tryptophans über eine komplizierte Reihe von Zwischenreaktionen, die größtenteils in den Leberzellen lokalisiert sind. Im Zuge dieser Reaktionsfolge wird zunächst der Pyrrolkern des Tryptophans gesprengt und Formylkynurenin gebildet, das durch Abspaltung des Formylrestes in Kynurenin (Anthraniloylalanin)[10] (vgl. die Formelübersicht) übergeht. Der bis zum Kynurenin gemeinsam verlaufende Abbauweg teilt sich nun: Ein Teil des Kynurenins wird über Oxykynurenin, Oxyanthranilsäure und Chinolinsäure in Nicotinsäure und schließlich in Nicotinsäureamid übergeführt. Der Organismus kann auf diese Weise einen Teil seines Bedarfes an diesem lebenswichtigen Vitamin im eigenen Stoffwechsel decken. Andere Wege des Kynureninabbaues führen zur Kynurensäure und zur Anthranilsäure. Die biologische Bedeutung dieser Nebenwege des Tryptophanabbaues ist unbekannt, möglicherweise werden sie nur dann in größerem Ausmaß aktiviert, wenn der Leber mehr Tryptophan zur Verarbeitung angeboten wird als sie für die Nicotinsäurebildung verwenden kann.

[1] Bernhart, F. W., and R. W. Schneider: Amer. J. med. Sci. **205**, 636 (1943). — [2] Schweizer, W.: Arch. int. Pharmacodyn. Thérap **79**, 35 (1949). — [3] Carrié, C., u. G. Stüttgen: Kli. Wo. **1950**, 497. — [4] Winnick, T., F. Friedberg and D. M. Greenberg: J. biol. Ch. **173**, 189 (1948). — [5] Felix, K., u. R. Teske: H. **267**, 173 (1941). — [6] Felix, K.: H. **281**, 36 (1944). — [7] Emmrich, R.: Z. ges. exp. Med. **109**, 604 (1941). — [8] Penrose, L., and J. H. Quastel: Biochem. J. **31**, 266 (1937). — Kirberger, E.: Kli. Wo. **1949**, 48. — Schreier, K., u. H. Hardy: D. m. W. **1949**, 515. — [9] Kihn, L.: Z. ges. inn. Med. **6**, 406 (1951). — [10] Butenandt, A.: Angew. Chem. **54**, 89 (1941).

Harn Harn

Kynurensäure Xanthurensäure

Tryptophan → Formylkynurenin → Kynurenin (Anthraniloylalanin) → 3-Oxykynurenin (Xanthuren) → Harn

Anthranilsäure 3-Oxyanthranilsäure

Coenzymbildung ← Nicotinsäure ← Chinolinsäure

Die funktionelle Kapazität einiger der Fermentsysteme, die am Abbau des Tryptophans und an seiner Überführung in Nicotinsäure beteiligt sind, ist nur gering. Die von diesen Fermenten nur in beschränktem Ausmaß katalysierbaren Reaktionen begrenzen den Umsatz der ganzen Reaktionsserie und bilden gleichsam Engpässe des Abbauweges. Nach Zufuhr großer Tryptophanmengen stauen sich die Zwischenprodukte vor diesen Engpässen an und werden als solche in Harn oder Galle ausgeschieden oder auf Nebenwegen des Stoffwechsels weiter abgebaut. Kynurenin, Oxykynurenin und Chinolinsäure sind solche bei erhöhtem Tryptophanangebot mit dem Harn ausgeschiedene Zwischenprodukte des Tryptophanabbaues. Kynurensäure, Xanthurensäure und Anthranilsäure, die nach Tryptophanbelastung ebenfalls im Harn auftreten, sind Veränderungsprodukte, die in den Leberzellen sekundär aus den angesammelten Zwischenprodukten entstehen. Schädigungen, die die am Tryptophanabbau beteiligten Fermentsysteme der Leber treffen, können auch bei normalem Tryptophanangebot die Ausscheidung von derartigen Zwischenprodukten und Nebenprodukten des Tryptophanabbaues im Harn zur Folge haben.

Oxytryptophan ist kein Zwischenprodukt des Tryptophanstoffwechsels, es wird von der Leber auf anderen Wegen abgebaut. Nach der Bebrütung mit Leberschnitten liefert es ein völlig anderes Papierchromatogramm als in gleicher

Weise bebrütetes Tryptophan[1]. Wurde normalen oder auch pyridoxinfrei ernährten Ratten entweder Tryptophan oder Oxytryptophan verfüttert, so gaben die in den beiden Versuchen ausgeschiedenen Harne der Tiere völlig verschiedene Papierchromatogramme[2]. Über den Abbauweg des Oxytryptophans und die nach Belastung mit dieser Aminosäure im Organismus entstehenden und im Harn ausgeschiedenen Stoffwechselprodukte ist derzeit nichts Näheres bekannt.

Die Einzelreaktionen, aus denen sich der Abbauweg des Tryptophans zusammensetzt, wurden Schritt für Schritt in Leberschnitten und Leberhomogenaten nachgewiesen, und ein großer Teil der dabei beteiligten Fermente konnte in mehr oder weniger gereinigter Form aus Lebergewebe dargestellt werden. Andere Organe und insbesondere die am Abbau mancher anderer Aminosäuren stark beteiligte Niere spielen bei den bisher bekannten Reaktionen des Tryptophanabbaues nur eine geringe Rolle. Während Schnitte aus Rattenleber Tryptophan in Kynurenin, Kynurensäure und Anthranilsäure umwandeln, kann die Rattenniere keinen dieser Stoffe aus L-Tryptophan bilden. Doch ist beobachtet worden, daß Schnitte aus Rattenniere Kynurenin in stark fluoreszierende Produkte umwandeln, die papierchromatographisch der Xanthurensäure ähnlich sind[1].

Der Abbau von Tryptophan zu Formylkynurenin (s. Bd. 2/1, S. 987). Das als *Tryptophanpyrrolase* bezeichnete[3] Enzymsystem, das den Pyrrolkern des Tryptophanmoleküls öffnet und das Tryptophan in Formylkynurenin überführt (vgl. die Formeln) konnte aus dem überstehenden, mitochondrienfreien Anteil des zentrifugierten Leberhomogenates durch Fällung bei p_H 5,4 dargestellt werden[4]. Es besteht aus 2 Anteilen, einer davon ist eine Peroxydase, die die Anlagerung eines Moleküls H_2O_2 an den Pyrrolkern des Tryptophans bewirkt. Das hierbei entstehende Zwischenprodukt (wahrscheinlich Dioxyindolylalanin) wird durch eine Dehydrogenase in Formylkynurenin umgewandelt[4].

C—Alanin, CH, NH $\xrightarrow{+H_2O_2}$ C(OH)—Alanin, CHOH, NH $\xrightarrow{-H_2}$ CO—Alanin, CHO, NH $\xrightarrow[-HCOOH]{+H_2O}$ CO—Alanin, NH_2

Tryptophan ——→ Dioxyindolylalanin (?) ——→ Formylkynurenin ——→ Kynurenin
(Peroxydase) (Dehydrogenase) (Formylase)

Für die Peroxydasereaktion ist die Anwesenheit kleiner Mengen H_2O_2 notwendig; dieses kann durch Flavinfermente, die bei Zusatz geeigneter Substrate H_2O_2 erzeugen, beigestellt werden[4]. So kann z.B. D-Aminosäureoxydase in Gegenwart von D-Aminosäuren als H_2O_2-Spender dienen. Ebenso kann die Uricase in Gegenwart von Harnsäure die Oxydation des Tryptophans beschleunigen. Katalase hat, da sie das im Gewebe vorhandene H_2O_2 zerstört, an sich eine hemmende Wirkung, beseitigt aber andererseits H_2O_2-Überschüsse, die das tryptophanabbauende Enzymsystem schädigen würden. In Gegenwart eines Flavinferments, das ständig kleine Mengen von H_2O_2 bildet, wird der Tryptophanabbau durch Katalase nicht gestört[4]. Durch Adrenektomie wird die Tryptophanperoxydase-Aktivität der Rattenleber verringert, durch Cortison und ACTH gesteigert[5].

Die Aufspaltung von Formylkynurenin und die Bildung von Kynurenin. Wird der überstehende flüssige Anteil zentrifugierter Leberhomogenate auf p_H 5,4

[1] MASON, M., and C. P. BERG: J. biol. Ch. **188**, 783 (1951). — [2] DALGLIESH, C. E., W. E. KNOX and A. NEUBERGER: Nature **168**, 20 (1951). — [3] KOTAKE, Y., u. T. MASAYAMA: H. **243**, 237 (1936). — [4] KNOX, W. E., and A. H. MEHLER: J. biol. Ch. **187**, 419 (1950). — [5] KNOX, W. E., and W. H. AUERBACH: J. biol. Ch. **214**, 307 (1955).

gebracht, so wird das Enzym, das Tryptophan zu Formylkynurenin oxydiert, ausgefällt, während die Formylase, die die Aufspaltung des Formylkynurenins in Kynurenin und Ameisensäure katalysiert, in Lösung bleibt[1]. Die Formylase konnte bisher in der Leber von Hund, Kaninchen, Meerschweinchen, Ratte, Schwein und Taube nachgewiesen werden; Herz und Skeletmuskulatur, Gehirn und Lunge waren wirkungslos, Niere, Milz und Darm enthalten nur minimale Mengen des Ferments[2].

Die Kapazität des Enzymsystems, das Tryptophan in Kynurenin aufspaltet, ist relativ groß. Die aus den Lebern verschiedener Laboratoriumstiere dargestellten Präparate des tryptophanspaltenden Enzymsystems konnten je Std und g Lebersubstanz etwa 1,5 μMol Tryptophan verarbeiten[1], was auf das Gewicht der menschlichen Leber (1500 g) umgerechnet etwa 7 g Tryptophan je Tag entsprechen würde. Ferner kann die Leber die Wirksamkeit dieses Fermentsystems adaptiv steigern: Verabreichung von 1—2 g D,L-Tryptophan je kg Körpergewicht 6 Std vor dem Tode ließ den Enzymgehalt der Leber auf das 10fache ansteigen. Die rasche Umwandlung des Tryptophans zu Kynurenin hat zur Folge, daß bei Tryptophanbelastungen im allgemeinen nicht Tryptophan, sondern Kynurenin[3] und Abbauprodukte des Kynurenins im Harn erscheinen.

Die Seitenkette des Tryptophans bleibt bei der Umwandlung des Tryptophans in Kynurenin unbeteiligt. Tryptophan, das im β-C-Atom des Alaninrestes mit ^{14}C markiert war, gab ein Kynurenin, das das ^{14}C im Alaninrest in β-Position enthielt[4].

Die Wege des Kynureninabbaus. Der Abbau des Kynurenins kann auf verschiedenen Stoffwechselwegen erfolgen. Durch Oxydation wird das Kynurenin in 3-Oxykynurenin übergeführt, das ein normales, auch ohne besondere Tryptophanbelastung entstehendes Zwischenprodukt des Tryptophanabbaues zu sein scheint. Bei Tryptophanbelastung wird dagegen aus einem Teil des im Überschuß gebildeten Kynurenins bei einer Reihe von Tierarten Kynurensäure gebildet, andere Tierarten bilden aus dem Kynureninüberschuß durch hydrolytische Abspaltung des Alaninrestes Anthranilsäure (vgl. Formelübersicht S. 286).

Die Bildung von Kynurensäure (Oxychinolincarbonsäure) aus Kynurenin[5]. Ebenso wie die anderen Teilreaktionen des Tryptophanstoffwechsels erfolgt die Umwandlung des Kynurenins in Kynurensäure in der Leber. Hepatektomierte Hunde schieden nach Injektion von L-Tryptophan weit weniger Kynurensäure aus als die normalen Kontrolltiere, und Kynurenin wurde bei der Durchströmung durch die Leber in Kynurensäure verwandelt[6]. Das Ferment, das diese Umwandlung katalysiert, ist in den Mitochondrien der Leberzellen enthalten[7]. Die Umwandlung von Kynurenin in Kynurensäure erfolgt in 2 Phasen: Zuerst wird das Kynurenin zu o-Aminobenzoylpyruvat desaminiert und aus diesem sodann durch Verbindung der α-Ketogruppe des Pyruvatrestes mit der o-Aminogruppe des Phenylrestes der Chinolinring der Kynurensäure gebildet.

Dieser Weg der Kynurensäurebildung ergibt sich vor allem aus Untersuchungen mit der Isotopenmethode: Tryptophan, das im Indolkern mit ^{15}N markiert war, wurde von Ratten und Kaninchen in ^{15}N-Kynurenin und in ^{15}N-Kynurensäure verwandelt[8]. Es ist also das im Indolring enthaltene N-Atom

[1] Knox, W. E., and A. H. Mehler: J. biol. Ch. **187**, 419 (1950). — [2] Mehler, A. H., and W. E. Knox: J. biol. Ch. **187**, 431 (1950). — [3] Dalgliesh, C. E., and S. Tekman: Biochem. J. **56**, 458 (1954). — [4] Heidelberger, C., M. E. Gullberg, A. F. Morgan and S. Lepkovsky: J. biol. Ch. **179**, 143 (1949). — [5] Liebig, J.: A. **86**, 125 (1853). — Ellinger, A.: H. **43**, 325 (1904/05). — Ellinger, A., u. Z. Matsuoka: H. **109**, 259 (1920). — [6] Ichihara, K., S. Otani u. J. Tsujimoto: H. **195**, 179 (1931). — [7] Wiss, O.: H. **293**, 106 (1953). Z. Naturforsch. 7b, 133 (1952). — [8] Schayer, R. W.: J. biol. Ch. **187**, 777 (1950).

des Tryptophans, das in den Chinolinring der Kynurensäure eintritt. Desgleichen entstand aus Tryptophan, das im β-C-Atom mit ^{14}C markiert war, eine Kynurensäure, die ^{14}C im C-Atom 3 des Chinolinrings enthielt[1] (vgl. die Formeln).

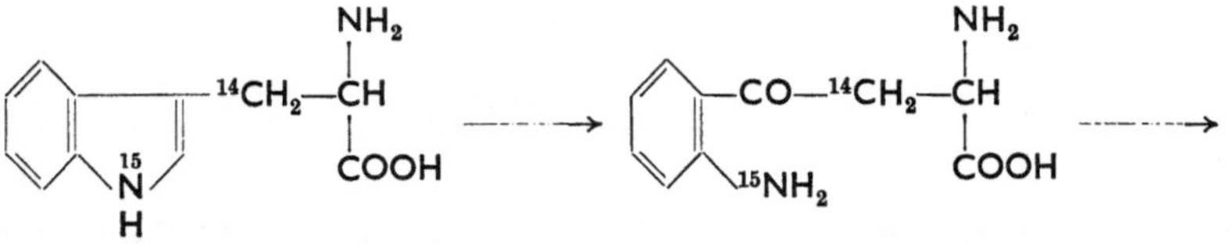

Tryptophan → Kynurenin (Anthraniloylalanin) 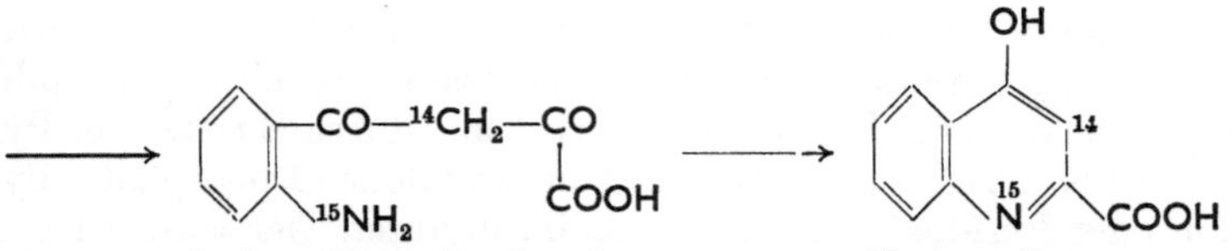 → Anthranilbrenztraubensäure → Kynurensäure

Die Umwandlung des im Kynurenin enthaltenen Alaninrestes in einen Pyruvatrest erfolgt durch Transaminierung mit Hilfe von α-Ketosäuren. Gewaschene Lebermitochondrien und aus Leberhomogenaten durch Ammonsulfatfällung oder Dialyse erhaltene Fermentpräparate bilden daher nur dann Kynurensäure, wenn ihnen Ketosäuren zugesetzt werden. Am stärksten wird die Kynurensäurebildung in derartigen Präparaten durch Zusatz von α-Ketoglutarsäure gefördert[2], die auch sonst besonders häufig an Transaminierungen beteiligt ist. Doch steigern auch andere Ketosäuren, wie z.B. Pyruvat[3], die Bildung von Kynurensäure aus Kynurenin. Wahrscheinlich beruht auch die Wirkung des Pyruvats auf der intermediären Bildung von α-Ketoglutarsäure.

Wie andere Transaminasen, so ist auch die Kynurenin-Transaminase ein Pyridoxalenzym. Sie wird durch mehrtägige Dialyse teilweise inaktiviert und durch Zusatz von Pyridoxal-5-phosphat wieder aktiviert[3].

Die Aufspaltung von Kynurenin zu Anthranilsäure und Alanin (s.a. Bd. 2/1, S. 990). Daß ein Teil des aus Tryptophan entstandenen Kynurenins in Anthranilsäure verwandelt wird, konnte zuerst an der intakten Katze und an Homogenaten von Katzenleber gezeigt werden[4]. Die Zerlegung des Kynurenins erfolgt bei der Katze besonders rasch, Kynurensäure wird von der Katze scheinbar nicht gebildet[4]. Außer der Leber ist auch die Niere der Katze befähigt Kynurenin zu Anthranilsäure abzubauen. Aber auch in Rattenleber, nicht aber in Nierengewebe von Ratten, konnte die Bildung von Anthranilsäure nachgewiesen werden[5]. Der Extrakt aus je 1,5 g Leber von Katze, Ratte, Maus, Meerschweinchen, Hund und Kaninchen bildete unter vergleichbaren Bedingungen aus je 5 mg Kynureninsulfat 1,4; 1,1; 0,6; 0,4; 0,3 und 0,3 mg Anthranilsäure[6].

Das Enzym, das diese Umsetzung bewirkt, wird als Kynureninase bezeichnet. Die *Kynureninase* ist eine Acylase (vgl. Bd. 1, S. 1102), sie spaltet den säureamidartig gebundenen Alaninrest des Kynurenins ab[7]. Während die Bildung

[1] Heidelberger, C., M. E. Gullberg, A. F. Morgan and S. Lepkovsky: J. biol. Ch. **179**, 143 (1949). — [2] Wiss, O.: H. **293**, 106 (1953). Z. Naturforsch. **7** b, 133 (1952). — [3] Dalgliesh, C. E., W. E. Knox and A. Neuberger: Nature **168**, 20 (1951). — [4] Kotake, Y., u. Y. Nakayama: H. **270**, 76 (1941). — [5] Mason, M., and C. P. Berg: J. biol. Ch. **188**, 783 (1951). — [6] Itagaki, C., u. Y. Nakayama: H. **270**, 83 (1941). — [7] Wiss, O., u. F. Hatz: Helv. **32**, 532 (1949). — Wiss, O.: Helv. **32**, 1694 (1949). — Braunsteĭn, A. E., E. V. Goryachenkova and T. S. Paskhina: Biochimija, Moskau **14**, 163 (1949) [Chem. Abstr. **43**, 6264 c].

der Kynurensäure in den Mitochondrien der Leberzelle erfolgt, ist die Kynureninase im löslichen Zelleiweiß der Leberzelle enthalten[1]. Mitochondrien und Cytoplasmaflüssigkeit konkurrieren also beim Abbau des Kynurenins:

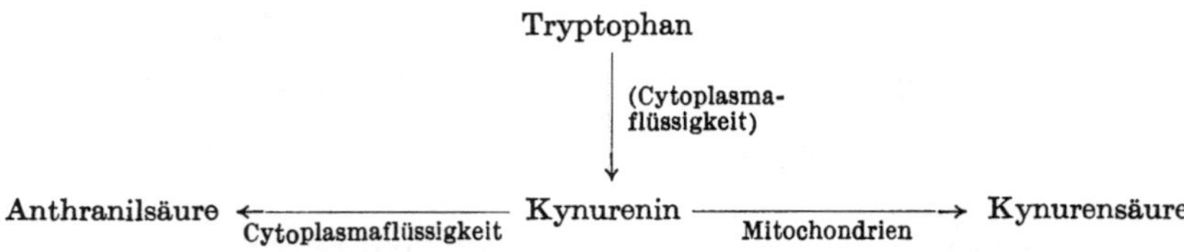

Die Kynureninase, deren p_H-Optimum bei 7,3 liegt[2], ist ebenso wie die an der Bildung der Kynurensäure beteiligte Transaminase ein Pyridoxalferment. Durch Dialyse inaktivierte Kynureninase wird nur durch Zusatz von Pyridoxal-5-phosphat, nicht aber durch Zusatz von Pyridoxal-3-phosphat, Pyridoxal, Pyridoxamin oder Pyridoxin aktiviert[2]. Beim intakten Tier wird bei Pyridoxinmangel die Aktivität der Kynureninase der Leber stark herabgesetzt[1,3], die Aufspaltung des Kynurenins zu Anthranilsäure verlangsamt und Kynurenin in vermehrter Menge zu Oxykynurenin oxydiert[3,4].

Die Bildung von 3-Oxykynurenin (s. a. Bd. 2/1, S. 993). Während die Reaktionen, durch die das Kynurenin zu Kynurensäure oder Anthranilsäure abgebaut wird, wahrscheinlich nur Nebenwege des Tryptophanstoffwechsels darstellen, die zu keinen biologisch wichtigen Stoffwechselprodukten führen, liegt die Oxydation des Kynurenins zu Oxykynurenin auf dem Stoffwechselweg, der vom Tryptophan zum Nicotinsäureamid führt. Gleichwohl sind die Mengen von Oxykynurenin, die normalerweise im Stoffwechsel entstehen, nur gering, und Tryptophanbelastung führt vor allem zu einer Steigerung der Ausscheidung von Kynurenin, Kynurensäure oder Anthranilsäure, nicht aber zu einer nennenswerten Vermehrung derjenigen von Oxykynurenin[5].

Andererseits erfordert jedoch der Abbau des Kynurenins zu Kynurensäure oder Anthranilsäure die Anwesenheit pyridoxalhaltiger Enzyme. Bei Pyridoxinmangel wird der Abbau des Kynurenins in Anthranilsäure und Kynurensäure erschwert[2,3], unabgebautes Kynurenin sammelt sich an und wird in erhöhter Menge in Oxykynurenin umgesetzt. Im Pyridoxinmangel scheiden tryptophanbelastete Tiere daher Oxykynurenin aus[3,4].

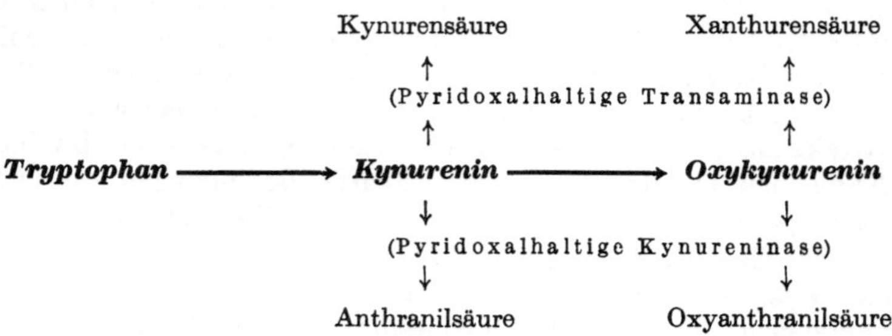

Das Oxykynurenin kann, ähnlich wie das Kynurenin im Stoffwechsel auf zwei verschiedenen Wegen abgebaut werden. Ebenso wie Kynurenin in Kynurensäure

[1] Wiss, O.: H. **293**, 106 (1953). Z. Naturforsch. **7**b, 133 (1952). — [2] Itagaki, C., u. Y. Nakayama: H. **270**, 83 (1941). — [3] Dalgliesh, C. E., W. E. Knox and A. Neuberger: Nature **168**, 20 (1951). — [4] Dalgliesh, C. E.: Biochem. J. **52**, 3 (1952). — [5] Dalgliesh, C. E., and S. Tekman: Biochem. J. **56**, 458 (1954).

oder in Anthranilsäure umgewandelt wird, so kann aus Oxykynurenin Oxykynurensäure (Xanthurensäure)[1] oder Oxyanthranilsäure entstehen. Ebenso wie das Enzymsystem, das Kynurenin in Kynurensäure überführt, so ist auch das xanthurensäurebildende Enzymsystem in den Mitochondrien enthalten. Die Bildung der Oxyanthranilsäure wird scheinbar von der gleichen Kynureninase katalysiert, wie die Bildung der Anthranilsäure.

Obwohl die Pyridoxalphosphat enthaltende Transaminase der Mitochondrien auch an der Bildung der Xanthurensäure beteiligt ist[2], ist der Abbau des Oxykynurenins zu Xanthurensäure auch bei Pyridoxinmangel noch möglich, das im Pyridoxalmangel erhöhte Angebot an Oxykynurenin hat daher die Bildung von Xanthurensäure zur Folge. Während normale Ratten nach Belastung mit Tryptophan im Harn Kynurensäure ausscheiden[3], fand sich im Harn pyridoxinfrei ernährter Ratten auch ohne Tryptophanbelastung Xanthurensäure vor. Erhielten die Tiere eine Pyridoxinzulage, so verschwand die Xanthurensäure, trat aber wieder auf, wenn Tryptophan zugegeben wurde[4]. Ebenso wie durch Tryptophan konnte die Xanthurensäureausscheidung bei Pyridoxinmangelratten auch durch Zufuhr von Kynurenin ausgelöst werden[5]. Auch bei jungen Hunden kam es bei pyridoxinfreier Diät und Tryptophanzulage zur Ausscheidung von Xanthurensäure, nach Pyridoxinzufuhr verschwand die Xanthurensäure, und dafür trat Kynurensäure im Harn auf[6]. Xanthurensäure ist ferner auch im Harn pyridoxinarm ernährter Menschen[7], Affen[8], Mäuse[9], Goldhamster[10] und Schweine[11] nach Zufuhr von Tryptophan nachgewiesen worden. Desoxypyridoxin, das als Antagonist des Pyridoxins wirkt, kann bei tryptophanbelasteten Mäusen die Ausscheidung von Xanthurensäure verursachen. Gesunde Menschen oder solche, die zusammen mit dem Desoxypyridoxin auch eine entsprechende Menge von Pyridoxin bekommen haben, scheiden hingegen nach Tryptophanbelastung keine Xanthurensäure aus[12] (vgl. S. 401).

Auch beim Menschen kann in pathologischen Fällen die Oxykynureninbildung gesteigert sein und Oxykynurenin im Harn auftreten. Dem Positivwerden der Diazoreaktion und der WEISSschen Urochromogenreaktion im Harn von Tuberkulosekranken liegt die Ausscheidung von 3-Oxykynurenin im Harn zugrunde[13]. Auch bei anderen fieberhaften Erkrankungen, bei denen diese beiden Reaktionen positiv werden, wurde regelmäßig ein Anstieg des 3-Oxykynureningehalts im Harn beobachtet[14]. Das Vorkommen von 3-Oxykynurenin im Harn von Diabeteskranken[15] scheint auf fieberhafte Fälle dieser Erkrankung beschränkt zu sein[14]. Der gesunde Mensch scheidet auch nach Tryptophanbelastung kein Oxykynurenin im Harn aus[14].

Bei tryptophanbelasteten Pyridoxinmangelratten wird die phenolische OH-Gruppe des gebildeten 3-Oxykynurenins von der Leber an Glucuronsäure oder

---

[1] MUSAJO, L.: Atti Accad. naz. Lincei. **21**, 368 (1935) [Chem. Abstr. **29**, 7347[4]]. Gazz. chim. ital. **67**, 165 (1937) [Chem. Abstr. **31**, 7060[7]]. — [2] WISS, O.: H. **293**, 106 (1953). — [3] GORDON, W. G., R. E. KAUFMAN and R. W. JACKSON: J. biol. Ch. **113**, 125 (1936). — [4] LEPKOVSKY, S., E. ROBOZ and A. J. HAAGEN-SMIT: J. biol. Ch. **149**, 195 (1943). — [5] REID, D. F., S. LEPKOVSKY, D. BONNER and E. L. TATUM: J. biol. Ch. **155**, 299 (1944). — [6] AXELROD, H. E., A. F. MORGAN and S. LEPKOVSKY: J. biol. Ch. **160**, 155 (1945). — [7] GREENBERG, L. D., D. F. BOHR, H. MCGRATH and J. F. RINEHART: Arch. Biochem. **21**, 237 (1949). — [8] GREENBERG, L. D., and J. F. RINEHART: Fed. Proc. **7**, 157 (1948). — [9] MILLER, E. C., and C. A. BAUMANN: J. biol. Ch. **157**, 551 (1945). — [10] SHWARTZMAN, G., and L. STRAUSS: J. Nutrit. **38**, 131 (1949). — [11] CARTWRIGHT, G. E., M. M. WINTROBE, P. JONES, M. LAURITSEN and S. HUMPHREYS: Bull. Johns Hopkins Hosp. **75**, 35 (1944). — [12] GLAZER, H. S., J. F. MUELLER, C. THOMPSON, V. R. HAWKINS and R. W. VILTER: Arch. Biochem. **33**, 243 (1951). — [13] MAKINO, K., K. SATOH, T. FUJIKI and K. KAWAGUCHI: Nature **170**, 977 (1952). — [14] DALGLIESH, C. E., and S. TEKMAN: Biochem. J. **56**, 458 (1954). — [15] SARETT, H. P., and G. A. GOLDSMITH: J. biol. Ch. **167**, 293 (1947).

Schwefelsäure gebunden, und das Glucuronid oder Sulfat des Oxykynurenins erscheint im Harn. Ein anderer Teil des 3-Oxykynurenins wird an der Aminogruppe des Alaninrestes acetyliert und in dieser Form im Harn ausgeschieden[1].

Die Bildung von Nicotinsäure (s. a. Bd. 2/1, S. 991). Daß Tryptophan im Stoffwechsel in Nicotinsäure übergeführt werden kann, ergibt sich aus zahlreichen Untersuchungen. Die Erscheinungen des Nicotinsäuremangels konnten bei der Ratte[2], beim Hühnchen[3] und bei der Maus[4] durch Tryptophanzufuhr verhindert werden. Eine Zulage von Tryptophan verursachte eine erhebliche Steigerung in der Ausscheidung von Nicotinsäure und N-Methylnicotinsäure bei Ratten[5]. Auch beim Kind und beim erwachsenen Menschen steigt nach Zufuhr von Tryptophan die Ausscheidung von Nicotinsäurederivaten im Harn an[6,7]. Je 12 g L-Tryptophan, 2 Erwachsenen zur normalen gemischten Kost zugegeben, ließen die Ausscheidung des N-Methylnicotinsäureamids im Durchschnitt von 12 mg auf 40 mg und die Ausscheidung des N-Methyl-3-carboxamido-6-pyridons im Durchschnitt von 21 mg auf 112 mg ansteigen[8]. Diese Zahlen zeigen aber auch, daß die Mehrausscheidung an Nicotinsäurederivaten im Harn in diesen Fällen kaum 1% der verabreichten Tryptophanmenge betrug.

Die Nicotinsäure wird in der Weise gebildet, daß das Oxykynurenin durch die Kynureninase in Alanin und Oxyanthranilsäure gespalten wird[9] und die Oxyanthranilsäure — wahrscheinlich auf dem Wege über Chinolinsäure — sich in Nicotinsäure umwandelt. Der Weg der endogenen Nicotinsäurebildung ist also der folgende: L-Tryptophan → Kynurenin → Oxykynurenin → Oxyanthranilsäure → Chinolinsäure → Nicotinsäure (vgl. die Formeln S. 286).

Zufuhr von 3-Oxyanthranilsäure führt daher zu einer gesteigerten Ausscheidung von Nicotinsäureamid und Methylnicotinsäureamid im Harn[10]. Kynurenin[11] und 3-Oxyanthranilsäure[12] können im Wachstumstest bei Ratten Nicotinsäure ersetzen. Anthranilsäure konnte dagegen Nicotinsäure im Wachstumstest nicht ersetzen[13]. Anthranilsäure wird also nicht in nennenswertem Ausmaß in Oxyanthranilsäure umgewandelt. Als wirkungslos erwiesen sich auch Indol und Indolacetat[13,14]. Auch Indolpropionsäure, Kynurensäure, Xanthurensäure steigerten nicht die Nicotinsäurebildung aus Tryptophan[14].

Der Alaninrest wird nicht für die Bildung des Nicotinsäuremoleküls verwendet, denn als β-C-Atom in den Alaninrest des Tryptophans eingebautes und Ratten verfüttertes ^{14}C war in der entstandenen Nicotinsäure nicht mehr vorhanden[15]. Auch ^{13}C, das in die COOH-Gruppe des Tryptophans eingebaut worden war, konnte in der ausgeschiedenen Nicotinsäure nicht mehr nachgewiesen werden[16]. Radioaktive C-Atome, in β-Position in den Alaninrest des Tryptophans ein-

[1] Dalgliesh, C. E.: Biochem. J. **52**, 3 (1952). — [2] Krehl, W. A., L. J. Teply, P. S. Sarma and C. A. Elvehjem: Science, N. Y. **101**, 489 (1945). — Krehl, W. A., P. S. Sarma and C. A. Elvehjem: J. biol. Ch. **162**, 403 (1946). — [3] Briggs, G. M. jr.: J. biol. Ch. **161**, 749 (1945). — [4] Woolley, D. W.: J. biol. Ch. **162**, 179 (1946). — [5] Singal, S. A., A. P. Briggs, V. P. Sydenstricker and J. M. Littlejohn: J. biol. Ch. **166**, 573 (1946). — Rosen, F., J. W. Huff and W. A. Perlzweig: J. biol. Ch. **163**, 343 (1946). — [6] Perlzweig, W. A., F. Rosen, N. Levitas and J. Robinson: J. biol. Ch. **167**, 511 (1947). — [7] Sarett, H. P., and G. A. Goldsmith: J. biol. Ch. **167**, 293 (1947). — [8] Holman, W. I. M., and D. J. de Lange: Nature **165**, 112; **166**, 468 (1950). — [9] Wiss, O., u. H. Fuchs: Helv. **32**, 2553 (1949). Exper. **6**, 472 (1950). — [10] Albert, P. W., B. T. Scheer and H. J. Deuel jr.: J. biol. Ch. **175**, 479 (1948). — [11] Wiss, O., G. Viollier u. M. Müller: Helv. **33**, 771 (1950). — [12] Mitchell, H. K., J. F. Nyc and R. D. Owen: J. biol. Ch. **175**, 433 (1948). — [13] Krehl, W. A., L. M. Henderson, J. de la Huerga and C. A. Elvehjem: J. biol. Ch. **166**, 531 (1946). — [14] Kallio, R. E., and C. P. Berg: J. biol. Ch. **181**, 333 (1949). — [15] Heidelberger, C., M. E. Gullberg, A. F. Morgan and S. Lepkovsky: J. biol. Ch. **179**, 143 (1949). — [16] Lepkovsky, S., E. Roboz and A. J. Haagen-Smit: J. biol. Ch. **149**, 195 (1943). — Hundley, J. M., and H. W. Bond: Arch. Biochem. **21**, 313 (1949).

gebaut, erschienen bei der phlorrhizinvergifteten Ratte in der im Harn ausgeschiedenen Glucose. Wurde ein im β-C-Atom des Alaninrestes mit ^{14}C markiertem Tryptophan normalen Ratten gegeben, so wurde ein Teil der Radioaktivität im Hämin, im Cholesterin und in den Acetylresten acetylierter p-Aminobenzoesäure gefunden. Der Alaninrest des Tryptophans gelangt also in den Pyruvatpool[1]. Bei Ratten, die Na-butyrat erhalten hatten, setzte daher die Zufuhr von Tryptophan, Indolpyruvat oder Kynurenin die Ketonkörperbildung herab[2].

Ebenso wie für die Aufspaltung des Kynurenins in Anthranilsäure und Alanin, ist auch für die analoge Spaltung von Oxykynurenin Pyridoxin erforderlich. Pyridoxinfrei ernährte Ratten schieden nach Belastung mit Tryptophan oder Kynurenin weit weniger Chinolinsäure und Nicotinsäurederivate im Harn aus als Kontrolltiere[3]. Durch Zusatz von Pyridoxin zur Nahrung konnte die Menge des im Harn ausgeschiedenen N-Methylnicotinsäureamids bei Ratten, die 100 mg Tryptophan erhalten hatten von 180—435 γ täglich auf 810—2190 γ täglich gesteigert werden[4]. Bei Belastung mit Oxyanthranilsäure war dagegen die Chinolinsäure- und Nicotinsäureausscheidung von pyridoxinreich und pyridoxinfrei ernährten Ratten gleich, woraus hervorgeht, daß das Pyridoxin für die Bildung der Oxyanthranilsäure, nicht aber für ihren weiteren Abbau erforderlich ist[3]. Auch beim Menschen ist die endogene Nicotinsäurebildung an die Zufuhr von Vitamin B_6 gebunden. Kinder verloren die Fähigkeit Tryptophan in Nicotinsäure umzuwandeln, bei pyridoxinfreier Nahrung[5]. Ferner scheint auch Riboflavin für die Nicotinsäurebildung aus Tryptophan notwendig zu sein[3,6].

Daß Oxyanthranilsäure in der Leber in Chinolinsäure umgewandelt werden kann, geht aus zahlreichen Versuchen hervor. Aus 3-Oxyanthranilsäure bildeten Schnitte, Homogenate und gereinigte Extrakte von Rattenleber Chinolinsäure; diese kann durch Behandlung mit Säure in Nicotinsäure übergeführt werden[7] (vgl. Formelübersicht S. 286). Auch die Bebrütung von Tryptophan mit Leberschnitten ergab eine Substanz, die, im Autoklaven mit Schwefelsäure[8] oder konzentrierter Essigsäure[9] erhitzt, im mikrobiologischen Versuch Nicotinsäure ersetzen konnte. Daß aus Tryptophan Chinolinsäure entsteht, konnte auch am intakten Tier gezeigt werden. Ratten, denen bei nicotinsäurearmer Ernährung große Mengen von Tryptophan verabreicht wurden, schieden Chinolinsäure im Harn aus[10,11] (vgl. a. [12]). Auch beim Menschen[13], beim Hund[14] und bei anderen Tieren[14] war die Chinolinsäureausscheidung nach Tryptophanbelastung erhöht.

Daß die Umwandlung des Tryptophans in Nicotinsäure im tierischen Organismus auf dem geschilderten Wege erfolgt, ist auch durch Isotopenversuche belegt. Nach Injektion von Tryptophan, das im Benzolring mit Deuterium und

---

[1] Sanadi, D. R., and D. M. Greenberg: Arch. Biochem. **25**, 323 (1950). — [2] Borchers, R., C. P. Berg and N. E. Whitman: J. biol. Ch. **145**, 657 (1942). — [3] Henderson, L. M., I. M. Weinstock and G. B. Ramasarma: J. biol. Ch. **189**, 19 (1951). — [4] Schweigert, B. S., and P. B. Pearson: J. biol. Ch. **168**, 555 (1947). — [5] Snyderman, S. E., R. Carretero and L. E. Holt jr.: Fed. Proc. **9**, 371 (1950). — [6] Junqueira, P. B., and B. S. Schweigert: J. biol. Ch. **175**, 535 (1948). — [7] Schweigert, B. S., and M. M. Marquette: J. biol. Ch. **181**, 199 (1949). — Schweigert, B. S.: J. biol. Ch. **178**, 707 (1949). — Bokman, A., and B. S. Schweigert: J. biol. Ch. **186**, 153 (1950). — Wiss, O.: Z. Naturforschg. **9b**, 740 (1954). — [8] Hurt, W. W., B. T. Scheer and H. J. Deuel jr.: Arch. Biochem. **21**, 87 (1949). — [9] Henderson, L. M., and G. B. Ramasarma: J. biol. Ch. **181**, 687 (1949). — [10] Henderson, L. M., and H. M. Hirsch: J. biol. Ch. **181**, 667 (1949). — [11] Henderson, L. M.: J. biol. Ch. **178**, 1005 (1949). — [12] Singal, S. A., A. P. Briggs, V. P. Sydenstricker and J. M. Littlejohn: J. biol. Ch. **166**, 573 (1946). — Singal, S. A., A. P. Briggs and L. V. Hankes: Proc. Soc. exp. Biol. Med. **70**, 26 (1949). — [13] Sarett, H. P., and G. A. Goldsmith: J. biol. Ch. **177**, 461 (1949); **182**, 679 (1950). — Sarett, H. P.: J. biol. Ch. **182**, 659 (1950). — [14] Henderson, L. M., G. B. Ramasarma and B. C. Johnson: J. biol. Ch. **181**, 731 (1949).

im Pyrrolkern mit ^{15}N markiert war, schieden Ratten im Harn D, ^{15}N-Chinolinsäure aus, woraus hervorgeht, daß das Pyrrol-N des Tryptophans in den aufgespaltenen Benzolkern unter Bildung eines Pyridinkerns aufgenommen wird. Die Bestimmung der in der Nicotinsäure enthaltenen Deuteriummenge ergab, daß 2 von den 4-D-Atomen, die im Benzolkern des Deuterotryptophans enthalten waren, bei der Umwandlung des Tryptophans in Chinolinsäure losgelöst wurden[1]. Tryptophan, bei dem das C-Atom 3 des Indolkerns mit ^{14}C markiert war, wurde von Ratten in Nicotinsäure verwandelt, die ^{14}C in ihrer Carboxylgruppe enthielt[2] (vgl. die Formeln).

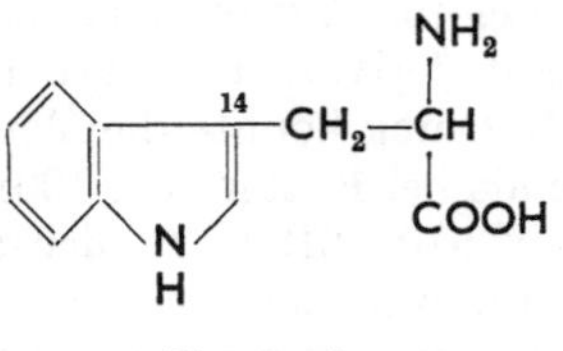

Tryptophan 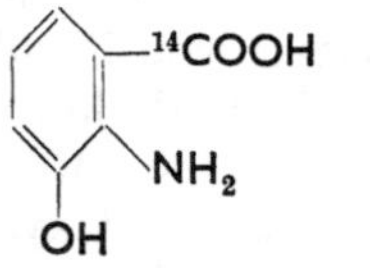 Oxyanthranilsäure 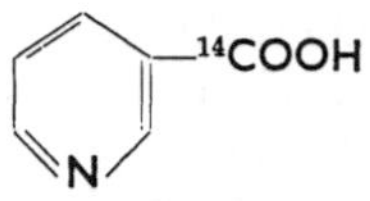 Nicotinsäure

Andererseits ist auch gezeigt worden, daß Chinolinsäure nur sehr langsam in Nicotinsäure übergeht[3]. Von Chinolinsäure, die Ratten verabreicht worden war, erschienen nur etwa 5% als Methylnicotinsäureamid im Harn[4]. Beim Wachstumstest an Ratten war Chinolinsäure weniger wirksam als Tryptophan und viel weniger wirksam als Oxyanthranilsäure[5–7]. Es ist daher möglich, daß die Umwandlung der Oxyanthranilsäure in den Leberzellen außer über Chinolinsäure auch über ein anderes, noch unbekanntes Zwischenprodukt erfolgt.

Desaminierung und Reaminierung von Tryptophan und Kynurenin. Leber- und in noch stärkerem Ausmaß Nierengewebe können D-Tryptophan desaminieren und das gebildete Indolylpyruvat in L-Tryptophan umwandeln[8]. D-Tryptophan wird daher vom Lebergewebe ähnlich wie L-Tryptophan verwertet[9]. Mit ^{15}N im Indolkern markiertes D-Tryptophan wurde in L-Tryptophan umgewandelt[10]. Daß Indolylpyruvat im Stoffwechsel reaminiert wird, geht daraus hervor, daß es, wenn auch in geringerer Menge als L-Tryptophan, in Kynurensäure[11] und in Methylnicotinsäureamid[12] umgewandelt wird. Im Gegensatz zu normalem Lebergewebe konnte das Gewebe von Leberkrebs, der durch Dimethylaminoazobenzol bei Ratten hervorgerufen worden war, D-Tryptophan nicht in L-Tryptophan umwandeln[13].

Andere Abbauwege des Tryptophans (s. a. Bd. 2/1, S. 995). Der Tryptophanbedarf des Organismus ist nur gering[14], und bei Aufnahme normaler eiweißhaltiger Nahrung wird nur ein sehr geringer Prozentsatz des aufgenommenen Tryptophans in Nicotinsäure umgewandelt[15]. Der Rest wird auf anderen, derzeit noch unbekannten Wegen abgebaut. Daß dabei ein erheblicher Anteil des überschüssigen Tryptophans unter Spaltung des Indolrings bis zu CO_2 und H_2O

[1] SCHAYER, R. W., and L. M. HENDERSON: J. biol. Ch. **195**, 657 (1952). — [2] HEIDELBERGER, C., E. P. ABRAHAM and S. LEPKOVSKY: J. biol. Ch. **179**, 151 (1949). — [3] SARETT, H. P.: J. biol. Ch. **193**, 627 (1951). — [4] ELLINGER, P., G. FRAENKEL and M. M. ABDEL KADER: Biochem. J. **41**, 559 (1947). — [5] HENDERSON, L. M., and H. M. HIRSCH: J. biol. Ch. **181**. 667 (1949). — [6] HENDERSON, L. M.: J. biol. Ch. **181**, 677 (1949). — [7] KREHL, W. A., D. BONNER and C. YANOFSKY: J. Nutrit. **41**, 159 (1950). — [8] KOTAKE, Y., u. S. GOTŌ: H. **270**, 48 (1941). — [9] GOTŌ, (S.), u. ŌSIMA: H. **270**, 57 (1941). — [10] SCHAYER, R. W.: J. biol. Ch. **187**, 777 (1950). — [11] KOTAKE, Y., T. YORITAKA u. S. ŌTANI: H. **270**, 68 (1941). — [12] KALLIO, R. E., and C. P. BERG: J. biol. Ch. **181**, 333 (1949). — [13] IDEI, M. [KOTAKE, Y., u. S. GOTŌ: H. **270**, 48 (1941) (bes. S. 52)]. — [14] ROSE, W. C.: Science, N. Y. **86**, 298 (1937). — [15] SARETT, H. P., and G. A. GOLDSMITH: J. biol. Ch. **177**, 461 (1949); **182**, 679 (1950). — SARETT, H. P.: J. biol. Ch. **182**, 659 (1950).

abgebaut wird, ergibt sich unter anderem auch daraus, daß in den Indolkern des Tryptophans eingebautes ^{15}N, im Harn als NH_4-Ion oder als Harnstoff ausgeschieden wird. Die als NH_4 ausgeschiedene ^{15}N-Menge war etwa 4mal so groß wie die Menge des im Harnstoff ausgeschiedenen ^{15}N. Daraus wird geschlossen, daß die Reaktionsserie, die zur Zerstörung des Indolkerns und zur Überführung des Indolstickstoffs des Tryptophans in NH_4 führt, nicht in der Leber, sondern wenigstens zum Teil in der Niere erfolgt[1].

o) Lysin (s. a. Bd. 2/1, S. 967). Das für Wachstum und Erhaltungsstoffwechsel notwendige[2] Lysin kann im Stoffwechsel nicht gebildet werden. Ratten, denen durch längere Zeit schweres Wasser zugeführt wurde, bauten kein Deuterium in die Lysinreste ihrer Proteine ein[3]. Während die Leber die übrigen essentiellen Aminosäuren aus ihren Stereoisomeren oder den ihnen entsprechenden α-Ketosäuren bilden kann, ist eine derartige Umwandlung beim Lysin nicht möglich, und die Leber kann daher D-Lysin nicht zur Proteinbildung verwerten. Perfundierte Rattenleber nimmt L-Lysin rasch aus der Perfusionsflüssigkeit auf, nicht aber D-Lysin. Wurde der Perfusionsflüssigkeit mit ^{14}C markiertes D,L-Lysin zusammen mit einer kompletten Aminosäuremischung zugesetzt, so bildete die perfundierte Rattenleber ^{14}C-haltige Plasmaproteine und gab sie an die Perfusionsflüssigkeit ab. Bei Durchströmung mit der gleichen Aminosäuremischung unter Zusatz von D-Lysin bildete die Leber jedoch kein Plasmaprotein[4]. D-Lysin[5,6] und die dem Lysin entsprechenden Keto- und Oxysäuren[7] konnten das L-Lysin im Wachstumstest nicht ersetzen und im Perfusionsversuch nicht in Plasmaproteine eingebaut werden. Auch an der α-Aminogruppe acetyliertes Lysin erwies sich im Wachstumstest als unwirksam[8]. Zum Unterschied von den übrigen Aminosäuren nimmt das Lysin an dem allgemeinen Austausch der α-Aminogruppen zwischen Aminosäuren nicht teil[9]. Nach Verabreichung von D-Lysin, das mit D und ^{15}N markiert war, an Ratten enthielt das L-Lysin der Körperproteine keine Spur der Isotopen[10,11]. Nach der Verfütterung von L-Lysin, das in der α-Aminogruppe mit ^{15}N und in der C-Kette mit Deuterium markiert war, fand sich dieses ^{15}N-Deuterolysin unverändert in den Proteinen der Ratte vor; das Verhältnis von ^{15}N und D in dem verfütterten und in dem Lysin aus den Proteinen der Ratte war das gleiche[9]. Lysin ist die einzige Aminosäure, die kein ^{15}N aufnimmt, wenn Ratten $^{15}NH_3$ oder ^{15}N-haltige Aminosäuren verabreicht werden[12]. Es wird im überlebenden Gewebe nicht desaminiert[13]; auf Lysin wirksame Transaminasen konnten nicht nachgewiesen werden[14], auch L- und D-Aminosäurexydasen greifen L- und D-Lysin nicht an[15,16]. Auch das α-H-Atom des Lysins ist stabiler gebunden als die α-H-Atome anderer Aminosäuren; an das α-C-Atom gebundenes D wurde beim Lysin weit weniger leicht ausgetauscht als bei den anderen Aminosäuren[17].

---

[1] SCHAYER, R. W.: J. biol. Ch. **187**, 777 (1950). — [2] OSBORNE, T. B., and L. B. MENDEL: J. biol. Ch. **17**, 325 (1914). — [3] FOSTER, G. L., D. RITTENBERG and R. SCHOENHEIMER: J. biol. Ch. **125**, 13 (1938). — [4] MILLER, L. L., C. G. BLY, M. L. WATSON and W. F. BALE: J. exp. Med. **94**, 431 (1951). — [5] TOTTER, J. R., and C. P. BERG: J. biol. Ch. **127**, 375 (1939). — [6] BERG C. P.: J. Nutrit. **12**, 671 (1936). — ROSE, W. C., A. BORMAN, M. J. COON and G. F. LAMBERT: J. biol. Ch. **214**, 579 (1955). — [7] MCGINTY, D. A., H. B. LEWIS and C. S. MARVEL: J. biol. Ch. **62**, 75 (1924/25). — GINGRAS, R., E. PAGÉ and R. GAUDRY: Rev. canad. biol. **6**, 801 (1947). — [8] NEUBERGER, A., and F. SANGER: Biochem. J. **37**, 515 (1943). — [9] WEISSMAN, N., and R. SCHOENHEIMER: J. biol. Ch. **140**, 779 (1941). — [10] RATNER, S., N. WEISSMAN and R. SCHOENHEIMER: J. biol. Ch. **147**, 549 (1943). — [11] ROTHSTEIN, M., C. G. BLY and L. L. MILLER: Arch. Biochem. **50**, 252 (1954). — [12] SCHOENHEIMER, R., and D. RITTENBERG: Physiol. Rev. **20**, 218 (1940). — [13] BRAUNSTEIN, A. E.: Adv. Protein Chem. **3**, 40 (1947). — [14] COHEN, P. P.: Biochem. J. **33**, 1478 (1939). J. biol. Ch. **136**, 585 (1940). — [15] GREEN, D. E., V. NOCITO and S. RATNER: J. biol. Ch. **148**, 461 (1943). — [16] NEUBERGER, A., and F. SANGER: Biochem. J. **38**, 119 (1944). — [17] CLARK, I., and D. RITTENBERG: J. biol. Ch. **189**, 529 (1951).

Trotzdem wird Lysin im Stoffwechsel rasch abgebaut. Wurde D,L-Lysin, das im α-C-Atom mit ^{14}C markiert war, Hunden verfüttert, so wurde $^1/_3$ des ^{14}C innerhalb 24 Std mit dem Harn und ein weiteres Drittel mit der Atemluft ausgeschieden[1]. Die NH_2-Gruppen der abgebauten Lysinmoleküle gehen rasch in Harnstoff über. Nach Injektion von Lysin stieg bei Hunden der Harnstoffgehalt von Blut und Harn an[2], und nach Zufuhr von Lysin, das in der α-Aminogruppe ^{15}N enthielt, schieden Ratten ^{15}N-haltigen Harnstoff aus[3].

Doch macht erst die Bindung oder Beseitigung der ε-Aminogruppe die α-Aminogruppe des Lysins abspaltbar. Zum Unterschied von freiem Lysin werden L- und D-Lysin, wenn die ε-Aminogruppe durch eine Acetylgruppe besetzt ist, durch L- bzw. D-Aminosäurexydase desaminiert[4]. Lysinderivate, bei denen die ε-Aminogruppe gebunden ist, können das Lysin der Nahrung ersetzen, nicht aber Lysinabkömmlinge mit gebundener α-Aminogruppe[5,6]. Es scheint, daß der normale Abbau des Lysins mit der Oxydation des ε-C-Atoms, also mit einer Art ω-Oxydation, beginnt.

Homogenate von Meerschweinchenleber bauen L-Lysin zu α-Aminoadipinsäure ab[7,8]. Wurde Lysin, das in ε-Stelle ^{14}C enthielt, mit Homogenaten aus Meerschweinchenleber bebrütet, so entstand ^{14}C-haltige α-Aminoadipinsäure, die papierchromatographisch identifiziert werden konnte. Die Umwandlung erfolgte nicht bei Leberhomogenaten, die vorher erhitzt worden waren. L-Lysin wurde rascher in Aminoadipinsäure umgewandelt als D-Lysin[7]. Zum Unterschied vom Lysin selbst wird die α-Aminoadipinsäure durch Transaminasen zu der entsprechenden Ketosäure desaminiert[9], die so entstandene α-Ketoadipinsäure wird durch oxydative Decarboxylierung in Glutarsäure übergeführt[10]. Andererseits schieden hungernde Ratten nach Injektion von 500 mg Pipecolinsäure und 6 mg L-Lysin-β-^{14}C, im Harn Pipecolinsäure aus, die ^{14}C enthielt, woraus hervorgeht, daß zumindest ein Teil des Lysins auf dem Wege über Pipecolinsäure abgebaut wird[11]. Die umgekehrte Reaktion, d.i. die Bildung von Lysin aus α-Aminoadipinsäure, oder aus Pipecolinsäure ist jedoch nicht möglich. Keiner dieser beiden Stoffe konnte L-Lysin im Wachstumstest an der Ratte ersetzen[12]. Die beim Abbau des Lysins entstandene Glutarsäure wird zur Buttersäure decarboxyliert und diese durch β-Oxydation zu Acetat abgebaut. Nach Verfütterung von 1,5-markierter ^{14}C-Glutarsäure an Phlorrhizinratten wurde das ^{14}C in der im Harn ausgeschiedenen Glucose, im Acetoacetat und im Acetat wiedergefunden[13]. Zum Unterschied von L-Lysin kann das D-Lysin im Stoffwechsel nur schwer abgebaut werden. Nach Verfütterung von D-Lysin-ε-^{14}C wurde die Hauptmenge des Isotops in dem Nichtproteinanteil der Gewebe und des Harns wiedergefunden, während das CO_2 der Atemluft kein Isotop enthielt[14].

---

[1] Miller, L. L., W. F. Bale, C. L. Yuile, R. E. Masters, G. H. Tishkoff and G. H. Whipple: J. exp. Med. **90**, 297 (1949). — [2] Doty, J. R., and A. G. Eaton: J. biol. Ch. **122**, 139 (1937). J. Nutrit. **17**, 497 (1939). — [3] Weissman, N., and R. Schoenheimer: J. biol. Ch. **140**, 779 (1941). — [4] Neuberger, A., and F. Sanger: Biochem. J. **38**, 119 (1944). — [5] Neuberger, A., and F. Sanger: Biochem. J. **38**, 125 (1944). — [6] Neuberger, A., and F. Sanger: Biochem. J. **37**, 515 (1943). — [7] Borsook, H., C. L. Deasy, A. J. Haagen-Smit, G. Keighley and P. H. Lowy: J. biol. Ch. **173**, 423 (1948). — Dubnoff, J. W., and H. Borsook: J. biol. Ch. **173**, 425 (1948). — [8] Borsook, H., and J. W. Dubnoff: J. biol. Ch. **141**, 717 (1941). — [9] Braunstein, A. E.: Adv. Protein Chem. **3**, 40 (1947). — [10] Borsook, H., C. L. Deasy, A. J. Haagen-Smit, G. Keighley and P. H. Lowy: J. biol. Ch. **176**, 1383, 1395 (1948). — [11] Rothstein, M., and L. L. Miller: Am. Soc. **75**, 4371 (1953). — [12] Stevens, C. M., and P. B. Ellman: J. biol. Ch. **182**, 75 (1950). — [13] Rothstein, M., and L. L. Miller: J. biol. Ch. **199**, 199 (1952). — [14] Rothstein, M., C. G. Bly and L. L. Miller: Arch. Biochem. **50**, 252 (1954).

Lysin ist weder gluco- noch ketoplastisch, es bildet beim Phlorrhizinhund weder Zucker noch Ketonkörper[1] und führt bei der hungernden Ratte weder zu Ansatz von Leberglykogen noch zu Ketonurie[2].

$$\underset{\text{Lysin}}{COOH{-}CH(NH_2){-}CH_2{-}CH_2{-}CH_2{-}CH_2{-}NH_2} \longrightarrow \underset{\alpha\text{-Amino-adipinsäure}}{COOH{-}CH(NH_2){-}CH_2{-}CH_2{-}CH_2{-}COOH} \longrightarrow \underset{\alpha\text{-Keto-adipinsäure}}{COOH{-}CO{-}CH_2{-}CH_2{-}CH_2{-}COOH} \longrightarrow \underset{\text{Glutarsäure}}{COOH{-}CH_2{-}CH_2{-}CH_2{-}COOH}$$

$$\underset{\alpha\text{-Aminoadipinsäure}}{HOOC{-}CH(NH_2){-}CH_2{-}CH_2{-}CH_2{-}COOH} \longrightarrow \underset{\substack{\alpha\text{-Pipecolinsäure}\\ (2\text{-Carboxylpiperidin})}}{\text{Ring: } H_2C{-}CH_2{-}CH_2{-}CH(COOH){-}NH{-}CH_2}$$

p) Histidin (s. a. Bd. 2/1, S. 974). Histidin gehört zu den Aminosäuren, deren C-Skelet von der Leber zwar abgebaut, aber nicht synthetisiert werden kann. Wurde Ratten NH_3 verabreicht, das mit ^{15}N markiert war, so fand sich ^{15}N zwar in der α-Aminogruppe des Histidins, nicht aber in seinem Imidazolring vor[3]. Wurde dagegen Histidin, das in seinem Imidazolring ^{15}N enthielt, an Ratten verfüttert, so konnte der ^{15}N kurze Zeit später in den übrigen Aminosäuren und anderen N-haltigen Körpersubstanzen nachgewiesen werden[4]. Der Imidazolring wird im Organismus also gespalten, und das in ihm enthaltene Stickstoffatom gelangt in den allgemeinen Aminogruppenpool des Organismus. Diese Aufspaltung des Imidazolkerns erfolgt in der Leber.

Es scheint, daß die Leber 2 Fermentsysteme besitzt, mit denen sie das Histidinmolekül abbauen kann. Ein Fermentsystem, das den Abbau des Histidins zu Formylglutamin katalysiert, ist aus Lebergewebe isoliert und als Histidase bezeichnet worden. Andererseits scheiden manche Tiere nach oraler Belastung mit großen Dosen Histidin, im Harn Urocaninsäure aus (s. Bd. 2/2b, S. 131). Auch diese Urocaninsäure kann durch ein in der Leber nachgewiesenes Ferment zu Glutaminsäure abgebaut werden.

Die Spaltung von Histidin durch Histidase (s. a. Bd. 1, S. 1106 u. Bd. 2/1, S. 975). Die Histidase[5] spaltet L-Histidin in Glutaminsäure, Ameisensäure und 2 Mol NH_3 auf. Methylhistidin, Imidazol, Imidazyläthylamin und Imidazylmilchsäure werden von dem Ferment nicht gespalten[6]. Auch D-Histidin wird von der Histidase nicht abgebaut und da auch die Umwandlung des D-Histidins in

[1] DAKIN, H. D.: J. biol. Ch. **14**, 321 (1913). — [2] BUTTS, J. S., and R. O. SINNHUBER: J. biol. Ch. **140**, 597 (1941). — SHARP, G. O., and C. P. BERG: J. biol. Ch. **141**, 739 (1941). — [3] FOSTER, G. L., R. SCHOENHEIMER and D. RITTENBERG: J. biol. Ch. **127**, 319 (1939). — SCHOENHEIMER, R., S. RATNER and D. RITTENBERG: J. biol. Ch. **130**, 703 (1939). — [4] TESAR, C., and D. RITTENBERG: J. biol. Ch. **170**, 35 (1947). — [5] EDLBACHER, S., u. J. KRAUS: H. **195**, 267 (1931). — [6] EDLBACHER, S., u. J. KRAUS: H. **191**, 225 (1930).

L-Histidin nur langsam erfolgt, bauen Kaninchen nach Verabreichung von D,L-Histidin nur das L-Histidin ab, und die Hauptmenge des D-Histidins erscheint im Harn[1].

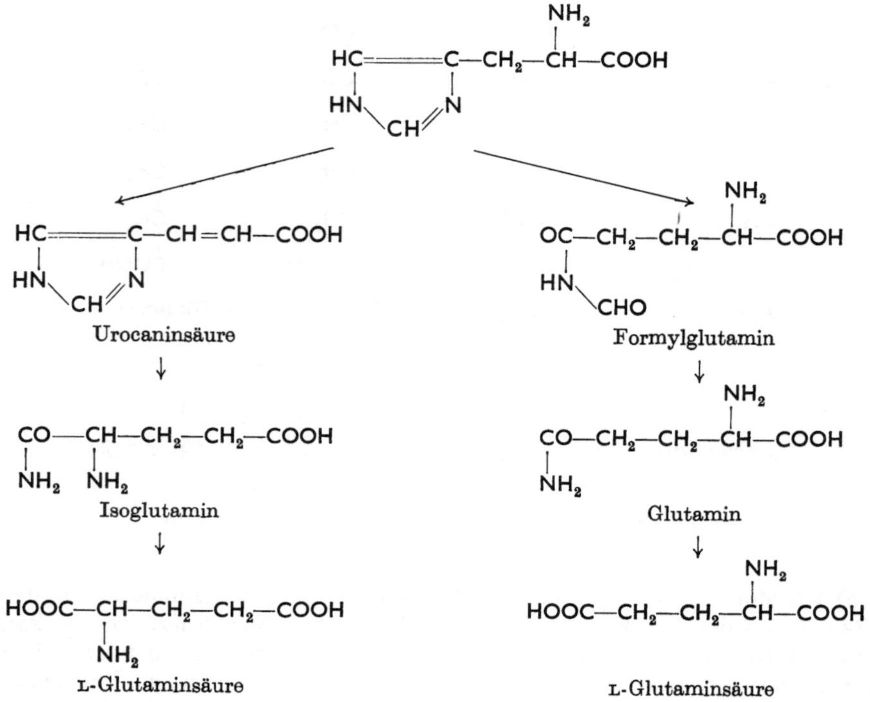

$HC{=}C{-}CH_2{-}CH(NH_2){-}COOH$ (Imidazolring: HC=C—, HN—CH=N)

↙ ↘

$HC{=}C{-}CH{=}CH{-}COOH$ (Imidazolring: HN—CH=N)
Urocaninsäure
↓
$CO(NH_2){-}CH(NH_2){-}CH_2{-}CH_2{-}COOH$
Isoglutamin
↓
$HOOC{-}CH(NH_2){-}CH_2{-}CH_2{-}COOH$
L-Glutaminsäure

$OC(NH{-}CHO){-}CH_2{-}CH_2{-}CH(NH_2){-}COOH$
Formylglutamin
↓
$CO(NH_2){-}CH_2{-}CH_2{-}CH(NH_2){-}COOH$
Glutamin
↓
$HOOC{-}CH_2{-}CH_2{-}CH(NH_2){-}COOH$
L-Glutaminsäure

Abb. 39. Abbauwege des Histidins.

Die Formeln zeigen, daß beide Abbauwege des Histidins zu L-Glutaminsäure führen, beim Histidaseabbau stammt das N-Atom der Glutaminsäure aus der α-Aminogruppe des Histidins, beim Urocaninabbau nicht. Versuche mit isotopenmarkiertem N liegen jedoch derzeit noch nicht vor.

Die Aufspaltung des L-Histidins durch die Histidase erfolgt in 2 Phasen: zunächst wird durch das Enzym ein Molekül NH_3 (s. [2]) aus dem Imidazolring herausgesprengt[3] und Formylglutamin gebildet (vgl. die Formeln). Dieses wird sodann in einer zweiten Reaktion in Glutaminsäure, Ameisensäure und ein zweites Molekül NH_3 aufgespalten[4]. Die Histidase kommt nur in der Leber vor. Nierenbrei von Katze, Meerschweinchen, Huhn und Taube enthalten keine Histidase, und Nierenschnitte wirken weder auf Histidin noch auf das als Zwischenprodukt entstehende Formylglutamin[5]. Da die bei der Histidinspaltung entstehende Glutaminsäure über α-Ketoglutarsäure und den Citratcyclus in Oxalacetat und Pyruvat übergeht, gehört das Histidin zu den glucoplastischen Aminosäuren. L-Histidin (nicht aber das durch die Histidase nicht abbaubare D-Histidin, s. oben) bildet ebensoviel Glykogen wie eine äquivalente Menge L-Glutaminsäure[6].

Der Abbau von Histidin zu Urocaninsäure. Während der Abbau des Histidins durch die Histidase eine allgemeine Stoffwechselreaktion darstellt,

[1] ABDERHALDEN, E., u. A. WEIL: H. **77**, 435 (1912). — [2] KAUFFMANN, F., u. E. MISLOWITZER: B. Z. **226**, 325 (1930). — [3] ABDERHALDEN, E., u. S. BUADZE: H. **200**, 87 (1931). — [4] EDLBACHER, S., u. J. KRAUS: H. **195**, 267 (1931). — [5] EDLBACHER, S., u. M. NEBER: H. **224**, 261 (1934). — [6] FEATHERSTONE, R. M. and C. P. BERG: J. biol. Ch. **146**, 131 (1942).

scheint der Abbau des Histidins zur Urocaninsäure (Imidazylacrylsäure[1]) eine Stoffwechselanomalie zu sein, die jeweils nur bei einem Teil der Individuen einer Tierart vorkommt. Die Urocaninsäure wurde erstmalig von JAFFÉ im Harn eines Hundes festgestellt, der vorher zu Versuchen mit Nitrotoluol benutzt worden war[2]; als dieser Hund dem Forscher entlief, konnte sie erst mehr als 20 Jahre später wieder im Harn zweier anderer Hunde aufgefunden werden[3]. Von 8 Kaninchen, die mit Histidin oral belastet wurden, schieden 5 Urocaninsäure im Harn aus; während die anderen Tiere gesund blieben, traten bei diesen 5 Tieren nach der Histidinbelastung schwere toxische Erscheinungen auf[4]. Die Menge der ausgeschiedenen Urocaninsäure entspricht immer nur einem kleinen Teil der aufgenommenen Histidinmenge; so konnte z.B. nach Einspritzung von 10 g L-Histidin aus dem Harn eines Kaninchens 0,86 g Urocaninsäure isoliert werden[5]. Gegen die Vermutung, daß Urocaninsäure durch eine abnorme Darmflora gebildet werde[6], spricht der Befund, daß Hunde bei oraler und parenteraler Histidinverabreichung annähernd gleiche Mengen von Urocaninsäure ausscheiden[7]. Nach KOTAKE wird ein Teil der in der Leber intermediär gebildeten Urocaninsäure durch ein in der Leber vorhandenes Ferment, Urocaninase, zu Isoglutamin aufgespalten, das durch weitere Spaltung Glutaminsäure ergibt[8] (vgl. die Formeln). Die Rückverwandlung der Urocaninsäure in Histidin scheint im Stoffwechsel nicht möglich zu sein. Bei histidinfrei gefütterten jungen Ratten hatte Zufuhr von Urocaninsäure keine[9] oder nur geringe[10] wachstumsfördernde Wirkung.

q) Prolin und Oxyprolin (s. a. Bd. 2/1, S. 986). ***Die Öffnung des Pyrrolidinringes.*** Bebrütet man eine Aminosäure mit Lebergewebe aerob, so wird sie oxydativ desaminiert: d.h. es wird Sauerstoff verbraucht, die Menge des Amino-N nimmt ab und die des NH_3 zu. Wird Prolin mit Lebergewebe bebrütet, so wird ebenfalls Sauerstoff verbraucht, die Menge des NH_2-N nimmt jedoch zu, und der NH_3-Gehalt der Lösung bleibt unverändert[11]. Der erste Schritt des oxydativen Prolinabbaues durch Lebergewebe besteht also darin, daß der Pyrrolidinring geöffnet und die in ihm enthaltene NH-Gruppe in eine NH_2-Gruppe verwandelt wird.

H_2C—CH_2 / HCO CH—$COOH$ / NH_2 ⟵ Prolinoxydase ($^1/_2\,O_2$) ⟵ H_2C—CH_2 / H_2C CH—$COOH$ / NH ⟶ L-Aminosäure-oxydase ($^1/_2\,O_2$) ⟶ H_2C—CH_2 / H_2C CO—$COOH$ / NH_2

Glutaminsäure-halbaldehyd — Prolin — α-Keto-δ-amino-valeriansäure

Glutaminsäure-halbaldehyd ↓ weitere Oxydation ↓ Glutaminsäure

α-Keto-δ-amino-valeriansäure ↓ Aminierung ↓ Ornithin

Die Aufsprengung des Pyrrolidinrings kann in verschiedener Weise erfolgen und wird durch verschiedene Fermente katalysiert. Durch die *Prolinoxydase* wird die Bindung zwischen dem δ-C-Atom und der Iminogruppe des Prolins

[1] HUNTER, A.: J. biol. Ch. **11**, 537 (1912). — [2] JAFFÉ, M.: B. **7**, 1669 (1874); **8**, 811 (1875). — [3] SIEGFRIED, M.: H. **24**, 399 (1898). — [4] DARBY, W. J., and H. B. LEWIS: J. biol. Ch. **146**, 225 (1942). — [5] KIYOKAWA, M.: H. **214**, 38 (1933). — [6] RAISTRICK, H.: Biochem. J. **11**, 71 (1917). — [7] KOTAKE, Y., u. M. KONISHI: H. **122**, 230 (1922). — [8] KOTAKE, Y.: H. **270**, 38 (1941). — [9] COX, G. J., and W. C. ROSE: J. biol. Ch. **68**, 781 (1926). — [10] HARROW, B., and C. P. SHERWIN: J. biol. Ch. **70**, 683 (1926). — [11] BERNHEIM, F., and M. L. C. BERNHEIM: J. biol. Ch. **96**, 325 (1932); **106**, 79 (1934).

gelöst, und es entsteht der Halbaldehyd der Glutaminsäure, der sofort zu Glutaminsäure oxydiert wird. Durch die L-*Aminosäureoxydase* wird dagegen das der Carboxylgruppe benachbarte α-C-Atom des Prolins oxydativ desaminiert, und es entsteht die α-Keto-δ-aminovaleriansäure, deren weiterer Stoffwechsel noch wenig bekannt ist, die aber wahrscheinlich durch Aminierung des α-C-Atoms in Ornithin übergeht.

Andererseits können Ornithin und Glutaminsäure auch wieder in Prolin zurückverwandelt werden, Prolin bildet also eine Zwischensubstanz, die sowohl bei der Bildung des Ornithins (und des aus ihm entstehenden Arginins) aus Glutaminsäure, als auch beim Abbau dieser beiden Aminosäuren zu Glutaminsäure entsteht.

$$\text{Glutaminsäure} \rightleftarrows \text{Prolin} \rightleftarrows \text{Ornithin} \rightleftarrows \text{Arginin}$$

Die Wirkung der Prolinoxydase. Die Prolinoxydase wurde von LANG[1,2] aus Homogenaten von Leber und Niere von Ratten, Hunden und Kaninchen dargestellt. Das Enzym fand sich im unlöslichen Bodensatz zentrifugierter und gewaschener Leberhomogenate; es wird von ATP oder AMP und Phosphat und Mg-Ionen aktiviert[3], von Cu^{++}[2], Cyaniden[3] und Caprylalkohol[3] gehemmt. Das Enzym verbrauchte je Molekül Prolin 1 Atom Sauerstoff, die Bestimmung des Hydrogensulfitbindungsvermögens zeigte, daß hierbei eine Carbonylverbindung entstanden sein mußte. Das entstandene Produkt konnte schließlich als Dinitrophenylhydrazon isoliert werden und erwies sich als der Halbaldehyd der L-Glutaminsäure. Außer Prolin und Oxyprolin wurde keine der in den Proteinen enthaltenen Aminosäuren angegriffen. Pyrrolidoncarbonsäure und Piperidin-δ-carbonsäure wurden von dem Enzym, wenn auch langsamer als Prolin, oxydiert. D-Prolin wurde von der Prolinoxydase zu α-Keto-δ-aminovaleriansäure aufgespalten.

Daß der durch die Einwirkung der Prolinoxydase entstandene Glutaminsäurehalbaldehyd zu Glutaminsäure oxydiert wird, geht daraus hervor, daß bei der Bebrütung von Leberschnitten L-Prolin in L-Glutaminsäure umgewandelt wird[3,4] und auch daraus, daß die aus den Proteinen von Ratten dargestellte Glutaminsäure nach Verfütterung von Prolin, das mit D und ^{15}N markiert war, sowohl D als auch ^{15}N enthielt[5]. Die aus dem Prolin entstandene Glutaminsäure fließt in den Glutaminsäurepool der Leber, wird, wie an mit Prolin bebrüteten Nierenschnitten gezeigt wurde, zu α-Ketoglutarsäure abgebaut[6] und sodann in den Citratcyclus eingeführt. Schnitte von Leber und Niere wandelten Prolin rascher in Glutaminsäure als in α-Ketoglutarsäure um[7].

Die Umwandlung von Prolin in Ornithin und die Bildung von Prolin aus Ornithin (s. a. Bd. 2/1, S. 968). Nach Verfütterung von mit D und ^{15}N markiertem Prolin wurde ein Teil des Deuteriums auch im Arginin der Gewebsproteine wiedergefunden[5]. Das ^{15}N wurde in diesen Versuchen nicht nur in der Amidingruppe des Arginins, sondern auch in der α- und δ-Aminogruppe des aus diesem Arginin erhaltenen Ornithins nachgewiesen[5]. Prolin kann also in Ornithin umgewandelt werden. Aus der Unentbehrlichkeit des Arginins, insbesondere für wachsende Tiere[8], geht jedoch hervor, daß die Bildung von Ornithin aus Prolin im Stoffwechsel nur langsam vor sich geht. Die Zwischenreaktionen dieser Umsetzung sind noch unbekannt.

---

[1] LANG, K.: Kli. Wo. **1943**, 529. — [2] LANG, K., u. G. SCHMIDT: B. Z. **322**, 1 (1951/52). — [3] TAGGART, J. V., and R. B. KRAKAUR: J. biol. Ch. **177**, 641 (1949). — [4] NEBER, M.: H. **240**, 70 (1936). — [5] STETTEN, M. R., and R. SCHOENHEIMER: J. biol. Ch. **153**, 113 (1944). — [6] WEIL-MALHERBE, H., and H. A. KREBS: Biochem. J. **29**, 2077 (1935). — [7] CEDRANGOLO, F., E. LEONE e D. GUERRITORE: Arch. Sci. biol. **33**, 503 (1949). — [8] BORMAN, A., T. R. WOOD, H. C. BLACK, E. G. ANDERSON, M. J. OESTERLING, M. WOMACK and W. C. ROSE: J. biol. Ch. **166**, 585 (1946).

Rascher als die Ornithinbildung aus Prolin scheint im Stoffwechsel der Abbau des Ornithins zu Prolin vor sich zu gehen. Wurde Deuteroornithin an Mäuse verfüttert, so ließ sich im Prolin und in der Glutaminsäure der Gewebsproteine Deuterium nachweisen[1].

Der erste Schritt bei der Umwandlung des Ornithins in Prolin und Glutaminsäure ist die Abspaltung der δ-Aminogruppe. Wurde Mäusen Ornithin verabreicht, das in der α-Aminogruppe mit ^{15}N markiert war, so wurde im Prolin weit mehr ^{15}N gefunden als bei der Verfütterung von Ornithin, dessen δ-Aminogruppe ^{15}N enthielt. Auch die Tatsache, daß das ^{15}N der δ-Aminogruppe des Ornithins rascher in die Aminogruppen der Asparaginsäure und der Glutaminsäure überging als ^{15}N, das in der α-Aminogruppe enthalten war, zeigt, daß die δ-Aminogruppe rasch vom Ornithin abgespalten wird und früher in den allgemeinen Pool labiler Aminogruppen gelangt, als die α-Aminogruppe des Ornithins[2]. Es wird angenommen, daß durch oxydative Abspaltung der δ-Aminogruppe des Ornithins Glutaminsäurehalbaldehyd entsteht, aus dem sich durch Abspaltung von H_2O und nachfolgende Hydrogenierung Prolin bildet[2].

```
CH2—CH2           CH2—CH2           H2C——————CH2           H2C——————CH2
|    |            |    |            |         |            |         |
CH2  CH—COOH      CH   CH—COOH      HC\\    /CH—COOH       H2C\     /CH—COOH
|    |            ||   |               \\N/                   \NH/
NH2  NH2          O    NH2

Ornithin  --(+O, −NH3)-->  Halbaldehyd der Glutaminsäure  --(−H2O)-->  Pyrrolincarbonsäure  --(+H2)-->  Prolin
```

Bildung und Abbau von Oxyprolin (s. a. Bd. 2/1, S. 987). Das in zahlreichen Proteinen enthaltene Oxyprolin ist ebenso wie Prolin eine endogene Substanz. In den Proteinen von Ratten, denen mit D und ^{15}N markiertes Prolin verabreicht worden war, fand sich Oxyprolin, das in signifikanter Menge D und ^{15}N enthielt[3]. Wurde den Ratten hingegen ^{15}N-Oxyprolin gegeben, so waren in den Proteinen nur minimale Mengen von ^{15}N markiertem Oxyprolin zu finden, die Hauptmenge wurde abgebaut, der ausgeschiedene Harnstoff sowie die in den Gewebsproteinen enthaltenen endogenen Aminosäuren enthielten erhebliche Mengen von ^{15}N. Daraus wird geschlossen, daß Oxyprolin nicht als solches zur Proteinsynthese verwendet wird, sondern erst durch die Oxydation bereits in die Polypeptidkette eingebauter Prolinreste entsteht[4].

Der Abbau des Oxyprolins erfolgt in analoger Weise wie der des Prolins. Oxyprolin wird von der Prolinoxydase mit einer Geschwindigkeit, die etwa 60% der beim Prolin beobachteten beträgt, zum Halbaldehyd der Glutaminsäure[5] bzw. der γ-Oxyglutaminsäure[6] oxydiert.

r) Ornithin und Arginin (s. a. Bd. 2/1, S. 968). Über den Weg, auf dem Arginin über Citrullin aus Ornithin entsteht, wird bei der Besprechung des harnstoffbildenden Fermentsystems der Leber berichtet werden. Ornithin kann im Stoffwechsel zwar über Prolin aus Glutaminsäure gebildet werden, doch scheinen einige Reaktionen, aus denen sich dieser Syntheseweg zusammensetzt, nur sehr langsam abzulaufen.

α-Ketoglutarsäure → Glutaminsäure → Prolin → Ornithin → Citrullin → Arginin

[1] Roloff, M., S. Ratner and R. Schoenheimer: J. biol. Ch. **136**, 561 (1940). — [2] Stetten, M. R.: J. biol. Ch. **189**, 499 (1951). — [3] Stetten, M. R., and R. Schoenheimer: J. biol. Ch. **153**, 113 (1944). — [4] Stetten, M. R.: Fed. Proc. **8**, 256 (1949). J. biol. Ch. **181**, 31 (1949). — [5] Lang, K., u. G. Schmidt: B. Z. **322**, 1 (1951/52). — [6] Taggart, J. V., and R. B. Krakaur: J. biol. Ch. **177**, 641 (1949).

Daß Arginin endogen gebildet werden kann, ergibt sich daraus, daß wachsende Ratten in ihren Körperproteinen mehr Arginin enthielten, als ihnen mit der Nahrung zugeführt worden war[1]. Wurde Arginin aus der Nahrung junger Ratten fortgelassen, so wurde das Wachstum der Tiere zwar verlangsamt, aber doch nicht völlig zum Stillstand gebracht[2]. Erwachsene Ratten konnten ihr N-Gleichgewicht auch ohne Argininzufuhr durch 8 Tage erhalten[3]. Hunde, die argininfrei ernährt wurden, blieben 1—2 Wochen im Stickstoffgleichgewicht, konnten jedoch nach Plasmapherese ihre Serumproteine nicht in normalem Ausmaß regenerieren[4]. Männer blieben bei argininarmer Kost im Stickstoffgleichgewicht, doch war nach 10 Tagen die Spermatogenese verringert[5]. Die endogene Argininquote reicht also beim Menschen und beim Säugetier zur Not aus, um die für den Erhaltungsstoffwechsel notwendigen Argininmengen zu liefern, die Anforderungen von Wachstum und Regeneration müssen aber durch exogene Argininzufuhr gedeckt werden.

Vögel, deren Leber keinen Harnstoff bildet, bilden auch kein Arginin und müssen ihren gesamten Argininbedarf aus der Nahrung decken. Wachsende Hühnchen brauchen daher relativ mehr Arginin als wachsende Säugetiere[6], und ihr Argininbedarf kann nicht durch Ornithin, auch nicht durch Ornithin und Harnstoff gedeckt werden[7]. Citrullin konnte beim Hühnchen jedoch Arginin ersetzen[8]. Hühnerembryonen bilden zwar Harnstoff aus zugesetztem Arginin, aber nicht aus Ornithin und NH_3 s.[9]. Vögel können also Citrullin in Arginin umwandeln und Arginin in Ornithin und Harnstoff aufspalten, aber sie können aus Ornithin kein Citrullin bilden. Die Spaltung des Arginins ist bei diesen Tieren irreversibel, sie verlieren auf jedes Mol ausgeschiedenen Harnstoffs ein Mol Arginin.

Mit Benzoesäure vergiftete Vögel können jedoch auch bei argininarmer Nahrung Ornithursäure für die Entgiftung von Benzoesäure bilden. Die Ornithursäureausscheidung ist jedoch bei diesen Tieren von einer Vermehrung der Harnstoffausscheidung auf das 5—10fache des Normalwertes begleitet[10]. Die für die Ornithursäurebildung verwendeten Ornithinreste stammten also aus den Argininresten der Körperproteine, die durch die — bei den Vögeln nicht in der Leber, sondern in der Niere enthaltene[11] — Arginase abgebaut worden waren, um Ornithin für die Entgiftung der Benzoesäure zu gewinnen.

Der Abbau des Ornithins scheint — ähnlich wie seine Bildung — über Prolin und Glutaminsäure als Zwischensubstanzen zu erfolgen. Deutero-Ornithin wird von der Maus zwar zum Teil in Arginin umgewandelt und dieses in Proteine eingebaut[12], signifikante Mengen von Deuterium fanden sich aber auch in den Prolin- und Glutaminsäureresten der Proteine[13]. Eine Desaminierung der α-Aminogruppe des Arginins findet nur in sehr geringem Ausmaß statt: Wurde Ratten D-Leucin verabreicht, das mit ^{15}N markiert war, so fanden sich im Arginin der Leberproteine zwar kleine Mengen von ^{15}N, aber dieses ^{15}N war vor allem in der Amidingruppe des Arginins, nicht aber im Ornithinrest enthalten[14]. Ein ähnliches Ergebnis wurde bei Versuchen mit ^{15}N-Glycin erhalten: Nach Zufuhr von

---

[1] Scull, C. W., and W. C. Rose: J. biol. Ch. **89**, 109 (1930). — [2] Rose, W. C.: Physiol. Rev. **18**, 109 (1938). — [3] Burroughs, E. W., H. S. Burroughs and H. H. Mitchell: J. Nutrit. **19**, 363 (1940). — [4] Madden, S. C., J. R. Carter, A. A. Kattus jr., L. L. Miller and G. H. Whipple: J. exp. Med. **77**, 277 (1943). — [5] Holt, L. E. jr., A. A. Albanese, L. B. Shettles, C. Kajdi and D. M. Wangerin: Fed. Proc. **1**, 116 (1942). — [6] Arnold, A., O. L. Kline, C. A. Elvehjem and E. B. Hart: J. biol. Ch. **116**, 699 (1936). — [7] Klose, A. A., E. L. R. Stokstad and H. J. Almquist: J. biol. Ch. **123**, 691 (1938). — [8] Klose, A. A., and H. J. Almquist: J. biol. Ch. **135**, 153 (1940). — [9] Needham, J., J. Brachet and R. K. Brown: J. exp. Biol. **12**, 321 (1935). — [10] Crowdle, J. H., and C. P. Sherwin: J. biol. Ch. **55**, 365 (1923). — [11] Hunter, A., and J. A. Dauphinee: Proc. R. Soc. London B **97**, 227 (1924). — [12] Clutton, R. F., R. Schoenheimer and D. Rittenberg: J. biol. Ch. **132**, 227 (1940). — [13] Roloff, M., S. Ratner and R. Schoenheimer: J. biol. Ch. **136**, 561 (1940). — [14] Ratner, S., R. Schoenheimer and D. Rittenberg: J. biol. Ch. **134**, 653 (1940).

^{15}N-Glycin enthielt das aus den Leberproteinen von Ratten isolierte Arginin einen ^{15}N-Überschuß von 0,78, das daraus hergestellte Ornithin aber nur einen ^{15}N-Überschuß von 0,24 s. [1].

Arginin ist eine glykoplastische Aminosäure. Phlorrhizinvergiftete Hunde schieden nach Verabreichung von Arginin so viel Extrazucker aus, als dem Einbau von 3 C-Atomen des Argininmoleküls in Glucose entsprach[2]. Desgleichen bildeten hungernde Ratten nach Zufuhr von Arginin kleine Mengen von Glykogen, und die durch Na-butyrat bei den Tieren verursachte Ketonurie wurde durch Verfütterung von Arginin gemildert[3].

Die Bildung von Kreatin (s. a. Bd. 2/1, S. 945 u. 969). Das Kreatin, das in Form seines energiereichen Phosphats im Stoffwechsel des Muskels aber auch zahlreicher anderer Organe eine wichtige Rolle spielt, wird durch die Aufeinanderfolge zweier Reaktionen gebildet: Zunächst wird die Guanidingruppe des Arginins auf Glycin übertragen[4]. Das so entstandene Guanidinacetat (Glykocyamin) wird hierauf N-methyliert, wobei die Methylgruppe von Methionin geliefert wird. Es scheint, daß die Bildung der Guanidinoessigsäure vor allem in der Niere, die Methylierung der Guanidinoessigsäure vor allem in der Leber vor sich geht. Der Transport der Guanidinoessigsäure von der Niere in die Leber erfolgt durch das Blutplasma, das normalerweise 0,24—0,28 mg-% Guanidinoessigsäure enthält[5]. Nach durchgeführter Methylierung gibt die Leber das fertige Kreatin wieder an das Blut ab, mit dem es zu den Organen, insbesondere zur Muskulatur geschafft wird.

$$\text{Glycin + Arginin} \xrightarrow[\textit{Blut}]{} \textit{Niere} \xrightarrow[\textit{Blut}]{\text{Glykocyamin}} \textit{Leber} \xrightarrow[\textit{Blut}]{\text{Kreatin}} \textit{Muskel u.a.} \xrightarrow[\textit{Blut}]{\text{Kreatinin}} \textit{Niere} \rightarrow \textit{Harn}$$

Während Schnitte und Extrakte von Nierengewebe aus Arginin und Glycin Guanidinoessigsäure zu bilden vermochten, waren Leberschnitte unter gleichen Bedingungen nicht befähigt diese Reaktion durchzuführen[6]. Glykocyamin wurde hingegen von Leberschnitten zu Kreatin methyliert[7]. Schnitte und Homogenate von Meerschweinchenleber sind besonders stark wirksam, in geringerem Ausmaß war die Methylierung der Guanidinoessigsäure auch in der Rattenleber nachweisbar[9]. Die Methylierung der Guanidinoessigsäure in Leberschnitten wird durch Methionin gefördert[7]. Als Energiequelle ist ATP erforderlich[9]. Homogenate von Rattenleber können für die Methylierung des Kreatins auch Methylphosphat verwenden[10]. Schon fetale Meerschweinchenleber ist befähigt, Guanidinoessigsäure zu methylieren[8]. In der cirrhotischen Leber ist die Umwandlung der Guanidinoessigsäure in Kreatin verringert, und unmethyliert verbliebene Guanidinoessigsäure erscheint im Harn[11].

2) Die Harnstoffbildung (s. a. Bd. 2/1, S. 970).

a) Die Aufnahme von NH_3 durch die Leber. Ein Teil der mit der Nahrung aufgenommenen Aminosäuren wird im Darmlumen durch bakterielle Zersetzung

[1] Ratner, S., D. Rittenberg, A. S. Keston and R. Schoenheimer: J. biol. Ch. **134**, 665 (1940). — [2] Dakin, H. D.: J. biol. Ch. **14**, 321 (1913). — [3] Butts, J. S., and R. O. Sinnhuber: J. biol. Ch. **140**, 597 (1941). — [4] Bloch, K., and R. Schoenheimer: J. biol. Ch. **138**, 155, 167 (1941). — [5] Hoberman, H. D.: J. biol. Ch. **167**, 721 (1947). — Levedahl, B. H., and L. T. Samuels: J. biol. Ch. **176**, 327 (1948). — [6] Borsook, H., and J. W. Dubnoff: J. biol. Ch. **138**, 389 (1941). — [7] Borsook, H., and J. W. Dubnoff: J. biol. Ch. **132**, 559 (1940); **160**, 635 (1945). — [8] Cohen, S.: J. biol. Ch. **193**, 851 (1951). — [9] Borsook, H., and J. W. Dubnoff: J. biol. Ch. **171**, 363 (1947). — [10] Binkley, F., and J. Watson: J. biol. Ch. **180**, 971 (1949). — [11] Hoberman, H. D., C. W. Lloyd and R. H. Williams: Science, N. Y. **104**, 619 (1946).

unter Freisetzung von NH_3 zerlegt[1], aber auch die Darmwandzellen selbst sind zur Desaminierung von Aminosäuren befähigt. Der NH_3-Gehalt des Pfortaderblutes ist daher höher als der des peripheren Blutes[2]. So enthielt z.B. beim Kaninchen das Blut der Vena mesenterica coeci 50mal mehr NH_3 als das Blut der Lebervene[3]. Das sich im Blut ansammelnde NH_3 würde, wenn es von der Leber nicht beseitigt würde, im Stoffwechsel schwere Schädigungen verursachen. So hemmt, wie auf S. 193 berichtet, ein Überschuß von NH_4 den Ablauf des Citronensäurecyclus. Bei Versuchstieren, die mit NH_4-Salzen belastet wurden, trat der Tod ein, wenn die NH_4-Konzentration im Blut 7 mg-% erreichte[4]. Die Leber nimmt daher NH_3 aus dem Blut auf und bildet daraus Harnstoff. Auch in der Leber selbst entstehen durch Desaminierung der Aminosäuren große Mengen von NH_3, die in gleicher Weise wie das aus dem Blut aufgenommene NH_3 in Harnstoff umgewandelt werden.

Die Aufnahme des NH_3 aus dem Pfortaderblut erfolgt in der Leber so rasch und so vollständig, daß das normale Blut nur Spuren von NH_4^+ enthält. Das im Harn ausgeschiedene NH_4^+ stammt in der Regel nicht aus dem Blut, sondern wird in der Niere durch Desaminierung von Aminosäuren gebildet.

Daß die Leber das einzige Organ ist, das Harnstoff bildet, zeigen Versuche an Hunden, denen Leber oder Niere oder aber beide Organe exstirpiert wurden. Wird nur die Leber exstirpiert, so kommt die Harnstoffbildung zum Stillstand, da aber die Harnstoffausscheidung in den Nieren weitergeht, sinkt der Harnstoffgehalt des Blutes rasch ab. Wird den Tieren die Leber belassen und werden beide Nieren exstirpiert, so läuft die Harnstoffbildung weiter, aber die Ausscheidung des Harnstoffs sistiert. Der Harnstoffgehalt des Blutes steigt rapid an. Exstirpiert man sowohl die Leber als auch die Nieren, so wird Harnstoff weder gebildet noch ausgeschieden, und der Harnstoffgehalt des Blutes bleibt unverändert[5]. Auch bei Tieren mit ECKscher Fistel war die Harnstoffbildung erheblich herabgesetzt.

Versuche, in denen verschiedene Organe mit defibriniertem Blut[6], mit NH_4-Salzen[7] oder Aminosäuren[8] durchströmt wurden, ergaben, daß nur bei der Durchströmung der Leber die Harnstoffmenge in der Durchströmungsflüssigkeit zunahm. Die Harnstoffbildung in der isolierten Hundeleber stieg bei der Durchströmung mit NH_4-Salzen von 9,2 mg auf 22,6 mg je kg Leber und min[9].

Die Harnstoffbildung aus NH_4-Salzen ist eine Reaktionskette, die eine Reihe endergonischer Einzelreaktionen enthält. Die für diese Reaktionen notwendige Energie wird durch Oxydationsvorgänge geliefert. Die NH_3-Aufnahme durch die Leber ist daher an den Zustrom von O_2 zur Leber gebunden[10]. Anoxämie der Leber, hervorgerufen durch Erstickung, Verschluß der Leberarterie oder Inaktivierung des Cytochromsystems durch Cyanvergiftung[10] hat daher eine Hyperammonämie zur Folge[3]. Durch Einatmenlassen O_2-armer oder CO-haltiger Gasgemische kann man bei Kaninchen eine rasch eintretende und durch O_2-Atmung leicht wieder behebbare Steigerung des NH_4-Gehaltes des Blutes hervorrufen[3].

Die Harnstoffbildung aus NH_3 in Leberschnitten erfolgt verlangsamt, wenn die Tiere vor dem Tode gehungert haben[11]. Zusatz von Glucose, Fructose, Lactat

---

[1] CHOLOPOFF, A. D.: Pflügers Arch. **218**, 670 (1927). — [2] NENCKI, M., J. P. PAWLOW u. J. ZALESKI: A. e. P. P. **37**, 26 (1896). — [3] PARNAS, J. K., u. A. KLISIECKI: B. Z. **173**, 224 (1926). — [4] HUGOUNENQ, L., et G. FLORENCE: Bull. Soc. Chim. biol. **3**, 174 (1921). — [5] BOLLMAN, J. L., F. C. MANN and T. B. MAGATH: Amer. J. Physiol. **69**, 371 (1924). — [6] FIESSINGER, N., H. BÉNARD, M. HERBAIN et L. DERMER: C. R. Soc. Biol. **116**, 603 (1934). — [7] SCHROEDER, W. v.: A. e. P. P. **15**, 364 (1882). — [8] SALASKIN, S.: H. **25**, 128 (1898). — [9] OBERDISSE, K., u. K. ECKARDT: Z. klin. Med. **132**, 762 (1937). — [10] LÖFFLER, W.: B. Z. **85**, 230 (1918); **112**, 164 (1920). — [11] KREBS, H. A., u. K. HENSELEIT: H. **210**, 33 (1932).

oder Pyruvat steigert die Harnstoffbildung in Leberschnitten[1] von hungernden Tieren, ohne daß gleichwohl das Ausmaß der Harnstoffbildung, das bei Leberschnitten normal genährter Tiere beobachtet wird, erreicht würde. Eine starke Vermehrung der Harnstoffbildung wurde ferner beobachtet, wenn den Leberschnitten Ornithin und NH_3 zugesetzt wurde, noch größer war die Harnstoffbildung, wenn außerdem auch Lactat zugeführt wurde[1]. Die herabgesetzte Harnstoffbildung in den Leberschnitten hungernder Tiere ist also auf einen verminderten Gehalt der hungernden Leber an Ornithin und an N-freien Substanzen zurückzuführen, deren Oxydation die für die Harnstoffbildung notwendige Energie liefert[1].

Anders als bei isolierten Leberschnitten liegen die Verhältnisse beim intakten Tier. In der Leber des hungernden Tieres werden vermehrte Mengen von Aminosäuren abgebaut, und bei Hunden und Kaninchen wurde daher insbesondere bei langdauerndem Hunger ein erheblicher Anstieg der Harnstoffbildung beobachtet[2].

Die Harnstoffsynthese gehört zu den Leberfunktionen, die schädigenden Faktoren besonders lange widerstehen, phosphorvergiftete Hunde bildeten normale[3] oder sogar (Eiweißabbau!) übernormale[4] Mengen von Harnstoff. Hunde, deren Leber durch CCl_4 oder Unterbindung des Ductus choledochus geschädigt worden war, verhielten sich in bezug auf die Harnstoffausscheidung wie Normaltiere[4]. Bei Hunden mit Eckscher Fistel war der Harnstoffgehalt des Blutes niedrig[5]. Nach *oraler* Belastung (Schlundsonde) mit Pepton bildeten Hunde mit Eckscher Fistel zwar normale Harnstoffmengen, der Anstieg des Reststickstoffes erfolgte jedoch rascher und plötzlicher als vor Anlegung der Fistel[4]. Nach proteinhaltigen Mahlzeiten kann es bei Tieren mit Eckscher Fistel zu einem erheblichen Anstieg des NH_3 im peripheren Blut kommen[6].

Bei leichteren Leberschäden beim Menschen werden meist keine Störungen der Harnstoffbildung beobachtet. Der NH_3-Gehalt des Blutes ist bei leichten Leberfunktionsstörungen meist normal, bei schweren Cirrhosen aber oft vermehrt[7]. Bei schweren Cirrhosen kommt es bei Belastung mit NH_4-Salzen zu einem mehrstündigen, starken Anstieg des Ammoniumspiegels im Blut[8]. Nach Belastung mit Pepton oder Aminosäuren erscheint bei Leberkranken ein geringerer Prozentsatz des zugeführten Stickstoffes in Form von Harnstoff[9], und NH_4Cl-Mengen, die von Gesunden leicht vertragen werden, können bei Lebercirrhosen schwere Vergiftungserscheinungen zur Folge haben[10]. Die Verzögerung in der Entgiftung der NH_4-Salze ist beim Cirrhosekranken weniger auf eine Störung der Harnstoffbildung in den Leberzellen selbst als auf die Verringerung der Leberdurchblutung zurückzuführen, da ein Teil des Blutes durch portovenöse Anastomosen an der Leber vorbeigeleitet wird.

b) Der Mechanismus der Harnstoffbildung (s. a. Bd. 2/1, S. 970). Die Harnstoffbildung erfolgt durch die cyclische Wiederkehr dreier Reaktionen: zunächst wird 1 Mol NH_3 und 1 Mol CO_2 unter Austritt von 1 Mol H_2O an die D-Aminogruppe des Ornithins angelagert und dadurch Citrullin gebildet. Citrullin wird durch Anlagerung von NH_3 unter Austritt von 1 Mol H_2O in Arginin umgewandelt.

[1] Krebs, H. A., u. K. Henseleit: H. **210**, 33 (1932). — [2] Boy, G.: Bull. Soc. Chim. biol. **16**, 1009 (1934). — [3] Pfaundler, M.: H. **30**, 75 (1900). — Marshall, E. K., and L. G. Rowntree: J. exp. Med. **22**, 333 (1915). — [4] Silberstein, F., L. Tuchman u. A. Glaser: B. Z. **245**, 102 (1932). — [5] Morgulis, S.: J. biol. Ch. **66**, 353 (1925). — [6] Monguió, J., u. F. Krause: Kli. Wo. **1934 II**, 1142. — [7] Caulaert, C. van, C. Deviller et M. Halff: C. R. Soc. Biol. **111**, 735 (1932). — Fuld, H.: Kli. Wo. **1933**, 1364. — Lazzaro, G.: Arch. Stud. Fisiopat. **2**, 453 (1934). — Labbé, M., F. Nepveux et Hejda: Cr. **188**, 738 (1929). — [8] Kirk, E.: Acta med. scand., Suppl. **77** (1936). — Caulaert, C. van, et C. Deviller: C. R. Soc. Biol. **111**, 50 (1932). — [9] Glaessner, K.: Z. exp. Path. Therap. **4**, 336 (1907). — [10] Caulaert, C. van, C. Deviller et J. Hofstein: C. R. Soc. Biol. **111**, 737 (1932).

Arginin wird durch die Arginase in Ornithin und Harnstoff aufgespalten (Cyclus der Harnstoffsynthese nach KREBS u. HENSELEIT[1] (vgl. Bd. 2/1, S. 970).

Dieser Weg der Harnstoffbildung ist durch zahlreiche, zum Teil mit Hilfe der Isotopenmethode erhaltene Befunde belegt: Nach Verfütterung von ^{15}N-Glycin war der ^{15}N-Gehalt des im Harn ausgeschiedenen Harnstoffs gleich dem ^{15}N-Gehalt der Amidingruppe des in den Leberproteinen enthaltenen Argininrestes[2]. Wurden ^{15}N-Tyrosin, ^{15}N-Leucin oder ^{15}N—NH_4-Citrat an Ratten verfüttert, so konnte aus der Leber dieser Tiere Arginin isoliert werden, das ^{15}N in der Amidingruppe enthielt[3]. Wurde dieses Arginin gespalten, so ging die Gesamtmenge des ^{15}N in den entstandenen Harnstoff über. Die beiden N-Atome des Ornithinmoleküls werden dagegen nicht für die Harnstoffbildung verwendet: Werden Leberschnitte mit ^{15}N-L-Ornithin bebrütet, so wurde im entstandenen Harnstoff kein ^{15}N gefunden, gleichgültig, ob sich das ^{15}N am α- oder δ-C-Atom befand[4]. — Daß das C-Atom des Harnstoffes aus CO_2 stammt, zeigen Versuche, in denen Leberschnitte mit Hydrogencarbonat bebrütet wurden, das mit ^{13}C markiert war; der in den Leberschnitten entstandene Harnstoff lieferte bei der Zerlegung durch Urease CO_2, das ^{13}C enthielt[5]. Nach Verfütterung von L-Methionin, das in der Methylgruppe ^{14}C enthielt, entstand $^{14}CO_2$, das teils durch die Atmung ausgeschieden, teils zur Harnstoffbildung verwendet wurde: das ausgeatmete und das für die Harnstoffbildung verwendete CO_2 stammten beide aus demselben CO_2-Pool, denn der ^{14}C-Gehalt des ausgeatmeten CO_2 und der des im Harn ausgeschiedenen Harnstoffes war gleich[6].

Daß das als Spaltprodukt des Arginins entstehende Ornithin wieder in Arginin zurückverwandelt wird, ergibt sich daraus, daß nach Verfütterung von deuteriumhaltigem Ornithin in den Proteinen von Mäusen deuteriumhaltiges Arginin gefunden wurde[7]. Daß das für die Harnstoffbildung verwendete Arginin aus Ornithin gebildet wird, geht auch daraus hervor, daß die Harnstoffbildung in Leberschnitten durch Zusatz von Ornithin stark gesteigert wird[1,8,9]. Citrullin, das in der Leber aus Ornithin entsteht, hat eine analoge Wirkung[1,10]. Die Gesamtmenge von Arginin + Ornithin ändert sich in den Leberschnitten während der Harnstoffbildung nicht. Ornithin und Arginin werden also bei der Harnstoffbildung zwar benötigt, aber nicht verbraucht.

Die Enzymsysteme, die die Einzelreaktionen des Harnstoffcyclus katalysieren, sind aus der Leber isoliert und der Reaktionsmechanismus der einzelnen Phasen des Cyclus weitgehend aufgeklärt worden.

Die Citrullinbildung (s. a. Bd. 2/1, S. 971). Der erste Schritt der Argininsynthese ist die Bildung des Citrullins. Das citrullinbildende Fermentsystem ist in den Mitochondrien der Leberzellen enthalten[11]. Es katalysiert die Bindung von NH_3 und CO_2 an die δ-Aminogruppe des Ornithins:

$$NH_3 + CO_2 + H_2N\text{—}\boldsymbol{R} \rightarrow H_2N\text{—}CO\text{—}NH\text{—}\boldsymbol{R} + H_2O$$

Die Reaktion ist stark endergonisch und wird von einem Enzymsystem katalysiert, für das die Gegenwart von Mg-Ionen notwendig ist[12,13]. Adenylsäure

---

[1] KREBS, H. A., u. K. HENSELEIT: H. **210**, 33 (1932). — [2] SHEMIN, D., and D. RITTENBERG: J. biol. Ch. **153**, 401 (1944). — [3] FOSTER, G. L., R. SCHOENHEIMER and D. RITTENBERG: J. biol. Ch. **127**, 319 (1939). — SCHOENHEIMER, R., S. RATNER and D. RITTENBERG: J. biol. Ch. **127**, 332; **130**, 703 (1939). — [4] HIRS, C. W. H., and D. RITTENBERG: J. biol. Ch. **186**, 429 (1950). — [5] RITTENBERG, D., and H. WAELSCH: J. biol. Ch. **136**, 799 (1940). — [6] MACKENZIE, C. G., and V. DU VIGNEAUD: J. biol. Ch. **172**, 353 (1948). — [7] CLUTTON, R. F., R. SCHOENHEIMER and D. RITTENBERG: J. biol. Ch. **132**, 227 (1940). — [8] MANDERSCHEID, H.: B. Z. **263**, 245 (1933). — [9] KREBS, H. A.: H. **217**, 191 (1933). — [10] GORNALL, A. G., and A. HUNTER: J. biol. Ch. **147**, 593 (1943). — [11] MÜLLER, A. F., u. F. LEUTHARDT: Helv. **32**, 2289 (1949). — [12] COHEN, P. P., and M. HAYANO: J. biol. Ch. **172**, 405 (1948). — [13] GRISOLIA, S., and P. P. COHEN: J. biol. Ch. **191**, 189 (1951). — COHEN, P. P., and S. GRISOLIA: J. biol. Ch. **182**, 747 (1950).

oder ATP[1], ferner K^+ und Phosphat, insbesondere aber Glutaminsäure haben eine fördernde Wirkung. Glutamin fördert die Reaktion ebenfalls[2], hat jedoch in Konzentrationen unter 3μMol/cm^3 schwächere Wirkung als Glutaminsäure[3]. Noch stärker als Glutaminsäure wirkt Carbamoylglutaminsäure, die aus Glutaminsäure durch Bindung von CO_2 und NH_3 an die Aminogruppe der Glutaminsäure entsteht[4,5]. Die endergonische Bildung der Carbamoylglutaminsäure wird durch ATP vermittelt[6].

$$H_3N + CO_2 + NH_2\text{—}\underset{\displaystyle COOH}{\underset{|}{CH}}\text{—}CH_2\text{—}\underset{\displaystyle COOH}{\underset{|}{CH_2}} \xrightarrow[\text{Mg; ATP}]{} H_2N\text{—}CO\text{—}NH\text{—}\underset{\displaystyle COOH}{\underset{|}{CH}}\text{—}CH_2\text{—}\underset{\displaystyle COOH}{\underset{|}{CH_2}} + H_2O$$

Die Ureidogruppe der Carbamoylglutaminsäure wird jedoch (im Gegensatz zu früheren Annahmen[6]) nicht auf das Ornithin übertragen, bildet also keine Vorstufe der Ureidogruppe des Citrullins. Wird zu gewaschenen Homogenaten von Rattenleber neben ATP, $^{14}CO_2$ und $^{15}NH_3$ auch unmarkierte Carbamoylglutaminsäure hinzugeführt, so gehen die beiden Isotopen, ohne durch die unmarkierte Ureidogruppe des Carbamoylglutamats verdünnt zu werden, in Citrullin über. Das Carbamoylglutaminat selbst nimmt aus dem $^{14}CO_2$ und $^{15}NH_3$ nur Spuren der Isotopen auf. Wurden in analogen Versuchen gewöhnliches CO_2 und ^{14}C-markiertes Carbamoylglutamat verwendet, so ging kein ^{14}C in das Citrullin über[7].

$$^{15}NH_3 + {}^{14}CO_2 + \underset{\text{Ornithin}}{NH_2\text{—}\boldsymbol{R}} \xrightarrow[\substack{\text{Mg; ATP}\\ \text{Carbamoyl-}\\ \text{glutamat}}]{} \underset{\text{Citrullin}}{^{15}NH_2\text{—}^{14}CO\text{—}NH\text{—}\boldsymbol{R}} + H_2O$$

Es scheint, daß die Rolle des Carbamoylglutamats darin besteht, die Energie des ATP für die Citrullinbildung verfügbar zu machen. Wahrscheinlich wird die Carbamoylglutaminsäure durch das ATP zunächst in eine energiereiche Phosphorverbindung übergeführt[7,8], durch deren exergonischen Zerfall die Energie geliefert wird, die für die Kondensierung von CO_2 und NH_3 mit Ornithin notwendig ist.

Das Enzymsystem, das die Citrullinsynthese in der Leber durchführt, besteht also aus 2 Teilen. Ein Anteil katalysiert die für die Energieübertragung notwendigen Phosphorylierungsvorgänge; dieser Anteil ist thermolabil und nicht nur in der harnstoffbildenden Säugetierleber, sondern auch in der Leber von Vögeln (Tauben) enthalten. Ein anderer Anteil des citrullinbildenden Enzymsystems katalysiert mit Hilfe der durch die Phosphorylierungsvorgänge bereitgestellten Energie den eigentlichen Kondensationsvorgang. Dieser Anteil ist gegen Erwärmen relativ widerstandsfähig und ist nur in der Säugerleber enthalten. Aus Rattenleber erhaltene, citrullinbildende Enzympräparate konnten daher durch Hitze inaktiviert und sodann durch Zusatz von Taubenleberhomogenaten wieder reaktiviert werden[9].

Gewaschene Leberhomogenate von Ratten, die eine Biotinmangelnahrung erhalten hatten, synthetisierten aus Ornithin in Gegenwart von Glutamat weit

[1] COHEN, P. P., and M. HAYANO: J. biol. Ch. **172**, 405 (1948). — [2] LEUTHARDT, F., A. F. MÜLLER u. H. NIELSEN: Helv. physiol. Acta **6**, C 57 (1948). — [3] LEUTHARDT, F., A. F. MÜLLER u. H. NIELSEN: Helv. **32**, 744 (1949). — [4] GRISOLIA, S., and P. P. COHEN: J. biol. Ch. **191**, 189 (1951). — COHEN, P. P., and S. GRISOLIA: J. biol. Ch. **182**, 747 (1950). — [5] COHEN, P. P., and S. GRISOLIA: J. biol. Ch. **174**, 389 (1948). — [6] COHEN, P. P., and S. GRISOLIA: J. biol. Ch. **182**, 747 (1950). — [7] GRISOLIA, S., R. H. BURRIS and P. P. COHEN: J. biol. Ch. **191**, 203 (1951). — [8] MÜLLER, A. F., u. F. LEUTHARDT: Helv. **32**, 2349 (1949). — [9] GRISOLIA, S., S. B. KORITZ and P. P. COHEN: J. biol. Ch. **191**, 181 (1951).

weniger Citrullin als analoge Präparate von normal genährten Tieren[1,2]. Wurde das Glutamat jedoch durch Carbamoylglutamat ersetzt, so war kein Unterschied zwischen Normaltieren und Biotinmangeltieren nachweisbar, die Zufuhr des Biotins ist also für die Bildung des Carbamoylglutamats erforderlich. Auch Kostformen, die wenig Protein und Riboflavin enthalten, setzen die Citrullinsynthese in Gegenwart von Glutamat stärker herab als in Gegenwart von Carbamoylglutamat[3]. Die Citrullinsynthese in Gegenwart von Glutamat wurde in den Leberhomogenaten der Biotinmangeltiere (und nur bei diesen) durch Zusatz von Fumarat, Oxalacetat und Asparaginat noch weiter verringert[1]. Analoge Präparate aus Hepatomen, deren Bildung durch p-Dimethylaminoazobenzol ausgelöst worden war, bildeten sowohl in Gegenwart von Glutamat als auch vom Carbamoylglutamat nur geringe Mengen von Citrullin[2].

Die Argininsynthese aus Citrullin (s. a. Bd. 2/1, S. 972). Die Bildung von Arginin aus Citrullin erfolgt nicht durch direkte Bindung von NH_3, sondern durch Transaminierung[4], die Iminogruppe des Guanidinrestes wird hierbei durch die Aminogruppe der Asparaginsäure geliefert[5]. Die Reaktion erfolgt in aerobem Milieu; neben Citrullin und dem Aminogruppendonator sind für den Ablauf der Reaktion in Leberhomogenaten auch Cytochrom c, Mg-Ionen und katalytische Mengen von ATP erforderlich[6]. In ähnlicher Weise erfolgt die Reaktion auch in Schnitten[4] und Homogenaten[6] von Nierengewebe, doch waren Homogenate aus Lebergewebe aktiver als Nierenhomogenate und wirkten schon in Gegenwart relativ kleiner Substratkonzentrationen[6].

Das Enzymsystem, das die Reaktion katalysiert, konnte durch Extraktion der Acetonpulver von Säugetierlebern dargestellt werden[7,8], es besteht aus 2 Anteilen[9]: Eines der Enzyme katalysiert in Gegenwart von ATP und Mg^{++} die endergonische Kondensation des Citrullins mit Asparaginsäure zu Argininbernsteinsäure. Das andere katalysiert die — nichthydrolytische — Spaltung der Argininbernsteinsäure zu Arginin und Fumarsäure. Die beiden Anteile des Enzymsystems konnten voneinander getrennt werden. Bei der Reinigung erwies es sich, daß der kondensierende Anteil des Enzymsystems seinerseits wieder aus 2 Teilenzymen besteht, von denen eines durch Fraktionierung von Extrakten aus Acetontrockenpulver von Lebergewebe dargestellt werden konnte. Das andere Teilenzym, das in der Leber in sehr instabiler Form enthalten ist, konnte aus Hefe gewonnen werden[10]. Zusatz des Hefeenzyms zu dem aus der Leber erhaltenen gereinigten Enzympräparat steigerte die kondensierende Wirkung auf das Mehrfache.

Isoliert man das kondensierende Enzymsystem und läßt es in Gegenwart von ATP und Mg^{++} auf Citrullin und Asparaginsäure einwirken, so sammelt sich Argininbernsteinsäure an. Sie kann als Ba-Salz dargestellt werden[11]. Die freie Säure geht spontan in ein cyclisches Anhydrid über, das in krystallisierter Form erhalten werden kann[12] und eine starke und charakteristische Ultraviolettabsorption zeigt[13], aber von dem argininsuccinatspaltenden Ferment nicht mehr angegriffen

[1] FELDOTT, G., and H. A. LARDY: J. biol. Ch. **192**, 447 (1951). — MACLEOD, P. R., S. GRISOLIA, P. P. COHEN and H. A. LARDY: J. biol. Ch. **180**, 1003 (1949). — [2] FELDOTT, G., P. MACLEOD and H. A. LARDY: Fed. Proc. **9**, 170 (1950). — [3] TUNG, T. C., and P. P. COHEN: Cancer Res. **10**, 793 (1950). — [4] BORSOOK, H., and J. W. DUBNOFF: J. biol. Ch. **141**, 717 (1941). — [5] RATNER, S., and A. PAPPAS: J. biol. Ch. **179**, 1183 (1949). Fed. Proc. 8, 241 (1949). — [6] COHEN, P. P., and M. HAYANO: J. biol. Ch. **166**, 239 (1946). — [7] RATNER, S., and A. PAPPAS: J. biol. Ch. **179**, 1199 (1949). — [8] RATNER, S.: J. biol. Ch. **170**, 761 (1947). — [9] RATNER, S., and B. PETRACK: J. biol. Ch. **191**, 693 (1951). — [10] RATNER, S., and B. PETRACK: J. biol. Ch. **200**, 161 (1953). — [11] RATNER, S.: Fed. Proc. 8, 603 (1949). — [12] RATNER, S., B. PETRACK and O. ROCHOVANSKY: J. biol. Ch. **204**, 95 (1953). — [13] RATNER, S.: in MCELROY, W. D., and B. GLASS: Phosphorus Metabolism. Bd. 1, S. 610. Baltimore 1951.

wird[1]. Das Enzym, das das Argininsuccinat zu Arginin und Fumarat reversibel spaltet, wirkt optimal bei p_H 7,5 s.[2].

Bei der Bildung von Arginin aus Citrullin durch ungereinigte Leberpräparate kann an Stelle von Asparaginsäure auch Glutaminsäure verwendet werden, wenn gleichzeitig Oxalacetat und Transaminase anwesend sind, da sodann durch Transaminierung Asparaginsäure und α-Ketoglutarat gebildet werden. Da Oxalacetat in atmenden Leberpräparaten ständig durch den Citronensäurecyclus geliefert wird, kann Glutaminsäure in derartigen Präparaten die Argininsynthese in

```
COOH                      COOH                       COOH
|                         |                          |
CH(NH2)                   CH(NH2)                    CH(NH2)
|                         |                          |
(CH2)3                    (CH2)3                     (CH2)3
|                         |                          |
NH          COOH          NH         COOH            NH          COOH
|           |             |          |               |           |
COH + H2NCH  ------->     C—NH—CH    ------->        C—NH2 +     CH
||          |             ||         |               ||          ||
NH          CH2           NH         CH2             NH          CH
            |                        |                           |
            COOH                     COOH                        COOH
```

Citrullin + Asparagin-säure → Argininbernstein-säure → Arginin + Fumarsäure

```
COOH                          COOH
|                             |
CH(NH2)                       CH(NH2)
|                             |
(CH2)3                        (CH2)3   COOH
|                             |        |
NH        COOH                NH       CH2
|         |                   |        |
C==N—CH                       C==N—CH
|         |                   |        |
HN—CO—CH2                     HN———CO
```

Anhydride der Argininbernsteinsäure

ähnlicher Weise fördern wie Asparaginsäure. Die Argininbildung aus Glutaminsäure und Citrullin ist an den Citronensäurecyclus gebunden, sie wird, ähnlich wie der Citronensäurecyclus selbst, durch Malonat gehemmt[3]; diese Hemmung wird durch Malat oder Fumarat, nicht aber durch Succinat beseitigt[4]. Bekanntlich wird auch die Umwandlung von Glutamat in Asparaginat in Lebermitochondrien durch Malonat gehemmt[5]. Das Glutamat reagiert somit nicht als solches mit dem Citrullin, sondern wird in Asparaginsäure umgewandelt, die dann auf dem oben geschilderten Wege ihre NH_2-Gruppe auf das Citrullin überträgt.

Die Niere, die — zum Unterschied von der Leber — nur Spuren von Arginase enthält und überdies nicht fähig ist Citrullin aus Ornithin zu bilden[6], ist trotzdem befähigt, Citrullin in Arginin überzuführen[7]. Ähnlich wie in der Leber wird hierbei Citrullin zunächst mit Asparaginsäure kondensiert und das entstandene

[1] Ratner, S., B. Petrack and O. Rochovansky: J. biol. Ch. **204**, 95 (1953). — [2] Ratner, S., W. P. Anslow jr. and B. Petrack: J. biol. Ch. **204**, 115 (1953). — [3] Fahrländer, H., P. Favarger u. F. Leuthardt: Helv. **31**, 942 (1948). — [4] Fahrländer, H., P. Favarger, H. Nielsen u. F. Leuthardt: Helv. physiol. Acta **5**, 202 (1947). — [5] Müller, A. F., u. F. Leuthardt: Helv. **33**, 268 (1950). — [6] Cohen, P. P., and M. Hayano: J. biol. Ch. **170**, 687 (1947). — [7] Borsook, H., and J. W. Dubnoff: J. biol. Ch. **141**, 717 (1941).

Argininsuccinat durch das spaltende Enzym in Arginin und Fumarat aufgespalten[1]. Von fumarasehaltigen Präparaten des Ferments wird das durch die Spaltung primär entstehende Fumarat in Malat übergeführt[2].

Die Spaltung von Arginin (s. a. Bd. 1, S. 1102 u. Bd. 2/1, S. 970). Die von KOSSEL u. DAKIN[3] entdeckte *Arginase* ist in der Leber in größerer Menge enthalten als in den übrigen Organen des Säugetieres[4,5]. Wurde die isolierte Leber von Katzen mit argininhaltigen Lösungen durchströmt, so entstanden Ornithin und Harnstoff[6,7]. Ein großer Teil des Arginasegehalts der Leber befindet sich in den Zellkernen[8]. In den Zellen der Rattenleber verteilt sich die Arginase auf Zellkerne, Mitochondrien, Mikrosomen und überstehendes Zellplasma im Verhältnis 34:15:27:8 (s. [9]). Die Arginase wird durch Mn^{II}-, Co^{II}-, Ni^{II}- und Ca^{II}-Ionen aktiviert[10], auch Fe^{II}-Ionen haben eine, wenn auch geringere aktivierende Wirkung[11]. Das p_H-Optimum der Arginase beträgt 9,8—10 in Gegenwart von Mn^{II}- oder Co^{II}-Ionen und 8,5—9,1 in Gegenwart eines Gemisches der beiden Ionen[12].

Zum Unterschied von der Säugetierleber enthält die Leber von Vögeln keine Arginase[13] und kann keinen Harnstoff aus NH_3 bilden. Gewebsschnitte aus Hühnerlebern bildeten aus NH_3 auch dann keinen Harnstoff, wenn ihnen Ornithin zugesetzt wurde[14], das in der Säugetierleber die Harnstoffbildung fördert. Wie S. 302 berichtet, fehlt in der Vogelleber das Fermentsystem, das Ornithin in Citrullin umwandelt. Die Gewebe von Vögeln enthalten zwar kleine Mengen von Harnstoff, doch entstammt dieser, soviel bisher bekannt, dem Abbau exogenen Arginins bzw. argininhaltiger Proteine und nicht einer Synthese aus NH_3 (s. [15]).

In der Leber von Süßwasserfischen konnte keine Harnstoffsynthese nachgewiesen werden[14], dagegen enthalten die Organe von Selachiern reichlich Arginase[5]. Reptilien bilden im allgemeinen keinen Harnstoff, eine Ausnahme zeigt die Schildkröte. Leberschnitte der Landschildkröte (Testudo graeca) bildeten aus NH_3 Harnstoff. Die Harnstoffbildung wurde durch Zusatz von Ornithin beschleunigt, ein Beweis, daß sie bei diesen Tieren auf einem ähnlichen Wege erfolgt wie beim Säugetier[14]. Das gleiche gilt für die Leber von Amphibien. Leberschnitte, nicht aber Schnitte anderer Organe von Rana esculenta bildeten (wenn auch in 10fach geringerer Menge als die bei 37,5° bebrüteten Rattenleberschnitte) Harnstoff aus NH_3, wobei auch hier nach Ornithinzusatz eine Beschleunigung eintrat[14].

f) Die Nucleinsäuren der Leber und ihre Bausteine.

α) Allgemeines.

In der Chromatinsubstanz ihrer Zellkerne enthalten die Leberzellen proteingebundene hochmolekulare *Desoxyribonucleinsäuren*. Da das Lebergewebe zu den zellkernreichsten Geweben gehört, ist der Desoxyribonucleinsäurengehalt des Lebergewebes relativ hoch. Daneben enthalten die Leberzellen im Zellkern, in

[1] RATNER, S., and B. PETRACK: J. biol. Ch. **200**, 175 (1953). — [2] RATNER, S., and B. PETRACK: J. biol. Ch. **191**, 693 (1951). — [3] KOSSEL, A., u. H. DAKIN: H. **41**, 321 (1904). — [4] EDLBACHER, S., and H. RÖTHLER: H. **148**, 273 (1925). — [5] HUNTER, A., and J. A. DAUPHINEE: Proc. R. Soc. London (B) **97**, 227 (1924). — [6] FELIX, K., u. M. TOMITA: H. **128**, 40 (1923). — [7] FELIX, K., u. K. MORINAKA: H. **132**, 152 (1924). — [8] BEHRENS, M.: H. **258**, 27 (1939). — DOUNCE, A. L.: J. biol. Ch. **147**, 685 (1943). — [9] LUDEWIG, S., and A. CHANUTIN: Arch. Biochem. **29**, 441 (1950). — [10] EDLBACHER, S., u. H. BAUR: H. **254**, 275 (1938). — [11] HELLERMAN, L., and C. C. STOCK: J. biol. Ch. **125**, 771 (1938). — RICHARDS, M. M., and L. HELLERMAN: J. biol. Ch. **134**, 237 (1940). — [12] HUNTER, A., and J. A. MORRELL: Quart. J. exp. Physiol. **23**, 89 (1933). — [13] CLEMENTI, A.: Arch. Fisiol. **14**, 451 (1930). Boll. Soc. ital. Biol. sperim. **5**, 1144 (1930). — [14] MANDERSCHEID, H.: B. Z. **263**, 245 (1933). — [15] CLEMENTI, A.: Atti Accad. naz. Lincei, Cl. Sci. fis. matem. R. C. (5) **23**, 612 (1914).

den Mikrosomen, Mitochondrien und in dem flüssigen Anteil des Protoplasmas auch hochmolekulare *Ribonucleinsäuren*; diese Ribonucleinsäuren bilden einen Bestandteil des Stoffwechselapparates der Leberzellen. Entsprechend der intensiven Stoffwechseltätigkeit der Leber ist auch die Menge dieser Ribonucleinsäuren in den Leberzellen größer als in den meisten anderen Zellen des Organismus.

Außer den beiden genannten Polynucleinsäurefraktionen sind in den Leberzellen auch proteingebundene *ribosehaltige Mono-* und *Dinucleotide* vorhanden; diese bilden die Wirkungsgruppen zahlreicher in der Leber enthaltenen Enzyme. Freie Adenosinphosphorsäuren (Adenylsäure, Adenosin-di- und -triphosphorsäure) spielen als Energieüberträger auch in der Leber eine wichtige Rolle.

Die Leber kann Nucleinsubstanzen selbständig auf- und abbauen. Die Polynucleinsäuren in Kern und Cytoplasma entstehen in ihr aus Bausteinen von geringerem Molekulargewicht. Andererseits finden sich auch die für die hydrolytische Spaltung der Polynucleinsäuren erforderlichen Enzyme in den Leberzellen in relativ großer Menge. Durch diese Enzymsysteme werden alle Fraktionen der Lebernucleinsäuren ständig neugebildet und abgebaut. Aber auch Bildung und Abbau der in den Nucleinsäuren enthaltenen Purine, Pyrimidine, Ribose und Desoxyribose erfolgen in der Leber. Die im Harn des Menschen ausgeschiedene Harnsäure sowie das im Harn der Säugetiere ausgeschiedene Allantoin entstehen in der Leber aus den beim Nucleinsäureabbau freiwerdenden Purinen.

Bei Vögeln und Reptilien entstehen große Mengen von Harnsäure aus NH_3 und anderen Stoffen von kleinem Molekulargewicht; die so gebildete Harnsäure ist bei diesen Tieren die wichtigste Ausscheidungsform des aus dem Abbau der Aminosäuren stammenden Stickstoffs. Harnstoffsynthese beim Säugetier und Harnsäuresynthese bei Vögeln und Reptilien sind Funktionen der Leber.

β) Menge, Zusammensetzung und Erneuerungsgeschwindigkeit der Nucleinsäuren in der Leber.

1. Der Nucleinsäuregehalt der normalen Leber.

Der Gesamtnucleinsäuregehalt des normalen Lebergewebes entspricht bei Ratten (ausgedrückt als Nucleinsäurephosphor je 100 g frisches Gewebe) etwa 100 mg-% P, (entsprechend etwa 1,16% Nucleinsäure), er ist niedriger als der Nucleinsäuregehalt des Pankreas (246 mg-% P), des Thymus (329 mg-% P) und der Milz (190 mg-% P), aber höher als der Nucleinsäuregehalt von Nierengewebe (82,5 mg-% P) und Gehirn (39 mg-% P)[1]. Etwa 20—25% der in der Leber enthaltenen Nucleinsäuren besteht aus den Desoxyribonucleinsäuren der Zellkerne, 75—80% entfällt auf die vornehmlich im Cytoplasma enthaltenen Ribonucleinsäuren[2]. Die Bestimmung der Ribonucleinsäuren nach der Orcinmethode ergab bei frischer Rattenleber im Mittel 0,75%, die der Desoxyribonucleinsäuren 0,24% (Diphenylaminmethode) bzw. 0,25% (Carbazolmethode)[3]. Der Desoxy- bzw. Ribonucleinsäuregehalt von getrockneter Rattenleber wurde zu 1,02—1,31% bzw. 3,84—4,77%, der von getrockneter Mäuseleber zu 1,34—1,95% bzw. 4,05—4,84% gefunden[4]. Die in der normalen menschlichen Leber enthaltene Nucleinsäuremenge kann auf etwa 16 g geschätzt werden, wovon etwa 4 g auf die Desoxyribonucleinsäuren der Zellkerne entfallen.

Die *Desoxyribonucleinsäuren* bilden etwa ein Viertel der Trockensubstanz der Leberzellkerne. Der Desoxyribonucleinsäuregehalt eines Leberzellkerns[5] beträgt

[1] Schneider, W. C.: J. biol. Ch. **164**, 747 (1946). — [2] Schmidt, G., and S. J. Thannhauser: J. biol. Ch. **161**, 83 (1945). — [3] Schneider, W. C.: J. biol. Ch. **161**, 293 (1945). — [4] Ceriotti, G.: J. biol. Ch. **214**, 59 (1955). — [5] Boivin, A., R. Vendrely et C. Vendrely: Cr. **226**, 1061 (1948).

etwa $6{,}5 \times 10^{-9}$ mg und entspricht etwa dem der Zellkerne anderer innerer Organe, wie Pankreas, Niere und Thymus. Er ist doppelt so groß wie der Desoxyribonucleinsäurengehalt der (nur die halbe Chromosomenzahl enthaltenden) Spermien[1].

Während die Nucleoli aus anderen Zellen meist Ribonucleinsäuren enthalten (nachgewiesen durch negative FEULGEN-Reaktion[2], positive histochemische Pentosereaktionen[3] und durch die Verringerung der Basophilie[4] und der Ultraviolettabsorption[5] nach Behandlung mit Ribonuclease) sind in den Nucleoli der Leberzellen neben Ribonucleinsäuren auch große Mengen von Desoxyribonucleinsäuren vorhanden, denn die Ultraviolettabsorption der Nucleoli[6] sowie ihre Färbbarkeit mit Toluidinblau[7] zeigte nach Behandlung mit krystallisierter Ribonuclease nur eine geringe Abnahme[6]. Aus histologischen Bildern wird geschlossen, daß die Desoxyribonucleinsäuren vor allem in der Peripherie des Nucleolus, die Ribonucleinsäuren aber vor allem im Zentrum enthalten sind[6].

Die *Ribonucleinsäuren* sind die Ursache der Fähigkeit des Cytoplasmas von Leberzellen, sich mit basischen Farbstoffen zu färben und ultraviolettes Licht von der Wellenlänge 257 mμ zu absorbieren. Durch Behandlung mit krystallisierter Ribonuclease wird diese Ultraviolettabsorption aufgehoben[6]. Die Ribonucleinsäuren sind in den verschiedenen Fraktionen des Cytoplasmas der Leberzellen wahrscheinlich in Form von Phospholipid-Nucleotidkomplexen vorhanden[6].

Die Leber enthält, gemessen am Gesamtnucleinsäuregehalt der Zellen, mehr Ribonucleinsäuren als alle anderen Organe mit Ausnahme des Herzens; das Verhältnis der in die Ribonucleinsäuren und die Desoxyribonucleinsäuren eingebauten Phosphatmengen betrug bei der Ratte in der Leber 3,5, im Herzen 3,6, in den Testes 2,6, im Gehirn 2,1, in der Haut 1,9, in der Niere 1,8, in der Lunge 0,9 und in der Milz 0,5 (s. [8]).

Die Ribonucleinsäuren sind vor allem in den corpusculären Bestandteilen des Cytoplasmas der Leberzelle, also in den durch fraktionierte Zentrifugierung isolierbaren Fraktionen der großen und kleinen Granula enthalten[9]. Besonders viel Ribonucleinsäuren enthalten die kleinen Granula (Mikrosomen)[10], die bei der Ratte etwa 1,8% des Gewichtes der frischen Leber ausmachen[11] und auf die etwa 50%[12] (nach anderen Schätzungen etwa 25%[13]) der in den Leberzellen enthaltenen Gesamt-Ribonucleinsäurenmenge entfällt[12]. Die großen Granula (Mitochondrien) enthalten etwa 19% der Gesamtmenge der Ribonucleinsäuren, doch ergaben auch hier die Bestimmungen der einzelnen Untersucher sehr verschiedene Werte (vgl. Tabelle 45). Nur ein relativ kleiner Teil der in den Leberzellen enthaltenen Ribonucleinsäuren befindet sich im Zellkern.

Die im Cytoplasma enthaltenen Ribonucleinsäuren bilden mit Protein und Lipoiden Makromoleküle, die trotz geringen spezifischen Gewichts aus den Leberhomogenaten durch Ultrazentrifugierung isoliert werden können. Diese Makro-

---

[1] BOIVIN, A., R. VENDRELY et C. VENDRELY: Cr. **226**, 1061 (1948). — [2] CASPERSON, T., and J. SCHULTZ: Proc. nat. Acad. Sci. USA **26**, 507 (1940). — [3] MITCHELL, J. S.: Brit. J. exp. Path. **23**, 296 (1942). — [4] BRACHET, J.: Arch. Biol., Paris **53**, 207 (1942). — [5] SCHNEIDER, W. C.: J. biol. Ch. **161**, 293 (1945). — [6] DAVIDSON, J. N., and C. WAYMOUTH: J. Physiol., London **105**, 191 (1946). — [7] DAVIDSON, J. N., and C. WAYMOUTH: Proc. R. Soc. Edinburgh **62** (I), 96 (1943/44). — [8] DAVIDSON, J. N., and C. WAYMOUTH: Biochem. J. **38**, 39 (1944). — [9] BENSLEY, R. R.: Science, N. Y. **96**, 389 (1942). — LAZAROW, A.: Biol. Symp. **10**, 9 (1943). — CLAUDE, A.: Science, N. Y. **97**, 451 (1943). Biol. Symp. **10**, 111 (1943). — HOERR, N. L.: Biol. Symp. **10**, 185 (1943). — [10] SCHNEIDER, W. C.: J. biol. Ch. **165**, 585 (1946). Cold Spring Harbor Symp. quant. Biol. **12**, 169 (1947). — CHANTRENNE, H.: Biochim. biophysica Acta, N. Y. **1**, 437 (1947). — [11] PETERMANN, M. L., N. A. MIZEN and M. G. HAMILTON: Cancer Res. **13**, 372 (1953). — [12] HOGEBOOM, G. H., W. C. SCHNEIDER and G. E. PALLADE: J. biol. Ch. **172**, 619 (1948). — [13] PETERMANN, M. L.: Texas Rep. Biol. Med. **12**, 921 (1954).

moleküle enthalten etwa 50% Ribonucleinsäure[1] und können in der Ultrazentrifuge in verschieden rasch sedimentierende Fraktionen zerlegt werden. Ähnliche makromolekuläre, nucleinsäurehaltige Fraktionen konnten außer aus Leber auch aus Homogenaten anderer Organe, insbesondere aus Milzhomogenaten gewonnen werden. Während jedoch die Ultrazentrifugierung von Milzhomogenaten 5 Fraktionen von Makromolekülen ergibt, die mit A, B, C, D und E bezeichnet werden[2], fehlt bei Leberhomogenaten die D-Fraktion, statt dessen sind in der normalen Leber zusätzlich 2 Fraktionen besonders rasch sedimentierender Makromoleküle- (A''- und A'-Fraktion) nachgewiesen worden[3,4]. Die Sedimentationsgeschwindigkeiten dieser Fraktionen betragen 107, 90 und 70 S* für die Fraktion A'', A' und A, sowie 50, 40 und 27 S für die Fraktionen B, C und E*. Die gleichen Fraktionen wurden auch bei der elektrophoretischen Analyse von Leberhomogenaten erhalten[1].

Eine Übersicht über die ungefähre Menge der Nucleinsäuren, die in den einzelnen morphologischen Anteilen der Zellen der Rattenleber enthalten sind, zeigt die folgende Tabelle 45.

Tabelle 45. Verteilung der Nucleinsäuren in Leberzellen der Ratte.

	Gesamt-nuclein-säuren	Desoxy-ribose-nuclein-säuren (nur in den Zellkernen)	Ribonucleinsäuren				
			insgesamt	in den Mitochondrien	in den Mikrosomen	im flüssigen Cytoplasma	im Kern
In % der Gesamtnucleinsäure	100*	22	76	20,8	36,0	10,3	10,2
	100**	24	75,4	3,9	37,4	27,4	10,8
Menge der Nucleinsäuren (in mg) in 100 g frischem Lebergewebe	970*	212	732	202	281	100	105
	1170**	268	839	43	416	304	113

Die mit * bezeichneten Zahlenreihen nach [5], die mit ** bezeichneten nach [6].

2. Die Zusammensetzung der Lebernucleinsäuren und ihrer Fraktionen.

Die *Desoxyribonucleinsäuren* der Leber zeigen, wie schon aus älteren Untersuchungen bekannt[7], Ähnlichkeit mit den genauer untersuchten Thymonucleinsäuren; sie enthalten ebenso wie die Desoxyribonucleinsäuren anderer Organe neben den Purinderivaten Adenin und Guanin, die Pyrimidine Cytosin und Thymin. In einem aus den Desoxyribonucleinsäuren der Kalbsleber durch enzymatische Hydrolyse gewonnenen Gemisch von Mononucleotiden wurden (in % des Gesamtphosphors ausgedrückt) 20,9% Desoxyribocytidylsäure, 26,2% Desoxyriboadenylsäure, 26,9% Desoxyribothymidylsäure und 21,5% Desoxyriboguanylsäure nachgewiesen[8].

* S = SVEDBERG-Einheiten.

[1] PETERMANN, M. L., M. G. HAMILTON and N. A. MIZEN: Cancer Res. **14**, 360 (1954). — [2] PETERMANN, M. L., and M. G. HAMILTON: Cancer Res. **12**, 373 (1952). — [3] PETERMANN, M. L., N. A. MIZEN and M. G. HAMILTON: Cancer Res. **13**, 372 (1953). — [4] PETERMANN, M. L.: Texas Rep. Biol. Med. **12**, 921 (1954). — [5] NOVIKOFF, A. B., L. HECHT, E. PODBER and J. RYAN: J. biol. Ch. **194**, 153 (1952). — [6] MUNTWYLER, E., S. SEIFTER and D. M. HARKNESS: J. biol. Ch. **184**, 181 (1950). — [7] PETERS, A. W.: J. biol. Ch. **10**, 373 (1911/12). — LEVENE, P. A.: J. biol. Ch. **53**, 441 (1922). — ISHIYAMA, N.: H. **178**, 217 (1928). — DOUNCE, A. L.: J. biol. Ch. **147**, 685 (1943). — [8] HURST, R. O., A. M. MARKO and G. C. BUTLER: J. biol. Ch. **204**, 847 (1953).

Die Desoxyribonucleinsäuren der Leber sind, was das Mengenverhältnis der basischen Bausteine anlangt, von den Desoxyribonucleinsäuren anderer Organe der gleichen Tierart nur wenig verschieden. So war z. B. das Verhältnis von Adenin zu Guanin in den Desoxyribonucleinsäuren der menschlichen Leber 1:1,5, bei den Desoxyribonucleinsäuren des menschlichen Spermas und des menschlichen Thymus 1:1,56. Dagegen scheinen in der Zusammensetzung der Desoxyribonucleinsäuren bei verschiedenen Tierarten erhebliche Differenzen zu bestehen. Bei den Desoxyribonucleinsäuren vom Rind beträgt das Verhältnis Adenin: Guanin etwa 1:1,26 s. [1]. In analoger Weise betrug das Verhältnis Thymin:Cytosin in den Desoxyribonucleinsäuren vom Menschen 1,73, in denen vom Rind 1,43 s. [1].

Tabelle 46. Molares Verhältnis der in den Nucleinsäuren der Kalbsleber enthaltenen Basen, bezogen auf Adenin = 1. Zum Vergleich auch die analogen Werte für die Nucleinsäuren von Thymus, Niere und Herz [2].

	Gewebe	Guanin	Cytosin	Thymin	Uracil	Purin zu Pyrimidin	Mole Base zu Mole P
Zellkern, DNS	*Leber*	*0,89*	*0,85*	*1,04*		*1,0*	*1,04*
	Thymus	0,89	0,79	0,99		1,1	1,09
	Niere	0,79	0,78	1,00		1,0	1,03
	Herz	0,82	0,82	1,01		1,0	1,02
Zellkern, RNS	*Leber*	*1,00*	*0,39*		*0,45*	*2,4*	*1,02*
	Thymus	0,88	0,09		0,17	11,1	1,19
	Niere	0,92	0,25		0,59	2,3	0,75
	Herz	0,92	0,19		0,29	4,0	1,07
Cytoplasma, RNS	*Leber*	*1,83*	*1,22*		*1,12*	*1,2*	*0,79*
	Thymus	1,88	1,44		0,89	1,2	0,62
	Niere	1,78	1,25		0,94	1,3	0,68
	Herz	1,20	0,77		0,03	2,9	0,32

Das molare Verhältnis der in den Desoxyribonucleinsäuren und den Ribonucleinsäuren der Kalbsleber enthaltenen Basen gibt Tabelle 46; zum Vergleich sind auch die entsprechenden Werte für einige andere Organe angeführt. Man ersieht aus der Tabelle, daß die Zusammensetzung der Desoxyribonucleinsäuren in den verschiedenen Organen desselben Tiers annähernd gleich ist, während die Ribonucleinsäuren der Leber von denen der übrigen Organe stark verschieden sind.

Trotz ähnlicher Zusammensetzung sind die Desoxyribonucleinsäuren der Leber jedoch mit den Desoxyribonucleinsäuren der übrigen Organe nicht identisch. Niere, Milz, Pankreas, Dünndarm, Testes, Gehirn und die regenerierende Leber enthalten 2 Fraktionen von Desoxyribonucleinsäuren, von denen eine in 0,87% NaCl-Lösung bei 0—3° löslich und die andere unlöslich ist. Diese unlösliche Desoxyribonucleinsäurefraktion ist in der normalen Leber nicht nachweisbar [3]. Aber auch die Desoxyribonucleinsäuren der normalen Leber bestehen aus Fraktionen von verschiedener Löslichkeit: In Saccharoselösung löste sich nur etwa 60% der Desoxyribonucleinsäuren der Leber auf, während der Rest durch Zentrifugieren abgetrennt werden konnte [4].

Die Ribonucleinsäuren weichen von der theoretischen Zusammensetzung eines aus 4 Mononucleotiden in äquimolarem Verhältnis gebildeten Polynucleotids weit stärker ab als die Desoxyribonucleinsäuren. Das Mengenverhältnis N:P, das bei einem äquimolaren Verhältnis der 4 Mononucleinsäuren 15 N:4 P, d.i. 1,7, betragen

[1] Chargaff, E., S. Zamenhof and C. Green: Nature **165**, 756 (1950). — [2] Marshak, A.: J. biol. Ch. **189**, 607 (1951). — [3] Bendich, A., P. J. Russell jr. and G. B. Brown: J. biol. Ch. **203**, 305 (1953). — [4] Schneider, W. C., and G. H. Hogeboom: Cancer Res. **11**, 1 (1951).

müßte, war in den Ribonucleinsäuren der Rattenleber 1,86—1,95, in den Desoxyribonucleinsäuren dagegen etwa 1,68 (s. [1]). Auch die Ribonucleinsäuren des Zellkerns enthalten Uracil und kein Thymin[2]. Daß sich die Ribonucleinsäuren der Leber von den Ribonucleinsäuren anderer Organe erheblich unterscheiden, zeigt Tabelle 46. Daß in ihrer Zusammensetzung auch erhebliche Artdifferenzen bestehen, zeigt der Vergleich von Tabelle 46 (Kalbsleber) mit Tabelle 47 (Rattenleber).

Die Ribonucleinsäuren, die in den verschiedenen morphologischen Fraktionen des Cytoplasmas der Leberzellen enthalten sind, scheinen ungleich zusammengesetzt zu sein und sind vor allem von den Ribonucleinsäuren des Zellkerns

Tabelle 47. Die Zusammensetzung der Ribonucleinsäuren aus den verschiedenen morphologischen Teilen der Leberzellen der Ratte[4]. Das molare Verhältnis von Adenin, Guanin, Cytosin und Uracil ist in Prozenten der Gesamtmenge dieser Basen ausgedrückt. Die zweite Säule gibt die molare Menge Guanin, Cytosin und Uracil, bezogen auf Adenin = 10.

	Mitochondrien		Mikrosomen		Flüssiger Cytoplasmaanteil		Zellkerne	
	%	molares Verhältnis	%	molares Verhältnis	%	molares Verhältnis	%	molares Verhältnis
Adenin	17,9	10	19,3	10	18,9	10	24,0	10
Guanin	35,4	19,9	32,6	16,9	32,0	16,9	21,7	9,0
Cytosin	27,0	15,1	28,3	14,7	27,7	14,6	27,6	11,5
Uracil	19,7	11,0	19,8	10,3	21,4	11,3	26,7	11,1
Molares Verhältnis Purin/Pyrimidin	1,03		1,08		1,04		0,84	

stark verschieden[3]. Während der Adeningehalt der Ribonucleinsäuren der Mikrosomen in den Zellen der Rattenleber weniger als 20% (molar) des Gesamtbasengehalts beträgt, steigt er bei den Ribonucleinsäuren des Zellkerns auf 24%. Der Gehalt an Pyrimidinbasen ist in den Ribonucleinsäuren des Zellkerns höher als in den Ribonucleinsäuren des Cytoplasmas (vgl. Tabelle 47)[4].

3. Umsatzgeschwindigkeit der Nucleinsäurefraktionen der Leber.

Die Messung der Erneuerungsgeschwindigkeit der Zellnucleotide mit Hilfe von radioaktivem ^{32}P war, besonders vor Einführung chromatographischer Methoden, sehr erschwert, weil anorganisches Phosphat und kleinmolekulare P-Verbindungen von den Nucleinsäuren adsorbiert werden, wodurch eine Vermehrung ihres ^{32}P-Gehalts vorgetäuscht werden kann[5-8]. Durch Papierionophorese[9] sind Abtrennung der Nucleotide von adsorbierten P-Verbindungen und damit Messungen der Umsatzgeschwindigkeit der Zellnucleotide möglich geworden[10]. Bei diesen ergab sich, daß die einzelnen Nucleinsäurefraktionen des Lebergewebes sehr verschieden rasch erneuert wurden.

[1] Brues, A. M., M. M. Tracy and W. E. Cohn: J. biol. Ch. **155**, 619 (1944). — [2] McIndoe, W. M., and J. N. Davidson: Brit. J. Cancer **6**, 200 (1952). — [3] Good, C. A., H. Kramer and M. Somogyi: J. biol. Ch. **100**, 485 (1933). — Putman, E. W., W. Z. Hassid, G. Krotkov and H. A. Barker: J. biol. Ch. **173**, 785 (1948). — Smellie, R. M. S., and J. N. Davidson: Biochem. J. **49**, XV (1951). — Davidson, J. N., and R. M. S. Smellie: Biochem. J. **52**, 594, 599 (1952). — [4] Crosbie, G. W., R. M. S. Smellie and J. N. Davidson: Biochem. J. **54**, 287 (1953). — Lamirande, G. de, C. Allard and A. Cantero: J. biol. Ch. **214**. 519 (1955). — [5] Marshak, A., and H. J. Vogel: J. cellul. comp. Physiol. **36**, 97 (1951). — [6] Jeener, R., and D. Szafarz: Arch. Biochem. **26**, 54 (1950). — [7] Davidson, J. N., S. C. Frazer and W. C. Hutchison: Biochem. J. **49**, 311 (1951). — [8] Szafarz, D., et C. Paternotte: Bull. Soc. Chim. biol. **33**, 1518 (1951). — [9] Consden, R., A. H. Gordon and A. J. P. Martin: Biochem. J. **40**, 33 (1946). — [10] Davidson, J. N., and R. M. S. Smellie: Biochem. J. **52**, 599 (1952).

Die *Desoxyribonucleinsäuren* der Chromatinsubstanz bilden eines der stabilsten biologischen Elemente der Zellstruktur, sie werden in den Leberzellen nur langsam erneuert[1]. Die Erneuerung der Ribonucleinsäuren erfolgt dagegen sehr rasch. Wurde Ratten radioaktives anorganisches Phosphat verabreicht, so betrug das Verhältnis der spezifischen Aktivität von RNS:DNS 2 Std später in der Leber 33:1, in der Milz aber nur 3:1 und im Darm 2:1 s. [2]. Drei Tage nach der Verabreichung des ^{32}P-Phosphats betrug das Verhältnis der Aktivitäten von RNS:DNS in der Rattenleber noch immer etwa 5:1 (s. [1]).

Die Desoxyribonucleinsäuren der Leberzellen wurden zwar, verglichen mit den Ribonucleinsäuren, nur relativ langsam erneuert, jedoch rascher als die Desoxyribonucleinsäuren der meisten anderen Gewebe. Bei einem Patienten, der mit therapeutischen Dosen von ^{32}P behandelt worden war, fand sich ^{32}P in den Desoxyribonucleinsäuren der Leber, der Niere, der Lymphknoten und der Milz vor, während die Desoxyribonucleinsäuren von Gehirn, Skeletmuskulatur und Knorpel kein ^{32}P aufgenommen hatten[3].

Die Tatsache, daß die im Kern enthaltenen Ribonucleinsäuren und Phospholipide ^{32}P in hohem Prozentsatz aufnehmen, zeigt, daß die langsame Aufnahme des ^{32}P durch die Desoxyribonucleinsäuren nicht durch eine Undurchlässigkeit der Kernmembran für Phosphationen verursacht sein kann.

Die Erneuerungsgeschwindigkeit der Nucleinsäurefraktionen des Lebergewebes kann auch mit Hilfe isotopenmarkierter Purinderivate bestimmt werden. Nach Verabreichung von ^{15}N-Adenin wurde der ^{15}N fast ausschließlich in den Ribonucleinsäuren wiedergefunden, während die Desoxyribonucleinsäuren der Leber nur minimale Mengen des Isotops enthielten[4]. Analoge Resultate wurden mit ^{14}C-Adenin erhalten[5]. Die Aufnahme des Adenins in die Desoxyribonucleinsäuren der Leber scheint sogar noch wesentlich langsamer zu erfolgen als die des Phosphats[6]. Diese Versuche zeigen also, ebenso wie die mit ^{32}P erhaltenen Resultate, daß die Desoxyribonucleinsäuren der normalen Leber nur in minimalem Ausmaß erneuert werden. Im Gegensatz dazu war aber nach Verabreichung isotopenmarkierter *Purinvorstufen* das verabreichte Isotop in den Purinen der Desoxyribonucleinsäuren regelmäßig und in relativ großer Menge nachweisbar. So wurde z.B. nach Zufuhr von ^{15}N-Glycin das ^{15}N-Atom in den Adenyl- und Guanylresten der Desoxyribonucleinsäuren der normalen Leber in erheblicher Menge wiedergefunden[7–9]. Auch das β-C-Atom des Serins[10], das Methylen-C-Atom des Glycins[9–11] und das C-Atom von Formiat[12] wird nicht nur in die Ribonucleinsäuren, sondern auch in die Desoxyribonucleinsäuren relativ rasch und in signifikanter Menge aufgenommen. Isolierte Zellkerne bauen ^{14}C aus ^{14}C-Glycin nicht nur in Ribonucleinsäuren, sondern auch in die Desoxyribonucleinsäuren ein[13]. Auch wenn Cytidin oder Uridin an Ratten verabreicht wurde, fanden sich die in diese beiden Nucleoside eingebauten ^{15}N-Atome in den Pyrimidin- und Purinresten nicht nur der Ribonucleinsäuren, sondern in nur wenig

[1] Brues, A. M., M. M. Tracy and W. E. Cohn: J. biol. Ch. **155**, 619 (1944). — [2] Hammarsten, E., and G. Hevesy: Acta physiol. scand. **11**, 335 (1946). — [3] Osgood, E. E., H. Tivey, K. B. Davison, A. J. Seaman, J. G. Li, M. L. Duerst, V. Klobucher and M. E. Hughes: Cancer, N. Y. **5**, 331 (1952). — [4] Furst, S. S., P. M. Roll and G. B. Brown: J. biol. Ch. **183**, 251 (1950). — [5] Furst, S. S., and G. B. Brown: J. biol. Ch. **191**, 239 (1951). — [6] Brown, G. B., M. L. Petermann and S. S. Furst: J. biol. Ch. **174**, 1043 (1948). — [7] Bergstrand, A., N. A. Eliasson, E. Hammarsten, B. Norberg, P. Reichard and H. v. Ubisch: Cold Spring Harbor Symp. quant. Biol. **13**, 22 (1948). — [8] Daly, M. M., V. G. Allfrey and A. E. Mirsky: J. gen. Physiol. **36**, 173 (1952). — [9] LePage, G. A., and C. Heidelberger: J. biol. Ch. **188**, 593 (1951). — [10] Elwyn, D., and D. B. Sprinson: Am. Soc. **72**, 3317 (1950). — [11] LePage, G. A., and C. Heidelberger: Fed. Proc. **9**, 195 (1950). — [12] Totter, J. R., E. Volkin and C. E. Carter: Am. Soc. **73**, 1521 (1951). — [13] Lang, K., H. Lang, G. Siebert u. S. Lucius: B. Z. **324**, 217 (1953).

geringerem Ausmaß auch in den N-Basen der Desoxyribonucleinsäuren wieder[1]. Diese Befunde weisen darauf hin, daß die Desoxyribonucleinsäuren durch 2 voneinander unabhängige Vorgänge[2] erneuert werden: a) durch eine sehr langsam ablaufende Aufspaltung und Neubildung der aus Desoxyribosephosphat bestehenden Hauptkette des Moleküls, wobei Phosphat freigesetzt und neues Phosphat eingebaut wird, b) durch die Abspaltung der in den Seitenketten des Moleküls sitzenden N-Basen, die durch neusynthetisierte (nicht aber durch fertig angebotene, exogene) N-Basen ersetzt werden. Abbau und Neusynthese der Purine und der Pyrimidine scheinen sich am Nucleinsäuremolekül selbst abzuspielen, wahrscheinlich werden schon die Stoffwechselvorstufen dieser Basen an das Nucleinsäuremolekül gebunden und erst ihre Abbauprodukte wieder aus dem Nucleinsäuremolekül freigesetzt.

Die Neubildung von Desoxyribonucleinsäuren wird durch alle Vorgänge, die mit einer Zellvermehrung verbunden sind, also durch Wachstum, Regenerations- und Heilungsvorgänge, erheblich beschleunigt; sie ist eine Funktion der Mitosenhäufigkeit im Lebergewebe. Von den 4 Mononucleotiden, aus denen sich die Desoxyribonucleinsäuren zusammensetzen (Desoxyriboadenylsäure, Desoxyriboguanylsäure, Desoxyribocytidylsäure und Desoxyribothymidylsäure) nimmt die Desoxyribothymidylsäure als anorganisches Phosphat zugeführtes ^{32}P am raschesten auf[3].

Die Erneuerung der Ribonucleinsäuren erfolgt zwar in allen Fällen rascher als die der Desoxyribonucleinsäuren, doch ist ihre Erneuerungsgeschwindigkeit in den verschiedenen Teilen der Leberzelle sehr unterschiedlich[4]. Am schnellsten werden die in den Zellkernen enthaltenen RNS, am langsamsten die RNS der Granula erneuert[5]. Von den extranucleären RNS-Fraktionen der Rattenleber werden die Ribonucleinsäuren der Zellflüssigkeit am raschesten erneuert, dann folgen die RNS der Zellgranula (vgl. Abb. 48). Bei Mäuseleber betrug das Verhältnis der spezifischen Aktivitäten 1 Std nach der Verabreichung von ^{32}P-Phosphat bei den RNS aus dem Kern, der Cytoplasmaflüssigkeit und den Zellgranula 167:11:1 s. [6]. In den Mitochondrien (große Granula) der Rattenleber erfolgt die Erneuerung der Nucleinsäuren rascher als in den Mikrosomen (kleine Granula)[7]. Es bestehen erhebliche Unterschiede zwischen den Erneuerungsgeschwindigkeiten von Ribonucleinsäuren und Phospholipiden: Im Kern werden die Phosphatreste der Ribonucleinsäuren, in den Mikrosomen die Phosphatreste der Phospholipide rascher erneuert: 45 min nach Verabreichung von ^{32}P-Phosphat betrug die spezifische Aktivität in Kern, Mikrosomen und überstehender Flüssigkeit bei den Phospholipiden 7,1 bzw. 10,6 und 10,6, bei den Ribonucleinsäuren 14,5 bzw. 0,07 und 1 (s. [8])

Der Befund, daß ^{32}P am raschesten in die Ribonucleinsäuren des Zellkerns aufgenommen wird, später in den Ribonucleinsäuren des flüssigen Cytoplasmaanteils erscheint und dann erst in den RNS der Mikrosomen und Mitochondrien aufgefunden werden kann, hat zu der Vermutung geführt, daß die RNS des Cytoplasmas im Zellkern gebildet, vom Kern in die Cytoplasmaflüssigkeit ausgeschieden und schließlich von den Mitochondrien und Mikrosomen aufgenommen werden[9].

---

[1] HAMMARSTEN, E., P. REICHARD and E. SALUSTE: J. biol. Ch. **183**, 105 (1950). — [2] HEIDELBERGER, C., and G. A. LEPAGE: Proc. Soc. exp. Biol. Med. **76**, 464 (1951). — [3] VOLKIN, E., and C. E. CARTER: Am. Soc. **73**, 1519 (1951). — [4] DAVIDSON, J. N., W. M. MCINDOE and R. M. S. SMELLIE: Biochem. J. **49**, XXXVI (1951). — [5] DAVIDSON, J. N., and W. M. MCINDOE: Biochem. J. **45**, XVI (1949). — [6] BARNUM, C. P., and R. A. HUSEBY: Fed. Proc. **8**, 182 (1949). — [7] SMELLIE, R. M. S., W. M. MCINDOE, R. LOGAN, J. N. DAVIDSON and I. M. DAWSON: Biochem. J. **54**, 280 (1953). — [8] BARNUM, C. P., and R. A. HUSEBY: Arch. Biochem. **29**, 7 (1950). — [9] JEENER, R., and D. SZAFARZ: Arch. Biochem. **26**, 54 (1950).

Andererseits muß jedoch mit der Möglichkeit gerechnet werden, daß die Makromoleküle der Ribonucleinsäuren ständig neue Mononucleotidreste bilden und abbauen, so daß die Nucleinsäuren also erneuert werden, ohne daß es dabei zu einer völligen Aufspaltung des Makromoleküls kommt. Für eine derartige Anschauung spricht vor allem der Befund, daß bei einzelnen Tierarten verabreichtes ^{32}P-Phosphat in die 4 verschiedenen Mononucleotidbausteine der Ribonucleinsäuren mit verschiedener Geschwindigkeit aufgenommen wird.

Während z. B. beim Kaninchen die Aufnahme des ^{32}P in die 4 Mononucleotide der Ribonucleinsäuren mit annähernd gleicher Geschwindigkeit zu erfolgen scheint[1], nehmen diese Mononucleotidbausteine des Ribonucleinsäuremoleküls bei der Ratte und bei der Maus den verabreichten ^{32}P mit verschiedener Schnelligkeit auf[1]. Man kann die Ribonucleinsäuren aus Zellkern, Mitochondrien, Mikrosomen und Zellflüssigkeit isolieren, sie mit NaOH zu den Mononucleotiden hydrolysieren, diese durch Ionophorese voneinander trennen und die in den einzelnen Mononucleotiden enthaltene Menge von ^{32}P getrennt bestimmen. In dieser Weise durchgeführte Versuche an Ratten, denen ^{32}P-Phosphat gegeben worden war, ergaben, daß die Adenylsäurereste der Leber-Ribonucleinsäuren am meisten, die Guanylsäurereste am wenigsten ^{32}P aufgenommen hatten[2].

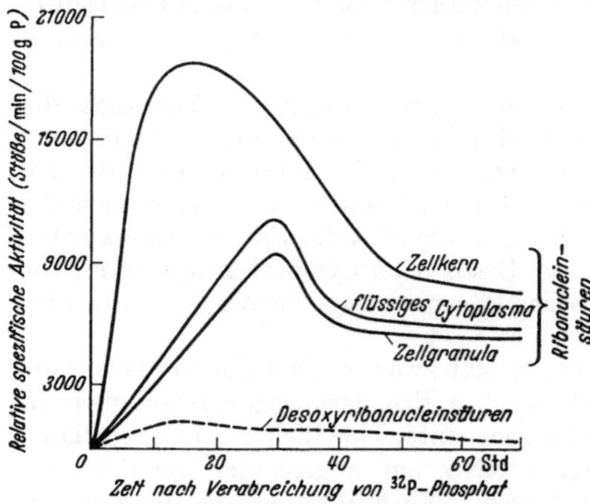

Abb. 40. Die Aufnahme von radioaktivem Phosphat in die Nucleoproteide der normalen Rattenleber[2]. Zuerst erscheint der ^{32}P in den Ribonucleinsäuren des Zellkerns, etwa 15 Std später erst in den Ribonucleinsäuren des flüssigen Anteils des Cytoplasmas und in den im Cytoplasma suspendierten Mitochondrien und Mikrosomen. Die Desoxyribonucleinsäuren nehmen praktisch kein ^{32}P auf.

Tabelle 48. Einbaugeschwindigkeit verabreichten ^{32}P-Phosphats in die Ribonucleinsäuren der Leberzelle[2]. Ratten wurden 2 Std nach Verabreichung von ^{32}P-Phosphat getötet, die Leber mit NaCl-Lösung durchspült, sodann homogenisiert und Zellkerne, Mitochondrien, Mikrosomen und der flüssige Zellanteil durch fraktionierte Zentrifugierung getrennt. In den einzelnen Fraktionen wurden die Proteine durch Trichloressigsäure gefällt, die Polynucleinsäuren aus der Proteinfällung extrahiert, zu Mononucleotiden hydrolysiert und diese durch Papierionophorese voneinander getrennt. Die Radioaktivität der einzelnen Ribonucleinsäurefraktionen ist in der Tabelle in Stoßzahlen je min je 10 γ P ausgedrückt.

	Gesamtes Cytoplasma	Mitochondrien	Mikrosomen	Flüssiger Cytoplasma-anteil	Zellkerne
Adenylsäure . . .	38	29	19	65	592
Guanylsäure . . .	20	18	11	30	480
Cytidylsäure . . .	36	21	14	57	500
Uridylsäure	29	23	12	43	487

4. Nucleinsäurespaltende Fermente im Lebergewebe.

Daß die Leber nucleinsäurespaltende Enzyme enthält, ist mit verschiedenen Versuchsanordnungen gezeigt worden. Extrakte aus Leber (aber auch Extrakte

[1] Volkin, E., and C. E. Carter: Am. Soc. **73**, 1519 (1951). — [2] Smellie, R. M. S., W. M. McIndoe, R. Logan, J. N. Davidson and I. M. Dawson: Biochem. J. **54**, 280 (1953).

anderer Gewebe) spalten Hefenucleinsäuren[1] und zerstören den basophilen Charakter abgetöteter Pneumokokken[2]. Die in diesen Leberextrakten enthaltene *Ribonuclease* wird durch Pepsin, nicht aber durch Trypsin inaktiviert[1], hat bei 70° maximale Wirkung, wirkt nicht auf Thymonucleinsäuren und setzt bei der Einwirkung auf Ribonucleinsäuren kein Phosphat frei[1]. Gleichwohl scheint der Ribonucleasegehalt der Leber relativ gering zu sein. Bei frischen, nicht dialysierten Extrakten aus verschiedenen Geweben fiel der Ribonucleasegehalt in der Reihenfolge: Niere > Leber > Milz > Gehirn ab[3]. Nach anderen Untersuchungen[4] ist der Ribonucleasegehalt der Leber jedoch geringer als der von Milz, Darm und Lunge. Vergleichswerte für den Ribonucleasegehalt verschiedener Organe sind in Tabelle 49 angeführt.

Tabelle 49. Ribonucleaseaktivität verschiedener Organe bei der Ratte[4]. 1 cm^3 Organbrei wirkte bei 37° und p_H 5,5 auf Ribonucleinsäuren, die mit ^{32}P markiert waren. Nach 30 min wurde mit alkoholischer HCl versetzt, filtriert und die Radioaktivität des Filtrats gemessen. Die Wirkung des Ferments ist ausgedrückt in mg aus Ribonucleinsäuren abgespaltenem säurelöslichem P, bezogen auf je 1 mg N des Organbreies. Die Zahlen außerhalb der Klammern geben die Mittelwerte, die Zahlen innerhalb der Klammern die Grenzwerte von Bestimmungen bei verschiedenen Ratten.

	mg P im Filtrat		mg P im Filtrat
Niere	0,321 (0,250—0,420)	Hirn.	0,040 (0,032—0,050)
Milz	0,258 (0,166—0,347)	Serum	0,039 (0,019—0,091)
Darm.	0,223 (0,175—0,284)	Herz	0,016 (0,013—0,017)
Lunge	0,193 (0,171—0,222)	Muskel. . . .	0,011 (0,009—0,012)
Leber.	0,047 (0,009—0,050)	Erythrocyten .	0,001 (0,000—0,001)

Die Ribonucleasen der Leber scheinen auch qualitativ von denen anderer Organe verschieden zu sein. Die Aktivität der Ribonuclease von Leber und Milz ist bei p_H 5,5 weit stärker als bei p_H 7,7, die des Darms ist bei p_H 5,5 und p_H 7,7 ungefähr gleich, während die Aktivität der Pankreasribonuclease bei 5,5 relativ gering ist[4]. Die getrennte Untersuchung der Aktivität der Ribonuclease von Zellkern, Mitochondrien, Mikrosomen und überstehender Cytoplasmaflüssigkeit der Leberzellen ergab, daß in diesen Zellfraktionen zumindest 2 verschiedene Ribonucleasen enthalten sind, von denen die eine etwa bei p_H 5,8, die andere bei p_H 7,8 optimal wirkt. Es ist möglich, daß eines dieser Enzyme (p_H-Optimum 7,8) bei der Synthese der Ribonucleinsäuren und das andere (p_H-Optimum 5,9) bei ihrem Abbau zur Wirkung kommt. Die bei p_H 7,8 optimal wirkende Ribonuclease ist vor allem in den Zellkernen vorhanden, während die Mitochondrien beide Ribonucleasen enthalten (vgl. Abb. 41)[5]. Von der bei p_H 5 gemessenen Ribonucleaseaktivität von Mäuseleberhomogenaten konnten etwa 10% in den Zellkernen, 58% in den Mitochondrien, über 12% in den submikroskopischen Partikeln (Mikrosomen) und etwa 5% in der überstehenden Flüssigkeit wiedergefunden werden[6].

Auch die *Desoxyribonucleaseaktivität* der Gewebe ist 2 verschiedenen Enzymen zuzuschreiben, die sich in ihrem p_H-Optimum unterscheiden[7]. Obwohl

[1] Dubos, R. J., and R. H. S. Thompson: J. biol. Ch. **124**, 501 (1938). — [2] Daoust, R., and A. Cantero: Rev. canad. Biol. **9**, 265 (1950). — Cantero, A., R. Daoust and G. de Lamirande: Science, N. Y. **112**, 221 (1950). — [3] Greenstein, J. P., C. E. Carter, H. W. Chalkley and F. M. Leuthardt: J. nat. Cancer Inst. **7**, 9 (1946/47). — [4] Roth, J. S., and S. W. Milstein: J. biol. Ch. **196**, 489 (1952). — [5] Roth, J. S.: J. biol. Ch. **208**, 181 (1954). — [6] Schneider, W. C., and G. H. Hogeboom: J. biol. Ch. **198**, 155 (1952). — [7] Allfrey, V., and A. E. Mirsky: J. gen. Physiol. **36**, 227 (1952).

die Mitochondrien selbst keine nachweisbaren Mengen von Desoxyribonucleinsäuren enthalten, ist die (bei p_H 4,5 gemessene) Desoxyribonucleaseaktivität der Leberzellen vor allem in den Mitochondrien nachweisbar: über 70% der Desoxyribonucleaseaktivität von Homogenaten aus Mäuseleber wurden in den Mitochondrien, über 20% in der nach Abzentrifugieren der Mitochondrien verbleibenden (mikrosomenhaltigen) Flüssigkeit und nur 10% in den Zellkernen aufgefunden[1]. Wurden die isolierten Mitochondrien der Mäuseleber durch Ultraschall zerstört und dann nochmals zentrifugiert, so gingen 61% der Desoxyribonucleaseaktivität und 77% der Ribonucleaseaktivität in die überstehende Flüssigkeit über; beide Enzyme scheinen also in den Mitochondrien in gelöster Form enthalten zu sein[1].

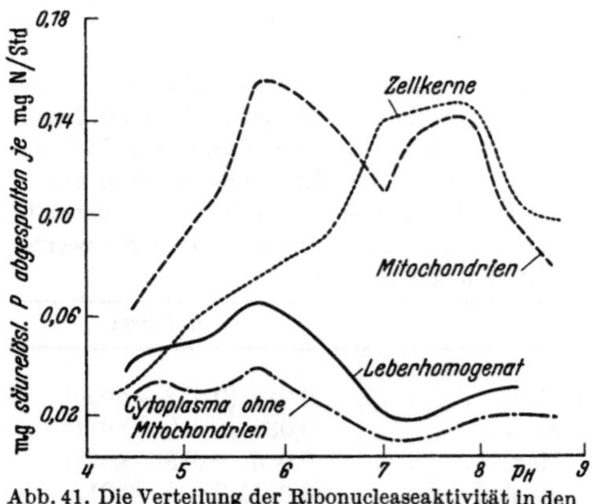

Abb. 41. Die Verteilung der Ribonucleaseaktivität in den Leberzellen bei verschiedenem p_H. Die Mitochondrien enthalten zumindest 2 verschiedene Ribonucleasen, nur eine von ihnen ist auch im Zellkern vorhanden, diese Ribonuclease ist vielleicht das für die Synthese der Ribonucleinsäuren verantwortliche Enzym[5].

Die Ribonuclease der Leber, aber auch Ribonucleasen aus anderen Organen werden durch Heparin gehemmt[2]. Die Hemmungswirkung des Heparins auf die Zellteilung[3] steht wahrscheinlich mit seiner hemmenden Wirkung auf die Ribonucleasen in Zusammenhang[2]. Auf Desoxyribonuclease hat das Heparin dagegen nur eine geringe Hemmungswirkung[2].

Ebenso wie die Ribonuclease ist auch die Desoxyribonuclease in der Leber in teilweise inhibiertem Zustand enthalten. Der Inhibitor der Desoxyribonuclease ist aus Rattenleber dargestellt worden[4], er ist ein gegen Säuren und gegen Erhitzen empfindliches Protein, das von Trypsin und von autolytischen Proteasen abgebaut wird und sich in einer reversiblen stöchiometrischen Reaktion mit der Desoxyribonuclease verbindet.

In dem präcancerösen Zustand, der sich bei Ratten nach Verabreichung von Buttergelb entwickelt, ist die Aktivität der Ribonucleodepolymerase im Lebergewebe gesteigert[6]. Gleichzeitig treten mikroskopisch nachweisbare Veränderungen in den Ribonucleinsäuren enthaltenden basophilen Cytoplasmabestandteilen auf[7].

5. Physiologische und pathologische Änderungen im Nucleinsäurestoffwechsel der Leber.

a) Der Nucleinsäuregehalt der Leber im Hunger. Andauernder Nahrungsentzug führt zu einer Abnahme des sog. „labilen" Cytoplasmas der Leberzellen[8]; neben dem Proteingehalt[9] und dem Phospholipidgehalt[10] nimmt auch die Menge der Ribonucleinsäuren in den Leberzellen beträchtlich ab[11,12]. Die Abnahme der

[1] Schneider, W. C., and G. H. Hogeboom: J. biol. Ch. **198**, 155 (1952). — [2] Roth, J. S.: Arch. Biochem. **44**, 265 (1953). — [3] Heilbrunn, L. V., and W. L. Wilson: Proc. Soc. exp. Biol. Med. **70**, 179 (1949). — Harding, C. V.: Exp. Cell Res. **2**, 403 (1951). — [4] Dabrowska, W., E. J. Cooper and M. Laskowski: J. biol. Ch. **177**, 991 (1949). — [5] Roth, J. S.: J. biol. Ch. **208**, 181 (1954). — [6] Daoust, R., and A. Cantero: Rev. canad. Biol. **9**, 265 (1950). — Cantero, A., R. Daoust and G. de Lamirande: Science, N. Y. **112**, 221 (1950). — [7] Opie, E. L.: J. exp. Med. **84**, 91 (1946). — Opie, E. L., and G. I. Lavin: J. exp. Med. **84**, 107 (1946). — [8] Kosterlitz, H. W., and R. M. Campbell: Nutrit. Abstr. Rev. **15**, 1 (1945). — [9] Addis, T., L. J. Poo and W. Lew: J. biol. Ch. **115**, 117 (1936). — [10] Kosterlitz, H. W., and I. D. Cramb: J. Physiol., London **102**, 18 P (1943/44). — [11] Davidson, J. N., and C. Waymouth: Biochem. J. **38**, 379 (1944). — [12] Davidson, J. N., and C. Waymouth: J. Physiol., London **105**, 191 (1946).

Ribonucleinsäuren und des Gesamtstickstoffs im Lebergewebe gehen hierbei annähernd parallel[1]. Eine ähnliche Abnahme der Ribonucleinsäuren wird im Hunger auch in anderen Organen des Verdauungstrakts[1], vor allem im Pankreasgewebe[2], beobachtet. Die im wesentlichen durch proteingebundene Ribonucleinsäuren verursachte Basophilie des Cytoplasmas der Leberzellen wird beim hungernden Tier beträchtlich verringert[3], und die in den normalen Leberzellen mikroskopisch sichtbaren basophilen Granula verschwinden[4].

Im Gegensatz zu den Ribonucleinsäuren des Cytoplasmas bleiben die Desoxyribonucleinsäuren des Zellkerns im Hunger zunächst unbeeinflußt[5,6]. Die im Hunger entstehende Volumenverminderung der Leber ist vor allem durch eine Verminderung der Menge des Cytoplasmas der Leberzellen verursacht, die Größe der Kerne bleibt unverändert, die prozentuelle Menge der Kernsubstanz und damit auch der Desoxyribonucleinsäurengehalt im Lebergewebe steigen daher an. Die von vielen Untersuchern[7,8,10] beobachtete Zunahme der Konzentration der Gesamtnucleinsäuren ist auf die Abnahme der Cytoplasmamenge zurückzuführen[7].

Obwohl zahlreiche Vitamine für die Bildung der Desoxyribonucleinsäuren und ihrer Bausteine erforderlich sind, bildet die Vitaminzufuhr nicht den begrenzenden Faktor für die Bildung der Desoxyribonucleinsäuren in der normalen Leber, in der die Mitosenhäufigkeit und die Bildungsgeschwindigkeit der Desoxyribonucleinsäuren ohnedies nur gering ist. Zusatz von Ascorbinsäure in vitro beschleunigte die Bildung der Desoxyribonucleinsäuren zwar in Schnitten von rasch wachsendem Rattensarkom, nicht aber in normaler Meerschweinchenleber[9].

b) Die Nucleinsäuren der Leber und der Proteingehalt der Nahrung. Die Menge des aus Protein, Phospholipiden und Ribonucleinsäuren zusammengesetzten „labilen“ Cytoplasmas der Leberzellen ist von dem Proteingehalt der Nahrung abhängig[6,10] (vgl. Abb. 42). Proteinreiche Ernährung steigert die Basophilie des Cytoplasmas und die für Nucleinsäuren charakteristische Ultraviolettabsorption bei 257 mμ. Bei proteinarmer Kost sinkt der Ribonucleinsäuregehalt der Leber[1,10,11], gleichzeitig mit dem Verschwinden der basophilen Granula[6] und parallel mit der Verminderung des Proteingehalts[3]. Besonders stark werden durch den Proteinmangel die Ribonucleinsäuren der Mikrosomen[12,13] und die Ribonucleinsäuren des Kerns vermindert, während die Ribonucleinsäuren der Mitochondrien und des Cytoplasmas oft sogar eine relative Zunahme zeigen können[12]. Die Desoxyribonucleinsäuren werden bei erwachsenen Ratten durch den Proteinmangel nicht betroffen[3,14], die Verminderung der Cytoplasmamenge führt jedoch (ähnlich wie bei Hunger) zu einer relativen Vermehrung der Zellkernmasse und damit zu einer relativen Vermehrung der Desoxyribonucleinsäuren[12]. Bei jungen

---

[1] Brachet, J., R. Jeener, M. Rosseel et L. Thonet: Bull. Soc. Chim. biol. **28**, 460 (1946). — [2] Caspersson, T., H. Landström-Hyden u. L. Aquilonius: Chromosoma, Berlin **2**, 111 (1941). — [3] Mandel, P., M. Jacob et M. Mandel: Bull. Soc. Chim. biol. **32**, 80 (1950). — [4] Berg, W.: Pflügers Arch. **194**, 102 (1922); **214**, 243 (1926). Z. mikroskop.-anat. Forsch. **30**, 38 (1932); **36**, 87 (1934). — [5] Davidson, J. N., and C. Waymouth: Biochem. J. **38**, 379 (1944). — [6] Davidson, J. N., and C. Waymouth: J. Physiol., London **105**, 191 (1946). — [7] Kosterlitz, H. W., and I. D. Cramb: J. Physiol., London **102**, 18 P (1943/44). — [8] Kossel, A.: H. **7**, 7 (1882/83). — Tichmeneff, N.: B. Z. **59**, 326 (1914). — Cahn, T., et A. Bonot: Ann. Physiol. Physicochim. biol. **4**, 399, 781 (1928). — Rosenthal, O., and D. L. Drabkin: J. biol. Ch. **150**, 131 (1943). — Kosterlitz, H. W.: Biochem. J. **38**, XIV (1944). — [9] Gol'dstein, B. I., L. G. Kondrat'eva i V. V. Gerasimova: Biochimija, Moskva **17**, 354 (1952) [Chem. Abstr. **47**, 718e]. — [10] Kosterlitz, H. W.: Nature **154**, 207 (1944). — [11] Campbell, R. M., and H. W. Kosterlitz: J. Physiol., London **106**, 12 P (1947). — [12] Muntwyler, E., S. Seifter and D. M. Harkness: J. biol. Ch. **184**, 181 (1950). — [13] Vendrely, C., et R. Vendrely: Cr. **230**, 333 (1950). — [14] Campbell, R. M., and H. W. Kosterlitz: Science, N. Y. **115**, 84 (1952).

Ratten scheint proteinfreie Ernährung jedoch eine echte, nicht nur durch Cytoplasmaschwund verursachte Vermehrung der Menge der Desoxynucleinsäuren zur Folge zu haben[1]. Auch bei anderen Organen wurde im Proteinmangel eine Zunahme der Desoxyribonucleinsäuremenge je Zellkern beobachtet[2].

Es bestehen ferner Beziehungen zwischen dem Proteingehalt der Nahrung und der Größe und dem Nucleinsäuregehalt des Nucleolus. Während sich das Volumen des Cytoplasmas der Leberzellen bei proteinfrei ernährten Ratten verringert, steigt das Volumen der Nucleoli erheblich an. Wurde derartigen, durch längere Zeit proteinfrei ernährten Ratten sodann wieder Protein gegeben, so nahm das Volumen der Nucleoli wieder ab[3].

Die in der Leber enthaltene Desoxyribonucleinsäuremenge ist von der exogenen Zufuhr von Nucleinsäuren und ihren Bausteinen unabhängig. Auch die Zufuhr großer Mengen von Ribonucleinsäuren oder Desoxyribonucleinsäuren mit der Nahrung hat keine Steigerung des Desoxyribonucleinsäurengehalts der Leberzellen zur Folge[4].

c) **Unzureichende Blutversorgung** der Leber führt zu einer Abnahme der Ribonucleinsäuren. Wurde bei Mäusen durch Abbindung des Hilus eines Leberlappens eine lokale Ischämie bewirkt, so sank der Ribonucleinsäurengehalt in dem ischämischen Abschnitt des Lebergewebes im Mittel von 4,7% auf 1,2% der Trockensubstanz, während die Menge der Desoxyribonucleinsäuren unverändert bei 2,0—2,4% verblieb[5].

d) **Gesteigerte sekretorische Tätigkeit** vermehrt den Umsatz der Nucleinsäuren in der Leber und anderen drüsigen Organen. So konnte z. B. durch Pilocarpininjektion die Erneuerungsgeschwindigkeit der Lebernucleinsäuren (gemessen an der Aufnahme von ^{32}P) um 600% gesteigert werden[6].

e) **Die Wirkung hormonaler Faktoren auf die Lebernucleinsäuren.** Hypophysektomie vermindert bei Ratten die mit ^{32}P gemessene Umsatzgeschwindigkeit von Phospholipiden und Nucleinsäuren[7], Behandlung mit Schilddrüsenhormon bewirkte bei normalen Ratten eine Beschleunigung des Nucleinsäureumsatzes und eine Lebervergrößerung[7]. 17-Dehydrocorticosteron und Nebennierenrindenextrakte hatten bei normalen Ratten nur geringe Wirkung auf den Nucleinsäureumsatz der Leber[7]. ACTH verminderte (bei vorwiegend aus Kohlenhydrat bestehender Ernährung) den Ribonucleinsäurengehalt des Cytoplasmas der Leberzellen[8], Cortison verschob, vielleicht durch Abbau von DNS, das Verhältnis RNS:DNS zugunsten der RNS beim Kaninchen[9] und beim Meerschweinchen[10]. Thymektomie hatte keinen Einfluß auf den Gesamtnucleinsäuregehalt des Lebergewebes[11].

f) **Schwangerschaft und die Nucleinsäuren der Leber.** In der Schwangerschaft wird der Gehalt des Lebergewebes an Ribonucleinsäuren und Desoxyribonucleinsäuren gesteigert[12–14]. Bei Ratten kommt es in der 2. und 3. Schwangerschaftswoche zu einer erheblichen Vermehrung sowohl der Zellkernsubstanz als auch der

[1] LECOMTE, C., et A. DE SMUL: Cr. **234**, 1400 (1952). — [2] ELY, J. O., and M. H. ROSS: Science, N. Y. **114**, 70 (1951). — [3] STOWELL, R. E.: Amer. Ass. Cancer Res. 38th ann. Meeting 1947. Cancer Res. **7**, 724 (1947). — [4] EULER, H. v., u. I. RÖNNESTAM-SÄBERG: Ark. Kemi, Mineral. Geol. **23** A, Nr. 11 (1946). — [5] DROCHMANS, P.: Exper. **3**, 421 (1947). — [6] GUBERNIEV, M. A., and L. I. IL'INA: Dokl. Akad. Nauk SSSR **71**, 351 (1950) [Chem. Abstr. **44**, 8453e]. — [7] FRAENKEL-CONRAT, J., and C. H. LI: Endocrinology **44**, 487 (1949). — [8] BAKER, B. L., D. J. INGLE, C. H. LI and H. M. EVANS: Amer. J. Anat. **82**, 75 (1948). — [9] LOWE, C. U., W. L. WILLIAMS and L. THOMAS: Proc. Soc. exp. Biol. Med. **78**, 818 (1951). — [10] ATLAS, L. T., and K. BENIRSHKE: J. clin. Endocrinol. **12**, 932 (1952). — [11] STUTZ, V., and F. VERZÁR: Helv. physiol. Acta **5**, C 52 (1947). — [12] DAVIDSON, J. N.: Cold Spring Harbor Symp. quant. Biol. **12**, 50 (1947). — [13] KOSTERLITZ, H. W., and R. M. CAMPBELL: Nature **160**, 676 (1947). — [14] CAMPBELL, R. M., and H. W. KOSTERLITZ: J. Endocrinol. **6**, 171 (1949).

im Cytoplasma der Leber enthaltenen Ribonucleinsäuren. Bei Herausnahme des Fetus blieb die Erhöhung des Nucleinsäuregehalts der Leber bestehen, wenn die Placenta intakt blieb[1]. Im Verlauf der 1. Lactationswoche sank sowohl der Gehalt an Desoxyribonucleinsäuren als auch der an Ribonucleinsäuren wieder auf normale Werte; eiweißreiche Kost hatte einen Anstieg des Verhältnisses RNS : DNS bei der lactierenden Ratte zur Folge[1].

Die Umsatzgeschwindigkeit aller Nucleinsäurefraktionen der Leber ist während der Schwangerschaft vermehrt, besonders groß ist der Anstieg bei den Ribonucleinsäuren und den Desoxyribonucleinsäuren des Zellkerns (vgl. Tabelle 50).

Tabelle 50. Aufnahme von ^{32}P in die Nucleinsäurefraktion und in die Phospholipide der Leber bei der normalen, der fetalen und der schwangeren Ratte. Radioaktivität, ausgedrückt in Prozenten der Aktivität des im Blut der Tiere 2 Std nach der ^{32}P-Injektion enthaltenen anorganischen Phosphats[2]. Wie aus der Tabelle ersichtlich, setzt das Cytoplasma der Leberzellen während der Schwangerschaft Phosphatide rascher um als normal, im Cytoplasma hingegen bleibt die Umsatzgeschwindigkeit der Nucleinsäuren unverändert. In den Kernen der Leberzellen ist dagegen während der Schwangerschaft der Umsatz von Phosphatiden *und* Nucleinsäuren stark beschleunigt.

	Cytoplasma			Zellkern		
	fetal	normal	schwanger	fetal	normal	schwanger
Ribonucleinsäuren:						
Adenylsäure	1,09	0,48	0,56	8,97	5,99	9,16
Guanylsäure	0,94	0,45	0,26	7,44	4,89	8,66
Cytidylsäure	0,85	0,32	0,42	7,58	5,67	7,96
Uridylsäure	1,02	0,46	0,57	10,25	4,53	8,82
Desoxyribonucleinsäuren	—	—	—	3,26	0,27	0,60
Phospholipide	1,75	1,86	2,73	1,91	1,48	3,25

Von den Ribonucleinsäuren des Cytoplasmas zeigte die in den Mikrosomen enthaltene Fraktion in der Leber schwangerer Ratten eine besonders starke Beschleunigung der Erneuerungsgeschwindigkeit, die in diesem Falle die Erneuerungsgeschwindigkeit der Ribonucleinsäuren der Mitochondrien überstieg[2] (vgl. dagegen [3]).

g) Der Nucleinsäuregehalt der Leber beim Fetus und beim wachsenden Tier. In frühen Stadien der Embryonalentwicklung ist, wie an der Leber von Ratte[4] und Schaf[5] und an Vogellebern[5] gezeigt wurde, der prozentuelle Nucleinsäuregehalt des Lebergewebes weit höher als im späteren Leben. Auch die Bestimmung des sog. Residual-P, der im wesentlichen dem P-Gehalt der Nucleoproteide entspricht, zeigt, daß der Nucleinsäurengehalt der Rattenleber je g Organgewicht während des Fetallebens allmählich abnimmt[4]. Diese Abnahme hält auch während der ersten Zeit des extrauterinen Wachstums an: Der Nucleinsäuregehalt ist in der Leber des neugeborenen Lammes größer als in der Leber des erwachsenen Schafes[6]. Getrennte Bestimmungen von Desoxyribo- und Ribonucleinsäuren zeigten, daß der Gehalt des Lebergewebes an Ribo- und Desoxyribonucleinsäuren während der Fetalzeit höher ist als im extrauterinen Leben, der Unterschied ist bei den Desoxyribonucleinsäuren besonders groß[7] (vgl. Tabelle 51).

[1] Campbell, R. M., and H. W. Kosterlitz: J. Physiol., London **108**, 18 P (1949). — [2] Smellie, R. M. S., W. M. McIndoe, R. Logan, J. N. Davidson and I. M. Dawson: Biochem. J. **54**, 280 (1953). — [3] Jeener, R., and D. Szafarz: Arch. Biochem. **26**, 54 (1950). — [4] Dumm, M. E.: J. cellul. comp. Physiol. **21**, 27 (1943). — [5] Davidson, J. N.. and C. Waymouth: Biochem. J. **38**, 39 (1944). — [6] Robertson, T. B., and M. C. Dawbarn: Austral. J. exp. Biol. med. Sci. **6**, 261 (1929). — [7] Geschwind, I., and C. H. Li: J. biol. Ch. **180**, 467 (1949).

Der hohe Desoxyribonucleinsäuregehalt in der frühen Fetalzeit steht mit der raschen Zellvermehrung und der Mitosenhäufigkeit im wachsenden Lebergewebe in engem Zusammenhang. Auch in der Leber des Hühnerembryos ist der Gehalt an Ribonucleinsäuren und Desoxyribonucleinsäuren in den ersten Entwicklungsstadien am höchsten und fällt im Laufe der Bebrütung ab[1].

Nicht nur die Menge, sondern auch die Erneuerungsgeschwindigkeit der Nucleinsäuren in der Leber ist während der Fetalzeit weit höher als beim Erwachsenen. Besonders stark gesteigert ist in der fetalen Leber der Umsatz der Desoxyribonucleinsäuren. Bei Kaninchen war 4 Std nach der Verabreichung von ^{32}P-Phosphat die spezifische Aktivität der Ribonucleinsäuren des Cytoplasmas in der fetalen Leber etwa doppelt so groß wie in der Leber erwachsener Tiere, der Einbau des ^{32}P in die Desoxyribonucleinsäuren war dagegen 5mal größer als beim

Tabelle 51. Der Gehalt an Ribonucleinsäuren und Desoxyribonucleinsäuren in der embryonalen Rattenleber während des Wachstums[2]. Wie die Tabelle zeigt, ist der Gehalt der Leber an Desoxyribonucleinsäuren in der früheren Fetalzeit höher als der Ribonucleinsäurengehalt, nimmt dann aber sehr rasch ab.

Tage	Gewicht des Fetus g	Lebergewicht mg	Lebergewicht in % des Körpergewichts	Nucleinsäuren-P, ausgedrückt in % der extrahierten Trockenleber RNS	DNS	Quotient RNS/DNS
16	0,5	26	5,2	1,11	1,13	0,98
18	1,6	95	6,0	0,97	1,14	0,85
19	2,1	140	6,7	1,13	1,22	0,93
20	2,9	175	6,0	0,79	0,69	1,43
21	4,5	245	5,5	0,85	0,44	1,94

Muttertier und 12mal größer als beim normalen Kaninchen[2] (vgl. Tabelle 50, S. 323). Im Cytoplasma der fetalen Kaninchenleber war vor allem die Umsatzgeschwindigkeit der im flüssigen Cytoplasmaanteil enthaltenen Ribonucleinsäuren vermehrt[3].

h) Der Nucleinsäurenstoffwechsel des regenerierenden Lebergewebes. Die nach partieller Hepatektomie einsetzenden Regenerationsvorgänge führen zu einer Neubildung großer Mengen von Ribonucleinsäuren und Desoxyribonucleinsäuren. Die Bildung der Ribonucleinsäuren erfolgt rascher als die Volumenzunahme der regenerierenden Leber, es kommt daher zu einem Anstieg der Ribonucleinsäuren im Lebergewebe, die etwa 1—3 Tage nach der Operation das Maximum erreichen[4, 5]. Bei der Rattenleber betrug z.B. der Ribonucleinsäurengehalt der regenerierenden Restleber 3 Tage nach partieller Hepatektomie 3,0—4,4% der Trockensubstanz, während der Ribonucleinsäurengehalt des excidierten Leberstücks 2,3—2,9% betrug[5]. Die Vermehrung der Konzentration der Ribonucleinsäuren ist die Ursache der verstärkten Basophilie und der erhöhten spezifischen Ultraviolettabsorption des Cytoplasmas im regenerierenden Lebergewebe[6].

Die beschleunigte Neubildung der Ribonucleinsäuren geht der Beschleunigung der Proteinbildung voraus. Durch Verabreichung von ^{15}N-Glycin an hepatektomierte Ratten konnte die Umsatzgeschwindigkeit von Ribonucleinsäuren und

[1] DAVIDSON, J. N., and I. LESLIE: Biochem. J. **43**, XXVIII (1948). — [2] GESCHWIND, I., and C. H. LI: J. biol. Ch. **180**, 467 (1949). — [3] SMELLIE, R. M. S., W. M. MCINDOE, R. LOGAN, J. N. DAVIDSON and I. M. DAWSON: Biochem. J. **54**, 280 (1953). — [4] NOVIKOFF, A. B., and V. R. POTTER: Fed. Proc. **6**, 281 (1947). — [5] NOVIKOFF, A. B., and V. R. POTTER: J. biol. Ch. **173**, 223 (1948). — [6] STOWELL, R. E.: Cancer Res. **7**, 724 (1947). Arch. Path., Chicago **46**, 164 (1948).

Protein vergleichend gemessen werden: Das Maximum des so gemessenen Nucleinsäureumsatzes wurde 30 Std nach der Operation, das des Proteinumsatzes erst 60 Std nach der Operation erreicht[1]. Bei proteinfrei ernährten Ratten stieg der Ribonucleinsäurengehalt der Restleber stärker an als bei Kontrolltieren, die reichlich Protein erhielten[2]; dieser Befund wird so erklärt, daß die Ribonucleinsäuren für die in diesem Falle besonders schwierige Synthese der Leberproteine benötigt werden.

Die Zusammensetzung der Ribonucleinsäuren des Cytoplasmas ändert sich während der Regeneration nicht. Das Mengenverhältnis der 4 in den Ribonucleinsäuren enthaltenen Basen war in Mitochondrien, Mikrosomen und in der Cytoplasmaflüssigkeit der regenerierenden Rattenleber das gleiche wie in den entsprechenden Fraktionen der normalen Rattenleber[3].

Auch die Desoxyribonucleinsäuren werden während der Regeneration des Lebergewebes in großer Menge gebildet, die Vermehrung der Desoxyribonucleinsäuren geht der Volumenvermehrung des Lebergewebes parallel. Der prozentuelle Desoxyribonucleinsäurengehalt der in Regeneration befindlichen Rattenleber bleibt daher trotz starker Erhöhung der Mitosenhäufigkeit in der Regel normal[4].

Versuche mit ^{32}P-Phosphat ergaben, daß der Einbau von anorganischem Phosphat in die Ribonucleinsäuren und die Desoxyribonucleinsäuren unmittelbar nach der Hepatektomie zu steigen beginnt[5,6]. Nach Verabreichung von isotop markiertem Adenin konnte das Isotop in den Desoxyribonucleinsäuren der regenerierenden Rattenleber nachgewiesen werden, während es in die Desoxyribonucleinsäuren normaler Leber nicht aufgenommen wurde (vgl. S. 316)[7,8]. Wurde Ratten nach partieller Hepatektomie ^{32}P-Phosphat und gleichzeitig ^{15}N-markierte Orotsäure gegeben, so wurde ^{32}P rascher in die Lebernucleinsäuren aufgenommen als ^{15}N; s. [9].

Die Synthesegeschwindigkeit der einzelnen Ribonucleinsäurefraktionen wird in der regenerierenden Rattenleber in ungefähr gleichem Verhältnis gesteigert[3,9]. Das Maximum erreicht die Synthesegeschwindigkeit sowohl der Ribonucleinsäuren als auch der Desoxyribonucleinsäuren am 1. Tage nach der partiellen Hepatektomie, also während des hypertrophischen Stadiums des Regenerationsvorgangs, das dem hyperplastischen Stadium etwa um einen Tag vorausgeht[10]. Die sich vergrößernden Zellen der Restleber bilden also zunächst große Mengen von Ribonucleinsäuren und von Desoxyribonucleinsäuren, dann erst teilt sich die Zelle. Das Maximum der Mitosenhäufigkeit fällt mit dem Maximum der Phosphatidsynthese (nicht mit dem der Nucleinsäurensynthese) zusammen[5].

i) Die Nucleinsäuren im erkrankten Lebergewebe. Schädigung und partielle Zerstörung des Lebergewebes durch Gifte (z. B. durch CCl_4) hat zur Folge, daß die funktionsfähig gebliebenen Leberzellen die Stoffwechselaufgaben der geschädigten Zellen mit übernehmen müssen. Die Regeneration des zerstörten Gewebes

---

[1] Eliasson, N. A., E. Hammarsten, P. Reichard, S. Åqvist, B. Thorell and G. Ehrensvärd: Acta chem. scand. **5**, 431 (1951). — [2] Drabkin, D. L.: J. biol. Ch. **171**, 395 (1947). — [3] Smellie, R. M. S., W. M. McIndoe, R. Logan, J. N. Davidson and I. M. Dawson: Biochem. J. **54**, 280 (1953). — [4] Novikoff, A. B., and V. R. Potter: J. biol. Ch. **173**, 223 (1948). — [5] Johnson, R. M., and S. Albert: Arch. Biochem. **35**, 340 (1952). — [6] Brues, A. M., M. M. Tracy and W. E. Cohn: Science, N. Y. **95**, 558 (1942). J. biol. Ch. **155**, 619 (1944). — Khesin, R. V.: Dokl. Akad. Nauk SSSR **76**, 105 (1951) [Chem. Abstr. **45**, 4324c]. — [7] Furst, S. S., and G. B. Brown: J. biol. Ch. **191**, 239 (1951). — [8] Furst, S. S., P. M. Roll and G. B. Brown: J. biol. Ch. **183**, 251 (1950). — [9] Anderson, E. P., and S. E. G. Åqvist: 2. Int. Congr. Biochem. Paris. S. 197. 1952. — [10] Brues, A. M., D. R. Drury and M. C. Brues: Arch. Path., Chicago **22**, 658 (1936). — Brues, A. M., and B. B. Marble: J. exp. Med. **65**, 15 (1937). — Bucher, N. L. R., and A. D. Glinos: Cancer Res. **10**, 324 (1950).

macht außerdem eine beschleunigte Proteinsynthese erforderlich; ähnlich wie nach Hepatektomie kommt es daher zunächst zu einer erheblichen adaptiven Vermehrung der Ribonucleinsäuren, der Phospholipide und des Proteingehalts[1]. Die nach CCl_4-Vergiftung eintretende Zunahme dieser Stoffe ist unabhängig von der mit der Nahrung zugeführten Proteinmenge und wurde sowohl bei proteinfreier als auch bei extrem proteinreicher Nahrung beobachtet[1] (vgl. Abb. 42).

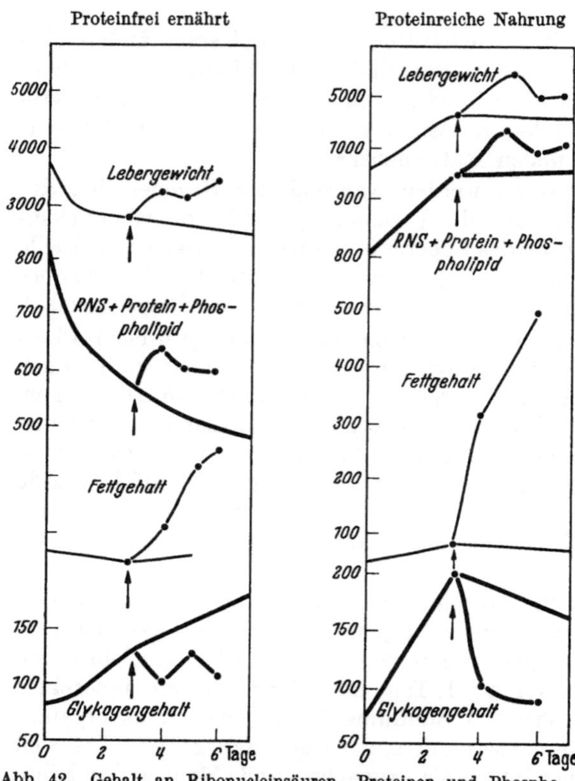

Abb. 42. Gehalt an Ribonucleinsäuren, Proteinen und Phospholipiden in der Leber von mit CCl_4 vergifteten Ratten[1]. Links: proteinfreie Ernährung; rechts: Nahrung mit 54% Casein. Volle Linien: Normaltiere, unterbrochene Linien: Tiere nach Injektion von CCl_4. Da sich Ribonucleinsäuren, Proteine und Phospholipide parallel ändern, konnten sie in einer einzigen Kurve dargestellt werden. Zum Vergleich sind Lebergewicht, Fett- und Glykogengehalt der Leber dargestellt. (Alle Werte in mg-% des Tiergewichtes zu Versuchsbeginn.)

Die als Spätfolge chronischer Leberschäden oft auftretenden cirrhotischen Bindegewebsvermehrungen, sowie die daraus sich entwickelnden Störungen der Blutversorgung, können dagegen eine Verminderung des Ribonucleinsäurengehalts des Lebergewebes zur Folge haben. Auch in cirrhotischen menschlichen Lebern ist die Menge der Ribonucleinsäuren meist vermindert[2].

Ähnlich wie die sich vermehrenden Zellen der fetalen und der in Regeneration befindlichen Leber nehmen auch die Zellen von Lebertumoren ^{32}P rasch in ihre Nucleinsäuren auf. Die Umsatzgeschwindigkeit der Ribonucleinsäuren war in Rattenhepatomen etwa 3mal, die Umsatzgeschwindigkeit der Desoxyribonucleinsäuren etwa 6mal größer als im ruhenden Lebergewebe[3]. Der Gehalt an Desoxyribonucleinsäuren war in Rattenhepatomen um mehr als 100% höher als in normaler Rattenleber, die Menge der Ribonucleinsäuren war jedoch annähernd gleich[4]. Es scheint, daß auch die Zusammensetzung der Ribonucleinsäuren verändert ist: Der Quotient P:N betrug in den Ribonucleinsäuren der normalen Leber 1:1,9, in den Ribonucleinsäuren von Hepatomen aber 1:2,1 (s.[3]).

Der Nucleinsäuregehalt der Leber (und anderer Gewebe) ist bei Tumorträgern erhöht: Bei Mäusen, auf die ein Sarkom transplantiert worden war, änderte sich auch die Zusammensetzung der Nucleinsäuren, und ihr Guaningehalt stieg an[5]. Sowohl die Desoxyribonucleinsäuren als auch die Ribonucleinsäuren der Leber und

---

[1] Campbell, R. M., and H. W. Kosterlitz: Brit. J. exp. Path. **29**, 149 (1948). — [2] Warter, J., P. Mandel, P. Metais et J. Touillier: Presse méd. **58**, 1346 (1950). — [3] Brues, A. M., M. M. Tracy and W. E. Cohn: J. biol. Ch. **155**, 619 (1944). — [4] Schneider, W. C.: Cancer Res. **6**, 685 (1946). — [5] Lombardo, M. E., J. J. Travers and L. R. Cerecedo: J. biol. Ch. **195**, 43 (1952).

Lunge waren bei den tumortragenden Mäusen vermehrt[1]. Der Nucleinsäurengehalt von Leber, Lunge und Niere von Mäusen, denen subcutan ein Lymphosarkom implantiert worden war, stieg weniger an, wenn die Tiere Desoxypyridoxin und kein Vitamin B_6 erhielten[2].

Vor allem wird die Erneuerungsgeschwindigkeit der Desoxyribonucleinsäuren der Leber durch das Vorhandensein eines malignen Tumors stark gesteigert: Mäuse, denen ein Carcinom bzw. Sarkom implantiert und später ^{32}P-Phosphat[3], ^{14}C-Formiat[4] oder ^{14}C-2-Glycin[4] verabreicht worden war, nahmen das Isotop in die Desoxyribonucleinsäuren der Leber rascher auf als normale Mäuse[3,4]. In die Ribonucleinsäurefraktion des Cytoplasmas der Leberzellen gingen die Isotopen bei normalen und bei tumortragenden Mäusen mit gleicher Geschwindigkeit über. Ähnliche Befunde wurden auch beim tumortragenden Huhn erhoben[5].

γ) Adenosinphosphorsäuren und adenylsäurehaltige Dinucleotide im Leberstoffwechsel.

Wie alle anderen Organe enthält die Leber neben Polynucleotiden auch Mono- und Dinucleotide. Diese spielen als Energieüberträger und Coenzyme im Stoffwechsel aller lebenden Zellen eine wichtige Rolle; die Verschiedenartigkeit der Umsetzungen, in der Leber bringt es jedoch mit sich, daß diese Stoffe in der Leber eine vielfältigere Verwendung erfahren als in den meisten anderen Geweben.

1. Adenosinphosphate.

Die Leber ist das für Synthesen wichtigste Organ des Organismus. Während die aus den Nahrungsstoffen gewonnene Energie vom Muskel vor allem in mechanische Arbeit, von der Niere in osmotische Leistungen verwandelt wird, verwendet die Leber die Hauptmenge der von ihr umgesetzten Energie für endergonische Reaktionen. Die Übertragung der Energie von exergonischen auf endergonische Stoffwechselvorgänge erfolgt mit Hilfe von Adenosinphosphat (AMP), das unter Aufnahme von Energie über Adenosindiphosphat (ADP) in Adenosintriphosphat (ATP) verwandelt wird. Die in ATP gespeicherte Energie kann durch die Abspaltung eines oder zweier Phosphorsäurereste wieder freigesetzt und für endergonische Reaktionen verwendet werden. Bildung von Acetyl-Coenzym A, die die Biosynthese der Fettsäuren einleitet, Umwandlung von Citrullin in Arginin, die eine Teilreaktion der Harnstoffsynthese darstellt, Bildung von Protein aus Aminosäuren und von Glykogen aus Glucose sind nur Beispiele für die zahlreichen endergonischen Reaktionen, die die Leber mit Hilfe von ATP ausführt. Dementsprechend werden in der Leber ständig große Mengen von Adenosintriphosphat gebildet und abgebaut[6]. 5 min nach Injektion von ^{32}P-Phosphat hatte die ^{32}P-Konzentration in den labilen Phosphatgruppen des ATP der Kaninchenleber bereits 80% der ^{32}P-Konzentration des intracellulären anorganischen Phosphats erreicht[7]. Die Erneuerungsrate des ATP wurde auf 15 γ P je g Leber je min berechnet[7]. ATP wird vor allem in den Mitochondrien gebildet und (soweit sie nicht in den Mitochondrien selbst verbraucht wird) an die Cytoplasmaflüssigkeit abgegeben. Die Mitochondrien wirken also als ein ATP sezernierendes und den ATP-Gehalt des Cytoplasmas regulierendes Zellorgan.

[1] CERECEDO, L. R., D. V. N. REDDY, A. PIRCIO, M. E. LOMBARDO and J. J. TRAVERS: Proc. Soc. exp. Biol. Med. **78**, 683 (1951). — [2] CERECEDO, L. R., M. E. LOMBARDO, D. V. N REDDY and J. J. TRAVERS: Proc. Soc. exp. Biol. Med. **80**, 648 (1952). — [3] PAYNE, A. H. L. S. KELLY and M. R. WHITE: Cancer Res. **12**, 65 (1952). — [4] PAYNE, A. H., L. S. KELLY G. BEACH and H. B. JONES: Cancer Res. **12**, 426 (1952). — [5] McINDOE, W. M., and J. N. DAVIDSON: Brit. J. Cancer **6**, 200 (1952). — [6] LUNDSGAARD, E.: Skand, Arch. Physiol. **80**, 291 (1938). — [7] KALCKAR, H. M., J. DEHLINGER and A. MEHLER: J. biol. Ch. **154**, 275 (1944).

Da die biologische Funktion der Adenosinphosphate vor allem darin besteht, die durch exergonische Stoffwechselreaktionen freigesetzte Energie aufzufangen, hängt ihre Umsatzgeschwindigkeit wesentlich von dem Umfang der jeweils in der Leber ablaufenden Oxydationsprozesse und damit auch von der Menge leicht oxydabler Intermediärsubstanzen ab, die der Leber jeweils zur Verfügung stehen. Wurde Ratten zusammen mit ^{32}P-Phosphat auch Insulin injiziert, so wurde der ^{32}P viel rascher in das ATP der Leber aufgenommen, als wenn kein Insulin injiziert worden war[1]. Noch mehr gesteigert wurde die Umsatzgeschwindigkeit des ATP, wenn außer Insulin auch Glucose injiziert wurde[1]. Malonat hemmt den Citronensäurecyclus und verringert dadurch den ATP-Umsatz in der Leber[1]. Fluorid und (in besonders großem Ausmaß) Phlorrhizin verzögerten den Einbau verabreichten ^{32}P-Phosphats in ATP (s. [1]).

Es scheint, daß das Schilddrüsenhormon bei der Energieübertragung von der Atmungskette auf die Adenosinphosphate eine direkte Rolle spielt. Durch Thiouracil hypothyreotisch gemachte Ratten nahmen ^{32}P-Phosphat rascher in die terminalen Phosphatgruppen des ATP der Leber auf, als normale Kontrolltiere; bei Ratten, die durch Verfütterung von Schilddrüse hyperthyreotisch gemacht worden waren, erfolgte der Einbau des ^{32}P in das ATP der Leber dagegen verlangsamt[2]. Injektion sehr großer Dosen von Thyroxin (4—6 mg je 100 g Ratte) setzte dagegen den Einbau des ^{32}P in das ATP stark herab[3].

Während isolierte Lebermitochondrien bei längerer Bebrütung allmählich die Fähigkeit verlieren, angebotenes ^{32}P-Phosphat in ATP einzubauen, bleibt diese Fähigkeit auch bei längerem Bebrüten erhalten, wenn man der Mitochondriensuspension in kleiner Konzentration (10^{-6} mol/kg) D,L-Thyroxin zusetzt. Größere Überschüsse von Thyroxin (10^{-4} mol/kg und mehr) führen dagegen zu einer Entkopplung von Atmungskette und ATP-Bildung. Die O_2-Aufnahme der Mitochondrien steigt an, die Umsatzgeschwindigkeit des ATP, nimmt jedoch ab[4]. Die aus der Oxydation der Nahrungsstoffe erhältliche Ausbeute an verwertbarer Energie wird dadurch verschlechtert. Man nimmt an, daß die Vermehrung der Oxydationsvorgänge im Gewebe nach Thyroxinzufuhr einen Kompensationsvorgang darstellt, der den Zweck hat, diesen Energieverlust auszugleichen und den Energiebedarf des Organismus zu sichern[4] (vgl. a. S. 443).

Neben der quergestreiften Muskulatur gehört die Leber zu den ATP-reichsten Organen, doch ist die Bestimmung von ATP im Lebergewebe besonders schwierig, weil es in der Leber durch Autolyse rascher zerlegt wird als in anderen Organen[5]. Der Gehalt an Pyrophosphat-P betrug im Lebergewebe von Kaninchen sofort nach dem Tode 27 mg-%[5], in der quergestreiften Muskulatur des Kaninchens wurden dagegen 21—32 mg-%[6], in der Milz 17 mg-%[6], in glatter Muskulatur (Uterus) 8 mg-%[6], im Gehirn 5 mg-%[6] Pyrophosphat-P gefunden.

Während das ATP in der Muskulatur vorwiegend durch Abspaltung eines Phosphatrestes in ADP verwandelt wird, spaltet die in der Leber enthaltene Apyrase das ATP bis zu AMP auf[5]. Wurde das Homogenat von Taubenmuskulatur mit ^{32}P-markiertem anorganischem Phosphat bebrütet, so erreichte die spezifische Aktivität des im ATP enthaltenen Phosphors in kurzer Zeit 33% der Aktivität des in der Suspensionsflüssigkeit enthaltenen anorganischen Phosphats und nahm dann nicht weiter zu: Es war also nur einer der 3 Phosphatreste mit

[1] KAPLAN, N. O., and D. M. GREENBERG: J. biol. Ch. **156**, 525 (1944). — [2] VENKATARAMAN, P. R., A. VENKATARAMAN, M. P. SCHULMAN and D. M. GREENBERG: J. biol. Ch. **185**, 175 (1950). — [3] MARTIUS, C., and B. HESS: Arch. Biochem. **33**, 486 (1951). — [4] MARTIUS, C., u. B. HESS: A. e. P. P. **216**, 45 (1952). B. Z. **326**, 191 (1954/55). — Vgl. a. KLEMPERER, H. G.: Biochem. J. **60**, 122, 128 (1955). — [5] JACOBSON, E.: B. Z. **242**, 292 (1931). — [6] LOHMANN, K.: B. Z. **203**, 164 (1928).

dem anorganischen Phosphat ins Gleichgewicht gesetzt worden. Wurde derselbe Versuch mit Homogenat aus Rattenleber durchgeführt, so erreichte die Aktivität des ATP-Phosphors 67% der Aktivität des anorganischen Phosphats. Im Leberhomogenat waren also 2 Phosphatreste des ATP gegen anorganisches Phosphat ausgetauscht worden[1]. Die cyclische Umsetzung der Adenosinphosphate in Leber und Muskel kann nach KREBS[1] durch das folgende Schema dargestellt werden:

$$\text{ATP} \rightleftarrows \text{AMP} + 2\,\text{P} \qquad\qquad \text{ATP} \rightleftarrows \text{ADP} + \text{P}$$

Leber Muskel

Der am AMP verbleibende letzte Phosphatrest nimmt an diesen cyclischen Umsetzungen nicht teil, doch wird auch dieser stabile Phosphatrest in der Leber rascher erneuert als in anderen Geweben[2]: 24 Std nach Injektion von $Na_2H^{32}PO_4$ betrug die relative spezifische Aktivität dieses Phosphatrestes in der Leber 128, im Gehirn 71 und im Muskel 10. Eine Adenosinkinase, die einen Phosphorsäurerest von ATP auf Adenosin überträgt, konnte in der Leber von Ratte und Kaninchen nachgewiesen werden[3]. Das aus der Leber dargestellte Enzym unterscheidet sich von der ähnlich wirkenden Hefeadenosinkinase[4] durch sein saureres p_H-Optimum[3]. Eine Nucleosidphosphorylase, die vor allem bei der Synthese der Dinucleotide eine Rolle zu spielen scheint, ist vor allem in den Zellkernen lokalisiert.

Die adeninhaltigen Mononucleotide und Dinucleotide werden in der Leber rascher erneuert als die Polynucleinsäuren. Mäusen intraperitoneal verabreichtes Adenin-^{14}C war in 2 Std zu 40% in säurelösliche Nucleotide und nur zu 8% in Nucleinsäuren aufgenommen worden. Nach 24 Std waren in der säurelöslichen Nucleotidfraktion 20%, in den Polynucleinsäuren 15—20% enthalten. Versuche, in denen Kaninchenleber mit Lösungen von ^{14}C-Adenin durchströmt wurden, ergaben, daß das Adenin sehr rasch in ATP und relativ langsam in die RNS aufgenommen wird[5]. Auch die Synthese der in der säurelöslichen Nucleotidfraktion enthaltenen Purine erfolgt rascher als die Synthese der Purine der Polynucleinsäuren. Nach Bebrütung von Mäuseleber mit ^{14}C-haltigem Glycin traten die radioaktiven C-Atome rascher in der säurelöslichen Nucleotidfraktion auf als in den Polynucleinsäuren[6]. Die Halbwertszeit der Nucleotidfraktion, gemessen mit ^{14}C-Adenin, betrug in der Leber 2,5 Tage, im Carcass dagegen 12 Tage[7]. Auch bei der Ratte wird ^{14}C-Adenin sehr rasch in die verschiedenen Fraktionen der Adenosinphosphorsäure der Leber aufgenommen[8]. Homogenate von Taubenleber enthielten bei der Bebrütung mit ^{14}C-Adenin schon nach 20 min erhebliche Mengen von radioaktivem AMP, ADP, ATP, während die spezifische Aktivität der Ribonucleinsäuren auch nach $1^1/_2$stdger Bebrütung noch relativ gering war[9].

2. Dinucleotide.

Wie in anderen Organen, so sind auch in der Leber Enzymsysteme vorhanden, deren Wirkung von der Anwesenheit von Dinucleotiden abhängig ist. Diese als Coenzym wirksamen Dinucleotide zeigen symmetrischen Bau, sie enthalten neben

[1] KREBS, H. A., M. JOHNSON, L. V. EGGLESTON and R. HEMS: Biochem. J. **49**, XXXV (1951). — [2] ZETTERSTRÖM, R., L. ERNSTER and O. LINDBERG: Arch. Biochem. **25**, 225 (1950). — [3] CAPUTTO, R.: J. biol. Ch. **189**, 801 (1951). — [4] OSTERN, P., u. J. TERSZAKOWEĆ: H. **250**, 155 (1937). — OSTERN, P., T. BARANOWSKI u. J. TERSZAKOWEĆ: H. **251**, 258 (1938). — OSTERN, P., J. TERSZAKOWEĆ u. S. HUBL: H. **255**, 104 (1938). — [5] BENNETT, E. L.: 2. Int. Congr. Biochem. Paris. S. 197. 1952. — [6] LEPAGE, G. A.: Cancer Res. **13**, 178 (1953). — [7] BENNETT, E. L.: Biochim. biophysica Acta, N. Y. **11**, 487 (1953). — [8] MARRIAN, D. H.: Biochim. biophysica Acta, N. Y. **9**, 469 (1952). — [9] GOLDWASSER, E.: 2. Int. Congr. Biochem. Paris. S. 200. 1952. Nature **171**, 126 (1953).

einer aus Adenylsäure bestehenden Komponente einen zweiten mononucleotidähnlichen Rest, an dessen Bildung Vitamine der B-Gruppe beteiligt sind:

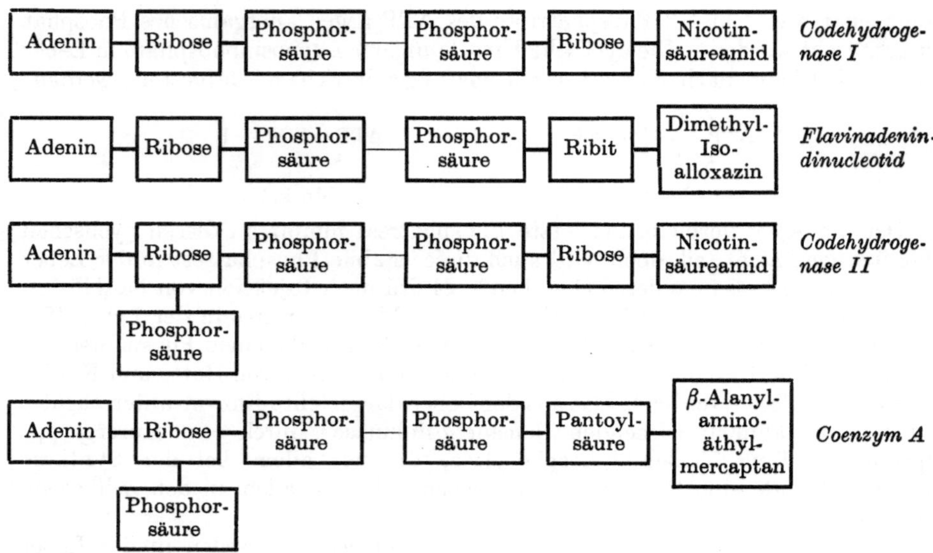

Das Lebergewebe enthält mehr Codehydrogenasen als alle anderen Gewebe[1] (Zahlenangaben S. 395), etwa 88% der Gesamtmenge entfällt auf Codehydrogenase I, die Menge der Codehydrogenase II ist nur gering[2]. Zahlreiche in der Leber enthaltene Dehydrogenasen (z. B. die Lacticodehydrogenase, die Alkoholdehydrogenase[3], die Glutaminsäuredehydrogenase[4] arbeiten mit der Codehydrogenase I, während die Glucosedehydrogenase der Leber sowohl Diphosphopyridinnucleotid als auch Triphosphopyridinnucleotid verwenden kann[5].

Auch das Flavinadenindinucleotid ist im Lebergewebe reichlicher vorhanden als in anderen Geweben: Der Gehalt an Flavinadenindinucleotid (ausgedrückt als Lactoflavin) betrug bei Ratten in der Leber 3,1 mg-%, in der Niere 2,4 mg-%, im Herzmuskel 1,8 mg-%, im Gehirn und Skeletmuskel 0,24 und 0,34 mg-% der frischen Substanz[6]. Daneben sind im Lebergewebe auch kleine Mengen von Flavinmononucleotiden vorhanden (vgl. S. 391). Über den Gehalt des Lebergewebes an Coenzym A vgl. S. 404. Über die Rolle uracilhaltiger Mononucleotide bei der Umwandlung der Galaktose in Glucose vgl. S. 95.

δ) Die Leber im Stoffwechsel der Purine und Pyrimidine.

1. Die Verwendung exogener Purine und Pyrimidine für die Bildung von Nucleinsäuren.

Adenin scheint der einzige N-haltige Nucleinsäurebaustein zu sein, der, in freier Form einem Tier verabreicht, direkt zur Synthese der Nucleinsäuren verwendet werden kann. In Adenin eingebautes ^{15}N wurde nach der Verfütterung an Ratten in signifikanter Menge in den Adenin- und Guaninresten der Nuclein-

[1] ROBINSON, J., N. LEVITAS, F. ROSEN and W. A. PERLZWEIG: J. biol. Ch. **170**, 653 (1947). — [2] EULER, H. v., F. SCHLENK, H. HEIWINKEL u. B. HÖGBERG: H. **256**, 208 (1938). — [3] MIZUSAWA, H.: J. Biochem. **18**, 243 (1933). — [4] HOGEBOOM, G. H., and W. C. SCHNEIDER: J. biol. Ch. **204**, 233 (1953). — [5] DAS, N.: H. **238**, 269 (1936). — [6] BESSEY, O. A., O. H. LOWRY and R. H. LOVE: J. biol. Ch. **180**, 755 (1949).

säuren wiedergefunden[1,2]. Die in den Pyrimidinring des verabreichten Adenins eingebauten ^{15}N-Atome fanden sich in gleicher Position in den Guaninresten der Nucleinsäuren wieder[3]; eine Öffnung des Purinringsystems findet also bei der Umwandlung exogenen Adenins in Guanin nicht statt. Pyrimidinderivate werden aus verabreichtem Adenin nicht gebildet; wurde ^{15}N-Adenin Ratten verabreicht, so fand sich der ^{15}N in den Pyrimidinresten der Nucleinsäuren nicht in signifikanter Menge vor[2].

Exogenes Guanin kann, zum Unterschied von Adenin, nicht für die Nucleinsäuresynthese verwendet werden. Wurde Ratten Guanin verabreicht, das mit ^{15}N markiert war, so wurde kein ^{15}N in die Nucleinsäuren aufgenommen; die Hauptmenge erschien als ^{15}N-Allantoin im Harn[2]. Auch injiziertes ^{15}N-Guanosin[4] und Desoxyhypoxanthosin[5] wurden von Ratten nicht zur Nucleinsäuresynthese verwendet[4]. Leichter scheint Guanylsäure für die Nucleinsäuresynthese verwendbar zu sein[6]. Xanthin und Hypoxanthin können nicht in Adenin und Guanin verwandelt werden. Nach Verabreichung von ^{15}N-Hypoxanthin wurde die Hauptmenge des ^{15}N im Allantoin des Harns wiedergefunden[7].

Auch freie Pyrimidine werden, wenn man sie als solche einem Tier verabreicht, nicht in größerem Ausmaß für die Nucleinsäuresynthese verwendet, sondern abgebaut[8]. Mit ^{15}N markiertes Cytosin wurde von Ratten abgebaut und die N-Atome im Harnstoff wiedergefunden, der mit dem Harn ausgeschieden wurde[9]. Während Schnitte normaler Rattenleber zugeführtes ^{14}C-Thymin rasch zu $^{14}CO_2$ abbauten, wurde intraperitoneal injiziertes ^{14}C-Thymin von partiell hepatektomierten Ratten in die Desoxyribonucleinsäuren der regenerierenden Leber eingebaut[10].

Es ist wahrscheinlich, daß die in der Nahrung enthaltenen Polynucleinsäuren im Darm nicht bis zu den Purinen und Pyrimidinen abgebaut, sondern in Form von intermediären Spaltprodukten resorbiert werden. Ein Teil des resorbierten Adenins und der Pyrimidine gelangt in Form von Nucleosiden oder Mononucleotiden mit dem Pfortaderblut zur Leber und kann ohne Abspaltung der Purin- oder Pyrimidingruppe in Polynucleinsäuren eingebaut werden. Wird Hefe auf $^{15}NH_3$-haltigen Nährböden gezüchtet und die von dieser Hefe gebildeten ^{15}N-Nucleinsäuren Ratten verfüttert, so bildeten die Tiere Polynucleinsäuren, die signifikante Mengen von ^{15}N, nicht nur in den Adenin- und Guaninresten, sondern auch in den Pyrimidinresten der Polynucleinsäuren enthielten[11]. Auch wenn die ^{15}N-haltigen Hefenucleinsäuren zu Mononucleotiden hydrolysiert und diese sodann Ratten injiziert wurden, erschienen ihre markierten Pyrimidinreste in den Nucleinsäuren der Eingeweide[11]. ^{15}N-Cytidin und (in geringerem Grade) ^{15}N-Uridin wurden ebenfalls in Nucleinsäuren eingebaut[12]. Desoxycytidin wurde für die Bildung der thymin- und cytosinhaltigen Gruppen und Thymidin für die Bildung der thyminhaltigen Anteile der Desoxyribonucleinsäuren verwendet[5]. In Form von Mononucleotiden und Nucleosiden verabreichte Pyrimidine sind also zur Bildung von Polynucleinsäuren verwendbar, freie Pyrimidine nicht.

---

[1] BROWN, G. B., M. L. PETERMANN and S. S. FURST: J. biol. Ch. **174**, 1043 (1948). — [2] BROWN, G. B., P. M. ROLL, A. A. PLENTL and L. F. CAVALIERI: J. biol. Ch. **172**, 469 (1948). — [3] BROWN, G. B., P. M. ROLL and A. A. PLENTL: Fed. Proc. **6**, 517 (1947). — [4] HAMMARSTEN, E., and P. REICHARD: Acta chem. scand. **4**, 711 (1950). — [5] REICHARD, P., and B. ESTBORN: J. biol. Ch. **188**, 839 (1951). — [6] ROLL, P. M., and I. WELIKY: Fed. Proc. **10**, 238 (1951). — [7] BROWN, G. B.: Cold Spring Harbor Symp. quant. Biol. **13**, 43 (1948). — GETLER, H., P. M. ROLL, J. F. TINKER and G. B. BROWN: J. biol. Ch. **178**, 259 (1949). — [8] PLENTL, A. A., and R. SCHOENHEIMER: J. biol. Ch. **153**, 203 (1944). — [9] BENDICH, A., H. GETLER and G. B. BROWN: J. biol. Ch. **177**, 565 (1949). — [10] HOLMES, W. L., W. H. PRUSOFF and A. D. WELCH: J. biol. Ch. **209**, 503 (1954). — [11] ROLL, P. M., G. B. BROWN, F. J. DI CARLO and A. S. SCHULTZ: J. biol. Ch. **180**, 333 (1949). — [12] HAMMARSTEN, E., P. REICHARD and E. SALUSTE: Acta chem. scand. **3**, 432 (1949). J. biol. Ch. **183**, 105 (1950).

2. Die Purinsynthese in der Leber.

Obzwar auch exogenes Adenin, exogene Pyrimidinnucleoside und exogene Pyrimidinnucleotide für die Bildung von Nucleinsäuren verwendet werden können, ist die Hauptmenge der in den Nucleinsäuremolekülen enthaltenen Purine und Pyrimidine nicht exogener, sondern endogener Herkunft. Auch wenn mit der Nahrung keine Purine und Pyrimidine zugeführt werden, geht die Erneuerung und Neubildung der Nucleinsäuren in den Zellen ungestört weiter, und der Nucleinsäuregehalt der Organe nimmt, trotz andauernder Ausscheidung von Harnsäure oder Allantoin, nicht ab. Untersuchungen an neugeborenen Katzen und Kaninchen haben gezeigt, daß die in den Geweben dieser Tiere enthaltene Nucleinsäuremenge beim Wachstum weit rascher zunimmt, als dem Puringehalt der aufgenommenen Milch entspricht[1]. Während eines durch 50 Tage fortgesetzten Ernährungsversuchs am Menschen wurde, obwohl das Körpergewicht um 4 kg zunahm, erheblich mehr Harnsäure ausgeschieden, als mit der Nahrung an Purinen aufgenommen worden war[2]. Neben anderen Organen ist auch die Leber in weitem Umfange an der Synthese der Purine und Pyrimidine beteiligt.

Daß die Purinsynthese in der Leber rascher erfolgt als in anderen Organen, zeigen Versuche an Tauben, an die $^{15}NH_4$-Citrat verfüttert wurde: In Prozenten des ^{15}N-Gehalts des verabreichten NH_4-Citrats ausgedrückt, war der ^{15}N-Gehalt der aus der Leber dargestellten Purine $4^1/_2$ Tage nach der Verabreichung 8,9, während der relative Isotopengehalt der Purine aus dem Intestinaltrakt 7.1, aus den Gonaden 4.7, Niere 3.9, Pankreas 3.7, Blut 1.1, Herz 1.4 und der der Purine des Lungengewebes 1.5 betrug[3].

Die Reaktionskette, durch die die Purinderivate gebildet werden, ist eine der Urreaktionen des Lebens überhaupt und spielt sich in den Leberzellen, von kleinen Modifikationen abgesehen, in ähnlicher Weise ab wie in der Hefe und anderen phylogenetisch weit entfernten Organismen (vgl. Bd. 2/1, S. 1218). Ähnlich wie die als Endprodukt des N-Stoffwechsels in der Leber der Vögel entstehende Harnsäure werden auch die zum Einbau in die Nucleinsäuren bestimmten Basen Adenin und Guanin aus kleinen Molekülen gebildet. ^{14}C, das als $NaH^{14}CO_3$ Ratten intraperitoneal injiziert worden war, wurde in dem aus den Nucleinsäuren der Tiere dargestellten Guanin in Position 6 wiedergefunden[4], in der COOH-Gruppe des Glycins verabreichtes ^{14}C wurde in das Guanin in Position 4 eingebaut[4]. Verabreichung von Glycin, das in beiden C-Atomen ^{14}C enthielt, ergab Guanin, in dem das ^{14}C in den Positionen 4 und 5 vorhanden war[4]. Nach Zufuhr von ^{14}C-Formiat traten die ^{14}C-Atome in den C-Atomen 2 und 8 des Guanins auf[4]. Die Analyse von Guanin, das nach Verabreichung von $H^{14}COOH$ aus den Nucleotiden von Rattenleber isoliert worden war, zeigte, daß das ^{14}C in annähernd gleicher Menge in die C-Atome 2 und 8 des Purinringes aufgenommen worden war[5,6]. Verabreichtes Glycin-^{15}N wurde beim Menschen in Position 7 der ausgeschiedenen Harnsäure nachgewiesen[7].

Formiat wurde in der Leber weniger leicht für die Synthese der Ribonucleinsäurepurine verwendet als im Darm, während exogenes Adenin in der Leber leichter in die Ribonucleinsäuren aufgenommen wird als im Darm[8]. Das Ausmaß, in dem die Leber Formiat für die Bildung von Purinen verwendet, ist abhängig vom Folsäuregehalt der Nahrung. Bei Folsäuremangel bauten Ratten weniger

[1] Burián, R., u. H. Schur: H. **23**, 55 (1897). — [2] Kollmann, G.: B. Z. **123**, 235 (1921). — [3] Barnes, F. W. jr., and R. Schoenheimer: J. biol. Ch. **151**, 123 (1943). — [4] Heinrich, M. R., and D. W. Wilson: J. biol. Ch. **186**, 447 (1950). — [5] Drysdale, G. R., G. W. E. Plaut and H. A. Lardy: J. biol. Ch. **193**, 533 (1951). — [6] Marsh, W. H.: J. biol. Ch. **190**, 633 (1951). — [7] Shemin, D., and D. Rittenberg: J. biol. Ch. **167**, 875 (1947). — [8] Drochmans, P., D. H. Marrian and G. B. Brown: Arch. Biochem. **39**, 310 (1952).

^{14}C aus Formiat in die Adenin- und Guaninreste ihrer Lebernucleinsäuren ein als Ratten, die einen Folsäureüberschuß erhalten hatten. Bei der Nucleinsäurebildung im Darmgewebe war eine derartige Abhängigkeit nicht nachweisbar[1].

Das (zuerst aus sulfonamid-vergifteten bzw. aminopterin-gehemmten Colibacillen isolierte[2]) 4-Amino-5-imidazolcarboxylamid kann nach Versuchen an Homogenaten von Taubenleber[3] an der intakten Taube, an tumortragenden Mäusen[4], an Ratten[5] und am Menschen[6] in Purine übergeführt werden. Wahrscheinlich ist jedoch nicht diese Substanz selbst, sondern ihr durch Folsäure leicht in Hypoxanthosinphosphat überführbares Ribonucleotid Vorstufe der Purinbildung[7]. Während bei der Harnsäuresynthese in der Vogelleber direkt Hypoxanthosin gebildet wird, können Hypoxanthin und Hypoxanthosin nicht für die Synthese der in den Nucleinsäuren enthaltenen Aminopurine verwendet werden, sind also nicht Zwischensubstanzen bei der Synthese des Adenins und des Guanins[8].

Die in den Nucleinsäuren enthaltenen Adeninreste können in den Nucleinsäuren in Guaninreste verwandelt werden. Die Ribonucleinsäuren enthalten nach ihrer Entstehung in den Zellkernen mehr Adenin und weniger Guanin als nach ihrem Übergang ins Cytoplasma (vgl. Tabelle 47, S. 315). Wird Ratten ^{15}N-Adenin verabreicht, so bilden sie Nucleinsäuren, die das ^{15}N sowohl in den Adeninresten als auch in den Guaninresten der Nucleotide enthalten[9]. Verabreichtes ^{15}N-Guanin selbst wurde dagegen nur in geringerem Ausmaß in Nucleinsäuren eingebaut[10], die Hauptmenge wird als Harnsäure ausgeschieden.

Ein Teil des Guanins der Nucleinsäuren wird direkt, also nicht über Adenin gebildet. Diese Synthese scheint in der Leber besonders rasch vor sich zu gehen. Nach Verabreichung von ^{15}N-Glycin oder $^{15}NH_3$ fand sich in den Guaninresten der Lebernucleinsäuren doppelt so viel ^{15}N wie in den Adeninresten[11]. Auch in Versuchen mit ^{14}C-markiertem CO_2, Glycin und Formiat werden die Guaninreste der Nucleinsäuren rascher gebildet als die Adeninreste[10]. Regenerierende Leber scheint die direkte Synthese des Guanins, der Darm die aus Adenin zu bevorzugen: Wurde partiell hepatektomierten Ratten ^{15}N-Glycin verabreicht und aus den Nucleinsäuren von Darm und regenerierender Leber Adenin und Guanin dargestellt, so enthielt aus *Darm* dargestelltes Guanin ^{15}N vor allem in der Aminogruppe, im Purinring fand sich weniger ^{15}N als in dem des Adenins. Guanin wird also langsamer gebildet als Adenin, das N-Atom der an C-2 gebundenen Aminogruppe aber rasch ausgetauscht. In der *regenerierenden Leber* wird hingegen die Aminogruppe des Guanins nur langsam erneuert, die Bildungsgeschwindigkeit des Guanins ist aber weit größer als im Darm[12].

3. Der Abbau der Purine und ihre Umwandlung in Harnsäure.

Beim Menschen und bei den Primaten, beim Dalmatinerhund, bei den Vögeln und Reptilien werden die in den Nucleinsäuren vorhandenen Purine in der Leber bis zu Harnsäure oxydiert und diese mit dem Harn ausgeschieden[13]. Die Lebern

[1] Drysdale, G. R., G. W. E. Plaut and H. A. Lardy: J. biol. Ch. **193**, 533 (1951). — [2] Stetten, M. R., and C. L. Fox jr.: J. biol. Ch. **161**, 333 (1945). — Shive, W., W. W. Ackermann, M. Gordon, M. E. Getzendaner and R. E. Eakin: Am. Soc. **69**, 725 (1947). — Woolley, D. W., and R. B. Pringle: Am. Soc. **72**, 634 (1950). — [3] Schulman, M. P., J. M. Buchanan and C. S. Miller: Fed. Proc. **9**, 225 (1950). — [4] Conzelman, G. M. jr., H. G. Mandel and P. K. Smith: J. biol. Ch. **201**, 329 (1953). — [5] Miller, C. S., S. Gurin and D. W. Wilson: Science, N. Y. **112**, 654 (1950). — [6] Seegmiller, J. E., L. Laster and D. Stetten jr.: J. biol. Ch. **216**, 653 (1955). — [7] Schulman, M. P., and J. M. Buchanan: Fed. Proc. **10**, 244 (1951). J. biol. Ch. **196**, 513 (1952). — Greenberg, G. R.: J. biol. Ch. **190**, 611 (1951). — [8] Brown, G. B.: Cold Spring Harbor Symp. quant. Biol. **13**, 43 (1948). — Getler, H., P. M. Roll, J. F. Tinker and G. B. Brown: J. biol. Ch. **178**, 259 (1949). — [9] Furst, S. S., P. M. Roll and G. B. Brown: J. biol. Ch. **183**, 251 (1950). — [10] Heinrich, M. R., and D. W. Wilson: J. biol. Ch. **186**, 447 (1950). — [11] Abrams, R.: Arch. Biochem. **33**, 436 (1951). — [12] Reichard, P.: J. biol. Ch. **179**, 773 (1949). — [13] Przylecki, S. J.: Arch. int. Physiol. **24**, 317 (1925).

der Säuger (mit Ausnahme der oben genannten) oxydieren die Harnsäure jedoch weiter bis zu Allantoin. Bei den Fischen wird das Allantoin noch weiter abgebaut. Einzelne Teleostier oxydieren das Allantoin zu Allantoinsäure, die Selachier hydrolysieren die Allantoinsäure zu Harnstoff und Glyoxylsäure. Auch bei den Amphibien, z. B. beim Frosch, ist nicht Harnsäure oder Allantoin, sondern Harnstoff das Endprodukt des Purinstoffwechsels[1]. Bei der Mehrzahl der Wirbeltiere ist die Harnsäure also nicht ein Endprodukt, sondern ein Zwischenprodukt des Purinstoffwechsels.

Obwohl auch andere Gewebe befähigt sind, das in den Nucleinsäuren enthaltene Adenin und Guanin in Harnsäure umzuwandeln, erfolgt der Abbau dieser Purine zu Harnsäure in weitaus größtem Ausmaß in der Leber. Wird Lebergewebe in Gegenwart von Sauerstoff der Autolyse überlassen, so entsteht Harnsäure[2]. Die Einzelfermente, die die Adenin- und Guaninreste der Nucleinsäuren und ihrer Spaltprodukte zunächst desaminieren und die so entstandenen Oxypurine in Harnsäure umwandeln, sind im Lebergewebe in relativ hoher Konzentration vorhanden.

a) Die Desaminierung von Adenin und Guanin. Freies Guanin wird durch eine aus Kaninchenleber dargestellte spezifische Guanase (p_H-Optimum 9,2) zu Xanthin desaminiert[3]. Die gleichen Fermentpräparate desaminierten auch Guanosin. Guanylsäure wird durch eine von der Guanase durch Adsorptionsmethoden abtrennbarer Guanylsäuredesaminase bei p_H 5,3 desaminiert. Mit der Desaminierung des Guanylrestes ist seine Abspaltung von der Pentose verbunden; es entsteht freies Xanthin.

Adenin kann von der Leber nur in gebundener Form, d. h. als Nucleosid oder Nucleotid, desaminiert werden. Eine Adenosindesaminase (p_H-Optimum 6,2) ist in der Kaninchenleber nachgewiesen worden, auch Breie aus Menschenleber desaminieren Adenosin[4]. Ähnlich wie bei Guanosin und Guanylsäure ist die Desaminierung des Adeninrestes mit seiner Abspaltung vom Pentosemolekül verknüpft[4]. Bei der Einwirkung von Leberbrei auf Nucleotide und Nucleoside verschiedener Art sammelt sich neben Harnsäure auch freies Xanthin an.

Auf das beim Abbau der Purinbasen intermediär entstehende, in Leberextrakten und insbesondere in handelsüblichen Leberkonzentraten aus Schweineleber enthaltene Xanthin wird ein Teil der Schutzwirkung zurückführt, die diese Leberextrakte bei Vergiftungen mit $CHCl_3$ oder CCl_4 haben. Außer Xanthin verringern auch Uracil sowie Guanin, Guanosin und Hypoxanthin die durch die Lebergifte verursachten Schäden. Harnsäure war unwirksam. In großen Dosen verabreichtes Adenin und Allantoin wirkten giftig[5] (vgl. a. [6]).

b) Die Oxydation von Hypoxanthin und Xanthin erfolgt durch die Xanthinoxydase[7] (vgl. Bd. 1, S. 1206). Bei den meisten Säugetieren findet sich dieses Enzym nur in der Leber, bei Rind und Ratte ist es auch in einigen anderen Organen vorhanden, beim Hund erfolgt die Harnsäurebildung scheinbar vor allem in Milz und Dünndarm. Bei der Taube entsteht die Harnsäure in der Leber synthetisch aus kleinen Bausteinen und in der Niere durch Oxydation von Purinen[8]. Beim Hühnerembryo wurde Xanthinoxydase in der Niere am 15. Tag, im Pankreas am 19. Tag und in der Leber am 21. Tag der Embryonalentwicklung nachweisbar[9].

[1] Przylecki, S. J.: Arch. int. Physiol. **24**, 317 (1925). — [2] Horbaczewski, J.: Mh. Chem. **10**, 624 (1889). — Spitzer, W.: Pflügers Arch. **76**, 192 (1899). — [3] Schmidt, G.: H. **208**, 185 (1932). — [4] Thannhauser, S. J., u. B. Ottenstein: H. **114**, 17 (1921). — [5] Neale, R. C., and H. C. Winter: J. Pharmacol. exp. Therap. **62**, 127 (1938). — Forbes, J. C.: J. Pharmacol. exp. Therap. **65**, 287 (1939). — [6] Barrett, H. M., D. L. MacLean and E. W. McHenry: J. Pharmacol. exp. Therap. **64**, 131 (1938). — Fitzhugh, O. G.: Proc. Soc. exp. Biol. Med. **40**, 11 (1939). — Miller, L. L., and G. H. Whipple: Amer. J. med. Sci. **199**, 204 (1940). — [7] Burian, R.: H. **43**, 497 (1904/05). — [8] Morgan, E. J.: Biochem. J. **20**, 1282 (1926). — [9] Morgan, E. J.: Biochem. J. **24**, 410 (1930).

In der fetalen menschlichen Leber konnte die Xanthinoxydase von der 12. Schwangerschaftswoche an nachgewiesen werden[1].

Da die Xanthinoxydase ein Flavinferment ist, ist die Harnsäurebildung in der Leber von einer ausreichenden Riboflavinzufuhr abhängig. Mangel an Riboflavin[2], aber auch proteinfreie Ernährung[3-6] sowie Hunger[7] setzen die Aktivität der Xanthinoxydase in der Rattenleber herab. Folsäuremangel vermindert beim Huhn die Aktivität der Xanthinoxydase in der Leber[8], nicht aber bei der Ratte[9]. In vitro ist in der Rattenleber die Aktivität der Leberuricase viel stärker als die der Xanthinoxydase; nicht die Uricase, sondern die Xanthinoxydase ist also begrenzender Faktor bei der Allantoinbildung[4]. Andererseits schieden aber

Tabelle 52. Die Xanthinoxydaseaktivität der Leber und anderer Organe bei verschiedenen Tierarten[10].

	Mensch	Affe	Rind	Schaf	Ziege	Schwein	Hund	Katze	Kaninchen	Ratte	Opossum	Igel	Taube	Huhn
Leber	+	+	+	+	+	+	−	+	+	+	+	−	−	+
Niere	−	−	±	−	−	−	−	−	−	+	+	−	+	+
Milz	−	−	+	−	−	−	+	−	−	+	−	−		−
Herz		−		−	−		−	−	−			−	−	−
Muskel	−	−	−	−	−	−	−	−	−	−	−	−	−	−
Lunge	−	−	+	−	−	−	+	+	−	+	−	−	−	−
Pankreas	−	−	−	−	−	−	−	+	−			−	+	−
Thymus			−	−	−		−	−	−			−		
Magen		−		−	−	−	−	−	−			−	−	−
Dünndarm	+	−	+	--	−	−	+	+	+		−	+	−	−
Dickdarm		−		−	−		−	−	−			−	−	−
Milchdrüse (aktiv)												+		

Ratten, bei denen der Xanthinoxydasegehalt der Leber durch proteinarme Ernährung verringert worden war, normale Mengen von Harnsäure und Allantoin aus[11]. Bei Methioninmangel wurde der Gehalt der Leber an Xanthinoxydase besonders stark vermindert[12], Mangel an Tryptophan hatte nur geringe Wirkung[13]. Eine Kostform, die nur 6% Protein enthielt, senkte bei Ratten den Gehalt der Leber an Xanthinoxydase auf 1,2% des bei proteinreicher Kost beobachteten Wertes[4].

Es scheint jedoch, daß Harnsäure und Allantoin beim Säugetier nicht die einzigen Endprodukte des Xanthinabbaues darstellen. Bilanzversuche bei Ratten ergaben, daß weniger als die Hälfte injizierten Xanthins im Harn als Allantoin, Harnsäure oder Xanthin ausgeschieden wurde[4].

---

1 Truszkowski, R.: Biochem. J. **24**, 1681 (1930). — 2 Axelrod, A. E., and C. A. Elvehjem: J. biol. Ch. **140**, 725 (1941). — 3 McQuarrie, E. B., and A. T. Venosa: Science, N. Y. **101**, 493 (1945). — 4 Williams, J. N. jr., P. Feigelson and C. A. Elvehjem: J. biol. Ch. **185**, 887 (1950). — 5 Williams, J. N. jr., and C. A. Elvehjem: J. biol. Ch. **181**, 559 (1949). — Litwack, G., J. N. Williams jr., P. Feigelson and C. A. Elvehjem: J. biol. Ch. **187**, 605 (1950). — Litwack, G., J. N. Williams jr., L. Chen and C. A. Elvehjem: J. Nutrit. **47**, 299 (1952). — 6 Miller, L. L.: J. biol. Ch. **186**, 253 (1950). — 7 Miller, L. L.: J. biol. Ch. **172**, 113 (1948). — 8 Keith, C. K., W. J. Broach, D. Warren, P. L. Day and J. R. Totter: J. biol. Ch. **176**, 1095 (1948). — 9 Westerfeld, W. W., and D. A. Richert: J. biol. Ch. **184**, 163 (1950). — 10 Morgan, E. J.: Biochem. J. **20**, 1282 (1926). — 11 Bass, A. D., J. Tepperman, D. A. Richert and W. W. Westerfeld: Proc. Soc. exp. Biol. Med. **73**, 687 (1950). — 12 Williams, J. N. jr., A. E. Denton and C. A. Elvehjem: Proc. Soc. exp. Biol. Med. **72**, 386 (1949). — 13 Williams, J. N. jr., and C. A. Elvehjem: J. biol. Ch. **183**, 539 (1949).

Die Xanthinoxydase der Hühnerleber hat den Charakter einer Dehydrogenase und wirkt in Gegenwart eines Wasserstoffacceptors auch unter anaeroben Bedingungen[1,2]. Leberschnitte proteinfrei ernährter Ratten synthetisieren Xanthinoxydase in vitro, wenn sie mit glucosehaltigem Serum unter aeroben Bedingungen bebrütet werden[3]. Die Menge des freien Riboflavins nimmt dabei in den Leberzellen ab. Zusatz von Glycin, Methionin, Riboflavin oder Hydrogencarbonat hat eine gesteigerte Bildung der Xanthinoxydase in den Leberschnitten proteinfrei ernährter Ratten zur Folge. Leberschnitte von Ratten, die bei folsäurefreier Ernährung mit Aminopterin behandelt worden waren, enthielten nur geringe Mengen von Xanthinoxydase, bildeten dieses Ferment jedoch rasch in vitro bei Zusatz eines Serums, das mit Glucose, Methionin, Glycin und Riboflavin angereichert worden war[3].

4. Die Harnsäuresynthese in der Leber von Vögeln und Reptilien.

Ähnlich wie die Säugetierleber aus dem bei der Desaminierung der Aminosäuren entstandenen NH_3 Harnstoff bildet, entsteht bei der Entgiftung von NH_3 in der Leber der Vögel und Reptilien Harnsäure (s. a. Bd. 2/1, S. 1181), die auf dem Blutwege zur Niere geschafft und mit dem Harn ausgeschieden wird. Im Organismus der Vögel und der Reptilien entsteht die Harnsäure also auf 2 verschiedenen Wegen, ein Teil wird, ähnlich wie beim Menschen, aus den Purinen der Nucleinsäuren gebildet, ein anderer, quantitativ viel bedeutenderer, entsteht in der Leber synthetisch als Endprodukt des Aminosäure- und Proteinstoffwechsels.

Daß die Synthese der von den Vögeln ausgeschiedenen Harnsäure im wesentlichen in der Leber erfolgt, ist zuerst von MINKOWSKI an entleberten Gänsen gezeigt worden. Die Harnsäureausscheidung, die normalerweise 60—70% des ausgeschiedenen Gesamt-N beträgt, sank nach der Hepatektomie auf 6—7% des Gesamt-N ab[4]. Mit NH_4-Salzen durchströmte Vogellebern gaben Harnsäure an die Durchströmungsflüssigkeit ab[5-7]. Ebenso wie die in situ befindliche Leber von Huhn und Gans NH_4-Salze in Harnsäure verwandeln kann[8], so bilden auch überlebende Schnitte von Hühnerleber, wenn sie in NH_4-haltigen Salzlösungen suspendiert werden, große Mengen von Harnsäure[9]. Auch die Stickstoffatome von Aminosäuren werden von der Vogelleber für die Harnsäuresynthese verwendet, aus Harnstoff bildet die Leber (mangels Urease) jedoch meist keine Harnsäure[7,8,10]. Zufuhr N-freier Nahrungsstoffe blieb ohne Einfluß auf die Harnsäuresynthese in der Leber normal ernährter Hühner. In der Leber hungernder Hühner wurde die Harnsäuresynthese aus NH_3 durch Zusatz von Glucose, Lactat oder Pyruvat auf ein Mehrfaches des Ausgangswertes beschleunigt, Tartronsäure, Mesoxalsäure und Malonsäure erwiesen sich hingegen als unwirksam[9]. Blockade des Reticuloendothels durch Injektion von Tusche hemmte beim Kapaun die Harnsäuresynthese[11].

Im Mechanismus der Harnsäuresynthese bestehen jedoch zwischen verschiedenen Vogelarten erhebliche Unterschiede. Während Leber und Niere vom Huhn, jedes Organ für sich, die Harnsäuresynthese vollständig durchzuführen vermag, ist bei der Taube für sie das Zusammenwirken von Leber und Niere

[1] RICHERT, D. A., and W. W. WESTERFELD: Proc. Soc. exp. Biol. Med. **76**, 252 (1951). — [2] REMY, C., and W. W. WESTERFELD: J. biol. Ch. **193**, 659 (1951). — [3] DHUNGAT, S. B., and A. SREENIVASAN: J. biol. Ch. **197**, 831 (1952). — [4] MINKOWSKI, O.: A. e. P. P. **21**, 41 (1886); **31**, 214 (1893). — [5] KOWALEWSKI, K., u. H. SALASKIN: H. **33**, 210 (1901). — [6] IZAR, G.: H. **65**, 78 (1910); **73**, 317 (1911). — [7] RUSSO, G.: Arch. Fisiol. **33**, 124 (1933). Arch. Sci. biol., Bologna **19**, 384 (1934). — [8] CLEMENTI, A.: Arch. Sci. biol., Bologna **14**, 451 (1930). — [9] BENZINGER, T., u. H. A. KREBS: Kli. Wo. **1933 II**, 1206. — [10] CUSCUNÀ, C.: Arch. Fisiol. **33**, 402 (1934). — [11] CHROMETZKA, (F.), u. (P.) GOTTLEBE: Kli. Wo. **1935 I**, 457.

erforderlich. Schnitte von Taubenleber bilden nur dann Harnsäure, wenn ihnen Nierenschnitte (die für sich allein keine Harnsäure bilden können) zugefügt werden[1]. Werden Schnitte von Taubenleber mit isotonischer NaCl-Lösung geschüttelt, die Lösung sodann abfiltriert und zu Nierenschnitten zugesetzt, so entsteht Harnsäure, nicht aber wenn die Lösung zuerst mit Nierenschnitten und dann erst mit den Leberschnitten in Kontakt ist[1]. Die Vorstufe, die von der Taubenleber gebildet und von der Taubenniere in Harnsäure umgewandelt wird, ist Hypoxanthin[2,3]; bei der Oxydation zu Harnsäure werden 2 Atome O verbraucht[4]. Die Lebern von Huhn, Gans und Ente enthalten Xanthinoxydase und können das Hypoxanthin daher zu Harnsäure oxydieren, die Taubenleber hingegen, die dieses Ferment nicht enthält, bildet nur Hypoxanthin, das extrahepatisch, und zwar vor allem durch die in Niere und Pankreas dieser Tiere enthaltene Xanthinoxydase in Harnsäure verwandelt wird. Auch wenn aus Milch dargestellte Xanthinoxydase zu Taubenleberschnitten hinzugefügt wurde, entstand Harnsäure[2].

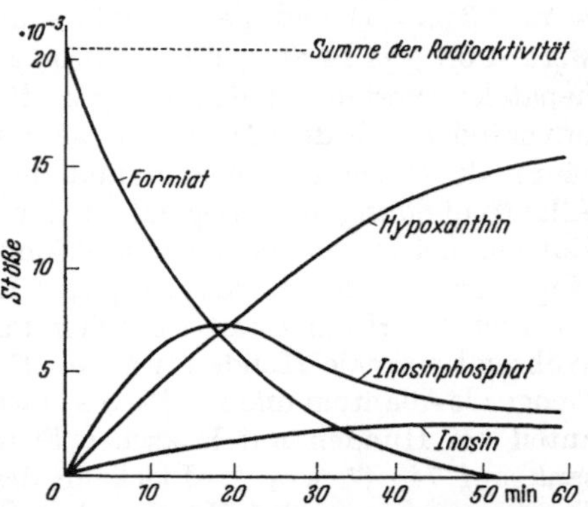

Abb. 43. Zeitlicher Verlauf des Auftretens radioaktiver Zwischensubstanzen bei der Bildung von Hypoxanthin aus ^{14}C-Formiat im Homogenat aus Taubenleber[9]. Die in Form von ^{14}C-Formiat vorhandene Radioaktivität nimmt in dem Ausmaß, in dem das Formiat für die Purinsynthese verwendet wird, ab. Der ^{14}C geht, wie aus dem Kurvenverlauf ersichtlich, zuerst in Inosinphosphat über, das dann erst sekundär in Hypoxanthin zerlegt wird.

Die Ausgangssubstanzen, aus denen die Vogelleber Hypoxanthin bildet, sind durch Isotopenversuche identifiziert worden (s. Bd. 2/1, S. 1220). Die C-Atome 2 und 8 des Purinringes stammen aus Formiat, jedoch nicht aus Acetat[5]. Das C-Atom[6] wird von CO_2 geliefert, während in die Positionen 1,3 und 9 N-Atome aus NH_3-Molekülen eingebaut werden[6], die ihrer Hauptmenge nach aus in der Leber desaminierten Aminosäuren stammen. Glycin liefert die C-Atome 4 und 5 und das N-Atom in Position 7 s. [7,8]. Zusatz von Glycin und Formiat steigert die Hypoxanthinbildung in Extrakten aus Taubenleber[8].

Bei der Bebrütung von Homogenaten aus Taubenleber, denen ^{14}C-Formiat zugesetzt worden war, ging das radioaktive ^{14}C zuerst in die Inosinsäure (= Hypoxanthosinphosphat) und dann erst in Hypoxanthin über. Inosinsäure und wahrscheinlich Inosin (Hypoxanthosin) sind also Zwischenprodukte bei der Bildung von Hypoxanthin aus kleinen Molekülen[9] (vgl. S. 333).

Die in der Leber der Vögel in großem Maßstab ablaufende Harnsäuresynthese hat zur Folge, daß die Vogelleber weit größere Mengen von Glycin verbraucht und neubildet als die Leber von Säugetieren. Die Nahrungsproteine, die die Vögel aufnehmen, enthalten meist nur wenige Prozente Glycin. Da von den 4 N-Atomen der Harnsäure eines aus dem Glycin stammt, muß die Vogelleber 25% des in den Nahrungsproteinen enthaltenen Stickstoffs für die Neubildung von Glycin verwenden, um die übrigen 75% mit dem Harn ausscheiden zu können. Den großen

[1] Schuler, W., u. W. Reindel: H. **221**, 209, 232 (1933); **234**, 63 (1935). — [2] Edson, N. L., H. A. Krebs and A. Model: Biochem. J. **30**, 1380 (1936). — [3] Greenberg, G. R.: Arch. Biochem. **19**, 337 (1948). — [4] Örström, Å., M. Örström and H. A. Krebs: Biochem. J. **33**, 990 (1939). — [5] Schulman, M. P., J. C. Sonne and J. M. Buchanan: J. biol. Ch. **196**, 499 (1952). — [6] Lagerkvist, U.: Ark. Kemi **5**, 569 (1953). — [7] Buchanan, J. M., J. C. Sonne and A. M. Delluva: J. biol. Ch. **173**, 81 (1948). — Sonne, J. C., J. M. Buchanan and A. M. Delluva: J. biol. Ch. **173**, 69 (1948). — Karlsson, J. L., and H. A. Barker: J. biol. Ch. **177**, 597 (1949). — [8] Schulman, M. P., J. M. Buchanan and C. S. Miller: Fed. Proc. **9**, 225 (1950). — [9] Greenberg, G. R.: J. biol. Ch. **190**, 611 (1951).

Verlusten an Glycin, die Vögel und Reptilien durch die Bildung der Harnsäure erleiden, steht der Vorteil gegenüber, daß Harnsäure als schwerlösliche Substanz in fester Form und ohne osmotische Arbeitsleistung ausgeschieden wird. Während harnstoffbildende Tiere den Harnstoff in gelöster Form ausscheiden und dadurch zwangsläufig Wasser verlieren, bilden die Vögel festen bzw. breiigen Harn.

5. Die Bildung von Allantoin.

Der Abbau der Harnsäure zu Allantoin erfolgt bei den Säugetieren zum größten Teil in der Leber. Entleberte Hunde scheiden kein Allantoin aus. Nach Hepatektomie steigt der Harnsäurespiegel beim Hund daher auf 7—9 mg-% (Normalwert $<$3 mg-%) und die Harnsäureausscheidung auf 1—1,5 g je 24 Std (Normalwert $<$0,1 g je 24 Std), die Allantoinausscheidung fällt gleichzeitig ab[1]. Wurde hepatektomierten Hunden 50 mg/kg Harnsäure injiziert, so schieden sie 50—90% unverändert mit dem Harn aus, während normale Hunde nur 5—30% der Harnsäure als solche ausscheiden und den Rest zu Allantoin abbauen[2]. Daß die Allantoinbildung überwiegend in der Leber erfolgt, zeigten auch Versuche an Ratten, bei denen nach Nephrektomie der Allantoinspiegel, nach zusätzlicher Hepatektomie der Harnsäurespiegel des Blutes anstieg[3].

Auch bei Hunden mit Eckscher Fistel ist die Allantoinbildung verringert[4,5]. Während normale Hunde etwa 94—97% der über Harnsäure abgebauten Purinmenge als Allantoin und 2—4% als Harnsäure[6,7] ausscheiden, stieg der Harnsäureanteil bei Hunden mit Eckscher Fistel auf 12—25%, und der Allantoinanteil sank auf 74—87% ab[6]. Blockade des Reticuloendothels durch Injektion von Tusche verringerte bei Hunden den Quotienten Allantoin:Harnsäure im Harn, der in den Kontrollen 20:1 betrug, auf 2:1 s. [8]. Dagegen schieden Hunde mit umgekehrter Eckscher Fistel, bei denen also die Durchblutung der Leber gesteigert war, zwar große Mengen von Allantoin, oft aber überhaupt keine Harnsäure aus, und Injektion von Harnsäure führte bei derartigen Hunden nicht zu vermehrter Harnsäureausscheidung[5]. Auch bei der Durchströmung der Leber (Kaninchen, Hund, Schwein) mit Blut und Salzlösungen wurde zugesetzte Harnsäure in hohem Prozentsatz in Allantoin umgewandelt[9]. Nach Injektion von Harnsäure ins Blut war im Blut der Lebervene, nicht aber in dem aus anderen Organen kommenden venösen Blut, eine Abnahme des Harnsäuregehalts nachweisbar[10].

Zerkleinerte Pferdeleber bildet in Gegenwart von O_2 aus den Purinbasen der Nucleinsäuren Allantoin. Harnsäurezusatz steigert die Allantoinmenge entsprechend der zugesetzten Menge an[11]. Beim Rind können neben der Leber[12,13] nur Niere und Muskel[12], nicht aber Darm, Milz und Lunge[14] aus Harnsäure Allantoin bilden, beim Schwein und Kaninchen scheint außer der Leber kein anderes Organ Uricase zu enthalten[15]. Die Uricase, die aus Schweineleber[16] bzw. Schweineleber-Mitochondrien[17] in gereinigter Form dargestellt worden ist,

---

[1] Bollman, J. L., F. C. Mann and T. B. Magath: Amer. J. Physiol. **72**, 629 (1925). — [2] Bollman, J. L., and F. C. Mann: Amer. J. Physiol. **104**, 242 (1933). — [3] Byers, S. O., M. Friedman and M. M. Garfield: Amer. J. Physiol. **150**, 677 (1947). — [4] Hahn, M., O. Massen, M. Nencki u. J. Pawlow: A. e. P. P. **32**, 161 (1893). — [5] Fischler, F.: Physiologie und Pathologie der Leber. S. 166. Berlin 1925. — [6] Abderhalden, E., E. S. London u. A. Schittenhelm: H. **61**, 413 (1909). — [7] Salkowski, E.: B. **9**, 719 (1876); **11**, 500 (1878). — Minkowski, O.: A. e. P. P. **41**, 375 (1898). — [8] Chrometzka, F., u. H. Kühl: Z. ges. exp. Med. **95**, 140 (1935). — [9] Schittenhelm, A., u. F. Chrometzka: H. **162**, 188 (1927). — [10] Rabinowitsch, S. J.: Pflügers Arch. **219**, 402 (1928). — [11] Fosse, R., A. Brunel et P. de Graeve: Cr. **190**, 79 (1930). — [12] Ascoli, G.: Pflügers Arch. **72**, 340 (1898). — [13] Wiener, A.: A. e. P. P. **42**, 375 (1899). — [14] Schittenhelm, A.: H. **45**, 161 (1905). — [15] Schittenhelm, A.: H. **45**, 121 (1905). — [16] Robbins, K. C., E. L. Barnett and N. H. Grant: J. biol. Ch. **216**, 27 (1955). — [17] Mahler, H. R., G. Hübscher and H. Baum: J. biol. Ch. **216**, 625 (1955).

enthält etwa 0,05% Cu (s. [1]). Bei der Ratte fanden sich 75% der Uricaseaktivität der Leber in der Fraktion der großen Granula, kleine Mengen waren in Zellkern und Mikrosomen enthalten[2].

Da die Leber beim Hund keine Xanthinoxydase enthält und die Harnsäurebildung bei dieser Tierart vor allem in Dünndarm und Milz erfolgt (vgl. Tabelle 52, S. 335), ist die Harnsäurebildung beim hepatektomierten Hund nicht gestört; der Abbau der Harnsäure zu Allantoin wird aber durch die Hepatektomie unterbrochen. Der Purinabbau erfolgt beim Hund durch eine Art Arbeitsteilung zwischen Leber und Niere, beim Abbau der Nucleinsäuren werden die Aminopurine in der Leber in Oxypurine verwandelt und dabei freigesetzt; die freien Oxypurine werden in der Niere zu Harnsäure oxydiert, die Harnsäure jedoch nicht ausgeschieden, sondern mit dem Blut zur Leber gebracht, die ihre Umwandlung in Allantoin durchführt und dieses zur Ausscheidung an die Niere abgibt.

Im Gegensatz zum Säugetier, baut der Mensch die Harnsäure nicht zu Allantoin ab: subcutan injizierte Harnsäure wurde größtenteils als solche ausgeschieden[3]; im Anschluß an Harnsäureinjektionen wurde beim Menschen nie eine gesteigerte Allantoinausscheidung beobachtet[4]. Dies ist nicht auf einen Abbau eventuell entstandenen Allantoins zurückzuführen, denn injiziertes Allantoin konnte zu 74% aus dem Harn wiedergewonnen werden.

Daß der Mensch Harnsäure nicht zu Allantoin abbaut, ist auf das Fehlen der Uricase in der menschlichen Leber und Niere zurückzuführen[3]. In der Leber des erwachsenen und des neugeborenen Menschen und in den Lebern von menschlichen Embryonen (12.—40. Schwangerschaftswoche) konnte keine Uricase nachgewiesen werden[4]. Dagegen enthält die Leber des Dalmatinerhundes eine stark wirksame Uricase[5]; die Ursache, warum diese Hunde trotzdem Harnsäure und nur wenig Allantoin ausscheiden, ist unbekannt (s. a. Bd. 2/1, S. 1213).

Auch beim Menschen ist die Harnsäure nicht das einzige Endprodukt des Purinabbaues. Intravenös injizierte Harnsäure wurde beim Menschen nicht quantitativ im Harn wiedergefunden[3]; ein relativ großer Teil des als Urat injizierten ^{15}N wurde in anderen Substanzen, vor allem in Form von Harnstoff ausgeschieden[6]. Drei gesunde Versuchspersonen, denen ^{15}N-markierte Harnsäure injiziert worden war, schieden nur 68—77% der injizierten Dosis als Harnsäure aus[7]. Auf Grund der bei Injektion von ^{15}N-Harnsäure eingetretenen Isotopenverdünnung wird geschätzt, daß der Mensch nur etwa 79% der umgesetzten endogenen Harnsäure als solche ausscheidet und den Rest abbaut[6]. Es ist jedoch möglich, daß die Harnstoffbildung aus Harnsäure beim Menschen in der Weise zustande kommt, daß ein Teil der intravenös injizierten Harnsäure mit der Galle ausgeschieden[8], im Darm durch Bakterien abgebaut und das rückresorbierte NH_3 von der Leber in Harnstoff umgewandelt wird. Per os aufgenommene Harnsäure wurde vom Menschen zu mehr als 90% in Harnstoff verwandelt[9].

Während normaler menschlicher Harn nur sehr geringe (vielleicht aus der Nahrung stammende) Mengen von Allantoin enthält, wurden bei Diabetes insipidus und anderen Hypophysenerkrankungen erhebliche Allantoinmengen im

[1] Mahler, H. R., G. Hübscher and H. Baum: J. biol. Ch. **216**, 625 (1955). — [2] Schein, A. H., E. Podber and A. B. Novikoff: J. biol. Ch. **190**, 331 (1951). — [3] Wiechowski, W.: A. e. P. P. **60**, 185 (1909). — Folin, O., H. Berglund and C. Derick: J. biol. Ch. **60**, 361 (1924). — [4] Truszkowski, R.: Biochem. J. **24**, 1681 (1930). — [5] Trimble, H. C., and C. E. Keller: J. Heredity **29**, 281 (1938). — Klemperer, F. W., H. C. Trimble and A. B. Hastings: J. biol. Ch. **125**, 445 (1938). — [6] Benedict, J. D., P. H. Forsham and D. Stetten jr.: J. biol. Ch. **181**, 183 (1949). — [7] Buzard, J., C. Bishop and J. H. Talbott: J. biol. Ch. **196**, 179 (1952). — [8] Lucke, H.: Z. ges. exp. Med. **76**, 188 (1931). — [9] Geren, W., A. Bendich, O. Bodansky and G. B. Brown: J. biol. Ch. **183**, 21 (1950).

menschlichen Harn gefunden[1, 2]. Auch durch gesteigerte Wasseraufnahme oder Diuretica verursachte Polyurien waren, wie einzelne Beobachtungen ergaben, von einer gesteigerten Allantoinausscheidung begleitet[1] (vgl. a. [2]).

Die Uricolyse besteht aus mindestens 2 verschiedenen Vorgängen, von denen der erste die Oxydation des C-Atoms 6 zu einer COOH-Gruppe und der andere die Abspaltung von CO_2 aus dieser COOH-Gruppe in sich schließt. Die O_2-Bindung geht der CO_2-Abspaltung somit voraus, und da die oxydative Phase in Schweinelebern bereits bei p_H 8,9 ein Optimum zeigt, während die CO_2-Abspaltung bei p_H 9,9 optimal ist, lassen sich die beiden Vorgänge teilweise voneinander trennen[3].

6. Der Abbau von Allantoin.

Harnstoff als Endprodukt des Purinstoffwechsels. Während die Hauptmenge der Purine beim Menschen und Säugetier in Form von Harnsäure und Allantoin ausgeschieden wird, hydrolysieren die Kaltblüter das Allantoin mit Hilfe der *Allantoinase* zu Allantoinsäure. Bei Amphibien und bei einem Teil der Fische wird die Allantoinsäure durch ein anderes Enzym *(Allantoicase)* noch weiter hydrolysiert, wobei schließlich Glyoxylsäure und 2 Moleküle Harnstoff entstehen.

$$\begin{array}{ccc}
\begin{matrix} NH_2 & CO{-}NH \\ | & | \quad | \\ CO & | \quad CO \\ | & | \quad | \\ NH{-} & CH{-}NH \end{matrix}
& \xrightarrow[+\,H_2O]{\text{Allantoinase}} &
\begin{matrix} NH_2 & & NH_2 \\ | & & | \\ CO & COOH & CO \\ | & | & | \\ NH{-} & CH & {-}NH \end{matrix}
\xrightarrow[+\,H_2O]{\text{Allantoicase}}
\begin{matrix} NH_2 & & NH_2 \\ | & & | \\ CO & COOH & CO \\ | & | & | \\ NH_2 & CHO & NH_2 \end{matrix} \\
\text{Allantoin} & & \text{Allantoinsäure} \qquad\qquad \text{Glyoxylsäure} \\
 & & \qquad\qquad\qquad\qquad + \text{ 2 Mol Harnstoff}
\end{array}$$

Die Allantoicase, die die Aufspaltung der Allantoinsäure zu Glyoxylsäure und Harnstoff katalysiert, konnte aus der Leber der Stachelroche (Raja clavata) durch Fällung des wäßrigen Extrakts mit Alkohol gewonnen werden, sie wirkt bei 39° und bei p_H 7 optimal. Außer Allantoin wird von dem Ferment auch mit Äthylalkohol veresterte oder an der Aminogruppe methylierte Allantoinsäure hydrolysiert[4]. Die durch die Wirkung der Allantoicase entstehende Glyoxylsäure ist in vitro als Spaltprodukt des Allantoins nachgewiesen worden, in vivo unterliegt sie weiterer Umsetzung.

Bei den Amphibien ist der Harnsäureabbau bei verschiedenen Salamanderarten (Triton palmatus, T. vulgaris, T. marmoratus, T. cristatus), bei Kröten (Bufo vulgaris, B. calamita) und bei Fröschen (Rana esculenta, R. temporaria, R. agilis) untersucht worden. Die Lebern aller dieser Tiere enthalten Uricase, Allantoinase und Allantoicase und scheiden den Stickstoff der abgebauten Purine als Harnstoff aus[5].

Die Knorpelfische (Selachier), deren Blut und Gewebe große Mengen von Harnstoff enthält, bilden diesen Harnstoff auf 2 verschiedenen Wegen: a) mit Hilfe einer in ihrer Leber enthaltenen Arginase, b) durch den Abbau von Purinen über Harnsäure und Allantoin.

Bei den Knochenfischen (Teleostiern) sind im Abbau der Harnsäure große Artverschiedenheiten vorhanden. Bei *Salmoniden* (z.B. die Forelle, Salmo fario), *Pleuronectiden* (Steinbutt, Rhombus maximus, Rhombus laevis; Scholle, Pleuronectes platessa, Pleuronectes limanda; Seezunge, Solea vulgaris), *Barben* (rote

---

[1] Kayser, C., et A. Establier y Costa: Ann. Physiol. Physico-chim. biol. **5**, 370 (1929). — [2] Chrometzka, F., u. E. Schnoor: Z. ges. exp. Med. **80**, 278 (1931). — [3] Felix, K., F. Scheel u. W. Schuler: H. **180**, 90 (1929). — [4] Brunel, A.: Bull. Soc. Chim. biol. **19**, 805 (1937). — [5] Brunel, A.: Bull. Soc. Chim. biol. **19**, 1683 (1937).

Seebarbe, Mullus barbatus), *Zeiden* (Petersfisch, Zeus faber), *Aalen* (Aal, Anguilla vulgaris; Meeraal, Conger vulgaris) ist in der Leber Uricase und Allantoinase nachgewiesen worden, während die Allantoicase fehlt. Die *Cypriniden* (Karpfen, Cyprinus carpio; Weißfisch, Leuciscus rutilus, Leuciscus erythrophtalmus, der Pfeilkarpfen, Leuciscus vulgaris), von den *Esociden* der Hecht (Esox lucius), von den *Scombriden* die Makrele (Scomber scombrus) bauen dagegen die Harnsäure bis zu Harnstoff ab. Innerhalb der Familie der *Gadiden* haben einzelne (z.B. der Seehecht, Merlucius vulgaris) die Fähigkeit Allantoinsäure zu spalten, andere (wie der Schellfisch, Gadius eglefinus und der Merlan, Merlangus vulgaris) scheiden Allantoinsäure aus[1].

In geringerem Ausmaß scheint aber auch beim Säugetier ein Abbau der Harnsäure zu Harnstoff und Glyoxylsäure möglich zu sein. Wurde narkotisierten Kaninchen zusammen mit einer glucosehaltigen physiologischen Salzlösung auch Harnsäure oder Allantoin injiziert, so stieg der (vorher sehr geringe) Gehalt des Harns an Allantoinsäure an, ein Teil des in Form von Harnsäure oder Allantoin zugeführten Stickstoffs erschien im Harn jedoch als Harnstoff[2].

Eine Übersicht über die Hauptprodukte des Abbaues von Purinen und Proteinen bei den verschiedenen Wirbeltierklassen gibt die folgende Tabelle.

Tabelle 53. Die wichtigsten Endprodukte des N-Stoffwechsels bei verschiedenen Tierklassen.

	Sauropsiden (Vögel, Reptilien)	Mensch und Menschenaffen	Übrige Säugetiere	Amphibien, Fische
Wichtigstes Endprodukt				
des Purinabbaues . . .	Harnsäure	Harnsäure	Allantoin	Harnstoff*
des Proteinabbaues . . .	Harnsäure	Harnstoff	Harnstoff	Harnstoff

* Bei einigen Teleostiern auch Allantoinsäure, s. o.

7. Bildung und Abbau der Pyrimidine im Leberstoffwechsel.

a) Die Entstehung der Pyrimidine in den Leberzellen. Daß die Bildung der Pyrimidinbasen der Nucleinsäuren in erheblichem Ausmaß in der Leber lokalisiert ist, geht aus dem Verhalten radioaktiver Orotsäure hervor[3] (s.a. Bd. 2/1, S. 1193, 1227), die das wichtigste bekannte Zwischenprodukt in der Biosynthese der Pyrimidine darstellt. 2 Std nach ihrer Injektion waren 35% der als Orotsäure injizierten ^{14}C-Atome in der Leber, vor allem in Form von Uridinphosphat, nachweisbar[4].

Daß die Bildung der Pyrimidine relativ rasch, oft sogar rascher erfolgt als die Purinsynthese, zeigen auch Versuche, in denen ^{15}N-haltiges NH_4-Citrat an Tauben oder Ratten verfüttert wurde: Der relative Isotopengehalt der aus den inneren Organen dargestellten Pyrimidine war erheblich höher als der des Guanins und des Allantoins[5]. Die Bildung der Pyrimidine verläuft völlig getrennt von der Purinsynthese: Pyrimidine werden nicht aus Purinen gebildet und sind auch keine direkte Vorstufe der Purinbildung. Wurde partiell hepatektomierten Ratten ^{15}N-Thymidin injiziert, so wurden große Mengen von ^{15}N in den Thyminresten der Leber-Desoxyribonucleinsäuren wiedergefunden, kleinere Mengen fanden sich in den Cytosinresten der Ribonucleinsäuren und Desoxyribonucleinsäuren und

---

[1] Brunel, A.: Bull. Soc. Chim. biol. **19**, 1027 (1937). — [2] Mourot, G.: Cr. **207**, 407 (1938). — [3] Hurlbert, R. B., and V. R. Potter: J. biol. Ch. **195**, 257 (1952). — [4] Hurlbert, R. B., and V. R. Potter: J. biol. Ch. **209**, 1 (1954). — [5] Barnes, F. W. jr., and R. Schoenheimer: J. biol. Ch. **151**, 123 (1943).

in den Uracilresten der Ribonucleinsäuren, während die Adenyl- und Guanylreste beider Nucleinsäurefraktionen nur insignifikante Mengen des Isotops enthielten[1]. Auch nach Verabreichung von ^{15}N-Uridin und ^{15}N-Cytidin wurde in den Purinbasen der Ribonucleinsäuren kein ^{15}N gefunden, nur in den Adeninresten der Desoxynucleinsäuren fanden sich kleinere Mengen von ^{15}N (s.[2]).

Ebenso wie die Purine werden auch die Pyrimidine aus kleinen Molekülen gebildet[3]. ^{15}N aus $^{15}NH_3$ wird von Ratten in Position 1 in die Pyrimidine eingebaut[4]. Die C-Atome 2 und 4 können nach Versuchen mit ^{14}C-Hydrogencarbonat an Ratten[5,6] von CO_2 geliefert werden. Das α- und in geringem Grade auch das γ-C-Atom der Asparaginsäure, in geringerem Grade auch das C-Atom ihres

Tabelle 54. Aufnahme von ^{15}N aus den Ribosiden und Desoxyribosiden von ^{15}N-Pyrimidinen in die Ribonucleinsäuren und Desoxyribonucleinsäuren. Die Substanzen wurden Ratten durch wiederholte subcutane Injektionen verabreicht, die Tiere 12 Std nach der letzten Injektion getötet und der ^{15}N-Gehalt der Nucleinsäurebausteine bestimmt. Alle Werte sind ausgedrückt in % der ^{15}N-Konzentration des injizierten Präparats[1, 2].

Untersuchte Substanzen	Injizierte Substanz			
	^{15}N-Cytidin	^{15}N-Uridin	^{15}N-Desoxycytidin	^{15}N-Thymidin
RNS Cytidin	7,2	0,5	0,1	0,1
Uridin	5,9	0,4	0,1	0,1
Adenin	0,1	0,1	0,1	0,0
Guanin	0,1	0,1	0,1	0,0
DNS Cytosin	4,4	0,5	0,0	0,1
Thymin	1,6	0,3	0,1	2,5
Adenin	1,2	0,3	0,0	0,1
Guanin	0,4	0,4	0,0	0,1

γ-Carboxyls werden bei der Bebrütung mit regenerierender Rattenleber in die Pyrimidine eingebaut[7]. Glycin, das den zentralen Baustein der Purine bildet, wird bei der Bildung der Pyrimidine nicht verwendet; Glycin-^{15}N wurde von Schnitten regenerierender Rattenleber nicht in Pyrimidine eingebaut[8]. Unmittelbare Vorstufen der Pyrimidinbildung scheinen Ureidobernsteinsäure und Orotsäure zu sein[9] (s. a. Bd. 2/1, S. 1227). Leberschnitte bauen die ^{14}C- und ^{15}N-Atome markierter Orotsäure in die Pyrimidinreste, nicht aber in die Purinreste der Nucleotide ein[8,10]. Sowohl die Ribonucleinsäuren[11] als auch die Desoxyribonucleinsäuren[12] der Leber nehmen aus Orotsäure gebildete Pyrimidine in ihre Moleküle auf. Nach Verabreichung von ^{14}C-Orotsäure an Ratten trat der ^{14}C zuerst in den Ribonucleinsäuren des Kerns und dann in denen des Protoplasmas auf[13]. Da verabreichte freie Pyrimidine zum Unterschied von freier Orotsäure

[1] Reichard, P., and B. Estborn: J. biol. Ch. **188**, 839 (1951). — [2] Hammarsten, E., P. Reichard and E. Saluste: J. biol. Ch. **183**, 105 (1950). — [3] Buchanan, J. M.: J. cellul. comp. Physiol. **38**, Suppl. **1**, 143 (1951). — [4] Lagerkvist, U.: Ark. Kemi **5**, 569 (1953). — [5] Heinrich, M. R., and D. W. Wilson: J. biol. Ch. **186**, 447 (1950). — [6] Lagerkvist, U.: Acta chem. scand. **4**, 1151 (1950). — [7] Lagerkvist, U., P. Reichard and G. Ehrensvärd: Acta chem. scand. **5**, 1212 (1951). — [8] Reichard, P., and S. Bergström: Acta med. scand. **5**, 190 (1951). — [9] Bergström, S., H. Arvidson, E. Hammarsten, N. A. Eliasson, P. Reichard and H. v. Ubisch: J. biol. Ch. **177**, 495 (1949). — Weed, L. L. and D. W. Wilson: J. biol. Ch. **207**, 439 (1954). — Cooper, C., R. Wu and D. W. Wilson: J. biol. Ch. **216**, 37 (1955). — [10] Weed, L. L., and D. W. Wilson: J. biol. Ch. **189**, 435 (1951). — [11] Arvidson, H., N. A. Eliasson, E. Hammarsten, P. Reichard, H. v. Ubisch and S. Bergström: J. biol. Ch. **179**, 169 (1949). — [12] Reichard, P.: Acta chem. scand. **3**, 422 (1949). — [13] Hurlbert, R. B., and V. R. Potter: J. biol. Ch. **209**, 1 (1954).

nicht in die Nucleotide aufgenommen, sondern abgebaut werden[1,2], wird angenommen, daß die Orotsäure zuerst an Ribose (oder Ribosephosphat) gebunden und das so gebildete Orotidin bzw. Orotidinphosphat zu Uridin (bzw. Uridinphosphat) decarboxyliert wird.

4 Std nach Verabreichung von ^{14}C-Orotsäure an Ratten war der ^{14}C-Gehalt der Uridylsäurereste in den Ribonucleinsäuren der Leber zunächst um ein Mehrfaches höher als der der Cytidylsäurereste, 4 Tage später war die Differenz größtenteils ausgeglichen[3]. Daraus geht hervor, daß aus der Orotsäure zunächst Uracilreste gebildet und diese sodann in Cytosinreste umgewandelt werden. Regenerierende Rattenleber verwendete auch in vitro Orotsäure für die Bildung der Uridyl- und Cytidylsäurereste der Nucleinsäuren[4].

Daß Orotsäure ständig in der Leber gebildet wird, geht aus Versuchen hervor, in denen Leberschnitten $^{15}NH_3$ und zugleich nichtmarkierte Orotsäure zugesetzt wurde: Die nach der Bebrütung der Schnitte isolierte Orotsäure enthielt ^{15}N (s. [5]). Auch wenn den Schnitten neben inaktiver Orotsäure gleichzeitig auch Asparaginsäure zugesetzt wurde, die in einer COOH-Gruppe markiert war, wurde ein Teil des Isotops in der Orotsäure wiedergefunden. Diese Befunde sprechen dafür, daß die Orotsäure, wahrscheinlich in Form von Orotidinphosphat, ein normales Zwischenprodukt der Pyrimidinbildung in der Leber darstellt.

An Ribose gebundene Cytosinreste können in die Thyminreste der Desoxyribonucleinsäuren verwandelt werden. Nach Injektion von ^{15}N-Cytidin fand sich der ^{15}N in den Cytosin- und den Thyminresten der Desoxyribonucleinsäuren wieder. An Desoxyribose gebundene Cytosinreste werden dagegen bei der Bildung der Desoxyribonucleinsäuren nicht verwendet (vgl. Tabelle 54).

Thymin scheint jedoch nicht in Cytosin verwandelt werden zu können, denn nach Injektion von ^{15}N-Desoxythymidin wurde der ^{15}N nur in den Thyminresten der Desoxyribonucleinsäuren wiedergefunden[6]. Bei der Bildung der Thyminreste kann Cholin oder Methionin als Methyldonator wirken, Folsäure fördert die Thyminbildung[7]. Auch Formiat[8] und das β-C-Atom des Serins[9] (nicht aber das α-C-Atom des Glycins[10]) kann die Methylgruppe des Thymins liefern. Die Umwandlung der Pyrimidinderivate ineinander erfolgt also in der folgenden Weise:

$$\text{Ureidosuccinat} \rightarrow \text{Orotsäure} \rightarrow \text{Orotidin} \rightarrow \text{Uridin} \begin{matrix} \rightleftarrows \text{Cytidin} \\ \searrow \text{Thymidin} \end{matrix}$$

b) Der Abbau der Pyrimidine. Während die Hauptmenge der Purine den Organismus des Säugers als Harnsäure oder Allantoin, also ohne völlige Aufspaltung des Moleküls verläßt, werden die Pyrimidine im Stoffwechsel zu kleinen Bruchstücken aufgespalten[11]. Die Geschwindigkeit, mit der überlebende Leberschnitte in vitro Pyrimidine aufspalten, weist darauf hin, daß der Abbau der im Organismus umgesetzten Pyrimidine zu einem großen Teil in diesem Organ erfolgt.

Es scheint, daß die Spaltung der Pyrimidine in der Leber auf einem anderen Wege vor sich geht als bei Mikroorganismen. Verschiedene Bakterienarten (Corynebakterien, Mycobakterien) spalten Cytosin und Uracil zu Barbitursäure,

---

[1] Plentl, A. A., and R. Schoenheimer: J. biol. Ch. **153**, 203 (1944). — [2] Bendich, A., H. Getler and G. B. Brown: J. biol. Ch. **177**, 565 (1949). — [3] Hurlbert, R. B., and V. R. Potter: J. biol. Ch. **195**, 257 (1952). — [4] Weed, L. L.: Cancer Res. **11**, 470 (1951). — [5] Reichard, P.: J. biol. Ch. **197**, 391 (1952). — [6] Reichard, P., and B. Estborn: J. biol. Ch. **188**, 839 (1951). — [7] Vilter, R. W., D. Horrigan, J. F. Mueller, J. Jarrold, C. F. Vilter, V. Hawkins and A. Seaman: Blood **5**, 695 (1950). — [8] Totter, J. R., E. Volkin and C. E. Carter: Am. Soc. **73**, 1521 (1951). — [9] Elwyn, D., and D. B. Sprinson: Am. Soc. **72**, 3317 (1950). J. biol. Ch. **184**, 475 (1950). — [10] LePage, G. A., and C. Heidelberger: J. biol. Ch. **188**, 593 (1951). — [11] Steudel, H.: H. **32**, 285 (1901).

Thymin zu 5-Methylbarbitursäure auf; die Uracilthyminoxydase, die diese Umwandlung bewirkt, konnte in gereinigter Form dargestellt werden[1]. Auch Bodenbakterien bilden Barbitursäure aus Uracil[2]. Ein weiteres in diesen Bakterien enthaltenes Enzym spaltet die Barbitursäure zu Malonsäure und Harnstoff[3].

```
N=C—NH2                HN—CO                 HN—CO                   NH2        COOH
|  |       + H2O       |  |       + 1/2 O2   |  |        + 2 H2O     |          |
OC CH    ———————→      OC CH    ——————→      OC CH2    ———————→      CO    +    CH2
|  ||      − NH3       |  ||                 |  |                    |          |
HN—CH                  HN—CH                 HN—CO                   NH2        COOH
Cytosin                Uracil                Barbitursäure           Harnstoff + Malonsäure

N=C—NH2                     HN—C=O                      HN—C=O
|  |            + H2O       |  |          + 1/2 O2      |  |
OC C—CH3      ———————→      OC C—CH3    ——————→         OC CH—CH3
|  ||           − NH3       |  ||                       |  |
HN—CH                       HN—CH                       HN—C=O
5-Methylcytosin             Thymin                      5-Methylbarbitursäure
```

Da Fütterungsversuche am Hund ergeben hatten, daß iso-Barbitursäure und iso-Dialursäure zu Harnstoff aufgespalten werden[4] wurde angenommen, daß der Pyrimidinkern auch im tierischen Organismus zu Harnstoff und einem N-freien Spaltprodukt (Oxalsäure) abgebaut wird. Neuere Untersuchungen haben jedoch gezeigt, daß die Leber aus den Pyrimidinen nicht direkt Harnstoff bildet, sondern das C-Atom 2 des Uracils in Form von CO_2 aus dem Molekül herausspaltet: Wurde Uracil-2-^{14}C Ratten injiziert, so erschien der ^{14}C nicht in Form von Harnstoff im Harn sondern als $^{14}CO_2$ in der Atemluft. Auch Leberschnitte und Leberhomogenate spalteten das ^{14}C aus der Ureidogruppe des Uracils ohne intermediäre Bildung von Harnstoff in Form von $^{14}CO_2$ ab. Das Enzymsystem, das die Spaltung des Uracils durchführt, ist im flüssigen Teil des Cytoplasmas der Leberzellen enthalten[5].

Es ist wahrscheinlich, daß freie Pyrimidine zunächst in Nucleoside oder Nucleotide verwandelt werden, ehe der Pyrimidinkern von der Leber gespalten werden kann. Pyrimidinnucleotide werden rascher abgebaut als freie Pyrimidine. Wurde freies Thymin an Hunde verfüttert, so erschien etwa die Hälfte der verabreichten Menge im Harn, wurde den Tieren die gleiche Thyminmenge in Form von Nucleinsäuren gegeben, so war im Harn kein Thymin nachweisbar[6]. An Menschen oder Kaninchen verfüttertes freies Uracil wurde quantitativ im Harn ausgeschieden, während in Form von Nucleotiden oder Nucleosiden verabreichtes Uracil abgebaut wurde[7].

Die Fähigkeit, freie Pyrimidine abzubauen, scheint auf die Leber beschränkt zu sein. Die Menge der Pyrimidine, die der Gesamtorganismus abbauen kann, ist gering. In großen Dosen an Hunde verabreichtes Thymin oder Uracil wurde in hohem Prozentsatz im Harn ausgeschieden; wurde dieselbe Menge dieser Substanz aber in kleinen Dosen über mehrere Tage verteilt, so war sie im Harn nicht nachweisbar[8].

---

[1] Hayaishi, O., and A. Kornberg: J. biol. Ch. **197**, 717 (1952). — [2] Wang, T. P., and J. O. Lampen: J. biol. Ch. **194**, 785 (1952). — [3] Cerecedo, L. R.: J. biol. Ch. **88**, 695 (1930); **93**, 269 (1931). — [4] Cerecedo, L. R.: J. biol. Ch. **88**, 695 (1930); **93**, 269 (1931). — [5] Rutman, R. J., A. Cantarow and K. E. Paschkis: J. biol. Ch. **210**, 321 (1954). — [6] Sweet, J. E., and P. A. Levene: J. exp. Med. **9**, 229 (1907). — [7] Wilson, D. W.: J. biol. Ch. **56**, 215 (1923). — [8] Deuel, H. J. jr.: J. biol. Ch. **60**, 749 (1924).

ε) Bildung und Abbau der Ribose und der Desoxyribose.

Die *Bildung* der in den Nucleinsäuren enthaltenen Ribose ist in der Leber auf 2 Wegen möglich: a) durch die oxydative Decarboxylierung des Gluconsäurephosphats, wobei zunächst Ribulosephosphat und sodann Ribosephosphat entsteht (vgl. S. 111), b) durch Synthese aus Triosephosphat und einem 2 C-Aldehyd.

Daß die Leber Pentosen auf dem Wege über Gluconsäure bilden kann, ist durch Versuche in vitro und in vivo belegt. Nach Verabreichung von Gluconsäure in vivo, die mit ^{14}C markiert war, enthielten die Nucleinsäuren der Rattenleber signifikante Mengen von ^{14}C[1]. Bei der Bebrütung von Glucose-6-phosphat mit Extrakten aus Pferdeleber entstand Ketopentosephosphat[2].

			CH_2OH			
HCO		HCO	CO	HCO		HCO
HCOH	←	CH_2OH	HOCH	CH_3	→	CH_2
HCOH			HCOH			HCOH
HCOH	←		HCOH		→	HCOH
CH_2OH			CH_2OH			CH_2OH

Abb. 44. Biosynthese der Ribose und der Desoxyribose. Extrakte von Meerschweinchenleber, denen Fructosediphospat (als Triosequelle) zugesetzt wurde, gaben, mit Glykolaldehyd bebrütet, Ribosephosphat; bei der Bebrütung mit Acetaldehyd entstand Desoxyribose. Als Zwischenprodukte der Ribosebildung treten die Phosphate der Xylulose (D-Xyloketose) und der Ribulose auf. Die Zwischenprodukte, die bei der Bildung der Desoxyribose entstehen werden, sind derzeit noch unbekannt.

Andererseits kann die Leber Pentosephosphat auch durch einen der Aldolkondensation ähnlichen Vorgang aus Triosephosphaten und Glykolaldehyd bilden. Extrakte von Pferdeleber bildeten auf diese Weise mit fast quantitativer Ausbeute Ketopentosephosphat[2]. Wurden Extrakte aus Meerschweinchenleber mit Fructose-1,6-diphosphat (als Quelle von Triosephosphat) und mit Glykolaldehyd in Gegenwart von Jodacetat (zur Verhinderung des Trioseabbaus) bebrütet, so entstand zunächst Xylulosephosphat, im weiteren Verlauf Ribulosephosphat und schließlich Ribosephosphat[3]. Es wird angenommen, daß Glykolaldehyd mit Dioxyacetonphosphat zu Xylulose-1-phosphat kondensiert und dieses über Ribulosephosphat in Ribosephosphat umgewandelt wird. Acetaldehyd, an Stelle von Glykolaldehyd zugesetzt, führte in der gleichen Versuchsanordnung zur Bildung von Desoxyribose[4].

Ebenso wie die Bildung des Ribosephosphats, so erfolgt auch sein *Abbau* auf dem Wege über Ribulosephosphat, die Umwandlung wird durch eine bisher nur in Hefe nachgewiesenem[5], aber wahrscheinlich auch in der Leber vorhandenem Pentosephosphat-Isomerase katalysiert (vgl. S. 109). Der Abbau des Pentosephosphats erfolgt nicht durch Umkehrung der bei der Synthese ablaufenden Vorgangs, das Pentosephosphat wird also nicht zu Triosephosphat und Glykolaldehyd aufgespalten, sondern es werden aus 3 Molekülen Pentosephosphat jeweils 2 Moleküle Fructose-6-phosphat und 1 Molekül Triosephosphat gebildet, die durch die Phosphohexoisomerase in Glucose-6-phosphat übergeführt werden können (vgl. das Schema auf S. 110). Freier Glykolaldehyd wurde bei der

[1] Stetten, M. R., and D. Stetten jr.: J. biol. Ch. **187**, 241 (1950). — [2] Glock, G. E.: Biochem. J. **52**, 578 (1952). — [3] McGeown, M. G., and F. H. Malpress: Nature **173**, 212 (1954). — [4] McGeown, M. G., and F. H. Malpress: Nature **170**, 575 (1952). — [5] Horecker, B. L., and P. Z. Smyrniotis: Arch. Biochem. **29**, 232 (1950). — Horecker, B. L., P. Z. Smyrniotis and J. E. Seemiller: J. biol. Ch. **193**, 383 (1951).

Bebrütung von Pentose-5-phosphat mit Leberextrakten nicht gebildet; daß Glykolaldehyd auch nicht als Intermediärprodukt bei der Oxydation der Pentosen entsteht, geht auch daraus hervor, daß die Oxydation des Glykolaldehyds in der Leber unabhängig von Triphosphopyridinnucleotid (Codehydrogenase II) erfolgen kann, während für die Oxydation des Pentosephosphats (analog wie für die Oxydation der Hexose-6-Phosphate) die Gegenwart von TPN erforderlich ist[1].

g) Die Leber im Vitaminstoffwechsel.

α) Allgemeines.

Im Stoffwechsel der Vitamine erfüllt die Leber 3 wichtige Aufgaben: Erstens ist sie befähigt, Vitamine in mehr oder weniger großem Ausmaß zu speichern. Zweitens vermag sie einzelne Vitamine im eigenen Stoffwechsel zu bilden. Drittens werden im Überschuß aufgenommene Vitamine von der Leber durch Abbau, durch Kupplung mit anderen Substanzen oder durch Ausscheidung mit der Galle aus dem Stoffwechsel ausgeschaltet.

Jedes Vitamin ist, entweder als solches oder nach Einbau in ein Coenzym, für das Zustandekommen einer Anzahl von Stoffwechselreaktionen erforderlich. Die durch den Mangel an einem Vitamin ausgelösten Krankheitserscheinungen kommen dadurch zustande, daß die Stoffwechselreaktionen, für deren normalen Ablauf das betreffende Vitamin notwendig ist, erschwert sind oder völlig ausfallen. Da sich ein großer Teil dieser vitamingebundenen Stoffwechselreaktionen in der Leber abspielt, ist die Leber an den meisten der durch Vitaminmangel ausgelösten Stoffwechselstörungen direkt oder indirekt beteiligt.

1. Speicherung.

Vergleichswerte darüber, in welchem Ausmaß die einzelnen Vitamine in der Leber des normal ernährten Menschen vorhanden sind, gibt die folgende Tabelle 55.

Tabelle 55. Der Vitamingehalt der menschlichen Leber.

Vitamin	Vitamin in 100 g frischer Leber mg	In der Gesamtleber enthaltene Menge mg	Schätzwerte für den Tagesbedarf des Gesamtorganismus mg	In der Leber vorhandene Vitaminmenge, ausgedrückt in Tagesdosen
A	7,5	100	1—2	60
E	2,3	35	10	3—4
C	15	225	50	4—5
B_1 (Thiamin)	0,1	1,5	1	1—2
B_2	2,0	30	3	10
Nicotinsäureamid	15	225	20	10
B_6	4	60	2	30
Pantothensäure	10	150	5	30
Biotin	0,3	4,5	0,2	20

Da die einzelnen Vitamine, je mg gerechnet, sehr verschiedene biologische Wirksamkeit haben, wurden die in der Leber vorhandenen Vitaminmengen (s. Tabelle 55) mit dem täglichen Bedarf an diesen Vitaminen verglichen; die Zahlen geben an, für wieviel Tage die in der Leber enthaltene Vitaminmenge theoretisch ausreichen würde, um den Vitaminbedarf des Gesamtorganismus zu decken.

Die Tabelle zeigt, daß nur das Vitamin A in der Leber in größerem Ausmaß gespeichert wird. Der in der Leber enthaltene Vitamin A-Vorrat entspricht etwa

[1] Glock, G. E.: Biochem. J. **52**, 575 (1952).

dem Hundertfachen der im Blutplasma kreisenden Menge, und der Axerophtholspiegel des Blutplasmas kann aus diesem Vorrat auch bei vitaminarmer Kost durch lange Zeit ergänzt und auf normaler Höhe erhalten werden. Vom Vitamin E enthält die Leber dagegen nur wenige Tagesdosen, die Hauptmenge dieses Vitamins ist in anderen Geweben (vor allem in den Fettdepots) gespeichert. Auch die in der Leber enthaltene Menge von Vitamin C ist, gemessen an dem täglichen Bedarf, nur gering, hier hat die Leber vor allem die Aufgabe, das an den Geweben der Peripherie zu Dehydroascorbinsäure oxydierte Vitamin C zu regenerieren und rasch wieder ans Blut abzugeben. Bei den Vitaminen der B-Gruppe gibt die in der Leber enthaltene Vitaminmenge den Gehalt des Lebergewebes an den Enzymen wieder, für deren Bildung diese Vitamine benötigt werden. Niacin ist in den Leberzellen in Form von Dehydrogenasen, Thiamin in Form von Thiaminfermenten, Riboflavin in Form von Flavinenzymen und Pantothensäure als Coenzym A enthalten. Die Form, in der ein Vitamin im Leberstoffwechsel verwendet wird, ist gleichzeitig auch seine Speicherform; nimmt die in der Leber enthaltene Menge eines Vitamins ab, so vermindert sich auch die enzymatische Aktivität der Leberzellen in dem Stoffwechselgebiet, für das die aus diesem Vitamin gebildeten Enzyme zuständig sind.

Thiaminhaltige Enzyme spielen im Leberstoffwechsel eine geringere Rolle als im arbeitenden Muskel, im Nervensystem und in der (große Mengen von CO_2 produzierenden) Niere. Die in der Leber vorhandene Menge an Vitamin B_1 ist daher nur relativ gering und entspricht nur 1—2 Tagesdosen des Vitamins. Die (in Tagesdosen ausgedrückt) relativ große Menge von Vitamin B_6 und Pantothensäure, die die Leber enthält, entspricht der zentralen Rolle, die die Leber im Stoffwechsel der Aminosäuren (Pyridoxalfermente) und der Fettsäuren (Coenzym A) spielt.

2. Vitaminbildung.

Einzelne Vitamine können im Leberstoffwechsel endogen gebildet werden. Ascorbinsäure entsteht in der Leber der meisten Säugetiere aus Glucose in solchen Mengen, daß die Zufuhr dieses Vitamins mit der Nahrung überflüssig wird. In beschränktem Ausmaß synthetisiert die Leber auch Niacin aus Tryptophan. Neben dem Darm ist bei einzelnen Tieren auch die Leber an der Aufspaltung der Carotine zu Vitamin A beteiligt.

3. Vitaminzerstörung.

Einzelne fettlösliche Vitamine (z. B. Vitamin D) werden mit der Galle ausgeschieden, andere Vitamine werden in der Leber abgebaut. Pyridoxin und Pyridoxal werden zu Pyridoxinsäure oxydiert. Im Überschuß vorhandene Nicotinsäure wird von der Leber zum Teil an Glycin gebunden, Nicotinsäureamid wird durch Methylierung inaktiviert. Die aus der Ascorbinsäure im Stoffwechsel entstehende Dehydroascorbinsäure wird von der Leber durch Umwandlung in Diketogulonsäure ausgeschaltet. Der Vitaminbedarf des Gesamtorganismus wird in hohem Grade durch diese vitaminzerstörende Tätigkeit der Leber bestimmt.

β) Vitamin A.

1. Die Aufnahme von Vitamin A durch die Leber.

Die in den Nahrungsmitteln tierischer Herkunft enthaltenen Vitamin A-ester werden im Darm aufgespalten[1] und das Vitamin A im Dünndarm gemeinsam mit anderen Lipiden mit Hilfe der Gallensäuren resorbiert. Die Hauptmenge des

[1] GRAY, E. L., K. MORGAREIDGE and J. D. CAWLEY: J. Nutrit. **20**, 67 (1940).

resorbierten Vitamins wird von den Zellen der Darmwand nach neuerlicher Veresterung[1,3] an den Chylus abgegeben[1–3], gelangt über den Ductus thoracicus in das Blut des großen Kreislaufs und erst nach Passage durch Lunge und Herz in das Capillarsystem der Leber. Den gleichen Weg nimmt das im Darm resorbierte Carotin[3].

Per os aufgenommenes Vitamin A erreicht die Leber daher nur auf einem großen Umweg und in großer Verdünnung und wird von der Leber nur langsam aufgenommen. Bereits 1 Std nach oraler Verabreichung einer einmaligen Vitamin A-Dosis an A-vitaminfrei ernährte Ratten war der Vitamingehalt des Blutplasmas auf das 4fache des Ausgangswertes angestiegen, aber erst 4 Std später wurde das Vitamin auch in der Leber nachweisbar[4]. Es scheint, daß der Vitamin A-Gehalt im Blutplasma einen bestimmten Minimalwert erreichen muß, ehe die Leber das Vitamin aufzunehmen beginnt. Der Schwellenwert der Vitamin A-Konzentration im Blutplasma, bei dem die Speicherung des Vitamins in der Leber erfolgt, wird für die Ratte mit 18—30 γ-% (= 60—100 I.E.)[4] bzw. 40 I.E. je 100 cm^3 s.[5], für das Huhn mit 50—100 I.E. je 100 cm^3 (s.[6]) angegeben. Beim Kalb[7] und bei der Ratte[8] wurde eine direkte Proportionalität zwischen dem Vitamin A-Gehalt der Nahrung und dem Ausmaß der Vitamin A-Speicherung in der Leber beobachtet[7].

Neben der Leber nehmen aber auch andere Organe das Vitamin aus dem Blut auf. Je nach der aufgenommenen Vitaminmenge und je nachdem, ob die untersuchten Tiere vorher viel oder weniger Vitamin A erhalten hatten, wurde ein geringerer[9] oder größerer[10] Teil der verabreichten Dosis in der Leber wiedergefunden. Kleine Vitamin A-Dosen werden zu einem großen Teil von der Niere gespeichert[11], bei größeren Dosen nehmen neben der Leber auch Lunge und Nebennieren beträchtliche Mengen des Vitamins auf[12]. Peritonealfett enthält nach Zufuhr kleiner Dosen nur Spuren des Vitamins[13] und auch nach großen Dosen blieb die Vitamin A-Konzentration im Depotfett 100mal kleiner als im Lebergewebe[14].

Im allgemeinen steigt der von der Leber aufgenommene prozentuale Anteil der verabreichten Vitaminmenge mit steigender Vitamindosis an[15]. Wurden A-vitaminarm ernährten Ratten Dosen von 100, 200, 400 und 500 I.E. gegeben, so waren 48 Std später 0 bzw. 13, 15 und 38% der verabreichten Dosis in der Leber nachweisbar[16]. Wenn die verabreichte Vitamin A-Menge jedoch sehr stark erhöht wird, so steigt der von der Leber aufgenommene Prozentanteil der verabreichten

[1] COATES, M. E., S. Y. THOMPSON and S. K. KON: Biochem. J. **46**, XXX (1950). — [2] DRUMMOND, J. C., M. E. BELL and E. T. PALMER: Brit. med. J. **1935 I**, 1208. — POPPER, H., and B. W. VOLK: Arch. Path., Chicago **38**, 71 (1944). — POPPER, H., F. STEIGMANN, A. DUBIN, H. A. DYNIEWICZ and F. P. HESSER: Proc. Soc. exp. Biol. Med. **68**, 676 (1948). — RADICE, J. C., and M. L. HERRAIZ: Rev. Asoc. méd. argent. **61**, 287 (1947). — GOODWIN, T. W., and R. A. GREGORY: Biochem. J. **43**, 505 (1948). — [3] EDEN, E., and K. C. SELLERS: Biochem. J. **42**, XLIX (1948); **44**, 264 (1949); **46**, 261 (1950). — [4] HIGH, E. G.: Arch. Biochem. **49**, 19 (1954). — [5] GLOVER, J., T. W. GOODWIN and R. A. MORTON: Biochem. J. **41**, 97 (1947). — [6] CASTANO, F. F., R. V. BOUCHER and E. W. CALLENBACH: J. Nutrit. **45**, 131 (1951). — [7] THOMAS, J. W., and L. A. MOORE: J. Dairy Sci. **35**, 687 (1952). — [8] BOOTH, V. H.: J. Nutrit. **48**, 13 (1952). — [9] BAUMANN, C. A., B. M. RIISING and H. STEENBOCK: J. biol. Ch. **107**, 705 (1934). — [10] GOLDING, J., S. K. CON and J. E. RAMPION: Chem. & Industr. **55**, 400 (1936). — [11] JOHNSON, R. M., and C. A. BAUMANN: Arch. Biochem. **14**, 361 (1947). J. Nutrit. **35**, 703 (1948). — EDEN, E., and T. MOORE: Biochem. J. **47**, VI (1950). Biochem. J. **49**, 77 (1951). — [12] DAVIES, A. W., and T. MOORE: Biochem. J. **28**, 288 (1934). — HARRIS, A. D., and T. MOORE: Brit. med. J. **1947 I**, 553. — [13] MOORE, T.: Biochem. J. **25**, 275 (1931). — [14] MOORE, T., I. M. SHARMAN and R. J. WARD: Biochem. J. **49**, XXXIX (1951). — [15] LEMLEY, J. M., R. A. BROWN, O. D. BIRD and A. D. EMMETT: J. Nutrit. **33**, 53 (1947). — [16] DAVIES, A. W., and T. MOORE: Biochem. J. **42**, LXIII (1948).

Dosis nicht weiter an und kann sich sogar verringern[1,2]: In den Lebern von Ratten, die 1000, 2000 und 3000 I.E. Vitamin A auf mehrere Tage verteilt erhalten hatten, wurden 25, 42, 50% und bei 4000 I.E. ebenfalls 50% der verabreichten Dosis in der Leber wiedergefunden[3].

Auch andere Faktoren haben einen Einfluß auf die Speicherung von Vitamin A in der Leber. Orale Verabreichung öliger Lösungen des Vitamins scheint bei Ratten die Speicherung in der Leber zu begünstigen[4]. Toxische Dosen von Vitamin D_2 hatten keinen Einfluß auf die in der Leber vorhandene Axerophtholmenge[4]. Gleichzeitige Zufuhr von Ascorbinsäure hat eine hemmenae Wirkung auf die Speicherung von Vitamin A in der Leber[5]. Andererseits verringert die Zufuhr größerer Mengen von Vitamin A den Ascorbinsäuregehalt der Leber[6]. Zufuhr von Vitamin E, Methylenblau oder Phenothiazin steigerte bei gleichzeitiger Zufuhr von Lebertran den Vitamin A-Gehalt der Leber von Ratten[7]. Außer diesen Stoffen hatte auch Antabus (s. Bd. 2/1, S. 1203) (beim Huhn) eine derartige Wirkung[8]. Mangel an Vitamin B_1 hatte bei Ratten keinen Einfluß auf die Speicherung von Vitamin A (s.[9]). Auch K-Avitaminose bewirkte bei Ratten[10] und Hühnchen[11] keine Verminderung der Vitamin A-Reserven. Von hormonalen Faktoren übt insbesondere Thyroxin eine deutliche Wirkung auf die Speicherung des Vitamin A in der Leber aus: Nach oraler Carotinzufuhr enthielten die Lebern hyperthyreoider, vitaminfrei ernährter Ratten mehr Vitamin A als die Lebern durch Thiouracil hypothyreoid gemachter Kontrolltiere[12]. Die Verringerung der Vitamin A-Speicherung bei Thyroxinmangel ist wahrscheinlich auf die durch das Schilddrüsenhormon gesteigerte und durch Thiouracil gehemmte Resorption des Carotins im Darm zurückzuführen[13]. Ähnlich wie Thyroxin steigert auch das ihm in seiner Stoffwechselwirkung ähnliche Dinitrophenol die Deponierung von Vitamin A in der Leber[14]. Röntgenbestrahlung hatte bei Ratten keinen Einfluß auf den Vitamin A-Gehalt der Leber[15].

Die Art, wie die Zufuhr von Fett und lipotropen Faktoren die Fähigkeit der Leber zur Speicherung von Vitamin A beeinflußt, ist noch nicht klargestellt. Reichliche Zufuhr von Fett, insbesondere aber von Cholesterin, steigerte bei Ratten die Ablagerung von Vitamin A in der Leber[16] (vgl. dagegen [17]), gleichzeitige Zufuhr von Cholin verhinderte diesen Anstieg. Auch bei fettarmer Kost war der Vitamin A-Gehalt der Leber niedriger, wenn den Ratten Cholin gegeben wurde[16]. Andererseits nahmen die Lebern von Ratten, die eine carotinreiche, aber cholinarme Diät erhielten, zwar reichlich Fett, aber kein Vitamin A auf; gleichzeitig sammelten sich große Mengen von Vitamin A in den Nieren dieser Tiere an[18]. Es scheint, daß die Umwandlung von Carotin in Axerophthol und die Ablagerung

[1] Moore, T., I. M. Sharman and R. J. Ward: Biochem. J. **49**, XXXIX (1951). — [2] Lemley, J. M., R. A. Brown, O. D. Bird and A. D. Emmett: J. Nutrit. **33**, 53 (1947). — [3] Davies, A. W., and T. Moore: Biochem. J. **42**, LXIII (1948). — [4] Teulon, H., C. Marnay et H. Gounelle: C. R. Soc. Biol. **146**, 831, 1546 (1952). — [5] Wendt, H., u. H. Schroeder: Z. Vit.-Forsch. **4**, 206 (1935). — [6] Morehouse, A. L., N. B. Guerrant and R. A. Dutcher: Arch. Biochem. **35**, 335 (1952). — [7] Dam, H., I. Prange and E. Søndergaard: Acta pharmacol. toxicol., København **8**, 23 (1952). — [8] Dam, H., I. Prange and E. Søndergaard: Acta pharmacol. toxicol., København **8**, 1 (1952). — [9] Dann, W. J., and T. Moore: Biochem. J. **25**, 914 (1931). — [10] Clayton, C. C., and C. A. Baumann: J. Nutrit. **27**, 155 (1944). — [11] Tomaszewski, W., and C. Engel: Z. Vit.-Forsch. **9**, 238 (1939). — [12] Johnson, R. M., and C. A. Baumann: J. biol. Ch. **171**, 513 (1947). — [13] Cama, H. R., and T. W. Goodwin: Biochem. J. **45**, 236 (1949). — [14] Logaras, G., and J. C. Drummond: Biochem. J. **32**, 964 (1938). — [15] Coniglio, J. G., W. J. Darby, M. C. Wilkerson, R. Stewart, A. Stockell and G. W. Hudson: Amer. J. Physiol. **172**, 86 (1953). — [16] Thorbjarnarson, T., and J. C. Drummond: Biochem. J. **32**, 5 (1938). — [17] Bentley, L. S., and A. F. Morgan: J. Nutrit. **31**, 333 (1946). — [18] Popper, H., and H. Chinn: Proc. Soc. exp. Biol. Med. **49**, 202 (1942).

des Axerophthols in der Leber zwei voneinander völlig unabhängige Vorgänge sind, die von der Zufuhr lipotroper Substanzen in verschiedener Weise beeinflußt werden[1].

Vitamin A_1-aldehyd („Retinen$_1$“) wird, wie Versuche an Menschen[2] und Ratten[3] ergeben haben, leicht resorbiert. Er wird von der Darmschleimhaut zu Axerophthol reduziert, mit Fettsäuren verestert und in der Leber gespeichert[4]. In analoger Weise erfolgt nach Verabreichung von Retinen$_2$ auch die Speicherung von Vitamin A_2 (s. [5]).

Das nach Resorption größerer Dosen zunächst in der Leber gespeicherte Vitamin A wird im weiteren Verlauf an die übrigen Organe, insbesondere an die Nieren, weitergegeben. 2—4 Tage nach oraler Verabreichung einer einmaligen Vitamin A-Dosis an A-Mangel-Ratten erreichte die Konzentration des Vitamin A im Lebergewebe ihr Maximum und fiel dann sehr rasch wieder ab. Die Vitamin A-Konzentration in der Niere erreichte im gleichen Versuch erst nach 14 Tagen ihr Maximum, zu einer Zeit, in der die Vitamin A-Konzentration in der Leber bereits sehr gering geworden war[6]. Auch nach Erschöpfung des Leberdepots bleibt die Konzentration des Vitamin A im Blutplasma noch lange annähernd normal[7]. Hemeralopie tritt erst auf, wenn die Vitamin A-Reserven der Leber erschöpft sind.

2. Die Lokalisierung des Vitamin A-Depots im Lebergewebe.

Infolge seiner charakteristischen grünlichen Fluorescenz[8] kann das Vitamin A in Leberschnitten mikroskopisch lokalisiert werden. Die Intensität der Fluorescenz geht mit dem auf chemischem Wege nachweisbaren Vitamin A-Gehalt des Gewebes parallel[9]. Das Vitamin A ist sowohl in den Zellen des Leberparenchyms als auch in den Kupfferschen Sternzellen vorhanden[10,11], bei Hypervitaminosen wird der Vitamin A-Überschuß zuerst von den Zellen des Reticuloendothels aufgenommen, und bei Vitamin A-Mangel bleibt das Vitamin A im Reticuloendothel länger erhalten als in den Zellen des Leberparenchyms[10]. Blockade des Reticuloendothels hemmt die Aufnahme des Vitamin A durch die Leber[12].

Fluorescenzmikroskopische Untersuchungen ergaben, daß das Vitamin A in allen Teilen der Leberzelle vorkommt[10]. Bei der fraktionierten Zentrifugierung erscheint die Hauptmenge des veresterten Vitamin A in der über dem Cytoplasma sich ansammelnden Rahmschicht, während das freie Vitamin A außer in der Rahmschicht auch in der Cytoplasmaflüssigkeit und in der Mikrosomenfraktion gefunden wurde[13]. Nach anderen Untersuchungen, die zum Teil ebenfalls mittels fraktionierter Zentrifugierung an Homogenaten von Rattenleber[14,15] und mit Hilfe der Carr-Price-Reaktion in Leberschnitten[16,17] durchgeführt wurden, scheinen auch die Mitochondrien Vitamin A zu enthalten. Collins[18] fand in den Mitochondrien 20% der in der Leberzelle vorhandenen Gesamtmenge an Vitamin A.

[1] Bentley, L. S., and A. F. Morgan: J. Nutrit. **31**, 333 (1946). — [2] Gounelle, H., C. Marnay, R. Chéroux et Y. Raoul: C. R. Soc. Biol. **146**, 523 (1952). — [3] Katsampes, C. P., A. B. McCoord, R. N. Hamburger and S. W. Clausen: Pediatrics **12**, 191 (1953). — [4] Glover, J., T. W. Goodwin and R. A. Morton: Biochem. J. **43**, 109 (1948). — [5] Cama, H. R., P. D. Dalvi, R. A. Morton and M. K. Salah: Biochem. J. **52**, 542 (1953). — [6] High, E. G.: Arch. Biochem. **49**, 19 (1954). — High, E. G., and H. G. Day: Fed. Proc. **12**, 416 (1953). — [7] Glover, J., T. W. Goodwin and R. A. Morton: Biochem. J. **41**, 97 (1947). — [8] Sobotka, H., S. Kann and W. Winternitz: Am. Soc. **65**, 1959 (1943). J. biol. Ch. **152**, 635 (1944). — [9] Popper, H., and S. Brenner: J. Nutrit. **23**, 431 (1942). — [10] Popper, H.: Physiol. Rev. **24**, 205 (1944). Arch. Path., Chicago **31**, 766 (1941). — [11] Cox, A. J.: Proc. Soc. exp. Biol. Med. **47**, 333 (1941). — [12] Lasch, F., u. D. Roller: Kli. Wo. **1936 II**, 1636. — [13] Krinsky, N. I., and J. Ganguly: J. biol. Ch. **202**, 227 (1953). — [14] Goerner, A.: J. biol. Ch. **122**, 529 (1938). — [15] Goerner, A., and M. M. Goerner: J. biol. Ch. **123**, 57 (1938); **128**, 559 (1939). — [16] Joyet-Lavergne, P.: Protoplasma, Wien **23**, 50 (1953). — [17] Bourne, G.: Austral. J. exp. Biol. Med. Sci. **13**, 239 (1935). — [18] Collins, F. D.: Biochem. J. **51**, XXXVIII (1952).

Nach zusätzlicher Verfütterung von Vitamin A stieg der Vitamin A-Gehalt der nach Abzentrifugieren der Zellkerne und Mitochondrien verbleibenden überstehenden Fraktion (Cytoplasmaflüssigkeit + Mikrosomen) stark an, der Vitamin A-Gehalt der Mitochondrien[1] zeigte nur einen relativ geringen Anstieg.

3. Die Vitamin A-Bildung aus den Provitaminen.

Nach oraler Verabreichung von 2 mg Carotin an Vitamin-A-frei ernährte Ratten stieg der Axerophtholgehalt der Leber auf 88 γ an[2]. Die Lebern von Ratten, die nach einer großen Carotindosis durch längere Zeit kein Vitamin A und kein Carotin erhalten hatten, enthielten viel Vitamin A, aber nur Spuren von Carotin[3,4]. Schon 15 min nach oraler Verabreichung von Carotin an Vitamin A-Mangel-Ratten wurde die Anwesenheit von Vitamin A im Lebergewebe der Tiere fluorescenzmikroskopisch festgestellt[5]. Bei der Bebrütung von Carotin mit frischem Lebergewebe von Vitamin-A- und carotinfrei ernährten Ratten oder mit wäßrigen Leberextrakten wurde ein Teil des Carotins in ein Lipid verwandelt, das (wie Axerophthol) bei 328 mμ ein Maximum der Lichtabsorption zeigte bzw. eine Verstärkung der Farbreaktion mit $SbCl_3$ verursachte[6,7]. Diese Umwandlung erfolgt enzymatisch, sie unterbleibt, wenn das Lebergewebe oder die daraus hergestellten Extrakte vorher erhitzt worden sind[7]. Bei der anaeroben Autolyse wandeln Gewebsstücke von Rinderleber, nicht aber Gewebsstücke aus Milz und Niere Carotin in Axerophthol um[8].

Trotzdem scheint nicht die Leber, sondern der Darm die Hauptstätte der Vitamin A-Bildung aus Carotin zu sein[9,10], und Carotin kann daher nur bei oraler, nicht aber bei parenteraler Verabreichung die Vitamin A-Zufuhr ersetzen[11]. So hatte z. B. eine einmalige orale Carotindosis bei jungen Ratten mit Vitamin A-Mangel die gleiche Wachstumswirkung wie die Injektion einer analogen Menge von Axerophthol in die Milz; die Tiere überlebten, wenn die vitamin-A- und carotinfreie Ernährung danach fortgesetzt wurde, in beiden Fällen gleich lange[4]. Parenteral verabreichtes Carotin wurde dagegen nicht verwertet und sammelte sich in der Leber der Ratten als solches an; 46 Tage später war in der Leber der Tiere noch unverändertes Carotin nachweisbar. Vitamin-A-frei gefütterte Tiere starben an der Erscheinung des Vitamin A-Mangels auch dann, wenn Carotin in die Milz der Tiere injiziert wurde und die Leber große Mengen von Carotinen enthielt[4]. Bei Ratten, die vitamin-A-frei ernährt worden waren und bei denen die Dünndarmwand kein Vitamin A enthielt, war nach Zufuhr einer oralen Carotindosis mehr Vitamin A im Darm nachweisbar als in der Leber[9]. Bei Ratten mit Ductus thoracicus-Fistel wurde in der Thoracicus-Lymphe (Darmlymphe und Leberlymphe) nach oraler Verabreichung von β-Carotin ebensoviel Vitamin A gefunden wie in der Darmlymphe allein[12]. Auch in Versuchen in vitro an Organen von Kalb konnte sowohl Lebergewebe als auch Darmgewebe Carotin in Vitamin A verwandeln[13].

[1] POWELL, L. T., and R. F. KRAUSE: Arch. Biochem. **44**, 102 (1953). — [2] SOBEL, A. E., A. ROSENBERG and H. ADELSON: Arch. Biochem. **44**, 176 (1953). — [3] MOORE, T.: Lancet **1929 I**, 499. Biochem. J. **25**, 275 (1931). — [4] SEXTON, E. L., J. W. MEHL and H. J. DEUEL jr.: J. Nutrit. **31**, 299 (1946). — [5] POPPER, H., and R. GREENBERG: Arch. Path., Chicago **32**, 11 (1941). — [6] PARIENTE, A. C., and E. P. RALLI: Proc. Soc. exp. Biol. Med. **29**, 1209 (1932). — AHMAD, B.: Biochem. J. **25**, 1195 (1931). — Vgl. a. WOOLF, B., and T. MOORE: Lancet **1932 II**, 13, sowie BIERI, J. G., and C. J. POLLARD: Texas Rep. Biol. Med. **11**, 402 (1953). — [7] OLCOTT, H. S., and D. C. MCCANN: J. biol. Ch. **94**, 185 (1931/32). — [8] WILSON, H. E. C., B. AHMAD and B. N. MAJUMDAR: Ind. J. med. Res. **25**, 85 (1937). — [9] GLOVER, J., T. W. GOODWIN and R. A. MORTON: Biochem. J. **43**, 512 (1948). — [10] MATTSON, F. H., J. W. MEHL and H. J. DEUEL jr.: Arch. Biochem. **15**, 65 (1947). — THOMPSON, S. Y., J. GANGULY and S. K. KON: Brit. J. Nutrit. **1**, V (1947). — [11] REA, J. L., and J. C. DRUMMOND: Z. Vit.-Forsch. **1**, 177 (1932). — [12] BERNHARD, K.: Fette u. Seifen **55**, 160 (1953). — [13] STALLCUP, O. T., and H. A. HERMAN: J. Dairy Sci. **33**, 237 (1950).

Bei allen pflanzenfressenden Tieren ist das enterohepatische System befähigt, Carotin zu resorbieren und in Vitamin A zu verwandeln. Doch zeigt die Wirkungsweise dieses Systems in der Tierreihe große Artdifferenzen. Bei manchen Tierarten wird im Darm nur so viel Carotin resorbiert wie vom Darm selbst in Vitamin A verwandelt werden kann, Carotin als solches wird bei diesen Tieren nicht an den Organismus weitergegeben, und die Vitamin A-Bildung scheint vor allem im Darm zu erfolgen. So enthielt z. B. die Ductus thoracicus-Lymphe von Ziegen nach Verabreichung von Carotin zwar Vitamin A, aber kein Carotin[1]. Bei anderen Tierarten gibt das enterohepatische System neben Vitamin A auch Carotin an den übrigen Organismus weiter, bei diesen Tieren findet sich Carotin im Blut, in den Geweben und in der ausgeschiedenen Milch. Auch nahe verwandte Tierarten unterscheiden sich in dieser Hinsicht sehr erheblich.

In der Leber diabetischer Menschen und Tiere ist das Mengenverhältnis zwischen Carotin und Vitamin A zugunsten der Carotine verschoben. Dies ist auf die verminderte[2] Fähigkeit des diabetischen Organismus, Carotin in Vitamin A umzuwandeln, zurückzuführen. Der Vitamin A-Gehalt der Lebern alloxandiabetischer Ratten, die per os Carotin erhalten hatten, betrug nur ein Viertel des in der Leber normaler Kontrolltiere nach Zufuhr der gleichen Carotinmenge gespeicherten Vitamin A-Menge[3]. Die Fähigkeit der Leber, Vitamin A zu speichern, scheint bei Diabetikern nicht verändert zu sein, denn wenn den alloxandiabetischen Ratten Vitamin A an Stelle von Carotin gegeben wurde, so speicherten sie das Vitamin in relativ großer Menge[3].

4. Vitamin A-Ester als Speicherform von Vitamin A.

Die Hauptmenge des Vitamin A findet sich in der Leber in veresterter Form, und zwar unabhängig davon, ob das Vitamin als Ester oder als freier Alkohol verabreicht worden ist[4]. Daneben sind in den Leberzellen jedoch auch kleinere Mengen von freiem Vitamin A vorhanden. In mit Vitamin A angereicherten Lebern ist das veresterte Vitamin A mikroskopisch in Form kleiner fluorescierender Lipidtröpfchen in den Zellen nachweisbar, das freie Vitamin A ist dagegen homogen im Cytoplasma der Leberzellen verteilt. Eine Esterase mit dem p_H-Optimum 8.5, die Vitamin A-acetat spaltet, konnte im Lebergewebe nachgewiesen werden[5]. Die Axerophtholesterase ist in der Mikrosomenfraktion der Leberzellen enthalten; Mitochondrien, Zellkerne und überstehende Plasmaflüssigkeit sind inaktiv[6]. In geringerem Ausmaß kann auch das Blutplasma[5,7] und der Darm[5] diese Spaltung durchführen. Herz, Milz und Niere waren nur in sehr geringem Grade befähigt Axerophtholester zu spalten[5].

---

[1] Goodwin, T. W., and R. A. Gregory: Biochem. J. **43**, 505 (1948). — [2] Head, G. D., and R. A. Johnson: Arch. internal Med., Chicago **28**, 268 (1921). — Stoner, W. C.: Amer. J. med. Sci. **175**, 31 (1928). — Brandaleone, H., and E. P. Ralli: Proc. Soc. exp. Biol. Med. **32**, 200 (1934). — Ralli, E. P., H. Brandaleone and T. Mandelbaum: J. Lab. clin. Med. **20**, 1266 (1935). — Stueck, G. H., G. Flaum and E. P. Ralli: J. amer. med. Ass. **109**, 343 (1937). — Brazer, J. G., and A. C. Curtis: Arch. internal Med., Chicago **65**, 90 (1940). — Dormer, B. A., and M. Gibson: S.-afric. med. J. **7**, 109 (1942). — Ralli, E. P., and F. X. Claps: N. Y. Med. **5**, 16 (1949). — [3] Sobel, A. E., A. Rosenberg and H. Adelson: Arch. Biochem. **44**, 176 (1953). — [4] Gray, E. L., K. C. D. Hickman and E. F. Brown: J. Nutrit. **19**, 39 (1940). — Gray, E. L., and J. D. Cawley: J. Nutrit. **23**, 301 (1942). — Sobotka, H., S. Kann and W. Winternitz: J. biol. Ch. **152**, 635 (1944). — Eden, E., and K. C. Sellers: Biochem. J. **46**, 261(1950). — [5] McGugan, W. A., and D. H. Laughland: Arch. Biochem. **35**, 428 (1952). — [6] Ganguly, J., and H. J. Deuel jr.: Nature **172**, 120 (1953). — [7] Krause, R. F., and C. Alberghini: Arch. Biochem. **25**, 396 (1950).

5. Die Leber und der Vitamin A-Gehalt des Blutplasmas.

Es scheint, daß in der Leber ein Mechanismus vorhanden ist, der den Axerophtholspiegel des Blutes reguliert. Ähnlich wie zwischen dem Glykogengehalt der Leber und der Höhe des Blutzuckerspiegels keine direkte mengenmäßige Korrelation besteht, so wird auch der Axerophtholgehalt des Blutplasmas zwar aus dem in der Leber enthaltenen Axerophtholspeicher ergänzt, ist aber von der Menge des in der Leber gespeicherten Gesamtaxerophthols unabhängig[1-3]. Bei andauernder Verabreichung großer Vitamin A-Mengen steigt der Gehalt der Leber an Axerophtholestern stark an, ohne daß es zu einer proportionalen Vermehrung des Vitamin A-Gehalts des Blutplasmas kommt[2,4]. Zahlreiche Befunde weisen darauf hin, daß sowohl das Vitamin A als auch die Carotinoide im Blutplasma an ein oder mehrere[5] spezifische Trägerproteine gebunden sind[6], von denen einzelne der Lipoproteidfraktion der β-Globuline zugehören[7].

Auch in den festen Geweben sind die Carotinoide teilweise an Protein gebunden, und die Artverschiedenheiten in der Resorption von Carotinen und Carotinalkoholen werden auf das Vorhandensein artspezifischer Receptorproteine zurückgeführt, die die einzelnen Farbstoffe dieser Gruppe in verschiedenem Grade binden[8].

Im Blutplasma ist sowohl freies als auch verestertes Axerophthol vorhanden, doch überwiegt meist die Menge des freien Axerophthols[9,10]. Es scheint, daß vor allem dieses freie Axerophthol aus der Leber stammt. Nach einer großen oralen Gabe von Axerophthol steigt zunächst der Spiegel der Vitamin A-ester stark an und erreicht in kurzer Zeit ein Maximum, während der Spiegel des freien Axerophthols, das die Leber bereits passiert hat, nur langsam zunimmt. In den Leberzellen sammelt sich dagegen zuerst freies Axerophthol bis zu einem bestimmten Niveau an, und dann erst beginnt die Speicherung als Ester[11] (vgl. Abb. 44).

Nach diesen Befunden werden die Axerophtholester in der Darmwand gebildet und an das Blut abgegeben. Sie werden von der Leber aus dem Blut aufgenommen und gespeichert. Je nach dem jeweiligen Axerophtholbedarf wird ein Teil dieser Ester zu Fettsäure und Axerophtholalkohol aufgespalten und dieser sodann von der Leber in proteingebundener Form an das Blut abgegeben. Der Vitamin A-Spiegel im Blutplasma steigt und sinkt parallel mit dem Logarithmus der mit der Nahrung aufgenommenen[12] und dem der in der Leber gespeicherten[13] Vitamin A-Menge.

Verestertes Vitamin A →	Verestertes Vitamin A →	freier Vitamin A-alkohol der Leberzellen →	Vitamin A-alkohol im Blutplasma
(aus der Darmwand auf dem Blutweg zur Leber)	(Vitaminspeicher der Leber)	(mobile A-Vitaminreserve)	

[1] Lewis, J. M., O. Bodansky, K. G. Falk and G. McGuire: J. Nutrit. **23**, 351 (1942). — [2] Ralli, E. P., E. Bauman and L. B. Roberts: J. clin. Invest. **20**, 709 (1941). — Josephs, H. W.: Bull. Johns Hopkins Hosp. **71**, 253 (1942). — [3] Horton, P. B., W. A. Murrill and A. C. Curtis: J. clin. Invest. **20**, 387 (1941). — Brenner, S., M. C. H. Brookes and L. J. Roberts: J. Nutrit. **23**, 459 (1942). — [4] Glover, J., T. W. Goodwin and R. A. Morton: Biochem. J. **41**, 97 (1947). — [5] Ganguly, J., N. I. Krinsky, J. W. Mehl and H. J. Deuel jr.: Arch. Biochem. **38**, 275 (1952). — [6] Palmer, L. S., and C. H. Eckles: J. biol. Ch. **17**, 223 (1914). — Dzialoszynski, L. M., E. M. Mystkowski and C. P. Stewart: Biochem. J. **39**, 63 (1945). — Pett, L. B., and G. A. LePage: J. biol. Ch. **132**, 585 (1940). — [7] Oncley, J. L., F. R. N. Gurd and M. Melin: Am. Soc. **72**, 458 (1950). — [8] Ganguly, J., J. W. Mehl and H. J. Deuel jr.: J. Nutrit. **50**, 73 (1953). — [9] Clausen, S. W., W. S. Baum, A. B. McCoord, J. O. Rydeen and B. B. Breese: J. Nutrit. **24**, 1 (1942). — [10] Popper, H., F. Steigmann, A. Dubin, H. A. Dyniewicz and F. P. Hesser: Proc. Soc. exp. Biol. Med. **68**, 676 (1948). — [11] Ganguly, J., and N. I. Krinsky: Biochem. J. **54**, 177 (1953). — [12] Castano, F. F., R. V. Boucher and E. W. Callenbach: J. Nutrit. **45**, 131 (1951). — [13] Almquist, H. J.: Arch. Biochem. **39**, 243 (1952). Poultry Sci. **32**, 122 (1953).

Tabelle 56. Gehalt der Rattenleber an freiem und verestertem Vitamin A, verglichen mit dem Vitamin A-Gehalt des Blutplasmas. Zeile 1—6: erwachsene Ratten nach Verabreichung verschiedener Mengen von A-Vitamin, letzte Zeile: junge Ratten nach 7tägiger vitamin-A-freier Ernährung[1].

Verabreichte Menge von Vitamin A I.E.	Vitamin A-Gehalt des Blutplasmas I.E. je 100 cm³	Vitamin A in der Leber	
		frei I.E./g	gesamt I.E./g
0	38	13	71
10000	36	22	307
50000	57	61	636
150000	67	145	4030
500000	147	618	13500
1000000	86	271	16580
0 (junge Tiere)	47	2,6	4

6. Der Vitamin A-Gehalt der Leber des Menschen.

Der Gesamtvorrat des normal ernährten menschlichen Organismus an Vitamin A kann auf etwa $3 \cdot 10^5$ I.E. (= 100 mg) geschätzt werden, 90—96% der im Organismus vorhandenen Gesamtmenge sind in der Leber gespeichert. Diese Menge entspricht etwa dem 60fachen der für Erwachsene empfohlenen Tagesdosis (5000 I.E.) = 1,5 mg. Die im Blutplasma kreisende Axerophtholmenge entspricht etwa einer Tagesdosis. Die übrigen Organe enthalten nur geringe Axerophtholmengen: Nierenrinde 6, Nieren 2.7, Herz 1.4, Magen 1.3, Lunge 1.2, Haut 1.2, Milz 1.0, Gehirn und Skeletmuskel 0,5 I.E./g (s.[2]).

Bestimmungen des Vitamin A-Gehalts der Leber bei Menschen, die an Unfällen verstorben waren, ergaben 200—300 I.E./g = 7—10 mg-% (Engländer)[3,4], 180 I.E./g = 6 mg-% (afrikanische Minenarbeiter)[5], 160 I.E./g = 5 mg-% (Holländer)[6]; für Algierer werden 800 I.E./g = 27 mg-% angegeben[7]. Beim Neugeborenen ist der Vitamin A-Gehalt der Leber sehr niedrig (etwa 17 I.E./g = 0,6 mg-%)[8]. Er steigt, da menschliche und tierische Milch Vitamin A enthält[9], im Säuglingsalter an [(30—40 I.E./g = 1,0—1,4 mg-%)[3,8], (44 I.E./g = 1,5 mg-%)[6]] und nähert sich bei größeren Kindern [100—150 I.E./g (= 3,4 bis 5,1 mg-%[8])] allmählich den bei Erwachsenen beobachteten Vitamin A-Werten. Bei Frühgeborenen werden besonders niedrige Werte[6] gefunden. Die Lebern an Erkrankungen (z. B. Carcinom, Infektionskrankheiten) verstorbener Menschen enthalten meist nur wenig Vitamin A (s.[3]). Einen hohen Vitamin A-Gehalt zeigen die Lebern von Diabetikern (durchschnittlich 300 I.E./g = 10 mg-%) und Basedowkranken (310 I.E./g = 10,5 mg-%)[3].

7. Der Vitamin A-Gehalt der Lebern verschiedener Tierarten.

Die in der Leber eines Tieres enthaltene Menge von Vitamin A ist zwar von dem Vitamin A-Gehalt der aufgenommenen Nahrung abhängig, doch bestehen in der Fähigkeit, Vitamin A in der Leber zu speichern, sehr erhebliche Artunterschiede, die nicht nur durch die Verschiedenheit der Nahrung bedingt sind. Die Vitamin A-

[1] Glover, J., T. W. Goodwin and R. A. Morton: Biochem. J. **41**, 97 (1947). — [2] Williams, R. J.: Vitamins & Hormones **1**, 237 (1943). — [3] Moore, T.: Biochem. J. **31**, 155 (1937). — [4] Harris, A. D., and T. Moore: Brit. med. J. **1947**, 553. — [5] Fox, F. W.: Lancet **1933 I**, 953. S.-afric. med. J. **6**, 689 (1932). — [6] Wolff, L. K.: Lancet **1932 II**, 617. — [7] Auffret, C., et T. Tanguy: Alger. Méd. **51**, 185 (1948). — [8] Ellison, J. B., and T. Moore: Biochem. J. **31**, 165 (1937). — [9] Hrubetz, M. C., H. J. Deuel jr., B. J. Hanley and M. Fairclough: J. Nutrit. **29**, 245 (1945).

Konzentration in der Schafsleber ist 3—5mal größer als die in der Rinderleber und 40mal größer als die in der Schweineleber[1]. Seefischarten, die in den gleichen Meeresteilen leben und nach den gleichen Tieren jagen, enthalten in ihren Lebern oft sehr verschiedene Vitamin A-Mengen[2]. Auch innerhalb der gleichen Tierart können die Vitamin A-Speicher der Leber sehr verschieden sein, so schwankte der Vitamin A-Gehalt der Leber von Pferden zwischen 32 und 2000 I.E./g (= 1,1—68 mg-%)[3]. Bei Walen hatten verschiedene Teile derselben Leber oft einen verschiedenen Vitamin A-Gehalt[4]. Der Vitamin A-Gehalt der Leber ist, wie

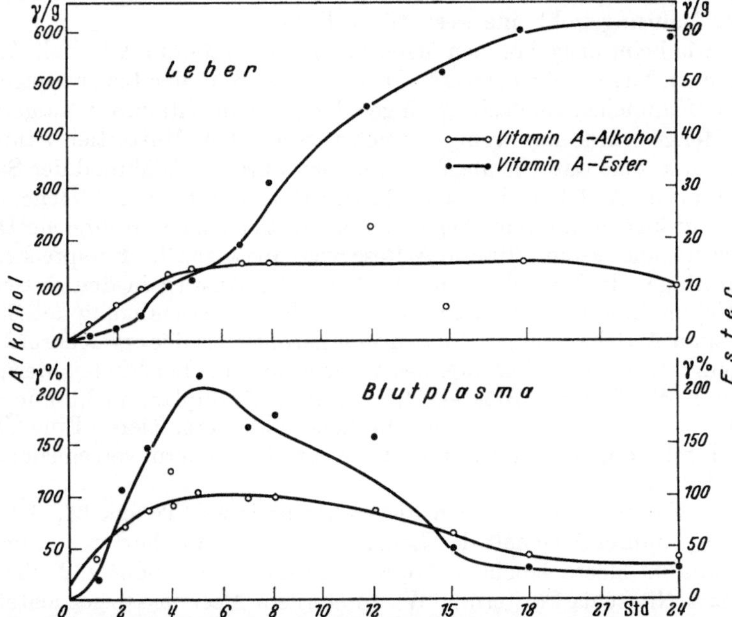

Abb. 45. Axerophtholalkohol und Axerophtholester in Leber und Blutplasma von vitamin-A-frei ernährten Ratten nach Verabreichung von 14,5 mg Axerophthol per os[5]. Die Belastung mit dem Vitamin ist von einer vorübergehenden Vermehrung der Axerophtholester im Blutplasma gefolgt, die Abnahme der Axerophtholester im Blutplasma fällt mit der Vermehrung dieser Ester in der Leber zusammen. Die Kurve des freien Axerophthols im Blutplasma steigt nicht so stark an und zeigt einen ähnlichen Verlauf wie die des freien Axerophthols in der Leber (Mittelwerte aus 72 Tierversuchen).

an Pferd, Hase, Huhn und Frosch gezeigt worden ist, erheblich höher als der Gehalt des Organs an Carotinoiden. So betrug z. B. der Vitamin A-Gehalt einer Froschleber 12—40 γ, der Carotingehalt 1—3 γ und der Gesamtcarotinoidgehalt etwa 7 γ[6].

Bei manchen Tierarten, z. B. Ratten[7], bestehen im Vitamin A-Gehalt der Leber erhebliche Geschlechtsdifferenzen, und zwar auch dann, wenn männliche und weibliche Tiere unter völlig gleichen Lebensbedingungen gehalten werden[7]. Die rascher wachsenden männlichen Ratten speichern weniger Vitamin A in der Leber[8], dagegen weit mehr in der Niere[9]: bei männlichen Ratten, die 40 I.E. Vitamin A

[1] Moore, T., and J. E. Payne: Biochem. J. **36**, 34 (1942). — [2] Stary, Z., F. Bursa et M. Yuvanidis: Bull. Fac. méd. Istanbul **16**, 496 (1953). — [3] Rudra, M. N.: Biochem. J. **40**, 500 (1946). — [4] Mrochkov, K. A.: Rybnoe Choz. **27**, 54 (1951) [Chem. Abstr. **46**, 5266[i]]. — [5] Ganguly, J., and N. I. Krinsky: Biochem. J. **54**, 177 (1953). — [6] Morton, R. A., and D. G. Rosen: Biochem. J. **45**, 612 (1949). — [7] High, E. G., and H. G. Day: J. Nutrit. **43**, 245 (1951). — Moore, T., I. M. Sharman and R. J. Ward: Biochem. J. **49**, XXXIX (1951). — [8] Callison, E. C., and V. H. Knowles: Amer. J. Physiol. **143**, 444 (1945). — Booth, V. H.: Biochem. J. **47**, XLIII (1950). J. Nutrit. **48**, 13 (1952). — [9] Moore, T., and I. M. Sharman: Biochem. J. **47**, XLIII (1950).

täglich erhielten, enthielten die Leber 9,4 und die Niere 24,1 I.E. je g frisches Gewebe; bei den weiblichen Kontrolltieren betrug die Vitamin A-Konzentration der gleichen Organe dagegen 24,4 und 4,9 I.E./g[1]. Auch war der Vitamin A-Bedarf männlicher junger Ratten größer als der der weiblichen Kontrolltiere[2], und männliche Ratten verbrauchten ihre Vitaminreserven rascher als ihre weiblichen Altersgenossen[3].

Jahreszeitliche Schwankungen im Vitamin A-Gehalt der Leber sind sowohl bei Landtieren[4] als auch bei Fröschen[5] und Seefischen[6,7] beobachtet worden, hier spielen von der Jahreszeit abhängige Änderungen der Menge und Zusammensetzung der Nahrung wohl eine wesentliche Rolle.

Ebenso wie beim neugeborenen Menschen ist der Vitamin A-Gehalt der Leber auch bei jungen Tieren sehr niedrig[8]. So wurden z. B. in der Leber neugeborener Ratten und Kaninchen nur sehr geringe Mengen von Vitamin A aufgefunden[9], und diese Menge wurde nur wenig vermehrt, wenn dem Muttertier während der Schwangerschaft eine Carotinzulage verabreicht wurde[10]. Während der Säugezeit steigt der Vitamin A-Gehalt der Leber junger Ratten auf das 2—3fache, die Vermehrung ist größer, wenn dem säugenden Muttertier eine carotinreiche Diät verabreicht wird[9] und seine Vitamin A-Reserven ansteigen[11]. Entsprechend dem großen Carotingehalt des Colostrums[12] scheint der Anstieg in den ersten Tagen nach der Geburt besonders groß zu sein[12]. Auch nach Beendigung der Säugezeit ist der Vitamin A-Gehalt junger Ratten weit geringer als der erwachsener Tiere[11], er nimmt erst im weiteren Verlaufe des Wachstums zu. Bei Fischen der gleichen Art enthalten die Lebern größerer (d.h. älterer) Exemplare nicht nur absolut, sondern auch relativ mehr Vitamin als die Lebern kleinerer Tiere. Eine Übersicht über den durchschnittlichen Vitamin A-Gehalt der Lebern verschiedener Tierarten gibt Tabelle 57.

Über den Vitamin A-Gehalt von Fischleberölen[13] vgl. Tabelle 60, S. 362.

Der hohe Vitamin A-Gehalt der Lebern zahlreicher Fischarten stammt wahrscheinlich aus im Meere lebenden Mikroorganismen. So bildet z.B. die marine Diatomeenart Nitzschia Closterium W., in sterilem Meerwasser gezüchtet, große Mengen von Vitamin A[14]. Bei jungen, vitamin-A-frei ernährten Ratten genügte die tägliche Zulage von 0,08 g Trockensubstanz dieser Diatomeenart, um ein normales Wachstum der Ratten zu gewährleisten[14]. Verschiedene Arten des Zooplanktons nähren sich von dieser Diatomeenart[15] und werden ihrerseits von kleinen Fischen gefressen, die wiederum die Nahrung größerer Fischarten bilden. Das Vitamin A macht auf diese Weise eine Reihe von Passagen durch die Lebern immer größerer Fischarten durch. Möglicherweise können Fische außer den vom Säugetier verwendbaren Provitaminen auch andere Carotinoide für die Bildung des Vitamin A verwenden. Seevögel (z.B. Möven)[16] sowie Säugetiere, die von der Jagd auf diese Fische leben, wie Wale, Robben, Eisbären u. a., sammeln in ihren Lebern

---

[1] Moore, T., and I. M. Sharmann: Biochem. J. **47**, XLIII (1950). — [2] Coward, K. H.: Brit. med. J. **1942 I**, 435. — [3] Popper, H., and S. Brenner: J. Nutrit. **23**, 431 (1942). — [4] Moore, T., and J. E. Payne: Biochem. J. **36**, 34 (1942). — [5] Morton, R. A., and D. G. Rosen: Biochem. J. **45**, 612 (1949). — [6] Stary, Z., F. Bursa et M. Yuvanidis: Bull. Fac. méd. Istanbul **16**, 496 (1953). — [7] Vinogradova, Z. A.: Rybnoe Choz. **27**, 56 (1951) [Chem. Abstr. **46**, 5266g]. — [8] Braun, W., and N. B. Carle: J. Nutrit. **26**, 549 (1943). — [9] Dann, W. J.: Biochem. J. **26**, 1072 (1932). — [10] Dann, W. J.: Biochem. J. **28**, 634 (1934). — [11] Dann, W. J.: Biochem. J. **28**, 2141 (1934). — [12] Dann, W. J.: Biochem. J. **27**, 1998 (1933). — [13] Bisceglie, V.: Boll. Soc. ital. Biol. sperim. **22**, 1115 (1946). — Dubouloz, P., et C. Gasquy: C. R. Soc. Biol. **140**, 621 (1946). — Ghosh, A. R., and B. C. Guha: Ind. J. med. Res. **22**, 521 (1935). — Sinnhuber, R. O., and D. K. Law: Industr. engng. Chem. **39**, 1309 (1947) [Chem. Abstr. **42**, 725i. — [14] Jameson, H. L., J. C. Drummond and K. H. Coward: Biochem. J. **16**, 482 (1922). — [15] Drummond, J. C., S. S. Zilva and K. H. Coward: Biochem. J. **16**, 518 (1922). — [16] Lovern, J. A., R. A. Morton and J. Ireland: Biochem. J. **33**, 325 (1939).

Tabelle 57. Vitamin A-Gehalt der Lebern verschiedener Tierarten. (Alle Angaben in I.E./g frisches Lebergewebe. So = Sommer, Wi = Winter.)

Säugetiere:	
Schaf[1]	468 (So) 450 (Wi)
Rind[1]	151 (So) 83 (Wi)
Kalb[1]	80 (So) 11 (Wi)
Schwein[1]	18 (So) 12 (Wi)
Pferd[2]	628 (32—2000)
Kaninchen[3]	201
Meerschweinchen[3]	82
Eisbär[4]	24000—26000
Seehund (Phoca groenlandica)[5]	3400
Seehund (Phoca barbata)[4]	12000—14000
Hooded Seal (Cystophora cristata)[5]	24000
Pottwal[6], Lebergewicht 400 kg*	5800
Blauwal[6], Lebergewicht 750 kg*	♂ 4750 ♀ 3000
Finwal[6], Lebergewicht 550 kg	♂ 1500 ♀ 700
Buckelwal (Humpback whale)[6], Lebergewicht 300 kg	♂ 700 ♀ 300
Vögel:	
Huhn[3]	854
Küken (1—4 Wochen)[3]	61
Ente[3]	427
Wildente[3]	916
Entenküken[3]	10
Gans[3]	328
Pute[3]	109
Taube[3]	252
Seefische:	
Thunfisch (Thynnus thunnus)[7]	6500—20000
Schwertfisch (Xiphias gladius)[7]	3800—6000
Schwertfisch (Xiphias gladius)[8]	4300—4650
Geißbrassen (Sargus rondoletti)[8]	4000
Goldbrassen (Pagellus erythrinus)[8]	3800
Makrele (Scomber scombrus)[8]	820
Bonito (Sarda sarda)[8]	1150—1260
Steinbutt (Rhombus maximus)[8]	330—780
Meeraesche (Mugil chelo)[8]	54—112
Scharbe (Pleuronectes unimaculatus)[8]	100
Pneumatophores colias[8]	270
Dorade (Chrysophrys aurata)[8]	110
Lepidotrigla aspera[8]	130
Alosafalla nilotica[8]	670
Blaufisch (Tannodon saltator)[8]	1050

besonders große Vitamin A-Mengen an. Polarforscher, die die Lebern von erlegten Eisbären verzehrten, erkrankten unter schweren Hauterscheinungen[9], die als Folgen einer A-Hypervitaminose aufgefaßt werden und die an Ratten, sowohl

* Gesamt-Axerophtholgehalt einer Walleber etwa 0,1 kg.

1 Moore, T., and J. E. Payne: Biochem. J. **36**, 34 (1942). — 2 Rudra, M. N.: Biochem. J. **40**, 500 (1946). — 3 Harris, F.: Vitamine u. Hormone **2**, 151 (1943). — 4 Rodahl, K., and T. Moore: Biochem. J. **37**, 166 (1943). — 5 Rodahl, K., and A. W. Davies: Biochem. J. **45**, 408 (1949). — 6 Mrochkov, K. A.: Rybnoe Choz. **27**, 54 (1951) [Chem. Abstr. **46**, 5266[i]]. — 7 Buffa, A.: Conserve e Derivati agrum. **1**, 16 (1952). — 8 Stary, Z., F. Bursa u. M. Yuvanidis: Bull. Fac. méd. Istanbul **16**, 496 (1953). — 9 Doutt, J. K.: J. Mammal. **21**, 356 (1940).

durch Zufuhr von Vitamin A-Konzentraten als auch durch Verfütterung von Eisbärleber, reproduziert werden konnten[1]. Ähnlich große Mengen von Vitamin A wie der Eisbär speichert auch der arktische Fuchs in seiner Leber, während die Leber des Walrosses und die des Schneehasen nur relativ kleine Mengen von Vitamin A enthält[2].

Es ist möglich, daß der hohe Vitamin A-Gehalt der Lebern von Seetieren und Polartieren mit der Notwendigkeit andauernden Dämmerungssehens in Zusammenhang steht. Andererseits hat die Untersuchung des sich am Meeresboden ansammelnden Schlamms ergeben, daß dieser große Mengen der in Vitamin A verwandelbaren Carotine, aber nur kleine Mengen von Oxycarotinoiden enthält[3]. In den grünen Land- und Seepflanzen überwiegen dagegen Oxycarotinoide vom Typ des Xanthophylls bei weitem über die Carotine.

Ebenso wie in der Leber des Säugetiers, ist das Vitamin A auch in der Fischleber zum Teil in veresterter Form enthalten[4]; so ist z.B. im Heilbuttöl 95% des Vitamin A in veresterter Form und nur 5% in freier Form vorhanden[5]. Im Leberöl von Stereolepsis ishinagi wurde der Palmitinsäureester des Vitamin A nachgewiesen[6].

In den Fischleberölen liegt das Vitamin A zum Teil in Form von Neovitamin A[7] vor, das sich von dem gewöhnlichen Vitamin A durch die cis-Stellung der primären Alkoholgruppe unterscheidet. Die Umwandlung des Neo-β-Carotin in gewöhnliches β-Carotin kann im Verdauungstrakt der Ratte erfolgen; Neo-β-Carotin ist daher als Provitamin wirksam[8]. Neovitamin A und Vitamin A können im Organismus der Ratte ineinander übergeführt werden. In der Leber der Tiere sammelt sich eine Mischung beider Isomeren an. (Über den Gehalt an Neovitamin A in Fischleberölen vgl. Tabelle 58, über den Nachweis des Neovitamin A in Fischleberölen vgl. [9].)

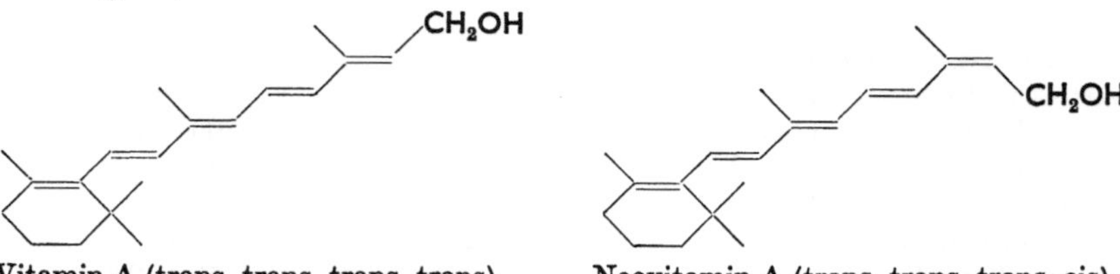

Vitamin A (trans, trans, trans, trans) Neovitamin A (trans, trans, trans, cis)

Tabelle 58. Gehalt an Neovitamin A im Leberöl einiger Fische (in Prozenten des Gesamt-Vitamin A-Gehalts)[10] (vgl. a. [11]).

Hai (Dakar)	42	Roter Thunfisch (Spanien)	55
Hai (Argentinien)	42	Roter Thunfisch (Portugal)	46
Hai	18		

[1] Rodahl, K., and T. Moore: Biochem. J. **37**, 166 (1943). — [2] Rohdal, K.: Nature **164**, 530 (1949). — [3] Fox, D. L., D. M. Updegraff and G. D. Novelli: Arch. Biochem. **5**, 1 (1944). — Fox, D. L., and C. H. Oppenheimer: Arch. Biochem. **51**, 323 (1954). — [4] Reti, L.: C. R. Soc. Biol. **120**, 577 (1935). — Kascher, H. M., and J. G. Baxter: Industr. engng. Chem. (II) **17**, 499 (1945). — [5] Reed, G., E. C. Wise and R. J. L. Frundt: Industr. engng. Chem. (II) **16**, 509 (1944). — [6] Hamano, S.: Sci. Pap. Inst. physic. chem. Res., Tokyo **26**, 87 (1935). — [7] Robeson, C. D., and J. G. Baxter: Nature **155**, 300 (1945). Am. Soc. **69**, 136 (1947). — [8] Kemmerer, A. R., and G. S. Fraps: J. biol. Ch. **161**, 305 (1945). — [9] Cama, H. R., F. D. Collins and R. A. Morton: Biochem. J. **50**, 48 (1952). — [10] Meunier, P., et J. Jouanneteau: Bull. Soc. Chim. biol. **30**, 260 (1948). — [11] Hayes, E., and M. Petitpierre: J. Pharmacy Pharmacol. **4**, 879 (1952).

In den Leberölen, insbesondere von Süßwasserfischen, ist neben Vitamin A_1 (Axerophthol) auch Vitamin A_2 vorhanden[1,2]. Spektroskopische Schätzungen des Vitamin A_2-Gehalts mit Hilfe der $SbCl_3$-Methode ergaben, daß bei einigen Süßwasserfischen [Esox lucius (Hecht), Perca fluviatilis (Barsch), Lucioperca lucioperca, Silurus glanis] der Vitamin A_2-Gehalt mehr als 66—73% des Gesamtvitamin A-Gehalts beträgt[3]. Nach anderen Analysen ist im Leberöl vom Hecht (Esox lucius) nur Vitamin A_2 vorhanden[4]. Die Lebern anderer Süßwasserfische [Salmo irideus (Forelle), Cyprinus carpio (Karpfen), Acipenser sturio (Stör) und Salmo salmo (Lachs)] enthalten nur etwa 30—45% Vitamin A_2 (s.[3,5]). Seefische [Gadus merlangus (Merlan), Hippoglossus hippoglossus, Stereolepsis ishinagi] enthalten nur relativ wenig (3—20%) Vitamin A_2 (s.[3]), beim Dorsch beträgt das Verhältnis von Vitamin $A_1 : A_2$ etwa 7,5:1 (s.[6]). Die Leber eines in Schottland gelandeten Störs (Acipenser sturio) enthielt 30 g Vitamin A_1-ester und 7 g Vitamin A_2-ester[7]. Auch die Lebern von Landtieren (Schaf, Huhn, Frosch) enthalten nur 2—20% des Axerophthols Vitamin A_2 (s.[3]). Fütterungsversuche an Frosch[3] und Ratte[3,8] ergaben jedoch, daß diese Tiere Vitamin A_2 ebenso resorbieren und in der Leber speichern wie Vitamin A_1. Neben der Leber nahm auch die Retina von Ratten oral verabreichtes Vitamin A_2 leicht auf, während das Blutplasma auch nach mehrwöchiger Zufuhr von Vitamin A_2 noch erhebliche Mengen von Vitamin A_1 enthielt[8]. Es scheint, daß auch das Vitamin A_2 durch Spaltung von Carotin gebildet wird. Wurde Carotin (Gemisch von α- und β-Carotin) an Weißfische (Leuciscus vulgaris) verfüttert, so stieg der Gehalt des Lebergewebes an Vitamin A_1 auf 13 mg-%, der an Vitamin A_2 auf 14,6 mg-% (gegen je 3,8 mg-% A_1 und A_2 bei den Kontrolltieren)[9].

Die biologische Bedeutung des im Leberöl von Walen in beträchtlicher Menge vorkommenden Kitols[10] ist unbekannt. Es ergibt bei der Molekulardestillation Vitamin A, ist jedoch als solches biologisch unwirksam. Auch in der Leber anderer Tierarten (Hai, Schaf) ist Kitol nachgewiesen worden[11].

8. Der Vitamin A-Stoffwechsel bei geschädigter Leberfunktion.

Lebererkrankungen können, wenn sie mit einer Störung der Gallenausscheidung einhergehen, eine Verminderung der Vitamin A-Resorption zur Folge haben. Bei Fällen von langdauerndem Ikterus[12,13], Hepatitis, Lebercirrhose u. a.[13–15] findet man meist niedrige Vitamin A-Werte im Blut. Durch Verabreichung von Galle per os kann man die Resorption des Vitamin A steigern[12,15,16].

Andererseits scheint die geschädigte Leber unfähig zu sein, den Vitamin A-Gehalt des Blutes in normaler Weise zu regulieren. Der Vitamin A-Gehalt des Lebergewebes selbst kann bei Lebererkrankungen vermehrt oder auch vermindert sein.

[1] LEDERER, E., V. ROSANOVA, A. E. GILLAM and I. M. HEILBRON: Nature **140**, 233 (1937). — [2] EDISBURY, J. R., R. A. MORTON and G. W. SIMPKINS: Nature **140**, 234 (1937). — [3] LEDERER, E., and F. H. RATHMANN: Biochem. J. **32**, 1252 (1938). — [4] JENSEN, J. L., E. M. SHANTZ, N. D. EMBREE, J. D. CAWLEY and P. L. HARRIS: J. biol. Ch. **149**, 473 1943). — [5] CARDOSA, H. T.: Mem. Inst. Oswaldo Cruz **47**, 557 (1949) [Chem. Abstr. **46**, 9803e]. — [6] MORTON, R. A., and A. L. STUBBS: Biochem. J. **40**, LIX (1946). — [7] LOVERN, J. A., R. A. MORTON and J. IRELAND: Biochem. J. **33**, 325 (1939). — [8] SHANTZ, E. M., N. D. EMBREE, H. C. HODGE and J. H. WILLS jr.: J. biol. Ch. **163**, 455 (1946). — [9] MORTON, R. A., and R. H. CREED: Biochem. J. **33**, 318 (1939). — [10] EMBREE, N. D., and E. M. SHANTZ: Am. Soc. **65**, 910 (1943). — [11] EMBREE, N. D., and E. M. SHANTZ: U.S. Pat. 2,414,458 (21. 1. 1947); 2,434,687 (20. 1. 1948) [Ann. Rev. **18**, 391 (1949)]. — [12] BREESE, B. B., and A. B. MCCOORD: J. Pediatr. **16**, 139 (1940). — [13] POPPER, H., F. STEIGMANN and S. ZEVIN: J. clin. Invest. **22**, 775 (1943). — [14] POPPER, H., F. STEIGMANN, K. A. MEYER and S. S. ZEVIN: Arch. internal Med., Chicago **72**, 439 (1943). — [15] HAIG, C., and A. J. PATEK jr.: J. clin. Invest. **21**, 309 (1942). — [16] SPECTOR, S., C. F. MCKHANN and E. R. MESERVE: Amer. J. Dis. Children **66**, 376 (1943).

Gering ist der Vitamin A-Gehalt cirrhotischer Lebern[1]. Andererseits kann verfettetes Lebergewebe besonders viel Vitamin A aufnehmen. So fand sich bei CCl_4-vergifteten Ratten das Vitamin A in den geschädigten Teilen des Lebergewebes in größerer Menge als in den normal gebliebenen Teilen. Nach Vitamin A-Zufuhr nahmen die geschädigten Leberpartien das Vitamin A rascher auf und gaben es im Vitamin A-Mangel langsamer ab als die ungeschädigten Leberabschnitte[2].

Der Vitamin A-Gehalt des Blutplasmas [normal 72–157 I.E. je 100 cm^3 (= 0,02 bis 0,05 mg-%), im Mittel 113 I.E. je 100 cm^3 (= 0,038 mg-%)[3]] ist bei Lebererkrankungen oft sehr stark vermindert[4,5]. Eine der Ursachen ist die bei Gallensperre verminderte Resorption des Vitamin A und der Carotine. Wird der Gallengang von Vitamin A-Mangel-Ratten abgebunden oder mit dem Colon verbunden, so unterbleibt die Resorption des Carotins und kommt erst wieder in Gang, wenn den Ratten Gallensäuren per os gegeben werden[6], die mit den Carotinen diffusible, wasserlösliche Komplexe bilden[7]. Auch bei ikterischen Menschen ist die Resorption von Vitamin A verlangsamt und wird durch Zufuhr von Gallensäuren per os gebessert[8].

Das Ausmaß, in dem der Vitamin A-Spiegel des Blutplasmas absinkt, geht zwar meist der Schwere der Leberparenchymschädigung parallel, nicht aber der Dauer oder dem Grade der Gallensperre; neben der durch die Gallensperre verringerten Resorption ist auch die Fähigkeit des Lebergewebes, Vitamin A aus dem Blut aufzunehmen und wieder abzugeben, gestört. Daß langdauernde Lebererkrankungen Hemeralopie und Keratomalacie zur Folge haben können, ist eine alte klinische Erfahrung. Retention von Vitamin A in den verfetteten Leberzellen kann als Ursache für verringerten Vitamin A-Gehalt des Blutes in Betracht kommen. Die Tatsache, daß die niedrigen Vitamin A-Werte des Blutserums bei Leberstörungen auch nach Zufuhr von Vitamin A nicht ansteigen, ist als Methode der klinischen Leberfunktionsprüfung verwendet worden[9]. Dagegen wurde während der Rekonvaleszenz nach Hepatitiden aber auch nach anderen Erkrankungen häufig eine (von der Ernährung unabhängige) Vermehrung des Vitamin A-Gehalts des Blutplasmas beobachtet[10].

γ) Vitamin D.

1. Die Leber und die Resorption der D-Vitamine.

Ebenso wie für die Resorption der anderen fettlöslichen Vitamine ist auch für die Resorption der Vitamine und Provitamine der D-Gruppe die Anwesenheit der Gallensäuren im Darm erforderlich. Die bei langdauernder Acholie beobachtete negative Ca-Bilanz[11] ist nicht nur auf mangelhafte Resorption von Ca-

---

[1] WOLFF, L. K.: Lancet **1932 II**, 617. — BREUSCH, F., u. R. SCALABRINO: Z. ges. exp. Med. **94**, 569 (1934). — COX, A. J.: Proc. Soc. exp. Biol. Med. **47**, 333 (1941). — POPPER, H.: Physiol. Rev. **24**, 205 (1944). Arch. Path., Chicago **31**, 766 (1941). — [2] POPPER, H., F. STEIGMANN and H. A. DYNIEWICZ: Proc. Soc. exp. Biol. Med. **50**, 266 (1942). — [3] YUDKIN, S.: Biochem. J. **35**, 551 (1941). — [4] POPPER, H., and F. STEIGMANN: J. amer. med. Ass. **123**, 1108 (1943). — MARCHE, J.: Bull. Ass. Études physio-path. Foie **1**, 157 (1946). — [5] WENDT, H.: Kli. Wo. **1935 I**, 9. — LASCH, F.: Kli. Wo. **1938 II**, 1107. — CHEVALLIER, A., J. OLMER et J. VAGUE: Bull. Mém. Soc. méd. Hôp. Paris **55**, 928 (1939). — FIESSINGER, N., et H. TORRES: C. R. Soc. Biol. **135**, 636 (1941). — GOUNELLE, H., et J. MARCHE: C. R. Soc. Biol. **137**, 672 (1943). — LIVIERATOS, S., A. DERVENAGAS et C. ANDRIOTAKIS: Presse méd. **58**, 614 (1950). — [6] GREAVES, J. D., and C. L. A. SCHMIDT: Amer. J. Physiol. **111**, 492, 502 (1935). — [7] DRUMMOND, J. C., and R. J. MACWALTER: J. Physiol., London **83**, 236 (1934). — [8] BREESE, B. B., and A. B. MCCOORD: J. Peditr. **16**, 139 (1940). — [9] ADLERSBERG, D., H. SOBOTKA and B. BOGATIN: Gastroenterol., Baltimore **4**, 164 (1945). — [10] STEIGMANN, F., K. A. MEYER and H. POPPER: Ann. internal Med. **22**, 832 (1945). — [11] PAVLOV, I. P.: Verh. Ges. russ. Ärzte **72**, 314 (1904). — LOOSER, E.: Verh. dtsch. path. Ges. **11**, 291 (1908). —SEIDEL, H.: M. m. W. **1910 II**, 2034.—GILLERT, E.: Z. ges. exp. Med. **43**, 539 (1924). — DIETRICH, H.: Beitr. klin. Chir. **134**, 530 (1925). — DÜTTMANN. G.: Beitr. klin. Chir. **139**, 720 (1927). — BUCHBINDER, W. C., and R. KERN: Arch. internal Med., Chicago **40**, 900 (1927). Amer. J. Physiol. **80**, 273 (1927). — RIGANO-IRRERA, D.: Cultura med. mod. **10**, 43 (1931). — HOUET, R.: Ann. Pediatr. **167**, 113 (1946).

Seifen[1], sondern vor allem auf eine Verschlechterung der Resorption der D-Vitamine zurückzuführen[2,3]. Bei Ratten konnte eine negative Ca- und P-Bilanz durch operative Unterbindung des Gallengangs erzielt werden; per os verabreichtes bestrahltes Ergosterin wurde von diesen Tieren nur dann resorbiert, wenn gleichzeitig Galle oder Cholate gegeben wurden[4,5]. Bei Hunden mit Gallenfistel trat eine Osteoporose auf[6]. Die durch Cholecystektomie bei Hunden ausgelöste negative P- und Ca-Bilanz wurde nach subcutaner Verabreichung von D-Vitamin positiv[7]. Auch für die Resorption der in bestrahlten Ergosterinpräparaten enthaltenen Calcinosefaktoren scheint Galle erforderlich zu sein. Nach oraler Verabreichung großer Dosen derartiger Präparate wurde bei Gallenfistelhunden keine Hypercalcämie beobachtet[5].

2. Die Speicherung der D-Vitamine in der Leber und ihre Ausscheidung mit der Galle.

Der Abtransport der resorbierten D-Vitamine und Provitamine aus dem Darm scheint vor allem auf dem Lymphweg zu erfolgen. Mit ^{14}C markiertes Ergosterin erschien bei Ratten mit Thoracicusfistel zum Teil in der Lymphe[8]. Ähnlich wie das Vitamin A gelangt also auch ein Teil der D-Provitamine zunächst in den großen Kreislauf und dann erst in die Leber. Trotzdem wird die Hauptmenge der mit der Nahrung aufgenommenen D-Provitamine zunächst in der Leber gespeichert. Wurde Ergosterin, das mit ^{14}C markiert war, normalen Ratten oral verabreicht, so fanden sich 6 Std später 2,4–3,7% der Radioaktivität in der Leber, 0,1—0,3% in der Milz, 0,1—0,5% in der Lunge, etwa 0,1% in den Nebennieren vor. Die Hauptmenge des Ergosterins war zu diesem Zeitpunkt noch im Intestinaltrakt zurückgeblieben; 0,5—1,0% der Gesamtmenge wurde innerhalb von 6 Std im Harn ausgeschieden. Ein nennenswerter Abbau des verabreichten Ergosterins war nicht erfolgt. Die Hauptmenge des zu diesem Zeitpunkt in der Leber enthaltenen ^{14}C war in unveränderten Ergosterinmolekülen enthalten[8].

Ebenso wie das Ergosterin (Provitamin D_2) wird auch das Vitamin D_2 in der Leber gespeichert. Während die Lebern D-vitaminfrei ernährter Ratten praktisch kein Vitamin D enthielten, fand sich nach oraler Zufuhr einer großen Dosis von Vitamin D_2 ein erheblicher Prozentsatz des resorbierten Vitamins in der Leber[9] (vgl. Abb. 45). Nach oraler Verabreichung einer einmaligen großen Vitamin D-Dosis an Kaninchen blieb das Vitamin in der Leber der Tiere auch bei nachfolgender vitamin-D-freier Ernährung weit länger nachweisbar als in den anderen Organen. 12 Wochen nach der Verabreichung war das Vitamin außer in der Leber nur noch im Blutplasma der Tiere in nachweisbaren Mengen vorhanden[10]. Neben der Leber nimmt auch der Knochen Vitamin D auf. Normale Meerschweinchen enthielten in der Leber 0,12 mg-%, im Blut 0,10 mg-%, Knochenmark 0,10 mg-%, Knochen 0,17 mg-% (Spongiosa) bzw. 0,018 mg-% (Compacta) Vitamin D; 8 Tage nach Injektion von 6,25 mg Vitamin D_2 war der Vitamin D_2-Gehalt der Leber auf 0,2 mg-%, der der Spongiosa auf 0,28 mg-% angestiegen[11].

Bei Ratten fand sich intravenös injiziertes, radioaktives ^{14}C-Ergosterin 6 Std nach der Injektion zu 78% in der Leber; im Verlaufe von 3 Tagen sank die in der

---

[1] Klinke, K.: Kli. Wo. **1928 I**, 385. — Ergebn. Physiol. **26**, 279 (1928). — [2] Tammann, H.: Beitr. klin. Chir. **142**, 83 (1928). — [3] Seifert, E.: Beitr. klin. Chir. **136**, 496 (1926). — [4] Greaves, J. D., and C. L. A. Schmidt: J. biol. Ch. **102**, 101 (1933). — [5] Taylor, N. B., C. B. Weld and J. F. Sykes: Brit. J. exp. Path. **16**, 302 (1935). — Heymann, W.: J. biol. Ch. **122**, 249, 257 (1937). — [6] Wisner, F. P., and G. H. Whipple: Amer. J. Physiol. **59**, 119 (1922). — [7] Greaves, J. D., and C. L. A. Schmidt: Proc. Soc. exp. Biol. Med. **29**, 373 (1932). — [8] Hanahan, D. J., and S. J. Wakil: Arch. Biochem. **44**, 150 (1953). — [9] Cruickshank, E. M., and E. Kodicek: Biochem. J. **54**, 337 (1953). — [10] Heymann, W.: J. biol. Ch. **118**, 371 (1937). — [11] Pietrogrande, V., e L. Emanuele: Ortop. Traumatol. Appar. mot. **20**, 45 (1952) [Chem. Abstr. **47**, 4447[b]].

Leber vorhandene Radioaktivität auf 27% der verabreichten Menge ab, da ein großer Teil inzwischen mit der Galle ausgeschieden worden war. 64% der mit der Galle ausgeschiedenen Radioaktivität war im Unverseifbaren (jedoch nicht als Ergosterin) vorhanden, 33% wurden in der verseifbaren (Gallensäure ?) Fraktion nachgewiesen[1]. Die Leber ist also auch zum teilweisen Abbau des Ergosterins befähigt. Als Zwischenprodukt wird hierbei jedoch nicht Cholesterin gebildet, denn in der Galle ausgeschiedenes Cholesterin und Dehydrocholesterin zeigten in diesen Versuchen keine Radioaktivität[1].

Während Ergosterin in der Galle von Ratten in teilweise abgebauter Form ausgeschieden wird, erschien das Vitamin D_2, das Gallenfistelhunden in Propylenglykol gelöst intravenös injiziert worden war, in der Galle als solches. Außer in der Leber wird das Vitamin D aber auch von der Darmwand ausgeschieden. Hunde, deren Gallengang abgebunden worden war, schieden trotzdem erhebliche Mengen von Vitamin D mit dem Stuhl aus[2].

Es ist nicht klar, inwieweit die bei Laboratoriumstieren erhaltenen Resultate auf den Menschen übertragen werden dürfen. Bei einem Kind, das 4 Tage nach der Verabreichung von 15 mg Vitamin D_2 an Pneumonie verstorben war, wurden im Gehirn 1,6 mg, in den Nieren 0,6 mg, in der Leber aber nur 0,04 mg Vitamin D nachgewiesen[3]. Auch bei Tieren ist der Vitamin D-Gehalt der Leber in den ersten Lebenswochen niedriger als im späteren Alter.

3. Der Vitamin D-Gehalt der Fischlebern.

Die Heilwirkung des Fischleberöls bei der experimentellen Rachitis wurde — lange vor der Entdeckung des Vitamin D selbst — an Hunden[4] und Ratten[5] beobachtet und die Verschiedenheit des antixerophthalmischen und des antirachitischen Prinzips zuerst an Lebertran gezeigt[5]. Die Ursache, warum sich in der Leber mancher Fischarten große Mengen von Vitamin D ansammeln, ist unbekannt. Der Dorsch und die meisten anderen Fischarten, deren Leber große Mengen Vitamin D enthält, leben meist in Meerestiefen, in die ultraviolettes Licht, dessen wirksame Strahlen schon in 2,9–5,5 m Tiefe auf 0,001% reduziert werden[7], nicht eindringen kann. Es ist vermutet worden, daß überschüssiges Vitamin D im Lungengewebe der Landtiere zerstört[8], bei Fischen aber in der Leber abgelagert wird, und in vitro

Tabelle 59. Gehalt der Leberöle verschiedener Fischarten an Vitamin A und D[6].

Fischart	Vitamin A I.E./g	Vitamin D I.E./g
Thunfisch	20000—148000	30— 70000
Albacore-Thunfisch	250000	25—250000
Bonito	14000	20000
Schwertfisch	20000— 32000	20—25000
Makrele	30000—210000	5400
Heilbutt	4400—135000	550—20000
Steinbutt	10000	400
Hai	31000	100
Langfisch	34500	700
Dorsch	2000	85—500
Lachs	5800	475
Barsch	10000	750
Hecht	14400	500
Weißfisch	20000	1000

[1] Hanahan, D. J., and S. J. Wakil: Arch. Biochem. **44**, 150 (1953). — [2] Heymann, W.: J. biol. Ch. **122**, 257 (1937). — [3] Houet, R.: Ann. Pediatr. **166**, 169 (1946). C. R. Soc. Biol. **141**, 1209 (1947). — [4] Mellanby, E.: Lancet **1919 I**, 407; **1920 I**, 856. — [5] McCollum, E. V., N. Simmonds, J. E. Becker and P. G. Shipley: J. biol. Ch. **53**, 293 (1922). — [6] Nach Vogel, H., u. H. Knobloch: Chemie und Technik der Vitamine. 3. Aufl. Bd. 1, S. 211. Stuttgart 1950. — sowie Butler, C.: Comm. Fish. Rev. **8**, Nr. 13 (1946). — [7] Atkins, W. R. G., and H. H. Poole: Philos. Trans. R. Soc. London (B) **222**, 129 (1933). — [8] Coppens, P. A., u. G. A. Metz: B. Z. **266**, 169 (1933).

durchgeführte Versuche haben gezeigt, daß Lungengewebe Vitamin D abzubauen vermag[1]. Andererseits enthält das Plankton, das direkt oder indirekt die Ernährungsgrundlage der Seefische bildet, nur geringe Mengen von Vitamin D; im Phytoplankton konnte kein Vitamin D nachgewiesen werden[2], und die Meeresdiatomee Nitzschia closterium, die große Mengen von Vitamin A bildet und als ursprünglicher Hersteller des in den Fischlebern enthaltenen Vitamin A angesehen wird[3,4], erzeugt kein Vitamin D s. [5]. Dagegen konnte gezeigt werden, daß Zooplankton, vornehmlich bestehend aus an der Meeresoberfläche lebenden kleinen Crustaceen u.a., Vitamin D, in wenn auch beschränkter Menge[2,6], enthält. Es ist wahrscheinlich, daß das aus diesem Plankton stammende Vitamin D sich nach Passage durch kleinere Fische schließlich in der Leber der größeren Raubfische ansammelt.

Das in den Fischlebern vorkommende Vitamin D ist, wie für Thunfisch[7], Heilbutt[8] und Bluefin-Thune[9] erwiesen, Vitamin D_3. Aus Lebertran dargestelltes Vitamin D erwies sich daher im Hühnchentest als wirksamer, als das durch Bestrahlung von Ergosterin gewonnene Vitamin D_2. In geringer Menge enthalten die Fischlebern aber auch Vitamin D_2 (s.[10]) und wohl auch noch andere antirachitisch wirkende Substanzen ähnlicher Konstitution.

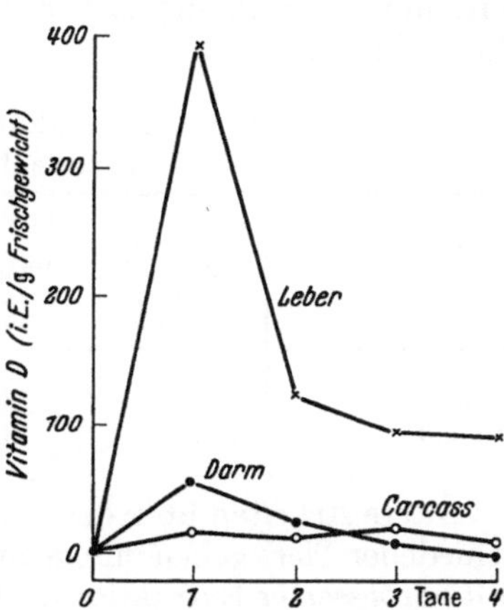

Abb. 46. Die Leber als Vitamin D-Speicher. 24 Std nach Verabreichung von 40000 I.E. Vitamin D_3 an D-vitaminfrei ernährte junge Ratten hatte sich die Hauptmenge des resorbierten Vitamins in der Leber angesammelt. Ein Teil des zunächst von der Leber aufgenommenen Vitaminüberschusses wird noch am gleichen Tage wieder ausgeschieden und fand sich in den Faeces; doch bleiben erhebliche Mengen Vitamin D auch in der Folgezeit noch lange in der Leber zurück[12]. Die Leber speichert also einerseits das Vitamin D, verhindert andererseits auch das Auftreten einer Hypervitaminose, indem sie die überschüssigen Vitaminmengen wieder zur Ausscheidung bringt.

δ) Vitamin E.

1. Der Vitamin E-Gehalt der Leber.

Bei geringer Vitamin E-Zufuhr nimmt die Leber weniger Vitamin auf als die meisten anderen inneren Organe, große Vitamin E-Dosen werden hingegen zu einem hohen Prozentsatz von der Leber aufgenommen[11]. In Herzmuskel, Lungen und Milz von Ratten, die suboptimale Mengen von Vitamin E erhielten, war je g etwa 4mal mehr Tokopherol vorhanden als in der Leber[11]. Bei ausreichender Vitamin E-Zufuhr wird das Vitamin vor allem im Körperfett der Ratten gespeichert[13], und auch der Vitamin E-Gehalt der Muskulatur ist bei normaler Ernährung nicht viel geringer als der der Leber. Doch stieg bei Zufuhr unphysiologisch großer Mengen von Tokopherol der Vitamin E-Gehalt der Leber auf das 150fache, der der Muskulatur nur auf das 12fache an[11]. Auch bei zusätzlicher Zufuhr mittelgroßer Dosen wurde der Tokopherolgehalt der Leber bei Ratte und Kaninchen rascher vermehrt als der der Muskulatur[14]. Ähnliche Zunahmen des

[1] Coppens, P. A., u. G. A. Metz: B. Z. **266**, 169 (1933). — [2] Drummond, J. C., and E. R. Gunther: Nature **126**, 398 (1930). — [3] Drummond, J. C., S. S. Zilva and K. H. Coward: Biochem. J. **16**, 518 (1922). — [4] Jameson, H. L., J. C. Drummond and K. H. Coward: Biochem. J. **16**, 482 (1922). — [5] Leigh-Clare, J. L.: Biochem. J. **21**, 368 (1927). — [6] Copping, A. M.: Biochem. J. **28**, 1516 (1934). — [7] Brockmann, H.: H. **241**, 104 (1936). — [8] Brockmann, H.: H. **245**, 96 (1937). — [9] Brockmann, H., u. A. Busse: H. **249**, 176 (1937). — [10] Brockmann, H., u. A. Busse: H. **256**, 252 (1938). — [11] Mason, K. E.: J. Nutrit. **23**, 71 (1942). — [12] Cruickshank, E. M., and E. Kodicek: Biochem. J. **54**, 337 (1953). — [13] Quaife, M. L., and M. Y. Dyu: J. biol. Ch. **180**, 263 (1949). — [14] Hines, L. R., and H. A. Mattill: J. biol. Ch. **149**, 549 (1943).

Tokopherolgehalts der Leber wurden nach Zufuhr des Vitamins auch bei Schweinen beobachtet[1]. Beim Truthahn stieg nach Verfütterung von Gemischen von α- und γ-Tokopherol der Tokopherolgehalt der Leber bis auf 22,5 mg-% frisches Gewebe[2].

Der Logarithmus der in der Rattenleber 3 Tage nach der Verabreichung einer einmaligen Vitamin E-Dosis enthaltenen Vitaminmenge war der Größe der aufgenommenen Dosis des Vitamins annähernd proportional[3]. Mit dem logarithmischen Verlauf der Vitaminspeicherung in der Leber stimmt es überein, daß der Vitamin E-Gehalt der Leber bei der E-Avitaminose nur langsam abfällt[4] (vgl. die Tabelle).

Tabelle 60. Tokopherolgehalt von Leber und Muskulatur [in mg-% frischer Substanz (Mittelwerte)][4].

	Kaninchen			Ratte		
	Vitamin E-Zufuhr reichlich	Vitamin E-Zufuhr normal	Vitamin E-Mangel	Vitamin E-Zufuhr reichlich	Vitamin E-Zufuhr normal	Vitamin E-Mangel
Leber	8,7	0,9	0,9	4,2	2,2	2,3
Muskel	2,8	0,8	0,6	1,2	0,8	0,5

Ältere Arbeiten über den Tokopherolgehalt der Leber des Menschen[5] und verschiedener Tiere geben infolge unzureichender Extraktion meist zu niedrige Werte. Mit verbesserter Extraktionstechnik konnten in den Lebern normaler durch Unfall plötzlich verstorbener Menschen 2,2—2,5 mg Gesamt-Tokopherol je 100 g frische Substanz[2] nachgewiesen werden. Gleichwohl beträgt die in der normalen Leber gespeicherte Vitamin E-Menge (etwa 30 mg) weniger als 1% des im Gesamtorganismus enthaltenen Gesamt-Tokopherolvorrats, der auf mehrere Tausend mg geschätzt werden kann. Die Hauptmenge des im menschlichen Körper enthaltenen Vitamin E ist nicht in der Leber, sondern im Fettgewebe gespeichert. Aus menschlichen Leichen entnommenes subcutanes Fettgewebe enthielt 2,5—5,0 mg Vitamin E je 100 g feuchte Substanz[6].

Das im menschlichen Organismus enthaltene Tokopherol ist vor allem α-Tokopherol, daneben können wechselnde Mengen von β- oder γ-Tokopherol vorhanden sein; in den Organen einer 43jährigen Frau betrug der Gehalt an β- und γ-Tokopherol 20—40% der Gesamt-Tokopherolmenge[6]. Beim neugeborenen Menschen ist der Tokopherolgehalt der Gewebe nur gering und nimmt während des Wachstums langsam zu[7].

Das α-Tokopherol ist in der Leber teilweise in Form von Estern vorhanden, wobei das freie Tokopherol die aktive Form, das veresterte Tokopherol aber die Speicherform des Vitamins darstellt. Der Umsatz des freien Tokopherols ist 3mal so groß wie der der Ester[3].

α-Tokopherol konnte auch im Unverseifbaren der Leberöle von Fischen[8] unter anderen auch im Lebertran[9] nachgewiesen werden. Der Tokopherolgehalt des Haifischleberöls ist die Ursache seiner langsamen Autooxydation[10].

[1] Bratzler, J. W., J. K. Loosli, V. N. Krukovsky and L. A. Mainard: J. Nutrit. **42**, 59 (1950). — [2] Criddle, J. E., and A. F. Morgan: Proc. Soc. exp. Biol. Med. **78**, 41 (1951).— [3] Quaife, M. L.: 2. Int. Congr. Biochem. Paris. S. 221. 1952. — [4] Hines, L. R., and H. A. Mattill: J. biol. Ch. **149**, 549 (1943). — [5] Abderhalden, R.: Z. Vit.-Forsch. **16**, 309, 319 (1945). — [6] Quaife, M. L., and M. Y. Dyu: J. biol. Ch. **180**, 263 (1949). — [7] Mason, K. E., and M. Y. Dyu (unveröffentlicht) [Quaife, M. L.: Ann. Rev. **23**, 215, bes. 225 (1954). — [8] Brown, F.: Nature **171**, 790 (1953). — [9] Robeson, C. D., and J. G. Baxter: Am. Soc. **65**, 940 (1943). — [10] Nair, P. V., and T. A. Ramakrishnan: Bull. centr. Res. Inst. Travancore, Sér. A, **1**, 30 (1950).

2. Die Schutzwirkung des Tokopherols gegen Nekrosen der Leber.

Eine Reihe tierexperimenteller Befunde weist darauf hin, daß das Vitamin E nicht nur im Stoffwechsel der Gonaden und der Muskulatur, sondern auch im Stoffwechsel der Leber wichtige Funktionen erfüllt. Insbesondere bestehen enge Beziehungen zu dem, vorwiegend in der Leber ablaufenden Stoffwechsel der S-haltigen Aminosäuren. Ernährungsformen, die nur geringe Mengen S-haltige Aminosäuren enthalten, bewirken bei Ratten schwere Lebernekrosen[1], die durch Verabreichung von Methionin[2] oder Cystin[3,4] behoben werden können[5]. Ähnliche Leberschäden treten auch auf, wenn Tiere mit Proteinen ernährt werden, die nur wenig S-haltige Aminosäuren enthalten. So konnten z. B. durch Fütterung mit schwefelarmen Hefeproteinen bei Ratten schwere Leberschädigungen ausgelöst werden[3,6]; die Schädigungen waren um so stärker je weniger S-Aminosäureschwefel die betreffende Hefe enthielt[3]. Auch Pilzproteine[3] und Sojaproteine[7] erzeugen, wenn sie als einzige N-Quelle gegeben werden, Lebernekrosen. Die durch Ernährung mit schwefelarmen Proteinen ausgelösten Leberschäden konnten durch Tokopherolzufuhr verhindert werden[6].

Auch bei Ratten, die als einziges Nahrungsprotein ein Caseinpräparat bekamen, das mit Alkali erhitzt worden war, entwickelten sich Lebernekrosen mit fettiger Degeneration und Kernatrophie weiter Leberbezirke, die im Verlauf von etwa 40 Tagen zum Tode der Tiere führten[8]. Diese Nekrosen traten nicht auf, wenn man den Tieren α-Tokopherol oder Öl aus Weizenkeimlingen verabreichte[8]. Lebernekrosen traten auch bei Vitamin-E-frei ernährten Ratten auf, die an Stelle von natürlichem Casein, oxydiertes Casein zusammen mit Tryptophan und Methionin erhielten[9]. Zufuhr von Cystin hatte bei derartigen Ratten eine bessere Wirkung als Zufuhr von Methionin; daraus wird geschlossen, daß die Umwandlung von Methionin in Cystin bei Vitamin E-Mangel erschwert ist. Die schützende Wirkung von Cystin und Tokopherol wird als eine Entgiftungswirkung aufgefaßt[10]. Bei jungen Ratten, die eine an Vitamin E und Casein arme Nahrung erhielten, verminderte die Zufuhr von Cholin oder Inosit weder das Auftreten der Lebernekrosen noch die Entstehung einer Muskeldystrophie[11]. Durch Zulagen von Casein, Methionin oder Cystin konnte bei diesen Tieren nur die Lebernekrose, nicht aber die Muskeldystrophie verhindert werden. Bei Tieren, die α-Tokopherol erhielten, trat jedoch keine der beiden Störungen auf[11]. Hoher Fettgehalt der Nahrung scheint die Entstehung derartiger Lebernekrosen zu begünstigen[12,13] (vgl. dagegen [11]), bei älteren Tieren entwickelt sich diese Art der Lebernekrose weniger leicht als bei jungen[14].

---

[1] Weichselbaum, T. E.: Quart. J. exp. Physiol. **25**, 363 (1935). — György, P., and H. Goldblatt: J. exp. Med. **70**, 185 (1939); **75**, 355 (1942). — Webster, G.: J. clin. Invest. **20**, 440 (1941). — Earle, D. P. jr., and J. Victor: J. exp. Med. **75**, 179 (1942). — Daft, F. S., W. H. Sebrell and R. D. Lillie: Proc. Soc. exp. Biol. Med. **50**, 1 (1942). — Lillie, R. D., L. L. Ashburn, W. H. Sebrell, F. S. Daft and J. V. Lowry: U.S. Publ. Hlth. Rep. **57**, 502 (1942). — [2] Himsworth, H. P., and L. E. Glynn: Clin. Sci. **5**, 133 (1945). — [3] Hock, A., u. H. Fink: H. **279**, 187 (1943). — [4] Glynn, L. E., H. P. Himsworth and A. Neuberger: Brit. J. exp. Path. **26**, 326 (1945). — [5] Abderhalden, R.: Z. Vit.-Forsch. **16**, 309, 319 (1945). — [6] Himsworth, H. P., and O. Lindan: Nature **163**, 30 (1949). — [7] Matet, A., J. Matet et O. Friedenson: C. R. Soc. Biol. **143**, 235 (1949). — [8] Schwarz, K.: H. **281**, 101, 109 (1944). — [9] Hove, E. L., D. H. Copeland and W. D. Salmon: J. Nutrit. **39**, 397 (1949). — [10] György, P., C. S. Rose, R. M. Tomarelli and H. Goldblatt: J. Nutrit. **41**, 265 (1950). — György, P.: 1. Int. Congr. Biochem. Cambridge. S. 90. 1949. — [11] Goettsch, M.: J. Nutrit. **44**, 443 (1951). 18. Int. Congr. Physiol. Kopenhagen. S. 222. 1950. — [12] Dam, H., and H. Granados: Acta pharmacol. toxicol., København **7**, 181 (1951). — [13] Hove, E. L., D. H. Copeland and W. D. Salmon: Fed. Proc. **8**, 386 (1949). J. Nutrit. **39**, 397 (1949). — [14] Lindan, O., and H. P. Himsworth: Brit. J. exp. Path. **31**, 651 (1950).

Besonders anfällig für diese, durch kombinierten Mangel an Protein und Tokopherol hervorgerufenen Lebernekrosen scheint der schwangere Organismus zu sein. Bei graviden Ratten, die unzureichende Mengen von Vitamin E und von S-haltigen Aminosäuren erhielten, trat die Lebernekrose früher auf als bei nichtschwangeren Kontrolltieren[1]. War den Tieren vor Beginn der Schwangerschaft Tokopherol gegeben worden, so trat die Lebernekrose nicht auf[1]. Auch bei schlecht ernährten schwangeren Frauen werden, insbesondere wenn noch eine infektiöse Hepatitis hinzukommt, massive Lebernekrosen beobachtet[2], die durch einen ähnlichen Mangelzustand bedingt zu sein scheinen[1].

Ferner können durch Na-selenat hervorgerufene Leberschädigungen durch Tokopherol bei gleichzeitiger Zufuhr von Methionin verhindert werden[3] und auch auf die durch CCl_4-Zufuhr bei Ratten ausgelöste Leberverfettung hatte α-Tokopherol eine günstige Wirkung[4–7]. Das Auftreten nekrotischer Leberveränderungen konnte jedoch bei der mit CCl_4 vergifteten Ratte durch das Vitamin nicht verhindert werden[5]. Leberschnitte von Ratten, die mit CCl_4 vergiftet worden waren, zeigten einen etwa auf das Doppelte erhöhten O_2-Verbrauch; diese Steigerung des O_2-Verbrauchs wurde verringert, wenn die Tiere reichlich Vitamin E bekommen hatten[8]. Vitamin E und Vitamin B_{12} haben auf die CCl_4-geschädigte Leber eine synergistische Wirkung[9] und können sich bei CCl_4-vergifteten proteinarm ernährten jungen Ratten weitgehend ersetzen[10]. Im Gegensatz zu α-Tokopherol, das in Mengen von 1 mg täglich die Mortalität mit CCl_4 vergifteter Ratten um 20% senkte, hatte γ-Tokopherol in dieser Dosierung nur eine geringe Schutzwirkung[4]. Gleichzeitige Zufuhr von Methionin und Casein, aber auch von Xanthin steigerte die Wirkung des α-Tokopherols[4]. In ähnlicher Weise wird die (im Erscheinungsbild der CCl_4-Vergiftung ähnliche) Vergiftung mit Pyridin durch Vitamin E günstig beeinflußt[11]. Auch beim Menschen ist Vitamin E für die Therapie von Lebernekrosen vorgeschlagen worden[12].

3. Tokopherol und Leberglykogen.

Zufuhr von Tokopherol steigerte bei lebergeschädigten und bei normalen Ratten die Menge des Leberglykogens[5,13,14] und beschleunigte die Regeneration der geschädigten Leberteile[5]. Die postmortale Glykogenolyse wurde dagegen durch Zufuhr von Vitamin E nicht beeinflußt[13].

4. Das Vitamin E und die Aktivität der Leberfermente.

Die Wirkung zahlreicher, in der Leber enthaltener Enzyme wird durch Vitamin E beeinflußt. So wird die spezifische Nucleosidase, die das Nicotinsäureamid aus DPN freisetzt, durch Vitamin E gehemmt[15]. Die hemmende Wirkung des α-Tokopherylphosphats auf dieses Enzym war in Leberhomogenaten jedoch

---

[1] Lindan, O.: Brit. J. exp. Path. **32**, 471 (1951). — [2] Nixon, W. C. W., E. S. Egeli, W. Laqueur and O. Yahya: J. Obstet. Gynaec. **54**, 642 (1947). — [3] Sellers, E. A., R. W. You and C. C. Lucas: Proc. Soc. exp. Biol. Med. **75**, 118 (1950). — [4] Hove, E. L.: Arch. Biochem. **17**, 467 (1948). Ann. N. Y. Acad. Sci. **52**, 217 (1949). — [5] Krone, H. A.: Int. Z. Vit.-Forsch. **24**, 12 (1952). — [6] Moretti, I.: Acta vitaminol., Milano **6**, 163 (1952). — [7] Hartmann, F., R. Hertel, G. Schulze and H. Wellmer: A. e. P. P. **214**, 152 (1951/52). — [8] Hove, E. L., and J. O. Hardin: Proc. Soc. exp. Biol. Med. **78**, 858 (1951). — [9] Balduini, M., G. Ghia e C. Ghia: Arch. Sci. med. **95**, 85 (1953). — [10] Hove, E. L., and J. O. Hardin: Proc. Soc. exp. Biol. Med. **77**, 502 (1951). — [11] Hove, E. L.: J. Nutrit. **50**, 361 (1953). — [12] Rao, M. V. R.: Nature **161**, 446 (1948). — Latner, A. L.: Brit. med. J. **1950 II**, 748. — [13] Koch, R.: Int. Z. Vit.-Forsch. **24**, 68 (1952). — [14] Prosperi, P.: Riv. clin. Pediatr. **48**, 1 (1950). — [15] Govier, W. M., V. Bergmann and K. H. Beyer: J. Pharmacol. exp. Therap. **85**, 143 (1945).

geringer als in Homogenaten anderer Gewebe und betrug bei einem molaren Verhältnis von 1,2 DPN zu 0,98 α-Tokopherol 12% (gegen 41% im Muskelhomogenat)[1]. Es wird angenommen, daß das in den Zellen enthaltene DPN, das für den normalen, biologischen Ablauf zahlreicher oxydativer Reaktionen erforderlich ist, durch das Tokopherol geschützt wird. Andererseits besteht aber auch die Möglichkeit, daß die hemmende Wirkung des α-Tokopherylphosphats auf die DPN-Nucleosidase dadurch verursacht wird, daß das Tokopherylphosphat die in den Homogenaten enthaltenen Ca-Ionen, deren Anwesenheit für die Wirkung der DPN-Nucleosidase notwendig ist[2,3], ausfällt[4]. Außer der DPN-Nucleosidase werden von α-Tokopherylphosphat auch zahlreiche andere Zellfermente, wie die Cytochromoxydase[5], die Cytochromreduktase[5], die Succinodehydrogenase[6], die Milchsäuredehydrogenase[7], gehemmt. Die Beobachtung einer hemmenden Wirkung des Vitamins auf die Linolsäureoxydation durch die Lipoxydase[8], scheint nur auf einer Hemmung der Autooxydation der Säure und nicht auf einer echten Fermenthemmung zu beruhen[9]. Ebenso ist die hemmende Wirkung des Tokopherylphosphats auf die Esterase und Cholinesterase der Leber auf eine Invertseifen-(Detergens-)Wirkung dieses Esters zurückzuführen und konnte bei Tokopherol selbst nicht beobachtet werden[10].

Bei Vitamin E-Mangel wird eine Steigerung der Kreatinausscheidung[11] beobachtet, die durch Zufuhr entsprechender Mengen des Vitamins wieder behoben werden kann[12]. Diese Kreatinurie ist nicht nur auf einen Kreatinverlust der Muskulatur[13], sondern auch auf eine Steigerung der Kreatinsynthese in der Leber zurückzuführen. Bei Kaninchen sank während der E-Avitaminose der Kreatingehalt des Muskels erheblich ab, gleichzeitig stieg aber der Kreatingehalt der Leber auf ein Mehrfaches des Normalwertes an[14]. Andererseits hatte aber die Injektion von α-Tokopherylphosphat in 4stündigen Biopsieversuchen weder bei den avitaminotischen Tieren noch bei den Kontrollen eine Senkung des Leberkreatingehalts zur Folge[14].

Leberschädigende Faktoren beeinflussen die Kreatinsynthese der Leber stärker, wenn gleichzeitig ein Mangel an Vitamin E besteht. Wurden z.B. Ratten, die caseinarm und vitamin-E-frei ernährt worden waren, unterschwellige Dosen von CCl_4 verabreicht, so war die Fähigkeit, Kreatin aus Guanidylacetat und Methionin zu bilden, in den Schnitten aus der Leber dieser Tiere auf etwa ein Drittel herabgesetzt; trotzdem war bei diesen Tieren der Kreatingehalt des Lebergewebes höher als normal. Durch Verabreichung von Vitamin E wurde bei diesen Tieren die Störung des Kreatinstoffwechsels verhindert bzw. gemildert[15].

Der Gesamtglutathiongehalt des Blutes steigt nach parenteraler Zufuhr von Vitamin E, es ist nicht klar, ob dieser Effekt durch eine erhöhte Glutathionproduktion oder eine erhöhte Glutathionabgabe der Leber bedingt ist[16].

---

[1] Spaulding, M. E., and W. D. Graham: J. biol. Ch. **170**, 711 (1947). — [2] Axelrod, A. E., K. F. Swingle and C. A. Elvehjem: J. biol. Ch. **140**, 931 (1941). — Swingle, K. F., A. E. Axelrod and C. A. Elvehjem: J. biol. Ch. **145**, 581 (1942). — [3] Govier, W. M., and N. S. Jetter: Science, N. Y. **107**, 146 (1947). — [4] Ames, S. R.: J. biol. Ch. **169**, 503 (1947). — [5] Houchin, O. B.: J. biol. Ch. **146**, 313 (1942). — [6] Ames, S. R., and H. A. Risley: Ann. N. Y. Acad. Sci. **52**, 149 (1949). — [7] Govier, W. M., V. Bergmann and K. H. Beyer: J. Pharmacol. exp. Therap. **85**, 143 (1945). — [8] Holman, R. T.: Arch. Biochem. **15**, 403 (1947). — [9] Hickman, K.: Arch. Biochem. **17**, 360 (1948). — [10] Meer, C. van der, and H. T. M. Nieuwerkerk: Biochim. biophysica Acta, N. Y. **7**, 263 (1951). — [11] Morgulis, S., and H. C. Spencer: J. Nutrit. **12**, 191 (1936). — [12] Mackenzie, C. G., and E. V. McCollum: J. Nutrit. **19**, 345 (1940). — [13] Goettsch, M., and E. F. Brown: J. biol. Ch. **97**, 549 (1932). — [14] Heinrich, M. R., and H. A. Mattill: J. biol. Ch. **178**, 911 (1949). — [15] Hove, E. L., and J. O. Hardin: J. Pharmacol. exp. Therap. **106**, 88 (1952). — [16] Bottiglioni, E.: Arch. Pat. Clin. med. **28**, 440 (1950).

5. Lebererkrankungen und Tokopherolstoffwechsel.

Ebenso wie die übrigen fettlöslichen Vitamine, so wird auch das Vitamin E mit Hilfe der Gallensäuren resorbiert. Langdauernde Gallensperre kann daher eine allmähliche Verringerung der Vitamin E-Reserven und schließlich eine E-Avitaminose zur Folge haben. Bei Hunden mit Gallenfistel wurde trotz normaler Zusammensetzung der Nahrung eine Muskeldystrophie beobachtet, welche mit den Störungen weitgehend übereinstimmte, die durch experimentelle E-Avitaminosen verursacht werden[1]. Der Vitamin E-Gehalt des Blutplasmas, der beim normalen Menschen bei 0,9—1,6 mg-% (Mittel 1,2 mg-%[2]) bzw. bei 0,51 bis 1,38 mg-% (Mittel 1,23 mg-%)[3] gefunden wurde, war bei Lebererkrankungen meist vermindert[3,4]. Die Herabsetzung des Tokopherolspiegels im Blutplasma geht aber mit Dauer und Schwere der Gallensperre nicht parallel, bei Stauungsikterus finden sich oft erhöhte Werte[5]. Der starke initiale Anstieg des Vitamin E, der im Blutplasma nach Verabreichung von Tokopherol beobachtet wird[2], bleibt bei Leberkranken oft aus[4]. Der Tokopherolgehalt des geschädigten Lebergewebes ist niedriger als normal[4]. Orale Tokopherolbelastung mit Tokopherylacetat bzw. dem wasserlöslichen Tokopherylphosphat, wurde auch als Leberfunktionstest vorgeschlagen[3]. Der Anstieg des Tokopherolgehalts im Blut ist nach Tokopherolbelastung bei Leberkranken geringer als normal.

ε) Vitamin K.

Der Stoffwechsel des Vitamin K steht mit der Funktion der Leber in besonders naher Beziehung: Obzwar das Vitamin K wahrscheinlich auch für andere Stoffwechselprozesse erforderlich ist, machen sich die Erscheinungen eines Vitamin K-Mangels zuerst und in besonders auffälliger Weise in einer Störung der Prothrombinbildung der Leber bemerkbar. Andererseits ist die Resorption der natürlichen K-Vitamine an das Vorhandensein von Gallensäuren im Darm gebunden. Lebererkrankungen, die eine Störung der Gallenbildung oder eine Unterbrechung des Gallenabflusses in den Darm zur Folge haben, können daher zu Vitamin K-Mangel führen, der auf die Leber zurückwirkt und die Prothrombinbildung verringert. Die in der Pathologie seit langem bekannten cholämischen Blutungen sind auf eine herabgesetzte Prothrombinbildung in der Leber zurückzuführen.

1. Die Leber und die Resorption der K-Vitamine.

Daß die Galle für die Resorption der mit der Nahrung aufgenommenen oder durch die Darmbakterien gebildeten K-Vitamine notwendig ist, wurde in Versuchen an der Ratte[6], am Hund[7,8] und beim Menschen[9,10] nachgewiesen. Unterbindung des Gallenganges mit oder ohne Anlegung einer Gallenfistel führt auch bei an sich zureichendem Vitamin K-Gehalt der Nahrung zu einer K-Hypovitaminose, die ihrerseits zu einer verringerten Prothrombinbildung in der Leber und dadurch zu einer Verzögerung der Blutgerinnung führt[6 8,11]. Bei Tieren mit

[1] Brinkhous, K. M., and E. D. Warner: Amer. J. Path. **17**, 81 (1941). — Vgl. a. Greaves, J. D., and C. L. A. Schmidt: Proc. Soc. exp. Biol. Med. **37**, 40 (1937). — [2] Quaife, M. L., and P. L. Harris: J. biol. Ch. **156**, 499 (1944). — [3] Klatskin, G., and W. A. Krehl: J. clin. Invest. **29**, 1528 (1950). — [4] Popper, H., A. Dubin, F. Steigmann and F. P. Hesser: J. Lab. clin. Med. **34**, 648 (1949). — [5] Criddle, J. E., and A. F. Morgan: Proc. Soc. exp. Biol. Med. **78**, 41 (1951). — [6] Greaves, J. D., and C. L. A. Schmidt: Proc. Soc. exp. Biol. Med. **37**, 43 (1937). — [7] Hawkins, W. B., and G. H. Whipple: J. exp. Med. **62**, 599 (1935). — [8] Hawkins, W. B., and K. M. Brinkhous: J. exp. Med. **63**, 795 (1936). — [9] Butt, H. R., A. M. Snell and A. E. Osterberg: Proc. Staff Meet. Mayo Clinic **13**, 65, 74, 753 (1938). — [10] Brinkhous, K. M., H. P. Smith and E. D. Warner: Amer. J. med. Sci. **196**, 50 (1938). — [11] Greaves, J. D., and C. L. A. Schmidt: Amer. J. Physiol. **111**, 502 (1935). — Hawkins, W. B., and G. H. Whipple: J. exp. Med. **62**, 599 (1935). — Smith, H. P., E. D. Warner, K. M. Brinkhous and W. H. Seegers: J. exp. Med. **67**, 911 (1938).

unterbundenem Gallengang können daher unbedeutende Verletzungen zu langdauernden Blutungen führen. Parenterale Zufuhr von Vitamin K bewirkt bei diesen acholischen Tieren eine Normalisierung der Blutgerinnung, ebenso wirkt aber auch orale Zufuhr von Galle oder Cholaten, wenn sie gemeinsam mit Vitamin K oder Vitamin-K-haltiger Nahrung verabreicht werden[1]. Bei Hunden mit Gallenfistel blieb der Prothrombingehalt des Blutes jahrelang normal, wenn ihnen Vitamin K parenteral verabreicht oder aber die Resorption des mit der Nahrung aufgenommenen Vitamin K durch Zufütterung von Galle sichergestellt wurde[2]. Auch bei Menschen, bei denen durch längere Zeit eine Gallensperre besteht, tritt oft eine Verzögerung der Blutgerinnung auf. Kleine Verletzungen verursachen in solchen Fällen unverhältnismäßig starke Blutungen (sog. cholämische Blutungen), der Zustand kann durch parenterale Zufuhr von Vitamin K gebessert werden[3,4]. Für die Resorption der wasserlöslichen, synthetischen Vitamin K-Präparate ist Galle nicht erforderlich[5].

2. Die Aufnahme von Vitamin K durch die Leber.

Mit Hilfe von Vitamin K_1, das mit ^{14}C markiert war, konnte bei Ratten und Hunden gezeigt werden, daß der Abtransport der natürlichen (fettlöslichen) K-Vitamine aus dem Darm vorwiegend auf dem Lymphweg erfolgt. Die wasserlöslichen, synthetischen Vitamin K-Präparate gelangen hingegen, wie mit Hilfe von ^{14}C-markiertem Menadion nachgewiesen worden ist, mit dem Pfortaderblut direkt zur Leber[6]. Ableitung der Darmlymphe nach außen führte daher bei normal ernährten Tieren zur K-Avitaminose[7].

Die Geschwindigkeit, mit der der Abfall des Prothrombingehalts nach Entziehung von Vitamin K erfolgt, zeigt, daß der Organismus nur über geringe Vitamin K-Reserven verfügt und daß das von der Leber aufgenommene Vitamin K sehr rasch verbraucht wird. Im Gegensatz zu den anderen fettlöslichen Vitaminen scheint das Vitamin K in der Leber nur in relativ geringer Menge gespeichert zu werden[8]. Verfütterung von Rattenleber an vitamin-K-frei ernährte Hühnchen führte daher zu keiner nennenswerten Besserung der K-Avitaminose[9], und dem zur Erzeugung von K-Avitaminose beim Hühnchen verwendeten Nahrungsgemisch wird meist sogar direkt Lebertran zugesetzt[10].

3. Die Leber als Ort der Prothrombinbildung.

Nur die Leberzellen vermögen Prothrombin zu bilden. Daß die Leber den Prothrombingehalt des Blutes reguliert, geht aus Durchströmungsversuchen hervor: Wurden normale Rattenlebern mit dem Blut von Ratten, bei denen durch Dicumarin eine Hypoprothrombinämie hervorgerufen worden war, durchströmt, so stieg der Prothrombingehalt des Blutes an. Der Prothrombingehalt normalen

---

[1] GREAVES, J. D.: Amer. J. Physiol. **125**, 423 (1939). — [2] SCOTT, C. C.: Amer. J. Physiol. **144**, 626 (1945). — [3] HAWKINS, W. B., and K. M. BRINKHOUS: J. exp. Med. **63**, 795 (1936). — [4] MOSS, W.: Arch. Surg. **26**, 1 (1933). — CARR, J. L., and F. S. FOOTE: Arch. Surg. **29**, 277 (1934). — JUDD, E. S., A. M. SNELL and M. T. HOERNER: J. amer. med. Ass. **105**, 1653 (1935). — QUICK, A. J., M. STANLEY-BROWN and F. W. BANCROFT: Amer. J. med. Sci. **190**, 501 (1935). — WARNER, E. D., K. M. BRINKHOUS and H. P. SMITH: Proc. Soc. exp. Biol. Med. **37**, 628 (1938). — QUICK, A. J.: J. amer. med. Ass. **110**, 1658 (1938). — KOLLER, F., and F. WUHRMANN: Kli. Wo. **1939 II**, 1058. — [5] KARK, R., and A. W. SOUTER: Brit. med. J. **1941 II**, 190. — [6] MILLAR, G. J., J. A. LEDDY and L. FISHER: 19. Int. Congr. Physiol. Montreal. S. 618. 1953. — [7] MANN, J. D., F. D. MANN, J. L. BOLLMAN and E. VAN HOOK: Amer. J. Physiol. **158**, 311 (1949). — MANN, F. D., J. D. MANN and J. L. BOLLMAN: J. Lab. clin. Med. **36**, 234 (1950). — [8] LORD, J. W. jr., W. D. ANDRUS and R. A. MOORE: Arch. Surgery **41**, 585 (1940). — [9] GREAVES, J. D.: Amer. J. Physiol. **125**, 429 (1939). — [10] DAM, H.: Angew. Chem. **50**, 807 (1937).

Blutes wurde dagegen bei der Durchströmung durch die Leber normaler Ratten nicht vermehrt[1]. Die normale Leber ergänzt den Prothrombingehalt des sie durchströmenden Blutes also nur auf das normale Niveau und nicht darüber hinaus.

Das Vitamin K selbst ist kein Bestandteil des Prothrombinmoleküls[2]. Setzt man Vitamin K in vitro dem Blut von K-Mangeltieren zu, so wird der Prothrombingehalt nicht vermehrt und die Blutgerinnung nicht beschleunigt[2]. Wahrscheinlich wird das Vitamin K für eine der Zwischenreaktionen, die bei der Prothrombinbildung in den Leberzellen durchlaufen werden, benötigt. Bebrütet man Homogenat von Schweine- oder Rattenleber, so steigt seine Gerinnungsaktivität; fraktioniert man das Homogenat und bebrütet die Fraktionen jede für sich, so bildet nur die Mitochondrienfraktion Prothrombin[3]. Die Prothrombinbildung in den Mitochondrien erfolgt optimal bei p_H 7,9 und in Gegenwart von O_2; die Anwesenheit vonVitamin K ist erforderlich. Erhitzen über 50° zerstört die Fähigkeit der Mitochondrien zur Prothrombinbildung irreversibel[3].

In geschädigtem Lebergewebe ist die Prothrombinbildung verlangsamt[4]. Vergiftung mit P oder $CHCl_3$ hatte beim Hund eine Senkung des Prothrombinspiegels zur Folge, die mit dem Grade der Leberschädigung parallel ging[5]. Bei Kaninchen hatte die Vergiftung mit CCl_4 oder $CHCl_3$ einen kurzen initialen Anstieg und sodann eine starke Senkung des Prothrombingehalts des Blutes zur Folge. Verabreichung der Vitamine K oder B_{12} oder von Methionin milderte bei diesen Tieren die Hypoprothrombinämie[6]. Partielle Hepatektomie verursachte bei Ratten eine Hypoprothrombinämie, die so lange andauerte bis sich die Leber wieder zu ihrer normalen Größe regeneriert hatte[7]. Auch die Entstehung von Hepatomen nach Verabreichung von Dimethylaminoazobenzol ist von einer Hypoprothrombinämie begleitet[8]. Hyperthyreoidismus verursacht neben anderen Leberfunktionsschädigungen auch eine Hypoprothrombinämie[9].

Die leberschädigende Wirkung einzelner Cl-haltiger Anästhetika äußert sich in einer Verringerung des Prothrombingehalts des Blutes[10]. Während der Prothrombingehalt des mütterlichen Blutes normalerweise nach der Geburt ansteigt, wurden Hypoprothrombinämien beobachtet, wenn während der Geburt $CHCl_3$ gegeben worden war[11]. Narkose mit Trichloräthylen hatten eine, wenn auch nur geringe Verlängerung der Prothrombinzeit zur Folge[12]. Äther und andere chlorfreie Anästhetika verursachen dagegen keine Hypoprothrombinämie[10].

Große Dosen von K-Vitaminen können beim Menschen Hyperprothrombinämien zur Folge haben, die jedoch, wenn die Leber normal funktioniert, bald wieder verschwinden[13]. Bei Hund, Ratte und Kaninchen wurde nach Verabreichung großer Dosen von wasserlöslichem 2-Methylnaphthochinondiphosphat eine Erhöhung des Prothrombinspiegels im Blutplasma beobachtet[14]. Bei Hühnchen rief dagegen auch Zufuhr sehr großer Vitamin K-Mengen keine Hyperprothrombinämie hervor[15].

[1] Lupton, A. M.: J. Pharmacol. exp. Therap. **89**, 306 (1947). — [2] Dam, H., J. Glavind, L. Lewis and E. Tage-Hansen: Skand. Arch. Physiol. **79**, 121 (1938). — [3] Lasch, H. G., u. L. Roka: H. **294**, 30 (1953 [1954]). — [4] Rhoads, J. E., R. Warren and L. M. Panzer: Amer. J. med. Sci. **202**, 847 (1941). — [5] Warner, E. D., K. M. Brinkhous and H. P. Smith: Amer. J. Physiol. **114**, 667(1936). — Smith, H. P., E. D. Warner and K. M. Brinkhous: J. exp. Med. **66**, 801 (1937). — [6] Shin, T.: Hukuoka Acta med. **43**, 791 (1952) [Chem. Abstr. **47**, 5004[h]]. — [7] Warner, E. D.: J. exp. Med. **68**, 831 (1938). — [8] Field, J. B., C. A. Baumann and K. P. Link: Cancer Res. **4**, 768 (1944). — [9] Rawls, W. B.: South. med. J. **34**, 1266 (1941). — [10] Allen, J. G., and H. Livingstone: Arch. Surg. **42**, 522 (1941). Curr. Res. Anesth. Analg. **20**, 298 (1941). — [11] Lévy-Solal, E., et J. Argent: Gynéc. et Obstét. **50**, 448 (1951). — [12] Cognasso, A., e F. Perna: G. ital. Anestesiol. **18**, 355 (1952). — [13] Unger, P. N., and S. Shapiro: Blood **3**, 137 (1948). — [14] Field, J. B., and K. P. Link: J. biol. Ch. **156**, 739 (1944). — [15] Quick, A. J.: J. biol. Ch. **133**, LXXVIII (1940).

Die seit langem bekannte[1] Verlangsamung der Blutgerinnung beim Neugeborenen beruht auf einem verringerten Prothrombingehalt des Blutes[2,3]. Der Prothrombingehalt des bei der Geburt entnommenen Placentarblutes betrug in vielen Fällen nur einen Bruchteil des im Blut des Erwachsenen beobachteten Wertes[2,4,5] (vgl. dagegen [6]). Die Hypoprothrombinämie der Neugeborenen unterliegt jahreszeitlichen Schwankungen und ist besonders stark bei Kindern, die in den Wintermonaten geboren werden. Eine maximale Häufigkeit der Hypoprothrombinämie der Neugeborenen wird im März beobachtet[7,8], dies fällt mit dem Maximum der durch Geburtstraumen verursachten Totgeburten zusammen[9].

Der Prothrombinspiegel sinkt, da dem Neugeborenen eine alteingesessene, phyllochinonerzeugende Darmflora noch fehlt, nach der Geburt noch weiter ab[10–12] und erreicht erst nach Entwicklung der Darmflora[13], meist etwa 1 Woche nach der Geburt, normale Werte[10,14]. Die bei etwa 1% der Neugeborenen auftretenden hämorrhagischen Diathesen sind durch eine Verzögerung der Blutgerinnung[5] verursacht, die ihrerseits auf eine besonders starke Senkung des Prothrombinspiegels im Blut[2] und einen Mangel an Vitamin K in der Leber des Neugeborenen[10] zurückzuführen ist. Hämorrhagische Diathesen dieser Art werden durch Zufuhr von Vitamin K sehr rasch normalisiert[10,12,15]. An sich scheint die Leber zur Zeit der Geburt befähigt zu sein, Prothrombin zu erzeugen. Wahrscheinlich ist der geringe Prothrombingehalt des Neugeborenenblutes dadurch verursacht, daß die fettlöslichen natürlichen Vitamine K die Placenta nur schwer passieren; wird der Mutter gegen Ende der Schwangerschaft zusätzlich Vitamin K verabreicht, so kann das Auftreten der Hypoprothrombinämie beim Neugeborenen verhindert werden[4], besonders wirksam sind hierbei die wasserlöslichen synthetischen Vitamin K-Präparate. Junge Tiere benötigen zur Erhaltung des normalen Prothrombinspiegels im allgemeinen eine größere Vitamin K-Zufuhr als ältere Tiere; bei jungen Hunden war der Vitamin K-Bedarf fast 10mal so groß wie bei erwachsenen Hunden[16].

4. Die Prothrombinbildung der Leber und die Methylxanthine.

Es scheint, daß auch Methylxanthine die Prothrombinbildung in der Leber beeinflussen können. Klinische Beobachtungen, daß Methylxanthine[17], insbesondere Theophyllin[18] oder Coffein[19] die Blutgerinnung beschleunigen bzw. die

---

[1] Rodda, F. C.: Amer. J. Dis. Children **19**, 269 (1920). — Beveridge, R. S.: Arch. Dis. Childh. **3**, 39 (1928). — [2] Brinkhous, K. M., H. P. Smith and E. D. Warner: Amer. J. med. Sci. **193**, 475 (1937). — Javert, C. T., and R. A. Moore: Amer. Obstet. Gynec. **40**, 1022 (1940). — [3] Thordarson, O.: Kli. Wo. **1941**, 645. — [4] Hellman, L. M., and L. B. Shettles: Bull. Johns Hopkins Hosp. **65**, 138 (1939). — Shettles, L. B., E. Delfs and L. M. Hellman: Bull. Johns Hopkins Hosp. **65**, 419 (1939). — Reich, C., R. L. McCready, H. Chaplin and R. Lipkin: Amer. J. Obstet. **53**, 300 (1947). — [5] Schwarz, H., and R. Ottenberg: Amer. J. med. Sci. **140**, 17 (1910). — [6] Quick, A. J., and C. V. Hussey: Proc. Soc. exp. Biol. Med. **82**, 449 (1953). — [7] Waddell, W. W. jr., and G. M. Lawson: J. amer. med. Ass. **115**, 1416 (1940). — [8] Lehmann, J.: Lancet **1944 I**, 493. — [9] Huber, C. P., and J. C. Shrader: J. Lab. clin. Med. **26**, 1379 (1941). — [10] Dam, H., E. Tage-Hansen and P. Plum: Lancet **1939 II**, 1157. — [11] Dam, H., J. Glavind, H. Larsen and P. Plum: Acta med. scand. **112**, 210 (1942). — [12] Waddell, W. W. jr., and P. du Guerry III: J. amer. med. Ass. **112**, 2259 (1939). — Waddell, W. W. jr., P. du Guerry III, W. E. Bray and O. R. Kelley: Proc. Soc. exp. Biol. Med. **40**, 432 (1939). — Javert, C. T., and R. A. Moore: Amer. J. Obstet. Gynec. **40**, 1022 (1940). — [13] Plum, P.: D. m. W. **1940**, 1389. — [14] Huber, C. P., J. C. Shrader: J. Lab. clin. Med. **26**, 1379 (1941). — [15] Nygaard, K. K.: Acta obstet. scand. **19**, 361 (1939). — [16] Quick, A. J.: J. Pharmacol. exp. Therap. **106**, 411 (1952). — [17] Nonnenbruch W., and W. Szyszka: Dtsch. Arch. klin. Med. **134**, 174 (1920). — [18] Meissner, R.: B. Z. **120**, 197 (1921). — [19] Addicks, K.: Dtsch. Arch. klin. Med. **140**, 117 (1922).

Blutungszeit verkürzen, sind seit längerer Zeit bekannt. Auch bei Hunden, Ratten und Kaninchen konnte durch eine orale Dosis von Theophyllin, Theobromin oder Coffein eine Hyperprothrombinämie hervorgerufen werden[1], sie hielt bei Hunden bis zu 4 Tagen an. Die Methylxanthine verringern und verkürzen die durch Dicumarin verursachte Hypoprothrombinämie. Beim Menschen hatte Theophyllin nur geringe Änderungen der Prothrombinzeit zur Folge[2].

5. Die Bestimmung des Prothrombinspiegels als klinische Leberfunktionsprüfung.

Wird bei Leberkranken eine Verlängerung der Prothrombinzeit, d. h. also eine Verringerung des Prothrombingehalts im Blutplasma gefunden, so kann dies grundsätzlich zwei verschiedene Gründe haben. Entweder ist das Lebergewebe so weit geschädigt, daß es auch bei zureichendem Vitamin K-Angebot kein Prothrombin bilden kann (hepatocelluläre Hypoprothrombinämie), oder das Lebergewebe ist an sich befähigt, Prothrombin zu bilden, die hierfür notwendige Vitamin K-Menge steht jedoch infolge unzureichenden Vitamingehalts der Nahrung oder bei seiner durch Acholie gestörten Resorption nicht zur Verfügung (avitaminotische bzw. acholische Hypoprothrombinämie). Durch parenterale Zufuhr von Vitamin K oder von synthetischen Stoffen, die Vitamin K-Wirkung besitzen, können diese beiden Formen der Hypoprothrombinämie voneinander unterschieden werden[3]. Ist die Leber zur Prothrombinbildung befähigt, so beginnt der Prothrombingehalt des Blutes schon 1 Std nach parenteraler Zufuhr von K-Vitaminen zu steigen und erreicht, wenn das Lebergewebe selbst nicht schwer geschädigt ist, meist innerhalb eines Tages den Normalwert. Bei schweren toxischen und infektiösen Leberschäden, akuter gelber Leberatrophie, schweren Lebercirrhosen verschiedener Genese[4], Lebercarcinom[5] und anderen schweren Lebererkrankungen[6] werden dagegen Hypoprothrombinämien beobachtet, die durch Vitamin K-Zufuhr nicht normalisiert werden[7], oder bei denen das Prothrombin nach Verabreichung von K-Vitaminen nur langsam ansteigt[8]. Andererseits kann aber die geschädigte Leber durch Zufuhr überschüssiger Mengen von Vitamin K veranlaßt werden, die Prothrombinbildung vorübergehend zu steigern. So kann z.B. durch leberschädigende Agentien, wie z.B. intravenös injiziertes Pyramidon, verursachte Hypoprothrombinämie durch erhöhte Zufuhr von Vitamin K gebessert werden[9]. Eine Korrelation zwischen dem Prothrombintest und anderen Leberfunktionsproben, insbesondere mit dem Hippursäuretest, war daher nicht immer nachweisbar[10].

[1] FIELD, J. B., E. G. LARSEN, L. SPERO and K. P. LINK: J. biol. Ch. **156**, 725 (1944). — [2] FORATTINI, C., e A. MALAVASI: Boll. Soc. med. chir. Modena **51**, 266 (1951) [Chem. Abstr. **47**, 8261ʰ]. — [3] LORD, J. W. jr., and W. D. ANDRUS: Arch. internal Med., Chicago **68**, 199 (1941). — KOLLER, F.: Helv. med. Acta **7**, 651 (1941). — WILSON, S. J.: J. Lab. clin. Med. **25**, 1139 (1940). — ZIFFREN, S. E., C. A. OWEN, E. D. WARNER and F. R. PETERSEN: Surg., Gynec. Obstet. **74**, 463 (1942). — ANDRUS, W. DE W., and J. W. LORD jr.: Surgery **12**, 801 (1942). — ALLEN J. G., and O. C. JULIAN: Arch. Surg. **45**, 691 (1942). — UNGER, P. N., and S. SHAPIRO: J. clin. Invest. **27**, 39 (1948). — UNGER, P. N., M. WEINER and S. SHAPIRO: Amer. J. clin. Path. **18**, 835 (1948). — BEGTRUP, H., and P. F. HANSEN: Acta med. scand. **132**, 29 (1948). — HANSEN, P. F., and H. BEGTRUP: Acta med. scand. **113**, 1 (1943). — FORELL, M. M., and F. KOLLER: M. m. W. **1953**, 433. — [4] SCANLON, G. H., K. M. BRINKHOUS, E. D. WERNER, H. P. SMITH and J. E. FLYNN: J. amer. med. Ass. **112**, 1898 (1939). — [5] BEGTRUP, H.: Acta med. scand. **129**, 33 (1947). — [6] KÜLEY, M.: Schweiz. med. Wschr. **79**, 365 (1949). — [7] HERBERT, F. K.: New Engl. J. Med. **229**, 265 (1943). — [8] SCARDIGLI, G., e G. MININNI: Sperimentale **100**, 265 (1950). — [9] GALIMARD, J. E.: Bull. Soc. Chim. biol. **29**, 641 (1947). — [10] LUCIA, S. P., and P. M. AGGELER: Amer. J. med. Sci. **201**, 326 (1941). — KARK, R., F. W. WHITE, A. W. SOUTER and E. DEUTSCH: Proc. Soc. exp. Biol. Med. **46**, 424 (1941). — KARK, R., and A. W. SOUTER: Lancet **1941 II**, 693. — WHITE, F. W., E. DEUTSCH and S. MADDOCK: New Engl. J. Med. **226**, 327 (1942).

6. Andere vom Vitamin K beeinflußte Funktionen des Leberstoffwechsels.

Außer auf die Prothrombinbildung wirkt das Vitamin K auch auf andere in der Leber ablaufende Stoffwechselvorgänge. Bei Meerschweinchen, die durch 35 Tage hohe Vitamin K-Dosen (9—10 mg täglich) erhielten, sank der Glykogengehalt der Leber um 93%, während der des Muskels unverändert blieb und der des Herzmuskels um 27% zunahm[1]. Nach parenteraler Vitamin K-Zufuhr stieg die Menge des Lebercholesterins bei Ratten an[2]. Der Glutathiongehalt des Blutes sinkt nach Darreichung von Vitamin K ab[3]. Die Bildung der Gallensäuren wird durch Vitamin K günstig beeinflußt: lebergeschädigte Hunde schieden nach reichlicher Zufuhr von Vitamin K mehr Gallensäure aus als ohne diese[4]. Bei Patienten mit Lebercirrhose hatten Präparate mit Vitamin K-Wirkung einen günstigen Einfluß auf die Diurese; Konzentration und Mischungsverhältnis der Plasmaproteine wurden normalisiert, Ascites und Ödeme gebessert. Die bioptische Untersuchung des Lebergewebes zeigte in diesen Fällen jedoch keine Besserung des anatomischen Befundes[5].

7. K-Antivitamine im Leberstoffwechsel.

Eine Reihe von chemischen Verbindungen, darunter vor allem solche, die zwei symmetrisch angeordnete Naphthochinongruppen oder wie das Dicumarin zwei symmetrische Chromankerne enthalten, bewirken eine Verringerung des Prothrombingehalts im Blut und eine Erschwerung der Blutgerinnung. Der Angriffspunkt dieser K-Antivitamine ist die Leber. Wurde mit ^{14}C markiertes Dicumarin Mäusen und Kaninchen intravenös injiziert, so verschwand es rasch aus dem Blut, und der ^{14}C konnte in der Leber, in der Galle, im Darminhalt und später in Form eines Abbauproduktes auch im Harn nachgewiesen werden[6,7]. Etwa 10% der verabreichten Menge war als unverändertes Dicumarin im Lebergewebe enthalten. Nach Verabreichung von Vitamin K verschwand das Dicumarin rasch aus der Leber. In vitro dem Blut zugefügt, zeigte Dicumarin keine Wirkung auf die Gerinnbarkeit[8].

Die Lebern verschiedener Tierarten sind gegen K-Antivitamine verschieden empfindlich[9]. Bei Hunden senkte eine einmalige Dosis von Dicumarin (3 mg/kg per os) den Prothrombinspiegel auf 20—40% des Ausgangswertes; meist wurde der Ausgangswert erst nach 9 Tagen wieder hergestellt. Auch der Gehalt des Serums an Acceleratorglobulin nimmt unter dem Einfluß des Dicumarins stark ab[8]. Während die Rückkehr zum normalen Prothrombinspiegel durch Vitamin K beschleunigt werden kann, wird die durch Dicumarin gesenkte Konzentration des Ac-Globulins im Blut durch Vitamin K-Gaben nicht beeinflußt[8]. Verabreichung großer Dosen von Salicylsäure oder Acetylsalicylsäure verstärkt und verlängert bei Hunden die durch Dicumarin ausgelöste Hypoprothrombinämie[10].

Der Mechanismus, durch den die K-Antivitamine die Prothrombinbildung in den Leberzellen herabsetzen, ist unbekannt. Es ist wahrscheinlich, daß diese Stoffe als strukturanaloge Verbindungen mit den K-Vitaminen um das gleiche

[1] Infantellina, F.: Boll. Soc. ital. Biol. sperim. **25**, 293 (1949). — [2] Arrigo, L., e T. Montini: Athena, Roma **18**, 17 (1952) [Chem. Abstr. **46**, 6230^g]. — [3] Küley, M., et Z. Saraçbasi: Bull. Fac. Méd. Istanbul **15**, 854 (1952) [Chem. Abstr. **47**, 1836^d]. — [4] Joy, A. C.: Quart. Bull. northw. Univ. **16**, 1 (1942). — [5] Küley, M.: Schweiz. med. Wschr. **79**, 365 (1949). — [6] Spinks, J. W. T., and L. B. Jaques: Nature **166**, 184 (1950). — [7] Lee, C. C., L. W. Trevoy, J. W. T. Spinks and L. B. Jaques: Proc. Soc. exp. Biol. Med. **74**, 151 (1950). — [8] Felix, K., I. Pendl, P. Pin u. L. Roka: H. **284**, 185 (1949). — [9] Quick, A. J.: J. biol. Ch. **161**, 33 (1945). — [10] Field, J. B., L. Spero and K. P. Link: Amer. J. Physiol. **159**, 40 (1949).

Apoenzym konkurrieren[1-3]. Die Abnahme des Prothrombingehalts im Blut von Tieren, die mit Dicumarin vergiftet worden waren, beruht nicht auf einer gesteigerten Zerstörung des Prothrombins, sondern auf einer Verringerung der Prothrombinbildung. Dies geht daraus hervor, daß der Prothrombingehalt von normalem Blut, das durch die isolierten Lebern dicumarinvergifteter Ratten hindurchgeleitet wurde, unverändert blieb[4]. Während Mitochondrien aus normaler Leber Prothrombin bilden, waren Lebermitochondrien von Ratten, die Dicumarin erhalten hatten, hierzu nicht imstande[5]. Zufuhr von Asparaginsäure hemmt die Wirkung des Dicumarins auf die Prothrombinbildung[2]. Einzelne Beobachtungen weisen darauf hin, daß Dicumarin außer seiner Wirkung auf die Prothrombinsynthese eine allgemein leberschädigende Wirkung hat[6]: In einer Konzentration von 1:10000 schädigte Zusatz von Dicumarin Kulturen von Lebergewebe aus Hühnerembryonen, während Kulturen von Milzgewebe nicht angegriffen wurden[7]. Andererseits führt wiederholte Zugabe von Dicumarin zu einer Adaptation des Leberstoffwechsels, eine Verlängerung der Prothrombinzeit bleibt bei wiederholter Dicumarinverabreichung schließlich aus[8]. Große Dosen Vitamin K können die Wirkung des Dicumarins aufheben. Nicotinsäureamid und Pantothensäure hatten ebenfalls eine (wenn auch weit schwächere) Gegenwirkung gegen das Dicumarin[8].

ζ) Essentielle Fettsäuren.

Während die Leber gesättigte Fettsäuren zu einfach ungesättigten Fettsäuren (Mono-en-Fettsäuren) desaturieren kann[9], scheint die Bildung mehrfach ungesättigter Fettsäuren aus Ölsäure oder Palmitoleinsäure im Organismus nicht möglich zu sein[10]. Di-en- und Tri-en-Fettsäuren können in der Leber dagegen zu Tetra- und Hexa-en-Fettsäuren und anderen stark ungesättigten Fettsäuren dehydrogeniert werden. Die Notwendigkeit, mehrfach ungesättigte Fettsäuren mit der Nahrung aufzunehmen, ist also in der spezifischen Unfähigkeit der Leber begründet, die Mono-en-Säuren zu dehydrogenieren. Von den Substanzen, die zur Gruppe der mehrfach ungesättigten essentiellen Fettsäuren gehören, scheint die Arachidonsäure die biologisch wirksamste zu sein[11]. Eine starke biologische Wirkung hat auch die Linolsäure ($C_{18}H_{32}O_2$), die im Leberstoffwechsel zum Teil in Arachidonsäure ($C_{20}H_{32}O_2$) übergeführt wird. Linolensäure ($C_{18}H_{30}O_2$) und Docosahexaensäure ($C_{22}H_{32}O_2$) aus Lebertran zeigen bei den meisten Testmethoden geringere Wirkung[12,13].

1. Die essentiellen Fettsäuren im Lebergewebe.

Leberfett enthält weit mehr essentielle Fettsäuren als das in den peripheren Fettgeweben enthaltene Neutralfett[14]. Bei normalen Ratten war die Leber nach dem Herzmuskel das an mehrfach ungesättigten Fettsäuren reichste Gewebe[15,16] Doch ist die Konzentration der essentiellen Fettsäuren im Lebergewebe sehr ab-

---

1 Felix, K., I. Pendl, P. Pin u. L. Roka: H. **284**, 185 (1949). — 2 Overman, R. S., M. A Stahmann and K. P. Link: J. biol. Ch. **145**, 155 (1942). — 3 Quick, A. J., and G. E. Collentine: Amer. J. med. Sci. **222**, 7 (1951). Amer. J. Physiol. **164**, 716 (1951). — 4 Lupton, A. M.: J. Pharmacol. exp. Therap. **89**, 306 (1947). — 5 Lasch, H. G., u. L. Roka: H. **294**, 30 (1953 [1954]). — 6 Koller, F.: Helv. med. Acta **11**, 55 (1944). — 7 Goldstein, M. N., and D. B. Cameron: Proc. Soc. exp. Biol. Med. **68**, 646 (1948). — 8 Jürgens, R.: Int. Z. Vit.-Forsch. **19**, 342 (1948). — 9 Lang, K.: H. **261**, 240 (1939). — Lang, K., u. H. Mayer: H. **261**, 249 (1939); **262**, 120 (1939/40). — Lang, K., u. F. Adickes: H. **262**, 123 (1939/40). — 10 Burr, G. O., and M. M. Burr: J. biol. Ch. **82**, 345 (1929). — Bernhard, K., and R. Schoenheimer: J. biol. Ch. **133**, 707 (1940). — 11 Turpeinen, O.: J. Nutrit. **15**, 351 (1938). — 12 Hume, E. M., L. C. A. Nunn, I. Smedley-Maclean and H. H. Smith: Biochem. J. **32**, 2162 (1938). — 13 Quackenbush, F. W., F. A. Kummerow and H. Steenbock: J. Nutrit. **24**, 213, (1942). — 14 Gregory, E., and J. C. Drummond: Z. Vit.-Forsch. **1**, 257 (1932). — 15 Widmer, C. jr., and R. T. Holman: Arch. Biochem. **25**, 1 (1950). — 16 Bloor, W. R.: J. biol. Ch. **80**, 443 (1928).

hängig von der in der Nahrung enthaltenen Menge dieser Säuren. Bei Ratten, die eine fettfreie Nahrung erhielten, sank die Menge der im Lebergewebe enthaltenen essentiellen Fettsäuren auf einen Bruchteil des Anfangswertes, doch waren auch nach mehrmonatiger fettfreier Ernährung noch essentielle Fettsäuren im Lebergewebe vorhanden. Die ultraviolett-spektrographische Untersuchung des aus dem Leberfett fettfrei ernährter Ratten dargestellten Fettsäuregemisches ergab einen Gehalt von 1,4% Di-en-Fettsäuren, 4,5% Tri-en-Fettsäuren und 2,4% Poly-en-Fettsäuren[1]. Zufuhr von Methyllinoleat, Methyllinolenat, Leinöl oder methyliertem Dorschlebertran erhöhte bei Ratten die Jodzahl der im Leberfett enthaltenen ungesättigten Fettsäuren, während das Mengenverhältnis zwischen gesättigten und ungesättigten Fettsäuren, das bei diesen Tieren 38:62 beträgt, unverändert blieb[2]. Zufuhr essentieller Fettsäuren steigert also den Grad der Ungesättigtheit, aber nicht die Menge der in der Leber enthaltenen ungesättigten Fettsäuren; die Ölsäurereste der Phosphatide werden durch mehrfach ungesättigte Fettsäuren ersetzt.

Mit der Nahrung verabreichte zwei- und dreifach ungesättigte Fettsäuren werden in der Leber rasch weiter desaturiert; Zufütterung von Maisöl, das große Mengen von Linolsäure enthält, steigerte nicht nur den Gehalt des Lebergewebes an Di-en-Fettsäuren, sondern in weit stärkerem Ausmaß die Menge der Tri-en- und Tetra-en-Säuren[1]. Ein Teil der Linolsäure wird durch Desaturierung und gleichzeitige Kettenverlängerung in Arachidonsäure umgewandelt[3]. Zahlreiche Befunde weisen darauf hin, daß für diese Umwandlung Pyridoxin notwendig ist: So steigerte z. B. die Zufütterung von Pyridoxin den Gehalt des Rattenorganismus an Di-en-, Tri-en- und Tetra-en-Fettsäuren[4]. Gleichzeitige Verabreichung von Pyridoxin potenzierte bei Ratten, die vorher durch längere Zeit eine pyridoxinfreie und fettfreie Kost erhalten hatten, die Wachstumswirkung verabreichter essentieller Fettsäuren[5]. Auch die auffallende Ähnlichkeit der bei Pyridoxinmangel und bei Mangel an essentiellen Fettsäuren auftretenden Erscheinungen[6] spricht dafür, daß dem Pyridoxin bei der Umsetzung der hoch ungesättigten Fettsäuren eine wichtige Rolle zukommt.

Im Gegensatz zu den Leberzellen scheinen die Zellen des peripheren Fettgewebes die Arachidonsäure, die wahrscheinlich den eigentlich wirksamen Faktor darstellt[7], nicht bilden zu können. Im peripheren Fett zeigte, wie an Schweinen nachgewiesen worden ist[8], nach Zufuhr von Maisöl nur der Linolsäuregehalt einen erheblichen Anstieg, während der Gehalt an Arachidonsäure unterhalb von 0,1% blieb. Zugeführte Linolsäure wird von Ratten vor allem in Arachidonsäure umgewandelt, während Linolensäure zu Penta-en- und Hexa-en-fettsäuren desaturiert wird[2, 9]. Verabreichte Arachidonsäure wird zum Teil als solche eingebaut, zum Teil in noch höher ungesättigte Fettsäuren umgewandelt[10]. Zufuhr gesättigter oder einfach ungesättigter Fettsäuren hatte dagegen auf die Menge der mehrfach ungesättigten Fettsäuren im Lebergewebe keinen Einfluß[9].

Die Hauptmenge der mehrfach ungesättigten Fettsäuren ist in den Leberphosphatiden enthalten[11]. So bildet z. B. die erstmalig in der Schweineleber auf-

---

[1] Rieckehoff, I. G., R. T. Holman and G. O. Burr: Arch. Biochem. **20**, 331 (1949). — [2] Nunn, L. C. A., and I. Smedley-Maclean: Biochem. J. **32**, 2178 (1938). — [3] Eckstein, H. C.: J. biol. Ch. **81**, 613 (1929). — Spadola, J. M., and N. R. Ellis: J. biol. Ch. **113**, 205 (1936). — Mead, J. F., G. Steinberg and D. R. Howton: J. biol. Ch. **205**, 683 (1953). — [4] Medes, G., and D. C. Keller: Arch. Biochem. **15**, 19 (1947). — [5] Birch, T. W.: J. biol. Ch. **124**, 775 (1938). — [6] Salmon, W. D.: J. biol. Ch. **123**, CIV (1938). — Quackenbush, F. W., B. R. Platz and H. Steenbock: J. Nutrit. **17**, 115 (1939). — [7] Turpeinen, O.: J. Nutrit. **15**, 351 (1938). — [8] Ellis, N. R., and H. S. Isbell: J. biol. Ch. **69**, 219 (1926). — [9] Widmer, C. jr., and R. T. Holman: Arch. Biochem. **25**, 1 (1950). — [10] Holman, R. T., and T. S. Taylor: Arch. Biochem. **29**, 295 (1950). — [11] Bloor, W. R.: J. biol. Ch. **80**, 443 (1928).

gefundene Arachidonsäure[1] einen Bestandteil des Leberlecithins[2]. Die Fraktion der ungesättigten Säuren des Lecithins der Rinderleber enthielt 45% Linolsäure, 31% Arachidonsäure und 21% Oleinsäure[3]. Die stark ungesättigten Fettsäuren mit 18, 20 und 22 C-Atomen standen in den Phosphatiden der Rinderleber in dem Mengenverhältnis 83:100:53, die durchschnittliche Anzahl der Doppelbindungen betrug bei diesen 3 Anteilen 1.7, 3.2 und 4.1 s.[4]. Auch diese Zahlen stehen mit der Beobachtung eines relativen Vorherrschens der Tetra-en-Säuren mit 20 C-Atomen (Arachidonsäure) in den Leberphosphatiden im Einklang[5]. Weit geringer ist die Menge der hochungesättigten Fettsäuren im Neutralfett der Leber[4]. Auch bei Mangel an essentiellen Fettsäuren bleiben diese Säuren in den Leberphosphatiden noch lange erhalten. Während das Neutralfett aus der Leber von Ratten, die 215 Tage fettfrei ernährt worden war, keine Arachidonsäure enthielt, waren kleine Mengen dieser Säure in den Leberphosphatiden dieser Tiere nachweisbar[6].

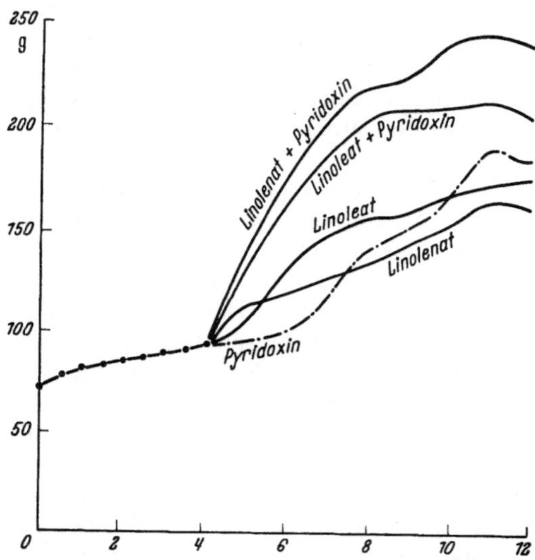

Abb. 47. Gewichtszunahme von Ratten bei fettfreier und pyridoxinfreier Ernährung (punktierte Linie) und nach Zulage von Linolenat, Linoleat oder Pyridoxin, sowie nach gleichzeitiger Verabreichung von Linoleat + Pyridoxin und von Linolenat und Pyridoxin[9]. Für die Umwandlung von (mit der Nahrung aufgenommenem oder von früher her im Organismus vorhandenem) Linoleat oder Linolenat in Arachidonsäure scheint somit Pyridoxin erforderlich zu sein.

Große Mengen von mehrfach ungesättigten Fettsäuren, insbesondere von solchen mit langer Fettsäurekette, enthalten die Lebern mancher Fischarten. So enthält z. B. Dorschlebertran etwa 10–15% mehrfach ungesättigter Fettsäuren[7], darunter insbesondere Clupanodonsäure[8]. Einen hohen Prozentsatz mehrfach ungesättigter Fettsäuren enthält das Leberfett mancher Rochenarten (z. B. Raja maculata), während die Leberöle mancher Haiarten, besonders solcher mit hohem Squalengehalt, nur relativ geringe Mengen höher ungesättigter Fettsäuren enthalten[7].

2. Die Rolle der essentiellen Fettsäuren im Leberstoffwechsel.

Da die essentiellen Fettsäuren, wie oben erwähnt, für die Bildung von Phosphatiden verwendet werden, wird die in der Leber enthaltene Phosphatidmenge durch die Zufuhr essentieller Fettsäuren vermehrt. Wurden z. B. fettfrei ernährten Ratten durch längere Zeit kleine Mengen von Arachidonsäure zugeführt, so enthielt ihr Leberfett mehr Phospholipide, als wenn die Arachidonsäure fortgelassen wurde[6]. Durch eine Steigerung der Phosphatidbildung ist wohl auch die lipotrope Wirkung der essentiellen Fettsäuren verursacht, die in einer Reihe verschiedener Versuchsanordnungen nachgewiesen worden ist. So wird z. B. die Entstehung

[1] Hartley, P.: J. Physiol., London **38**, 353 (1909). — [2] Levene, P. A., and H. S. Simms: J. biol. Ch. **48**, 185 (1921); **51**, 285 (1922). — Levene P. A., and I. P. Rolf: J. biol. Ch. **51**, 507 (1922); **54**, 91, 99 (1922); **67**, 659 (1926). — [3] Snider, R. H., and W. R. Bloor: J. biol. Ch. **99**, 555 (1932/33). — [4] Klenk, E., u. O. v. Schoenebeck: H. **209**, 112 (1932). — [5] Brown, J. B.: J. biol. Ch. **80**, 455 (1928). — [6] Smedley-Maclean, I., and L. C. A. Nunn: Biochem. J. **34**, 884 (1940). — [7] Guha, K. D., T. P. Hilditch and J. A. Lovern: Biochem. J. **24**, 266 (1930). — [8] Tsujimotto, M.: Chem. Umsch. **29**, 261 (1922). — [9] Witten, P. W., and R. T. Holman: Arch. Biochem. **41**, 266 (1952).

von Fettlebern bei diabetischen Hunden durch Verfütterung von Fischtran verzögert[1]. Bei Ratten verursachte Mangel an essentiellen Fettsäuren eine Leberverfettung auch dann, wenn zureichende Mengen von Cholin verabreicht wurden, woraus hervorgeht, daß die lipotrope Wirkung des Cholins und die der essentiellen Fettsäuren auf verschiedenen Wegen zustande kommen[2].

Bekanntlich enthalten die Mitochondrien relativ große Mengen von Phosphatiden, und Mangel an den für die Phosphatidbildung verwendeten essentiellen Fettsäuren beeinflußt auch einzelne in den Mitochondrien enthaltene Enzymsysteme. Die Aktivität der zum größten Teil in den Mitochondrien enthaltenen[3] Cytochromoxydase ist bei Mangel an essentiellen Fettsäuren erheblich gesteigert[4]; in geringerem Grade steigert der Mangel an essentiellen Fettsäuren auch die Aktivität der Cholinoxydase[4]. Dagegen wird die Succinoxydase, ein fast ausschließlich in den Lebermitochondrien enthaltenes Enzym[5], von dieser Avitaminose nicht beeinflußt[4], während die Aktivität der Leberlipase, die sich vor allem im flüssigen Teil des Zellplasmas[6] und in den Mikrosomen[7] vorfindet, durch Mangel an essentiellen Fettsäuren vermindert und durch Zufuhr insbesondere von Arachidonsäure gesteigert wird[8].

η) Vitamin C.

1. Der Ascorbinsäuregehalt der Leber.

Der Ascorbinsäuregehalt des Lebergewebes beträgt bei Rind und Schaf 25 bis 50 mg-% und ist 5—10mal größer als der der Muskulatur[9]. In der Leber normal ernährter Ratten wurde 29,2 mg-%[10], in der Leber von Schweinen 9,2–14,5 mg-%[11], in der Kaninchenleber 33,6 mg-%[12], in der Katzenleber 13,0 mg-%[12] gefunden. Normale Meerschweinchenleber enthält 7,2—14,6 mg-% Ascorbinsäure[13]. Bei Vögeln liegt der Ascorbinsäuregehalt der Leber ungefähr in der gleichen Größenordnung wie beim Säugetier (meist 30—40 mg-%), während der Ascorbinsäuregehalt in der Muskulatur (etwa 6—8 mg-%) meist etwas höher liegt als im Säugetiermuskel. Bei Fischen ist der Ascorbinsäuregehalt der Leber niedriger, der der Muskulatur etwa gleich groß wie beim Säugetier.

Durch intraperitoneale Injektion von ^{14}C-markierter Ascorbinsäure und nachfolgende Messung des Verdünnungsgrades, in dem sich das ^{14}C in der im Harn ausgeschiedenen Ascorbinsäure vorfand, konnte die Größe des im Organismus der Ratte enthaltenen Gesamtascorbinsäurepools gemessen werden. Dieser Vorrat betrug bei normalen Ratten 10,9 mg je 100 g Körpergewicht. Die Leber der Ratte enthält (wenn man 25—30 mg-% als Normalwert annimmt) etwa 2—3mal so viel Ascorbinsäure wie dem durchschnittlichen Ascorbinsäuregehalt des Gesamtorganismus entspräche[14]. Die in der Leber vorhandene Ascorbinsäuremenge ist

[1] Hershey, J. M., and S. Soskin: Amer. J. Physiol. **98**, 74 (1931). — [2] Engel, R. W.: J. Nutrit. **24**, 175 (1942). — [3] Schneider, W. C.: J. biol. Ch. **165**, 585 (1946). — Hogeboom, G. H., A. Claude and R. D. Hotchkiss: J. biol. Ch. **165**, 615 (1946). — Schneider, W. C.: Cold Spring Harbor Symp. quant. Biol. **12**, 169 (1947). — Recknagel, R. O.: J. cellul. comp. Physiol. **35**, 111 (1950). — [4] Kunkel, H. O., and J. N. Williams jr.: J. biol. Ch. **189**, 755 (1951). — [5] Kensler, C. J., and H. Langemann: J. biol. Ch. **192**, 551 (1951). — [6] Heller, L., and N. Bargoni: Ark. Kemi **1**, 447 (1949). — [7] Omachi, A., C. P. Barnum and D. Glick: Proc. Soc. exp. Biol. Med. **67**, 133 (1948). — Ludewig, S., and A. Chanutin: Arch. Biochem. **29**, 441 (1950). — [8] Saka, M. O., and Ü. Sipahioğlu: Amer. J. Physiol. **174**, 49 (1953). — [9] Bicknell-Prescott, Vitamins 2. Aufl. S. 461. — [10] Schwartz, M. A., and J. N. Williams jr.: J. biol. Ch. **198**, 271 (1952). — [11] Sumerwell, W. N., and R. R. Sealock: J. biol. Ch. **196**, 753 (1952). — [12] Holtz, P., u. M. Walter: H. **263**, 187 (1940). Kli. Wo. **1940**, 136. — [13] Sealock, R. R., R. L. Goodland, W. N. Sumerwell and J. M. Brierly: J. biol. Ch. **196**, 761 (1952). — [14] Burns, J. J., E. H. Mosbach and S. Schulenburg: J. biol. Ch. **207**, 679 (1954).

also relativ gering und beträgt nur etwa 6% der im Organismus vorhandenen Gesamtascorbinsäuremenge. Die Untersuchung des Lebergewebes mit Hilfe histochemischer Methoden zeigt, daß die Leberzellen weit geringere Ascorbinsäuremengen enthalten, als die Zellen von Nebennierenrinde, Hypophysenvorderlappen und einigen anderen Geweben[1].

Der Ascorbinsäuregehalt des Lebergewebes ist beim Meerschweinchen, das die Ascorbinsäure nicht selbst bilden kann, von dem Ascorbinsäuregehalt der Nahrung stark abhängig. In der Leber skorbutkranker Meerschweinchen wurde 0,81 bis 1,12 mg-% Ascorbinsäure gefunden, was etwa einem Zehntel des Normalwertes entspricht[2]. Kurzer[3] oder längerer[4] Nahrungsentzug scheint auf den Ascorbinsäuregehalt der Leber nur geringen Einfluß zu haben.

Ein Teil der Ascorbinsäure ist in der Leber in gebundener Form enthalten[5,6]. Durch Metaphosphorsäure und Trichloressigsäure fällbare Komplexe der Ascorbinsäure mit Protein sind nicht nur in Pflanzengeweben[7], sondern auch in tierischen Organen, darunter in der Leber, nachgewiesen worden. Wurde die freie Ascorbinsäure aus Lebergewebe quantitativ extrahiert und der Proteinrückstand sodann durch Erhitzen mit Säure teilweise aufgespalten, so konnte aus dem Hydrolysat Ascorbinsäure als 2,4-Dinitrophenylhydrazin isoliert und identifiziert werden[8]. Die Menge der gebundenen Ascorbinsäure scheint in der Leber normalerweise etwa 15—20% der vorhandenen Gesamtascorbinsäuremenge zu betragen. In Schweineleber wurden 1,6—2,2 mg-% gebundene und 7,6—12,3-mg-% freie Ascorbinsäure aufgefunden[8].

Bei Versuchen, die Ascorbinsäure in der Leberzelle durch ihre reduzierende Wirkung auf $AgNO_3$ innerhalb der Zelle histologisch zu lokalisieren, wurden Ablagerungen von metallischem Silber in der Gegend des Golgi-Apparats und an der Oberfläche der Mitochondrien beobachtet[9]. Daraus kann jedoch nicht der Schluß gezogen werden, daß die Ascorbinsäure in den Partikeln der Leberzellen enthalten ist. Modellversuche mit Ölemulsionen in ascorbinsäurehaltiger Gelatine ergaben, daß sich bei der Behandlung mit $AgNO_3$ auch in diesem Falle das Silber an der Oberfläche der Öltröpfchen niederschlägt[10]. Die fraktionierte Zentrifugierung von Homogenaten aus Ochsenleber ergab, daß die Ascorbinsäure nicht in der Partikelfraktion, sondern in dem flüssigen Teil des Cytoplasmas enthalten ist[11].

Erkrankungen des Leberparenchyms setzen den Ascorbinsäuregehalt des Lebergewebes herab[12]. Ascorbinsäure geht auch in die bei der Lebercirrhose sich ansammelnde Ascitesflüssigkeit über, die Ausscheidung im Überschuß verabreichter Ascorbinsäure ist daher bei Vorhandensein großer Mengen von Ascitesflüssigkeit stark verzögert[12].

Die bei Lebererkrankungen beobachtete Abnahme des Ascorbinsäuregehalts des Lebergewebes ist von einer Verminderung des Ascorbinsäuregehalts des Blutplasmas begleitet. Während das Blutplasma normal ernährter Menschen etwa

---

[1] Tonutti, E.: Z. klin. Med. **132**, 443 (1937). — [2] Sealock, R. R., R. L. Goodland, W. N. Sumerwell and J. M. Brierly: J. biol. Ch. **196**, 761 (1954). — [3] Hopkins, F. G., B. R. Slater and G. A. Millikan: Biochem. J. **29**, 2803 (1935). — [4] Mentzer, C., et G. Urbain: C. R. Soc. Biol. **128**, 270 (1938). — [5] Holtz, P., u. M. Walter: H. **263**, 187 (1940). Kli. Wo. **1940**, 136. — [6] Vgl. dagegen Wachholder, K., u. A. Okrent: H. **264**, 254 (1940). — Fujita, A., u. T. Ebihara: B. Z. **301**, 229 (1939). — [7] Reedman, E. J., and E. W. McHenry: Biochem. J. **32**, 85 (1938). — McHenry, E. W., and M. Graham: Biochem. J. **29**, 2013 (1935). — [8] Sumerwell, W. N., and R. R. Sealock: J. biol. Ch. **196**, 753 (1952). — [9] Bourne, G.: Anat. Rec. **66**, 369 (1936). — [10] Barnett, S. A., and R. B. Fisher: J. exp. Biol. **20**, 14 (1943). — [11] Hagen, P.: Biochem. J. **56**, 44 (1954). — [12] Spellberg, M. A., and R. W. Keeton: Arch. internal Med., Chicago **63**, 1095 (1939).

0,5—1,5 mg-% Ascorbinsäure enthält[1], wurden bei Leberkranken meist Werte unter 0,2 mg-% beobachtet[2]. Belastung mit 300 mg Ascorbinsäure je Tag führt beim Normalen zu einem weit höheren Anstieg des Ascorbinsäuregehalts im Blutplasma als bei Cirrhosekranken[2].

Bildung und Speicherung der Ascorbinsäure in der Leber werden durch zahlreiche Gifte, die nicht immer ausgesprochene Lebergifte sein müssen, gestört. Bei Ratten wurde eine Verringerung des Ascorbinsäuregehalts der Leber und anderer Organe bei Bleivergiftung beobachtet[3]. Eine starke Senkung des Ascorbinsäuregehalts der Leber wird durch das Senecioalkaloid Pterophin hervorgerufen[4] und Verabreichung von Cinchophen[5] hatte bei Ratten die gleiche Wirkung. Histamin und Adrenalin hatten keinen Einfluß[4]. Verabreichung von Salicylaten senkt zwar den Ascorbinsäuregehalt der Nebennierenrinde[6], hat aber auf den Ascorbinsäuregehalt der Leber keine[4] oder nur geringe Wirkung[7]. Nach Amytalnarkose war der Vitamin C-Gehalt der Leber herabgesetzt[8]. Äthernarkose hatte, je nach der Versuchsanordnung, eine Steigerung[9] oder Senkung[5] des Ascorbinsäuregehalts der Leber und eine Verminderung der Ascorbinsäureausscheidung im Harn[10] zur Folge. Eine Reihe aromatischer carcinogener Stoffe steigerte den Ascorbinsäuregehalt des Lebergewebes von Mäusen[11,12].

Leberschädigende Gifte setzen die Bildung der Ascorbinsäure in der Leber meist nicht wesentlich herab und können sogar eine Steigerung des Ascorbinsäuregehalts der Leber zur Folge haben. Ratten, bei denen durch Einatmen von CCl_4-Dämpfen eine fettige Degeneration der Leber hervorgerufen worden war, konnten, obwohl andere Leberfunktionen gestört waren, noch beträchtliche Mengen von Ascorbinsäure bilden[5], und Injektion von CCl_4 hatte beim gleichen Versuchstier nur eine geringe Verminderung des Ascorbinsäuregehalts der Leber zur Folge[4]. In der Leber phosphorvergifteter Meerschweinchen wurde mehr Ascorbinsäure gefunden als in der Leber normaler Kontrolltiere, und zwar sowohl bei ascorbinsäurefreier als auch bei ascorbinsäurehaltiger Ernährung[13]. Meerschweinchen, die reichlich Ascorbinsäure erhielten, aber durch längere Zeit strenger Kälte ausgesetzt worden waren, sammelten mehr Ascorbinsäure in ihren Lebern an als Kontrolltiere, die die gleiche Menge des Vitamins bei Zimmertemperatur erhielten[14]. Bei fastenden Meerschweinchen setzte niedrige Außentemperatur den Ascorbinsäuregehalt der Leber herab[15]. Nach Blutverlusten war der Ascorbinsäuregehalt

---

[1] Farmer, C. J., and A. F. Abt: Proc. Soc. exp. Biol. Med. **32**, 1625 (1935); **34**, 146 (1936). — Wortis, H., J. Liebmann and E. Wortis: J. amer. med. Ass. **110**, 1896 (1938). — Goldsmith, G. A., and G. F. Ellinger: Arch. internal Med., Chicago **63**, 531 (1939).— Abt, A. F., H. Chinn and C. J. Farmer: Amer. J. med. Sci. **197**, 229 (1939). — Butler, A. M., and M. Cushman: J. clin. Invest. **19**, 459 (1940). — Fincke, M. L., V. L. Landquist and P. M. Carpenter: J. Nutrit. **23**, 483 (1942). — Secher, K.: Acta med. scand. **110**, 255 (1942). — Gounelle, H., Y. Raoul, A. Valette et J. Marche: C. R. Soc. Biol. **137**, 607 (1943). — Dodds, M. L., and F. L. McLeod: J. Nutrit. **27**, 77 (1944). — [2] Gounelle, H., et J. Marche: C. R. Soc. Biol. **137**, 672 (1943). — [3] Láng, S.: A. e. P. P. **200**, 637 (1942/43). — [4] Sapeika, N.: Brit. J. exp. Path. **33**, 223 (1952). — Sapeika, N., and R. G. Parker: S.-afric. J. med. Sci. **18**, 1 (1953). — [5] Svirbely, J. L.: Amer. J. Physiol. **116**, 446 (1936). — [6] Cauwenberge, H. van: Lancet **1951 II**, 374. — [7] Lutwak-Mann, C.: Biochem. J. **36**, 706 (1942). — [8] Lombroso, C., e B. Cera: Arch. Fisiol. **38**, 228 (1938). — [9] Bowman, D. E., and E. Muntwyler: J. biol. Ch. **114**, XIV (1936). — [10] Bersin, T., H.-J. Lauber u. H. Nafziger: Kli. Wo. **1937 II**, 1272. — Lauber, H.-J., T. Bersin u. H. Nafziger: Kli. Wo. **1937 II**, 1274. — Lauber, H.-J., H. Nafziger u. T. Bersin: Kli. Wo. **1937 II**, 1313, — [11] Kennaway, E. L., N. M. Kennaway and F. L. Warren: Cancer Res. **4**, 245, 367 (1944). — [12] Daff, M., C. Hoch-Ligeti, E. L. Kennaway and M. M. Tipler: Cancer Res. **8**, 376 (1948). — [13] Loeper, M., J. Cottet et A. Lesure: C. R. Soc. Biol. **122**, 388 (1936). — [14] Dugal, L. P., and M. Thérien: Canad. J. Res. (E) **25**, 111 (1947). — [15] Casentini, S., C. Colizzi, M. Rossanda et F. Vaccari: Arch. int. Pharmacodyn. Thérap. **93**, 65 (1953).

der Leber von Ratten vermehrt[1]. Alkoholvergiftung setzt zwar den Ascorbinsäuregehalt der Nebennieren bei Ratten[2, 3] und Meerschweinchen[2] herab, in der Leber der Tiere stieg jedoch einige Zeit später der Ascorbinsäuregehalt stark an[4]. Da Meerschweinchen Ascorbinsäure nicht endogen bilden, wird angenommen, daß diese Zunahme des Ascorbinsäuregehaltes der Leber zum Teil durch ein Überwandern der Ascorbinsäure aus den Nebennieren und anderen Organen verursacht ist. Injektion von adrenocorticotropem Hormon hatte die gleiche Wirkung, nur traten die Änderungen im Ascorbinsäuregehalt von Nebenniere und Leber weit rascher ein. Es wird daher angenommen[4], daß die Vermehrung des Ascorbinsäuregehalts der Leber zu den Stoffwechselveränderungen gehört, die unspezifisch durch eine Allgemeinschädigung des Organismus (Stress)[5] hervorgerufen werden.

2. Die Ascorbinsäuresynthese in der Leber.

Nur die Primaten (einschließlich Mensch) und das Meerschweinchen können Ascorbinsäure nicht im eigenen Stoffwechsel bilden, und nur für sie ist die Ascorbinsäure ein Vitamin. Alle übrigen Tiere synthetisieren (soweit bisher untersucht) die Ascorbinsäure im eigenen Stoffwechsel. Diese Synthese scheint vor allem in Leber und Niere zu erfolgen[6].

Zufuhr verschiedener organischer Stoffe steigert bei Ratten die Ascorbinsäureausscheidung im Harn[7]. Eine besonders starke Wirkung zeigen anästhetisch wirkende Substanzen (Barbitursäurederivate, polymerisierte Aldehyde, Sulfonmethane, halogenierte aliphatische Verbindungen) und einige Antipyretica (Aminopyrin und Antipyrin). Weniger stark wirken Phenol, Salicylate und Sulfonamide[7].

Die durch diese Stoffe verursachte Steigerung der Ascorbinsäureausscheidung ist durch eine Beschleunigung der Synthese verursacht, denn die nach Verabreichung derartiger ascorbopoietischer Stoffe von der Ratte ausgeschiedenen Ascorbinsäuremengen übersteigen bei weitem den Ascorbinsäurebestand des normalen Rattenorganismus[7]. Auch bei anderen Säugetieren, bei Vögeln[8], bei Pflanzen und Mikroorganismen beschleunigen diese Stoffe die Ascorbinsäurebildung. Am stärksten wird die Ascorbinsäurebildung sowohl in der Pflanze als auch im tierischen Organismus durch Chloreton (= 1,1,1-Trichlor-2-methyl-2-propanol = CCl_3—$C(CH_3)_2OH$ = Trichlordimethyläthanol) vermehrt[6]. Der Mechanismus, durch den das Chloreton die Ascorbinsäurebildung steigert, ist unbekannt; in die Methylgruppen des Chloretons eingebauter ^{14}C wurde in der entstandenen Ascorbinsäure nicht wiedergefunden[9].

Die Ascorbinsäure entsteht aus Hexosen. Zusatz von Mannose fördert in vitro die Ascorbinsäurebildung in der Rattenleber[10]. Der Ascorbinsäuregehalt der Leber von Ratten, denen vorher Mannose injiziert worden war, war höher als der der Kontrolltiere[10]. Daß die Ascorbinsäure aus Hexosen entsteht, konnte durch Versuche mit isotopenmarkierter Glucose gezeigt werden. Aus D-Glucose, die im C-Atom 1 mit ^{14}C markiert war, bildeten Chloretonratten Ascorbinsäure, die ^{14}C

[1] SAYERS, G., M. A. SAYERS, T.-Y. LIANG and C. N. H. LONG: Endocrinology **37**, 96 (1945). — [2] FORBES, J. C., and G. M. DUNCAN: Quart. J. Stud. Alcohol **12**, 355 (1951). — [3] SMITH, J. J.: J. clin. Endocrinol. **11**, 792 (1951). — [4] FORBES, J. C., and G. M. DUNCAN: Endocrinology **55**, 822 (1954). — [5] SELYE, H.: Ann. Rev. Med. **2**, 327 (1951). — [6] SMYTHE, C. V., and C. G. KING: J. biol. Ch. **142**, 529 (1942). — [7] LONGENECKER, H. E., H. H. FRICKE and C. G. KING: J. biol. Ch. **135**, 497 (1940). — [8] VALDMANIS, A., and J. ROSENBACHS: Latvijas PSR Zinatnu Akad. Vestis **1949**, 99 [Chem. Abstr. **47**, 10076^b]. — [9] JACKEL, S. S., E. H. MOSBACH, J. J. BURNS and C. G. KING: J. biol. Ch. **186**, 569 (1950). — [10] GUHA, B. C., and A. R. GOSH: Nature **134**, 739 (1934); **135**, 234, 871 (1935); **138**, 844 (1936).

im C-Atom 6 enthielt[1,2]. Als Atom 6 in Glucose eingebautes ^{14}C wurde dagegen im C-Atom 1 der entstandenen Ascorbinsäure wiedergefunden[3]. Daß diese Umwandlung auf dem Wege über Glucuronsäure erfolgt, geht daraus hervor, daß aus radioaktivem D-Glucuronsäurelacton viel mehr ^{14}C in die entstandene Ascorbinsäure überging als aus radioaktiver D-Glucose[4]. Außer der Rattenleber sind auch die Lebern anderer Tiere (z. B. Kaninchen- und Taubenleber) zur Bildung von Ascorbinsäure aus Hexosen befähigt. Die Lebern von Meerschweinchen und von Affen bilden dagegen auch in vitro keine Ascorbinsäure[5].

Es scheint, daß sowohl D-Glucose als auch D-Galaktose als Ausgangssubstanz für die Ascorbinsäurebildung verwendet werden können. Ebenso wie D-Glucuronsäure und L-Gulonsäurelacton, gingen auch D-Galakturonsäure und das Lacton der L-Galaktonsäure bei der Ratte in L-Ascorbinsäure über[6]. Sorbose bildet dagegen keine direkte Vorstufe der Ascorbinsäure[7]. Den Weg der Ascorbinsäuresynthese aus Glucose und Galaktose zeigen die folgenden Formeln:

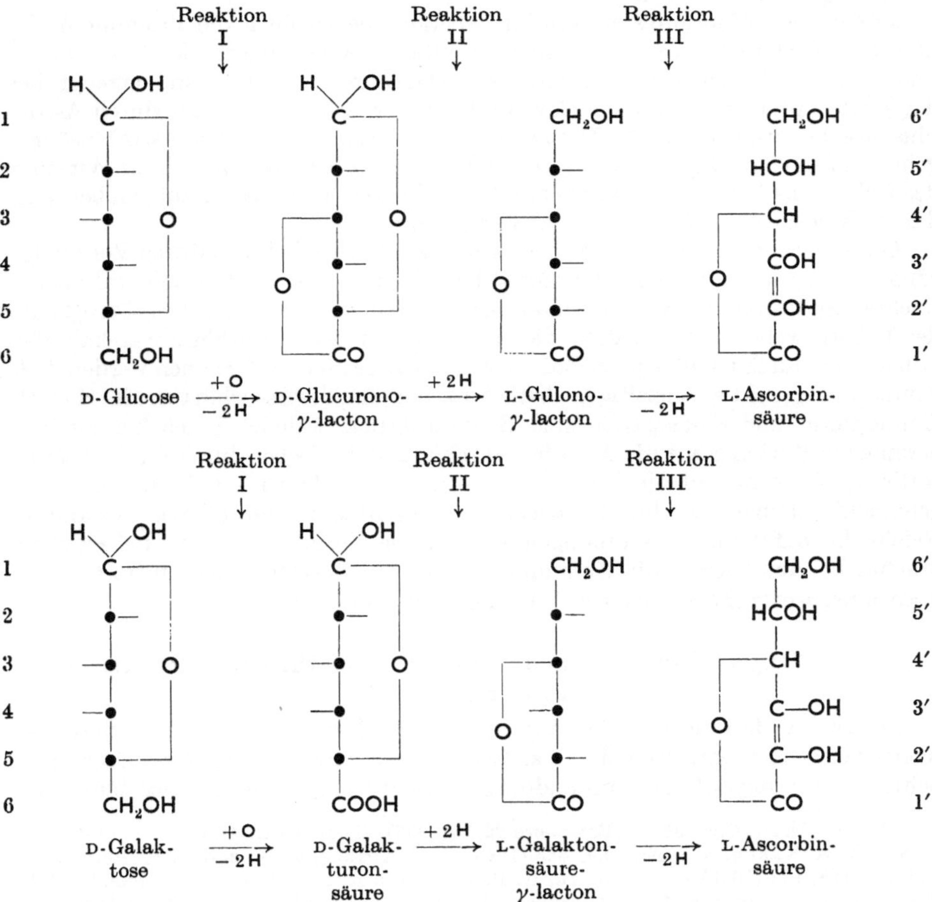

[1] JACKEL, S. S., E. H. MOSBACH, J. J. BURNS and C. G. KING: J. biol. Ch. **186**, 569 (1950). — [2] HOROWITZ, H. H., A. P. DOERSCHUK and C. G. KING: J. biol. Ch. **199**, 193 (1952). — [3] HOROWITZ, H. H., and C. G. KING: J. biol. Ch. **200**, 125 (1953). — [4] HOROWITZ, H. H., and C. G. KING: J. biol. Ch. **205**, 815 (1953). — [5] GUHA, B. C., and A. R. GOSH: Nature **134**, 739 (1934); **135**, 234, 871 (1935); **138**, 844 (1936). — [6] ISHERWOOD, F. A., Y. T. CHEN and L. W. MAPSON: Nature **171**, 348 (1953). — [7] BURNS, J. J., E. H. MOSBACH, S. SCHULENBERG and J. REICHENTHAL: J. biol. Ch. **214**, 507 (1955).

Die Bildung der L-Ascorbinsäure aus D-Hexosen erfolgt also in jedem Falle über die entsprechenden D-Alduronsäuren (vgl. Reaktion I des obigen Formelschemas). Die D-Alduronsäure wird sodann zu einer Aldonsäure reduziert. Die durch die Reduktion der Aldehydgruppe der D-Glucuron- bzw. D-Galakturonsäure (Reaktion II) entstehenden Aldonsäuren gehören der L-Reihe an, sie können durch Abspaltung zweier H-Atome in L-Ascorbinsäure übergehen (Reaktion III). Die Umwandlung der Alduronsäuren in Ascorbinsäure ist somit eine intramolekulare Oxydoreduktion, für die bilanzmäßig weder Sauerstoff noch Wasserstoff erforderlich ist.

Die Fermentsysteme, die die Ascorbinsäuresynthese katalysieren, sind derzeit noch unbekannt. Für die Ascorbinsäuresynthese scheinen katalytische Mengen von Mn-Ionen erforderlich zu sein. Bei Ratten und Kaninchen entstand bei Mangel an Mn ein skorbutartiges Krankheitsbild. Andererseits konnten ascorbinsäurefrei ernährte Meerschweinchen durch Zufuhr von Mn-Ionen + Glucose vor Skorbut geschützt werden[1].

Für die Ascorbinsäuresynthese im Lebergewebe scheinen die Vitamine A, B_1 und B_2 erforderlich zu sein. Mangel an Vitamin A verringert die in der Leber und anderen Geweben gespeicherten Ascorbinsäurereserven[2–5] und erzeugt bei der Ratte unter anderem auch skorbutähnliche Erscheinungen, die durch Ascorbinsäure beseitigt werden[6]. Mangel an Lactoflavin senkte den Ascorbinsäuregehalt der inneren Organe von Ratte[7] und Hund[8]. Die ascorbopoietische Wirkung des Chloretons kann durch Mangel an Thiamin oder Lactoflavin aufgehoben und durch Zusatz dieser Vitamine reaktiviert werden[9].

Orale Verabreichung von Aminopterin setzte (wahrscheinlich durch Verminderung der Synthese) den Ascorbinsäuregehalt der Leber herab[10]. Auch oral verabreichtes Sulfasuxidin (Succinylsulfathiazol) verringerte den Ascorbinsäuregehalt des Lebergewebes[11]. Der Effekt dieser Stoffe auf den Ascorbinsäuregehalt der Leber kann durch nachträgliche Zufuhr von Folsäure nicht aufgehoben werden[11,12]. Aminopterin senkt gleichzeitig auch die Ausscheidung der Ascorbinsäure im Harn[13]. Aminopterin und Sulfasuxidin sind Bacteriostatica, wahrscheinlich kommt ihre hemmende Wirkung auf die Ascorbinsäurebildung der Leber durch ihre bakteriostatische Wirkung auf die Darmflora zustande; die Leber erhält sodann nicht genügende Mengen der für die Ascorbinsäuresynthese erforderlichen Vitamine. Reichliche Zufuhr eines Vitamingemisches sowie Verfütterung von Leberpulver brachte bei den Tieren, die Aminopterin oder Sulfasuxidin erhalten hatten, die Ascorbinsäuresynthese wieder auf das normale Niveau[11].

3. Die Oxydation der Ascorbinsäure und ihre Regeneration in der Leber.

Es scheint, daß die Ascorbinsäure im Stoffwechsel vielfach als reduzierendes Agens verwendet wird und dabei selbst einer Oxydation unterliegt. Der erste Schritt dieser oxydativen Umwandlung führt zur sog. „Dehydroascorbinsäure“

---

[1] Rudra, M. N.: Current Sci., Bangalore **22**, 15 (1953) [Chem. Abstr. **47**, 6512ⁱ]. — [2] Mayer, J., and W. A. Krehl: J. Nutrit. **35**, 523 (1948). — [3] Kimble, M. S., and E. S. Gordon: J. biol. Ch. **128**, LII (1939). — [4] Sure, B., R. M. Theis and R. T. Harrelson: J. biol. Ch. **129**, 245 (1939). — [5] Jonsson, G., A. L. Obel and K. Sjöberg: Z. Vit.-Forsch. **12**, 300 (1942). — [6] Mayer, J., and W. A. Krehl: Arch. Biochem. **16**, 313 (1948). — [7] Svirbely, J. L.: Amer. J. Physiol. **116**, 446 (1936). — Mělka, J.: Pflügers Arch. **238**, 74 (1937). — [8] Koyanagi, T., and H. Matsui: Igaku to Seibutsugaku **9**, 7 (1946) [Chem. Abstr. **47** 1252ⁱ]. — [9] Roy, S. C., S. K. Roy and B. C. Guha: Nature **158**, 238 (1946). — [10] Williams, J. N. jr.: Proc. Soc. exp. Biol. Med. **77**, 315 (1951). — [11] Schwartz, M. A., and J. N. Williams jr.: J. biol. Ch. **198**, 271 (1952). — [12] Schwartz, M. A., and J. N. Williams jr.: J. biol. Ch. **194**, 711 (1952). — [13] Schwartz, M. A., and J. N. Williams jr.: J. biol. Ch. **197**, 481 (1952).

(= Diketo-L-gulonsäurehydrat). Der zweite Schritt der Reaktionsfolge ist nicht oxydativ, er besteht in der Abspaltung eines Wassermoleküls aus dem Diketo-L-gulonsäurehydrat, wobei L-Diketogulonsäure gebildet wird[1]. Dieser Schritt der Ascorbinsäureoxydation ist irreversibel[2,3]. Die Diketogulonsäure wird schließlich durch eine dritte, ebenfalls irreversible Reaktion in Oxalsäure und L-Threonsäure gespalten.

1	O=C—		O=C—		COOH		COOH
2	HOC		HOCOH		C=O		COOH
	‖ O		O				....
3	HOC		HOCOH		C=O		COOH
4	HC—		HC—		HCOH		HCOH
5	HOCH		HOCH		HOCH		HOCH
6	CH_2OH		CH_2OH		CH_2OH		CH_2OH
		I		II		III	
	L-Ascorbinsäure	⇌	Diketo-L-gulonsäurehydrat (sog. Dehydroascorbinsäure)	→	Diketo-L-gulonsäure	→	Oxalsäure + L-Threonsäure

Die Oxydation der Ascorbinsäure zu Dehydroascorbinsäure erfolgt in vielen Geweben, die Rückverwandlung der Dehydroascorbinsäure in Ascorbinsäure scheint dagegen vorwiegend in der Leber zu erfolgen: Nach Injektion von Dehydroascorbinsäure stieg der Ascorbinsäuregehalt der Leber sehr stark an, viel stärker als nach Injektion der gleichen Menge von Ascorbinsäure selbst. In den übrigen Organen wurde ein derartiger Anstieg des Ascorbinsäuregehalts nach Zufuhr von Dehydroascorbinsäure nicht beobachtet[4]. Gleichzeitig mit dem Anstieg des Ascorbinsäuregehalts der Leber sank der Gehalt des Blutes an Dehydroascorbinsäure ab[4]. Da die Leber die an sich unwirksame Dehydroascorbinsäure in die antiskorbutisch wirksame Ascorbinsäure verwandelt, kann man skorbutkranke Meerschweinchen mit Dehydroascorbinsäure heilen[3,5]. Aus dem gleichen Grund stieg beim Menschen nach Zufuhr von Dehydroascorbinsäure die Ausscheidung von Ascorbinsäure im Harn an[6,7]. Versuche in vitro ergaben, daß Dehydroascorbinsäure bei Körpertemperatur und im physiologischen p_H-Bereich von Glutathion rasch reduziert wird. Cystein war nur etwa halb so stark wirksam[2,8]. Der Reduktion der Dehydroascorbinsäure geht wahrscheinlich die Bildung eines Additionsproduktes der Dehydroascorbinsäure mit der Sulfhydrilverbindung voraus[9-11]. Die Reduktion der Dehydroascorbinsäure durch Meerschweinchenleber erfolgt in vitro vollständiger, wenn die Tiere resorcinhaltige Nahrung (z.B. Kohl) erhalten hatten[10], und ihre Reduktion durch Glutathion wird beschleunigt, wenn dem Reaktionsgemisch Leberhomogenate oder Resorcin zugesetzt werden[11]. Die Bindung und Reduktion der Dehydroascorbinsäure durch die Leber ist eine Entgiftungsreaktion: Dehydroascorbinsäure hat ähnlich wie Alloxan eine diabetogene

[1] BALL, E. G.: J. biol. Ch. **118**, 219 (1937). — [2] BORSOOK, H., H. W. DAVENPORT, C. E. P. JEFFREYS and R. C. WARNER: J. biol. Ch. **117**, 237 (1937). — [3] HIRST, E. L., and S. S. ZILVA: Biochem. J. **27**, 1271 (1933). — [4] PENNEY, J. R., and S. S. ZILVA: Biochem. J. **37**, 403 (1943). — [5] FOX, F. W., and L. F. LEVY: Biochem. J. **30**, 211 (1936). — [6] JOHNSON, S. W., and S. S. ZILVA: Biochem. J. **28**, 1393 (1934). — [7] TODHUNTER, E. N., T. MCMILLAN and D. A. EHMKE: J. Nutrit. **42**, 297 (1950). — [8] HOPKINS, F. G., and E. J. MORGAN: Biochem. J. **30**, 1446 (1936). — [9] DRAKE, B. B., C. V. SMYTHE and C. G. KING: J. biol. Ch. **143**, 89 (1942). — [10] BERSIN, T., H. KÖSTER u. H. J. JUSATZ: H. **235**, 12 (1935). — [11] CARO, L. DE, u. M. GIANI: H. **228**, 13 (1934).

Wirkung[1], und ähnlich wie beim Alloxan[2] kann ihre diabetogene Wirkung durch vorherige Zufuhr von Glutathion, Cystein oder Dimerkaptopropanol (BAL) verhindert werden[3].

Da die Leber die in den übrigen Organen aus Ascorbinsäure entstandene Dehydroascorbinsäure aus dem Blut aufnimmt, sinkt der Gehalt des Lebergewebes an Dehydroascorbinsäure bei ascorbinsäurefreier Ernährung langsamer ab als der Ascorbinsäuregehalt des Lebrgewebes (vgl. Tabelle 61).

Tabelle 61. Ascorbinsäure und Dehydroascorbinsäure in der Leber a) normal ernährter; b) 5 Tage ascorbinsäurefrei und c) 28 Tage ascorbinsäurefrei ernährter Meerschweinchen[4].

	a)	b)	c)
Dauer der skorbutogenen Ernährung	1 Tag	5 Tage	28 Tage
Gehalt der Leber in mg-% an:			
Ascorbinsäure	9,7	1,5	1,3
Dehydroascorbinsäure	0,53	0,62	0,26
Diketogulonsäure	0,11	0,00	0,00

Die Umwandlung von Dehydroascorbinsäure in Diketogulonsäure, zuerst nachgewiesen durch die bei saurer Reaktion auftretende Mutarotation der Dehydroascorbinsäure[5], ist in vivo irreversibel und scheint in der Leber nur dann zu erfolgen, wenn Überschüsse an Ascorbinsäure aufgenommen worden sind. Nach ascorbinsäurefreier Ernährung war in der Leber keine Diketogulonsäure nachweisbar (vgl. Tabelle 61). Nach Injektion von Ascorbinsäure stieg der Gehalt des Meerschweinchenorganismus an Diketogulonsäure erheblich an, noch größer war die Vermehrung der Diketogulonsäure, wenn Dehydroascorbinsäure gegeben worden war (vgl. Tabelle 62).

Tabelle 62. Gehalt des Organismus junger Meerschweinchen an Ascorbinsäure, Dehydroascorbinsäure und Diketogulonsäure 1 Std nach Injektion von je 25 mg dieser Stoffe je 100 g Körpergewicht[1]. Injizierte Ascorbinsäure wird z. T. in Dehydroascorbinsäure und diese in Diketogulonsäure verwandelt. Injizierte Dehydroascorbinsäure wird teils in Ascorbinsäure teils in Diketogulonsäure verwandelt. Injizierte Diketogulonsäure führt dagegen zu keinem nennenswerten Anstieg des Ascorbinsäuregehalts, die Erhöhung der Dehydroascorbinsäure ist wahrscheinlich auf den verzögerten Abbau der Dehydroascorbinsäure zurückzuführen. (Die Richtung der Umwandlungen ist in der Tabelle durch Pfeile angedeutet.)

Aufgefundene Menge in mg je 100 g Körpergewicht	Injiziert wurden			
	(Leerversuch)	Ascorbinsäure	Dehydroascorbinsäure	Diketogulonsäure
Ascorbinsäure	7,1	22,0	14,4	7,8
		↓	↗	↑↓
Dehydroascorbinsäure	0,4	1,1	3,6	1,6
		↓	↘	
Diketogulonsäure	0,1	0,6	6,6	5,9 ↓

[1] Patterson, J. W.: Endocrinology **45**, 344 (1949). J. biol. Ch. **183**, 81 (1950). — [2] Lazarow, A.: Proc. Soc. exp. Biol. Med. **61**, 441 (1946); **66**, 4 (1947). — [3] Patterson, J. W., and A. Lazarow: J. biol. Ch. **186**, 141 (1950). — [4] Damron, C. M., M. M. Monier and J. H. Roe: J. biol. Ch. **195**, 599 (1952). — [5] Herbert, R. W., E. L. Hirst, E. G. V. Percival, R. J. W. Reynolds and F. Smith: Soc. **1933**, 1270.

4. Die Ascorbinsäure im Kohlenhydrat- und Lipidstoffwechsel der Leber.

Über die Beziehungen des Vitamin C zum Kohlenhydratstoffwechsel liegen zahlreiche Beobachtungen vor, die sich jedoch heute noch nicht zu einem geschlossenen Bild zusammenfügen lassen. Sauerstoffverbrauch und Kohlensäurebildung waren im Lebergewebe (nicht aber im Nierengewebe) skorbutischer Meerschweinchen stark vermehrt, der Respiratorische Quotient sowie die aerobe Milchsäurebildung wurden hingegen nicht beeinflußt[1]. Zusatz von Ascorbinsäure zu Leberschnitten normaler und skorbutischer Meerschweinchen steigerte zwar den O_2-Verbrauch der Schnitte, doch war diese Steigerung nur der Menge der zugesetzten Ascorbinsäure äquivalent und somit durch eine Oxydation der zugesetzten Ascorbinsäure verursacht[1]. In skorbutischen Zuständen ist der Glykogengehalt der Leber herabgesetzt[2]. Reichliche Ascorbinsäurezufuhr steigert die fördernde Wirkung der Nebennierenrindenhormone auf Glykoneogenese und Glykogenspeicherung[3]. Injektion von Ascorbinsäure verstärkte die Wirkung gleichzeitig injizierten Insulins[4]. Andererseits waren Insulininjektionen bei Mensch, Hund und Ratte von einer vorübergehenden Senkung des Ascorbinsäurespiegels im Blut und einer Verringerung der Ascorbinsäureausscheidung im Harn gefolgt[5], wahrscheinlich beschleunigt Insulin den Übertritt von Ascorbinsäure aus der extracellulären Flüssigkeit in die Gewebszellen. Der Zusammenhang zwischen Ascorbinsäure und Blutzucker ist nicht klar, nach Zufuhr von Ascorbinsäure wurden je nach der Versuchsanordnung Senkungen[6,7] oder Erhöhungen des Blutzuckergehalts beobachtet[7,8]. Glucosebelastungen an Gesunden und Diabetikern ergaben nach Ascorbinsäurezufuhr die gleichen Resultate wie ohne diese[9]. Im Vitamin C-Mangel sind die Glucosetoleranz-Kurven erhöht[10,11], durch Verabreichung von Vitamin C wurde die Glucosetoleranz normalisiert[11].

Über den Einfluß der Ascorbinsäure auf den Fettstoffwechsel der Leber liegen nur wenige und einander zum Teil widersprechende Angaben vor. Daß der Fettgehalt der Lebern skorbutkranker Meerschweinchen höher ist als der von normal ernährten Kontrolltieren ist wiederholt festgestellt worden[12]. So betrug in einer derartigen Versuchsserie der Fettgehalt der Lebern skorbutkranker Meerschweinchen 10—19%, während in den Lebern der normal ernährten Kontrolltiere nur 3,4—3,8% gefunden wurden[13]. Es ist jedoch wahrscheinlich, daß dieser gesteigerte Leberfettgehalt auf die bei Skorbut herabgesetzte Nahrungsaufnahme, nicht aber auf den Ascorbinsäuremangel an sich zurückzuführen ist. Wurde den Kontrolltieren nur so viel Futter gegeben, wie die skorbutkranken Tiere fraßen, so war der Fettgehalt der Lebern beider Tiergruppen annähernd gleich. Auch der Phospholipidgehalt der Lebern und der Cholesteringehalt des Leberfetts wurde durch den Ascorbinsäuregehalt der Nahrung nicht beeinflußt.

---

[1] Stotz, E., C. J. Harrer, M. O. Schultze and C. G. King: J. biol. Ch. **120**, 129 (1937). — [2] Palladin, A.: B. Z. **152**, 228 (1924). — Altenburger, E.: Kli. Wo. **1936 II**, 1129. — Shimamura, M.: Jap. J. med. Sci. (A IV) **12**, 22 (1938). — Morelli, A., e L. d'Ambrosio: Arch. Sci. biol. **24**, 351 (1938). — Nair, K. R.: Ann. Biochem. exp. Med., Calcutta **1**, 179 (1941). — Giroud, A., et A. R. Ratsimamanga: Bull. Soc. Chim. biol. **23**, 102 (1941). — Banerjee, S.: Ann. Biochem. exp. Med., Calcutta **3**, 171 (1943). — Murray, H. C., and A. F. Morgan: J. biol. Ch. **163**, 401 (1946). — [3] Bacchus, H., and M. H. Heiffer: Amer. J. Physiol. **172**, 276 (1953). — [4] Basu, N. K.: Int. Z. Vit.-Forsch. **24**, 38 (1952). — [5] Sherry, S., and E. P. Ralli: J. clin. Invest. **27**, 217 (1948). — [6] Stepp, W., H. Schroeder u. E. Altenburger: Kli. Wo. **1935 I**, 933. — [7] Sylvest, O.: Acta med. scand. **110**, 183 (1942). — [8] Boehncke, H.: Z. Kinderheilkde. **59**, 245 (1938). — [9] Armentano, L., A. Bentsáth, A. Hámori u. A. Korányi: Z. ges. exp. Med. **96**, 321 (1935). — [10] Hjorth, P.: Acta med. scand. **105**, 67 (1940). — [11] Secher, K.: Acta med. scand. **110**, 255 (1942). — [12] Bessey, O. A., M. L. Menten and C. G. King: Proc. Soc. exp. Biol. Med. **31**, 455 (1934). — [13] Terbrüggen, A.: Verh. dtsch. path. Ges. **31**, 114 (1939).

Durch Gifte verursachte Leberverfettungen scheinen jedoch durch Ascorbinsäure günstig beeinflußt zu werden. So war z. B. die durch Hydrazin verursachte Leberverfettung bei ascorbinsäurefrei ernährten Meerschweinchen weit stärker als bei normal gefütterten Tieren[1].

Die Aktivität der Leberesterase ist beim skorbutischen Meerschweinchen herabgesetzt[2], und beim Kaninchen wurde nach Belastung mit Ascorbinsäure ein Anstieg der Blutesterase beobachtet[3]. Über ältere Befunde, betreffend einen Ascorbinsäuregehalt der Leberesterase, vgl. S. 157.

Die auf S. 21 besprochene thermoregulatorische Funktion der Leber wird, vielleicht auf dem Wege über die Nebennierenrinde, durch die Menge der aufgenommenen Ascorbinsäure beeinflußt. Der O_2-Verbrauch des Lebergewebes von Ratten, die bei normaler Zimmertemperatur gehalten worden waren, war unabhängig davon, ob den Ratten Ascorbinsäure gegeben worden war oder nicht. Wurden die Ratten aber bei einer Umgebungstemperatur von 2° gehalten, so war der O_2-Verbrauch der Leber bei Tieren, die Ascorbinsäure erhalten hatten, größer[4].

5. Die Ascorbinsäure und der Proteinstoffwechsel der Leber.

Die Aufrechterhaltung einer bestimmten Minimalkonzentration an Ascorbinsäure in den Leberzellen scheint für den normalen Ablauf des Protein- und Aminosäurestoffwechsels in diesen Zellen erforderlich zu sein. Bei an Skorbut verstorbenen Meerschweinchen war nicht nur das Gesamtgewicht der Leber, sondern auch der Protein- und der Ribonucleinsäuregehalt des Lebergewebes auf weniger als die Hälfte des Normalwertes gefallen; der Desoxyribonucleinsäuregehalt war jedoch, je Leberzelle gerechnet, unverändert geblieben[5]. Andererseits verringert Proteinmangel bei Ratten die Ascorbinsäuresynthese; die Ursache hierfür ist nicht eine durch den Proteinmangel hervorgerufene Unfähigkeit Ascorbinsäure zu bilden, sondern wahrscheinlich der im Proteinmangel herabgesetzte Ascorbinsäurebedarf, denn auch bei Proteinmangel konnte die Ascorbinsäuresynthese durch Stress gesteigert werden[6]. Die Menge der Plasmaproteine und ihrer Fraktionen wurde auch durch andauernde Zufuhr großer Ascorbinsäuremengen nicht verändert[7].

Ascorbinsäure ist für den Abbau der aromatischen Aminosäuren in der Leber erforderlich[8]. Leberschnitte C-avitaminöser Meerschweinchen konnten Tyrosin und Phenylalanin nicht auf normalem Wege abbauen und desaminierten es zu p-Oxyphenylpyruvat[9,10]. Skorbutische Meerschweinchen schieden 80% des verabreichten Tyrosins in Form aromatischer Zwischenprodukte im Harn aus[11]. Nach Zufuhr von Vitamin C setzte der normale Tyrosinabbau wieder ein, und die Zwischenprodukte des Tyrosinabbaues verschwanden aus dem Harn[12]. Auch in vitro gewinnt die skorbutische Leber die Fähigkeit zur Oxydation aromatischer Aminosäuren durch Zusatz von Ascorbinsäure wieder[9]. Kleine Mengen von Ascorbinsäure sind jedoch auch in der Leber skorbutischer Meerschweinchen

[1] BEYER, K. H.: Arch. internal Med., Chicago **71**, 315 (1943). — [2] SCOZ, G., C. CATTANEO e M. C. GABRIELLI: Enzymologia **3**, 29 (1937). — RAABE, S.: B. Z. **299**, 141 (1938). — [3] GAJDOS, A., et A. HOCHWALD: C. R. Soc. Biol. **131**, 1178 (1939). — [4] DESMARAIS, A.: Rev. canad. Biol. **12**, 99 (1953). — [5] FUKUDA, M., et A. SHIBATANI: Exper. **9**, 27 (1953). — [6] YANOVSKAYA, B. J.: Biochimija, Moskau **17**, 414 (1952) [Chem. Abstr. **47**, 718h]. — [7] ARMENTANO, L., A. BENTSÁTH, A. HÁMORI u. A. KORÁNYI: Z. ges. exp. Med. **96**, 321 (1935). — [8] LEVINE, S. Z., E. MARPLES and H. H. GORDON: Science, N. Y. **90**, 620 (1939). — [9] LAN, T. H., and R. R. SEALOCK: J. biol. Ch. **155**, 483 (1944). — [10] SEALOCK, R. R., and GOODLAND, R. L.: Science, N. Y. **114**, 645 (1951). — [11] SEALOCK, R. R., and H. E. SILBERSTEIN: Science, N. Y. **90**, 517 (1939). J. biol. Ch. **135**, 251 (1940). — DARBY, W. J., R. H. DE MEIO, M. L. C. BERNHEIM and F. BERNHEIM: J. biol. Ch. **158**, 67 (1945). — [12] SEALOCK, R. R., J. D. PERKINSON jr. and D. H. BASINSKI: J. biol. Ch. **140**, 153 (1941).

enthalten, und in geringem Ausmaß konnten auch Extrakte aus dem Acetonpulver skorbutischer Meerschweinchenlebern aromatische Aminosäuren oxydieren[1]. Werden derartige Extrakte dialysiert, so verlieren sie ihren Ascorbinsäuregehalt, und die Fähigkeit zur Tyrosinoxydation wird weiter verringert. Zusatz katalytischer Mengen von Ascorbinsäure stellt die Fähigkeit der Extrakte, Tyrosin zu oxydieren, wieder her. Bei verschiedenen Versuchsanordnungen mit ascorbinsäurefreien Leberpräparaten konnten reduzierende Stoffe, wie Redukton[1] Hydrochinon[2] und Fe^{II}-Ionen[3], die Ascorbinsäure in vitro ersetzen.

ϑ) Vitamin B_1 (Aneurin, Thiamin).

1. Vitamin B_1-Gehalt der Leber.

Während die fettlöslichen Vitamine nach ihrer Resorption die Leber erst auf dem Umweg über den Ductus thoracicus und den großen Kreislauf erreichen, gelangen die wasserlöslichen Vitamine und damit auch das Vitamin B_1 mit dem Pfortaderblut direkt zur Leber. Je nach der mit der Nahrung aufgenommenen Menge des Vitamins zeigt der Thiamingehalt der Leber daher starke Schwankungen[4]. Für den normalen Gesamt-Thiamingehalt von frischen Lebern verschiedener Tierarten werden die folgenden Werte angegeben: Rind 0,45 mg-%[5], Ratte 0,74 mg-%[6] bzw. 0,3 mg-%[7] und 1,46 mg-%[8], Dorsch 0,27 mg-%[5], Schellfisch 0,75—2,19 mg-%[5]. Nach anderen Angaben enthalten Fischlebern bis zu 0,5 mg-%, Lebern antarktischer Wale bis zu 0,7 mg-%[9], die Lebern von Finwal und Blauwal 0,145 mg-%[10] und die Lebern von Delphinen (Schwarzes Meer) 0,2 mg-% Vitamin B_1[9]. Der Thiamingehalt der menschlichen Leber scheint mit 0,1 mg-% relativ gering zu sein und ist erheblich niedriger als der z. B. des Herzmuskels (0,2—0,3 mg-%)[11]. Bei der Ratte ist die Thiaminkonzentration in der Leber dagegen höher als in den übrigen Organen, nur im Herzmuskel fanden sich bei der Ratte mitunter ähnliche Thiaminkonzentrationen[7].

Da die Gesamtleber nur geringe Mengen (beim Menschen 1—2 mg, also etwa den Vitaminbedarf von 1—2 Tagen) von Vitamin B_1 enthält, kann sie bei Vitaminmangel nur geringe Mengen davon an andere Organe abgeben. Die Erscheinungen des Vitamin B_1-Mangels treten daher schon sehr bald nach Einführung einer thiaminfreien Kost auf. Im Gegensatz zu den fettlöslichen Vitaminen A, D und E kann die Überlebensdauer eines Tieres bei Vitamin B_1-freier Kost durch vorherige Aufnahme großer Mengen von Vitamin B_1 nicht wesentlich verlängert werden.

Ein großer Teil des Thiamins ist in der Leber in Form von Cocarboxylase, also als Bestandteil von Enzymen vorhanden[12]. Der Gehalt an freiem Thiamin und an Cocarboxylase betrug in der Rattenleber 0,125 bzw. 1,0 mg-%, in der Taubenleber 0,1 bzw. 0,6 mg-%, in der Kaninchenleber 0,06 bzw. 0,25 mg-%[13]. Nach 3 Wochen thiaminfreier Ernährung waren in der Rattenleber nur mehr

---

[1] SEALOCK, R. R., R. L. GOODLAND, W. N. SUMERWELL and J. M. BRIERLY: J. biol. Ch. **196**, 761 (1952). — [2] LADU, B. N. jr.: Fed. Proc. **11**, 244 (1952). — LADU, B. N. jr., and D. M. GREENBERG: Science, N. Y. **117**, 111 (1953). — [3] SUDA, M., Y. TAKEDA, K. SUJISHI and T. TANAKA: Med. J. Osaka Univ. **2**, 79 (1951). — [4] PETERS, R. A., and R. J. ROSSITER: Biochem. J. **33**, 1140 (1939). — [5] Bicknell-Prescott, Vitamins S. 161—162. — [6] CARO, L. DE, G. RINDI and E. GRANA: Exper. **10**, 140 (1954). — [7] LEONG, P. C.: Biochem. J. **31**, 367 (1937). — [8] SHILS, M. E., M. SASS, M. WOLKE, G. MARKS, L. J. GOLDWATER and A. BERG: Brit. J. industr. Med. **8**, 284 (1951). — [9] NOVIKOVA, E. I.: Rybnoe Choz. **28**, 57 (1952) [Chem. Abstr. **47**, 8320b]. — [10] BRAEKKAN, O. R.: Hvalråd. Skr. **32**, 5 (1948) [Chem. Abstr. **47**, 3523b]. — [11] FERREBEE, J. W., N. WEISSMAN, D. PARKER and P. S. OWEN: J. clin. Invest. **21**, 401 (1942). — [12] BANGA, I., S. OCHOA and R. A. PETERS: Biochem. J. **33**, 1109 (1939). — [13] WESTENBRINK, H. G. K., and F. GOUDSMIT: Enzymologia **5**, 307 (1938/39).

Spuren von Cocarboxylase vorhanden, einige Minuten nach subcutaner Injektion von Thiamin waren jedoch wieder beträchtliche Mengen von Cocarboxylase in der Leber nachweisbar[1].

Daß die in der Leber enthaltene Cocarboxylase — obwohl Bestandteil von Enzymen — auch eine Speicherform des Vitamin B_1 darstellt, geht daraus hervor, daß der Gehalt der Leber an Cocarboxylase nach Verabreichung einer einzelnen großen Thiamindosis rascher zunimmt und bei Vitamin B_1-Mangel rascher abnimmt als der Vitamin B_1-Gehalt der übrigen Organe. Bei Ratten sank der Thiamingehalt der Leber bei vitamin-B_1-freier Ernährung von 0,74 mg-% in 5 Tagen auf 0,28 mg-% und in 10, 15 und 18 Tagen auf 0,13 bzw. 0,09 und 0,06 mg-%, d. i. also auf 8,1% des Anfangswertes. Im Muskel sank die Thiaminkonzentration dagegen in 18 Tagen von 0,16 auf 0,04 mg-% (=25%), im Gehirn von 0,34 auf 0,14 mg-% (=41%)[2]. Auch Hyperthyreoidismus senkt den Vitamin B_1-Gehalt der Leber stärker als den Vitamin B_1-Gehalt anderer Organe: Bei Ratten, an die Thyreoidea verfüttert worden war, betrug die Abnahme des Thiamingehalts in der Leber 51%, im Herzmuskel 33%, in der Niere 32% und im Gehirn 26% des Ausgangswertes[3]. Verabreichung von Neopyrithiamin (in dem der Thiazolkern des Thiamins durch einen Pyridinkern ersetzt ist[4] und das als Antimetabolit des Thiamins wirkt) hatte bei thiaminfrei gefütterten Ratten eine beschleunigte Abnahme des Thiamingehalts der Leber zur Folge[2]. Der Proteingehalt der Nahrung hat auf den Gehalt der Leber an Vitamin B_1 keinen wesentlichen Einfluß[5]. Aureomycin steigerte den Thiamingehalt der Rattenleber[6]. Anreicherung von Fett verringert den prozentuellen Gehalt des Lebergewebes an Thiamin: Bei Ratten, die durch 9 Tage mittlere Dosen von CCl_4 erhalten hatten, sank der Gehalt des Lebergewebes an Thiamin stark ab; da aber das Gewicht der verfettenden Leber gleichzeitig zunahm, blieb die Gesamtmenge des in der Leber enthaltenen Thiamins normal[7].

2. Phosphorylierung von Vitamin B_1 und Bildung der Cocarboxylase.

Die Leber verwandelt einen Teil des aus dem Pfortaderblut aufgenommenen Vitamin B_1 rasch in Thiamindiphosphat (= Cocarboxylase) um[2,8]. Die Phosphorylierung des Thiamins konnte auch in vitro in Leberextrakten[9,10], Leberschnitten[11] und Leberbrei[11] nachgewiesen werden. Das p_H-Optimum der Reaktion ist 8,5 (Leberschnitte)[12] bzw. 6,8—6,9 (Leberextrakte)[10]; sie erfolgt nur in Gegenwart von O_2 und wird durch Jodacetat, in geringem Ausmaß auch durch Fluoride gehemmt[12]. Die Übertragung der Phosphatreste auf das Thiamin erfolgt in Gegenwart von Mg-Ionen[10] und erfordert die Anwesenheit eines großen Überschusses von ATP. Da Thiaminmonophosphat nicht in Cocarboxylase verwandelt wird, scheint es, daß diese Reaktion durch die Übertragung eines Pyrophosphatrestes von ATP auf Thiamin zustande kommt[10]. Das Enzymsystem, das Thiamin in Cocarboxylase umwandelt, findet sich vor allem in den Mitochondrien der Leberzellen[13]. Neben Cocarboxylase (Thiamindiphosphat) und freiem Thiamin enthält

---

[1] WESTENBRINK, H. G. K., and J. GOUDSMIT: Enzymologia 5, 307 (1938/39). — [2] CARO, L. DE, G. RINDI and E. GRANA: Exper. 10, 140 (1954). — [3] PETERS, R. A., and R. J. ROSSITER: Biochem. J. 33, 1140 (1939). — [4] DORNOW, A., u. A. HARGESHEIMER: B. 86, 461 (1953). — SCHEUNERT, A., u. H. HAENEL: H. 295, 354 (1953). — [5] SARETT, H. P., and W. A. PERLZWEIG: J. Nutrit. 25, 173 (1943). — [6] CALET, C., A. RERAT et R. JACQUOT: Cr. 236, 2340 (1953). — [7] SHILS, M. E., M. SASS, M. WOLKE, G. MARKS, L. J. GOLDWATER and A. BERG: Brit. J. industr. Med. 8, 284 (1951). — [8] OCHOA, S., and R. A. PETERS: Biochem. J. 32, 1501 (1938). — [9] EULER, H. v., u. R. VESTIN: Naturwiss. 25, 416 (1937). — [10] LEUTHARDT, F., u. H. NIELSEN: Helv. 35, 1196 (1952). — [11] OCHOA, S., and R. A. PETERS: Nature 142, 356 (1938). — [12] OCHOA, S.: Biochem. J. 33, 1262 (1939). — [13] NIELSEN, H., u. F. LEUTHARDT: Helv. physiol. Acta 7, C 53 (1949).

die Rattenleber jedoch auch Thiaminmonophosphat und Thiamintriphosphat[1] die auf chromatographischem Wege voneinander getrennt werden können[2].

Die Leber ist nicht nur zur Phosphorylierung des Thiamins, sondern auch zur Dephosphorylierung von Thiamindiphosphat befähigt. Unter anaeroben Bedingungen herrscht die Dephosphorylierung vor, Cocarboxylase wird gespalten und Thiamin freigesetzt[3].

3. Hepatogene Störungen in der Bildung der Thiaminfermente.

Bei lebergeschädigten Tieren ist die Fähigkeit der Leber, Cocarboxylase zu spalten, vermindert[4]. Andererseits kann die geschädigte Leber aus Thiamin nicht mit normaler Geschwindigkeit Cocarboxylase bilden. Während nach Verabreichung von Thiamin der Diphosphothiamingehalt des Blutes beim Gesunden einen mehrere Minuten andauernden Anstieg zeigt, ist die Phosphorylierung des Thiamins bei Cirrhosekranken gestört[5]. Die Speicherung des Vitamin B_1 ist bei geschädigter Leber verringert. Mit CCl_4 vergiftete Kaninchen schieden nach Thiaminbelastung mehr Thiamin im Harn aus als normale Kontrolltiere[6]. Ähnlich wie bei Thiaminmangel, so wird auch bei schweren Funktionsstörungen des Leberparenchyms die Menge der in den Leberzellen vorhandenen Cocarboxylase vermindert, die Geschwindigkeit der Decarboxylierung des Pyruvats zu Acetat wird herabgesetzt, und der Pyruvatgehalt des Lebergewebes und im weiteren Verlauf auch der des Blutes steigt an. So stieg bei verschiedenen Lebererkrankungen der Pyruvatgehalt des Blutplasmas von einem Normalwert von 5 bis 13 mg-% (4 mg-%)[7] auf 15—45 mg-% an[8]. Hohe Pyruvatwerte werden bei Lebererkrankungen als Zeichen schwerer Leberschädigung gewertet[9].

4. Der Leberstoffwechsel bei Vitamin B_1-Mangel und nach Zufuhr überschüssiger Vitamin B_1-Mengen.

Die Senkung des Angebots an Thiamin hat eine Verringerung der in den Leberzellen und in den Zellen anderer Organe vorhandenen Cocarboxylasemenge zur Folge, die wiederum eine Verlangsamung der Decarboxylierung des Pyruvats zu Acetat verursacht. Das in verschiedenen Organen aus dem Abbau der Kohlenhydrate entstehende Pyruvat kann sodann nicht in Acetat verwandelt werden, dadurch ist seine Einführung in den Citronensäurecyclus und seine Umwandlung in Fettsäuren erschwert; es sammelt sich in den Geweben an und wird schließlich an das Blut abgegeben. Obwohl die Leber auch bei Thiaminmangel Pyruvat aus dem Blut aufnimmt[10], hat daher Mangel an Vitamin B_1 eine Steigerung des Pyruvatgehalts im Blut zur Folge[11].

Das Vorhandensein ausreichender Mengen von Vitamin B_1 ist aber nicht nur für den Abbau des Pyruvats, sondern auch für andere Gebiete des Leberstoffwechsels von Bedeutung. Wie auf S. 109 berichtet, ist auch die *Transketolase*, die von Ketosephosphaten 2 C-Atome auf Aldozucker überträgt und für den

[1] Fanelli, A. R., N. Siliprandi and P. Fasella: Science, N. Y. **116**, 711 (1952). — [2] Viscontini, M., G. Bonetti, C. Ebnöther u. P. Karrer: Helv. **34**, 1384, 1388 (1951). — [3] Barron, E. S. G., and C. M. Lyman: J. biol. Ch. **141**, 951 (1941). — [4] Govier, W. M., et M. E. Greig: J. Pharmacol. exp. Therap. **79**, 240 (1943). — [5] Williams, R. H., G. W. Bissell and J. B. Peters: Arch. internal Med., Chicago **73**, 203 (1944). — [6] Kondo, T.: Nagoya J. med. Sci. **15**, 136 (1952) [Chem. Abstr. **47**, 10095[a]]. — [7] Carleen, M. H., N. Weissman and J. W. Ferrebee: J. clin. Invest. **23**, 297 (1944). — [8] Davis, H. A., and F. K. Bauer: Arch. Surgery **48**, 185 (1944). — [9] Marche, J., et C. Marnay: Bull. Ass. Études Physio-path. Foie **2**, 127 (1947). — [10] Himwich, W. A., and H. E. Himwich: Amer. J. Physiol. **148**, 323 (1947). — [11] Williams, R. D., M. L. Mason, B. F. Smith and R. M. Wilder: Arch. internal Med., Chicago **69**, 721 (1942). — Williams, R. D., M. L. Mason, M. H. Power and R. M. Wilder: Arch. internal Med., Chicago **71**, 38 (1943).

Abbau der Glucose über Gluconsäure zu Pyruvat erforderlich ist, ein thiaminhaltiges Ferment. Die bei Thiaminmangel auftretende Überfüllung des Pyruvatpools der Leber ist zum Teil wohl auch darauf zurückzuführen, daß dieser Abbauweg der Glucose bei Thiaminmangel gesperrt ist und der glykolytische Abbauweg an seine Stelle tritt; bei diesem glykolytischen Abbau der Glucose entsteht doppelt soviel Pyruvat wie beim Abbau über Gluconsäure. Auch die Aktivität der Transaminasen im Lebergewebe von Ratte und Schwein ist bei Vitamin B_1-Mangel erheblich vermindert. Wird den Thiaminmangeltieren Vitamin B_1 zugeführt, so steigt die Aktivität der Lebertransaminasen wieder an[1]. Andererseits hat die Zufuhr überschüssiger Thiaminmengen, wie auf S. 151 bereits berichtet, eine antilipotrope Wirkung. Die bei cholinfrei ernährten jungen Ratten beobachtete Leberverfettung wurde durch gleichzeitige Zufuhr großer Mengen von Vitamin B_1 erheblich gesteigert[2]. Bei Ratten, die bei ausschließlicher Kohlenhydratkost überschüssige Dosen von Thiamin erhalten hatten, wurden eine Verfettung der Leber und sogar die Entstehung von Nekrosen beobachtet.

ι) Vitamin B_2 (Riboflavin, Lactoflavin).

1. Vitamin B_2-Gehalt des Lebergewebes.

In der Rinderleber wurden 1—2 mg-%[3,4] bzw. 1,5—1,7 mg-%[5], in der Schafsleber 3,3 mg-%[6], in Schweineleber 2,7 mg-%[6], in der Kaninchenleber 2,7 bis 3,5 mg-%[6], in der Rattenleber 1,5—1,7 mg-%[5], 2,3 mg-%[7], 2,4—4,4 mg-%[8], in der Hühnerleber 2,8—3,2 mg-%[9], in der Leber von Delphinen (Schwarzes Meer) 1,3 mg-%[10], in Wallebern 1,8 mg-%[11] Vitamin B_2 gefunden. Haifischlebern enthielten 0,4—0,5 mg-%[6], Lebern anderer Fische 0,25 mg-%[10] Riboflavin. Lebern älterer Fische enthalten in der Regel mehr Riboflavin als die Lebern jüngerer Fische der gleichen Art[12].

Das Riboflavin ist in den Leberzellen teils in freier Form, teils in Form von Flavin-mononucleotiden und Flavin-adenin-dinucleotiden enthalten. Bei einem Gesamt-Riboflavingehalt von 37 mg/kg entfiel in der Rattenleber nur 0,8 mg/kg auf freies Riboflavin, 30 mg/kg war als Flavin-adenin-dinucleotid, 6 mg/kg als Flavinmononucleotid vorhanden[13]. Etwa 60% des in der normalen Leber vorhandenen Riboflavins findet sich in den sedimentierbaren Teilchen (Kerne, Mitochondrien, Mikrosomen), und die bei Vitamin-B_2-freier Ernährung eintretende Verminderung des Riboflavingehalts der Leberzellen betrifft in gleichem Ausmaß die Partikel und die überstehende Flüssigkeit[14].

In der Leber Vitamin-B_2-frei ernährter Ratten sank der Riboflavingehalt auf die Hälfte bis ein Drittel des Normalwertes; zum Zeitpunkt des durch Vitaminmangel verursachten Todes waren noch relativ erhebliche Mengen des Vitamins in der Leber nachweisbar[5]. Am stärksten nimmt bei Riboflavinmangel die Fraktion des Flavinmononucleotids ab: Die Lebern lactoflavinfrei ernährter Ratten,

---

[1] BRAUNSTEIN, A. E.: Adv. Protein Chem. **3**, 1 (1947). — [2] MCHENRY, E. W.: J. Physiol., London **89**, 287 (1937). — [3] EULER, H. v., u. E. ADLER: H. **223**, 105 (1934). — [4] FLEIDERMAN, G.: Rev. Fac. cienc. quím., La Plata **23**, 133 (1948) [Chem. Abstr. **47**, 10147^d]. — [5] KUHN, R., H. KALTSCHMITT u. T. WAGNER-JAUREGG: H. **232**, 36 (1935). — [6] Bicknell-Prescott, Vitamins S. 313. — [7] CONSBRUCH, U., u. D. SCHMÄHL: H. **290**, 28 (1952). — [8] SEIFTER, S., D. M. HARKNESS, L. RUBIN and E. MUNTWYLER: J. biol. Ch. **176**, 1371 (1948). — [9] MORGAN, A. F., L. E. KIDDER, M. HUNNER, B. K. SHAROKH and R. M. CHESBRO: Food Res. **14**, 439 (1949). — [10] NOVIKOVA, E. I.: Rybnoe Choz. **28**, 57 (1952) [Chem. Abstr. **47**, 8320^b]. — [11] BRAEKKAN, O. R.: Hvalråd. Skr. **35**, 5 (1948) [Chem. Abstr. **47**, 3523^b]. — [12] HIGASHI, H., and S. ISEKI: J. agric. chem. Soc. Jap. **18**, 369 (1942). Bull. agric. chem. Soc. Jap. **18**, 28 (1942) [Chem. Abstr. **45**, 2553^c]. — [13] BESSEY, O. A., O. H. LOWRY and R. H. LOVE: J. biol. Ch. **180**, 755 (1949). — [14] DOISY, R. J., and W. W. WESTERFELD: Proc. Soc. exp. Biol. Med. **80**, 203 (1952).

in denen der Gesamtriboflavingehalt auf 31% des Ausgangswertes gefallen war, enthielten 35% des normalen Gehalts an Flavin-adenin-dinucleotid und 37% der normalen Menge an freiem Riboflavin, die Menge des Flavinmononucleotids war dagegen auf 13% des Ausgangswertes vermindert[1]. Erhielten die Tiere etwa das 10fache der normalen Vitamindosis, so trat nur eine geringe Vermehrung des Vitamin B_2-Gehalts der Leber ein[2]. Die Riboflavinüberschüsse der Nahrung werden also nur zu einem geringen Teil von der Leber gespeichert.

Daß das Riboflavin in der Leber in Form von Flavinfermenten vorhanden ist[2,3], und der Riboflavingehalt der Flavinfermente etwa 0,47% beträgt[4], erfordert

Tabelle 63. Gehalt der Organe normal ernährter uud riboflavinfrei ernährter Ratten an Gesamtriboflavin, freiem Riboflavin und an in Flavin-adenin-dinucleotiden, Flavinmononucleotiden enthaltenem Riboflavin[1]. Man ersieht aus der Tabelle, daß die Leber bei normaler Ernährung mehr Riboflavin enthält als andere Gewebe und daß sie im Riboflavinmangel mehr Riboflavin abgibt als diese. Aber auch der Riboflavingehalt der Muskulatur sinkt bei riboflavinarmer Ernährung stark ab.

Riboflavin in mg/kg frischer Gewebssubstanz	Normal ernährte Ratten				Riboflavinfrei ernährte Ratten			
	insgesamt	in Flavin-dinucleotiden	in Flavin-mononucleotiden	frei	insgesamt (in Klammern % des Normalwerts	in Flavin-dinucleotiden	in Flavin-mononucleotiden	frei
Leber	35—37	30,5	6,2	0,76	11,6 (32)	10,6	0,8	0,28
Niere	34,8	23,6	11,9	0,92	16,6 (48)	14,1	2,2	0,28
Nebenniere	22,3	18,3	4,0		17,5 (78)	15,4	nicht bestimmt	
Herz	21,7	18,2	2,0	0,15	8,6 (84)	7,5	1,0	0,06
Speicheldrüse (Submaxillaris)	5,77	4,65	1,12		5,22 (91)	3,74	1,48	
Lunge	4,27	3,64	0,63		4,01 (94)	3,48	0,53	
Skeletmuskel	3,8	3,4	0,4	0,04	0,96 (25)	0,82	0,1	0,04
Gehirn	3,34	2,47	0,71	0,12	2,1 (63)	1,58	0,4	0,07
Thymus	2,59	2,01	0,58		1,97 (76)	1,51	0,46	

die Speicherung von 1 mg Vitamin etwa 200 mg Protein. Zwischen dem Gehalt der Leber an Vitamin B_2 und der ihr zur Verfügung stehenden Proteinmenge besteht daher ein enger Zusammenhang. Das Protein bildet den begrenzenden Faktor der Riboflavinspeicherung in der Leber[2].

Versuche an Ratten und Hunden haben gezeigt, daß zwischen dem Proteingehalt der Nahrung und dem Riboflavingehalt der Leber eine direkte Beziehung besteht[5]. Bei Ratten, die mit der Nahrung nur wenig Protein erhielten, sank der Riboflavingehalt der Leber, trotz reichlicher Riboflavinzufuhr, stark ab[6,7]. Proteinfreie Ernährung senkt den Riboflavingehalt der Leber stärker als den Proteingehalt. Während in den Lebern der Normaltiere auf 1 g N 1,04 mg Lactoflavin entfiel, enthielten die Lebern von Tieren, die 14 Tage proteinfrei ernährt worden waren, auf je 1 g N nur 0,73 mg Riboflavin[6]. Reichliche Proteinzufuhr führt zu einer Speicherung des Vitamins in der Leber und vermindert daher die

[1] Bessey, O. A., O. H. Lowry and R. H. Love: J. biol. Ch. **180**, 755 (1949). — [2] Kuhn, R., H. Kaltschmitt u. T. Wagner-Jauregg: H. **232**, 36 (1935). — [3] Euler, H. v., E. Adler u. A. Schlötzer: H. **226**, 87 (1934). — [4] Theorell, H.: B. Z. **272**, 155 (1934). — [5] Sarett, H. P., J. R. Klein and W. A. Perlzweig: J. Nutrit. **24**, 295 (1942). — [6] Seifter, S., D. M. Harkness, L. Rubin and E. Muntwyler: J. biol. Ch. **176**, 1371 (1948). — [7] Sarett, H. P., and W. A. Perlzweig: J. Nutrit. **25**, 173 (1943).

mit dem Harn ausgeschiedene Riboflavinmenge[1]. Bei proteinarm ernährten Ratten konnte die Verringerung des Lactoflavingehalts der Leber auch durch Zufuhr von Methionin verhindert werden[2]. Zufuhr von Aureomycin an Vitamin-B-frei ernährte Ratten steigerte die in der Leber der Tiere enthaltene Menge an Riboflavin und anderen B-Vitaminen[3].

Da der Gesamtriboflavingehalt der Leber, wie oben erwähnt, von der mit der Nahrung zugeführten Proteinmenge abhängig ist, wird auch die Aktivität zahlreicher in der Leber enthaltener Flavinfermente vom Proteingehalt der Nahrung stark beeinflußt.

Ähnlich wie der Gesamtriboflavingehalt fiel auch die D-Aminosäureoxydaseaktivität des Lebergewebes bei proteinfreier Ernährung weit stärker ab als der Proteingehalt der Leber[4]. Im Proteinmangel bauen die Leberzellen also einen Teil ihrer Zellfermente, darunter auch Flavinfermente ab und verwenden das Protein, das dadurch verfügbar wird, für andere Zwecke. Auch die Aktivität der D-Aminosäureoxydase aus Kalbs- und Schweineleber wird durch Zusatz von Riboflavin gesteigert[5]. Ferner wird auch die Cholinoxydaseaktivität der Leber durch Riboflavinmangel, nicht aber durch Mangel an Thiamin oder Pyridoxin vermindert[6]. Verglichen mit der Aktivität der Cholinoxydase in der Leber von Ratten, die 70 γ Vitamin B_2 je Woche erhielten, war die Aktivität dieses Ferments in der Leber von B_2-Mangel-Ratten auf 20—30% herabgesetzt[7].

Die Abnahme in der Aktivität der einzelnen Flavinfermente muß jedoch nicht der Abnahme des Gesamtriboflavingehalts der Leber parallel gehen. In der Leber von Ratten, denen Hepatome implantiert worden waren, nahm die Aktivität der D-Aminosäureoxydase rascher ab als die Konzentration des Riboflavins[8]. Bei Ratten mit Lebertumoren blieb der Riboflavingehalt der Leber normal[9], obzwar die Menge der D-Aminosäureoxydase bei diesen Tieren wesentlich herabgesetzt war[8,10]. Die Xanthinoxydaseaktivität der Rattenleber wurde bei riboflavinfreier Ernährung nur in relativ geringem Ausmaß vermindert[11]. Injektion gallensaurer Salze hatte eine starke Verminderung der Menge des veresterten und des Gesamtriboflavins in der Leber zur Folge[12].

2. Die Phosphorylierung von Riboflavin.

Die Umwandlung des im Darminhalt in freier Form enthaltenen Riboflavins erfolgt zum Teil schon in der Mucosa des Darms[1,13]. Doch kann auch die Leber Riboflavin phosphorylieren[14]. Blockierung des Reticuloendothels scheint die Phosphorylierung des Riboflavins in der Leber zu hemmen[15]. Bei Kranken mit Lebercirrhose war die Menge des an Phosphorsäure veresterten Riboflavins im Harn, die normalerweise etwa 88% des gesamten Harnriboflavins beträgt[16], ver-

[1] Pulver, R., u. F. Verzár: Enzymologia **6**, 333 (1939). — [2] Unna, K., H. O. Singher, C. J. Kensler, H. C. Taylor jr. and C. P. Rhoads: Proc. Soc. exp. Biol. Med. **55**, 254 (1944). — Riesen, W. H., B. S. Schweigert and C. A. Elvehjem: Arch. Biochem. **10**, 387 (1946). — [3] Calet, C., A. Rerat et R. Jacquot: Cr. **236**, 2340 (1953). — [4] Seifter, S., D. M. Harkness, L. Rubin and E. Muntwyler: J. biol. Ch. **176**, 1371 (1948). — [5] Nishio, S.: Acta Scholae med. Kioto **29**, 57 (1951) [Chem. Abstr. **46**, 9132ᵃ]. — [6] Richert, D. A., and W. W. Westerfeld: J. biol. Ch. **199**, 829 (1952). — [7] Viollier, G.: Helv. **31**, 387 (1948). — [8] Lan, T. H.: Cancer Res. **4**, 37 (1944). — [9] Westphal, U., u. K. Lang: H. **276**, 205 (1942). — [10] Westphal, U.: H. **276**, 191 (1942). Naturwiss. **30**, 120 (1942). — [11] Doisy, R. J., and W. W. Westerfeld: Proc. Soc. exp. Biol. Med. **80**, 203 (1952). — [12] Nakamura, H.: Vitamins, Kyoto **5**, 128 (1952) [Chem. Abstr. **47**, 8204ᵈ]. — [13] Warburg, O.: Naturwiss. **22**, 441 (1934). — [14] György, P.: Proc. Soc. exp. Biol. Med. **35**, 207 (1936). — [15] Klein, J. R., and H. I. Kohn: J. biol. Ch. **136**, 177 (1940). — [16] Travia, L., U. Santagati e M. Gattini: Acta vitaminol., Milano **2**, 133 (1948).

mindert[1]. Neben Leber und Darm sind aber auch viele andere Gewebe zur Bildung flavinhaltiger Coenzyme befähigt.

Das Riboflavin wird in der Leber nicht nur mit Phosphorsäure verestert und in Flavincoenzyme verwandelt, sondern zum Teil auch an Glucose gebunden. Homogenate von Rattenleber und wäßrige Extrakte aus Acetonpulver von Rattenleber enthalten ein Enzymsystem, das aus zugesetztem Riboflavin ein Riboflavinylglykosid bildet[2].

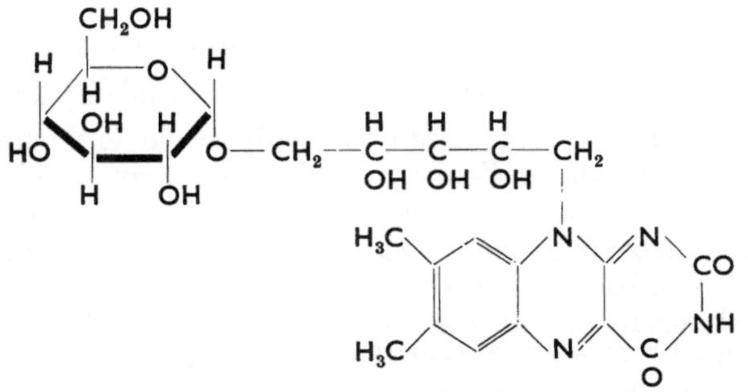

5′-D-Riboflavin-α-glucopyranosid

3. Riboflavin und carcinogene Wirkung der Azofarbstoffe.

Die Entstehung von Lebercarcinomen bei Ratten, die mit Buttergelb (p-Dimethylaminoazobenzol) behandelt wurden, kann durch Riboflavin verzögert werden[3,4]. Nur hohe Dosen, die den Normalbedarf der Ratten weit übersteigen, haben diese Wirkung[5]. Die Lebern von Ratten, die reichlich Riboflavin bekamen, enthielten weniger Buttergelb als die Lebern von normalen Ratten[6]. Der Azofarbstoff wird in der Leber an ein Protein gebunden, und die Menge des an die Leberproteine gebundenen Buttergelbs ist bei Ratten, die kein Riboflavin bekommen hatten, weit größer als bei Normaltieren[6]. Durch Zusatz von Riboflavin wurde die Fähigkeit von Leberschnitten, Buttergelb und andere carcinogene Azofarbstoffe zu zerstören, gesteigert[7,8]. Andererseits sinkt bei Zufuhr von p-Dimethylaminoazobenzol der Riboflavingehalt des Lebergewebes um etwa ein Drittel ab[4,9]. Größe der Dosis und Dauer der Zufuhr des Farbstoffes hatten auf den Riboflavingehalt der Leber jedoch keinen Einfluß[5]. Proteinarme Ernährung, die den Riboflavingehalt der Leber verringert, begünstigt die Entstehung von Leberkrebs durch Buttergelb[10]. Bei Ratten[11] und Hunden[12] konnten durch Verfütterung des carcinogen wirkenden 2-Acetylaminofluorens die Erscheinungen des Vitamin B_2-Mangels hervorgerufen werden, und der Riboflavingehalt der Leber sank bei Ratten, die carcinogene Azofarbstoffe erhalten hatten, ab[7,13]. Bei Hamstern, die nur schwer Leberkrebs bekommen, bleibt der Riboflavingehalt

---

[1] TRAVIA, L., e C. PELOSIO: Acta vitaminol., Milano **4**, 99 (1950). — [2] WHITBY, L. G.: Biochem. J. **50**, 433 (1952). — [3] ANTOPOL, W., and K. UNNA: Cancer Res. **2**, 694 (1942). — [4] MILLER, E. C., J. A. MILLER, B. E. KLINE and H. P. RUSCH: J. exp. Med. **88**, 89 (1948). — [5] CONSBRUCH, U., u. D. SCHMÄHL: H. **290**, 28 (1952). — [6] MILLER, E. C., and J. A. MILLER: Cancer Res. **7**, 468 (1947). — [7] KENSLER, C. J.: J. biol. Ch. **179**, 1079 (1949). — [8] KAWAI, K.: Med. J. Osaka Univ. **3**, 69 (1952) [Chem. Abstr. **47**, 3457f]. — [9] PRICE, J. M., J. A. MILLER and E. C. MILLER: Cancer Res. **11**, 523 (1951). — [10] TROWELL, H. C.: Trans. R. Soc. trop. Med. Hyg. **42**, 417 (1949). — [11] WASE, A. W., and J. B. ALLISON: Proc. Soc. exp. Biol. Med. **73**, 147 (1950). — [12] ALLISON, J. B., and A. W. WASE: Fed. Proc. **9**, 351 (1950). — [13] GRIFFIN, A. C., C. C. CLAYTON and C. A. BAUMANN: Cancer Res. **9**, 82 (1949).

der Leber dagegen auch nach Zufuhr von Buttergelb unverändert[1]. Wahrscheinlich ist das Riboflavin an der Bildung eines Fermentes beteiligt, das das Buttergelb durch reduktive Spaltung der Azobrücke entgiftet[2]. Nach Absetzen des Giftes steigt der Riboflavingehalt der Leber sehr rasch und oft über die Norm hinaus wieder an. Daraus, daß die Wirkung des Buttergelbs auf die Riboflavinkonzentration der Leber reversibel, seine Wirkung auf die Krebsbildung aber irreversibel ist, wird geschlossen, daß diese beiden Wirkungen des Buttergelbs nicht miteinander in Zusammenhang stehen[3] (vgl. S. 501).

ϰ) Nicotinsäure (Niacin) und Nicotinsäureamid (Niacinamid).

1. Gehalt der Leber an Nicotinsäure und an Codehydrogenasen.

Lebern normaler an Unfällen verstorbener Menschen enthielten im Mittel 15,5 mg-% Gesamtnicotinsäure[4]. Fetale menschliche Lebern (Gewicht des Fetus 700, 1820 und 3200 g) enthielten im Durchschnitt 4,9 mg-% [5]. Der Nicotinsäuregehalt frischer Rinderleber liegt meist zwischen 5—10 mg-% (Grenzwerte 0,4 bis 25 mg-%). Lebern von Kalb und Schwein enthalten etwa halb so viel[6]. Nach anderen Untersuchungen enthält die Leber von Rind 12,45 mg-%, Schwein 12,40 mg-% und Pferd 7,45 mg-% [7], die Lebern von Schweineembryonen (Gewicht 275 und 840 g) im Durchschnitt 6,2 mg-% Nicotinsäure[5]. In normaler Rattenleber wurden 13,9—15,3 mg-% [8] bzw. 17,5 mg-% [9] Gesamtnicotinsäure nachgewiesen[8]. Der Nicotinsäuregehalt von Wallebern beträgt 12,3 mg-% [10]; in Hühnerlebern wurden 8—12 mg-% [11] bzw. 9—14 mg-% [12] gefunden.

Ein großer Teil der in der Leber enthaltenen Nicotinsäure ist in Form von Nicotinsäureamid in den Molekülen der Diphospho- und Triphosphopyridinnucleotide (DPN und TPN) enthalten, die die Coenzyme der Dehydrogenasen bilden. Beim Säugetier ist der Gehalt der Leber an diesen Dehydrogenasen größer als in anderen Organen, z. B. Muskel oder Niere[13] (vgl. S. 330). Während die Nicotinsäure in den übrigen Organen aber nur in Form derartiger Nucleotide enthalten ist, wurde in der Leber außerdem auch freie Nicotinsäure aufgefunden[9], doch scheint es, daß dieser Befund auf das Vorhandensein einer rasch wirkenden Nucleotidase im Lebergewebe zurückgeht[14], die Nicotinsäureamid von den Pyridinnucleotiden abspaltet. Bei der Ratte betrug der Gehalt an Codehydrogenasen (ausgedrückt als DPN) in der Leber 89 mg-%, in der Niere 74 mg-% und im Muskel 43 mg-% [13]. Auch bei Vögeln scheint die Leber das DPN-reichste Organ zu sein. Leber, Herz und Brustmuskulatur enthielten beim Huhn im Durchschnitt 46,7 mg-%, 23,5 und 9,5 mg-% Codehydrogenase (ausgedrückt als DPN), was einen Gehalt von 8.6, 4.3 und 1.8 mg-% an DPN gebundener Nicotinsäure entspricht[12].

Der Nicotinsäuregehalt der Leber ist von der in der Nahrung enthaltenen Menge des Vitamins abhängig. Bei Hühnchen stieg z. B. der Gesamtnicotinsäuregehalt der Leber nach Zufütterung von 10 mg Nicotinsäure je 100 g Futter von 9—14 mg-%

[1] PRICE, J. M., J. A. MILLER and E. C. MILLER: Cancer Res. **11**, 523 (1951). — [2] MUELLER, G. C., and J. A. MILLER: Acta Un. int. Cancr., Bruxelles **7**, 134 (1950). — [3] CONSBRUCH, V., u. D. SCHMÄHL: H. **290**, 28 (1952). — [4] RAOUL, Y., A. VALLETTE et J. MARCHE: Sem. Hôp. Paris **21**, 1225 (1945). — [5] LWOFF, A., et F. JUSTIN-BESANÇON: Expos. ann. Biochim. méd. **4**, 127 (1944). — [6] FLEIDERMAN, G.: Rev. Fac. Cienc. quím., La Plata **23**, 133 (1948) [Chem. Abstr. **47**, 10147[d]]. — [7] KAWASHIMA, K.: J. jap. biochem. Soc. **21** 122 (1949). — [8] SEIFTER, S., D. M. HARKNESS, L. RUBIN and E. MUNTWYLER: J. biol. Ch. **176**, 1371 (1948). — [9] HANDLER, P., and W. J. DANN: J. biol. Ch. **140**, 739 (1941). — [10] BRAEKKAN, O. R.: Hvalråd. Skr. **32**, 5 (1948) [Chem. Abstr. **47**, 3523[b]]. — [11] MORGAN, A. F., L. E. KIDDER, M. HUNNER, B. K. SHAROKH and R. M. CHESBRO: Food Res. **14**, 439 (1949). — [12] ANDERSON, E. G., L. J. TEPLY and C. A. ELVEHJEM: Arch. Biochem. **3**, 357 (1944). — [13] ROBINSON, J., N. LEVITAS, F. ROSEN and W. A. PERLZWEIG: J. biol. Ch. **170**, 653 (1947). — [14] HANDLER, P., and J. R. KLEIN: J. biol. Ch. **143**, 49 (1942).

auf 17—33 mg-%, dem Anstieg des Gesamtnicotinsäuregehalts ging ein Anstieg des DPN-Gehalts des Lebergewebes parallel[1]. Bei Ratten sank der Nicotinsäuregehalt der Leber nach mehrwöchiger Niacinentziehung von 12,7 mg-% auf 8,4 mg-%.

Der Proteingehalt der Nahrung beeinflußt den Niacingehalt der Leber meist noch stärker als die Menge des mit der Nahrung zugeführten Vitamins selbst. Proteinfreie Ernährung senkt den Nicotinsäuregehalt der Leber, Proteinzufuhr steigert ihn. Wurden normale Ratten proteinfrei ernährt, so sank der Nicotinsäuregehalt ihrer Lebern (Ausgangswert = 15,3 mg-%) in der 1. Woche auf 10,2 mg-% und in der 2. und 3. Woche auf 7,9 und 7,4 mg-%[2]. Während der Nicotinsäuregehalt des Carcass von Ratten durch erhöhten Proteingehalt der Nahrung nicht vermehrt wurde, stieg die in der Leber der Tiere enthaltene Nicotinsäuremenge mit der Menge des mit der Nahrung aufgenommenen Proteins stark an[4].

Tabelle 64. Gehalt an Pyridinnucleotiden, freier Nicotinsäure und Gesamtnicotinsäure in den Organen von Ratten (alle Werte in mg-% Frischgewebe[3]).

	Leber	Niere	Muskel
DPN + DTN	39,6	65,0	48,6
Darin enthaltene Nicotinsäuremenge	7,3	13,2	8,6
Freie Nicotinsäure	10,2	—	—
Gesamtnicotinsäure	17,5	13,2	8,6

Wiederholte orale Verabreichung von Terramycin, Aureomycin und Chloramphenicol (Chloromycetin) verminderte den Gehalt der Rattenleber an Niacinamid[5]; in analoger Weise war bei Menschen, die mit Antibioticis behandelt wurden, die Ausscheidung des Niacinamids erheblich vermindert[6]. Dieser Effekt beruht nicht auf einer direkten Einwirkung dieser Antibiotica auf die Leber, sondern auf einer Hemmung der niacinerzeugenden Darmflora[7].

Nicotinsäureamid, mit der Magensonde an Ratten verabreicht, steigerte die Menge der Pyridinnucleotide in der Leber stärker als die Verabreichung äquimolarer Mengen von Nicotinsäure oder Tryptophan. Dieser Effekt beruht zum Teil auf einer hemmenden Wirkung des Nicotinsäureamids auf die Nucleosidase, die von Diphosphopyridinnucleotid Nicotinsäureamid abspaltet[8]; ein sehr aktives Enzym dieser Art ist in Lebergewebe vorhanden, von den übrigen Organen scheint nur das Gehirn und in kleiner Menge auch die Niere dieses Enzym zu enthalten[9]. Andererseits hemmt Nicotinsäureamid auch die DPN-haltigen Dehydrogenasen, und zwar dadurch, daß es die Anlagerung des DPN an das Apoenzym kompetitiv blockiert[10]. Die endogene Respiration von Leberhomogenaten wird daher durch Zusatz großer Dosen Nicotinsäureamid verringert[10]; Zusatz kleiner Mengen von Nicotinsäureamid (1 mMol je 5 g Leber) erhöht dagegen den O_2-Verbrauch von Leberhomogenaten[10, 11] und steigert die Oxydation von Acetoacetat in den Homogenaten normaler und verfetteter Lebern[12].

---

[1] ANDERSON, E. G., L. J. TEPLY and C. A. ELVEHJEM: Arch. Biochem. **3**, 357 (1944). — [2] SEIFTER, S., D. M. HARKNESS, L. RUBIN and E. MUNTWYLER: J. biol. Ch. **176**, 1371 (1948). — [3] HANDLER, P., and W. J. DANN: J. biol. Ch. **140**, 739 (1941). — [4] SARETT, H. P., and W. A. PERLZWEIG: J. Nutrit. **25**, 173 (1943). — [5] DI RAIMONDO, F., N. MANNINO e L. TRINCHESE: Int. Z. Vit.-Forsch. **24**, 294 (1952). — [6] DI RAIMONDO, F., D. ANGARANO, N. MANNINO e L. TRINCHESE: Int. Z. Vit.-Forsch. **24**, 302 (1952). — [7] ELLINGER, P., R. A. COULSON and R. BENESCH: Nature **154**, 270 (1944). — [8] POTTER, V. R.: J. biol. Ch. **165**, 311 (1946). — [9] MANN, P. J. G., and J. H. QUASTEL: Biochem. J. **35**, 502 (1941). — [10] FEIGELSON, P., J. N. WILLIAMS jr. and C. A. ELVEHJEM: J. biol. Ch. **189**, 361 (1951). — BRINK, N. G.: Acta chem. scand. **7**, 1090 (1953). — [11] VILLA, L., e N. DIOGUARDI: Atti Soc. lombarda Sci. med. biol. **7**, 405 (1952) [Chem. Abstr. **47**, 7083^h]. Exper. **9**, 469 (1953). — [12] VILLA, L., e N. DIOGUARDI: Atti Soc. lombarda Sci. med. biol. **8**, 376 (1953) [Chem. Abstr. **48**, 8353^h]. — VILLA, L., N. DIOGUARDI, L. CONTRO e L. ROSSI: Atti Soc. lombarda Sci. med. biol. **8**, 439 (1953) [Chem. Abstr. **48**, 7728^h]. — VILLA, L., and N. DIOGUARDI: Exper. **11**, 31 (1955).

Die Menge der in Form von Nucleotiden gebundener Nicotinsäure kann im Lebergewebe stark schwanken, DPN ist reichlicher vorhanden als TPN. In einer Rattenleber, die insgesamt 24,5 mg-% Pyridinnucleotid enthielt, waren 21,5 mg-% in Form von DPN und 3,0 mg-% in Form von TPN vorhanden[1].

Der in Form von Codehydrogenasen gebundene Anteil des Nicotinsäureamids ist auf verschiedene Anteile der Leberzelle verteilt: So sind z. B. die β-Oxybuttersäuredehydrogenase und die Glutaminsäuredehydrogenase vor allem in den Mitochondrien[2], Cytochrom c-Reduktase in Mitochondrien und Mikrosomen[3,4], die Glucosedehydrogenase[5], Isocitronensäuredehydrogenase[3] und die Alkoholdehydrogenase[5] im flüssigen Teil des Cytoplasmas nachgewiesen worden. Die Synthese des Diphosphopyridinnucleotids, die nach der Gleichung

Adenosintriphosphat + Nicotinamidmononucleotid $\rightleftharpoons$ Diphosphonucleotid + Pyrophosphat

erfolgt[6], spielt sich in den Kernen der Leberzellen ab[7]. Das Enzymsystem, das die Bildung des Diphosphopyridinnucleotids katalysiert, konnte aus Schweineleber dargestellt werden[6]. Mg-Ionen sind für die Reaktion erforderlich.

Da die Stoffwechselaufgaben, die die Leber im extrauterinen Leben übernimmt, vor der Geburt von der Placenta und von der Leber der Mutter erfüllt werden, ist die in der Leber des Neugeborenen enthaltene Menge von Pyridinnucleotiden nur gering, und der Gesamtnicotinsäuregehalt der Leber steigt nach der Geburt sehr erheblich an. So betrug der Nicotinsäuregehalt der Leber bei neugeborenen Ratten nur 10 mg-%, nach 7 und 14 Tagen wurden Werte von 14,7 und 15,9 mg-% gefunden, während die Lebern erwachsener Ratten 17,5 mg-% Gesamtnicotinsäure enthielten[8]. Bei Schweinefeten (Gewicht 275—340 g) enthielt die Leber nur 6,2 mg-%, bei menschlichen Feten (Gewicht 700—3100 g) 4,9 mg-% Nicotinsäure[9].

2. Methylierung und Oxydation von Nicotinsäureamid.

Verabreichte Nicotinsäure sowie Nicotinsäureamid werden im Harn zum Teil in methylierter Form als Trigonellin (N-Methylnicotinsäure)[10], als N-Methylnicotinsäureamid oder als 1-Methyl-3-carboxamido-6-pyridon ausgeschieden[11]. Die Bildung dieser Stoffe erfolgt in der Leber, doch scheinen im Stoffwechsel der Nicotinsäurederivate große Artdifferenzen zu bestehen: Beim Menschen entsteht vor allem N-Methylnicotinsäureamid[12]. Im Harn normaler Versuchspersonen waren 71,2% der ausgeschiedenen Nicotinsäure in Form von N-Methylnicotinsäureamid, 24,2% als Nicotinsäureamid und 4,6% als Nicotinsäure vorhanden[13]. Trigonellin war auch nach Belastung mit Nicotinsäure nicht nachweisbar[13]. Auch Hund, Katze und Ratte scheiden das Vitamin vorwiegend als N-Methylnicotinsäureamid aus. Kaninchen desamidieren einen Teil des Nicotinsäureamids und scheiden die so entstandene Nicotinsäure aus, ohne sie zu methylieren[13–15]. Auch die Faeces von

[1] EULER, H. v., F. SCHLENK, H. HEIWINKEL u. B. HÖGBERG: H. **256**, 208 (1938). — [2] LEHNINGER, A. L.: J. biol. Ch. **178**, 625 (1949). — [3] HOGEBOOM, G. H., and W. C. SCHNEIDER: J. biol. Ch. **186**, 417 (1950). — HOGEBOOM, G. H.: J. biol. Ch. **177**, 847 (1949). — [4] HOGEBOOM, G. H., and W. C. SCHNEIDER: J. nat. Cancer Inst. **10**, 983 (1949/50). — [5] DIANZANI, M. U.: Arch. Fisiol. **50**, 175, 181, 187 (1951). — [6] KORNBERG, A.: J. biol. Ch. **182**, 779 (1950). — [7] HOGEBOOM, G. H., and W. C. SCHNEIDER: J. biol. Ch. **197**, 611 (1952). — [8] HANDLER, P., and W. J. DANN: J. biol. Ch. **140**, 739 (1941). — [9] LWOFF, A., et F. JUSTIN-BESANÇON: Expos. ann. Biochim. méd. **4**, 127 (1944). — [10] ACKERMANN, D.: Z. Biol. **59**, 17 (1912). — [11] HANDLER, P., and W. J. DANN: J. biol. Ch. **146**, 357 (1942). — [12] ELLINGER, P., and R. A. COULSON: Biochem. J. **38**, 265 (1944). — ELLINGER, P., R. BENESCH and S. W. HARDWICK: Lancet **1945 II**, 197. — HOCHBERG, M., D. MELNICK and B. L. OSER: J. biol. Ch. **158**, 265 (1945). — ELLINGER, P., and S. W. HARDWICK: Brit. med. J. **1947 I**, 672. — [13] ELLINGER, P., and M. M. ABDEL KADER: Biochem. J. **44**, 77 (1949). — [14] KOMORI, Y., and Y. SENDJU: J. Biochem. **6**, 163 (1926). — [15] HUFF, J. W., and W. A. PERLZWEIG: Science, N. Y. **97**, 538 (1943).

Kaninchen enthalten kein Trigonellin[1]. Die Hauptmenge des Nicotinsäureamids wird von Kaninchen in 1-Methyl-3-carboxamido-6-pyridon verwandelt[2]. Diese Verbindung ist auch im Harn von Menschen, die mit Nicotinsäureamid belastet worden waren, nachgewiesen worden[2-4]. Das Pyridon wird durch eine in Kaninchenleber aufgefundene Oxydase aus Methylnicotinsäureamid gebildet, das gleiche Ferment katalysiert auch die Oxydation von Chinin[3,5].

—CO—NH—CH$_2$—COOH

Nicotinursäure

H_3C N O= —CO—NH_2

1 Methyl-3-carboxamido-6-pyridon

Nach Verabreichung überschüssiger Mengen von Nicotinsäure oder Nicotinsäureamid wird ein Teil des Vitamins auch in Nicotinursäure verwandelt. Die Nicotinursäureausscheidung ist beim Hund[6], beim Kaninchen[1], Ratte[4,7] und Schwein[7] und auch beim Menschen[4,7] nachgewiesen worden. Beim Menschen war nach Belastung mit 100 mg Nicotinsäure das Mengenverhältnis der Ausscheidungsprodukte Nicotinursäure > N-Methylnicotinsäureamid > Nicotinsäureamid[4].

Die Methylierung erfolgt in der Leber. Schnitte von Rattenleber bildeten, wenn sie in Gegenwart von O_2 mit Niacinamid bebrütet wurden, N-Methylniacinamid. Schnitte von Niere und Muskulatur konnten unter gleichen Verhältnissen Niacinamid nicht methylieren[8]. Zusatz von Methionin förderte meist die Methylierung des Niacinamids in Leberschnitten[8], das p_H-Optimum der Reaktion lag bei 7,2 (s.[9]), die Methylierung erfolgt nur in aerobem Milieu, Cyanide hemmen[9]. Die Bildung von N-Methylnicotinsäure konnte in vitro an Schnitten von Rattenleber nicht nachgewiesen werden[8,9]. Ein lösliches Enzymsystem (Nicotinsäureamidmethylkinase), das aus der Leber von Hund, Meerschweinchen, Schwein und Ratte dargestellt wurde, katalysiert die Bildung von N-Methylnicotinsäureamid aus Nicotinsäureamid und L-Methionin. Für den anaeroben Ablauf der Reaktion ist die Gegenwart von Mg und ATP erforderlich, das p_H-Optimum der Reaktion liegt bei 7,4. Betain und Dimethyltethin (s. Bd. **1**, S. 961) können bei der Methylierung des Nicotinsäureamids nicht als Methyldonoren dienen. Freie Nicotinsäure wird von diesem Fermentsystem nicht methyliert[10]. Weder Schnitte von Lebergewebe noch Schnitte aus anderen Organen waren befähigt freie Nicotinsäure zu methylieren. Die Amidierung der Nicotinsäure scheint also der Methylierung vorauszugehen. Schnitte von Rattenleber methylierten Nicotinsäureamid, sie konnten auch aus freier Nicotinsäure kleinere Mengen von Methylniacinamid bilden, wenn ihnen Glutamin zugesetzt wurde. In größerem Ausmaß konnten Leberschnitte Nicotinsäure nur dann in Methylnicotinsäureamid verwandeln, wenn ihnen Schnitte anderer Organe (Niere, Gehirn) zugesetzt wurden[2]. Nach diesen Versuchen scheint es, daß die resorbierte Nicotinsäure zunächst in der Niere amidiert, das Amid sodann in der Leber methyliert wird. Das Methylnicotinsäureamid wird sodann wieder zur Niere zurücktransportiert und mit dem Harn ausgeschieden.

---

[1] CHATTOPADHYAY, D., N. C. GHOSH, H. CHATTOPADHYAY and S. BANERJEE: J. biol. Ch. **201**, 529 (1953). — [2] KNOX, W. E., and W. I. GROSSMAN: J. biol. Ch. **166**, 391 (1946). — [3] KNOX, W. E., and W. I. GROSSMAN: J. biol. Ch. **168**, 363 (1947). — [4] REDDI, K. K., and E. KODICEK: Biochem. J. **53**, 286 (1953). — [5] KNOX, W. E.: J. biol. Ch. **163**, 699 (1946). — [6] ACKERMANN, D.: Z. Biol. **59**, 17 (1912). — [7] PERLZWEIG, W. A., F. ROSEN and P. B. PEARSON: J. Nutrit. **40**, 453 (1950). — [8] PERLZWEIG, W. A., M. L. C. BERNHEIM and F. BERNHEIM: J. biol. Ch. **150**, 401 (1943). — [9] ELLINGER, P.: Biochem. J. **42**, 175 (1948). — [10] CANTONI, G. L.: J. biol. Ch. **189**, 203, 745 (1951).

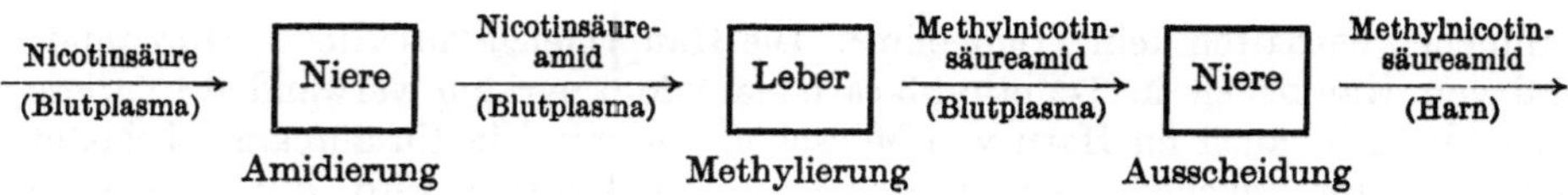

Die Ausscheidung des Methylnicotinsäureamids erfolgt beim fastenden Menschen in einem regelmäßigen Tagesrhythmus mit einem Maximum in den Vormittagsstunden (über Rhythmen der Lebertätigkeit vgl. S. 24). Durch Nahrungsaufnahme konnten diese Tagesrhythmen nicht wesentlich beeinflußt werden. Aufnahme konzentrierter alkoholischer Getränke verursachte eine vorübergehende Abnahme der Ausscheidung des Methylnicotinsäureamids[1].

3. Synthese von Nicotinsäure im Lebergewebe.

Zufuhr von Tryptophan steigert bei der Ratte die mit dem Harn ausgeschiedene Nicotinsäuremenge[2,3] und mildert die Symptome des Nicotinsäuremangels[4]. Wurde Ratten, die niacinfrei ernährt worden waren, Tryptophan verabreicht, das im C(3) des Indolkerns ^{14}C enthielt, so schieden sie radioaktives Methylnicotinsäureamid aus[5]. Der Niacingehalt von Leberschnitten normaler und vitaminarm gefütterter Ratten stieg an, wenn diese Schnitte mit Tryptophan[6] oder Oxyanthranilsäure[7] bebrütet wurden. Zusatz carcinogener Substanzen (p-Dimethylaminoazobenzol, Aminoazotoluol, Benzpyren und 1,2,5,6-Dibenzanthrazen) verringerte in Leberschnitten die Nicotinsäuresynthese aus Tryptophan[8]. Der Weg, auf dem die Umwandlung von Tryptophan in Niacin in der Leber erfolgt, ist in einem früheren Abschnitt (Aminosäurestoffwechsel der Leber, S. 293) besprochen worden.

Einzelne der Enzymsysteme, die an der Umwandlung von Tryptophan in Niacin beteiligt sind, enthalten Pyridoxalphosphat, und für ihre Bildung scheint die Zufuhr von Vitamin B_6 erforderlich zu sein. Es ist möglich, daß die bei Pyridoxinmangel beobachtete verminderte Ausscheidung methylierten Niacins[9,10] mit einer Störung der Niacinsynthese aus Tryptophan in Zusammenhang steht.

4. Nicotinsäuregehalt des Blutes bei Lebererkrankungen.

Es scheint, daß die Leber für die Aufrechterhaltung des normalen Nicotinsäurespiegels im Blut erforderlich ist. Während der Nicotinsäuregehalt des Blutes bei leichteren Ikterusfällen und kompensierten Cirrhosen normal bleibt, sinkt er im Gefolge schwerer Schädigungen des Leberparenchyms meist stark ab und erreicht oft Werte, die der Hälfte der normalen entsprechen[11]. Ein besonders niedriger Nicotinsäurespiegel im Blut wird bei schweren Cirrhosefällen beobachtet[12]. Bekanntlich ist das Niacin im Blut vor allem in den Erythrocyten enthalten. Es ist wahrscheinlich, daß die normale Leber durch Abgabe von Niacin

---

[1] Ellinger, P., and R. A. Coulson: Biochem. J. **38**, 265 (1944). — [2] Singal, S. A., A. P. Briggs, V. P. Sydenstricker and J. M. Littlejohn: J. biol. Ch. **166**, 573 (1946). — [3] Rosen, F., J. W. Huff and W. A. Perlzweig: J. biol. Ch. **163**, 343 (1946). — [4] Krehl, W. A., P. S. Sarma, L. J. Teply and C. A. Elvehjem: J. Nutrit. **31**, 85 (1946). — [5] Heidelberger, C., E. P. Abraham and S. Lepkovsky: J. biol. Ch. **179**, 151 (1949). — [6] Hurt, W. W., B. T. Scheer and H. J. Deuel jr.: Arch. Biochem. **21**, 87 (1949). — [7] Schweigert, B. S., and M. M. Marquette: J. biol. Ch. **181**, 199 (1949). — [8] De, H. N., and S. R. Guha: Brit. J. Cancer **4**, 430 (1950). — [9] Schweigert, B. S., and P. B. Pearson: J. biol. Ch. **168**, 555 (1947). — [10] Rosen, F., J. W. Huff and W. A. Perlzweig: J. Nutrit. **33**, 561 (1947). — [11] Fiessinger, N., M. Albeaux-Fernet, A. Lwoff et A. Querido: Bull. Mém. Soc. med. Hôp. Paris **55**, 1111 (1939). — Raoul, Y., A. Vallette et J. Marche: Sem. des Hôp. **21**, 1225 (1945). — [12] Marche, J.: Bull. Ass. Études Physio-path. Foie 1, 157 (1946).

ans Blutplasma nicht nur den Dehydrogenasengehalt der Zellen der übrigen Gewebe, sondern auch den der Erythrocyten dauernd ergänzt.

Andererseits kann Mangel an Nicotinsäure neben anderen pathologischen Erscheinungen auch Leberstörungen zur Folge haben[1]. Wahrscheinlich geht auch die bei der Pellagra häufig auftretende Porphyrinurie[2] auf eine Entgleisung des normalen Hämoglobinstoffwechsels oder auf eine Störung der Porphyrinausscheidung in der Galle zurück. Parenterale Belastung mit 30 mg Nicotinsäure hatte bei Gesunden einen mäßigen (50—100%), bei Lebergeschädigten aber einen sehr starken (bis 200%) Anstieg des Bilirubingehalts des Blutes zur Folge. Gleichzeitig stiegen auch der Cholesterin- und der Gallensäuregehalt des Blutes an[4]. Auch eine Steigerung des Urobilingehalts des Harns wurde beobachtet[3].

5. Niacinbelastung als Leberfunktionsprüfung.

Da die Methylierung des Nicotinsäureamids nur in der Leber erfolgen kann, wird die Belastung mit Nicotinsäureamid als Test zur Leberfunktionsprüfung verwendet. Nach Verabreichung von 50 mg Nicotinsäureamid per os oder 20 mg intravenös wird die in 4 Std im Harn ausgeschiedene Menge der Methylverbindungen bestimmt. Bei Patienten mit Leberstörungen war die Ausscheidung stark vermindert[5].

λ) Vitamin B_6 (Pyridoxin und verwandte Stoffe).

1. Gehalt der Leber an Vitamin B_6.

Von der Gruppe von Stoffen, die unter dem Namen Vitamin B_6 zusammengefaßt werden, waren in der Rinderleber nur Pyridoxal und Pyridoxamin nachweisbar, aber kein Pyridoxin. Das Pyridoxin, das in der Muskulatur und im Gehirn des Huhnes nachgewiesen ist, scheint in der Leber dieser Tierart völlig zu fehlen[6] (vgl. Tabelle 65).

Tabelle 65. Gehalt der Lebern verschiedener Tierarten an Pyridoxal, Pyridoxamin und Pyridoxin in mg-% frischer Substanz[6].

	Pyridoxal-HCl	Pyridoxamin-2 HCl	Pyridoxin-HCl
Huhn . .	3,8	4,6	—
Ratte . .	2,9	0,9	0,9
Rind . . .	0,7	3,1	—

Der Gehalt des Lebergewebes an Vitamin B_6 ist von dem Angebot an Vitamin in der Nahrung abhängig[7]. Andererseits beeinflußt aber auch die Menge des mit der Nahrung aufgenommenen Proteins den Vitamin B_6-Gehalt des Lebergewebes. Bei Tieren, die überschüssige Mengen von Vitamin B_6 erhielten, förderte Proteinzusatz zur Nahrung die Ablagerung von Vitamin B_6 in der Leber[2]. Da das Pyridoxalphosphat aber beim Abbau der Aminosäuren verwendet wird, hat Proteinzusatz zur Nahrung bei Tieren, die nur geringe Mengen von Vitamin B_6 erhalten hatten, die entgegengesetzte Wirkung: je mehr Nahrungsprotein verabreicht wurde, desto rascher nahm bei pyridoxinarmer Ernährung der Vitamin B_6-Gehalt der Leber ab. Bei jungen Mäusen, deren Nahrung zu 50% aus Casein bestand, aber kein Pyridoxin enthielt, sank der Pyridoxingehalt der Leber in 3 Wochen auf 0,097 mg-%, bei

[1] RAFSKY, H. A., and B. NEWMAN: Am. J. med. Sci. **205**, 209 (1943). — [2] KÜHNAU W. (W.): Strahlentherapie **66**, 24 (1939.) Med. Klinik **1939**, 1383. — [3] MARFORI-SAVINI, L., M. STEFANINI e P. BRAMANTE: Boll. Soc. ital. Biol. sper. **22**, 160 (1946). — MARFORI, L., M. STEFANINI and P. BRAMANTE: Amer. J. Med. Sci. **213**, 150 (1947). — [4] MARFORI-SAVINI, L., M. STEFANINI e P. BRAMANTE: Boll. Soc. ital. Biol. sper. **22**, 709 (1946). — [5] NAJJAR, V. A., R. S. HALL and C. C. DEAL: Bull. Johns Hopkins Hosp. **76**, 83 (1945). — [6] RABINOWITZ, J. C., and E. E. SNELL: J. biol. Ch. **176**, 1157 (1948). — [7] SCHWEIGERT, B. S., H. E. SAUBERLICH, C. A. ELVEHJEM and C. A. BAUMANN: J. biol. Ch. **165**, 187 (1946).

Kontrollmäusen, die nur 10% Casein erhielten, war der Pyridoxingehalt der Leber etwa 4mal höher (0,37 mg-%). Aus dem gleichen Grund war der Pyridoxinbedarf von Mäusen, deren Nahrung 60% Casein enthielt, 3mal größer als der von Kontrolltieren, die nur 20% Casein erhielten. Pyridoxinfrei ernährte Mäuse lebten bei proteinarmer Ernährung 3mal länger als bei proteinreicher Diät[1], und das Auftreten der Dermatitis bei pyridoxinfrei ernährten Ratten wird durch proteinreiche Ernährung beschleunigt[2]. Auch Zufuhr von Methionin verstärkt die Erscheinungen des Pyridoxinmangels[3]. Proteinreiche Ernährung sowie die Zufütterung überschüssiger Mengen von Methionin, Homocystein oder Glutaminsäure beschleunigten das Auftreten von Mangelerscheinungen bei der pyridoxinfrei ernährten Ratte. Vermehrte Zufuhr von Tryptophan, Tyrosin, Serin, Lysin und Cystein hatte diese Wirkung nicht[4]. Es scheint also, daß eine Vermehrung des Umsatzes an Glutaminsäure sowie beschleunigter Abbau schwefelhaltiger Aminosäuren den Verschleiß an Pyridoxalfermenten steigert.

Nach partieller Hepatektomie bei Ratten nahm die in der Restleber enthaltene Menge an Vitamin B_6 auch dann rasch zu, wenn die Tiere kein Vitamin B_6 mit der Nahrung erhielten[5]. Daraus ergibt sich, daß während der Regeneration des Lebergewebes Vitamin B_6 in den peripheren Geweben mobilisiert und von den Leberzellen aufgenommen wird.

Zahlreiche, im Lebergewebe ablaufende Stoffwechselreaktionen sind bei Mangel an Vitamin B_6 geschädigt. Da das Vitamin B_6, wie oben erwähnt, an der Bildung der Coenzyme zahlreicher, für den Aminosäureabbau notwendiger Fermente beteiligt ist, wird, wenn das Vitamin fehlt, vor allem der Aminosäurestoffwechsel der Leber betroffen. Auf einem bisher noch unbekannten Wege scheint auch der Fettstoffwechsel der Leber durch den Mangel an B_6-Vitamin in Mitleidenschaft gezogen zu werden. Auch der Mineralhaushalt der Leber ist bei Mangel an B_6-Vitamin gestört, und die Speicherung von Fe und Cu wird bei Ratten bei Mangel an Vitamin B_6 vermehrt. Am Schwein wurde bei Pyridoxinmangel eine Hämosiderosis der Leber beobachtet[6].

2. Vitamin B_6 im Stoffwechsel der Aminosäuren und Proteine.

Auf dem Gebiet des Aminosäurestoffwechsels scheinen Pyridoxalenzyme vor allem für den Vorgang der Transaminierung zwischen Amino- und Ketosäuren, für den Abbau des Tryptophans, für die Bildung und den Abbau des Cysteins und für die Decarboxylierung einzelner Aminosäuren erforderlich zu sein.

Die *Bildung von Glutaminat aus Ketoglutarat* in vitro kann in Leberextrakten durch Zusatz von Pyridoxalphosphat beschleunigt werden[7]. Die Transaminierung zwischen Glutaminsäure und Oxalacetat erfolgte in Leberhomogenaten von pyridoxinfrei ernährten Ratten weit langsamer als in Leberhomogenaten normal ernährter Tiere[8]. Noch empfindlicher als das Transaminierungssystem Glutaminat-Oxalacetat reagiert des Glutamat-Pyruvat-Transaminasesystem der Rattenleber auf Pyridoxinmangel[9]. Wird einem normalen Tier an Stelle einer der essentiellen

[1] Miller, E. C., and C. A. Baumann: J. biol. Ch. **157**, 551 (1945). — [2] Cerecedo, L. R., and J. R. Foy: Arch. Biochem. **5**, 207 (1944). — [3] Renzo, E. C. de, and L. R. Cerecedo: Proc. Soc. exp. Biol. Med. **73**, 356 (1950). — [4] Cerecedo, L. R., and E. C. DeRenzo: Arch. Biochem. **29**, 273 (1950). — Bey, H. J. de, E. E. Snell and C. A. Baumann: J. Nutrit. **46**, 203 (1952). — Beaton, J. R., J. L. Beare and E. W. McHenry: J. Nutrit. **48**, 325 (1952). — [5] Beaton, J. R., J. L. Beare, G. H. Beaton and E. W. McHenry: J. biol. Ch. **204**, 715 (1953.) — [6] Gubler, C. J., G. E. Cartwright and M. M. Wintrobe: J. biol. Ch. **178**, 989 (1949). — [7] Cammarata, P. S., and P. P. Cohen: J. biol. Ch. **187**, 439 (1950). — [8] Schlenk, F., and E. E. Snell: J. biol. Ch. **157**, 425 (1945). — [9] Meister, A., H. P. Morris and S. V. Tice: Proc. Soc. exp. Biol. Med. **82**, 301 (1953). — Caldwell, E. F., and E. W. McHenry: Arch. Biochem. **45**, 97 (1953).

Aminosäuren, die ihr entsprechende Ketosäure verabreicht, so kann es die lebensnotwendige L-Aminosäure aus der Ketosäure bilden. Bei B_6-Avitaminose kann diese Umwandlung nicht erfolgen, und bei Ratten, bei denen ein Pyridoxinmangel bestand, konnte das Fehlen essentieller Aminosäuren nicht durch Verabreichung der entsprechenden Ketosäure ausgeglichen werden[1]. Auf eine Erleichterung der oxydativen Desaminierung der D-Aminosäuren durch das Vitamin B_6 beruht wohl auch die Beobachtung, daß die Giftigkeit durch die Magensonde verabreichten D-Serins durch Vitamin B_6 verringert wird[2].

Die bei B_6-Avitaminose auftretenden klinischen Erscheinungen und insbesondere die Dermatitiden scheinen jedoch nicht die Folge gestörter Transaminierung der Aminosäuren zu sein. 4-Desoxypyridoxin, das am Tier die Entwicklung der B_6-Mangeldermatitis steigert[3] und das Körpergewicht pyridoxinfrei ernährter Ratten herabsetzt[4], hatte bei oraler Verabreichung keine hemmende Wirkung auf die Asparaginat-Glutaminat-Transaminase der Rattenleber und steigerte sogar die Aktivität der Alanin-Glutaminat-Transaminase[4].

Auch für einzelne *Teilreaktionen des Tryptophanabbaues* wird Vitamin B_6 benötigt. Das durch Aufspaltung des Pyrrolkerns aus Tryptophan entstandene Kynurenin (Anthranilalanin) kann durch eine Transaminase, die als Coferment Pyridoxal-5-phosphat enthält, in Kynurensäure umgewandelt oder durch die (ebenfalls Pyridoxal-5-phosphat enthaltende)[5] Kynureninase zu Anthranilsäure und Alanin aufgespalten werden. Pyridoxinmangel hemmt daher sowohl den Abbau des Kynurenins zu Kynurensäure als auch seine Aufspaltung zu Anthranilsäure und führt zu vermehrter Bildung und Ausscheidung von Oxykynurenin[6] und Xanthurensäure[7] im Harn (vgl. S. 291). Andererseits wird aber auch die Aufspaltung des Oxykynurenins in Oxyanthranilsäure durch pyridoxalhaltige Enzymsysteme katalysiert[8]. Die endogene Bildung des Nicotinsäureamids aus Tryptophan ist daher an Pyridoxinzufuhr mit der Nahrung gebunden[8,9]. Das aus Tryptophan gebildete Niacin wird von der Rattenleber zum Teil in Pyridinnucleotide eingebaut; wird das als Pyridoxinantagonist wirkende Desoxypyridoxin verabreicht, so wird die Synthese von Pyridinnucleotiden aus Tryptophan gehemmt. Die nach Tryptophanverabreichung beobachtete Vermehrung der Pyridinnucleotide der Leber ist daher nach Desoxypyridoxinverabreichung geringer als ohne diese[10].

Auch die *Transsulfuraseaktivität* der Leber war bei pyridoxinfrei ernährten Ratten herabgesetzt. Verabreichung von Pyridoxalphosphat in vivo[11] sowie Zusatz von Pyridoxalphosphat zu einem Leberpräparat in vitro[12], stellte die Fähigkeit, das S-Atom des Homocysteins auf Serin zu übertragen, wieder her. Diese Übertragung erfolgt bekanntlich durch das Zusammenwirken von 2 Enzymen (vgl. S. 269), von denen das eine die Bildung, das andere die Aufspaltung von

[1] White, J., R. S. Stander, A. Dayton and P. David: Fed. Proc. **12**, 289 (1953). — [2] Fishman, W. H., and C. Artom: Proc. Soc. exp. Biol. Med. **57**, 241 (1944). — Artom, C., W. H. Fishman and R. P. Morehead: Proc. Soc. exp. Biol. Med. **60**, 284 (1945). — [3] Stoerk, H. C.: Ann. N. Y. Acad. Sci. **52**, 1302 (1950). — [4] Caldwell, E. F., and E. W. McHenry: Arch. Biochem. **45**, 466 (1953). — [5] Wiss, O.: H. **293**, 106 (1953). Z. Naturforsch. **7** b, 133 (1952). — [6] Dalgliesh, C. E., W. E. Knox and A. Neuberger: Nature **168**, 20 (1951). — Dalgliesh, C. E.: Biochem. J. **52**, 3 (1952). — [7] Lepkovsky, S., and E. Nielsen: J. biol. Ch. **144**, 135 (1942). — Lepkovsky, S., E. Roboz and A. J. Haagen-Smit: J. biol. Ch. **149**, 195 (1943). — Miller, E. C., and C. A. Baumann: J. biol. Ch. **157**, 551; **159**, 173 (1945). — [8] Henderson, L. M., I. M. Weinstock and G. B. Ramasarma: J. biol. Ch. **189**, 19 (1951). — [9] Schweigert, B. S., and P. B. Pearson: J. biol. Ch. **168**, 555 (1947). — [10] Kring, J. P., K. Ebisuzaki, J. N. Williams jr. and C. A. Elvehjem: J. biol. Ch. **195**, 591 (1952). — [11] Braunshteĭn, A. E., and R. M. Azarkh: Dokl. Akad. Nauk SSSR **71**, 93 (1950) [Chem. Abstr. **44**, 7900^b]. — [12] Braunshteĭn, A. E., and E. V. Goryachenkova: Dokl. Akad. Nauk SSSR **74**, 529 (1950) [Chem. Abstr. **45**, 2071^b].

Cystathionin katalysiert; beide Enzyme benötigen Pyridoxalphosphat, und beide sind in den Lebern pyridoxinfrei ernährter Ratten in verminderter Aktivität vorhanden[1]. Auch die Desulfhydrase der Rattenleber verliert bei pyridoxinfrei ernährten Ratten einen Teil ihrer Aktivität[2]. Zusatz von Pyridoxalphosphat zu inaktivierten Extrakten von Rattenleber stellte die Fähigkeit dieser Extrakte, aus Cystein H_2S zu bilden, wieder her[3].

Die *Thionase*[4], ein Enzym, das verschiedene Thioester spaltet, war in der Leber von Ratten, die unzureichende Mengen von B_6-Vitamin erhielten, stark vermindert[5]. Zusatz von Casein oder S-haltigen Aminosäuren führte zu einer weiteren Herabsetzung der Thionaseaktivität, während eine Zulage von Pyridoxal zur Vitamin-B_6-freien Kost der Tiere oder aber direkter Zusatz von Pyridoxalphosphat zu dem aus der Leber hergestellten enzymhaltigen Extrakt die Thionasewirkung steigerte[5].

Pyridoxinhaltige Aminosäuredecarboxylasen, die in zahlreichen Mikroorganismen in sehr wirksamer Form enthalten sind, scheinen in der Leber höherer Tiere nur eine geringe Rolle zu spielen. Das Apoenzym bakterieller Lysindecarboxylase wurde durch Extrakte aus Rattenleber (die offenbar Pyridoxalphosphat enthielten) aktiviert, die Apoenzyme der Aminosäuredecarboxylasen konnten in der Leber jedoch nicht nachgewiesen werden[6].

Doch konnte gezeigt werden, daß Cysteinsäure durch Enzympräparate aus Rattenleber anaerob zu Taurin decarboxyliert werden kann. Präparate aus den Lebern von Ratten, die ungenügende Mengen von Vitamin B_6 erhielten, bildeten hierbei weniger Taurin als analog hergestellte Präparate aus den Lebern normaler Tiere[7]. Taurin, das bei Ratten einen normalen Harnbestandteil bildet[8], verschwindet bei Mangel an Vitamin B_6 aus dem Harn der Tiere[9] (vgl. S. 272).

In Übereinstimmung mit mikrobiologischen Untersuchungen[10] hat sich gezeigt, daß die *Bildung von* ^{14}C-*Serin* aus ^{14}C-Formiat und Glycin in Enzympräparaten aus Hühnerleber durch das als Antivitamin B_6-wirkende 4-Desoxypyridoxin gehemmt wird[11] (vgl. S. 256).

In Leberschnitten pyridoxinfrei ernährter Ratten war die *Harnstoffbildung* aus Ammoniumlactat beschleunigt[12], Pyridoxinmangel hat bei Ratten eine Vermehrung des Harnstoffgehalts und des Reststickstoffs im Blut[13] und der Harnstoffausscheidung im Harn[14] zur Folge. Der Glutamingehalt des Blutes war bei diesen Tieren vermindert. — Die Bildung der Plasmaproteine in der Leber wird im Pyridoxinmangel nicht gestört, der Proteingehalt des Blutplasmas blieb bei Ratten auch im Pyridoxinmangel unverändert[8], die Bildung von Antikörpern ist jedoch verringert[15].

[1] Binkley, F., G. M. Christensen and W. N. Jensen: J. biol. Ch. **194**, 109 (1952). — [2] Braunshteĭn, A. E., and R. M. Azarkh: Dokl. Akad. Nauk SSSR **71**, 93 (1950) [Chem. Abstr. **44**, 7900b]. — [3] Azarkh, R. M., and V. N. Gladkova: Dokl. Akad. Nauk SSSR **85**, 173 (1952) [Chem. Abstr. **46**, 11266h]. — [4] Binkley, F., and G. M. Christensen: Am. Soc. **73**, 3535 (1951). — [5] Thompson, R. Q., and N. B. Guerrant: J. Nutrit. **50**, 161 (1953). — [6] Gale, E. F., and H. M. R. Epps: Biochem. J. **38**, 250 (1944). — [7] Blaschko, H., C. W. Carter, J. R. P. O'Brien and G. H. Sloane Stanley: J. Physiol., London **107**, 18 P (1948). — [8] Datta, S. P., and H. Harris: J. Physiol., London **114**, 39 P (1951). — [9] Blaschko, H., S. P. Datta and H. Harris: Biochem. J. **54**, XVII (1953). — [10] Lascelles, J., and D. D. Woods: Nature **166**, 649 (1950). — [11] Deodhar, S., and W. Sakami: Fed. Proc. **12**, 195 (1953). — [12] Caldwell, E. F., and E. W. McHenry: Arch. Biochem. **44**, 396 (1953). — [13] Hawkins, W. W., M. L. MacFarland and E. W. McHenry: J. biol. Ch. **166**, 223 (1946). — Beaton, J. R., R. M. Ballantyne, R. E. Lau, A. Steckley and E. W. McHenry: J. biol. Ch. **186**, 93 (1950). — [14] Beaton, J. R., J. L. Beare, J. M. White and E. W. McHenry: J. biol. Ch. **200**, 715 (1953). — [15] Stoerk, H. C., H. N. Eisen and H. M. John: J. exp. Med. **85**, 365 (1947). — Stoerk, H. C., and H. N. Eisen: Proc. Soc. exp. Biol. Med. **62**, 88 (1946).

3. Vitamin B_6 im Fettstoffwechsel der Leber.

Pyridoxin scheint für die Umwandlung von Protein in Fett erforderlich zu sein. Mit Protein ernährte Ratten setzten nur dann Körperfett an, wenn sie außer Thiamin und Riboflavin auch Pyridoxin erhielten[1]. Andererseits wird die durch Thiaminzufuhr bei kohlenhydraternährten Ratten ausgelöste Leberverfettung durch Vitamin B_6 nicht beeinflußt[2], und Mangel an Pyridoxin kann sogar eine Verfettung der Leber zur Folge haben[3]. In Versuchen an Mäusen konnte eine lipotrope Wirkung des Pyridoxins nachgewiesen werden. Bei Mäusen, die zu einer proteinreichen Diät Zulagen von Thiamin, Riboflavin, Pantothensäure, Nicotinsäure und Cholin, aber kein Pyridoxin erhielten, betrug der Leberfettgehalt 5,6%, bei Kontrolltieren, die außerdem auch Pyridoxin bekamen 2,6%, und bei Mäusen, die weder die oben genannten Vitamine noch Cholin, dafür aber Pyridoxin erhielten, nur 2%[1]. Bei pyridoxinfrei ernährten Schweinen trat eine zentrale Verfettung der Leberläppchen auf, die weder durch Cholin noch durch Inosit zu verhindern war[4]. Auch im Stoffwechsel der essentiellen Fettsäuren scheint das Vitamin B_6 eine wichtige Rolle zu spielen. Die Umwandlung von Linolsäure in Arachidonsäure und von Linolsäure in Hexaensäuren ist im Organismus der Ratte an das Vorhandensein von Pyridoxin gebunden[5], und die Symptome der Akrodynie entwickeln sich weit rascher, wenn den Versuchstieren außer den essentiellen Fettsäuren auch das Pyridoxin entzogen wird[6].

4. Oxydation und Inaktivierung von Vitamin B_6 in der Leber.

Das Vitamin B_6 wird im Harn zum Teil als Lacton der Pyridoxinsäure ausgeschieden[7]. Die Oxydation von Pyridoxal zu Pyridoxinsäure konnte durch Enzympräparate aus der Leber von Ratten und Kaninchen katalysiert werden[8]. Die Pyridoxinsäure entsteht durch die Einwirkung der Leberaldehydoxydase auf Pyridoxal[6]. Diese Reaktion wird (ebenso wie andere durch die Aldehydoxydase katalysierte Reaktionen) durch Antabus (s. S. 490 u. Bd. 2/1, S. 1203) gehemmt[9]. Mensch und Hund (nicht aber die Ratte) scheiden Vitamin B_6 in gebundener Form, wahrscheinlich als Glucuronid oder Sulfat aus, wobei die Bindung an die OH-Gruppe am C(3) erfolgt[10]. Auf die rasche Inaktivierung des Pyridoxals durch die Leber ist es vielleicht zurückzuführen, daß manche Fälle von seborrhoischer Dermatitis auf eine lokale Applikation des Pyridoxins besser reagieren als auf die orale oder parenterale Verabreichung des Vitamins[11].

μ) Pantothensäure.

1. Pantothensäuregehalt der Leber und Coenzym A.

Die Entdeckung der Pantothensäure geht auf die Beobachtung zurück, daß das Wachstum von Hefe durch einen im Lebergewebe vorhandenen, von den anderen wasserlöslichen Vitaminen verschiedenen Faktor gesteigert wird[12]. Bei

[1] McHenry, E. W., and G. Gavin: J. biol. Ch. **138**, 471 (1941). — [2] Gavin, G., and E. W. McHenry: J. biol. Ch. **132**, 41 (1940). — [3] Halliday, N.: J. Nutrit. **16**, 285 (1938). — Engel, R. W.: J. Nutrit. **24**, 175 (1942). — Schweigert, B. S., H. E. Sauberlich, C. A. Elvehjem and C. A. Baumann: J. biol. Ch. **165**, 187 (1946). — [4] Wintrobe, M. M., R. H. Follis jr., M. H. Miller, H. J. Stein, R. Alcayaga, S. Humphreys, A. Suksta and G. E. Cartwright: Bull. Johns Hopkins Hosp. **72**, 1 (1943). — [5] Witten, P. W., and R. T. Holman: Arch. Biochem. **41**, 266 (1952). — [6] Schweigert, B. S., and P. B. Pearson: J. biol. Ch. **168**, 555 (1947). — [7] Huff, J. W., and W. A. Perlzweig: Science, N. Y. **100**, 15 (1944). J. biol. Ch. **155**, 345 (1944). — Sarett, H. P.: J. biol. Ch. **189**, 769 (1951). — [8] Hurwitz, J.: Fed. Proc. **12**, 222 (1953). — [9] Schwartz, R., and N. O. Kjeldgaard: Biochem. J. **48**, 333 (1951). — [10] Scudi, J. V., R. P. Buhs and D. B. Hood: J. biol. Ch. **142**, 323 (1942). — [11] Schreiner, A. W., W. Slinger, V. R. Hawkins and R. W. Vilter: J. Lab. clin. Med. **40**, 121 (1952). — [12] Williams, R. J., C. M. Lyman, G. H. Goodyear, J. H. Truesdail and D. Haloday: Am. Soc. **55**, 2912 (1933).

der ersten Darstellung eines stark wirksamen Pantothensäurekonzentrats wurden aus 250 kg Leber 3 g eines Präparates gewonnen, das etwa 40% Pantothensäure enthielt[1]. Schon früher war festgestellt worden, daß das Auftreten einer pellagraähnlichen Dermatitis bei Hühnern[2] durch Verfütterung von Schweineleber oder durch Zufuhr von Leberextrakten verhindert werden kann[3]. Es zeigte sich, daß der dermatitisverhindernde Leberfaktor mit dem auf das Hefewachstum wirksamen, als Pantothensäure bezeichneten Leberfaktor identisch war[4].

Bei allen Tierarten enthält das Lebergewebe erhebliche Mengen von Pantothensäure. In frischer Rinderleber wurden z. B. 7,6 mg-%, in Rindermuskulatur aber nur 0,5 mg-% Pantothensäure gefunden[5]. In der Leber erwachsener Mäuse, deren Nahrung 3 mg Ca-Pantothenat je 100 g enthielt, war 10,8 mg-%, in Gehirn 3,7 mg-%, Herz 6,0 mg-% und Nieren 9,9 mg-% Pantothensäure vorhanden[6]. In der autolysierten Leber von Ratten wurden 11—13 mg-% Gesamtpantothensäure nachgewiesen[7]. Bei Hühnern, die 1,5 mg Pantothensäure je 100 g Nahrung

Tabelle 66. Gehalt der Leber und anderer Organe an freier und gebundener Pantothensäure (in mg-% Frischgewebe) (Kaninchen)[8].

	Leber	Herzmuskel	Niere	Gehirn	Testes	Quergestreifter Muskel
Gebunden . .	7,4	1,7	4,2	1,5	1,4	0,5
Frei	0,12	0,33	0,27	0,3	0,6	0,51
Insgesamt . .	7,5	2,07	4,5	1,8	2,04	0,99

erhielten, betrug der Pantothensäuregehalt des Lebergewebes 4,5 mg-%, der der Beinmuskulatur 1,7 mg-%. Pantothensäurezulagen zur Nahrung bewirkten bei diesen Tieren einen Anstieg der Pantothensäurekonzentration im Muskel, nicht aber in der Leber[9].

Nur ein kleiner Teil der Gesamtpantothensäuremenge liegt in der Leber in freier Form vor, die Hauptmenge ist in die Moleküle des Coenzym A eingebaut[8,10] und kann daraus durch Autolyse[7,11] oder durch verschiedene technische Enzympräparate, wie Takadiastase[12], Clarase[13] und Mylase P[14], oder auch durch ein Gemisch von Darmphosphatasen + frischem Extrakt aus Taubenleber freigesetzt werden[8]. Die gebundene Form der Pantothensäure kann von Milchsäurebakterien nicht verwendet werden[15]; dadurch, daß man die Wachstumswirkung eines

[1] Williams, R. J., J. H. Truesdail, H. H. Weinstock jr., E. Rohrmann, C. M. Lyman and C. H. McBurney: Am. Soc. **60**, 2719 (1938). — [2] Ringrose, A. T., L. C. Norris and G. F. Heuser: Poultry Sci. **10**, 166 (1931). — [3] Ringrose, A. T., and L. C. Norris: J. Nutrit. **12**, 535, 553 (1936). — Lepkovsky, S., and T. H. Jukes: J. biol. Ch. **114**, 109 (1936). — Lepkovsky, S., T. H. Jukes and M. E. Krause: J. biol. Ch. **115**, 557 (1936). — [4] Woolley, D. W., H. A. Waisman and C. A. Elvehjem: Am. Soc. **61**, 977 (1939). J. biol. Ch. **129**, 673 (1939). — Jukes, T. H.: Am. Soc. **61**, 975 (1939). J. biol. Ch. **129**, 225 (1939). — [5] Jukes, T. H.: J. Nutrit. **21**, 193 (1941). — [6] Melampy, R. M., and L. C. Northrop: Arch. Biochem. **30**, 180 (1951). — [7] Marnay, C.: Bull. Soc. Chim. biol. **35**, 220, 1171 (1953). — [8] Novelli, G. D., N. O. Kaplan and F. Lipmann: J. biol. Ch. **177**, 97 (1949). — Novelli, G. D., and F. J. Schmetz jr.: J. biol. Ch. **192**, 181 (1951). — [9] Pearson, P. B., V. H. Melass and R. M. Sherwood: J. Nutrit. **32**, 187 (1946). — [10] Lipmann, F., N. O. Kaplan, G. D. Novelli, L. C. Tuttle and B. M. Guirard: J. biol. Ch. **167**, 869 (1947). — [11] Neilands, J. B., H. Higgins, T. E. King, R. E. Handschuhmacher and F. M. Strong: J. biol. Ch. **185**, 335 (1950). — Kaplan, N. O., and F. Lipmann: J. biol. Ch. **174**, 37 (1948). — [12] Buskirk, H. H., and R. A. Delor: J. biol. Ch. **145**, 707 (1942). — [13] Waisman, H. A., L. M. Henderson, J. M. McIntire and C. A. Elvehjem: J. Nutrit. **23**, 239 (1940). — [14] Atkin, L., R. J. Williams, A. S. Schultz and C. N. Frey: Industr. engng. Chem. (II) **16**, 67 (1944). — [15] Williams, R. J.: Adv. Enzymol. **3**, 253 (1943). — Jukes, T. H.: Biol. Symp. **12**, 261 (1947).

Extrakts auf den Lactobacillus arabinosus vor und nach der enzymatischen Hydrolyse des CoA bestimmt, kann man die Menge des freien und des gebundenen Pantothensäureanteils ermitteln. Die Verteilung der Pantothensäure in der Leberzelle geht der Verteilung des Coenzym A weitgehend parallel: In der normalen Rattenleber verhalten sich die in Mitochondrien, Cytoplasma, Zellkern und Mikrosomen enthaltenen Mengen von Pantothensäure wie 42:30:24:4, während sich die in diesen Fraktionen enthaltenen Mengen von Coenzym A wie 53:20:24:3 verhalten[1]. Der hohe CoA-Gehalt der Mitochondrien steht mit den Stoffwechselaufgaben dieser Teilchen (s. Bd. 2/1, S. 1094) (Aufbau und Abbau der Fettsäuren, Acetatoxydation im Citronensäurecyclus usw.) in engem Zusammenhang. (Über den CoA-Gehalt des Lebergewebes bei verschiedenen Tierarten vgl. S. 179).

Nur ein relativ kleiner Teil der in der Leber normalerweise vorhandenen Pantothensäure hat den Charakter eines bei Mangelzuständen mobilisierbaren Depots, die Hauptmenge bildet einen Bestandteil des enzymatischen Apparats der Leberzelle und wird von der Leber auch bei Pantothensäuremangelzuständen zähe festgehalten. So betrug z. B. der Pantothensäuregehalt des Lebergewebes von Mäusen nach 6 Wochen pantothensäurefreier Ernährung 71% des bei pantothensäurehaltiger Ernährung gefundenen Kontrollwertes. Der Pantothensäuregehalt des Gehirns war aber im gleichen Zeitpunkt auf 38%, der des Herzmuskels auf 37%, der des Nierengewebes auf 52% und der des Oberschenkelmuskels auf 61% des Kontrollwertes abgesunken[2]. Sehr stark verringert war der Pantothensäuregehalt der Leber jedoch bei jungen Hühnchen, die vom 2. Lebenstag an pantothensäurefrei ernährt worden waren; da die Leber gleichzeitig auch kleiner war als normal, betrug ihr Gesamtgehalt an Pantothensäure nur 10—40% des bei den Kontrollen gefundenen Wertes[3].

Das Absinken des Pantothensäuregehalts ist im Pantothensäuremangel mit einer Verminderung der CoA-Aktivität des Lebergewebes verbunden, doch sinkt die Menge der freien Pantothensäure im Pantothensäuremangel rascher ab als die der gebundenen Form[4]. Neben CoA scheint in den Geweben noch eine andere gebundene Form von Pantothensäure vorhanden zu sein[5]. Bei pantothensäurefrei ernährten Ratten sank der Coenzym A-Gehalt des Lebergewebes in 5 Wochen von 136 auf 90 E *, der der Niere von 75 auf 40 E je g frisches Gewebe; nach 9 Wochen war der Coenzym A-Gehalt des Lebergewebes bei diesen Tieren auf 60 E je g, also auf etwa 44% des Anfangswertes gefallen. Bei jungen, pantothensäurefrei ernährten Enten, die gegen Mangel an Vitaminen des B-Komplexes besonders empfindlich sind[6], sank der Coenzym A-Gehalt des Lebergewebes schon in 5 Tagen von 96 auf 54 E (s.[7]) (vgl. Abb. 48.)

Dagegen führte intravenöse Injektion von CoA bei Hunden zu einer Vermehrung von CoA in Leber, Nebennieren und Muskel[8]. Intraperitoneale Injektion von Na-pantothenat steigerte bei jungen, pantothensäurefrei ernährten Enten den CoA-Gehalt der Leber in 90 min auf das 2—3fache[7]. Faktoren, welche die

* 1 E = diejenige Menge von CoA, die 0,25 cm³ eines nach einem bestimmten Verfahren hergestellten, gealterten (und daher CoA-freien) Acetonpulverextraktes aus Taubenleber auf die Hälfte der maximalen Aktivität bringt. Die Aktivität des Systems wird an dem Ausmaß gemessen, in dem es Sulfanilamid in Gegenwart von Acetat und ATP in 60 min bei 37° acetyliert. 1 E Coenzym A enthält 0,7 γ gebundene Pantothensäure (KAPLAN, N. O., and F. LIPMANN: J. biol. Ch. **174**, 37 (1948).

[1] HIGGINS, H., J. A. MILLER, J. M. PRICE and F. M. STRONG: Proc. Soc. exp. Biol. Med. **75**, 462 (1950). — [2] MELAMPY, R. M., and L. C. NORTHROP: Arch. Biochem. **30**, 180 (1951). — [3] SNELL, E. E., D. PENNINGTON and R. J. WILLIAMS: J. biol. Ch. **133**, 559 (1940). — [4] NISHI, H., T. E. KING and V. H. CHELDELIN: J. Nutrit. **41**, 279 (1950). — [5] KING, T. E., I. G. FELS and V. H. CHELDELIN: Am. Soc. **71**, 131 (1949). — [6] HEGSTED, D. M., and F. J. STARE: J. Nutrit. **30**, 37 (1945). — [7] OLSON, R. E., and N. O. KAPLAN: J. biol. Ch. **175**, 515 (1948). — [8] GOVIER, W. M., and A. J. GIBBONS: Arch. Biochem. **32**, 349 (1951).

enzymatische Aktivität der Leberzellen vermindern, senken meist auch ihren Pantothensäuregehalt. So verursachte Hunger eine Verminderung des Pantothensäuregehalts der Leber, nicht aber des Herzmuskels[1]. Pyridoxinmangel setzte den Pantothensäuregehalt der Leber um 76% herab[2].

Orale Verabreichung von Succinylsulfathiazol führte bei Ratten zu einer Verminderung des Pantothensäuregehalts der Leber[3]. In der Leber von Hühnchen und Ratten, die keine Folsäure erhielten, war der CoA-Gehalt in signifikanter Weise vermindert[4]. Diese Verminderung des CoA-Gehalts wird wahrscheinlich durch eine durch den Folsäuremangel verursachte Verringerung des Adenylsäuregehalts des Lebergewebes hervorgerufen, denn Adenylsäure wird als Baustein für die CoA-Bildung benötigt (s. Bd. 2/1, S. 1037). Zufuhr des als Folsäureantagonist wirkenden Aminopterins setzte den CoA-Gehalt der Rattenleber dagegen nicht herab[4].

Im Gegensatz zu Folsäure senkt Zufuhr von Vitamin B_{12} den Pantothensäuregehalt der Leber. So verminderte eine Zulage von Vitamin B_{12} den Gesamtpantothensäuregehalt (Pantothensäure + CoA) der Lebern junger Hühner um etwa ein Drittel[5]. Der Pantothensäuregehalt der Leber war bei Küken, die unzureichende Mengen von B_{12} erhielten, höher als bei Kontrolltieren, denen normale Pantothensäuremengen verabreicht worden waren. In der Muskulatur der Vitamin B_{12}-Mangeltiere war dagegen eine Pantothensäurevermehrung nicht nachweisbar, und Zufuhr von Vitamin B_{12} hat bei Hühnchen eine pantothensäuresparende Wirkung[6]. Diese Befunde werden so gedeutet, daß das Vitamin B_{12} die Abwanderung der Pantothensäure aus der Leber in die übrigen Organe erleichtert[5].

Wachstumshormon steigert den Pantothensäurebedarf. Durch Verabreichung von Wachstumshormon in Verbindung mit pantothensäurearmer Ernährung konnte das Eintreten des manifesten Pantothensäuremangels bei erwachsenen Ratten beschleunigt werden. Fettreiche Ernährung steigerte hierbei die Erscheinungen des Pantothensäuremangels[7]. Andererseits steigerte das als Wachstumsfaktor wirksame Aureomycin bei Ratten, die keine B-Vitamine erhielten, den Pantothensäuregehalt des Lebergewebes[8].

Durch p-Dimethylaminoazobenzol hervorgerufene Tumoren der Rattenleber beteiligen sich nicht an den Stoffwechselfunktionen der Leberzellen, sie enthalten daher auch weit geringere Pantothensäuremengen als das normale Lebergewebe. Auch die Verteilung der Pantothensäure auf die morphologischen Fraktionen der Zellen war bei den Tumoren eine andere als im Lebergewebe: Freies Pantothenat und CoA waren bei den Tumorzellen nicht in den Mitochondrien, sondern vor allem in der überstehenden Cytoplasmaflüssigkeit enthalten[9].

2. Umwandlung von Pantothensäure in Coenzym A.

Wird Tieren, die pantothensäurefrei ernährt worden waren, Pantothensäure zugeführt, so sammelt sie sich in der Leber in Form von Coenzym A an. Die Bildung des CoA in der Leber erfolgt hierbei mit großer Geschwindigkeit; der Coenzym A-Gehalt der Leber pantothensäurefrei ernährter Enten stieg nach Pantothensäureinjektion in 90—120 min auf das 2—3fache des Anfangswertes[10].

[1] MELAMPY, R. M., and L. C. NORTHROP: Arch. Biochem. **30**, 180 (1951). — [2] TERROINE, T., and J. ADRIAN: Arch. Sci. physiol. **4**, 435 (1950). — [3] WRIGHT, L. D., and A. D. WELCH: J. Nutrit. **27**, 55 (1944). — [4] POPP, E. M., and J. R. TROTTA: J. biol. Ch. **199**, 547 (1952). — [5] EVANS, R. J., A. C. GROSCHKE and H. A. BUTTS: Arch. Biochem. **31**, 454 (1951). — [6] YACOWITZ, H., L. C. NORRIS and G. F. HEUSER: J. biol. Ch. **192**, 141 (1951). — [7] LOTSPEICH, W. D.: Proc. Soc. exp. Biol. Med. **73**, 85 (1950). — [8] CALET, C., A. RERAT et R. JACQUOT: Cr. **236**, 2340 (1953). — [9] HIGGINS, H., J. A. MILLER, J. M. PRICE and F. M. STRONG: Proc. Soc. exp. Biol. Med. **75**, 462 (1950). — [10] OLSON, R. E., and N. O. KAPLAN: J. biol. Ch. **175**, 515 (1948).

Direkte Zugabe von Pantothensäure zu Leberschnitten von Enten, bei denen ein Pantothensäuremangel bestand, erhöhte den Coenzym A-Gehalt der Schnitte um etwa 30%. Zugabe von Pantothensäure zu Leberschnitten normal ernährter Tiere hatte hingegen die Bildung zusätzlicher Coenzym A-Mengen nicht zur Folge[1].

Der erste Schritt der Synthese von Coenzym A ist die Bildung von Pantothenylcystein: Die Carboxylgruppe der Pantothensäure wird in der Leber durch eine Säureamidbindung an einen Cysteinrest gebunden. Das Pantothenylcystein wird sodann durch Decarboxylierung in Pantothenylaminoäthylmercaptan (= Pantethein) verwandelt. Die OH-Gruppe am γ-C-Atom des Pantothensäurerestes wird sodann phosphoryliert und das so entstandene Pantetheinphosphat mit Adenylsäure zu einem Diphosphopantetheinnucleotid verbunden. Dieses wird schließlich durch Bindung eines 3. Phosphorsäurerestes in Triphosphopantethein nucleotid (= Coenzym A) verwandelt.

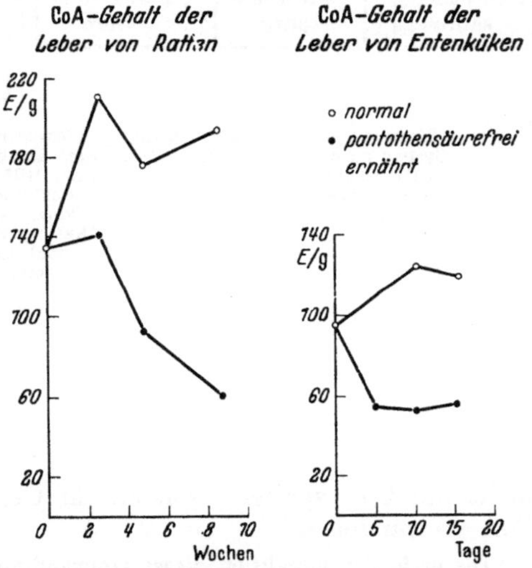

Abb. 48. CoA-Gehalt der Leber von normal und pantothensäurefrei ernährten Ratten und jungen Enten, ausgedrückt in CoA-Einheiten[1]. Der CoA-Gehalt der Rattenleber bleibt bei Pantothensäuremangel durch 3 Wochen unvermindert und sinkt dann erst ab. Die Entenleber verliert einen großen Teil ihres CoA-Gehalts schon in den ersten Tagen des Pantothensäuremangels, hält den Rest ihres CoA-Gehalts dann aber zähe fest.

Die Kupplung von Pantothensäure an Cystein erfolgt in Gegenwart von ATP und Mg-Ionen bei p_H 7,7. Cystin und Aminoäthylmercaptan werden von der Leber nicht an Pantothensäure gebunden und können Cystein nicht ersetzen. Auch Homocystein, Thioacetat, Thiogluconat, Mercaptosuccinat können bei der Bildung von CoA aus Pantothensäure nicht verwendet werden (vgl. das Schema S. 408, Reaktion I.)

Von dem Pantothenylcystein, das auch bei Bakterien als Vorstufe des Coenzym A nachgewiesen ist[2], wird CO_2 abgespalten und dadurch Pantethein (Pantothenylaminoäthylmercaptan) gebildet (vgl. das Schema, Reaktion II.). Die Fermente, die die Bildung des Pantetheins aus Pantothensäure katalysieren, konnten aus der überstehenden Flüssigkeit zentrifugierter frischer Rattenleberhomogenate gewonnen werden.

$$\overbrace{HOH_2C-C(CH_3)_2-CHOH-CO-NH-CH_2-CH_2-CO}^{\text{Pantothensäure}}-\overbrace{NH-\underset{\displaystyle COOH}{\underset{|}{CH}}-CH_2SH}^{\text{Cystein}} \quad \text{Pantothenylcystein}$$

$$\underbrace{HOH_2\overset{\gamma}{C}-\overset{\beta}{C}(CH_3)_2-\overset{\alpha}{C}HOH-CO}_{\text{Pantothensäure}}\underbrace{-NH-\overset{\beta}{C}H_2-\overset{\alpha}{C}H_2-CO}-\underbrace{NH-CH_2-CH_2SH}_{\text{Aminoäthylmercaptan}} \quad \text{Pantothenylaminoäthylmercaptan (Pantethein)}$$

Pantethein bildet eine Zwischenstufe sowohl bei der Bildung als auch beim Abbau der Pantothensäure. Ungereinigte Extrakte aus Taubenleber können

[1] OLSON, R. E., and N. O. KAPLAN: J. biol. Ch. **175**, 515 (1948). —
[2] BROWN, G. M., and E. E. SNELL: Am. Soc. **75**, 2782 (1953). —

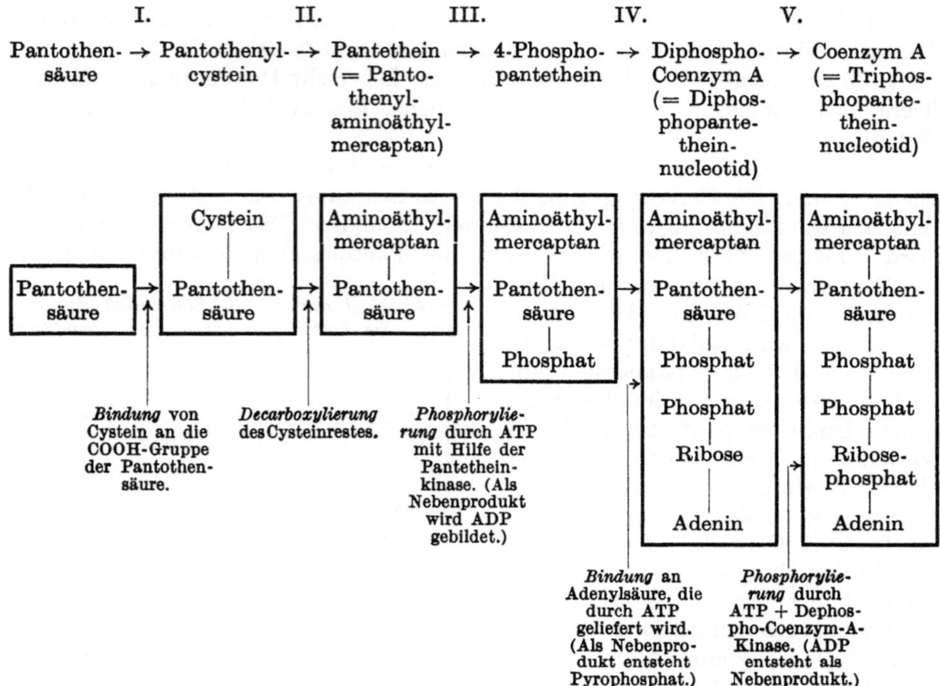

nicht nur CoA spalten[1], sondern in Gegenwart von ATP auch Pantethein in CoA umwandeln[2].

Die erste Einzelreaktion dieser Umwandlung ist die Phosphorylierung des Pantetheins. Sie wird durch die Pantetheinkinase (sog. Enzym K_I) katalysiert, die in Extrakten aus Acetonpulver von Taubenleber nachgewiesen worden ist. Die Gegenwart von ATP und Mn- oder Mg-Ionen ist erforderlich. Der von ATP abgespaltene Phosphorsäurerest wird hierbei an das γ-Hydroxyl des in der Pantothensäure enthaltenen α, γ-Dioxy-β, β-dimethylbuttersäurerestes gebunden[3] (vgl. das Schema, Reaktion III).

An das so entstandene 4'-Phosphopantethein wird durch die Dephospho-Coenzym A-Pyrophosphorylase (sog. Ferment „C") und ATP ein Adenylsäurerest gebunden und dadurch Dephospho-Coenzym A gebildet; gleichzeitig entsteht Pyrophosphat. Dephospho-Coenzym A wird durch die Dephospho-Coenzym A-Kinase (sog. Ferment K_{II}) und ATP in Coenzym A übergeführt, wobei als Nebenprodukt ADP gebildet wird[4]. Sowohl die Dephospho-Coenzym A-Pyrophosphorylase als auch die Dephospho-Coenzym A-Kinase konnten aus der überstehenden Flüssigkeit von zentrifugierten Schweineleberhomogenaten in gereinigter Form dargestellt werden. Zellkerne und Mikrosomen scheinen keines der an der Coenzym A-Bildung beteiligten Fermente zu enthalten, die Kondensation der Pantothensäure mit Cystein, die Decarboxylierung des Pantothenylcysteins und die Bildung des Phosphopantetheins sind an den flüssigen Teil des Cytoplasmas gebunden. Die Endstadien der CoA-Synthese, das ist die Bildung des Dephospho-Coenzym A und seine Phosphorylierung zu Coenzym A, scheinen jedoch sowohl im flüssigen Teil des Cytoplasmas als auch in den Mitochondrien erfolgen zu können[4].

Der Abbau des CoA und die Freisetzung der Pantothensäure erfolgen in der Leber zum Teil über die auch bei der Synthese des CoA auftretenden Zwischenstufen. Die Pyrophosphatbrücke des CoA wird durch eine in der Rattenleber

[1] Lipmann, F., and N. O. Kaplan: Fed. Proc. **5**, 145 (1946). — Novelli, G. D., N. O. Kaplan and F. Lipmann: Fed. Proc. **9**, 209 (1950). — [2] Govier, W. M., and A. J. Gibbons: Arch. Biochem. **32**, 347 (1951). — King, T. E., and F. M. Strong: J. biol. Ch. **189**, 325 (1951). — [3] Levintow, L., and G. D. Novelli: J. biol. Ch. **207**, 761 (1954). — [4] Hoagland, M. B., and G. D. Novelli: J. biol. Ch. **207**, 767 (1954).

aufgefundene Pyrophosphatase gespalten, wobei Diphosphoadenosin und Phosphopantethein entstehen. Ein in Vogellebern nachgewiesenes Enzym spaltet dagegen das Aminoäthylmercaptan von CoA ab; es gelang nicht, aus den dabei entstandenen Spaltprodukten durch Leberextrakte wieder CoA zu bilden[1].

3. Leberstoffwechsel bei Pantothensäuremangel.

Da das Coenzym A für Acetylierungsvorgänge, für die Einführung des Acetats in den Cyclus der Endoxydation und für die Synthese von Fettsäuren und Cholesterin aus Acetat erforderlich ist, werden durch den Mangel an Pantothensäure vor allem diejenigen Einzelfunktionen der Leberzelle betroffen, die mit dem Stoffwechsel des Acetats zusammenhängen.

Da die Acetylierung aromatischer Amine in der Leber[2] mit Hilfe von CoA erfolgt, setzte Pantothensäuremangel bei Ratten die Acetylierung von 1 mg p-Aminobenzoesäure auf die Hälfte (bei größeren Dosen auf etwa ein Drittel) herab[3]. Bei jungen Ratten sank die Fähigkeit, p-Aminobenzoesäure zu acetylieren, unmittelbar nach Aussetzen der Pantothensäurezufuhr ab, während ältere Ratten die Fähigkeit, aromatische Amine zu acetylieren, noch durch etwa 2 Monate in normalem Ausmaß beibehielten[4]. 3 Std nach der Injektion von Pantothensäure konnten Ratten, die vorher pantothensäurefrei ernährt worden waren, aromatische Amine wieder acetylieren[5]. Während die Acetylierung von Sulfonamiden im Pantothensäuremangel vermindert war, wurde sie durch Mangel an Pyridoxin oder Lactoflavin nicht beeinflußt[6].

Im Pantothensäuremangel bildet die Menge des in der Leber vorhandenen CoA den begrenzenden Faktor für die Synthese von Cholesterin und Gesamtlipiden: Der Einbau markierten Acetats in Cholesterin und Gesamtlipide war in Leberschnitten pantothensäurefrei ernährter Ratten in gleichem Grade herabgesetzt wie der CoA-Gehalt. Wurde das als Pantothensäureantagonist wirkende Pantothenyltauryl-p-anisidid zu Leberschnitten normaler Ratten zugesetzt, so sank die Synthese von Cholesterin und Gesamtlipiden ebenfalls ab. Dieser Antimetabolit senkte die Lipidsynthese um so stärker, je geringer der CoA-Gehalt der Schnitte war[7]. In ähnlicher Weise ist auch der Cholesteringehalt der Nebennieren im Pantothensäuremangel vermindert[8].

Da die Fettsynthese im Pantothensäuremangel herabgesetzt ist, entwickelte sich bei pantothensäurefrei ernährten Ratten auch bei cholesterinreicher Kost keine Fettleber[9]. Bei pantothensäurefrei ernährten Ratten wurde ferner eine starke Herabsetzung der Konzentration der Cholesterinester in Leber und Blutplasma beobachtet[10]. In der Leber cholinfrei ernährter Ratten sammelten sich geringere Fettmengen an, wenn den Tieren gleichzeitig mit dem Cholin auch die Pantothensäure entzogen wurde[11]. Andererseits scheint Pantothensäuremangel bei Hunden die Entstehung von Fettlebern zu begünstigen[12]. Bei im Pantothensäuremangel verstorbenen Hunden wurden neben Veränderungen

[1] Novelli, G. D., F. J. Schmetz jr. and N. O. Kaplan: J. biol. Ch. **206**, 533 (1954). — [2] Lipmann, F.: J. biol. Ch. **160**, 173 (1945). — [3] Riggs, T. R., and D. M. Hegsted: J. biol. Ch. **172**, 539 (1948). — [4] Riggs, T. R., and D. M. Hegsted: J. biol. Ch. **193**, 669 (1951). — [5] Shils, M. E., S. A. Chester and M. Sass: Arch. Biochem. **32**, 359 (1951). — [6] Shils, M. E., S. Abramowitz and M. Sass: J. Nutrit. **40**, 577 (1950). — [7] Klein, H. P., and F. Lipmann: J. biol. Ch. **203**, 101 (1953). — [8] Winters, R. W., R. B. Schultz and W. A. Krehl: Proc. Soc. exp. Biol. Med. **79**, 695 (1952). — Dumm, M. E., H. Gershberg, E. M. Beck and E. R. Palli: Proc. Soc. exp. Biol. Med. **82**, 659 (1953). — Perry, W. F., W. W. Hawkins and G. R. Cumming: Amer. J. Physiol. **172**, 259 (1953). — Boyd, G. S.: Biochem. J. **55**, 892 (1953). — [9] Guehring, R. R., L. S. Hurley and A. F. Morgan: J. biol. Ch. **197**, 485 (1952). — [10] Boyd, G. S.: 2. Int. Congr. Biochem. Paris. S. 120. 1952. — [11] Morgan, A. F., and E. M. Lewis: J. biol. Ch. **200**, 839 (1953). — [12] Silber, R. H.: J. Nutrit. **27**, 425 (1944).

anderer Organe auch Leberverfettungen nachgewiesen[1]. Nach experimenteller P-Vergiftung zeigt der Leberfettgehalt einen weit geringeren Wert, wenn Pantothensäure verabreicht wird[2].

Die Störung in der Verwertung des Acetats ist im Pantothensäuremangel von einer Hemmung der Acetatbildung aus Pyruvat begleitet. Bei Pantothensäuremangel ist, wie zuerst an Mikroorganismen gezeigt worden ist, die Umwandlung des Pyruvats in Acetat verzögert[3], in ähnlicher Weise war auch die Pyruvatoxydation in der Leber pantothensäurefrei ernährter Ratten stark verlangsamt[4]. Während der O_2-Verbrauch von Leberhomogenaten normaler Ratten durch Zusatz von Pyruvat gesteigert wird, wurde bei Leberhomogenaten von Ratten, bei denen Pantothensäuremangel bestand, keine Steigerung des O_2-Verbrauchs nach Zusatz von Pyruvat beobachtet[4]. Auch Leberschnitte von Ratten und Enten zeigten bei Pantothensäuremangel herabgesetzte Fähigkeit zur Pyruvatverwertung[5]. Wurde pantothensäurefrei ernährten Tieren Pantothensäure injiziert, so stieg die Fähigkeit, Pyruvat zu verwerten, rasch an[5].

Der durch Mangel an Pantothensäure ausgelöste Ausfall an Coenzym A beeinflußt jedoch auch Stoffwechselfunktionen der Leber, die mit dem Acetatumsatz nur indirekt zusammenhängen. So war z. B. bei Pantothensäuremangel die Glutathionsynthese der Leber in vitro herabgesetzt. Zusatz von Pantothenat setzte die Glutathionsynthese in den Leberschnitten wieder in Gang[6]. Vermehrung des Pantothensäureangebots kann (vielleicht durch Aktivierung der energieliefernden Cyclen der Endoxydation) die in der geschädigten Leber nur langsam ablaufende Synthese der Plasmaproteine beschleunigen. Bei Lebererkrankungen bewirkten intramuskuläre Injektionen von Pantothensäure eine Erhöhung des Albumingehalts und eine Herabsetzung des Bilirubinspiegels im Blutplasma[7].

Einzelne der Änderungen, die im Leberstoffwechsel bei Pantothensäuremangel beobachtet werden, kommen indirekt auf dem Wege über eine Funktionsstörung der Nebennierenrinde zustande. Die Produktion der Steroidhormone in der Nebennierenrinde wird bei Fehlen der Pantothensäure vermindert und auch qualitativ verändert[8]. Reize, die bei normalen Tieren eine Steigerung der Hormonproduktion in der Nebennierenrinde zur Folge haben, können daher bei Pantothensäuremangel wirkungslos bleiben. Während normale Ratten eine Herabsetzung des O_2-Drucks in der Atemluft mit einer Vermehrung des Leberglykogens und einer Erhöhung des Blutzuckerspiegels beantworten, bleibt diese Reaktion bei pantothensäurefrei ernährten Tieren aus. Nach Zufuhr von Nebennierenrindenextrakten (nicht aber von Desoxycorticosteronacetat) trat die erwähnte Reaktion auch bei pantothensäurefrei ernährten Ratten wieder auf[9].

ν) Biotin (Vitamin H).

1. Biotingehalt des Lebergewebes.

Das Biotin wurde bald nach seiner Isolierung aus Eidotter[10] auch aus Extrakten von Rinderleber in Form seines Methylesters rein dargestellt[11]. Bei der

[1] SCHAEFER, A. E., J. M. MCKIBBIN and C. A. ELVEHJEM: J. biol. Ch. **143**, 321 (1942). — [2] CAVALCANTI, A. C., e F. LEVIS: Arch. Sci. med., Torino **90**, 529 (1950) [Chem. Abstr. **45**, 2591[d]]. — [3] DORFMAN, A., S. BERKMAN and S. A. KOSER: J. biol. Ch. **144**, 393 (1942). — HILLS, G. M.: Biochem. J. **37**, 418 (1943). — [4] PILGRIM, F. J., A. E. AXELROD and C. A. ELVEHJEM: J. biol. Ch. **145**, 237 (1942). — [5] OLSON, R. E., and N. O. KAPLAN: J. biol. Ch. **175**, 515 (1948). — [6] SINITSYNA, A. L.: Dokl. Akad. Nauk SSSR **73**, 1247 (1950) [Chem. Abstr. **45**, 729[g]]. — [7] BANCHE, M., e M. SALVADORI: Minerva med. **1952 I**, 953. — [8] MORGAN, A. F., and H. D. SIMMS: Science, N. Y. **89**, 565 (1939). J. Nutrit. **19**, 233 (1940). — RALLI, E. P., and I. GRAEF: Endocrinology **32**, 1 (1943). — SPOOR, H. J., and E. P. RALLI: Endocrinology **35**, 325 (1944). — DEANE, H. W., and J. M. MCKIBBIN: Endocrinology **38**, 385 (1946). — [9] HURLEY, L. S., and A. F. MORGAN: J. biol. Ch. **195**, 583 (1952). — [10] KÖGL, F., u. B. TÖNNIS: H. **242**, 43 (1936). — [11] VIGNEAUD, V. DU, K. HOFMANN, D. B. MELVILLE and P. GYÖRGY: J. biol. Ch. **140**, 643 (1941).

mikrobiologischen Prüfung erwies sich die Leber neben dem Eigelb als das biotinreichste tierische Material[1].

Das Biotin ist in der Leber und anderen tierischen Geweben vor allem in gebundener Form enthalten[2]. Die Bindungsform ist derzeit noch unbekannt, durch Autolyse konnte das Biotin aus dieser Bindung freigesetzt werden[3], aus Biotin-Avidin-Komplexen konnte das Biotin durch Bebrütung mit Leber dagegen nicht freigemacht werden[4]. Frische Schweineleber enthielt nach Bestimmungen mit Lactobacillus casei und L. arabinosus 330 γ-% Gesamtbiotin, davon waren nur 9 γ-% mit Wasser extrahierbar, der Rest (321 γ-%) in Form unlöslicher Proteinverbindungen vorhanden. Durch partielle Hydrolyse mit Pepsin konnte die Hauptmenge dieses unlöslichen Anteils in eine wasserlösliche, aber immer noch proteinhaltige Form übergeführt werden[9,10]. Ebenso wie freies Biotin wird auch die durch Pepsinverdauung von Lebergewebe erhaltene lösliche Biotinverbindung durch Avidin gebunden[5] und kann in dieser Form durch Adsorption an Celit weitgehend gereinigt werden[5]. Im Gegensatz zu Pepsin machen Trypsin und Papain das im Lebergewebe enthaltene Biotin nicht nur wasserlöslich, sondern lösen es auch von dem daran verbliebenen Polypeptidrest ab, so daß freies Biotin entsteht[6]. Daraus wird geschlossen, daß die Kupplung des Biotins an Protein mit Hilfe einer Peptidbindung erfolgt.

Verabreichtes Biotin wird im Organismus nur in geringem Ausmaß gespeichert. Dosen, die den momentanen Biotinbedarf übersteigen, werden von Ratte und Mensch sehr rasch mit dem Harn ausgeschieden[7]. Wurde Biotin, das in der Ureidogruppe mit ^{14}C markiert war, in Dosen von 0,01—0,02 mg Ratten intraperitoneal injiziert, so erschienen 40% des ^{14}C als unverändertes Biotin, ein großer Teil des Restes aber in veränderter Form innerhalb 24 Std im Harn, 5—8% der verabreichten Dosis wurden 3—6 Tage nach der Injektion in der Leber gefunden, während Niere und Milz nur Spuren und die übrigen Organe gar kein Biotin enthielten[8].

2. Biotin im Leberstoffwechsel.

Das Biotin wird durch eine in der Niere und Leber von Meerschweinchen nachgewiesene Biotinoxydase inaktiviert[2]. Die Oxydase greift an der Seitenkette des Biotinmoleküls an, wobei aus der endständigen COOH-Gruppe CO_2 entsteht[9]. Ein Abbau der Ureidogruppe erfolgte dabei nicht, denn nach Verabreichung von Biotin, das in der Ureidogruppe mit ^{14}C markiert war, wurde kein $^{14}CO_2$ mit der Atemluft ausgeschieden[8]. Leber und Niere der Ratte zeigten bei der Oxydation des Biotins nur eine 10mal kleinere Wirksamkeit als die Organe des Meerschweinchens[9]. Malonat, das im Citronensäurecyclus die Dehydrogenierung des Succinats kompetitiv hemmt (vgl. S. 192), verringert auch die Oxydation des Biotins, während Fumarat die entgegengesetzte Wirkung hat[9].

Biotin scheint vor allem für die Fixierung von CO_2 an organische Verbindungen notwendig zu sein[10]. Die in Leberschnitten[11] nachgewiesene Fixierung von CO_2

[1] Peterson, W. H., L. E. McDaniel and E. McCoy: J. biol. Ch. **133**, LXXV (1940). — Schweigert, B. S., E. Nielsen, J. M. McIntire and C. A. Elvehjem: J. Nutrit. **26**, 65 (1943). — [2] Lampen, J. O., G. P. Bahler and W. H. Peterson: J. Nutrit. **23**, 11 (1942). — [3] Snell, E. E., R. E. Eakin and R. J. Williams: Am. Soc. **62**, 175 (1940). — Mitchell, H. K.,and E. R. Isbell: Univ. Texas Publ. No. 4237, 37 (1942). — [4] György, P., and C. S. Rose:Proc. Soc. exp. Biol. Med. **53**, 55 (1943). — [5] Chang, W.-S., and W. H. Peterson: J. biol. Ch. **193**, 587 (1951). — [6] Bowden, J. P., and W. H. Peterson: J. biol. Ch. **178**, 533 (1949). — [7] Oppel, T. W.: Amer. J. med. Sci. **215**, 76 (1948). — [8] Fraenkel-Conrat, J., and H. Fraenkel-Conrat: Biochim. biophysica Acta, N. Y. 8, 66 (1952). — [9] Baxter, R. M., and J. H. Quastel: J. biol. Ch. **201**, 751 (1953). — [10] Burk, D., and R. J. Winzler: Science, N. Y. **97**, 57 (1943). — [11] Ruben, S., and M. D. Kamen: Proc. nat. Acad. Sci. USA **26**, 418 (1940).

an Pyruvat, die Bildung von Asparaginsäure aus Alanin und die Bildung von Citrullin aus Ornithin scheinen vom Biotingehalt der Leber abhängig zu sein.

Da die Umwandlung von Pyruvat in Oxalacetat für die Oxydation des Pyruvats im Citratcyclus erforderlich ist, erleichtert Biotin die Oxydation des Pyruvats im Lebergewebe: Leberhomogenate biotinfrei ernährter Ratten absorbierten nach Zusatz von Pyruvat weit weniger O_2 als Leberhomogenate von normal ernährten Ratten[1]. Auch bei Hefe und anderen Mikroorganismen wird die Carboxylierung des Pyruvats zu Oxalacetat durch Biotin erleichtert[2] (vgl. S. 128).

Die Umwandlung von Aceton in Acetessigsäure erfordert ebenfalls die Fixierung von CO_2, und auch diese Umwandlung wird durch Biotin ermöglicht. Leberhomogenate von biotinfrei ernährten Ratten bildeten in Gegenwart von Malonat aus zugesetztem $NaH^{14}CO_3$ weit weniger $H_3C—CO—CH_2—^{14}COOH$ als Leberhomogenate von Kontrolltieren, denen Biotin injiziert worden war[3] (vgl. S. 128).

Die Notwendigkeit des Biotins für die Bildung der Asparaginsäure in der Leber ist mit Hilfe der Isotopenmethode nachgewiesen worden. Wurde Ratten, die biotinhaltige Nahrung erhielten $NaH^{14}CO_3$ zugeführt, so waren die aus dem Leberprotein dieser Tiere dargestellte Asparaginsäure und Glutaminsäure radioaktiv, während diese Aminosäuren bei biotinfrei ernährten Ratten kein ^{14}C enthielten[4]. Der analoge Vorgang spielt auch im Stoffwechsel einzelner Mikroorganismen eine Rolle[2,5,6]. Der Wachstumsfaktor Biotin kann daher bei diesen Mikroorganismen durch Asparaginsäure ersetzt werden[7]. Die Desaminierung der Asparaginsäure wird dagegen durch Biotin nicht beeinflußt, die gesteigerte NH_3-Ausscheidung im Harn, die ein charakteristisches Symptom des Biotinmangels darstellt, ist wahrscheinlich nur ein indirekter, durch die Überladung des Blutes mit Brenztraubensäure bewirkter Acidoseeffekt[8].

Daß auch die in der Leber bei der Harnstoffbildung erfolgende Fixation von CO_2 an das Ornithin[9] von der Anwesenheit von Biotin abhängig ist, geht aus Versuchen hervor, in denen biotinfrei ernährten Ratten ^{14}C-Hydrogencarbonat injiziert und sodann das in der Leber enthaltene Arginin dargestellt wurde: es enthielt nur 17—24% der ^{14}C-Menge, die in das Leberarginin normal ernährter Kontrolltiere aufgenommen worden war[4]. Im gewaschenen Rückstand zentrifugierter Leberhomogenate von Biotinmangelratten war die Citrullinbildung aus Ornithin in Gegenwart von Glutamat auf etwa die Hälfte des Normalwertes herabgesetzt[10]. Bekanntlich (vgl. S. 307) wird das CO_2 bei der Citrullinbildung zunächst in Form von Carbamoylglutamat gebunden und dann erst auf das Ornithinmolekül übertragen[11]; es ist diese Initialreaktion der Citrullinbildung, für die das Biotin erforderlich ist. Wird zu Leberhomogenaten biotinarm ernährter Ratten Carbamoylglutamat zugesetzt, so bilden sie Citrullin mit gleicher Geschwindigkeit wie Leberhomogenate normal ernährter Kontrolltiere[12].

---

[1] Pilgrim, F. J., A. E. Axelrod and C. A. Elvehjem: J. biol. Ch. **145**, 237 (1942). — [2] Shive, W., and L. L. Rogers: J. biol. Ch. **169**, 453 (1947). — [3] Plaut, G. W. E., and H. A. Lardy: J. biol. Ch. **186**, 705 (1950). — [4] MacLeod, P. R., and H. A. Lardy: J. biol. Ch. **179**, 733 (1949). — [5] Lardy, H. A., R. L. Potter and R. H. Burris: J. biol. Ch. **179**, 721 (1949). — [6] Lardy, H. A., R. L. Potter and C. A. Elvehjem: J. biol. Ch. **169**, 451 (1947). — [7] Burk, D., R. J. Winzler and V. duVigneaud: J. biol. Ch. **140**, XXI (1941). — Winzler, R. J., D. Burk and V. duVigneaud: Arch. Biochem. **5**, 25 (1944). — Koser, S. A., M. H. Wright and A. Dorfman: Proc. Soc. exp. Biol. Med. **51**, 204 (1942). — Stokes, J. L., A. Larsen and M. Gunness: J. biol. Ch. **167**, 613 (1947). — [8] Terroine, T., et P. Rombauts: Arch. Sci. physiol. **7**, 85 (1953). — [9] Rittenberg, D., and H. Waelsch: J. biol. Ch. **136**, 799 (1940). — Evans, E. A. jr., and L. Slotin: J. biol. Ch. **136**, 805 (1940). — [10] MacLeod, P. R., S. Grisolia, P. P. Cohen and H. A. Lardy: J. biol. Ch. **180**, 1003 (1949). — [11] Cohen, P. P., and S. Grisolia: J. biol. Ch. **182**, 747 (1950). — Grisolia, S., and P. P. Cohen: J. biol. Ch. **191**, 189 (1951). — [12] Feldott, G., and H. A. Lardy: J. biol. Ch. **192**, 447 (1951).

Auch der Fettstoffwechsel der Leber wird duch Biotin beeinflußt (vgl. S. 150, 151). Große Dosen von Biotin können eine Fettvermehrung in der Leber verursachen. Besonders stark gesteigert wird hierbei der Cholesteringehalt des Lebergewebes[1]. Da Lebergewebe verhältnismäßig viel Biotin enthält, können Leberextrakte antilipotrope Wirkung haben[2].

ξ) Vitamin B_c (Folsäure und verwandte Stoffe)*.

1. Gehalt des Lebergewebes an Vitamin B_c.

Die ersten Präparate, an denen die Wirkungen des später als Folsäure bezeichneten Faktors festgestellt wurden, sind aus Lebergewebe dargestellt worden. Ein aus wäßrigen Leberextrakten durch Adsorption an Tierkohle und nachfolgende Elution mit NH_4OH gewonnenes Präparat zeigte eine wachstumssteigernde Wirkung auf den Lactobacillus casei[3]. Der aus Leber extrahierte Wirkstoff erwies sich als notwendig für Hühnchen[4]. Küken wurden bei einer Kost, die alle damals bekannten Vitamine enthielt, anämisch, und diese Anämie konnte durch wäßrige, nicht aber durch alkoholische Leberextrakte verhindert werden[5]. Nachdem der Wirkstoff aus Blättern in gereinigter Form erhalten worden war[6], gelang seine erstmalige Darstellung in krystalliner Form aus einem Leberextrakt[7].

Aus Versuchen an Rattenleber in vitro wurde geschlossen, daß die Leber Folsäure aus Xanthopterin bilden kann[8]: wurde Lebergewebe mit Xanthopterin bebrütet, so nahm der Folsäuregehalt zu[9]. Doch beruht die bei der Bebrütung von Lebergewebe beobachtete Zunahme der Folsäureaktivität vor allem auf einer Freisetzung im Gewebe präformiert vorhandener aber unwirksamer Folsäure. Die Hauptmenge des B_c-Vitamins ist im Lebergewebe nicht in freier Form, sondern in (im mikrobiologischen Test nicht direkt nachweisbarer) gebundener Form vorhanden: durch Bebrütung von Leberhomogenaten bei p_H 7 werden diese Folsäureverbindungen gespalten und die Vitamin B_c-Aktivität, gemessen im mikrobiologischen Test, dadurch stark gesteigert[10,11]. Nach Behandlung mit Pankreatin stieg die Folsäureaktivität der Rinderleber auf das 3—4fache an[12].

Eine gebundene Form des B_c-Vitamins, die sich als eine Polyglutaminsäureverbindung erwiesen hat, wird durch ein in Rattenleber[13], Hühnerpankreas[14] und Schweineniere[15] nachgewiesenes, als Conjugase bezeichnetes Enzym hydro-

* Vitamin B_c wird hier als Sammelname für alle Stoffe dieser Gruppe gebraucht (also für Folsäure, Folinsäure usw.). Für die einzelnen Substanzen ist durchweg die Bezeichnung Folsäure für Pteroylglutaminsäure (= folic acid) und Folinsäure für den Citrovorum-Faktor (= folinic acid = 5-Formyl-5,6,7,8-tetrahydro-pteroyl-glutaminsäure) verwandt worden. Für diesen Stoff sind auch die Namen Leucovorin, Citrovorin, Haemofolin u. a. vorgeschlagen worden[16].

[1] Okey, R.: J. biol. Ch. **165**, 383 (1946). — Okey, R., R. Pencharz, S. Lepkovsky and E. R. Vernon: J. Nutrit. **44**, 83 (1951). — [2] Gavin, G., and E. W. McHenry: J. biol. Ch. **141**, 619 (1941). — [3] Snell, E. E., and W. H. Peterson: J. Bacteriology. **39**, 273 (1940). — [4] Hutchings, B. L., N. Bohonos and W. H. Peterson: J. biol. Ch. **141**, 521 (1941). — [5] Hogan, A. G., and E. M. Parrott: J. biol. Ch. **132**, 507 (1940). — [6] Mitchell, H. K., E. E. Snell and R. J. Williams: Am. Soc. **63**, 2284 (1941). — [7] Pfiffner, J. J., S. B. Binkley, E. S. Bloom, R. A. Brown, O. D. Bird, A. D. Emmett, A. G. Hogan and B. L. O'Dell: Science, N. Y. **97**, 404 (1943). — Stokstad, E. L. R.: J. biol. Ch. **149**, 573 (1943). — [8] Totter, J. R., V. Mims and P. L. Day: Science, N. Y. **100**, 223 (1944). — [9] Wright, L. D., and A. D. Welch: Science, N. Y. **98**, 179 (1943). — [10] Wright, L. D., H. R. Skeggs and A. D. Welch: Arch. Biochem. **6**, 15 (1945). — Burkholder, P. R., I. McVeigh and K. Wilson: Arch. Biochem. **7**, 287 (1945). — [11] Olson, O. E., E. E. C. Fager, R. H. Burris and C. A. Elvehjem: J. biol. Ch. **174**, 319 (1948). — [12] Scheid, H. E., andB. S. Schweigert: J. biol. Ch. **185**, 1 (1950). — [13] Mims, V., J. R. Totter and P. L. Day: J. biol. Ch. **155**, 401 (1944). — [14] Laskovsky, M., V. Mims and P. L. Day: J. biol. Ch. **157**, 731 (1945). — [15] Bird, O. D., S. B. Binkley, E. S. Bloom, A. D. Emmett and J. J. Pfiffner: J. biol. Ch. **157**, 413 (1945). — [16] Swendseid, M. E., P. D. Wright and F. H. Bethell: Proc. Soc. exp. Biol. Med. **80**, 689 (1952).

lytisch gespalten. Der Gehalt der Leber an Conjugase zeigt große Artverschiedenheiten. Während Rattenleber geringere Mengen von Conjugase enthält als die anderen Organe dieser Tierart, gehört die Leber beim Huhn zu den conjugasereichsten Organen[1]. Das aus Niere dargestellte Enzym wird durch Cystein spezifisch aktiviert[2] und durch Stoffe, die Sulfhydrylgruppen binden[3], sowie durch Nucleinsäuren[3] gehemmt. Obwohl das p_H-Optimum der Conjugase der Rattenleber bei p_H 4,5 liegt, wird bei der Bebrütung von Homogenaten aus Rattenleber bei p_H 4,5 keine Folsäure freigesetzt. Daraus wird geschlossen, daß im Lebergewebe neben kleinen Mengen von Folsäureconjugat noch eine andere hochmolekulare Form der Folsäure vorhanden ist, die zuerst in Folsäureconjugat aufgespalten werden muß und dann erst von der Conjugase angegriffen wird[4].

Die Folsäure wird im Lebergewebe in Folinsäure (5-Formyl-5,6,7,8-tetrahydropteroyl-glutaminsäure) umgewandelt, die einen Wachstumsfaktor für Leuconostoc citrovorum darstellt[5]. Wird Rattenleber in vitro mit Folsäure und Ascorbinsäure bebrütet, so nimmt die Menge des Citrovorum-Faktors zu, diese Reaktion wird in vitro durch Aminopterin gehemmt[6]. Außer der Leber sind auch die Zellen hämatopoetischer Gewebe (z. B. die myeloischen Zellelemente menschlichen Knochenmarks) befähigt, Folsäure in Folinsäure zu verwandeln[7]. Diese Umwandlung ist mit einer Steigerung der biologischen Wirksamkeit verbunden: Die durch Aminopterin und anderen Folsäureantagonisten ausgelösten Stoffwechselstörungen werden durch Folinsäure wirksamer beeinflußt als durch Folsäure selbst[8].

Die Umwandlung von Folsäure in Folinsäure erfordert im Lebergewebe eine bestimmte Zeit. Mit der Nahrung verabreichte Folsäure wird zunächst als solche im Lebergewebe abgelagert und erst später in Folinsäure verwandelt. Während die Leber normaler Mäuse praktisch nur Folinsäure enthielt (vgl. Tabelle 67), enthielt die Leber von Mäusen, die durch 8 Tage täglich 2 γ Folsäure intraperitoneal erhalten hatten, neben einer gesteigerten Menge von Folinsäure auch Folsäure. Beide Stoffe waren in der Leber dieser Tiere jedoch bereits in gebundener (mikrobiologisch unwirksamer) Form vorhanden, die Bindung der Folsäure an die Polyglutaminsäurekette erfolgt also rascher als ihre Umwandlung in Folinsäure[9]. Für die Umwandlung der Folsäure in Folinsäure scheint Vitamin B_{12} erforderlich zu sein[10].

Der Folinsäuregehalt von Homogenaten aus normaler Mäuseleber betrug etwa 180 γ-%[9]. Der Folinsäuregehalt normaler menschlicher Lebern lag zwischen 160—500 γ-%; auch in menschlicher Leber war die gesamte Folinsäure in gebundener Form vorhanden, Folsäure selbst war weder in gebundener noch in freier Form nachweisbar[11]. Der Gehalt der übrigen Organe an Folinsäure war weit geringer als der der Leber[11]. Wiederholte Verabreichung von Terramycin, Aureomycin und Chloramphenicol verminderte bei Ratten den Gehalt der Leber an Vitamin B_c[12].

---

[1] Laskovsky, M., V. Mims and P. L. Day: J. biol. Ch. **157**, 731 (1945). — [2] Hill, C. H., and M. L. Scott: J. biol. Ch. **189**, 651 (1951). — [3] Mims, V., M. E. Swendseid and O. D. Bird: J. biol. Ch. **170**, 367 (1947). — [4] Olson, O. E., E. E. C. Fager, R. H. Burris and C. A. Elvehjem: J. biol. Ch. **174**, 319 (1948). — [5] Sauberlich, H. E., and C. A. Baumann: J. biol. Ch. **176**, 165 (1948). — [6] Nichol, C. A., and A. D. Welch: Proc. Soc. exp. Biol. Med. **74**, 52, 403 (1950). — [7] Swendseid, M. E., P. D. Wright and F. H. Bethell: Proc. Soc. exp. Biol. Med. **80**, 689 (1952). — [8] Pohland, A., E. H. Flynn, R. G. Jones and W. Shive: Am. Soc. **73**, 3247 (1951). — [9] Swendseid, M. E., F. H. Bethell and W. W. Ackermann: J. biol. Ch. **190**, 791 (1951). — [10] Dietrich, L. S., W. J. Monson and C. A. Elvehjem: Proc. Soc. exp. Biol. Med. **77**, 93 (1951). — [11] Girdwood, R. H.: Biochem. J. **52**, 58 (1952). — [12] Raimondo, F., Di N. Mannino e L. Trinchese: Int. Z. Vit.-Forsch. **24**, 294 (1952).

Tabelle 67. Die Verteilung von Folsäure und Folinsäure auf die intracellulären Fraktionen der Mäuseleber[1]. Da das Wachstum von Streptococcus faecalis unter den Versuchsbedingungen gleichermaßen von Folsäure und Folinsäure gesteigert wird, ergibt der Wachstumstest mit S. faecalis die Summe dieser beiden Stoffe. Das Wachstum von Leuconostoc citrovorum wird jedoch nur von Folinsäure gesteigert. Die Differenz der bei den beiden Testmethoden erhaltenen Resultate ergibt die Menge der Folsäure; wenn beide Testmethoden gleiche Resultate ergeben, so zeigt dies die Abwesenheit von Folsäure an. Die Aktivität der Zellfraktionen ist hier ausgedrückt in γ Folinsäure je 100 g feuchte Lebersubstanz.

Zellfraktion	Wachstumstest mit S. faecalis (= Folsäure + Folinsäure)			Wachstumstest mit L. citrovorum (= *nur* Folinsäure)		
	Aktivität in γ-%	in % der Gesamtaktivität der Zelle	γ Folinsäure je 1 g N	Aktivität in γ-%	in % der Gesamtaktivität der Zelle	γ Folinsäure je 1 g N
Zellkerne	17,5	8,2	39,5	14,2	7,3	32,0
Mitochondrien	80,3	38,2	99,0	72,0	37,3	89,3
Submikroskopische Teilchen	—	—	—	—	—	4,0
Überstehende Flüssigkeit .	115,0	54,0	69,3	106,0	54,8	64,2
Gesamthomogenat	179,2	—	54,2	183,7	—	55,7

Die Folinsäure ist in besonders großer Menge in der Cytoplasmaflüssigkeit der Leberzellen enthalten, die Mitochondrien enthalten nur etwa $^1/_3$, der Zellkern etwa $^1/_{12}$ der in den Zellen enthaltenen Gesamtfolinsäuremenge, während die Mikrosomen praktisch frei von diesem Stoff zu sein scheinen[1].

2. Funktion der Folsäure im Leberstoffwechsel.

Die Grundfunktion der Folsäurederivate im Stoffwechsel scheint die Übertragung ein C-Atom enthaltender Atomgruppen von einer Verbindung auf eine andere zu sein. Dem Einfluß, den die Stoffe der Vitamin B_c-Gruppe auf die Hämoglobinbildung[2], auf die Übertragung von Methylgruppen[3] und auf die Synthese der Nucleinsäuren[4] ausüben, liegt wahrscheinlich diese Funktion des Folsäuremoleküls zugrunde.

Außerdem beeinflussen die Folsäurederivate aber auch die Wirkung zahlreicher anderer in der Leber enthaltener Enzymsysteme: Die Aktivität der Xanthinoxydase war in Leberschnitten von folsäurefrei ernährten Küken[5] und in den Lebern von Hühnerembryonen aus den Eiern folsäurearm ernährter Hennen[6] gesteigert, in den Lebern von Küken, die Folsäurezulagen erhalten hatten, jedoch herabgesetzt[7]. Auch Zusatz von Folsäure zu gereinigter Xanthinoxydase verringerte die Aktivität dieses Enzymsystems[8]. Aminopterin, sonst ein Antagonist der Vitamine der Folsäuregruppe, hemmte in vitro die Aktivität der Leberxanthinoxydase in ähnlicher Weise wie Folsäure selbst[9]. Verabreichung von 2-Amino-4-oxy-6-formylpteridin hatte keinen Einfluß auf die Xanthinoxydase der Hühnerleber, verringerte aber, in vitro zu Xanthinoxydase aus Hühnerleber

[1] SWENDSEID, M. E., F. H. BETHELL and W. W. ACKERMANN: J. biol. Ch. **190**, 791 (1951). — [2] WELCH, A. D.: Fed. Proc. **6**, 471 (1947). — BETHELL, F. H.: J. amer. dietet. Ass. **26**, 89 (1950). — [3] SCHAEFER, A. E., W. D. SALMON, D. R. STRENGTH and D. H. COPELAND: J. Nutrit. **40**, 95 (1950). — BENNETT, M. A.: Science, N. Y. **110**, 589 (1949). — [4] PRUSOFF, W. H., L. J. TEPLY and C. G. KING: J. biol. Ch. **176**, 1309 (1948). — SNELL, E. E., E. KITAY and W. S. MCNUTT: J. biol. Ch. **175**, 473 (1948). — [5] KEITH, C. K., W. J. BROACH, D. WARREN, P. L. DAY and J. R. TOTTER: J. biol. Ch. **176**, 1095 (1948). — [6] WILLIAMS, J. N. jr., M. L. SUNDE, W. W. CRAVENS and C. A. ELVEHJEM: J. biol. Ch. **185**, 895 (1950). — [7] WILLIAMS, J. N. jr., C. A. NICHOL and C. A. ELVEHJEM: J. biol. Ch. **180**, 689 (1949). — [8] WILLIAMS, J. N. jr., and C. A. ELVEHJEM: Proc. Soc. exp. Biol. Med. **71**, 303 (1949). — [9] WILLIAMS, J. N. jr.: J. biol. Ch. **187**, 47 (1950).

zugesetzt, die Aktivität des Ferments[1] (vgl. a. [2]). Da die Xanthopterinoxydase, die Xanthopterin zu der ihm entsprechenden Leukoverbindung oxydiert, mit Xanthinoxydase identisch ist[3], wird auch die Fähigkeit von Leberextrakten, Xanthopterin zu oxydieren, durch Zusatz von Folsäure gehemmt[4]. Auch die D-Aminosäureoxydase der Leberzellen, die ebenso wie das vorgenannte Ferment zur Gruppe der Flavinenzyme gehört, wird durch Verfütterung von Folsäure gehemmt[5].

Die Wirkung der Cholinoxydase der Leber wird durch mit der Nahrung verabreichte Folsäure gesteigert[6]. Verfütterung von Aminopterin (4-Aminopteroylglutaminsäure) hemmt dagegen, wie an der Leber von Affen[7] und Ratten[8] nachgewiesen, die Cholinoxydase; die hemmende Wirkung dieser Folsäureantagonisten

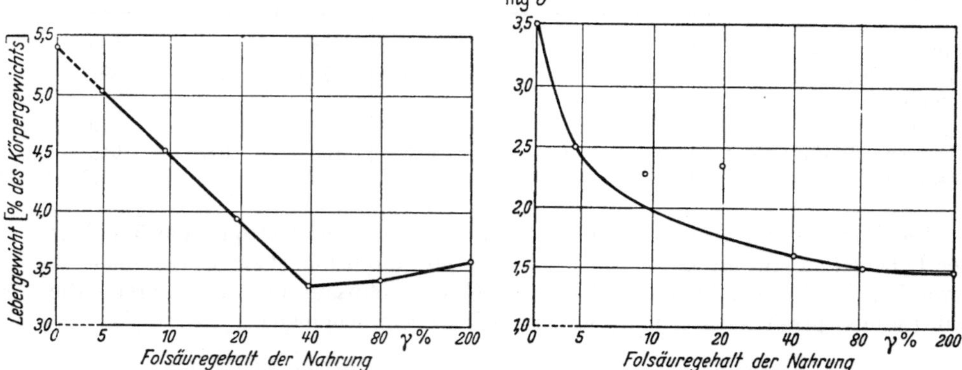

Abb. 49. Relatives Lebergewicht und Aktivität der Leberxanthinoxydase von Küken, die durch 4 Wochen eine Nahrung von verschiedenem Folsäuregehalt erhielten[9]. Links: Vermehrung des Folsäuregehalts der Nahrung führt zu einer raschen Vermehrung des Körpergewichts der Küken, glei hzeitig aber zu einer Verminderung des relativen Lebergewichts. Rechts: Die Aktivität der Xanthinoxydase ist in Leberhomogenaten folsäurearm ernährter Küken stark gesteigert und nimmt mit zunehmendem Folsäuregehalt der Nahrung ab.

kann durch Folsäure, Folinsäure, Vitamin B_{12}, aber auch durch Ascorbinsäure aufgehoben werden[10]. In vitro hatte Zusatz von Folsäure oder Aminopterin jedoch keinen Einfluß auf die Cholinoxydaseaktivität von Homogenaten von Rattenleber[11].

Während Folsäure die Wirkung der Fumarase beschleunigt[12], wird die Glycerophosphatase durch Folsäure gehemmt[12]. Die Katalaseaktivität der Leber wird durch den Folsäuregehalt der Nahrung nicht beeinflußt[7,13]. Auch die Sarkosinoxydase der Rattenleber, die Sarkosin in Glycin und Formaldehyd umwandelt, hatte bei Tieren, die mit Aminopterin behandelt worden waren, normale Aktivität[14]. Während der Sauerstoffverbrauch des Lebergewebes durch Folsäurezusatz in

[1] Dietrich, L. S., W. J. Monson, J. N. Williams jr. and C. A. Elvehjem: J. biol. Ch. **197**, 37 (1952). — [2] Kalckar, H. M., N. O. Kjeldgaard and H. Klenow: Biochim. biophysica Acta, N.Y. **5**, 575, 586 (1950). — [3] Krebs, E. G., and E. R. Norris: Arch. Biochem. **24**, 49 (1949). — [4] Kalckar, H. M., and H. Klenow: J. biol. Ch. **172**, 349, 351 (1948). — Kalckar, H. M., N. O. Kjeldgaard and H. Klenow: J. biol. Ch. **174**, 771 (1948). — [5] Williams, J. N. jr., C. A. Nichol and C. A. Elvehjem: J. biol. Ch. **180**, 689 (1949). — [6] Williams, J. N. jr.: Proc. Soc. exp. Biol. Med. **77**, 315 (1951). — [7] Dinning, J. S., C. K. Keith and P. L. Day: Arch. Biochem. **24**, 463 (1949). — [8] Williams, J. N. jr.: J. biol. Ch. **191**, 123 (1951). — [9] Keith, C. K., W. J. Broach, D. Warren, P. L. Day and J. R. Totter: J. biol. Ch. **176**, 1095 (1948). — [10] Williams, J. N. jr.: J. biol. Ch. **192**, 81 (1951). — [11] Williams, J. N. jr.: J. biol. Ch. **187**, 47 (1950). — [12] Jacobsohn, K. P., et J. M. Cruz: C. R. Soc. Biol. **143**, 1627 (1949). — [13] Williams, J. N. jr., C. A. Nichol and C. A. Elvehjem: J. biol. Ch. **180**, 689 (1949). — [14] Swendseid, M. E., A. L. Swanson and F. H. Bethell: Arch. Biochem. **41**, 138 (1952).

vitro stark vermindert wird, blieb die Atmung des Lebergewebes bei Hühnchen, die einen Zusatz von Folsäure zum Futter erhalten hatten, unverändert[1].

Abbau und Verwertung von Tyrosin in der Leber ist bei Mangel an Folsäure gestört. Wird zu Leberhomogenaten normal ernährter Ratten Tyrosin zugesetzt, so verbrauchen sie unter sonst gleichen Bedingungen weit mehr O_2 als Leberhomogenate von Folsäuremangelratten[2]. Skorbutkranke Meerschweinchen scheiden einen großen Teil ihnen verabreichten Tyrosins als Oxyphenylpyruvat u. a. im Harn aus, die Ausscheidung der Zwischenprodukte des Tyrosinabbaues sinkt, wenn Folsäure oder Ascorbinsäure verabreicht wird[3]. Es scheint, daß die Folsäure hierbei für die bei der Umwandlung von Tyrosin in Homogentisinsäure erfolgende Verkürzung der Seitenkette notwendig ist (vgl. S. 279). Neben dem oxydativen Abbau des Tyrosins ist im Zustande des Folsäuremangels auch die Decarboxylierung dieser Aminosäure gestört. Die Blutdrucksenkung, die beim Hund nach Zufuhr der als Folsäureantagonist wirkenden 7-Methylfolsäure[4] auftritt, wird auf eine Verminderung der Tyraminbildung aus Tyrosin zurückgeführt.

Für die gegenseitige Umwandlung von Glycin und Serin ist Folsäure erforderlich. Nach Zufuhr von ^{15}N-Serin und Benzoesäure verwendeten folsäurearm ernährte Ratten weniger Serin für die Bildung von Benzoylglycin (Hippursäure) als normal ernährte Kontrolltiere, und der ^{15}N-Gehalt der ausgeschiedenen Hippursäure war daher bei diesen Tieren geringer[5]. Andererseits ist auch für die Bildung von Serin aus Glycin Folsäure notwendig. Wurde bei Ratten durch Verabreichung von Succinylsulfathiazol (Sulfasuxidin) ein Folsäuremangel hervorgerufen und ihnen dann $H^{14}COOH$ intraperitoneal injiziert, so enthielt die ausgeschiedene Hippursäure viel weniger ^{14}C als bei analog behandelten Kontrolltieren, die außerdem noch eine Zulage von Folsäure erhalten hatten[6]. Die Fähigkeit glycinarm ernährter Ratten, große Dosen von Benzoesäure zu entgiften, wird durch Zufuhr von Folsäure gesteigert und die Erscheinungen der Benzoesäurevergiftung gemildert[7]. Andererseits wirken auch excessive Dosen von Glycin giftig, und ein Teil der durch große Glycindosen bei der Ratte verursachten Erscheinungen wurde gemildert, wenn man den Ratten Folsäure verabreichte[8]. Folsäuremangelratten bauten, wenn sie eine Folsäurezulage erhalten hatten, nach Injektion von $H^{14}COOH$ 10mal so viel ^{14}C in ihre Leberproteine ein wie Kontrolltiere ohne Folsäurezulage. Außer in Serin wurde das ^{14}C bei den Folsäuremangeltieren auch in andere Aminosäuren in verringertem Ausmaß eingebaut. So war z. B. der ^{14}C-Gehalt des Arginins aus der Leber von Folsäuremangeltieren, die $H^{14}COOH$ erhalten hatten, um etwa 35% geringer als der von Arginin, das aus der Leber der Kontrolltiere, die Folsäure erhalten hatten, dargestellt worden war. Auch der ^{14}C-Gehalt des Glycins, der Asparaginsäure und der Glutaminsäure war bei den Folsäuremangeltieren verringert[9]. Ein Teil des in der Leber gebildeten Glycins wird nach Überführung in das Knochenmark in die Hämgruppen des Blutfarbstoffes eingebaut. Während das Häm aus dem Blut von Ratten, die Folsäure erhalten hatten, nach Verabreichung von $H^{14}COOH$ radioaktive ^{14}C-Atome enthielt, war dies bei Folsäuremangeltieren nicht der Fall[9].

[1] Williams, J. N. jr., C. A. Nichol and C. A. Elvehjem: J. biol. Ch. **180**, 689 (1949). — [2] Rodney, G., M. E. Swendseid and A. L. Swanson: J. biol. Ch. **168**, 395 (1947). — [3] Woodruff, C. W., and W. J. Darby: J. biol. Ch. **172**, 851 (1948). — [4] Martin, G. J., L. Tolman and J. Moss: Arch. Biochem. **12**, 318 (1947). — [5] Elwyn, D., and D. B. Sprinson: J. biol. Ch. **184**, 475 (1950). — [6] Plaut, G. W. E., J. J. Betheil and H. A. Lardy: J. biol. Ch. **184**, 795 (1950). — [7] Totter, J. R., E. S. Amos and C. K. Keith: J. biol. Ch. **178**, 847 (1949). — [8] Pagé, E., F. Martel and R. Gingras: Rev. canad. Biol. **8**, 298 (1949). — [9] Plaut, G. W. E., J. J. Betheil and H. A. Lardy: J. biol. Ch. **184**, 795 (1950).

Die Ausscheidung von Harnsäure und Allantoin sowie von Kreatin und Kreatinin wurde bei Affen, bei denen vorher durch Aminopterin ein Folsäuremangelzustand hervorgerufen worden war, durch große Dosen von Folsäure gesteigert[1]. Auch dieser Effekt kommt wahrscheinlich durch die Wirkung des Vitamins auf die Bildung und den Einbau des Glycins zustande, das für die Bildung der Purine und des Kreatins erforderlich ist. Auch die durch die Folsäure bedingte Steigerung der Aktivität der Cholinoxydase fördert die Kreatinbildung, da die Wirkung der Cholinoxydase für die Freisetzung der Methylgruppen aus Cholin erforderlich ist (vgl. Bd. 2/1, S. 854/55).

Auf den Fettgehalt der Leber scheint die Folsäure eine je nach den Begleitumständen verschiedene Wirkung zu haben. Verabreichung großer Dosen von

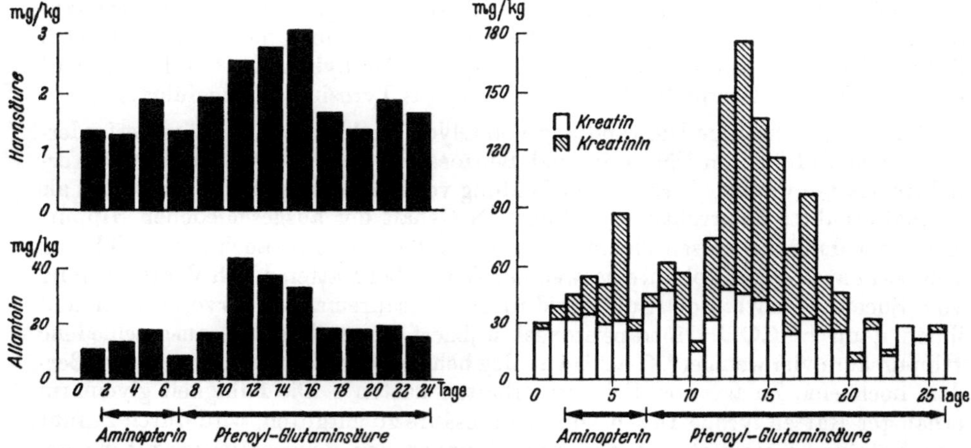

Abb. 50. Die Wirkung von aufeinander folgender Verabreichung von Aminopterin und Pteroylglutaminsäure (Folsäure) auf die Ausscheidung von Harnsäure, Allantoin, Kreatin und Kreatinin beim Rhesusaffen[1]. Alle Werte in mg je kg Körpergewicht. Die Ausscheidung dieser Stoffe wurde in diesen Versuchen durch Folsäure vermehrt. Für die Bildung aller dieser Stoffe sind Glycinreste sowie Atomgruppen notwendig, die nur ein C-Atom enthalten.

Folsäure bewirkt eine Verfettung der Leber[2]. Andererseits hemmte Verabreichung von Folsäure die bei jungen Ratten durch eine glycinreiche Nahrung ausgelöste Vermehrung von Fett und Cholesterin in der Leber und verhinderte die gleichzeitig auftretende Verminderung des Phospholipidgehalts[3].

Das Gewicht der Leber von Hühnchen, die ein alle Vitamine enthaltendes, aber folsäurefreies Futter erhielten, betrug 3,6% des Körpergewichts; Zufütterung von Folsäure bzw. Folsäure + Vitamin B_{12} verursacht ein Absinken des relativen Lebergewichts auf 2,9 bzw. 2,8%, während Vitamin B_{12}, allein verabreicht, keine Wirkung auf das relative Lebergewicht hatte[4].

o) Vitamin B_{12} (Cobalamin und verwandte Stoffe).

1. Vitamin B_{12}-Gehalt der Leber.

Die Beobachtung, daß die Verfütterung von Leber bei anämischen Hunden die Wirkung des Eisens verstärkt[5] und die Entdeckung, daß die Erscheinungen der perniziösen Anämie durch orale Zufuhr großer Mengen von Lebergewebe[6] oder

[1] Dinning, J. S., and P. L. Day: J. biol. Ch. **181**, 897 (1949). — [2] Dinning, J. S., C. K. Keith, J. T. Parsons and P. L. Day: J. Nutrit. **42**, 81 (1950). — [3] Kelley, B., J. R. Totter and P. L. Day: J. biol. Ch. **187**, 529 (1950). — [4] Williams, J. N. jr., C. A. Nichol and C. A. Elvehjem: J. biol. Ch. **180**, 689 (1949). — [5] Whipple, G. H.: Arch. internal Med., Chicago **29**, 711 (1922). J. amer. med. Ass. **104**, 791 (1935). — [6] Minot, G. R., and W. P. Murphy: J. amer. med. Ass. **87**, 470 (1926); **89**, 759 (1927).

durch die parenterale Verabreichung von Leberextrakten[1] gebessert werden, hat eine intensive Durchforschung der Leber nach antianämisch wirkenden Stoffen zur Folge gehabt. Diese Untersuchungen führten nicht nur zur Auffindung der Stoffe der Folsäuregruppe, sondern auch zur Entdeckung des Vitamin B_{12}. Der Befund, daß der Gehalt an wirksamem Vitamin B_{12} und die therapeutische Wirksamkeit von B_{12}-Präparaten durch Bestrahlung mit sichtbarem Licht und durch Erhitzen im Autoklaven in gleichem Grade vermindert wird[2], sowie andere Befunde lassen den Schluß zu, daß die Wirksamkeit der in der Behandlung der perniziösen Anämie verwendeten Leberextrakte vor allem auf ihren Gehalt an Vitamin B_{12} zurückgeht.

Die Reindarstellung des Vitamin B_{12} aus Lebergewebe gelang 1948[3], wobei als Leitreaktion, neben der roten Farbe des Vitamins, vor allem mikrobiologische Testmethoden verwendet wurden[4]. Die mikrobiologische Bestimmung der Vitamin B_{12}-Aktivität der Mäuseleber, durchgeführt mittels Lactobacillus Leichmanii (ATCC 4797)[5] ergab bei normalen Ratten 0,6—0,9 γ je Leber, bei Ratten, bei denen die Darmflora durch Antibiotica inaktiviert war, 0,1—0,5 γ je Leber[6]. Der vor allem in der Leber enthaltene Vitamin B_{12}-Vorrat des menschlichen Organismus wird auf 1—2 mg geschätzt, dieser Vorrat ist in Fällen von perniziöser Anämie praktisch vollkommen aufgebraucht[7]. Die intracelluläre Verteilung des B_{12}-Vitamins ist von der des B_c- Vitamins (Folsäuregruppe) stark verschieden; während die Wirkstoffe der Folsäuregruppe vor allem in der Cytoplasmaflüssigkeit der Leberzellen enthalten sind, ist 56% der Vitamin B_{12}-Aktivität der Mäuseleber in den Mitochondrien und nur 31% im flüssigen Teil des Zellprotoplasmas vorhanden. Zellkerne und Mikrosomen enthalten 9% bzw. 5% der gesamten Vitamin B_{12}-Wirksamkeit[8].

Das Vitamin B_{12} kann (nach Andauen des Gewebes mit Trypsin oder Pankreasextrakt[9-14] oder mit Papain[15], nach Autolyse in Gegenwart von KCN[16] oder nach Behandlung des Gewebes im Autoklaven) mit Wasser[11], neutralen Phosphatpufferlösungen[12,15] oder Acetatpuffer von p_H 4,5[17] extrahiert werden. Die Zerstörung des Vitamins bei der Darstellung wird durch Zusatz von Hydrogensulfit[18,19] oder Nitriten[20,21] verhindert. Das Vitamin B_{12} scheint im Lebergewebe vor allem in Form von proteingebundenem HO-Cobalamin enthalten zu sein[22]. Einige Angaben über den Vitamin B_{12}-Gehalt von Lebergewebe verschiedener Tiere sind in Tabelle 68 zusammengestellt.

---

[1] GÄNSSLEN, M.: Kli. Wo. **1930 II**, 2099. D. m. W. **1931 II**, 1926. — [2] KJERULF-JENSEN, K., and B. NOER: Acta pharmacol. toxicol., København **6**, 92 (1950). — [3] SMITH, E. L.: Nature **161**, 638 (1948); **162**, 144 (1948). — RICKES, E. L., N. G. BRINK, F. R. KONIUSZY, F. R. WOOD and K. FOLKERS: Science, N. Y. **107**, 396 (1948). — ELLIS, B., V. PETROW and G. F. SNOOK: J. Pharmacy Pharmacol. **1**, 60 (1949). — [4] SHORB, M. S.: Science, N. Y. **107**, 397 (1948). — [5] THOMPSON, H. T., L. S. DIETRICH and C. A. ELVEHJEM: J. biol. Ch. **184**, 175 (1950). — [6] RAIMONDO, F. DI, N. MANNINO e L. TRINCHESE: Int. Z. Vit.-Forsch. **24**, 294 (1952). — [7] MOLLIN, D. L., and G. I. ROSS: Brit. med. J. **1953 II**, 640. — [8] SWENDSEID, M. E., F. H. BETHELL and W. W. ACKERMANN: J. biol. Ch. **190**, 791 (1951). — [9] PEELER, H. T., H. YACOWITZ and L. C. NORRIS: Proc. Soc. exp. Biol. Med. **72**, 515 (1949). — [10] THOMPSON, H. T., L. S. DIETRICH and C. A. ELVEHJEM: J. biol. Ch. **184**, 175 (1950). — [11] SCHEID, H. E., and B. S. SCHWEIGERT: J. biol. Ch. **185**, 1 (1950). — [12] SCHEID, H. E., and B. S. SCHWEIGERT: J. biol. Ch. **193**, 299 (1951). — [13] COOPERMAN, J. M., B. TABENKIN and R. DRUCKER: J. Nutrit. **46**, 467 (1952). — [14] GRIDWOOD, R. H.: Biochem. J. **52**, 58 (1952). — [15] SCHEID, H. E., M. M. ANDREWS and B. S. SCHWEIGERT: Proc. Soc. exp. Biol. Med. **78**, 558 (1951). — [16] HAUSMANN, K., and K. MULLI: Lancet **1952 II**, 185. — [17] YACOWITZ, H., C. H. HILL, L. C. NORRIS and G. F. HEUSER: Proc. Soc. exp. Biol. Med. **79**, 279 (1952). — [18] LOY, H. W. jr., J. F. HAGGERTY and O. L. KLINE: J. Ass. agric. Chem. **35**, 169 (1952). — [19] KRIEGER, C. H.: J. Ass. agric. Chem. **35**, 726 (1952). — [20] PRIER, R. F., P. H. DERSE and C. H. KRIEGER: Arch. Biochem. **40**, 474 (1952). J. Ass. offic. agric. Chem. **36**, 846 (1953). — [21] FROST, D. V., M. LAPIDUS, K. A. PLAUT, E. SCHERFLING and H. H. FRICKE: Science, N. Y. **116**, 119 (1952). — [22] COOLEY, G., B. ELLIS, V. PETROW, G. H. BEAVEN, E. R. HOLIDAY and E. R. JOHNSON: J. Pharmacy Pharmacol. **3**, 271 (1951).

Tabelle 68. Gehalt des Lebergewebes an Vitamin B_{12} (Werte in γB_{12} je 100 g frischem Lebergewebe). Auffällig ist der große Unterschied im Cobalamingehalt verwandter Tierarten, wie Ratte und Maus.

Leber von				
Rind	118[1]	77[2]	51[3]	
Büffel	130[1]			
Schaf	133[1]	93—124[4]		
Ziege	120[1]			
Schwein	59[1]			
Kaninchen	60[1]	34[5]		
Ratte	5,2[1]	7[2]	3[7]	
Maus	75[1]	51[6]		
Huhn	27[1]	44[8]	34[7]	22[9]

Der Vitamin B_{12}-Gehalt der Leber und anderer Organe war bei Ratten, die durch 6 Wochen mit einer Vitamin-B_{12}-armen Kost ernährt worden waren, stark vermindert[10]. Auch prolongierte Behandlung mit antibiotisch wirkenden Stoffen hatte eine Verminderung des Vitamin B_{12}-Gehalts der Leber zur Folge[11].

2. Mechanismus der Speicherung des antianämischen Faktors in der Leber.

Die Fähigkeit, das Vitamin B_{12} in der Leber zu speichern, ist an die Intaktheit der Magensekretion gebunden. Bei der perniziösen Anämie, bei der, wie oben berichtet, der Gehalt des Lebergewebes an Vitamin B_{12} herabgesetzt ist, werden regelmäßig Störungen der Magensekretion beobachtet. Während aber die pathologischen Veränderungen der Erythrocytenbildung schon durch kleinste Dosen des Vitamin B_{12} beseitigt werden, und auch die Symptome von seiten des Nervensystems, die bei diesen Erkrankungen auftreten, sich nach Zufuhr größerer Dosen des Vitamins bessern, wird die bei der perniziösen Anämie stets vorhandene Achylie durch Vitamin B_{12} und durch antianämisch wirkende Leberpräparate nicht beeinflußt. Die bei der perniziösen Anämie auftretenden Störungen der Magensekretion sind, wie schon seit langem vermutet[12], nicht eine Folge, sondern eine der Ursachen der Erkrankung. Während normale Schweineleber bei Perniciosakranken eine Reticulocytenvermehrung verursacht, waren die Lebern von Schweinen, deren Magen einige Zeit vorher ektomiert worden waren, wirkungslos[13]. Der Magensaft enthält also einen Faktor (sog. intrinsic factor)[14], der Resorption und Ablagerung des in der Nahrung enthaltenen Vitamin B_{12} (extrinsic factor)[14] in der Leber ermöglicht. Es wird angenommen, daß ein von der Magenschleim-

[1] SHENOY, K. G., and G. B. RAMASARMA: Arch. Biochem. **51**, 371 (1954). — [2] SCHEID, H. E., M. M. ANDREWS and B. S. SCHWEIGERT: Proc. Soc. exp. Biol. Med. **78**, 558 (1951). — [3] SCHEID, H. E., and B. S. SCHWEIGERT: J. biol. Ch. **193**, 299 (1951). — [4] HOEKSTRA, W. G., A. L. POPE and P. H. PHILLIPS: J. Nutrit. **48**, 421 (1952). — [5] KULWICH, R., L. STRUGLIA and P. B. PEARSON: J. Nutrit. **49**, 639 (1953). — [6] SWENDSEID, M. E., F. H. BETHELL and W. W. ACKERMANN: J. biol. Ch. **190**, 791 (1951). — [7] COOPERMAN, J. M., B. TABENKIN and R. DRUCKER: J. Nutrit. **46**, 467 (1952). — [8] YACOWITZ, H., C. H. HILL, L. C. NORRIS and G. F. HEUSER: Proc. Soc. exp. Biol. Med. **79**, 279 (1952). — [9] COUCH, J. R., and O. OLCESE: J. Nutrit. **42**, 337 (1950). — [10] LEWIS, U. J., U. D. REGISTER and C. A. ELVEHJEM: Proc. Soc. exp. Biol. Med. **71**, 509 (1949). — [11] RAIMONDO, F. DI, N. MANNINO e. L. TRINCHESE: Int. Z. Vit.-Forsch. **24**, 294 (1952). — [12] FABER, K.: Med. Klin. **1909**, 1310. Berlin. klin. Wschr. **1913 I**, 958. — [13] BENCE, J.: Z. klin. Med. **126**, 127 (1933). — GOODMAN, L., A. J. GEIGER and L. N. CLAIBORN: Proc. Soc. exp. Biol. Med. **32**, 810 (1935). — [14] CASTLE, W. B., and G. R. MINOT: Pathological Physiology and Clinical Description of the Anemias. London 1936. — MINOT, G. R., and M. B. STRAUSS: Vitamins & Hormones **1**, 269 (1943).

haut sezernierter mucoproteidartiger Stoff sich mit dem Vitamin B_{12} zu einem hitzelabilen, nicht dialysablen Komplex verbindet. Dieser Komplex wird von der Darmschleimhaut resorbiert, kann aber von den Darmbakterien, die das Vitamin B_{12} bei Abwesenheit des Magenfaktors verbrauchen, nicht aufgenommen werden[1]; die Überführung des mit der Nahrung aufgenommenen Vitamin B_{12} in die Leber wird dadurch ermöglicht. Beimischung eines Präparates von intrinsic factor zum Vitamin B_{12} steigert daher die Wirkung des Vitamins bei oraler, nicht aber bei parenteraler Verabreichung[2]. Für die Anschauung, daß die Ablagerung des Vitamin B_{12} in der Leber bei der perniziösen Anämie durch den Vitaminverbrauch der Darmbakterien verhindert wird, spricht auch die bei perniziöser Anämie häufig beobachtete günstige Wirkung der Antibiotica[3].

3. Wirkung von Vitamin B_{12} auf den Leberstoffwechsel.

Ebenso wie die Stoffe der Folsäuregruppe steht auch das Vitamin B_{12} in Beziehung zu dem Stoffwechsel der C_1-Gruppen. Bei der Erythrocytenbildung, für die die Übertragung derartiger C_1-Fragmente erforderlich zu sein scheint, können sich Vitamin B_{12} und die Stoffe der Folsäuregruppe daher teilweise ersetzen[4]. Die Betain-Homocystein-Transmethylase der Rattenleber wird durch eine Vitamin B_{12}-Zulage zum Futter aktiviert[5]. In Leberhomogenaten von Ratten, die Vitamin B_{12} erhalten hatten, wurde eine Vermehrung der Cholinoxydaseaktivität festgestellt[5], die indes nur indirekt, durch die Aktivitätssteigerung der betaindemethylierenden Transmethylase zustande kommen dürfte. Es scheint jedoch, daß das Vitamin B_{12} nicht nur für die Übertragung labiler Methylgruppen, sondern auch für die Neubildung von C_1-Fragmenten im Stoffwechsel erforderlich ist. Die Stoffe der Folsäuregruppe und das Vitamin B_{12} haben auf viele Stoffwechselvorgänge eine ähnliche Wirkung. Weder Folsäure noch Vitamin B_{12} beeinflußte den Einbau von Glycin-2-^{14}C oder von Cystin-^{35}S in das Glutathion der Rattenleber[6], sowohl Mangel an Folsäure als auch Mangel an Vitamin B_{12} verminderte jedoch den Einbau des α-C-Atoms des Glycins in die Cystein- und Glutaminsäurereste des Glutathions[6]. Mangel an Vitamin B_{12} verringerte den Einbau des α-C-Atoms des Glycins in Cholin, Folsäuremangel zeigte diese Wirkung nur in geringerem Grade, verringerte dafür aber den Einbau des β-C-Atoms des Serins in das Cholinmolekül[7].

Mit seiner Rolle bei der Übertragung der Methylgruppen steht der Einfluß des Vitamin B_{12} auf den Fettgehalt der Leber in engem Zusammenhang. Vitamin B_{12} kann die Zufuhr von Cholin teilweise ersetzen[8]. Verabreichung von Vitamin B_{12} mildert ferner bei Ratten die durch CCl_4-Vergiftung hervorgerufene Leberverfettung[9]. Ähnlich wie bei der durch CCl_4 geschädigten Leber, ist auch bei Mangel an Vitamin B_{12} der Ribonucleinsäuregehalt der Leberzellen verringert,

---

[1] Hoff-Jørgensen, E.: Arch. Biochem. **36**, 235 (1952). — Hoff-Jørgensen, E., A. P. Skouby and J. G. Andersen: Nord. Med. **48**, 1754 (1952). — Burkholder, P. R.: Arch. Biochem. **39**, 322 (1952). — Hoff-Jørgensen, E., and E. Landboe-Christensen: Arch. Biochem. **42**, 474 (1953). — [2] Wallerstein, R. O., J. W. Harris, R. F. Schilling and W. B. Castle: J. Lab. clin. Med. **41**, 363 (1953). — [3] Lichtman, H., V. Ginsberg and J. Watson: Proc. Soc. exp. Biol. Med. **74**, 884 (1950). — Foy, H., A. Kondi and A. Hargreaves: Lancet **1951 I**, 410. Brit. med. J. **1951 I**, 1108. — Mogensen, E.: Ugeskr. Laeg. **114**, 1395 (1952). — [4] Smith, E. L.: Ann. Rev. **23**, 245 (1954). — [5] Williams, J. N. jr., W. J. Monson, A. Sreenivasan, L. S. Dietrich, A. E. Harper and C. A. Elvehjem: J. biol. Ch. **202**, 151 (1953). — [6] Anderson, E. I., and J. A. Stekol: J. biol. Ch. **202**, 611 (1953). — [7] Stekol, J. A., S. Weiss and K. W. Weiss: Arch. Biochem. **36**, 5 (1952). — [8] Hawk, E. A., and C. A. Elvehjem: J. Nutrit. **49**, 495 (1953). — [9] Popper, H., D. Koch-Weser and P. B. Szanto: Proc. Soc. exp. Biol. Med. **71**, 688 (1949).

denn die im wesentlichen durch den Ribonucleinsäuregehalt verursachte Basophilie des Cytoplasmas der Leberzellen war im Vitamin B_{12}-Mangel bei Ratten herabgesetzt[1].

Mangel an Vitamin B_{12} verminderte ferner bei Ratten den O_2-Verbrauch des Lebergewebes[2]. Während die Vitamine der Folsäuregruppe die Aktivität der Xanthinoxydase vermindern, steigert Vitamin B_{12} die Xanthinoxydaseaktivität der Rattenleber[2]. Eine entgegengesetzte Wirkung dieser beiden Vitamine ist auch bei der D-Aminosäureoxydase der Leber festgestellt worden; die Aktivität dieses Enzyms wird durch Zufütterung von Pteroylglutaminsäure gehemmt, durch Vitamin B_{12} aber beträchtlich gesteigert[3]. Wird Ratten, bei denen die Xanthinoxydase- und Transmethylaseaktivität der Leber durch Vitamin B_{12}-Mangelkost herabgesetzt worden war, Vitamin B_{12} parenteral verabreicht, so steigt die Transmethylaseaktivität des Lebergewebes sofort stark an, die Xanthinoxydaseaktivität wird dagegen nur langsam, im Laufe mehrerer Tage und wahrscheinlich auf dem Wege über die Normalisierung des Aminosäurestoffwechsels gesteigert[4].

h) Die Leber und das endokrine System.

α) Die Leber als Regulator des Hormongleichgewichts.

Ins Blut injizierte Hormone verschwinden, wie Versuche mit isotopenmarkierten Hormonpräparaten ergeben haben, meist sehr rasch aus dem Kreislauf. Auch die endogenen, d.h. von den endokrinen Drüsen des eigenen Organismus ins Blut sezernierten Hormonmengen werden rasch inaktiviert oder durch Stuhl und Harn ausgeschieden. Die Konzentration, in der ein Hormon sich zu einem gegebenen Zeitpunkt im Blut vorfindet, wird daher nicht nur von der sekretorischen Aktivität der das Hormon bildenden endokrinen Drüse, sondern in gleichem Ausmaß auch von der Geschwindigkeit bestimmt, mit der seine Zerstörung oder Ausscheidung erfolgt. Nur dadurch, daß die im Blut enthaltenen Hormonmengen dauernd und mit großer Geschwindigkeit inaktiviert werden, wird die rasche Anpassung der hormonalen Lage an die durch Nahrungsaufnahme, Arbeit und andere exogene Faktoren ständig sich ändernden Erfordernisse des Stoffwechsels ermöglicht.

Die Inaktivierung der Hormone erfolgt fast ausnahmslos in der Leber. Die Leber bildet so gleichsam den Gegenspieler der endokrinen Drüsen bei der Konstanterhaltung der Konzentration der Hormone im Blut und wird dadurch zu einem wichtigen Regulationsorgan des endokrinen Systems. Die inaktivierende Wirkung der Leber erfaßt in gleicher Weise Steroidhormone und N-haltige Hormone.

Andererseits steht die Leber selbst aber auch unter dem Einfluß des endokrinen Systems, und in den vorangehenden Kapiteln sind zahlreiche Wirkungen hormonaler Faktoren auf Teilfunktionen der Leber erwähnt worden. Besonders intensiv und vielseitig ist die Wirkung des Schilddrüsenhormons auf den Leberstoffwechsel, die Zusammenhänge zwischen Thyreoidea und Leberstoffwechsel sind auf S. 443 zusammengefaßt worden.

β) Die Leber als Inaktivator der Steroidhormone.

Die von den Gonaden, der Nebennierenrinde und der Placenta gebildeten Steroidhormone werden von der Leber durch Abbau oder Veränderung des Steroidmoleküls selbst oder durch Bindung an Schwefelsäure und Glucuronsäure inaktiviert. Ein Teil der inaktivierten Hormonderivate gelangt wieder ins

[1] Stern, J. R., M. W. Taylor and W. C. Russell: Proc. Soc. exp. Biol. Med. **70**, 551 (1949). — [2] Williams, J. N. jr., W. J. Monson, A. Sreenivasan, L. S. Dietrich, A. E. Harper and C. A. Elvehjem: J. biol. Ch. **202**, 151 (1953). — [3] Williams, J. N. jr., C. A. Nichol and C. A. Elvehjem: J. biol. Ch. **180**, 689 (1949). — [4] Williams, J. N. jr., W. J. Monson, A. E. Harper and C. A. Elvehjem: J. biol. Ch. **202**, 607 (1953).

Blut zurück und erscheint im Harn, ein anderer Teil wird von der Leber mit der Galle ausgeschieden.

Verringerung der Menge oder der Stoffwechselaktivität des Lebergewebes (z. B. durch partielle Hepatektomie oder durch Vergiftung mit leberschädigenden Giften) verlängert daher die Halbwertszeit der Steroidhormone im Blut, steigert ihre Konzentration und erhöht dadurch ihre Wirkung. Werden Steroidhormone per os verabreicht, so gelangen sie nach der Resorption mit dem Pfortaderblut direkt in die Leber und werden dort teilweise inaktiviert, ehe sie zu den Zielorganen gelangen können. Die Wirkung exogener Hormonpräparate ist bei enteraler Verabreichung daher stark herabgesetzt. Im Tierversuch kann die Implantation fester Hormonpräparate in an der Pfortader gelegene Organe, wie Milz oder Pankreas, zur Messung der Fähigkeit der Leber, ein bestimmtes Steroidhormon zu inaktivieren, verwendet werden.

Für die Inaktivierung der Steroidhormone besitzt die Leber eine Reihe verschiedener Enzymsysteme. Diese Enzymsysteme sind gegen Gifte, Vitaminmangel und andere funktionsstörende Faktoren in verschiedenem Grade empfindlich. Besonders leicht wird die Funktion des Enzymsystems, das oestrogene Stoffe inaktiviert, durch Leberschädigungen betroffen. Während die androgenen Hormone auch von der geschädigten Leber noch in annähernd normalem Ausmaß inaktiviert werden, wird die Inaktivierung oestrogener Substanzen bei schweren Funktionsstörungen der Leber unterbrochen. Da die oestrogenerzeugenden endokrinen Zellen der Sexualorgane in der Bildung der Oestrogene zunächst in normalem Ausmaß fortfahren, steigt die Konzentration der oestrogenen Hormone im Blut und den Körpersäften an, und das Gleichgewicht zwischen oestrogenen und androgenen Stoffen wird zugunsten der Oestrogene verschoben. Das bei schweren Lebererkrankungen häufig beobachtete Überwiegen der feminisierenden oestrogenen Hormone hat für die Pathogenese und Diagnostik der Lebererkrankungen eine erhebliche Bedeutung und ist die Ursache dafür, daß diese Seite des Leberstoffwechsels an der in situ befindlichen Tierleber, an Leberschnitten und Leberextrakten und auch am leberkranken Menschen besonders genau untersucht worden ist.

1. Die Inaktivierung oestrogener Stoffe in der Leber.

a) Inaktivierung der Oestrogene durch die in situ befindliche Tierleber. Normalerweise erfolgt die Inaktivierung der Oestrogene mit sehr großer Geschwindigkeit[1]. Einige Stunden nach der Injektion von Oestron konnten bei Ratten nur mehr 1—2% der verabreichten Menge in den Geweben nachgewiesen werden[2]. Die im Harn ausgeschiedene Menge an oestrogenen Substanzen bildet nur einen geringen Bruchteil der im Organismus gebildeten oder injizierten Oestrogenmenge[3]; die Hauptmenge der oestrogenen Substanzen wird unter Zerstörung des Ringsystems zu kleinen Molekülen abgebaut.

Daß die Zerstörung und Inaktivierung der oestrogenen Substanzen vor allem in der Leber erfolgt, ist durch zahlreiche Untersuchungen festgestellt[4,5] worden.

[1] Stamler, C. M.: Bull. Biol. Méd. exp. URSS **3**, 31 (1937). — [2] Zondek, B.: Skand. Arch. Physiol. **70**, 133 (1934). — [3] Dorfman, R. I.: J. biol. Ch. **119**, XXV (1937). — Dingemanse, E., and E. Laqueur: Amer. J. Obst. Gynec. **33**, 1000 (1937). — Zondek, B.: Lancet **1934 II**, 356. — [4] Silberstein, F., P. Engel u. K. Molnar: Kli. Wo. **1953 II**, 1694. — Twombly, G. H., and H. C. Taylor jr.: Cancer Res. **2**, 811 (1942). — Heller, C. G., and E. J. Heller: Endocrinology **32**, 64 (1943). — Segaloff, A.: Endocrinology **33**, 209 (1943). — Coppedge, R. L., A. Segaloff, H. P. Sarett and A. M. Altschul: J. biol. Ch. **173**, 431 (1948). J. clin. Endocrinol. **8**, 602 (1948). — Jailer, J. W.: J. clin. Endocrinol. **9**, 557 (1949). — Tagnon, H. J., S. Lieberman, P. Schulman and A. Brunschwig: J. clin. Invest. **31**, 346 (1952). — Pincus, G., and W. H. Pearlman: Vitamins & Hormones **1**, 293 (1943). — [5] Rossi, M.: Riv. Ostet. Ginec. Milano **35**, 441 (1953).

Es wurde gezeigt, daß bei der Durchströmung eines Herz-Lungenpräparates keine Inaktivierung von oestrogenen Substanzen der Durchströmungsflüssigkeit eintrat, wohl aber, wenn auch die Leber mitdurchströmt wurde[1]. Nach Transplantation der Ovarien in das Mesenterium trat bei Ratten kein Oestrus auf, wohl aber, wenn die Ovarien in die Axilla implantiert worden waren[2].

Die Leber entnimmt die oestrogenen Stoffe dem hindurchfließenden Blut aber auch bei Implantation des Ovars in das Pfortadergebiet nicht immer quantitativ. Das Uterusgewicht war bei Ratten[3–5] oder Hühnern[6], deren Ovarien in die Milz transplantiert waren, kleiner als bei normalen Kontrolltieren, aber größer als bei bloßer Ovarektomie, woraus hervorgeht, daß ein Teil der Ovarialhormone auch bei Implantation des Ovariums in ein am Pfortadersystem liegendes Organ der Zerstörung in der Leber entgeht[3]. Die Hormonproduktion derartiger in den Pfortaderkreislauf transplantierter Ovarien ist an sich größer als normal, denn die beschleunigte Zerstörung der Ovarialhormone in der Leber und ihre verringerte Konzentration im peripheren Blut hat die erhöhte Ausscheidung gonadotroper Hormone und dadurch eine erhöhte Hormonbildung in den endokrinen Zellen des transplantierten Ovariums zur Folge.

Während subcutan implantiertes Oestron bei männlichen Ratten Hodenatrophie hervorruft, zeigten analoge Mengen von Oestron bei der Implantation in die Milz diese Wirkung nicht. Auch sehr erhebliche Dosen von Oestradiol und Oestradiolpropionat blieben bei intralienaler Verabreichung an kastrierten Ratten wirkungslos[7]. Wurde die Milz der Tiere aber unter die Haut verpflanzt und das Oestron erst dann in die Milz implantiert, so wirkte es ebenso stark wie bei subcutaner Verabreichung[8,9]. Daraus geht hervor, daß die Inaktivierung der Oestrogene nicht im Milzgewebe selbst erfolgt, sondern an die Einschaltung der Milz in den Pfortaderkreislauf gebunden ist.

Bei partiell hepatektomierten Ratten zeigte intravenös verabreichtes α-Oestradiol eine 10fache Wirkung[10] (vgl. a. [11]). Auch die Ausscheidung der Oestrogene im Harn nimmt, da ihr Abbau unterbleibt, nach partieller Hepatektomie erheblich zu. Nach Injektion von 50 γ Oestron schieden normale Ratten in 4 Tagen 18,7%, partiell hepatektomierte Ratten 65,5% des Oestrogens mit dem Harn aus[12]. Infolge der nach partieller Hepatektomie rasch einsetzenden Regeneration des Lebergewebes (vgl. S. 32) wird die normale Fähigkeit, Oestrogene zu inaktivieren, bei partiell hepatektomierten Ratten in kurzer Zeit wiederhergestellt[10].

b) Inaktivierung der Oestrogene in Leberschnitten, bioptischen Proben von Lebergewebe und Leberhomogenaten. Zerkleinertes Lebergewebe[13] sowie Leberschnitte[14–17] inaktivieren Oestrogene sehr rasch. An Leberschnitten von Hund,

[1] Israel, S. L., D. R. Meranze and C. G. Johnston: Amer. J. med. Sci. **194**, 835 (1937). — [2] Golden, J. B., and E. L. Sevringhaus: Proc. Soc. exp. Biol. Med. **39**, 361 (1938). — [3] Bernstorf, E. C.: Endocrinology **49**, 302 (1951). — [4] Werthessen, N. T., and N. S. Field: Amer. J. Physiol. **160**, 41 (1950). — [5] Greep, R. O., and J. C. Jones: Recent Progr. Hormone Res. **5**, 197 (1950). — [6] Bernstorf, E. C.: Proc. Soc. exp. Biol. Med. **69**, 447 (1948). — [7] Segaloff, A., and W. O. Nelson: Proc. Soc. exp. Biol. Med. **48**, 33 (1941). — [8] Biskind, G. R., and J. Mark: Bull. Johns Hopkins Hosp. **65**, 212 (1939). — [9] Biskind, G. R.: Proc. Soc. exp. Biol. Med. **47**, 266 (1941). — [10] Roberts, S., and C. M. Szego: Endocrinology **40**, 73 (1947). — [11] Segaloff, A.: Endocrinology **38**, 212 (1946). — Selye, H.: J. Pharmacol. exp. Therap. **71**, 236 (1941). — [12] Schiller, J., and G. Pincus: Endocrinology **34**, 203 (1944). — [13] Zondek, B.: Skand. Arch. Physiol. **70**, 133 (1934). — [14] Heller, C. G.: Endocrinology **26**, 619 (1940). — Zondek, B., and J. Sklow: Proc. Soc. exp. Biol. Med. **46**, 276 (1941). — [15] Twombly, G. H., and H. C. Taylor jr.: Cancer Res. **2**, 811 (1942). — Samuels, L. T., and C. J. McCaulay: Endocrinology **39**, 78 (1946). — [16] Heller, C. G., E. J. Heller and E. L. Sevringhaus: Amer. J. Physiol. **126**, P 530 (1939). — [17] Singher, H. O., C. J. Kensler, H. C. Taylor, C. P. Rhoads and K. Unna: J. biol. Ch. **154**, 79 (1944).

Ratte und Maus konnte der Mechanismus der Inaktivierung von Oestron und Oestradiol untersucht werden: Die Leberschnitte inaktivierten Oestradiol nur in aerobem Milieu; Malonat, Jodacetat, Fluorid, Jodacetamid und Thioharnstoff hemmten die Inaktivierung nicht[1]. Zusatz von Diphosphopyridinnucleotid oder Nicotinamid steigert die Fähigkeit zerkleinerter Rattenleber, Oestradiol zu inaktivieren[2]. Äthylalkohol hemmt den Abbau der Oestrogene in Leberschnitten[3]. In Leberschnitten, die in vitro mit Cyanid vergiftet waren, wurde Oestron in Oestradiol umgewandelt und die oestrogene Wirkung dadurch gesteigert[4]. Leberschnitte männlicher und weiblicher Tiere der gleichen Art inaktivieren Oestrogene mit gleicher Geschwindigkeit[5].

300 mg Schnitte aus Rattenlebern inaktivierten in 3 Std bei 37,5° und p_H 7,4 im Durchschnitt 50 γ Oestradiol, 53 γ Oestron und 21 γ Oestriol[6]. Auch Lebergewebe von Menschen inaktivierte 17-β-Oestradiol[7]; die gegenseitige Umwandlung von Oestradiol und Oestron[8], nicht aber die Bildung von Oestriol aus Oestron oder Oestradiol konnte an menschlichem Lebergewebe gezeigt werden[9]. Bioptisch entnommene Leberstücke von krebskranken und gesunden Menschen zeigten keinen Unterscheid in der Inaktivierungsfähigkeit für Oestradiol[10]. Die Inaktivierungsfähigkeit der menschlichen Leber für oestrogene Substanzen ist vom Lebensalter unabhängig und zeigt nur geringe individuelle Verschiedenheiten[13].

Auch Leberbrei[11] und wäßrige Leberextrakte[12] inaktivieren die Oestrogene. Nach Zusatz von 40 γ Oestron zu 2 g Leberbrei ging in einigen Std bis 95% der oestrogenen Aktivität des Oestrons verloren. Breie von anderen Geweben zeigten keine ähnliche Wirkung.

Es scheint ferner, daß die Leber die Bindung einzelner oestrogener Hormone an Serumproteine vermittelt: Wurde Oestron, das in C(16) mit ^{14}C markiert war, mit Serum bebrütet, so wurden nur kleine Mengen des ^{14}C-Oestrons an die Serumproteine gebunden. Auch wenn Schnitte von Milz, Niere oder Uterus zu dem Serum zugesetzt wurden, trat keine Bindung ein. Wurde das Serum aber nach Zusatz von Oestron mit Leberschnitten bebrütet, so wurde das radioaktive Steroid so fest an die Serumproteine gebunden, daß es nur nach partieller Hydrolyse des Proteins mit Äther extrahiert werden konnte. Noch wirksamer als normale Rattenleber erwies sich die regenerierende Leber[13].

Bei der Fraktionierung der Serumproteine[14] fand sich die Proteinverbindung des oestrogenen Hormons (Oestroprotein) in der Lipoproteidfraktion III O (s.[15]), wahrscheinlich handelt es sich bei dem im Serumprotein enthaltenen Anteil der Blutoestrogene vor allem um Oestriol, das als Ester gebunden ist[15].

c) Verringerte Oestrogeninaktivierung in der geschädigten Leber. Ratten, deren Leber durch Tetrachlorkohlenstoff geschädigt worden war, inaktivierten

[1] Meio, R. H. de, A. E. Rakoff, A. Cantarow and K. E. Paschkis: Endocrinology **43**, 97 (1948). — [2] Coppedge, R. L., A. Segaloff and H. P. Sarett: J. biol. Ch. **182**, 181 (1950).— [3] Ryan, K. J., and L. L. Engel: Endocrinology **52**, 277 (1953). — [4] Heller, C. G.: Endocrinology **26**, 619 (1940). — Zondek, B., and J. Sklow: Proc. Soc. exp. Biol. Med. **46**, 276 (1941). — [5] Heller, C. G., and E. J. Heller: Endocrinology **32**, 64 (1943). — [6] Lieberman, S., H. J. Tagnon and P. Schulman: J. clin. Invest. **31**, 341 (1952). — [7] Twombly, G. H., and H. C. Taylor jr.: Cancer Res. **2**, 811 (1942). — Samuels, L. T., and C. J. McCaulay: Endocrinology **39**, 78 (1946). — [8] Pearlman, W. H., and R. H. DeMeio: J. biol. Ch. **179**, 1141 (1949). — [9] Ryan, K. J., and L. L. Engel: Endocrinology **52**, 287 (1953). — [10] Tagnon, H. J., S. Lieberman, P. Schulman and A. Brunschwig: J. clin. Invest. **31**, 346 (1952). — [11] Zondek, B.: Lancet **1934 II**, 356. — [12] Engel, P., u. E. Navratil: B. Z. **292**, 434 (1937). — Engel, P., and E. Rosenberg: Endocrinology **37**, 44 (1945). — [13] Szego, C. M.: Endocrinology **52**, 669 (1953). — [14] Cohn, E. J., L. E. Strong, W. L. Hughes jr., D. J. Mulford, J. N. Ashworth, M. Melin and H. L. Tayler: Am. Soc. **68**, 459 (1946). — [15] Roberts, S., and C. M. Szego: Endocrinology **39**, 183 (1946).

Oestrogene um so langsamer je größer die verabreichte CCl_4-Dosis und je schwerer die Leberschädigung war[1-3]. Bei weiblichen Meerschweinchen stieg nach Vergiftung mit CCl_4 die Oestrogenausscheidung im Harn auf das 350fache des Normalwertes[3]. Bei jugendlichen weiblichen Ratten führte Vergiftung mit CCl_4 zu beschleunigtem Uteruswachstum[2]. Die Untersuchung zur Biopsie entnommener Leberstücke von Menschen zeigte jedoch, daß bei leichteren Leberschäden, auch wenn sie histologisch nachweisbare Veränderungen des Lebergewebes verursacht hatten, die Fähigkeit zur Inaktivierung der Oestrogene noch erhalten war[4]. In Schnitten von cirrhotischen Lebern war die Umwandlung von 17-β-Oestradiol in Oestron jedoch erheblich verlangsamt[5]. Der Grad der bei Lebererkrankungen auftretenden Oestrogenüberladung des Organismus ist von der Schwere der Leberstörung abhängig. In Hepatomen ist die Oestrogeninaktivierung nur gering[5].

Die bei schweren Lebercirrhosen bei Männern beobachtete Atrophie des Hodengewebes[6,7] sowie das Auftreten eines weiblichen Typus der Terminalbehaarung (Alopecia pectoralis)[8] und von Gynäkomastie[9,10] wird darauf zurückgeführt, daß bei diesen Fällen die normale Inaktivierung der Oestrogene in der Leber unterbleibt und die Konzentration der Oestrogene im Blut daher ansteigt.

Auch bei leberkranken Frauen wurden Erscheinungen von Hyperfolliculie beobachtet, die durch eine verlangsamte Inaktivierung der Oestrogene in der erkrankten Leber verursacht waren[11].

Sowohl die Zerstörung der Oestrogene durch Abbau als auch ihre Umwandlung in Schwefelsäureester und Glucuronide ist in der erkrankten Leber vermindert. Während der Gesunde die Oestrogene fast ausschließlich in gebundener, also inaktiver Form ausscheidet, waren im Harn von Patienten mit schwerer Lebercirrhose die oestrogenen Stoffe zu ungefähr 50% in freier, also aktiver Form vorhanden und auch ihre Gesamtmenge auf ein Mehrfaches der Normalausscheidung vermehrt[10,12,13]. Cirrhosepatienten mit Gynäkomastie schieden im Harn freie Oestrogene aus; bei Patienten, bei denen im Harn kein freies Oestrogen vorhanden war, trat auch keine Gynäkomastie auf[10]. Doch haben andere Untersucher diese Parallelität nicht immer nachweisen können[13,14]; das Auftreten der Gynäkomastie ist also nicht ausschließlich von der im Blut vorhandenen aktiven Oestrogenmenge abhängig. Bei akuter Hepatitis wurde eine Steigerung der Oestrogenausscheidung beobachtet, die sich während der Rekonvaleszenz wieder normalisierte[15].

---

[1] PINCUS, G., and D. W. MARTIN: Endocrinology **27**, 838 (1940). — [2] TALBOT, N. B.: Endocrinology **25**, 601 (1939). — [3] FEINER, M., B. KRICHESKY and S. J. GLASS: Proc. Soc. exp. Biol. Med. **66**, 235 (1947). — FURLONG, E., B. KRICHESKY and S. J. GLASS: Endocrinology **45**, 1 (1949). — [4] TAGNON, H. J., S. LIEBERMAN, P. SCHULMAN and A. BRUNSCHWIG: J. clin. Invest. **31**, 346 (1952). — [5] RYAN, K. J., and L. L. ENGEL: Endocrinology **52**, 287 (1953). — [6] LLOYD, C. W., and R. H. WILLIAMS: Amer. J. Med. **4**, 315 (1948). — [7] MORRIONE, T. G.: Arch. Path., Chicago **37**, 39 (1944). — [8] NEUSSER, (E. v.): Verh. Kongr. inn. Med. **23**, 99 (1906). — FLECKSEDER, R.: Mitt. Ges. inn. Med. Wien **9** (Beilage 18), 196 (1910). — CHVOSTEK, F.: Wien. klin. Wschr. **1922**, 381, 408. — EPPINGER, H.: Die Leberkrankheiten. Wien 1937. — RATHER, L. J.: Arch. internal Med., Chicago **80**, 397 (1947). — HOFF, F.: D. m. W. **1950**, 478, 1233. — [9] PAULA, F.: Dtsch. Arch. klin. Med. **169**, 83 (1930). — MITHOEFER, J., and W. B. BEAN: Surgery **25**, 911 (1949). — [10] GLASS, S. J., H. A. EDMONDSON and S. N. SOLL: Endocrinology **27**, 749 (1940). — [11] LONG, R. S., and E. E. SIMMONS: A. M. A. Arch. internal Med., **88**, 762 (1951). — UFER, J.: Ärztl. Wschr. **1951**, 577. — DREYFUS, G.: Presse méd. **59**, 1157 (1951). — [12] BENNETT, H. S., A. H. BAGGENSTOSS and H. R. BUTT: Amer. J. clin. Path. **20**, 814 (1950). — [13] PINCUS, I. J., A. E. RAKOFF, E. M. COHN and H. TUMEN: Gastroenterol., Baltimore **19**, 735 (1951). — [14] RUPP, J., A. CANTAROW, A. E. RAKOFF and K. E. PASCHKIS: J. clin. Endocrinol. **11**, 688 (1951). — [15] GILDER, H., and C. L. HOAGLAND: Proc. Soc. exp. Biol. Med. **61**, 62 (1946).

Die Fähigkeit, Oestron zu inaktivieren, ist als klinischer Test für die Feststellung einer Schädigung der Leberfunktion vorgeschlagen worden[1,2]. Während beim Lebergesunden nach subcutaner Injektion von 25 mg Oestrogen nur 0,5—4,5% der injizierten Hormonmenge im Harn nachweisbar ist, kann der im Harn ausgeschiedene Anteil des Hormons bei schweren Leberschädigungen auf 16% ansteigen[3].

d) Oestrogeninaktivierung in Abhängigkeit von der Ernährung. Für die Inaktivierung der oestrogenen Hormone durch die Leber sind einige Vitamine des B-Komplexes erforderlich[4]. So wird z. B. die Inaktivierung von Oestradiol in Leberbrei, die im allgemeinen langsamer erfolgt als seine Entgiftung in Leberschnitten[5], durch Zusatz von Nicotinsäureamid oder Diphosphopyridinnucleotid wesentlich gesteigert[6]. In die Milz kastrierter Ratten implantierte Oestrogene werden, wenn den Ratten eine vitamin-B-arme Nahrung gegeben wird, von der Leber nicht inaktiviert und ein protrahierter Oestrus hervorgerufen[4,7]. Bei Ratten, bei denen ein Ovar entfernt und das andere in die Milz implantiert worden war, trat nur dann Oestrus auf, wenn die Tiere vitamin-B-arme Kost erhielten, nicht aber bei normaler Nahrung[8,9]. Leberschnitte von Ratten, die mit B_1- und B_2-Mangelkost ernährt worden waren, inaktivierten Oestradiol nicht; Lebern von Kontrolltieren, deren Nahrung reichlich Vitamin B_1 und B_2 enthielt, hatten dagegen stark inaktivierende Wirkung, und zwar auch dann, wenn den Tieren nur unzureichende Mengen anderer Vitamine, z.B. von Pyridoxin, Pantothensäure, Biotin und Vitamin A, verabreicht wurden[10–13]. Therapeutische Erfolge, die durch Zufuhr von B_1- und B_2-Vitamin bei verschiedenen gynäkologischen Störungen erzielt worden sind, werden auf eine durch diese Vitamine gesteigerte Inaktivierung überschüssiger Oestrogenmengen zurückgeführt[14]. Andererseits wurde auch das Auftreten von Gynäkomastie bei Kriegsgefangenen mit dem Mangel an Vitamin B_1 und B_2 und die dadurch verursachte unzureichende Oestrogeninaktivierung in der Leber in Zusammenhang gebracht[15].

Auch bei allgemeiner Unterernährung, und zwar auch dann, wenn Vitamin B_1 und B_2 reichlich zugeführt werden, ist die oestrogeninaktivierende Wirkung der Leber verringert[16,17]. Bei Ratten ist bei proteinarmer Ernährung[18] und insbesondere bei Mangel an Methionin eine Verminderung der oestrogenentgiftenden Wirkung der Leber beobachtet worden[19,20].

[1] Zondek, B., and A. Brzezinski: J. Obstet. Gynaec. **55**, 273 (1948). — [2] Glass, S. J., H. A. Edmondson and S. N. Soll: J. clin. Endocrinol. **4**, 54 (1944). — [3] Zondek, B., and R. Black: J. clin. Endocrinol. **7**, 519 (1947). — [4] Biskind, M. S., and G. R. Biskind: Science, N. Y. **94**, 462 (1941). — [5] Meio, R. H. de, A. E. Rakoff, A. Cantarow and K. E. Paschkis: Endocrinology **43**, 97 (1948). — [6] Coppedge, R. L., A. Segaloff, H. P. Sarett and A. M. Altschul: J. biol. Ch. **173**, 431 (1948). J. clin. Endocrinol. **8**, 602 (1948). — [7] Biskind, M. S., and G. R. Biskind: Endocrinology **31**, 109 (1942). — [8] Biskind, M. S., and M. C. Shelesnyak: Endocrinology **30**, 819 (1942). — [9] Biskind, G. R., and M. S. Biskind: Amer. J. clin. Path. **16**, 737 (1946). — [10] Singher, H. O., C. J. Kensler, H. C. Taylor jr., C. P. Rhoads and K. Unna: J. biol. Ch. **154**, 79 (1944). — [11] Segaloff, Albert, and Ann Segaloff: Endocrinology **34**, 346 (1944). — [12] Singher, H. O., H. C. Taylor jr., C. P. Rhoads and K. Unna: Endocrinology **35**, 226 (1944). — [13] Shipley, R. A., and P. György: Proc. Soc. exp. Biol. Med. **57**, 52 (1944). — [14] Biskind, M. S., G. R. Biskind and L. H. Biskind: Surg. Gynec. Obstet. **78**, 49 (1944). — [15] Klatskin, G., W. T. Salter and F. D. Humm: Amer. J. med. Sci. **213**, 19 (1947). — Jacobs, E. C.: Ann. internal Med., **28**, 792 (1948). — Whitlock, F. A.: A. M. A. Arch. Derm. Syph. **64**, 23 (1951). — [16] Drill, V. A., and C. A. Pfeiffer: Endocrinology **38**, 300 (1945). — [17] Jailer, J. W.: Endocrinology **43**, 78 (1948). — [18] Vanderlinde, R. E., and W. Westerfeld: Endocrinology **47**, 265 (1950). — [19] Unna, K., H. O. Singher, C. J. Kensler, H. C. Taylor jr. and C. P. Rhoads: Proc. Soc. exp. Biol. Med. **55**, 254 (1944). — [20] György, P., and H. Goldblatt: Fed. Proc. **4**, 154 (1945).

Der Abbau der Oestrogene wird durch gleichzeitige Verabreichung von Progesteron verringert. Wird Progesteron zusammen mit Oestrogenen injiziert, so steigt die Ausscheidung der Oestrogene im Harn an[1-3].

e) Wege der Oestrogeninaktivierung in der Leber. Die Inaktivierung der endogen gebildeten oestrogenen Hormone erfolgt vor allem durch Zerstörung des Moleküls unter Mitwirkung oxydativer Fermente[4]. Die Leber ist in weitem Ausmaß befähigt, die oestrogenen Stoffe ineinander umzuwandeln. Leberschnitte wandeln Oestron zunächst in α-Oestradiol um, und erst dieses wird inaktiviert[5]. Eine wasserlösliche, in Aceton unlösliche Proteinfraktion aus Rinderleber oxydierte Oestradiol zu Oestron[6]. Injiziertes 16-Keto-oestron[7] und 16-Keto-Oestradiol[8] wird beim Menschen zum Teil als Oestriol, aber nicht als Oestron ausgeschieden. Oestriol wird von der Leber weniger rasch inaktiviert als Oestron und Oestradiol[9, 10].

Ein anderer Teil der oestrogenen Substanzen wird in gebundener Form (Oestron als Schwefelsäureester, aber auch als Glucuronid[11], Oestradiol und Oestriol als Glucuronid) im Harn ausgeschieden. Dieser Anteil ist besonders groß, wenn große Mengen exogener Oestrogene verabreicht worden sind[5]. Die Glucuronidbildung ist somit vor allem ein Mechanismus zur Ausschaltung von Überschüssen oestrogener Hormone. Die Bindung an Schwefelsäure und Glucuronsäure erfolgt in der Leber. Leberschnitte von Kaninchen und Meerschweinchen binden Oestron, Oestradiol und Oestriol an Glucuronsäure[12].

Die Verabreichung von Oestron[13] und Stilboestrol[14, 15] (nicht aber von Oestradiol und Oestriol[12]) hat eine Vermehrung der β-Glucuronidase in der Leber zur Folge. Die Leber kann Oestronsulfat nicht nur bilden, sondern auch hydrolysieren. Trächtige und nichtträchtige Ratten spalteten injiziertes, mit ^{35}S markiertes Oestronsulfat in Oestron und anorganisches Sulfat auf[16]. Diese hydrolytische Wirkung ist leberspezifisch und konnte in Homogenaten von Rattenleber, nicht aber in Homogenaten von Dick- und Dünndarm, Niere, Nebenniere, Pankreas, Ovarium und Uterus nachgewiesen werden[17].

Ein Teil der aktivitätsschwächenden Wirkung der Tierleber ist darauf zurückzuführen, daß stark wirksames Oestron oder Oestradiol in das mehr als 100mal schwächer wirksame Oestriol verwandelt werden. In perfundierten Lebern wurde die Umwandlung von Oestron und Oestradiol in Oestriol beobachtet[18]. Mit CCl_4-vergiftete[19] oder partiell hepatektomierte Ratten wandeln Oestron und Oestradiol nur langsam in Oestriol um[20].

f) Inaktivierung künstlicher Oestrogene. Radioaktives Diäthylstilboestrol sammelte sich nach subcutaner Injektion bei Maus, Hund und Kaninchen in großen Mengen in der Leber an, 70—85% der Radioaktivität erschienen in der Galle, 15—30% im Harn, weniger als 0,2% konnten als CO_2 in der Atemluft nachgewiesen werden[21]. Während die oestrogenen Steranabkömmlinge (Oestratriene)

---

[1] Pincus, G., et P. A. Zahl: J. gen. Physiol. **20**, 879 (1937). — [2] Smith, G. V. S., and O. W. Smith: Amer. J. Physiol. **98**, 578 (1931). — [3] Smith, O. W., and G. V. (S.) Smith: J. clin. Endocrinol. **6**, 483 (1946). — [4] Kendall, E. C.: Ann. Rev. **10**, 285 (1941). — [5] Heller, C. J., and E. J. Heller: Endocrinology **32**, 64 (1943). — [6] Ledogar, J. A., and H. W. Jones jr.: Science, N. Y. **112**, 536 (1950). — [7] Stimmel, B. F., A. Grollman and M. N. Huffman: J. biol. Ch. **176**, 461 (1948). — [8] Stimmel, B. F., A. Grollman and M. N. Huffman: J. biol. Ch. **184**, 677 (1950). — [9] Heller, C. G.: Endocrinology **26**, 619 (1940). — [10] Lieberman, S., H. J. Tagnon and P. Schulman: J. clin. Invest. **31**, 341 (1952). — [11] Oneson, I., and S. L. Cohen: Fed. Proc. **10**, 231 (1951). — [12] Crépy, O.: Cr. **223**, 646 (1946). — [13] Kerr, L. M. H., J. G. Campbell and G. A. Levvy: Biochem. J. **44**, 487 (1949). — [14] Fishman, W. H.: Ann. N. Y. Acad. Sci. **54**, 548 (1951). — [15] Fishman, W. H., and M. H. Farmelan: Endocrinology **52**, 536 (1953). — [16] Hanahan, D. J., N. B. Everett and C. D. Davis: Arch. Biochem. **23**, 501 (1949). — [17] Hanahan, D. J., and N. B. Everett: J. biol. Ch. **185**, 919 (1950). — [18] Schiller, J., and G. Pincus: Science, N. Y. **98**, 410 (1943). — [19] Schiller, J.: Endocrinology **36**, 7 (1945). — [20] Schiller, J., and G. Pincus: Endocrinology **34**, 203 (1944). — [21] Twombly, G. H., and E. F. Schoenewaldt: Cancer, N. Y. **4**, 296 (1951).

oral in 5—10fach größerer Menge gegeben werden müssen als bei parenteraler Verabreichung, sind Stilbenderivate, die in der Leber in geringerem Ausmaß inaktiviert werden, bei oraler und parenteraler Verabreichung annähernd gleich stark wirksam. Doch vermag die Leber in gewissem Ausmaß auch Stilboestrol (3,4-Di-(p-oxyphenyl)-hexen-Δ-3,4)[1] und Hexoestrol (3,4-Di-(p-oxyphenyl)-hexan)[2] zu inaktivieren.

g) Oestrogenausscheidung in der Galle. Ein Teil der oestrogenen Substanzen wird von der Leber in die Galle ausgeschieden[3-5] und geht in den Kot über. Nach Injektion von 25 mg Oestron an Hunde mit Gallenfistel wurden 90—95% der Oestrogenaktivität in der Galle wiedergefunden[6]. Nach subcutaner Injektion von Jod- und Dijodoestradiol, das mit ^{131}J markiert war, wurde ein großer Teil der radioaktiven J-Atome mit der Galle ausgeschieden[7]. Wahrscheinlich wird ein Teil der mit der Galle ausgeschiedenen oestrogenen Substanzen im Darm rückresorbiert und macht einen enterohepatischen Kreislauf durch[6]. Nach Injektion von Oestron scheiden Ratten nur 3% der oestrogenen Substanzen im Kot aus[8]. Die in der Galle ausgeschiedenen Oestrogene sind größtenteils in freier Form vorhanden[6,9,10], ein großer Teil besteht aus Oestradiol[5]. Der Kot trächtiger Kühe enthält große Mengen oestrogener Substanzen, vor allem Oestradiol[11].

Auch beim Menschen erfolgt ein großer Teil der Oestrogenausscheidung normalerweise[12] und in der Schwangerschaft[13] auf dem Wege über Galle und Stuhl.

2. Die Inaktivierung von Testosteron in der Leber.

a) Inaktivierung von Testosteron in vivo. Testosteron verschwindet nach intravenöser Injektion rasch aus dem Blut[14], was zum Teil auf einen Übergang in die Fettgewebe[15], zum Teil auf die Inaktivierung und den raschen Abbau im Lebergewebe zurückgeht. Nach Injektion von Testosteron, das mit radioaktivem ^{14}C markiert war, schieden Ratten mehr als die Hälfte der Radioaktivität innerhalb der ersten Tage aus[16]. Außer Niere und Harn enthielt auch der Magen-Darmkanal der Tiere radioaktives C. Daß die mit dem Darminhalt ausgeschiedenen Abbauprodukte des ^{14}C-Testosterons aus der Galle stammen, geht daraus hervor, daß im Darm von Tieren mit Gallenfisteln kein ^{14}C nachweisbar war. Nur ein kleiner Teil der in der Galle und im Harn ausgeschiedenen Inaktivierungsprodukte des Testosterons ist bisher identifiziert worden. Die Menge des nach Injektion von Testosteronpropionat im Harn ausgeschiedenen Androsteronglucuronids entspricht weniger als 10% der injizierten Testosteronmenge[17]. Eine Umwandlung von Androgenen in Pregnanderivate (z. B. Pregnandiol) wurde nicht beobachtet[17].

---

[1] Zondek, B., F. Sulman and J. Sklow: Endocrinology **33**, 333 (1943). — [2] Segaloff, Albert: Endocrinology **34**, 335 (1944). — [3] Cantarow, A., K. E. Paschkis, A. E. Rakoff and L. P. Hansen: Endocrinology **33**, 309 (1943). — [4] Stamler, C. M.: Bull. Biol. Méd. exp. USSR **3**, 31 (1937). — [5] Longwell, B. B., and F. S. McKee: J. biol. Ch. **142**, 757 (1942). — [6] Cantarow, A., A. E. Rakoff, K. E. Paschkis and L. P. Hansen: Proc. Soc. exp. Biol. Med. **49**, 707 (1942). — Cantarow, A., A. E. Rakoff, K. E. Paschkis, L. P. Hansen and A. A. Walkling: Endocrinology **31**, 515 (1942). Proc. Soc. exp. Biol. Med. **52**, 256 (1943). — [7] Albert, S., R. D. H. Heard, C. P. Leblond and J. Saffran: J. biol. Ch. **177**, 247 (1949). — [8] Dingemanse, E., and E. Laqueur: Amer. J. Obstet. Gynec. **33**, 1000 (1937). — [9] Szego, C. M., and S. Roberts: Proc. Soc. exp. Biol. Med. **61**, 161 (1946). — [10] Pearlman, W. H., A. E. Rakoff, A. Cantarow and K. E. Paschkis: J. biol. Ch. **170**, 173 (1947). — [11] Levin, L.: J. biol. Ch. **157**, 407 (1945). — [12] Siebke, H., u. P. Schuschania: Zbl. Gynäk. **54**, 1734 (1930). — [13] Dohrn, M., u. W. Faure: Kli. Wo. **1928 I**, 943. — [14] Biskind, G. R.: Proc. Soc. exp. Biol. Med. **43**, 259 (1940). — [15] West, C. D.: Endocrinology **49**, 467 (1951). — [16] Gallagher, T. F., D. K. Fukushima, M. C. Barry and K. Dobriner: Recent Progr. Hormone Res. **6**, 131 (1951). — [17] Zander, J., u. J. Schmidt-Thomé: Kli. Wo. **1954**, 24.

Daß die Inaktivierung des Testosterons in der Leber erfolgt, ergibt sich aus Versuchen, in denen 2 Gruppen junger Ratten Testiculargewebe einmal innerhalb und ein andermal außerhalb des Pfortadergebiets implantiert wurde. Nur bei den Tieren, bei denen die Implantation außerhalb des Pfortadergebiets erfolgt war, hatte die Implantation eine androgene Wirkung[1]. Auch krystallisierte Präparate von Testosteronpropionat[2,3], Testosteron[4] und Methyltestosteron[1] blieben, im Gebiet der Pfortader implantiert, ohne Wirkung. Bei weiblichen Ratten verhindert subcutan implantiertes Testosteronpropionat das Auftreten eines Oestrus; wurde die gleiche Menge des Präparats jedoch in die Milz der Tiere implantiert, so trat der Oestrus normal auf. Wurde das Milzvenenblut nach der Implantation unter Umgehung der Leber dem allgemeinen Kreislauf zugeleitet, so trat der Oestrus ebensowenig ein, wie bei subcutaner Implantation des Testosterons[5].

b) Inaktivierung von Testosteron durch Schnitte und Homogenate von Lebergewebe. Die Inaktivierung des Testosterons und die dabei ablaufenden Einzelreaktionen konnten an überlebenden Schnitten von Kaninchenleber[6-8] und an Leberschnitten von Ratte, Meerschweinchen, Hund, Affe und an operativ entnommenen Leberstücken von Menschen[8] studiert werden. Die Inaktivierung von Testosteron ist auch in Leberbrei von Kaninchen nachweisbar, im Gegensatz zu früheren Befunden[9] ist also die Intaktheit der Zellen für die Inaktivierung des Testosterons nicht notwendig[10]. Auch an bioptischen Leberproben von Menschen kann die Inaktivierung des Testosterons gezeigt werden. Die Inaktivierung erfolgt nur in aerobem Milieu und wurde durch Kochen aufgehoben. Cyanide, Jodacetat, Fluorid und Malonat haben eine hemmende Wirkung[11], während Citrat, Diphosphopyridinnucleotid und Nicotinsäureamid eine stark inaktivierungsfördernde Wirkung haben[12]. Leberschnitte hungernder Ratten inaktivierten Testosteron langsamer als Leberschnitte normal ernährter Kontrolltiere. Durch Zugabe von Diphosphopyridinnucleotid oder Citronensäure konnte die Testosteroninaktivierung in den Leberschnitten dieser Tiere in Gang gebracht werden[13]. Gleichzeitiges Fehlen von Nicotinsäureamid und Tryptophan in der Nahrung setzte die Inaktivierung der Androgene auf die Hälfte herab. Wurde nur einer dieser beiden Stoffe in der Nahrung fortgelassen, so war die Inaktivierung nur wenig gestört[14].

c) Der Mechanismus der Testosteroninaktivierung. Ein Teil der Androgene wird durch Bindung an Glucuronsäure inaktiviert und in dieser Form im Harn ausgeschieden.

Nur an eine in Position 3 befindliche OH-Gruppe vermag die Leber Glucuronsäure zu binden. Da am C-3-Atom im Testosteron eine Ketogruppe steht, muß die Ketogruppe bei 3 zu einer Hydroxylgruppe reduziert werden. Die im Harn ausgeschiedenen Abbauprodukte des Testosterons sind also 3-Oxysteroide, die Hydroxylgruppe steht dabei meist in α-Stellung zum Ring, daneben werden auch

[1] Burrill, M. W., and R. R. Greene: Proc. Soc. exp. Biol. Med. **44**, 273 (1940). — [2] Stamler, C. M.: Bull. Biol. Méd. exp. URSS **3**, 31 (1937). — [3] Biskind, G. R., and J. Mark: Bull. Johns Hopkins Hosp. **65**, 212 (1939). — [4] Grayhack, J. T., and W. W. Scott: Endocrinology **48**, 453 (1951). — [5] Biskind, G. R.: Proc. Soc. exp. Biol. Med. **46**, 452 (1941). — [6] Clark, L. C. jr., and C. D. Kochakian: J. biol. Ch. **170**, 23 (1947). — [7] Clark, L. C. jr., C. D. Kochakian and J. Lobotsky: J. biol. Ch. **171**, 493 (1947). — [8] Levedahl, B. H., and L. T. Samuels: J. biol. Ch. **186**, 857 (1950). — [9] Danby, M.: Endocrinology **27**, 236 (1940). — [10] Kochakian, C. D., J. Gongora and N. Parente: J. biol. Ch. **196**, 243 (1952). — [11] Samuels, L. T., C. McCaulay and D. M. Sellers: J. biol. Ch. **168**, 477 (1947). — [12] Sweat, M. L., and L. T. Samuels: J. biol. Ch. **173**, 433 (1948). — [13] Sweat, M. L., and L. T. Samuels: J. biol. Ch. **175**, 1 (1948). — [14] Bryson, M. J., L. T. Samuels and H. C. Goldthorpe: Endocrinology **47**, 89 (1950).

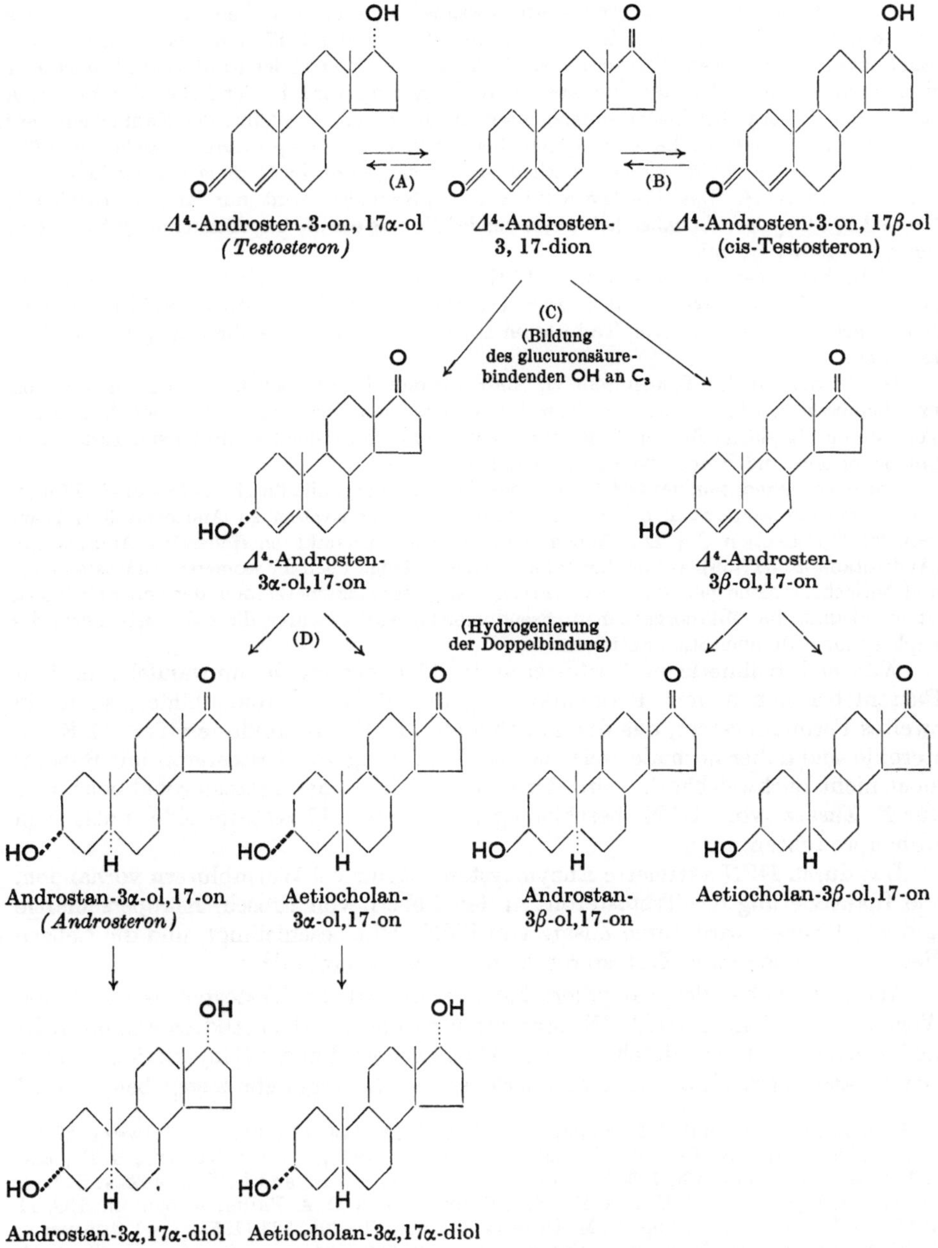

OH O OH

(A) (B)

Δ^4-Androsten-3-on, 17α-ol (*Testosteron*) — Δ^4-Androsten-3, 17-dion — Δ^4-Androsten-3-on, 17β-ol (cis-Testosteron)

(C) (Bildung des glucuronsäurebindenden OH an C_3)

Δ^4-Androsten-3α-ol,17-on — Δ^4-Androsten-3β-ol,17-on

(D) (Hydrogenierung der Doppelbindung)

Androstan-3α-ol,17-on (*Androsteron*) — Aetiocholan-3α-ol,17-on — Androstan-3β-ol,17-on — Aetiocholan-3β-ol,17-on

Androstan-3α,17α-diol — Aetiocholan-3α,17α-diol

kleinere Mengen von β-3-Oxysteroiden aus dem Testosteron gebildet (2. Reihe der vorstehenden Formelgruppe). Gleichzeitig mit dieser Reduktion erfolgt auch die Hydrogenierung der im A-Ring des Testosterons enthaltenen Doppelbindung, wobei (je nach der Stellung des H an C-5) Derivate des Androsterons oder des Aetiocholans entstehen (3. Reihe der Formelgruppe). Diesen Reduktionsvorgängen geht die reversible Oxydation des OH an C-17 voraus, das primär entstehende Androstendion wird hierbei teilweise zu 17β-Testosteron (= cis-Testosteron = epi-Testosteron) reduziert (oberste Formelreihe).

Der im Formelschema dargestellte Abbauweg ist durch folgende Befunde belegt: Schnitte von Kaninchenleber wandeln Testosteron in Δ^4-Androsten-3-17-dion um (Reaktion A)[1]. Ein Enzymsystem, das aus Testosteron Δ^4-Androsten-3-17-dion bildet, ist auch aus Rinderleber dargestellt worden[2]. Das testosteronoxydierende Enzym wird in der Leber des Menschen und in den Lebern aller bisher untersuchten Tierarten mit Ausnahme der Kaninchenleber[3] durch DPN aktiviert[2,4]. Es wirkt optimal bei p_H 8,9 und bei Temperaturen zwischen 30—33°. Sein Molekulargewicht ist 43000, es scheint in gelöster Form im Cytoplasma der Leberzelle enthalten zu sein[2]. Das 17α-Hydroxyl von C_{19}-Steroiden wird nur langsam oxydiert[5], 3α- und 17α-Oxysteroide haben keine hemmende Wirkung auf die Oxydation ihrer β-Epimeren, nur α-Oestradiol hemmt[6].

17-Methyltestosteron kann nicht in 17-Ketosteroide umgewandelt werden und wird von der Leber auf andere Weise inaktiviert[3]. Die Ausscheidung von 17-Ketosteroiden im Harn steigt nach Verabreichung von Testosteron an, nicht aber nach Verabreichung von Methyltestosteron[7].

Die Oxydation des Testosterons zu Androstendion ist reversibel. Wird Androstendion mit Schnitten von Kaninchenleber bebrütet, so entstehen Testosteron (Reaktion A) und cis-Testosteron (Reaktion B)[8]. cis-Testosteron entsteht auch bei der Bebrütung von Testosteron mit Schnitten[1] und Homogenaten[9] aus Kaninchenleber.

Das durch Oxydation der OH-Gruppe des Testosterons gebildete Δ^4-Androsten-3, 17-dion wird durch ein weiteres in der Leber enthaltenes Enzymsystem zu Androstan-3-ol-17-on reduziert[10] (Reaktion C + D). Neben dem als Hauptprodukt entstehenden Androsteron (Androstan-3α-ol-17-on) werden hierbei in kleinerer Menge auch die isomeren Androstanolone und Aetiocholanolone gebildet. Das Coenzym, das dieses Enzymsystem in der Leber aktiviert, ist unbekannt; bei Mikroorganismen (Pseudomonas) wird es durch die reduzierte Form des Diphosphopyridinnucleotids aktiviert[6].

Während Hühnerleber Testosteron in 17-Ketosteroide umwandelt, enthält Rattenleber neben dem Fermentsystem, das 17-Ketosteroide bildet, auch ein zweites Fermentsystem, das die so gebildeten 17-Ketosteroide zerstört. 17-Ketosteroide sind daher normalerweise bei der Bebrütung von Testosteron mit Rattenleber nicht nachweisbar[11]. Wird der erste Abschnitt des Testosteronabbaus aber durch Zusatz von DPN beschleunigt, so treten 17-Ketosteroide unter den Abbauprodukten auf[4].

Das durch DPN aktivierte Enzymsystem ist nur bei Warmblütern vorhanden. Die Inaktivierung des Testosterons in den Lebern von Frosch, Klapperschlange und von Fischen wird durch Zusatz von DPN nicht beschleunigt, und die Lebern dieser Tiere bilden aus Testosteron keine 17-Ketosteroide[12].

Auch die Leber des Säugetiers baut einen Teil des Testosterons auf einem Wege ab, der nicht durch DPN aktiviert wird und bei dem Androstendion nicht als Zwischensubstanz entsteht. Dieser Abbauweg wird in der Säugetierleber durch Citrat aktiviert[13]. Wird Citrat zu überlebendem Lebergewebe zugegeben, so wird

---

[1] Clark, L. C. jr., and C. D. Kochakian: J. biol. Ch. **170**, 23 (1947). — [2] Sweat, M. L., L. T. Samuels and R. Lumry: J. biol. Ch. **185**, 75 (1950). — [3] Levedahl, B. H., and L. T. Samuels: J. biol. Ch. **186**, 857 (1950). — [4] Sweat, M. L., and L. T. Samuels: J. biol. Ch. **173**, 433 (1948). — [5] Ungar, F., R. I. Dorfman and D. A. Prins: J. biol. Ch. **189**, 11 (1951). — [6] Talalay, P., and M. M. Dobson: J. biol. Ch. **205**, 823 (1953). — [7] Simonson, E., W. M. Kearns and N. Enzer: Endocrinology **28**, 506 (1941). — Samuels, L. T., A. F. Henschel and A. Keys: J. clin. Endocrinol. **2**, 649 (1942). — Howard, J. E.: Bull. N. Y. Acad. Med. **17**, 519 (1941). — McCullagh, E. P., and H. R. Rossmiller: J. clin. Endocrinol. **1**, 496, 503, 507 (1941). — Wilkins, L., W. Fleischmann and J. E. Howard: Bull. Johns Hopkins Hosp. **69**, 493 (1941). — Wilkins, L., and W. Fleischmann: J. clin. Invest. **24**, 21 (1945). — [8] Clark, L. C. jr., C. D. Kochakian and J. Lobotsky: J. biol. Ch. **171**, 493 (1947). — [9] Kochakian, C. D., J. Gongora and N. Parente: J. biol. Ch. **196**, 243 (1952). — [10] West, C. D., and L. T. Samuels: J. biol. Ch. **190**, 827 (1951). — [11] Samuels, L. T., C. McCaulay and D. M. Sellers: J. biol. Ch. **168**, 477 (1947). — [12] Samuels, L. T., M. L. Sweat, B. H. Levedahl, M. M. Pottner and M. L. Helmreich: J. biol. Ch. **183**, 231 (1950). — [13] Sweat, M. L., and L. T. Samuels: J. biol. Ch. **175**, 1 (1948).

die Testosteroninaktivierung beschleunigt, 17-Ketosteroide werden aber nicht gebildet[1]. Das durch Citrat aktivierte Fermentsystem der Säugerlebern reduziert direkt Doppelbindung und Ketogruppe des Testosterons[2], die gleiche Reaktion erfolgt in der Leber von Kaltblütern jedoch ohne Aktivierung durch Citrat[3,4].

Neben den geschilderten beiden Hauptwegen des Testosteronabbaues scheinen in der Leber noch andere Wege zum Abbau androgener Stoffe möglich zu sein. Verabreichung von Dehydroisoandrosteron, das als Abbauprodukt des Testosterons bei Pseudomonas entsteht[5], steigerte beim Menschen die Ausscheidung

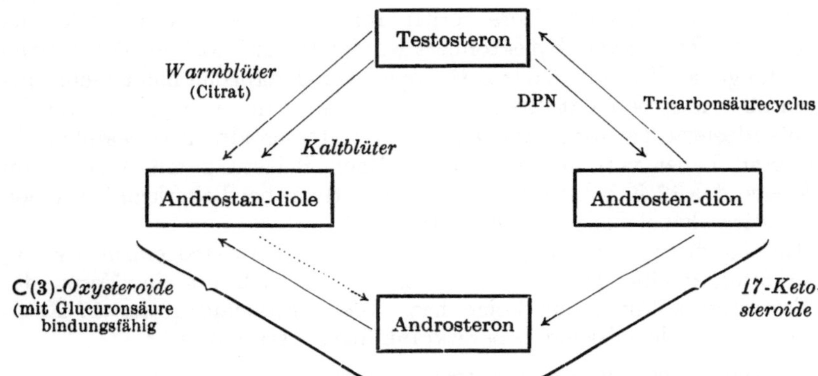

Abb. 51. *Hauptwege des Testosteronabbaues in der Leber.* Testosteron (Androsten-3-on-17-ol) wird in der Leber teils zu Androsten-dion oxydiert, teils zu Androstan-diolen reduziert. Für die Oxydation zu Androsten-dion ist DPN erforderlich, die Reaktion ist in Gegenwart von Säuren des Tricarbonsäurecyclus reversibel. Die Reduktion des Testosterons zu Androstan-diolen wird beim Warmblüter, nicht aber bei Kaltblütern, durch Citrat aktiviert. Androsten-dion kann in der Leber zu Androsteron und dieses zu Androstan-diolen reduziert werden. — Die Leber bevorzugt für die Bindung der Glucuronsäure an Steroide die OH-Gruppe an C-3. Da eine solche im Testosteron nicht vorhanden ist, wird das Testosteron in Androsteron umgewandelt und dann erst an Glucuronsäure gebunden.

von Androsteron, Aetiocholan-3α-ol-17-on und Δ^5-Androsten-3β,17α-diol[6]. Bei der Bebrütung von Dehydroisoandrosteron mit Rattenleberschnitten wurde neben Δ^5-Androsten-3β-17α-diol auch Δ^5-Androsten-3β-16β-17α-triol gebildet[7].

OH O OH
OH
← →
HO HO HO

Δ^5-Androsten-3β,17α-diol — Dehydroisoandrosteron (Δ^5-Androsten-3β-ol,17-on) — Δ^5-Androsten-3β,16β,17α-triol

d) Testosteroninaktivierung und Ribonucleinsäuregehalt der Leberzellen. Während der Inaktivierung des Testosterons kommt es zu Änderungen in der Menge und histologischen Färbbarkeit der Ribonucleinsäuren im Cytoplasma der Leberzellen.

[1] Sweat, M. L., and L. T. Samuels: J. biol. Ch. **173**, 433 (1948). — [2] Sweat, M. L., and L. T. Samuels: J. biol. Ch. **175**, 1 (1948). — [3] Zander, J., u. J. Schmidt-Thomé: Kli. Wo. **1954**, 24. — [4] Samuels, L. T., M. L. Sweat, B. H. Levedahl, M. M. Pottner and M. L. Helmreich: J. biol. Ch. **183**, 231 (1950). — [5] Talalay, P., and M. M. Dobson: J. biol. Ch. **205**, 823 (1953). — [6] Mason, H. L., and E. J. Kepler: J. biol. Ch. **160**, 255 (1945). — [7] Schneider, J. J., and H. L. Mason: J. biol. Ch. **172**, 771 (1948).

Nach Kastration verschwindet die basophile Granulation der Leberzellen[1], um nach Verabreichung von Testosteron wieder aufzutreten. Andererseits hat die Verabreichung sehr hoher Testosterondosen eine Verminderung des Ribonucleinsäuregehalts der Leberzellen, verbunden mit einer Vergrößerung der Gallengänge und des intracellulären Gallengangssystems, zur Folge[2].

e) Testosteroninaktivierung in der geschädigten Leber. Die Fähigkeit Testosteron zu inaktivieren wird durch Eingriffe, die Leberschäden verursachen, im allgemeinen nur wenig betroffen. Die Implantation von Testosteronpropionat in die Milz blieb nicht nur bei den lebergesunden Ratten ohne Wirkung, sondern auch dann, wenn die Leber der Tiere vorher durch CCl_4 oder Nahrungskarenz geschädigt oder die Tiere hypophysektomiert worden waren[3]. Lebern von Ratten konnten bei Mangel an Vitaminen der B-Gruppe zwar Oestrogene nicht mehr entgiften, waren aber noch befähigt, Testosteron zu inaktivieren[4]. Doch scheint die Fähigkeit, überdosierte Testosteronmengen in 17-Ketosteroide zu verwandeln, in der geschädigten Leber vermindert zu sein. Nach Belastung mit Testosteron zeigte die Menge der 17-Ketosteroide in Blut und Harn bei Leberkranken einen geringeren Anstieg als bei Lebergesunden[5] (vgl. a. [6,7]).

Der im Gefolge der Leberschädigung auftretende Hyperoestrogenismus kann, wie oben berichtet, zu einer Hodenatrophie führen, die wiederum eine Verminderung der Testosteronbildung zur Folge hat. Die Ausscheidung der 17-Ketosteroide ist daher bei chronischen Lebererkrankungen vermindert[8,9].

f) Inaktivierung synthetischer androgener Stoffe. 17-Methyltestosteron hat auch bei oraler Verabreichung eine starke Wirkung[10], doch ist dies nicht auf eine Resistenz dieses Stoffes gegen den Abbau in der Leber zurückzuführen. 17-Methyltestosteron wird in der Leber in annähernd gleichem Ausmaß inaktiviert wie körpereigene androgene Stoffe[11]. Methyltestosteron beeinflußt den Leberstoffwechsel anders als Testosteron: Während nach Verabreichung von Methyltestosteron die Menge des Kreatins und des Glykocyamins in Blut und Harn ansteigt[12,13], sinkt sie nach Verabreichung von Testosteron ab[13].

3. Die Inaktivierung des Progesterons.

Progesteron wird im Organismus besonders rasch inaktiviert. Nach Injektion großer Progesterondosen an Ratten waren 5 min nach der Injektion bereits 95% der injizierten Menge aus dem Blut verschwunden[14]. Ebenso wie die Inaktivierung der anderen Steroidhormone erfolgt auch die des Progesterons in der

---

[1] Korenchevsky, V.: J. Path. Bacteriology **52**, 341 (1941). — [2] Nace, P. F.: Endocrinology **51**, 267 (1952). — [3] Grayhack, J. T., and W. W. Scott: Endocrinology **48**, 453 (1951). — [4] Biskind, M. S., and G. R. Biskind: Endocrinology **32**, 97 (1943). — [5] West, C. D., F. H. Tyler, H. Brown and L. T. Samuels: J. clin. Endocrinol. **11**, 897 (1951). — [6] Engstrom, W. W., P. L. Munson, L. Cook and P. J. Costa: J. clin. Endocrinol. **11**, 416 (1951). — [7] Lloyd, C. W., and R. H. Williams: Amer. J. Med. **4**, 315 (1948). — [8] Rupp, J., A. Cantarow, A. E. Rakoff and K. E. Paschkis: J. clin. Endocrinol. **11**, 688 (1951). — [9] Pincus, I. J., A. E. Rakoff, E. M. Cohn and H. Tumen: Gastroenterol., Baltimore **19**, 735 (1951). — [10] Miescher, K., u. E. Tschopp: Schweiz. med. Wschr. **68**, 1258 (1938). — Vest, S. A., and B. Barelare jr.: J. amer. med. Ass. **117**, 1421 (1941). — Eidelsberg, J., and I. Madoff: Amer. J. med. Sci. **202**, 83 (1941). — [11] Biskind, G. R.: Proc. Soc. exp. Biol. Med. **43**, 259 (1940); **46**, 452 (1941). — Burrill, M. W., and R. R. Greene: Endocrinology **31**, 73 (1942). — [12] Samuels, L. T., D. M. Sellers and C. J. McCaulay: J. clin. Endocrinol. **6**, 655 (1946). — Hoberman, H. D., E. A. H. Sims and W. W. Engstrom: J. biol. Ch. **173**, 111 (1948). — [13] Wilkins, L., and W. Fleischmann: J. clin. Invest. **24**, 21 (1945). — [14] Butt, W. R., P. Morris, C. J. O. R. Morris and D. C. Williams: Biochem. J. **49**, 434 (1951).

Leber. In das Mesenterium[1] oder in die Milz[2] implantiertes oder in Form einer Krystallsuspension direkt in die Pfortader injiziertes[3] Progesteron hat daher geringere Wirkung als Progesteron, das subcutan implantiert oder intravenös injiziert worden war. Bei mit Oestrogenen vorbehandelten Kaninchen mußten bei oraler Verabreichung 5mal täglich je 200 mg Progesteron gegeben werden, um die Uteruswirkung zu erzielen, die bei Kontrolltieren durch die täglich 5mal wiederholte Injektion von 0,25 mg Progesteron erhalten worden war[4]. Nach partieller Hepatektomie konnte bei oraler Darreichung schon mit einer 8fach geringeren Dosis die gleiche Wirkung erzielt werden als bei nichtoperierten Kontrolltieren[4]. Auch die anästhesierende Wirkung des Progesterons ist bei partiell hepatektomierten Tieren stärker als bei Normaltieren[5].

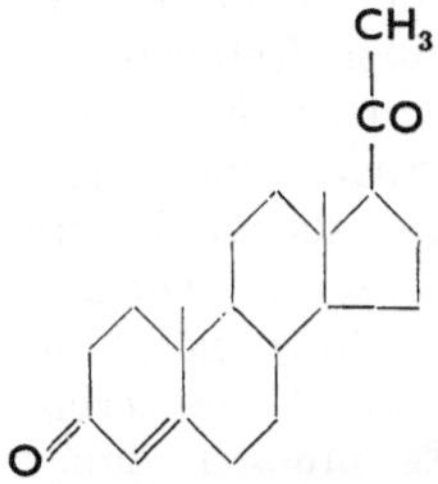

Progesteron 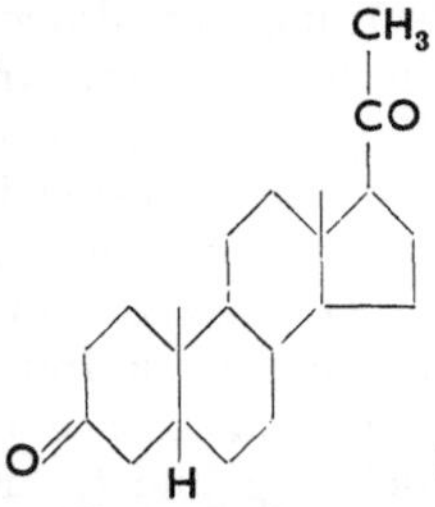 — Pregnandion 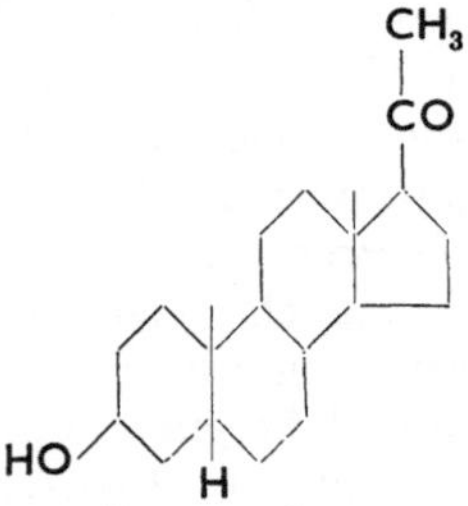 — Pregnanolon 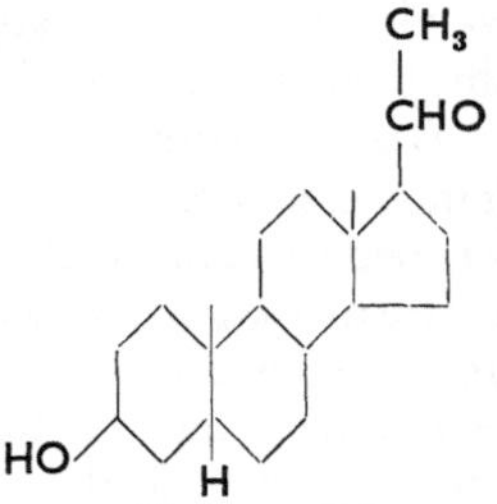 — Pregnandiol

Das Progesteron wird in der Leber, aber auch in anderen Organen zu Pregnandiolen[6,7] bzw. Pregnanolonen[8,9] reduziert und mit der bei C-3 entstandenen HO-Gruppe Glucuronsäure gebunden. Das Lebergewebe kann die Reduktion der Ketogruppe und der Doppelbindung im Lebergewebe auch in vitro durchführen[9,10]. Bei der Einwirkung von Leberschnitten auf Progesteron entstand neben allo-Pregnan-3α-ol-20-on, vielleicht als Zwischenprodukt dieses Reduktionsvorganges, auch allo-Pregnan-3,20-dion[9].

Die Reduktion des Progesterons in vitro wird durch Zusatz von Diphosphopyridinnucleotid oder vorausgehende Bebrütung mit Nicotinsäureamid[9] aktiviert. Als Wasserstoffdonatoren für diese Reduktion können Substanzen dienen, die durch DPN-haltige Dehydrogenasen oxydiert werden. Zusatz von Citrat förderte die Reduktion des Progesterons durch Leberschnitte[10]; AMP, ATP, Fumarat, Ketoglutarat, Malat und Succinat blieben ohne Wirkung[9].

Bei der Reduktion der beiden Ketogruppen und der Doppelbindung im A-Ring können zahlreiche Stereoisomere entstehen; im Harn von Schwangeren sind neben Pregnan-3,20-dion und allo-Pregnan-3,20-dion auch Pregnan-3α-ol-20-on, allo-Pregnan-3α-ol-20-on, allo-Pregnan-3β-ol-20-on sowie Pregnan-3α-20α,diol, Pregnan-3β,20α-diol, allo-Pregnan-3α,20α-diol und allo-Pregnan-3β,20α-diol und schließlich auch Pregnan-3α-ol aufgefunden worden[11]. Je nach den Versuchsbedingungen werden bevorzugt Pregnan(5β)- oder allo-Pregnan(5α)-Verbindungen gebildet. Während das Verhältnis von Pregnandiol zu allo-Pregnandiol im Harn schwangerer Frauen[12] und mit Progesteron behandelter Versuchspersonen[7] etwa

[1] Kochakian, C. D., A. L. Haskins jr. and R. A. Bruce: Amer. J. Physiol. **142**, 326 (1944). — [2] Dosne, C.: Cancer Res. **4**, 512 (1944). — Férin, J., et C. Mertens: C. R. Soc. Biol. **140**, 800 (1946). — [3] Engel, P.: Endocrinology **38**, 215 (1946). — [4] Masson, G., et M. M. Hoffman: Endocrinology **37**, 111 (1945). — [5] Selye, H.: J. Pharmacol. exp. Therap. **71**, 236 (1941). — Selye, H., and H. Stone: J. Pharmacol. exp. Therap. **80**, 386 (1944). — [6] Venning, E. H., and J. S. L. Browne: Endocrinology **21**, 711 (1937). — [7] Kyle, T. I., and G. F. Marrian: Biochem. J. **49**, 162 (1951). — [8] Dorfman, R. I., E. Ross and R. A. Shipley: Endocrinology **42**, 77 (1948). — [9] Taylor, W.: Biochem. J. **56**, 463 (1954). — [10] Wiswell, J. G.: J. clin. Endocrinol. **11**, 765 (1951). — Wiswell, J. G., and L. T. Samuels: J. biol. Ch. **201**, 155 (1953). — [11] Samuels, L. T., and C. D. West: Vitamins & Hormones **10**, 251 (1952). — [12] Kyle, T. L., and G. F. Marrian: Biochem. J. **49**, 80 (1951).

30:1 betrug, bildet die Leber in vitro bei der Hydrogenierung der Δ^4-Doppelbindung des Progesterons vor allem 5α-Verbindungen. Bei der Bebrütung von Schnitten und Homogenaten von Rattenleber mit Progesteron konnten in relativ großer Ausbeute allo-Pregnandion und allo-Pregnan-3α-ol-20-on gewonnen werden[1]. Ebenso bildeten Leberschnitte aus 11-Desoxycorticosteron Derivate des allo-Pregnans (= 5α-Pregnan)[2], Derivate des 5α-Pregnans entstanden auch in der überlebenden Rattenleber bei der Durchströmung mit Cortison[3]. Das bei der Reduktion der C(20)-Ketogruppe des Progesterons entstehende Hydroxyl steht meist in α-Stellung[4]. Die Stellung der HO-Gruppe am C-Atom 3 in den in der Leber entstehenden 3-Oxysteroiden kann verschieden sein. Bei der Reduktion von Desoxycorticosteron[2] und Cortison[3] durch Leberschnitte entstanden sowohl 3α- als auch 3β-Oxysteroide[2]. Bei der Bebrütung von Progesteron mit Leberschnitten wurde als eines der Hauptprodukte 3α-allo-Pregnanolon festgestellt[1].

Das im Harn ausgeschiedene Pregnandiolglucuronid entspricht nur einem kleinen Teil der im Organismus des Menschen entstandenen Progesteronmenge. Von per os verabreichtem Pregnandiolglucuronid wurde weniger als die Hälfte im Harn ausgeschieden[5]. Manche Tierarten (Affe, Katze, Kaninchen) scheiden nach Progesteronverabreichung weder gebundenes noch freies Pregnandiol im Harn aus[6]. Andererseits wird Pregnandiolglucuronid nicht nur aus Progesteron, sondern zum Teil auch aus Corticosteroiden gebildet. Es müssen daher auch andere, heute noch unbekannte Abbauwege des Progesterons vorhanden sein.

Ein großer Teil der Abbauprodukte des Progesterons geht aus der Leber direkt in die Galle über[7]. Aus der Galle trächtiger Kühe konnten Pregnan-3-ol-20-on und Pregnandiol in einer Menge von 0,5—20 mg/l nachgewiesen werden[8]. Nach Injektion von C(21)-^{14}C-Progesteron schieden Mäuse die Hauptmenge der Radioaktivität im Stuhl in Form eines neutralen Steroids aus, das weder Pregnandiol noch Progesteron war[9,10]. Wurde der Gallengang abgebunden, so erschien das radioaktive Isotop im Harn[11]. Nach Verabreichung von 500 mg Progesteron konnte in der Galle eines Menschen mit Gallenfistel Pregnandiol, nicht aber Progesteron nachgewiesen werden[7]. Bei einem Teil des Progesterons erfolgt der Abbau oxydativ unter Abspaltung der Seitenkette, denn ein Teil des als C(21) in das Progesteron eingebauten Isotops wurde als CO_2 ausgeatmet[9]. Nach Injektion von Progesteron schieden Leberkranke nicht weniger, sondern mehr Pregnandiol im Harn aus, woraus hervorgeht, daß in diesen Fällen der Endabbau des Pregnandiols und seine Ausscheidung in der Galle stärker betroffen waren als seine Bildung aus Progesteron[12].

Auch Schnitte von Ratten- und Kaninchenleber bauten zugesetztes Pregnandiol rasch ab. Der Abbau erfordert O_2 und erfolgt nicht in N_2. Cyanide haben keine hemmende Wirkung[13].

---

[1] Taylor, W.: Biochem. J. **56**, 463 (1954). — [2] Schneider, J. J., and P. M. Horstmann: J. biol. Ch. **191**, 327 (1951). — Schneider, J. J.: J. biol. Ch. **199**, 235 (1952). — [3] Caspi, E. Y., H. Levy and O. M. Hechter: Arch. Biochem. **45**, 169 (1953). — [4] Ungar, F., R. I. Dorfman, R. M. Stecher and P. J. Vignos jr.: Endocrinology **49**, 440 (1951). — [5] Hamblen, E. C., W. K. Cuyler and D. V. Hirst: Endocrinology **27**, 172 (1940). — [6] Westphal, U., and C. L. Buxton: Proc. Soc. exp. Biol. Med. **42**, 749 (1939). — Marker, R. E., and C. G. Hartman: J. biol. Ch. **133**, 529 (1940). — [7] Rogers, J., and F. McLellan: J. clin. Endocrinol. **11**, 246 (1951). — [8] Pearlman, W. H., and E. Cerceo: J. biol. Ch. **176**, 847 (1948). — [9] Gallagher, T. F., D. K. Fukushima, M. C. Barry and K. Dobriner: Recent Progr. Hormone Res. **6**, 131 (1951). — [10] Riegel, B., W. L. Hartrop and G. W. Kittinger: Endocrinology **47**, 311 (1950). — [11] Elliot, W. H., E. A. Doisy jr., B. C. Bocklage, F. N. H. Sharr, S. A. Thayer, P. M. Hyde and E. A. Doisy: 12. Int. Congr. Chem. New York. S. 105. 1951. — [12] Paschkis, K. E., A. Cantarow and W. P. Havens jr.: Fed. Proc. **10**, 101 (1951). — [13] Grant, J. K., and G. F. Marrian: Biochem. J. **47**, 497 (1950).

Während der Lutealphase des intermenstruellen Cyclus und im ersten Teil der Schwangerschaft wird ein relativ großer Prozentsatz des von der Leber umgesetzten Gesamtprogesterons in Pregnandiolglucuronid übergeführt. Bei Atrophie des Endometriums oder Hysterektomie wurde dagegen nur ein geringer Anteil injizierten Progesterons in Pregnandiolglucuronid umgewandelt[1]. Daß jedoch für die Umwandlung des Progesterons in Pregnandiolglucuronid das Vorhandensein des Endometriums nicht wesentlich ist[1-3], geht daraus hervor, daß auch Männer nach Injektion von Progesteron Pregnandiolglucuronid ausscheiden[4].

4. Inaktivierung der Corticosteroide.

Die Inaktivierung der einzelnen Corticosteroide erfolgt auf verschiedenen Wegen, und es scheint, daß die Leber an der Zerstörung dieser Hormone in verschiedenem Ausmaß beteiligt ist. Um bei ADDISONscher Erkrankung eine Wirkung zu erzielen, müssen Nebennierenextrakte bei oraler Darreichung in 3—4fach größerer Dosis gegeben werden als bei parenteraler Applikation[5]. Bei der Implantation von Nebennierenrindengewebe in die Milz wird seine endokrine Wirkung stark abgeschwächt, doch erfolgt die Inaktivierung der Rindenhormone in der Leber auch dann nicht restlos, und ein Rest ihrer Wirkung bleibt auch bei der Implantierung in die Milz erhalten[6,7].

Das Desoxycorticosteron (Δ^4-Pregnen-21-ol-3,20-dion) gehört zu den Steroiden, die in der Leber weitgehend inaktiviert werden[8,9]. Dies geht aus seiner geringen Wirksamkeit bei oraler Verabreichung[10] und aus der größeren anästhesierenden Wirkung von Desoxycorticosteronacetat bei fehlender Leber[7] hervor. Entgegen älteren Untersuchungen[11] wirkt im Pfortadergebiet implantiertes synthetisches Desoxycorticosteron schwächer als bei Implantation in die Subcutis[9].

Ein Teil des Desoxycorticosterons wird in Pregnandiole umgewandelt und als Pregnandiolglucuronid ausgeschieden. Verabreichung von Desoxycorticosteron führt beim Menschen und bei einer Reihe von Tierarten zu einer Steigerung der Pregnandiolausscheidung[12]. Überlebende Leberschnitte von Ratten reduzierten das Carbonyl am C_3 und die Doppelbindung im A-Ring, deren Vorhandensein für die Wirksamkeit des Hormons notwendig ist[13,14]. Schnitte von Niere und Zwerchfell zeigten in dieser Hinsicht nur geringe und Nebennierenrindenschnitte nur minimale Wirkung[14]. Auch die mit Perjodat nachweisbare Seitenkette der Corticosteroide wird hauptsächlich von der Leber, und zwar wahrscheinlich durch ein anderes Fermentsystem, reduziert[14]. Desoxycorticosteron, das nur eine geringe

[1] MÜLLER, H. A.: Kli. Wo. **1940**, 318. — [2] BURTON, C. L.: Amer. J. Obstet. Gynec. **40**, 202 (1940). — [3] JONES, G. E. S., and R. W. TELINDE: Amer. J. Obstet. Gynec. **41**, 682 (1941). — [4] VENNING, E. H., and J. S. L. BROWNE: Endocrinology **27**, 707 (1940). — [5] THORN, G. W., K. EMERSON jr. and H. EISENBERG: Endocrinology **23**, 403 (1938). — [6] EVERSOLE, W. J., A. EDELMANN and R. GAUNT: Anat. Rec. **76**, 271 (1940). — [7] SELYE, H.: J. Pharmacol. exp. Therap. **71**, 236 (1941). — [8] EVERSOLE, W. J., and R. GAUNT: Endocrinology **32**, 51 (1943). — BURRILL, M. W., and R. R. GREENE: Endocrinology **30**, 142 (1942). — [9] GREEN, D. M.: Endocrinology **43**, 325 (1948). — [10] KUIZENGA, M. H., J. W. NELSON and G. F. CARTLAND: Amer. J. Physiol. **130**, 298 (1940). — Vgl. a. FRAENKEL-CONRAT, H. L.: Proc. Soc. exp. Biol. Med. **51**, 300 (1942). — [11] MARK, J.: Endocrinology **31**, 582 (1942). — [12] CUYLER, W. K., C. ASHLEY and E. C. HAMBLEN: Endocrinology **27**, 177 (1940). — WESTPHAL, U.: H. **273**, 13 (1942). — HOFFMAN, M. M., V. E. KAZMIN and J. S. L. BROWNE: J. biol. Ch. **147**, 259 (1943). — FISH, W. R., B. N. HORWITT and R. I. DORFMAN: Science, N.Y. **97**, 227 (1943). — HORWITT, B. N., R. I. DORFMAN, R. A. SHIPLEY and W. R. FISH: J. biol. Ch. **155**, 213 (1944). — [13] HEARD, R. D. H.: Pincus-Thimann, Hormones Bd. I, S. 594. — [14] SCHNEIDER, J. J., and P. M. HORSTMANN: J. biol. Ch. **191**, 327 (1951). — SCHNEIDER, J. J.: J. biol. Ch. **199**, 235 (1952).

androgene Wirkung hat[1], wird in der Leber nicht in 17-Ketosteroide umgewandelt[2]. Dagegen können Leberschnitte, ähnlich wie Nebennierenrinde und andere Gewebe, in Gegenwart von Insulin, Ascorbinsäure und Vitamin B-Komplex aus Desoxycorticosteron am C-Atom 11 oxydierte Steroide bilden[3]. In analoger Weise wandeln Homogenate aus Leber und Niere (nicht aber aus Herz und Gehirn) die Verbindung S (17-Oxy-11-desoxycorticosteron) in die Verbindung F (17-Oxycorticosteron) um[4].

Cortison (Δ^4-Pregnen-17α,21-diol-3,11,20-trion) wird von Schnitten aus Leber, Milz und Niere, nicht aber durch Blutserum oder durch Schnitte von Gehirn und Muskel inaktiviert[5]. Leberschnitte waren annähernd 3mal so wirksam wie Nierenschnitte, die Wirksamkeit von Schnitten anderer Organe war nur minimal[6]. Der Abbau der Corticosteroide erfolgt durch mehrere miteinander konkurrierende Fermentsysteme; außer Pregnandiol werden daher zahlreiche andere Pregnanderivate im Harn ausgeschieden, diejenigen Corticoide, die am C-17 eine OH-Gruppe tragen, werden zum Teil in 17-Ketosteroide umgewandelt. In

Tabelle 69. Abbau verschiedener Nebennierenrindenhormone durch Schnitte von Rattenleber. Die Zahlen geben die Anzahl von γ des Steroids, das von 1 mg feuchter Leberschnitten unter vergleichbaren Bedingungen inaktiviert wurde[6]. Gemessen wurde die Ultraviolettabsorption der konjugierten Doppelbindungen im A-Ring.

	11-Desoxy-	11-Oxy-	11-Keto-
	Steroide		
17-Desoxy-	11-Desoxy-corticosteron **2,1**	Corticosteron	11-Dehydro-corticosteron (Compound A) **2,9**
17-Oxy-	11-Desoxy-17-oxy-corticosteron (Compound S) **2,0**	17-Oxy-corticosteron (Compound F) **2,6**	11-Dehydro-17-oxy-corticosteron *Cortison* (Compound E) **2,8**

Leberschnitten erfolgt die Reduktion des konjugierten, ungesättigten Systems bei C-3 im allgemeinen rascher als der Abbau der Seitenkette. Die Geschwindigkeit, mit der die wichtigsten Corticosteroide von der Leber abgebaut werden, zeigt die vorstehende Tabelle 69 (s.[6]).

Aus der Tabelle geht hervor, daß die sog. Mineralcorticosteroide (11-Desoxycorticosteron und Compound S) in der Leber langsamer abgebaut werden als die vorwiegend auf den Kohlenhydratstoffwechsel wirksamen, bei C-11 eine O-haltige Gruppe enthaltenden Corticosteroide. Cortison und 17-Oxycorticosteron werden vom Menschen mit Hepatitis und Lebercirrhose meist in größerer Menge ausgeschieden als von Lebergesunden[7], während sich die Ausscheidung der 17-Keto-

[1] Greene, R. R., and M. W. Burrill: Proc. Soc. exp. Biol. Med. **43**, 382 (1940). — Paschkis, K. E.: Proc. Soc. exp. Biol. Med. **46**, 336 (1941). — Zarrow, M. X., F. L. Hisaw and F. Bryans: Endocrinology **46**, 403 (1950). — [2] Cuyler, W. K., D. V. Hirst, J. M. Powers and E. C. Hamblen: J. clin. Endocrinol. **2**, 373 (1942). — [3] Seneca, H., E. Ellenbogen, E. Henderson, A. Collins and J. Rockenbach: Science, N. Y. **112**, 524 (1950). — [4] Kahnt, F. W., and A. Wettstein: Helv. **34**, 1790 (1951). — [5] Louchart, J., and J. W. Jailer: Proc. Soc. exp. Biol. Med. **79**, 393 (1952). — [6] Schneider, J. J., and P. M. Horstmann: J. biol. Ch. **196**, 629 (1952). — [7] Bongiovanni, A. M., and W. J. Eisenmenger: J. clin. Endocrinol. **11**, 152 (1951). — Ruppel, W., and L. Weissbecker: Acta endocrinol., København **10**, 29 (1952). — Brückel, K. W., H. J. Hübener, G. Meyerheim u. G. Liersch: Kli. Wo. **1954**, 21.

steroide gleichzeitig verringert[1]. Die in der Therapie vielfach verwendeten Ester von Steroidhormonen (Testosteronpropionat, Desoxycorticosteronacetat, Cortisonacetat, Oestradiolbenzoat) werden von Homogenaten von Leber und Niere aufgespalten[2]. Die Steroidesterase der Rattenleber ist von der Tributyrase und von der Cholinesterase verschieden[2].

γ) Inaktivierung N-haltiger Hormone in der Leber.

Während die Steroidhormone sämtlich in mehr oder weniger erheblichem Ausmaß in der Leber inaktiviert werden, verhalten sich die N-haltigen Hormone in dieser Hinsicht verschieden. Thyroxin und Adrenalin können, da sie Phenolgruppen enthalten, von der Leber direkt an Glucuronsäure oder Schwefelsäure gebunden werden. Auch das Insulin wird, wenigstens zum Teil, in der Leber zerstört. Von den Hypophysenhormonen werden einige wie ACTH und Vasopressin von der Leber abgebaut; auf andere, wie das thyreotrope Hormon und die Gonadotropine, scheint die Leber keine erhebliche Wirkung zu haben. Über den Stoffwechsel der übrigen Proteinhormone ist noch so wenig bekannt, daß über die Rolle, die die Leber bei ihrem Abbau spielt, noch nichts ausgesagt werden kann.

1. Inaktivierung von Adrenalin.

Das rasche Verschwinden des Adrenalins aus der Blutbahn beruht teils auf einen Abbau des Adrenalinmoleküls, teils auf der Bindung der phenolischen Hydroxylgruppen als Schwefelsäureester[3,4] oder Glucuronid[5,6]. Sowohl Bindung als auch Abbau des Adrenalins erfolgen vornehmlich in der Leber. Wird Adrenalin per os verabreicht oder in das Pfortadersystem injiziert, so ist der extrahepatische Teil seiner Wirkung erheblich abgeschwächt[7]. Die adrenalinzerstörende Wirkung von Leberbrei wird durch Salicylate gehemmt[8].

Es scheint, daß der Abbau des Moleküls den normalen Weg darstellt, auf dem die Leber physiologische Adrenalinmengen inaktiviert, größere Mengen exogenen Adrenalins werden hingegen durch Bindung an Sulfat oder Glucuronsäure entgiftet. Nach intravenöser Injektion kleiner Mengen von Adrenalin, das an der CHOH-Gruppe mit ^{14}C markiert war, wurde gebundenes Adrenalin im Harn nur in Spuren (Ratten) oder überhaupt nicht (Kaninchen) ausgeschieden[9], bei Verabreichung größerer Mengen erschien ein erheblicher Teil in gebundener Form im Harn[9].

Ob das überschüssige Adrenalin bei der Inaktivierung in der Leber an Sulfat oder an Glucuronsäure gebunden wird, ist je nach Tierart und Ernährungsverhältnissen verschieden. Von Menschen in großen Dosen (15—20 mg) per os eingenommenes Adrenalin wurde bis zu 70% als Schwefelsäureester ausgeschieden[3,4,10]. Die Bindung erfolgte an einem der phenolischen Hydroxyle[3,11]. Kaninchen schieden per os verabreichtes D-Adrenalin zu etwa 21% als Glucuronid aus[5].

---

[1] BUTT, H. R., M. W. COMFORT, M. H. POWER and H. L. MASON: J. Lab. clin. Med. **37**, 870 (1951). — [2] DIRSCHERL, W., u. U. DARDENNE: B. Z. **325**, 195 (1953/54). — [3] RICHTER, D.: J. Physiol., London **98**, 361 (1940). — [4] RICHTER, D., and F. C. MACINTOSH: Amer. J. Physiol. **135**, 1 (1941). — [5] DODGSON, K. S., G. A. GARTON and R. T. WILLIAMS: Biochem. J. **41**, L (1947). — [6] CLARK, W. G., R. I. AKAWIE, R. S. POGRUND and T. A. GEISSMAN: J. Pharmacol. exp. Therap. **101**, 6 (1951). — [7] CARRASCO-FORMIGUERA, R.: Amer. J. Physiol. **129**, P 330 (1940). — [8] BORIANI, A.: Arch. ital. Med. sperim. **2**, 1 (1938). — [9] SCHAYER, R. W.: J. biol. Ch. **192**, 875 (1951). — [10] DACHMANN, W. B.: Proc. Soc. exp. Biol. Med. **54**, 335 (1943). — [11] BHAGVAT, K., and D. RICHTER: Biochem. J. **32**, 1397 (1938). — RICHTER, D.: Biochem. J. **32**, 1763 (1938).

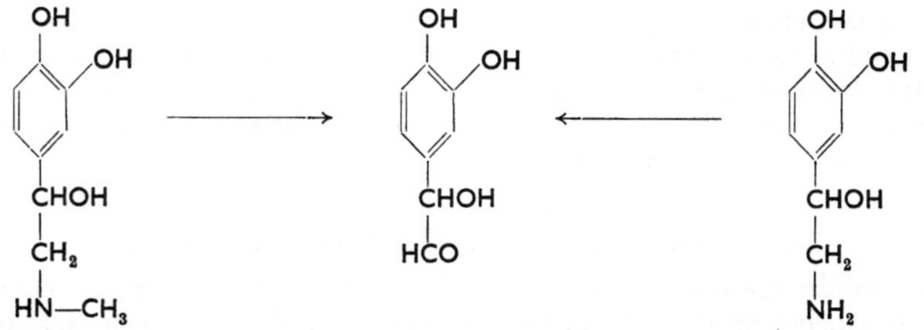

Adrenalin → Dioxyphenylglykolaldehyd ← Noradrenalin

Wurde Ratten Adrenalin verabreicht, das an der Methylgruppe ^{14}C enthielt, so erschien ein erheblicher Teil der Radioaktivität als CO_2 in der Atemluft[1]. Dagegen wurde nach Verabreichung von Adrenalin, das an der CHOH-Gruppe (β-C-Atom) mit ^{14}C markiert war, das gesamte radioaktive ^{14}C im Harn ausgeschieden. Daraus geht hervor, daß ein Teil des Adrenalins zwischen CHOH- und Methylgruppe aufgespalten und die Methylgruppe zu CO_2 oxydiert wird, während der den aromatischen Rest enthaltende Anteil in den Harn übergeht. Auch dieser Anteil ist nicht einheitlich: Bei der papierchromatographischen Untersuchung des Harns konnten nach Verabreichung von β-^{14}C-Adrenalin fünf verschiedene radioaktive Fraktionen nachgewiesen werden[2].

Noradrenalin wird in der Leber langsamer inaktiviert als Adrenalin[3]. Die Aminooxydase der Leber oxydiert Noradrenalin unter Abspaltung von NH_3 zu Dioxyphenylglykolaldehyd. Aus Adrenalin wird in analoger Weise Methylamin abgespalten[4,5]. Das Cytochromoxydasesystem oxydiert Adrenalin zu Adreno-

Tabelle 70. Die Oxydation von Adrenalin und einigen anderen Aminen durch Extrakte verschiedener Gewebe. Die unter vergleichbaren Bedingungen hergestellten Gewebsextrakte wurden mit den betreffenden Aminen 1 Std lang bebrütet und ihr O_2-Verbrauch gemessen. Die in der Tabelle angegebenen Zahlen geben den Mehrverbrauch an O_2 in cm^3 nach Zusatz des betreffenden Amins. Die Leerwerte in der letzten Vertikalkolonne zeigen den O_2-Verbrauch der Extrakte[6].

		Adrenalin	Sympatol	Tyramin	iso-Amylamin	Leerwert
Meerschweinchen .	Leber	264	202	462	228	22
	Darm	170	131	306	85	29
	Gehirn	25	14	73	44	15
	Niere	76	45	135	56	3
Ratte	Leber	105	63	252	92	47
	Niere	65	6	37	12	23
	Lunge	35	16	84	42	20
Schwein	Leber	50	57	126	119	7
	Gehirn	14	7	29	29	3
Taube	Leber	67	33	155	99	13
	Darm	43	36	75	29	7
Frosch	Leber	23	31	167	76	15
	Darm	7	7	2	15	3

[1] SCHAYER, R. W.: J. biol. Ch. **192**, 875 (1951). — [2] SCHAYER, R. W.: J. biol. Ch. **189**, 301 (1951). — [3] WEST, G. B.: Brit. J. Pharmacol. **3**, 189 (1948). — [4] RICHTER, D.: Biochem. J. **31**, 2022 (1937). — BLASCHKO, H., D. RICHTER and H. SCHLOSSMANN: J. Physiol., London **89**, 6P, 39P (1937); **90**, 1 (1937). — [5] BONDY, P. K.: Proc. Soc. exp. Biol. Med. **77**, 638 (1951). — [6] BLASCHKO, H., D. RICHTER and H. SCHLOSSMANN: Biochem. J. **31**, 2187 (1937).

chrom[1]. Die Rolle, die die in der Leber (und in geringerer Menge in vielen anderen Organen) von Schwein, Meerschweinchen, Schaf und Rind nachweisbaren Phenolasen[2] bei der Inaktivierung des Adrenalins spielen, ist nicht klar.

Die Inaktivierung des Adrenalins ist nur eine Teilfunktion der Enzymsysteme, die die Leber zur Entgiftung von Phenolen und Aminen bereithält. Ebenso wie Adrenalin und Noradrenalin entgiftet die Leber auch körperfremde, dem Adrenalin verwandte Stoffe durch Bindung der phenolischen OH-Gruppe an Glucuronsäure oder Schwefelsäure[3]. Ähnlich wie Adrenalin und Noradrenalin werden auch einzelne adrenalinähnliche Alkaloide sowie zu therapeutischen Zwecken verabreichte sympaticomimetische Amine und durch die Wirkung der Darmbakterien entstandene Decarboxylierungsprodukte der Aminosäuren durch die Aminooxydase der Leber aufgespalten (vgl. Tabelle 70).

2. Das Thyroxin im Leberstoffwechsel.

a) Abbau und Bindung von Thyroxin. Bei der Regulierung der im Blut zirkulierenden Thyroxinmenge scheint die Leber eine besonders wichtige Rolle zu spielen. Große Dosen von Thyroxin hatten bei thyreoektomierten Ratten eine stärkere Wirkung auf die Pulsfrequenz, wenn an den Tieren vorher eine subtotale Hepatektomie vorgenommen worden war. Kleine Thyroxindosen, die etwa der normalen endogenen Thyroxindosis entsprachen, hatten bei hepatektomierten und nicht hepatektomierten Ratten dagegen die gleiche Wirkung. Auch die Vermehrung der endogenen Thyroxinproduktion durch Verabreichung von thyreotropem Hormon hatte bei hepatektomierten Ratten einen weit größeren Effekt auf die Schlagfrequenz des Herzens als bei Normaltieren. Es scheint also, als ob die Leber überschüssige Thyroxinmengen besonders rasch inaktiviert und dadurch Steigerungen der Thyroxinproduktion teilweise ausgleichen kann[4].

Ins Blut injiziertes Thyroxin wird von der Leber rasch aufgenommen, so daß 36 Std nach Verabreichung von isotopenmarkiertem Thyroxin in der Leber mehr von dem Isotop enthalten war als im ganzen übrigen Organismus[5–7]. In der Leberzelle verteilt sich das Thyroxin auf die Fraktion der Zellkerne, auf Mitochondrien und die überstehende mikrosomenhaltige Flüssigkeit im Verhältnis von 18:23:57, wobei etwa die Hälfte des in der Flüssigkeit enthaltenen Thyroxins auf die Mikrosomen entfällt[8]. Versuche, in denen Thyreoideagewebe präportal implantiert wurde, zeigten, daß ein mehr[9,10] oder weniger[11] großer Teil der vom Thyreoideagewebe gebildeten Hormonmenge in der Leber inaktiviert wird.

Während in physiologischen Dosen verabreichtes ^{131}J-Jodid und ^{131}J-Dijodtyrosin vorwiegend im Harn ausgeschieden wurden, erschien in physiologischen Dosen gegebenes ^{131}J-Thyroxin im Lebergewebe und im Inhalt des Magen-Darmkanals[12]. Nach Injektion größerer Mengen von ^{131}J-L-Thyroxin konnte in der Galle von Ratten und Hunden eine J-Verbindung (sog. Compound U) nachgewiesen

[1] Green, D. E., and D. Richter: Biochem. J. **31**, 596 (1937). — [2] Bhagvat, K., and D. Richter: Biochem. J. **32**, 1397 (1938). — Richter, D.: Biochem. J. **32**, 1763 (1938). J. Physiol. London **98**, 361 (1940). — [3] Beyer, K. H., and S. H. Shapiro: Amer. J. Physiol. **144**, 321 (1945). — [4] Kendall, E. C.: Endocrinology **3**, 156 (1919). — Kellaway, P. E., H. E. Hoff and C. P. Leblond: Endocrinology **36**, 272 (1945). — [5] Albert, A., and F. R. Keating jr.: Endocrinology **51**, 427 (1952). — [6] Albert, A., and F. R. Keating: J. clin. Endocrinol. **9**, 1406 (1949). — [7] Myant, M. B., and E. E. Pochin: Clin. Sci. **9**, 421 (1950). — [8] Lipner, H. J., S. B. Barker and T. Winnick: Endocrinology **51**, 406 (1952). — [9] Gabe, M., et L. Arvy: Exper. **3**, 193 (1947). — [10] Hamolsky, M. W., and Z. S. Gierlach: Proc. Soc. exp. Biol. Med. **80**, 288 (1952). — [11] Bondy, P. K.: Proc. Soc. exp. Biol. Med. **77**, 638 (1951). — [12] Johnson, H. W., and A. Albert: Endocrinology **48**, 669 (1951). — Joliot, F., R. Courrier, A. Horeau et P. Süe: Cr. **218**, 769 (1944).

werden, die bei der Hydrolyse mit $Ba(OH)_2$ Thyroxin ergab[1]. Diese, in der Galle vorhandene Thyroxinverbindung wird beim Durchgang durch den Darm zum Teil aufgespalten, im Stuhl konnte daher freies Thyroxin nachgewiesen werden. Die Tatsache, daß die Verbindung von β-Glucuronidase, nicht aber von peptidspaltenden Fermenten hydrolysiert wird, macht es wahrscheinlich, daß die Phenolgruppe des Thyroxins in dieser Verbindung an Glucuronsäure gebunden ist[2]. Dies geht auch daraus hervor, daß nach Verabreichung von Thyroxin, das in der COOH-Gruppe mit ^{14}C markiert war, durch Ninhydrin alles in der Galle enthaltene ^{14}C als CO_2 freigesetzt wird. Da Ninhydrin aus Aminosäuren nur dann CO_2 abspaltet, wenn sowohl die Carboxyl- als auch die Aminogruppe frei sind, ist das mit der Galle ausgeschiedene Thyroxin nicht peptidartig gebunden[3].

Versuche, in denen anorganisches ^{131}J Ratten injiziert wurde, haben gezeigt, daß auch das endogene, aus dem verabreichten ^{131}J-Jodid entstandene Thyroxin in gleicher Form (d. i. als „Compound U") in der Galle ausgeschieden wird[2]. Die gleiche Verbindung wurde auch in Leberschnitten, nicht aber in Leberhomogenaten gebildet. Nierenschnitte erwiesen sich nur als schwach wirksam, Schnitte aus Herz, Zwerchfell, Milz und Hirn bildeten kein Thyroxinglucuronid[2].

Die Fähigkeit der Leber, Thyroxin an Glucuronsäure zu binden, ist jedoch beschränkt. Nach Injektion großer Dosen von ^{131}J-Thyroxin wurde die Hauptmenge des ^{131}J in Form von unverändertem Thyroxin in der Galle ausgeschieden, ebenso erscheint injiziertes Thyroxin in der ersten Zeit nach der Injektion zunächst vor allem in gebundener und erst später in freier Form in der Galle[4]. Die Reabsorption des in der Galle ausgeschiedenen Thyroxins ist nur gering. Nach intravenöser Injektion von 800 γ mit ^{131}J-markiertem Thyroxin an Ratten wurden 70% der verabreichten Radioaktivität innerhalb von 24 Std im Stuhl wiedergefunden[5]. Nach Injektion von 1300 γ Thyroxin wurden in 6 Tagen 85% des darin enthaltenen Jods im Stuhl ausgeschieden[6].

Neben der Möglichkeit, Thyroxin in freier Form oder als Glucuronid auszuscheiden, verfügt der Organismus auch über Fermentsysteme, die Thyroxin auf verschiedenen Wegen (z. B. durch Decarboxylierung oder Desaminierung) abbauen. Nach subcutaner Injektion von Thyroxin, das in der Carboxylgruppe mit ^{14}C markiert war, schieden Ratten innerhalb von 12 Std 31% des ^{14}C aus, 20% davon waren in der Galle, 10% im ausgeatmeten CO_2 und nur 1% im Harn (wahrscheinlich in der CO-Gruppe des Harnstoffes) enthalten[3].

Bei jodierten Tyrosinen ist die Bindung des Jods an den Tyrosinrest reversibel: Außer Thyreoideaschnitten können auch die Schnitte von Leber, Darm und Niere, nicht aber die Schnitte anderer Organe Jod aus Mono- und Dijodtyrosin abspalten. Bei der Bebrütung von Dijodtyrosin mit Schnitten von Rattenleber und Rattenniere entstanden neben anderen Spaltungsprodukten anorganisches Jodid, Dijodoxyphenyllactat und Dijodoxyphenylpyruvat. Homogenate dieser Organe hatten nur eine geringe Wirkung, bildeten aber nach Zusatz von Pyruvat und Ketoglutarat größere Mengen von Dijodoxyphenylpyruvat[7]. L-3,5,3'-Trijodthyronin wird durch die Leber rasch zerstört, es wird teilweise desaminiert, teilweise als

[1] TAUROG, A., F. N. BRIGGS and I. L. CHAIKOFF: J. biol. Ch. **191**, 29 (1951). — [2] TAUROG, A., F. N. BRIGGS and I. L. CHAIKOFF: J. biol. Ch. **194**, 655 (1952). — [3] KLITGAARD, H. M., H. J. LIPNER, S. B. BARKER and T. WINNICK: Endocrinology **52**, 79 (1953). — [4] MONROE, R. A., and C. W. TURNER: Missouri agric. Exp. Stat. Res. Bull. Nr. 446, S. 76 (1949). — MONROE, R. A., and C. W. TURNER: Amer. J. Physiol. **154**, 1 (1948). — [5] GROSS, J., and C. P. LEBLOND: J. biol. Ch. **171**, 309 (1947); **184**, 489 (1950). — [6] KRAYER, O.: A. e. P. P. **128**, 116 (1928). — Vgl. a. ASIMOV, G., u. E. ESTRIN: Z. ges. exp. Med. **76**, 380 (1931). — [7] TONG, W., A. TAUROG and I. L. CHAIKOFF: J. biol. Ch. **207**, 59 (1954).

Glucuronid mit der Galle ausgeschieden[1]. Aus Thyroxin scheint das Jod durch Schilddrüse oder Leber nur schwer abgespalten werden zu können[2].

Verschiedene Tierarten inaktivieren Thyroxin mit verschiedener Geschwindigkeit: besonders rasch verläuft die Thyroxin-Inaktivierung beim Hund[3]. Andauernde Behandlung mit Schilddrüsensubstanz bei Versuchstieren und wahrscheinlich auch hyperthyreoide Zustände beim Menschen führen zu einer adaptiven Steigerung der Wirkung thyroxinzerstörender Fermentsysteme in Leber, Darm und anderen Geweben[4].

b) Die Wirkung von Thyroxin auf den Leberstoffwechsel. Durch die allgemein stoffwechselsteigernde Wirkung des Thyroxins wird die Leber besonders stark betroffen; mit Einschränkung könnte man die Leber als das wichtigste Zielorgan des Schilddrüsenhormons bezeichnen. So wie in anderen Geweben, verursacht eine vermehrte Schilddrüsentätigkeit auch im Lebergewebe einen erhöhten O_2-Verbrauch, dem entspricht eine Aktivitätssteigerung zahlreicher in der Leber enthaltener Enzymsysteme. Ein Teil der für Hyperthyreoidismus charakteristischen allgemeinen Stoffwechselstörungen kommt durch eine Steigerung oder qualitative Veränderung einzelner Stoffwechselfunktionen zustande. Daß Störungen der Leberfunktion und pathologisch-anatomische Veränderungen der Leber bei Hyperthyreoidismus häufig vorkommen, ist durch zahlreiche klinische und histopathologische Untersuchungen belegt[5-7], und durch Infektion, Gifte oder andere schädigende Faktoren ausgelöste Lebererkrankungen nehmen bei gleichzeitig vorhandenem Hyperthyreoidismus oft einen besonders schweren Verlauf. Das oft gemeinsame Auftreten thyreotoxisch gesteigerter psychischer Reizbarkeit und thyreogener Störungen des gallenbildenden und gallenleitenden Apparats mag mit ein Anlaß gewesen sein, leicht erregbare Charaktertypen allgemein als Choleriker zu bezeichnen.

Daß der Stoffwechsel der Leber durch das Schilddrüsenhormon erheblich gesteigert wird, ist durch zahlreiche Untersuchungen nachgewiesen. Überlebendes Lebergewebe von Mäusen[8,9], Hunden[10], Meerschweinchen[11], Kaninchen[12], die durch längere Zeit Schilddrüsensubstanz per os erhalten hatten, verbrauchte mehr O_2 als Lebergewebe normal gefütterter Kontrolltiere. Eine Erhöhung des O_2-Umsatzes des Lebergewebes wurde auch bei Versuchstieren (Ratten[13], Mäusen[14], Hunden[15], Meerschweinchen[16]) beobachtet, denen oral oder parenteral Thyroxin

---

[1] Roche, J., R. Michel et J. Tata: C. R. Soc. Biol. **148**, 642 (1954). — [2] Roche, J., R. Michel, O. Michel et S. Lissitzky: C. R. Soc. Biol. **145**, 288 (1951). — Vgl. dagegen Maclagan, N. F., and W. E. Sprott: Lancet **1954 II**, 368. — [3] Danowski, T. S., E. B. Man and A. W. Winkler: Endocrinology **38**, 230 (1946). — [4] Abelin, I.: B. Z. **325**, 130 (1953/54). Kli. Wo. **1953**, 145. — [5] Mouriquand, G., et M. Bouchut: Gaz. des Hôp. **81**, 1755 (1908). — Rowe, R. W.: Endocrinology **17**, 1 (1933). — Shaffer, J. M.: Arch. Path., Chicago **29**, 20 (1940). — Bickel, G., et E. Rutishauser: 27_e Congrès Français de Médecine **1**, 183 (1949). — [6] Marine, D., and C. H. Lehnart: Arch. internal Med., Chicago **8**, 265 (1911). — Habán, G.: Beitr. path. Anat. **92**, 88 (1933). — Rössle, R.: Virchows Arch. **291**, 1 (1933). — Cameron, G. R., and W. A. E. Karunaratne: J. Path. Bacteriology **41**, 267 (1935). — Moschcowitz, E.: Arch. internal Med., Chicago **78**, 497 (1946). — [7] Beaver, D. C., and J. de J. Pemberton: Ann. internal Med., Chicago **7**, 687 (1933). — Weller, C. V.: Ann. internal Med. **7**, 543 (1933). — [8] Rohrer, A.: B. Z. **145**, 154 (1924). — [9] Robles, E.: Frankf. Z. Path. **41**, 193 (1931) [Ber. Physiol. **63**, 152]. — [10] Gerard, R. W., and M. McIntyre: Amer. J. Physiol. **103**, 225 (1933). — [11] Spirtes, M. A.: Proc. Soc. exp. Biol. Med. **46**, 279 (1941). — [12] Mansfeld, G.: A. e. P. P. **193**, 241 (1939). — [13] Dresel, K.: Kli. Wo. **1928 I**, 504. — Anselmino, K. J., O. Eichler u. H. Schlossmann: B. Z. **205**, 481 (1929). — Ebina, T.. Tohoku J. exp. Med. **19**, 139 (1932). — Euler, H. v., u. R. Enderlein: B. Z. **261**, 226 (1933). — Reiss, M., A. Hochwald u. H. Druckrey: Med. Klin. **1933 II**, 1112. — McEachern, D.: Bull. Johns Hopkins Hosp. **56**, 145 (1935). — [14] Meyer, O. O., C. McTiernan and J. C. Aub: J. clin. Invest. **12**, 723 (1933). — [15] Abderhalden, E., u. K. Franke: Fermentforsch. **9**, 485 (1928). — [16] Paal, H.: Kli. Wo. **1934 I**, 207.

verabreicht worden war. Bei hyperthyreotischen Menschen ist der O_2-Verbrauch der Leber stark vermehrt[1]. Auch die Lebern von Kaltblütern (Fröschen)[2] reagierten auf Schilddrüsenhormon mit einer Steigerung des O_2-Verbrauchs. Die durch Thyroxin hervorgerufene Atmungssteigerung ist bei Lebergewebe stärker als bei anderen Geweben[3,4]; bei Lebergewebe von Ratten, denen durch 4 Tage Thyroxin verabreicht worden war, betrug die Steigerung des O_2-Verbrauchs bei Lebergewebe 60%, bei Nierengewebe 40%, während Muskulatur und Herz bei gleicher Thyroxindosis und Versuchsanordnung nur eine relativ geringe, Gehirn, Testis und Milz überhaupt keine Zunahme des O_2-Verbrauchs zeigten[5]. Thyroxinmangel hat hingegen, wie z.B. durch Verabreichung von Methylthiouracil an Ratten gezeigt werden konnte[6], den entgegengesetzten Effekt auf den O_2-Verbrauch der Leber.

Injektion von thyreotropem Hormon bewirkt, da es die Thyroxinausschüttung aus der Schilddrüse steigert, in der Leber eine ähnliche Umsatzsteigerung wie das Thyroxin selbst[7–9]. Auch in diesem Falle war die durch das Hormon verursachte Steigerung der Gewebsatmung bei Lebergewebe größer als bei anderen Geweben[4]. Wurden Leberschnitte zusammen mit zerkleinerter Schilddrüse in Pferdeserum suspendiert und sodann thyreotropes Hormon zugegeben, so stieg der O_2-Verbrauch der Leberschnitte, da die beigemengten Thyreoideastücke in vermehrter Menge Thyroxin erzeugten[7].

Der umsatzsteigernde Effekt des Thyroxins betrifft vor allem die Mitochondrien, also die wichtigste energieerzeugende Apparatur der Zelle: Bei Ratten, denen Thyroxin injiziert worden war, stieg der O_2-Verbrauch der Mitochondrien der Leberzellen stark an; Lebermitochondrien thyreoektomierter Ratten verbrauchten dagegen weniger Sauerstoff als die Lebermitochondrien normaler Kontrolltiere[10]. Mangel an den enzymoplastischen Vitaminen der B-Gruppe hemmt die atmungssteigernde Wirkung des Thyroxins auf das Lebergewebe. So konnte bei Ratten, bei denen eine B_1-Avitaminose erzeugt worden war, die atmungssteigernde Wirkung des Thyroxins auf das Lebergewebe nicht nachgewiesen werden[11]. Auch durch Enzymgifte, wie Cyanid, Jodacetat oder Fluorid, konnte die starke Atmungssteigerung, die das Thyroxin sonst bei Lebergewebe auslöst, verhindert werden[5,12]. In vitro hatte Zusatz kleiner Mengen von Thyroxin zu Leberschnitten normaler Tiere eine Steigerung[13,14], Zusatz großer Mengen jedoch eine Veringerung des O_2-Verbrauchs der Leberschnitte zur Folge[14,15]. Eine besonders starke Steigerung des O_2-Verbrauchs bewirkte der Zusatz von Thyroxin zu Leberschnitten myxödematöser Meerschweinchen[16]. Wurden Schnitte von Mäuseleber in Blutserum von Meerschweinchen suspendiert, die mit Thyroxin behandelt worden waren, so wurde ihr O_2-Verbrauch gesteigert[17]. Auch Zusatz von Thyreoglobulin zu Leberschnitten von Meerschweinchen steigerte ihren O_2-Verbrauch[16]. In vitro zugeführtes Dijodthyronin und Thyronin hatten dagegen keine Wirkung

---

[1] MYERS, J. D., E. S. BRANNON and B. C. HOLLAND J. clin. Invest. **29**, 1069 (1950). — [2] MANSFELD, G.: A. e. P. P. **193**, 231 (1939). — [3] SPIRTES, M. A.: Proc. Soc. exp. Biol. Med. **46**, 279 (1941). — [4] MARKOFF, G. N.: Beitr. path. Anat. **94**, 377 (1935). — [5] GORDON, E. S., and A. E. HEMING: Endocrinology **34**, 353 (1944). — [6] BORELL, U., and H. HOLMGREN: Endocrinology **42**, 427 (1948). — [7] PAAL, H.: Kli. Wo. **1934 I**, 207. — [8] BELASCO, I. J.: Endocrinology **28**, 153 (1941). — [9] CANZANELLI, A., and D RAPPORT: Endocrinology **22**, 73 (1938). — [10] NIEMANN, C., and J. F. MEAD: Am. Soc. **63**, 2685 (1941). — [11] COLVIN, F. M., and S. R. TIPTON: Amer. J. Physiol. **163**, 704 (1950). — [12] MCEACHERN, D.: Bull. Johns Hopkins Hosp. **56**, 145 (1935). — [13] REUTER, A.: Z. ges. exp. Med. **95**, 214 (1935). — [14] REINWEIN, H., u. W. SINGER: B. Z. **197**, 152 (1928). — [15] HAARMANN, W.: A. e. P. P. **180**, 167 (1936). — [16] WILLIAMS, R. H., and J. L. WHITTENBERGER: Amer. J. med. Sci. **214**, 193 (1947). — [17] CRAIG, F. N., and W. T. SALTER: Endocrinology **37**, 117 (1945).

auf den O_2-Verbrauch von Leberschnitten. Schnitte von Rattenleber, denen Dijodtyrosin zugesetzt worden war, verzehrten weniger O_2 als die Kontrollen[1].

Der durch das Schilddrüsenhormon gesteigerte Stoffwechselumsatz der Leber äußert sich auch in der erhöhten Aktivität zahlreicher in der Leber enthaltener Enzymsysteme. Mit Hilfe verschiedener Versuchsanordnungen konnte gezeigt werden, daß die Aktivität der Cytochromoxydase des Lebergewebes bei hyperthyreotischen Tieren vermehrt ist[2,3,4], während in anderen Geweben (Milz, Gehirn) hyperthyreotischer Tiere eine gesteigerte Aktivität der Cytochromoxydase bei gleicher Versuchstechnik nicht nachweisbar war[2]. Die Verabreichung von Thiouracil[4] oder die Durchführung einer Thyreoektomie[5] hatten dagegen eine Aktivitätsverminderung der Cytochromoxydase der Leber zur Folge. Das Vorhandensein der Nebennieren ist für die Aktivierung der Atmungskette durch das Schilddrüsenhormon erforderlich: bei adrenektomierten Tieren konnte eine Aktivitätssteigerung der Cytochromoxydase durch Verfütterung von Thyreoidea nicht hervorgerufen werden[3]. Die Menge des Cytochrom c wurde in der Leber (und in anderen Geweben) durch Verabreichung von Thyroxin gesteigert, durch Thyreoektomie und durch Thiouracil verringert[6].

Auch die Aktivität der Succinodehydrogenase des Lebergewebes wird durch Verabreichung von Thyroxin oder thyreotropem Hypophysenhormon gesteigert[3,4,7,8]. Dagegen war die Aktivität der Lacticodehydrogenase der Leber von Ratten die Thyreoglobulin oder Schilddrüsensubstanz erhalten hatten, geringer als die normaler Kontrolltiere. Verabreichung von Thiouracil hatte bei Ratten eine Aktivitätssteigerung der Lacticodehydrogenase der Leber zur Folge[9]. Die Reduktion von Dinitrobenzol in Leberbrei wurde durch Schilddrüsenextrakt gesteigert[10].

Die bei proteinarm ernährten Ratten sonst auftretende Verminderung der Xanthinoxydaseaktivität der Leber wird durch Verabreichung von Thyroxin verhindert[11]. Ferner steigt die Aktivität der D-Aminosäureoxydase der Leber nach Verfütterung von Thyreoidea bei der Ratte an[12,13], Thyreoektomie hatte bei der Ratte den entgegengesetzten Effekt[12,14]. Sowohl bei dem durch Verfütterung von Thyreoidea hervorgerufenen Hyperthyreoidismus als auch nach Thyreoektomie war bei Ratten die Bildung von Aminosäuren aus Pyruvat und NH_3 vermindert[15]. Die durch den Hyperthyreoidismus hervorgerufene Störung im Aminosäurestoffwechsel der Leber äußert sich in einer Verminderung der Hippursäurebildung nach Belastung mit Benzoesäure. Bei Patienten mit gesteigerter Schilddrüsentätigkeit gibt der Hippursäuretest oft auch ohne manifeste Lebererkrankung ein positives Resultat, und im Gefolge von Hyperthyreoidismus auftretende Leberschädigungen können auf diese Weise frühzeitig erkannt werden[16-18]. In manchen

[1] CANZANELLI, A., and D. RAPPORT: Endocrinology **21**, 779 (1937). — [2] MARKOFF, G. N.: Beitr. pathol. Anat. **94**, 377 (1935). — [3] TIPTON, S. R., M. J. LEATH, I. H. TIPTON and W. L. NIXON: Amer. J. Physiol. **145**, 693 (1946). — [4] TIPTON, S. R., and W. L. NIXON: Endocrinology **39**, 300 (1946). — [5] DYE, J. A., and R. A. WAGGENER: Amer. J. Physiol. **85**, 1 (1928). — [6] DRABKIN, D. L.: J. biol. Ch. **182**, 335 (1950). — [7] REISS, M., L. SCHWARZ u. F. FLEISCHMANN: Endokrinologie **16**, 145 (1935). — [8] TIPTON, S. R.: Amer. J. Physiol. **161**, 29 (1950). — [9] VESTLING, C. S., and A. A. KNOEPFELMACHER: J. biol. Ch. **183**, 63 (1950). — [10] NEUSCHLOSZ, S. M.: Kli. Wo. **1924 I**, 57. — [11] REMY, C., D. A. RICHERT, W. W. WESTERFELD and J. TEPPERMAN: Proc. Soc. exp. Biol. Med. **73**, 573 (1950). — [12] KLEIN, J. R.: J. biol. Ch. **128**, 659 (1939). — [13] KLEIN, J. R.: J. biol. Ch. **131**, 139 (1939). — [14] CAGAN, R. N., J. L. GRAY and H. JENSEN: J. biol. Ch. **183**, 11 (1950). — [15] CANZANELLI, A., R. GUILD and R. RAPPORT: Endocrinology **41**, 108 (1947). — [16] HAINES, S. F., T. B. MAGATH and M. H. POWER: Ann. internal Med. **14**, 1225 (1941). — [17] BARTELS, E. C.: Ann. internal Med. **12**, 652 (1938). — BARTELS, E. C., and H. J. PERKIN: New Engl. J. Med. **216**, 1051 (1937). — BOYCE, F. F., and E. M. MCFETRIDGE: Arch. Surg. **37**, 427 (1938). — [18] SCHMIDT, C. R., W. S. WALSH and V. E. CHESKY: Surg., Gynec. Obstet. **73**, 502 (1941).

Fällen konnte eine Korrelation zwischen der Steigerung des Grundumsatzes und Verminderung der Hippursäurebildung nach Benzoesäurebelastung festgestellt werden[1,2].

Während die alkalische Phosphatase des Lebergewebes bei Hyperthyreoidismus in markanter Weise vermindert wird[3], wird die Serumphosphatase vermehrt[4]. Die fördernde Wirkung kleiner Mengen von Thyroxin in vitro auf die ATP-Bildung und hemmende Wirkung größerer Thyroxindosen[5] wurden bereits S. 328 erwähnt. Bei Hyperthyreoidismus war der Umsatz des ATP im Lebergewebe gesteigert[6], während andererseits in der Aktivität der ATP-Pyrophosphatase der Leber bei normalen und hyperthyreotischen Ratten kein Unterschied aufgefunden werden konnte[7].

Die Autolyse des Lebergewebes wird durch kleine und durch größere Thyroxindosen in entgegengesetzter Weise beeinflußt: kleine Dosen haben eine beschleunigende, größere eine hemmende Wirkung[8], die autolytische Bildung von Reststickstoff aus den Leberproteinen wurde durch kleine Thyroxindosen gefördert[9].

Bei Gallenfistelhunden mit Choledochusverschluß führte Injektion von Thyroxin zu einer Verringerung der Gallenmenge[10,11], die Cholesterinausscheidung in der Galle wurde nach Thyroxin vermindert[11,12], unverändert[13] oder vermehrt[10] gefunden, während der Cholesteringehalt des Blutplasmas bei thyroxinbehandelten Hunden abfiel und nach Thyreoektomie anstieg[13]. Auch beim Menschen nimmt der Cholesteringehalt des Blutes bei Hyperthyreoidismus ab[14], und der Prozentsatz des veresterten Cholesterins wird oft vermindert gefunden[15]. Auch die Ausscheidung exogener Farbstoffe (z.B. Bromsulphalein) durch die Galle ist bei Hyperthyreoidismus oft verzögert[1].

Der gesteigerte Energieumsatz der Leber führt bei experimentellem Hyperthyreoidismus zu einer Vergrößerung der Leber und zu einer Vermehrung des Lebergewichts[16–19], und auch bei einem hohen Prozentsatz hyperthyreotischer Patienten konnte eine Lebervergrößerung festgestellt werden[20]. Die Geschwindigkeit der Leberregeneration nach partieller Hepatektomie war bei hyperthyreoiden Ratten beschleunigt[19,21] und bei thyreoektomierten Ratten verlangsamt[21].

Die Fähigkeit zur Glykogenbildung aus Glucose ist in der Leber bei Hyperthyreoidismus vermindert, die Glucosetoleranz herabgesetzt. Nach Verfütterung von Schilddrüsensubstanz kann es zu einem völligen Verschwinden des Leberglykogens kommen (Literatur vgl. S. 77). Schon eine einzelne Thyroxininjektion

---

[1] Haines, S. F., T. B. Magath and M. H. Power: Ann. internal Med. **14**, 1225 (1941). — [2] Schmidt, C. R., W. S. Walsh and V. E. Chesky: Surg., Gynec. Obstet. **73**, 502 (1941). — [3] Kochakian, C. D., and M. N. Bartlett: J. biol. Ch. **176**, 243 (1948). — [4] Bechgaard, P.: Acta med. scand. **114**, 293 (1943). — [5] Martius, C., u. B. Hess: B. Z. **326**, 191 (1955). — [6] Venkataraman, P. R., A. Venkataraman, M. P. Schulman and D. M. Greenberg: J. biol. Ch. **185**, 175 (1950). — [7] Niemann, C., and J. F. Mead: Am. Soc. **63**, 2685 (1941). — [8] Abderhalden, E., u. K. Franke: Fermentforsch. **9**, 485 (1928). — [9] Schryver, S. B.: J. Physiol., London **32**, 159 (1905). — Weil, R., u. M. Landsberg: B. Z. **207**, 186 (1929). — [10] Leites, S., u. R. Isabolinskaya: Kli. Wo. **1933 I**, 149. — [11] Besuglov, V. P., u. L. M. Tutkevich: Z. ges. exp. Med. **87**, 52 (1933). — [12] Parhon, C. I., et G. Werner: C. R. Soc. Biol. **107**, 401 (1931). — [13] Johnson, J., and C. Riegel: Surgery **5**, 260 (1939). — [14] Hurxthal, L. M.: Arch. internal Med., Chicago **52**, 86 (1933). — [15] Adler, A., u. H. Lemmel: Dtsch. Arch. klin. Med. **158**, 173 (1928). — [16] Myers, J. D., E. S. Brannon and B. C. Holland: J. clin. Invest. **29**, 1069 (1950). — [17] Belasco, I. J.: Endocrinology **28**, 153 (1941). — [18] Higgins, G. M.: Arch. Path., Chicago **16**, 226 (1933). — [19] Simonds, J. P., and W. W. Brandes: Arch. Path., Chicago **9**, 445 (1930). — [20] Bickel, G.: Schweiz. med. Wschr. **73**, 1160 (1943). — [21] Canzanelli, A., R. Guild and D. Rapport: Endocrinology **45**, 91 (1949).

kann den Glykogengehalt der Leber vermindern[1]. Die Galaktosebelastung ergibt bei Hyperthyreoidismus oft einen pathologischen Befund[2], was vielleicht auf die bei Hyperthyreoidismus beschleunigte Resorption der Galaktose im Darm zurückzuführen ist[3]. Bei gleichzeitiger Zufuhr von Cholin verursacht Thyroxin eine Verminderung des Gehalts der Leber an Fett und Cholesterin[4].

Verfütterung von Thyreoidea hemmte das Wachstum junger Ratten, die als N-Quelle in ihrer Nahrung Casein erhielten. Diese Wachstumshemmung wurde aufgehoben, wenn man das Casein durch die entsprechende Menge getrockneter Leber oder durch den wasserunlöslichen Rückstand von Lebergewebe ersetzte[5,6]. Die durch den Hyperthyreoidismus bei diesen Tieren hervorgerufene Glykogenverarmung der Leber wurde jedoch durch Verfütterung von Lebergewebe nicht gebessert[6].

Die Empfindlichkeit des Lebergewebes gegen O_2-Mangel ist beim Hyperthyreoidismus gesteigert[7,8]. Thyroxinbehandelte Ratten zeigten nach mehrstündigem Aufenthalt in einer Atmosphäre von 10% O_2 schwere, histologisch nachweisbare Leberveränderungen, während die Lebern der nicht mit Thyroxin behandelten Kontrollen ein histologisch normales Aussehen hatten[7]. Auch die Empfindlichkeit der Rattenleber gegen die Vergiftung mit Allylformiat wurde durch Verabreichung von Thyreoideahormon gesteigert[9]. Die durch $CHCl_3$ verursachten Leberschäden waren bei hyperthyreotischen Ratten[10] (nicht aber bei hyperthyreotischen Hunden[11]) größer als bei Normaltieren. Auch durch Infektionen verursachte Leberschäden werden durch große Dosen von Thyreoideahormon ungünstig beeinflußt[12].

3. Parathormon.

Ob die Leber bei der Inaktivierung des Parathormons eine Rolle spielt, ist fraglich, partiell hepatektomierte Tiere zeigten keine verringerte Widerstandskraft gegen Parathormon[13].

4. Insulin.

Injiziertes Insulin wird im Organismus rasch zerstört[14]. Die Inaktivierung des Insulins erfolgt viel rascher, wenn das Insulin in die Pfortader oder in die Milz injiziert wird[15]. Nach Hepatektomie war die Inaktivierung des Insulins erheblich verlangsamt[16]. Da das aus dem Pankreas kommende insulinhaltige Blut die Leber

---

[1] Spirtes, M. A.: Proc. Soc. exp. Biol. Med. **46**, 279 (1941). — [2] Lichtman, S. S.: Arch. internal Med., Chicago **50**, 721 (1932). Ann. internal Med. **14**, 1199 (1941). — MacLagan, N. F., F. F. Rundle, H. B. Collard and F. H. Mills: Quart. J. Med. **9**, 215 (1940). — Rivoire, R.: Presse méd. **49**, 575 (1941). — Royer, M., E. B. Del Castillo, B. Montejano e E. F. Dario: Medicina, Buenos Aires **1**, 255 (1941). — Meranze, D. R., W. B. Likoff and N. G. Schneeberg: Amer. J. clin. Path. **12**, 261 (1942). — Rosenkrantz, J. A., M. Bruger and A. J. Lockhart: Amer. J. med. Sci. **204**, 36 (1942). — [3] Althausen, T. L., and G. K. Wever: J. clin. Invest. **16**, 257 (1937). — [4] Forbes, J. C.: Endocrinology **35**, 126 (1944). — [5] Ershoff, B. H.: Proc. Soc. exp. Biol. Med. **64**, 500 (1947); **71**, 209 (1949); **73**, 459 (1950). Arch. Biochem. **15**, 365 (1947). — Betheil, J. J., V. D. Wiebelhaus and H. A. Lardy: J. Nutrit. **34**, 431 (1947). — [6] Forbes, J. C., and O. Petterson: Proc. Soc. exp. Biol. Med. **74**, 630 (1950). — [7] McIver, M. A., and E. A. Winter: Arch. Surg. **46**, 171 (1943). — [8] Asher, L., u. M. Duran: B. Z. **106**, 254 (1920). — [9] Spiess-Bertschinger, A.: Virchows Arch. **312**, 601 (1944). — [10] McIver, M. A.: Proc. Soc. exp. Biol. Med. **45**, 201 (1940). — [11] Davis, N. C., and G. H. Whipple: Arch. internal Med., Chicago **23**, 612 (1919). — [12] Habán, G.: Beitr. path. Anat. **95**, 573 (1935). — [13] Selye, H.: Textbook of Endocrinology. 2nd Edition. Montreal 1950. — [14] Mirsky, I. A., C. J. Podore, J. Wachman and R. H. Broh-Kahn: J. clin. Invest. **27**, 515 (1948). — [15] Friedman, A., H. F. Weisberg and R. Levine: Fed. Proc. **8**, 52 (1949). — Weisberg, H. F., A. Friedman and R. Levine: Amer. J. Physiol. **158**, 332 (1949). — [16] Elgee, N. J., R. H. Williams, N. D. Lee, T. Wong and J. R. Hogness: Diabetes **2**, 370 (1953).

passiert, müssen die LANGERHANSschen Inseln so viel Insulin erzeugen, daß trotz der in der Leber vor sich gehenden teilweisen Inaktivierung noch genügend Insulin in den großen Kreislauf übergehen kann. Der Abbau des Insulins erfolgt durch spezifische als Insulinasen bezeichnete Fermente.

Lebergewebe hat eine größere Insulinaseaktivität als andere Organe[1]. Die überstehende Lösung von Leberhomogenaten von Mensch, Huhn, Rind und Kaninchen sowie von Leber, Niere und Muskel von Ratten inaktivierte Insulin; Vollblut und Homogenate von Gehirn erwiesen sich dagegen als inaktiv. Die Insulinase wirkt maximal bei 39° und p_H 7,5, sie wird bei 80° denaturiert, durch Halbsättigung mit Ammonsulfat gefällt. Mg- und Mn-Ionen haben aktivierende, Cu, Zn, Jodacetat und Jodbenzoat inaktivierende Wirkung auf die Insulinase[1]. Durch Fraktionierung mit Aceton oder Na_2SO_4 bei p_H 5,2 konnte die Insulinase weitgehend gereinigt werden[2]. Die in vitro gemessene Insulinaseaktivität der Leberextrakte von hungernden Tieren war stark herabgesetzt und stieg bei Zufuhr sowohl von Kohlenhydrat als auch von fett- oder proteinreichem Futter wieder an[3,4]. Verabreichung von kohlenhydratreichem Futter hatte parallel mit dem besonders hohen Anstieg des Lebergewichts auch eine besonders große Vermehrung des Insulinasegehalts der Leber zur Folge[4,5]. Auch in vivo war die Insulin-Inaktivierung bei hungernden Tieren geringer als bei normal genährten Tieren[3,6]. Werden Ratten mit der Magensonde große Mengen von Kohlenhydrat zugeführt, so entwickelt sich bei ihnen nach einiger Zeit eine Resistenz gegen Insulin[7], und das Auftreten hochgradiger Hyperglykämie und Glucosurie wird durch Injektion von Insulin nicht verhindert[8]. Bei gleichzeitiger starker Vergrößerung der Leber war die Gesamtmenge der in der Leber enthaltenen Insulinase bei diesen Tieren erheblich gesteigert[9]. Die Lebern von mit alipotroper, proteinarmer Fettnahrung gefütterter Ratten zeigten keine Insulinaseaktivität[10].

In der Leber ist nicht nur Insulinase, sondern auch ein Insulinase-Inhibitor enthalten, der in Leberextrakte übergeht. Kaninchen, denen durch längere Zeit Leberextrakte injiziert worden waren, zeigten einen stark herabgesetzten Nüchternblutzucker und eine erhöhte Sensibilität gegen exogenes Insulin[11]. Aus Leberextrakten wird die Insulinase durch Aceton reversibel gefällt, während der Inhibitor bei Acetonzusatz in Lösung bleibt[12]. Die Geschwindigkeit der Insulinentgiftung in der Leber wird also nicht nur durch den Insulinasegehalt allein, sondern durch das Gleichgewicht bestimmt, das in den Leberzellen zwischen Insulinase und Insulinase-Inhibitor besteht.

Die Insulin inaktivierende Wirkung der Leberextrakte ist wahrscheinlich zum Teil auf die Lösung von Peptidbindungen im Insulinmolekül zurückzuführen[2,13]. Bis-(2-succinylaminophenyl)disulfid * hemmt in Leberextrakten (Ratte) nicht nur die Insulininaktivierung, sondern auch die proteolytische Aktivität[2]. Da die Arginase der Leber in Gegenwart von Mn^{++} in vitro aus den Argininsäureresten des Insulinmoleküls Harnstoff freisetzt, ist es möglich, daß die Inaktivierung des

* $HOOC—(CH_2)_2—C(OH)=N—C_6H_4—S—S—C_6H_4—N=C(OH)—(CH_2)_2—COOH$.

[1] MIRSKY, I. A., and R. H. BROH-KAHN: Arch. Biochem. **20**, 1 (1949). — [2] BARBIERI, A. DE, e M. GRASSI: Farmaco, Pavia **6**, 170 (1951). — [3] BROH-KAHN, R. H., and I. A. MIRSKY: Arch. Biochem. **20**, 10 (1949). — [4] SIMKIN, B., R. H. BROH-KAHN and I. A. MIRSKY: Fed. Proc. **8**, 146 (1949). — [5] BROH-KAHN, R. H., B. SIMKIN and I. A. MIRSKY: Arch. Biochem. **27**, 174 (1950). — [6] WEISBERG, H. F., A. FRIEDMAN and R. LEVINE: Amer. J. Physiol. **158**, 332 (1949). — [7] INGLE, D. J.: Endocrinology **39**, 43 (1946). — [8] INGLE, D. J., and J. E. NEZAMIS: Endocrinology **40**, 353 (1947). — [9] SIMKIN, B., R. H. BROH-KAHN and I. A. MIRSKY: Arch. Biochem. **24**, 422 (1949). — [10] BARBIERI, A. DE, e M. GRASSI: Farmaco, Pavia **5**, 394 (1950). — [11] BROH-KAHN, R. H., B. SIMKIN and I. A. MIRSKY: Arch. Biochem. **25**, 157 (1950). — [12] MIRSKY, I. A., B. SIMKIN and R. H. BROH-KAHN: Arch. Biochem. **28**, 415 (1950). — [13] TOMIZAWA, H. H., M. L. NUTLEY, H. T. NARAHARA and R. H. WILLIAMS: J. biol. Ch. **214**, 285 (1955).

Insulins in der Leber zum Teil auch der Leberarginase zuzuschreiben ist[1]. — Ob die im Blut von Diabetikern aufgefundene Insulinase aus der Leber stammt, ist nicht klar[2].

Inwieweit die beim Menschen gelegentlich beobachteten Steigerungen bzw. Verminderungen der Insulinresistenz auch durch Änderungen der Insulinaseaktivität der Leber mitverursacht sind, ist noch nicht geklärt. Das gleiche gilt für die nach wiederholter Zufuhr großer Insulindosen auftretende Adaptationserscheinungen. Bei Meerschweinchen konnte durch andauernde Zufuhr großer Insulindosen eine erhöhte Resistenz gegen Insulin hervorgerufen werden[3]. Bei partiell pankreasektomierten Hunden, bei denen keine manifeste Störung des Glucosestoffwechsels vorhanden war, trat, wenn sie eine Zeitlang große Dosen von Insulin erhalten hatten, ein manifester Diabetes auf[4,5].

5) Hypophysenhormone.

a) Adrenotropes Hormon. Das rasche Nachlassen der ACTH-Wirkung nach der intravenösen Injektion des Hormons[6,7] und das Fehlen jeder ACTH-Wirksamkeit in dem nach der ACTH-Injektion ausgeschiedenen Harn[8], weisen darauf hin, daß das Hormon im Organismus sehr rasch zerstört wird. Bei der Inaktivierung injizierter ACTH-Präparate handelt es sich nicht um die Ausschaltung artfremder Proteine. Wurde aus Rattenhypophysen gewonnenes ACTH intravenös Ratten injiziert, so wurde es ebenfalls rasch inaktiviert[8]. Die Zerstörung des Hormons erfolgt größtenteils, aber nicht ausschließlich in der Leber. Injektion von ACTH-Lösungen in die Milz führt zwar zu einer Senkung des Ascorbinsäuregehalts der Nebenniere, bleibt aber ohne Wirkung auf die Eosinophilenzahl[9]. Auch per os verabreichtes ACTH senkte den Ascorbinsäuregehalt der Nebenniere, doch war hierzu eine 4000fach höhere Dosis notwendig als bei intravenöser Applikation des Hormons[10]. Es ist nicht klar, ob dies auf eine Zerstörung dieses Proteinhormons im Darm oder auf eine Inaktivierung in der Leber zurückzuführen ist.

Überlebende Schnitte, Extrakte und Homogenate von Leber, Niere und Zwerchfell von Ratten inaktivierten ACTH[9,11]. Auch beim Erhitzen verloren die Leberhomogenate diese inaktivierende Wirkung nicht völlig. Die Differentialzentrifugierung zellfreier Leberhomogenate zeigte, daß die inaktivierende Wirkung der bei der Zentrifugierung überstehenden Flüssigkeit zuzuschreiben ist, während die Mitochondrien nur eine geringe, Kern und Mikrosomen eine minimale Wirkung hatten[11].

b) Thyreotropes Hormon. Injiziertes thyreotropes Hormon verschwindet bei normalen (nicht aber bei thyreoektomierten) Tieren sehr rasch aus dem Blut[12] und erscheint nur bei thyreoektomierten (nicht bei normalen) Tieren im Harn[13]. In vitro mit Thyreoideaextrakten[13] oder Thyreoideagewebe[14] zusammengebracht, verloren Lösungen von thyreotropem Hormon ihre Wirksamkeit. Lebergewebe zeigte

[1] Barbieri, A. de: Boll. Soc. ital. Biol. sperim. **25**, 1 (1949). — [2] Caradante, G.: R. C. Accad. Sci. med. chir. Napoli **104**, 64 (1950). Boll. Soc. ital. Biol. sperim. **24**, 94 (1948). — [3] Mohnike, G.: Z. ges. exp. Med. **120**, 23 (1952/53). — [4] Mirsky, I. A., N. Nelson, S. Elgart and I. Grayman: Science, N. Y. **95**, 583 (1942). — [5] Mohnike, (G.): Verh. dtsch. Ges. inn. Med. **57**, 243 (1951). — [6] Sayers, G., T. W. Burns, F. H. Tylor, B. V. Jager, T. B. Schwartz, E. L. Smith, L. T. Samuels and H. W. Davenport: J. clin. Endocrinol. **9**, 593 (1949). — [7] Greenspan, F. S., C. H. Li and H. M. Evans: Endocrinology **46**, 261 (1950). — [8] Richards, J. B., and G. Sayers: Proc. Soc. exp. Biol. Med. **77**, 87 (1951). — [9] Eversole, W. J., and F. A. Gierе: Amer. J. Physiol. **167**, 782 (1951). — [10] Richards, J. B.: Amer. J. Physiol. **167**, 820 (1951). — [11] Geschwind, I. I., and C. H. Li: Endocrinology **50**, 226 (1952). — [12] Loeser, A.: A. e. P. P. **176**, 697 (1934). — [13] Seidlin, S. M.: Endocrinology **26**, 696 (1940). — [14] Rawson, R. W., G. D. Sterne and J. C. Aub: Endocrinology **30**, 240 (1942).

in diesen Versuchen keine Wirkung. Daraus geht hervor, daß das thyreotrope Hormon vor allem in seinem Erfolgsorgan, also in der Schilddrüse, gebunden oder inaktiviert wird. Doch wurde in anderen Versuchen bei der Bebrütung von Lebergewebe von Meerschweinchen in Gegenwart von Phosphatpuffer (p_H 7,3) eine Inaktivierung des thyreotropen Hormons beobachtet[1].

c) **Gonadotrope Hormone.** Die mit dem Harn ausgeschiedene Gonadotropinmenge bildet nur einen kleinen Teil der im Organismus gebildeten Gesamtmenge des Hormons[2]. Der größte Teil der Gonadotropine wird im Organismus selbst abgebaut, wobei jedoch die Leber keine wesentliche Rolle zu spielen scheint. Ovarialgewebe nimmt in vitro gonadotrope Hormone aus ihren Lösungen auf. Leber und Muskel bleiben hierbei relativ wirkungslos[3,4].

d) **Melanophorenhormon.** Ebenso wie das adrenotrope Hormon wird auch das ihm nahe verwandte[5] und in Adrenotropinpräparaten und in rohen Hypophysenhinterlappenextrakten mitenthaltene[6] Melanophorenhormon im Organismus sehr rasch inaktiviert. Diese Inaktivierung findet, wie an Perfusionsversuchen durch Rattenleber nachgewiesen, zu etwa 85% in der Leber statt. An der Inaktivierung des Melanophorenhormons ist die Arginase in der Leber beteiligt, Lebern von Fröschen and Tauben enthalten nur wenig Arginase und entgiften Melanophorenhormon nur sehr langsam[7]. Kleine Mengen von Mn-, Co- oder Ni-ionen steigern, zur Durchströmungsflüssigkeit zugesetzt, die Inaktivierungsgeschwindigkeit. Lebern trächtiger oder mit CCl_4 vergifteter oder adrenektomierter Ratten zeigten bei der Perfusion eine stark herabgesetzte inaktivierende Wirkung auf das Melanophorenhormon[7].

Beim Frosch hatten dagegen Hypophysenextrakte, die Melanophorenhormon enthielten, bei intraperitonealer Injektion die gleiche Wirkung wie bei Injektion in den dorsalen Lymphsack, und Abtragung zweier Leberlappen verlängerte nicht die Wirkung injizierten Melanophorenhormons[8].

e) **Hypophysenhinterlappenhormone.** Nach Injektion von Hypophysenhinterlappenpräparaten wird nur ein sehr geringer Teil des antidiuretisch wirkenden Hormons im Harn nachweisbar, die Hauptmenge wird im Stoffwechsel zerstört[9]. Die Inaktivierung des antidiuretischen Hormons erfolgt vor allem in der Leber[10,11]. Andere Organe[12] sowie Blutplasma[13] haben keine oder nur geringe inaktivierende Wirkung. Außer bei Ratten ist die inaktivierende Wirkung der Leber auf das antidiuretische Prinzip auch bei Mäusen[14], Kaninchen[15] und beim Menschen festgestellt worden. Die erhöhte Wasserretention, die bei Kranken mit klinischer

---

[1] Lederer, J., J. P. v. Bunnen et J. Coene: Ann. Endocrinol., Paris **14**, 410 (1953). — [2] Robson, J. M., and A. I. S. McPherson: J. Pharmacol. exp. Therap. **70**, 433 (1940). — Zondek, B.: J. Endocrinol. **2**, 12 (1940/41). — Zondek, B., F. Sulman and J. Sklow: J. Endocrinol. **2**, 362 (1940/41). — [3] Seidlin, S. M.: Endocrinology **26**, 696 (1940). —. [4] Rawson, R. W., G. D. Sterne and J. C. Aub: Endocrinology **30**, 240 (1942). — [5] Sulman, F. G.: Nature **169**, 588 (1952). Lancet **1952 II**, 247. — [6] Thing, E.: Acta endocrinol., København **13**, 9 (1953). — [7] Eser, S., et P. Tüzünkam: Ann. Endocrinol., Paris **13**, 905 (1952). — [8] Durlach, J., et M. Cachin: C. R. Soc. Biol. **148**, 1995 (1954). — Vgl. a. Durlach, J., G. Habib et M. Cachin: Bull. Mém. Soc. méd. Hôp. Paris **70**, 100 (1954). — [9] Ingram, 2 W. R., L. Ladd and J. T. Benbow: Amer. J. Physiol. **127**, 544 (1939). — [10] Heller, H., and F. F. Urban: J. Physiol., London **85**, 502 (1935). — Jones, A. M., and W. Schlapp: J. Physiol., London **87**, 144 (1936). — Eversole, W. J., J. H. Birnie and R. Gaunt: Endocrinology **45**, 378 (1949). — Eser, S., et P. Tüzünkam: Ann. Endocrinol., Paris **11**, 124 (1950). — [11] Birnie, J. H.: Fed. Proc. **9**, 12 (1950). — Heller, H.: J. Pharmacy Pharmacol. **3**, 609 (1951). — [12] Birnie, J. H.: Endocrinology **52**, 33 (1953). — [13] Dicker, S. E., and M. Ginsburg: Brit. J. Pharmacol. **5**, 497 (1950). — [14] Birnie, J. H., K. E. Blackmore and H. Heller: Exper. **8**, 30 (1952). — [15] Møller-Christensen, E.: Acta endocrinol., København **6**, 153 (1951).

oder experimenteller Leberschädigung oft beobachtet wird, ist, soweit sie nicht durch die Bildung antidiuretischer Substanzen im geschädigten Lebergewebe selbst ausgelöst wird[1,2], auf eine ungenügende Inaktivierung in der Leber des Hormons zurückzuführen[3]. Lebergeschädigte Tiere sind empfindlicher gegen antidiuretisches Hormon als Normaltiere und ihr Blutplasma und Harn haben antidiuretische Wirkung[4]. Eine ähnliche antidiuretische Wirkung ist auch für Blutserum und Harn von Menschen mit Leberschäden (Cirrhosen und Hepatitiden) festgestellt worden[5,6].

Da das antidiuretische Prinzip des Hypophysenhinterlappens mit dem vasopressorischen Prinzip (Vasopressin) identisch ist[7], geht bei der Behandlung von Hypophysenhinterlappenextrakten mit Lebergewebe sowohl die antidiuretische als auch die vasopressorische Wirksamkeit der Extrakte zurück[8]. Im Gegensatz zu dem antidiuretisch-vasopressorischen Hormon wird das Oxytocin von der Leber nicht angegriffen[9]. Es scheint, daß bei der Inaktivierung des Vasopressins die in der Leber enthaltene Arginase eine Rolle spielt. Da Arginin nur im Vasopressin[10] nicht aber im Oxytocin enthalten ist[11,12], wird nur das Vasopressin in vitro von Arginase angegriffen[13].

Das vasopressin-inaktivierende Prinzip kann aus Lebergewebe extrahiert werden; es ist thermolabil, nicht dialysierbar, wirkt optimal zwischen p_H 6,2 und 7,0 und wird bei p_H 5,2 rasch zerstört[8]. Extrakte, die aus Lebern mit CCl_4 vergifteter Tiere hergestellt worden waren, hatten nur geringe vasopressininaktivierende Wirkung[8]. Ebenso zeigten Extrakte aus Lebern adrenektomierter Tiere nur geringe Fähigkeit, Vasopressin zu zerstören[8]. Bekanntlich ist auch die Arginaseaktivität der Lebern adrenektomierter Tiere stark herabgesetzt[14]. Es wird vermutet, daß die relativ geringe diuretische Reaktion auf Wasserbelastung, die bei adrenektomierten Tieren beobachtet wird, eine Folge der verlangsamten Inaktivierung des Vasopressins in der Leber und der dadurch verursachten Anhäufung von Vasopressin in den Geweben ist[8].

Neben der Leber hat auch die Niere die Fähigkeit Vasopressin zu inaktivieren, doch scheint die Inaktivierung in beiden Organen durch verschiedene Mechanismen zu erfolgen. Die Wirksamkeit von vasopressinhaltigen Lösungen sank bei der Bebrütung mit Leberschnitten auf 10%, bei der Bebrütung mit Nierenschnitten auf 20% des Anfangswertes. Eine weitere Senkung der Aktivität konnte nur erzielt werden, wenn die mit Leber behandelten Extrakte mit Niere oder die mit Niere bebrüteten Extrakte mit Leber bebrütet wurden. Das antidiuretische Prinzip des Harns konnte durch Leber, nicht aber durch Nierenschnitte inaktiviert werden[15].

---

1 SHORR, E., and B. W. ZWEIFACH: Fed. Proc. **7**, 115 (1948). — 2 GLAUBACH, S., u. H. MOLITOR: A. e. P. P. **132**, 31 (1928). — 3 RALLI, E. P., J. S. ROBSON, D. CLARKE and C. L. HOAGLAND: J. clin. Invest. **24**, 316 (1945). — LABBY, D. H., and C. L. HOAGLAND: J. clin. Invest. **26**, 343 (1947). — 4 TÜZÜNKAM, P.: Bull. Fac. Méd. Istanbul **15**, 1304 (1952). — 5 RALLI, E. P., J. S. ROBSON, D. CLARKE and C. L. HOAGLAND: J. clin. Invest. **24**, 316 (1945). — LABBY, D. H., and C. L. HOAGLAND: J. clin. Invest. **26**, 343 (1947). — 6 LABBY, D. H.: J. clin. Invest. **28**, 759 (1949). — LLOYD, C. W., and J. LOBOTSKY: J. clin. Endocrinol. **10**, 318 (1950). — 7 VIGNEAUD, V. DU: Symposium sur les hormones protéiques. 2. Int. Congr. Biochim. Paris. S. 20 (bes. S. 24) 1952. — 8 BIRNIE, J. H.: Endocrinology **52**, 33 (1953). — 9 TÜZÜNKAM, P.: Istanbul Contrib. clin. Sci. **2**, 321 (1952/53). — 10 TURNER, R. A., J. G. PIERCE and V. DU VIGNEAUD: J. biol. Ch. **191**, 21 (1951). — 11 PIERCE, J. G., and V. DU VIGNEAUD: J. biol. Ch. **182**, 359 (1950). — STEIN, W. H., and S. MOORE: J. biol. Ch. **176**, 337 (1948). — 12 VIGNEAUD, V. DU, C. RESSLER and S. TRIPPETT: J. biol. Ch. **205**, 949 (1953). — 13 FRASER, A. M.: Rev. canad. Biol. **9**, 54 (1950). — 14 KOCHAKIAN, C. D., and V. N. VAIL: J. biol. Ch. **169**, 1 (1947). — 15 DICKER, S. E., and A. L. GREENBAUM: J. Physiol., London **126**, 116 (1954).

i) Die Entgiftungsfunktion der Leber.

α) Allgemeines.

Es gehört zu den physiologischen Aufgaben der Leber, in anderen Organen entstandene Zwischenprodukte des Stoffwechsels, die in größerer Konzentration Schädigungen des Gesamtorganismus bewirken würden, aus dem Blute abzufangen und in unschädliche Stoffe überzuführen. Die Umwandlung der vom arbeitenden Muskel an das Blut abgegebenen Milchsäureüberschüsse in Glykogen und Glucose, die Bildung von Harnstoff aus dem bei der Desaminierung der Aminosäuren anfallenden Ammoniak sind Beispiele für derartige physiologische Stoffwechselvorgänge, die als Entgiftungsreaktionen der Leber aufgefaßt werden können. Daneben ist die Leber aber auch befähigt, von außen aufgenommene Gifte und im Darm entstandene Stoffwechselprodukte der Darmbakterien zu entgiften.

Obzwar auch die Niere und andere Organe an der chemischen Inaktivierung exogener Gifte beteiligt sind, ist die Leber das weitaus wichtigste Entgiftungsorgan; durch ihre Stellung am Endpunkt des Pfortadersystems ist sie in der Lage die resorptive Tätigkeit des Darms zu überwachen. Das Auswahlvermögen der Darmwandzellen für Stoffe, die ihnen vom Darmlumen her angeboten werden, ist nur gering; wasserlösliche und leicht diffundierbare organische Stoffe werden vom Darmepithel im allgemeinen auch dann aufgenommen und an das Pfortaderblut weitergegeben, wenn sie als Nahrungsstoffe unverwendbar und für den Gesamtorganismus schädlich sind. Diese mangelhafte Selektionsfähigkeit der Darmwandzellen wird durch die Leber korrigiert. Die Fähigkeit der Leber auch körperfremde, im Stoffwechsel unverwertbare Stoffe mit ihrem Enzymsystem anzugreifen, wird dadurch zu einer für die Erhaltung des Lebens wichtigen Schutzfunktion.

Es ist daher üblich, die Veränderungen, die exogene, im Stoffwechsel nicht abbaubare, Stoffe durch in der Leber enthaltene Enzymsysteme erfahren, als „Entgiftungsreaktionen" zu bezeichnen. Doch werden durch diese Entgiftungsenzyme oft auch Substanzen gebunden oder abgebaut, die nicht giftig sind. Dadurch, daß die Leber das Nicotinsäureamid methyliert, inaktiviert sie ein wichtiges Vitamin und vergeudet dabei außerdem wertvolle Methylgruppen. Manche Stoffe werden durch die Wirkung dieser Entgiftungssysteme nicht ungiftig, sondern giftiger. So wird die Giftwirkung einzelner Sulfonamide dadurch, daß sie in der Leber acetyliert werden, wesentlich gesteigert.

Für die Zerlegung und Oxydation der als Nahrungsstoffe verwendbaren Kohlenhydrate, Fette und Aminosäuren besitzt die Leber jeweils eine komplette Serie von Enzymsystemen, durch die diese Stoffe über eine Reihe von Zwischenstufen in Pyruvat oder Acetat umgewandelt und damit den Cyclen der Endoxydation zugeleitet werden können. Durch in der Leber enthaltene Enzyme werden auch einzelne an sich giftige organische Substanzen, wie z.B. Äthylalkohol, in diesen allgemeinen Abbauweg der Nahrungsstoffe eingeführt, der Abbau dieser Gifte zu CO_2 und H_2O und ihre volle energetische Auswertung wird dadurch ermöglicht. Die Leber kann also einzelne Gifte in Nahrungsstoffe umwandeln.

Bei komplizierter gebauten Giften ist jedoch die Überleitung in den normalen Abbauweg der Nahrungsstoffe meist nicht möglich, derartige Stoffe werden in der Leber meist nur geringfügig verändert; doch haben auch relativ geringe Veränderungen an den für die Toxizität des Giftes verantwortlichen Atomgruppen meist eine Verminderung oder völlige Aufhebung der Giftwirkung zur Folge. Durch Bindung an Aminosäuren, Sulfat, Glucuronsäure und andere Stoffe können Atomgruppen, die für die Toxizität der Substanz ausschlaggebend sind, blockiert und die Ausscheidung der Gifte durch die Niere erleichtert werden.

Die Enzymsysteme, die die Leber für die Entgiftung exogener Gifte bildet, haben meist geringe Substratspezifität, mit Hilfe dieser Enzyme inaktiviert die Leber nicht nur die in wechselnder Menge dauernd entstehenden Produkte der Darmfäulnis und in pflanzlichen Nahrungsmitteln häufig in kleiner Menge vorkommende Gifte, sondern auch seltene, in der normalen Nahrung des Menschen kaum jemals vorkommende Pflanzenstoffe; auch zahlreiche synthetische organische Substanzen, die in der Natur niemals vorkommen und mit denen der Organismus nie in Berührung gekommen ist, werden von der Leber abgebaut oder durch Bindung inaktiviert. Die große Intensität, mit der einzelne in der Natur selten oder gar nicht vorkommende Gifte von der Leber angegriffen werden, legt die Vermutung nahe, daß manchen der dabei wirksamen Enzymsysteme neben dieser gelegentlichen Entgiftungsfunktion auch eine physiologische Funktion im normalen Stoffwechsel zukommt.

Die Fähigkeit der Leber, ein bestimmtes Gift zu inaktivieren, wird durch wiederholte Aufnahme kleiner Dosen dieses Giftes oft sehr gesteigert. So werden z. B. Morphin[1] und Atropin[2] bei wiederholter Aufnahme mit zunehmender Geschwindigkeit zerstört. Die häufig beobachtete Tatsache, daß bei chronischer Verabreichung immer größere Dosen des Giftes notwendig werden um eine Giftwirkung hervorzurufen (sog. Mithridatismus*) beruht zum Teil auf einer adaptiven Vermehrung der Enzymsysteme, die der Leber für die Inaktivierung des betreffenden Giftes zur Verfügung stehen; doch spielen beim Zustandekommen dieser Erscheinung wohl auch noch andere Faktoren (Permeabilitätsänderungen u. a.) eine wichtige Rolle.

Die Inaktivierung mancher Gifte erfolgt in der Leber mit großer Geschwindigkeit. Eine tödliche Dosis eines rasch inaktivierbaren Giftes kann völlig wirkungslos bleiben, wenn das Gift langsam resorbiert wird. So kann z. B. Mangel an HCl im Magensekret die Resorption komplexer Cyanide so verzögern, daß die Inaktivierung mit der Resorption Schritt hält und eine tödliche Vergiftung ausbleibt[3]. Es besteht in diesem Falle also ein Wettlauf zwischen Resorption und Inaktivierung, von dem der Ausgang der Vergiftung abhängt.

Für die Unschädlichmachung von Giftstoffen stehen der Leber zahlreiche Wege zur Verfügung. Die Entgiftung kann durch oxydative oder reduktive Reaktionsmechanismen, durch hydrolytische Vorgänge, durch Bindung an Glucuronsäure, durch Veresterung mit Schwefelsäure, durch Koppelung mit Aminosäuren, durch Acetylierung oder Anlagerung von Methylgruppen erfolgen. Daneben stehen der Leber aber noch spezielle Wege für die Entgiftung einzelner organischer Gifte zur Verfügung.

Häufig wird dasselbe Gift durch mehrere miteinander konkurrierende Entgiftungsmechanismen inaktiviert. So können Phenole an Schwefelsäure oder auch an Glucuronsäure gebunden werden. Benzoesäure wird teils zu Benzoylglycin, teils zu Benzoylglucuronid umgesetzt. Halogenbenzole werden teils in Merkaptursäuren verwandelt, teils zu Halogenphenolen oxydiert und sodann als Estersulfate ausgeschieden[4].

Je nach der Tierart werden verschiedene der miteinander konkurrierenden Entgiftungsmechanismen bevorzugt: So wird z. B. Phenylessigsäure beim Menschen

* Mithridates VI. (Eupator), König von Pontus (* um 132, † 63 v. Chr.) machte aus Vorsicht Gewöhnungskuren mit den damals bei Giftanschlägen am häufigsten verwendeten Giften (Plinius XXV, 2, 5—6; Justinus XXXVII, 2, 6; Gellius XVII, 16).

[1] Faust, E. S.: A. e. P. P. **44**, 217 (1900). — Gross, E. G., and V. Thompson: J. Pharmacol. exp. Therap. **68**, 413 (1940). — Oberst, F. W.: J. Pharmacol. exp. Therap. **69**, 240 (1940). — [2] Pulewka, P.: A. e. P. P. **167**, 96 (1932); **168**, 307 (1932). — [3] Stary, Z., u. W. Lorenz: Med. Klin. **1937 I**, 635. — [4] Hele, T. S.: J. Physiol., London **57**, XLVI (1923).

vor allem durch Bindung an Glutaminsäure entgiftet[1]; die Leber des Hundes bindet Phenylacetat dagegen vor allem an Glycin und an Glucuronsäure[2], während die gleiche Substanz im Stoffwechsel der Vögel an Ornithin gebunden wird[3]. Oft zeigen auch verschiedene Stämme der gleichen Tierart starke Verschiedenheiten in dem Entgiftungsmechanismus ihrer Leber. Bei manchen Rattenstämmen wird Phenol vorwiegend durch Bindung an Schwefelsäure, bei anderen vorwiegend durch Bindung an Glucuronsäure entgiftet[4] usw. Die relative Immunität mancher Tierarten gegen bestimmte Gifte wird in vielen Fällen durch eine besonders wirksame spezifische Enzymausrüstung der Leber der betreffenden Tierart verursacht.

Die Art der Ernährung beeinflußt die Entgiftungsvorgänge sehr wesentlich. So bildeten z. B. mit Hafer gefütterte Kaninchen nach Verabreichung von Benzoesäure mehr Hippursäure[5], nach Zufuhr von Brombenzol mehr Merkaptursäure[6] und nach Zufuhr von Phenol mehr Phenolsulfat[6] als Kontrolltiere, die Grünfutter bekommen hatten[7, 8].

Große Überschüsse eines Giftes werden oft in geringerem Ausmaß[9] entgiftet als kleinere Mengen der gleichen Substanz. Während Menthol in kleinen Dosen (0,5 g) von Kaninchen zu 48% in Glucuronid verwandelt wurde, konnte nach Verabreichung von 3,5 g der gleichen Substanz nur 36% der Dosis als Glucuronid im Harn nachgewiesen werden[9]. Große Dosen von Salicylsäure werden in geringerem Prozentsatz in Salicylursäure verwandelt als kleine Dosen derselben Substanz[10]. Auch der Weg der Entgiftung ist bei Verabreichung großer Dosen oft ein anderer als bei Aufnahme kleiner Mengen desselben Giftes. So entgiftet der Hund z. B. kleine Dosen von Benzoesäure vorwiegend durch Bildung von Hippursäure, große Dosen durch Glucuronidbildung[11]. Auch die Art der Verabreichung des Giftes ist von Bedeutung. So erreichte z. B. bei Hunden, die mit p-Kresol vergiftet worden waren, die Konzentration der konjugierten Phenole im Blut bei oraler Zufuhr des Giftes rascher ein Maximum als bei intravenöser Injektion der gleichen Dosis[12]. Schädigende Faktoren, wie Ermüdung[13], hohe Außentemperatur[14], Fieber[14], können die Geschwindigkeit, mit der manche Gifte inaktiviert werden, wesentlich verändern.

Nicht nur bei der Entgiftung von Substanzen mit kleinem Molekulargewicht, sondern auch bei der Unschädlichmachung makromolekularer Gifte und körperfremder Proteine spielt die Leber eine große Rolle. Neben anderen Organen scheint die Leber in erheblichem Ausmaß an der Bildung der Antikörper beteiligt zu sein; die Antikörper werden in das Blut ausgeschieden und verbinden sich mit den im Blut kreisenden Antigenen zu unlöslichen Antigen-Antikörperkomplexen, die sodann von den Zellen des Reticuloendothels aus der Blutbahn aufgenommen werden. Die Bildung der Antikörper ist also ein Vorgang, durch den die Antigene gleichsam aus dem Blut hereingeholt werden; innerhalb der Zellen des Reticuloendothels werden dann die körperfremden Makromoleküle abgebaut.

---

[1] Ambrose, A. M., F. W. Power and C. P. Sherwin: J. biol. Ch. **101**, 669 (1933). — [2] Quick, A. J.: J. biol. Ch. **77**, 581 (1928). — [3] Totani, G.: H. **68**, 75 (1910), — [4] Meio, R. H. de: Arch. Biochem. **7**, 323 (1945) — [5] Abderhalden, E., u. E. Wertheimer: Pflügers Arch. **206**, 460 (1924). — [6] Abderhalden, E., u. E. Wertheimer: Pflügers Arch. **207**, 215 (1925). — [7] Braunstein, A. E., A. N. Parschin u. O. D. Chalisowa: B. Z. **235**, 311 (1931). — [8] Underhill, F. P., and G. E. Simpson: J. biol. Ch. **44**, 69 (1920). — [9] Quick, A. J.: J. biol. Ch. **61**, 679 (1924). — [10] Quick A. J.: J. biol. Ch. **101**, 475 (1933). — [11] Quick, A. J.: J. biol. Ch. **67**, 477 (1926). — [12] Hele, T. S.: J. Physiol., London **57**, XLVI (1923). — Pelkan, K. F., and G. H. Whipple: J. biol. Ch. **50**, 499, 513 (1922). — [13] Palladin, A. V., u. L. I. Palladina: Ukrain. biochem. J. **7**, 19 (1935). — [14] Ito, H.: J. biol. Ch. **26**, 301 (1916).

Zahlreiche Gifte, darunter viele anorganische Substanzen, werden von der Leber mit der Galle ausgeschieden. Dies gilt vor allem für Schwermetalle, die nur schwer in den Harn übergehen. Auch viele Alkaloide werden, meist in mehr oder weniger veränderter Form, in der Galle ausgeschieden. Einige Beispiele der exkretorischen Entgiftungsfunktion der Leber werden im Kapitel Galle besprochen.

β) Entgiftung durch Konjugation.

1. Die Entgiftung durch Glucuronsäure und der Glucuronsäurestoffwechsel der Leber.

a) Äther- und Esterglucuronide. Phenole (Phenol, Kresol, Orcin, Phloroglucin, Indoxyl u. a., heterocyclische N-Verbindungen, Oestranderivate u. a.) können von der Leber *ätherartig* mit Glucuronsäure gekuppelt werden. Auch hydroaromatische Alkohole und einzelne im Organismus nicht abbaubare aliphatische Alkohole, z. B. tertiäre Butyl-[1], Amyl-[1] und Hexylalkohole[2], sowie höhere sekundäre aliphatische Alkohole[2], ferner halogenierte Alkohole, wie Avertin (= Tribromäthanol)[3,4], werden von der Leber an Glucuronsäure gebunden. Kaninchen schieden nach Zufuhr von Methanol und Äthanol Methyl- bzw. Äthylglucuronid im Harn aus[5]. Salicylamid wird beim Menschen, ohne hydrolytisch gespalten zu werden, mit dem freien Phenolhydroxyl an Glucuronsäure gebunden und als Ätherglucuronid ausgeschieden[6].

Aromatische Säuren, wie Benzoesäure[7], o- und p-Aminobenzoesäure[8], p- und m-Oxybenzoesäure[8], Salicylsäure[9], Acetylsalicylsäure[9] u. a., werden dagegen (soweit ihre Entgiftung nicht auf anderen Wegen erfolgt) als *Ester* an das Acetalhydroxyl der Glucuronsäure gekuppelt[10]. Auch höhere aliphatische, im Organismus nicht verwertbare Säuren, wie Diäthylessigsäure und 2-Äthylhexansäure verursachen die Ausscheidung äquivalenter Mengen von Esterglucuroniden[11]. 2-Äthylbutanol wird von Kaninchen zu Diäthylessigsäure oxydiert, 2-Äthylhexanol wird in α-Äthylhexansäure verwandelt und beide Säuren an Glucuronsäure verestert[11]. Auch Diphenylessigsäure wird in ein Glucuronid verwandelt[12]. Die Leber bildet also zwei Arten von Glucuroniden: *Ätherglucuronide* und *Esterglucuronide*[13].

Auch Kohlenwasserstoffe können in Glucuronide übergeführt werden, in diesem Falle muß die OH-Gruppe, die für die Bindung an die Glucuronsäure notwendig ist, erst neu geschaffen werden: Terpene ($C_{10}H_{16}$) werden zu diesem Zweck zu den entsprechenden Terpinolen ($C_{10}H_{15}OH$) oxydiert[14] und Benzol in Phenol[15] umgewandelt, während Dibenzyl zu Stilbenhydrat oxydiert und als Diphenyläthanolglucuronid ausgeschieden wird[16]. Einzelne aromatische Kohlenwasserstoffe werden vor der Bindung an Glucuronsäure bis zu Säuren oxydiert, so geht z. B. Toluol in Benzoesäure über und erscheint teils als Hippursäure, teils als Benzoylglucuronid im Harn[17].

---

[1] THIERFELDER, H., u. J. v. MERING: H. **9**, 511 (1885). — [2] KAMIL, I. A., J. N. SMITH and R. T. WILLIAMS: Biochem. J. **53**, 129 (1953). — [3] LIPSCHITZ, W. L., and E. BUEDING: J. biol. Ch. **129**, 333 (1939). — [4] KOBAYASHI, T.: J. Biochem. **20**, 405 (1934). — [5] KAMIL, I. A., J. N. SMITH and R. T. WILLIAMS: Biochem. J. **54**, 390 (1953). — [6] MANDEL, H. G., V. W. RODWELL and P. K. SMITH: J. Pharmakol. exp. Therap. **106**, 433 (1952). — [7] QUICK, A. J., and M. A. COOPER: J. biol. Ch. **99**, 119 (1932/33). — [8] LUTWAK-MANN, C.: Biochem. J. **36**, 706 (1942). — [9] HOLLMANN, S., u. E. WILLE: H. **290**, 91 (1952). — [10] SALKOWSKI, E.: H. **1**, 1 (1877/78); **4**, 135 (1880). — MAGNUS-LEVY, A.: B.Z. **6**, 502 (1907). — [11] KAMIL, I. A., J. N. SMITH and R. T. WILLIAMS: Biochem. J. **53**, 137 (1953). — [12] MIRIAM, S. R., J. T. WOLF and C. P. SHERWIN: J. biol. Ch. **71**, 695 (1926/27). — [13] PRYDE, J., and R. T. WILLIAMS: Biochem, J. **27**, 1205 (1933). — [14] SCHMIEDEBERG, O., u. H. MEYER: H. **3**, 422 (1879). — FROMM, E., u. H. HILDEBRANDT: H. **33**, 579 (1901). — [15] BRAUNSTEIN, A. E., A. N. PARSCHIN u. O. D. CHALISOWA: B. Z. **235**, 311 (1931). — [16] SEIBURG, H., u. E. HARLOFF: H. **108**, 195 (1919/20). — [17] EPSTEIN, I. S., u. A. E. BRAUNSTEIN: B. Z. **235**, 328 (1931).

Aldehyde werden vor der Bindung an Glucuronsäure entweder zu Alkoholen reduziert oder zu Säuren oxydiert. So wird z. B. Chloralhydrat zu Trichloräthylalkohol reduziert und mit Glucuronsäure zu Urochloralsäure verbunden[1]. Kaninchen schieden nach Verfütterung von Dimethylaminobenzaldehyd den Glucuronsäureester der Dimethylaminobenzoesäure im Harn aus[2]. Zahlreiche aromatische Ketone (Äthylphenyl-, n-Propylphenyl-, Methylbenzyl-, Äthylbenzyl-, Methylphenetyl-Keton) werden vom Kaninchen zu den entsprechenden sekundären Alkoholen reduziert und als Glucuronide ausgeschieden[3]. o-Nitroacetophenon wurde vor der Bindung an Glucuronsäure zu o-Aminophenyl-α-oxyäthan reduziert[4]. Ebenso wie die Glucuronidsynthese selbst erfolgen auch die oxydativen und reduktiven Reaktionen, durch die der Paarling für die Bindung an Glucuronsäure vorbereitet wird, in der Leber.

b) Die Leber als Ort der Glucuronidbildung. Daß die Bindung körperfremder Substanzen an Glucuronsäure vor allem in der Leber erfolgt, zeigten Versuche, in denen isolierte überlebende Lebern mit phenolhaltiger Flüssigkeit durchströmt und die rasche Entstehung von Phenolglucuroniden nachgewiesen werden konnte[5]. Während bei der Durchströmung der Niere und bei der Durchströmung von kombinierten Nieren-Lungen-Milz- oder Nieren-Lungen-Muskel-Präparaten mit Lösungen von Phenol oder Borneol keine Glucuronidbildung nachgewiesen werden konnte, bildeten Leber-Lungen-Nieren-Präparate bei der Durchströmung mit Phenol, Borneol, Campher und Chloralhydrat in der gleichen Versuchsanordnung erhebliche Mengen von Glucuroniden[6]. Leberschnitte wandelten zugesetztes (+)-Borneol und (—)-Menthol in die entsprechenden Glucuronide um, bei Nierenschnitten konnte diese Reaktion dagegen nur in geringerem Ausmaß und bei Schnitten anderer Organe gar nicht beobachtet werden[7]. Bei total hepatektomierten Hunden konnte durch Zufuhr von Campher keine Glucuronsäureausscheidung erzielt werden[8].

Die in der Leber entstandenen Glucuronide werden an das Blut abgegeben. Glucuronide konnten im Blute von Mensch[9], Katze[10], Hund[10] und Rind[11] nachgewiesen werden. Die Niere nimmt diese in der Leber entstandenen Glucuronide aus dem Blute auf und scheidet sie aus, sie ist also nicht die Bildungsstätte, sondern im wesentlichen nur das Ausscheidungsorgan für die hepatogenen, vom Blutstrom herangetragenen Glucuronide[6]. Wurde die isolierte Niere eines normalen Hundes mit dem Blute eines mit Borneol vergifteten Hundes durchströmt, so wurde das in diesem Blut enthaltene Borneolglucuronid mit großer Geschwindigkeit im Harn ausgeschieden[6]. Wurde die Niere jedoch mit normalem Blut, dem Phenol zugesetzt worden war, durchströmt, so erschien das Phenol in freier Form im Harn[6].

c) Die Glucuronidbildung in der geschädigten Leber. Kaninchen, deren Leber durch Arsenik geschädigt und denen sodann Menthol verabreicht worden war, bildeten weniger Mentholglucuronsäure als gesunde Kontrolltiere[12]. Auch nach schwerer Phosphorvergiftung war die Bildung der Glucuronide herabgesetzt[13]. Die nach Chloroformnarkose auftretende temporäre Leberschädigung ist von einer

[1] MERING (J.) v.: H. **6**, 480 (1882). — [2] JAFFÉ, M.: H. **43**, 374 (1904/05). — [3] SMITH, J. N., R. H. SMITHIES and R. T. WILLIAMS: Biochem. J. **56**, 320 (1954). — [4] INAGAKI, S.: H. **214**, 25 (1933). — [5] EMBDEN, G.: Hofmeisters Beitr. **2**, 591 (1902). — EMBDEN, G., u. K. GLAESSNER: Hofmeisters Beitr. **1**, 310 (1902). — [6] HEMINGWAY, A., J. PRYDE and R. T. WILLIAMS: Biochem. J. **28**, 136 (1934). — [7] LIPSCHITZ, W. L., and E. BUEDING: J. biol. Ch. **129**, 333 (1939). — [8] NISHIMURA, K.: Jap. J. med. Sci. (IV.) **9**, 111 (1935) [Chem. Abstr. **30**, 3519]. — [9] STEPP, W.: H. **107**, 264 (1919). — [10] PRYDE, J., and R. T. WILLIAMS: Biochem. J. **28**, 131 (1934). — [11] MAYER, P.: H. **32**, 518 (1901). — [12] PERSOVA, E.: Ber. ukr. biochem. Inst. **4**, 43 (1930). — [13] NASARIJANZ, B. A.: Z. ges. exp. Med. **80**, 11 (1932).

Verminderung der Glucuronidausscheidung begleitet[1]. Analog ist bei Leberkranken auch die Glucuronidbildung betroffen[2], so wurde z.B. bei schweren Fällen von Lebercirrhose[3] oder Hepatitis[4] eine Herabsetzung der Glucuronidbildung nach Verabreichung von Borneol oder Campher beobachtet[5]. Die Belastung mit Campher ist daher als *Methode zur Leberfunktionsprüfung* vorgeschlagen worden[6]. Eine andere Methode der Leberfunktionsprüfung beruht auf der Bestimmung der Harnglucuronide nach Zufuhr von Acetylsalicylsäure[7].

Gleichwohl gehört die Bildung der Glucuronide zu denjenigen Leberfunktionen, die auch bei mittelschweren Schädigungen des Leberparenchyms nur verhältnismäßig wenig gestört sind. Bei Leberkranken, die mit Guajakol oder Campher belastet wurden, war die Glucuronidbildung weit weniger herabgesetzt als die Bildung von Estersulfaten[8]. Bei Kaninchen, deren Leber durch $CHCl_3$–CCl_4-Mischungen oder weißen Phosphor geschädigt worden war, war die Bindung von Cyclohexanon an Glucuronsäure nicht nachweisbar gestört, während die Entgiftung des Benzols als Phenolsulfat sich stark verminderte[9]. Schnitte glykogenfreier Fettlebern, die von phosphorvergifteten Meerschweinchen stammten, bildeten noch nachweisbare Mengen von Glucuroniden[10]. Schnitte glykogenhaltiger Fettlebern von $CHCl_3$-vergifteten Meerschweinchen zeigten sogar besonders große Fähigkeit zur Glucuronidbildung[10].

Da die Hippursäurebildung bei Lebererkrankungen rascher geschädigt wird als die Bildung der Glucuronide, kann bei Leberkranken der Ausfall der Hippursäurebildung durch die vermehrte Bildung von Benzoylglucuronid kompensiert werden[11]. Während beim Gesunden nach Benzoesäurebelastung vor allem die Hippursäureausscheidung vermehrt wird und die Glucuronsäurereaktion mit Naphthoresorcin im Harn negativ bleibt, konnten bei Leberinsuffizienz nach Belastung mit Benzoesäure im Harn vermehrte Mengen von Glucuronsäure nachgewiesen werden[12]. Der Test gibt insbesondere bei mittelschweren Leberschäden positive Resultate und bleibt bei schweren Cirrhosefällen oft negativ, da in diesen Fällen auch die Fähigkeit der Leber Glucuronsäure zu bilden, geschädigt ist[13].

d) Der Einfluß der Ernährung auf die Glucuronidbildung des Lebergewebes. Bei der Prüfung der Frage, wie die Glucuronidbildung der Leber durch die Ernährung beeinflußt wird, muß unterschieden werden zwischen der physiologischen, dauernden, nicht durch die Verabreichung exogener Substanzen provozierten Glucuronidsynthese der Leber und der gesteigerten Glucuronidbildung wie sie durch die Verabreichung eines Pharmakons ausgelöst werden kann (pharmakogene Glucuronidbildung).

Durch die physiologische Glucuronidbildung werden neben endogenen Substanzen (Steroidhormonen u. a.) vor allem die enterogenen Zersetzungsprodukte der aromatischen Aminosäuren (Phenol, Kresol, Indoxyl u. a.) entgiftet; die

[1] Quick, A. J., and M. A. Cooper: J. biol. Ch. **99**, 119 (1932/33). — [2] Schmidt, F.: C. R. Soc. Biol. **86**, 612 (1922). — Pozzi, G.: Clin. chir., Milano **31**, 187 (1928). — Sauer, J.: Kli. Wo. **1930 II**, 2351. — Brox, G.: Dtsch. Z. Verd.- u. Stoffw.-Krankh. **13**, 193 (1953). — [3] Roger, H., et M. Chiray: Bull. Acad. Méd., Paris **73**, 446 (1915). — [4] Roger, H., et M. Chiray: Bull. Mém. Soc. med. Hôp. Paris **39**, 315 (1915). — [5] Nasarijanz, B. A.: Schweiz. med. Wschr. **64**, 1090 (1934). — Ottenberg, R., H. Wagreich, A. Bernstein and B. Harrow: Arch. Biochem. **2**, 63 (1943). — [6] Brulé, M., H. Garban et A. Amer: C. R. Soc. Biol. **92**, 1216 (1925). — Boku, S., and T. Kin: J. Chosen med. Ass. **21**, 173 (1931) [Chem. Abstr. **26**, 3834]. — [7] Salt, H. B.: Biochem. J. **29**, 2705 (1935). — [8] Händel, M.: Z. ges. exp. Med. **42**, 172 (1924). — [9] Deichmann, W.B., K.V. Kitzmiller and S. Witherup: Arch. Biochem. **7**, 409 (1945). — [10] Lipschitz, W. L., and E. Bueding: J. biol. Ch. **129**, 333 (1939). — [11] Snapper, I., and A. Saltzmann: Amer. J. Med. **2**, 327 (1947). — [12] Snapper, I., E. Greenspan and A. Saltzman: Amer. J. digest. Diseases **13**, 275 (1946). — Snapper, I., A. Saltzman and E. Greenspan: Amer. J. digest. Diseases **13**, 341 (1946). — [13] Sharnoff, J. G., M. Budnick and G. Jakab: Amer. J. clin. Path. **21**, 234 (1951).

normale Glucuronidbildung ist daher von dem Ausmaß des bakteriellen Aminosäureabbaus im Darm abhängig und wird durch proteinreiche Nahrung gesteigert. Beim Menschen wurden für diese normale Glucuronidausscheidung Werte zwischen 54—653 mg[1], 300—590 mg[2] bzw. 65—300 mg[3] je Tag gefunden (vgl. a.[4]). Nach Aufnahme größerer Mengen Fleisch und Fett waren hierbei die Werte meist höher als bei Kohlenhydratkost. Hunger setzt, wie beim Kaninchen gezeigt wurde[5], die physiologische Glucuronidbildung herab.

Auch hungernde Kaninchen, die vorher keine nachweisbare Menge von Glucuroniden im Harn ausgeschieden hatten, konnten jedoch nach Verabreichung von Campher noch erhebliche Mengen von Glucuroniden bilden, doch war das Ausmaß der Glucuronidbildung geringer als bei normal ernährten Kontrolltieren. Verabreichung von Kohlenhydrat steigerte die Fähigkeit der Leber hungernder Kaninchen, Glucuronide zu bilden.

e) Der Mechanismus der Glucuronsäuresynthese in der Leber. Die Leber bildet die Glucuronide auf Kosten ihres Glykogenspeichers[6]. Kaninchen schieden nach Verabreichung von Menthol mehr Mentholglucuronid aus, wenn sie zusammen mit dem Menthol zusätzlich Glucose erhielten[7]. Leberschnitte von fastenden Meerschweinchen bildeten aus in vitro zugesetztem Borneol weniger Glucuronsäure als Leberschnitte normal ernährter Tiere[8]. Verabreicht man Kaninchen größere Mengen von Avertin (= Tribromäthylalkohol), so erscheint Avertinglucuronid im Harn, gleichzeitig sinkt aber der Glykogengehalt der Leber stark ab[9]. Nach Zufuhr von (—)-Menthol scheiden Ratten große Mengen von Mentholglucuroniden aus, gleichzeitig wird der Glykogengehalt ihrer Leber in entsprechendem Ausmaß vermindert[10]. Aus dem gleichen Grund ist bei Winterfröschen, deren Leber nur geringe Mengen von Glykogen enthält, die Toleranz gegen Menthol stark herabgesetzt[11]. Die nach großen Salicylsäuregaben bei Ratten beobachtete Verminderung des Leberglykogens[12] ist jedoch nicht nur auf den Glykogenverbrauch für die Glucuronidbildung, sondern zum Teil auch auf eine toxische Schädigung der Leberzellen zurückzuführen. Auf dem Wege über Glykogen und Glucose sind auch glykogene Aminosäuren indirekt Vorstufen der Harnglucuronide[13].

Die Bildung der Glucuronsäure ist ein aerober Prozeß. Leberschnitte bildeten Glucuronide nur in Gegenwart von O. Andere H-Acceptoren wie Fumarat oder Methylenblau können hierbei den Sauerstoff nicht ersetzen. Cyanide heben die Glucuronsäurebildung in den Leberschnitten auf, Hypnotica vermindern sie. Auch Fluoride und Jodacetat hemmen die Glucuronsäurebildung[8]. Insulin steigert, Adrenalin verringert die Bildung der Glucuronide[8].

Das Lacton der Glucuronsäure (nicht aber Glucuronsäure selbst) hemmt die Glucuronidbildung. In Schnitten von Rattenleber sank die Glucuronsäureentgiftung von m-Aminophenol nach Zusatz von Glucuronsäurelacton auf 6% des Ausgangswertes ab[14], und bei Kaninchen wurde die nach Mentholgaben

[1] Tollens, C.: H. **61**, 95 (1909); **67**, 138 (1910). — Tollens, C., u. F. Stern: H. **64**, 39 (1910). — [2] Conzen, F.: Z. klin. Med. **75**, 426 (1912). — [3] Deichmann, W. B.: J. Lab. clin. Med. **28**, 770 (1943). — Deichmann, W. B., and G. Thomas: J. industr. Hyg. **25**, 286 (1943). — [4] Roger, H., et M. Chiray: Bull. Acad. Méd., Paris **73**, 446 (1915). Bull. Mém. Soc. méd. Hôp. Paris **39**, 315 (1915). — Maughan, G. B., K. A. Evelyn and J. S. L. Browne: J. biol. Ch. **126**, 567 (1938). — Wagreich, H., H. Kamin and B. Harrow: Proc. Soc. exp. Biol. Med. **43**, 468 (1940). — [5] Stern, F.: H. **68**, 52 (1910). — [6] Quick, A. J.: J. biol. Ch. **70**, 397 (1926). — [7] Südhof, H.: H. **290**, 72 (1952); **296**, 267 (1954). — [8] Lipschitz, W. L., and E. Bueding: J. biol. Ch. **129**, 333 (1939). — [9] Kabayashi, T.: J. Biochem. **20**, 405 (1934). — [10] Dziewiatkowski, D. D., and H. B. Lewis: J. biol. Ch. **153**, 49 (1944). — [11] Schmid, F.: C. R. Soc. Biol. **123**, 223 (1936). — [12] Lutwak-Mann, C.: Biochem. J. **36**, 706 (1942). — [13] Quick, A. J.: J. biol. Ch. **70**, 59 (1926). — [14] Sie, H.-G., and W. H. Fishman: J. biol. Ch. **209**, 73 (1954). — Vgl. a. Sie, H.-G., and W. H. Fishman: Cancer Res. **13**, 590 (1953).

ausgeschiedene Glucuronidmenge vermindert, wenn ihnen außer Menthol auch Glucuronsäurelacton injiziert wurde[1]. Diese Hemmung ist wahrscheinlich durch einen Wettbewerb des Lactons mit der Glucuronsäure bei der Bindung an den Paarling verursacht[2], die Bildung der Estersulfate wird durch Glucuronsäurelacton dagegen nicht beeinflußt. Die in Schnitten von Mäuseleber nach Zusatz von Glucuronsäure beobachtete Hemmung der Glucuronidbildung aus o-Aminophenol[3] beruht wahrscheinlich auf der Entstehung von Glucuronsäurelacton bei der Bebrütung[2]. Zusatz von Kalium-hydrogen-saccharat hemmt sowohl die Bildung der Glucuronide als auch die der Estersulfate des m-Aminophenols in Leberschnitten[2].

Der Weg, auf dem die Leber Glucose bzw. Glykogen in Glucuronide verwandelt, ist derzeit noch nicht aufgeklärt. Es ist angenommen worden, daß die Leber die zu entgiftende Substanz zunächst glucosidisch an Glucose bindet und daß der Glucoserest, dessen Aldehydgruppe durch die Bindung geschützt ist, sodann an der primären Alkoholgruppe oxydiert wird[4]. Doch kann der Befund, daß Kaninchen nach subcutaner Injektion von Glucosiden, z.B. von Coniferin (= Coniferylglucosid), Syringin (= Methoxyconiferylglucosid) oder Bornylglucosid, die entsprechenden gepaarten Glucuronsäuren ausscheiden[5], sowohl durch die eben erwähnte direkte Oxydation dieser Glucoside zum Glucuronid als auch durch ihre Spaltung und die nachträgliche Bindung des freigesetzten Paarlings an Glucuronsäure oder eine ihrer Vorstufen erklärt werden. Der Befund, daß nach Verfütterung von Phenolglucosid an Kaninchen neben Phenolglucuronid auch Phenolsulfat im Harn erschien[6], spricht für die letztere Annahme. Wurden überlebende Leber-Nieren-Lungenpräparate von Hunden mit β-Phenol-D-glucosid durchströmt, so wurde das Glucosid unverändert in dem von dem Präparat ausgeschiedenen Harn wiedergefunden, ohne daß eine Umwandlung in Glucuronid eingetreten wäre[7]. Die intermediäre Bildung von Glucosiden scheint also nicht der Hauptweg der Glucuronidbildung im tierischen Organismus zu sein.

Daß Glucuronsäure als solche an den zu entgiftenden Paarling gebunden werden kann, zeigen Versuche an Ratten, denen α-Naphthol verabreicht und sodann ^{14}C-markierte Glucuronsäure intraperitoneal injiziert worden war; diese Tiere schieden ein Naphtholglucuronid aus, das in hohem Prozentsatz ^{14}C enthielt[8]. Nach Injektion von ^{14}C-Lactat, ^{14}C-Pyruvat oder ^{14}C-Glucose zeigte das ausgeschiedene Glucuronid eine etwa 10mal geringere Aktivität als nach Injektion von ^{14}C-Glucuronsäure; als $NaHCO_3$ injiziertes ^{14}C ging nur in sehr geringem Prozentsatz in das Glucuronid über[8]. In anderen Versuchen war exogene Glucuronsäure jedoch nicht für die Glucuronidbildung verwendbar. Zusatz von Glucuronsäure förderte die Bildung von Glucuroniden in Schnitten von Meerschweinchenleber nicht[9], doch ist der negative Ausfall dieser Versuche vielleicht auf die oben erwähnte Entstehung des hemmend wirkenden Glucuronsäurelactons zurückzuführen.

Wird Glucuronsäure intraperitoneal injiziert, so wird sie abgebaut, ehe sie für die Glucuronidsynthese verwendet werden kann. Nach intraperitonealer Injektion von Glucuronsäure, die in allen ihren C-Atomen gleichmäßig mit ^{14}C markiert war, schieden mit Borneol vergiftete Meerschweinchen etwa die Hälfte der injizierten ^{14}C-Menge innerhalb 3 Std als CO_2 mit der Atemluft aus, etwa die Hälfte

[1] Südhof, H.: H. **290**. 72 (1952); **296**, 267 (1954). — [2] Sie, H.-G., and W. H. Fishman: J. biol. Ch. **209**, 73 (1954). — Vgl. a. Sie, H.-G., and W. H. Fishman: Cancer Res. **13**, 590 (1953). — [3] Storey, I. D. E.: Biochem. J. **47**, 212 (1950). — [4] Fischer, E., u. O. Piloty: B. **24**, 521 (1891). — [5] Hämäläinen, J.: Skand. Arch. Physiol. **33**, 187 (1913). — [6] Pryde, J., and R. T. Williams: Biochem. J. **30**, 793 (1936). — [7] Hemingway, A., J. Pryde and R. T. Williams: Biochem. J. **28**, 136 (1934). — [8] Packham, M. A., and G. C. Butler: J. biol. Ch. **207**, 639 (1954). — [9] Lipschitz, W. L., and E. Bueding: J. biol. Ch. **129**, 333 (1939).

des ^{14}C erschien innerhalb von 24 Std im Harn, aber nur 2,8—6,8% der ^{14}C-Dosis konnten in dem im Harn ausgeschiedenen Bornylglucuronid nachgewiesen werden[1]. Der Abbau des in diesen Versuchen im Harn aufgefundenen Bornylglucuronids ergab, daß in den C-Atomen 1, 2 und 3 des Glucuronidrestes etwa doppelt so viel ^{14}C vorhanden war wie in den C-Atomen 4, 5 und 6 (s. [2]), woraus hervorgeht, daß die exogene Glucuronsäure in 2 C_3-Fragmente aufgespalten und eines davon bevorzugt für die Synthese der dem exogenen Paarling zunächstliegenden Hälfte des Glucuronsäurerestes verwendet worden war.

Daß ein Teil der in den Glucuroniden enthaltene Glucuronsäure in der Leber aus 2 voneinander verschiedenen C_3-Verbindungen gebildet wird, zeigen auch Versuche, in denen die Bildung von Mentholglucuronid in Leberschnitten von fastenden Meerschweinchen nach Zusatz von 3-^{14}C-Lactat untersucht wurde: das entstandene Glucuronid enthielt weit mehr ^{14}C im C-Atom 6 als im C-Atom 1 (s. [3]).

Auch zahlreiche andere Befunde sprechen dafür, daß die Bildung der Glucuronide auf dem Wege über C_3-Verbindungen erfolgen kann. Zusatz von Dioxyaceton, Pyruvat oder Lactat (nicht aber der Zusatz von Glycerinaldehyd, Glycerinphosphat, Methylglyoxal und Phosphopyruvat) zu Leberschnitten hatte eine starke Erhöhung der Glucuronidbildung zur Folge[4]. Zusatz von Glucose, Glykogen, Fructose und Maltose zu Leberschnitten hatte in diesen Versuchen nur relativ geringe, Ascorbinsäure überhaupt keine Wirkung[4]. In vivo steigerte Verabreichung von Dioxyaceton, Glycerin, Lactat, Succinat und Malat die Glucuronidausscheidung bei Ratten. Zufuhr von Pyruvat setzte die Glucuronidausscheidung herab, während Fumarat und Citrat ohne Wirkung blieben[5]. Intraperitoneale Injektion von Glycerin, das in einer seiner CH_2OH-Gruppen mit ^{14}C markiert war, führte zur Ausscheidung von Glucuronid von so hohem ^{14}C-Gehalt, daß ein direkter Stoffwechselweg angenommen werden muß, der, ohne den Pyruvat- und Glucosepool zu berühren, vom Glycerin zu den Glucuroniden führt. Bei Verabreichung von Glycerin, das am C-Atom 1 mit ^{14}C markiert war, wurde etwa ein Viertel der im Glucuronid vorhandenen Gesamtmenge an ^{14}C in der COOH-Gruppe der Glucuronsäure wiedergefunden, was mit der Annahme, daß der Glucuronidrest aus 2 Glycerinmolekülen entstanden war, gut übereinstimmt[6].

Andererseits wurde nach Verabreichung von gleichmäßig mit ^{14}C markierter Glucose an Meerschweinchen, die mit Borneol behandelt worden waren, im Harn der Tiere ein Glucuronid aufgefunden, das relativ große Mengen von ^{14}C enthielt und bei dem das ^{14}C in analoger Weise verteilt war wie in der verabreichten Glucose[7]. Nach Injektion von $NaH^{14}CO_3$ an borneolvergiftete Meerschweinchen wurden nur 0,2—0,3% der injizierten ^{14}C-Menge in den Harnglucuroniden wiedergefunden, nach Injektion der entsprechenden Menge von ^{14}C-Glucose aber 1,8 bis 4%[7]. Diese Befunde machen es wahrscheinlich, daß die Umwandlung der Glucose in Glucuronsäure nicht nur auf dem Wege über C_3-Verbindungen, sondern zum Teil auch auf einem direkten Wege erfolgt.

Wurde Meerschweinchen zuerst Menthol und sodann Glucose verabreicht, die nur im C-Atom 1 mit ^{14}C markiert war, so erschien im Harn ein Mentholglucuronid, das im C-Atom 1 besonders viel ^{14}C enthielt, während die 4 mittleren C-Atome der Kette symmetrisch markiert waren[8] (vgl. Tabelle 71).

---

[1] Douglas, J. F., and C. G. King: J. biol. Ch. **198**, 187 (1952). — [2] Douglas, J. F., and C. G. King: J. biol. Ch. **203**, 889 (1953). — [3] Bidder, T. G.: Am. Soc. **74**, 1616 (1952). — [4] Lipschitz, W. L., and E. Bueding: J. biol. Ch. **129**, 333 (1939). — [5] Martin, G. J., and W. Stenzel: Arch. Biochem. **3**, 325 (1944). — [6] Doerschuk, A. P.: J. biol. Ch. **195**, 855 (1952). — [7] Mosbach, E. H., and C. G. King: J. biol. Ch. **185**, 491 (1950). — [8] Eisenberg, F. jr., and S. Gurin: J. biol. Ch. **195**, 317 (1952).

Tabelle 71. Verteilung des ^{14}C in der nach Verabreichung von 1-^{14}C-Glucose und Menthol ausgeschiedenen Glucuronsäure[1] (Versuch am Kaninchen).

C-Atom	1	2	3	4	5	6
Stöße je min je mg	2326	443	354	354	443	846

Die Stoffwechselwege, auf denen der C (1) der Glucose in die C-Positionen 1—6 des Glucuronids eingeführt werden kann, sind in der folgenden Übersicht dargestellt.

1-^{14}C-Glucuronsäure ← 1-^{14}C-Glucose → 3-^{14}C-Pyruvat → 2,3-^{14}C-Fumarat

1-^{14}C-Glucose ↓ $^{14}CO_2$ ↓ 1-^{14}C-Pyruvat ↓ 3,4-^{14}C-Glucose ↓ 3,4-^{14}C-Glucuronsäure

3-^{14}C-Pyruvat ↓ 1,6-^{14}C-Glucose ↓ 1,6-^{14}C-Glucuronsäure

2,3-^{14}C-Fumarat ↓ 2,3-^{14}C-Pyruvat ↓ 1,2,5,6-^{14}C-Glucose ↓ 1,2,5,6-^{14}C-Glucuronsäure

Es scheint also, daß die Bildung der Glucuronsäure auf verschiedenen miteinander konkurrierenden Stoffwechselwegen erfolgen kann und daß die Leber Glucuronide sowohl durch direkte Synthese aus C_3-Substanzen als auch durch Oxydation von Glucose zu Glucuronsäure und Bindung der so entstandenen Glucuronsäure an die zu entgiftende Substanz bilden kann.

f) Die Aktivierung der Glucuronsäure durch Uridindiphosphat und ihre Übertragung auf den exogenen Glucuronsäureacceptor. Die von der Leber auf verschiedenen Stoffwechselwegen aus Glucose gebildete Glucuronsäure wird mit dem exogenen Paarling zum Glucuronid gekuppelt. Diese Kupplung der Glucuronsäure erfolgt aber nicht wie die Bindung der Glucosereste an die Glykogenkette auf dem Wege über einfache Phosphorsäureester: β-Glucuronsäure-1-phosphat förderte, wenn es Leberschnitten von Mäusen zugesetzt wurde, nicht die Umwandlung von o-Aminophenol in das entsprechende Glucuronid[2]. Dagegen konnte in der Leber ein nucleotidhaltiger, thermostabiler, mit Trichloressigsäure extrahierbarer Faktor nachgewiesen werden, der die Übertragung des Glucuronsäurerestes auf die zu entgiftende Substanz vermittelt[3]. Der Faktor kann durch andere Coenzyme nicht ersetzt werden und enthält Uridin, 2 Phosphorsäurereste, von denen der eine leicht abspaltbar ist, und Glucuronsäure (Nachweis durch Naphthoresorcinreaktion). Bei der Bebrütung dieser Substanz mit Leberhomogenaten in Gegenwart von o-Aminophenol oder Menthol entstand je Molekül ein Äquivalent des entsprechenden Glucuronids[4]. Der Faktor scheint in größerer Menge nur in der Leber, und zwar in den Partikeln des Cytoplasmas, vorhanden zu sein; in analoger Weise hergestellte Präparate aus Niere, Muskel und Gehirn (von Maus und Ratte) enthielten den Faktor nicht.

Dieser letzte Schritt der Glucuronidbildung erfolgt in der Leber also mit Hilfe eines ähnlichen Mechanismus wie die Umwandlung der Galaktose in Glucose (vgl. S. 95), und die dabei wirksame Überträgersubstanz stimmt in ihrem Bau mit dem galaktosebindenden Uridinnucleotid weitgehend überein. Das glucuronsäureübertragende Nucleotid wird durch ungereinigte (in geringem Grade auch

[1] EISENBERG, F. jr., and S. GURIN: J. biol. Ch. **195**, 317 (1952). — [2] TOUSTER, O., and V. H. REYNOLDS: J. biol. Ch. **197**, 863 (1952). — [3] DUTTON, G. J., and I. D. E. STOREY: Biochem. J. **48**, XXIX (1951). — [4] DUTTON, G. J., and I. D. E. STOREY: Biochem. J. **53**, XXXVII (1953).

durch gereinigte) Phosphatasepräparate gespalten und durch Lebersuspensionen, aber auch durch Kobragift und andere Schlangengifte inaktiviert[1]. Durch partielle Säurehydrolyse ($n/10$ H_2SO_4 bei 100° durch 7 min) wird der Faktor in Uridindiphosphat und Glucuronsäure-1-phosphat gespalten, diese beiden Phosphorsäureester sind in der aktiven Substanz durch eine Pyrophosphatbrücke zu Uridindiphosphoglucuronsäure miteinander verbunden.

$$\underbrace{\text{Uracil — Ribose — Phosphatrest}}_{\text{Uridinphosphat}} \text{ — } \underbrace{\text{Phosphatrest — Glucuronsäure}}_{\text{Glucuronsäure-1-phosphat}}$$

Der in der Uridindiphosphoglucuronsäure (UDP-Glucuronsäure) enthaltene, durch die Bindung an Phosphorsäure aktivierte Glucuronsäurerest wird auf den exogenen Glucuronsäureacceptor (z. B. auf Phenol) übertragen und dadurch das Glucuronid gebildet. Während für den Gesamtvorgang der Glucuronidbildung in Leberschnitten die Gegenwart von O_2 erforderlich ist, kann die letzte Einzelreaktion dieses Vorgangs, (d. i. die Übertragung des aktivierten Glucuronsäurerestes, von der Uridindiphosphoglucuronsäure auf den exogenen Paarling) auch in N_2-Atmosphäre und in Gegenwart von Cyanid erfolgen. Es wird angenommen[2], daß die exogenen Gifte und Steroidhormone, die in der Leber an Glucuronsäure gebunden werden, gleichsam als Glucuronsäurefänger wirken, die den für die Synthese von Mucopolysacchariden bereitgestellten aktivierten Glucuronsäurerest aus der Uridindiphosphoglucuronsäure übernehmen und dadurch die Bildung immer neuer aktivierter Glucuronsäuremoleküle auslösen.

g) Die Glucuronidase der Leber. In der Leber, in der Niere, in der Milz und in geringerem Ausmaß in allen bisher darauf untersuchten Organen ist ein Enzym aufgefunden worden, daß β-Glucuronide spaltet[3,4]. Das Enzym ist unter bestimmten Bedingungen auch befähigt aus Glucuronsäure und hydroxylhaltigen Stoffen Glucuronide zu synthetisieren[5,6]. Diese β-Glucuronidase ist nicht mit β-Glucosidase identisch[7] und wird erst bei etwa 55° inaktiviert[8]. Reine Präparate von β-Glucuronidase aus Kalbsmilz verhielten sich bei der Elektrophorese wie ein einheitliches Protein, sie zeigen ein Maximum der Lichtabsorption bei 277,5 mμ[9]. Ähnlich verhielten sich auch aus Kalbsleber dargestellte Glucuronidasepräparate[10]. Das p_H-Optimum des Enzyms wurde bei 4,5 gefunden[8,9,11], scheint jedoch nach der Art des mit der Glucuronsäure verbundenen Partners etwas zu schwanken[4]. Einzelne Präparate der Glucuronidase zeigten mehrere p_H-Optima, was darauf schließen läßt, daß es sich hier um ein Gemisch mehrerer ähnlich wirkender Enzyme handelt[12,13]. Das Enzym ist trypsinresistent[8]; seine Wirkung wird durch die Anwesenheit von Desoxyribonucleaten gesteigert[9,10,14]. Das 1,4-Lacton der Zuckersäure hemmt die β-Glucuronidase kompetitiv, während das 3,6-Lacton und das freie Zuckersäure-Ion selbst keine Wirkung haben[15], die von

[1] Dutton, G. J., and I. D. E. Storey: Biochem. J. **57**, 275 (1954). — [2] Storey, I. D. E., and G. J. Dutton: Bichem. J. **59**, 279 (1955). — [3] Masamune, H.: J. Biochem. **19**, 353; **20**, 311 (1934). — Oshima, G.: J. Biochem. **23**, 305 (1936). — Fishman, W. H.: J. biol. Ch. **127**, 367 (1939). — Graham, A. F.: Biochem. J. **40**, 603 (1946). — [4] Mills, G. T.: Biochem. J. **43**, 125 (1948). — [5] Houet, R., G. Duchateau et M. Florkin: C. R. Soc. Biol. **135**, 412 (1941). — [6] Karunairatnam, M. C., L. M. H. Kerr and G. A. Levvy: Biochem. J. **45**, 496 (1949). — [7] Helferich, B., u. G. Sparmberg: H. **221**, 92 (1933). — [8] Sarkar, N. K., and J. B. Sumner: Arch. Biochem. **27**, 453 (1950). — [9] Bernfeld, P., and W. H. Fishman: Arch. Biochem. **27**, 475 (1950). — [10] Bernfeld, P., J. S. Nisselbaum and W. H. Fishman: Fed. Proc. **11**, 187 (1952). — Bernfeld, P., and W. H. Fishman: J. biol. Ch. **202**, 757 (1953). — Bernfeld, P., J. S. Nisselbaum and W. H. Fishman: J. biol. Ch. **202**, 763 (1953). — [11] Talalay, P., W. H. Fishman and C. Huggins: J. biol. Ch. **166**, 757 (1946). — [12] Kerr, L. M. H., A. F. Graham and G. A. Levvy: Biochem. J. **42**, 191 (1948). — [13] Kerr, L. M. H., J. G. Campbell and G. A. Levvy: Biochem. J. **44**, 487 (1949). — [14] Bernfeld, P., and W. H. Fishman: Science, U. Y. **112**, 653 (1950). — [15] Levvy, G. A.: Biochem. J. **52**, 464 (1952).

einzelnen Untersuchern[1] beobachtete Hemmung der β-Glucuronidase durch Zuckersäure ist auf die Bildung des Lactons zurückzuführen[2].

Es ist wahrscheinlich, daß die β-Glucuronidase der Leber nicht mit der Entgiftungsfunktion der Zellen, sondern mit Wachstums- und Zellvermehrungsvorgängen in Beziehung steht[1,3-6]. Die Vermehrung der β-Glucuronidase im Lebergewebe, die nach Zufuhr von Menthol beobachtet wird[7], geht mit der durch das Menthol verursachten Leberschädigung parallel, in deren Gefolge ein Proliferation der Leberzellen eintritt[4]. Auch Lebergifte, die nicht als Glucuronide entgiftet werden, wie $CHCl_3$, CCl_4, P u. a., verursachten eine Vermehrung der β-Glucuronidase im Lebergewebe, und auch nach partieller Hepatektomie war die Wirksamkeit dieses Enzyms stark vermehrt[4].

Hormone beeinflussen den Gehalt der Gewebe an β-Glucuronidase meist in ähnlicher Weise wie die Mitosenzahl. Bei ovarektomierten Mäusen verursacht Oestron eine Vermehrung der Mitosenzahl im Lebergewebe, gleichzeitig steigt auch die Aktivität der β-Glucuronidase an; beide Vorgänge werden durch Testosteron gehemmt[5,8]. Lebern weiblicher Ratten enthielten mehr Glucuronidase als die Lebern männlicher Tiere[9]. Während der Schwangerschaft war der Glucuronidasegehalt der Rattenleber vermindert, während der Lactation vermehrt, Alloxandiabetes vermehrt die Leberglucuronidase[9]. Extrakte von Hypophysenvorderlappen verminderten den Glucuronidasegehalt in der Leber und in geringerem Ausmaß auch in anderen Organen von Kaninchen[10]. Für die Verschiedenheit des glucuronbildenden, bei Entgiftungsvorgängen wirksamen Enzymsystems von den β-Glucuronidasen spricht auch die Tatsache, daß β-Glucuronidasen in vielen Körpergeweben vorkommen, während das glucuronidsynthetisierende Enzymsystem fast ausschließlich in der Leber vorhanden ist[3].

h) Der Abbau der Glucuronsäure in der Leber. Während die in der Leber entstandenen Glucuronide an das Blut abgegeben und mit dem Harn ausgeschieden werden, wird verabreichte freie Glucuronsäure in den Leberzellen rasch zerstört. Ein großer Teil hiervon wird dabei zu CO_2 oxydiert, das mit der Atemluft ausgeschieden wird. Bei Pentosurie steigerte die Zufuhr von Glucuronsäure die Ausscheidung der L-Xyloketose[11]. Nach Verfütterung von D-Glucuron- und D-Galakturonsäure an Hunde und Kaninchen konnte im Harn der Tiere 2,5-Furandicarbonsäure nachgewiesen werden[12].

Besonders rasch wird per os aufgenommene Glucuronsäure abgebaut: Wurde Glucuronsäure, die mit ^{14}C markiert war, naphtholvergifteten Ratten oral verabreicht, so wurde 20mal weniger ^{14}C in die ausgeschiedenen Glucuronide aufgenommen als bei intravenöser Injektion[13]. Gesunde Menschen schieden nach Injektion von 3 g Glucuronsäurelacton durchschnittlich 59% der verabreichten Menge im Harn aus, während die Ausscheidung nach oraler Zufuhr der gleichen Menge nur 9,3% betrug[14]. Ähnliche Werte sind beim Menschen auch bei anderer Dosierung gefunden worden[15-17]. Dies ist auf eine unvollständige Resorption und

---

[1] KARUNAIRATMAN, M. C., and G. A. LEVVY: Biochem. J. **44**, 599 (1949). — [2] LEVVY, G. A.: Biochem. J. **52**, 464 (1952). — [3] KARUNAIRATNAM, M. C., L. M. H. KERR and G. A. LEVVY: Biochem. J. **45**, 496 (1949). — [4] LEVVY, G. A., L. M. H. KERR and J. G. CAMPBELL: Biochem. J. **42**, 462 (1948). — [5] KERR, L. M. H., J. G. CAMPBELL and G. A. LEVVY: Biochem. J. **44**, 487 (1949). — [6] CAMPBELL, J. G.: Brit. J. exp. Path. **30**, 548 (1949). — [7] FISHMAN, W. H.: J. biol. Ch. **131**, 225 (1939). — [8] LEVVY, G. A.: Science, N. Y. **116**, 285 (1952). — [9] TUBA, J.: Canad. J. med. Sci. **31**, 18 (1953). — [10] PASETTO, N.: Sperimentale **4**, 23 (1953). — [11] ENKLEWITZ, M., and M. LASKER: J. biol. Ch. **110**, 443 (1935). — [12] FLASCHENTRÄGER, B., B. CAGIANUT u. F. MEIER: Helv. **28**, 1489 (1945). — [13] PACKHAM, M. A., and G. C. BUTLER: J. biol. Ch. **194**, 349 (1952). — [14] HOLLMANN, S., u. E. WILLE: H. **290**, 91 (1952). — [15] SÜDHOF, H.: Kli. Wo. **1952**, 86. — [16] SÜDHOF, H., u. G. SCHELLONG: Kli. Wo. **1953**, 64. — [17] FRETWURST, F., u. H. A. AHLHELM: A. e. P. P. **217**, 382 (1953).

den Abbau der nicht resorbierten Glucuronsäure durch die Darmbakterien[1] sowie auf den Abbau der Glucuronsäure in der Leber zurückzuführen. Daß Glucuronsäurelacton von der Leber aus dem Pfortaderblut aufgenommen wird, geht daraus hervor, daß nach intraperitonealer Injektion von Glucuronsäurelacton weniger Glucuronsäure im Harn erscheint als bei intravenöser oder subcutaner Injektion[2]. Nach Anlage einer ECKschen Fistel beim Hund wurde ein weit größerer Anteil des per os aufgenommenen Glucuronsäurelactons mit dem Harn ausgeschieden als vorher[2]. Nach Belastung mit 10 g Glucuronsäurelacton schieden Normalpersonen in 24 Std im Durchschnitt nur 9% der per os verabreichten Dosis im Harn aus, bei Patienten mit geschädigter Leber war die im Harn ausgeschiedene Menge im Durchschnitt mehr als doppelt so groß[3]. Wurden Dosen von 4 g täglich durch mehrere Tage verabreicht, so schieden Gesunde 9,4—11,3%, Patienten mit Gelenkerkrankungen 0,4—3,9%, Leberkranke jedoch 14,6—23,2% mit dem Harn aus. Nach intravenöser Injektion von 2 g erschien bei Normalen 46—60%, bei Gelenkerkrankten 9,3% und bei Leberkranken 65—95% im Harn[3]. In Fällen von Hepatitis und Cirrhose ist der Abbau exogener Glucuronsäure besonders stark vermindert[4], parallel mit der klinischen Besserung des Leberschadens steigt das Ausmaß des Glucuronsäureabbaues wieder an[4]. Belastungsversuche mit Glucuronsäurelacton sind als Test zur Prüfung der Leberfunktion empfohlen worden[5].

2. Entgiftung durch Überführung in Schwefelsäureester.

a) Die Rolle der Leber bei der Bildung der Esterschwefelsäuren. Daß die Hauptmenge der im Harn ausgeschiedenen Esterschwefelsäuren dem Stoffwechsel der Leber entstammt, ist durch zahlreiche Versuche belegt: Mit Phenollösungen durchströmte überlebende Lebern bildeten Phenolschwefelsäuren mit größerer Geschwindigkeit als andere Organe[6]; in Leberschnitten entstanden aus zugesetztem Phenol und Sulfat mit großer Ausbeute Esterschwefelsäuren[7,8] und auch bei Leberhomogenaten konnte nach Zusatz von p-Aminophenol die Bildung von Estersulfaten nachgewiesen werden[9]. Beim phenolvergifteten Hund war die Konzentration der Phenolschwefelsäure in der Leber 19mal größer als in den übrigen Organen und im Blut[10,11]. Im Gegensatz zur Leber ist die Niere an der Bildung der Phenolschwefelsäuren nicht wesentlich beteiligt. Die Bindung des Phenols erfolgte bei phenolvergifteten Hunden im gleichen Ausmaß auch dann, wenn alle Nierengefäße unterbunden wurden[12].

Kleine Mengen von Esterschwefelsäuren können jedoch auch extrahepatisch gebildet werden: Bei Durchströmungsversuchen mit Phenollösungen entstanden Phenolsulfate nicht nur in der isolierten Leber, sondern in geringerem Ausmaß auch bei der Durchströmung der Lunge und der Niere[6]. Auch hepatektomierte Hunde konnten noch kleine Mengen von Esterschwefelsäuren bilden[13], und hepatektomierte Gänse schieden kleine Mengen gebundenen Phenols im Harn aus[14]. Ein Teil der im Darm gebildeten Phenole wird schon in der Darmwand selbst an Schwefelsäure gebunden[15].

---

[1] KAY, H. D.: Biochem. J. **20**, 321 (1926). — QUICK, A. J., and M. C. KAHN: J. Bacteriology **18**, 133 (1929). — HEALD, P. J.: Biochem. J. **52**, 378 (1952). — [2] HOLLMANN, S.: H. **297**, 74 (1954). — [3] FRETWURST, F., u. H. A. AHLHELM: A. e. P. P. **217**, 382 (1953). — [4] SÜDHOF, H., u. G. SCHELLONG: Kli. Wo. **1953**, 64. — [5] SÜDHOF, H.: Dtsch. Arch. klin. Med. **201**, 89 (1954). — [6] EMBDEN, G., u. K. GLAESSNER: Hofmeisters Beitr. **1**, 310 (1901). — [7] BERNHEIM, F., and M. L. C. BERNHEIM: J. Pharmacol. exp. Therap. **78**, 394 (1943). — [8] MEIO, R. H. DE, and R. I. ARNOLT: J. biol. Ch. **156**, 577 (1944). — [9] BERNSTEIN, S., and R. W. MC GILVERY: J. biol. Ch. **198**, 195 (1952). — [10] BAUMANN, E.: Pflügers Arch. **13**, 285 (1876). — [11] SATTA, G.: G. R. Acad. Med. Torino **71**, 1 (1908). — [12] CHRISTIANI, A., u. E. BAUMANN: H. **2**, 350 (1878/79). — [13] MARENZI, A. D.: C. R. Soc. Biol. **107**, 737, 739, 741, 743 (1931). — [14] LANG, S.: H. **29**, 305 (1900). — [15] ARNOLT, R. I., e R. H. DE MEIO: Rev. Soc. argent. Biol. **17**, 570 (1941).

Es scheint, daß die Leberzellen mancher Tierstämme sich bis zu einem gewissen Grade an die Entgiftung von Phenolen adaptieren können[1]. Leberschnitte von Ratten, denen per os Phenol oder Borneol gegeben worden war, wandelten in vitro zugesetztes freies Phenol rascher in Phenolverbindungen um als Leberschnitte normaler Ratten[2]. Doch zeigten nicht alle Rattenstämme diese Adaptationsfähigkeit[3].

Das Ausmaß, in dem Phenole an Sulfat gebunden werden, kann auch bei nahe verwandten Tierarten sehr verschieden sein. Leberschnitte von Rana pipiens konnten in Abwesenheit von Sulfaten kein freies Phenol binden, bei diesen Tieren wird Phenol also vorwiegend durch Bindung an Sulfat entgiftet. Bei Leberschnitten anderer Froscharten (Rana catesbiana) war die Bindungsfähigkeit für Phenole in Abwesenheit von anorganischem Sulfat nur herabgesetzt, da diese Tierarten die Phenole in erheblichem Ausmaß auch an Glucuronsäure binden können[3]. Leberschnitte von jungen Hunden bildeten keine Phenolschwefelsäuren, wenn ihnen kein freies Sulfat zugesetzt wurde, Leberschnitte von Katzen und Ratten bildeten dagegen auch dann noch kleine Mengen von Phenolsulfat, wenn die Suspensionsflüssigkeit kein freies Sulfat enthielt[3].

b) Beziehungen zu anderen Entgiftungsmechanismen der Leberzelle. Die Entgiftung durch Bindung an Schwefelsäure stellt gleichsam eine Parallelstraße zur Bindung an Glucuronide dar[4, 5]. Zahlreiche Gifte werden, wenn sie in der Leber erscheinen, teils in Schwefelsäureester, teils in Glucuronide übergeführt und beide Verbindungen nebeneinander im Harn ausgeschieden. Das Mengenverhältnis zwischen der als Glucuronid und der als Schwefelsäureester ausgeschiedenen Giftmenge wird vor allen durch die Menge des der Leber zur Verfügung stehenden Sulfats bzw. der in Sulfat verwandelbaren S-Verbindungen bestimmt. So bildeten z.B. Rattenleberschnitte aus Phenol in einem sulfathaltigen Medium Phenolsulfat rascher als Phenolglucuronid; wurde das Sulfat aus der Lösung fortgelassen, so ging die Bildung des Phenolsulfats zurück und die Bildung des Phenolglucuronids nahm zu, das Gesamtausmaß der Phenolbindung wurde nur wenig vermindert[6]. Bei Versuchen am lebenden Tier steht in der ersten Zeit nach der Aufnahme des Giftes oft die Ausscheidung als Schwefelsäureester im Vordergrund und tritt dann in dem Ausmaß, in dem sich die Menge des Sulfats und seiner Muttersubstanzen in der Leber vermindert, hinter die Glucuronidausscheidung zurück. Beim Kaninchen betrug der Prozentsatz der durch Bindung an Sulfat entgifteten Phenolmengen bei Dosen zwischen 100—250 mg/kg etwa 19%[7]; bei Dosen unter 100 mg steigt der Prozentsatz des als Sulfat entgifteten Phenols mit der Verminderung der Dosis[7]. Daneben ist auch die Art des entgifteten Stoffes von Bedeutung: Phenol wird vom Menschen vorwiegend an Glucuronsäure, Indoxyl vorwiegend an Sulfat gebunden[8]. (Über die Bildung von Esterschwefelsäuren aus Naphtholderivaten und anderen polycyclischen Verbindungen vgl. S. 473.)

c) Die Bildung von Esterschwefelsäuren in der geschädigten Leber. Ähnlich wie die Entgiftung durch Glucuronsäure ist die Bindung von Phenolen an Schwefelsäure ein relativ widerstandsfähiger Stoffwechselmechanismus, der nur durch relativ schwere Schädigungen des Lebergewebes gestört wird. Allgemeinerkrankungen auch schwerster Art haben daher, wenn sie die Leber selbst nicht schwer schädigen, auf die Entgiftung der Phenole nur geringen Einfluß. Vorausgegangene wiederholte Blutentnahmen oder Anlegung einer Gallenfistel verringerten bei

[1] Lang, S.: H. **29**, 305 (1900). — [2] Meio, R. H. de, and R. I. Arnolt: J. biol. Ch. **156**, 577 (1944). — [3] Meio, R. H. de: Arch. Biochem. **7**, 323 (1945). — [4] Baumann, E.: Pflügers Arch. **13**, 285 (1876). — [5] Schmiedeberg, O.: A. e. P. P. **14**, 307 (1881). — [6] Meio, R. H. de, and L. Tkacz: J. biol. Ch. **195**, 175 (1952). — [7] Williams, R. T.: Biochem. J. **32**, 878 (1938). — [8] Tollens, C.: H. **67**, 138 (1910).

Hunden die Geschwindigkeit der Phenolentgiftung nicht[1]. Ein an Staupe erkrankter Hund bildete noch im prämortalen Zustand annähernd normale Mengen von gebundenem Phenol[1].

Während kleine Dosen von Phosphor oder Chloroform die Geschwindigkeit der Phenolentgiftung nicht verringerten, setzten größere Dosen die Bindung der Phenole sehr stark herab, und bei schwerster Leberschädigung durch Chloroform war die Phenolentgiftung auf Null reduziert. Die Anlegung einer Eckschen Fistel vermindert die Phenolentgiftung auf ein Viertel bis ein Zehntel des Normalwertes, und die nach dieser Operation bei Hunden auftretenden Störungen des Allgemeinzustandes, die oft mit dem Tode des Tieres enden, werden auf unzureichende Entgiftung des im Darm entstandenen Phenols zurückgeführt[1]. Partielle Unterbindung der Leberarterie bei Eck-Fistel-Hunden verursachte eine weitere Verminderung der Phenolentgiftung[1]. Da die nach Belastung mit p-Kresol und anderen Giften ausgeschiedene Menge von Estersulfaten bei Patienten mit gestörter Leberfunktion vermindert ist, wurde die orale Verabreichung von p-Kresol[2], Guajakol oder Campher[3] mit nachfolgender Bestimmung der im Harn ausgeschiedenen Menge an Estersulfaten als Methode zur Prüfung der Leberfunktion vorgeschlagen.

d) Die exogenen Paarlinge der Estersulfate. Die Bindung an Schwefelsäure bildet einen wichtigen Entgiftungsweg der bei der bakteriellen Zersetzung der Aminosäuren im Darm entstandenen Phenole. Vermehrung der Darmfäulnis führt daher zu gesteigerter Ausscheidung von Esterschwefelsäuren im Harn[4]. Verringerung des bakteriellen Proteinabbaues im Darm (Kohlenhydratzufuhr u. a.) setzt auch die Bildung von Phenolsulfaten herab[5]. Auch die in Nahrungsmitteln pflanzlicher Herkunft gelegentlich enthaltene Diphenole (Hydrochinon, Brenzkatechin) werden an Schwefelsäure gebunden[6].

Bei monosubstituierten Phenolen hängt das Ausmaß der Veresterung von der Stellung des Substituenten im Benzolring ab: in Versuchen an Kaninchen verringerten saure Substituenten in o-Stellung die Bindung an Sulfat um etwa 50%, während in o-Stellung zur OH-Gruppe stehende basische Substituenten die Bindung an Sulfat in etwa gleichem Ausmaß steigerten[7]. Eine COOH-Gruppe in o-Stellung verhindert die Bindung an Sulfat vollkommen. In m-Stellung haben die gleichen Substituenten eine ähnliche, aber weit geringere und in p-Stellung (mit Ausnahme der COOH- und der $CONH_2$-Gruppe) überhaupt keine Wirkung. Von den Abbauprodukten aromatischer Aminosäuren werden Phenylacetat, Phenyllactat, Kresol, Phenol, Indoxyl und Skatoxyl an Sulfat gebunden, auch Tyramin wird, soweit es nicht auf anderem Wege entgiftet wird, an der OH-Gruppe seines Phenylrestes mit Sulfat verestert[8].

Auch Pyridinderivate können durch Bindung an Sulfate entgiftet werden: Orale Verabreichung von Isobarbitursäure und Isodialursäure war beim Hund[9-11] und beim Menschen[12], nicht aber beim Schwein[11], von einer vermehrten Ausscheidung von Esterschwefelsäuren im Harn gefolgt.

---

[1] Pelkan, K. F., and G. H. Whipple: J. biol. Ch. **50**, 513 (1922). — [2] Whipplf, G. H.: Amer. J. Physiol. **51**, 33 (1914). — [3] Händel, M.: Z. ges. exp. Med. **42**, 172 (1924). — [4] Baumann, E., u. C. Preusse: H. **3**, 156 (1879). — Salkowski, E.: H. **12**, 222 (1888). — Tauber, S.: A. e. P. P. **36**, 197 (1895). — [5] Baumann, E.: H. **10**, 123 (1886). — Schmitz, K.: H. **19**, 378 (1894). — Mosse, M.: H. **23**, 160 (1897). — [6] Lewin, L.: Virchows Arch. **92**, 517 (1883). — [7] Williams, R. T.: Biochem. J. **32**, 878 (1938). — [8] Loeper, M., et J. Vignalou: Bull. Ass. Études physio-path. Foie **1**, 215 (1946). — [9] Lawrié, N. R., and N. W. Pirie: Biochem. J. **26**, 622 (1932). — [10] Cerecedo, L. R.: J. biol. Ch. **88**, 695 (1930). — [11] Stekol, J. A.: J. biol. Ch. **113**, 675 (1936). — [12] Stekol, J. A., and L. R. Cerecedo: J. biol. Ch. **100**, 653 (1933).

Der in den Esterschwefelsäuren enthaltene Schwefelsäurerest kann durch anorganisches Sulfat geliefert oder durch Oxydation S-haltiger Aminosäuren gebildet werden. Zufuhr von Sulfat, aber auch von Methionin, Cystein oder Cystin, steigerte beim Hund die Bindung von Isobarbitursäure an Sulfat[1-3]. Per os aufgenommenes Sulfat beschleunigte beim Hund auch die Entgiftung von Phenol, Indol und Guajakol[3]. Sulfit und Cystein erwiesen sich als ebenso wirksam[2,3]. Nach Verreichung von Natriumsulfat stieg beim Hund die Ausscheidung des anorganischen Sulfats im Harn in entsprechendem Ausmaß an; wurde das Natriumsulfat jedoch zusammen mit Phenol oder Indoxyl gegeben, so wurde es in Form von Estersulfaten ausgeschieden, und die Menge des im Harn ausgeschiedenen anorganischen Sulfats nahm nur wenig zu[4].

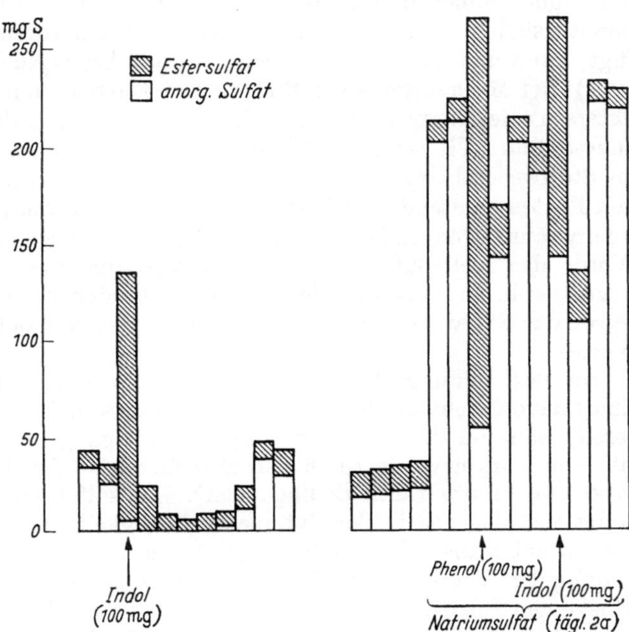

Abb. 52. Im Harn ausgeschiedene Tagesmengen von anorganischem Sulfat und Estersulfat nach Verabreichung von Phenol und Indol bei einem 6,8 kg schweren normalen Hund[4]. Linke Säulengruppe: Am 3. Versuchstag Verabreichung von 100 mg Indol per os. Man sieht, daß die Vermehrung der Estersulfate zum Teil auf Kosten des anorganischen Sulfats erfolgt. Gleichzeitig ist aber auch die Gesamtmenge des ausgeschiedenen Sulfats vermehrt, ein großer Teil des Estersulfats wird also zusätzlich durch Oxydation S-haltiger Aminosäuren gebildet. Die Entleerung des Pools der S-haltigen Aminosäuren führt in den nachfolgenden Tagen zu einer Verminderung der Gesamtausscheidung an Sulfat. Rechte Säulengruppe: Die gleiche Versuchsanordnung bei Verabreichung von 2 g Natriumsulfat täglich. Für die Bildung der Estersulfate wird in diesem Falle exogenes Sulfat verwendet, trotzdem wird auch in diesem Falle die Bildung endogenen Sulfats nach Phenolverabreichung gesteigert.

Auch in Schnitten von Meerschweinchenleber, denen Phenol zugesetzt worden war, förderte Zusatz von anorganischem Sulfat die Bildung der Esterschwefelsäuren; Methionin oder Cystin konnten in diesen Versuchen das Sulfat nicht ersetzen[5]. Auch in Homogenaten von Rattenleber wurde die Bildung von Phenolsulfaten durch Zusatz von anorganischem Sulfat gefördert[6].

Doch dringt das Sulfat-Ion in intakte Zellen im allgemeinen nur langsam ein, während S-haltige Aminosäuren von den Leberzellen rasch aufgenommen und zu Sulfat oxydiert werden. Bei manchen Tierarten scheint daher die Zufuhr von Sulfatvorstufen wirksamer zu sein als die Verabreichung des Sulfats selbst. So steigerte beim phenolvergifteten Kaninchen Sulfit[7], Taurin[7], Cystin[7,8] und kolloidaler Schwefel[7] die Ausscheidung der Phenolschwefelsäuren, während Sulfat und Thiosulfat ohne Wirkung blieben[7].

Da die normale Nahrung nur wenig Sulfate enthält, wird das für die Entgiftung der Phenole verwendete Sulfat normalerweise endogen gebildet. Durch die

[1] STEKOL, J. A.: J. biol. Ch. **113**, 675 (1936). — [2] HELE, T. S.: Biochem. J. **18**, 586 (1924). — [3] HELE, T. S.: Biochem. J. **18**, 110 (1924). — [4] HELE, T. S.: Biochem. J. **25**, 1736 (1931). — [5] BERNHEIM, F., and M. L. C. BERNHEIM: J. Pharmacol. exp. Therap. **78**, 394 (1943). — [6] MEIO, R. H. DE, and L. TKACZ: Arch. Biochem. **27**, 242 (1950). — [7] RHODE, H.: H. **124**, 15 (1923). — [8] SATO, T.: H. **63**, 378 (1909).

Oxydation der S-haltigen Aminosäuren entstehen in der Leber ständig kleine Mengen von Sulfat, das, wenn keine Phenole entgiftet werden müssen, als anorganisches Sulfat mit dem Harn ausgeschieden wird. Nach Aufnahme von Phenolen verwendet die Leber dieses endogene Sulfat zur Bildung von Esterschwefelsäuren. Die Menge des anorganischen Sulfats im Harn nimmt daher bei der Phenolvergiftung ab[1]. Nach Aufnahme größerer Dosen von Phenolen wird der Abbau S-haltiger Aminosäuren gesteigert, um das für die Entgiftung notwendige Sulfat bereitzustellen. Der Vorrat an S-haltigen Aminosäuren, über den die Leber verfügt, kann dadurch in erheblichem Ausmaß beansprucht werden.

e) Der Mechanismus der Bildung von Estersulfaten. Die für die Bildung der Esterschwefelsäuren notwendige Energie wird durch die Spaltung von ATP geliefert. Das ATP kann aus Adenylsäure und Phosphat in Gegenwart einer leicht im Stoffwechsel oxydierbaren Substanz gebildet werden. In Leberhomogenaten von Ratten entstanden in O_2-haltigen Milieu nach Zusatz von α-Ketoglutarsäure, Adenylsäure, Mg-Sulfat und Phenol große Mengen von Phenolschwefelsäure. Wurde das Ketoglutarat oder die Adenylsäure aus der Suspensionsflüssigkeit weggelassen, so sank die Menge des entstandenen Phenolsulfats auf 3,5—4%, wurde das Sulfat weggelassen, auf etwa 7% des im Kontrollversuch beobachteten Wertes[2].

An der Bildung der Estersulfate sind somit 2 Enzymsysteme beteiligt: Eines davon stellt die für die Synthese erforderliche Energie in Form von ATP bereit, während das andere den Synthesevorgang selbst katalysiert. Das ATP-bildende Enzymsystem ist in den Mitochondrien der Leberzellen enthalten und wirkt nur unter aeroben Bedingungen[3]. Das sulfatveresternde Enzymsystem befindet sich dagegen in der Cytoplasmaflüssigkeit, in Gegenwart von ATP wirkt es auch unter anaeroben Bedingungen[4]. Zusatz der Mikrosomenfraktion setzt die Bildung der Estersulfate in der Cytoplasmaflüssigkeit herab, weil die Mikrosomen selbst einen Teil des vorhandenen ATP verbrauchen[3]. Durch fraktionierte Fällung mit NH_4-Sulfat konnte das Enzym, das die Bildung der Estersulfate katalysiert, aus der Cytoplasmaflüssigkeit in gereinigter Form dargestellt werden[4].

3. Die Entgiftung durch Bindung an Aminosäuren.

a) Bindung an Glycin (Glykokoll). Die Leber spielt bei dieser Art der Entgiftung vor allem die Rolle des glycinliefernden Organs. Lebergewebe enthält weit mehr freies Glycin als andere Gewebe[5,6], weitere Glycinmengen können durch Abbau der in der Leber gespeicherten (vgl. S. 218ff.) Proteine oder durch Bildung aus anderen Aminosäuren bereitgestellt werden. Diese Glycinreserven können a) von der Leber selbst zur Entgiftung schwer abbaubarer organischer Säuren verwendet, b) anderen Organen auf dem Blutwege zur Verfügung gestellt und dort für den gleichen Zweck verwendet werden.

Der Austausch des Glycins zwischen Gewebe und Blutplasma erfolgt in der Leber weit rascher als in anderen Organen. Nach Versuchen mit (α-^{14}C-) Glycin am Kaninchen wurde die Erneuerungszeit des freien Glycins in der Leber auf 15—20 min, in der Muskulatur auf 20—25 Std berechnet[6]. 5 min nach der Injektion von ^{14}C-markiertem Glycin an Mäuse war die Radioaktivität des freien Glycins in der Leber 5mal größer als die des freien Glycins in der Muskulatur[7].

[1] Baumann, E., u. C. Preusse: H. 3, 156 (1879). — [2] Meio, R. H. de, and L. Tkacz: Arch. Biochem. 27, 242 (1950). — [3] Meio, R. H. de, M. Wizerkaniuk and E. Fabiani: J. biol. Ch. 203, 257 (1953). — [4] Bernstein, S., and R. W. McGilvery: J. biol. Ch. 198, 195 (1952). — [5] Krueger, R.: Helv. 33, 429 (1950). — Dubreuil, R., and P. S. Timiras: Amer. J. Physiol. 174, 20 (1953). — [6] Henriques, O. B., S. B. Henriques and A. Neuberger: Biochem. J. 60, 409 (1955). — [7] Barton, A. D.: Proc. Soc. exp. Biol. Med. 77, 481 (1951).

Neben schwer abbaubaren endogenen Säuren (Gallensäuren, kleinen Mengen endogen entstandener Benzoesäure usw.), werden auch zahlreiche exogene aromatische Säuren im Organismus säureamidartig an die Aminogruppe des Glycins gebunden und in dieser Form ausgeschieden. Per os aufgenommene Benzoesäure erscheint bei Mensch und Säugetier in Form von Hippursäure (Benzoylglycin) im Harn[1], Benzoylamid wird desamidiert und ebenfalls in Hippursäure übergeführt[2]. Auch Toluol, Benzaldehyd, Phenylacrylsäure, Phenylpropionsäure, Chinasäure werden im Stoffwechsel in Benzoesäure übergeführt und an Glycin gekuppelt. Am Kern mehrfach substituierte aromatische Verbindungen können in die entsprechenden substituierten Hippursäurederivate übergeführt werden; Salicylsäure wird als Salicylursäure (Salicylglycin)[3], p-Aminobenzoesäure als p-Aminohippursäure ausgeschieden[4-7]. Substituierte Toluole (z.B. o-Bromtoluol, p-Nitrotoluol) werden zu den entsprechenden Benzoesäurederivaten oxydiert und können als substituierte Hippursäuren (z.B. o-Bromhippursäure, p-Nitrohippursäure) im Harn nachgewiesen werden[8]. Wie das Beispiel der Gallensäuren zeigt, kann die Bindung des Glycins auch an Carboxylgruppen erfolgen, die in schwer abbaubaren Seitenketten cyclischer Verbindungen enthalten sind. Die Phenylessigsäure erscheint bei der Mehrzahl der Säugetiere (nicht beim Menschen und beim Schimpansen) als Phenacetursäure (Phenylacetylglycin) im Harn[9]. Auch heterocyclische Säuren, wie α-Furancarbonsäure[10], Thiophencarbonsäuren und Pyridincarbonsäuren[11], werden in analoger Weise wie Benzoesäure an Glycin gebunden. α-Methylpyridin wird zunächst in α-Pyridincarbonsäure umgewandelt, dann an Glycin gebunden und geht als α-Pyridinursäure (= α-Pyridincarbonsäureglycin) in den Harn über.

Der Mechanismus der Bildung der Hippursäuren. Während die für diese Entgiftungsvorgänge erforderlichen Glycinreste fast ausschließlich von der Leber geliefert werden, erfolgt ihre Kupplung an den exogenen Paarling bei den gebräuchlichen Versuchstieren (Kaninchen, Meerschweinchen, Ratte) nicht nur in der Leber, sondern auch in der Niere. Schnitte aus Leber und Niere von Ratten verwandelten Glycin und p-Aminobenzoesäure in p-Aminohippursäure, Nierengewebe war dabei etwa 3mal wirksamer als Lebergewebe; Herzmuskel, glatte Muskulatur, Hirn, Milz und Testes waren unwirksam[6]. Bei vielen Tierarten ist die Niere die Hauptbildungsstätte der Hippursäure: nephrektomierte Hunde konnten Benzoesäure nicht in Hippursäure verwandeln[12].

Bei der fraktionierten Zentrifugierung von Leberhomogenaten fand sich das Enzymsystem, das p-Aminobenzoesäure in p-Aminohippursäure verwandelt, in den gewaschenen Partikeln der Leberhomogenate von Ratten[5]; die weitere Fraktionierung ergab, daß es zur Gänze in den Mitochondrien der Leberzelle enthalten ist[13,14].

---

[1] Keller, W., u. F. Wöhler: A. **43**, 108 (1842). — Wöhler, F., u. F. Frerichs: A. **65**, 335 (1848). — [2] Nencki, L. v.: A. e. P. P. **1**, 420 (1873). — [3] Bertagnini, C.: A. **97**, 248 (1856). — Nencki, M.: Arch. Anat. Physiol. **1870**, 399. — Lesnik, M.: A. e. P. P. **24**, 171 (1888). — Mosso, U.: A. e. P. P. **26**, 267 (1890). — Stockmann, A.: Edinburgh med. J. **20**, 103 (1906). — Baldoni, A.: Arch. Farmacol. sperim. **18**, 151 (1915). — Holmes, E. G.: J. Pharmacol. exp. Therap. **26**, 297 (1926). — Ohno, J.: Jap. J. med. Sci. (IV.) **4**, 19 (1930). — Quick, A. J.: J. biol. Ch. **101**, 475 (1933). — [4] Smith, P. K., J. R. Bayliss, S. Orgorzalek and M. M. McClure: Fed. Proc. **5**, 154 (1946). — Deiss, W. P., and P. P. Cohen: J. clin. Invest. **29**, 1014 (1950). — [5] Cohen, P. P., and R. W. McGilvery: J. biol. Ch. **171**, 121 (1947). — [6] Cohen, P. P., and R. W. McGilvery: J. biol. Ch. **166**, 261 (1946). — [7] Cohen, P. P., and R. W. McGilvery: J. biol. Ch. **169**, 119 (1947). — [8] Preusse, C.: H. **5**, 57 (1881). — Hildebrandt, H.: Hofmeisters Beitr. **3**, 365 (1903). — [9] Salkowski, E.: B. **11**, 500 (1878). — [10] Jaffé, M., u. R. Cohn: B. **20**, 2311 (1887); **21**, 3461 (1888). — Sasaki, T.: B. Z. **25**, 272 (1910). — [11] Jaffé, M., u. H. Levy: B. **21**, 3458 (1888). — Cohn, R.: H. **18**, 112 (1894). — [12] Friedmann, E., u. H. Tachau: B. Z. **35**, 88 (1911). — [13] Nielsen, H., u. F. Leuthardt: Helv. physiol. Acta **7**, C 53 (1949). — [14] Kielley, R. K., and W. C. Schneider: J. biol. Ch. **185**, 869 (1950).

Isolierte Mitochondrien von Mäuseleber bilden p-Aminohippursäure aus p-Aminobenzoesäure und Glycin in Gegenwart von K^+ und Mg^{++}; ferner erwies sich Adenosintriphosphat (als Energiequelle) und Cytochrom c (zur Regeneration des aufgespaltenen ATP) als erforderlich[1,2]. Adenylsäure kann ATP in Abwesenheit oxydabler Substanzen nicht ersetzen[1]. Anorganisches Phosphat und im Stoffwechsel leicht oxydierbare Substanzen, wie Glutamat und α-Ketoglutarat, steigerten die Geschwindigkeit der Reaktion sehr erheblich[3,4]. Cyanid[5] und Fluorid[2] hemmen die Reaktion. Diphospho- und Triphosphopyridinnucleotid, Thiaminpyrophosphat und Pyridoxalphosphat hatten nur geringe Wirkung[4]. Die beim Zentrifugieren von Leberhomogenaten erhaltene überstehende Flüssigkeit enthält dialysierbare Peptide, die an Stelle von freiem Glycin zur Hippursäuresynthese verwendet werden können[6]. Lebermitochondrien von Ratte und Meerschweinchen konnten auch die Glycinreste von Glycylalanin und L-Leucylglycylglycin zur Hippursäuresynthese verwenden[6]. Benzoesäure und andere aromatische Säuren wirken in den Mitochondrien also als Glycinfänger, die das in den Mitochondrien umgesetzte Glycin auf sich ablenken.

α) Die Herkunft des Glycinrestes. Auch exogenes Glycin kann für die Hippursäurebildung verwendet werden: Wie an Versuchen an Hunden[7] und Schweinen[8] gezeigt worden ist, kann man die Hippursäurebildung durch Zufuhr exogenen Glycins sogar erheblich beschleunigen. In analoger Weise wurde die Entgiftung der Benzoesäure[9] und der p-Aminobenzoesäure[10] auch beim Menschen durch die Verabreichung von Glycin vermehrt[11]. Glycinreiche Proteine (Gelatine) fördern die Hippursäuresynthese stärker als Proteine, die wenig Glycin enthalten (Casein)[8,12]. Versuche mit Glycin, das mit ^{15}N markiert war, haben jedoch gezeigt, daß nur etwa 35—55% des für die Hippursäurebildung verwendeten Glycins von exogenem Glycin geliefert werden kann[13]. Der Rest wird von dem in den Leberzellen enthaltenen freien Glycin geliefert oder durch den Abbau von Reserveprotein gewonnen oder aber in der Leber aus Serin endogen gebildet[14].

Der Glycingehalt des Lebergewebes, der bei normalen Meerschweinchen 32 mg-% betrug, sank bei Meerschweinchen, die Benzoesäure erhalten hatten, auf 9,0 mg-% ab, der Glycingehalt der Muskulatur verminderte sich dagegen nur wenig (von 8,6 mg-% auf 7,6 mg-%)[15]. In dem Ausmaß, in dem sich die für die Leber verfügbare Glycinmenge nach Belastung mit großen Benzoesäuredosen vermindert, wird die Hippursäurebildung durch andere Entgiftungsmechanismen ersetzt: Hunde scheiden kleinere Mengen verabreichter Benzoesäure vor allem als Hippursäure, große Dosen von Benzoesäure vorwiegend als Glucuronid aus[7].

Müssen sehr große Mengen von Hippursäure gebildet werden, so wird der Hauptanteil des hierfür notwendigen Glycins von der Leber aus anderen Aminosäuren gebildet. Belastungsversuche mit großen Benzoesäuredosen beim Menschen

[1] Cohen, P. P., and R. W. McGilvery: J. biol. Ch. **171**, 121 (1947). — [2] Cohen, P. P., and R. W. McGilvery: J. biol. Ch. **169**, 119 (1947). — [3] Kielley, R. K., and W.. C. Schneider: J. biol. Ch. **185**, 869 (1950). — [4] Borsook, H., and J. W. Dubnoff: J. biol. Ch. **168**, 397 (1947). — [5] Borsook, H., and J. W. Dubnoff: J. biol. Ch. **132**, 307 (1940). — [6] Nielsen, H., u. F. Leuthardt: Helv. physiol. Acta **7**, C 53 (1949). — [7] Quick, A. J.: J. biol. Ch. **67**, 477 (1926). — [8] Csonka, F. A.: J. biol. Ch. **60**, 545 (1924). — [9] Vries, A. de, and B. Alexander: J. clin. Invest. **27**, 665 (1948). — [10] Deiss, W. P., and P. P. Cohen: J. clin. Invest. **29**, 1014 (1950). — [11] Griffith, W. H., and H. B. Lewis: J. biol. Ch. **57**, 1 (1923). — [12] Griffith, W. H., and H. B. Lewis: J. biol. Ch. **57**, 697 (1923). — [13] Schoenheimer, R., D. Rittenberg, M. Fox, A. S. Keston and S. Ratner: Am. Soc. **59**, 1768 (1937). — Rittenberg, D., and R. Schoenheimer: J. biol. Ch. **127**, 329 (1939). — Waelsch, H., and D. Rittenberg: Science, N. Y. **90**, 423 (1939). — [14] Terroine, E. F., et G. Boy: Arch. int. Pharmacodyn. Thérap. **63**, 300 (1939). — [15] Christensen, H. N., J. A. Streicher and R. L. Elbinger: J. biol. Ch. **172**, 515 (1948).

haben gezeigt, daß die Ausscheidung großer Hippursäuremengen ohne wesentliche Störung der N-Bilanz erfolgt, die Leber gleicht die gesteigerte Glycinsynthese durch eine Verringerung der Harnstoffsynthese aus[1].

β) Der Hippursäuretest als Leberfunktionsprüfung. Obwohl das Enzymsystem, mit dessen Hilfe die Hippursäurebildung erfolgt, nicht nur in der Leber, sondern auch in der Niere und in geringerer Wirksamkeit in zahlreichen anderen Organen vorhanden ist, kann die Belastung mit Benzoesäure und die darauffolgende Bestimmung der ausgeschiedenen Hippursäure als Leberfunktionsprüfung verwendet werden[2-6]; denn nicht die Menge der immer im Überschuß vorhandenen Hippuricase, sondern die Menge des zur Verfügung stehenden Glycins bildet den begrenzenden Faktor der Hippursäurebildung. Der Grad, in dem der Gesamtorganismus befähigt ist, Hippursäure zu bilden, ist daher ein Maß für die Fähigkeit der Leberzellen, Aminosäuren ineinander zu verwandeln. Der Hippursäuretest wird in der Diagnostik der Leberkrankheiten viel verwendet[5,7]. An Stelle von Benzoesäure wird hierbei oft auch p-Aminobenzoesäure verabreicht und die im Harn ausgeschiedene p-Aminohippursäure bestimmt[8].

Bei der oralen Modifikation des Hippursäuretestes wird mit 6 g Na-Benzoat belastet. Lebergesunde scheiden in diesem Falle innerhalb 4 Std etwa 3 g Hippursäure aus, Leberkranke je nach dem Grade der Schädigung des Leberparenchyms entsprechend weniger[9]. Bei schweren Leberparenchymschäden werden beim oralen Hippursäuretest meist Hippursäuremengen um 1,5 g ausgeschieden[10]. Bei der parenteralen Modifikation des Tests wird 1,77 g Na-Benzoat intravenös injiziert, die Minimalausscheidung des Gesunden an Hippursäure beträgt bei dieser Form des Tests 1 g in der 1. Std. Proteinarme Ernährung kann auch bei gesunder Leber niedrigere Werte verursachen. (Über den Einfluß des Urinvolumens auf das Ausmaß der Hippursäureausscheidung vgl. [11].)

Die verminderte Hippursäurebildung wird bei Leberkranken meist durch eine Steigerung der Glucuronidsynthese kompensiert. Während die Leber normaler Menschen nach Verabreichung von Na-Benzoat vor allem Hippursäure und nur Spuren von Benzoylglucuroniden bildet, steigt bei Leberinsuffizienz die Bildung von Benzoylglucuronid an, während die Hippursäureausscheidung gering bleibt. In ähnlicher Weise wie beim leberkranken Menschen war die Hippursäureausscheidung auch bei Versuchstieren nach Verabreichung von Lebergiften (CCl_4 oder Phosphor) herabgesetzt[12].

---

[1] Shiple, G. J., and C. P. Sherwin: Am. Soc. **44**, 618 (1922). — [2] Quick, A. J.: Proc. Soc. exp. Biol. Med. **29**, 1204 (1932). J. amer. med. Ass. **110**, 1658 (1938). Pennsylvania med. J. **43**, 125 (1939). Amer. J. clin. Path. **10**, 222 (1940); **15**, 560 (1945); **19**, 1016 (1949). — [3] Fiessinger, N., et R. F. Minoli: Rev. méd. chir. Mal. Foie **14**, 305 (1939). — [4] Vaccaro, P. F.: Surg. Gynec. Obstet. **61**, 36 (1935). — Snell, A. M., and J. E. Plunkett: Amer. J. digest. Dis. **2**, 716 (1936). — [5] Kohlstaedt, K. G., and O. M. Helmer: Amer. J. digest. Dis. **3**, 459 (1936). — [6] Adlersberg, D., u. H. Minibeck: Z. klin. Med. **129**, 392 (1936). — [7] Quick, A. J., and M. A. Cooper: Amer. J. med. Sci. **185**, 630 (1933). — Fouts, P. J., O. M. Helmer and L. G. Zerfas: Amer. J. med. Sci. **193**, 647 (1937). — Bartels, E. C., and H. J. Perkin: New Engl. J. Med. **216**, 1051 (1937). — Yardumian, K., and P. J. Rosenthal: J. Lab. clin. Med. **22**, 1046 (1937). — Quastel, J. H., and W. T. Wales: Lancet **1938 II**, 301. — Ström-Olsen, R., G. D. Greville and R. W. Lennon: Lancet **1938 II**, 995. — Lindeboom, G. A.: Acta med. scand. **99**, 147 (1939). — Finkelman, I., J. Hora, I. C. Sherman and M. K. Horwitt: Amer. J. Psychiatr. **96**, 951 (1940). — Wilson, S. J.: J. Lab. clin. Med. **25**, 1139 (1940). — Quick, A. J.: Amer. J. clin. Path. **10**, 222 (1940). — White, F. W., E. Deutsch and S. Maddock: Amer. J. digest Dis. **7**, 3 (1940). New Engl. J. Med. **226**, 327 (1942). — Steigmann, F., H. Popper and K. A. Meyer: J. amer. med. Ass. **122**, 279 (1943). — Popper, H., and F. Steigmann: Arch. internal Med., Chicago **29**, 469 (1948). — [8] Deiss, W. P., and P. P. Cohen: J. clin. Invest. **29**, 1014 (1950). — [9] Spellberg, M. A.: Diseases of the Liver. New York 1954. — [10] Snell, A. M., and J. E. Plunckett: Amer. J. digest. Dis. **2**, 716 (1936). — [11] Rieder, H. P.: Helv. med. Acta **22**, 210 (1955). — [12] Delprat, G. D., and G. H. Whipple: J. biol. Ch. **49**, 229 (1921). — Adlersberg, D., u. H. Minibeck: Z. ges. exp. Med. **98**, 185 (1936). — Fiessinger, N., et R. F. Minoli: Rev. méd. chir. Mal. Foie **14**, 305 (1939).

b) Bindung an Glutaminsäure. Phenylessigsäure wird vom Menschen[1] und vom Schimpansen[2] an Glutaminsäure gebunden. Wurde Phenylessigsäure an Menschen in Dosen von 1—7 g verabreicht, so erschien sie fast quantitativ im Harn, etwa 5% der verabreichten Menge waren an Glucuronsäure, etwa 95% an Glutaminsäure gebunden[3]. Wurde die Verabreichung des Phenylacetats wiederholt, so nahm im Harn der an Glutaminsäure gebundene Anteil ab, während die Menge des Glucuronids zunahm. Am Ring substituierte Derivate der Phenylessigsäure werden nicht an Glutaminsäure gebunden[4].

c) Bindung an Ornithin. Im Gegensatz zum Säugetier entgiften Vögel, die große Mengen von Glycin für die Bildung von Harnsäure verbrauchen, die mit der Nahrung aufgenommene Benzoesäure nicht durch Bindung an Glycin, sondern kuppeln 2 Benzoesäurereste an ein Molekül Ornithin und scheiden die so entstandene Ornithursäure im Harn aus[5].

4. Die Bildung der Merkaptursäuren und die Entgiftung aromatischer Kohlenwasserstoffe.

a) Aromatische Kohlenwasserstoffe im Leberstoffwechsel. Aromatische Kohlenwasserstoffe und ihre Halogenderivate werden von der Leber zum Teil mit N-Acetylcystein gekuppelt, hierbei wird das S-Atom des Cysteins an eines der Ring-C-Atome des Kohlenwasserstoffs gebunden. Die entstehenden Bindungsprodukte (Merkaptursäuren) werden von der Leber an das Blut abgegeben und mit dem Harn ausgeschieden.

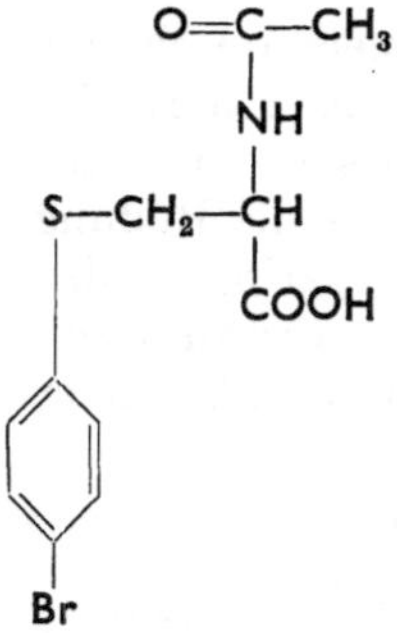

p-Bromphenylmerkaptursäure 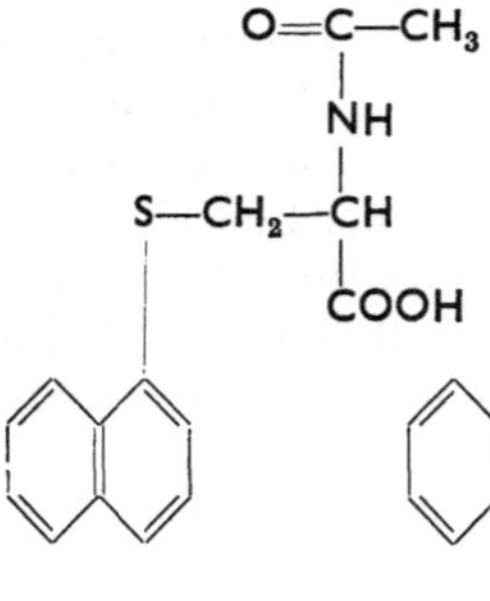 — α-Naphthylmerkaptursäure 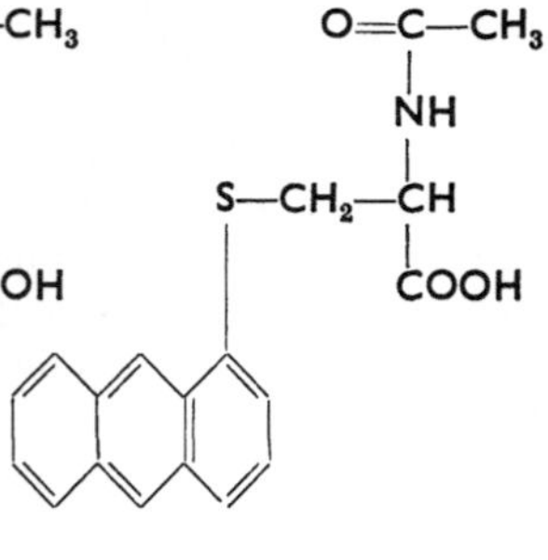 — Anthracenmerkaptursäure 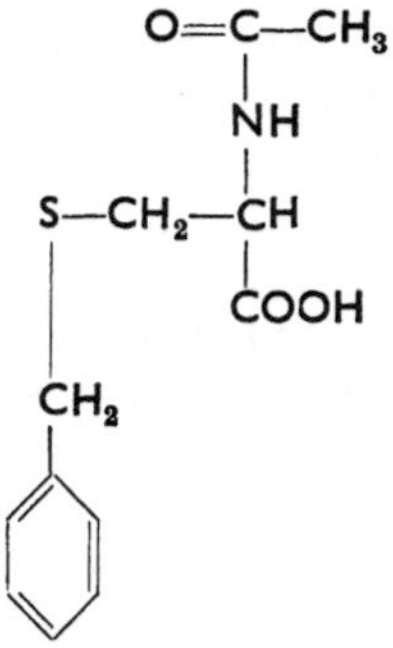 — Benzylmerkaptursäure

So wird z.B. Benzol von der Leber in Phenylmerkaptursäure umgewandelt[6], die Menge des im Harn ausgeschiedenen Neutralschwefels steigt nach der Aufnahme von Benzol daher an[7]. Doch konkurriert die Merkaptursäurebildung bei der Entgiftung des Benzols mit einer Reihe anderer Entgiftungsmechanismen. Bei Versuchen an der Ratte wurde nur 0,11—0,37% der per os aufgenommenen Benzolmenge in Form von Phenylmerkaptursäure ausgeschieden[8]. Ein größerer Teil des Benzols wird, wie an Versuchen in vivo[9] und in Versuchen an der isolierten

[1] Thierfelder, H., u. C. P. Sherwin: B. **47**, 2630 (1914). — [2] Power, F. W.: Proc. Soc. exp. Biol. Med. **33**, 598 (1936). — [3] Ambrose, A. M., F. W. Power and C. P. Sherwin: J. biol. Ch. **101**, 669 (1933). — [4] Ambrose, A. M., and C. P. Sherwin: Ann. Rev. **2**, 377 (1933). — [5] Jaffé, M.: B. **10**, 1925 (1877); **11**, 406 (1878). — Crowdle, J. H., and C. P. Sherwin: J. biol. Ch. **55**, 365 (1923). — [6] Drummond, J. C., and I. L. Finar: Biochem. J. **32**, 79 (1938). — [7] Callow, E. H., and T. S. Hele: Biochem. J. **20**, 598 (1926). — Stekol, J. A.: Proc. Soc. exp. Biol. Med. **33**, 170 (1935). — [8] Zbarsky, S. H., and L. Young: J. biol. Ch. **151**, 487 (1943). — [9] Schullten, O., u. B. Naunyn: Arch. Anat. Physiol. **1867**, 349.

Leber gezeigt werden konnte[1], zu Phenol, Brenzkatechin[2] und Hydrochinon[2] oxydiert und als Glucuronid oder Schwefelsäureester ausgeschieden[3]. Bei vielen Tierarten bildet die Oxydation zu Phenolen den Hauptweg der Benzolentgiftung. Beim Kaninchen erschien $^1/_4$—$^1/_3$ der verabreichten Benzolmenge in Form gebundenen Phenols im Harn, etwa ebenso groß ist die Menge der ausgeschiedenen Diphenole[4], beim Hund ist die Oxydation des Benzols weit geringer, Menschen schieden nach Aufnahme von 2 g Benzol etwa 0,6—0,9 g Phenol aus[4]. Leberschädigende Gifte wie Phosphor und Chloroform setzen das Ausmaß der Oxydation des Benzols zu Phenolen stark herab[4]. Ein Teil des aufgenommenen Benzols wird unter Ringsprengung zu Muconsäure (HOOC—CH=CH—CH=CH—COOH) abgebaut: nach Verabreichung von Benzol konnte im Harn die trans-trans-Form der Muconsäure (Butadien-1,4-dicarbonsäure) nachgewiesen werden[5,6].

In relativ hohem Prozentsatz werden einige Halogenderivate aromatischer Kohlenwasserstoffe in Merkaptursäuren übergeführt. Chlorbenzol[7], Brombenzol[8,9] und Jodbenzol[9] gehen zu 33—50% in Merkaptursäuren über, während Fluorbenzol nur zu etwa 1,2—2,1% als N-Acetyl-p-fluorophenylcystein ausgeschieden wurde[10]. Infolge der Bildung von Merkaptursäuren steigert auch die Verabreichung von Fluorbenzol die Ausscheidung des Neutralschwefels im Harn[11]. Daneben werden die Halogenbenzole von der Leber aber auch zu Halogenphenolen oxydiert: Schnitte von Rattenleber bildeten aus ^{131}J-Benzol neben ^{131}J-haltiger p-Jodphenylmerkaptursäure auch Glucuronide und Estersulfate, die bei der Hydrolyse ^{131}J-Phenol ergaben[12]. Auch Benzylverbindungen können in Merkaptursäuren umgewandelt werden; das S-Atom des Cysteins wird hierbei nicht an ein Ring-C-Atom, sondern an die Seitenkette gebunden. An Hunde verfüttertes Benzylchlorid erschien als N-Acetyl-S-benzylcystein im Harn[13].

Brenzkatechin

trans-trans-Muconsäure

In ähnlicher Weise kann auch das Naphthalin in der Leber auf verschiedenen Wegen entgiftet werden: Schnitte von Rattenleber oxydieren Naphthalin zu Dioxynaphtalin[14]. Menschen und Hunde, an die Naphthalin verfüttert worden war, schieden Naphtholglucuronid im Harn aus[15], daher steigt, wie bei Hunden festgestellt, der Glucuronsäuregehalt des Harns nach Zufuhr von Naphthalin stark an[16]. Andererseits konnte bei zahlreichen Tierarten (Kaninchen, Ratte, Hund, Schwein) auch die Umwandlung von Naphthalin in α-Naphthylmerkaptursäure beobachtet werden[17,18]. Monohalogenierte Naphthaline scheinen ähnlich wie Halogenbenzole

[1] Tschernikow, I. D. Gadaskin u. I. I. Gurewitsch: A. e. P. P. **154**, 222 (1930). — [2] Nencki, M., u. P. Giacosa: H. **4**, 325 (1880). — Schmiedeberg, O.: A. e. P. P. **14**, 288 (1881). — [3] Baumann, E., u. E. Herter: H. **1**, 244 (1877/78). — Külz, E.: Pflügers Arch. **30**, 484 (1883). Z. Biol. **27**, 247 (1890). — [4] Nencki, M., u. N. Sieber: Pflügers Arch. **31**, 319 (1883). — [5] Jaffé, M.: H. **62**, 58 (1909). — Fuchs, D., u. A. v. Soós: H. **98**, 11 (1916/17). — Thierfelder, H., u. E. Klenk: H. **141**, 29 (1924). — [6] Drummond, J. C., and I. L. Finar: Biochem. J. **32**, 79 (1938). — [7] Jaffé, M.: B. **12**, 1092 (1879). — [8] Baumann, E., u. C. Preusse: B. **12**, 806 (1879). H. **5**, 309 (1881). — [9] Baumann, E., u. P. Schmitz: H. **20**, 586 (1895). — [10] Young, L., and S. H. Zbarsky: J. biol. Ch. **154**, 389 (1944). — [11] Coombs, H. I.: Biochem. J. **21**, 623 (1927). — [12] Mills, G. C., and J. L. Wood: J. biol. Ch. **207**, 695 (1954). — [13] Stekol, J. A.: J. biol. Ch. **124**, 129 (1938). — [14] Boyland, E., and G. H. Wiltshire: Biochem. J. **53**, 424 (1953). — [15] Lesnik, M.: A. e. P. P. **24**, 167 (1888). — Edelfsen, G.: A. e. P. P. **52**, 429 (1905). — Igersheimer, J., u. L. Ruben: Arch. Ophthalmol., Berlin **74**, 467 (1910). — [16] Stekol, J. A.: J. biol. Ch. **110**, 463 (1935). — [17] Tsuji, T.: J. Biochem. **15**, 33 (1932). — Nakashima, T.: J. Biochem. **19**, 281 (1934). — Bourne, M. C., and L. Young: Biochem. J. **28**, 803 (1934). — Stekol, J. A.: J. biol. Ch. **110**, 463 (1935). — [18] Stekol, J. A.: J. biol. Ch. **113**, 675 (1936).

in Merkaptursäuren überzugehen[1]. 2-Naphthylamin wurde von Hunden[2] und Ratten[3] als 2-Naphthylamin-1-schwefelsäure ausgeschieden, Rattenleberschnitte bildeten sowohl 2-Naphthylamin-1- als auch -6-schwefelsäure[4], letztere wurde durch Schnitte aus Rattenniere zu 2-Amino-6-naphthol und Sulfat aufgespalten[4]. Nach Verabreichung von Anthracen schieden Ratten und Kaninchen L-Anthraniloylmerkaptursäure aus[5], in gleicher Weise werden auch Phenanthren[6] und Diphenyl[7] durch die Überführung in Merkaptursäuren entgiftet. Polycyclische Kohlenwasserstoffe werden zum Teil in Hydroxylverbindungen umgewandelt und als Glucuronide oder Sulfate ausgeschieden, ein anderer Anteil wird (wie z. B. beim cancerogenen Benzpyren und Methylcholanthren und beim nicht cancerogenen Pyren durch Ernährungsversuch mit Methionin und Cystein nachgewiesen[8]) in Merkaptursäure verwandelt[8].

b) Der Mechanismus der Merkaptursäurebildung in der Leberzelle. Die Bildung der Merkaptursäuren erfolgt in 2 Stufen: Zunächst wird das S-Atom des Cysteins an ein Ring-C-Atom des Kohlenwasserstoffs gebunden und dann erst folgt die Acetylierung der Aminogruppe des Cysteins. Nach Verabreichung von Phenylcystein erschien Phenylmerkaptursäure im Harn[9]. Nach Verfütterung von p-Bromphenyl-L-cystein schieden Ratten N-Acetyl-(p-bromphenyl-L-cystein)[10] aus. Daß dabei der Cysteinrest, ohne vom Phenylrest losgelöst zu werden, direkt acetyliert wird, geht daraus hervor, daß nach Verfütterung des unnatürlichen Stereoisomeren p-Bromphenyl-D-cystein das ihm entsprechende N-Acetyl-(p-bromphenyl-D-cystein) im Harn ausgeschieden wurde[10]. Leberschnitte wandelten ^{35}S-Benzyl-DL-homocystein, in radioaktives N-Acetyl-S-benzylhomocystein um[11].

c) Beziehungen zum Stoffwechsel der S-haltigen Aminosäuren. Ist der Pool der S-haltigen Aminosäuren gut gefüllt, so ist auch die Bildung der Merkaptursäuren erleichtert. Gleichzeitige Verabreichung von Cystein, Cystin oder Methionin förderte daher die Merkaptursäurebildung bei erwachsenen Hunden, die mit Brombenzol vergiftet worden waren[12], die Zugabe von Taurin[12] hatte dagegen keine Wirkung. Die Bildung größerer Mengen von Merkaptursäure entleert den Stoffwechselpool der S-haltigen Aminosäuren, über den die Leber verfügt. Wurden junge Ratten mit einem Nahrungsgemisch gefüttert, das eine für das Wachstum eben ausreichende Menge an S-haltigen Aminosäuren enthielt und ihnen sodann Brombenzol verabreicht, so stellten sie ihr Wachstum ein[13,14]. Ein Zuschuß von L-Cystin oder Methionin[13–15], nicht aber von Taurin[13,15], brachte das Wachstum der Tiere wieder in Gang. Auch Verfütterung von Naphthalin hatte eine wachstumshemmende Wirkung[15]. Methylcholanthren, Benzpyren und Pyren verursachten ebenfalls eine Wachstumsverzögerung bei jungen Ratten, die durch Taurin und Glycin nicht behoben werden konnte, L- oder D-Cystein, DL-Methionin oder Glutathion hoben bei solchen Tieren den Wachstumsstillstand auf[15]. Ein Teil des für die Merkaptursäurebildung notwendigen Cysteins wird aus Methionin und Serin gebildet. Zufuhr von Kohlenwasserstoffen, die in Merkaptursäuren

[1] Baumann, E.: H. **8**, 190 (1883). — [2] Wiley, F. H.: J. biol. Ch. **124**, 627 (1938). — [3] Manson, L. A., and L. Young: Biochem. J. **47**, 170 (1950). — [4] Booth, J., E. Boyland and D. Manson: Biochem. J. **60**, 62 (1955). — [5] Boyland, E., and A. A. Levi: Biochem. J. **30**, 1225 (1936). — [6] Stekol, J. A.: Proc. Soc. exp. Biol. Med. **43**, 108 (1940). — [7] West, H. D., and N. C. Jefferson: J. Nutrit. **23**, 425 (1942). — [8] White, J., and A. White: J. biol. Ch. **131**, 149 (1939). — [9] Zbarsky, S. H., and L. Young: J. biol. Ch. **151**, 211, 217 (1943). — [10] Vigneaud, V. du, J. L. Wood and F. Binkley: J. biol. Ch. **138**, 369 (1941). — [11] Gutmann, H. R., and J. L. Wood: J. biol. Ch. **189**, 473 (1951). — [12] Stekol, J. A.: J. biol. Ch. **117**, 147 (1937). — [13] White, A., and R. W. Jackson: J. biol. Ch. **111**, 507 (1935). — [14] Stekol, J. A.: J. biol. Ch. **122**, 55 (1937). — [15] Stekol, J. A.: J. biol. Ch. **121**, 87 (1937).

umgewandelt werden, verursacht daher erhöhten Methioninverbrauch und führt zu einem Mangel an dieser essentiellen Aminosäure, der einen Wachstumsstillstand zur Folge hat.

Methioninmangel begünstigt aber auch die Entstehung einer Fettleber (vgl. S. 146). Durch wiederholte Verabreichung von Brombenzol oder Naphthalin kann man daher bei Versuchstieren eine Ansammlung von Fett in der Leber verursachen.

d) Entgiftung von Selen durch Bildung von Merkaptursäure. Pflanzen, die auf selenhaltigen Böden wachsen, bilden selenhaltige Aminosäuren, die dem Cystein und Methionin analog sind und mit der Pflanzennahrung in den Organismus der Weidetiere und auch des Menschen gelangen können. Auch dieses Selencystein kann ebenso wie das normale Cystein von der Leber für die Merkaptursäurebildung verwendet werden. Substanzen, welche in der Leber in Merkaptursäuren verwandelt werden und bei deren Entgiftung daher Cystein verbraucht wird, können verwendet werden, um die Ausscheidung des Selens zu beschleunigen. Nach Verabreichung von Brombenzol an Rinder, die auf selenhaltigen Böden geweidet hatten, und an Hunde, deren Futter selenhaltiges Getreide enthielt, sank der Selengehalt des Blutes der Tiere beschleunigt ab, und die Selenausscheidung im Harn stieg an[1]. Auch beim selenvergifteten Menschen steigerten orale Gaben von Brombenzol die Selenausscheidung im Harn, und es konnte gezeigt werden, daß das Selen in der Merkaptursäurefraktion enthalten war[2]. (Über die Selenausscheidung in der Galle vgl. S. 541.)

5. Die Acetylierung körperfremder Substanzen.

Aromatische Amine[3,4] und verschiedene Arten körperfremder α-Aminosäuren werden in der Leber an Acetylreste gebunden[5]. Nach Verfütterung von m-Aminobenzoesäure[3,4,6], p-Aminobenzoesäure[3,6,7], γ-Phenyl-α-aminobuttersäure[8-10], konnten die entsprechenden N-Acetylderivate im Harn nachgewiesen werden. Auch die aus p-Aminobenzoesäure entstandene p-Aminohippursäure wird acetyliert; nach Verabreichung von p-Aminobenzoesäure schieden Ratten neben p-Aminobenzoesäure und p-Aminohippursäure auch die Acetylverbindungen beider Säuren aus[11]. In großem Umfange werden auch viele Sulfonamide im Stoffwechsel acetyliert[12-14]. Das Ausmaß der Acetylierung zeigt je nach der Art des Sulfonamids große Verschiedenheiten. Bei Menschen, die analoge Dosen verschiedener Sulfonamide erhalten hatten, war bei Sulfadiazin 8%, bei Sulfathiazol 30%, bei Sulfacryl 25%, bei Sulfapyridin 27%, bei Sulfamethyldiazol 30%, bei Sulfanilamid 30% und bei Sulfaguanidin 41% der im Blut enthaltenen Gesamtmenge des Sulfonamids in acetylierter Form vorhanden[15]. Nach Verabreichung großer Dosen von Sulfoguanidin kann im Harnsediment krystallisiertes Acetylsulfaguanidin mikroskopisch nachgewiesen werden[16]. Die chemotherapeutische

---

[1] Moxon A. L., A. E. Schaefer, H. A. Lardy, K. P. du Bois an O. E. Olson: J. biol. Ch. **132**, 785 (1940). — [2] Lemley, R. E.: J. Lancet **60**, 528 (1940). — [3] Ellinger, A., u. M. Hensel: H. **91**, 21 (1914). — [4] Muenzen, J. B., L. R. Cerecedo and C. P. Sherwin: J. biol. Ch. **67**, 469 (1926). — [5] Abbott, L. D. jr.: J. biol. Ch. **145**, 241 (1942). — Elson, L. A., F. Goulden and F. L. Warren: Biochem. J. **40**, XXIX (1946). — [6] Hensel, M.: H. **93**, 401 (1914/15). — [7] Harrow, B., F. W. Power and C. P. Sherwin: Proc. Soc. exp. Biol. Med. **24**, 422 (1927). — [8] Knoop, F., and E. Kertess: H. **71**, 252 (1911). — [9] Vigneaud, V. du, M. Cohn, G. B. Brown, O. J. Irish, R. Schoenheimer and D. Rittenberg: J. biol. Ch. **131**, 273 (1939). — [10] Vigneaud, V. du, and O. J. Irish: J. biol. Ch. **122**, 349 (1937/38). — [11] Riggs, T. R., and H. N. Christensen: J. biol. Ch. **193**, 675 (1951). — [12] Marshall, E. K. jr., W. C. Cutting and K. Emerson jr.: Science, N. Y. **85**, 202 (1937). — J. amer. med. Ass. **110**, 252 (1938). — [13] Stewart, J. D., G. M. Rourke and J. G. Allen: Surgery **5**, 232 (1939). — [14] Fuller, A. T.: Lancet **1937 I**, 194. — [15] Frisk, A. R.: Acta med. scand., Suppl. **142** (1943). — [16] Ammon, R., u. H. Fedtke: Medizinische **1953**, 611.

Wirkung der Sulfonamide wird durch die Bindung an den Acetylrest aufgehoben, die toxische Wirkung kann durch die Acetylierung jedoch gesteigert werden, so wirkt z.B. Acetylsulfanilamid an der Maus toxischer als Sulfanilamid selbst[1].

Auch endogen entstandene Amine werden, soweit sie nicht durch die Aminoxydase oder Diaminoxydase abgebaut werden, in der Leber acetyliert. Leberschnitte von Kaninchen und Tauben und zellfreie Präparate von Taubenleber acetylierten Histamin in Anwesenheit von Coenzym A auch in vitro[2]. Nach oraler Verabreichung von Histamin schieden Hunde und Menschen Acetylhistamin im Harn aus[3].

Die Acetylierung körperfremder Substanzen erfolgt vor allem in der Leber[4, 5]. Durchströmte isolierte Hundeleber acetylierte Phenylaminoessigsäure[6]. In vitro zeigten Leberschnitte von Kaninchen[7] und Ratten[7, 8] sowie Homogenate, Extrakte und Acetonpulver von Taubenleber[9] starkes Acetylierungsvermögen für Sulfonamide. Hepatektomierte Kaninchen konnten Sulfonamide nicht mehr acetylieren[10]. Bei der Katze scheinen jedoch auch extrahepatische Gewebe zur Acetylierung von Sulfonamiden befähigt zu sein[5]. Das acetylierende Enzymsystem der Leber ist gegen pathologische Vorgänge, die sich im Lebergewebe abspielen, sehr resistent. Auch bei schwerer Cirrhose war beim Menschen die Acetylierung von p-Aminobenzol oder Sulfodiazin nicht gestört[11].

Ähnlich wie bei den anderen Entgiftungsreaktionen bestehen auch in der Fähigkeit, körperfremde Stoffe zu acetylieren, erhebliche Artunterschiede. Beim Hund, der aliphatische oder in Seitenketten befindliche Aminogruppen leicht acetyliert, ist die Acetylierung ringgebundener Aminogruppen nur in geringem Ausmaß möglich[12]. p-Aminophenylessigsäure wird von Mensch und Kaninchen zu p-Acetylaminophenylessigsäure acetyliert, vom Hund aber an Glycin gebunden und als p-Aminophenacetursäure ausgeschieden[13].

Grundsätzlich sind beim Acetylierungsvorgang zwei Phasen zu unterscheiden: a) die Bereitstellung des für die Acetylierung notwendigen Acetylrestes, b) die Aktivierung dieser Acetylreste in Form von Acetyl-CoA und seine Bindung an die Aminogruppe.

a) Bereitstellung der Acetylreste. Die für die Acetylierung exogener Substanzen notwendigen Acetylreste können sowohl exogener als auch endogener Herkunft sein. Verabreichung von Acetat steigerte die Acetylierung von Sulfonamiden in vivo bei Mäusen[14]. Zusatz von Acetat beschleunigte die Acetylierung von Sulfonamiden auch in Leberhomogenaten[8]. Wurden Kaninchen Deuteroacetat oder Deuteroäthylalkohol und gleichzeitig Sulfonamid verabreicht, so schieden sie deutero-acetyliertes Sulfonamid im Harn aus[15]. In ähnlicher Weise verwen-

---

[1] Marshall, E.K. jr., W.C. Cutting and K. Emerson jr.: Science, N.Y. **85**, 202 (1937). — J. amer. med. Ass. **110**, 252 (1938). — [2] Millican, R. C., S. M. Rosenthal and H. Tabor: J. Pharmacol. exp. Therap. **97**, 4 (1949). — [3] Anrep, G. V., M. S. Ayadi, G. S. Barsoum, J. R. Smith and M. M. Talaat: J. Physiol., London **103**, 155 (1944). — Rosenthal, S. M., and H. Tabor: J. Pharmacol. exp. Therap. **92**, 425 (1948). — Urbach, K. F.: Proc. Soc. exp. Biol. Med. **70**, 146 (1949). — Tabor, H., and E. Mosettig: J. biol. Ch. **180**, 703 (1949). — [4] Bloomberg, B. M.: S.-afric. J. med. Sci. **11**, 51 (1946). — Smyth, D. H.: J. Physiol, London **105**, 299 (1947). — [5] Winkle, W. van, and W. C. Cutting: J. Pharmacol. exp. Therap. **69**, 40 (1940). — [6] Neubauer, O., u. O. Warburg: H. **70**, 1 (1910/11). — [7] Klein, J. R., and J. S. Harris: J. biol. Ch. **124**, 613 (1938). — [8] Harris, J. S., and J. R. Klein: Proc. Soc. exp. Biol. Med. **38**, 78 (1938). — [9] Lipmann, F.: J. biol. Ch. **160**, 173 (1945). — [10] Stewart, J. D., G. M. Rourke and J. G. Allen: Surgery, **5**, 232 (1939). — [11] Gershberg, H., and W. J. Kuhl jr.: J. clin. Invest. **29**, 1625 (1950). — [12] Marshall, E. K. jr., W. C. Cutting and K. Emerson jr.: Science, N. Y. **85**, 202 (1937). — [13] Cerecedo, L. R., and C. P. Sherwin: J. biol. Ch. **62**, 217 (1924/25). — [14] James, G. V.: Biochem. J. **33**, 1688 (1939). — [15] Bernhard, K.: H. **267**, 91 (1941). — Rittenberg, D., and K. Bloch: J. biol. Ch. **154**, 311 (1944).

deten Ratten Deuteroacetat zur Acetylierung von Phenylaminobuttersäure[1]. Doch ist normalerweise der überwiegende Teil des den Acetatpool durchlaufenden und für Acetylierungen verwendeten Acetats endogener Herkunft, und nur wenn große Dosen körperfremder Substanzen acetyliert werden müssen, wird der Acetatpool zum begrenzenden Faktor der Acetylierung. Die Acetylierung kleiner Dosen von p-Aminobenzoesäure wurde daher durch Zusatz von Acetaten zur Nahrung nicht wesentlich beeinflußt[2]. Ratten, denen schweres Wasser zusammen mit p-Aminobenzoesäure, Sulfanilamid oder γ-Phenyl-α-aminobuttersäure verabreicht worden war, schieden Deuterium enthaltende Acetylverbindungen dieser Substanzen aus[3,4], woraus die endogene Herkunft des zur Entgiftung verwendeten Acetatrestes hervorgeht.

Nach Verfütterung von p-Aminobenzoesäure, D- und L-Phenylaminobuttersäure oder Sulfonamiden war verabreichtes mit D oder mit ^{13}C markiertes Acetat in so hohem Prozentsatz in den im Harn ausgeschiedenen Acetylverbindungen dieser Substanzen nachweisbar, daß eine Verdünnung im Pyruvatpool ausgeschlossen werden kann. Die Acetylierung verläuft also direkt und nicht etwa durch Bindung des exogenen Paarlings an Pyruvat und nachträgliche Decarboxylierung[5]. Substanzen, die im Stoffwechsel leicht in Acetat übergeführt werden können, erleichtern die Acetylierung. Lactat, Pyruvat, Acetoacetat beschleunigen die Entgiftung durch Acetylierung sowohl beim intakten Tier[6] als auch in Leberschnitten[7,8]. Unter Versuchsbedingungen, bei denen die Bildung von Acetat aus Lactat und Pyruvat erschwert ist, nimmt die Intensität der Acetylierungsvorgänge ab. Cocarboxylase fördert daher die Acetylierung[9]; in Leberschnitten thiaminfrei ernährter Ratten war die Acetylierungsgeschwindigkeit herabgesetzt[9], und auch in vivo war die Acetylierung von Sulfonamiden bei Ratten im Thiaminmangel vermindert[10] (vgl. dagegen[11]). Injektion von Insulin steigerte die Acetylierung von p-Aminobenzoesäure bei der Ratte[12].

b) Bindung der Acetylreste an die Aminogruppe. Die Bindung des Acetylrestes an eine andere Substanz ist nur in Form von Acetyl-CoA möglich. Ebenso wie die Acetylierung von Cholin[13,14] und von p-Aminobenzoesäure[2] werden daher Sulfonamide nur in Gegenwart von CoA acetyliert[9,11,14]. Da CoA in der Leber aus Pantothensäure gebildet wird (vgl. S. 406) verringerte Pantothensäuremangel die Acetylierung von p-Aminobenzoesäure bei Ratten[11,15]; nach Injektion von Ca-Pantothenat waren die Tiere sofort wieder imstande p-Aminobenzoesäure im normalen Ausmaß zu acetylieren[2,16]. Auch die Acetylierung von Sulfonamiden ist bei Pantothensäuremangel vermindert[11,17]. Die für die Bildung des Acetyl-CoA erforderliche Energie wird in Form von ATP bereitgestellt, da die Bildung des ATP mit Hilfe von Oxydationsenergie erfolgt, hemmte O_2-Mangel die Acetylierung von Sulfonamiden in Leberschnitten[7]. Bei Zusatz von ATP kann die

---

[1] Bloch, K., and D. Rittenberg: J. biol. Ch. **155**, 243 (1944). — [2] Riggs, T. R., and D. M. Hegsted: J. biol. Ch. **172**, 539 (1948). — [3] Vigneaud, V. du, M. Cohn, G. B. Brown, O. J. Irish, R. Schoenheimer and D. Rittenberg: J. biol. Ch. **131**, 273 (1939). — [4] Fishman, W. H., and M. Cohn: J. biol. Ch. **148**, 619 (1943). — [5] Bloch, K., and D. Rittenberg: J. biol. Ch. **159**, 45 (1945). — [6] Hensel, M.: H. **93**, 401 (1914/15). — Harrow, B., F. W. Power and C. P. Sherwin: Proc. Soc. exp. Biol. Med. **24**, 422 (1927). — [7] Harris, J. S., and J. R. Klein: Proc. Soc. exp. Biol. Med. **38**, 78 (1938). — [8] Klein, J. R., and J. S. Harris: J. biol. Ch. **124**, 613 (1938). — [9] Lipmann, F.: J. biol. Ch. **160**, 173 (1945). — [10] Martin, G. J., and E. H. Rennebaum: J. biol. Ch. **151**, 417 (1943). — [11] Shils, M. E., H. M. Seligman and L. J. Goldwater: J. Nutrit. **37**, 227 (1949). — [12] Harrow, B., A. Mazur and C. P. Sherwin: J. biol. Ch. **102**, 35 (1933). — [13] Lipmann, F., and N. O. Kaplan: J. biol. Ch. **162**, 743 (1946). — [14] Lipmann, F., and N. O. Kaplan: Fed. Proc. **5**, 145 (1946). — [15] Riggs, T. R., and H. N. Christensen: J. biol. Ch. **193**, 675 (1951). — [16] Elson, L. A., F. Goulden and F. L. Warren: Biochem. J. **40**, XXIX (1946). — [17] Goldwater, L. J., and M. E. Shils: : Amer. industr. Hyg. Ass. Quart. **10**, 17 (1949) [Chem. Abstr. **43**, 9194[d]].

Acetylierung, wie an Versuchen mit Homogenaten von Taubenleber gezeigt werden konnte, jedoch auch unter anaeroben Bedingungen erfolgen[1]. (Über den Mechanismus der Übertragung von Acetylgruppen auf das CoA und vom CoA auf die Acceptorsubstanz vgl. S. 129.)

Die Leber ist nicht nur zu Acetylierungen befähigt, sondern enthält auch deacetylierende Enzymsysteme: In der Leber von Hund, Kaninchen und Schwein wurde die Deacetylierung von N-Acetyl-DL-leucin und N-Acetylglycin beobachtet[2]. Wurde Kaninchen gemeinsam mit Na-Benzoat Acetylglycin verabreicht, so stieg die Hippursäureausscheidung im gleichen Grade wie bei der Verfütterung der gleichen Benzoesäuremenge mit freiem Glycin[3]. Lebern von Katze, Kaninchen, Ratte und Rind hydrolysieren außer N-Acetyl-L-leucin und N-Acetyl-L-tyrosin auch Acetanilid[4]. Die Ratte deacetyliert Acetanilid fast vollständig[5]. Präparate von Rattenleber spalteten neben Acetanilid selbst[6] auch substituierteAcetanilide: o-substituierte Acetanilide wurden rascher, p-substituierte langsamer gespalten als Acetanilid[7] (vgl. Abb. 53). Präparate von Rattenleber spalteten N-Acetylsulfanilamid; Butyryl-, Valeryl-, Caproyl- und Heptanoylsulfonamid wurden ebenfalls deacyliert, die Spaltungsgeschwindigkeit nahm mit steigender Kettenlänge zu[6]. Die Deacetylierung von N(4)-Acetylsulfamezathin zu Sulfamezathin [N(1)-(4,6-Dimethyl-2-pyrimidyl)-sulfanilamid] konnte an zerkleinerter Leber von Schaf und Taube gezeigt werden[8]. (Über die Deacetylierung des carcinogenen Acetylaminofluorens vgl. S. 499.) In ähnlicher Weise wird auch aus Acetylsalicylsäure Salicylsäure freigesetzt. Die Deacetylierung dieser Substrate erfolgt hierbei durch verschiedene in der Leber enthaltene Deacetylierungsenzyme[7,9]. Neben der Leber enthält auch die Niere stark wirksame Deacetylasen[7].

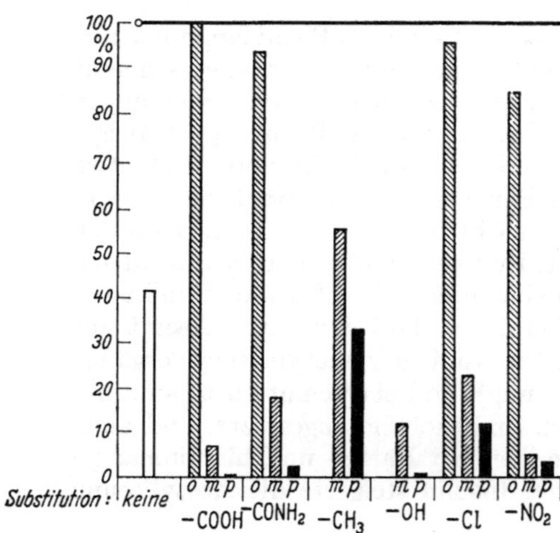

Abb. 53. Hydrolyse substituierter Acetanilide durch Extrakte von Rattenleber. In o-Stellung substituierte Acetanilide werden fast vollständig, in p-Stellung substituierte Acetanilide nur in sehr geringem Ausmaß gespalten[7].

6. Cyanide und Rhodanide im Leberstoffwechsel.

a) Die Entgiftung exogener Cyanide. Infolge seiner Neigung, mit Fe^{III}-Verbindungen der Porphyrine koordinative Komplexe zu bilden, blockiert das Cyanid-Ion die Fe^{III}-Form der Cytochrome und der Cytochromoxydase und bringt dadurch die Zellatmung momentan zum Stillstand. Während die plötzliche Aufnahme größerer Dosen des Giftes durch Unterbrechung der Zellatmung in den lebenswichtigen Gehirnzentren zum sofortigen Tode führt, verursachen subletale

[1] Lipmann, F.: J. biol. Ch. **160**, 173 (1945). — [2] Kimura, H.: J. Biochem. **10**, 207 (1929). — [3] Abbott, L. D. jr.: J. biol. Ch. **145**, 241 (1942). — [4] Michel, H. O., F. Bernheim and M. L. C. Bernheim: J. Pharmacol. exp. Therap. **61**, 321 (1937). — [5] Elson, L. A., F. Goulden and F. L Warren: Biochem. J. **40**, XXIX (1946). — [6] Kohl, M. F. F., and L. M. Flynn: Proc. Soc. exp. Biol. Med. **44**, 455 (1940). — [7] Bray, H. G., S. P. James, W. V. Thorpe and M. R. Wasdell: Biochem. J. **47**, 483 (1950). — [8] Krebs, H. A., W. O. Sykes and W. C. Bartley: Biochem. J. **41**, 622 (1947). — [9] Bray, H. G., S. P. James, I. M Raffan, B. E. Ryman and W. V. Thorpe: Biochem. J. **44**, 618 (1949). — Bray, H. G., S. P James and W. V. Thorpe: Nature **163**, 407 (1949). —

Dosen oft keine Erscheinungen, weil sie von der Leber sehr rasch entgiftet werden. Wenn die Resorption des Giftes verlangsamt ist, überlebt der Vergiftete die orale Aufnahme sehr großer, sonst letal wirkender Dosen oft ohne Schaden, da die Entgiftung mit der Resorption konkurriert[1].

Die Entgiftung des Cyanids erfolgt in der Leber: Perfundierte Lebern entgifteten Cyanid in Gegenwart von Thiosulfat[2]. Beim Bebrüten mit Leberbrei verschwand zugesetztes Cyanid sehr rasch, während Breie anderer Organe weit weniger wirksam waren[3]. Das Cyanid wird hierbei in das weit weniger giftige Rhodanid umgewandelt[4].

Das in der Leber enthaltene cyanidentgiftende und rhodanidbildende Enzym wird als *Rhodanese**[5] oder, da es die Übertragung von S-Atomen katalysiert als *Transsulfurase*[6] bezeichnet. Die Rhodanese katalysiert die Umwandlung von Cyanid und Thiosulfat in Rhodanid und Sulfit:

$$[O{-}SO_2{-}S]^{--} + CN^- \rightarrow [O{-}SO_2]^{--} + CNS^-$$

Die Rhodanese kann bei 0° mit Aceton ohne Inaktivierung gefällt werden. Durch Adsorption an Kaolin und Elution mit sekundärem Phosphat[5] bzw. durch Fraktionierung mit Ammonsulfat[6,7] konnte sie aus Leber in gereinigter und schließlich in krystallisierter Form dargestellt werden[8,9]; das krystallisierte Enzym ist weniger haltbar als ungereinigte Präparate[9], es wandert bei p_H 7,4 in Form einer einheitlichen Spitze zur Anode, aus der Sedimentationskonstante (3 S) und der Diffusionskonstante $7{,}5 \cdot 10^{-7} \cdot cm^2 \cdot sec^{-1}$ ergab sich ein Molekulargewicht von 37000[10]. Ein Molekül Rhodanese kann je min etwa 20000 Moleküle Rhodanid bilden[10].

Das Enzym ist vor allem in den Mitochondrien der Leberzellen enthalten[6,11]. Die aktive Gruppe enthält nicht, wie früher angenommen, ein Schwermetall, sondern eine Disulfidgruppe[12]. Das p_H-Optimum der krystallisierten, aus Rinderleber dargestellten Rhodanese war 8,6 (s.[10]), als Temperaturoptimum wird 50° (s.[5]) bzw. 38—40° angegeben[13], doch führen Temperaturen von mehr als 45° zu einer raschen Inaktivierung des Enzyms[6,10]. Durch überschüssiges Cyanid wird das Enzym inaktiviert[5,14], ebenso setzt Thiosulfat, dessen Anwesenheit in kleinen Mengen erforderlich ist, in großem Überschuß zugesetzt, die Wirkung des Ferments stark herab. Auch Sulfit[10] und Jodacetat[13] haben eine hemmende Wirkung. Während Erythrocyten Rhodanid zu Cyanid oxydieren[15], ist die Wirkung der Leberrhodanese nicht reversibel, überschüssiges Rhodanid wird in vitro nicht in Cyanid verwandelt[15,16]. Die in vivo nachgewiesene Umwandlung von Rhodanid in Cyanid muß daher auf anderem Wege erfolgen.

Die Lebern verschiedener Tierarten zeigen große Unterschiede in ihrem Rhodanesegehalt. Froschleber enthält 50mal und Kaninchenleber 30 mal mehr Rhodanese als Hundeleber[5]. Die Lebern pflanzenfressender Säugetiere enthalten

* Die Endung „ese" deutet an, daß das Ferment die Synthese des Rhodanids, nicht aber seinen Abbau katalysiert.

[1] Stary, Z., u. W. Lorenz: Med. Klin. **1937 I**, 635. — [2] Lang, K.: B. Z. **263**, 262 (1933). — [3] Schechter, M.: Z. klin. Med. **117**, 652 (1931). — [4] Lang, S.: A. e. P. P. **34**, 247 (1894). — [5] Lang, K.: B. Z. **259**, 243 (1933). — [6] Sörbo, B. H.: Acta chem. scand. **5**, 724 (1951). — [7] Cosby, E. L., and J. B. Sumner: Arch. Biochem. **7**, 457 (1945). — [8] Sörbo, B. H.: Acta chem. scand. **7**, 238 (1953). — [9] Sörbo, B. H.: Acta chem. scand. **7**, 1129 (1953). — [10] Sörbo, B. H.: Svensk kem. T. **65**, 169 (1953). — [11] Ludewig, S., and A. Chanutin: Arch. Biochem. **29**, 441 (1950). — [12] Sörbo, B. H.: Acta chem. scand. **5**, 1218 (1951). — [13] Saunders, J. P., and W. A. Himwich: Amer. J. Physiol. **163**, 404 (1950). — [14] Lang, K.: Z. Vit.-, Horm.-, Ferm.-Forsch. **2**, 288 (1948/49). — [15] Goldstein, F., and F. Rieders: Amer. J. Physiol. **173**, 287 (1953). — [16] Sörbo, B. H.: Acta chem. scand. **7**, 1137 (1953).

meist mehr Rhodanese als die Lebern von Fleischfressern[1]; Rinderleber scheint das beste Ausgangsmaterial für die Darstellung von Rhodanese zu sein[2]. Bei Kaninchen und Ratten ist die Leber das an Rhodanese reichste Organ, beim Hund enthalten (je g Organgewicht) Nebennieren mehr Enzym als Leber[1,3]. Beim Kaninchen wurden 70—80% des verabreichten Cyanids im Harn als Rhodanid wiedergefunden[4], beim Hund[5] etwa 22%. Bei proteinfrei ernährten Ratten war der Rhodanesegehalt der Leber vermindert[6]. Fetale Rattenleber enthält nur kleine Mengen von Rhodanese[7], während das Chorion starke Rhodaneseaktivität zeigt[7]; zur Zeit der Geburt steigt der Rhodanesegehalt der Leber rasch an[7].

Als S-Donator für die Rhodanidsynthese ist Thiosulfat besonders wirksam, es beschleunigt die Cyanidentgiftung auch in vivo[8–10]. Die für die Rhodanidbildung notwendigen Thiosulfatmengen werden im Stoffwechsel endogen gebildet; das Vorkommen von Thiosulfat im normalen Harn ist zuerst von SCHMIEDEBERG[11] gezeigt, von anderen später in Frage gestellt[12], in neuerer Zeit aber bestätigt worden[13]. Neben Thiosulfat erwies sich auch Thiosulfonat für das aus Leber dargestellte Enzym als brauchbarer Schwefeldonator[14,15]. Kolloidaler Schwefel, der als Antidot bei der Cyanidvergiftung empfohlen wird[9], war dagegen in vitro unwirksam[15]. Auch Cystein, Thioäthanolamin, Glutathion, Thioharnstoff, Thiouracil, Methionin, Cystin sind als Schwefeldonatoren ungeeignet[7].

Auch aus organischen Nitrilen wird in der Leber Rhodanid gebildet[16]. Nach Zufuhr von Acetonitril, Propionitril und iso-Valeronitril trat beim Kaninchen beträchtliche Vermehrung des Rhodanidgehalts im Blute ein[17]. Bei künstlicher Durchblutung von Leber, Milz und Darm konnte gezeigt werden, daß das Rhodanid aus dem Nitril beim Hund nur in der Leber, beim Kaninchen aber auch im Darm gebildet wird[17]. Nach Zufuhr von Acetonitril steigt die Rhodanidausscheidung in Speichel und Harn beim lebergesunden Menschen an, bei schweren Lebererkrankungen wurde ein solcher Anstieg nicht beobachtet[18]. Auch bei P-vergifteten Meerschweinchen und Ratten verursachte die Verfütterung von Acetonitril keinen Anstieg der Rhodanidausscheidung[18]. Auch die CN-Gruppe des Benzylcyanids[19] und anderer aromatischer Nitrile[20] werden in Rhodanide übergeführt. Während andere Nitrile auch nach Thyreoidektomie in Rhodanid ververwandelt werden, wird die Entgiftung des Acetonitrils durch Thyreoidektomie gehemmt, die Thyreoidea ist somit für die Deacetylierung des Acetonitrils erforderlich, während die Cyanidgruppe selbst in der Leber entgiftet wird[19].

b) Endogenes Cyanid und Rhodanid im Leberstoffwechsel. In der Leber sind auch ohne exogene Cyanidzufuhr immer kleine Mengen von Cyaniden und

[1] ROSENTHAL, O.: Acta Un. int. Cancr. Bruxelles **6**, 307 (1948/50). — [2] SÖRBO, B. H.: Acta chem. scand. **5**, 724 (1951). — [3] HIMWICH, W. A., and J. P. SAUNDERS: Amer. J. Physiol. **153**, 348 (1948). — [4] SMITH, R. G., and R. L. MALCOLM: J. Pharmacol. exp. Therap. **40**, 457 (1930). — [5] SMITH, R. G., B. MUKERJI and J. H. SEABURY: J. Pharmacol. exp. Therap. **68**, 351 (1940). — [6] ROSENTHAL, O., C. S. ROGERS, H. M. VARS and C. C. FERGUSON: J. biol. Ch. **185**, 669 (1950). — [7] GAL, E. M., F. H. FUNG and D. M. GREENBERG: Cancer Res. **12**, 574 (1952). — SÖRBO, B. H.: Svensk kem. T. **65**, 169 (1953). — [8] LANG, S.: A. e. P. P. **36**, 75 (1895). — [9] FORST, A. W.: A. e. P. P. **128**, 1 (1928). — [10] CHEN, K. K., and C. L. ROSE: J. amer. med. Ass. **149**, 113 (1952). — [11] SCHMIEDEBERG, O.: Arch. Heilkde. **8**, 422 (1867). — [12] HEFFTER, A.: Pflügers Arch. **38**, 476 (1886). — SALKOWSKI, E.: Pflügers Arch. **39**, 209 (1886). — PRESCH, W.: Virchows Arch. **119**, 148 (1890). — LASCH, W.: B. Z. **97**, 1 (1919). — [13] FROMAGEOT, C., et A. ROYER: Enzymologia **11**, 361 (1943/45). — GAST, J. H., K. ARAI and F. L. ALDRICH: J. biol. Ch. **196**, 875 (1952). — [14] SÖRBO, B. H.: Acta chem. scand. **7**, 1137 (1953). — [15] SÖRBO, B. H.: Acta chem. scand. **7**, 32 (1953). — [16] LANG, S.: A. e. P. P. **34**, 247 (1894). — [17] SATO, K.: J. orient. Med. **13**, 27 (1930) [Ber. Physiol. **59**, 91]. — [18] SCHECHTER, M.: Z. klin. Med. **117**, 637 (1931). — [19] BAUMANN, E. J., D. B. SPRINSON and N. METZGER: J. biol. Ch. **102**, 773 (1933). — [20] ADELINE, S. M., L. R. CERECEDO and C. P. SHERWIN: J. biol. Ch. **70**, 461 (1926).

Rhodaniden vorhanden. Das Vitamin B_{12}, dessen Hauptdepot die Leber ist, enthält eine Cyanidgruppe, die an den zentralen Koordinationskomplex eines Kobaltatoms gebunden ist[1] und mit dem freien Cyanid der umgebenden Lösung im Gleichgewicht steht. In konstanter, wenn auch sehr geringer Menge wird Cyanid normalerweise ständig mit der Atemluft und mit dem Harn ausgeschieden: Der normale Mensch scheidet täglich etwa 2—6 γ Cyanid im Harn[2] und je Std etwa 2 γ HCN mit der Atemluft aus[3]. Im Tagesharn eines normalen Hundes wurde 0,5—1,5 γ freies (bzw. locker gebundenes) und etwa 0,1—0,2 γ an Vitamin B_{12} gebundenes Cyanid nachgewiesen[4].

Auch Rhodanide werden im normalen Stoffwechsel ständig umgesetzt. Im normalen Hundeserum wurden 111 γ-%, im Kaninchenserum 42 γ-%, im Rattenserum 54 γ-% Rhodanid gefunden, die normale Tagesausscheidung im Harn betrug bei Ratten 218 γ, bei Hunden etwa 600—700 γ NCS (s.[4]). Dieses Rhodanid entsteht aus dem oben erwähnten endogenen Cyanid, und die rasche Umwandlung etwaiger Überschüsse an endogenem Cyanid bildet wahrscheinlich die physiologische Aufgabe der Leberrhodanese.

Radioaktives ^{14}C-Cyanid, das einem Hund in einer Menge von 0,5 mg injiziert worden war, erschien zum Teil im Harn des Tieres; das im Harn ausgeschiedene Cyanid enthielt den ^{14}C in etwa 50—60facher Verdünnung[4]. Im Organismus besteht also ein Cyanidpool mit großer Umsatzgeschwindigkeit. Ein Teil des injizierten ^{14}C-Cyanids wurde in der Leber in freier Form nachgewiesen, ein anderer Teil wurde in dem aus der Leber isolierten Vitamin B_{12} wiedergefunden. Ein überraschend großer Teil des ^{14}C war in den Leberproteinen in fester Bindung enthalten, wahrscheinlich wird das CNS^- von den Leberproteinen als solches gebunden[4].

Nur ein Teil des endogenen Cyanids wird durch die Leberrhodanese in Rhodanid verwandelt, der Rest wird oxydativ abgebaut. Nach Injektion von ^{14}C-haltigem NaCN schieden Hunde und Ratten radioaktives Formiat im Harn und radioaktives CO_2 mit der Atemluft aus. Aus der Leber dargestelltes Formiat zeigte eine hohe Radioaktivität, und das im Stoffwechsel aus Formiat entstehende C-Atom der Ureidogruppe des Allantoins sowie die Methylgruppen des Methionins und des Cholins zeigten nach Verabreichung von ^{14}CN eine erhebliche Radioaktivität[4].

Cyanid und Rhodanid stehen im Stoffwechsel miteinander im Gleichgewicht. Obwohl für die Rhodanese in vitro nur eine rhodanidbildende, nicht aber eine rhodanidabbauende Funktion nachgewiesen werden konnte, wird Rhodanid in vivo in Cyanid verwandelt; nach Injektion von ^{14}C-Rhodanid schieden Ratten ^{14}C-Cyanid im Harn und in der Atemluft aus. In noch größerem Ausmaß als das Cyanid wird das C-Atom des Rhodanids zu CO_2 oxydiert. Während das S-Atom des CNS nur in geringem Prozentsatz in Sulfat übergeht[5] wurde das C-Atom von ^{14}C-Rhodanid, das Ratten in einer Dosis von 0,7 mg injiziert worden war, zu etwa 30% in CO_2 umgewandelt[4].

γ) Oxydative, reduktive und hydrolytische Entgiftungsmechanismen der Leber.

1. Oxydative Vorgänge

spielen bei der Entgiftung körperfremder Substanzen in der Leber eine große Rolle. Aliphatische Alkohole, z. B. Äthylalkohol, werden in der Leber in Säuren umgewandelt (vgl. S. 486) und damit ihr weiterer Abbau im Stoffwechsel

[1] Brink, N. G., F. A. Kuehl jr. and K. Folkers: Science, N. Y. **112**, 354 (1950). — Kaczka, E. A., D. E. Wolf, F. A. Kuehl jr and K. Folkers: Science, N. Y. **112**, 354 (1950).—
[2] Boxer, G. E., and J. C. Rickards: Arch. Biochem. **30**, 392 (1951). — [3] Boxer, G. E., and J. C. Rickards: Arch. Biochem. **39**, 287 (1952). — [4] Boxer, G. E., and J. C. Rickards: Arch. Biochem. **39**, 7 (1952). — [5] Wood, J. L., E. F. Williams jr. and N. Kingsland: J. biol. Ch. **170**, 251 (1947).

ermöglicht. Aromatische Alkohole werden in Säuren übergeführt, die nach Kupplung mit Glucuronsäure (vgl. S. 455) oder Aminosäuren (vgl. S. 468) mit dem Harn ausgeschieden werden. Aromatische und hydroaromatische Kohlenwasserstoffe werden zu den entsprechenden Hydroxylverbindungen oxydiert, auch diese Oxydation bildet eine vorbereitende Reaktion für ihre Bindung an Glucuronsäure oder Schwefelsäure (vgl. S. 473). So wird z.B. Toluol in Benzoesäure, p-Toluoylsulfonamid in p-Sulfonamidobenzoesäure verwandelt[1], dieser Typ der Entgiftung bildet einen Spezialfall der auf S. 175 besprochenen ω-Oxydation. Auch einzelne anorganische Substanzen, wie H_2S, werden in der Leber durch oxydative Vorgänge entgiftet (vgl. S. 274).

Einzelne auch als Arzneimittel verwendete organische Substanzen, wie Atophan und Santonin, sind für die Diagnostik der Leberkrankheiten von Bedeutung, weil sie von der geschädigten Leber nur in vermindertem Ausmaß abgebaut werden und weil allfällige Störungen in den oxydativen Entgiftungsmechanismen der Leberzellen mit Hilfe dieser Substanzen verhältnismäßig leicht festgestellt werden können.

Santonin wird, wie am Hund nachgewiesen[2], zum Teil in α-Oxysantonin umgewandelt, das bei alkalischer Reaktion eine intensiv rote Färbung gibt (über die Konstitution des α-Oxysantonins vgl. [3]). Bei Meerschweinchen, denen kleine Mengen von Santonin mit der Magensonde zugeführt wurden, war diese Farbreaktion bereits 30—40 min später im Harn nachweisbar[4]. Beim lebergesunden Menschen beginnt 1 Std nach Verabreichung von 0,02 g Santonin die Ausscheidung im Harn, erreicht in 4 Std ihr Maximum und ist nach etwa 9 Std beendet. Diese Ausscheidungskurve, die colorimetrisch mit Hilfe von Eosin-Standardlösungen ausgemessen werden kann, zeigt bei Leberkrankheiten verschiedener Art charakteristische Änderungen[4].

Die Entgiftung des Santonins wird durch leberschädigende Gifte verlangsamt: bei Kaninchen war nach Verabreichung von CCl_4, $CHCl_3$ oder P die Ausscheidung des Oxysantonins vermindert und die Ausscheidung unveränderten Santonins vermehrt[5]. Junge Tiere entgiften Santonin rascher[6]. Die Entgiftung des Santonins wird durch Injektion von Ascorbinsäure[7], Thiamin[8] und in noch stärkerem Ausmaß durch den ganzen B-Komplex[7] beschleunigt. Verabreichung von Leberpräparaten steigerte insbesondere bei dauernder Verabreichung die Entgiftungsgeschwindigkeit[8]. Ein Teil des Santonins[9] und seines Oxydationsprodukts[4] wird auch mit der Galle ausgeschieden.

Atophan (Cinchophen, α-Phenylchinolin-γ-carbonsäure) steigert die Stoffwechselaktivität der Leberzellen und vermehrt die Gallenproduktion[10], es wird teils mit der Galle ausgeschieden[11], teils im Leberstoffwechsel zu unbekannten Produkten abgebaut. Ein normalerweise nur geringer Teil des Atophans entgeht dem Abbau und der Ausscheidung durch die Galle. Dieser Anteil wird nur an der Phenylgruppe (durch Umwandlung in eine Oxyphenylgruppe) oxydiert; das so entstandene Oxyatophan [α-(o-Oxyphenyl)-chinolin-γ-carbonsäure] wird im Harn ausgeschieden. Das Oxyatophan gibt bei Zusatz von konz. HCl eine

[1] Flaschenträger, B., K. Bernhard, C. Löwenberg u. M. Schläpfer: H. **225**, 157 (1934). — [2] Jaffé, M.: H. **22**, 553 (1896/97). — [3] Asahina, Y., u. T. Momose: B. **70**, 812 (1937). — Shibata, S., and H. Mitsuhashi: Pharmaceut. Bull., Tokyo **1**, 1 (1953). — [4] Moukhtar, A., et H. Djévat: Presse méd. **41**, 1501 (1933). — Franchi, G., e A. Risolo: Arch. Sci. med., Torino **88**, 55 (1949) [Chem. Abstr. **43**, 8537[e]]. — [5] Onoyama, T.: Mitt. med. Akad. Kioto **31**, 511 (1941) [Chem. Abstr. **35**, 6317[2]]. — Fujishita, H.: Folia pharmacol. Jap. **48**, 244 (1952) [Chem. Abstr. **47**, 1846[h]]. — [6] Onoyama, T.: Mitt. med. Akad. Kioto **27**, 1187 (1939) [Chem. Abstr. **35**, 1847[5]]. — [7] Onoyama, T.: Mitt. med. Akad. Kioto, **29**, 693 (1940) [Chem. Abstr. **35**, 4064[5]]. — [8] Onoyama, T.: Mitt. med. Akad. Kioto **30**, 1181 (1940) [Chem. Abstr. **35**, 4847[3]]. — [9] Fujishita, H.: Folia pharmacol. jap. **48**, 238 (1952) [Chem. Abstr. **47**, 1846[f]]. — [10] Brugsch, T., u. H. Horsters: Z. ges. exp. Med. **43**, 517 (1924). — [11] Bradley, W. B., and A. C. Ivy: Proc. Soc. exp. Biol. Med. **45**, 143 (1940).

Gelbfärbung und kann auf diese Weise im Harn colorimetrisch bestimmt werden. Je geringer die Funktionstüchtigkeit der Leber, desto mehr Oxyatophan erscheint nach Atophanbelastung (0,45 g oral) im Harn. Während Lebergesunde nur 7—21% der verabreichten Dosis als Oxyatophan ausscheiden, kann die ausgeschiedene Menge bei Leberinsuffizienz bis auf 78% ansteigen. Schädigungen wurden bei der angegebenen Atophandosis auch bei Leberkranken nicht beobachtet[1], größere Dosen können jedoch schwere Leberschädigungen verursachen[2].

L-Santonin ⟶ α-Oxysantonin[3]

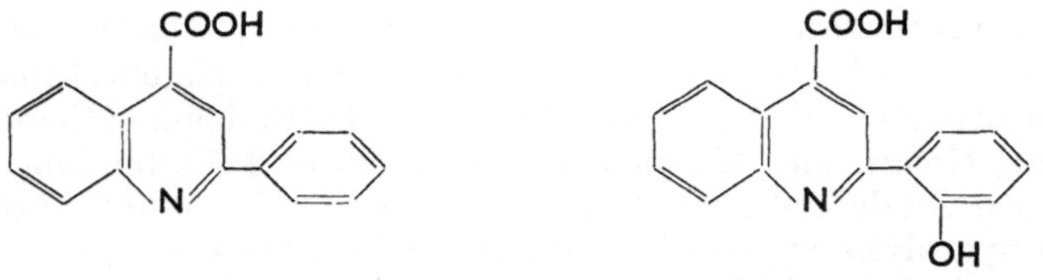

Atophan ⟶ Oxyatophan

2. Reduktive Vorgänge

sind an der Entgiftung exogener Substanzen oft beteiligt. So wird z. B. Chloralhydrat zu Trichloräthylalkohol reduziert und dieser an Glucuronsäure gebunden[4], das Glucuronid dieses Alkohols (= Urochloralsäure) hat keine hypnotische Wirkung[5] und wird im Harn ausgeschieden. Dieser Reduktionsvorgang erfolgt, ebenso wie die Bildung des Glucuronids, in der Leber: Parenteral oder rectal verabreichtes Chloralhydrat gelangt nicht ins Pfortaderblut und wird daher in hohem Prozentsatz in nicht reduzierter Form ausgeschieden[6]. Die Reduktion des Chloralhydrats scheint vom Glykogengehalt der Leber unabhängig zu sein: hungernde Kaninchen und Hunde, deren Leber nur wenig Glykogen enthielt, konnten Chloralhydrat in Urochloralsäure verwandeln[7]. — In ähnlicher Weise wird auch o-Aminoacetophenon von Kaninchen unter Reduktion seiner Ketogruppe in o-(α-Oxyäthyl)-anilin umgewandelt und an Glucuronsäure gebunden[8].

Einzelne Nitroverbindungen können zu den entsprechenden Aminoverbindungen reduziert werden. 2,4-Dinitrophenol wird zu den beiden isomeren Aminonitrophenolen reduziert[9], und es scheint, daß das Ausmaß, in dem dieser Reduktionsvorgang erfolgt, mit der Intensität der stoffwechselbeschleunigenden Wirkung dieser Substanzen in Zusammenhang steht[10]. p- und m-Nitrobenzoesäure (nicht

[1] Lichtman, S. S.: Arch. internal Med., Chicago **48**, 98 (1931). — Lichtman, S. S.: Diseases of the Liver, Gall Bladder and Bileducts. bes. S. 340. Philadelphia 1953. — [2] Literatur s. Sherwood, K. K., and H. H. Sherwood: Arch. internal Med., Chicago **48**, 82 (1931). — Palmer, W. L., and P. S. Woodall: J. amer. med. Ass. **107**, 760 (1936). — [3] Asahina, Y., u. T. Momose: B. **70**, 812 (1937). — Shibata, S., and H. Mitsuhashi: Pharmaceut. Bull. Tokyo **1**, 1 (1953). — [4] Mering, (J.) v., u. (F). Musculus: B. **8**, 662 (1875). — Mering, (J.) v.: H. **6**, 480 (1882). — [5] Külz, E.: Pflügers Arch. **28**, 506 (1882). — [6] Thierfelder, H.: H. **10**, 163 (1886). — [7] Nencki, M., u. P. Giacosa: H. **4**, 325 (1880). — Schmiedeberg, O.: A. e. P. P. **14**, 288 (1881). — [8] Inagaki, S.: H. **214**, 25 (1933). — [9] Gourbet, M., et M. André: Ann. Physiol. Physicochim. biol. **8**, 117 (1932). — Heymans, C., et H. Casier: C. R. Soc. Biol. **115**, 731 (1934). — [10] Handovsky, H., H. Casier et C. Schepens: C.R. Soc. Biol. **115**, 1727 (1934).

aber o-Nitrobenzoesäure) wurden von überlebendem Lebergewebe zu den entsprechenden Aminobenzoesäuren reduziert[1]. Pikrinsäure wird durch Reduktion einer ihrer Nitrogruppen in Pikraminsäure umgewandelt[2]. Daneben wurde nach Aufnahme von Pikrinsäure eine Vermehrung der Esterschwefelsäuren im Harn beobachtet[3]. Die Reduktion des Dimethylaminoazobenzols ist in Zusammenhang mit seiner carcinogenen Wirkung von besonderem Interesse (vgl. S. 498).

3. Hydrolytische Enzymsysteme

können an der Entgiftung körperfremder Substanzen teilnehmen. Zahlreiche pflanzliche Glykoside werden — auch bei parenteraler Aufnahme — hydrolytisch gespalten, ihre pharmakologische Wirkung wird dadurch verändert oder aufgehoben. Dies gilt insbesondere für die herzwirksamen Digitalisglykoside und ähnliche Stoffe. Viele Alkaloide und synthetisch hergestellte Pharmaka können in der Leber durch Hydrolyse aufgespalten werden: Atropin wird durch eine in der Leber von Meerschweinchen nachgewiesene Esterase[4] zu Tropasäure und Tropin aufgespalten, und wahrscheinlich ist auch die im Blutserum von Kaninchen enthaltene atropinspaltende Esterase[5] hepatogener Herkunft. Die Meerschweinchenleber besitzt auch eine Esterase, die Cocain zerlegt; Pantocain und Procain werden zu p-Aminobenzoesäure und zu Dimethyl- bzw. Diäthylaminoäthanol hydrolysiert; in Niere, Gehirn und Muskulatur werden diese 3 Verbindungen dagegen nur in geringem Grade inaktiviert[6]. Die Bestimmung der Fähigkeit des Serums, Novocain zu hydrolysieren, ist als Methode zur Leberfunktionsprüfung während der Schwangerschaft empfohlen worden[7]. In ähnlicher Weise wird auch Acetylsalicylsäure zum Teil hydrolytisch gespalten und die Salicylsäure als Schwefelsäureester, Glucuronid oder Glycinverbindung ausgeschieden. (Vgl. S. 455 u. 469.)

Bei zahlreichen organischen Giften ist zwar nachgewiesen worden, daß sie in der Leber entgiftet werden; doch sind die dabei ablaufenden Reaktionen und die bei ihnen entstehenden Reaktionsprodukte noch unbekannt. So werden z.B. die Opiumalkaloide der Phenanthrengruppe in der Leber entgiftet. Schnitte von Rattenleber konnten Morphin, Codein, Äthylmorphin (Dionin) und Dihydromorphinon (Dilaudid) inaktivieren; unter anaeroben Bedingungen war die Entgiftung dieser Stoffe gehemmt[8]. Nur einige für den Leberstoffwechsel besonders wichtige Entgiftungsvorgänge können an dieser Stelle besprochen werden. (Weiteres s. Bd. 2/2c.)

δ) Die Oxydation von Alkoholen und Aldehyden in der Leber.

1. Die Entgiftung des Äthylalkohols.

Per os aufgenommener Äthylalkohol gelangt mit dem Pfortaderblut zur Leber, ein Teil wird von den Leberzellen aufgenommen, ein je nach der aufgenommenen Alkoholmenge verschieden großer Rest bleibt im Blut zurück und verteilt sich in den Geweben der Peripherie. Während die Leberzellen den von ihnen aufgenommenen Alkohol oxydieren, sind die meisten peripheren Gewebe hierzu nur in sehr geringem Grade befähigt. In den peripheren Geweben stellt sich daher zunächst ein Diffusionsgleichgewicht zwischen dem Alkoholgehalt des Blutes und

[1] Kohl, M. F. F., and L. M. Flynn: Proc. Soc. exp. Biol. Med. **47**, 470 (1941). — [2] Eulenberg, H., u. H. Vohl: Vjschr. gerichtl. Med. **12**, 319 (1870). — Walko, X. K.: A. e. P. P. **46**, 188 (1901). — Heffter, A.: Med.-naturw. Arch. **1**, 81 (1907). — [3] Baumann, E., u. E. Herter: H. **1**, 252 (1877/78). — Karplus, J. P.: Z. klin. Med. **22**, 210 (1893). — [4] Bernheim, F., and M. L. C. Bernheim: J. Pharmacol. exp. Therap. **64**, 209 (1938). — [5] Ammon, R., u. W. Savelsberg: H. **284**, 135 (1949). — [6] Heim, F., u. A. Haas: A. e. P. P. **211**, 458 (1950). — [7] Stucky, D.: Gynaecologia, Basel **125**, 129 (1948). — [8] Bernheim, F., and M. L. C. Bernheim: J. Pharmacol. exp. Therap. **81**, 374 (1944).

dem der Gewebsflüssigkeit ein, die Leber, die den Alkohol zerstört, kann dagegen immer neue Mengen Äthylalkohol aus dem Blute aufnehmen. In dem Ausmaß, in dem die Leber Alkohol oxydiert und der Alkoholgehalt des Blutes abnimmt, strömt der vorher in die Gewebe eindiffundierte Alkohol wieder ins Blut zurück. Die Leber gibt also die Geschwindigkeit an, mit der der Alkoholgehalt der übrigen Gewebe (unter anderen auch der des Gehirngewebes) abnimmt.

Daß der Äthylalkohol vor allem in der Leber entgiftet wird, ergibt sich aus zahlreichen Untersuchungen: Brei aus Lebergewebe oxydiert Äthylalkohol weit stärker als Gewebsbreie aus anderen Organen[1] und Leberbreie haben sich als bestes Ausgangsmaterial für die Darstellung der tierischen Alkoholdehydrogenase erwiesen[1-3]. Bei der Ratte und bei der Taube ist die Leber das einzige Organ, das in vitro in größerer Menge Äthylalkohol zu oxydieren vermag[4]; eine geringe Wirksamkeit konnte bei der Ratte außerdem auch in der Niere, bei der Taube in Muskelbrei nachgewiesen werden[4]. Äthylalkohol, der mit ^{14}C markiert war, wurde durch Leberschnitte rasch zu $^{14}CO_2$ oxydiert, daneben zeigten in diesen Versuchen auch Nierenschnitte die Fähigkeit, Alkohol in meßbarem Ausmaß zu oxydieren. Schnitte aus Herz und Zwerchfellmuskulatur bildeten aus ^{14}C-Äthylalkohol dagegen nur minimale Mengen von $^{14}CO_2$, Hirnschnitte waren völlig inaktiv[5]. Perfundierte Lebern oxydierten den der Durchströmungsflüssigkeit zugesetzten Alkohol mit großer Geschwindigkeit[6]. Versuche an Katzen ergaben, daß die Geschwindigkeit der Alkoholentgiftung mit dem Lebergewicht in besserer Korrelation steht als mit dem Körpergewicht oder mit der Körperoberfläche[8].

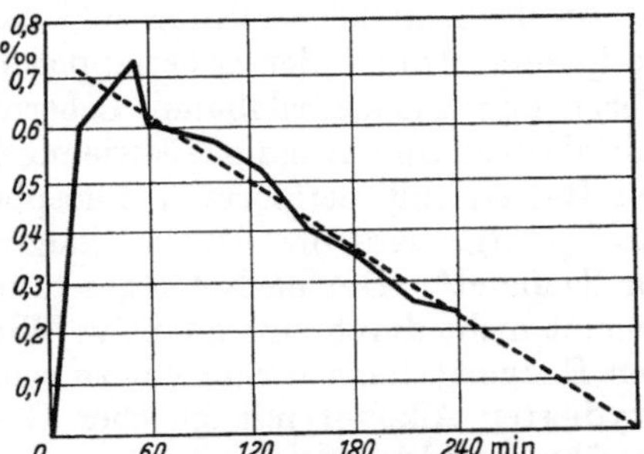

Abb. 54. Verlauf der Blutalkoholkurve (Mensch, nüchtern + 100 cm³ Cognac = 32 g Alkohol per os)[7]. Der Alkoholgehalt des Blutes sinkt nach Erreichung des Maximums linear ab. Die Geschwindigkeit der Alkoholentgiftung in der Leber ist somit unabhängig von der im Blute vorhandenen Alkoholmenge, der begrenzende Faktor ist die Menge des reduzierten DNP, die von der Leber je Zeiteinheit reoxydiert werden kann.

Hepatektomie setzte die Geschwindigkeit, mit der der Blutalkoholgehalt nach Aufnahme von Äthylalkohol absank, auf einen Bruchteil des Normalwertes herab[9]. Auch partielle Abtragung der Leber[1] oder Verabreichung von leberschädigenden Stoffen[10] verlangsamt die Alkoholentgiftung.

Bei Kranken mit Leberparenchymschäden sinkt der Blutalkoholspiegel nach Aufnahme von Alkohol weit langsamer ab als beim Normalen, besonders stark verzögert ist die Alkoholentgiftung bei der Lebercirrhose[11,12]. Ein Alkoholtest,

---

[1] BATTELLI, F., et, L. STERN: C. R. Soc. Biol. **67**, 419 (1909); **68**, 5 (1910). B. Z. **28**, 145 (1910). — [2] HIRSCH, J.: B. Z. **77**, 129 (1916). — [3] WIELAND, H., u. K. FRAGE: H. **186**, 195 (1930). — MIZUSAWA, H.: J. Biochem. **18**, 243 (1933). — REICHEL, L., u. H. KÖHLE: H. **236**, 158 (1935). — BONNICHSEN, R. K.: Acta chem. scand. **4**, 714 (1950). — [4] LELOIR, L. F., and J. M. MUÑOZ: Biochem. J. **32**, 299 (1938). — [5] BARTLETT, G. R., and H. N. BARNET: Quart. J. Stud. Alcohol **10**, 381 (1949) [Chem. Abstr. **44**, 2653e]. — [6] FIESSINGER, N., H. BÉNARD, J. COURTIAL et L. DERMER: C. R. Soc. Biol. **122**, 1255 (1936). — LUNDSGAARD, E.: Skand. Arch. Physiol. **77**, 56 (1937). Bull. Johns Hopkins Hosp. **63**, 15 (1938). — NEWMAN, H. W., W. VAN WINKLE jr., N. K. KENNEDY and M. C. MORTON: J. Pharmacol. exp. Therap. **68**, 194 (1940). — [7] ANDERSEN, P. H.: Hosp.-Tid. **81**, 29 (1938) [MØLLER, K. O.: Pharmakologie, bes. S. 225. Basel 1947]. — [8] EGGLETON, M. G.: J. Physiol., London **98**, 239 (1940). — [9] CLARK, B. B., R. W. MORRISSEY, J. F. FAZEKAS and C. S. WELCH: Quart. J. Stud. Alcohol **1**, 663 (1941). — [10] MIRSKY, I. A., and N. NELSON: Amer. J. Physiol. **127**, 308 (1939). — [11] WIDMARK, E. M. P.: Skand. Arch. Physiol. **35**, 125 (1918). B. Z. **259**, 285 (1933). — [12] DANOPOULOS, E., K. MARATOS and J. LOGOTHETOPOULOS: Acta med. scand. **148**, 485 (1954).

der auf diese Beobachtung beruht, ist als Methode zur Prüfung der Leberfunktion empfohlen worden[1,2].

Die Geschwindigkeit, mit der die Leber Alkohol entgiftet, ist unabhängig von der Alkoholkonzentration im Blut. Solange Alkohol im Organismus vorhanden ist, geht die Alkoholoxydation in der Leber mit maximaler Geschwindigkeit vor sich. Diese Geschwindigkeit wird beim Menschen[3] auf etwa 100 mg, bei der Ratte[4] auf etwa 175 mg Äthylalkohol je kg Körpergewicht und Std geschätzt. Die Alkoholkonzentration im Blute sinkt also in gleichen Zeitabschnitten jeweils um den gleichen Betrag, die Blutalkoholkurve zeigt einen linearen Verlauf. Der begrenzende Faktor ist nicht die Alkoholkonzentration des Blutes, sondern, wie weiter unten berichtet, die Geschwindigkeit, mit der die Leber DPN zu oxydieren vermag[3].

An der Alkoholentgiftung sind namentlich die gut mit Sauerstoff versorgten peripheren Anteile der Leberläppchen beteiligt. Ratten, bei denen durch CCl_4-Vergiftung eine zentrilobulare Lebernekrose gesetzt war, entgifteten Alkohol fast mit gleicher Geschwindigkeit wie normale, während der Alkoholgehalt des Blutes bei Ratten mit periportaler Phosphornekrose nur sehr langsam absank[5]. Im Hochgebirge wird der Alkohol langsamer entgiftet als bei normalem O_2-Druck im Tiefland[6]. Die nach fortgesetztem Alkoholabusus eintretende Gewöhnung scheint nicht durch eine adaptive Wirksamkeitssteigerung der alkoholoxydierenden Enzymsysteme verursacht zu sein. Ratten, die nie Alkohol erhalten hatten, oxydierten Alkohol mit gleicher Geschwindigkeit wie Ratten, die an Alkohol gewöhnt worden waren[7].

2. Der Mechanismus der Alkoholverwertung in der Leber.

Die Leber oxydiert den Äthylalkohol zu Acetat, dieses Acetat gelangt in den Acetatpool der Leberzellen, dem auch die durch den Abbau von Fettsäuren oder durch Decarboxylierung von Pyruvat entstandenen Acetatmengen zufließen. In dem Ausmaß, in dem der Acetatpool der Leber durch die Oxydation von Alkohol aufgefüllt wird, wird die Bildung von Acetat aus Fettsäuren oder Pyruvat verringert: durch Alkoholzufuhr können daher andere Nahrungsstoffe eingespart werden. Die in den Acetatpool gelangenden Acetatmengen werden, je nach dem jeweiligen Stoffwechselbedarf und unabhängig davon aus welcher Quelle sie stammen, im Stoffwechsel zu verschiedenen Zwecken verwendet: ein großer Teil wird in dem Citronensäurecyclus eingeführt und zu CO_2 und H_2O oxydiert. Nach intraperitonealer Injektion von mit ^{14}C markiertem Alkohol wurde ein großer Teil des ^{14}C sehr rasch als $^{14}CO_2$ ausgeschieden[8].

Andere Anteile des in den Pool einströmenden Acetats können für die Synthese von Fett oder für die Acetylierung körperfremder Substanzen verwendet werden. Da die Acetatbildung aus Alkohol vorwiegend hepatisch, die Oxydation des Acetats zu CO_2 und H_2O aber extrahepatisch erfolgt, beeinflußt Äthylalkohol die Acetonkörperbildung in vivo und in vitro in verschiedener Weise: In vivo verursacht Alkohol im allgemeinen keine meßbare Zunahme der Ketonurie, da die Acetatverbrennung in der Peripherie mit der Acetatbildung in der Leber Schritt halten kann; in Versuchen an der isolierten Leber wurde jedoch eine Acetonkörperbildung aus Äthylalkohol beobachtet[9]. Werden zugleich mit Äthylalkohol

[1] Widmark, E. M. P.: Skand. Arch. Physiol. **35**, 125 (1918). B, Z. **259**, 285, (1833). — [2] Staub, H., u. E. Peyser: Helv. med. Acta **12**, 613 (1945). — [3] Widmark, E. M. P.: B. Z. **282**, 79 (1935). — [4] Bartlett, G. R.: Amer. J. Physiol. **163**, 614, 619 (1950). — [5] Sirnes, T. B.: Quart. J. Stud. Alcohol **13**, 189 (1952). — [6] Newman, H. W.: Science, N. Y. **109**, 594 (1949). — [7] Clark, B. B., R. W. Morrisey, J. F. Fazekas and C. S. Welch: Quart. J. Stud. Alcohol **1**, 663 (1941). — [8] Dontcheff, L.: Cr. **231**, 177 (1950). — [9] Neubauer, O.: M. m. W. **1906 I**, 791. — Benedict, H., u. G. Törok: Z. klin. Med. **60**, 329 (1906). — Masuda, N.: B. Z. **45**, 140 (1912). —

auch acetylierbare körperfremde Substanzen verabreicht, so verwendet die Leber das aus dem Äthylalkohol entstandene Acetat für die Acetylierung dieser Stoffe. Kaninchen, die mit Deuterium markierten Äthylalkohol und gleichzeitig Sulfanilamid bekommen hatten, schieden Acetylsulfonamid im Harn aus, das in seiner Acetylgruppe Deuterium enthielt[1].

Die Oxydation des Äthylalkohols zu Acetat erfolgt durch zwei aufeinanderfolgende, aber getrennt ablaufende Reaktionen: Die Alkoholdehydrogenase der Leber oxydiert den Äthylalkohol zunächst zu Acetaldehyd, der Acetaldehyd wird sodann durch verschiedene in der Leber enthaltene Enzyme zu Acetat oxydiert.

Die *Alkoholdehydrogenase* oxydiert Äthylalkohol zu Acetaldehyd, indem sie 2 H-Atome des Äthylalkohols auf DPN überträgt[2]. Sie ist aus der Leber in gereinigter[3] und schließlich in krystallisierter Form[4] dargestellt worden. Das Mol.-Gew. des Enzyms beträgt etwa 73000, es enthält eine SH-Gruppe, die durch Bindung an das Pyridin-N-Atom des DPN die Entstehung eines intermediären Komplexes zwischen Alkoholdehydrogenase und DPN vermittelt[5]; die reduzierte Form des DPN wird von dem Enzym fester gebunden als die oxydierte Form[6,7]. Die Alkoholdehydrogenase der Leber wird durch Hydroxylamin gehemmt, und zwar weit stärker als das in der Hefe aufgefundene analoge Enzym[8]; diese Hemmung beruht auf der Bildung eines Komplexes, der Hydroxylamin, DPN und Alkoholdehydrogenase enthält und der bei der Leberdehydrogenase stabiler ist als bei der Hefedehydrogenase[8].

Die Alkoholdehydrogenase der Leberzellen ist zum größten Teil (62%) im flüssigen Teil des Cytoplasmas enthalten; in den geformten Zellelementen sind nur relativ geringe Mengen (Zellkern 15%, Mitochondrien 23%) von Alkoholdehydrogenase vorhanden[5]. Fettige Degeneration der Leber, verursacht durch 6—8 subcutane Injektionen von je 0,25 cm³ $CHCl_3$, änderte nicht die intracelluläre Verteilung des Enzyms in der Rattenleber[9].

Die vom Alkohol auf das DPN übertragenen H-Atome können auf dem Wege über die Atmungskette auf Sauerstoff übertragen oder aber auf kurzem Wege von Pyruvat, Oxalacetat oder anderen Wasserstoffacceptoren aufgenommen werden. Pyruvat wird dadurch in Lactat übergeführt. In diesem Falle verläuft die Reaktion also nach dem folgenden Schema:

$$\text{Äthylalkohol} + \text{DPN} \longrightarrow \text{Acetaldehyd} + \text{DPN-H} + H^+$$
$$\text{DPN-H} + H^+ + \text{Pyruvat} \longrightarrow \text{DPN} + \text{Lactat}$$

Nach Zusatz von Pyruvat konnten Leberschnitte Alkohol auch unter anaeroben Bedingungen oxydieren. Andererseits steigerte Zusatz von Äthylalkohol zu den Leberschnitten unter anaeroben Bedingungen die Reduktion von Pyruvat zu Lactat[10]. Zugabe von Pyruvat beschleunigt die Oxydation des Alkohols in Leberschnitten aber auch unter aeroben Bedingungen sehr erheblich[10]. Auch beim intakten Tier steigert die Zufuhr von Brenztraubensäure die Geschwindigkeit der Alkoholentgiftung[11]. Beim Hund wurde die Entgiftung des Alkohols durch orale Verabreichung von Na-Pyruvat um 260% erhöht und auch Alanin hatte, infolge seiner leichten Umwandelbarkeit in Pyruvat, eine ähnliche Wirkung[11].

---

[1] Bernhard, K.: H. **267**, 99 (1941). — [2] Euler, H. v., u. E. Adler: H. **226**, 195 (1934) — Quibell, T. H.: H. **251**, 102 (1938). — [3] Battelli, F., et L. Stern: C. R. Soc. Biol. **67**, 419 (1909). B. Z. **28**, 145 (1910). — Lutwak-Mann, C.: Biochem. J. **32**, 1364 (1938). — [4] Bonnichsen, R. K., and A. M. Wassén: Arch. Biochem. **18**, 361 (1948). — [5] Theorell, H., and R. Bonnichsen: Acta chem. scand. **5**, 329 (1951). — [6] Theorell, H., and R. Bonnichsen: Acta chem. scand. **5**, 1105 (1951). — [7] Theorell, H., and B. Chance: Acta chem. scand. **5**, 1127 (1951). — [8] Kaplan, N. O., and M. M. Ciotti: J. biol. Ch. **201**, 785 (1953). — [9] Dianzani, M. U.: Arch. Fisiol. **50**, 175, 181, 187 (1951). — [10] Leloir, L. F., and J. M. Muñoz: Biochem. J. **32**, 299 (1938). — [11] Westerfeld, W. W., E. Stotz and R. L. Berg: J. biol. Ch. **144**, 657 (1942).

Gleichzeitig mit der rapiden Senkung des Blutalkoholgehalts stieg der Gehalt des Blutes an Acetaldehyd und Lactat nach Pyruvatzufuhr erheblich an[1]. Um Pyruvat in genügender Menge bereitzustellen, baut die Leber bei der Alkoholentgiftung Glykogen in erhöhtem Ausmaß ab. Der Glykogengehalt der normalen Leber nimmt nach Zufuhr von Alkohol ab[2]. Aus dem gleichen Grunde entgiften Lebern, die schon vorher wenig Glykogen enthielten, Alkohol nur langsam[3,4]. Verabreichung großer Kohlenhydratmengen[2,5], insbesondere zusammen mit Insulin[6] beschleunigt die Alkoholoxydation in der Leber, während Hunger und Lebererkrankungen, die eine Glykogenverarmung der Leber hervorrufen, die Entgiftung des Äthylalkohols verzögern.

Da Fructose im Leberstoffwechsel besonders rasch Brenztraubensäure liefert[7,8] (vgl. S. 101) wird die Entgiftung des Alkohols durch Zufuhr von Fructose mehr beschleunigt als durch Zufuhr anderer Kohlenhydrate. Versuche an Hunden ergaben, daß die Alkoholentgiftung durch zusätzliche Fructosegaben um 80%, durch Verabreichung von Glucose jedoch nur um 10% (s.[8]) beschleunigt werden konnte, andererseits wird der nach Fructoseinfusion sonst auftretende starke Anstieg des Blutpyruvatspiegels durch Aufnahme von Äthylalkohol erheblich vermindert[9] (vgl. Abb. 55). Bei alkoholisierten Menschen wurde nach oraler oder parenteraler Zufuhr von Fructose ein signifikant beschleunigter Abfall des Blutalkoholgehalts (aber nicht immer eine psychische Ernüchterung) festgestellt[10].

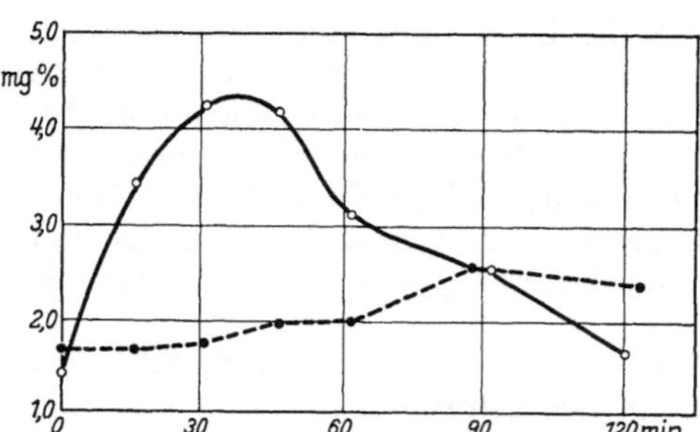

Abb. 55. Pyruvatspiegel im Blut eines 14 kg schweren Hundes[11]. a) Nach Belastung mit 5 g Na-Pyruvat (volle Linie); b) dasselbe, jedoch nach Verabreichung von 35 cm³ Äthylalkohol (punktierte Linie). Das Fehlen eines Pyruvatanstiegs nach Pyruvatbelastung ist durch den erhöhten Pyruvatverbrauch der Leber des alkoholvergifteten Hundes verursacht.

Außer Äthylalkohol werden auch andere Alkohole in der Leber oxydiert. Methylalkohol wurde von Schnitten von Rattenleber rascher abgebaut als von Schnitten anderer Organe, die Aktivität der CH_3OH-Oxydation betrug bei Schnitten von Niere 35%, Darm 8%, Herz 1% und Zwerchfellmuskel 1% der parallel untersuchten Aktivität von Leberschnitten; Gehirnschnitte waren völlig

[1] WESTERFELD, W. W., E. STOTZ and R. L. BERG: J. biol. Ch. **149**, 237 (1943). — [2] FIESSINGER, N., H. BÉNARD, J. COURTIAL et L. DERMER: C. R. Soc. Biol. **122**, 1255 (1936). — NEWMAN, H. W., W. VAN WINKLE jr., N. K. KENNEDY and M. C. MORTON: J. Pharmacol. exp. Therap. **68**, 194 (1940). — FORBES, J. C., and G. M. DUNCAN: Quart. J. Stud. Alcohol **11**, 373 (1950). — [3] LELOIR, L. F., and J. M. MUÑOZ: Biochem. J. **32**, 299 (1938). — [4] LEBRETON, E.: C. R. Soc. Biol. **122**, 330 (1936). — MIRSKY, I. A., and N. NELSON: Amer. J. Physiol. **127**, 308 (1939). — [5] DONTCHEFF, L.: C. R. Soc. Biol. **126**, 462, 465 (1937). — CARPENTER, T. M., and R. C. LEE: J. Pharmacol. exp. Therap. **60**, 254, 264, 286 (1937). — [6] WIDMARK, E. M. P.: B. Z. **282**, 79 (1935). — SCHLICHTING, H.: Z. ges. exp. Med. **97**, 60 (1936). — BICKEL, A.: D.m.W. **1936 II**, 1209. — GOLDFARB, W., K. M. BOWMAN, S. PARKER and B. KRAUTMAN: J. clin. Invest. **18**, 581 (1939). — CLARK, B. B., R. W. MORRISSEY and J. F. FAZEKAS: Science, N. Y. **88**, 285 (1938). — CLARK, B. B., R. W. MORRISSEY, J. F. FAZEKAS and C. S. WELCH: Quart. J. Stud. Alcohol **1**, 663 (1941). — [7] PLETSCHER, A., H. FAHRLÄNDER u. H. STAUB: Helv. physiol. Acta **9**, 46 (1951). — PLETSCHER, A., A. BERNSTEIN and H. STAUB: Helv. physiol. Acta **10**, 74 (1952). — [8] MILLER, M., W. R. DRUCKER, J. E. OWENS, J. W. CRAIG and H. WOODWARD jr.: J. clin. Invest. **31**, 115 (1952). — SMITH, L. H. jr., R. H. ETTINGER u. D. SELIGSON: J. clin. Invest. **31**, 663 (1952). — STUHLFAUTH, K., u. R. PROSIEGEL: Kli. Wo. **1952**, 206. — [9] STUHLFAUTH, K., u. H. NEUMAIER: Med. Klinik **1951**, 591. — PLETSCHER, A., u. H. RENSCHLER: Helv. physiol. Acta **13**, 25 (1955). — [10] PLETSCHER, A., A. BERNSTEIN u. H. STAUB: Exper. **8**, 307 (1952). — [11] WESTERFELD, W. W., E. STOTZ and R. L. BERG: J. biol. Ch. **144**, 657 (1942).

inaktiv[1]. Als Oxydationsprodukt entsteht Ameisensäure, die zum Teil im Harn ausgeschieden, zum Teil zu CO_2 oxydiert wird[2]. Bei tödlichen Methylalkoholvergiftungen beim Menschen wurden im Blut (neben 74—110 mg-% Methanol) 9—68 mg-% Ameisensäure nachgewiesen[3]. Auf dem Wege über Ameisensäure kann Methylalkohol auch zur Bildung labiler Methylgruppen dienen[4]. Ratten oxydieren Methylalkohol etwa 7mal langsamer als Äthylalkohol (Oxydationsrate etwa 25 mg/kg/Std)[1]. Durch gleichzeitige Verabreichung von Äthylalkohol wurde die Oxydation von Methylalkohol sowohl in vivo als auch in Leberschnitten stark gehemmt[5]. Die Alkoholdehydrogenase der Pferdeleber reagiert nicht mit Methylalkohol, aber mit zahlreichen höheren primären Alkoholen einschließlich Vitamin A (s.[6]). n-Propanol und n-Butanol werden von Kaninchen besonders rasch oxydiert[7]. Wie S. 455 erwähnt, werden kleine Mengen von Methyl- und Äthylalkohol auch an Glucuronsäure gebunden. In Gegenwart von H_2O_2 oxydiert auch die Katalase Äthylalkohol zu Acetaldehyd. Ob diese in vitro nachweisbare Reaktion[8] auch bei der Oxydation des Äthylalkohols in vivo eine Rolle spielt, ist fraglich[9,10].

3. Die Oxydation des Acetaldehyds.

Der bei der Oxydation des Äthylalkohols in der Leber gebildete Acetaldehyd wird größtenteils von der Leber selbst zu Acetat oxydiert[11]. Entfernung der Leber hemmte bei Katzen den Abbau verabreichten Acetaldehyds sehr erheblich[12]. Werden in der Leber jedoch größere Mengen von Äthylalkohol oxydiert, so kann ein Teil des intermediär entstandenen Acetaldehyds ins Blut übergehen und mit dem Harn ausgeschieden werden. Beim Menschen stieg nach Aufnahme einer größeren Alkoholdosis[13] die Konzentration des Acetaldehyds im Harn auf 0,8 mg-% (Normalwert etwa 0,03 mg-%[14]). Bei Hunden wird Acetaldehyd in der Leber sehr rasch oxydiert, so daß auch nach Verabreichung größerer Alkoholmengen kein Acetaldehyd ins Blut übergeht; wird die Geschwindigkeit der Alkoholoxydation jedoch durch Pyruvatzufuhr gesteigert, so steigt auch beim Hund der Acetaldehydgehalt des Blutes an[15].

Die Oxydation des Acetaldehyds wird durch *Antabus* (Tetraäthylthiuramdisulfid s. S. 403) spezifisch gehemmt[16]. Während mit Acetaldehydlösungen perfundierte Lebern normaler Kaninchen bis zu 6—7 mg Acetaldehyd je min oxydieren können, war die Oxydation des Acetaldehyds bei Lebern von Kontrolltieren, die mit Antabus vorbehandelt worden waren, nur gering[11,17]. Nach gleichzeitiger Verabreichung von Antabus und Acetaldehyd sank der Gehalt des Blutes an Acetaldehyd langsamer ab, als wenn die gleiche Acetaldehydmenge ohne Antabus verabreicht worden war[18,19]. Auch Tetramethylthiuramdisulfid sowie

---

[1] BARTLETT, G. R.: Amer. J. Physiol. **163**, 614 (1950). — [2] LUND, A.: Acta pharmacol. toxicol. København **4**, 99, 108 (1948). — [3] LUND, A.: Acta pharmacol. toxicol. København **4**, 205 (1948). — [4] VIGNEAUD, V. DU, W. G. VERLY, J. E. WILSON, J. R. RACHELE, C. RESSLER and J. M. KINNEY: Am. Soc. **73**, 2782 (1951). — [5] BARTLETT, G. R.: Amer. J. Physiol. **163**, 619 (1950). — [6] THEORELL, H., and R. BONNICHSEN: Acta chem. scand. **5**, 1105 (1951). — [7] BERGGREN, S. M.: Skand. Arch. Physiol. **78**, 249 (1938). — [8] KEILIN, D., and E. F. HARTREE: Proc. R. Soc. London (B) **119**, 141 (1936). — [9] CHANCE, B.: Adv. Enzymol. **12**, 185 (1951). — [10] BARTLETT, G. R.: Quart. J. Stud. Alcohol **13**, 583 (1952). — [11] JACOBSEN, E., and V. LARSEN: Acta pharmacol. toxicol. København **5**, 285 (1949). — [12] LUBIN, M., and W. W. WESTERFELD: J. biol. Ch. **161**, 503 (1945)· — [13] STEPP, W., u. R. FEULGEN: H. **119**, 72 (1922). — [14] STEPP, W.: A. e. P. P. **87**, 148 (1920). — [15] WESTERFELD, W. W., E. STOTZ and R. L. BERG: J. biol. Ch. **149**, 237 (1943). — [16] HALD, J., and E. JACOBSEN: Acta pharmacol. toxicol., Kjøbenhavn **4**, 305 (1948). — JACOBSEN, E.: Pharmacol. Rev. **4**, 107 (1952). — [17] HALD, J., E. JACOBSEN and V. LARSEN: Acta pharmacol. toxicol., København **5**, 298 (1949). — [18] HALD, J., E. JACOBSEN and V. LARSEN: Acta pharmacol. toxicol., København **4**, 285 (1948). — JACOBSEN, E.: Biochim. biophysica Acta, N. Y. **4**, 330 (1950). — [19] HALD, J., and V. LARSEN: Acta pharmacol. toxicol., København **5**, 292 (1949).

Tetramethyl- und Tetraäthylthiurammonosulfid hatten eine ähnliche Wirkung[1]. Während Antabus von Menschen, die keinen Alkohol aufgenommen haben, bis zu Dosen von 6 g ohne nennenswerte Erscheinungen vertragen wird[2], verursacht dieser Stoff nach Aufnahme von Alkohol schon in kleinen Dosen erhebliche Steigerung des Acetaldehydgehalts im Blut[3,4] und damit eine Reihe objektiver und unangenehmer subjektiver Vergiftungserscheinungen, wie Übelkeit, Kopfschmerzen, Hauthyperämien, Pulsbeschleunigung u. a.[5–8]. Besonders auffällig ist eine sowohl durch vermehrte Atemfrequenz als auch durch vermehrtes Atemvolumen verursachte Hyperventilation, die sowohl beim Menschen[5,8] als auch beim Kaninchen[4] beobachtet wurde. Die gleichen Erscheinungen treten bei Hunden[9], bei Kaninchen[10] und beim Menschen[11] auch nach Zufuhr von Acetaldehyd auf. Die Atmungssteigerung ist, wie Versuche beim Menschen nach Infusion von Acetaldehyd[12] bzw. nach gleichzeitiger Verabreichung von Äthylalkohol und Antabus[5] ergeben haben, von einer Erhöhung des O_2-Verbrauchs begleitet.

In der Leber sind verschiedene aldehydoxydierende Enzyme enthalten. Neben der Aldehydoxydase, einem Flavinenzym, das wahrscheinlich mit der Xanthinoxydase identisch ist, enthält die Leber auch eine Aldehyddehydrogenase, die mit DPN arbeitet[13]. Zusatz von Antabus zu Homogenaten normaler Rattenleber verringerte die Aktivität der im Leberhomogenat enthaltenen Aldehydoxydase (Xanthinoxydase); in gleicher Weise wurde auch gereinigte Xanthinoxydase aus Rattenleber von Antabus gehemmt; die Xanthinoxydase der Milch wird durch Antabus dagegen nicht beeinflußt[14]. Doch verursacht Antabus auch bei der Taube, deren Leber keine Xanthinoxydase enthält, eine Hemmung der Aldehydoxydation[15], hier kommt die Wirkung des Antabus also durch Hemmung anderer Enzyme zustande. Auch die Aldehyddehydrogenase der Leber wird durch Antabus (Tetraäthylthiuramdisulfid) stark gehemmt[16], das Antabus wirkt hierbei als kompetitiver Inhibitor, seine hemmende Wirkung wird durch kleine Mengen von reduziertem Glutathion[16] oder Cystein[17] oder größere Mengen von Ascorbinsäure aufgehoben[16].

$$\underset{\substack{\text{Antabus}\\ \text{(Tetraäthylthiuramdisulfid)}}}{(H_5C_2)_2N{-}\underset{\substack{\|\\ S}}{C}{-}S{-}S{-}\underset{\substack{\|\\ S}}{C}{-}N(C_2H_5)_2} + H_2 \xrightarrow[\text{Leber}]{} 2\,\underset{\substack{\text{Diäthyl-}\\ \text{dithiocarbamat}}}{(C_2H_5)_2N{-}\underset{\substack{\|\\ S}}{C}{-}SH} \rightarrow 2\,(C_2H_5)_2NH + 2\,CS_2$$

[1] Hald, J., E. Jacobsen and V. Larsen: Acta pharmacol. toxicol., Kjøbenhavn **8**, 329 (1952). — [2] Hald, J., E. Jacobsen and V. Larsen: Acta pharmacol. toxicol., Kjøbenhavn **4**, 285 (1948). — [3] Hald, J., and E. Jacobsen: Acta pharmacol toxicol., Kjøbenhavn **4**, 305 (1948). — Jacobsen, E.: Pharmacol. Rev. **4**, 107, 1952). — [4] Larsen, V.: Acta pharmacol. toxicol., Kjøbenhavn **4**, 321 (1948). — [5] Asmussen, E., J. Hald, E. Jacobsen and G. Jørgensen: Acta pharmacol. toxicol., Kjøbenhavn **4**, 297 (1948). — [6] Hald, J., and E. Jacobsen: Lancet **1948 II**, 1001. — [7] Lester, D., and L. A. Greenberg: Quart. J. Stud. Alcohol **11**, 391 (1950). — Macleod, L. D.: Quart. J. Stud. Alcohol **11**, 385 (1950). — Zubiani, A., e I. Papo: Rass. Studi psychiatr. **39**, 526 (1950). Sistema nervosa **2**, 160 (1950). — Smith, H. W.: Rev. canad. Biol. **9**, 95 (1950). — Kirchheim, D.: A. e. P. P. **214**, 59 (1951). — Czyzyk, A.: Bull. int. med. pol., Cl. Med. **12**, 11 (1951). — Hine, C. H., T. N. Burbridge, E. A. Macklin, H. H. Anderson and A. Simon: J. clin. Invest. **31**, 317 (1952). — [8] Raby, K.: Quart. J. Stud. Alcohol **15**, 33 (1954). — [9] Handovsky, H.: C. R. Soc. Biol. **117**, 238 (1934); **123**, 1242 (1936). — [10] Hald, J., E. Jacobsen and V. Larsen: Acta pharmacol. toxicol. København **8**, 164 (1952). — [11] György, P.: Kli. Wo. **1932 I**, 227. — [12] Asmussen, E., J. Hald and V. Larsen: Acta pharmacol. toxicol., Kjøbenhavn **4**, 311 (1948). — [13] Racker, E.: J. biol. Ch. **177**, 883 (1948). — [14] Richert, D. A., R. Vanderlinde and W. W. Westerfeld: J. biol. Ch. **186**, 261 (1950). — [15] Nowinski, W. W., and P. L. Ewing: Texas Rep. Biol. Med. **11**, 597 (1953). — [16] Graham, W. D.: J. Pharmacy Pharmacol. **3**, 160 (1951). — [17] Nygaard, A. P., and J. B. Sumner: Arch. Biochem. **39**, 119 (1952).

Die reduzierte Form der Xanthinoxydase der Leber wird teils direkt durch den Luftsauerstoff, teils mit Hilfe von Elektronenüberträgern oxydiert. Zusatz von Methylenblau, das als Elektronenacceptor wirkt, fördert die Wirksamkeit des indirekt oxydierbaren Anteils der Xanthinoxydase der Leber. Antabus hemmt nur den autoxydablen Teil des Ferments, hat aber auf den durch Methylenblau aktivierbaren Anteil des Enzyms keine Wirkung[1].

Die Oxydationsgeschwindigkeit des Alkohols selbst wird durch Antabus nicht beschleunigt[2].

Die durch Antabus ausgelöste Störung im Hauptweg der Alkoholentgiftung hat zur Folge, daß ein vermehrter Anteil des Alkohols auf anderen Wegen entgiftet wird. Mit Äthylalkohol vergiftete Kaninchen schieden mehr Äthylglucuronid aus, wenn ihnen auch Antabus gegeben worden war[3].

Das Antabus selbst wird in der Leber ebenfalls entgiftet. Homogenate von Rattenleber reduzierten Antabus zu Diäthyldithiocarbamat, das spontan in CS_2 und Diäthylamin zerfällt (vgl. die Formeln S. 490). Triphosphopyridinnucleotid, Mg-Ionen, Glucose-6-phosphat förderten die Reduktion des Antabus[4]. Verabreichtes Antabus findet sich im Blut daher nur in minimalen Mengen, dagegen ist Diäthyldithiocarbamat nach therapeutischen Dosen von Antabus (meist 0,015—0,03 g/kg Körpergewicht) im Blut in Mengen von 10—20 mg-% nachweisbar[5]. Nach Verabreichung von Antabus war im Harn von Kaninchen Diäthyldithiocarbamat nachweisbar[6]. Es wird vermutet[7], daß die aus dem Antabus entstehenden Stoffwechselprodukte die eigentliche Ursache seiner hemmenden Wirkung auf die Aldehydoxydation sind. Hepatektomierte Hunde waren gegen toxische Dosen von Antabus empfindlicher als laparatomierte, aber nicht hepatektomierte Kontrollen[8].

Ähnlich wie der durch die Oxydation des Äthylalkohols entstehende Acetaldehyd wird auch der als Hypnoticum verwendete Paraldehyd $(CH_3CHO)_3$ in der Leber zu Acetat oxydiert. Zufuhr von Paraldehyd steigerte daher die Acetylierung gleichzeitig verabreichter Sulfonamide. Bei Mäusen, deren Leber durch CCl_4 geschädigt worden war, war die Oxydation des Paraldehyds verzögert[9].

ε) Die Entgiftung des Nicotins.

Nicotin wird beim Menschen und bei allen bisher daraufhin geprüften Tierarten (Kaninchen, Meerschweinchen, Katze, Hund, Ratte) größtenteils in der Leber entgiftet[10,11]. Nach Injektion von radioaktivem ^{14}C-Nicotin an Mäuse zeigte die Leber von allen Organen die größte Radioaktivität[12], und aus Tabakrauch aufgenommenes Nicotin sammelte sich bei Meerschweinchen in hohem Prozentsatz in der Leber an[13]. In Durchströmungsversuchen am Leber-Herz-Lungenpräparat vom Hund verschwand zugesetztes Nicotin rasch aus der Durchströmungsflüssigkeit, während in analogen Versuchen an Herz-Lungenpräparaten der Nicotingehalt der Durchströmungsflüssigkeit nicht abnahm[14]. Hepatektomierte

[1] Richert, D. A., R. Vanderlinde and W. W. Westerfeld: J. biol. Ch. **186**, 261, (1950). — [2] Newman, H. W., and H. V. Petzold: Quart. J. Stud. Alcohol **12**, 40 (1951). — [3] Kamil, I. A., J. N. Smith and R. T. Williams: Biochem. J. **54**, 390 (1953). — [4] Johnston, C. D., and C. S. Prickett: Biochim. biophysica Acta, N. Y. **9**, 219 (1952.) — Prickett, C. S., and C. D. Johnston: Biochim. biophysica Acta, N. Y. **12**, 542 (1953). — [5] Linderholm, H., and K. Berg: Scand. J. clin. Invest. **3**, 96 (1951). — [6] Domar, G., A. Fredga and H. Linderholm: Acta chem. scand. **3**, 1441 (1949). — [7] Delay, J., P. Pichot et J. Thuillier: Ann. méd.-psychol. **107**, II, 315 (1949). — Staub, H.: Helv. physiol. Acta **13**, 141 (1955). — [8] Boyd, E. M., and C. J. Kingsmill: Amer. J. med. Sci. **221**, 444 (1951). — [9] Hitchcock, P., and E. E. Nelson: J. Pharmacol. exp. Therap. **79**, 286 (1943). — [10] Werle, E., u. R. Müller: B. Z. **308**, 355 (1941). — [11] Werle, E., u. E. Uschold: B. Z. **318**, 531 (1948). — [12] Ganz, A., F. E. Kelsey and E. M. K. Geiling: J. Pharmacol. exp. Therap. **103**, 209 (1951). — [13] Werle, E., u. A. Meyer: B. Z. **321**, 221 (1950/51). — [14] Biebl, M., H. E. Essex and F. C. Mann: Amer. J. Physiol. **100**, 167 (1932).

Hunde sind empfindlicher gegen Nicotin als normale Hunde, ebenso vertragen normale oder entmilzte Frösche die Injektion von Nicotin in den Lymphsack besser als entleberte Frösche. Ein Teil des Nicotins wird auch mit der Galle ausgeschieden[1]. Beim Rauchen ohne Inhalieren gelangt die Hauptmenge des aufgenommenen Nicotins (via Speichel → Magen → Darm → Pfortader) in die Leber, im Harn ist in diesem Falle kein Nicotin nachweisbar; beim Inhalieren des Zigarettenrauches gelangt das Nicotin in die Lunge, es wird mehr Nicotin resorbiert, gleichzeitig aber auch die Leber umgangen und das Nicotin erscheint im Harn[2].

Eine geringere nicotinentgiftende Wirkung als die Leber hat die Lunge[3]; noch geringer ist die Nicotinentgiftung in der Niere und im Gehirngewebe[4]. Auch die Extremitätenmuskulatur nimmt kleine Mengen von Nicotin auf[5].

Lebern verschiedener Tierarten entgiften Nicotin mit sehr verschiedener Geschwindigkeit. Unter gleichen Versuchsbedingungen betrug die Entgiftungsgeschwindigkeit in % der zu Leberschnitten zugesetzten Nicotinmenge beim Kaninchen und Schaf 100%, bei der Taube 90%, beim Meerschweinchen 60%, beim Hund 50%, bei der Ratte 25% und bei Schwein und Rind 0%. Beziehungen zur Empfindlichkeit dieser Tierarten gegen Nicotin waren nicht nachweisbar[6]. 1 g frische Menschenleber zerstörte in 3 Std bei 37° etwa 200 γ Nicotin[7].

Die Nicotinentgiftung erfolgt nur unter aeroben Bedingungen. Beim Bebrüten zerkleinerter frischer Schweineleber ohne O_2-Zufuhr wurde zugesetztes Nicotin nicht abgebaut[8]. Durch Cyanid oder CO wird die Nicotinentgiftung aufgehoben. Kurzes Erhitzen verminderte die Fähigkeit von Leberschnitten, Nicotin zu entgiften, ohne sie ganz aufzuheben[4]. In welcher Weise das Nicotin bei der Detoxikation verändert wird, ist unbekannt. Zusatz von Methionin steigerte die Nicotinentgiftung nicht[7]. Möglicherweise wird als Zwischenprodukt Nicotyrin gebildet, das in Schildkrötenleber in ähnlicher Weise wie Nicotin selbst abgebaut wird[9]. Auch an eine Aufspaltung des Pyridinringes ist gedacht worden[10]. Methylamin konnte als Spaltprodukt nachgewiesen werden[11]. Gewöhnung an Nicotin hatte bei der Ratte keinen Einfluß auf die Geschwindigkeit der Nicotinentgiftung in den Leberschnitten dieser Tiere, wohl aber war die Nicotinentgiftung in Schnitten von Lunge, Niere und Hirn nicotingewöhnter Tiere erhöht. Andererseits inaktivierte Leberbrei von nicotingewöhnten Kaninchen Nicotin rascher als Leberbrei von Kontrolltieren, die nicht an Nicotin gewöhnt waren[12]. Auch Hunde kann man an Nicotin gewöhnen[13]. Nicotingewöhnte Menschen vertragen bis 8 mg Nicotin ohne nachweisbare Vergiftungserscheinungen, bei Nichtrauchern können unter gleichen Bedingungen nach 1—2 mg Nicotin Vergiftungserscheinungen auftreten[14].

Phosphorvergiftung verringerte die Fähigkeit zur Nicotinentgiftung bei der Meerschweinchenleber auf 30% des Normalwertes[7]. Schnitte aus der Leber eines durch $CHCl_3$-Injektion getöteten Hundes bauten Nicotin nicht ab[6].

---

[1] HERMANN, H., F. CAUJOLLE et F. JOURDAN: Bull. Soc. Chim. biol. **12**, 307 (1930). — [2] BODNÁR, J., V. L. NAGY u. A. DICKMANN: B. Z. **276**, 317 (1935). — [3] WERLE, E., u. H. W. BECKER: B. Z. **313**, 182 (1942/43). — [4] WERLE, E.: B. Z. **298**, 268 (1938). — [5] BIEBL, M., H. E. ESSEX and F. C. MANN: Amer. J. Pysiol. **100**, 167, (1932). — [6] WERLE, E., u. R. MÜLLER: B. Z. **308**, 355 (1941). — [7] WERLE, E., u. E. USCHOLD: B. Z. **318**, 531 (1948). — [8] WENUSCH, A.: B. Z. **278**, 349 (1935). — [9] WERLE, E., u. K. KOEBKE: A. **562**, 60 (1949). — [10] LARSON, P. S.: Industr. engng. Chem. **44**, 279 (1952). — [11] WERLE, E., u. A. MEYER: B. Z. **321**, 221 (1950/51). — [12] DIXON, M.: Handb. Heffter Bd.2/2, S. 687. — [13] EDMUNDS, C. W.: J. Pharmacol. exp. Therap. **1**, 27 (1910). — [14] WAHL, R.: Z. ges. exp. Med. **10**, 352 (1920).

k. Die hepatotropen Cancerogene und ihre Wirkung auf den Leberstoffwechsel.

(s. a. Bd. 2/2 c.)

Verschiedene leberschädigende Faktoren können bei der Entstehung eines Neoplasmas in der Leber mitwirken. Beim Menschen sind Lebercirrhosen verschiedener Genese häufig von Lebercarcinomen begleitet oder gefolgt (Statistiken vgl. [1,2]). Bei Versuchstieren können Lebertumoren nach Verabreichung leberschädigender Stoffe entstehen, so wurde z.B. bei Mäusen nach Tetrachlorkohlenstoff[3] oder nach Chloroform[4,5], bei Ratten nach langdauernder Verabreichung kleiner Dosen von Selen[5] ein gehäuftes Vorkommen von Lebertumoren beobachtet. Bei Ratten treten bei langdauerndem Cholinmangel neben cirrhotischen Veränderungen häufig auch Lebertumoren auf[6]. Mit großer Sicherheit können Lebertumoren im Tierversuch durch langdauernde Verfütterung bestimmter cancerogener Substanzen erzeugt werden. Derselbe cancerogene Stoff kann sowohl die Entstehung von Hepatomen als auch die Entstehung von Cholangiomen (Cholangioblastomen) auslösen[7].

Die bisher bekannten cancerogenen Substanzen zeigen in bezug auf die Leber ein verschiedenes Verhalten: Eine Reihe cancerogener Stoffe ist spezifisch hepatotrop; so erzeugt z. B. das p-Dimethylaminoazobenzol und die ihm verwandten Cancerogene bei bestimmten Tierarten und unter geeigneten Versuchsbedingungen Tumoren nur in der Leber. Andere cancerogene Stoffe, z.B. Aminofluoren und seine Derivate, bevorzugen bei manchen Versuchstieren die Leber, verursachen aber häufig auch Carcinome anderer Organe. Eine 3. Gruppe cancerogener Stoffe erzeugt zwar Tumoren in verschiedenen anderen Geweben, hat aber auf die Leber keine spezifische cancerogene Wirkung.

α) Hepatotrop wirkende cancerogene Stoffe.

Eine spezifisch auf die Leber gerichtete cancerogene Wirkung ist zuerst beim o-Aminoazotoluol (= 4-Amino-2 ,3-azotoluol)[8-10] (Formel I), später bei dem ihm isomeren p-Dimethylaminoazobenzol (NN-Dimethyl-p-phenylazoanilin) (sog. Buttergelb)[11] (Formel IV) und anderen nahe verwandten Azofarbstoffen nachgewiesen worden. Mit Reis ernährte Ratten, die täglich 4,8 mg p-Dimethylaminoazobenzol oder N-Methylaminoazobenzol (Formel V) erhielten, erkrankten ausnahmslos an Leberkrebs[12].

Die cancerogene Wirkung ist bei den cancerogenen Azofarbstoffen von der Stellung der Substituenten am Benzolring abhängig. Zum Unterschied von dem stark cancerogenen 4-Amino-2 ,3-azotoluol (Formel I) war das ihm isomere 2-Amino-4 ,5-azotoluol (Formel II) völlig unwirksam[13] (vgl. S. 494). Bei den Azobenzolen ist das Vorhandensein von N-Methylgruppen für die cancerogene

---

[1] Winternitz, M. C.: Johns Hopkins Hosp. Rep. **17**, 143 (1916). — [2] Fried, B. M.: Amer. J. med. Sci. **168**, 241 (1924). — [3] Edwards, J. E.: J. nat. Cancer Inst. **2**, 197 (1941/42). — Edwards, J. E., and A. J. Dalton: J. nat. Cancer Inst. **3**, 19 (1942/43). — Edwards, J. E., W. E. Heston and A. J. Dalton: J. nat. Cancer Inst. **3**, 297 (1942/43). — [4] Eschenbrenner, A. B., and E. Miller: J. nat. Cancer Inst. **5**, 251 (1944/45). — [5] Nelson, A. A., O. G. Fitzhugh and H. O. Calvery: Cancer Res. **3**, 230 (1943). — [6] Copeland, D. H., and W. D. Salmon: Amer. J. Path. **22**, 1059 (1946). — [7] Cantarow, A., K. E. Paschkis, J. Stasney and M. S. Rosenberg: Cancer Res. **6**, 610 (1946). — Edwards, J. E., and J. White: J. nat. Cancer Inst. **2**, 157 (1941/42). — Opie, E. L.: J. exp. Med. **80**, 219 (1944). — Orr, J. W.: J. Path. Bacteriology **50**, 393 (1940). — Corre, L., P. L. Mariani et R. Reverdin: Bull. Cancer, Paris **38**, 144 (1951). — [8] Yoshida, T.: Virchows Arch. **283**, 29 (1932). Proc. Imp. Acad. Jap. **8**, 464 (1932). — [9] Sasaki, T., u. T. Yoshida: Virchows Arch. **295**, 175 (1935). — [10] Kirby, A. H. M.: Cancer Res. **5**, 673 (1945). — [11] Kinosita, R.: Gann, Tokyo **30**, 423 (1936). — [12] Sugiura, K., C. R. Halter, C. J. Kensler and C. P. Rhoads: Cancer Res. **5**, 235 (1945). — [13] Kirby, A. H. M.: Cancer Res. **5**, 683 (1945).

Wirkung notwendig: p-Aminoazobenzol (Formel VI) ist nicht cancerogen[1–5], während Monomethylaminoazobenzol (Formel V) ebenso stark cancerogen wirkt wie das Buttergelb[5]. Ferner hat auch das 3-Methyl-4-dimethylaminoazobenzol (Formel III)[6], eine stark hepato-cancerogene Wirkung. Die dem Buttergelb entsprechenden NN-Diäthyl-, -Dipropyl-, -Dibutyl- und -Diamylverbindungen sind nicht cancerogen[7]. Am Benzolring mit OH-, NO_2-, CF_3-Gruppen oder Cl- oder Br-Atomen substituierte Derivate des p-Dimethylaminoazobenzol erwiesen sich als nicht cancerogen, während Substitution mit Fluor in 3′ oder 4′-Stellung die Wirksamkeit stark steigert[8]. Eine besonders stark hepatotrop-cancerogene Wirkung hatten Difluor- und Trifluorderivate des p-Dimethylaminoazobenzols[9]. Einführung weiterer Methylgruppen setzt die hepato-cancerogene Wirkung des p-Dimethylaminoazobenzols meist herab[5,10], doch erwies sich auch das 4′-Methylderivat des Buttergelb (Formel VII) als stark cancerogen[5]. Azonaphthaline fördern bei Mäusen die Bildung von Cholangiomen[3,11]. Auch das Dimethylaminostilben, das an Stelle der (—N=N—)-Gruppe des p-Dimethylaminoazobenzols eine (—CH=CH—)-Gruppe enthält (Formel IX), hat cancerogene Wirkung[12]. p- und p′-Dimethylaminobenzalanilin (Formel VIII), die eine (—CH=N—)-Gruppe enthalten, sind dagegen inaktiv[5]. Acetaminobiphenyl (Formel X), das sich vom 2-Acetylaminofluoren (Formel XII) nur durch das Fehlen der (—CH_2—)-Brücke unterscheidet, hatte weder cancerogene[13] noch anticancerogene[14] Wirkung.

I

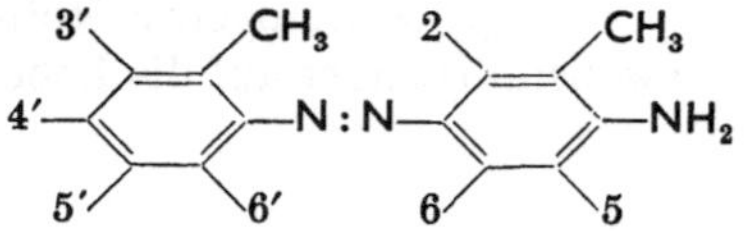

4-Amino-2′, 3-azotoluol
wirksam

II

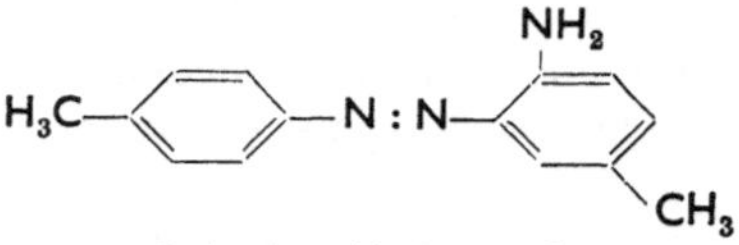

2-Amino-4′, 5-azotoluol
unwirksam

III

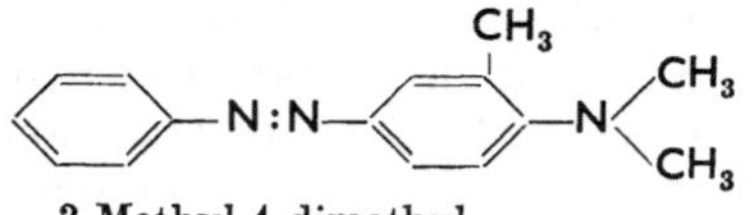

3-Methyl-4-dimethylaminoazobenzol
wirksam

IV

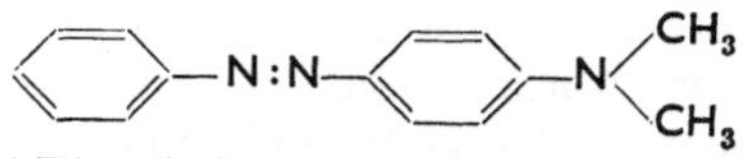

4-Dimethylaminoazobenzol (sog. Buttergelb)
wirksam

V

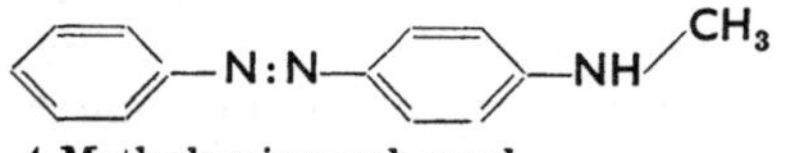

4-Methylaminoazobenzol
wirksam

VI

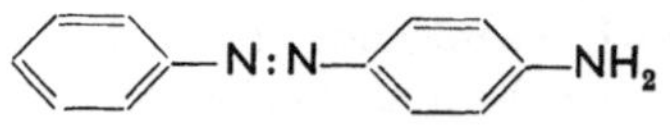

4-Aminoazobenzol
unwirksam

---

[1] Yoshida, T.: Virchows Arch. **283**, 29 (1932). Proc. Imp. Acad. Jap. **8**, 464 (1932). — [2] Sasaki, T., u. T. Yoshida: Virchows Arch. **295**, 175 (1935). — [3] Kinoshita, R.: Trans. Soc. path. jap. **27**, 665 (1937). — Kensler, C. J., S. O. Dexter and C. P. Rhoads: Cancer Res. **2**, 1 (1942). — [4] Yoshida, T.: Trans. Soc. path. jap. **24**, 523 (1934). — [5] Miller, J. A., and C. A. Baumann: Cancer Res. **5**, 227 (1945). — [6] Giese, J. E., C. C. Clayton, E. C. Miller and C. A. Baumann: Cancer Res. **6**, 679 (1946). — [7] Sugiura, K., C. R. Halter, C. J. Kensler and C. P. Rhoads: Cancer Res. **5**, 235 (1945). — [8] Miller, J. A., R. W. Sapp and E. C. Miller: Cancer Res. **9**, 652 (1949). — [9] Miller, J. A., E. C. Miller and G. C. Finger: Cancer Res. **13**, 93 (1953). — [10] Sugiura, K., M. L. Crossley and C. J. Kensler: J. nat. Cancer Inst. **15**, 67 (1954/55). — [11] Cook, J. W., C. L. Hewett, E. L. Kennaway and M. M. Kennaway: Amer. J. Cancer **40**, 62 (1940). — [12] Haddow, A., and G. A. R. Kon: Brit. med. Bull. **4**, 314 (1946/47). — [13] Rudali, G., et R. Royer: C. R. Soc. Biol. **146**, 1531 (1952). — [14] Rudali, G., R. Royer, J. O. Laws et P. Mabille: C. R. Soc. Biol. **146**, 1670 (1952).

VII

$H_3C-C_6H_4-N{:}N-C_6H_4-N(CH_3)_2$

4'-Methyl-p-dimethylaminoazobenzol
wirksam

VIII

$C_6H_5-N{:}CH-C_6H_4-N(CH_3)_2$

p-Dimethylaminobenzalanilin
unwirksam

IX

$C_6H_5-CH{:}CH-C_6H_4-N(CH_3)_2$

p-Dimethylaminostilben
wirksam

X

$C_6H_5-C_6H_4-N(COCH_3)H$

Acetoaminobiphenyl
unwirksam

Verabreichung kleiner Dosen von Buttergelb durch längere Zeit hat auf die Leber eine annähernd gleich starke cancerogene Wirkung wie die Verabreichung größerer Dosen in kürzerer Zeit. Die zur Hepatombildung notwendige Gesamtdose an Dimethylaminoazobenzol wird bei erwachsenen Ratten auf 850—1000 mg[1], bei jüngeren Ratten auf 250—300 mg[2] geschätzt.

Eine andere Gruppe hepatisch wirkender Cancerogene wird vom 2-Aminofluoren (Formel XI)[3–5] und seinen N-Acetylderivaten (2-Acetylaminofluoren) (Formel XII)[4, 6] und 2-Diacetylaminofluoren[7] gebildet. Das Fluoren selbst und sein Oxydationsprodukt, das Fluoron, sind unwirksam[3]; Nitrofluoren hat nur geringe cancerogene Wirkung[7], und auch das 7-Oxy-2-acetylaminofluoren, das im Organismus der Ratte aus dem Acetylaminofluoren entsteht[8], fördert, zum Unterschied von der Muttersubstanz selbst, die Carcinombildung nur in geringem Grade[9]. Auch das 2-p-Toluylsulfonamidofluoren verursacht, obwohl es sich nach oraler Verabreichung in annähernd gleicher Konzentration in der Leber anreichert, wie das Acetylderivat keine Hepatombildung[5]. Die para-Stellung der Aminogruppe zur Ringverknüpfungsstelle ist für die hepatisch-carcinogene Wirkung der Fluorenderivate von Bedeutung, denn das 4-Acetylaminofluoren (Formel XIV) hat nur geringe Wirksamkeit[10]. Ebenso scheint die Anordnung der C-Ringe in einer Ebene erforderlich zu sein: Das 2'-Acetylamino-2,3:6,7-dibenzotropilidin (Formel XV), in dem die beiden Benzolkerne gegeneinander abgewinkelt sind, ist nicht carcinogen, während das 3-Acetylaminofluoranthren (Formel XVI) bei dem der dritte Benzolkern schräg zu den beiden anderen Ringen steht, nur eine geringe (extrahepatische) Wirkung aufweist[10].

Die brückenbildende ($-CH_2-$)-Gruppe des 2-Acetylaminofluorenmoleküls ist für die hepatotrope Wirkung dieses Cancerogens erforderlich[11]. Ersatz durch ein (—O—)- oder (—S—) -Atom hebt die cancerogene Wirkung auf die Leber auf: die 3-Acetylaminoderivate des Dibenzofurans und des Dibenzothiophens

[1] Druckrey, H., u. K. Küpfmüller: Z. Naturforsch. **3**b, 254 (1948). — Druckrey, H., K. Küpfmüller u. W. Trapp: Z. Krebsforsch. **56**, 407 (1948/50). — Druckrey, H., Arzneim.-Forsch. **1**, 383 (1951). — [2] Nothdurft, H.: Z. Krebsforsch. **56**, 176 (1948/50). — [3] Wilson, R. H., F. de Eds and A. J. Cox jr.: Cancer Res. **7**, 453 (1947). — Armstrong: E. C., and G. M. Bonser: J. Path. Bacteriology **56**, 507 (1944). — [4] Bielschowsky, F.: Brit. J. exp. Path. **25**, 1 (1944). Brit. med. Bull. **4**, 382 (1947). — [5] Ray, F. E., and M. F. Argus: Cancer Res. **11**, 783 (1951). — [6] Wilson, R. H., E. de Eds and A. J. Cox jr.: Cancer Res. **1**, 595 (1941). — [7] Morris, H. P., C. S. Dubnik, T. B. Dunn and J. M. Johnson: Cancer Res. **7**, 730 (1947). — Morris, H. P., C. S. Dubnik and J. M. Johnson: J. nat. Cancer. Inst. **10**, 1201 (1949/50). — [8] Bielschowsky, F.: Biochem. J. **39**, 287 (1945). — [9] Hoch-Ligeti, C.: Brit. J. Cancer **1**, 391 (1947). — [10] Schinz, R. H.: Schweiz. med. Wschr. **85**, 1045 (1955). — Schinz, R. H., H. Fritz-Niggli, T. W. Campbell and H. Schmid: Oncologia, Basel 8, 233 (1955). — [11] Pinck, L. A.: Ann. N.Y. Acad. Sci. **50**, 3 (1948). Science, N Y. **109**, 209 (1949).

(Formel XIII) verursachten Carcinome in anderen Organen der Ratte, nicht aber in der Leber[1]. Andererseits führte Verfütterung von 3,4,5,6-Dibenzocarbazol (Formel XVII) an Mäuse zur Entwicklung von Hepatomen[2]. Kombinierte Verfütterung von 3-Methyl-p-dimethylaminoazobenzol und Acetylaminofluoren hat eine besonders starke hepatisch-cancerogene Wirkung[3]. Eine Sonderstellung unter den hepatotrop wirkenden Stoffen nimmt der Azofarbstoff Trypanblau (Formel XVIII) ein, der bei der Ratte Reticulosarkome der Leber erzeugt[4].

XI 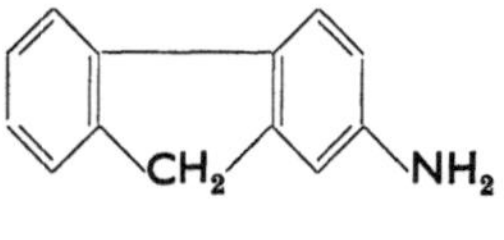
2-Aminofluoren
wirksam

XII 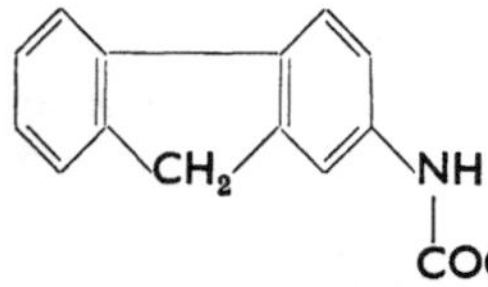
2-Acetylaminofluoren
wirksam

XIII 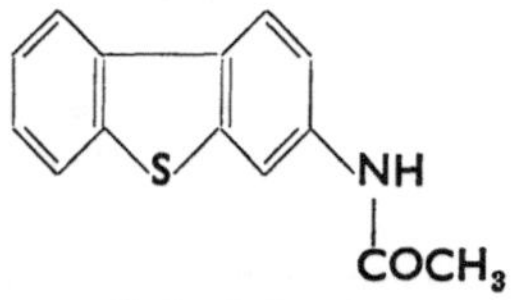
3-Acetylamino-dibenzothiophen
extrahepatisch wirksam

XIV 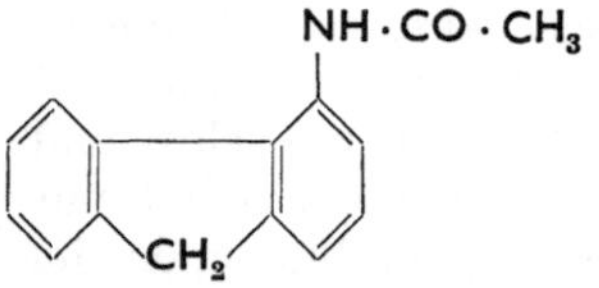
4-Acetylaminofluoren
schwach wirksam

XV 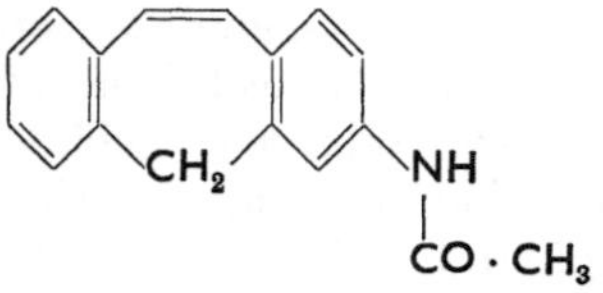
2′-Acetylamino-2,3:6,7-dibenzotropilidin
unwirksam

XVI 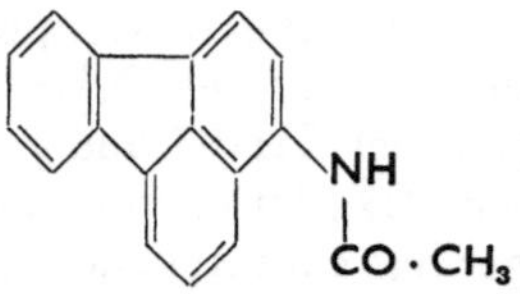
3-Acetylaminofluoranthren
schwach wirksam

XVII 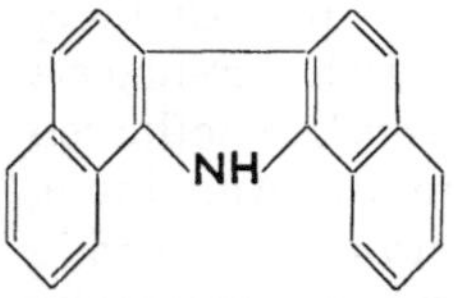
3,4,5,6-Dibenzocarbazol
wirksam

XVIII 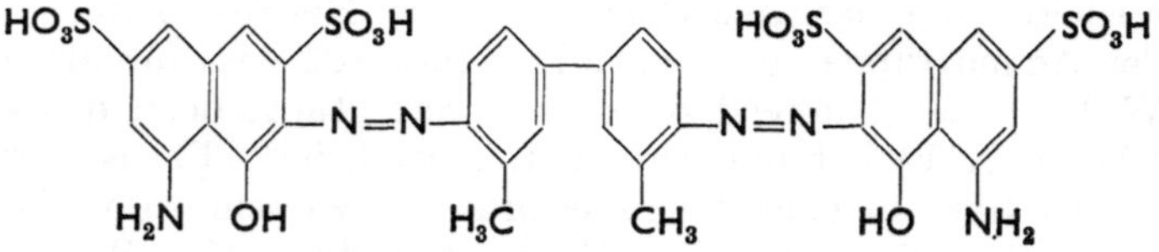
Trypanblau

β) Bindung und Abbau cancerogener Stoffe in der Leber.

Obzwar die cancerogene Wirkung des p-Dimethylaminoazobenzols spezifisch auf die Leber gerichtet ist, sind im Lebergewebe, wie mit Buttergelb, das ^{15}N enthielt[5], gezeigt werden konnte, immer nur sehr geringe Mengen des Farbstoffs nachweisbar[6]. Die hepatotrop cancerogenen Stoffe werden in der Leber an Protein gebunden und in verschiedener Richtung abgebaut oder verändert. Ob es zur Entstehung eines Tumors kommt oder nicht, ist unter anderem auch von der Geschwindigkeit abhängig, mit der der betreffende cancerogene Stoff in der Leber abgebaut werden kann; Stoffwechselfaktoren, die den Abbau cancerogener Stoffe beschleunigen, hemmen die Hepatombildung. Dem Aufbau der hepatocarcinogenen Stoffe geht ihre Bindung an die Leberproteine voraus.

[1] Miller, E. C., J. A. Miller, R. B. Sandin and R. K. Brown: Cancer Res. **9**, 504 (1949). — [2] Bonser, G. M., D. B. Clayson, J. W. Jull and L. N. Pyrah: Brit. J. Cancer **6**, 412 (1952). — [3] MacDonald, J. C., E. C. Miller, J. A. Miller and H. P. Rusch: Cancer Res. **12**, 50 (1952). — [4] Gillman, J., T. Gillmann and C. Gilbert: S.-afric. J. med. Sci. **14**, 21 (1949). — [5] Fones, W. S., and J. White: Arch. Biochem. **20**, 118 (1949). [6] Berenbom, M., and J. White: J. nat. Cancer Inst. **12**, 583 (1951/52).

1. Die Bindung der cancerogenen Azofarbstoffe an die Proteine der Leberzellen.

Das p-Dimethylaminoazobenzol wird in der Leberzelle an Protein gebunden[1]. Bei einer Tagesdosis von 5 mg konnten im Lebergewebe nur etwa 2—5 γ in unveränderter Form nachgewiesen werden, etwa 50 γ waren in proteingebundener Form vorhanden[2]. Der proteingebundene Farbstoff erscheint in der Leber wenige Tage nach Beginn der Verabreichung und ist dort so lange nachweisbar wie die Farbstoffzufuhr andauert. Ungefähr die Hälfte des proteingebundenen Farbstoffanteils ist in den löslichen Proteinen der Leberzelle enthalten[3,4]. Die Elektrophorese des löslichen Anteils der Leberzellproteine ergab, daß diese farbtragenden Proteine in einer langsam wandernden, auch in normalen Leberzellen vorkommenden Proteinfraktion enthalten sind[5]. Die Menge der langsam wandernden Proteinfraktionen ist in den Leberextrakten von Ratten, die durch längere Zeit p-Dimethylaminoazobenzol mit der Nahrung enthalten hatten, herabgesetzt[6]. Gleichzeitig mit dem Auftreten proteingebundener Azofarbstoffe treten in den Leberzellen mikroskopisch sichtbare hyaline Tröpfchen auf, deren Zahl und Größe mit der Menge des proteingebundenen Azofarbstoffs parallel geht[7]. Zum Unterschied von den durch das Cancerogen veränderten Leberzellen enthalten die durch das Cancerogen erzeugten Tumorzellen niemals proteingebundene Azofarbstoffe. Es ist daher vermutet worden, daß die hepatotrope cancerogene Wirkung des p-Dimethylaminoazobenzols und der ihm verwandten Azofarbstoffe dadurch zustande kommt, daß diese Farbstoffe sich mit einer bestimmten Proteinfraktion der Leberzellen verbinden; diese Proteinfraktion wird dadurch blockiert und fehlt in den neuentstehenden Tumorzellen[3,8].

2. Die Abspaltung von Methylgruppen aus Dimethylaminoazobenzol.

Daß ein Teil des von der Leber aufgenommenen p-Dimethylaminoazobenzols demethyliert wird, ist durch Versuche in vivo und in vitro belegt: nach Verabreichung von p-Dimethylaminoazobenzol konnte in der Leber Monomethylaminoazobenzol und (in kleinerer Menge) Aminoazobenzol nachgewiesen werden[9]. Mit der Abspaltung der letzten Methylgruppe wird die cancerogene Wirkung des Farbstoffs aufgehoben (vgl. die Formeln IV, V und VI, S. 494). Leberschnitte[10] und Leberhomogenate[11] demethylieren den Farbstoff unter aeroben Bedingungen; durch Erhitzen geht die Fähigkeit der Leberhomogenate, p-Dimethylaminoazobenzol zu demethylieren, verloren, durch Zusatz von DPN, TPN und Hexosediphosphat wird sie verstärkt[12]. Verfütterung von Peroxyden verschiedener Sterine und cyclischer Terpene (nicht aber von Peroxyden von Fettsäuren)

[1] Kensler, C. J., J. W. Magill and K. Sugiura: Cancer Res. **7**, 95 (1947). — Miller, J. A., R. W. Sapp and E. C. Miller: Am. Soc. **70**, 3458 (1948). — Miller, E. C., J. A. Miller, R. W. Sapp and G. M. Weber: Cancer Res. **9**, 336 (1949). — [2] Miller, E. C., and J. A. Miller: Cancer Res. **7**, 468 (1947). — Miller, J. A., and E. C. Miller: Cancer Res. **7**, 39 (1947). — [3] Price, J. M., J. A. Miller, E. C. Miller and G. M. Weber: Cancer Res. **9**, 96 (1949). — [4] Price, J. M., E. C. Miller and J. A. Miller: J. biol. Ch. **173**, 345 (1948). — Price, J. M., E. C. Miller, J. A. Miller and G. M. Weber: Cancer Res. **9**, 398 (1949); **10**, 18 (1950). — [5] Sorof, S., P. P. Cohen, E. C. Miller and J. A. Miller: Cancer Res. **11**, 383 (1951). — [6] Hoffman, H. E., and A. M. Schachtman: Cancer Res. **12**, 129 (1952). — [7] Price, J. M., J. W. Harman, E. C. Miller and J. A. Miller: Cancer Res. **12**, 192 (1952). — [8] Miller, E. C., J. A. Miller, R. W. Sapp and G. M. Weber: Cancer Res. **9**, 336 (1949). — Potter, V. R., J. M. Price, E. C. Miller and J. A. Miller: Cancer Res. **10**, 28 (1950). — [9] Miller, J. A., E. C. Miller and C. A. Baumann: Cancer Res. **5**, 162 (1945). — [10] Kensler, C. J., J. W. Magill and K. Sugiura: Cancer Res. **7**, 95 (1947). — [11] Stevenson, E. S., K. Dobriner and C. P. Rhoads: Cancer Res. **2**, 160 (1942). — [12] Mueller, G. C., and J. A. Miller: J. biol. Ch. **176**, 535 (1948); **202**, 579 (1953).

fördert die Demethylierung des p-Dimethylaminoazobenzols in den Leberhomogenaten von Mäusen. Zusatz dieser Stoffe zu Leberhomogenaten steigerte die Demethylierungsgeschwindigkeit dagegen nicht[1]. Gleichzeitig oxydierten die Leberhomogenate einen Teil des Farbstoffs zu 4-Oxydimethylaminoazobenzol. Nach Zufuhr von Monomethylaminoazobenzol war in der Leber auch p-Dimethylaminoazobenzol nachweisbar; die Demethylierung des Dimethylaminoazobenzols ist also reversibel, und die Leber ist auch imstande, Monomethylaminoazobenzol zu methylieren[2]. Das nichtcancerogene Aminoazobenzol wird dagegen nur in minimaler Menge in seine cancerogenen Methylderivate verwandelt[2,3].

Die Abspaltung der Methylgruppe erfolgt oxydativ, wobei $HCOH$ als Zwischenprodukt entsteht[4]. Dem physiologischen Methylgruppenpool der Leber fließen diese Methylgruppen nicht (oder nur in sehr geringem Ausmaß) zu: Bei Verfütterung von Buttergelb, das in einer seiner Methylgruppen ^{14}C enthielt, wurde die Methylgruppe nur in minimaler Menge zur Synthese von Kreatin und Cholin verwendet; die Hauptmenge der Methylgruppen wird zu CO_2 oxydiert, das ausgeatmete CO_2 und der ausgeschiedene Harnstoff enthielten ^{14}C in annähernd gleichem Prozentsatz[5], kleine Mengen des ^{14}C wurden als β-C-Atom in Serin eingebaut[6]. Ähnlich wie für die oxydative Demethylierung des Dimethylaminoäthanols[7] und des Dimethylglycins ist auch für die Demethylierung des p-Dimethylaminoazobenzols das Zusammenwirken der Protoplasmapartikel mit der Cytoplasmaflüssigkeit erforderlich. Außer dem Buttergelb wird auch das ihm homologe Diäthylaminoazobenzol in der Leber (nicht in anderen Organen) dealkyliert[8]. Nach oraler Verabreichung des (nicht cancerogenen)[9,10] Diäthylaminoazobenzols wurde in der Leber von Ratten Aminoazobenzol nachgewiesen[8].

Die cancerogene Wirkung des Buttergelbs wird durch die Abspaltung einer Methylgruppe nicht aufgehoben[10-12], bei Ratten, deren Nahrungsaufnahme nicht beschränkt war, zeigte Monomethylaminoazobenzol eine größere cancerogene Wirkung als das Buttergelb selbst[12]. Die Demethylierungsprodukte (Monomethylaminoazobenzol und Aminoazobenzol) sind in den Leberzellen fest an Protein gebunden und können aus dieser Bindung durch alkalische Hydrolyse freigesetzt werden[13].

3. Die reduktive Spaltung der Azobrücke.

Ein Anteil des p-Dimethylaminoazobenzols wird durch reduktive Spaltung der Azobrücke zerlegt. Homogenate von Rattenleber, denen Glucose-6-phosphat, Codehydrogenase I und II sowie Nicotinsäureamid zugesetzt worden war, katalysierten die reduktive Spaltung des Dimethylaminoazobenzols in Anilin und Dimethyl-p-phenylendiamin. An dieser Spaltung sind Flavinenzyme beteiligt. Homogenate von Rattenleber, die Buttergelb rasch spalteten, verloren ihre Wirk-

---

[1] BROWN, R. R., J. A. MILLER and E. C. MILLRE: J. biol. Ch. **209**, 211 (1954). — [2] MILLER, J. A., E. C. MILLER and C. A. BAUMANN: Cancer Res. **5**, 162 (1945). — [3] MILLER, E. C., and C. A. BAUMANN: Cancer Res. **6**, 289 (1946). — MILLER, J. A., and E. C. MILLER: Cancer Res. **12**, 283 (1952). — [4] MUELLER, G. C., and J. A. MILLER: Acta Un. int. Cancr., Bruxelles **7**, 134 (1950) [Chem. Abstr. **48**, 8395e]. Cancer Res. **11**, 271 (1951). — [5] BOISSONNAS, R. A., R. A. TURNER and V. DU VIGNEAUD: J. biol. Ch. **180**, 1053 (1949). — MILLER, E. C., A. M. PLESCIA, J. A. MILLER and C. HEIDELBERGER: J. biol. Ch. **196**, 863 (1952). — [6] MACDONALD, J. C., A. M. PLESCIA, E. C. MILLER and J. A. MILLER: Cancer Res. **13**, 292 (1953). — [7] MACKENZIE, C. G., J. M. JOHNSTON and W. R. FRISELL: Fed. Proc. **11**, 252 (1952). — [8] KENSLER, C. J., J. W. MAGILL, K. SUGIURA and C. P. RHOADS: Arch. Biochem. **11**, 376 (1946). — [9] KINOSITA, R.: Yale J. Biol. Med. **12**, 287 (1940). — [10] SUGIURA, K., C. R. HALTER, C. J. KENSLER and C. P. RHOADS: Cancer Res. **5**, 235 (1945). — [11] MILLER, J. A., and C. A. BAUMANN: Cancer Res. **5**, 227 (1945). — [12] MILLER, E. C., and C. A. BAUMANN: Cancer Res. **6**, 289 (1946). — [13] MILLER, E. C., and J. A. MILLER: Cancer Res. **7**, 468 (1947). —

samkeit, wenn sie bei niedriger Temperatur mit CO_2 gesättigt und dann dialysiert wurden: durch Sättigung mit CO_2 wird die Bindung an das Coenzym gelockert, und das Flavindinucleotid dialysiert ab. Zusatz von Flavindinucleotid stellte die Wirksamkeit der auf diese Weise inaktivierten Leberhomogenate wieder her[1]. Die reduktive Spaltung der Azobrücke erfolgt durch das Zusammenwirken zweier Enzymsysteme, eines davon reduziert die Codehydrogenase II mit Hilfe von Glucose-6-phosphat, ein weiteres spaltet mit Hilfe dieser reduzierten Codehydrogenase II die Azobindung reduktiv auf. Das erste der beiden Enzymsysteme ist ausschließlich in der Cytoplasmaflüssigkeit der Leberzellen enthalten, das Enzymsystem, das die (—N=N—)-Brücke spaltet, befindet sich dagegen in der granulären Fraktion des Leberhomogenats und in besonders hoher Konzentration in den Mikrosomen. Mikrosomen spalten das p-Dimethylaminoazobenzol nur in Gegenwart von reduzierter Codehydrogenase[2]. Von anderen Organen zeigte nur die Niere eine ähnliche aber viel schwächere Wirksamkeit. Milz, Lunge, Herz, Darm und Gehirn waren unwirksam. Anilin und Dimethyl-p-phenylendiamin[1,3-5] sowie eine große Anzahl anderer Stoffe, die möglicherweise bei anderen Abbaureaktionen des Buttergelbs entstehen könnten[6], erwiesen sich als nicht cancerogen.

$$C_6H_5\text{—N:N—}C_6H_4\text{—N}(CH_3)_2 + H_2 \longrightarrow C_6H_5\text{—}NH_2 + H_2N\text{—}C_6H_4\text{—N}(CH_3)_2$$

Dimethylaminoazobenzol ⟶ Anilin N-Dimethyl-phenylendiamin

Die Spaltprodukte werden in der Leber, zum Teil nach vorheriger Oxydation bzw. Demethylierung, acetyliert. N-Acetyl-p-aminophenol und NN′-Diacetyl-phenylendiamin konnten in der Rattenleber nach Verfütterung von Buttergelb nachgewiesen werden[7]. — Nicht nur das Buttergelb, sondern auch andere Azofarbstoffe werden im Stoffwechsel durch Spaltung der Azobrücke zerlegt, praktische Bedeutung hat diese Art der Spaltung beim Prontosil, aus dem hierbei Sulfanilamid entsteht.

4. Die Deacetylierung von Acetylaminofluoren und sein Abbau in der Leber.

Das carcinogene 2-Acetyl-aminofluoren wird von der Ratte zum Teil deacetyliert[8, 9]. Wurde Acetylaminofluoren, das in der Acetylgruppe ^{14}C enthielt, an Ratten verabreicht, so erschien ein Teil des ^{14}C als $^{14}CO_2$ in der Atemluft[8]. Auch Leberschnitte und Leberhomogenate von Ratten deacetylierten das Acetylaminofluoren[10]. Es wird vermutet, daß das hierbei freigesetzte 2-Aminofluoren den eigentlichen carcinogenen Wirkstoff bildet. Benzoylaminofluoren[10,11] und p-Toluylsulfaminofluoren[12] werden im Organismus der Ratte nicht in nennenswertem Grade hydrolytisch aufgespalten und sind auch nicht carcinogen.

2-Acetylaminofluoren wird von der Ratte zum Teil zu 7-Oxy-2-acetylaminofluoren oxydiert[13], diese Reaktion war auch in Schnitten von Rattenleber (nicht

[1] Mueller, G. C., and J. A. Miller: J. biol. Ch. **185**, 145 (1950). — [2] Mueller, G. C., and J. A. Miller: J. biol. Ch. **180**, 1125 (1949). — [3] Kinosita, R.: Yale J. Biol. Med. **12**, 287 (1940). — [4] Sugiura, K., C. R. Halter, C. J. Kensler and C. P. Rhoads: Cancer Res. **5**, 235 (1945). — [5] Miller, J. A., and C. A. Baumann: Cancer Res. **5**, 227 (1945). — [6] Miller, J. A., and E. C. Miller: J. exp. Med. **87**, 139 (1948). — [7] Stevenson, E. S., K. Dobriner and C. P. Rhoads: Cancer Res. **2**, 160 (1942). — [8] Morris, H. P., J. H. Weisburger and E. K. Weisburger: Cancer Res. **10**, 620 (1950). — [9] Morris, H. P., C. S. Dubnik and J. M. Johnson: J. nat. Cancer Inst. **10**, 1201 (1949/50) — [10] Gutmann, H. R., and J. H. Peters: J. biol. Ch. **211**, 63 (1954). — [11] Gutmann, H. R., and J. H. Peters: Cancer Res. **13**, 415 (1953). — [12] Ray, F. E., and M. F. Argus: Cancer Res. **11**, 783 (1951). — [13] Bielschowski, F.: Biochem. J. **39**, 287 (1945).

aber in Leberhomogenaten) nachweisbar[1]. Das 7-Oxy-2-acetylaminofluoren hat eine weit geringere carcinogene Wirkung als das 2-Acetylaminofluoren selbst[2].

Das Fluorenskelet wird im Stoffwechsel nur langsam angegriffen, als C-Atom 9 in das Fluoren eingebautes ^{14}C fand sich nur in minimaler Menge in der Atemluft vor[3,4]. Andererseits wurde freies Aminofluoren, in Dosen von 50 mg subcutan an Kaninchen verabreicht, rasch in eine nicht mehr diazotierbare Verbindung umgewandelt[5]. 6 Std nach oraler Verabreichung von 3,1 mg je 100 g an Ratten war das Acetylaminofluoren aus der Muskulatur, nach 16 Std auch aus Leber und Niere verschwunden[6]. Während im Gesamtorganismus normaler Ratten 12 Std nach der Injektion von 100 mg 2-Aminofluoren je kg Körpergewicht nur mehr 29,8% der Dosis in diazotierbarer Form vorhanden war, wurde bei teilweise hepatektomierten Kontrolltieren zum gleichen Zeitpunkt noch 57,1% der Dosis wiedergefunden[7] (vgl. die Tabelle). Riboflavinmangel hatte bei Ratten keinen erheblichen Einfluß auf das Verschwinden des Aminofluorens aus den Geweben[7].

Tabelle 72. **Der Restbestand an diazotierbarem Material in den Geweben normaler und partiell hepatektomierter Ratten, 12 Std nach intraperitonealer Injektion von 100 mg/kg 2-Aminofluoren**[7]. Die kleine Restleber der hepatektomierten Tiere enthält natürlich weniger 2-Aminofluoren als die Leber der Normaltiere, dafür ist aber die Menge des unabgebaut gebliebenen Aminofluorens in den übrigen Geweben bei den hepatektomierten Tieren weit größer als bei den Normaltieren. (Alle Angaben in % der verabreichten Dosis des Carcinogens.)

	Leber	Carcass	Niere	Milz	Vollblut
Normale Ratten	2,3	14,8	0,4	0,03	1,9
Hepatektomierte Ratten	1,7	39,5	0,7	0,11	3,1

γ) Cancerogenese und Leberstoffwechsel.

1. Beeinflussung der Hepatombildung durch die Ernährung.

Die cancerogene Wirkung des p-Dimethylaminoazobenzols wird durch die Ernährung stark beeinflußt[8]. Lebercarcinome können durch den Farbstoff nur dann ausgelöst werden, wenn die Tiere eine proteinarme und vitaminarme Kost erhalten, ein Zuschuß von roher Leber, Reiskleie oder Hefe verhinderte das Auftreten der Lebertumoren; bei dem noch stärker aktiven 3′-Methyl-p-dimethylaminoazobenzol war der Einfluß der Ernährung auf die Cancerogenese ebenfalls, aber nicht so stark nachweisbar[9,10]. Zugabe von Casein hemmte bei proteinarmer Kost die Tumorentstehung bei den mit Buttergelb behandelten Tieren[11,12]. Bei Verabreichung großer Dosen von Buttergelb war die Tumorhäufigkeit bei Tieren, die 5% Casein und 37% Casein erhielten jedoch nicht wesentlich verschieden[13].

Schnitte und Homogenate aus der Leber von Ratten, die mit einer vitaminarmen Mangelkost ernährt worden waren, spalteten das Buttergelb langsamer auf

[1] Gutmann, H. R., and J. H. Peters: J. biol. Ch. **211**, 63 (1954). — [2] Hoch-Ligeti, C.: Brit. J. Cancer **1**, 391 (1947). — [3] Morris, H. P., J. H. Weisburger and E. K. Weisburger: Cancer Res. **10**, 620 (1950). — [4] Weisburger, J. H., E. K. Weisburger and H. P. Morris: J. nat. Cancer Inst. **11**, 797 (1950/51). — [5] Westfall, B. B.: J. nat. Cancer Inst. **6**, 23 (1945/46). — [6] Morris, H. P., and B. B. Westfall: J. nat. Cancer Inst. **9**, 149 (1948/49). — [7] Gutmann, H. R., G. E. Kiely and M. Klein: Cancer Res. **12**, 350 (1952). — [8] Nakahara, W., T. Hujiwara and K. Mori: Gann, Tokyo **33**, 57 (1939). — Ando, T.: Gann, Tokyo **34**, 356 (1940) [Chem. Abstr. **35**, 2598[8]]. Gann, Tokyo **35**, 41, 53 (1941) [Chem. Abstr. **35**, 8089[8]]. — [9] Giese, J. E., C. C. Clayton, E. C. Miller and C. A. Baumann: Cancer Res. **6**, 679 (1946). — [10] Sugiura, K., and C. P. Rhoads: Cancer Res. **1**, 3 (1941). — [11] Miller, J. A., D. L. Miner, H. P. Rusch and C. A. Baumann: Cancer Res. **1**, 699 (1941). — [12] György, P., E. C. Poling and H. Goldblatt: Proc. Soc. exp. Biol. Med. **47**, 41 (1941). — [13] Smith, M. I., R. D. Lillie and E. F. Stohlman: Publ. Hlth. Rep. **58**, 304 (1943).

und bildeten, statt den Farbstoff durch vollkommene Demethylierung zu entgiften, verhältnismäßig viel von dem Monomethylderivat des p-Dimethylaminoazobenzols, das, wie erwähnt, ebenfalls cancerogen wirkt[1,2]. Mangel an Thiamin oder Zugabe überschüssiger Mengen von Biotin hatte keinen Einfluß auf die Abbaugeschwindigkeit der cancerogenen Azofarbstoffe in der Leber[3]. Riboflavin hat dagegen starke antagonistische Wirkung auf die durch cancerogene Azofarbstoffe ausgelöste Bildung von Hepatomen[4–6]. Bekanntlich ist für die Speicherung des Riboflavins in der Leber die Zufuhr von Protein erforderlich[7], proteinarme Ernährung verringert daher die schützende Wirkung verabreichten Riboflavins[5]. Protein und Riboflavin gleichzeitig gegeben, hemmen die cancerogene Wirkung des Buttergelbs daher besonders stark[5], Proteinzufuhr ohne Riboflavin hemmt die Carcinombildung dagegen nicht[8]. Lebern von Tieren, bei denen sich ein Lebertumor entwickelt, haben einen niedrigeren Riboflavingehalt als Tiere, die gleiche Kost, aber kein Cancerogen erhielten. Bei Ratten, die mit dem Futter große Mengen bestimmter Fettarten (hydrogeniertes Kokosöl, Maisöl usw.) erhielten, traten die Hepatome weit rascher und in höherem Prozentsatz auf als ohne Fettzugabe[9]. Das antilipotrop wirkende Biotin (vgl. S. 413) kann unter bestimmten Versuchsbedingungen die carcinombildende Wirkung des p-Dimethylaminoazobenzols erheblich steigern[10] und die anticancerogene Wirkung des Riboflavins aufheben[11] (vgl. dagegen [12]). Auch Vitamin B_{12} förderte unter bestimmten Versuchsbedingungen die Entstehung von Lebertumoren bei methioninarmer Diät[13] (vgl. dagegen[14]). Verabreichung von 3-Methylcholanthren per os hemmte dagegen bei Ratten, die durch 3'-Methyl-4-dimethylaminoazobenzol ausgelöste Bildung von Lebercarcinomen[15,16]. Verabreichung von Methyl-bis-(6-chloräthyl)-amin (sog. N-Lost)[17,18] sowie Hypophysektomie[19,20] hemmte die carcinogene Wirkung des 3'-Methyl-4-dimethylaminoazobenzol. Verabreichung von adrenocorticotropem Hormon hob die durch Hypophysektomie verursachte Hemmung der Carcinogenese teilweise auf[21]. Adrenektomie hatte eine anticancerogene Wirkung bei mit Buttergelb behandelten Ratten[22].

Auch die cancerogene Wirkung des 2-Acetylaminofluoren wird durch die Ernährung beeinflußt[23]: Ratten bekamen bei gleichen Mengen von verabreichtem

---

[1] ENGEL, R. W., and D. H. COPELAND: Cancer Res. **12**, 211 (1952). — [2] KENSLER C. J., and W. C. CHU: Arch. Biochem. **25**, 66 (1950). — [3] KENSLER, C. J.: Cancer, N. Y. **1**, 483 (1948). — [4] HARRIS, P. N., M. E. KRAHL and G. H. A. CLOWES: Cancer Res. **7**, 162 (1947). — [5] KENSLER, C. J., K. SUGIURA, N. F. YOUNG, C. R. HALTER and C. P. RHOADS: Science, N. Y. **93**, 308 (1941). — [6] RHOADS, C. P.: Bull. N. Y. Acad. Med. **18**, 53 (1942). — [7] SARETT, H. P., and W. A. PERLZWEIG: J. Nutrit. **25**, 173 (1943). — UNNA, K., H. O. SINGHER, C. J. KENSLER, H. C. TAYLOR jr. and C. P. RHOADS: Proc. Soc. exp. Biol. Med. **55**, 254 (1944). — [8] HARRIS, P. N., and G. H. A. CLOWES: Cancer Res. **12**, 471 (1952). — [9] KLINE, B. E., J. A. MILLER, H. P. RUSCH and C. A. BAUMANN: Cancer Res. **6**, 1, 5 (1946). — [10] BURK, D., J. M. SPANGLER, V. DU VIGNEAUD, C. KENSLER, K. SUGIURA and C. P. RHOADS: Cancer Res. **3**, 130 (1943). — [11] VIGNEAUD, V. DU, J. M. SPANGLER, D. BURK, C. J. KENSLER, K. SUGIURA and C. P. RHOADS: Science, N. Y. **95**, 174 (1942). — [12] MILLER, E. C., J. A. MILLER, B. E. KLINE and H. P. RUSCH: J. exp. Med. **88**, 89 (1948). — [13] DAY, P. L., L. D. PAYNE and J. S. DINNING: Proc. Soc. exp. Biol. Med. **74**, 854 (1950). — [14] KENSLER, C. J.: Texas Rep. Biol. Med. **10**, 1006 (1952). — [15] RICHARDSON, H. L., and L. CUNNINGHAM: Cancer Res. **11**, 274 (1951). — [16] MEECHAN, R. J., D. E. MCCAFFERTY and R. S. JONES: Cancer Res. **13**, 802 (1953). — [17] GRIFFIN, A. C., E. L. BRANDT and V. SETTER: Cancer Res. **11**, 868 (1951). — [18] WARD, D. N., E. L. BRANDT and A. C. GRIFFIN: Cancer, N. Y **5**, 625 (1952). — [19] GRIFFIN, A. C., A. P. RINFRET and V. F. CORSIGILIA: Cancer Res. **13**, 77 (1953). — [20] GRIFFIN, A. C., A. P. RINFRET, M. O'NEAL and C. H. ROBERTSON: Proc. amer. Ass. Cancer Res. **1**, 21 (1953). — [21] ROBERTSON, C. H., M. A. O'NEAL, A. C. GRIFFIN and H. L. RICHARDSON: Cancer Res. **13**, 776 (1953). — [22] SYMEONIDIS, A., A. S. MULAY and F. H. BURGOYNE: Cancer Res. **11**, 285 (1951). — [23] ENGEL, R. W., and D. H. COPELAND: Cancer Res. **9**, 608 (1949). — WILSON. R. H., and F. DE EDS: Arch. industr. Hyg. **1**, 73 (1950).

2-Acetylaminofluoren in höherem Prozentsatz Lebertumoren, wenn sie mit einem vitaminarmen Nahrungsgemisch gefüttert wurden[1]; Zusatz von Hefe verzögerte die Hepatombildung auch bei diesem cancerogenen Stoff[2]. Bei Hunden förderte die Zufuhr von Riboflavin und Pantothensäure die Entgiftung des Aminofluorens[3]. Acetoaminofluoren hat eine wachstumshemmende Wirkung bei Ratten[4], durch proteinreiche Ernährung (20% Casein) konnte diese wachstumshemmende, nicht aber die hepatisch-carcinogene Wirkung des Acetaminofluorens aufgehoben werden[5].

2. Die Wirkung der Hepatocancerogene auf den Stoffwechsel der Leberzellen.

Die durch Azofarbstoffe und Aminofluorene bewirkten Leberveränderungen unterschieden sich sehr wesentlich[6]. Nach Verfütterung von 2-Acetylaminofluoren ist das Zellprotoplasma der Leberzellen meist vermehrt[7], das Volumen der Leber nimmt beträchtlich zu[5] und die in der Gesamtleber enthaltene Menge an Protein und Fett ist erheblich gesteigert[5]. Dagegen verursachen die cancerogenen Azofarbstoffe eine Verminderung der Protoplasmamasse der Leberzellen, das Volumen der Zellkerne nimmt relativ und absolut zu und das Verhältnis Zellkernmasse zu Protoplasmamasse verschiebt sich zugunsten der Zellkerne und ihrer Bestandteile. Lebern von Ratten, die mit dem cancerogenen 3'-Methyl-4-dimethylaminoazobenzol behandelt wurden, enthielten nur 55% Zellparenchym, während bei normalen oder mit dem nichtcancerogenen 2-Methyl-4-dimethylaminoazobenzol behandelten Ratten 85—91% des Gesamtgewichts der Leber auf das Zellprotoplasma entfällt[8]. Je g Lebergewebe gerechnet, nimmt daher nach Zufuhr von 3'-Methyl-4-dimethylaminoazobenzol auch die Menge der in den Kernen enthaltenen Zellbestandteile und vor allem der Desoxynucleinsäuren zu[6, 8-11], Die Hitzekoagulation der Leberhomogenate ist im Vergleich zu normalen Leberhomogenaten verzögert[12]. Die Aufnahme von ^{14}C-8-Adenin in die Ribonucleinsäuren und Desoxyribonucleinsäuren des Zellkerns[13] sowie der P-Umsatz des Zellkerns (geprüft mit ^{32}P)[14] war nach Zufuhr carcinogener Azofarbstoffe beschleunigt. Die Gesamtmenge der vornehmlich im Zellprotoplasma enthaltenen Ribonucleinsäuren fällt dagegen zunächst ab[11]. Die Aktivität vieler im Zellprotoplasma enthaltener Enzyme ist je g Lebergewebe gerechnet stark vermindert.

Am stärksten werden hierbei die in den Mitochondrien enthaltenen Enzymsysteme betroffen[15]. Schon kurze Zeit nach Beginn der Verabreichung eines cancerogenen Azofarbstoffes nimmt die Mitochondrienmasse in den Leberzellen stark ab[16], noch geringer ist die Mitochondrienmasse in den Zellen des sich später

[1] ENGEL, R. W., and D. H. COPELAND: Cancer Res. **12**, 211 (1952). — [2] BIELCHOWSKY, F.: Brit. J. Cancer **1**, 146 (1947). — [3] ALLISON, J. B., A. W. WASE and J. F. MIGLIARESE: Cancer Res. **12**, 244 (1952). — [4] WILSON, R. H., F. DEEDS and A. J. COX jr.: Cancer Res. **1**, 595 (1941). — [5] GUTMANN, H. R., and J. H. PETERS: Cancer Res. **13**, 895 (1953). — [6] GRIFFIN, A. C., H. COOK and L. CUNNINGHAM: Arch. Biochem. **24**, 190 (1949). — [7] COX, A. J. jr., R. H. WILSON and F. DE EDS: Cancer Res. **7**, 647 (1947). — [8] STRIEBICH, M. J., E. SHELTON and W. C. SCHNEIDER: Cancer Res. **13**, 279 (1953). — SCHNEIDER, W. C., G. H. HOGEBOOM, E. SHELTON and M. J. STRIEBICH: Cancer Res. **13**, 285 (1953). — [9] MASAYAMA. T., and T. YOKOYAMA: Gann, Tokyo **34**, 174 (1940). — [10] PRICE, J. M., E. C. MILLER and J. A. MILLER: J. biol. Ch. **173**, 345 (1948). — [11] GRIFFIN, A. C., W. N. NYE, L. NODA and J. M. LUCK: J. biol. Ch. **176**, 1225 (1948). — [12] GRIFFIN, A. C., and C. A. BAUMANN: Cancer Res. **8**, 135 (1948). — [13] GRIFFIN, A. C., W. E. DAVIS jr. and M. O. TIFFT: Cancer Res. **12**, 707 (1952). — [14] GRIFFIN, A. C., L. CUNNINGHAM, E. L. BRANDT and D. W. KUPKE: Cancer, N. Y **4**,. 410 (1951). — [15] PRICE, J. M., J. A. MILLER, E. C. MILLER and G. M. WEBER: Cancer Res. **9**, 96 (1949). — [16] PRICE, J. M., E. C. MILLER, J. A. MILLER and G. M. WEBER: Cancer Res. **10**, 18 (1950).

entwickelnden Hepatoms[1, 2]. Die Auszählung der Mitochondrien von Mäusehepatomen ergab jedoch, daß ihre Anzahl je Zellkern gerechnet nicht wesentlich von der Mitochondrienzahl normaler Leberzellen verschieden war[3], die Mitochondrien werden somit kleiner. Bei mit 3'-Methyldimethylaminoazobenzol behandelten Ratten war außerdem auch die Zahl der Mitochondrien vermindert[4]. Bezogen auf je 100 Teile im Zellkern enthaltenen N betrug der N-Gehalt der Mitochondrien aus den Zellen von normalen Lebern bzw. transplantierten Hepatomen von Mäusen 13,1 bzw. 5,7 Teile N, bei den Mikrosomen betrug der N-Gehalt 12,9 (Leber) gegen 8,6 (Hepatom), während die auf die Cytoplasmaflüssigkeit entfallende N-Menge (20,7 gegen 20,2) nur wenig geändert war[5]. Dem entspricht eine erhebliche Verminderung des Proteingehalts in den Mitochondrien der Leberzellen der mit Hepatocancerogenen behandelten Tiere und eine noch stärkere in den Hepatomzellen[6–8]. Auch die Aminosäurezusammensetzung der Zellproteine wird durch die Verabreichung hepatotroper Cancerogene verändert: In den Lebern von Ratten, die p-Dimethylaminoazobenzol erhalten hatten, war der Glutaminsäuregehalt der Nucleoproteine, der Argininгehalt der Proteine der großen Granula und der Cystein- und Tryptophangehalt der Proteine der Cytoplasmaflüssigkeit vermehrt, während bei Hepatomzellen die Proteine der Zellfraktionen weniger Methionin und mehr Cystin enthielten als die entsprechenden Fraktionen normaler Leberzellen[9]. In Extrakten transplantierter Rattenhepatome war die Menge der mit Nitroprussiat titrierbaren SH-Gruppen niedriger als in den extrahierbaren Proteinen normaler Rattenleber[10]. Der Gehalt der Leber an Vitamin C war bei Ratten, denen hepatocarcinogene Stoffe (p-Dimethylaminoazobenzol, Azobenzol, 2-Acetoaminofluoren) zugeführt worden war, erheblich gesteigert[11]. 7-Oxy-2-acetaminofluoren, das nur geringe carcinogene Wirkung hat, hatte auf den Ascorbinsäuregehalt der Leber nur geringen Einfluß[11]. (Über den Pantothensäuregehalt durch Buttergelb hervorgerufener Rattenhepatome vgl. S. 406; über den Ascorbinsäuregehalt von Lebertumoren beim Menschen vgl. [12].)

Die Menge des Vitamin B_6, das in der Leberzelle ebenso wie in der Hepatomzelle vor allem in den großen Partikeln und in der überstehenden Flüssigkeit enthalten ist, wird durch Verfütterung cancerogener Azofarbstoffe in gleichem Ausmaß verringert wie der Proteingehalt. Noch stärker vermindert war der Gehalt an Vitamin B_6 in den entsprechenden Zellfraktionen der sich im weiteren Verlauf entwickelnden Hepatome[13]. Die starke Herabsetzung des Riboflavingehalts der durch den Azofarbstoff geschädigten Leberzellen[14] und der Hepatomzellen selbst steht mit dem verminderten Gehalt an Flavinfermenten in Zusammenhang. Die Anwesenheit von Riboflavin scheint ferner auch für die Synthese der porphyrinhaltigen Enzyme in den Leberzellen erforderlich zu sein, der Gehalt an porphyrin-

[1] Schneider, W. C.: Cancer Res. **6**, 685 (1946). — [2] Schneider, W. C., and G. H. Hogeboom: J. nat. Cancer Inst. **10**, 969 (1949/50). — [3] Schneider, W. C.: Anat. Rec. **112**, 388 (1952). — [4] Striebich, M. J., E. Shelton and W. C. Schneider: Cancer Res. **13**, 279 (1953). — Schneider, W. C., G. H. Hogeboom, F. Shelton and M. J. Striebich: Cancer Res. **13**, 285 (1953). — [5] Schneider, W. C., and G. H. Hogeboom: J. nat. Cancer Inst. **10**, 969 (1949/50); bes. S. 971. — [6] Price, J. M., E. C. Miller and J. A. Miller: J. biol. Ch. **173**, 345 (1948). — [7] Price, J. M., J. A. Miller, E. C. Miller and G. M. Weber: Cancer Res. **9**, 96 (1949). — [8] Price, J. M., E. C. Miller, J. A. Miller and G. M. Weber: Cancer Res. **9**, 398 (1949). — [9] Kinosita, R.: Yale J. Biol. Med. **12**, 287 (1940). — [10] Greenstein, J. P.: J. nat. Cancer Inst. **3**, 61 (1942/43). — [11] Daff, M., C. Hoch-Ligeti, E. L. Kennaway and M. M. Tipler: Cancer Res. **8**, 376 (1948). — [12] Goth, A., and I. Littmann: Cancer Res. **8**, 349 (1948). — [13] Price, J. M., E. C. Miller and J. A. Miller: Proc. Soc. exp. Biol. Med. **71**, 575 (1949). — [14] Griffin, A. C., and C. A. Baumann: Arch. Biochem. **11**, 467 (1946). — Miller, J. A.: Ann. N. Y. Acad. Sci. **49**, 19 (1947). — Miller, E. C., J. A. Miller, B. E. Kline and H. P. Rusch: J. exp. Med. **88**, 89 (1948). — Kensler, C. J., K. Sugiura and C. P. Rhoads: Science, N. Y. **91**, 623 (1940). —

haltigen Enzymen ist in den Lebern tumortragender Ratten vermindert. Dies gilt vor allem für den Katalasegehalt der Leberzellen[1-3] und insbesondere für den in den Mitochondrien enthaltenen Anteil der Katalase[4].

Auch die Aktivität anderer mitochondrialer Enzymsysteme ist in den durch hepatotrope Canceroge erzeugten Hepatomen stark beeinträchtigt. Die Succinoxydase, die in den Hepatomzellen (ebenso wie in normalen Leberzellen[5]) in den Mitochondrien enthalten ist[6], war in den Hepatomen von Ratten[7,8] und Mäusen[6] stark vermindert. Stark vermindert war auch der Gehalt der Hepatome (Ratte[8,9], Maus[6]) an der (ebenfalls in den Mitochondrien enthaltenen[10,11]) Cytochromoxydase. Auch die Adenosintriphosphatase, ein ebenfalls in den Mitochondrien enthaltenes Enzym[10,12,13], ist in den Hepatomzellen stark vermindert[12]. Das gleiche gilt auch für die Cholinoxydase, die ebenfalls einen Bestandteil der Mitochondrien bildet[14] und deren Menge in den Lebern mit carcinogenen Stoffen behandelter Tiere und im Hepatom selbst stark herabgesetzt ist[15]. Im Gegensatz hierzu war die zu einem großen Teil in den Mikrosomen enthaltene DPN-Cytochrom c-Reduktase in transplantierten Mäusehepatomen vermehrt, die Konzentration des Enzyms in den (in ihrer Masse stark verminderten) Mitochondrien steigt in den Zellen transplantabler Mäusehepatome auf ein Mehrfaches des Normalwertes an[16]. Auch die Aktivität der (vor allem in den Zellkernen enthaltenen[17]) Desoxyribonuclease der Leberzellen wurde durch Verabreichung des carcinogenen 3'-Methyl-4-dimethylaminoazobenzol gesteigert[18].

Entsprechend der relativen Verminderung der Mitochondrienmasse nimmt, wie an Ratten gezeigt werden konnte, der Ribonucleinsäuregehalt der Mitochondrienfraktion der Leberzelle nach Verfütterung cancerogener Azofarbstoffe ab[19]. Die durch den Gehalt an Ribonucleinsäuren verursachte basophile Färbbarkeit des Protoplasmas der Leberzellen wird dadurch erheblich verringert[20,21]. Wird die Zufuhr des Cancerogens weiter fortgesetzt, so kommt es in einzelnen Zellgruppen zu einer überschießenden Regeneration der Ribonucleinsäuren, die Basophilie des Cytoplasmas nimmt in diesen Zellen stark zu, und von diesen Zellen mit verstärkter Basophilie des Cytoplasmas geht die Bildung von Hepatomen aus[21]. Die Verminderung der Ribonucleinsäuren ist von einer gesteigerten Aktivität der Ribonucleodepolymerase begleitet. Bei Ratten, die p-Dimethylaminoazobenzol bekamen, dauerte diese Aktivitätssteigerung der Ribonucleo-

---

[1] Greenstein, J. P., W. V. Jenrette, G. B. Mider and J. White: J. nat. Cancer Inst. **1**, 687 (1940/41). J. biol. Ch. **137**, 795 (1941). — [2] Greenstein, J. P., W. V. Jenrette and J. White: J. nat. Cancer Inst. **2**, 17 (1941/42). — [3] Dounce, A. L., and R. P. Shanewise: Cancer Res. **10**, 103 (1950). — [4] Euler, H. v., u. L. Heller: Z. Krebsforsch. **56**, 393 (1949). — [5] Schneider, W. C.: J. biol. Ch. **165**, 585 (1946). — Hogeboom, G. H., A. Claude and. R. D. Hotchkiss: J. biol. Ch. **165**, 615 (1946). — Kennedy, E. P., and A. L. Lehninger: J. biol. Ch. **172**, 847 (1948). — Schneider, W. C.. A. Claude and G. H. Hogeboom: J. biol Ch. **172**, 451 (1948). — Kun, E.: J. biol. Ch. **187**, 289 (1950). — [6] Schneider, W. C., and G. H. Hogeboom: J. nat. Cancer Inst. **10**, 969 (1949/50). — [7] Hoch-Ligeti, C.: Cancer Res. **7**, 148 (1947). — [8] Schneider, W. C.: Cancer Res. **6**, 685 (1946). — [9] Schneider, W. C., and V. R. Potter: Cancer Res. **3**, 353 (1943). — [10] Schneider, W. C.: Cold Spring Harbor Symp. quant. Biol. **12**, 169 (1947). — [11] Recknagel, R. O.: J. cellul. comp. Physiol. **35**, 111 (1950). — [12] Schneider, W. C., G. H. Hogeboom and H. E. Ross: J. nat. Cancer Inst. **10**, 977 (1949/50). — [13] Novikoff, A. B., E. Podber and J. Ryan: Fed. Proc. **9**, 210 (1950). — [14] Kensler, C. J., and H. Langemann: J. biol. Ch. **192**, 551 (1951). — [15] Kensler, C. J., and H. Langemann: Cancer Res. **11**, 264 (1951). — Woodward, G. E.: Cancer Res. **11**, 918 (1951). — [16] Hogeboom, G. H., and W. C. Schneider: J. nat. Cancer Inst. **10**, 983 (1949/50). — [17] Lang, K., G. Siebert, I. Baldus u. A. Corbet: Exper. **6**, 59 (1950). — [18] Schneider, W. C., G. H. Hogeboom, E. Shelton and M. J. Striebich: Cancer Res. **13**, 285 (1953). — [19] Griffin, A. C., W. N. Nye, L. Noda and J. M. Luck: J. biol. Ch. **176**, 1225 (1948). — [20] Orr, J. W.: J. Path. Bacteriology **50**, 393 (1940). — Price, J. M., J. A. Miller, E. C. Miller and G. M. Weber: Cancer Res. **9**, 96 (1949). — [21] Opie, E. L.: J. exp. Med. **80**, 231 (1944); **84**, 91 (1946).

depolymerase vom Beginn der Farbstoffdarreichung etwa 2 Monate an[1] und sank dann wieder ab, sobald Hepatome in der Leber entstanden waren[2].

Die Hepatomzellen beteiligen sich nicht mehr an den spezifischen Stoffwechselaufgaben der Leber und enthalten nicht die hierfür notwendigen Enzymsysteme. So war z. B. der Arginasegehalt von transplantierten Rattenhepatomen 10mal geringer als der des Lebergewebes[3]. Die Katalaseaktivität von Lebertumoren verhielt sich zu der von normalem Lebergewebe wie 1:100 (s.[4]).

1. Die Leber im Stoffwechsel der Porphyrinsubstanzen und die Ausscheidung der Gallenfarbstoffe.

α) Die Rolle der Leber bei der Blutbildung.

In frühen Stadien der Embryonalentwicklung werden die Erythrocyten zu einem wesentlichen Anteil in der Leber gebildet[5]. Im extrauterinen Leben liefert die Leber dem Knochenmark das für die Hämoglobinbildung erforderliche Eisen (vgl. S. 44), das für die Synthese seines Porphyrinanteils notwendige Glycin und die Aminosäuren, aus denen der Globinanteil des Hämoglobins gebildet wird. Ferner werden auch die Schwermetalle und die exogenen organischen Wirkstoffe (Cu, Mn, Vitamin B_{12}, Vitamin B_c), die bei der Bildung des Hämoglobins und der Erythrocyten katalytische Funktionen erfüllen, von der Leber aus dem Pfortaderblut aufgenommen und gespeichert; die Lebertherapie der Anämien beruht auf den Gehalt des Lebergewebes an diesen Wirkstoffen. Auch andere Vitamine sind für die Blutbildung notwendig, so ist z. B. das Auftreten von Anämie bei Mangel an Vitamin B_1[6–11], Vitamin B_6[8,9,12,13], Nicotinsäureamid[7,8,10,12,14] und Pantothensäure[15] beobachtet worden. Dadurch, daß die Leber die Vorräte an diesen Vitaminen verwaltet und dem Knochenmark die jeweils notwendigen

---

[1] Cantero, A., R. Daoust and G. de Lamirande: Science, N. Y. **112**, 221 (1950). — [2] Daoust, R., and A. Cantero: Rev. canad. Biol. **9**, 265 (1950). — [3] Greenstein, J. P., W. V. Jenrette, G.B. Mider and J. White: J. nat. Cancer Inst. **1**, 687 (1940/41). — Greenstein, J. P.: J. nat. Cancer Inst. **3**, 397 (1942/43). J. biol. Ch. **137**, 795 (1941). — [4] Greenstein, J. P., W. V. Jenrette and J. White: J. nat. Cancer Inst. **2**, 17 (1941/42). — [5] Gilmour, J. R.: J. Path. Bacteriology **52**, 25 (1941). — Needham, J.: Biochemistry and Morphogenesis. London 1942. — [6] Kohls, C. L.: Anat. Rec. **52**, 62 (1932). — Miller, D. K., and C. P. Rhoads: Proc. Soc. exp. Biol. Med. **30**, 540 (1933). — Potter, R. L., A. E. Axelrod and C. A. Elvehjem: J. Nutrit. **24**, 449 (1942). — Spector, H., A. R. Maass, L. Michaud, C. A. Elvehjem and E. B. Hart: J. biol. Ch. **150**, 75 (1943). — Waisman, H. A.: Proc. Soc. exp. Biol. Med. **55**, 96 (1944). — Cooperman, J. M., H. A. Waisman, K. B. McCall and C. A. Elvehjem: J. Nutrit. **30**, 45 (1945). — [7] Day, P. L., W. C. Langston, W. J. Darby, J. G. Wahlin and V. Mims: J. exp. Med. **72**, 463 (1940). — [8] Döllken, H.: Kli. Wo. **1940**, 220. — [9] Kornberg, A., H. Tabor and W. H. Sebrell: Amer. J. Physiol. **145**, 54 (1945). — [10] György, P., F. S. Robscheit-Robbins and G. H. Whipple: Amer. J. Physiol. **122**, 154 (1938). — [11] Williams, R. D., and H. L. Mason: Proc. Staff Meet. Mayo Clinic **16**, 433 (1941). — Williams, R. D., H. L. Mason, R. M. Wilder and B. F. Smith: Arch. internal Med., Chicago **66**, 785 (1940). — Williams, R. D., H. L. Mason, B. F. Smith and R. M. Wilder: Arch. internal Med., Chicago **69**, 721 (1942). — [12] Chang, Y. T., J. M. Chen and T. Shen: Arch. Biochem. **3**, 235 (1944). — [13] McKibbin, J. M., R. J. Madden, S. Black and C. A. Elvehjem: Amer. J. Physiol. **128**, 102 (1939). — Borson, H. J., S. R. Mettier and A. McBride: Proc. Soc. exp. Piol. Med. **43**, 429 (1940). — Hughes, E. H., and R. L. Squibb: J. animal Sci. **1**, 320 (1942). — McKibbin, J. M., A. E. Schaefer, D. V. Frost and C. A. Elvehjem: J. biol. Ch. **142**, 77 (1942). — Wintrobe, M. M., R. H. Follis jr., M. H. Miller, H. J. Stein, R. Alcayaga, S. Humphreys, A. Suksta and G. E. Cartwright: Bull. Johns Hopkins Hosp. **72**, 1 (1943). — Cartwright, G. E., M. M. Wintrobe and S. Humphreys: J. biol. Ch. **153**, 171 (1944). — Chick, H., T. F. Macrae, A. J. P. Martin and C. J. Martin: Biochem. J. **32**, 2207 (1938). — [14] Handler, P., and W. P. Faetherston: J. biol. Ch. **151**, 395 (1943). — [15] Taylor, A., J. Thacker and D. Pennington: Science, N. Y. **96**, 342 (1942).

Vitaminmengen zur Verfügung stellt, ermöglicht sie die kontinuierliche, durch äußere Einflüsse ungestörte Erneuerung des Blutes und seine beschleunigte Regeneration nach Blutverlusten.

β) Der Abbau des Blutfarbstoffs und die Bildung der Gallenfarbstoffe.

1. Die Leber und der Abbau des Blutfarbstoffs.

Der im Hämoglobin enthaltene Protoporphyrinrest kann im Organismus zwar aus kleinen Molekülen synthetisiert, aber nicht wieder zu kleinen Molekülen aufgespalten werden. Aus diesem Porphyrinrest entstehen Pyrrolfarbstoffe, die im Stoffwechsel nicht abgebaut werden können. Ihre Ausscheidung erfolgt in der Galle.

Daß die Gallenfarbstoffe aus dem Porphyrinanteil des Hämoglobinmoleküls entstehen, ist unter anderem auch mit Hilfe der Isotopenmethode bewiesen worden: Wird einem Menschen eine einmalige große Dosis von ^{15}N-Glycin verabreicht, so wird das ^{15}N bei der Bildung des Blutfarbstoffs verwendet und ist kurze Zeit später in dem Porphyrinanteil des in den Erythrocyten enthaltenen Hämoglobins nachweisbar. Haben die nach der Verabreichung des ^{15}N-Glycin entstandenen Erythrocyten ihre Altersgrenze erreicht, so werden sie abgebaut und das ^{15}N verschwindet aus dem Blut. Im gleichen Zeitpunkt, in dem das ^{15}N aus dem Hämoglobin der Erythrocyten verschwindet, scheidet die Leber Gallenfarbstoffe aus, die ^{15}N enthalten[1].

Zwischen der Menge des ausgeschiedenen Gallenfarbstoffs und dem Ausmaß, in dem Erythrocyten zerstört werden, besteht eine weitgehende Übereinstimmung[2]. Jeder physiologische oder pathologische Vorgang, bei dem Erythrocyten in gesteigertem Ausmaß in vivo zerstört werden, ist von einer Vermehrung der Gallenfarbstoffausscheidung gefolgt. Werden die Blutkörperchen in der Blutbahn durch intravenöse Injektion von destilliertem Wasser[3] oder durch hämolytisch wirkende Substanzen, wie Saponin u. a., zerstört, so tritt das Hämoglobin ins Plasma über, unmittelbar darauf kommt es zu einer vorübergehenden Vermehrung der Bilirubinausscheidung mit der Galle. Ebenso steigt der Bilirubingehalt der Galle nach intravenöser Injektion von Lösungen exogenen Hämoglobins[4]. Auch freies Hämin wird in Gallenfarbstoffe verwandelt: Gallenfistelhunde schieden nach Injektion von Hämin vermehrte Mengen von Bilirubin aus[5,6] (vgl. dagegen[7]). Daß es sich hierbei um eine direkte Umwandlung von Hämin in Bilirubin handelt, geht daraus hervor, daß Hämin, das mit ^{15}N markiert war, vom Hund in ^{15}N-Stercobilin verwandelt wurde[8]. Injiziertes Hämatoporphyrin wurde von Gallenfistelhunden hingegen nicht in Bilirubin übergeführt[6].

Die Leber hat beim Abbau des Hämoglobins zwei verschiedene Aufgaben: Sie baut Hämoglobin zu Bilirubin ab und scheidet das Bilirubin aus. Die Bilirubinbildung erfolgt im Reticuloendothel der Leber, doch ist auch der in anderen Organen, wie Milz und Knochenmark, enthaltene Anteil des Reticuloendothels

---

[1] London, I. M., R. West, D. Shemin and D. Rittenberg: J. biol. Ch. **184**, 351 (1950). — [2] Whipple, G. H., and F. S. Robscheit-Robbins: Amer. J. Physiol. **78**, 675 (1926). — Hawkins, W. B., and G. H. Whipple: Amer. J. Physiol. **122**, 418 (1938). — [3] Hermann, M.: Virchows Arch. **17**, 451 (1859). — [4] Tarchanoff, J. v.: Pflügers Arch. **9**, 53 (1874). — [5] Brugsch, T., u. K. Kawashima: Z. exp. Path. Therap. **8**, 645 (1911). — Brugsch, T., u. S. Yoshimoto: Z. exp. Path. Therap. **8**, 639 (1911). — Brugsch, T., u. K. Retzlaff: Z. exp Path. Therap. **9**, 508 (1912). — Watson, C. J.: New Engl. J. Med. **227**, 665 (1942). — Pass I. J., S. Schwartz and C. J. Watson: J. clin. Invest. **24**, 283 (1945). — [6] Bénard, H., A Gajdos, M. Polonovski et M. Tissier: Presse méd. **56**, 37 (1948). — [7] Schumm, O.: H. **97** 32 (1916). — Gitter, A., u. L. Heilmeyer: Z. ges. exp. Med. **77**, 594 (1931). — Duesberg R.: A. e. P. P. **174**, 305 (1934). — [8] London, I. M.: J. biol. Ch. **184**, 373 (1950).

am Abbau der Erythrocyten wesentlich beteiligt[1]. Die Ausscheidung des intrahepatisch und extrahepatisch entstandenen Bilirubins in die Galle erfolgt durch die polygonalen Zellen des Leberparenchyms.

2. Die Bildung von Bilirubin.

Daß das Reticuloendothel der Leber in großem Umfang Erythrocyten zerstört, ergibt sich aus histologischen Beobachtungen: die phagocytäre Tätigkeit der Kupfferschen Sternzellen ist in Schnitten von Lebergewebe ersichtlich. Daß aus dem Hämoglobin der zerstörten Erythrocyten Gallenfarbstoffe entstehen, ergibt sich aus tierexperimentellen Befunden: Lebervenenblut von Hunden, bei denen man den Gallengang unterbunden und Milz und Gallenblase exstirpiert hatte, enthielt weit mehr Bilirubin als das Blut der Leberarterie[2]. Durchströmt man die isolierte Froschleber mit hämoglobinhaltiger Ringerlösung, so scheidet sie Biliverdin mit der Galle aus[3]. Bei Gänsen, bei denen (wie bei anderen Vögeln) das Reticuloendothel fast ausschließlich in der Leber enthalten ist[4], verhinderte Hepatektomie das Auftreten eines Ikterus nach Vergiftung mit dem hämolytisch wirkenden Arsenwasserstoff vollständig[5]; bei diesen Tieren kann das aus den Erythrocyten freigesetzte Hämoglobin nach Hepatektomie also nicht mehr in Gallenfarbstoffe verwandelt werden. Bei hepatektomierten Hunden verursachten hämolytische Gifte (Phenylhydrazin, Toluendiamin) nur eine geringe Hyperbilirubinämie, während bei Kontrolltieren, denen der Gallengang unterbunden, die Leber aber belassen worden war, etwa 3mal höhere Bilirubinwerte beobachtet wurden[6]. Man hat aus diesen Versuchen geschlossen, daß beim Hund etwa zwei Drittel des Bilirubins in der Leber und etwa ein Drittel extrahepatisch gebildet wird[7].

Die Frage, ob auch die polygonalen Zellen des Leberparenchyms Erythrocyten abbauen können, ist Gegenstand großer Diskussionen gewesen; unter normalen Verhältnissen zeigen die Leberparenchymzellen jedoch niemals Spuren einer Phagocytose. Daß Erythrocytentrümmer ausnahmsweise in pathologischen Fällen auch in Leberparenchymzellen aufgefunden werden können, geht aus histologischen Befunden an Ratten hervor, die mit Urethan oder Allylformat vergiftet worden waren[8]. Einzelne an Kaninchen erhaltene Befunde weisen darauf hin, daß sich einige Phasen des Hämoglobinabbaues in relativ großem Ausmaß in den Parenchymzellen der Leber abspielen können[9]. Leberbreie und Leberextrakte wandeln Hämoglobin in einen grünen ätherlöslichen Farbstoff um[10]. Daß das Hämoglobin auch außerhalb des Reticuloendothels in Biliverdin und Bilirubin verwandelt werden kann, zeigt die Bilirubinbildung in Blutextravasaten: der in der pathologischen Anatomie als Hämatoidin[11] bezeichnete Farbstoff alter Hämatome ist als Bilirubin identifiziert worden[12,13].

[1] Löwit, M.: Beitr. path. Anat. **4**, 223 (1889). — Lepehne, G.: Beitr. path. Anat. **64**, 55 (1917). — McNee, J. W.: Quart. J. Med. **16**, 390 (1922/23). — Aschoff, L.: M.m.W. **1922 II**, 1352. Kli. Wo. **1924 II**, 961; **1926 II**, 1260; **1932 II**, 1620. Acta path. microbiol. scand. **5**, 338 (1928). Med. Klin. **1932 II**, 1553. — [2] Mann, F. C., C. Sheard, J. L. Bollman and E. J. Baldes: Amer. J. Physiol. **77**, 219 (1926). — [3] Nisimaru, Y.: Amer. J. Physiol. **97**, 654 (1931). — [4] McNee, J. W.: J. Path. Bacteriology **18**, 325 (1914). — [5] Minkowski, O., u. B. Naunyn: A. e. P. P. **21**, 1 (1886). — [6] Rosenthal, F., H. Licht u. E. Melchior: A. e. P. P. **115**, 138 (1926). — Melchior, E., F. Rosenthal u. H. Licht: A. e. P. P. **107**, 238 (1925). — [7] Houssay, B. A.: Human Physiology. New York 1951; bes. S. 33. — [8] Rosin, A., and A. Doljanski: Brit. J. exp. Path. **25**, 111 (1944). — [9] Yamaoka, K., K. Kosaka, T. Shimamura and T. Miyaka: Acta Med. Okayama 8, 111 (1952). — Yamaoka, K., K. Kosaka and Y. Yamamoto: Acta Med. Okayama 8, 120 (1952). — [10] Schreus, H. T., u. C. Carrié: Kli. Wo. **1934 II**, 1670. — [11] Virchow, R.: Virchows Arch. **1**, 379 (1847). — [12] Fischer, H., u. F. Reindel: H. **127**, 299 (1923). — [13] Rich, A. R., and J. H. Bumstead: Bull. Johns Hopkins Hosp. **36**, 225 (1925).

Die Leber scheidet aber nicht nur das Bilirubin aus, das in den KUPFFERschen Sternzellen der Leber selbst gebildet wird, sondern auch die Bilirubinmengen, die in dem extrahepatischen Teil des Reticuloendothels, vor allem in der Milz und im Knochenmark[1,2] entstehen. Es konnte gezeigt werden, daß das Blut der Milzvene mehr Bilirubin enthält als das Blut der Milzarterie[1,3], Milzexstirpation vermindert die im Stuhl ausgeschiedene Urobilinmenge[4] und das hämolytisch wirkende Toluendiamin ruft bei milzexstirpierten Tieren eine geringere Bilirubinvermehrung hervor als bei den Kontrollen[5]. Beim Hund wurde die Menge des in der Milz entstehenden Bilirubins auf $^1/_7$ der Gesamtmenge geschätzt[6]. Das mit Bilirubin angereicherte Milzvenenblut gelangt über Milzvene und Pfortader direkt zur Leber, wo das Bilirubin ausgeschieden wird. Die Eingliederung der Milz in den Pfortaderkreislauf erhält dadurch ihren funktionellen Sinn.

Daß auch das Knochenmark Bilirubin bildet, wurde in Versuchen an Hunden gezeigt: Venöses, aus dem Hinterbein abströmendes Blut enthielt mehr Bilirubin als das in die Extremität einströmende arterielle Blut; wurden die Knochen und damit das Knochenmark aus dem Hinterbein entfernt, so war dieser Unterschied nicht mehr feststellbar[7].

Daß auch der extrahepatisch entstandene Anteil des Bilirubins von der Leber ausgeschieden wird, konnte an hepatektomierten Hunden nachgewiesen werden: Im Blut von Hunden, das normalerweise nur sehr geringe Bilirubinmengen enthält, steigt der Bilirubingehalt nach Hepatektomie an, da der extrahepatisch entstandene Anteil des Bilirubins dann nicht mehr mit der Galle ausgeschieden werden kann. Da aber nur ein Teil des Bilirubins von dem extrahepatischen Anteil des Reticuloendothels gebildet wird, ist die Bilirubinvermehrung im Blut nach Hepatektomie geringer als nach Choledochusunterbindung[7,8].

3. Die Ausscheidung der Gallenfarbstoffe in die Galle.

Es scheint, daß die Leberparenchymzellen das Bilirubin von den ihnen aufliegenden KUPFFERschen Sternzellen direkt übernehmen. Auch das Bilirubin, das in den extrahepatischen Anteilen des Reticuloendothels entstanden ist und auf dem Blutwege in die Leber gelangt, wird wahrscheinlich zunächst vom Reticuloendothel aufgenommen und dann erst an die polygonalen Leberzellen weitergegeben. In den Leberzellen besteht also ein Bilirubingefälle, das nach der dem Gallengang zugekehrten Seite orientiert ist.

Lebergalle enthält 32—62 mg-% (Mensch) bzw. 42—55 mg-% (Hund) Bilirubin; Blasengalle 140 mg-% (Mensch) bzw. 90—170 mg-% (Hund), 30—60 mg-% (Schwein)[9]. Der Bilirubingehalt normaler menschlicher ausgeheberter Duodenalgalle (B-Fraktion, vor allem aus Blasengalle bestehend) wird mit 33 mg-% angegeben[10].

---

[1] MANN, F. C., C. SHEARD, J. L. BOLLMAN and E. J. BALDES: Amer. J. Physiol. **76**, 306 (1926). — [2] LONDON, E. S., u. L. J. KRYZANOWSKAJA: H. **227**, 229 (1934). — [3] MANN, F. C., C. SHEARD, J. L. BOLLMAN u. E. J. BALDES: 12. Int. Congr. Physiol. Stockholm (1926). — [4] MILLER, E. B., K. SINGER and W. DAMESHEK: Arch. internal Med., Chicago **70**, 722 (1942). — SINGER, K.: J. Lab. clin. Med. **30**, 784 (1945). — [5] JOANOWICZ: Z. Heilkde. **25**, 182 (1925). — [6] ERNST, Z., u. B. SZAPPANYOS: B. Z. **157**, 16 (1925). — [7] MANN, F. C., C. SHEARD, J. L. BOLLMAN and E. J. BALDES: Amer. J. Physiol. **74**, 497 (1925). — [8] BOLLMAN, L. J., F. C. MANN and T. B. MAGATH: Amer. J. Physiol. **69**, 393 (1924). — MANN, F. C., C. H. SHEARD and L. J. BOLLMAN: Amer. J. Physiol. **74**, 49 (1925). — RICH, A. R.: Bull. Johns Hopkins Hosp. **36**, 233 (1925). Physiol. Rev. **5**, 182 (1925). — TANIGUCHI, K.: A. e. P. P. **130**, 37 (1928). — ROYER, M., and H. BOGETTI: C. R. Soc. Biol. **133**, 718 (1940). — MAKINO, J.: Beitr. path. Anat. **72**, 808 (1923/24). — [9] POLONOVSKI, M., et R. BOURRILLON: Bull. Soc. Chim. biol. **34**, 703 (1952). — [10] VARELA, B., P. RECARTE et P. RUBINO: C. R. Soc. Biol. **115**, 1661 (1934).

Die Menge des mit der Galle ausgeschiedenen Bilirubins ist abhängig von der Lebensdauer der Erythrocyten der betreffenden Tierart. Nimmt man für die Gesamtmenge des im Blut eines Menschen enthaltenen Hämoglobins 840 g und als mittlere Lebensdauer der Erythrocyten 120 Tage an[1,2], so ergibt sich, daß täglich etwa 7,0 g Hämoglobin abgebaut werden, was einer Tagesausscheidung von etwa 280 mg Bilirubin entsprechen würde.

Eine genaue Übereinstimmung besteht jedoch nicht. Bilanzberechnungen ergaben, daß ein Teil des Hämoglobins auch auf anderen, heute noch unbekannten Wegen abgebaut wird.

Mit Hilfe der Isotopenmethode konnte ferner gezeigt werden, daß ein Teil der im Organismus gebildeten Gallenfarbstoffe nicht aus dem Hämoglobin im Blute kreisender Erythrocyten stammen kann: obwohl die normale Lebensdauer der Erythrocyten mehrere Monate beträgt, wurde schon kurze Zeit nach Zufuhr von ^{15}N-Glycin im Stuhl Stercobilin ausgeschieden, das ^{15}N enthielt[2,3]. Wahrscheinlich wird ein Teil der neugebildeten Erythrocyten bzw. ihrer Vorstufen schon zerstört; ehe sie das Knochenmark verlassen haben; das in ihnen enthaltene Hämoglobin wird schon im Knochenmark zu Bilirubin abgebaut und geht über Blut und Leber in die Galle. Man kann die Lebenszeit der Erythrocyten daher nicht aus der Menge des im Stuhl ausgeschiedenen Gesamturobilins berechnen. Bei manchen Anämieformen, insbesondere bei der perniziösen Anämie, werden außerdem große Mengen von fehlgebildeten Erythrocyten, unmittelbar nachdem sie das Knochenmark verlassen haben, vom Reticuloendothel aufgenommen und zerstört[4]; die Bilirubin- bzw. Urobilinausscheidung erreicht dadurch mitunter abnorm hohe Werte. Unmittelbar nach Verabreichung von ^{15}N-Glycin schieden Patienten mit perniziöser Anämie weit mehr ^{15}N-Stercobilin im Stuhl aus als gesunde Versuchspersonen[5].

Die Bilirubinausscheidung ist unabhängig von der Gallenmenge. Verabreichung von gallensauren Salzen steigert die Menge der Galle und der ausgeschiedenen Gallensäuren, aber nicht die Menge des mit der Galle ausgeschiedenen Bilirubins[6], die Bilirubinkonzentration in der ausgeschiedenen Galle sinkt ab[7]. Auch Histamin vermehrt die Gallenbildung und vermindert die Bilirubinkonzentration der Galle[8]. Dagegen wurde die Bilirubinausscheidung mit der Fistelgalle bei schweren Leberschäden durch die Verabreichung von Nicotinsäureamid gesteigert[9] (vgl. auch [10]).

Ein großer Teil des in der Galle enthaltenen Bilirubins bildet mit den Gallensäuren einen durch Cellophanmenbranen dialysierbaren Komplex, ein anderer Teil ist in nicht dialysabler Form an Lecithin und Proteine gebunden[11].

4. Die Leber und der Bilirubinspiegel im Blutplasma.

Intravenös injiziertes Bilirubin dringt rasch in die Gewebe ein, der Bilirubinspiegel im Blut setzt sich zunächst mit der Gewebsflüssigkeit ins Gleichgewicht und sinkt daher nach einem anfänglichen Maximum rasch ab. Gleichzeitig

[1] London, I. M., R. West, D. Shemin and D. Rittenberg: J. biol. Ch. **184**, 351 (1950). — [2] Shemin, D., and D. Rittenberg: J. biol. Ch. **166**, 627 (1946). — [3] London, I. M.: J. biol. Ch. **184**, 373 (1950). — [4] Heilmeyer, L., u. T. Eilers: Schweiz. med. Wschr. **78**, 975 (1948). — [5] London, I. M., and R. West: J. biol. Ch. **184**, 359 (1950). — [6] McMaster, P. D., and R. Elman: J. exp. Med. **41**, 719 (1925). — [7] Adlersberg, D., u. E. Neubauer: Wien. Arch. inn. Med. **10**, 59 (1925). — Berman A. L., E. Snapp and A. C. Ivy: Amer. J. Physiol. **132**, 176 (1941). — [8] Brugsch, T., u. H. Horsters: A. e. P. P. **118**, 267, 292, 305 (1926). — [9] Stefanini, M.: Amer. J. digest. Dis. **17**, 337 (1950). — [10] Salviati, L., e D. Cora: G. ital. Chir. **6**, 831 (1950). — [11] Polonovski, M., et R. Bourrillon: Bull. Soc. Chim. biol. **34**, 973 (1952).

wird das Bilirubin von der Leber mit großer Geschwindigkeit ausgeschieden[1], und der weitere Abfall des Bilirubingehalts im Blut wird durch die exkretorische Tätigkeit der Leber bedingt. Bei Kaninchen waren nach 5 min fast 90%, nach 15 min 95% der injizierten Bilirubinmenge aus dem Blute verschwunden. Exstirpation der Milz oder der Nieren verringerte in diesen Versuchen nicht die Geschwindigkeit, mit der der Bilirubingehalt des Blutes abnahm. Durch Ausschluß der Leber aus dem Kreislauf wurde das Verschwinden des Bilirubins aus dem Blute jedoch vollständig gehemmt[2]. Die Niere ist an der normalen Regulation des Bilirubinspiegels im Blut nicht beteiligt, die Bilirubinausscheidung in den Harn beginnt erst, wenn der Bilirubingehalt des Blutplasmas auf das 7—9fache des Normalwertes angestiegen ist[3].

Dadurch, daß die gesunde Leber das beim Erythrocytenzerfall entstehende Bilirubin rasch ausscheidet, hält sie den Bilirubingehalt des Blutes auf einem konstanten niedrigen Wert. Für normales menschliches Serum wurden Bilirubinwerte von 0,5 mg-%[4], 0,75 mg-%[5] bis 1,5 mg-%[6] angegeben. Pferdeserum enthält 1,9—3,1 mg-%[7], Rinderserum 0,76—1,9 mg-% (bei Leberkrankheiten bis 16,6 mg-%)[8] Bilirubin. Im Blute vieler anderen Tierarten (z. B. Affe[9], Hund[9], Kaninchen, Meerschweinchen, Ratte[10]) kann Bilirubin mit den üblichen klinischen Methoden überhaupt nicht nachgewiesen werden.

Die Fähigkeit der Leberzellen, Bilirubin aus der Blutbahn zu entfernen, kann durch verschiedene Faktoren beeinflußt werden. Nach Nahrungsaufnahme wird meist eine Senkung des Bilirubingehalts des Blutes beobachtet. Bei Pferden hatte 48stündiger Nahrungsentzug eine, vielleicht auch durch gesteigerten Erythrocytenzerfall verursachte Hyperbilirubinämie zur Folge[11]. Verabreichung von Desoxycorticosteron steigert beim gesunden und beim ikterischen Menschen den Bilirubingehalt des Blutes[12]. Bei Lebererkrankungen steigt der Bilirubingehalt des Blutes meist stark an (vgl. den Abschnitt Ikterus). Aber auch bei Leberinsuffizienzen geringeren Grades, bei denen der Blutbilirubinspiegel noch nicht erhöht ist, wird zusätzlich in die Blutbahn injiziertes Bilirubin von der Leber verlangsamt ausgeschieden. Zu diagnostischen Zwecken können daher Bilirubinbelastungen durchgeführt werden, hierbei werden meist 70 mg (bzw. 1 mg je kg Körpergewicht) Bilirubin, gelöst in $NaOH$ (s.[13]) oder Na_2CO_3 (s.[14]), intravenös injiziert, diese Menge entspricht etwa der normalerweise in 6 Std gebildeten Bilirubinmenge. In verschiedenen Zeitabständen nach der Injektion wird der Bilirubingehalt des Blutes bestimmt und dadurch die Geschwindigkeit, mit der das Bilirubin von der Leber aus dem Blute aufgenommen wird, festgestellt; bei geschädigter Leber ist der Abfall des Blutbilirubinspiegels verlangsamt[15]. Durch

[1] Tarchanoff, J. v.: Pflügers Arch. **9**, 53 (1874). — Makino, J.: Beitr. path. Anat. **72**, 808 (1923/24). — Appelmans, R., et J. P. Bouckaert: Arch. int. Méd. exp. **2**, 259 (1925/26). — Potick, D.: C. R. Soc. Biol. **109**, 324 (1932). — Stroebe, F.: Z. klin. Med. **120**, 95 (1932). — [2] Scholderer, H.: B. Z. **257**, 137 (1933). — [3] Andrewes, C. H.: Quart. J. Med. **18**, 19 (1924/25). — [4] Hijmans van den Bergh, A. A., u. I. Snapper: Dtsch. Arch. klin. Med. **110**, 540 (1913). — Hijmans van den Bergh, A. A., and J. J. de la Fontaine-Schluiter: Verh. K. Akad. Wet. Amsterdam (I) **23**, 733 (1914). — Hijmans van den Bergh, A. A., u. P. Muller: B. Z. **77**, 90 (1916). — [5] With, T. K.: Acta med. scand. **115**, 542 (1943). — [6] Pollock, M. R.: Lancet **1945 II**, 626. — [7] Grassnickel, W.: Arch. wiss. prakt. Tierheilkde. **54**, 479 (1926). — [8] Pendini, B.: Atti Soc. ital. Sci. veterin. **4**, 549 (1950) [Chem. Abstr. **47**, 2344e]. — [9] McMaster, P. D., and P. Rous: J. exp. Med. **33**, 731 (1921). — [10] Heimann, F.: B. Z. **263**, 316 (1933). — Heller, R.: Z. ges. exp. Med. **87**, 17 (1933). — [11] Ramsay, W. N. M.: Biochem. J. **39**, XXXII (1945). — [12] Ercoli, G., e A. Amato: Folia endocrinol., Pisa **5**, 313 (1952) [Chem. Abstr. **47**, 1853b]. — [13] Bergmann, G. v.: kli. Wo. **1927 I**, 776. — Eilbott, W.: Z. klin. Med. **106**, 529 (1927). — Stroebe, F.: Z. klin. Med. **120**, 95 (1932). — Kalk, H.: D. m. W. **1932**, 1078, 1119, 1160. — [14] Harrop, G. A., and E. S. G. Barron: J. clin. Invest. **9**, 577 (1931). — Soffer, L. J.: Bull. Johns Hopkins Hosp. **52**, 365 (1933). — [15] Weech, A. A., D. Vann and R. A. Grillo: J. clin. Invest. **20**, 323 (1941).

Leberstörungen verursachte Hyperbilirubinämien können auf diese Weise von Hyperbilirubinämien unterschieden werden, die durch gesteigerte Hämolyse verursacht werden.

Der Bilirubingehalt des normalen Blutes ist das Resultat eines Gleichgewichtes zwischen Bildung und Ausscheidung der Gallenfarbstoffe: Kann die Leber das Bilirubin nicht mit der Geschwindigkeit ausscheiden, mit der es im Reticuloendothel gebildet wird, so staut sich das Bilirubin im Blut und in den Gewebsflüssigkeiten an, und es entsteht ein Ikterus.

5. Der Ikterus.

Hyperbilirubinämien können durch gesteigerten Erythrocytenzerfall (hämolytische, prähepatische Ikterusformen), durch direkte Schädigung der Leberzellen (hepatocelluläre Ikterusformen) und durch Störungen des Gallenabflusses (Stauungsikterus, posthepatische Ikterusformen) verursacht sein. Doch ist eine scharfe Trennung nicht immer möglich: Die Gallenstauung führt zwangsläufig auch zu einer Schädigung des Leberparenchyms und der gesteigerte Erythrocytenzerfall, der einen hämolytischen Ikterus verursacht, hat meist auch eine Anämie zur Folge, die die Funktion des Leberparenchyms beeinträchtigen kann.

a) Der hämolytische Ikterus. Schädigende Faktoren, die das Knochenmark oder die in der Blutbahn befindlichen Erythrocyten treffen, können in den Erythrocyten Veränderungen verursachen, die ihre beschleunigte Zerstörung im Reticuloendothel oder in der freien Blutbahn zur Folge haben. Die Bildung von Bilirubin aus dem vom Reticuloendothel in Form von Erythrocyten oder in freier Form aufgenommenen Hämoglobin wird in diesem Falle sehr stark gesteigert. Gesunde Leberzellen reagieren auf die Vermehrung der ihnen angebotenen Bilirubinmenge zunächst mit der Ausscheidung einer besonders bilirubinreichen (pleiochromen) Galle; die gesteigerte Bilirubinbildung wird dadurch kompensiert und der Bilirubinspiegel des Blutes kann trotz gesteigerter Hämolyse normal bleiben. Wird der Erythrocytenzerfall aber sehr stark beschleunigt, so bleibt die Bilirubinausscheidung hinter der Bilirubinbildung zurück; der Überschuß, den die mit Bilirubin überlasteten Leberzellen nicht ausscheiden können, staut sich im Blut an.

Der hämolytische Ikterus kommt also dann zustande, wenn das Reticuloendothel mehr Bilirubin bildet als das Leberparenchym bei maximaler Tätigkeit ausscheiden kann. Bei gesunder Leber ist diese Differenz zwischen gesteigerter Bilirubinbildung und der gleichfalls vermehrten Bilirubinausscheidung meist gering, und die Hyperbilirubinämien, die beim hämolytischen Ikterus beim Menschen und bei mit Phenylhydrazin vergifteten Versuchstieren[1] beobachtet werden, erreichen meist erst dann höhere Grade, wenn das Lebergewebe selbst geschädigt ist.

Beim hämolytischen Ikterus hat das im Blutplasma enthaltene Bilirubin die Leberzellen noch nicht passiert, es geht meist nicht in den Harn über und gibt nicht die direkte Diazo-Reaktion (s. d.). Zum Unterschied von den anderen Ikterusformen ist die Hyperbilirubinämie beim hämolytischen Ikterus nicht von einer Vermehrung anderer Gallenbestandteile begleitet; vor allem kommt es nicht zu einer Steigerung des Gehalts an Gallensäuren im Blut, und die bei anderen Ikterusformen durch Vermehrung der Gallensäuren verursachten Störungen (Bradykardie usw.) fehlen.

Das beim hämolytischen Ikterus in vermehrter Menge in den Darm gelangende Bilirubin wird dort in Stercobilin und Stercobilinogen verwandelt, der Stuhl ist daher tief dunkel gefärbt. Ein Teil der im Darm in vermehrter Menge entstandenen

[1] Itoh, T.: Beitr. path. Anat. 89, 513 (1932).

Stercobilins und Stercobilinogens wird resorbiert, diese Stoffe werden zum Teil mit der Niere ausgeschieden und sind beim hämolytischen Ikterus meist im Harn nachweisbar.

Der Ikterus des Neugeborenen. Während der Geburt entnommenes Nabelstrangblut hat einen relativ hohen Bilirubingehalt[1,2]. Es wird angenommen, daß diese schon bei der Geburt vorhandene Hyperbilirubinämie durch die Zerstörung mütterlicher Erythrocyten in der Placenta zustande kommt: das hierbei freigesetzte Fe wird beim Neugeborenen größtenteils in der Leber abgelagert, während das Bilirubin im Blute erscheint[3]. Bei einem großen Teil der Neugeborenen (30—80%)[1,4] nimmt der Bilirubingehalt des Blutes in den ersten Tagen nach der Geburt noch weiter zu und kann auf dem Höhepunkt des Ikterus, etwa 3—4 Tage nach der Geburt, Werte von etwa 2—10 mg-%[5] erreichen. Der Bilirubinbelastungstest ergab, daß die Leber des Neugeborenen Bilirubin normal ausscheidet[6]. Auch andere Leberfunktionsteste geben bei Neugeborenen annähernd normale Resultate[7]. Trotzdem kann nicht mit Sicherheit ausgeschlossen werden, ob an dem Zustandekommen der Hyperbilirubinämie des Neugeborenen nicht eine Insuffizienz der an die extrauterinen Lebensbedingungen noch nicht adaptierten Leber beteiligt ist[2,5,8]. Zweifellos spielt hierbei jedoch die nach der Geburt erfolgende Zerstörung einer großen Anzahl von Erythrocyten mit eine wesentliche Rolle. Eine der Ursachen dieses nach der Geburt einsetzenden gesteigerten Erythrocytenzerfalls scheint die bessere O_2-Versorgung zu sein, die im Moment der Geburt eintritt. Die O_2-Sättigung des Embryonalblutes ist relativ gering. Die O_2-Sättigung des arteriellen mütterlichen Blutes beträgt 95%, die O_2-Sättigung des aus der Placenta kommenden Blutes der Nabelschnurvene aber nur 20%[9]. Die geringe O_2-Sättigung wird durch eine hohe Erythrocytenzahl kompensiert. Mit der Geburt tritt die Lungenatmung an die Stelle der diaplacentaren O_2-Versorgung, dem Blut strömt dadurch weit mehr O_2 zu als vorher. Die hohe Erythrocytenzahl des Embryonalblutes wird dadurch überflüssig, und der Erythrocytenüberschuß wird abgebaut[10].

b) Der hepatocelluläre Ikterus kann durch Schädigung der Leberzellen (z. B. durch Gifte, Infektionen u. a.) verursacht sein. Es ist wahrscheinlich, daß bei leichteren Schädigungen zunächst nur eine Verminderung der Gallenproduktion der Leberzellen eintritt, die zu einer Rückstauung des im Reticuloendothel gebildeten Bilirubins im Blut führt. Das sich im Blut ansammelnde Bilirubin gibt in diesem Falle, da es die Leberzellen nicht passiert hat, zunächst keine direkte Diazo-Reaktion (vgl. S. 514). Bei schweren Schädigungen des Lebergewebes treten aber sehr bald Nekrosen einzelner Leberzellen oder ganzer Zellgruppen auf. Es wird angenommen, daß dadurch in den Leberzellbalken Lücken entstehen, durch die die Galle zu den Lymphräumen und Sinusoiden durchtreten[11] und sich der Lymphe und vielleicht auch dem die Sinusoide durchströmenden Blute beimengen kann. Die gallenhaltige Lymphe gelangt durch die Lymphgefäße der Leber und den Ductus thoracicus ins Blut. Es handelt sich in diesem Falle also nicht um eine Retention von Gallenfarbstoffen im Blut, sondern um ein Wiedereintreten bereits ausgeschiedener Galle in die Blutbahn (Regurgitationsikterus).

---

[1] Hirsch, A.: Z. Kinderheilkde. **9**, 196 (1913). — [2] Ylppö, A.: Z. Kinderheilkde. **9**, 208 (1913). — [3] Schick, B.: Z. Kinderheilkde. **27**, 231 (1920). — [4] Waugh, T. R., F. F. Merchant and G. B. Maughan: Amer. J. med. Sci. **199**, 9 (1940). — Davidson, L. T., K. K. Merritt and A. A. Weech: Amer. J. Dis. Children **61**, 958 (1941). — [5] Larsen, E. H., and T. K. With: Acta paediatr., Uppsala **31**, 153 (1943/44). — [6] Lin, H., and N. J. Eastman: Amer. J. Obstet. Gynec. **33**, 317 (1937). — [7] Duzár, J., u. S. Rusznyák: Mschr. Kinderheilkde. **28**, 25 (1924). — Sperry, W. M.: Amer. J. Dis. Children **51**, 84 (1936). — Salomonsen, L.: Acta paediatr., Uppsala **24**, 36 (1939). — [8] Rich, A. R.: Bull. Johns Hopkins Hosp. **34**, 321 (1923); **35**, 415 (1924). Physiol. Rev. **5**, 182 (1925). — Herlitz, C. W.: Acta paediatr., Uppsala **6**, 214 (1926). — Ross, S. G., T. R. Waugh and T. H. Malloy: J. Pediatr. **11**, 397 (1937). — Vahlquist, B. C.: Nord. Med. **7**, 1516 (1940). — Biering-Sørensen, K., and T. K. With: Acta paediatr., Uppsala **34**, 63 (1947). — [9] Anselmino, J. A., u. F. Hoffmann: Arch. Gynaek. **143**, 477 (1931). — [10] Anselmino, K. J., u. F. Hoffmann: Kli. Wo. **1931 I**, 97. — [11] Stadelmann, E.: Der Ikterus und seine verschiedenen Formen. Stuttgart 1891. — Fiessinger, N., et H. Walter: Nouveaux procédés d'exploration fonctionelle du foie. Paris 1934. — Eppinger, H.: Die Leberkrankheiten. Berlin 1937.

Es ist ferner angenommen worden, daß die durch leichtere Schädigungen verursachte Schwellung der Leberzellen zu einer Verengung oder zu vollständigem Verschluß der zwischenzelligen intralobulären Gallencapillaren führt[1], es kommt hierdurch zu einer intralobulären Gallenstauung, die das Durchtreten der Galle in die Sinusoide und die Lymphe erleichtert. Für diese Anschauung spricht, daß Hyperbilirubinämie im Tierversuch auch durch die nach Verabreichung von Äthionin eintretende Ablagerung von Fett[2] oder durch Ansammlung exzessiv großer Glykogenmengen in den Leberzellen ausgelöst werden kann[3].

c) Der Stauungsikterus. Mechanische Abflußhindernisse in den kleinen und größeren Gallengängen oder im Ductus choledochus (z. B. Steine, Geschwülste in den Nachbarorganen, Narben) führen zu einer Anstauung der Galle in den Leberläppchen, und die zwischenzelligen Gallencapillaren werden durch die Gallenstauung erweitert. Es wird angenommen, daß dadurch die Bildung capillärer Spalträume zwischen den Leberzellen erleichtert wird, durch die die unter Druck stehende Galle in Lymphgefäße und Sinusoide eindringen kann. Es scheint ferner, daß die dünnwandigen Endstücke der Gallencapillaren vor ihrer Einmündung in die interlobulären Gallengänge durch den Gallendruck erweitert werden und einreißen können[4], dadurch kann die Galle direkt in den Lymphbahnen des interlobulären Bindegewebes eintreten und gelangt durch den Ductus thoracicus ins Blut. Der Befund, daß nach Unterbindung des Gallengangs Bilirubin in der Leberlymphe in erheblicher Konzentration nachgewiesen werden kann, stimmt mit dieser Anschauung gut überein[5]. Andererseits hat langdauernde schwere Gallenstauung meist Schädigungen der Leberzellen zur Folge. Die chemischen Testmethoden zur Prüfung der Leberfunktion ergeben bei derartigen Fällen von Stauungsikterus oft ähnliche Resultate wie bei Fällen von hepatocellulärem Ikterus, bei denen die Leberzellen durch Gifte oder Infektionen u. ä. direkt geschädigt worden sind.

Ebenso wie der hepatocelluläre Ikterus kommt also auch der Stauungsikterus vor allem durch Gallenregurgitation, d. h. durch Übertreten bereits in die Lebercapillaren sezernierter Galle ins Blut zustande und bei beiden Ikterusformen treten daher ähnliche Veränderungen in der Blutzusammensetzung auf. Das im Blute enthaltene Bilirubin ist bereits durch die Leberzellen hindurchgegangen, es gibt die direkte Diazo-Reaktion und wird in relativ großer Menge im Harn ausgeschieden. Zum Unterschied von den hämolytischen Ikterusformen sind im Blut auch die Gallensäuren vermehrt.

Die geschilderten Veränderungen im Lebergewebe, die die Regurgitation von Galle ermöglichen, entstehen beim Eintreten der Gallensperre jedoch nicht sofort; ist die Abflußsperre durch ein mechanisches Hindernis in der Nähe der Papilla Vateri verursacht, so tritt eine Vermehrung des Blutbilirubingehalts erst einige Zeit später ein, da die Galle zunächst von der Gallenblase und den sich erweiternden Gallengängen aufgenommen wird[6]. Verschluß nur eines Teiles der Gallenwege ruft in der Regel keinen Stauungsikterus hervor, die nicht gestauten Leberanteile hypertrophieren und übernehmen die Funktion des aus der Gallensekretion ausgeschalteten Leberteils[7]. Bei Hunden und Affen war die Unterbindung der Gallengänge von etwa drei Vierteln der Gallengangsäste notwendig, um einen Stauungsikterus hervorzurufen[6].

[1] Geraudel, E.: J. Physiol. Path. gén. 8, 103 (1906). — Oertel, H.: Arch. internal Med., Chicago **21**, 73 (1918). — Elton, N. W.: Amer. J. clin. Path. 5, 40 (1935). — [2] Koch-Weser. D., E. Farber and H. Popper: A. M. A. Arch. Path. **51**, 498 (1951). — [3] Cachera, R., M, Lamotte et S. Lamotte-Barillon: Sem. des Hôp. **26**, 3497 (1950). — [4] Caroli, J., A. Paraf et J. Eteve: Sem. des Hôp. **26**, 743 (1950). — [5] Kühn, H. A.: Kli. Wo. **1952**, 662. — [6] McMaster, P. D., and P. Rous: J. exp. Med. **33**, 731 (1921). — [7] Carnot, P., et P. Harvier: Arch. Méd. exp. Anat. path. **19**, 76 (1907).

Die in den Darm abfließende Gallenmenge ist bei allen Formen des Regurgitationsikterus vermindert. Bei völligem Verschluß des Ductus choledochus gelangt überhaupt keine Galle mehr in den Darm; da im Darm kein Bilirubin vorhanden ist, entsteht auch kein Stercobilin und der Stuhl ist farblos. Das Fehlen der Gallensäuren im Darminhalt hemmt die Resorption der Fettsäuren und der lipidlöslichen Vitamine, der Stuhl enthält beim Occlusionsikterus daher meist große Mengen von Seifen (acholische Fettstühle), und langdauernde Erkrankungen der Leber und der Gallenwege können, wenn sie mit Acholie einhergehen, zu Hypovitaminosen führen.

d) „Direktes" und „indirektes" Bilirubin. Das beim hämolytischen Ikterus im Blute enthaltene Bilirubin kommt aus dem Reticuloendothel; bei den verschiedenen Formen des Regurgitationsikterus kommt das im Blute enthaltene Bilirubin dagegen aus den Leberparenchymzellen. Diese beiden Formen des Bilirubins zeigen charakteristische Unterschiede in ihrem chemischen und biologischen Verhalten.

Hijmans van den Bergh[1] machte die Beobachtung, daß die für Bilirubin charakteristische rote Farbreaktion mit diazotierter Sulfanilsäure beim Serum von Patienten mit Stauungsikterus sofort eintrat, wenn eine wäßrige Lösung des Reagens dem Serum zugesetzt wurde *(direkte Diazo-Reaktion)*. Bei Fällen von hämolytischem Ikterus muß dem Serum erst Alkohol zugesetzt werden, damit das rote Azobilirubin entsteht *(indirekte Diazo-Reaktion)*. Außer durch Zusatz von Äthylalkohol kann die Farbreaktion des indirekten Bilirubins auch durch Zusatz von Methylalkohol[2], Coffein[3] u. a. Stoffen ausgelöst werden. Einige Minuten nach Zusatz des Diazo-Reagens tritt bei indirektem Bilirubin auch ohne Zusatz dieser Stoffe die rote Farbreaktion auf; die sog. verzögerte Diazo-Reaktion ist daher der indirekten Reaktion gleichzusetzen[4].

„Direktes" und „indirektes" Bilirubin unterscheiden sich auch in anderer Hinsicht: Direktes Bilirubin läßt sich durch Äther oder Butylalkohol aus dem Serum extrahieren[5,6], indirektes Bilirubin geht dagegen in Chloroform über[7] und kann, nach Zusatz von Na_2SO_4, durch Extraktion mit $CHCl_3$ bestimmt werden[8]. Bei der Papierchromatographie mit $CHCl_3$ wandert indirektes Bilirubin mit dem Lösungsmittel, während das direkte zurückbleibt[9].

Direktes Bilirubin wird leichter im Harn ausgeschieden als indirektes[10]. Doch wurde gelegentlich auch bei starker Vermehrung des indirekten Bilirubins im Blut eine Bilirubinurie beobachtet[11]. Ebenso wie im Blut ist das Bilirubin auch im Harn an ein Kolloid gebunden und nicht ultrafiltrabel[12]. Direktes Bilirubin geht bei schweren Ikterusfällen auch in den Liquor cerebrospinalis über, doch ist die Menge des Bilirubins im Liquor nicht nur vom Bilirubingehalt des Blutes, sondern vor allem von dem Ausmaß abhängig in dem Proteine in den Liquor übertreten[13].

[1] Hijmans van den Bergh, A. A.: Der Gallenfarbstoff im Blute. Leipzig 1918. — [2] Malloy, H. T., and K. A. Evelyn: J. biol. Ch. **119**, 481 (1937). — [3] Lepehne, G.: Dtsch. Arch. klin. Med. **132**, 96 (1920). — Jendrassik, L., u. A. Czike: D. m. W. **1928 I**, 430. Z. ges. exp. Med. **60**, 554 (1928). — Jendrassik, L., u. R. A. Cleghorn: B. Z. **289**, 1 (1937). — Jendrassik, L., u. P. Gróf: B. Z. **297**, 81 (1938). — [4] Schalm, L., and M. J. Schulte: Ned. T. Geneeskde. **97**, I, 1013, 1075 (1953) [Chem. Abstr. **47**, 8865[1]]. — [5] Coolidge, T. B.: J. biol. Ch. **132**, 119 (1940). — [6] Varela, B., et C. Viana: C. R. Soc. Biol. **114**, 786, 789 (1933); **115**, 1567 (1934). — [7] Grunenberg, K.: Z. ges. exp. Med. **35**, 128 (1923). — Andrewes, C. H.: Brit. J. exp. Path. **5**, 213 (1924). — Davies, D. T., and E. C. Dodds: Brit. J. exp. Path. **8**, 316 (1927). — Soejima, R.: Arch. klin. Chir. **149**, 206 (1927). — Heilbrun, N., and R. S. Hubbard: J. Lab. clin. Med. **26**, 576 (1940). — [8] Varela, B., P. Recarte et P. Rubino: C. R. Soc. Biol. **115**, 1661 (1934). — [9] Moncke, C.: Medizinische **1953**, 1036. — [10] Rosenthal, F., u. P. Holzer: Dtsch. Arch. klin. Med. **135**, 257 (1921). — McNee, J. W.: Quart. J. Med. **16**, 390 (1922/23). — Rabinowitch, I. M.: J. biol. Ch. **97**, 163 (1932). — Wespi, H.: Kli. Wo. **1935** II, 1820. — Lattanzi, A.: Rass. Isiopat. **20**, 267 (1948). — [11] With, T. K.: Ciba Foundation Symp. Liver Disease. S. 206, 207. 1951. — [12] Gajdos, A.: Ciba Foundation Symp. Liver Disease. S. 216. 1951. — [13] Amatuzio, D. S., L. J. Weber, and S. Nesbitt: J. Lab. clin. Med. **41**, 615 (1953).

Sowohl das direkte als auch das indirekte Bilirubin ist im Blutplasma an Protein gebunden[1]: Es geht nicht ins Ultrafiltrat über[2] und kann durch Aussalzen mit Ammonsulfat mit den Proteinen gefällt werden[3], das direkte Bilirubin wird hierbei mit den Albuminen, das indirekte mit den Globulinen ausgefällt[4]. Beide Formen des Serumbilirubins wandern bei der Elektrophorese und bei der Ultrazentrifugierung mit den Serumproteinen[5].

Zur Erklärung der Verschiedenheiten von direktem und indirektem Bilirubin wird angenommen, daß das Bilirubin im Reticuloendothel an den Globinanteil des abgebauten Hämoglobinmoleküls gebunden und in dieser Form an das Blut bzw. an die Leberzellen abgegeben wird. Die Leberzellen setzen das Bilirubin aus dieser Bindung frei, bauen das Globin ab und scheiden das Bilirubin in freier Form in die Galle aus. Tritt die Galle im Verlaufe eines Regurgitationsikterus ins Blut über, so verbindet sich das Bilirubin sofort mit dem im Blutplasma enthaltenen Serumalbumin. Danach ist das indirekte, aus dem Reticuloendothel kommende Bilirubin an Globin, das direkte aber an Serumalbumin gebunden.

Diese Anschauung ist durch folgende Befunde belegt: Wird Na-Bilirubinat zu Globin zugesetzt und durch Säure neutralisiert, so gibt es die indirekte Diazo-Reaktion und ist wie das indirekte Bilirubin bei hämolytischem Ikterus,, mit $CHCl_3$ extrahierbar. Wird Na-Bilirubinat hingegen mit Serumalbumin versetzt, so gibt es die direkte Diazo-Reaktion und geht nicht in $CHCl_3$ über. Wird Serum, das direkte Diazo-Reaktion zeigt, mit Globin bebrütet, so wird das Bilirubin mit $CHCl_3$ extrahierbar[6]. Auch Versuche, in denen Bilirubin mit Serum oder mit Serumalbumin vermischt und dann ultrazentrifugiert wird, ergaben, daß das Bilirubin von Serumalbumin sofort gebunden wird[5]. Andere Proteine binden das Bilirubin nicht: in Lösungen von Ovalbumin bleibt zugesetztes Bilirubin frei[5].

6. Die Ausscheidung von Biliverdin mit der Galle.

Beim Zerfall des Hämoglobinmoleküls entsteht zunächst nicht Bilirubin, sondern Biliverdin; beim Menschen und beim Säugetier wird dieses Biliverdin jedoch nur zum kleinen Teil als solches ausgeschieden, die Hauptmenge wird vorher durch Reduktion der mittleren (—CH=)-Spange in Bilirubin verwandelt. Frische Lebergalle von Menschen und Säugetieren ist infolge ihres Bilirubingehalts gelbbraun, beim Stehen kann jedoch eine allmähliche Reoxydation des Bilirubins zu Biliverdin erfolgen; in der Blasengalle ist neben Bilirubin meist auch Biliverdin vorhanden. Bei Gallenstauung und entzündlichen Vorgängen in den Gallenwegen ist das Verhältnis Biliverdin/Bilirubin meist zugunsten des Biliverdins verschoben[7]. Ausgeheberter Mageninhalt ist infolge Regurgitation biliverdinhaltiger Blasengalle aus dem Duodenum oft grün gefärbt, und Gallensteine enthalten neben Bilirubin meist auch Biliverdin. Leichengalle enthält in der Regel Biliverdin; aus 1 *l* Menschengalle konnten 13,4 g Biliverdin erhalten werden[8]. Auch das Meconium des Fetus und des Neugeborenen enthält Biliverdin[9].

---

[1] Bennhold, H.: Ergebn. inn. Med. **42**, 273 (1932). — [2] Bendien, W. M., and I. Snapper: Acta brev. neerl. Physiol. **1**, 4 (1931). B. Z. **261**, 1 (1933). — Forrai, E., u. R. Sivó: B. Z. **189**, 162 (1927). — Snapper, I., and W. M. Bendien: Acta med. scand. **98**, 77 (1938). — [3] Coolidge, T. B.: J. biol. Ch. **132**, 119 (1940). — [4] Najjar, V. A.: Pediatrics, N. Y. **10**, 1 (1952). — [5] Pedersen, K. O., u. J. Waldenström: H. **245**, 152 (1937). — [6] Fiessinger, N., A. Gajdos et M. Polonovski: C. R. Soc. Biol. **135**, 1572 (1941); **136**, 714 (1942). — Polonovski, M., N. Fiessinger and A. Gajdos: Bull. Soc. Chim. Biol. **24**, 221 (1942). — [7] Lenzi, G., e G. Labò: Boll. Mem. Soc. tosco-umbro-emil. Med. interna **2**, 513 (1952) [Chem. Abstr. **47**, 11487d] — [8] Wieland, H., u. G. Reverey: H. **140**. 186 (1924). — [9] Zamorani, V.: Riv. Clin. pediatr. **23**, 9 (1925). — Royer, M., et J. C. Bertrand C. R. Soc. Biol. **100**, 130 (1929).

Normales Lebergewebe ist imstande Biliverdin zu Bilirubin zu reduzieren[1], Meerschweinchenleber kann hierbei Lactat, Alkohol, Glucose, Ascorbinsäure, Citrat als Wasserstoffdonatoren verwenden, die Wasserstoffübertragung erfolgt durch die spezifischen Dehydrogenasen dieser Stoffe[2].

Mangel an leicht oxydablen Substanzen verzögert die Reduktion des Biliverdins. Vermehrte Biliverdinmengen werden in der Galle von Menschen und Tieren daher oft dann gefunden, wenn der Glykogengehalt der Leber stark herabgesetzt ist, insbesondere im Hunger[3,4].

Im Blutserum ist Biliverdin bei Ikterusformen verschiedener Pathogenese (z. B. bei mechanischem und hepatocellulärem Ikterus, bei Cirrhosen verschiedener Pathogenese u. a.) nachgewiesen worden[5,6], es kann spektroskopisch direkt bestimmt werden[6], bei hämolytischen Ikterusfällen ist es dagegen nicht nachweisbar. Besonders groß ist die Biliverdinmenge oft bei Ikterusfällen, bei denen eine langdauernde Gallenstauung durch Geschwülste des Gallengangs verursacht ist; in solchen Fällen wurden im Blut Biliverdinwerte bis zu 2,2 mg-% beobachtet[6]. Ein im Verhältnis zum Bilirubinspiegel relativ hoher Biliverdingehalt im Serum wird häufig während der Ausheilung langdauernder Ikterusfälle beobachtet. Setzt die normale Ausscheidung der Gallenfarbstoffe wieder ein, so bleibt das Biliverdin meist länger im Blute und in den Geweben zurück als das Bilirubin[7]. Da das Biliverdin die direkte Diazo-Reaktion nicht gibt[8], erhält man mit der direkten Diazo-Reaktion in solchen Fällen auch bei stark verfärbten Seren nur niedrige Werte. Möglicherweise spielt auch eine verminderte Fähigkeit des Lebergewebes, Biliverdin zu Bilirubin zu reduzieren, beim Zustandekommen mancher Fälle von Verdinikterus eine Rolle.

Vögel[9] und Amphibien[10] scheiden grüne Galle aus, die Biliverdin enthält; das Reticuloendothel dieser Tiere kann also das beim Hämoglobinzerfall entstehende Biliverdin nicht zu Bilirubin reduzieren. Nach Vergiftung mit Arsenwasserstoff konnte Biliverdin in den KUPFFERschen Sternzellen der Gänseleber nachgewiesen werden[11]. Auch normalerweise ist es in kleinen Mengen in der Sternzellen der Vogelleber vorhanden[12], es entstand, wenn embryonale Hühnerleber mit hämolysiertem Blut bebrütet wurde[13]. Im Gegensatz zur Leber des Säugetiers reduziert Froschleber Biliverdin nur langsam[14]. Mit Pferdehämoglobin durchströmte Froschleber schied vermehrte Mengen grüner Galle aus[10]; auch im Blut hepatektomierter Frösche wurde Biliverdin nachgewiesen[15].

7. Der enterohepatische Kreislauf der Gallenfarbstoffe.

Ein Teil der mit der Galle ausgeschiedenen Gallenfarbstoffe wird im Darm resorbiert und kehrt wieder zur Leber zurück. Die Gallenfarbstoffe machen also einen enterohepatischen Kreislauf durch. Dieser besteht aus 2 Phasen: a) Das mit

---

[1] BARRY, W. M., and V. E. LEVINE: J. biol. Ch. 59, LII (1924). — [2] LEMBERG, R., and R. A. WYNDHAM: Biochem. J. 30, 1147 (1936). — [3] H.-Th. 9. Aufl. (bes. S. 910). — [4] KANASAKI, K.: Jap. J. Gastroenterol. 5, 91 (1933). — [5] RABINOWITCH, I. M.: J. biol. Ch. 97, 163 (1932). — WATSON, C. J.: New Engl. J. Med. 227, 665 (1942). — LARSON, E. A., G. T. EVANS: J. Lab. clin. Med. 30, 384 (1945). — [6] LARSON, E. A., G. T. EVANS and C. J. WATSON: J. Lab. clin. Med. 32, 481 (1947). — [7] LICHTMAN, S. S.: Diseases of the Liver, Gallbladder and Bile Ducts. bes. S. 265. Philadelphia 1953. — [8] DAVIES, D. T., and E. C. DODDS: Brit. J. exp. Path. 8, 316 (1927). — [9] ROSENTHAL, F., u. E. MELCHIOR: A. e. P. P. 94, 28 (1922). — [10] NISIMARU, Y: Amer. J. Physiol. 97, 654 (1931). — LEMBERG, R.: Biochem. J. 29, 1322 (1935). — CABELLO RUZ, J.: Rev. Soc. argent. Biol. 19, 16, 71 (1943). — [11] MINKOWSKI, O., u. B. NAUNYN: A. e. P. P. 21, 1 (1886). — [12] McNEE, J. W.: J. Path. Bacteriology 18, 315 (1913). — LEPEHNE, G.: Beitr. path. Anat. 64, 55 (1917). — [13] STEIN, J.: Arch. exp. Zellforsch. 20, 78 (1937). — [14] ZAMORANI, V.: Riv. Clin. pediatr. 23, 9 (1925). — ROYER, M., et J. C. BERTRAND: C. R. Soc. Biol. 100, 130 (1929). — [15] KUNDE, F.: De hepatis ranarum extirpatione. Diss. Berlin 1850.

der Galle ausgeschiedene Bilirubin wird zunächst im Darm reduziert, b) ein Teil der Reduktionsprodukte wird rückresorbiert und auf dem Wege über die Pfortader wieder zur Leber zurückgebracht.

a) Die Reduktion des Bilirubins. Durch die reduzierende Wirkung der Darmbakterien wird das Bilirubin zu Tetrahydromesobilen (Stercobilin) und Tetrahydromesobilan (Stercobilinogen) reduziert. Daneben konnte im Stuhl auch Mesobilen (Urobilin IX a) und Mesobilan (Urobilinogen IX a) nachgewiesen werden. Diese 4 Stoffe können als ,,Urobilinsubstanzen" zusammengefaßt werden (vgl. die beistehenden Formeln).

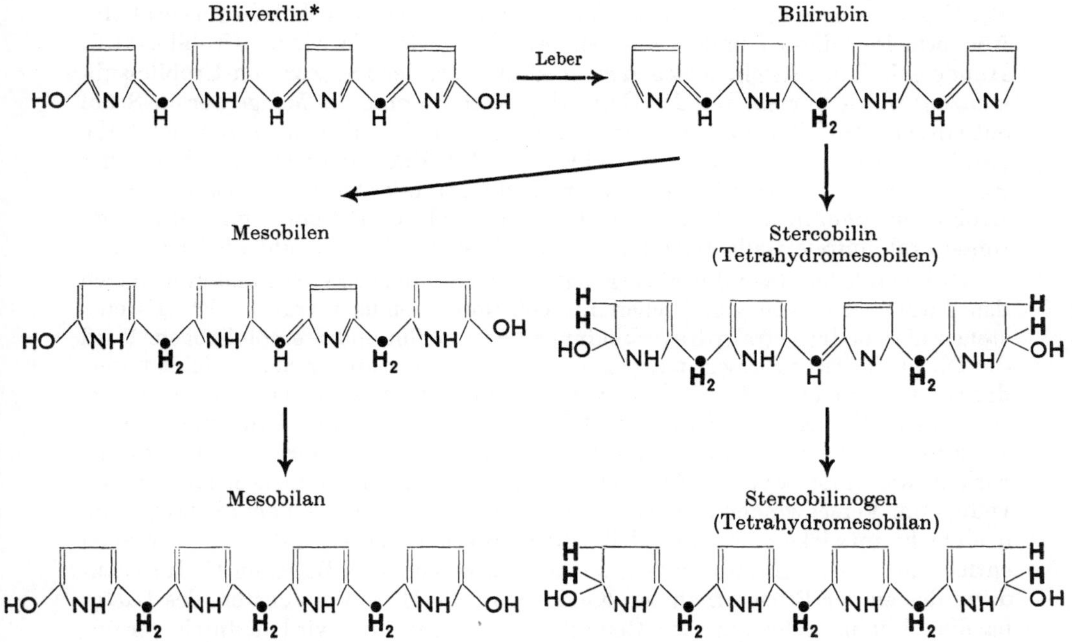

Biliverdin* —Leber→ Bilirubin

Mesobilen

Stercobilin (Tetrahydromesobilen)

Mesobilan

Stercobilinogen (Tetrahydromesobilan)

In der chemischen, physiologischen und klinischen Literatur werden die Bezeichnungen Urobilin und Urobilinogen in 3 verschiedenen Bedeutungen verwendet: a) bezeichnet man mit Urobilin und Urobilinogen die definierten chemischen Substanzen Mesobilen und Mesobilan, b) wird unter Urobilin die Summe von Mesobilen und Tetrahydromesobilen und unter Urobilinogen die Summe von Mesobilan und Tetrahydromesobilan verstanden. Bei der üblichen Harnprobe auf ,,Urobilin" reagiert sowohl Mesobilen als auch das Tetrahydromesobilen, und die Reaktion mit p-Dimethylaminobenzaldehyd auf ,,Urobilinogen" wird vom Mesobilan und auch vom Tetrahydromesobilan gegeben. c) Bei klinischen Bilanzuntersuchungen bestimmt man meist die Gesamtmenge dieser 4 Reduktionsprodukte des Bilirubins: entweder man macht eine ,,Urobilinbestimmung", d. h. man oxydiert die Chromogene zu Mesobilen und Tetrahydromesobilen und bestimmt die Summe dieser Stoffe fluorometrisch als Zn-Salz oder colorimetrisch in saurer Lösung. Oder man macht eine ,,Urobilinogenbestimmung", d. h. man reduziert das Mesobilen und das Tetrahydromesobilen zu den entsprechenden Bilanen und bestimmt diese mit Hilfe der Farbreaktion mit p-Dimethylaminobenzaldehyd. Das Resultat ist das gleiche, die Bestimmung ergibt in beiden

* Die Seitenketten der Pyrrolkerne sind in den Formeln fortgelassen.

Fällen die Summe aller dieser 4 Stoffe. Auch diese Summe wird (je nach der verwendeten Methode) als „Urobilin" oder als „Urobilinogen" bezeichnet. Um Mißverständnisse zu vermeiden, wäre es zweckmäßig, die einzelnen Stoffe mit ihren chemischen Namen Mesobilen, Mesobilan usw. zu bezeichnen und die Ausdrücke Urobilin und Urobilinogen nur im weiteren Sinne des Wortes (Urobilin = Mesobilen + Stercobilin, Urobilinogen = Mesobilan + Stercobilinogen) zu verwenden. Die Summe dieser 4 Stoffe kann durch Ausdrücke wie Urobilinsubstanzen oder Urobilinkörper gekennzeichnet werden.

Daß „Urobiline" und Urobilinogene" im Darm aus Bilirubin gebildet werden, ist durch experimentelle Befunde und klinische Beobachtungen bewiesen worden. Bei Hunden wurde der Stuhl nach Unterbindung des Ductus choledochus urobilinfrei; erhielten diese Hunde Galle per os, so schieden sie wieder Urobilin aus[1]. Hunde mit Gallenfisteln schieden einen Stuhl aus, der frei war von Urobilinsubstanzen; wurde nur ein Teil der Galle abgeleitet, so ging die Menge der im Stuhl enthaltenen Urobilinsubstanzen dem in den Darm abfließenden Anteil der Galle parallel[2]. In analoger Weise verschwinden bei Erkrankungen, bei denen der Abfluß der Galle in den Darm unterbrochen ist (totaler Obstructionsikterus), die Urobilinsubstanzen aus dem Stuhl; wird einem solchen Patienten mit der Magensonde urobilinfreie Galle zugeführt, treten diese Stoffe im Stuhl wieder auf[3].

Die Reduktion des Bilirubins erfolgt durch Darmbakterien[3,4], und zwar durch das Zusammenwirken von Escherichia coli und Bacillus verrucosus[5,6]. Es entstehen hierbei die Tetrahydroverbindungen Stercobilin und Stercobilinogen. Wird die Tätigkeit dieser Bakterien durch Verabreichung geeigneter Sulfonamide unterdrückt, so wird auch die Bildung von Urobilinkörpern geringer[7–9], oder es entsteht an Stelle von Tetrahydromesobilan in relativ größerer Menge das weniger stark hydrogenierte Mesobilan[10]. Antibiotica, die auf die Bakterien der Coligruppe wirken, wie Chloromycetin, Aureomycin oder Terramycin, können das Stercobilin völlig zum Verschwinden bringen[9,11]. Beim Neugeborenen, bei dem die Darmflora noch nicht entwickelt ist, unterbleibt die Reduktion, der Stuhl des Neugeborenen enthält nicht Urobilinsubstanzen, sondern unverändertes Bilirubin[12]. Im Dickdarm des an der Brust ernährten Kindes wird die E. coli zugunsten des Lactobacillus bifidus gehemmt, die Reduktion des Bilirubins wird dadurch verhindert. Der Stuhl des Flaschenkindes enthält dagegen E. coli und daher auch Stercobilin[12].

Die Umwandlung des Bilirubins in Stercobilin erfolgt in den von der E. coli besiedelten Teilen des Darms, das ist also im Coecum und im Dickdarm, nicht aber im Dünndarm. In abgebundenen Dünndarmschlingen von Hunden und bei

[1] Rous, P., and L. D. Larimore: J. exp. Med. **31**, 609; **32**, 249 (1920). — [2] McMaster, P. D., and R. Elman: J. exp. Med. **41**, 513 (1925). — [3] Müller, F. v.: Z. klin. Med. **12**, 45 (1887). Verh. Kongr. inn. Med. **11**, 118 (1892). Jber. schles. Ges. vaterl. Kultur, med. Abt. I, **70**, 1 (1892). — Kämmerer, H.: Kli. Wo. **1924 I**, 723. — Kämmerer, H., u. K. Miller: Dtsch. Arch. klin. Med. **141**, 318 (1922/23). — [4] Maly, R.: Zbl. med. Wiss. **9**. 849 (1871). — [5] Baumgärtel, T.: Z. ges. exp. Med. **112**, 459 (1943.) Kli. Wo. **1943**, 416. — [6] Baumgärtel, Z.: Kli. Wo. **1943**, 92. — [7] Greenblatt, I. J., and A. P. Greenblatt: Arch. Biochem. **7**, 87 (1945). — [8] Galt, J., and R. B. Hunter: Amer. J. med. Sci. **220**, 508 (1950). — Bierman, H. R., and E. Jawetz: J. Lab. clin. Med. **37**, 3941 (1951). — Robbins, W. C.: Proc. Soc. exp. Biol. Med. **77**, 158 (1951). — Sborov, V. M., A. R. Jay and C. J. Watson: J. Lab. clin. Med. **37**, 52 (1951.) — [9] Kolb, F. O., and D. J. Oppenheim: Bull. New Engl. med. Center **12**, 31 (1950). — Sborov, V. M., A. R. Jay and C. J. Watson: J. Lab. clin. Med. **37**, 52 (1951). — [10] Legge, J. W.: Biochem. J. **44**, 105 (1949). — [11] Kalmthout, J. M.: Ned. T. Geneeskde. **95**, 2266 (1951). — Gohr, H., T. Gorges u. A. Bolte: Z. ges. inn. Med. **7**, 372 (1952). — Schalm, L., u. C. K. V. van Dommelen: Ned. T. Geneeskde. **97**, I, 253 (1953). — [12] Tat, R. J., T. J. Greenwalt and W. Dameshek: Amer. J. Dis.Children **65**, 558 (1943).

Bebrütung von Dünndarminhalt mit Bilirubin konnte keine Stercobilinbildung nachgewiesen werden[1]. Darminhalt aus dem oberen Jejunum enthielt beim Menchen Bilirubin, aber weder Stercobilin noch Mesobilirubin[2].

In Escherichia coli ist eine spezifische Cysteindehydrogenase aufgefunden worden, die Wasserstoff von Cystein auf Bilirubin überträgt, durch dieses Enzymsystem kann das Bilirubin bis zum Stercobilinogen reduziert werden[3,4]. Das für diese Umsetzung notwendige Cystein wird von dem obligat anaeroben Bacillus verrucosus durch Reduktion von Cystin geliefert. Die Anwesenheit von Proteinabbauprodukten im Dickdarm ist daher für die Reduktion des Bilirubins erforderlich. Als erstes werden hierbei die Vinylgruppen des Bilirubins mit Wasserstoff abgesättigt, wobei als Zwischenprodukt Mesobilirubin gebildet wird[5]. Als Endprodukt des Reduktionsvorganges entstehen schließlich die Tetrahydroderivate Stercobilin und Stercobilinogen[3] (vgl. die Formeln). Diese beiden Stoffe bilden den Hauptanteil der im Stuhl ausgeschiedenen Gesamtmenge an Urobilinsubstanzen[6].

Sind die Gallenwege infiziert, so kann ein Teil des Bilirubins schon in der Gallenblase und in den Gallengängen reduziert werden[7]. Vorhandensein größerer Mengen von Urobilinkörpern im ausgeheberten Duodenalinhalt weist daher auf eine Infektion der Gallenwege hin[8]. Der Mechanismus des Reduktionsvorganges scheint in diesem Falle jedoch eine anderer zu sein als bei der Reduktion des Bilirubins im Dickdarm: Das in infizierten Gallengängen von Gallenfistelträgern entstandene oder beim Bebrüten infizierter Galle entstehende „Urobilin" ist rechtsdrehend, während die normalerweise entstehenden Urobilinsubstanzen linksdrehend (Tetrahydromesobilen) oder optisch inaktiv (Mesobilen) sind[9]. Ein rechtsdrehendes Urobilinogen trat auch nach langdauernder Behandlung mit Aureomycin bzw. unmittelbar nach Einstellung des Aureomycins auf[10]. Auch andere bisher nicht identifizierte Farbstoffe sind in infizierten Gallen vorhanden[2, 11].

Es scheint, daß auch in der nichtinfizierten Galle Enzyme vorhanden sind, die Bilirubin zu reduzieren vermögen[2]. Wurde keimfreie Lebergalle, die keine Urobilinkörper enthielt, durch mehrere Tage bebrütet, so konnte darin Mesobilirubin und Mesobilan nachgewiesen werden. Wird der Darm durch orale Verabreichung von nicht resorbierbarem Dihydrostreptomycinsulfat keimfrei gemacht, so verschwinden zwar die Tetrahydroderivate Stercobilin und Stercobilinogen aus Harn und Stuhl, dagegen wurden kleine Mengen von Mesobilan ausgeschieden, was darauf schließen läßt, daß Mesobilan (Urobilinogen) auch außerhalb des Darms gebildet werden kann[12]. Bei chronischen Hepatopathien (Lebercirrhose u. a.) blieb die Reaktion mit Dimethylaminobenzaldehyd im Harn auch dann positiv, wenn die Darmflora durch Aureomycin ausgeschaltet worden war; der Harn dieser Patienten enthielt zwar kein Stercobilinogen, aber Mesobilan[13]. Der

[1] Sackey, M. S., C. G. Johnston and I. S. Ravdin: J. exp. Med. **60**, 189 (1934). — [2] Eisenreich, F.: D. m. W. **1948**, 506. — [3] Baumgärtel, T.: Kli. Wo. **1943**, 92. — [4] Baumgärtel, T.: Z. ges. exp. Med. **112**, 459 (1943). Kli. Wo. **1943**, 416. — [5] Baumgärtel, T., u. D. Zahn: Kli. Wo. **1952**, 44. — [6] Fischer, H., H. Halbach u. A. Stern: A. **519**, 254 (1935). — Fischer, H., u. H. Halbach: H. **238**, 59 (1936). — [7] Elman, R., and P. D. McMaster: J. exp. Med. **42**, 99, 619 (1925). — McMaster, P. D., and R. Elman: J. exp. Med. **43**, 753 (1926). Ann. internal Med. **1**, 68 (1927). — [8] Royer, M.: Arch. internal Med., Chicago **64**, 445 (1939). — [9] Schwartz, S., V. Sborov and C. J. Watson: Proc. Soc. exp. Biol. Med. **49**, 643 (1942). — Schwartz, S., and C. J. Watson: Proc. Soc. exp. Biol. Med. **49**, 641 (1942). — Watson, C. J., V. Sborov and S. Schwartz: Proc. Soc. exp. Biol. Med. **49**, 647 (1942). — [10] Sborov, V. M., A. R. Jay and C. J. Watson: J. Lab. clin. Med. **37**, 52 (1951). — [11] Meyer, W. C.: Ärztl. Forsch. **1947**, 15, 51, 85. — [12] Baumgärtel, T., u. D. Zahn: Dtsch. Z. Verd.- u. Stoffw.-Krakh. **11**, 257 (1951). M. m. W. **1952**, 338. — Baumgärtel, T.: Dtsch. Z. Verd.- u. Stoffw.-Krankh., Sonderband **1952**, 139. — [13] Gohr, H., T. Görges u. A. Bolte: Z. ges. inn. Med. **7**, 372 (1952).

Befund, daß die Urobilinreaktion im Harn gelegentlich auch bei totalem Choledochusverschluß auftreten kann, hat zu der Vermutung geführt, daß die Reduktion des Biliverdins in der geschädigten Leberzelle nicht nur bis zum Bilirubin geht, sondern bis zur Mesobilanstufe fortschreiten kann[1].

b) Die Rückkehr der Gallenfarbstoffe zur Leber. Während die normale Hundegalle Urobilin enthält, scheiden Hunde, bei denen eine sterile Gallenfistel angelegt worden ist, eine urobilinfreie Galle aus. Wird einem solchen Hund per os Urobilin verabreicht, so kann das Urobilin kurze Zeit später in entsprechender Menge in der Fistelgalle nachgewiesen werden[2]. Das Urobilin wird somit aus dem Darm resorbiert und von der Leber in die Galle ausgeschieden. Auch wenn der Hund per os Bilirubin erhielt, erschien einige Zeit später Urobilin in der Fistelgalle. Das Bilirubin war somit im Darm reduziert, das entstandene Urobilin resorbiert und in die Galle ausgeschieden worden. Auch zahlreiche andere experimentelle und klinische Befunde zeigen, daß ein Teil der im Darm gebildeten Reduktionsprodukte des Bilirubins resorbiert wird und zur Leber zurückgelangt[3].

Neben dem Urobilingehalt war bei Hunden nach oralen Bilirubingaben auch der Bilirubingehalt der Fistelgalle stark erhöht; aus diesem Befunde ist der Schluß gezogen worden, daß unter besonderen Umständen auch Bilirubin als solches im Darm resorbiert werden kann[2]. Normalerweise kommt im Darm aber nicht Bilirubin selbst, sondern Stercobilin bzw. Stercobilinogen zur Resorption[4]. Dies liegt vor allem daran, daß die Resorption der Gallenfarbstoffe im Dickdarm erfolgt[5]. Der Dünndarm ist nicht befähigt, Bilirubin zu resorbieren, und Bilirubin, das in die abgebundene Dünndarmschlinge eines Hundes eingebracht worden war, konnte 5 Std später noch quantitativ nachgewiesen werden[6]. Bilirubin findet sich in größerer Menge aber nur im Dünndarminhalt. Im Dickdarm, wo die Gallenfarbstoffe resorbiert werden, ist die Hauptmenge des Bilirubins bereits zu Stercobilin und Stercobilinogen reduziert. Im Portalblut von Hunden sind daher Urobilinkörper nachweisbar, aber niemals Bilirubin; erhielten die Tiere Bilirubin per os, so stieg der Urobilingehalt des Portalblutes und der Thoracicuslymphe stark an, Bilirubin war auch in diesem Falle im Portalblut nicht vorhanden; nur in der Thoracicuslymphe (die auch die Leberlymphe enthält) konnten in diesem Falle gelegentlich Spuren von Bilirubin nachgewiesen werden[7].

c) Die Leber im Stoffwechsel der Urobiline. Der weitaus größte Teil der im Darm resorbierten Urobilinkörper strömt mit dem Pfortaderblut zur Leber; kleine Mengen werden im Rectum resorbiert und gelangen über den Plexus haemorrhoidalis unter Umgehung der Leber in den Kreislauf[8]. Die im Pfortaderblut enthaltenen Urobilinsubstanzen werden von der gesunden Leber fast vollständig aufgenommen, das periphere Blut enthält daher normalerweise nur Spuren dieser Stoffe[9,10]. Die Aufnahme des Urobilins aus dem Blut erfolgt unter Beteiligung des Reticuloendothels; bei Tieren, deren Reticuloendothel mit Tusche blockiert worden war, verschwand intravenös injiziertes Urobilin 3—4mal langsamer als bei normalen Tieren[11]. Ähnlich wie das Bilirubin wird auch das vom

[1] GOHR, H., T. GÖRGES, u. A. BOLTE: Z. ges. inn. Med. **7**, 372, (1952). — [2] MCMASTER, P. D., and R. ELMAN: J. exp. Med. **41**, 719 (1925). — [3] MÜLLER, F.: Verh. Kongr. inn. Med. **11**, 118 (1892). — MEYER-BETZ, F.: Ergebn. inn. Med. **12**, 733 (1913). — WILBUR, R. L., and T. ADDIS: Arch. internal Med., Chicago **13**, 235 (1914). — ROUS, P.: Amer. J. med. Sci. **170**, 625 (1925). — [4] TANIGUCHI, K.: A. e. P. P.: **130**, 37 (1928). — SRIBHISHAJ, K., W. B. HAWKINS and G. H. WHIPPLE: Amer. J. Physiol. **96**, 449 (1931). — KIM, M. S.: J. Lab. clin. Med. **17**, 1223 (1932). — [5] ROYER, M.: C. R. Soc. Biol. **111**, 466 (1932). — [6] SACKEY, M. S., C. G. JOHNSTON and I. S. RAVDIN: J. exp. Med. **60**, 189 (1934). — [7] BLANKENHORN, M. A.: J. exp. Med. **45**, 195 (1927). — [8] STICH, W.: Ärztl. Wschr. **1948**, 577. — [9] WINTERNITZ, M.: Z. ges. exp. Med. **47**, 634 (1925). — [10] HEILMEYER, L., u. W. OHLIG: Kli. Wo. **1936 II**, 1124. — [11] ROYER, M.: C. R. Soc. Biol. **99**, 1420 (1928).

Reticuloendothel aus dem Blut aufgenommene Urobilin von den Zellen des Leberparenchyms übernommen und entweder als solches oder nach Reoxydation zu Bilirubin in die Galle ausgeschieden. Ist der Gehalt des Pfortaderblutes an Stercobilin und Stercobilinogen sehr stark vermehrt, so werden diese Stoffe von der Leber nicht restlos aufgenommen, dieser Anteil des Urobilins gelangt durch die Lebervene in den Blutkreislauf und wird von der Niere ausgeschieden. Injektion von Urobilin ins Pfortaderblut steigerte daher bei Versuchstieren die Urobilinausscheidung im Harn[1].

Bei normaler Leber schwankt die im Harn ausgeschiedene Menge an Urobilinsubstanzen meist zwischen 0,5—1,6 mg täglich[2]; es handelt sich hierbei vor allem um Stercobilin, das im Rectum resorbiert worden ist und parahepatisch in den großen Kreislauf und zur Niere gelangt. Bei langem Aufenthalt des Darminhalts im Rectum wird mehr Stercobilin über den Plexus haemorrhoidalis resorbiert, und die im Harn ausgeschiedene Gesamturobilinmenge ist daher meist etwas vermehrt. Durchfälle vermindern die im Rectum resorbierte und im Harn ausgeschiedene Stercobilinmenge. Durch Erkrankungen der Leber und der Gallenwege kann die Ausscheidung des Gesamturobilins in verschiedener Weise beeinflußt werden: Bei völliger Unterbrechung des Gallenabflusses gelangt kein Bilirubin in den Darm, bei totalem Obstruktionsikterus kann die Urobilinogenprobe im Harn daher völlig negativ sein. Diffuse Leberparenchymschäden ohne Gallensperre haben dagegen immer einen Anstieg des Urobilinspiegels im Blut[3,4] und eine sehr starke Vermehrung der Urobilinogen- bzw. Urobilinausscheidung im Harn zur Folge[5]. In solchen Fällen können im Harn 100—200 mg Urobilinogen täglich ausgeschieden werden[6]. Die Ausscheidung der Urobilinsubstanzen im Harn kann gelegentlich die Ausscheidung im Stuhl beträchtlich übersteigen. Besonders hohe Werte werden beobachtet, wenn die Leberparenchymstörung mit einer Beschleunigung des Erythrocytenzerfalls verbunden ist, die die mit der Galle in den Darm einströmende Bilirubinmenge vermehrt[6].

γ) Die Ausscheidung von Abbauprodukten des Myoglobins mit der Galle.

In ähnlicher Weise wie das Hämoglobin wird auch das Myoglobin der Muskulatur zu Bilirubin abgebaut, das mit der Galle ausgeschieden wird. Es ist jedoch nicht bekannt, wie viel von dem mit der Galle ausgeschiedenen Bilirubin aus abgebautem Myoglobin stammt. Der Gehalt der Gesamtmuskulatur an Myoglobinhäm beträgt beim erwachsenen Menschen etwa 8 g und entspricht etwa 20% der im menschlichen Organismus enthaltenen Menge von Hämoglobinhäm[7]. Beim Hund wird die Myoglobinmenge auf 15% der Gesamthämoglobinmenge geschätzt, doch wird Myoglobin wahrscheinlich langsamer erneuert als Hämoglobin und die aus dem Abbau des Myoglobins stammenden Gallenfarbstoffe bilden normalerweise wohl nur einen relativ kleinen Prozentsatz der in der Galle ausgeschiedenen Gallenfarbstoffmenge.

Daß auch das Myoglobin in Gallenfarbstoffe übergeführt werden kann, geht daraus hervor, daß bei Hunden, denen Myoglobin injiziert worden war, gesteigerte Mengen von Gallenfarbstoffen mit dem Harn ausgeschieden wurden[8,9]. Ferner wurde bei der Kreuzlähme der Pferde zusammen mit einer Myoglobinurie auch

[1] Royer, M.: C. R. Soc. Biol. **111**, 408 (1932). — [2] Watson, C. J.: New Engl. J. Med. **227**, 665 (1942). — [3] Winternitz, M.: Z. ges. exp. Med. **47**, 634 (1925). — [4] Heilmeyer, L,, u. W. Ohlig: Kli. Wo. **1936 II**, 1124. — [5] Müller, F. v.: Z. klin. Med. **12**, 45 (1887). Verh. Kongr. inn. Med. **11**, 118 (1892). Jber. schles. Ges. vaterl. Kultur, med. Abt. I, **70**, 1 (1892). — Wilbur, R. L., and T. Addis: Arch. internal Med., Chicago **13**, 235 (1914). — [6] Watson, C. J.: Arch. internal Med., Chicago **59**, 196, 206 (1937). — [7] Biörck, G.: Acta med. scand. **133**, Suppl. **226** (1949). — [8] Sribhishaj, K., W. B. Hawkins and G. H. Whipple: Amer. J. Physiol. **96**, 449 (1931). — [9] Whipple, G. H., and F. S. Robscheit-Robbins: Amer. J. Physiol. **78**, 675 (1926).

eine Hyperbilirubinämie vom Typ des hämolytischen Ikterus beobachtet[1]. Da die Menge des Myoglobins im Muskel nach Durchschneidung der motorischen Nervenversorgung rasch abnimmt[2], wurde das Auftreten einer Urobilinurie nach Apoplexien, Encephalitis u. a. mit der im Gefolge der zentralen Störung auftretenden Lähmung größerer Muskelpartien in Zusammenhang gebracht[3], doch scheinen auch vorübergehende Störungen der Leberfunktion bei der Entstehung dieser Art von Urobilinurien eine Rolle zu spielen. Die nach Muskelanstrengungen bei Gallenfistelhunden beobachtete Vermehrung der Gallenfarbstoffmenge[4] wird dagegen auf einen erhöhten Erythrocytenabbau, nicht aber auf einen vermehrten Abbau von Myoglobin zurückgeführt[5]. Es scheint, daß auch ein Teil der mit der Galle ausgeschiedenen Dipyrrolverbindungen beim Abbau des Myoglobins entsteht.

δ) Dipyrrylfarbstoffe im Stoffwechsel der Leber.

Neben Tetrapyrrolfarbstoffen, wie Biliverdin und Bilirubin, finden sich in der normalen Galle auch Farbstoffe, die zwei, mit einer C-Bücke miteinander verbundene Pyrrolkerne enthalten. Stoffe dieser Art finden sich beim Ikterus auch in Blut und Harn. Dipyrrylfarbstoffe können aus Häm und aus Porphyrinen durch Sprengung zweier gegenüberliegender CH-Brücken des Porphinrings oder aber aus Bilirubin und Urobilin durch Sprengung der mittelständigen oder beider seitlichen C-Brücken entstehen (vgl. das Schema). Zu diesen Dipyrrolfarbstoffen gehört das in der Galle nachgewiesene Bilifuscin und das ebenfalls in der Galle vorkommende, bei manchen Ikterusformen in Blut und Harn auftretende Propentdyopent.

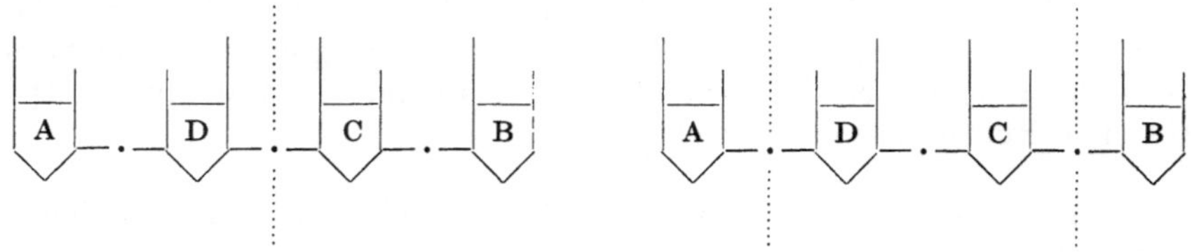

1. Bilifuscin und Myobilin.

Das *Bilifuscin* ist durch Alkoholextraktion von (aus Galle bzw. Gallensteinen dargestelltem) Rohbilirubin erhalten worden[6]. Ähnlich wie das Bilirubin wird es im Darm durch Hydrogenierung seiner Vinylgruppe in die entsprechende Mesoverbindung umgewandelt und in dieser Form im Stuhl ausgeschieden[7]. Mesobilifuscin ist aus normalem Stuhl auch bei fleischfreier und chlorophyllfreier Kost dargestellt worden. Bilifuscin kann aus Hämoglobin und Häm durch ein aus Ascorbinsäure und H_2O_2 bestehendes Reduktions-Oxydationssystem in vitro entstehen; aus Mesohämin in analoger Weise Mesobilifuscin. Durch Einwirkung von O_2 bei alkalischer Reaktion konnte auch Bilirubin zu Bilifuscin aufgespalten werden[8]. Bei Patienten mit Muskeldystrophie und vermehrtem Abbau von Myoglobin ist eine Polypeptidverbindung des Mesobilifuscins, die als Myobilin bezeichnet wird, im Stuhl aufgefunden worden[9], ebenso schieden auch Wöchne-

[1] Carlström, B.: Skand. Arch. Physiol. **62**, 1 (1931). — [2] Whipple, G. H.: Amer. J. Physiol. **76**, 708 (1926). — [3] Heilmeyer, L.: Dtsch. Arch. klin. Med. **171**, 121, 515 (1931). — [4] McMaster, P. D., G. O. Broun and P. Rous: J. exp. Med. **37**, 395 (1923). — [5] Broun, G. O.: J. exp. Med. **36**, 481 (1922). — [6] Brücke, E. v.: Wien. med. Wschr. **1859**, Heft 44. — Städeler, G.: A. **132**, 323 (1864). — Zumbusch, L. R. v.: H. **31**, 446 (1900/01). — Weinberger E.: H. **238**, 124 (1936). — [7] Siedel, W., and H. Möller: H. **259**, 113 (1939). — [8] Siedel, W., W. v. Pölnitz u. F. Eisenreich: Naturwiss. **34**, 314 (1947). — [9] Meldolesi, G., W. Siedel u. H. Möller: H. **259**, 137 (1939).

rinnen (Abbau der Uterusmuskulatur) vermehrte Mengen von Myobilin im Stuhl aus[1]. Es ist daher wahrscheinlich, daß ein Teil des von der Leber ausgeschiedenen Bilifuscins aus dem Abbau des Myoglobins stammt.

2. Propentdyopente und Pentdyopente[2].

Bei Lebercirrhose und bei allen Ikterusformen, einschließlich des hämolytischen Ikterus sind im Harn farblose Substanzen enthalten, die beim Erwärmen mit NaOH und Dithionit in rote Farbstoffe übergehen. Die bei der Behandlung mit Dithionit entstehenden roten Farbstoffe zeigen einen Absorptionsband in der Nähe von 525 mμ, sie werden als Pentdyopente (Bd. **1**, S. 936) und ihre im Harn enthaltenen farblosen Vorstufen als Propentdyopente bezeichnet. Außer bei Lebererkrankungen finden sich Propentdyopente gelegentlich auch bei Kreislaufstörungen und schweren Allgemeinerkrankungen im Harn[3,4]. Bei perniziöser Anämie fehlen sie auch dann, wenn starke Urobilinämie vorhanden ist. Die Propentdyopente stehen den Bilifuscinen nahe und unterscheiden sich von ihnen vor allem dadurch, daß die CH-Gruppe, die die beiden Pyrrolreste verbindet, in eine sekundäre Alkoholgruppe (CHOH) umgewandelt ist. Der Mechanismus durch den diese Stoffe entstehen, ist unbekannt. Es ist angenommen worden, daß das Propentdyopent in der Niere gebildet wird, doch ist auch im Blut Propentdyopent nachgewiesen worden[4], was auf eine extrarenale Entstehung dieser Substanzen schließen läßt. Auch aus menschlichen und tierischen Gallensteinen ist ein Propentdyopent dargestellt worden[5].

ε) Die Leber im Stoffwechsel der Porphyrine.

1. Der Porphyrinumsatz in der Leber und die Ausscheidung von Porphyrinen in der Galle.

Im Lebergewebe sind kleine Mengen von freien Porphyrinen vorhanden. Freies Protoporphyrin konnte in der Ochsenleber[6] und etwas reichlicher in Schafsleber[7] nachgewiesen und als Protoporphyrin III identifiziert werden[7]. Stoffwechselstörungen verschiedener Art können eine Vermehrung des Porphyringehalts des Lebergewebes zur Folge haben. In den Lebern von Kaninchen, die mit Sedormid (Allyl-isopropyl-acetyl-carbamid) vergiftet worden waren, war der Gehalt an Proto-, Kopro- und Uroporphyrin stark erhöht, während der Porphyringehalt des Knochenmarks, der Milz und der Erythrocyten der Tiere gering blieb[8]. Größere Mengen von Porphyrinen fanden sich ferner in Lebern von Menschen mit akuter Pellagra[9] und bei Porphyrie[6,10].

Neben freiem Porphyrin enthalten die Leberzellen gebundene Porphyrine, insbesondere in Form proteingebundener, enzymatisch wirkender Eisenporphyrinkomplexe (Katalase, Cytochromoxydase u. a.).

Auch das Vitamin B_{12}, das neben einem Nucleotidanteil und einem (dem Colamin homologen) Oxypropylaminrest auch einen als Kobalt-Komplex gebundenen

[1] Meldolesi, G., W. Siedel u. H. Möller: H. **259**, 137 (1939). — [2] Bingold, K.: Handb. Hämatol. (Hirschfeld-Hittmair) Bd. 1/1, S. 601. — Bingold, K.: Verh. dtsch. Ges. inn. Med. **45**, 75 (1933). Kli. Wo. **1933 II**, 1201; **1934 II**, 1451; **1935 II**, 1287; **1941**, 331. — [3] Hulst, L. A., u. W. Grotepass: Kli. Wo. **1936 I**, 201. — [4] Hulst. L. A.: Need. T. Geneeskde. **81**, 313 (1937) [Ber. Physiol. **100**, 266]. — [5] Dobeneck, H. v.: H. **269**, 268 (1941). — [6] Fischer, H., H. Hilmer, F. Lindner u. B. Pützer: H. **150**, 44 (1925). — [7] Rimington, C.: Biochem. J. **32**, 460 (1938). — [8] Schmid, R., and S. Schwartz: Proc. Soc. exper. Biol. Med. **81**, 685 (1952). — [9] Gillman, J., T. Gillman and S. Brenner: Nature **156**, 689 (1945). — [10] Prunty, F. T. G.: Arch. internal Med., Chicago **77**, 623 (1946).

porphyrinähnlichen Baustein enthält[1] (s. Bd. 2/2b), wird, wie S. 419 berichtet, in der Leber gespeichert.

Die Leber baut freie Porphyrine ab, wandelt sie jedoch nicht in Gallenfarbstoffe um. Wurden Lebern von Hunden oder Kaninchen mit Porphyrinlösungen durchströmt, so verschwand das Porphyrin, aber die Ausscheidung von Gallenfarbstoff wurde nicht vermehrt[2]. Porphyrine aus dem Harn sulfonalvergifteter Kaninchen[3] oder porphyriekranker Menschen[4] wurden beim Bebrüten mit Lebergewebe zerstört. Uroporphyrin kann in der Leber aus Protoporphyrin nicht gebildet werden[4,5]. Lebern, die durch Sulfonal geschädigt waren, bauten Porphyrin langsamer ab als normale Lebern[3].

Einen Teil des aus dem Blute aufgenommenen Porphyrins scheidet die Leber mit der Galle aus. Wurde die Leber von Kaninchen mit einer Lösung von Protoporphyrin in defibriniertem Blut durchströmt, so wurde in der Galle Koproporphyrin ausgeschieden, im Durchströmungsblut war dagegen kein Koproporphyrin vorhanden[5]; die Leber wandelt also einen Teil des angebotenen Protoporphyrins in Koproporphyrin um. Bei Durchströmung der Leber ohne Porphyrinzusatz wurde in der Galle kein Porphyrin gefunden[5].

Die normale Galle von Mensch und Kaninchen enthält kleine Mengen von Koproporphyrin I und III. Koproporphyrin I wird von der Leber leichter ausgeschieden als Koproporphyrin III s.[6]. Hunde mit Gallenfistel schieden nach Injektion von Koproporphyrin I einen großen Teil dieses Porphyrins mit der Galle aus[7]. Von intravenös injiziertem Koproporphyrin I erschien bei Patienten mit Gallenfistel etwa die Hälfte, von Koproporphyrin III nur etwa ein Fünftel in der Fistelgalle[8]. Auch im Meconium sind kleine Mengen von Koproporphyrin enthalten[9], das als Koproporphyrin I identifiziert werden konnte[6,10]. In einem Falle von Porphyrie ohne Porphyrinurie enthielt die aus dem Duodenum ausgeheberte Galle 1,2—1,9 mg-% Gesamtporphyrin[11].

Im Gegensatz zu Koproporphyrin konnte Protoporphyrin in normaler menschlicher Galle nicht nachgewiesen werden[6] (vgl. dagegen[12]). Wurde es einem Patienten, der eine Gallenfistel hatte, injiziert, so gingen nur Spuren davon in die Galle über[8], beim Menschen steigt auch die Menge des Koproporphyrins in der Galle nach Injektion von Protoporphyrin nicht an[8]. Ebenso schieden auch Hunde mit hepatorenaler Fistel nach parenteraler Injektion von Protoporphyrin nur einen geringen Bruchteil der verabreichten Porphyrinmenge mit der Galle aus[13]. Auch die Bilirubinausscheidung in der Galle war nach Injektion von Protoporphyrin nicht vermehrt[13] und die Ausscheidung von Koproporphyrin stieg nur wenig an[13]. Nach intraportaler Injektion von Protoporphyrin war in der Galle von Kaninchen neben Protoporphyrin auch ein Deuteroporphyrin nachweisbar[14].

---

[1] BONNETT, R., J. R. CANNON, A. W. JOHNSON, T. SUTHERLAND, A. R. TODD and E. L. SMITH: Nature **176**. 328 (1955). — TODD, A. R., A. W. JOHNSON u. Mitarb.: Angew. Chem. **67**, 428 (1955). — [2] SALZBURG, P., and C. J. WATSON: J. biol. Ch. **139**, 593 (1941). — WATSON, C. J., I. J. PASS and S. SCHWARTZ: J. biol. Ch. **139**, 583 (1941). — [3] PERUTZ, A.: Arch. Derm. Syph., Berlin **124**, 531 (1917). — [4] SCHREUS, H. T., u. C. CARRIÉ: Strahlentherapie **40**, 340 (1931). — [5] HIJMANS VAN DEN BERGH, A. A., W. GROTEPASS u. F. E. REVERS: Kli. Wo. **1932 II**, 1534. — [6] WATSON, C. J.: J. clin. Invest. **16**, 383 (1937). — [7] DOBRINER, K.: Proc. Soc. exp. Biol. Med. **36**, 757 (1937). — DOBRINER, K., W. H. STRAIN and S. A. LOCALIO: Proc. Soc. exp. Biol. Med. **36**, 752 (1937). — DOBRINER, K., and W. BARKER: Proc. Soc. exp. Biol. Med. **36**, 864 (1937). — [8] VIGLIANI, E. C.: Arch. Sci. med.. Torino **65**, 391 (1938). — [9] GÜNTHER, H.: Ergebn. Path. **20 I**, 608 (1922). — [10] WALDENSTRÖM, J.: Acta med. scand., Suppl. **82**, 254 (1937). — [11] GROTEPASS, W., u. A. DEFALQUE: H. **252**, 155 (1938). — [12] MINDEN, H.: Z. ges. inn. Med. **7**, 686 (1952). — [13] WATSON, C. J., I. J. PASS and S. SCHWARTZ: J. biol. Ch. **139**, 583 (1941). — [14] SALZBURG, P., and C. J. WATSON: J. biol. Ch. **139**, 593 (1941).

Das Koproporphyrin I, das einen erheblichen Anteil der normalerweise mit der Galle ausgeschiedenen Porphyrine bildet, kann nicht aus dem Abbau des normalen Blutfarbstoffes (der Protoporphyrin III enthält) stammen; möglicherweise sind die in der Galle ausgeschiedenen Porphyrine zum Teil Fehlprodukte, die bei der Synthese des Blutfarbstoffs durch Nebenreaktionen entstehen. Daß Blutfarbstoff normalerweise nicht in Porphyrine verwandelt wird, geht auch daraus hervor, daß die Injektion von Hämin oder Hämoglobin bei normalen Ratten die Ausscheidung von Porphyrinen nicht steigerte, nur die Urobilinausscheidung wurde vermehrt. Ebenso blieb die Porphyrinausscheidung unverändert, wenn durch Injektion von destilliertem Wasser eine Hämolyse hervorgerufen und der Abbau endogenen Hämoglobins gesteigert wurde[1]. Wurde die Leber der Tiere aber durch Vergiftung mit Phosphor oder Manganchlorid geschädigt, so hatte die Belastung mit Hämoglobin einen starken Anstieg der Porphyrinausscheidung zur Folge[1]. Bei Leberkrankheiten werden oft Anämien beobachtet, die Abnahme der Erythrocytenzahl ist von einem Anstieg der Porphyrinausscheidung begleitet[2]. Es scheint also, daß bei geschädigter Leber ein Teil der ausgeschiedenen Porphyrine aus Fehlreaktionen beim Abbau oder bei der Bildung des Blutfarbstoff stammen kann.

Die Galle von Rindern enthält Phylloerythrine und andere Porphinderivate, die aus dem im Darm abgebauten Chlorophyll stammen. Abbauprodukte des Chlorophylls gelangen also in kleiner Menge aus dem Darm in die Leber und werden mit der Galle ausgeschieden[3].

2. Die Porphyrinausscheidung bei geschädigter Leber.

Die Ausscheidung der Porphyrine, die in der Leber, im Knochenmark und in anderen Geweben in kleinen Mengen entstehen, erfolgt normalerweise vor allem mit der Galle; nur relativ kleine Mengen erscheinen im Harn. Das Verhältnis zwischen der von der Galle und der im Harn ausgeschiedenen Porphyrinmenge schwankt beim normalen Menschen zwischen 5:1 und 1,7:1 (s.[4]), nach anderen Untersuchern zwischen 14:1 bzw. 4:1 (s.[5]) bzw. 3:1 und 1,7 : 1 (s.[6]). Die Bestimmung dieses Verhältnisses hat diagnostische Bedeutung: Bei Lebererkrankungen wird weniger Porphyrin in der Galle und mehr im Harn ausgeschieden, und das Verhältnis Gallenporphyrin zu Harnporphyrin kehrt sich um; bei schweren Leberschäden wurden Quotienten bis zu 1:22 gefunden[6].

Daß die Porphyrinausscheidung im Harn bei Lebererkrankungen ansteigt, ist zuerst von GARROD[7] beobachtet und seither oft bestätigt worden[5,8-10]. (Über Methodisches vgl. [11].) Während die im Harn normalerweise ausgeschiedene

[1] THOMAS, J.: Bull. Soc. Chim. biol. **20**, 635 (1938). — [2] SCHREUS, H. T., u. C. CARRIÉ: Kli. Wo. **1934 II**, 1670. — CARRIÉ, K.: Die Porphyrine, ihr Nachweis, ihre Physiologie und Klinik. Leipzig 1936. — [3] LÖBISCH, W. F., u. M. FISCHLER: Mh. Chem. **24**, 335 (1904). — MARCHLEWSKI, L.: H. **43**, 464 (1904/05). — GOLDMANN, H., J. HEPTER u. L. MARCHLEWSKI: H. **45**, 176 (1905). — MINDEN, H.: Z. ges. inn. Med. **7**, 686 (1952). — [4] BRUGSCH, J. T.: Z. ges. exp. Med. **95**, 493 (1935). Ergebn. inn. Med. **51**, 86 (1936). — [5] NESBITT, S., and A. M. SNELL: Arch. internal Med., Chicago **69**, 573, 582 (1942). — [6] LOCALIO, S. A., M. S. SCHWARTZ and C. GANNON: J. clin. Invest. **20**, 7 (1941). — [7] GARROD, A. E.: J. Physiol., London **13**, 598 (1892); **15**, 108 (1893); **17**, 349 (1894/95). J. Path. Bacteriology **1**, 187 (1893). Proc. R. Soc., London **55**, 394 (1894). Lancet **1900 II**, 1323. — [8] WATSON, C. J.: J. clin. Invest. **14**, 106 (1935). — DOBRINER, K.: J. biol. Ch. **113**, 1 (1936). — [9] HIJMANS VAN DEN BERGH, A. A., W. GROTEPASS u. F. E. REVERS: Kli. Wo. **1932 II**, 1534. — [10] BRUGSCH, J. T.: Ergebn. inn. Med. **51**, 86 (1936). — [11] SCHWARTZ, S., V. HAWKINSON, S. COHEN and C. J. WATSON: J. biol. Ch. **168**, 133 (1947). — SCHWARTZ, S., L. ZIEVE and C. J. WATSON: J. Lab. clin. Med. **37**, 843 (1951).

Porphyrinmenge im Mittel etwa 50—150 γ täglich beträgt[1-4] wurden bei verschiedenen Formen von hepatocellulärem Ikterus und Hepatitis[4-9] Tagesmengen bis zu 400 γ, bis 500 γ[10], bei alkoholischer portaler Cirrhosis[11] bis etwa 600 γ, bei akuter und subakuter gelber Leberatrophie bis zu 800 γ je Tag beobachtet[5-8].

Die Vermehrung der Koproporphyrinausscheidung im Harn ist meist der Schwere der Lebererkrankung proportional[12]. Da jedoch sowohl bei mechanischen als auch bei parenchymatösen Ikterusformen erhöhte Koproporphyrin-

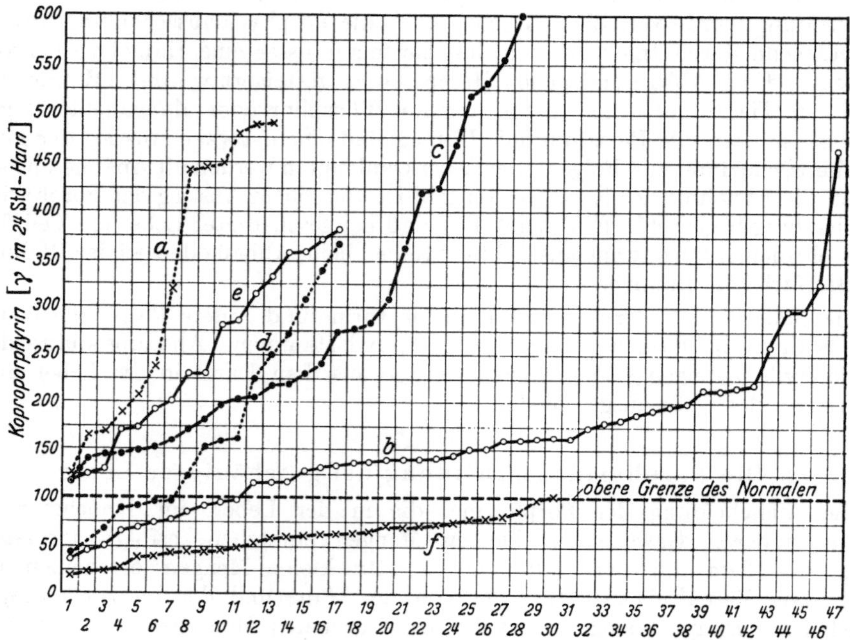

Abb. 56. Koproporphyrinausscheidung im Harn bei Lebererkrankungen und Gallensperre[13]. Die Tagesmengen der Koproporphyrinausscheidung von 13 Hepatitisfällen mit Ikterus (Reihe *a*), 47 Hepatitisfällen ohne Ikterus (Reihe *b*), 28 Fällen von Lebercirrhose mit Ikterus (Reihe *c*), 17 Fällen von Lebercirrhose ohne Ikterus (Reihe *d*), 17 Fällen von mechanischem Ikterus (Reihe *e*) und von 30 lebergesunden Menschen (Reihe *f*) sind zu je einer Kurve zusammengestellt. Man erkennt die Variationsbreite der Porphyrinausscheidung in jeder dieser Gruppen. Die bei Lebererkrankungen beobachtete Vermehrung der Harnporphyrine scheint teils durch die verringerte Gallenausscheidung, teils durch einen verringerten Abbau des Koproporphyrins im geschädigten Lebergewebe verursacht zu sein.

werte gefunden werden, ist die Koproporphyrinbestimmung nicht zur Unterscheidung der verschiedenen Ikterusformen verwendbar[12]. Zufuhr von Vitamin-K

[1] Hijmans van den Bergh, A. A., W. Grotepass u. F. E. Revers: Kli. Wo. **1932 II**, 1534. — [2] Fikentscher, R., u. K. Franke: Kli. Wo. **1934 I**, 285. — Franke, K., u. R. Fikentscher: M. m. W. **1935 I**, 171. — [3] Lageder, K.: Arch. Verd.-Krankh. **56**, 237 (1934). — Vannotti, A.: Ergebn. inn. Med. **49**, 337 (1935). — Vannotti, A., u. E. Neuhaus: Z. ges. exp. Med. **97**, 398 (1936). — Dobriner, K.: J. biol. Ch. **120**, 115 (1937). — Tropp, C., u. K. Siegler: Dtsch. Arch. klin. Med. **180**, 402 (1937). — Vigliani, E. C., e B. Sonzini: Arch. Sci. med., Torino **65**, 363 (1938). — [4] Thiel, W.: Verh. Ges. inn. Med. **45**, 81 (1933). Kli. Wo. **1934 I**, 700. — [5] Brugsch, J. T.: Ergebn. inn. Med. **51**, 86 (1936). — [6] Günther, H.: Ergebn. Path. **20**, 608 (1922). — [7] Dobriner, K.: J. biol. Ch. **113**, 1 (1936). — [8] Franke, K.: Z. klin. Med. **130**, 222 (1936). — [9] Lorente, L., u. H. Scholderer: Arch. Verd.-Krankh. **59**, 188 (1936). — Tropp, C., u. L. Penev: Dtsch. Arch. klin. Med. **180**, 411 (1937). — Vigliani, E. C.: Arch. Sci. med., Torino **65**, 391 (1938). — [10] Sutherland, D. A., and M. Bollier: Gastroenterol., Baltimore **20**, 39 (1952). — [11] Nesbitt, S., and A. M. Snell: Arch. internal Med., Chicago **69**, 573 (1942). — [12] Zemplén, B., and O. Riedl: Orv. Hetil. **87**, 267 (1943) [Chem. Abstr. **42**, 3062[g]]. — [13] Watson, C. J., and E. A. Larson: Physiol. Rev. **27**, 483 (1947).

Präparaten (0,02—0,04 g 2-Methyl-1,4-naphthochinon täglich) verminderte die Koproporphyrinurie bei Fällen von parenchymalem Ikterus[1].

Ebenso wie normaler menschlicher Harn[2], so enthält auch der bei geschädigter Leber ausgeschiedene porphyrinreiche Harn ein Gemisch von Koproporphyrinen, in dem Koproporphyrin I meist vorherrscht[3]. Bei Fällen von Obstruktionsikterus, Stauungsikterus und Lymphosarkom der Leber[3] konnte Koproporphyrin I im Harn nachgewiesen werden. Auch bei hämolytischem Ikterus enthält der Harn diesen Farbstoff[3]. Bei Lebercirrhose wird ebenfalls meist Koproporphyrin I im Harn ausgeschieden[3–5], in manchen Cirrhosefällen, vor allem alkoholischer Genese[6], ferner in Fällen von Hämochromatose und Melanosarkom der Leber[3] konnte im Harn jedoch Koproporphyrin III nachgewiesen werden[7]. Neben Koproporphyrin können bei Lebererkrankungen und hämolytischem Ikterus auch andere Porphyrine (Protoporphyrin u. a.) im Harn auftreten[8].

Vorübergehende Belastungen anderer Sektoren des Leberstoffwechsels können einen Anstieg der Porphyrinausscheidung zur Folge haben: Alkohol (z. B. 90 cm^3 Cognac per os) steigerte die normale Porphyrinausscheidung im Harn auf etwa das Doppelte[9,10]. Bei Alkoholismus ist die Koproporphyrinurie daher gesteigert[11]. Das beim Alkoholiker zusätzlich ausgeschiedene Porphyrin ist Koproporphyrin III. Alkoholiker scheiden, wenn sie getrunken haben[6], Koproporphyrin III aus, im nüchternen Zustand aber vorwiegend Koproporphyrin I.

m) Die Galle.

Die übliche Unterscheidung zwischen Sekreten und Exkreten ist auf die Galle nicht anwendbar. Die Galle ist Sekret und Exkret zugleich: Ihr Gehalt an Gallensäuren macht sie zu einem für Fettabbau und Fettresorption notwendigen Verdauungssekret, gleichzeitig werden mit der Galle aber auch Endprodukte des Stoffwechsels, wie Gallenfarbstoffe, inaktivierte Hormonderivate und für den Organismus unverwendbare exogene Substanzen, ausgeschieden. Daneben enthält die Galle Glucose, Aminosäuren, Lipoide und eine Reihe anderer Stoffe, die nicht Endprodukte des Stoffwechsels sind, andererseits aber auch für die Verdauung keine nachweisbare Bedeutung haben.

α) Die Gallenproduktion der Leber.

1. Das mikroskopische Bild der Leber während der Gallensekretion.

Die wechselnde sekretorische Tätigkeit des Leberparenchyms kommt in charakteristischen Änderungen seines mikroskopischen Aussehens zum Ausdruck: Auf dem Höhepunkt der Gallensekretion sind die Gallencapillaren erweitert und mit Gallebestandteilen gefüllt, der die Gallencapillaren begrenzende Teil der Leberzellwand ist verdickt; bei ruhender Sekretion erscheint die Lichtung der Gallencapillaren dagegen färberisch leer, die den Gallencapillaren zugekehrte Wandung der Leberzellen ist verdünnt und färbt sich nur schwach an[12]. Gemessen an dem

---

[1] ZEMPLÉN, B., and O. RIEDL: Orv. Hetil. **87**, 255 (1943) [Chem. Abstr. **42**, 3062ᶠ]. — [2] FINK, H., u. W. HOERBURGER: Naturwiss. **22**, 292 (1934). — FINK, H.: B. **70**, 1477 (1937). — [3] DOBRINER, K.: J. biol. Ch. **113**, 1 (1936). — [4] WATSON, C. J.: J. clin. Invest. **14**, 106 (1935). — DOBRINER, K.: J. biol. Ch. **113**, 1 (1936). — [5] WATSON, C. J.: J. clin. Invest. **15**, 327 (1936). — VIGLIANI, E. C., u. H. LIBOWITZKY: Kli. Wo. **1937 II**, 1243. — [6] WATSON, C. J., and E. LARSON: Physiol. Rev. **27**, 478 (1947). — [7] LEMBERG, R., and J. W. LEGGE: Hematin Compounds and Bile Pigments. New York 1949. — [8] BRUGSCH, J. T.: Z. ges. inn. Med. **7**, 321 (1952). — [9] FICKENTSCHER, R., u. K. FRANKE: Kli. Wo. **1934 I**, 285. — FRANKE, K., u. R. FIKENTSCHER: M. m. W. **1935 I**, (171). — [10] FRANKE, K.: Z. klin. Med. **130**, 222 (1936). — [11] BRUGSCH, J. T., and A. KEYS: Proc. Staff Meet. Mayo Clinic **12**, 609 (1937). — [12] CLARA, M.: Med. Mschr. **7**, 356 (1953).

Auftreten der Sekretgranula in den Leberzellen sind die peripheren Anteile der Leberläppchen an der Gallenbildung besonders stark beteiligt. Bei zunehmender serketorischer Tätigkeit der Leber beteiligen sich auch die in der Umgebung der Zentralvene gelegenen Zellen in steigendem Ausmaß an der Gallenbildung.

Die Gallenproduktion läßt sich durch histochemische Verfahren sichtbar machen. Nach Behandlung von Leberschnitten mit LUGOLscher Lösung und Färbung mit Alaun-Karmin erscheinen die Gallenfarbstoffe grün gefärbt[1]. Durch Behandlung von Leberschnitten mit $BaCl_2$ werden die Gallensäuren in Form körniger Niederschläge ausgefällt und lassen sich sodann mit Säurefuchsin anfärben[2,3].

Die Ausscheidung synthetischer organischer Farbstoffe mit der Galle kann dazu verwendet werden, den Vorgang der Gallenausscheidung mikroskopisch zu beobachten. Wird ein Versuchstier kurze Zeit nach parenteraler Verabreichung von Indigokarmin getötet, so ist die Anreicherung des Farbstoffes in den Leberzellen und sein Übergang in die Gallencapillaren direkt sichtbar[4]. Nach Injektion eines fluorescierenden Farbstoffes, wie Fluorescein, Trypaflavin u. a., kann die Gallensekretion fluorescenzmikroskopisch verfolgt werden: Der Farbstoff sammelt sich in den dem Gallengang zugekehrten Teilen der Leberzellen an und geht sodann in die Gallencapillaren über[5] (vgl. auch [6]).

Vermehrte Gallenbildung ist von einem erhöhten Glykogenverbrauch begleitet; auch im histologischen Schnitt ist eine Verminderung des Glykogengehalts der Leberzellen nach Anregung der Gallensekretion regelmäßig nachweisbar[7].

2. Der Sekretionsdruck der Galle.

Bei der Ausscheidung der Galle in die Gallencapillaren müssen die Leberzellen den in den Gallencapillaren herrschenden Druck überwinden. Die in den Gallencapillaren bereits enthaltene Galle wird durch den Druck, mit dem die nachfolgenden Gallenmengen von den Leberzellen sezerniert werden, aus den Gallencapillaren in die interlobulären Gallengänge hinausgepreßt. Der Druck in den großen Gallengängen beträgt bei normalen Abflußverhältnissen beim Hund etwa 20—40 mm H_2O, er zeigt regelmäßige, von den Atembewegungen abhängige Schwankungen[8]. Wird die Galle durch ein in den großen Gallengängen befindliches Hindernis gestaut, so steigt der Gallendruck stark an; Messungen in einem mit dem Gallengang in Verbindung stehenden Manometer ergaben bei Meerschweinchen und Kaninchen[9-11] Werte zwischen 200—300 mm H_2O. Stoffe, die die Menge der sezernierten Galle vermehren, erhöhen auch den Druck im gallenableitenden System: beim Kaninchen steigerte die Injektion von 30—40 mg Na-Cholat[9] den Sekretionsdruck der Galle für die Dauer von 4—10 min um 15—20 mm H_2O. Steigt der Druck im gallenableitenden System über einen bestimmten Maximalwert an, so tritt die Galle ins Blut über. Beim Menschen beträgt der maximale Sekretionsdruck der Galle[12] (gemessen nach Einführung eines Manometers in den verschlossenen Gallengang) 210—270 mm H_2O. Beim Hund wurde bei totaler

---

[1] STEIN, J.: C. R. Soc. Biol. **120**, 1136 (1935). — GLICK, D.: Techniques of Histo- and Cytochemistry. bes. S. 63. New York 1949. — [2] CLARA, M.: Med. Mschr. **7**, 356 (1953). — [3] FORSGREN, E.: Z. Zellforsch. **6**, 647 (1928). — [4] CHRZONZCZEWSKY, N.: Virchows Arch. **35**, 153 (1866). — [5] ELLINGER, P., and B. A. HIRT: Amer. J. Physiol. **90**, 337 (1929). — [6] BENNHOLD, H., u. G. SEYBOLD: Z. ges. exp. Med. **118**, 407 (1952). — [7] RABL, R.: Z. mikroskop.-anat. Forsch. **23**, 71 (1930). — CLARA, M.: Z. mikroskop.-anat. Forsch. **35**, 1 (1934). Med. Klinik **1934 I**, 203. — [8] ROYER, M., et F. J. MANFREDI: Rev. Soc. argent. Biol. **20**, 232 (1944). — [9] NEUBAUER, E.: B. Z. **130**, 556 (1922). — [10] BÜRKER, K.: Pflügers Arch. **83**, 241 (1901). — [11] MITCHELL, W. T., and R. E. STIFEL: Bull. Johns Hopkins Hosp. **27**, 78 (1916). — [12] BUTSCH, W. L., and J. M. MCGOWAN: Proc. Staff Meet. Mayo Clinic **11**, 145 (1936).

Gallensperre ein Ansteigen des Drucks auf 370 mm H_2O beobachtet[1]. Der Druck der gestauten Galle kann in Fällen von Okklusionsikterus schwere Schädigungen des Leberparenchyms verursachen (vgl. S. 513).

3. Die normale Gallenproduktion der Leber.

Die in 24 Std von der Leber produzierte Gallenmenge wird beim gesunden Menschen auf 500—1200 cm³ (etwa 15 cm³ je kg Körpergewicht) geschätzt. Bei Menschen mit Gallenfistel beträgt die täglich ausgeschiedene Gallenmenge etwa 420—510 cm³ je Tag[2].

Innerhalb der Tierreihe bestehen in der Gallensekretion große Artverschiedenheiten. Carnivoren bilden meist weniger Galle als Herbivoren, kleinere Tiere haben nicht nur eine relativ größere Leber (vgl. S. 9), sondern sezernieren auch (je kg Körpergewicht) mehr Galle als größere Tierarten. Kaninchen mit Gallenfistel (2 kg Körpergewicht) schieden, wenn ihnen die sezernierte Galle ins Duodenum reinjiziert wurde, je Std 8—10 g Galle aus[3]. Ein 15 kg schwerer Gallenfistelhund (dem die ausgeschiedene Galle nicht reinjiziert wurde) bildete je Std 7,5 cm³ Lebergalle[4]. Bei Hunden verschiedener Körpergröße ging die produzierte Gallenmenge weder dem Körpergewicht noch der Körperoberfläche parallel[5], kleinere Hunde erzeugen je kg mehr Galle als größere. Je kg Körpergewicht schwankte die tägliche Menge der Lebergalle beim Hund[6] zwischen 10—30 cm³. Bei der Katze beträgt die Gallenproduktion etwa 15 cm³, beim Schaf etwa 25 cm³, beim Kaninchen 56—122 cm³ und beim Meerschweinchen 130—176 cm³ je Tag und kg Körpergewicht[6].

4. Tagesrhythmen der Gallenproduktion.

Die Gallenproduktion der Leber zeigt im Laufe des Tages rhythmische von der Ernährung unabhängige Schwankungen[7] (vgl. S. 24). Die histologische Färbung der Gallensäuren in Leberschnitten von Kaninchen ergab ein Maximum in der Menge der Gallengranula in den Mittagsstunden und ein Minimum in den ersten Std nach Mitternacht. Der Glykogengehalt der Leberzellen verhält sich umgekehrt und ist in den Mittagsstunden am niedrigsten, während des nächtlichen Minimums der Gallensekretion aber am höchsten[8,9]. Tagsüber (das ist also zur Zeit gesteigerter Gallenbildung und verminderter Glykoneogenese) sank bei hungernden Kaninchen die N-Ausscheidung im Harn, die nächtliche Verminderung der Gallenausscheidung ist dagegen von einem Anstieg der N-Ausscheidung im Harn begleitet[4]. Auch bei Patienten mit Gallenfistel stieg die Gallensekretion mittags an, nachts und morgens war die Gallenausscheidung geringer als in den Tagesstunden[10].

Nicht bei allen Tierarten ist der Tagesrhythmus der Gallenausscheidung gleich gut nachweisbar wie beim Kaninchen. Hunde mit Gallenfistel, die in regelmäßigen 6stündigen Intervallen gefüttert wurden, schieden tags und nachts annähernd

---

[1] Mitchell, W. T., and R. E. Stifel: Bull. Johns Hopkins Hosp. **27**, 78 (1916). — Herring, P. T., and S. Simpson: Proc. R. Soc. London (B) **79**, 517 (1907). — [2] Koster, H., A. Shapiro and H. Lerner: Amer. J. Physiol. **115**, 23 (1936). — Zuckerman, I. C., B. Kogut and M. Jacobi: Amer. J. digest. Dis. **6**, 183 (1939). — [3] Stransky, E.: B. Z. **155**, 256 (1925). — [4] Brugsch, T., u. H. Horsters: A. e. P. P. **118**, 267, 292, 305 (1926). — [5] Cook, D. L., D. A. Beach, R. G. Bianchi, W. E. Hambourger and D. M. Green: Amer. J. Physiol. **163**, 688 (1950). — [6] Neilson, N. M., and K. F. Meyer: J. infect Dis. **28**, 510 (1921). — [7] Jores, A.: Ergebn. inn. Med. **48**, 574 (1935). — Forsgren, E.: Svenska Läk.-Sällsk. Handl. **61**, 1 (1935). — [8] Forsgren, E.: Z. Zellforsch. **6**, 647 (1928). Skand. Arch. Physiol. **59**, 217 (1930). — [9] Ågren, G., O. Wilander and E. Jorpes: Biochem. J. **25**, 777 (1931). — [10] Josephson, B., and H. Larsson: Skand. Arch. Physiol. **69**, 227 (1934). —

gleiche Gallenmengen aus[1,2]. Auch die Menge der ausgeschiedenen Gallensäuren war bei Hunden tags und nachts die gleiche[3]. Für die stündlich mit der Galle ausgeschiedenen Gallensäuremengen ließen sich auch beim Menschen keine regelmäßigen Tagesschwankungen feststellen[4].

5. Der Einfluß der Nahrungsaufnahme auf die Gallensekretion.

Hunger vermindert die Gallenmenge[5]. Hungernde Gallenfistelhunde schieden 6—10 cm³, normal gefütterte 13—18 cm³ Galle täglich je kg Körpergewicht aus[2]. Beim Hund bewirkte Hunger eine besonders starke Verminderung des spezifischen Gewichts und des Gallensäuregehalts der Fistelgalle, wenn die Galle durch eine Fistel nach außen abgeleitet wurde[6].

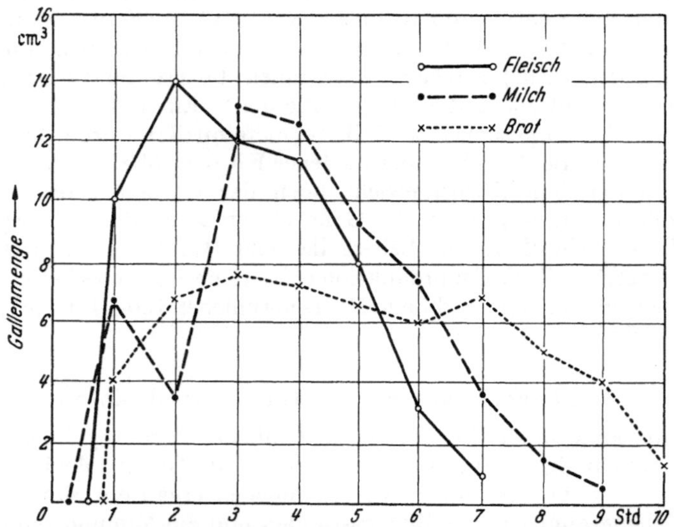

Abb. 57. Gallenausscheidung beim Gallenfistelhund nach Verabreichung von Fleisch, Milch oder Brot[7]. Während proteinreiche und fetthaltige Nahrungsmittel (Fleisch, Milch) die Gallensekretion stark steigern, hat Brot nur eine geringere Wirkung. Die Ausscheidung des (amylasehaltigen!) Pankreassafts wurde hingegen durch Verfütterung von Brot stärker vermehrt als durch Zufuhr von Fleisch oder Milch.

Der Nahrungsaufnahme folgt eine vorübergehende Steigerung der Gallenproduktion der Leberzellen. Besonders stark steigert Fleisch oder anderes proteinreiches Material die Gallensekretion[2,8]; auch Fett scheint unter bestimmten Versuchsbedingungen die Gallensekretion zu erhöhen[8,9] (vgl. dagegen [10]). Kohlenhydrat, das die Pankreassekretion stark anregt, hat auf die Gallenbildung nur eine relativ geringe[11] und nicht immer nachweisbare Wirkung[10], mitunter wurde auch eine Verminderung der Gallensekretion beobachtet[2]. Bei glykogenarmen Lebern kann die intravenöse Injektion von Glucose und die dadurch verursachte Vermehrung des Leberglykogens jedoch eine beträchtliche Steigerung der Gallenproduktion zur Folge haben[12].

[1] Wisner, F. P., and G. H. Whipple: Amer. J. Physiol. **59**, 119 (1922). — [2] Kocour, E. J., and A. C. Ivy: Amer. J. Physiol. **122**, 325 (1938). — [3] Smith, H. P., A. H. Groth and G. H. Whipple: J. biol. Ch. **80**, 659 (1928). — [4] Josephson, B., and H. Larsson: Arch. Physiol. **59**, 227 (1934). — [5] Lukjanow, S. M.: H. **16**, 87 (1892). — Voit, C.: Z. Biol. **30**, 523 (1894). — Albertoni, P.: Arch. ital. Biol. **20**, 134 (1893). — Barbèra, A. G.: Arch. ital. Biol. **23**, 165 (1895). — [6] Petroff, J. R.: Z. ges. exp. Med. **43**, 291 (1924). — [7] Babkin, 2. Aufl., bes. S. 690. — [8] Babkin 2. Aufl. bes. S. 645. — [9] Rosenberg, S.: Pflügers Arch. **46**, 334 (1890). — [10] Stransky, E.: B. Z. **155**, 256 (1925). — [11] Brugsch, T., u. H. Horsters: Z. ges. exp. Med. **43**, 517 (1924). — [12] Forsgren, E.: Z. Zellforsch. **6**, 647 (1928). Skand. Arch. Physiol. **59**, 217 (1930). — Clara, M.: Z. mikroskop.-anat. Forsch. **35**, 1 (1934). Med. Klin. **1934 I**, 203.

Die nach Nahrungszufuhr eintretende Vermehrung der Gallenproduktion wird humoral von der Duodenalschleimhaut her ausgelöst und ist unabhängig von der Nervenversorgung der Leber[1–4]. Es scheint, daß die Einwirkung von Speisebrei auf die Duodenalschleimhaut die Absonderung eines spezifischen choleretischen Hormons verursacht, das auf dem Blutwege zur Leber gelangt und dort eine gesteigerte Gallenproduktion bewirkt. Injektion von Extrakten der Duodenalschleimhaut und von unvollständig gereinigten Sekretinpräparaten hatte eine vermehrte Bildung nicht nur von Pankreassekret und Duodenalsaft, sondern auch eine Vermehrung der Gallensekretion zur Folge[1, 5–8]. Das in diesen Extrakten enthaltene Sekretin ist jedoch nicht Träger dieser Wirkung, sondern wirkt nur auf die sekretorische Tätigkeit von Pankreas und Duodenum[9]. Wahrscheinlich beruht die choleretische Wirkung der Duodenalextrakte auf dem Vorhandensein eines spezifischen, das Sekretin begleitenden, aber von ihm verschiedenen Hormons (Hepatocrinin)[10]. Die Fähigkeit der Leber und des gallenableitenden Systems, vom Duodenum ausgehende hormonale Impulse zu beantworten, kann durch Duodenalsondierung (vgl. S. 535) bei gleichzeitiger Verabreichung handelsüblicher Duodenalextrakte geprüft werden (sog. Sekretintest)[11].

Auch nach Einwirkung verdünnter Säuren auf die Duodenalschleimhaut kommt es zu einer starken Steigerung der sekretorischen Tätigkeit der Leberzellen. Wahrscheinlich spielt auch die saure Reaktion des in das Duodenum übertretenden Mageninhalts bei der humoralen Anregung der Gallensekretion während der normalen Verdauung eine wesentliche Rolle. Die choleretische Wirkung von oral verabreichtem Fleisch, Pepton usw. kommt zum Teil auch über eine Vermehrung der HCl-Sekretion der Magendrüsen zustande, dadurch wird der HCl-Gehalt der in den Darm übertretenden Ingesta gesteigert und die Abgabe des choleretisch wirkenden Hormons an das Blut ausgelöst. Andererseits wurde aber auch bei intravenöser Verabreichung von Peptonen und Caseinhydrolysaten eine Steigerung der Gallensekretion beobachtet. Histamin hat eine starke Vermehrung der Gallensekretion zur Folge[1, 12].

6. Die Wirkung der Choleretica.

Stoffe, durch deren Verabreichung die Gallenproduktion in den Leberzellen vermehrt wird, werden als Choleretica (oder Cholepoietica*) bezeichnet. Es gibt direkt und indirekt wirkende Choleretica: Stoffe, die die Gallenbildung durch

* αἵρεσις = Absonderung, ποιεῖν = machen. Die sog. Cholagoga (besser Cholekinetica) wirken dagegen auf die Entleerung der Gallenblase, sie fallen nicht in den Rahmen dieses Berichtes.

1 Stransky, E.: B. Z. **155**, 256 (1925). — 2 Hillyard, L. V.: Amer. J. Physiol. **98**, 612 (1931). — 3 Lundberg, H.: Amer. J. Physiol. **98**, 602 (1931). — 4 Wertheimer, M. E.: C. R. Soc. Biol. **55**, 287 (1903). — 5 Tanturi, C. A., A. C. Ivy and H. Greengaard: Amer. J. Physiol. **120**, 336 (1937). — 6 Diamond, J. S., S. A. Siegel and S. Myerson: Amer. J. digest. Dis. **7**, 133 (1940). — 7 Bayliss, W. M., and E. H. Starling: J. Physiol., London **28**, 325 (1902). — Henri, V., et P. Portier: C. R. Soc. Biol. **54**, 620 (1902). — Okada, S.: J. Physiol., London **49**, 457 (1915). — Ott, J., and J. C. Scott: Proc. Soc. exp. Biol. Med. **13**, 12 (1915). — Downs, A. W., and N. B. Eddy: Amer. J. Physiol. **48**, 192 (1919). — Downs, A. W.: Amer. J. Physiol. **52**, 498 (1920). — 8 Grossman, M. I., H. D. Yanowitz, H. Ralston and K. S. Kim: Gastroenterol., Baltimore **12**, 133 (1949). — 9 Lagerlöf, H.: Acta med. scand., Suppl. **128**, 69 (1942). — Ågren, G., and H. Lagerlöf: Acta med. scand. **90**, 1 (1936). — 10 Friedman, M. H. F., and W. J. Snape: Fed. Proc. **4**, 21 (1945). — 11 Lake, M.: Amer. J. med. Sci. **3**, 18 (1947). — Dreiling, D. A., J. J. Lipsay, A. Klein and C. Tarr: Gastroenterol., Baltimore **17**, 242 (1951). — Lans, H. S., I. F. Stein jr. and K. A. Meyer: Gastroenterol., Baltimore **18**, 64 (1951). — 12 Alpern, D.: B. Z. **137**, 507 (1923). — Brugsch, T., u. H. Horsters: A. e. P. P. **118**, 267, 292, 305 (1926). — Lueth, H. C., B. H. Orndoff and A. C. Ivy: Proc. Soc. exp. Biol. Med. **26**, 311 (1929). — Băltăcéanu, G., et C. Vasiliu: C. R. Soc. Biol. **118**, 599 (1935).

direkte Einwirkung auf das Leberparenchym steigern, wirken auch bei parenteraler Darreichung; sie steigern die Gallensekretion auch im Perfusionsversuch, wenn sie zu der die isolierte Leber durchströmenden Flüssigkeit hinzugegeben werden. Indirekte Choleretica wirken nur bei Einbringung ins Duodenum, sie veranlassen die Duodenalschleimheit zur Abgabe eines choleretisch wirkenden Hormons.

Der stärkste direkte Erreger der Gallensekretion ist Galle selbst. Durch Verfütterung von Eigengalle wurde die Gallenbildung bei Gallenfistelhunden sehr erheblich gesteigert[1]. Diese Wirkung der Galle beruht vor allem auf ihren Gehalt an gallensauren Salzen[2,3]. Nach oraler oder auch parenteraler Verabreichung von Galle oder gallensauren Salzen steigt nicht nur die Menge der sezernierten Galle, sondern auch die Konzentration der in ihr enthaltenen Gallensäuren[4].

Die choleretische Wirkung der Gallensäuren spielt beim normalen Verdauungsvorgang eine große Rolle: Die Gallensäuren, die mit der Galle in den Darm gelangen, werden dort resorbiert, gelangen mit dem Pfortaderblut zur Leber und lösen dort die Sekretion weiterer Gallenmengen aus. Die nach Nahrungsaufnahme auftretende Steigerung der Gallensekretion wird zwar durch den Übertritt von saurem Mageninhalt ins Duodenum ausgelöst, in weiterem Verlauf aber durch rückresorbierte gallensaure Salze aufrecht erhalten. Bei Tieren mit Gallenfistel gelangen die sezernierten Gallensäuren nicht in den Darm und können nicht wieder rückresorbiert werden; da die choleretische Wirkung dieser Gallensäuren wegfällt, ist die Gallenproduktion vermindert. Eine einigermaßen normale Gallensekretion kann man bei Gallenfisteltieren daher nur dann erhalten, wenn man die aus der Fistel abfließende Galle ins Duodenum injiziert[5].

Neben den natürlichen Gallensäuren haben auch ihre (durch Dehydrogenierung der OH-Gruppen entstehenden) Ketoderivate starke choleretische Wirkung, diese Dehydrogallensäuren bewirken die Absonderung einer stark wasserhaltigen, dünnflüssigen Galle (sog. Hydrocholeretica)[3,6–9]. Die Dehydrocholsäure (= Triketocholansäure, Formel XII, S. 552) ist ein besonders starker Erreger der Gallensekretion. Das verabreichte Dehydrocholat wird, ebenso wie natürliche Cholate, rasch mit der Galle ausgeschieden[8,10]. Obwohl nach Verabreichung von Dehydrocholat auch die in der Galle ausgeschiedene Menge der natürlichen Gallensäuren vermehrt wird[11], steigt die mit der Galle ausgeschiedene Wassermenge weit stärker an[12], die Galle wird nach Verabreichung von Dehydrocholat dünnflüssiger, und ihr Abfluß aus verengten oder teilweise abgeklemmten Gallencapillaren sowie die Ausstoßung intrahepatisch entstandener Konkrementteilchen und eingedickter Galle in die großen Gallengänge wird dadurch erleichtert[13].

---

[1] Brugsch, T., and H. Horsters: Z. ges. exp. Med. 38, 367 (1923). — [2] Greene, C. H., M. Aldrich and L. G. Rowntree: J. biol. Ch. 80, 753 (1928). — Dungern, M. v. Pflügers Arch. 234, 696 (1934). — [3] Adler, A.: Z. ges. exp. Med. 46, 371 (1925). — [4] Chabrol, E., et M. Maximin: C. R. Soc. Biol. 99, 1904 (1928). — [5] Stransky, E.: B. Z. 143, 438 (1923); 155, 256 (1925). — [6] Regan, J. F., and O. H. Horrall: Amer. J. Physiol. 101, 268 (1932). — Berman, A. L., E. Snapp and A. C. Ivy: Amer. J. Physiol. 132, 176 (1941). — [7] Berman, A. L., E. Snapp, A. C. Ivy, A. J. Atkinson and V. S. Hough: Amer. J. digest. Dis. 7, 333 (1940). — Charonnat, R., D. Bargeton, J. Cottet et A. Varay: Bull. Ass. Études Physiopath. Foie 1, 288 (1947). — [8] Doubilet, H.: Proc. Soc. exp. Biol. Med. 36, 687 (1937). — [9] Smyth, F. S., and G. H. Whipple: J. biol. Ch. 59, 637, 647, 655 (1924). — [10] Schmidt, C. R., J. M. Beazell, A. J. Atkinson and A. C. Ivy: Amer. J. digest. Dis. 5, 613 (1938). — [11] Riegel, C., I. S. Ravdin and M. Prushankin: Proc. Soc. exp. Biol. Med. 41, 392 (1939). — [12] Reinhold, J. G., and D. W. Wilson: Amer. J. Physiol. 107, 378, 400 (1934). — [13] Stein, I. F. jr.: H. S. Lans and K. A. Meyer: J. int. Coll. Surg. 13, 554 (1950).

Neben den Gallensäuren haben auch viele synthetische, organische Stoffe, z. B. Salicylsäure und ihre Derivate[1] (vgl. a. [2]), Atophan (Cinchophen)[3,4] u. a. eine choleretische Wirkung. Orale[5–7] und parenterale[7] Verabreichung verschiedener aus Pflanzen (Spinat, Urtica dioica, Urtica urens) hergestellter Extrakte (sog. Pflanzensekretine) hat eine Steigerung der Gallensekretion zur Folge. Pilocarpin[8,9] und Acetylcholin[5,9,10] können vorübergehende Steigerung der Gallensekretion hervorrufen; andererseits hat aber Atropin keine hemmende Wirkung [5,8,9,11]. Vergleichende Bestimmungen der choleretischen Wirkung verschiedener organischen Verbindungen vgl.[12].

Die Menge der mit der Galle ausgeschiedenen Gallenfarbstoffe wird von choleretisch wirkenden Stoffen, einschließlich der Gallensäuren nicht beeinflußt, die Vermehrung der Gallenmenge führt zur Ausscheidung bilirubinarmer, relativ schwach gefärbter Galle[13]. Die Ausscheidung parenteral injizierten Bilirubins mit Galle wurde durch gleichzeitige Injektion von Dehydrocholat nicht beschleunigt[14].

7. Die Wirkung anorganischer Salze auf die Gallensekretion.

Die Wirkung anorganischer Salze auf die Gallenproduktion ist insbesondere im Zusammenhang mit der Mineralwassertherapie wiederholt untersucht worden[7,15,16]. Aufnahme von Wasser oder Injektion physiologischer Salzlösungen hatte unter normalen Verhältnissen keine Steigerung der Gallenabsonderung zur Folge[7,17,18]. K- und SO_4-Ionen scheinen die Gallenausscheidung zu steigern, Na- und Ca-, Chlor- und Phosphat-Ionen sind ohne Wirkung[7,15,19]. Die Bedeutung sulfathaltiger Wässer und Salzgemische für die Therapie der Lebererkrankungen beruht nicht so sehr auf einer Steigerung der Gallensekretion wie auf ihrer cholekinetischen Wirkung auf die Gallenblase[16].

8. Verringerung der Gallensekretion durch leberschädigende Stoffe.

Aufnahme von Chloroform oder Äther (intraduodenal oder durch Inhalation[7,20] oder von großen Mengen von Äthylalkohol[5–7,20,21] u. a. verminderte im Tierversuch die Gallenbildung. Tiere, bei denen durch Cholinmangel eine Leberverfettung hervorgerufen worden war, schieden geringere Mengen Galle aus[22]. Bei schweren Schädigungen des Leberparenchyms ist die verringerte Gallenproduktion meist mit hepatischen Störungen des Gallenabflusses kombiniert (Verschluß

[1] Okada, S.: J. Physiol., London **50**, 114 (1915). — Schmidt, C. R., J. M. Beazell, A. J. Atkinson and A. C. Ivy: Amer. J. digest. Dis. **5**, 613 (1938). — Delphaut, J., et L. Donin: C. R. Soc. Biol. **146**, 1217 (1952). — Delphaut, J., et L. Bel: C. R. Soc. Biol. **146**, 1214 (1952). — Charlier, R.: Arch. int. Pharmacodyn. Thérap. **94**, 103 (1953). — [2] Smyth, F. S., and G. H. Whipple: J. biol. Ch. **59**, 637, 647, 655 (1924). — [3] Brugsch, T., u. H. Horsters: Z. ges. exp. Med. **43**, 517 (1924). — [4] Bradley, W. B., and A. C. Ivy: Proc. Soc. exp. Biol. Med. **45**, 143 (1940). — [5] Watanabe, T.: Z. ges. exp. Med. **40**, 201 (1924). — [6] Dobreff, M.: Z. ges. exp. Med. **46**, 243 (1925). — [7] Stransky, E.: B. Z. **155**, 256 (1925). — [8] Okada, S.: J. Physiol., London **49**, 457 (1915). — [9] Adachi, A.: B. Z. **140**, 185 (1923). — [10] Adler, A.: Therap. d. Gegenwart **67**, 172, 216, 263 (1926). — [11] Neubauer, E.: B. Z. **109**, 82 (1920). — [12] Gunter, M. J., K. S. Kim, D. F. Magee, H. Ralston and A. C. Ivy: J. Pharmacol. exp. Therap. **99**, 465 (1950). — [13] Regan, J. F., and O. H. Horrall: Amer. J. Physiol. **101**, 268 (1932). — Berman, A. L., E. Snapp and A. C. Ivy: Amer. J. Physiol. **132**, 176 (1941). — [14] Adlersberg, D., u. E. Neubauer: Wien. Arch. inn. Med. **10**, 59 (1925). — [15] Stransky, E.: B. Z. **143**, 438 (1923). — [16] Stepp, W., u. G. Düttmann: Kli. Wo. **1923 II**, 1587. — [17] Brugsch, T., u. H. Horsters: Z. ges. exp. Med. **38**, 367 (1923). — [18] Barbèra, A. G.: Arch. ital. Biol. **31**, 427 (1899). — [19] Heianzan, N.: B. Z. **165**, 33 (1925). — [20] Brugsch, T., u. H. Horsters: Kli. Wo. **1923 II**, 1538. — [21] Berman, A. L., E. Snapp, A. C. Ivy and A. J. Atkinson: Quart. J. Stud. Alcohol **1**, 645 (1941). — [22] Colwell, A. R. jr.: Amer. J. Physiol. **164**, 274 (1951). Amer. J. digest. Dis. **17**, 270 (1950).

intralobulärer Gallencapillaren, Gallenregurgitation in Lymphe und Blut usw.). Auch Lebern, die in ihren übrigen Funktionen schwer geschädigt sind, erzeugen oft noch annähernd normale Gallenmengen und reagieren auf Choleretica mit einer Vermehrung der Gallenbildung. Bei chronisch mit CCl_4 vergifteten Gallenfistelhunden mit stark verzögerter Ausscheidung von Bromsulphalein (vgl. S. 562) war die Gallenausscheidung nicht wesentlich vermindert und stieg nach Verabreichung von Na-Atophan oder Na-Dehydrocholat regelmäßig an[1]. Andererseits scheint es Gifte zu geben, die eine spezifische Hemmungswirkung auf die Gallensekretion besitzen. Eine aus der südafrikanischen Pflanze Lippia Rehmanni isolierte und als Ikterogenin bezeichnete Triterpensäure[2] verursacht bei Schafen einen Ikterus ohne nachweisbare hepatocelluläre Schädigung[3].

β) Die Umwandlung der Lebergalle in Blasengalle und die Sekrete der Gallenwege.

1. Die Entstehung der Blasengalle.

Die Produktion der Galle in den Leberzellen ist ein kontinuierlicher Prozeß; sie ist nach der Nahrungsaufnahme zwar gesteigert, doch scheidet die Leber auch im Hunger ständig Galle aus. Die in der Zeit zwischen den einzelnen Verdauungsperioden sezernierte Galle sammelt sich in der Gallenblase an, der Abfluß in den Darm ist durch eine tonische Kontraktion des den Ductus choledochus verschließenden Sphincter Oddi unterbrochen. Gelangt Speisebrei in das Duodenum, so erschlafft der Sphincter Oddi, die Gallenblase kontrahiert sich und entleert ihren Inhalt in den Darm. Durch alternierende Kontraktion des Choledochussphincters und der Gallenblasenmuskulatur[4] kann sich die Gallenblase im Verlauf der 1. Std nach einer Mahlzeit mehrmals füllen und entleeren.

Das gallenableitende System zeigt in der Tierreihe große Verschiedenheiten auch bei nahe verwandten Tierarten. Kuh und Schaf haben eine Gallenblase, das Pferd nicht; bei der Maus ist eine Gallenblase vorhanden, nicht aber bei der Ratte; während die Ziege eine Gallenblase besitzt, hat das Reh keine. Das europäische Schwein hat eine Gallenblase, das südamerikanische Peccari nicht. Es gibt Vogelarten mit Gallenblase (Falke, Eule) und solche ohne eine solche (Taube)[5,6]. Bei der Giraffe findet sich nur bei einem Teil der Individuen eine Gallenblase[7]. Von den gebräuchlichen Laboratoriumstieren haben außer der Maus auch Kaninchen, Meerschweinchen, Affe, Hund und Katze eine Gallenblase. Schematische Darstellung der bei Haustieren und Laboratoriumstieren auftretenden Varianten des gallenableitenden Systems vgl. [6,8]. Einige der gallenblasenlosen Tierarten besitzen erweiterungsfähige Gallengänge, in denen ein Teil der zwischen den Mahlzeiten sezernierten Galle gespeichert werden kann; eine Konzentrierung der Galle findet hierbei nicht statt. Bei der Ratte gelangt die Lebergalle unkonzentriert in den Darm[5]. Operative Herausnahme der Gallenblase beim Hund hatte in der Folgezeit keine adaptiven Änderungen in der Zusammensetzung der Lebergalle zur Folge[9].

Die Gallenblase faßt beim Menschen normalerweise etwa 50 cm³, doch können in Fällen pathologischer Gallenstauung Erweiterungen bis auf 150 cm³ beobachtet

---

[1] Wirts, C. W., A. Cantarow, W. J. Snape and B. Delserone: Amer. J. Physiol. **165**, 680 (1951). — [2] Barton, D. H. R., and P. de Mayo: Soc. **1954**, 887. — [3] Quin, J. I.: Onderstepoort J. veterin. Sci. **1**, 501 (1933). — Rimington, C.: Lancet **1955 I**, 772. — [4] Rossoni, R., e C. Colosimo: Ann. Radiol. Fisica med. **11**, 341 (1937). — [5] McMaster, P. D.: J. exp. Med. **35**, 127 (1922). — [6] Mann, F. C., J. P. Foster and S. D. Birnhall: J. Lab. clin. Med. **5**, 203 (1919/20). — [7] Hutchinson, W.: Med. Rec. **63**, 770 (1903). — [8] Babkin 2. Aufl. S. 697—703. — [9] Schmidt, C. R., and A. C. Ivy: J. cellul. comp. Physiol. **10**, 365 (1937).

werden. Schätzt man die Tagesmenge der Lebergalle auf 1 *l*, so ergibt sich, daß die Gallenblase etwa die durchschnittlich im Laufe einer Std produzierte Gallenmenge aufnehmen kann. Da die Gallenproduktion im nahrungsfreien Intervall aber nur gering ist und die Galle in der Blase auf einen Bruchteil ihres ursprünglichen Volumens eingedickt wird, ist die Gallenblase imstande, die in einem mehrstündigen Intervall zwischen 2 Verdauungsperioden von der Leber produzierte Gallenmenge aufzunehmen.

Beim Menschen kann die Blasengalle auch ohne einen chirurgischen Eingriff durch *Duodenalsondierung* erhalten werden[1]: Durch Aspiration aus der Duodenalsonde erhält man beim nüchternen Menschen zunächst die sog. A-Fraktion, eine aus Pankreassekret, Duodenalsaft und Galle bestehende gelbe oder hellbraune Flüssigkeit. Spritzt man durch die Sonde 30—50 cm^3 einer konzentrierten Mg-Sulfatlösung ein, so wird etwa 20—30 min später der Mechanismus der Gallenblasenentleerung ausgelöst und die konzentrierte Blasengalle gelangt ins Duodenum. Ein Teil (etwa 30—40 cm^3) der ins Duodenum entleerten und meist mit Duodenalinhalt vermischten Blasengalle (sog. B-Galle) kann mit der Sonde aspiriert werden; sie hat eine dunkelbraune oder dunkelgrüne Farbe, ist meist sehr viscös und enthält große Mengen von Cholesterin und Gallensäuren. Nach einiger Zeit werden die aus dem Duodenum aspirierbaren Flüssigkeitsproben wieder hell und dünnflüssig (sog. C-Fraktion). — Stase der Galle in der Gallenblase äußert sich meist in einem hohen Cholesteringehalt der B-Galle, bei Infektionen der Gallenwege enthält die B-Galle außer Bilirubin auch Urobilin oder Urobilinogen (vgl. S. 519)[2]. Entzündliche Erkrankungen der Leber steigern den Proteingehalt der Galle, bei Cholelithiasis sind mikroskopisch Cholesterinkrystalle und Partikel von Ca-Bilirubinat in der B-Galle nachweisbar[3]. Außer durch Magnesiumsulfat kann die Entleerung der Blasengalle auch durch Einführung von Lipoidgemischen (z. B. Olivenöl, Eigelb) in das Duodenum und durch andere auf das Duodenum wirkende Reize ausgelöst werden.

Die erhebliche Konzentrationssteigerung, die die Galle bei der Speicherung in der Gallenblase erfährt, ist durch die resorptive Tätigkeit des die Gallenblase auskleidenden Epithels bedingt, neben Wasser und Alkalisalzen werden auch zahlreiche organische Gallenbestandteile in der Gallenblase rückresorbiert. Daneben wird in der Gallenblase der Galle Mucin beigemengt (vgl. S. 542).

In der Lebergalle des Hundes wurde 3,5—4,9% feste Substanz gefunden, in der Blasengalle mehr als 20%[4]. Menschliche Lebergalle enthält 1—4% Trockensubstanz, menschliche Blasengalle über 20%[5]. Wurde die vor Beginn des Versuchs völlig entleerte Gallenblase eines Hundes von der Leber her mit 50 cm^3 Lebergalle gefüllt und dann verschlossen, so waren $22^1/_2$ Std später nur mehr 4,6 cm^3 Galle in der Gallenblase vorhanden[6]. Schon beim bloßen Hindurchfließen durch die Gallenblase in einen am Ende der Gallenblase eingenähten Katheter wurde beim Hund die Konzentration der Galle auf das 2—5fache gesteigert[6].

Mit dem Wasser werden auch die in der Lebergalle enthaltenen Alkalisalze in der Gallenblase größtenteils rückresorbiert, der osmotische Druck der Galle bleibt daher unverändert. Wird eine hypertonische NaCl-Lösung in die von dem gallenleitenden System abgetrennte aber unverändert mit Blut versorgte Gallenblase

[1] Meltzer, S. J.: Amer. J. med. Sci. **153**, 469 (1917). — [2] Royer, M.: Kli. Wo. **1935 I**, 347. — [3] Hollander, E.: Amer. J. med. Sci. **177**, 377 (1929). — Joncs, C. M.: Arch. internal Med., Chicago **34**, 60 (1924). — Piersol, G. M., H. L. Bockus and H. Shay: Amer. J. med. Sci. **175**, 84 (1928). — Bockus, H. L., H. Shay, J. H. Willard and J. F. Pessel: J. amer. med. Ass. **96**, 311 (1931). — Rigney, L. J., W. L. Mortensen and T. G. Miller: Amer. J. digest. Dis. **5**, 1 (1938). — [4] Maly, R.: Handb. Physiol. (Hermann), Bd. V/2, S. 172. — [5] Brand, J.: Pflügers Arch. **90**, 491 (1902). — [6] Rous, P., and P. D. McMaster: J. exp. Med. **34**, 47 (1921).

des Hundes eingebracht, so sinkt ihre Konzentration, während die Konzentration in die Gallenblase eingebrachter hypotonischer NaCl-Lösungen bis auf das Niveau des Blutes steigt[1]. Da in der Gallenblase auch ein Teil des in der Lebergalle enthaltenen $NaHCO_3$ rückresorbiert wird, nimmt die (durch Freisetzung von CO_2 gemessene) Alkalireserve der Galle während ihres Aufenthalts in der Gallenblase ab[2,3].

Gallensaure Salze werden in der normalen Gallenblase in relativ geringem Grade rückresorbiert. In die Gallenblase injizierte Lösungen gallensaurer Salze werden beim Aufenthalt in der Gallenblase infolge der Wasserresorption konzentrierter, die absolute Menge der Gallensäuren nimmt dabei jedoch ebenfalls ab. In der entzündeten Gallenblase können die Cholate in beträchtlichem Ausmaß resorbiert werden[3,4]. Da Cholesterin und andere wasserunlösliche oder schwerlösliche Stoffe durch die Cholate in Lösung gehalten werden, kann die pathologisch gesteigerte Resorption der Cholate das Ausfallen dieser Stoffe in der Blasengalle zur Folge haben. (Über die Konzentrierung des Cholesterins in der Gallenblase vgl. S. 548. Über die Anreicherung exogener röntgenopaker Substanzen in der Gallenblase vgl. S. 564. Über den Ca-Gehalt der Blasengalle vgl. S. 540. Über das in der Gallenblase sezernierte Mucin vgl. S. 542. Über die allgemeine Zusammensetzung der Blasengalle vgl. Tabelle 73, S. 538.)

2. Die sekretorische Tätigkeit der Gallenwege und die „weiße Galle".

Während die Galle in der Gallenblase durch Resorption von Wasser und Salzen und Ausscheidung von Schleim konzentriert wird, sezernieren die Gallengänge ein dünnflüssiges Sekret. Die Menge dieses Sekrets und die dadurch bewirkte Verdünnung der Galle ist jedoch normalerweise nur gering.

Wenn der Gallengang an 2 Stellen abgebunden und die Galle oberhalb der ersten Ligatur nach außen abgeleitet wird, kann das Sekret des zwischen den Ligaturen liegenden Gallengangsteils getrennt erhalten werden: es ist klar, schwach alkalisch, hat ein niedriges spezifisches Gewicht, enthält nur wenig Cholesterin und auch bei stark ikterischen Tieren keinen Gallenfarbstoff[5]. Ansammlungen farbloser oder nur wenig gefärbter Flüssigkeit finden sich gelegentlich auch beim Menschen in Abschnitten der Gallenwege, die durch pathologische Prozesse oder operative Eingriffe gesperrt sind; sie bestehen aus dem Sekret der Gallenwege und der Gallenblase und werden als „weiße Galle" bezeichnet. Bei Operationen am Menschen entnommene Proben von „weißer Galle" enthielten keinen Gallenfarbstoff, keine Gallensäuren, wenig Cholesterin; Cl- und Ca-Gehalt entsprachen etwa dem des Blutes[6].

γ) Eigenschaften und Zusammensetzung der Galle.

1. Allgemeine Eigenschaften.

Die Lebergalle ist dünnflüssig, durchsichtig und hat infolge ihres Bilirubingehalts beim Menschen eine gelbbraune Farbe. Bei Tieren enthält die Galle oft auch Biliverdin, sie ist in diesem Falle mehr oder weniger grünlich gefärbt. Wiederkäuer scheiden eine grünlich gefärbte Galle aus. Die Galle von Amphibien und Vögeln ist rein grün und stark biliverdinhaltig[7]. Die Blasengalle ist meist dickflüssig und von schwarzbrauner oder dunkelgrüner Farbe. — Der bittere

[1] Ravdin, I. S., C. G. Johnston, J. H. Austin and C. Riegel: Amer. J. Physiol. **97**, 553 (1931). — [2] Mentzer, S. H.: Arch. Surg. **14**, 14 (1927). — [3] Ravdin, I. S., C. G. Johnston, C. Riegel and S. L. Wright jr.: Amer. J. Physiol. **100**, 317 (1932). — [4] Rosenthal, F., u. H. Licht: Kli. Wo. **1928 II**, 1952. — Andrews, E., and L. Hrdina: Proc. Soc. exp. Biol. Med. **28**, 129 (1930). — Colp, R., and H. Doubilet: Arch. Surg. **33**, 913 (1936). — [5] Rous, P., and P. D. McMaster: J. exp. Med. **34**, 75 (1921). — Aronsohn, H. G.: Proc. Soc. exp. Biol. Med. **32**, 695 (1935). — [6] Riegel, C., I. S. Ravdin, C. G. Johnston and P. J. Morrison: Amer. J. med. Sci. **190**, 655 (1935). — [7] Cabello Ruz, J.: Rev. Soc. argent. Biol. **19**, 81 (1943).

Geschmack der Galle wird durch die Cholate verursacht, besonders stark bitter schmecken glykocholsaure Salze.

Das *spezifische Gewicht* der Lebergalle beträgt beim Menschen ungefähr 1,008—1,016 (s. [1]) das spezifische Gewicht der Blasengalle 1,012—1,040 (s. [1,2]). Der osmotische Druck der Galle entspricht etwa dem des Blutes [3,4]. Der Gefrierpunkt liegt bei 0,56—0,61°. Gefrierpunkt und osmotischer Druck ändern sich bei der Konzentrierung der Galle in der Blase nur wenig, unabhängig davon, wie stark die Galle dabei eingedickt wird. So betrug z. B. bei Hunden der Gefrierpunkt von Lebergalle —0,537°, von Blasengalle im Mittel —0,569° (s. [3]).

Die *Wasserstoffionenkonzentration* entsprach in operativ gewonnener Blasengalle vom Menschen einem p_H von 7,1—7,3, bei Meerschweinchengalle 7,5—7,6, bei Hundegalle 7,4 bis 8,0, bei Kaninchengalle 7,4—7,7 (s. [5]). Andere Untersucher fanden für den p_H von menschlicher Fistelgalle 7,1—7,3 (s. [6]), 7,8 bis 8,6 (s. [7]) bzw. 8,0 (s. [8]), für den p_H von Blasengalle 6,9—7,7 (s. [6]) bzw. 7,7—8,6 (s. [11]). Blasengalle ist beim Menschen und bei Tieren meist etwas saurer als Fistelgalle [5,8,9]. Beim Stehen an der Luft wird die Galle alkalischer (CO_2-Verlust) [5].

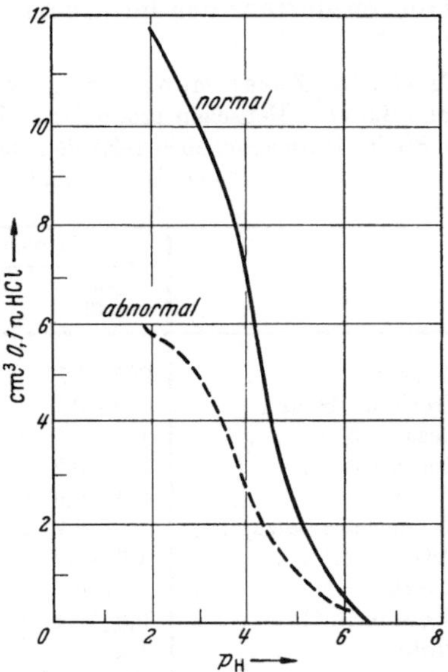

Abb. 58. Pufferungskurven normaler und pathologischer durch Laparatomie erhaltener Gallenproben vom Menschen[11]. Bei Erkrankungen der Leber und Galle entnommene Gallenproben enthalten weniger Trockensubstanz und hatten ein geringeres Pufferungsvermögen als Galle lebergesunder Menschen. Die Pufferung der Galle wird außer durch den $NaHCO_3$-Gehalt an gallensauren Salzen bestimmt.

Die *Alkalireserve* der Galle ist meist hoch, dadurch ist die Galle befähigt, relativ große Mengen des durch die HCl-Sekretion des Magens sauer gewordenen Speisebreies zu neutralisieren. Galle aus dem Ductus hepaticus von Kaninchen hatte eine doppelt so große Alkalireserve wie das Blut der Tiere [5]. Die Alkalireserve durch Duodenalsondierung gewonnener menschlicher Galle war dagegen annähernd gleich hoch wie die des Blutes [10] und betrug etwa 40—70 cm³ CO_2 je 100 cm³. Der $NaHCO_3$-Gehalt der Galle geht mit der HCl-Ausscheidung im Magen parallel. Durch Injektion von Histamin wird (gleichzeitig mit der Zunahme der HCl-Sekretion des Magens) auch die Alkalireserve der Galle (und des Blutes) gesteigert [12]. Auch Injektion von $NaHCO_3$ ins Blut steigerte die Alkalireserve der ausgeschiedenen Galle [13].

2. Chemische Zusammensetzung.

Die Galle enthält Cholate, Gallenfarbstoffe, Alkali- und Erdalkalisalze, Spuren von Schwermetallen, Aminosäuren, Mucin (neben anderen Proteinen),

[1] Brugsch, T., u. (J.) Irger: Z. ges. exp. Med. **38**, 362 (1923). — Brugsch, T., u. H. Horsters: Z. ges. exp. Med. **38**, 367 (1923). A. e. P. P. **118**, 267, 292, 305 (1926.) — [2] Kimura, T.: Dtsch. Arch. klin. Med. **79**, 274 (1904). — [3] Ravdin, I. S., C. G. Johnston, C. Riegel and S. L. Wright jr.: Amer. J. Physiol. **100**, 317 (1932). — [4] Gilman, A., and G. R. Cowgill: Amer. J. Physiol. **104**, 476 (1933). — [5] Neilson, N. M., and K. F. Meyer: J. infect. Dis. **28**, 510 (1921). — [6] Reinhold, J. G., and L. K. Ferguson: J. exp. Med. **49**, 681 (1929). — [7] Ottenberg, R., and J. Kahn: Proc. Soc. exp. Biol. Med. **29**, 573 (1932). — [8] Okada, S.: J. Physiol., London **50**, 114 (1915). — [9] Drury, D. R., P. D. McMaster and P. Rous: J. exp. Med. **39**, 403 (1924). — [10] Chiray, M., et P. Firmin: Arch. Mal. Appar. digest. **25**, 233 (1935). — [11] Crawford, N., and B. N. Brooke: Lancet **1955 I**, 1096. — [12] Carnot, P., et Z. Gruzewska: C. R. Soc. Biol. **93**, 240 (1925); **94**, 369 (1926). — [13] Carnot, P., et Z. Gruzewska: C. R. Soc. Biol. **94**, 756 (1926).

Phosphatasen, gepaarte Glucuronsäuren und Schwefelsäuren, Lecithin und Cholesterin und zahlreiche andere endogene und exogene Ausscheidungsprodukte. Insgesamt sind in der Lebergalle vom Menschen etwa 2—3%, in der Blasengalle 16—17% feste Stoffe enthalten[1]. Mit Ausnahme der Alkalisalze anorganischer Säuren, die in der Gallenblase zusammen mit dem Wasser rückresorbiert werden, nimmt die Konzentration aller in der Galle gelösten Stoffe in der Gallenblase erheblich zu. Die gallensauren Salze bilden in der Leberzelle annähernd die Hälfte der mit der Lebergalle ausgeschiedenen festen Stoffe und etwa zwei Drittel der Trockensubstanz der Blasengalle. Ein großer Teil des N-Gehalts der Galle ist in

Tabelle 73. Zusammensetzung von Lebergalle und Blasengalle[2] (in g/l). Schätzt man die vom Menschen produzierte Menge von Lebergalle auf etwa 1 l täglich, so geben die in Spalte 1 wiedergegebenen Zahlen gleichzeitig auch die mit der Lebergalle je Tag ausgeschiedene Gesamtmenge der angeführten Stoffe in g an.

	Mensch		Hund		Schwein	Rind
	Lebergalle	Blasengalle	Lebergalle	Blasengalle	Blasengalle	Blasengalle
Wasser	967—977	820	955—977	776—886	811—885	894
Trockensubstanz	23—33	180	23—45	114—246	115—189	106
Gesamt-N	0,7—0,9	4,9	0,7—1,0	2,6—6,4	3,7—4,8	2,7
Gesamt-P	0,1—0,2	1,4	0,1—0,15	0,9—2,8	0,5—1,2	0,2
Cholin	0,4—0,9	5,5	0,4—0,6	3,4—11,1	1,8—4,5	0,8
Gallensaure Salze	7—14	115	5—24	79—150	85—120	72
Fettsäuren	1,6—3,4	24	1,8—2,7	16—50	8,2—20	3,7
Lecithin	1,0—5,8	35	2,5—4	23—70	12—29	5,2
Cholesterin	0,8—2,1	4,3	0,08—0,15	0,8—1,0	1,3—1,8	0,4
Protein	1,4—2,7	4,5	1,3—2,1	1,9—5,2	2,8—4,1	4,2
Bilirubin	0,32—0,62	1,4	0,42—0,55	0,9—1,7	0,3—0,6	*
Gesamt-Kohlenhydrat	0,4—0,9	2,4	*	7,4—9,4	1,2—3,0	*
Reduzierende Zucker	0,2—0,5	0,8	*	0,6—0,7	0,4—1,5	*

* Nicht bestimmt.

den Glycin- und Taurinresten der gepaarten Gallensäuren enthalten. Der Gesamt-N-Gehalt normaler durch Duodenalsondierung enthaltener menschlicher Blasengalle liegt meist unter 2,0 g/kg (= 200 mg-%), bei Cholecystitis sind die Gesamt-N-Werte durch den vermehrten Proteingehalt immer stark erhöht. N-Werte bis zu 1,6% (entsprechend etwa dem Proteingehalt des Blutserums) wurden im entzündlichen Gallenblaseninhalt beobachtet[3]. — Der CO_2-Gehalt (gelöstes $CO_2 + HCO_3^-$) frisch sezernierter Galle beträgt beim Hund[4] etwa 50—60 Vol.-%, beim Kaninchen[5] 109 Vol-% (vgl. S. 537).

a) Anorganische Bestandteile. Die Kationen Na, K, Ca und Mg sind in der Galle im allgemeinen in größerer Menge enthalten als im Blutserum, die Menge des Chlorids ist dagegen geringer; an Stelle der Chloridionen treten die in der Galle in großer Menge vorhandenen Anionen der Gallensäuren.

Die in der Fistelgalle von Hunden beobachtete allmähliche Abnahme des Cholats wird durch eine Zunahme des Cl^- und vor allem des HCO_3^- ausgeglichen, die Reaktion der Galle wird durch die Vermehrung des $NaHCO_3$ alkalischer[6].

[1] Ältere Analysen menschlicher Fistelgalle zusammengestellt bei CZYHLARZ, E. v., A. FUCHS u. O. v. FÜRTH: B. Z. **49**, 120 (1913). — [2] POLONOVSKI, M., et R. BOURRILLON: Bull. Soc. Chim. biol. **34**, 703 (1952). — [3] BOEKELMAN, A. J.: Kli. Wo. **1928 I**, 65. — [4] PFLÜGER, E.: Pflügers Arch. **2**, 156 (1869). — [5] CHARLES, J. J.: Pflügers Arch. **26**, 201 (1881). — [6] REINHOLD, J. G., and D. W. WILSON: Amer. J. Physiol. **107**, 378 (1934).

Tabelle 74. Der Gehalt der Lebergalle an Na, K, Ca, Mg und Cl, verglichen mit der Konzentration dieser Ionen im Serum. (Bestimmungen an Gallenfistelhunden[1]). Wie aus den Zahlen ersichtlich, ist die Konzentration der anorganischen Kationen in der Galle höher, die des Chlorids niedriger als im Serum. Die Differenz zwischen der Summe der Kationen- und den Chloridäquivalenten wird beim Serum vor allem durch Proteinat- und HCO_3^--Anionen, bei der Galle vor allem durch Gallensäureanionen und HCO_3^- abgedeckt.

	Na		K		Ca		Mg		Cl		Differenz: anorg. Kationen—Cl⁻ in mÄq/l
	mg-%	mÄq/l	mg-%	mÄq/l	mg-%	mÄq/l	mg-%	mÄq/l	mg-%	mÄq/l	
Lebergalle	400	174	25,7	6,6	17,2	8,6	4,3	3,6	228	64	129
Blutserum	340	148	20,6	5,3	11,0	5,5	2,3	1,9	390	110	51

Andererseits steigerte die Injektion von Taurocholat den Cholatgehalt und den Na-Gehalt der Fistelgalle, während die Konzentration an HCO_3^- abnahm[2]. Nach Injektion von Galle in den absteigenden Stumpf des Ductus choledochus nahm die Gallensäurekonzentration und die Konzentration aller Kationen in der neusezernierten Lebergalle zu, ihr Gehalt an Chlorid und HCO_3^- wurde gleichzeitig verringert. Die höchsten Na^+-Werte und die niedrigsten Cl^--Werte wurden immer dann beobachtet, wenn der Gallensäuregehalt der Galle am höchsten war[1].

Gesteigerte Zufuhr von K-, Na-,Ca-, Mg-, Fe-, NH_4-Salzen, Chloriden, Sulfaten und Phosphaten hatte bei Kaninchen keine vermehrte Ausscheidung dieser Ionen in der Galle zur Folge[3]. Große Dosen von NaCl (1 g/kg Körpergewicht) steigerten den NaCl-Gehalt und verminderten den Gallensäuregehalt der Fistelgalle von Hunden[4]. Verabreichung von Thyreoidea-, Hypophysen- und Nebennierenextrakten ließ die Konzentration der anorganischen Ionen in der Galle unbeeinflußt[4,5]. In der Menge der anorganischen Ionen zeigt die Galle große Ähnlichkeit mit dem Pankreassekret[6].

Tabelle 75 Gehalt verschiedener Verdauungssäfte an Na, K und Cl (in mg-%). (Hunde mit Gallenfistel, Pankreasfistel, Darmfistel und Pawlowschem Nebenmagen[6].)

	Magensaft, nüchtern	Magensaft nach Probefrühstück	Darmsaft	Pankreassekret	Galle
Na	217	31	266	300	302
K	33	29	86	41	32
Cl	578	552	457	362	352

Anorganisches Phosphat ist in der Lebergalle nur in Spuren vorhanden[3], entsteht aber in der Blasengalle durch Zerlegung des in der Galle enthaltenen Lecithins unter der Wirkung der Gallenphosphatasen. Nach intravenöser Injektion von radioaktivem Phosphat ging die Radioaktivität bei Kaninchen rasch in die Galle über und erreichte nach 15 min ein Maximum, um dann parallel mit der Radioaktivität des Blutserums abzufallen. Der ^{32}P-Gehalt des Serums war 5 bis 21mal größer als der der Galle[7]. Bei Schwein[8] und Schaf[9] ging intravenös injiziertes ^{32}P in größerer Menge in die Galle über als in die Gewebe.

[1] Reinhold, J. G., and D. W. Wilson: Amer. J. Physiol. **107**, 378 (1934). — [2] Reinhold, J. G., and D. W. Wilson: Amer. J. Physiol. **107**, 400 (1934). — [3] Stransky, E.: Z. exp. Med. **77**, 807 (1931). — [4] Specht, O.: Bruns' Beitr. **129**, 483 (1923). — [5] Reinhold, J. G. and D. W. Wilson: Amer. J. Physiol. **107**, 388 (1934). — [6] Fukushima, K.: Med. J. Osaka Univ. **2**, 67 (1951) [Chem. Abstr. **46**, 4094[f]]. — [7] Moreland, F. B., J. H. Gast and B. Halpert: Amer. J. clin. Path. **21**, 828 (1951). — [8] Smith, A. H., M. Kleiber, A. L. Black, M. Edick, R. R. Robinson and H. Heiterman jr.: J. animal Sci. **10**, 893 (1951) [Chem. Abstr. **46**, 3135[f]]. — [9] Smith, A. H., M. Kleiber, A. L. Black, J. R. Luick, R. F. Larson and W. C. Weir: J. animal Sci. **11**, 638 (1952) [Chem. Abstr. **27**, 3426[a]]. —

Sulfat wird zwar in der Galle ausgeschieden, ein großer Teil davon wird jedoch in den tieferen Darmabschnitten rückresorbiert, die endgültige Ausscheidung erfolgt ebenso wie beim Chlorid und bei den Alkalimetallen durch die Niere: Gallenfistelratten schieden nach Injektion von ^{35}S-Sulfat 10% der verabreichten Menge in der Galle aus, 4% wurde im Darm und 75% im Harn ausgeschieden[1]. Wurde Gallenfistelratten Oestronsulfat verabreicht, das ^{35}S enthielt, so erschien 15% des ^{35}S innerhalb 24 Std als anorganisches Sulfat in der Galle[2].

Der Ca-Gehalt der Galle ist von der Höhe des Ca-Spiegels im Blutplasma unabhängig[3] und zeigt verhältnismäßig starke Schwankungen[4]. In der Fistelgalle von Hunden wurde 6—58 mg-%[4], in der Galle aus postoperativen Gallenfisteln beim Menschen[5] 4—9 mg-% Ca gefunden. Faktoren, die die Gallensekretion steigern (Fleischkost), haben meist eine geringe Senkung und Faktoren, die die Gallenmenge verringern (Hunger), eine Steigerung der Ca-Konzentration zur Folge. Trotzdem wird die absolute Menge des in der Galle ausgeschiedenen Calciums bei Steigerung der ausgeschiedenen Gallenmenge meist vermehrt und bei Hypocholie vermindert[3]. Ca-Salze per os erhöhten die Ca-Ausscheidung in der Galle nicht[6]. Nach Verfütterung von 40 g Ca-Lactat waren bei Gallenfistelhunden die Nahrungsaufnahme herabgesetzt und die sezernierte Gallenmenge vermindert, die Ca-Konzentration der Galle war dagegen erhöht, die Gesamtmenge des mit der Galle ausgeschiedenen Calciums blieb unverändert[4]. Chloroformvergiftung verringerte sowohl die Menge als auch die Ca-Konzentration der Galle, die ausgeschiedene Ca-Menge fiel auf etwa ein Fünftel des Ausgangswertes[4]. Bei experimentellem hämolytischem Ikterus, hervorgerufen z. B. durch Phenylhydrazin, stieg beim Hund der Ca-Gehalt der Galle an, jedoch nicht so stark wie der Bilirubingehalt[7].

Das mit der Galle ausgeschiedene Ca stammt aus dem allgemeinen Ca-Pool der Leber: Bei Kaninchen mit Gallenfistel erschien ein Teil des ^{45}Ca, das in Form von $CaCl_2$ intravenös injiziert worden war, rasch in der Galle[8]. Bei Ratten mit Gallenfistel wurde nach Injektion von radioaktivem Ca und Sr etwa 4—5% der injizierten Dose innerhalb 3 Tagen in der Fistelgalle ausgeschieden[9].

Im Gegensatz zu den Alkalisalzen und Wasser werden Ca-Salze von der normalen Gallenblase nur wenig rückresorbiert; die Konzentration der Ca-Salze nimmt bei der Umwandlung von Lebergalle in Blasengalle daher zu. HOPPE-SEYLER fand in der Blasengalle von Menschen[10] 41 mg-% Ca. Der Gehalt der Galle aus Gallenblasen von Leichen[11] schwankte zwischen 6 und 171 mg-%. In der Blasengalle von Hunden wurde bis 60 mg-% Ca gefunden[12]. Wenn Lösungen von Ca-Lactat in die entleerte Gallenblase injiziert wurden, trat infolge der Wasserresorption zunächst eine Steigerung der Ca-Konzentration ein; die gesteigerte Ca-Konzentration des Gallenblaseninhalts führt in diesem Falle zu einer Reizung der Gallenblasenmucosa, dadurch wird sekundär eine gesteigerte Ca-Resorption und eine Konzentrationsabnahme des Calciums verursacht[13]. Andauernde Stauung der Galle in der Blase kann eine sehr erhebliche Ca-Anhäufung

[1] EVERETT, N. B., and B. S. SIMMONS: Arch. Biochem. **35**, 152 (1952). — [2] HANAHAN, D. J., and N. B. EVERETT: J. biol. Ch. **185**, 919 (1950). — [3] IPPONSUGI, T.: Mitt. allg. Path. Sendai **3**, 303 (1926) [Ber. Physiol. **39**, 807]. — [4] DRURY, D. R.: J. exp. Med. **40**, 797 (1924). — [5] LICHTWITZ, L., u. F. BOCK: D. m. W. **1915**, 1215. — [6] JANKAU, L.: A. e. P. P. **29**, 237 (1892). — [7] IWATA, J.: Acta med. nagasak. **1**, 93 (1939). — [8] INOUE, K., T. MIKAYE, H. UCHINO and S. KARIYONE: Bull. Inst. chem. Res. Kyoto **29**, 83 (1952) [Chem. Abstr. **46**, 10348f]. — [9] GREENBERG, D. M., u. F. M. TROESCHER: Proc. Soc. exp. Biol. Med. **49**, 488 (1942). — [10] HOPPE-SEYLER, F.: Physiologische Chemie. Bd. 2, S. 302. Berlin 1878. — [11] PEEL, A. A. F.: H. **167**, 250 (1927). — [12] ROUS, P., and P. D. MCMASTER: J. exp. Med. **34**, 47 (1921). — [13] JOHNSTON, C. G., J. L. MORRISON and I. S. RAVDIN: Amer. J. Physiol. **97**, 535 (1931).

in der Galle zur Folge haben[1]. Eine, wenn auch geringe Resorption von Ca-Salzen durch die Gallenblasenwand ist jedoch vorhanden, denn die Ca-Salze werden in der Gallenblase in weit geringerem Ausmaß konzentriert als das nicht resorbierbare Bilirubin[2, 3]. Der Anstieg der Ca-Konzentration in der Blasengalle ist nicht durch Sekretion von Ca-Salzen durch die Gallenblase verursacht[2-4]. Eine Probe des nach Anlegung einer Gallenfistel in den stillgelegten Gallenwegen jenseits der Ligatur sich ansammelnden Sekrets (vgl. weiße Galle, S. (536) enthielt beim Hund nur geringe Mengen von Calcium[2].

Intravenöse Injektion von Mg-Salzen in mittleren Dosen hatte auf den Mg-Gehalt erst keinen Einfluß, wenn nach Verabreichung großer Dosen der Mg-Gehalt des Blutes sehr erheblich angestiegen war[5].

In der Galle werden kleine Mengen von *Schwermetallen* ausgeschieden. Durch operative Eingriffe erhaltene oder aus Gallenfisteln abfließende Galle enthält regelmäßig kleine Mengen von Eisen und Kupfer. (Über den Fe-Gehalt der Galle vgl. S. 55). Der Eisengehalt der Galle ließ sich durch orale oder parenterale Eisenzufuhr nicht vermehren. Verabreichung von Cu-Salzen führte zu einer vermehrten Cu-Ausscheidung mit der Galle[6]. (Über den Cu-Gehalt der Galle bei der WILSONschen Krankheit vgl. S. 60.)

Injizierte Co-Salze werden zum Teil mit der Galle ausgeschieden[7, 8], doch ist der in die Galle übergehende Anteil der injizierten Dosis nur relativ gering[9], und nicht immer ist die Ausscheidung von Co in die Galle nachweisbar[10]. Relativ leicht und in großer Menge geht Mangan (als Mn^{II}) in die Galle über[1]. Nach Aufnahme kleiner Mengen von Mangan stieg bei Patienten mit Gallenfistel der Mn-Gehalt der Galle auf das 10fache des Ausgangswertes[12]. Nach Injektion von je 0,1 mg radioaktivem Fe, Co und Mn schieden Ratten 0,1% des verabreichten Fe, 3,5% des Co und 37% des Mn durch die Gallenfistel aus[9]. Nickel konnte in kleiner Menge bei Katze[13] und Hund[13, 14], nicht aber bei Meerschweinchen[10] in der Galle nachgewiesen werden. Wurde Rattenleber mit ^{72}Ga durchströmt, so erschien das Isotop in der ausgeschiedenen Galle[15]. Ratten mit Gallenfistel schieden intravenös injiziertes ^{72}Ga zum Teil aus[16]; nach Injektion von radioaktivem kolloidalem Gold (^{198}Au) und von Präparaten von radioaktivem Hafnium (^{181}Hf) zeigt die Leber zwar starke Radioaktivität, eine Ausscheidung in die Galle trat jedoch nicht ein[16]. Aufgenommenes Blei war bei Kaninchen und Schafen zum Teil in der Galle nachweisbar[17]. Nach intravenöser Injektion einer Kieselsäuresuspension schieden Kaninchen 0,55—1,1% der verabreichten Dosis mit der Galle aus, weit mehr wurde jedoch mit dem Harn ausgeschieden[18].

Nach akuter oder subakuter Vergiftung mit Na-Selenit oder Na-Selenat konnte ein Teil des Selens in der Galle nachgewiesen werden[19]. In der Galle

---

[1] CHAMBON, M., P. MALLET-GUY, P. CROIZAT et A. CHAMBON: C. R. Soc. Biol. **122**, 303 (1936). — [2] ANDREWS, E., and L. HRDINA: Proc. Soc. exp. Biol. Med. **28**, 129 (1930). — [3] NEWMAN, C.: Lancet **1933 I**, 785, 841, 896. — [4] JOHNSTON, C. G., I. S. RAVDIN, J. H. AUSTIN and J. L. MORRISON: Amer. J. Physiol. **99**, 648 (1932). — [5] REINHOLD, J. G., and D. W. WILSON: Amer. J. Physiol. **107**, 388 (1934). — [6] JUDD, E. S., and T. J. DRY: J. Lab. clin. Med. **20**, 609 (1935). — [7] BERGERET et MAYENÇON: J. Anat. Physiol., Paris **10**, 353 (1874). — [8] CAUJOLLE, F.: Bull. Soc. Chim. biol. **18**, 1081 (1936). — [9] GREENBERG, D. M., D. H. COPP and E. M. CUTHBERTSON: J. biol. Ch. **147**, 749 (1943). — [10] MASCHERPA, P.: A. e. P. P. **124**, 356 (1927). — [11] BARGERO, A.: Bull. Sci. med., Bologna **76**, Heft 1 (1906/07) [Zbl. Biochem. Biophysik. **5**, 504]. — [12] REIMAN, C. K., and A. S. MINOT: J. biol. Ch. **45**, 133 (1920/21). — [13] LEHMAN, K. B.: Arch. Hygiene **68**, 412 (1909). — [14] CAUJOLLE, F.: Bull. Soc. Chim. biol. **19**, 342 (1937). — [15] ARCHDEACON, J. W., and M. BRUCER: Proc. Soc. exp. Biol. Med. **81**, 325 (1952). — [16] ARCHDEACON, J. W., J. B. NASH and G. C. WILSON: Texas Rep. Biol. Med. **10**, 281 (1952). — [17] BLASTER, K. L.: J. comp. Path. **60**, 140 (1950). — [18] COLLET, A., et H. MOUSSARD: C. R. Soc. Biol. **146**, 1574 (1952). — [19] SMITH, M. I., B. B. WESTFALL and E. F. STOHLMAN: Publ. Hlth. Rep. **52**, 1171 (1937); **53**, 1199 (1938).

von Schwein, Schaf und Kalb fand sich nach Zufuhr von selenhaltigem Pflanzenmaterial Selen in Konzentrationen von 1—6 mg/kg[1]. Nach intraperitonealer Injektion von radioaktivem Na-Selenat schied ein Gallenfistelhund 2,6% der verabreichten Dose mit der Galle aus[2]. Ein großer Teil davon war in nicht dialysabler, organisch gebundener Form in der Fraktion der Gallenfarbstoffe vorhanden[2]. (Vgl. auch das Vorkommen von Spurenelementen in Gallensteinen, S. 566/67).

b) Aminosäuren und N-haltige Abbauprodukte. Neben an die Gallensäuren gebundenem Glycin und Taurin enthält die Galle kleine Mengen freier Aminosäuren, wie Glycin, Lysin, Tyrosin, Valin und Leucin[3]. Auch kleine Mengen von Glutathion (etwa 10,6 mg-% beim Meerschweinchen[4]) werden mit der Galle ausgeschieden[5].

Harnstoff ist in der Galle in geringerer Menge vorhanden als im Blut[6]. Kleine Mengen von Harnsäure[7], Allantoin[8], Kreatinin[4,9], Kreatin[4] und NH_4-Salzen[8] sind in der Galle nachgewiesen worden. Ein Fistelhund schied je Tag 573 mg Allantoin, 2—6 mg NH_3, 5,5 mg Aminosäuren und 2,7 mg Kreatinin aus[8]. Normale Meerschweinchengalle enthielt 13,4 mg-% Harnsäure[4]. Bei Niereninsuffizienz steigt die Harnsäureausscheidung in der Galle an[10].

c) Proteine und Mucine. Die normale Galle enthält Protein[11,12] (vgl. Tabelle S. 538). Entzündliche Prozesse in den Gallenwegen und in der Leber können den Proteingehalt der Galle erheblich steigern und auch qualitative Änderungen im Mischungsverhältnis der Gallenproteine verursachen. Ein Teil dieses Proteins besteht aus Mucinen, die der Galle in den Gallenwegen und in der Gallenblase beigemengt werden[11,13]. Bei Erkrankungen des gallenableitenden Apparats wird die Mucinausscheidung vermehrt. Normale Blasengalle vom Hund enthält etwa 40 mg-% Mucin[14]. In der Blasengalle von Menschen wurde 100—160 mg-% Mucin gefunden, in Fällen bei denen der Ductus choledochus durch ein Carcinom verschlossen war, stieg der Mucingehalt der Blasengalle auf ein Mehrfaches dieses Wertes[14]. Auch Verschluß des Ductus choledochus durch Steine führte zu einem starken Anstieg des Mucingehalts der Blasengalle und zu einer Vermehrung der Schleimzellen im Gallenblasenepithel[15].

Über die Zusammensetzung des mit der Galle ausgeschiedenen Proteingemisches ist noch wenig bekannt. Das Mucin normaler Ochsengalle enthielt 13,5—13,8% H. Neben Glucoproteid finden sich in der Mucinfraktion wahrscheinlich auch kleine Mengen von Nucleoproteiden[11]. Ein aus Galle dargestelltes, nicht hitzekoagulables Mucin (isoelektrischer Punkt bei p_H 8,6) enthielt 11,9—12% N, 9,5—10,5% reduzierende Substanz (wovon die Hälfte auf Glucosamin entfiel), keinen Phosphor und weniger als 1% Schwefel[16]. Aus 2 *l* gemischter Menschengalle konnten 20 g Mucin und 1,8 g Mucoid erhalten werden: Die Mucinfraktion enthielt Galaktose und Glucosamin im Verhältnis 1,7:1 aber keine Hexuronsäure[17].

---

[1] Dudley, H. C.: Amer. J. Hyg. **23**, 169 (1936). — [2] McConnell, K. P., and R. G. Martin: J. biol. Ch. **194**, 183 (1952). — [3] Müller, E. F. W.: H. **242**, 201 (1936). — [4] Hasegawa, F.: Sei-i-kai med. J. **57**, 3 (1938) [C. **1940 I**, 3668]. — [5] Bălţăcéanu, G., et C. Vasiliu: C. R. Soc. Biol. **120**, 666 (1935). — Rissel, I., u. F. Wewalka: Kli. Wo. **1952**, 1065, 1069. — [6] Cohen, J. B.: B. Z. **139**, 516 (1923). — [7] Lucke, H.: Z. ges. exp. Med. **72**, 753 (1930). — [8] Yoshimura, S.: J. Biochem. **10**, 435 (1929). — [9] Müller, E.: Z. Biol. **100**, 81 (1941). — [10] Brugsch, T., u. J. Rother: Kli. Wo. **1923 I**, 1209. — [11] Logan, J. F.: J. biol. Ch. **58**, 17 (1923/24). — [12] Paijkull, L.: H. **12**, 196 (1888). — Cavazzani, E.: Atti Soc. med. chir. Modena 1912 [Biochem. Zbl. **14**, 900]. — Galdi, F.: Morgagni, Milano **49**, 1908 [Zbl. Biochem. Biophysik 8, 202]. — Carnot, P., et Z. Gruzewska: Cr. **99**, 598 (1928). Polonovski, M., et R. Bourrillon: Bull. Soc. Chim. biol. **34**, 703 (1952). — [13] Landwehr, H. A.: H. **5**, 371 (1881); **8**, 114 (1883/84). — [14] Chambon, M., P. Mallet-Guy et P. van den Linden: C. R. Soc. Biol. **116**, 521 (1934). — [15] Bauer, R., et A. Chinassi-Hakki: Presse méd. **1932 I**, 650. — [16] Chambon, M., P. Mallet-Guy, P. Croizat et A. Chambon: C. R. Soc. Biol. **122**, 303 (1936). — [17] Tiba, H.: Tohoku J. exp. Med. **52**, 103 (1950).

d) Kohlenhydrate. Normale Galle enthält reduzierende Stoffe in einer Menge, die beim hungernden Hund 7—76 mg-% [1] bzw. 58—88 mg-% [2], beim Menschen 20—50 mg-% und beim Schwein 40—150 mg-% Glucose [3] entspricht. Ein Teil dieser Reduktion ist wahrscheinlich durch Glucuronsäuren, Glutathion u. a. verursacht, ein anderer Teil durch Glucose; nach Vergärung sinkt der Reduktionswert daher ab [2]. Der Schmelzpunkt aus der Galle dargestellten Phenylosazons stimmt mit dem von Phenylglucosazon überein [4,5]. Verfütterung von Zucker [1,6], Piqûre [7], Pankreasexstirpation [8], Adrenalin [1] hatte eine starke Steigerung, Insulininjektion jedoch keine Senkung des Reduktionswertes zur Folge [1], die Wirkung von Phlorrhizin auf die Menge des Gallenzuckers ist strittig [4,9]. Durch Cholat ausgelöste Cholerese setzt den Reduktionswert der Galle herab [10]. Verabreichte Raffinose (nicht aber Saccharose) wurde zum Teil mit der Galle ausgeschieden [10]. Neben Glucose sind in der Galle auch andere Kohlenhydrate zum Teil in proteingebundener Form (Mucine) vorhanden [11] (s. o.). Der Gesamtkohlenhydrat der Galle (nach Hydrolyse mit H_2SO_4 reduktometrisch bestimmt und als Glucose berechnet) betrug beim Menschen in der Lebergalle 35—92 mg-%, in der Blasengalle 239 mg-%, in der Blasengalle vom Hund 736 mg-% [11].

In Meerschweinchengalle wurde 196 mg-% Gesamtglucuronsäure gefunden [12] der Ascorbinsäuregehalt betrug 3,3 mg-% (oxydierte Form) bzw. 0,3 mg-% (reduzierte Form) [12].

e) Enzyme. Die Galle enthält ein kompliziertes System von Phosphatasen; daneben finden sich in der Literatur auch einzelne Angaben über das Vorkommen anderer Enzyme.

Das *Phosphatasensystem* der Galle besteht aus einer Reihe verschiedener Einzelenzyme. Vor allem ist in der Galle eine Phosphatase nachweisbar, die bei schwach alkalischer Reaktion Glycerophosphat aufspaltet [13–15]. Neben dieser alkalischen Phosphatase mit einem p_H-Optimum von 9 enthält die Galle des Kaninchens aber auch eine Monophosphoesterase, die Glycerinphosphat bei p_H 5 spaltet [6]. Auch Pyrophosphat wird in der Galle enzymatisch gespalten, das p_H-Optimum dieser Reaktion liegt bei 5, daneben besteht ein 2. Maximum der enzymatischen Pyrophosphatspaltung bei p_H 7,3. Auch eine Phosphodiesterase ist in der Galle vorhanden; sie spaltet Nucleinsäuren optimal bei p_H 8,4. Die alkalische Monophosphoesterase wird durch Mg^{++} aktiviert und durch Cyanide sowie durch Cystein gehemmt [16], die saure Gallenphosphatase und die alkalische Pyrophosphatase wird durch Fluorid und Thiogruppen (Cystein) gehemmt [16]. Ascorbinsäure zeigte je nach den Versuchsbedingungen aktivierende [14], hemmende [17] oder gar keine [16,18] Wirkung. Pyrophosphatasen und die saure Phosphatase der Galle werden durch Zusatz von Serum gehemmt [16]. Die mit der Galle ausgeschiedene

[1] Aszódi, Z.: B. Z. **274**, 146 (1934). — [2] Hirayama, S.: Tohoku J. exp. Med. **6**, 186 (1925). — [3] Tanaka, T.: J. Biochem. **16**, 407 (1932). — [4] Woodyatt, R. T.: J. biol. Ch. **7**, 133 (1909/10). — [5] Hasegawa, F., u. M. Hamano: Sei-i-kai med. J. **57**, 4 (1938) [C. **1941 I**, 1055]. — [6] Bernard, C.: Leçons d'hiver. bes. S. 289ff. Paris 1854/55. — [7] Naunyn, B.: A. e. P. P. **3**, 157 (1875). — [8] Brauer, L.: H. **40**, 182 (1903). — [9] Levene, P. A.: J. exp. Med. **2**, 107 (1897). — Ray, W. E., M. McDermott and G. Lusk: Amer. J. Physiol. **3**, 139 (1899). — [10] Valdecasas, J. G.: Pflügers Arch. **228**, 310 (1931). — [11] Bǎltǎcéanu, G., et C. Vasiliu: C. R. Soc. Biol. **121**, 1114 (1936). — [12] Hasegawa, F.: Sei-i-kai med. J. **57**, 3 (1938) [C. **1940 I**, 3668]. — [13] King, E. J., and A. R. Armstrong: Canad. med. Ass. J. **31**, 376 (1934). — Cantarow, A., and L. L. Miller: Amer. J. Physiol. **153**, 444 (1948). — Dalgaard, J. B.: Acta physiol. scand. **16**, 293 (1949). — [14] Thannhauser, S. J., M. Reichel, J. F. Grattan and S. J. Maddock: J. biol. Ch. **121**, 715 (1937). — [15] Cascao de Anciaes, J. H.: C. R. Soc. Biol. **113**, 735 (1933). — [16] Polonovski, M., et R. Bourrillon: Enzymologia **15**, 239 (1952/53). — [17] Pyle, J. J., J. H. Fisher and R. H. Clark: J. biol. Ch. **119**, 283 (1937). — [18] King, E. J., and G. E. Delory: Biochem. J. **32**, 1157 (1938).

Phosphatasemenge betrug bei Gallenfistelhunden mehr als 26 BODANSKY-Einheiten (BE) je kg Körpergewicht und Std[1]. Hühnergalle[2] enthielt 6,0 BE alkalische und 2,8 BE saure Phosphatase je g. Im Lebergewebe betrugen die entsprechenden Werte bei ausgewachsenen Hühnern 173 und 170, bei Hühnerembryonen[2] 40,2 und 72,6.

Daß die mit der Galle ausgeschiedenen Phosphatasen in der Gallenblase inaktiviert oder zurückresorbiert werden können, ist wahrscheinlich, aber nicht erwiesen. Beim Gallenfistelhund enthält Blasengalle weniger Phosphatase als Lebergalle[1]. Bei Ratten steigt der Gehalt der Darmlymphe an alkalischer Phosphatase nach Nahrungsaufnahme an[3], und dieser Anstieg bleibt aus, wenn die Galle durch eine Fistel nach außen abgeleitet oder ihr Zufluß in den Darm durch Unterbindung des Gallenganges unterbrochen wird[4].

Die alkalische Phosphatase läßt sich beim Kaninchen mit Hilfe histologischer Methoden[5] in der Wandung der Gallencapillaren nachweisen[6-8]; in der Leber des Menschen ist die Phosphatase normalerweise vor allem in den Zellkernen nachweisbar. Bei akuter Hepatitis enthielten das Zellprotoplasma und die Wandungen der Sinusoide große Mengen von Phosphatase, bei Stauungsikterus gaben außerdem auch die die Gallenkanälchen erfüllenden Massen starke Phosphatasereaktion[9] (vgl. a.[10]). Beim Meerschweinchen bleibt diese Reaktion dagegen regelmäßig negativ[6,8,11]. In Übereinstimmung hiermit ergab auch die Bestimmung der Phosphataseaktivität von Leberextrakten beim Kaninchen einen höheren Wert als beim Menschen und beim Meerschweinchen[12,13]. Der Gehalt der Leber an Phosphatase fällt in der Reihenfolge Huhn, Kaninchen, Hund, Meerschweinchen, Bufo vulgaris[12].

Der Phosphatasegehalt der Galle geht mit der histochemischen Nachweisbarkeit der Phosphatase im Lebergewebe der gleichen Art parallel[7]. Nach Unterbindung des Gallenganges stieg der histochemisch nachweisbare Phosphatasegehalt der Gallengänge besonders stark an, die durch Phosphatasereaktion darstellbaren Ausläufer der stark erweiterten Gallencapillaren können bis an die Sinusoide heranreichen[14], das bei Fällen von Stauungsikterus beobachtete Ansteigen der Blutphosphatase wird dadurch verständlich. Die Phosphataseaktivität des Lebergewebes wird nach partieller Hepatektomie und im Eisenmangel stark vermehrt[15]. Über die Vermehrung der Blutphosphatasen bei Lebererkrankungen, vgl. S. 240.

Andere Enzyme. Eine Gallenamylase ist in der Galle vom Menschen[16] und von Schaf, Rind und Schwein[17] nachgewiesen worden. Eine Lipase fand sich in der Galle des Schafes[18]; Hundegalle soll ein proteolytisches Ferment enthalten[19].

---

[1] DALGAARD, J. B.: Acta physiol. scand. **22**, 180 (1951). — [2] BERTRÁN, E. C.: An. Fac. veterin. Madrid **4**, 402 (1952) [Chem. Abstr. **47**, 10668[a]]. — [3] FLOCK, E. V., and J. L. BOLLMAN: J. biol. Ch. **175**, 439 (1948). — [4] FLOCK, E. V., and J. L. BOLLMAN: J. biol. Ch. **184**, 523 (1950). — [5] GOMORI, G.: Proc. Soc. exp. Biol. Med. **42**, 23 (1939). — TAKAMATSU, H.: Trans. Soc. path. jap. **29**, 429 (1939). — [6] GOMORI, G.: J. cellul. comp. Physiol. **17**, 71 (1941). Arch. Path., Chicago **32**, 189 (1941). — [7] JACOBY, F., and B. F. MARTIN: J. Anat. **85**, 391 (1951). — [8] CLARA, M.: Med. Mschr. **7**, 356 (1953). — [9] SHERLOCK, S. P. V., and V. WALSHE: J. Path. Bacteriology **59**, 615 (1947). — [10] WACHSTEIN, M., and F. G. ZAK: Proc. Soc. exp. Biol. Med. **62**, 73 (1946). — [11] BOURNE, G.: Quart. J. exp. Physiol. **32**, 1 (1943). — ZORZOLI, A., and R. E. STOWELL: Anat. Rec. **97**, 495 (1947). — LEDUC, E. H., and E. W. DEMPSEY: J. Anat. **85**, 305 (1951). — [12] UMENO, M.: B. Z. **231**, 317 (1931). — [13] KAY, H. D.: Biochem. J. **22**, 858 (1928). — [14] HARD, W. L., and R. K. HAWKINS: Anat. Rec. **106**, 395 (1950). — [15] ROSENTHAL, O., J. C. FAHL and H. M. VARS: Amer. J. Physiol. **171**, 604 (1952). — [16] WITTICH v.: Pflügers Arch. **6**, 181 (1872). — [17] KAUFMANN, M.: C. R. Soc. Biol. **41**, 600 (1889). — LÖHNER, L.: Pflügers Arch. **223**, 436 (1930). — FOSSEL, M.: Pflügers Arch. **228**, 764 (1931). — [18] CASCAO DE ANCIAES, J. H.: C. R. Soc. Biol. **113**, 735 (1933). — [19] TSCHERMAK, A. v.: Zbl. Physiol. **16**, 329 (1903).

(Über Wirkungen der Galle auf die Proteinverdauung durch das Pankreassekret vgl.[1].) Galle hat Katalasewirkung[2].

f) Lipide. α) Gesamtlipidgehalt. Die normale Galle enthält erhebliche Mengen von Lipiden: Der Lipidgehalt der Lebergalle entspricht mit 500—600 mg-% etwa dem Lipidgehalt des normalen Blutplasmas, der Lipidgehalt der Blasengalle kann ein Mehrfaches dieses Wertes betragen. Bei der Hundegalle betrug die Lipidmenge mehr als ein Drittel der gesamten Trockensubstanz[3], bei anderen Tierarten liegen die Verhältnisse ähnlich. Die Hauptmenge der in der Galle enthaltenen Lipide besteht aus Phosphatiden, je nach der Tierart sind daneben kleinere oder größere Mengen von Cholesterin, Fettsäuren und Glyceriden vorhanden.

In der Galle des Menschen verhält sich Phosphatid zu Cholesterin wie 5:1, in der Galle des Hundes aber wie 30:1 (vgl. Tabelle 76), die Häufigkeit der Gallensteinbildung steht mit diesem Verhältnis in engem Zusammenhang. Doch gibt es auch Tierarten mit sehr phosphatidarmer Galle: In der Galle der Opossums (Didelphus virginiana) wurden 0,17% Fettsäure und 0,64% Cholesterin, aber nur 0,14% Phosphatid[4] gefunden.

Tabelle 76. Lipidgehalt der Blasengalle von Mensch, Hund, Kuh und Kalb[5] (in g/100 cm³).

Blasengalle von	Trockensubstanz	Gesamtlipide	Cholesterin	Lecithin	Freie Fettsäuren	Neutralfett
Mensch*	15,8	2,55	0,41	1,98	0,13	0,13
Hund	18,8—22,2	1,92—2,47	0,036—0,083	1,45—2,05	0,05—0,07	0—0,26
Kuh	4,5—7,0	0,79	0,039—0,068	0,45—0,74	0,06—0,13**	
Kalb	7,5—10,7	1,19—1,58	0,09—0,10	1,03—1,37	0,08—0,11**	

* Bei Operationen entnommene Blasengalle, Durchschnittswert.
** Summe: freie Fettsäuren + Fettsäuren aus Neutralfett.

β) Phosphatide, freie Fettsäuren und Neutralfett. *Phosphatide.* Analysen von menschlicher Fistelgalle ergaben die Anwesenheit erheblicher Mengen von Phospholipiden[6] (1098—1160 mg-%, s.[7]). Der Phospholipidgehalt der Galle steigt bei der Konzentrierung in der Gallenblase sehr stark an. In der Lebergalle des Hundes wurden 559—671 mg-%[7], in der in der Blasengalle 1500—3000 mg-%[8] Phospholipid nachgewiesen. Das in der Galle enthaltene Phosphatid ist Lecithin[9], und zwar vor allem Oleopalmitolecithin[10,11].

Der hohe Phosphatidgehalt der Galle hat eine funktionelle Bedeutung für die Emulgierung des Nahrungsfetts. Galle kann in bezug auf die Emulgierung von Fetten 10—15mal mehr leisten als die in ihr enthaltenen Gallensäuren allein[12], was neben den in der Galle enthaltenen Mucinen[13] vor allem ihrem Lecithingehalt zuzuschreiben ist[12,14]. Lecithin, und gallensaure Salze bilden stabile Komplexe von besonders stark emulgierender Wirkung[15].

---

[1] Rosenow, L. P.: B. Z. **159**, 240 (1925). — [2] Dastré, A., u. N. Florescu: Arch. Physiol., Paris (5) **9**, 475 (1897). — [3] Morrison, S., M. Feldman, J. Krantz jr. and F. F. Beck: Amer. J. digest. Dis. **5**, 288 (1938). — [4] Wilber, C. G.: J. Mammal. **33**, 105 (1952). — [5] Isaksson, B.: Acta Soc. Med. upsal. **56**, 177 (1951). — [6] Zeynek, R. v.: Wiener klin. Wschr. **1899**, 568. — Bonanni, A.: Arch. Farmacol. perim. **1**, 511 (1903). — [7] Johnston, C. G., J. L. Irvin and C. Walton: J. biol. Ch. **131**, 425 (1939). — [8] Reinhold, J. G., and D. W. Wilson: Amer. J. Physiol. **107**, 378 (1934). — [9] Isaksson, B.: Acta physiol. scand. **32**, 281 (1954). — [10] Irvin, J. L., H. Merker, C. E. Anderson and C. G. Johnston: J. biol. Ch. **131**, 439 (1939). — [11] Polonovski, M., et R. Bourrillon: Bull. Soc. Chim. biol. **34**, 703, 712 (1952). — [12] Fürth, O., u. R. Scholl: B. Z. **222**, 430 (1930). — [13] Fürth, O., u. H. Minibeck: B. Z. **237**, 139 (1931). — [14] Spanner, G. O., and L. Bauman: J. biol. Ch. **98**, 181 (1932). — [15] Isaksson, B.: Acta Soc. Med. upsal. **59**, 296 (1953/54).

Die Phospholipide der Galle scheinen in den Leberzellen auf einem anderen Wege gebildet zu werden als die Phospholipide des Blutes. Nach Injektion von ^{32}P-Phosphat war die spezifische Aktivität der Phosphatide der Galle nur gering und zeigte keine Beziehung zu der ^{32}P-Menge, die in die Plasmaphosphatide eingebaut worden war[1]. Cholinmangel führt nicht nur zu einer Fettansammlung in der Leber, sondern auch zu einer Verringerung des Gesamtlipidgehalts und der Cholesterinmenge in der Galle[2].

Beim Bebrüten steriler Galle wird das Lecithin zum Teil aufgespalten[3], hierbei entsteht freies Cholin[4]. Der Gehalt an freiem Cholin nahm in der Lebergalle von Menschen bei 0° in 8 Std von 8,5 mg auf 23 mg-% und in 2 Tagen auf 68 mg-% zu, in der Blasengalle vom Schwein stieg der Cholingehalt von 3 mg-% in 60 Std auf 168 mg-%[5]. Die Menge des freien Phosphats steigt beim Bebrüten von Galle an, freigesetztes Phosphat und freigesetztes Cholin stehen hierbei in molekularem Verhältnis. Die Aufspaltung erfolgt enzymatisch durch die in der Leber enthaltene Phosphatase, denn in Galle, die vorher erhitzt oder durch Alkohol enteiweißt worden war, trat bei der Bebrütung keine Aufspaltung der Phosphatide ein[6]. Möglicherweise spielt die Zerlegung der Phosphatide in der Galle bei der Entstehung der Cholesterinsteine eine Rolle. Bei Fällen von Cholelithiasis und chronischer Cholecystitis war der Cholesteringehalt der Blasengalle im allgemeinen unverändert, der Lecithingehalt aber vermindert. Bei einem großen Teil der Fälle von akuter Cholecystitis war der Lecithingehalt der Blasengalle fast auf Null abgesunken[7].

Cholin wurde in der Schweinegalle entdeckt und nach seinem Vorkommen in der Galle benannt[8]. Auch aus der Blasengalle von Leichen konnten große Mengen von Cholin dargestellt werden[9], wahrscheinlich entsteht ein Teil dieses Cholins durch postmortale Aufspaltung der in der Galle enthaltenen Phosphatide, denn in frischer Galle von Mensch, Rind und Schwein ist freies Cholin nur in sehr geringer Menge vorhanden[4]. HAMMARSTEN fand in der Galle des Eisbären neben Cholin auch Glycerinphosphorsäure[10].

Fettsäuren und Neutralfett. Die in der Galle enthaltene Menge von Neutralfetten ist sehr gering[11]. Ältere Angaben, nach denen Neutralfett und Phosphatide in der Galle überhaupt nicht vorhanden sind, beruhen darauf, daß es nicht gelang, nach Hydrolyse Glycerin mit Hilfe der Acroleinprobe oder als Benzoat in der Galle nachzuweisen[12].

Der Gehalt der Galle an freien Fettsäuren beträgt etwa 44—120 mg-%[13]. Von einigen Autoren ist angenommen worden, daß bei der Stabilisierung des Cholesterinsols in der Galle auch Fettsäureanionen (sofern sie bei der Reaktion der Galle dissoziiert sind) eine Rolle spielen[14].

---

[1] SCHAFFNER, F., M. MEITUS, J. DE LA HUERGA, D. F. MAGEE, F. STEIGMANN and H. POPPER: Fed. Proc. **10**, 369 (1951). — [2] COLWELL, A. R. jr.: Amer. J. Physiol. **164**, 274 (1951). — [3] Vgl. dagegen ETIENNE-PETITFILS, J., et E. KAHANE: Bull. Soc. Chim. biol. **35**, 431 (1953). — [4] WORM, M.: H. **257**, 140 (1939). — [5] JOHNSTON, C. G., J. L. IRVIN and C. WALTON: J. biol. Ch. **131**, 425 (1939). — [6] POLONOVSKI, M., et R. BOURRILLON: Enzymologia **15**, 239, 246 (1952/53). — [7] ISAKSSON, B.: Acta Soc. Med. upsal. **59**, 277 (1953/54). — [8] STRECKER, A.: A. **123**, 353 (1862). — [9] MÜLLER, E. F. W.: H. **242**, 201 (1936). — [10] HAMMARSTEN, O.: Ergebn. Physiol. **4**, 14 (1905). — [11] ISAKSSON, B.: Acta Soc. Med. upsal. **56**, 77 (1951). — POLONOVSKI, M., et R. BOURRILLON: Bull. Soc. Chim. biol. **34**, 703 (1952). — [12] JONES, K. K., and R. O. SHERBERG: Proc. Soc. exp. Biol. Med. **35**, 535 (1937). — [13] BREUSCH, F.: H. **227**, 242 (1934). — CHABROL, E., R. CHARONNAT et J. BLANCHARD: Presse méd. **49**, 401 (1941). — [14] WALSH, E. L., and A. C. IVY: Ann. internal Med. **4**, 134 (1930). — SPANNER, G. O., and L. BAUMAN: J. biol. Ch. **98**, 181 (1932). — WALSH, E. L.: Arch. Path., Chicago **15**, 698 (1933). — DOLKART, R. E., K. K. JONES and C. F. G. BROWN: Arch. internal Med., Chicago **62**, 619 (1938). — DOLKART, R. E., M. LORENZ, K. K. JONES and C. F. G. BROWN: Arch. internal Med., Chicago **66**, 1087 (1940).

γ) Cholesterin (vgl. S. 197ff., 209). *Die Herkunft des Gallencholesterins.* Im Gegensatz zu der weitgehend konstant bleibenden Ausscheidung der Gallenfarbstoffe wird die mit der Galle ausgeschiedene Cholesterinmenge durch die Ernährung stark beeinflußt. Bei Hunden mit Gallenfistel sank der Cholesteringehalt der Galle im Hunger stark ab, mit steigender Futtermenge nahm die Cholesterinausscheidung zu, und zwar auch dann, wenn das Futter kein Cholesterin enthielt. Verfütterung von sehr cholesterinreichem Futter (Hirn, Ei) hatte beim Gallenfistelhund eine vermehrte Cholesterinausscheidung zur Folge[1], doch betrug der Anstieg der Cholesterinausscheidung meist nur einen geringen Bruchteil (etwa 1%) der aufgenommenen Cholesterinmenge[2]. Auch bei Ratten mit Gallenfistel war zwischen dem Cholesteringehalt der Nahrung und der in der Galle ausgeschiedenen Cholesterinmenge kein Zusammenhang nachweisbar[3]. Dagegen scheint der Cholesteringehalt der Galle von dem Fettgehalt der Nahrung abhängig zu sein. In der Blasengalle von Kälbern, die mit Vollmilch ernährt worden waren, betrug der Cholesteringehalt 1,1% der Trockensubstanz, in der Blasengalle von Kälbern, deren Nahrung aus Gras und abgerahmter Milch bestand, jedoch nur 0,7% der Trockensubstanz[4].

Choleretisch wirkende Substanzen, wie Gallensäuren und Atophan, steigern nicht nur die Gallenmenge, sondern auch die Cholesterinkonzentration der Galle[2,5]. Besonders stark war der Anstieg des Cholesteringehalts, wenn gallensaure Salze und Cholesterin gleichzeitig gegeben wurden[2]. Zerstörung eines großen Teils der Erythrocyten durch subcutane Injektion von Acetylphenylhydrazin führte beim Hund zu einer enormen Vermehrung der Gallenfarbstoffe in der Galle, die mit der Galle ausgeschiedene Cholesterinmenge sank aber gleichzeitig ab. Das aus den zerstörten Erythrocyten freigesetzte Cholesterin vermehrt also nicht die Menge des Gallencholesterins[6]. Es besteht auch keine unmittelbare Beziehung zwischen dem Cholesteringehalt der Galle und dem des Blutplasmas. Dagegen ist in Zuständen, bei denen die Cholesterinbildung in der Leber vermehrt ist (z. B. während des Wachstums), auch die Cholesterinausscheidung in der Galle vermehrt, während bei Zuständen, bei denen die Cholesterinsynthese in der Leber vermindert ist (z. B. nach partieller Hepatektomie, toxischen Leberschäden), die Cholesterinausscheidung in der Galle herabgesetzt wird.

Bei Ratten mit Gallenfistel, die Thyreoideapräparate erhalten hatten, stieg die Cholesterinausscheidung in der Galle auf das Doppelte an[7], während der Cholesteringehalt des Blutes abfiel. Ratten, die mit Thiouracil oder Propylthiouracil behandelt worden waren, sowie bei thyreoidektomierten Ratten war die Cholesterinausscheidung in der Galle vermindert[8], während der Cholesteringehalt des Blutes anstieg[9]. Die Gallensäureausscheidung ist dagegen sowohl bei gesteigerter als auch bei herabgesetzter Schilddrüsentätigkeit vermindert[10].

Wurde Cholesterin, das am C-Atom 4 (also an einem Ring-C-Atom) mit ^{14}C markiert war, Ratten intravenös injiziert, so erschienen in 48 Std bis zu 40% der

[1] McMaster, P. D.: J. exp. Med. **40**, 25 (1924). — [2] Wright, A., and G. H. Whipple: J. exp. Med. **59**, 411 (1934). — [3] Byers, S. O., and M. Friedman: Amer. J. Physiol. **168**. 297 (1952). — Vgl. a. Whipple, G. H.: Physiol. Rev. **2**, 440 (1922). — Dostal, L. E., and E. Andrews: Arch. Surg. **26**, 258 (1953). — [4] Isaksson, B.: Acta physiol. scand. **32**, 281 (1954). — [5] Chabrol, E., R. Charonnat, J. Cottet et M. Cachin: C. R. Soc. Biol. **116**, 481 (1934). — [6] Wright, A., and W. B. Hawkins: J. exp. Med. **67**, 827 (1938). — [7] Rosenman, R. H., M. Friedman and S. O. Byers: Science, N. Y. **114**, 210 (1951). — [8] Thompson, J. C., and H. M. Vars: Amer. J. Physiol. **179**, 405 (1954). — [9] Rosenman, R. H., M. Friedman and S. O. Byers: Circulation, N. Y. **5**, 589 (1952). — Friedman, M., S. O. Byers and R. H. Rosenman: Circulation, N. Y. **5**, 657 (1952). — Rosenman, R. H., and H. Shibata: Proc. Soc. exp. Biol. Med. **81**, 296 (1952). — [10] Thompson, J. C., and H. M. Vars: Proc. Soc. exp. Biol. Med. **83**, 246 (1953).

injizierten Radioaktivität in der Galle, ein kleiner Teil wurde durch die Darmmucosa ausgeschieden. Während die Darmmucosa aber das ^{14}C in Form von Cholesterin ausschied, war bis zu 96% des von der Galle ausgeschiedenen ^{14}C in Form verseifbarer Verbindungen (also in Gallensäuren) enthalten[1]. Gemessen am Gesamtumsatz des Cholesterins sind die von Darm und Leber ausgeschiedenen Mengen von Cholesterin nur gering, trotzdem ist die Leber das wichtigste Ausscheidungsorgan des Cholesterinstoffwechsels, und zwar nicht dadurch, daß sie Cholesterin ausscheidet, sondern weil sie Gallensäuren sezerniert. Das mit der Galle ausgeschiedene Cholesterin bildet also nur eine Restsubstanz, die der Oxydation zu Gallensäuren entgangen ist.

Das Cholesterin ist in der Galle des Menschen in der Regel in unveresterter Form enthalten[2]. Von 32 Patienten mit Gallenfisteln schied nur einer neben freiem Cholesterin auch Cholesterinester mit der Galle aus[3]. In der Hundegalle scheinen dagegen normalerweise kleine Mengen von Cholesterinestern (etwa 10% des Gesamtcholesterins) vorzukommen[4]. Auch die Galle von Ratten enthält vor allem freies Cholesterin, nach Unterbrechung des Gallenabflusses stieg bei Ratten die Menge des freien Cholesterins im Blutplasma an, erst später und in geringerem Ausmaß wurden auch die Cholesterinester vermehrt[5].

Die Konzentrierung des Cholesterins in der Gallenblase. Der Cholesteringehalt nimmt während des Aufenthalts der Galle in der Gallenblase sehr stark zu. Dieser Konzentrationsanstieg ist durch Rückresorption des in der Galle enthaltenen Wassers[6,7], nicht aber, wie früher angenommen[8], durch eine Cholesterinsekretion der Gallenblase bedingt. Auch das Epithel der Gallenwege scheidet kein Cholesterin aus, weiße Galle enthält nur geringe Mengen von Cholesterin[9]. In sehr geringem Ausmaß scheint jedoch eine Resorption von Cholesterin in Gegenwart von Gallensäuren möglich zu sein[10]. Wurde bei einem Hund der Ductus cysticus unterbunden, die Gallenblase sodann mit isotonischer Salzlösung ausgespült und sodann eine Cholesterinlösung injiziert, so verschwand innerhalb von 3 Wochen etwa die Hälfte dieses Cholesterins aus der Gallenblase[11]. Wurde in anderen Versuchen am Hund ein Teil der Lebergalle direkt aufgefangen und ein anderer erst nach Passage durch die Gallenblase abgeleitet, so war das Verhältnis Bilirubin zu Cholesterin in der Blasengalle zugunsten des Bilirubins verschoben, was auf eine teilweise Resorption des Cholesterins in der Gallenblase zurückgeführt wird[7].

Trotz der in der Gallenblase erfolgenden starken Konzentrierung wird das Cholesterin in der Blasengalle durch die gleichzeitige Anwesenheit von Gallensäuren und Phosphatiden[12] in Lösung gehalten. Wie auf S. 545 erwähnt, bilden Phosphatide und Gallensäuren einen stabilen Komplex, der das Cholesterin in der Galle in Lösung hält.

Das Schicksal des Gallencholesterins. Das Cholesterin, das mit der Galle in den Darm gelangt, wird zum größten Teil im Darm rückresorbiert, nur ein kleiner Teil wird durch die Darmbakterien in das unresorbierbare Koprosterin[13] verwandelt

---

[1] SIPERSTEIN, M. D., and I. L. CHAIKOFF: J. biol. Ch. **198**, 93 (1952). — [2] ISAKSSON, B.: Diss. Gothenburg, Schweden 1954. — [3] RIEGEL, C., I. S. RAVDIN and H. J. ROSE: Proc. Soc. exp. Biol. Med. **35**, 94 (1936). — [4] RIEGEL, C., and H. J. ROSE: J. biol. Ch. **113**, 117 (1936). — [5] FRIEDMAN, M., S. O. BYERS and F. MICHAELIS: Amer. J. Physiol. **162**, 575 (1950). — [6] CHABROL, E., H. BENARD et GAMBILLARD: Bull. Mém. Soc. Hôp. med Paris **46**, 1710 (1922). — [7] LOEWY, G.: Arch. Mal. App. digest. **22**, 937 (1932). — [8] GOSSET, A., G. LOEWY et J. MAGROU: C. R. Soc. Biol. **83**, 1207 (1920). — ELMAN, R., and J. B. TAUSSIG: J. exp. Med. **54**, 775 (1931). — ELMAN, R., and E. A. GRAHAM: Arch. Surg. **24**, 14 (1932). — CHIRAY, M., et J. HESSE: Presse méd. **40**, 1445 (1932). — [9] DRURY, D. R.: J. exp. Med. **40**, 797 (1924). — [10] RIEGEL, C., C. G. JOHNSTON and I. S. RAVDIN: Amer. J. Physiol **97**, 555 (1931). — [11] TORINOUMI, K.: Beitr. path. Anat. **72**, 456 (1924). — [12] ISAKSSON, B.: Acta Soc. Med. upsal. **56**, 177 (1951). — [13] REINHOLD, J. G., and D. W. WILSON: Amer. J. Physiol. **107**, 378 (1934).

und mit dem Stuhl ausgeschieden[1]. Die Hauptmenge des im Stuhl enthaltenen Koprosterins stammt nicht aus der Galle, sondern aus Cholesterin, das aus der Mucosa des Darms durch Sekretion oder Abschilferung von Epithelzellen in den Darminhalt gelangt[2]. Ein Mensch mit totalem Gallengangverschluß schied in 6 Tagen im Stuhl 0,98 g Sterine aus, während er in der gleichen Zeit nur 0,38 g Cholesterin in der Nahrung aufgenommen hatte[3]. Hunde mit Gallenfistel, bei denen kein Cholesterin mit der Galle in den Darm gelangte, schieden mit dem Stuhl annähernd ebensoviel Cholesterin aus wie normale Tiere[4]. Auch durch Injektion von ^{14}C-Cholesterin an Ratten mit Gallenfistel konnte gezeigt werden,

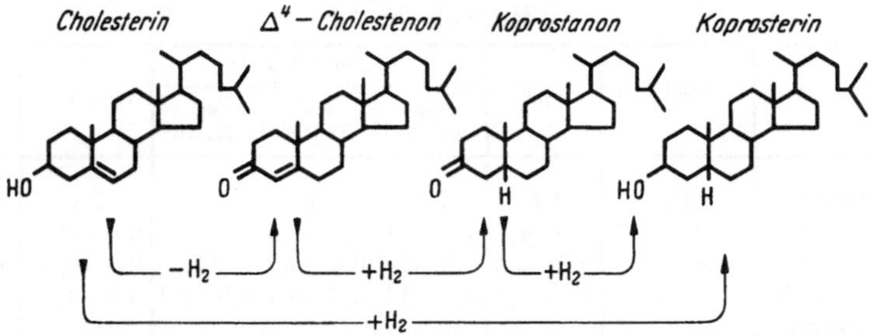

Abb. 59. Die Umwandlung von Cholesterin in Koprosterin kann auf 2 Wegen erfolgen: a) durch direkte stereospezifische Reduktion, b) auf dem Wege über Δ^4-Cholestenon und Koprostanon[5].

daß der Darm Cholesterin ausscheidet[6]. Bestimmungen am Hund ergaben ferner, daß der Steringehalt der Ingesta während der Passage durch den Dünndarm[1] kontinuierlich abfällt, um im Dickdarm wieder anzusteigen[7].

Die Umwandlung des Cholesterins in Koprosterin kann zwar, wie früher meist angenommen[8], über Δ^4-Cholestenon erfolgen, doch wird der größte Teil des Koprosterins nicht auf diesem Wege, sondern durch direkte stereospezifische Hydrogenierung der Doppelbindung in cis-Stellung gebildet[5,9]. Dies ergibt sich aus Versuchen mit doppelt markiertem Cholesterin: Wurde Cholesterin, das in Position 4 mit ^{14}C und in der OH-Gruppe mit D markiert war, an Menschen verfüttert oder mit Stuhlsuspension bebrütet, so enthielt das entstandene Koprosterin ^{14}C und D im gleichen Verdünnungsgrad[5] (vgl. Abb. 58).

δ) Bildung und Ausscheidung der Gallensäuren.

1. Der Gallensäuregehalt der Galle.

In Lebergalle vom Menschen wurden 0,7—1,4%[10], 1,2—1,7%[11], in Blasengalle 11,5%[10] bzw. 7,7—9,8%[11] Gesamtgallensäure gefunden. Lebergalle vom Hund enthielt 0,5—2,4%[10] bzw. 2,8%[11], Blasengalle vom Hund 7,9—15%[10], 11,4—14,0%[11]

[1] Dam, H.: Biochem. J. 28, 815 (1934). — [2] Schoenheimer, R., u. H. v. Behring: H. 192, 102 (1930). — Bürger, M., u. H. D. Oeter: H. 184, 257 (1929). — Schönheimer, R., u. L. Hrdina: H. 212, 162 (1932). — Schoenheimer, R., and W. M. Sperry: J. biol. Ch. 107, 1 (1934). — Heinlein, H.: Z. ges. exp. Med. 91, 638 (1933). — Bills, C. E.: Physiol. Rev. 15, 26 (1935). — Weinhouse, S.: Arch. Path., Chicago 35, 438 (1943). — [3] Bürger, M., u. W. Winterseel: H. 181, 255 (1929). — [4] Sperry, W. M.: J. biol. Ch. 71, 351 (1926/27). — [5] Rosenfeld, R. S., D. K. Fukushima, L. Hellman and T. F. Gallagher: J. biol. Ch. 211, 301 (1954). — [6] Siperstein, M. D., and I. L. Chaikoff: J. biol. Ch. 198, 93 (1952). — [7] Beumer, H., u. F. Hepner: Z. ges. exp. Med. 64, 787 (1929). — [8] Schoenheimer, R., D. Rittenberg and M. Graff: J. biol. Ch. 111, 183 (1935). — Rosenheim, O., and T. A. Webster: Biochem. J. 37, 513 (1943). Nature 136, 474 (1935). — Anker, H. S., and K. Bloch: J. biol. Ch. 178, 971 (1949). — [9] Bondzyński, S., u. V. Humnicki: H. 22, 396 (1896/97). — Schoenheimer, R., H. v. Behring, R. Hummel u. L. Schindel: H. 192, 73 (1930). — [10] Polonovski, M., et R. Bourrillon: Bull. Soc. Chim. biol. 34, 703 (1952). — [11] Doubilet, H.: J. biol. Ch. 114, 289 (1936).

Gallensäuren. Lebergalle von der Ratte enthielt 0,32% Gallensäuren[1], Blasengalle vom Schwein 8,5—12%[2]. Der Gehalt der Ochsengalle an Desoxycholsäure schwankte je nach der Herkunft des Ochsen zwischen 4,7% und 10,6%, Kälbergalle enthielt 1,5%, Schafsgalle 12,1% und Lämmergalle 1,1%[3]. Die bei der Duodenalsondierung ausgeheberte A-Fraktion (sog. Galle A, vgl. S. 535) enthält (infolge Beimengung von Duodenalsekret, Pankreassaft usw.) beträchtlich weniger Gallensäuren als Fistelgalle, der Gallensäuregehalt der B-Fraktion liegt zwischen dem der Blasengalle und der Fistelgalle.

Tabelle 77. Der Gallensäuregehalt der Lebergalle und Blasengalle von Hund und Mensch (in %)[4].

	Gesamtmenge	Frei	Gebunden			Cholsäure	Desoxycholsäure
			insgesamt	an Taurin	an Glycin		
Fistelgalle (Hund) .	2,8	1,1	1,6	1,6	0	2,1	0,6
Blasengalle (Hund) .	11,4—14,0	3,9—4,6	7,5—9,6	7,5—9,6	0	8,8—10,4	2,6—3,6
Lebergalle (Mensch)	1,2—1,7	0,3—0,5	1,0—1,2	0,6—0,9	0,3	0,4—0,6	0,8—0,9
Blasengalle (Mensch)	7,7—9,8	1,4—1,5	6,2—8,3	2,6—3,3	3,5—5,1	3,3—4,3	4,3—5,5
Duodenalsondierung							
Galle A	0,2—0,7	—	—	—	—	0,1—0,4	0,1—0,4
Galle B	1,5—4,3	—	—	—	—	0,5—2,0	0,9—2,3

2. Artunterschiede in der Gallensäurebildung.

Alle Wirbeltiere scheinen befähigt zu sein, Gallensäuren zu bilden, doch bestehen in der Konstitution und im Mengenverhältnis der ausgeschiedenen Gallensäuren Artunterschiede, die durch die Art der Ernährung oder durch andere Umweltsfaktoren nicht beeinflußt werden können. Die phylogenetisch besonders alte Klasse der Knorpelfische bildet neben echten (vor allem an Taurin gebundenen) Gallensäuren auch einen als *Scymnol* bezeichneten Steroidalkohol mit 27 C-Atomen (Formel II)[5]. Das Scymnol ist als Schwefelsäureester aus der Haifischgalle dargestellt worden und hat vermutlich die gleiche physiologische Funktion zu erfüllen wie die Gallensäuren bei den übrigen Wirbeltieren. Es ist vermutet worden, daß das Scymnol ein Zwischenprodukt bei der Umwandlung des Cholesterins zu den Gallensäuren darstellt und daß diese Tiere „noch nicht gelernt haben"[6], dieses Zwischenprodukt quantitativ in Gallensäuren umzuwandeln.

Auch die Galle der Amphibien enthält Steroidpolyalkohole, vor allem solche mit 28 C-Atomen. Sie werden von den Tieren (gemeinsam mit Gallensäuren von gleicher C-Anzahl) teils frei, teils als Sulfate ausgeschieden. So ist in der Wintergalle von Kröten neben der Bufodesoxycholsäure[8], die der Desoxycholsäure isomer ist, ein 4wertiger Steroidalkohol mit 9 C-Atomen in der Seitenkette[7] (Tetraoxybufostan = $C_{28}H_{48}O_4$), ein Pentaoxybufostan[9] ($C_{28}H_{50}O_5$) (vgl. Formel III), eine ungepaarte 3,7,12-Trioxybufosterocholensäure ($C_{28}H_{46}O_5$) (Doppelbindung zwischen C-23 und C-24 in der Seitenkette)[10] und eine weitere ihr isomere Säure (Trioxyisosterocholensäure)[11] nachgewiesen worden. Aus der Galle einer japa-

[1] Friedmann, M., S. O. Byers and F. Michaelis: Amer. J. Physiol. **164**, 786 (1951). — [2] Polonowski, M., et R. Bourrillon: Bull. Soc. Chim. biol. **34**, 703 (1952). — [3] Szalkowski, C. R., and W. J. Mader: Analyt. Chem. **24**, 1602 (1952). — [4] Doubilet, H.: J. biol Ch. **114**, 289 (1936). — [5] Hammarsten, O.: H. **24**, 323 (1898). — [6] Oikawa, S.: J. Biochem. **5**, **63** (1925). — Windaus, A., W. Bergmann u. G. König: H. **189**, 148 (1930). — Tschesche, R.: H. **203**, 263 (1931). — [7] Makino, H.: H. **220**, 49 (1933). — [8] Okamura, T.: J. Biochem. 8, 351 (1928); **10**, 5 (1928); **11**, 103 (1929). — [9] Kazuno, T.: H. **266**, 11 (1940). — [10] Shimizu, T., u. T. Oda: H. **227**, 74 (1934). — Shimizu, T., u. T. Kazuno: H. **244**, 167 (1936). — [11] Shimizu, T., u. T. Kazuno: H. **239**, 67 (1936). J. Biochem. **25**, 245 (1937).

nischen Froschart, Rana catesbiana (SHAW), wurde durch Aussalzen mit $(NH_4)_2SO_4$ ein Tetraoxycholan-Schwefelsäureester ($C_{24}H_{41}O_3$—SO_4Na) dargestellt[1] (vgl. auch[2]). Auch der europäische Frosch (Rana temporaria) scheidet in der Galle sulfatgebundene Steroidalkohole aus[3].

Die Knochenfische scheiden Cholsäure (vgl. Formel V) und zum Teil auch Chenodesoxycholsäure (Formel VII) aus, die an Taurin gebunden sind[3-7]. (Literaturübersicht über die Gallensäurenausscheidung von 28 Fischarten vgl.[8], von 42 Fischarten bei [3]). Bei einzelnen Fischarten ist daneben auch Tetraoxycholansäure[5] in Form verschiedener Isomeren[7] vorhanden. Auch Reptilien kuppeln die Gallensäuren an Taurin. Die meisten Schlangenarten scheiden tauringebundene Cholsäure aus[3,9,10], die Familie der Boiden (Boa, Python) bilden Pythocholsäure (3, 12, 15 (oder 16)-Trioxycholansäure)[11], auch diese ist in tauringebundener Form in der Galle vorhanden. Neben Pythocholsäurelacton wurde in der Galle von Python reticulatus auch 2,12-Dioxy-7-ketocholansäure nachgewiesen[12]. In der Galle der Alligatorschildkröte wurde neben Trioxysterocholansäurelacton und Trioxyisosterocholansäuremethylester[13] auch ein Tetraoxysterocholansäurelacton $C_{29}H_{50}O_2$ oder $C_{28}H_{48}O_2$) nachgewiesen[14]. Dieses Lacton fand sich auch in der Galle der europäischen Schildkrötenart Emys orbicularis[15].

Die bisher untersuchten Vogelarten bilden vor allem Chenodesoxycholsäure, bei manchen Arten wurde auch Cholsäure nachgewiesen[6].

Die Säuger bilden Cholsäure (Formel V) und die meisten auch Desoxycholsäure (Formel VIII), einige Arten (Hund[16], Känguruh[6], Schwein[6,17], japanischer Bär[18], Rind, Kaninchen, Meerschweinchen) bilden auch Chenodesoxycholsäure (Formel VII). Fistelgalle von Ziegen enthielt neben Cholsäure auch Chenodesoxycholsäure[19], und Ratten schieden nach Verabreichung von Cholesterin-4-^{14}C in der Galle die Taurinverbindungen von ^{14}C-haltiger Cholsäure und Chenodesoxycholsäure aus[20]. Die Feliden (Katze[21], Löwe[22], Leopard[23] und Cheetah[3]) scheinen nur Cholsäure bilden zu können. Rindergalle enthält neben Cholsäure und Desoxycholsäure auch Chenodesoxycholsäure, Lithocholsäure (Formel IV) und eine Sterocholsäure ($C_{28}H_{48}O_4$) mit auf 9 C-Atome verlängerter Seitenkette[24]. Aus der Mischgalle von 3000 Kaninchen konnten neben Cholsäure[25,26] und Desoxycholsäure[16] auch Lithocholsäure[27] und eine der Desoxycholsäure stereomere Lagodesoxycholsäure[27] isoliert werden. Die Galle von Meerschweinchen enthält neben Chenodesoxycholsäure auch eine Ketosäure (3-Oxy-7-ketocholansäure)[28]. Schweinegalle enthält

[1] KURAUTI, Y., u. T. KAZUNO: H. **262**, 53 (1939/40). — [2] KAZUNO, T., H. **266**, 11 (190). — [3] HASLEWOOD, G. A. D., and V. WOOTTON: Biochem. J. **47**, 584 (1950). — [4] SOBOTKA, H.: Physiological Chemistry of the Bile. Baltimore 1937. — TUKAMOTO, M., u. Y. KATAOKA: J. Biochem. **32**, 473 (1940). — MABUTI, H.: J. Biochem. **33**, 143 (1941). — [5] ISAKA, H., and H. AZATO: J. Biochem. **32**, 241 (1940). — [6] SOBOTKA, H., and E. BLOCH: Ann. Rev. **12**, 45 (1943). — [7] OHTA, K.: H. **259**, 53 (1939). — [8] SHIMIZU, T., u. T. KAZUNO: **244**, 167 (1936). — [9] DEULOFEU, V.: H. **229**, 157 (1934). — [10] IMAMURA, H.: J. Biochem. **31**, 21 (1940). — [11] HASLEWOOD, G. A. D., and V. M. WOOTTON: Biochem. J. **49**, 67 (1951) — [12] KURODA, M., and H. ARATA: J. Biochem. **39**, 225 (1952). — [13] SUGANAMI, T., and K. YAMASAKI: J. Biochem. **35**, 233 (1942). — KANEMITSU, T.: J. Biochem. **35**, 409 (1942). — [14] YAMASAKI, K., u. M. YUUKI: H. **24 4**, 173 (1936). — [15] KIM, C. H., T. S. SIHN and K. TAKAHASI: J. Biochem. **29**, 35 (1939). — [16] KAZUNO, T., H. NAKAMURA and B. TATSUMA: Hiroshima J. med. Sci. **1**, 51 (1951). — [17] TRICKEY, E. B.: Am. Soc. **72**, 3474 (1950). — [18] MIYAZI, S.: H. **250**, 34 (1937). — [19] NAKAMURA, H., T. BABA and M. KAWASHIMA: Hiroshima J. med. Sci. **1**, 51 (1951). — [20] BERGSTRÖM, S., and A. NORMAN: Proc. Soc. exp. Biol. Med. **83**, 71 (1953). — [21] MORI, T.: J. Biochem. **28**, 161 (1938). — [22] TANAKA, K.: H. **213**, 199 (1932). — [23] KIMURA, T.: J. Biochem. **26**, 327 (1937). — [24] WIELAND, H., u. S. KISHI: H. **214**, 47 (1933). — [25] OKAMURA, S., u. T. OKAMURA: H. 188, 11 (1930). — [26] ISHINO, N.: J. Biochem. **28**, 133 (1938). — [27] KISHI, S.: H. **238**, 210 (1936). — [28] IMAI, I.: H. **248**, 65 (1937).

I. Cholesterin

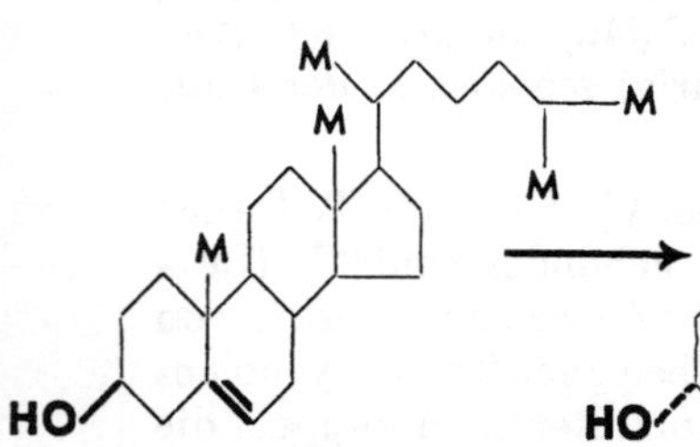

II. Scymnol

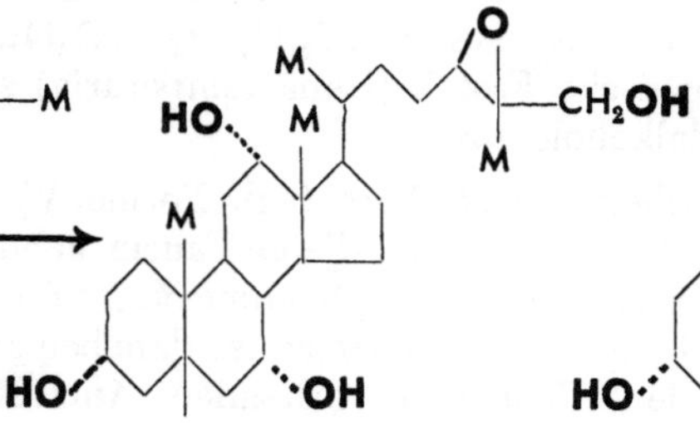

III. Pentaoxybufostan

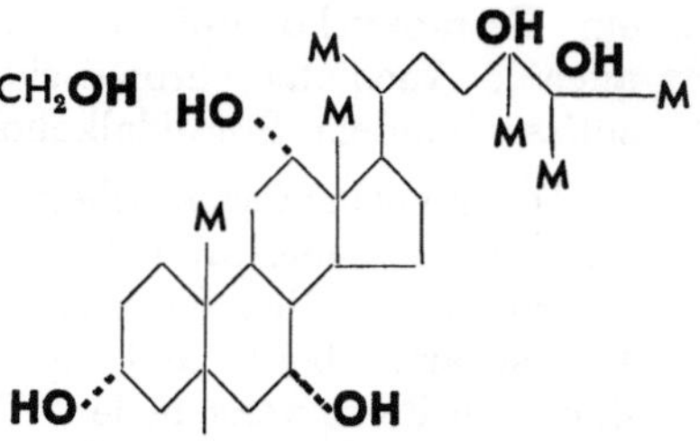

IV. Lithocholsäure

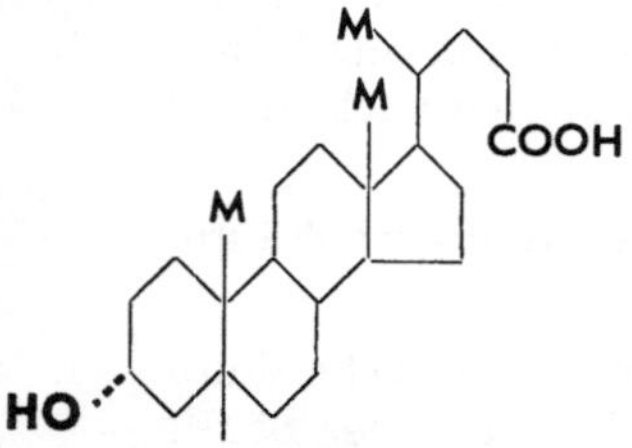

V. Cholsäure

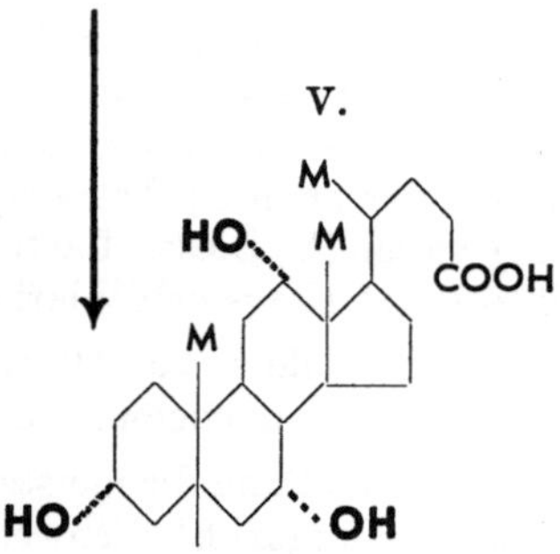

IV. Phocaecholsäure

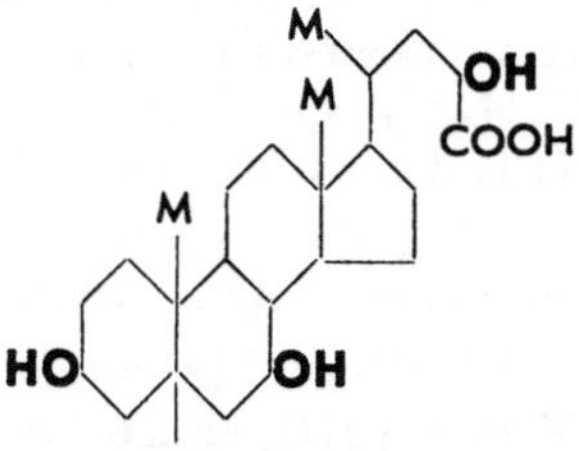

VII. Chenodesoxycholsäure

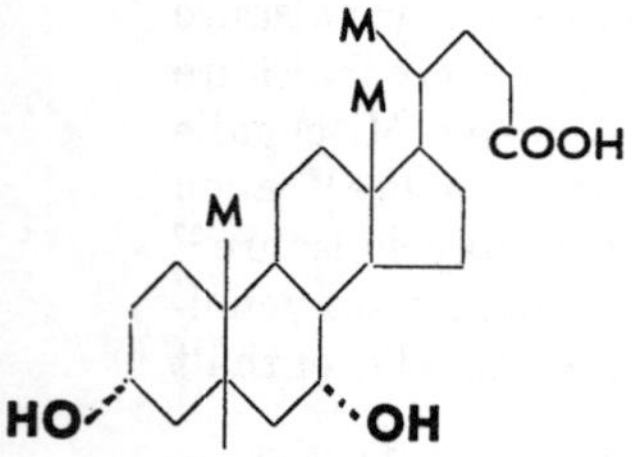

VIII. Desoxycholsäure

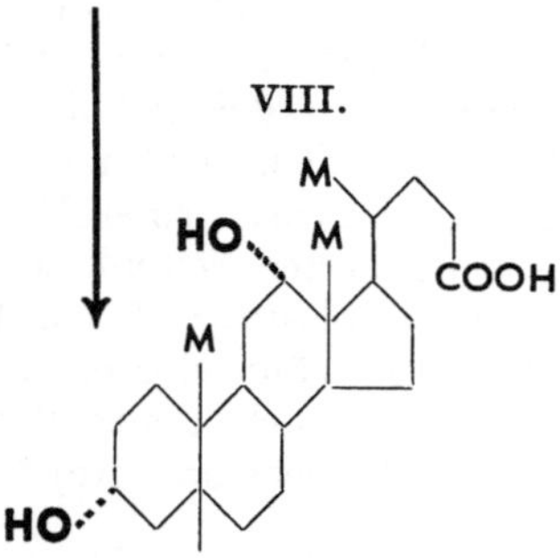

IX. Hyodesoxycholsäure

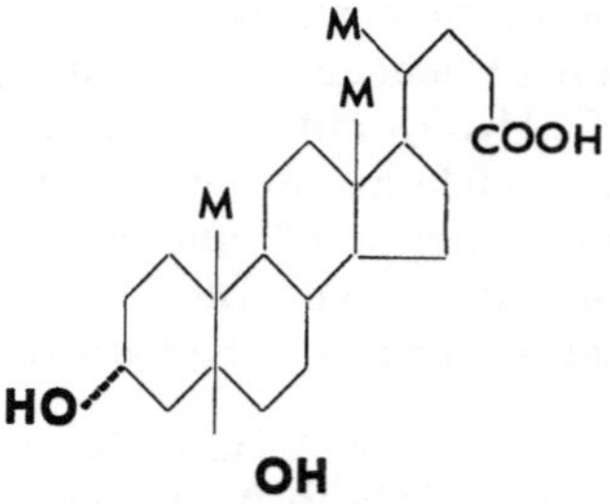

X. 3α-Oxy-6-keto-allocholansäure

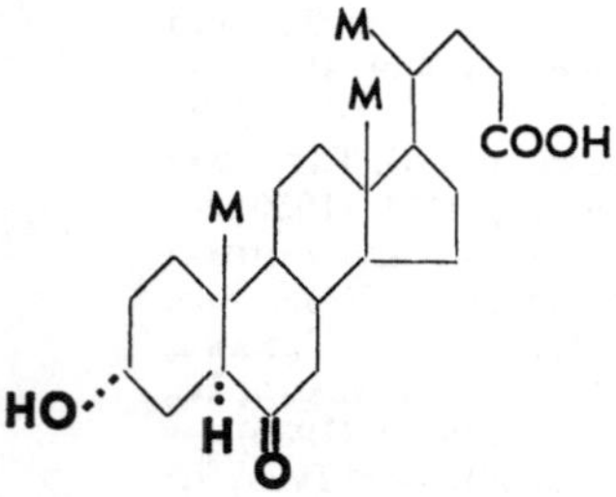

XI. 12-Keto-3,4-cholensäure

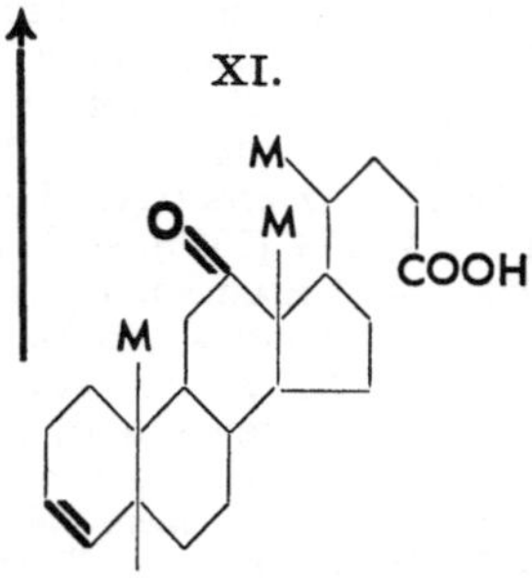

XII. Dehydrocholsäure

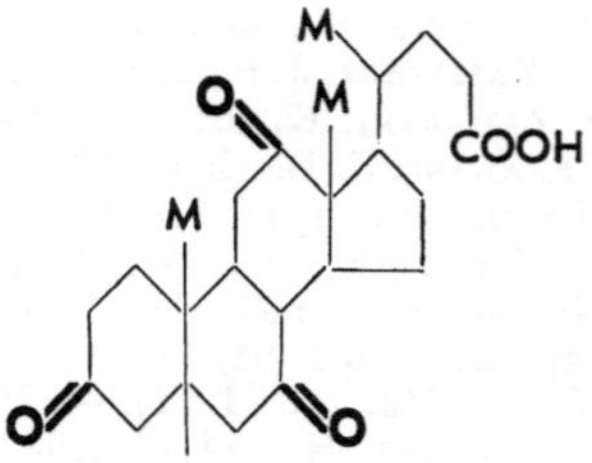

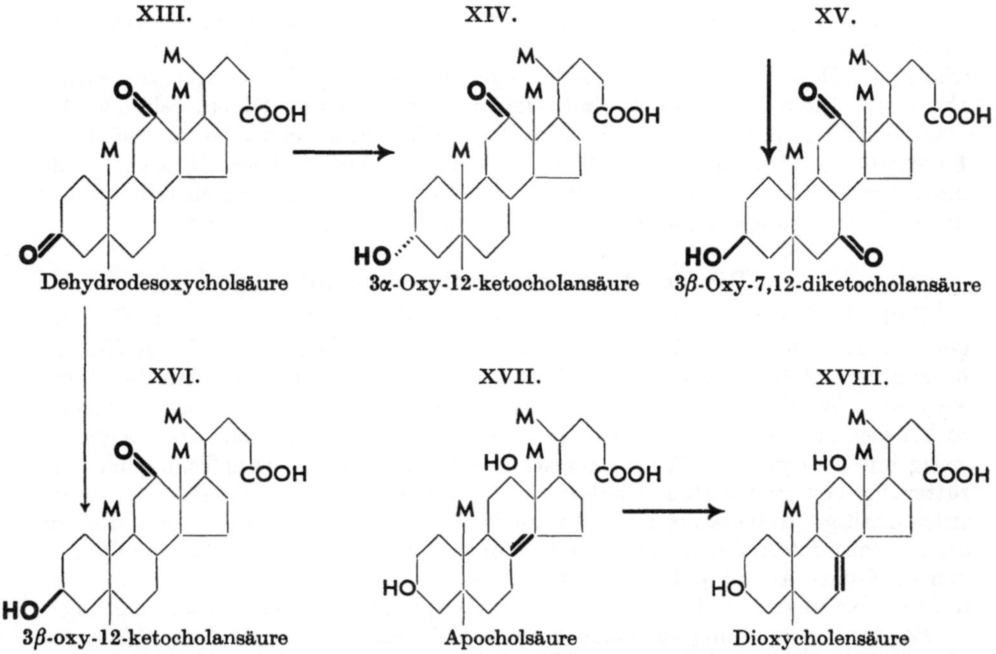

XIII. Dehydrodesoxycholsäure

XIV. 3α-Oxy-12-ketocholansäure

XV. 3β-Oxy-7,12-diketocholansäure

XVI. 3β-oxy-12-ketocholansäure

XVII. Apocholsäure

XVIII. Dioxycholensäure

Abb. 60. *Die Gallensäuren und ihre Umsetzungen im Stoffwechsel.* Eine Zwischenstufe bei der Bildung der Gallensäuren aus Cholesterin (I) bildet wahrscheinlich das in der Haifischgalle aufgefundene Scymnol (II), das ebenso wie die Cholsäure 3 OH-Gruppen in α-Stellung besitzt. Ähnliche Polyoxysterine, aber mit einem Isononylrest als Seitenkette sind in der Krötengalle nachgewiesen worden (III), bei diesen Tieren kommen auch Gallensäuren mit 9 C-Atomen in der Seitenkette vor. — Die Cholsäure (V) ist gemeinsam mit der Desoxycholsäure (VIII), der Chenodesoxycholsäure (VII) und der Lithocholsäure (IV) in der Galle des Menschen enthalten. Die Phocaecholsäure (VI) ist ein in der Galle von Robben aufgefundene Isomeres der Cholsäure mit einer OH-Gruppe in der Seitenkette. Die Schweineleber oxydiert das Steranringsystem am C-Atom 6. Die in der Schweinegalle nachgewiesene Hyodesoxycholsäure (IX) ist eine Isomere der bei anderen Tieren auftretenden Desoxycholsäure (VIII) und der Chenodesoxycholsäure (VII). Die ebenfalls in der Schweinegalle nachgewiesene 3α-Oxy-6-keto-allocholansäure (X) ist ein Beispiel für eine atypisch gebaute Gallensäure, sie zeigt die für die Schweinegallensäuren charakteristische Stellung der Ketogruppe in Position 6 und ist außerdem allo-konfiguriert. — Die Tiere sind befähigt, verschiedene Gallensäuren in andere umzuwandeln: Das Meerschweinchen scheidet keine Cholsäure aus; wird ihm Cholsäure (V) injiziert, so wird sie zu Desoxycholsäure (VIII) reduziert. Die Umwandlung von Ketogallensäuren in die entsprechenden Oxysäuren wurde in zahlreichen Fällen festgestellt: So wird die Dehydrodesoxycholsäure (XIII) von Kröten zu der entsprechenden 3α- und 3β-Oxysäure hydrogeniert (XIV, XVI) und die Triketocholansäure (XII) in eine Oxydiketocholansäure (XV) verwandelt. Die in der Natur nicht vorkommende 12-Keto-3-cholensäure (XI) wurde von Kaninchen durch Anlagerung von H_2O und Reduktion in Desoxycholsäure (VIII) übergeführt. Auch Verlagerungen von Doppelbindungen werden beobachtet. So wurde die Apocholsäure (XVII) von Kröten in Dioxycholensäure (XVIII) umgewandelt.

Hyodesoxycholsäure (3α, 6α-Dioxycholansäure) (Formel IX), die etwa 40% der Gesamtgallensäuremenge ausmacht, daneben aber auch 20% Ketosäuren[1,2], und zwar 3-Oxy-6-ketocholansäure, 3α-Oxy-6-keto-allocholansäure[2,3] (vgl. Formel X). Ferner wurde in einem Gallenstein vom Schwein auch Lithocholsäure nachgewiesen[4]. Etwa 6% der Gallensäuren der Schweinegalle bestehen aus einer noch unbekannten Steroidsäure mit 27 C-Atomen[2]. Seelöwe[5], Seehund[6] und Walroß[6] bilden α- und β-Phocaecholsäure (Formel VI), die bei anderen Tierarten bisher nicht gefunden wurden. In der Galle einzelner Bärenarten ist ferner Ursodesoxycholsäure (3α,7β-Dioxycholansäure)[7] nachgewiesen worden, die ein Stereoisomeres der Chenodesoxycholsäure (3α,7α-Dioxycholansäure) darstellt[8]. Aus der

[1] FERNHOLZ, E.: H. **232**, 202 (1935). — Vgl. a. KIMURA, T.: H. **248**, 280 (1937). — [2] TRICKEY, E. B.: Am. Soc. **72**, 3474 (1950). — [3] ANCHEL, M., and R. SCHOENHEIMER: J. biol. Ch. **124**, 609 (1938). — SCHOENHEIMER, R., and C. G. JOHNSTON: J. biol. Ch. **120**, 499 (1937). — [4] SCHENCK, M.: H. **256**, 159 (1938). — [5] MORI, T.: J. Biochem. **28**, 161 (1938). — [6] FIESER, L. F., and M. A. FIESER: Natural Products Related to Phenanthrane. 3rd Ed. New York 1949. — [7] KAZIRO, K.: H. **185**, 151 (1929); **197**, 206 (1931). — [8] IWASAKI, T.: H. **244**, 181 (1936).

Galle des Sumpfbibers (Nutria Myocastor coypu) wurde eine als Nutriaglykocholsäure bezeichnete glycinhaltige Gallensäure[1] isoliert. Menschliche Galle enthält Cholsäure, Desoxycholsäure, Chenodesoxycholsäure und kleine Mengen von Lithocholsäure. Diese Gallensäuren sind teils an Taurin, teils an Glycin gebunden[2,3]. Das Mengenverhältnis Cholsäure und Desoxycholsäure betrug bei menschlicher Fistelgalle durchschnittlich 58:42 (s. [4]), doch bestehen in dieser Hinsicht große individuelle Differenzen (vgl. Tabelle 77, S. 550). (Literaturzusammenstellung über die Gallensäureausscheidung bei 55 Arten von Säugetieren vgl. [2,5,6].)

3. Die Vorstufen der Gallensäurebildung.

Daß die Gallensäuren aus Cholesterin gebildet werden, wurde an Hunden gezeigt, bei denen eine Anastomose zwischen Gallenblase und rechtem Nierenbecken hergestellt worden war, die Tiere schieden die Galle also durch die Harnwege aus: Wurde diesen Hunden D-markiertes Cholesterin intravenös injiziert, so bildeten sie Cholsäure, die Deuterium in gleicher Menge enthielt wie das gleichzeitig auf dem gleichen Wege ausgeschiedene Cholesterin[7]. Drei Tage nach Verfütterung von markiertem Cholesterin an Ratten enthielt die Galle der Tiere tritiumhaltige Gallensäuren. Tritiumhaltiges Cholesterin war in der Galle zu diesem Zeitpunkt nicht nachweisbar[8]. Wurde Gallenfistelhunden dagegen D-markiertes Koprostanon injiziert, so enthielt die ausgeschiedene Cholsäure kein Deuterium. Koprostanon ist also kein Zwischenprodukt der Gallensäurebildung[9].

Bei der Umwandlung von Cholesterin in Gallensäuren wird die Seitenkette des Cholesterins oxydativ verkürzt. Wurde Cholesterin, das in der Seitenkette (C-Atom 26) mit ^{14}C markiert war, Ratten verabreicht, so atmeten sie etwa 20% des ^{14}C in 24 Std als $^{14}CO_2$ aus. Erhielten sie Cholesterin, das ^{14}C im Ring (und zwar am C-Atom 4) enthielt, so war in der gleichen Zeit kein ^{14}C im ausgeatmeten CO_2 nachweisbar[10,11]. Auch wenn die Beobachtungszeit auf 84 Std ausgedehnt wurde, wurde nichts von dem C-Atom 4 des Cholesterins zu CO_2 oxydiert[12]. Auch Leberschnitte bildeten aus Cholesterin, das im C-Atom 4 mit ^{14}C markiert war, kein $^{14}CO_2$ (vgl. Tabelle S. 555). Daraus geht hervor, daß das Cholesterin im Organismus unter Verkürzung der Seitenkette abgebaut wird, wobei das Ringsystem aber erhalten bleibt. Nach Verabreichung von Cholesterin, das im C-Atom 4 mit ^{14}C markiert war, war das ^{14}C in hohem Prozentsatz in der Galle in Form verseifbarer Verbindungen nachweisbar[12,13]. Diese im Rattenorganismus aus ringmarkiertem ^{14}C-Cholesterin entstehenden Verbindungen konnten aus der Galle isoliert und als ^{14}C-Cholsäure[11,14], ^{14}C-Desoxycholsäure[14] und ^{14}C-Chenodesoxycholsäure[15] (bzw. als die Taurinverbindungen dieser Säuren) identifiziert werden.

In ähnlicher Weise, wie die Gallensäuren in der Leber durch Verkürzung der Seitenkette des Cholesterins gebildet werden, entstehen die Steroidhormone in

---

[1] BRIGL, P., u. O. BENEDICT: H. **220**, 106 (1933). — [2] HASLEWOOD, G. A. D., and V. WOOTTON: Biochem. J. **47**, 584 (1950). — [3] SOBOTKA, H.: Physiological Chemistry of the Bile. Baltimore, London 1937. — [4] KIER, L. C.: J. Lab. clin. Med. **40**, 755 (1952). — [5] SOBOTKA, H., and E. BLOCH: Ann. Rev. **12**, 45 (1943). — [6] HAMMARSTEN, O.: H. **24**, 322 (1898); **32**, 435 (1901); **43**, 109 (1904/05); **61**, 454 (1909); **68**, 109 (1910); **74**, 123 (1911). Ergebn. Physiol. **4**, 1 (1905). — [7] BLOCH, K., B. N. BERG and D. RITTENBERG: J. biol. Ch. **149**, 511 (1943). — [8] BYERS, S. O., and M. W. BIGGS: Arch. Biochem. **39**, 301 (1952). — [9] SCHOENHEIMER, R., D. RITTENBERG, B. N. BERG and L. ROUSSELOT: J. biol. Ch. **115**, 635 (1936). — [10] CHAIKOFF, I. L., M. D. SIPERSTEIN, W. G. DAUBEN, H. L. BRADLOW, J. F. EASTHAM, G. M. TOMKINS, J. R. MEIER, R. W. CHEN, S. HOTTA and P. A. SRERE: J. biol. Ch. **194**, 413 (1952). — [11] BERGSTRÖM, S.: Kgl. fysiogr. Sällsk. Lund Förh. **22**, 16 (1952). — [12] SIPERSTEIN, M. D., and I. L. CHAIKOFF: J. biol. Ch. **198**, 93 (1952). — [13] SIPERSTEIN, M. D., M. E. JAYKO, I. L. CHAIKOFF and W. G. DAUBEN: Proc. Soc. exp. Biol. Med. **81**, 720 (1952). — [14] BERGSTRÖM, S., and A. NORMAN: Proc. Soc. exp. Biol. Med. **83**, 71 (1953). — [15] BERGSTRÖM, S., and J. SJÖWALL: Acta chem. scand. **8**, 611 (1954).

Nebennierenrinde, Testes und anderen endokrinen Organen durch oxydativen Abbau der Seitenkette des Cholesterins. Im Vergleich mit der Tagesproduktion an Gallensäuren ist die je Tag gebildete Menge dieser Steroidhormone aber nur gering, in Übereinstimmung damit bauten Gewebsschnitte dieser Organe nur relativ geringe Mengen von Cholesterin ab und bildeten aus ^{14}C, das in die Seitenkette des Cholesterinmoleküls eingebaut worden war, weit geringere Mengen von CO_2 als Leberschnitte (vgl. die Tabelle 78). In geringerem Ausmaß bauen auch Nierenschnitte die Seitenkette des Cholesterins ab. Es ist aber derzeit noch unbekannt, welche Abbauprodukte des Cholesterins in der Niere aus Cholesterin entstehen. Milz und Lunge bauen die Seitenkette des Cholesterins dagegen nicht ab[1].

Tabelle 78. Der Abbau der Seitenkette des Cholesterins[1]. Gewebsschnitte verschiedener Organe wurden mit Cholesterin, das am Ende der Seitenkette (am C-Atom 26) mit ^{14}C markiert war, bebrütet und die Menge des entstandenen $^{14}CO_2$ gemessen. In einer Gruppe von Versuchen wurde auch Cholesterin, das im Ringatom 4 mit ^{14}C markiert war, verwendet. Die Versuche zeigen, daß die Leber nur aus den C-Atomen am Ende der Seitenkette des Cholesterins CO_2 bildet, während die Ringatome des Cholesterins erhalten bleiben. Extrahepatische Organe hatten nur in geringem Ausmaß die Fähigkeit, die Seitenkette des Cholesterins abzubauen.

Organ	Gewicht der Schnitte g	Nr. des mit ^{14}C markierten C-Atoms	Ausgeschiedene Menge von ^{14}C in % der zugesetzten ^{14}C-Menge
Leber (Ratte) . .	3	26	0,43—1,2
Leber (Ratte) . .	3	4	0
Leber (Ratte) . .	1,5	26	0,27—0,33
Niere (Ratte) . . .	1,5	26	0,11—0,14
Nebenniere (Rind).	1,5	26	0,07—0,08
Testes (Ratte) . .	1,5	26	0,06—0,08
Milz (Ratte) . . .	1,5	26	0,03
Lunge (Ratte) . .	1,5	26	0,01

Obzwar die Leber den cyclischen Anteil des Cholesterinmoleküls nicht abzubauen vermag, treten bei der Umwandlung des Cholesterins in Gallensäuren stereochemische Änderungen an den ringgebundenen C-Atomen ein. An die Doppelbindung des Cholesterins wird Wasserstoff angelagert. Dabei werden die Ringe A und B in cis-Stellung fixiert. Da diese beiden Ringe auch im Koprosterin in cis-Stellung stehen, ist früher vermutet worden, daß das Koprosterin ein Zwischenprodukt bei der Bildung der Gallensäuren aus Cholesterin darstellt. Tatsächlich steigerte die Injektion von Koprosterin (nicht aber die Injektion von Cholesterin) die Gallensäureproduktion bei Gallenfistelhunden sehr stark[2]; die Tatsache, daß hierbei weit mehr Gallensäuren ausgeschieden wurden, als der zugeführten Koprosterinmenge entsprach, zeigt jedoch, daß das Koprosterin nicht als eine Vorstufe der Gallensäurebildung wirkt, sondern die Gallensäurebildung nach Art eines exogenen Choleretícums anregt. Bekanntlich wird Koprosterin aus dem Darm nicht resorbiert. Im Darm gebildetes Koprosterin kann daher nicht eine Vorstufe der Gallensäurebildung sein.

In welcher Weise das 3β-Hydroxyl des Cholesterins in das 3α-Hydroxyl der Gallensäuren umgewandelt wird, ist unbekannt. Vermutlich erfolgt diese Epimerisierung auf dem Wege über die entsprechende Ketoverbindung.

[1] MEIER, J. R., M. D. SIPERSTEIN and I. L. CHAIKOFF: J. biol. Ch. **198**, 105 (1952). —
[2] ENDERLEN, E., S. J. THANNHAUSER u. M. JENKE: A. e. P. P. **130**, 308 (1928).

4. Die Gallensäuren im Stoffwechsel.

Bei der Umwandlung des Cholesterins in die Dioxy- und Trioxycholansäuren werden an den C-Atomen 7 und 12 des Steranrings zusätzlich OH-Gruppen gebildet (vgl. die Formeln S. 552). In ähnlicher Weise kann die Leber auch Lithocholsäure in die höher oxydierten Gallensäuren verwandeln: Wurde Ratten, bei denen eine Gallenfistel angelegt worden war, Lithocholsäure zugeführt, so schieden die Tiere ein Gemisch höher oxydierter Gallensäuren aus. Das am stärksten oxydierte Produkt verhielt sich ähnlich wie Cholsäure, ohne jedoch mit dieser identisch zu sein[1]. Auch Versuche mit markierter Chenodesoxycholsäure haben gezeigt, daß diese Säure (wenn auch langsam) weiter oxydiert wird, aber auch in diesem Falle sind die Produkte nicht mit Cholsäure identisch[2]. Injizierte Desoxycholsäure, die ein ^{14}C-Atom in Stellung 24 enthielt, wurde von den Ratten als Taurinverbindung durch die Gallenfistel ausgeschieden; etwa die Hälfte der injizierten Menge war durch Einbau einer 7α-OH-Gruppe in Cholsäure umgewandelt worden[3]. Dieselbe Umwandlung konnte auch in Schnitten von Rattenleber beobachtet werden[4]. Im Gegensatz zu Lithocholsäure und Chenodesoxycholsäure könnte also Desoxycholsäure ein Zwischenprodukt bei der Bildung der Cholsäure aus Cholesterin sein.

Auch reduktive Umwandlungen von Gallensäuren wurden bei verschiedenen Tieren nachgewiesen. Während die Galle von Meerschweinchen normalerweise nicht Desoxycholsäure, sondern Chenodesoxycholsäure enthält[5], schieden diese Tiere Desoxycholsäure (Formel VIII) aus, wenn ihnen Cholsäure (Formel V) injiziert wurde[6]. Ein Zwischenprodukt dieser Umwandlung scheint die in der Meerschweinchengalle aufgefundene[5] 3-Oxy-7-ketocholansäure zu sein[6]. 12-Keto-3-cholensäure (XI) wird von Kaninchen zu Desoxycholsäure (VIII) reduziert[7]. Die als Choleretieum verwendete, im Organismus nicht vorkommende Dehydrocholsäure (Formel XII) wird im Organismus der Kröte zu einer 3β-Oxy-7,12-diketocholansäure (Formel XV) reduziert[8]. Kaninchen mit B-Avitaminose wandelten Dehydrocholsäure dagegen in Desoxycholsäure um[9]. Auch 4-Br-Dehydrocholsäure[10], ferner Dehydrodesoxycholsäure und Dehydrocholsäure wurden am C-Atom 3 zu den entsprechenden Oxyverbindungen reduziert und in dieser Form mit der Galle ausgeschieden[9,10]. Kröten reduzieren ferner Dehydrodesoxycholsäure (Formel XIII) zu den beiden epimeren 3-Oxy-12-ketocholansäuren (Formel XIV, XVI)[11].

In vitro dargestellte ungesättigte Gallensäurederivate können im Stoffwechsel durch Verlagerung von Doppelbindungen verändert werden. Die durch die Wirkung wasserabspaltender Reagenzien aus Cholsäure darstellbare[12] Apocholsäure (Doppelbindung zwischen C-8 und C-14) (Formel XVII)[13] wird im Organismus der Kröte in die ihr isomere 3,7-Dioxycholensäure (Doppelbindung zwischen C-7 und C-8) (Formel XVIII)[13] übergeführt[14]. Die Epimerisierung des C-Atoms 5 scheint bei den Gallensäuren schwierig zu sein; 3,6-Diketoallocholansäure wurde von Kaninchen zwar zu 3β,6α-Dioxyallocholansäure reduziert[15], eine Umlagerung der trans-Form in die cis-Form wurde nicht beobachtet.

---

[1] Bergström, S., J. Sjövall and J. Voltz: Acta physiol. scand. **30**, 22 (1953). — [2] Bergström, S., and J. Sjövall: [Bergström, S., M. Rottenberg u. J. Sjövall: H. **295**, 278 (1953)]. — [3] Bergström, S., M. Rottenberg u. J. Sjövall: H. **295**, 278 (1953). — [4] Bergström, S., A. Dahlqvist and U. Ljungqvist: K. fysiogr. Sällsk. Lund Förh. **23**/12, 1 (1953). — [5] Imai, I.: H. **248**, 65 (1937). — [6] Kim, C. H.: H. **261**, 97 (1939). — [7] Mori, T.: H. **258**, 143 (1939). — [8] Yamasaki, K., u. K. Kyogoku: H. **233**, 29 (1935); **235**, 43 (1935). — [9] Kim, C. H.: H. **255**, 267 (1938). — [10] Takamori, M.: Hiroshima J. med. Sci. **1**, 55 (1951) [Chem. Abstr. **46**, 10339^b]. — [11] Kyogoku, K.: H. **246**, 99 (1937). — [12] Boedecker, F.: (B). **53** (B), 1852 (1920). — Boedecker, F., u. H. Volk: (B). **54** (B), 2489 (1921). — [13] Wieland, H., E. Dietz u. H. Ottawa: H. **244**, 194 (1936). — Wieland, H., u. E. Dane: H. **212**, 263 (1932). — [14] Sihn, T. S.: H. **261**, 93 (1939). — [15] Miyazi, S.: H. **254**, 104 (1938).

a) Gekoppelte Gallensäuren. Bei allen Tierarten werden die Gallensäuren vorwiegend in gekuppelter Form ausgeschieden. Bei den Knorpelfischen (Hai, Rochen) sind die Gallensäuren, ebenso wie die in der Galle dieser Tiere enthaltenen Steroidalkohole an Sulfat gebunden[1-3], ebenso scheiden die Amphibien (Kröte[3], Frosch[4,5]) sulfatgebundene Gallensäuren und Steroidalkohole aus. Die übrigen Wirbeltiere binden die Gallensäuren an Taurin oder an Glycin. Knochenfische (Literaturübersicht vgl.[5]), Reptilien (z. B. die Schlangen[5,6]), Vögel (Huhn[7], Fasan[8]) und eine große Anzahl von Säugetieren (z.B. alle Feliden[9,10], Wale[5,11], viele Caniden[12], nicht aber der Fuchs[13]) scheiden vor allem tauringebundene Gallensäuren aus. Auch die meisten Laboratoriumstiere (Ratte[14,15], Meerschweinchen[3], Hund[12,16] und Katze[9]) bevorzugen die Taurinbindung. Andere Säuger, z. B. das Schwein[12,17] und von Laboratoriumstieren das Kaninchen[18], kuppeln die Gallensäuren an Glycin. Mensch[12], Rind[12], Schaf[12], Ziege[12], Känguruh[19] u. a. scheiden sowohl tauringebundene als auch glycingebundene Gallensäuren aus.

Beim Menschen enthalten etwa 80% der gebundenen Gallensäuren Glycin, etwa 20% Taurin, doch bestehen in dieser Hinsicht auch bei lebergesunden Menschen große individuelle Unterschiede[20]; im Verhältnis von gebundenem Glycin und Taurin wurden Schwankungen von 5:1 bis 0,75:1 beobachtet[21]. Das in Ochsengalle enthaltene Gemisch gebundener Gallensäuren besteht aus 2 taurinhaltigen und 5 glycinhaltigen Komponenten, Taurin und Glycin stehen in der Ochsengalle im Verhältnis 5:1 (s. [22]).

Die Kupplung der Gallensäuren an Taurin konnte in Schnitten von Rattenleber nachgewiesen werden: aus zugesetzter Desoxycholsäure entstand hierbei Desoxycholyltaurin[23]. (Über die Bildung des Taurins vgl. S. 271.)

Neben gebundenen Gallensäuren enthält die Galle beim Menschen auch freie Gallensäuren, ihre Gesamtmenge beträgt etwa 20% der Gesamtgallensäuremenge[24]. Auch in der Fistelgalle von Hunden war freie Cholsäure nachweisbar[25], nicht aber in frischer Ochsengalle[22]. Bei Lebererkrankungen kann die Menge der freien Gallensäuren stark ansteigen. Aus 800 cm³ Fistelgalle konnten bei einem Leberkranken 2,2 g Cholsäure und 0,56 g Desoxycholsäure isoliert werden[26].

Die Bindung der Gallensäuren an Taurin oder Glycin scheint durch die Peptidasen der Verdauungssekrete nicht gespalten werden zu können. Glycerinauszüge aus Pankreas oder Darmschleimhaut, gereinigte Trockenpräparate von

[1] Oikawa, S.: J. Biochem. **5**, 63 (1925). — [2] Ohta, K.: J. Biochem. **29**, 241 (1939). — [3] Fieser, L. F., and M. A. Fieser: Natural Products Related to Phenanthrene. 3. Aufl. New York 1949. — [4] Kurauti, Y., u. T. Kazuno: H. **262**, 53 (1939/40). — [5] Haslewood, G. A. D., and V. Wootton: Biochem. J. **47**, 584 (1950). — [6] Imamura, H.: J. Biochem. **31**, 21 (1940). — [7] Takahashi, K.: H. **255**, 277 (1938). — [8] Ohta, K.: Arb. med. Fak. Okayama **6**, 193 (1939) [Chem. Abstr. **33**, 8318⁴]. — [9] Mori, T.: J. Biochem. **28**, 161 (1938). — [10] Tanaka, K.: H. **213**, 199 (1932). — Kimura, T.: J. Biochem. **26**, 327 (1937). — Miyazi, S.: H. **250**, 34 (1937). — [11] Takata, M.: Jap. J. med. Sci. **1**, 235 (1927). — [12] Sobotka, H.: Physiological Chemistry of the Bile. Baltimore 1937. — [13] Kim, C. H., T. S. Sihn and K. Takahasi: J. Biochem **29**, 35 (1939). — [14] Bergström, S., M. Rottenberg u. J. Sjövall: H. **295**, 278 (1953). — [15] Bergström, S., and A. Norman: Proc. Soc. exp. Biol. Med. **83**, 71 (1953). — [16] Hammarsten, O.: H. **43**, 109 (1904/05). — Seba, G.: J. Biochem. **30**, 55 (1939). — [17] Shibuya, S., u. T. Miki: H. **206**, 279 (1932). — [18] Okamura, S., u. T. Okamura: H. **188**, 11 (1930). — [19] Sobotka, H., and E. Bloch: Ann. Rev. **12**, 45 (1943). — [20] Douglas-Sauermann, A. Graf: H. **231**, 92 (1935). — [21] Rosenthal, F., u. M. v. Falkenhausen: Kli. Wo. **1923 I**, 1111. — [22] Ahrens, E. H. jr., and L. C. Craig: J. biol. Ch. **195**, 763 (1952). — [23] Bergström, S., A. Dahlqvist and U. Ljungqvist: K. fysiogr. Sällsk. Lund Förh. **23**/12, 1 (1953). — [24] Colp, R., and H. Doubilet: Arch. Surg. **33**, 913 (1936). — [25] Jenke, M.: A. e. P. P. **130**, 280 (1928). — [26] Schönheimer, R., E. Andrews u. L. Hrdina: H. **208**, 182 (1932).

Pankreasproteinase und der pankreatischen Carboxypolypeptidase[1], sowie Leberextrakte[1,2] (und zwar auch solche, die Hippuricase enthielten[3]) erwiesen sich als unwirksam. Nierenextrakte setzten Cholsäure aus Glykocholsäure, in geringerem Ausmaß auch aus Taurocholsäure frei[1]. Andererseits ist mit der Möglichkeit zu rechnen, daß ein Teil der gebundenen Gallensäuren durch die Darmbakterien freigesetzt wird. Aus dem Darm von Mensch und Hund und aus menschlichen Faeces konnten Bakterien dargestellt werden, die gebundene Gallensäuren aufspalten und die Spaltprodukte als C- und N-Quelle benützen können[3]. Die nach Verabreichung von Cholesterin-4-^{14}C an Ratten mit der Galle ausgeschiedene ^{14}C-haltige Taurocholsäure und Taurochenodesoxycholsäure wurden bei der Passage durch den Darm gespalten[4]. Wurde ^{14}C-markierte Cholsäure Ratten, deren Darmflora durch Antibiotica unterdrückt worden war, intraperitoneal injiziert, so erschien sie vor allem in gebundener Form (75—94% Taurocholsäure, 2—10% Glykocholsäure) in den Faeces der Tiere, während sie bei Tieren mit normaler Darmflora in freier Form in den Faeces enthalten war[5]. Die Spaltung der konjugierten Gallensäuren scheint vor allem im Dickdarm zu erfolgen, im Dünndarminhalt konnten freie Gallensäuren nicht aufgefunden werden[6].

b) Beeinflussung der Gallensäurebildung. Die Gallensäureproduktion der Leber sinkt im Hunger stark ab. Mit Fischfleisch (Lachsbrot) gefütterte Gallenfistelhunde schieden etwa 100 mg Gallensäuren je Tag und kg Körpergewicht aus[7], im Hunger sank die Gallensäureausscheidung der Tiere auf 30—40 mg/Tag/kg[7]. Gering war die Gallensäureausscheidung auch, wenn die Hunde mit Zucker[7] oder Kartoffelstärke[8] gefüttert wurden. Intravenöse Injektion von Fettemulsionen blieb ohne Wirkung auf die Gallensäurebildung[8]. Zufuhr von Fleisch steigert die Gallensäureproduktion[7,9,10]. Verfütterung von Leber oder Niere hatte eine besonders starke Wirkung[11]. Verfütterung von Gelatine förderte die Gallensäurebildung erst dann, wenn gleichzeitig auch Tryptophan gegeben wurde[11].

Es scheint, daß die Zufuhr aller essentiellen Aminosäuren für die Bildung der Gallensäuren erforderlich ist. Tryptophan und Prolin vermehrten die Gallensäurenausscheidung bei proteinhaltiger Kost, blieben aber bei reiner Kohlenhydratkost ohne Wirkung[12]. Zufütterung eines Gemisches von 10 essentiellen Aminosäuren und von Glycin hatte dagegen eine starke Vermehrung der Gallensäurenproduktion zur Folge[13]. Die ketogenen Aminosäuren förderten insbesondere bei gleichzeitiger Zufuhr von Methionin, Threonin und Valin die Gallensäurenbildung[13]. Zusätzliche Verabreichung von Methionin vermehrte vor allem die Ausscheidung tauringebundener Gallensäuren[14]. Vitamin B_{12} steigerte die Gallensäurenproduktion nur in den ersten 24 Std[13]. Auch bei cholesterinreicher Ernährung wurde eine Vermehrung der Gallensäurenproduktion beobachtet[15,16].

---

[1] Grassmann, W., u. K. P. Basu: H. **198**, 247 (1931). — [2] Corda, D.: Arch. Farmacol. sperim. **41**, 240 (1926) [Ber. Physiol. **39**, 871]. — [3] Frankel, M.: Biochem. J. **30**, 2111 (1936). — [4] Bergström, S., and A. Norman: Proc. Soc. exp. Biol. Med. **83**, 71 (1953). — [5] Norman, A.: Acta physiol. scand. **33**, 99 (1955). — [6] Sjövall, J.: [Lindstedt, S., and A. Norman: Acta physiol. scand. **34**, 1 (1955)]. — [7] Smith, H. P., A. H. Groth and G. H. Whipple: J. biol. Ch. **80**, 659 (1928). — Vgl. a. Magee, D. F., K. S. Kim, V. C. Pessoa and A. C. Ivy: Amer. J. Physiol. **169**, 309 (1952). — [8] Virtue, R. W., and M. E. Doster-Virtue: J. biol. Ch. **133**, 573 (1940). — [9] Smith, H. P., and G. H. Whipple: J. biol. Ch. **80**, 671 (1928). — [10] Smith, H. P., and G. H. Whipple: J. biol. Ch. **89**, 689, 739 (1930). — [11] Whipple, G. H., and H. P. Smith: J. biol. Ch. **80**, 685 (1928). — [12] Whipple, G. H., and H. P. Smith: J. biol. Ch. **89**, 705 (1930). — [13] Magee, D. F., K. S. Kim and A. C. Ivy: Amer. J. Physiol. **169**, 317 (1952). — [14] Hawkins, W. B., P. C. Hanson, R. W. Coon and R. Terry: J. exp. Med. **90**, 461 (1949). — [15] Foster, M. G., C. W. Hooper and G. H. Whipple: J. biol. Ch. **38**, 393 (1919). — [16] Enderlen, E., S. J. Thannhauser u. M. Jenke: Kli. Wo. **1926 II**, 2340.

Im Gegensatz zur Gallenmenge zeigte die Produktion der Gallensäuren keinen Tag-Nachtrhythmus[1,2]. Thyroxin und Thyreoideaextrakt blieben in Dosen, die die N-Ausscheidung im Harn erheblich vermehrten, ohne Einfluß auf die Gallensäurenproduktion[3].

Choleretisch wirkende Stoffe steigern nicht nur die Gallenmenge, sondern meist auch die Menge der ausgeschiedenen Gallensäuren, doch gehen diese beiden Wirkungen nicht parallel. Nach Verabreichung von Galle steigt die Gallensäurenausscheidung mehr als die Gallenmenge, und die Konzentration der Galle wird erhöht. Die Hydrocholeretica haben dagegen auf die Gallensäurenproduktion relativ geringen Einfluß, es wird eine vermehrte Menge einer stark verdünnten Galle ausgeschieden (vgl. S. 532).

c) Gallensäurenproduktion in der geschädigten Leber. Wie oben erwähnt, setzt sich die Biosynthese der Gallensäuren aus zwei getrennten Vorgängen zusammen: Zunächst wird Cholesterin aus kleinen Molekülen gebildet und das so gebildete Cholesterin durch eine gesonderte Reaktionsserie zu Gallensäuren abgebaut. Während die Cholesterinbildung in weitem Ausmaß auch extrahepatisch erfolgt, ist der Abbau des Cholesterins zu Gallensäuren an die Funktion der Leber gebunden (vgl. S. 208). Leberlose Hunde[4], entleberte Vögel[5] und entleberte Frösche[6] bilden keine Gallensäuren. Verminderung der Leberdurchblutung hat eine Verminderung der Gallenproduktion zur Folge. Hunde mit Eckscher Fistel schieden verminderte Mengen von Gallensäuren aus[7] und steigerten die Gallensäurenausscheidung auch nicht bei Zufuhr von choleretisch wirkenden Stoffen[8]. Leberschädigende Stoffe vermindern auch die Gallensäurenproduktion der Leberzellen. Chloroform und Tetrachlorkohlenstoff vermindern die Gallensäurenbildung besonders stark. Chloroform, per os oder durch Einatmen in Mengen verabreicht, die keine histologischen Veränderungen im Lebergewebe verursachten, setzte die Gallensäurenausscheidung herab[9]. Größere Dosen von $CHCl_3$ verursachten bei Gallenfistelhunden ein fast völliges Versiegen der Gallensäurensekretion[4]. Vergiftung mit CCl_4 verminderte insbesondere die Menge der Cholsäure, also die am stärksten oxydierte Fraktion der Gallensäuren[10]. Im Gegensatz zu $CHCl_3$ und CCl_4 verminderte Phosphor die Gallensäurenproduktion der Leber erst in relativ hohen subletalen Dosen[9]. Gallenfistelhunde, bei denen (infolge aszendierender Gallengangsinfektion) Leberfunktionsstörungen entstanden waren, schieden verminderte Mengen von Gallensäuren aus. Die Verminderung der Gallensäurenausscheidung und die gesteigerte Retention von Bromsulphalein gingen bei diesen Tieren einander parallel[11].

d) Die Gallensäuren bei Ikterus. Ist der Gallenabfluß unterbrochen, so gelangen die Gallensäuren in die Leberlymphe und ins Blut. Die Konzentration der Gallensäuren im Blut, die normalerweise nur sehr gering ist (vgl. Bd. 2/1, S. 339), steigt daher bei allen nicht hämolytischen Ikterusformen stark an[12]. In analoger Weise war auch bei Hunden nach Abbindung des Gallengangs der Gallensäuren-

---

[1] Smith, H. P., A. H. Groth and G. H. Whipple: J. biol. Ch. **80**, 659 (1928). — [2] Josephson, B., and H. Larsson: Skand. Arch. Physiol. **69**, 227 (1934). — [3] Smyth, F. S., and G. H. Whipple: J. biol. Ch. **59**, 637 (1924). — [4] Bollman, J. L., and F. C. Mann: Amer. J. Physiol. **116**, 214 (1936). — [5] Minkowski, O., u. B. Naunyn: A. e. P. P. **21**, 1 (1886). — [6] Carracido, A.: 14. Int. Congr. Med. Madrid. 1904. — [7] Foster, M. G., C. W. Hooper and G. H. Whipple: J. biol. Ch. **38**, 393 (1919). — [8] Whipple, G. H., and H. P. Smith: J. biol. Ch. **89**, 727 (1930). — [9] Smyth, F. S., and G. H. Whipple: J. biol. Ch. **59**, 623 (1924). — [10] Lichtman, S. S.: Amer. J. Physiol. **124**, 94 (1938). — [11] Magee, D. F., K. S. Kim, V. C. Pessoa and A. C. Ivy: Amer. J. Physiol. **169**, 309 (1952). — [12] Minibeck, H.: B. Z. **297**, 29 (1938). — Sherlock, S. P. V., and V. Walshe: Clin. Sci. **6**, 223 (1948) [Chem. Abstr. **44**, 210g].

gehalt der Lymphe im Ductus thoracicus vermehrt, und der Gallensäurengehalt des Blutes erreichte etwa 20 mg-%[1]. Der Anstieg des Cholatgehalts im Blut hat eine Vermehrung des Plasmacholesterins zur Folge (vgl. S. 206)[2].

Besonders hohe Werte erreicht die Hypercholatämie oft in Fällen von unkompliziertem Stauungsikterus, bei denen das Leberparenchym nur wenig geschädigt und die Gallensäurenproduktion noch annähernd intakt ist. Meist sind Störungen der Gallenausscheidung jedoch von einer Schädigung des Leberparenchyms und von einer Verminderung der Gallensäurenproduktion begleitet. Während die bei völliger Acholie im 24 Std-Harn erscheinende Bilirubinmenge annähernd der Bilirubinmenge entspricht, die normalerweise mit der Galle ausgeschieden worden wäre, scheidet der Ikteruskranke im Harn weit weniger Gallensäuren aus, als er normalerweise in die Galle sezerniert hätte. Während normal ernährte Gallenfistelhunde etwa 100 mg Gallensäuren täglich je kg Körpergewicht in die Fistelgalle sezernierten (s. o.), schieden Kontrolltiere, bei denen der Ductus choledochus unterbunden war, nur etwa 40 mg/kg täglich mit dem Harn aus[3].

Aus dem Blut treten die Gallensäuren in die Gewebsflüssigkeit über. Verschiedene oft beobachtete Begleiterscheinungen des Ikterus (Bradykardie, Blutdrucksenkung, neuromuskuläre Symptome usw.) werden auf die Wirkung der Gallensäuren zurückgeführt. Einzelne Fermente (z. B. die Hyaluronidase[4]) werden in Anwesenheit größerer Mengen von Cholaten gehemmt. Die Gallensäuren werden von Proteinen adsorbiert, die Anwesenheit von Serumproteinen verringert die hämolytische Wirkung der Gallensäuren in vitro[5].

Intravenös injizierte Cholate verschwinden beim normalen Tier[6] und beim lebergesunden Menschen weit rascher aus dem Blut, als es ihrer Ausscheidungsgeschwindigkeit durch die Galle entspräche, nur bei sehr langsamer Infusion geht die Gallensäurenausscheidung mit dem Verschwinden der Gallensäuren aus dem Blut parallel[7]. Dies beruht auf dem Abwandern der Cholate in die Gewebe. Bei Ikterus ist das Abwandern injizierter Cholate aus dem Blut in die Gewebe verlangsamt, da die Gewebe mit Cholaten bereits weitgehend gesättigt sind.

Bei bestehendem Ikterus werden die in der Leber gebildeten Gallensäuren von der Niere ausgeschieden, der Grad der Hypercholatämie ist also auch vom Funktionszustand der Niere abhängig. Wurde bei Ratten nach operativem Gallengangsverschluß zusätzlich auch eine Nephrektomie vorgenommen, so erreichte der Gallensäurengehalt des Blutes einen 5fach höheren Wert als bei funktionierenden Nieren[8].

ε) Die Ausscheidung exogener Stoffe mit der Galle.

Viele exogene organische Substanzen werden in mehr oder weniger großem Umfang mit der Galle ausgeschieden. Bei Versuchstieren mit Gallenfistel kann die Ausscheidung dieser Stoffe in der Galle leicht verfolgt werden. Beim

---

[1] Reiners, C. R. jr.: Proc. Soc. exp. Biol. Med. **76**, 757 (1951). — [2] Friedman, M., and S. O. Byers: Proc. Soc. exp. Biol. Med. **78**, 528 (1951). Amer. J. Physiol. **168**, 292 (1952). — Friedman, M., S. O. Byers and R. H. Rosenmann: Science, N. Y. **115**, 313 (1952). — [3] Bollman, J. L., and F. C. Mann: Amer. J. Physiol. **116**, 214 (1936). — [4] Wattenberg, L. W., and D. Glick: J. biol. Ch. **179**, 1213 (1949). — [5] Brentano, C.: Z. ges. exp. Med. **57**, 234 (1927). — [6] Kühne, W.: Virchows Arch. **14**, 310 (1858). — Huppert, H.: Arch. Heilkde **5**, 236 (1864). — Greene, C. H., and A. M. Snell: J. biol. Ch. **78**, 691 (1928). — Schmidt, L. H.: Amer. J. Physiol. **120**, 75 (1937). — [7] Chabrol, E., J. Cottet et J. Sallet: Paris méd. **26**, 428 (1936). — [8] Friedman, M., S. O. Byers and F. Michaelis: Amer. J. Physiol. **164**, 786 (1951).

Menschen kann man die Ausscheidung eines parenteral verabreichten Stoffes in der Galle mit Hilfe der Duodenalsondierung nachweisen. An dieser Stelle können nur einige Beispiele genannt werden, die für die Diagnose und Therapie der Leber- und Gallenerkrankungen von besonderer Bedeutung sind.

1. Die Ausscheidung von Sulfonamiden und antibiotisch wirkenden Stoffen.

Sulfonamide erscheinen sowohl bei oraler als auch bei parenteraler Darreichung in hohem Prozentsatz in der Galle, ein Anteil wird vorher meist zu Sulfanilamid aufgespalten. Meist finden sich die Sulfonamide und ihre Spaltprodukte in acetylierter Form in der Galle vor. Die Menge des mit der Galle ausgeschiedenen Anteils variiert je nach der Dosis[1] und der Konstitution des Sulfonamids[2].

Choleretisch wirkende Stoffe fördern in der Regel die Ausscheidung der Sulfonamide mit der Galle. So schieden z. B. Katzen verabreichtes Sulfapyridin in besonders hoher Konzentration in der Galle aus, wenn ihnen gleichzeitig Sekretin injiziert wurde. Das in der Galle ausgeschiedene Sulfapyridin war acetyliert.[3] Der Pankreassaft enthielt dagegen nur geringe Mengen der Substanz, und zwar in freier Form. Hunde, deren Leber durch CCl_4 geschädigt worden war, schieden weniger Sulfonamid mit der Galle aus als normale Hunde[1]. Die Sulfonamide passieren die Gallenblasenwand nicht[4]; bei Hunden mit verschlossenem Gallengang wurden verabreichtes Sulfanilamid, Sulfathiazol und Sulfadiazin trotz hoher Konzentration in Blut und Galle, niemals in der Gallenblase gefunden[5].

Die Ausscheidung antibiotisch wirkender Substanzen durch die Galle ist mit Rücksicht auf die Behandlung von Infektionen der Gallenwege viel untersucht worden. Injiziertes Aureomycin wird zum Teil von der Leber in die Galle ausgeschieden[6,7]. Die Gallenblasenwand scheidet dagegen Aureomycin nicht aus; es findet sich im Gallenblaseninhalt daher nur dann, wenn der Ductus cysticus nicht verschlossen ist[8]. Auch Terramycin[7,9] und Streptomycin[10] werden zum Teil mit der Galle ausgeschieden. Bei Hunden erreichte das Dihydrostreptomycin in der Galle eine höhere Konzentration als im Blut[11]. Chloromycetin wird zum größten Teil in inaktivierter Form mit der Galle ausgeschieden, zerkleinerte Leber inaktiviert Chloromycetin auch in vitro[12]. Doch erscheint ein Teil des

[1] Schulz, W., u. H. Voth: Z. ges. exp. Med. **118**, 169 (1952). — [2] Hubbard, R. S., and W. L. Butsch: Proc. Soc. exp. Biol. Med. **46**, 484 (1941). — Shay, H., S. A. Komarov, H. Siplet and S. S. Fels: Amer. J. med. Sci. **207**, 550 (1944). — [3] Taylor, A., and G. Ågren: Acta physiol. scand. **1**, 79 (1940). — [4] Peterson, O. L., E. Deutsch and M. Finland: Arch. internal Med., Chicago **72**, 594 (1943). — Zaslow, J., and V. S. Counseller: Amer. J. med. Sci. **214**, 68 (1947). — [5] Lynn, D., G. S. Bergh and W. W. Spink: Surgery **13**, 447 (1943). — [6] Zaslow, J., T. H. Hewlett and R. Goldsmith: Gastroenterol., Baltimore **16**, 479 (1950). — Santi, R., e M. Serembe: Boll. Soc. ital. Biol. sperim. **26**, 502 (1950). Arch. int. Pharmacodyn. Thérap. **82**, 48 (1950). — Brainerd, H. D., H. B. Bruyn, G. Meiklejohn and L. O'Gara: Antibiotics & Chemotherap. **1**, 447 (1951). — [7] Herrell, W. E., and F. R. Heilman: Proc. Staff Meet. Mayo Clinic **24**,–157 (1949). — [8] Zaslow, J., T. H. Hewlett and R. W. Lorry: Gastroenterol., Baltimore **16**, 475 (1950). — Zaslow, J., T. H. Hewlett and R. Goldsmith: Gastroenterol., Baltimore **16**, 479 (1950). — [9] Herrell, W. E., F. R. Heilman, W. E. Wellman and L. G. Bartholomew: Proc. Staff Meet. Mayo Clinic **25**, 183 (1950). — Serembe, M.: Boll. Soc. ital. Biol. sperim. **27**, 1330 (1951). — [10] Leonardi, G., U. Carcassi e G. Marras: Boll. Soc. ital. Biol. sperim. **24**, 629 (1948). — Santi, R., e M. Serembe: Boll. Soc. ital. Biol. sperim. **25**, 1225 (1949). — [11] Serembe, M., e R. Santi: Atti Ist. veneto, Cl. Sci. mat. nat. **109**, 155 (1951) [Chem. Abstr. **46**, 8769^c]. — [12] Glazko, A. J., L. M. Wolf, W. A. Dill and A. C. Bratton jr.: J. Pharmacol. exp. Therap. **96**, 445 (1949).

Chloromycetins in aktiver Form in der Galle, und das Antibioticum kann daher bei Infektionen der Gallenwege therapeutisch verwendet werden[1]. Penicillin wurde beim Menschen in relativ großer Menge in der (vorwiegend aus Blasengalle bestehenden) B-Fraktion des Duodenalinhalts gefunden[2]. Hunde inaktivierten Penicillin zum Teil in der Leber, ein Teil ging in die Galle über[3]. Meerschweinchen schieden 32% der verabreichten Dosis mit der Galle aus, Kaninchen[4] nur 1%. Einzelne Penicillinester (z. B. der Cholinester) werden in besonders großem Ausmaß in der Galle ausgeschieden[5]. Große Mengen von Penicillin werden in der Leber zerstört, Leberbreie (nicht aber Breie aus anderen Organen) inaktivierten Penicillin auch in vitro[4]. Die Inaktivierung des Penicillins wurde bei Hunden durch Nephrektomie nicht verhindert, die Inaktivierung hört jedoch auf, sobald auch die Leber exstirpiert wird[6].

2. Die Ausscheidung exogener Farbstoffe als Leberfunktionsprobe.

Die Ausscheidung exogener Farbstoffe in der Galle wird bei Lebererkrankungen in einem Ausmaß vermindert, der von dem Grade der Leberstörung abhängig ist, und die Messung der Geschwindigkeit, mit der diese Ausscheidung erfolgt, hat sich als eine der wertvollsten Methoden der Leberfunktionsprüfung erwiesen. Hierbei wird entweder die Menge des verabreichten Farbstoffs im ausgeheberten Duodenalinhalt gemessen oder aber die Schnelligkeit, mit der ein solcher mit der Galle ausgeschiedener Farbstoff aus dem Blut verschwindet. Manche dieser Farbstoffe erscheinen, wenn sie von der Leber nicht ausgeschieden werden können, im Harn. Man kann daher den Grad der Leberfunktionsstörung an der Ausscheidung dieser Stoffe im Harn messen; je mehr Farbstoff im Harn erscheint, desto weniger ist mit der Galle ausgeschieden worden und desto insuffizienter ist die Leber. Ein in der Diagnostik der Lebererkrankungen besonders viel gebrauchter Farbstoff ist das *Bromsulphalein* (Sulfobromphenolphthalein). Daneben wird gelegentlich das *Dijodtetrachlorfluorescein* (sog. Rose Bengale) und das *Azorubin S* zur Testung der Leberfunktion verwendet.

α) Der Bromsulphaleintest[7]. Es werden 2 mg oder 5 mg des Farbstoffs je kg Körpergewicht intravenös injiziert und die Konzentration der Substanz im Blut in verschiedenen Zeitabständen bestimmt. Meist wird zu diesem Zweck je eine Blutprobe 5 und 30 min (oder 45 min) nach der Injektion entnommen und die im Serum nach Zusatz von NaOH auftretende Violettfärbung mit einer 10 mg-% Bromsulphalein enthaltenden alkalischen Standardlösung des Farbstoffs verglichen. Beim Lebergesunden ist der Farbstoff 30 min nach der Injektion von 2 mg/kg Bromsulphalein aus dem Blut verschwunden. Hat man eine Dosis von 5 mg/kg injiziert, so dauert das Verschwinden des Farbstoffs etwa 45 min[8]. Bei Störungen in der Funktion der Leber oder des gallenableitenden Apparats bleiben mehr oder weniger große Farbstoffmengen im Blut zurück. Der Bromsulphaleintest ist oft schon positiv, ehe ein Ikterus nachweisbar wird, in schweren Fällen geht er den anderen Testmethoden der Leberfunktion (Hippursäuretest, Prothrombintest usw.) meist parallel[9]. Gleichzeitige Belastung mit Galaktose[10,11]

[1] Krüger, R.: Dtsch. Gesundh.-Wes. **9**, 1482 (1954). — [2] Gandzha, I. M.: Sovet. Med. **13**, 10 (1949) [Chem. Abstr. **44**, 2119[g]]. — [3] Brodersen, R., and W. H. Anderson: Proc. Soc. exp. Biol. Med. **71**, 639 (1949). — [4] Irrgang, K., u. U. Dörnbrack: Z. ges. inn. Med. **3**, 455 (1948). — [5] Kipping, H.: A. e. P. P. **221**, 350 (1954). Die Medizinische **1955**, 850. — [6] Anderson, W. H., and R. Brodersen: J. clin. Invest. **28**, 821 (1949). — [7] Rosenthal, S. M., and E. C. White: J. amer. med. Ass. **84**, 1112 (1925). — [8] Mateer, J. G., J. I. Baltz, D. F. Marion and M. J. McMillan: J. amer. med. Ass. **121**, 723 (1943). — [9] Delor, C. J., and H. L. Reinhart: Amer. J. clin. Path. **10**, 617 (1940). — [10] Zieve, L., E. Hill and S. Nesbitt: J. Lab. clin. Med. **36**, 705 (1950). — [11] Cohen, E. S., T. L. Althausen, K. Uyeyama and H. Treager: Gastroenterol., Baltimore **17**, 572 (1951). [Chem. Abstr. **46**, 6685[g]].

oder Benzoat[1] (Hippursäuretest) hatte keinen Einfluß auf die Geschwindigkeit, mit der Bromsulphalein von der Leber ausgeschieden wurde.

Der Übergang des Farbstoffs in die Galle erfolgt sehr rasch, beim Kaninchen war der Farbstoff bereits 4 min[2], beim Menschen 5—15 min[3-5] nach der Injektion in der Galle nachweisbar. Der Übergang des Bromsulphaleins aus dem Blut in die Galle konnte auch in vitro in Durchströmungsversuchen mit Rattenleber demonstriert werden[6]. An der Ausscheidung des Bromsulphaleins scheinen sowohl die Zellen des Reticuloendothels als auch die Leberparenchymzellen beteiligt zu sein; das Reticuloendothel nimmt den Farbstoff aus dem Blute auf[7,8], die polygonalen Zellen vermitteln seinen Übergang in die Galle[9-11]. Blockierung des Reticuloendothels durch Tusche[12], nicht aber mit kolloidalem Quarz[13] verzögert die Ausscheidung des Farbstoffs. Möglicherweise kommt die Wirkung der Tuscheblockade auf die Ausscheidung des Bromsulphaleins auch dadurch zustande, daß die mit Tusche vollgepropften Sternzellen die Sinusoide verstopfen[11]. Daß der Farbstoff die Zellen des Leberparenchyms passiert, konnte in Versuchen mit Bromsulphalein gezeigt werden, das radioaktives ^{35}S enthielt; wurden Schnitte von Rattenleber mit dem ^{35}S-Bromsulphalein bebrütet, so konnte das ^{35}S in den Parenchymzellen nachgewiesen werden[14]. Bei Kaninchen variierte die Ausscheidung des Farbstoffs mit dem Grade der Leberdurchblutung[15]. Hunde, deren Leber mit CCl_4 geschädigt worden war, schieden den Farbstoff verlangsamt aus[16]. Gallenfistelhunde, denen durch längere Zeit kleine Mengen von CCl_4 zugeführt worden waren, schieden zwar normale Gallenmengen aus, die Ausscheidung des Bromsulphaleins war jedoch verzögert[17]. Der Bromsulphaleintest ist also ein besonders empfindlicher Indikator für geringgradige, mit anderen Methoden noch nicht nachweisbaren Funktionsstörungen der Leber.

Es scheint, daß das Bromsulphalein einen enterohepatischen Kreislauf durchmacht[18,19]. Während der Farbstoff nach intravenöser Injektion zu 80—100% in die Galle ausgeschieden wird[20], waren im Stuhl nur 40—60% nachweisbar; ein Teil des Farbstoffs wird durch die Darmbakterien zerstört[20]. Intraduodenal eingebrachtes Bromsulphalein erschien in hoher Konzentration im Blut, und in geeigneten Fällen konnte das Verschwinden des Farbstoffs aus dem Blut durch Absaugen des Duodenalinhalts beschleunigt werden[18]. Andererseits war das Bromsulphalein nach Einführung großer Dosen des Farbstoffs in den Magen nicht im Blut nachweisbar[21]. Im normalen Blutserum ist der Farbstoff zum Teil frei

[1] ZIEVE, L., E. HILL and S. NESBITT: J. Lab. clin. Med. **36**, 705 (1050). — [2] BULMER, E.: Quart. J. Med. **20**,101 (1927). — [3] LORBER, S. H., and H. SHAY: Gastroenterol., Baltimore **20**, 262 (1952). — [4] WIRTS, C. W.: Rev. Gastroenterol. N. Y. **16**, 125 (1949). — [5] CAROLI, J., et Y. TANASOLĞU: Sem. des Hôp. **1953**, 591. — [6] BRAUER, R. W., R. L. PESSOTTI and P. PIZZOLATO: Proc. Soc. exp. Biol. Med. **78**, 174 (1951). — [7] KLEIN, R. I., and S. A. LEVINSON: Proc. Soc. exp. Biol. Med. **31**, 179 (1933). — [8] MILLS, M. A., and C. A. DRAGSTEDT: Proc. Soc. exp. Biol. Med. **34**, 228 (1936). — [9] CANTAROW, A., and C. W. WIRTS jr.: Proc. Soc. exp. Biol. Med. **47**, 252 (1941). — WIRTS, C. W. jr., and A. CANTAROW: Amer. J. digest. Dis. **9**, 101 (1942). — [10] CANTAROW, A., C. W. WIRTS jr., W. J. SNAPE and L. L. MILLER: Amer. J. Physiol. **154**, 211 (1948). — [11] MENDELOFF, A. I., P. CRAMER, F. J. INGELFINGER and S. E. BRADLEY: Gastroenterol., Batlimore **13**, 222 (1949). — [12] MENDELOFF, A. I.: Proc. Soc. exp. Biol. Med. **70**, 556 (1949). — [13] ROSENTHAL, S. M., and R. D. LILLIE: Amer. J. Physiol. **97**, 131 (1931). — [14] KREBS, J., and R. W. BRAUER: Fed. Proc. **8**, 310 (1949). — [15] LEWIS, A. E.: Amer. J. Physiol. **163**, 54 (1950). — [16] BRAUER, R. W., R. L. PESSOTTI and N. J. NICOSIAS: Amer. J. Physiol. **162**, 565 (1950). — [17] WIRTS, C. W., A. CANTAROW, W. J. SNAPE and B. DELSERONE: Amer. J. Physiol. **165**, 680 (1951). — [18] LORBER, S. H., and H. SHAY: Gastroenterol., Baltimore **20**, 262 (1952). — [19] LORBER, S. H., H. SHAY and H. SIPLET: Fed. Proc. **10**, 86 (1951). — [20] GIGES, B., W. C. MORSE, W. S. SHARON and J. WYNN: Gastroenterol., Baltimore **24**, 23 (1953). — [21] OWEN, C. A. jr.: J. Lab. clin. Med. **38**, 583 (1951).

(9,2% bei 0,1% Bromsulphaleinkonzentration), zum Teil an die Albumine (87,5%) und an α_1-Globuline (3,3%) gebunden. Abnahme des Albumingehalts (nephrotisches Syndrom, Lebercirrhose u. a.) vermehrt den freien Anteil[1]. Bei Hunden wurden 25—30% des injizierten Bromsulphaleins durch extrahepatische Organe aus dem Blut entfernt[2] (nach anderen Untersuchungen 11—23%[3]).

β) Rose Bengale (Dijod- bzw. Tetrajodtetrachlorfluorescein)[4]. 1 sowie 8 und 16 min nach intravenöser Injektion von 10 cm³ einer 1%-Lösung des Farbstoffes werden Blutproben entnommen und die Konzentration des Farbstoffs im Serum gemessen. Nimmt man die Konzentration des Farbstoffs in der ersten Probe als 100% an, so beträgt die Konzentration in der zweiten und dritten Blutprobe beim Gesunden weniger als 55% bzw. 35%. Bei Leberinsuffizienz ist die Abnahme des Farbstoffs im Blut verlangsamt. Die Ausscheidung des Farbstoffs scheint eine Funktion der polygonalen Zellen des Leberparenchyms zu sein, denn nach Injektion konnte der Farbstoff durch Fluorescenzmikroskopie in den polygonalen Zellen der Leber von Kaninchen und Mensch nachgewiesen werden, nicht aber in den KUPFFERschen Sternzellen[5]. Der Test scheint weniger empfindlich zu sein als der Bromsulphaleintest[6].

γ) Der Test mit Phenoltetrachlorphthalein war eine der ersten Methoden dieser Art[7], er wird heute aber nur mehr wenig verwendet. Nach Verabreichung des Farbstoffs wurde früher meist die im Stuhl enthaltene Menge bestimmt[7], in späteren Modifikationen der Methode wird das Verschwinden des Farbstoffs aus dem Blut in ähnlicher Weise wie bei den anderen Farbstofftesten gemessen[8,9].

δ) Azorubin S. Nach Einführung einer Duodenalsonde werden 4 cm³ einer 1%igen Lösung des roten Farbstoffs Azorubin intravenös injiziert. 5 min später werden 40 cm³ einer 25% $MgSO_4$-Lösung durch die Sonde ins Duodenum eingespritzt und dadurch die Entleerung der Gallenblase provoziert. 5 min nach der Einspritzung beginnt bei normaler Leber die Ausscheidung des roten Farbstoffs in der Galle. Bei Leberparenchymschäden ist die Ausscheidung mehr oder weniger verzögert[10]. Die Testung der Leberfunktion kann auch so erfolgen, daß man nach intravenöser Injektion von 8 cm³ einer 1%igen Lösung des Farbstoffs die Geschwindigkeit mißt, mit der die Farbstoffkonzentration im Blut abnimmt. Auch bei diesem Farbstoff erfolgt die Abnahme der Farbstoffkonzentration in Form einer logarithmischen Kurve, beim Gesunden sinkt die Konzentration des Farbstoffs im Blut innerhalb von 20 min etwa auf die Hälfte. Bei Funktionsstörungen der Leber ist diese Halbwertszeit verlängert[11].

ε) Ausscheidung röntgenopaker organischer Substanzen in der Galle. Die Tatsache, daß einzelne aromatische Verbindungen von hohem Jodgehalt mit der Galle ausgeschieden[12] und in der Gallenblase stark konzentriert werden[13], kann dazu verwendet werden, die Gallenblase röntgenologisch sicht-

---

[1] PEZOLD, F. A.: Z. ges. exp. Med. **121**, 600 (1953). — [2] COHN, C., R. LEVINE and D. STREICHER: Amer. J. Physiol. **150**, 299 (1947). — [3] BRAUER, R. W., R. L. PESSOTTI and N. J. NICOSIAS: Amer. J. Physiol. **162**, 565 (1950). — [4] SNAPPER, I., and S. C. M. SPOOR: Arch. Verd.-Krankh. **43**, 426 (1928). — ALTHAUSEN, T. L., G. R. BISKIND and W. J. KERR: J. Lab. clin. Med. **18**, 954 (1933). — [5] MENDELOFF, A. I.: Proc. Soc. exp. Biol. Med. **70**, 556 (1949). — [6] MONROE, L., and J. HOPPER jr.: J. Lab. clin. Med. **34**, 246 (1949). — [7] ROWNTREE, L. G., S. H. HURWITZ and A. L. BLOOMFIELD: Bull. Johns Hopkins Hosp. **24**, 327 (1913). — [8] ROSENTHAL, S. M.: J. Pharmacol. exp. Therap. **19**, 385 (1922). — [9] ROSENTHAL, S. M.: J. amer. med. Ass. **83**, 1049 (1924). — [10] ROSENBERG, D. H., and S. SOSKIN: Amer. J. digest. Dis. 8, 421 (1941). — [11] HAND, G.: Kli. Wo. **1952**, 472. — [12] GRAHAM, E. A., and W. H. COLE: J. amer. med. Ass. **82**, 613 (1924). — GRAHAM, E. A., W. H. COLE and G. H. COPHER: J. amer. med. Ass. **82**, 1777 (1924). — GRAHAM, E. A., W. H. COLE, G. H. COPHER and S. KODAMA: Ann. Surg. **84**, 343 (1926). — [13] HOESCH, K. D.: Dtsch. Arch. klin. Med. **154**, 313 (1927). — WHITAKER, L. R.: J. amer. med. Ass. **86**, 239 (1926).

bar zu machen und ihre Entleerung (z. B. nach Einführung von $MgSO_4$ oder anderer Cholagoga ins Duodenum) zu kontrollieren (Cholecystographie). Zu diesem Zweck werden meist aromatische Verbindungen von hohem Jodgehalt, wie Tetrajodphenolphthalein, jodierte Phenylpropionsäuren [α-Phenyl-β-(4-oxy-2,5-dijodphenyl)-propionsäure, 51% Jod[1] enthaltend, oder α-Äthyl-β-(3-amino-2,4,6-trijodphenyl)-propionsäure, mit 67% Jod[2]] oder jodierte Aminophenole [(Dinatrium-N-adipin)-di-(3-amino- 2,4,6-trijodphenylcarbonat)][3], verwendet.

ζ) Gallensteine.

1. Zusammensetzung[4].

Beim Menschen unterscheidet man nach Farbe, Form und Zusammensetzung meist 3 Formen von Gallensteinen: a) Cholesterinsteine, b) Cholesterin-Pigment-Kalksteine und c) Pigment-Kalksteine. Sehr häufig sind Kombinationsformen, in denen Rinde und Kern eine verschiedene Zusammensetzung zeigen.

2. Cholesterinsteine (sog. „reine Cholesterinsteine“)

sind große, gelbweiße, eiförmige, in der Einzahl vorhandene Steine mit meist glatter Oberfläche; sie kommen in Gallenblasen vor, die keine entzündlichen Veränderungen aufweisen, und zeigen eine krystallinisch-radiär gebaute Schnittfläche; das Röntgendiagramm besteht aus scharfen Interferenzlinien, die dieselbe Lage und Intensitätsabstufung besitzen wie bei Krystallen von reinem Cholesterin[5]. Sie enthalten meist mehr als 99% Cholesterin, kein Bilirubin und nur Spuren von Ca. Cholesterinester sind nicht vorhanden. Die Steine haben ein geringes spezifisches Gewicht und schwimmen auf Wasser. Sie sind durchlässig für Röntgenstrahlen; große Steine dieser Art können nach Verabreichung choleotroper Kontrastmittel an der Aufhellung im Röntgenbild erkannt werden.

3. Cholesterin-Pigment-Kalksteine

bestehen aus krystallinem Cholesterin und amorphem Ca-Bilirubinat bzw. Ca-Biliverdinat; Calciumcarbonat und Calciumphosphat sind in kleinerer Menge vorhanden. Die Steine sind meist erbsen- bis bohnengroß, mehr oder weniger dunkelgefärbt. Oft enthält eine Gallenblase eine große Zahl derartiger Steine; die Steine haben facettierte Oberflächen, mit denen sie in der Gallenblase aufeinander liegen. Tetraedrische und Würfelformen sind häufig. Im Querschnitt ist oft eine konzentrische, alternierend aus Cholesterin und Ca-Bilirubinat bestehende Schichtung erkennbar, Kern und oberflächliche Schichten haben oft eine sehr verschiedene Zusammensetzung. Die Schichten folgen auch im Inneren der kantigen Form der Steine, die Facetten entstehen also nicht dadurch, daß die Steine sich aneinander abschleifen, sondern dadurch, daß sie an den Kanten rascher wachsen. Die Farbe der Steine ist an den Kanten meist dunkler als in der Mitte der Facetten. Ferner

[1] DOHRN, M., u. P. DIEDRICH: D. m. W. **1940** 1133. — [2] CHRISTENSEN, W. R., and M. C. SOSMAN: Amer. J. Roentgenol. **66**, 764 (1951). — EVERETT, E. F., and L. G. RIGLER: Radiology **58**, 524 (1952). — LOWMAN, R. M., H. W. STANLEY, T. S. EVANS and J. C. MENDILLO: Gastroenterol., Baltimore **21**, 254 (1952). — MORGAN, R. H., and H. B. STEWART: Radiology **58**, 231 (1952). — SPENCER, F. M.: Gastroenterol., Baltimore **21**, 535 (1952). — SCOTT, W. G., and W. A. SIMRIL: Amer. J. Roentgenol. **69**, 78 (1953). — [3] HORNYKIEWYTSCH, T., and H. S. STENDER: Fortschr. Röntgenstr. **79**, 292 (1953). — BERK, J. E., R. E. KARNOFSKY, H. SHAY and H. M. STAUFFER: Amer. J. med. Sci. **227**, 361 (1954). — ORLOFF, T. L., D. M. SKLAROFF, E. M. COHN and J. GERSHON-COHEN: Radiology **62**, 868 (1954). — SAMUEL, E., J. GLUCKMAN and J. BARLOW: Lancet **1955 I**, 13. — [4] Vgl. NAUNYN, B.: Klinik der Cholelithiasis. Leipzig 1892. — [5] EPPRECHT, W., H. ROSENMUND u. H. R. SCHINZ: Fortschr. Röntgenstr. **79**, 1 (1953).

scheint die Facettenbildung bei diesen Steinen auch durch den beim Wachstum der Gallensteine eintretenden Wasserverlust verursacht zu sein, der eine allmähliche Kontraktion der ausgefallenen Krystallmassen in einer zur Oberfläche senkrecht verlaufenden Richtung zur Folge hat[1].

Diese kombinierten Cholesterin-Pigment-Kalksteine bilden die beim Menschen häufigste Form der Gallenkonkremente. Die Analyse einer großen Anzahl von Cholesterin-Pigment-Kalksteinen ergab im Durchschnitt 94% Cholesterin, 1,09% Ca und 0,13% Mg, 1,06% Carbonat (als CO_2), 0,4% Phosphat (als P_2O_5) und etwa

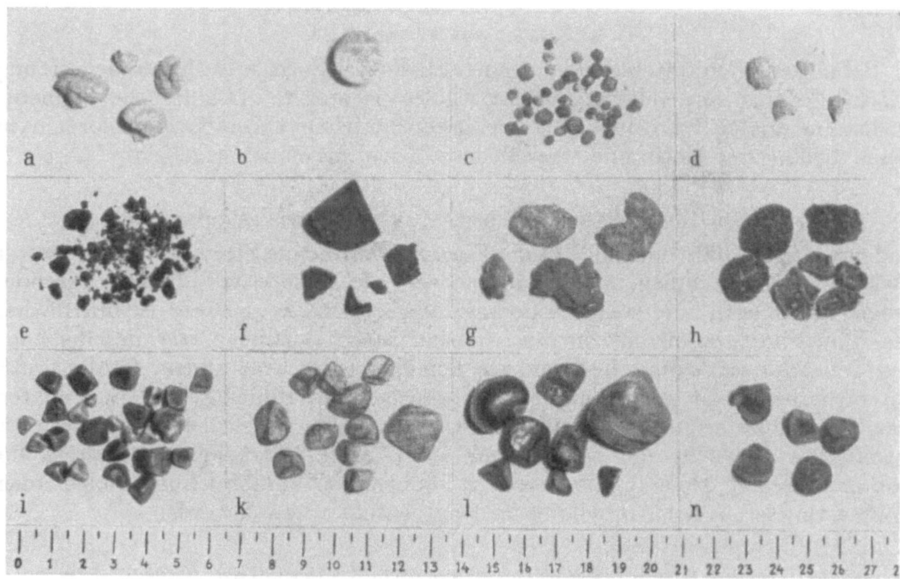

Abb. 61a—n. Gallensteine vom Menschen[2]. a Bruchstücke eines grobkrystallinen Monolithen aus Cholesterin. b Cholesterinstein mit konzentrischen und radiären Beimengungen von Vaterit, Calcit und Apatit. c Maulbeerartige Cholesterinsteinchen mit Cu-Ca-Bilirubinat als Beimengung. d Cholesterinstein mit Cu-Ca-Bilirubinat als Beimengung. e Schwarzer Steingrieß aus Cu-Ca-Bilirubinat mit Spuren von Cholesterin, Apatit und Calcit. f Brauner Stein aus Ca-Bilirubinat mit Cholesterinspuren. g Bruchstücke eines großen solitären Mischsteines mit Cholesterin als Hauptbestandteil neben Ca-Bilirubinat und Spuren von Apatit. h Bruchstücke eines solitären Mischsteines aus Cholesterin, Ca-Bilirubinat sowie Vaterit in konzentrischen Innenschalen. i Tetraedrische und würfelförmige Mischsteine aus Cholesterin und Ca-Bilirubinat. Im Inneren sekundäre gashaltige Spaltbildungen. k Facettierte Mischsteine aus Cholesterin, Ca-Bilirubinat und Spuren von Apatit. l Kugelige bis tetraedrische Kombinationssteine mit Kern, vorwiegend aus Cholesterin und Vaterit, Rinde aus Ca-Bilirubinat und Apatit. Im Inneren gashaltige Spaltbildungen. n Rundliche bis facettierte Kombinationssteine mit Kern aus Cu-Ca-Bilirubinat, Rinde vorwiegend aus Cholesterin und wenig Ca-Bilirubinat.

3% Gallenpigment[3]. Spuren von Schwermetallen[4] (Fe, Mn, Cu, Pb u. a.) können in derartigen Steinen enthalten sein: Fettsäuren sind meist nur in sehr geringen Mengen vorhanden. Cholesterinester fehlen, Gallensäuren und ihre Salze sind nur in Spuren nachweisbar. Das spezifische Gewicht der Steine[4] schwankt zwischen 0,8 und 1,028.

4. Pigment-Kalksteine

sind meist in der Mehrzahl auftretende, unregelmäßig geformte schwarze, harte Steine mit körniger Oberfläche. Sie enthalten in größerer Menge Ca-Bilirubinat, aber nur wenige Prozente Cholesterin. Neben Bilirubin kann auch Biliverdin als

---

[1] GOLDSCHMIDT, V.: A. e. P. P. **99**, 33 (1923). — [2] EPPRECHT, W., H. ROSENMUND u. H. R. SCHINZ: Fortschr. Röntgenstr. **79**, 1 (1953). — [3] PEEL, A. A. F.: H. **167**, 250 (1927). — [4] RAY, T. W.: J. biol. Ch. **111**, 689 (1935).

Ca-Salz vorhanden sein. Propentdyopent ist in Gallensteinen meist in geringer Menge enthalten. In einem Falle konnte das 4,4'-Dimethyl-3,3'-dipropionsäure-propentdyopent, das dem zentralen Anteil des Bilirubinmoleküls (Pyrrolkerne 2 und 3) entspricht, in Gallensteinen nachgewiesen werden[1].

Pigment-Kalksteine können auch Ca-Carbonat und Ca-Phosphat enthalten. Kupfer kann in Mengen von 0,1—0,5% vorhanden sein[2], in einem Stein dieser Art wurde 0,86% Cu gefunden[3]. Kleine Mengen von Blei (2—4 γ/g) konnten auf spektrographischem Wege nachgewiesen werden[4]. Neben Fe und Cu fanden sich Mn und Zn regelmäßig[5,6], Ag, Al, Sr, Si, B und Cd häufig, Sn, Bi, Cr, As und Ba gelegentlich in spektrographisch nachweisbaren Mengen in Gallensteinen vor[5]; ferner konnten auch Spuren von Ti, Sn, Sb, Cr, W, Co und Ni spektrographisch in Pigmentsteinen nachgewiesen werden[7]. Röntgendiagramme ergaben die Interferenzlinien von Apatit ($Ca_{10}(PO_4)_6(OH)_2$) und Vaterit ($CaCO_3$), die Bilirubinate

Tabelle 79. Zusammensetzung verschiedener Arten von Gallensteinen[8] (in % frischer Substanz).

		Äther-lösliche Sub-stanz	Asche	Ca	Cu	Fe	Car-bonat
1	Cholesterin-Stein	99,72	nicht bestimmt	0,06	—	—	—
2	Facettierter Cholesterin-Pigment-Stein	84,98	8,66	3,28	—	—	—
3a	Facettierter Cholesterin-Pigment-Stein, Rinde	72,68	15,65	4,11	—	+	+++
3b	Facettierter Cholesterin-Pigment-Stein, Kern	88,90	4,11	2,9	—	—	+
4	Ca-Bilirubinat-Stein	1,29	11,03	2,12	+++	+	—
5	Carbonat-Pigment-Stein	4,1	36,26	14,52	+	+	+++
6	„Erdiger" Pigment-Stein (Choledochus-Stein)	79,45	nicht bestimmt	0,79	Spuren	++	—

(Ca- und Cu-Bilirubinat) sind amorph, freies Bilirubin ist nicht vorhanden. Das instabile Gitter des Vaterits geht bei längerer Aufbewahrung des Steins in Calcit über, wobei wahrscheinlich Aragonit als Zwischenstufe entsteht[3]. — Die Entstehung von Pigmentsteinen wird durch gesteigerten Hämoglobinzerfall gefördert, bei hämolytischem Ikterus werden Pigmentsteine besonders häufig beobachtet[9].

Im Ductus choledochus und in den größeren Gallengängen kann es zur Bildung von Konkrementen kommen, die in ihrer Zusammensetzung den Pigment-Kalksteinen ähnlich sind. Derartige Choledochussteine haben meist eine länglich eiförmige oder zylindrische Form, sie werden wegen ihrer rotbraunen Farbe und krümmeligen Konsistenz meist als „erdige" Pigmentsteine bezeichnet. Die

[1] DOBENECK, H. v.: H. **269**, 268 (1941). — [2] MEUNIER, J., et G. SAINT-LAURENS: Cr. **183**, 1311 (1926). — TELFER, S. V.: Glasgow med. J. **27**, 181 (1946). — [3] EPPRECHT, W., H. ROSENMUND u. H. R. SCHINZ: Fortschr. Röntgenstr. **79**, 1 (1953). — [4] ZEGLIO, P.: Rass. Med. industr. **13**, 412 (1942) [Chem. Abstr. **40**, 3521[q]]. — [5] SCHAIRER, E.: Virchows Arch. **312**, 534 (1944). — [6] HJARTH, E.: Acta chir. scand. **96**, Suppl. **134** (1947). — [7] MUKAI, M.: Igaku to Seibutsugaku **10**, 327 (1947) [Chem. Abstr. **47**, 2341[d]]. — [8] PEEL, A. A. F.: H. **167**, 250 (1927). — [9] PEMBERTON, J. DE J.: Ann. Surg. **94**, 755 (1931).

Ergebnisse der Analyse eines derartigen Steines sind in der Tabelle 79 wiedergegeben.

Während das Cholesterin beim Menschen den wichtigsten konkrementbildenden Stoff der Galle darstellt, enthalten Rindergallensteine große Mengen von Ca-Bilirubinat, Cholesterin ist nur in sehr geringen Mengen vorhanden. Die Analyse derartiger Rindergallensteine ergab: 1,6—5,1% Ca, etwa 0,1% Mg, 0,01% Cu, 0,006—0,045% Fe, 0,01—0,2% Zn, 20,0—37,0% Bilirubin, 0,1—0,3% Cholesterin und 2—3% andere Lipoide[1].

5. Mechanismus der Gallensteinbildung.

Da das Cholesterin beim Menschen den Hauptbestandteil der Gallenkonkremente bildet, steht die Bildung der Gallensteine in enger Beziehung zum Cholesteringehalt der Galle. Bei Stoffwechselzuständen, die mit erhöhter Cholesterinbildung verknüpft sind (wie z. B. bei Diabetes, Schwangerschaft, Unterernährung, Fettsucht usw.) werden Gallensteine besonders häufig beobachtet. Das häufige Vorkommen von Gallensteinen bei Schwangeren wird auf einen relativ erhöhten Cholesteringehalt bei verringertem Gallensäuregehalt der Galle zurückgeführt[2]; 34 Proben von Blasengalle, die im Anschluß an Kaiserschnitte entnommen worden waren, enthielten 0,18—1,00% Cholesterin und 1,69—4,69% gallensaure Salze[3]. Bei Tierarten, deren Galle wenig Cholesterin enthält (wie z. B. beim Hund), werden auch keine Gallensteine beobachtet. Blasengalle vom Hund löst Steine aus menschlichen Gallenblasen auf[4-6]. Wurde zur Blasengalle vom Menschen festes Cholesterin zugesetzt, so blieb es größtenteils ungelöst, der Cholesteringehalt der Galle stieg nur wenig (von 229 auf 278 mg-%) an. Setzte man dagegen der Blasengalle von Hunden Cholesterin zu, so wurde es zu einem großen Teil gelöst, und der Cholesteringehalt der Galle stieg von 36,8 auf 228 mg-%. Die Fähigkeit der Hundegalle Gallensteine zu lösen, beruht auf dem Vorhandensein großer Gallensäuremengen bei geringem Cholesteringehalt[7].

Das Cholesterin ist in der Galle in Form eines kolloiden Sols enthalten, das durch Gallensäuren stabilisiert wird. Bei der Umwandlung der Lebergalle in Blasengalle wird dieses Sol konzentriert, bei längerem Aufenthalt der Galle in der Gallenblase (Stase) wird außerdem ein zunehmend großer Anteil der Gallensäuren von der Gallenblasenwand wieder aufgenommen, das Verhältnis Cholesterin zu Cholat, das normalerweise etwa 1:25 beträgt[8], verschiebt sich in diesem Fall also zugunsten des Cholesterins, und die Stabilität des Cholesterinsols wird vermindert. Man schätzt den kritischen Wert des Verhältnisses Cholat: Cholesterin, bei dem das Cholesterinsol gerade auszufallen beginnt, auf 13:1 (s.[9]) bzw. 18:1 (s.[10]) (vgl. dagegen die weit höheren Werte bei[11,12]). Entzündliche Veränderungen in der Gallenblasenschleimhaut können eine beschleunigte Resorption der Gallensäuren und dadurch eine gesteigerte Labilisierung des in der Galle enthaltenen Cholesterinsols zur Folge haben. Bei Gallenblasenerkrankungen war das Ver-

---

[1] Epprecht, W., H. Rosenmund u. H. R. Schinz: Fortschr. Röntgenstr. **79**, 1 (1953). — [2] Potter, M. G.: J. amer. med. Ass. **106**, 1070 (1936). — [3] Riegel, C., I. S. Ravdin, P. J. Morrison and M. G. Potter: J. amer. med. Ass. **105**, 1343 (1935). — [4] Harley, V., and W. Barratt: J. Physiol., London **29**, 341 (1903). — Hansemann, D. v.: Virchows Arch. **212**, 139 (1913). — [5] Naunyn, B.: Klinik der Cholelithiasis. Leipzig 1892. — [6] Walsh, E. L., and A. C. Ivy: Ann. internal Med. **4**, 134 (1930). — [7] Pickens, M., G. O. Spanner and L. Bauman: J. biol. Ch. **95**, 505 (1932). — [8] Hammarsten, O.: Ergebn. Physiol. **4**, 1 (1905). — [9] Andrews, E., R. Schoenheimer and L. Hrdina: Arch. Surg. **25**, 796 (1932). — [10] Newman, C. E.: Beitr. path. Anat. **86**, 187 (1931). — [11] Spanner, G. O., and L. Bauman: J. biol. Ch. **98**, 181 (1932). — [12] Isaksson, B.: Acta Soc. Med. upsal. **59**, 296 (1953/54).

hältnis zwischen Cholesterin und Gallensäuren zugunsten des Cholesterins verschoben[1–3].

Eine wahrscheinlich ebenso wichtige Rolle wie die Gallensäuren bei der Stabilisierung des in der Galle enthaltenen Cholesterinsols spielen die in der Galle enthaltenen Phosphatide, diese werden bei längerem Aufenthalt der Galle in der Gallenblase durch Phosphatasen zerlegt[4,5].

Die Labilisierung des Cholesterinsols führt zum Ausfallen des Cholesterinüberschusses in Form von Cholesterinkrystallen. Bei der mikroskopischen Untersuchung der durch Duodenalsondierung gewonnenen Galle finden sich bei Menschen, deren Gallenblase Konkremente enthält, mit großer Regelmäßigkeit Cholesterinkrystalle vor[6]. Auch Ca-Bilirubinat ist in solchen Fällen in Form dunkelgefärbter Granula in der Galle oft nachweisbar[6].

Für die Entstehung von Gallensteinen ist es jedoch erforderlich, daß die aus der Galle ausgefallenen Partikel bei der Entleerung der Gallenblase nicht ausgeschwemmt werden, sondern in der Gallenblase verbleiben und sich zu größeren Aggregaten vereinigen. Unvollständige Entleerung der Gallenblase fördert die Entstehung von Gallenkonkrementen. Der in der Blase verbleibende Gallenrest ist spezifisch schwerer als die neu hinzukommende Galle und bildet am Grunde eine dickflüssige Schicht, die die Muttersubstanz der Gallensteine bildet[7].

Entzündliche Vorgänge, meist ausgelöst durch Infektion der Gallenwege, vermehren die Ausscheidung von Mucinen durch das Gallenblasenepithel und vermehren den Proteingehalt der Galle; bei allen Arten von Gallensteinen, mit Ausnahme der „reinen“ Cholesterinsteine bilden Proteine den Kitt, der die ausfallenden Partikel zum Konkrement verbindet. In vielen Fällen bilden Fibringerinnsel und nekrotische Gewebstrümmer den Kern von dem die Konkrementbildung ausgeht. Auch nichtinfektiöse Schädigungen des Gallenblasenepithels erleichtern die Gallensteinbildung: nach Injektion von Trypsin entstanden bei Kaninchen Cholecystiden, die oft von Cholelithiasis gefolgt waren[8].

Proteine können die Flockungstendenz von Cholesterinsolen beeinflussen: Serumalbumin hemmt, Serumglobulin und Fibrinogen fördern das Ausflocken von Cholesterinsolen. Bei Krankheiten, die erfahrungsgemäß oft mit Cholelithiasis einhergehen, ist das Verhältnis Albumin zu Globulin in dem in der Galle enthaltenen Proteingemisch zugunsten der Globuline verschoben[9].

Die Rolle der Vitamine bei der Entstehung der Gallensteine ist noch nicht aufgeklärt. Mangel an Vitamin A hatte bei Ratten keine erhöhte Anfälligkeit für Cholelithiasis zur Folge[10]. Doch konnte durch eine gereinigte cholesterinfreie und fettfreie Ernährung bei Hamstern die Entstehung von Cholesterinsteinen provoziert werden[11]. Zugabe von Linolsäure, Talg, Cholsäure oder Cholesterin zur Nahrung hatte keine schützende Wirkung. Zufütterung von gemahlener Durra (Samen von Sorghum vulgare), Haferflocken oder gemahlenem Vollweizen verhinderte bei diesen Tieren dagegen das Auftreten der Cholelithiasis[11].

---

[1] ANDREWS, E., R. SCHOENHEIMER and L. HRDINA; Arch. Surg. **25**, 796 (1932). — [2] NEWMAN, C. E.: Beitr. path. Anat. **86**, 187 (1931). — [3] SPANNER, G. O., and L. BAUMAN: J. biol. Ch. **98**, 181 (1932). — [4] ISAKSSON, B.: Acta Soc. Med. upsal. **59**, 296 (1953/54). — [5] ROSENTHAL, F., u. H. LICHT: Kli. Wo. **1928 II**, 1952. — [6] HOLLANDER, E.: Amer. J. med. Sci. **177**, 377 (1929). — JONCS, C. M.: Arch. internal Med., Chicago **34**, 60 (1924). — PIERSOL, G. M., H. L. BOCKUS and H. SHAY: Amer. J. med. Sci. **175**, 84 (1928). — BOCKUS, H. L., H. SHAY, J. H. WILLARD and J. F. PESSEL: J. amer. med. Ass. **96**, 311 (1931). — RIGNEY, L. J., W. L. MORTENSEN and T. G. MILLER: Amer. J. digest. Dis. **5**, 1 (1938). — [7] CAMPBELL, B. A., and A. C. BURTON: Surg., Gynec. Obstet. **88**, 731 (1949). — [8] HJARTH, E.: Acta chir. scand. **96**, Suppl. **134** (1947). — [9] HARTMANN, F.: Naturwiss. **36**, 378 (1949). — [10] MONETTI, G.: Boll. Soc. ital. Biol. sperim. **16**, 466 (1941). — [11] DAM, H., and F. CHRISTENSEN: Acta path. microbiol. scand. **30**, 236 (1952).

2. Muskel.

Von K. Lohmann u. P. Ohlmeyer.

Inhaltsverzeichnis.

Seite
a) Skeletmuskel . . . 570
α) Allgemeine Bedeutung . . . 570
β) Histologische Vorbemerkungen . . . 571
γ) Zusammensetzung des Muskels . . . 574
1. Anorganische Bestandteile . . . 574
a) Wasser S. 574. — b) Mineralbestandteile S. 574.
2. Organische Bestandteile . . . 577
a) Eiweiß S. 577. — b) Kohlenhydrate und organische Säuren S. 580. — c) P-haltige Verbindungen S. 580. — d) Sonstige Extraktivstoffe S. 583. — e) Fette, Lipoide S. 584. — f) Vitamine S. 584. — g) Fermente S. 585.
3. Einflüsse auf die Zusammensetzung des Muskels . . . 586
a) Training S. 586. — b) Entnervung des Muskels S. 586. — c) Muskeldystrophie S. 586. — d) Winterschlaf S. 586.
δ) Permeabilität . . . 587
ε) Chemische Vorgänge bei der Muskelkontraktion . . . 587
1. Aerobe Phase . . . 588
2. Anaerobe Phase . . . 590
a) Milchsäurebildung S. 592. — b) Spaltung der Kreatinphosphorsäure S. 594. — c) Dephosphorylierung der Adenosintriphosphorsäure S. 595. — d) Ammoniakbildung S. 597.
ζ) Physikalisch-chemische Untersuchungen . . . 597
a) Energie der chemischen Reaktionen S. 598. — b) Die myothermische Untersuchung der Muskelzuckung S. 600. — c) Volumenänderungen des Muskels bei der Tätigkeit S. 601. — d) Änderung der Doppelbrechung S. 602. — e) Änderung der Lichtdurchlässigkeit S. 603. — f) Osmotischer Druck S. 603. — g) Wasserstoffionenkonzentration S. 604. — h) Kolloidchemische Veränderungen S. 605. — i) Elektrische Eigenschaften S. 605. — k) Wirkung hoher Drucke S. 605.
η) Theorien der Muskelkontraktion . . . 605
ϑ) Kontraktur und Starre . . . 606
ι) Einfluß der Muskeltätigkeit auf den Gesamtkörper . . . 607
b) Herzmuskel . . . 609
α) Zusammensetzung . . . 609
β) Stoffwechsel . . . 610
c) Glatte Muskeln . . . 611

a) Skeletmuskel[1-30].

α) Allgemeine Bedeutung.

Die Muskeln sind beim Menschen das größte Organ. Sie machen etwa 40—45% des gesamten Körpergewichtes aus; etwa ebenso groß ist ihr Anteil beim Ruheumsatz. Bei starker körperlicher Tätigkeit wird der Stoffwechselumsatz auf das

Zusammenfassende Darstellungen: 1—30. [1] Hürthle, K., u. K. Wachholder: Histologische Struktur und optische Eigenschaften der Muskeln. Handb. Physiol. Bd. 8/1, S. 108—123. — [2] Lindhard, J.: Der Skeletmuskel und seine Funktion. Ergebn. Physiol. **33**, 337—557. — [3] Heubner, W.: Mineralstoffe des Tierkörpers. Handb. Physiol. Bd. 16/1, S. 1416—1516. — [4] Fürth, O.: Muskelgewebe. Deskriptive Chemie. Handb. Biochem. Erg.-W. Bd. 2, S. 196—216. — [5] Lohmann, K., u. B. Weicker: Herz- und Blutgefäße. Handb. Biochem. Erg.-W. Bd. 2, S. 245—258. — [6] Lohmann, K.: Der Stoffwechsel des Muskels. Handb. Biochem. Erg.-W. Bd. 3, S. 351—413. — [7] Riesser, O.: Vergleichende Muskelphysiologie. Ergebn. Physiol. **38**, 133—250 (1936). — [8] Embden, G.: Chemismus der Muskelkontraktion und Chemie der Muskulatur. Handb. Physiol. Bd. 8/1, S. 369—475. — [9] Meyerhof, O.: Die chemischen Vorgänge im Muskel und ihr Zusammenhang mit Arbeitsleistung und Wärmebildung. Berlin 1930. —

Vielfache erhöht; auf den ganzen Tag berechnet, kann diese Steigerung bei Schwerstarbeitern bis zum 3fachen betragen. Die Muskeln sind also diejenigen Organe, die den größten Stoffumsatz bewältigen.

Der Stoffumsatz der Muskeln dient in erster Linie der Umwandlung potentieller chemischer Energie, die in den aufgenommenen Nahrungsmitteln enthalten ist, in mechanische Energie, wobei beim Menschen unter günstigsten Bedingungen $^2/_3$—$^3/_4$ als Wärme „verloren"gehen. Mit den willkürlichen (Skelet-) Muskeln besitzt das Tier die Fähigkeit zur freien Beweglichkeit, die unwillkürlichen Muskeln haben vorwiegend die Aufgabe, die Bewegung der Säfte in einer für das normale Geschehen zweckdienlichen Weise zu regeln. Diese Möglichkeiten beruhen auf der Eigenschaft der Muskeln, sich unter Überwindung von Widerständen zusammenziehen und dann wieder erschlaffen zu können. So ist das alte Problem der physiologischen Chemie des Muskels die Erforschung des Weges, auf dem chemische Energie in mechanische Energie übergeführt werden kann.

β) Histologische Vorbemerkungen[1, 2].

Der typische *Skeletmuskel* besteht aus einem Muskelbauch, der die kontraktile Substanz enthält und 2 (oder mehr) Endsehnen, mit denen er am Skelet befestigt ist. Der *Muskelbauch* ist von einer festen Bindegewebshülle, dem perimysium externum, umgeben, von der Bindegewebssepta (perimysia interna) ausgehen, die den Muskeln in größere und kleinere *Bündel* teilen. Die kleinsten Bündel (fasciculi) umfassen nur eine verhältnismäßig geringe Anzahl von Muskelfasern; sie sind umgeben und unter sich verbunden mit einem feinen Bindegewebe, dem Endomysium. Die einzelne *Muskelfaser* ist ein langgestreckter Zellenverband. Ihren äußeren Abschluß bildet das *Sarkolemm*, eine elastische Membran, welche sowohl dem Zusammenhalt des Faserinnern, wie der Einordnung der Faser in den Muskel dient. Das Faserinnere besteht aus dem *Sarkoplasma*, den zahlreichen, gewöhnlich dem Sarkolemm dicht anliegenden Kernen und den *Muskelfibrillen*, welche als das eigentlich kontraktile Element der Faser anzusehen sind.

---

[10] Hill, A. V.: Muscular Movement in Man. New York, London 1927. — [11] Needham, D. M.: Biochemistry of Muscle. London 1932. — [12] Parnas, J. K.: The chemistry of muscle. Ann. Rev. **1**, 431—456 (1932); **2**, 317—336 (1933). — [13] Weber, H. H.: Die Muskeleiweißkörper und der Feinbau des Skeletmuskels. Ergebn. Physiol. **36**, 109—150 (1934). — [14] Muralt, A. v.: Zusammenhänge zwischen physikalischen und chemischen Vorgängen bei der Muskelkontraktion. Ergebn. Physiol. **37**, 406—491 (1935). — [15] Lehnartz, E.: Die chemischen Vorgänge bei Muskelkontraktion. Ergebn. Physiol. **35**, 874—966 (1933). — [16] Eggleton, P.: Biol. Reviews **8**, 46—73 (1933). — [17] Fenn, W. O.: Muscle. Ann. Rev. Physiol. **3**, 209—232 (1941). — [18] Millikan, G. A.: The chemistry of muscle. Ann. Rev. **11**, 497—510 (1942). — [19] Hoagland, C. L.: Some biochemical problems posed by a disease of muscle. Green's Currents biochem. Res. S. 413—425. States of altered metabolism in diseases of muscle. Adv. Enzymol. **6**, 193—230 (1946). — [20] Buchthal, F.: Muscle. Ann. Rev. Physiol. **9**, 119—148 (1947). — [21] A discussion on muscular contraction and relaxation: their physical and chemical basis (Leitung: Hill, A. V.). Proc. R. Soc. London (B) **137**, 40—87 (1950). A discussion on the thermodynamics of elasticity in biological tissues. Proc. R. Soc. London (B) **139**, 464—527 (1951/52). — [22] Szent-Györgyi, A.: Chemistry of muscular contraction. 2. Aufl. New York 1951. Chemical Physiology of Contraction in Body and Heart Muscle. New York 1953. — [23] Weber, H. H., u. H. Portzehl: Kontraktion, ATP-Cyclus und fibrilläre Proteine des Muskels. Ergebn. Physiol. **47**, 369—468 (1952). — [24] Krüger, P.: Tetanus und Tonus der quergestreiften Skelettmuskeln der Wirbeltiere und des Menschen. Leipzig 1952. — [25] Dubuisson, M.: Chemistry of muscle. Ann. Rev. **21**, 387 (1952). — [26] Mommaerts, W. F. H. M.: Muscular Contraction. New York 1950. The biochemistry of muscle. Ann. Rev. **23**, 381 (1954). — [27] Polonovski, M.: Le Muscle, Étude de Biologie et de Pathologie. Paris 1952. — [28] Sandow, A.: Muscle. Ann. Rev. Physiol. **11**, 297 (1949). — [29] Straub, F. B.: Muscle. Ann. Rev. **19**, 371 (1950). — [30] Hill, D. K.: Muscle. Ann. Rev. Physiol. **13**, 99 (1951).

[1] Cowdry, E. V.: Textbook of Histology. 3rd Ed. Philadelphia 1944. — [2] Stöhr, P.: Lehrbuch der Histologie und der mikroskopischen Anatomie des Menschen. Berlin, Göttingen, Heidelberg 1951.

Die Masse der Muskelfasern („Zellen") macht etwa 70—80% des gesamten Muskels aus. Der Rest besteht aus den „Zwischenräumen", in denen die bindegewebigen Septen mit den Blut- und Lymphgefäßen und Nerven verlaufen. Das Verhältnis von Sarkoplasma zu den Fibrillen ist wechselnd: man unterscheidet rote sarkoplasmareiche und blasse bzw. weiße sarkoplasmaarme Muskeln, die man scharf getrennt in besonders ausgesprochener Weise beim

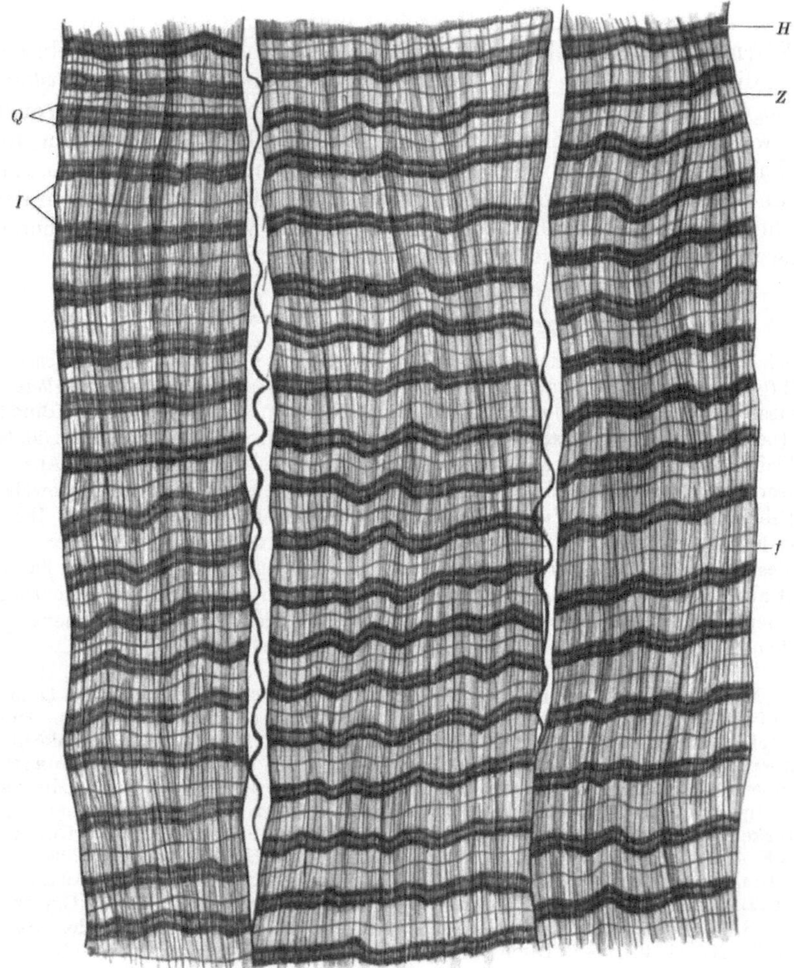

Abb. 62. Drei quergestreifte Skeletmuskelfasern mit deutlich fibrillärer Längsstreifung. M. intercostalis, Mensch. *Q* anisotrope Querscheibe; *H* HENSENS isotrope Mittelscheibe; *I* isotrope Querscheibe; *Z* anisotrope Zwischenscheibe (KRAUSE), *f* längsverlaufende Myofibrillen. Kaliumbichromat. Essigsäure-Hämatein. 1000mal vergrößert, auf $^1/_{10}$ verkleinert (nach STÖHR jr.).

Huhn findet, während z. B. beim Menschen und beim Frosch in den Muskeln helle und dunklere Fasern gemischt vorkommen. Die tätigsten Muskeln (Herz-, Augen-, Kau- und Atemmuskeln) enthalten in der Regel die meisten sarkoplasmareichen Fasern und sind daher ausdauernder als die Muskeln mit hellen, sarkoplasmaarmen Fasern, die wegen ihres Fibrillenreichtums sich zwar rascher kontrahieren, aber eher ermüden[1].

Die Muskelfaser hat eine Dicke von 10—100 μ und eine Länge bis zu mehreren Zentimetern. Die Fibrillen sind etwa 1 μ dick. Sie besitzen eine durchgehende Querstreifung, in der

[1] v. MÖLLENDORFF, Lehrb. Histol. 25. Aufl. S. 129ff. 1943.

helle, isotrope, das Licht einfach brechende Schichten J mit anisotropen doppelbrechenden Schichten Q (= „A-Bande") abwechseln (Abb. 62).

Beim Wirbeltier ist das Verhältnis der Q-Abschnitte zu den J-Abschnitten etwa 1—1,2.

Gefäßversorgung (Abb. 63). Die parallel zu den kleinen Bündeln verlaufenden Arteriolen spalten sich in querlaufende stark verzweigte Gefäße. Diese teilen sich schließlich in 2 Bündel von Capillaren von durchschnittlich 0,5 mm Länge auf, die aufwärts und abwärts parallel zu den einzelnen Fasern laufen. Die Weite der Capillaren ist im allgemeinen enger als der Durchmesser der roten Blutkörperchen, die sich also gewissermaßen durch die Capillaren hindurchquälen müssen, wobei eine besonders innige Berührung der Blutkörperchen mit dem Capillarendothel gewährleistet wird. Wichtig ist, daß nach KROGH im ruhenden Muskel nur wenige

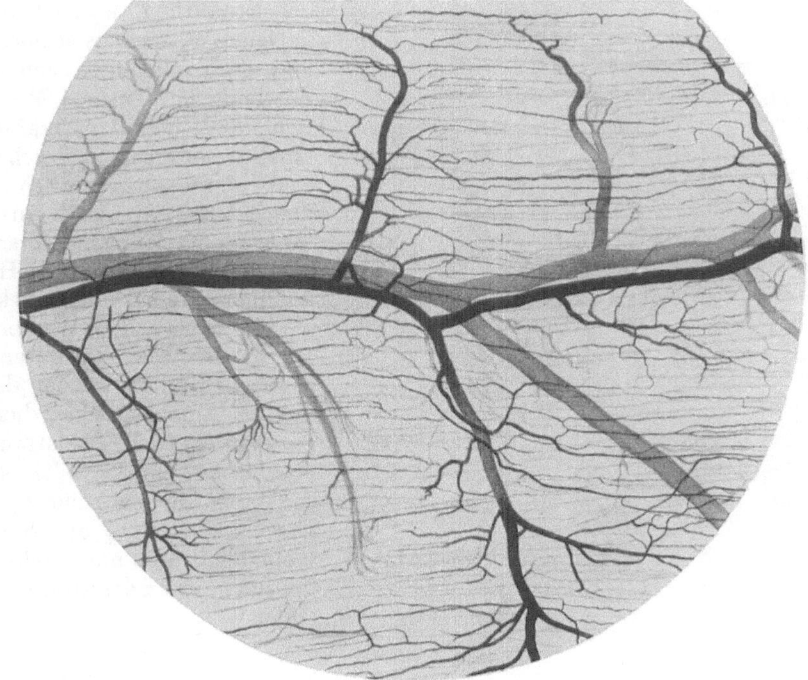

Abb. 63. Kleine Arterien (schwarz), Capillaren und Venen im quergestreiften Muskel; 57fache Vergrößerung (nach SPALTEHOLZ).

Capillaren offen sind, im tätigen Muskel sich aber eine immer größere Anzahl öffnet, bis das Maximum erreicht ist. Bei einem Meerschweinchen steigt z. B. die Anzahl der Capillaren je cm^2 von etwa 30 in der Ruhe auf 2500 bei stärkster Arbeit, die Capillaroberfläche in cm^2 für 1 cm^3 Muskel von 3 auf 360, das Capillarvolumen in % vom Muskelvolumen von 0,02 auf 5,5. Beim Froschmuskel sind alle Zahlen erheblich niedriger.

Die Durchblutung des Muskels wird durch Kohlensäure, Adenosin, Adenylsäure und Adenosintriphosphorsäure gesteigert, besonders stark durch Acetylcholin, das ebenso schon in 20—30fach geringerer Menge wirkt. In den ersten Sekunden eines Tetanus ist die Durchblutung des Muskels infolge Kompression des venösen Abflusses verringert; dann wird sie organreflektorisch bis auf das 10fache gesteigert[1, 2].

Nervenversorgung (Abb. 64). Beim Eintritt des Nervenzweiges in die Muskelfaser, wobei kürzere Fasern durch einen einzelnen, meist in der Mitte der Faser eintretenden Nerv versorgt werden (längere Fasern durch 2 oder mehr), geht die SCHWANNsche Scheide in das Sarkolemm über, während vorher die HENLEsche Scheide in das Endomysium übergegangen

[1] ANREP, G. V., and E. v. SAALFELD: J. Physiol., London **85**, 375 (1935). — [2] REIN, H., O. MERTENS u. M. SCHNEIDER: Pflügers Arch. **236**, 636 (1935).

und die Markscheide verschwunden ist. In die Faser geht also nur der Achsenzylinder ein, der sich unter dem Sarkolemm in die motorische Endplatte aufteilt, die ein selbständiges Organ ist und nach KÜHNE aus der Nervenverbreitung (Nervengeweih) und einem muskularen Teil (Sohlenplatte) besteht.

γ) Zusammensetzung des Muskels[1].

Vorbemerkungen. Die Zusammensetzung der Muskeln schwankt beträchtlich, besonders stark natürlich bei verschiedenen Tierarten, wie Säugetieren einerseits und im Meer lebenden Wirbellosen andererseits. Sie ist aber auch abhängig vom Alter, von der Ernährung, wahrscheinlich auch von Witterungseinflüssen[2], und ganz allgemein von dem Zustand, in dem die Muskeln sich gerade befinden. Trainierte Muskeln unterscheiden sich zum Teil nicht unwesentlich von nichttrainierten. Auch einzelne Teile der Muskeln sind verschieden, besonders deutlich die Herzkammer- und Vorhofmuskeln, sowohl im Gehalt an Wasser wie an Bindegewebe. Die unten angegebenen Werte können daher nur als Anhaltspunkte dienen.

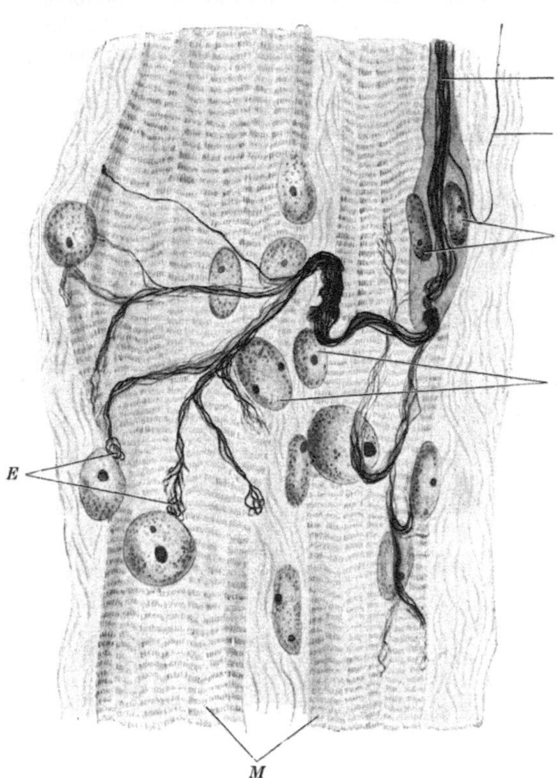

Abb. 64. Motorische Endplatten auf quergestreiften Skeletmuskelfasern. Mensch. *M* Muskelfasern; *N* markhaltige, *N'* marklose Nervenfaser; *S* SCHWANNsche Kerne; *E* neurofibrilläre Endnetze; *K* Kerne der Sohlenplatte. BIELSCHOWSKY-Methode. 1800mal vergrößert, auf $^1/_5$ verkleinert (nach STÖHR jr.).

Der fettfreie Skeletmuskel enthält nur 20—30% Trockensubstanz, die zu rund $^4/_5$ aus Eiweiß und zu $^1/_5$ aus Salzen, Kohlenhydraten und stickstoffhaltigen „Extraktivstoffen“ besteht.

1. Anorganische Bestandteile.

a) Wasser. Der Wassergehalt der frischen Säugetiermuskeln beträgt (auf fettfreie Substanz bezogen) etwa 70—80%. Dieser Gehalt schwankt mit dem Alter, der Ernährung usw., dann aber auch mit der Arbeitsleistung, indem arbeitende, ermüdete Muskeln wasserreicher als ruhende sind.

Beim Frosch liegen ungefähr 96%[1] dieses Wassers als „freies Wasser“ vor, das zugesetzte permeable Stoffe mit dem normalen Dampfdruck lösen kann[3]. Der Gehalt an gebundenem („nichtlösendem“) Wasser beträgt danach nur etwa 4%. Ähnliche Zahlen dürften auch für den Säugetiermuskel gelten.

b) Mineralbestandteile. Die Asche des frischen Muskels macht etwa 1—1,5% aus. Sie besteht hauptsächlich aus den Phosphaten und Sulfaten des Kaliums.

---

[1] EMBDEN, G.: Handb. Physiol. Bd. 8/1, S. 369 u. zwar 442—475. — HEUBNER, W.: Handb. Physiol. Bd. 16/2, S. 1416—1516. — LOHMANN, K., u. B. WEICKER: Handb. Biochem. Erg.-W. Bd. 2, S. 245—258. — RIESSER, O.: Ergebn. Physiol. **38**, 133—250 (1936). — [2] RIESSER, O., G. KUNZE u. K. GALLE: B. Z. **277**, 349 (1935). — [3] HILL, A. V.: Proc. R. Soc. London (B) **106**, 477 (1930).

In der Tabelle 80 sind einige vollständig durchgeführte Analysen der Skeletmuskeln wiedergegeben und im Vergleich dazu solche vom Herzen, von glatten Muskeln, vom elastischen und knorpeligen Bindegewebe und vom Blut.

Die eigentlichen anorganischen Bestandteile sind K, Na, Mg, Ca und Cl während P und S bis auf einen geringen Bruchteil in organischer Bindung vorliegen. Den anorganischen Salzen kommt wie in jeder Zelle zunächst die Bedeutung der Aufrechterhaltung des osmotischen Druckes zu. Darüber hinaus spielt die Ionenstärke eine Rolle beim Verkürzungsvorgang: Für den eingefrorenen und nach Auftauen kontrahierenden Muskel bestimmte SZENT-GYÖRGYI die Höchstgrenze[1] zu $\mu = 0{,}4$—$0{,}5$. Dabei kann das Konzentrationsverhältnis der einzelnen Ionen beträchtlich schwanken. Über die spezifische Wirkung der Metalle im

Tabelle 80. Anorganische Bestandteile in mg-% der frischen Substanz.

	Skeletmuskel, Mensch[2]	Skeletmuskel, Frosch[2,3]	Herzmuskel, Mensch *	Glatter Muskel, Froschmagen[3]	Bindegewebe, Nackenband ** [4]	Bindegewebe, Knorpel *** [5]	Serum, Mensch	Rote Blutkörperchen, Mensch	Gesamtblut, Mensch
Wasser g-% .	72,5	82; 80		82	53			57 †	
Trockensubstanz g-% .	27,5	18; 20		18	47			43	
Na	80	55; 54	100	73	64	880	320	0 (+)	196
K	320	308; 350	300	325	69	480	22	430	182
Mg	21	24; 30	15	13	4	80	2,3	5	3
Ca	7	16; 28	17	4	33	120	9,5—11,0	0—1	6
Fe	15	6; 9	10	1	5				
Cl	70	40; 66	150	120	72	600	360	220	295
P	203	186; 155	230	137	22		13	53	
S	208	163; 141		161	44		140		

* Durchschnittswerte. — ** Zumeist Mindestwerte. — *** Lufttrockner Knorpel mit 12% Wassergehalt (Kaninchenohr). — † Gewichtsprozent.

Muskelgeschehen ist folgendes bekannt: Mg^{++} ist für die Verkürzung unentbehrlich und notwendiger Bestandteil des Cofermentsystems der Milchsäurebildung (s. Bd. 2/1, S. 741 ff.). Auch bei der Spaltung von Adenosintriphosphorsäure (ATP) ist es wirksam, kann in dieser Funktion aber durch Ca^{++} (nicht durch die Alkaliionen) vertreten werden[6]. Kalium scheint nicht mit der Kontraktion, vielmehr mit der Erregung der Membran und deren Fortleitung auf die Fibrillen zu tun zu haben und dabei mit Acetylcholin in Wechselwirkung zu stehen[7].

Alkalimetalle. Für die Muskeln ist wie für die meisten *Gewebe* kennzeichnend, daß der Gehalt an *Kalium*[8] immer wesentlich höher ist als der an *Natrium*. Eine Ausnahme macht nur, wie BUNGE[9] zuerst feststellte, das Stützgewebe; im elastischen Nackenband ist der Gehalt etwa gleich, im Knorpel überwiegt sogar das Natrium das Kalium. Die Körper*flüssigkeiten* enthalten dagegen immer wesentlich mehr Na als K. Kalium findet sich in den Skeletmuskeln verschiedener Tiere um 300—400 mg-%, Natrium um 40—80 mg-% (bezogen auf Frischgewicht). Das Verhältnis K : Na schwankt bei den Skeletmuskeln und auch in vielen glatten

[1] SZENT-GYÖRGYI, A. G.: Enzymologia **14**, 246 (1950/51). — [2] KATZ, J.: Pflügers Arch. **63**, 1 (1896). — [3] MEIGS, E. B., and L. A. RYAN: J. biol. Ch. **11**, 401 (1912). — [4] HEISCHKEL, E.: B. Z. **272**, 235 (1934). — [5] SILBER, W.: B. Z. **257**, 363 (1933). — [6] HASSELBACH, W.: Z. Naturforsch. **7b**, 163 (1952). — [7] HAJDU, S., J. A. C. KNOX and R. J. S. MCDOWALL: J. Physiol., London **111**, 382 (1950). — [8] CUMINGS, J. N.: Biochem. J. **33**, 642 (1939). — [9] BUNGE, G. v.: H. **28**, 300, 452 (1899).

Muskeln also etwa zwischen 4 und 7; es ist kleiner im Herzmuskel, etwa 3. Zwischen roten und weißen, tonischen und nichttonischen Muskeln besteht kein wesentlicher Unterschied.

Das Kalium findet sich ganz überwiegend innerhalb der Muskelfaser, das Natrium hauptsächlich als Membranspeicher in der Faseroberfläche[1]. Es kann mit isotonischer Rohrzuckerlösung oder mit Wasser-Glycerin leicht (reversibel) ausgewaschen werden, wodurch der Muskel unerregbar wird. Eine reversible Lähmung des Muskels infolge Beeinflussung der Erregbarkeit der motorischen Nervenendigungen wird auch bei der Erhöhung des Quotienten K:Ca in der Durchströmungsflüssigkeit erhalten (entweder durch Erhöhung des K-Gehaltes oder Verminderung des Ca-Gehaltes). Noch höhere Kaliumkonzentrationen führen dagegen eine Kontraktion herbei. Ein Austausch von Natrium gegen Kalium findet statt, wenn der Muskel zur Kontraktion gebracht wird; in der Ruhe stellt sich der frühere Zustand wieder her[2,3].

Erdalkalimetalle. Für den Gehalt der Skeletmuskeln an *Calcium* werden weit auseinanderliegende Werte angegeben: Zwischen 2 mg-% (Rind) und 15 mg-% (Hund). Ein mittlerer Wert ist 5—7 mg-%. Im Herzmuskel sind dagegen sehr gleichmäßige Werte von 4—6 mg-% gefunden worden. Das Calcium liegt im Muskel fast ausschließlich in kolloider, nichtdiffusibler Form vor, während im Plasma ja etwa 1/3 ionisiert ist. Dieses „gebundene" Ca hat natürlich nicht die Wirkung wie der ionisierte Anteil des Plasma-Ca oder das Ca in den Durchströmungsflüssigkeiten.

Der Gehalt an *Magnesium* ist etwa 3—5mal größer als an Ca: 20—30 mg-% im Skeletmuskel und etwa 15 mg-% im Herzen.

Eisen. Der mittlere Gesamteisengehalt der Muskeln ist etwa 10—20 mg-% bei stark schwankenden Werten. Die glatten Muskeln sind besonders eisenarm.

Chlor. Das Gegenion der Alkalimetalle (und teilweise auch der Erdalkalimetalle) ist neben HCO_3^- in den Körperflüssigkeiten vorwiegend das Cl-Ion, in den Geweben das Phosphat-Ion, und zwar vorwiegend in organischer Bindung als Phosphorsäureester. Ein großer Teil der Kationen, der aber nicht genau angegeben werden kann, ist auch an Eiweiß gebunden (Alkaliproteinat). So enthält der Skeletmuskel nur rund 40—80 mg-% Cl (Höchstwert im Froschmuskel 150 mg-%[4]), das Herz und der glatte Muskel allerdings wesentlich mehr, und zwar zwischen 100 und 200 mg-%. Ein nicht kleiner Teil hiervon dürfte aber aus den intercellulären Gewebsflüssigkeiten stammen. Das Chlor findet sich ausschließlich als Ion.

Schwefel. Der Gehalt an Schwefel der quergestreiften und glatten Muskeln beträgt etwa 150—300 mg-%. Der Schwefel liegt in der Hauptsache im Methionin und Cystin des Eiweißes vor, zum kleineren Teil im Glutathion (evtl. Taurin) und als organischer Schwefelsäureester. Nach KAMBAYASHI waren von 240 mg-% Gesamt-S: 4% als Sulfat, 28% als sonstige lösliche S-Verbindungen vorhanden und der Rest von 68% als Eiweiß-S (s.[5]).

Phosphor. Die Skelet- und Herzmuskeln der Wirbeltiere enthalten rund 200 mg-%, die des Frosches etwa 150 mg-% P, glatte Muskulatur dagegen nur 1/3—1/2 dieser Menge. Von dem gesamten P sind nur etwa 10% anorganische Phosphorsäure, der Rest organische Phosphorsäureester (vgl. S. 581).

Spurenelemente. Außer den in Tabelle 80 angeführten Elementen kommen noch von den Metalloiden Fluor, Brom, Jod, Silicium und von den Metallen

---

[1] MOND, R., u. H. NETTER: Pflügers Arch. **230**, 42 (1932). — [2] FENN, W. O., and D.M. COBB: Amer. J. Physiol. **115**, 345 (1945). — [3] STEINBACH, H. B., in: BARRON, E. S. G.: Modern Trends in Physiology and Biochemistry. S. 173. New York 1952. — [4] SHENK, W. D.: Arch. Biochem. **25**, 168 (1950). — [5] KAMBAYASHI, Y.: B. Z. **215**, 402 (1929).

Mangan, Zink, Kupfer im allgemeinen in den Muskeln vor. Im frischen Nackenband[1] wurden 32 mg-% SiO_2 (= 15 mg-% Si) gefunden. Mangan (30 γ-%) wirkt ähnlich wie Magnesium im Cofermentsystem der Glykolyse[2]. Der Muskel enthält besonders viel Zink, und zwar 3—5 mg-%, das ist etwa 5mal mehr als im Blut.

2. Organische Bestandteile[3].

a) Eiweiß. Das Eiweiß des Muskels dient wie bei jeder anderen Zelle als Baustoff und als Fermentprotein. Es ist beim Muskel aber außerdem noch zu einem Teil das spezifische contractile Element. Die ersten eingehenderen Untersuchungen wurden von KÜHNE und FÜRTH ausgeführt. In Tabelle 81 sind die Eiweißkörper des Kaninchenmuskels im Anschluß an WEBER[4] zusammengestellt.

Tabelle 81. Eiweißkörper des Muskels.

Fraktion	Geschätzter Anteil (%)	Einzelnes Protein	Mol.-Gew. ($x\,10^{-5}$)	Achsenverhältnis
Albumin . . .	20	Myogen B (80%)	0,81	3,0
		Myogen A (20%) = Aldolase	1,5	5,5
Globulin X . .	20	nicht bearbeitet	—	—
Myosin	40	L-Myosin	8,5	100
		Tropomyosin	0,53 (monomer)	26
		A-Actin	(polydispers)	—
		G-Actin	0,70	—
		Actomyosin	(polydispers)	—
Stroma	20	nicht bearbeitet		

Für die Aufteilung der Muskeleiweißstoffe in die einzelnen Fraktionen wird deren verschiedene Löslichkeit benutzt. Nach der erschöpfenden Extraktion von Muskulatur mit eiskalter, verdünnter Salzlösung, z. B. KCl in Gegenwart eines schwach alkalischen Puffers, bleibt das Stroma als unlöslich zurück. Bei der weiteren Fraktionierung spielen p_H, Ionenstärke und Ionenart mit wechselseitiger Beeinflussung eine Rolle[5]. Die fibrillären Proteine haben Globulincharakter und sind in salzarmer Lösung am isoelektrischen Punkt unlöslich.

Myogen. Dieses Albumin findet sich im Muskel, vermutlich zur Hauptsache im Sarkoplasma, gelöst vor und macht wohl den kolloidosmotischen Druck der Muskelfaser aus. Sein isoelektrischer Punkt in $< m/50$ Pufferlösungen liegt bei p_H 6,3. Es ist zu vermuten, daß zur Myogenfraktion außer Aldolase noch andere Fermente der Glykolyse gehören, nach BARANOWSKI[6] z.B. α-Glycerophosphatdehydrogenasen.

Globulin X wurde zuerst von WEBER[7] beschrieben; sein isoelektrischer Punkt liegt bei p_H 5. Es ist kugelförmig, hat ein Teilchengewicht[8] von schätzungsweise 140—180000 und zeigt keine Doppelbrechung.

[1] HEISCHKEL, E.: B. Z. **272**, 235 (1934). — [2] OHLMEYER, P., u. S. OCHOA: B. Z. **293**, 338 (1937). — [3] LINDHARD, J.: Ergebn. Physiol. **33**, 337—557 (1931). — FÜRTH, O.: Handb. Biochem. Erg.-W. **2**, 196—216. — RIESSER, O.: Ergebn. Physiol. **38**, 133—250 (1936). — [4] WEBER, H. H.: Ergebn. Physiol. **36**, 109—150 (1934). Biochim. biophysica Acta, N. Y. **4**, 12 (1950). — WEBER, H. H., u. H. PORTZEHL: Ergebn. Physiol. **47**, 369—468 (1952). — [5] HASSELBACH, W., u. G. SCHNEIDER: B.Z. **321**, 462 (1950/51). — [6] BARANOWSKI, T.: J. biol. Ch. **180**, 535 (1949). — s. a. DISTÈCHE, A.: Nature **161**, 130 (1948). Biochim. biophysica Acta, N. Y. **2**, 265 (1948). — [7] WEBER, H. H., u. K. MEYER: B. Z. **266**, 137 (1933). — [8] DEUTICKE, H. J.: H. **224**, 216 (1934).

Myosin. Der Ausdruck Myosin soll einen Oberbegriff bezeichnen, unter den L-Myosin, die Actine und die Actomyosine fallen. Diese Komponenten machten eine Fraktion aus, die 1930 v. MURALT u. EDSALL[1] aus Muskulatur gewannen, und die alle Eigenschaften fibrillärer Eiweißkörper aufweist. Sie zeigt z. B. Strömungsdoppelbrechung, was auf ihren Ursprung aus der A-Bande deutet, deren Protein ja Doppelbrechung besitzt. 1934 fand WEBER[2], daß Myosin sich durch Einspritzen seiner Lösung in reines Wasser zu Fäden ausspinnen läßt, eine Entdeckung, die große Bedeutung für die Erforschung der Muskelaktion gewinnen sollte. Denn mit Hilfe der Fadenmodelle konnte der Beweis für die Identität des Myosins mit dem fibrillären Eiweiß der A-Bande erheblich gefördert werden. 1939 fanden ENGELHARDT u. LJUBIMOVA[3], daß der Elastizitätsmodul von Myosinfäden durch ATP erniedrigt wird und daß ATP gleichzeitig durch Myosin enzymatisch gespalten wird. Kurz darauf wurde in den Laboratorien von J. NEEDHAM[4] und von SZENT-GYÖRGYI gezeigt, daß durch ATP auch Viscosität, Strömungsdoppelbrechung, Lichtstreuung und Löslichkeit reversibel beeinflußt werden.

Nachdem SCHRAMM u. WEBER[5] das Myosin in mehrere Komponenten hatten zerlegen können, erhob STRAUB[6] aus dem Institut von SZENT-GYÖRGYI den wichtigen Befund, daß eine der Komponenten, Actomyosin, bestehend aus L-Myosin und Actin, die Verbindung ist, an der die erwähnten Erscheinungen sich abspielen, wenn ATP mit ihr unter Dissoziation zu L-Myosin und Actin reagiert. Was insbesondere die Löslichkeit betrifft, so hatte DEUTICKE[7] 1930 gefunden, daß Muskelproteine nach erschöpfendem anaerobem Stoffwechsel erheblich weniger löslich sind; KAMP[8] und WEBER[9] hatten die Verminderung der Löslichkeit auf die Myosinfraktion eingeengt und ihre Reversibilität in Abhängigkeit von der Erholung des Muskels (Milchsäurebildung) dargetan. Diese Verhältnisse wurden klar durch die Entdeckung von SZENT-GYÖRGYI: ATP erhöht die Extrahierbarkeit der Myosinfraktion, d. h. genauer: ATP führt Dissoziation und damit Löslichkeit von Actomyosin herbei. Der DEUTICKE-Effekt ist auf den quantitativen Verbrauch von ATP in der Muskulatur zurückzuführen. Zur Darstellung s. a. MOMMAERTS[10]. Durch Trypsin läßt sich Myosin in zwei gut definierte Komponenten zerlegen (L- und H-Meromyosin)[11].

Es folgt eine kurze Charakterisierung der Komponenten der Myosinfraktion.

α) L-Myosin (Bezeichnung von WEBER; Myosin bei SZENT-GYÖRGYI; Myosin β bei DUBUISSON). Frische Lösungen von reinem L-Myosin können streng monodispers sein. Das Molekulargewicht errechnet sich unter Benutzung der Konstanten für Sedimentation und Diffusion zu 858000; aus osmotischen Messungen folgt 840000. Die unter sich gleichen Teilchen sind unter Annahme eines runden Querschnitts 2400 Å lang und 24 Å dick. Der isoelektrische Punkt liegt bei p_H 5,4. Bei p_H 7 und $\mu = 0{,}3$ (KCl) ist L-Myosin vollständig gelöst.

β) Tropomyosin steht in naher Beziehung zu L-Myosin[12]. Beide Proteine zeigen Ähnlichkeit im Anteil der einzelnen Bausteine: endständige Aminogruppen

[1] MURALT, A. L. v., and J. T. EDSALL: J. biol. Ch. **89**, 315, 351 (1930). — [2] WEBER, H. H.: Pflügers Arch. **235**, 205 (1935). — [3] ENGELHARDT, W. A., and M. N. LJUBIMOVA: Nature **144**, 668 (1939). — [4] NEEDHAM, J., S.-C. SHEN, D. M. NEEDHAM and A. S. C. LAWRENCE: Nature **147**, 766 (1941). — [5] SCHRAMM, G., u. H. H. WEBER: Kolloid-Z. **100**, 242 (1942). — [6] STRAUB, F. B.: Stud. Inst. med. Chem. Szeged **2**, 3 (1942). — [7] DEUTICKE, H. J.: Pflügers Arch. **224**, 1 (1930). — [8] KAMP, F.: B. Z. **307**, 226 (1940/41). — [9] WEBER, H. H.: Naturwiss. **27**, 33 (1939). — [10] MOMMAERTS, W. F. H. M., and R. G. PARRISH: J. biol. Ch. **188**, 545 (1951). — WEBER, H. H., u. H. PORTZEHL: Ergebn. Physiol. **47**, 369 (1952). Adv. Protein Chem. **7**, 161 (1952). — [11] MIHÁLYI, E., and A. G. SZENT-GYÖRGYI: J. biol. Ch. **201**, 189, 211 (1953). — MIHÁLYI, E.: J. biol. Ch. **201**, 197 (1953). — SZENT-GYÖRGYI, A. G.: Arch. Biochem. **42**, 305 (1953). — [12] ADAIR, G. S., K. BAILEY and T. C. TSAO: Biochem. J. **45**, V (1949). — BAILEY, K.: Biochem. J. **43**, 271 (1948); **45**, 479 (1949); **49**, 23 (1951). Proc. R. Soc. London (B) **137**, 70 (1950). — BAILEY, K., and E. C. WEBB: Biochem. J. **42**, 60 (1948).

fehlen[1]. Aber das Molekulargewicht[2] liegt bei Tropomyosin niedriger, bei etwa 53000. Das Protein könnte ein Bestandteil von L-Myosin sein[3].

γ) Actin. Bei einem $p_H > 6{,}0$ in salzarmer Lösung liegt Actin globär vor (G-Actin). Für das Molekulargewicht[4,5] werden Werte von 55000—60000 bzw. 75000 angegeben. Umpufferung auf $p_H < 6{,}0$ führt fibrilläre Polymerisation herbei (F-Actin). Die Polymerisate bilden sehr große Fäden von wechselnder Länge (bis $> 5\,\mu$) und daher Lösungen von wechselnder Viscosität; ihre Dicke beträgt $\sim$100 Å. Für die Polymerisation scheint ATP notwendig zu sein[6]. Die Reaktion verläuft nach

$$\text{Actin} + \text{ATP} \rightarrow (\text{Actin})_{\text{polym.}} + \text{ADP} + \text{Phosphat}$$ [7].

Die dabei entstehende Phosphatmenge entspricht der bei einer maximalen Einzelzuckung freigesetzten[7].

δ) Actomyosin. Maße und Viscosität des Actomyosins ähneln denen des F-Actins. Seine Strömungsdoppelbrechung ist wesentlich höher als die des L-Myosins. Das Gewichtsverhältnis von F-Actin und L-Myosin im Actomyosin kann in gewissen Grenzen wechseln; das gilt für die natürliche wie für die künstliche Verbindung. Das Verhältnis 3—4 L-Myosin zu 1 F-Actin liegt im lebenden Muskel bevorzugt vor.

SH-Gruppen im Myosin sind offenbar für die Verbindung mit Actin und für die ATPase-Wirkung von Bedeutung, wie aus Versuchen mit SH-Blockierung hervorgeht[8,9].

Stroma. Als völlig unlösliches Eiweiß stellt es vielleicht die Gerüstsubstanz des Muskels dar.

Myoglobin (s. a. Bd. 1, S. 746). Das Muskelhämoglobin vermag ebenso wie das Hämoglobin mit elementarem Sauerstoff eine leicht dissoziierende Oxy-Muskelhämoglobin-Verbindung zu geben. Es bedingt im wesentlichen die Farbe der roten Muskeln, findet sich also besonders reichlich in rohem Fleisch: im Pferdefleisch und noch mehr im Seehundfleisch. Das gut krystallisierbare Myoglobin entspricht in seiner elementaren Zusammensetzung dem Bluthämoglobin[10,11]; das Mol.-Gew. beträgt aber nur den 4. Teil (17000). Die Sauerstoffbindungskurve des Myoglobins ist streng hyperbolisch (die des Hämoglobins S-förmig). Das Myoglobin vermag in gewisser Weise als Sauerstoffspeicher zu dienen, indem es Sauerstoff aus dem Blut aufnimmt und an das Gewebe wieder abgibt. Hierzu scheint es durch die beiden folgenden Eigenschaften besonders geeignet zu sein: Erstens ist das Myoglobin schon bei einem Sauerstoffpartialdruck von 3,26 mm Hg halbgesättigt (p_H 7,4, 37°), das Hämoglobin aber erst bei etwa 20 mm. Die Sauerstoffaffinität des ersteren ist unter diesen Bedingungen also etwa 6mal größer. Zweitens ist der Einfluß der Wasserstoffionenkonzentration auf den Verlauf der Sauerstoff-Dissoziationskurve nur gering, beim Hämoglobin sehr viel größer. Die Funktion des Myoglobins zur Übertragung von molekularem Sauerstoff ist also auch bei der

---

[1] BAILEY, K.: Biochem. J. **49**, 23 (1951). — [2] TSAO, T.-C., K. BAILEY and G. S. ADAIR: Biochem. J. **49**, 27 (1951). — BAILEY, K.: Proc. R. Soc. London (B) **141**, 45 (1953). — [3] KOMINZ, D. R., and L. LAKI: Fed. Proc. **12**, 80 (1953). — [4] MOMMAERTS, W. F. H. M.: J. biol. Ch. **198**, 445 (1952). — [5] TSAO, T.-C.: Biochim. biophysica Acta, N. Y. **11**, 227 (1953). — [6] LAKI, K., W. J. BOWEN and A. CLARK: J. gen. Physiol. **33**, 437 (1950). — STRAUB, F. B., and G. FEUER: Biochim. biophysica Acta, N. Y. **4**, 455 (1950). — [7] MOMMAERTS, W. F. H. M.: J. biol. Ch. **198**, 469 (1952). — [8] BAILEY, K., and S. V. PERRY: Biochim. biophysica Acta, N. Y. **1**, 506 (1947). — [9] KUSCHINSKY, G., u. F. TURBA: Naturwiss. **37**, 425 (1950). — [10] THEORELL, A. H. T.: B. Z. **252**, 1 (1932); **310**, 422 (1941/42). — THEORELL, H., and Å. ÅKESSON: Am. Soc. **63**, 1804, 1812 (1941). — [11] MILLIKAN, G. A.: Proc. R. Soc. London (B) **120**, 366 (1936). — HILL, R.: Proc. R. Soc. London (B) **120**, 472 (1936).

physiologisch stark schwankenden [H^+] des Muskels stets gesichert. Die Bindung von CO an Myoglobin ist etwa 4mal geringer, dem einen Häminkern im Myoglobin entsprechend[1].

Der Gehalt an Myoglobin beträgt in den Skeletmuskeln und im Herzen von Ochsen um 0,6%, in den Herzen von Schaf, Schwein und Hund zwischen 0,23 und 0,36%[2].

b) Kohlenhydrate und organische Säuren. Die im Muskel vorkommenden Kohlenhydrate der C_6-Reihe sind Glykogen und vergärbares Kohlenhydrat, das wahrscheinlich Glucose ist. Man unterscheidet gelegentlich noch eine Fraktion, die nach Extraktion des Muskels mit 60%igem Alkohol und Hydrolyse mit Salzsäure als reduzierende Substanz bestimmt und als „*niedere Kohlenhydrate*" bezeichnet wird.

Glykogen (Chemie, s. Bd. **1**, S. 342). Es ist das wichtigste Kohlenhydrat des Muskels, das in erster Linie als „anaerobes Energiedepot" auffällt (vgl. S. 590), dem darüber hinaus aber auch zweifellos eine Bedeutung als Baustoff (also nicht nur als Betriebsstoff) des Muskels zukommt. Der Gehalt des Muskels beträgt im Mittel 0,5—1%. Er schwankt sehr stark von sehr geringen Mengen bis zu 10% (Gehalt in der Muschel bis zu 30% des Feuchtgewichts). In normalen Muskeln fehlt es niemals. Das Glykogen liegt in zwei Formen vor[3]: hauptsächlich als schwerer herauslösbares desmo-Glykogen, zum kleineren Teil als leichter herauslösbares lyo-Glykogen. Dieses nimmt im Hunger viel rascher ab als jenes und wird nach Glucosegaben sogleich ergänzt[4].

Glucose. Der Gehalt an vergärbarem Kohlenhydrat kann mit 10—30 mg-% angegeben werden.

Niedere Kohlenhydrate. Die Menge beträgt 100—200 mg-%. Es ist eine nicht näher definierbare Fraktion, die sich neben Glucose im wesentlichen aus Hexosemonophosphorsäure und aus Pentosen bzw. Pentosephosphorsäure zusammensetzt, die bei der Säurehydrolyse der Adenosintriphosphorsäure und anderen Nucleosiden und Nucleotiden frei werden.

Inosit. Das Hexaoxy-cyclohexan[5] (= Inosit) kommt in Kaninchenmuskeln zu etwa 10 mg-% vor. Es handelt sich dabei wohl hauptsächlich um den isomeren meso-Inosit, der auch Myo-Inosit genannt wird. Chemie s. Bd. **1**, S. 316.

L-(+)-***Milchsäure.*** Dieses wichtigste Produkt der anaeroben Glykogenspaltung findet sich auch stets im ruhenden Muskel. Die Menge beträgt hier 0,01 bis 0,02%, im stark ermüdeten Muskel bis zu 0,4%. Bestimmung s. S. 593.

Bernsteinsäure, Fumarsäure, Äpfelsäure. Bernsteinsäure und Fumarsäure erhielt zuerst EINBECK[6] aus frischen Muskeln. Es finden sich in frischen Taubenbrustmuskeln ungefähr 18 mg-% Bernsteinsäure, 9 mg-% Fumarsäure und 18 mg-% Äpfelsäure. Diese Verbindungen und die anderen Säuren des Citronensäurecyclus spielen eine Rolle beim aeroben Abbau der Kohlenhydrate (vgl. S. 588).

c) P-haltige Verbindungen. Der Phosphor liegt im Muskel wie in allen anderen Geweben ausschließlich in der Oxydationsstufe des 5wertigen P als Phosphorsäure oder als deren Ester vor. Die Bedeutung der P-Verbindungen liegt in folgendem:

1. Sie sind Betriebs- und Baustoffe; das gilt z. B. für die Phosphatide. Im wesentlichen als Betriebsstoffe anzusehen sind die Hexosemonophosphorsäure und Kreatinphosphorsäure, sowie die Zwischenprodukte beim Abbau der Kohlenhydrate (Hexosediphosphorsäure, Dioxyacetonphosphorsäure, Glycerinaldehydphosphorsäure, Glycerinaldehyddiphosphorsäure, Glycerinsäurediphosphorsäure,

---

[1] NEGELEIN, E., u. T. BÜCHER: Naturwiss. **29**, 672 (1941). — [2] WATSON, R. H.: Biochem. J. **29**, 2114 (1935). — [3] WILLSTÄTTER, R., u. M. ROHDEWALD: H. **225**, 103 (1934). — [4] BLOOM, W. L., G. T. LEWIS, M. Z. SCHUMPERT and T.-M. SHEN: J. biol. Ch. **188**, 631 (1951). — [5] FLETCHER, H. G. jr.: Adv. Carbohydrate Chem. **3**, 45 (1948). — [6] EINBECK, H.: H. **87**, 145 (1913). — NEEDHAM, D. M.: Biochemistry of Muscle. London 1932.

β-Glycerinsäurephosphorsäure, α-Glycerinsäurephosphorsäure, Brenztraubensäurephosphorsäure und Glycerinphosphorsäure), die beim normalen Stoffwechsel aber zumeist in nicht faßbaren Mengen auftreten;

2. Phosphor enthalten zahlreiche Wirkstoffe, so die Cofermente Adenosintriphosphorsäure, Diphosphopyridinnucleotid, Triphosphopyridinnucleotid, Flavinnucleotid und Flavinadenindinucleotid.

Man kann die P-haltigen Verbindungen in säureunlösliche und säurelösliche einteilen, eine Trennung, die man ohne weiteres beim Enteiweißen des Muskels mit Trichloressigsäure, Sublimatsalzsäure usw. erhält. Manche, in isolierter Form wasserlöslichen Verbindungen wie die Pyridinnucleotide lassen sich aber auf diese Weise nur unvollständig extrahieren. Die säureunlöslichen Verbindungen betragen etwa 20—25% des gesamten P. Sie bestehen hauptsächlich aus Phosphatiden, zum kleineren Teil aus den Nucleoproteiden der Zellkerne.

Die säurelöslichen P-Verbindungen haben für die Muskeltätigkeit die größte Bedeutung. Die Verteilung der mengenmäßig überwiegenden Verbindungen im Froschmuskel ist nach LOHMANN ungefähr die folgende (in % des gesamten säurelöslichen P):

Tabelle 82. Säurelösliche P-Verbindungen des Skeletmuskels (in % des säurelöslichen P).

Anorganische Phosphorsäure	Kreatin-phosphorsäure	Hexosemono-phosphorsäure	Adenosintri-phosphorsäure
10	45	5	35

Hexosemonophosphorsäure (EMBDEN-Ester, Lactacidogen). Sie wurde von EMBDEN[1] isoliert. Der Gehalt[2] beträgt in 1 g Froschmuskel 0,04—0,08 mg P, im Wirbeltiermuskel 0,12 bis 0,16 mg P. Er besteht aus einem Gemisch von 75% aldo-Hexosemonophosphorsäure und 25% keto-Hexosemonophosphorsäure, die in einem enzymatischen Gleichgewicht miteinander stehen (vgl. Bd. **1**, S. 306).

Kreatinphosphorsäure. Etwa $^4/_5$ des gesamten Muskelkreatins liegen als Kreatinphosphorsäure vor[3], der Rest als freies Kreatin. Der Gehalt des Muskels an Kreatinphosphorsäure schwankt in einzelnen Muskeln sehr stark, etwa zwischen 0,3 und 0,7%. Er ist am größten in weißen (also schnell reagierenden) Skeletmuskeln, geringer in den roten, noch kleiner im Herzmuskel und sehr gering in glatten Muskeln. Die Kreatinphosphorsäure stellt einen wichtigen Betriebsstoff bei der Muskelkontraktion dar, dessen Bedeutung weitgehend aufgeklärt ist. Bei der Tätigkeit des Muskels wird sie in Kreatin und Phosphorsäure gespalten, wobei je Mol etwa 12000 cal frei werden.

In den Muskeln von Wirbellosen findet sich Argininphosphorsäure, die sich chemisch und physiologisch weitgehend wie die Kreatinphosphorsäure verhält[4]. In Amphioxus kommt Kreatinphosphorsäure vor.

```
               OH                               OH
          NH—P=O                          HN—P=O
HN=C<          OH             HN=C<           OH
          N—CH3                           NH
          |                               |
          CH2                             (CH2)3
          |                               |
          COOH                            CH(NH2)
                                          |
                                          COOH
```

Kreatinphosphorsäure

Argininphosphorsäure

[1] EMBDEN, G., u. M. ZIMMERMANN: H. **167**, 114 (1927). — [2] LOHMANN, K.: B.Z. **203**, 172 (1928). — EMBDEN, G., u. H. JOST: H. **179**, 24 (1928). — CORI, G. T., and C. F. CORI: J. biol. Ch. **94**, 561 (1931/32). — [3] EGGLETON, P., and G. P. EGGLETON: Biochem. J. **21**, 190 (1927). J. Physiol., London **63**, 155 (1927); **65**, 15 (1928). — FISKE, C. H., and Y. SUBBAROW: J. biol. Ch. **81**, 629 (1929). — [4] MEYERHOF, O., u. K. LOHMANN: B. Z. **196**, 22, 49 (1928).

Adenosintriphosphorsäure (ATP, Adenylpyrophosphorsäure). Es ist die energiereiche Phosphorsäureverbindung, die als umphosphorylierendes Coferment bei der Bildung von Milchsäure aus Glykogen[1] und der Aufspaltung von Kreatinphosphorsäure[2] entdeckt wurde und als wichtigster Energieträger bei der Muskelaktion und bei anderen Energieumsetzungen der Zelle zu gelten hat. Adenylsäure (Adenosinmonophosphorsäure, AMP, Adenin-ribose-5'-phosphorsäure), Adenosindiphosphorsäure (ADP) und ATP stehen in einem genetischen Zusammenhang miteinander, indem durch dephosphorylierende und rephosphorylierende Vorgänge ein beständiger Aufbau und Abbau erfolgt. Aus der Diphosphorsäure und Triphosphorsäure werden enzymatisch sehr leicht 1 bzw. 2 Moleküle Phosphorsäure abgespalten und auf Kohlenhydrat und Kreatin übertragen. Die dephosphorylierte Mono- und Diphosphorsäure werden andererseits sehr leicht unter Aufnahme von Phosphat aus anderen phosphorylierten Verbindungen (Kreatinphosphorsäure, Phosphobrenztraubensäure) wieder zu der Triphosphorsäure rephosphoryliert:

$$\text{Adenosin-monophosphorsäure} \underset{-\,H_3PO_4(+\,H_2O)}{\overset{+\,H_3PO_4(-\,H_2O)}{\rightleftarrows}} \text{Adenosin-diphosphorsäure}$$

$$\underset{-\,H_3PO_4(+\,H_2O)}{\overset{+\,H_3PO_4(-\,H_2O)}{\rightleftarrows}} \text{Adenosin-triphosphorsäure.}$$

Im frischen Muskel liegt fast ausschließlich die Adenosintriphosphorsäure vor; der Gehalt beträgt 0,1—0,3%.

Der Adenosintriphosphorsäure kommt sehr wahrscheinlich die folgende Formel zu (LOHMANN):

Inosinsäure (= Hypoxanthin-ribose-5'-phosphorsäure) wurde schon von LIEBIG aus Fleischextrakt isoliert; sie entsteht nach EMBDEN aus der Adenylsäure durch enzymatische Desaminierung[3].

Adenylsäure

$\xrightarrow{+H_2O} NH_3 +$

Inosinsäure

[1] LOHMANN, K.: B. Z. **237**, 445; **241**, 50 (1931). — [2] LOHMANN, K.: B. Z. **271**, 264 (1934). — [3] EMBDEN, G., u. H. WASSERMEYER: H. **179**, 161 (1928). — EMBDEN, G., u. G. SCHMIDT: H. **181**, 130 (1929); **186**, 205 (1930); **197**, 191 (1931). — s. a. PARNAS, J. K.: B. Z. **206**, 16 (1929).

Normalerweise setzt sich die Purinbasenfraktion des frischen Muskels (die man bei der Spaltung der Nucleotide durch Kochen mit Säuren erhält) aus 80—90% Adenin und 10—20% Hypoxanthin zusammen. Der Gehalt an den (säureunlöslichen) Purinbasen aus den Nucleoproteiden der Zellkerne beträgt nach PARNAS nur etwa $^1/_{25}$ der säurelöslichen Purinbasen.

Diphosphopyridinnucleotid (DPN, Cozymase, Codehydrogenase I). Es ist ein wasserstoffübertragendes Coferment und als solches bei der Milchsäurebildung beteiligt. 1 kg frische Kaninchenmuskeln enthalten etwa 0,5 g DPN (neben etwa 2 g ATP). DPN setzt sich aus Adenin, Nicotinsäureamid, Ribose und Phosphorsäure zusammen:

Unter der Wirkung von tierischen Fermenten kann die Pyrophosphatbindung im Molekül unter Bildung von Adenylsäure und Nicotinsäureamidnucleotid gespalten werden[1]; zudem reagiert DPN mit Pyrophosphat reversibel zu ATP und Nicotinsäureamidnucleotid[2].

Triphosphopyridinnucleotid (TPN, Codehydrogenase II). Dieses Coferment überträgt ebenfalls Wasserstoff, aber vor allem auf Intermediärprodukte im Zusammenhang der Atmung. Es kann sich aus DPN durch Aufnahme einer Phosphorsäuregruppe bilden[3], die wahrscheinlich in 2'-Stellung des Adenosins[4] eintritt. TPN kommt im allgemeinen in geringerer Konzentration vor als DPN (Formel s. Bd. **1**, S. 833).

Flavinmononucleotid (FMN, Flavinphosphorsäure) ist das Coferment des „alten" gelben Atmungsferments. Es reagiert unmittelbar mit Sauerstoff und ist aus Isoalloxazin, Ribose und Phosphorsäure zusammengesetzt (s. Bd. 1, S. 1036).

Flavinadenindinucleotid (FAD) bildet sich aus FMN und ATP unter Abspaltung von Pyrophosphat[5] und läßt sich aus Herzmuskel isolieren (s. Bd. 1, S. 1037).

d) Sonstige Extraktivstoffe. ***Carnosin*** und ***Anserin*** (s. Bd. **1**, S. 788). Im Skeletmuskel sind neben Kreatin das Carnosin (β-Alanyl-histidin) und das Anserin (N-Methyl-carnosin) die mengenmäßig wichtigsten „Extraktivstoffe". Die physio-

---

[1] KORNBERG, A., and O. LINDBERG: J. biol. Ch. **176**, 665 (1948). — [2] KORNBERG, A.: J. biol. Ch. **176**, 1475 (1948). — [3] KORNBERG, A.: J. biol. Ch. **182**, 805 (1950). — [4] KORNBERG, A., and W. E. PRICER jr.: J. biol. Ch. **186**, 557 (1950). — [5] SCHRECKER, A. W., and A. KORNBERG: J. biol. Ch. **182**, 795 (1950).

logische Bedeutung dieser beiden Verbindungen ist unbekannt. Sie kommen im allgemeinen nebeneinander vor, in den Säugermuskeln hauptsächlich das Carnosin, in den Vogelmuskeln hauptsächlich das Anserin, und zwar in einer Menge von etwa 0,4%.

Ammoniak. Der NH_3-Gehalt in frischen Froschmuskeln beträgt etwa 0,7 mg-%. Bei der Tätigkeit nimmt das NH_3 in vitro wie in vivo zu, ohne daß aber diese Abspaltung an dem Zustandekommen der Muskelkontraktion beteiligt zu sein scheint (vgl. S. 597).

Glutathion. Dieses Tripeptid (Glutaminyl-cysteinyl-glycin) (s. Bd. **1**, S. 358) findet sich fast ausschließlich in der reduzierten Form. Der Gehalt beträgt um 50 mg-% mit beträchtlichen Schwankungen. Im Herz- und glatten Muskel kommt es in Mengen bis zu 100—300 mg-% vor. Das Glutathion ist nach LOHMANN das Coferment der Methylglyoxalase.

Als weitere N-haltige Extraktivstoffe kommen vor: *Harnstoff* (20—30 mg-%), *Carnitin* (s. Bd. **1**, S. 784) (20—40 mg-%), *Methylguanidin* (s. Bd. **1**, S. 789) (10—30 mg-%), *Aminosäuren* und *Polypeptide.*

Zusammengefaßt: Von dem gesamten N des Muskels liegen etwa 12% als Extraktiv-N bzw. als Rest-N vor. Diese N-Fraktion besteht bei den Skeletmuskeln zu rund $^1/_3$ aus Kreatin, $^1/_3$ aus Carnosin und Anserin und $^1/_{10}$ aus Adenin, der Rest aus den übrigen Verbindungen.

e) Fette, Lipoide. Der Gehalt der Muskeln an Fett (Glyceriden) schwankt sehr stark von 0,5—25% und darüber. Man bezeichnet Fleisch mit bis zu 5% Fett als mager. Das Muskelfett unterscheidet sich nicht weitgehend vom normalen Speicherfett; der Gehalt an ungesättigten Fettsäuren scheint im Muskelfett etwas größer zu sein[1]. Man hat zu unterscheiden zwischen dem Fettanteil, der zwischen den Bindegewebssepten abgelagert ist und wahrscheinlich Speicherfett darstellt, und dem muskeleigenen Fett, das ebenso wie ein Teil der Phosphatide in den Mitochondrien abgelagert ist. Ähnlich wie das Eiweiß sind die Fette als wirkende Bestandteile des lebenden Protoplasmas anzusehen, also als Betriebs- und als Baustoff.

Phosphatide. Der Phosphatidgehalt frischer Muskeln beträgt rund 0,4—1%. Je aktiver ein Muskel ist, um so höher ist der Phosphatidgehalt; er ist am höchsten im Herzmuskel. Im Gesamtphosphatid befinden sich nach FEULGEN[2] 10—12% Acetalphosphatide.

Die Muskelphosphatide sind Lecithine und Kephaline (im ungefähren Verhältnis 1:1,3).

Sterine. Das Cholesterin liegt fast ausschließlich in freier Form vor (etwa 50—100 mg-% in Skelet- und um 150 mg-% in Herz- und glatten Muskeln) und nur in Spuren als Ester. Desoxycorticosteron, nach VERZÁR an Phosphorylierungsprozessen beteiligt, hat auch im Muskel eine begrenzte[3] Funktion.

f) Vitamine. *Vitamin A* und *Carotine* kommen im Menschen- und Rattenmuskel mit 100—200 γ-% vor; an *Vitamin E* (Tokopherol) finden sich 1,7 bis 3,0 mg-%. Der Tierversuch bestätigte diesen Wert mit ±10% Schwankungsbreite[4]. KARRER[5] fand im Katzenmuskel 0,6 mg, HINES[6] 0,75 mg je 100 g Ratte.

---

[1] BLOOR, W. R.: J. biol. Ch. **68**, 33 (1926). — [2] FEULGEN, R., u. T. BERSIN: H. **260**, 217 (1939). — [3] VARGA, E., K. KOSTYA, É. SZABÓ, L. ASZÓDI and L. KESTYÜS: A. e. P. P. **210**, 214 (1950). — [4] KAUNITZ, H., and J. J. BEAVER: J. biol. Ch. **166**, 205 (1946). — [5] KARRER, P., W. JAEGER u. H. KELLER: Helv. **23**, 464 (1940). — [6] HINES, L. R., and H. A. MATTILL: J. biol. Ch. **149**, 549 (1943).

Von Bedeutung ist der Gehalt der Muskeln an den *Vitaminen der B-Gruppe.* Da sie im ganzen kochbeständig sind, nimmt ihre Menge bei der Zubereitung von Fleisch kaum ab. Dieses kann daher als wesentliche Quelle vor allem für B_2 und B_6 dienen[1]. B_1 (Thiamin, Aneurin) kommt viel reichlicher in Hefe vor. In Warmblüterfleisch ist mehr B_2 (Riboflavin) als B_6 (Pyridoxin, Pyridoxal und Pyridoxamin; Verhältnis untereinander unbekannt), in Fischfleisch umgekehrt. Der Herzmuskel enthält wieder etwa 5mal mehr B_2 als Skeletmuskeln[2]. Wichtig ist ferner der Gehalt an *Nicotinsäureamid* (Antipellagrafaktor), das auch als Bestandteil von DPN und TPN bekannt ist. Rattenmuskel enthält zwischen 8,2 und 14,4 mg-% Gesamtnicotinsäure, ein Wert, der infolge von Abkühlen, Aufbewahren und Autolyse fällt[3]. Zu erwähnen sind noch *Pantothensäure* als Bausteine von CoA, dem Coferment für Acylierungen; *Folsäure* (N-Pteroylglutaminsäure, PGA) u. a. einer der antianämischen Faktoren; B_{12} (Cyano-Cobalamin, extrinsic factor) zusammen mit einem intrinsic factor kurativ wirksam bei perniziöser Anämie (s. a. Bd. 2/2b).

Vitamin C (Ascorbinsäure). Für dieses Vitamin mit antiskorbutischer Wirkung können Muskeln nur im rohen Zustand als Quelle dienen, da es bei der üblichen Zubereitung von Fleisch zerstört wird. Nur der Verzehr von rohem Fleisch vermag also bei Völkern wie den Eskimos vor dem Skorbut zu schützen, eine Erfahrung, die immer wieder auch von Europäern auf arktischen Expeditionen gemacht wurde. Nach titrimetrischen Messungen[4] wurden im Herzmuskel etwa 4 mg-% Vitamin C gefunden, in den Skeletmuskeln nur um etwa 1—2 mg-% (der Gehalt der Nebenniere beträgt beispielsweise um 50 mg-%); dieser Gehalt reicht aber bei einem entsprechend großen Verzehr völlig aus.

g) Fermente. Der Muskel enthält natürlich die gesamten Fermente, die für die Verbrennung der Nahrungsmittel, für die anaerobe Milchsäurebildung (s. Bd. 2/1, S. 738) und für diejenigen Vorgänge, die an dem Zustandekommen der Muskelkontraktion einschließlich der Restitutionsvorgänge beteiligt sind. Das sind also die verschiedenen Oxydationsfermente wie das WARBURGsche Atmungsferment und die KEILINschen Cytochrome, ferner die *Dehydrogenasen,* das glykolysierende Fermentsystem und die dephosphorylierenden und rephosphorylierenden Fermente (Phosphatasen). Bezüglich der Phosphatasen ist darauf hinzuweisen, daß der Muskel in erster Linie spezifische Phosphatasen enthält, die also nur auf eine ganz beschränkte Anzahl von Substraten ansprechen, dagegen nur in geringer Menge die unspezifischen Phosphatasen, als deren Substrat die Glycerinphosphorsäuren anzusprechen sind. Adenosintriphosphatase ist mit Myosin verknüpft, wie nach ENGELHARDT[5] ebenfalls Desaminase, die 5–10% davon ausmacht. Zahlreiche Fermente, wie die *Milchsäuredehydrogenase,* die *Xanthinoxydase* und *Nucleosidase* kommen nicht regelmäßig in den Muskeln aller Tiere vor[6]. Das *Kathepsin* soll im normalen Muskel nicht enthalten sein; es findet sich aber in der Muskulatur von gesunden, krebsfesten und in erhöhter Menge in krebskranken Tieren[7]. Gering ist ferner der Gehalt an ferroaktiviertem *Chymotrypsin* im quergestreiften Muskel[8]. Die *Arginase*[9] kommt im Muskel nur in einer mit Mangan aktivierbaren Form vor; ihr Gehalt ist in krebskranken Tieren erhöht. *Lipasen* sollen am wenigsten oder gar nicht im Muskel vorkommen (s. Bd. **1**, S. 1073).

---

[1] GYÖRGY, P.: Biochem. J. **29**, 760 (1935). — [2] GYÖRGY, P., R. KUHN u. T. WAGNER-JAUREGG: H. **223**, 21 (1934). — [3] PLATT, B. S., and G. E. GLOCK: Biochem. J. **36**, XV (1942). — [4] YAVORSKY, M., P. ALMADEN and C. G. KING: J. biol. Ch. **106**, 525 (1934). — [5] ENGELHARDT, W. A.: Symposion sur le Cycle Tricarboxylique. 2. Int. Congr. Biochem. Paris. S. 108. 1952. — [6] BOYLAND, E., and M. E. BOYLAND: Biochem. J. **29**, 1097 (1935). — [7] PURR, A.: Biochem. J. **28**, 1907 (1934). — [8] SNOKE, J. E., and H. NEURATH: J. biol. Ch. **187**, 127 (1950). — [9] KLEIN, G., u. W. ZIESE: H. **235**, 246 (1935).

3. Einflüsse auf die Zuammensetzung des Muskels.

Der Gehalt der Muskeln an den einzelnen Stoffen ist schon bei derselben Tierart starken Schwankungen unterworfen, die von Alter, Ernährung usw. abhängig sind. Bemerkenswert ist die starke Zunahme des Glykogengehaltes bei der Insulinmastkur. Bei der Kaltblütern findet man besonders starke jahreszeitliche Schwankungen.

a) Training. Eigenartig ist der Einfluß des Trainings, wodurch nicht nur die gesamte Muskelmasse vermehrt wird, sondern zum Teil auch der prozentuale Gehalt an einzelnen Bestandteilen. So steigt der Glykogengehalt[1] in dem „trainierten" Bein eines Kaninchens (durch längere Zeit fortgesetzte tägliche *kurz*dauernde faradische Reizung) gegenüber dem nichttrainierten Bein bis auf das Doppelte und sogar Dreifache an. Eine ähnliche Zunahme durch Training wurde auch für das Glutathion[2] und das Carnosin[3] gefunden. Ferner tritt die Totenstarre bei einem trainierten Muskel später ein als bei einem nichttrainierten. Die Steigerung der körperlichen Leistungsfähigkeit durch Leibesübungen beruht also neben einer Anpassung von Kreislauf und Atmung und einer zweckmäßigeren Ausführung der Übung im wesentlichen mit auf einer Steigerung des funktionellen Zustandes des Muskels.

b) Entnervung des Muskels. Im entnervten Katzenmuskel sinkt das Gewicht der Muskeln nach einigen Wochen bis um die Hälfte ab[4]; Phosphorsäure, Kreatinphosphorsäure und der Gehalt an Myosin um 20—30%; unverändert blieben Adenosintriphosphorsäure, Rest-N, Glykogen, Milchsäure, Fett, Cholesterin und Wasser. In den ersten Tagen nach der Entnervung wurden teils erhöhte, teils erniedrigte Werte für die verschiedenen Zellinhaltssubstanzen gefunden. Die Fähigkeit des Muskels zur Phosphorylierung von Glykogen ist einige Tage nach Denervierung des Gastrocnemius der Katze gefallen und nach 4 Wochen verschwunden. Dieser Verlust ist offenbar nicht auf Mangel an Desoxycorticosteron zurückzuführen[5].

c) Muskeldystrophie[6]. Bei den typischen Muskelerkrankungen, wie bei progressiver Muskeldystrophie, fand sich am Deltoideus des Menschen bei der Autopsie je nach der Schwere der Erkrankung eine starke Verminderung der Kreatinphosphorsäure bis fast zum völligen Schwund, weitgehende Verminderung des Glykogens, ein niedriger Milchsäuregehalt und eine Zunahme der Trockensubstanz[7], in dystrophischen und atrophischen Muskeln ein erniedrigter Phospholipoid- und ein erhöhter Cholesteringehalt[8].

Eigenartig ist die von Thomas[9] beobachtete günstige Beeinflussung der progressiven Muskeldystrophie durch große Gaben Glykokoll, unter denen der Kreatinstoffwechsel wieder normal wird. Diese Wirkung dürfte damit zusammenhängen, daß Glykokoll über Guanidinoessigsäure an der biologischen Synthese von Kreatin beteiligt ist[10].

d) Winterschlaf. In den Muskeln winterschlafender Tiere ist der Gehalt an Gesamt-P, säurelöslichem P und Rest-N herabgesetzt. Das anorganische Phosphat ist auf Kosten von Kreatinphosphorsäure, Hexosemonophosphorsäure und Adenosintriphosphorsäure erhöht[11].

[1] Embden, G., u. H. Habs: H. **171**, 16 (1927). — Habs, H.: H. **171**, 40 (1927). — [2] Wachholder, K., u. K. Uhlenbroock: Pflügers Arch. **236**, 20 (1935). — [3] Palladin, A.: Bull. Soc. Chim. biol. **13**, 13 (1931). — [4] Westenbrink, H. G. K., u. H. Krabbe: Arch. néerl. Physiol. **21**, 455 (1936). — [5] Varga, E., K. Kostya, É. Szabó, L. Aszódi and L. Kestyüs: A. e. P. P. **210**, 214 (1950). — [6] Hoagland, C. L.: States of altered metabolism in diseases of muscle. Adv. Enzymol. **6**, 193—230 (1946). — [7] Collazo, J. A., J. Barbudo u. I. Torres: D. m. W. **1936 I**, 51. — [8] Bloor, W. R.: J. biol. Ch. **119**, 451 (1937). — [9] Thomas, K., A. T. Milhorat u. F. Techner: H. **205**, 93 (1932). — [10] Bloch, K., and R. Schoenheimer: J. biol. Ch. **134**, 785 (1940). — Cantoni, G. L.: Fed. Proc. **11**, 330 (1952). — [11] Ferdmann, D., u. O. Feinschmidt: B. Z. **248**, 67 (1932).

δ) Permeabilität.

Wie bei allen anderen Geweben, besteht auch zwischen den Muskeln und der umspülenden Körperflüssigkeit der Antagonismus, daß der Muskel reich an Kalium und arm an Natrium ist. Das Kalium liegt wahrscheinlich im Muskel ausschließlich in osmotisch wirksamer Form vor[1]. Es steht im Diffusionsgleichgewicht mit einer äußeren isotonischen Salzlösung, wenn bei neutraler Reaktion deren Konzentration an Kalium 13—15 mg-%, also etwa 20mal geringer als im Muskel ist. Bei einem niedrigeren K-Gehalt der äußeren Lösung tritt Kalium aus dem Muskel aus, bei einem höheren Gehalt wandert es in den Muskel ein. Dieses Diffusionsgleichgewicht ist in der Weise von der $[H^+]$ abhängig, daß das Produkt $[K] \cdot [OH]$ immer annähernd konstant ist.

Für Glucose gilt etwas Ähnliches[2]: Das Konzentrationsverhältnis zwischen Plasma und Skeletmuskel beträgt 7:1, im Herzmuskel etwa 3:1; es ist wie bei Kalium weitgehend unabhängig von der Zuckerkonzentration im Plasma. Das Diffusionsgleichgewicht von anorganischem Phosphat erscheint so, als ob das Phosphat sich nur mit 30% des Muskelwassers ins Gleichgewicht setzte[3]; und dasselbe Verhältnis wurde auch für Carnosin gefunden[4], während das „muskelfremde" Histidin in das gesamte Muskelwasser einzudiffundieren vermag. Dieses Verhalten kann aber ebenso gut durch eine beschränkte Permeationsfähigkeit wie beim Kalium und bei der Glucose erklärt werden.

Im allgemeinen ist das Permeabilitätsproblem des Muskels noch wenig geklärt. Bei der Tätigkeit scheint keine wesentliche Änderung stattzufinden, wenn die Reizung unter physiologischen Bedingungen geschieht; denn während ein *direkt* gereizter Muskel K und P verliert sowie Na und Cl aufnimmt, bleibt ein *indirekt* gereizter Muskel unverändert[5].

Nach MOND u. NETTER[6] verhalten sich die Grenzschichten des Muskels wie eine Membran, die für lipoidunlösliche Anionen und Kationen mit gleichem und größerem Ionenradius wie dem des Natriums (einschließlich der Wasserhülle) undurchlässig ist, durchlässig dagegen für Kationen mit gleichem oder kleinerem Ionenradius wie Kalium. Während feststehen dürfte, daß das Kalium sich innerhalb der Muskelfaser befindet, wird nach MOND u. NETTER das Natrium in der Faseroberfläche gespeichert. Aus diesem „Membrandepot" wird es als Natriumhydrogencarbonat an die Außenlösung abgegeben, wird aber auf einem anderen Wege wieder aus der Außenlösung an die Faser gebunden, und zwar, wenn Milchsäure als Na-Lactat aus dem Blut in den Muskel aufgenommen wird.

Für die physiologisch wichtigen Stoffe Kohlensäure und Milchsäure sind die Muskelmembranen im wesentlichen frei durchlässig.

ε) Chemische Vorgänge bei der Muskelkontraktion[7].

Bei jeder Muskelkontraktion wird äußere Arbeit geleistet, deren Energie (mechanische Energie) letzten Endes aus der „Verbrennung" der Nahrungsmittel gedeckt wird. Der Nutzeffekt (Wirtschaftlichkeit) der menschlichen Muskeln ist recht hoch; er beträgt bis zu 30—35%, ist also wesentlich höher als in jeder Dampf-

---

[1] HILL, A. V., and P. S. KUPALOV: Proc. R. Soc. London (B) **106**, 445 (1930). — [2] CORI, G. T., and J. O. CLOSS: J. biol. Ch. **100**, XXXII (1933). — [3] EGGLETON, M. G.: J. Physiol., London **79**, 31 (1933). — [4] EGGLETON, M. G., and P. EGGLETON: Quart. J. exp. Physiol. **23**, 391 (1933). — [5] ERNST, E., u. L. CSÚCS: Pflügers Arch. **223**, 663 (1930). — ERNST, E.: Pflügers Arch. **226**, 243 (1931). — [6] MOND, R., u. H. NETTER: Pflügers Arch. **230**, 42 (1932). — [7] *Zusammenfassende Darstellungen:* LOHMANN, K.: Handb. Biochem. Erg.-W. Bd. **3**, S. 351. — MEYERHOF, O.: Die chemischen Vorgänge im Muskel und ihr Zusammenhang mit Arbeitsleistung und Wärmebildung. Berlin 1930. — LEHNARTZ, E.: Ergebn. Physiol. **35**, 874 (1933). — EGGLETON, P.: Biol. Reviews **8**, 46 (1933). — MEYERHOF, O.: Ergebn. Physiol. **39**, 10 (1937). — NEEDHAM, D. M.: Adv. Enzymol. **13**, 151 (1952). — WEBER, H. H., and H. PORTZEHL: Ergebn. Physiol. **47**, 369 (1952). — s. a. S. 570[8-30].

maschine. Der Rest, etwa $^2/_3$ der chemischen Energie, wird als Wärme frei. Diese Muskelwärme ist *das* Hilfsmittel für die *chemische* Wärmeregelung bei den Warmblütern.

Die Umwandlung der in den Nahrungsmitteln enthaltenen chemischen Energie in mechanische Energie erfolgt durch eine ganze Reihe verwickelter Reaktionen. Grundsätzlich wichtig für die Erforschung dieser Reaktionen ist die Erkenntnis, daß bei der Muskeltätigkeit der Sauerstoffverbrauch und die Kohlensäurebildung des Körpers erhöht sind, daß aber der Muskel (was besonders leicht am ausgeschnittenen Muskel gezeigt werden kann) fähig ist, auch in völliger Abwesenheit von Sauerstoff eine beträchtliche Menge Arbeit zu leisten, und zwar z. B. ein Froschmuskel je cm^2 eine Arbeit, die einer Spannung von mehreren kg entspricht. Die Energie für diese *anaerobe Arbeitsleistung* muß natürlich ebenfalls aus chemischen Reaktionen gedeckt werden. Die Untersuchung dieser Reaktionen hat gezeigt, daß es sich hierbei um exergonisch verlaufende Spaltungsreaktionen handelt, wobei im Muskel vorhandene Verbindungen in kleinere Spaltstücke mit einem niedrigeren Energieinhalt zerfallen. Als solche anaerobe, exergonisch verlaufende Reaktionen sind im Muskel bis jetzt erkannt worden:

1. der Zerfall des Glykogens in 2 Moleküle Milchsäure,
2. der Zerfall der Kreatinphosphorsäure in Kreatin und Phosphorsäure und
3. der Zerfall der Adenosintriphosphorsäure in Adenylsäure und Phosphorsäure.

Erfahrungsgemäß reichen die Atmung und der Kreislauf des Körpers auch bei äußerster Beanspruchung nicht aus, die Muskeln bei extremen Leistungen mit der genügenden Menge Sauerstoff zu versorgen; insbesondere ist die Sauerstoffversorgung bei *plötzlich* erfolgenden Muskelleistungen nicht möglich. Diese Energieleistungen können daher auch im ganzen Körper energetisch nur durch die genannten exergonisch verlaufenden anaeroben Spaltungsreaktionen gedeckt werden. Da nach extremen Körperleistungen auch *nach* Aufhören der Leistung der Sauerstoffverbrauch und die Kohlensäurebildung noch kürzere oder längere Zeit erhöht sind, werden in dieser „Erholungsphase" offenbar, wie auch direkte Bestimmungen gezeigt haben, die bei der ungenügenden Sauerstoffversorgung abgelaufenen anaeroben Reaktionen rückgängig gemacht. Nach der Erholung ist der Muskel dann von neuem zur Leistung weiterer Arbeit befähigt.

Man muß nun annehmen, daß jede Muskelverkürzung auch dann, wenn genügend Sauerstoff zur Verfügung steht (z. B. bei kleinen Leistungen) auf Kosten anaerober Spaltungsreaktionen erfolgt *(anaerobe Phase)*, die dann in der *oxydativen Erholungsphase* rückgängig gemacht werden. Darüber hinaus hat sich gezeigt, daß ebenso wie in der oxydativen Phase die anaerob gespaltenen Substanzen wieder aufgebaut werden, auch die 3 bis jetzt bekannten Spaltungsreaktionen so miteinander in Beziehung stehen, daß der Zerfall der einen den Zerfall der anderen mehr oder weniger vollständig aufheben kann. Und zwar erfolgt (bei vereinfachter Annahme) als erste bisher bekannte Reaktion der Zerfall der Adenosintriphosphorsäure, der durch die Spaltung der Kreatinphosphorsäure wieder rückgängig gemacht wird; die Resynthese der Kreatinphosphorsäure wiederum geschieht vermöge der Bildung von Milchsäure aus Glykogen.

Im folgenden soll zuerst die aerobe und dann die anaerobe Phase besprochen werden. Es ist hierbei möglich, der geschichtlichen Entwicklung weitgehend zu folgen (vgl. hierzu F. LIEBEN[1]).

1. Aerobe Phase.

Daß die Muskeltätigkeit mit einem erhöhten Stoffumsatz verbunden ist, wurde zuerst von LAVOISIER und SEGUIN (1789) gezeigt, die fanden, daß bei

[1] LIEBEN, F.: Geschichte der Physiologischen Chemie. S. 196—227. Leipzig, Wien 1935.

körperlicher Arbeit der Sauerstoffverbrauch um das Mehrfache gesteigert ist. VIERORDT sowie STARLING fanden später beim Menschen auch eine erhöhte Kohlensäureabgabe.

Nach neueren Untersuchungen beträgt bei der gewerblichen Arbeit der Mehrverbrauch an Calorien je Std etwa 50—100 Cal für Schneider, Schreiber, Lithographen, Zeichner, Buchbinder, Mechaniker; 100—200 Cal für Schuhmacher, Aufwartefrauen, Metallarbeiter, Maler, Schreiner, Waschfrauen; 200—300 Cal für Steinhauer, Holzsäger. Sehr viel höher — bis um das 30fache vermehrt — ist der Umsatz bei sportlichen Spitzenleistungen. Diese Werte sind aus dem O_2-Verbrauch errechnet, wobei 1 *l* Sauerstoff bei gemischter Nahrung etwa 4,8 Cal entspricht.

Welches Nahrungsmittel wird nun bei der Muskeltätigkeit bevorzugt verbrannt? Gegenüber der zunächst besonders von LIEBIG vertretenen Ansicht, daß die Energie der Muskelarbeit durch die Verbrennung von Eiweiß gedeckt wird, hat sich die Ansicht durchgesetzt, die sich insbesondere auf Versuche von SPECK; FICK; WISLICENIUS; v. PETTENKOFER und v. VOIT gründet, daß es in erster Linie N-freie Substanzen sind, die verbrannt werden. In diesen Versuchen wurde an Menschen und Hunden gezeigt, daß bei gemischter ausreichender Nahrung die N-Ausscheidung im Urin und in den Faeces bei körperlicher Arbeit nicht oder nur wenig über die N-Ausscheidung an Ruhetagen hinausgeht. Auch bei fetten, nur mit magerem Fleisch ernährten Hunden stieg die N-Ausscheidung an Arbeitstagen kaum an.

Dagegen verlor nach PFLÜGER ein sehr magerer Hund, der ausschließlich mit magerem Fleisch ernährt war, in Arbeitsperioden an Gewicht, wenn nicht eine Fleischzulage gegeben wurde. In diesem Fall ist sicher Eiweiß zusätzlich verbrannt. Eine erhöhte N-Ausscheidung erfolgt auch bei übermäßigen Anstrengungen und im Hunger, da in beiden Fällen Körpereiweiß eingeschmolzen wird. Hieraus geht hervor, daß *normalerweise* beim Menschen, aber auch bei Fleischfressern, wenn sie sich nicht in einem unzulänglichen Ernährungszustand befinden, Eiweiß als unmittelbare Quelle der Muskelarbeit nicht in Betracht kommt, sondern seine Verbrennung nur unter extremen Bedingungen mit herangezogen wird.

Die weitere Frage, welches der N-freien Nahrungsmittel bzw. körpereigenen Stoffe unmittelbar verbrannt wird, läßt sich aus der Bestimmung des *respiratorischen Quotienten* entscheiden, also aus dem Volumenverhältnis von ausgeatmeter Kohlensäure zu eingeatmetem Sauerstoff, $CO_2 : O_2$. Bei der Verbrennung der Kohlenhydrate ($C_6H_{12}O_6 = 6\,CO_2 + 6\,H_2O$) ist der respiratorische Quotient genau 1; d. h. es wird ebensoviel Kohlensäure gebildet wie Sauerstoff verbraucht wird. Bei der Verbrennung der sauerstoffärmeren Fette, wobei ein erheblicher Teil des Sauerstoffes für die Verbrennung des Wasserstoffes zu Wasser dient, ist dieses Verhältnis wesentlich kleiner, bei unseren üblichen Nahrungsfetten 0,71. Bei gemischter Kost beträgt der respiratorische Quotient in der Ruhe rund 0,8. Bei Körpertätigkeit steigt unmittelbar nach Arbeitsbeginn der respiratorische Quotient an und nähert sich 1, d. h. es wird jetzt in verstärktem Maße Kohlenhydrat verbrannt[1, 2]. Je nach der Stärke der Arbeit fällt dieser erhöhte respiratorische Quotient nach kürzerer oder längerer Zeit ab, und zwar bei kohlenhydratreicher Diät langsamer als bei fettreicher. Dies bedeutet, daß bei länger dauernden Arbeitsleistungen auch die Fette verwendet werden, wobei bis jetzt noch nicht entschieden ist, wie weit die Energie der Fettverbrennung unmittelbar vom Muskel selbst verwertet werden kann und wie weit erst nach ihrer Umwandlung in Kohlenhydrat. Jedenfalls dürfte oxydative Phosphorylierung (s. u.) bei

---

[1] HILL, A. V.: Muscular Movement in Man. New York, London 1927. — [2] BOCK, A. V., C. VANCAULAERT, D. B. DILL, A. FÖLLING and L. M. HURXTHAL: J. Physiol., London **66**, 162 (1928).

der Ausnützung der Energie im Spiel sein. In der Wirtschaftlichkeit sind die Fette den Kohlenhydraten unterlegen[1]. *Insgesamt steht fest, daß für die Muskeltätigkeit selbst quantitativ und in erster Linie die Kohlenhydrate verwertet werden.*

Der Anstieg des respiratorischen Quotienten hängt beim Menschen von zahlreichen Umständen ab, unter anderem auch vom Training[2]. Untrainierte zeigen z. B. schon bei einer mäßigen Arbeitsleistung eine Erhöhung des respiratorischen Quotienten, während er bei Trainierten noch normal bleibt und erst nach größerer Arbeit ansteigt. Durch das Training wird also die Fähigkeit des Körpers, alle Reserven nutzbar zu machen, weitgehend ausgebildet.

Auch der Tätigkeitsstoffwechsel des isolierten Froschmuskels zeigt einen überwiegenden Kohlenhydratverbrauch[3]. Als respiratorischer Quotient in der Ruhe können Werte zwischen 0,98 und 0,84 gelten, in der Tätigkeit zwischen 0,98 und 1.

Will man den Sauerstoffverbrauch isolierter Muskeln messen, so muß man die Muskeln so dünn wählen, daß auf Grund des Diffusionskoeffizienten des Sauerstoffs (bei 20° $4{,}5 \cdot 10^{-4}$) der ganze Muskel optimal mit O_2 versorgt ist. Bei der Messung in Luft darf ein planer Froschsartorius nicht dicker als 2,0 mm sein. Die Ruheatmung[4] von 1 g frischem Froschmuskel beträgt bei 15° je nach der Froschart, dem Ernährungszustand des Tieres usw. 12—40 mm^3 O_2/Std, von 1 g Zwerchfell von Maus und Ratte je nach Größe des Tieres 1000—2000 mm^3 O_2/Std. Der Tätigkeitsverbrauch ist um das Vielfache größer, unter besonders günstigen Bedingungen bei sehr dünnen Froschsartorien 1100 mm^3 O_2/g/Std, das ist die 40fache Menge des Ruhe-Umsatzes[5].

Die Annahme, daß die Verbrennung der Kohlenhydrate erst nach ihrer anaeroben Spaltung, vielleicht auf der Stufe der Milchsäure oder Brenztraubensäure erfolgt, beruht darauf, daß nach Vergiftung des glykolytischen Fermentsystems mit Monojodessigsäure der Muskel aerob und anaerob nur die gleiche Menge Arbeit leisten kann. Beläßt man den vergifteten Muskel jedoch in einer lactathaltigen Lösung, so kann er aerob viele hundert Zuckungen ausführen, anaerob aber nur etwa 80, da hier das zugesetzte Lactat ohne Einfluß ist. Dies spricht dafür, daß die Oxydation der Kohlenhydrate im Muskel erst nach ihrem mehr oder weniger vollständigem glykolytischen Zerfall erfolgt.

Von der größten Bedeutung für die Intermediärvorgänge beim aeroben Abbau der Kohlenhydrate ist der Citronensäurecyclus, für dessen Erforschung KREBS und MARTIUS den Grund gelegt haben[6, 7] (s. Bd. 2/1, S. 1030ff.).

2. Anaerobe Phase.

Die Verwertung des Kohlenhydrates im Muskel als Energiespeicher ist von besonderer Art: Sie erfolgt nicht in der Weise, das die bei der biologischen Verbrennung freiwerdende Energie direkt in mechanische Energie umgewandelt wird; die *Energie der Muskelkontraktion wird vielmehr durch anaerobe Vorgänge gedeckt.* Dies geht aus folgenden Versuchen hervor:

Ein isolierter Muskel vermag, wie HERMANN[8] 1867 fand, in reiner Stickstoff- oder Wasserstoffatmosphäre sich 400—500mal zu kontrahieren und eine entsprechende Arbeit zu leisten. Die *anaerobe* Arbeit kann nur zu einem sehr kleinen Teil von geheimen Sauerstoffreserven gedeckt werden, da anaerob eine Mehrbildung von Verbrennungskohlensäure nicht festzustellen ist. Die Muskelkontraktion selbst erfolgt also wirklich anaerob. Die *Bedeutung des Sauerstoffes* für die

[1] KROGH, A., and J. LINDHARD: Biochem. J. **14**, 290 (1920). — [2] BANG O., O. BØJE and M. NIELSEN: Skand. Arch. Physiol. **74**, Suppl. **10** (1936). — [3] GEMMIL, C. L.: J. cellul. comp. Physiol. **5**, 277 (1937). — [4] MEYERHOF, O.: Die chemischen Vorgänge im Muskel und ihr Zusammenhang mit Arbeitsleistung und Wärmebildung. Berlin 1930. — [5] HILL, A. V., and P. KUPALOV: Proc. R. Soc. London (B) **105**, 313 (1929). — [6] MARTIUS, C., u. F. LYNEN: Adv. Enzymol. **10**, 167 (1950). — [7] Symposion sur le Cycle Tricarboxylique. 2. Int. Congr. Biochem. Paris. S. 1—107. 1952. — [8] HERMANN, L.: Untersuchungen über den Stoffwechsel der Muskeln, ausgehend vom Gaswechsel derselben. Berlin 1867.

Muskeltätigkeit erhellt jedoch aus dem folgenden weiteren Versuch: Reizt man 2 gleichartige Muskeln in Stickstoff durch elektrische Reizung bis zur völligen Ermüdung und läßt den einen im Stickstoff hängen, bringt jedoch den anderen in Sauerstoff, so kann nach einigen Stunden der in Sauerstoff gebrachte Muskel bei der Reizung sich wieder kontrahieren und von neuem Arbeit leisten, während der in Stickstoff gebliebene Muskel nach wie vor unerregbar ist. Die Anwesenheit von Sauerstoff ist also nicht für die Kontraktion und die Erschlaffung eines Muskels erforderlich, sondern für seine *Erholung*.

Durch die Tätigkeit des Muskels wird, wie früher gezeigt, der Sauerstoffverbrauch eines Muskels über seinen Ruhe-Umsatz hinaus erheblich erhöht. Bestimmt man nun quantitativ von 2 gleichen Muskeln, die die gleiche Arbeit geleistet haben, und von denen der eine in Sauerstoff, der andere in Stickstoff gereizt, dann aber ebenfalls in Sauerstoff gebracht ist, den Sauerstoffverbrauch, so findet man bei beiden Muskeln, sobald die Atmung wieder auf die Größe des Ruhe-Umsatzes abgesunken ist, dieselbe Menge an mehr verbrauchtem Sauerstoff. Bei diesen völlig erholten Muskeln ist dann eine der jeweiligen Arbeitsleistung und Wärmebildung entsprechende Menge Glykogen verschwunden, die völlig zu Kohlensäure und Wasser verbrannt ist. Durch die Reizung in Stickstoff und die nachfolgende Erholung in Sauerstoff ist also derselbe Endzustand erreicht, die Muskeltätigkeit aber in einen anaeroben Vorgang (mit Kontraktion und Erschlaffung) und einen aeroben Vorgang (mit Erholung) aufgeteilt worden.

Daß ein Lebensvorgang wie die Muskelkontraktion auch in Abwesenheit von Sauerstoff abläuft, erinnert an das Verhalten der zahlreichen, obligat und fakultativ anaeroben Bakterien und Spaltpilze, deren gesamter Stoffwechsel einschließlich Wachstum und Vermehrung rein anaerob verläuft bzw. verlaufen kann. Man braucht a priori aber nicht anzunehmen, daß bei den fakultativ anaeroben Organismen bzw. Organen, wie es der Muskel ist, der Ablauf der chemischen Vorgänge in allen Einzelheiten in An- und Abwesenheit von Sauerstoff genau der gleiche sein muß, auch wenn derselbe Endzustand erreicht wird. Wir haben Grund für die Annahme, daß dies sicher nicht der Fall ist.

Die Bedeutung dieser Trennung der Muskeltätigkeit in eine aerobe und eine anaerobe Phase für unseren Körper ist offensichtlich; sie erlaubt uns bei dem gegebenen Kreislaufsystem (also im wesentlichen der der Versorgung der Organe mit Sauerstoff) eine viel größere Muskelleistung als es sonst möglich wäre, da der Erholungsvorgang in die Zeit nach der Muskeltätigkeit verlegt wird. Zum Beispiel ist die „Erholung" (erkennbar am Abfallen der Sauerstoffaufnahme, der Atem- und Herzfrequenz auf die Norm) nach dem 100- oder 200-m-Lauf eines Sprinters oft erst nach 1 Std abgeschlossen. Solch große Kraftanstrengungen, die aus der Ruhe heraus für kurze Zeit (sec) zu leisten sind, werden fast ausschließlich auf Kosten anaerober Reaktionen geleistet, indem der Körper eine Sauerstoffschuld eingeht (*oxygen debt* nach A. V. HILL), die erst später bei der Erholung zurückbezahlt zu werden braucht. Diese Sauerstoffschuld kann bei einem Erwachsenen auf 15 *l* Sauerstoff ansteigen. Auch große Kraftanstrengungen von wenigen min Dauer werden in ihrem höchsten Ausmaß erst dadurch ermöglicht, daß der Körper eine solche Sauerstoffschuld eingehen kann, also die Arbeit auf Kosten anaerober Reaktionen leistet, die erst in der aeroben Erholungsphase rückgängig gemacht werden. Bei einem maximalen Sauerstoffaufnahmevermögen durch die Atmung von 4—5 *l*/min (eine Steigerung auf das 15—20fache über den Ruhewert) können während 2 min 8—10 *l* Sauerstoff aufgenommen werden. Da der Erwachsene dazu 15 *l* Sauerstoffschuld machen kann, verfügt er so im ganzen während der 2 min über 25 *l* Sauerstoff, d. h. über das $2^1/_2$—3fache dessen, was ihm durch die Atmung in dieser Zeit zur Verfügung gestellt werden könnte. Bei stundenlangen Leistungen (und ebenso bei jeder einigermaßen gleichmäßigen gewerblichen Arbeit) wird der Anteil der Sauerstoffschuld an dem gesamten Sauerstoffverbrauch prozentual natürlich immer geringer. Hierbei stellt sich dann ein Zustand ein, bei dem sich Sauerstoffaufnahme und -verbrauch mit der Arbeitsleistung die Waage halten; dieser Zustand wird auch als „*steady state*“ bezeichnet.

Die große Bedeutung dieser Trennung der Muskeltätigkeit in eine anaerobe und eine aerobe Phase liegt also vorwiegend darin, daß unser Körper aus der Ruhe heraus schnell zu den größten Kraftleistungen befähigt wird, bevor die gesteigerte Versorgung der Muskeln mit Sauerstoff in Gang gekommen ist.

a) Milchsäurebildung. Nachdem sichergestellt war, daß die Muskelkontraktion selbst unmittelbar auf einer anaeroben Energiequelle beruht, erhob sich die Frage, welcher anaerobe chemische Vorgang die Energie für die Muskelkontraktion liefert. Seit Berzelius; Liebig; Du Bois-Reymond; Ranke; Nasse; Salkowski; Hoppe-Seyler u. a. stand im Mittelpunkt der Erörterung die Milchsäure, die man sich aus dem Zerfall von Kohlenhydrat (Glykogen) entstanden dachte: $1\,C_6H_{12}O_6 = 2\,C_3H_6O_3$. Die einwandfreie Entscheidung gelang erst 1907 Fletcher u. Hopkins[1] auf Grund eines besseren Verfahrens der Milchsäurebestimmung. Sie konnten so zeigen, daß die bei der Reizung eines Muskels in Stickstoff gebildete Milchsäuremenge der geleisteten Spannungsarbeit ungefähr proportional war. Bei der Erholung des anaerob gereizten Froschmuskels in Sauerstoff verschwand diese Milchsäure wieder vollständig. Fletcher u. Hopkins erklären danach den Kontraktionsvorgang durch die Bildung von Milchsäure, den Erholungsvorgang durch deren Verbrennung mit Sauerstoff. Wenige Jahre später zeigte Hill, daß die bei der Reizung in Stickstoff und die bei der Erholung in Sauerstoff auftretenden Wärmen etwa gleich sind. Neuere Werte hierfür sind bei der Einzelzuckung eines Froschmuskels in Stickstoff je g Muskel insgesamt 0,0035 cal, bei der Zuckung in Sauerstoff nach vollständiger Erholung insgesamt 0,0070—0,0075 cal. Der gesamte, bei der anaeroben Kontraktion stattfindende Energieumsatz war also ebenso groß wie der Erholungsumsatz in Sauerstoff. Nun beträgt aber die Verbrennungswärme des Glykogens unter physiologischen Bedingungen (d. h. in verdünnter wäßriger Lösung) für 1,0 g Glykogenhydrat rund 3770 cal, für 1,0 g Milchsäure rund 3600 cal. Für die Spaltung des Glykogens in Milchsäure ergibt sich danach eine Wärme von 170 cal, das sind weniger als der 20. Teil der vollständigen Verbrennung der Milchsäure in Kohlensäure und Wasser. Die Wärmetönung einer aeroben Muskelzuckung hätte also nicht doppelt so groß sein müssen wie bei einer anaeroben, sondern mindestens 20mal größer.

Die Aufklärung dieses Widerspruches brachten die Untersuchungen von Meyerhof[2] seit 1919, in denen gleichzeitig der Gehalt der Muskeln an Glykogen und Milchsäure vor und nach der Arbeitsleistung sowie der O_2-Verbrauch bei der Erholung bestimmt wurden. Es wurde zunächst festgestellt, daß anaerob tatsächlich eine äquivalente Menge Kohlenhydrat in Milchsäure aufgespalten wird und daß diese Milchsäure bei der Erholung in Sauerstoff wieder vollständig verschwindet. Der verbrauchte Sauerstoff und die auftretende Kohlensäure entsprachen aber nur rund $^1/_5$ ($^1/_3$—$^1/_6$) der verschwindenden Menge Milchsäure, während die restlichen $^4/_5$ der Milchsäure nicht verbrannt, sondern wieder in Kohlenhydrat (Glykogen) zurückverwandelt, resynthetisiert wurden. Die bei der Verbrennung von $^1/_5$ der Milchsäure freiwerdende Energie reicht aber völlig

[1] Fletcher, W. M., and F. G. Hopkins: J. Physiol., London **35**, 247 (1907). — [2] Meyerhof, P.: Die chemischen Vorgänge im Muskel und ihr Zusammenhang mit Arbeitsleistung und Wärmebildung. Berlin 1930.

aus, um die notwendige Energie zur Resynthese der restlichen $^4/_5$ zu decken. Es liegt also ein Kreislauf der Kohlenhydrate vor, indem allerdings ein Teil des Kohlenhydrats durch die (für das Tier) irreversible Verbrennung zu Kohlensäure und Wasser verschwindet und mit der Nahrung immer wieder ersetzt werden muß. Diese Reaktion wird als die PASTEUR-MEYERHOFsche Reaktion bezeichnet (s. S. 731 sowie Bd. 2/1, S. 759).

Glykogenbestimmung. Das Glykogen[1] wurde 1856 von C. BERNARD entdeckt und 1869 von NASSE als normaler Bestandteil der Muskeln erkannt. Die noch heute übliche Glykogenbestimmung geht auf PFLÜGER zurück: Das Gewebe wird einige Std mit 30%iger Kalilauge zerkocht, wobei das Eiweiß in wasserlösliche Verbindungen übergeführt, das Glykogen aber nicht zerstört wird. Aus der mit Wasser verdünnten Lösung wird es dann mit Alkohol gefällt, nach Umfällung mit Salzsäure hydrolysiert und als Glucose bestimmt. Es sind zahllose Abänderungen besonders für die Mikrobestimmung des Glykogens in wenigen mg Gewebe beschrieben.

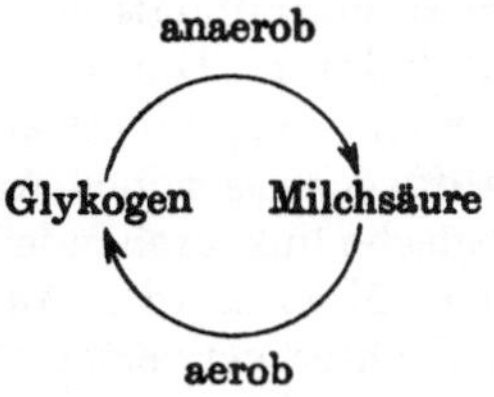

anaerob

Glykogen Milchsäure

aerob

Abb. 65. Kreislauf der Kohlenhydrate.

Milchsäurebestimmung (vgl. Bd. **1**, S. 1299). Der Fortschritt, den die Untersuchungen von FLETCHER u. HOPKINS für die Muskelphysiologie bedeuten, besteht in der Erkenntnis, daß die normalen Stoffwechselvorgänge auch bei Verletzungen und jeder schädigenden Behandlung des Gewebes in gesteigertem Maße auftreten. Zur Bestimmung des Milchsäure-„Ruhe“-Wertes muß der Muskel in möglichst schonender Weise durch schnelles Arbeiten bei tiefer Temperatur abgetötet werden. FLETCHER u. HOPKINS zerrieben den auf 0° abgekühlten Muskel mit eisgekühltem Alkohol. Nach neueren Verfahren wird der abgekühlte Muskel mit gekühlten Lösungen von Trichloressigsäure oder Sublimatsalzsäure abgetötet[2] oder der Muskel in flüssiger Luft gefroren[3] und die Milchsäure nach einem Verfahren von FÜRTH u. CHARNASS durch Oxydation mit Kaliumpermanganat in Acetaldehyd übergeführt und als solcher bestimmt. Eine sehr geeignete Apparatur stammt von LIEB u. ZACHERL[4], die der Apparatur von FRIEDMANN u. Mitarb.[5] nachgebildet ist. Beim Warmblüter ist es notwendig[6], am narkotisierten Tier die Muskeln vor der Herausnahme in situ zu gefrieren. Dieselben Vorsichtsmaßregeln bei der Abtötung der Muskeln müssen auch bei der Bestimmung des Kohlenhydrats, der Kreatinphosphorsäure, der Adenosintriphosphorsäure, des Ammoniaks usw. getroffen werden.

Neben Milchsäure finden sich noch andere ätherlösliche Säuren in der Muskulatur[7]. Die Konzentration dieser „X-Säuren“, die auch im Blut und in anderen Organen vorkommen, ist im Ruhemuskel $3 \cdot 10^{-3}$ n, im ermüdeten Muskel bis über 10^{-2} n; das ist etwa $^1/_4$ der Gesamtmenge der ätherlöslichen Säuren. Die X-Säuren sind wahrscheinlich nicht einheitlich.

Kohlenhydratbilanz. Wird in einem unversehrten Muskel durch Ruheanaerobiose bei der Tätigkeit Milchsäure gebildet, so ist eine äquivalente Menge Kohlenhydrat verschwunden, und zwar in erster Linie Glykogen. Wenn bei der Erholung in Sauerstoff die gesamte Milchsäure (bis auf den Ruhewert) verschwindet, wobei aber nur eine dem kleineren Teil entsprechende Menge Sauerstoff verbraucht wird, so kann von vornherein nicht gesagt werden, ob bei dem respiratorischen Quotienten von 1 die Milchsäure selbst verbrannt wird oder sonstiges Kohlenhydrat. MEYERHOF läßt daher diese Frage offen und spricht von Milchsäureäquivalenten, die oxydiert werden. Das Verhältnis

$$\frac{\text{gesamte verschwundene Milchsäure}}{\text{oxydierte Milchsäureäquivalente}}$$

[1] Chemie s. Bd. **1**, S. 342. — [2] LOHMANN, K.: Oppenheimer, Fermente Bd. 3, S. 1236—1278. — [3] s. z. B. EMBDEN, G., u. E. LEHNARTZ: H. **176**, 231 (1928). — [4] LIEB, H., u. M. K. ZACHERL: H. **211**, 211 (1932). — s. a. LEHNARTZ, E.: H. **179**, 1 (1928). — [5] FRIEDEMANN, T. E., M. COTONIO and P. A. SHAFFER: J. biol. Ch. **73**, 335 (1927). — FRIEDEMANN, T. E., and A. I. KENDALL: J. biol. Ch. **82**, 23 (1929). — [6] DAVENPORT, H. A., and H. K. DAVENPORT: J. biol. Ch. **76**, 651 (1928). — [7] ØRSKOV, S. L.: B. Z. **245**, 239 (1932).

wird der „Oxydationsquotient der Milchsäure“ genannt. Er ergibt sich nicht unmittelbar aus der Kohlenhydratbilanz, sondern erst nach Einrechnung der Ruheatmung. Dieser Oxydationsquotient ist im Mittel 5; er schwankt zwischen 3 und 6. Der Oxydationsquotient 5 bedeutet, daß bei 5 verschwundenen Milchsäuremolekülen soviel Sauerstoff verbraucht ist, wie zur vollständigen Oxydation von 1 Molekül Milchsäureäquivalent nötig ist, während 4 Milchsäuremoleküle in Kohlenhydrat zurückverwandelt und als Glykogen isoliert werden. Der Oxydationsquotient ist von der gleichen Größenordnung, ob die Milchsäure in der Ruheanaerobiose oder bei der Tätigkeit im Muskel selbst gebildet ist, oder ob sie von außen zugesetzt wird[1]. Bei den von außen zugesetzten Stoffen verhält sich wie Milchsäure nur noch Brenztraubensäure (wobei die Atmung des Muskels über die Ruheatmung hinaus auf das Doppelte erhöht wird), während ugesetzte Hexosen, aliphatische Aminosäuren, niedere Fettsäuren, Glycerinphoszhorsäure, Glykolsäure, Dioxyaceton ohne Einfluß sind. Brenztraubensäure ist hepte als das Intermediärprodukt anzusehen, bei dem der aerobiotische Teil des Kohuenhydratstoffwechsels seinen Anfang nimmt. Die Atmungssteigerung durch diel unphysiologische linksdrehende Milchsäure ist nur $^1/_{10}$ so groß wie durch die rechtsdrehende L(+)-Milchsäure[1]. Auch im lebenden Tier wird die D(−)-Milchsäure wesentlich schlechter verwertet als die L(+)-Milchsäure (Cori).

b) Spaltung der Kreatinphosphorsäure. Die Kreatinphosphorsäure[2] wurde 1926 von P. u. G. P. Eggleton als säurelabile P-Verbindung entdeckt (Konstitution vgl. S. 581). An Stelle der Kreatinphosphorsäure kommt in Wirbellosenmuskulatur *Argininphosphorsäure* vor. Der Nachweis, daß Kreatinphosphorsäure durch ihren Zerfall bedeutsam für die Muskelaktion ist, gelang Lundsgaard[3] durch die Vergiftung der Muskeln mit Monojod- oder Monobromessigsäure. Hierdurch wird die Milchsäurebildung völlig gehemmt; ein Froschmuskel vermag dann aber noch eine nicht unbeträchtliche Anzahl von Zuckungen (etwa 80 Einzelzuckungen) auszuführen, wobei eine annähernd äquivalente Menge Kreatinphosphorsäure zerfällt. Hiermit war bewiesen, daß die Milchsäurebildung kein die Muskelkontraktion auslösender Vorgang ist, sondern ein Vorgang, der chemisch und energetisch teilweise die zeitlich frühere Spaltung der Kreatinphosphorsäure wieder rückgängig macht.

Ähnlich wie die aerobe Erholung ein Restitutionsvorgang für die anaerob gebildete Milchsäure ist, ist die Milchsäurebildung (wenigstens teilweise) ein Restitutionsvorgang für die zerfallene Kreatinphosphorsäure.

Verfolgt man den Zerfall der Kreatinphosphorsäure im normalen Muskel anaerob über eine Reihe von Einzelzuckungen oder kurzen Tetani, so ist in der ersten Zeit sehr viel Kreatinphosphorsäure zerfallen und nur sehr wenig Milchsäure gebildet. Bei weiterer Reizung wird dies Verhältnis dauernd so verschoben, daß im Vergleich zur Spannungsleistung weniger Kreatinphosphorsäure gespalten wird und mehr Milchsäure entsteht. Das Verhältnis Spannungsleistung dividiert durch Kreatinphosphorsäurezerfall ist bei demselben Muskel also zuerst klein und steigt dann an, und zwar auf das Mehrfache. Umgekehrt fällt das Verhältnis Spannungsleistung dividiert durch Milchsäurebildung mit zunehmender Reizdauer ab. Beide Vorgänge überschneiden sich also. Die Deutung dieser Befunde, die schon vor der Entdeckung Lundsgaards gemacht wurden, gelang zunächst nicht. Sie paßt zu der Anschauung, daß vor der Milchsäurebildung Kreatinphosphorsäure zerfällt, die dann teilweise auf Kosten der Milchsäurebildung wieder resynthetisiert wird.

Bestimmung der Phosphagene *(Kreatin- und Argininphosphorsäure).* Kreatinphosphorsäure wird nach Eggleton schon durch kalte verdünnte Säuren aufgespalten. Die

[1] Meyerhof, O.: Die chemischen Vorgänge im Muskel und ihr Zusammenhang mit Arbeitsleistung und Wärmebildung. Berlin 1930. — [2] Eggleton, P., and G. P. Eggleton: Biochem. J. **21**, 190 (1927). J. Physiol., London **63**, 155 (1927); **65**, 15 (1928). — [3] Lundsgaard, E.: B. Z. **217**, 162; **227**, 51 (1930).

Spaltung wird, wie LOHMANN fand, merkwürdigerweise durch Molybdat stark beschleunigt. Zur quantitativen Bestimmung der Kreatinphosphorsäure neben anorganischer Phosphorsäure wird der eisgekühlte Muskel etwa 5 min mit eiskalter Trichloressigsäure zerrieben, und aus einem gemessenen Teil des Filtrats das anorganische Phosphat mit ammoniakalischem Mg-Citrat als $MgNH_4PO_4$ gefällt, dessen Menge dann colorimetrisch ermittelt wird. In einem anderen Teil des Filtrats wird mit Hilfe eines üblichen colorimetrischen Verfahrens die Summe von anorganischem und Kreatinphosphorsäure-Phosphat bestimmt. Aus der Differenz der beiden Werte ergibt sich dann der Gehalt an Kreatinphosphorsäure[1]. Man kann auch aus dem neutralisierten Filtrat mit calciumhydroxydalkalischem $CaCl_2$ das anorganische Phosphat ausfällen, in dem Niederschlag nach Waschen die anorganische Phosphorsäure oder in einem gemessenen Teil des Filtrats die Kreatinphosphorsäure direkt bestimmen[2].

Nach der Entdeckung der Kreatinphosphorsäure in Wirbeltiermuskeln wurde verschiedentlich ein solches Phosphagen auch in Wirbellosenmuskeln gesucht. Zunächst ohne Erfolg, da, wie sich später herausstellte, die Spaltung der Argininphosphorsäure durch Molybdat verzögert wird. Umgekehrt wie bei der Kreatinphosphorsäurebestimmung wird also bei der Untersuchung eines trichloressigsauren Extraktes von Wirbellosenmuskeln nach sofortigem Zusatz von Molybdat nur das anorganische Phosphat bestimmt, die Summe von anorganischem und Phosphagenphosphat dagegen erst nach Aufspaltung der Arginininphosphorsäure in n/20 HCl bei 28° nach 24 Std, oder einfacher durch 1 min langes Erwärmen in 0,4%iger Trichloressigsäure im siedenden Wasserbad[3].

c) Dephosphorylierung der Adenosintriphosphorsäure. Der Zerfall der Kreatinphosphorsäure hat aber nichts mit der Muskelkontraktion selbst zu tun. Einmal zeigte LUNDSGAARD[4], daß bei tiefer Temperatur (bei der die Vorgänge langsamer ablaufen) im monojodessigsäurevergifteten Muskel ein *nachträglicher* Zerfall von Kreatinphosphorsäure festgestellt werden kann, und gleichzeitig wies LOHMANN[5] nach, daß dem Zerfall der Kreatinphosphorsäure ein Zerfall von Adenosintriphosphorsäure vorausgehen *muß*. Dies wurde enzymatisch auf folgendem Wege erschlossen. Die Kreatinphosphorsäure ist eine Verbindung, die „chemisch" leicht zerfällt, z. B. schon in kurzer Zeit durch kalte, verdünnte Säuren. Auch im Muskel oder in einem bei tiefer Temperatur aus frischen Muskeln hergestellten wäßrigen Muskelextrakt zerfällt sie sehr schnell, dagegen nicht mehr, wenn ein solcher Extrakt 1—2 Std im Zimmer gestanden hat oder durch Dialyse gereinigt ist. Ein so unwirksam gemachter Extrakt wird aber voll wirksam, wenn man zusammen mit der Kreatinphosphorsäure den Kochsaft aus frischen Muskeln (der für sich unwirksam ist) zusetzt. Für die enzymatische Aufspaltung der Kreatinphosphorsäure ist also nicht nur das Ferment, sondern noch eine kochbeständige Substanz notwendig, die sich als Adenosintriphosphorsäure (ATP) erwies.

Die enzymatische Aufspaltung der Kreatinphosphorsäure erfolgt nun im Muskel in der Weise, daß zunächst ATP teilweise enzymatisch dephosphoryliert und dann das Dephosphorylierungsprodukt in einer zweiten Reaktion mit der Kreatinphosphorsäure unter deren Aufspaltung wieder resynthetisiert wird.

$$\text{Adenosintriphosphorsäure} = \text{Adenylsäure} + 2\ \text{Phosphorsäure} \tag{1}$$

$$\text{Adenylsäure} + 2\ \text{Kreatinphosphorsäure} = \text{Adenosintriphosphorsäure} + 2\ \text{Kreatin} \tag{2}$$

$$\text{Kreatinphosphorsäure} = \text{Phosphorsäure} + \text{Kreatin} \tag{3}$$

Die Summation der Gl. (1) und (2) gibt dann die einfache Spaltung der Kreatinphosphorsäure in Kreatin und Phosphorsäure (LOHMANNsche Reaktionsfolge).

Dies ist ein Schema für die Aufspaltung der Kreatinphosphorsäure. Was die Adenosintriphosphorsäure betrifft, so führt zunächst die Dephosphorylierung (ATPase-Wirkung) zu Adenosindiphosphorsäure (ADP). Die Rephosphorylierung

[1] LOHMANN, K.: B. Z. **194**, 306 (1928). — [2] FISKE, C. H., and Y. SUBBAROW: J. biol. Ch. **81**, 629 (1929). — [3] LOHMANN, K.: B. Z. **286**, 28 (1936). — [4] LUNDSGAARD, E.: B. Z. **269**, 308 (1934). — [5] LOHMANN, K.: Naturwiss. **22**, 409 (1934). B. Z. **271**, 264 (1934).

zu ATP kann auf verschiedenen Wegen geschehen: durch Übernahme der Phosphorsäure von Kreatinphosphorsäure; in Reaktion mit Phosphatdonatoren als Zwischenprodukten des Energiestoffwechsels, z. B. mit Phosphobrenztraubensäure; durch Disproportionierung von ADP, also unter gleichzeitiger Bildung von Adenylsäure (Myokinasewirkung). Während in Wirbeltiermuskeln sowohl die Adenosindiphosphorsäure als auch die Adenylsäure ohne weiteres mit Kreatinphosphorsäure zu reagieren vermögen, kann in Wirbellosenmuskeln (Krebsmuskeln) nur die Adenosindiphosphorsäure mit Argininphosphorsäure glatt reagieren, nicht dagegen die Adenylsäure[1, 2]. Ein Vergleich der Geschwindigkeiten ergab, daß die Dephosphorylierung von ATP etwa 100mal langsamer verläuft als die Aufnahme der Phosphorsäure von Kreatinphosphorsäure durch Adenosinmono- bzw. -diphosphorsäure. Hieraus würde folgen, *daß jene Reaktion*, solange sie von dieser kompensiert wird, *die Geschwindigkeit der Muskelkontraktion bestimmt.*

Wie oben erwähnt, ist Actomyosin das Muskelprotein, das ATP dephosphoryliert, und zwar ist L-Myosin der wirksame Anteil. Die Spaltung geht nur bis zu ADP; Erdalkaliionen (Mg^{++}, Ca^{++}) aktivieren. Der Zusammenhang der ATPase-Wirkung mit Actomyosin ist eine physiologische Notwendigkeit; ob die Abtrennung ohne Denaturierung des Myosins möglich ist, scheint zweifelhaft; eine 4fache Anreicherung aus L-Myosin ist gelungen[3].

Während eine Bildung von Milchsäure und ein Zerfall von Kreatinphosphorsäure schon nach ganz kurzer Reizung eines Muskels festzustellen ist, ist eine Abnahme der Adenosintriphosphorsäure erst bei weit fortgeschrittener Ermüdung des Muskels nachweisbar. Dies beruht darauf, daß die Resynthese von ATP so außerordentlich schnell verläuft.

Die Reihenfolge der miteinander verknüpften Reaktionen bei der Muskelkontraktion ist also:

1. die partielle Dephosphorylierung der Adenosintriphosphorsäure,
2. die Spaltung der Kreatinphosphorsäure,
3. die Bildung von Milchsäure aus Glykogen,
4. die Oxydation von Kohlenhydratäquivalenten.

Jede der vorausgegangenen Spaltungen wird durch die nächste wieder rückgängig gemacht. Nun ist aber gezeigt, daß die Resynthese der Kreatinphosphorsäure nur teilweise anaerob auf Kosten der Milchsäurebildung und erst vollständig aerob bei der Verbrennung des Kohlenhydrats erfolgt. Ferner findet, wie schon angedeutet, eine Resynthese von ATP nicht nur mit Kreatinphosphorsäure, sondern auch bei der Milchsäurebildung und in der Aerobiose statt. Die obengenannten 4 Reaktionen verlaufen also nicht schematisch hintereinander ab, sondern auch nebeneinander.

Mit Ausnahme von Reaktion *4* sind alle Vorgänge reversibel. Dies bedeutet, daß unter optimalen Bedingungen, wenn der Muskel nur gerade soviel Arbeit leistet, wie durch die gleichzeitige Verbrennung von Kohlenhydrat eben gedeckt werden kann, nur die Menge Glykogen anaerob gespalten wird, die zur Oxydation benötigt wird, um die zerfallene Kreatinphosphorsäure zu resynthetisieren. Unter diesen optimalen Bedingungen entsteht keine oder nur wenig überschüssige Milchsäure, die dann wieder zu Glykogen aufgebaut werden müßte. Dies ergibt sich mit großer Wahrscheinlichkeit daraus, daß in einem anaerob ermüdeten Muskel in der oxydativen Erholungsphase zuerst die Kreatinphosphorsäure resynthetisiert wird, und zwar mit sehr viel größerer Geschwindigkeit, als die Milchsäure verschwindet. Wenn so einerseits der gesamte bei der Muskelkontraktion freiwerdende

[1] LOHMANN, K.: B. Z. **282**, 109 (1935). — LEHMANN, H.: B. Z. **286**, 336 (1936). —
[2] LOHMANN, K., u. P. SCHUSTER: B. Z. **272**, 24 (1934). — [3] POLIS, B. D., and O. MEYERHOF: J. biol. Ch. **169**, 389 (1947).

Umsatz nicht vollständig über die Milchsäure verläuft, so braucht andererseits auch die Spaltung der Kreatinphosphorsäure kein unbedingt notwendiges Zwischenglied zu sein, da ja die Resynthese von ATP auch bei der Bildung der Milchsäure und durch aerobe Vorgänge erfolgen kann.

Bestimmung der Adenosintriphosphorsäure. Die Aufspaltungsgeschwindigkeit eines Esters (z. B. in Säuren) ist eine chemische Konstante, die wie der Schmelzpunkt, der Siedepunkt usw. zur Charakterisierung des Esters dienen kann. Bei der Hydrolyse von enteiweißten Muskelextrakten wurde nun gefunden (LOHMANN), daß fast die Hälfte des organisch gebundenen Phosphats, das nicht Kreatinphosphorsäure ist, bei der Hydrolyse in heißer Säure sehr schnell abgespalten wird, während der Rest viel schwerer hydrolysierbar ist. Die Isolierung dieser Verbindung führte schließlich zur Adenosintriphosphorsäure, in deren Molekül von den 3 vorhandenen Phosphormolekülen 2 leicht und das dritte schwer abgespalten werden. Und zwar ist nach 7 min langer Hydrolyse in 1 n HCl bei 100° die Abspaltung von 2 Phosphorsäuremolekülen beendet. Für die Bestimmung der ATP extrahiert man z. B. etwa 1 g Muskel mit 10 cm³ 4%iger Trichloressigsäure, versetzt 1,0 cm³ Extrakt mit 1,0 cm² 2 n HCl, erhitzt 7 min im siedenden Wasserbad und bestimmt colorimetrisch die Zunahme an anorganischem Phosphat gegenüber einem nicht hydrolysierten aliquoten Anteil des Filtrats.

Das Verfahren wurde zur sog. „Hydrolysiermethode" ausgearbeitet, indem systematisch die Hydrolysekonstanten der bekannten Phosphorsäureverbindungen bestimmt wurden. Im allgemeinen können 2 Phosphorsäureester ohne weiteres nebeneinander bestimmt werden, wenn deren Konstanten der Spaltungsgeschwindigkeit, berechnet nach der monomolekularen Reaktionsformel $\left(k = \frac{1}{t_2 - t_1} \ln \frac{a - x_1}{a - x_2}\right)$, um etwa 2 Zehnerpotenzen auseinanderliegen. Sind die Konstanten nur um das 10fache verschieden, so läßt sich der Gehalt an den beiden Verbindungen noch rechnerisch ermitteln.

d) Ammoniakbildung. Bei der Tätigkeit des Muskels entsteht in vitro wie in situ immer Ammoniak, ebenso auch beim Zerreiben eines Muskels, wobei der NH_3-Gehalt von 0,7 mg-% auf 6—7 mg-% ansteigt. Bei ermüdender Reizung wird eine Zunahme um etwa 2 mg-% gefunden[1]. Die Muttersubstanz dieses Ammoniaks ist im wesentlichen die Adenylsäure, die ihrerseits durch Dephosphorylierung aus der Adenosintriphosphorsäure gebildet wird, und die dann durch enzymatische Desaminierung in Inosinsäure übergeht. Es ist sehr zweifelhaft, ob diese NH_3-Bildung bei der Kontraktion des Muskels eine wesentliche Rolle spielt; zum mindesten kann sie an dem Zustandekommen der Kontraktion des Krebsmuskels nicht beteiligt sein, da dieser keine Adenylsäure-desaminase enthält.

ζ) Physikalisch-chemische Untersuchungen.

Neben diesen rein chemischen bzw. fermentchemischen Untersuchungen wurden gleichzeitig physikalische und physikalisch-chemische durchgeführt[2]: Zwei Arbeitsrichtungen, die geeignet sind, sich gegenseitig zu ergänzen und zu kontrollieren. Besonders wichtig sind die Erforschung der Energieverhältnisse bei den chemischen Reaktionen und die myothermischen Untersuchungen von HILL und HARTREE geworden. Weitere Erkenntnisse für die Vorgänge bei der Muskelkontraktion sucht man vor allem aus der Untersuchung der Wasserstoffionenkonzentration, aus der Veränderung des osmotischen Druckes, des Volumens und der Doppelbrechung bei der Tätigkeit des Muskels zu erhalten. In ihrer Gesamtheit zeigen diese Untersuchungen, daß bei der Muskelkontraktion zweifellos noch ein oder mehrere Vorgänge außer den bisher bekannten ablaufen müssen, die chemisch noch nicht erkannt sind.

---

[1] EMBDEN, G., u. H. WASSERMEYER: H. **179**, 161 (1928). — PARNAS, J. K.: B. Z. **206**, 16 (1929). — PARNAS, J. K., u. W. LEWIŃSKI: B. Z. **276**, 398 (1935). — [2] *Zusammenfassende Darstellungen:* LOHMANN, K.: Handb. Biochem. Erg.-W. Bd. 3, S. 351. — MURALT, A. v.: Ergebn. Physiol. **37**, 406 (1935).

a) Energie der chemischen Reaktionen. Eine Vorstellung von der chemischen Leistung der Muskelfaser unter der Wirkung von ATP vermitteln die Untersuchungen von SZENT-GYÖRGYI[1] und von WEBER[2]. An der Einzelfaser aus Kaninchenpsoas tritt bei 20° C unter ATP bei einer Verkürzung auf 75% der Länge eine Spannung von $\sim$ 3 kg/cm² auf. Dieser Vorgang wird energetisch gespeist von der Dephosphorylierung der ATP. Die chemischen Energiegrößen nun, die man vor allem dank den Untersuchungen von MEYERHOF zuerst kennenlernte, sind Wärmetönungen einzelner Reaktionen; was für die Verknüpfung von Chemie und Mechanik aber vor allem zu wissen notwendig ist, wurde, ebenfalls unter MEYERHOFs Führung, später bekannt: die Änderungen der freien Energie (ΔF) in den Systemen.

α) Wärmetönungen (ΔH). Bei den calorimetrischen Messungen wurden vor allem die thermometrische[3] und die isotherme[4] Methode benutzt. Die Ergebnisse führten zur Unterscheidung der „energiereichen Phosphatbindungen" und erlaubten eine rohe Schätzung der freien Energien.

Die hohe Wärmetönung des Vorgangs ATP→AMP (Adenylsäure) wurde zuerst von MEYERHOF u. LOHMANN[5] bestimmt, und zwar als Differenz zwischen den Vorgängen ATP→IMP (Inosinmonophosphorsäure) + 2 P + NH_3 und AMP → IMP + NH_3. Der Wert von 24000 cal wurde durch Messung der Prozesse ATP→Adenosin + 3 P und AMP→Adenosin + 1 P bestätigt[6]. Die bei der Muskelaktion anzutreffende Reaktion ATP→ADP ist noch nicht gemessen worden; man nimmt ihr $-\Delta H$ mit 12000 cal an. Die Hydrolyse der Kreatinphosphorsäure liefert 11000 cal, die der Argininphosphorsäure 8000 cal[7].

Der bei der Milchsäurebildung auftretende Wärmebetrag kann direkt nicht gemessen werden, da die Pufferung durch Muskeleiweiß und der notwendige Zusammenhang mit Phosphorylierungsreaktionen Schwierigkeiten bereiten. Sie kann aber aus der Differenz der Verbrennungswärme von gelöstem Glykogen und gelöster Milchsäure berechnet werden. Nach den neuesten Angaben von MEYERHOF[8] ist für die Entstehung von 2 Mol Milchsäure aus 1 Mol Glykogenhydrat $-\Delta H = 33000$ cal anzunehmen. Hinzu kommt die Neutralisationswärme von 2 Mol Milchsäure, die im Muskel 3000 cal betragen dürfte.

Die Verbrennungswärme von Glykogenhydrat unter physiologischen Bedingungen, d. h. in verdünnter wäßriger Lösung bestimmt sich zu 680000 cal je Mol; der entsprechende Wert für 2 Mol Milchsäure liegt natürlich etwas niedriger, bei 650000 cal. (An der Genauigkeit dieser Bestimmungen hängt die Berechnung der Milchsäurebildung aus Glykogen).

Das folgende Schema faßt die oben erwähnten energieliefernden Reaktionen unter dem Gesichtspunkt der chemischen Verknüpfung (senkrechte Verbindungslinien) und des physiologischen Energievorrats zusammen:

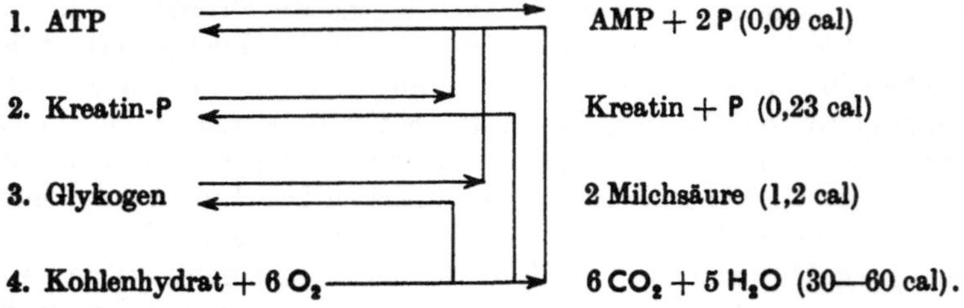

[1] SZENT-GYÖRGYI, A.: Biol. Bull. **96**, 140 (1949). — [2] WEBER, A., u. H. H. WEBER: Z. Naturforsch. **5b**, 124 (1950). — [3] MEYERHOF, O., E. LUNDSGAARD u. H. BLASCHKO: B. Z. **236**, 326 (1931). — [4] OHLMEYER, P., and R. SHATAS: Arch. Biochem. **36**, 411 (1952). — [5] MEYERHOF, O., u. K. LOHMANN: B. Z. **253**, 431 (1932). — [6] OHLMEYER, P.: Z. Naturforsch. **1**, 30 (1946). — [7] MEYERHOF, O., u. W. SCHULZ: B. Z. **281**, 292 (1935). — [8] MEYERHOF, O.: Ann. N. Y. Acad. Sci. **45**, 377 (1944).

In Klammern stehen die Wärmemengen, die in einem 1 g schweren Froschmuskel (etwas größere Zahlen gelten für den Warmblütermuskel) frei werden, wenn bei 1. und 2. die vorhandenen P-Verbindungen vollständig zerfallen, bei 3. 0,4% Milchsäure gebildet werden (das Maximum), bei 4. 0,5—1% Kohlenhydrat oxydiert sind. Der jeweilige Energievorrat wird also immer kleiner, je „näher" die zugehörige Reaktion an der ATP-Spaltung liegt, und Unterschiede in Wärmetönung und Vorrat bedingen, daß die Verbrennung der ATP-Spaltung mehrhundertfach überlegen ist.

β) Änderungen der freien Energie (ΔF). Für die energetische Verknüpfung von Reaktionen untereinander und mit physikalischen Vorgängen sind die Änderungen der freien Energie maßgebend; deswegen ist die Kenntnis von ΔF im Zusammenhang der Muskeltätigkeit von Bedeutung. Die Kenntnis der Wärme kann denselben Wert nur haben, wenn $\Delta F = \Delta H$, also für den Fall, daß die Änderung der Entropie (ΔS) Null ist und ΔF unabhängig von der Temperatur. Nun ergibt sich ΔF einerseits aus ΔF^0 (Standardbedingungen nach LEWIS), andererseits aus den aktiven Konzentrationen der entstehenden und verschwindenden Stoffe. Diese sind aber im lebenden Muskel unbekannt, und so ist auch die Angabe von ΔF^0, wie sie üblich ist und auch im folgenden verwandt wird, nur von einem beschränkten Wert.

Wegen der hohen Exergonik in der Hydrolyse von ATP läuft der Vorgang praktisch zu Ende, und ein Gleichgewicht läßt sich nicht messen, aus dem ΔF zu berechnen wäre. Jedoch in der Koppelung mit der Dehydrierung von Glycerinaldehydphosphat durch DPN lassen sich Gleichgewichtskonstanten bestimmen. So hat denn MEYERHOF auf Grund von 1938 gefundenen Werten[1] für $-\Delta F^0$ von ATP 12000 cal gefunden[2]. Dies ist die Änderung der freien Energie bei dem Vorgang ATP→ADP, gemessen bei 20° C und p_H 7,8 und errechnet unter der Standardvoraussetzung, daß die Anfangskonzentration der ins Gleichgewicht tretenden Stoffe 1 molar ist (ΔF^0), einschließlich Wasser ($\Delta F^{0\prime}$). Da dieser Wert identisch ist mit der Hälfte von $-\Delta H$ des Vorgangs ATP→AMP, ist anzunehmen, daß $-\Delta F^0$ im Prozeß ADP→AMP ebenfalls 12000 cal beträgt. Aus Gleichgewichtsmessungen in der Umphosphorylierung von ATP auf Kreatin ergibt sich für die hydrolytische Spaltung von Kreatinphosphorsäure $-\Delta F^0 = 11000$ cal.

Aus den Zahlen folgt, daß die reversible Reaktion zwischen ATP und Kreatin mit einem Nutzeffekt von fast 100% vor sich geht.

Im Milieu des Muskels verlaufen Spaltung des Glykogens und Neutralisation der Milchsäure (2 Mol) durch Protein mit einer Änderung der freien Energie von rund 55000 cal (s. [3]). Die vollständige Oxydation von Glykogen liefert den fast 15fachen Betrag[3], nämlich $-\Delta F^0 = 720000$.

γ) Beziehungen zwischen energiereicher P-Bindung und Kohlenhydratumsatz. Da das am Actomyosin reagierende ATP durch den Zuckerabbau regeneriert wird, erhebt sich die Frage, wieviele Pyrophosphatbindungen dadurch geschaffen werden können, daß eine Glucoseeinheit glykolytisch oder oxydativ verbraucht wird. Die obere Grenze für dieses Zahlenverhältnis folgt aus den Werten für ΔF unter der Annahme eines Nutzeffekts von 100%. Wie groß der Nutzeffekt tatsächlich ist, ergibt sich unter Einbeziehung des chemischen Experiments.

Wenn aus einer Glucoseeinheit des Glykogens 2 Moleküle Milchsäure entstehen, werden 3 Moleküle ADP unter Aufnahme von anorganischem Ortho-

[1] MEYERHOF, O., P. OHLMEYER u. W. MÖHLE: B. Z. **297**, 113 (1938). — [2] MEYERHOF, O.: Ann. N. Y. Acad. Sci. **45**, 377 (1944). — [3] BURK, D.: Proc. R. Soc. London (B) **104**, 153 (1929).

phosphat zu ATP. Unter Benutzung der genannten thermodynamischen Daten ist der Nutzeffekt also $\frac{3 \times 12000 \times 100}{55000} \approx 65\%$.

Wird die Glucoseeinheit vollständig veratmet, so ist eine Aussage über den Nutzeffekt auf Grund folgender Ergebnisse und Überlegungen möglich: 1930 stellten MEYERHOF u. NACHMANSOHN[1] fest, daß in der Erholungsphase des Muskels die Synthese von 2,4 Mol Kreatinphosphorsäure mit dem Verbrauch von 1 Grammatom Sauerstoff verknüpft war. Das Verhältnis P/O = 3 fand OCHOA[2], indem er beobachtete, daß bei der Veratmung von 1 Mol Brenztraubensäure (5 Atome Sauerstoff) in zellfreiem Herzmuskelextrakt 15 energiereiche Phosphatbindungen gebildet wurden. Überträgt man dieses Verhältnis auf die Verbrennung von Glucose, die 12 Atome Sauerstoff benötigt, so bringt dieser Prozeß 36 Pyrophosphatbindungen hervor. Es verbrennt aber Glucose sehr wahrscheinlich nicht als solche, sondern auf dem Wege über die Glykolyse, die ihrerseits den Vorgang ADP→ATP 3mal leistet. So sind also in der Aerobiose mit einem ΔF von 720000 cal 39 energiereiche P-Bindungen mit dem Gesamtwert von $39 \times 12000 = 468000$ cal entstanden. Der Nutzeffekt beträgt also ~65%.

Daß der Nutzeffekt des tätigen Muskels nur etwa halb so groß ist, beruht offenbar darauf, daß die Umwandlung von chemischer Energie in mechanische weitere Verluste mit sich bringt.

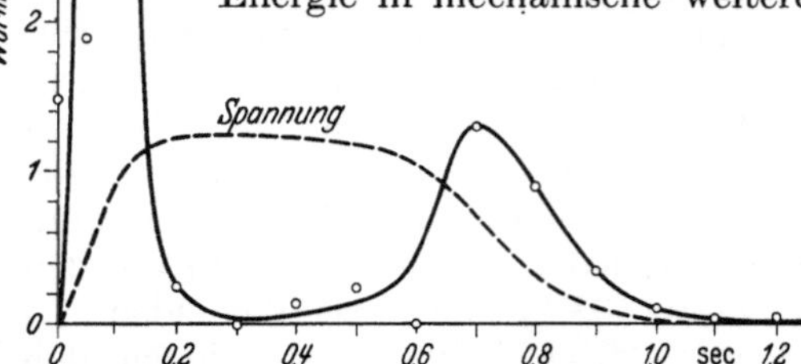

Abb. 66. Wärmebildung und Spannungsverlauf bei der isometrischen Einzelzuckung eines Froschmuskels nach mehrfacher Reizung; gestrichelte Linie: Spannungskurve; ausgezogene Linie: Wärmeverlauf; Abszisse: Zeit in sec; Ordinate: gesamte initiale Wärme je sec. (Nach HARTREE.)

b) Die myothermische Untersuchung der Muskelzuckung. Den ersten Nachweis, daß sich der Muskel bei der Kontraktion erwärmt, erbrachte HELMHOLTZ mit den von ihm entdeckten Thermoelementen, die in den Muskel eingestochen wurden. Das Verfahren wurde dann insbesondere von HEIDENHAIN; FICK und BLIX vervollkommnet. Diese ausgedehnten Untersuchungen wurden von HILL und HARTREE mit moderner Methodik entscheidend gefördert.

Das Verfahren besteht darin, daß man einen isometrisch aufgehängten Froschsartorius auf ein Thermoelement mit zahlreichen Lötstellen legt und mit einem empfindlichen Galvanometer den Thermostrom mißt. Die großen Schwierigkeiten ergeben sich daraus, daß die Messung des schnell ablaufenden Kontraktionsvorganges nicht nur in seiner absoluten Größe, sondern auch für kurze Zeitintervalle aufgelöst erfolgen muß, das System selbst aber naturgemäß in 2 Punkten eine große Trägheit besitzt, wodurch sich die einzelnen Wärmeschübe überlagern. Die erste Verzögerung entsteht dadurch, daß der Wärmeabfluß vom Muskel auf das Thermoelement nur mit der dem Muskel zukommenden Wärmeleitgeschwindigkeit erfolgen kann, und die zweite, daß das Registriersystem (Thermoelement/Galvanometer) bei der notwendig hohen Empfindlichkeit eine erhebliche Trägheit besitzen muß. Durch Ausbildung eines Analysenverfahrens und durch Steigerung der Leistungsfähigkeit der thermoelektrischen Anordnung wurden diese Schwierigkeiten weitgehend überwunden.

Bei einer Einzelzuckung werden je g Muskel bei isometrischer Aufhängung 0,0035 cal gebildet, und zwar unabhängig davon, ob der Muskel aerob oder anaerob oder mit Monojodessigsäure vergiftet (also bei aufgehobener Milchsäurebildung) zur Kontraktion gebracht wird. Diese Wärmebildung wird die Initial-

[1] MEYERHOF, O., u. D. NACHMANSOHN: B. Z. **222**, 1 (1930). — [2] OCHOA, S.: J. biol. Ch. **151**, 493 (1943).

wärme genannt; sie ist nach Ablauf der Zuckung beendet. In Sauerstoff erfolgt eine weitere Wärmebildung, die etwa 1000mal langsamer abläuft und erst nach Minuten abgeschlossen ist. Es ist die oxydative Restitutionswärme, die zumeist etwas größer als die Initialwärme ist. Das Verhältnis (aerobe) Gesamtwärme: Initialwärme ist etwa 2,2:1. Es schwankt mit der Ermüdung des Muskels.

Der Verlauf der Initialwärme bei einer Einzelzuckung eines isometrisch aufgehängten Froschsartorius ist aus der Abb. 66 zu ersehen. Die Reizung erfolgte bei 0°, da bei dieser Temperatur die Kontraktion etwa 1 sec dauert, die zeitliche Auflösung meßtechnisch und analytisch also leichter ist. Das grundsätzlich wichtige Ergebnis ist, daß die stärkste Wärmebildung in die Zeit der ersten Hälfte der Anspannungsphase fällt, also lange bevor der Muskel das Spannungsmaximum erreicht hat. Ja, kurz vor dem Spannungsmaximum findet sich ein ausgeprägtes Minimum der Wärmebildung. Mit der Erschlaffung setzt dann ein zweiter, zeitlich mehr verteilter Wärmeschub ein, der etwa 30% der Initialwärme ausmacht. Er ist zum größten Teil als in Wärme zerstreute Energie der elastischen Spannung anzusehen.

Grundsätzlich derselbe Kurvenverlauf wird auch bei tetanischer Reizung erhalten. Nach dem ersten hohen Wärmeschub bei der Anspannung tritt eine geringere Wärmebildung während der Aufrechterhaltung der Spannung ein, die bei längeren Tetani recht konstant ist, so daß die insgesamt freiwerdende Wärme als Funktion der Zeit einen linearen Anstieg ergibt.

Wärmeabsorption wurde in keinem Abschnitt der Kontraktion oder Erschlaffung gefunden; endotherme Vorgänge müßten hinter exothermen verborgen sein (Hill).

Wieweit die Wärmeproduktion des Muskels mit den chemischen Vorgängen ursächlich und zeitlich zu koordinieren ist, läßt sich schwer sagen. Für eine grobe Rechnung kann man aber mit Meyerhof die Veratmung des verfügbaren Kohlenhydrats (670000 cal je Glucoseeinheit) zugrunde legen. Dann bedeuten 12 Atome Sauerstoff die Synthese von etwa 30 Mol Kreatinphosphorsäure mit einer Zerfallswärme von 330000 cal (Initialwärme), denen 670000—330000 = 340000 cal für die Wärme in der aeroben Erholungsphase gegenüberstehen.

c) Volumenänderungen des Muskels bei der Tätigkeit. Ernst[1,2] entdeckte 1925, daß das Volumen eines Muskels bei der Kontraktion um etwa $^1/_{20000}$ abnimmt. Photographisch registriert stellt diese Volumenabnahme eine steile Zacke dar, die sofort wieder zurückgeht, und zwar noch bevor die Kontraktion des Muskels ihr Maximum erreicht hat. Aus gleichzeitigen Messungen ergab sich, daß die Dauer des Aktionsstromes 3—6 σ, die der Volumenkonstriktion 7—10 σ und die der Muskelzuckung 40—50 σ beträgt. Ernst nimmt nun an, daß diese Volumenkonstriktion (wenigstens teilweise) aus einer Ionenreaktion stammt, die infolge der Reizung stattfindet und nach dem Aufhören des Reizes wieder rückgängig gemacht wird. Als die Ionenreaktion wird der Übergang von nichtionisiertem indiffusiblem K in eine ionisierte diffusible Form angesehen. Ob diese besondere Annahme Ernsts zutrifft, kann noch nicht entschieden werden. Vielleicht ist die Volumenkonstriktion, die ebenso wie die Wärmebildung und die Änderung der Doppelbrechung (s. u.) einen zeitlich sehr frühen Vorgang darstellt, der Ausdruck einer Reaktion, die dem Verkürzungsvorgang näher steht als die bisher chemisch festgestellten Reaktionen.

1932 fand Meyerhof[3], daß die Volumenkonstriktion nicht auf den Ruhewert zurückgeht, sondern bei einer Einzelzuckung um $^1/_6$—$^1/_{10}$ der stattgefundenen

[1] Ernst, E.: Pflügers Arch. **209**, 613 (1925). — [2] Ernst, E.: Kli. Wo. **1936 II**, 1641. — [3] Meyerhof, O., u. W. Möhle: B. Z. **260**, 454, 469; **261**, 252 (1933).

Volumenänderung zurückbleibt. Diesen „Rückstand" führte MEYERHOF auf die anaerob ablaufenden chemischen Zerfallsreaktionen zurück. Der Zerfall von Kreatinphosphorsäure ergibt eine Volumenkonstriktion von 20 cm³ je Mol Phosphorsäure, die Bildung von Milchsäure aus Glykogen dagegen eine Dilatation von 24 cm³ je Mol Milchsäure (gelöst in 1000 cm³ Wasser). HARTMANN[1] fand nun bei einem Tetanus von 3 sec (Abb. 67) zunächst einen sehr steilen Anstieg (die ERNSTsche Konstriktion), dann einen langsameren weiteren Anstieg während des Tetanus, der der zerfallenen Kreatinphosphorsäure entspricht und schließlich eine mit der Nachbildung der Milchsäure zunehmende Volumendilatation. Die Milchsäurenachbildung wirkt sich dabei doppelt aus, da ja auch die Resynthese der Kreatinphosphorsäure mit einer Volumendilatation verbunden ist. Diese nachträgliche, sich über Sekunden hinziehende Volumendilatation bleibt aus, wenn die Milchsäurebildung durch Vergiftung des Muskels mit Monojodessigsäure verhindert wird. Auch hier tritt die Dephosphorylierung der Adenosintriphosphorsäure nicht in Erscheinung, da diese ebenso wie die Spaltung der Kreatinphosphorsäure mit einer Volumenkonstriktion einhergeht.

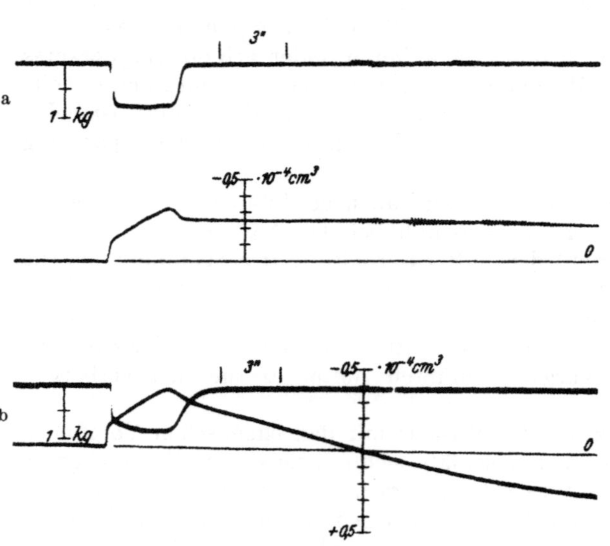

Abb. 67a u. b. a Verlauf der Volumenkurve bei einem 3sec-Tetanus an einem nicht ermüdeten normalen Gastrocnemius in Ringerlösung. Oben: Spannungsverlauf; unten: Volumenkurve. Das Ansteigen der Volumenkurve bedeutet Volumenkontraktion, der Abfall Volumendilatation. b Entsprechende Volumenkurve wie unter a, aber in Paraffinöl. (Nach HARTMANN.)

Der in Abb. 67 wiedergegebene Versuch wurde in Paraffinöl ausgeführt, da bei der Reizung in Ringerlösung als Folge von Quellungsvorgängen eine zusätzliche Volumenkontraktion auftritt.

HILL erklärt die Volumenschwankungen des Muskels bei Kontraktion und Erschlaffung sowie die Kompression der Blutgefäße bei starken Kontraktionen mit dem intramuskulären Druck, den er bei der isometrischen Kontraktion eines Froschgastrocnemius zu 100—300 mm Hg bestimmte[2].

d) Änderung der Doppelbrechung. Das Myosin ist wegen seiner starken Doppelbrechung und der Verspinnbarkeit zu Fäden als Grundbaustein der kontraktilen Substanz des Muskels anzusehen. Schon aus älteren Untersuchungen ist bekannt, daß sich die Doppelbrechung der Q-Abschnitte bei der Kontraktion verändert. v. MURALT[3] gelang die quantitative Messung; er fand, daß bei Froschsartorien bei streng isometrischer Kontraktion eine negative Schwankung der Doppelbrechung auftritt, die aus 3 getrennten Phasen besteht (Abb. 68):

1. einer Anspannungsschwankung, die dem Maximum der Spannung vorausläuft,

---

[1] HARTMANN, H.: B. Z. **270**, 164 (1934). — [2] HILL, A. V.: J. Physiol., London **107**, 518 (1948). — [3] MURALT, A. v.: Pflügers Arch. **230**, 299 (1932).

2. einem Plateau, das dem Maximum der Spannung entspricht, und
3. der Erschlaffungsschwankung.

Die negative Schwankung der Doppelbrechung des Myosins wird als Ausdruck einer molekularen Umformung angesehen, die in unmittelbarem Zusammenhang mit dem Fundamentalvorgang der Energieübertragung steht. Diese Umformung läuft etwa in derselben Zeit an wie die Anspannungswärme HILLs und die Volumenkonstriktion von ERNST. Das sind zweifellos auffallende Zusammenhänge und sicher nicht nur zufällig. Die Erschlaffungsschwankung der Doppelbrechung ist bei ermüdeten und mit isotonischer Saccharoselösung ausgewaschenen Muskeln (Na-Ionen entfernt und Kontraktilität vermindert bzw. aufgehoben) in charakteristischer Weise zum Teil erhöht und läuft zeitlich später ab als die Muskelerschlaffung selbst. Als kennzeichnend ist nur die Anspannungsschwankung anzusehen.

Bei isotonischer Kontraktion nimmt die Doppelbrechung bedeutender ab als bei isometrischer, und zwar vermindern sich Eigendoppelbrechung und Stäbchendoppelbrechung proportional, letztere wegen Aufnahme von Wasser durch die fibrillären Proteine bei der Verkürzung (WEBER).

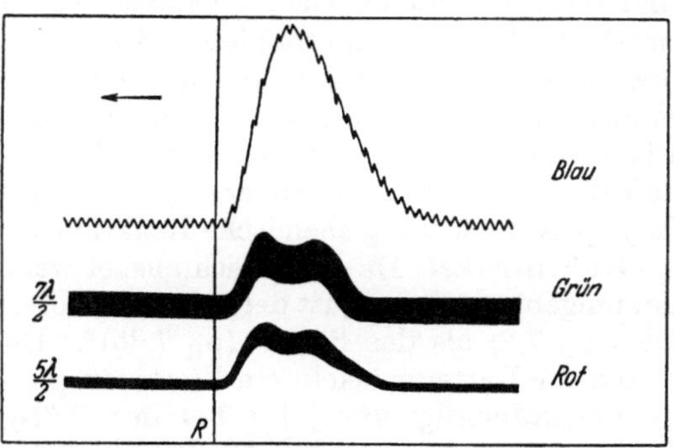

Abb. 68. Veränderung der Doppelbrechung bei der normalen und isometrischen Einzelzuckung eines Froschsartorius. Ordinate: Abnahme des Gangunterschiedes bzw. Zunahme der isometrischen Spannung; Abszisse: Zeit; Zeitmarke 0,002 sec, *R* Reizmoment. (Nach v. MURALT.)

e) Änderung der Lichtdurchlässigkeit. Der Muskel verhält sich wie ein trübes Medium infolge der Lichtstreuung durch die Muskeleiweißstoffe. v. MURALT[1] hat gefunden, daß bei den im Gasraum oder in Paraffinöl aufgehängten Muskeln Milchsäurebildung keine Veränderung der Durchlässigkeit des Lichtes hervorruft, wohl aber die Aufspaltung von Kreatinphosphorsäure, mit der eine Zunahme der Durchlässigkeit einhergeht. Sie ist reversibel, muß also als Ausdruck einer reversiblen Zustandsänderung der Muskeleiweißkörper angesehen werden, die eng mit den chemischen Vorgängen nach der Kontraktion, der Spaltung der Kreatinphosphorsäure verknüpft ist.

Neuerdings zeigte sich, daß bei einer Zuckung im ersten Moment der mechanischen Reaktion auf den Reiz eine kurze Erhöhung der Lichtdurchlässigkeit folgt, die einer plötzlichen Verminderung weicht[2].

f) Osmotischer Druck. Der unermüdete Froschmuskel hat eine Gefrierpunktserniedrigung[3] von 0,42°, der vollständig ermüdete von durchschnittlich 0,57°. Das Froschblut und also wahrscheinlich auch der Froschmuskel ist mit einer 0,725%igen NaCl-Lösung, die 0,248 molar ist, isotonisch[4]. Es wurde nun nach 2 verschiedenen Meßverfahren[5, 6] geprüft, ob die Zunahme der Gefrierpunktserniedrigung des Muskels bei der Ermüdung, die ja auf der Neubildung osmotisch wirksamer Substanzen beruht, durch die bisher bekannten Spaltungen gedeckt wird.

---

[1] BAEYER, E. v., u. A. v. MURALT: Pflügers Arch. **234**, 233 (1934). — [2] HILL, D. K.: J. Physiol., London **108**, 292 (1949). — [3] MOORE, A. R.: Amer. J. Physiol. **41**, 137 (1916). — [4] HILL, A. V.: Proc. R. Soc. London (B) **106**, 477 (1930). — [5] HILL, A. V., and P. S. KUPALOV: Proc. R. London (B) **106**, 445 (1930). — [6] MEYERHOF, O.: B. Z. **226**, 1 (1930).

Die Ergebnisse zeigten einwandfrei, daß die bisher bekannten Spaltungen die gefundene Gefrierpunktserniedrigung nur zu etwa 60—75% decken. Außer Milchsäurebildung, Kreatinphosphorsäurespaltung, NH_3-Bildung usw. finden noch weitere Vorgänge statt, bei denen osmotisch wirksame Teile auftreten. ERNST[1] nimmt an, daß diese Differenz auf den Übergang des nichtionisierten K in die ionisierte Form zurückzuführen sei, was mit einer Berechnung von HILL über die osmotisch wirksamen Bestandteile im ruhenden Muskel insofern nicht übereinstimmt, als hier schon das gesamte K osmotisch wirksam sein muß.

g) Wasserstoffionenkonzentration. DU BOIS-REYMOND hat schon 1859 gefunden, daß ein ermüdeter Muskel saurer reagiert als ein ruhender. Der Versuch ist sehr leicht zu wiederholen, indem man die Schnittfläche eines frischen und eines ermüdeten Gastrocnemius des Frosches mit blauem Lackmuspapier prüft. Während beim ermüdeten Muskel das Papier sofort gerötet wird, erfolgt dies beim frischen Muskel erst nach einiger Zeit, und zwar hier infolge der traumatisch gebildeten Milchsäure. Die *genaue* Bestimmung der $[H^+]$ im ruhenden wie im arbeitenden Muskel ist aber nicht leicht. Die Schwierigkeit besteht darin, daß die $[H^+]$ bzw. ihre Änderung im völlig unversehrten Muskel zu messen ist, da ja jede Verletzung chemische Reaktionen auslöst, die die $[H^+]$ verschieben.

Ruhemuskel. Da der Froschmuskel weniger gebundenes CO_2 enthält als das ihn umgebende Serum, ist der ruhende Froschmuskel um 0,15 p_H-Einheiten saurer (also p_H 7,2) als das Serum (p_H 7,35)[2]. Durch Einstechen von Glaselektroden wurde für Rattenmuskeln ein Wert von p_H 7,55 gefunden[3].

Veränderung der $[H^+]$ bei der Tätigkeit. Für das Verständnis der Reaktionsverschiebung bei der Tätigkeit des Muskels ist die Kenntnis des Verhaltens der $[H^+]$ bei den einzelnen Spaltungsvorgängen erforderlich. Nach völliger Erholung in Sauerstoff ist, sobald auch die Verbrennungskohlensäure ausgetreten ist, der status quo ante wieder völlig erreicht. Im nicht völlig erholten Muskel und besonders im anaerob gereizten sind im wesentlichen die beiden Vorgänge der Milchsäurebildung und der Spaltung von Kreatinphosphorsäure abgelaufen. Die Bildung von Milchsäure aus der neutralen Vorstufe der Kohlenhydrate ist nun immer mit einer Säuerung verbunden, die der Dissoziationskonstante von $1{,}38 \cdot 10^{-4}$ der Milchsäure entspricht. Unübersichtlicher ist das Verhalten der $[H^+]$ bei der Aufspaltung der Phosphorsäureester. Bei der Phosphatabspaltung aus neutralem Alkali-Glycerinphosphat entstehen das neutral reagierende Glycerin und anorganisches Phosphat. Ein Gemisch von gleichen Teilen sauren Alkaliphosphats ($Me^IH_2PO_4$) und neutralen Phosphats ($Me^{II}HPO_4$) hat einen p_H von 6,81, das gleiche Gemisch von saurem und neutralem Glycerin-phosphat aber einen p_H von 6,3. Bei der Aufspaltung von Glycerinphosphat verschiebt sich die Reaktion also z.B. von p_H 6,3 nach p_H 6,8, und umgekehrt würde sich bei der Veresterung von Glycerin mit Phosphat die Reaktion um denselben Betrag nach dem Sauren verschieben. Die Phosphorsäureester sind also stärkere Säuren als die anorganische Phosphorsäure. Dies gilt mit wenigen Ausnahmen.

Bei der Spaltung von Kreatin- und Argininphosphorsäure ist im neutralen Reaktionsbereich das Auftreten alkalischer Valenzen besonders ausgeprägt, und entsprechend bei ihrer Resynthese das Auftreten saurer Valenzen. Milchsäurebildung und Kreatinphosphorsäurezerfall heben sich bezüglich der $[H^+]$ nahezu auf, und die Reaktionsverschiebung wird nur dann deutlich, wenn der eine Vorgang mengenmäßig überwiegt. In Bestätigung der chemischen Analysen, die zu Beginn der Reizung eine überwiegende Spaltung von Kreatinphosphorsäure und

[1] ERNST, E., u. J. FRICKER: Pflügers Arch. **234**, 360 (1934). — [2] MEYERHOF, O., W. MÖHLE u. W. SCHULZ: B. Z. **246**, 285 (1932). — BROOKENS, N.: B. Z. **267**, 349 (1933). — [3] VOEGTLIN, C., R. H. FITCH, H. KAHLER and J. M. JOHNSON: Amer. J. Physiol. **107**, 539 (1934).

dann erst eine allmählich vorherrschende Bildung von Milchsäure ergaben, findet man nun tatsächlich zu Anfang der Tätigkeit eine Alkalisierung des Muskels, die erst bei fortgesetzter Reizung einer Säuerung Platz macht.

Die Messung[1] erfolgte manometrisch bei konstantem CO_2-Druck. Wenn ein Muskel alkalisch wird, so nimmt er CO_2 auf, und der Druck sinkt; umgekehrt wird bei der Säuerung aus dem Hydrogencarbonat im Muskel CO_2 ausgetrieben und der Druck steigt. Bei anaerober Reizung wurde nun vom Muskel zunächst CO_2 aufgenommen, später aber abgegeben. Dies bedeutet, daß bei der Tätigkeit zuerst ein alkalisierender Vorgang (Kreatinphosphorsäurespaltung) und später ein säuernder Prozeß (Milchsäurebildung) vorherrscht. Dieses Verfahren gestattet aber nur die Bestimmung der Reaktionsänderung am intakten Muskel im Verlauf einer Zuckungs*serie*, ohne Aufschluß über die $[H^+]$-Verschiebung im Verlaufe einer Einzelzuckung selbst zu geben. In mit Indicatorfarbstoffen gefärbten Muskeln[2] wurde nun ebenfalls nach einer *Einzel*zuckung oder nach einem kurzen Tetanus eine Verschiebung der Reaktion nach dem alkalischen gesehen. Eine quantitative Aussage ist aber wegen des Eiweißfehlers der Indicatoren nicht möglich. Da bei der p_H-Messung wie bei allen experimentellen Untersuchungen die pünktliche Registrierung der sehr raschen Abläufe im Muskel Mühe macht, hat DUBUISSON[3] die p_H-Änderung photographisch aufgenommen, die in einem Film aus Ringerlösung zwischen Froschmagenmuskel und einer flachen Glaselektrode zustande kommt. Die langsame Reaktion der glatten Muskulatur erlaubte die Feststellung, daß den genannten beiden Ausschlägen zwei weitere vorangehen, und zwar vor Eintritt der Kontraktion, der erste im alkalischen, der zweite im sauren Gebiet.

Ein weitgehend anaerob ermüdeter Muskel mit maximaler Milchsäurebildung hat ein p_H von etwa 6,5.

h) Kolloidchemische Veränderungen. In ermüdeten Muskeln findet man eine deutliche Löslichkeitsveränderung der Proteine gegenüber alkalischen und sauren Lösungsmitteln[4], die bei der Erholung in Sauerstoff nur sehr langsam zurückgeht. Diese Änderung, der DEUTICKE-Effekt, ist bei der Besprechung der Proteine schon erörtert worden (vgl. S. 578).

i) Elektrische Eigenschaften. Wenn ein Muskel arbeitet, erhöht sich seine Impedanz (= Scheinwiderstand gegen niederfrequenten Wechselstrom) reversibel mit Beginn der Verkürzung und wieder mit Beginn der Erschlaffung (DUBUISSON). Ein Zeichen für eine Beziehung zum Chemismus liegt nur darin, daß der Anstieg der Impedanz bei der Erschlaffung irreversibel wird, wenn die Glykolyse durch Jodacetat gehemmt ist.

k) Wirkung hoher Drucke. Von Interesse ist die sog. Kompressionsverkürzung des Muskels, die bei einem Druck von mehreren hundert Atm. auftritt. Hierbei gehen Art und Umfang der chemischen Umsetzungen dem Ausmaß und der Dauer der Kompressionsverkürzung parallel, die sich also wie eine normale Muskelkontraktion verhält[5].

η) Theorien der Muskelkontraktion.

Zu der Frage, worin denn die Muskelkontraktion eigentlich bestehe, sind viele Vermutungen geäußert worden. Ältere Theorien knüpfen an den Phänomenen Quellung, Osmose, Oberflächenspannung, micellare Verfestigung, innere Salzbildung im Protein an. Diese Ideen haben historisches Interesse[6].

---

[1] LIPMANN, F., u. O. MEYERHOF: B.Z. **227**, 84 (1930). — [2] MARGARIA, R., u. A. v. MURALT: Naturwiss. **22**, 634 (1934). — [3] DUBUISSON, M.: Pflügers Arch. **239**, 314 (1937). Exper. **3**, 213 (1947). s. a.: Proc. R. Soc. London (B) **137**, 63 (1950). — [4] DEUTICKE, H. J.: H. **210**, 97 (1932). — [5] DEUTICKE, H. J., u. U. EBBECKE: H. **247**, 79 (1937). — [6] MEYERHOF, O.: Die chemischen Vorgänge im Muskel und ihr Zusammenhang mit Arbeitsleistung und Wärmebildung. Berlin 1930.

In präziser Fassung sind mit dem Problem des Fundamentalvorgangs der Muskelkontraktion zwei Fragen gestellt: 1. Welche Reaktion setzt als letztes Glied im Chemismus ihre Energie unmittelbar in die Energie der Faserverkürzung um? 2. Wie kommt die Verkürzung zustande?

1. Vor allem seitdem die Ähnlichkeit der natürlichen Faser und des Modellfadens aus Actomyosin in zahlreichen Eigenschaften erkannt worden ist (WEBER) (s. S. 578), häufen sich die Argumente dafür, daß die Reaktion mit ATP das letzte Glied im energieliefernden Reaktionszug ist. Dabei muß die feinere Analyse noch ergeben, ob schon die *Bindung* von ATP an Actomyosin Verkürzung bewirkt oder ob die Energieübertragung den *Vorgang* ATP$\rightarrow$ADP voraussetzt. Es ist aber kein Versuch bekannt, in dem ATP auf das Protein verkürzend wirkte, ohne dabei gespalten zu werden. Wird die Spaltung durch Inhibitoren verhindert, so bewirkt ATP, wie in schwächerem Grade andere Polyphosphate, lediglich die Erniedrigung des Elastizitätsmoduls („Weichmacherwirkung"; WEBER), die Kontraktion wie Relaxation erst ermöglicht.

Andere Theorien zur Energielieferung, wie z. B. die Vorstellung, der Austausch von K^+ durch Na^+ sei die osmotische Energiequelle[1], sind, an sich schon schwach, heute nicht mehr haltbar.

2. Die Frage nach dem kolloid-physikalischen Wesen der Kontraktion ist die Frage nach dem elastischen Verhalten der Faser. Es gibt moderne Vorstellungen, denen zufolge der Muskel sich dem Kautschuk ähnlich verhält, also so, daß er zur Streckung (Ruhe) durch äußere Arbeit gebracht wird, die nach einem Auslösungsvorgang (Reizung) in der Verkürzung als Wärme wieder erscheint. Insbesondere die thermoelastische Theorie (WÖHLISCH[2]) erblickt die Kräfte für die Streckung in der Gleichnamigkeit geladener Gruppen in der Peptidkette und in der Wärmebewegung die Ursache für die Verkürzung. Nach der Theorie von PAULING[3] kommt es dagegen infolge der Aufhebung von Wasserstoffbrücken zur Verkürzung der Kettenanordnung in der „α-Spirale". Diesen Theorien ist gemeinsam, daß sie den thermodynamisch unfreiwilligen Vorgang in der Relaxation, in der Kontraktion aber den freiwilligen sehen.

Dagegen spricht schon der Befund, daß der erschlaffte Muskel sich nicht spontan wieder verlängert, sondern gestreckt werden muß (HILL). Die Verhältnisse sind aber noch klarer geworden durch das chemische Studium der Energielieferung: ATP reagiert am Actomyosin unter Verkürzung, die ATPase-Wirkung hat sich nicht abtrennen lassen; alles spricht dafür, daß die Kontraktion der energieverbrauchende Prozeß ist, und daß alle Theorien, die diesen Prozeß als den thermodynamisch freiwilligen auffassen, eben deswegen nicht aufrechterhalten werden können (WEBER[4]).

Diese ausschließenden Argumente bedürften einer Bestätigung durch positive Befunde, die uns der kolloid-physikalischen Erklärung der Muskelzuckung näherbringen.

ϑ) Kontraktur und Starre.

Das Vorbild aller Starren ist die *Totenstarre*, die in jedem vom Kreislauf abgeschlossenen Muskel auftritt. Die Geschwindigkeit des Eintritts hängt von verschiedenen Umständen ab:

1. Von der Vorgeschichte: ermüdete Muskeln werden schneller starr als nichtermüdete (gehetztes Wild) und trainierte langsamer als untrainierte.

---

[1] FLECKENSTEIN, A., H. HILLE u. W. E. ADAM: Pflügers Arch. **253**, 264 (1951). — [2] WÖHLISCH, E.: Naturwiss. **28**, 305, 326 (1940). — Vgl. a. MEYER, K. H.: Proc. R. Soc. London (B) **139**, 498 (1951/52). — [3] PAULING, L., and R. B. COREY: Proc. nat. Acad. Sci. USA **37**, 261 (1951). — [4] WEBER, H. H.: Biochim. biophysica Acta, N. Y. **12**, 150 (1953).

2. Von der Art des Muskels: allgemein wird der Herzmuskel schneller starr als der Skeletmuskel.

3. Von der Temperatur: höhere Temperatur beschleunigt den Eintritt.

Die Lösung der Totenstarre als Wiederverlängerung des Muskels erfolgt einige Std später.

Die Totenstarre ist manchmal als das getreue Abbild einer physiologischen Kontraktion ohne Wiedererschlaffung des Muskels angesehen worden. Dieser Anschauung entsprechen die chemischen Veränderungen, die in einem isolierten, anaerob aufbewahrten Muskel auftreten: Ähnlich wie bei der Kontraktion findet man zuerst einen überwiegenden Zerfall der Kreatinphosphorsäure und eine geringere Bildung von Milchsäure. Schließlich erreicht diese mit dem Eintritt der Starre ein Maximum, wobei dann die gesamte Kreatinphosphorsäure und Adenosintriphosphorsäure zerfallen sind. In Anwesenheit von Sauerstoff tritt die Totenstarre sehr viel später auf, früher hingegen in einem mit Monojodessigsäure vergifteten Muskel, in dem die Milchsäurebildung gehemmt ist. Die Lösung der Totenstarre beruht wahrscheinlich auf autolyseartigen Vorgängen.

Chemische Starre. Nahezu alle chemischen Verbindungen können (wenigstens bei genügender Konzentration) Kontraktion auslösen. Diese Auslösung kann verschiedene Ursachen haben. 1. Die Verbindung hemmt einen Restitutionsvorgang, Beispiel: Fluorid und Monojodessigsäure, die die Milchsäurebildung hemmen; 2. die Verbindung beschleunigt den Ablauf der Vorgänge, Beispiel: Chloroform und Coffein, welche die Bildung von Milchsäure stark beschleunigen; 3. die Muskelfasern haben eine besondere Suszeptibilität, wobei der Angriffspunkt aber kaum näher anzugeben ist; hierher gehören Nicotin, die quartären Basen, die Sulfocyanate und K-Salze, die in der Neuralregion des Muskels angreifen.

Soweit chemische Untersuchungen dieser Starren vorliegen, hat man eine mehr oder minder große Milchsäurebildung, Zerfall von Kreatinphosphorsäure und ATP gefunden.

Eben der Zerfall des „weichmachenden“ ATP bewirkt offenbar die Verminderung von Zerreißfestigkeit, Dehnbarkeit und Elastizitätsmodul. Verläuft der Zerfall, z. B. im Tode, sehr langsam, dann tritt Starre ohne Verharren in der Verkürzung ein. Von der Totenstarre weiß man andererseits, daß sie mit Kontraktur verbunden ist, wenn die Erschöpfung des ATP reichlicher Milchsäurebildung vorausgeht[1]. Bei unvollständiger Totenstarre hat ein Eiweißextrakt die gleiche Zusammensetzung wie bei unvollständiger Kontraktur[2].

ι) Einfluß der Muskeltätigkeit auf den Gesamtkörper.

Bei der Untersuchung des gesamten arbeitenden Körpers ist im Gegensatz zum isolierten Muskel eine strenge Trennung in die anaeroben und aeroben Teilvorgänge nicht zu erzielen. Je nach der Stärke und Dauer der Muskeltätigkeit und nach der Geübtheit (Training) der Versuchspersonen überschneiden sich beide Vorgänge. Für den in situ befindlichen Muskel kommt hinzu, daß einmal die bei der Tätigkeit gebildete Milchsäure in einem mehr oder minder großen Ausmaß in das Blut übertritt und in anderen Organen verwertet wird, und zum anderen, daß die Kohlenhydratvorräte des arbeitenden Muskels aus dem Blutzucker immer wieder ergänzt werden. Der im Körperverband arbeitende Muskel

---

[1] Bate-Smith, E. C., and J. R. Bendall: J. Physiol., London **106**, 177 (1947). Adv. Food Res. **1** (1948). — [2] Dubuisson, M., et P. Crepax: Bull. Acad. R. méd. Belg., Cl. Sci. **36**, 355 (1950).

ist also nicht wie der isolierte im Gasraum befindliche Muskel ein abgeschlossenes System, in welchem *alle* Vorgänge *ablaufen* und als Endergebnis im wesentlichen also nur Glykogen verschwunden und Kohlensäure gebildet und mechanische und Wärmeenergie geliefert sind.

Qualitativ findet man bei der Muskelarbeit im Körper als die auffälligsten Erscheinungen bei erhöhter Atmung einen gesteigerten Sauerstoffverbrauch, eine erhöhte Kohlensäurebildung und das Auftreten von Milchsäure im Blut sowie eine Erwärmung des Körpers. Im Tierversuch ist in den Muskeln außerdem noch ein Zerfall von Kreatinphosphorsäure festzustellen, während eine Änderung im Gehalt an Adenosintriphosphorsäure (ebenso wie bei nicht übermäßigen Arbeitsleistungen des isolierten Muskels) nicht direkt nachweisbar ist. Die gesteigerte Atmung und die Milchsäurebildung wirken nun über den Muskel hinaus auf den Körper dadurch ein, daß die gebildete Kohlensäure (humoral bzw. nervös) eine Öffnung weiterer Muskelcapillaren und so eine notwendig bessere Durchblutung und Sauerstoffversorgung des Muskels herbeiführt, und ferner durch Reizung des Atemzentrums eine Verstärkung der Atmung. Diese Wirkung der Kohlensäure wird durch den Austritt der Milchsäure in das Blut unterstützt. Der Blutmilchsäuregehalt, der beim Menschen in der Ruhe 12 mg-% beträgt, kann bei anstrengender Arbeit bis auf das 7fache steigen.

Dieser Austritt der Milchsäure aus dem Muskel in das Blut ist außerordentlich häufig untersucht worden, und zwar in Abhängigkeit von der Größe der Arbeitsleistung, des Sauerstoffverbrauchs und insbesondere der Sauerstoffschuld; ferner wurde das Wiederverschwinden der Milchsäure aus dem Blut studiert. Bezüglich der Verwertung dieser vermehrten Blutmilchsäure dürfte die ursprüngliche Ansicht von MEYERHOF zu Recht bestehen, daß sie ganz allgemein in den Geweben des Körpers in der PASTEUR-MEYERHOFschen Reaktion wieder zu Kohlenhydrat (Glykogen) aufgebaut wird, und zwar vorwiegend in der großen Masse der nicht beanspruchten Muskeln sowie in der Leber. Über den quantitativen Anteil dieser Organe an der oxydativen Verwertung der Milchsäure läßt sich aber kaum eine allgemein geltende Aussage machen, vielleicht nur die, daß der Leber hierbei eine wesentlich größere Rolle zukommt als ihrem prozentualen Körpergewichtsanteil entspricht. Bei sehr großen Anstrengungen wird ein Teil der Milchsäure auch im Schweiß und im Urin ausgeschieden[1]. Von ATZLER[2] ist der Stoffwechsel des anorganischen Phosphats im Gesamtkörper sehr eingehend untersucht worden. Danach steigern orale Phosphatgaben, z. B. Recresal (das KH_2PO_4 ist) nur bei P-Mangel wie bei Untrainierten die Leistung. Traubenzucker wirkt nicht nur als leicht resorbierbar und verwertbarer Nährstoff, sondern spart noch Phosphat ein und verhindert die Cl^--Ausschüttung.

Zum Übergang der Milchsäure ins Blut machte BANG[3] die Annahme, der Milchsäuregehalt in den tätigen Muskeln, im Blut und in den ruhenden Muskeln, in der Leber usw. sei verschieden. Hingegen nimmt HILL eine gleichmäßige Verteilung der Milchsäure über den gesamten Körper und ein Gleichbleiben des Blutmilchsäuregehalts während der ganzen Tätigkeitsdauer an. Es erscheint zweifelhaft, ob die zum Teil entgegengesetzten Schlußfolgerungen, die die beiden Untersucher aus ihren Ergebnissen ziehen, stichhaltig sind, da die Genauigkeit der Messungen wohl noch nicht ausreichend ist, und manche Umstände, die heute noch unbekannt sind, eine Rolle spielen mögen.

---

[1] SNAPPER, I., u. A. GRÜNBAUM: B. Z. **206**, 319 (1929); **208**, 212 (1929). — [2] ATZLER, E., K. BERGMANN, O. GRAF, H. KRAUT, G. LEHMANN u. A. SZAKÁLL: Arbeitsphysiol. 8, 621 (1935). — ATZLER, E., G. LEHMANN u. A. SZAKÁLL: M. m. W. **1937 II**, 1455. — [3] BANG, O., O. BØJE and M. NIELSEN: Skand. Arch. Physiol. **74**, Suppl. **10**, 51 (1936).

Die Blutmilchsäure ist bei Arbeitsleistungen unter Sauerstoff*mangel* besonders stark erhöht; z. B. bei Versuchen in großen Höhen[1] und bei Kreislaufkranken[2]. Dann ist natürlich auch die Harnmilchsäure vermehrt[3].

Der *Blutzuckergehalt* ist ebenfalls Schwankungen unterworfen, die weitgehend vom Training und der Arbeitsintensität abhängen. Je nach der Geschwindigkeit des Abbaues des muskeleigenen Glykogens, das ja aus dem Blutzucker ersetzt wird, und der Reaktionsfähigkeit des Körpers in der Mobilisierung des Leberglykogens, findet man verschiedene Zustände. Bei ganz Untrainierten fällt schon nach längeren mäßigen Anstrengungen, unter denen er bei Trainierten noch gleichbleibt, der Blutzuckergehalt ab[4]. Dieser frühere Abfall bei Untrainierten ist darauf zurückzuführen, daß zunächst die Arbeitsleistung unökonomischer ist (mehr Muskeln beansprucht werden) und dann die hormonale Regelung (Adrenalinausschüttung usw.) nicht schnell genug nachkommt. Sofort nach Arbeitsende findet sich eine einige Minuten anhaltende Blutzuckersteigerung, die ebenfalls nach Training kleiner wird. Wie fein der Regulationsmechanismus abgestimmt werden kann, zeigt die Tatsache, daß bei einem bis 25mal größeren Kohlenhydratverbrauch des Körpers über den Ruhe-Umsatz hinaus die Blutzuckerkurve doch konstant bleiben kann. Im venösen Blut arbeitender Muskeln ist die Blutzuckerkonzentration 6—10 mg-% kleiner als im arteriellen.

Bei großem Kohlenhydratverbrauch können gelegentlich hypoglykämische Zustände auftreten, an die beim plötzlichen Niederbruch von Sportlern immer gedacht werden sollte.

Die Arbeitsfähigkeit in großen Höhen (Bergsteiger, Flieger) wird weniger durch die Empfindlichkeit der Muskeln gegenüber Sauerstoffmangel beschränkt als durch die anderer Organe, insbesondere des Zentralnervensystems. Auch hierbei spielt die Anpassung eine große Rolle. HARTMANN[5] fand z. B., daß die Muskelkraft der Handbeuger im kurzfristigen Unterdruckkammerversuch schon in einer Höhe von 4200—5000 m deutlich abzusinken beginnt, während zum Teil bei denselben Männern nach 7 Wochen langem Aufenthalt am Berg zwischen 6000 bis 8000 m Höhe (Himalaya) eine Beeinträchtigung der Muskelkraft erst oberhalb von 7000 m meßbar war. Auch sollen schon bei starken Arbeitsleistungen in Höhen von 4000 m ab, wenn keine Anpassung stattgefunden hat, schwere und zum Teil irreparable Stoffwechselstörungen auftreten[6]. Der Körper geht hierbei eine hohe Sauerstoffschuld ein, die erst bei Rückkehr zu normaler Sauerstoffspannung bezahlt werden kann.

b) Herzmuskel.

α) Zusammensetzung.

Der Gehalt des Herzmuskels an anorganischen Bestandteilen ist in der Tabelle 80 auf S. 575 angegeben. Der wesentliche Unterschied zwischen dem quergestreiften Skeletmuskel und dem quergestreiften Herzmuskel besteht darin, daß der Gehalt des letzteren an den „anaeroben Energiedepots“ Kreatinphosphorsäure und Adenosintriphosphorsäure wesentlich geringer ist. Ihre Menge ist im Herzen nur $^1/_{10}$ bzw. $^1/_2$ so hoch wie im Skeletmuskel, das „Milchsäuremaximum“ ist nur $^1/_5$.

[1] BARCROFT, J.: The Respiratory Function of Blood. London 1925. — [2] EPPINGER, H.: Zur Pathologie der Kreislaufkorrelationen. Handb. Physiol. Bd. 16/2, S. 1289—1412. — [3] ARAKI, T.: H. **16**, 453 (1892). — [4] BANG, O., O. BØJE and M. NIELSEN: Skand. Arch. Physiol. **74**, Suppl. **10**, 1 (1936). — [5] HARTMANN, H.: Luftfahrtmed. **1**, 2 (1936/37). — [6] RÜHL, A., O. FRANKE u. R. KNEBEL: Luftfahrtmed. **1**, 241 (1936/37).

β) Stoffwechsel[1].

Die Untersuchung des Stoffwechsels des Herzens bei seiner Tätigkeit hat ergeben, daß hier grundsätzlich qualitativ dieselben oder sehr ähnliche Vorgänge ablaufen, wie bei der Zuckung des Skeletmuskels. Insbesondere können auch beim Herzen eine aerobe und eine anaerobe Phase mit Milchsäurebildung und Zerfall- von Kreatinphosphorsäure festgestellt werden; und auch im Herzmuskelgewebe wird die Kreatinphosphorsäure nur über das Adenylsäuresystem aufgespalten. Quantitativ besteht jedoch ein wesentlicher Unterschied, der sich aus der Funktion des Herzens, das ja ein dauernd rhythmisch tätiges Organ ist, ergibt.

Aerobe Phase Ein ausgeschnittenes Warmblüterherz kann beim Durchspülen mit einer mit Sauerstoff gesättigten glucosehaltigen physiologischen Salzlösung (am besten mit defibriniertem Blut) bis zu einem Tag schlagend erhalten werden; Kaltblüterherzen sogar über mehrere Tage. Ein schlagendes Herz verbraucht immer mehr Sauerstoff als ein stillgelegtes. Es läßt sich aber kaum eine einfache Beziehung zwischen Sauerstoffverbrauch und Arbeitsleistung aufstellen, da der erstere vom diastolischen Volumen, von der Schlagfrequenz und von der Hubhöhe in noch nicht zu übersehender Weise abhängig ist. Auch über die Größe des Respiratorischen Quotienten liegen sehr voneinander abweichende Angaben vor. So wird für ein Herz-Lungenpräparat des Hundes ein Respiratorischer Quotient von 1 angegeben[2], während beim isolierten Froschherzen gemäß dem Respiratorischen Quotienten sowie dem Kohlenhydratverbrauch der gesamte aerobe Stoffwechsel nur zu 40% durch Kohlenhydrat gedeckt wurde[3].

Besonders bemerkenswert ist, daß in situ der Milchsäuregehalt des Coronarvenenblutes immer geringer ist als der in der Coronararterie[4]. Im Herzen erfolgt demnach eine Absorption der Milchsäure aus dem Blut, wobei der Umfang der Absorption vom Blutmilchsäuregehalt abhängt. Beim hochgradigen Sauerstoffmangel oder bei Oxydationshemmung mit Blausäure erfolgt umgekehrt eine Milchsäureabgabe aus dem Herzen an das durchströmende Blut. Hiernach scheint beim Herzen das bevorzugte Substrat die aus dem Blut aufgenommene Milchsäure zu sein.

Anaerobe Phase. In Abwesenheit von Sauerstoff steht ein Kaninchenherz beim Durchströmen mit glucosefreier Tyrodelösung schon nach 10 min still, mit glucosehaltiger Lösung aber erst nach 40—50 min. Ein stillstehendes Herz läßt sich allein durch Zusatz von Glucose (besonders in schwach alkalischer Lösung, $p_H = 8$) wieder zum Schlagen bringen. Der Erfolg setzt schlagartig ein. Das vorgebildete Kohlenhydrat im Herzen bleibt bei Glucoseangebot in der Durchströmungsflüssigkeit unverändert, während der Gehalt an Milchsäure ansteigt. Hiernach ist im anaerob schlagenden Herzen die wichtigste Energiequelle der Tätigkeit die Bildung von Milchsäure aus Glucose.

Hemmt man in der Anaerobiose die Glykolyse durch Vergiftung mit Monojodessigsäure, so kann ein Froschherz nur wenige Minuten überlebend erhalten werden. Das anaerobe Energiedepot der Milchsäurebildung ist im Herzen also ebenso wie beim Skeletmuskel sehr viel größer als das der Kreatinphosphorsäurespaltung. Aerob bleibt dagegen ein mit Monojodessigsäure vergiftetes Froschherz einige

[1] Schumann, H.: Untersuchungen über den Muskelstoffwechsel des Herzens. Ergebn. inn. Med. **62**, 869—918 (1942). Der Muskelstoffwechsel des Herzens. (Kreislauf-Bücherei Bd. 10.) Darmstadt 1950. — [2] Cruickshank, E. W. H., and C. W. Startup: J. Physiol., London **77**, 365 (1933); **80**, 179 (1934). — [3] Clark, A. J., R. Gaddie and C. P. Stewart: J. Physiol., London **72**, 443 (1931); **75**, 311 (1932). — [4] Himwich, H. E., Y. D. Koskoff and L. H. Nahum: Proc. Soc. exp. Biol. Med. **25**, 347 (1928). — McGinty, D. A.: Amer. J. Physiol. **98**, 244 (1931).

Std tätig. Dies bedeutet, daß die oxydativen Prozesse ebenso wie beim Skeletmuskel restituierend auf die frühen anaeroben energieliefernden Vorgänge einwirken.

Bei der anaeroben Tätigkeit findet man eine erhebliche Vermehrung von Ammoniak. Hierfür gilt dasselbe, was auf S. 597 für den Skeletmuskel gesagt ist. Der Einfluß von Aminosäuren in der Durchströmungsflüssigkeit ist noch nicht geklärt. Zum Teil wurde weder eine vermehrte NH_3-Bildung noch ein Schwund gesehen, zum Teil nur ein Schwund und schließlich auch ein oxydativer Abbau mit NH_3-Produktion. (Das sind also alle theoretisch möglichen Fälle.)

Aus den sehr widerspruchsvollen Ergebnissen läßt sich vielleicht doch das folgende Bild vom Ablauf der chemischen Vorgänge bei der normalen Tätigkeit des in situ befindlichen Herzens entwickeln. Aerob erfolgt *vorwiegend* eine Oxydation von Kohlenhydrat (Glucose) bzw. Milchsäure, die dauernd während der rhythmischen Tätigkeit dem Blut entnommen werden. Bei plötzlich gesteigerter Tätigkeit besteht die Möglichkeit zur Verwertung der eigenen Energiedepots. Anaerob vermag das Herz, ebenso wie der Skeletmuskel, auf Kosten der bei der Spaltung der Kohlenhydrate in Milchsäure freiwerdenden Energie tätig zu sein. Dieser Spaltung geht ein Zerfall von Kreatinphosphorsäure voraus, deren Resynthese teilweise durch Milchsäurebildung, vollständig aber erst aerob vor sich geht. Auch beim Herzen erfolgt die Spaltung der Kreatinphosphorsäure erst nach teilweiser Dephosphorylierung der Adenosintriphosphorsäure, deren Dephosphorylierungsprodukt sich mit der Kreatinphosphorsäure umsetzt. Im ganzen genommen darf die normale Tätigkeit des Herzens vielleicht dem steady state des tätigen Skeletmuskels gleichgestellt werden (s. S. 592). Wieweit dabei eine Verbrennung weiterer Verbindungen außer Kohlenhydrat (wie N-haltiger Nährstoffe usw.) eine Rolle spielt, ist noch nicht geklärt; daß sie erheblich wäre, ist aber wohl nicht sehr wahrscheinlich.

c) Glatte Muskeln.

Der Stoffwechsel der glatten Muskeln zeigt ebenso wie der des Herzmuskels wenigstens eine qualitative Übereinstimmung mit dem Stoffwechsel der Skeletmuskeln.

Die mineralische Zusammensetzung ist in der Tabelle 80 auf S. 575 zusammengestellt. Die stark schwankenden Gehalte an Inhaltsstoffen beruhen zweifellos zu einem guten Teil auf dem wechselnden Gehalt an Bindegewebe. Daneben werden aber auch funktionelle Unterschiede eine Rolle spielen.

Ein nichtgravider Uterus des Meerschweinchens enthielt z. B. 0,50% Glykogen, ein gravider 2,0%[1]. Im Darm (+ Mucosa) des Kaninchens wurden 0,008—0,25% Glykogen gefunden[2]. Im Muskelmagen[3] des Huhns liegen von 60—90 mg-% gesamtsäurelöslichem P etwa 39% als anorganische Phosphorsäure, 5% als Kreatinphosphorsäure (dieser Wert ist wegen des schnellen Zerfalls der Kreatinphosphorsäure nur als Mindestwert anzusehen) und 50% als Adenosintriphosphorsäure vor. In den glatten bzw. spiralfaserigen Muskeln von Wirbellosen, die oft zur schnellen Fortbewegung dienen, findet sich dagegen immer ein recht beträchtlicher Gehalt an Argininphosphorsäure.

Die Muskulatur des nichtgraviden Uterus enthält nur einen Bruchteil der Menge Myosin und Actomyosin, die sich im quergestreiften Muskel findet. Myosin und stärker noch Actomyosin werden während der Schwangerschaft vermehrt[4].

[1] USUELLI, F.: Arch. Fisiol. **26**, 385 (1928). — [2] HORNE, E. A., and H. E. MAGEE: J. Physiol., London **78**, 288 (1933). — [3] DWORACZEK, E., u. H. K. BARRENSCHEEN: B. Z. **292**, 388 (1937). — [4] CSAPÓ, A.: Amer. J. Physiol. **160**, 46 (1950).

Bei der elektrischen Reizung steigt der Gehalt an Milchsäure an, im Schildkrötenmagen z. B. von 0,02% auf 0,08% bei Ermüdung; allgemein ist das Milchsäuremaximum in glatten Muskeln wesentlich niedriger als im Skeletmuskel[1]. Bei ausreichender Sauerstoffversorgung nimmt dagegen die Milchsäure kaum zu. Vorher anaerob gebildete Milchsäure verschwindet bei der aeroben Erholung wieder, wobei nur etwa $^1/_3$ oxydiert wird. Ob die restlichen $^2/_3$ zu Kohlenhydrat synthetisiert werden, ist bis jetzt noch nicht festgestellt. Wahrscheinlich liegt auch hier derselbe Vorgang der PASTEUR-MEYERHOFschen Reaktion vor wie beim Skeletmuskel.

Während auch in den glatten Muskeln der Wirbeltiere Kreatinphosphorsäure vorkommt, findet sich bei den Wirbellosen Argininphosphorsäure, die das völlige Analogon der Kreatinphosphorsäure ist; die beiden Phosphagene werden bei der Reizung gespalten, ferner wird nach Versuchen am M. retractor des Fußes der Muschel die bei der anaeroben Ermüdung aufgespaltene Argininphosphorsäure bei der Erholung in Sauerstoff wieder resynthetisiert, dagegen nicht in Stickstoff[2]. Kreatinphosphorsäure bzw. Argininphosphorsäure werden von den zugehörigen glatten Muskeln nur in Gegenwart des Adenylsäuresystems aufgespalten. Der Dephosphorylierung der Kreatinphosphorsäure (bzw. der Argininphosphorsäure) muß also eine Spaltung der Adenosintriphosphorsäure vorangegangen sein. Die beim Skeletmuskel bekannt gewordenen 3 chemischen Spaltungsreaktionen findet man also auch bei den glatten Muskeln wieder.

Die glatten Muskeln unterscheiden sich von den Skeletmuskeln durch den langsameren Ablauf der „Zuckung", die z. B. bei den glatten Muskeln der höheren Tiere mehrere Sekunden dauert, bei Skeletmuskeln aber nur Bruchteile von Zehntelsekunden. Dies ist jedoch kein grundsätzlicher Unterschied zwischen quergestreiften und glatten Muskeln, da bei beiden eine sehr große Schwankungsbreite beobachtet wird. Die Zuckung sehr schneller Insektenmuskeln dauert z. B. nur 0,002 sec, die der Schildkrötenmuskeln (z. B. von Testudo graeca[3]) aber 1—2 sec. Ähnlich groß ist die Schwankungsbreite der Zuckung bei den glatten Muskeln von weniger als 1 bis zu 1000 sec.

Ein anderer auffälliger Unterschied besteht darin, daß die glatten Muskeln eine Spannung mit sehr viel geringerer Energieleistung *aufrechterhalten* können als die quergestreiften[4]. Ein Pectenadductor vermag eine Spannung über 10 Std mit demselben Energieaufwand zu leisten wie ein Froschsartorius innerhalb 2 min. Die Wirtschaftlichkeit des glatten Muskels, soweit sie eine Halteleistung betrifft, ist also unvergleichlich größer. Bei Froschmuskeln[5] wird die Zuckungsdauer von Einzelzuckungen mit zunehmender Ermüdung immer größer, und ebenso gibt der Retractor des Pharynx der Schnecke bei Einzelreizung mit 3 sec Pause zunächst nur einen unvollständigen Tetanus, dann aber sehr bald einen glatten Tetanus, wobei die Erschlaffungszeit immer größer wird. Bei Skeletmuskeln tritt diese Wirkung besonders deutlich bei niedriger Temperatur auf. Sie wird sowohl aerob wie anaerob und auch nach Vergiftung der Milchsäurebildung mit Monojodessigsäure gefunden; in allen Fällen „erholt" sich der Muskel durch Einschaltung von kurzen Pausen, z. B. bei Reizung im 3 sec-Tempo mit 1 min Pause. Diese verzögerte Erschlaffung (Zunahme der Trägheit) darf vielleicht zum Teil auf die Erschöpfung der beteiligten Substanzen und ihre sehr verlangsamte Resynthese zurückgeführt werden[6].

---

[1] EVANS, C. L.: Biochem. J. **19**, 1115 (1925). — [2] EGGLETON, M. G.: J. Physiol., London **82**, 79 (1934). — [3] HILL, A. V.: Biochim. biophysica Acta, N. Y. **4**, 4 (1950). — [4] PARNAS, J.: Pflügers Arch. **134**, 441 (1910). — BETHE, A.: Pflügers Arch. **142**, 291 (1911). — [5] LOHMANN, A.: Pflügers Arch. **91**, 338; **92**, 387 (1902). — [6] LOHMANN, K.: Handb. Biochem. Erg.-W. Bd. 3, S. 351—413.

3. Gehirn und Nerven.

Von **C. G. Schmidt.**

Inhaltsverzeichnis.

Seite

a) Der chemische Aufbau des Zentralnervensystems und der peripheren Nerven 617
α) Allgemeines 617
β) Anorganische Bestandteile 620
1. Wassergehalt 620
2. Mineralstoffe 621
a) Calcium S. 621. — b) Kalium S. 622. — c) Natrium S. 624. — d) Magnesium S. 625. — e) Mangan S. 625. — f) Arsen S. 626. — g) Eisen S. 626. — h) Kupfer und Zink S. 626. — i) Kobalt S. 627. — j) Blei und Quecksilber S. 627. — k) Silicium S. 628. — l) Sonstige Elemente S. 628. — m) Ammonium S. 628. — n) Chloride S. 629. — o) Phosphate und andere Anionen S. 630.
3. Wasser- und Mineralgehalt entfetteter Gehirnsubstanz 632
γ) Organische Bestandteile 632
1. Lipoide 632
a) Allgemeines 632
b) Phosphatide 633
α) Glycerinphosphatide 633
A. Lecithine S. 634. — B. Kephaline S. 634. — C. Inositphosphatide S. 636. — D. Acetalphosphatide S. 637. — E. Äthanolaminophosphorsäure und Äthanolaminoglycerinphosphorsäure S. 640.
β) Sphingomyeline 641
c) Zuckerhaltige Phosphatide 642
α) Cerebroside 642
β) Sulfatide 643
γ) Ganglioside 643
δ) Strandin 644
d) Sterine 645
e) Die Lipoidverteilung im Nervensystem von Vertebraten und Invertebraten 645
2. Neutralfette 649
3. Proteolipoide 650
4. Eiweißkörper und ihre Bausteine 651
a) Allgemeines 651
b) Die Eiweißkörper 652
c) Die Eiweißbausteine 654
d) Freie Aminosäuren 655
e) Andere lösliche Stickstoffverbindungen 657
5. Kohlenhydrate 658
a) Allgemeines 658
b) Glykogen 658
c) Freier Zucker 659
d) Organische Säuren 659
e) „Glykolipoide“ 661
6. Nucleinsäuren 661
a) Allgemeines 661
b) Ribo- und Desoxyribonucleinsäure 666
c) Die Bausteine der Nucleinsäuren im Zentralnervensystem 667
7. Die Bedeutung der Vitamine für das Zentralnervensystem 668
a) Axerophthol S. 668. — b) Aneurin (Thiamin) S. 669. — c) Lactoflavin (Riboflavin) S. 672. — d) Nicotinsäure (PP-Faktor) S. 672. — e) Adermin (Pyridoxin) S. 673. — f) Pantothensäure S. 673. — g) Vitamin B_4 S. 673. — h) Cyanocobalamin S. 674. — i) Pteroylglutaminsäure (Folsäure) S. 674. — j) Ascorbinsäure S. 674. — k) Calciferol S. 675. — l) Tokopherol S. 675. — m) Biotin S. 675.

Seite

8. Die Veränderungen der chemischen Bausteine des Zentralnervensystems während der Entwicklung und im Alter . . . 676
   a) Wasserhaushalt und Elektrolytverteilung . . . 676
   b) Lipoide . . . 676
   c) Kohlenhydrate . . . 680
   d) Eiweißkörper . . . 680
   e) Nucleinsäuren . . . 681
   f) Stoffwechsel und Fermente . . . 682
9. Das Verhalten des Zentralnervensystems unter besonderen Ernährungsbedingungen . . . 684
   a) Wasserhaushalt und Elektrolytkonzentration . . . 684
   b) Eiweißkörper . . . 684
   c) Kohlenhydrate . . . 685
   d) Lipoide . . . 685
   e) Nucleinsäuren . . . 687
10. Chemische Veränderungen unter pathologischen Bedingungen . . . 688
   a) Die Thesaurismosen . . . 688
      α) Allgemeines . . . 688
      β) Cholesteringranulomatose (HAND-SCHÜLLER-CHRISTIANsche Erkrankung) 688
      γ) Xanthelasmatose . . . 688
      δ) Phosphatidspeicherkrankheiten . . . 688
         A. NIEMANN-PICKsche Erkrankung S. 689. — B. Familiäre amaurotische Idiotie (TAY-SACHS) S. 689. — C. PFAUNDLER-HURLERsche Erkrankung S. 690.
      ε) Cerebrosidspeicherkrankheit (GAUCHER-Krankheit) . . . 690
      ζ) Glykogenspeicherkrankheit (v. GIERKE) . . . 690
      η) Hämochromatose . . . 691
   b) Hirntumoren . . . 691
   c) Demyelinisierende Erkrankungen . . . 692
   d) WALLERsche Degeneration . . . 693
      α) Die Degeneration . . . 693
         A. Wasserhaushalt S. 693. — B. Lipoidzusammensetzung S. 693. — C. Nucleinsäuren S. 694. — D. Eiweiß S. 694. — E. Fermente S. 695. — F. Beziehungen zwischen morphologischen und chemischen Veränderungen S. 697.
      β) Die Regeneration . . . 698

b) Stoffwechsel und Fermente . . . 700
   α) Allgemeines . . . 700
   β) Kohlenhydratstoffwechsel . . . 700
      1. Allgemeines . . . 700
      2. Glykolyse . . . 700
         a) Anaerobe Glykolyse . . . 700
         b) Phosphorylierende Zwischenreaktionen . . . 701
         c) Zwischenstufen der Glykolyse . . . 705
         d) Aerobe Glykolyse . . . 707
         e) Förderung und Hemmung der Glykolyse . . . 707
         f) Fermente der Glykolyse . . . 710
      3. Stoffwechsel der Brenztraubensäure und Citronensäurecyclus . . . 715
      4. Synthese von Tricarbonsäuren durch CO_2-Fixation . . . 720
      5. Fermente des Brenztraubensäurestoffwechsels und der biologischen Endoxydation . . . 722
      6. Beeinflussung des Citronensäurecyclus . . . 725
      7. Direkte Oxydation von Glucose . . . 728
      8. Substratphosphorylierung . . . 729
      9. Atmungskettenphosphorylierung . . . 730
      10. PASTEUR-Effekt . . . 731
      11. Elektronentransport im Nervengewebe . . . 733

Seite

γ) Stoffwechsel und Funktion der Lipoide . . . 734
1. Funktion der Lipoide . . . 734
2. Stoffwechsel der Lipoide . . . 735
3. Stoffwechsel der Fettsäuren . . . 740
4. Fermente des Lipoidstoffwechsels . . . 743

δ) Eiweißstoffwechsel . . . 744
1. Stoffwechsel der Eiweißkörper . . . 744
2. Stoffwechsel der Aminosäuren . . . 747
a) Allgemeines . . . 747
b) Stoffwechsel der Glutaminsäure . . . 748
α) Allgemeines S. 748. — β) Ursprung und Synthese der Glutaminsäure S. 748. — γ) Oxydative Desaminierung S. 750. — δ) Transaminierung S. 751. ε) Amidierung zu Glutamin S. 752. — ζ) Transpeptidierung S. 752. — η) Decarboxylierung zu γ-Aminobuttersäure S. 753. — ϑ) Fermente des Glutaminsäurestoffwechsels im Gehirn S. 753. — ι) Permeation von Glutaminsäure und anderen Aminosäuren S. 756. — κ) Glutaminsäure und Ionentransport S. 756. — λ) Wirkungen der Glutaminsäure bei Hypoglykämie S. 757. — μ) Beziehungen zwischen Glutaminsäure und Ammoniakbildung S. 757. — ν) Einfluß der Glutaminsäure auf die Glykolyse S. 758. — ξ) Einfluß der Glutaminsäure auf die Cholinacetylase S. 758. — ο) Einfluß von Glutaminsäure auf den funktionellen Zustand des Zentralnervensystems S. 758. — π) Therapie von Geisteskrankheiten mit Glutaminsäure S. 759.
c) Transmethylierungen . . . 759
d) Primäre Decarboxylierung und Stoffwechsel der proteinogenen Amine . . 759
3. Fermente des Eiweißstoffwechsels . . . 762

ε) Stoffwechsel der Nucleinsäuren . . . 764
1. Stoffwechsel und Synthese von Nucleinsäuren . . . 764
2. Abbau der Nucleinsäuren und Fermente des Nucleinsäureabbaus . . . 766

ζ) Phosphataufnahme und Transphosphorylierungen . . . 768
1. Phosphataufnahme . . . 768
2. Transphosphorylierungen . . . 771
3. Spezifische und unspezifische Phosphatasen . . . 773
a) Adenosintriphosphatase und Apyrase . . . 773
b) Adenosindiphosphat-phosphomutase (Myokinase) . . . 774
c) Kreatinphosphokinase . . . 774
d) Unspezifische Phosphatasen . . . 775

η) Atmung von Hirn- und Nervengewebe . . . 777
1. Allgemeine Hirnatmung . . . 777
a) Aerober Stoffwechsel in situ . . . 777
b) Aerober Stoffwechsel in vitro . . . 778
2. Sauerstoffverbrauch verschiedener Areale . . . 782
3. Der respiratorische Quotient . . . 783
4. Substrate der Hirnatmung . . . 784
5. Sauerstoffversorgung, Hypoxie, Anoxie und Sauerstoffvergiftung . . . 786
a) Sauerstoffversorgung . . . 786
b) Hypoxie . . . 786
c) Anoxie und Ischämie . . . 787
d) Sauerstoffvergiftung des Gehirns . . . 789
6. Beeinflussung der Hirnatmung durch verschiedene Substanzen . . . 790
7. Fermente und Cofermente der biologischen Oxydation . . . 792
a) Dehydrogenasen . . . 792
b) Codehydrogenase I und II . . . 792
c) Flavoproteide . . . 794
d) Cytochromsystem . . . 794
e) Kohlensäureanhydratase . . . 796

ϑ) Blut-Hirnschranke und Mineralstoffwechsel des Zentralnervensystems . . . 796
1. Blut-Hirnschranke (Blut-Liquorschranke und Liquor-Hirnschranke) . . . 796

Seite
2. Ionentransport im Zentralnervensystem 801
a) Energiebildung beim Ionentransport 803
b) Ionenaustausch 804
3. Einfluß von Ionen auf den Hirnstoffwechsel 806
c) Stoffwechsel und Funktion des Zentralnervensystems 808
α) Allgemeines 808
β) Veränderungen des Hirnstoffwechsels unter physiologischen Bedingungen 808
γ) Kohlenhydratstoffwechsel und Hirnfunktion 809
δ) Eiweiß- und Nucleinsäurestoffwechsel und Hirnfunktion 809
ε) Lipoidstoffwechsel und Hirnfunktion 812
ζ) Hirnstoffwechsel und Narkose 813
η) Hirnstoffwechsel bei Krämpfen 815
ϑ) Hormonale Beeinflussung des Hirnstoffwechsels 818
ι) Hirnstoffwechsel unter pathologischen Bedingungen 821
1. Allgemeines 821
2. Hirnstoffwechsel bei Diabetes mellitus 822
3. Hirnstoffwechsel bei Hypoglykämie 823
a) Die Umwandlung von Hirnglykogen in Glucose 824
b) Die ständige Nachlieferung von Blutzucker aus Leberglykogen 825
c) Die Einschränkung des peripheren Zuckerverbrauchs 825
d) Die Oxydation von Nichtkohlenhydraten 825
4. Oligophrenia phenylpyruvica 826
5. Hirnstoffwechsel bei Psychosen 827
6. Stoffwechsel und Virusinfektion des Zentralnervensystems 827
a) Allgemeines 827
b) Infektionen mit neurotropen Viren vom Desoxyribosetyp 828
α) Rabies S. 828. — β) Neurovaccinia S. 828.
c) Infektion mit neurotropen Viren vom Ribosetyp 828
α) Poliomyelitis S. 828. — β) Louping ill S. 829.
d) Allgemeiner Hirnstoffwechsel bei Virusinfektion 829
d) Chemische Vorgänge bei Erregung und Erregungsleitung 834
α) Allgemeines 834
β) Ionenaustausch und Erregungsleitung 834
γ) Aktionssubstanzen 836
1. Kalium 837
2. Aneurin 837
3. Acetylcholin und Sympathin 839
a) Die Verteilung cholinergischer und adrenergischer Neurone 839
b) Die Natur der Überträgerstoffe 839
c) Wirkung von Acetylcholin auf die motorische Endplatte und den neuromuskulären Block 840
d) Acetylcholin und Fortleitung der Nervenerregung 841
e) Acetylcholin und die nichtcholinergischen Neurone im Zentralnervensystem 842
f) Acetylcholingehalt, gebundenes und freies Acetylcholin im Zentralnervensystem 844
g) Synthese von Acetylcholin und Cholinacetylase 845
α) Synthese S. 845. — β) Cholinacetylase S. 849.
h) Fermentative Zerstörung von Acetylcholin. Acetylcholinesterase und unspezifische Cholinesterasen 851
α) Allgemeines und Nomenklatur 851
β) Vorkommen der Cholinesterasen im Nervensystem 852
γ) Wirkungsweise, Konzentration und Lokalisation der Acetylcholinesterase 853
δ) Eigenschaften der Acetylcholinesterase 856
ε) Hemmstoffe der Cholinesterasen 858
4. Aktionssubstanz A_4 862
δ) Erregungsstoffwechsel 862
e) Schlußbemerkung 864

a) Der chemische Aufbau des Zentralnervensystems und der peripheren Nerven.

α) Allgemeines.

Die chemische Struktur des Zentralnervensystems weicht wesentlich von der aller übrigen parenchymatösen Organe ab. Die Zusammensetzung aus grauer und weißer Substanz ergibt bereits innerhalb des Organgefüges zwei auch hinsichtlich ihres chemischen Aufbaus verschiedenartige Anteile. Diese Unterscheidung wird wesentlich verstärkt durch den komplizierten anatomischen Aufbau aus Endhirn mit Großhirnrinde und -mark und den grauen subcorticalen Kernen, Zwischenhirn mit zentralem Höhlengrau und Anhangsgebilden, Mittelhirn mit seinen grauen Zentren und den afferenten und efferenten Wurzelsystemen, sowie dem Rauten- und Kleinhirn. Hinzu kommt die außerordentlich hochgradige histologische Differenzierung, die Ganglienzellen verschiedenster Art mit Dendriten- und Neuritenfortsätzen (Cytoarchitektonik), unterschiedliche Gliazellen als ektodermales Stützgerüst (Gliaarchitektonik), die verschiedenen Systeme der Myeloarchitektonik mit den Assoziations-, Kommissions- und Projektionssystemen umfaßt, wie auch die ebenfalls ausgeprägte Angioarchitektonik.

Die chemische Untersuchung des Organs muß den verwickelten anatomischen Aufbau berücksichtigen, so daß der topographischen Anatomie des Gehirns eine chemische Topographie an die Seite gestellt werden kann. Die ausgeprägte histologische Differenzierung des Gehirns erschwert die biochemische Untersuchung des Organs, die sich bisher im wesentlichen neben der geläufigen Unterteilung in graue und weiße Substanz auf einzelne Regionen (Stammhirn, Kleinhirn, Pons, Frontalhirn usw.) beschränkt hat. Die weitere biochemische Differenzierung bestimmter Hirnregionen entsprechend ihrer Cytoarchitektonik erfordert quantitative histochemische Mikromethoden, die nach Gefriertrocknung in Mengen von 5—20 γ Frischgewicht des Gehirns neben der Bestimmung des Trockengewichtes die von Cl, anorganischem P, säurelöslichem P, Lipoid-P, Nucleinsäure-P und Residual-P sowie von Cholesterin, Lecithin, Kephalin, Sphingomyelin, Riboflavin gestattet und auch die Aktivität der sauren und alkalischen Phosphatase, der ATPase, Cholinesterase, Aldolase und Fumarase zu messen erlaubt[1-3]. Auf diese Weise ließ sich zeigen, daß im Ammonshorn bei Kaninchen jede Zone eine konstante Zusammensetzung aufweist, wohingegen zwischen angrenzenden Zonen deutliche Unterschiede in der chemischen Zusammensetzung existieren. So ist das Trockengewicht der mit markhaltigen Nervenfasern ausgestatteten weißen Faserschicht des Ammonshorns, die als Muldenschicht (Alveus) in den Ventrikel vorgeschoben ist, mit 303 g/l nahezu doppelt so groß wie in der Schicht der Pyramidenzellen (170 g/l). Der Lipoidgehalt ist in der Zone der Pyramidenzellen deutlich geringer als in den anderen Lagen des Ammonshorns. Das durch seinen Reichtum an Dendriten von der Pyramidenschicht abgegrenzte Stratum radiatum und das ebenfalls an die Pyramidenzone angrenzende Stratum oriens, das neben zahlreichen Dendriten polymorphe Zellen vom GOLGI-Typ enthält, weisen mehr Lipoide auf, als auf Grund ihrer histologischen Charakterisierung zu erwarten wäre. Mit Eintritt der Myelinisierung im Muldenblatt (Alveus) steigt der Lipoidgehalt stark an. Die Konzentration an Proteinen, anorganischem P und säurelöslichem P ist dagegen in allen Lagen relativ konstant. In den Zonen ohne Markscheiden des Ammonshorns dürften 35—45% und im Muldenblatt über 55% des Gewebes auf die extracelluläre Flüssigkeit entfallen. Allgemein dürften die Dendriten im

[1] LOWRY, O. H., N. R. ROBERTS, K. Y. LEINER, M.-L. WU and A. L. FARR: J. biol. Ch. **207**, 1 (1954). — [2] LOWRY, O. H., N. R. ROBERTS, M.-L. WU, W. S. HIXON and E. J. CRAWFORD: J. biol. Ch. **207**, 19 (1954). — [3] LOWRY, O. H., N. R. ROBERTS, K. Y. LEINER, M.-L. WU, A. L. FARR and R. W. ALBERS: J. biol. Ch. **207**, 39 (1954).

gleichen Umfang über Fermente verfügen wie die Zellkörper. Der quantitative Nachweis von Milchsäure- und Äpfelsäuredehydrogenase[1] zusammen mit Aldolase und Fumarase sowie von saurer und alkalischer Phosphatase, ATPase und Cholinesterase in der Zone der Dendriten weist darauf hin, daß der allgemeine Hirnstoffwechsel nicht vorwiegend als Stoffwechsel der Zellkörper (Ganglienzellen, Gliazellen) aufgefast werden darf. Über die Zusammensetzung verschiedener Hirnregionen aus den wichtigsten organischen und anorganischen Bestandteilen unterrichten die Tabellen 83 und 84.

Tabelle 83. Chemische Topographie des menschlichen Gehirns (alle Werte mit Ausnahme des Wassergehaltes in % des Trockengewichtes)[2].

	Corona radiata	Frontalweiß	Parietalweiß	Hirnstamm	Thalamus	Nucleus caudatus	Frontalrinde	Parietalrinde
Wasser	69,83	70,64	69,92	71,67	75,79	81,43	84,12	83,46
Gesamtlipoide	57,30	55,37	57,18	54,21	47,10	33,46	31,98	32,77
Phosphatide	40,33	38,54	40,86	38,59	33,86	24,12	24,17	24,71
Acetonlösliche Lipoide	17,30	16,56	17,22	16,18	13,76	8,98	8,29	8,65
Gesamtcholesterin	15,15	14,23	14,79	13,51	11,23	6,65	5,98	6,23
Freies Cholesterin	14,37	13,62	14,34	13,17	10,87	6,58	6,16	6,36
Phosphatidfettsäuren	22,69	21,67	21,79	21,53	19,18	13,01	12,63	13,04
Jodzahl	84	84	84	88	95	116	129	129
Lipoidphosphor	1,23	1,19	1,20	1,22	1,20	1,04	1,01	1,00
Lipoidphosphor × 25	30,80	29,79	29,90	30,42	29,26	25,95	25,24	25,15
Lipoidstickstoff	1,04	1,05	1,11	1,04	0,96		0,92	0,97
Säurelöslicher N	1,09	1,15	1,05	1,22	1,44		1,62	1,63
Kreatin	0,32	0,39	0,36	0,42	0,57		0,69	0,68
Säurelöslicher P	0,85	0,80	0,78	0,90	0,94		0,88	0,86
Anorganischer P	0,16	0,16	0,15	0,20	0,22		0,24	0,24
Esterphosphor	0,60	0,57	0,51	0,63	0,61		0,53	0,49
Protein-N	4,04	4,19	4,11	4,55	5,48		7,11	7,17
Gesamt-N	6,01	6,13	6,09	6,58	7,65		9,58	9,56

Feinstruktur des Nervengewebes. Untersuchungen mit polarisationsoptischer und verbesserter röntgenographischer Methodik (kürzere Belichtungszeiten bei erhaltener Erregbarkeit) sowie mit dem Elektronenmikroskop haben bemerkenswerte Einblicke in die Feinstruktur des Nervengewebes erbracht. So dürfte die Markscheide aus zahlreichen übereinandergelagerten zylindrischen Schichten von Lipoiden und Eiweiß bestehen[3,4]. Die Lipoide sollen in molekularer Doppelschicht so angeordnet sein, daß die hydrophoben Paraffinketten in radiärer Stellung den inneren Teil der Schicht und die hydrophilen in die wäßrige Eiweißschicht hineinragenden Gruppen den äußeren Teil bilden. Das Röntgendiagramm frischer Wirbeltiernerven ergab für die Lipoide der Myelinscheide radiale Ausrichtung der langen Achsen der Fettsäureketten, die sich in derselben Richtung erstrecken wie die optischen Achsen dieser Moleküle[5,6]. Die in Schichten angeordneten Lipoide sind in radialer Richtung gut orientiert, haben aber Zufallsorientierung um die Achse herum. Die Doppelbrechung der Myelinscheide läßt sich am besten erklären durch die Annahme, daß Schichten von radial orientierten

[1] STROMINGER, J. L.: Unveröffentlicht. [Zitiert bei LOWRY, O. H., N. R. ROBERTS K. Y. LEINER, M.-L. WU, A. L. FARR and R. W. ALBERS: J. biol. Ch. **207**, 39 (1954)]. — [2] Nach RANDALL, L. O.: J. biol. Ch. **124**, 481 (1938). — [3] SCHMITT, F. O., and R. S. BEAR: Biol. Reviews **14**, 27 (1939). — [4] SCHMITT, F. O.: Cold Spring Harbor Symp. quant. Biol. **4**, 7 (1936). — [5] BOEHM, G.: Kolloid-Z. **62**, 22 (1933). — [6] SCHMITT, F. O.: Naturwiss. **25**, 709 (1937).

Lipoiden abwechseln mit konzentrischen Schichten von Proteincharakter, die in Form tangentialer Blättchen angeordnet sind[1].

Untersuchungen über die Struktur des Achsenzylinders im Nerven von Wirbellosen, bei denen der Achsenzylinder im Verhältnis zu den anderen Strukturen eine größere Masse besitzt als bei Wirbeltiernerven, ergaben Hinweise auf die Existenz von Proteinfibrillen, die in Längsrichtung der Faser angeordnet sind. Jedoch kann auch das in beträchtlicher Menge vorhandene Bindegewebe für das Diagramm verantwortlich sein[1]. Die Beugungsdiagramme künstlicher aus extrahierten Nervenproteinen gewonnener Fasern zeigen aber bei 4,6 und 10—11 Å Ringe[1], die charakteristisch für alle denaturierten Proteine sind[2]. Untersuchungen über die Doppelbrechung des Achsenzylinders lassen vermuten, daß dieser mit großer Wahrscheinlichkeit orientierte Proteinmicellen nur in einem Ausmaß von etwa 10% seiner Masse enthält[1]. Die Hauptmasse des Achsenzylinders (etwa 90%) dürfte in unorientierter Form vorhanden sein.

Absorptionsanalyse eines peripheren Nervenastes (N. ischiadicus, Frosch) mit streng monochromatischem Licht[3] ergab die größte Massenverteilung in der Markscheide[4]. Sie enthält bezogen auf die Trockensubstanz der Nervenfaser $0{,}3—0{,}4 \times 10^{-12}$ g/μ^3, der Achsenzylinder nur $^1/_5—^1/_8$ dieser Masse. Extraktion mit Petroläther führt zu einem Absorptionsverlust von 50% in der Markscheide, was dem Lipoidgehalt in etwa entspricht. Im Achsenzylinder ist dagegen kein Absorptionsverlust nachweisbar.

Elektronenmikroskopische Untersuchungen von Markscheide und Achsenzylinder der Nervenfasern ließen im internodalen Abschnitt folgende Strukturen erkennen[5]:

1. Die Nervenfaser ist von einer äußeren aus einer 200 Å dicken kompakt granulären Membran bestehenden Hülle umgeben, die dem Neurilemma entspricht. Auf dieser Membran befinden sich im periodischen Abstand von 620 bis 660 Å longitudinal angeordnete Bündel typischer Kollagenfasern, die mit den „Neurotubuli" anderer Autoren[6] identisch sein sollen.

2. Die Markscheide erscheint im Querschnitt aus vielen konzentrischen Ringen aufgebaut, von denen sich dünne bandförmige Lamellen zwischen 50—100 Å Dicke ablösen lassen. Myelintropfen weisen ähnliche lamelläre Struktur auf. Die Markscheide läßt auf Quer- und Längsschnitten konzentrisch angeordnete Schichtenstruktur erkennen mit durchschnittlicher konstanter Dicke der Einzelschichten von 80 Å.

3. Nach Entfernung der Lipoide lassen sich dünne, konzentrisch angeordnete, 30—40 Å dicke Filme nachweisen, die wahrscheinlich Proteinfilme oder stabile Lipoid-Proteinfilme darstellen.

4. Die innere Wand der Myelinscheide wird durch ein dichtes Netz von 100 bis 200 Å dicken Fibrillen ausgekleidet, das in das feine Reticulum des Achsenzylinders übergeht. Dieses Netz, das longitudinal angeordnete trabeculäre Verstärkungen (0,2—0,6 μ) aus dicht zusammengeflochtenen Fibrillenbündeln besitzt, entspricht seiner Lage nach dem Axolemma. Das Innere des Achsenzylinders ist mit einer granulären Masse gefüllt.

Auf Grund dieser Untersuchungen — insbesondere nach Entfernung von Lipoiden und Proteinen (Trypsineinwirkung) — läßt sich eine allgemeine

[1] SCHMITT, F. O.: Naturwiss. **25**, 709 (1937). — [2] ASTBURY, W. T., S. DICKINSON and K. BAILEY: Biochem. J. **29**, 2351 (1935). — [3] ENGSTRÖM, A., u. B. LINDSTRÖM: Exper. **3**, 191 (1947). — [4] ENGSTRÖM, A., u. H. LÜTHY: Exper. **5**, 244 (1949). — [5] FERNÁNDEZ-MORÁN, H.: Exper. **6**, 339 (1950). — [6] ROBERTJS, E. DE, and F. O. SCHMITT: J. cellul. comp. Physiol. **31**, 1 (1948).

konzentrische Schichtenstruktur der Myelinscheide annehmen, die mit polarisationsoptischen[1, 2] und röntgenographischen[3-6] Ergebnissen in Einklang steht.

Nachdem die Einwände gegen die Anwendung röntgenographischer Methoden auf den lebenden Nerven durch verbesserte Untersuchungstechnik viel von ihrer Überzeugungskraft verloren haben, bleibt abzuwarten, ob die elektronenmikroskopisch gefundenen Strukturen den Verhältnissen in vivo entsprechen oder ob sie Artefakte sind.

β) Anorganische Bestandteile.

1. Wassergehalt.

Der Wassergehalt von Hirn- und Nervengewebe schwankt in weiten Grenzen. Der mittlere Wassergehalt im Gehirn von jungen bis zu 800 g schweren Katzen beträgt 84,6 ± 0,5%, bei älteren zwischen 800—2500 g schweren Tieren 80,8 ± 0,4%[7]. Die einzelnen Areale des Gehirns weisen unterschiedliche Werte auf (s. Tabellen 83 u. 84). Der höchste Wassergehalt findet sich in den grauen

Tabelle 84. Wasser und Mineralien in Gehirngewebe und Nerven von Hunden[8].

	Frischgewebe		Fettfreies Frischgewebe					
	Freies Fett in % des Frischgewebes	H_2O %	H_2O %	Cl mg-%	Na mg-%	K mg-%	Säurelöslicher P mg-%	Gesamt-P mg-%
Großhirn, weiß	19	70	86	153	133	421	80,6	465
Großhirn, grau	7	80	86	167	161	402	87	254
Nucleus caudatus	8	77	84	138	147	336	111	354
Thalamus	14	75	88	156	159	394	90	341
Medulla, Pons	20	71	89	181	172	300	93	508
Mittelhirn	51	75	88	156	143	347	99	415
Kleinhirn	9	78	86	156	149,5	500	87	356
Rückenmark	25,0	67	89	170	182	370	83,7	730
N. ischiadicus, rechts	24,0	57	75	280	448	160	37,2	304
N. ischiadicus, links	25,6	56	75	280	393,5	187	37,2	332
M. gastrocnemius, rechts	2,8	75	77	62	64,4	363	124	158
M. gastrocnemius, links	2,4	76	78	63	64,4	367	115	234

Anteilen des Großhirns mit rund 80%[8], wobei die Frontal- und die Parietalrinde mit 83,4—84,1% besonders herausragen[9]. In der Corona radiata, der weißen Substanz des Frontal- und Parietallappens sowie im Hirnstamm beträgt der Wassergehalt nur 69,8—71,7% und nähert sich damit dem ebenfalls geringeren Wert für das Rückenmark (67%). Die Werte für Kleinhirn, Mittelhirn, Pons, Medulla oblongata und Thalamus liegen in der Mitte. Die peripheren Nerven (N. ischiadicus) weisen mit 56—57% einen relativ geringen Wassergehalt auf[8].

[1] Schmidt, W. J.: Z. Zellforsch. **23**, 657 (1936). — [2] Schmitt, F. O., and R. S. Bear: Biol. Reviews **14**, 27 (1939). — [3] Schmitt, F. O., R. S. Bear and G. L. Clark: Science, N. Y. **82**, 44 (1935). — [4] Schmitt, F. O.: Naturwiss. **25**, 709 (1937). — [5] Schmitt, F. O., R. S. Bear and K. J. Palmer: J. cellul. comp. Physiol. **18**, 31 (1941). — [6] Schmitt, F. O.: Biochim. biophysica Acta, N. Y. **4**, 68 (1950). — [7] Yannet, H., and D. C. Darrow: J. biol. Ch. **123**, 295 (1938). — [8] Tupikova, N., and R. W. Gerard: Amer. J. Physiol. **119**, 414 (1937). — [9] Randall, L. O.: J. biol. Ch. **124**, 481 (1938).

Hirngewebe besitzt ebenso wie andere Organe intra- und extracellulär gebundenes Wasser. Im extracellulären Raum findet sich neben zahlreichen Ionen im wesentlichen die extracelluläre Flüssigkeit, wobei zu bedenken ist, daß Hirngewebe mit nur 0,22% Kollagengehalt den geringsten Bindegewebsanteil aller Organe besitzt[1]. In Gehirn und Rückenmark macht die extracelluläre Phase nicht mehr als 35% aus[2]. Der intracelluläre Wassergehalt beträgt bei Ratten für die Zellen 70—74%, bei Kaninchen 66—68% und liegt damit etwas über dem intracellulären Wassergehalt von Leber und Niere, aber unterhalb desjenigen von Herz- und Skeletmuskulatur.

Über die Veränderungen des Wassergehaltes während der Entwicklung s. S. 676.

2. Mineralstoffe.

Der Mineralgehalt des Gehirns bietet, schon bedingt durch den besonderen anatomischen Aufbau des Organs, einige Besonderheiten. Der besseren Übersicht halber sind die in der Literatur für die meisten Mineralien angegebenen Werte in Tabelle 85, S. 623, zusammengestellt. Für die wichtigsten Mineralbestandteile des Gehirns ist ferner in Tabelle 86, S. 624, ihre Verteilung auf graue und weiße Substanz, Kleinhirn und Rückenmark angegeben, während in Tabelle 87, S. 624, die Elektrolytverteilung für den peripheren Nerven wiedergegeben ist.

a) Calcium. Der Calciumgehalt des Gehirns unterliegt starken Schwankungen. Bei gesunden Ratten beträgt der durchschnittliche Ca-Gehalt 4,71 mg-% für die Frischsubstanz[3]; andere Autoren[4,5] geben 3,2—5,8 mg-% an (s. Tabelle 85); bei Kaninchen beträgt der Ca-Gehalt 5,9 mg-%[6]. Die von Parhon u. Cahane[7] zwischen 10,5 und 37,4 mg-% für die Frischsubstanz ermittelten Werte liegen weit über den sonstigen Angaben, so daß an die Möglichkeit einer Berechnung auf die Trockensubstanz gedacht werden kann, zumal im Hundegehirn Mittelwerte von 55,4 mg-% für die Trockensubstanz gefunden wurden[5] (s. Tabelle 88, S. 624). Im Katzenhirn existieren regionale Unterschiede in der Calciumverteilung, wobei ein relativ hoher Ca-Gehalt des Hypothalamus auffällt[8]. Die Mittelwerte ergaben 6,33 mg-% für die Cortex cerebri, 6,85 mg-% im Diencephalon, 0,39 bzw. 0,43 mg-% in beiden Kleinhirnhälften und 0,80 mg-% im verlängerten Mark; im verlängerten Mark findet sich also eine fast doppelt so hohe Ca-Konzentration wie im Kleinhirn. Beim Menschen, für den der Ca-Gehalt mit 4—6 mg-% angegeben wird[9], schwanken die Calciumwerte außerdem im Laufe des Lebens erheblich. So werden beim 1 Monat alten Säugling nur rund 52% und bei 10jährigen Kindern nur 44% der bei Feten erhobenen Werte gefunden[10]. Der Calciumgehalt der peripheren Nerven (N. ischiadicus) liegt bei der Katze zwischen 13—43, beim Kaninchen zwischen 26—54 mg-%[11,12]. Rein sensible Nerven (N. opticus, N. saphenus) weisen beim Kaninchen einen höheren Ca-Gehalt auf als motorische. Auffallend sind die besonders hohen Ca-Werte in dem hauptsächlich aus präganglionären Fasern bestehenden Halssympathicus und dem dazugehörigen Ganglion (27—98 mg-%). Dagegen findet sich zwischen cholinergischen und adrenergischen Nerven bei Hund, Katze und Kaninchen kein Unterschied

---

[1] Neuman, R. E., and M. A. Logan: J. biol. Ch. **186**, 549 (1950). — [2] Manery, J. F., and A. B. Hastings: J. biol. Ch. **127**, 657 (1939). — [3] Linder, G. C.: Biochem. J. **34**, 1574 (1940). — [4] Müller, L. R.: Kli. Wo. **1939 I**, 113. — [5] Schmidt, C. L. A., and D. M. Greenberg: Physiol. Rev. **15**, 297 (1935). — [6] Denis, W., and R. C. Corley: J. biol. Ch. **66**, 609 (1925). — [7] Parhon, C. I., et M. Cahane: C. R. Soc. Biol. **98**, 403 (1928). — [8] Faragó, S.: B. Z. **288**, 393 (1936). — [9] Eaves, E. C.: Brit. J. exp. Path. **12**, 112 (1931). — [10] Frey, G.: Diss. med. Göttingen 1941. — [11] Lissák, K., u. T. Kovács: Pflügers Arch. **245**, 790 (1942). — [12] Rex-Kiss, B., u. K. Lissák: A. e. P. P. **197**, 259 (1941).

im Ca-Gehalt. Der Ca-Gehalt der peripheren Nerven liegt über dem der zugehörigen Muskeln[1] (s. Tabelle 89, S. 625).

Die *Verminderung des* Ca-*Gehaltes bei rachitischen Tieren* ist nicht eindeutig und umstritten. Nach LINDER[2] steigt der Ca-Gehalt des Gehirns signifikant sogar von 4,71 auf 5,30 mg-% bei gleichbleibendem Serumcalciumspiegel geringfügig an. Es handelt sich um eine echte Verschiebung, da der Wassergehalt des Gehirns unverändert bleibt. Sehr viel deutlicher sind die Erhöhungen der Ca-Werte im Gehirn um 36% auf 6,92 mg-% bei Intoxikation mit bestrahltem Ergosterin, die bei längerer Behandlung 122% betragen kann[3,4]. Im Gegensatz hierzu wird von verschiedenen Autoren[5,6] eine deutliche Ca-Verminderung des Gehirns bei Rachitis angegeben, wobei keine Beziehung zwischen der Ca-Konzentration des Gehirns und der des Blutes besteht.

Ebensowenig sind die *Beziehungen zwischen Gl. parathyreoidea und Calciumgehalt des Gehirns* geklärt. Bei parathyreopriver Tetanie wird eine Verminderung der Ca-Werte im Gehirn gefunden[7], während andere Autoren entweder keine sicheren Beziehungen zwischen Tetanie und Veränderungen des Ca-Gehaltes[5] oder keine Veränderungen fanden[8,9]. Andererseits erhöhte Thyreo-parathyreoidektomie bei Ratten die Ca-Werte in der Cortex cerebri um 18,6%, im Diencephalon um 26%, im Kleinhirn sogar um 91%, während gleichzeitig die Werte für das verlängerte Mark eine Verminderung um 49% erfuhren[10] (s. a. Tabelle 88). Thyroxinbehandlung ist ohne Einfluß auf die Erhöhung der Calciumkonzentration nach Entfernung der Nebenschilddrüsen. Zufuhr von Parathyreoideaextrakt läßt dagegen eine gewisse Normalisierung eintreten. Zwar bleiben die Ca-Werte auf über das Doppelte erhöht, aber das normale Verteilungsverhältnis wird wieder erreicht. Der Ca-Quotient Kleinhirn / verlängertes Mark, der nach Entfernung der Nebenschilddrüsen von 0,505 auf 1,88 gestiegen war, sinkt auf 0,765 ab. Eine direkte Abhängigkeit der Ca-Konzentration von der Nahrungszufuhr ist nicht feststellbar. Der Ca-Gehalt des Gehirns kann zwar bei calciumreicher, phosphatarmer Kost, die zur Rachitis führt, absinken[5], erreicht aber bei plötzlicher Umstellung auf normale Kostform und Vitamin D-Zulagen nur sehr langsam wieder den normalen Wert. Zufuhr von Calciumchlorid oder -lactat bleibt bei Kaninchen und Hunden ohne Einfluß auf die Ca-Konzentration[11,12], ebenso tägliche Bestrahlung mit UV-Licht. Nach Vergiftung mit Tetanustoxin nimmt der Ca-Gehalt des Nervengewebes um 16—38% ab[13].

b) Kalium. Auch der Kaliumgehalt des Gehirns weist Schwankungen innerhalb einzelner Hirnregionen auf. Bezogen auf die fettfreie Frischsubstanz besitzt das Kleinhirn mit 500 mg-% den höchsten Gehalt[14], die Werte für Nucleus caudatus, Thalamus, Medulla oblongata, Pons, Mittelhirn, sowie graue und weiße Substanz des Großhirns bewegen sich zwischen 200—412 mg-% (s. Tabelle 84, S. 620). Von verschiedenen Autoren[15–17] werden Werte von 340—370 mg-%

[1] LISSÁK, K., u. T. KOVÁCS: Pflügers Arch. **245**, 790 (1942). — [2] LINDER, G. C.: Biochem. J. **34**, 1574 (1940). — [3] REED, C. I., L. M. DILLMANN, E. A. THACKER and R. I. KLEIN: J. Nutrit. **6**, 371 (1933). — [4] REED, C. I., E. A. THACKER, L. M. DILLMANN and J. W. WELCH: J. Nutrit. **6**, 355 (1933). — [5] HESS, A. F., J. GROSS, M. WEINSTOCK and F. S. BERLINER: J. biol. Ch. **98**, 625 (1932). — [6] BEUMER, H.: Mschr. Kinderheilkde. **65**, 85 (1936). — [7] MCCALLUM, W. G., and C. VOEGTLIN: J. exp. Med. **11**, 118 (1909). — [8] PARHON, C., G. DUMITRESCO et C. NISSIPESCO: C. R. Soc. Biol. **66**, 792 (1909). — [9] UNDERHILL, F. P., and T. C. JALESKI: J. biol. Ch. **101**, 11 (1933). — [10] FARAGÓ, S.: B. Z. **288**, 393 (1936). — [11] DENIS, W., and R. C. CORLEY: J. biol. Ch. **66**, 609 (1925). — [12] HEUBNER, W., u. P. RONA: B. Z. **135**, 248 (1923). — [13] REX-KISS, B., u. K. LISSÁK: A. e. P. P. **196**, 542 (1940). — [14] TUPIKOVA, N., and R. W. GERARD: Amer. J. Physiol. **119**, 414 (1937). — [15] BOULANGER, P.: Expos. ann. Biochim. méd. **6**, 119 (1946). — [16] EICHELBERGER, L., R. B. RICHTER and M. ROMA: J. biol. Ch. **154**, 21 (1944). — [17] MÜLLER, L. R.: Kli. Wo. **1939 I**, 113.

Tabelle 85. Gehalt des Gehirns an Mineralien (mg je 100 g Frischgewicht)[1].

Na . . .	117—220[2-4]	Cu . . .	0,05—0,40[9, 12-14]
K . . .	340—370[2-4]	Zn . . .	0,6—1,5[15-17]
Mg . . .	6,75—9,94[3, 5]	Hg . . .	0—8,7 γ/100 g Frischgewicht (Hg-Fremde)[18, 19]
Ca . . .	3,2—5,8[3, 6, 7]		0,5—48 γ/100 g Frischgewicht (Amalgamträger)[19]
Ti . . .	0,0017—0,0043[8]	Pb . . .	0,008[20]
Mn . . .	0,03[9]		0—0,39[21]
Fe . . .	0,68—0,93[10, 11]		

P. . . .	140—180[6]
As . . .	0,012—0,018[22]
F . . .	0,06[23]
Cl . . .	130—160[3, 4]
Br . . .	0,2[24]

(Frischgewicht) für Gehirn angegeben. Der K-Gehalt des normalen Froschgehirns beträgt 254 mg-%[25]. Während Urethannarkose auf den K-Gehalt ohne Einfluß ist, sinkt dieser bei mit Cardiazol behandelten Fröschen im Zusammenhang mit einer Frequenzerhöhung der Rhythmen im Elektroencephalogramm um 21,6% auf 199 mg-%, nach Strychninbehandlung noch stärker um 36,6% auf 161,5 mg-% ab[25]. Ein erheblicher Teil des K soll in organischer Bindung vorliegen[26], da mit wasserfreien organischen Lösungsmitteln hergestellte fraktionierte Auszüge aus Gehirn beträchtliche Mengen K-Verbindungen enthalten, die sich nicht oder nur schwer in Wasser lösen. Etwa 17% des Gesamtkaliums werden mit absolutem Alkohol oder wasserfreiem Äther aus getrocknetem Hirn- und Nervengewebe ausgezogen[27]. Der K-Gehalt des peripheren Nerven liegt, bezogen auf fettfreie Frischsubstanz, mit 160—187 mg-% deutlich tiefer als der des Gehirns. Der periphere Nerv besitzt im Gegensatz zum Verhalten der Ca-Werte durchschnittlich einen niedrigeren K-Gehalt als der Muskel[28] (s. Tabelle 89, S. 625). Froschnerven weisen je nach der Jahreszeit unterschiedliche Kaliumwerte auf[29].

Ebenso wie in der Muskulatur sinkt auch der Kaliumgehalt des Gehirns im Laufe des Lebens ab. Im Gehirn von 2 Jahre alten Ratten ist der K-Gehalt etwa 20% niedriger als bei 9 Monate alten Tieren[30].

---

[1] Nach H.-Th. 10. Aufl. Bd. V, Tab. 74 S. 525. — [2] Boulanger, P.: Expos. ann. Biochim. méd. **6**, 119 (1946). — [3] Müller, L. R.: Kli. Wo. **1939 I**, 113. — [4] Eichelberger, L., R. B. Richter and M. Roma: J. biol. Ch. **154**. 21 (1944). — [5] Cannavó, L., u. R. Indovina: B. Z. **261**, 45 (1933). — [6] Schmidt, C. L. A., and D. M. Greenberg: Physiol. Rev. **15**, 297 (1935). — [7] Linder, G. C.: Biochem. J. **34**, 1574 (1940). — [8] Maillard, L. C., et J. Ettori: Cr. **202**, 1459, 1621 (1936). — [9] Kehoe, R. A., J. Cholak and R. V. Story: J. Nutrit. **19**, 579 (1940). — [10] Lintzel, W.: Ergebn. Physiol. **31**, 844 (1931). — [11] Tingey, A. H.: J. mental Sci. **84**, 980 (1938). — [12] Meulen, H. ter: Recu. Trav. chim. Pays-Bas **50**, 491 (1931). — [13] Kojima, K., and S. Kosaka: Nagoya J. med. Sci. **5**, 71 (1930). — [14] Tompsett, S. L.: Biochem. J. **29**, 480 (1935). — [15] Rost, E.: Ber. dtsch. pharmaz. Ges. **29**, 549 (1919). — [16] Leiner, M., u. G. Leiner: Biol. Zbl. **62**, 119 (1942). — [17] Mawson, C. A., and M. I. Fischer: Nature **167**, 859 (1951). — [18] Bodnár, J., Ö. Szép u. B. Weszprémy: B. Z. **302**, 384 (1939). — [19] Stock, A.: B. Z. **304**, 73 (1940). — [20] Experimentelle Forschungen über Bleiaufnahme und Bleiausscheidung usw. Aus dem Kettering-Laboratorium für angewandte Physiologie. Cincinnati (Ohio). (Dtsch. Übers.) Berlin 1939. — [21] Minot, A. S., and J. C. Aub: J. industr. Hyg. **6**, 149 (1924). — [22] Schaaf, E.: H. **280**, 65 (1944). — [23] Eds, F. de: Medicine, Baltimore **12**, 1 (1933). — [24] Dixon, T. F.: Biochem. J. **29**, 86 (1935). — [25] Müller, H. W.: Z. Biol. **104**, 244 (1951). — [26] Arenschein, J. B., u. B. L. Albitsky: Biochimija, Moskau **4**, 30 (1939). — [27] Pichler, E.: A. e. P. P. **175**, 85 (1934). — [28] Lissák, K., u. T. Kovács: Pflügers Arch. **245**, 790 (1942). — [29] Fenn, W. O., D. M. Cobb, A. H. Hegnauer and B. S. Marsh: Amer. J. Physiol. **110**, 74 (1934/35). — [30] Benetato, G., et P. Ciurdariu: C. R. Soc. Biol. **132**, 177 (1939).

Bei Ratten ist Entfernung der Nebennieren im Gegensatz zum Verhalten der Muskulatur ohne Einfluß auf den K-Gehalt des Gehirns[1]. Ebensowenig wird dieser durch experimentelle Alkalose beeinflußt[2].

Über die Beziehungen des Kaliums zum Kohlenhydratstoffwechsel des Gehirns s. S. 806, die Beziehungen zwischen Ionentransport und Hirnstoffwechsel s. S. 801.

Tabelle 86. Mineralgehalt menschlicher Gehirnsubstanz (in mÄq/kg Frischgewicht)[3].

	K	Na	Ca	Mg	Fe^{+++}	Cl
Graue Gehirnsubstanz . .	88,2	87,3	5,19	16,9	3,74	31,9
Weiße Gehirnsubstanz . .	86,4	97,8	7,09	21,4	3,44	42,6
Kleinhirn	89,2	95,7	5,14	16,7	2,69	30,5
Rückenmark	92,3	87,4	8,93	31,3	2,96	42,9

Tabelle 87. Elektrolytverteilung des peripheren Nerven (in mÄq/kg Nerv)[4].

Na	K	NH_4	Mg	Ca	Cl	PO_4	HCO_3	Lactat
62,0	48,0	1,9	16,0	7,2	37,0	20	10,8	8,0

Tabelle 88. Gehalt an Ca und P im Gehirn von Hund und Ratte (mg-% in der Trockensubstanz)[5].

	Ca	P
Hund:		
Normal	24 —260	1125—1526
Mittelwerte	55,4 ± 14	
Nach hohen Vitamin D-Gaben	125 ± 17	312—1968
Ratte:		
Normal	100 —264	973—1468
Rachitisch	37 — 77,5	1100—1450
Nach Epithelkörperchenentfernung	101 —343	1100—1400

c) Natrium. Wie aus Tabelle 85 (S. 623) hervorgeht, beträgt der Natriumgehalt des Gehirns 177—220 mg-%[6-8]. In der grauen Substanz des Menschen wurden 52 mÄq Na/kg Feuchtgewicht gefunden[9], die gleichen Werte für das Kaninchen[10], während Hundehirn 65 mÄq Na/kg Feuchtsubstanz besitzt[11]. Die in Tabelle 86 für die Na-Konzentration verschiedener Hirnteile angegebenen Werte liegen dagegen deutlich höher. Der Na-Gehalt des N. ischiadicus liegt bei 148 mÄq/kg Feuchtgewicht[11], bei Kaninchen wurden nur 77,7 gefunden[10]. Der Natriumgehalt des N. obturatorius des Ochsen beträgt 93 mÄq/kg Feuchtgewicht[12]. Die in der Tabelle 84 (S. 620) für die entfettete Frischsubstanz vom Hund zusammengestellten Werte ergeben die höchste Na-Konzentration für die

[1] Bergen, J. R., and H. Hoagland: Amer. J. Physiol. **164**, 23 (1951). — [2] Yannet, H.: J. biol. Ch. **136**, 265 (1940). — [3] Weil, A.: H. **89**, 349 (1914). — [4] Fenn, W. O., D. M. Cobb, A. H. Hegnauer and B. S. Marsh: Amer. J. Physiol. **110**, 74 (1934). (PO_4 als 2wertig berechnet.) — [5] Schmidt, C. L. A., and D. M. Greenberg: Physiol. Rev. **15**, 297 (1935). — [6] Boulanger, P.: Expos. ann. Biochim. méd. **6**, 119 (1946). — [7] Müller, L. R.: Kli. Wo. **1939 I**, 113. — [8] Eichelberger, L., R. B. Richter and M. Roma: J. biol. Ch. **154**, 21 (1944). — [9] Georgierskaya, L. M., A. M. Petruńkina u. M. L. Petruńkin: Arch. Sci. biol. USSR **38**, 383, 399 (1935). — [10] Manery, J. F., and A. B. Hastings: J. biol. Ch. **127**, 657 (1938). — [11] Tupikova, N., and R. W. Gerard: Amer. J. Physiol. **119**, 414 (1937). — [12] Whittam, R., and R. E. Davies: Unveröffentlicht (1951) [Davies, R. E., and H. A. Krebs: Metabolism and function of nervous tissue. Biochem. Soc. Symp. **8**, 77 (1952)].

peripheren Nerven, während im Zentralnervensystem neben Rückenmark und grauer Substanz, Thalamus, Medulla oblongata und Pons die höchsten Werte erreichen. Dagegen weist die weiße Substanz den geringsten Na-Gehalt auf[1]. Die Na-Konzentration für Nucleus caudatus, Mittel- und Kleinhirn liegt in der Mitte.

d) Magnesium. Magnesium kommt in Hirngewebe in Konzentrationen von 6,75—9,94 mg-% (Frischsubstanz) vor[2,3] (s. Tabelle 85, S. 623). Das Rückenmark besitzt mit 31,3 mÄq Mg/kg Frischgewicht den höchsten Mg-Gehalt gefolgt von der weißen Substanz, während die Werte für Kleinhirn und graue Substanz 16,7 bzw. 16,9 mÄq/kg betragen[4]. Der periphere Nerv hat mit 16,0 mÄq/kg einen ähnlichen Mg-Gehalt. Die Aufrechterhaltung der Mg-Konzentration des Gehirns hängt von der Mg-Zufuhr mit der Nahrung ab. Wird an junge Hühner im Alter von 7 Tagen eine Mg-Mangelkost verfüttert, so weisen die Tiere neben allgemeinen Wachstumsstörungen neuropathologische Erscheinungen auf, die sich in Ataxie, kleinschlägigem Tremor, Krampfbewegungen und zunehmender Störung der Koordination der Bewegungen sowie in Krämpfen mit letalem Ausgang äußern[6]. Die Veränderungen, die sich im Zeitraum von 7—21 Tagen entwickeln, lassen sich durch Zulage von 0,3% Mg-Sulfat zur Nahrung verhindern. Die anatomischen Veränderungen bei Mg-Mangel betreffen vorwiegend das Kleinhirn, in dem die PURKINJEschen Zellen einen im Durchschnitt um 2,4 μ größeren Durchmesser haben. Neben Schwellung weisen sie Veränderungen der Kernstruktur, Tigrolyse und Störungen der Dendritenfärbbarkeit auf.

Tabelle 89. Ca- und K-Gehalt im peripheren Nerven und im Skeletmuskel (in mg-%)[5].

	Ca	K
Katze:		
N. ischiadicus	13 —43	148—403
M. gastrocnemius . .	2,7—21	315—567
Kaninchen:		
N. ischiadicus	26 —54	174—414
M. gastrocnemius . .	5 —11	325—562

Der Mg-Gehalt des Gehirns sinkt bei Kaninchen nach Prolanbehandlung von durchschnittlich 8,60 auf 5,88 mg-% ab[3]. Der Mg-Verlust des Gehirns und anderer Organe ist die Ursache der gleichzeitig auftretenden Vermehrung des Magnesiums im Blut.

e) Mangan. Der Mangangehalt des menschlichen Gehirns wird mit 0,03 mg-% (Frischgewicht) angegeben[7], derjenige der peripheren Nerven ist niedriger[8]. Im Vergleich zu anderen Organen ist die Mn-Konzentration in Gehirn und Nerven gering. Ein Teil des Mangans liegt in leichtlöslicher und dialysabler Form vor. Es ist möglich, daß Mn am allgemeinen Zellstoffwechsel durch Bindung an die Proteine der Grenzflächen teilnimmt[8]. Radioaktives ^{56}Mn wird von Hirngewebe langsam aufgenommen[9]. Während bereits $^1/_2$ Std nach intravenöser oder subcutaner Injektion beträchtliche Mn-Mengen aus dem Blut in Leber und Niere aufgenommen sind, beträgt der Mittelwert der Aktivität je 100 mg Gewebe im Gehirn nur 0,01‰ der verabreichten Gesamtaktivität (Leber 1,83‰). Erst nach 6 Std ist der Wert für Gehirn auf 0,06‰ angestiegen. Infolge der langsamen Permeation durch die Blut-Hirnschranke zieht sich die Mn-Aufnahme über einen langen Zeitraum hin, in dem die Mn-Konzentration anderer Organe bereits wieder absinkt.

[1] TUPIKOVA, N., and R. W. GERARD: Amer. J. Physiol. **119**, 414 (1937). — [2] MÜLLER, L. R.: Kli. Wo. **1939 I**, 113. — [3] CANNAVÓ, L., u. R. INDOVINA: B. Z. **261**, 45 (1933). — [4] WEIL, A.: H. **89**, 349 (1914). — [5] LISSÁK, K., u. T. KOVÁCS: Pflügers Arch. **245**, 790 (1942). — [6] BIRD, F. H.: J. Nutrit. **39**, 13 (1949). — [7] KEHOE, R. A., J. CHOLAK and R. V. STORY: J. Nutrit. **19**, 579 (1940). — [8] FORE, H., and R. A. MORTON: Biochem. J. **51**, 600 (1952). — [9] BORN, H. J., H. TIMOFÉEFF-RESSOVSKY u. P. M. WOLF: Naturwiss. **31**, 246 (1943).

f) Arsen. Ähnliche Verhältnisse wie für die Mn-Verteilung liegen auch für die von radioaktivem Arsen vor. Auch radioaktives Arsen wird vom Gehirn, im Gegensatz zu den inneren Organen, nur sehr langsam aufgenommen. $^3/_4$ Std nach subcutaner Injektion oder Verfütterung von As_2O_3 beträgt im Gehirn der Mittelwert der Aktivität[1] je 100 mg Organgewicht in Prozent der verabreichten Dosis 0,03 (Leber 0,62). Er steigt nach $1^1/_2$ Std auf 0,08. Die relative Aktivität von Hirngewebe erreicht als Höchstwert nur 1,52% der Gesamtaktivität. Der As-Gehalt des Gehirns beträgt 0,012—0,018 mg-% (Frischgewicht)[2] (s. Tabelle 85, S. 624).

g) Eisen. Die Bestimmung des Eisengehaltes des Gehirns stößt auf Schwierigkeiten, da es schwer ist, Hirngewebe wirklich blutfrei zu erhalten. In der Gehirnrinde des Menschen beträgt die nur auf ihren Blutgehalt zu beziehende Eisenmenge bei Gesunden 0,68, bei Paralytikern 0,77 mg-% (der Frischsubstanz), in der Kleinhirnrinde 0,95, im Corpus striatum 0,93 mg-% (s. [3,4]). An Nicht-Hämatin-Eisen enthält die Hirnrinde im Durchschnitt 2,13—3,06, bei Paralytikern 4,24—4,78 mg-% (s. [3]). Der Gehalt an anorganischem Eisen schwankt zwischen 4,0 und 14,8 mg-% (s. [5]). In Hirnrinde und weißer Substanz finden sich rund 70% des Eisens als proteingebundenes Gewebseisen, Nucleus lenticularis enthält 7,76, Globus pallidus 13,75 mg-% proteingebundenes Eisen, außerdem der erstere 4,49, der letztere 8,38 mg-% lipoidgebundenes Eisen[3]. In „blutfrei" gewaschenen Gehirnen von Hunden fand sich 1,6—2,5 mg-% Fe (s. [6]). Normale Ratten[7] sollen einen Eisengehalt von 3,7 mg-%, anämische von 2,3 mg-%, Ratten bei Unterdruck und täglicher Verfütterung von $FeCl_3$ einen solchen von 4,8 mg-% Fe aufweisen. Histochemisch läßt sich Eisen sowohl in Nerven- als auch in Gliazellen nachweisen[8]. Bei Neugeborenen fehlt Fe fast völlig, bis zur Pubertät nimmt es zu und soll mit steigendem Lebensalter weiter anwachsen. Es bleibt offen, ob daran die Ablagerung eisenhaltiger Pigmente beteiligt ist.

h) Kupfer und Zink. Die *Kupfer*konzentration des menschlichen Gehirns beträgt 2—7 mg je kg Frischgewebe[8], nach anderen Autoren[9–11] 0,05—0,40 mg-%; der *Zink*gehalt beträgt 0,6—1,5 mg-% (Frischgewicht)[12–14]. 14,8 γ Zn je g Feuchtgewicht entsprechen einem Gehalt von 1,06 mg/g Asche[14]. Bei erwachsenen Chinesen betrug der Zn-Gehalt im Cerebrum 43, im Cerebellum 55 mg/kg, der Cu-Gehalt 18,1 bzw. 28,8 mg/kg (Trockengewicht)[15]. Das Verhältnis Zn : Cu ist im Cerebrum 2,38, im Cerebellum 1,91. Kleinhirn enthält mehr Zn und besonders mehr Cu als Großhirn. Cerebrum und Cerebellum enthalten weniger Zn als irgendein anderes Organ, dagegen — mit Ausnahme der Leber — mehr Cu als alle anderen Organe. Die Cu- und Zn-Werte verschiedener menschlicher Gehirne sind ziemlich konstant; bezogen auf Trockensubstanz enthält Gehirn 2mal mehr Zn und 3—4mal mehr Cu als Blut. Cu scheint selektiv im Kleinhirn gespeichert zu werden, schwächer auch im Großhirn. Daher ist das Verhältnis Zn : Cu im Gehirn kleiner als in anderen Organen (Niere 13,2). Dagegen besitzt das Gehirn zur Zeit der Geburt noch kein Kupferdepot[16].

Junge Katzen und Lämmer erleiden bei Cu-Mangel Ataxie der hinteren Extremitäten *‚swayback'* oder *‚enzootic ataxia'*, Schafe — besonders Lämmer — eine diffuse, symmetrische Demyelinisierung des Zentralnervensystems[17], die von

[1] Born, H. J., u. H. Timoféeff-Ressovsky: Naturwiss. **29**, 182 (1941). — [2] Schaaf, E.: H. **280**, 65 (1944). — [3] Tingey, A. H.: J. ment. Sci. **84**, 980 (1938). — [4] Lintzel, W.: Ergebn. Physiol. **31**, 844 (1931). — [5] Tompsett, S. L.: Biochem. J. **29**, 480 (1935). — [6] Kennedy, R. P.: J. biol. Ch. **74**, 385 (1927). — [7] Austoni, M. E., A. Rabinovitsch and D. M. Greenberg: J. biol. Ch. **134**, 17 (1940). — [8] Spatz, H.: Z. ges. Neurol. Psychiatr. **77**, 261 (1922). — [9] Ter Meulen, H.: Recu. Trav. chim. Pays-Bas **50**, 491 (1931). — [10] Kehoe, R. A., J. Cholak and R. V. Story: J. Nutrit. **19**, 579 (1940). — [11] Kojima, K., and S. Kosaka: Nagoya J. med. Sci. **5**, 71 (1930). — [12] Rost, E.: Ber. dtsch. pharmaz. Ges. **29**, 549 (1919). — [13] Leiner, M., u. G. Leiner: Naturwiss. **29**, 763 (1941). — [14] Mawson, C. A., and M. I. Fischer: Nature **167**, 859 (1951). — [15] Eggleton, W. G. E.: Biochem. J. **34**, 991 (1940). — [16] Brückmann, G., and S. G. Zondek: Biochem. J. **33**, 1845 (1939). — [17] Marston, H. R.: Physiol. Rev. **32**, 66 (1952).

kleinen Foci in der weißen Substanz bis zum Befallensein beider Hemisphären mit nachfolgender Porencephalie schwanken kann. Sekundäre Demyelinisierung motorischer Regionen des Rückenmarks[1–6] kann sich anschließen, so daß je nach dem Befallensein spastische Diplegie bis komplette Paralyse auftritt. Durch Cu-Zulage sind die Entmyelinisierungen zu vermeiden. Cu-Mangel hat keinen Einfluß auf die normale Entwicklung des Rattengehirns — auch nicht bei über 3 Generationen sich erstreckender Versuchsdauer[7]. Radioaktives Cu wird vom Gehirn wie von anderen Organen — allerdings nur in Spuren — aufgenommen[8].

Ein Teil des Zn-Gehaltes des Gehirns kann möglicherweise dem Zn-Gehalt der Kohlensäureanhydratase zugeschrieben werden[9]. Der Gehalt an Zink geht nicht dem an Kohlensäureanhydratase parallel, vielmehr enthält Gehirn wie die übrigen Organe mehr Zink als dem Gehalt an Kohlensäureanhydratase entspricht[9].

i) Kobalt. Co kommt im Gehirn in Konzentrationen von 0,004 mg-% vor[10,11]. Es gehört zu den lebenswichtigen Spurenelementen (s. Bd. 2/1, S. 672). Der Co-Bedarf der einzelnen Organe und die Co-Retention in ihnen sind aber so geringgradig, daß eindeutige Ergebnisse nur durch Isotopenuntersuchungen erzielbar waren. Die bei Co-Mangel besonders bei Wiederkäuern zu beobachtenden schweren allgemeinen und Ernährungsstörungen lassen keine Beteiligung des Zentralnervensystems erkennen[8].

Nach oraler Verabreichung von 1330 γ radioaktivem Co lassen sich im Gehirn von Stieren nur weniger als 0,01 γ je 100 g Frischgewebe wiederfinden[12]. Bei Injektion in die V. jugularis betragen die Co-Werte des Gehirns zwischen 2 Std und 10 Tagen nach der Injektion 0,0050—0,0083 γ Co je 100 g Frischgewebe[13]. Diese Werte sind im Vergleich zu anderen Organen (Leber, Niere) außerordentlich niedrig. Hirngewebe gehört neben Knochen und Knochenmark zu den wenigen Geweben, die ihre Konzentration an Co über 10 Tage unverändert beibehalten.

j) Blei und Quecksilber. *Blei* wurde im Gehirn in Mengen von 0,008 mg-% bezogen auf Frischgewicht gefunden[14]. Bei kongenitalen Erkrankungen Neugeborener wurden abnorme Bleiwerte festgestellt[15]. Bei Küken ruft Injektion von Bleichlorid während der Embryonalentwicklung Alterationen des Zentralnervensystems[16,17] (Destruktionen und mangelhafter Verschluß der Sinussysteme) hervor. Bleizufuhr in die Eiblase löst die Entstehung von Meningocelen und Cranioschisis und als deren Folge degenerative Änderungen im Cerebellum aus[15].

Der *Quecksilber*gehalt des Gehirns schwankt bei Hg-Fremden zwischen 0,63—44,5 γ Hg je 100 g Frischgewicht[18]. In verschiedenen Gehirnbezirken von Hg-fremden Menschen ergaben sich folgende Werte[19] (bezogen auf Frischsubstanz; die Werte in Klammern beziehen sich auf Amalgamträger): Großhirn 0,1—0,9 γ-% (1,5—56,3); Großhirnbasis 0,2—0,9 γ-% (1,3—8,0); Kleinhirn

[1] Bennetts, H. W., and A. B. Beck: Bull. Counc. sci. industr. Res. Australia Nr. 147 (1942). — [2] Bull, L. B., H. R. Marston, D. Murnane and E. W. L. Lines: Bull. Counc. sci. industr. Res. Australia **113**, 23 (1934). — [3] Innes, J. R. M., and G. D. Shearer: J. comp. Path. **53**, 1 (1940). — [4] Sellers, K. C.: Veterin. Rec. **62**, 134 (1950). — [5] Stewart, W. L.: Veterin. J. 88, 133 (1932). — [6] Tabusso, M. E.: Publ. Inst. nac. Biol. animal Peru **1**, 1 (1942). — [7] Frick, E., u. F. Lampl: Kli. Wo. **1953**, 912. — [8] Marston, H. R.: Physiol. Rev. **32**, 66 (1952). — [9] Leiner, M., u. G. Leiner: Naturwiss. **29**, 763 (1941). — [10] Caujolle, F.: Expos. ann. Biochim. méd. **7**, 200 (1947). — [11] Bertrand, G., et M. Mâcheboeuf: Cr. **180**, 1993 (1925). — [12] Comar, C. L., G. K. Davis and R. F. Taylor: Arch. Biochem. **9**, 149 (1946). — [13] Comar, C. L., and G. K. Davis: Arch. Biochem. **12**, 257 (1947). — [14] Experimentelle Untersuchungen über Bleiaufnahme und Bleiausscheidung usw. Aus dem Kettering-Laboratorium für angewandte Physiologie Cincinnati (Ohio). (Dtsch. Übers.) Berlin 1939. — [15] Butt, E. M., H. E. Pearson and D. G. Simonsen: Proc. Soc. exp. Biol. Med. **79**, 247 (1952). — [16] Gray, P.: Roux' Arch. Entw.-Mech. **139**, 732 (1939). — [17] Catizone, O., and P. Gray: J. exp. Zool. **87**, 71 (1941). — [18] Bodnár, J., Ö. Szép u. B. Weszprémy: B. Z. **302**, 384 (1939). — [19] Stock, A.: B. Z. **304**, 73 (1940).

0,2—3,0 γ-% (1,0—118); Stammknoten 0,2—0,7 γ-% (1,1—34,8); Hypophyse 4,0—13,3 γ-% (4,0—158); Rückenmark 0,1—1,7 γ-% (0,9—13,7). Bei Amalgamträgern finden sich deutliche höhere Quecksilberwerte im Gehirn. Der Hg-Gehalt des Gehirns entspricht insgesamt dem auch sonst in der organischen Welt, bei Tieren und Pflanzen gefundenem Wert von 0,1—1 γ Hg je 100 g Gewebe. Hg wird in sehr auffälliger Weise von der Hypophyse gespeichert.

k) Silicium. Der Si-Gehalt schwankt in den verschiedenen Teilen des Gehirns beträchtlich. Bezogen auf die Trockensubstanz finden sich: Großhirnrinde 5—17, Brücke 6—22, Medulla oblongata 6—40, Kleinhirn 7, Dura mater 5—17, periphere Nerven 5—18 mg-%[1].

l) Sonstige Elemente. Außer den in Tabelle 85, S. 624 aufgeführten Elementen lassen sich im Gehirn (Frischsubstanz) nachweisen: Al 0,004 mg-%; Ag 0,003 mg-%[2]. *Lithium* kommt in sehr geringen Konzentrationen vor[3], möglicherweise steht die Lithiumkonzentration des Gehirns mit der Reizschwelle des Zentralnervensystems in Verbindung. Nach intraperitonealer Verabfolgung von Li geht der Ein- und Austritt von Lithium in das Zentralnervensystem langsamer vor sich als in der Muskulatur. Li wird vom Zentralnervensystem nicht gespeichert. Rb wurde in Spuren, teils in größeren Mengen bis zu 2—4 mg-% gefunden[4], Ce und Sn konnten mit spektrographischer Methode teils nicht[2, 5], teils in Spuren[6], beim Rind mit 0,24—0,30 mg-%[7] nachgewiesen werden. Mo wurde im Kleinhirn in Spuren gefunden[8], bei Ni steht dem negativen spektrographischen Nachweis[5] die Bestimmung als Dimethylglyoximverbindung mit 0,0022 mg-%[9] gegenüber. Die Urankonzentration des Kleinhirns beträgt je nach Alter 3,79—4,49 · 10^{-9} g/g Gewebe[10], die des kindlichen Rückenmarks 6,13 mal 10^{-9} g U/g; im Großhirn ist 1,8 · 10^{-9} g U/g gefunden worden. Ba, Sr, V[5] und Au[11] konnten bisher weder spektrographisch noch chemisch nachgewiesen werden.

m) Ammonium (s. Tabelle 106, S. 656). Die in der Literatur für Gehirn wiedergegebenen Ammoniakwerte schwanken beträchtlich[12-14]. Die unterschiedlichen Ergebnisse sind auf die Gegenwart labiler Säureamide wie Glutamin zurückzuführen[15], die sehr leicht — besonders unter den für die Ammoniakbestimmung gewählten Bedingungen — Ammoniak in Freiheit setzen[16, 17]. Bei unmittelbarem Einfrieren des Gehirns in flüssiger Luft beträgt der Ammoniakgehalt 0,28 mg-%[15]. Psychische Erregung ist bei Ratten ohne Einfluß auf die Ammoniakwerte des Gehirns, während diese nach Pikrotoxinkrämpfen auf 0,47 mg-% um 74% erhöht sind, ebenso nach elektrischer Reizung des Gehirns, wo sie auf 0,76 mg-% ansteigen. Der Ammoniakanstieg beginnt bereits im präkonvulsivischen Stadium. Postmortal setzt sofort eine schnelle und starke Vermehrung ein, die früher zu fehlerhaften Ammoniakbestimmungen geführt hat. Im Zeitraum von 4—30 sec erhöhen sich die Werte auf 0,76—1,05 im Durchschnitt auf 0,93 mg-%. Unter anoxischen Zuständen findet unabhängig von bestehenden Krämpfen eine Steigerung auf 0,81 mg-% statt, während der Ammoniakgehalt in Nembutalnarkose auf 0,06 mg-% absinkt[15]. Die Quelle für die plötzlichen Zunahmen dürfte nicht Glutamin direkt sein, da unter den gleichen experimentellen Bedingungen der Glutamingehalt des Gehirns unverändert bleibt. Der

[1] KING, E. J., and T. H. BELT: Physiol. Rev. **18**, 329 (1938). — [2] KEHOE, R. A., J. CHOLAK and R. V. STORY: J. Nutrit. **19**, 579 (1940). — [3] DAVENPORT, V. D.: Amer. J. Physiol. **163**, 633 (1951). — [4] SHELDON, J. H., and H. RAMAGE: Biochem. J. **25**, 1608 (1931). — [5] BOYD, T. C., and N. K. DE: Ind. J. med. Res. **20**, 789 (1933). — [6] DUTOIT, P., et C. ZBINDEN: Cr. **190**, 172 (1930). — [7] BERTRAND, G., et V. CIUREA: Cr. **192**, 780 (1931). — [8] MEULEN, H. TER: Recu. Trav. chim. Pays-Bas **50**, 491 (1931). — [9] BERTRAND, G., et M. MÂCHEBOEUF: Cr. **180**, 1380 (1925). — [10] HOFFMANN, J.: B. Z. **315**, 362 (1943). — [11] BERTRAND, G.: Cr. **194**, 409 (1932). — [12] BÜLOW, M., u. E. G. HOLMES: B. Z. **245**, 459 (1932). — [13] SCHWARZ, H., u. H. DIBOLD: B. Z. **251**, 187 (1932). — [14] RIEBELING, C.: Kli. Wo. **1931 I**, 554; **1934 II**, 1422. — [15] RICHTER, D., and R. M. C. DAWSON: J. biol. Ch. **176**, 1199 (1948). — [16] HARRIS, M. M.: J. nerv. ment. Dis. **102**, 466 (1945). — [17] HAMILTON, P. B., and R. R. TARR:: J. biol. Ch. **158**, 397 (1945).

Gehalt des Gehirns an Ammoniakbeständen steht in engster Beziehung zum Glutaminsäure-Glutaminasesystem, das Ammoniak durch Verbindung mit Glutaminsäure zu Glutamin entfernen kann[1]. Die schnelle Entionisierung des toxisch wirkenden intracellulären Ammoniaks ist eine der wesentlichsten Aufgaben des Glutaminsäurestoffwechsels (s. S. 748)[2]. Ammoniak ist ein außerordentlich wirksames zentrales Reizmittel; die Verabfolgung von Ammoniumsalzen ruft Krämpfe hervor, wenn ein Gehalt von 9 mg-% erreicht wird. Möglicherweise spielt die Ammoniakfreisetzung im Gehirn unter verschiedenen Reizzuständen eine Rolle bei epileptischen Zuständen[3,4]. Der NH_4-Gehalt des peripheren Nerven wird mit 1,9 mÄq je 1000 g Nerv angegeben[5]. Auch vom isolierten Froschnerven wird Ammoniak in Freiheit gesetzt; bei Reizung des Nerven nimmt der Gehalt zu[6,7].

n) Chloride. Von den Anionen kommt neben den Phosphaten den Cl-Ionen die größte Bedeutung zu. Für die Frischsubstanz des Gehirns werden 130—160 mg-% angegeben[8]. Die Hemisphären des Hundegehirns enthalten 36,11 mMol Cl je kg, entsprechend 130 mg-%, im Kleinhirn werden 35,19 mMol Cl je kg, entsprechend 124,9 mg% gefunden[9]; die einzelnen Hirnregionen weichen dabei nicht sehr wesentlich voneinander ab. Bezogen auf die fettfreie Frischsubstanz schwankt der Cl-Wert von Groß- und Kleinhirn, der grauen Zentren, der von Rückenmark und Medulla oblongata zwischen 138—181 mg-%; der Cl-Gehalt des peripheren Nerven beträgt unter den gleichen Bedingungen 280 mg-% (s.[10]). In mÄq/kg Feuchtsubstanz beträgt der Cl-Gehalt[11] 31,9—42,9. Weiße Substanz und Rückenmark enthalten mehr Cl als graue Substanz und Kleinhirn. Bei Hunden beträgt der Cl-Gehalt des Gehirns nach Veraschung 30,6—35,3 mMol/kg. Die Bestimmung mittels Elektrodialyse[12] ergibt übereinstimmende Werte mit 31,1 bis 34,1 mMol/kg. Im peripheren Nerven werden 37,0 mÄq Cl je kg Frischsubstanz gefunden. Die Cl-Ionen werden im Gehirn stärker gebunden als in anderen Organen[13], in denen Cl-Ionen fast ausschließlich an den extracellulären Raum assoziiert sind und schnell und leicht ausgetauscht werden können. Bei Durchspülungsversuchen mit Cl-freier Sulfat-Ringerlösung findet eine gewisse Retention von Cl-Ionen im Gehirn statt[14], die selbst nach fortgesetzter Elektrodialyse 5,5% des Gesamtchlors ausmacht[13]. Ein kleiner, aber beständiger Anteil des Hirnchlorids dürfte somit intracellulär, vermutlich vorwiegend organisch gebunden vorliegen. Ebenso wie die inneren Organe besitzt aber Hirngewebe einen großen Anteil chlorfreier Zellen[15]. Die Verteilung von Cl- und K-Ionen ist ähnlich wie in der Muskulatur: auf 39,7 mÄq Cl je kg Gewebswasser kommen 131 mÄq K je kg, so daß auch im Gehirn K und Cl getrennten Phasen angehören. Das Na:Cl-Verhältnis des Gehirns entspricht ähnlich wie im Muskel dem in einem Serumultrafiltrat, so daß Hirngewebe vorwiegend Zellen besitzt, die von Na^+ und Cl^- frei und für sie impermeabel sind[15]. Die Cl-Werte des Gehirns sind durch bemerkenswerte Konstanz ausgezeichnet[16], so daß sie experimenteller Alkalose durch Cl-Verlust selbst bei Absinken der Serumchloride noch nicht vermindert sind[17]. Bilaterale

---

[1] Krebs, H. A.: Biochem. J. **29**, 1951 (1935). — [2] Weil-Malherbe, H.: Biochem. J. **50**, XXIII (1952). — [3] Boyd, T. C., and N. K. De: Ind. J. med. Res. **20**, 789 (1933). — [4] Brühl, H. H.: Z. Kinderheilkde. **59**, 446 (1938). — [5] Fenn, W. O., D. M. Cobb, A. Hegnauer and B. S. Marsh: Amer. J. Physiol. **110**, 74 (1934). — [6] Tashiro, S.: Amer. J. Physiol. **60**, 519 (1922). — [7] Winterstein, H., u. E. Hirschberg: B. Z. **156**, 138 (1925). — [8] Müller, L. R.: Kli. Wo. **1939 I**, 113. — [9] Eichelberger, L., R. B. Richter and M. Roma: J. biol. Ch. **154**, 21 (1944). — [10] Tupikova, N., and R. W. Gerard: Amer. J. Physiol. **119**, 414 (1937). — [11] Weil, A.: H. **89**, 349 (1914). — [12] Oster, R. H.: J. biol. Ch. **131**, 13 (1939). — [13] Oster, R. H., and W. R. Amberson: J. biol. Ch. **131**, 19 (1939). — [14] Amberson, W. R., T. P. Nash, A. G. Mulder and D. Binns: Amer. J. Physiol. **122**, 224 (1938). — [15] Manery, J. F., and A. B. Hastings: J. biol. Ch. **127**, 657 (1939). — [16] Small, R. G., and W. A. Krehl: Proc. Soc. exp. Biol. Med. **78**, 378 (1951). — [17] Yannet, H.: J. biol. Ch. **136**, 265 (1940).

Nephrektomie führt bei Ratten in kurzfristigen Versuchen über wenige Tage nicht zu Cl-Veränderungen des Gehirns[1]. Die bemerkenswerte Konstanz der Cl-Konzentration ist möglicherweise durch die Tatsache mitbedingt, daß die Chloride des Gehirns mit denen des Liquor cerebrospinalis im Ionengleichgewicht stehen und nicht ausschließlich — wie in anderen Organen — den Charakter eines reinen Serumultrafiltrates tragen[2]. Allerdings verläuft bei Katzen bei hochgradiger Erschöpfung der Cl-Vorräte des Organismus die Verminderung der Hirnchloride proportional derjenigen des Serums[3]. Durch Einatmen einverleibtes radioaktives Cl ist rasch im Gehirn nachweisbar[4]; es erreicht aber die relative Aktivität des Gehirns mit höchstens 5,8% der Gesamtaktivität nicht den Radiochlorgehalt anderer Organe.

o) Phosphate und andere Anionen. Phosphat gehört besonders in organischer Bindung zu den strukturell und funktionell wichtigsten Elementen des Zentralnervensystems. Der Gehalt an Gesamtphosphat beträgt 140—180 mg-% Frischsubstanz[5] (Tabelle 85, S. 623). In Tabelle 88, S. 624, ist die P-Konzentration, bezogen auf die Trockensubstanz für Hunde- und Rattenhirn, wiedergegeben. Die dort niedergelegten Werte zeigen, daß bei Ratten weder Epithelkörperchenentfernung noch Rachitis einen eindeutigen Einfluß auf die P-Konzentration des Gehirns ausüben. Ein Vergleich der Konzentration verschiedener P-Fraktionen des Gehirns mehrerer Säugetiere ist in Tabelle 90 auf Grund der Ergebnisse zahlreicher Autoren[6–15] zusammengestellt. Die Werte reichen von 2,5 μmol P je g Gewebe beim Hund bis zu 6,4 μmol P je g Gewebe bei der Ratte. Nervengewebe enthält 20 mÄq PO_4 (als 2wertig berechnet) je 1000 g Nerv[16]. Für die exakte Bestimmung der P-Verbindungen des Gehirns gelten ebenso wie für Glykogen, Phosphokreatin und Milchsäure (s. S. 659) die gleichen Bedingungen wie für die Ammoniakbestimmung (S. 628). Genaue Werte werden nur durch unmittelbare Bestimmung nach dem Tode erreicht. Tabelle 92 (S. 632) unterrichtet über die durch postmortalen Zerfall organischer P-Verbindungen bedingte rapide Zunahme des anorganischen P in verschiedenen Zeitspannen.

Über den Gehalt an säurelöslichem P aus ATP und ADP s. S. 631, über den P-Stoffwechsel S. 768.

Neben Chloriden und Phosphaten sind *Sulfate* und *Hydrogencarbonate* im Zentralnervensystem zu nennen. Aus den Diffusionsverhältnissen verschiedener Ionen zwischen Nerv und umgebenden Lösungen mit verschiedenem Elektrolytgehalt kann geschlossen werden, daß sich Na^+, Cl^- und HCO_3^- hauptsächlich außerhalb der Nervenfaser befinden, während die überwiegende Menge an K-, Ca- und Mg-Phosphat den Fasern angehören dürfte[16]. Ein bedeutender Teil der Kationen ist wahrscheinlich mit nichtdiffusiblen organischen Anionen verbunden, wie auch die Cerebronschwefelsäure aus Gehirn in Form ihres Kaliumsalzes erhalten wird (s. a. S. 643). Aus der Verteilung des Hydrogencarbonates kann geschlossen werden, daß der Inhalt der Fasern stärker sauer ist als die Umgebung.

[1] Small, R. G., and W. A. Krehl: Proc. Soc. exp. Biol. Med. **78**, 378 (1951). — [2] Wallace, G. B., and B. B. Brodie: J. Pharmacol. exp. Therap. **65**, 220 (1939). — [3] Yannet, H.: Amer. J. Physiol. **128**, 683 (1940). — [4] Born, H. J., u. H. Timoféeff-Ressovsky: Naturwiss. **28**, 253 (1940). — [5] Schmidt, C. L. A., and D. M. Greenberg: Physiol. Rev. **15**, 297 (1935). — [6] Kerr, S. E.: J. biol. Ch. **110**, 625 (1935). — [7] Stone, W. E.: J. biol. Ch. **135**, 43 (1940). — [8] Le Page, G. A.: Amer. J. Physiol. **146**, 267 (1946). — [9] Lindberg, O., and L. Ernster: Biochem. J. **46**, 43 (1950). — [10] Mc Ilwain, H., L. Buchel and J. D. Cheshire: Biochem. J. **48**, 12 (1951). — [11] Klein, J. R., and N. S. Olsen: J. biol. Ch. **167**, 747 (1947). — [12] Olsen, N. S., and J. R. Klein: J. biol. Ch. **167**, 739 (1947). — [13] Kerr, S. E.: J. biol. Ch. **145**, 647 (1942). — [14] Gurdijan, E. S., W. E. Stone and J. E. Webster: Arch. Neurol. Psychiatry **51**, 472 (1944). — [15] Stone, W. E., J. E. Webster and E. S. Gurdijan: J. Neurophysiol. 8, 233 (1945). — [16] Fenn, W. O., D. M. Cobb, A. H. Hegnauer and B. S. Marsh: Amer. J. Physiol. **110**, 74 (1934).

Tabelle 90. Gehalt des Gehirns an Phosphaten (in μMol P je g Gewebe)[1,*].

Tierart und Material	Anorganischer P	Phospho-kreatin-P	Säurelöslicher P aus ATP oder ADP	Veränderungen in %		
				Behandlung	Anorganischer P	Phospho-kreatin-P
Maus (Gesamthirn)[7]	5,46	3,26	5,6	Dial, Nembutal	− 21, − 26	+ 35, + 36
				Decapitation	+ 181	− 74
Ratte (vorwiegend Gesamthirn)[8]	4,95	3,11	3,87	Nembutal	0	+ 33
„ „ [9]	6,4	3,24	6,7			
Meerschweinchen (vorwiegend Hirnrinde)[10]	3,9	3,3	—	Decapitation	+ 160	− 58
Katze (Hirnhemisphären)[6]	4,0	4,3	—	Entfernung des Gehirns in 3 sec	—	− 68
„ „ [11, 12]	4,7	2,4	3,4	Verschiedene Krämpfe	+ 41	− 50
				K-Cyanid (0,8; 1,2 mg/kg)	+ 36, + 57	− 24, − 46
Hund (Hirnhemisphären)[6,13]	3,0	2,6—4,0	—			
„ „ [14,15]	2,5	3,1	6,2	Hypoxie (4% O_2 in der Einatmungsluft)	+ 43	− 59
				Metrazol	+ 26	− 27
				Schädeltrauma	+ 160	− 58
				30 min post mortem	+ 380	− 96

*Fußnoten [7–15] auf S. 630

Tabelle 91. Lipoidzusammensetzung des normalen Gehirns (in % der Frischsubstanz)[2].

	Cerebroside	Freies Cholesterin	Gesamt-cholesterin	Gesamt-phosphatide	Monoamino-phosphatide	Lecithin	Sphingo-myelin *	Kephalin **
Katze:								
Graue Substanz	1,10—1,86	1,19—1,24	1,20—1,29	4,03—4,54	3,29—3,86	1,35	0,68—0,74	1,94
Weiße Substanz	4,83—5,37	4,42—4,64	4,42—4,64	7,73—8,18	3,95—6,02	1,36	2,16—3,78	2,59
Hund:								
Graue Substanz	1,49—1,54	1,29	1,36—1,38	4,19—4,20	3,26—3,28	0,77—1,23	0,91—0,94	2,05—2,49
Weiße Substanz	6,79—7,42	4,86—5,39	4,86—5,39	7,99—8,95	4,66—4,95	1,62—1,65	3,04—4,29	3,01—3,33
Mensch:								
Graue Substanz	0,63—1,20	0,96—1,00	0,79—1,00	3,12—3,48	2,82—2,93	0,61—1,16	0,30—0,55	1,77—2,21
Weiße Substanz	4,14—4,61	3,69—3,83	3,83—4,00	6,24—6,80	3,64—4,99	0,90—1,49	1,80—2,60	2,74—3,50

* Berechnet als Differenz zwischen Gesamtphosphatiden und Monoaminophosphatiden. — ** Differenz zwischen Monoaminophosphatiden und Lecithin.

[1] s. McIlwain, H.: Biochem. Soc. Symp. 8, 27 (1952). — [2] Johnson, A. C., A. R. McNabb and R. J. Rossiter: Biochem. J. 43, 573 (1948).

Der *Brom*gehalt des Gehirns weicht von dem anderer Organe nicht wesentlich ab[1]; in 2 Schweinegehirnen wurden 0,191 bzw. 0,192 mg-% Brom gefunden. Der *Jod*gehalt des Gehirns ist mit 10—35 γ-% sehr niedrig[2]. Die Angaben über den Jodgehalt des Zwischenhirns sind sehr abweichend. Einige Autoren[3,4] geben für das Zwischenhirn den höchsten Jodgehalt des Gehirns an, der den des Großhirns um das Doppelte, den des Kleinhirns um das $4^1/_2$fache übersteigen soll[4]. Die Selektivität des Jods zum Zwischenhirn ist jedoch bestritten worden[5]; der Jodgehalt der verschiedenen Hirnteile soll vielmehr annähernd gleich sein und das Zwischenhirn den geringsten Jodgehalt aufweisen[2].

Tabelle 92. P-Verbindungen im Mäusegehirn (in mg-% vom Frischgewicht)[6].

Nach dem Tode	Anorganischer P	Phosphokreatin	Pyrophosphat	Hexosephosphat	Milchsäure
Sofort	16,9	10,1	17,2	22,5	18,5
Nach 5 min	47,3	2,3	9,3	23,5	98
Nach 30 min	49,6	1,8	10,1	17,7	101
Nach 5—30 min	47,6	2,7	9,8	18,2	104

3. Wasser- und Mineralgehalt entfetteter Gehirnsubstanz.

Da die einzelnen Teile des Zentralnervensystems und der peripheren Nerven sehr unterschiedliche Mengen an Lipoiden enthalten, empfiehlt es sich, Vergleiche von Wasser- und Mineralgehalt an fettfreier Hirnsubstanz anzustellen. Tabelle 84 (S. 620) zeigt die Mineralwerte verschiedener Teile des Zentralnervensystems und eines peripheren Nerven. Zum Vergleich sind die Werte für den M. gastrocnemius mit angegeben. Um bessere Vergleichsmöglichkeiten zu besitzen, ist es ebenfalls wünschenswert, die Verteilung der Mineralien in mÄq/kg Gewebe anzugeben. Dies ist in Tabelle 86, S. 624, für wechselnde Teile des Gehirns und in Tabelle 87, S. 624, für den peripheren Nerven geschehen.

γ) Organische Bestandteile.

1. Lipoide.

a) Allgemeines. Den Lipoiden kommt eine überragende Bedeutung für den chemischen Aufbau des Nervensystems zu. Die Besonderheiten der chemischen Struktur dieses Gewebes sind in erster Linie gegeben durch die verschiedenen Lipoide, in denen ein kompliziert zusammengesetztes Substanzengemisch vorliegt, das neben einigen anderen Stoffen Glycerinphosphatide, Cholesterin, Sphingomyeline und Cerebroside enthält. Die chemische Konstitution der meisten Lipoide kann als geklärt angesehen werden. Sie erfüllen wichtige strukturelle Aufgaben, darüber hinaus dürften sie aber — wie zahlreiche neuere Untersuchungen gezeigt haben — auch am Stoffwechsel des Nervengewebes beteiligt sein, wenn auch hierüber noch wenig bekannt ist. Es scheinen Zusammenhänge zwischen dem Lipoidstoffwechsel und der nervösen, sowie der psychischen Aktivität zu bestehen[7]. Das Zentralnervensystem hat den höchsten Prozentsatz an Lipoiden von allen Nichtfettgeweben, wobei die Lipoide den größten Anteil der Bausteine stellen, während nur geringe Mengen von Neutralfett vorhanden sind.

---

[1] Dixon, T. F.: Biochem. J. **29**, 86 (1935). — [2] Löhr, H., u. H. Wilmanns: Z. klin. Med. **139**, 312 (1941). — [3] Schittenhelm, A., u. B. Eisler: Z. ges. exp. Med. **86**, 275, 290, 294 (1933). — [4] Sturm, A., u. R. Schneeberg: Z. ges. exp. Med. **86**, 665 (1933). — [5] Laubringer, W.: Diss. med. Kiel 1937. — [6] Stone, W. E.: J. biol. Ch. **135**, 43 (1940); **149**, 29 (1943). — [7] Sloane Stanley, G. H.: Biochem. J. **50**, XXIV (1952).

Werden alle Lipoide des Zentralnervensystems und die Neutralfette als Gesamtlipoide zusammengefaßt, so machen sie 49,42—53,77% der Hirntrockensubstanz[1] aus, die „essentiellen Lipoide" als der wesentlichste physiologische Bestandteil (Gesamtlipoide—Neutralfette) dagegen 46,58—50,67%.

b) Phosphatide. Hirn- und Nervengewebe sind die phosphatidreichsten Organe[2]. Man findet in ihnen Glycerin- und Inositphosphatide sowie Sphingomyeline. Die Frage des Vorkommens N-freier Phosphatidsäuren in tierischen Geweben ist ungeklärt. Nach Tabelle 91 beträgt die Konzentration an Gesamtphosphatiden in der grauen Substanz bei Katze, Hund und Mensch 3,12—4,54% und in der weißen Substanz infolge ihres größeren Lipoidreichtums 6,24—8,95%

Tabelle 93. Lipoidkonzentration in grauer und weißer Substanz des Gehirns von Kindern und Erwachsenen. Mittelwerte aus je 5 Gehirnen (in % der Trockensubstanz)[3].

	Graue Substanz			Weiße Substanz		
	I Kinder	II Erwachsene	Quotient II/I	I Kinder	II Erwachsene	Quotient II/I
Cerebroside	5,64	5,54	0,98:1	6,21	16,28	2,61:1
Gesamtcholesterin	5,09	6,28	1,23:1	7,00	14,33	2,04:1
Freies Cholesterin	5,03	6,17	1,23:1	6,70	14,08	2,10:1
Estercholesterin	0,06	0,10	—	0,30	0,26	—
Gesamtphosphatide	19,56	21,27	1,08:1	22,04	23,84	1,08:1
Monoaminophosphatide	18,26	17,96	0,98:1	20,64	17,01	0,82:1
Lecithin	7,81	6,25	0,80:1	9,07	4,63	0,51:1
Kephalin	10,46	11,71	1,11:1	11,57	12,39	1,07:1
Sphingomyelin	1,30	3,03	2,33:1	1,40	6,82	4,86:1

der Frischsubstanz[4,5]. Auch bei Berechnung auf die Trockensubstanz (s. Tabelle 93) ist die Phosphatidkonzentration der weißen höher als die der grauen Substanz. Das Gehirn von Erwachsenen hat einen höheren Phosphatidgehalt als das von Kindern[3]. Der Phosphatid-P macht im Gehirn 0,15—0,24%, im Rückenmark 0,25—0,43% der Frischsubstanz aus, was einem Phosphatidgehalt von 3,75—6,00% im Gehirn und einem solchen von 6,25—10,75% im Rückenmark entspricht[5]. Für die Trockensubstanz wurden 1,235 mg Gesamtlipoid-P je 100 mg Gewebe gefunden bei hohem Gehalt an Gesamtphosphatiden (30,90%)[6]. Andere Autoren[1] geben den Phosphatidgehalt des Gehirns mit 26,38% (Trockensubstanz) an. Die Phosphatide machen stets über die Hälfte der Gesamtlipoide aus, die ihrerseits mit 51,60% der Trockensubstanz über die Hälfte aller Hirnbausteine stellen[1]. Wie aus Tabelle 83 (S. 618) hervorgeht, weisen die verschiedenen Hirnregionen in ihrem Phosphatidgehalt bedeutende Unterschiede auf[7]. Der Phosphatidgehalt des peripheren Nerven (N. ischiadicus) beträgt 6,04% des Frischgewichtes[8].

α) Glycerinphosphatide. Die Glycerinphosphatide, die größte Phosphatidgruppe, stehen den eigentlichen Fetten durch ihre Glycerinkomponente nahe. Als Monoaminophosphatide umfassen sie die Esterphosphatide (Cholin-,

[1] Kaucher, M., H. Galbraith, V. Button and H. H. Williams: Arch. Biochem. **3**, 203 (1944). — [2] Leupold, F.: H. **285**, 182 (1950). — [3] Johnson, A. C., A. R. McNabb and R. J. Rossiter: Biochem. J. **44**, 494 (1949). — [4] Johnson, A. C., A. R. McNabb and R. J. Rossiter: Biochem. J. **43**, 573 (1948). — [5] s. Bd. **1**, S. 373. — [6] Thannhauser, S. J., J. Benotti, A. Walcott and H. Reinstein: J. biol. Ch. **129**, 717 (1939). — [7] Randall, L. O.: J. biol. Ch. **124**, 481 (1938). — [8] Johnson, A. C., A. R. McNabb and R. J. Rossiter: Biochem. J. **45**, 500 (1949).

Colamin- und Serinphosphatide = Lecithine und Kephaline) und die Acetalphosphatide (Plasmalogene). Die Monoaminophosphatide machen zusammen den größten Teil der Gesamtphosphatide aus. Ihre Konzentration in grauer und weißer Substanz ist in den Tabellen 91 u. 93 angegeben. Sie reicht von 2,82 bis 3,86% der Frischsubstanz und läßt für Katze, Hund und Mensch keine wesentlichen Abweichungen erkennen[1]. Der höhere Anteil der Monoaminophosphatide an den Gesamtphosphatiden in der grauen gegenüber der weißen Substanz ist auf den höheren Gehalt an Sphingomyelinen in der letzteren zurückzuführen. Dies wirkt sich besonders während der Reifung des Gehirns und seiner Myelinisierung aus (s. Tabelle 94)[2]. Im peripheren Nerven beträgt der Gehalt an Monoaminophosphatiden 3,70% des Frischgewichtes und macht damit etwas über die Hälfte der Gesamtphosphatide aus[3]. Hier liegen durch den Reichtum an cerebrosid- und sphingomyelinhaltigen Markscheiden ähnliche Verhältnisse wie in der weißen Substanz des Gehirns vor.

Tabelle 94. Phosphatidkonzentration von grauer und weißer Substanz im Gehirn von Kindern und Erwachsenen (in % der Gesamtphosphatide)[2].

	Graue Substanz			Weiße Substanz		
	I Kinder	II Erwachsene	Quotient II/I	I Kinder	II Erwachsene	Quotient II/I
Lecithin	40,28	29,16	0,72:1	41,22	19,42	0,46:1
Kephalin	53,10	55,20	1,04:1	52,50	51,78	0,99:1
Sphingomyelin	6,62	15,68	2,37:1	6,28	28,80	4,57:1

Über die Struktur der unter der Bezeichnung Lecithine und Kephaline zusammengefaßten Phosphatide s. Bd. **1**, S. 373.

A. Lecithine. Die *Lecithine* sind Cholinphosphatide, die je nach der Veresterung der Phosphorsäure an der primären oder sekundären Alkoholgruppe des Glycerins als α- oder β-Lecithine (s. S. 636) bezeichnet werden. Der Lecithingehalt schwankt in der grauen Substanz von Katze, Hund und Mensch von 0,61—1,35%, in der weißen Substanz von 0,90—1,65% der Frischsubstanz[1] und steht damit (s. Tabelle 91 u. 93) hinter den Kephalinen zurück. Das gleiche gilt auch für den Lecithingehalt des ganzen Gehirns von Kindern und Erwachsenen (s. Tabelle 93 u. 94)[2]. Der Lecithingehalt des peripheren Nerven beträgt 0,73% (Frischgewicht)[3]. Der Anteil an den Gesamtphosphatiden macht für den N. ischiadicus bei Kaninchen, Katzen, Hund und Mensch 11,3—19,6%, für den N. femoralis des Menschen 13,6—14,5% aus (s. Tabelle 95)[4]. Aus Kalbshirn konnte in Form des Dipalmityllecithins ein ätherunlösliches, gesättigtes *Hydrolecithin* als weißes, krystallines Pulver isoliert werden, das außer Palmitinsäure Cholin und Glycerinphosphorsäure enthält[5]. Aus 25 Pfund frischem Gehirn wurden 4 g gewonnen, was 25 bis 40% der Sphingomyelinmenge entspricht.

B. Kephaline. Die Bezeichnung *Kephaline* wird auf eine Phosphatidfraktion angewandt, die durch ihre Löslichkeit in Äther und Unlöslichkeit in Äthylalkohol gekennzeichnet ist. Es handelt sich um ein Gemisch aus colamin-, serin- und inosithaltigen Kephalinen. Nachdem Serin als N-haltige Komponente der Glycerin-

[1] Johnson, A. C., A. R. McNabb and R. J. Rossiter: Biochem. J. **43**, 573 (1948). —
[2] Johnson, A. C., A. R. McNabb and R. J. Rossiter: Biochem. J. **44**, 494 (1949). —
[3] Johnson, A. C., A. R. McNabb and R. J. Rossiter: Biochem. J. **45**, 500 (1949) —
[4] Johnson, A. C., A. R. McNabb and R. J. Rossiter: Biochem. J. **43**, 578 (1948). —
[5] Thannhauser, S. J., and N. F. Boncoddo: J. biol. Ch. **172**, 135 (1948).

phosphatide aufgefunden war[1-4], ließ sich die Kephalinfraktion in wenigstens 2 Anteile zerlegen[5], von denen der eine die Gesamtmenge des N im Colamin, der andere im Serin enthält. Die frühere Ansicht einer einheitlichen Verbindung mit der Struktur eines Dialkylglyceryl-phosphoryl-äthanolamins wird somit durch die neue Klassifizierung in Phosphatidyl-äthanolamin (= Colaminkephalin) und Phosphatidylserin (= Serinkephalin = Oleylstearylglyceryl-phosphoryl-serin) abgelöst[6]. Die 3. Komponente, das Inositphosphatid, konnte durch die schlechte Löslichkeit in Methylalkohol abgetrennt werden.

Bei der Darstellung der Colaminkephaline nach FOLCH[5] werden Präparate erhalten, die außerordentlich reich an Acetalphosphatiden sind[7] mit einem Verhältnis von Fettsäure zu Aldehyd von etwa 2:1. Da es sich nicht um ein einfaches Gemisch von Acetal- und Esterphosphatiden handelt, kann man sich vorstellen,

Tabelle 95. Verteilung der Phosphatide in peripheren Nerven (in % der Gesamtphosphatide)[8].

	Lecithin	Sphingomyelin	Kephalin
Kaninchen:			
N. ischiadicus	11,4—16,2	38,9—56,8	27,0—49,7
Katze:			
N. ischiadicus	11,6—15,2	44,8—62,0	24,0—43,0
Hund:			
N. ischiadicus	12,8—19,6	56,6—61,2	19,7—29,5
Mensch:			
N. ischiadicus	11,3—16,5	60,2—68,4	17,1—28,5
N. femoralis	13,6—14,5	51,5—60,2	26,2—34,7

daß jeweils 2 Glycerinreste einerseits durch einen Fettsäurealdehyd acetalartig und andererseits durch einen Phosphorsäurerest miteinander verknüpft werden[9]. In der Serin-Kephalinfraktion ist dagegen der Gehalt an Acetalphosphatiden viel geringer (Verhältnis Fettsäure:Aldehyd etwa 20:1). Hier liegt also praktisch reines Serinphosphatid vor; die Existenz eines reinen Colaminkephalins ist hingegen noch nicht hinreichend bewiesen. Das Lecithin ist im Gehirn im Gegensatz zu den Colamin- und den Serinphosphatiden praktisch frei von Acetalphosphatiden[10].

Serinkephalin enthält als Fettsäuren vorwiegend Stearin- und Ölsäure. Außer den C_{18}-Säuren konnten noch kleine Mengen teilweise hochungesättigter C_{20}- und C_{22}-Säuren nachgewiesen werden. Aus Serinkephalin wurden Glycerinphosphorsäure, L-Serin und Fettsäuren im molaren Verhältnis 1:1:2 gewonnen. Serinkephalin enthält eine freie NH_2-Gruppe (Serin) und 2 Säuregruppen (eine COOH-Gruppe des Serins und eine saure Gruppe der Phosphorsäure), so daß es sich um eine saure Verbindung handelt, die K oder Na in salzartiger Bindung enthält[11].

Die Zusammensetzung der Fettsäuren der Colaminkephalinfraktion weicht von der des Serinkephalins stark ab; in ihr sind die für die Glycerinphosphatide

[1] FOLCH, J., and H. A. SCHNEIDER: J. biol. Ch. **137**, 51 (1941). — [2] FOLCH, J.: J. biol. Ch. **139**, 973 (1941). — [3] CHARGAFF, E., and M. ZIFF: J. biol. Ch. **140**, 927 (1941). — [4] SCHUWIRTH, K.: H. **270**, I (1941); **277**, 88 (1943). — [5] FOLCH, J.: J. biol. Ch. **146**, 35 (1942); **174**, 439 (1948). — [6] FOLCH, J.: J. biol. Ch. **177**, 497 (1949). — [7] KLENK, E., u. P. BÖHM: H. **288**, 98 (1951). — [8] JOHNSON, A. C., A. R. McNABB and R. J. ROSSITER: Biochem. J. **43**, 578 (1948). — [9] KLENK, E.: 3. Mosbacher Coll. S. 30. — [10] KLENK, E., H. DEBUCH u. H. DAUN: H. **292**, 241 (1953). — [11] FOLCH, J.: J. biol. Ch. **174**, 439 (1948).

charakteristischen hochungesättigten C_{20}- und C_{22}-Säuren stark angereichert; die ungesättigten C_{16}-, C_{18}- und C_{24}-Säuren bestehen vorwiegend aus Monoensäuren (Palmitolein-, Öl- und Nervonsäure)[1]. Einzelheiten über die Fettsäure- und Aldehydzusammensetzung der Glycerinphosphatide s. S. 638 sowie Tabelle 97 u. 98.

Die aus den Phosphatiden gewonnene *Glycerinphosphorsäure* ist in der Regel ein Gemisch aus α- und β-Form[2,3], so daß also α- und β-Lecithine ebenso wie α- und β-Kephaline unterschieden werden. Die Feststellung, welche dieser Formen z. B. im Lecithin ursprünglich vorgelegen hat, bereitet indessen Schwierigkeiten, da Lecithin nicht ohne Wanderung der Phosphorsäure hydrolysiert werden kann[4], so daß der früher aus dem Vorkommen von α- und β-Glycerinphosphorsäure im Hydrolysenprodukt gezogene Schluß auf die Konfiguration des Phosphatids sich als unzutreffend erwies. Intramolekulare Veränderungen führen vielmehr zu einem Gleichgewicht zwischen α- und β-Form[4]. Glycerinphosphorsäuren der verschiedenen Komponenten der Gehirnkephaline (Inositphosphatid, Serin- und Colaminkephalin) geben bei Hydrolyse 73% α- und 27% β-Formen. Da reine α- und reine β-Glycerinphosphorsäure, die getrennt der Hydrolyse unterworfen werden, ebenfalls 73% der α- und 27% der β-Form ergeben, können über die in den Phosphatiden ursprünglich vorhandene Form der Glycerinphosphorsäure kaum zuverlässige Angaben gemacht werden[5]. Durch die Hydrolyse wird außerdem die α-Glycerinphosphorsäure racemisiert[2,3]. Die andererseits[6,7] beschriebene geringe optische Aktivität dürfte auf optisch aktive Verunreinigungen zu beziehen sein[5]. Der größte Teil der Phosphorsäurewanderung geschieht bereits im intakten Cholinester[4]. Alkalische Hydrolyse von reinem synthetischen L-α-Glycerylphosphorylcholin liefert 20% L-α-Glycerophosphat, 20% DL-α-Glycerophosphat und 60% β-Form. Saure Hydrolyse von reinem synthetischen L-α-Glycerylphosphorylcholin ergibt 18% L-α- und 70% DL-α-Glycerophosphat und 12% L-β-Glycerophosphat. Das Gleichgewichtsverhältnis ist somit vom p_H abhängig, wobei saure Behandlung überwiegend die α- und alkalische Behandlung vorwiegend die β-Form liefert[4]. Die Existenz der α-Glycerinphosphorsäure konnte jedoch mit Sicherheit bewiesen werden, ebenso die von α-Lecithinen. Die Tatsache, daß α-Glycerinphosphorsäure aus Lecithin durch alkalische Hydrolyse in optisch aktiver Form gewonnen wurde, ist ein überzeugender Beweis für das tatsächliche Vorkommen der α-Form (s. S. 637). Ein optisch aktives α-Lecithin kann durch Hydrolyse nur optisch aktive α-Glycerinphosphorsäure liefern, da α-Glycerinphosphorsäure, die aus β-Lecithinen durch Wanderung des Phosphorsäurerestes während der Hydrolyse entsteht, immer ein Racemat liefern muß. Zur Zeit existieren keine gesicherten Beweise für die β-Struktur der Glycerin enthaltenden Phosphatide.

Die Konzentration der *Kephaline* übersteigt in grauer und weißer Substanz die des Lecithins. Über den Kephalingehalt des Gehirns von Katze, Hund und Mensch s. Tabelle 91, S. 631. Weiße Substanz enthält größere Kephalinmengen als graue Substanz[8], was auch bezogen auf die Trockensubstanz im Gehirn von Kindern und Erwachsenen zum Ausdruck kommt (s. Tabelle 93, S. 633[9]. Im peripheren Nerven beträgt der Kephalingehalt 2,97% der Frischsubstanz[10] bzw. 13,4% der Trockensubstanz[11], womit Kephalin den überwiegenden Teil der Monoaminophosphatide darstellt. Der Kephalingehalt des peripheren Nerven (s. Tabelle 95) macht bei Kaninchen, Katzen, Hund und Mensch 17,1—49,7% der Gesamtphosphatide aus[12]. Über das Vorkommen von Monoaminophosphatiden im Nervengewebe von Wirbellosen s. S. 647 und Tabelle 99.

C. Inositphosphatide. Als 3. Kephalinfraktion wurden die Inositphosphatide erkannt. Sie enthalten als Baustein Inosit-1,4-diphosphorsäure neben Fettsäuren

[1] KLENK, E., u. P. BÖHM: H. **288**, 98 (1951). — [2] BAILLY, O.: Cr. **160**, 395 (1915). — [3] KARRER, P., u. H. SALOMON: Helv. **9**, 3 (1926). — [4] BAER, E., and M. KATES: J. biol. Ch. **175**, 79 (1948). — [5] FOLCH, J.: J. biol. Ch. **146**, 31 (1942). — [6] WILLSTÄTTER, R., u. K. LÜDEKE: B. **37**, 3753 (1904). — [7] LEVENE, P. A. and I. P. ROLF: J. biol. Ch. **40**, 1 (1919). — [8] JOHNSON, A. C., A. R. MCNABB and R. J. ROSSITER: Biochem. J. **43**, 573 (1948). — [9] JOHNSON, A. C., A. R. MCNABB and R. J. ROSSITER: Biochem. J. **44**, 494 (1949). — [10] JOHNSON, A. C., A. R. MCNABB and R. J. ROSSITER: Biochem. J. **45**, 500 (1949). — [11] BRANTE, G.: Acta physiol. scand. **18**, Suppl. **63** (1949). — [12] JOHNSON, A. C., A. R. MCNABB and R. J. ROSSITER: Biochem. J. **43**, 578 (1948).

und Glycerin in ungefähr äquimolaren Mengen[1,2]. Offensichtlich ist das Inositmetadiphosphat die einzige P-tragende Gruppe im Molekül, wodurch die Inositphosphatide scharf von anderen ebenfalls inosithaltigen Phosphatiden unterschieden sind, bei denen Inosit und P im Verhältnis eines Monophosphats vorhanden sind. Die Phosphorsäure liegt als Diester vor mit einer freien Säuregruppe für jedes vorhandene Phosphorylradikal. Diphosphoinosit ist daher ein saures Phosphatid, das als Ca- oder Mg-Salz vorliegt. Es ist fraglich, ob das Molekül als integrierenden Bestandteil ein Amin enthält, da die sehr geringen N-Mengen als Begleitstoffe angesehen werden können. Die Möglichkeit, daß auch diese Phosphatidfraktion noch ein Gemisch N-freier und N-haltiger Verbindungen ist, erscheint aber nicht als ausgeschlossen. Der Diphosphoinositgehalt entspricht dem ganzen Inositvorkommen im Kephalin. In der Hirnrinde beträgt der Gehalt an Inositphosphatiden beim Menschen und verschiedenen Säugetieren 1,2—1,3%, der der weißen Substanz 1,4% und im Rückenmark 2,1% der Trockensubstanz[4] (s. Tabelle 96). Die Werte für den peripheren Nerven liegen in der gleichen Größenordnung.

Tabelle 96. Gehalt des Säugetiergehirns an einigen Lipoiden (in % der Trockensubstanz)[3].

	Graue Substanz	Weiße Substanz
Serinphosphatide	3,2	7,2
Colaminphosphatide	8,5	5,2
Inositphosphatide	1,3	1,4
Plasmalogen	2,6	
Strandin	4,1	2,15
Sulfatide	~1	4
Ganglioside	0,46	0,46 ?

D. Acetalphosphatide (s. a. Bd. **1**, S. 378). Die als *Plasmalogene* bezeichneten Acetalphosphatide lassen sich zusammen mit der Phosphatidfraktion gewinnen[5]. Bei alkalischer Spaltung liefern sie als *Plasmalogensäuren* bezeichnete Verbindungen, die als Glycerinphosphorsäurederivate erkannt wurden. Das als *Plasmal* bezeichnete Gemisch höherer Aldehyde, die den bekannten Fettsäuren entsprechen, ist mit den alkoholischen Gruppen der Glycerinphosphorsäure acetalartig verbunden. Plasmale und Plasmalogensäuren sind Gemische ähnlich zusammengesetzter Stoffe. Dabei ergeben sich die folgenden Möglichkeiten des Vorkommens: 1. als Derivate der α- oder β-Glycerinphosphorsäure, 2. als Gemische von Fettsäurehomologen (Stearin- und Palmitinsäure), 3. als Gemisch aus gesättigten und ungesättigten Aldehyden[5]. Außerdem besitzen die Acetalphosphatide Colamin als N-haltigen mit der Phosphorsäure veresterten Bestandteil. (Über serinhaltige Acetalphosphatide s. S. 635.) Acetalphosphatide konnten kürzlich aus Gehirn in krystalliner Form mit einem molekularen Verhältnis Glycerin: Phosphorsäure: Colamin von 1:1:1 isoliert werden[6]. Unter den Bedingungen einer besonders milden Hydrolyse ohne Wanderung der Phosphorsäure ließ sich zeigen, daß auch Glycerylphosphorylcolamin aus Acetalphosphatiden die α-Form besitzt[7].

Im Gehirn scheinen vorwiegend colaminhaltige Acetalphosphatide vorzukommen, der Nachweis von cholinhaltigen Acetalphosphatiden ist bisher nicht gelungen, während serinhaltige Acetalphosphatide — allerdings nur in kleinen Mengen — vorkommen[8,9]. Die Möglichkeit, daß Plasmalogen außer Colamin

[1] Folch, J., and D. W. Woolley: J. biol. Ch. **142**, 963 (1942). — [2] Folch, J.: J. biol. Ch. **177**, 505 (1949). — [3] Nach Sloane Stanley, G. H.: Metabolism and function in nervous tissue. Biochem. Soc. Symp. 8, 44 (1952). — [4] Brante, G.: Acta physiol. scand. **18**, Suppl. **63** (1949). — [5] Feulgen, R., u. T. Bersin: H. **260**, 217 (1939). — [6] Thannhauser, S. J., N. F. Boncoddo and G. Schmidt: J. biol. Ch. **188**, 417 (1951). — [7] Thannhauser, S. J., N. F. Boncoddo and G. Schmidt: J. biol. Ch. **188**, 423 (1951). — [8] Klenk, E.: 3. Mosbacher Coll. S. 31. — [9] Klenk, E., u. P. Böhm: H. **288**, 98 (1951).

noch eine andere Base enthält, wird von LOVERN[1] erwogen. Die Analyse der Hydrolysenprodukte der Acetalphosphatide ergab die Existenz von C_{16}- und C_{18}-Fettsäurealdehyden (Palmital und Stearal)[2–5]. Das Vorkommen von 3 höheren Aldehyden, nämlich n-Hexadecanal (Palmitinaldehyd), n-Octadecanal (Stearinaldehyd) und n-Octadecenal (Oleinaldehyd ?) ist nachgewiesen[3]. Von der Octadecensäure kommen 2 isomere ungesättigte Aldehyde vor: cisΔ^{11}-Octadecenal und cisΔ^{9}-Octadecenal[4]. Das Hydrierungsprodukt der Octadecensäure ist Stearinsäure. Außerdem dürfte eine kleine Menge Myristinaldehyd vorhanden sein. Der Gehalt an Palmital ist größer als der an Stearal[2]. Es konnte aber aus Gehirn bisher nur ein Teil der vorhandenen Aldehyde isoliert werden[5]. Ferner ist nicht ausgeschlossen, daß noch neue, bisher unbekannte Komponenten von Phosphatiden gefunden werden. So ließen sich nach Hydrolyse der Phosphatide durch Papierchromatographie 3 neue Komponenten in geringer Konzentration nachweisen[6–8], von denen 2 mit Ninhydrin reagieren[6,7].

Der Plasmalogengehalt des Gehirns beträgt 2,6% des Trockengewichtes[9,10] (s. a. Tabelle 96), der Plasmalgehalt der Hirnphosphatide 8—10%[11].

In den Marklagern des Groß- und Kleinhirns ist der Plasmalogengehalt mit 5,86% der Trockensubstanz mehr als doppelt so hoch wie in den markscheidenarmen oberen Rindengebieten mit durchschnittlich 2,56%[12]. Die Plasmalogenkonzentration liegt in den einzelnen Kerngebieten mit 2,62% im Striatum, 2,97% im Hypothalamus, 3,98% bzw. 4,59% in Thalamus bzw. Pallidum zwischen den Werten für Rinde und Marklager. Der Plasmalogengehalt der Rindenschichten ist nach histologischen Untersuchungen vermutlich auf die Anwesenheit der etwa 80% dieses Gewebes ausmachenden Achsenzylinder zu beziehen. Da das Gesamtkephalin der grauen Substanz 9,3%, in der weißen Substanz 14,1% des Trockengewichtes ausmacht[13] (s. Tabellen 99 und 100, S. 647 u. 648), dürften etwa 28,5% der Kephalinfraktion aus grauer Substanz und 41,6% des Kephalins aus weißer Substanz colaminhaltiges Plasmalogen sein. In den Markscheiden entfallen von den 18,9% der Trockensubstanz betragenden colaminhaltigen Gesamtphosphatide 54,7% auf Plasmalogen[12]. In fetalen Gehirnen vom 3.—10. Monat ist der Plasmalgehalt in allen Hirnabschnitten niedriger als in grauer Substanz des reifen Gehirns.

Über die Natur der in den Glycerinphosphatiden vorkommenden Aldehyde und Fettsäuren unterrichtet Tabelle 97, Es kommen nur C_{14}-, C_{16}- und C_{18}-Aldehyde vor, dagegen fehlen die den ungesättigten C_{20}- und C_{22}-Säuren entsprechenden Aldehyde[3,4]. Andererseits konnte die dem Δ^{11}-Octadecenal entsprechende Fettsäure — die Vaccensäure — nicht im Gehirn nachgewiesen werden[14]. (Über die hämolytisch wirkende cis-Vaccensäure aus Gehirn s. S. 640.) Die in den Hirnlipoiden gefundenen Fettsäuren sind sehr komplexer Natur. Im Lecithin und Kephalin finden sich C_{16}-C_{22}-Fettsäuren[15,16], unter den gesättigten überwiegen Palmitin- und Stearinsäure, unter den ungesättigten die Ölsäure[10,17].

---

[1] LOVERN, J. A.: Biochem. J. **51**, 464 (1952). — [2] THANNHAUSER, S. J., N. F. BONCODDO and G. SCHMIDT: J. biol. Ch. **188**, 427 (1951). — [3] KLENK, E.: H. **282**, 18 (1945). — [4] LEUPOLD, F.: H. **285**, 182 (1950). — [5] ANCHEL, M., and H. WAELSCH: J. biol. Ch. **145**, 605 (1942). — [6] LEVINE, C., and E. CHARGAFF: J. biol. Ch. **192**, 465 (1951). — [7] LEVINE, C., and E. CHARGAFF: J. biol. Ch. **192**, 481 (1951). — [8] CHARGAFF, E., C. LEVINE and C. GREEN: J. biol. Ch. **175**, 67 (1948). — [9] ANCHEL, M., and H. WAELSCH: J. biol. Ch. **152**, 501 (1944). — [10] SLOANE STANLEY, G. H.: Metabolism and function in nervous tissue. Biochem. Soc. Symp. **8**, 44 (1952). — [11] FEULGEN, R., u. T. BERSIN: H. **260**, 217 (1939). — [12] STAMMLER, A., U. STAMMLER u. H. DEBUCH: H. **296**, 80 (1954). — [13] BRANTE, G.: Acta physiol. scand. **18**, Suppl. **63** (1949). — [14] KLENK, E.: 3. Mosbacher Coll. S. 32. — [15] KLENK, E.: H. **201**, 51 (1931); **206**, 25 (1932). — [16] SCHUWIRTH, K.: H. **277**, 147 (1943). — [17] KLENK, E., u. G. GERMANN: Unveröffentlicht. [KLENK, E.: 3. Mosbacher Coll. S. 32].

Die Aufklärung der hochungesättigten Fettsäuren gelang mit Hilfe der Ozonisation und der chromatographischen Analyse des Gemisches der Abbausäuren[1]. Es ließ sich zeigen, daß in den ungesättigten C_{20}- und C_{22}-Säuren die erste Doppelbindung — von der endständigen Methylgruppe aus gerechnet — sich an derselben Stelle wie in Linol-, Linolen- und Ölsäure befindet. Die in Tabelle 97 aufgeführten ungesättigten Fettsäuren sind nicht als solche isoliert worden; ihr Vorhandensein ergibt sich vielmehr auf Grund der Zusammensetzung des beim Abbau auftretenden Säuregemisches, so daß es möglich ist, daß die eine

Tabelle 97. Aldehyde und Fettsäuren der Glycerinphosphatide des Gehirns[2].

	Aldehyde [3, 4]		Fettsäuren [5, 6]	
	Gesättigt	Ungesättigt	Gesättigt	Ungesättigt
C_{14}	Tetradecanal (Spur)		Myristinsäure (Spur)	
C_{16}	Hexadecanal	Hexadecenal (Spur)	Palmitinsäure	Hexandecensäure (Spur)
C_{18}	Octadecanal	Δ^{9}-Octadecenal Δ^{11}-Octadecenal	Stearinsäure	Ölsäure
C_{20}				Δ^{11}-Monoensäure $\Delta^{11,14}$-Diensäure $\Delta^{5,8,11}$-Triensäure $\Delta^{5,8,11,14}$-Tetraensäure
C_{22}				$\Delta^{7,10,13}$-Triensäure $\Delta^{4,7,10,13}$- und $\Delta^{7,10,13,16}$-Tetraensäure $\Delta^{4,7,10,13,16}$- und $\Delta^{7,10,13,16,19}$-Pentaensäure $\Delta^{4,7,10,13,16,19}$-Hexaensäure

oder andere der verzeichneten hochungesättigten Säuren fehlt. Von den C_{20}-Säuren dürften aber wenigstens 3, von den C_{22}-Säuren wenigstens 4 der aufgeführten Säuren vorhanden sein[7]. Zu ihnen gehört außer der C_{20}-Tetraensäure (Arachidonsäure) die C_{22}-Hexaensäure. Pentaen- und Hexaensäuren kommen in den C_{22}- und nicht in den C_{20}-Säuren vor. Allgemein unterscheiden sich die Glycerinphosphatide des Gehirns von denen anderer Organe durch ihren höheren Gehalt von C_{22}- gegenüber dem an C_{20}-hochungesättigten Säuren[8]. Tabelle 98, S. 640 zeigt die Zusammensetzung des in Esterphosphatiden gefundenen Fettsäuregemisches in Prozent der Gesamtfettsäuren. Bei den gesättigten Säuren überwiegt im Lecithin die Palmitinsäure (C_{16}), während im Serinkephalin die Stearinsäure (C_{18}) den größten Anteil ausmacht. FOLCH[9] fand im Serinkephalin nur Stearinsäure und Ölsäure. Lecithin und beide Kephalinarten zeigen deutliche Unterschiede in ihrer Fettsäurezusammensetzung[10, 11]. Lecithin, Serin- und Colamin-

[1] KLENK, E., u. G. GERMANN: Unveröffentlicht. [KLENK, E.: 3. Mosbacher Coll. S. 32.] — [2] KLENK, E.: 3. Mosbacher Coll. S. 32. — [3] KLENK, E.: H. **282**, 18 (1947). — [4] LEUPOLD, F.: H. **285**, 182 (1950). — [5] KLENK, E.: H. **201**, 51 (1931); **206**, 25 (1932). — [6] SCHUWIRTH, K.: H. **277**, 147 (1943). — [7] KLENK, E.: 3. Mosbacher Coll. S. 33. — [8] KLENK, E., u. W. BONGARD: 2. Int. Congr. Biochem. Paris. S. 160. 1952, H. **291**, 104 (1952). — [9] FOLCH, J.: J., biol. Ch. **146**, 35 (1942); **174**, 439 (1948). — [10] KLENK, E., H. DEBUCH u. H. DAUN: H. **292**, 241 (1953). — [11] KLENK, E., u. P. BÖHM: H. **288**, 98 (1951).

kephalin besitzen einen besonders hohen Gehalt an ungesättigter C_{18}-Säure. Die besondere Anreicherung der höher ungesättigten Fettsäuren in der Colaminkephalinfraktion im Gegensatz zu der relativen Häufung von gesättigten Säuren im Lecithin und Serinkephalin dürfte nicht so sehr grundsätzlicher Natur als vielmehr Folge der besonderen Art der Fraktionierung sein[1,2].

LASER[3] isolierte eine Substanz mit hämolytischen Eigenschaften, die sich als einfach ungesättigte, monobasische Fettsäure mit einer wahrscheinlichen Kettenlänge von C_{18} herausstellte[4,5]. Sie wird besonders reichlich aus Pferdegehirn gewonnen und ist mit Ölsäure verunreinigt. Ihr wird die Konstitution einer cis-Δ^{11}-Octadecensäure (= cis-Δ^{10}-Heptadecen-1-carbonsäure = cis-Vaccensäure) zugeschrieben[4]. Die cis-Konfiguration ist gesichert[5]. Die cis-Vaccensäure wurde vorher in der Natur, in der nur ihre Transform als Bestandteil natürlicher Fette bekannt ist, noch nicht gefunden. Die hämolytisch wirkende Säure scheint eine Mischung aus Ölsäure und cis-Vaccensäure zu sein.

Tabelle 98. Zusammensetzung des Fettsäuregemisches der Esterphosphatide (in % der Gesamtfettsäuren)[1].

	Gesättigte Fettsäuren					Ungesättigte Fettsäuren				
	C_{14}	C_{16}	C_{18}	C_{20}	C_{22}	C_{16}	C_{18}	C_{20}	C_{22}	C_{24}
Lecithin	Spur	29,0	9,0	1,2	—	1,2	48,0	7,3	4,3	—
Serinkephalin	—	3,2	32,7	—	—	—	51,6	7,1	5,4	—
Colaminkephalin . . .	Spur	9,7	9,7	1,5	0,9	2,3	34,7	15,1	24,4	1,7

Zwischen den verschiedenen Fraktionen der Esterphosphatide ist ein genetischer Zusammenhang vermutbar, da aus Serin z. B. durch Decarboxylierung Colamin entstehen würde[6], ebenso wie durch einfache Decarboxylierung der Serinkomponente und Methylierung der Aminogruppe aus Serinkephalin Lecithin entstehen könnte. Da aber in diesem Fall gleichzeitig auch ein Austausch der Stearinsäure gegen Palmitinsäure erfolgen muß, dürften die gegenseitigen Beziehungen zwischen Glycerinphosphatiden komplizierter sein als zunächst zu vermuten ist[1].

E. Äthanolaminophosphorsäure und Äthanolaminoglycerinphosphorsäure. Äthanolaminophosphorsäure wurde zuerst in der säurelöslichen P-Fraktion des Hundegehirns[7], später auch im Rattengehirn[8] gefunden. Mit Hilfe radioaktiver Analyse (^{32}P) konnte die naheliegende Vermutung, Äthanolaminophosphorsäure sei ein Intermediärprodukt des Phosphatidstoffwechsels, nicht gestützt werden[9]. Auch eine Beziehung zum Abbau der Colaminkephaline und zum Kephalinasesystem hat sich nicht bestätigen lassen[10,11]. Äthanolaminophosphorsäure, die in freier Form im Gehirn vorkommt[11], kann in vitro bei Inkubation von Hirngewebe in Glucose-Hydrogencarbonat-Ringerlösung unter aeroben Bedingungen unabhängig von Abbauvorgängen der Colaminkephaline synthetisiert werden. Es kann aber nicht ausgeschlossen werden, daß die Säure beim Abbau anderer P-haltiger Verbindungen des Gehirns (Acetalphosphatide) entsteht. Die Bedeutung der Äthanolaminophosphorsäure für das Gehirn ist unklar. Ihre Konzentration wird mit 9—12 mg-% angegeben[8,11].

[1] KLENK, E.: 3. Mosbacher Coll. S. 33. — [2] KLENK, E., H. DEBUCH u. H. DAUN: H. **292**, 241 (1953). — [3] LASER, H.: Nature **161**, 560 (1948). J. Physiol., London **110**, 338 (1949). — [4] MORTON, I. D., and A. R. TODD: Biochem. J. **47**, 327 (1950). — [5] GODDARD, E. D., and A. E. ALEXANDER: Biochem. J. **47**, 331 (1950). — [6] SCHUWIRTH, K.: H. **277**, 87 (1943). — [7] STONE, W. E.: J. biol. Ch. **149**, 29 (1943). — [8] AWAPARA, J., A. J. LANDUA and R. FUERST: J. biol. Ch. **183**, 545 (1950). — [9] CHARGAFF, E., and A. S. KESTON: J. biol. Ch. **134**, 515 (1940). — [10] DAWSON, R. M. C., and G. B. ANSELL: Biochem. J. **49**, XXIV (1951). — [11] ANSELL, G. B., and R. M. C. DAWSON: Biochem. J. **50**, 241 (1951).

Freie Äthanolaminoglycerinphosphorsäure konnte im Gehirn von Ochsen[1] und in kleinen Mengen (2,3 mg/100 g) in dem von Ratten[2] nachgewiesen werden. Es dürfte sich um eine genuine Verbindung handeln, die nicht als einfaches Abbauprodukt von Colaminkephalin gelten kann. Möglicherweise ist sie ein Zwischenglied der Colaminkephalinsynthese. Nach Injektion von ^{32}P ist die spezifische Aktivität von Äthanolaminoglycerinphosphorsäure größer als die von Colaminkephalin und erreicht nach 24 Std die Aktivität des Äthanolaminophosphorsäure. Die Synthese von Äthanolaminoglycerinphosphorsäure konnte in vitro nachgewiesen werden, die von Colaminkephalin ließ sich bisher nicht beobachten.

β) Sphingomyeline (s. Bd. 1, S. 378). Die Sphingomyeline sind als Diaminophosphatide durch das Verhältnis $P:N = 1:2$ gekennzeichnet. Ihnen fehlt als Baustein das Glycerin, das durch den ungesättigten, 2wertigen höheren Aminoalkohol Sphingosin ersetzt ist. Mit Hilfe der Acetylierung zu Triacetyldihydrosphingosin konnte in Gehirn und Rückenmark auch Dihydrosphingosin nachgewiesen werden[3]. Sphingosin ist 1,3-Dioxy-2-amino-4,5-octadecen und Dihydrosphingosin entsprechend 1,3-Dioxy-2-aminooctadecan[4]. Der Sphingosin-N macht im Gehirn des Hundes rund 32% des Gesamtlipoid-N aus. Hydrolyse mit alkoholischer Schwefelsäure ergab erhebliche Mengen von Sphingosinäthern, von denen 2-Methylsphingosine existieren[5]. Beide Äther tragen die Methoxygruppe am C-Atom 3, während ihre Konfiguration am C-Atom 2 die gleiche ist. Außer Sphingosin liefern die Sphingomyeline bei vollständiger Spaltung je ein Molekül Phosphorsäure, Cholin und Fettsäure. Das Vorkommen von Sphingomyelinen mit 2 Fettsäureresten im Molekül[6] ist bisher nicht eindeutig bewiesen, da die Reindarstellung durch ein hartnäckig anhaftendes Phosphatid von lecithinartiger Struktur ($N:P = 1:1$) erschwert wird[7].

Cholin und Phosphorsäure kommen als Cholinphosphorsäure vor, freies Cholin oder freie Phosphorsäure konnten nicht nachgewiesen werden[8].

Die Fettsäuren, die mit der Aminogruppe des Sphingosins verbunden sind, bestehen in der Hauptmenge aus Stearinsäure (46%), ihr folgen Nervon- und Lignocerinsäure (zusammen 34%), Arachin- (2%), Behen- (6%) und eine Hexaensäure (10%). Im Gegensatz zu den Glycerinphosphatiden ist Palmitinsäure kein wesentlicher Bestandteil der Sphingomyeline[6, 8]. Sphingomyelin aus Gehirn unterscheidet sich durch seine Fettsäuren von dem aus Lunge und Milz, in dem Palmitinsäure vorhanden, aber keine ungesättigte Säure nachweisbar ist[6]. Aus den Jodzahlen des aus Gehirnsphingomyelin gewonnenen Sphingosinsulfats geht hervor, daß offenbar auch im Sphingomyelinmolekül neben Sphingosin Dihydrosphingosin vorkommt. Unter den Spaltprodukten des Sphingomyelins lassen sich in geringer Menge Sphingosin-Phosphorsäure-Cholinester in wahrscheinlich nicht ganz reinem Zustand und Cholinphosphorsäure in großen Mengen nachweisen[8]. Es dürfte sicher sein, daß an die gleiche Hydroxylgruppe des Sphingosins in den Sphingomyelinen die Phosphorsäure und in den Cerebrosiden die Galaktose gebunden sind; im Phrenosinmolekül dürfte die Galaktose an das terminale C-Atom des Sphingosins gebunden sein[9].

Gehirn und Rückenmark sind die sphingomyelinreichsten Organe[10]. Der Sphingomyelingehalt des Ochsengehirns beträgt 4,97% der Trockensubstanz[10],

---

[1] Walker, D. M.: Biochem. J. **52**, 679 (1952). — [2] Ansell, G. B., and J. M. Norman: Biochem. J. **55**, 768 (1953). — [3] Carter, H. E., and W. P. Norris: J. biol. Ch. **145**, 709 (1942). — [4] McKibbin, J. M., and W. E. Taylor: J. biol. Ch. **178**, 29 (1949). — [5] Carter, H. E., O. Nalbandov and P. A. Tavormina: J. biol. Ch. **192**, 197 (1952). — [6] Thannhauser, S. J., and N. F. Boncoddo: J. biol. Ch. **172**, 141 (1948). — [7] Klenk, E., u. F. Rennkamp: H. **267**, 145 (1941). — [8] Rennkamp, F.: H. **284**, 215 (1949). — [9] Carter, H. E., and F. L. Greenwood: J. biol. Ch. **199**, 283 (1952). — [10] Kaucher, M., H. Galbraith, V. Button and H. H. Williams: Arch. Biochem. **3**, 203 (1944).

der des Rückenmarks übertrifft noch die Sphingomyelinkonzentration im Gehirn[1]. Aus Tabelle 91, S. 631, geht der hohe Sphingomyelingehalt der weißen Substanz hervor[2]. Die Sphingomyelinwerte der grauen Substanz bei Katze, Hund und Mensch liegen eng zusammen (0,30—0,94% der Frischsubstanz), in der weißen Substanz ist der Sphingomyelingehalt bei Katze und Hund besonders hoch. Tabelle 93, S. 633, gibt die Sphingomyelinverteilung in grauer und weißer Substanz des Gehirns von Kindern und Erwachsenen und die besondere Sphingomyelinzunahme der weißen Substanz während der Hirnentwicklung wieder, so daß im Gehirn von Erwachsenen (Tabelle 94, S. 634) der prozentuale Anteil des Sphingomyelins an der Gesamtphosphatidkonzentration rund $4^1/_2$mal höher ist als im Gehirn von Kindern. Wegen seines besonderen Sphingomyelinreichtums ist das Verhältnis Gesamtphosphatide: Sphingomyelin im Gehirn kleiner als in anderen Organen. Der Sphingomyelingehalt des peripheren Nerven (N. ischiadicus) wird mit 2,33% der Frischsubstanz angegeben[3]. Im Gegensatz zum Hirngewebe macht im peripheren Nerven des Menschen und verschiedener Säugetiere der Sphingomyelingehalt den größten Prozentsatz der Gesamtphosphatide aus[4] (Tabelle 95, S. 635). Die absolute Sphingomyelinkonzentration des Gehirns ist zwar die höchste aller Organe[5], aber innerhalb der Gesamtphosphatidkonzentration ist der Sphingomyelinanteil in der Lunge mit 33,2% und in den Blutzellen mit 26,5% höher als im Gehirn, in dem Sphingomyelin nur 23,6% der Phosphatide ausmacht[6]. Werden Lecithin und Sphingomyelin als Gesamtcholinphosphatide zusammengefaßt, so beträgt ihr Anteil 11,70—12,34% der Trockensubstanz[7]

Über den Sphingomyelingehalt bei der NIEMANN-PICKschen Krankheit s. S. 689, über die Funktion der Phosphatide s. S. 734, den Phosphatidgehalt des Gehirns während der Entwicklung s. S. 676. Über die phosphatidabbauenden Fermente s. S. 743.

c) Zuckerhaltige Lipoide. Die Gruppe der zuckerhaltigen Lipoide umfaßt neben den *Cerebrosiden* die Schwefelsäureester der Cerebroside *(Sulfatide)* und die *Ganglioside*; die selbständige Existenz von *Strandin* ist noch nicht gesichert (s. S. 745).

α) Cerebroside (s. Bd. **1**, S. 382). Der Cerebrosidgehalt der Lipoide liegt zwischen 17,9—18,9%[8]. Die Cerebroside stehen in bezug auf Löslichkeit und sonstige physikalische Eigenschaften den Phosphatiden sehr nahe. Mit den Diaminophosphatiden haben sie gemeinsam den Baustein Sphingosin. Die 3 Spaltstücke der Cerebroside Sphingosin, Kohlenhydrat und Phosphorsäure kommen im allgemeinen in äquimolarem Verhältnis vor. Hirncerebroside sind reine Cerebrogalaktoside; selbst bei dem für den Morbus GAUCHER charakteristischen Einbau von Glucose in das Cerebrosidmolekül in anderen Organen bleibt im Nervengewebe die Galaktosidform der Cerebroside bestehen[9-11]. Die Cerebroside, die vorwiegend in den Markscheiden lokalisiert sind, sind Gemische aus 4 analog gebauten Verbindungen: *Cerebron* (Phrenosin), *Kerasin, Nervon* und *Oxynervon.* Diese unterscheiden sich lediglich durch die Art der in ihnen enthaltenen Fettsäuren. Alle Fettsäuren sind C_{24}-Säuren, unter denen sich 2 normale — je eine ungesättigte und gesättigte Fettsäure (Nervon- und Lignocerinsäure) — und 2 Oxyfettsäuren

---

[1] SCHUWIRTH, K.: H. **278**, 1 (1943). — [2] JOHNSON, A. C., A. R. MCNABB and R. J. ROSSITER: Biochem. J. **43**, 573 (1948). — [3] JOHNSON, A. C., A. R. MCNABB and R. J. ROSSITER: Biochem. J. **45**, 500 (1949). — [4] JOHNSON, A. C., A. R. MCNABB and R. J. ROSSITER: Biochem. J. **43**, 578 (1948). — [5] THANNHAUSER, S. J., J. BENOTTI, A. WALCOTT and H. REINSTEIN: J. biol. Ch. **129**, 717 (1939). — [6] HUNTER, F. E.: J. biol. Ch. **144**, 439 (1942). — [7] KAUCHER, M., H. GALBRAITH, V. BUTTON and H. H. WILLIAMS: Arch. Biochem. **3**, 203 (1944). — [8] EDMAN, P. V.: J. biol. Ch. **143**, 219 (1942). — [9] KLENK, E.: H. **267**, 128 (1941). — [10] BRÜCKNER, J.: H. **275**, 73 (1942). — [11] HALLIDAY, N.: Proc. Soc. exp. Biol. Med. **75**, 659 (1950).

befinden (Oxynervon- und Cerebronsäure), die sich von den beiden ersten ableiten. Die Cerebronsäure ist α-Oxy-n-Tetracosansäure[1,2]. Die verschiedentlich behauptete Uneinheitlichkeit der Cerebronsäure[3] infolge von Beimengungen von höheren oder niederen Homologen hat sich nicht bestätigen lassen. Dagegen scheint die Lignocerinsäure mit höheren oder niederen Homologen verunreinigt zu sein. Für die Fraktion der ungesättigten Fettsäuren ist die Beimengung von n-Hexacosensäure erwiesen[2], so daß außer den C_{24}-Säuren noch eine C_{20}-Säure nachgewiesen ist, die allerdings nicht mehr als 3% der Gesamtfettsäuren der Cerebroside ausmacht. Neben ungesättigter Oxynervonsäure (Δ^{15}-n-α-Oxy-tetracosensäure) wurde in etwas kleineren Mengen die isomere Δ^{17}-n-α-Oxy-tetracosensäure gefunden[4], nicht dagegen α-Oxy-hexacosensäure. Der Galaktosegehalt reiner Cerebroside beträgt 21,3%.

Im Gehirn kommen die 4 Cerebroside nebeneinander im ungefähren Verhältnis Cerebron:Nervon:Oxynervon:Kerasin = 46:18:14:10 vor[5]. Die Cerebroside gehören vorwiegend der weißen Substanz an (Tabelle 91, S. 631). Sie enthält bei Katze, Hund und Mensch zwischen 4,14 und 7,42% der Frischsubstanz; in der grauen Substanz wurden nur 0,63—1,86% gefunden[6]. Nach Tabelle 93, S. 633, gilt das gleiche auch für das Gehirn von Erwachsenen, in dem die weiße Substanz 16,28% des Trockengewichtes an Cerebrosiden enthält[7]. Der Cerebrosidgehalt der grauen Substanz ist bei Kindern und Erwachsenen etwa derselbe, dagegen bestehen entsprechend dem mit der Markreifung zunehmenden Cerebrosidgehalt im Gehirn des Erwachsenen in der weißen Substanz erhebliche Unterschiede[7]. Im peripheren Nerven beträgt die Cerebrosidkonzentration 2,40% des Frischgewichtes[8]. Die Cerebroside bilden neben Sphingomyelin und freiem Cholesterin die Hauptbestandteile der die Markscheiden aufbauenden Myelinlipoide.

β) Sulfatide. Bei den Sulfatiden, die von THUDICHUM[9] als schwefelhaltige Lipoide bezeichnet wurden, handelt es sich um Schwefelsäureester von Cerebrosiden[10]. Die Cerebronschwefelsäure konnte als Kaliumsalz isoliert werden (s. a. S. 630). Die Schwefelsäure ist wahrscheinlich mit einer der freien Hydroxylgruppen des Galaktoserestes verestert. Auch die anderen Cerebroside des Gehirns dürften zum Teil in der gleichen Weise mit Schwefelsäure verestert sein, wobei die Schwefelsäureester etwa $^1/_4$—$^1/_5$ der gesamten Hirncerebroside ausmachen. Dementsprechend ist die höchste Konzentration an Sulfatiden der weißen Substanz vorbehalten, die einen 4fach höheren Gehalt an Sulfatiden als graue Substanz aufweist[11], (Tabelle 96, S. 637).

γ) Ganglioside. Die Ganglioside sind phosphorfreie, zuckerhaltige Lipoide von saurem Charakter[12]. Dieses früher als *Substanz X* bezeichnete Lipoid, das bei der amaurotischen Idiotie im Gehirn stark vermehrt gefunden wird[13–15], ist neben Cerebrosiden und Sphingomyelin Hauptbestandteil der Protagonfraktion des Gehirns. Es ist vorwiegend oder ausschließlich in den Ganglienzellen lokalisiert[12]. Ganglioside setzen sich aus 4 verschiedenen Bausteinen zusammen: Fettsäuren (20%) (im wesentlichen Stearinsäure und höhere Homologe: Behen- und

[1] KLENK, E., u. L. CLARENZ: H. **257**, 268 (1939). — [2] KLENK, E., u. E. SCHUMANN: H. **272**, 177 (1942). — [3] CHIBNALL, A. C., S. H. PIPER and E. F. WILLIAMS: Biochem. J. **30**, 100 (1936). — [4] KLENK, E., u. H. FAILLARD: H. **292**, 268 (1953). — [5] THIERFELDER, H., u. E. KLENK: Die Chemie der Cerebroside und Phosphatide. Berlin 1930. — [6] JOHNSON, A. C., A. R. McNABB and R. J. ROSSITER: Biochem. J. **43**, 573 (1948). — [7] JOHNSON, A. C., A. R. McNABB and R. J. ROSSITER: Biochem. J. **44**, 494 (1949). — [8] JOHNSON, A. C., A. R. McNABB and R. J. ROSSITER: Biochem. J. **45**, 500 (1949). — [9] THUDICHUM, J. L. W.: Die chemische Konstitution des Gehirns des Menschen und der Tiere. Tübingen 1901. — [10] BLIX, G.: H. **219**, 82 (1933). — [11] SLOANE STANLEY, G. H.: Metabolism and function in nervous tissue. Biochem. Soc. Symp. 8, 44 (1952). — [12] KLENK, E.: H. **273**, 76 (1942). — [13] KLENK, E.: H. **268**, 50 (1941). — [14] KLENK, E.: H. **262**, 128 (1939/40). — [15] KLENK, E.: H. **282**, 84 (1947).

Lignocerinsäure), Sphingosin oder einer sphingosinähnlichen Base (13%), Neuraminsäure (21%) und Zucker (Galaktose und Glucose 40—43%). Auffällig ist im Vergleich zu den Cerebrosiden der doppelt so hohe Zuckergehalt der Ganglioside. Der Neuraminsäure dürfte die Formel $C_{10}H_{19}O_9N$ zukommen[1]. Der höchste Wert an Neuraminsäure wird in grauer Substanz des Groß- und Kleinhirns und im Thalamus gefunden[2], während in weißer Substanz keine Neuraminsäure hat nachgewiesen werden können. Es ergeben sich für die Neuraminsäurekonzentration folgende Werte: Großhirn, graue Substanz: 20 mg-% (120-130 mg-% der Trockensubstanz), Kleinhirn: 19—20 mg-%, Thalamus 24 mg-% (77 bzw. 99 mg-% der Trockensubstanz), Pedunculi cerebri: 5—7 mg-%, Pons: 5—7 mg-%, Medulla oblongata: 6 und 8 mg-%, Hypophyse: 4 mg-% der Frischsubstanz. Auch die Ganglioside sind, ebenso wie die anderen Organlipoide, Gemische, in denen die Natur der Fettsäuren und der Zucker wechseln kann. Aus dem Aufbau aus Stearinsäure + Sphingosin + Neuraminsäure + Galaktose (Stearylgangliosid) geht ihre nahe Verwandtschaft mit Cerebrosiden und Sphingomyelinen hervor. Die Neuraminsäure und die 3 Zuckermoleküle könnten unter sich und mit den Hydroxylgruppen des Sphingosins glykosidartig verbunden sein. Zu den Bestandteilen der Ganglioside gehört ferner als Hexosamin das Chondrosamin[3–6]. Der Stickstoffgehalt der aus Hirngewebe gewonnenen Gangliosidpräparate weicht beträchtlich von dem nach der provisorischen Formel berechneten Wert ab[1,7,8]. Bei einem Gesamtzuckergehalt von etwa 40% und einem Hexosamingehalt von rund 7% ergibt sich für Gehirnganglioside ein ungefähres Verhältnis von Neutralzucker : Hexosamin von 5 : 1, so daß in etwa jedem 2. Gangliosidmolekül einer der 3 Kohlenhydratreste ein Hexosaminrest sein dürfte[6]. Unter Berücksichtigung der Neuraminsäurekonzentration des Gehirns[2] und unter Zugrundelegung der Bruttoformel der Neuraminsäure und der der Ganglioside $(C_{64}H_{118}O_{26}N_2)$[8,9] läßt sich die Gangliosidkonzentration des Gehirns zu annähernd 0,46% des Trockengewichtes errechnen[10] (s. Tabelle 96, S. 637).

Zunächst schien es, als ob das Vorkommen der Ganglioside auf die graue Substanz[2] beschränkt sei, neuerdings wird aber auch über ihr Vorkommen in der weißen Substanz des Gehirns berichtet[11].

δ) Strandin. Nach Extraktion mit Chloroform-Methanollösung (2:1) ließ sich aus Gehirn ein Lipoid gewinnen, das nach seiner Trocknung aus wäßriger Lösung Strähnen bildet, die im polarisierten Licht vollkommene Ordnung zeigen, und das wegen seiner strähnigen Struktur als „Strandin" bezeichnet wird[12]. Strandin ist eine elektrophoretisch homogene Substanz von negativer Ladung mit einem Molekulargewicht von 250000. Es enthält 2,6% N, weniger als 0,2% P und weniger als 0,2% S. Unter seinen Bestandteilen befinden sich 6 verschiedene Radikale: ein wasserlösliches primäres Amin, das mit dem Rest des Moleküls durch eine NH_2-Gruppe verbunden ist und Glucosamin sein dürfte; Sphingosin oder eine sphingosinähnliche Verbindung; eine Fettsäure, deren Krystalle bei 55° schmelzen; ein Kohlenhydrat — vermutlich Galaktose — in Galaktosidbindung; Neuraminsäure und eine chromogene Gruppe. Strandin liegt im Gewebe in gebundener Form vor, es enthält kleine Mengen anorganischer Kationen. Die Säuregruppen des Strandins müssen Carboxylgruppen sein. Auf Grund seines physikalischen Verhaltens dürfte Strandin eine einheitliche Substanz oder wenigstens eine Mischung nahe verwandter Verbindungen sein. Die Untersuchung mit der Ultrazentrifuge ergab 2 Komponenten, von denen die eine, die bei S_{11} sedimentiert, $^4/_5$ des

[1] KLENK, E.: B. **273**, 76 (1942). — [2] KLENK, E., u. H. LANGERBEINS: H. **270**, 185 (1941). — [3] BLIX, G., L. SVENNERHOLM u. I. WERNER: Acta chem. scand. **4**, 717 (1950). — [4] BLIX, G.: Skand. Arch. Physiol. **80**, 46 (1938). — [5] BRANTE, G.: Upsala Läk.-Fören. Förh. **53**, 301 (1948). — [6] KLENK, E.: H. **288**, 216 (1951). — [7] KLENK, E.: B. **75**, 1632 (1942). — [8] KLENK, E., u. F. RENNKAMP: H. **273**, 253 (1942). — [9] KLENK, E.: H. **268**, 50 (1941). — [10] SLOANE STANLEY, G. H.: Metabolism and function in nervous tissue. Biochem. Soc. Symp. 8, 44 (1952). — [11] BRANTE, G.: Fette u. Seifen **53**, 457 (1951). — [12] FOLCH, J., S. ARSOVE and J. A. MEATH: J. biol. Ch. **191**, 819 (1951).

Strandins enthält, während die andere bei S_{16} sedimentiert. Da seine Lösungen keine Doppelbrechung zeigen, dürfte Strandin symmetrisch gebaut sein. Es findet sich in der grauen Substanz zu 6—7 mg-% des Feuchtgewichtes, in der weißen Substanz zu $^1/_{10}$ dieses Wertes. Ob das Strandin eine Substanz eigener Art ist, ist noch nicht mit Sicherheit entschieden. Es steht den Gangliosiden sehr nahe, von denen es durch den geringen Neuraminsäuregehalt (1,5%) unterschieden sein soll[1]. KLENK u. DAUN[2] halten dagegen Strandin für ein zuckerreiches Gangliosid mit einem Neuraminsäuregehalt von rund 20%.

Über den Strandingehalt in Hirntumoren s. S. 691.

d) Sterine. Von den Sterinen hat allein das *Cholesterin* als Baustein des Nervengewebes größere Bedeutung. Es kommt im Zentralnervensystem fast ausschließlich in freier Form vor, so daß der Gehalt an Gesamtcholesterin mit dem an freiem Cholesterin nahezu übereinstimmt. Cholesterinester kommen nur in sehr geringer Konzentration vor. Tabelle 91 (S. 631) unterrichtet über den Cholesteringehalt in grauer und weißer Substanz. Cholesterin ist vorwiegend in der weißen Substanz abgelagert[3], in der es zusammen mit Cerebrosiden und Sphingomyelinen am Aufbau der Markscheidenlipoide beteiligt ist[4]. Im Gehirn von Kindern stimmt der Cholesteringehalt von grauer und weißer Substanz noch ungefähr überein (s. Tabelle 93, S. 633), beim Erwachsenen ist dagegen die Cholesterinkonzentration in der weißen Substanz doppelt so hoch (14,68% der Trockensubstanz)[5] wie in der grauen. Der Gehalt an Estercholesterin beträgt im Hirngewebe des Erwachsenen nur 0,26 bzw. 0,30%. Der Gehalt an Gesamtcholesterin im peripheren Nerven (N. ischiadicus) beträgt 3,21%, der an freiem Cholesterin 3,19%, der an Estercholesterin somit nur 0,02% der Frischsubstanz[4].

Über die Veränderungen des Cholesteringehaltes sowie über Verschiebungen zwischen freiem und Ester-Cholesterin bei der WALLERschen Degeneration s. S. 693.

Cholesterin wird im Gehirn von kleinen Mengen *Dihydrocholesterin* begleitet, das etwa 1,2% der Gesamtsterine des Gehirns ausmacht[6]. Im Steringemisch aus Gehirn konnten kleine Mengen eines Sterins nachgewiesen werden, das auf Grund seiner spektralen Absorption als Ergosterin angesprochen wurde[7,8]. Da die maximalen spektralen Absorptionen von Ergosterin und 7-Dehydrocholesterin sehr nahe beieinanderliegen, ist mit der Möglichkeit zu rechnen, daß es sich bereits bei diesen Untersuchungen um *7-Dehydrocholesterin* gehandelt hat, das auch im Gehirn nachgewiesen werden konnte[9,10]. Es macht im Rinderhirn 0,016 und im Rehhirn 0,033% aus. Seine Konzentration ist im Vergleich zu anderen Organen (Placenta, Pankreas, Dünndarm, Haut)[11] sehr niedrig. Fetales Gehirn enthält mehr 7-Dehydrocholesterin als das Gehirn ausgewachsener Tiere[12].

e) Die Lipoidverteilung im Nervensystem von Vertebraten und Invertebraten. Die Sonderstellung des Nervengewebes hinsichtlich seines chemischen Aufbaues ergibt sich aus der Differenzierung der Nervenzellen und der Ausbildung von der Reizleitung dienenden Neuriten, die zur Anhäufung relativ großer Massen von Markscheiden führt. Die Hauptmenge der Lipoide ist in den Markscheiden lokalisiert und gehört somit vorwiegend der weißen Substanz an. Die die Markscheiden aufbauenden Myelinlipoide bestehen vorwiegend aus Cerebrosiden (29%)

---

[1] FOLCH, J., S. ARSOVE and J. A. MEATH: J. biol. Ch. **191**, 819 (1951). — [2] KLENK, E., u. H. DAUN: Unveröffentlicht. [KLENK, E.: 3. Mosbacher Coll. S. 34.] — [3] JOHNSON, A. C., A. R. McNABB and R. J. ROSSITER: Biochem. J. **43**, 573 (1948). — [4] JOHNSON, A. C., A. R. McNABB and R. J. ROSSITER: Biochem. J. **45**, 500 (1949). — [5] JOHNSON, A. C., A. R. McNABB and R. J. ROSSITER: Biochem. J. **44**, 494 (1949). — [6] SCHÖNHEIMER, R., H. v. BEHRING u. R. HUMMEL: H. **192**, 93 (1930). — [7] HENTSCHEL, H.: Z. Kinderheilkde. **52**, 623 (1932). — [8] PAGE, I. H., u. W. MENSCHICK: B. Z. **231**, 446 (1931). — [9] WINDAUS, A., u. F. BOCK: H. **245**, 168 (1937). — [10] GLOVER, M., J. GLOVER and R. A. MORTON: Biochem. J. **51**, 1 (1952). — [11] ROSENHEIM, O., and T. A. WEBSTER: Lancet **1927 II**, 622. — [12] MENSCHICK, W., u. I. H. PAGE: H. **211**, 246 (1932).

und Cholesterin (25%), ferner aus Sphingomyelin[1] (14%) und Serinkephalin (13% der essentiellen Lipoide)[2]. Die Hauptlipoide des Achsenzylinders setzen sich dagegen aus Lecithinen und Colaminkephalinen zusammen (s. Tabelle 101, S. 649). Die Markscheiden enthalten außerdem deutliche Mengen an Colaminkephalin und kleinere Konzentrationen an Lecithin. Der Nachweis von Cholesterin und Cerebrosiden im Achsenzylinder ist dagegen noch nicht genügend gesichert[2]. Auch Ganglioside konnten in geringer Menge nachgewiesen werden[3]. Die histologisch erkennbaren Markscheiden des Gesamthirns machen wahrscheinlich über 25% seiner Gesamtmasse aus und ihre Phosphatide über 50% der Gesamtphosphatide. Etwa 25—30% der Markscheidenphosphatide dürften Plasmalogene[4] sein. Da aber der Anteil der Colaminkephaline an der Myelinhülle nach Tabelle 101, S. 649, 3,9% und bei dem der Gesamtphosphatide von 15,3% des Frischgewichtes etwa 25% der Markscheidenlipoide ausmacht, muß mit der Möglichkeit gerechnet werden, daß fast die gesamten oder alle Colaminkephaline der Markscheiden als Plasmalogene vorhanden sind[4]. In den gewöhnlichen Markscheiden ist das molare Verhältnis Cholesterin : Cerebroside : Sphingomyelin : Serinkephalin : Colaminkephalin : Lecithin annähernd gleich 8:4:2:2:2:1. Bedingt durch die Anhäufung der Lipoide in den Markscheiden ist auch der Lipoidgehalt des Rückenmarks höher als der der grauen Massen, so daß nach Tabelle 100, S. 648, sein Sphingomyelingehalt den des Gehirns übersteigt; dagegen ist als Folge der Lokalisation in der grauen Substanz das Vorkommen von Gangliosiden im Rückenmark niedriger als im Gehirn[5]. Die Glycerinphosphatide des Rückenmarks sind gekennzeichnet durch den geringen Gehalt an hochungesättigten Fettsäuren, die in den entsprechenden Gehirnlipoiden in relativ größerer Menge enthalten sind. Aus den Cerebrosiden konnten die gleichen Fettsäuren wie aus denen des Gehirns isoliert werden. Auch die Cerebroside des Rückenmarks sind reine Cerebrogalaktoside. Als Spaltprodukte des Sphingomyelins wurden im Rückenmark Lignocerinsäure und Stearinsäure nachgewiesen. Die graue Substanz von Menschen und Affen, weniger die weiße, enthält bedeutende Mengen von Hexaensäure[6].

In den Tabellen 99 u. 100 ist die Konzentration an den verschiedenen Lipoiden in Gehirn, vegetativem Nervensystem sowie einigen peripheren Nerven des Menschen und verschiedener Tiere wiedergegeben. Bei der Beurteilung der angegebenen Werte ist zu berücksichtigen, daß die sympathischen Ganglien reich an gliösem und gewöhnlichem Bindegewebe sind, so daß die eigentlichen nervösen Elemente weniger zahlreich sind[7]. Außerdem haben sie einen geringeren Gehalt an Markscheiden und damit an Myelinlipoiden. Die interganglionären Anteile des sympathischen Grenzstranges, die ebenfalls reich an Bindegewebe sind, enthalten dagegen bereits zahlreiche markscheidenhaltige Fasern. Der N. vagus verhält sich ähnlich, ist aber im ganzen etwas myelinreicher. Die Fasern des N. vertebralis sind möglicherweise alle ohne Markscheiden, ebenfalls die Milznerven der Kuh[8], während bei der Katze die nichtmyelinisierten Fasern 5% aller Fasern ausmachen[9]. Die Retina gehört ebenfalls zum nichtmyelinisierten Anteil des Zentralnervensystems, die Papilla nervi optici ist reich an Achsenzylindern. Das Nervensystem des Hummers ist gekennzeichnet durch dünne Achsenzylinder[10] mit kleinen Myelinauflagen; in den Scherennerven ist dagegen der bindegewebige

[1] Johnson, A. C., A. R. McNabb and R. J. Rossiter: Biochem. J. **45**, 500 (1949). — [2] Brante, G.: Acta physiol. scand. **18**, Suppl. **63**, 120 (1949). — [3] Brante, G., and L. Svennerholm: Unveröffentlicht; zit. bei [2]. — [4] Brante, G.: Acta physiol. scand. **18**, Suppl. **63**, 170 (1949). — [5] Schuwirth, K.: H. **278**, 1 (1943). — [6] Blancher, G., E. Le Breton et P. May: C. R. Soc. Biol. **146**, 219 (1952). — [7] Brante, G.: Acta physiol. scand. **18**, Suppl. **63**, 105, 108 (1949). — [8] Falk, F.: B. Z. **13**, 153 (1908). — [9] Utterback, R. A.: J. comp. Neurol. **81**, 55 (1944). — [10] Schmitt, F. O., and R. S. Bear: Biol. Reviews **14**, 27 (1939).

Anteil beträchtlich[2]. Die Werte in Tabelle 99 lassen, bezogen auf die Trockensubstanz, gute Übereinstimmung des Lipoidgehaltes von Hirnrinde und Mark bei verschiedenen Säugetieren erkennen. Das Nervengewebe von Wirbellosen weist dagegen bei verschiedenen Tierarten beträchtliche Unterschiede auf. So bestehen beim Hummer die Phosphatide zu 80–90% aus Lecithinen[3], während bei Bienen die Kephaline überwiegen[4]. Die markarmen Anteile des Nervengewebes von Wirbeltieren enthalten Cholesterin, Cerebroside und Sphingomyelin nur in geringer Menge, weisen vielmehr vorwiegend Lecithin auf, das in dem interganglionären Strekken des Sympathicus 41 % und im N. vertebralis 52% der Phosphatide ausmacht[3]. Der Lipoidgehalt der sympathischen Ganglien ist von dem der rein faserigen Anteile des Systems nicht grundsätzlich verschieden. Retina und Papilla nervi optici sind relativ reich an Phosphatiden. Im Vergleich mit dem Lipoidgehalt des autonomen Nervensystems ist ihre Konzentration in der Hirnrinde entschieden größer, in der besonders der Gehalt an Phosphatiden den an Cholesterin und Cerebrosiden übertrifft. Rund 40% der Phosphatide der grauen Substanz sind Cholinphosphatide (s. Tabelle 99 u. 100), von denen $^1/_4$ bis $^1/_3$ — bei der Kuh etwas

Tabelle 99. Lipoidzusammensetzung verschiedener Nervengewebe (graue Substanz) (in % der Trockensubstanz)[1].

	Hirnrinde				Sympathische Ganglien	Internodale Abschnitte (Sympathicus)		Milznerven	N. vertebralis	Retina	Papilla n. optici	Ventralmark	Scherennerv
	Mensch	Kuh	Kaninchen	Ratte	Kuh	Mensch	Kuh	Kuh	Pferd	Kuh	Kuh	Hummer	Hummer
Trockensubstanz	15,1	17,2	18,9	20,4	23,8	29,1	25,0	16,7	28,7	15,4	9,6	14,4	13,9
Gesamtlipoide	35,1	34,3	35,1	34,6	21,9	40,5	22,8	15,5	—	22,9	—	16,7	13,7
Phosphatide	20,4	20,6	19,9	21,9	9,2	7,7	7,4	8,3	5,2	13,7	12,3	8,1	7,3
Cholesterin	5,1	4,8	4,7	4,6	1,9	—	2,3	2,1	—	1,7	2,1	1,7	1,9
Cerebroside	4,2	7,0	5,8	6,1	2,4	—	2,0	1,6	—	2,6	—	—	0,8
Nicht identifiziert	5,4	1,9	4,8	2,0	8,4	—	11,1	3,5	—	4,9	—	—	3,7
Lecithine	7,3	5,6	7,0	7,5	2,7	—	1,6	2,5	—	5,5	<4,3	6,7	6,2
Kephalin A	9,3	11,1	9,8	11,9	4,7	2,5 (A + B)	3,6	3,4	2,5 (A + B)	7,1 (A + B)	>4,9	0,9 (A + B)	1,1
Kephalin B	2,0	1,5	1,2	0,6	0,7		0,8	0,8			3,1		1,1
Sphingomyelin	1,8	2,4	1,9	1,9	1,1	—	1,4	1,6	—	1,1	3,1	0,5	(—0,3)
Diglyceride	1,1	—	1,1	(—1,4)	—	—	—	0,9	—	—	—	—	—
Cholinphosphatide	9,1	8,0	8,9	9,4	3,8	5,2	3,0	4,1	2,7	6,6	—	7,2	5,9
Diphosphoinosit	1,3	—	—	1,2	—	—	—	1,2	—	—	—	—	—

(Die Werte für Trockensubstanz beziehen sich auf % des Feuchtgewichtes.)

[1] Brante, G.: Acta physiol. scand. **18**, Suppl. **63** (1949). — [2] Young, J. Z.: Proc. R. Soc. London (B) **121**, 319 (1936/37). — [3] Brante, G.: Acta physiol. scand. **18**, Suppl. **36**, 105, 108 (1949). — [4] Patterson, E. K., M. E. Dumm and A. G. Richards jr.: Arch. Biochem. **7**, 201 (1945).

Tabelle 100. Lipoidzusammensetzung verschiedener Nervengewebe (weiße Substanz) (in % der Trockensubstanz)[1].

	Weiße Anteile der Hemisphären		Weiße Anteile (Rückenmark)			Intraduralnerven Kuh		N. opticus	N. ischiadicus		N. vagus
	Mensch	Kuh	Kuh	Pferd	Kaninchen	Ventral	Dorsal	Kuh	Kuh	Kaninchen	Kuh
Trockensubstanz	29,2	31,6	36,2	36,2	37,3	29,0	33,8	33,0	38,0	35,4	43,2
Gesamtlipoide	61,2	63,4	75,8	74,6	69,4	49,3	52,8	56,4	45,5	55,9	35,6
Phosphatide	26,5	27,4	33,7	30,6	30,9	25,3	27,7	22,8	16,1	27,4	7,6
Cholesterin	13,8	13,4	15,9	—	15,9	12,2	12,6	12,0	6,2	11,5	3,2
Cerebroside	16,0	16,8	19,7	—	17,2	6,3	7,8	13,8	9,0	10,9	2,3
Nicht identifizierte Fraktion	4,9	5,8	6,5	—	5,3	5,5	4,6	7,8	14,2	5,4	22,5
Lecithine	5,7	4,9	6,3	5,7	5,4	4,9	5,7	3,4	2,1	3,6	1,2
Kephalin A	14,1	15,4	17,1	16,2	16,0	11,5	11,6	13,9	7,8	13,4	3,9
Kephalin B	3,0	3,3	5,2	2,4	4,5	2,6	4,1	1,1	2,3	4,1	0,9
Sphingomyelin	3,7	3,8	5,1	6,4	5,2	6,3	6,3	4,4	3,9	6,5	1,6
Diglyceride	(—0,3)	0,8	0	(—1,4)	2,6	0,2	0,6	(—0,3)	7,4	2,0	9,4
Cholinphosphatide	9,4	8,7	11,4	12,1	10,6	11,2	12,0	7,8	6,0	10,2	2,8
Diphosphoinosit	1,4	—	2,1	—	2,1	—	—	—	—	1,1—2,1	—

(Die Werte für Trockensubstanz beziehen sich auf % des Feuchtgewichts.)

mehr — den Sphingomyelinen angehören. Von den Kephalinen entfallen über 75% auf das Colaminkephalin, die übrigen 25% dürften Serinkephalin sein, während der Gehalt an Diphosphoinosit sehr gering ist. Die Lipoide der verschiedenen grauen Anteile sind nicht gleich zusammengesetzt. So unterscheiden sich die Lipoide von Nucleus caudatus und Thalamus von denen der Hirnrinde durch ihren relativ hohen Gehalt an Cerebrosiden und Cholesterin. Ihr hoher Gehalt im Thalamus dürfte auf Beimengung weißer Substanz zurückzuführen sein[2].

In der weißen Substanz nehmen die Phosphatide — besonders die Monoaminophosphatide — den größten Anteil der Gesamtphosphatide ein. Innerhalb der Fraktion der Monoaminophosphatide überwiegen die Kephaline, von denen in der weißen Substanz über 60% dem Serinkephalin und 40% den Colaminkephalinen angehören. Der Gehalt an Diphosphoinosit ist in grauer und weißer Substanz etwa der gleiche, peripherwärts findet sich ein leichter Anstieg[2]. Die Cholinphosphatide beteiligen sich hier zu 35% an den Gesamtphosphatiden. Nach den Angaben in Tabelle 94 machen die Cholinphosphatide (Lecithin + Sphingomyelin) in der weißen Hirnsubstanz von Erwachsenen noch einen größeren Prozentsatz der Gesamtphosphatide aus. Innerhalb der Cholinphosphatid-Gruppe nimmt das Verhältnis Sphingomyelin : Lecithin, das im

[1] Brante, G.: Acta physiol. scand. **18**, Suppl. **63** (1949). — [2] Brante, G.: Acta physiol. scand. **18**, Suppl. **63**, 109f. (1949).

Gehirn 0,7:1 beträgt, zur Peripherie hin ständig zu, so daß es im peripheren Nerven auf 1,8:1 angestiegen ist[1].

Aus dem Nervensystem von *Insekten* (supraoesophageale und suboesophageale Ganglien, circumoesophageale Commissuren der Biene) kann dieselbe Gruppe von Lipoiden extrahiert werden wie aus Vertebratengehirn[2]. Die relative Konzentration der extrahierten Lipoide weicht — auch unter Einschluß von Cholesterin, Fettsäuren und Phosphatiden — nicht wesentlich von derjenigen des Vertebratengehirns ab. Allerdings konnten keine Cerebroside und damit keine D-Galaktose nachgewiesen werden, während Absorptionskurven für Pentosen und andere Hexosen gefunden wurden. Die Cholesterinwerte sind niedrig. Die Gesamtlipoide machen aus: 35,7—43,3%, Cholesterin 0,8—1,6%, Neutralfette 0,6—4,4% (Werte sind fraglich), Gesamtphosphatide 17%, Sphingomyelin 1,0—2,0%, Lecithin 2%, Kephalin 12%(!), Cerebroside 0%, Gesamteiweiß 54—60% der Trockensubstanz. Das Gehirn der Honigbiene verhält sich somit etwa wie das Gehirn junger Vertebraten vor der Reifung. Auch bei den Insekten ist ein großer Teil der Lipoide in Analogie zum Verhalten der Vertebraten in den Markscheiden lokalisiert; sie sind zum größten Teil oder vollständig an Protein gebunden[3,4].

Auch in den Zellkernen des menschlichen Gehirns konnten alle im Gesamthirn gefundenen Lipoide nachgewiesen werden[5]. Besonders auffallend ist die hohe Cerebrosidkonzentration der Zellkerne, die mehr als doppelt so hoch ist wie die des Gesamtgewebes. Die anderen Lipoide kommen dagegen in den Zellkernen in geringerer Konzentration vor (s. Tabelle 101), aber das Verhältnis innerhalb der Phosphatidfraktion zwischen Monoaminophosphatiden (Lecithin, Kephalin) und Sphingomyelin ist in Zellkernen ähnlich wie im Gesamthirn.

Tabelle 101. Verteilung der Lipoide in der Nervenzelle.

	Markscheiden	Achsenzylinder	Gesamtgewebe	Zellkern	Cytoplasma (berechnet)
	% der Feuchtsubstanz[6]	% der Feuchtsubstanz[6]	% der Trockensubstanz[5]	% der Trockensubstanz[5]	% der Trockensubstanz[5]
Cholesterin	8,4	Spuren	5,3	4,1	5,4
Gesamtphosphatide	15,3	—	19,7	13,0	20,3
Monoaminophosphatide	10,5	—	16,8	10,9	17,3
Lecithin	2,4	1,09	5,2	4,4	5,4
Colaminkephalin	3,9	1,15	11,6	6,5	11,9
Serinkephalin	4,2	0,22			
Acetalphosphatide	(3,9)*	—	—	—	—
Sphingomyelin	4,8	—	2,9	2,1	3,0
Cerebroside	9,8	0,35	4,8	10,0	4,7
Ganglioside	0	0,5	—	—	—

* Siehe Text S. 646.

2. Neutralfette.

Im Gegensatz zum großen Lipoidreichtum ist der Gehalt des Zentralnervensystems an Neutralfetten geringer als in anderen Organen. Mit 2,84—3,10% (Durchschnitt 2,97%) der Trockensubstanz haben die Neutralfette im Vergleich

[1] Brante, G.: Acta physiol. scand. **18**, Suppl. **63**, 109f. (1949). — [2] Patterson, E. K., M. E. Dumm and A. G. Richards jr.: Arch. Biochem. **7**, 201 (1945). — [3] Wigglesworth, V. B.: J. exp. Biol. **19**, 56 (1942). — [4] Richards, A. G. jr.: J. N. Y. entomol. Soc. **51**, 55 (1943); **52**, 285 (1944). — [5] Tyrrell, L. W., and D. Richter: Biochem. J. **49**, li (1951). — [6] Brante, G.: Acta physiol. scand. **18**, Suppl. **63** (1949).

mit 46,58—50,67% Totallipoiden nur einen geringen Anteil am Aufbau des Zentralnervensystems[1]. Nervengewebe hat keine wesentlichen Reserven an Depotfetten, im peripheren Nerven (N. ischiadicus) machen sie 6,91—10,14% des Feuchtgewichtes[2] aus. Für das Nervensystem der Insekten werden Werte von 0,6—4,4% der Trockensubstanz angegeben[3].

3. Proteolipoide.

Der Hauptteil der ätherlöslichen Lipoide läßt sich aus dem mit Aceton entwässerten Gewebe extrahieren. Trotz dieser Tatsache besteht die Möglichkeit, daß auch im Gehirn ein großer Teil der Lipoide ursprünglich an Eiweiß gebunden ist, da schon Trocknung mit Aceton und Ätherextraktion durch Denaturierung der Eiweißkörper eine Lösung der Lipoidbindung zur Folge haben kann[4]. Eine besondere Art von Lipoproteiden, die sie als Proteolipoide bezeichnen, wurde von FOLCH u. LEES[5] aus Gehirn gewonnen.

Die Proteolipoide, die außer im Gehirn in allen anderen darauf untersuchten Organen, nur nicht im Blutplasma aufgefunden wurden, sind Lipoproteide, die sich aus einem Lipoid- und einem Proteinanteil zusammensetzen[6]. Im Gegensatz zu den Lipoproteiden des Blutserums sind sie unlöslich in Wasser und Salzlösungen, aber löslich in Chloroform-Methanolmischungen. Die weiße Substanz des Gehirns besitzt mit 2,0—2,5% der Frischsubstanz den höchsten Proteolipoidgehalt, gefolgt von der grauen Substanz. Die Proteolipoide sind labile Substanzen, deren Bindung schon durch Trocknen gelöst werden kann. Die Moleküloberfläche trägt lipoiden Charakter, der für die Löslichkeitsverhältnisse verantwortlich ist.

Nach der Behandlung von Proteinen der weißen Substanz mit Trypsin, Papain und Erepsin bleibt ein trypsinresistenter Lipoproteidkomplex übrig, der 11,0% N, 1,60% S und 1,77% P enthält[7]. Der N repräsentiert den Eiweißanteil, der Gehalt an P geht auf Inositdiphosphat zurück, das in kombinierter Form vorliegt. Der Phosphatidanteil dieser Proteolipoide ist durch neutrale organische Lösungsmittel nicht, jedoch durch eine Mischung aus Chloroform-Methanol und konzentrierter HCl extrahierbar[8]. Das so gewonnene Phosphatid, das $^1/_4$ des Komplexes ausmacht und seinen gesamten P enthält, hat folgende Zusammensetzung: 4,58% P, 4,38% N, 10% Inosit, 0,38% NH_2-N und 0,1% α-Aminosäure-N. Es enthält als Bestandteile Inositdiphosphat, Fettsäuren, Sphingosin oder eine sphingosinähnliche Substanz und 15 verschiedene Aminosäuren. Es ist anzunehmen, daß kurze Polypeptidketten von einer durchschnittlichen Länge von 7 Aminosäureresten mit dem Lipoid verbunden sind, so daß der isolierte Lipoidanteil des Proteolipoidkomplexes eine Mischung aus Phosphatiden der geschilderten Zusammensetzung mit kurzen Polypeptidketten zu sein scheint[8].

In weißer Substanz lassen sich die Proteolipoide A, B und C nachweisen. Der Proteinanteil aller Proteolipoide enthält gleichbleibend 1,76% S. Der als *Neurokeratin* bezeichnete Eiweißkörper ist möglicherweise überwiegend mit dem Proteinanteil der Proteolipoide identisch[5].

---

[1] KAUCHER, M., H. GALBRAITH, V. BUTTON and H. H. WILLIAMS: Arch. Biochem. **3**, 203 (1944). — [2] JOHNSON, A. C., A. R. MCNABB and R. J. ROSSITER: Biochem. J. **45**, 500 (1949). — [3] PATTERSON, E. K., M. E. DUMM and A. G. RICHARDS jr.: Arch. Biol. chem. **7**, 201 (1945). — [4] KLENK, E.: 3. Mosbacher Coll. S. 28. — [5] FOLCH, J., and M. LEES: J. biol. Ch. **191**, 807 (1951). — [6] FOLCH, J., and M. LEES: Fed. Proc. **9**, 171 (1950). — [7] FOLCH, J., and F. N. LE BARON: Fed. Proc. **10**, 183 (1951). — [8] FOLCH, J., and F. N. LE BARON: Fed. Proc. **12**, 203 (1953).

Proteolipoid A. Proteolipoid A ist ein Gemisch aus Proteolipoiden und freien Lipoiden. Es wird als doppelbrechendes, weißes Pulver erhalten und enthält: 3,8—4,3% N, 0,2—0,4% P, 20% Eiweiß, 65—75% Cerebroside und 5—15% Phosphatide in Form der Glycerinphosphatide.

Proteolipoid B. Proteolipoid B konnte in krystalliner Form erhalten werden. Es enthält 8,2% N und 1,30% P, 1% Kohlenhydrat (Galaktose). Mit 50% Eiweiß ist Proteolipoid B deutlich vom Typ A unterschieden. Die Lipoidkomponente besteht zu 20% aus Cerebrosiden und zu 30% aus Phosphatiden, von denen die Hälfte auf das Sphingomyelin entfällt.

Proteolipoid C. Proteolipoid C, das ebenfalls als ein doppelbrechendes, weißes Pulver erhalten wurde, ist das eiweißreichste Proteolipoid des Gehirns. Es besteht zu 70—75% aus Eiweiß, der Rest im wesentlichen aus Phosphatiden. Der N-Gehalt beträgt 10,5—11%, der P-Gehalt 1,30%, die Kohlenhydratkomponente macht 1% aus.

In der Tabelle 102 ist die Zusammensetzung des Eiweißanteils eines Proteolipoids aus der weißen Substanz des Gehirns wiedergegeben. 92,7% des N konnten ermittelt werden, womit die erste einigermaßen vollständige Bausteinanalyse eines Eiweißkörpers des Nervengewebes vorliegen dürfte.

Über die Art der Bindung zwischen Lipoiden und Proteinen in den Proteolipoiden liegen noch keine exakten Untersuchungen vor. Die Bindung hängt nicht von der Gegenwart gebundenen Wassers ab[1]. Es dürfte vielmehr, da alle Proteolipoide doppelbrechend sind, der sterischen Verwandtschaft zwischen den Konstituenten wesentliche Bedeutung zukommen.

Tabelle 102. Zusammensetzung der Eiweißkomponente eines Proteolipoids der weißen Substanz des Gehirns. N-Gehalt in % des Proteins[1].

Leucin, Isoleucin, Phenylalanin	2,49
Methionin	0,36
Tyrosin, Valin	1,01
Prolin	0,28
Alanin, Glutaminsäure	1,81
Threonin	0,84
Asparaginsäure	0,43
Serin	0,71
Glykokoll	1,14
Arginin	1,01
Lysin	0,91
Histidin	0,64
Cystin	0,45
Ammoniak	0,89
Gesamtmenge	12,97
Protein	14,0

(Die Differenz dürfte dem Tryptophan entsprechen, das während der Hydrolyse zerstört wird.)

Bei der aus Hirngewebe gewonnenen, eine disseminierte Encephalomyelitis erzeugenden, „encephalitogenen" Substanz dürfte es sich mit größter Wahrscheinlichkeit um die Proteolipoide A und B handeln. Beide Proteolipoide vereinen in sich nahezu die Gesamtaktivität des Gehirns an encephalitogener Substanz[2]. Die Pathogenese dieser experimentellen Erkrankung ist unklar.

4. Eiweißkörper und ihre Bausteine.

a) Allgemeines. Die Eiweißstoffe des Nervengewebes sind im Gegensatz zu den Lipoiden wenig untersucht worden, so daß die Kenntnisse über die Proteinzusammensetzung des Zentralnervensystems gering sind. Bei der Untersuchung der Proteine des Nervengewebes treten infolge seines Lipoidreichtums methodische Schwierigkeiten auf, die z. T. für die geringe Bearbeitung dieses Gebietes verantwortlich sein dürften. Die aus dem Zentralnervensystem gewonnenen Eiweißstoffe sind immer mit Lipoiden verunreinigt. Jeder Versuch, diese mit organischen Lösungsmitteln zu entfernen, führt zu Denaturierung der Eiweißkörper[3,4]. Es ist daher fraglich, ob die erhaltenen Proteine einheitliche, vorgebildete Stoffe sind.

[1] Folch, J., and M. Lees: J. biol. Ch. **191**, 807 (1951). — [2] Olitzky, P. K., and C. Tal: Proc. Soc. exp. Biol. Med. **79**, 50 (1952). — [3] Klenk, E.: 3. Mosbacher Coll. S. 27. — [4] Schmitt, F. O.: Adv. Protein Chem. **1**, 25 (1944).

Im Gesamtgehirn beträgt der Eiweißgehalt 8% der Frisch- und 36% der Trockensubstanz und liegt damit unter dem Lipoidgehalt. In der weißen Substanz finden sich mehr als doppelt soviel Lipoide wie Eiweißstoffe, in der grauen Substanz überwiegen die Proteine unbedeutend (50% der Trockensubstanz). Im peripheren Nerven beträgt der Gesamteiweiß-N 1,88% (11,8% Eiweiß[1]).

b) Die Eiweißkörper. Aus Gehirn wurden 4 verschiedene Eiweißkörper gewonnen: ein Nucleoproteid, 2 Globuline und das Neurokeratin der Markscheiden. Elektrophoretische Trennung der Eiweißkörper ergab im Gehirn von Ratten 15,30% Albumin, 47,50% α-Globulin, 27,80% β-Globulin und 9,40% γ-Globulin[2]. Die Hauptmasse der Gehirnproteine gehört zu den Globulinen. Sie gehen bei Extraktion mit Wasser oder verdünnten Neutralsalzlösungen in Lösung, koagulieren in der Hitze bei schwach saurer Reaktion und werden durch Sättigung mit $MgSO_4$ vollständig ausgefällt. Durch fraktionierte Wärmekoagulation oder Neutralsalzfällung wurden 3 Proteine erhalten, von denen eines phosphorhaltig ist[3]. McGregor[4] fand bei Aussalzung oder Hitzekoagulation keine genauen Fällungsgrenzen; es ließen sich nur 2 lösliche Proteinfraktionen, die beide P-haltig sind, unterscheiden. Block u. Brand[5] halten dagegen das Nucleoproteid für den Haupteiweißstoff der Nervenzellen. Die aus Säugetiergehirn extrahierten löslichen Proteine sollen dagegen Abbaustufen des Nucleoproteids sein. Markfreie Crustaceennerven und Riesenfasern des Tintenfisches enthalten durch Neutralsalze extrahierbare Proteine, die die Eigenschaften von Nucleoproteiden besitzen[6,7]. Der Proteingehalt im Achsenzylinder der Riesenfaser des Tintenfisches beträgt 3—4% und im Hinblick auf den hohen Wassergehalt (über 90%) rund 30—40% der Trockensubstanz[8]. Die Eigenschaften dieses *Neuronin* genannten Proteins stimmen mit denen von aus Hummerscherennerven, aus Säugetiergehirn und Rückenmark gewonnenen Proteinen überein. Im Neuronin dürfte der Hauptproteinkomplex des Nervengewebes vorliegen. Auch die Nissl-Substanz der Ganglienzellen ist ein Nucleoproteid[9-13] vom Ribosetyp, das als Liponucleoproteidkomplex vorliegt[14]. In der Nervenzelle enthält besonders der Nucleolus große Mengen Eiweiß vom Histontyp[11], das an der Nucleotidsynthese beteiligt ist (s. S. 745). Es ist unentschieden, ob die Nucleoproteide in den Achsenzylinder hineinragen. Mit Hilfe der UV-Spektrographie konnten sie nicht nachgewiesen werden, ihre Masse ist auch für den röntgenmikroradiographischen Nachweis zu gering[14]. Die Nucleoproteide scheinen am Rande des Axonkegels aufzuhören, andererseits besitzt das Axonplasma der Tintenfischriesenfasern länglich ausgerichtete basophile Strukturen, die in der Nähe des Zellkerns besonders stark, im proximalen Achsenzylinder sparsam ausgeprägt sind. Sie fehlen in den distalen Abschnitten[7]. Ältere Beobachtungen von Bethe[15] über den Einfluß der Erregungsleitung auf die Anfärbbarkeit der Achsenzylinderfibrillen mit basischen Farbstoffen („Fibrillensäure") sprechen für die Beteiligung von Nucleinsäuren oder sauren Proteinen an der Erregungsleitung. Histochemische Darstellung

[1] Deuticke, H. J., O. Hövels u. K. Lauenstein: Pflügers Arch. **255**, 46 (1952). — [2] Demling, L., H. Kinzlmeier u. N. Henning: Z. ges. exp. Med. **122**, 416 (1953/54). — [3] Halliburton, W. D.: J. Physiol., London **15**, 90 (1893). Ergebn. Physiol. **4**, 23 (1905). Biochemistry of Muscle and Nerve. London 1904. — [4] McGregor, H. H.: J. biol. Ch. **28**, 403 (1916/17). — [5] Block, R. J., and E. Brand: Psychiatr. Quart. **7**, 613 (1933). — [6] Schmitt, F. O., and R. S. Bear: Proc. Soc. exp. Biol. Med. **32**, 943 (1935). — [7] Bear, R. S., F. O. Schmitt and J. Z. Young: Proc. R. Soc. London (B) **123**, 520 (1937). — [8] Bear, R. S., and F. O. Schmitt: J. cellul. comp. Physiol. **14**, 205 (1939). — [9] Caspersson, T.: J. R. microscop. Soc. **60**, 8 (1940). — [10] Caspersson, T.: Naturwiss. **29**, 33 (1941). — [11] Landström, H., T. Caspersson u. G. Wohlfahrt: Z. mikroskop.-anat. Forsch. **49**, 534 (1941). — [12] Gersh, I., and D. Bodian: J. cellul. comp. Physiol. **21**, 253 (1943). — [13] Gersh, I., and D. Bodian: Biol. Symp. **10**, 163 (1943). — [14] Hydén, H.: 3. Mosbacher Coll. S. 26. — [15] Bethe, A.: Pflügers Arch. **183**, 289 (1920).

der Gewebsproteine mit der Tetrazomethode ergab in der Hirnrinde (Molekularschicht und innere Körnerschicht) von Kaninchen intensive Anfärbung der *Grundsubstanz*[1]. Ein großer Teil der Proteine der Hirnrinde scheint der Grundsubstanz, die vorwiegend aus ramifizierenden Neuronenfortsätzen besteht, anzugehören. Ebenso wie bei der Glykolyse (s. S. 701) ragt auch bei der Verteilung der Proteine die Grundsubstanz als Hauptteil des gesamten neuralen Cytoplasmas hervor.

Bei der Behandlung des Nervengewebes mit organischen Lösungsmitteln, proteolytischen Enzymen und verdünntem Alkali bleibt ein wegen seiner oberflächlichen Ähnlichkeit mit Keratin als *Neurokeratin* bezeichneter unlöslicher Eiweißkörper zurück[3,4]. Der Gehalt des Neurokeratins an basischen Aminosäuren und die gegenseitigen Mengenverhältnisse dieser Säuren weichen entscheidend von denen des Keratins ab[5] (Neurokeratin = Histidin : Lysin : Arginin = 1:2:2; echtes Keratin = Histidin:Lysin:Arginin = 1:4:12). Neurokeratin wird vorwiegend aus der weißen Substanz erhalten. Es dürfte nicht im Nervengewebe vorgebildet sein, sondern erst bei der genannten Behandlung als denaturierter Eiweißkörper aus einem ursprünglich in wasserlöslicher Form in den Markscheiden vorhandenen Protein entstehen[6,7]. Die Abwesenheit von Oxyprolin spricht gegen seine Herkunft aus dem Kollagen[2]. Nach neueren Untersuchungen dürfte Neurokeratin überwiegend mit dem Proteinanteil der Proteolipoide identisch sein[8].

Tabelle 103. Aminosäurezusammensetzung von Neurokeratin, von Gesamtprotein aus Gehirn und von Haarkeratin (in g Aminosäuren je 16,0 g N)[2].

Aminosäuren	Neurokeratin	Gehirnproteine	Haarkeratin
	Papierchromatographie	Chemische Methoden	Mikrobiologische Methoden
Arginin	4,2	7,4	10,0
Histidin	2,9	3,2	1,0
Lysin	6,3	7,0	3,0
Tyrosin	7,2	4,1	3,3
Tryptophan	1,3*	1,3	1,2
Phenylalanin	15,2	5,2	3,0
Cystin	4,3	2,0	10—15**
Methionin	1,6	3,0	1
Serin	3,3	7,1	7,6
Threonin	9,2	5,8	7,7
Leucin	15,3	7,4	8,0
Isoleucin	11,3	5,1	4,5
Valin	5,7	4,8	5,7
Glykokoll	5,0	4,8	4,5
Alanin	9,1	—	—
Glutaminsäure	11,9	11,7	14,8
Asparaginsäure	3,7	10,0	7,8
Prolin	3,4	—	4—8**
Oxyprolin	0	—	0

* Bestimmt nach der MILLON-LUGG-Methode.
** Verschiedene Tierspecies.

Die Aufarbeitung mehrerer Neurokeratin-Präparationen ergab wechselnde elementare Zusammensetzungen, besonders große Schwankungen zeigte das N:S-Verhältnis. BLOCK[2] konnte bezüglich der Aminosäurezusammensetzung zwischen menschlichem und tierischem Neurokeratin weitgehende Übereinstimmung feststellen. Innerhalb der methodischen Streubreite liegt der gesamte N des Neurokeratins als Aminosäure-N und als Ammoniak vor. Die Aminosäurezusammensetzung des Neurokeratins weicht beträchtlich von der der Gesamt-

[1] DIXON, K. C.: J. Physiol., London **120**, 267 (1953). — [2] BLOCK, R. J.: Arch. Biochem. **31**, 266 (1951). — [3] EWALD, A., u. W. KÜHNE: Verh. naturhist.-med. Ver. Heidelberg **1877**, 457. — [4] KÜHNE, W., u. R. H. CHITTENDEN: Z. Biol. **26**, 291 (1890). — [5] BLOCK, R. J.: J. biol. Ch. **94**, 647 (1932). — [6] BLOCK, R. J.: Cold Spring Harbor Symp. quant. Biol. **6**, 79 (1938). — [7] SPEAKMAN, J. B., and F. TOWNEND: Nature **139**, 411 (1937). — [8] FOLCH, J., and M. LEES: J. biol. Ch. **191**, 807 (1951).

proteine des Gehirns ab[1] (s. Tabelle 103, S. 653). Die Unterschiede betreffen vor allem den Gehalt an Arginin, Tyrosin, Phenylalanin, Cystin, Serin, Threonin, Leucin, Isoleucin und Asparaginsäure.

Aus dem markreichen N. obturatorius des Warmblüters können in Abhängigkeit vom p_H des Extraktionsmittels 10—30% der Gesamtproteine extrahiert werden[2]. In der Ultrazentrifuge lassen sich in diesen Extrakten 2 Eiweißkomponenten nachweisen, deren Sedimentationskonstanten (7,0 bzw. 4,4 S) von denen der aus Hummernerven extrahierten Proteine[3] stark abweichen. Unter der Annahme, daß es sich bei den Nervenproteinen des Warmblüters um Eiweißstoffe von ähnlicher Beschaffenheit wie die Bluteiweißkörper handelt, läßt sich für die langsam sedimentierende mit Albumin verglichene Komponente ein Molekulargewicht von 70000, für die schnell wandernde, den Globulinen ähnelnde Komponente ein solches von 150000 errechnen[2]. Diese beiden durch Elektrophorese und Ultrazentrifuge getrennten Proteine dürften aber nicht die einzigen Proteine des Nerven sein.

c) Die Eiweißbausteine. Die Aminosäurezusammensetzung der Gesamtproteine des Gehirns von Menschen und verschiedener Tiere ist nahezu gleich[1,4] (s. Tabelle 104). Die Konstanz der Zusammensetzung aus den wichtigsten Aminosäuren ist größer als die Übereinstimmung des Gesamt-N verschiedener Präparationen[5]. Möglicherweise variiert der Gehalt der Hirnproteine an einigen nicht untersuchten Aminosäuren. Dafür würden auch die unterschiedlichen immunologischen Eigenschaften von aus Ochsen- und Schweinegehirn gewonnenen Nucleoproteiden sprechen[6]. Eiweißkörper aus Gehirnen von Säugetieren und Vögeln unterscheiden sich durch ihren unterschiedlichen Alanin-[7] und Arginingehalt[8].

Tabelle 104. Zusammensetzung der Hirnproteine und molares Verhältnis der Aminosäuren[5].

Gehirnprotein	N %	Histidin %	Lysin %	Arginin %	Cystin %	Tryptophan %	Tyrosin %
Mensch	13,4	2,3	4,4	5,0	1,5	1,3	3,9
Affe	12,8	2,1	4,8	5,4	1,5	1,1	3,8
Kalb	13,9	2,2	4,0	5,0	1,4	1,3	3,8
Schaf	12,5	2,3	4,1	5,0	1,2	1,1	3,6
Ratte	14,6	2,8	4,0	4,9	1,4	1,3	4,2
Meerschweinchen	14,8	2,4	4,2	5,2	1,4	1,0	4,1

Molares Verhältnis der Aminosäuren.

Gehirnprotein	Cystin :	Tryptophan :	Histidin :	Tyrosin :	Lysin :	Arginin
Mensch	21	21	49	72	100	96
Affe	19	16	41	64	100	95
Kalb	23	23	52	77	100	105
Schaf	18	18	53	71	100	103
Ratte	21	23	66	85	100	103
Meerschweinchen	20	17	54	78	100	104

---

[1] Block, R. J.: Arch. Biochem. **31**, 266 (1951). — [2] Deuticke, H. J., O. Hövels u. K. Lauenstein: Pflügers Arch. **255**, 46 (1952). — [3] Maxfield, M.: J. gen. Physiol. **34**, 853 (1951). — [4] Kaplansky, S., W. Borowskaj u. A. Budanowa: Arch. biol. Nauk. SSSR **37**, 485 (1935). — [5] Block, R. J.: J. biol. Ch. **119**, 765 (1937). — [6] Block, R. J., and E. Brand: Psychiatr. Quart. **7**, 613 (1933). — [7] Karyagina, M. K.: Bull. Biol. Méd. exp. URSS **1**, 117 (1936). — [8] Budanowa, A. M.: Bull. Biol. Méd. exp. URSS **1**, 115 (1936).

Der hohe Gehalt der Hirnproteine an Arginin, Lysin, Phenylalanin und besonders an Serin neben Tyrosin und Threonin ist auffallend[1]. Dagegen ist der prozentuale Gehalt an Cystin, Methionin und Histidin gering. Trotzdem enthalten die Gehirnproteine mehr Histidin als andere Organe. Allgemein besitzen die Proteine aus Leber, Niere und Gehirn eine ähnliche Aminosäurezusammensetzung. Die Konzentration an Aminosäuren beträgt (berechnet auf 16% N) für die Hirnproteine: Arginin 6,38; Histidin 2,52; Lysin 5,98; Phenylalanin 5,83; Tyrosin 5,10; Tryptophan 1,64; Serin 7,06; Threonin 5,33; Cystin 1,95 bzw. 1,38; Methionin 2,66 bzw. 2,95%. Der Gesamt-S macht 1,10%, organischer S 1,03% aus[1]. Andere Autoren[2] geben ähnliche Werte an. Die Konstanz der Aminosäurezusammensetzung in den Hirnproteinen wird während des gesamten Lebens beibehalten, ebenso das molare Verhältnis Lysin:Arginin[4]. Nur der Gehalt an Histidin ist im Gehirn junger Säugetiere und Menschen geringer als im ausgewachsenen Zustand. Männliche Tiere enthalten mehr Lysin im Hirneiweiß als weibliche Tiere. Beim Menschen beträgt das molare Verhältnis Lysin:Arginin bei Männern 100:83, bei Frauen 100:93[5].

Tabelle 105. Gehalt an freien Aminosäuren im Gehirn erwachsener Ratten (in γ/g) und relative Konzentration des α-Amino-N (in % des gesamten Aminosäure-N) des Gehirns[3].

Aminosäuren	γ/g Gehirn	% des Aminosäure-N
Leucin . . .	8,8 ± 0,9	3,40
Phenylalanin	14,6 ± 2,1	4,48
Tryptophan .	5,2 ± 0,6	1,30
Valin	13,6 ± 1,7	5,88
Histidin . . .	13,6 ± 1,5	4,40
Lysin	31,4 ± 3,1	10,90
Isoleucin . .	8,8 ± 1,5	3,40
Prolin	13,9 ± 2,7	6,10
Tyrosin . . .	20,8 ± 2,2	5,85
Methionin . .	12,2 ± 2,0	4,15
Threonin . .	102 ± 8,5	43,30
Arginin . . .	23,6 ± 2,0	6,86
Gesamt . . .	268,5	
N, mg-% . .	2,8	

d) Freie Aminosäuren. Freie Aminosäuren konnten mikrobiologisch nach Zerstörung der proteolytischen Enzyme durch Erhitzen nachgewiesen werden[6]. Die in Tabelle 105 für Gehirn wiedergegebenen Werte ähneln mit Ausnahme vom Threonin denen des Plasmas. Die relative Konzentration des α-Amino-N (in % des Gesamt-α-Amino-N) schwankt im Gehirn von 1,30% für Tryptophan bis 43,30% für Threonin (s. Tabelle 105). Die relative α-Amino-N-Konzentration des Gehirns ist mit der anderer Organe nicht vergleichbar. Gehirn und Rückenmark enthalten außerdem bedeutende Mengen an freier *γ-Aminobuttersäure*. Sie macht einen großen Teil des bislang nicht identifizierten ninhydrinpositiven Materials im Papierchromatogramm aus[7] und konnte durch Papierchromatographie in Verbindung mit Isotopenmarkierung einwandfrei nachgewiesen werden[8]. Der Gehalt an γ-Aminobuttersäure-N schwankt zwischen 32—110 γ/g Frischgewebe[9], im Mäusegehirn finden sich 55 mg-% des Frischgewichtes an γ-Aminobuttersäure[7]. Sie entsteht wahrscheinlich aus Glutaminsäure[7,9] (s. S. 753). Über ihre Bedeutung für das Zentralnervensystem ist bisher nichts bekannt. Im Gehirn von Ratten ergaben sich nach sofortigem Einfrieren des Gewebes in flüssiger Luft folgende Werte: Glutaminsäure 13,2; Asparagin-

[1] Beach, E. F., B. Munks and A. Robinson: J. biol. Ch. **148**, 431 (1943). — [2] Block, R. J., and D. Bolling: Arch. Biochem. **3**, 217 (1944). — [3] Schurr, P. E., H. T. Thompson, L. M. Henderson, J. N. Williams jr. and C. A. Elvehjem: J. biol. Ch. **182**, 39 (1950). — [4] Block, R. J.: J. biol. Ch. **120**, 467 (1937). — [5] Block, R. J.: J. biol. Ch. **121**, 411 (1937). — [6] Schurr, P. E., H. T. Thompson, L. M. Henderson and C. A. Elvehjem: J. biol. Ch. **182**, 29 (1950). — [7] Roberts, E., and S. Frankel: J. biol. Ch. **187**, 55 (1950). — [8] Udenfriend, S.: J. biol. Ch. **187**, 65 (1950). — [9] Awapara, J., A. J. Landua, R. Fuerst and B. Seale: J. biol. Ch. **187**, 35 (1950).

säure 3,8; Glutathion 2,4; Glykokoll 1,8; Serin 1,5; Taurin 7,5; Alanin 0,8; γ-Aminobuttersäure 2,8 mg Amino-N je 100 g Frischgewebe. Der Gesamtamino-N der freien Aminosäuren beträgt 44,1 mg-%. Glutamin, Glutaminsäure und γ-Aminobuttersäure machen insgesamt 45% des gesamten Amino-N aus[1].

Über die Entstehung der γ-Aminobuttersäure durch α-Decarboxylierung der Glutaminsäure s. S. 753, über die Glutaminsäuredecarboxylase s. S. 755. Über die Veränderungen des Gehaltes an freien Aminosäuren bei Inanition sowie körperlicher Anstrengung s. S. 684f., im Insulinschock s. S. 685, nach Hepatektomie s. S. 826.

Glutaminsäure. Die höchste Konzentration an Glutaminsäure und Glutamin findet sich in Gehirn, Herzmuskel und Milz. In grauer Substanz ist ein höherer Glutaminsäuregehalt als in weißer Substanz nachweisbar, was in abgeschwächter

Tabelle 106. Gehalt an Glutaminsäure, Glutamin und Ammoniak im Gehirn (10^{-6} Mol/g)[2].

	Glutaminsäure	Glutamin	Glutaminsäure + Glutamin	Ammoniak
Gesamtgehirn:				
Katze	9,93	5,27	15,20	2,05
Taube	6,16—13,95	4,52—6,99	13,15—18,47	0,93—6,06
Graue Substanz				
Schaf	9,93—11,1	3,36—4,19	13,29—15,29	2,71—4,39
Weiße Substanz				
Schaf	5,30— 7,01	3,28—3,36	8,58—10,37	1,56—2,88
Fetales Gesamthirn				
Kalb, 10 Wochen	4,76	1,05	5,81	1,56
Kalb, 30 Wochen	8,16	2,61	10,77	2,07
Schaf, 6—7 Wochen	2,34	2,28	4,62	1,87

Form auch für die Glutaminkonzentration gilt (Tabelle 106), so daß der Gesamtgehalt an Glutaminsäure und Glutamin in der grauen Substanz am höchsten ist[2]. Dem Durchschnittswert von 10—15 $\times 10^{-6}$ Mol Glutaminsäure + Glutamin je g entspricht ein Wert von 146—220 mg-%. In allen Teilen des Gehirns übersteigt die Glutaminsäurekonzentration die von Glutamin. Das Verhältnis beträgt etwa 2:1, im Gehirn von Schafsfeten dagegen rund 1:1 (Tabelle 106). Glutaminsäure und Glutamin machen 25—60% des Gesamtamino-N aus[2]. Im Rattengehirn beträgt der Glutamingehalt 78—82[3] bzw. 74 mg-%[4]. Er sinkt nach Verfütterung von Glutaminsäure auf 71 mg-%, steigt bei Zusatz von Ammoniak auf 84 mg-% und bei gleichzeitiger Gabe von Glutaminsäure und Ammoniak auf 141 mg-%. Derselbe Wert wird nach intraperitonealer Injektion von Glutamin erreicht, während Injektion von NH_3 und Glutaminsäure ohne Erfolg ist. Über die Glutaminsynthese durch Kondensation beider Vorstufen (Glutaminsäure + Ammoniak) s. S. 752. Der Durchschnittsgehalt an Glutaminsäure des Rattengehirns beträgt 157 mg-%, der Gehalt an nicht in Peptiden gebundener Glutaminsäure 231 mg-%[4]. Andere Autoren geben für Ratten 152 mg-% Glutaminsäure und 57 mg-% Glutamin in der Nichteiweißfraktion des Gehirns an, bei Mäusen 169 bzw. 72 mg-%; dies entspricht etwa 0,01 Mol Glutaminsäure und 0,004 Mol Glutamin je kg Hirngewebe[5].

[1] Ansell, G. B., and D. Richter: Biochem. J. 57, 70 (1954). — [2] Krebs, H. A., L. V. Eggleston and R. Hems: Biochem. J. 44, 159 (1949). — [3] Tigerman, H., and R. MacVicar: J. biol. Ch. 189, 793 (1951). — [4] Dawson, R. M. C.: Biochem. J. 47, 386 (1950). — [5] Schwerin, P., S. P. Bessman and H. Waelsch: J. biol. Ch. 184, 37 (1950).

Im Gegensatz zur postmortalen Anhäufung von Ammoniak[1,2] ändert sich der Gehalt an Glutaminsäure und Glutamin im Gehirn postmortal nur wenig.

Über den Stoffwechsel der Glutaminsäure s. S. 748, über die Fermente des Glutaminsäurestoffwechsels s. S. 753, über die Verbindung des Glutaminsäurestoffwechsels mit dem Ionentransport im Zentralnervensystem s. S. 756. Über das Verhalten der Glutaminsäure bei Hypoglykämie und im Hunger s. S. 757. Über die Beeinflussung von Psychosen durch Glutaminsäure s. S. 759.

e) Andere lösliche Stickstoffverbindungen. Aus Gehirnbrei von Kaninchen läßt sich ein eiweißfreies Ultrafiltrat gewinnen[3], in dem sich folgende N-Verbindungen (in % der Frischsubstanz) befinden: Harnsäure: 0,012—0,016; Kreatinin: 0,016—0,027; Kreatin + Kreatinin: 0,036—0,104; Harnstoff: a) bestimmt mit Xanthydrol 0,021—0,035, b) bestimmt mit Hypobromit 0,106—0,261. (Die Hypobromitwerte erscheinen zu hoch, da im Ultrafiltrat noch andere Substanzen vorliegen, die ebenso wie Harnstoff mit Hypobromit reagieren). Der wahre Gehalt

Tabelle 107. Kreatingehalt im Gehirn (in mg-% des Feuchtgewichts)[4].

Tierart	Gesamtkreatin	Freies Kreatin	Phosphokreatin	% des als Phosphokreatin gebundenen Kreatins
Kaninchen	101; 104	101	4,8	0; 2,9
Katze	128,7; 129,6	104; 115	22,6; 41,8	10,6; 19,8
Meerschweinchen .	80,0; 97,5; 121,0	60,0; 71,0; 121,0	34,1; 42,7	0; 25; 27

an *Kreatin* beträgt im Gehirn von Ratten 130, bei Hunden 129 mg-%, der Kreatiningehalt des Rattengehirns wurde zu 1 mg-% bestimmt; das Verhältnis Kreatin:Kreatinin beträgt somit 129:1[5]. Im Cerebellum machen Kreatin und Kreatinin 175 mg-% aus[6]. Ein großer Teil des Kreatins liegt im Gehirn in Form von Phosphokreatin vor. Der Nachweis von *Phosphokreatin* im Gehirn wurde zwar bereits durch ältere Untersuchungen erbracht, die höchsten Werte werden aber nur dann erhalten, wenn das Gehirn bei künstlicher Atmung in situ mit flüssiger Luft eingefroren wird[6]. Kurzdauernde Asphyxie führt bereits zu starkem Abfall der Werte. In 3 sec sinkt der Phosphokreatingehalt des Gehirns um 70%, in 30 sec ist er auf 1 mg-% abgesunken und 10 min nach dem Tode ist Phosphokreatin nicht mehr nachweisbar[6,7]. Es ist aus methodischen Gründen fraglich, ob die angegebenen Unterschiede im Phosphokreatingehalt von Cerebrum und Cerebellum reell sind (unterschiedliches Einfrieren?). Schnelle Excision und Überführung in flüssige Luft innerhalb 3 sec ist methodisch unbrauchbar. Im Gehirn ist nicht das gesamte Kreatin als Phosphokreatin vorhanden. So wurden bei einer Menge an Gesamtkreatin von 131 mg-% im Cerebrum nur 13,9 mg-% an labilem P gefunden, eine Menge, die 59 mg-% an gebundenem Kreatin äquivalent ist[6]. Im Rattengehirn sind etwa 50 mg-% des Kreatins an Phosphat gebunden[8]. Bei verschiedenen Säugetieren ist indessen der Gehalt an Kreatin und Phosphokreatin sowie der prozentuale Anteil des an P gebundenen Kreatins nicht gleich[4] (Tabelle 107). Darüber hinaus schwanken die Einzelwerte für die jeweilige Tierart beträchtlich. Das gleiche gilt für den Phosphokreatingehalt

[1] Dawson, R. M. C.: Biochem. J. **47**, 386 (1950). — [2] Richter, D., and R. M. C. Dawson: J. biol. Ch. **176**, 1199 (1948). — [3] Baudouin, A., et J. Lewin: C. R. Soc. Biol. **133**, 657 (1940). — [4] Ennor, A. H., and H. Rosenberg: Biochem. J. **51**, 606 (1952). — [5] Baker, Z., and B. F. Miller: J. biol. Ch. **130**, 393 (1939). — [6] Kerr, S. E.: J. biol. Ch. **110**, 625 (1935). — [7] Maleci, O.: Arch. Fisiol. **150**, 18 (1950). — [8] Alexejewa, A. M.: Biochimija, Moskva **17**, 119 (1952).

im Vorderhorn des Affenrückenmarks, der bei einem Durchschnittswert von 15,0 mg-% Streuungen von 5,8—29,5 mg-% aufweist[1]. Die Differenzen zwischen rechtem und linkem Vorderhorn (15,0 bzw. 13,6 mg-%) betrugen 9,1%.

Eiweißfreie Extrakte des N. obturatorius vom Rind enthalten 45—65, im Durchschnitt 55 mg-% Rest-N[2], das Schafsgehirn dagegen 0,19—0,20%[3].

Über den Phosphokreatinstoffwechsel und seine Bedeutung für den Hirnstoffwechsel s. S. 771, über die Phosphokreatinsynthese s. S. 772. Über das Verhalten des Phosphokreatins während der Narkose in vitro und in vivo s. S. 813 und bei Zirkulationsstörungen s. S. 788. Über die Veränderungen des Phosphokreatingehaltes im Rückenmark bei Regeneration des Axons s. S. 699.

5. Kohlenhydrate.

a) Allgemeines. Im Nervengewebe sind trotz der Energiegewinnung aus dem Kohlenhydratstoffwechsel keine nennenswerten Reserven an Kohlenhydraten vorhanden. Diese Besonderheit ist neben dem hohen Sauerstoffbedarf des Gewebes der Grund für die bemerkenswerte Anfälligkeit des Zentralnervensystems gegen Zirkulationsstörungen (s. S. 787). Ebenso findet die besonders hohe Aktivität der Hexokinase des Gehirns hierin ihre Begründung (s. S. 711f.).

b) Glykogen. Der Glykogengehalt des Gehirns ist niedrig. Die üblichen Modifikationen der PFLÜGERschen Methode liefern bei ihrer Anwendung auf das Zentralnervensystem irrtümliche Resultate, da nach der Säurehydrolyse neben Glucose noch andere reduzierende Substanzen auftreten[4,5]. Die ältere Literatur gibt Werte zwischen 0—269 mg-% an. Dabei waren aber die Cerebroside nur unvollständig entfernt, bei der Glucosebestimmung andere reduzierende Substanzen miterfaßt und Glykogenverluste durch postmortale Autolyse nicht berücksichtigt. KERR[5] konnte unter Ausschaltung dieser Fehlerquellen im Gehirn von Hunden 102, von Katzen 86, von Kaninchen 82 mg-% Glykogen, in dem der Seeschildkröte dagegen 306 mg-% nachweisen. Es ist aber nicht ausgeschlossen, daß bei der Bestimmung auch noch die Kohlenhydrate der Ganglioside als Glykogen miterfaßt werden[6]. Bei der Maus wurde der Glykogengehalt der Hirnrinde zu 7,5, der des Mittelhirns zu 27,5 und in der Medulla oblongata zu 17,4 mg-% ermittelt[7]. Auch bei Hunden und Katzen weichen die Glykogenwerte ver-

Tabelle 108. Glykogengehalt verschiedener Teile des Zentralnervensystems in verschiedenem Alter (in mg-%)[8].

	Cortex	Nucleus caudatus	Thalamus	Colliculi	Cerebellum	Medulla oblongata	Rückenmark
Katze,							
neugeboren . .	23	—	48	45	107	101	137
5—8 Wochen alt	45	36	30	38	97	35	47
erwachsen . . .	68	46	27	28	32	31	25
Hund,							
neugeboren . .	18	34	44	60	65	122	127
5—8 Wochen alt	31	39	53	56	69	58	45
erwachsen . . .	73	58	62	50	35	39	29

[1] BODIAN, D.: Nucleic acid. Symp. Soc. exp. Biol. **1**, 163 (1951). — [2] DEUTICKE, H. J., O. HÖVELS u. K. LAUENSTEIN: Pflügers Arch. **255**, 46 (1952). — [3] MEZINCESCU, M. D., and F. SZABO: J. biol. Ch. **115**, 131 (1936). — [4] WINTERSTEIN, H., u. E. HIRSCHBERG: B. Z. **159**, 351 (1925). — [5] KERR, S. E.: J. biol. Ch. **116**, 1 (1936). — [6] KLENK, E.: 3. Mosbacher Coll. S. 29. — [7] CHANCE, M. R. A., and D. C. YAXLEY: J. exp. Biol. **27**, 311 (1950). — [8] CHESLER, A., and H. E. HIMWICH: Arch. Biochem. **2**, 175 (1943).

schiedener Hirnzonen voneinander ab[1] (Tabelle 108, S. 658), wobei Cortex cerebri, Nucleus caudatus und Thalamus im allgemeinen den höchsten Glykogenwert aufweisen. Der Glykogengehalt von bioptisch während präfrontaler Lobotomie gewonnenem menschlichen Frontalhirn beträgt 86 mg-% [2].

Glykogen läßt sich aus Hundegehirn frei von N, P und Asche gewinnen[3]. Es ist hinsichtlich seiner elementaren Zusammensetzung, der spezifischen Drehung, sowie der nach der Hydrolyse ermittelten Glucosemenge nicht von Leberglykogen zu unterscheiden. Auch bezüglich der Fällung mit Alkohol aus wäßriger oder alkalischer Lösung und der Jodreaktion stimmt es mit jenem überein. Reines Hirnglykogen ist leicht in Wasser löslich. Aus dem neutralisierten Hydrolysat läßt sich mit Phenylhydrazin ein Osazon in krystalliner Form erhalten[3].

Infolge der schnellen Glykolyse sind bereits 15 min nach dem Tode 80—85% des vorhandenen Glykogens abgebaut, nach 2 Std ist kein Glykogen mehr nachweisbar[4].

Über die Veränderungen des Glykogengehaltes während der Hirnentwicklung s. S. 680, im Hungerzustand s. S. 685, bei Insulin- und Adrenalinbehandlung s. S. 823. Das Verhalten des Hirnglykogens bei Krämpfen und in Narkose ist S. 814, 816 dargestellt.

c) Freier Zucker. Im Ultrafiltrat aus frischer Gehirnsubstanz[5] finden sich etwa 100 mg-% reduzierender Substanz, von der aber nur ein kleiner Teil durch Hefe vergärbar ist. Die exakte Bestimmung des freien, vergärbaren Zuckers ist ebenso wie die des Glykogens, der Milchsäure und des Phosphokreatins von der Fixierung des Gewebes in situ durch flüssige Luft abhängig [6, 7]. Gehirn von Hunden enthält 45—86, von Kaninchen 35—75, von Katzen 90—116 mg-% freien Zucker[8, 9]. Der freie, vergärbare Zucker des Gehirns verschwindet während der postmortalen Autolyse innerhalb von 3—5 min[4]. Die Konzentration des freien Zuckers im Gehirn ist die Resultante verschiedener Faktoren, die den Glucoseverbrauch, ihre Konzentration im Blut und die Menge des durchströmenden Blutes einschließen.

Über den Gehalt des Gehirns an freiem Zucker bei Insulinbehandlung s. S. 823, bei Krämpfen s. S. 815.

d) Organische Säuren. Von den im Gehirn vorkommenden organischen Säuren kommt in erster Linie die *Milchsäure* in Betracht. Ihre Konzentration macht im Mäusegehirn 18,5 mg-% aus[10]. In der Hirnrinde der Maus wurden 26, im Mittelhirn 30 und der Medulla oblongata 35 mg-%[11], im Hundegehirn 13—22 (im Mittel 17,7)[8], in dem von Kaninchen 21[12] (15—35)[7] bzw. 19—38 mg-%[13] Milchsäure gefunden. Infolge der intensiven Glykolyse wird ihre Konzentration postmortal stark und schnell erhöht (s. Tabelle 92, S. 632). Nach einem Fixierungsintervall von nur 3 sec soll — nach andererseits[13] nicht bestätigten Versuchen — der Milchsäurewert bereits auf 30—40 mg-% angestiegen sein[4]. Für nicht narkotisierte Kaninchen werden Ruhe-Milchsäurewerte von 26—35 mg-% angegeben[13]. Die früheren Angaben über den Ruhewert im Gehirn von 50 bis

[1] CHESLER, A., and H. E. HIMWICH: Arch. Biochem. **2**, 175 (1943). — [2] GORDAN, G. S., R. C. BENTINCK and E. EISENBERG: Ann. N. Y. Acad. Sci. **54**, 575 (1951). — [3] KERR, S. E.: J. biol. Ch. **123**, 443 (1938). — [4] KERR, S. E., and M. GHANTUS: J. biol. Ch. **117**, 217 (1937). — [5] BAUDOUIN, A., et J. LEWIN: C. R. Soc. Biol. **131**, 730 (1939). — [6] KERR, S. E.: J. biol. Ch. **110**, 625 (1935); **116**, 1 (1936). — [7] AVERY, B. F., S. E. KERR and M. GHANTUS: J. biol. Ch. **110**, 637 (1935). — [8] KERR, S. E., and M. GHANTUS: J. biol. Ch. **116**, 9 (1936). — [9] KERR, S. E., C. W. HAMPEL and M. GHANTUS: J. biol. Ch. **119**, 405 (1937). — [10] STONE, W. E.: J. biol. Ch. **135**, 43 (1940); **149**, 29 (1943). — [11] CHANCE, M. R. A., and D. C. YAXLEY: J. exp. Biol. **27**, 311 (1950). — [12] KERR, S. E., and A. ANTAKI: J. biol. Ch. **122**, 49 (1937/38). — [13] THORN, W.: B. Z. **321**, 361 (1951).

80 mg-%[1-4] liegen zu hoch. Sie dürften auf verzögertes Einfrieren oder ungenügende Ruhigstellung der Tiere, sowie Erfassung anderer hydrogensulfitbindender Substanzen zurückzuführen sein. Bei ungenügender Beruhigung wird der Milchsäuregehalt des Gehirns von Kaninchen zu 40 mg-% angegeben[5]. Als Quelle der Milchsäurebildung des Gehirns müssen Glykogen und freier Zucker gelten[6]. Die in 2 Std anaerob gebildete Milchsäuremenge entspricht dem gleichzeitigen Verlust von freiem Zucker und von Glykogen. Innerhalb der ersten 3 min der Autolyse entspricht sie dem kombinierten Abfall beider Substanzen. Anschließend ist die Milchsäurebildung auf den Abbau von Glykogen zu beziehen. Der Milchsäuregehalt des Gehirns hängt in Ermangelung nennenswerter Glykogenvorräte indirekt von der Höhe des Blutzuckers ab[6-10].

Über die Veränderungen des Milchsäuregehaltes bei Insulinbehandlung s. S. 823, bei akuter, totaler Ischämie s. S. 787, bei elektrisch und pharmakologisch induzierten Krämpfen s. S. 815 und in Narkose s. S. 813. Im Gehirn von Mäusen nimmt der Milchsäuregehalt bei Poliomyelitis ab.

Auf die beim Glykogen- bzw. Glucoseabbau intermediär entstehenden organischen Säuren wird S. 705 eingegangen. Von ihnen kommt der *Brenztraubensäure* und der Citronensäure besondere Bedeutung zu. Der Normalwert der Brenztraubensäure im Taubengehirn schwankt zwischen 1,3—4,3, im Durchschnitt 3,0 mg-% — während bei B_1-avitaminotischen Tieren 4,4—18,4, im Durchschnitt 10,5 mg-% Brenztraubensäure gefunden werden[11].

Über den Stoffwechsel der Brenztraubensäure s. S. 715, über die Beziehungen zum Vitamin B_1 s. S. 669.

Hirngewebe von Meerschweinchen, Kaninchen und Mäusen enthält im Vergleich zu anderen Organen mit 13,8; 4,6 bzw. 4,6 mg-% einen relativ hohen Gehalt an *Citronensäure*[12]. Rattengehirn ergibt mit 0—46 γ/g Frischgewebe ähnliche Werte[13]. Nach Vergiftung mit Fluoracetat lassen sich große Mengen von Citronensäure (118—271 γ/g) nachweisen, was als indirekter Hinweis auf die — zunächst umstrittene — Existenz des Tricarbonsäurecyclus im Gehirn angesehen werden darf.

Chromatographische Trennung der Säuren des Citronensäurecyclus ergab im Gehirn von Ratten nach 24stündigem Fasten folgende Durchschnittswerte[14] in mg-%: Fumarsäure 13,9; α-Ketoglutarsäure 19,0; Oxalessigsäure 8,5; Bernsteinsäure 4,0; Brenztraubensäure 17,2; Äpfelsäure 3,2; cis-Aconitsäure $< 0,1$; iso-Citronensäure 0,5 und Citronensäure 5,3. Die Konzentration der Säuren des Tricarbonsäurecyclus ist mit Ausnahme der Isocitronensäure im Gehirn höher als in Leber, Niere, Muskel und Blut. Andere Autoren[15] geben den Gehalt des Gehirns an Äpfelsäure bei Ratten mit 1,26, bei Mäusen mit 1,65 mg-% an.

Die Bedeutung des Citronensäurecyclus für den Hirnstoffwechsel ist S. 715 dargestellt. Über die Fermente des Citronensäurecyclus s. S. 752. Über den Einfluß von Röntgenbestrahlung auf den Cyclus s. S. 728.

---

[1] McGinty, D. A., and R. Gesell: Amer. J. Physiol. **75**, 70 (1925). — [2] Bierich, R., u. A. Rosenbohm: H. **214**, 271 (1933). — [3] Haldi, J.: Amer. J. Physiol. **106**, 134 (1933). — [4] Jungmann, H., u. P. Kimmelstiel: B. Z. **212**, 347 (1929). — [5] Thorn, W.: B. Z. **321**, 361 (1951). — [6] Kerr, S. E., and M. Ghantus: J. biol. Ch. **117**, 217 (1937). — [7] Holmes, E. G., and B. E. Holmes: Biochem. J. **19**, 836 (1925). — [8] Holmes, E. G., and B. E. Holmes: Biochem. J. **20**, 1196 (1926). — [9] Holmes, B. E., and E. G. Holmes: Biochem. J. **21**, 412 (1927). — [10] Holmes, E. G., and M. A. F. Sherif: Biochem. J. **26**, 381 (1932). — [11] Kraut, H., u. M. Rohdewald: B. Z. **312**, 289 (1942). — [12] Dickens, F.: Biochem. J. **35**, 1011 (1941). — [13] Buffa, P., and R. A. Peters: Nature **163**, 914 (1949). — [14] Frohman, C.E., J.M. Orten and A. H. Smith: J. biol. Ch. **193**, 277 (1951). — [15] Marshall, L.M., F. Friedberg and W. A. Da Costa: J. biol. Ch. **188**, 97 (1951).

e) „Glykolipoide“. Sogenannte Glykolipoide konnten in Gehirn und Rückenmark von Kaninchen[1] sowie im Cytoplasma von Ganglienzellen autonomer Ganglien[2] durch die Perjodsäure-Leukofuchsinreaktion nach McMANUS[3,4] histochemisch nachgewiesen werden. Die Untersuchungen im Zentralnervensystem[1] ergaben in vielen Nervenzellen die Existenz einer Substanz, die nach Behandlung mit Perjodsäure-Leukofuchsin eine intensive rote Farbe zeigt. Da Extraktion des frischen Gewebes mit siedender Äthanol-Äthermischung die Farbintensität deutlich vermindert, liegt die Vermutung nahe, daß die chromogene Substanz des neuralen Cytoplasmas ein „Glykolipoid“ ist. Sie ist trotz Verwandtschaft mit den Tigroidkörpern von den Nucleoproteiden der NISSL-Substanz verschieden, da von den kohlenhydrathaltigen Verbindungen die Ribo- und Desoxyribonucleinsäuren keine Perjodsäure-Leukofuchsinreaktion geben. Die genaue Zusammensetzung der farbstoffgebenden Substanz ist bisher nicht bekannt. Als chemische Grundlage der Perjodsäureoxydation von Polyalkoholen müssen Alkohole angenommen werden, die an benachbarten Kohlenstoffatomen Hydroxylgruppen tragen und unter Spaltung der Kohlenstoff-Kohlenstoffverbindung zu Aldehyden oxydiert werden[5], die mit Leukofuchsin spezifisch angefärbt werden[6,7]. Im Zentralnervensystem dürfte die Perjodsäure-Leukofuchsinreaktion im wesentlichen auf die Hexosekomponente der Cerebroside zurückzuführen sein, die beim Morbus *Gaucher* besonders stark reagieren[8]. Von WOLMAN[9] wurde festgestellt, daß auch ungesättigte Lipoide Perjodsäure reduzieren, da bei vorsichtiger Oxydation ungesättigter Carbonsäuren zunächst 2 Hydroxylgruppen an die Doppelbindung angelagert werden[10], wonach die so entstandene Dioxysäure von der Perjodsäure an den beiden benachbarten Hydroxylgruppen angegriffen und unter Bildung freier Aldehydgruppen gespalten wird[11]. Es ist daher möglich, daß die ungesättigten Fettsäuren der Cerebroside zur Reaktion mit Perjodsäure-Leukofuchsin beitragen. Auch die Lipoidgranula und Sphingomyeline in den NIEMANN-PICK-Zellen lassen sich — unabhängig davon, ob sie eine Kohlenhydratkomponente enthalten oder nicht — auf diese Weise darstellen[9]. Möglicherweise kann auch die Serinkomponente der Kephaline anfärbbar sein. Es ist ferner nicht ausgeschlossen, daß es sich bei den mit Perjodsäure-Leukofuchsin positiv reagierenden Granula der Nervenzellen in Gehirn und Rückenmark um ein lipofuscinähnliches Abnutzungspigment handelt[11]. (Über die komplexe Zusammensetzung des gelben Pigmentes und seine Zugehörigkeit zu den Pterinen s. S. 680.) Die positive Perjodsäure-Leukofuchsinreaktion der Corpora amylacea des Gehirns geht dagegen auf ihren Gehalt an Mucopolysacchariden zurück[12].

6. Nucleinsäuren.

a) Allgemeines. Die exakte Bestimmung der Nucleinsäuren ist infolge der besonderen chemischen Zusammensetzung des Zentralnervensystems durch mehrere Faktoren erschwert, die für andere Gewebe nicht gelten. Ihre Erfassung im Gewebe ist theoretisch möglich durch Bestimmung des P-, des Purin- und des Zuckeranteils. In der Regel wird die P-Bestimmung vorgezogen, die nach Entfernung des säurelöslichen und des Lipoid-P auf der Bestimmung des proteingebundenen P beruht. Im Gehirn ist wie in den meisten Geweben der Gehalt an Phosphoproteiden gering[13]. Dennoch kann im Zentralnervensystem Phosphoproteid-P die Bestimmung der Nucleinsäuren stark beeinflussen. So hatte z. B. die nicht bestätigte und auf einen besonderen Gehalt an Inosit-P zurückgehende[14]

---

[1] DIXON, K. C., and B. M. HERBERTSON: J. Physiol., London **111**, 244 (1950). — [2] SULKIN, N. M., and A. KUNTZ: Anat. Rec. **108**, 255 (1950). — [3] McMANUS, J. F. A.: Nature **158**, 202 (1946). — [4] McMANUS, J. F. A.: Stain Technol. **23**, 99 (1948). — [5] MALAPRADE, L.: Bull. Soc. chim. France (4) **43**, 683 (1928); (5) **1**, 833 (1934). Cr. **186**, 382 (1928). — [6] OSTER, K. A., and J. G. OSTER: J. Pharmacol. exp. Therap. **87**, 306 (1946). — [7] DANIELLI, J. F.: Quart. J. microscop. Sci. **90**, 67, 309 (1949). — [8] MORRISON, R. W., and M. H. HACK: Amer. J. Path. **25**, 597 (1949). — [9] WOLMAN, M.: Proc. Soc. exp. Biol. Med. **75**, 583 (1950). — [10] Karrer, Lehrb. org. Chem. 10./11. Aufl. S. 220 (1950). — [11] GEDIGK, P.: Kli. Wo. **1952**, 1057. — [12] STEELE, H. D., G. KINLEY, C. LEUCHTENBERGER and E. LIEB: A. M. A. Arch. Path. **54**, 94 (1952). — [13] SCHMIDT, G., and S. J. THANNHAUSER: J. biol. Ch. **161**, 83 (1945). — [14] LOGAN, J. E., W. A. MANNELL and R. J. ROSSITER: Biochem. J. **51**, 470 (1952).

Feststellung eines höheren Gehaltes von proteingebundenem P in der weißen gegenüber der grauen Substanz des Schafhirns[1] entgegen den histochemischen Befunden zu der Vermutung geführt, daß die Nucleinsäuren einen bedeutenden Teil der Markscheiden ausmachen[1]. Die Bestimmung der Nucleinsäuren im Zentralnervensystem wird vor allem durch den Reichtum besonderer, P-haltiger Verbindungen der weißen Substanz erschwert. Der P dieser Verbindungen ist weder durch 10%ige Trichloressigsäure noch durch gewöhnliche Äthanol-Ätherbehandlung zur Lipoidextraktion völlig zu entfernen[2] und gehört wahrscheinlich dem Lipoproteidkomplex (s. S. 650) an. Nach SCHNEIDER[3] hergestellte Trichloressigsäureextrakte aus Gehirn- und Nervengewebe enthalten ferner chromogenes Material, das mit der Diphenylaminreaktion nach DISCHE[4] für Desoxyribonucleinsäure (DNS) und mit der Orcinreaktion nach MEJBAUM[5] für Ribonucleinsäure (RNS) interferiert und vermutlich mit Strandin identisch ist[6]. Die mit den verschiedenen Methoden erzielten analytischen Ergebnisse weichen beträchtlich voneinander ab. In den Tabellen 109—111 sind zum besseren Verständnis der Analysengang für die Bestimmung des säurelöslichen P, des Lipoid- und Gesamt-P, des Nucleinsäure-P sowie die mit verschiedenen Methoden gewonnenen unterschiedlichen Ergebnisse wiedergegeben.

Die beiden wesentlichen Verfahren zur Aufarbeitung der P-Verbindungen sind von SCHMIDT u. THANNHAUSER[7] und von SCHNEIDER[3] angegeben. Bei ihnen wird nach Entfernung des säurelöslichen P(I) und des Lipoid P(II) ein Teil des Untersuchungsmaterials nach Hydrolyse mit n KOH zur Bestimmung des Gesamt-P(III) benutzt, ein anderer Teil mit HCl und Trichloressigsäure (TCS) zur DNS-Bestimmung behandelt und die ausgefällte DNS anschließend abzentrifugiert. In der überstehenden Flüssigkeit werden Gesamt-P(IV) und Ortho-P(V) bestimmt, die niedergeschlagene DNS mit TCS extrahiert, im Extrakt DNS einerseits aus Gesamt-P(VI), andererseits durch UV-Absorption (VII) gemessen. Der andere Gewebsanteil wird an Stelle der Hydrolyse durch KOH mit TCS extrahiert, im Extrakt DNS durch die Diphenylaminreaktion[4] nach DISCHE (VIII) und die Pentose der RNS durch die Orcin-Reaktion nach MEJBAUM (IX)[5], Gesamt-P (X) und die gesamten Nucleinsäuren durch UV-Absorption (XI) bestimmt, während im Rückstand noch Gesamt-P (XII) ermittelt werden kann.

Die nach dem geschilderten Verfahren gewonnenen Werte[2] für den säurelöslichen P, Lipoid P, proteingebundenen P (vorwiegend Nucleinsäuren) und Gesamt-P im Hundegehirn und N. ischiadicus der Katze stimmen mit den von anderen Autoren für Gehirn und Nerven von Affen[8] bzw. für den N. ischiadicus von Meerschweinchen[9] erhobenen überein (s. Tabelle 112).

Tabelle 111 zeigt, daß die Bestimmung der Gesamtnucleinsäuren in Gehirn und Nerven nach der Methode von SCHMIDT u. THANNHAUSER höhere Ergebnisse liefert als die nach SCHNEIDER und dessen Werte wiederum deutlich höher liegen, als die mittels der UV-Absorption gewonnenen. Dagegen zeigen alle Methoden hinsichtlich der Bestimmung der Desoxyribonucleinsäure mit Ausnahme der Farbreaktion nach DISCHE gute Übereinstimmung. Die größten Differenzen ergibt die Bestimmung der Ribonucleinsäure, bei der vor allem die nach SCHMIDT u. THANNHAUSER gewonnenen hohen Werte auffallen. Die UV-Absorptionsmethode führt auch hier zu den niedrigsten Ergebnissen. Die Unterschiede betreffen vor allem die weiße Substanz und den peripheren Nerven. Exakte

---

[1] DAVIDSON, J. N., and C. WAYMOUTH: Biochem. J. 38, 39 (1944). — [2] LOGAN, J. E., W. A. MANNELL and R. J. ROSSITER: Biochem. J. 51, 470 (1952). — [3] SCHNEIDER, W. C.: J. biol. Ch. 161, 293 (1945). — [4] DISCHE, Z.: Mikrochem. 8, 4 (1930). — [5] MEJBAUM, W.: H. 258, 117 (1939). — [6] FOLCH, J.: Private Mitteilung. [LOGAN, J. E., W. A. MANNELL and R. J. ROSSITER: Biochem. J. 51, 470 (1952)]. — [7] SCHMIDT, G., and S. J. THANNHAUSER: J. biol. Ch. 161, 83 (1945). — [8] BODIAN, D., and D. DZIEWIATKOWSKI: J. cellul. comp. Physiol. 35, 155 (1950). — [9] SAMUELS, A. J., L. L. BOYARSKY, R. W. GERARD, B. LIBET and M. BRUST: Amer. J. Physiol. 164, 1 (1951).

Tabelle 109. Nucleinsäureanalysengang für das Zentralnervensystem. (Erläuterungen s. Text)[1].

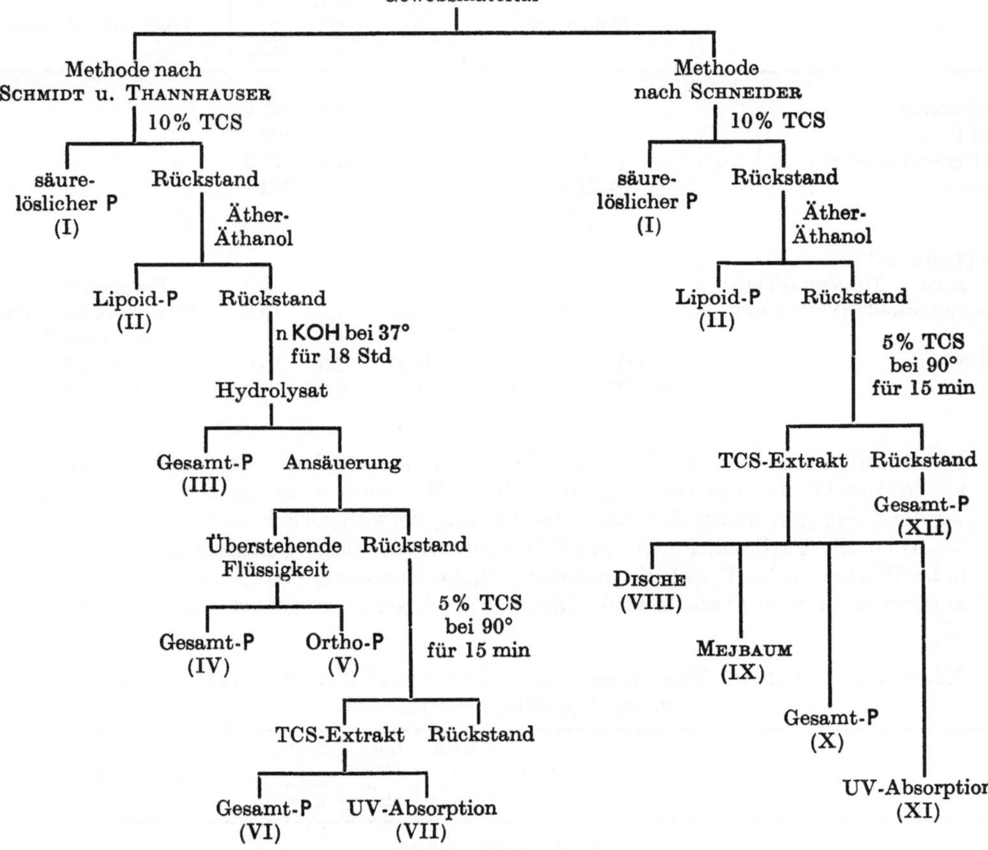

Bestimmung	Angenommene Fraktion	Tatsächliche Fraktion
I	Säurelöslicher P	Säurelöslicher P
II	Lipoid-P	Lipoid-P
III	DNS + RNS + „Phosphoproteid" nach SCHMIDT u. THANNHAUSER	DNS + RNS + „Inosit-P"
IV	RNS + „Phosphoproteid" nach SCHMIDT u. THANNHAUSER	RNS + Phosphoproteid + „Inosit-P"
V	„Phosphoproteid" nach SCHMIDT u. THANNHAUSER	Phosphoproteid
VI	DNS (nach SCHMIDT u. THANNHAUSER)	DNS
VII	DNS (UV-Absorption)	DNS
VIII	DNS (nach DISCHE; Diphenylamin-Reaktion (SCHNEIDER)	DNS + ?
IX	RNS (MEJBAUM) Orcin-Reaktion (SCHNEIDER)	RNS + ?
X	DNS + RNS (durch P-Bestimmung nach SCHNEIDER)	RNS + DNS + Inositanteil
XI	DNS + RNS (UV-Absorption)	DNS + RNS
XII	„Phosphoproteid" (SCHNEIDER)	Phosphoproteid + Inositanteil

[1] LOGAN, J. E., W. A. MANNELL and R. J. ROSSITER: Biochem. J. 51, 470 (1952).

Tabelle 110. Verteilung verschiedener Phosphorverbindungen im Zentralnervensystem (mg P/100 g Feuchtgewicht)[1].

	Bestimmung	Hund, weiße Substanz	Hund, graue Substanz	Katze, N. ischiadicus	Tatsächliche Fraktion
Säurelöslicher P	I	74,5	79,5	52,0	
Lipoid P	II	333	157	308	
Proteingebundener P	III	33,9	24,6	22,3	
Gesamt-P	I+II+III	441	261	382	
	„Phosphoproteid"[1]				
„Phosphoproteid" (SCHMIDT u. THANNHAUSER)	V	2,6	2,4	2,2	Phosphoproteid
„Phosphoproteid" (SCHNEIDER)	XII	15,3	7,7	10,2	Phosphoproteid und Inositanteil
Inosit-P	III−(V+XI)	20,6	8,3	10,0	Inosit-P
Inosit-P	(IV−V)−(XI−VII)	20,3	9,0	9,6	Inosit-P

Werte dürften durch die UV-Absorption gewonnen werden[1]. Die nach SCHMIDT u. THANNHAUSER erzielten Ergebnisse für RNS müssen als zu hoch angesehen werden; dagegen liefert die DNS-Bestimmung verwertbare Resultate.

Auch die Farbreaktionen und P-Bestimmungen nach SCHNEIDER liefern zu hohe Werte, was z. T. auf die unterschiedliche Erfassung des „Phosphoproteids" zurückzuführen ist (Tabelle 110). Die nach der Trichloressigsäureextraktion (XII)

Tabelle 111. Gehalt an Nucleinsäuren, DNS und RNS im Zentralnervensystem (in mg P je 100 g Feuchtgewicht)[1].

Methode	Bestimmung	Hund, weiße Substanz	Hund, graue Substanz	Katze, N. ischiadicus	Tatsächliche Fraktion
	Gesamtnucleinsäuren				
SCHMIDT u. THANNHAUSER	III−V	31,3	23,8	20,1	DNS + RNS + Inositanteil
SCHNEIDER, Farbreaktionen	VIII+IX	21,1	25,4	14,9	DNS + RNS + ?
SCHNEIDER, P-Bestimmung	X	18,8	16,5	14,0	DNS + RNS + Inositanteil
UV-Absorption	XI	10,7	15,2	10,2	DNS + RNS
	Desoxyribonucleinsäure				
SCHMIDT u. THANNHAUSER	III−IV	6,1	4,5	4,8	DNS
SCHMIDT u. THANNHAUSER, modifiziert nach SCHNEIDER	VI	6,7	4,7	5,5	DNS
SCHNEIDER, Farbreaktion (DISCHE)	VIII	14,2	13,1	6,6	DNS + ?
UV-Absorption	VII	5,8	4,9	5,4	DNS
	Ribonucleinsäure				
SCHMIDT u. THANNHAUSER	IV−V	25,2	19,3	14,3	RNS + Inosit-P
SCHNEIDER, Farbreaktion (MEJBAUM)	IX	6,9	12,4	7,9	RNS + ?
Kombination I nach SCHMIDT u. THANNHAUSER und SCHNEIDER	IV−XII	10,7	11,6	8,1	RNS + Inositanteil
Kombination II nach SCHMIDT u. THANNHAUSER und SCHNEIDER	X−VI	11,0	11,1	6,8	RNS + Inositanteil
UV-Absorption	XI−VII	4,9	10,3	4,7	RNS

[1] LOGAN, J. E., W. A. MANNELL and R. J. ROSSITER: Biochem. J. 51, 470 (1952).

durch P-Bestimmung ermittelte Phosphoproteidkonzentration ist entschieden höher als die aus der Freisetzung von Ortho-P (V) nach der Hydrolyse mit KOH erhaltene.

Es läßt sich zeigen, daß ein nicht geringer Teil des nach SCHNEIDER als Phosphoproteid-P gemessenen P bei der Methode von SCHMIDT u. THANNHAUSER als Nucleinsäure (vermutlich RNS) erscheint[1]. Durch die Behandlung mit Trichloressigsäure wird neben dem Nucleinsäure-P noch P anderer Genese extrahiert, so daß für das Zentralnervensystem keine Berechtigung besteht, den durch Extraktion mit Trichloressigsäure für 15 min entfernten P als Nucleinsäure-P und den verbleibenden als Phosphoproteid-P zu bezeichnen. Der nach Extraktion

Tabelle 112. **P-Verbindungen in verschiedenen Teilen des Zentralnervensystems** (in mg P/100 g Feuchtgewicht)[1].

Autoren	Tierart	Gewebe	Säurelöslicher P	Lipoid-P	Gesamt-Nucleinsäuren	DNS	RNS	Phosphoproteid	Inosit-P
			Weiße Substanz						
BODIAN u. DZIEWIATKOWSKI	Affe	Corpus callosum	50,5	377	18,8[a]	12,4[b]	6,4[c]	23,2[d]	—
LOGAN, MANNELL u. ROSSITER	Hund	Corpus callosum	74,5	333	11,5[e]	6,3[f]	5,3[g]	2,6[h]	19,8[i]
			Graue Substanz						
BODIAN u. DZIEWIATKOWSKI	Affe	Nucleus caudatus	86,0	185	21,5[a]	9,6[b]	11,5[c]	12,1[d]	—
LOGAN, MANNELL u. ROSSITER	Hund	Cortex cerebri	79,5	157	16,4[e]	5,3[f]	11,1[g]	2,4[h]	7,5[i]
			Peripherer Nerv						
BODIAN u. DZIEWIATKOWSKI	Affe	Plexus brachialis + N. ischiadicus	34,5	328	—	—	—	—	—
SAMUELS u. Mitarb.	Meerschweinchen	N. ischiadicus	50	313	19,4[j]	—	—	27,0[d]	—
LOGAN, MANNELL u. ROSSITER	Katze	N. ischiadicus	52,0	308	11,0[e]	5,8[f]	5,1[g]	2,2[h]	9,2[i]

[a] Farbreaktionen VIII + IX. — [b] Diphenylamin-Reaktion nach DISCHE (VIII). — [c] Orcin-Reaktion nach MEJBAUM (IX). — [d] Rückstand-P nach TCS-Extraktion (XII). — [e] UV-Absorption (XI). — [f] UV-Absorption (VII). — [g] UV-Absorption (XI—VII). — [h] Nach SCHMIDT u. THANNHAUSER (V). — [i] Berechnet [III—(V + XI)]. — [j] Durch P-Bestimmung nach SCHNEIDER (X).

mit Trichloressigsäure im Rückstand verbleibende P wird nach der Methode von SCHMIDT u. THANNHAUSER als Nucleinsäure erfaßt. Die Ursache der hohen RNS-Bestimmung im Zentralnervensystem ist auf die Gegenwart des trypsinresistenten Inositdiphosphat enthaltenden Lipoproteidkomplexes zurückzuführen. Nach FOLCH u. LE BARON[2] erscheint der gesamte P dieser Verbindung als RNS in der Methode nach SCHMIDT u. THANNHAUSER. Der Anteil des proteingebundenen P, der weder der Nucleinsäure, noch dem echten proteingebundenen P zugerechnet werden kann, ist als Inosit-P zu bezeichnen (Tabelle 110 und 112). Die Differenzen für die RNS-Bestimmung in der weißen Substanz finden darin ihre Erklärung, da z. B. in der weißen Substanz des Hundegehirns der Inosit-P $^2/_3$ des proteingebundenen P zusmacht. Seine Konzentration in grauer Substanz und im peripheren Nerven ist beträchtlich geringer. Da in den meisten Geweben die Konzentration an Nucleinsäuren beträchtlich höher als in Gehirn und Nerven ist und das Inosit-P enthaltende Phosphoproteid (XII) einen viel

[1] LOGAN, J. E., W. A. MANNELL and R. J. ROSSITER: Biochem. J. **51**, 470 (1952). — [2] FOLCH, J., and F. N. LE BARON: Fed. Proc. **10**, 183 (1951).

kleineren Anteil des gesamten proteingebundenen P ausmacht, ist ihr Einfluß auf die Bestimmung der Nucleinsäuren dort gering, im Zentralnervensystem führt er dagegen zu Fehlresultaten. Die in der Literatur wiedergegebene gute Übereinstimmung der Nucleinsäurekonzentration im Trichloressigsäureextrakt aus Rattengehirn hinsichtlich der durch die Farbreaktionen und P-Bestimmung erzielten Werte[1, 2] ist eine scheinbare, da die Werte für P durch die Gegenwart von Inosit-P und die der Farbreaktionen durch Interferenz von chromogenem Material zu hoch liegen[3]. Die durch UV-Absorption ermittelten Ergebnisse sind niedriger, als die von anderen Autoren[1, 2, 4–11] erhobenen. Im Gehirn sarkomtragender Ratten wurden 1,96—2,37 bzw. 9,3—11,3 mg-% RNS und 1,70 bzw. 8,1—9,3 mg-% DNS für die Frisch- bzw. Trockensubstanz mit einem gegenüber den Kontrolltieren nicht veränderten Verhältnis RNS:DNS von 1,15 bzw. 1,21 gefunden[12]. Tabelle 112, S. 665 ergibt eine Zusammenstellung einiger Angaben.

b) Ribo- und Desoxyribonucleinsäure. Die Konzentration an Nucleinsäuren übersteigt in der grauen die in der weißen Substanz. Graue und weiße Substanz des Hundegehirns sowie der N. ischiadicus der Katze enthalten ungefähr gleich große Mengen DNS, während für RNS bedeutende Unterschiede unter Bevorzugung der grauen Substanz existieren. Dies dürfte auf den Reichtum an cytoplasmareichen Nervenzellen und ihren Gehalt an RNS-haltigen Nissl-Schollen zurückzuführen sein. Das Verhältnis RNS:DNS ist im Gehirn ebenso wie in Leber und Herzmuskel entsprechend dem großen Cytoplasmaanteil hoch. In der Literatur werden 1,4 (s.[1]); 1,5 (s.[13]), 1,8 bzw. 1,6 (s.[10]); 2,1 (s.[7]) und 2,2 (s.[8]) angegeben. Im Embryonalgehirn beträgt das RNS:DNS-Verhältnis 2,3 (s.[7]). Das Verhältnis Nucleoproteid-P Embryonal- : Erwachsenengehirn beträgt 1,2 bzw. 2,8 für die weiße und graue Trockensubstanz und 0,5 bzw. 1,3 für die weiße bzw. graue Frischsubstanz des Schafes und 3,9 bzw. 2,0 für die Trocken- bzw. Frischsubstanz des Geflügelgehirns.

Die Desoxyribonucleinsäure dürfte ausschließlich in den Zellkernen lokalisiert sein, wo sie sich in enger Verbindung zu den Chromosomen befindet. Die Beziehungen der DNS zum sog. „*Chromosomin*" (Stedman)[14] sind unklar[15]. Neuere Ergebnisse[16] haben die Auffassung, daß die Basophilie des Chromatins nicht auf seinem Gehalt an DNS, sondern auf einem sauren Protein-Chromosomin beruhe, nicht bestätigen können. Die Ribonucleinsäure ist auch in den Nervenzellen vorwiegend Bestandteil des Cytoplasmas und hier besonders in den Mitochondrien lokalisiert[17]. In der Nervenzelle ist sie als Liponucleoproteidkomplex an der Bildung der Nissl-Substanz beteiligt[18]. RNS findet sich außerdem in den Kernen der Nervenzellen, die durch ihren prominenten RNS-haltigen Nucleolus ausgezeichnet sind. In den großen Ganglienzellen der meisten Säugetiere ist sie außerdem in dem als Heterochromatin bezeichneten Gebiet nachweisbar, das dem Nucleolus benachbart und bei Männchen reichlicher als bei Weibchen entwickelt ist[19], was eine Korrelation zum y-Chromosom wahrscheinlich macht. Es

[1] Schneider, W. C.: J. biol. Ch. **161**, 293 (1945). — [2] Schneider, W. C.: J. biol. Ch. **164**, 747 (1946). — [3] Logan, J. E., W. A. Mannell and R. J. Rossiter: Biochem. J. **51**, 470 (1952). — [4] Kossel, A.: H. **7**, 7 (1882). — [5] Berenblum, I., E. Chain and N. G. Heatley: Biochem. J. **33**, 68 (1939). — [6] Rosenthal, O., and D. L. Drabkin: J. biol. Ch. **150**, 131 (1943). — [7] Davidson, J. N., and C. Waymouth: Biochem. J. **38**, 39 (1944). — [8] Schmidt, G., and S. J. Thannhauser: J. biol. Ch. **161**, 83 (1945). — [9] Schneider, W. C., and H. L. Klug: Cancer Res. **6**, 691 (1946). — [10] Bodian, D., and D. Dziewiatkowski: J. cellul. comp. Physiol. **35**, 155 (1950). — [11] Samuels, A. J., L. L. Boyarsky, R. W. Gerard, B. Libet and M. Brust: Amer. J. Physiol. **164**, 1 (1951). — [12] Euler, H. v., and L. Hahn: Arch. Biochem. **17**, 285 (1948). — [13] Rerábek, J.: Ark. Kemi, Mineral. Geol. **24 A**, 35 (1947). — [14] Stedman, E., and E. Stedman: Nature **152**, 267 (1943). — [15] Davidson, J. N.: Nucleic Acid. Symp. Soc. exp. Biol. **1**, 77 (1951). — [16] Brachet, J.: Nucleic Acid. Symp. Soc. exp. Biol. **1**, 207 (1951). — [17] Brody, T. M., and J. A. Bain: J. biol. Ch. **195**, 685 (1952). — [18] Hydén, H.: 3. Mosbacher Coll. S. 26, 14, 19. — [19] Hydén, H.: Acta physiol. scand. **6**, Suppl. **17** (1943).

beteiligt sich unmittelbar an der nervalen Funktion (s. S. 809). In den Kernen von Nervenzellen weiblicher Tiere findet sich dagegen ein mit basischen Farbstoffen anfärbbarer als „Nucleolar-Satellit“ bezeichneter kleiner „Sekundärkörper“, der bei männlichen Tieren nicht oder nur schwach entwickelt ist[1]. Es handelt sich möglicherweise um ein Derivat des x-Chromosoms, das auch in Gliazellen[2] und beim Menschen gefunden wurde.

Mit Hilfe der röntgenmikroradiographischen Methode läßt sich zeigen, daß in den großen Ganglienzellen die Mengenverhältnisse der Hauptbestandteile Lipoid, Eiweiß und Nucleinsäure stark wechseln. So beträgt das Verhältnis RNS:Protein in den Zellen des Deiterschen Kernes bei Kaninchen ungefähr 1:8 (0,05 RNS bzw. 0,43 Protein in 10^{-9} mg/μ^3). Für die motorischen Ganglienzellen des Meerschweinchens ergibt sich ein solches von 1:2,8, während sich bei den Purkinje-Zellen des Kaninchens solche mit einem RNS:Protein-Verhältnis von 1:3; 1:1 und 1:24 befinden, wobei der letztere Typ durch besonders kleine Nucleoproteid- und große Eiweißmengen ausgezeichnet ist[3]. Vorderhornzellen der anteriolateralen Gruppe des Rattenrückenmarks enthalten 2—3% Nucleinsäuren und 25—30% Eiweiß[4]. Der RNS-Gehalt von Nervenzellen des Rückenmarks und sympathischer Ganglien scheint durch Vitamin B_{12}-Zufuhr erhöht werden zu können, der an DNS bleibt unbeeinflußt[5]. Bei den motorischen Vorderhornzellen gilt die Vermehrung nicht für ruhende Tiere, sondern besteht in der Beschleunigung der RNS-Regeneration nach intensiver Muskeltätigkeit[6].

Über die Nucleinsäurekonzentration des Gehirns während der Embryonalentwicklung und im Laufe des Alterns s. S. 681. Die Beziehungen zwischen Nucleinsäure- und Proteinstoffwechsel sind S. 745, 764, die der Nucleoproteide zur motorischen, sensorischen und psychischen Aktivität S. 809—812 dargestellt. Über die Veränderungen der Nucleinstoffe bei der Chromatolyse und Regeneration s. S. 698, bei Poliomyelitis s. S. 828. Über den Einbau von radioaktivem P und den Stoffwechsel der Nucleinsäure s. S. 764.

c) Die Bausteine der Nucleinsäuren im Zentralnervensystem. In situ mit flüssiger Luft eingefrorenes Hundegehirn enthält 19 mg Nucleotid-N je 100 g, von dem 83,5% als Adenin vorliegt, während Harnsäure nur in Spuren nachweisbar ist[7]. Hypoxanthin- und Guanin-N machen zusammen gegenüber dem Adenin nur einen kleinen Bruchteil des Nucleotid-N aus. Aus methodischen Gründen dürfte die Hypoxanthin- und Guanin-N-Fraktion überwiegend aus Guanin bestehen, dessen Anteil 30 sec nach Excision des Gehirns 2,7 mg-% Guanin-N beträgt. Aus dem molaren Verhältnis des organischen säurelöslichen P zu den Nucleotiden kann gefolgert werden, daß diese vorwiegend als Nucleosid-Triphosphat vorliegen. Kerr[8] konnte ATP aus Hirngewebe isolieren, ihre analytische Erfassung ergab 180 γ Pyro-P aus ATP je g Gewebe[9]. Da nur 83,5% des Nucleotid-N auf Adenin entfallen, müssen Hypoxanthin und vor allem Guanin ebenfalls als Triphosphat existieren[7]. Der an die Purin-Nucleoside angelagerte P macht mit 25,2 mg-% 36% des gesamten säurelöslichen P (69,2 mg-%) aus. Nucleoside (in denen ebenfalls Adenin und Hypoxanthin neben Ribose nachgewiesen wurden) und freier Purin-N machen 9,5% des gesamten säurelöslichen Purin-N aus. Der Puringehalt des Gehirns ist allerdings ebensowenig wie in anderen Organen mit dem Gehalt an Nucleinsäurepurin gleichzusetzen, vielmehr beträgt der Anteil des Nucleinsäurepurins am Gesamtpurin im Kaninchengehirn nur 33,3—37,1%[10].

---

[1] Barr, M. L., and E. G. Bertram: Nature **163**, 676 (1949). — [2] Barr, M. L.: Exp. Cell Res. **2**, 288 (1951). — [3] Hydén, H.: 3. Mosbacher Coll. S. 26, 14, 19. — [4] Hydén, H.: Nucleic Acid. Symp. Soc. exp. Biol. **1**, 152 (1951). — [5] Alexander, W. F., and B. Backlar: Proc. Soc. exp. Biol. Med. **78**, 181 (1951). — [6] Gomirato, G.: J. Neuropath. **13**, 359 (1954). — [7] Kerr, S. E.: J. biol. Ch. **145**, 647 (1942). — [8] Kerr, S. E.: J. biol. Ch. **140**, 77 (1941). — [9] Stone, W. E.: J. biol. Ch. **149**, 29 (1943). — [10] Barrenscheen, H. K., u. A. Peham: H. **272**, 87 (1942).

Im Gegensatz zu anderen Organen und zu anderen Werten[1] wird das Verhältnis Nucleotid-N : Nucleosid-N im Gehirn mit 1:1 oder sogar unter 1 angegeben[2]. Es ist aber nicht ausgeschlossen, daß der im Kaninchengehirn ermittelte Reichtum an Nucleosid- und freiem Purin-N (s.[2]) (s. Tabelle 114) durch autolytische Dephosphorylierung der Nucleotide mitbedingt ist, da im Gehirn hydrolytische Desaminierung der Adenylsäure zu Inosinsäure und diese selbst nicht nachweisbar sind[1]. Vielmehr wird Adenylsäure durch die im Nervengewebe stark angereicherte 5-Nucleotidase[3] zu Nucleosid und freiem Phosphat aufgespalten, worin

Tabelle 113. Gehalt des Hundegehirns an Adenin, Hypoxanthin, Guanin, Nucleosiden + freiem Purin und organischem säurelöslichem P (in mg-% P oder N)[1].

Trichloressigsäurefiltrat					Hg-Acetat-Niederschlag				
Nucleotid-N	Adenin-N im Nucleotid	Hypoxanthin- + vorwiegend Guanin-N im Nucleotid	Nucleosid- + freier Purin-N	Organischer säurelöslicher P	Gesamtpurin-N	Nucleotid-N	Nucleosid- + freier Purin-N	Organischer säurelöslicher P	Molares Verhältnis P: Nucleotide
19,0	16,0	2,4	2,0	17,5	20,1	18,9	1,2	16,8	1,98

die geschilderten Widersprüche ihre Erklärung finden. Infolge der innerhalb 5 sec nach der Entfernung des Gehirns durch Autolyse bedingten Verminderung von organischem säurelöslichem P ist zur exakten Bestimmung auch hier das Einfrieren des Organs in situ erforderlich, da schon nach 3 min der Wert auf die Hälfte des Bestandes abgesunken ist, der zur vollständigen Phosphorylierung notwendig ist[1]. Es muß zunächst offen bleiben, ob die für andere menschliche Organe ermittelte Zusammensetzung der DNS unter Bevorzugung des AT-Typus (Adenin + Thymin) gegenüber dem GC-Typus (Guanin + Cytosin)[4,5] ebenso für Gehirn gilt wie die bemerkenswerte Konstanz der Pyrimidin- und Purinzusammensetzung in diesen Organen. Es bleibt ferner abzuwarten, inwieweit der in zahlreichen Organen gefundene beträchtliche Gehalt der RNS an Guanylsäure[6] und Cytidylsäure[7] für Nervengewebe zutrifft.

Tabelle 114. Gehalt an Nucleotid-Purin-N, Nucleosid- und freiem Purin-N, Gesamt-Purin-N und Nucleinsäure-Purin-N im Gehirn von Kaninchen (in mg-%, bezogen auf Frischgewebe)[2].

Nucleotid-N	Nucleosid- + freier Purin-N	Gesamtpurin-N	Nucleinsäure-purin-N	%	Extraktiv-N
14,6	13,7	45	16,7	37,1	151,2
12	15,6	41,4	13,8	33,3	144,2

7. Die Bedeutung der Vitamine für das Zentralnervensystem.

a) Axerophthol. Vitamin A-Zufuhr ist eine wesentliche Voraussetzung zur Aufrechterhaltung von Struktur und Funktion des Zentralnervensystems. Junge Ratten erleiden bei vitamin-A-freier Ernährung mit bemerkenswerter Konstanz

[1] Kerr, S. E.: J. biol. Ch. **145**, 647 (1942). — [2] Barrenscheen, H. K., u. A. Peham: H. **272**, 87 (1942). — [3] Reis, J.: Enzymologia **2**, 110, 183 (1937). — [4] Chargaff, E., S. Zamenhof and C. Green: Nature **165**, 756 (1950). — [5] Chargaff, E., S. Zamenhof, G. Brawerman and L. Kerin: Am. Soc. **72**, 3825 (1950). — [6] Magasanik, B., E. Vischer R. Doniger, D. Elson and E. Chargaff: J. biol. Ch. **186**, 37 (1950). — [7] Chargaff, E., B. Magasanik, E. Vischer, C. Green, R. Doniger and D. Elson: J. biol. Ch. **186**, 51 (1950).

progressive Degenerationen des Funiculus praedorsalis der Medulla oblongata[1] in Höhe oder unmittelbar unterhalb der Pyramidenbahnkreuzung[2], die mit zunehmender Schwere außer den immer befallenen Vorderhörnern auf die Hinterstränge — besonders den BURDACHschen Strang und die spino-cerebellaren Bahnen — übergreifen. Die Veränderungen sind so charakteristisch, daß sie als biologischer Test für Vitamin A gelten können. Die Degeneration ist bei Ratten, die 1 I.E. oder weniger Vitamin A je Tag erhalten, noch ausgeprägt und, mit scharfer Demarkierung, durch 1,5 I.E. oder mehr Vitamin A je Tag zu verhindern[3]. Männliche Tiere benötigen als Schutz gegen die Demyelinisierung 1,5mal mehr Vitamin als Weibchen[2]. Das Auftreten der nervalen Läsionen ist außer vom Vitamin A-Vorrat vom Alter der Tiere abhängig[4–7]. Weder Zufuhr von Tocopherol[8] noch von ungesättigten Fettsäuren[9,10] beeinflußt die der Paralyse zugrundeliegende Degeneration, die nicht die Folge des gleichzeitig eintretenden allgemeinen Gewichtsverlustes ist[7,8,11]. Degenerationen im Zentralnervensystem als — zunächst vielfach andersgedeutetes — spezifisches Symptom des Vitamin A-Mangels wurden außerdem bei jungen Schweinen[12–14] und Hunden[15] beobachtet. Die Ursache der zentralnervösen Demyelinisierung ist unbekannt. Die Vermutung eines durch verstärkte Osteoblastentätigkeit[7,8,16,17] oder durch erhöhten Liquordruck[17,18] bei Axerophtholmangel bedingten mechanischen Einflusses auf das Nervensystem besitzt wenig Wahrscheinlichkeit. Es dürften vielmehr Beziehungen zwischen Wachstum des Zentralnervensystems und Vitamin A bestehen[7]. Frisches Hirngewebe von Rindern enthält 20 I.E./g Vitamin A, Rückenmark etwas weniger[19].

b) Aneurin (Thiamin). Vitamin B_1 ist als Cocarboxylase[20] an der Brenztraubensäureoxydation des Zentralnervensystems beteiligt. Sein Vorhandensein ist eine unentbehrliche Voraussetzung für den Ablauf eines ungestörten Kohlenhydratstoffwechsels, sowie für die Umwandlung von Kohlenhydrat in Fett. Aneurinmangel führt zur Anhäufung von Brenztraubensäure im Gehirn, sein Zusatz steigert die Veratmung der Säure durch Gehirnbrei beriberi-kranker Tauben erheblich[20,21]. Hirngewebe phosphoryliert Aneurin zu Aneurinmono-[20] und -pyrophosphat[22]. Die Fähigkeit zur Cocarboxylasesynthese ist auch bei avitaminösen Tauben nach Vitamin B_1-Zufuhr noch vorhanden; bei p_H 7,3 und 38° werden in 1 Std nach Zusatz von 95 γ Vitamin B_1 0,3 γ Cocarboxylase je g Gewebe synthetisiert[22]. (Über die Dephosphorylierung der Cocarboxylase im Gehirn s. S. 722.) Auch im Gehirn dürfte die Phosphorylierung durch die Adenylpyrophosphorsäure bewirkt werden, da gleichzeitiger Zusatz von Aneurin, ATP und Phosphokreatin stärkere Cocarboxylase-

---

[1] IRVING, J. T., and M. B. RICHARDS: J. Physiol., London **89**, 2 P (1937); **94**, 307 (1938). — [2] COETZEE, W. H. K.: Biochem. J. **45**, 628 (1949). — [3] IRVING, J. T., and M. B. RICHARDS: Biochem. J. **34**, 198 (1940). — [4] SUZMAN, M. M., G. L. MULLER and C. C. UNGLEY: Amer. J. Physiol. **101**, 529 (1932). — [5] EVELETH, D. F., and H. E. BIESTER: Amer. J. Path. **13**, 257 (1937). — [6] WOLBACH, S. B., and P. R. HOWE: J. exp. Med. **42**, 753 (1925). — [7] WOLBACH, S. B., and O. A. BESSEY: Science, N. Y., **91**, 599 (1940). Arch. Path., Chicago **32**, 689 (1941). — [8] WOLBACH, S. B., and O. A. BESSEY: Physiol. Rev. **22**, 233 (1942). — [9] ZIMMERMAN, H. M.: J. exp. Med. **57**, 215 (1933). — [10] ZIMMERMAN, H. M., and G. R. COWGILL: J. Nutrit. **11**, 411 (1936). — [11] ABERLE, S. B. D.: J. Nutrit. **7**, 445 (1934). — [12] HART, E. B., and E. V. MCCOLLUM: J. biol. Ch. **19**, 374 (1914/15). — [13] HART, E. B., W. S. MILLER and E. V. MCCOLLUM: J. biol. Ch. **25**, 239 (1916). — [14] HUGHES, J. S., H. F. LIENHARDT and C. E. AUBEL: J. Nutrit. **2**, 183 (1929). — [15] MELLANBY, E.: J. Physiol., London **61**, XXIV (1926). — [16] MELLANBY, E.: J. Physiol., London **93**, 42 P (1938); **99**, 467 (1941); **105**, 382 (1947). — [17] MOORE, L. A., and J. F. SYKES: Amer. J. Physiol. **134**, 436 (1941). — [18] MOORE, L. A., and J. F. SYKES: Amer. J. Physiol. **130**, 684 (1940). — [19] DOMINI, G.: Rass. Clin. Terap. **38**, 7 (1939). — [20] LOHMANN, K., u. P. SCHUSTER: B. Z. **294**, 188 (1937). — [21] PASSMORE, R., R. A. PETERS and H. M. SINCLAIR: Biochem. J. **27**, 842 (1933). — [22] OCHOA, S.: Biochem. J. **33**, 1262 (1939).

wirkung erzeugt als alleinige Aneuringabe. (ATP + Thiamin → Adenylsäure + Cocarboxylase.)

Im Taubentest entsprechen bei subcutaner Injektion 1,8 γ Cocarboxylase etwa 1,3 γ Aneurin-dihydrochlorid. Die Wirkung der Cocarboxylase setzt im Taubentest ebenso schnell ein wie die von Vitamin B_1 und ist doppelt so stark wie die des Vitamins[1]. Im Katatorulintest entfalten beide Verbindungen die gleiche Wirksamkeit. Die anfängliche Schwierigkeit, einen positiven Katatorulintest im avitaminösen Hirnbrei mit verstärkter Cocarboxylasewirkung zu erzielen[2], konnte durch verbesserte Permeation der Cocarboxylase nach gründlicher Zerkleinerung des Organs überwunden werden[3]. Unter diesen Umständen sind bereits 0,26 γ Cocarboxylase stark wirksam, während Aneurin erst in hohen Dosen (10 γ) wirkt. Gewöhnlich reagiert avitaminöses Taubengehirn im Katatorulintest bereits auf 0,2 γ Vitamin B_1, die besten Ergebnisse werden durch 0,25—0,5 γ erzielt[4].

Der Aneuringehalt des Rattengehirns schwankt zwischen 8,8—23,2 γ je g Trokkengewicht (s. Tabelle 116, S. 672) und ist unabhängig von der Außentemperatur[5]. Der Aneuringehalt des menschlichen Gehirns wird mit 1,4—1,8 γ/g angegeben[6]. v. MURALT[7] konnte in der Medulla oblongata von Kaninchen 2,9 γ/g nachweisen. Hundegehirn enthält 1,8 bzw. 1,2 γ Thiamin je g Frischgewicht in der grauen bzw. weißen Substanz und 2,0 γ/g im Nucleus caudatus[8], was den Angaben von LEONG[9] für Gehirn entspricht. Gehirn von Karpfen enthält 0,51—0,87 γ Thiamin je g Feuchtgewicht[10]. Die mit 0,13 γ/g für das Rattengehirn ermittelten Werte[11] liegen bedeutend tiefer als die von anderen Autoren[5, 7] angegebenen, während die Aneurinkonzentration in den Ganglien und verschiedenen Teilen des vegetativen Nervensystems in der allgemeinen Größenordnung liegt[12]. Der Thiamingehalt ist nicht in allen Teilen des Gehirns gleich groß (s. Tabelle 115, S. 671). Periphere Nerven verschiedener Warmblüter enthalten im Durchschnitt weniger als 0,5 γ freies und nicht mehr als 1 γ gebundenes Thiamin je g[7].

Bei normaler Ernährung enthält Gehirn etwa $^1/_3$ der Vitamin B_1-Menge von Leber und Herzmuskel[13]. Eine gewisse Speicherung im Gehirn von Ratten läßt sich durch Zusatz von 2% Hefe zur Nahrung erzielen, ebenso wie Verfütterung stärker vitaminhaltiger Nahrung im Sommer zur Vermehrung von gebundenem, nicht aber von freiem Thiamin im Gehirn von Kaninchen führt[7] (s. Tabelle 115), die für Gesamtthiamin nach Injektion von Aneurinhydrochlorid auch bei Hunden nachgewiesen werden kann[8]. Fluorescenzmikroskopische Untersuchungen ergaben die Lokalisation und Speicherung von Thiamin in den Nervenscheiden; Achsenzylinder und RANVIERsche Schnürringe bleiben frei[7]. Bei avitaminöser Ernährung sinkt der Aneuringehalt im Gehirn später ab als in fast allen anderen Organen, erleidet aber bei Ratten innerhalb weniger Wochen einen Verlust von 42,7% (von 6,89 auf 3,85 γ/g)[14]. Der Thiaminverlust im Gehirn ist bei vitamin-B_1-freier Ernährung geringer als in anderen Organen; auch von der bei Thiaminmangel vermutlich durch mangelhafte Resorption bedingten Störung des Riboflavinstoffwechsels wird das Gehirn weniger betroffen[14].

Der Vitamin B_1-Gehalt des Gehirns hängt weniger von Ernährungsschwankungen ab, als der anderer Organe[15], wenngleich auch hier bei hoher Proteinzufuhr Fett eine gewisse

[1] LOHMANN, K., u. P. SCHUSTER: B. Z. **294**, 188 (1937). — [2] PETERS, R. A.: Biochem. J. **31**, 2240 (1937). — [3] BANGA, I., S. OCHOA and R. A. PETERS: Nature **143**, 764 (1939). — [4] PETERS, R. A.: Biochem. J. **32**, 2031 (1938). — [5] WILLIAMS, R. J., M. A. EPPRIGHT, E. CUNNINGHAM and C. A. MILLS: Arch. Biochem. **5**, 299 (1944). — [6] TAYLOR, A., M. A. POLLACK and R. J. WILLIAMS: Univ. Texas Publ. Nr. 4237, 43 (1942). — [7] MURALT, A. v.: Vitamins & Hormones **5**, 93 (1947). — [8] VILLELA, G. G., M. V. DIAS and L. T. QUEIROGA: Arch. Biochem. **23**, 81 (1949). — [9] LEONG, P. C.: Biochem. J. **31**, 373 (1937). — [10] SMIRNOV, G. D., u. L. M. DYKMAN: Dokl. Akad. Nauk SSSR **69**, 477 (1949). — [11] MARTIN, C., u. K. LISSÁK: Z. Vit.-, Horm.-Ferm.-Forsch. **3**, 494 (1950). — [12] LISSÁK, K., u. C. MARTIN: Z. Vit.-, Horm.-Ferm.-Forsch. **3**, 497 (1950). — [13] LEONG, P. C.: Biochem. J. **31**, 367 (1937). — [14] SURE, B., and Z. W. FORD jr.: J. biol. Ch. **146**, 241 (1942). — [15] EVANS, H. M., and S. LEPKOVSKY: J. biol. Ch. **108**, 439 (1935).

Vitamin B_1-Sparwirkung entfaltet. Bei fettreicher und vitamin-B_1-haltiger Kost hat Rattengehirn die gleiche Thiaminkonzentration wie normal ernährte Tiere; eine Verminderung setzt dagegen ein bei fettarmer, vitamin B_1-haltiger Kost, ebenfalls bei fettreicher, vitamin B_1-freier und besonders bei fettarmer Ernährung ohne Vitamin B_1-Zusatz. Außerdem ist der bei aneurinfreier Ernährung beobachtete verzögerte Abfall der Thiaminkonzentration im Vergleich zur Muskulatur[1] bei Tieren mit fettreicher Kost nicht vorhanden. Hyperthyreotische Tiere benötigen größere Aneurinmengen, ihr Hirngewebe gibt im Gegensatz zum Verhalten von Kontrolltieren einen positiven Katatorulintest[2]. Die O_2-Aufnahme von Hirngewebe normaler Ratten beträgt 1580, bei hyperthyreotischen Tieren 1530 und bei hyperthyreotischen Tieren nach Aneurinzulage 1800 μl/g Frischgewicht/Std. (Über die Beziehungen zwischen Schilddrüse und Cocarboxylase des Gehirns s. S. 722.) Nur erwachsene, nicht aber heranwachsende Tiere zeigen bei reichlicher Zufuhr eine gewisse Aneurinspeicherung im Nervensystem, die bei Katzen bis zu 500% betragen soll[3].

Tabelle 115. Gehalt an freiem und gebundenem Thiamin in Nerven und Gehirn von Kaninchen (in γ/g Frischgewicht)[4].

	Cortex cerebri	Mittelhirn	Medulla oblongata	Rückenmark	N. ischiadicus	N. vagus	N. phrenicus
	Winter						
Freies Thiamin (Thiochrommethode)	0,7	0,6	0,8	0,5	0,4	0,3	0,2
Gebundenes Thiamin (Phycomyces-Methode)	0,9	1,4	1,3	0,9	0,5	0,5	0,5
	Sommer						
Freies Thiamin (Thiochrommethode)	0,6	0,4	0,5	0,4	0,5	0,3	0,3
Gebundenes Thiamin (Phycomyces-Methode)	2,0	2,4	2,9	2,1	0,7	1,0	0,8

Aneurin dürfte bei der Nervenerregung eine bedeutende Rolle spielen, da bei Reizung des Nerven 4—8 mal mehr Aneurin (1—2 γ/g) freigesetzt wird, als vom ruhenden Nerven[4, 5]. Dementsprechend vermögen Extrakte aus bei der Reizung eingefrorener Nerven bei avitaminösen Ratten im Bradykardietest die Pulsfrequenz zu beeinflussen. Nach Vergiftung mit Monojodessigsäure enthalten die Extrakte gereizter Nerven im Durchschnitt 50% weniger freies Aneurin als ruhende Nerven, während der Gesamtaneuringehalt gleichbleibt[6]. Das Aktionspotential des vergifteten Nerven sinkt nach kurzer Zeit ab[7] und steigt nach Zufuhr von Brenztraubensäure als neuer Energiequelle wieder an[8]. Da nach Vergiftung mit Monojodessigsäure Phosphobrenztraubensäure nicht mehr als P-Donator in Frage kommt, ist es vorstellbar, daß möglicherweise Triosephosphat an Aneurin Phosphat zur Cocarboxylasebildung abgeben kann. Auf diese Weise wird der Abbau der zugefügten Brenztraubensäure verständlich, während es ohne Zugabe der Säure zur Anhäufung von gebundenem Aneurin im Nerven kommen müßte. Eine voll befriedigende Erklärung dieses Befundes steht aber noch aus. Bei Reizung des N. vagus wird neben Acetylcholin eine als „2. Vagusstoff"[9] bezeichnete Verbindung frei, die alle Reaktionen des Thiamins gibt. Die Ursache der Thiaminfreisetzung während des normalen Erregungsprozesses ist bisher ungeklärt.

[1] WESTENBRINK, H. G. K.: Arch. néerl. Physiol. **17**, 560 (1932). — [2] PETERS, R. A., and R. J. ROSSITER: Biochem. J. **33**, 1140 (1939). — [3] ZAPRUDSKAJA, D. S.: Biochimija, Moskva **16**, 280 (1951). — [4] MURALT, A. v.: Vitamins & Hormones **5**, 93 (1947). — [5] MINZ, B.: C. R. Soc. Biol. **127**, 1251 (1938). Presse méd. **1938**, 1406. — [6] WYSS, A., u. F. WYSS: Exper. **1**, 160 (1945). — [7] FENG, T. P.: J. Physiol., London **76**, 477 (1932). — [8] SHANES, A. M., and D. E. S. BROWN: J. cellul. comp. Physiol. **19**, 1 (1942). — [9] MURALT, A. v.: Exper. **1**, 136 (1945).

Über die Beziehungen zwischen Vitamin B_1 und Cocarboxylase s. S. 722. Über den Einfluß von Thiaminmangel auf die Poliomyelitisinfektion s. S. 832.

c) Lactoflavin (Riboflavin). Der Gehalt an Lactoflavin schwankt im Rattengehirn von 16,0—21,8 γ je g Trockengewicht und ist ebensowenig wie die Aneurinkonzentration von der Außentemperatur der Tierhaltung abhängig[1]. Im Normalgehirn findet sich mit 3% des Gesamtriboflavingehaltes die höchste relative Konzentration an freiem Vitamin (0,12 γ-%) von allen Organen[2]. Der Gesamtgehalt an Riboflavin macht bei der Ratte 3,34, der Gehalt an Flavin-adenin-dinucleotid 2,47 und an Flavin-mononucleotid 0,71 γ je g Frischgewicht aus, so daß 74% des Gesamtriboflavingehaltes im Gehirn als Flavin-adenin-dinucleotid vorliegen. Bei Riboflavinmangel sinkt der Gehalt an Flavin-adenin-dinucleotid auf 60—70%, der an Flavin-mononucleotid auf 58—64% des Kontrollwertes ab[2],

Tabelle 116. Gehalt an verschiedenen B-Vitaminen im Gehirn von Ratten (in γ/g Trockengewicht)[1].

Thiamin	Riboflavin	Nicotinsäure	Pantothensäure	Folsäure	Pyridoxin	Biotin	p-Aminobenzoesäure
Gewöhnliche Ernährung							
8,8—23,2	16,0—21,8	186—272	62,0—83,2	5,5—13,1	0,5—2,6	<0,01—0,02	0,032—<0,10
Synthetische Ernährung mit Zusatz der B-Vitamine							
9,9—19,2	10,0—19,3	192—228	56,4—68,8	6,3—12,4	1,2—1,88	0,43—1,35	0,049—0,188

während der Abfall an Riboflavin 49,5% beträgt[3,4]. Bei Riboflavinmangel ist im Gehirn der prozentuale Verlust ebenso groß wie in den übrigen Organen, dabei bleibt die relative Konzentration an Flavin-adenin-dinucleotiden mit 77% von der gleichen Größenordnung wie bei normal ernährten Tieren[2].

d) Nicotinsäure (PP-Faktor). Der Nicotinsäuregehalt beträgt im Gehirn von Hammeln 4 mg-% (s.[5]), in dem von Ochsen 3 mg-% (s.[6]). Rattengehirn weist 18,6 bis 27,2 mg je 100 g Trockengewicht[1] (s. Tabelle 116) bzw. 4,7 mg je 100 g Frischgewicht auf[7]. Im Vergleich zu den hohen Werten für Leber und Nebennieren ist der Nicotinsäuregehalt des Gehirns gering. Die Nicotinsäure liegt möglicherweise in verschiedenen Fraktionen vor; es bestehen Differenzen zwischen dem Gesamtgehalt an Nicotinsäure und den Werten in den hydrolysierten, alkohollöslichen Fraktionen. Hirngewebe kann aus Nicotinsäure Nicotinsäureamid bilden[8]; die Aminierung ist p_H-abhängig und an die intakte Zellstruktur und O_2-Gegenwart gebunden. Sie ist maximal[9] zwischen p_H 6,76—7,35. Als NH_3-Spender dürfte Glutamin und möglicherweise auch Asparagin gelten.

70tägige Nicotinsäuremangelkost führt bei Ratten zur Erniedrigung der Nicotinsäurekonzentration im Gehirn, während bei Hunden und Schweinen selbst bei extremem Mangel keine Abhängigkeit ihrer Konzentration von der Nahrungszufuhr besteht. Tryptophanzufuhr erhöht bei Ratten bei einer durch Mangelernährung hervorgerufenen Verminderung den Nicotinsäuregehalt im Gehirn auf normale Werte bzw. etwas darüber[7]. Bei Hunden[10] und Schweinen[10,11] führt der

[1] Williams, R. J., M. A. Eppright, E. Cunningham and C. A. Mills: Arch. Biochem. **5**, 299 (1944). — [2] Bessey, O. A., O. H. Lowry and R. H. Love: J. biol. Ch. **180**, 755 (1949). — [3] Sure, B., and Z. W. Ford jr.: J. biol. Ch. **146**, 241 (1942). — [4] Ochoa, S., and R. J. Rossiter: Nature **144**, 787 (1939). — [5] Cuny, L., P. Bouvet et J. Devillers: Bull. Soc. Chim. biol. **24**, 154 (1942). — [6] Kodicek, E.: Biochem. J. **34**, 724 (1940). — [7] Singal, S. A., V. P. Sydenstricker and J. M. Littlejohn: J. biol. Ch. **176**, 1069 (1948). — [8] Ellinger, P.: Biochem. J. **40**, xxxi (1946). — [9] Ellinger, P.: Biochem. J. **42**, 175 (1948). — [10] Kohn, H. I., J. R. Klein and W. J. Dann: Biochem. J. **33**, 1432 (1939). — [11] Axelrod, A. E., and C. A. Elvehjem: Nature **143**, 281 (1939).

Mangel nur in Leber und Muskulatur nicht aber im Gehirn zu einer Verminderung der Coenzym I-Konzentration. Ferner trifft die prozentuale Zunahme der reduzierten Form des Coenzyms I bei Hunden mit „black tongue" auf Hirngewebe nicht zu. Nicotinsäurezufuhr führt im Gehirn von Küken, das nur geringe Coenzym I-Mengen enthält, zu deutlicher Steigerung der Coenzym I-Konzentration[1].

e) Adermin (Pyridoxin). Die Pyridoxinkonzentration wird im Gehirn von Ratten mit 2,4 mg-% (Feuchtgewicht) und 1,5 mg-% nach 160tägiger Avitaminose angegeben[2]. Die von anderen Autoren[3] zu 0,5—2,6 μg Pyridoxin je g Trockengewebe ermittelten Werte liegen deutlich niedriger. Vitamin B_6-frei ernährte Ratten erleiden wenige Minuten bis zu 1 Std anhaltende epileptiforme Krämpfe, die den epileptischen Anfällen des Menschen gleichen und durch tägliche Zufuhr von 10—15 μg Vitamin B_6 verhindert werden können[4]. Das Zentralnervensystem bleibt bei den durch Pyridoxinmangel ausgelösten Krämpfen frei von histologischen Veränderungen.

f) Pantothensäure. Der Gehalt an Pantothensäure wird im Gehirn von Ratten mit 62,0—83,2 μg je g Trockengewicht[3], bei Mäusen mit 37—44 μg[5] angegeben. Ihre Konzentration ist ebenso wie die der anderen B-Vitamine unabhängig von der Außentemperatur. Mäuse erleiden bei Mangel an Pantothensäure Paralyse der hinteren Extremitäten[6], ihre Konzentration sinkt unter diesen Umständen im Gehirn von Küken[7] und Mäusen[5] auf die Hälfte. Die bei mangelhafter Zufuhr von Pantothensäure beobachtete Reduktion der Organgewichte betrifft nicht das Gehirn, dessen Gewicht auch nach mehrwöchiger Mangelkost unverändert gefunden wird. Der größte Teil der Pantothensäure ist auch im Gehirn an Coenzym A gebunden[8, 9]. Pantothensäure soll eine Reihe neuraler Erkrankungen — Thalliumvergiftung, Polioencephalitis, Alkohol-Polyneuritis und die vasculäre Hirnatrophie — günstig beeinflussen[10].

g) Vitamin B_4. Junge Hühner erleiden bei Ernährung mit synthetischer Diät eine besonders das Kleinhirn und gelegentlich die Medulla oblongata in Form ischämischer Nekrosen befallende „nutritive Encephalomalacie"[11–13], die nur in der Wachstumsperiode auftritt[14]. Sojabohnenöl enthält in der nichtverseifbaren Fraktion einen durch Äthanol nicht vollständig extrahierbaren „Anti-Erweichungsfaktor"[13], dessen gemutmaßten Beziehungen zum Vitamin E ausgeschlossen werden konnten. Die Entstehung der nutritiven Encephalomalacie ist wiederholt auf den Mangel an Vitamin B_4 zurückgeführt worden[15, 16], ebenso die bei unterernährten Kriegsgefangenen beobachteten neurologischen, der multiplen Sklerose ähnelnden Erscheinungen[17]. Andere Beobachtungen erbrachten Anhaltspunkte, nach denen der encephalomalacieartige Zustand vom Vitamin B_4-Mangel unterschieden werden kann[18]. Zusatz von Arginin, Glykokoll und Cystin vermag den sog. Vitamin B_4-Mangelzustand des Huhnes zu verhindern[19].

---

[1] ANDERSON, E. G., L. J. TEPLY and C. A. ELVEHJEM: Arch. Biochem. **3**, 357 (1949). — [2] MITOLO, M.: Boll. Soc. ital. Biol. sperim. **16**, 175 (1941). — [3] WILLIAMS, R. J., M. A. EPPRIGHT, E. CUNNINGHAM and C. A. MILLS: Arch. Biochem. **5**, 299 (1944). — [4] CHICK, H., M. M. EL SADR and A. N. WORDEN: Biochem. J. **34**, 595 (1940). — [5] MELAMPY, R. M., and L. C. NORTHROP: Arch. Biochem. **30**, 180 (1951). — [6] MORRIS, H. P., and S. W. LIPPINCOTT: J. nat. Cancer Inst. **2**, 29 (1941/42). — [7] SNELL, E. E., D. PENNINGTON and R. J. WILLIAMS: J. biol. Ch. **133**, 559 (1940). — [8] KAPLAN, N. O., and F. LIPMANN: J. biol. Ch. **174**, 37 (1948). — [9] NOVELLI, G. D., N. O. KAPLAN and F. LIPMANN: J. biol. Ch. **177**, 97 (1949). — [10] MEUSERT, W.: Med. Klin. **1951**, 915. — [11] PAPPENHEIMER, A. M., and M. GOETTSCH: J. exp. Med. **53**, 11 (1931). — [12] WOLF, A., and A. M. PAPPENHEIMER: J. exp. Med. **54**, 399 (1931). — [13] GOETTSCH, M., and A. M. PAPPENHEIMER: J. biol. Ch. **114**, 673 (1936). — [14] GOETTSCH, M., and A. M. PAPPENHEIMER: Amer. J. Physiol. **115**, 610 (1936). — [15] KEENAN, J. A., O. L. KLINE, C. A. ELVEHJEM, E. B. HART and J. G. HALPIN: J. biol. Ch. **103**, 671 (1933). — [16] MEUNIER, P.: C. R. Soc. Biol. **135**, 61 (1941). — [17] MERGUET, H.: Ärztl. Wschr. **1950**, 65. — [18] ELVEHJEM, C. A., P. H. PHILLIPS and E. B. HART: Proc. Soc. exp. Biol. Med. **36**, 129 (1937). — [19] BRIGGS, G. M. jr., T. D. LUCKEY, C. A. ELVEHJEM and E. B. HART: J. biol. Ch. **150**, 11 (1943).

Vitamin B_4 soll im Gehirn von Schweinen vorkommen[1], sein Mangel zu Störungen des P-Stoffwechsels im Gehirn führen[2]. Die chemische Natur des Vitamins ist unbekannt, seine Existenz wiederholt bezweifelt worden und seine Bedeutung für das Zentralnervensystem unklar.

h) Cyanocobalamin. Vitamin B_{12} konnte im Gehirn von Hühnern[3] und Meerschweinchen[4] mikrobiologisch nachgewiesen werden. Sein Gehalt liegt nach Vitamin B_{12}-Zufuhr mit 0,056 µg/g an der unteren Grenze der Organwerte, übertrifft aber noch den Wert für die Muskulatur. Bei normaler Kost ist der Vitamin B_{12}-Gehalt des Gehirns noch geringer. Hirngewebe ist im Gegensatz zu Leber, Niere und Pankreas nicht in der Lage, nennenswerte Mengen an Vitamin B_{12} zu speichern. Mit radioaktivem ^{60}Co markiertes Vitamin B_{12} wird im Gehirn von Ratten nur in kleinen Mengen wiedergefunden[5]. Vitamin B_{12} dürfte an der Bildung der Ribonucleoproteide des Zentralnervensystems beteiligt sein, während es auf den Gehalt an Desoxyribonucleoproteiden offenbar keinen Einfluß hat[6]. Sein Mangel führt im Gegensatz zum Verhalten von Leber und Pankreas nicht zu einer Verminderung der Basophilie im Cytoplasma motorischer Neuronen des Rückenmarks von Ratten[7]. Werden weibliche Ratten mit einer Kost, die arm an Ascorbinsäure, Nicotinsäure, Folsäure und Vitamin B_{12} ist, ernährt, so tritt bei 23% der neugeborenen Tiere ein Hydrocephalus auf, dessen Bildung durch Verabfolgung von Vitamin B_{12}-Konzentraten in den frühen Stadien der Schwangerschaft verhindert werden kann[8]. Folsäure allein vermag die Entstehung des Hydrocephalus nicht zu verhindern. Es ist aber noch unentschieden, ob Vitamin B_{12} allein oder nur in Verbindung mit Folsäure wirkt[9].

i) Pteroylglutaminsäure (Folsäure). p-Aminobenzoesäure als Bestandteil der Folsäure konnte im Gehirn von Ratten nachgewiesen werden[10]. Orale oder intraperitoneale Gabe von p-Aminobenzoesäure führt im Gehirn zur geringsten Ansammlung von allen Organen[11]. Pteroylglutaminsäure und ihre biologisch wirksame Form — der Citrovorum-Faktor — wurden in mehreren inneren Organen verschiedener Tiere aufgefunden[12], ihr Nachweis und die Angabe ihrer Konzentration für das Zentralnervensystem dürften noch ausstehen.

j) Ascorbinsäure. Gehirn von Meerschweinchen enthält im Durchschnitt 0,17 (s.[13]), von Kaninchen 0,14—0,16 mg Vitamin C je g (s.[14]). Die Konzentration von Vitamin C ist in verschiedenen Teilen des menschlichen Gehirns unterschiedlich[15,16]: Stirnhirn enthält 10, Globus pallidus 11,7, Thalamus 11,9—12, Nucleus caudatus 13,4, Substantia nigra 15 und das Ammonshorn 17,7 mg-% Vitamin C. Die biologische Bedeutung der Ascorbinsäure ist wiederholt auf ihre Eigenschaft als reversibles Redoxsystem zurückgeführt worden. Die Verteilung von Vitamin C geht im Gehirn der Ablagerung von Eisen, dessen Reichtum in Globus pallidus und Substantia nigra mit dem „Atmungseisen" der Cytochromoxydase in Verbindung gebracht wird, nicht parallel. Die auffallende Übereinstimmung von Pallidum

[1] Kline, O. L., H. R. Bird, C. A. Elvehjem and E. B. Hart: J. Nutrit. **12**, 455 (1936). — [2] Engel, R. W., and P. H. Phillips: Proc. Soc. exp. Biol. Med. **37**, 553 (1937). — [3] Yacowitz, H., C. H. Hill, L. C. Norris and G. F. Heuser: Proc. Soc. exp. Biol. Med. **79**, 279 (1952). — [4] Wolff, R., P. Royer et R. Karlin: C. R. Soc. Biol. **145**, 1106 (1951). — [5] Chow, B. F., C. Rosenblum, R. H. Silber, D. T. Woodbury, R. Yamamoto and C. A. Lang: Proc. Soc. exp. Biol. Med. **76**, 393 (1951). — [6] Alexander, W. F., and B. Backlar: Proc. Soc. exp. Biol. Med. **78**, 181 (1951). — [7] Seigel, G. B., and L. G. Worley: Anat. Rec. **111**, 597 (1951). — [8] O'Dell, B. L., J. R. Whitley and A. G. Hogan: Proc. Soc. exp. Biol. Med. **76**, 349 (1951). — [9] Richardson, L. R.: Proc. Soc. exp. Biol. Med. **76**, 142 (1951). — [10] Williams, R. J., M. A. Eppright, E. Cunningham and C. A. Mills: Arch. Biochem. **5**, 299 (1944). — [11] Tabor, C. W., M. V. Freeman, J. Bailey and P. K. Smith: J. Pharmacol. exp. Therap. **102**, 98 (1951). — [12] Dietrich, L. S., W. J. Monson, H. Gwoh and C. A. Elvehjem: J. biol. Ch. **194**, 549 (1952). — [13] Tauber, H., and I. S. Kleiner: J. biol. Ch. **108**, 563 (1935). — [14] Johnson, R. B., R. G. Hansen and H. A. Lardy: Arch. Biochem. **19**, 246 (1948). — [15] Plaut, F., u. M. Bülow: Z. Neurol. **153**, 182 (1935). — [16] Plaut, F., u. K. Stern: Naturwiss. **23**, 557 (1935).

und Substantia nigra bezüglich ihres Fe-Gehaltes gilt nicht für die Vitamin C-Verteilung. Diese Tatsache ist bemerkenswert, da genetische, morphologische und bestimmte pathologische Prozesse eine Zusammengehörigkeit beider Gebiete erkennen lassen. Der Vitamin C-Gehalt des Gehirns wird mit besonderer Konstanz aufrechterhalten. 10—11tägiges Hungern ist ebenso ohne Einfluß[1] auf seine Konzentration wie Verabfolgung von Thyroxin, das in anderen Organen den Ascorbinsäuregehalt erniedrigt[2]. Thioharnstoff und Thiouracil in größerer Konzentration senken allerdings den Vitamin C-Gehalt[2], der auch bei Vitamin A-Mangel etwas vermindert ist[1].

k) Calciferol. Auf das Vorkommen von Ergosterin[3,4] und 7-Dehydrocholesterin[5,6] wurde bereits S. 645 hingewiesen. Hirngewebe ist in gewissem Umfang in der Lage, bei reichlicher Vitamin D-Zufuhr dieses zu speichern[7]. Von allen Organen wird aber das Vitamin D-Depot im Gehirn am schnellsten entleert (1—2 Wochen). Die Fähigkeit zur Vitamin D-Speicherung steht in keinem Zusammenhang mit der Lipoidzusammensetzung der Organe.

l) Tokopherol. Vitamin E-Mangel führt bei jungen Ratten, deren Muttertiere längere Zeit vitamin-E-frei ernährt wurden und nur in der Gravidität Tocopherol erhalten hatten, neben retrolentaler Fibroplasie zu Paralysen[8], die auch bei Lämmern auftreten[9]. Der hohe Gehalt des Hypophysenvorderlappens an Vitamin E ist auffallend. Tokopherol hemmt im Hirngewebe die Reduktion von Cytochrom c durch Ascorbinsäure[10]. Möglicherweise ist diese Wirkung — als „biologisches Antioxydans" — bei allen biologischen Oxydationen, an denen Cytochrom c beteiligt ist, vorhanden. Es ist wahrscheinlich, daß die S. 673 erwähnte nutritive Encephalomalacie bei jungen Hühnern durch Vitamin E-Mangel mitbedingt ist. Tokopherolmangel führt unter diesen Umständen zu beträchtlichen, mit Hämorrhagien verbundenen Läsionen des Kleinhirns, die sich als ischämische Nekrosen erweisen. Das Großhirn ist weniger beteiligt[11]. Es besteht wenig Zweifel, daß die geschilderten Veränderungen ihre primäre Ursache in nutritiv ausgelösten Zirkulationsstörungen haben, die sich in Proliferation des Capillarendothels, kleinen capillären Hämorrhagien und Thrombosen äußern[12].

m) Biotin. Biotin konnte im Rattengehirn in sehr kleiner Menge — nach Zulage zur Nahrung dagegen in größerer Konzentration — nachgewiesen werden[13] (s. Tabelle 116). Es kommt anscheinend in allen Zellen vor.

Ein Antagonismus der Fraktionen des Vitamin B-Komplexes ist für den peripheren Nerven behauptet worden[14]. Vorherige Injektion von Riboflavin und Nicotinsäureamid soll den Effekt von Aneurin hemmen, Vitamin B_4 und Pantothensäure denjenigen von Riboflavin; Aneurin und Pantothensäure hemmen wiederum die Wirkung von Nicotinsäureamid und Riboflavin vermindert schließlich den Effekt von Vitamin B_4. Riboflavin und Nicotinsäureamid neutralisieren die Aktivität der Pantothensäure. Andererseits sollen Aneurin, Nicotinsäureamid und Pantothensäure die Wirksamkeit von Vitamin B_4 und Riboflavin und Vitamin B_4 die von Nicotinsäureamid steigern.

[1] Sure, B., R. M. Theis and R. T. Harrelson: J. biol. Ch. **129**, 245 (1939). — [2] Johnson, R. B., R. G. Hansen and H. A. Lardy: Arch. Biochem. **19**, 246 (1948). — [3] Hentschel, H.: Z. Kinderheilkde. **52**, 623 (1932). — [4] Page, I. H., u. W. Menschick: B. Z. **231**, 446 (1930). H. **211**, 246 (1932). — [5] Windaus, A., u. F. Bock: H. **245**, 168 (1937). — [6] Glover, M., J. Glover and R. A. Morton: Biochem. J. **51**, 1 (1952). — [7] Heymann, W.: J. biol. Ch. **118**, 371 (1937). — [8] Callison, E. C., and E. Orent-Keiles: Proc. Soc. exp. Biol. Med. **76**, 295 (1951). — [9] Culik, R., F. A. Bacigalupo, F. Thorp jr., R. W. Luecke and R. H. Nelson: J. animal Sci. **10**, 1007 (1951). — [10] Houchin, O. B.: Trans. 1. Conf. Macy Found. N. Y. S. 60 [Nutrit. Rev. **6**, 348 (1948)]. — [11] Adamstone, F. B.: Arch. Path., Chicago **43**, 301 (1947). — [12] Wolf, A., and A. M. Pappenheimer: J. exp. Med. **54**, 399 (1931). — [13] Williams, R. J., M. A. Eppright, E. Cunningham and C. A. Mills: Arch. Biochem. **5**, 299 (1944). — [14] Lecoq, R., P. Chauchard et H. Mazoné: Ann. pharmaceut. franç. **8**, 537 (1950).

Gerinnungsaktive Stoffe. Wäßrige Extrakte aus frischer oder getrockneter Hirnsubstanz bringen Vogelplasma zur Gerinnung[1]; die Gerinnungsaktivität soll im Gegensatz zu Extrakten aus Lunge und Herz bei Behandlung mit Lipoidlösungsmitteln in diese übergehen[2], so daß der gerinnungsfördernde Stoff im Gehirn an ein Lipoid gebunden sein dürfte. Aus Kaninchengehirn gewonnenes Thromboplastin wird bei der Prothrombinbestimmung verwendet (s. Bd. 2/1, S. 480). Den höchsten Gehalt an Thromboplastin enthalten Pferde- und Menschengehirn[3]. Im Kaninchengehirn bestehen hinsichtlich der thromboplastischen Eigenschaften zwischen Cerebrum, Cerebellum, Corpora quadrigemina und Pedunculi cerebri keine signifikanten Unterschiede, die Aktivität der Medulla oblongata ist dagegen gering[4].

8. Die Veränderungen der chemischen Bausteine des Zentralnervensystems während der Entwicklung und im Alter.

Das Gehirn erleidet im Laufe des Lebens, insbesondere während der embryonalen und postnatalen Periode tiefgreifende quantitative und später auch qualitative Veränderungen seiner chemischen Zusammensetzung.

a) Wasserhaushalt und Elektrolytverteilung. Hirngewebe weist in der Fetalperiode mit rund 90% den höchsten Wassergehalt während des Lebens auf[5,6]. Erst gegen Ende der Schwangerschaft tritt beim Embryo eine geringe Verminderung ein (s. Tabelle 117), die mit zunehmendem Alter fortschreitet. Während der Gehalt bei jungen Tieren 84,6% beträgt, ist er bei älteren Lebewesen auf 80,8%[7] und beim Menschen im Greisenalter auf 80,2% abgesunken[5]. Es ist fraglich, ob die erneute geringe Wasserzunahme des Gehirns im hohen Senium[8] noch als physiologisch bezeichnet werden kann, da ihr atrophische Vorgänge zugrunde liegen können. Das extracellulär gebundene Wasser sinkt im Laufe des Lebens von 33,9 auf 29,8%. Intracellulär abgelagertes Wasser läßt mit 50,7% bei jungen und 51,0% bei älteren Tieren keine Abweichung erkennen. Die Hauptveränderungen des Wasserhaushaltes spielen sich somit beim Hirnwachstum am extracellulär gebundenen Wasser ab[7]. Dies stimmt mit Beobachtungen über die Verbreitung von organischen Substanzen und Elektrolyten überein, so daß das Hirnwachstum in der Ausdehnung cellulären Materials vorwiegend auf Kosten des extracellulären Raumes geschieht. Die weiße Substanz verliert bei der Entwicklung des Gehirns mehr Wasser als die graue, so daß diese im ausgewachsenen Zustand 2mal mehr Wasser als die weiße Substanz enthält[9]. Mit dem Abfall des Gehaltes an Gesamtwasser ist eine Verminderung von Na und Cl verbunden, das intracelluläre P steigt von 160 auf 180 mMol/l an, während die Kaliumkonzentration unverändert bleibt[7]. Eine Verminderung des Aschenrückstandes ist unverkennbar[6] (s. Tabelle 117).

b) Lipoide. Bei der Geburt der meisten Säugetiere ist die weiße Substanz nur teilweise myelinisiert. Die postnatale funktionelle Entwicklung des Gehirns schreitet parallel der Myelinisierung fort[9]. Mit dem Anstieg des Hirngewichtes menschlicher Feten nimmt die Phosphatidkonzentration in allen Teilen des Gehirns zu (s. Tabelle 117). Sie hat am Ende der Schwangerschaft rund 30—40% der Trockensubstanz erreicht. Auch während der Embryonalentwicklung machen die Kephaline den Hauptanteil der Phosphatide aus. Die Lecithinkonzentration nimmt mit Ausnahme des Kleinhirns ebenfalls zu. Im Gegensatz

---

[1] Leathes, J. B., and J. Mellanby: J. Physiol., London **96**, 38 P (1939). — [2] Widenbauer, F., u. C. Reichel: B. Z. **309**, 100 (1941). — [3] Kazal, L. A., and L. E. Arnow: Arch. Biochem. **4**, 183 (1944). — [4] Gollub, S., F. E. Kaplan, D. R. Meranze and D. C. Schechter: Science, N. Y. **114**, 499 (1951). — [5] Schuwirth, K.: H. **263**, 25 (1940). — [6] Mihara, T.: J. Biochem. **39**, 155 (1952). — [7] Yannet, H., and D. C. Darrow: J. biol. Ch. **123**, 295 (1938). — [8] Riebeling, C.: Z. Neurol. **167**, 133 (1939). — [9] Johnson, A. C., A. R. McNabb and R. J. Rossiter: Biochem. J. **44**, 494 (1949).

zu anderen Angaben[1], nach denen Sphingomyeline in nachweisbaren Mengen in Gehirnen von Feten und Neugeborenen nicht gefunden werden, sollen sie nach MIHARA[2] bereits in den ersten Schwangerschaftsmonaten in gewisser Menge nachweisbar sein (Artefakte bei der Lecithinbestimmung ?). Während der Fetalentwicklung nehmen die Sphingomyeline in Cerebrum, Cerebellum und Rückenmark nur etwas zu, ihre Konzentration in der Medulla oblongata bleibt unverändert. Mit Ausnahme des Kleinhirns findet in den anderen Hirngebieten eine deutliche Zunahme des Cholesteringehaltes statt, so daß das Verhältnis Gesamtphosphatide: Cholesterin im fetalen Gehirn mit fortschreitender Entwicklung abnimmt. Die Zunahme der Cerebrosidkonzentration geschieht gegen Ende der Schwangerschaft[2], in großen Mengen kommen sie erst im entwickelten Gehirn vor[1, 3], wo sie mit dem Alter zunehmen. Auch das Verhältnis Gesamtphosphatide: Cerebroside verändert sich gegen Ende der Fetalperiode zugunsten der Cerebroside, ebenso mit Ausnahme des Kleinhirns das Verhältnis Cerebroside : Sphingomyeline. Aus den Gehirnen jugendlicher Individuen lassen sich in kleinen Mengen ätherunlösliche Glycerinphosphatide (N:P = 1:1) extrahieren, die dem Greisengehirn fehlen[1]. Das Wachstum des Rattengehirns ist am 16. Tag nach der Geburt (= 1/70 der durchschnittlichen Lebensdauer) beendet. Zu dieser Zeit enthält es erst 1/3 des endgültigen Lipoidgehaltes[4]. Die Phosphatidfettsäuren scheinen sich dabei nach einem gewissen Rhythmus zu vermehren, die Vermehrung der Colamin- und Serinkephaline geschieht schneller als die der Lecithine; Sphingomyeline treten erst zwischen dem 8. und 16. Tag nach der Geburt in Erscheinung, während die Cerebroside in einem früheren Stadium gebildet werden. Hirngewebe von Ratten

Tabelle 117. Lipoide, Gesamt-N und „Roh"-Protein im Großhirn menschlicher Feten (in % der Trockensubstanz). Hirngewicht und Körpergewicht als Feuchtgewicht[2].

Monate	I. Körpergewicht	II. Hirngewicht	Verhältnis II:I	Wassergehalt	Aschegehalt	Lipoide: Phosphatide							Lipoid-N	„Roh"-Protein	Gesamt-N
	g	g	g	%	%	Lecithin	Kephalin	Sphingomyelin	gesamt	Cholesterin	Cerebroside	Gesamtlipoide			
2	3,0	—	—	90,08	—	3,36	11,30	1,22	15,88	1,05	1,91	18,83	0,34	62,19	10,29
3	—	—	—	90,88	10,05	4,03	13,25	1,40	18,68	1,41	2,20	22,28	0,40	61,94	10,31
4	190	21	0,01113	90,89	10,31	2,90	13,87	2,32	19,11	2,23	2,50	23,83	0,41	60,88	10,15
5	480	62	0,01250	90,97	10,19	3,06	15,90	2,51	21,46	3,04	2,42	26,93	0,46	56,88	9,56
6	539	72	0,01312	91,09	10,14	3,74	15,73	2,83	22,30	3,15	3,50	28,95	0,49	54,75	9,25
7	1139	143	0,01273	90,81	9,53	4,11	17,40	3,16	24,67	3,22	3,84	31,73	0,54	52,35	8,92
8	1360	193	0,01385	90,40	9,42	4,45	19,11	3,21	26,76	3,97	4,26	34,98	0,59	52,25	8,95
9	1833	273	0,01479	89,61	9,23	5,30	19,08	3,39	27,80	4,47	4,82	37,10	0,62	51,19	8,81
10	2678	333	0,01238	89,78	9,09	5,94	19,04	3,22	28,20	4,44	6,09	38,74	0,65	51,88	8,95

[1] SCHUWIRTH, K.: H. **263**, 25 (1940). — [2] MIHARA, T.: J. Biochem. **39**, 155 (1952). — [3] MACARTHUR, C. G., and E. A. DOISY: J. comp. Neurol. **30**, 445 (1918/19). — [4] MANDEL, P., et R. BIETH: Bull. Soc. Chim. biol. **33**, 973 (1951).

enthält am 15. Tag der Entwicklung in Prozent der Trockensubstanz[1]: Gesamtlipoide 32,6, Phosphatide 21,3, freies bzw. Gesamtcholesterin 4,4 bzw. 4,7, Cerebroside 3,8, Cholinphosphatide 11,0, Kephaline 10,4 und Neutralfette 2,80, was den Angaben anderer Autoren ungefähr entspricht[2,3].

Es konnte bisher nicht mit Sicherheit entschieden werden, ob die fetalen Lipoide primär von präformierten mütterlichen Substanzen durch placentare Transmission geliefert oder durch Synthese im Fetus gebildet werden. Radioaktive Phosphatide (die allerdings in Emulsionsform gebraucht wurden!) können die Placenta nicht passieren. Im fetalen Gehirn ist nach Injektion von ^{32}P der Mutter die Aktivität der Phosphatide gering[4]. Bei direkter Injektion von ^{32}P als Dinatriumhydrogenphosphat in utero läßt sich in allen fetalen Geweben — auch im Gehirn — eine Phosphatidsynthese nachweisen.

Weiße Substanz des Erwachsenengehirns unterscheidet sich von der des Neugeborenen durch den großen Gehalt an Cerebrosiden, Cholesterin und Sphingomyelinen[5]. Das Verhältnis der Lipoidkonzentration Erwachsenengehirn : infantiles Gehirn ist in der weißen ungleich größer als in der grauen Substanz. Es beträgt für die Cerebroside 8,21, für Cholesterin 6,20 und für die Sphingomyeline 15,4. Bei Umrechnung auf die Trockensubstanz werden, bedingt durch den hohen Wassergehalt des Neugeborenengehirns, die Verhältniszahlen kleiner. Die postnatale Entwicklung des menschlichen Gehirns ist neben der Zunahme von Cerebrosiden, Cholesterin und Sphingomyelinen durch fast unveränderte Zusammensetzung an Gesamt- und Monoaminophosphatiden und Abnahme der Lecithinkonzentration gekennzeichnet. Die Lipoidverteilung in der grauen Substanz des infantilen Gehirns ist im Gegensatz zum Gehirn des Erwachsenen der in der weißen sehr ähnlich und gleicht der in der grauen Substanz des ausgereiften Gehirns.

Der Gangliosidgehalt beträgt im Gehirn menschlicher Feten zwischen dem 7. und 8. Monat 0,4—0,5% [6], der an Sulfatiden im Säugetiergehirn zur Zeit der Geburt 1,5% [7,8], von denen 40% als Cerebroside angesehen werden müssen[9].

Die von den einzelnen Autoren für die Lipoidzusammensetzung des Gehirns während der Entwicklung angegebenen Werte weichen teilweise beträchtlich voneinander ab. Dies ist neben methodischen Differenzen auf die unterschiedliche Wahl des Untersuchungszeitpunktes zurückzuführen. So entspricht z. B. das Gehirn eines 3 Monate alten menschlichen Feten dem einer 1 Tag alten Ratte. Der neugeborene Mensch entspricht in seinem Alter einer 5 Tage alten Ratte. Die Hirnrinde von 24, 41 und 70 Tage alten Ratten sollte mit der von $1^1/_2$, 3 und 5 Jahre alten Menschen verglichen werden. Die Lipoidzusammensetzung des fetalen Schweinegehirns zwischen dem 40.—60. Tag entspricht der von 3—5 Monate alten menschlichen Feten.

Unter Berücksichtigung eines Wassergehaltes von 50% für die Markscheiden und von 88% für die nichtmyelinisierte graue Substanz[10] läßt sich aus den Angaben des wechselnden Wassergehaltes[11] für die Ratte errechnen, daß Gesamthirn im Alter von 1 Tag praktisch keine Markscheiden, nach 11 Tagen 5%, nach 17 Tagen 14%, nach 24 Tagen 17% und nach 41 bzw. 70 Tagen 23 bzw. 24% und nach 1 Jahr 28% enthält, während die entsprechenden Zahlen für das Rückenmark 4, 13, 19, 26, 37, 43 und 50 sind[12]. Die darin zum Ausdruck kommende starke

---

[1] Williams, H. H., H. Gailbraith, M. Kaucher, E. Z. Moyer, A. J. Richards and I. G. Macy: J. biol. Ch. **161**, 475 (1945). — [2] Brante, G.: Acta physiol. scand. **18**, Suppl. **63**, 124 (1949). — [3] Waelsch, H., W. M. Sperry and V. A. Stoyanoff: J. biol. Ch. **140**, 885 (1941). — [4] Popják, G.: Nature **160**, 841 (1947). — [5] Johnson, A. C., A. R. McNabb and R. J. Rossiter: Biochem. J. **44**, 494 (1949). — [6] Brante, G., and L. Svennerholm: Unveröffentlicht. [Brante, G.: Acta physiol. scand. **18**, Suppl. **63**, 135 (1949)]. — [7] Koch, M. L.: J. biol. Ch. **14**, 267 (1913). — [8] Koch, W., and M. L. Koch: J. biol. Ch. **15**, 422 (1913). — [9] Brante, G.: Acta physiol. scand. **18**, Suppl. **63**, 134, 136 (1949). — [10] Donaldson, H. H.: J. comp. Neurol. **26**, 443 (1916). — [11] Donaldson, H. H.: The Rat. Philadelphia 1924. — [12] Brante, G.: Acta physiol. scand. **18**, Suppl. **63**, 145, 127, 132 (1949).

Tabelle 118. Lipoide, Gesamt-N und „Roh"-Protein in Kleinhirn, Medulla oblongata und Rückenmark menschlicher Feten (in % der Trockensubstanz)[1].

Monate	Lipoide								„Roh"-protein	Gesamt-N
	Phosphatide				Chole-sterin	Cerebro-side	Gesamt-lipoide	Lipoid-N		
	Leci-thin	Kepha-lin	Sphingo-myelin	Gesamt-phospha-tide						
					Kleinhirn					
4	4,32	15,87	1,44	21,63	3,23	2,19	27,04	0,45	62,33	10,42
5	4,19	15,61	1,59	21,39	3,05	2,56	27,00	0,45	58,35	9,79
6	3,96	16,31	1,68	21,97	3,35	3,09	28,43	0,48	58,96	9,91
7	3,14	16,86	1,84	21,84	3,53	3,09	28,47	0,48	58,39	9,82
8	3,36	16,26	2,43	22,04	3,74	2,78	28,56	0,48	58,60	9,85
9	3,87	16,23	2,55	22,64	3,66	3,38	29,68	0,50	59,69	10,05
10	3,49	16,16	2,83	22,48	3,56	3,22	29,26	0,49	60,06	10,10
					Medulla oblongata					
4	1,28	17,60	2,24	21,12	3,92	3,06	28,11	0,46	55,25	9,30
5	2,76	16,51	2,90	22,17	4,07	4,38	30,62	0,51	56,94	9,62
6	3,31	16,55	2,72	22,58	4,13	4,74	31,45	0,53	56,00	9,49
7	3,66	17,40	2,55	23,61	4,60	5,06	33,26	0,55	54,44	9,26
8	4,21	18,00	2,92	25,13	4,53	4,70	34,36	0,57	53,25	9,09
9	4,39	18,84	2,65	25,88	5,73	6,03	37,64	0,61	52,44	9,00
10	5,16	18,88	2,88	26,92	6,05	6,33	39,31	0,64	52,63	9,06
					Rückenmark					
4	2,45	15,55	2,00	20,00	2,88	2,02	24,90	0,42	61,19	10,21
5	3,31	15,45	2,52	21,29	3,08	3,42	27,79	0,47	56,06	9,44
6	3,98	15,91	2,85	22,74	3,14	3,96	29,84	0,50	54,25	9,18
7	4,00	16,93	2,53	23,46	4,64	3,98	32,10	0,52	53,34	9,06
8	4,68	17,02	2,62	24,35	5,49	4,87	34,72	0,56	51,31	8,77
9	4,51	17,59	3,21	25,31	5,51	6,30	37,12	0,61	50,75	8,73
10	4,60	19,12	3,16	26,87	5,74	6,65	39,25	0,64	49,94	8,63

Myelinisierung des Rückenmarks ergibt sich aus der gegenüber dem Gehirn stärkeren Beteiligung der weißen gegenüber der grauen Substanz. Während der stärksten Myelinisierung findet im Gehirn eine beträchtliche Ansammlung sudananfärbbarer Lipoide statt, die in besonders ausgeprägten Fällen als VIRCHOWsche kongenitale, neonatale Encephalitis auf das Geburtstrauma zurückgeführt wurde, offenbar aber eine physiologische Phase der normalen Myelinisierung von Nervenfasern darstellt[2,3].

Cholin- und Pantothensäuremangel sollen während der Entwicklung zu Demyelinisierung führen[4]; nach anderen Untersuchungen beeinflussen weder Mangel an Cholin, Pantothensäure und Vitamin A noch Injektionen von Gammexan den Myelinisierungsprozeß im Zentralnervensystem, während die Ergebnisse bei Aneurinmangel unklar sind[5].

Die *chemische Zusammensetzung der Nervenzellen* bleibt während des Lebens nicht konstant. Bereits im Alter von 7 Jahren beginnt beim Menschen eine langsam zunehmende Veränderung der Substanzen des Zellkörpers, so daß dessen Zusammensetzung im Alter von 50 Jahren eine ganz andere ist. Schon während

[1] MIHARA, T.: J. Biochem. **39**, 155 (1952). — [2] RYDBERG, E.: Acta path. microbiol. scand. Suppl. **10** (1932). — [3] TUTHILL, C. R.: Arch. Path., Chicago **25**, 336 (1938). — [4] SPILLANE, J. D.: Nutritional Disorders of the Nervous System. Edinburgh 1947. — [5] BRANTE, G.: Acta physiol. scand. **18**, Suppl. **63**, 145, 127, 132 (1949).

der Kindheit[1], gewöhnlich erst zwischen dem 30.—40. Lebensjahr[2], läßt sich die Ansammlung des als Lipofuscin[3–8] bezeichneten gelben Pigments feststellen, das später auch in Gliazellen gefunden wird. Seine Ablagerung kann mit zunehmendem Alter so stark werden, daß die Hirnrinde — besonders bei seniler Demenz — dunkelbraun gefärbt wird. Das Pigment ist ein komplexer Chromophor, der 50—60% mehr Masse und 10—20% mehr Lipoide aufweist als der Rest des Cytoplasmas[9]. Die Anwesenheit von Ribonucleinsäuren und von Riboflavin konnte ausgeschlossen werden, das gelbe Pigment dürfte zur Gruppe der Pterine gehören[9]. Obwohl die großen Nervenzellen des Menschen bald aufhören sich zu teilen, machen sie eine schon früh beginnende, fortlaufende Veränderung durch, da in ihrem Cytoplasma mit steigendem Alter die Liponucleoproteide abnehmen und durch Lipoproteide anderer Zusammensetzung ersetzt werden[10]. Die Vorstellung, daß der Säugetierorganismus mit den gleichen Nervenzellen geboren wird, mit denen er stirbt, ist in dieser Hinsicht nicht mehr zutreffend.

c) Kohlenhydrate. Der Glykogengehalt der Hirnrinde nimmt mit fortschreitendem Alter bei verschiedenen Säugetieren zu[11] (s. Tabelle 108, S. 658). Das gleiche gilt für den Nucleus caudatus und den Thalamus bei Hunden, während der Glykogenbestand des Thalamus bei erwachsenen Katzen kleiner als bei Neugeborenen ist. Die Corpora quadrigemina lassen beim Hund keine Veränderung des Glykogengehaltes erkennen. Bei Katzen tritt in Cerebellum, Medulla oblongata und Rückenmark während des Wachstums eine deutliche Verminderung der Glykogenkonzentration ein (s. Tabelle 108).

d) Eiweißkörper. Der prozentuale Gehalt an Gesamt-N sinkt in Cerebrum, Medulla oblongata und Rückenmark mit ansteigendem Lipoidreichtum von 10,29 im 2. auf 8,81% im 9. Monat. Im Cerebellum ist dagegen eine gewisse Parallelität zwischen Lipoidzunahme und der Konzentration des Gesamt-N anzutreffen[12] (s. Tabelle 118, S. 679). Der intracelluläre N steigt im Laufe der Embryonalperiode von 29,1 auf 33,1 g/l, was neben Proteinvermehrung vorwiegend auf die Lipoidzunahme zurückgeführt wird[13]. In den frühesten Stadien der Fetalentwicklung soll der Proteingehalt des Gehirns von Säugetieren[14] und Vögeln[15] dagegen abnehmen. Diese Tatsache dürfte auf der hauptsächlichen Proteinanlage des Gehirns zu diesem Zeitpunkt beruhen, während später die Lipoidzunahme eine relative Verschiebung bewirkt.

Untersuchungen durch Zufuhr D_2O-haltiger Muttermilch ergaben bei jungen Ratten durch Messung der H-Austauschgeschwindigkeit des Eiweißes in Gehirn, Knochen und Muskulatur den größten Abfall der D-Konzentration, während bei ausgewachsenen Ratten der schnellste Austausch in der Leber stattfindet unter Umkehr der Verhältnisse beim Jungtier[16]. Andererseits zeigen Versuche mit intraperitonealer Injektion von mit ^{14}C markiertem Na-Carbonat bei wachsenden Ratten eine im Vergleich zu anderen Organen mittlere spezifische Aktivität der Hirnproteine[17]. In den Hirneiweißkörpern wachsender Tiere soll nach dem

---

[1] Hydén, H.: 3. Mosbacher Coll. S. 14. — [2] Brante, G.: Acta physiol. scand. **18**, Suppl. **63**, 145, 127, 132 (1949). — [3] Altschul, R.: Virchows Arch. **301**, 273 (1938). — [4] Altschul, R.: J. comp. Neurol. **78**, 45 (1943). — [5] Mühlmann, M.: Verh. dtsch. path. Ges. **3**, 148 (1900). — [6] Mühlmann, M.: Arch. mikroskop. Anat. **58**, 231 (1901). — [7] Obersteiner, H.: Arb. neurol. Inst. Wien **10**, 245 (1903). — [8] Truex, R. C., and R. L. Zwemer: Arch. Neurol. **48**, 988 (1942). — [9] Hydén, H., and B. Lindström: Discuss. Faraday Soc. **9**, 436 (1950). — [10] Hydén, H.: 3. Mosbacher Coll. S. 16. — [11] Chesler, A., and H. E. Himwich: Arch. Biochem. **2**, 175 (1943). — [12] Mihara, T.: J. Biochem. **39**, 155 (1952). — [13] Yannet, H., and D. C. Darrow: J. biol. Ch. **123**, 295 (1938). — [14] Marza, V.: C. R. Soc. Biol. **102**, 195 (1929). — [15] Needham, J.: Biol. Rev. **9**, 79 (1934). — [16] Dawydowa, S. J., u. A. S. Konikowa: Dokl. akad. Nauk. SSSR **73**, 349 (1950). — [17] Schubert, J., and W. D. Armstrong: J. biol. Ch. **177**, 521 (1949).

Einbau des Radioisotops kein wesentlicher ^{14}C-Umsatz stattfinden, da der Abfall der spezifischen Aktivität in anderen Organen stärker ausgeprägt ist. Auch die Tatsache, daß Ratten bei Beendigung des Hirnwachstums erst die Hälfte des Endgehaltes an Proteinen aufweisen[1], könnte zu der Vorstellung eines während der Embryonalperiode trägen Eiweißstoffwechsels führen. Cytochemische Untersuchung der Nervenzelle selbst zeigt aber eindeutig, daß in ihr während der ganzen Fetalperiode eine außerordentlich starke Eiweißsynthese statthat, die unter physiologischen Reizbedingungen während des ganzen Lebens anhält[2-4]. Nervenzellen unterscheiden sich von allen anderen Zellen durch das Sistieren der Mitose im frühen Entwicklungsstadium, durch ihren großen Zellkern mit Nucleolus und das Ausmaß ihres Fortsätze enthaltenden Cytoplasmas. Bei den Vorderhornzellen von Säugetieren ist allein das Volumen des Achsenzylinders 1000fach größer als das des Cytoplasmas, so daß schon aus diesem Grunde mit einer intensiven Proteinbildung gerechnet werden muß. Bereits in unipolaren Neuroblasten des Rattenembryos läßt sich eine celluläre Proteinkonzentration von über 30% mit einem Verhältnis Protein:Nucleinsäuren von 3:1 bis 5:1 feststellen[3], in jungen Vorderhornzellen dagegen ein solches von 8:1 bis 11:1. Da der Proteingehalt in erwachsenen Vorderhornzellen der anterio-lateralen Gruppe 25—30% ausmacht, der von unipolaren Neuroblasten ebenfalls 30% erreicht, muß der Gesamtbetrag an Proteinen im Cytoplasma der Nervenzellen unter Berücksichtigung der Volumenzunahme eine Zunahme auf das 2000fache erfahren haben. Diese Steigerung erhöht sich unter Berücksichtigung der Achsenzylinderanteile der Nervenzelle je nach Länge der Axone auf das 30000—200000fache. Auch das histologische Bild entspricht der intensiven Proteinsynthese in den Nervenzellen in der Fetalperiode mit dem großen an Polynucleotiden reichen Nucleolus und der hohen Konzentration an Cytoplasmanucleotiden. Die ausgeprägte Fähigkeit zur Eiweißbildung bleibt auch im ausgewachsenen Zustand erhalten, wodurch das Nervengewebe unter allen anderen Geweben des Säugetierorganismus eine einzigartige Stellung einnimmt.

Hirnproteine sind durch die Konstanz ihrer Aminosäurezusammensetzung gekennzeichnet, die ebenso wie das molare Verhältnis Lysin:Arginin während des ganzen Lebens beibehalten wird[5]. Bei jungen Tieren ist allerdings der Histidingehalt etwas geringer als bei ausgewachsenen Tieren. Von den freien Aminosäuren erfährt die γ-Aminobuttersäure eine starke Anreicherung in der Entwicklungsperiode. Während der postnatalen Periode steigt der Gehalt an γ-Aminobuttersäure und die Aktivität der zugehörigen Glutaminsäuredecarboxylase im Gehirn von Mäusen an; die höchsten Werte werden nach 90 Tagen, die Hälfte des Maximalwertes für die Säure bereits nach 3, für das Hirngewicht nach 6 und für die Aktivität der Glutaminsäuredecarboxylase erst nach 15 Tagen erreicht[6]. Die Veränderungen der Konzentration dieser Aminosäure und der Glutaminsäuredecarboxylase gehen der morphologischen Reifung des Gehirns parallel.

e) Nucleinsäuren. Im wachsenden Hirngewebe kann ein bemerkenswerter Zusammenhang zwischen Wachstum und dem Gehalt an Protein-N, Phosphatiden und Ribonucleoproteiden festgestellt werden[7], die der funktionellen Einheit von Wachstum, Vermehrung der Nucleinsäuren und gesteigerter Eiweißsynthese entspricht. Da der Gehalt an Desoxyribonucleinsäure in den Zellkernen jeder Tierspecies konstant ist, gibt ihre Konzentration im wachsenden Gewebe ein Maß für die Vermehrung der Zellzahl an. Im Embryonalgehirn ist der Gehalt an

---

[1] MANDEL, P., et R. BIETH: Bull. Soc. Chim. biol. **33**, 973 (1951). — [2] HYDÉN, H.: Nucleic Acid. Symp. Soc. exp. Biol. **1**, 152 (1951). — [3] HYDÉN, H.: Acta physiol. scand. **6**, Suppl. **17** (1943). — [4] LANDSTRÖM, H., T. CASPERSSON u. G. WOHLFART: Z. mikroskop.-anat. Forsch. **49**, 534 (1941). — [5] BLOCK, R. J.: J. biol. Ch. **120**, 467 (1937). — [6] ROBERTS, E., P. J. HARMAN and S. FRANKEL: Proc. Soc. exp. Biol. Med. **78**, 799 (1951). — [7] DAVIDSON, J. N., and I. LESLIE: Nature **165**, 49 (1950).

Nucleoproteiden als Zeichen intensiven Wachstums relativ größer als im Erwachsenengehirn[1]. Für den Nucleoproteid-P beträgt das Verhältnis Embryonalgehirn:Erwachsenengehirn in der grauen Substanz 2,8 bzw. 1,3 (Trocken- bzw. Frischsubstanz) und in der weißen Substanz 1,2 bzw. 0,5 (s.[1]). Der niedrige Verhältniswert für die weiße Frischsubstanz erklärt sich durch den hohen Wassergehalt des embryonalen Gehirns, so daß bei Berechnung auf den Trockengehalt die relativ erhöhte Konzentration erhalten bleibt. Dagegen ist das Verhältnis RNS-P:DNS-P im Embryonalgehirn mit 2,3 dem von Erwachsenengehirn mit 2,1 ähnlich, so daß bereits in dieser Zeit der große Cytoplasmaanteil des Gehirns deutlich wird. Die hohen Wachstumsraten für Protein-N, Lipoid-N und Ribonucleoproteide weisen darauf hin, daß das Wachstum des Gehirns mit einer stärkeren Vergrößerung seiner Zellen einhergeht als in anderen Organen[2]. So steigt bei einer Gewichtszunahme des embryonalen Gehirns von 1 auf 4,4 der Gehalt an RNS auf 6 (fraglicher Wert, da Bestimmung nach SCHMIDT u. THANNHAUSER s. S. 665), der an DNS dagegen[3] erst von 1 auf 3. Ribonucleoproteide scheinen einen großen Einfluß auf die neurale Induktion zu besitzen[4]. Hirngewebe erwachsener Tiere enthält mehr Purin-N (Nucleotid-N + Nucleosid-N + freier Purin-N) als embryonales Gehirn. Die angebliche Abnahme des labilen P in der embryonalen und postnatalen Periode im Gehirn von Kaninchen und Vögeln wird im wesentlichen auf ATP zurückgeführt[5].

f) Stoffwechsel und Fermente. Im Gehirn von Hühnerembryonen von verschiedenem Alter ergibt sich keine Proportion zwischen Atmung und Intensität der Zellteilung, wohl aber eine solche zwischen aerober Glykolyse und Zellvermehrung[6]. Der Stoffwechselzustand der Glykolyse dürfte somit in direkter oder indirekter Beziehung zur Zellvermehrung stehen, entsprechend der allgemeinen WARBURGschen Formulierung: „Kein Wachstum ohne Glykolyse"[7]. Biochemisch entspricht der atmenden Zelle ein höheres Energieniveau mit höherer ATP-Erzeugung, der glykolysierenden Zelle dagegen ein geringeres Energieniveau mit verminderter ATP-Bildung, das infolge der unvollständigen Oxydation der Kohlenhydrate nur durch ihren gesteigerten Umsatz dem Niveau der atmenden Zelle angeglichen werden kann[8]. Der Kohlenhydratstoffwechsel des wachsenden Gehirns muß daher intensiv sein. Es ist allerdings festzustellen, daß auch ausgewachsenes Hirngewebe ebenso wie Tumoren den Zustand aerober Glykolyse aufweist (s. S. 707). Während aber in der Fetalperiode die Hauptenergie des Kohlenhydratstoffwechsels direkt oder indirekt der Zellproliferation dient, wird im ausgewachsenen Gehirn, in dem die Zellteilungen lange aufgehört haben, die aus dem intensiven Kohlenhydratstoffwechsel stammende Energie für die Spezialfunktionen des Zentralnervensystems benötigt[9].

Die Zunahme der Aktivität oxydierender Fermentsysteme geht entsprechend der funktionellen Reifung des Gehirns vor sich. Die höheren Glieder des Gehirns entwickeln sich funktionell und biochemisch langsamer als die caudalen Anteile[10]. Bei Säugetieren scheinen Perioden intensiver Zunahme der Fermentaktivität mit solchen relativen Stillstandes abzuwechseln. Bei Küken findet die intensivste Steigerung der Cytochromoxydaseaktivität des Gehirns 3 Tage nach dem Aus-

---

[1] DAVIDSON, J. N., and C. WAYMOUTH: Biochem. J. **38**, 39 (1944). — [2] DAVIDSON, J. N., I. LESLIE, R. M. S. SMELLIE and R. Y. THOMPSON: Biochem. J. **46**, XL (1950). — [3] MANDEL, P., R. BIETH et R. STOLL: Bull. Soc. Chim. biol. **31**, 1335 (1949). — [4] BRACHET, J.: Nucleic acid. Symp. Soc. exp. Biol. **1**, 207 (1951). — [5] CHAIKINA, B. I., and S. J. EPELBAUM: Biochem. Z. **13**, 261 (1939). — [6] O'CONNOR, R. J.: Brit. J. exp. Path. **31**, 390 (1950). — [7] WARBURG, O.: Über den Stoffwechsel der Tumoren. S. 192. Berlin 1926. — [8] LETTRÉ, H.: Dtsch. med. J. **1952**, 414. — [9] LASNITZKI, A.: Nature **156**, 398 (1945). — [10] PIGAREWA, S. D., u. D. A. TSCHETWERIKOW: Dokl. Akad. Nauk SSSR **78**, 393 (1951).

schlüpfen statt. Die für erwachsenes Hirngewebe von Hühnern charakteristische Aktivität wird in der ersten Dekade der postembryonalen Entwicklung erreicht[1]. Die Aktivitätszunahme des Cytochromsystems erfolgt bereits in den letzten Tagen des Embryonallebens, die der Succinodehydrogenase dagegen allmählich und langsamer. In der Hirnrinde fetaler Schweine zeigt der Anstieg von Cytochromoxydase, Succinodehydrogenase und Succinoxydasesystem zwischen dem 60. Tag und der Geburt 2 Gipfel, die morphologischen Veränderungen der Rinde entsprechen sollen[2,3]. Im Gehirn von Meerschweinchen, als dem typischen Vertreter reif geborener Tiere, geschieht die Reifung der oxydierenden Fermentsysteme gegen Ende der Embryonalzeit und in den ersten Tagen nach der Geburt. Beim Kaninchen, das unreife Junge zur Welt bringt, ist die Aktivität der Fermentsysteme in der Fetalperiode gering, sie entwickeln sich erst nach der Geburt im Alter von einigen Monaten zu höherer Aktivität. Ähnliche Verhältnisse gelten auch für die Kohlensäureanhydratase des Gehirns. Sie erscheint während der Embryonalzeit sehr spät und zuerst in den tieferen Zentren des Gehirns[4]. Bei Rindern wird sie erst in den letzten Monaten der Fetalperiode im Cerebrum gefunden und steigt dann sehr schnell an. Bei allen Tieren, die in unreifem Zustand geboren werden — Hund, Katze, Kaninchen, Ratte —, erscheint die Kohlensäureanhydratase ebenso wie beim Menschen[5] sehr spät. Infantile Ratten zeigen noch keine Kohlensäureanhydratase im Gehirn, der Anstieg ihrer Aktivität geschieht ebenso wie bei jungen Hunden, mit dem Öffnen der Augen. In den tieferen Zentren und dem Kleinhirn wird schon nach 3 Tagen eine meßbare Aktivität gefunden, die nach 30 Tagen bereits den Wert für erwachsenes Hirngewebe erreicht hat. Die Aktivität der Kohlensäureanhydratase im Gehirn neugeborener Meerschweinchen entspricht bereits derjenigen ausgewachsener Tiere. Allgemein nimmt die Aktivität des Enzyms mit zunehmendem Alter des Fetus von caudal nach rostral zu, wobei später die rostralen Gebiete besonders ausgeprägte Aktivität zeigen.

Die Beziehungen zwischen Fermentaktivität und einsetzender Funktion des Zentralnervensystems gelten auch für die ATPase des Gehirns[6], ebenso wie im neuromuskulären Apparat von Amblystoma maculatum[7], beim menschlichen Fetus[8] und bei der Ziege[9] Beziehungen zwischen starker Cholinesteraseaktivität und funktioneller Reifung bestehen. Im Rattengehirn wird eine meßbare Aktivität der Cholinesterase bei 16 Tage alten Feten gefunden. Die Aktivität bleibt bis zum 2. Tag nach der Geburt praktisch konstant, steigt bis zum 22. Tag stark an, worauf vom 26.—32. Tag ein deutlicher Abfall einsetzt, der in einen erneuten, langsam bis zum 120. Lebenstag fortschreitenden Anstieg übergeht[10]. Die Abhängigkeit der Cholinesteraseaktivität im Rattengehirn vom Lebensalter gilt ähnlich auch für das Gehirn von Hühnern[11] und dürfte allgemeiner Natur sein (s. a. S. 861).

Allgemein lassen Verteilung und Entwicklung von Cholinesterase, Cytochromoxydase, Succinodehydrogenase und Succinoxydasesystem eine ähnliche Bewegung von caudal nach rostral erkennen wie der Atmungsstoffwechsel. So zeigen junge Hunde unmittelbar nach der Geburt einen von der Medulla oblongata bis zum Nucleus caudatus reichenden Anstieg der O_2-Aufnahme, wobei

[1] Pigarewa, S. D., u. D. A. Tschetwerikow: Dokl. Akad. Nauk SSSR **78**, 169 (1951). — [2] Flexner, J. B., L. B. Flexner and W. L. Strauss jr.: J. cellul. comp. Physiol. **18**, 355 (1941). — [3] Flexner, L. B., and J. B. Flexner: J. cellul. comp. Physiol. **27**, 35 (1946). — [4] Ashby, W., and E. M. Schuster: J. biol. Ch. **184**, 109 (1950). — [5] Ashby, W., and E. Butler: J. biol. Ch. **175**, 425 (1948). — [6] Moog, F.: J. exp. Zool. **105**, 209 (1947). — [7] Boell, E. J.: Ann. N. Y. Acad. Sci. **49**, 661 (1948). — [8] Youngstrom, K. A.: J. Neurophysiol. **4**, 473 (1941). — [9] Nachmansohn, D.: J. Neurophysiol. **3**, 396 (1940). — [10] Metzler, C. J., and D. G. Humm: Science, N. Y. **113**, 382 (1951). — [11] Nachmansohn, D.: C. R. Soc. biol. **127**, 670 (1938).

allgemein in den phylogenetisch jüngeren Anteilen des Gehirns ein höherer Stoffwechsel als in den älteren Abschnitten gefunden wird[1]. Ähnliche Ergebnisse treffen auch für die Ratte zu[2].

Menschliches Gehirn besitzt hunderte verschiedener Zelltypen, deren Alterung für jeden Zelltyp verschieden ist und durch Aktivität verzögert werden kann. Die Zellen der unteren Olive altern früh, die der Pons später und die lebenswichtigen Zellen der Medulla oblongata sehr spät, so daß bei genügend langer Lebensdauer ein partieller Tod der lebenswichtigen Zellen den physiologischen Alterstod bedingt[3]. Es ist bisher völlig unbekannt, welche biochemischen Gesetzmäßigkeiten diesem Verhalten zugrunde liegen.

9. Das Verhalten des Zentralnervensystems unter besonderen Ernährungsbedingungen.

Das Zentralnervensystem ist besonders widerstandsfähig gegenüber experimentellen Maßnahmen zur Veränderung seines chemischen Bestandes sowie gegen Hunger und Durst. Bei fortgesetztem Hunger erleiden die Organe von Tauben und Säugetieren in verschiedenem Maße Substanzverluste[4,5]. Hirngewebe soll dagegen seine Masse bis zum Tode nahezu unverändert beibehalten.

a) Wasserhaushalt und Elektrolytkonzentration. Unter physiologischen Bedingungen wird der Wassergehalt des Gehirns mit bemerkenswerter Konstanz eingehalten. Hirngewebe gehört zu den „weichen" Organen, die gewichtsmäßig zu weit mehr als 50% aus Wasser bestehen, so daß plötzliche und schnell eintretende Gewichtsverluste in erster Linie Wasserverluste sein müssen. Bei mangelhafter Flüssigkeitszufuhr erleidet das Gehirn von Hunden einen Wasserverlust von 14%, der Fett- und N-Gehalt bleiben unverändert[6]. Infolge des Wasserverlustes erfährt die Elektrolytkonzentration eine deutliche Erhöhung. Da bei einfachem Wasserverlust die Kaliumkonzentration, bezogen auf die fettfreie Trockensubstanz, sich nicht ändert, dürfte bei Flüssigkeitsmangel mehr das Interstitium als die eigentliche Zelle betroffen sein. Die Elektrolyte des Gehirns werden bei Wasserverlusten des Organs nicht so schnell eliminiert wie das Gewebswasser[4]. Der Anstieg der Konzentration an Gesamtbasen im Gewebswasser des Gehirns läßt erkennen, daß das Gehirn über beträchtliche Mengen schnell verfügbarer interstitieller Flüssigkeit verfügt, die der Plasmaflüssigkeit offenbar als Reserve dienen können. Im Gehirn findet dabei kein echter Verlust von intracellulär gebundenem Wasser statt.

b) Eiweißkörper. Nach 7tägigem Hunger sinkt der Eiweißgehalt im Gehirn von Ratten nur um 5%, was weniger als 0,5% des allgemeinen Proteinverlustes ausmacht[7]. Andererseits soll bei proteinarmer Ernährung der N-Gehalt um 21% absinken, der Wassergehalt um 0,9%[8]. Proteinmangel hat keinen Einfluß auf die Aktivität von Phosphomonoesterasen, Pyrophosphatasen, Dipeptidasen, Katalase und Succinodehydrogenase des Gehirns, dagegen sinkt die der ATPase um 47%.

Die freien Aminosäuren des Gehirns reagieren in Zusammensetzung und Konzentration deutlich auf Proteinmangel. Ihr Gehalt bleibt am 1. Hungertag unverändert und hat am 7. Tag den Minimalwert erreicht, wonach eine relative Konstanz der Werte einsetzt[9]. Die Prolinkonzentration des Gehirns steigt bei

---

[1] Himwich, H. E., and J. F. Fazekas: Amer. J. Physiol. **132**, 454 (1941). — [2] Tyler, D. B., and A. van Harreveld: Amer. J. Physiol. **136**, 600 (1942). — [3] Vogt, C., and O. Vogt: Nature **158**, 304 (1946). — [4] Voit, C.: Z. Biol. **2**, 307 (1866). — [5] Sedlmair, A.: Z. Biol. **37**, 25 (1899). — [6] Hamilton, B., and R. Schwartz: J. biol. Ch. **109**, 745 (1935). — [7] Addis, T., L. J. Poo and W. Lew: J. biol. Ch. **115**, 111 (1936). — [8] Bargoni, N., M. Cafiero, S. Di Bella, E. De Mori and M. A. Grillo: Exper. **8**, 306 (1952). — [9] Thompson, H. T., P. E. Schurr, L. M. Henderson and C. A. Elvehjem: J. biol. Ch. **182**, 47 (1950).

Proteinmangel an. Grundsätzlich ist die vorübergehende Erhöhung der Konzentration an freien Aminosäuren bei Eiweißmangel nicht überraschend, da sie als Proteinabbauprodukte während der Proteolyse entstehen. Bei verstärktem Proteinmangel wird ihre Konzentration dagegen deutlich vermindert, insbesondere nehmen Lysin, Histidin, Valin und Phenylalanin ab[1]. Auch bei Methioninmangel sinkt die Konzentration der freien Aminosäuren des Gehirns[2], wovon besonders Arginin, ferner Valin und Tryptophan betroffen werden. Leucin und Isoleucin erfahren keine Veränderung, der Histidingehalt nimmt etwas zu und der Methioningehalt bleibt im Gegensatz zum Verhalten in der Leber unverändert[2]. Äußere Einflüsse — starke Abkühlung, körperliche Anstrengung — vermögen die Konzentration an freien Aminosäuren im Gehirn nicht wesentlich zu beeinflussen[3].

Nach totaler Hepatektomie steigt die Konzentration an freien Aminosäuren im Gehirn von Hunden von 23,8 auf 54,0 mg-% Gesamt-α-Amino-N. Die Erhöhung, die nicht durch Zufuhr von Glucose beeinflußt wird, betrifft vor allem Glutamin, dessen Konzentration auf das 5fache steigt[4]. Die Werte für Glutaminsäure bleiben dagegen unverändert. Die Veränderungen der freien Aminosäuren des Gehirns gehen nicht denen des Blutplasmas parallel und dürften somit ein Hinweis auf Beziehungen zwischen Leber- und Hirnstoffwechsel sein.

Bei vitamin B_1-arm ernährten Ratten ist der Rest-N im Gehirn 5 Std nach der Nahrungsaufnahme erhöht, während er nach 24 Std wieder auf normale Werte abgefallen ist. Möglicherweise besteht bei B_1-Avitaminose eine herabgesetzte Fähigkeit, Nahrungsstickstoff zu verwerten[5].

c) Kohlenhydrate. Der Glykogenbestand des Gehirns ist ziemlich stabil[6]. Er wird weder durch Fütterung mit Kohlenhydraten oder Glucoseinfusion gesteigert noch durch 2—4tägiges Hungern gesenkt[7]. Bei hungernden Tieren ist der Stoffwechsel der Brenztraubensäure im Gehirn im Gegensatz zum Verhalten von Leber und Niere nicht gestört[8].

d) Lipoide. Konzentration und Zusammensetzung der Lipoide des Zentralnervensystems sind in besonderem Maße von äußeren Bedingungen unabhängig und erleiden selbst unter extremen Bedingungen keine einschneidenden Veränderungen. Das Gehirn ist das einzige Organ des Organismus, das keine klaren Beziehungen zwischen der Zusammensetzung seiner Lipoide und der Art der Nahrungsfette erkennen läßt[9]. Die Hirnphosphatide zeichnen sich durch bemerkenswerte Konstanz ihrer Zusammensetzung aus[10, 11]. Da in den Kephalinen und Lecithinen des Gehirns nur kleine Mengen — wenn überhaupt — an Elaidinsäure gefunden werden, kann diese Säure als Maßstab für den Einbau von Nahrungsfetten in die Phosphatide und für den Phosphatidumsatz gelten[12]. Im Gegensatz zum Verhalten der allgemeinen Fettdepots und der bereits deutlich ausgeprägten Auswahl der Aufnahme von Fettsäuren in die Gewebsphosphatide besitzt das Gehirn die weitaus stärkste Auslese hinsichtlich der Aufnahme von

---

[1] THOMPSON, H. T., P. E. SCHURR, L. M. HENDERSON and C. A. ELVEHJEM: J. biol. Ch. **182**, 47 (1950). — [2] DENTON, A. E., J. N. WILLIAMS jr., and C. A. ELVEHJEM: J. biol. Ch. **186**, 377 (1950). — [3] WILLIAMS, J. N. jr., P. E. SCHURR and C. A. ELVEHJEM: J. biol. Ch. **182**, 55 (1950). — [4] FLOCK, E. V., M. A. BLOCK, J. H. GRINDLAY, F. C. MANN and J. L. BOLLMAN: J. biol. Ch. **200**, 529 (1953). — [5] CARO, L. DE, e C. RINDI: Exper. **7**, 148 (1951). — [6] KERR, S. E.: J. biol. Ch. **116**, 1 (1936). — [7] KERR, S. E., and M. GHANTUS: J. biol. Ch. **116**, 9 (1936). — [8] LIPSCHITZ, M. A., V. R. POTTER and C. A. ELVEHJEM: J. biol. Ch. **123**, 267 (1938). — [9] SINCLAIR, R. G.: J. biol. Ch. **86**, 579 (1930). — [10] TERROINE, E. F., et P. BELIN: Bull. Soc. Chim. biol. **9**, 12 (1927). — [11] TERROINE, E. F., et C. HATTERER: Bull. Soc. Chim. biol. **12**, 674 (1930). — [12] SINCLAIR, R. G.: J. biol. Ch. **111**, 515 (1935); **115**, 211 (1936).

Fettsäuren in seine Phosphatide[1]. Nach Fütterung von Ratten mit großen Mengen Elaidinsäure in der prä- und postnatalen Periode erreicht ihr Gehalt in den Kephalinen und Lecithinen des Gehirns nur $^1/_4$ desjenigen in Leber und Muskulatur. 6 Std nach Verfütterung von deuteriumhaltigem Fett ist Deuterium in den Hirnglyceriden und Lipoiden im Gegensatz zum Verhalten von Blutplasma, Leber, Erythrocyten und Niere nur in geringen Mengen vorhanden (0,004% D in den Lipoiden und 0,01% D in den Glyceriden)[2]. Auch durch Lipoidmast dürfte keine eindeutige Anreicherung der Lipoide im Zentralnervensystem zu erzielen sein[3-7]. Die andererseits nach Verfütterung von Sojalecithin[8] oder von Mischlipoiden[9] erzielte Anreicherung von Lipoiden im Gehirn ist aus methodischen Gründen — insbesondere durch mangelhafte Vergleichsmöglichkeit — nicht gesichert[3]. 6wöchige intensive Lecithinverfütterung hat bei Katzen keinen Einfluß auf den Lecithinbestand des Gehirns[3]. Dagegen verliert Gehirn bei B_1-Avitaminose bis zum Tod des Versuchstiers $^1/_6$ seines Phosphatidgehaltes; regelmäßige subcutane Lecithinzufuhr vermag die Lebensdauer B_1-avitaminöser Tauben zu verlängern[10]. Cholinmangel bleibt bei jungen Hunden im Gegensatz zu der schweren Fettinfiltration der Leber ohne deutlichen Einfluß auf Lipoid-P, Lipoid-N, Cholin- und Sphingomyelingehalt des Gehirns[11]. Die bei Ratten im Gefolge cholinarmer Ernährung gelegentlich in Kleinhirn und Hirnrinde auftretenden Hämorrhagien[12] beruhen nicht auf einer Störung des Phosphatidstoffwechsels[13]. Auch bei diesen Tieren bleibt der Gehalt des Gehirns an Gesamtlipoiden, Gesamtphosphatiden, Sphingomyelinen, Lecithin, Kephalinen und Cholesterin ebenso unverändert wie das Hirngewicht. Auch Cholinzufuhr erhöht den Cholingehalt des Gehirns nicht[14]. Injektion von Sphingomyelin führt im Gehirn von Kaninchen und Mäusen zum Unterschied von Leber, Milz und Niere nur zu geringgradiger Erhöhung des Lipoid-P[15].

Trotz der allgemeinen Unabhängigkeit der Hirnlipoide von der Zusammensetzung der Nahrung[1, 16] treten bei Verfütterung von Cholesterin[17] und bei Vitamin E-Mangel[18] Änderungen der Lipoidzusammensetzung des Gehirns ein. Vitamin E hat einen maßgebenden Einfluß auf die Fett- und Lipoidzusammensetzung der Organe[19]; es ist bemerkenswert, daß auch das Zentralnervensystem trotz seiner Selbständigkeit davon betroffen wird. Die bei Kaninchen im Gefolge alimentär ausgelöster Muskeldystrophie auftretende Hypercholesterinämie führt zu Erhöhung des Gehaltes an Gesamtcholesterin im Gehirn um 25%. Es handelt sich fast ausschließlich um freies Cholesterin ohne Verschiebung des üblichen Verhältnisses von freiem zu Ester-Cholesterin[20]. Auch der Gehalt an Gesamtlipoiden soll eine — allerdings durch eine zu kleine Tierzahl nicht genügend gesicherte — Erhöhung erfahren. Das Verhältnis Lipoide : Phosphatide bleibt unverändert.

---

[1] McConnel, K. P., and R. G. Sinclair: J. biol. Ch. **118**, 131 (1937). — [2] Cavanagh, B., and H. S. Raper: Biochem. J. **33**, 17 (1939). — [3] Schmitz, E.: B. Z. **247**, 224 (1932). — [4] Schmitz, E., u. G. Heymann: B. Z. **308**, 230 (1941). — [5] Franchini, G.: B. Z. **6**, 210 (1907). — [6] Salkowski, E.: B. Z. **51**, 407 (1913). — [7] Naito, H.: B. Z. **142**, 393 (1923). — [8] Rewald, B.: B. Z. **198**, 103 (1928). — [9] Serejski, M.: B. Z. **201**, 292 (1928). — [10] Schmitz, E., u. T. Hiraoka: B. Z. **193**, 1 (1928). — [11] McKibbin, J. M., and W. E. Taylor: J. biol. Ch. **185**, 357 (1950). — [12] Jervis, G. A.: Proc. Soc. exp. Biol. Med. **51**, 193 (1942). — [13] Foà, P. P., H. R. Weinstein and B. Kleppel: Arch. Biochem. **19**, 209 (1948). — [14] Luecke, R. W., and P. B. Pearson: J. biol. Ch. **155**, 507 (1944). — [15] Goebel, A.: B. Z. **319**, 196 (1948). — [16] Artom, C., G. Sarzana and E. Segrè: Arch. int. Physiol. **47**, 245 (1938). — [17] Stoesser, A. V., K. A. Petri and I. McQuarrie: Proc. Soc. exp. Biol. Med. **32**, 761 (1935). — [18] Heinrich, M. R., and H. A. Mattill: Proc. Soc. exp. Biol. Med. **52**, 344 (1943). — [19] Granados, H., E. Aaes-Jørgensen and H. Dam: Brit. J. Nutrit. **3**, 320 (1949). — [20] Morgulis, S., V. M. Wilder, H. C. Spencer and S. H. Eppstein: J. biol. Ch. **124**, 755 (1938).

Die Konstanz der Fett- und Lipoidzusammensetzung des Gehirns gilt für die mehrfach ungesättigten Fettsäuren — insbesondere die essentiellen Säuren — nur mit Einschränkung. Hier ist eine gewisse Abhängigkeit von der Nahrungszufuhr unverkennbar. Zwar lassen 3 oder mehrere Monate fettfrei ernährte erwachsene Ratten und Jungtiere, deren Mütter bereits fettfrei ernährt worden waren, keinen signifikanten Unterschied bezüglich des Hirngewichtes, des Gesamtfettgehaltes, der Phosphatidkonzentration und der Jodzahl der Phosphatidfettsäuren gegenüber Kontrolltieren erkennen, andererseits aber ist der Gehalt an ungesättigten Fettsäuren unter diesen Umständen in verschiedenen Lipoidfraktionen — besonders dem Lecithin — erhöht, während der Gehalt an Arachidonsäure unverändert bleibt[1]. In den Geweben von Ratten lassen sich bei fettarmer Kost über lange Zeit hochungesättigte Fettsäuren nachweisen, die hartnäckig festgehalten werden. So finden sich z. B. im Gehirn bei Fettmangelkost beträchtliche Mengen mehrfach ungesättigter Säuren (Dien-1,90%, Trien- 5,13% und Polyensäuren 6,66%)[2]. Zusatz von linolsäurereichem Getreideöl läßt den Gehalt des Gehirns an Pentaen- und Hexaensäuren unverändert, die Triensäuren sinken etwas ab, dagegen steigt der Gehalt an Polyensäuren auf 8,06%. Das beträchtliche Ansteigen des Tetraensäuregehaltes (Arachidonsäure) unter diesen Umständen führt zu dem Schluß, daß auch im Gehirn — wie in anderen Organen — die Arachidonsäure aus Linolsäure gebildet wird[2-4]. Nach Verfütterung von Fischlebertran ist dagegen die Ablagerung von Pentaen- und Hexaensäuren im Gehirn stark vermehrt, Dien- und Triensäuren ändern sich nur wenig. Wenn auch das Gehirn bei Fettmangel seinen Anteil an ungesättigten Fettsäuren, der in erster Linie die Phosphatide und weniger die Neutralfette betrifft, über längere Zeit festhält, benötigt es dennoch eine gewisse Menge an hochungesättigten Fettsäuren in der Nahrung. Die Abhängigkeit der höher ungesättigten Fettsäuren des Gehirns von der Art der Ernährung gilt besonders für die Hexaensäuren bei Verfütterung von an Linolensäure reichem Pflanzenöl und Tierfetten[4], die zur Synthese von Hexaensäuren im Gehirn führt[3]. Es bleibt abzuwarten, inwieweit der für den Gesamtorganismus von Ratten nachgewiesene Synergismus zwischen ungesättigten Fettsäuren und Pyridoxin, insbesondere die bemerkenswerte Sparwirkung von Fettsäuren bezüglich des Vitamin B_6-Bedarfs[5-10] auch für das Zentralnervensystem gilt, was besonders die schnelle und hochgradige Erniedrigung des Gehaltes an Diensäuren in den Geweben bei gleichzeitigem Mangel an Pyridoxin und Linolsäure betreffen würde[11]. Bei eiweißarm ernährten Ratten ist der Phosphatidgehalt des N. ischiadicus im Vergleich zu Tieren der gleichen Altersstufe erhöht, nicht dagegen im Vergleich zu Tieren von gleichem Gewicht[12].

e) Nucleinsäuren. Während die Konzentration an Phosphatiden in peripheren Nerven von Ratten vorwiegend vom Gewicht, nicht aber vom Alter der Tiere abhängt, ist der Gehalt der Nerven an Nucleinsäuren vom Alter der Tiere abhängig[12]. Daher ist die Verminderung der Konzentration an Nucleinsäuren im N. ischiadicus von eiweißarm ernährten Ratten nur bei unterschiedlichem Gewicht, nicht aber bei gleichaltrigen Tieren ausgeprägt.

---

[1] BEAUVALLET, M., et S. MANUEL: C. R. Soc. Biol. **144**, 1596, 1599 (1950). — [2] RIECKEHOFF, I. G., R. T. HOLMAN and G. O. BURR: Arch. Biochem. **20**, 331 (1949). — [3] HOLMAN, R. T., and T. S. TAYLOR: Arch. Biochem. **29**, 295 (1950). — [4] WIDMER, C. jr., and R. T. HOLMAN: Arch. Biochem. **25**, 1 (1950). — [5] BIRCH, T. W., and P. GYÖRGY: Biochem. J. **30**, 304 (1936). — [6] BIRCH, T. W.: J. biol. Ch. **124**, 775 (1938). — [7] QUACKENBUSH, F. W., and H. STEENBOCK: J. biol. Ch. **123**, XCVII (1938). — [8] GROSS, P.: J. invest. Derm. **6**, 505 (1940). — [9] SCHNEIDER, H., H. STEENBOCK and B. R. PLATZ: J. biol. Ch. **132**, 539 (1940). — [10] MEDES, G., M. V. MANN and J. B. HUNTER: Arch. Biochem. **32**, 70 (1951). — [11] MEDES, G., and D. C. KELLER: Arch. Biochem. **15**, 19 (1947). — [12] MANNELL, W. A.: Fed. Proc. **12**, 242 (1953).

10. Chemische Veränderungen unter pathologischen Bedingungen.

a) Die Thesaurismosen. α) Allgemeines. Das Zentralnervensystem ist in charakteristischer Weise an einer Reihe von Speicherungskrankheiten beteiligt. Es handelt sich bei ihnen fast ausschließlich um sog. Patho-Thesaurosen[1], bei denen im Gefolge einer primären — vermutlich fermentativen — cellulären Dysfunktion eine krankhafte Speicherung bestimmter Substanzen eintritt, die somit als Stapelungsdystrophien[2] zu bezeichnen sind. Im Gegensatz dazu ist bei den Thesauropathien oder den eigentlichen Speicherungskrankheiten die pathologische Speicherung humoral gelieferter Substanzen die Ursache der sich anschließenden Organerkrankung, an der sich das Zentralnervensystem z. B. bei der generalisierten Xanthelasmatose beteiligen kann.

β) Cholesteringranulomatose (HAND-SCHÜLLER-CHRISTIANsche Erkrankung). Die Cholesteringranulomatose dürfte entgegen der wiederholt geäußerten Auffassung als einer primären Cholesterinstoffwechselstörung[3,4] eine primäre echte Granulomatose mit nachträglicher Einlagerung von Cholesterin besonders in der Esterform sein[5]. Die Beteiligung der biologisch aktiveren Esterform ist für das Zentralnervensystem auffallend. Das fast ausschließliche Vorhandensein von freiem Cholesterin im normalen Zentralnervensystem dürfte seinen Grund in der Funktion des freien Cholesterins als Strukturelement haben, während der Esterform eine größere Beteiligung am Betriebsstoffwechsel zukommen dürfte. Die Beteiligung des Zentralnervensystems an der Cholesteringranulomatose ist erst spät erkannt worden. Auch im Zentralnervensystem ist das Mesenchym — besonders in seinen histiocytären Elementen — Träger der Erkrankung. In seltenen Fällen beteiligen sich das nervale Parenchym und besonders die Glia. Die Erkrankung kann mit von den Adventitialscheiden der Gefäße ausgehenden Herden in Hypothalamus, Groß- und Kleinhirn zu sekundären Markscheiden- und Achsenzylinderdegenerationen führen[6]. In anderen Fällen ist das Gehirn in einer für dieses Organ spezifischen Weise in Form disseminierender Entmarkungsencephalitiden mit verschieden alten Herden in Kleinhirn, Pons, Medulla oblongata, Stammknoten und Großhirnstammlager beteiligt[7-9].

γ) Xanthelasmatose. Bei der generalisierten Xanthelasmatose, die im Gegensatz zur Cholesteringranulomatose eine echte Thesauropathie darstellt, führt die im Gefolge einer Hypercholesterinämie sehr selten im Gehirn auftretende Cholesterinablagerung zum Bild der VAN BOGAERT-SCHERERschen Erkrankung[3]. Es handelt sich um eine primäre Cholesterinablagerung, die als „Cholesterindurchtränkungslipoidose" das Zentralnervensystem erst sekundär in Mitleidenschaft zieht.

δ) Phosphatidspeicherkrankheiten. Die Phosphatidspeicherkrankheiten umfassen im Zentralnervensystem im wesentlichen die NIEMANN-PICK-Erkrankung, die familiäre amaurotische Idiotie (TAY-SACHS) und die PFAUNDLER-HURLERsche Erkrankung. Die genetische Verwandtschaft besonders der beiden ersten Krankheiten ist vielfach angenommen, die amaurotische Idiotie als gewissermaßen monosymptomatische Gehirnform der NIEMANN-PICKschen Erkrankung angesehen; alle 3 Erkrankungen sind von DE RUDDER[10] sogar unter dem gemeinsamen Gesichtspunkt von gengebundenen Phosphatidstoffwechselstörungen als Phosphatiddiathesen zusammengefaßt worden.

---

[1] LETTERER, E.: Ärztl. Forsch. **1948**, 137. — [2] LETTERER, E.: D. m. W. **1948**, 147. — [3] EPSTEIN, E.: Virchows Arch. **306**, 53 (1940). — [4] ARNOLD, W.: Arch. Kinderheilkde. **132**, 41 (1944). — [5] LETTERER, E.: Fiat Rev., Bd. 70, Allgemeine Pathologie. I. S. 60 (1948). — [6] TEILUM, G.: Beitr. path. Anat. **106**, 460 (1942). — [7] HALLERVORDEN, J.: Verh. dtsch. path. Ges. **31**, 103 (1939). — [8] HEINE, J.: Beitr. path. Anat. **94**, 412 (1935). — [9] MASSHOF, W.: Beitr. path. Anat. **110**, 544 (1949). — [10] RUDDER, B. DE: Z. Kinderheilkde. **63**, 407 (1943).

A. NIEMANN-PICK*sche Erkrankung.* Sie stellt eine schwere, tödlich verlaufende Erkrankung der ersten Lebensjahre dar mit starker Speicherung von Sphingomyelin[1, 2] in den inneren Organen und Ganglien- und Gliazellen des Gehirns. Die mit der Speicherung verbundene Organvergrößerung geht der aufgestapelten Phosphatidmenge keineswegs parallel. Der Einbau des Phosphatids geschieht im Gehirn nur in bereits vorhandene Zellen, die zu „PICK-Zellen" aufgebläht werden, in Leber und Milz werden die speichernden Zellen erst neu gebildet[3]. Neben der Sphingomyelinspeicherung, die bis zu 7,6% der Trockensubstanz ausmachen kann, kommt auch bei dieser Erkrankung eine merkbare Anreicherung von Gangliosiden vor[1, 4].

B. Familiäre amaurotische Idiotie (TAY-SACHS). Die mit Erblindung und fortschreitender Idiotie verlaufende Erkrankung ist in ihrer infantilen Verlaufsform auf eine starke Gangliosidspeicherung, die das 20fache des Normalwertes erreichen kann, in den Ganglien- und Gliazellen des Zentralnervensystems zurückzuführen[1, 4, 5]. Bei der juvenilen Form sind bisher keine eindeutigen Ergebnisse erzielt worden, ihre Untersuchung ergab keine so auffällige Abweichung von der normalen Zusammensetzung der Gehirnlipoide wie in den NIEMANN-PICK- und den TAY-SACHS-Fällen. Dies hängt möglicherweise damit zusammen, daß nur bei der infantilen Form die Erkrankung der Nervenzellen diffus über das Gehirn verbreitet ist, während sie bei der juvenilen Form sich mehr oder weniger auf bestimmte Zentren konzentriert[6]. Außerdem reichern sich im Laufe der Entwicklung die Cerebroside im Gehirn an, wodurch die Trennung der in Frage kommenden Lipoide erschwert wird.

Wenngleich die Ganglioside den Sphingomyelinen chemisch nahe stehen, kann die extreme Ablagerung von Sphingomyelinen im ersten und die von Gangliosiden im zweiten Fall vom biochemischen Standpunkt dafür sprechen, daß es sich um 2 verschiedenartige Gehirnerkrankungen handelt. Zwischen beiden Erkrankungen bestehen besonders im Kleinhirn und hinsichtlich der feineren Ganglienzellveränderungen deutliche Unterschiede[7], die eine Gleichsetzung ausschließen. Dennoch dürften beide Erkrankungen nicht völlig wesensverschieden sein. Schon die Tatsache, daß bei der NIEMANN-PICKschen Erkrankung die Ganglioside ebenfalls vermehrt sind — sogar gelegentlich stärker als in Fällen von juveniler amaurotischer Idiotie trotz echter anatomischer Unterschiede — spricht für eine Verwandtschaft; ferner die Beobachtung, daß in Spätfällen amaurotischer Idiotie die degenerativen Ablagerungen lipoider Substanzen auf bestimmte Zentren beschränkt und die Phosphatidablagerung zugunsten des Auftretens von Gemischen, in denen Neutralfette vorherrschen, verändert wird[8]. Man wird daraus schließen dürfen, daß die celluläre den Fettstoffwechsel betreffende Dystrophie sich in verschiedenem Lebensalter in verschiedener Weise manifestiert, so daß die Verschiedenheit der abgelagerten Lipoid- und Fettsubstanzen nicht von so entscheidender Art ist, daß beide Krankheiten grundsätzlich getrennt werden könnten[9]. Das Wesen der cellulären Dystrophie liegt möglicherweise in einer gestörten Umwandlung von Zuckern in Fett begründet[10], wodurch sich die bemerkenswerte zeitliche Manifestation im Zeitraum der schnellsten Wachstums- und Aufbauvorgänge erklären ließe.

---

[1] KLENK, E.: H. **229**, 151 (1934); **235**, 24 (1935); **262**, 128 (1939/40). — [2] TROPP, C., u. B. ECKARDT: H. **243**, 38 (1936); **245**, 163 (1937). — [3] LETTERER, E.: D. m. W. **1948**, 147. — [4] KLENK, E.: H. **268**, 50 (1941). — [5] KLENK, E.: H. **282**, 84 (1947). — [6] HALLERVORDEN, (J.): Verh. Ges. Verd.-Krankh. **14**, 107 (1939). — [7] FEYRTER, F.: Virchows Arch. **304**, 481 (1939). — [8] HALLERVORDEN, J.: Verh. dtsch. Ges. Path. **31**, 103 (1939). — [9] LETTERER, E.: Fiat Rev., Bd. 70, Allgemeine Pathologie, I. S. 60 (1948). — [10] KLENK, E.: Verh. dtsch. path. Ges. **31**, 6 (1939).

C. PFAUNDLER-HURLER*sche Erkrankung.* Die auch als Dysostosis multiplex oder wegen ihrer fratzenhaften Verunstaltungen als Gargoylismus bezeichnete vor allem das Knochensystem[1] befallende Störung des Phosphatidstoffwechsels kann zu erheblicher Beteiligung der Ganglienzellen des Zentralnervensystems und extracerebraler nervöser Elemente in Darm, Nebennieren und Retina[2] führen. Die nach Art der familiären Idiotie verlaufende Ganglienzellerkrankung ist auch hier das morphologische Substrat der Idiotie, während chemische Untersuchungen noch nicht in ausreichender Menge vorliegen. In einem Fall[3] von Dysostosis multiplex scheinen die Ganglioside vermehrt gewesen zu sein[4].

ε) Cerebrosidspeicherkrankheit (GAUCHER-Krankheit). Die GAUCHER-Erkrankung ist eine typische, vorwiegend die Zellen des reticuloendothelialen Systems — Reticulum- und Adventitiazellen sowie Histiocyten — befallende, Reticulo-Histiocytose, bei der mit Ausnahme des Gehirns die Parenchymzellen unbeteiligt bleiben. Bei der gespeicherten Substanz handelt es sich um Cerebroside. Während aber in der Milz und anderen Organen das gespeicherte Cerebrosid Glucose enthält[5–7], bleiben die Gehirncerebroside Cerebrogalaktoside und geben auch hinsichtlich ihrer Fettsäurezusammensetzung keine Abweichung von normalen Verhältnissen zu erkennen. Die Glucosidform der Cerebroside ist für die GAUCHER-Zelle charakteristisch. Diese weitgehende Organspezifität der Cerebroside[8] unter pathologischen Umständen ist eine der stärksten Stützen für die Anschauung, daß es sich bei den Patho-Thesaurosen nicht um die Einlagerung humoral gelieferter Stoffe, sondern um primäre celluläre Dystrophien handelt. Die Erkrankung, die beim Säugling und Erwachsenen vorkommt, befällt im Säuglingsalter das Gehirn im wesentlichen in 2 Formen, bei denen die Ganglienzellen vakuoläre Degeneration (Zellblähung) mit fortschreitendem Untergang erleiden, während sie in anderen Fällen durch die Ablagerung eines homogenen, glasigen Fremdstoffes mit Zerstörung der Tigroidstruktur gekennzeichnet sind. Gehirn und Rückenmark werden nicht diffus, sondern herdförmig befallen, im Rückenmark die Vorderhornzellen stärker als die des Hinterhorns[9]. Für die Beteiligung des Gehirns ist ferner charakteristisch, daß — der Vorstellung der primären cellulären Dysfunktion entsprechend — der Zelluntergang der Einlagerung des Fremdstoffes gelegentlich offenbar vorangehen kann. Trotz der morphologisch erfaßbaren Einlagerung der GAUCHER-Substanz in die Ganglienzellen des Säuglingsgehirns ergibt die chemische Untersuchung keine Erhöhung ihrer Konzentration.

ζ) Glykogenspeicherkrankheit (v. GIERKE). Das Zentralnervensystem ist bei dieser mit abundanten Glykogeneinlagerungen verbundenen Erkrankung gelegentlich mitbefallen. Die Erkrankung, die ein außerordentlich wechselndes Bild[10,11] neben dem „klassischen" hepatomegalen Typ, den Lebertyp mit cirrhotischem Umbau, und den Typ ohne Lebervergrößerung mit sog. idiopathischer Herzhypertrophie zeigt, führt durch starke Glykogeneinlagerung zu den bekannten wasserhellen, glasigen, an Pflanzenzellen erinnernden Veränderungen der Ganglienzellen mit Kernveränderung und Schwund der NISSL-Substanz. Neben dem Gehirn und den Ganglienzellen des Vorderhorns können auch die nervösen Elemente des AUERBACHschen Plexus betroffen werden. Als besonders kennzeichnend für

---

[1] SCHMIDT, M. B.: Zbl. Path. **79**, 113 (1942). — [2] WEIDENMÜLLER, K.: Zbl. Path. **83**, 66 (1945). — [3] SIEGMUND, H.: Zbl. Path. **83**, 66 (1945). — [4] KLENK, E.: Fiat Rev. Bd. 60, Physiologische Chemie. S. 243 (1949). — [5] KLENK, E.: H. **267**, 128 (1941). — [6] BRÜCKNER, J.: H. **275**, 73 (1942). — [7] HALLIDAY, N.: Proc. Soc. exp. Biol. Med. **75**, 659 (1950). — [8] KLENK, E., u. F. RENNKAMP: H. **272**, 280 (1942). — [9] FRESEN, O.: Zbl. Path. **83**, 65 (1945). — [10] SIEGMUND, H.: Verh. dtsch. path. Ges. **31**, 150 (1939). — [11] ULSTROM, R. A., M. R. ZIEGLER, D. DOEDEN and I. MCQUARRIE: Metabolism **1**, 291 (1952).

die Glykogenspeicherkrankheit muß das Fehlen der sehr schnell einsetzenden postmortalen Glykogenolyse aufgefaßt werden, die schon frühzeitig zu der Auffassung führte, daß den betreffenden Parenchymzellen eine „Enzymschwäche“[1] eigen sei, die sowohl die Glykogenolyse als auch in einigen Fällen die Glykogenese betreffen müsse und möglicherweise gengebunden sei[2]. Die aus der normalen Diastaseausscheidung im Urin derartiger Kranker sowie dem unveränderten Diastasegehalt der Leber[3] gezogene Schlußfolgerung neuro-hormonaler Störungen entbehrt jeder Grundlage, da der Glykogenabbau in keinem Organ hydrolytisch unter Vermittlung der Diastase, sondern allein durch Phosphorolyse erfolgt. CORI[4-6] konnte dementsprechend in einigen Fällen neben abnormer, mehr der Stärke ähnelnder molekularer Struktur des Glykogens Verminderung oder völlige Abwesenheit der Glucose-6-phosphatase feststellen.

η) Hämochromatose. Bei der als Hämochromatose bezeichneten generalisierten Störung des Eisenstoffwechsels kann das Gehirn in auffallender Weise beteiligt sein[7]. Während in anderen Organen große Mengen eisenhaltiger Granula in den Parenchymzellen abgelagert sind, tritt das im Gehirn abgelagerte Eisen histochemisch nicht in Erscheinung. Es dürfte eine allgemeine Retention des Eisens in der Zelle vorliegen, so daß diese Erkrankung den Thesaurismosen zugerechnet werden kann.

b) Hirntumoren. Die chemische Untersuchung von Hirntumoren hat sich in Analogie zu der Bedeutung der Lipoide für das Zentralnervensystem besonders mit diesen beschäftigt. Bei der Beurteilung der Ergebnisse darf nicht übersehen werden, daß der größte Teil der Hirntumoren gliösen und meningealen Ursprungs und die Zahl der dem eigentlichen neuralen Parenchym entstammenden Tumoren (z. B. Medulloblastome) viel kleiner ist.

Bei den Gliomen besteht zwischen den reifen und unreifen Formen keine nennenswerte Differenz hinsichtlich ihrer Lipoidzusammensetzung. Sie enthalten durchschnittlich über 10% Phosphatide, 1,6% freies und 2% Gesamtcholesterin und 2—4% Cerebroside (Trockensubstanz). Der Lipoidgehalt der Meningeome stimmt praktisch mit dem der Gliome überein. Neurinome enthalten etwas größere Mengen, Hämangiome des Zentralnervensystems dagegen nur kleinere Beträge an Phosphatiden, aber größere Konzentrationen an Cholesterin, von dem über 60% verestert sind. Eosinophile Granulome enthalten innerhalb der Phosphatidfraktion beträchtliche Lecithinmengen. In malignen Gliomen ließen sich größere Mengen Inosit nachweisen. Durch Papierchromatographie konnten Cholin, Äthanolamin und Serin in der Lipoidfraktion der Gliome nachgewiesen werden; 70% der Kephaline werden vom Colamin-Kephalin gestellt[8]. Ganglioside ließen sich in Glioblastomen nachweisen[9], die Strandinkonzentration von Hirntumoren liegt in der Mitte zwischen den Werten für die graue und die weiße Substanz[10]. Im allgemeinen weicht die Lipoidzusammensetzung der Hirntumoren nicht sehr wesentlich von der der grauen Substanz ab, in einigen Fällen scheinen allerdings bei den Tumoren die Neutralfette (Nekrosen?) zu überwiegen[8].

[1] GIERKE, E. v.: Med. Klinik **1931 I**, 576, 611. — [2] ULSTROM, R. A., M. R. ZIEGLER, D. DOEDEN and I. MCQUARRIE: Metabolism **1**, 291 (1952). — [3] UNSHELM, E.: Jb. Kinderheilkde. **137**, 257 (1932). — [4] CORI, C. F.: Synthesis of Glycogen. Symposium on Carbohydrate Metabolism. Baltimore. Unveröffentlicht. [ULSTROM, R. A., M. R. ZIEGLER, D. DOEDEN and I. MCQUARRIE: Metabolism. **1**, 291 (1952)]. — [5] ILLINGWORTH, B., and G. T. CORI: J. biol. Ch. **199**, 653 (1952). — [6] CORI, G. T., and C. F. CORI: J. biol. Ch. **199**, 661 (1952). — [7] SCHMIDT, M. B.: Ergebn. Path. **35**, 105 (1940). — [8] BRANTE, G.: Acta physiol. scand. **18**, Suppl. **63**, 148 (1949). — [9] BRANTE, G., and L. SVENNERHOLM: Unveröffentlicht. [BRANTE, G.: Acta physiol. scand. **18**, Suppl. **63**, 148 (1949).] — [10] FOLCH, J., S. ARSOVE and J. A. MEATH: J. biol. Ch. **191**, 819 (1951).

Bezüglich des Glykogengehaltes der Hirntumoren ist die Malignität des Tumors für die Bildung von Glykogen nicht ausschlaggebend[1]. Astrocytome enthalten in vivo kaum, in Gewebskulturen viel Glykogen; polymorphzellige Astrocytome besitzen dagegen bereits in vivo reichlich Glykogen, ebenso wie multiforme Spongioblastome, die im Stadium der Reifung nur unbedeutende Mengen aufweisen. Medulloblastome enthalten in vivo fast kein, in der Gewebskultur reichlich Glykogen. Chorioideapapillome weisen eine besondere Glykogenverteilung auf. In schnell wachsenden malignen Geschwülsten des Zentralnervensystems (z. B. Medulloblastomen) ist entsprechend dem gesteigerten Wachstum die Phosphataseaktivität deutlich höher als in den gutartigen langsam wachsenden Astrocytomen[2]. Ganz entsprechend ist auch die Aktivität der β-Glucuronidase des Glioblastoma multiforme höher als in gutartigen Tumoren[3]. Die Freisetzung des Fermentes — vermutlich aus absterbenden Tumorzellen — führt zu seiner Erhöhung im Liquor cerebrospinalis. Wenngleich die Aktivität der β-Glucuronidase im Liquor cerebrospinalis auch bei Patienten mit gutartigen Tumoren (Craniopharyngeomen, Hypophysenadenomen, Ependymomen, Meningeomen, Acusticusneurinomen) erhöht ist, findet sich die stärkste Aktivität bei den bösartigen Tumoren des Zentralnervensystems (Glioblastoma multiforme) und etwas schwächer bei den Hirnmetastasen anderer Tumoren. Charakteristisch für das Zentralnervensystem ist seine Resistenz gegen cancerogene Substanzen[4], da sich bei Ratten auf diese Weise bisher nur einmal ein infiltrativ wachsendes und in das Ventrikelsystem einbrechendes Glioblastom hat erzeugen lassen[5].

c) Demyelinisierende Erkrankungen. In der Humanpathologie des Zentralnervensystems existieren einige Erkrankungen, die selektiv zu Zerstörung der Markscheiden und nachfolgender Sklerosierung führen, ohne Beteiligung der Nervenzellen selbst (diffuse und multiple Sklerose). Bei der diffusen Sklerose wurde der Lipoidgehalt der Hirnrinde normal gefunden, in der weißen Substanz ist dagegen eine allgemeine Verminderung des Lipoidgehaltes bis auf $^1/_3$ des Normalwertes feststellbar[6], so daß die Lipoidkonzentration in der grauen sogar die der weißen Substanz übertrifft. Durch die besondere Verminderung der Cerebrosid- und Cholesterinanteile erfährt die Lipoidzusammensetzung eine Annäherung an die der grauen Substanz. In einem Fall von epidemischer Encephalitis, der neben Entmyelinisierung beträchtliche Destruktionen der Achsenzylinder aufwies, war bei unverändertem Wassergehalt, beträchtlichem Anstieg der Nichtlipoidtrockensubstanz im Mark und geringer Erniedrigung in der Rinde besonders die Lipoidfraktion verändert. Die Phosphatid- und Cerebrosidkonzentration der Hirnrinde war deutlich erniedrigt, Neutralfette schienen ganz zu fehlen und Cholesterin unverändert zu sein. Die Veränderungen in der weißen Marksubstanz betrafen die Reduktion des Cerebrosid-, Cholesterin- und Phosphatidgehaltes und die der Cholinphosphatide. Bei den sklerosierenden Prozessen des Marklagers ist an die Möglichkeit einer Beteiligung lipolytischer Fermente für die Aktivierung der Erkrankung gedacht worden[7]. Die Tatsache, daß kein lipolytisches „Kontagion" im Gehirn auffindbar war, ist als Grund gegen die infektiöse Genese dieser Sklerosen angeführt worden[8]. An der infektiösen Natur der epidemischen Virusencephalitis ist dagegen kein Zweifel möglich. Die Veränderungen der Lipoidzusammensetzung der weißen Substanz sind bei diffuser Sklerose und Encephalitis

---

[1] Goschewa, A. J.: Fragen d. Neurochir. (russ.) **15**, 12 (1951). — [2] Michejewa, J. W.: Fragen d. Neurochir. (russ.) **15**, 17 (1951). — [3] Anlyan, A. J., and A. Starr: Cancer, N. Y. **5**, 578 (1952). — [4] Russell, W. O., and G. S. Loquvam: Cancer Res. **11**, 962 (1951). — [5] Vazquez Lopez, E.: Nature **156**, 296 (1945). — [6] Brante, G.: Acta physiol. scand. **18**, Suppl. **63**, 164 (1949). — [7] Marburg, O.: Jb. Psychiatr. Neurol. **27**, 213 (1906). — [8] Baló, J. v.: Die Erkrankungen der weißen Substanz des Gehirns und des Rückenmarks. Leipzig, Budapest 1940.

einander ähnlich. Bei anämischer Degeneration und allgemeiner Paralyse wird eine geringe Verminderung der Lipoidmenge und höhere Veresterung von Cholesterin gefunden.

d) WALLERsche Degeneration. α) Die Degeneration. Nach Durchtrennung, Exhairese oder Zerquetschung des peripheren Nerven erleidet der periphere Stumpf Veränderungen, die in ihrer Gesamtheit als WALLERsche Degeneration bezeichnet werden. Der degenerierende periphere Stumpf kann später durch Regeneration der proximalen Anteile reinerviert werden. Die chemischen Erscheinungen im degenerierenden peripheren Nerven verschiedener Säugetiere sind bei Unterschieden im einzelnen und im zeitlichen Verlauf grundsätzlich gleich.

A. Wasserhaushalt. Der Wassergehalt des peripheren Nerven steigt, dem histologischen Bild der ödematösen Durchtränkung entsprechend, kurze Zeit nach der Durchtrennung an und erreicht bei Katzen nach 4 Tagen den höchsten Wert[1]. Bei Kaninchen[2-5] macht seine Erhöhung in den ersten 3 Wochen 14—16,9%, bei Hunden[3,4] in der ersten Woche 8,7% aus. Im weiteren Verlauf nähert sich der Wassergehalt wieder den Normalwerten (s. Tabelle 119, S. 694). Ähnliche Verhältnisse gelten für den Wasserhaushalt des Gehirns von Meerschweinchen nach Erzeugung experimenteller Traumen[6,7].

B. Lipoidzusammensetzung. Nach der Durchtrennung des peripheren Nerven verliert der distale Anteil in kurzer Zeit seine Erregbarkeit. Erst einige Zeit später setzen die morphologischen und chemischen Veränderungen der Markscheiden ein, die zunächst in einzelne Fragmente aufgelöst und dann völlig zerstört werden. Die markantesten Veränderungen betreffen die — als hauptsächlichste Myelinlipoide[8-10] zusammengefaßten — Cerebroside, Sphingomyeline und das Cholesterin (s. Tabelle 119, S. 694). Die Verminderung ihrer Konzentration wird erst deutlich 8 Tage nach der Nervendurchtrennung[1,5,11,12] und ist für die 3 Lipoide ziemlich ähnlich. Nach 96 Tagen sind keine Cerebroside und nur noch kleine Mengen Cholesterin nachweisbar. Während der Degeneration findet im Nerven eine bemerkenswerte Verschiebung des Verhältnisses Gesamtcholesterin zu freiem Cholesterin statt. Das im Kontrollnerven kaum nachweisbare veresterte Cholesterin steigt schnell an und hat nach 16 Tagen mit 1,0 mg-% den höchsten Wert erreicht. Der degenerierende Nerv enthält dadurch mehr verestertes als freies Cholesterin. Der stärkste Abfall der Gesamtphosphatide geschieht zwischen dem 4. und 16. Tag; nach 96 Tagen sind nur mehr 10% der Ausgangsmenge vorhanden. Auch die Konzentration der einzelnen Phosphatide (Lecithine, Kephaline, Sphingomyeline) läßt das gleiche Verhalten erkennen. Die Kephalinkonzentration sinkt besonders schnell, die an Lecithin langsamer ab. Der Gehalt an Gesamtfettsäuren vermindert sich bereits innerhalb von 4 Tagen von 14,54 auf 10,30% und behält diesen Wert im Verlaufe der Degeneration bei[11]. Die Neutralfette verhalten sich ähnlich, die Verminderung ihrer Konzentration ist in der ersten Woche abgeschlossen, sie steigt im weiteren Verlauf an und hat nach 32 Tagen die Normalwerte wieder erreicht[1]. Dem Lipoidabbau der Markscheiden entspricht

---

[1] JOHNSON, A. C., A. R. MCNABB and R. J. ROSSITER: Nature **164**, 108 (1949). — [2] MAY, R. M.: Cr. **190**, 1150 (1930). — [3] MAY, R. M., et J. ARNOUX: Bull. Soc. Chim. biol. **22**, 286 (1940). — [4] MAY, R. M.: Bull. Soc. Chim. biol. **29**, 1035 (1947). — [5] MAY, R. M.: Bull. Soc. Chim. biol. **30**, 562 (1948). — [6] MAY, R. M.: Bull. Soc. Chim. biol. **9**, 970 (1927). — [7] MAY, R. M.: Bull. Soc. Chim. biol. **11**, 312 (1929). — [8] JOHNSON, A. C., A. R. MCNABB and R. J. ROSSITER: Biochem. J. **43**, 573 (1948). — [9] JOHNSON, A. C., A. R. MCNABB and R. J. ROSSITER: Biochem. J. **43**, 578 (1948). — [10] JOHNSON, A. C., A. R. MCNABB and R. J. ROSSITER: Biochem. J. **44**, 494 (1949). — [11] JOHNSON, A. C., A. R. MCNABB and R. J. ROSSITER: Biochem. J. **45**, 500 (1949). — [12] MANNELL, W. A.: Canad. J. med. Sci. **30**, 173 (1952).

Tabelle 119. Die Lipoide des N. ischiadicus der Katze während der WALLERschen Degeneration (in % der Kontrollwerte)[1].

	Kontrollen	Degeneration					
		4 Tage	8 Tage	16 Tage	32 Tage	64 Tage	96 Tage
Cerebroside	100	103	96	55	25	20	0
Gesamtcholesterin	100	100	96	83	60	32	24
Freies Cholesterin	100	99	92	52	36	17	9
Cholesterinester (in % der 16-Tage-Konzentration)	2	4	17	100	79	48	47
Gesamtphosphatide	100	101	99	49	22	12	10
Monoaminophosphatide	100	110	104	43	18	13	11
Lecithin	100	110	112	70	49	33	25
Kephalin	100	112	101	38	9	8	8
Sphingomyelin	100	86	94	58	28	10	7
Essentielle Lipoide	100	102	98	60	33	19	12
Myelinlipoide	100	98	94	55	30	16	6
Gesamtfettsäuren	100	71	77	72	83	73	71
Neutralfette (berechnet aus Glycerin)	100	64	53	90	108	139	96
Neutralfette (berechnet aus Neutralfettsäuren)	100	52	65	79	109	97	100
Gesamtlipoide	100	87	79	70	62	65	43
Wassergehalt	100	134	122	126	120	105	90

die Verminderung des Gesamt- und des Lipoid-P[2,3], dem Abbau der Lipoproteidkomplexe die Verminderung des Inosit-P[3]; die gleichzeitige Erhöhung der Fraktion des säurelöslichen P, des Lipoid-S[4] und des Lipoid-N[5] ist ebenfalls auf den starken Lipoidabbau zurückzuführen.

C. Nucleinsäuren. Zu den charakteristischen Folgen der Nervendurchtrennung gehört die schnelle und bedeutende Erhöhung des Nucleinsäuregehaltes[3,6–8], die bereits nach 24 Std signifikant ist[7]. Sie erreicht ihr Maximum nach 16 Tagen mit einem gegenüber den Kontrollnerven (13,0 mg-% P) fast 4fach erhöhten Wert von 49,3 mg-% P. Der Anstieg des proteingebundenen P im degenerierenden Nerven ist auf die Erhöhung seiner Nucleinsäurekonzentration zurückzuführen[3], von der die RNS stärker als die DNS betroffen werden, so daß das Verhältnis RNS:DNS von 0,9 auf 1,3 ansteigt. Die Zunahme des Nucleinsäuregehaltes hängt ebenso wie der Lipoidabbau vom Lebensalter ab. Bei jungen Tieren, die von vornherein eine höhere Nucleinsäure- und Phosphatidkonzentration ihrer Nerven aufweisen, tritt intensivere Vermehrung der Nucleinsäuren und schnellerer Phosphatidabbau ein[8]. Im degenerierenden Nerven ist die P-Austauschgeschwindigkeit beträchtlich erhöht, was besonders für den Austausch in den Nucleinsäuren, der bis zu 300% der Norm erreicht, gilt[9].

D. Eiweiß. Der Gesamt-N des degenerierenden Nerven steigt in der ersten Woche von 6,46—9,43 auf 13,5% (Trockensubstanz) an, sinkt aber bald wieder auf die Werte der Kontrollnerven ab[5]. Dagegen ist die Erhöhung des Eiweiß-N, der 70—87,7% des Gesamt-N ausmacht, anhaltend und Ausdruck einer echten

[1] JOHNSON, A. C., A. R. MCNABB and R. J. ROSSITER: Biochem. J. **45**, 500 (1949). — [2] MAY, R. M.: Bull. Soc. Chim. biol. **12**, 934 (1930). — [3] LOGAN, J. E., W. A. MANNELL and R. J. ROSSITER: Biochem. J. **51**, 482 (1952). — [4] MAY, R. M.: Bull. Soc. Chim. biol. **29**, 1035 (1947). — [5] MAY, R. M., et J. ARNOUX: Bull. Soc. Chim. biol. **22**, 286 (1940). — [6] KOCH, W., and W. H. GOODSON: Amer. J. Physiol. **15**, 272 (1906). — [7] MANNELL, W. A.: Canad. J. med. Sci. **30**, 173 (1952). — [8] MANNELL, W. A., and R. J. ROSSITER: Proc. Soc. exp. Biol. Med. **80**, 262 (1952). — [9] SAMUELS, A. J., L. L. BOYARSKY, R. W. GERARD, B. LIBET and M. BRUST: Amer. J. Physiol. **164**, 1 (1951).

Vermehrung der Eiweißkörper, die über 50% betragen kann[1] und der Zunahme des Protein-S entspricht[2]. Die Fraktion des dem Neurokeratin[3] entsprechenden nichtextrahierbaren N[4] schwindet in zeitlicher Übereinstimmung mit dem Abbau der Myelinlipoide, was mit seiner Bedeutung als Strukturelement der Markscheiden zusammenhängen dürfte. An der Erhöhung des Protein-S beteiligt sich besonders Cystin[5]. Bereits 5 Tage nach der Nervendurchtrennung ist der normalerweise 0,28% betragende Cystingehalt des Nerven um 42%, nach 96 Tagen um 96% gestiegen. Der Anstieg des Cystingehaltes übertrifft den an Gesamtprotein. Dagegen konnten im gesunden und degenerierenden Nerven papierchromatographisch ohne Unterschied folgende Aminosäuren nachgewiesen werden[6]: Glykokoll, Alanin, Serin, Cystin, Threonin, Methionin, γ-Aminobuttersäure, Valin, Leucin, Asparaginsäure, Glutaminsäure, Arginin, Lysin, Phenylalanin, Tyrosin, Histidin und Prolin. Zwischen gesundem und degenerierendem Nerven bestehen keine Unterschiede hinsichtlich der Zusammensetzung der Aminosäuren.

E. Fermente. Im degenerierenden Nerven sind einige sehr charakteristische Änderungen von Fermentaktivitäten zu beobachten, die besonders die *Phosphatasen* und das Cholinacetylase-Acetylcholinesterasesystem betreffen. Von den Phosphomonoesterasen erfährt die *saure Phosphatase*, die bei p_H 4,9 und 37° normalerweise 0,27—0,64γ P je mg Feuchtgewicht je Std aus Phenylphosphat freisetzt, eine bereits nach 4 Tagen nachweisbare Steigerung ihrer Aktivität[7-9], die auf ihrem Höhepunkt nach 16 Tagen 308% ausmacht[9]. Die saure Phosphatase des peripheren Nerven von Katzen (N. ischiadicus), deren Aktivität der sauren Phosphatase des menschlichen Gehirns[10] aber nur $^1/_3$ derjenigen von Hundegehirn[11] entspricht, konnte histochemisch in den Achsenzylindern, nur schwach in den Zellkernen der SCHWANNschen und endoneuralen Zellen, aber nicht in ihrem Cytoplasma und den Markscheiden nachgewiesen werden[12,13]. Im Gegensatz zu der mit chemischen Methoden eindeutig nachgewiesenen Steigerung der Fermentaktivität im degenerierenden Nerven ist die saure Phosphatase mit histochemischer Technik bei WALLERscher Degeneration in den Achsenzylindern nicht mehr nachweisbar[13,14]. Im Hinblick auf die methodischen Mängel[7,15] — insbesondere auf den durch das Fixierungs- und Einbettungsverfahren bedingten Aktivitätsverlust der Fermente — dürfte den chemischen Ergebnissen am frischen Untersuchungsmaterial die größere Genauigkeit zukommen. Es darf allerdings nicht übersehen werden, daß die Aktivitätssteigerung auf die Zellproliferation zurückgeführt werden muß (s. S. 697). Die Aktivität der *alkalischen Phosphomonoesterase*, die bei p_H 9,90 und 37° normalerweise 0,30—0,55γ P je mg/Std aus Phenylphosphat freisetzt, sinkt bei der WALLERschen Degeneration stark ab; ihre Aktivität beträgt nach 16 Tagen nur noch 50% des Ausgangswertes. Obgleich die Aktivität der alkalischen Phosphatase im peripheren Nerven etwa der der sauren Phosphatase entspricht, ist ihr histochemischer Nachweis spärlich. Nach GOMORI[16] und anderen Autoren[17] ist sie im peripheren Nerven nur in den

[1] MAY, R. M.: Bull. Soc. Chim. biol. **30**, 562 (1948). — [2] MAY, R. M.: Bull. Soc. Chim. biol. **29**, 1035 (1947). — [3] BLOCK, R. J.: Yale J. Biol. Med. **9**, 445 (1937). — [4] ABERCROMBIE, M., and M. L. JOHNSON: J. Neurol. Neurosurg. Psychiatry **9**, 113 (1946). — [5] MAY, R. M., et M. J. THILLARD: Bull. Soc. Chim. biol. **32**, 977 (1950). — [6] MAY, R. M., et M. J. THILLARD: Bull. Soc. Chim. biol. **33**, 253 (1951). — [7] BODIAN, D.: Nucleic Acid. Symp. Soc. exp. Biol. **1**, 163 (1951). — [8] HEINZEN, B.: Anat. Rec. **98**, 193 (1947). — [9] HOLLINGER, D. M., R. J. ROSSITER and H. UPMALIS: Biochem. J. **52**, 652 (1952). — [10] REIS, J. L.: Biochem. J. **48**, 548 (1951). — [11] McNABB, A. R.: Canad. J. med. Sci. **29**, 208 (1951). — [12] WOLF, A., E. A. KABAT and W. NEWMAN: Amer. J. Path. **19**, 423 (1943). — [13] SMITH, W. K.: Anat. Rec. **102**, 523 (1948). — [14] LASSEK, A. M., and E. D. BUEKER: Anat. Rec. **97**, 395 (1947). — [15] BARTELMEZ, G. W., and S. H. BENSLEY: Science, N.Y. **106**, 639 (1947). — [16] GOMORI, G.: J. cellul. comp. Physiol. **17**, 71 (1941). — [17] LANDOW, H., E. A. KABAT and W. NEWMAN: Arch. Neurol. Psychiatry **48**, 518 (1942).

Blutgefäßwänden darstellbar. Es ist schwer vorstellbar, wie unter diesem Gesichtspunkt der Aktivitätsabfall der alkalischen Phosphatase mit der beträchtlichen Proliferation von Endothelien und glatten Muskelzellen[1] in den Gefäßen des degenerierenden Nerven vereinbart werden kann. Neuerdings konnte eine schwache Reaktion auf alkalische Phosphatase in den Achsenzylindern[2], sporadisch in „Streifen“ intakter Kaninchennerven sowie eine starke Reaktion in Kernen und Cytoplasma der SCHWANNschen Zellen und in Myelintrümmern nachgewiesen werden[3]. Auch hier gilt hinsichtlich der Diskrepanzen zwischen chemischen und histochemischen Ergebnissen das oben für die saure Phosphatase Gesagte. Die Aktivität der für Adenosin- bzw. Inosin-5-phosphat spezifischen[4] *5-Nucleotidase,* die bei p_H 7,5 und 37° 1,38—3,43 γ P je mg Feuchtgewicht je Std aus Adenosin-5-phosphat freisetzt, ist bei der WALLERschen Degeneration nach 16 Tagen um 47% gesteigert[5]. 5-Nucleotidase konnte histochemisch im Interstitium des Zentralnervensystems und in den Achsenzylindern des peripheren Nerven nachgewiesen werden[2]. Ihre Aktivität im intakten Nerven der Katze ist etwas geringer, die im degenerierenden Nerven beträchtlich höher als die des menschlichen Gehirns[6]. Die erhöhte Freisetzung von anorganischem P aus ATP durch die *ATPase* des degenerierenden Nerven um 17% ist nicht signifikant. Die Aktivität der ATPase des peripheren Nerven, die bei p_H 7,2 und 37° 12,4—17,2 γ P je mg/Std aus ATP freisetzt, erreicht nur etwa die Hälfte der für Rattengehirn[7] gefundenen Aktivität. Das Ferment wird im normalen und degenerierenden Nerven ebenso durch Ca^{++} aktiviert wie im Gehirn[8,9]. Die besonders starke Aktivitätssteigerung der *β-Glucuronidase*[10,11], die normalerweise bei p_H 4,5 und 37° 0,26—0,45 γ Phenolphthalein je mg/Std aus Phenolphthalein-mono-β-glucuronid abspaltet, erreicht 16 Tage nach der Durchtrennung 3400%.

Die am 1. bzw. 2. Tag der Degeneration bereits einsetzende Abnahme der Acetylcholinkonzentration[12–14], die von anderen Autoren[15–17] zu Beginn der Degeneration noch nicht beobachtet wurde, dürfte auf den beträchtlichen Verlust des *acetylcholinsynthetisierenden Fermentsystems*[17–19] zurückzuführen sein. Die Verminderung des Acetylcholingehaltes ist bereits bei noch erhaltener Erregungsleitung und normalem Aktionspotential nachweisbar; Aktionspotential und Nervenleitung setzen erst aus, wenn der ursprüngliche Acetylcholingehalt des Nerven auf 10% abgesunken ist[16]. Ebenso sinkt die Aktivität der Acetylcholinesterase des Nerven[20] und des oberen Cervicalganglion[21,22] nach Durchtrennung der Nerven schnell und beträchtlich ab.

Die bei Degeneration des Nerven bereits nach 10 Std einsetzende Verminderung der *Aneurin*konzentration führt nach 50—70 Std zu einem Verlust von

[1] ABERCROMBIE, M., and M. L. JOHNSON: J. Anat., London **80**, 37 (1946). — [2] NEWMAN, W., I. FEIGIN, A. WOLF and E. A. KABAT: Amer. J. Path. **26**, 257 (1950). — [3] MARCHANT, J.: J. Anat., London **83**, 227 (1949). — [4] REIS, J.: Enzymologia **2**, 110 (1937). — [5] HOLLINGER, D. M., R. J. ROSSITER and H. UPMALIS: Biochem. J. **52**, 652 (1952). — [6] REIS, J. L.: Biochem. J. **48**, 548 (1951). — [7] DU BOIS, K. P., and V. R. POTTER: J. biol. Ch. **150**, 185 (1943). — [8] MEYERHOF, O., and J. R. WILSON: Arch. Biochem. **14**, 71 (1947). — [9] BINKLEY, F., and C. K. OLSON: J. biol. Ch. **186**, 725 (1950). — [10] HOLLINGER, D. M., J. E. LOGAN, W. A. MANNELL and R. J. ROSSITER: Nature **169**, 670 (1952). — [11] HOLLINGER, D. M., and R. J. ROSSITER: Biochem. J. **52**. 659 (1952). — [12] UMRATH, K.: Z. Vit.-, Horm.-Ferm.-Forsch. **4**, 19 (1951). — [13] MURALT, A. v., u. G. v. SCHULTHESS: Helv. physiol. Acta **2**, 435 (1944). — [14] HELLAUER, H., u. K. UMRATH: Z. Biol. **99**, 624 (1939). — [15] UMRATH, K., u. H. F. HELLAUER: Z. Vit.-, Horm.-Ferm.-Forsch. **2**, 421 (1948/49). — [16] LISSÁK, K., E. W. DEMPSEY and A. ROSENBLUETH: Amer. J. Physiol. **128**, 45 (1939). — [17] FELDBERG, W.: J. Physiol., London **101**, 432 (1943). — [18] NACHMANSOHN, D., H. M. JOHN and M. BERMAN: J. biol. Ch. **163**, 475 (1946). — [19] BANISTER, J., and M. SCRASE: J. Physiol., London **111**, 437 (1950). — [20] SAWYER, C. H.: Amer. J. Physiol. **146**, 246 (1946). — [21] SAWYER, C. H., and W. H. HOLLINSHEAD: J. Neurophysiol. 8, 135 (1945). — [22] HARD, W. L., A. C. PETERSON and M. D. FOX: J. Neuropath. **10**, 48 (1951).

50—60% der Ausgangsmenge[1], im weiteren Verlauf tritt völliger Verlust ein[2]. Die Abnahme der Aneurinkonzentration, die im degenerierenden N. ischiadicus besonders ausgeprägt ist, gilt für die anderen Nerven nur in abgeschwächter Weise[3]. Die Aneurinkonzentration bleibt in den adrenergischen Fasern des oberen Mesenterialplexus 2 Wochen nach Durchtrennung der Nerven unverändert[2]. Die Ergebnisse anderer Autoren[4, 5] über sehr geringfügige Aneurinabnahmen konnten nicht bestätigt werden[2].

Die Aktivität von *Lipasen* und unspezifischen *Esterasen* sinkt im degenerierenden Nerven um 40%, während sie innerhalb des die Regeneration unterhaltenden proximalen Stumpfes um 300—400% steigt[6].

Die experimentell nach Durchtrennung oder Zerquetschung hervorgerufenen Veränderungen des peripheren Nerven finden ihre Parallele in vasculär ausgelösten Degenerationen. So erleiden periphere Nerven diabetischer Patienten bedingt durch arteriosklerotische Ischämie eine besonders in den distalen Abschnitten lokalisierte WALLERsche Degeneration und Fibrose. Während der Wassergehalt dieser Nerven unverändert bleibt, sinkt ihr Gehalt an Phosphatiden um 38,7—61,6%, der an Cerebrosiden und Cholesterin um je rund 54%, die Neutralfette nehmen dagegen um 28,6—66,5% für die einzelnen Nerven verschieden stark zu[7]. Der Abfall der Phosphatide, Cerebroside und von Cholesterin im peripheren Nerven bei Diabetes mellitus und Arteriosklerose dürfte vermutlich das Ergebnis autolytischer enzymatischer Vorgänge im durch Ischämie degenerierenden Nerven sein. Die beim Phosphatidabbau frei werdenden Fettsäuren führen neben vermehrter Ablagerung von Depotfetten infolge mangelhafter Verbrennung zur Erhöhung der Neutralfettfraktion.

F. Beziehungen zwischen morphologischen und chemischen Veränderungen. Die im Verlaufe der Degeneration im peripheren Nerven zu beobachtenden histologischen Reaktionen stehen in guter Übereinstimmung mit den durch chemische Methoden erzielten Ergebnissen. So ist die starke Erhöhung der Nucleinsäurekonzentration in erster Linie auf die Proliferation der SCHWANNschen Zellen, Fibrocyten und Makrophagen zurückzuführen[8-10]. Auch die stärkere Vermehrung der Ribonucleinsäure gegenüber der Desoxyribonucleinsäure findet in dem Cytoplasmareichtum der proliferierenden SCHWANNschen Zellen ihre Erklärung. Dem Zerfall der Markscheiden entspricht die Verminderung der Phosphatid-, Cerebrosid- und Cholesterinkonzentration. Der zögernde Abfall der Lipoide dürfte auf ihre langsame Hydrolyse zurückzuführen sein, entsprechend werden auch ihre Hydrolysenprodukte: Glycerin, Fettsäuren, Cholin, Galaktose, Sphingosin und Phosphat langsam entfernt. Kephalin und Lecithin werden dagegen schnell hydrolysiert. Es ist anzunehmen, daß sich einige der bei der Hydrolyse frei werdenden Fettsäuren mit freiem Cholesterin zu Cholesterinestern verbinden, die anderen Fettsäuren mögen in Neutralfette verwandelt werden und deren vorübergehende Erhöhung bedingen. Die Zeit der stärksten Verminderung der Myelinlipoide ist histologisch durch besonders starke Proliferation der SCHWANNschen Zellen und von Makrophagen gekennzeichnet[10-12], von denen besonders die Makrophagen durch Einschluß und Abbau von Myelintrümmern hervorragen. Auch die Vermehrung des Gesamt-N, die besonders auf den Protein-N zurückgeht, dürfte ihre Ursache in der erwähnten Zellproliferation haben[13], die bereits nach 4 Tagen

[1] MURALT, A. v., u. F. WYSS: Helv. physiol. Acta **2**, 445 (1944). — [2] LISSÁK, K., and C. MARTIN: Z. Vit.-, Horm.-Ferm.-Forsch. **3**, 497 (1949/50). — [3] UMRATH, K.: Z. Vit.-, Horm.-Ferm.-Forsch. **4**, 19 (1951). — [4] UMRATH, K.: Z. Vit.-, Horm.-Ferm.-Forsch. **1**, 424 (1947/48). — [5] UMRATH, K., u. H. F. HELLAUER: Z. Vit.-, Horm.-Ferm.-Forsch. **2**, 421 (1948/49). — [6] LUMSDEN, C. E.: Quart. J. exp. Physiol. **37**, 45 (1952). — [7] RANDALL, L. O.: J. biol. Ch. **125**, 723 (1938). — [8] LOGAN, J. E., W. A. MANNELL and R. J. ROSSITER: Biochem. J. **51**, 482 (1952). — [9] MANNELL, W. A.: Canad. J. med. Sci. **30**, 173 (1952). — [10] ABERCROMBIE, M., and M. L. JOHNSON: J. Anat., London **80**, 37 (1946). — [11] HOLMES, W., and J. Z. YOUNG: J. Anat., London **77**, 63 (1942). — [12] YOUNG, J. Z.: Physiol. Rev. **22**, 318 (1942). — [13] MAY, R. M., et J. ARNOUX: Bull. Soc. Chim. biol. **22**, 286 (1940).

nachweisbar ist[1]. Das gleiche gilt für die gesteigerte Aktivität der sauren Phosphatase, die zeitlich mit der Zellproliferation ebenso gut übereinstimmt wie mit der Zunahme der DNS. Da in jeder diploiden Zelle der Gehalt an Desoxyribonucleinsäure für jede Species konstant ist[2], verändert sich die Aktivität der sauren Phosphatase je Zelle nur unwesentlich[3]. Der schnell einsetzende Abfall der alkalischen Phosphatase kann dafür sprechen, daß dieses Ferment stärker den Achsenzylindern als den Markscheiden angehört. Der histologische Nachweis der 5-Nucleotidase im Interstitium des Zentralnervensystems kann möglicherweise ihre Steigerung im degenerierenden Nerven durch Zellproliferation erklären, was auch für die β-Glucuronidase gilt, deren Beziehung zu Zellproliferationen für den Gesamtorganismus ganz allgemein gilt[4-10]. Es ist allerdings festzustellen, daß die Aktivitätssteigerung der β-Glucuronidase je Zelle, die bezogen auf γ DNS-P immer noch 1120% ausmacht[3], später einsetzt und länger anhält als die Zellproliferation[3, 11].

β) Die Regeneration. Nervengewebe gehört zu den empfindlichsten Geweben des Organismus. Es ist daher nur sehr beschränkt in der Lage, eingetretene Schäden zu ersetzen. Infolgedessen ist der Anteil an irreversiblen Veränderungen, dauerhaften Atrophien oder Sklerosierungen als nichtfunktionsfähigen Defektheilungen im Vergleich zu anderen Organen besonders groß. Nervenzellen, deren Achsenzylinder dagegen in peripheren Nerven liegen, reagieren auf die Zerstörung großer Cytoplasmaanteile mit histologischen und chemischen Veränderungen, die zu völliger Regeneration der Achsenzylinder führen können, ohne daß es zu Zellteilungen der nicht mehr teilungsfähigen Ganglienzellen kommt. Die Durchtrennung des peripheren Nerven führt in den zugehörigen Nervenzellen (beim N. ischiadicus z. B. in den Vorderhornzellen) zu einer bereits nach 24 Std wahrnehmbaren *Chromatolyse* der basophilen ribonucleoproteidhaltigen NISSL-Schollen[12,13], die nur langsam reversibel ist. Die Chromatolyse ist eine Allgemeinerscheinung der geschädigten Ganglienzelle, an die sich bei nicht zu schwerer Schädigung die Regeneration anschließt. Die schnell fortschreitende Reduktion der NISSL-Substanz hält über 1 Woche an und betrifft neben der Ribonucleinsäure auch die Eiweißstruktur[14]. Die *Neubildung* der NISSL-*Substanz* setzt innerhalb von 2 Wochen ein und dauert 3—6 Monate; die Normalwerte werden noch vor der völligen anatomischen Wiederherstellung erreicht. Während der Regenerationsperiode ist die mit der Proteinsynthese zusammenhängende starke Anhäufung der NISSL-Substanz nahe der Kernmembran besonders auffallend[13, 15]. Der anfänglichen Chromatolyse entspricht eine deutliche Verminderung der Aktivität der Cytochromoxydase[16] und der Succinodehydrogenase[17]. Im Cytoplasma von chromatolysierenden Zellen ist die Aktivität der sauren Phosphatase nur an den Stellen der Veränderung der NISSL-Schollen gesteigert. Die

[1] RAMÓN Y CAJAL, S.: Degeneration and Regeneration of the Nervous System. S. 80. London 1928. — [2] DAVIDSON, J. N., I. LESLIE and J. C. WHITE: Lancet **1951 I**, 1287. — [3] HOLLINGER, D. M., R. J. ROSSITER and H. UPMALIS: Biochem. J. **52**, 652 (1952). — [4] LEVVY, G. A., L. M. H. KERR and J. G. CAMPBELL: Biochem. J. **42**, 462 (1948). — [5] KERR, L. M. H., J. G. CAMPBELL and G. A. LEVVY: Biochem. J. **44**, 487 (1949); **46**, 278 (1950). — [6] FISHMAN, W. H.: J. biol. Ch. **169**, 7 (1947). — [7] FISHMAN, W. H., and A. J. ANLYAN: J. biol. Ch. **169**, 449 (1947). — [8] FISHMAN, W. H., and A. J. ANLYAN: Cancer Res. **7**, 808 (1947). — [9] ODELL, L. D., and J. C. BURT: Cancer Res. **9**, 362 (1949). — [10] BERNARD, R. M., and L. D. ODELL: J. Lab. clin. Med. **35**, 940 (1950). — [11] HOLLINGER, D. M., J. E. LOGAN, W. A. MANNELL and R. J. ROSSITER: Nature **169**, 670 (1952). — [12] NISSL, F.: Allg. Z. Psychiatr. **48**, 197 (1892). — [13] BODIAN, D.: Nucleic Acid. Symp. Soc. exp. Biol. **1**, 163 (1951). — [14] GERSH, I., and D. BODIAN: J. cellul. comp. Physiol. **21**, 253 (1943). — [15] HYDÉN, H.: Acta physiol. scand. **6**, Suppl. **17** (1943). — [16] HOWE, H. A., and R. C. MELLORS: J. exp. Med. **81**, 489 (1945). — [17] HOWE, H. A., and J. FLEXNER: Unveröffentlicht. [BODIAN, D.: Nucleic Acid. Symp. Soc. exp. Biol. **1**, 163 (1951).]

mit der Neubildung der NISSL-Körper verbundene Erhöhung der Fermentaktivität ist in den späten Regressionsstadien zuerst feststellbar, gegen Ende der Erholungsperiode ist die Aktivität der sauren Phosphatase in den betreffenden Ganglienzellen wieder normal[1]. In den Zellkernen der Ganglienzellen bleibt die Phosphatase während der Regeneration unverändert, im proximalen Stumpf des durchtrennten Nerven verdoppelt sich ihre Aktivität, was ausschließlich der Beteiligung der Achsenzylinder zuzurechnen sein dürfte.

Zu den bemerkenswertesten Veränderungen der Regenerationsperiode gehört die Verminderung der Phosphokreatinkonzentration um 40% in den regenerierenden grauen Anteilen des Vorderhorns[1], während über die ATP-Konzentration noch keine sicheren Angaben vorliegen dürften.

Der periphere Stumpf eines degenerierenden Nerven erfährt z. B. nach seiner Quetschung (Axonotmesis) zunächst die gleichen Veränderungen, wie sie auf S. 693 geschildert wurden. .Nach unterschiedlicher Latenzzeit setzt die Reinnervation und Regeneration ein, die den Erscheinungen der WALLERschen Degeneration aufgepfropft werden[2-6]. Noch 144 Tage nach der Quetschung des N. ischiadicus von Katzen hat die Lipoidkonzentration die Normalwerte mit Ausnahme des veresterten Cholesterins und der Neutralfette nicht wieder erreicht[7]. Im Nerven scheint das nach der Quetschung zunächst entstehende veresterte Cholesterin hydrolysiert zu werden, um freies Cholesterin zu bilden, das bei der erneuten Myelinbildung in den Nerven eingebaut wird. Obgleich nach 80 Tagen die Funktion des degenerierten Nerven wieder hergestellt ist, bestehen noch bedeutende chemische Abweichungen gegenüber den Kontrollnerven. So ist der Gehalt an Kollagen und Protein-N 100 Tage nach der Operation noch bedeutend größer als normal[8], die erhöhte Aktivität der sauren und später auch der alkalischen Phosphatase ist noch nach 600 Tagen nachweisbar[9], ebenso wie der Abfall der erhöhten Nucleinsäurekonzentration innerhalb dieses Zeitraumes noch nicht zu normalen Werten geführt hat[10]. Die chemische Regeneration dauert somit offenbar länger als die physiologische und anatomische.

Es ist bisher noch unbekannt, in welcher Weise die Regeneration der peripheren Nerven chemisch induziert wird. Das zur Reinnervation führende Neuaussprossen intakter Achsenzylinderfortsätze kann durch Injektion von Ätherextrakten aus Nervengewebe gefördert werden[11]. Es ist möglich, daß die Diffusion lipoidhaltiger Substanzen aus degenerierenden Nervenfasern die Regenerationserscheinungen einleiten kann. Freie Fettsäuren und die Phosphatidfraktion erwiesen sich als unwirksam, die Gesamtfettsäurefraktion entfaltet dagegen positive Wirkungen[12]. Die wirksame als „Neurocletin" bezeichnete Substanz scheint eine ungesättigte Fettsäure mit nur einer Doppelbindung zu sein, die eine gewisse Beziehung zu der hämolytisch wirkenden Fettsäure zeigt (s. S. 640). Andere Autoren[13, 14] isolierten einen „NR" genannten neuroregenerativen Wuchsstoff, der die Regeneration von Nervengewebe um das 4—5fache beschleunigt und eiweißfrei und thermostabil ist.

---

[1] BODIAN, D.: Nucleic Acid. Symp. Soc. exp. Biol. **1**, 163 (1951). — [2] RAMÓN Y CAJAL, S.: Degeneration and Regeneration of the Nervous System. S. 223. London 1928. — [3] SPIELMEYER, W.: Handb. Physiol. Bd. 9, S. 285 (1929). — [4] NAGEOTTE, J.: In PENFIELD, W.: Cytology and Cellular Pathology of the Nervous System. Bd. 1, S. 189. New York 1932. — [5] WEISS, P.: J. Neurosurg. **1**, 400 (1944). — [6] YOUNG, J. Z.: Physiol. Rev. **22**, 318 (1942). — [7] BURT, N. S., A. R. MCNABB and R. J. ROSSITER: Biochem. J. **47**, 318 (1950). — [8] ABERCROMBIE, M., and M. L. JOHNSON: J. Neurol. Neurosurg. Psychiatry **10**, 89 (1947). — [9] HOLLINGER, D. M., R. J. ROSSITER and H. UPMALIS: Biochem. J. **52**, 652 (1952). — [10] LOGAN, J. E., W. A. MANNELL and R. J. ROSSITER: Biochem. J. **51**, 482 (1952). — [11] HOFFMAN, H.: Austral. J. exp. Biol. med. Sci. **28**, 383 (1950). — [12] HOFFMAN, H., and P. H. SPRINGELL: Austral. J. exp. Biol. med. Sci. **29**, 417 (1951). — [13] JENT, M., B. KOECHLIN, A. v. MURALT u. T. WAGNER-JAUREGG: Schweiz. med. Wschr. **75**, 317 (1945). — [14] KOECHLIN, B., u. A. v. MURALT: Helv. physiol. Acta **3**, C 38 (1945).

b) Stoffwechsel und Fermente.

α) Allgemeines.

Die Kenntnisse über den Stoffwechsel des Zentralnervensystems sind durch die Untersuchungen der letzten Jahre bedeutend vermehrt worden. Dies trifft in erster Linie für den Kohlenhydratstoffwechsel, die biologische Endoxydation im Citronensäurecyclus und damit im Zusammenhang stehend für den Elektronentransport und die Energiespeicherung in Phosphatbindungen zu. Dagegen ist über den Stoffwechsel der Lipoid- und der Eiweißsubstanzen mit Ausnahme desjenigen der Glutaminsäure wenig bekannt. Mit der Vertiefung der Kenntnisse vom Energiestoffwechsel hat sich herausgestellt, daß er in seinen Grundzügen nicht nur in allen tierischen Geweben, sondern sogar in den meisten Lebewesen überhaupt gleich ist[1]. Das Zentralnervensystem nimmt daher hinsichtlich seines Stoffwechsels keine Sonderstellung ein[2-4], vielmehr dürften die bekanntgewordenen Unterschiede zum Stoffwechsel anderer Organe mehr quantitativer als qualitativer Art sein.

β) Kohlenhydratstoffwechsel.

1. Allgemeines.

Der Kohlenhydratstoffwechsel ist für das Zentralnervensystem von entscheidender Bedeutung, da sein Energiebedarf fast ausschließlich durch den Verbrauch von Kohlenhydraten gedeckt wird[5,6]. Erst bei Erschöpfung der Kohlenhydratreserven und bei Glucosemangel können auch Fette und Proteine stärker verbrannt werden[7]. Die Erkenntnis, daß der Kohlenhydratstoffwechsel im Gehirn dem in anderen Organen entspricht, wird unterstützt durch den Nachweis, daß auch die Mitochondrien des Gehirns einen vollständigen Satz von Fermenten der biologischen Oxydation, des Citronensäurecyclus, der Fettsäureoxydation und der Atmungskettenphosphorylierung besitzen[8-10], während die Fermente der Glykolyse auch hier im Cytoplasma gelöst sind[9,11,12] (s. a. Bd. 2/1, S. 1153f.).

Der Abbau der Kohlenhydrate vollzieht sich auch im Zentralnervensystem in 2 Phasen — der bis zur Brenztraubensäure bzw. Milchsäure reichenden Glykolyse und der nach der dehydrogenierenden Decarboxylierung der Brenztraubensäure einsetzenden Endoxydation im Citronensäurecyclus. Außerdem kann Glucose ohne vorherige Spaltung in C_3-Bestandteile direkt oxydiert werden (s. S. 728).

2. Glykolyse.

a) Anaerobe Glykolyse. Die anaerobe Glykolyse bezieht sich infolge der geringen Glykogenvorräte des Gehirns vorwiegend auf den Abbau von aus dem Blut aufgenommener Glucose, was auch in der starken Aktivität der Hexokinase zum Ausdruck kommt. Außerdem sind die Glykogenreserven des Gehirns relativ stabil gegenüber experimentellen Eingriffen und keineswegs so leicht und schnell als Energiespender verfügbar wie die Kohlenhydratreserven anderer Organe. Die

---

[1] MEYERHOF, O.: Exper. **4**, 169 (1947). — [2] ADLER, E., F. CALVET, H. v. EULER u. G. GÜNTHER: Naturwiss. **25**, 282 (1937). — [3] HUSZÁK, I.: B. Z. **312**, 315 (1942). — [4] WEIL-MALHERBE, H.: 3. Mosbacher Coll. S. 41. — [5] HIMWICH, H. E., and J. F. FAZEKAS: Endocrinology **21**, 800 (1937). — [6] HIMWICH, W. A., and H. E. HIMWICH: J. Neurophysiol. **9**, 133 (1946). — [7] ELLIOTT, K. A. C., D. B. MCN. SCOTT and B. LIBET: J. biol. Ch. **146**, 251 (1942). — [8] LEHNINGER, A. L.: Z. Naturforsch. **7b**, 256 (1952). — [9] ABOOD, L. G., R. W. GERARD, J. BANKS and R. D. TSCHIRGI: Amer. J. Physiol. **168**, 728 (1952). — [10] HESSELBACH, M. L., and H. G. DUBUY: Proc. Soc. exp. Biol. Med. **83**, 62 (1953). — [11] KELTCH, A. K., and G. H. A. CLOWES: Proc. Soc. exp. Biol. Med. **77**, 831 (1951). — [12] CLOWES, G. H. A., and A. K. KELTCH: Proc. Soc. exp. Biol. Med. **77**, 369 (1951).

graue Substanz des Gehirns besitzt bedeutend größere glykolytische und respiratorische Aktivität als weiße Substanz und periphere Nerven. Die glykolytische Aktivität der grauen Hirnrinde muß wesentlich auf den Stoffwechsel der Dendriten bezogen werden[1]; sie dürfte mehr von der Menge des neuralen Cytoplasmas und weniger von der Zahl der Zellkörper abhängen. In der obersten Schicht der Hirnrinde (Molekularschicht) von Kaninchen, die zahlreiche Dendriten aber wenig Zellkörper enthält, wird mit 2,5—3,5 mm^3 CO_2 je mg Feuchtgewicht je Std entsprechend 28—29 mm^3 CO_2 je mg Trockengewicht je Std intensivere anaerobe Glykolyse gemessen als in der inneren Körnerschicht (1,9—2,9 bzw. 17 mm^3 CO_2 je mg Feucht- bzw. Trockengewicht je Std). Offensichtlich entfalten die Dendritenfortsätze der Pyramidenzellen größere glykolytische Aktivität als die eigentlichen Zellkörper. Die geringe Glykolyse der weißen Substanz und der peripheren Nerven muß auf den großen Myelinanteil und die geringe Proteinkonzentration in den Axonen zurückgeführt werden. Es ist unbekannt, wie hoch die Glykolyse der Achsenzylinder ist. Möglicherweise besteht im Zentralnervensystem eine Relation zwischen Glykolyse und dem Gehalt an neuralen cytoplasmatischen Proteinen[1].

b) Phosphorylierende Zwischenreaktionen. Ebenso wie für Tumoren, Retina und embryonales Gewebe ist auch im Gehirn die Existenz einer nichtphosphorylierenden Glykolyse in Erwägung gezogen worden[2-6]. Diese Frage hat heute nur noch historisches Interesse. Nach neueren Untersuchungen kann für die Glykolyse als energieliefernder Reaktion a priori nur ein phosphorylierender Mechanismus in Frage kommen, da nur dieser die Reversibilität der Prozesse und die Verwendung der freien Energie ermöglicht[7,8]. Die Schwierigkeiten hinsichtlich der Gültigkeit des EMBDEN-MEYERHOFschen Glykolyseschemas für das Gehirn bestanden unter anderem darin, daß die Zwischenprodukte oft langsamer reagierten als Glucose. Diese Unstimmigkeiten beruhen z. T. auf der Impermeabilität der betreffenden Phosphatverbindungen und besonders auf Unterschieden in der intermediären Phosphorylierung zwischen zellfreien Extrakten und Homogenaten bzw. Brei, die sich beim Abbau von Glykogen und Hexosediphosphat, in der Phosphorylierung von zugesetzten Zuckern durch anorganisches Phosphat und in zahlreichen Zwischenreaktionen bemerkbar machten[9,10]. Der glatte Ablauf der Glykolyse erfordert ein gut eingestelltes Gleichgewicht zwischen ATPase-Aktivität und den phosphorylierenden Reaktionen, das in zellfreien Extrakten im allgemeinen nicht gegeben ist. Die charakteristischen Erscheinungen der Glykolyse in wäßrigen Hirnextrakten beruhen auf relativer Insuffizienz, die in Homogenaten auf übermäßiger Aktivität der zu $^9/_{10}$ an die unlöslichen Zellbestandteile gebundenen *ATPase*[11-16]. Die übermäßige Aktivität dieses Fermentes im Homogenat führt zu irreversibler Verarmung an ATP, die zum Stillstand der phosphorylierenden Reaktionen führen muß. Die Verhältnisse im Gewebsbrei bzw. Homogenat können denjenigen im Extrakt nur durch Verdünnung, durch Hemmung der ATPase oder durch kontinuierlichen Zufluß energiereicher Phosphatbindungen angeglichen werden. Es ist daher auch verständlich, daß die Glykolyse in wäßrigen Hirnextrakten bei relativ konstanter ATP-Konzentration mit Q_M 35—50 entschieden höher als in Schnitten mit Q_M 7,5—13 oder in Homogenaten ist. In mit Aq. dest. hergestellten Homogenaten[17] werden dagegen die strukturell gebundenen Enzyme des Gehirns inaktiviert, das glykolytische System geht in Lösung, und es ergeben sich Q_M-Werte wie im wäßrigen Extrakt von 40—60, vorausgesetzt, daß alle

---

[1] DIXON, K. C.: J. Physiol., London **120**, 267 (1953). — [2] GEIGER, A.: Biochem. J. **33**, 877 (1939). — [3] GEIGER, A., and J. MAGNES: Biochem. J. **33**, 866 (1939). — [4] GEIGER, A.: Biochem. J. **34**, 465 (1940). — [5] ASHFORD, C. A.: Biochem. J. **28**, 2229 (1934). — [6] ASHFORD, C. A., and E. G. HOLMES: Biochem. J. **23**, 748 (1929). — [7] LIPMANN, F.: Adv. Enzymol. **1**, 99 (1941). — [8] WEIL-MALHERBE, H.: 3. Mosbacher Coll. S. 42. — [9] MACFARLANE, M. G.: Biochem. J. **33**, 565 (1939). — [10] EULER, H. v., G. GÜNTHER und R. VESTIN: H. **240**, 265 (1936). — [11] MEYERHOF, O., and N. GELIAZKOWA: Arch. Biochem. **12**, 405 (1947). — [12] MEYERHOF, O.: Arch. Biochem. **13**, 485 (1947). — [13] MEYERHOF, O., and J. R. WILSON: Arch. Biochem. **14**, 71 (1947). — [14] MEYERHOF, O., and J. R. WILSON: Arch. Biochem. **17**, 153 (1948). — [15] MEYERHOF, O., and J. R. WILSON: Arch. Biochem. **19**, 502 (1948). — [16] MEYERHOF, O., and J. R. WILSON: Arch. Biochem. **23**, 246 (1949). — [17] UTTER, M. F., H. G. WOOD and J. M. REINER: J. biol. Ch. **161**, 197 (1946).

Coenzymfaktoren vorhanden sind, die bei der Homogenisierung von Zellen in Lösung gehen, wo sie durch Nucleotidasen und Phosphatasen zerstört werden.

Auch der große Unterschied in der *Glykolyse* von *Glucose* einerseits, von *Fructose* und *Galaktose* andererseits im Hirnhomogenat ist auf die durch die starke ATPase-Aktivität erniedrigten ATP-Konzentrationen zurückzuführen[1-3]. Glucose reagiert bei niedrigerer ATP-Konzentration sehr viel schneller als Fructose; erst durch erhöhte Zuckerkonzentration kann dieser Unterschied aufgehoben werden, während im Hirnextrakt die Glykolyse von Fructose die der Glucose überwiegt[3]. Im Extrakt reagieren in den ersten 30 min Glucose und Fructose 7mal stärker als Glucose im Homogenat, darüber hinaus reagiert Fructose im Homogenat nur etwa $^1/_3$ so stark wie Glucose. Sind dagegen NaF und Jodacetat vorhanden, so wird Fructose ebenso leicht wie Glucose im Homogenat und Extrakt von ATP phosphoryliert. Fructose, Glucose und Mannose zeigen dieselbe Aktivität in Gegenwart von Hexokinase und schützen ATP vor Dephosphorylierung, während Galaktose langsamer reagiert, da es erst in eine andere Hexoseform verwandelt werden muß. Es ist daher verständlich, daß der im Gegensatz zu Glucose mangelhafte anaerobe Abbau von Fructose zu Milchsäure[4-6] nicht als Beweis für den nichtglykolytischen Fructoseabbau im Gehirn angeführt werden kann. Vielmehr sinkt die ATP-Konzentration von Hirnschnitten in Stickstoff außerordentlich schnell auf $^1/_3$ des Ausgangswertes[7], eine Konzentration, die noch für die Phosphorylierung von Glucose, nicht aber für die der Fructose ausreichend sein dürfte[8].

Die außerordentlich hohe Glykolyse im Extrakt, die Werte von $Q_M = 70$ erreichen kann, wird durch Zusatz von ATPasehaltigen, zentrifugierten Zellpartikeln auf die Werte des Homogenates erniedrigt. Da die ATP-Konzentration im Extrakt relativ beständig, im Homogenat dagegen unbeständig ist, wird im Hirnextrakt der Abbau von P-Akzeptoren wie der Glucose, im Homogenat der von P-Donatoren wie Hexosediphosphat begünstigt. Im *Extrakt* führt die relative Insuffizienz der ATPase zur Verarmung von anorganischem P und an P-Acceptoren, da die bei der Glykolyse je Glucosemolekül freiwerdende Energie in 4 energiereiche Phosphatbindungen eingebaut wird, von denen nur 2 auf ein weiteres Glucosemolekül übergehen können. Der Grad der Glykolyse in *Hirnhomogenaten* hängt dagegen vorwiegend von der Zerstörung der Coenzyme ab, da ihr Zusatz 30 min nach Versuchsbeginn die Glykolyse erneut erhöht. Im allgemeinen hält aber im Homogenat die ATP-Regeneration während der Glykolyse nicht mit der ATP-Dephosphorylierung durch die ATPase Schritt. Im Extrakt geschieht die vollständige Dephosphorylierung von ATP dagegen nur in zuckerfreien Ansätzen, während bei Zuckerzusatz nur geringe De- und vorwiegend Transphosphorylierungen eintreten, wobei die Transphosphorylierung auf Fructose die auf Glucose ebenso übertrifft, wie der Q_M-Wert von Fructose 40% höher als der der Glucose liegt[1]. Grundsätzlich gilt auch für Hirngewebe die allgemeine Feststellung, daß die Transphosphorylierungen bei intensiver Glykolyse, die Dephosphorylierungen bei schwacher Glykolyse überwiegen.

Auch die *unterschiedliche Glykolyse* von *Glucose* und *Hexosediphosphat* in Hirnhomogenaten und -extrakten, die früher ernsthafte Zweifel hinsichtlich des Mechanismus der Glykolyse im Zentralnervensystem hervorgerufen hatte, beruht

[1] Meyerhof, O., and N. Geliazkowa: Arch. Biochem. **12**, 405 (1947). — [2] Meyerhof, O.: Arch. Biochem. **13**, 485 (1947). — [3] Meyerhof, O., and J. R. Wilson: Arch. Biochem. **14**, 71 (1947). — [4] Loebel, R. O.: B. Z. **161**, 219 (1925). — [5] Meyerhof, O., u. K. Lohmann: B. Z. **171**, 380 (1926). — [6] Dickens, F., and G. D. Greville: Biochem. J. **27**, 832 (1933). — [7] MacFarlane, M. G., and H. Weil-Malherbe: Biochem. J. **35**, 1 (1941). — [8] Weil-Malherbe, H.: 3. Mosbacher Coll. S. 44.

auf der unterschiedlichen ATPase-Aktivität[1]. Im zentrifugierten Extrakt ist der Anfangswert $Q_M = 56$ für Hexosemonophosphat höher als der für Hexosediphosphat ($Q_M = 36$), während im Homogenat das Gegenteil der Fall ist, da in Abwesenheit von P-Acceptoren die Geschwindigkeit der Glykolyse von Hexosediphosphat von der Konzentration der Apyrase abhängig ist[2]. Theoretisch würde daher die hohe Aktivität der Apyrase im Homogenat — wenn alle glykolytischen Enzyme im Überschuß vorhanden wären — Q_M-Werte von 200 für Hexosediphosphat erlauben[2]. Diese Bedingung ist nicht erfüllt. Die tatsächlichen Werte liegen im Homogenat bei $Q_{M\,[\text{Hexosediphosphat}]}$ 45—50 im Gegensatz zu $Q_M < 10$ für Glucose. Im zentrifugierten Extrakt liegt $Q_{M\,[\text{Hexcsediphosphat}]}$ dagegen bei 15—20, der Wert für Glucose erreicht über 50. Die Differenz für die Glykolyse von Hexosediphosphat im Homogenat und Extrakt verhält sich genau umgekehrt wie die von Glucose. Die Erklärung liegt wiederum in der Apyraseverteilung begründet, da Hexosediphosphat nur als P-Donator wirkt. Je schneller ATP durch die Apyrase dephosphoryliert wird, um so mehr Phosphat der 1,3-Diphosphoglycerinsäure wird auf das Adenylsäuresystem übertragen. Freier Zucker wirkt dagegen als P-Acceptor, seine schnelle Phosphorylierung erfordert hohe ATP-Konzentrationen, die im Homogenat nicht gegeben sind. Da alle anderen Transphosphorylierungssysteme die gleichen sind, ebenso wie die intermediären Stufen des Zucker- und Hexosediphosphatabbaus bei der Glykolyse, ist der quantitativ unterschiedliche Abbau von Hexosediphosphat und Glucose in Homogenat und Extrakt auf die unterschiedliche Verteilung der Apyrase zu beziehen. In der lebenden Zelle ist die Aktivität des Fermentes zweifellos der der anderen Enzyme angepaßt. Diese Koordinierung wird durch die Desintegration des Hirngewebes zerstört, so daß die Glykolyse durch gelöste Enzyme des Gehirns mit Q_M 50—70 (Glucose) die Glykolyse des lebenden Gewebes (Schnitt) mit Q_M 7—15 für Glucose und 3—7 für Fructose übersteigt.

Die entscheidende Bedeutung der Apyrase für die Hirnglykolyse läßt sich im wäßrigen Extrakt aus mit Aceton behandeltem Gehirn besonders deutlich nachweisen, da das Ferment durch die Acetonbehandlung geschädigt wird. Wenn keine Apyrase vorhanden ist, so kann erwartet werden, daß sich für jedes Mol milchsäurebildenden Hexosemonophosphates 3 Mol Hexosediphosphat an Stelle von 1 Mol ansammeln, vorausgesetzt, daß freie Glucose glykolysiert wird. Dies ergibt sich aus der Tatsache, daß 4 energiereiche Phosphatbindungen durch den Umsatz einer Hexoseeinheit gebildet werde, von denen 2 als Überschuß bleiben und 1 Mol Hexosediphosphat bilden. Bei der Glykolyse von Hexosemonophosphat wird nur 1 Bindung zur Bildung eines Mols Hexosediphosphat benötigt, 3 bleiben im Überschuß und können 3 Mol Hexosemonophosphat zu Hexosediphosphat phosphorylieren. Dies ist im Acetonextrakt aus Gehirn annähernd der Fall. Infolge der nicht vollständigen Zerstörung der Apyrase sammeln sich nur 2,5 Mol Hexosediphosphat je Mol glykolysierten Hexosemonophosphates an[3].

Die Abhängigkeit der unterschiedlichen Glykolyse in Hirnhomogenaten und -extrakten von der ATP-Konzentration findet ihre Bestätigung in der Einwirkung des Systems *Kreatin-Kreatinphosphat* als P-Acceptor bzw. P-Donator. Die Konzentration von 1,5 mg Kreatin je g Feuchtgewicht[4,5] erlaubt die Bildung von 360 γ P aus Kreatinphosphat[1], wodurch in Anbetracht der Konzentration von 180 γ Pyrophosphat-P aus ATP je g Hirngewebe die energiereichen Bindungen verdreifacht werden. Das Gleichgewicht zwischen Adenylsäuresystem und Kreatin ist von mehreren Faktoren abhängig, die neben dem p_H-Wert[6] wiederum die ATPase-Aktivität betreffen. Freies Kreatin erhöht den Umsatz von Hexosediphosphat im Gehirn bei geringer ATPase-Aktivität[7]. Phosphokreatin erhöht dagegen bei kleinen ATP-Konzentrationen den Umsatz von freiem Zucker, da er zur Rephosphorylierung von ADP

[1] Meyerhof, O., and J. R. Wilson: Arch. Biochem. **14**, 71 (1947). — [2] Meyerhof, O., and N. Geliazkowa: Arch. Biochem. **12**, 405 (1947). — [3] Meyerhof, O., and J. R. Wilson: Arch. Biochem. **17**, 153 (1948). — [4] Kerr, S. E.: J. biol. Ch. **110**, 625 (1935). — [5] Gerard, R. W., and N. Tupikova: J. cellul. comp. Physiol. **12**, 325 (1938). — [6] Lehmann, H.: B. Z. **281**, 271 (1935). — [7] Meyerhof, O.: Bull. Soc. Chim. biol. **20**, 1335 (1938).

führt. Zusatz von Kreatin in Mengen, die den biologischen Verhältnissen entsprechen, steigert im zentrifugierten Extrakt nur die Milchsäurebildung aus Hexosediphosphat, andererseits fördert Kreatinphosphat die Glykolyse von Zucker im Homogenat sehr stark, hat aber leicht hemmenden Einfluß auf die des Hirnextraktes. Es entspricht also die Wirkung von Kreatinphosphat dem Einfluß wiederholter ATP-Gaben.

Ein weiterer Faktor, der die Glykolyse von Hirngewebe kontrolliert, ist die Zerstörung von *Cozymase* und *Coenzym II* durch die Nicotinsäureamid abspaltende *Nucleotidase*[1–11]. Die Aktivität des Fermentes, das nur die oxydierte Form der beiden Enzyme angreift[9], ist außerordentlich groß, so daß mit der Möglichkeit gerechnet werden muß, daß dieses Ferment eine Rolle bei der Regulierung des Elektronentransportes spielt[12]. Das Ferment ist ebenso wie die ATPase an die unlöslichen Zellbestandteile gebunden. Der Antiglykolysefaktor von GEIGER[13] in der unlöslichen Gehirnfraktion dürfte eine Kombination von Adenosintriphosphatase und spezifischer Nucleotidase sein. Seine Wirkung betrifft die ATPase stärker[14] als die Nucleotidase[15], da Hemmung der Nucleotidase durch Nicotinamid den hemmenden Einfluß der ATPase im Homogenat nicht beseitigt.

Auch die Beobachtung, daß Substanzen wie *Jodessigsäure*, die in gewisser Konzentration die anaerobe Glykolyse, nicht aber den oxydativen Stoffwechsel von Glucose in Gehirnschnitten hemmen[16], findet ihre Erklärung in der Tatsache, daß unter aeroben Bedingungen die ATP-Resynthese sehr viel wirksamer ist als unter anaeroben, weil sie in der atmenden Zelle auf mehreren verschiedenen Wegen erfolgen kann, während sie unter Stickstoff von einer einzigen Reaktionsfolge abhängt[17].

Die Wirkung des *Glycerinaldehyds* auf die Glykolyse des Gehirns ist früher ebenfalls mit der Existenz einer nichtphosphorylierenden Glykolyse im Zentralnervensystem erklärt worden. DL-Glycerinaldehyd hemmt in einer Konzentration von 10^{-3} m die anaerobe Glykolyse fast vollständig, während es selbst in stärkerer Konzentration die Atmung von Hirngewebe nicht beeinträchtigt[18–23]. Glycerinaldehyd hemmt nur die Glykolyse von Zucker, nicht die von Stärke oder Glykogen[20,24,25], was auf seine Einwirkung auf die Hexokinase zurückzuführen ist[22]. Dementsprechend kann die Hemmung der Hexokinase durch Überschuß dieses Fermentes verhindert werden[21]. Die Wirkung von DL-Glycerinaldehyd, die nur der L-Form zukommt, geht auf die Reaktion von L-Glycerinaldehyd mit Dioxyacetonphosphat in Gegenwart der Aldolase zurück, wobei durch Aldolkondensation L-Sorbose-1-phosphat gebildet wird[23]. Dagegen ist die Kondensation von D-Glycerinaldehyd ohne Wirkung, da hier Fructose-1-phosphat entsteht. L-Sorbose-1-phosphat ist ein spezifischer und hochwirksamer Hemmstoff der tierischen, nicht aber der Hefehexokinase und hemmt die Phosphorylierung von Glucose, Fructose und Mannose, nicht aber die Phosphohexoisomerase und die Phosphohexokinase. Die Hemmung der Gehirn-Hexokinase ist unspezifisch und nicht kompetitiv. L-Sorbose-1-phosphat teilt seine Hemmwirkung mit Glucose-6-phosphat[26], dem es strukturell sehr

[1] EULER, H. v., u. H. HEIWINKEL: Naturwiss. **25**, 269 (1937). — [2] MANN, P. J. G., and J. H. QUASTEL: Biochem. J. **35**, 502 (1941). — [3] MANN, P. J. G., and J. H. QUASTEL: Nature **147**, 326 (1941). — [4] HANDLER, P., and J. R. KLEIN: J. biol. Ch. **143**, 49 (1942). — [5] HANDLER, P., and J. R. KLEIN: J. biol. Ch. **144**, 453 (1942). — [6] JANDORF, B. J.: J. biol. Ch. **150**, 89 (1943). — [7] KORNBERG, A., and O. LINDBERG: J. biol. Ch. **176**, 665 (1948). — [8] MCILWAIN, H., and R. RODNIGHT: Biochem. J. **44**, 470 (1949). — [9] MCILWAIN, H., and R. RODNIGHT: Biochem. J. **45**, 337 (1949). — [10] MCILWAIN, H.: Biochem. J. **46**, 612 (1950). — [11] GORE, M., F. IBBOTT and H. MCILWAIN: Biochem. J. **47**, 121 (1950). — [12] MCILWAIN, H.: Nature **163**, 641 (1949). — [13] GEIGER, A.: Nature **141**, 373 (1938). — [14] MEYERHOF, O., and J. R. WILSON: Arch. Biochem. **14**, 71 (1947). — [15] UTTER. M. F., H. G. WOOD and J. M. REINER: J. biol. Ch. **161**, 197 (1945). — [16] SHORR, E., S. B. BARKER and M. MALAM: Science, N. Y. **87**, 168 (1938). — [17] WEIL-MALHERBE, H.: 3. Mosbacher Coll. S. 44. — [18] MENDEL, B.: Kli. Wo. **1929**, 169. — [19] ASHFORD, C. A.: Biochem. J. **28**, 2229 (1934). — [20] HOLMES, E. G.: Ann. Rev. **3**, 381 (1934). — [21] STICKLAND, L. H.: Biochem. J. **35**, 859 (1941). — [22] RUDNEY, H.: Arch. Biochem. **23**, 67 (1949). — [23] LARDY, H. A., V. D. WIEBELHAUS and K. M. MANN: J. biol. Ch. **187**, 325 (1950). — [24] NEEDHAM, J., and H. LEHMANN: Biochem. J. **31**, 1210 (1937). — [25] BAKER, Z.: Biochem. J. **32**, 332 (1938). — [26] WEIL-MALHERBE, H., and A. D. BONE: Biochem. J. **49**, 339 (1951).

nahe steht. Da aber Glucose-6-phosphat im glykolytischen System durch Isomerase und Phosphohexokinase laufend entfernt wird, L-Sorbose-1-phosphat dagegen nicht weiter reagiert, entfaltet nur letzteres eine Hemmwirkung. Offenbar vereinigt sich der Hemmstoff L-Sorbose-1-phosphat mit dem Teil des Hexokinasemoleküls, der eine Affinität für Glucose besitzt[1].

c) Zwischenstufen der Glykolyse. Die aus dem Blut aufgenommene Glucose kann zu Glykogen polymerisiert werden oder dem glykolytischen Abbau unterliegen. Beide Möglichkeiten gelten für das Zentralnervensystem. Hirngewebe besitzt eine außerordentlich aktive Hexokinase[2–4], so daß die Phosphorylierung von Glucose zu Glucose-6-phosphat durch ATP gewährleistet ist[5]. Hirnextrakte vermögen aus Glucose-1-phosphat Glykogen[6, 7] und andererseits aus Glykogen und anorganischem Phosphor Glucose-1-phosphat zu bilden. Die Glykogenphosphorylierung verläuft ohne gleichzeitige Oxydoreduktionen[8, 9]. Mg^{++} fördert die gegenseitige Umwandlung von Glucose-1- in Glucose-6-phosphat[8] im dialysierten Hirnextrakt durch Aktivierung der Phosphoglucomutase. Hirnglykogen kann hinsichtlich seiner Stoffwechselaktivität nicht mit dem aus Muskulatur und Leber verglichen werden, da sowohl Hunger als auch Fütterung mit Glucose mit und ohne Zusatz von Insulin seine Konzentration nicht beeinflussen[10]. Erst eine durch Glucosezufuhr nicht kompensierte Insulinüberdosierung vermindert den Glykogenbestand des Gehirns von Kaninchen, was aber auf eine reaktive Adrenalinausschüttung zu beziehen sein dürfte.

Der weitere Abbau von Glucose zu Milchsäure nimmt den gleichen Verlauf wie in anderen Organen[11]. Frühere Untersuchungen[12] hatten bereits die starke glykolytische Aktivität von Hirnschnitten festgestellt, die auch im Zentralnervensystem mit Phosphorylierungen verbunden ist[5, 13]. Die Umwandlung von Glucose-6-phosphat in Fructose-6-phosphat durch die Phosphohexoisomerase in Hirnextrakten konnte durch LOHMANN[14] erkannt werden. Hexosemono- und diphosphat wurden im Verlauf der anaeroben Glykolyse im Gehirn nachgewiesen[15, 16]. Auch die weitere Phosphorylierung zu Fructose-1,6-diphosphat sowie ihre Spaltung zu den Triosephosphaten entspricht dem bekannten Verlauf[5, 17, 18]. Die Bedeutung der 3-Glycerinaldehydphosphorsäure für die Glykolyse des Zentralnervensystems und ihre Umwandlung zu 1,3-Diphosphoglycerinsäure konnten indirekt erwiesen werden, da die Hemmung der Hexosediphosphatglykolyse durch neurotrope Viren[19] nur durch Zusatz gereinigter Triosephosphatdehydrogenase überwunden wird (s. S. 833). *Triosephosphorsäure* kann auch im Gehirn als „Reaktionsform" der Zucker angesehen werden, da sie als Wasserstoffdonator in den oxydoreduktiven Teilreaktionen der Glykolyse mit Brenztraubensäure als H-Acceptor wirkt, wobei Phosphoglycerinsäure bzw. Milchsäure entstehen[20]. Die

---

[1] LARDY, H. A., V. D. WIEBELHAUS and K. M. MANN: J. biol. Ch. **187**, 325 (1950). — [2] WEIL-MALHERBE, H., and A. D. BONE: Biochem. J. **49**, 339 (1951). — [3] LONG, C.: Biochem. J. **49**, XXXIV (1951). — [4] SLEIN, M. W., G. T. CORI and C. F. CORI: J. biol. Ch. **186**, 763 (1950). — [5] OCHOA, S.: J. biol. Ch. **141**, 245 (1941). — [6] CORI, G. T., and C. F. CORI: J. biol. Ch. **135**, 733 (1940). — [7] SHAPIRO, B., and E. WERTHEIMER: Biochem. J. **37**, 397 (1943). — [8] CORI, G. T., S. P. COLOWICK and C. F. CORI: J. biol. Ch. **123**, 375 (1938). — [9] ADLER, E., F. CALVET, H. v. EULER u. G. GÜNTHER: Naturwiss. **25**, 282 (1937). — [10] KERR, S. E., and M. GHANTUS: J. biol. Ch. **116**, 9 (1936). — [11] COXON, R. V.: Metabolism and function in nervous tissue. Biochem. Soc. Symp. **8**, 3 (1952). — [12] WARBURG, O., K. POSENER u. E. NEGELEIN: B. Z. **152**, 309 (1924). — [13] UTTER, M. F.: J. biol. Ch. **185**, 499 (1950). — [14] LOHMANN, K.: B. Z. **262**, 137 (1933). — [15] MACFARLANE, M. G., and H. WEIL-MALHERBE: Biochem. J. **35**, 1 (1941). — [16] TSCHALISOW, M. A.: Z. ges. Neurol. Psychiatr. **142**, 85 (1932). — [17] OCHOA, S.: J. biol. Ch. **138**, 751 (1941). — [18] MEYERHOF, O.: Ergebn. Physiol. **39**, 10 (1937). — [19] RACKER, E., and E. KRIMSKY: J. biol. Ch. **173**, 519 (1948). — [20] ADLER, E., u. W. L. HUGHES: H. **253**, 71 (1938).

geschilderten *Oxydoreduktionen* erfordern im Gehirn die Mitwirkung von Coenzym I und entstehen durch Zusammenwirken von Triosephosphatdehydrogenase und Lacticodehydrogenase. In Abwesenheit von Wasserstoffacceptoren findet im Gehirn eine Dismutation zwischen 2 Triosephosphatmolekülen statt, die zur Bildung von Phosphoglycerinsäure und Glycerinphosphorsäure führt: Das eine Triosephosphatmolekül wird durch Cozymase und Triosephosphatapodehydrogenase dehydrogeniert, das zweite durch die gebildete Dihydrocozymase und Glycerophosphatapodehydrogenase hydrogenisiert, wobei als H-Donator 3-Glycerinaldehydphosphorsäure und als H-Acceptor Dioxyacetonphosphorsäure wirken. Der Wasserstoff der Cozymase kann auch auf Methylenblau und — unter physiologischen Bedingungen — unter Vermittlung von Diaphorasen auf Cytochrom c übertragen werden. Aus Gehirn lassen sich Enzymlösungen gewinnen, die Triosephosphat- und Lacticodehydrogenase enthalten, aber relativ frei von Glycerophosphatdehydrogenase sind, wodurch sich im Gehirn die Hydrogenierung von Cozymase durch die Triosephosphatdehydrogenase spektrophotometrisch verfolgen läßt. Derartige Hirnenzymlösungen vermögen den Nachweis des „Zwei-Enzymschemas" für die Oxydoreduktionen der Trioseester zu liefern, sie sind aber nicht mehr imstande, Triosephosphat zu dismutieren[1]. 3-Phosphoglycerinsäure wird im homogenisierten Taubengehirn ebenso schnell umgesetzt wie Brenztraubensäure[2], während im Extrakt von Rattengehirn die durch Mg^{++} aktivierte Umwandlung von 3-Phosphoglycerinsäure in Phospho-enol-brenztraubensäure nachgewiesen wurde[3]. Die Umwandlung ist im Gehirn von Weibchen um 35,7% geringer als in dem männlicher Tiere. Die negativen Resultate des Umsatzes von Phosphoglycerinsäure in Hirnschnitten[4] dürften die Folge mangelhafter Permeation des Substrates sein. Im Gehirnbrei von Pferden werden Mono- und Diphosphoglycerinsäure phosphatatisch gespalten[5]. Die Bedeutung der durch Dephosphorylierung der Phospho-enol-brenztraubensäure entstehenden Brenztraubensäure für den Hirnstoffwechsel ergibt sich aus ihrer Anreicherung bei Vitamin B_1-Mangel[6,7]. Die abschließende Reaktion der Glykolyse ist auch im Zentralnervensystem die Hydrogenierung der Brenztraubensäure zu *Milchsäure*. Milchsäure ist kein notwendiges Zwischenprodukt des Kohlenhydratstoffwechsels im Zentralnervensystem[8]. Unter anaeroben Bedingungen wirkt Brenztraubensäure als H-Acceptor und wird im Gehirn zu Milchsäure reduziert[9]. Rattengehirn vermag außer der physiologischen L-Form auch die unnatürliche Form in gewissem Umfang zu oxydieren, obwohl entschieden mehr L-Lactat zu $^{14}CO_2$ oxydiert wird als D-Lactat[10]. D-Lactat wird im Gehirn von Ratten zu $^2/_3$, in dem von Enten zu $^1/_3$ der Menge von L-Lactat umgesetzt. Da aber mehr D-Lactat verschwindet als der Oxydation entspricht, besteht die Möglichkeit, daß für den Stoffwechsel des unnatürlichen Isomeren noch andere nichtoxydative Wege zur Verfügung stehen. Es ist nicht ausgeschlossen, daß bei der Oxydation der D-Form eine Milchsäureracemase eine Rolle spielt[10].

Froschnerven weisen erhebliche endogene Glykolyse (0,11%) auf, die durch Glucose wesentlich verstärkt wird[11]. In den Homogenaten dieser Nerven und vom N. ischiadicus von Katzen besteht nur geringe glykolytische Aktivität, die durch Zusatz von Glucose, ATP,

[1] ADLER, E., u. W. L. HUGHES: H. **253**, 71 (1938). — [2] BANGA, I., S. OCHOA and R. A. PETERS: Biochem. J. **33**, 1980 (1939). — [3] KUN, E.: Proc. Soc. exp. Biol. Med. **75**, 68 (1950). — [4] JOWETT, M., and J. H. QUASTEL: Biochem. J. **31**, 275 (1937). — [5] SCHUCHARDT, W., u. A. VERCELLONE: B. Z. **276**, 280 (1935). — [6] PETERS, R. A., and H. M. SINCLAIR: Biochem. J. **27**, 1910 (1933). — [7] PETERS, R. A., and R. H. S. THOMPSON: Biochem. J. **28**, 916 (1934). — [8] BARKER, S. B., E. SHORR and M. MALAM: J. biol. Ch. **129**, 33 (1939). — [9] HAARMANN, W.: B. Z. **255**, 136 (1932). — [10] BRIN, M., R. E. OLSON and F. J. STARE: J. biol. Ch. **199**, 467 (1952). — [11] GERARD, R. W., u. O. MEYERHOF: B. Z. **191**, 125 (1927).

Diphosphopyridinnucleotid, Mg^{++} sowie Brenztraubensäure nicht wesentlich gesteigert wird. Nervenhomogenate enthalten offenbar einen von der ATPase verschiedenen Hemmstoff der Glykolyse[1] (s. S. 709).

d) Aerobe Glykolyse. Retina und Hirngewebe entfalten eine gewisse aerobe Milchsäurebildung. Sie beträgt in Hirnrindenschnitten von Meerschweinchen[2,3] $Q_M^{O_2}$ 4—6, in einem System aus Brenztraubensäure, Glucose, L-Glutaminat, Nicotinsäureamid und Cozymase[2] $Q_M^{O_2}$ 8,9. Ohne Cozymase[4] oder Glutaminatzusatz sinkt die aerobe Glykolyse des Gehirns. Maleinsäure und besonders Glutaminsäure halten die unter in vitro-Bedingungen bald absinkende aerobe Milchsäurebildung für längere Zeit aufrecht und steigern ihren Wert[3]. In Hirnsuspensionen existiert nur eine geringe aerobe Glykolyse[5]. Offenbar übersteigt im Hirngewebe das glykolytische Vermögen dasjenige des oxydativen Endabbaus der Glykolyseprodukte, so daß bei Überschuß von Brenztraubensäure durch ihre Reduktion Milchsäure gebildet wird. Über die Zusammenhänge zwischen aerober Glykolyse und PASTEUR-Effekt s. S. 731.

e) Förderung und Hemmung der Glykolyse. Die Glykolyse des Zentralnervensystems wird durch eine Reihe von Verbindungen beeinflußt, von denen die Wirkung der *Glutaminsäure* besonders bemerkenswert ist[3]. L-Glutaminsäure hemmt in Konzentrationen von m/100—m/1000 die anaerobe Glykolyse von Hirnschnitten um 36—70%; D-Glutaminsäure, L-Glutamin und D,L-Oxyglutaminsäure wirken ebenfalls. Andere Aminosäuren: Alanin, Valin, Leucin, Methionin, Prolin, Oxyprolin, Serin, Asparaginsäure, Ornithin, Arginin, Tryptophan und Pyrrolidoncarbonsäure entfalten keine Einwirkung[3]. Die Wirkung der Glutaminsäure, die nur für Gehirn gilt, wird durch die Anwesenheit von Lactat und Succinat noch verstärkt, was früheren Befunden[6,7] über die Hemmung der Hirnglykolyse von Ratten durch m/100—m/50 Lactat um 50% entspricht. Der Einfluß der Glutaminsäure auf die anaerobe Glykolyse kann durch Brenztraubensäure aufgehoben werden[2,3], was möglicherweise durch Transaminierung geschieht.

Die Erklärung der durch Glutaminsäure ausgeübten Wirkung auf die anaerobe Glykolyse des Gehirns bereitet Schwierigkeiten. Es ist vorstellbar, daß oxydative Desaminierung der Glutaminsäure zu α-Ketoglutarsäure[8] zur Freisetzung des die Glykolyse stark hemmenden NH_3 führt. Andererseits erfolgt die Desaminierung nicht unter anaeroben Bedingungen und die NH_3-Konzentration des Gehirns wird bei ihr nicht erhöht gefunden[8,9]. Neben der Hemmung der anaeroben Glykolyse entfaltet Glutaminsäure deutliche Förderung der aeroben Milchsäurebildung, was auch für reduziertes Glutathion gilt[3,10]. Bei gleichzeitiger Anwesenheit von Glutaminsäure und Maleinsäure erreicht die aerobe Glykolyse vorübergehend anaerobe Werte[3]. Es ist fraglich, ob die langsame Steigerung der aeroben Milchsäurebildung durch Maleinsäure auf eine Schädigung des „ammoniakbindenden Mechanismus" des Gehirns[8] zurückzuführen ist, da unter ihrer Wirkung die Konzentration der NH_4-Ionen im Gewebe nicht zunimmt[3]. Die Erklärung dürfte in der starken Hemmung der Pyruvatdehydrogenase des Gehirns durch Maleinat liegen (s. S. 727). Eine ähnliche Förderung der aeroben Glykolyse auf das anaerobe Ausmaß ergibt sich durch Verbindungen, die den Abbau der Cozymase hemmen[4,11,12], was besonders für *Pyridin-* und einige *Phenazinderivate* gilt.

[1] ABOOD, L. G., and R. W. GERARD: Proc. Soc. exp. Biol. Med. **77**, 438 (1951). — [2] TERNER, C.: Biochem. J. **52**, 229 (1952). — [3] WEIL-MALHERBE, H.: Biochem. J. **32**, 2257 (1938). — [4] MCILWAIN, H.: Biochem. J. **46**, 612 (1950). — [5] BIRMINGHAM, M. K., and K. A. C. ELLIOTT: J. biol. Ch. **189**, 73 (1951). — [6] MEYERHOF, O., u. K. LOHMANN: B. Z. **171**, 381, 421 (1926). — [7] DICKENS, F., and G. D. GREVILLE: Biochem. J. **27**, 1134 (1933). — [8] WEIL-MALHERBE, H.: Biochem. J. **30**, 665 (1936). — [9] KREBS, H. A.: Biochem. J. **29**, 1951 (1935). — [10] BAKER, Z.: Biochem. J. **31**, 980 (1937). — [11] MCILWAIN, H.: Biochem. J. **44**, XXXIII (1949). — [12] MCILWAIN, H.: Nature **163**, 641 (1949).

Von den Pyridinverbindungen wirken besonders Nicotin[1,2], Nicotinsäureamid[3] als spezifischer Hemmstoff der Diphosphopyridinnucleotidase sowie 4(5)-3'-Pyridylglyoxalin. Von den Phenazinderivaten sind Phenosafranin[4] und Janusgrün[1] besonders wirksam. Die darin zum Ausdruck kommende Hemmung des PASTEUR-Effektes erlaubt die Schlußfolgerung, daß die Fermente des Cozymaseabbaus vermutlich über eine Beeinflussung der Atmungskettenphosphorylierung an der Regulierung der aeroben Glykolyse im Zentralnervensystem beteiligt sind[5,6]. (Über den Einfluß von 2,4-Dinitrophenol auf die aerobe Glykolyse s. S. 709 und S. 732.) Es darf allerdings nicht übersehen werden, daß die Förderung der aeroben Glykolyse durch verschiedene Ionen: K^+[7,8], CsCl und RbCl[9,10], NH_4^+[11,12], ferner durch Kohlenoxyd, Guanidine und Amidine keinen Zusammenhang mit dem Abbau der Cozymase erkennen läßt[13]. (Über den Einfluß verschiedener Ionen auf die aerobe und anaerobe Glykolyse des Zentralnervensystems s. S. 806.)

Die aerobe Glykolyse wird im Gehirn von Meerschweinchen durch Strophantin stark gefördert, die anaerobe Milchsäurebildung erheblich gehemmt[14]. Beide Phänomene sind durch Zusatz von Herzmuskelkochsaft zu vermeiden. In ähnlicher Weise fördern die Veratrinalkaloide die aerobe Glykolyse auf anaerobe Werte, während die anaerobe Glykolyse ebenso wie durch Herzglykoside bis zu 100% eingeschränkt wird[15]. Die Hemmung der anaeroben Glykolyse kann durch Nicotinsäureamid und abgeschwächt durch Brenztraubensäure vermindert werden, dagegen sind ATP und Diphosphopyridinnucleotid ohne Einfluß. Da durch die genannten Verbindungen die Atmungskettenphosphorylierung des Gehirns nicht entkoppelt wird und Nicotinsäureamid eine starke Schutzwirkung ausübt, besteht die Möglichkeit, daß Veratrinalkaloide und Herzglykoside die Diphosphopyridinnucleotidase stimulieren[15].

Die über 50%ige Einschränkung der Glykolyse von Hirnhomogenaten durch 4×10^{-6} m *Adrenochrom*[16] (s. Bd. 1, S. 1229) beruht auf der Beeinflussung der Hexokinase und Phosphohexokinase; die Glykolyse von Hexosediphosphat bleibt dagegen unbeeinflußt[17]. Verschiedene *Chinone* — besonders Naphthochinone[17,18] und höhere Glieder der *Narkosereihe*: Caprylalkohol, Octylalkohol, Phenylurethan[19] — entfalten ähnliche Wirkungen. Die Hemmung der Glykolyse durch verschiedene Narkotica ist nicht auf eine Beeinflussung der ATPase des Gehirns zurückzuführen[17–19]. Dagegen beruht die Wirkung von Na-Azid auf der Hemmung dieses Fermentes, während die gewöhnlichen Phosphatasen und Triosephosphatdehydrogenase unbeeinflußt bleiben[18]. Die 66—80%ige Verminderung der Milchsäurebildung in Hirnextrakten durch 5×10^{-3} m *oxydiertes Glutathion* ist auf die Beeinflussung der Triosephosphatdehydrogenase zurückzuführen, die sehr empfindlich auf Sulfhydrylhemmstoffe wie oxydiertes Glutathion reagiert[18]. Aus diesem Grunde entfalten ältere Glutathionlösungen durch Reoxydation der reduzierten Form größere Hemmwirkungen. 8×10^{-3} m *Phlorrhizin* schränkt die anaerobe Glykolyse von Hirnschnitten über 60% ein[19]. Sein Einfluß auf die Phosphorylierung ist indirekt[20], der entscheidende Schritt liegt in der Hemmung der Dephosphorylierung von Phospho-enol-brenztraubensäure, so daß durch die Blockierung der Rephosphorylierung von ATP die Phosphorylierung von Glucose gehemmt wird[15]. *o-Phenanthrolin* (8×10^{-3} m)

---

[1] McILWAIN, H.: Biochem. J. **46**, 612 (1950). — [2] BAKER, Z., J. F. FAZEKAS and H. E. HIMWICH: J. biol. Ch. **125**, 545 (1938). — [3] MANN, P. J. G., and J. H. QUASTEL: Biochem. J. **35**, 502 (1941). — [4] DICKENS, F.: Biochem. J. **30**, 1233 (1936). — [5] JUDAH, J. D., and H. G. WILLIAMS-ASHMAN: Biochem. J. **44**, XI (1949). — [6] CASE, E. M., and H. McILWAIN: Biochem. J. **48**, 1 (1951). — [7] ASHFORD, C. A., and K. C. DIXON: Biochem. J. **29**, 157 (1935). — [8] DIXON, K. C.: J. Physiol., London **110**, 87 (1949). — [9] DIXON, K. C., and E. G. HOLMES: Nature **135**, 995 (1935). — [10] DICKENS, F., and G. D. GREVILLE: Biochem. J. **29**, 1468 (1935). — [11] WEIL-MALHERBE, H.: Biochem. J. **32**, 2257 (1938). — [12] MUNTZ, J. A., and J. HURWITZ: Arch. Biochem. **32**, 124 (1951). — [13] McILWAIN, H.: Biochem. J. **46**, 612 (1950). — [14] WOLLENBERGER, A.: Fed. Proc. **6**, 386 (1947). — [15] WOLLENBERGER, A.: Fed. Proc. **9**, 326 (1950). — [16] RANDALL, L. O.: J. biol. Ch. **165**, 733 (1946). — [17] MEYERHOF, O., and L. O. RANDALL: Arch. Biochem. **17**, 171 (1948). — [18] MEYERHOF, O., and J. R. WILSON: Arch. Biochem. **19**, 502 (1948). — [19] MEYERHOF, O., and J. R. WILSON: Arch. Biochem. **17**, 153 (1948). — [20] SHAPIRO, B.: Biochem. J. **41**, 151 (1947).

hemmt die anaerobe Glykolyse des Gehirns über 90% — vermutlich durch Komplexbildung mit Schwermetallen. Von den Pyrimidinderivaten entfaltet *Alloxan*[1,2] 90%ige Hemmung bei $1{,}5 \times 10^{-3}$ m. *2,4-Dinitrophenol* hat auf die anaerobe Glykolyse keinen Einfluß[3] im Gegensatz zu seinem Verhalten auf die aerobe Milchsäurebildung. *Adenosin-5-phosphorsäure* und *Inosin-5-phosphorsäure* hemmen die Milchsäurebildung in Hirnhomogenaten[4], obwohl gerade Adenosin-5-phosphorsäure als P-Acceptor bei der Dephosphorylierung von Phospho-enol-brenztraubensäure wirkt[5–8]. Es besteht daher die Möglichkeit, daß die Bildung und Entfernung der (Muskel)-Adenylsäure zu den die Glykolyse regulierenden Faktoren gerechnet werden muß. Die Hemmwirkung der Adenylsäure auf die Hirnglykolyse ist um so größer, je geringer die initiale Milchsäurebildung ist, da die Phosphorylierung und damit die Beseitigung der Adenylsäure durch Phospho-enol-brenztraubensäure (Pyruvatkinase) im Gehirn[8] unter diesen Umständen gering ist. Die Wirkung der Adenylsäure ist spezifisch, Phosphat muß in Stellung 5 stehen; Adenosin, Adenosin-3-phosphorsäure und ATP entfalten keine Wirkung. Hexosediphosphat vermag die Hemmwirkung zu durchbrechen, offenbar weil seine Glykolyse größere Mengen Phospho-enol-brenztraubensäure zur Phosphorylierung der Adenylsäure bereitstellt. Unter gewöhnlichen Umständen ist die Konzentration der Adenylsäure gering; ein stärkerer P-Acceptor als Adenylsäure ist ADP[9].

Bei der *Zerstörung der Nervenstruktur durch Homogenisieren* scheint ein *Hemmstoff* der Glykolyse in Freiheit gesetzt zu werden[10], der nicht mit ATPase identisch sein dürfte. Nervenhomogenat kann die anaerobe Glykolyse im Gehirn über 70%, bei längerer Einwirkung vollständig hemmen. Der Grad der Hemmung verläuft linear der Menge des Nervenhomogenates. Die Hemmung kann fast vollständig durch Insulin aufgehoben werden. Bei vorheriger Inkubation von Hirngewebe bzw. Hexokinase des Gehirns mit Nervenhomogenat entfaltet Insulin keine Schutzwirkung mehr[10]. Der Faktor aus Nervenhomogenat beeinträchtigt die Glykolyse des Gehirns durch Einwirkung auf die Hexokinase. Er ist sehr labil und scheint eine gewisse Ähnlichkeit mit dem hexokinasehemmenden Protein des Hypophysenvorderlappens zu besitzen. $^2/_3$ seiner Aktivität befinden sich in der Protein- und Lipoidfraktion mit isoelektrischem Punkt von p_H 5,3—5,5. Seine Wirkung erlischt in der Kälte langsam, in der Hitze sofort. Homogenate von Mäusegehirn enthalten eine proteolytisch wirkende Substanz, die dem Kathepsin III ähnelt und die Glykolyse durch Hemmung der Triosephosphatdehydrogenase einschränkt[11]. Ihre Wirkung wird durch das spezifische Substrat für Kathepsin III — L-Leucinamid — sowie durch verschiedene Amide und Aminosäureester aufgehoben und ebenso wie bei Kathepsin III durch Cystein und Ascorbinsäure verstärkt.

Die *Förderung der Glykolyse von Hexosediphosphat durch Arsenat* beruht auf der Dephosphorylierung von Phospho-enol-brenztraubensäure in Abwesenheit der Apyrase[12]; es steigert den Abbau von Hexosediphosphat nicht im Gehirnhomogenat, wohl aber im Extrakt, in dem die Apyrasekonzentration gering ist.

Extrakte aus Hirngewebe, Tumoren und Embryonalgewebe, die wirkungsidentisch mit *Brenztraubensäure* gefunden wurden, bewirken eine Steigerung der anaeroben Glykolyse von Gewebsschnitten[13–15]. Der aus Rindergehirn gewonnene Aktivator der anaeroben Glykolyse ist nicht mit Brenztraubensäure identisch[16]. Außer Brenztraubensäure sind auch andere

---

[1] MEYERHOF, O., and J. R. WILSON: Arch. Biochem. **17**, 153 (1948). — [2] GEMMILL, C. L.: Amer. J. Physiol. **150**, 613 (1947). — [3] PEISS, C. N., J. FIELD and V. E. HALL: Amer. J. Physiol. **168**, 248 (1952). — [4] GREENBERG, G. R.: J. biol. Ch. **181**, 781 (1949). — [5] PARNAS, J. K.: Bull. Soc. Chim. biol. **18**, 53 (1936). — [6] PARNAS, J. K., P. OSTERN u. T. MANN: B. Z. **272**, 64 (1934). — [7] LOHMANN, K., u. O. MEYERHOF: B. Z. **273**, 60 (1934). — [8] UTTER, M. F.: Persönliche Mitteilung [GREENBERG, G. R.: J. biol. Ch. **181**, 781 (1949)]. — [9] BOYER, P. D., H. A. LARDY and P. H. PHILLIPS: J. biol. Ch. **149**, 529 (1943). — [10] ABOOD, L. G., and R. W. GERARD: Proc. Soc. exp. Biol. Med. **77**, 438 (1951). — [11] KRIMSKY, I., and E. RACKER: J. biol. Ch. **179**, 903 (1949). — [12] MEYERHOF, O., and J. R. WILSON: Arch. Biochem. **14**, 71 (1947). — [13] WATERMANN, N.: J. exp. Path. **6**, 306 (1925). — [14] KRAUT, H., u. E. BUMM: H. **177**, 125 (1928). — [15] BUMM, E., H. APPEL u. P. COUCEIRO: H. **220**, 186 (1933). — [16] KRAUT, H., u. R. W. NEFFLEN: H. **232**, 270 (1935).

Ketosäuren wirksam: Acetobrenztraubensäure, Oxalessigsäure[1]. Die Wirksamkeit der Extrakte ist an folgende Mechanismen gebunden: 1. Die Ketogruppe muß in α-Stellung stehen (Acetessigsäure ist unwirksam); 2. in Nachbarschaft zur CO-Gruppe muß sich eine CH_2-Gruppe befinden (Enolbildung); 3. die CH_2-Gruppe kann mit H oder CO oder COOH verbunden sein (Brenztraubensäure, Acetobrenztraubensäure, Oxalessigsäure); 4. die Carboxylgruppe der α-Ketosäure muß frei sein (Oxalessigester ist unwirksam); 5. die CH_2-Gruppe darf nicht mit einer anderen CH_2-Gruppe verbunden sein (α-Ketoglutarsäure ist unwirksam).

Die Erhöhung der anaeroben Glykolyse im Gehirn von Tauben bei B_1-Avitaminose ist auf die starke Anreicherung von Glykogen, dessen Konzentration auf das 6fache steigt, und niederer Kohlenhydrate zurückzuführen, die bei der Störung des weiteren Abbaus von Brenztraubensäure einsetzt[2]. Intraperitoneale Injektion von Brenztraubensäure ruft im Gehirn von Tauben Steigerung der vitalen und der postmortalen Glykolyse sowie Erhöhung des Kohlenhydratbestandes hervor. Der glykolytische Kohlenhydratstoffwechsel des Gehirns kann durch Injektion von Aneurin in etwa 24 Std normalisiert werden. (Über die Energielieferung der anaeroben Glykolyse bei Ischämie und Anoxie s. S. 788.)

f) Fermente der Glykolyse. *Phosphorylase und Phosphoglucomutase.* Die glykogenspaltende Phosphorylase läßt sich durch isotonische Salzlösungen[3] oder durch Adsorption der Gewebsextrakte an $Al(OH)_3$ (s. [4]) aus Gehirn gewinnen. Sie verliert durch Dialyse allmählich ihre Aktivität, die durch Zusatz von Adenylsäure und anorganischem Phosphat wieder hergestellt werden kann. Hirngewebe besitzt eine mittlere Phosphorylase- und Phosphoglucomutaseaktivität, die von den Fermentaktivitäten in Muskel, Leber und Herz übertroffen wird[4]. Die Aktivität beider Fermente geht in etwa der Intensität des Glykogenstoffwechsels parallel. Hirngewebe neugeborener Tiere besitzt nur geringe Fähigkeit zur Glykogenspaltung, da zu diesem Zeitpunkt noch keine Phosphoglucomutasewirkung nachweisbar ist, obwohl die engere Glykogensynthese zu 50% der Werte von erwachsenen Tieren möglich ist. Im Gehirn junger Ratten ist somit die Phosphoglucomutase, nicht die Phosphorylase der begrenzende Faktor der Glykogenolyse. 14 Tage nach der Geburt hat die Phosphoglucomutase des Gehirns 70% der Aktivität erwachsener Tiere erreicht. Es besteht kein Unterschied in der Glykogenolyse zwischen grauer und weißer Substanz, die des Nerven ist dagegen etwas geringer[4].

Hexokinase, Phosphohexoisomerase und Phosphohexokinase. Die Wirkung der Hexokinase ist für das Zentralnervensystem infolge der geringen Glykogenvorräte von ausschlaggebender Bedeutung. Das Ferment ist relativ unspezifisch und phosphoryliert außer Glucose, Fructose und Mannose auch Glucosamin[5, 6]. Das Produkt der Fructosephosphorylierung ist nicht Fructose-1-phosphat, sondern Fructose-6-phosphat. Ein System mit Gehirnhexokinase und Isomerase kann Fructose-1-phosphat nicht in Fructose-6-phosphat verwandeln. Aus der Bildung von Fructose-6-phosphat durch die Hexokinase des Gehirns geht ihre Einwirkung auf die Furanoseform der Fructose hervor[5]. Während Glucose und Mannose die Phosphorylierung von Fructose stark hemmen, hat Glucose-6-phosphat keinen Einfluß. Die Phosphorylierung von Glucose wird dagegen durch das Reaktionsprodukt Glucose-6-phosphat stark[7], ferner durch Glucose-1,6-diphosphat[8] gehemmt. Die Affinität der Hexokinase für Glucose ist sehr viel höher als die für Fructose und Glucosamin; die MICHAELIS-Konstanten betragen 5×10^{-5} für Glucose und 6×10^{-4} für Fructose oder Glucosamin[6, 7] bzw. (K_s in Mol/l) für

---

[1] KRAUT, H., u. E. KOFRÁNYI: H. **283**, 9 (1948). — [2] KRAUT, H., u. M. ROHDEWALD: B. Z. **312**, 289 (1942). — [3] HUSZÁK, I.: B. Z. **312**, 315 (1942). — [4] SHAPIRO, B., and E. WERTHEIMER: Biochem. J. **37**, 397 (1943). — [5] SLEIN, M. W., G. T. CORI and C. F. CORI: J. biol. Ch. **186**, 763 (1950). — [6] HARPUR, R. P., and J. H. QUASTEL: Nature **164**, 693 (1949). — [7] WEIL-MALHERBE, H., and A. D. BONE: Biochem. J. **49**, 339 (1951). — [8] SOLS, A., and R. K. CRANE: Fed. Proc. **12**, 271 (1953).

Mannose 6×10^{-6}; Glucose 1×10^{-5}; 2-Desoxyglucose $2{,}4 \times 10^{-5}$; Glucosamin $1{,}1 \times 10^{-4}$ (bei p_H 7,5); Fructose 7×10^{-4} und für ATP $1{,}3 \times 10^{-4}$. ADP hemmt die Reaktion durch Kompetition mit ATP[1]. Die Geschwindigkeit der Phosphorylierung von Mannose beträgt 40—60% derjenigen von Glucose[2]. Offenbar kann Mannose-6-phosphat in den entsprechenden Fructoseester verwandelt werden. Gehirnhexokinase besitzt hinsichtlich der Phosphorylierung von Glucose und Fructose unterschiedliche Affinität für ATP. In Hirnextrakten von Säugetieren werden Glucose und Fructose gleich schnell phosphoryliert, da bei hoher ATP-Konzentration die Affinität der Hexokinase für Glucose und Fructose gleich ist[3-5]. In Homogenaten und Schnitten bei geringer ATP-Konzentration ist die Phosphorylierung von Fructose sehr viel geringer als die von Glucose; gleichzeitig wird in Gegenwart von Fructose mehr ATP durch die Apyrase dephosphoryliert als in der von Glucose. Die unterschiedliche Affinität des Enzyms für beide Zucker kann durch hohe Zuckerkonzentrationen ausgeglichen werden[5]. Bei der Fructosephosphorylierung ist die primäre Phosphorylierung der begrenzende Faktor des Systems, nicht aber die Phosphohexokinase[2]. In älteren Enzympräparaten aus Gehirn ist die weitere Phosphorylierung der Hexosemonophosphate intensiver als die der Hexosen, woraus die besondere Empfindlichkeit der Hexokinase des Gehirns gegenüber der resistenteren Phosphohexokinase hervorgeht. Es ist unentschieden, ob im Gehirn zwei verschiedene Hexokinasen: Glucokinase und Fructokinase existieren. Die unterschiedliche Affinität für Fructose und Glucose könnte dafür sprechen; andererseits wird die Existenz der Fructokinase für Gehirn bestritten[6].

Die *Aktivität* des Fermentes im Gehirn übersteigt die in allen anderen Organen; sie beträgt bei 30° Q_{Glucose} (= μl Glucoseverbrauch je mg Feuchtgewicht je Std) 27,1 (Herz 14,5, Muskel 6,0, Leber 1,4)[7]. Der Wert 27,1 bei 30° entspricht einem solchen von rund 38 bei 38° (s.[8]). (Die manometrische Bestimmung der Hexokinaseaktivität und ihre Messung durch den Grad des Verlustes von leicht hydrolysierbarem P ergeben durch die Tätigkeit der Phosphofructokinase, ATPase und anderer Phosphatasen zu hohe Resultate.) Das p_H-Optimum liegt bei p_H 7,5—8,0. Das Ferment ist p_H-Änderungen gegenüber wenig empfindlich. Die intensive Glucosephosphorylierung im Gehirn überschreitet den zur Aufrechterhaltung der Atmung notwendigen Bedarf von Q_{O_2} 10,7 (Hirnschnitte, Ratte)[9], der unter der Annahme einer kompletten Glucoseoxydation nur Q_{Glucose} von 1,8 erfordert! Da nach Reiner[10] in Rattengehirnhomogenaten je Mol oxydierter Glucose 12 Mol Glucose zu Milchsäure verwandelt werden, dürfte im Hirnhomogenat die Oxydation von Brenztraubensäure, nicht aber die Aktivität der Hexokinase der begrenzende Faktor der Glucoseoxydation sein. Über 90% der Aktivität des Fermentes sind im Gehirn an corpusculäre Fraktionen gebunden, die den Mitochondrien entsprechen dürften[11]. Nach Zentrifugieren und Behandlung mit Lipase und Desoxycholat steigt die Aktivität der Hexokinase 45—50fach. Die gereinigten Teilchen sind frei von interferierenden Enzymen.

Cytolysate gewaschener *Erythrocyten* von Menschen, Pferden, Kaninchen und Ratten steigern die Aktivität der Hexokinase des Gehirns um das 2—6fache[12]; Erhöhung der

[1] Sols, A., and R. K. Crane: Fred. Proc. **12**, 271 (1953). — [2] Wiebelhaus, V. D., and H. A. Lardy: Arch. Biochem. **21**, 321 (1949). — [3] Meyerhof, O.: Arch. Biochem. **13**, 485 (1947). — [4] Meyerhof, O., and J. R. Wilson: Arch. Biochem. **17**, 153 (1948). — [5] Meyerhof, O., and J. R. Wilson: Arch. Biochem. **19**, 502 (1948). — [6] Slein, M. W.: Fed. Proc. **9**, 229 (1950). — [7] Long, C.: Biochem. J. **49**, XXXIV (1951); **50**, 407 (1952). — [8] Utter, M. F.: J. biol. Ch. **185**, 499 (1950). — [9] Krebs, H. A.: Tab. biol. **9**, 209 (1933). — [10] Reiner, J. M.: Arch. Biochem. **12**, 327 (1947). — [11] Crane, R. K., and A. Sols: J. biol. Ch. **203**, 273 (1953). — [12] Weil-Malherbe, H., and A. D. Bone: Biochem. J. **49**, 348 (1951).

Konzentration des Hämolysates bewirkt weitere Steigerung der Aktivierung, in größeren Konzentrationen tritt dagegen Hemmung ein. Der Zusatz des Hämolysates bewirkt Aktivierung der Phosphorylierung von Glucose und Fructose, nicht aber die der Phosphohexokinase. Es handelt sich um einen spezifischen Aktivator; die geringe Hexokinaseaktivität des Hämolysates reicht zur Erklärung nicht aus. Die Aktivierung der Hexokinase ist nicht auf die Zufuhr von im Hämolysat reichlich vorhandener Phosphohexokinase zurückzuführen, die eine beschleunigte Entfernung von Hexosemonophosphat bedingt. Es bleibt vielmehr die völlige Zerstörung der Phosphohexokinase durch Erhitzen auf 80° für 5 min ohne Einfluß auf die Aktivierung der Hexokinase. Es darf außerdem nicht übersehen werden, daß in Hirnextrakten Glucose quantitativ in Hexosediphosphat verwandelt wird; Hexosemonophosphat als Zwischenprodukt erreicht nicht die für die Hemmung der Hexokinase notwendige Konzentration. Die Wirkung des Aktivators beruht ferner nicht auf Beeinflussung der Triosephosphatdehydrogenase, die durch Dialyse und Jodacetat ausgeschaltet werden kann. Ebenso haben Myokinase, ADP und ATP keinen Einfluß auf den Aktivator. Tierische Hexokinase ist außerdem unfähig, ADP als Phosphatdonator zu benutzen. Der Aktivator ist nicht dialysabel — auch nicht durch Elektrodialyse — er ist nicht identisch mit Hämoglobin und ist im Stroma der Erythrocyten nicht vorhanden. Seine Aktivität ist über mehrere Fraktionen verteilt, so daß isoelektrische Fällung oder Fraktionierung mit $(NH_4)_2SO_4$ unwirksam ist. Der Aktivator verliert zwischen 80—100° seine Wirkung nur langsam und ist ohne Verlust seiner Wirksamkeit nicht vom Protein zu trennen, andererseits aber selbst in koaguliertem Protein nach Erhitzen noch voll wirksam. Auch in der Muskulatur existiert ein ähnlicher Faktor[1], der weniger thermostabil ist und ohne Beziehung zu ihrer Aktivität mit dem Komplex: ATPase, Adenylsäuredesaminase, Hexokinase und Phosphohexokinase assoziiert ist. Die Wirkung dieses Faktors gleicht derjenigen des aus Erythrocyten gewonnenen: Die Reaktionsprodukte bleiben bei der Aktivierung der Hexokinase dieselben, es wird nur das Ausmaß, nicht aber die direkte Einwirkung geändert. Seine Wirkung besteht möglicherweise in der Beschleunigung der Umwandlung der Hexopyranose in die aktive Hexofuranose.

Serum von *Diabetikern* enthält einen Faktor, der die Hexokinase des Rattengehirns hemmt[2], im normalen Serum kommt er nicht vor. Der Einfluß von *Insulin* auf die *Hexokinase* des Gehirns dürfte noch nicht endgültig geklärt sein. Das Ferment soll im Gehirn ebenso wie in Muskelextrakten durch Hypophysenvorderlappenextrakte gehemmt werden, die Wirkung des Insulins in der Aufhebung dieser Einwirkung bestehen[3,4]. Die Aktivität der Hexokinase aus Rattengehirn wird in vitro durch stark gereinigte Hypophysenvorderlappenpräparate nicht in einer durch Insulin reversiblen Weise gehemmt[5]. Insulin vermag das Ferment nicht zu aktivieren[6]. Gewisse Anzeichen deuten darauf hin, daß der Kohlenhydratstoffwechsel des Gehirns relativ unabhängig von Insulin ist (s. S. 822). Im Gegensatz zum Verhalten der Hexokinase in der Muskulatur wird sie im Gehirn durch große Thyroxingaben in vivo nicht beeinflußt[7]. Das Ferment soll — nach andererseits[8] nicht bestätigten Untersuchungen — durch *Kaliumsalze* aktiviert werden; *anorganisches Pyrophosphat* hemmt die Reaktion stark, Orthophosphat ist ohne Einfluß[9]. Gewisse *Anaesthetica* — wie Amidon — hemmen in kleinen Konzentrationen (0,002 m) die Hirnglykolyse offenbar durch Einwirkung auf die Hexokinase, da Amidon keinen Einfluß auf die Glykolyse von Glykogen, Fructose-6-phosphat und Hexosediphosphat ausübt[10]. Da ATP-Zusatz die Wirkung vermindert, dürfte die Amidon-Hemmung der Hexokinase durch Kompetition mit ATP zu erklären sein. Über weitere Hemmstoffe der Hexokinase des Gehirns

[1] WEIL-MALHERBE, H., and A. D. BONE: Biochem. J. **49**, 355 (1951). — [2] WEIL-MALHERBE, H.: Nature **165**, 155 (1950). — [3] COLOWICK, S. P., G. T. CORI and M. W. SLEIN: J. biol. Ch. **168**, 583 (1947). — [4] CORI, C. F.: Harvey Lect. (1945/46) **41**, 253 (1947). — [5] SMITH, R. H.: Biochem. J. **44**, XLII (1949). — [6] WEIL-MALHERBE, H., and A. D. BONE: J. ment. Sci. **97**, 635 (1951). — [7] SMITH, R. H., and H. G. WILLIAMS-ASHMAN: Biochim. biophysica Acta, N. Y. **7**, 295 (1951). — [8] WEIL-MALHERBE, H., and A. D. BONE: Biochem. J. **49**, 339 (1951). — [9] WIEBELHAUS, V. D., and H. A. LARDY: Arch. Biochem. **21**, 321 (1949). — [10] GREIG, M. E.: Arch. Biochem. **17**, 129 (1948).

s. S. 709. Zahlreiche Substanzen, die entweder durch ihre kolloidale Beschaffenheit — Glykogen, Gummi arabicum, Proteine, wie Casein, Pferdeserum, Ovalbumin — oder durch ihre Verbindung mit Schwermetallen, wie Cyanid, Pyrophosphat, Histidin, Glykokoll oder durch ihre reduzierenden Eigenschaften, wie Cystein, Glutathion und Vitamin C, Fermente zu beeinflussen vermögen, besitzen keine Wirkung auf die Hexokinase des Gehirns[1].

Die Aktivität der *Phosphohexoisomerase* ist in Hirnextrakten nicht der begrenzende Faktor der Glykolyse, da äquivalente Mengen Fructose-6-phosphat und Glucose-6-phosphat in gleicher Weise und zu gleichen Endwerten der Säurebildung führen[1].

Die *Phosphohexokinase* (Phosphofructokinase) kann aus Gehirn in gereinigter Form erhalten werden[2]. Das Ferment, das in ungereinigten Hirnextrakten durch NH_4^+ beträchtlich stimuliert wird[3], erfordert zu seiner Aktivierung die Gegenwart 2wertiger Kationen (Mg^{++} oder Mn^{++}). Das Ferment wird in ungereinigten Extrakten, nicht aber in gereinigter Form durch K^+ aktiviert.

Die Phosphohexokinase des Gehirns kann durch fraktionierte Fällung mit Ammoniumsulfat in gereinigter Form erhalten werden und behält in der Kälte (—10°) seine Aktivität über 3—4 Monate. In gereinigter Form katalysiert das Ferment nicht die Phosphorylierung von Glucose, Fructose, Glucose-6-phosphat oder Glucose-l-phosphat durch ATP. Bei der Phosphorylierung von Fructose-6-phosphat besitzt Inosintriphosphat 52% der Aktivität von ATP. Das Enzym ist nicht von der Myokinase begleitet, da nur eine P-Gruppe von ATP benutzt wird. Dagegen dürfte es noch mit Aldolase verunreinigt sein. Das p_H-Optimum liegt zwischen p_H 7,2—7,8. Es ist unentschieden, ob die Phosphohexokinase für ihre Wirksamkeit Sulfhydrylgruppen benötigt; sie wird nicht durch Jodacetat gehemmt. Die Phosphohexokinase kann nach Dialyse durch Glutathion oder Cystein nicht reaktiviert werden, ebensowenig durch ADP, ATP oder Adenylsäure. Offenbar ist die Ionenkonzentration der entscheidende Faktor für die Aktivität des Fermentes.

Aldolase (Zymohexase). Die Aldolase katalysiert den reversiblen Zerfall des Kohlenstoffgerüstes in C_3-Bruchstücke der beiden Triosephosphorsäuren Dioxyacetonphosphorsäure und Glycerinaldehydphosphorsäure. Ihre Verteilung entspricht ungefähr dem glykolytischen Vermögen der einzelnen Gewebe. Wird der Fermentgehalt der Muskulatur gleich 100 gesetzt, so beträgt er in der Retina 2 und im Gehirn 1,6[4]. Wird dagegen die Aldolaseaktivität von Rattengewebe ausgedrückt in mm^3 Hexosediphosphat, die je g Feuchtgewicht je Std bei 38° gespalten werden, so ergeben sich für Gehirn Werte von 15800 (11100—19000)[5]. Diese Werte müssen als außerordentlich hoch betrachtet werden; sie werden nur noch vom Skeletmuskel (74800) und Herzmuskel (15600) übertroffen bzw. erreicht. Es ergibt sich daraus für Gehirn der Wert $Q_{\text{Hexosediphosphat}} = 79$. Zwischen der Spaltung von Hexosediphosphat und der Enzymkonzentration besteht in weitem Umfang ein lineares Verhältnis.

Triosephosphatdehydrogenase und Glycerophosphatdehydrogenase. Beide Fermente lassen sich im Gehirn nachweisen und in ihren Wirkungen trennen (s. S. 706). Die Wirkung der Triosephosphatdehydrogenase erfolgt unter Vermittlung von Coenzym I (s. [6]). Das Ferment läßt sich durch Acetonfällung aus wäßrigem Hirnextrakt gewinnen. Eine genaue Untersuchung seiner Eigenschaften wurde erst nach der Darstellung des von Glycerophosphatdehydrogenase befreiten Enzyms aus Gehirn möglich[7], da durch die Glycerophosphatdehydrogenase eine rasche Reoxydation der durch Triosephosphat-dehydrogenierung gebildeten Dihydrocozymase geschieht. In Gegenwart des Enzyms aus Gehirn läßt sich gleichzeitig

[1] Weil-Malherbe, H., and A. D. Bone: Biochem. J. **49**, 339 (1951). — [2] Muntz, J. A.: Arch. Biochem. **42**, 435 (1953). — [3] Muntz, J. A., and J. Hurwitz: Arch. Biochem. **32**, 137 (1951). — [4] Meyerhof, O.: Ergebn. Physiol. **39**, 10 (1937). — [5] Sibley, J. A., and A. L. Lehninger: J. biol. Ch. **177**, 859 (1949). — [6] Adler, E., u. G. Günther: H. **253**, 143 (1938). — [7] Adler, E., u. W. L. Hughes: H. **253**, 71 (1938).

die Hydrogenierung der Cozymase durch Triosephosphat und die Reoxydation der gebildeten Dihydro-Cozymase durch Brenztraubensäure untersuchen, da die Enzymlösung gleichzeitig Lacticodehydrogenase enthält[1]. Der Nachweis der oxydoreduktiven Phase der Glykolyse ist an Enzymlösungen des Gehirns somit eindeutig erbracht. In Gegenwart der Enzyme aus Gehirn läßt sich zeigen, daß selbst bei Überschuß an Trioseestern bei ihrer Dehydrogenierung stets nur ein Bruchteil der Cozymase in Dihydro-Cozymase übergeht. Mit steigender Cozymasekonzentration nimmt die absolute Menge der maximal gebildeten Dihydro-Cozymase zu, dagegen ist die Abhängigkeit von der Substratkonzentration nicht so ausgeprägt. Änderung der Enzymkonzentration verursacht im System mit Gehirnenzym im Gegensatz zu denen der Hefe nur eine Änderung der Hydrogenierungsgeschwindigkeit aber keine Verschiebung des Gleichgewichtes. Das p_H-Optimum der Dehydrogenierung liegt im alkalischen Gebiet, der Anteil hydrogenierter Cozymase wird mit steigendem p_H größer. Phosphationen hemmen die Reaktion, sie erreichen im Gehirn nur Verminderung der Hydrogenierungsgeschwindigkeit, nicht aber wie in der Hefe eine Herabsetzung des Hydrogenierungsgrades. Jodessigsäure ist ein starkes Gift der Triosephosphatdehydrogenase des Gehirns.

Auch die reversible Reduktion von Dioxyacetonphosphorsäure zu L-α-Glycerinphosphorsäure durch die Glycerophosphatdehydrogenase bedarf der Mitwirkung von Cozymase[2]. Die früher beschriebene mangelhafte Aktivierung der aus Pferdegehirn gewonnenen Glycerophosphatdehydrogenase[3] ist ebenso wie in der Muskulatur auf die besondere Art der sauren Präparation zurückzuführen, wodurch nur eine cozymaseunabhängige Dehydrogenase, nicht aber die lösliche, cozymaseabhängige Apodehydrogenase gewonnen wird[4]. Die α-Glycerophosphatdehydrogenase wird durch Pyrophosphat aktiviert[5,6], was möglicherweise in Analogie zur Einwirkung von Adenylpyrophosphat auf die Glycerophosphatdehydrogenase der Hefe als Coenzymwirkung aufgefaßt werden kann[5].

Über das Ferment der Dephosphorylierung von 1,3-Diphosphoglycerinsäure — *Diphosphoglycerinsäure-dephosphorylase* — ist speziell für das Gehirn wenig bekannt. Seine Existenz ergibt sich indirekt aus dem Ablauf der glykolytischen Reaktionsschritte.

Die Umwandlung der 3- in die 2-Phosphoglycerinsäure und deren weitere Verwandlung in die Phospho-enol-brenztraubensäure erfordert 2 Enzyme, *Phosphoglyceromutase* und *Enolase.* Beide Enzyme sind in Homogenaten und Extrakten aus Rattengehirn vorhanden[7]. Die Bildung der Phospho-enol-brenztraubensäure aus 3-Phosphoglycerinsäure wird durch Mg^{++} aktiviert. Es besteht ein lineares Verhältnis zwischen Enzymkonzentration und der Bildung der Phospho-enol-brenztraubensäure. Die Reaktion wird durch 0,01 m NaF völlig gehemmt.

Die *Pyruvatkinase* katalysiert die Dephosphorylierung der Phospho-enol-brenztraubensäure zu Brenztraubensäure und gleichzeitig die ATP-Regeneration für die erneute Phosphorylierung von Glucose. Das Ferment greift somit in einen wesentlichen Schritt der Glykolyse ein, da auch im Gehirn die Phosphorylierung von Glucose nur in einem System erreichbar ist, das die Rephosphorylierung der Adenylsäure bzw. von ADP zu ATP sichert[8]. Im Gehirn geschieht die Phosphorylierung von Glucose mit Hilfe der Dephosphorylierung von Phosphoenol-brenztraubensäure in Gegenwart von Adenylsäure bzw. ADP und Mg^{++} in allen Teilen der grauen Substanz. Der durch die Pyruvatkinase des Gehirns

---

[1] ADLER, E., u. G. GÜNTHER: H. **253**, 143 (1938). — [2] ADLER, E., u. W. L. HUGHES: H. **253**, 71 (1938). — [3] WEIL-MALHERBE, H.: Nature **140**, 725 (1937). — [4] ADLER, E., H. v. EULER u. W. L. HUGHES: H. **252**, 1 (1938). — [5] JOHNSON, R. E.: Biochem. J. **30**, 33 (1936). — [6] GREIG, M. E., and M. P. MUNRO: Biochem. J. **33**, 143 (1939). — [7] KUN, E.: Proc. Soc. exp. Biol. Med. **75**, 68 (1950). — [8] HUSZÁK, I.: B. Z. **312**, 315 (1942).

vermittelte Phosphattransport auf das Adenylsäuresystem scheint durch Na^+ indirekt gehemmt zu werden[1] (s. S. 807). Die Bedeutung der Pyruvatkinase für die Glykolyse im Zentralnervensystem geht ferner aus der Hemmwirkung der Adenylsäure auf die Glykolyse bei mangelhafter ATP-Regeneration hervor (s. S. 709).

Über die *Lacticodehydrogenase* wurde teilweise bereits S. 706 berichtet. Das Ferment wird durch Oxymalonat gehemmt[2]. Da durch Oxymalonat nur die Oxydation von Milchsäure durch die Hemmung der Lacticodehydrogenase, nicht aber die der Brenztraubensäure gestört wird und ferner die Oxydation von Glucose in Gegenwart dieser Verbindung die von Milchsäure übertrifft, ergeben diese Versuche einen weiteren Hinweis, daß auch im Gehirn die Bildung von Milchsäure kein notwendiges Zwischenprodukt des Glucoseabbaus ist. Unter anaeroben Bedingungen wirkt allerdings auch Brenztraubensäure als H-Acceptor unter Umwandlung in Milchsäure[3]. Die Reduktion der Brenztraubensäure wird durch Oxymalonat im gleichen Umfang gehemmt wie die Oxydation der Milchsäure. Die Einschränkung der anaeroben Glykolyse erklärt sich durch den gleichen Vorgang. Die Verminderung der Hemmwirkung von Oxymalonat auf die anaerobe Glykolyse durch Zusatz von Brenztraubensäure dürfte in der Funktion der Brenztraubensäure als H-Acceptor zu suchen sein.

Hirngewebe besitzt eine *Glyoxalase*, deren Aktivität in μl CO_2 je mg N je Std 6100 beträgt (Niere 7900)[4]. Da Methylglyoxal mit SH-haltigen Enzymen irreversible Komplexe bildet, könnte dem Ferment eine entgiftende Wirkung zukommen.

Über die *ATPase, Apyrase und Myokinase* des Gehirns s. S. 773f. Über *Cozymase* s. S. 792. Über die *Diaphorasen* und *gelben Oxydationsfermente* s. S. 794.

3. Stoffwechsel der Brenztraubensäure und Citronensäurecyclus.

Die Brenztraubensäure spielt im intermediären Stoffwechsel des Zentralnervensystems eine entscheidende Rolle. Bei der glykolytischen Spaltung der Kohlenhydrate ist sie das Hauptendprodukt der phosphorylierenden Oxydoreduktionen und bildet den Übergang zur endgültigen Oxydation im Citronensäurecyclus. Außerdem ist sie über die „aktivierte Essigsäure" an den für das Zentralnervensystem wesentlichen Transacetylierungen (s. Acetylcholin S. 846) beteiligt. Ihre Entstehung aus anderen Körperbausteinen durch Transaminierung (s. S. 751) unterstreicht ihre zentrale Stellung.

Der *Abbau* der Brenztraubensäure steht auch im Gehirn in enger Beziehung zu dessen *Aneuringehalt*[5–12], was besonders aus der Anhäufung der Säure und Verminderung der O_2-Aufnahme bei B_1-Mangel hervorgeht. Aneurin dürfte an der d*ehydrogenierenden Decarboxylierung* der Brenztraubensäure beteiligt sein. Das nächst höhere Homologe der Brenztraubensäure — α-Ketobuttersäure — verhält sich hinsichtlich seiner Decarboxylierung ähnlich wie Brenztraubensäure; dagegen wird das Produkt der Decarboxylierung — Propionsäure — nicht weiter abgebaut[13]. Offenbar verbindet sich Phosphobrenztraubensäure unter Vermittlung von Mg^{++} mit der Carboxylase[14] (Aneurinpyrophosphat + Apoferment),

[1] Utter, M. F.: J. biol. Ch. **185**, 499 (1950). — [2] Jowett, M., and J. H. Quastel: Biochem. J. **31**, 275 (1937). — [3] Haarmann, W.: B. Z. **255**, 136 (1932). — [4] Kun, E.: Euclides, Madrid **10**, 251 (1950). — [5] Peters, R. A.: Biochem. J. **30**, 2206 (1936). — [6] McGowan, G. K., and R. A. Peters: Biochem. J. **31**, 1637 (1937). — [7] McGowan, G. K.: Biochem. J. **31**, 1627 (1937). — [8] Peters, R. A.: Lancet **1936 I**, 1161. — [9] Simola, P. E.: B. Z. **254**, 229 (1932). — [10] Peters, R. A., and H. M. Sinclair: Biochem. J. **27**, 1910 (1933). — [11] Peters, R. A., and R. H. S. Thompson: Biochem. J. **28**, 916 (1934). — [12] Lipschitz, M. A., V. R. Potter and C. A. Elvehjem: J. biol. Ch. **123**, 267 (1938). — [13] Long, C., and R. A. Peters: Biochem. J. **33**, 759 (1939). — [14] Ochoa, S.: Nature **144**, 834 (1939).

wobei durch Verschiebung von Doppelbindungen und Phosphatresten das Brenztraubensäuremolekül so aufgelockert wird, daß es gespalten werden kann. Der nach der Bildung von CO_2 entstandene Essigsäurerest scheint zunächst in labiler Bindung als Acetyl-aneurinpyrophosphat an die Cocarboxylase gebunden zu sein und kann weiter zu Transacetylierungen benutzt werden. Der Vitamin B_1-Effekt im Zentralnervensystem äußert sich allein gegenüber der Brenztraubensäure, ist aber nicht gegen Ketosäuren allgemein wirksam, da im Katatorulintest α-Ketoglutarsäure und α-Ketoadipinsäure ohne Einfluß sind[1]. Die mangelhafte Wirkung von Succinat im Katatorulintest[1] erklärt sich dadurch, daß der Einfluß der C_4-Dicarbonsäuren sich erst im Citronensäurecyclus bemerkbar macht, der die dehydrogenierende Decarboxylierung der Brenztraubensäure unter Vitamin B_1-Beteiligung zur Voraussetzung hat. Unter anaeroben Bedingungen kann Brenztraubensäure durch die Pyruvatdehydrogenase des Taubengehirns in Gegenwart von Methylenblau in Essigsäure und CO_2 verwandelt werden[2]. Die Umwandlung ist für Brenztraubensäure und α-Ketobuttersäure gleich groß, die der α-Ketovaleriansäure dagegen sehr viel geringer. Die unter diesen Umständen erfolgende *Dismutation* der Brenztraubensäure in Milchsäure und Essigsäure[3] liefert 80% der theoretisch zu erwartenden Menge an Essigsäure, während der Rest bereits zu Bernsteinsäure oxydiert ist[4]. Auch andere Ketosäuren — α-Ketoglutarsäure und Acetessigsäure — reagieren im Gehirn im Sinne der anaeroben Dismutation[5]. Die unter intermolekularer Oxydoreduktion der Brenztraubensäure erfolgende anaerobe Dismutation ist aber nicht der Hauptweg ihres Abbaus im Zentralnervensystem, zumal da im Hirnbrei bei gleichzeitiger Milchsäurebestimmung die Acetatbildung nicht allein durch anaerobe Dismutation erklärt werden kann[6,7]. Bereits der Sauerstoffverbrauch von Hirngewebe in vitro mit Brenztraubensäure als Substrat ergab den Hinweis, daß die Säure über die 2-C-Stufe oxydiert werden mußte[2].

97% des Pyruvatumsatzes konnten im Gehirn erfaßt werden. Der weitaus überwiegende Teil der Brenztraubensäure (67%) wird unter O_2-Aufnahme und Decarboxylierung verbrannt, nur 10,7% unterliegen der Dismutation, 20% werden im Hirnbrei zu Actetat verwandelt[8,9]. Die restlichen 3% erscheinen als Citrat[10]. (Es bleibt abzuwarten, ob die mit ^{13}C nachgewiesene Umkehr[11] der anaeroben Brenztraubensäuredismutation, die durch ATP gefördert wird, auch für Gehirn gilt.)

Der wesentlichste Abbauweg der Brenztraubensäure dürfte auch im Gehirn die *dehydrogenierende Decarboxylierung* unter Vermittlung von Diphosphopyridinnucleotid und Aneurinpyrophosphat sein, die als Acetyldonatorreaktion die zur Bildung von *Acetyl-Coenzym A* notwendige Energie bereitstellt. Der Acetylrest von Coenzym A dürfte auch hier auf Oxalessigsäure zur Bildung von Citronensäure übertragen werden. Hirngewebe besitzt die dazu notwendige Ausrüstung an Enzymen und Coenzymen. Die Beobachtungen, die mit der Existenz des Citronensäurecyclus im Zentralnervensystem zunächst nicht vereinbart werden konnten, haben sich durchweg aufklären lassen, wie z.B. die scheinbare Dissoziation der Pyruvat- von der Succinatoxydation[1]. Im Homogenat aus Taubengehirn fördern zwar die C_4-Dicarbonsäuren die Oxydation der Brenztraubensäure, nicht aber Citrat[12]. Erst spätere Untersuchungen konnten einwandfrei zeigen, daß sich

[1] McGowan, G. K., and R. A. Peters: Biochem. J. **31**, 1637 (1937). — [2] Long, C., and R. A. Peters: Biochem. J. **33**, 759 (1939). — [3] Krebs, H. A.: Biochem. J. **31**, 661 (1937). — [4] Weil-Malherbe, H.: Biochem. J. **31**, 2202 (1937). — [5] Krebs, H. A., and W. A. Johnson: Biochem. J. **31**, 645 (1937). — [6] Long, C.: Biochem. J. **32**, 1711 (1938). — [7] Simola, P. E., u. H. Alapeuso: H. **278**, 57 (1943). — [8] Long, C.: Biochem. J. **36**, 807 (1942). — [9] Long, C.: Biochem. J. **37**, 215 (1943). — [10] Coxon, R. V.: Biochem. J. **55**, 545 (1953). — [11] Wikén, T., D. Watt, A. G. C. White and C. H. Werkman: Arch. Biochem. **14**, 478 (1947). — [12] Banga, I., S. Ochoa and R. A. Peters: Biochem. J. **33**, 1980 (1939).

Citrat zusammen mit α-Ketoglutarat in diesen Hirnpräparationen ansammelt, wenn Brenztraubensäure in Gegenwart von Oxalessigsäure oder einer ihrer Vorstufen (z B. Fumarat) oxydiert wird[1,2]. Ohne Zusatz von C_4-Dicarbonsäuren wird aus naheliegenden Gründen nur wenig Citrat oder α-Ketoglutarat gebildet, dafür erscheint eine beträchtliche Menge von Acetat. Das gleiche gilt für den Stoffwechsel der B_1-avitaminotischen Taube. Nach Zufuhr von Aneurin kann im avitaminösen Taubengehirn solange Citrat und α-Ketoglutarat gebildet werden, wie reichlich Oxalessigsäure vorhanden ist[3], während in ihrer Abwesenheit ebenfalls Acetat gebildet wird, dessen Menge unter diesen Umständen durch Aneurinzusatz sogar noch gesteigert wird[4]. Diese Experimente bedeuten eine starke Stütze hinsichtlich der Existenz des Citronensäurecyclus im Gehirn. Zusatz von Acetat selbst ruft im Homogenat von Taubengehirn dagegen keine Steigerung der O_2-Aufnahme hervor[5]; unter diesen Umständen vermag ferner Fluoressigsäure sich nicht mit Oxalessigsäure zu kondensieren, so daß die Störung des Citronensäurecyclus unterbleibt. Ebenso vermag Hirngewebe Acetat nur in geringem Umfang zu Succinat zu verbrennen[6]. Auch diese Oxydation geschieht über den Citronensäurecyclus und erfordert die Beteiligung von Oxalessigsäure[7], da CO_2 bei der Oxydation von markiertem ^{14}C-Acetat erst dann in Freiheit gesetzt wird, wenn Oxalessigsäure zufügt wird[7]. ^{14}C von Acetat kann unter diesen Umständen in α-Ketoglutarsäure eingebaut werden. Im Gegensatz zu den Nieren ist die Umwandlung von Acetat in CO_2 im Gehirn sehr gering (1,5—1,6%).

Auch die Tatsache, daß Fumarsäure und Äpfelsäure von Hirngewebe sehr viel langsamer abgebaut werden als Glutaminsäure oder Ketoglutarsäure, bildet keinen stichhaltigen Einwand gegen die Gültigkeit des Citronensäurecyclus, da Fumarsäure und Äpfelsäure zur Anhäufung der hemmenden Oxalessigsäure führen, die in Gegenwart von Glutaminsäure durch Umaminierung laufend beseitigt wird[8]. Andererseits kommt es im Gehirnbrei aerob in Anwesenheit von Malonsäure durch spezifische Hemmung der Succinodehydrogenase[9–11] zur Ansammlung von Bernsteinsäure[9], die neben der Förderung der Oxydation von Brenztraubensäure durch C_4-Dicarbonsäuren im dialysierten Hirnhomogenat[12] und der Erhöhung der Citronensäurekonzentration auf das 8fache nach Vergiftung mit Fluoressigsäure[13] zu den Beobachtungen gehört, die für die Existenz des Citronensäurecyclus im Gehirn sprechen.

Andere Widersprüche ließen sich methodisch aufklären. So sind für die Oxydation der Brenztraubensäure im Gehirn wenigstens folgende Cofaktoren notwendig: Anorganisches Phosphat, Mg^{++}, Adenylsäure oder ATP, eine C_4-Dicarbonsäure, Cytochrom c und Diphosphopyridinnucleotid (DPN)[14]. Die Wirksamkeit von DPN als Cofaktor ist nur unter besonderen Bedingungen nachweisbar, da unter physiologischen Verhältnissen der Gewebsvorrat an DPN durch die DPNase nicht so schnell abgebaut wird, daß die DPN-Wirkung verlorengehen würde. Erst bei intensiver Homogenisierung, die die DPNase aktiviert, wird das im Gewebe vorhandene DPN schnell abgebaut, so daß erst Zusatz von DPN oder der von Nicotinsäureamid die herabgesetzte Sauerstoffaufnahme normalisieren kann. Bei Mangel an ATP, Mg^{++},

---

[1] Coxon, R. V., C. Liébecq and R. A. Peters: Biochem. J. **45**, 320 (1949). — [2] Coxon, R. V.: Biochem. J. **55**, 545 (1953). — [3] Coxon, R. V., and R. A. Peters: Biochem. J. **46**, 300 (1950). — [4] Coxon, R. V.: Biochem. J. **47**, XXXVII (1950). — [5] Coxon, R. V.: Metabolism and function in nervous tissue. Biochem. Soc. Symp. 8, 3 (1952). — [6] Elliott, K. A. C., and M. E. Greig: Biochem. J. **31**, 1021 (1937). — [7] Pardee, A. B., C. Heidelberger and V. R. Potter: J. biol. Ch. **186**, 625 (1950). — [8] Weil-Malherbe, H.: 3. Mosbacher Coll. S. 46. — [9] Weil-Malherbe, H.: Biochem. J. **31**, 299 (1937). — [10] Huszák, S.: B. Z. **303**, 349 (1940). — [11] Hochster, R. M., and J. H. Quastel: Arch. Biochem. **36**, 132 (1952). — [12] Banga, I., S. Ochoa and R. A. Peters: Biochem. J. **33**, 1109 (1939). — [13] Buffa, P., and R. A. Peters: J. Physiol., London **110**, 488 (1949). Nature **163**, 914 (1949). — [14] Larner, J., B. J. Jandorf and W. H. Summerson: J. biol. Ch. **178**, 373 (1949).

Cytochrom c oder einer C_4-Dicarbonsäure sinkt der Sauerstoffverbrauch für die Oxydation der Brenztraubensäure stark ab, gleichzeitig sammelt sich die Säure im Hirngewebe an. Auch unter normalen Bedingungen wird im Gehirn dem Verhältnis O_2-Aufnahme: Brenztraubensäureabbau entsprechend nicht die gesamte vorhandene Säure oxydiert[1-6] (s. S. 716).

Aus den bisherigen Ergebnissen ergibt sich auch für Gehirn nach der dehydrogenierenden Decarboxylierung der Brenztraubensäure die Existenz eines C_2-*Fragmentes*, das entweder in freies Acetat verwandelt oder über Coenzym A in Gegenwart von Oxalessigsäure zu Citronensäure kondensiert wird. Hirngewebe besitzt die dazu notwendigen Enzyme Coenzym A und „condensing enzyme" in ausreichender Menge (s. S. 722f.). Ein anderes transacetylierendes Enzym — die Cholinacetylase — kann die Acetylgruppe von Coenzym A auf Cholin übertragen (s. S. 849). Acetyl-Coenzym A entsteht in tierischen Geweben entweder aus der dehydrogenierenden Decarboxylierung von Brenztraubensäure und Coenzym A oder aus Essigsäure, Coenzym A und ATP aber ohne die Bildung von Acetylphosphat als freier Zwischenstufe[7-9]. Acetylphosphat wird durch dialysierte Hirndispersionen nicht oxydiert[8]. Es vermag auch nicht als Phosphatdonator für die Phosphorylierung von Adenylsäure zu wirken, da die Adenylsäure erst jenseits der oxydativen Decarboxylierung in die Oxydation der Brenztraubensäure eingreift[9].

Auch im Gehirn wird Citronensäure direkt und nicht über cis-Aconitsäure oder iso-Citronensäure gebildet[10]. Die Oxydation von Brenztraubensäure kann in vitro im Hirngewebe durch Mitglieder des Tricarbonsäurecyclus katalysiert werden. Sie führt bei Katalyse durch Fumarat zur Bildung von Citronensäure und α-Ketoglutarsäure. Die mangelhafte Katalyse der Pyruvatoxydation durch Citrat selbst ist auf ungenügende Permeation von Citronensäure in den Hirndispersionen zurückzuführen.

Die Bildung von *Citronensäure* aus „aktiviertem Acetat" und Oxalessigsäure ist ein reversibler Prozeß, so daß sich unter geeigneten Bedingungen, z. B. in einem System aus Acetontrockenpulver von Gehirn mit Zusätzen von Citrat, Cholin, ATP, Hefekochsaft, Mg^{++} und K^+, eine Acetylcholinbildung erzielen läßt (s. S. 847):

$$\text{Co}\overline{\text{A}} - \text{SH} + \text{Citrat} \rightleftharpoons \text{Co}\overline{\text{A}} - \text{S} - \text{CO} - \text{CH}_3 + \text{Oxalacetat}$$

$$\text{Cholin} + \text{Co}\overline{\text{A}} - \text{S} - \text{CO} - \text{CH}_3 \rightleftharpoons \text{Acetylcholin} + \text{Co}\overline{\text{A}} - \text{SH}$$

Hirngewebe besitzt eine gewisse Fähigkeit, *Oxalessigsäure* zu Äpfelsäure zu hydrogenieren[11], die dem Nervengewebe zu fehlen scheint. Dagegen decarboxylieren beide Gewebe Oxalessigsäure leicht zu Brenztraubensäure; zugesetzte Oxalessigsäure ist nach 2stdiger Inkubation völlig verschwunden[11,12]. Nach Inkubation von Pyruvat und Oxalacetat wird dagegen — der schon geschilderten Vorstellung entsprechend — Citronensäure gefunden[11]. Die Citratbildung aus anderen C_4-Dicarbonsäuren verläuft über Oxalessigsäure. Außerdem vermag Hirngewebe Oxalessigsäure in Gegenwart von Glutaminsäure durch Umaminierung in Asparaginsäure bzw. α-Ketoglutarsäure umzuwandeln.

Der Stoffwechsel der *Oxalessigsäure* muß infolge der besonderen Reaktionsbedingungen in jedem Organ für sich untersucht werden. Die bemerkenswerte Steigerung des O_2-Ver-

[1] LARNER, J., B. J. JANDORF and W. H. SUMMERSON: J. biol. Ch. **178**, 373 (1949). — [2] MCGOWAN, G. K.: Biochem. J. **31**, 1627 (1937). — [3] MCGOWAN, G. K., and R. A. PETERS: Biochem. J. **31**, 1637 (1937). — [4] LONG, C.: Biochem. J. **32**, 1711 (1938). — [5] LONG, C.: Biochem. J. **36**, 807 (1942). — [6] LONG, C.: Biochem. J. **37**, 215 (1943). — [7] STERN, J. R., and S. OCHOA: J. biol. Ch. **191**, 161 (1951). — [8] OCHOA, S., R. A. PETERS and L. A. STOCKEN: Nature **144**, 750 (1939). — [9] BANGA, I., S. OCHOA and R. A. PETERS: Nature **144**, 74 (1939). — [10] PETERS, R. A., and R. W. WAKELIN: J. Physiol., London **119**, 421 (1953). — [11] BREUSCH, F. L.: Biochem. J. **33**, 1757 (1939). — [12] KREBS, H. A., L. V. EGGLESTON, A. KLEINZELLER and D. H. SMYTH: Biochem. J. **34**, 1234 (1940).

brauchs bei der Oxydation von Oxalessigsäure geschieht z. B. in Leber- und Nierenhomogenaten nach Zusatz von DPN nur dann, wenn wenig ATP vorhanden ist. Bei hohen ATP-Konzentrationen bleibt der Effekt aus[1]. DPN kann hier ATP ersetzen, da es durch eine DPN-Pyrophosphatase zu Adenylsäure und Nicotinsäureamidribosephosphat abgebaut und die freiwerdende Adenylsäure zu ATP phosphoryliert werden kann[2]. Im Gehirn führt dagegen der DPN-Abbau nicht zur Freisetzung von Adenylsäure, so daß hier andere Bedingungen herrschen. Oxalacetat wird im Gehirn leicht oxydiert. Wird die Oxydation der Säure ($Q_{O_2} = 15,0$) im Gehirn gleich 100 gesetzt, so ergibt sich[1] vergleichsweise für Citrat 27, Malat 41, Succinat 68, Pyruvat 83, α-Ketoglutarat 84 und ohne Substrat 32. Ihre Oxydation erfordert[3] die Gegenwart von ATP, anorganischem Phosphat, Mg^{++}, DPN und Cytochrom c. Der Stoffwechsel der Oxalessigsäure gehört zu den empfindlichsten Stufen bzw. Vorstufen des Citronensäurecyclus, da ihr Umsatz unter Bedingungen nicht mehr stattfindet, bei denen Succinat und Malat noch oxydiert werden[4,5].

Citronensäure bildet in Gegenwart von Gewebsextrakten ein Gleichgewicht mit *cis-Aconitsäure* und *iso-Citronensäure*, wobei die reversible Hydratation unter Vermittlung der Aconitase geschieht[6]. In Hirnrindenschnitten von Ratten entspricht die reversible Umwandlung von cis-Aconitsäure in Citronensäure einem Wert $Q_{\text{citr.}}$ (μl/mg/Std) von 4,6. In Extrakten ist der Wert größer, er beträgt für Gesamtgehirn $Q_{\text{citr.}}$ 10,0. Der sich anschließende Oxydationsschritt verwandelt iso-Citronensäure in *Oxalbernsteinsäure* unter Einwirkung der auch im Gehirn nachgewiesenen Citricodehydrogenase[7] und Beteiligung von Triphosphopyridinnucleotid als Coferment, während DPN völlig unwirksam ist. Bei Überschuß von iso-Citronensäure wird die gesamte Codehydrogenase II hydrogeniert; ist dagegen die Codehydrogenase II im Überschuß vorhanden, oder wird sie ständig reoxydiert, so wird die gesamte iso-Citronensäure über Oxalbernsteinsäure in α-Ketoglutarsäure verwandelt. An der Dehydrogenierung der iso-Citronensäure sind neben Codehydrogenase II als H-Überträger Flavinenzyme bzw. Diaphorasen beteiligt. Als Acceptor fungieren Methylenblau im Experiment bzw. das Cytochromsystem[7]. Wasserstoff kann im Gehirn von iso-Citronensäure auch auf Oxalessigsäure zur Reduktion zu Äpfelsäure übertragen werden. Nervengewebe vermag dagegen nach den bisherigen Ergebnissen diese Reaktion nicht durchzuführen[8]. Auch ist es unsicher, ob von ihm zugesetzte Citronensäure abgebaut werden kann. Zu dem System der iso-Citricodehydrogenase gehört ferner noch die Oxalbernsteinsäuredecarboxylase, die den nächsten Schritt des Cyclus, die stark exergonische *Decarboxylierung* von *Oxalbernsteinsäure* zu *α-Ketoglutarsäure*, katalysiert. Diese Reaktion kann auch — allerdings zu langsam — spontan verlaufen. Die Produkte der Dehydrogenierung der iso-Citronensäure und der anschließenden Decarboxylierung α-Ketoglutarsäure und Dihydro-Codehydrogenase II können 2fach reagieren: Die Säure kann durch NH_3-Fixierung in Glutaminsäure verwandelt werden (s. S. 749); der Wasserstoff der Dihydro-Codehydrogenase II kann über Diaphorasen und das Cytochromsystem zu O_2 transportiert und die gebildete α-Ketoglutarsäure im Citronensäurecyclus weiter abgebaut werden. Aus diesem Grunde ist die Stellung der α-Ketoglutarsäure im Zentralnervensystem eine besondere, da über ihre Beziehung zur Glutaminsäure eine enge Verbindung zwischen Kohlenhydratstoffwechsel und Eiweißsynthese hergestellt wird[7,9] (s. S. 750). Andererseits ist die Bildung der α-Ketoglutarsäure aus Brenztrauben-

[1] POTTER, V. R., A. B. PARDEE and G. G. LYLE: J. biol. Ch. **176**, 1075 (1948). — [2] KORNBERG, A., and O. LINDBERG: Fed. Proc. **7**, 165 (1948). — [3] POTTER, V. R., G. A. LEPAGE and H. L. KLUG: J. biol. Ch. **175**, 619 (1948). — [4] SCHNEIDER, W. C., and V. R. POTTER: J. biol. Ch. **149**, 217 (1943). — [5] POTTER, V. R.: J. biol. Ch. **165**, 311 (1946). — [6] JOHNSON, W. A.: Biochem. J. **33**, 1046 (1939). — [7] ADLER, E., H. v. EULER, G. GÜNTHER and M. PLASS: Biochem. J. **33**, 1028 (1939). — [8] BREUSCH, F. L., and R. TULUS: Arch. Biochem. **9**, 305 (1946). — [9] SIMOLA, P. E., u. H. ALAPEUSO: H. **278**, 57 (1943).

säure im Gehirn teilweise durch Transaminierung zu erklären, indem in Gegenwart von Glutaminsäure aus Brenztraubensäure Alanin entsteht und Glutaminsäure in α-Ketoglutarsäure verwandelt wird[1].

Auch der sich unter gleichzeitiger Wasseraufnahme, Dehydrogenierung und Decarboxylierung anschließende zweite Oxydationsschritt zur Bildung der *Bernsteinsäure* dürfte im Zentralnervensystem stattfinden, da z. B. bei der Hemmung der weiteren Oxydation der Bernsteinsäure durch Malonat die Konzentration der Bernsteinsäure im Gehirn ansteigt[2,3]. Zusatz von Glucose zu Brenztraubensäure als Substrat steigert im Gehirn die Bildung von Bernsteinsäure beträchtlich, im Hirnbrei ist das gleiche auch bei Zusatz von Brenztraubensäure und α-Ketoglutarsäure nachweisbar[3]. Der Mechanismus der Verwandlung von α-Ketoglutarsäure in Bernsteinsäure gleicht dem der von Brenztraubensäure in Essigsäure (s. Bd. 2/1, S. 1052f.). Der Nachweis dieser Umwandlung wurde vor allem in der Taubenleber geführt, für Gehirn dürfte er in den Einzelheiten noch ausstehen. Das besonders aus Herzmuskel gewonnene System[4,5] zur Oxydation der α-Ketoglutarsäure erfordert Mg^{++}, Phosphationen, Cytochrom c und ATP. Wird der weitere Abbau des Oxydationsproduktes — der Bernsteinsäure — durch Malonat gehemmt, so ist die Freisetzung eines Mols CO_2 von der Aufnahme von 0,5 Mol Sauerstoff begleitet. Neuere Untersuchungen[6] konnten grundsätzlich ähnliche Verhältnisse für Gehirn feststellen, wobei die Oxydation von α-Ketoglutarsäure durch Zusatz von Aneurinpyrophosphat und besonders durch den von DPN (um 32%) gefördert wird.

Die Oxydation von Bernsteinsäure zu *Fumarsäure* durch das System der Succinoxydase (Succinodehydrogenase, Cytochrom c, Cytochromoxydase) konnte auch für Gehirn von Ratten erwiesen werden[7], zumal da die Succinodehydrogenase — auch histochemisch[8] — nachgewiesen werden konnte[8,9]. Auch die Umwandlung zu L-*Äpfelsäure* durch Wasseranlagerung sowie ihre weitere Oxydation geschehen im Gehirn[7,10]. Die Oxydation kann selbst in zerkleinertem Hirngewebe stattfinden[11]. Die Aktivität der Fumarase scheint im Taubengehirn so groß zu sein, daß die Äpfelsäuredehydrogenase der begrenzende Faktor der Reaktion wird. Mit der Oxydation der Äpfelsäure zu Oxalessigsäure ist auch im Gehirn der Cyclus geschlossen.

4. Synthese von Tricarbonsäuren durch CO_2-Fixation.

Die Synthese von Tricarbonsäuren des Citronensäurecyclus durch Fixation von CO_2 geschieht in 2 Reaktionen: 1. Durch Carboxylierung von α-Ketoglutarsäure zu Oxalbernsteinsäure (OCHOA-Reaktion; s. Bd. 2/1, S. 1051) und 2. durch Carboxylierung der Brenztraubensäure zu Oxalessigsäure (WOOD-WERKMAN-Reaktion; s. Bd. 2/1, S. 1053). Oxalbernsteinsäure ist sehr instabil und unterliegt leicht der Decarboxylierung zu α-Ketoglutarsäure[12]; trotzdem wird die Carboxylierung durch die in tierischen Geweben weit verbreitete Oxalbernsteinsäurecarboxylase ebenso gefördert wie die Verwandlung der Oxalessigsäure in Brenztraubensäure durch die spezifische Oxalessigsäurecarboxylase[13]. Alle Reaktionen der Umwandlung von iso-Citronensäure in α-Ketoglutarsäure sind reversibel. Obgleich das Gleichgewicht dieser Reaktion so weit nach rechts verlagert ist, daß bei Überschuß von Triphosphopyridinnucleotid praktisch die gesamte iso-Citronensäure in α-Ketoglutarsäure verwandelt wird, kann die

---

[1] SIMOLA, P. E., u. H. ALAPEUSO: H. **278**, 57 (1943). — [2] WEIL-MALHERBE, H.: Biochem. J. **31**, 299 (1937). — [3] PARDEE, A. B., and V. R. POTTER: J. biol. Ch. **178**, 241 (1949). — [4] OCHOA, S.: J. biol. Ch. **149**, 577 (1943). — [5] OCHOA, S.: J. biol. Ch. **155**, 87 (1944). — [6] ACKERMANN, W. W.: J. biol. Ch. **184**, 557 (1950). — [7] ELLIOTT, K. A. C., M. E. GREIG and M. P. BENOY: Biochem. J. **31**, 1003 (1937). — [8] SELIGMAN, A. M., and A. M. RUTENBURG: Science, N. Y. **113**, 317 (1951). — [9] BREUSCH, F. L.: B. Z. **295**, 101 (1938). — [10] BANGA, I., S. OCHOA and R. A. PETERS: Biochem. J. **33**, 1109, 1980 (1939). — [11] LONG, C.: Biochem. J. **39**, 143 (1945). — [12] OCHOA, S.: J. biol. Ch. **174**, 115 (1948). — [13] OCHOA, S., and E. WEISZ-TABORI: J. biol. Ch. **174**, 123 (1948).

Reaktion im Sinne der CO_2-Fixation und Synthese der Citronensäure nach links verlaufen, wenn TPN durch Verbindung mit einem anderen Dehydrogenasesystem von verwertbarem Oxydoreduktionspotential reduziert werden kann[1]. Dies gilt für das auch im Zentralnervensystem gültige Glucose-6-phosphat-dehydrogenasesystem (s. S. 728):

a) Glucose-6-phosphat + TPN $\rightleftharpoons$ 6-Phosphogluconsäure + TPNH + H^+,

b) α-Ketoglutarsäure + CO_2 + TPNH + H^+ $\rightleftharpoons$ iso-Citronensäure + TPN; als Summe:

c) Glucose-6-phosphat + α-Ketoglutarsäure + CO_2 $\rightleftharpoons$ 6-Phosphogluconsäure + iso-Citronensäure.

(Die Carboxylierung von α-Ketoglutarsäure zu Oxalbernsteinsäure und ihre anschließende Hydrogenierung zu iso-Citronensäure sind der Einfachheit halber zusammengefaßt.) Die CO_2-Fixation wird in Gegenwart der Aconitase begünstigt, da über 90% der iso-Citronensäure zu cis-Aconitsäure und anschließend zu Citronensäure verwandelt werden. Somit spielt das System der iso-Citronensäuredehydrogenase-Oxalbernsteinsäurecarboxylase und Aconitase bei der biologischen Fixation von Kohlensäure eine entscheidende Rolle. Die exergonische Oxydation von Glucose-6-phosphat liefert die Energie für die stark endergonische Carboxylierung der α-Ketoglutarsäure. Wird das unter Vermittlung der iso-Citricodehydrogenase durch die Hydrogenierung von Oxalbernsteinsäure zu iso-Citronensäure reoxydierte TPN durch eine unabhängige Dehydrogenase (Glucose-6-phosphatdehydrogenase) erneut reduziert, so vermag die Reaktion sogar stark nach links im Sinne der CO_2-Fixation zu verlaufen[1]. Die OCHOA-Reaktion ist eine β-Carboxylierung, die von der „reduktiven" Carboxylierung[2] verschieden ist. Während diese energiereiche P-Bindungen benötigt, verläuft die OCHOA-Reaktion auch in Abwesenheit von anorganischem Phosphat und ATP, ist aber an die Existenz von durch TPN vermittelten Oxydoreduktionen gebunden. Die vorwiegend am Herzmuskel gewonnenen Erkenntnisse über die CO_2-Fixation konnten für die Retina, die als Hirnanteil angesprochen werden kann, nach Inkubation von nichtmarkierter Brenztraubensäure mit ^{14}C-haltigem CO_2 bestätigt werden[3], da ^{14}C unter diesen Umständen vorwiegend in der Carboxylgruppe der Brenztraubensäure erscheint. Unter aeroben Bedingungen bleibt die CO_2-Fixation in der Retina für 3 Std konstant; unter anaeroben Bedingungen sinkt sie bald ab, was durch Glucosezusatz verhindert werden kann. Die CO_2-Fixation hängt von der Konzentration der Brenztraubensäure und der Kohlensäure sowie dem p_H-Wert ab. Einzelne Glieder des Citronensäurecyclus, Oxalacetat, Fumarat oder Asparaginat, fördern die CO_2-Fixation; L-Glutaminat und α-Ketoglutarat ebenso wie Ammoniumionen hemmen. Die CO_2-Fixation ist mit energieliefernden Reaktionen verbunden, wie aus der Unterbrechung der Reaktion unter anaeroben Bedingungen sowie der Verzögerung dieser Unterbrechung durch Zusatz von Glucose hervorgeht. In dieser Tatsache findet die Senkung der Reaktion um 50% nach Zusatz von 3,5-Dinitro-o-kresol ihre Erklärung[4], da diese Substanz durch Beeinflussung der Atmungskettenphosphorylierung die Bildung energiereicher Phosphatbindungen hemmt[5]. Unter anaeroben Bedingungen hemmt Dinitro-o-kresol dagegen die CO_2-Fixation kaum. Man wird daraus schließen dürfen, daß für diese Reaktion in der Retina die Bildung energiereicher Phosphatbindungen eine große, nicht aber eine ausschlaggebende Bedeutung hat. Auch Arsenat, das die Bildung energiereicher Phosphatbindungen auf der Stufe der Triosephosphatdehydrogenase-Reaktion hemmt, entfaltet nur geringen Einfluß auf die CO_2-Fixation in der Retina, so daß die ATP-Bildung während der Glykolyse ebenfalls nicht von entscheidender Bedeutung ist. Auch die Unterbrechung der Glykolyse durch Jodacetat übt keine Hemmwirkung, sondern Steigerung der CO_2-Fixation aus. Diese Tatsache kann ihre Erklärung in der Möglichkeit finden, daß unter diesen Umständen die Energie der Hexoseester direkt über Glucose-6-phosphat-dehydrogenase und TPN verwertbar wird[4]. Die CO_2-Fixation in der Retina ist an den Kohlenhydratstoffwechsel gebunden, wobei aber bereits seine ersten Abbaustufen und ihre mögliche direkte Oxydation die notwendige Energie liefern.

Im Gehirn ließ sich die CO_2-Fixation bei Verwendung von mit ^{13}C markierter Acetessigsäure nachweisen, die zu Ansammlung von Citrat mit ^{13}C in der primären

[1] OCHOA, S.: J. biol. Ch. **174**, 133 (1948). — [2] LIPMANN, F., and L. C. TUTTLE: J. biol. Ch. **158**, 505 (1945). — [3] CRANE, R. K., and E. G. BALL: J. biol. Ch. **188**, 819 (1951). — [4] CRANE, R. K., and E. G. BALL: J. biol. Ch. **189**, 269 (1951). — [5] LOOMIS, W. F., and F. LIPMANN: J. biol. Ch. **173**, 807 (1948).

und tertiären Carboxylgruppe führte[1]. Versuche mit radioaktivem Hydrogencarbonat führten durch CO_2-Assimilation zum Einbau von ^{13}C in die tertiäre Carboxylgruppe der Citronensäure über die Carboxylierung von α-Ketoglutarsäure (OCHOA-Reaktion).

5. Fermente des Brenztraubensäurestoffwechsels und der biologischen Endoxydation.

Über die *Pyruvatdehydrogenase* s. S. 726f.

Cocarboxylase. Die Beziehungen zwischen Vitamin B_1 und Cocarboxylase wurden S. 669 dargestellt. Der Gehalt an Cocarboxylase verschiedener Organe steigt bei stärkerer Zufuhr von Aneurin mit dem Futter bis zu einem gewissen Grad an[2]. Höhere Vitamindosen vermögen die Konzentration der Cocarboxylase im Gehirn nicht mehr zu steigern. In tierischen Geweben findet sich erheblich mehr Cocarboxylase als Vitamin B_1. Der Gehalt an Cocarboxylase sinkt bei Aneurinmangel[3]. Im Gehirn von Tauben werden 3,0 γ Cocarboxylase je g gefunden; bei B_1-Avitaminose 0,40 γ/g; nach Fütterung von Reis (ohne Symptome) 1,18 γ/g und nach 3tägiger Aneurinbehandlung 2,55 γ/g. Nach Aneuringabe steigt im Gehirn die Konzentration an Cocarboxylase schnell wieder an. Ihr Gehalt ist im Gehirn von avitaminösen Tauben, die noch keine Beri-Beri-Symptome zeigen, größer als in dem von Tieren mit Symptomen. Die Konzentration der Cocarboxylase des Gehirns kann auf 40% absinken, ehe die charakteristischen Symptome der Beri-Beri auftreten. Hirngewebe normal ernährter Ratten enthält 1,87 γ/g an Cocarboxylase; bei B_1-Avitaminose 0,79 γ/g. Bei normal ernährten, durch Verfütterung von Schilddrüsengewebe hyperthyreoisierten Ratten werden 1,39 γ Cocarboxylase je g Gehirn gefunden[4]. Ebenso wie bei normalen läßt sich auch bei hyperthyreotischen Tieren durch Injektion von Aneurin die Konzentration an Cocarboxylase erhöhen. Im Zustand der Hyperthyreose sinkt aber die Konzentration an Cocarboxylase im Gehirn nach vorheriger wiederholter Injektion von Aneurin schneller ab.

Die Synthese der Cocarboxylase im Gehirn verläuft langsam und stetig ohne besonderen zeitlichen Gipfel. Hirngewebe besitzt ein Ferment — wahrscheinlich eine Phosphatase —, das die Cocarboxylase zerstört[5]. Bei p_H 8,5 werden unter anaeroben Bedingungen in 4 Std bei 38° 29,5% der vorhandenen Cocarboxylase zerstört. Außerdem scheint Hirngewebe über eine Vitamin B_1-Dehydrogenase zu verfügen[6]. Das Ferment ist im Tierreich weit verbreitet, die höchste Aktivität wird in der Hypophyse gefunden.

Coenzym A. Coenzym A kommt als Pantothensäurederivat[7] in allen lebenden Zellen vor[8,9]. Seine allgemeine Wirkung zusammen mit ATP und Acetat („aktivierte Essigsäure") als Co-Transacetylase besteht im Gehirn außer in der Transacetylierung zu Citronensäure in der Acetylierung von Cholin[10-12]. Gehirn (Rinde) von Kaninchen enthält 40, von Ratten 28 und von Tauben 40 Einheiten Coenzym A je g Feuchtgewicht[13], wobei eine Einheit 0,65 γ Pantothensäure enthält. In den parenchymatösen Organen wird keine oder nur wenig freie

---

[1] FLOYD, N. F., G. MEDES and S. WEINHOUSE: J. biol. Ch. **171**, 633 (1947). — [2] BYERRUM, R. U., and J. H. FLOKSTRA: J. Nutrit. **43**, 17 (1951). — [3] OCHOA, S., and R. A. PETERS: Biochem. J. **32**, 1501 (1938). — [4] PETERS, R. A., and R. J. ROSSITER: Biochem. J. **33**, 1140 (1939). — [5] OCHOA, S.: Biochem. J. **33**, 1262 (1939). — [6] TITAEV, A. A.: Biochimija, Moskva **15**, 236 (1950). — [7] LIPMANN, F., N. O. KAPLAN, G. D. NOVELLI, L. C. TUTTLE and B. M. GUIRARD: J. biol. Ch. **167**, 869 (1947). — [8] LIPMANN, F.: J. biol. Ch. **160**, 173 (1945). — [9] LIPMANN, F., and N. O. KAPLAN: Fed. Proc. **5**, 145 (1946). — [10] LIPMANN, F., and N. O. KAPLAN: J. biol. Ch. **162**, 743 (1946). — [11] FELDBERG, W., and T. MANN: J. Physiol., London **104**, 411 (1946). — [12] NACHMANSOHN, D., and M. BERMAN: J. biol. Ch. **165**, 551 (1946). — [13] KAPLAN, N. O., and F. LIPMANN: J. biol. Ch. **174**, 37 (1948).

Pantothensäure gefunden[1]. Der Gehalt an freier Säure beträgt im Gehirn 3,0, der an gesamter Pantothensäure 18 γ/g; die an Coenzym A gebundene Pantothensäure macht somit 15 γ/g aus. Aus den Angaben von 40 Einheiten Coenzym A errechnet sich dagegen ein Betrag von 26 γ/g an gebundener Pantothensäure (methodische Differenzen der mikrobiologischen Bestimmung im Gehirn ?). In allen tierischen Geweben besteht eine enge Beziehung zwischen dem Gehalt an Pantothensäure und dem Pantothensäureäquivalent der Coenzym A-Aktivität. Untersuchungen über die enzymatische Inaktivierung von Coenzym A durch Darmphosphatase sowie durch Leberextrakte dürften für das Zentralnervensystem noch ausstehen. Die reversible enzymatische Phosphorylierung von Coenzym A verläuft vermutlich als Zweistufenvorgang[2]:

$$\text{ATP} + \text{CoA} \rightarrow \text{CoA} - \text{Pyrophosphat}$$
$$\text{CoA} - \text{Pyrophosphat} + \text{Acetat} \rightarrow \text{Acetyl} - \text{CoA} + \text{Pyrophosphat}$$

In Extrakten aus mit Aceton getrocknetem Rindergehirn scheint außerdem in Gegenwart von KF die Möglichkeit zu bestehen, daß nur ein Phosphatradikal der ATP auf CoA übergeht, wobei Phosphoryl-CoA gebildet wird[3]:

$$\text{ATP} + \text{CoA} \rightleftharpoons \text{ADP} + \text{P-CoA}$$

Der Abfall der molaren Konzentrationen an ATP, SH-Gruppen und von CoA entsprechen einander. ADP konnte unter diesen Versuchsbedingungen nachgewiesen werden. Bei Zusatz des halbsynthetisch gewonnenen Phosphoryl-Coenzym A-Zwischenproduktes zu Fermentextrakten aus Gehirn verläuft in Gegenwart von Cholin und Acetat die Synthese von Acetylcholin auch ohne ATP.

Condensing enzyme. Tierische Gewebe enthalten ein Enzym, das die Acetylgruppe von Acetyl-Coenzym A auf Oxalessigsäure überträgt, wobei durch Kondensation Citronensäure entsteht. Im Gehirn ist das „condensing enzyme" in beträchtlicher Menge vorhanden[4-7]. Das Gleichgewicht der durch das Enzym katalysierten Reaktion liegt deutlich auf der Seite der Citratsynthese, die Reaktion ist aber reversibel. Das Enzym katalysiert einen geringen Austausch von acetylgebundenem Oxalacetat (= Oxalacetat als Citrat gebunden) gegen freies Oxalacetat in Gegenwart von Coenzym A nur dann, wenn geringe Mengen der Ketosäure vorhanden sind[5]. Bei großen Mengen tritt offenbar durch Wettbewerb zwischen Oxalessigsäure und Citronensäure um die aktive Seite des Enzyms Hemmung ein. Wird eine Einheit des „condensing enzyme" als die Fermentmenge bezeichnet, die unter bestimmten Bedingungen die Synthese von 1,0 μmol Citrat je 10 min bei 25° katalysiert und die spezifische Aktivität in Einheiten je g Protein angegeben, so enthält Gehirn von Kaninchen 0,26, von Ratten 0,14, von Tauben 0,13 und Acetonextrakt aus Ochsengehirn 0,38 Einheiten je g Protein[4].

Aconitase. Citronensäure steht in Gegenwart von Gewebsextrakten im Gleichgewicht mit cis-Aconitsäure und iso-Citronensäure[8]. Die reversible Hydratation geschieht durch die in allen tierischen Geweben vorkommende Aconitase[9,10], die von der Fumarase abgetrennt werden konnte. Das Ferment entfaltet in Hirnextrakten größere Aktivität als in Schnitten, was vermutlich auf Unterschiede in den p_H-Werten zurückzuführen ist[9].

[1] NOVELLI, G. D., N. O. KAPLAN and F. LIPMANN: J. biol. Ch. **177**, 97 (1949). — [2] LIPMANN, F., M. E. JONES, S. BLACK and R. M. FLYNN: Am. Soc. **74**, 2384 (1952). — [3] FEUER, G., u. M. WOLLEMANN: Acta physiol. hung. **5**, 553 (1954). — [4] OCHOA, S., J. R. STERN and M. C. SCHNEIDER: J. biol. Ch. **193**, 691 (1951). — [5] STERN, J. R., B. SHAPIRO and S. OCHOA: Nature **166**, 403 (1950). — [6] STERN, J. R., and S. OCHOA: Fed. Proc. **9**, 234 (1950). — [7] STERN, J. R., and S. OCHOA: J. biol. Ch. **191**, 161 (1951). — [8] MARTIUS, C., u. F. KNOOP: H. **246**, I (1937). — [9] JOHNSON, W. A.: Biochem. J. **33**, 1046 (1939). — [10] BREUSCH, F. L.: H. **250**, 262 (1937).

Citricodehydrogenase und Oxalbernsteinsäurecarboxylase. Die Dehydrogenierung der iso-Citronensäure zu Oxalbernsteinsäure erfordert TPN als Coenzym[1]. Das Ferment ist in allen Geweben — auch im Gehirn — nachweisbar. Es läßt sich von der Aconitase trennen und so rein gewinnen, daß allein iso-Citronensäure, nicht aber Citronensäure als H-Donator wirkt. Die gereinigte Apodehydrogenase zeigt den typischen „Verdünnungseffekt", d. h. die Reaktion verläuft nicht proportional der Enzymkonzentration, sondern verschwindet bei bestimmter Verdünnung mehr oder weniger vollständig[1]. Die Wirksamkeit von Mn^{++} oder Mg^{++} bezieht sich nicht auf die Citricodehydrogenase, sondern auf die Decarboxylierung der Oxalbernsteinsäure[2]. Jodessigsäure und Pyrophosphat wirken als Hemmstoff des Fermentes. Citricodehydrogenase und Oxalbernsteinsäurecarboxylase scheinen 2 verschiedene Enzyme zu sein. Oxalbernsteinsäurecarboxylase ist in tierischen Organen weit verbreitet, thermolabil und spezifisch für Oxalbernsteinsäure; sie erfordert Mn^{++}[3]. Ebenso wird die Decarboxylierung der Brenztraubensäure durch eine spezifische Oxalessigsäurecarboxylase katalysiert, die Oxalbernsteinsäure nicht angreift[3]. Die Decarboxylierung der Oxalbernsteinsäure verläuft proportional der Fermentkonzentration. Eine kompetitive Hemmung des Fermentes geschieht durch iso-Citronensäure und cis-Aconitsäure, nicht aber durch Citronensäure und verschiedene Ketosäuren, ganz entsprechend der Hemmung der Oxalessigsäurecarboxylase durch L-Malat, nicht aber durch Fumarat. Die Hemmung der enzymatischen Decarboxylierung von Oxalbernsteinsäure durch Isocitrat und der von Oxalessigsäure durch Malat beruht nur teilweise auf ihrer Mn-Bindung; in der Hauptsache handelt es sich um einen Wettbewerb zwischen Oxy- und Ketosäuren um das Ferment. Die Aktivität der Oxalbernsteinsäuredecarboxylase beträgt Q_{CO_2} 94 für das Gehirn von Ochsen und 45 für das von Affen (Acetonbehandlung), dagegen 840 für den Herzmuskel, die Aktivität der Oxalessigsäurecarboxylase entsprechend Q_{CO_2} 47 bzw. 17 (s.[3]).

Die unter gleichzeitiger Wasseraufnahme verlaufende Decarboxylierung und Dehydrogenierung der α-Ketoglutarsäure zu Bernsteinsäure wurde S. 720 besprochen. Das System der *α-Ketoglutarsäureoxydase* konnte auch im Gehirn nachgewiesen werden[4]; es erfordert Phosphat, Mg^{++}, ATP und Cytochrom c[4,5] sowie DPN und Cocarboxylase. Im Gehirn von Mäusen beträgt die Aktivität des Systems 6,0 μl O_2-Aufnahme je 20 mg Feuchtgewicht je 10 min und liegt damit deutlich unterhalb derjenigen von Leber, Herz und Niere[4].

Succinodehydrogenase, Fumarase und Äpfelsäuredehydrogenase. Die *Succinodehydrogenase* wird durch Malonat, α-Ketoglutarat, Pyocyanin (s. Bd. 2/1, S. 1230) und Phenosafranin gehemmt[6], so daß im Hirnbrei nach Vergiftung mit Malonat erhebliche Mengen von Bernsteinsäure — besonders nach Zusatz von Brenztraubensäure und α-Ketoglutarsäure — sich ansammeln. Die Unterbrechung des Citronensäurecyclus durch Malonat geschieht aber auf wenigstens 2 Wegen[7]: 1. durch direkte Hemmung der Succinatoxydation und 2. durch Hemmung der Oxydation von Oxalessigsäure durch Kombination mit Mg-Ionen. Hirngewebe vermag bei Vergiftung mit Malonat Brenztraubensäure noch in gewissem Umfang zu oxydieren — zwar sehr viel weniger stark als Leber, die unter diesen Umständen Brenztraubensäure zu Acetacetat verwandelt[8], aber dennoch deutlicher als Niere und Herzmuskel.

---

[1] ADLER, E., H. v. EULER, G. GÜNTHER and M. PLASS: Biochem. J. **33**, 1028 (1939). — [2] OCHOA, S.: J. biol. Ch. **174**, 133 (1948). — [3] OCHOA, S., and E. WEISZ-TABORI: J. biol. Ch. **174**, 123 (1948). — [4] ACKERMANN, W. W.: J. biol. Ch. **184**, 557 (1950). — [5] OCHOA, S.: J. biol. Ch. **155**, 87 (1944). — [6] WEIL-MALHERBE, H.: Biochem. J. **31**, 299 (1937). — [7] PARDEE, A. B., and V. R. POTTER: J. biol. Ch. **178**, 241 (1949). — [8] LEHNINGER, A. L.: J. biol. Ch. **164**, 291 (1946).

$Q_{O_2\ \text{Succinoxydase}}$ beträgt im Gehirn 39,6—40,5 (s.[1]). Das System der Succinoxydase wird im Gehirn durch Diäthylstilböstrol deutlich gehemmt (s. S. 819). Alle Gewebe enthalten *Succinoxydase* und *Fumarase*. Im Gehirn von Katzen ist das Verhältnis Fumarase: Succinodehydrogenase 3:1. Es ist fraglich, ob eine echte Begrenzung[2] der Aktivität der Succinodehydrogenase durch das Cytochromsystem möglich ist. Nach Einstellung des Gleichgewichts bleibt der Gehalt an Fumarsäure und Äpfelsäure in allen Organen für 3 Std konstant. Hirngewebe ist reich an *Äpfelsäuredehydrogenase*[3,4]. Das Ferment wird durch sein Oxydationsprodukt — Oxalessigsäure — gehemmt. Seine Aktivität beträgt im Gehirn von Ratten $Q_{O_2\ \text{Äpfelsäuredehydrogenase}}$ 60,0, in dem von Kaninchen 55,1 und in dem von Tauben 72,2 (s.[3]). Die Fermente des Citronensäurecyclus sind auch im Gehirn vorwiegend an die Mitochondrien gebunden. Die meisten Intermediärprodukte des Cyclus werden von den Mitochondrien des Gehirns mit der gleichen Aktivität oxydiert wie von denen der Leber[5]. In der Hirnrinde von Kaninchen konnte die Bindung des Succinoxydasesystems, von Fumarase und Aconitase an die Mitochondrien nachgewiesen werden[6]. Dagegen verteilt sich die Aktivität der iso-Citricodehydrogenase gleichmäßig zwischen überstehender Flüssigkeit und dem Sediment.

6. Beeinflussung des Citronensäurecyclus.

Der Citronensäurecyclus wird durch *Fluoressigsäure* unterbrochen; die Konzentration der Citronensäure steigt dabei im Gehirn auf das 8fache[7]. Fluoressigsäure wirkt nicht in vitro, sondern erst nach ihrer Umwandlung durch Gewebsenzyme letal[8,9]. Durch ihre stabile CF-Bindung vermag Fluoressigsäure nicht wie Jod- oder Bromessigsäure mit SH-Gruppen zu reagieren oder Fluor in Freiheit zu setzen.

Fluoressigsäure ist das Giftprinzip der südafrikanischen Giftpflanze Dichapetalum cymosum[11] und D. toxicaria, deren Genuß bereits in kleinen Dosen für Herdenvieh tödlich wirkt. Genuß von mit diesen Giftpflanzen vergiftetem Fisch ruft beim Menschen Paralyse der unteren Extremitäten hervor[10,12].

Die Toxicität der Fluoressigsäure ist an die Gruppe $F—CH_2—CO—$ gebunden[12,13]. Die Säure wirkt nicht auf die Enzyme des Citronensäurecyclus, vielmehr dürfte sie durch Synthese und Kondensation mit Oxalacetat in den Cyclus eintreten und als *Fluor-tricarbonsäure* die weitere Oxydation der Citronensäure hemmen[9,14]; die Ansammlung von Citronensäure ist unter diesen Bedingungen nicht von einer gleichzeitigen Vermehrung von α-Ketoglutarsäure begleitet. Die Hemmsubstanz dürfte Fluorcitronensäure sein. In vielen Geweben ließ sich nach Vergiftung mit Fluoressigsäure durch Infrarotspektrographie eine Substanz nachweisen, die CF-Banden ergab. Da keine Anzeichen für das Vorliegen einer Doppelbindung gegeben sind, schaltet Aconitsäure aus. Fluorisocitronensäure ist dagegen sehr instabil. Die hemmende Substanz übt keinen Einfluß auf die iso-Citricodehydrogenase aus[15]. Während die lösliche Aconitase nicht beeinträchtigt wird[7,15],

[1] McShan, W. H., R. K. Meyer and W. F. Erway: Arch. Biochem. **15**, 99 (1947). — [2] Breusch, F. L.: B. Z. **295**, 101 (1938). — [3] Green, D. E.: Biochem. J. **30**, 2095 (1936). — [4] Weil-Malherbe, H.: Biochem. J. **31**, 299 (1937). — [5] Brody, T. M., and J. A. Bain: J. biol. Ch. **195**, 685 (1952). — [6] Shepherd, J. A., and G. Kalnitsky: J. biol. Ch. **207**, 605 (1954). — [7] Buffa, P., and R. A. Peters: J. Physiol., London **110**, 488 (1949). — [8] Liébecq, C., and R. A. Peters: Biochim. biophysica Acta, N. Y. **3**, 215 (1949). — [9] Peters, R. A.: Proc. R. Soc. London (B) **139**, 143 (1951/52). — Peters, R. (A.), R. W. Wakelin and P. Buffa: Proc. R. Soc. London (B) **140**, 497 (1952/53). — [10] Marais, J. S. C.: Onderstepoort J. veterin. Sci. **20**, 67 (1944). — [11] Renner, W.: Brit. med. J. **1904 I**, 1314. — [12] Saunders, B. C.: Nature **160**, 179 (1947). — [13] Saunders, B. C.: Soc. **1949**, 1279. — [14] Martius, C.: A. **561**, 227 (1949). — [15] Buffa, P., W. D. Lotspeich, R. A. Peters and R. W. Wakelin: Biochem. J. **47**, XVII (1950).

erfährt die isolierte Aconitase besonders nach vorheriger Inkubation mit dem Hemmstoff vor dem Zusatz des Substrates[1] eine Einschränkung (normalerweise vermag die Tricarbonsäure das Ferment als Substrat gegen den Hemmstoff abzuschirmen). Offenbar ist die Ansammlung von Citrat im Gehirn nach Vergiftung mit Fluoressigsäure auf Interferenz mit Fluorcitronensäure zurückzuführen. Sie ist bedingt durch kompetitive Hemmung der Aconitase auf der Stufe der Umwandlung von Citronensäure zu iso-Citronensäure[2]. Die durch die Vergiftung bedingten Erscheinungen von seiten des Zentralnervensystems und des Herzmuskels beruhen nicht auf einer Störung des Acetylcholinstoffwechsels. Die Erhöhung der Konzentration an Milchsäure und an anorganischem P sowie die Verminderung an Kreatinphosphat und an säurelöslichem P dürften Folgeerscheinungen der durch Vergiftung mit Fluoressigsäure ausgelösten Krämpfe sein, da sie erst mit Beginn der Krämpfe auftreten[3]. Dagegen ist die Vermehrung der Citronensäure bereits im präkonvulsivischen Stadium nachweisbar, wenngleich nach intravenöser Injektion von Methylfluoracetat bei Hunden eine Latenzzeit von über 40 min der Ansammlung von Citronensäure vorausgeht. Der Abfall des säurelöslichen P, der bereits vor Beginn der Krämpfe voll ausgeprägt ist, dürfte durch Unterbrechung des Citronensäurecyclus und dadurch der Atmungskettenphosphorylierung zustande kommen.

Das *Pyruvatoxydasesystem* (Pyruvatdehydrogenase und Fermente des Citronensäurecyclus) des Gehirns ist sehr empfindlich. Na-Salze gesättigter *Fettsäuren* (C_{10}—C_{14}) üben eine erhebliche Hemmwirkung auf das System aus, die von C_8 bis C_{12} zunimmt[4]. Es ist zu vermuten, daß die Fettsäuren einen wesentlichen Teil des Fermentsystems durch adsorptive Dissoziation der prosthetischen Gruppe vom Apoferment trennen. Das Succinoxydasesystem ist dagegen wesentlich stabiler.

Das System der Pyruvatoxydase besitzt offenbar sehr reaktionsfähige SH-Gruppen. Die Hemmung der Oxydation von Brenztraubensäure im Hirngewebe durch *Arsenverbindungen*[5], *Dichlordiäthylsulfon*[6] und *Jodacetat*[6-8] scheint durch Beeinflussung der SH-Gruppen zustande zu kommen. 0,017 mMol Na-Arsenit hemmen die Oxydation von Brenztraubensäure im Gehirn um 51%[9]. Ähnliche Wirkungen, die bei geeigneter Konzentration zur vollständigen Unterbrechung der Brenztraubensäureoxydation führen, werden von Chlorvinylarsenoxyd, Äthylarsenoxyd und Phenylarsenoxyd ausgeübt. Die Oxydation von Bernsteinsäure und α-Glycerinphosphorsäure ist ebensowenig betroffen wie das Cytochromsystem. Die Oxydation der Milchsäure wird stark eingeschränkt (75%), was vermutlich auf die durch die Arsenintoxikation bedingte Ansammlung von Brenztraubensäure zurückzuführen ist, die hemmend auf die Lacticodehydrogenase einwirkt[10]. In analoger Weise wird im avitaminösen Gehirn der Katatorulintest durch Arsenit aufgehoben, so daß die klinischen Erscheinungen der Arsenneuritis denjenigen der Vitamin B_1-Mangelneuritis ähneln[11]. Die eigentliche Pyruvatdehydrogenase des Gehirns wird im THUNBERG-Test mit Methylenblau als H-Acceptor durch Arsenverbindungen in der geschilderten Konzentration zu 30%

---

[1] LOTSPEICH, W. D., R. A. PETERS and T. H. WILSON: J. Physiol., London **115**, 24 P (1951). — [2] PETERS, R. A.: Proc. R. Soc. London (B) **139**, 143 (1951/52). — PETERS, R. (A.), R. W. WAKELIN and P. BUFFA: Proc. R. Soc. London (B) **140**, 497 (1952/53). — [3] PSCHEIDT, G. R., D. BENITEZ, L. B. KIRSCHNER and W. E. STONE: Amer. J. Physiol. **176**, 483 (1954). — [4] PETERS, R. A., and R. W. WAKELIN: Biochem. J. **32**, 2290 (1938). — [5] PETERS, R. A.: Current Sci. **5**, 207 (1936). — [6] PETERS, R. A.: Nature **138**, 327 (1936). — [7] PETERS, R. A., and R. H. S. THOMPSON: Biochem. J. **28**, 916 (1934). — [8] PETERS, R. A., H. RYDIN and R. H. S. THOMPSON: Biochem. J. **29**, 63 (1935). — [9] PETERS, R. A., H. M. SINCLAIR and R. H. S. THOMPSON: Biochem. J. **40**, 516 (1946). — [10] GREEN, D. E., and J. BROSTEAUX: Biochem. J. **30**, 1489 (1936). — [11] SINCLAIR, H. M.: 3. Int. neurol. Congr. Kopenhagen. S. 890. 1939.

gehemmt. Da Überschuß an Cocarboxylase und Aneurin keinen Einfluß auf die Hemmwirkung besitzen, Adenylsäure, Äpfelsäure- und Milchsäuredehydrogenase, die Cozymase benötigen, nicht beeinflußt werden, dürfte der Angriffspunkt der Arsenverbindungen am Protein der Enzyme gelegen sein. Die besondere Reaktionsfähigkeit der SH-Gruppen der Pyruvatdehydrogenase äußert sich weiter in ihrer Inaktivierung durch Cystinester und der Reaktivierung durch Cysteinester[1]. Während die Succinodehydrogenase des Gehirns gegen Na-*Maleinat* unempfindlich ist, wird die Pyruvatdehydrogenase ebenso wie durch Jodacetat und Jodacetamid stark gehemmt. Die Hemmung des Fermentes durch Jodacetat steht zwischen der der sehr empfindlichen Triosephosphatdehydrogenase und der wenig beeinflußten Succinodehydrogenase[1]. *British Anti Lewisit (BAL = 2,3-Dimercaptopropanol)* schützt die Pyruvatdehydrogenase des Gehirns vollkommen gegen Marphasid (3-Amino-4-oxyphenylarsenoxyd-hydrochlorid), Salvarsan und Neosalvarsan[2]. Nach Zusatz dieser Verbindungen kann BAL das Fermentsystem der Brenztraubensäureoxydation im Gehirn über 60% reaktivieren. BAL allein entfaltet in Gegenwart von Brenztraubensäure beträchtliche Steigerung der Sauerstoffaufnahme des Gehirns[3], die in geringem Maß auch von 2-Mercaptoäthanol hervorgerufen wird. Die Vermehrung der O_2-Aufnahme ist nur unwesentlich auf eine direkte Oxydation von BAL oder seine Einwirkung auf die Residualatmung zurückzuführen; sie beruht vielmehr auf einer echten Stimulierung der Brenztraubensäureoxydation und kann möglicherweise durch die Zufuhr von Thiolgruppen bedingt sein. Bei längerer Einwirkung scheint das Gegenteil der Fall zu sein (s. S. 728). Auch *Antimon-*, *Gold-* und *Quecksilberverbindungen* hemmen — wenn auch schwächer — die Oxydation von Brenztraubensäure im Gehirn[4]. BAL verhindert ebenfalls diese Wirkungen; bei eingetretener Hemmung vermag es das Fermentsystem teilweise zu reaktivieren. Glutathion entfaltet nur bei der Einwirkung von Hg, nicht aber bei der von Sb und Au die gleiche Schutzwirkung wie BAL.

Die geschilderten Erscheinungen — insbesondere der Arsenverbindungen — lassen sich am besten durch ihre Einwirkung auf das Protein bzw. die SH-Gruppen der Fermente erklären. Zwischen 5wertigen (z. B. Tryparsamid) oder 3wertigen As-Verbindungen (Salvarsan) und gereinigten Gewebsproteinen existieren reversible Gleichgewichte, wobei die Affinität organischer Arsenoxyde zu den Proteinen größer ist als die 5wertiger As-Verbindungen[5]. Verbindungen vom Typ R-AsO verbinden sich reversibel mit den SH-Gruppen von Proteinen und mit noch unbekannten Gruppen. Sie können als spezifische Hemmstoffe SH-haltiger Enzyme gelten. Aus diesem Grunde kann die Toxicität der As-Verbindungen für die SH-haltigen Enzyme durch Zusatz von Cystein neutralisiert werden. Die Tatsache, daß die Einwirkung von Lewisit zur Bildung eines arsenhaltigen Proteins führte, welches über 70% seines Arsens in Verbindung mit Schwefel im Verhältnis 1 As:2 S enthält[6], läßt bei der Hemmung der Brenztraubensäureoxydation die Bildung relativ stabiler cyclischer Thioarsenverbindungen *(Ringhypothese)* vermuten[7,8]. Auch die überlegene Schutzwirkung von Dithiolen gegenüber Monothiolen bei der Oxydation der Brenztraubensäure läßt sich am besten durch die Ringhypothese erklären. Lewisit wirkt durch Kombination des monosubstituierten As-Atoms mit 2 SH-Gruppen des Proteinanteils der Pyruvatoxydase[9], die zur Ringbildung führt. Durch Zusatz von BAL entsteht ein stabiler Ring, so daß das Enzym frei bleibt:

---

[1] PETERS, R. A., and R. W. WAKELIN: Biochem. J. **40**, 513 (1946). — [2] STOCKEN, L. A., R. H. S. THOMPSON and V. P. WHITTAKER: Biochem. J. **41**, 47 (1947). — [3] WHITTAKER, V. P.: Biochem. J. **41**, 52 (1947). — [4] THOMPSON, R. H. S., and V. P. WHITTAKER: Biochem. J. **41**, 342 (1947). — [5] GORDON, J. J., and J. H. QUASTEL: Nature **159**, 97 (1947). — [6] STOCKEN, L. A., and R. H. S. THOMPSON: Biochem. J. **40**, 535 (1946). — [7] WHITTAKER, V. P.: Biochem. J. **41**, 56 (1947). — [8] BARRON, E. S. G., Z. B. MILLER, G. R. BARTLETT, J. MEYER and T. P. SINGER: Biochem. J. **41**, 69 (1947). — [9] PETERS, R. A.: Proc. R. Soc. London (B) **139**, 143 (1952).

$$\text{Enzym-Protein}\langle{}^{S}_{S}\rangle\text{AsCH:CHCl} + \begin{array}{l}H_2C-SH\\ |\\ HC-SH\\ |\\ H_2C-OH\end{array} \dashrightarrow \text{Enzym-Protein}\langle{}^{SH}_{SH} +$$

Enzym-Protein-Lewisitverbindung BAL freies Enzym

$$\begin{array}{l}H_2CS\diagdown\\ \;|\qquad\quad AsCH:CHCl\\ HC-S\diagup\\ \;|\\ H_2COH\end{array}$$

(BAL-Lewisitverbindung)

BAL, das durch das Cytochromsystem oxydiert wird[1], wirkt selbst als Hemmstoff metallhaltiger Enzyme; die Acetylcholinesterase des Gehirns bleibt unbeeinflußt[1]. Die Einschränkung der Atmung und der Oxydation von Brenztraubensäure in verschiedenen Geweben bei längerer Einwirkung von BAL dürfte mehrere Ursachen haben[2]: BAL verbindet sich mit schwermetallhaltigen Enzymen; es schränkt die Reoxydation des reduzierten Cytochrom c durch die Cytochromoxydase ein, und es kann selbst SH-haltige Enzyme unter besonderen Umständen hemmen.

Mustardgas hemmt das Pyruvatoxydasesystem und die Succinodehydrogenase des Gehirns[3]. Seine Einwirkung auf die Oxydation der Brenztraubensäure wird durch Zusatz von Dithiolverbindungen (z. B. N, N-Diäthyldithiocarbamid) stark gesteigert, was auf die Verbindung von Mustardgas mit dem Diäthylthiocarbamation zurückgeht, die toxischer ist als die Summe der Toxicitäten beider Verbindungen.

Die Synthese der Citronensäure wird im Gehirn von Ratten im Gegensatz zu Milz, Thymus, Ileum, Pankreas und Hoden durch *Röntgenbestrahlung* (800 r) nicht gehemmt[4].

Amidon, welches die Phosphorylierung von Glucose einschränkt, beeinflußt ebenfalls die Oxydation von Milchsäure, Brenztraubensäure und Bernsteinsäure im Gehirn[5]. Die Hemmung kann durch Zusatz von Hefekochsaft aufgehoben werden. Der Schutzfaktor ist nicht mit ATP, Adenosin-5-phosphat, Coenzym, Alloxazin-adeninnucleotid, Cocarboxylase, Glutathion oder Ascorbinsäure identisch; er ist thermostabil, dialysabel, wird durch Erhitzen mit Alkali zerstört, ist gegen Erhitzen in verdünnten Säuren sehr widerstandsfähig und kann durch organische Lösungsmittel extrahiert werden.

7. Direkte Oxydation von Glucose.

Glucose kann außer dem geschilderten Abbau unter Umgehung der an der Glykolyse beteiligten Reaktionen direkt oxydiert werden (s. Bd. 2/1, S. 1061 ff.). Glucose-6-phosphat wird unter Beteiligung einer spezifischen Glucose-6-phosphatdehydrogenase, durch Codehydrogenase II und dem alten gelben Ferment zu Phosphogluconsäure und darüber hinaus oxydiert[6–8]. Aktive mit TPN verbundene Enzyme zur Oxydation von Glucose-6-phosphat und 6-Phosphogluconsäure konnten in Hirnextrakten von Ratten nachgewiesen werden[9,10]. Da die Glucosedehydrogenase Coenzym I benötigt, kann sie nicht für die Oxydation von Glucose-6-phosphat in Frage kommen. Die Fermente für die Oxydation von Glucose-6-phosphat und 6-Phosphogluconsäure sind hochspezifisch. Auch Ribose-5-phosphat wird im Gehirn oxydiert. Da die Oxydation durch NaF nicht gehemmt und anorganisches

[1] Webb, E. C., and R. v. Heyningen: Biochem. J. **41**, 74 (1947). — [2] Barron, E. S. G., Z. B. Miller and J. Meyer: Biochem. J. **41**, 78 (1947). — [3] Peters, R. A., and R. W. Wakelin: Biochem. J. **41**, 545 (1947). — [4] Du Bois, K. P., K. W. Cochran and J. Doull: Proc. Soc. exp. Med. **76**, 422 (1951). — [5] Greig, M. E., and R. S. Howell: Arch. Biochem. **19**, 441 (1948). — [6] Warburg, O., W. Christian und A. Griese: B. Z. **282**, 157 (1935). — [7] Lipmann, F.: Nature **138**, 588 (1936). — [8] Dickens, F.: Biochem. J. **32**, 1626, 1645 (1938). — [9] Dickens, F., and G. E. Glock: Nature **166**, 33 (1950). — [10] Dickens, F., and G. E. Glock: Biochem. J. **50**, 81 (1951).

Phosphat nicht benötigt wird, dürfte die Oxydation unter Umgehung der Glykolyse verlaufen. Nach neueren Untersuchungen[1] geschieht die Oxydation der Phosphogluconsäure nicht am C_2, sondern wahrscheinlich an C_3 und führt nach anschließender Decarboxylierung zu Ribulosephosphat, das durch die Tätigkeit einer Isomerase mit Ribose-5-phosphat im Gleichgewicht steht. Die Entstehung der 3-Keto-6-phosphogluconsäure als Zwischenprodukt ist hypothetisch. Ribose-5-phosphat kann in der Leber weiter oxydiert werden; es ist möglich, daß es einer Spaltung in ein 2- und ein 3-C-Bruchstück unterliegt[2, 3]. Im homogenisierten Hirngewebe kann Ribose-5-phosphat anaerob abgebaut werden, wobei eine Spaltung zwischen C_2 und C_3 eintritt[4]. Es entsteht ein Triosephosphat und ein nicht-identifiziertes, 2 C-Atome enthaltendes Spaltstück (s. hierzu auch S. 345). In Gehirnextrakten ist ein scheinbarer Endpunkt der Reaktion dann erreicht, wenn 60% des als Pentose reagierenden Materials abgebaut sind. Möglicherweise kann Ribose in tierischen Geweben auch durch Umkehr der C_2—C_3-Spaltung entstehen. Die Fermente der direkten Oxydation von Glucose-6-phosphat konnten auch im Gehirn nachgewiesen werden[5]. Die gemessenen Aktivitäten der Dehydrogenasen entsprechen in etwa denjenigen von Leber, Niere, Ovarien, Testes, Placenta, Schilddrüse, Prostata, Erythrocyten und Herzmuskel. Sie sind deutlich niedriger als die Fermentaktivitäten der Nebennierenrinde, von Milz und Thymus sowie von Tumoren, dagegen höher als die des Skeletmuskels. Es kann noch nicht abschließend beurteilt werden, welche Rolle die direkte Oxydation für den Stoffwechsel des Zentralnervensystems spielt, obwohl alle notwendigen Fermente vorhanden sind[6, 7]. Da Hirngewebe jedoch relativ arm an Codehydrogenase II ist, die nur etwa 5% der Codehydrogenase I-Konzentration ausmacht[8], scheint dem Abbauweg über Ribosephosphat keine große Bedeutung zuzukommen. Dennoch weist die Aufrechterhaltung der Kohlenhydratoxydation im Gehirn bei Vergiftung der Glykolyse durch verschiedene Substanzen auf die prinzipielle Bedeutung der direkten Oxydation hin: So werden nach Vergiftung mit Nicotin, das die Oxydation von Brenztraubensäure verhindert, die Kohlenhydrate im Gehirn weiter oxydiert[9–11]. Das gleiche gilt für die fortgeführte — wenn auch eingeschränkte — Oxydation der Kohlenhydrate nach Vergiftung mit Jodacetat[12] oder mit Fluorid[10].

8. Substratphosphorylierung.

Ein Teil der Substratphosphorylierungen wurde bereits bei der Darstellung der Glykolyse (s. S. 701 ff.) erwähnt. Auch im Zentralnervensystem handelt es sich mehr um Transphosphorylierungen als um die Aufnahme von anorganischem Phosphat. Zu den Substratphosphorylierungen gehört die mit einer Phosphataufnahme gekoppelte Dehydrogenierung der 3-Glycerinaldehydphosphorsäure zu 1,3-Diphosphoglycerinsäure, wodurch ein Teil der bei der Oxydation freiwerdenden Energie erhalten bleibt. Die energiereiche Bindung bleibt bei der Dephosphorylierung der 1,3-Diphosphoglycerinsäure zu Phosphoglycerinsäure durch Übertragung auf ADP erhalten. Auch bei der Phosphatübertragung von Phosphobrenztraubensäure auf ADP und der dehydrogenierenden Decarboxylierung von Brenztraubensäure und α-Ketoglutarsäure

[1] Horecker, B. L., P. Z. Smyrniotis and J. E. Seegmiller: J. biol. Ch. **193**, 383 (1951). — [2] Schlenk, F., and M. J. Waldvogel: Arch. Biochem. **12**, 181 (1947). — [3] Waldvogel, M. J., and F. Schlenk: Arch. Biochem. **14**, 484 (1947). — [4] Sable, H. Z.: Biochim. biophysica Acta, N. Y. **8**, 687 (1952). — [5] Glock, G. E., and P. McLean: Biochem. J. **56**, 171 (1954). — [6] Dickens, F., and G. E. Glock: Biochem. J. **50**, 81 (1951). — [7] Horecker, B. L., and P. Z. Smyrniotis: J. biol. Ch. **193**, 371 (1950). — [8] Gore, M., F. Ibbott and H. McIlwain: Biochem. J. **47**, 121 (1950). — [9] Himwich, H. E., and J. F. Fazekas: Amer. J. Physiol. **113**, 63 (1935). — [10] Fazekas, J. F., and H. E. Himwich: J. biol. Ch. **139**, 971 (1941). — [11] Baker, Z., J. F. Fazekas and H. E. Himwich: J. biol. Ch. **125**, 545 (1938). — [12] Barker, S. B., E. Shorr and M. Malam: J. biol. Ch. **129**, 33 (1939).

handelt es sich um Substratphosphorylierungen. Die oxydative Decarboxylierung der α-Ketoglutarsäure liefert als einzige Reaktion des Citronensäurecyclus direkt eine energiereiche Phosphatbindung.

9. Atmungskettenphosphorylierung.

Ebenso wie in anderen Organen ist auch im Gehirn die Atmung mit einer Veresterung von anorganischem Phosphat verbunden. Auf diese Weise wird auch im Zentralnervensystem die bei der biologischen Endoxydation freiwerdende Energie zum größten Teil wieder in energiereichen P-Bindungen gespeichert. Es wird angenommen, daß je Elektronenpaar je eine energiereiche Phosphatbindung in den 3 folgenden Stufen des Elektronentransportes entsteht[1]: 1. vom Nicotinsäureamidenzym zum Flavoprotein; 2. vom Flavoprotein zum Cytochrom c und 3. vom Cytochrom c zum Sauerstoff. Eine vierte, energiereiche Phosphatbindung entsteht wahrscheinlich während des Elektronentransportes vom Thiaminenzym auf das Niveau der Nicotinsäureamidenzyme. Diese Phosphorylierung scheint im Gegensatz zu den 3 anderen viel weniger dinitrophenolempfindlich zu sein[2–4]. Bereits frühere Untersuchungen[5,6] hatten bei der Oxydation von Brenztraubensäure im Gehirn die Veresterung von anorganischem Phosphat nachweisen können, wenn Hexosemonophosphat[5] oder Glucose[6] als Acceptor für die labilen P-Gruppen von ATP dienen und zu Hexosediphosphat phosphoryliert werden, so daß ATP nicht von der sehr aktiven ATPase hydrolysiert wird. Das theoretische P/O-Verhältnis von 3,5—4 wurde im Gehirn nicht erreicht, da die meisten Versuche an isotonischen Hirnhomogenaten und nicht an Mitochondrien gemacht wurden. Das durchschnittliche Verhältnis schwankt zwischen 2—3 mit Pyruvat oder Ketoglutarat als Substrat[7–11]. Neuere Untersuchungen haben die Atmungskettenphosphorylierung an isolierten Hirnmitochondrien nachweisen können[12–15]. Die Enzyme der Atmungskettenphosphorylierung dürften auch im Gehirn vorwiegend an den Mitochondrien lokalisiert sein. Mitochondrienfraktionen aus grauer Substanz der Hirnrinde und weißer Substanz des Rückenmarks von Ratten besitzen die gleiche Fähigkeit, mit Hilfe oxydativer Energie ^{32}P zu ADP und ATP zu verestern sowie auf Glucose unter Bildung von Glucose-6-phosphat zu übertragen[15]. Das P/O-Verhältnis beträgt für die Hirnrinde bei Zusatz von Succinat 1,3; Oxalacetat 1,9; Pyruvat 2,1; α-Ketoglutarat 2,0; Glutaminat, Malat und Acetat je 1,9; für Rückenmark bei Zusatz von Succinat 1,5; Oxalacetat 2,1; Pyruvat 2,2; α-Ketoglutarat 2,0; Glutaminat 2,5; Malat 2,1; Acetat 2,0. In beiden Fällen ergibt Succinat die geringste P-Veresterung. Infolge des hohen Q_{O_2}-Wertes von Succinat für das Zentralnervensystem ist aber die absolute Zahl der mit Hilfe der Succinatverbrennung gebildeten energiereichen Phosphatbindungen dennoch beträchtlich. Die in vivo-Werte dürften bedeutend höher liegen, da durch die Apyrase Dephosphorylierungen auftreten, die selbst bei NaF-Zusatz nicht völlig unterbunden werden. Unter dieser Annahme erhöht sich das P/O-Verhältnis für die meisten Substrate auf 3, für Succinat auf 2. Der höchste fast theoretische Wert von ungefähr 4 (korrigiert) wird bei der Verbrennung von Glutaminat im Rückenmark

---

[1] WEIL-MALHERBE, H.: 3. Mosbacher Coll. S. 50. — [2] BARKULIS, S. S., and A. L. LEHNINGER: J. biol. Ch. **193**, 597 (1951). — [3] HUNTER, F. E. jr., and S. SPECTOR: Fed. Proc. **10**, 201 (1951). — [4] JUDAH, J. D.: Biochem. J. **49**, 271 (1951). — [5] OCHOA, S.: Nature **145**, 747 (1940). — [6] OCHOA, S.: Nature **146**, 267 (1940). — [7] OCHOA, S.: J. biol. Ch. **138**, 751 (1941). — [8] POTTER, V. R.: J. cellul. comp. Physiol. **26**, 87 (1945). — [9] EILER, J. J., and W. K. MCEWEN: Arch. Biochem. **20**, 163 (1949). — [10] GORANSON, E. S., and S. D. ERULKAR: Arch. Biochem. **24**, 40 (1949). — [11] CASE, E. M., and H. MCILWAIN: Biochem. J. **48**, 1 (1951). — [12] BRODY, T. M., and J. A. BAIN: Proc. Soc. exp. Biol. Med. **77**, 50 (1951). — [13] BRODY, T. M., and J. A. BAIN: J. biol. Ch. **195**, 685 (1952). — [14] ABOOD, L. G., R. W. GERARD, J. BANKS and R. D. TSCHIRGI: Amer. J. Physiol. **168**, 728 (1952). — [15] ABOOD, L. G., and R. W. GERARD: Amer. J. Physiol. **168**, 739 (1952).

erreicht[1]. Von anderen Autoren[2] wurden höhere P/O-Verhältnisse in Hirnmitochondrien von Ratten und Kaninchen erzielt: Pyruvat + Fumarat 2,72 bis 3,13; Oxalacetat 2,49; α-Ketoglutarat 2,38; Fumarat 2,03; Succinat 1,84; Citrat 1,34; Pyruvat + Malat 2,50—3,25; Malat 2,85; Glutaminat 2,54; Glutaminat + Malat 3,17; ohne Substrat 0. Hirnmitochondrien erreichen ihre maximale Aktivität ohne Zusatz von DPN und Cytochrom c, so daß sie beide Stoffe offenbar genügend enthalten. Adenylsäure und ADP können ATP ersetzen. Ohne Zusatz eines Adeninnucleotids steigt der Gehalt von anorganischem Phosphat beständig an; ohne Hexokinasezusatz wird kein Phosphat aufgenommen. Cocarboxylase ist ohne Einfluß[2]. Mit Hilfe der Bildung energiereicher Phosphatbindungen entspricht die Energieausbeute während des Atmungsprozesses 65—70%.

Die Atmungskettenphosphorylierung kann durch 2,4-Dinitrophenol[3-6], Azid, Methylenblau, Brillantkresylblau[7], Arsenat, Gramicidin, SO_4^{--}, Ca^{++}, p-Nitrophenol[7] und isotonische Lösungen[6] entkoppelt werden. Ferner genügt die Entfernung der für die Phosphorylierung notwendigen Bestandteile (Mg^{++}, ATP), die die Oxydation nicht beeinflußt, um eine Entkoppelung durchzuführen. Das gleiche gilt für die Trennung beider Enzymsysteme durch einfache Behandlung in der Kälte bei 2° für mehrere Stunden, wodurch die Oxydation nicht, das System der Phosphorylierung dagegen geschädigt wird. (Über den Einfluß von Narkotica auf die Atmungskettenphosphorylierung s. S. 814).

10. PASTEUR-Effekt.

Unter aeroben Umständen folgt der Glykolyse die biologische Endoxydation im Citronensäurecyclus, während anaerob sich Milchsäure ansammelt. Hirngewebe besitzt bereits unter physiologischen Bedingungen eine gewisse aerobe Glykolyse (S. 701), so daß der PASTEUR-Effekt nicht vollständig eintritt. Der Effekt kann durch zahlreiche Verbindungen aufgehoben werden, so daß die Werte für die aerobe Glykolyse die der anaeroben Milchsäurebildung erreichen können. Frühere Theorien über den PASTEUR-Effekt sahen im Sauerstoff den wirksamen Faktor, während neuere Vorstellungen[8-10] den Energiebedarf der Zelle und die davon abhängige Entladung energiereicher Phosphatbindungen als entscheidend ansehen. Dies hängt damit zusammen, daß der ungestörte Ablauf der oxydativen und glykolytischen Prozesse von dem genügenden Vorrat an anorganischem Phosphat und Phosphatacceptoren sowie der fortlaufenden Entladung der gebildeten energiereichen Phosphatbindungen abhängt[11]. Tritt im Entladungsvorgang eine Stockung ein, so wird der ganze Stoffwechsel gebremst; umgekehrt erfährt der Stoffwechsel eine Intensivierung, wenn durch spezifische Gifte (s. S. 732) die Atmungskettenphosphorylierung unterbunden wird. Das gilt insbesondere für den Sauerstoffausschluß, bei dem die Atmungskettenphosphorylierung aufgehoben ist. An ihre Stelle tritt die an die glykolytischen Prozesse gebundene Phosphorylierung, die aber je Glucosemolekül nur $^1/_{12}$ der Energie liefert wie die oxydative. Unter diesen Umständen kommt es zu einem Überwiegen der Phosphatentladungen über die Phosphataufladungen. Das Niveau an anorganischem Phosphat wird erhöht, wodurch die Aktivität der Triosephosphatdehydrogenase und damit die Gärungskapazität gesteigert wird. Der PASTEUR-Effekt hat somit nur indirekt mit dem Sauerstoff zu tun; im wesentlichen beruht er auf der

[1] ABOOD, L. G., and R. W. GERARD: Amer. J. Physiol. **168**, 739 (1952). — [2] BRODY, T. M., and J. A. BAIN: J. biol. Ch. **195**, 685 (1952). — [3] LOOMIS, W. F., and F. LIPMANN: J. biol. Ch. **173**, 807 (1948). — [4] EILER, J. J., and W. K. MCEWEN: Arch. Biochem. **20**, 163 (1949). — [5] JUDAH, J. D.: Biochem. J. **49**, 271 (1951). — [6] DAWSON, R. M. C.: Biochem. J. **53**, VIII (1953). — [7] LEHNINGER, A. L.: J. biol. Ch. **178**, 625 (1949). — [8] LENNERSTRAND, Å.: Naturwiss. **25**, 347 (1937). — [9] JOHNSON, M. J.: Science, N. Y. **94**, 200 (1941). — [10] LYNEN, F.: A. **546**, 120 (1941). — [11] WEIL-MALHERBE, H.: 3. Mosbacher Coll. S. 51.

Bremswirkung der in Aerobiose entstehenden energiereichen Phosphatbindungen. Die sich in erhöhter aerober Glykolyse äußernde Hemmung des PASTEUR-Effektes durch verschiedene die Oxydation und Phosphorylierung entkoppelnde Gifte dürfte somit auf der Steuerung der die Glykolyse limitierenden Triosephosphatdehydrogenase durch anorganisches Phosphat beruhen. Dem entspricht, daß Hemmstoffe der PASTEURschen Reaktion, wie Phenosafranin[1,2], Dinitrophenol[2–6] p-Nitrophenol[7] und in gewissem Grad auch Glutaminsäure[8] die Atmungskettenphosphorylierung spezifisch hemmen. Die primäre Wirkung von Dinitrophenol scheint die Hemmung der aeroben Reoxydation der reduzierten Cozymase zu sein[5], wodurch die Veresterung von anorganischem Phosphat während des Elektronentransportes zwischen reduzierter Cozymase und Sauerstoff unterbunden wird. In Gegenwart von Dinitrophenol wird offenbar der Elektronentransport von den Pyridinnucleotiden zum Sauerstoff teilweise ersetzt durch Oxydoreduktionsschritte der Glykolyse. In entsprechender Weise vermag ATP die Hemmwirkung von Dinitrophenol zu durchbrechen[4], ebenso wie es die aerobe Glykolyse im Muskelbrei hemmt[9]. In ganz ähnlicher Weise fördert die laufende Entladung von ATP durch Zusatz von Glucose und Hexokinase den Pyruvatumsatz in Herzmuskelmitochondrien[10]. Auch die Unterschiede zwischen wäßrigen und isotonischen Homogenaten von Hirnmitochondrien finden in der Abhängigkeit von der Atmungskettenphosphorylierung ihre Erklärung. Nach Zusatz der notwendigen Cofaktoren zeigt das Wasserhomogenat[11] einen viel stärkeren Umsatz als ein Salzhomogenat, das auf Cofaktoren nicht wesentlich anspricht[12]. Im Wasserhomogenat ist im Gegensatz zum Salzhomogenat die PASTEURsche Reaktion völlig aufgehoben. Dies kann durch die osmotische Zerstörung der Mitochondrien im Wasserhomogenat erklärt werden[13], während diese im Salzhomogenat teilweise erhalten bleiben[14]. Die Atmungskettenphosphorylierung ist aber an die Unversehrtheit der Mitochondrien gebunden[15]; das Fehlen der PASTEURschen Reaktion im wäßrigen Homogenat dürfte daher auf der Unterbrechung der Atmungskettenphosphorylierung beruhen[13]. Es ist ferner nicht ausgeschlossen, daß Phenazinderivate und Janusgrün[16] die aerobe Glykolyse steigern, weil sie sich bevorzugt an den Mitochondrien ansammeln, obwohl derartige heterocyclische Verbindungen die aerobe Glykolyse offenbar über die Hemmung des Cozymaseabbaus beeinflussen. Es ist vorstellbar, daß die DPNase, die die Funktion der Cozymase herabsetzt, auf die Atmungskettenphosphorylierung einwirkt, so daß bei der Hemmung dieses Fermentes durch verschiedene Pyridinderivate mehr anorganisches Phosphat und Cozymase für die Glykolyse zur Verfügung stehen[17].

Auch Atebrin und Na-Azid entkoppeln Phosphorylierung und Oxydation[18]. Auf gleicher Ebene liegt die Wirkung von Methylenblau[19] und ähnlichen Farbstoffen, die lediglich als H-Acceptoren dienen können.

---

[1] CASE, E. M., and H. MCILWAIN: Biochem. J. 48, 1 (1951). — [2] JUDAH, J. D., and H. G. WILLIAMS-ASHMAN: Biochem. J. 48, 33 (1951). — [3] LOOMIS, W. F., and F. LIPMANN: J. biol. Ch. 173, 807 (1948). — [4] JUDAH, J. D.: Biochem. J. 49, 271 (1951). — [5] TERNER, C.: Biochem. J. 49, II, LXXIII (1951). — [6] TERNER, C.: Biochem. J. 52, 229 (1952). — [7] TERNER, C.: Biochem. J. 53, XXVIII (1953). — [8] MCILWAIN, H.: J. ment. Sci. 97, 674 (1951). — [9] OSTERN, P., u. T. MANN: B. Z. 276, 408 (1935). — [10] RABINOVITZ, M., M. P. STULBERG and P. D. BOYER: Science, N. Y. 114, 641 (1951). — [11] REINER, J. M.: Arch. Biochem. 12, 327 (1947). — [12] BIRMINGHAM, M. K., and K. A. C. ELLIOTT: J. biol. Ch. 189, 73 (1951). — [13] WEIL-MALHERBE, H.: 3. Mosbacher Coll. S. 53. — [14] HOGEBOOM, G. H., W. C. SCHNEIDER and G. E. PALLADE: J. biol. Ch. 172, 619 (1948). — [15] POTTER, V. R., G. A. LE PAGE and H. L. KLUG: J. biol. Ch. 175, 619 (1948). — [16] MCILWAIN, H., and I. GRINYER: Biochem. J. 46, 620 (1950). — [17] MCILWAIN, H.: Biochem. J. 44, XXXIII (1949). — [18] LOOMIS, W. F., and F. LIPMANN: J. biol. Ch. 173, 807 (1948). — [19] DAWSON, R. M. C.: Biochem. J. 53, VIII (1953).

Die geschilderten Veränderungen beim PASTEUR-Effekt und seine Hemmung sind nur ein Sonderfall des Mißverhältnisses zwischen Energieangebot und Energiebedarf. So steigert elektrische Reizung von Hirnschnitten und kleinen Hirnfragmenten in vitro die Atmung auf das Doppelte, die aerobe Glykolyse dagegen auf das 3fache[1,2]. Außerdem führt elektrische Reizung als Beweis für die gesteigerte Entladung energiereicher Phosphatbindungen[3,4] bei stärkerem Energiebedarf und unzulänglichem Energieangebot zum Zerfall von Kreatinphosphat.

11. Elektronentransport im Nervengewebe.

Nach den bisher vorliegenden Ergebnissen dürfte das System des Elektronentransportes im Nervengewebe sich nicht grundsätzlich von dem anderer tierischer Organe unterscheiden. Hirngewebe besitzt die für den Elektronentransport notwendigen Enzyme. Insbesondere die mit dem Elektronentransport verbundene Phosphorylierung im Zentralnervensystem unterstützt diese Auffassung. Da die Atmungsenzyme vorwiegend in den Mitochondrien lokalisiert sind, muß damit gerechnet werden, daß die zellarme weiße Substanz und der periphere Nerv relativ arm an diesen Enzymen sind entsprechend der Beobachtung, daß die Atmung der grauen die der weißen Substanz um das 4—5fache übersteigt[5,6] (s. S. 782). Das Schema des Elektronentransportes ist in Abb. 69 wiedergegeben. Die an der Atmung teilnehmenden Enzyme sind gruppenweise so auf einer Potentialskala angeordnet, daß ihre Position ungefähr ihrem E_0-Wert entspricht[7]. Es wird angenommen, daß die Thiaminenzyme an ein Nicotinsäureamidsystem, die Flavoproteine an das Cytochromsystem angeschlossen sind. Cytochrom b ist neueren Ergebnissen[8] entsprechend in einem Nebengeleise des Systems eingezeichnet. Das System dürfte auch für den peripheren Nerven gelten, da seine Atmung durch Kohlenoxyd in einer durch Licht reversiblen Weise gehemmt wird[9,10].

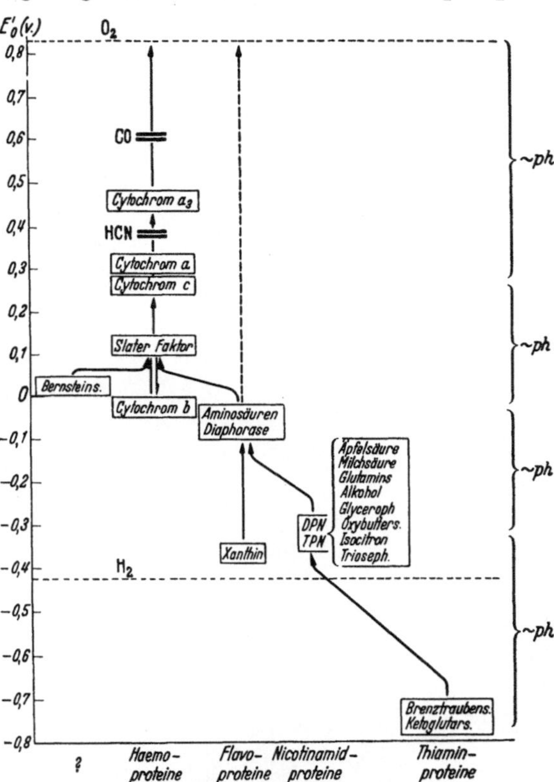

Abb. 69. Schema des Elektronentransportes in tierischen Geweben[7]. Oxydasen und Dehydrogenasen sind durch ihr Substrat angezeigt (Xanthin = Xanthinoxydase; Bernstein = Bernsteinsäuredehydrogenase usw.; DPN = Diphosphopyridinnucleotid = Cozymase; TPN = Triphosphopyridinnucleotid = Coenzym II; ph = energiereiche Phosphatbindung).

[1] McILWAIN, H.: Biochem. J. **49**, 382 (1951). — [2] McILWAIN, H.: Biochem. J. **50**, 132 (1951). — [3] McILWAIN, H., G. ANGUIANO and J. D. CHESHIRE: Biochem. J. **50**, 12 (1951). — [4] McILWAIN, H., and M. B. R. GORE: Biochem. J. **50**, 24 (1951). — [5] HOLMES, E.: Biochem. J. **24**, 914 (1930). — [6] ROSENTHAL, O., H. SHENKIN, D. L. DRABKIN, W. M. PARKINS and M. H. GIBBON: Amer. J. Physiol. **144**, 334 (1945). — [7] WEIL-MALHERBE, H.: 3. Mosbacher Coll. S. 49. — [8] CHANCE, B.: Nature **169**, 215 (1952). — [9] CHANG, T. H., and R. W. GERARD: Amer. J. Physiol. **97**, 511 (1931). — [10] SCHMITT, F. O.: Amer. J. Physiol. **95**, 650 (1930).